中国林业和草原 2019 年鉴

China Forestry and Grassland

YEARBOOK 2019

国家林业和草原局 编纂

中国林业出版社

·北京·

图书在版编目（CIP）数据

中国林业和草原年鉴.2019 / 国家林业和草原局编纂. -- 北京：中国林业出版社，2019.12
ISBN 978-7-5219-0402-4

Ⅰ.①中… Ⅱ.①国… Ⅲ.①林业－中国－2019－年鉴 Ⅳ.①F326.2-54

中国版本图书馆CIP数据核字(2019)第273782号

责任编辑：何　蕊　许　凯　杨　洋
特约审稿：刘　慧
目录翻译：李　茗

出　版：中国林业出版社（100009　北京市西城区德内大街刘海胡同7号）
网　址：http://lycb.forestry.gov.cn
E-mail：cfybook@163.com　　　电　话：010-83143666
发　行：中国林业出版社
印　刷：北京中科印刷有限公司
版　次：2019年12月第1版
印　次：2019年12月第1次
开　本：880mm×1230mm　1/16
印　张：42
彩　插：110
字　数：2000千字
定　价：450.00元

编 辑 委 员 会

名誉主任	张建龙	国家林业和草原局局长、党组书记
主　任	彭有冬	国家林业和草原局副局长、党组成员
副主任	谭光明	国家林业和草原局党组成员、人事司司长
	李金华	国家林业和草原局办公室主任
	闫　振	国家林业和草原局规划财务司司长
	黄采艺	国家林业和草原局宣传中心主任
	刘东黎	中国林业出版社有限公司董事长、党委书记
委　员	赵良平	国家林业和草原局生态保护修复司（全国绿化委员会办公室）司长
	徐济德	国家林业和草原局森林资源管理司司长
	李伟方	国家林业和草原局草原管理司司长
	吴志民	国家林业和草原局湿地管理司（中华人民共和国国际湿地公约履约办公室）司长
	孙国吉	国家林业和草原局荒漠化防治司司长
	张志忠	国家林业和草原局野生动植物保护司（中华人民共和国濒危物种进出口管理办公室）司长（常务副主任）
	王志高	国家林业和草原局自然保护地管理司司长
	刘　拓	国家林业和草原局林业和草原改革发展司司长
	程　红	国家林业和草原局国有林场和种苗管理司司长
	王海忠	国家林业和草原局森林公安局局长、分党组书记
	郝育军	国家林业和草原局科学技术司司长

孟宪林	国家林业和草原局国际合作司（港澳台办公室）司长
高红电	国家林业和草原局机关党委常务副书记
薛全福	国家林业和草原局离退休干部局局长、党委书记
田勇臣	国家林业和草原局国家公园管理办公室副主任
周 瑄	国家林业和草原局机关服务局局长、党委书记
刘树人	国家林业和草原局信息中心主任
潘世学	国家林业和草原局林业工作站管理总站总站长
张艳红	国家林业和草原局林业和草原基金管理总站总站长
金 旻	国家林业和草原局天然林保护工程管理中心主任
张 炜	国家林业和草原局西北华北东北防护林建设局局长、党组副书记
李世东	国家林业和草原局退耕还林（草）工程管理中心主任
马国青	国家林业和草原局世界银行贷款项目管理中心主任
王永海	国家林业和草原局科技发展中心（植物新品种保护办公室）主任
李 冰	国家林业和草原局经济发展研究中心党委书记、主任
樊 华	国家林业和草原局人才开发交流中心主任
王春峰	国家林业和草原局对外合作项目中心常务副主任
刘世荣	中国林业科学研究院院长、分党组副书记
刘国强	国家林业和草原局调查规划设计院院长、党委副书记
周 岩	国家林业和草原局林产工业规划设计院院长、党委副书记
张利明	国家林业和草原局管理干部学院党委书记
张连友	中国绿色时报社社长、总编辑
费本华	国际竹藤中心常务副主任
鲁 德	国家林业和草原局亚太森林网络管理中心主任
陈幸良	中国林学会副理事长兼秘书长
李青文	中国野生动物保护协会副会长兼秘书长
张引潮	中国花卉协会秘书长
陈 蓬	中国绿化基金会秘书长、办公室主任
王 满	中国林业产业联合会秘书长
刘家顺	中国绿色碳汇基金会秘书长
李国臣	国家林业和草原局驻内蒙古自治区森林资源监督专员办事处（中华人民共和国濒危物种进出口管理办公室内蒙古自治区办事处）专员（主任）、党组书记
赵 利	国家林业和草原局驻长春森林资源监督专员办事处（中华人民共和国濒危物种进出口管理办公室长春办事处、东北虎豹国家公园管理局）专员（主任、局长）、党组书记
袁少青	国家林业和草原局驻黑龙江省森林资源监督专员办事处（中华人民共和国濒危

	物种进出口管理办公室黑龙江省办事处）专员（主任）、党组书记
陈 彤	国家林业和草原局驻大兴安岭森林资源监督专员办事处专员、党组书记
向可文	国家林业和草原局驻成都森林资源监督专员办事处（中华人民共和国濒危物种进出口管理办公室成都办事处、大熊猫国家公园管理局）专员（主任、局长）、党组书记
史永林	国家林业和草原局驻云南省森林资源监督专员办事处（中华人民共和国濒危物种进出口管理办公室云南省办事处）专员（主任）、党组书记
王剑波	国家林业和草原局驻福州森林资源监督专员办事处（中华人民共和国濒危物种进出口管理办公室福州办事处）专员（主任）、党组书记
王洪波	国家林业和草原局驻西安森林资源监督专员办事处（中华人民共和国濒危物种进出口管理办公室西安办事处、祁连山国家公园管理局）专员（主任、局长）、党组书记
周少舟	国家林业和草原局驻武汉森林资源监督专员办事处（中华人民共和国濒危物种进出口管理办公室武汉办事处）专员（主任）、党组书记
李天送	国家林业和草原局驻贵阳森林资源监督专员办事处（中华人民共和国濒危物种进出口管理办公室贵阳办事处）专员（主任）、党组书记
关进敏	国家林业和草原局驻广州森林资源监督专员办事处（中华人民共和国濒危物种进出口管理办公室广州办事处）专员（主任）、党组书记
李 军	国家林业和草原局驻合肥森林资源监督专员办事处（中华人民共和国濒危物种进出口管理办公室合肥办事处）专员（主任）、党组书记
郑 重	国家林业和草原局驻乌鲁木齐森林资源监督专员办事处（中华人民共和国濒危物种进出口管理办公室乌鲁木齐办事处）副专员（副主任）、党组副书记
苏宗海	国家林业和草原局驻上海森林资源监督专员办事处（中华人民共和国濒危物种进出口管理办公室上海办事处）专员（主任）、党组书记
苏祖云	国家林业和草原局驻北京森林资源监督专员办事处（中华人民共和国濒危物种进出口管理办公室北京办事处）专员（主任）、党组书记
张克江	国家林业和草原局森林和草原病虫害防治总站党委书记、副总站长
王邱文	南京森林警察学院党委书记
于 辉	国家林业和草原局华东调查规划设计院院长、党委副书记
彭长清	国家林业和草原局中南调查规划设计院院长、党委副书记
李谭宝	国家林业和草原局西北调查规划设计院院长、党委副书记
周红斌	国家林业和草原局昆明勘察设计院党委书记、副院长
路永斌	中国大熊猫保护研究中心党委书记、副主任
段兆刚	四川卧龙国家级自然保护区管理局党委书记

特约委员

邓乃平	北京市园林绿化局（首都绿化办）党组书记、局长（主任）	次成甲措	西藏自治区林业和草原局党组书记、副局长
高明兴	天津市规划和自然资源局副局长	党双忍	陕西省林业局党组书记、局长
刘凤庭	河北省林业和草原局局长	田葆华	甘肃省林业和草原局副局长
张云龙	山西省林业和草原局党组书记、局长	李晓南	青海省林业和草原局党组书记、局长
牧 远	内蒙古自治区林业和草原局党组书记、局长	徐 忠	宁夏回族自治区林业和草原局总工程师
金东海	辽宁省林业和草原局党组书记、局长	姜晓龙	新疆维吾尔自治区林业和草原局党委书记、副局长
金喜双	吉林省林业和草原局党组书记、局长		
王东旭	黑龙江省林业和草原局党组书记、局长	陈佰山	内蒙古大兴安岭重点国有林管理局党委书记
邓建平	上海市林业局（上海市绿化和市容管理局）党组书记、局长	于海军	中国吉林森林工业集团有限责任公司董事长
沈建辉	江苏省林业局党组书记、局长		
胡 侠	浙江省林业局党组书记、局长	姜传军	中国龙江森林工业集团有限公司党委副书记
牛向阳	安徽省林业局党组书记、局长		
陈照瑜	福建省林业局党组书记、局长	李大义	大兴安岭林业集团公司总经理
邱水文	江西省林业局党组书记、局长	李忠培	黑龙江伊春森工集团有限责任公司党委书记、董事长
李 琥	山东省自然资源厅（省林业局）党组书记、厅长		
		李岭宏	新疆生产建设兵团林业和草原局党组成员、副局长
秦群立	河南省林业局主要负责人		
刘新池	湖北省林业局党组书记、局长	安黎哲	北京林业大学校长
胡长清	湖南省林业局党组书记、局长	李 斌	东北林业大学校长
廖庆祥	广东省林业局党组成员、副局长	王 浩	南京林业大学校长
黄显阳	广西壮族自治区林业局党组书记、局长	廖小平	中南林业科技大学校长
夏 斐	海南省林业局党组书记、局长	郭辉军	西南林业大学校长
沈晓钟	重庆市林业局党组书记、局长	王玉杰	中国水土保持学会秘书长
刘宏葆	四川省林业和草原局党组书记、局长	骆有庆	中国林业教育学会秘书长
傅 强	贵州省林业局党组成员、副局长	尹刚强	中国生态文化协会秘书长
任治忠	云南省林业和草原局党组书记、局长	李 鹏	中国林业工程建设协会监事长

特约编辑

国家林业和草原局办公室	张　禹
国家林业和草原局生态保护修复司	
（全国绿化委员会办公室）	彭继平
国家林业和草原局森林资源管理司	郑思洁
国家林业和草原局草原管理司	颜国强
国家林业和草原局湿地管理司（中华人民	
共和国国际湿地公约履约办公室）	高静芳
国家林业和草原局荒漠化防治司	林　琼
国家林业和草原局野生动植物保护司（中华人民	
共和国濒危物种进出口管理办公室）	张　旗
国家林业和草原局自然保护地管理司	张云毅
国家林业和草原局林业和草原改革发展司	李　林
国家林业和草原局国有林场和种苗管理司	李世峰
国家林业和草原局森林公安局	李新华
国家林业和草原局规划财务司	刘建杰　黄祥云
国家林业和草原局科学技术司	吴红军
国家林业和草原局国际合作司（港澳台办公室）	
	毛　锋
国家林业和草原局人事司	李建锋
国家林业和草原局机关党委	周　戡
国家林业和草原局国家公园管理办公室	王　楠
国家林业和草原局机关服务局	陈　鹏
国家林业和草原局信息中心	张会华　罗俊强
国家林业和草原局林业工作站管理总站	唐　伟
国家林业和草原局林业和草原基金	
管理总站	刘文萍
国家林业和草原局宣传中心	郑　杨
国家林业和草原局天然林保护工程	
管理中心	徐　鹏
国家林业和草原局西北华北东北防	
护林建设局	刘　冰
国家林业和草原局退耕还林（草）	
工程管理中心	高立鹏
国家林业和草原局世界银行贷款	
项目管理中心	马　藜
国家林业和草原局科技发展中心	
（植物新品种保护办公室）	王地利
国家林业和草原局经济发展研究中心	王亚明
国家林业和草原局人才开发交流中心	王尚慧
国家林业和草原局对外合作项目中心	汪国中
中国林业科学研究院	林泽攀
国家林业和草原局调查规划设计院	赵有贤
国家林业和草原局林产工业规划设计院	孙　靖
国家林业和草原局管理干部学院	赵同军
中国绿色时报社	杜艳玲
中国林业出版社	张　锴
国际竹藤中心	夏恩龙
中国林学会	郭丽萍
中国野生动物保护协会	于永福
中国花卉协会	宿友民
中国绿化基金会	张桂梅
中国林业产业联合会	白会学

单位	姓名	单位	姓名
中国绿色碳汇基金会	何 宇	上海市林业局（上海市绿化和市容管理局）	王永文
国家林业和草原局驻内蒙古自治区专员办（濒管办）	夏宗林	江苏省林业局	仲志勤
国家林业和草原局驻长春专员办（濒管办）	陈晓才	浙江省林业局	谢 力
		安徽省林业局	吴 菊
国家林业和草原局驻黑龙江省专员办（濒管办）	沈庆宇	福建省林业局	谢乐婢
		江西省林业局	卢建红 饶利军
国家林业和草原局驻大兴安岭专员办	赵树森	山东省自然资源厅（省林业局）	张彩霞
国家林业和草原局驻成都专员办（濒管办）	曹小其	河南省林业局	柴明清 瞿 潇
国家林业和草原局驻云南省专员办（濒管办）	王子义	湖北省林业局	彭锦云
		湖南省林业局	李邵平
国家林业和草原局驻福州专员办（濒管办）	宋师兰	广东省林业局	曹仁福 张 静
国家林业和草原局驻西安专员办（濒管办）	乔 娟	广西壮族自治区林业局	李巧玉
国家林业和草原局驻武汉专员办（濒管办）	李建军	海南省林业局	李豪洋
国家林业和草原局驻贵阳专员办（濒管办）	陈学锋	重庆市林业局	周登祥
国家林业和草原局驻广州专员办（濒管办）	李金鑫	四川省林业和草原局	张革成
国家林业和草原局驻合肥专员办（濒管办）	夏 倩	贵州省林业局	吴晓悦
国家林业和草原局驻乌鲁木齐专员办（濒管办）	祁金山	云南省林业和草原局	王 骞
		西藏自治区林业和草原局	熊艳阳
国家林业和草原局驻上海专员办（濒管办）	叶 英	陕西省林业局	吕旭东
国家林业和草原局驻北京专员办（濒管办）	于伯康	甘肃省林业和草原局	赵 俊
		青海省林业和草原局	宋晓英
国家林业和草原局森林和草原病虫害防治总站	柴守权	宁夏回族自治区林业和草原局	马永福
南方航空护林总站	史 磊	新疆维吾尔自治区林业和草原局	主海峰
南京森林警察学院	刘佩佩	内蒙古大兴安岭重点国有林管理局	杨建飞
国家林业和草原局华东调查规划设计院	王 涛	中国吉林森林工业集团有限责任公司	吴在军
国家林业和草原局中南调查规划设计院	肖 微	中国龙江森林工业集团有限公司	王庆江
国家林业和草原局西北调查规划设计院	王义贵	大兴安岭林业集团公司	赵晓辉
国家林业和草原局昆明勘察设计院	佘丽华	黑龙江伊春森工集团有限责任公司	杨玉梅
中国大熊猫保护研究中心	李德生	新疆生产建设兵团林业和草原局	腾晓宁
四川卧龙国家级自然保护区管理局	王 华	北京林业大学	焦 隆
北京市园林绿化局	齐庆栓	东北林业大学	朱立明
天津市规划和自然资源局	邢 政	南京林业大学	钱一群
河北省林业和草原局	袁 媛	中南林业科技大学	陈鹤梅
山西省林业和草原局	李翠红 李 颖	西南林业大学	王 欢
内蒙古自治区林业和草原局	牛喜山	中国水土保持学会	张东宇
辽宁省林业和草原局	董铁狮	中国林业教育学会	田 阳
吉林省林业和草原局	耿伟刚	中国生态文化协会	付佳琳
黑龙江省林业和草原局	李艳秀	中国林业工程建设协会	周 奇

编辑说明

一、《中国林业和草原年鉴》（原《中国林业年鉴》，自2019卷起更名）创刊于1986年，是一部综合反映中国林草业建设重要活动、发展水平、基本成就与经验教训的大型资料性工具书。每年出版一卷，反映上年度情况。2019卷为第三十三卷，收录限2018年的资料，宣传彩页部分收录2018年和2019年资料。

二、《中国林业和草原年鉴》的基本任务是为全国林草业战线和有关部门的各级生产和管理人员、科技工作者、林业院校师生和广大社会读者全面、系统地提供中国森林资源消长、森林培育、森林资源保护、草原资源管理、生态建设、森林资源管理与监督、森林防火、林业产业、林业经济、科学技术、专业理论研究、院校教育以及体制改革等方面的年度信息和相关资料。

三、第三十三卷编纂内容设29个栏目。统计资料除另有说明外，均不含香港特别行政区、澳门特别行政区、台湾省数据。

四、年鉴编写实行条目化，条目标题力求简洁、规范。长条目设黑体和楷体两级层次标题。全卷编排按内容分类。条头设【】。按分类栏目设书眉。

五、年鉴撰稿及资料收集由国家林业和草原局机关各司（局）、各直属单位以及各省（区、市）林业（和草原）局承担。

六、释文中的计量单位执行GB 3100—93《国际单位制及其应用》的规定。数字用法按GB/T 15835—2011《出版物上数字用法》的规定执行。

七、条目、文章一律署名。

中国林业和草原年鉴编辑部
2019年12月

◎ 2018年9月22日,国家林业和草原局局长张建龙出席绿水青山就是金山银山有效实现途径研讨会

/中国林业网 供稿/

◎ 2018年10月31日,国家林业和草原局副局长张永利在北京会见美国诺贝尔环境技术公司总裁罗伯特·诺贝尔一行

/吴兆喆 摄/

◎ 2018年10月23日，国家林业和草原局副局长刘东生出席第四届世界人工林大会

/中国林业网　供稿/

◎ 2018年5月14日，国家林业和草原局副局长彭有冬在北京会见日本环境副大臣伊藤忠彦

/中国林业网　供稿/

◎ 2018年3月31日,国家林业和草原局副局长李树铭参加2018年共和国部长义务植树活动

/中国林业网 供稿/

◎ 2018年8月23日,国家林业和草原局副局长李春良出席首届中国大熊猫国际文化周开幕式

/中国林业网 供稿/

◎ 2018年8月9日，国家林业和草原局党组成员谭光明在北京会见日本神户市市长久元喜造

/王 舟 摄/

◎ 2018年11月16日，国家林业和草原局总经济师张鸿文在广西南宁会见出席2018中国-东盟博览会林产品及木制品展的越南农业与农村发展部副部长陈青南

/杨海健 摄/

◎ 2018年10月12日，全国绿化委员会办公室专职副主任胡章翠在北京会见澳门中华生态发展促进会会长李沛霖

/刘泽英 摄/

第三次岩溶地区石漠化监测成果发布

2018年12月13日，国家林业和草原局在国新办举行第三次石漠化监测成果新闻发布会，副局长刘东生介绍了第三次石漠化监测成果有关情况，并答记者问。

在2005年、2011年开展的两次石漠化监测工作的基础上，2016年4月至2017年9月，国家林业局组织完成岩溶地区第三次石漠化监测工作，主要监测结果如下：

截至2016年，岩溶地区石漠化土地总面积为1007万公顷，占岩溶土地面积的22.3%，占区域国土面积的9.4%，主要分布在湖北、湖南、广东、广西、重庆、四川、贵州和云南8个省（区、市，以下简称省）457个县（市、区，以下简称县）。贵州省石漠化土地面积最大，为247万公顷，占石漠化土地总面积的24.5%，其他依次为云南、广西、湖南、湖北、重庆、四川和广东，面积分别为235.2万公顷、153.3万公顷、125.1万公顷、96.2万公顷、77.3万公顷、67万公顷和5.9万公顷，分别占23.4%、15.2%、12.4%、9.5%、7.7%、6.7%和0.6%。

连续3次监测结果显示，石漠化扩展趋势整体得到有效遏制，石漠化状况呈现"面积持续减少、危害不断减轻、生态状况稳步好转"的良好态势。

※ 2018年12月13日，第三次石漠化监测成果新闻发布会在北京召开，国家林草局副局长刘东生答记者问

一是石漠化土地面积持续减少，缩减速度加快。本监测期，5年间减少了193.2万公顷，缩减面积是上个监测期的2倍，年均缩减率是上个监测期的2.7倍。

二是石漠化程度减轻，重度和极重度减少明显。与2011年相比，不同程度的石漠化面积均出现减少。轻度石漠化减少40.3万公顷、中度减少86.2万公顷、重度减少51.6万公顷、极重度减少15.1万公顷。

三是石漠化发生率下降，敏感性降低。5年间，岩溶地区石漠化发生率由26.5%下降到22.3%。石漠化敏感性在逐步降低，易发生石漠化的高敏感性区域为1527.1万公顷，较上期减少111.1万公顷。

四是水土流失面积减少，侵蚀强度减弱。与2011年相比，石漠化耕地减少13.4万公顷，岩溶地区水土流失面积减少8.2%，土壤侵蚀模数下降4.2%，土壤流失量减少12%。

五是林草植被结构改善，岩溶生态系统稳步好转。目前岩溶地区林草植被综合盖度61.4%，较2011年增长了3.9个百分点。同时，乔木型植被增加了145万公顷，增长3.5个百分点。

六是区域经济发展加快，贫困程度减轻。与2011年相比，2015年岩溶地区国内生产总值增长

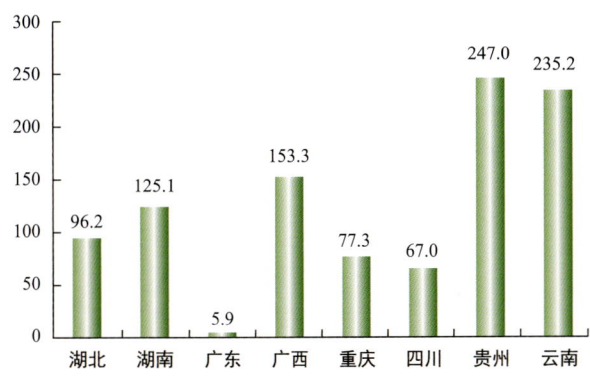

※ 各省份石漠化土地面积（单位：万公顷）

65.3%、农村居民人均纯收入增长79.9%，均高于全国同期水平。5年间，区域贫困人口减少3803万人，贫困发生率由21.1%下降到7.7%。

世界防治荒漠化与干旱日纪念大会

经过周密细致的筹备，2018年6月14日，国家林业和草原局与全国政协农业和农村委员会、陕西省人民政府联合在陕西榆林市举办世界防治荒漠化与干旱日纪念大会，来自重点沙区省林业厅的主管领导、治沙处处长、部分全国政协委员以及主要新闻媒体记者共120多人参加了大会。全国政协副主席郑建邦出席大会并做重要讲话，国家林业和草原局局长张建龙、全国政协农委副主任马中平、陕西省省长刘国中参加会议并讲话，联合国副秘书长、公约执秘莫尼卡·巴布为大会发来贺信，国家林业和草原局副局长刘东生主持会议。本次大会以"防治土地荒漠化 助力脱贫攻坚战"为主题，通过领导讲话、典型交流和现场参观等多种形式，全面展示中国治沙成就，宣传治沙治穷的经验，讲好中国治沙故事。大会时间虽短，但规格高、内容多、效果好、影响大。

※ 现场参观

※ 纪念大会现场

※ 典型交流

※ 防治荒漠化成果

防治土地荒漠化　助力脱贫攻坚战

◎ 沙化土地封禁保护区试点建设

2018年，继续推进沙化土地封禁保护区试点建设工作，积极协调落实年度补助资金2亿元，新增沙化土地封禁保护区6个，封禁保护总面积166万公顷。认真落实《沙化土地封禁保护修复制度方案》，系统总结沙化土地封禁保护区5年试点的情况及经验。组织开展沙区天然植被状况摸底调查，为建立健全沙区天然植被保护制度做好基础工作。开展沙化土地封禁保护区建设情况抽查，针对存在的突出问题，约谈地方林业部门，下发整改通知，督促各地进行整改。组织举办全国沙化土地封禁保护修复制度政策培训班，对各有关省区林业部门和试点县的管理人员进行专题培训并交流经验。督促各试点县加快工程建设和资金支付进度，按时保质完成建设任务。

※ 新疆阿瓦提县沙化土地封禁保护区瞭望塔　　　※ 甘肃省临泽县北部干旱荒漠国家沙化土地封禁保护区

◎ 国家沙漠（石漠）公园进展情况

2018年国家林业和草原局批复了河北、内蒙古、湖南、广东、云南、甘肃、新疆7个省（区）的17个国家沙漠（石漠）公园。国家沙漠公园自2013年启动，经过6年的探索和发展，取得阶段性成果。截至2018年，已经批复120个国家沙漠（石漠）公园，包括23个石漠公园，范围涵盖山西、内蒙古、湖南、甘肃、青海、新疆、广东等14个省（区）及新疆生产建设兵团。

※ 四川兴文峰岩国家石漠公园

◎ 石漠化综合治理工程助力扶贫

2016年，国家发改委、国家林业局、农业部、水利部联合印发《岩溶地区石漠化综合治理工程"十三五"建设规划》（以下简称《规划》），规划期为2016～2020年。《规划》范围包括贵州、云南、广西、湖南、湖北、四川、重庆、广东8省（区、市）的455个县（市、区）。"十三五"期间中央预算内专项资金每年将重点用于200个重点县的治理工作。武陵山片区、乌蒙山片区、滇桂黔石漠化片区等集中连片特困地区和国家扶贫工作重点县有217个县在工程规划范围内，其中，有146个县列入石漠化治理重点县投资范围。2018年，工程累计安排投资14.6亿元，主要用于封山育林、人工造林、森林抚育、改良草地、草种基地、坡改梯和配套水利水保设施建设等。

※ 贵州黔西南州兴仁市石漠化治理效果

通过工程的实施，助力扶贫攻坚，加快区域经济发展，减轻贫困程度。第三次石漠化监测结果显示，与2011年相比，2015年岩溶地区生产总值增长65.3%、农村居民人均纯收入增长79.9%，分别高于全国同期的43.5%和54.4%。2012～2016年，区域贫困人数减少3800多万人，贫困发生率由21.2%下降到7.7%。根据国务院扶贫办2018年公布的脱贫摘帽县名单，贵州、云南、广西、湖南、湖北、四川、重庆等共有57个县实现了脱贫摘帽，其中，石漠化综合治理工程区就有33个县实现了脱贫摘帽，占57.9%。

◎ 京津风沙源治理工程助力扶贫

2012年，国务院批准《京津风沙源治理二期工程规划（2013～2022年）》，2013年京津二期工程正式启动实施。京津二期工程涉及北京、天津、河北、山西、内蒙古、陕西6省（区、市）的138个县（旗、市、区），其中，有53个县在集中连片特困地区和国家扶贫工作重点县。2018年，安排贫困县营造林任务7.71万公顷，工程固沙2333.33公顷，安排投资18.23亿元。工程的实施对扶贫攻坚作出了贡献。陕西省创新造林营林机制，积极开展"社队贫困户造林、政府购买式"的做法，有造林任务的贫困乡、贫困村实行贫困群众参与造林工程，让更多有劳动能力的贫困人口实现生态就业，获得实实在在的收入。山西省京津工程区17个贫困县都成立了由60%以上建档立卡贫困人口参与的扶贫攻坚造

※ 河北省承德市丰宁小坝子乡沙化治理效果

林专业合作社，承担治理工程，获得劳务费、股金等，增加收入。2018年，山西京津工程区参与治理建设的贫困社员人均收入3600多元，可带动1万余人次脱贫。

2018年中国野生动植物保护十件大事

◎ 中国全面禁止象牙贸易

中国政府从2018年1月1日起全面禁止国内象牙商业性加工和销售活动,成为全球打击象牙非法贸易措施最严格的国家,为全世界做出了表率。为全面实施象牙禁令,中国政府从国内、国际两个层面采取措施。2018年,国家林业和草原局联合外交、文化、海关、市场等部门多次在北京、天津、湖北、云南、福建、江苏、浙江、广东等地开展检查和宣传工作,以确保该项措施执行到位。同时,国家林业和草原局联合海关总署等部门赴坦桑尼亚、马拉维、莫桑比克、赞比亚、乌干达、埃塞俄比亚等非洲国家开展濒危物种保护宣讲会,呼吁公众远离象牙等野生动物制品非法贸易。

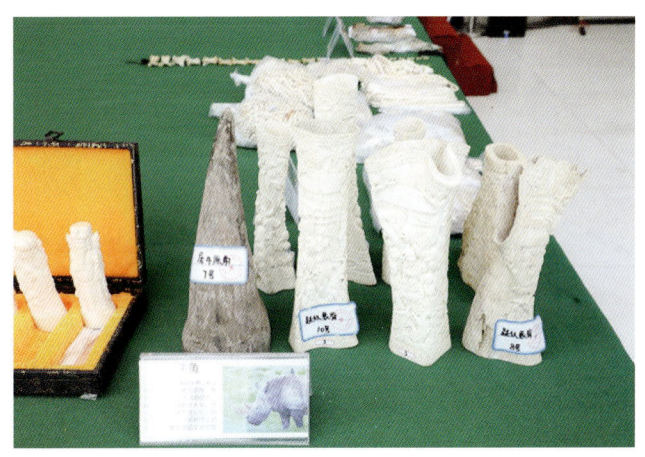

※ 中国全面禁止象牙商业性加工和销售活动

◎ 东北虎繁殖家庭频现东北虎豹国家公园

2018年,监测发现多个野生东北虎繁殖家庭现身东北虎豹国家公园。5月26日,在吉林珲春监测拍摄到1只雌虎携带2只幼仔外出的画面;10月5日,同样在珲春监测到另1只雌虎携带4只幼仔在林中漫步,这是中国第三次监测到1虎带4仔的场景。东北虎繁殖家庭连续被发现,显示了中国东北虎种群繁殖力旺盛,东北虎豹国家公园内的东北虎种群迎来了一次比较集中的繁殖高峰期。

◎ 野外引种开启大熊猫种群复壮新征程

中国大熊猫保护研究中心野外引种大熊猫"草草",于2018年7月25日在四川卧龙核桃坪野化培训基地顺利产下一对龙凤胎,这是大熊猫野外引种项目开展以来首次诞下双胞胎。目前,两只幼仔情况稳定,

※ 东北虎豹国家公园内1只雌虎携带4只幼仔在林中漫步

※ 熊猫"草草"野外引种生下龙凤胎

这标志着中国大熊猫保护研究中心继2017年野外引种实验大熊猫成功产仔后，圈养大熊猫野外引种再次取得突破性成功。对进一步改善圈养大熊猫遗传结构和提高大熊猫遗传多样性具有重要意义。

大熊猫野外引种不仅可以实现圈养种群和野生种群的血缘交换，为圈养大熊猫种群注入新的基因，增加人工种群的活力和遗传多样性，还将为野生大熊猫种群复壮以及大熊猫国家公园的建设起到积极作用，从而推动中国大熊猫保护工作的发展。同时也为大熊猫及其他珍稀濒危大型哺乳动物的放归和保护提供了新的思路、开辟了新的方法。

◎ **全国百支队伍参与候鸟护飞行动**

2018年，中国野生动物保护协会在候鸟迁徙季开展两次志愿者护飞行动，组织全国超过百支队伍开展了候鸟保护讲座、监测巡护、拆网举报等活动，并协助相关部门破案，形成了保护候鸟和打击非法猎捕的浓厚氛围。一年来，各地因地制宜开展护飞行动，签署100个爱鸟护鸟文明协约，建立了主管部门、执法部门、各省协会与志愿活动相互配合、联合行动机制，推动政府主导、社会支持、民众广泛参与的野生动物保护志愿活动组织体系建设。

※ 中动协志愿者委员会与吉林省榆树市南坊村签订《共建爱鸟文明乡村协约》

◎ **16家机构联合倡议保护野生兰花**

2018年7月14日，由国家林业和草原局与国家药品监督管理局、国家濒危物种科学委员会等单位在深圳共同主办"紫纹兜兰回归自然试验项目启动仪式暨兰科植物保育研讨活动"。在紫纹兜兰回归自然启动仪式上，中国野生植物保护协会、中国花卉协会、中国中药协会、中国植物园联盟、世界自然基金会、百度、阿里巴巴、穷游网、58同城等16家单位联合发起了"保护野生兰花，拒绝无序交易"的倡议。电商平台、园林造景、展会展览、中医药等利用、销售兰科植物的主要渠道作出了相关承诺，倡导在电商平台劝阻贩卖野生兰花商户，号召消费者拒绝购买野生兰花。

开展珍稀濒危植物野外回归是保护濒危植物的重要途径，通过人工繁殖将濒危珍稀植物引入到其原来分布的自然或半自然的生境中，以建立具有足够的遗传资源来适应进化改变、可自然维持和更新的新种群，实现种群在野外的可持续生存。通过野外回归实践，中国探索出"选取适当的珍稀植物，进行基础研究和繁殖技术攻关，再进行野外回归和市场化生产，

※ 紫纹兜兰回归自然

实现其有效保护，推动整个国家珍稀濒危植物回归工作"的濒危珍稀植物保护模式，产生了良好的社会、生态和经济效益。

◎ 雪豹保护国际合作达成深圳共识

2018年9月4～6日，国家林业和草原局会同广东省人民政府和中国野生动物保护协会在深圳市组织召开了国际雪豹保护大会。来自中国、印度、哈萨克斯坦、蒙古、俄罗斯等12个雪豹分布国的政府代表、专家以及相关国际组织代表200多人出席会议。与会代表围绕雪豹保护面临的问题，共同探讨加强雪豹保护的科学对策和政策建议。会议通过《全球雪豹保护深圳共识》，提出今后各方务实合作的优先领域、合作机制，标志着全球雪豹保护国际合作迈上新台阶。

◎ 首届中国野生植物保护大会引起广泛关注

2018年12月12～14日，首届中国野生植物保护大会在山东省烟台市召开。大会以科学保护、法治保障、有序利用为主题，以开放、交流、合作、共享为理念，力争实现对野生植物资源的科学保护；展示了全国野生植物保护领域的科学成果，提出了修订野生植物保护名录的建议，交流了野生植物保护经验，探讨了科学利用野生植物资源的方法，通过了对保护野生植物作出突出贡献实施奖励的办法。大会共作了108个专题报告，全国植物学界相关人士700余人参加大会。

※ 国际雪豹保护大会

※ 首届中国野生植物保护大会

◎ 全国开展严厉打击犀牛和虎及其制品非法贸易专项行动

2018年11月13日，国家林业和草原局召开电视电话会议，决定从即日起至12月31日，在全国范围内组织开展严厉打击犀牛和虎及其制品非法贸易专项行动，遏制走私、非法收购、运输、出售犀牛和虎及其制品犯罪苗头，保护珍稀濒危野生动物安全。专项行动期间，全国森林公安共处理刑事案件396起，打击处理犯罪人员770人，打掉犯罪团伙13个，共查获犀牛角、虎制品等数百件，涉案价值数千万元。

野生动物保护事关生态安全、民

※ 专项行动查获的非法贸易野生动物制品

生福祉和国家形象，是国际国内社会普遍关注的热点敏感问题。我国野生动物保护事业已经取得明显成效，但保护任务仍然十分繁重。特别是一些地方，犀牛和虎及其制品非法贸易案件时有发生，造成了恶劣影响，需要进一步加大打击力度。这次专项行动，就是贯彻落实习近平总书记等中央领导同志重要指示精神、切实加强野生动物保护的具体举措。

◎《中国生物物种名录》（植物卷）丛书全册面世

《中国生物物种名录》（植物卷）丛书历经6年于2018年全部完成出版。丛书共12册，编撰了中国境内全部野生高等植物及重要栽培植物和归化植物，共计464科4001属36 152种。丛书由中国众多植物类学家编研，对中国境内高等植物进行了整体的物种编目，是对中国植物区系"家底"的全新"盘点"，为我国实施野生植物保护奠定了科学基础。

※《中国生物物种名录》（植物卷）丛书

◎ 人工养殖林麝野化放归首获成功

2018年4月26日以来，红外相机多次在陕西省宁陕县密林中拍摄到佩带GPS项圈的人工养殖的国家一级重点保护野生动物林麝成年个体及携带幼仔活动的场景，表明陕西省进行的世界首次养殖林麝野化放归试验获得成功。

2017年6月29日，陕西省林业厅、陕西省科学院在宁陕县境内的宁东林业局响潭沟野化放归8头雌性林麝、5头雄性林麝，其中8头佩戴项圈。放归后至2018年，陕西省科学院动物研究所王艳研究团队和西北大学齐晓光教授团队通过自动感应红外相机技术、林麝佩戴的GPS项圈定位追踪、跟踪观察、样方调查等方法对放归林麝进行科研监测。

※ 红外相机拍摄到的小林麝

监测结果表明，8头佩戴项圈的林麝，有6头在一定区域内活动。放归的个体能够生存并产仔繁育后代，是人工养殖野生动物野化放归成功与否的根本标志。

镌刻在大兴安岭上的誓言

——追忆大兴安岭根河林业局副局长于海俊

森林雷电火灾过程中，他不幸因公牺牲。

于海俊，出生于内蒙古赤峰市翁牛特旗桥头镇代家窝铺村。1987年毕业于内蒙古林学院，在此后的32年韶华里，始终奋斗在内蒙古大兴安岭10.67万平方千米的土地上，全心全意地为大森林奉献着智慧和力量且无怨无悔。他学林、务林、忠于林，护林、爱林、殉于林。汗水，洒满了来路，鲜血，染红了归途。他用生命诠释了一名共产党员的初心和使命。

于海俊牺牲后，中国森林防火微信公众号、《内蒙古日报》《林海日报》《新京报》、中新网、学习强国、人民网、《人民日报》等20多家媒体报道了他的感人事迹。6月26日、7月29日新华社全媒体2次刊播了他的事迹，7月29日的《用生命守护那片绿色——追记内蒙古大兴安岭林区干部于海俊》，5天时间里浏览量就高达300多万次。

◎ 有火情，主动请缨——"我先上"

6月19日15时07分，根河林业局护林防火管理处接到火情报告，于海俊带领60名专业扑火队员奔赴火点，进入了火场。

20时20分，经过全体队员两个多小时的奋力扑救，火场全线合围，外围明火被扑灭。但是为了火场的安全，不发生死灰复燃，于海俊不顾疲劳，安排快速扑火队，再打一个扣头，队员们在前面清理，于海俊在后面逐段进行查看，此时的火场形势复杂，过火站干很多，但他全然不顾危险，一边查看火情，一边拿着GPS测火场面积。一根过火站干被风刮倒砸中了正经过这里的于海俊。已经处于昏迷状态的他，手里仍然紧紧地攥着GPS。敬爱的于海俊同志，带着他追寻绿色、描绘绿色、守护绿色的梦想，在兴安岭之巅永远的"睡着了"……

※ 2019年6月19日，于海俊牺牲前在现场指挥扑火战斗

2017年5月2日，毕拉河林业局北大河林场发生森林火灾，于海俊带着63名队员在第一时间登机奔赴火场，17点30分左右进入火场，他带领队员立即进行扑救，经过4个多小时的奋力扑救，将两千米多长的火线明火全部扑灭，这时大家累得不想动弹。他让大家稍作休整，可年过半

※ 2018年5月，于海俊（左二）同志在种苗定植区指导幼苗种植技术

百的他却没有停下来，拖着极度疲惫的身子拿着GPS又巡查了一圈，随后他告诉队员们马上转移，找个有沙石有水源的地方宿营。到了后半夜，起风了，风向突变，林火飞蹿。第二天一早队员们重返火场时，发现原本想要宿营的地方早已被大火烧过。队员们这才明白，于海俊为什么要那么严肃地命令大家了。大家都说，如果不听他的话，麻烦可就大了，极有可能发生伤亡事故。通过扑火队伍对火灾的积极扑救，有效地阻挡了火势的蔓延，得到了管理局森防指的高度肯定，于海俊被评为2018年林区森林防灭火先进个人。他亲手制作的《毕拉河从营地旁流过》这样一部ppt格式的扑火经验资料，至今仍在扑火队员手中传递着。

2018年6月22日，大兴安岭北部原始林区管护局伊木河林场发生森林火灾，23日，于海俊率领100人乘坐直升机直奔火场参与扑救。他和队友搬运直升机中的大吊桶时，一个大铁块掉落下来重重地砸在了于海俊的脚面上，他一直没有吭声。整整十几个小时，他硬是咬着牙，强忍着疼痛爬山、过河，指挥扑火作战。于海俊在根河林业局工作的八年半时间里，带领队伍扑救火灾12次，每次都圆满完成了任务。

◎ 有工作，主动承担 ——"我来干"

于海俊常说："我就想为林区、为老百姓干点实事儿"，他是这么说的，也是这么做的。

1998年，一期天保工程启动的时候，于海俊带领规划院全体设计人员承担了国家林业局、大兴安岭林管局下达的各项工程规划设计任务。于海俊作为规划院副总工程师、规划设计室主任，他关注的，不仅是当下，还有长远的未来，他带领规划设计室全体成员整天加班加点地工作，困了就用凉水洗把脸，实在累了就趴在满是图纸的桌子上打个盹儿。马上过年了，于海俊却一连7天7夜没有回去，妻子送来了换洗的衣物，看到他胡子拉碴一脸憔悴，既心疼又无奈，忍不住哭了。

2011年，于海俊到根河林业局工作后的八年半时间里，经常一连好几个月

※ 于海俊向林业专家介绍林区树木生长特点

都不回家。他的生活就在工作当中，就像鱼儿生活在水里，他把工作看作天大的事。就在他去世当天的6月19日上午，还先后参加了林业局组织的节能宣传周和森林调查设计技能比武活动，又配合上级3个工作

组在根河局开展业务工作。于海俊回牙克石探亲次数很有限,回家没有坐过一次公车,他说单位有规定,公车不能私用,都是乘坐绿皮火车往返,单程需要漫长的6个小时,妻子去根河看望他也是坐火车去。作为一名普通的党员干部,于海俊勤奋敬业可谓是几十年如一日,对工作孜孜以求,舍小家、顾大家,单位在变,职务在变,但他爱岗敬业、克己奉公的优秀品质始终没变。

在内蒙古自治区直属机关工委追授于海俊同志优秀共产党员的决定中这样写道,"要学习于海俊同志严于律己、清廉淡泊的高尚情操。他干净干事、克己奉公,多次承担国家林业局和大兴安岭重点国有林管理局的重大项目,无一例违反党风廉政规定的举报和负面反映,从没有在项目建设中为亲朋好友打招呼,更没有用手中权力谋取私利。"

◎ 有梦想,奋力追寻 ——"我描绘"

2003年10月,内蒙古大兴安岭重点国有林管理局规划院接到设计北部原始林区128千米防火基础设施建设工程塔路的紧急任务。原始林区里除了一条主路再无路,没有现成的房子可以住,于海俊承担了这项紧急任务,他带领勘察设计队员进入了原始林区。一个星期后就下雪了,加之阴坡常年未融化的积雪,雪最深处已经没过膝盖。于海俊带领队员们背着七八十斤重的帐篷、给养和勘查工器具徒步穿行原始林区,偶然碰到一些山洞,虽然住的能比四处透风、床底结冰的帐篷环境好些,可四处乱串的耗子直往被窝里钻。白天,他带领选线组人员冲在最前方,爬高山、穿密林、趟河道、走沼泽,测绘、设计,为工程调查后续工作开展打头阵,一天下来双脚磨出了血泡,手和脸到处有冻伤。晚上,他忍着难

※ 2015年5月17日,于海俊在根河林业局木瑞种苗定植区进行培垄

捱的疼痛和钻心的瘙痒,和队员们一边在雪地里烤馒头片,煮冻白菜充饥,一边统计整理、录入调查数据。夜里,他怕队员们挨冻,又悄悄地起床当起了"烧炉工"。就这样带领队伍从深秋到初冬,奋战40余天,穿越大兴安岭北部的原始林区,圆满完成了既定任务。

2008年,规划院外业调查组深入根河林业局萨吉气林场开展全国森林资源第七次连续清查任务,调查样地较远,外业队员曹景先和吕维新二人迷山了。看到室外大雨倾盆,已经休息的于海俊立即组织人员展开寻找,自己也只穿了一件单薄的衣衫急匆匆地往样地赶。于海俊带领大家满山遍野的呼喊曹景先和吕维新二人的名字,由于事发匆忙,他连水靴都没换,双脚裹满了泥,胳膊和衣衫被树枝刮了多条裂口,一条条血道子染在了白色的汗衫上。大家喊得嗓子都哑了,一直到凌晨3点多钟才找到二人,于海俊急切地询问二人是否受伤,紧张的上下查看他们的身体状况,说着"兄弟们受辛苦了,没事了、没事了。"此时,浑身湿透的于海俊,汗水、泪水、雨水、泥水早已分不清。

多年来,于海俊负责并参加的林业工程规划设计、森林资源调查规划设计、生态环境工程设计和测绘项目共有100余项,其中完成了天保工程设计32项,8个项目获评全国和省部级优秀科技成果奖;主编或参

编完成论文、著作10余篇（部），他先后获得过"内蒙古自治区优秀科技工作者"等近20项荣誉。2009年，被聘为全国森林工程标准化技术委员会委员，成为了森林调查和规划设计的行家里手。

于海俊是林业系统的知名专家，是生态文明建设的实践典范。他始终以拼命诠释使命，以实干创造实绩，将"绿水青山就是金山银山"的理念转化为推动林业改革、促进林区发展的具体行动。翻开他的履历，清晰地记录着他突出的业绩。

他主持推动构建起根河林业局森林资源监管"一体两翼"新格局，以林业局、林场森林资源管理为责任主体，生态保护建设监测中心和森林资源监督机构为两翼，走出了生态保护建设良性发展的新路子，将"生态优先、绿色发展"的理念转化为了发展现代林业、建设美丽林区的具体行动。

他推动根河林业局确立了科学合理的管护方式和管护建设目标，建立健全了森林管护机构与林业局、林场、管护站（区）和管护责任人四级管护责任体系，落实了管护主体和职责，积极推行森林管护内部购买服务，制订了各类森林管护内部购买服务合同文本。

他积极推动阳坡造林，严格落实造林各项技术规程，要求"造一片、成活一片、保证一片"，与干部职工同吃、同劳动，让万亩荒山荒地披上绿装。

他深入开展根河林业局毁林开垦专项整治行动、清理违规建设家庭生态林场等生态保护建设工作，取得了实实在在的成效。

他落实科学化管理，在根河林业局转型发展中，积极顺应从以木材生产为主的模式向以生态建设保护为主的模式转变，从粗放式管理向精细化管理转

※ 于海俊指导工作

变，主持废除、完善、制订了林业局各项规章管理制度百余项。

时间倒流到于海俊牺牲的前一天。6月18日，根河林业局党委召开了"不忘初心 牢记使命"主题教育研讨会。上午会议结束前，于海俊将撰写的心得体会郑重地交给党组织。他在心得体会材料里这样写道："作为林业人，必须把改善林业局生态环境质量作为义不容辞的责任，坚决担起建设美丽根河的历史使命，坚持最重的担子自己先挑、最硬的骨头自己先啃。"这是于海俊同志交给党的最后一份思想汇报。

青山留忠魂，绿水吟悲声。往昔成追忆，他日放歌城。于海俊每一年、每一月、每一天，每时每刻，都为这片绿色林海心心念念，用心、用情与之相融。

今天，于海俊虽然离我们远去了，但他的先进事迹，已深深镌刻在共和国70年的林业发展历程上，深深镌刻在10.67万平方千米的兴安大地上，深深镌刻在每一名默默奉献于祖国绿色事业的广大务林人心中。

于海俊留给后人的精神风范，必将光耀林海，激励一代又一代务林人为筑牢祖国北疆生态安全屏障接续奋斗。

（根据中共根河林业局党委宣传部供稿整理）

国家工程　生态航母

——天然林保护20年成效显著

2018年，天然林资源保护工程各项任务稳步推进，中央投入天然林保护资金453.4亿元，占全年中央林业投资1144亿元的40%左右。一是天保工程二期有序实施。17个省（区、市）、20个省级单位实施天然林有效管护，森林管护面积达1.15亿公顷。尤其是处于天保工程区的国有林业企业，管护人员达20多万人，建设了4万个管护站点，形成了一套有效的森林管护责任制。全年完成森林抚育任务175.33万公顷，完成公益林建设任务27.29万公顷，完成后备森林资源培育任务11.2万公顷。二是实现全面停止天然林商业性采伐。全国范围取消天然林商业性采伐指标。中央财政对国有天然林停伐参照停伐木材产量和天然商品林面积等因素给予停伐补助；对集体和个人所有天然林实行停伐管护费补助政策，标准参照集体所有

※ 2016年5月13日，习近平总书记在黑龙江省上甘岭原始红松林保护区考察

国家级公益林生态效益补偿标准。三是积极推进天然林保护制度建设。研究起草《天然林保护修复制度方案》上报党中央、国务院，为出台天然林保护修复奠基性文件和纲领性文件打下了基础；对《天然林保护条例》（征求意见稿）进行修改完善，有力推进天然林保护立法工作。

※ 国家林业和草原局局长张建龙在贵州天然林保护区调研

※ 国家林业和草原局天保办主任金旻在重庆市石柱土家族自治县看望慰问天保工程生态护林员

2018年正值我国天然林资源保护工程实施20周年，经过20年的实践，天保工程已成为我国生态文明建设中具有基础性、全局性、关键性的生态保护修复骨干工程，成效卓著，举世瞩目。随着天然林保护制度的进一步完善，中国天然林保护迈入了新时代。

◎ **建设历程**

1998年长江、松花江等流域特大洪水发生以后，党中央、国务院决定在长江上游、黄河上中游地区停止天然林采伐，重点国有林区实行木材减产、限伐。在云南等12个省（区、市）采取包括森林管护、飞播造林、封山育林和退耕还林等为期2年的天保工程试点，拉开了中国天然林保护的序幕。

2000年12月1日，国家林业局、国家计委、财政部、劳动和社会保障部共同下发《关于组织实施长江上游、黄河上中游地区和东北内蒙古等重点国有林区天然林资源保护工程的通知》，实施范围包括长江上游、黄河上中游、东北、内蒙古以及新疆、海南等重点国有林区17个省（区、市）的734个县和163个森工局，标志着天保工程在17个省区范围正式启动。

※ 大兴安岭十八站养鹿基地

2010年12月29日国务院审议通过，从2011年至2020年实施天然林资源保护二期工程。为严格保护南水北调重要水源地，实施范围在天保一期工程的基础上新增丹江口库区的11个县，并增加森林培育等政策，由此推进了我国从单纯的保护天然林向保护和培育天然林发展。自2014年4月1日起，在长江上游、黄河上中游地区继续执行停伐的基础上，停止龙江森工集团和大兴安岭林业集团天然林商业性采伐，2015年4月1日起，停伐范围继续扩大到黑龙江、吉林、内蒙古三省区的大小兴安岭、长白山林区以及河北省。2016年起，全面停止全国天然林商业性采伐。从此，我国天然林保护由区域性、阶段性工程措施进入全面保护新阶段。

◎ **工程特点**

一是保护对象是森林的主体和精华。 目前，中国天然林占全国森林面积的64%、森林蓄积的83%，是维护国土安全最重要的绿色屏障。全面保护天然林，对于建设生态文明和美丽中国、实现中华民族永续发展具有重大意义。

二是国家对天保工程的投入相比其他生态保护修复工程是巨大的。 20年来，国家共投入天保专项资金4000多亿元。2015年以来，国家逐步加大投入，天保工程投入基本占全国同期林业总投入的三分之一以上。天然林保护修复工作已逐步扩大到全国，成为林业的核心业务和中心工作。

三是天保工程既管林还管人。 妥善安置富余职工，实现职工社会保障和林区转型发展，是天然林保护修复重中之重的任务之一。

※ 重庆天然林保护区

◎ 显著成果

天保工程是一项生态保护修复重大工程，也是最重要的民生工程，使林业实现了从"资源危机、经济危困"走向"绿水青山就是金山银山"的康庄大道。实施天保工程是党中央、国务院做出的英明决策，是中国林业发展史上的一大壮举，也是世界林业建设史上的重大事件，功德无量，将永载人类生态文明建设的光辉史册。

一是全国天然林资源恢复性增长持续加快。 20年来，中国森林覆盖率由16.55%提高到22.96%，天然林面积净增2853.33万公顷、天然林蓄积净增37.75亿立方米。全国森林资源清查结果表明，近5年中国天然林面积净增593万公顷、蓄积净增13.75亿立方米，增速明显。

二是森林蓄水保土能力显著增强。 天然林结构复杂、枯枝落叶层厚、土壤孔隙大、涵养水源的功能强大。在蓄水能力上，世界公认天然林是人工林的3倍左右。目前全国森林年涵养水源量已达6289.50亿立方米，年固土量87.48亿吨。据河南省花园口水文站监测，黄河2016年的含沙量比2000年减少了90%。据第五次荒漠化沙化土地状况公报，内蒙古天保工程区2016年的荒漠化土地面积和沙化土地面积比2009年分别减少32万公顷和14万公顷，实现了"双减少"。青海三江源区近10年水资源量增加了近80亿立方米。四川省2013年水利普查的数据与2003年对比，水土流失面积已减少10.03万平方千米，年土壤侵蚀量减少了7700万吨。2018年长江干流断面水质优良比例达到了79.3%。水土流失的减少，有效降低了三峡、丹江口、小浪底等重点水利枢纽工程的泥沙淤积量。

※ 龙江森工东北红豆杉果实

三是野生动植物生存环境得到有效改善。 天保工程实施前，由于天然林过度采伐，野生动植物栖息地遭到严重破坏，中国高等野生植物物种中有15%～20%处于濒危状态，高于世界平均值；44%的野生动物种群数量呈下降趋势。经过20年的保护培育，退化的森林植被逐步得到恢复和重建，"棒打狍子瓢舀鱼、野鸡飞到饭锅里"的情景已经重现，为保护生物多样性作出了重大贡献，为创建以国家公园为主体的自然保护地体系创造了良好条件。目前，全国90%的陆地生态系统类型、85%的野生动物种群和65%的高等植物种群得到了较好保护。珙桐、苏铁、红豆杉等国家重点保护野生植物数量明显增加；2015年监测，境内野生东北虎由1999年的14只上升到27只，东北豹从1998年监测到的10只增加到42只；海南长臂猿从1998年监测到的7只增加到现在29只；西双版纳的亚洲象，由保护前100余头恢复到目前300余头；大熊猫从20世纪80年代接近濒危到目前野外种群数达到1864只；祁连山雪豹活动范围向东延伸了100余千米。

四是森林碳汇能力不断提升。 科学研究表明，天然林相对人工林具有更强的吸碳固碳和减缓气候变化的能力。目前我国森林植被总碳储量达91.86亿吨、年

※ 云南迪庆藏族自治州滇金丝猴

固碳量4.34亿吨、年释氧量10.29亿吨,其中80%以上的贡献来自于天然林。中国政府在全球气候变化公约国大会上承诺到2020年新增森林蓄积13亿立方米,而天保工程近5年就已经贡献了13.75亿立方米。

五是工程区经济迅速转型。 天保工程实施以来,各地加快产业结构转型优化,实现了从依靠木材生产为主向生态建设和依托林区资源综合发展的转变,为生态扶贫作出了显著贡献。妥善安置林业富余职工95.6万,其中近67万职工长期稳定就业。国有林业职工的年平均工资由2010年的1.8万元提高到目前的4.7万元,年均涨幅达20%。棚户区改造项目安排中央投资181亿元,惠及林区职工120.5万户。饮水安全项目解决了林区68.1万人安全饮水问题。林区城镇化速度不断加快,有效改善了林区职工的生活和居住环境。特色经济发展势头强劲,森林康养、自然教育、冰雪文化等新型业态方兴未艾。

六是支撑重点国有林区和国有林场加快改革。 重点国有林区依托天保工程政策和资金,稳步推动政企、政事、事企、管办"四分开"改革,保障社会职能移交工作加快推进。全国4800多个国有林场有三分之一在天保工程区内,随着天然林保护扩大到全国,有天然林资源的国有林场都纳入了天然林保护政策支持范围,为国有林场强化森林管护主体职责提供了重要支撑。

◎ 完善制度

党的十九大明确提出"完善天然林保护修复制度",由国家林业和草原局牵头起草制订《天然林保护修复制度方案》。2018年,国家林业和草原局会同发展改革委、财政部、司法部等部门深入开展调查研究,梳理分析政策依据,广泛征求林业基层单位及职工意见,召开专家学者研讨会,《天然林保护修复制度方案》于6月19日经国家林业和草原局局务会议、7月17日经自然资源部第10次部长办公会议审议通过,8月3日报送国务院、中央全面深化改革委员会。

※ 内蒙古森工天然林保护区

◎ 展望明天

以习近平生态文明思想为根本遵循和行动指南,牢固树立"绿水青山就是金山银山"理念,建立全面保护、系统恢复、用途管控、权责明确的天然林保护修复体系,维护天然林生态系统的原真性、完整性,让森林休养生息,促进人与自然和谐共生,不断满足人民群众日益增长的优美生态环境需要,为建设社会主义现代化强国、实现中华民族伟大复兴的中国梦奠定良好的生态基础。

要坚持全面保护,突出重点;坚持尊重自然,科学修复;坚持生态为民,保障民生;坚持政府主导,社会参与。实行天然林保护与公益林管理并轨,统筹山水林田湖草系统治理,加快构建以天然林为主体的健康稳定的森林生态系统。

到2020年,1.30亿公顷天然乔木林和0.68亿公顷天然灌木林地、未成林封育地、疏林地得到有效管护,基本建立天然林保护修复法律制度体系、政策保障体系、技术标准体系和监督评价体系。

到2035年,天然林面积保有量稳定在2亿公顷左右,质量实现根本好转,天然林生态系统得到有效恢复、生物多样性得到科学保护、生态承载力显著提高,为美丽中国目标基本实现提供有力支撑。

到21世纪中叶,全面建成以天然林为主体的健康稳定、布局合理、功能完备的森林生态系统,满足人民群众对优质生态产品、优美生态环境和丰富林产品的需求,为建设社会主义现代化强国打下坚实生态基础。

踏遍青山人未老　绘就蓝图壮志酬

——庆祝国家林业和草原局调查规划设计院建院65周年

◎ **基本情况**

国家林业和草原局调查规划设计院（以下简称规划院）是国家林业和草原局直属事业单位，成立65年以来，全院干部职工在局党组的坚强领导下，秉承"敬业奉献、求实创新"的精神，紧紧围绕林业和草原事业发展的总体目标，砥砺奋进，励精图治，在森林、湿地、荒漠化和沙化、野生动植物、林业碳汇、生态状况、自然保护等领域的调查监测评估、规划咨询设计、遥感测绘信息、科教影像传媒、应用研发标准、对外合作开发方面取得了显著成效。在国家公园和草原资源监测评估等新领域不断开拓进取。

随着国家林业和草原事业的发展，规划院组织管理体系不断优化，目前内设30个处室。经上级主管部门批准，依托该院先后成立了国家林业和草原局森林资源、荒漠化、湿地资源、野生动植物、碳汇计量、林业远程教育、生态、卫星林业应用、国家公园、草原资源10个监测（评估、研究）中心。各中心与规划院实行一套人马、多块牌子的管理体制。此外，国家林业和草原局森林资源与环境管理重点实验室、国家林业和草原局全球环境基金（GEF）湿地项目办公室设在该院。中国林学会森林经理分会和中国林业工程建设协会调查监测、工程咨询、资产评估、工程标准化、信息技术与卫星

※ 2019年草原资源监测中心挂牌

※ 自然保护区监督管理平台

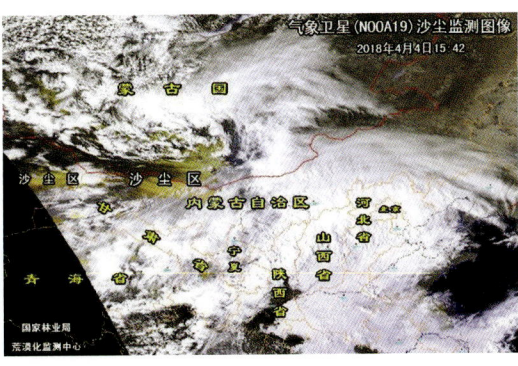

※ 沙尘暴遥感综合处理平台

应用、国家公园等专业委员会挂靠该院。森林资源、营造林、湿地资源等全国标准化专业委员会秘书处设在该院。

◎ 人才队伍

规划院高度重视人才队伍建设，建院以来，经过不断调整优化，逐步形成了一支结构优良、业务精湛、勇于创新、担当作为的高素质人才队伍。全院现有职工近300人，其中正高职称51人，副高职称98人，中级职称92人，专业技术人才比例占97%以上；博士44人，硕士113人，硕士以上人员占比超过55%。先后有35人获国务院政府特殊津贴，7人获省部级以上突出贡献中青年专家，13人被评选为"百千万人才工程"省部级人选，50余人次获全国或省部级先进工作者、先进个人、优秀科技工作者等称号。现有咨询工程师、监理工程师、注册测绘师、职业经理人等50余人。

※ 规划院领导班子

◎ 重要业绩

规划院长期致力于中国生态建设和林业调查规划设计工作，开创了遥感技术在林业调查规划设计领域应用的先河，建立了全国森林资源连续清查体系，开展了高分辨率遥感影像在森林资源保护方面的实践探索，启动了陆地生态系统碳监测卫星在国家生态建设与生态恢复方面的技术攻关，推动了碳卫星科研星即将发射。

1. 作为国家林业宏观决策的重要技术支撑单位，积极承担国家自然资源调查监测评估项目

规划院先后负责完成了9次全国森林资源清查、2次全国陆生野生动植物资源调查、2次全国湿地资源监测、6次全国荒漠化和沙化监测、1次全国林业碳汇计量监测，同时开展了全国自然保护区监测、草原监测、国家级公益林成效监测、森林抚育成效监测以及区域性生态监测评估等工作。

2. 作为国家林业改革发展的规划师，完成多项国家重点生态建设工程和地方生态保护工程规划设计

建院以来，规划院先后负责编制了全国湿地保护工程实施规划、全国防沙治沙规划、全国重点生态功

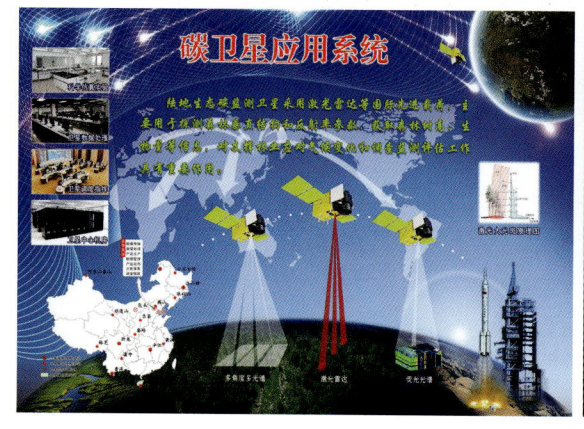
※ 陆地生态碳监测卫星

※ 造林设计效果图

能区生态保护与建设规划等百余项全国性规划设计项目和北方国家级林木种苗示范基地初步设计、安徽省安庆市林长制实施规划（2018~2020年）、内蒙古大兴安岭重点国有林区生态保护与建设规划等5000多项区域性、地方性规划设计评估项目。

3. 作为国家林业信息化建设的开拓者，积极推进林业信息化平台建设

近年来，规划院大力推进服务手段和技术更新，积极跟进国内外信息技术发展前沿，着力研究开发应用技术，建设信息化服务平台。先后开发建设了国家自然资源和地理空间基础信息库林业分中心、全国林地"一张图"数据库（全国森林资源保护管理监测平台）、全国荒漠化和沙化监测信息平台，以及天然林保护、"三北"防护林、陆生野生动植物调查、湿地监测、林业碳汇计量监测等重点项目的管理信息系统。

※ 湿地公园设计效果图

※ 森林公园设计效果图

※ 2019年规划院在联合国荒漠化公约第十四次缔约方大会举办边会

4. 作为国家林业国际化发展的践行者，积极开拓国际合作服务

规划院认真践行国家"走出去""引进来"发展战略，先后完成中俄森林资源开发利用合作规划（第三、五、六期）、柬埔寨王国上丁省特许地综合开发利用项目调查规划及可研报告、中（国）巴（新）农林综合开发建设项目规划及可研报告、圭亚那林农复合项目资源调查及可研报告等一批国外森林资源利用项目，合作伙伴遍及东南亚、中亚、南美洲、非洲、欧洲、大洋洲等国家（地区），在国际合作中

的地位和声誉不断提升。

◎ **科技成果**

建院以来,规划院共获得国家级奖36项,省部级奖178项。其中:"森林资源遥感监测技术与业务化应用""高分辨率遥感林业应用技术与服务平台"等11项成果获得国家科学技术进步奖;"西藏雅鲁藏布江大峡谷国家级自然保护区生态旅游总体规划""三北防护林体系建设五期工程规划(2011~2020年)"等18项成果获全国优秀工程咨询成果奖;"南方国家级林木种苗示范基地工程设计""崇礼区2016年重点区域生态绿化工程作业设计"等7项成果获全国优秀工程勘察设计奖。

◎ **展望未来**

踏遍青山,逐梦时代,规划院将以习近平新时代中国特色社会主义思想为指导,不忘初心,牢记使命,牢固树立"绿水青山就是金山银山"的新发展理念,坚持"科技兴院、人才强院、质量立院"的方针,积极服务生态文明和美丽中国建设,着力深化以遥感技术应用为主的高新技术研发,建强林草资源与生态监测评估预警和林草基础信息两个平台,拓展自然资源、生态系统、气候变化三大业务领域,夯实调查监测、决策咨询、评估评价、大数据服务四大业务板块,进一步推动规划院高质量发展。

※ 重要技术成果

※ 获奖成果证书

※ 外业调查

发展林业产业　　弘扬生态文明

——国家林业和草原局林产工业规划设计院为生态文明建设全产业链提供智力服务

成立于1958年的林产工业规划设计院，2018年，迎来了建院60周年。作为国家林业和草原局的直属事业单位，设计院长期致力于林产工业、林业工程、风景园林、建筑工程，以及林业重大建设项目评审、林业资金绩效评价、金融创新、国家储备林、乡村振兴、林业精准扶贫、森林资源调查监测、野生动物肇事补偿、森林资源资产评估等服务职能，为共和国林产工业行业的创建与发展立下了赫赫战功。近年来，设计院着力围绕国家林业和草原局中心工作，内强素质，外树形象，有力推进全面从严治党，找准新目标，抓住新职能，拓展新领域，树立新作风，弘扬新精神，展现新面貌，设计院整体呈现出一派欣欣向荣的崭新气象。

◎ 找准新目标

2018年11月12日，国家林业和草原局林产工业规划设计院在北京湖南大厦举办了成立60周年研讨会。国家林业和草原局党组书记、局长张建龙在研讨会上讲话并为新成立的金融创新和咨询中心、无醛人造板国家创新联盟授牌。会上，张建龙充分肯定了设计院60年来改革发展取得的辉煌成就和为林产工业行业发展作出的历史性贡献，并勉励设计院广大干部职工奋力

※ 院党委书记周岩在建院60周年纪念大会上致辞

※ 设计院纪念建院60周年大会现场

※ 设计院建院60周年职工大合唱合影

开启富院强院的新征程。

以建院60周年为新的历史起点，设计院开启了新时代富院强院的新征程，新征程的总目标是设计院党的领导得到全面加强，党的建设取得阶段性进展，服务生态文明建设的能力水平跨越式提升，全院管理治理能力实现现代化，"爱院敬院护院"的新时代设计院精神根植人心，力争5年内产值达到5亿元。新征程总目标的提出，是设计院党委经过审慎思考和精心谋划而来的全新蓝图，全院干部职工为之振奋鼓舞，更加感到使命光荣、责任重大。未来5年，全体设计院人都将铆足干劲，一步一个脚印，向着总目标迈进。

◎ 抓住新职能

在国家林业和草原局党组的坚强领导下，设计院拥有了森林资源调查监测、金融创新等新的职能。

※ 设计院领导班子召开会议

2018年，设计院正式成立了森林资源调查监测中心。积极派员参与2018年度资源司的人工造林核查、公益林监测评价和森林资源督查等指令性任务，完成了2019年度项目申报。同时，协调完成了国家林业和草原局退耕办、三北局委托的两项检查核查类项目，积累了宝贵的工作经验。目前，设计院森林资源调查监测领域的队伍建设、人员培训、基础设施建设和项目实施等方面已取得阶段性成果，为承接2019年山东省、天津市的森林资源监测评价等业务工作奠定了坚实基础。同时，金融创新和咨询中心正式授牌成立。中心自筹备成立以来，响应党中央关于加强建设海南的时代号召，充分发挥自身优势和独特作

※ 设计院党委理论学习中心组赴塞罕坝现场学习

用，完成《海南重要生态系统保护和修复重大工程实施方案》等5个重点规划，金融创新中心调集全院十多个部门，30多人次，开展《2017年度林业改革发展资金绩效评价（他评）》项目。项目范围覆盖全国各省（区、市）林业和草原主管部门，内蒙古、大兴安岭森工（林业）集团公司，新疆生产建设兵团林业和草原主管部门，不断谋求与林业建设深度融合发展，在政策咨询、人才、技术、智力支持等方面，集中力量，提供了一系列优质服务。

◎ **拓展新领域**

围绕服务国家战略，设计院全力服务林业和草原发展大局，这既是设计院的职责所在，也是实现自身更好发展的必然要求。设计院着力把各项事业纳入生态文明建设，特别是在新时代林业草原事业的大局中谋划推动。不忘初心使命，找准职能定位，充分发挥专业人才优势，努力推动林业产业转型升级，提质增效，认真履行林业工程造价管理、森林资源监测等服务职能，为生态保护修复、资源监督管理等提供智力支持。

围绕坚持开拓创新，设计院作为直接面向和服务市场的事业单位，具有管理自主、运作灵活的特点，坚持这些特点，有利于设计院的长远发展。面对日趋激烈的市场竞争，设计院将继续与

※ 设计院摄影协会赴金山岭采风

时俱进，开拓创新，为林业草原和全社会提供更多更好的公益服务。在业务发展上，设计院勇敢面对市场竞争和挑战，抓紧抓好机构改革带来的新机遇，不断开拓行业内外、国内外业务市场，努力争取承揽一批具有前瞻性、开创性和影响力的大型咨询设计项目，全力打造全国林业咨询设计行业的金字招牌。

◎ **树立新作风**

2017年7月以来，设计院配齐了新一届领导班子。一年多来，新班子以习近平新时代中国特色社会主义思想为指引，坚决做到"两个维护"，牢固树立"四个意识"，带好头，做表率，充分发挥"头雁效应"，统一思想，团结协作，围绕中心抓党建，真正做到了党建、业务"双融合，双促进"，一扫管党治党"宽松软"，党的领导得到全面加强，党的建设成效显著，全面从严治党不断向纵深发展，党风政风为之一新，营造了风清气正的良好政治生态。

※ 设计院林产工业项目掠影

大力推动习近平新时代中国特色社会主义思想深入人心。2017年7月以来，设计院党委共开展理论学习中心组学习18次，特别是2018年7月的年度第五次中心组学习，集体赴河北塞罕坝机械林场，现场实地学习习近平总书记关于塞罕坝精神的重要批示。2017年11月20～22日，设计院在林干院组织了学习宣传贯彻党的十九大精神暨党建纪检工作培训班，全院共有100名领导干部参加了为期3天的脱产培训。

身体力行严肃党内政治生活。一年多来，院党委书记、纪委书记带头讲党课，参加学习的党

员人数达到260余人次；全院各党支部召开组织生活会60余次；开展各类专题学习近百次，全体院班子成员都在党支部以普通党员身份过组织生活，列席参加对口党支部的组织生活会，密切联系基层党支部。

推进作风建设，持之以恒纠正"四风"。设计院党委认真学习贯彻习近平总书记关于纠正"四风"，特别是形式主义、官僚主义，以及加强作风建设的重要批示精神，深入贯彻落实中央八项规定精神和国家林业和草原局的十八条实施意见，以永远在路上的坚韧和执着深化作风建设。

◎ 弘扬新精神

面对新时代、新思想、新形势，设计院提出了要把"爱院敬院护院"的新时代设计院精神根植人心。新精神中，有经过60年历史沉淀的"爱"，有讲规矩、顾大局、守底线、存戒惧，要把设计院放在心里"高的位置"上，把设计院这个整体的利益，作为考虑问题的先决条件的"敬"，也有用自己的实际行动，像保护自己的眼睛一样保护设计院，和一切损害设计院利益的行为作斗争的"护"。

新时代设计院精神正在设计院广大干部职工心中生根发芽，蔚然成风。一年多来，设计院先后开展了"绿色长城杯"首届摄影大赛和金山岭长城摄影采风活动，"发展林业产业，弘扬生态文明"建院60周年主题书画笔会，"我与设计院共奋进"建院60周年主题知识竞赛，第八届青年员工业务技能考核活动。丰富多彩的文体活动极大地丰富了广大干部职工的业余生活，锤炼了素质，凝聚了人心。

◎ 展现新面貌

如今的设计院，经过为期一年的整体改造升级，院区和办公环境焕然一新。与之共同更新的还有新时代设计院人的精神风貌。一年来，设计院对食堂、办公楼内、办公楼外立面和院区进行了升级改造。再次来到设计院，平坦整洁的院区，木材质的办公楼外立面，简洁明亮的会议室，都给人留下了深刻印象。尤其是多年来职工群众关心的食堂问题，2018年得到了妥善解决，切实增强了全院干部职工的获得感和归属感。2018年12月，设计院党委组织了群众、青年、妇女、民主党派、纪检干部、党支部书记等多个层次的4场座谈会倾听群众呼声，共120多名干部职工参加了座谈会。令人意外的是，与会同志提出意见很少，更多的是对设计院一年多来取得的成绩感到骄傲和自豪，对设计院正在发生的巨大变化表示欣喜和振奋。

一元复始，万象更新。站在新的历史起点上，林产工业规划设计院全体干部职工，将继续以习近平新时代中国特色社会主义思想为指引，紧紧围绕国家林业和草原局中心工作，按照设计院富院强院新征程的总目标，为服务生态文明建设和美丽中国作出新的更大贡献。

※ 设计院全体干部职工在新办公楼前合影

国际竹藤中心成立以来重大科研成果及事件

国际竹藤中心于2000年经科技部、财政部、中央编办批准成立，是国家林业和草原局直属的非营利性科研事业单位。通过建立一个国际性的竹藤科学研究平台，直接服务于国际竹藤组织（INBAR），全面支持和配合国际竹藤组织开展工作，更好地履行《国际竹藤组织东道国协定》，推动国际竹藤事业可持续发展。

※ 国际竹藤中心与国际竹藤组织签订关于建立长期合作伙伴关系的协议

◎ **中国森林生态网络体系工程建设系列著作出版**　国际竹藤中心原首席科学家、博士生导师彭镇华等著的"中国森林生态网络体系工程建设研究"系列著作于2003年3月陆续出版，著作整合为中国森林生态网络体系建设出版工程，列为"十二五"国家重点图书出版规划项目，共计20卷，获得原国家林业局专项出版经费资助，同期列入2013年国家出版基金资助项目，并获得出版资助。

◎ **"竹质工程材料制造关键技术研究与示范"项目荣获国家科技进步奖一等奖**　2006年，由竹藤中心承担完成的"十五"国家科技攻关计划"竹藤资源培育及高效利用产业化关键技术研究与示范"项目取得优异成绩，以此成果为基础组织的"竹质工程材料制造关键技术研究与示范"项目获得2006年度"国家科学技术进步一等奖"。

◎ **"毛竹基因组测序"项目成果发布**　2012年，"毛竹基因组序列草图"在世界权威生物学杂志——

※ "中国森林生态网络体系工程建设研究"系列著作

※ 获奖证书

《自然·遗传学》上在线发表，这是中国林业领域基因组学研究的重大突破，标志着中国竹子基因组学的研究跃居世界前列。

◎ **中心竹藤科学与技术重点实验室在相关部委考核中荣获林业行业第一名** 2018年8~10月，科技部、财政部委托国家科技基础条件平台中心，对中央级高校和科研院所重大科研基础设施和大型科研仪器设备对外开放共享情况进行全面考核评价工作，在全国参加评审的21个部门373家单位中，中心竹藤科学与技术重点实验室获得全国排名第十一，林业行业排名第一的优秀成绩，得到科技部评审专家组领导的高度评价。

※ "毛竹基因组测序"项目成果发布会

◎ **积极服务国际竹藤组织** 2017年11月6日，协助国际竹藤组织（INBAR）举办成立20周年志庆暨竹藤绿色发展与南南合作部长级高峰论坛。国家主席习近平为国际竹藤组织成立20周年发来贺信。习近平指出，国际竹藤组织成立20年来，为加快全球竹藤资源开发、促进竹藤产区脱贫减困、繁荣竹藤产品贸易、推动可持续发展发挥了积极作用。

※ 出席国际竹藤组织（INBAR）举办成立20周年志庆的中外领导

◎ **圆满筹办首届世界竹藤大会** 6月25日，2018世界竹藤大会开幕式在北京国家会议中心举行。李克强总理向大会致贺信，李克强指出，本次会议以"竹藤南南合作助推可持续绿色发展"为主题，为加强各国对话交流搭建了重要平台，将推动全球保护和利用竹藤资源，助力各国可持续发展。会上，国际竹藤组织董事会联合主席、国际木材科学院院士、国际竹藤中心主任江泽慧教授被授予"全球竹藤事业终身成就奖"。

※ 世界竹藤大会开幕式在国家会议中心举行

※ 国际竹藤组织理事会主席阿格雷达为江泽慧教授颁发"全球竹藤事业终身成就奖"

顺应改革形势　　服务林草发展

——国家林业和草原局西北调查规划设计院

新一轮机构改革后，西北院紧紧围绕"改革、创新、发展"这一主线，在体制机制、技术创新、人才培养等方面着重发力、重点突破，全面提升服务能力、服务质量、服务格局、服务效能，努力为林业草原高质量发展提供强大支撑。

※ 西北院与中国林科院资源信息研究所签署战略合作框架协议

西北院积极探索创新发展模式，调整内设机构，深化公司改革，加强与青海、新疆、重庆、山西等省（区、市）林业部门的合作共建，并与新疆维吾尔自治区林业和草原局、青海省林业和草原局签订生态建设战略合作协议，主动适应改革发展新形势。协助青海谋划并参与以国家公园为主体的自然保护地体系建设，全力承担青海省以国家公园为主体的自然保护地体系调查评估工作，积极推进示范省建设，发挥了该院在调查监测领域的独特优势，推进了自然保护地管理体制机制创新。

为扩大西北院技术领先优势，院党委加强思想引领，大力推进技术创新。结合全国森林督查暨森林资源管理"一张图"更新等林草资源管理业务实际需求，主导开发了守望林草云平台项目。结合生产需求和业务发展，明确重点技术研发方向，确定20个院级研究课题，自筹资金投入研发。还先后与中国林科院资源信息研究所、西安理工大学、航天科工集团签订战略合作协议，推进产学研联合，提升技术优势和发展水平，加大创新驱动发展动力。

※ 西北院主导研发的守望林草云平台

西北院坚持树立正确的用人导向，突出严格管理和正向激励，激励干部担当作为、干事创业。出台《关于进一步激励全院干部新时代新担当新作为的实施意见》《关于实施激励科技创新人才若干措施》等奖励激励制度，构建人才培养使用和激励新机制。加大干部选拔培养力度，选派干部到地方挂职、扶贫，安排部分处级干部进行轮岗交流，营造干事创业的浓厚氛围。

西北院将继续以积极的心态直面困难、担当作为、务实进取，主动迎接改革的洗礼和挑战，续写服务林草高质量发展新篇章。

国家林业和草原局昆明勘察设计院

国家林业和草原局昆明勘察设计院成立于1965年，是国家林业和草原局直属的正厅级事业单位，承担林业和草原管理核查、检查、标准编制，自然资源综合考察、评估，林业司法鉴定等任务，致力于为森林资源监测和生态监测评估、自然保护区及野生动植物监测、国家公园规划研究、碳汇计量研究及重点林业工程勘察设计，提供一流的技术服务。昆明院以国家公园规划研究中心为研发团队，开创了国家公园调查规划和实践探索研究新模式，为形成中国特色国家公园理论作出了重大贡献。

昆明院积极参与地方经济建设，业务范围拓展到农业、水利、交通、市政、建筑、工程地质勘察等领域，已发展成为一支以林业为主、工程为辅的综合性勘察设计队伍，连续30年荣获"云南省文明单位"。

昆明院始终秉承"立足西南、服务林业，立足林业、服务社会"的宗旨，以"特别能吃苦、特别能战斗、特别能忍耐、特别能奉献、特别能团结"的单位精神和"特别负责任"的单位形象，为生态林业的保护与管理提供优质的规划、设计服务。

（撰稿人：佘丽华　刘绍娟）

※ 退耕还林工程阶段验收（刘绍娟　提供）

※ 获奖证书

※ 院长唐芳林带领技术人员在巴布亚新几内亚开展森林资源调查
（张治军　提供）

※ 唐守正院士对院森林资源监测设备与无人机应用技术研究进行咨询指导（张凤仙　提供）

※ 国家公园研究等专著成果
（佘丽华　提供）

大兴安岭林业管理局

2018年，大兴安岭林业管理局启动实施以"七大攻坚战"为核心内容的"三年攻坚"，扎实推进"14项重点工作"，全力保生态、抓改革、兴产业、惠民生、强党建，林区经济社会呈现持续健康发展的良好态势。生态保护成效显著，打赢"五月攻坚"等系列战役，查处林政案件367起。划定生态保护红线面积61 632.46平方千米，占全区国土面积的74.31%。森防工作取得全面胜利，全年未发生人为和重特大森林火灾。森林抚育质量走在全国前列，完成中幼龄林抚育23.06万公顷，补植补造20 867公顷，育苗112.6公顷，当年成苗

※ 2018年8月8日，中国·大兴安岭第九届国际蓝莓节暨山特产品交易会开幕式

6539万株，义务植树41.5万株，人工造林2666.67公顷，有害生物防治"四率"指标全部达标。全区活立木蓄积6.04亿立方米，有林地面积708.97万公顷，森林覆盖率84.89%。林地、湿地和野生动植物资源的保护成效进一步显现，新发现栖息鸟类20余种。管护区经济蓬勃发展，实现经济产值6.09亿元，人均增收1.85万元，涌现出二十二站林场、大扬气林场303工段等先进典型。生态食品业健康发展，电商产业销售额突破8亿元。产业发展步伐加快，全域旅游增势强劲，嫩江源、十八驿站鄂伦春文化园景区投入运营。全年接待旅游者762.05万人次，比上年增长12%，实现旅游业总收入82.55亿元，比上年增长23%。

※ 2018年7月20日，黑龙江·大兴安岭"塔河美程杯"森林自行车赛在大兴安岭塔河县开赛

※ 林下木耳种植

※ 浩瀚林海

不忘初心求发展　牢记使命创繁荣

——国家林业和草原局大兴安岭勘察设计院

国家林业和草原局大兴安岭勘察设计院创建于1970年7月，位于黑龙江省大兴安岭地区加格达奇市区内。现有职工141人，其中高级工程师51人，工程师25人，助理工程师27人，拥有先进的勘察设计软件、钻机、载荷试验机、物探仪、全站仪、GPS定位仪、彩色扫描仪、绘图仪等设备，专业技能强，技术水平高，科研创新成果丰富，已成为全院发展的显著特征，被林区人亲切地誉为开发建设的先行者。

该院以服务林区发展建设为宗旨，以"诚信林勘、打造精品"为核心，深化生产经营绩效管理，围绕"立足林业，辐射外围，做大主业，搞活经营"的工作思路，承担大兴安岭林区林业测绘、天然林保护、湿地恢复、城镇建设、森防公路建设、冻土监测、生态旅游的勘察规划设计等工作，为林业发展提供基础数据，为生态保护提供科学依据。

※ 设计院委员会挂牌

积极发挥公益职能，进一步提升科研能力，与中国科学院西北生态环境资源研究院合作开展中俄输油管道及储运设施安全状态监测与防护技术研究项目，开展寒温带管道与冻土相互作用的研究，解决了大兴安岭林区工程建设、中俄原油管线工程、自然保护区生态保护、区域气候模拟等方面的技术问题。多年来，先后完成了大兴安岭国有林区棚户区改造、大兴安岭地区"三供一业"、大兴安岭林区防火应急公路、会展中心、行政服务中心综合办公楼、加格达奇火车站、艺术剧院、加格达奇机场、漠河机场、加漠公路等700多个重点项目的勘察、规划、设计任务。近年来，获国家林业和草原局、黑龙江省建设厅优秀勘察设计奖80余项。2012年被评为黑龙江省文明单位，2013年被评为黑龙江省"花园式单位"，2014年被评为黑龙江省第十八届文明单位标兵，2018年被评为黑龙江省第十九届文明单位标兵。　　　（撰稿人：朱华龙）

※ 办公楼

※ 党建活动

山西省黑茶山国有林管理局

山西省黑茶山国有林管理局，是山西省直九大国有林区之一，是省林业和草原局直属的县处级事业单位。近年来，该局认真贯彻习近平生态文明思想，统筹治山治水、协调增绿增收，开创了现代林业、美丽林区建设的新局面。一是加快国土绿化，厚植绿色本底。创新购买式、合作式、托管式造林机制，近5年累计高质量完成造林4万余公顷，着力打造"绿水青山就是金山银山"的实践样板。2016年被省政府表彰为"山西省造林绿化先进局"。二是加强资源管护，筑牢生态屏障。创新森林资源保护"林长制负责"和"资产化管护"模式，打造"林有人护、地有人管、火有人防、责有人担"的新业态，构筑了晋西北重要生态屏障。三是推进改革创新，助力脱贫攻坚。将生态建设工程打造成生态治理的样板、群众技术培训的基地、贫困户脱贫致富的摇篮，2016~2018年累计惠及

※ 举办系列活动，接受红色教育

1680余名贫困人员脱贫增收，人均可增收4900余元。四是科学培育森林，构筑多彩林区。2015年森林抚育工程代表山西接受国家级验收，"面积核实率、面积合格率、作业质量"取得3个100分的优异成绩。2016年省级复查以98.1分的好成绩排名全省第一。2017年、2018年1.09万公顷抚育工程打造了精品、作出了示范。近5年，6666.67公顷灌木林改造工程成为示范当地、辐射周边的新标杆。五是凸显工匠精神，彰显山西形象。2017年选派3名同志代表山西参加全国国有林场职业技能竞赛，荣获"团体一等奖"，两位选手并列获得"个人一等奖"，该局获得"特殊贡献奖"。六是党建引领发展，谱写和谐篇章。局属14个党支部均被评定为"标准化党支部"；2017年荣获山西省劳动竞赛委员会、省农林水工委双项"五一劳动奖状"；2018年被省人社厅、省林业厅表彰为"全省林业工作先进集体"，被山西省劳动竞赛委员会荣记"集体一等功"；2019年被中共山西省委、山西省人民政府授予"全省模范单位"。

※ 黑茶山林海

※ 造林场景

山西省五台山国有林管理局

山西省五台山国有林管理局始建于1947年，是山西省林业和草原局直属单位，辖区位于山西省东北部，地跨忻州、朔州、大同3市12县，全局林地总面积14.18万公顷，其中非林用地480公顷，森林覆盖率52.6%。近年来，五台山国有林管理局在上级主管部门的坚强领导下，认真学习贯彻习近平新时代中国特色社会主义思想和党的十八大、十九大精神，牢固树立"四个意识"、坚定"四个自信"、坚决做到"两个维护"，自觉践行新发展理念和牢固树立"绿水青山就是金山银山"理念，抓住新机遇、谋求新发展、展现新作为，通过科学有效保护森林资源、实施大规模国土绿化、大力发展种苗产业等措施，改善了当地生态脆弱环境，促进了区域经济发展，树立了省直林局良好的社会形象，林局先后获得全国林业系统先进单位、全国绿化模范单位、太行山绿化工程先进单位、京津风沙源治理工程建设先进单位及山西省五一劳动奖状等省部级荣誉。

※ 中心苗圃航拍图

※ 森林抚育

※ 主题党日活动

※ 森林巡护

沁源县林业和草原局

※ 灵空山国家级自然保护区

※ 绿色沁源

新中国成立70年来，山西省沁源县加快实施国土绿化和天然林保护工程，大力推进林业生态建设，努力践行"绿水青山就是金山银山"的发展理念，不断夯实绿色沁源建设基石，全县森林资源得到有效管理和保护，林业改革、国土绿化、退耕还林、生态补偿、森林防火、林地林木采伐管理、野生动植物保护、森林病虫害防治、林业科技、预防和打击森林犯罪、维护林区社会稳定，特别是"在一个战场打赢生态建设与脱贫攻坚两场战役"的战略部署等方面都取得了突出成绩。当前，森林面积14.67万公顷、天然牧坡8万公顷，森林覆盖率接近60%，植被覆盖率超过90%，居山西省第一，是全国天然林保护重点县、全国"油松之乡"，沁源正迎来新中国成立后林业生态建设最好、最快、成效最明显的发展时期。2018年，沁源县荣获全国森林旅游示范县、全国森林康养基地建设试点县、国家林下经济示范基地，境内的灵空山天然油松林被评为全国最美森林。进入新时代，沁源县林草局将抓住战略机遇，培育林业产业新的增长点，不断提升林草发展的质量和效益，让沁源大地天更蓝、山更绿、水更清、环境更优美，以优异成绩庆祝新中国成立70周年！

※ 荒山绿化

※ 永和水库景区

※ 菩提山省级风景名胜区

八面通林业局有限公司

八面通林业局有限公司隶属于中国龙江森林工业集团有限公司,始建于1963年,施业区总面积17.1万公顷。近年来,八面通林业局按照生态优先、富民强企的发展思路,结合超坡林地全面实施退耕还林的现实需要,以实施退耕还林和治理水土流失工程为载体,在树种选择上采取经济林优先的原则,发动职工群众将沙棘发展成为支柱产业。

2015年春,八面通林业局在三兴经营所营造冬果沙棘林600多公顷。目前,全局已打造三兴、红星、红房子等5条沙棘谷,栽植总面积达3333.33公顷,成功建设成稳定的工业化冬果沙棘原料基地。2017年成功注册成为国际沙棘协会理事会员,并被黑龙江省野生药材资源保护管理局授予冬果沙棘规范化种植示范基地称号。2018年获得国家农产品地理标志认证和有机产品认证,2019年完成ISO 9001管理体系认证、HACCP认证、日本有机农产品认证、美国有机食品认证、欧盟有机食品认证,成为森工林区的沙棘产业代表。为提高冬果沙棘利用率,2018年11月21日,八面通林业局成立了雪谷沙棘制品开发有限公司,在三兴经营所建设茶品生产加工厂,把工作重点转向销售和加工环节,做到产加销一条龙。

※ 八面通林业局有限公司党委书记、董事长朱革

※ 冬果沙棘采摘

展望2023年,全局冬果沙棘总产量预计达到5万吨,增加职工收入4亿元,三产融合可增加产值50亿元,建设成为全国稳定的工业化原料基地。沙棘产业真正成为国家的生态树、人民的健康树、企业的增收树、百姓的摇钱树、旅游的景观树。

※ 三兴沙棘谷

※ 冬日沙棘

创业创新　打造全国油茶产业新高地

——浙江省常山县林业水利局

◎ **打造示范园**　建成全省第一家"物联网+"智慧油茶育苗基地，建成全国最大的油茶良种苗圃基地，年育苗能力达300万株。低改老油茶林6666.67公顷，建成优质新品种基地10个。在全省率先开展油茶气象低温指数保险，建立"油博士"工作站。新品种油茶基地达2000公顷，优质基地亩产油量达50千克以上，全县油茶种植面积有1.87万公顷，年产油茶籽产量6000余吨，茶油1500余吨，油茶总产值10亿元。建成全国首个国家油茶公园，实现"卖油"变"卖游"，带动当地林农年增收3亿元以上。

※ 东海常山木本油料运营中心启动仪式

◎ **创建产业园**　全县共培育国家级林业龙头企业1家，省级林业龙头企业7家，市级林业龙头企业4家，形成"5大类16大系列"深加工产品，油茶加工年产值4亿元以上。制定的英文版油茶籽油标准成功进入美国药典食品法典委员会（FCC）并向全球发布，为油茶籽油提供了国际权威性的检验方法，成为油茶行业技术标杆。

◎ **激活市场端**　成功举办3届中国•常山油茶博览会暨全国油茶文化节。创建全国油茶交易中心，率先在全国实现油茶籽现货交易。截止到2019年，交易中心已挂牌交易油茶籽，茶油、茶粕也计划于年内上线交易，已开户签约企业交易商63家，油茶籽成交量1.45万吨、成交额达3亿元。常山油茶产业荣获全国油茶交易中心、全国山茶油价格指导中心、国家油茶公园、全国经济林产业区域特色品牌建设试点单位4个"国字号"牌子。

※ 常山"物联网+"智慧油茶育苗基地

※ 浙江常山国家油茶公园全景

保护森林资源 建设美丽中国

—— 滁州市生态建设

近年来，滁州市深入贯彻习近平生态文明思想，牢固树立"绿水青山就是金山银山"理念，以林长制改革为总牵引，扎实开展森林资源和野生动植物保护工作。2019年，滁州市林业局荣获全国"保护森林和野生动植物资源先进集体"称号。

◎ **突出森林资源保护** 严格执行林地征占用和森林采伐限额制度，在全省率先完成国有林场改革，全面停止天然林商业性采伐，年采伐量减少52%。扎实开展森林督查等专项行动，严厉打击破坏森林资源的违法犯罪行为。扎实做好森林防火工作，多年来未发生重大森林火灾。加强林业有害生物防控，"四率"指标全面完成。全市森林面积47.97万公顷，森林覆盖率35.5%，蓄积量1936万立方米。

◎ **突出野生动物资源保护** 开展野生动物保护专项行动，2018年，出动警力2124人次，查处案件12起，收缴野生动物153只（头）。加强湿地保护，为候鸟迁徙提供良好生境。来安县池杉湖常年定居和经此迁徙的鸟类总数在10万只以上，2018年发现了全球极危鸟类青头潜鸭。举办了2018"关注湿地 保护鸟类"高峰论坛暨中国鸟网年会。

◎ **突出野生植物资源保护** 颁布《滁州市古树名木保护管理办法》，对全市276株古树名木实行挂牌保护，确定责任人、严格落实管护措施，挂牌率和保护率达100%。建立良种资源库，建立了市林科所薄壳山核桃国家林木良种基地、全椒马尾松和马褂木国家林木良种基地、南谯红琊山麻栎国家良种基地。

※ 皇甫山国有林场

※ 来安池杉湖

※ 松毛虫防治

湘潭市林业

湖南省湘潭市林业资源总体呈"一核两谷三片十园多星多点"分布，以湘潭城市规划区为中心的"湘潭森林城市生态核心"，以涟水和涓水两条河谷为间隔，从西、西南、南3个方向分布了三片山群，以西北褒忠山为核心的西部山群，以中部隐山、昌山为核心的西南山群，以晓霞山、紫荆山、天马山为核心的南部山群。全市城乡人居生态环境良好，森林覆盖率46.43%，活立木总蓄积量1034万立方米，拥有林地面积22.13万公顷，公益林面积达到10.53万公顷。全市树种资源丰富，有173科562属1078种，占全省种类的21%，百年以上古树2128棵；境内有陆生野生脊椎动物32目82科312种，占全省的49.3%。2018年林业产业总产值176.14亿元，较上年增长10.1%。

※ 湘江风光带绿化万楼段

近年来，全市林业系统勇于创新，担当作为，林业事业发展取得了新成效，在全国全省层面都干出了好成绩。在林业部门牵头和各级部门和单位的通力配合下，湘潭市于2018年成功获评"国家森林城市"，林业信息化建设排名全国第四，森林防火工作走在全省前列，全年无重、特大森林火灾发生。义务植树运动发动和组织得力，获国家林业和草原局肯定，全国绿委2019年全民义务植

※ 湘潭创建国家森林城市主题马拉松比赛

树活动第二站选在湘潭市举办，韶山风景名胜区更被国家授予"互联网+全民义务植树"基地。2019年又成功获得另一个国字号荣誉——"全国绿化模范城市"。

※ 城市公园——九华湖

贵港市林业建设

贵港市位于广西东南部、珠江流域干线西江中游，依江建城，因港而兴。贵港，不缺乏绿却始终追求绿，处处绿水青山，莺歌燕舞，郁江两岸层林尽染，绿色山脉从城区延伸至郊镇；城中公园星罗棋布，秀色随处可见，呈现出一幅"森林走进城市，城市拥抱森林"的美景。

2018年，贵港市牢固树立和践行"绿水青山就是金山银山"的理念，扎实推进林业各项工作，全面加强森林生态系统保护修复，深入实施"绿满八桂"造林绿化工程和林业"金山银山"工程，贵港林业始终保持森林资源总量持续增长、森林生态功能稳步提升、林业生态经济快速发展的良好局面，从而取得了显著成绩——2018年，贵港市获得三张国家级"名片"。

贵港市森林资源丰富，地质遗迹景观完整，风景优美，生态环境良好。2018年，国家林业和草原局授予贵港市"国家森林城市""全国森林旅游示范市"称号。

贵港市是广西重要的木材流通中心，保持着

※ 2018年10月15日，2018年国家森林城市建设座谈会召开前，全国政协副主席、关注森林活动组委会主任李斌（前左一）在贵港市创森成果展示栏前听取市长农融（前右一）汇报贵港市创森工作

产业布局集中、行业配套齐全、创新活跃、发展迅猛的行业产业集群特色。2018年，贵港市拥有林产品加工企业3000多家，林产品加工产值近350亿元，税收8.12亿元，林产品产业正向中高端迈进；胶合板产量占广西总量的60%，板材出口量占广西的50%，成为全国重要的胶合板、单板生产加工基地和林产品集散中心，木材加工产业已成为贵港市的三大工业支柱产业之一。贵港市现已成为广西林板加工基地和广西重要的林产品集散中心，为地方经济和社会发展作出了积极贡献。2018年11月17日在贵港市林业局承办的2018中国-东盟林木产业发展高峰论坛暨第三届广西贵港木材加工产业发展高峰论坛上，中国林产工业协会授予贵港市"中国南方板材之都"牌匾。

"让天更蓝、山更绿、水更清、生态环境更美好"，习近平总书记的嘱托正在成为现实。怀着对"绿水青山"的不懈追求，今日之贵港越来越美，正一步步通过绿水青山招引八方宾客，进而发展体验旅游、会展、养生产业，最终铸就"金山银山"。

※ 贵港市委书记李新元（前右二）、副市长徐育东（前右一）到贵港市平天山国家森林公园调研贵港市创森工作

厚植绿色优势　推动绿色发展

—— 贵阳市林业局

※ 贵阳阿哈湖国家湿地公园（石南岭　摄）

※ 贵阳市乌当区羊昌花画小镇（石南岭　摄）

贵阳市于2004年被授予全国首个"国家森林城市"称号，2012年获批建设全国生态文明示范城市。一直以来，贵阳市坚定不移践行习近平生态文明思想，全力厚植绿色优势，推动绿色发展。2019年5月，贵阳市被表彰为全国"关注森林活动20周年突出贡献单位"。

始终坚持优生态。贵阳市严守生态和发展两条底线，落实森林资源保护责任，切实维护森林生态安全。2015年起，每年春节假期后上班第一天，贵阳市委、市政府主要领导带头，组织开展市、县、乡、村义务植树活动。2016年以来，全力推进"百山千园"建设，完成山体迹地修复、植被提升超过733.33公顷；新建公园569个，全市公园总数达1025个，中心城区市民出行实现"300米见绿、500米见园"。截止到2018年，全市森林覆盖率达52%以上，比2004年提高17个百分点。

始终坚持促发展。贵阳市以"林果、林苗、林菜、林菌、林旅、林茶"六大产业模式为抓手，每年安排市级财政林业产业发展资金上千万元，推动林业产业转型。加快推进国家储备林建设，全市省级以上（含省级）康

※ 贵阳市环城林带（刘炳辉　摄）

养试点基地达到8个，省级林业龙头企业达到11家，2018年实现林业产值420.36亿元，在全省排名第二。

始终坚持谋创新。2009年以来，贵阳市打造"贵阳智慧林业云平台"系统，形成了"一平台、四系统、26个业务子系统"和"空、天、地"三位一体的整体构架。2016年、2017年贵阳市连续两年荣获全国林业信息化建设十佳市级单位，2018年"贵阳智慧林业云平台"荣获全国林业信息化全面推进十周年优秀案例。

※ 贵阳市红枫湖（彭泽良　摄）

吉隆县林业和草原局

※ 2019年5月20日，吉隆县副县长熊辉（右一）和吉隆县林草局局长普布次仁（中）在吉隆镇冲色村野生动物保护站看望慰问森林部队

※ 2019年4月18日，西藏自治区林业和草原局副局长岳志磊（左二）视察林业技术服务站（森林防火仓库）

吉隆县是西藏自治区30个有林县之一，全县国土总面积912 603公顷。其中陆地面积878175公顷，全县森林面积29 938.34公顷，根据全国森林资源二类调查确定全县森林面积29 938.4公顷，主要分布在吉隆镇、萨勒乡、贡当乡，林地总面积143 017.84公顷，其中12.88万公顷列入国家重点公益林，森林覆盖率15.52%，其中：乔木林覆盖率3.62%，灌木林覆盖率11.90%。

2019年以来，吉隆县林草局在上级林业部门的正确领导下，加速生态建设，加强资源管理，加强护林员队伍建设，提高服务水平，为全面完成全年工作任务奠定了坚实的基础。吉隆县林草局认真贯彻落实全国、全区林草会议精神，紧紧围绕改善生态环境、建设生态文明和构建西藏生态安全屏障的目标，大力推进造林绿化，森林执法项目建设，加大野生动植物资源保护力度、提高林业有害生物防治工作水平，以"林业各项工作稳步推进，林业实现可持续发展"为目标，以强化林草业资源管理为手段，致富林区群众为根本出发点，有力地促进了全县林草业的持续、健康、快速、协调发展，为创造美丽吉隆、生态吉隆、平安吉隆作出新的贡献。

（桑杰朗珠　供稿）

※ 2019年6月22日，副局长旦增顿珠（左一）在全县施工点签订生态保护和森林防火目标责任书

※ 2019年6月13日，桑杰朗珠（左三）在吉隆县宗嘎镇辖区宣讲野生动物保护法律法规

新疆生产建设兵团第一师十一团生态建设

60年来，新疆生产建设兵团第一师十一团历届党委在兵团党委、第一师阿拉尔市党委的大力支持下，以"造绿"为己任，坚持"人走政不息"的执政理念，形成了"国家公益林、人工生态防护林、生态经济林、基本农田防护林、团镇居住美化林"五级治沙防沙网络和"外围固沙、中间护田、城镇美化"的生态格局。截止到目前，防护林面积达到1.46万公顷，森林覆盖率由开发建设初期的5%提高到现在的33.8%，将绿洲向沙漠延伸了整整20千米，把塔里木千年荒原变成了生态家园、粮川棉仓、肉库油海、"塞外江南"。

人工生态防护林锁住流沙。

国家公益林形成缓冲带。

三五九生态林挡住风沙。

经济林成为城镇遮风墙。

城镇景观林成就居民宜居环境。

※ 国家公益林形成缓冲带

※ 经济林成为城镇遮风墙

※ 塔克拉玛干沙漠边缘牧场（四翅滨藜和巨菌草）

中国工程院院士——宋湛谦

宋湛谦，林产化学加工平台首席科学家，中国工程院院士，著名林产化工专家，中国林科院首席科学家、林产化学工业研究所研究员，南京林业大学兼职教授。中国林学会林产化学化工分会理事长、国家林业和草原局专家咨询委员会委员、国家林业和草原局林产化学工程重点开放性实验室学术委员会主任、国务院学位委员会学科评议组负责人、《林产化学与工业》主编，享受国务院特殊津贴。长期从事林产化学加工研究和工程化开发工作，是我国松脂化学利用及其工程化开发的开拓者之一。率先进行松脂化学深加工及系列化的研制和工程化开发，先后制成聚合松香和氢化松香等30多种产品。提出松脂深加工与精细化工相结合的新思路，创制10多种精细化学品以代替石油原料不足，产生显著经济社会效益，并实现技术出口。首次系统研究松属松脂化学特性、松香化学反应机理，

※ 宋湛谦院士工作中

为松树化学分类和松脂资源利用提出重要依据。主持完成国家自然科学基金6项，国家攻关、"863"项目及省部级科研项目40余项，出版专著1部——《中国松脂特征与松属分类》，参编2部。发表学术论文400多篇，SCI、EI引用200多篇，获国内外发明专利40项。曾获国家级、省部级科技进步奖16项，其中"氢化松香研制"获国家科技进步二等奖（1985）和林业部科技进步一等奖，"氢化松香酯类产品研制

※ 宋湛谦院士指导学生实验

※ 宋湛谦院士查阅文献资料

※ 宋湛谦院士到工厂考察　　　　　　　　　　　　※ 宋湛谦院士作报告

与应用"获国家科技进步三等奖（1995），"浅色松香松节油增黏树脂产品开发"获国家科技进步二等奖（1998）和林业部科技进步一等奖，"松香松节油结构稳定化及深加工利用技术"分别获梁希科学技术一等奖（2007）和国家科技进步二等奖（2008）。宋湛谦院士2012年获得第九届光华工程科技奖"工程奖"。

※ 宋湛谦院士参加学术会议

谈到未来林业科技发展，宋湛谦认为，"无论是林业还是其他行业，科研之路都离不开创新。科技创新包括科学创新与技术创新两个方面，也就是基础研究和应用研究两个方面。只有把两个方面有效结合起来，才能实现总体上的科技创新的持续发展，不可偏废。"

宋湛谦很注重团队协作，他认为，在现代条件下，技术创新都是集体攻关、团队协作的结晶。宋湛谦说，"一个人水平再高，能力再强，也很难独立完成任何项目。我从来不主张出单兵作战的孤胆英雄，从来不赞成搞个人英雄主义。"

宋湛谦重视培养年轻科研工作者，他要求每一位年轻人都要有当项目主持的课题和作为第一作者撰写的论文。年轻人的项目申报书和学术论文他经常亲自修改。他领导的课题组曾连续8年被评为中国林业科学院先进集体。

Luc Hoffmann 湿地科学与保护奖获得者：雷光春

雷光春教授，湖南省常德人，现任北京林业大学自然保护区学院院长、中国国家湿地科技委员会副主任兼秘书长、国际湿地公约科技委员会专家。2018年，雷光春教授获得湿地国际Luc Hoffmann湿地科学与保护奖，成为亚洲第一位获此殊荣的生态学家。该奖项于2004年设立，要求候选人在科学研究、宣传教育和湿地管理3个方面均有卓越表现，是对获奖人在湿地保护与管理领域成就的认可。

多年来，针对长江中游生态区湿地生态系统、东亚—澳大利西亚迁飞区与滨海湿地保护战略、中

※ 雷光春教授在青藏高原科考

国湿地与气候变化战略、湿地保护地体系建设等国家重大需求，雷光春教授携不同团队开展了系统、深入的科学研究，形成了多项重要成果，为国家与地方的相关政策制定提供了有力的科技支撑。在WWF开展了多项长江湿地恢复示范项目，促成了洞庭湖与周边65万公顷湿地的恢复。在湿地公约秘书处担任亚洲与大洋洲高级顾问期间，促成了更多的区域合作机制，如东亚—澳大利西亚迁飞区伙伴协定（EAAFP）。多年来，雷光春教授推动、参与制定了国际重要湿地管理、监测等多项指南。在中国，基于长江项目的成果，雷教授携团队推动了国家流域综合管理的政策发展。作为国合会（CCICED）生态系统综合管理课题组专家，雷教授推动了湿地生态系统研究与国家政策制定。通过主持滨海蓝图项目，促成了中国滨海湿地保护战略的制定，为滨海湿地生态红线提供了科学建议。作为首席科学家，雷光春教授帮助了黄（渤）海候鸟栖息地成功申遗。

※ 湿地国际理事长André van der Zande先生为雷光春教授颁发Luc Hoffmann湿地科学与保护奖

※ Luc Hoffmann湿地科学与保护奖奖章

※ 宋湛谦院士到工厂考察

※ 宋湛谦院士作报告

与应用"获国家科技进步三等奖（1995），"浅色松香松节油增黏树脂产品开发"获国家科技进步二等奖（1998）和林业部科技进步一等奖，"松香松节油结构稳定化及深加工利用技术"分别获梁希科学技术一等奖（2007）和国家科技进步二等奖（2008）。宋湛谦院士2012年获得第九届光华工程科技奖"工程奖"。

※ 宋湛谦院士参加学术会议

谈到未来林业科技发展，宋湛谦认为，"无论是林业还是其他行业，科研之路都离不开创新。科技创新包括科学创新与技术创新两个方面，也就是基础研究和应用研究两个方面。只有把两个方面有效结合起来，才能实现总体上的科技创新的持续发展，不可偏废。"

宋湛谦很注重团队协作，他认为，在现代条件下，技术创新都是集体攻关、团队协作的结晶。宋湛谦说，"一个人水平再高，能力再强，也很难独立完成任何项目。我从来不主张出单兵作战的孤胆英雄，从来不赞成搞个人英雄主义。"

宋湛谦重视培养年轻科研工作者，他要求每一位年轻人都要有当项目主持的课题和作为第一作者撰写的论文。年轻人的项目申报书和学术论文他经常亲自修改。他领导的课题组曾连续8年被评为中国林业科学院先进集体。

中国工程院院士——蒋剑春

蒋剑春，男，1955年出生于江苏，中国工程院院士，从事农林生物质热化学转化研究工作30多年，创新了农林生物质热化学定向转化的基础理论与方法，突破了热化学转化制备高品质液体燃料、生物燃气与活性炭材料的关键技术，构建了生物质多途径全质利用工程化技术体系，有力推动了中国农林生物质产业的快速发展。创建了生物质化学利用国家工程实验室、国家生物基材料产业技术创新战略联盟，在农林生物质热化学转化技术领域作出了突出贡献。获国家科技进步奖4项（其中3项二等奖均排名第一），中国专利优秀奖1项，省部级科技奖励7项，联合国工业发展组织等机构联合颁发的全球可再生能源最具投资价值领先技术"蓝天奖"1项；出版专著2部，发表论文340篇（其中SCI和EI收录150篇），授权发明专利73件。

在基础理论研究方面，系统阐明了生物质热化学定向调控转化机制，为农林生物质高值化全质利用奠定了理论基础。揭示了农林生物质液化过程产物定向演变规律。创新生物质多组分定向催化液化过程的控制方法，揭示了液化过程选择性打断生物质大分子中醚键、糖苷键等化学结构的基本规律和产物稳定化机理。阐明了农林生物质定向气化规律，创新了高品质生物燃气调控方法。揭示了生物质热解气化反应过程燃气组分调控和炭化产物微结构形成与演变规律，阐明了气化过程不凝性可燃组分变化与氧含量的协同作用机制、可凝性有机物高温催化裂解机理；建立了锥形流化床最小流化速度数学模型，揭示了生物质颗粒气－固多相流动特性与传热

※ 蒋剑春院士（右一）指导团队科研

※ 获中国林科院优秀博士学位论文奖

之间相似性及放大规律。发现了调控农林生物质高性能活性炭材料微结构的方法。揭示了农林生物质活性炭活化控制与吸附性能的构效关系，创立了活性炭微孔与介孔结构的调控方法。发现了催化剂提高木质炭反应活性的作用机理、高温重整过程温度变化速率以及活化介质对活性炭微孔结构的定向调控机制，揭示

了活性炭表面羟基羧基等官能团与选择性吸附的基本规律。

在工程化技术推广方面，突破了农林生物质热化学定向转化制造高附加值产品的关键技术，为生物质增值化全质利用提供了技术支撑。创制了液化产物连续化生产定向调控关键技术。解决了强酸降解过程中的物料焦化、液化产物可控性和稳定性差等难题，实现了农林生物质高值化全质利用，首创了液体产物自催化连续化反应过程的工程化技术，解决了生产过程能耗高、产品质量不稳定等技术瓶颈，引领了生物质能源与材料产业的发展。开发了高品质生物燃气调控关键技术和装备。发明了新型锥体结构流化床气化反应器、环状间隙双锥体结构气体分布器，开发出适应块状物料的具有连续加料、双级组合密封等功能和结构的气化炉系统，创制出连续化气-炭联产关键技术和装备，解决了生物质热解气化生产过程中存在的原料适应性窄、燃气品质低和生产运行不稳定等行业共性难题。创立了活性炭材料微孔结构调控和表面化学定向修饰关键技术，解决了生物质制备活性炭存在孔径分布不集中、产品质量不稳定、

※ 在参加内蒙古科协组织的"院士专家草原行"活动中，蒋剑春院士在巴彦淖尔市考察沙漠治理情况

吸脱附性能差等问题，打破了高性能专用木质活性炭产品依赖进口的局面，拓展了活性炭的应用领域，有力促进了我国从活性炭生产大国向技术强国迈进。

创制出生物质热化学转化多途径高值化利用成套装备与运营模式，实现了工业化推广应用，取得了显著的经济、生态和社会效益。研究成果推广到全国15个省（区），成套技术装备出口日本、意大利等十多个国家。首次建成了世界最大规模、年产8000吨热解气化供热生产活性炭，国内外最大规模、年处理8万吨木质纤维制备乙酰丙酸及其燃油添加剂等生产线。共建成生产线200多条，产品市场占有率达30%以上，新增产值100多亿元，农林生物质资源增值20多亿元，经济、社会和生态效益显著。

※ 蒋剑春院士出席科技合作协议签订仪式后参观企业

※ 蒋剑春院士出席科技合作协议签订仪式

Luc Hoffmann 湿地科学与保护奖获得者：雷光春

雷光春教授，湖南省常德人，现任北京林业大学自然保护区学院院长、中国国家湿地科技委员会副主任兼秘书长、国际湿地公约科技委员会专家。2018年，雷光春教授获得湿地国际Luc Hoffmann湿地科学与保护奖，成为亚洲第一位获此殊荣的生态学家。该奖项于2004年设立，要求候选人在科学研究、宣传教育和湿地管理3个方面均有卓越表现，是对获奖人在湿地保护与管理领域成就的认可。

※ 雷光春教授在青藏高原科考

多年来，针对长江中游生态区湿地生态系统、东亚—澳大利西亚迁飞区与滨海湿地保护战略、中国湿地与气候变化战略、湿地保护地体系建设等国家重大需求，雷光春教授携不同团队开展了系统、深入的科学研究，形成了多项重要成果，为国家与地方的相关政策制定提供了有力的科技支撑。在WWF开展了多项长江湿地恢复示范项目，促成了洞庭湖与周边65万公顷湿地的恢复。在湿地公约秘书处担任亚洲与大洋洲高级顾问期间，促成了更多的区域合作机制，如东亚—澳大利西亚迁飞区伙伴协定（EAAFP）。多年来，雷光春教授推动、参与制定了国际重要湿地管理、监测等多项指南。在中国，基于长江项目的成果，雷教授携团队推动了国家流域综合管理的政策发展。作为国合会（CCICED）生态系统综合管理课题组专家，雷教授推动了湿地生态系统研究与国家政策制定。通过主持滨海蓝图项目，促成了中国滨海湿地保护战略的制定，为滨海湿地生态红线提供了科学建议。作为首席科学家，雷光春教授帮助了黄（渤）海候鸟栖息地成功申遗。

※ 湿地国际理事长André van der Zande先生为雷光春教授颁发Luc Hoffmann湿地科学与保护奖

※ Luc Hoffmann湿地科学与保护奖奖章

全国绿化奖章获得者：
湖北省英山县委书记陈武斌

※ 陈武斌在全县会议上讲话

地处鄂东北的英山县面积1449平方千米。自2011年10月陈武斌调任英山县委书记以来，他认真践行新发展理念，坚定"生态优先、绿色发展"不动摇，大力推进生态文明建设，该县荣获全国绿化模范县、中国生物多样性保护示范基地等称号，截止到2018年年底，全县森林覆盖率达70.3%，全年优良空气天数在360天以上。在陈武斌的带领下，绿化英山取得好成效。

◎ **推进绿色发展大提速** 他严格履行第一责任人责任，研究出台《关于科学引领全县经济发展新常态的意见》，全面确立英山绿色发展战略地位；研究形成推进特色产业主阵地、全域旅游示范区、生态文明示范县等"六大创建"的决策部署；研究提出的《关于深入学习贯彻习近平总书记视察湖北重要讲话精神奋力推进新时代英山绿色发展新跨越的意见》，突出"十大支持"和"十项严禁"，着力健全完善绿色发展体系。

◎ **推进绿色生态大保护** 他率先垂范持续推进"绿满英山"等一批林业重点工程实施；大力推进绿色城乡一体化，全面开展绿色创建活动，全域厚植"绿水青山就是金山银山"理念；2013年以来，建成义务植树基地70余处，完成荒山造林、村庄绿化、通道绿化1.1万公顷，全县建成"湖北省绿色示范乡村"68个。

◎ **推进绿色环境大治理** 他先后决策和发起杜绝矿山石材、黄砂的开采以及禁止开展违法建设等绿色环境专项整治行动，关停矿山企业37家，取缔黄砂非法开采点53处，拆除违法建筑380余起，恢复绿化面积187公顷；叫停和取缔破坏林业环境的企业26家，拒绝影响林业环境的企业15家，坚决不以牺牲环境为代价换取短期经济利益。

◎ **推进绿色产业大振兴** 紧盯县域优势资源，推进全域旅游示范区、创业创新先锋区建设，大力支持发展以茶叶、木本药材经济林为重点的5万公顷特色产业基地，使英山县先后获得中国茶叶之乡、药材之乡、全国经济林建设先进县、助推精准扶贫全国林下经济及产业发展示范基地等多项荣誉称号。

※ 陈武斌参加义务植树活动

※ 陈武斌在办公室办公

全国关注森林活动突出贡献个人奖获得者：刘汉蓁

现任湖北旭舟林农科技有限公司董事长的刘汉蓁，1973年3月出生于湖北省利川市沙溪乡，土家族人，中共党员。1991年入伍，历任战士、班长、军械员兼文书，被部队选培为特种汽车驾驶员，在部队里曾先后两次被评选为"优秀士兵"；1995年年底退伍后创立物流与建设公司；2010年返乡创业成立沙溪乡鼎鑫林业专业合作社，合作社2012年度被评为"利川市造林先进单位"和"利川市专业合作社示范社"；2013年成立湖北旭舟林农科技有限公司，发展油葡萄（山桐子）产业；公司2014年度被评为"恩施州专业合作社示范社"；公司2015年被评为"湖北省专业合作社示范社"；2016年组建恩施市木本油料研究中心。他还兼任中国林业产业联合会山桐子产业发展分会理事长、湖北省扶贫协会山桐子产业发展分会理事长、湖北省利川市沙溪乡商会会长。2016年荣获利川市"扶贫先进个人"，2017年荣获"中国林业产业油葡萄创新奖一等奖"，2018年取得高级经济师职称，同年荣获国家第七届"光彩事业国土绿化贡献奖"。2019年获得"关注森林活动突出贡献个人奖"。公司经营木本油料种植加工、造林、育林、园林绿化施工、中药材种植销售及野生动物驯养繁殖等业务，投入4个多亿发展木本油料山桐子林业产业，建立10.13公顷的山桐子现代化工厂育苗大棚和560平方米组织培养室，选育出林木优良品种山桐子"鄂选1号"获得品种认定证书，建立66.67公顷山桐子种质资源圃、666.67公顷山桐子种植示范基地，在湖北、云南、四川、贵州、新疆等地种植了4万多公顷山桐子试验林。创建"613"扶贫模式，即农户土地入股占60%，村委会协调管理占10%，公司投资种苗、肥料和技术占30%，成立300多个山桐子专业合作社，吸纳

※ 2019年3月22日，全国政协原副主席杜清林（左六）、原国家林业局局长贾治邦（右四）一行调研湖北旭舟林农科技有限公司油葡萄（山桐子）基地

※ 2017年9月，全国首届山桐子论坛在利川市召开，国家林业局总工程师封加平（右一）授牌湖北旭舟林农科技有限公司董事长刘汉蓁（左一）中国林业产业联合会山桐子产业发展分会牌匾

※ 2018年8月，湖北省政协原副主席许克振（左一）、湖北省林业厅厅长刘新池（右前三）一行实地调研湖北旭舟林农科技有限公司油葡萄（山桐子）系列产品

※ 2017年9月，湖北省扶贫协会常务副会长黄波、利川市市长张涛一行视考察湖北旭舟林农科技有限公司山桐子产业园

农户2.3万户，户均年收入可达7000至2万多元。公司2014年被评为"州级龙头企业"，2015年被评为"省级龙头企业"，2016年成立木本油料研究中心，制定山桐子企业标准12项，参与制定山桐子国家行业标准3项，将山桐子产品定名为"油葡萄产品"，研制出油葡萄食用油、亚油酸、化妆品、护肤品等产品，油葡萄既能抵御二氧化碳、二氧化硫、硝酸雾、粉尘等有害气体的污染，又能防风固沙，是名副其实的"生态之树"。2017年5月，公司成为湖北省扶贫开发协会理事单位，2017年12月被评为"质量、服务、诚信3A级企业"，2017年9月中国林业产业联合会为其授牌山桐子产业发展分会，2018年取得2项专利授权、15个专利受理，2019年1月中国林业产业联合会授牌公司为国家森林生态标志产品团体标准的参编单位。"民生、生态、扶贫、致富"是公司的经营理念，让参与者致富是公司的宗旨。发展山桐子产业"为实现中国的健康梦和生态梦作出巨大贡献"是刘汉蓁的最大心愿。

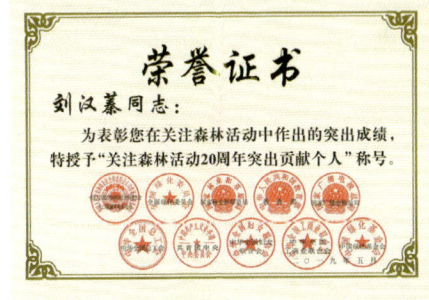
※ 2019年5月27日，在关注森林20周年纪念活动中，刘汉蓁被全国10个部门联合表彰为突出贡献个人奖，是此次表彰群体中唯一的企业家代表

※ 湖北旭舟林农科技有限公司万亩山桐子基地（位于湖北省利川市沙溪乡）

※ 湖北旭舟林农科技有限公司温室大棚育苗基地（位于湖北省利川市沙溪乡荷花村）

※ 湖北旭舟林农科技有限公司董事长刘汉蓁喜看油葡萄（山桐子）挂果成熟

以工作实心践行保护初心

—— 山西涑水河源头省级自然保护区管理局张亚辉

※ 张亚辉在办公

※ 基层宣传

张亚辉，男，1978年生，中共党员。2017年2月任山西涑水河源头省级自然保护区管理局党支部书记、局长。任职以来，张亚辉始终秉持为民服务的绿色情怀，始终以建设"美丽中条"为己任，以工作实心践行保护初心，实现了队伍稳心、工作安心和生态环境舒心的良好局面，在涑水河畔打造了独具区域特色的现代林区建设的典范。

面对机构改革，他躬身亲为，引导干部职工由内而外全面完成由林场到保护区的观念转变，找准角色定位，为保护事业发展夯实了最关键的基础。

面对生态环境历史遗留问题，他主动作为，围山增绿，积极推进营造林与保护区生态环境修复的有机结合，实现造林绿化与生态保护的和谐共赢。

面对林木虫害防治，他打破常规，按照"纯生物防治、近自然保护"的理念，构建了"防控科学化、手段多元化、建设标准化、防治无害化"的森林绿色生物防治体系。

在张亚辉和同事们的不懈努力下，保护区荣获了由中共山西省林业厅直属机关委员会授予的"2017～2018年度标准化党支部""支部建设标兵"称号，山西省人力资源和社会保障厅、山西省林业厅授予的"全省林业工作先进集体"称号。在他的带领下，一个基层管理更加规范、林业文化更加凸显、林区环境更加和谐美丽的保护区，会以更加多彩的形象呈现出来，镶嵌在如画的涑水河畔，让人流连忘返。

※ 实地踏查

※ 积极宣贯

矢志不渝 育美一方绿水青山

——记尤溪县林业局局长池腾菁

池腾菁，男，1963年1月生，中共党员，2010年12月任福建省尤溪县林业局局长至今。

"绿水青山就是金山银山""既要守住绿水青山，更要捧出金山银山"，这是池腾菁担任尤溪县林业局长以来始终坚持的理念。基于这种理念，他致力开拓创新，勇当造林绿化先锋，以实际行动交上满意答卷，使得尤溪县造林绿化工作持续保持全省领先地位。2011年以来，全县共完成造林绿化3.86万公顷，其中山脚田边生物防火林带1073.33公顷。森林覆盖率也从2011年的73.1%提高到2019年的76.94%。2017年尤溪被省委、省政府授予"全省造林绿化先进集体"称号。

※ 现场调研

森林景观一定要从单一变成绚彩，才能满足人民群众对美好生态的需求。池腾菁致力于打造"开门见景"，先后组织实施了一批景观改造工程，县城区环城一重山森林生态景观提升504.27公顷，福银和厦沙高速公路尤溪段森林生态景观建设247.73公顷，向莆铁路尤溪段森林生态景观建设122公顷，福银高速公路尤溪互通口至水东新城20公里迎宾花园大道，乡村生态景观林建设52个村，尤溪河百公里生态绿竹长廊项目等。迎宾花园大道建设及林相改造项目、尤溪河百公里生态绿竹长廊分别被评为2012年、2014年三明市林业建设十佳范例。优美的绿竹林带引来白鹭栖息繁衍，尤溪被评为全国首个"中国鹭鸟保护地"。

今后，池腾菁将一如既往地履行责任和使命，高质量实施造林绿化，高标准开展森林抚育，为建设"美丽中国"作出新贡献。

※ 笋竹两用林

※ 生物防火林带

绿满鹏城　花开森圳

—— 深圳经济特区的绿色发展之路

深圳市委、市政府始终将生态文明作为推动可持续发展的内在要求，牢固树立"绿水青山就是金山银山"的理念，积极创建国家森林城市、打造世界著名花城，2018年成功"创森"，这座彰显崇尚自然、呵护生态的森林城市，正以独特品格和鲜明特色享誉世界。

◎ 凝心聚力，矢志"创森"

2015年年底，深圳市全面吹响创建国家森林城市的号角，高标准编制实施《深圳市国家森林城市建设总体规划》，确立了"东建、西治、南补、北提、中联"的总体布局，出台了《深圳市森林质量精准提升工程实施方案》《深圳市打造"世界著名花城"三年行动计划》等6个方案，启动52项重点生态工程建设，推动深圳绿化由数量向品质、由绿城到花城的转变。目前，全市森林覆盖率40.68%，建成区绿化覆盖率45.1%，建成区人均公园绿地面积15.95平方米，绿道长度2400千米，全市已形成了森林进城、绿道穿城、绿意满城、花开鹏城的绿色发展新格局。

※ 广东内伶仃岛福田国家级自然保护区"鹤舞九天"
（吴国勇　摄）

◎ 森林围城，山水相融

坚持生态优先、绿色发展，实施森林质量精准提升工程，完成森林抚育4533公顷，改造人工桉树林等低效林795公顷，完成西丽水库、梅林水库等全市重点水库2726公顷水源涵养林林相改造，持续推进5条生态廊道和19条合计475千米的生态景观林带建设，因地制宜打造环山环湖绕海、密度为广东省第一的2400千米绿道，新建成200千米远足径，推进龙岗河、观澜河、茅洲河等11条河流景观及深圳湾滨海湿地景观带、西部沿海湿地景观的修复，新建湿地公园9个，努力构建

※ 深圳大鹏半岛国家地质公园海岸森林（陈卫国　摄）

互联互通、山水相连的生态安全屏障，其中深圳湾滨海休闲带被誉为"最美都市海岸线"，成为城市核心区最重要的生态屏障和都市绿肺。

◎ 千园之城，绿色惠民

对标一流国际化城市，推进"自然公园—城市公园—社区公园"三级公园体系建设，打造千园之城，

生态之光

※ 深圳湾滨海大道海天一色（梁霞舜 摄）

※ 凤凰花开森林城（缪华 摄）

为广大市民持续拓展绿色福利空间。重点打造了福田香蜜公园、南山人才公园、深圳湾休闲带西段等一批具有国际品质的城市公园，建成立意新颖的十大特色主题公园、5个森林小镇和一批森林人家。同时，努力挖掘生态潜力，见缝插绿，精心推进停车场林荫化、垂直绿化、阳台绿化、天桥绿化、道路绿化等立体绿化，近两年新增立体绿化66万平方米，以绿化美化引领新型城市建设。

◎ 绿色创想，醉美花城

鲜花是美丽深圳最生动的表达。营造花景大道、花漾街区、立体花廊、街心花园等不同尺度的植物主题花卉景观，建设花景大道23条、花漾街区79个、街心花园151个，努力打造"世界著名花城"新名片，实现从绿城到花城的华丽转身。突出打造了深南大道、益田路、前海路、光明大道等花卉景观大道和梧桐山毛棉杜鹃花海、三洲田梅园、笔架山公园杜鹃花海、中心公园宫粉紫荆花海等特色景观营建工程。开展莲花山簕杜鹃节、梧桐山赏花会等花城文化活动100多场，让花城文化远播海内外。

◎ 共建共享，绿动鹏城

播撒绿色发展的理念，广植"绿色基因"。大力推进中国首个国家基因库——华大基因库建设，开展中国红树林博物馆、大鹏半岛区域性生态文化体验综合体、深圳花卉世界建设。高水平筹办了第19届国际植物学大会、首届国际森林城市大会、首届海峡两岸暨香港澳门黑脸琵鹭自然保育论坛，率先在国内创立首个自然学校，开展丰富多彩的自然教育。推进"心中播绿"，开展各类内容丰富、特色鲜明的主题宣传活动1000多场，举办首个大型户外森林音乐会和梧桐山登高节、深圳湾草地音乐会等文化品牌活动，广泛运用新媒体互动平台宣传，公众参与人数超过1500万人次，市民对"创森"工作的支持率、满意度均超过95%，共建共享的森林城市氛围日益浓厚。

（宫婷 何航航 供稿）

※ 深港湿地候鸟天堂（陈卫国 摄）

山水森林客都　宜居生态梅州

——广东省梅州市成功创建国家森林城市

梅州位于广东省东北部，粤闽赣三省交界处，素有"文化之乡""华侨之乡""足球之乡"和"世界客都"的美誉。梅州市先后荣获国家历史文化名城、国家生态文明先行示范区、国家级客家文化生态保护区、中国优秀旅游城市、国家园林城市、国家卫生城市等荣誉称号，连续5年入选"中国最具幸福感城市"并于2019年11月15日正式获批成为国家森林城市。

梅州历来重视生态文明建设，尤其是党的十八大以来，梅州深入贯彻落实党中央、国务院关于加快推进生态文明建设的决策部署以及广东省委、省政府关于全面推进新一轮绿化广东大行动战略要求，认真践行"绿水青山就是金山银山"理念，坚定不移走生态优先、绿色发展之路，以新一轮绿满梅州大行动为重要抓手，深入开展创建国家森林城市活动，狠抓"大地植绿"和"心中播绿"，努力建设生态功能区，争当绿色发展引领者，全面筑牢粤港澳大湾区生态屏障。

※ "绿水青山就是金山银山"（姚金华　摄）

截至2019年，全市森林总面积达117.04万公顷，市域森林覆盖率73.76%，位居全省前列；全市建成区绿化覆盖率41.89%，建成区人均公园绿地面积19.95平方米；全市有7个"全国绿化模范县（单位）"、7个"省林业生态县"。40项指标均达到或超过《国家森林城市评价指标》要求，基本建成生态环境良好、森林体系完善、林业产业兴旺、森林文化浓厚、支撑体系完备的国家森林城市。

梅州自2015年启动国家森林城市创建工作后，研究制订了相应工作方案，明确了"创森"

※ 仙境相思谷（王瑞荣　摄）

的总体目标和阶段性的目标任务，编制了《梅州市国家森林城市建设总体规划（2016～2025年）》，并根据规划对工作任务进行细化，明确32项重点任务，每年下发年度任务计划，进一步明确"创森"任务，确保"创森"各项指标任务按时按质完成。

"创森"以来，全市投入森林城市建设资金达32.48亿元。梅州市委、市政府坚持"政府主导、部门

※ 大地色板（宋志锋　摄）

联动、全民参与"的原则，以《总体规划》为引领，以实施城乡增绿工程建设为重点，以水系、路网绿化为链接，统筹推进城乡绿化建设一体化，提升森林城市建设水平，构建绿色生态家园。

"创森"期间，全市累计完成绿化造林3.83万公顷，森林抚育20.96万公顷。全市新建城市公园18处，扩建公园7处，新增（含改扩建）公园面积858.6公顷，新建森林公园37处，总面积4048.7公顷。完成生态景观林带3348.4公顷，绿化国、省、县、乡级公路1331.28千米，道路林木绿化率达到96.56%。水岸绿化带新建380.31千米，完善250.9千米，水岸绿化率达96.08%。

"创森"以来，累计完成乡村绿化美化工程示范点260个，建成4个"广东省森林小镇"，形成了山水与乡愁相融、绿化与文化兼修的生态美丽新农村景象。完成新增林下经济面积8022公顷，新建和更新改造经济林基地5747公顷、用材林基地4213公顷，超额完成规划任务。2018年，全市共有国家级林业重点龙头企业6家，省级68家；国家级林下经济示范基地5个、省级27个；林业产业产值达141.66亿元。2018年全市旅游总人数达4631.81万人次，旅游总收入504.31亿元，相比"创森"前分别增长了52.9%和60.9%。

※ 黑翅长脚鹬（林梅生　摄）

梅州市通过"创森"，进一步改善了人居环境，促进了城乡协调发展，提高了社会公众的生态意识，让更多的绿色福利惠及百姓。通过近4年的努力，城乡美了，生态优了，群众乐了，产业旺了，处处呈现出"城在林中，林在城中"的美丽画卷。

※ 青山碧水织彩霞（魏智海　摄）

打造城乡一体、生态惠民、全民参与的大湾区高品质国家森林城市

—— 中山市创建国家森林城市纪实

自20世纪90年代以来，中山市始终秉持"绿水青山就是金山银山"的发展理念，坚持生态文明建设与经济社会发展同步发力共进，持续推进城乡绿化一体化，建设生态宜居城市。2016年中山市提出建设"绿染宜居水乡、林荫和美中山"的国家森林城市目标。经过近三年的不懈奋斗，全市新造林面积2466.67公顷，市域森林覆盖率提高到35.48%，城区绿化覆盖率提高到43.14%，城区人均公园绿地面积提高到18.62平方米，并于2018年10月被命名为国家森林城市。

※ 晨曦中的长江水库（供图：中山影像©陈伟文）

◎ 坚持打造城乡绿化一体的国家森林城市

中山市坚持在城乡绿化上重规划、抓建设、显成效，全面提升一体化水平。一是全力提升宜居环境，平原造绿。以构建多层级、多类型公园体系为目标，建设翠亨国家湿地公园、中山国家森林公园、香山自然保护区3个国字号招牌公园，新建、完善提升各类主题公园55个，基本实现镇区建有1个森林公园或1个湿地公园，277个行政村基本实现细胞公园、口袋公园全覆盖。二是倾力打造森林小镇，全域增绿。以全域联创、组团发展的思路，力促城乡绿化均衡发展，提出"全域森林小镇"建设目标，推动镇区完成绿化美化重点项目150多个，已实现全市50%建制镇

※ 五桂山风貌（供图：中山影像©刘诗觉）

成为广东省森林小镇。

◎ 坚持打造人与自然和谐的国家森林城市

把"树木"即"树人"理念牢牢贯穿于"全民绿化"活动之中，充分调动社会积极力量，通过认种认养认捐冠名挂牌，广泛开展各类主题活动和主题林建设，提升植树文化思想内涵，形成"全民创森"的强大动力。全市参加义务植树的人数达502万人次，折算植树近1800万株，建设各类主题林170多片，全民义务植树尽责率连续多年达到100%，成功募集社会资金1.1亿元，助力凤凰广场等一批公园绿地精品建设。

◎ 坚持打造生态屏障牢固的国家森林城市

作为广东省林地面积最少的地级市，中山市虽然林地资源禀赋"先天不足"，但在森林资源经营管理上坚持求"精"创"优"。一是以"森林""湿地"保护区坚守自然本底。2005年通过市人大立法将198.3平方千米的五桂山山脉，划为生态保护区进行重点保护。2016年，把生长着全国数量最多的野生土沉香的7.5万亩林地作为保护对象纳入香山自然保护区，并以国家级自然保护区标准建设。二是以"红线""红利"精心守护每一寸绿色。通过划定生态红线，建立生态公益林横向补偿机制等措施，对森林资源实施全方位保

※ 广珠城轨列车驶过南朗湿地（供图：中山影像©陈伟文）

护，将全市93%的林地纳入生态公益林进行生态补偿，2018年补偿标准为1905元/公顷，并与经济社会发展逐年同步增长。

◎ 坚持打造生态惠民富民的国家森林城市

中山市坚持把满足人民美好生活向往的需求作为创建工作的出发点和落脚点，不断提升广大市民群众获得感、幸福感。一是着力提供更多、更优质的"绿色福利"。结合丰富多样的公园、绿地资源与遍及城乡的绿道网络，完善配套生态服务设施，将休闲绿地的服务半径缩小到500米以内，形成市民推窗见绿、出门见林的绿色新常态。二是林业特色产业释放出巨大的惠农富民"绿色红利"。通过加强政策支持力度，整合现有生态旅游资源，为红木家具、园林苗木等特色产业搭建发展平台，大力打造如5A级景区孙中山故里旅游区等优质旅游品牌和产品，为建设宜居宜业宜游的粤港澳大湾区贡献中山的力量。　　（吴建维　供稿）

※ 夕阳下的三角镇迪茵湖（供图：中山影像©刘永兴）

※ 远望古村落（供图：中山影像©陈俊生）

江西成为全国首个"国家森林城市"全覆盖省份

※ 宜春市玉龙河湿地公园（江西省林业局 供图）

※ 九江市背倚庐山，处处透绿（江西省林业局 供图）

2011年，江西省启动了"省级森林城市"创建工作，省林业厅将创森作为考核当地林业工作的主要指标，统一标准、严把质量。继2010年新余市首获"国家森林城市"称号，此后吉安、抚州（2014年），南昌、宜春（2015年），九江、鹰潭（2016年），赣州、上饶、景德镇（2017年）10个设区市先后荣获"国家森林城市"称号。

2018年10月15日，国家林业和草原局正式授予萍乡市"国家森林城市"称号。至此，江西省11个设区市全部获评"国家森林城市"称号，也成为全国第一个也是唯一一个"国家森林城市"设区市全覆盖的省份。 （江西省林业局办公室 供稿）

※ 景德镇市人民公园内市民在健身
（江西省林业局 供图）

※ 吉安市庐陵文化生态园螺子山森林公园（江西省林业局 供图）

构建南方屏障　建设生态赣州

——赣州市创建国家森林城市工作纪实

赣州市委、市政府高度重视林业工作，始终牢记习近平总书记关于着力开展森林城市建设的重要指示，将森林城市建设作为构筑生态屏障、改善人居环境、推进生态文明和促进经济社会发展的重要抓手，2014年8月市政府批准《江西省赣州市国家森林城市建设总体规划》实施，标志着赣州市创森工作正式全面启动，2017年10月赣州市被授予"国家森林城市"称号。

※ 中心城区西北角绿化现状

"创森"3年，森林资源实现"两增长一提升"，全市通过补植、抚育、更替和封育改造方式完成19.55万公顷森林质量提升，全市森林面积由300.89万公顷增加到300.95万公顷，净增600公顷，森林蓄积由11 957.55万立方米增加到12 808.95万立方米，净增851.40万立方米。

"创森"3年，城乡增绿增效，生活更宜居，全市建有郊野公园等大型生态旅游休闲场所51处，城区绿化覆盖率由32.63%提高到43.56%，提高了10.93个百分点。人均公园绿地面积由11.46平方米增加到14.14平方米，净增2.68平方米，中心城区绿化覆盖面积达4751.81公顷，较创建初期增加了11个百分点。"创森"改善了城市生态环境，实现了市民推窗见绿、开门享绿的愿望，促进了森林文化、生态文化的广泛传播，使生态文明、绿色发展达成共识、深入人心。

※ 九连山国家级自然保护区内野生红豆杉群落

※ 瑞金市叶坪中华苏维埃革命旧址

国家森林城市

—— 湘西土家族苗族自治州

湘西土家族苗族自治州位于湖南省西北部，地处湘鄂渝黔四省市交界处，州内山水风光神奇、历史文化厚重、民族风情独特、自然资源丰富。全州总面积1.55万平方千米，辖7县1市，总人口299万人，其中以土家族、苗族为主的少数民族人口占80.84%。湘西自治州是习近平总书记精准扶贫重要战略思想的首倡地，是国家西部大开发地区和武陵山片区区域发展与扶贫攻坚先行先试地区，是湖南省唯一的少数民族自治州和扶贫攻坚主战场。

近年来，湘西自治州按照城市森林网络、城市森林健康、城市林业经济、城市生态文化和城市森林管理五大内容，采取"一群、一圈、两带、三廊、多点"的空间布局，坚定践行"绿水青山就是金山银山"发展理念，围绕打造国内外知名生态文化公园总愿景，因地制宜，突出特色，高起点推进国家森林城市创建工作，取得了显著成效。"两区三园"等"国字号"品牌达到24个，州内河流、公路、铁路沿线、宜林荒山荒地全部实现绿化，中心城区人均公园绿地面积达11.85平方米，绿化覆盖率达到41.87%，全州森林覆盖率达到70.24%，城市年均空气质量优良天数保持在325天以上。

※ 湘西自治州州委书记叶红专参加创建国家森林城市万人签名活动启动仪式

※ 湘西自治州州长龙晓华（中），州林业局局长罗亚阳（左）、副局长瞿星（右）在2018年森林城市建设座谈会现场

2018年10月，在深圳召开的全国森林城市建设座谈会上，湘西州被正式授予"国家森林城市"称号，这是湘西州坚持走生态优先、绿色发展之路的成果，也是全国30个少数民族自治州中率先创建国家森林城市的成功典范。

汗马自然保护区

◎ **汗马保护区概况**

汗马自然保护区位于内蒙古大兴安岭山脉西坡的北部，行政隶属于内蒙古根河市管辖。东临黑龙江省，南接甘河林业局，西与金河林业局接壤，北与阿龙山林业局毗邻，保护区总面积107 348公顷，是保护最为完好的寒温带针叶林带，森林覆盖率达88.4%。

保护区有野生植物88科222属468种，鸟类12目28科106种，兽类6目12科30种，区内有国家一级保护动物3种、国家二级保护动物22种。

◎ **林业建设历史沿革**

1954年初，自治区人民政府将呼盟大兴安岭具有原始森林植被特色的牛耳河源头——汗马定为"汗马禁猎禁伐区"。1995年内蒙古自治区人民政府批复同意将大兴安岭汗马自然保护区列为自治区级自然保护区，1996年12月29日建立汗马国家级自然保护区。

2005年5月26日，成立内蒙古大兴安岭汗马国家级自然保护区管理局，为林管局正处级事业单位，内设机关职能部门6个，下辖4个管理站、1个访客中心和1个汗马派出所。

◎ **保护区建设成就**

2006年10月25日，国家林业局确定汗马保护区为全国51个国家级示范自然保护区之一；2016年10月20日，完成汗马保护区文化与自然遗产项目建设。

2011~2012年与北京大学、北京林业大学、东北林业大学、内蒙古农业大学建立科研教学基地和研究生工作站。

出版《汗马保护区科学考察报告》《汗马保护区脊椎动物原色图谱》、《汗马保护区植物原色图谱》等多部科学论著和科普读物。

2015年6月9日，内蒙古大兴安岭汗马国家级自然保护区被正式指定为世界生物

※ 保护区的野生动物资源

圈保护区。2017年11月，汗马保护区成为"世界生物圈保护区培训基地"，并获颁证书。2018年2月被批准成为国际重要湿地，填补了大兴安岭地区的空白。2018年10月9日，内蒙古自治区第十三届人大常委会第八次会议审议通过《内蒙古大兴安岭汗马国家级自然保护区条例》，保护区生态保护工作进入法制化管理阶段。2019年被国家林业和草原局评为保护森林和野生动植物资源先进集体。

细鳞河保护区建设成果

黑龙江细鳞河国家级自然保护区位于黑龙江省鹤岗市西北部,小兴安岭东北麓,地理坐标为东经129°53′12.796″~130°17′08″,北纬47°30′50.574″~47°39′23.104″,总面积为21 570公顷。细鳞河保护区始建于1998年,2004年由黑龙江省人民政府批准为省级自然保护区,2018年5月由国务院批准,晋升为国家级自然保护区。

※ 理论学习(孙佩丽 供图)

细鳞河自然保护区始建以来,在上级林业主管部门和各级政府的领导下,在基础设施建设、森林资源保护、信息化管理、科研监测及宣传教育等方面都取得了一定的成绩,提高了保护区的整体功能,增强了保护区的保护价值,得到了上级领导的好评和肯定。特别是在生态保护、动植物监测方面尤为突出,多年来,细鳞河自然保护区没有发生一起违法案件;国家二级保护植物——兰科植物,从始建保护区之初的几十株到现在的上千株;通过监测拍摄的国家二级保护动物和国家重点保护动物影像已在中央电视台一套《秘境之眼》播出。

※ 勘界立标(陈京京 供图)

细鳞河自然保护区在今后的保护工作中,将继续以"保护生态环境、守护绿水青山"为目标,贯彻落实习近平总书记保护生态的重要指示精神,扎实抓好保护区的各项工作,努力打造一流的国家级自然保护区。(孙佩丽 张爱立 供稿)

※ 生态环境(孙娟 供图)

※ 红外相机捕捉画面——猞猁(朱邵华 供图)

江苏"生态典范"概览

◎ **江苏盐城湿地珍禽国家级自然保护区**

江苏盐城湿地珍禽国家级自然保护区位于江苏省盐城市境内，总面积247260公顷，是江苏首个国家级自然保护区，是国际重要湿地。保护区是目前太平洋西海岸面积最大、原真性和完整性保持最好的滨海湿地之一，生物多样性十分丰富，有动植物1982种，主要保护对象为以丹顶鹤为代表的珍禽及其赖以生存的海涂湿地生态系统。

◎ **太湖风景名胜区**

太湖风景名胜区，1982年被国务院批准为首批44个国家重点风景名胜区之一。太湖风景名胜区规划总面积3190平方千米，是一个以平山远水为自然景观特征，以典型吴越文化和江南水乡风光为资源要素，自然景观与人文景观并重，融风景游赏、休闲游憩、科普研究等功能于一体的天然湖泊型风景名胜区。

◎ **潘安湖湿地公园**

江苏徐州潘安湖位于徐州市贾汪区西南部的大吴镇和青山泉镇境内，湿地总面积333.67公顷，是徐州贾汪区集中连片、面积最大、塌陷最严重的采煤区域。潘安湖湿地公园集"高标准农田再造、采煤塌陷地综合整治、生态环境修复、湿地景观开发"于一体，是首批国家湿地旅游示范基地。

◎ **江苏大丰麋鹿国家级自然保护区**

※ 盐城珍禽保护区的丹顶鹤在引吭高歌

※ 太湖风景名胜区梅梁湖鼋头渚

江苏大丰麋鹿国家级自然保护区位于江苏省东部的黄海之滨，占地面积2666.67公顷，是世界上面积最大、野生麋鹿种群数量最多，并拥有最大麋鹿基因库的自然保护区。这里生物多样性丰富，2002年被列入国际重要湿地名录。麋鹿数量由1986年建区时的39头发展到现在的4556头，是迄今世界上第一个也是最大的重返大自然野生麋鹿自然保护区。

2019年7月5日，江苏盐城湿地珍禽国家级自然保护区部分区域、江苏大丰麋鹿国家级自然保护区全境被联合国教科文组织列入世界遗产名录，填补了中国滨海湿地类型遗产空白。

※ 潘安湖湿地公园

※ 大丰麋鹿国家级自然保护区麋鹿与白鹭和谐共处

钱江源国家公园

钱江源国家公园试点区是中国目前10个国家公园体制试点区之一,是长三角经济发达地区唯一的国家公园体制试点区。地处三省交界,位于浙江省开化县西北部,与江西婺源、德兴,安徽休宁交界,面积252平方千米。包括古田山国家级自然保护区、钱江源国家森林公园、钱江源省级风景名胜区以及上述自然保护地之间的连接地带(大部分为生态公益林)。涉及4个乡镇、21个行政村、72个自然村。

走进钱江源国家公园,仿佛走进了一个巨大的生物基因库。这里仍保存着大面积、全球稀有的、中亚热带低海拔典型的原生常绿阔叶林地带性植被,生物物种极其丰富,具有全球保护价值和科研价值。全域共有高等植物2062种,鸟类237种,兽类58种,两栖类动物26种,爬行类动物51种,昆虫1156种,其中珍稀濒危植物61种,中国特有属14个。这里还是中国特有、世界濒危、国家一级重点保护野生动物黑麂、白颈长尾雉的全球集中分布区。其中黑麂数量500~800只,占全球分布总量的10%。中国科学院院士魏辅文认为:黑麂是一种堪与大熊猫媲美的中国特有动物。目前,他和他的团队正在这里开展一系列与黑麂有关的科学研究。

※ 2019年7月2日,钱江源国家公园管理局揭牌,省垂直管理体制建成。在钱江源国家公园体制试点工作推进中具有里程碑意义

近年来,钱江源国家公园体制试点区深入践行"生态保护第一、国家代表性、全民公益性"理念,以建成"常绿阔叶林的世界窗口、科研与监测的中国样本、共抓大保护的东部标兵"为具体目标,通过开展地役权改革、跨行政区域合作、环境教育设计等一系列创新行动,全力冲刺"2020年创成钱江源国家公园"总目标。

※ 钱江源头

※ 白颈长尾雉

桃红醉春风　鹿鸣谱新篇

—— 江西桃红岭梅花鹿国家级自然保护区

※ 局长詹建文现场办公

江西桃红岭梅花鹿国家级自然保护区位于江西省九江市"七省扼塞、赣北大门"的千年古邑彭泽县境内，始建于1981年，2001年晋升为国家级自然保护区，面积1.25万公顷，主要保护对象为野生梅花鹿华南亚种及其生态系统。辖区内梅花鹿种群数量由建区前不足60头发展到现在近400头，是世界上野生梅花鹿华南亚种最大分布区。

38年来，保护区坚持"严格保护、科学管理、合理利用"方针，全力开展生态桃红、人文桃红、和谐桃红、智慧桃红"四个桃红"建设，秉承陶狄遗风，艰苦创业、锐意进取，换来了桃红岭保护区生机勃发和不竭活力。2002年，保护区加入"中国生物圈保护网络"；2008年，保护区所在地被命名为"中国梅花鹿之乡"；2016年，保护区被评为"全

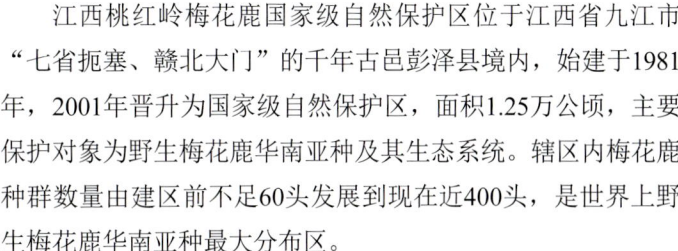

※ 野生梅花鹿　　※ 保护区自然风光

国自然保护区先进集体"；2018年，荣获"全国三八红旗集体"光荣称号。

新时代、新担当、新作为，在维护生态安全、建设生态文明的征途上，桃红岭保护区将乘势而上，砥砺前行，以更高的站位、更宽的视野、更大的决心将保护区打造成为集保护、科研、教育于一体的生态保护示范区。

※ 保护区办公区

利津县王庄沙区林场建设管理办公室

山东省利津县王庄沙区林场建设管理办公室属县政府直属副县级事业单位,主要负责王庄沙区林场的规划建设、资源保护等工作,内设规划建设科、综合科、森林公园管理科,现有职工17人,其中在编在岗12人。先后荣获"山东省绿化工作先进单位""山东省生态文明建设示范教育基地""省级精神文明单位""全国生态建设突出贡献先进集体"等荣誉称号,是中国林业职工思想政治工作研究会理事单位,中国林场协会会员单位。

王庄沙区林场始建于2012年2月,位于利津县县城北部王庄沙区,规划面积1353.33公顷,有林地面积1100公顷。王庄沙区林场地处黄河决口冲击而成的缓岗地带,历史上风沙成灾,风沙严重时百米不见村,十米不见人,盐碱遍地,

※ 航拍林场

黄沙漫天。林场人凭借顽强的意志,披星戴月、忘我奉献,住民房、守窝棚,与风沙抗争、与酷暑为伴、与困难搏斗。建成主循环路8.8千米,铺设林间煤渣道路18千米,铺设自来水管道2800米,架设高压线路2850米,安装低压线路3600米,新建和维修桥梁18座。建成一座集森林防火、林业有害生物防治为一体的,建筑面积达1600平方米的综合管理用房并投入使用。通过实施"国家农业综合开发林业生态示范""国家木材战略储备林基地""林业异地生态恢复""中央财政林业科技推广示范""省级森林质量精准提升试点"等项目,实现造林886.67公顷,森林覆盖率达82.3%,成为森林资源最丰富、生物多样性最富集、生态功能显著的东营市西部生态屏障,也发展成为山东省重要的林业科技推广示范基地。

※ "我跟春天有个约会"——生态文明教育基地迎来小学员

※ "情系林场 绿韵流诗"活动现场

生态典范

世界自然遗产地——梵净山

2018年7月2日，在巴林首都麦纳麦召开的第42届世界遗产大会上，联合国教科文组织世界遗产委员会审议通过将梵净山列入《世界遗产名录》。梵净山成为中国入选《世界遗产名录》的第53项世界遗产、第13项世界自然遗产，是贵州省继"中国南方喀斯特"——荔波、"中国丹霞"——赤水、"中国南方喀斯特"——施秉之后第四处世界自然遗产地，也是贵州省首个独立申报的世界自然遗产项目。至此，贵州成为中国世界自然遗产数量最多的省份，形成了"东有梵净山、南有荔波、北有赤水、中有施秉"的世界自然遗产地旅游精品格局。

梵净山国家级自然保护区始建于1978年，位于贵州省东北部铜仁市的江口、印江、松桃三县交界处，处于我国云贵高原向湘西丘陵的过渡带上，是武陵山脉的主峰，保护区总面积42 863公顷。自然保护地处于中国亚热带中心，具有典型的中亚热带季风山地湿润气候特征。特殊的地理位置，优越的水热条件，形成了山区温暖湿润的环境，加之山体古老，使这里成了古老动植物的栖息地。梵净山保存了中亚热带孤岛山岳生态系统的生物多样性，是珍稀动植物的栖息地，古老孑遗物种的避难所，特有动植物分化发育的重要场所，是黔金丝猴和梵净山冷杉在地球上的唯一栖息地，具有不可复制性和不可替代性，且是水青冈林在亚洲重要的保护地。据统计，自然保护地内有2万公顷原始森林得到有效保护，已查明区内生物种类近7000种，并分布有大量的珍稀濒危野生动植物，其中以珙桐为代表的国家一级保护植物6种，以黔金丝猴为代表的国家一级保护动物有9种。另外，国家二级保护动植物共计52种。梵净山丰富的物种资源为进行生物物种多样性的研究和保护提供了一个绝佳的场所。

※ 黔金丝猴

※ 梵净山风光

贵州大沙河国家级自然保护区

※ 国家一级保护植物——银杉

※ 国家一级保护动物——林麝（李乔明 摄）

※ 国家一级保护动物——黑叶猴（李乔明摄）

※ 国家一级保护植物银杉及其生境（陈庆军 摄）

大沙河国家级自然保护区位于贵州省道真仡佬族苗族自治县北部，是以银杉、黑叶猴等珍稀濒危物种及其自然生境为主要保护对象的森林生态系统类型自然保护区，保护区总面积26 990公顷，其中：核心区8966.5公顷，缓冲区8573.4公顷，试验区9450.1公顷。

该保护区始建于1984年，2001年晋升为省级自然保护区，2018年5月晋升为国家级自然保护区。保护区管理局为贵州省林业局全额预算管理的直属正处级事业单位，局内设6个科室，下设4个管理站，机构编制23人，现有正式干部职工21人，天保工程管理人员5人，护林员17人、生态护林员120人，负责森林资源管理。

该保护区内野生动植物资源丰富，有动植物602科2384属5599种，其中属国家一级重点保护野生动植物10种，国家二级重点保护野生动植物61种，贵州重点保护野生动植物86种，列入"三有动物"的有194种。区内现有银杉面积8810平方米，21个分布点，天然株数1056株，占全国天然银杉总数4006株的26.4%，是全国最丰富的分布地区之一，有黑叶猴19群150余只，约占全国野生黑叶猴总数的10%。

※ 保护区风光（陈东升 摄）

改革聚焦

改革促转型　发展谱新篇

——黑龙江伊春森工集团有限责任公司推动国有林区高质量发展

在浩荡前行的时代征程上、在广袤的小兴安岭上、在波澜壮阔70余载的森工厚重史册上，驰骋于莽莽林海的黑龙江伊春森工人不负重托、不辱使命，在"让老林区焕发青春活力""生态就是资源，生态就是生产力"的政治使命面前，以逢山开路、遇水架桥的闯劲，以滴水穿石、绳锯木断、"咬定青山不放松"的韧劲，以"功成不必在我""弄潮儿向涛头立"的豪迈气概，敢闯、敢试、敢改、敢转，一路高歌猛进、劈波斩浪、扬帆远航、行稳致远，在绿水青山间，手持解放思想这把"金钥匙"，全面开启重点国有林区"大改革、大转型、大发展"的壮丽画卷，擘画新时代推进绿色化发展的宏伟蓝图！

※ 伊春森工办公大楼

自1948年大规模开发建设以来，黑龙江伊春森工的发展史就是一部波澜壮阔、接续奋斗、励精图治的奋斗史；也是一部既作出超负荷贡献，又品尝"两危"艰辛、负重前行的创业史；更是一部坚定走好以"生态优先、绿色发展为导向高质量发展的新路子"，奋力谱写"让老林区焕发青春活力"的恢弘史诗！

伊春市委、市政府坚决践行习近平总书记"让老林区焕发青春活力"的政治嘱托，坚决落实中央6号文件"四分开"的改革部署，坚决落实黑龙江省委对伊春"大转型、大改革"的工作要求，全力推进伊春森工企业体制机制创新和动能转换，推动国有林区经济高质量发展。

2018年10月21日，黑龙江伊春森工集团有限责任公司挂牌成立，延续了半个多世纪的伊春"政企合

※ 伊春森工挂牌成立（胡锡韦　摄）

※ 颁发伊春森工营业执照（胡锡韦　摄）

一"体制彻底破冰,伊春国有林区改革发展迈入了新的历史阶段。

黑龙江省委书记、省人大常委会主任张庆伟,国家林业和草原局党组书记、局长张建龙讲话,黑龙江省委副书记、省长王文涛宣读省委省政府关于黑龙江伊春森工集团有限责任公司组建的批复文件。黑龙江省委副书记陈海波主持会议,黑龙江省委常委、省委组织部部长王爱文宣读黑龙江伊春森工集团有限责任公司主要负责同志任职文件。黑龙江省副省长程志明、刘忻,国家林业和草原局副局长李树铭,国家林业和草原局资源司司长徐济德、规财司司长闫振出席会议。

黑龙江省市场监督管理局局长刘小妹向黑龙江伊春森工集团有限责任公司党委书记、董事长李忠培颁发集团有限公司法人营业执照。

张庆伟、王文涛、张建龙、高环、韩库、李忠培共同为黑龙江伊春森工集团有限责任公司揭牌。

张庆伟代表省委、省政府向黑龙江伊春森工集团有限责任公司成立表示热烈祝贺。他指出,黑龙江伊春森工集团成立是黑龙江省重点国有林区改革的又一重要成果,也标志着我们朝着"让伊春老林区焕发青春活力"的目标迈出了坚实的步伐。张建龙希望新组建的黑龙江伊春森工集团坚持以习近平新时代中国特色社会主义思想为指导,认真贯彻落实习近平总书记2016年考察伊春时的重要指示和近期在深入推进东北振兴座谈会上的重要讲话精神,紧紧围绕服务国家战略,加强森林资源培育和保护、深化国有林区改革、健全企业经营管理体制、积极保障和改善民生,努力推动林区实现可持续发展。

伊春森工集团公司是经黑龙江省人民政府批准设立的国有独资公司,由黑龙江省人民政府履行出资人职责,授权伊春市人民政府为履行出资人职责机构,是以保护和经营森林资源为基础产业、多元化发展的公益类企业;公司注册资本8.8亿元,下辖17个林业局公司、5个商业类子公司、230个林场所。

公司肩负着维护国家生态安全、打造"旗舰型"企业的历史重任。经营范围包括:林木育种、育苗;造林和更新;森林经营、管护和改培;木材和竹材采运;林产品采集;林业专业及辅助性活动;木材加工;人造板制造;木质制品制造;木质家具制造;谷物种植;豆类、油料和薯类种植;蔬菜、食用菌及园艺作物种植;水产养殖;蔬菜、菌类、水果和坚果加工;豆制品制造;精制茶加工;中药材种植;中药饮片加工;中成药生产;牲畜饲养;家禽饲养;兔的饲养;驯鹿、狐、貂饲养;游览景区管理服务;旅行社服务;会议、展览及相关服务;房地产开发经营;物业管理服务;房地产租赁经营;住宅房屋建筑;体育场馆建筑;办公用房屋工程建筑;商厦房屋、宾馆用房屋、餐饮用房屋、商务会展用房屋建筑;架线和管道工程建筑;电气安装;管道和设备安装;园林绿化工程施工;建筑装饰和装修业;贸易经纪与代理;通用仓储;道路货物运输;投资与资产管理等。

(伊春森工集团 供稿)

※ 伊春绿水青山(谭景涛 摄)

高举生态大旗　深耕转型发展

——黑龙江大兴安岭地区加格达奇林业局

※ 加格达奇林业局党委书记吴庆军（左三）深入一线检查资源管护和森林防火工作

※ 加格达奇林业局党委副书记、局长周勇（左二）现场指导资源管理工作

加格达奇林业局是大兴安岭林业集团公司的直属企业，现主要从事天然林管护、中幼龄林抚育、森林防火等主要业务。施业区总面积83.70万公顷，有林地面积54.23万公顷，活立木总蓄积量4230万立方米，森林覆盖率64.78%。林业局下辖16个林场（管护区）、11个直属单位、22个科室、1个森林公安分局，编制管理平台职工人数3078人。

加格达奇林业局成立于1991年，以木材生产为主，2001年停止伐木生产，以资源保护、营造林为主营业务，探索转型发展。

面对生态建设的神圣使命，加格达奇林业局全力以赴抓实资源管理、森林防火、营造林生产、森林病虫害防治等基础工作，森林资源数量逐年增加、森林质量逐年提高、生态功能持续增强，全力以赴保证祖国北方生态安全屏障更加稳固。

以发展管护区经济为抓手，加快发展生物医药、森林生态食品、森林生态旅游、休闲农业、自然资源保护利用五大产业，全局上下勠力同心、攻坚克难，产业发展取得了很好的成效，转型发展迈出了坚实步伐。

※ 加格达奇林业局副局长陈永贵（右二）带队检查市场

多年来，加格达奇林业局先后获得"全国五一劳动奖状""中国企业文化促进会先进单位""省级文明单位标兵""中国林下经济产业示范基地""全国森林康养基地""中国金莲花之乡"等奖励和荣誉称号。

绿色发展典范标杆　"两山理论"科学实践

——中国林业产业突出贡献奖获奖单位亚布力林业局"猪菜同生"三产融合项目模式发展侧记

※ 亚布力林业局有限公司董事长任立权

2017年，亚布力林业局探索创新"森林农业三产融合发展模式"。从政府和民众最关心的问题入手，先实现第一产业"生态种养循环闭环"，再实现"三产融合创新发展"，根本性解决种植污染、养殖污染、环境污染和民生食品安全问题，为国有林区转型及农业生态发展探索成功之路，该模式主要是生物技术引领、资源循环利用、三产有机融合，一产塑源生态种养循环，二产提升产品精深加工，三产拓展"新零售"布局。全产业链包括菌种扩繁、猪菜同生、粮畜循环、融合发展等关键环节。通过微生物益生菌的生物动力作用，实现养殖零排放、秸秆资源肥田化、产品绿色有机化。全部产业发展犹如一列生物动力列车强劲运行。

模式的进步意义在于，现代生物技术、网络技术、智能技术应用。粮畜循环，实现零污染零排放、秸秆（菌袋）资源化利用。生物有机肥替代化肥进入种植业生产，有机质还田修复土壤提高地力，肉品质量达到欧盟"无抗"标准，生产成本降低收益提高。便于推广普及，林区社会家家可做、场场可做、局局可做，规模无限扩大，效益无限提高。为践行"两山"理论，实现绿色发展提供示范、探索出路。

※ 东北农大、龙江森工三产融合示范基地俯瞰图

亚布力林业局的发展模式，是林区转型的创新实践，是坚持绿色发展、践行"两山理论"的科学实践。

※ 东北农大、龙江森工三产融合示范基地内景

（李振华　供稿）

综合改革激活浙江林业发展新活力

1981年，浙江省委、省政府颁布实施《关于稳定山权林权和落实林业生产责任制若干问题的规定》，在全国率先开展稳定山权林权、划定自留山和确定林业生产责任制的"三定"工作，拉开浙江集体林权制度改革序幕。在此基础上，为着重解决"树由谁来种"问题，之后又经历了完善林权制度、延长承包期、深化改革阶段，探索林地所有权、承包权和经营权"三权分离"，创新开展林业股份合作制、林地经营权流转和林业金融改革，总结推广林地、林木和家庭林场3种股份合作制成功模式，促进适度规模经营，林业发展活力极大迸发。截止到2018年年底，全省已建林业股份制合作组织168家、专业大户4347户、家庭林场1645个、"林保姆"式专业户3.58万户，累计发放林地经营权流转证1352本。创新推广多种林权抵押

※ 2013年11月，全国政协常委、著名经济学家厉以宁调研龙泉林权改革工作

※ 2011年9月，缙云"林贷通"试点现场会暨贷款授信签约仪式在新建镇丹址村操场举行，开创林权抵押贷款新模式

※ 2014年，全省首家政府出资的综合性融资担保公司——庆元县兴农融资担保有限公司成立

贷款模式，开创公益林补偿收益权质押贷款先河，累计发放贷款超过400亿元，53万多户林农（合作社、企业）从中受益，贷款余额超过100亿元。积极推进"最多跑一次"改革，原浙江省林业厅本级80%的许可事项委托至县市，完成省市县三级"八统一"和审批系统改造，实现林业系统群众和企业办事事项100%"最多跑一次"，发展活力进一步释放。

※ 高坪杜鹃（徐建 摄）

推深做实林长制　坚定践行"两山论"

——全力打造绿色发展示范城市安庆样板

为深入贯彻习近平生态文明思想，按照安徽省创建全国林长制改革示范区的统一部署，安庆市主动作为，试点先行，全力打造"绿水青山就是金山银山"实践创新区、山水林田湖草系统治理试验区、长三角区域生态屏障建设先导区和林长制改革体制机制建设先行区。

◎ **全域覆盖、网格管理**　构建市、县、乡、村四级林长制体系，市委常委会、市委深改会议专题调度，建立"月调度、季评价、年考核"的工作机制，加快林长制立法进程。

※ 安庆市林长制改革推进会

◎ **规划引领、做实下沉**　坚持抓当前与谋长远相结合，编制全国首个林长制规划，构建"1+2+3"体系，经两院院士领衔的专家组评审通过。开发林长制智慧平台，提高林业信息化和智能化水平。

◎ **强化统筹、要素保障**　出台《安庆市推深做实林长制改革促进林业经济高质量发展的若干政策》，统筹党政部门和群团组织形成改革合力。

◎ **示范引领、生态富民**　坚持工程化载体，完成绿色长廊示范段72千米、芭茅山改造1.67万公顷，拆除湿地围栏网6.27万公顷。林业基地带动41.6万林农户均增收2600元以上。

※ 安徽省首例救护白鹤在菜子湖湿地野外放飞（徐火炬　摄）

安庆市荣膺"国家森林城市""全国绿化模范城市"和"2018绿色发展示范城市"称号，安庆市林业局荣获"全国林业系统先进集体""全国绿化先进集体""全国集体林权制度改革先进集体"和"全国生态建设突出贡献先进集体"称号。

※ 林长制实施规划

※ 中国人居环境范例奖——潜山燕窝村远景

※ 江山多娇（陈智　摄）

海南热带雨林国家公园体制试点建设

习近平总书记"4·13"重要讲话强调,"要积极开展国家公园体制试点,建设热带雨林等国家公园,构建归属清晰、权责明确、监管有效的自然保护地体系。"

国家林草局、国家发改委、中央编办等国家有关部门将支持海南热带雨林国家公园体制试点工作作为一项重要的政治任务,多次派员来海南调研指导,做了大量卓有成效的工作。特别是国家林草局局长张建龙先后6次会见海南省省长沈晓明、副书记李军、副省长刘平治等省委省政府领导,在国家公园规划编制、资金、技术、人才等方面给予全方位支持。

海南省委省政府高度重视海南热带雨林国家公园体制试点工作,将规划建设海南热带雨林国家公园确定为海南全面深化改革开放的12个先导性项目之一,作为国家生态文明试验区的标志性项目强力推进。海南省委书记刘赐贵、省长沈晓明多次作出指示批示,多次召开会议研究解决具体问题,推动海南热带雨林国家公园体制试点取得了阶段性成果。

体制试点方案正式印发。2019年1月23日,习近平总书记主持召开中央深改委第六次会议,审议通过《海南热带雨林国家公园体制试点方案》。2019年7月15日,国家公园管理局印发《海南热带雨林国家公园体制试点方案》。

※ 2019年3月31日,海南省林业局局长夏斐陪同国家林草局局长张建龙一行乘船调研海南三亚国家级珊瑚礁自然保护区

※ 2019年3月31日，海南省政府副省长刘平治、海南省林业局局长夏斐陪同国家林草局局长张建龙一行调研海南三亚国家级珊瑚礁自然保护区

※ 2019年4月1日，海南省委副书记李军、海南省林业局局长夏斐陪同国家林草局局长张建龙一行调研吊罗山国家级自然保护区

海南热带雨林国家公园管理局揭牌成立。2019年4月1日，海南热带雨林国家公园管理局在吊罗山国家级自然保护区揭牌成立，这是中国建立国家公园体制试点的又一件大事，标志着国家公园试点工作进入了全面推进的新阶段。国家林业和草原局（国家公园管理局）局长张建龙、海南省省长沈晓明为新成立的热带雨林国家公园管理局揭牌。揭牌仪式前，3月29～30日，海南省委副书记李军、副省长刘平治、省林业局局长夏斐陪同张建龙一行调研了海南三亚国家级珊瑚礁自然保护区，详细了解珊瑚礁生态保护情况；调研了吊罗山国家级自然保护区，检查了南喜管护站森林防火设施，并对做好清明期间森林防火工作提出要求。

※ 2019年4月1日，国家林草局局长张建龙和海南省省长沈晓明为海南热带雨林公家公园管理局揭牌

生态搬迁试点启动。2019年6月25日，领导小组办公室正式印发《白沙黎族自治县高峰村生态搬迁实施方案》。2019年9月1日，在白沙黎族自治县高峰村举行生态搬迁安置点开工仪式。

总体规划编制完成。2019年9月29日，海南省委召开常委会，会议审议通过《海南热带雨林国家公园总体规划（2019～2025年）》送审稿，正在按程序报批。

坚持"林中育人"办学特色 助力林业现代化建设 I

——东北林业大学帽儿山实验林场

东北林业大学帽儿山实验林场，始建于1958年3月，1998年实验林场被确定为"天然林保护工程"重点林区，1999年3月经黑龙江省林业厅批准建立省级森林公园，是东北林业大学的教学、科研实习基地和生态文明教育基地。

实验林场坐落于尚志市帽儿山镇行政区域内，总面积达265平方千米，该地区属长白山系张广才岭西坡小岭的余脉，温带季风型气候，平均海拔300米，年降水量为723.8毫米，平均森林覆盖率为95%，森林总蓄积量为350万立方米。帽儿山地区木本和草本植物种类超千种，植被

※ 远眺帽儿山

是典型的东北东部天然次生林，其原始地带性顶级群落为红松阔叶林，有各种动物和鸟类400余种，昆虫1200余种，生物多样性保存完好，是一座自然生态宝库。

※ 帽儿山实验林场培训中心

实验林场现已建成林木改良育种实验站、森林培育实验站、森林碳汇观测研究站、老山人工林野外重点开放实验站、鸟类环志站、国家野生动物疫源疫病监测站、老爷岭森林生态系统定位研究站等9个实验站，其中老爷岭森林生态系统定位研究站于2006年11月被科技部批准为国家野外科学观测研究站。各类研究站的建设为全国林业科技工作者提供了稳定持续的研究试验平台。

帽儿山实验林场先后与美国、加拿大、俄罗斯、韩国、日本等国家开展了广泛的国际合作，依托实验林场开展国家自然科学基金重大项目、国家科技攻关项目、国家科技支撑项目等500余项，共获得研究经费超过1亿元，获国家科技进步奖5项，省部级奖70余项，发表各类论文超过2000篇，累计培养博士研究生100余名，硕士研究生超过1000名。实验林场与哈尔滨工业大学、北京林业大学等近20所国内高等学校建立了长期实践教学合作关系，每年接待教学科研师生5000余人次。

作为全国最大的高等教育实践基地和黑龙江省中小学生素质教育拓展基地，帽儿山实验林场每年接待大中小学校的学生来此实习实训5万余人，观光旅游达25万人次。帽儿山实验林场全面服务于国家林业科学研究和生态文明建设，提供了较好的示范和辐射作用。

坚持"林中育人"办学特色 助力林业现代化建设 II

—— 东北林业大学凉水实验林场（凉水国家级自然保护区）

凉水实验林场（凉水国家级自然保护区）隶属于东北林业大学，是东北林业大学重要的科学研究和实践教学基地。林场地处我国东北地区东部山地小兴安岭山脉的南段——达里带岭支脉的东坡，行政区域位于黑龙江省伊春市带岭区境内，总面积为12 133公顷，森林蓄积量为180万立方米，森林覆盖率为99%。

凉水林区于20世纪50年代开始开发，1958年经林业部和黑龙江省人民政府批准划归东北林学院（现东北林业大学）建立凉水实验林场，1980年经林业部批准改建为森林与野生动物类型的省级自然保护区；1997年加入中国人与生物圈自然保护区网络，同年12月晋升为国家级自然保护区，2000年经教育部批准为国家理科人才培养野外实习基地，2006年被确定为全国林业示范自然保护区，2017年被教育部评为首批全国中小学生研学实践教育基地。

保护区的地带性植被是以红松为主的温带针阔叶混交林，几乎囊括了小兴安岭山脉的所有森林类型。保护区生物多样性资源丰富，有红松、黄波罗等国家重点保护植物6种，有黄喉貂、东方白鹳等国家一级保护动物8种，有棕熊、黑熊、水獭等国家二级保护动物46种，是小兴安岭林区开发前的真实缩影，能为人类提供小兴安岭森林生态系统的原始"本底"资料。

作为科学研究基地，近年来在实验林场（保护区）开展的科研项目（省部级以上）95项，当前正在开展的科研项目14项，每年接待并配合校内外课题组专家及研究生5000余人次；每年接待生物学、林学、野生动物保护与自然保护区管理等专业师生4000余人次。

※ 凉水实验林场（国家级自然保护区）风景

作为首批全国中小学生研学实践教育基地，实验林场（保护区）充分发挥生态文明教育基地功能，每年接待中小学生4000余人次。

经过多年的建设发展，凉水国家级自然保护区形成了以森林生态、动植物保护为研究特色，以林学、生物学、生态学、野生动物保护等专业教学实习为主要内容的多功能科研、教学和生态文明教育基地，是小兴安岭的"天然生物实验室"。

※ 凉水实验林场场部俯瞰

"再塑中南林"发展战略扬帆启航

六十载辗转迁徙，中南林砥砺前行，初心不改；
六十载风雨沧桑，中南林深耕厚植，桃李芬芳。

◎ **2018年是中南林业科技大学建校60周年** 60年来，学校实现从单科性学院向多科性大学、从教学型学院向教学研究型大学的两个转变。60年来，一代又一代中南林人筚路蓝缕不畏艰辛，历尽坎坷而生生不息，凝练了"求是求新，树木树人"的校训，形成了"包容、诚朴、坚毅、公允"的校风。

◎ **新时代新使命** 2016年6月，学校召开第七次党代会，确立了全面建成国内知名、特色鲜明、多学科协调发展的高水平教学研究型大学的奋斗目标。

学校新一届领导班子以"功成不必在我，建功必定有我"的担当和勇气，深入思考、充分把握学校现状、形势与机遇，明确提出"再塑中南林"发展战略。作为中南地区唯一一所绿色高等学府，学校具有优良的办学传统、深厚的文化积淀和一定的办学优势，有基础、有能力、有条件实现"再塑""发展"。

※ 2018年10月26日，办学60周年纪念大会

※ 2016年6月22~23日，学校召开第七次党代会

◎ **"再塑中南林"1234发展战略** 守望"一个核心"：回归大学的本质和使命，以学生为本、以学者治学、以学科为基、以学术为要、以学风化人。推进"两大建设"：以提高质量和学校综合实力为目标的内涵建设；以"精品化、园林式、有品位"为目标的校园建设。再造"三大生态"：再造风清气正的政治生态、学术生态和育人生态。实施"四大保障"：制度保障，建立以大学章程为根本的制度体系；文化保障，传承和凝练具有中南林科大特征的大学文化；人才保障，引进和培养学科领

※ 2017年4月17日，学校召开双代会

※ 2016年12月29～30日，召开学科建设与人才工作大会　※ 2017年6月2日，召开科技工作大会

军人才和高层次学科团队；管理保障：推行规范化管理和精细化管理，向管理要效益。

◎ "再塑中南林"发展战略初显成效　2016～2018年，学校通过召开学科建设与人才工作大会、科技工作大会、教学工作大会等，对学校未来一段时期的发展进行了顶层设计和谋篇布局，全校上下坚定信念，稳步推进，取得了明显成效。

学校入选为湖南省国内一流大学建设高校。林学获批为湖南省国内一流建设学科，生物学、生态学、林业工程、食品科学与工程、风景园林学5个一级学科获批为湖南省国内一流培育学科。目前，一级学科博士学位授权点6个，一级学科硕士学位授权点18个，硕士专业学位授权类别15个。

学校现有在校学生3万余人，教职工2349人，其中，专任教师1600人，教授（正高）245人，副教授（副高）682人；博士生导师90人，硕士生导师494人。近3年引进海内外博士155人。

学校校园占地面积92.53公顷，拥有一个占地面积达4600余公顷的实验实习林场。校舍建筑总面积70.50万平方米，固定资产总值18.57亿余元，教学科研设备总值4.24亿余元。学校为全国绿化模范单位和全国首批建筑节能示范高校，校园环境优雅，绿树成荫，绿化覆盖率达60%以上，拥有植物1100多种，是国际植物园保护联盟单位。

2018年学校各类收入9.36亿元，同比增长6%。坚持惠民暖心，在财务极度困难的情况下，通过挖潜增效，不断提高教职员工待遇和绩效奖励，在职人员工资水平较2016年增长10%。

近3年学校获国家级科技奖、省部级科技奖共29项；获批农林生物质绿色加工技术国家地方联合工程研究中心，学校国家级重要科研平台达到4个；到账科研经费稳定在年均1.1亿元左右；举办"树人讲坛"等各类学术讲座900余次；科技服务成效显著，中央电视台《新闻联播》栏目对学校经济林专家团队科技扶贫工作进行了重点报道，等等。学校一些核心发展指标已回暖向好。

※ 吴义强教授获2017年首届"全国创新争先奖"

※ 吴义强教授获国家科技进步二等奖

中国戈壁综合科学考察成果

由中国林业科学研究院荒漠化研究所牵头，会同中国科学院、教育部、中国气象局所属的11家科研、教学机构共同参与实施，集地质、地貌、水文、气象、土壤、动物、植物、遥感等学科200多人次组成的戈壁科考团队，经过8年多坚持不懈的野外调查、取样，基本查清了中国戈壁区地质、地貌、气候、水文、土壤、动物、植物等资源本底；提出了戈壁分类基准及其量化指标体系；摸清了区域内气象灾害的发生规律，提出防灾减灾对策；系统评价了区域内自然资源开发利用潜力与资源保护策略；倡导并组建了中国治沙暨沙产业学会戈壁治理专委会；编制完成了戈壁类型、水系图等专题图件；建立了中国戈壁基础数据库（群）；发表相关论文50余篇，出版首部《中国黑戈壁研究》专著，首幅《中国戈壁分布图》，发布行业标准3项，认定科技成果3项等，多项成果填补中国戈壁研究空白。科考成果对了解戈壁特征，分析戈壁成因，为"绿色丝绸之路"建设和国家生态安全提供支撑。

※ 戈壁滩留影（甘肃柳园）

※ 戈壁治理专委会成立

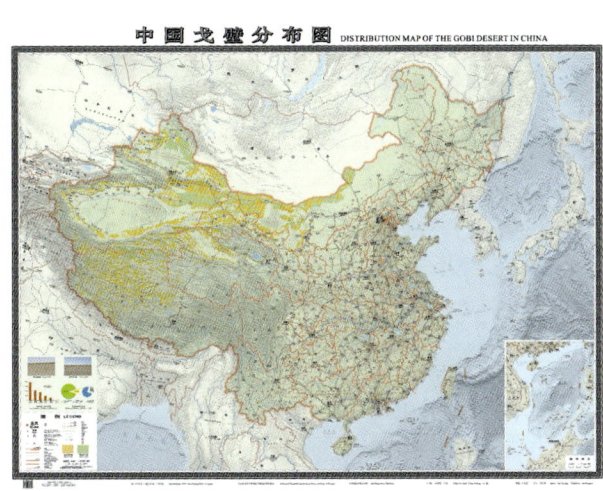

※ 中国戈壁分布图

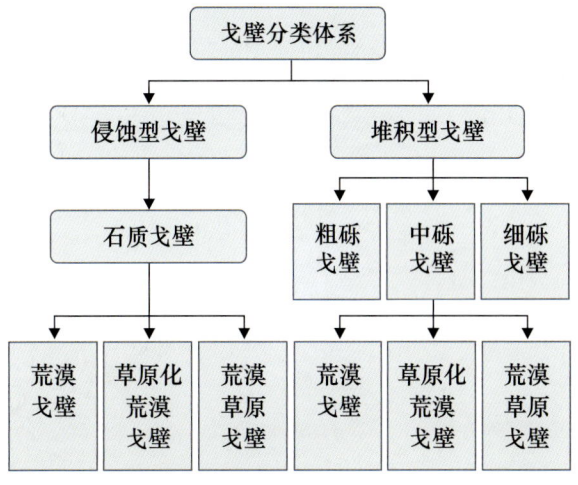

※ 戈壁分类基准

湘西土家族苗族自治州林业科学研究所

◎ **基本情况** 湘西州林科所成立于1964年5月，所部位于湖南省吉首市新桥路93号，下辖青坪实验林场，土地总面积达660余公顷，全所核定全额事业编55人，为公益一类事业单位；现有在读博士学历1人、硕士学历8人、本科学历25人，高级职称12人、中级职称25人，享受国务院特殊津贴2人。

◎ **业务范围** 湘西州林科所作为公益性基层林业科研单位，主要肩负着"科技兴林兴州，科研为生产服务，开展林业科学研究及成果示范推广，造林绿化设计及保护管理科研成果"等业务职责，是湘西州新品种新技术推广与应用的实验场所，是湘西州珍稀乡土树种选优繁育基地，是湘西州林业科普宣传的主要阵地，为湘西州林业事业发展和生态文明建设提供了强有力的科技支撑与服务。

◎ **主要业绩** 建所50多年来，州林科所致力于林业科学研究和技术推广工作，承担各类科研项目100多项，先后获得知识产权10余项，科技成果20余项，在国内有影响的学术刊物上发表论文100余篇，获得国家、省（部）、州级各类奖项40余项，单位集体和个人获得各类奖项近10项。

※ 单位领导班子

※ 动员大会

湘西州林科所为湘西州的退耕还林建设、林木良种选育、新品种引进、优良乡土树种保护、林业新技术推广与应用、林木测土配方、林农脱贫致富以及生态安全保障和经济社会发展等都作出了突出贡献。

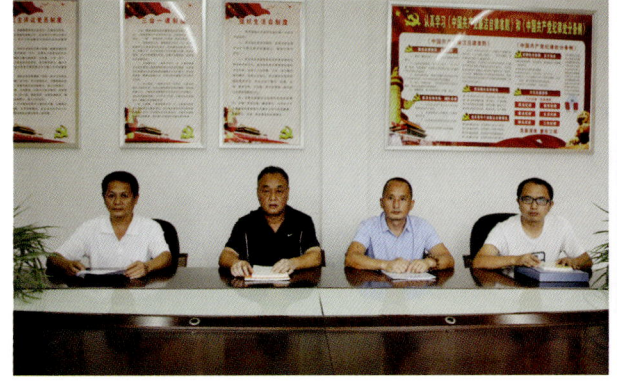
※ 班子会议

※ "三进"活动

中国福马机械集团有限公司

中国福马机械集团有限公司（以下简称中国福马）前身是原林业部林业机械公司，成立于1979年，总部位于北京。1994年，公司被列为国务院百家建立现代企业制度试点单位之一。1999年1月与国家林业局脱钩，划归中央企业工委管理。2003年，成为国务院国资委监管的中央企业。2007年11月，与中国机械工业集团有限公司重组，成为中国机械工业集团有限公司的全资子公司。2010年年底以来，根据国机集团关于工程机械业务重组的总体部署，公司所属的工程机械企业和业务与国机集团其他工程机械业务进行了重组。

中国福马目前所属二、三级企业19家，其中林海股份公司为在上海证券交易所上市的上市企业。

中国福马集团公司是中国专用设备研发、制造、销售的大型企业，是中国林业机械协会的会长单位。集团公司以"动力装备、林业装备、工程与贸易"为三大主业，积累了动力机械、人造板机械等几十年的生产经营经验，产品处于国内领先地位，多次被中国质量协会用户委员会认定为"全国用户满意产品"。产品出口到美国、加拿大、日本、欧洲、东南亚等130个国家和地区，享有较高的市场声誉。"十二五"以来，公司大力推进"绿色能源开发"项目，建设了宁夏、江苏、河北、甘肃等地多个大型地面光伏电站，并结合西部地区沙漠化治理，建设、持有宁夏振启30兆瓦地面光伏电站，为地区的发展作出应有的贡献。

※ 连续压机

中国福马集团公司持续加大科技投入，技术力量雄厚，拥有国家认定企业技术中心1个、博士后科研工作站1个、省部级以上科研机构7个、省级高新技术企业4家，拥有25名享受国务院特殊津贴专家，累计获得国家级科技进步奖5项，省部级科技进步奖65项；先后有23个产品获得国家高新技术产品荣誉；累计

※ 长材刨片机

※ 砂光锯切生产线

※ 林海水田车

※ 林海乘骑式高速插秧机

获得授权专利294项，其中包括1项欧洲专利在内的发明专利38项；公司主持参与了10多项国家标准、行业标准的制定与修订，承担并完成国家"863"高技术课题"人造板连续平压与精准控制技术"的研发，"BPY74265宽幅人造板连续压机成型压制系统"系列产品获得"国家重点新产品"认定，并被列入国家《首台（套）重大技术装备推广应用指导目录》；掌握并拥有以全地形车、通用汽油机为代表的动力机械核心技术。完善的研发体系、高素质的人才队伍、先进的科研设备，充分保证了中国福马集团公司研发能力的持续提升。

※ 林海CUV550

中国福马集团公司拥有先进的生产制造系统，在江苏泰州、苏州、镇江，天津等地拥有多个生产基地，培养了一支经验丰富、技术水平较高的专业技术人才队伍。动力机械板块拥有40余条动力机械、全地形车、摩托车、电动车、新能源汽车等自动化水平较高的专业生产线和柔性生产线，并凭借国家一级计量水平的计量检测系统保障产品质量。林业装备板块拥有大型落地镗铣床、8米龙门铣、高精度外圆磨、立卧式加工中心、高精度动平衡机、激光测量仪等"精、大、稀"加工和检测设备，支撑着主导产品、关键零件的制造生产，在国内同行业中加工能力位列前茅。

中国福马集团公司将继续同社会各界精诚合作，共创未来！

※ 林海M550L全地形车

※ 宁夏振启光伏电站全景

河北天发生物科技有限公司

※ 公司二维码

河北天发生物科技有限公司，是国家定点农药生产企业，有近20年农药生产历史，集研发、制造、销售及技术服务于一体，是通过ISO9001国际质量管理体系、ISO14001环境管理体系、OHSAS18001职业健康安全管理体系三大体系权威认证的现代化新型环保农药企业。

2015年，公司在农药制剂有害溶剂完全替代技术方面取得重大突破，使用绿色环保的生物质溶剂完全替代了传统农药制剂中有害的苯系列等芳烃溶剂，同时由于生物质溶剂的特性使加工的农药制剂药效大幅提升，不但使公司产品普遍具有环境友好的特点，还实现了农药减量提质增效。利用该技术生产的24.5%阿维·矿物油、30%丁硫·矿物油等乳油产品，不仅在田间作业中表现出较高的沉降性和附着性，也在飞防作业中有明显优势。

2017年，晟天发10%高效氯氟氰菊酯水乳剂被辽宁省农药发展与应用协会和辽宁省农药工业协会评为"2017服务辽宁优秀植保产品"，同年，公司被河北省科学技术厅评为高新技术企业。

2018年，公司再次荣获河北省科学技术厅表彰，被评为河北省农业科技小巨人、河北省农业专家工作站。

2019年1月，晟天发1.8%阿维菌素乳油和晟天发25%灭幼脲悬浮剂，被河北省植保技术推广协会评选为"河北省2019年重点推荐植保产品"。4月，企业被"315"全国征信系统评为AAA级信用单位。

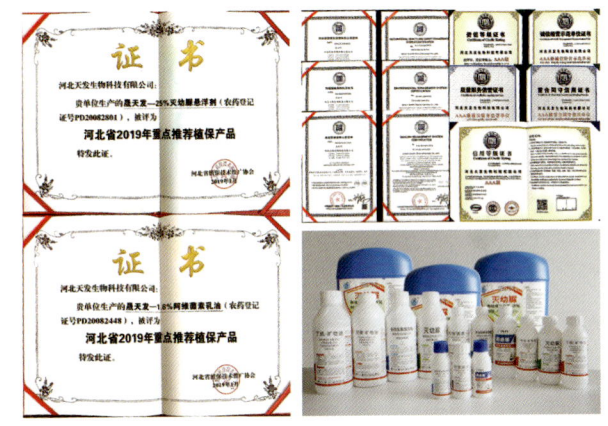

※ 产品及证书

同年，公司在农药制剂纳米化工艺方面取得重大突破，10%高效氯氟氰菊酯水乳剂、4.5%高效氯氰菊酯水乳剂等系列产品经国家权威检测机构检测，制剂颗粒达到100~200纳米，成为国内首批达到纳米级的水乳剂农药产品。

截至2019年年初，公司研发团队已累计申报发明专利40余项，获批专利10项。

※ 高新技术企业证书

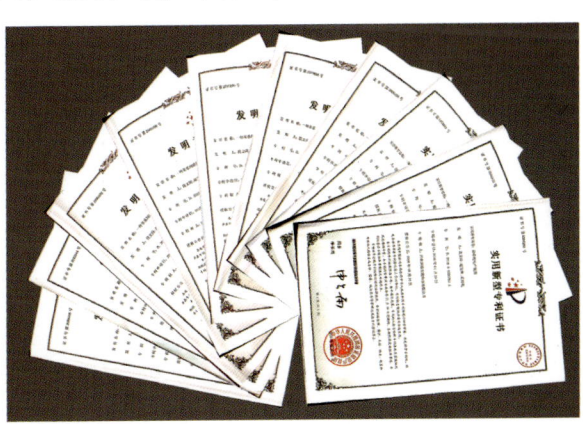

※ 专利证书

江苏市艺园生态旅游发展有限公司

江苏木艺园生态旅游发展有限公司位于黄茅革命老区，是一家集优质绿化苗木培育与新品种推广，苗木林业休闲观光，电商管理及运营为一体的综合性苗木企业。公司和江苏农林职业技术学院校企共建，成立唐陵新优苗木研究所，2019年成功申请3项苗木栽培技术类专利。2017年公司成功打造了面积达1万平方米的华东森林产品电商城，通过对进驻电商实行减免房租、免费安装宽带、免费提供仓储、免费培训的"四免"政策，创客拎包即住，极大降低了创客们的创新创业成本，充分运用互联网的便捷高效优势，发挥电商创业孵化区的功能和作用。以线上带动线下的茅山革命老区2万公顷花卉苗种植，及从事苗木和林下经济工作的5万余人，积极推动周边农村电子商务发展进程，优化农村电子商务发展环境，增强唐陵村农特产品的市场竞争力。

公司先后获得江苏省乡镇电子商务特色产业园（街）区、江苏省首批电子商务众创空间试点单位、省级电子商务示范基地、第四届中国林业产业突出贡献奖等荣誉称号。

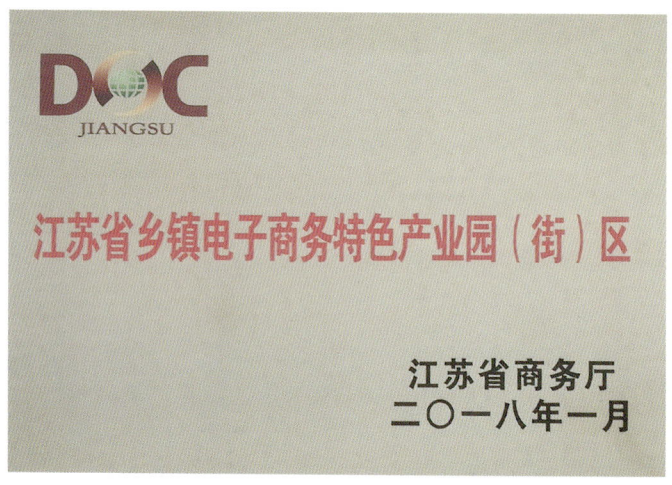

※ 公司获"江苏省乡镇电子商务特色产业园（街）区"称号

※ 紫薇造型苗木

※ 华东森林产品电商城

※ 苗木造型"二龙戏珠"

天立泰科技股份有限公司

天立泰科技股份有限公司坐落于合肥市高新技术开发区，2015年在新三板挂牌上市。

天立泰科技作为专业从事林业生态信息化的企业，秉承感知生态、创造价值的理念，在习近平生态文明思想指导下，践行生态文明建设纲领。天立泰立足科技行业，通过全面专业的信息化服务，致力于成为生态信息化行业引领者，深入生态文明建设一线，推动形成人与自然和谐发展的现代化发展新格局，共赢科技未来。

天立泰科技着力构建多媒体融合通信、林业大数据、卫星遥感、三维实景、人工智能识别技术于一体的自主研发能力体系，以"互联网+林业"为框架，运用卫星遥感、无人机、人工智能识别、物联网等监测技术手段，构建生态大数据的服务体系，提供物联网感知、生态资源监测、"互联网+"云服务、可视化应用，形成完整的数据采集、业务处理、信息服务的生态大数据的闭环应用服务。自主研发包括林长制与智慧林业、森林防火与应急管理、自然保护地生态管控综合平台三大业务场景的产品体系。

林长制管理体系利用空（航空）、天（卫星遥感）、地（环境监测）、物（物联网）、人（智能终端）多种手段构建林业生态多维度感知监测网络，利用高空间分辨率遥感影像数据作为物联网生态监测与综合应用的资源底图，实施生态功能区责任区划，将管护任务落实到每一个山头地块。

森林防火与应急管理旨在解决预警监测体系不够完善、防火信息化水平较低、信息化建设标准不统一等问题，通过整合视频监控、卫星遥感、无人机巡检等火情信息，构建统一的智能灾害监测预警体系。

自然保护地生态管控综合平台以森林资源业务为基础，综合运用GIS技术、遥感技术、人工智能、新一代网络技术等开展全方位监测，建立各层级智慧林业监管体系，实现数据采集、检索、处理、分发和服务一体化。

◎ **公司联系方式：**

地址：安徽省合肥市高新区云飞路1号
　　　天立泰创新科技园
电话：0551-63645511，0551-63645522
网址：www.ahtelit.com

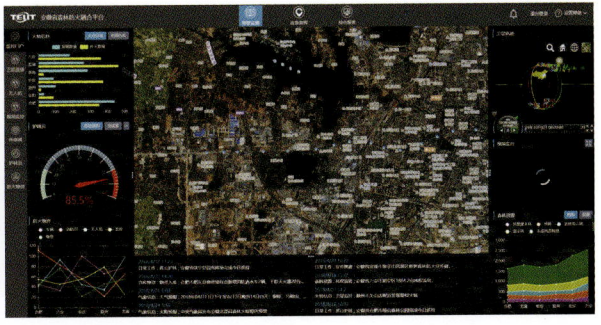

新高度　新起点

—— 东华（安徽）生态规划院

东华（安徽）生态规划院有限公司（以下简称东华院）是一家从事生态环境规划设计的专业服务机构，该院主要从事森林资源调查规划设计、古树名木保护与修复、环境规划设计、生态环境信息系统开发等工作。

东华院目前拥有国家林业调查规划设计资质、旅游规划设计资质、林业有害生物防治组织资质、信息系统集成及服务资质；在企业经营中建立了规范化的ISO9001质量管理体系，成为中国LoRa应用联盟成员，在2018年被纳入"大数据企业服务商"，2019年获得"国家高新技术企业"认定。

近年来，东华院的技术团队不断壮大，现有各类人员90余人，其中专业技术人员70多人。东华院目前设有智能生态研究院、资源监测部、规划设计部、勘查设计部、林业信息技术部、生态发展部等多个业务核心部门。正是由于人力资源的有效开发、合理配置，形成了业务范围不断扩大的良好局面，项目范围辐射全国，目前已经在安徽、浙江、江苏、江西、湖北、河南、广东、福建等多个省份全面实施。

东华院充分利用"互联网+林业"的经营思路，有效整合移动互联网、物联网、云计算、大数据等手

东华的核心优势

森林资源
规划设计调查

古树名木保护
设计与施工

林长制规划
林业信息化研发

森林公园规划
湿地公园规划

段，目前已形成林业立体感知、管理协同高效、生态价值凸显、服务内外一体的智慧林业发展新格局。

　　智慧引领发展，创新昭示未来。面对新时代的新一轮发展，东华人将秉承"创新从我开始，创造从心开始"的企业精神，不断提高项目实施的科学化水平，以优质高效的服务，在中华大地上奏响气势恢宏的绿色乐章。

现代生态
就是科技生态
开拓创新，运用现代科技手段
才是可持续发展的正确道路

科技生态

创新从我开始
创造从心开始

东华（安徽）生态规划院有限公司
地址：安徽省合肥市科学大道126号
电话：0551-62612918，0551-62621035，13856913968
邮箱：donghuaah@163.com

江西星火农林科技发展有限公司

江西星火农林科技发展有限公司是一家集油茶良种繁育、丰产栽培、精深加工及油茶资源高值化利用于一体的现代农林科技型企业，系国家林业重点龙头企业、江西省林业龙头企业、江西省油茶加工重点企业、宜春市农业产业化市级龙头企业。

公司投资2亿多元建成一个集油茶良种繁育、丰产栽培、精深加工、产品研发和生态旅游"五位一体"的江西星火油茶产业科技示范园，园区内有1300多公顷的高产油茶示范基地，130多公顷金银花、菊花等油茶林下经济作物套种示范区，40多公顷油茶种质资源库及2公顷高产油茶良种苗圃；有100多公顷的集油茶科研、精深加工及食用菌栽培加工、生物有机肥生产与销售等为一体的油茶及附属产品高值化科研加工中心；还有一个颇具地方特色的油茶景观园。

※ 2019年3月31日，中央政治局常委、中央纪律检查委员会书记赵乐际视察星火油茶产业科技园

公司所生产的"新田岸"牌油茶籽油，原料采用公司及本地的新鲜油茶籽，采用先进的冷榨、物理精炼工艺，确保茶籽中丰富的维生素E、角鲨烯、甾醇、茶多酚等营养元素尽可能地保留在油品中，堪称油中臻品。产品获国家发明专利，专利号：ZL 2013 1 0324096.2。

公司利用油茶果壳、玉米蕊、锯木屑等农用下脚料作培养基质，使用韩

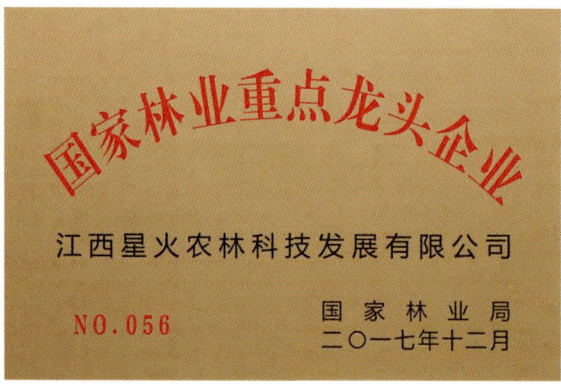

※ 产品及荣誉

国产液体接种机，全程机械化瓶栽茶香白鲜菇。菇中含有18种氨基酸，其中有8种是人体必需而人体自身又不能合成的，还含有数种多糖体。产品获国家发明专利，专利号为：ZL 2014 1 10444783.2。

公司利用油茶果壳、菌渣等农林下脚料生产的"新田岸"牌生物有机肥能保持菌种个数在2亿个/克以上，有机质含量在50%、总养分在8%以上。能长效均衡地提供作物所需的有机质、氨基酸、腐殖酸、菌体蛋白；并能活化久用化肥造成的板结养分，改善土壤理化性状，提高土壤团粒结构，改善作物根际环境，促进根系发展，增强作物抗性。

湖南省农林工业勘察设计研究总院

湖南省农林工业勘察设计研究总院（湖南省林业调查规划设计院），简称湖南林勘院，始创于1956年。该院秉承"技术兴院、人才强院"的工作方针，弘扬"团结奋进、诚信务实、追求卓越"的企业文化精神，发展成为以林业为主体，遍及农业、工业、园林、景观、建筑、交通、市政多个行业与领域，涉及策划、咨询、规划、勘测、设计、监理、工程总承包等多阶段业务的综合型勘察设计单位，业务遍布全国以及亚洲、欧洲、非洲以及"一带一路"沿线的20多个国家和地区。

※ 湖南省省级生态廊道建设总体规划（2019～2023年）水系生态廊道建设愿景图

该院现持有国家颁发的各类资质38项，其中甲级资质16项。拥有70多个专业类别，在职员工800余人，工程师以上专业技术人员比率占70%，各类注册人员200多人次，入选各类专家库专家近200人次。从2000年起贯彻实施GB/T19001～ISO9001质量管理标准，2018年开始全面实行质量、环境、职业健康安全标准。

近年来完成大中型项目4000多个，获得国家级、省部级勘察设计奖、科技进步奖200余项，为湖南乃至全国经济社会发展和生态文明建设作出了积极贡献，是国家"一带一路"倡议的参与者、建设者。2014年以来，荣获全国林业系统先进集体、全国农林水系统模范职工之家，省直文明标兵单位、省直工委先进基层党组织、省林业局直系统先进单位、省工商局守合同重信用单位称号。

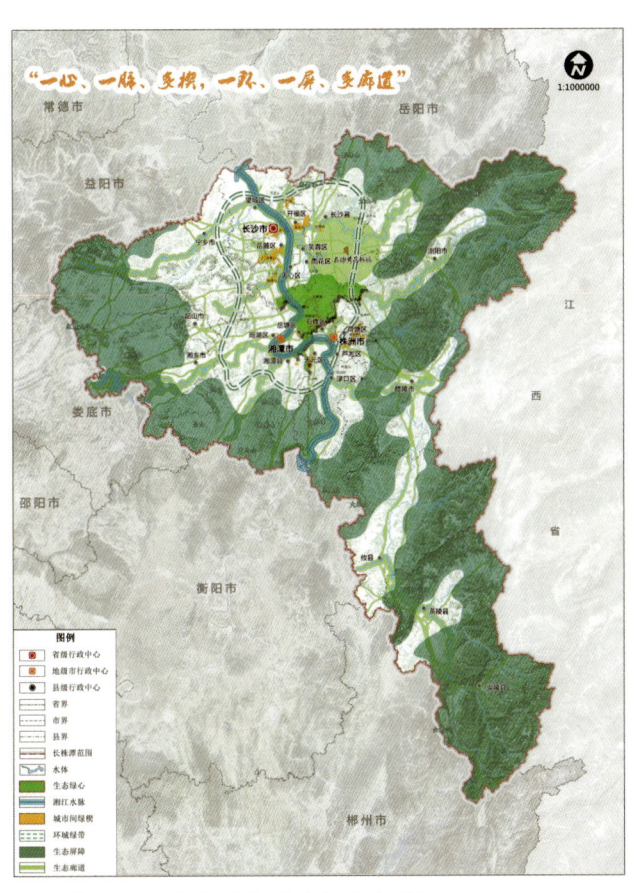

※ 长株潭国家森林城市群建设总体规划

森林卫士

—— 智能烟火视频探测预警系统

森林火灾危害大，扑灭困难，因此林火预警工作在保护森林资源工作中尤为重要，随着科技发展，传统"靠人看"的方式已逐渐被智能预警系统取代，这也是未来林火预警的发展方向。

重庆市海普软件产业有限公司作为一个技术研发性企业，10多年以来一直深耕智能烟火视频探测预警领域。该公司研发的森林卫士®智能烟火探测预警系统自诞生以来，获得了几十项国家专利、多项科技大奖、国家重点新产品称号，还曾作为重庆高科技代表产品荣登上海世博会。

海普公司10多年来不断总结创新，推进产品优化升级，智能化及自动化程度越来越高，在轻量化、集成化、智能化及易维护等方面都已走在了行业前列。森林卫士®智能烟火视频探测预警系统前端重量仅12千克，功耗不到30瓦，监控半径可达50千米，前置AI智能识别技术更是让烟火识别准确率达到98%以上，远程网管功能实现故障当天解决；这些独特的产品优势完美解决了森林防火预警系统建设成本高、维护难、识别准确率低、使用寿命短的问题，成为森林防火预警系统建设首选产品，被市场广泛认可，获得众多赞誉。

森林卫士®系列产品现已广泛应用于全国30多个省份的林区、景区及自然保护区，如河北省塞罕坝林场，四川卧龙、陕西佛坪等国家级自然保护区，世界自然遗产九寨沟、世界文化遗产都江堰、新疆阿尔泰山、宁夏六盘山、福建武夷山、内蒙古呼伦贝尔等知名林区（景区），在中国森林火灾预警及生态环境保护领域作出了重要贡献。

※ 森林卫士®前端安装实景

※ 森林卫士®智能监控预警管理平台

※ 森林卫士®智能烟火视频探测预警系统前端

森林病虫害飞机防治质量监管服务的技术突破与模式创新者

—— 重庆中质维晶航空科技有限公司

在2015年以前，森林病虫害飞机防治质量监管工作全部采用的是单靠人工现场监管与空中单机GPS轨迹事后判读的，相对落后、耗时、低效、人工成本非常高的监管模式。这种模式需要派多路专人一刻不离地在各个飞防起降点监督地面加药情况和飞机往返时长，GPS轨迹也只能在全部作业实施完成几日后，才能从通航公司得到纯飞行轨迹，即使事后发现严重漏喷情况，由于飞机早已经离场，而无法进行有效补喷。即使是喷洒区域，也无法判断是否按要求进行均匀有效喷洒作业，因为纯GPS飞行轨迹不包含任何其他核心作业数据。

※ 监管界面

针对"关于森林病虫害飞机防治作业质量远程实时监管与督导平台"这一新技术手段的需求，重庆中质维晶航空科技有限公司（以下简称中质维晶）于2015～2019年，先后与新疆维吾尔自治区林业有害生物防治检疫局、北京市林业保护站、国家林业和草原局森防总站、安徽省林业有害生物防治检疫局等飞防主管单位展开深度合作，不断挖掘和萃取核心业务需求，研发迭代了三代"森林病虫害飞机防治作业质量远程实时监管与督导平台及机载监测主机"，在多省（区、市）投入了规模化实际应用，获得了各级主管单位的一致认可。在应用过程中，中质维晶积累了合作省份的历年飞防作业大数据，为下一年度飞防工作规划与开展提供真实可靠的数据依据。与此同时，还为原国家林业局森防总站主抓的历时两年（2017～2018年）的"全国'互联网+'林业有害生物飞防质量监管试点"项目的规划与实施全程提供技术支撑，参与编制试点规范、技术标准与要求、监管流程与模式、监管成本估算等核心工作。

经过历年打磨，中质维晶森林病虫害飞机防治作业质量远程实时监管与督导技术服务平台已形成一套成熟可靠的WJ-ASST技术体系标准和WJ-ASSM飞防质量监管

※ 飞防监控

模式规范。在作业区规划、高精度定位、多维核心数据监测、无信号区监测、自动化计量、监管文书规范、精准施药判读、架次合格率判读、问题实时提醒、违规实时提醒、避让区实时提醒、音视频一体化监控、多方实时监管、多方实时督导、空地一体化全方位智联、综合报告分析与质量评估等关键技术环节都形成了完全自主知识产权的综合技术能力。这些技术实力加之权威航空研究所的能力认证，有效地确保了中质维晶所提供的第三方远程实时飞防全过程监管与督导技术服务质量。（李桂杰　撰稿）

昆明海之灵生物科技开发有限公司

昆明海之灵生物科技开发有限公司是一家专业从事元宝枫系列产品研发和生产的科技型企业。历经20载，坚持元宝枫叶果的开发利用，公司申报的元宝枫籽油2011年3月获国家卫生部批准成为食品新资源，为元宝枫油正式进入我国食用植物油大家庭签发了市场准入证，使元宝枫树从一个景观树种变身成为多功能的木本油料树种；2019年8月艾舍尔牌元宝枫籽油软胶囊获国食健注批号（国食健注G20190134），成为全国元宝枫开发利用的第一个国食健字号产品。

公司一直重视科技创新，长期与西南林业大学、中国林科院资源昆虫研究所组成产学研联合体，并与昆明医科大学、云南省肿瘤研究所、云南粮油研究院等大专院所建立合作关系，进行枫树药原料和产品的深度开发及利用研究，并致力于西南山地元宝枫的适宜品种筛选和推广种植，形成产、学、研、供、销一体化的开发和利用格局。2019年公司荣获中国林业产业联合会（首批）"中国林草产业创新企业奖"，荣获国家林业和草原局第四届"中国林业产业突出贡献奖"。

※ 指导种植户修枝、采叶

※ 荣获创新企业奖

※ 艾舍尔元宝枫茶

※ 艾舍尔元宝枫籽油

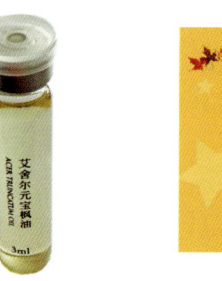

※ 元宝枫之魂公众号

中国林业出版社有限公司辞书分社
（中国林业年鉴编辑部）

承担《中国林业和草原年鉴》《中国林业和草原统计年鉴》《中国林业产业和林产品年鉴》《北京园林绿化年鉴》《北京林业大学年鉴》等多种年鉴、发展报告以及林草行业、生态建设、生态文化、林草科普等方面图书出版服务，欢迎洽谈合作。

立足行业

服务大众

打造精品

追求卓越

地　址：北京市西城区德内大街刘海胡同7号
　　　　中国林业出版社
电　话：010-83143580　83143666　13810695489　　二维码：
邮　编：100009

栏 目 目 录

一、特辑 1
二、中国林草业概述 77
三、林业重点工程 81
四、林草培育 93
五、生态建设 101
六、林业产业 115
七、森林资源保护 121
八、森林公安与防火 129
九、森林资源管理与监督 135
十、草原资源管理 149
十一、自然保护地管理 153
十二、林草法制建设 161
十三、集体林权制度改革 165
十四、林草科学技术 169
十五、林草信息化 193
十六、林草教育与培训 201
十七、林草对外开放 243
十八、国有林场建设 255
十九、林业工作站建设 259
二十、林草计划统计 265
二十一、林草财务会计 307
二十二、林草资金稽查 315
二十三、林草精神文明建设 319
二十四、各省、自治区、直辖市林（草）业 329
二十五、林业（和草原）人事劳动 481
二十六、国家林业和草原局直属单位 503
二十七、国家林业和草原局驻各地森林资源监督专员办事处工作 561
二十八、林业社会团体 593
二十九、林草大事记与重要会议 619

目 录

特 辑

林草专论 ………………………………………… 2
坚持新思想引领　推动高质量发展　全面提升新时代林业现代化建设水平——在全国林业厅局长会议上的讲话 ……………………………………… 2
在"规范林业执法行为　提升林业执法能力"专项行动启动电视电话会议上的讲话 …………………… 9
增强四个意识　落实两个责任大力推进全面从严治党向纵深发展——在国家林业局全面从严治党工作会议上的讲话 ………………………………… 11
在局党组扩大会议上的讲话 …………………………… 14
加快推进大规模国土绿化行动　全面夯实建设美丽中国的生态基础——在全国推进大规模国土绿化现场会上的讲话 ………………………………… 16
让绿水青山永远造福人类——在绿水青山就是金山银山有效实现途径研讨会上的讲话 ……………… 20
在国家林业和草原局警示教育大会上的讲话 ……… 22
大力做好决战决胜阶段生态扶贫工作　为坚决打赢脱贫攻坚战作出更大贡献——在国家林业和草原局生态扶贫暨扶贫领域监督执纪问责专项工作会议上的讲话 ……………………………………… 24

领导专论 ………………………………………… 28
为美好生活提供更多优质生态产品 ………………… 28
实施以生态建设为主的林业发展战略 ……………… 30
防治土地荒漠化　助力脱贫攻坚战——纪念第二十四个世界防治荒漠化和干旱日 ………………… 32
树立和践行绿水青山就是金山银山理念 …………… 33

规范性文件 ……………………………………… 35
国家林业局公告（2018年第1号） …………………… 35
国家林业局公告（2018年第2号） …………………… 36
国家林业局公告（2018年第3号） …………………… 36
国家林业局公告（2018年第4号） …………………… 37
国家林业局公告（2018年第5号） …………………… 38
国家林业局公告（2018年第6号） …………………… 39
国家林业和草原局公告（2018年第7号） …………… 39
国家林业和草原局公告（2018年第8号） …………… 40
国家林业和草原局公告（2018年第9号） …………… 40
国家林业和草原局公告（2018年第10号） ………… 40
国家林业和草原局公告（2018年第11号） ………… 43
国家林业和草原局公告（2018年第12号） ………… 53
国家林业和草原局公告（2018年第13号） ………… 54
国家林业和草原局公告（2018年第14号） ………… 54
国家林业和草原局公告（2018年第15号） ………… 55
国家林业和草原局公告（2018年第17号） ………… 56
国家林业和草原局公告（2018年第18号） ………… 72

中国林草业概述

中国林草业概述 ………………………………… 78

林业重点工程

天然林资源保护工程 …………………………… 82
综　述 …………………………………………………… 82
推进全面保护天然林 …………………………………… 82
天然林保护取得巨大成效 ……………………………… 83
天保办主任座谈会 ……………………………………… 84
天然林保护有力支撑国有林区（林场）改革 ………… 84
天然林保护核查坚持问题导向，严把"三关" ……… 84

退耕还林工程 …………………………………… 85
综　述 …………………………………………………… 85
调查摸底有关地区退耕还林还草需求 ………………… 85
签订年度退耕还林责任书 ……………………………… 85
退耕还林工程责任书执行情况通报 …………………… 86
退耕还林工程群众举报办理情况通报 ………………… 86
制订《中国退耕还林网管理办法》 …………………… 86
修订《新一轮退耕还林检查验收办法》 ……………… 86
2018年度新一轮退耕还林省县两级检查验收 ……… 86
新一轮退耕地还林国家级检查验收 …………………… 86
2018年度退耕还林工程管理实绩核查 ……………… 86
《退耕还林工程生态效益监测国家报告（2016）》 … 86
《退耕还林工程经济林发展报告2017》 …………… 86
退耕还林综合效益监测技术培训班 …………………… 86
退耕还林工程信息宣传培训班 ………………………… 87

京津风沙源治理二期工程 ……………………… 87
工程概况 ………………………………………………… 87
工程进展情况 …………………………………………… 87
工程存在的问题 ………………………………………… 87

三北防护林体系工程建设 ……………………… 87
综　述 …………………………………………………… 87
习近平对三北工程建设作出重要指示 ………………… 88
三北工程建设40周年总结表彰大会 ………………… 88
三北防护林站（局）长会议 …………………………… 89

外国使节考察山西省三北工程建设 ……………… 89
国家林业和草原局副局长李树铭率队调研工作 …… 89
绿色中国行——走进美丽三北 …………………… 89
全国人大常委会副委员长、九三学社中央主席武维
　华率队调研三北工程 …………………………… 89
国际防护林学暨中国三北防护林体系建设研讨会 … 89
三北工程精准治沙座谈会 ………………………… 89
第四届世界人工林大会三北防护林平行会议 …… 89
"两山路上看变迁，绿色中国十人谈" …………… 90
三北工程建设 40 年先进典型评选表彰工作 ……… 90
《三北防护林体系建设 40 年综合评价报告》新闻发
　布会 ……………………………………………… 90

长江流域等防护林工程建设 ……………… 90
综　述 ……………………………………………… 90
退化防护林修复 …………………………………… 90
平原绿化工程 ……………………………………… 91
沿海防护林工程标准化规范化建设 ……………… 91
重点防护林工程区森林资源监测平台建设 ……… 91
造林绿化多元化投入和专业化企业培育全国调研 … 91
全国长江流域等防护林工程建设技术培训班 …… 91
山西省右玉县沙地造林保护生态调研 …………… 91
内蒙古奈曼旗退化林分调研 ……………………… 91
重点生态修复工程综合管理 ……………………… 91

速丰林基地工程建设 ………………………… 91
2018 年国家储备林基地建设情况 ………………… 91
2018 年重点地区速生丰产用材林基地建设工程进
　展情况 …………………………………………… 92

林业血防工程 ………………………………… 92
综　述 ……………………………………………… 92

林草培育

林草种苗生产 ………………………………… 94
综　述 ……………………………………………… 94
全国林木种苗质量抽查 …………………………… 94
"全国林木种苗行政执法年"活动 ………………… 94
全国种苗行政执法和质量管理人员培训班 ……… 94
全国林木种苗信息员培训班 ……………………… 95
油茶等木本油料树种栽培技术培训班 …………… 95
2018 中国·合肥苗木花卉交易大会 ……………… 95
全国苗木供需分析 ………………………………… 95
雄安新区周边 7 省（市）苗木生产供应情况调度 … 95
林木种苗标准制修订 ……………………………… 95
国家重点林木良种基地考核 ……………………… 95
国家林木种质资源库管理培训班 ………………… 95
国家重点林木良种基地结构调整暨精细化管理培
　训班 ……………………………………………… 95
马尾松国家重点林木良种基地结构调整 ………… 96

全国林木种苗站长培训班 ………………………… 96
2018 年度国家重点林木良种基地主任挂职工作 … 96
良种基地技术协作组工作 ………………………… 96
成立国家林草局第一届林木品种审定委员会和第一
　届草品种审定委员会 …………………………… 96
《中国柳树种质资源》 ……………………………… 96
主要林木品种审定 ………………………………… 96
建立林木良种引种备案制度 ……………………… 96
2018 年度中央财政林木良种培育补助资金 ……… 96
省级林木种质资源普查 …………………………… 96
行政许可 …………………………………………… 97
国家林木种质资源设施保存库（主库）…………… 97

森林培育工作 ………………………………… 97
综　述 ……………………………………………… 97
全国造林绿化督查 ………………………………… 97
全国乡村绿化美化现场会 ………………………… 97
建立健全标准体系 ………………………………… 97
中央财政造林补贴 ………………………………… 97
珍贵树种培育示范基地建设成效考评 …………… 98

森林经营 ……………………………………… 98
综　述 ……………………………………………… 98
中央财政森林抚育补助 …………………………… 99
全国森林经营样板基地建设 ……………………… 99

林业生物质能源 ……………………………… 99
综　述 ……………………………………………… 99
林业生物质能源产业发展模式研究报告 ………… 100
欧李能源林和元宝枫原料林可持续培育指南 …… 100
林业生物质能源示范基地建设评估 ……………… 100
"林油一体化"产业可持续发展模式及相关因素研究
　　…………………………………………………… 100

生态建设

义务植树与部门绿化 ……………………… 102
义务植树 …………………………………………… 102
部门绿化工作 ……………………………………… 102
花卉产业发展 ……………………………………… 103
竹产业发展 ………………………………………… 103
第十届中国竹文化节 ……………………………… 103

古树名木保护 ……………………………… 103
综　述 ……………………………………………… 103

森林城市建设 ……………………………… 103
综　述 ……………………………………………… 103
2018 森林城市建设座谈会 ………………………… 104
生态文明贵阳国际论坛森林城市分论坛 ………… 104
《全国森林城市发展规划（2018～2025 年）》 …… 104

防沙治沙 · 104
- 综　述 · 104
- 沙化土地封禁保护区试点建设 · 105
- 岩溶地区石漠化综合治理工程 · 105
- 国家沙漠（石漠）公园进展 · 106
- 沙尘暴灾害及应急处置工作 · 106
- 荒漠化生态文化及宣传 · 107
- 荒漠化公约履约和国际合作 · 107
- 生态扶贫和产业扶贫 · 107
- 世界防治荒漠化与干旱日纪念大会 · 108
- 第三次岩溶地区石漠化监测 · 108

森林公园建设与管理 · 109
- 综　述 · 109
- 国家林业局关于加强国家级森林公园管理的通知 · 109
- 国家级森林公园行政审批 · 110
- 国家级森林公园摸底清查 · 110
- 国家级森林公园检查评估 · 110
- 森林公园建设与管理研讨班 · 110
- 森林解说员培训班 · 110
- 全国小学生自然教育征文活动 · 110

林业和草原应对气候变化 · 110
- 综　述 · 110
- 宏观指导 · 110
- 资源培育 · 110
- 资源保护和灾害防控 · 111
- 应对气候变化研究 · 112
- 碳汇计量监测体系建设 · 112
- 指导培训 · 112
- 国际交流合作 · 112
- 宣传工作 · 113

林业产业

林业产业发展 · 116
- 综　述 · 116
- 经济林和林下经济产业 · 116
- 林特产品优势区建设 · 116
- 全国林业产业投资基金首批项目入库 · 116
- 森林生态标志产品建设工程 · 116
- 推动林业产业示范园区和重点龙头企业发展 · 116
- 产业扶贫 · 116
- 林业重点展会 · 117

森林旅游 · 118
- 综　述 · 118
- 2018 中国森林旅游节 · 118
- 国家森林步道 · 118
- 全国森林旅游示范市县 · 118
- 首届中国–东盟森林旅游合作座谈会 · 118
- 2018 中国森林旅游论坛 · 119
- 2018 全国森林旅游推介会 · 119
- 2018 全国森林旅游投资与服务洽谈会 · 119
- 全国中小学生研学实践教育基地 · 119
- 新兴森林旅游地品牌 · 119
- 全国特色森林旅游线路 · 119
- 森林旅游助推精准扶贫专项活动 · 119
- 《2017 中国森林等自然资源旅游发展报告》 · 119
- 国家森林公园保护利用设施建设项目 · 119
- 森林旅游标准制定和基础研究 · 120
- 森林旅游对外交流与人才培训 · 120
- 全国小学生自然教育系列活动 · 120
- 成立国家林业和草原局森林旅游工作领导小组及森林旅游管理办公室 · 120

森林资源保护

林业有害生物防治 · 122
- 综　述 · 122
- 林业有害生物防治管理 · 122
- 松材线虫病防治 · 122
- 监测预报 · 122
- 检疫管理 · 122
- 行政审批管理 · 122
- 依法防治 · 122

野生动植物保护 · 122
- 综　述 · 122
- 重新委托各省级部门实施相关行政许可事项 · 123
- 野生动植物保护类行政许可随机抽查工作细则 · 124
- 多项野生动物保护管理政策予以明确 · 124
- 严厉打击破坏野生动物违法犯罪 · 124
- 赴境外宣讲中国保护成效 · 124
- 紫纹兜兰回归自然试验项目启动仪式暨兰科植物保育研讨活动 · 124
- 第二次全国重点保护野生植物资源调查 · 124
- 兰科植物专项补充调查 · 124
- 以参展为目的进口及再出口濒危野生植物的管理规定 · 125
- 旅马大熊猫福娃、凤仪家族再添新丁 · 125
- 大熊猫华豹、金宝宝旅居芬兰 · 125
- 大熊猫大毛、二顺一家四口移居加拿大卡尔加里动物园 · 125
- 大熊猫国家公园重点实验室成立 · 125
- 大熊猫野外引种工作 · 125
- 首届中国大熊猫国际文化周 · 125
- 大熊猫保护与繁育国际大会 · 125
- 全球大熊猫圈养种群创新高 · 125
- 大熊猫首次放归成都区域 · 125
- 完善疫源疫病监测防控体系 · 126

野猪非洲猪瘟监测防控 …………………… 126	林木采伐和木材运输监管 …………………… 141
处置突发野生动物疫情 …………………… 126	重点国有林区"两项"检查 …………………… 141
贺兰山岩羊小反刍兽疫疫情应对 ………… 126	全国林木采伐和木材运输管理系统 ………… 141
重要野生动物疫病主动预警工作 ………… 126	
野生动物疫病趋势会商 …………………… 126	**森林资源监测** ……………………………… **142**
全国陆生野生动物疫源疫病监测防控培训班 … 126	林地年度变更调查 …………………………… 142
	国家级公益林管理 …………………………… 142
湿地保护管理 ………………………………… **127**	第九次全国森林资源清查工作 ……………… 142
湿地保护修复情况 …………………………… 127	全国人工造林综合核查 ……………………… 142
湿地保护政策及标准规范发布 ……………… 127	
中央财政湿地补助政策执行情况 …………… 127	**林政执法** …………………………………… **143**
湿地保护重点工程建设情况 ………………… 127	2018年全国森林督查工作 …………………… 143
湿地调查监测情况 …………………………… 127	全国林业行政案件统计分析 ………………… 144
湿地名录制订发布情况 ……………………… 127	受理举报林业行政案件 ……………………… 144
生态扶贫情况 ………………………………… 127	
国家湿地公园建设管理 ……………………… 127	**森林经营** …………………………………… **144**
湿地宣传教育 ………………………………… 128	森林经营 ……………………………………… 144

森林公安与防火

森林公安工作 ………………………………… **130**	**森林资源监督** ……………………………… **145**
综 述 ………………………………………… 130	林长制在全国有序推进 ……………………… 145
森林公安队伍建设 …………………………… 130	专员院长书记工作汇报会 …………………… 145
森林公安警务保障 …………………………… 130	各派出机构案件督查督办工作 ……………… 145
森林公安改革 ………………………………… 130	森林资源监督业务专题培训班 ……………… 145
	创新监督工作机制 …………………………… 146
森林防火工作 ………………………………… **131**	保护发展森林资源目标责任制检查 ………… 146
综 述 ………………………………………… 131	
森林火灾典型案例 …………………………… 131	**重点国有林区改革** ………………………… **146**
防控森林火灾 ………………………………… 131	综 述 ………………………………………… 146
森林防火能力建设 …………………………… 132	黑龙江省重点国有林区改革督察 …………… 147
森林防火重要活动及会议 …………………… 132	对三省(区)改革中存在的问题进行约谈 …… 147

安全生产和防灾减灾工作 …………………… **132**	## 草原资源管理
综 述 ………………………………………… 132	
林草系统安全生产工作 ……………………… 132	**草原资源管理** ……………………………… **150**
林草系统防灾减灾工作 ……………………… 133	综 述 ………………………………………… 150
	草原改革发展 ………………………………… 150

森林资源管理与监督

	草原监测 ……………………………………… 150
森林资源保护管理 …………………………… **136**	草原生态修复工程 …………………………… 151
综 述 ………………………………………… 136	草原执法监督 ………………………………… 151
	草原征占用审批 ……………………………… 152
林地管理 ……………………………………… **139**	草原春季防火工作 …………………………… 152
从严控制矿产资源开发等项目使用东北、内蒙古重点国有林区林地 …………………… 139	
2018年全国建设项目使用林地审核审批情况 … 139	## 自然保护地管理
2018年度建设项目使用林地及在国家级自然保护区建设行政许可被许可人监督检查 … 140	**自然保护地体系建设** ……………………… **154**
	综 述 ………………………………………… 154
林木采伐管理 ………………………………… **141**	自然保护地统一管理 ………………………… 154
	自然保护地体系设计 ………………………… 154
	自然保护地大检查 …………………………… 154
	筹备组建国家自然保护专家委员会 ………… 154
	统一监测监管平台建设 ……………………… 154

开展宣传 ··· 154

自然保护区建设与管理 ···························· 155
自然保护区发展 ··································· 155
总体规划和可行性研究报告审查 ················ 155
晋升和调整评审 ··································· 155
业务培训 ··· 155
违规建设活动监督检查 ···························· 155
法制建设 ··· 155
国际合作履约 ······································ 155

风景名胜区建设与管理 ···························· 155
贵州梵净山申遗成功 ······························· 155

地质公园建设与管理 ······························ 155
中国世界地质公园对外联络官方渠道变更 ····· 155
国家地质（矿山）公园发展 ······················· 155
国家地质（矿山）公园验收命名 ················· 155
新增2处世界地质公园 ···························· 156
世界地质公园推荐申报 ···························· 156
世界地质公园评估检查 ···························· 156
2018中国世界地质公园年会 ····················· 156
参加第八届世界地质公园大会 ··················· 156

海洋保护地建设与管理 ···························· 156
梳理信息 ··· 156
监督检查 ··· 156
培训研讨 ··· 156
国际合作 ··· 156

中国自然保护地大事 ······························ 157

建立国家公园体制试点 ···························· 157
综　述 ·· 157
管理体制 ··· 158
基础工作 ··· 158
督查调研和专项督察 ······························· 159
推动海南建立国家公园体制试点区 ············· 159
研讨培训和国际合作 ······························· 159
林业大事 ··· 159

林草法制建设

林业和草原立法 ···································· 162
森林法修改工作 ··································· 162
农村土地承包法修改工作 ························ 162
规章制定工作 ······································ 162
林业和草原立法有关的其他工作 ··············· 162

林草业政策法规 ···································· 162
规范性文件管理 ··································· 162

林业行政执法监督 ································· 162
林业复议诉讼 ······································ 163
林业普法宣传 ······································ 163

集体林权制度改革

集体林权制度改革 ································· 166
综　述 ·· 166
深入贯彻落实习近平总书记重要批示精神 ····· 166
印发《关于进一步放活集体林经营权的意见》··· 166
活化集体林经营权现场经验交流会 ············· 166
启动新一轮集体林业综合改革试验区工作 ····· 166
服务体系建设 ······································ 166

林草科学技术

林草科技 ·· 170
林业科技综述 ······································ 170
4项成果获得国家科技进步二等奖 ············· 170

林草创新发展 ······································· 170
草原科技创新 ······································ 170
科技创新战略报告 ································· 170
国家重点研发项目 ································· 170
"948"项目、局重点项目和国家林业公益性行业科
　研专项项目 ······································ 170
长期科研基地建设 ································· 171
陆地生态系统定位观测研究网络建设 ·········· 171
重点实验室建设 ··································· 172
科研基础设施开放共享工作 ····················· 172
科技协同创新中心 ································· 172
创新联盟建设 ······································ 172
人才创新推进计划 ································· 174

林草科技推广 ······································· 174
林草科技成果 ······································ 174
林草科技扶贫 ······································ 174
中央财政林草科技推广示范资金专项 ·········· 175
完善科技管理信息系统 ··························· 175
林草科技成果转化平台 ··························· 175
科技成果转化调研 ································· 175
推广员典型宣传 ··································· 175

林业和草原标准质量工作 ························ 175
成立国家林业和草原局标准化工作领导小组 ··· 175
标准化工作领导小组第一次会议 ··············· 175
发布国家林业和草原局专业标准化技术委员会管理
　办法 ··· 176
国家林业和草原局加入国务院食品安全委员会 ··· 176
国家资质认定林业评审组成立 ·················· 176
新成立1个国家林业和草原局质量检验检测机构 ··· 176

2018 年林产品质量安全监测工作……………… 176
2018 年林业国家标准……………………………… 176
2018 年林业行业标准……………………………… 177
废止 70 项林业行业标准 ………………………… 181
2018 年林业国家标准立项项目…………………… 182
2018 年林业行业标准立项项目…………………… 182
2018 年国家林业标准化示范企业………………… 185
2018 年国际标准化工作…………………………… 187
林业和草原标准化宣传工作……………………… 187

林业知识产权保护 …………………………… 187
实施加快建设知识产权强国林业推进计划……… 187
林业知识产权试点示范…………………………… 187
林业知识产权转化运用…………………………… 187
林业知识产权联盟建设…………………………… 187
林业专利荣获中国专利优秀奖…………………… 188
知识产权先进集体和个人获表彰………………… 188
林业知识产权宣传培训…………………………… 188
《2017 中国林业知识产权年度报告》…………… 188
编印《林业知识产权动态》……………………… 188

林业植物新品种保护 ………………………… 188
林业植物新品种申请和授权……………………… 188
完善林业植物新品种保护制度与政策…………… 189
林业植物新品种权行政执法……………………… 189
打击侵犯林业植物新品种权专项行动…………… 189
完善林业植物新品种测试体系…………………… 189
出版《中国林业植物授权新品种（2017）》…… 189
植物新品种行政执法培训班……………………… 190
林业植物新品种保护培训班……………………… 190

林业生物安全管理 …………………………… 190
公布《开展林木转基因工程活动审批管理办法》…… 190
林木转基因工程活动审批………………………… 190
全国林业外来物种调查与研究…………………… 190

林业遗传资源保护与管理 …………………… 190
开展全国核桃遗传资源调查编目………………… 190
林业生物安全与遗传资源管理培训班…………… 190

森林认证 ……………………………………… 190
森林认证制度建设………………………………… 190
森林认证实践……………………………………… 191
森林认证标准体系建设…………………………… 191
森林认证结果采信………………………………… 191
首届全国森林认证工作座谈会…………………… 191
森林认证能力建设………………………………… 191

林业智力引进 ………………………………… 191
引进专家…………………………………………… 191
示范推广…………………………………………… 191
出国培训…………………………………………… 191
能力建设…………………………………………… 191

国际林业科技交流合作与履约 ……………… 191
林业植物新品种履约……………………………… 191
中欧植物新品种保护交流………………………… 192
中日植物新品种保护交流………………………… 192
东亚植物新品种保护论坛………………………… 192
国际观赏植物和水果无性繁育育种者协会来华交流
……………………………………………………… 192
UPOV 测试跟踪研究……………………………… 192
林业生物安全和遗传资源管理国际履约………… 192
持续推进森林认证国际化………………………… 192
森林认证国际研讨会……………………………… 192

林草信息化

林草信息化建设 ……………………………… 194
综　述……………………………………………… 194
总体进展…………………………………………… 194

网站建设 ……………………………………… 195
综　述……………………………………………… 195
站群建设…………………………………………… 195
内容维护…………………………………………… 195
网站管理…………………………………………… 195
项目建设和管理…………………………………… 195
网络生态文化……………………………………… 195

应用系统 ……………………………………… 195
综　述……………………………………………… 195
国家重大项目……………………………………… 195
林业重点项目……………………………………… 196
示范建设…………………………………………… 196

大　数　据 …………………………………… 196
综　述……………………………………………… 196
重大项目…………………………………………… 196
区域大数据建设…………………………………… 196
数据资源整合共享………………………………… 197

网络运维 ……………………………………… 197
网络基础设施建设………………………………… 197
网络安全…………………………………………… 197
运行维护…………………………………………… 197

科技合作 ……………………………………… 198
战略研究…………………………………………… 198
标准建设…………………………………………… 198
合作交流…………………………………………… 198
人员培训…………………………………………… 198

办公自动化 · 198
综合办公系统建设 · 198
林信通 · 199
公文传输系统升级改造 · 199
身份认证系统算法升级 · 199
林草大事 · 199

林草教育与培训

林草教育与培训工作 · 202
重点培训 · 202
公务员法定培训 · 202
干部培训教材体系建设 · 202
行业示范培训 · 202
在线学习 · 202
培训指导和监督 · 202
林草学科建设 · 202
教学名师下基层活动 · 202
教学成果遴选 · 202
林草学生培养 · 202

林草教材管理 · 203
综述 · 203
全国生态文明信息化教学成果遴选工作 · 203
教材建设培训班 · 203

林草教育信息统计 · 203

北京林业大学 · 225
概况 · 225
中国共产党北京林业大学第十一次党员代表大会 · 226
纪念马克思诞辰200周年学术研讨会 · 227
定点扶贫内蒙古科右前旗 · 227
第五届亚太地区林业教育协调机制会议 · 227
与亚太森林恢复与可持续管理组织签署战略合作框架协议 · 227
中法欧亚森林入侵生物联合实验室 · 228
美丽中国"江西样板"建设战略合作 · 228
16位教授受聘教育部高校教指委主任副主任等职 · 228
技术支持冬奥会首个项目落地 · 228
成立草业与草原学院 · 228
2018世界风景园林师高峰讲坛 · 229
第五届国际森林科学论坛暨森林经营高端研讨会 · 229
首届北林国际花园建造节 · 229
梁希先生珍贵史料物品捐赠及纪念梁希先生逝世六十周年 · 230

东北林业大学 · 230
概况 · 230
领导班子调整 · 230
领导视察 · 231
人才培养 · 231
科学研究 · 231
学科建设 · 231
发挥高端智库作用 · 231
师资队伍建设 · 231
学生工作 · 231
交流与合作 · 231
定点扶贫工作 · 232
国际学术研讨会 · 232
1团队入选全国高校黄大年式教师团队 · 232
第二届全国林业院校校长论坛 · 232
3个国家创新联盟揭牌成立 · 232
教师获奖 · 232
学生获奖 · 232

南京林业大学 · 233
概况 · 233
一项成果获国家科技进步二等奖 · 233
入选3个国家级虚拟仿真实验教学项目 · 233
获批2个国家林业局重点实验室 · 233
承办第17届中国生态学大会 · 233
加入双一流农科联盟 · 233
参加栎类经营国际研讨培训会 · 233
参加首届世界竹藤大会 · 234
户外重组竹材生产关键技术与应用参展 · 234
与中国林业集团公司校企合作签约 · 234
承办中日韩木材品质及利用学术研讨会 · 234
承办国际制浆造纸与生物技术会议 · 234
出席第六届中国林业学术大会 · 234
南方木本花卉产业国家创新联盟成立大会 · 234
施季森团队首次破译鹅掌楸基因组 · 234
2人获全国林科十佳毕业生 · 235

中南林业科技大学 · 235
概况 · 235
纪念办学60周年 · 235
教学和人才培养工作 · 235
学科与师资队伍建设 · 236
科研与社会服务 · 236
管理与改革工作 · 236
党建与思想政治工作 · 236
国际交流与合作 · 236
领导班子成员 · 236

西南林业大学 · 237
概况 · 237
首批2017年度"云岭英才计划"云岭高端外国专家及项目 · 237

在第 23 届"二十一世纪·可口可乐杯"云南赛区英语演讲比赛中获佳绩 ………………………… 237
获批首个中外合作办学本科教育项目 ……………… 237
绿色发展研究院被评定为优秀等级智库 …………… 237
与大关县人民政府共建筇竹研究院、大关县竹产业发展研究院 ……………………………………… 237
与昭通职业技术学校、曲靖应用技术学校签订"3 + 2"五年制高等职业教育联合办学协议 …………… 237
首批 SWFU-Saraswati Online. Com 中印合作项目班开学典礼 ……………………………………………… 237
8 项成果获云南省第二十一次哲学社会科学成果奖 ………………………………………………………… 237
获批生物质材料国际联合研究中心 ………………… 237
与昆明市森林公安局共建林业司法鉴定实验室 …… 237
武术代表队在首届高校太极拳械锦标赛中获佳绩 ………………………………………………………… 237
大数据与云计算中心与云南省沪滇合作促进会签订战略合作协议 …………………………………… 238
2018 年"学生河长"活动启动 ……………………… 238
首门大规模开放在线课程上线 ……………………… 238
获省级林学、林业工程博士后科研流动站授牌 …… 238
在第四届中国"互联网+"大学生创新创业大赛云南赛区总决赛中获 3 项金奖 ………………………… 238
与广西象州县人民政府举行"两区"规划项目合作签字仪式 …………………………………………… 238
在全国大学生先进成图技术与产品信息建模创新大赛中获佳绩 …………………………………………… 238
在 2018 年(第 11 届)中国大学生计算机设计大赛中获一等奖 ……………………………………………… 238
在 2018 年巴哈大赛中获佳绩 ……………………… 238
《西南林业大学学报(自然科学)》再次入选《中文核心期刊要目总览》2017 年版(即第 8 版)之"林业"类核心期刊 …………………………………………… 238
学校"核桃有害生物绿色防控大数据系统"助力大理核桃产业发展 …………………………………… 238
获云南省 2018 年脱贫攻坚奖表彰 ………………… 238
国家林业和草原局丛生竹工程技术研究中心获批组建 …………………………………………………… 238
杜官本教授荣获梁希科技奖一等奖 ………………… 239
举行中国双绿 66 人圆桌会科技成果转化研讨会暨西南林大双绿科技成果转化中心揭牌仪式 ……… 239
办学 80 周年暨建校 60 周年纪念大会 ……………… 239
首次获得科技部中央引导地方科技发展专项资金项目资助 ……………………………………………… 239
14 人入选云南省"万人计划" ……………………… 239
学校教师代表昆明参加"第 18 届国际花园城市竞赛全球总决赛"并获殊荣 ………………………………… 239

南京森林警察学院 ………………………………… 239
综述 …………………………………………………… 239
纪检监察工作专题会议 ……………………………… 239
第十一届网络安全志愿者大会 ……………………… 239

"十三五"国家重点研发计划"人工林重大火灾燃烧扩散机理及影响"启动会 ………………………… 239
获中国林业青年科技奖 ……………………………… 239
通过普通高等学校本科教学工作合格评估 ………… 240
与建宁县政府签订战略合作协议 …………………… 240
党风廉政建设工作会议 ……………………………… 240
连续五年获"先进高校科协"称号 ………………… 240
无人机森林防火灭火应用研究联合实验室揭牌 …… 240
获"最美林业故事"青年主题演讲比赛三等奖 …… 240
国家林业和草原局副局长李树铭莅临指导工作 …… 240
"5·19"讲话学习研讨暨公安英模先进事迹报告及座谈会 ……………………………………………… 240
北京林业大学研究生联合培养基地挂牌 …………… 240
获"图书馆杯在宁高校大学生英语口说大赛"比赛一等奖 ……………………………………………… 240
第三届中国大学生中国式摔跤锦标赛 ……………… 240
在江苏省本科高校青年教师教学竞赛中获佳绩 …… 240
全国森林防火学术研讨会暨中心"两委会"全体会议 ………………………………………………………… 240
与南京信息工程大学签署合作协议 ………………… 240
国家林业和草原局濒危野生动植物犯罪研究所与武汉大学环境法学研究所启动战略合作 ……………… 240
"新时代·新担当·新作为"主题中层干部暨党务干部培训 ……………………………………………… 241
全国公安系统优秀教师代表出席公安部教师节活动 ………………………………………………………… 241
获 2018 年度"最美高校"与"园林式单位"称号 … 241
第四届新亚欧大陆桥安全走廊国际执法合作论坛 ………………………………………………………… 241
全国森林公安第三届"森林卫士杯"演讲比赛 …… 241
生态环境保护国际研讨会 …………………………… 241
第二届科技大会 ……………………………………… 241
在中国高校校报协会 2017 年度好新闻奖评选中获佳绩 …………………………………………………… 241
获第四届中国青年志愿服务项目大赛金奖 ………… 241
与 WCS 签订合作协议 ……………………………… 241
校长张高文当选教育部公安技术类专业教指委副主任委员 ……………………………………………… 241
获全省高校思想政治理论课教学展示活动特等奖 ………………………………………………………… 241

林草对外开放

重要外事活动 ……………………………………… 244
日本环境副大臣伊藤忠彦访华 ……………………… 244
莫桑比克土地、环境和农村发展部部长访华 ……… 244
俄罗斯自然资源部副部长兼林务局局长瓦连基克访华 …………………………………………………… 244
蒙古国家环境和旅游部国务秘书桑佳尔·赛格米帝访华 …………………………………………………… 244
张建龙出席联合国可持续发展高级别政治论坛专场活动 ……………………………………………… 244

张建龙访问乌拉圭 244
张永利访问俄罗斯、加拿大 244
刘东生访问塞尔维亚、波兰 244
彭有冬率团出席打击野生动植物非法贸易国际会议 244
彭有冬出席亚太森林组织第二届大中亚林业部长级论坛 245
彭有冬出席2019年北京延庆世园会德国馆封顶仪式 245
李树铭访问缅甸和斯里兰卡 245
李春良率团访问日本 245
马广仁率团访问芬兰、德国 245

对外交流与合作 245

签署《中华人民共和国国家林业局与柬埔寨王国农业、林业和渔业部关于在柬埔寨建设珍贵树种繁育中心的协议》 245
签署《中华人民共和国国家林业局与德意志联邦共和国联邦食品和农业部关于设立林业政策对话平台的联合意向声明》 245
签署《中华人民共和国国家林业和草原局与日本环境省关于继续开展朱鹮保护合作的谅解备忘录》 245
签署《中华人民共和国国家林业和草原局与莫桑比克土地、环境和农村发展部关于林业合作的谅解备忘录》 245
签署《中华人民共和国国家林业和草原局与尼泊尔森林和环境部关于捐赠两对独角犀牛的谅解备忘录》 246
签署《中华人民共和国国家林业和草原局和德国联邦食品和农业部关于在山西开展中德林业合作的联合意向声明》 246
签署《中华人民共和国国家林业和草原局与加拿大公园管理局关于自然保护地事务合作的谅解备忘录》 246
签署《中华人民共和国国家林业和草原局与日本环境省关于中方向日方提供朱鹮开展繁殖合作研究的协议》 246
签署《中华人民共和国国家林业和草原局与加拿大国家公园管理局关于中国大熊猫国家公园与加拿大贾斯珀国家公园和麋鹿岛国家公园结对的安排》 246
签署《中华人民共和国国家林业和草原局和巴基斯坦伊斯兰共和国气候变化部关于林业合作的谅解备忘录》 246
中坦林业工作组第一次会议 246
中澳林业工作组第十二次会议及打击非法采伐工作组第四次会议 246
中国－波兰林业工作组第一次会议 246
中韩林业工作组第十一次会议 246
中俄候鸟保护工作组第二次会议 246
中俄林业工作组第九次会议暨投资政策研讨会 246
中德林业工作组第四次会议 246
中蒙林业工作组第三次会议 247
中芬林业工作组第二十次会议 247
中日韩澳候鸟保护系列会议 247
中国林业代表团赴意大利出席联合国粮农组织林委会第24届会议暨第六届世界林业周 247
第五次中日韩林业司局长会晤 247
中国－中东欧国家通过多功能森林管理实现绿色未来特别边会 247
中国－中东欧国家多功能森林促进气候碳中和边会 247
援助蒙古戈壁熊保护技术项目正式实施 247
中国－澜湄合作 248
中国－东盟林业合作 248
国际竹藤组织等成为中国首批获准申请南南合作援助基金机构 248
全球环境基金合作 248
援外培训 248
国家林业和草原局开展"走近中国林业 外国使节看三北"考察活动 248
三北工程荣获联合国森林战略规划优秀实践奖 248
国家林业局强化外事安全和外事纪律 249

重要国际会议 249

国家林草局代表出席并主持《联合国防治荒漠化公约》第13次缔约方会议第一次主席团会议 249
《湿地公约》第十三届缔约方大会 249
首届世界竹藤大会 249
亚太地区森林恢复国际会议暨亚太森林组织十周年回顾活动 250
第四届世界人工林大会 250

民间国际合作与交流 250

综 述 250
《联合国森林文书》履约工作 250
中外民间合作项目和援外培训 250
涉林草境外非政府组织合作与交流监管体系 250
外事管理和对外宣传工作 251
国家林业和草原局与自然资源保护协会（NRDC）2018年年会 251
林业援外培训向非洲传播中国林业故事 251
中日民间绿化合作2018年工作年会 251
商务部批准2018年林业援外培训项目实施任务 251
与中韩青少年未来林中心代表团会谈 251
新西兰欧森林业公司代表团与国家林业和草原局会谈 251
对外合作项目中心与津巴布韦联合木材公司座谈交流 251
国家林业和草原局与国际爱护动物基金会（IFAW）2018年年会 252
胡章翠率团赴瑞典出席第十三届大森林论坛 252

国家林业和草原局与野生生物保护学会（WCS）2018
　　年年会 ·· 252
国家林业和草原局与湿地国际（WI）2018 年年会 ··· 252
国家林业和草原局与世界自然基金会（WWF）2018
　　年年会 ·· 252
中日绿化合作林业青年代表团赴日开展访问交流
　　 ··· 252
中日韩三国在森林空间领域开展的保养活动推进论
　　坛 ··· 252
中日绿化合作项目管理工作会议 ························· 252
第二届世界生态系统治理论坛 ···························· 252
国家林业和草原局与大自然保护协会（TNC）2018
　　年年会 ·· 253
2018 年度林业和草原援外培训工作会议 ·············· 253
国家林业和草原局与境外非政府组织 2018 年年度
　　合作座谈会暨联谊会 ································ 253
深度参与全球森林治理体系构建 ························· 253
履行《联合国森林文书》示范单位建设工作 ········· 253

国际金融组织贷款项目 ······································ 254
2018 年国际金融组织贷款项目进展情况 ·············· 254

国有林场建设

国有林场建设与管理 ······································ 256
综　述 ·· 256
国有林场管理办法修订 ····································· 256
国有林场中长期发展规划 ·································· 256
国有林场扶贫工作 ··· 256
国有林场职业技能竞赛 ····································· 256
国有林场建设管理培训 ····································· 256
国家森林小镇试点建设 ····································· 256

国有林场改革 ··· 256
综　述 ·· 256
《国有林场改革验收办法》 ································ 257
《关于促进国有林场林区道路持续健康发展的实施
　　意见》 ·· 258
国有林场债务核准工作 ····································· 258
国有林场改革发展座谈会 ·································· 258
国有林场改革推进情况双月报告制度 ·················· 258
国有林场改革督查 ··· 258
国有林场 GEF 项目 ·· 258
电视剧《最美的青春》开播 ······························· 258

林业工作站建设

林业工作站建设工作 ······································ 260
综　述 ·· 260
实施省级林业工作站重点工作质量效果跟踪调查
　　 ··· 261
全国林业工作站本底调查关键数据 ····················· 261
第二次全国林业工作站本底调查 ························· 261
标准化林业工作站建设 ····································· 262
乡镇林业工作站服务乡村振兴工作 ····················· 262
乡镇林业工作站站长能力测试工作 ····················· 262
林业精准扶贫工作 ··· 262
"全国基层林业站知识竞赛"活动 ······················· 263
林业行政案件数据核查 ····································· 263
基层林业工作站林政执法典型经验宣传 ··············· 263
出台《生态护林员管理办法》 ··························· 263
启用"生态护林员信息管理系统" ······················ 263
生态护林员调研 ·· 263
森林保险工作 ··· 263

林草计划统计

全国林业和草原统计分析 ······························ 266
综　述 ·· 266
国土绿化 ··· 266
林业草原投资 ··· 266
林业草原产业 ··· 266
主要林产品产量 ·· 267
林业系统在岗职工及其收入 ······························· 267
林业草原灾害 ··· 267
林产品贸易 ·· 268

林业和草原规划 ··· 268
完成"十三五"规划中期评估 ··························· 268
出台一批林业草原专项规划 ······························· 268
推进国家重大战略规划落地实施 ························· 268

林业和草原固定资产投资建设项目批复统计
　　 ·· 268
林业和草原基础设施建设项目批复情况 ··············· 268
森林防火项目 ··· 269
草原防火建设项目 ··· 271
国家级自然保护区建设项目 ······························· 272
部门自身能力建设项目 ····································· 272
国有林区社会性公益性基础设施建设项目 ··········· 273
林业科技类基础设施建设项目 ··························· 274
其他基础设施建设项目 ····································· 274
林业建设项目审批监管平台情况 ························· 274

林业和草原基本建设投资 ······························ 275
争取落实投资 ··· 275
支持开展大规模国土绿化行动 ··························· 275
推进森林质量精准提升示范项目建设 ·················· 275
加大林业草原生态扶贫投入力度 ························· 275
国有林区林场道路建设投资 ······························· 275
自然保护地体系建设投资 ·································· 275
营造林生产计划管理 ·· 275

林业重点生态工程和项目投资情况 …………… 275

林业和草原区域发展 276
长江经济带林业发展 …………………………… 276
京津冀林业协同发展 …………………………… 276
援疆援藏工作 …………………………………… 276
相关区域发展 …………………………………… 276
资源环境承载力和生态安全指数 ……………… 276

林业和草原对外经济贸易合作 276
"一带一路"建设林业合作 …………………… 276
林业对外经贸合作 ……………………………… 277
林业对外投资 …………………………………… 277

林业和草原扶贫 277
局党组会议专题研究部署 ……………………… 277
印发《生态扶贫工作方案》 …………………… 277
印发相关扶持文件 ……………………………… 277
国家林业和草原局生态扶贫暨扶贫领域监督执纪问
　责专项工作会议 ……………………………… 278
滇桂黔石漠化片区扶贫和定点扶贫 …………… 278
加强深度贫困地区脱贫工作 …………………… 278
扶贫调研慰问 …………………………………… 278
脱贫攻坚工作督查 ……………………………… 278
举办"林业生态建设与精准扶贫"专题研究班 … 278
林业精准扶贫宣传工作 ………………………… 278
扶贫领域作风问题治理 ………………………… 278
扶贫领域监督执纪问责 ………………………… 278
定点扶贫 ………………………………………… 278
生态护林员选聘 ………………………………… 278
林业和草原扶贫成效 …………………………… 279

林业生产统计 279

固定资产投资统计 298

劳动工资统计 304

林草财务会计

林草财务和会计 308
综　述 …………………………………………… 308
2018 年全国林业行业财政资金收支状况 ……… 310
部门预算管理 …………………………………… 312
林业金融 ………………………………………… 313
森林保险 ………………………………………… 313
政府采购 ………………………………………… 313

林草资金稽查

基金总站（审计稽查办）建设与管理 …………… 316
综　述 …………………………………………… 316

林草资金稽查工作 316
林业资金审计稽查业务暨信息培训班 ………… 316
配合其他部门开展林业资金稽查 ……………… 316
林业资金稽查监管年度报告 …………………… 316

林草内部审计 316
国家林业和草原局内部审计工作联席会议 …… 316
经济责任和预算执行审计 ……………………… 316
配合巡视和专项检查工作 ……………………… 317
审计全覆盖工作调研 …………………………… 317
林业内审基础工作 ……………………………… 317

林草贴息贷款 317
全国林业政策性贷款贴息资金落实情况调研 … 317
林业贴息贷款管理信息系统建研运维 ………… 317

林草精神文明建设

国家林业和草原局直属机关党的建设和机关
　建设 …………………………………………… 320
综　述 …………………………………………… 320

林草宣传 321
综　述 …………………………………………… 321
系列主题宣传活动 ……………………………… 322
推进森林城市建设工作 ………………………… 322
舆情监测和微博管理 …………………………… 322
林业草原宣传实践活动 ………………………… 322

林草出版 323
综　述 …………………………………………… 323
中国集体林权制度改革 ………………………… 324
生态文明关键词 ………………………………… 324
推进绿色发展　实现全面小康——绿水青山就是金
　山银山理论研究与实践探索 ………………… 324
砥砺奋进：三北防护林体系建设 40 年先进人物（三
　北防护林体系建设 40 年系列丛书）………… 324
绿色丰碑：三北防护林体系建设 40 年治理典范（三
　北防护林体系建设 40 年系列丛书）………… 324
中国苔藓图鉴 …………………………………… 324
中国森林旅游目的地指南（全 2 册）…………… 324
2018 行游国家森林步道 ………………………… 325
国外荒漠化防治（全 2 册）……………………… 325
第一香笔记 ……………………………………… 325
山野草趣 ………………………………………… 325
故宫典藏家具制作图解 ………………………… 325
青少年科技教育方案·教师篇 ………………… 325
亚太森林组织发展研究 ………………………… 325
造林技术规程解读：《造林技术规程》（GB/T 15776 –

2016)实施技术指南 ………………………… 325
三江源湿地常见植物 ……………………………… 325
森林疗养漫谈 Ⅱ …………………………………… 325
林业信息化知识读本 ……………………………… 325

林草报刊 …………………………………………… 326
综　述 ……………………………………………… 326

各省、自治区、直辖市林(草)业

北京市林业 ………………………………………… 330
概　述 ……………………………………………… 330
迎春年宵花展 ……………………………………… 330
参加 2018 香港花卉展览 …………………………… 330
国际森林日植树活动 ……………………………… 330
第六届森林文化节 ………………………………… 330
中央军委领导参加义务植树活动 ………………… 330
共和国部长义务植树活动 ………………………… 331
首都全民义务植树日 ……………………………… 331
第九届北京郁金香文化节 ………………………… 331
党和国家领导人参加义务植树活动 ……………… 331
第三十六届爱鸟周宣传活动 ……………………… 331
全国政协参加义务植树活动 ……………………… 331
全国人大参加义务植树活动 ……………………… 331
第十届月季文化节 ………………………………… 331
第十届北京菊花文化节 …………………………… 331
第四届北京百合文化节 …………………………… 332
新一轮百万亩造林工程建设 ……………………… 332
城市休闲公园建设 ………………………………… 332
新建 21 处城市森林 ……………………………… 332
实施精品街区建设 ………………………………… 332
参加第八届中国月季展 …………………………… 332
北京市城市副中心绿化建设 ……………………… 332
永定河综合治理工程 ……………………………… 332
京津风沙源治理工程 ……………………………… 332
京津生态水源保护林建设 ………………………… 332
太行山绿化工程 …………………………………… 333
彩叶树种造林 ……………………………………… 333
公路河道两侧绿化 ………………………………… 333
森林火灾防控 ……………………………………… 333
森林公安执法 ……………………………………… 333
森林病虫害防治 …………………………………… 333
森林资源监管 ……………………………………… 333
世界园艺博览会筹备 ……………………………… 333
森林城市创建 ……………………………………… 333
古树名木保护 ……………………………………… 333
美丽乡村建设 ……………………………………… 333
果树产业 …………………………………………… 333
花卉业 ……………………………………………… 333
蜂产业 ……………………………………………… 333
增彩延绿科技创新工程 …………………………… 334

林下经济 …………………………………………… 334
机构改革 …………………………………………… 334
园林绿化规划编制 ………………………………… 334
园林科技保障支撑 ………………………………… 334
林业大事 …………………………………………… 334

天津市林业 ………………………………………… 337
概　述 ……………………………………………… 337
林业机构改革 ……………………………………… 337
林业产业 …………………………………………… 337
经济林发展 ………………………………………… 337
品牌果品 …………………………………………… 337
种苗生产 …………………………………………… 337
森林旅游 …………………………………………… 337
林业有害生物防治 ………………………………… 338
林业有害生物监测预报 …………………………… 338
森林植物检疫 ……………………………………… 338
野生动物保护 ……………………………………… 338
自然保护地 ………………………………………… 339
古树名木保护 ……………………………………… 339
湿地保护管理 ……………………………………… 339
湿地自然保护区"1＋4"规划 …………………… 339
湿地生态修复与补偿 ……………………………… 340
国家湿地公园试点 ………………………………… 340
林地变更调查 ……………………………………… 340
建设项目使用林地和林木采伐 …………………… 340
集体林权制度改革 ………………………………… 340
林业工作站建设 …………………………………… 340
国有林场改革 ……………………………………… 340
林业科技项目 ……………………………………… 341
林业标准化 ………………………………………… 341
林业植物新品种保护 ……………………………… 341
森林防火 …………………………………………… 341
林业大事 …………………………………………… 341

河北省林草业 ……………………………………… 342
概　述 ……………………………………………… 342
河北省林业和草原局挂牌 ………………………… 343
张建龙调研河北林业和草原工作 ………………… 343
省级领导参加义务植树活动 ……………………… 344
联合国副秘书长索尔海姆到塞罕坝机械林场访问
　…………………………………………………… 344
《河北省国土绿化三年行动实施方案(2018～
　2020)》印发 …………………………………… 344
《关于加快坝上地区生态环境治理修复实施方案》
　印发 ……………………………………………… 344
《关于创新体制机制推进大规模国土绿化的意见》
　印发 ……………………………………………… 344
河北省委宣传部授予张铁兵"燕赵楷模·时代新
　人"称号 ………………………………………… 344
弘扬塞罕坝精神座谈会 …………………………… 344

绿色的旋律——2018塞罕坝森林音乐会……………344
参展2018中国森林旅游节 ……………344
河北省7个集体7名个人受到三北工程40周年纪念总结表彰大会表彰……………345
京津冀三地联合举办"太平杯"第三届京津冀果品争霸赛……………345
湿地保护"开门办案"……………345
塞罕坝机械林场林业碳汇项目达成首笔交易……345
"春雷2018"专项打击行动 ……………345
河北省林业厅与中国建设银行签署合作框架协议…345
野生动物保护督导检查……………345
林草业大事……………346

山西省林草业 346

概　述……………346
山西省林业和草原局机构改革……………346
造林绿化……………346
资源保护……………346
林业改革……………347
产业发展……………347
科技和信息化……………347
林业扶贫……………347
林业有害生物防治……………347
草原工作……………347
省直林区建设……………348
市县林业工作……………348
"两山"生态修复工程……………348
省领导义务植树……………348
山西省林业局长暨党风廉政建设会议……………348
"走近中国林业·外国使节看三北"活动……………348
山西省森林康养投资管理集团有限公司……………348
第八届国际沙棘协会大会……………348
省直林局局长座谈会……………349
湿地保护修复制度方案……………349
"互联网+全民义务植树"试点……………349
生态修复保护"八大机制"……………349
森林生态系统服务功能价值评估……………349
林草业大事……………349

内蒙古自治区林草业 350

概　述……………350
内蒙古自治区林业厅机构改革……………351
义务植树……………351
全区推进国土绿化现场会……………351
全区森林草原防火工作电视电话会议……………351
全区林业局长会议……………351
自治区林业厅2018年党的工作暨党风廉政建设工作会议……………351
内蒙古博物馆廉政教育展厅参观学习……………351
全区野生动植物与湿地保护协会第三次会员代表大会……………351

全区林业系统政务工作培训……………351
《内蒙古自治区志·林业志（2006~2015卷）》编纂……………351
林业生态扶贫……………351
国有林场改革……………352
中央巡视和环保督察"回头看"反馈意见整改……352
《内蒙古自治区重点陆生野生动物名录》制定……352
《内蒙古自治区湿地保护条例》修改……………352
《内蒙古自治区实施中华人民共和国野生动物保护法办法》修改 ……………352
野猪非洲猪瘟疫情监测防控……………352
世界园艺博览会内蒙古展区布展……………352
汗马雷击火灾……………352
红脂大小蠹疫情……………352
"蚂蚁森林"公益造林项目……………352
央视《新闻联播》头条报道内蒙古自治区林业生态建设成效和工作思路……………353
天然林资源保护20周年实施成效新闻发布会 ……353
"三北"防护林体系建设40周年成效新闻发布会 …353
具体荣誉……………353
林草业大事……………353

内蒙古大兴安岭重点国有林管理局林业 353

概　述……………353
国有林区改革……………354
生态建设……………354
强化管理……………355
产业发展……………355
民生改善……………355
党的建设……………355
林业大事……………355

辽宁省林草业 356

概　述……………356
机构改革……………356
造林绿化……………356
国有林场改革……………356
集体林权制度改革……………356
森林资源管护……………356
草原湿地保护……………357
林业产业发展……………357
林业灾害防控……………357
林业基层基础建设……………357
脱贫攻坚……………357
省领导参加义务植树活动……………357
张建龙调研湿地保护……………357
张建龙调研三北工程建设……………357
全省林业工作会议……………358
林草业大事……………358

吉林省林草业 358

概　述	358	项目建设	368
林业草原机构改革	358	保障性安居工程建设	369
林业改革	358	公路建设	369
生态建设	359	党的建设	369
资源管理	359	林业大事	369
森林防火	359		
林业有害生物防治	359	**大兴安岭林业集团公司**	**370**
林政稽查	359	概　述	370
野生动植物保护	359	全省森林防火经验交流现场会	371
湿地保护管理	359	森林防火	371
林业重点生态工程	359	森林资源保护	371
林木种苗	359	营林生产	371
林业产业	359	森林抚育	371
智慧林业	360	天然林保护工程	372
林业扶贫	360	林地管理	372
林业法治	360	林区改革	372
林业投资	360	管护区经济	372
林业经济	360	生态旅游	372
林业科研与技术推广	360	招商引资	373
林草业大事	360	电子商务	373
		林业碳汇	373
吉林森工集团林业	**361**	野生动物保护	373
概　述	361	社会保障	373
林业大事	363	农林科学研究	373
		森林资源动态监测	374
黑龙江省林草业	**363**	林业大事	374
概　述	363		
林业草原机构改革	364	**伊春森林工业**	**374**
生态保护修复和荒漠化防治	364	概　述	374
森林资源管理	364	黑龙江伊春森工集团有限责任公司挂牌成立	375
草原管理	364	党委第一次（扩大）会议	375
湿地管理	364		
野生动植物保护	364	**上海市林业**	**375**
自然保护地管理	365	概　述	375
国有林场和种苗管理	365	绿化林业	376
防灾减灾	365	生态环境建设	376
科学技术和对外合作	365	绿地建设	376
林草改革	366	绿道建设	376
林草规划	366	郊野公园	376
林业产业建设	366	绿化"四化"	376
林业生态扶贫	366	特色街区建设	376
林草业大事	366	街心花园建设	376
		林荫道创建	376
黑龙江森林工业	**367**	绿化特色道路	376
概　述	367	申城落叶景观道路	377
机构改革	367	花卉景观布置	377
主要经济指标	367	园林街镇创建	377
生态建设	367	新增城市公园57座	377
产业建设	367	公园分类分级管理	377
森林防火	368	公园主题活动	377
天然林保护工程	368	国庆期间公园游客量	377

公园延长开放	377	林业生态建设	383
园艺大讲堂	377	林业产业	383
古树名木管理	377	资源保护	383
全民义务植树	377	林业支撑保障	384
绿化大篷车活动	377	林业大事	384
森林资源管理	377		
有害生物监控	377	**安徽省林业**	**385**
森林防火演练	377	综　述	385
经济果林	378	机构改革	385
果园创建	378	林长制改革	385
公益林养护	378	营林生产	385
林地管控	378	林业改革	385
涉林违法专项稽查	378	林业法治	386
林下种植	378	森林和湿地资源保护	386
乡镇林业站建设	378	森林防火	386
野生动植物进出口许可	378	林业有害生物防治	386
野生动植物巡查巡护	378	林业产业	386
重大疫源疫病防控监测	378	主要林产品产量	386
濒危物种	378	林业科技	387
上海市崇明禁猎区管理规定	378	林业对外合作	387
湿地保护修复	378	林业大事	387
中国国际进口博览会市容环境保障	378		
美丽街区建设	379	**福建省林业**	**389**
行政审批改革	379	概　述	389
一网通办	379	省林业机构改革	389
行业法治化建设	379	林业改革	389
大调研活动	379	绿化美化	390
标准化研究	379	资源保护	390
科技成果转化	379	林业产业	390
科技成果获奖	379	国有林场改革	391
科技创新平台	379	武夷山国家公园体制试点	391
林业大事	379	顺昌县首创"森林生态银行"	391
		12株古树入选"中国最美古树"	391
江苏省林业	**380**	首次引入森林综合保险市场竞争机制	391
概　述	380	南平市林业	391
林业机构改革	380	三明市林业	392
造林绿化	380	龙岩市林业	393
湿地资源保护	380	林业大事	393
森林资源保护	380		
自然保护地监管	381	**江西省林业**	**394**
国有林场改革	381	概　述	394
林业有害生物防治	381	林业机构改革	397
森林火灾预防	381	全面推行林长制	397
林业产业	381	重点区域森林绿化美化彩化珍贵化建设	398
森林生态文化	381	国家生态文明试验区建设	398
野生动植物及其制品经营利用	382	江西生态保护红线发布	398
林业大事	382	森林质量提升	398
		赣南等原中央苏区生态建设	399
浙江省林业	**382**	国有林场场外造林	399
概　述	382	林业生态扶贫	399
林业机构改革	383	森林城市创建	399

江西森林和湿地生态系统综合效益发布	400
签署省、校林业发展战略合作框架协议	400
中国（赣州）第五届家博会	400
林业调查研究	400
江西鸟类种数占全国总数39.52%	400
林业大事	400

山东省林业 … 403
概　述	403
机构改革	403
造林绿化	404
林业改革	404
森林资源保护管理	404
森林防灭火与林业有害生物防控	404
湿地保护与修复	404
林业产业转型升级	404
林业大事	404

河南省林业 … 405
概　述	405
飞播造林	406
河南省第九次全国森林资源清查	407
第二次全国重点保护野生植物资源调查	407
省项目办获日元贷款项目后评估A级证书	407
《河南省湿地保护修复制度实施方案》印发实施	407
河南省林业厅与大自然保护协会（TNC）签署合作框架协议	407
第二轮地空配合森林灭火演练	407
全省林业生态建设现场会	407
省领导参加全省春季义务植树活动	407
鸡公山国家级自然保护区被命名为"中国森林养生基地"	407
省林业系统网站建设再获殊荣	408
李树铭等为河南"12·27"专案组授奖	408
河南省委书记王国生强调以战略和全局高度打好国土绿化"人民战争"	408
全国黄河湿地保护网路年会暨湿地保护培训班	408
第十八届中国·中原花木交易博览会	408
河南省第九次森清内外业质量获评优级	408
全省森林防火电视电话会议	408
河南省委、省政府主要领导带头开展全省冬季义务植树活动	408
省林业厅百余名科技干部走向基层林业生态建设主战场	408
实施国土绿化提速行动建设森林河南动员大会	408
组织开展"转作风　抓落实"200名干部下基层活动	409
林业大事	409

湖北省林业 … 409
概　述	409
人工造林与封山育林	409
林业扶贫	410
木本油料	410
义务植树	411
国有林场改革与建设	411
集体林权制度改革	411
天然林保护工程	412
退耕还林工程	412
长江防护林工程	412
林业血防工程	412
石漠化综合治理工程	412
自然保护区建设	412
湿地保护与管理	413
野生动物疫源疫病监测与防控	413
野生动植物保护与管理	413
野生动物救护	413
森林防火	414
森林病虫害防治	414
森林公安队伍建设	415
森林采伐	415
林地与森林资源管理	415
林业工作站	415
林业勘察设计	415
林业法治建设	416
林业科研	416
科技推广	416
教育与培训	417
资金与计划管理	417
林业贴息贷款与资金稽查管理	417
种苗管理	417
航空护林工作	417
宣传和信息化管理	417
林业行政审批制度改革	418
林产工业	418
主要经济林产品	419
苗木花卉	419
森林公园和森林旅游	419
野生动物驯养繁殖	419
林下经济发展	419
林业大事	419

湖南省林业 … 420
概　述	420
习近平考察东洞庭湖国家级自然保护区	422
湖南林业机构改革	422
湖南省林业局直属机关党建工作	422
湖南森林禁伐减伐三年行动收官	422
洞庭湖流域生态保护修复	422
打造四大"千亿产业"	422
"4·26"特大案件侦破	422
常德市创建"国际湿地城市"	422
湖南林业科技创新大会	423

古树名木资源普查 …………………………… 423
第十届中国竹文化节 ………………………… 423
第十届洞庭湖国际观鸟节 …………………… 423
南山国家公园试点工作 ……………………… 423
林业标准化建设 ……………………………… 423
森林督查 ……………………………………… 423
涉林采石采砂取土专项整治行动 …………… 423
第二次林业工作站本底调查 ………………… 423
省级以上公益林完善落界 …………………… 423
承办2018全国林业行业职业技能竞赛 ……… 424
林木种苗行业管理 …………………………… 424
首次大面积应用松毛虫病毒开展生物防治 …… 424
林业外资项目 ………………………………… 424
林业大事 ……………………………………… 424

广东省林业 …………………………………… 424
概　述 ………………………………………… 424
林业机构改革 ………………………………… 424
林业重点生态工程建设 ……………………… 425
森林资源管理 ………………………………… 425
自然保护地建设管理 ………………………… 426
野生动植物保护 ……………………………… 426
湿地资源保护 ………………………………… 426
林业事业改革 ………………………………… 427
林业产业 ……………………………………… 427
森林灾害防治 ………………………………… 427
森林城市建设 ………………………………… 428
林业大事 ……………………………………… 428

广西壮族自治区林业 ………………………… 429
概　述 ………………………………………… 429
生态林业发展 ………………………………… 430
森林资源培育 ………………………………… 430
营造林实绩核查 ……………………………… 430
森林经营 ……………………………………… 430
湿地保护 ……………………………………… 431
国有林场 ……………………………………… 431
林业产业 ……………………………………… 432
森林资源林政管理 …………………………… 433
天然林和公益林保护管理 …………………… 433
野生动植物保护 ……………………………… 434
自然保护区建设 ……………………………… 434
林业生态脱贫攻坚 …………………………… 434
林业大事 ……………………………………… 434

海南省林业 …………………………………… 435
概　述 ………………………………………… 435
林业机构改革 ………………………………… 435
天然林管护 …………………………………… 436
苗木产业 ……………………………………… 436
国家储备林建设 ……………………………… 436

海南热带雨林国家公园体制试点 …………… 436
湿地保护 ……………………………………… 436
自然保护地建设 ……………………………… 436
造林绿化 ……………………………………… 436
珍贵乡土树种 ………………………………… 436
花卉产业 ……………………………………… 436
油茶产业 ……………………………………… 436
木材经营加工 ………………………………… 437
林下经济 ……………………………………… 437
森林旅游 ……………………………………… 437
林长制落实 …………………………………… 437
野生动植物保护 ……………………………… 437
野生动物人工繁育 …………………………… 437
野生动物疫源疫病监测 ……………………… 437
森林防火 ……………………………………… 437
林业行政审批 ………………………………… 437
集体林权制度改革 …………………………… 438
国有林场改革 ………………………………… 438
林业交流与合作 ……………………………… 438
林业脱贫攻坚 ………………………………… 438
林业基础保障 ………………………………… 438
海南省首个林业院士工作站和海口市湿地保护工程
　研究开发中心揭牌成立 …………………… 438
《海南省湿地保护条例》出台 ……………… 438
海口获首批国际湿地城市称号 ……………… 438
林业大事 ……………………………………… 438

重庆市林业 …………………………………… 439
概　述 ………………………………………… 439
国土绿化提升行动 …………………………… 439
森林资源保护管理 …………………………… 439
生态扶贫特色产业 …………………………… 439
林业改革 ……………………………………… 440
林业支撑保障 ………………………………… 440
风景名胜区和世界自然遗产 ………………… 440
林业大事 ……………………………………… 441

四川省林草业 ………………………………… 441
概　述 ………………………………………… 441
林业草原机构改革 …………………………… 442
林业高质量发展思路和目标 ………………… 442
大熊猫国家公园体制试点 …………………… 442
现代林业园区林业脱贫攻坚 ………………… 442
林业产业 ……………………………………… 442
绿化全川行动 ………………………………… 442
森林资源保护管理 …………………………… 443
草原保护管理 ………………………………… 443
林业重点改革 ………………………………… 443
林业支撑保障 ………………………………… 443
全面从严治党 ………………………………… 444
林草业大事 …………………………………… 444

贵州省林业 ... 445
概　述 ... 445
林业机构改革 ... 446
国家林业和草原局支持贵州省建设长江经济带林业草原改革试验区 ... 446
贵州省实施"生态优先绿色发展森林扩面提质增效三年行动计划（2018～2020年）" ... 446
贵州梵净山获"世界自然遗产"称号 ... 446
林业大事 ... 447

云南省林草业 ... 448
概　述 ... 448
云南省林业和草原局正式挂牌 ... 449
曹福亮院士工作站落户云南 ... 450
全省林业局长会议 ... 450
绿孔雀种群及栖息地调查 ... 450
全省森林督查 ... 450
2018云南·昆明坚果博览会 ... 450
第八届国际澳洲坚果大会 ... 450
中国林业大数据和林权交易（收储）中心落户云南 ... 450
国家公园国际研讨会 ... 450
林草业大事 ... 450

西藏自治区林草业 ... 451
概　述 ... 451
生态保护修复 ... 451
森林资源管理 ... 451
湿地保护管理 ... 452
草原监督管理 ... 452
自然保护地管理 ... 452
林业有害生物防控 ... 452
林业精准扶贫 ... 452
林业和草原改革 ... 453
生态文化建设 ... 453
基础性工作 ... 453
机关党建 ... 453
林草业大事 ... 453

陕西省林业 ... 454
概　述 ... 454
机构改革 ... 454
造林绿化 ... 454
资源保护 ... 454
生态脱贫 ... 454
林业产业 ... 454
林业改革 ... 455
生态文化 ... 455
支撑保障 ... 455
党建工作 ... 455
林业大事 ... 455

甘肃省林草业 ... 456
概　述 ... 456
机构改革 ... 457
理顺自然保护区管理体制 ... 458
草原资源 ... 458
"三北"工程 ... 458
天保工程 ... 458
退耕还林 ... 458
退牧还草 ... 459
退耕还草 ... 459
防沙治沙 ... 459
八步沙林场"六老汉" ... 459
森林防火 ... 459
森林公园建设与森林生态旅游 ... 459
林业科技 ... 460
林业信息化建设 ... 460
林业有害生物防治 ... 460
林业法规 ... 460
义务植树 ... 460
草原生物灾害防治 ... 461
草原执法监督 ... 461
草原生态监测 ... 461
林草业大事 ... 461

青海省林草业 ... 462
概　述 ... 462
国土绿化 ... 462
重点生态工程 ... 462
资源保护与管理 ... 463
林业改革 ... 463
林业产业 ... 463
林业保障能力 ... 464
生态扶贫 ... 464
自身建设 ... 464
林业宣传 ... 464
林草业大事 ... 464

宁夏回族自治区林草业 ... 465
概　述 ... 465
林业草原机构改革 ... 465
造林绿化 ... 465
资源管理 ... 465
脱贫攻坚 ... 465
林业重点工程 ... 466
湿地保护 ... 466
草原建设 ... 466
林业调查规划 ... 467
林业基金管理 ... 467
林业技术推广 ... 467
国有林场种苗管理 ... 467
产业发展 ... 468

枸杞产业…………………………………………… 468
林业有害生物防治………………………………… 468
林业科技创新……………………………………… 469
林业宣传…………………………………………… 469
全区林业工作会议………………………………… 469
林草业大事………………………………………… 469

新疆维吾尔自治区林草业 …………………… 471
概　述……………………………………………… 471
生态保护…………………………………………… 472
资源管理…………………………………………… 472
生态建设…………………………………………… 472
产业发展…………………………………………… 472
行政审批…………………………………………… 473
林业改革…………………………………………… 473
林业科技…………………………………………… 473
林业扶贫…………………………………………… 473
林业援疆…………………………………………… 473
林业宣传…………………………………………… 473
"访惠聚"驻村……………………………………… 474
民族团结…………………………………………… 474
自身建设…………………………………………… 474
林草业大事………………………………………… 474

新疆生产建设兵团林草业 …………………… 475
概　述……………………………………………… 475
林业产业提质增效………………………………… 475
植树造林…………………………………………… 476
三北工程建设40周年纪念活动 ………………… 476
兵团三北防护林工程建设40年成效 …………… 476
三北防护林工程督导调研………………………… 476
"十三五"防沙治沙目标责任中期考核自查……… 477
退耕还林工程……………………………………… 477
贯彻生态扶贫落实向南发展……………………… 477
新疆叶河源果业股份有限公司被评为2018年国家
　林业标准化示范企业…………………………… 477
表彰三北防护林体系建设工程先进集体、先进个人
　和绿色长城奖章获得者………………………… 477
林权改革调研工作………………………………… 477
森林资源管理和保护……………………………… 478
林业综合核查工作………………………………… 478
森林公安…………………………………………… 478
森林防火…………………………………………… 478
湿地保护…………………………………………… 479
表彰全国林业系统先进集体劳动模范和先进工作者… 479

林业（和草原）人事劳动

国家林业局人事情况（2018年1~9月）…… 482
国家林业局领导成员……………………………… 482
国家林业局机关各司（局）负责人………………… 482
国家林业局直属单位负责人……………………… 482

国家林业和草原局人事情况（2018年9~12月）
　…………………………………………………… 485
国家林业和草原局（国家公园管理局）领导成员…… 485
国家林业和草原局机关各司（局）负责人（除特别说
　明外，任职时间均为2018年9月）……………… 485
国家林业和草原局派出机构负责人……………… 486
国家林业和草原局直属单位负责人……………… 487

各省（区、市）林业（和草原）主管部门负责人
　…………………………………………………… 489

干部人事工作 ………………………………… 494
综　述……………………………………………… 494

人才劳资 ……………………………………… 496
第五批"百千万人才工程"省部级人选…………… 496
2018年享受政府特殊津贴人员…………………… 496
林业英雄——孙建博……………………………… 496
全国林业系统先进集体、劳动模范和先进工作者… 496

国家林业和草原局直属单位

国家林业和草原局机关服务局 ……………… 504
综　述……………………………………………… 504
配合局基建办完成办公大楼改造………………… 504
完成回迁机关办公大楼工作……………………… 505
配合局基建办完成机关院区改造………………… 505
配合局基建办推进林调社区1~4号宿舍楼危旧房
　改造……………………………………………… 505
老旧居民区综合改造项目………………………… 505
机关院区3号办公楼改造项目…………………… 505
国家林业和草原局节能监管系统建设项目通过竣工
　验收……………………………………………… 505
国家林业和草原局公共区域智能照明系统改造项目
　申请立项………………………………………… 505
2018年国家林业局无偿献血工作………………… 505
"向实行计划生育的贫困母亲献爱心"募捐活动…… 505
会同发改司组织开展2018年防灾减灾宣传活动 … 505
传达学习贯彻落实全国机关事务工作会议精神…… 505
交通安全知识讲座………………………………… 506
健康大讲堂活动…………………………………… 506
"全国节能宣传周"宣传活动……………………… 506
危险化学品风险全面摸排整治工作……………… 506
完成机构改革后单位名称和公章变更…………… 506
2018年经营创收现场培训班……………………… 506
对口精准扶贫……………………………………… 506
行政处荣获2018年度首都全民义务植树先进单位
　…………………………………………………… 506

国家林业和草原局经济发展研究中心 …… **506**
综　述 …… 506
重大问题调查研究 …… 508
集体林权制度改革跟踪监测 …… 508
森林质量精准提升工程监测 …… 508
《中国林业产业与林产品年鉴》 …… 509
中国林业采购经理指数（FPMI） …… 509
农村林业理论与政策创新研究基地建设 …… 509
中德林业政策对话平台建设 …… 509
第十六届中国林业经济论坛 …… 509
两份内部参考 …… 510
《绿色中国》杂志 …… 510
绿色中国网络电视和新媒体 …… 510
社会公益活动 …… 510

国家林业和草原局人才开发交流中心 …… **510**
综　述 …… 510
职称改革 …… 511
职称评定 …… 511
局属在京单位公开招聘毕业生 …… 511
局属京内外单位毕业生接收工作 …… 511
干部档案管理 …… 511
因公出国（境）备案 …… 511
人事代理 …… 511
公派留学 …… 511
第三期市县林业局长研修班 …… 511
2018年度局干部培训计划执行监督指导和质量评估 …… 512
林业行业高技能人才工作研讨会 …… 512
组织参与世界技能大赛全国选拔赛 …… 512
2018年全国林业行业（国有林场）职业技能竞赛 …… 512
督导员培训 …… 512
课题研究 …… 512
职业技能鉴定 …… 512
首届全国林业创新创业大赛 …… 512
林业教学名师系列教育实践活动 …… 512
林科大学生双创成果展示和红色筑梦走进梁家河系列活动 …… 513
2019届全国林科十佳毕业生评选活动 …… 513
林业通用航空工作 …… 513
局属单位年度人事人才统计 …… 513

中国林业科学研究院 …… **513**
综　述 …… 513
海南省院士工作站（林业） …… 515
中国林科院2018年工作会议 …… 515
中国林科院获批新（筹）建重点实验室5个 …… 515
中国林业职工思想政治工作研究会科研院所分会 …… 515
林业工程（技术）研究中心主任座谈会 …… 515
《林业科学研究》第六届编委会成立大会和创刊30周年座谈会 …… 515
2018年中国林科院对外开放和科普惠民活动 …… 515
首届全国林木遗传育种研究生学术论坛 …… 515
中国林科院代表团访问捷克和波兰华沙生命科学大学 …… 516
中国林科院2018届研究生毕业典礼暨学位授予仪式 …… 516
中国林科院2018年研究生教育管理人员研讨班 …… 516
林业科技支撑乡村振兴工作暨学术研讨会 …… 516
《中国林科院乡村振兴科技支撑行动方案》 …… 516
中国林科院院地合作座谈交流会 …… 516
中国林科院科技管理工作座谈会 …… 516
首届林木遗传育种主题大学生夏令营活动 …… 516
中国林科院代表团访问西班牙和葡萄牙 …… 517
全国政协农业和农村委员会调研组到中国林科院调研 …… 517
2018级研究生开学典礼和入学教育 …… 517
林木遗传育种国家重点实验室整改领导小组工作会议 …… 517
中国林科院青年人才工作推进会 …… 517
获批25个国家林业和草原创新联盟 …… 517
中国林科院与美国南卡罗莱纳大学签署合作谅解备忘录 …… 518
中国林科院2018年国际合作工作会议 …… 518
林化科技成果发布暨技术对接会 …… 518
中国林科院与北京市西山试验林场共建研究生实践教学基地 …… 518
第四届世界人工林大会 …… 518
林业科学院所长国际研讨会 …… 518
建院60周年纪念大会暨现代林业与生态文明建设学术研讨会 …… 519
建院60年科技创新卓越贡献奖和国际科学技术合作奖 …… 519
参展第25届中国杨凌农业高新科技成果博览会 …… 519
中国林科院2018年森林防火业务培训班 …… 519
刘世荣任中国林科院院长 …… 519
林木遗传育种国家重点实验室第二届学术委员会第二次会议 …… 520
2018年研究生国家奖学金和学业奖学金评审会 …… 520
《中国林业百科全书》总编纂委员会2018年度全体会议 …… 520
中国林科院各部门2018年工作汇报会 …… 520
高分辨率遥感林业应用技术与服务平台获国家科技进步二等奖 …… 520
获梁希林业科学技术奖13项，梁希科普奖1项 …… 520
评选出中国林科院重大成果奖3项 …… 521
竹子中心承办8期援外培训班 …… 521
获批自然科学基金委林业工程领域首个重大项目 …… 521
21项成果入选局重点推广林业科技成果 …… 521

国家林业和草原局调查规划设计院 …… **521**

综　述 …………………………………………… 521
2018年春季沙尘天气趋势会商 ………………… 522
荣获第十八届北京科技声像作品"银河奖"和2017
　年行业电视节目展评多个奖项 ………………… 522
第六次全国荒漠化和沙化监测技术准备研讨会 …… 523
《四川若尔盖湿地国家级自然保护区生态旅游规划
　(2018～2027年)评审会》 …………………… 523
"全国林地一张图数据建设"专题讲座 …………… 523
《全国森林城市发展规划(2018～2025)》评审会 … 523
《第十次全国森林资源清查实施方案》研讨会 …… 523
北斗卫星导航在林业中的示范应用工程项目通过验
　收 ………………………………………………… 523
参加中坦林业工作组第一次会议 ………………… 523
全球环境基金"加强中国湿地保护体系，保护生物
　多样性规划型项目"指导委员会第五次会议 …… 523
承担雄安新区10万亩苗景兼用林建设项目第五标
　段监理工作 ……………………………………… 523
参加中非野生动物保护交流与合作研讨会 ……… 523
东北监测区林地年度变更调查培训班 …………… 524
《加蓬木材工业园区建设合作规划》和《林业"走出
　去"开展森林资源开发合作现状调查及对策研
　究》评审会 ……………………………………… 524
《"一带一路"荒漠化防治合作研究》评审会 ……… 524
监测评估沙尘天气 ………………………………… 524
祁连山国家公园雪豹调查取得阶段性成果 ……… 524
《崇义县森林经营规划(2016～2050年)》评审会 … 524
卫星遥感新技术应用培训工作 …………………… 524
湖南洞庭湖生物多样性基线调查和威胁分析项目春
　季外业调查 ……………………………………… 524
《绿色时空》栏目报导福建宁德生态建设成就 …… 524
《滨州秦口河湿地生态经济区总体规划(2018～
　2035)》评审会 ………………………………… 524
2018年全国林业碳汇计量监测体系建设启动会 … 524
中美技术合作"陆地碳计量国际学术伙伴项目"2018
　年项目年度工作会和利益相关方会议 ………… 525
荣获2018年国际风景园林师联合会亚非中东地区
　卓越奖(IFLAAAPME) ………………………… 525
第六届第三次职工代表大会 ……………………… 525
参加2018年春季沙尘天气预测监测总结研讨会 … 525
在Nature子刊发表论文 …………………………… 525
《中国沙漠图集》出版发行 ………………………… 525
UNDP-GEF增强大兴安岭地区保护地网络的有效
　管理项目成果发布会 …………………………… 525
参加2020年全球森林资源评估东亚和东南亚区域
　研讨会 …………………………………………… 526
《第一次全国林业碳汇计量监测成果报告》论证会
　…………………………………………………… 526
2018年中央财政森林抚育补贴国家级抽查部署暨
　现场技术培训 …………………………………… 526
全国营造林标准化技术委员会2018年营造林标准
　宣贯培训班 ……………………………………… 526
全国首个林长制实施规划 ………………………… 526
参加青海省泥炭沼泽碳库调查启动会暨培训班 …… 526
荣获"中国质量诚信AAA级企业"称号 ………… 526
《武威市防沙治沙总体规划(2018～2025年)》评审
　会 ………………………………………………… 526
陆地碳计量国际合作项目专题培训班 …………… 526
《南京牛首山文化旅游区森林景观与质量提升详细
　规划》评审会 …………………………………… 527
《河北省湿地自然保护区规划(2018～2035年)》评
　审会 ……………………………………………… 527
全国荒漠化和沙化监测外业调查试点工作 ……… 527
《生态修复工程通用规范》研编工作启动会 ……… 527
联合国粮农组织(FAO)"泰国土地退化评估项目"
　技术培训 ………………………………………… 527
《2017年中国林业产业发展监测报告》评审会 … 527
陆地生态系统碳监测卫星"星-机-地"综合实验
　地面调查工作 …………………………………… 527
《森林河南生态建设规划(2018～2027年)》发布实
　施 ………………………………………………… 527
《林业资源管理》入选北大中文核心科技期刊……… 527
中国林业工程建设协会工程咨询专业委员会委员发
　展大会 …………………………………………… 528
完成中非竹子中心项目前期调研工作 …………… 528
追寻大兴安岭记忆活动 …………………………… 528
林业援疆培训 ……………………………………… 528
《乌兰察布市国家森林城市建设总体规划(2018～
　2027年)评审会》 ……………………………… 528
《婺源县国家森林城市建设总体规划(2018～
　2027)》评审会 ………………………………… 528
获得符合甲级资信评价标准工程咨询单位 ……… 528
中国温带干旱与半干旱区沼泽湿地遥感调查专题通
　过验收 …………………………………………… 528
荣获2018优秀地图作品裴秀奖银奖 …………… 528
《重庆市江津区国家森林城市建设总体规划(2018～
　2027)》《重庆市铜梁区国家森林城市建设总体规
　划(2018～2027)》评审会 …………………… 528
UNDP-GEF增强大兴安岭地区保护地网络的有效
　管理项目总结会 ………………………………… 528
"了解草原 重视草原 促进林草融合发展"专题讲座
　…………………………………………………… 529
《衡水市国家森林城市建设总体规划(2018～2027
　年)》评审会 …………………………………… 529
第二次土地利用变化与林业碳汇计量监测数据查验
　核实技术交流会 ………………………………… 529
全国营造林标准化技术委员会2018年年会暨标准
　化宣贯、营造林标准复审会 …………………… 529
利用新技术监测评估沙尘天气 …………………… 529
《国家公园设立标准》专家论证会 ………………… 529
《巴彦淖尔市乌兰布和沙漠综合治理与生态保护专
　项规划》评审会 ………………………………… 529
参加三北工程建设40周年总结表彰大会 ………… 529
参加联合国森林战略规划2030年全球森林目标报
　告研讨会 ………………………………………… 529

与刚果（金）环境与可持续发展部签署合作伙伴关系协定 …… 530
《广东开平孔雀湖国家湿地公园控制性详细规划》评审会 …… 530
沙漠（石漠）公园专家评审会 …… 530
全国空气负氧离子监测试点技术研讨会 …… 530
内蒙古自治区、内蒙古大兴安岭林区第九次森林资源清查主要结果通过专家评审 …… 530
国家沙漠（石漠）公园培训班 …… 530
与广西罗城县人民政府签署扶贫合作协议 …… 530
参加2018年森林督查汇总汇报会 …… 530
荣获全国党员干部现代远程教育优秀课件节目奖 …… 530
中国林学会森林经理分会组织召开分会成立40周年座谈研讨会 …… 530

国家林业和草原局林产工业规划设计院 …… 531
综　述 …… 531
机构改革 …… 531
经营形势 …… 531
技术质量工作 …… 531
森林资源调查监测、金融创新 …… 532
海南调研工作筹备会 …… 532
当选中国工程咨询协会理事会常务理事 …… 532
《中国人造板产业报告2018》专家评审会 …… 532
设计院专家赴芬兰考察胶合板产业发展情况 …… 532
设计院完成山西省新一轮及前一轮退耕地还林现场检查验收工作 …… 532
设计院监测中心完成山东省2018年人工造林综合核查和国家级公益林监测工作 …… 532
全国林业规划设计暨林产工业规划设计院成立60周年研讨会 …… 532
主办2018中国-东盟博览会林木高峰论坛暨第三届广西（贵港）木材加工产业发展高峰论坛 …… 533
《长江经济带森林和湿地生态系统保护与修复区域补偿机制研究》课题通过验收 …… 533
荣获第九届梁希林业科学技术奖一等奖 …… 533
林业大事 …… 534

国家林业和草原局管理干部学院 …… 534
综　述 …… 534
2018年学院工作会议 …… 535
中共国家林业和草原局党校第五十二期党员干部进修班 …… 535
2018年发展中国家森林执法管理与施政官员研修班 …… 535
与黑龙江省林业厅签署干部教育培训战略合作协议 …… 535
第十三期生态文明大讲堂 …… 535
培训基地和现场教学基地建设 …… 535
地方党政领导干部林业生态建设与精准扶贫专题研究班 …… 536
2018年"一带一路"沿线国家林业项目开发官员研修班 …… 536
澜湄五国林业减贫情况调研 …… 536
中共国家林业和草原局党校第五十三期党员干部进修班 …… 536
第十四期生态文明大讲堂 …… 536
国家林业和草原局第十期司局长任职培训班 …… 536
领导干部任职宣布会 …… 536
2018年院省合作工作会议 …… 536
中国西部地区林业人才培养项目成果推广总结会暨国际合作交流座谈会 …… 536
"固本强站、兴林筑梦"全国基层林业站知识竞赛 …… 537

国际竹藤中心 …… 537
综　述 …… 537
2018首届世界竹藤大会 …… 538
中国竹藤品牌集群 …… 538
竹藤基因组学学术成果发布 …… 539
2个项目获第九届梁希林业科学技术奖 …… 539
竹藤科学与技术重点实验室在考核中取得优秀成绩 …… 539
科学研究 …… 539
国际合作交流 …… 540
产业发展 …… 540
技术培训 …… 540
竹藤标准化 …… 541
创新平台建设 …… 541
重要会议和活动 …… 542
林业大事 …… 542

国家林业和草原局森林和草原病虫害防治总站 …… 543
概　述 …… 543
林业有害生物发生 …… 544
林业有害生物防治 …… 545
疫源疫病监测 …… 545
林草业大事 …… 545

国家林业局南方航空护林总站 …… 546
综　述 …… 546
航空护林 …… 546
森林防火协调 …… 546
森林防火物资储备 …… 546
卫星林火监测 …… 546
森林航空消防培训 …… 546
重要火情 …… 546
南方航空护林视觉形象识别系统启用 …… 547
组织领导 …… 547
林业大事 …… 547

国家林业和草原局华东调查规划设计院 …… 548
综　述 …… 548
资源监测 …… 548
技术规范编写 …… 549
技术咨询服务 …… 549
人才培养与队伍建设 …… 549
财务管理 …… 549
科技创新工作 …… 549
质量成果管理 …… 549
林草业大事 …… 549

国家林业和草原局中南调查规划设计院 …… 550
综　述 …… 550
资源监测 …… 550
服务地方林业建设 …… 550
科技创新技术进步 …… 550
深化改革和人才队伍建设 …… 551
制度建设和内控管理 …… 551
林草业大事 …… 551

国家林业和草原局西北调查规划设计院 …… 552
综　述 …… 552
资源监测 …… 552
服务地方林业建设 …… 552
人才培养和队伍建设 …… 552
获奖成果 …… 552
林草业大事 …… 552

国家林业和草原局昆明勘察设计院 …… 553
综　述 …… 553
森林资源连续清查工作 …… 553
森林资源监测（验收、核查、检查）工作 …… 553
国家公园规划与研究 …… 553
林业专项调查工作 …… 553
湿地生态系统评价等工作 …… 553
树种生物量建模数据采集工作 …… 554
林业碳汇计量与监测工作 …… 554
承担林业工程标准编制工作 …… 554
《林业建设》期刊编辑出版发行工作 …… 554
服务林业生态建设工作 …… 554
服务社会工作 …… 554
职工队伍建设 …… 554
质量技术管理 …… 554
学术交流及科研工作 …… 554
林草业大事 …… 554

中国大熊猫保护研究中心 …… 555
综　述 …… 555
旅居马来西亚大熊猫"凤仪"产仔 …… 555
大熊猫"金宝宝""华豹"赴芬兰开展科研合作 …… 555
"熊猫天使"韦华荣获"中国网事·感动2017"年度
网络人物 …… 556
2017年度"两微一端"百佳评选 …… 556
设置景区免费开放日 …… 556
发布圈养大熊猫野化训练技术规程 …… 556
首次检测到发情大熊猫排卵 …… 556
奥地利总统与总理来访 …… 556
全球首只塑化大熊猫亮相 …… 556
爱尔兰众议长来访 …… 556
"大熊猫国家公园珍稀动物保护生物学国家林业和
　草原局重点实验室"挂牌成立 …… 556
黑山共和国议长来访 …… 557
大熊猫首次在低海拔地区繁育"子二代" …… 557
刚果（布）总理及夫人一行来访 …… 557
完成大熊猫"龙徽"标本进口工作 …… 557
大熊猫野外引种工作 …… 557
泰国前副总理来访 …… 557
首届中国大熊猫国际文化周 …… 557
喜获2018年度"中国好绿建"荣誉称号 …… 558
"一种大熊猫精子的冷冻保存方法"发明专利获得
　授权 …… 558
旅美大熊猫"高高"回国 …… 558
首对海外大熊猫双胞胎回国 …… 558
中国·大熊猫文化联盟成立 …… 558
德国总统来访 …… 558
首次在成都范围内放归人工繁育大熊猫 …… 558

四川卧龙国家级自然保护区管理局 …… 558
综　述 …… 558
生态保护 …… 559
野外科研 …… 559
和谐发展 …… 559
林草业大事 …… 559

国家林业和草原局驻各地森林资源监督专员办事处工作

内蒙古自治区专员办（濒管办）工作 …… 562
综　述 …… 562
落实保护发展森林资源目标责任制 …… 562
构建森林资源监督网格化管理体系 …… 562
督查督办案件 …… 562
森林督查 …… 562
监督问题整改 …… 562
毁林开垦专项整治 …… 562
林地监管 …… 563
林木采伐监管 …… 563
监督检查 …… 563
人工造林检查 …… 563
野生动植物进出口管理和履约工作 …… 563
林业大事 …… 563

长春专员办（濒管办）工作 … 564
综　述 … 564
建立协调联络机制 … 564
开展试点区自然资源确权登记 … 564
承接和履行所有者职责 … 564
实现"人虎两安全" … 564
编制规划和建立制度 … 565
制订保护工程方案 … 565
对外合作交流 … 565
宣传培训 … 565
林木采伐监管 … 565
督查督办林政案件 … 565
跟踪督办问题整改 … 565
例行专项督查 … 565
濒危物种进出口管理 … 565
林业大事 … 565

黑龙江专员办（濒管办）工作 … 568
综　述 … 568
督查督办毁林案件 … 568
森林督查和目标责任制检查 … 568
征占用林地行政许可检查 … 568
森林抚育"两个1%"检查 … 568
自然保护地监督检查 … 568
检查整改结果"回头看" … 568
行政许可证书办理 … 568
濒危物种履约管理 … 568
森林资源监督报告 … 568
林业大事 … 569

大兴安岭专员办工作 … 569
综　述 … 569
林业案件督办 … 569
森林资源督查 … 569
林地利用监管 … 569
资源问题督办 … 569
专项监管督查 … 570
林木采伐审批 … 570
设计作业核查 … 570
资源监督报告和通报 … 570
联合办案机制 … 570
网格管理机制 … 570
调查研究 … 570
林业大事 … 570

成都专员办（濒管办）工作 … 571
综　述 … 571
机构改革 … 571
森林资源监督 … 571
濒危物种进出口管理和履约执法 … 572
大熊猫国家公园体制试点 … 572

林业大事 … 573

云南省专员办（濒管办）工作 … 573
综　述 … 573
督查督办涉林案件 … 573
森林资源监督机制 … 573
森林资源监督报告 … 574
森林督查和专项检查 … 574
基层专题调研 … 574
行政许可证书办理 … 574
网上无纸化申报审核试点 … 574
行政许可抽查检查 … 574
履约宣传和培训 … 574
部门间履约执法协调 … 574
林业大事 … 575

福州专员办（濒管办）工作 … 575
综　述 … 575
案件督查督办 … 576
森林督查 … 576
保护发展森林资源目标责任制检查 … 576
建设项目使用林地行政许可监督检查 … 576
茶山整治 … 576
林权不动产登记调研 … 576
湿地监管 … 576
濒危物种进出口行政许可 … 576
履约执法宣传教育活动 … 577
林业大事 … 577

西安专员办（濒管办）工作 … 577
综　述 … 577
林业大事 … 578

武汉专员办（濒管办）工作 … 579
综　述 … 579
机构改革 … 579
案件督查督办 … 579
森林资源监督网格化管理 … 579
专项检查 … 579
监督整改 … 579
编制森林资源监督报告 … 580
进出口行政许可及监督服务工作 … 580
CITES履约执法 … 580
宣传教育及监督检查 … 580
林业大事 … 580

贵阳专员办（濒管办）工作 … 580
综　述 … 580
机构改革 … 580
2017年度森林资源监督报告 … 581
案件督查督办 … 581

专项检查督查	581
自然保护地监督检查	581
濒危物种进出口管理和野生动植物保护监督	581
探索创新监督方式方法	581
森林及野生动植物保护宣传	581
推动湖南省严控风电项目建设并向国家林业和草原局提出工作建议	581
林业大事	581

广州专员办（濒管办）工作 582

综述	582
涉林违法案件督查督办	582
森林督查	582
卫片执法专项检查	582
建设项目使用林地及在国家级自然保护区建设行政许可抽查	583
国家级湿地公园的建设管理情况检查	583
自然保护地大检查	583
濒危物种进出口行政许可证书核发	583
深化CITES执法协调小组平台建设	583
履约宣传不断拓展	583
林业大事	583

合肥专员办（濒管办）工作 584

综述	584
森林资源监督	584
濒危物种进出口管理	585
机关党建	585
林业大事	586

乌鲁木齐专员办（濒管办）工作 586

综述	586
机构改革	586
制度建设	586
积极参与新疆维稳工作	586
监督工作	587
濒危物种进出口管理工作	587
网络安全和保密管理	587
安全生产	587
林业大事	587

上海专员办（濒管办）工作 588

综述	588
森林资源监督管理工作	588
濒危物种进出口管理工作	588
林业大事	589

北京专员办（濒管办）工作 590

综述	590
林业草原机构改革	590
森林资源监督	590
濒危物种进出口管理	590
林业大事	590

林业社会团体

中国林学会 594

综述	594
第六届中国林业学术大会	596
第十三届中国林业青年学术年会	596
生态文明贵阳国际论坛	596
2018森林中国大型公益系列活动	596
第六届中国（邳州）银杏节暨第二届国际银杏峰会	596
第35届林学夏令营	597

中国野生动物保护协会 597

综述	597
"世界野生动植物日"系列公益宣传活动	598
全国"爱鸟周"系列宣传活动	598
中国野生动物保护协会志愿者护飞行动	598
"生态中国 美丽家园——中国野生动物保护生态摄影书画作品展"	598
纪念中国野生动物保护协会成立35周年座谈会	599
2018年全国野生动(植)物保护协会秘书长工作会议	599
中国野生动物保护协会第五届全国会员代表大会第三次会议暨第五届理事会第三次会议	599
2018年海峡两岸黑面琵鹭与自然保育研讨会	599

中国花卉协会 599

综述	599
发布《2018全国花卉产销形势分析报告》	599
脱贫攻坚	599
《中国花卉产业发展报告》编印工作	599
花卉标准化工作	599
科技创新	599
树立典型示范	600
中国花文化发展研讨会	600
中国特色花卉小镇建设指导工作	600
联合发起保护野生兰花倡议	600
行业培训	600
2019北京世界园艺博览会筹备工作	600
确定第十届中国花卉博览会举办城市并全面启动筹备工作	600
第五届中国杯插花花艺大赛	600
第二十届中国国际花卉园艺展览会	600
2018中国（萧山）花木节	600
接续主办第十八届中国·中原花木交易博览会	600
2018广州国际盆栽植物及花园花店用品展览会	600
分支机构展会活动	600
信息化建设	601

国际交流 …………………………………… 601
协会工作会议 ……………………………… 601
分支机构管理 ……………………………… 601
会员队伍 …………………………………… 601
中国花卉协会专家库 ……………………… 601

中国绿化基金会 … 601
综　述 ……………………………………… 601
"一带一路"生态治理民间合作国际论坛 … 601
"蚂蚁森林"项目 …………………………… 601
"一带一路"生态修复计划公益项目 ……… 602
生态扶贫公益项目 ………………………… 602
入选南南合作战略基金首批白名单机构 … 602
沙漠生态锁边林造林行动 ………………… 602
参加世界可持续发展峰会 ………………… 602
"蚂蚁森林"项目春季造林督查及自查验收工作 … 602
2018年"幸福家园（宁夏）——全国志愿者生态扶贫
　植树交流公益活动" ……………………… 602
"熊猫守护者"项目春种体验营 …………… 602
"蚂蚁森林"公益造林项目管理培训班 …… 602
《"一带一路"胡杨林生态修复行动计划》专家论证
　咨询会 …………………………………… 602
2018年"幸福家园"项目地探访活动 ……… 602
出版《"一带一路"胡杨林生态修复计划》一书 … 602
"蚂蚁森林"项目北京交流会 ……………… 603
参与筹办第四届世界人工林大会 ………… 603
参与筹办第二届世界生态系统治理论坛 … 603

中国林业产业联合会 … 603
综　述 ……………………………………… 603
2018中国（中山）红木家具文化博览会暨大涌红木
　文化节举办 ……………………………… 604
国家森林生态标志产品认定管理委员会成立 … 605
国家森标产品生产基地通用要求通过审定 … 605
中国林业产业联合会沙棘产业分会在北京成立 … 605
中国林业产业联合会理事会 ……………… 605
中国资溪竹产业发展高峰论坛暨招商推介会 … 605
中国林业产业诚信企业品牌万里行——走进巴中活
　动 ………………………………………… 606
第九届中国（铁岭）榛子节暨品牌建设高峰论坛 … 606
森林康养国家创新联盟成立 ……………… 606
中国林产工业协会第五届理事会第四次会议 … 606
林业产业科技创新带动长江经济带建设座谈会 … 606
元宝枫产业国家创新联盟成立 …………… 606
第11届中国义乌国际森林产品博览会 …… 606
海峡两岸林业电子商务大会 ……………… 607
自然教育产业国家创新联盟成立 ………… 607
第五届中国（松阳）香榧节 ………………… 607
第十四届海峡两岸（三明）林业博览会暨投资贸易
　洽谈会 …………………………………… 607
国家森林生态标志产品认定工作汇报会 … 607

首届西部林博会 …………………………… 608

中国林业工程建设协会 … 608
综　述 ……………………………………… 608
资质管理 …………………………………… 608
优秀设计和咨询成果评选 ………………… 608
管理人员和技术人员培训 ………………… 608
发挥专业委员会的作用 …………………… 609
四届二次会员大会暨四届三次理事会 …… 609

中国绿色碳汇基金会 … 609
综　述 ……………………………………… 609
携手春秋恢复康保生态 …………………… 609
最大公益项目顺利完成验收 ……………… 609
打造碳汇林精品工程 ……………………… 609
联合国气候大会展风采 …………………… 610
分享中国经验 ……………………………… 610
品牌活动助推绿色碳汇传播 ……………… 610
共享平台创办特色基金 …………………… 610

中国水土保持学会 … 611
综　述 ……………………………………… 611
学会建设 …………………………………… 611
国际学术交流 ……………………………… 611
两岸学术交流 ……………………………… 611
国内学术交流 ……………………………… 611
学术期刊 …………………………………… 611
科普工作 …………………………………… 611
服务创新型国家和社会建设 ……………… 612
评优表彰与举荐人才 ……………………… 612

中国林业教育学会 … 612
概　述 ……………………………………… 612
组织工作 …………………………………… 612
课题研究 …………………………………… 612
创新创业教育实践 ………………………… 612
第二届全国林业院校校长论坛 …………… 612
生态文明EVERYDAY实践活动 …………… 613
出版刊物 …………………………………… 613
分会特色工作 ……………………………… 613
全国林科十佳毕业生评选 ………………… 613

中国林场协会 … 614
综　述 ……………………………………… 614

中国生态文化协会 … 615
综　述 ……………………………………… 615
理论研究 …………………………………… 615
品牌创建 …………………………………… 615
其他工作 …………………………………… 616

林草大事记与重要会议

2018年中国林草大事记 ………………… **620**

2018年林草重要会议 ………………… **627**
2018年全国林业厅局长会议 ……………………… 627
全国国土绿化、森林防火和防汛抗旱工作电视电话
　会议 ……………………………………………… 629
全国推进大规模国土绿化现场会 ………………… 629
三北工程建设40周年总结表彰大会 ……………… 630

附　录

国家林业和草原局各司（局）和直属单位等全称
　简称对照 ………………………………………… 631

书中部分单位、词汇全称简称对照 ………… 632

书中部分国际组织中英文对照 ……………… 632

附表索引 ……………………………………… **633**

索　引 ………………………………………… **635**

CONTENTS

Specials ·· 1
Important Expositions of Forestry and Grassland ······································· 2
Important Expositions of the Director of the State Forestry Administration ······· 28
Regulatory Documents Related to Forestry ··· 35

Overview of China's Forestry and Grassland Sector ··································· 77
China's Forestry and Grassland Sector in 2018 ··· 78

Key Forestry Programs ·· 81
The Natural Forest Resources Conservation Program ································· 82
The Program for Conversion of Slope Farmland to Forests ·························· 85
The Program on Sandification Control for Areas in the Vicinity of Beijing and Tianjin ······· 87
The Three Key North Shelterbelt Development Program ···························· 87
Shelterbelt Development Program in the Yangtze River Basin and Other River Basins ······· 90
Fast-growing and High-yield Forest Program for Key Regions ······················· 91
Forestry Schistosomiasis Control Program ·· 92

Forest and Grassland Cultivation ··· 93
Forest and Grassland Seed and Seedling Production ································· 94
Forest Tending Work ·· 97
Forest Management ·· 98
Forestry Biomass Energy ··· 99

Ecological Development ·· 101
Voluntary Tree Planting and Department Greening ··································· 102
Protection of Ancient and Famous Trees ·· 103
Forest City Construction ··· 103
Sandification Prevention and Control ··· 104
Construction and Management of Forest Parks ······································· 109
Response of Forestry and Grassland to Climatic Change ···························· 110

Forestry Industry ··· 115
Development of Forestry Industry ·· 116
Forest Tourism ·· 118

Forest Resource Conservation ··· 121
Forest Pest Prevention and Treatment ·· 122
Wildlife Conservation ··· 122
Wetland Conservation and Management ·· 127

Forest Public Security and Forest Fire Prevention … 129
Forest Public Security Work … 130
Forest Fire Prevention Work … 131
Work Safety and Disaster Prevention and Mitigation … 132

Forest Resource Management and Supervision … 135
Forest Resource Protection Management … 136
Forestland Management … 139
Forest Harvest Management … 141
Forest Resource Monitoring … 142
Forest Administrative Enforcement … 143
Forest Management … 144
Forest Resource Supervision … 145
Reform of Key State-owned Forest Regions … 146

Grassland Resource Management … 149
Grassland Resource Management … 150

Nature Reserve Management … 153
Construction of Nature Reserve System … 154
Construction and Management of Nature Reserves … 155
Construction and Management of Scenic Spots … 155
Geopark Construction and Management … 155
Construction and Management of Marine Protected Areas … 156
Important Events in China's Nature Reserves … 157
Pilot Establishment of National Park System … 157

Improvement of Forestry and Grassland Laws and Systems … 161
Forestry and Grassland Legislation … 162
Forestry and Grassland Policies and Laws … 162

Collective Forest Tenure Reform … 165
Collective Forest Tenure Reform … 166

Forestry and Grassland Science and Technology … 169
Forestry and Grassland Science and Technology … 170
Forestry and Grassland Innovative Development … 170
Forestry and Grassland Sci-tech Extension … 174
Standardization of Forestry and Grassland … 175
Forestry Intellectual Property Protection … 187
Protection of New Varieties of Plants … 188
Forestry Bio-safety Management … 190
Protection and Management of Forestry Genetic Resources … 190
Forest Certification … 190
Introduction of Forestry Intelligence … 191
International Exchanges and Cooperation and Contractual Compliance … 191

Forestry and Grassland Informatization 193
Forestry and Grassland Informatization Building 194
Website Building 195
Operating System 195
Big Data 196
Network Operation and Maintenance 197
Science and Technology Cooperation 198
Office Automation 198

Forestry and Grassland Education and Training 201
Forestry and Grassland Education and Training Work 202
Management of Forestry and Grassland Educational Materials 203
Statistic Information on Forestry and Grassland Education 203
Beijing Forestry University 225
Northeast Forestry University 230
Nanjing Forestry University 233
Central South University of Forestry and Technology 235
Southwest Forestry University 237
Nanjing Forest Police College 239

Forestry and Grassland Opening-up 243
Important Foreign Affair Events 244
International Exchanges and Cooperation of Economy and Trade 245
Important International Conferences 249
Non-governmental International Cooperation and Exchanges 250
Loan Programs from International Financial Organizations 254

Development of State-owned Forest Farms 255
Management and Development of State-owned Forest Farms 256
Reform of State-owned Forest Farms 256

Development of Forestry Workstations 259
Forestry Workstations Building 260

Forestry and Grassland Planning and Statistics 265
National Statistical Analysis in Forestry and Grassland Sector 266
Forestry and Grassland Planning 268
Statistics on Official Approval of Forestry and Grassland Fixed Assets Investment Construction Programs 268
Investment in Forestry and Grassland Basic Constructio 275
Regional Forestry and Grassland Development 276
Forestry and Grassland for Poverty Alleviation 277
Statistics of Forestry Production 279
Statistics of Fixed Assets Investment 298
Statistics of Labor Wages 304

Forestry and Grassland Financial Accounting ... 307
Forestry and Grassland Finance and Accounting ... 308

Forestry and Grassland Funds Auditing ... 315
Building and Management of Forestry Funds Center ... 316
Forestry and Grassland Funds Auditing Work ... 316
Internal Auditing of Forestry and Grassland ... 316
Forestry and Grassland Discount Loan ... 317

Forestry and Grassland Spiritual Civilization Improvement ... 319
Construction of the CPC and Departments of the National Forestry and Grassland Administration ... 320
Forestry and Grassland Publicity ... 321
Forestry and Grassland Publications ... 323
Forestry and Grassland Newspaper and Magazines ... 326

Forestry and Grassland Development in Provinces, Autonomous Regions and Municipalities ... 329
Beijing Municipality ... 330
Tianjin Municipality ... 337
Hebei Province ... 342
Shanxi Province ... 346
Inner Mongolia Autonomous Region ... 350
Inner Mongolia Daxing'Anling Key National Forest Management Bureau ... 353
Liaoning Province ... 356
Jilin Province ... 358
Jilin Forest Industry Group Corporation ... 361
Heilongjiang Province ... 363
Heilongjiang Forest Industry (Group) Corporation ... 367
Daxing'Anling Forestry Group Corporation ... 370
Yichun Forest Industry (Group) Corporation ... 374
Shanghai Municipality ... 375
Jiangsu Province ... 380
Zhejiang Province ... 382
Anhui Province ... 385
Fujian Province ... 389
Jiangxi Province ... 394
Shandong Province ... 403
Henan Province ... 405
Hubei Province ... 409
Hunan Province ... 420
Guangdong Province ... 424
Guangxi Zhuang Autonomous Region ... 429
Hainan Province ... 435
Chongqing Municipality ... 439
Sichuan Province ... 441
Guizhou Province ... 445
Yunnan Province ... 448
Tibet Autonomous Region ... 451

Shaanxi Province ········· 454
Gansu Province ········· 456
Qinghai Province ········· 462
Ningxia Hui Autonomous Region ········· 465
Xinjiang Uyghur Autonomous Region ········· 471
Xinjiang Production and Construction Corps ········· 475

Forestry and Grassland Human Resources ········· 481

Human Resources of State Forestry Administration (2018 January – 2018 September) ········· 482
Human Resources of National Forestry and Grassland Administration (2018 September – 2019 December) ········· 485
People in Charge of Forestry (and Grassland) Departments of Provinces, Autonomous Regions and Municipalities ········· 489
Human Resource Work ········· 494
Talent Labor ········· 496

Institutions Directly under the National Forestry and Grassland Administration ········· 503

Agency Service Bureau ········· 504
Forestry Economics and Development Research Center ········· 506
The Center for Talent Development and Exchange ········· 510
Chinese Academy of Forestry ········· 513
Academy of Forest Inventory and Planning ········· 521
Planning and Design Institute of Forest Product Industry ········· 531
State Academy of Forestry Administration ········· 534
International Center for Bamboo and Rattan ········· 537
General Station of Forestand Grassland Pests Management ········· 543
South General Station for Aerial Forest Protection ········· 546
Institute of Forest Inventory Planning and Design for East China ········· 548
Institute of Forest Inventory Planning and Design for Central & South China ········· 550
Institute of Forestry Inventory Planning and Design for Northwest China ········· 552
China Forest Exploration & Design Institute in Kunming ········· 553
China Conservation and Research Center for the Giant Panda ········· 555
Sichuan Wolong National Nature Reserve Administration ········· 558

Commissioner's Offices for Forest Resources Supervision of NFGA ········· 561

Commissioner's Office (Inner Mongolia Autonomous Region) for Forest Resources Supervision of NFGA ········· 562
Commissioner's Office (Changchun) for Forest Resources Supervision of NFGA ········· 564
Commissioner's Office (Heilongjiang) for Forest Resources Supervision of NFGA ········· 568
Commissioner's Office (Daxing'Anling) for Forest Resources Supervision of NFGA ········· 569
Commissioner's Office (Chengdu) for Forest Resources Supervision of NFGA ········· 571
Commissioner's Office (Yunnan) for Forest Resources Supervision of NFGA ········· 573
Commissioner's Office (Fuzhou) for Forest Resources Supervision of NFGA ········· 575
Commissioner's Office (Xi'an) for Forest Resources Supervision of NFGA ········· 577
Commissioner's Office (Wuhan) for Forest Resources Supervision of NFGA ········· 579
Commissioner's Office (Guiyang) for Forest Resources Supervision of NFGA ········· 580
Commissioner's Office (Guangzhou) for Forest Resources Supervision of NFGA ········· 582
Commissioner's Office (Hefei) for Forest Resources Supervision of NFGA ········· 584
Commissioner's Office (Urumqi) for Forest Resources Supervision of NFGA ········· 586
Commissioner's Office (Shanghai) for Forest Resources Supervision of NFGA ········· 588

Commissioner's Office (Beijing) for Forest Resources Supervision of NFGA ················· 590

Forestry Social Organizations ················· 593
China Forestry Association ················· 594
China Wildlife Conservation Association ················· 597
China Flower Association ················· 599
China Green Foundation ················· 601
China Forestry Industry Federation ················· 603
China Forestry Engineering Association ················· 608
China Green Carbon Foundation ················· 609
Chinese Soil and Water Conservation Society ················· 611
China Education Association of Forestry ················· 612
China National Forest Farm Association ················· 614
China Ecological Culture Association ················· 615

Forestry and Grassland Memorabilia and Important Meetings ················· 619
China Forestry and Grassland Memorabilia in 2018 ················· 620
Important Meetings on Forestry and Grassland in 2018 ················· 627

Appendixes ················· 631
Full Names and Abbreviations Referred to the Departments (Bureaus) of the NFGA and to the Institutions Directly under the NFGA ················· 631
Full Names and Abbreviations Referred to Some Institutions and Terms ················· 632
Chinese and English Names Referred to Some International Organizations ················· 632
Schedule Index ················· 633
Index ················· 635

特 辑

01

林草专论

坚持新思想引领 推动高质量发展 全面提升新时代林业现代化建设水平
——在全国林业厅局长会议上的讲话

张建龙

（2018年1月4日）

这次会议的主要任务是，以习近平新时代中国特色社会主义思想为指导，认真学习贯彻党的十九大和中央经济工作会议、中央农村工作会议精神，总结过去五年成就，分析当前林业形势，谋划今后一个时期总体思路，安排2018年重点工作，大力推进新时代林业现代化建设，为实施乡村振兴战略、决胜全面建成小康社会、建设社会主义现代化强国作出更大贡献。

党中央、国务院对林业工作高度重视，汪洋副总理会前听取了我的工作汇报，并对林业工作作出重要批示，刚才永利同志已全文传达。汪洋副总理的重要批示，充分肯定了党的十八大以来林业取得的历史性成就，对今后的工作作出了重要指示。他明确要求，要大力推进林业现代化建设，全面深化林业改革，加强生态修复，发展绿色产业，为人民群众提供更多优质生态产品和绿色林产品，为实现"两个一百年"奋斗目标作出更大贡献。汪洋副总理的重要批示，进一步明确了林业的工作重点和目标任务，是全国林业系统做好工作的重要遵循，各地区各单位要认真学习领会，全面贯彻落实，进一步提升林业现代化水平。

这次会议选择在浙江省安吉县召开，就是要学习借鉴他们的做法和经验，更好地推动全国林业现代化建设。浙江省是习近平总书记生态文明思想的重要实践地，近年来，全省先后实施绿色浙江、生态浙江、美丽浙江等重大战略，生态文明建设和经济社会发展取得明显成效，城乡到处山清水秀、生态优美、宜居宜业。安吉县是习近平总书记首次提出绿水青山就是金山银山理念的地方，生态文明和美丽乡村建设始终走在全国前列，成为践行"两山"理论、推动绿色发展的旗帜和标杆。今天上午，我们进行了现场考察，重温了习近平总书记当年的重要讲话，很受教育，备受鼓舞。刚才，浙江省孙景淼副省长、湖州市钱三雄市长分别讲话，为大家介绍了相关情况，听了深受启发，很有收获。下面，我讲四个问题，供大家讨论。

一、过去五年林业改革发展取得的历史性成就

党的十八大以来，习近平总书记高度重视生态文明建设和林业改革发展，提出了一系列重要战略思想。他反复强调：生态兴则文明兴，生态衰则文明衰；绿水青山就是金山银山；良好的生态环境是最公平的公共产品，是最普惠的民生福祉；林业建设是事关经济社会可持续发展的根本性问题，林业要为建设生态文明和美丽中国创造更好的生态条件；发展林业是全面建成小康社会的重要内容，是生态文明建设的重要举措；要着力推进国土绿化，着力提高森林质量，着力开展森林城市建设，着力建设国家公园，等等。这些战略思想是习近平新时代中国特色社会主义思想的重要组成部分，极大地丰富发展了社会主义生态文明观，为林业改革发展提供了根本遵循。

五年来，全国林业系统深入学习贯彻习近平总书记生态文明思想，牢固树立"四个意识"，自觉践行新发展理念，认真落实党中央、国务院决策部署，扎实推进各项林业改革，着力提升林业发展质量效益，努力满足社会对林业的多样化需求。我们坚持科学谋划、统筹推进、分类指导、精准发力，集中力量解决制约林业发展的突出问题，林业在许多方面发生深层次变革、取得历史性成就，为建设生态文明、增进民生福祉、促进经济社会发展作出了重要贡献。

（一）全力维护森林生态安全，国土绿化稳步推进。习近平总书记亲自研究森林生态安全问题，作出了"四个着力"的重要指示。我们坚持总体国家安全观，将培育森林资源作为维护生态安全的重大举措，积极创新国土绿化体制机制，科学实施营造林三年滚动计划，注重用财政存量放大金融增量，发挥市场机制作用，大规模推进国土绿化，全力筑牢国土生态安全屏障。坚持发挥重点生态工程在国土绿化和改善生态中的主体作用，深入实施三北防护林体系建设、新一轮退耕还林还草、京津风沙源治理等工程，启动建设11个百万亩防护林基地，累计安排新一轮退耕还林还草任务4240万亩。各地也实施了一批造林绿化工程，国土绿化步伐全面加快，生态状况持续改善。5年来，全国完成造林5.08亿亩，森林面积达到31.2亿亩，森林覆盖率达到21.66%，森林蓄积量达到151.37亿立方米，成为同期全球森林资源增长最多的国家。森林质量得到普遍重视，启动了国家储备林建设工程示范项目，建设和划定国家储备林4766万亩，国家储备林制度初步建立。出

台了《全国森林经营规划(2016—2050年)》，修订了《造林技术规程》《森林抚育规程》《低效林改造技术规程》，完成森林抚育6.22亿亩，林木良种使用率由51%提高到61%。出台了《沙化土地封禁保护修复制度方案》，启动了沙化土地封禁保护区、国家沙漠公园建设、沙区灌木林平茬复壮等试点，封禁保护面积达2315万亩，国家沙漠公园达103个。五年累计治理沙化土地1.5亿多亩，绿进沙退的趋势进一步巩固。森林城市建设上升为国家战略，国家森林城市增加到137个。森林城市创建活动提升了林业社会影响力，增加了国土绿化资金投入。全国城市建成区绿地率36.4%，人均公园绿地面积13.5平方米，城乡人居生态环境明显改善。

（二）实行最严格的生态保护制度，林业资源保护全面加强。全面停止天然林商业性采伐，天然林保护范围扩大到全国，19.44亿亩天然乔木林得到有效保护，每年减少资源消耗3400万立方米，天然林生态功能逐步恢复。林地林权管理更加规范，实现以规划管地、以图管地，建设项目使用林地实行差别化管控。国务院出台《湿地保护修复制度方案》，提出湿地保有量不低于8亿亩，28个省份出台湿地保护修复制度实施方案。修订了《湿地保护管理规定》。启动了湿地生态效益补偿、退耕还湿试点，共恢复湿地350万亩，安排退耕还湿76.5万亩。开展了国际湿地城市认证，新增国际重要湿地16处，国家湿地公园达898个。全国湿地保护率由43.51%提高到49.03%，部分重要湿地生态状况明显改善。建立了打击野生动植物非法贸易部际联席会议制度，全面停止商业性加工销售象牙及制品活动。对国家级林业自然保护区生态破坏问题进行了清理整顿，发布了保护区内建设项目禁止事项清单。全国林业自然保护区达2249处，总面积18.9亿亩，占国土面积的13.14%。其中，国家级自然保护区375处，占全国总数的84.1%，重点保护野生动植物种群和数量稳中有升。加强了古树名木保护和树木移植管理，天然大树进城之风得到遏制。全国森林公园超过3400处，其中国家级森林公园881处。森林公安改革不断深化，执法职能和队伍建设明显加强，一批典型案件得到严肃查处。党中央、国务院对森林防火工作高度重视，森林防火责任落实和处置措施不断强化，防扑火能力大幅提升，火灾受害率控制在1‰以下。特别是快速扑灭内蒙古乌玛"4·30"、毕拉河"5·2"、陈巴尔虎旗"5·17"等多起重特大森林火灾，受到党中央、国务院的充分肯定。林业有害生物防治继续加强，主要林业有害生物成灾率控制在4.5‰以下。沙尘暴和野生动物疫源疫病监测预警能力逐步提升，沙尘暴次数和强度明显降低，妥善处置大熊猫犬瘟热、候鸟禽流感等疫情。

（三）积极完善生态文明制度体系，林业改革取得重大突破。2015年，党中央、国务院出台了《国有林场改革方案》《国有林区改革指导意见》，汪洋副总理专门召开电视电话会议安排部署。去年，又召开改革推进会，明确要求扎实有序推进改革。国有林场林区生态保护职责全面强化，相应的体制机制逐步建立，95%以上的国有林场定性为公益性事业单位，内蒙古大兴安岭重点国有林管理局挂牌成立。国有林区林场多渠道安置富余职工14万多人，金融债务处理意见获国务院批准，社会职能逐步移交，发展活力明显增强；完成棚户区改造174万户，惠及500万人，林区生产生活条件不断改善，职工收入水平明显提高。国务院办公厅印发《关于完善集体林权制度的意见》，集体林权制度改革全面深化，集体林业良性发展机制初步形成，经营管理水平不断提高。在福建武平召开了全国深化集体林权制度改革经验交流会，汪洋副总理出席会议并讲话。中央深改组批准4个国家公园体制试点方案，其中东北虎豹、大熊猫、祁连山国家公园由国家林业局具体负责，改革试点进入实质性阶段。东北虎豹国家公园管理机构挂牌成立，实施方案、总体规划编制和自然资源监测等稳步推进，重点物种国家公园成为改革试点的亮点。累计取消下放调整林业行政审批事项67项，削减比例达70%，双随机检查工作逐步推进，行政审批中介服务事项和工商登记前置审批事项全面取消，福建和天津两个自贸区实施野生动植物进出口行政许可新措施。开展了湿地产权确权、国有森林资源资产有偿使用、人工商品林采伐管理、林业自然资源资产负债表编制等改革试点，配合有关部门出台了一系列加强生态文明建设的制度办法。

（四）认真践行绿水青山就是金山银山理念，绿色富民产业持续快速发展。2017年，全国林业产业总产值达到7万亿元，林产品进出口贸易额达到1500亿美元，继续保持林产品生产和贸易第一大国地位。林业一、二、三产业比例为32∶48∶20，第三产业比重较2012年提高8个百分点，林业主要产业带动5200多万人就业。开展了林业重点龙头企业认定和林业产业示范园区创建工作，启动了森林生态标志产品建设工程。森林康养、木本粮油、电子商务等新产业新业态蓬勃发展，2017年全国森林旅游总人数14亿人次，社会综合产值1.15万亿元。全国经济林面积6.2亿亩，年产量1.8亿吨，油茶、核桃、竹子、花卉面积快速增长，优质林产品供给能力稳步提升。林业精准扶贫成效显著，山区贫困人口纯收入20%左右来自林业，重点地区超过50%；选聘生态护林员37万人，精准带动130多万人增收和稳定脱贫；国家林业局帮扶的4个贫困县6.1万人脱贫，减贫率36%。

（五）主动参与全球生态治理，积极贡献中国智慧和中国方案。认真落实习近平总书记关于构建人类命运共同体的重要思想，以"一带一路"建设等国家战略为平台，不断深化林业对外交流与合作，林业在国家外交中的地位不断提升。累计与33个国家签署40份林业合作协议，建立了中国—中东欧、中国—东盟、大中亚等多双边合作机制，为106个发展中国家培训林业人员3000人次。与7个国家启动大熊猫合作研究，大熊猫在国家外交中的影响力稳步提升。认真履行相关国际公约，深度参与全球林业事务。成功承办《联合国防治荒漠化公约》第十三次缔约方大会和库布其国际沙漠论坛，习近平主席两次发来贺信，充分肯定我国防沙治沙成就,汪洋副总理出席会议并发表主旨演讲,参加第十三次缔约方大会的1400多名外宾对我国治沙成就高度赞赏。成功主办第十届国际湿地大会。积极推动《联合国森林战略规划(2017—2030年)》《联合国防治荒漠化公约2018—2030年战略框架》制定和发布工作。习近平主席致信祝贺国际竹藤组织成立20周年,充分肯定国际竹藤组织发挥的积极作用。亚太森林组织国际化进程明显加快,影响和作用逐步增强。妥善应对打击木材非法采伐和相关贸易、打击野生动植物非法贸易、应对气候变化等热点问题,积极引进林业治山、森林康养等先进技术和理念。境外非政府组织管理进入法制化规范化新阶段。利用国际金融组织贷款18亿美元,海外森林资源培育开发规模稳步扩大,统筹运用国际国内两种资源、两个市场、两类规则的能力明显提升。

(六)不断夯实林业发展基础,支撑保障能力稳步增强。林业法治建设全面加强,修订了《种子法》《野生动物保护法》,森林法修改、湿地立法工作有序推进,颁布部门规章16件、规范性文件110多件。林业行政执法更加规范,行政复议和行政应诉能力明显提高,社会公众林业法律意识进一步增强。建成林业行业首个国家重点实验室和一大批国家级科技创新平台,科技创新能力不断提升。累计取得重大科技成果5000多项,30多项成果获得国家科学技术奖励,发布林业标准1099项,森林认证体系实现国际互认,林业科技成果转化率达55%,科技进步贡献率达50%。林业新增3位中国工程院院士,两院院士达13人。开展了智慧林业建设,实施了一系列重大信息化项目,信息技术深度融入林业,全国林业信息化率达70.35%,中国林业网在各部委网站中排名稳定在前两位。加强战略谋划和规划指导,形成了覆盖各重点领域的林业规划体系。林业公共财政政策覆盖面不断扩大,补助标准逐步提高,构建了全面保护自然资源、重点领域改革和多元投入的林业支撑保障体系。中央林业投入累计达5386亿元,比前五年增加36%,其中,天然林保护1276亿元,退耕还林还草1433亿元,湿地保护82亿元。林业金融创新取得重大突破,与中国银监会联合出台了《关于林权抵押贷款的实施意见》,林业贴息贷款1160亿元;与国家开发银行、中国农业发展银行推出支持国家储备林等林业重点领域的长周期、低成本贷款,合同金额超过1100亿元,已放款384亿元,成为林业社会融资的重要渠道。中央财政森林保险保费补贴政策覆盖全国,保险面积达20.44亿亩。林业碳汇纳入国家碳排放权交易试点。林业资金审计稽查力度不断加大,资金项目监督约束机制逐步完善。各级林业机构和人员队伍保持稳定,全面从严治党深入推进,林业系统党风政风行风明显改善,干部队伍纪律和规矩意识显著增强,履职能力稳步提高,为林业改革发展提供了有力保障。

(七)大力弘扬生态文明理念,林业社会影响力显著提升。习近平总书记对塞罕坝林场的感人事迹多次作出重要批示,明确指出塞罕坝林场是推进生态文明建设的生动范例,号召全党全社会坚持绿色发展理念,弘扬牢记使命、艰苦创业、绿色发展的塞罕坝精神,持之以恒推进生态文明建设。中央宣传部将塞罕坝林场作为生态文明建设重大典型,组织各大媒体集中开展了林业有史以来规格最高、规模最大、影响最广的宣传活动。塞罕坝精神宣讲团在人民大会堂及9个省市作了宣讲报告,全国上下掀起了学习宣传塞罕坝精神的热潮,全面彰显了林业在生态文明建设中的重要地位,有力提升了林业的社会影响力,广大林业干部职工深受鼓舞、倍感振奋。五年来,我们对林业进行了全方位、多角度、深层次的宣传报道,组织开展一系列主题宣传活动,推出一大批优秀生态文化作品,选树了杨善洲、余锦柱、孙建博、苏和等林业先进典型,为生态文明建设增添了正能量。实践证明,广泛深入的林业宣传活动,推动了生态文明理念深入人心,各级党委政府和相关部门对林业的认识不断深化,全社会关心林业、保护生态的自觉性明显增强,林业改革发展氛围越来越好。

总之,党的十八大以来我国林业改革发展取得的成就是全方位、开创性的,林业发生的变化是深层次、根本性的。取得这样的历史性成就,主要得益于以习近平同志为核心的党中央的坚强领导和习近平新时代中国特色社会主义思想的科学指导。过去五年,习近平总书记高度重视林业工作,多次深入林区视察指导,多次研究林业重大问题,关于林业的批示、指示、讲话170多次,次数之多、分量之重、力度之大、范围之广,都前所未有,为林业改革发展提供了根本遵循。正是在习近平总书记的亲自指导和强力推动下,林业的地位作用全面提升,林业的顶层设计全面优化,林业的各项改革全面推进,林业的资源保护全面加强。各级党委政府、各部门和全社会从来没有像现在这样关心重视林业,形成了推动林业改革发展的强大合力。林业能有这样的发展态势和良好局面,来之不易,全体务林人要倍加珍惜,继续保持,不断发扬光大。

二、新时代林业的根本任务和有利形势

经过长期不懈努力,我国林业建设取得了举世瞩目的伟大成就,各项改革不断深化,森林面积持续增加,资源保护全面加强,生态状况明显改善,绿色产业快速发展,林业已经站在新的历史起点上。但总的看,林业仍然是国家现代化建设中的短板,发展不平衡不充分的问题尤为突出,制约着经济社会可持续发展和国家现代化进程,也无法满足人民对美好生活的需要。林业发展水平落后,生态资源总量不足,已成为我国生态系统脆弱、生态产品短缺的重要原因。

党的十九大站在新的历史方位,对决胜全面建成小康社会、开启全面建设社会主义现代化国家新征程作出了安排部署。林业现代化既是国家现代化的组成部分,也是国家现代化的重要支撑。生态兴则文明兴,国家强林业必须强。建设社会主义现代化强国,实现中华民族伟大复兴,必须有良好的生态、发达的林业。各级林业部门要充分认识到,当前林业发展水平离这样的目标要求还有很大差距,必须再接再厉、埋头苦干、迎头赶上,林业绝不能拖国家现代化的后腿,全体务林人应该有这样的责任担当和广泛共识。要举全行业之力，集各方面之智，坚定不移推进林业现代化建设，全面提升林业改革发展水平，为实现"两个一百年"奋斗目标作出更大贡献。这就是新时代林业的根本任务，各级林业部门必须以此统领林业工作全局，统一思想，形成合力，务求全胜。

应该看到，推进林业现代化建设任务十分繁重，面临许多挑战，但也迎来了前所未有的发展机遇。党的十九大作出了中国特色社会主义进入新时代、我国社会主要矛盾已经发生转化等重大判断，确立了习近平新时代中国特色社会主义思想的历史地位，提出了新时代坚持和发展中国特色社会主义的基本方略，确定了全面建成小康社会、开启全面建设社会主义现代化国家新征程的目标，对新时代推进中国特色社会主义伟大事业作出了全面部署。其中，将生态文明建设放在重要战略位置，坚持人与自然和谐共生成为中国特色社会主义的基本方略，建设美丽中国成为建设社会主义现代化强国的奋斗目标，提供更多优质生态产品成为现代化建设的重要任务，绿水青山就是金山银山成为生态文明建设的核心理念。这些重大理论创新和战略部署将对党和国家各项事业产生广泛而深远的影响，对林业的影响也将是深层次、全方位的。只要抓住机遇，科学谋划，全力推进，林业就一定能够实现更大发展，与国家同步实现现代化。

（一）建设社会主义现代化强国将为林业现代化建设提出更高要求。党的十九大提出，到2035年，我国基本实现社会主义现代化；到本世纪中叶，把我国建成富强民主文明和谐美丽的社会主义现代化强国。从全面建成小康社会到基本实现现代化，再到全面建成社会主义现代化强国，这是我们党对新时代中国特色社会主义发展作出的战略安排。这意味着，我国基本实现现代化的目标提前了15年，到本世纪中叶要全面实现现代化。随着国家现代化的加快，林业现代化必须提速，原定2050年的发展目标需要提前到2035年实现。提前实现这些目标，国家需要采取更为有力的政策措施，进一步加快林业发展，尽快补上国家现代化中林业这块短板。同时，到本世纪中叶，要全面建成社会主义现代化强国，美丽中国是主要标志，人与自然和谐共生是基本特征。林业在建设美丽中国和实现人与自然和谐共生方面具有不可替代的独特作用，各级党委政府将会更加重视林业，推动林业改革发展的举措将会更加协调有力，有利于全面提升林业现代化的质量和效益。

（二）社会主要矛盾转化将为林业现代化建设增添强大动力。党的十九大报告明确指出，我国社会主要矛盾已经转化为人民日益增长的美好生活需要和不平衡不充分的发展之间的矛盾；既要创造更多物质财富和精神财富以满足人民日益增长的美好生活需要，也要提供更多优质生态产品以满足人民日益增长的优美生态环境需要。这表明，我国稳定解决温饱之后，消费正在升级，人民期待天更蓝、地更绿、水更清，提供更多优质生态产品已成为社会主义现代化建设的重要任务。13亿多人对优质生态产品的巨大需求，必将产生强大的拉动力，带动林业不断提升生态产品生产能力。就像当年粮食紧缺一样，国家出台一系列政策支持农业生产，以确保饭碗牢牢端在自己手里。生态产品不可或缺、无法替代，也不能进口，只能立足国内满足人民需求。多年来，为改善生态状况，提高生态产品生产能力，国家采取了一系列重大举措支持林业改革发展，今后这方面的力度将会越来越大。同时，随着生态产品价值实现路径的多元化和生态产品价格形成机制的科学化，生态产品交易变现将会更加便捷可行，更多金融资本和社会资本将会进入林业，有利于进一步增强林业发展的活力和动力。

（三）加快生态文明体制改革将为林业现代化建设带来更大红利。党的十八大以来，以习近平同志为核心的党中央统筹推进"五位一体"总体布局，生态文明建设力度不断加大，一批破坏生态的重大案件得到严肃查处，各级党委政府重视林业的自觉性和主动性明显增强，全社会关注林业、保护生态的氛围更加浓厚，这是林业改革发展取得历史性成就的根本保证。党的十九大将生态文明建设摆在更加重要的位置，确定了加快生态文明体制改革的总体要求，号召全党全国人民牢固树立社会主义生态文明观，推动形成人与自然和谐发展现代化建设新格局。林业作为生态文明建设的重要内容，可以抓住这一有利时机，继续深化各项改革，进一步解决体制不顺、机制不活等问题，构建完善的政策支持体系和法律法规体系，为林业现代化建设提供更好保障。同时，随着生态文明制度体系的逐步完善，特别是一系列带有强制性的目标任务、考核办法、奖惩制度的建立健全，制度的引导、规范、激励、约束作用将不断显现，各类开发、利用、保护行为将更加规范，有利于在全社会形成保护自然生态、推动林业发展的良好氛围。

（四）实施乡村振兴战略将为林业现代化建设提供有效抓手。党的十九大提出，按照产业兴旺、生态宜居、乡风文明、治理有效、生活富裕的总要求，实施乡村振兴战略，这是我们党着眼"两个一百年"奋斗目标，为解决"三农"问题、缩小城乡差距作出的重大决策部署。林业主要工作领域在农村，主要从业人员是农民，实施乡村振兴战略，既可以加快农业农村现代化步伐，也必将有力地推动林业现代化建设。当前，我国农业农村是发展不平衡不充分的重点领域。十九大报告明确要求，坚持农业农村优先发展，建立健全城乡融合发展体制机制和政策体系，这将进一步调整理顺工农城乡关系，从资源配置、财政投入、公共服务等方面对农业农村给予倾斜支持，也有利于各种生产要素向林业聚集。同时，还要看到，振兴乡村最大的优势在生态，最大的潜力在林业。为农业农村现代化提供生态支撑，满足城乡居民对绿水青山的巨大需求，必须依靠乡村这片广阔天地，努力打造生态宜居的美丽乡村，让广大农民能够安居乐业，让城镇居民方便寻找乡愁。在这方面，国内外有许多经验值得借鉴。日本的生态村建设、韩国的新农村运动，都把保护生态作为振兴乡村的重要着力点，实现了乡村振兴与生态改善良性互动。浙江省安吉县认真践行"两山"理论，积极做好山水文章，走出了一条依靠生态优势实现乡村振兴的发展之路。我们坚信，随着乡村振兴战略的深入实施，必将有力地促进生态改善和林业发展。

（五）决胜全面建成小康社会将为林业现代化建设夯实发展基础。党的十九大指出，从现在到2020年，是全面建成小康社会决胜期，事关第一个百年奋斗目标如期实现。习近平总书记多次强调，小康不小康，关键看老乡。这说明，全面建成小康社会关键在于打赢脱贫攻坚战，确保贫困人口和贫困地区全部脱贫。我国60%以上的贫困人口集中在山区林区沙区，是全面建成小康社会的最大难点。大多数贫困地区最突出的优势是生态，最适合的产业是林业。近几年来，中央和地方统筹整合资金，积极支持贫困地区开展生态保护修复和生态产业扶贫，有力带动了贫困人口精准脱贫，林业成为扶贫开发的最大亮点之一。山西省通过成立贫困人口占多数的专业合作社，从事造林绿化和森林管护经营，帮助贫困人口实现长期稳定脱贫。云南省贡山县选聘生态护林员2500多名，促进了全县76.8%的贫困人口脱贫增收。湖南省邵阳县种植油茶65.4万亩，年产值14.5亿元，带动3.1万人脱贫，占全县脱贫人口的34.8%。宁夏等地将易地扶贫搬迁腾退的土地用于恢复生态，林草植被快速增加，生态状况明显好转。可以预见，随着精准扶贫力度的不断加大，贫困地区将会获得更多的政策、资金、技术支持，农村基础设施建设将会全面加强，林业林区生产条件将会继续改善，生态护林员规模将会进一步扩大，森林资源利用方式将会更加绿色，这些都将为林业现代化建设创造更好的条件。

三、新时代林业现代化建设的总体思路

综合分析当前林业的形势与任务，推进新时代林业现代化建设，要全面贯彻党的十九大精神，以习近平新时代中国特色社会主义思想为指导，以建设美丽中国为总目标，以满足人民美好生活需要为总任务，坚持稳中求进工作总基调，认真践行新发展理念和绿水青山就是金山银山理念，按照推动高质量发展的要求，全面深化林业改革，切实加强生态保护修复，大力发展绿色富民产业，不断增强基础保障能力，全面提升新时代林业现代化建设水平，为实施乡村振兴战略、决胜全面建成小康社会、建设社会主义现代化强国作出更大贡献。

根据党的十九大对我国社会主义现代化建设作出的战略安排，综合考虑当前林业发展水平和人民对良好生态的需求等因素，必须对新时代林业发展目标进行科学谋划，以更好地指导全国林业现代化建设。经过初步测算和论证，提出如下预期目标。

力争到2020年，林业现代化水平明显提升，生态状况总体改善，生态安全屏障基本形成。森林覆盖率达到23.04%，森林蓄积量达到165亿立方米，每公顷森林蓄积量达到95立方米，乡村绿化覆盖率达到30%，林业科技贡献率达到55%，主要造林树种良种使用率达到70%，湿地面积不低于8亿亩，新增沙化土地治理面积1000万公顷，国有林区、国有林场改革和国家公园体制试点基本完成。

力争到2035年，初步实现林业现代化，生态状况根本好转，美丽中国目标基本实现。森林覆盖率达到26%，森林蓄积量达到210亿立方米，每公顷森林蓄积量达到105立方米，乡村绿化覆盖率达到38%，林业科技贡献率达到65%，主要造林树种良种使用率达到85%，湿地面积达到8.3亿亩，75%以上的可治理沙化土地得到治理。

力争到本世纪中叶，全面实现林业现代化，迈入林业发达国家行列，生态文明全面提升，实现人与自然和谐共生。森林覆盖率达到世界平均水平，森林蓄积量达到265亿立方米，每公顷森林蓄积量达到120立方米，乡村绿化覆盖率达到43%，林业科技贡献率达到72%，主要造林树种良种使用率达到100%，湿地生态系统质量全面提升，可治理沙化土地得到全部治理。

推进新时代林业现代化建设，既是一项长期的战略任务，又是一项复杂的系统工程。各级林业部门要坚持问题导向，紧盯发展目标，强化责任担当，抓实工作举措，用林业现代化引领林业改革发展全局，在具体实践中把握好以下基本要求。

（一）坚持把以人民为中心作为林业现代化建设的根本导向。人民是历史的创造者，是决定党和国家前途命运的根本力量。推进林业现代化建设，要始终坚持发展为了人民、发展依靠人民、发展成果由人民共享，将人民对美好生活的向往作为奋斗目标，着力提升林业综合生产能力，满足人民的个性化、多样化需求，让人民充分享受林业现代化建设成果。要尊重人民首创精神，最大限度调动基层群众的主动性和创造性，激励人民自觉投身林业改革发展，汇聚起林业现代化建设的磅礴力量。要坚持群众利益至上，及时解决群众最关心的生态问题，防止出现损害群众利益的不良现象，让群众在参与林业建设中获得更多实惠，在就业增收宜居中拥有更多的获得感和幸福感。

（二）坚持把人与自然和谐共生作为林业现代化的不懈追求。建设生态文明是中华民族永续发展的千年大计。人因自然而生，人与自然是共生关系，对大自然的伤害最终会遭到大自然的报复，这是人类发展必须遵循的客观规律。森林、湿地、荒漠和野生动植物与人类相伴相生，一直以来都是人与自然和谐共生的风向标。推进林业现代化建设，要准确把握生态与产业、保护与发展的关系，始终尊重自然、顺应自然、保护自然，自觉按科学规律和自然规律办事，还自然以宁静、和谐、美丽，让人与自然相得益彰。要提升自然生态系统承载力，方便人民更好地走进自然，满足人民亲近自然、体验自然、享受自然的需要，推动人与自然融合发展。

（三）坚持把生态保护修复作为林业现代化建设的核心使命。当前，我国生态系统脆弱，生态问题突出，既制约经济社会可持续发展，更危及中华民族永续发展。推进林业现代化建设，必须把生态保护修复放在首要位置，始终坚持保护优先、自然恢复为主的方针，让森林河流湖泊得到充分的休养生息。要统筹山水林田湖草系统治理，实施重要生态系统保护和修复重大工程，着力增加林草植被，保护恢复湿地，治理沙化土地，优化生态安全屏障体系，维护国家生态安全。要完善林业法律法规，实行最严格的生态保护制度，抓紧划定生态保护红线，严厉打击破坏自然生态的行为。要建立以国家公园为主体的自然保护地体系，实施珍稀濒危野生动植物拯救性保护行动，构建生态廊道和生物多样性网络，保护好重点野生动植物种和典型生态系统。

（四）坚持把发展绿色产业作为林业现代化建设的重要内容。林业具有生态、经济、社会等多种功能，肩负着生产生态产品和保障林产品供给的双重任务。人民对美好生活的需要，不仅包括优质生态产品，也包括绿色林产品。推进林业现代化建设，必须牢固树立绿水青山就是金山银山的理念，在修复保护好绿水青山的同时，大力发展绿色产业，努力实现生态产业协调发展、多种功能充分发挥，既创造更多的生态资本和绿色财富，满足人民对良好生态的需要，又生产丰富的绿色林产品，满足人民对物质产品的需要。发展林业产业，关键要走绿色发展之路，坚持节约资源和保护生态，积极运用先进技术成果，优化产业产品结构，提升产业素质和资源利用水平，最大限度减少资源消耗。

（五）坚持把改革创新作为林业现代化建设的动力源泉。改革创新是解决林业发展活力不够、动力不足的根本举措。近年来，我们通过深化改革，创新了体制机制，增强了发展活力，但林业改革相对滞后，新型经营主体发育迟缓，科技创新驱动乏力，产权模式结构单一，社会资本难以进入，林业的活力和动力都不足。推进林业现代化建设，必须把改革的红利、创新的活力、发展的潜力有效叠加起来，着力形成持续健康的发展模式。当前，林业改革已经进入攻坚阶段，要敢于在关键领域寻求突破，大胆创新产权模式，推进国有自然资源有偿使用，拓展集体林经营权权能，健全林权流转和抵押贷款制度，以吸引更多资本参与林业建设。要大力推动林业科技、金融和管理创新，优化要素配置，培育新兴产业，全面增强林业发展内生动力。

（六）坚持把提升质量效益作为林业现代化建设的永恒主题。目前，我国经济已由高速增长阶段转向高质量发展阶段，林业发展也进入了转型升级的关键时期。推动林业转型升级，就是要适应人民群众的新需要，依靠科技进步的新动力，着力解决林业发展质量不高、效益不好的问题，形成优质高效多样化的林业供给体系，以提供更多优质的产品和服务，在更高水平上实现供需均衡。推进林业现代化建设，必须坚持数量质量并重，质量第一、效益优先，推动林业发展由规模速度型向质量效益型转变，走出一条内涵式发展道路。当前林业发展，既要保持量的扩张，更要注重质的提高，在质的大幅提升中实现量的有效增长。要着力提升生态保护修复专业化水平，注重提高森林、湿地、荒漠生态系统的质量和稳定性，全面提升优质生态产品生产能力。

（七）坚持把夯实发展基础作为林业现代化建设的有力保障。我国林区基础设施和公共事业相对滞后，科技、人才、法治、管理等问题突出，这是制约林业高质量发展的主要瓶颈。推进林业现代化建设，必须着力抓重点、补短板、强弱项，尽快解决林业基础薄弱问题，提升林业自我发展能力。要加强林业基础设施建设，改善国有林区林场道路、通讯和基本公共服务设施，提高林业装备现代化水平，增强生态监测、森林防火、有害生物防治和自然灾害应急能力。加强林业机构队伍建设，强化行政管理职能，稳定基层林业站所和人才队伍，吸引高水平专业人才，着力提升队伍整体素质，为林业现代化建设提供有力保障。

四、关于2018年重点工作安排

2018年，是贯彻党的十九大精神的开局之年，是改革开放40周年，也是决胜全面建成小康社会、实施"十三五"规划承上启下的关键一年。各级林业部门要深入学习贯彻党的十九大精神，按照中央经济工作会议、中央农村工作会议的安排部署，紧密结合林业工作和各地实际，重点抓好以下11个方面工作。

（一）认真学习贯彻党的十九大精神。把学习贯彻党的十九大精神作为首要政治任务，深入开展学习宣讲解读工作，真正做到学深悟透、入脑入心，切实用习近平新时代中国特色社会主义思想武装头脑、指导实践、推动工作。要牢固树立"四个意识"，用党的十九大精神统一思想和行动，主动对接十九大决策部署，加强调查研究，进一步谋划好工作思路、目标任务和重点举措，确保十九大有关林业的工作部署得到全面落实。积极作为，加强协调，争取林业在实施精准脱贫、区域发展等国家战略中获得更多支持。同时，要大力弘扬塞罕坝精神，激励全体务林人不忘初心、牢记使命，驰而不息、久久为功，坚持不懈推进林业现代化建设。坚持正确舆论导向，创新宣传形式，丰富宣传载体，多出精品力作，为林业改革发展营造良好氛围。

（二）推动实施乡村振兴战略。认真学习领会中央农村工作会议精神，准确把握实施乡村振兴战略的部署和要求，统筹推进"五位一体"总体布局，全面加强乡村生态文明建设，不断加大生态保护修复力度，为农业农村现代化提供生态保障。全面加强原生植被、自然景观、古树名木、小微湿地和野生动植物保护，坚决制止开山毁林、填塘造地等行为，大力弘扬乡村生态文化，努力保持乡村原始风貌，真正留住乡情、记住乡愁。实施乡村绿化美化工程，抓好四旁植树、村屯绿化、庭院美化等身边增绿行动，着力打造生态乡村，提升生态宜居水平。建设一批特色经济林、花卉苗木基地，确定一批森林小镇、森林人家和生态文化村，加快发展生态旅游、森林康养等绿色产业，推动产业兴旺，增加农民收入，助力精准扶贫。各级林业部门要积极参与乡村振兴战略规划编制工作，主动争取体现更多的林业内容。坚持因地制宜、改革创新，通过加大投入、典型示范等多种方式，探索形成林业实施乡村振兴战略的长效机制。

（三）加快国土绿化步伐。启动大规模国土绿化行动，加快实施生态保护修复重大工程，扩大退耕还林、重点防护林体系建设、京津风沙源治理和石漠化综合治理等工程造林规模。以三北工程40周年为契机，新建2个百万亩防护林基地，开展精准治沙重点县建设。抓好雄安新区白洋淀上游、内蒙古浑善达克、青海湟水3个规模化林场建设试点，规划造林723万亩。发挥中央投资撬动作用，利用开发性政策性贷款300亿元，发行绿色金融债券100亿元，积极培育珍贵树种和大径材，建设国家储备林1000万亩。创新国土绿化机制，丰富义务植树尽责形式，探索先造后补、以奖代补、赎买租赁、贴息保险、以地换绿等多种方式，引导企业、集体、个人、社会组织等各方面资金投入，培育一批从事生态保护修复的专业化企业，优先支持政府和社会资本合作国土绿化项目。大力推进森林城市、森林城市群、森林公园建设。力争全年完成造林1亿亩以上，其中人工造林5000万亩，森林抚育1.2亿亩。

（四）加强资源保护管理。做好生态保护红线划定工作，将林业重要保护地纳入红线，实行最严格的保护制度，人工商品林原则上不划入红线。总结推广安徽省成功经验，探索实行林长制，全面落实地方党委政府领导保护森林资源的责任。坚持以林地一张图经营管理林地，加强征占用林地审核审批管理。重点国有林区全面实施国家重点生态功能区产业准入负面清单制度。完成第九次全国森林资源清查，实现全国及各省区市森林资源主要指标年度出数。开展国家级公益林生态效益监测评价，抓好第二次全国林业碳汇计量监测，基本完成全国古树名木资源普查。推动落实《湿地保护修复制度方案》，扩大湿地补助补偿、湿地保护修复工程覆盖面，加强湿地公园建设，发布国家和省级重要湿地名录，开展第三次全国湿地调查试点，完成湿地面积变化年度监测任务。认真落实《沙化土地封禁保护修复制度方案》，扩大封禁保护范围，抓好重点沙区灌木林平茬复壮和沙漠公园建设。加快推进森林法修改和湿地、天然林等立法，完善野生动物保护法配套法规。组织开展森林资源专项督查和重点国有林区毁林开垦专项清理，依法严厉打击破坏森林资源的违法犯罪活动。加强行政执法制度建设，依法办理行政复议和行政诉讼案件，开展规范林业行政执法专项行动。争取以国务院名义出台进一步加强野生动物保护工作的意见，开展野生动植物非法贸易联合打击行动，加强停止商业性加工销售象牙后续监管。加大自然保护区建设和监管力度，发布一批重点野生动物栖息地。建立重大林业有害生物灾害核查、督办、问责机制，提高社会化防治和绿色防治水平，防止松材线虫病等重大灾害蔓延。加强野生动物疫源疫病监测防控和沙尘暴监测预警。

（五）抓好森林防火工作。坚决贯彻中央决策部署，认真研究武警森林部队改革后的森林防火机制问题，确保防扑火工作不受影响。加强国家和地方各级森林防火管理机构建设，完善机构，配齐人员，增强统筹协调能力，充分发挥森防指成员单位在森林火灾扑救中的作用。大力推进地方专业森林消防队伍建设，坚持标准化建队，配备高技术装备，全面提升火灾扑救能力。通过明察暗访、通报约谈等措施，加强专项监督检查，确保森林防火责任制全面落实。认真实施《全国森林防火规划（2016—2025年）》，加快引进大型灭火飞机和全道路运兵车等急需装备，提高火场通信、防火道路、物资储备库、综合调度指挥平台等基础设施建设水平。完善森林火灾应急预案体系，坚持依案扑救，发生火情后重兵投入、科学指挥，集中力量打歼灭战，把灾害损失降到最低程度，坚决避免重大人员伤亡和生态环境损失。同时，认真抓好林业安全生产工作，严防发生重特大安全事故。

（六）推进各项林业改革。认真总结天然林保护工程20年经验，进一步完善天然林保护制度，争取国务院出台全面保护天然林的指导意见，统筹研究全面保护天然林与二期工程到期后的相关政策措施。开展国有林区和国有林场改革督查，强化地方政府责任落实，加快组建吉林、龙江、大兴安岭国有林管理机构。深入推进"四分开"，坚持分类指导、因地制宜推动政事企分开，剥离森工企业社会职能，将人员和机构逐步移交地方。抓好市县级国有林场改革方案落地，基本完成主要改革任务，启动省级评估验收工作。抓好集体林业改革试验示范，积极推行集体林地"三权分置"，完善集体林业社会化服务体系，加快培育新型林业经营主体，促进多种形式的适度规模经营。鼓励各地开展重点生态区位商品林赎买等改革。大力推进东北虎豹、大熊猫和祁连山国家公园体制试点，抓好管理机构组建运行、总体规划编制报批、边界和功能区划落地、监测体系建设，推动自然资源资产统一确权登记和职责移交。出台《国有森林资源资产有偿使用改革方案》，规范重点国有林区森林资源资产产权变动管理。配合有关部门继续做好湿地产权确权试点工作。深化林业"放管服"改革，继续清理整合林业行政许可事项，实现行政许可随机抽查全覆盖，加强事中事后监管，提升行政审批效率和服务水平。

（七）提升林产品生产能力。争取国务院出台加快林业产业发展的指导意见。深入推进林业供给侧结构性改革，促进一、二、三产业融合发展，增加绿色优质林产品供给，力争全国林业产业总产值达到7.5万亿元，进出口贸易额达到1600亿美元。认定建设一批示范基地、示范市县、示范园区和优势产区，带动林业产业高水平发展。加快生物质能源基地及多联产发展工程建设，推动林产品精深加工和林业产业集聚发展。完善森林认证制度，实施森林生态标志产品建设工程。启动中国林产品交易中心建设，制修订一批林产品标准，加强重点林产品品牌建设和质量监管。推进林业产业监测预警体系建设，及时发布监测预警指导报告。创新林业扶贫机制，加大深度贫困地区生态扶贫力度，推动定点帮扶县按期脱贫。认真筹备2019北京世界园艺博览会，办好中国国际森林产品博览会、中国林产品交易会、中国森林旅游节等节庆展会。

（八）推动林业高质量发展。提高林业发展质量，既要靠科技，又要靠管理。要加强林业科技创新，提升科技对林业发展的支撑引领作用。继续实施林业科技扶贫、科技成果转移转化、标准化提升三大行动。组织开展新时代中国林业现代化战略研究,为林业现代化建设做好顶层设计。加强科技创新平台建设,推动成立"一带一路"、京津冀、长江经济带三大区域林业协同科技创新中心。加快实施转基因生物新品种培育、种业自主创新等重点科研专项,抓好新一轮森林资源核算研究和负离子监测试点,推动建设国家林木种质资源设施保存库。强化林业植物新品种保护,开展实施知识产权创新战略试点。深入实施"互联网+"林业行动计划,抓好金林工程、生态大数据、智慧监管平台等项目建设,加强政务信息系统、综合办公系统建设,完善基础网络设施,维护网络和信息安全,用林业信息化带动林业现代化。着力提升森林质量,加快建立国家、省、县三级森林经营规划体系,编制完成重点国有林区和国有林场森林经营方案。抓紧实施森林质量精准提升工程,推进森林经营样板基地建设,抓好森林抚育和退化防护林更新改造。加强林木种苗培育和质量监管,优化种苗树种结构,从源头上提高森林质量。

(九)深化国际交流与合作。围绕国家外交大局和林业中心工作,全力打造林业国际合作新格局。加强"一带一路"沿线国家林业务实合作,推动落实《鄂尔多斯宣言》《"一带一路"防治荒漠化共同行动倡议》。认真履行相关国际公约和双边协议,做好重要国际会议参会准备,办好中外林业机制性会议,讲好中国林业故事,贡献中国智慧和方案。妥善应对涉林热点敏感问题,维护国家利益和形象。办好世界竹藤大会、第二届世界生态系统治理论坛、亚太森林组织10周年活动、第四届世界人工林大会、全球雪豹保护大会,继续推动全球森林资金网络落户中国。与有关国际组织加强协调,拓宽交流合作平台。继续开展"走近中国林业"主题活动,展示生态文明建设成效。推进大熊猫、朱鹮等国际合作研究,加强境外森林资源培育与利用,抓好林业援外培训和项目建设,扩大林业利用外资规模。

(十)夯实政策和人才支撑。完善林业生态保护恢复和林业改革发展财政政策,扩大政策覆盖面,增加林业资金投入。提高天保工程社会保险、政策性社会性支出补助标准,启动国有林区林场道路建设工程,完善巩固退耕还林成果政策,扩大集体和个人天然林停伐补助面积,扩大生态护林员规模和国家重点生态功能区转移支付范围。坚持党管干部、党管人才原则,坚持正确选人用人导向,加强领导班子和干部队伍建设,加大干部教育培训力度,深化人才体制机制改革,着力引进培养更多优秀人才,鼓励高校林科毕业生到基层工作,努力建设高素质专业化林业干部队伍。推进林业工作站、木材检查站、科技推广站等基层站所标准化规范化建设,提高执法、服务、管理能力。

(十一)坚持全面从严治党。认真落实新时代党的建设总要求,推进全面从严治党向纵深发展。坚持把政治建设摆在首位,教育引导党员干部提高政治站位,增强政治定力,牢固树立"四个意识"。开展"不忘初心、牢记使命"主题教育,推进"两学一做"学习教育常态化制度化。加强基层组织建设,严格党内政治生活,增强党支部战斗堡垒作用和党员先锋模范作用。深入开展学习教育"灯下黑"专项整治,强化社会组织党建工作。严格落实中央八项规定精神,坚持不懈转作风,驰而不息纠"四风",不断改进林业系统行风政风。全面落实党风廉政建设责任制,完善廉政风险防控机制,加强资金项目监督约束,扎紧"不能腐"的制度笼子。推进重大工程突出问题专项整治行动,强化专项巡视和稽查审计,开展规章制度执行情况专项督查,用好监督执纪"四种形态",营造风清气正的政治生态。推进林业群团组织改革,加强和谐机关建设。

同志们,推进新时代林业现代化建设,使命光荣,责任重大,任务艰巨。让我们紧密团结在以习近平同志为核心的党中央周围,高举中国特色社会主义伟大旗帜,深入学习宣传贯彻党的十九大精神,以习近平新时代中国特色社会主义思想为指导,不忘初心、牢记使命,勇于担当、扎实工作,全面提升新时代林业现代化建设水平,为建设生态文明和美丽中国、满足人民对美好生活的向往而努力奋斗!

在"规范林业执法行为 提升林业执法能力"专项行动启动电视电话会议上的讲话

张建龙

(2018年1月26日)

为认真贯彻落实党的十九大和十九届二中全会精神,深入推进林业法治建设,着力解决林业管理和行政执法中存在的突出问题,实现以执法促立法,全面提升林业法治水平,为林业现代化建设提供强有力的法治保障,国家林业局决定,2018年开展"规范林业执法行为,提升林业执法能力"专项行动。刚才,最高人民检察院副检察长、二级大检察官张雪樵同志做了"行政公益诉讼"专题辅导报告,为大家解读了行政公益诉讼制度及其特点,分析了行政公益诉讼试点中反映出的林业行政执法问题,指出了林业部门应对行政公益诉讼时需要把握的关键环节。张检察长的报告理论性、针对性很强,听了很受启发和教育,大家要认真学习领会。为了开展好"规范林业执法行为 提升林业执法能力"专项行动，会前我们制定并印发了专项行动方案，各地各单位要认真贯彻落实。下面，我再强调几点意见。

党的十八大以来，党中央、国务院高度重视法治建设。党的十八届四中全会就加快建设社会主义法治国家、全面推进依法治国作出了全面部署。党的十九大把全面依法治国确立为新时代坚持和发展中国特色社会主义的基本方略之一，对深化全面依法治国作出进一步安排部署。其中明确指出，要实行最严格的生态保护法律制度，坚决制止和惩处破坏自然生态的行为。党的十九届二中全会审议通过了《中共中央关于修改宪法部分内容的建议》，明确要求把实施宪法摆在全面依法治国的突出位置，坚持依法治国、依法执政、依法行政共同推进，坚定不移走中国特色社会主义法治道路。加强林业法治建设，提升依法治林水平，不仅关系国家生态安全和人民生态福祉，而且对于建设法治国家和法治政府具有重要意义。

近年来，各级林业部门认真落实中央关于全面依法治国的决策部署，深入开展林业立法、执法和普法工作，林业法治建设取得了明显成效，形成了较为完善的林业法律体系，建立了一支专业执法队伍，开展了系列专项执法行动，有效打击了破坏森林资源行为，林业干部职工和社会公众法律素养不断增强，为林业改革发展营造了良好的法治环境。虽然我国林业法治建设取得了明显成绩，但是与繁重的保护任务相比、与人民群众对绿水青山的迫切期待相比、与建设生态文明和美丽中国的要求相比，仍然存在较大差距。从行政复议、行政应诉以及林业管理和行政执法的实践来看，还存在一些突出问题。一是法治意识、法治思维不强和依法行政能力不足。行政诉讼立案登记制改革全面实施以来，林业行政复议、行政诉讼进入高发期。2015年5月1日至今，仅国家林业局就办理行政复议案件105件、行政诉讼案件102件，呈爆炸式增长态势。这既有行政诉讼立案门槛大幅度降低、社会公众对生态状况日益关注的原因，也反映出部分林业执法人员依法行政、依法执法的观念不强，没有准确把握权力法定的原则，依法行政、严格执法不到位，执法能力不强，特别是自觉运用法治手段解决问题的意识和能力亟待提高。二是执法不到位，不作为、乱作为现象依然存在。据最高人民检察院统计，从2015年公益诉讼试点开始到2017年10月底，林业案件达180件，在各行业中位居前列，林业成为行政公益诉讼案件高发的领域。从被诉行政行为的类别来看，行政不作为169件，行政许可11件；从案件的判决结果来看，所有案件均败诉，无一例外，所以说涉林行政公益诉讼应诉形势十分严峻。从案件的高发态势和结果的败诉来看，暴露出林业部门在行政管理和执法上依法履职尽责不到位、办事效率不高、服务意识不强，有案不查、查而不处等行政不作为、乱作为、慢作为的问题在一定范围内比较普遍。三是缺乏有效的司法沟通协调机制，一些法律制度存在执行难的问题。大量涉林行政公益诉讼案件的应诉过程中，林业部门与司法部门之间普遍缺少信息共享和沟通协商机制，林业行政执法与刑事司法衔接标准不明确、不具体。同时，一些林业法律规定可操作性不强，一些规定在实践中很难执行，等等。这些问题需要我们认真对待，切实加以解决。

国家林业局党组决定开展这次专项行动，就是要以"规范林业执法行为，提升林业执法能力"为主要内容，按照"深入查找、标本兼治，积极应对、健全机制"的原则，对林业行政复议、行政诉讼案件，特别是涉林行政公益诉讼案件中反映出的问题进行一次全面彻底梳理，分析深层次原因，及时发现和解决林业行政管理和执法中存在的问题，最终推动林业立法、普法、守法全面均衡发展。要通过开展这次专项行动，进一步强化林业部门法治意识，解决各级林业部门在行政管理和执法中不作为乱作为的问题，健全各级林业部门办理行政复议和行政诉讼案件应诉制度，建立和完善与司法机关之间有效的沟通协调机制，实现以执法促立法、全面提升林业法治水平的目标。

这次专项行动分三个阶段。一是摸底排查阶段（2～4月）。各级林业主管部门要对2015年以来本地区发生的林业行政复议、行政诉讼和涉林行政公益诉讼案件进行全面梳理排查，查找存在的问题及原因。二是提出对策阶段（5～6月）。各级林业主管部门要对自查梳理出的各种问题，进行分级归类整理分析，并提出整改的意见建议。各省级林业主管部门要对本地区的自查梳理结果进行分析和总结，对整改措施落实情况加强检查、指导和评估。对于需要国家林业局解决的问题，要提出具体的《建议清单》。三是落实整改阶段（7～9月）。各级林业主管部门要在自查梳理、提出整改措施的基础上，进行全面整改。对各省提交的《建议清单》和有关材料，国家林业局将组织开展专项研究，提出相关法律法规和规范性文件立改废建议，并作为立法工作重点，全力以赴推动落实。

这次专项行动涉及面广、涵盖领域多，各地区各部门要举全局之力，多措并举，以抓铁有痕、踏石留印的作风和干劲，狠抓落实，确保专项行动顺利开展并取得实效。

第一，提高认识，加强领导。各级林业主管部门要从贯彻落实党的十九大和十九届二中全会精神，协调推进"四个全面"战略布局的高度，充分认识专项行动对促进林业依法行政和推进新时代林业现代化建设的重大意义，主动借助行政复议诉讼这一平台，全面梳理并着力解决林业行政管理和执法中的问题，着力提升依法治林水平。各级林业主管部门"一把手"要亲自挂帅，切实履行法治建设第一责任人的责任，带头研究部署和督促落实专项行动的各项工作部署。

第二，各司其职，齐抓共管。按照专项行动的总体要求，林业法制工作机构要充分发挥统筹规划、综合协调和牵头指导作用，森林资源管理、野生动植物保护与自然保护区管理、林木种苗、防沙治沙、森林公安等职能部门要主动做好自查工作，各相关部门要分工协作、互相配合，共同开展调查摸底和重点排查工作，不断推动专项行动向纵深开展。

第三，周密部署，分步实施。各地要根据本地区实际情况，按照国家林业局部署和《专项行动方案》要求，制订本地区实施方案，细化分解各个阶段的任务和措施，排出任务单、时间表、路线图，认真做好各个环节工作，确保专项行动扎实开展。

第四，深入排查，认真整改。要以解剖麻雀的方式，深入分析案件中暴露出来的问题、不足和薄弱环节，形成清单目录。对自查梳理出来的问题，要有针对性地提出整改意见、措施或者建议，明确整改期限，落实责任主体，不得推诿扯皮，做到查找问题精准，整改措施有力。国家林业局将适时派出调研组对专项行动开展情况进行督查核查。

第五，完善机制，形成合力。做好林业生态保护与修复工作，需要协调行政执法与公检法等多个部门的力量，综合运用行政、刑事、民事等手段。目前，有的省在建立林业与司法机关的沟通协调机制方面已经先行一步，做了有益探索。其他地区要积极借鉴，主动与司法机关沟通，加快建立沟通协调机制。国家林业局要力争与司法机关联合出台行政执法与刑事司法衔接办法，以及加强林业行政诉讼应诉工作的指导性文件。

第六，加强宣传，营造氛围。各地要加强与主流媒体的沟通合作，大力宣传本地区为行政复议、行政诉讼应诉工作依法制定的规章制度，大力宣传行政复议、行政诉讼应诉过程中所适用的法律法规。对本地区行政复议、行政诉讼应诉工作中的突出成效和典型案例要重点宣传，积极营造依法化解矛盾的良好氛围，共同推进林业执法水平再上新的台阶。

增强四个意识　落实两个责任
大力推进全面从严治党向纵深发展
——在国家林业局全面从严治党工作会议上的讲话

张建龙

（2018 年 2 月 1 日）

为认真落实全面从严治党责任，进一步提升我局全面从严治党水平，局党组决定召开全面从严治党工作会议，主要任务是认真学习领会习近平新时代中国特色社会主义思想，深入贯彻落实党的十九大和十九届二中全会、十九届中央纪委二次全会等会议精神，总结党的十八大以来全面从严治党工作，部署 2018 年重点任务，推进全面从严治党向纵深发展。

中央纪委驻农业部纪检组对我局全面从严治党工作高度重视，长期以来给予了精心指导和有力监督。今天，吴清海组长专门到会指导并作了重要讲话，对于我们落实中央全面从严治党各项要求，特别是推进党风廉政建设和反腐败工作具有很强的指导性和针对性，大家一定要认真学习领会，抓好贯彻落实。借此机会，我代表局党组，向中央纪委驻农业部纪检组和清海组长表示衷心的感谢！

党的十八大以来，国家林业局党组和各级党组织，以落实全面从严治党要求为主线，扎实推进全面从严治党各项工作，已经取得明显成效，为推进林业现代化建设提供了坚强保障。一是牢固树立"四个意识"，把坚决维护以习近平同志为核心的党中央权威和集中统一领导，确保中央政令畅通作为重大政治责任，始终在思想上政治上行动上同以习近平同志为核心的党中央保持高度一致。二是以学习习近平新时代中国特色社会主义思想为主线，通过强化党组中心组学习、开展绿色大讲堂等，抓好党员干部思想理论武装，进一步坚定理想信念，增强"四个自信"，为全面从严治党夯实了思想基础。三是把落实党中央重大决策部署作为全面从严治党的根本着力点，执行党中央的决策部署不讲条件、不打折扣、不搞变通，林业现代化建设取得了可喜成效。四是树立抓基层的工作导向，加强基层党组织建设，健全了分级负责、齐抓共管的党建责任体系，推动全面从严治党向基层党组织和党员延伸，基层组织建设有了新变化。五是强化监督执纪问责，把落实"两个责任"作为党风廉政建设和反腐败斗争的"牛鼻子"，自觉接受并积极配合中央巡视组巡视工作，深入开展内部专项巡视，严格落实中央八项规定精神，严肃查处违纪违规案件，有力推动了党风廉政建设和反腐败工作。六是着力建立长效机制，完善了党建工作领导小组工作细则、党建述职评议考核、专项巡视、党支部建设等 30 多项制度，为全面从严治党提供了制度保证。

5 年来我们全面从严治党取得的成绩，在 2017 年中央纪委驻农业部纪检组开展的《党的十八大以来全面从严治党工作成效问卷调查》中得到了充分体现。调查问卷共有驻京 43 个单位参加，结果显示，对中央全面从严治党所取得成效的总体满意度好评的占比达到 99.81%，对局党风廉政建设和反腐败工作的总体评价好评的占比达到 99.25%，对违反中央八项规定精神的反映大幅度减少，党员干部群众切实感受到了全面从严治党取得的实际成效。

党的十八大以来的 5 年，国家林业局全面从严治党工作成效前所未有。推进全面从严治党，必须坚持以习近平新时代中国特色社会主义思想为指导，做到思想建党和制度治党相统一，把坚定理想信念作为根本任务，把制度建设贯穿党的各项建设之中；必须准确把握中央关于全面从严治党的最新要求，加强党建工作的整体谋划和督促落实；必须全面落实"两个责任"，严明政治纪律和政治规矩，强化监督执纪问责，持之以恒正风肃纪；必须发扬敢于担当、拼搏进取、奋发有为的工作作风，狠抓中央决策部署贯彻落实，实现党的建设和业务工作深度融合。这些做法和经验，需要我们长期坚持、不断深化。

党的十九大将"坚持党要管党、从严治党"，修改为"坚持党要管党、全面从严治党"，实现了党的建设指导方针的与时俱进，彰显了党中央全面从严治党的坚强决心和坚定信心。在刚刚召开的十九届二中全会、十九届中央纪委二次全会上，习近平总书记再次对全面从严治党作出重要指示，明确要求坚持问题导向，保持战略定力，以"越是艰险越向前"的英雄气概和"狭路相逢勇者胜"的斗争精神，坚定不移抓下去。新时代林业现代化建设，既是一项伟大的事业，也是一项繁重的任务，只有依靠和强化党的领导，带领全体务林人不忘初心、牢记使命、继续前进，才能凝聚起推动林业改革的强大合力，化解制约林业发展的突出问题，最终实现林业全面协调发展。

2018年，是贯彻落实党的十九大精神的开局之年，也是林业现代化建设的关键之年，林业改革发展已经进入攻坚阶段，必须用全面从严治党统揽林业工作全局，把全面从严治党各项要求贯穿到林业现代化建设和机关党的建设各个方面，才能完成好中央赋予我们的职责使命。今年，推进全面从严治党的总体思路是：以习近平新时代中国特色社会主义思想为指导，全面贯彻党的十九大精神，认真落实新时代党的建设总要求，坚持和加强党的全面领导，坚持党要管党、全面从严治党，以党的政治建设为统领，以开展"不忘初心、牢记使命"主题教育为抓手，深入推进党的政治建设、思想建设、组织建设、作风建设、纪律建设，把制度建设贯穿其中，深入推进反腐败斗争，以永远在路上的执着推动全面从严治党向纵深发展，为新时代林业现代化建设提供根本保证。

关于今年的具体工作，会议印发了《国家林业局新时代全面从严治党实施意见》和《2018年党建工作要点和纪检工作要点》等材料。《实施意见》围绕贯彻落实党的十九大关于新时代党的建设新部署新要求，对今后5年国家林业局直属机关党的建设进行了谋划和部署；《工作要点》主要是今年的工作安排，大家要抓好贯彻落实。这里，我就抓好今年重点工作，再强调几点意见。

第一，以习近平新时代中国特色社会主义思想为引领，深入学习宣传贯彻党的十九大精神。习近平新时代中国特色社会主义思想是党的十九大精神的主线和灵魂，是实现新时代党的历史使命的科学理论和行动指南。学习贯彻党的十九大精神，重中之重就是要牢牢把握习近平新时代中国特色社会主义思想的精神实质和丰富内涵，把这一重要思想落实到新时代林业现代化建设全过程、体现到党的建设各方面，确保林业部门全面从严治党始终保持正确的政治方向。

党的十九大以来，国家林业局党组坚持把学习宣传贯彻习近平新时代中国特色社会主义思想和十九大精神作为首要政治任务，专门印发学习通知，召开党员领导干部大会，开展党组中心组学习、绿色大讲堂、司局长理论研修班及处级干部轮训班，努力在学懂弄通做实上下功夫，已经取得明显成效。但我们必须深刻认识到，习近平新时代中国特色社会主义思想博大精深，学习领会这一思想是一个久久为功、不断深化的过程，绝不能浅尝辄止、不求甚解。目前，我们的学习还不系统、不深入，没有真正入脑入心，特别是理论联系实际还不紧密，存在学用脱节、重学轻用的现象，不会熟练运用党的最新理论成果研究、思考和解决林业实际问题。

下一步，要深入学习领会习近平新时代中国特色社会主义思想，用以武装头脑、引领方向、推动工作，全面提升指导林业现代化建设的能力和水平。要通过深入学习领会习近平新时代中国特色社会主义思想，牢固树立社会主义生态文明观，切实承担起保护自然生态系统、实施重大生态修复工程、建设生态文明和美丽中国的历史重任，为人民提供更多优质生态产品和绿色林产品。关键要理论联系实际，把林业摆进去，把问题摆进去，自觉将林业现代化建设放在国家大局中去谋划、去部署、去推动，真正将习近平新时代中国特色社会主义思想的真理力量转化为深化林业改革、推进林业发展的强大动力。

第二，坚持以党的政治建设为统领，坚决维护以习近平同志为核心的党中央权威和集中统一领导。政治属性是党的本质属性，政治建设是党的根本性建设，决定党的建设方向和效果。习近平总书记指出，党内存在的各种问题，从根本上讲，都与政治建设软弱乏力、政治生活不严肃不健康有关。把党的政治建设摆在首位，旗帜鲜明讲政治并不是一句空话，要始终把维护以习近平同志为核心的党中央权威和集中统一领导作为首要任务，把对党忠诚作为无条件的政治标准、实践标准，在政治立场、政治方向、政治原则、政治道路上，始终同以习近平同志为核心的党中央保持高度一致。

从巡视情况和党建述职评议考核情况看，我局政治建设还存在以会议贯彻中央会议、以文件落实中央文件的现象；有的政治敏感性不够强，执行中央决策部署不到位；有的理想信念不够坚定，法纪观念和规矩意识需要强化，等等。这些问题看似是推动工作不力，实质上是"四个意识"不强，没有从政治和大局的高度考虑问题。中央国家机关首先是政治机关，如果政治上不过关，其他就都不过关，也不可能过关。各级党组织、广大党员干部必须牢固树立"四个意识"，坚定"四个自信"，始终在思想上政治上行动上同以习近平同志为核心的党中央保持高度一致，始终毫不动摇地坚持以习近平同志为核心的党中央的集中统一领导。要把握正确政治方向，站稳政治立场，提高政治站位，任何时候、任何情况下都要在政治上站得稳、靠得住，对党忠诚老实、与党中央同心同德，听党指挥，为党尽责，确保党中央的各项决策部署不折不扣地落到实处。

今年，要按照中央的统一安排部署，扎实开展好"不忘初心、牢记使命"主题教育，突出用习近平新时代中国特色社会主义思想武装头脑，突出坚定维护以习近平同志为核心的党中央的权威和集中统一领导，着力解决信念不坚定、宗旨不牢固、初心缺失、使命感不强、担当不力等突出问题，把有效克服形式主义、官僚主义作为主题教育的重要内容，持续整治享乐主义和奢靡之风，教育引导党员干部悟初心、守初心、践初心，坚定中国特色社会主义共同理想，坚定共产主义远大理想，解决好世界观、人生观、价值观"总开关"问题。

第三，严格落实中央八项规定实施细则精神，扎实推进党风廉政建设和反腐败工作。习近平总书记在党的十九大报告中明确提出，人民群众最痛恨腐败现象，腐败是我们党面临的最大威胁。只有以反腐败永远在路上的坚韧和执着，深化标本兼治，保证干部清正、政府清廉、政治清明，才能跳出历史周期率，确保党和国家长治久安。总的来看，我局直属机关党风廉政建设和反腐败工作是好的，但全面从严治党的压力还没有层层传导下去，抓京外单位的力度依然不够，整肃党风政风没有同改善行风紧密结合起来，违纪违规问题时有发生。比如：最近中央纪委驻农业部纪检组通报的三起违反中央八项规定案例中，有两起发生在我局。我局的专项巡视也发现不少问题。仅去年，局直属机关就有3名司局级干部、1名处级干部受到处分，地方林业部门也有不少干部受到党纪政纪处分。这说明，林业部门反腐倡廉的形势依然严峻复杂，任务依然艰巨繁重，大家千万不能有歇歇脚、喘口气的念头，要坚持不懈推进党风廉政建设和反腐败工作不断向纵深发展。一要严明纪律规矩。把违反纪律问题作为监督执纪问责的重点，强化纪律执行，让党员领导干部知敬畏、存戒惧、守底线，习惯在受监督和约束的环境中工作生活。要强化监督执纪问责，综合运用监督执纪"四种形态"，抓早抓小，防微杜渐。要继续加强机关纪检组织和纪检干部队伍建设，加大党规党纪宣传解读力度，开展经常性警示教育，以案释纪、以案促教，进一步提高党员干部的纪律意识、规矩意识、风险意识。二要巩固落实中央八项规定精神成果。深入贯彻落实中央八项规定和实施细则精神，严格执行局党组实施意见，持之以恒纠正"四风"。着力整治形式主义、官僚主义问题，聚焦表态多调门高、行动少落实差、以会议落实会议、以文件落实文件等突出问题，拿出过硬措施，扎扎实实进行整改。要紧盯重要时间节点，加强督促检查和追责问责，从严查处顶风违反中央八项规定精神的问题。要从局党组和领导干部做起，大兴调查研究之风，坚持沉下身子、深入基层，着力研究解决影响林业改革发展的重大问题。三要扎紧制度的笼子。近年来，我们初步建立了较为完善的党风廉政建设制度体系，但制度执行不到位，有令不行、有禁不止，不按制度办事的问题仍然存在。今年，局党组决定组织开展制度执行年专项活动，重点检查"三重一大"和项目资金使用管理等制度是否落实到位。通过制度执行检查，进一步完善制度体系，强化监督检查，扎紧制度的笼子，真正做到用制度管权管人管事。各单位负责同志要带头学习制度、严格遵守制度、自觉维护制度，努力做执行制度的表率。

第四，以提升基层组织力为重点，着力抓好基层党组织建设。党的十九大报告强调，加强基层组织建设，要以提升组织力为重点，突出政治功能。这是党中央对基层组织建设的新目标、新定位、新要求。近年来，我们通过健全完善基层党组织、规范党内政治生活、开展党建考核等工作，不断强化基层组织建设，夯实党建工作基础，但基层党组织建设还存在一些问题。比如：党员先锋模范作用不突出、党员教育管理"灯下黑"和党支部作用弱化虚化等。这些问题需要我们认真加以整改，从政治和全局高度，进一步加强基层党组织建设，不断提升基层党组织质量。一要强化党支部功能作用。把党支部直接教育党员、管理党员、监督党员和宣传群众、组织群众、服务群众的职责落到实处，扎实开展党员教育，严格党员日常管理，依靠党支部把党员管住管好。要强化对群团组织的政治领导，创新群众工作体制机制和方式方法，推动群团组织增强政治性、先进性和群众性。二要推进党支部规范化建设。严格执行《关于新形势下党内政治生活的若干准则》，自觉坚持组织生活制度，严格党内的政治生活，落实"三会一课"、主题党日等基本制度，组织党员开展经常性的批评和自我批评，充分发挥党支部自我教育、自我净化、自我提高的政治作用，不断提高党内政治生活的政治性、时代性、原则性、战斗性。要把民主集中制作为党员干部教育培训、党员领导干部任前培训的重要内容，促进各级党员领导干部既充分发扬民主，又善于正确集中。三要创新基层党组织活动方式。强化基层党组织的教育、管理、监督职责，着力解决基层党建"灯下黑"和基层组织活动程序简化、过程简单、内容虚化等问题，注重提高党员教育的吸引力和感染力。加强对"三会一课"制度、组织生活会、谈心谈话、民主评议党员等制度落实情况的监督检查，进一步规范党内政治生活。

第五，坚持党管干部原则，着力建设高素质专业化干部队伍。进行伟大斗争、建设伟大工程、推进伟大事业、实现伟大梦想，关键要建设一支党性强、业务精、作风好的党员干部队伍。习近平总书记在十九大报告中明确提出了建设高素质专业化干部队伍的目标任务，在十九届一中全会和中央经济工作会议上，又对加强干部队伍专业化建设、提高专业化能力作出深刻阐述，为我们加强干部队伍建设指明了方向。局党组对干部队伍建设高度重视，坚持好干部标准，树立正确用人导向，大力推进干部轮岗交流，多渠道选拔干部，开展大规模培训，加强干部日常监督管理，干部队伍能力素质明显提升。2017年，提拔司局级干部60人，交流39人，对51个单位领导班子进行充实调整，对54个单位处级干部进行调整，保持了干部队伍稳定，促进了干部队伍健康成长。

但也必须看到，目前我们干部队伍年龄结构还不合理，司局级干部平均年龄53岁，相比10年前增大6岁；女干部、党外干部比例偏低，年轻干部没有使用起来，后备力量储备不足；干部培训的系统性、整体性、针对性还不够，缺乏对干部专业素养、专业能力要求和科技人才、领军人才队伍的成长规律、成长路径的研究；有的党员领导干部理想信念不坚定，党员意识不强，宗旨意识淡化，担当精神弱化，不能始终按照从严从实的标准要求自己。对这些问题，局党组高度重视，将认真按照习近平总书记关于建设高素质专业化干部队伍建设的要求，着力提升干部队伍能力水平。一要坚持正确用人导向。坚决贯彻政治首位、事业为上、依事择人、精准科学等要求，坚持"好干部"标准，严格贯彻《干部选拔任用条例》，确保选人用人质量。二要科学选拔配备干部。深入研究新时代林业现代化建设对干部专业化的要求，培养干部专业能力，弘扬专业精神，统筹干部选拔任用和培养锻炼，增强教育培训工作的针对性和实效性，拓宽干部实践锻炼平台，努力提高干部队伍专业化水平和综合素质。三要加强干部培养教育和监督管理。坚持全方位、多角度、近距离考察识别干部，拓宽选人用人视野，加大干部轮岗力度，加强年轻干部储备，优化干部结构。坚持真管真严、敢管敢严、长管长严，加大干部选拔任用全过程监督，对干部做到严管和厚爱相结合、激励和约束并重，充分调动干部职工干事创业的积极性和主动性。

第六，认真落实全面从严治党主体责任，着力提高机关党的建设质量。不明确责任、不落实责任，全面从严治党就会落空。习近平总书记反复强调，必须层层落实全面从严治党主体责任。十九大《党章》修正案的一个重大突破，就是赋予党组"加强对本单位党的建设的领导，履行全面从严治党责任""讨论和决定基层党组织设置调整和发展党员、处分党员等重要事项""领导机关和直属单位党组织的工作"等职责。为推动管党治党责任落实，去年局党组制定了党建工作考核办法，对考核实现了量化，强化了考核结果运用，派出考核组到各个单位开展党建考核工作，实现了对全面从严治党各项部署的全覆盖，对机关、事业、企业、社团组织的全覆盖，对党委、总支、支部的全覆盖，对京内外所有单位的全覆盖。今天会上印发的《国家林业局新时代全面从严治党实施意见》，进一步明确了局党组、局党建工作领导小组、直属机关党委、各单位党组织管党治党责任。会后，我将代表局党组与各单位党政主要负责同志签订落实全面从严治党责任承诺书，目的就是要进一步压实责任，建立自上而下、层层负责、运转高效的责任体系。

整体上看，我局各级党组织落实全面从严治党责任是比较好的。但有的单位和领导干部还存在重抓业务工作、轻全面从严治党的倾向，不能做到两手抓、两手硬，全面从严治党责任和"一岗双责"落实不到位；有的单位责任体系不健全，责任清单不具体，责任分工不明确，责任意识层层递减；有的单位"三会一课"等党内基本生活制度执行不严格，组织生活不严肃、不规范，等等。对这些问题，各单位一定要高度重视，着力解决。一要强化意识。要把党建作为最大政绩，牢固树立抓从严治党是本职、不抓从严治党是失职、抓不好从严治党是渎职的观念，自觉把落实全面从严治党主体责任记在心上、扛在肩上、落实在行动上。二要明确责任。落实全面从严治党主体责任，首先要从局党组和领导班子成员做起，不能把党的建设和业务工作割裂开来，更不能对立起来，必须既抓业务又抓党建，落实好"一岗双责"。各级党组织和领导班子要层层传导压力，认真落实全面从严治党责任，党组织书记要担负起第一责任人职责，班子成员要根据职责分工，各负其责，把全面从严治党工作分解为具体的任务，落实到具体的部门、人员，确保全面从严治党要求落实到位。三要加强督查。局党组将加强对全面从严治党主体责任落实情况的监督检查，对不履行全面从严治党主体责任，或履行全面从严治党主体责任不力，导致党的领导弱化、党的建设缺失、全面从严治党不力等失职失责情形的，将严肃追责，推动全面从严治党责任层层传递、压力层层传导、任务层层落实。直属机关党委要对党建责任落实情况加强监督考核，以问责促履责，以履责保落实，推动全面从严治党责任落到实处。

同志们，做好今年全面从严治党各项工作，意义重大，任务艰巨。让我们紧密团结在以习近平同志为核心的党中央周围，增强"四个意识"，落实"两个责任"，再接再厉，乘势而上，狠抓落实，推进全面从严治党向纵深发展，不断提高党的建设质量和水平，为推动新时代林业现代化建设作出新的更大贡献。

在局党组扩大会议上的讲话

张建龙

（2018年7月31日）

为认真总结2018年上半年工作完成情况，安排部署下半年重点工作，确保全面完成今年各项工作任务，国家林业和草原局党组决定今天召开党组扩大会议，请局领导分别介绍各自分管工作。在此之前，各位局领导已经听取了分管口的工作汇报。刚才，各位副局长分别介绍了分管口上半年工作进展和下半年重点工作安排意见，讲得都很好，指导性和操作性很强，请大家认真抓好贯彻落实。总的看，上半年，各位局领导认真负责、敢于担当，各司局、各直属单位扎实工作、狠抓落实，各项工作顺利推进，取得了明显成效，为全面完成今年任务奠定了良好基础。

今年上半年十分特殊，也极不平凡，必将对我国林业和草原事业发展产生重大而深远的影响。中央决定组建国家林业和草原局，加挂国家公园管理局牌子，我们的职能和编制明显增加，改革发展任务更加繁重，这充分体现了党中央、国务院对林业和草原工作的高度重视与有力加强，形成了山水林田湖草系统治理的格局，必将有力地推动生态文明和美丽中国建设。目前，机构改革进展顺利，已经取得重要的阶段性成果，我局"三定"规定即将批准实施。

在机构改革有序推进的同时，业务工作、机关工作和全面从严治党工作也可圈可点，有很多亮点。各位分管局领导已经对大家给了了充分肯定，这里我就不逐个点评了。关于下半年工作安排，各位分管局领导已经做了认真谋划和详细安排，我完全赞成。下面，我再强调五点意见：

一要全面完成机构改革任务。这是今年工作的重中之重，也是我局全面履行职能的根本保障。要按照中央的要求，认真抓好我局"三定"方案落地，抓紧完善内部"三定"方案，科学核定机关司局的职能编制、内设处室和领导职数，不折不扣地抓好落实。在改革过程中，要注重加强思想政治工作，教育引导干部职工正确对待单位职能调整和个人进退留转，坚决服从组织安排，严守组织人事纪律和政治纪律，确保干部职务调整和重新任免工作如期完成。局机构改革工作小组及办公室要认真负责，加快工作进度，强化指导检查，注意及时发现问题、解决问题，并扎实做好机构改革总结和中央验收准备工作。各相关司局和直属单位要坚决服从党中央和局党组的决定，绝不能以机构改革为由，在工作上不积极作为，影响工作正常开展。

二要突出抓好重点工作。要尽快完成《天然林保护修复制度方案》和《关于建立以国家公园为主体的自然保护地体系指导意见》的报批工作，文件出台后要认真抓好政策解读和贯彻落实。要筹备召开全国绿化委员会第36次全体会议，印发《关于积极推进大规模国土绿化行动的意见》，召开推进大规模国土绿化现场会，对大规模国土绿化进行再动员再部署。要认真总结三北工程建设成就和经验，精心筹备开好三北工程40周年总结大会，推动工程建设迈上新的台阶。继续抓好《湿地保护修复制度方案》《沙化土地封禁保护修复制度方案》的落实，完善政策措施，加大修复保护力度。推动黑龙江、吉林加快组建重点国有林区森林资源管理机构，基本完成国有林场改革任务，继续放活集体林地经营权，全面提高集体林业发展水平。加强国家公园试点工作指导，抓紧制定东北虎豹国家公园垂直管理方案，加快规划落地落界，推动设立大熊猫和祁连山国家公园管理机构，推进海南热带雨林国家公园建设。积极开展森林法修改专题调研，配合全国人大农委加快推进森林法修改工作。加强与应急部的协调沟通，全力做好森林草原防火工作，确保改革之年不发生大的火灾。

三要认真履行新的职能。这次机构改革，我局增加了一些新的职能，充分体现了中央对我们的信任与厚爱。这些工作对我们来说都是新的领域，比较陌生，也是新的挑战和考验。能不能让这些新的职能得到强化，相关工作有一个新的提升，关系到我们的形象，关系到事业发展，更关系到党和国家机构改革的成效。一定要增强大局意识和责任担当，认真谋划这些新的职能和工作，确保这些新的工作都要有新的局面。特别是我国草原保护管理的各项基础工作还比较薄弱，与林业相比还有一定差距。中央决定组建国家林业和草原局，就是要强化草原的保护管理，更好地维护国家生态安全。大家要深刻领会中央的战略意图，认真研究草原工作，加快推动草原与林业深度融合、协调发展，争取在短时间内使草原保护管理有大的起色，实现大的发展，绝不能还按照原来的格局、举措、力度来抓草原工作。同时，自然保护地归口我局统一管理后，也面临着提高建设和管理水平的问题，要着力研究解决重复交叉、保护不力等问题。这次机构改革中，相关司局的职能也会有一定的调整。待内部"三定"明确后，各司局要迅速行动起来，按照新的职能分工，系统谋划各项工作特别是新增职能，确保在新的起点上有新的发展。

四要切实加强党的建设。要坚持以党的政治建设为统领，认真落实全面从严治党"两个责任"，做到真管真严、敢管敢严、常管常严，不断提升我局全面从严治党水平。要深入学习领会习近平新时代中国特色社会主义思想特别是生态文明思想，用以武装头脑、指导工作。要切实增强"四个意识"，坚决维护习近平总书记核心地位，坚决维护党中央权威和集中统一领导。要严明党的纪律规矩，抓好全面从严治党制度执行专项整治工作，落实好各项制度规定。要以"零容忍"的高压态势，加强党风廉政建设，坚决遏制各种违纪违规违法行为。要加强基层党组织建设，着力提高基层党组织的战斗堡垒作用。要持续改进工作作风，局领导要以上率下，在履职尽责、担当作为等方面更好地发挥模范带头作用。全体干部职工都要勇于担当，敢于负责，雷厉风行，真抓实干。要创新机制，激励广大干部新担当新作为，着力打造一支思想作风好、执行能力强的新时代林业和草原干部队伍。

五要狠抓各项工作落实。各位局领导要带头负责，切实加强对分管工作的指导和督促，逐级压实工作责任，形成一级抓一级、层层抓落实的良好局面。各司局、各直属单位一把手要认真履职尽责，把工作抓细抓实、抓出成效。要经常对照年度任务，及时掌握工作进度，有针对性地调整完善工作举措，确保任务高质量完成。要大兴调查研究之风，深入基层一线开展调研，尤其是各位局领导要高质量完成年度重大问题调研任务，推动相关问题解决。要加强督促检查和责任追究，各司局、各直属单位要及时总结调度工作进展情况，局办公室要加大督查督办力度，确保中央和局党组的决策部署不折不扣落实到位。

最后，我再强调一下暑期工作。最近，局办对做好2018年暑期工作专门发了通知，今年暑期休假时间安排在8月1日至8月15日。在此期间，除非特殊情况，局里不安排重要会议和外事活动。各司局、各直属单位要根据工作实际，合理安排干部职工轮流休假。休假不是放假，轮休不能关门，各单位要在安排好干部职工休假的同时，必须确保机关正常运转。休假期间，局领导要亲自带班，各司局、各直属单位要安排好值班和领导带班，局值班室和有独立院落的单位要实行24小时值班，遇有突发事情要及时报告、妥善处置。要严格执行中央八项规定及其实施细则精神，严禁公款旅游、公款吃喝、公车私用。各司局、各直属单位主要负责同志要自觉遵守请假和离京报备制度，并保持联络畅通，保证能及时处理紧急事务。要切实做好暑期机关的防火、防盗、防灾、防破坏以及保密等安全工作，确保休假期间不出现重大事故。局办公室等单位要认真做好信访接待和处置工作，做好教育稳控和应急处置工作。

加快推进大规模国土绿化行动 全面夯实建设美丽中国的生态基础
——在全国推进大规模国土绿化现场会上的讲话

张建龙

（2018年8月28日）

这次会议是国家林业和草原局决定召开的一次重要会议。会议的主要任务是，认真学习贯彻习近平生态文明思想，按照党中央、国务院的决策部署，总结交流国土绿化工作，对推进大规模国土绿化行动进行再动员再部署，推动国土绿化事业高质量发展，不断提升林草资源总量和质量，持续改善全国生态状况，为促进经济社会可持续发展、建设生态文明和美丽中国创造更好的生态条件。

这次会议之所以放在青海省召开，是因为近年来青海省委、省政府对国土绿化工作高度重视，始终把发展林业和草原事业作为建设生态文明的重要抓手，克服自然条件差、财政收入少等困难，大力推进生态保护修复，取得了明显的成效，积累了宝贵的经验，值得认真学习借鉴。一是坚持生态立省。省委、省政府不断强化生态立省的理念，坚持把绿化国土、改善生态作为执政为民的重要任务，一张蓝图绘到底，一任接着一任干，全省森林覆盖率较上世纪80年代增加了一倍多。近5年来，全省完成营造林1276万亩，去年首次突破400万亩大关，为历年平均任务量的2.5倍。在青海这样的自然条件下，这是一个非常了不起的成就。二是坚持科学绿化。在造林绿化过程中，青海省始终坚持"以绿为主、以灌为主、因地制宜、适地适树"的原则和"山连山、沟连沟、集中连片治理"的举措，积极推广节水灌溉、浅山汇集径流、针阔混交保水林、夏雨季整地等技术，推动形成了乔灌草有机结合、生态系统结构稳定的植物群落，探索出了一条我国西北地区可复制、可推广的造林种草模式。三是坚持改革创新。青海省出台了一系列激发国土绿化新动能的政策措施，建立了政府主导、公众参与、社会协同的国土绿化新机制，取消了全省重点生态功能区28个县国内生产总值指标考核，增加了国土绿化、生态保护指标，并建立健全了相应的考核机制，有效激发了全省生态保护修复的活力和动力。四是坚持艰苦奋斗。青海省平均海拔4000米以上，自然条件恶劣，造林难度很大，造林绿化既要讲科学技术，更要讲拼搏精神。无数林业人以"人一之我十之"的精神，克服重重困难，硬是在石头缝里造出了一片片郁郁葱葱的森林，在干旱山地上筑起了一道道绿色屏障，既增加了宝贵的林草资源，又留下了无价的精神财富。通过昨天的现场参观和刚才刘宁代省长的详细介绍，我们对青海省推进国土绿化的信心和决心、做法和经验有了深入了解。总的感觉是，既非常震撼，又振奋人心，也很受教育。我们坚信，只要深入践行习近平生态文明思想，认真借鉴青海的宝贵经验，坚持锲而不舍、攻坚克难、久久为功，持续推进大规模国土绿化行动，我国生态状况就一定能够不断改善，美丽中国的宏伟目标就一定能够如期实现。

刚才，青海、河北、浙江、福建、重庆五个省市先后作了典型发言，讲得都很好，听了很受启发。希望大家认真学习借鉴，共同推进大规模国土绿化行动向纵深发展，不断取得新的更大成效。下面，我讲五点意见。

一、充分肯定推进大规模国土绿化的良好态势

党的十八大以来，习近平总书记高度重视国土绿化工作。他强调指出，我国总体上仍然是一个缺林少绿、生态脆弱的国家，植树造林，改善生态，任重道远；同生态文明建设的要求相比，我国绿色还不够多、不够好，我们要继续加油干。2015年10月29日，十八届五中全会通过的《关于制定国民经济和社会发展第十三个五年规划的建议》正式提出开展大规模国土绿化行动。2016年1月26日，习近平总书记主持召开中央财经领导小组第十二次会议，研究森林生态安全工作，作出了着力推进国土绿化、着力提高森林质量、着力开展森林城市建设、着力建设国家公园的重要指示。2017年5月

27日，习近平总书记在中央政治局第四十一次集体学习时强调，开展大规模国土绿化行动，加快水土流失和荒漠化综合治理。2017年10月18日，习近平总书记在党的十九大报告中再次强调，开展国土绿化行动，推进荒漠化、石漠化、水土流失综合治理。2017年12月18日，习近平总书记在中央经济工作会议上进一步提出，要启动大规模国土绿化行动。这些重要指示精神为推进国土绿化事业加快发展提供了根本遵循，也对全国绿化战线提出了新的更高要求。各地区各部门一定要认真学习领会，全面贯彻落实，切实增强推进大规模国土绿化的责任感和使命感。

启动大规模国土绿化行动，是以习近平同志为核心的党中央，站在新的历史方位和实现中华民族伟大复兴中国梦的全局高度作出的一项重大战略决策，是建设生态文明和美丽中国的重要举措，是生态环境治理攻坚克难的必然选择，是满足人民群众对美好生活向往的迫切需要，对于推进新时代中国特色社会主义现代化建设具有特殊重要的意义。近年来，各级林业和草原部门认真学习贯彻习近平总书记重要指示精神，全力推进大规模国土绿化行动。我们连续多年在春季召开电视电话会议，对国土绿化工作进行安排部署，并派出由局领导带队的督导组，加强督促检查，确保进度和质量。分别在内蒙古、江西、陕西等省区召开现场会，就如何推进国土绿化、如何提高森林质量、如何开展森林城市建设进行研究部署。印发了《全国造林绿化规划纲要》《全国森林经营规划》，出台了《关于着力开展森林城市建设的指导意见》。在《林业发展"十三五"规划》中谋划了一系列重大生态工程，确定了每年完成营造林1亿亩、抚育森林1.2亿亩的工作目标。认真学习和大力弘扬塞罕坝精神，启动了河北雄安新区白洋淀上游、内蒙古浑善达克、青海湟水3个规模化林场建设试点。在植树节、国际森林日、防治荒漠化日等重要时间节点，集中开展宣传教育活动，为推进大规模国土绿化营造良好氛围。修订颁布了一系列技术规程和技术指南，着力强化国土绿化工作的技术支撑。同时，国家有关部委纷纷采取各种措施，积极推进大规模国土绿化行动，为绿化祖国、改善生态创造了良好条件。各地相继启动实施了一批地方性造林绿化工程，极大地加快了国土绿化步伐，有效提升了国土绿化水平，也有力服务了精准扶贫、乡村振兴等国家战略。通过采取这些措施，大规模国土绿化行动已呈现出良好的发展态势。全国每年完成营造林1亿多亩，抚育森林1.2亿多亩，治理沙化土地5000多万亩，共建设和划定国家储备林4700多万亩，林草资源质量和生态功能稳步提升。

二、准确把握推进大规模国土绿化的科学内涵

开展大规模国土绿化行动，是在中国特色社会主义进入新时代，我国社会主要矛盾发生变化的新形势下，党中央、国务院确定的一项重大任务。与以往的国土绿化相比，新时代推进大规模国土绿化的内涵和外延、措施和要求都有着很大的不同，各级林业和草原部门要深刻理解、全面准确地贯彻落实好中央的决策部署。

第一，在发展速度上，要保持较高水平。党的十九大报告明确，到2035年要基本实现社会主义现代化，美丽中国目标基本实现；到本世纪中叶，把我国建成富强民主文明和谐美丽的社会主义现代化强国。这就意味着我国现代化进程明显加快，原本到本世纪中叶的目标要在2035年实现。为适应这一变化，我们提出到2035年全国森林覆盖率达到26%，为此每年必须完成营造林任务1.1亿亩，其中人工造林要保持较大比重。同时，要实行最严格的保护制度，对森林、草原和林地、湿地进行全面保护，防止林草资源过度消耗，切实巩固扩大国土绿化成果。

第二，在资源质量上，要有大幅度提升。经过多年努力，我国林草资源总量持续增长，但是森林质量不高、功能不强的问题依然突出，难以满足改善生态状况和保障绿色产品供给的双重需要。开展大规模国土绿化，要将提高林草资源质量作为重要任务，努力探索林业和草原事业高质量发展之路。一方面，要通过科学的理念、技术、标准，广泛选用优良品种和乡土树种，确保新的造林种草任务高质量完成，着力培育健康稳定的林草生态系统。另一方面，要加快落实森林经营规划，实施森林质量精准提升工程，持续开展森林抚育经营，着力抓好低质低效林改造、退化林分修复、退化草场改良，不断优化提升现有林草资源质量和功能。

第三，在实施范围上，要实现应绿尽绿。开展大规模国土绿化，要全国"一盘棋"，东中西部一起动，城市乡村、山区草原齐推进，做到无死角、全覆盖，实现应绿尽绿。东南部地区不能简单地认为，森林覆盖率已经很高、无地可绿了，而是要将国土绿化重点转向抚育经营和保护监管，着力提高森林的质量、功能和效益，这也是国土绿化的重要任务。同时，要充分挖掘城乡宜林地、零星散地用于国土绿化的潜力，盘活用好闲置土地资源，抓好身边增绿、见缝插绿、见空补绿，最大限度增加林草资源。中西部地区作为国土绿化的主战场，尤其要增强责任感和紧迫感，充分利用丰富的土地资源，采取科学有效措施，进一步加大造林种草力度，加快生态保护修复，尽快改善区域生态和人居环境。

第四，在实施主体上，要全社会广泛参与。开展大规模国土绿化，是习近平总书记向全党全国各族人民发出的伟大号召，是全社会的共同责任。要充分发挥社会主义制度集中力量办大事的优越性，继续坚持全国动员、全民动手、全社会搞绿化的方针，动员全社会力量积极参与，打一场植树造林种草、爱绿护绿的人民战争。要深入开展全民义务植树活动，不断创新义务植树实现形式，方便适龄公民履行植树义务。要充分发挥住建、教育、交通、水利、农垦、军队、石油、石化、冶金等部门的优势，形成多渠道、多层次、多方式参与国土绿化的新格局。

第五，在加大投入上，要多渠道筹措资金。国土绿化既是一项公益事业，也是一项绿色产业，具有生态、经济和社会多种效益。只要大胆解放思想，坚持改革创新，完善政策措施，增强国土绿化的动力和活力，就能够吸引社会力量积极参与，解决好资金投入不足的问题。推进大规模国土绿化，一方面，要坚持政府主体地位，继续加大财政投入，确保国土绿化有持续稳定的资金来源；另一方面，要通过推广先造后补、以奖代补、赎买租赁、购买劳务、注入资本金、以地换绿等模式，引导企业、集体、个人、社会组织等加大投入，多渠道筹措国土绿化资金。

三、始终坚持推进大规模国土绿化的正确方向

开展大规模国土绿化行动，是建设生态文明和美丽中国的重要内容。各地区各部门要认真践行习近平生态文明思想，牢固树立绿水青山就是金山银山的理念，科学谋划，精心组织，确保国土绿化始终沿着正确的方向前进，林草资源总量和质量稳步提升，全国生态状况逐步改善。

（一）坚持尊重自然、顺应自然、保护自然。开展大规模国土绿化，要尊重自然规律，充分利用自然力恢复森林和草原，坚持量水而行、以水定林。要根据水资源承载能力，科学确定林草比重，宜乔则乔、宜灌则灌、宜草则草。禁止荒坡地全垦整地，尽量保留原生植被，合理确定栽植密度，原有天然幼苗幼树可部分或全部纳入造林密度、造林成活率、造林保存率计算。干旱区、高寒区要推广低密度造林，按有效造林标准考核造林成效。

（二）坚持走科学生态节俭绿化之路。开展大规模国土绿化，要科学选择国土绿化的方式和植物配置的模式，宜造则造、宜飞则飞、宜封则封，封飞造并举。坚决摒弃快速成林、急功近利的绿化模式，坚决杜绝形式主义、铺张浪费、劳民伤财的不当做法，严禁大树进城。不搞高耗水绿化，不搞奇花异草，不追求一夜成景、一夜成林，防止城乡绿化出现奢侈化、媚外化、景观化的现象。

（三）坚持山水林田湖草系统治理。开展大规模国土绿化，要尊重自然生态系统的内在规律，把山水林田湖草作为一个生命共同体进行统一保护、统一修复。要正确处理森林、湿地、草原、荒漠生态系统等生态要素之间的关系，统筹推进荒山造林、湿地保护、退耕还林、草原恢复，增强生态保护修复的系统性和科学性。坚持治沟与治坡相结合、治山与治水相结合、生物措施与工程措施相结合，多管齐下，综合施策，协同发力，培育健康稳定的森林、草原、湿地生态系统。

（四）坚持城乡绿化协调推进。开展大规模国土绿化，要协调推进城乡绿化，努力构建布局合理、结构优良、功能健全的城乡森林生态安全体系。要通过建设森林城市，着力推进城市内绿化，使适宜绿化的地方都绿起来；着力推进城市周边绿化，积极打造环city森林生态屏障；着力加强森林城市群绿化，积极发挥森林城市辐射带动作用，全面提升区域城乡绿化水平。要把国土绿化与实施乡村振兴战略、精准脱贫结合起来，抓好村庄绿化和林草产业发展，保护修复好乡村自然生态系统。要持续推进农田防护林体系建设和通道绿化，有效拓展绿色生态空间。

（五）坚持数量与质量并重。开展大规模国土绿化，既要始终保持一定规模的造林速度，确保林草资源总量持续增长，又要把质量管理贯穿于国土绿化的全过程，着力推动国土绿化高质量发展。既要注重植树成林、面积增长，更要注重综合效益提升；既要注重提高造林成活率、保存率，更要注重增强林分结构和生态功能。要坚持依靠科技提高质量，加强珍贵乡土树种培育、森林可持续经营、重大有害生物防治等技术攻关，争取在国土绿化关键性技术难题上取得突破，并加快科技成果转化应用，全面提升国土绿化水平。

（六）坚持创新体制机制。开展大规模国土绿化，不能单纯依靠财政投入，必须解放思想、开动脑筋，依靠创新体制机制，引导更多社会力量参与，激发国土绿化新动能，真正实现"国家得绿、社会得益、主体得利"。要进一步放活集体林经营权，培育更多新型经营主体，实现适度规模经营，实行集体林地限期绿化。要积极推行专业队造林、招投标制管理，有条件的地方可探索"购买式"造林模式。要创新森林资源管护机制，集体公益林可委托经营管理，新造国有林可采取政府购买服务的方式委托专业队管护，实现经营管理的专业化、规模化、集约化。

四、全力抓好推进大规模国土绿化的重点任务

开展大规模国土绿化行动，不能胡子眉毛一把抓，必须科学谋划、整体推进、突出重点，紧紧抓住事关全局、影响深远的大工程大政策，才能引领大规模国土绿化行动深入开展，不断取得新的更大成效。

（一）认真实施生态保护修复工程。推进大规模国土绿化必须坚持以大工程带动大发展。要加快推进退耕还林还草，完善补助政策，扩大退耕规模，逐步将25度以上坡耕地、重要水源地15～25度坡耕地、严重沙化耕地、严重污染耕地等纳入退耕还林还草范围，力争实现应退尽退。要实施好三北等重点防护林体系建设、国家储备林、退牧还草、沙化草原治理等国土绿化工程，在大江大河源头和生态脆弱区域建设一批百万亩防护林基地。要实施好石漠化综合治理、京津风沙源治理、三江源保护恢复、祁连山生态保护等重点区域工程，开展精准治沙重点县建设，集中力量推进干旱区、风沙区、荒漠化区生态修复治理。抓好河北省雄安新区白洋淀上游、内蒙古浑善达克、青海湟水三个规模化林场建设试点。加快东北地区毁林毁草清理，对已开垦的林地草地开展退耕还林还草，尽快修复自然生态。支持各地将地方重点生态工程与国家重点工程有机衔接、协同推进、合力实施。

（二）深入推进全民义务植树。要认真落实《全民义务植树尽责形式管理办法》，创新和丰富义务植树尽责形式，各级领导干部要带头履行植树义务。要深入推进"互联网＋全民义务植树"，完善义务植树网络平台，组织实施好义务植树合作项目，适时启动第三批试点。要认真做好城乡适龄公民义务植树预约登记、组织管理、统计发证等工作。继续建设好各类义务植树基地。探索建立绿色信用体系，将公民参与义务植树记录作为就业、贷款、入户、上学、就医等方面的优惠条件。

（三）统筹抓好部门绿化。要认真实施《全国造林绿化规划纲要》，将完成管理区域绿化、增加辖区生态资源总量作为重点，加快推进生产区、办公区、生活区绿化美化。着力抓好公路、铁路、河渠、堤坝绿化美化，科学配置绿化植物，建设层次多样、结构合理的绿色通道，改善沿线生态景观，提升生态防护功能。积极开展绿色学校、绿色社区、绿色矿区、绿色营区创建工作。抓好矿山复绿，对自然保护区、景观区、居民集中生活区周边和河流湖泊两岸可视范围，采取生物措施和工程措施相结合，使生态得到恢复、景观得到美化。要集中力量办好第四届绿化博览会，力争办成一届隆重、节俭、高效的盛会。

（四）广泛开展城乡绿化。以创建森林城市、园林城市、绿化模范城市为载体，加快建设国家森林城市和森林城市群。要充分利用城市周边闲置土地、荒山荒坡、污染土地，通过见缝播绿、拆墙透绿、立体绿化等，成片建设城市森林和永久性公共绿地，着力提高城市特别是建成区绿化覆盖率，努力打造林水相依、林路相依、林居相依的城市复合生态系统。要紧紧围绕实施乡村振兴战略，积极开展乡村绿化美化行动，切实保证绿化用地，大力建设乡村围村林、庭院林、公路林、水系林，完善乡村绿道、生态文化传承等生态服务设施，建设一条进村景观路，保留一处公共憩绿地，保护一片民俗风水林，配置一块净水湿地，着力打造生态宜居的美丽乡村。到2020年，争取建成200个国家森林城市、6个国家级森林城市群、20000个国家森林乡村和森林人家。

（五）强化森林抚育经营。加大乡土树种、珍贵树种以及抗逆性强的树种繁育力度，积极培育良种壮苗，确保造林成活率、保存率，全面提高造林质量。编制实施全国和省、县级森林经营中长期规划，强化多功能近自然经营理念，既要充分利用自然力，也要合理采取人工措施，优先对潜力大、见效快的中幼龄林进行抚育改良。推动林木采伐利用方式由轮伐、皆伐向渐伐、择伐转变，实现森林资源永续覆盖。立地条件较差、生态极度脆弱，适合自然修复的退化林地，要加强封禁保护；立地条件较好、适合人工修复的，要采取补植、抚育、封育、更替等综合措施，促进森林生态系统正向演替。

（六）着力加强生态资源保护。科学划定林地、草地、湿地、沙地保护红线，坚决守住维护国家生态安全的底线。用最严格的制度保护修复天然林，全面停止天然林商业性采伐。加强林地用途管制和限额管理，严厉打击乱砍滥伐林木、非法占用林地等破坏生态资源的违法犯罪行为。要适应防火职能调整，着力提升森林草原防火能力，确保防火工作不出大的问题。认真落实重大林业和草原有害生物防治行政领导责任制，坚决遏制松材线虫病、草原鼠兔害等有害生物快速蔓延的态势。要加大古树名木保护力度，设立保护标志，完善保护设施，坚持抢救复壮与日常管护并重，促进古树名木健康生长。

（七）不断完善政策措施。绿化任务完成后，可允许利用承包的部分荒山荒地发展森林旅游、林下经济、休闲养生等产业。积极推行林地先补后占制度，商业开发征占用林地的，应事先直接或间接在异地新增同等面积的林地，确保林地总量不减少。推动成立国土绿化企业联盟，支持符合条件的国土绿化企业上市。争取各级财政加大投入力度，逐步提高补偿补贴标准，尽快实行普惠的国土绿化补贴制度，积极推行重要生态区位非国有商品林政府赎买政策。用好用足林业开发性政策性金融贷款，积极发展林权市场化质押担保贷款，推广"林权抵押＋森林保险"贷款模式，进一步盘活林业资产，打通金融资本进入林业的渠道。将森林经营方案作为国有林采伐利用的主要依据，鼓励非国有林经营主体编制森林经营方案，尽快做到非国有商品林自主经营、自主采伐。

五、充分发挥草原推进大规模国土绿化的重要作用

我国天然草原面积近60亿亩，占国土总面积的41.7%。草原大多既是重要的生态屏障区和陆地边疆地区，也是少数民族聚集区和贫困人口集中分布区，具有"四区叠加"的特点。加强草原资源和生态保护，对于建设生态文明、维护生态安全和边疆稳定、促进民族团结和精准脱贫具有重要意义。这次党和国家机构改革，中央决定组建国家林业和草原局，充分体现了对草原工作的高度重视和有力加强，这是推动山水林田湖草系统治理的有效举措，更是对各级林业和草原部门寄予的殷切期望。

近年来，为加强草原保护和恢复，国家采取了一系列措施。实施了草原生态保护补助奖励政策，中央财政每年投入达187.6亿元，草原禁牧管理和草畜平衡面积分别达到12亿亩和26亿亩。开展了退耕还草、退牧还草、已垦草原治理等工程建设，采取了围栏保护、草原改良等措施。开展了草原承包经营，全国已承包草原43亿亩。通过长期不懈努力，我国草原生态功能逐步增强，局部地区生态状况明显改善，草原生态持续恶化的局面得到有效遏制。全国草原综合植被盖度达55.3%，重点天然草原的牲畜超载率从28%降低到12.4%，天然草原鲜草产量连续7年超过10亿吨。但是，目前我国草原保护严重滞后，投入不足、监管薄弱、生产方式落后、科技支撑水平低、超载放牧、严重退化等问题突出，草原生态系统整体脆弱，是建设生态文明和美丽中国的短板。

山水林田湖草是一个生命共同体，推进大规模国土绿化，必须进一步加强草原保护和恢复。对于我们这样的草原大国来说，没有草原生态系统的彻底好转，就不可能有全国生态状况的根本改善，维护国家生态安全也就没有保障。各地区各部门要高度重视草原保护修复工作，真正将加强草原生态保护作为推进大规模国土绿化的重要内容，采取有力措施，加大工作力度，推动草原生态状况不断改善。

（一）理顺草原管理体制。目前，中央已经正式批复国家林业和草原局的"三定"规定，决定在国家林业和草原局内设草原管理司。各地在推进机构改革过程中，也要积极推进林草融合，借助原来林业系统比较完善的机构和队伍，进一步理顺草原管理体制，不断增强管理力量。通过深入推进林草工作深度融合，不断强化草原监督管理工作。

（二）加强草原法治建设。加快推进《草原法》修订进程，从源头预防、过程控制、损害赔偿、责任追究等方面，进一步完善《草原法》的相关规定，为草原保护管理提供有力保障。积极推进《基本草原保护条例》制定工作，为依法强化基本草原保护提供法律依据。要适应机构改革新要求，积极推进《草原征占用审核审批管理办法》等部门规章的制修订工作。各地要根据当前草原工作面临的新形势新任务，加强与地方立法部门的沟通协调，积极推进地方性法规的制修订工作。同时，加大草原执法监督力度，严厉打击各类破坏草原的违法行为。

（三）完善草原保护政策。草原生态保护补助奖励政策是当前资金规模最大、覆盖面最广、受益农牧民最多的政策，是落实禁牧和草畜平衡制度最有力的抓手，也是强化草原保护管理的根基。在认真组织实施草原生态奖补政策的同时，要积极开展政策实施效果评估，提出完善政策的意见建议，争取将全国所有草原都纳入政策实施范围，并进一步提高补助奖励标准。谋划启动新的草原生态保护修复工程项目，争取国家进一步加大投入力度，加快草原生态修复进程。

（四）创新草原管护机制。要深入基层一线广泛开展调查研究，加强草原管护重大问题研究论证。要全面梳理现有草原管护措施，并根据形势的发展变化，不断完善草原围栏、草原禁牧等制度，探索建立"政府主导、牧民主体、全民参与"的草原管护新机制。按照生态优先、保护为主的要求，认真落实草原用途管制制度，严格控制草原非牧使用。争取扩大草原管护员公益岗位数量，提高草原管护员补助标准，充分调动牧民群众管护草原的积极性。鼓励社会公益组织和志愿者参与草原管护。

（五）强化草原科技支撑。针对当前我国草原科研和技术推广明显滞后的问题，积极争取国家设立草原基础理论研究专项，启动草原重大科技研发计划，尽快在草原退化机理研究和草原生态修复治理技术研究方面取得突破。根据山水林田湖系统治理的要求，加快制修订草原管护技术标准和规程。加强草原科研和教学机构建设，加快草原科技创新人才培养，健全基层草原技术推广体系，推进科研成果转化应用，全面提高草原科技支撑水平。

最后，我要强调的是，推进大规模国土绿化，任务极其繁重，必须切实加强组织领导。今年7月，国务院调整了全国绿化委员会组成人员，韩正副总理亲自担任主任，充分体现了党中央、国务院对国土绿化工作的高度重视与有力加强。各省区市、各部门要切实加强各级绿委办机构和人员队伍建设，保障经费投入，充分发挥各级绿化委员会的职能作用。要健全各级党政主要领导抓国土绿化的有效机制，形成党委政府主导、部门齐抓共管、全社会共同参与的工作格局。要积极推广安徽、江西等省经验，探索实行林长制，压实地方党委政府保护和发展林草资源的主体责任。要建立国土绿化成效年度评价机制，将国土绿化任务完成率、森林覆盖率、草原植被综合盖度等指标，作为衡量地方政府生态保护修复工作绩效和离任审计的重要依据。各级林业和草原部门要充分发挥协调作用，确保国土绿化责任明确到位、任务分解到位、措施落实到位、资金投入到位。要进一步完善部门绿化分工负责制，将绿化工作责任纳入部门工作目标体系。要广泛开展宣传教育活动，大力弘扬塞罕坝精神，引导社会各界积极参与国土绿化事业。

同志们，推进大规模国土绿化是一项功在当代、利在千秋的伟大事业，各级林业和草原部门责无旁贷，使命光荣。让我们紧密团结在以习近平同志为核心的党中央周围，深入学习贯彻习近平生态文明思想，按照党中央、国务院的决策部署，进一步解放思想、改革创新、扎实工作，全力推动大规模国土绿化行动深入开展，为维护生态安全、建设美丽中国作出新的更大贡献。

让绿水青山永远造福人类

——在绿水青山就是金山银山有效实现途径研讨会上的讲话

张建龙

（2018年9月22日）

今天，国家林业和草原局与北京大学共同举办绿水青山就是金山银山有效实现途径研讨会，主要是为了深入贯彻落实习近平总书记关于绿水青山就是金山银山的重要理念，分享各地将绿水青山打造为金山银山的成功经验，进一步从理论上、实践上探索绿水青山就是金山银山的有效实现途径，更好地推动生态文明和美丽中国建设。刚才，5位基层代表分享了他们的做法与经验，3位专家作了很好的点评，提出了许多真知灼见，既有很强的系统性和理论性，又有很强的针对性和指导性，听了很有收获、很受启发。下面，我谈几点体会。

绿水青山就是金山银山理念是习近平生态文明思想的重要内容，继承和发展了马克思主义生态观和生产力理论，摆脱了把发展与保护对立起来的思想束缚，提出了实现保护和发展相互协调的方法论，找到了实现绿色发展的有效途径。这一重要理念是一个包含认识论、实践论和方法论的完整理论体系，是我们党对自然规律认识的又一重大创新和升华。践行好绿水青山就是金山银山的理念，必须在实践中探索出这一理念的有效实现途径。这既需要解决思想认识问题，充分认识绿水青山的极端重要性，全力保护恢复绿水青山，又需要优化资源利用方式，坚持科学利用绿水青山，使绿水青山越用越多、越用越好，努力走一条绿色可持续的发展之路。

第一，践行绿水青山就是金山银山理念，必须全面认识绿水青山。

绿水青山就是金山银山这一科学论断有着丰富的思想内涵，生动诠释了绿水青山的重要作用，告诫我们绿水青山是像金山银山那样的无价之宝，必须倍加珍惜、精心呵护。一方面，绿水青山有着强大的生态功能，是人类生存的根本保障。习近平总书记曾经指出，森林是人类生存的根基，是国家、民族最大的生存资本；生态兴则文明兴，生态衰则文明衰，这是不以人的意志为转移的客观规律。没有绿水青山构成的良好自然生态系统，就不可能有人类的繁衍生息，失去绿水青山，人类就将失去一切。我国胡焕庸线的东南部地区，水热条件充沛，生态条件良好，到处都是绿水青山，以占全国43.18%的国土面积，集聚了占全国94%的人口和96%的GDP；而在胡焕庸线的西北部地区，由于自然条件恶劣，生态状况脆弱，很难见到绿水青山，所以人口分布很少，经济发展落后。这就是绿水青山对于人类社会的重要性。另一方面，绿水青山有着丰富的自然资源，是人类发展的物质基础。人类所需的食物、淡水、氧气等都来源于绿水青山，这些都是须臾不可或缺的。从这种意义上讲，绿水青山是人类真正意义上的"衣食父母"。同时，绿水青山蕴含着丰富的生物资源、基因资源和能源，是低碳、环保、可再生的重要自然资源，有着巨大的经济价值，是农民增收致富的重要来源，也是规模最大的绿色经济体，在推动绿色发展方面发挥着不可替代的作用。近10多年来，我国林业产业平均保持20%左右的增长速度，年产值到2017年达到7.13万多亿元。这都是绿水青山带给人类的巨大财富。此外，绿水青山还有着强大的文化功能。人类在漫长的历史长河中，依托绿水青山创作形成了丰富的森林文化、湿地文化、草原文化，以及花文化、竹文化、茶文化，目前仍然在不断地繁荣兴盛。这些文化题材多样、健康向上，对于陶冶人的情操、弘扬生态文明理念发挥着重要作用。

第二，践行绿水青山就是金山银山理念，必须保护恢复绿水青山。

绿水青山与金山银山的辩证关系中，绿水青山是决定性因素，只有保护恢复好绿水青山，才能从根本上守住金山银山。历史上，由于多种原因，我国绿水青山遭到了极大破坏，主要自然生态系统严重退化，一些地方变成了荒山秃岭，湿地减少，河流污染，绿水青山逐渐消失。经过长期不懈努力，我国生态状况逐步改善，全国森林覆盖率达21.66%，但仍然远低于全球31%的平均水平，人均森林面积仅为世界人均水平的1/4，人均森林蓄积只有世界人均水平的1/7。我国天然草原面积居世界第一位，但退化十分严重，人均草地面积只有世界平均水平的1/2。全国人均公园绿地面积只有13.44平方米，远低于国际上60平方米的最佳人居环境标准。在当前缺林少绿、生态脆弱、生态产品严重不足的情况下，现有生态资源弥足珍贵。践行绿水青山就是金山银山理念，必须像保护眼睛一样保护绿水青山，像对待生命一样对待绿水青山，切实加强生态保护和修复，努力培育更多更好的绿水青山。要划定并坚守生态保护红线，用最严格的制度、最严密的法治保护绿水青山。要加快建立以国家公园为主体的自然保护地体系，切实保护生态系统的原真性和完整性，为子孙后代留下宝贵的绿水青山。要坚持自然恢复为主，人工修复与自然恢复相结合，深入实施重要生态工程，加大造林种草力度，抓好退化林分和退化草场修复，加强湿地保护与恢复，尽快改善我国森林、草原、湿地等自然生态系统功能，努力创造出更多更好的绿水青山。

第三，践行绿水青山就是金山银山理念，必须科学利用绿水青山。

要让绿水青山变为金山银山，不能只盲目保护绿水青山，必须坚持科学利用绿水青山。只有科学利用，绿水青山才能用之不竭、取之不尽，给我们源源不断地带来金山银山。在这方面，古人就有着许多朴素的思想。比如：《孟子·梁惠王上》提出"斧斤以时入山林，材木不可胜用也"；夏朝规定"春三月，山林不登斧，以成草木之长"；《论语》提出"钓而不纲，弋不射宿"。这些名言警句，告诫人们要尊重自然规律，有节制地利用自然资源，而不能只是一味地索取。当今世界，尊重自然、顺应自然、保护自然的生态文明理念正在深入人心，可持续发展已成为国际社会的广泛共识。我们更应该自觉坚持"保护优先、科学利用、持续发展"的基本原则，倍加爱护生态，善待绿水青山。只有这样，才能让青山常在、绿水长流、蓝天永驻，才能持续收获金山银山。一方面，要严格控制自然资源的开发利用，分区域、分种类合理确定自然资源的开发强度，决不能急功近利、竭泽而渔，对生态造成破坏。要坚持节约集约利用自然资源，提倡绿水青山的多功能利用，依托绿水青山大力发展森林康养、森林旅游、林下经济等绿色产业，以及林业生物能源、生物材料、生物制药等新兴产业，最大限度减少对自然资源的直接消耗和污染物的排放，形成保护生态与发展产业的良性互动。另一方面，要加大科技创新力度，全面提高自然资源的综合利用率，减少资源的浪费与消耗，以尽可能小的资源消耗换取最大限度的经济利益。此外，还要充分利用绿水青山的商品属性和经济价值，赋予更多更便捷的投融资权能，有效盘活绿水青山，让绿水青山成为发展的资本。要建立健全绿水青山共建共享机制，加大生态保护修复的政府投入，完善森林、草原、湿地生态补偿制度，建立生态资源定价、损害赔偿和自然资源有偿使用制度，让守护绿水青山者获得相应的经济回报，激励他们更好地保护和发展绿水青山。

林业和草原部门既是绿水青山的主要守护者，也是金山银山的主要创造者。目前，全国有林地、草地和湿地共计100多亿亩，占国土面积70%以上，还有1万多处自然保护地及丰富的物种资源，这些都是践行绿水青山就是金山银山理念的重要阵地。各级林业和草原主管部门要全面落实习近平生态文明思想，牢固树立并认真践行绿水青山就是金山银山理念，发挥独特优势，忠诚尽责担当，努力保护好、培育好、利用好绿水青山，让绿水青山源源不断转化为金山银山，持续助力生态文明建设和精准脱贫与乡村振兴。要持续深化林草改革。围绕资源变资产、变资本这个核心问题，进一步明晰森林、草原、湿地产权，深化后续配套改革，继续放活经营权，大力培育林业新型经营主体，破除体制机制性障碍，从根本上为绿水青山转化为金山银山提供更好的条件。要研究完善扶持政策。完善森林、草原、湿地和荒漠生态补偿机制和政策，建立生态资源定价、损害赔偿和自然资源有偿使用制度，让保护绿水青山者不吃亏、能受益。继续加大财政支持力度，深入实施大规模国土绿化、草原生态保护修复、湿地保护恢复、荒漠化石漠化综合治理等重大生态工程，改善自然生态系统功能。研究制定便利化政策，吸引更多社会资本进入林业和草原。要宣传推广典型经验。全面及时把各地践行绿水青山就是金山银山理念的成功经验和先进典型挖掘出来、总结出来、推广开来，把人民群众和基层的创造性发挥好、引导好、利用好，推动全社会更加关心支持林业和草原事业发展，为建设和守护绿水青山凝聚更多力量。要着力强化服务保障。要加大"放管服"改革力度，提高科技支撑的服务意识和服务本领，充分发挥大专院校、科研技术人员的服务作用，加大大数据、云计算、互联网等信息化服务支持力度，让信息多跑路、百姓少跑腿，为各地探索绿水青山就是金山银山的有效实现途径创造更好的科技和信息支撑。我们坚信，通过各方面的共同努力，我国的绿水青山必将永续发展，更好地促进经济社会发展，更好地造福广大人民群众。

在国家林业和草原局警示教育大会上的讲话

张建龙

（2018年10月8日）

这次大会是按照中央要求，根据中央和国家机关工委的具体安排部署召开的一次十分重要的会议，这是国家林业和草原局第一次召开这样的警示教育大会。所以，党组研究决定，在国庆假期结束后上班第一天组织召开，意义十分重大，大家务必要高度重视。

今天会议的主要任务是传达学习习近平总书记重要批示精神及中央和国家机关警示教育大会精神，部署开展国家林业和草原局警示教育活动，集中梳理通报党的十八大以来我局党员领导干部违纪违法典型案例，用身边事警示、教育身边人。

下面，我就进一步做好国家林业和草原局党风廉政建设工作、特别是警示教育工作提四点意见。

第一，要旗帜鲜明讲政治，切实筑牢拒腐防变的政治根基。刚才，永利同志简要通报了党的十八大以来中央和国家机关党员领导干部违纪典型案例，这次会议印发了《关于党的十八大以来国家林业和草原局党员干部违纪典型案例的通报》，其中，云南专员办原专员江机生的案例在中央和国家机关警示教育大会上被点名通报。在中央巡视期间，党组三令五申要大家全力配合好巡视组工作，江机生作为云南专员办党政一把手，不仅自己借故不参加巡视组的工作布置会，还在喝酒之后阻止下属上报相关财务资料，这种行为首先反映出的就是政治纪律政治规矩淡薄，或者说是漠视政治纪律政治规矩，后果必然是受到严厉惩处。

讲到政治纪律政治规矩，有的人可能觉得是空话套话：国家林业和草原局是主管生态保护修复的业务部门，不是政治部门，只要把林子草原看好，把荒漠、湿地护好就行；自己也不过是一个小小的处长、科员，或者只是管着一摊子业务的司局级干部，讲政治讲不到自己头上，这是非常错误的想法。我局作为中央和国家机关，首先是政治机关，旗帜鲜明讲政治是摆在第一位的生命线。腐败问题、作风问题从根子上说都是政治问题，与党员干部政治信仰不坚定、政治定位不强、对党不忠诚、政治免疫力缺乏有关，与所在单位党组织政治责任缺失，抓党的建设不常、不严、不实有关。如果大家只知道埋头干活，不懂得抬头看路，很多时候的结果就是南辕北辙、适得其反。

实践证明，只有政治上强，才能固本培元、身强体壮；如果政治上弱，就会气血不畅、百病丛生。必须坚持从政治上认识和推进党风廉政建设，不能就腐败谈腐败，就作风讲作风，不讲政治问题。要坚定政治信仰。对马克思主义的信仰，对社会主义、共产主义的信念是共产党人的政治灵魂，是共产党人经受住任何考验的精神支柱。要打牢精神支柱，补足精神之钙，始终坚定理想的主心骨，始终牢记党的使命宗旨。要牢固树立"四个意识"，带头坚决维护习近平总书记的核心地位，坚决维护党中央权威和集中统一领导，始终在思想上政治上行动上同以习近平同志为核心的党中央保持高度一致，做到党中央倡导的坚决响应，党中央决定的坚决执行，党中央禁止的坚决不做，确保中央政令畅通、令行禁止。要严明政治纪律。党员领导干部出问题，往往是从不守纪律、破坏规矩开始的，我们可以回头看看，党的十八大以来受到党纪政纪处分的领导干部几乎都有违反政治纪律的情节。要恪守立党为公、执政为民的理念，决不允许把党和人民赋予的权力用于谋取小团体和个人利益。要保持共产党人的高尚情操，坚持为人处世的底线，严格要求自己的操守和行为，从小事小节上加强修养，管好自己的生活圈、社交圈，注重家庭教育，做到廉洁从政、廉洁修身、廉洁齐家。要以政治纪律带动党的各项纪律全面严起来，任何时候任何情况下都不能突破底线、逾越红线。要严肃政治生活。一些单位之所以接二连三地出现问题，一个重要的原因就是党内政治生活不认真、不严肃。有的党组织长期不组织理论学习；有的党员干部长期不参加组织生活；有的单位民主生活会、组织生活会流于形式，不愿、不想、不敢开展正常的批评与自我批评。严肃党内政治生活是每个党员干部的职责，必须严格执行《关于新形势下党内政治生活的若干准则》，严肃认真参加党内政治生活，多用、常用、用好批评与自我批评，在党的政治生活的大熔炉中不断锤炼党性。

第二，要坚持问题导向，坚定不移推进党风廉政建设。党的十八大以来，国家林业和草原局坚持以习近平新时代中国特色社会主义思想为指引，全力贯彻落实党中央全面从严治党决策部署，深入推进反腐败斗争，党风廉政建设工作取得显著成效。据统计，党的十八大以来，我局直属机关各级纪检组织共受理信访举报826件，转办570件，直接办理256件，给予39名党员领导干部党纪政纪处分，其中司局级干部8人，处级及以下干部31人，查处的这些违纪违规案件形成了强有力的震慑作用，推动了全局党风廉政建设和反腐败斗争的深入开展。

但是，我们也必须清醒地看到，我局司局级单位多，一些事业单位独立性、自主性比较强，领导干部特别是一把手的自由裁量权很大，存在监管死角和盲区。从刚才通报的中央和国家机关相关案例看，涉案的司局级干部占了很大一部分比例，相当一部分还是部委内设机构一把手。我局通报的案例中，单位党政主要负责同志有7人，这表明我局的党风廉政建设工作同党中央的要求，同人民群众心目中的形象，同我们肩负的职责使命相比仍然还有很大的差距，全面从严治党一刻也不能放松，反腐败斗争还远没有到松口气、歇歇脚的时候。大家务必高度警惕，时刻保持战略定力，要采取切实有效的措施把全面从严治党不断引向深入。

习近平总书记要求，中央和国家机关要建设让党中央放心、让人民群众满意的模范机关。建设模范机关首先要在纪律严明、干部清廉上作表率，这是一个最起码、最基本的要求。各司局、各直属单位要深刻认识加强党风廉政警示教育的特殊重要性，切实增强思想自觉、政治自觉和行动自觉，持之以恒加强党风廉政建设和反腐败斗争，推动全面从严治党向纵深发展。要坚持无禁区、全覆盖、零容忍，坚持重遏制、强高压、长震慑，聚焦"关键少数"特别是一把手，聚焦党的十八大以来不收敛、不收手的领导干部，聚焦重点领域和关键环节，全面加强党的纪律建设，巩固反腐败斗争压倒性态势。要结合我们正在开展的中央巡视反馈问题整改落实情况"回头看"工作，对标党中央、中央纪委和中央巡视工作领导小组关于巡视整改的要求，既盯住巡视整改不到位的老问题，又着力发现解决新问题，认真排查党风廉政建设存在的风险隐患，建立健全问题整改及预防腐败长效机制。要以这次警示教育大会为契机，在10月集中开展专题警示教育活动，各司局、各直属单位党组织主要负责同志要亲自主持召开会议，深刻剖析近年来发生在身边的典型案例，认真组织学习党规党纪特别是新修订的《中国共产党纪律处分条例》。国庆假期期间，机关党委、纪委的同志很辛苦，加班加点拟定了《警示教育活动实施方案》，大家一定要认真遵照执行。

第三，要坚持原则不让步，确保全面从严治党责任不折不扣落到实处。刚才通报的很多案例，普遍反映出我们管理工作存在失之于宽，失之于软，不坚持原则，当"老好人""你好我好大家好"的现象，这种现象说到底是政治站位低，全面从严治党责任不落实的问题。

党的领导弱化，党的建设缺失，全面从严治党不力，这些问题在十八届中央对我局的巡视以及我们六轮内部巡视反馈的问题中都有所体现，现在看来，这些问题仍然不容小视。全面从严治党关键在一个"严"字，各司局、各直属单位必须以严的态度、严的要求、严的举措，确保全面从严治党责任真正落到实处，不断营造风清气正的良好政治氛围。大家务必要谨记党内职务是义不容辞的政治责任，要把这份沉甸甸的政治责任抓在手上、扛在肩上，做到真管真严、敢管敢严、常管常严。要严格管理责任。强化一岗双责，各单位主要负责同志要切实承担起全面从严治党主体责任，知责明责尽责。要始终把党风廉政建设作为重要政治任务，与业务工作同部署、同落实、同检查，做到敢抓敢管、会抓会管，不当好好先生，看好自己的门，管好自己的人。要严格监督责任。监督责任首先是党委责任、党委书记的责任，不能把监督责任全部推给纪检机构。所管的干部出了问题，就要按有关规定追究领导的责任。我们每年都跟各司局、各直属单位一把手签订全面从严治党责任书，责任书就是军令状，不是签了就高高挂起、束之高阁，而是出了问题要依照责任书追责问责、严肃查处。要强化日常监管。要把抓日常管理作为带队伍的主基调，敢于担当作为、动真碰硬、抓早抓小，要常咬耳朵，常扯袖子，防止党员干部在错误的道路上越滑越远。要严格监督执纪。机关纪委要强化责任担当，强化执纪水平，积极配合驻部纪检监察组抓好纪律审查工作。要盯住关键岗位，加强执纪检查，发现苗头倾向性问题要及时处理。特别是对党的十八大以后仍然不收敛、不收手，问题线索反映集中，群众反映强烈，政治问题经济问题交织，违反中央八项规定精神的问题要严惩不贷，对失职失察的要严肃问责。近年来党组给设党委的单位都配备了司局级的专职纪委书记，在其位就要谋其政，不能成了摆设，要按照要求层层压实责任，认真履职尽责，发挥好监督作用。

第四，要健全制约机制，扎牢织密管党治党制度的笼子。党的十八大以来，以习近平同志为核心的党中央高度重视制度治党，着力加强反腐倡廉法规制度建设，制定了《关于新形势下党内政治生活的若干准则》，修订了《中国共产党党内监督条例》，最近又新修订了《中国共产党纪律处分条例》，推动形成了不敢腐、不能腐、不想腐的有效机制。党组按照新时代全面从严治党要求，制定了《新时代全面从严治党实施方案》《严格党内生活有关制度》《贯彻落实中央八项规定实施细则精神的实施意见》等一系列规章制度，但是与以习近平同志为核心的党中央对全面从严治党的要求相比，与新时代党风廉政建设面临的复杂局面相比，我们的制度体系还不完善，仍然还有很大的改善空间。

从2016年年底开始，我局进行了6轮33批次集中专项巡视，各巡视组先后与1554人次谈话，召开各类专题座谈会120次，发放并收回调查问卷3488份，发现各类问题668个，其中制度体系不健全的问题非常突出。比如，我在不同大会上反复强调多次的"三重一大"制度，有的单位制度还没有建立；有的单位制度制定得比较空泛，牛栏关猫发挥不了应有作用；有的单位制度制定得很好，但就是不执行，几百万的工程项目一个处长就签批了，这次通报的有不少这方面的案例。贯彻执行制度不坚决、不到位，把制度当作稻草人，这既是对自己的极端不负责任，也是对所在单位党组织的极端不负责任。

我们有句俗话讲"常在河边走，哪能不湿鞋"，健全制约机制，织密扎牢制度的笼子，就是要针对管理漏洞、薄弱环节在建章立制上下功夫，强化对灯下黑、疏于监管等问题的源头风险防控。要健全干部交流制度，尽量不要让一个人老在河边走。干部长期在一个关键实权岗位上不交流，再加上监管不到位，很容易出问题。要健全日常的监管机制，不要让一个人长期缺乏监督、自由散漫地在河边走，没人监督、没人提醒、自由散漫地在河边走很难不湿鞋。要建立风险防控机制，在河边架上防护栏、警示牌、高压线，让一些胆子大想试试水的人懂得敬畏，不敢下水。要结合当前的机构改革，认真研究相关的制度规定和管理办法，从"三定"、人员定岗开始，形成完善配套的制度机制，一手抓制度完善，一手抓贯彻执行，严格按规矩办事，按制度用权。对执行制度搞变通，甚至破坏制度的人要严肃处理。针对我局全面从严治党制度的完善、执行问题，党组也多次进行研究，将在适当的时候启动专项整治行动进行督促检查。

今天，我们通报了党的十八大以来发生在身边党员干部中的违纪典型案例，这些案例涉及的是个别单位、少数党员干部，其他单位没有发现、通报并不等于就没有问题，大家一定要从中汲取教训、举一反三，时刻以新时代共产党员的标准严格要求自己，对标党规党纪，认真查找和改正自身存在的问题。如果仍然有单位和个人不引以为戒，顶风违纪，屡教不改，将依纪依规从严从重进行处理，绝不姑息。我们之所以通过各种会议、在不同场合多次地给大家敲警钟、提要求，目的就是希望每一位同志都能珍惜政治生命，珍惜荣誉名声，珍惜家庭亲情，多想想那些曾经在我们身边、现在沦为阶下囚的人，多感受那些铁窗内、忏悔录里的泪水，不要因为贪图不当利益而失去人身自由，不要因为违纪违法落得身败名裂的下场。

同志们，新时代对党风廉政建设和反腐败斗争提出了新任务、新要求，我们要紧密团结在以习近平同志为核心的党中央周围，不忘初心，牢记使命，以抓铁有痕、踏石留印的精神，坚定不移推进党风廉政建设和反腐败斗争，不断开创国家林业和草原局全面从严治党工作新局面，为实现林业草原现代化、建设生态文明和美丽中国贡献力量。

大力做好决战决胜阶段生态扶贫工作 为坚决打赢脱贫攻坚战作出更大贡献
——在国家林业和草原局生态扶贫暨扶贫领域监督执纪问责专项工作会议上的讲话

张建龙

（2018年11月16日）

在全国脱贫攻坚进入决战决胜的关键阶段，国家林业和草原局召开这次会议，主要任务是，深入学习贯彻习近平总书记关于扶贫工作的重要论述，认真落实《中共中央 国务院关于打赢脱贫攻坚战三年行动的指导意见》，坚持全面从严治党，部署扶贫领域监督执纪问责专项工作，扎实推动当前及明后两年林业草原生态扶贫重要任务落地实施。

中央和国家机关有关部门十分重视和支持生态扶贫工作，中央纪委国家监委驻自然资源部纪检监察组、中央和国家机关工委、国家发展改革委、财政部、国务院扶贫办等部门参加这次会议。刚才，中央纪委国家监委驻自然资源部纪检监察组陈春光副组长作了讲话，对开展扶贫领域监督执纪问责工作作了专项部署安排，提出了明确要求。国家发展改革委农经司李明传副司长、中国邮政储蓄银行邵智宝副行长作了讲话，对做好生态扶贫和金融支持林业草原工作给予了指导。我们要准确领会，抓好落实。

昨天，大家实地考察了特色经济林、刺梨加工厂、产业扶贫等现场。刚才，贵州、广西、陕西、新疆、云南怒江等地作了发言。这些地方开展生态扶贫的好经验、好做法，有特色、有成效，希望各地结合实际认真学习借鉴。下面，我讲几点意见。

一、深入学习贯彻习近平总书记关于扶贫工作的重要论述，切实增强打赢脱贫攻坚战的责任感紧迫感

消除贫困、改善民生、逐步实现共同富裕，是社会主义的本质要求，是我们党的重要使命。党的十八大以来，以习近平同志为核心的党中央从全面建成小康社会要求出发，高度重视扶贫开发工作，纳入"五位一体"总体布局和"四个全面"战略布局，作为实现第一个百年奋斗目标的重点任务，作出了一系列重大安排部署，带领党和人民全面打响脱贫攻坚战。党的十九大将精准脱贫作为决胜全面建成小康社会必须坚决打好的三大攻坚战之一，作出了新的部署。习近平总书记强调，确保到2020年我国现行标准下农村贫困人口实现脱贫，贫困县全部摘帽，解决区域性整体贫困。党的十九大以来，习近平总书记在多个重要会议、时点和场合上，反复强调打好三年脱贫攻坚战，作出了一系列重要论述。打赢脱贫攻坚战是全面建成小康社会最艰巨的任务，是一场必须打赢打好的硬仗，是以习近平同志为核心的党中央向国内外作出的庄严承诺。我们一定要深入学习贯彻习近平总书记关于扶贫工作的重要论述，对脱贫攻坚这一政治任务有深刻认识和准确把握，坚决打赢脱贫攻坚战。

坚持党要管党、从严治党，是脱贫攻坚的根本保证。习近平总书记明确指出，脱贫攻坚，从严从实是要领。必须坚持把全面从严治党要求贯穿脱贫攻坚工作全过程和各环节，实施经常性的督查巡查和最严格的考核评估，确保脱贫过程扎实、脱贫结果真实，使脱贫攻坚成效经得起实践和历史检验。脱贫攻坚工作中的形式主义、官僚主义、弄虚作假、急躁和厌战情绪以及消极腐败现象仍然存在，有的还很严重，影响脱贫攻坚有效推进。习近平总书记明确要求，要以零容忍态度惩治腐败，做到有案必查、有腐必惩。要坚持问题导向，集中力量解决脱贫领域作风问题，要追查到底，要严肃追究责任，要扎紧制度笼子。党中央大力惩治扶贫领域腐败行为和作风问题，将2018年作为脱贫攻坚作风建设年，中央纪委开展了专项治理。我们一定要深入学习贯彻习近平总书记关于扶贫工作的重要论述，对扶贫领域作风建设这一紧迫任务有深刻认识和准确把握，全面加强从严治党，厚植党执政的政治基础和群众基础。

党的十八大以来，在以习近平同志为核心的党中央坚强领导下，我国脱贫攻坚取得决定性进展，累计减贫6800多万人，减贫幅度达到70%左右，全国已有153个贫困县脱贫摘帽，解决区域性整体贫困迈出坚实步伐，创造了我国减贫史上最好成绩。行百里者半九十。

习近平总书记深刻指出，必须清醒把握打赢脱贫攻坚战的困难挑战。他强调，脱贫攻坚成效巨大，但面临的困难挑战也同样巨大，需要解决的突出问题依然不少。化解特殊贫困群体难题是打好脱贫攻坚战最为突出的挑战。到2017年底，全国贫困人口还剩3046万，很多是特殊贫困群体。还没有解决区域性整体贫困的地区，绝大多数是深度贫困地区，大都是经过多轮攻坚没有啃下来的硬骨头。我们一定要深入学习贯彻习近平总书记关于扶贫工作的重要论述，对脱贫攻坚这一艰巨任务有深刻认识和准确把握，全力做好应对和战胜各种困难挑战的准备，集中力量攻克难中之难、坚中之坚。

这次党和国家机构改革，党中央赋予了国家林业和草原局"监督管理森林、草原、湿地、荒漠和陆生野生动植物资源开发利用和保护，组织生态保护和修复"等主要职责，对组织林草生态扶贫提出了明确要求。这是习近平总书记和党中央对林业草原工作的信任和肯定。习近平总书记非常重视生态扶贫工作，亲自考察调研，亲自研究部署，作出了一系列重要论述。他明确指示，要把生态补偿脱贫作为"五个一批"的重要内容，探索一条生态脱贫的新路子，让有劳动能力的贫困人口转成护林员等生态保护人员。他特别强调，生态扶贫是在一个战场进行的两场战役，是"双赢"之策，要在山水上做文章，加大贫困地区生态保护修复力度，让绿水青山变金山银山。他明确要求，脱贫攻坚贵在精准，重在精准，成败之举在于精准。要增加护林员等公益岗位，增加重点生态功能区转移支付，扩大政策实施范围；生态保护项目，要提高贫困人口参与度和受益水平。他多次强调，要因地制宜发展特色产业，扶贫开发要立足当地资源，宜农则农、宜林则林、宜牧则牧、宜商则商、宜游则游，深度贫困地区要重点发展贫困人口能够受益的产业。2016年在江西井冈山考察时，习近平总书记对当地群众立足本地资源、依靠竹木加工增收脱贫的做法给予肯定。2017年，习近平总书记在深度贫困地区脱贫攻坚座谈会上，对山西组建脱贫攻坚造林合作社等措施给予很高评价。2018年，习近平总书记在打好精准脱贫攻坚战座谈会上，将生态扶贫作为重点工作，进行再动员、再部署。我们一定要深入学习贯彻习近平总书记关于生态扶贫的重要论述，对生态扶贫这一重大任务有深刻认识和准确把握，以更大的力度切实做好生态扶贫工作。

脱贫攻坚进入到决战决胜阶段，生态扶贫责任更加重大。各级林业和草原主管部门要从全面贯彻落实习近平新时代中国特色社会主义思想和党的十九大精神的高度，把脱贫攻坚摆在首要位置，不断增强做好生态扶贫工作、坚决打赢脱贫攻坚战的责任感紧迫感。

二、生态扶贫取得了积极成效

党的十八大以来，各级林业和草原主管部门深入学习贯彻落实习近平总书记关于扶贫工作的重要论述和党中央、国务院的决策部署，在纪委监委、机关工委、发展改革、财政、扶贫、金融等部门的大力支持下，充分发挥行业优势，采取了一系列有力措施，扎实推进林业草原生态扶贫生态脱贫工作。加强组织领导，建立了生态扶贫工作机制。把开展生态扶贫、打赢脱贫攻坚战作为一项重大政治任务，摆在首要位置，形成了上下联动、合力推进的工作机制。国家林业和草原局充实完善了扶贫开发领导小组，局党组会议、局务会议多次召开专题会议，传达落实中央精神，研究部署生态扶贫工作。各省（区、市）林业和草原主管部门也成立了扶贫领导小组，把生态扶贫工作摆上日程，常抓不懈。加强谋划部署，健全了生态扶贫工作体系。依托林草资源优势，瞄准深度贫困地区、滇桂黔石漠化片区、定点县等重点区域，因村因户因人施策，统筹推进落实生态补偿、国土绿化、生态产业等扶贫举措，在规划指引、资金项目支持、督查检查指导、人才科技支撑等方面统一部署、统一行动。与国家发展改革委等部门联合印发了《生态扶贫工作方案》。各省（区、市）积极行动，印发了生态扶贫工作实施方案和相关文件，将各项任务分解纳入年度工作计划。加强示范引领，创新了生态扶贫工作模式。引导林草资源要素向深度贫困地区集聚，充分发挥贫困群众主体作用，选聘生态护林员、新增退耕还林还草任务进一步向深度贫困地区倾斜，大力推广和组建扶贫造林（种草）专业合作社，抓好定点帮扶，打造怒江生态脱贫攻坚区。

经过这几年的不懈努力，生态扶贫取得了实实在在的脱贫效果和惠民成果。一是定点扶贫扎实推进。2016—2018年，我局协调广西、贵州两省区林业主管部门安排4个定点县中央林业资金7亿元，安排省级林业资金1.32亿元。为定点县开设了基建项目审批绿色通道，协调国家开发银行、中国农业发展银行，发放扶贫贷款近11亿元。动员机关和直属单位为定点县捐款捐书捐物价值680万元。2017年，4个定点县有6.15万人脱贫，减贫率36%。2018年，我局在中央和国家机关310个定点扶贫单位考核中获得"优秀"。二是生态护林员选聘规模稳步扩大。按照打赢脱贫攻坚战任务分工，我局牵头负责选聘生态护林员工作。截至目前，我局会同财政部、国务院扶贫办，以集中连片特困地区为重点，累计选聘建档立卡贫困人口生态护林员50多万名，可精准带动180万贫困人口增收脱贫。生态护林员实现了山上就业、家门口脱贫，老百姓在保护绿水青山中享受金山银山带来的实惠。2018年，我局选聘生态护林员工作在国务院扶贫开发领导小组考核中获得"优秀"。三是贫困人口林草收入持续增加。创新政策机制，建立长中短相结合的多元增收渠道，提高了贫困人口的补偿、就业、财产等收入。160多万贫困户享受退耕还林还草补助政策，平均每户增加补助资金2500元。对实施禁牧和草畜平衡的农牧户给予禁牧补助和草畜平衡奖励，农牧民人均增收700元左右。全面深化集体林权制度改革，赋予贫困户承包经营山林的更多权益，依托林地林木增加财产性、经营性收益，贫困地区集体林权流转面积达1亿多亩。四是贫困地区生态产业取得积极进展。坚持政府引导、市场主体，指导贫困地区因地制宜发展木本油料、森林旅游、林下经济、种苗花卉等生态产业。出台了支持贫困地区生态产业发展的指导文件、相关规划和政策举措。积极推广"龙头企业＋新型经营主体＋农户"等模式，完善利益联结、收益分红、风险共担机制。全国油茶种植面积扩大到6550万亩，依托森林旅游实现增收的建档立卡贫困人口达35万户。中西部22个省份2017年林业产业总产值达到3.9万亿元。五是贫困地区生态治理不断加强。针对林草施业区、重点生态功能区与深度贫困区高度耦合的实际，统筹山水林田湖草系统治理，深入实施重大生态保护修复工程。近三年来，将贫困地区天然林全部纳入保护范围，将2/3以上的造林绿化任务安排到贫困地区，安排退耕还林近3000万亩，占全国总任务量的81%，安排石漠化治理任务279万亩。贫困地区林草覆盖率进一步提高，生态面貌得到改善。六是贫困地区资金投入不断加大。统筹中央和地方资金，积极吸引金融和社会资本投入，重点支持生态扶贫。2016年以来，我局和各地共安排贫困地区中央林业资金1085亿元。林草重点生态修复工程任务和资金安排向贫困地区特别是深度贫困地区倾斜，全面加强森林草原防火、有害生物防治、自然保护区等基础设施建设。

三、扎实推进当前和明后两年生态扶贫工作

脱贫攻坚战进入最后攻坚阶段，只能打赢打好。各级林业和草原主管部门，要以习近平新时代中国特色社会主义思想为指导，深入学习贯彻习近平总书记关于扶贫工作的重要论述，认真落实《中共中央 国务院关于打赢脱贫攻坚战三年行动的指导意见》，坚持精准扶贫精准脱贫基本方略，紧紧围绕"两个确保"目标，充分发挥林草行业优势，聚焦深度贫困地区和特殊贫困群体，着力推进生态补偿扶贫、国土绿化扶贫、生态产业扶贫三项举措，着力加强定点帮扶，着力加强作风建设和监督执纪问责，全力做好林业草原生态扶贫工作，为坚决打赢脱贫攻坚战作出更大贡献。

根据中央的安排部署，当前和明后两年，要重点做好5个方面工作。

（一）着力推进定点扶贫工作。我局牵头的定点扶贫工作虽然取得了一定成效，但还存在帮扶责任落实不到位、脱贫举措不够精准、消费扶贫力度不大、结对帮扶发挥作用不够等问题。我们要认真贯彻中央单位定点扶贫工作推进会精神，落实定点扶贫责任书确定的各项任务，帮扶龙胜县2018年脱贫摘帽，荔波县、独山县2019年脱贫摘帽，罗城县2020年脱贫摘帽。局党组每年定期对定点扶贫工作进行专题研究，帮助定点县明确发展思路，制定年度减贫计划。各有关单位要加大指导督促帮扶力度，开展包乡一对一帮扶，强化项目、技术、就业等扶贫举措，精准落实到村到户，解决真贫真难。组织开展年度督促指导，推动定点县党委政府落实脱贫攻坚主体责任，督促加强资金使用管理。要创新帮扶方式，动员机关和事业单位形成合力，强化干部职工参与意识，多渠道筹集帮扶资金，定期举办脱贫技能培训班，积极引进优秀企业，发动行业购买使用定点县等贫困地区农林产品，每年不低于600万元。要大力加强支部结对帮扶，帮助贫困村建强"两委"班子，提升党组织战斗力、组织力。要加强扶贫干部队伍建设，继续做好选派优秀年轻干部挂职锻炼工作，2019年向定点县派出第三批挂职副县长、林业局副局长和驻村第一书记，同时向定点县所在省区、地市选派挂职干部，压实挂职干部帮扶责任。

（二）着力推进生态补偿扶贫。将生态补偿与脱贫攻坚紧密结合，完善公益林补偿、草原生态保护补奖政策，支持开展湿地保护与恢复、湿地生态效益补偿，使深度贫困地区和特殊贫困群体获得更多补助性收入。探索天然林、公益林托管模式，鼓励国家公园、自然保护区、国有林场、森林、湿地、沙漠、地质公园等，开放公益岗位，吸纳贫困人口参与管护和服务。要尽快完成新增30万名生态护林员、草管员选聘工作，一次选聘、分批上岗。各地要进一步加强生态护林员、草管员的管理，真正帮助贫困人口通过劳动增收脱贫。加强生态护林员、草管员专业技能培训，培养脱贫攻坚的带头人。强化队伍建设，结合推广林长制，探索"林长+护林队+生态护林员"管理模式。加强思想教育，强化职责意识，稳定生态护林员、草管员队伍，巩固脱贫成果。

（三）着力推进国土绿化扶贫。加快实施林业草原重点生态修复工程，实现生态恢复和脱贫攻坚齐头并进。在确保省级耕地保有量和基本农田保护任务的前提下，积极争取将移民搬迁撂荒耕地、严重石漠化耕地等纳入新一轮退耕还林还草实施范围，符合现行政策且有退耕意愿的贫困地区耕地应退尽退。明后两年，每年安排京津风沙源治理、防护林体系建设等工程范围内贫困县营造林任务500万亩以上，组建一批造林合作社和草业合作社。各地要抓紧建立国土绿化任务分配机制，确保将生态修复任务优先向造林、草业合作社安排。鼓励合作社帮助带动贫困人口积极投身造林种草和抚育管护等劳动，稳定增收不返贫。

（四）着力推进生态产业扶贫。协调完善生态产业扶贫政策，鼓励引导国家级龙头企业与贫困县合作创建绿色产品品牌、优势产品生产基地，促进产业提质增效。支持贫困地区创建一批国家林下经济示范基地。完善扶贫带贫机制，保障贫困人口通过土地流转、劳务就业、收益分红持续稳定增收。明后两年，在贫困地区打造35处精品森林旅游地、15条精品森林旅游线路、7处森林体验和森林康养试点基地。加强与金融机构合作，不断优化林草金融扶贫产品。与国家开发银行、中国农业发展银行、中国邮政储蓄银行联合推进一批带动作用明显、脱贫效果稳定、易复制推广的生态扶贫贷款项目。支持贫困地区产业发展项目纳入全国林业产业投资基金项目库。各地要加强种苗等基础建设，提升产品深加工水平，搭建展销平台，搞好产业风险评估，提高市场竞争力。要积极推进林权抵押、林草PPP、企业自主经营等融资模式，依靠自身收益还款，引导更多金融资本和社会资本投入生态产业扶贫。

（五）着力推进林草科技扶贫。深入开展科技扶贫扶智行动，建立长期稳定的科技扶贫模式。要组织开展科技扶贫下乡活动，建立林草院校科研单位扶贫帮扶机制，推进科技特派员精准帮扶、定点对接服务，进一步加强对林农和基层技术人员的技术培训。开展贫困地区森林食品基地认定，强化林业标准化示范区建设。积极推广油茶、核桃等木本油料高效种植和加工技术，建立一批工程技术研究中心、科技示范园区、长期科研基地，指导贫困地区加快科技成果应用。"林业资源培育及高效利用技术创新""典型脆弱生态修复与保护研究""主要经济作物优质高产与产业提质增效科技创新"等国家重点专项，优先在贫困地区实施。发挥"林科推广"APP等新媒体平台作用，为贫困地区提供优质科技信息服务。

四、做好扶贫领域监督执纪问责工作

开展扶贫领域监督执纪问责专项工作，是坚持全面从严治党，确保中央脱贫攻坚政策部署和林草扶贫举措落地生根的纪律保障，是对生态扶贫的一次重要检验和"把脉会诊"，具有重要的政治意义和现实意义。各级林业和草原主管部门都要把自己摆进去，以开展监督执纪问责专项工作为契机、为压力，大力做好生态扶贫工作。

强化政治责任。要提高政治站位，深入贯彻落实习近平总书记关于开展扶贫领域腐败和作风问题专项治理的重要指示精神，严格履行主体责任、监督责任，将监督执纪问责作为重要保障，贯穿于脱贫攻坚的全过程。要以落实脱贫攻坚政治责任为统领，全力支持和配合纪检监察部门开展工作，主动汇报沟通，自觉接受监督。这次会后，各地要抓紧制定工作实施方案，立即部署推动。党政主要负责同志要亲自研究、亲自落实，切实履行职责。

强化监督检查。深入检查党组（党委）责任落实是否存在政治偏差，重点查找党组（党委）是不是把习近平总书记关于扶贫工作的重要讲话和指示批示要求落实到位，是不是把党中央关于打赢脱贫攻坚战的重大决策部署落实到位。深入检查生态扶贫工作落实是否精准，重点查找各级林业和草原主管部门是否按照要求制定和实施生态扶贫细化方案，是否将扶贫任务层层分解落实，确保件件有人抓、事事有人管，是否做到创新丰富生态扶贫工作模式，对于项目下达、资金安排、工程建设和政策实施、配套措施等任务，是否制定具体落实计划，确保生态扶贫资金项目向深度贫困地区倾斜。深入检查生态扶贫是否存在作风问题，重点查找是否存在表态多调门高、行动少落实差，在扶贫工作上以会议贯彻会议、以文件落实文件，层层多头组织检查考评，弄虚作假、搞数字脱贫、虚假脱贫等问题。深入检查生态扶贫资金是否监管到位，重点查找是否完善资金项目管理制度，是否通过审计、检查、约谈等举措强化约束管控，在生态补偿、退耕还林还草、生态护林员等工作中，是否存在贪污挪用、截留私分、优亲厚友、虚报冒领等行为。

强化立行立改。对于监督执纪问责专项工作中发现的问题，要主动认领，认真研究，即知即改、立行立改、全面整改，确保生态扶贫政策有力落实，确保项目资金真正惠及贫困群众。各地区、各有关单位都要切实扛起整改主体责任，自己的问题必须自己"买单"，不折不扣落实整改责任，查找盲点、堵塞漏洞、完善政策、建章立制。要建立问题清单、责任清单、任务清单，提出改进完善的政策举措、制度办法，明确整改责任主体和具体时限。对严重违反政策规定、损害群众利益的问题，要依规依纪依法从快从严从紧处理。

同志们，脱贫攻坚，责任在肩，落实为先。我们要更加紧密地团结在以习近平同志为核心的党中央周围，担起责任，再接再厉，真抓实干，大力做好生态扶贫工作，坚决打赢脱贫攻坚战，为夺取决胜全面建成小康社会伟大胜利作出新的贡献！

领导专论

为美好生活提供更多优质生态产品

张建龙

2018年1月9日《光明日报》

党的十八大以来，习近平总书记高度重视生态文明建设和林业改革发展，提出了一系列重要战略思想。总书记指出"生态兴则文明兴，生态衰则文明衰""绿水青山就是金山银山""良好的生态环境是最公平的公共产品，是最普惠的民生福祉""要着力推进国土绿化""要着力提高森林质量""要着力开展森林城市建设""要着力建设国家公园"。这些战略思想是习近平新时代中国特色社会主义思想的重要组成部分，极大地丰富发展了社会主义生态文明观，为林业改革发展提供了根本遵循。

5年来，全国林业系统深入学习贯彻习近平总书记生态文明思想，牢固树立"四个意识"，自觉践行新发展理念，推进各项林业改革，着力提升林业发展质量效益，努力满足社会对林业的多样化需求，林业在许多方面发生深层次变革、取得历史性成就，为建设生态文明、增进民生福祉、促进经济社会发展作出了重要贡献。

——全力维护森林生态安全，国土绿化稳步推进。5年来，深入实施重点生态工程，全国完成造林5.08亿亩[①]、森林抚育6.22亿亩、治理沙化土地1.5亿多亩，森林面积达到31.2亿亩，森林覆盖率达到21.66%，森林蓄积量达到151.37亿立方米，成为同期全球森林资源增长最多的国家。

——实行最严格的生态保护制度，林业资源保护全面加强。全面停止天然林商业性采伐，天然林保护范围扩大到全国，19.44亿亩天然乔木林得到有效保护，每年减少资源消耗3400万立方米，天然林生态功能逐步恢复。林地林木管理、湿地保护、野生动植物保护、森林防火、林业有害生物防治得到加强。全国林业自然保护区达2249处，总面积18.9亿亩，占国土面积的13.14%。

——积极完善生态文明制度体系，林业改革取得重大突破。国有林区林场生态保护职责全面强化，相应的体制机制逐步建立，95%以上的国有林场定性为公益性事业单位，国有林区林场多渠道安置富余职工14万多人，社会职能逐步移交，发展活力明显增强；集体林权制度改革全面深化，集体林业良性发展机制初步形成，经营管理水平不断提高；中央深改组批准4个国家公园体制试点方案，其中东北虎豹、大熊猫、祁连山国家公园由国家林业局具体负责，改革试点进入实质性阶段；开展了湿地产权确权、国有森林资源资产有偿使用、人工商品林采伐管理、林业自然资源资产负债表编制等试点，配合有关部门出台了一系列加强生态文明建设的制度办法。

——认真践行绿水青山就是金山银山理念，绿色富民产业持续快速发展。2017年，全国林业产业总产值达到7万亿元，林产品进出口贸易额达到1500亿美元，继续保持林产品生产和贸易第一大国地位，林业主要产业带动5200多万人就业。林业精准扶贫成效显著，精准带动130多万人增收和稳定脱贫。

——主动参与全球生态治理，积极贡献中国智慧和中国方案。累计与33个国家签署40份林业合作协议，建立了中国—中东欧、中国—东盟、大中亚等多双边合作机制，为106个发展中国家培训林业人员3000人次，与7个国家启动大熊猫合作研究，大熊猫在国家外交中的影响力稳步提升。成功承办《联合国防治荒漠化公约》第十三次缔约方大会和库布其国际沙漠论坛、第十届国际湿地大会，妥善应对涉林热点问题。积极引进林业先进技术和理念，利用国际金融组织贷款18亿美元，不断深化林业对外交流与合作。

同时，不断夯实林业发展基础，支撑保障能力稳步

[①] 1亩≈0.067公顷。

增强。大力弘扬生态文明理念，林业社会影响力显著提升。总之，党的十八大以来，我国林业的地位作用全面提升，林业的顶层设计全面优化，林业的各项改革全面推进，林业的资源培育与保护全面加强。

新时代林业发展面临新形势

经过长期不懈努力，我国林业建设取得了举世瞩目的伟大成就，各项改革不断深化，森林面积持续增加，资源保护全面加强，生态状况明显改善，绿色产业快速发展，林业已经站在新的历史起点上。但总的看，林业仍然是国家现代化建设中的短板，发展不平衡不充分的问题尤为突出，制约着经济社会可持续发展和国家现代化进程，也无法满足人民对美好生活的需要。林业发展水平落后，生态资源总量不足，已成为我国生态系统脆弱、生态产品短缺的重要原因。

党的十九大站在新的历史方位，对决胜全面建成小康社会、开启全面建设社会主义现代化国家新征程作出了安排部署。全面建成社会主义现代化强国，美丽中国是主要标志，人与自然和谐共生是基本特征。特别是我国稳定解决温饱之后，消费正在升级，人民期待天更蓝、地更绿、水更清，提供更多优质生态产品已成为社会主义现代化建设的重要任务。13亿多人对优质生态产品的巨大需求，必将产生强大的拉动力，带动林业不断提升生态产品生产能力。

党的十九大将生态文明建设摆在更加重要的位置，确定了加快生态文明体制改革的总体要求，号召全党全国人民牢固树立社会主义生态文明观，推动形成人与自然和谐发展的现代化建设新格局。林业作为生态文明建设的重要内容，可以抓住这一有利时机，继续深化各项改革，进一步解决体制不顺、机制不活等问题，构建完善的政策支持体系和法律法规体系，为林业现代化建设提供更好保障。同时，随着生态文明制度体系的逐步完善，特别是一系列带有强制性的目标任务、考核办法、奖惩制度的建立健全，制度的引导、规范、激励、约束作用将不断显现，各类开发、利用、保护行为将更加规范，有利于在全社会形成保护自然生态、推动林业发展的良好氛围。

党的十九大提出，按照产业兴旺、生态宜居、乡风文明、治理有效、生活富裕的总要求，实施乡村振兴战略，这是我们党着眼"两个一百年"奋斗目标，为解决"三农"问题、缩小城乡差距作出的重大决策部署。林业主要工作领域在农村，主要从业人员是农民。实施乡村振兴战略，既可以加快农业农村现代化步伐，也必将有力地推动林业现代化建设。振兴乡村最大的优势在生态，最大的潜力在林业。为农业农村现代化提供生态支撑，满足城乡居民对绿水青山的巨大需求，必须依靠乡村这片广阔天地，努力打造生态宜居的美丽乡村，让广大农民能够安居乐业，让城镇居民方便寻找乡愁。我们坚信，随着乡村振兴战略的深入实施，必将有力地促进生态改善和林业发展。

还要认识到，在决胜全面建成小康社会，打赢脱贫攻坚战，构建人类命运共同体等伟大进程中，最突出的优势和最大的难点是生态，最适合的举措和最具潜力的领域是林业，林业完全可以发挥更大作用，实现更大作为，作出更大贡献。

用林业现代化引领林业改革发展全局

推进新时代林业现代化建设，要全面贯彻党的十九大精神，以习近平新时代中国特色社会主义思想为指导，以建设美丽中国为总目标，以满足人民美好生活需要为总任务，坚持稳中求进的工作总基调，认真践行新发展理念和绿水青山就是金山银山理念，按照推动高质量发展的要求，全面深化林业改革，切实加强生态保护修复，大力发展绿色富民产业，不断增强基础保障能力，全面提升新时代林业现代化建设水平，为实施乡村振兴战略、决胜全面建成小康社会、建设社会主义现代化强国作出更大贡献。

推进新时代林业现代化建设，既是一项长期的战略任务，又是一项复杂的系统工程。各级林业部门要坚持问题导向，紧盯发展目标，强化责任担当，抓实工作举措，用林业现代化引领林业改革发展全局。

——坚持把以人民为中心作为林业现代化建设的根本导向。推进林业现代化建设，要始终坚持发展为了人民、发展依靠人民、发展成果由人民共享，将人民对美好生活的向往作为奋斗目标，着力提升林业综合生产能力，满足人民的个性化、多样化需求，让人民充分享受林业现代化建设成果。让人民群众在参与林业建设中获得更多实惠，在就业增收宜居中拥有更多的获得感和幸福感。

——坚持把人与自然和谐共生作为林业现代化的不懈追求。要准确把握生态与产业、保护与发展的关系，始终尊重自然、顺应自然、保护自然，自觉按科学规律和自然规律办事，还自然以宁静、和谐、美丽，让人与自然相得益彰。要提升自然生态系统承载力，方便人民更好地走进自然，满足人民亲近自然、体验自然、享受自然的需要，推动人与自然融合发展。

——坚持把生态保护修复作为林业现代化建设的核心使命。要始终坚持保护优先、自然恢复为主的方针，让森林、河流、湖泊得到充分的休养生息。要统筹山水林田湖草系统治理，实施重要生态系统保护和修复重大工程，着力增加林草植被，保护恢复湿地，治理沙化土地，优化生态安全屏障体系，维护国家生态安全。

——坚持把发展绿色产业作为林业现代化建设的重要内容。必须牢固树立绿水青山就是金山银山的理念，在修复保护好绿水青山的同时，大力发展绿色富民产业，努力实现生态产业协调发展、多种功能充分发挥，既创造更多的生态资本和绿色财富，满足人民对良好生态的需要，又生产丰富的绿色林产品，满足人民对物质产品的需要。

——坚持把改革创新作为林业现代化建设的动力源泉。要把改革的红利、创新的活力、发展的潜力有效叠加起来，着力形成持续健康的发展模式。要敢于在关键领域寻求突破，大胆创新产权模式，推进国有自然资源有偿使用，拓展集体林经营权权能，健全林权流转和抵押贷款制度,以吸引更多资本参与林业建设。要大力推动林业科技、金融和管理创新,优化要素配置,培育新兴产业,全面增强林业发展内生动力。

——坚持把提升质量效益作为林业现代化建设的永恒主题。必须坚持数量质量并重、质量第一、效益优先,推动林业发展由规模速度型向质量效益型转变,走出一条内涵式发展道路。

——坚持把夯实发展基础作为林业现代化建设的有力保障。必须着力抓重点、补短板、强弱项,尽快解决林业基础薄弱问题,提升林业自我发展能力。

实施以生态建设为主的林业发展战略

张建龙

2018年3月14日《学习时报》

党的十九大提出,加快生态文明体制改革,建设美丽中国。这是党中央在中国特色社会主义进入新时代作出的重大部署,吹响了新时代生态文明建设号角。在第40个植树节之际,我们一定要深入学习贯彻习近平新时代中国特色社会主义思想和党的十九大精神,以更大力度、更有效举措,推进生态文明建设迈进新时代,实现新作为。

深刻把握习近平关于生态文明建设的战略思想

党的十八大以来,习近平总书记围绕生态文明建设发表一系列重要讲话,作出一系列重要批示指示,提出一系列新理念新思想新战略,深刻阐述了社会主义生态文明建设的重大意义、重要理念和重大方略。习近平关于生态文明建设的战略思想,内涵丰富、博大精深,丰富发展了马克思主义自然观和发展观,成为习近平新时代中国特色社会主义思想的重要组成部分,为建设美丽中国、全面建成小康社会、实现人与自然和谐发展提供了思想指引、理论指导和行动指南。我们必须深刻领会把握,全面贯彻落实,大力推动新时代生态文明建设。

把握生态文明建设的规律性。习近平总书记指出,建设生态文明是中华民族永续发展的千年大计;生态兴则文明兴,生态衰则文明衰;人类发展活动必须尊重自然、顺应自然、保护自然;人类只有遵循自然规律才能有效防止在开发利用自然上走弯路,人类对大自然的伤害最终会伤及人类自身,这是无法抗拒的规律。这些战略思想站在人类发展前沿,着眼人类前途命运,把握经济社会发展规律和自然规律,揭示了生态与文明、人与自然之间的关系,彰显了深邃的战略思维和辩证思维。经验教训告诉我们,为子孙后代计、为长远发展谋,必须持之以恒地推进生态文明建设,既积极探索和自觉遵循客观规律,又发挥主观能动性和创造性,在生态建设领域有所为、有所不为。

把握生态文明建设的人民性。习近平总书记强调,建设生态文明关系人民福祉;良好的生态环境是最公平的公共产品,是最普惠的民生福祉;让良好生态环境成为人民生活质量的增长点,成为展现我国良好形象的发力点;每个人都应该做生态文明建设的践行者、推动者。这些战略思想强调了坚持人民主体地位和以人民为中心的发展思想,展现出人民至上的价值追求和执政为民的责任担当。建设生态文明必须依靠人民、为了人民,把满足人民群众对良好生态环境和美好生活的向往作为奋斗目标,努力为人民提供更多优质生态产品和绿色林产品,让人民更好共享生态文明建设成果。

把握生态文明建设的协同性。习近平总书记指出,生态就是资源,生态就是生产力;保护生态环境就是保护生产力,改善生态环境就是发展生产力;绿水青山就是金山银山。这些战略思想形象地揭示了经济发展与生态环境保护既对立又统一的辩证关系,生动诠释了绿色发展、协调发展等新理念。我们要牢固树立和深入践行这些新理念新思想,更好地使其落地生根。要全面保护绿水青山,积极培育绿水青山,科学利用绿水青山,更多打造金山银山,切实做好山水文章,更好实现生态美百姓富的有机统一。要坚持在保护中发展、在发展中保护,使经济发展与生态保护协同推进,依靠良好生态实现可持续发展,推动形成绿色低碳循环的发展方式和生活方式,走生产发展、生活富裕、生态良好的文明发展之路。

把握生态文明建设的法治性。习近平总书记强调,建设生态文明,重在建章立制;用最严格的制度、最严密的法治保护生态环境;要像保护眼睛一样保护生态环境,像对待生命一样对待生态环境。这些战略思想强调加强顶层设计和制度体制机制建设,形成良好内生动力、强制实施力和严格约束力,体现了严密的法治思维和强烈的底线思维。要坚持节约资源和保护环境的基本国策,坚持节约优先、保护优先、自然恢复为主的方针,坚持全面保护、科学保护、依法保护的原则,大力加强生态修复和保护。要深化改革创新,稳步推进自然资源的用途管制、有偿使用、生态补偿、损害赔偿、离任审计等生态文明制度建设,划定并严守生态保护红线,用最严格的法律制度保护生态,引导和规范各类开发、利用、保护活动。

把握生态文明建设的系统性。习近平总书记指出,山水林田湖草是一个生命共同体,应该统筹治水和治山、治水和治林、治水和治田、治山和治林;森林关系国家生态安全,要着力推进国土绿化,着力提高森林质量,着力开展森林城市建设,着力建设国家公园。这些战略思想用普遍联系的观点和系统思维的方法,对森林的功能定位深入思考,对自然生态系统的整体性关联性全面认识,进一步指明了生态文明建设的方向和路径。

践行这些战略思想，就是要统筹自然生态的各要素，科学谋划、系统保护、综合治理，按照系统工程的思路，全方位、全地域、全过程开展生态环境保护建设，实现自然生态系统全面治理、整体保护。

加快推进林业现代化建设

林业建设事关经济社会可持续发展，发展林业是全面建成小康社会的重要内容，是生态文明建设的重要举措。5年来，林业系统深入实施以生态建设为主的林业发展战略，着力维护生态安全，大力推进绿色惠民，加快林业改革发展，林业现代化建设取得明显成效，在许多方面发生了深层次变革、取得了历史性成就，有力地推进了生态文明建设。一是生态修复取得新进展，全国森林面积达到31.2亿亩，森林蓄积量达到151亿立方米，森林覆盖率达到21.66%，成为同期全球森林资源增长最多的国家。二是生态保护迈出新步伐，天然林保护范围扩大到全国，恢复退化湿地350万亩，自然湿地保护率提高到49.03%，全国林业自然保护区达到2249处，面积18.9亿亩。三是生态惠民取得新成效，全国林业产业总产值年均增长12.1%，2017年达到7万亿元，林产品进出口贸易额达到1500亿美元，继续保持林产品生产和贸易第一大国地位。四是生态治理能力有了新提高，出台了一系列重大规划和制度方案，林业公共财政覆盖面不断扩大，补助标准逐步提高，形成了全面保护自然资源、推进重点领域改革和多元投入的林业支持保障体系。

在中国特色社会主义新时代，建设社会主义现代化国家，必须有良好的生态、发达的林业。必须把推进林业现代化建设作为新时代林业工作的根本任务。推进林业现代化建设，要全面贯彻党的十九大精神，以习近平新时代中国特色社会主义思想为指导，以建设美丽中国为总目标，以满足人民美好生活需要为总任务，坚持稳中求进的工作总基调，认真践行新发展理念和绿水青山就是金山银山理念，按照推动高质量发展的要求，全面深化林业改革，切实加强生态保护修复，大力发展绿色富民产业，不断增强基础保障能力，全面提升新时代林业现代化建设水平，为实施乡村振兴战略、决胜全面建成小康社会、建设社会主义现代化强国作出更大贡献。

坚持改革创新，完善生态文明制度。推进新时代林业现代化建设，必须全面深化改革创新，在关键领域寻求突破，把改革的红利、创新的活力、发展的潜力有效叠加起来，加快形成持续健康的发展模式。要突出抓好集体林权制度和国有林场、国有林区改革，进一步完善林业体制机制，全面增强林业发展内生动力。积极推进林业供给侧结构性改革，不断扩大优质林产品有效供给。积极推进国家公园体制和国有自然资源资产管理体制试点，建立以国家公园为主体的自然保护地体系。探索建立多元化、可持续的生态补偿机制，推进国有自然资源有偿使用，完善天然林保护、森林和湿地等补偿制度和保护立法。大力推动林业科技、金融和管理创新，深入实施"互联网+"林业行动计划，实施林业支撑保障体系建设工程，加强基础设施、技术装备、基层站所和人才队伍等建设。

坚持生态保护优先，加强生态修复保护。我国生态系统脆弱，生态问题突出。推进新时代林业现代化建设，必须把生态保护修复放在首要位置，始终坚持保护优先、自然恢复为主，优化生态安全屏障体系，提升森林、湿地、荒漠生态系统的质量、功能和稳定性。要统筹山水林田湖草系统治理，实施重要生态系统保护和修复重大工程，开展大规模国土绿化行动，推进森林城市建设，扩大退耕还林，加强防护林体系建设、湿地保护恢复和荒漠化治理。全面实施森林质量精准提升工程，加快培育国家储备林，保护好天然林资源。完善林业法律法规，划定生态保护红线，实行最严格的生态保护制度。加强林业自然保护区建设，实施珍稀濒危野生动植物拯救性保护行动，加快构建生态廊道和生物多样性网络，保护好重点野生动植物物种和典型生态系统。加强森林防火和林业有害生物防治，强化森林资源管理和林业执法监管，严厉打击破坏自然生态的行为，确保生态资源安全。

坚持全面协调发展，拓展林业发展新空间。党的十九大提出，要实施一系列重大发展战略。林业必须发挥优势，抓住机遇，积极作为。要推动实施乡村振兴战略，全面加强乡村原生植被、自然景观、古树名木、小微湿地和野生动植物保护，大力弘扬乡村生态文化。实施乡村绿化美化工程，抓好四旁植树、村屯绿化、庭院美化等身边增绿行动，着力打造生态乡村。建设一批特色经济林、花卉苗木基地，确定一批森林小镇、森林人家和生态文化村，加快发展生态旅游、森林康养等绿色产业，促进产业兴旺和生活富裕。推动实施脱贫攻坚战略，抓好林业精准扶贫和定点扶贫工作，提高森林生态效益补偿标准，继续在深度贫困地区吸纳有劳动能力的贫困农民就地转成护林员，让更多的贫困农民通过参与林业建设和保护实现稳定就业和精准脱贫。推动实施区域协同发展战略，支持老少边穷地区加快发展林业、实现转型发展。坚持生态先行、率先突破、共抓大保护。

坚持共建共治共享，推进生态惠民和绿色发展。当前，良好生态环境已成为人民群众最强烈的需求，绿色林产品已成为消费市场最青睐的产品。推进新时代林业现代化建设，必须顺应人民对美好生活的向往，始终坚持发展为了人民、发展依靠人民、发展成果由人民共享。要探索形成生态共建共治共享的良好机制，调动广大人民群众的创造性和积极性，既吸引群众积极参与林业建设，开展身边增绿行动，又确保群众公平分享发展成果，让人民群众更好地亲近自然、体验自然和享受自然。在保护修复好绿水青山的同时，要大力发展绿色富民产业，创造更多的生态资本和绿色财富，生产更多的生态产品和优质林产品。扩大林业对外开放，实现理念互鉴、经验共享、合作共赢，积极参与全球生态治理，共建生态良好的地球美好家园。

防治土地荒漠化　助力脱贫攻坚战
——纪念第二十四个世界防治荒漠化和干旱日

张建龙

2018年6月11日《人民日报》

中国政府历来高度重视荒漠化防治工作，采取了一系列行之有效的政策措施。经过半个多世纪积极探索和不懈努力，走出了一条生态与经济并重、治沙与治穷共赢的荒漠化防治之路。

今年6月17日是第二十四个"世界防治荒漠化和干旱日"。我国宣传的主题是"防治土地荒漠化 助力脱贫攻坚战"，旨在进一步激励和动员广大人民群众积极参与土地荒漠化防治，逐步改善沙区生态状况，加快发展沙区绿色产业，实现治沙增绿和脱贫致富协调发展。

荒漠化是全球面临的重大生态问题，世界上许多地方的人民饱受荒漠化之苦。《联合国防治荒漠化公约》生效20多年来，在各方共同努力下，全球荒漠化防治取得了明显成效。中国是世界上荒漠化面积最大、受风沙危害严重的国家。全国有荒漠化土地261.16万平方公里，占国土面积的27.2%；沙化土地172.12万平方公里，占国土面积的17.9%。中国政府历来高度重视荒漠化防治工作，认真履行《联合国防治荒漠化公约》，采取了一系列行之有效的政策措施，加大荒漠化防治力度。经过半个多世纪的积极探索和不懈努力，走出了一条生态与经济并重、治沙与治穷共赢的荒漠化防治之路。全国荒漠化土地面积自2004年以来已连续三个监测期持续净减少，荒漠化扩展的态势得到有效遏制，实现了由"沙进人退"到"绿进沙退"的历史性转变，成为全球荒漠化防治的成功典范，为实现全球土地退化零增长目标提供了"中国方案"和"中国模式"，为全球生态治理贡献了"中国经验"和"中国智慧"，受到国际社会的广泛赞誉。

土地荒漠化与贫困相伴相生，互为因果。我国近35%的贫困县、近30%的贫困人口分布在西北沙区。沙区既是全国生态脆弱区，又是深度贫困地区；既是生态建设主战场，也是脱贫攻坚的重点难点地区，改善生态与发展经济的任务都十分繁重。打好沙区精准脱贫与生态保护修复两大攻坚战，必须深入学习贯彻习近平生态文明思想，牢固树立绿水青山就是金山银山的理念，坚持治沙与治穷相结合，增绿与增收相统一，采取更大的支持力度、更实的工作举措，通过生态保护脱贫、生态建设脱贫、生态产业脱贫，让沙地变绿、让农民变富、让乡村变美，实现防沙治沙与精准脱贫互利共赢。

一要加强生态保护修复，促进沙区生态改善。生态问题是沙区最突出的问题，严重制约沙区经济社会可持续发展。要牢固树立尊重自然、顺应自然、保护自然的理念，坚持生态优先、保护优先、自然修复为主的方针，实行最严格的保护制度，全面落实荒漠生态保护红线，严格保护荒漠天然植被，促进自然植被休养生息。要认真实施《防沙治沙法》，全面落实防沙治沙目标责任考核奖惩、沙化土地封禁保护等制度。要坚持科学治沙，充分考虑水分平衡问题，以水定需、量水而行，宜林则林、宜草则草、宜灌则灌。对适宜治理的区域，要深入实施三北防护林、京津风沙源治理等重大生态工程，采取综合治理措施，着力增加林草植被，加快改善沙区生态状况和人居环境。

二要发展特色沙产业，助力沙区精准脱贫。荒漠化防治，不仅是生态问题，也是经济问题，更是民生问题。沙区具有独特的光热土等资源优势，发展沙产业大有作为。防沙治沙要深入践行绿色发展理念，主动承担起生态惠民、绿色富民、促进精准脱贫的历史使命，在保护优先的前提下，正确处理防沙、治沙、用沙之间的关系。要继续扩大沙化土地封禁保护区范围，增加生态护林员规模，帮助更多贫困人口实现沙地就业和家门口脱贫，通过保护沙区生态获得实实在在的收益。要引导更多有劳动能力的贫困人口参与林业重点工程建设，大力推进造林种草劳务扶贫，有效增加贫困人口经济收入。要充分利用沙区光热资源充足、土地资源广阔的优势，积极发展以灌草饲料、中药材、经济林果等为重点的沙区特色种植业、精深加工业、生物质能源、沙漠旅游业等绿色产业，构建企业带大户、大户带小户、千家万户共同参与的发展格局，使沙害变沙利，黄沙变黄金，实现治沙与治穷双赢。

三要坚持改革创新，促进沙区共治共享。改革创新是防治荒漠化的动力源泉。防沙治沙既要有守护生态的底线思维，也要有穷则思变的创新理念；既要依靠政府主导，也要撬动市场力量，才能形成防沙治沙的强大合力。我国防沙治沙之所以能取得巨大成绩，其中很重要的一条经验就是坚持改革创新。在新的形势下，防沙治沙要进一步加大改革创新力度，努力探索更多可复制可推广的成果和模式。要着力创新体制机制，探索建立沙化土地资产产权制度，推动建立荒漠生态效益补偿制度和防沙治沙奖励补助政策，深化投融资体制改革，大力推动政府和社会资本合作治沙，认真总结推广布其防沙治沙模式，坚持政府主导、企业主体、群众参与、科技引领，努力实现防沙治沙人人参与、建设成果人人共享。

四要积极宣传发动，发挥群众主体作用。防沙治沙最大的力量是人民群众的创造和奉献。在长期防沙治沙实践中，沙区广大干部群众与沙害进行不懈、顽强的抗争，涌现出了"治沙英雄"石光银、"时代楷模"苏和等先进人物和内蒙古赤峰、陕西榆林、甘肃民勤等治沙典型，形成了沙害不除、治沙不止的胡杨精神。这些都是我们继续推进防沙治沙的宝贵财富。要加大典型人物和事迹的宣传力度，用榜样的力量鼓舞人民群众，激发内生动力，调动沙区贫困群众以更大的积极性、主动性、创造性参与防沙治沙事业。要教育广大群众破除"等、靠、要"思想，改变简单给钱、给物、给牛羊的做法，多采用生产奖补、劳务补助等机制，加大防沙治沙技能培训，激励群众依靠辛勤劳动脱贫致富，用实际行动建设美好家园、创造美好生活。

树立和践行绿水青山就是金山银山理念

张建龙

2018年第18期《求是》杂志

习近平总书记多次强调，绿水青山就是金山银山。这一理念作为习近平生态文明思想的重要组成部分，已经成为我们党治国理政的重要理念，必须准确把握并深入践行，努力推进生态文明建设迈上新征程。

一、绿水青山就是金山银山理念内涵深刻

习近平总书记提出的绿水青山就是金山银山理念，是我们党对客观规律认识的重大成果，是处理发展问题的重大突破，是生态文明理论的重大创新，发展了马克思主义生态经济学，是习近平新时代中国特色社会主义思想的重要内容。

深刻把握人与自然的辩证关系。绿水青山与金山银山的关系，实质上就是生态环境保护与经济发展的关系。习近平总书记指出，在实践中对二者关系的认识经过了"用绿水青山去换金山银山、既要金山银山也要保住绿水青山、让绿水青山源源不断地带来金山银山"三个阶段。这是一个理论逐步深化的过程。人类必须善待自然。只有抱着尊重自然的态度，采取顺应自然的行动，履行保护自然的职责，才能还自然以宁静和谐美丽，让人与自然相得益彰、融合发展。

深刻把握自然生态的重要价值。绿水青山、金山银山分别体现自然资源的生态属性和经济属性，是推动社会全面发展的两个重要因素。绿水青山就是金山银山理念阐述了自然资源和生态环境在人类生存发展中的基础性作用，以及自然资本与生态价值的重要性，强调生态就是资源，就是生产力。保护和改善生态环境，就是保护和发展生产力。从长远来看，绿色生态效益持续稳定、不断增值，总量丰厚、贡献巨大，是最大财富、最大优势、最大品牌。因此，我们必须重视培育和发展自然资源，加强自然资源和生态环境的保护和利用，增加生态价值和自然资本。

深刻把握可持续发展的内在要求。生态保护与经济发展的问题，归根到底是可持续发展问题。绿水青山就是金山银山理念告诉我们，必须突破把生态保护与经济发展对立起来的僵化思维，使两者有机统一、协同推进，更好实现生态美百姓富，更好促进经济社会协调可持续发展。

深刻把握执政为民的核心理念。随着经济社会快速发展，人们需求层次逐步提高。绿水青山就是金山银山理念坚持以人民为中心的发展思想，把满足人民群众对良好生态环境和美好生活的向往作为奋斗目标，努力为人民群众提供更多优质生态产品，让人民群众共享生态文明建设成果。这一理念饱含对人民群众、对子孙后代高度负责的强烈责任感，强调建设生态文明是关系人民福祉和中华民族永续发展的千年大计，绝不能吃祖宗饭、断子孙路。

二、绿水青山就是金山银山理念引领社会发展变革

绿水青山就是金山银山理念基于长期实践和经验教训而提出，在伟大实践中形成和发展，得到实践验证和社会认同，有着深厚的实践基础和深刻的现实意义。这一理念有力地推进了物质文明和生态文明的共同发展与有机融合，对社会发展和变革产生了广泛而深远的影响。

为生态文明建设提供实践指引。生态文明建设是一项长期的战略任务和目标。绿水青山就是金山银山理念明确了生态文明建设的目标方向、途径方法和规范要求。坚持生态保护优先、自然修复为主，加大生态治理、修复和保护力度，坚守生态功能保障基线、自然资源利用上线、生态安全底线。坚持重点突破、整体推进，坚持久久为功、善作善成。

为绿色发展提供理论基础。自然资源和生态环境，是经济发展、绿色发展的重要基础和制约条件。践行绿水青山就是金山银山理念、推进绿色发展，就是要推进绿水青山向金山银山转化，对绿水青山这一优质自然资源和优美生态环境，精心培育，严格保护，合理利用，把生态优势变成经济优势，使金山银山常有、绿水青山常在；就是要落实新发展理念，协同推进生态保护与经济发展，在保护中发展、在发展中保护，既不能脱离生态保护搞经济发展，也不能离开经济发展抓生态保护；就是要转变发展方式，加快经济结构调整和传统产业升级改造，着力培育新的经济增长点和发展支撑点，推进生产经济活动过程和结果的绿色化、生态化，推动形成绿色发展方式和生活方式。

为现代化建设提供生态路径。全面建成社会主义现代化强国，美丽中国是重要标志，人与自然和谐共生是基本特征，提供丰富优质生态产品是重要任务。美在绿水青山，富在金山银山。践行绿水青山就是金山银山理念，既为现代化建设找准了着力点，也为实现现代化找到了生态路径。这就是做好"山水"大文章。要画好"山水画"，通过推进生态修复保护，浓墨重彩绘就绿水青山，为美丽中国铺实绿色底色。要念好"山水经"，通过山水林田湖草系统治理，拓展生态空间、生态容量及生态承载能力，打造金山银山，使生态与经济良性循环、互利双赢。要唱好"山水戏"，通过打造绿色家园和生态文化，彰显山水风光、地域风情和乡土风俗，让人们融入大自然，看山望水忆乡愁。

为实现全面小康提供决战主场。小康全面不全面，生态环境质量是关键。生态文明建设的成效，既影响小康程度，也制约小康进程。当前我国生态资源总量不足，生态系统脆弱。生态文明建设仍是全面建成小康社会的突出短板和主攻战场。践行绿水青山就是金山银山理念，就是要做强生态弱项、补齐生态短板、增进生态福祉，使生态文明建设的内涵更丰富、外延更拓展，生态惠民的动能更强劲、成效更彰显。通过实施生态攻坚，尽快扭转生态脆弱状况，优化生存环境，增添人们的安全感和舒适感；通过搭建实践平台，让更多的人参与生态文明建设与创业，创建美丽家园，创造美好生活，增添人们的自豪感和成就感；通过推进绿色惠民，发展生态产品、绿色产品和生态文化，扩大人民生态福利，增添人们的获得感和幸福感。

三、林业和草原建设在践行绿水青山就是金山银山理念中大有可为

林业和草原部门承担着修复和保护森林、草原、湿地、荒漠生态系统和维护生物多样性的重要职能，肩负着生产生态产品和保障林草产品供给的双重任务，是生态文明建设的主体，也是践行绿水青山就是金山银山理念的主阵地。我们要以绿水青山就是金山银山理念为指导，加快林业改革发展，全面推进林业现代化建设，既当好绿水青山的建设者，也当好金山银山的打造者。

推进生态修复和保护，营造绿水青山。林业和草原部门要切实履行生态修复和保护的职责，在扩面增绿、提质增效上下功夫，加大林草植被恢复和保护力度，确保山更绿、水更清、环境更优美。在生态修复方面，大规模开展国土绿化行动。持续实施三北防护林体系建设、新一轮退耕还林还草、京津风沙源治理和石漠化综合治理等一系列重大生态修复工程，扩大工程造林规模。全面加快"一带一路"、京津冀、长江经济带等重点地区造林绿化和防沙治沙，大力开展森林城市建设和国家储备林建设，全面实施乡村绿化美化工程和森林质量精准提升工程。在生态保护方面，全面实施天然林资源保护、湿地保护与恢复、濒危野生动植物抢救性保护等重点工程。全面停止天然林商业性采伐，加强森林资源和草原保护管理与执法监督。加强自然保护区、风景名胜区、自然遗产、地质公园等自然保护地的保护和管理。加强国家公园建设顶层设计，加快推动建立以国家公园为主体的自然保护地体系。力争到2020年，全国森林覆盖率从目前的21.66%提高到23.04%。

推进生态惠民和产业发展，打造金山银山。依托绿水青山，科学开发利用森林、草原、湿地、荒漠等资源，着力培育新产业、新业态和新的经济增长点，使资源变成资产、资本，使绿水青山和冰天雪地变成金山银山。围绕产业富民，加快改造升级木材培育、木材加工、木浆造纸、林产化工、林业机械等传统产业，着力发展经济林、林下经济、森林旅游、休闲观光等特色富民产业，大力培育生物制药等新兴产业，促进现代林业服务业快速发展。围绕创业增收，推进依林就业创业，让农民就地就近就业和返乡创业，不出家门也能增收致富，使林农收入渠道更加多元化。围绕精准脱贫，开展生态建设扶贫、生态保护扶贫和生态产业扶贫。特别是在贫困地区选聘贫困人口作为生态护林员，在参与生态保护中实现就业。在全国已落实生态护林员37万人、精准带动130多万贫困人口实现稳定增收和脱贫的基础上，到2020年再新增40万个生态护林员岗位。围绕公共生态福利，大力建设森林城市、美丽乡村等，推进身边增绿，让城乡环境更宜居，让人们更好地享受窗外有绿树、野外有好去处的生态福利。

推进改革和创新，构建绿水青山就是金山银山形成机制。把改革的红利、创新的活力、发展的潜力有效叠加起来，加快形成持续健康的发展模式。一是形成完善的林业经营管理体制机制。全面深化集体林权制度、国有林场、国有林区三大改革，积极推进国家公园管理体制和国有自然资源资产管理体制试点，抓好东北虎豹、大熊猫、祁连山国家公园体制试点，在关键领域寻求突破，增强林业发展的内生动力。二是形成有力的强林惠林政策制度体系。建立生态资源定价、环境赔偿和自然资源有偿使用制度，完善天然林保护、森林、草原和湿地等补偿制度和保护立法，推进林业碳汇交易制度和项目开发，实现森林生态效益的量化和价值补偿，使生态建设保护参与者得到合理回报和经济补偿。三是形成良好的共建共享参与机制。建立自然资源和生态环境保护的公众参与、党政同责、终身追责、离任审计等制度。积极探索多种国土绿化形式，优先支持政府和社会资本合作国土绿化项目，推广政府主导、企业主体、全社会共同参与的植树造林模式。建立多元化林业和草原建设参与机制，让群众更好地参与建设、分享成果。

推广先进典型和生态文化，打造绿水青山就是金山银山现实样板。宣传和推广践行绿水青山就是金山银山理念的先进典型，弘扬其致力修复生态、实现转型发展的感人事迹，发挥好典型引领示范带动作用。绿水青山就是金山银山理念的发源地浙江省安吉县，从2003年开始实施生态立县，下决心关停造纸厂和煤矿，变靠山吃山为养山富山，大力实施生态修复，发展林业产业，全县森林覆盖率提高到70%以上，财政总收入年均增长超过20%。河北省塞罕坝机械林场、山东省淄博原山林场、甘肃省民勤县、山西省右玉县，经过五六十年

造林绿化攻坚，在荒山荒地荒漠地区营造了规模宏大的人工林，辖区内森林覆盖率由建设初期的不足10%增加到90%左右，"不毛之地"变成了"绿洲林海"。这些地区以生态为本、绿色兴业、产业富民的实际行动，成为绿水青山就是金山银山理念践行样板、生态文明建设典范，带动了更多社会力量参与生态文明建设和自然保护，让绿水青山就是金山银山理念在中华大地落地生根、开花结果。

规范性文件

国家林业局公告
2018 年第 1 号

根据《植物检疫条例》和《全国林业检疫性有害生物疫区管理办法》（林造发〔2013〕17号）的有关规定，现将我国2018年松材线虫病疫区公告如下：

辽宁省：沈阳市浑南区※（"※"表示2017年松材线虫病新发生县级行政区，下同），大连市中山区※、西岗区※、沙河口区、甘井子区※、长海县※，抚顺市东洲区※、抚顺县※、新宾县※、清原县※，本溪市南芬区※，丹东市振兴区※、凤城市，铁岭市铁岭县※。

江苏省：南京市玄武区、浦口区、栖霞区、雨花台区、江宁区、六合区、溧水区、高淳区，无锡市惠山区、滨湖区、宜兴市，常州市金坛区、溧阳市，苏州市常熟市，连云港市海州区、连云区，淮安市盱眙县，扬州市仪征市，镇江市润州区、丹徒区、句容市。

浙江省：杭州市西湖区、富阳区、临安区、桐庐县，宁波市北仑区、鄞州区、奉化区、宁海县、象山县、余姚市、慈溪市，温州市永嘉县、平阳县、泰顺县、乐清市，嘉兴市海盐县、平湖市，湖州市吴兴区、长兴县、德清县，绍兴市越城区、柯桥区、上虞区、新昌县、诸暨市、嵊州市，舟山市定海区、普陀区，台州市黄岩区、三门县、天台县、临海市、温岭市，丽水市莲都区、缙云县、青田县。

安徽省：合肥市肥东县、庐江县，芜湖市无为县、马鞍山市博望区、当涂县，安庆市宜秀区、怀宁县，黄山市黄山区※，滁州市全椒县、来安县、明光市，六安市霍邱县、舒城县、霍山县，宣城市宣州区、宁国市、广德县。

福建省：福州市马尾区、晋安区、闽侯县、罗源县、连江县、永泰县※、长乐市，厦门市翔安区、同安区、海沧区，莆田市涵江区、仙游县，三明市梅列区、三元区、沙县、泰宁县，泉州市丰泽区、洛江区、台商投资区、晋江市、南安市、安溪县、永春县，漳州市云霄县、诏安县、南靖县、漳浦县，南平市延平区、建瓯市，宁德市蕉城区、霞浦县、福鼎市、福安市。

江西省：南昌市湾里区、新建区、安义县、进贤县，景德镇市浮梁县，九江市濂溪区、德安县※、彭泽县、都昌县、湖口县、共青城市、庐山市，新余市渝水区，赣州市章贡区、南康区、赣县区、大余县，吉安市吉州区、峡江县※、新干县※、永丰县、遂川县※、万安县※、安福县，宜春市丰城市、樟树市※，抚州市广昌县、南丰县、南城县、乐安县※，上饶市信州区、婺源县。

山东省：青岛市黄岛区、崂山区、李沧区、城阳区、即墨市※，烟台市芝罘区、福山区、牟平区、莱山区、长岛县，威海市环翠区、文登区、荣成市、乳山市，日照市东港区。

河南省：信阳市新县。

湖北省：武汉市洪山区、蔡甸区※、黄陂区，黄石市铁山区、大冶市※，十堰市张湾区、郧阳区※、郧西县※，宜昌市夷陵区、长阳县、宜都市、当阳市、枝江市，襄阳市谷城县，荆州市松滋市※，荆门市掇刀区、京山县※、钟祥市※，黄冈市罗田县※，咸宁市咸安区、崇阳县、赤壁市，随州市曾都区，恩施土家族苗族自治州恩施市。

湖南省：长沙市长沙县※，株洲市醴陵市※，衡阳市石鼓区、蒸湘区、衡南县，邵阳市邵东县、邵阳县※、绥宁县，岳阳市云溪区、平江县※、临湘市，常德市桃源县，张家界市慈利县，益阳市赫山区，郴州市桂阳县※，娄底市双峰县※、涟源市，湘西土家族苗族自治州保靖县※、永顺县※。

广东省：广州市白云区、黄埔区、花都区、从化区、增城区，韶关市武江区、曲江区，汕头市濠江区，肇庆市封开县、广宁县，惠州市惠城区、惠阳区、惠东县、博罗县、龙门县，梅州市梅江区、梅县区、蕉岭县、丰顺县、大埔县、五华县、平远县、兴宁市，汕尾市海丰县，河源市源城区、紫金县、龙川县、和平县※、东源县，清远市清城区、清新区※、英德市※，东莞市。

广西壮族自治区：柳州市城中区，桂林市灵川县※、兴安县※，梧州市苍梧县，桂平市，玉林市兴业县，贺州市八步区※、平桂区※、钟山县※。

重庆市：渝北区※、巴南区、万州区、涪陵区、黔江区、长寿区、江津区、南川区※、綦江区、大足区※、璧山区※、铜梁区、开州区、梁平区※、武隆区※、万盛经济开发、丰都县※、垫江县※、忠县、云阳县、巫山县※。

四川省：自贡市自流井区※、富顺县，绵阳市涪城区※、江油市，乐山市市中区※，南充市阆中市※，宜宾市翠屏区、南溪区※、宜宾县、高县、屏山县，广安市邻水县，达州市通川区、达川区、大竹县※，雅安市名山区，凉山彝族自治州西昌市。

贵州省：遵义市播州区、南部新区※、仁怀市，毕节市金沙县，铜仁市碧江区※，黔东南苗族侗族自治州凯里市。

陕西省：汉中市洋县、西乡县※、宁强县、略阳县※、镇巴县※、佛坪县※，安康市汉滨区、汉阴县※、石泉县、宁陕县※、紫阳县※、岚皋县※、平利县※、白河县※，商洛市商南县※、山阳县※、镇安县※、柞水县。

特此公告。

国家林业局
2018 年 2 月 2 号

国家林业局公告

2018 年第 2 号

根据《植物检疫条例》和《全国林业检疫性有害生物疫区管理办法》（林造发〔2013〕17 号）的有关规定，现将我国 2018 年撤销的松材线虫病疫区公告如下：

浙江省：宁波市镇海区。

安徽省：合肥市巢湖市，马鞍山市含山县，池州市东至县。

福建省：福州市仓山区，厦门市思明区。

广东省：广州市天河区。

广西壮族自治区：贵港市平南县。

特此公告。

国家林业局
2018 年 2 月 2 号

国家林业局公告

2018 年第 3 号

根据《植物检疫条例》和《全国林业检疫性有害生物疫区管理办法》（林造发〔2013〕17 号）有关规定，现将我国 2018 年美国白蛾疫区公告如下：

北京市：东城区、西城区、朝阳区、丰台区、石景山区、海淀区、门头沟区、房山区、通州区、顺义区、昌平区、大兴区、怀柔区、平谷区、密云区。

天津市：和平区、河东区、河西区、南开区、河北区、红桥区、东丽区、西青区、津南区、北辰区、武清区、宝坻区、滨海新区、宁河区、静海区、蓟州区。

河北省：石家庄市长安区、桥西区、新华区、裕华区、藁城区、鹿泉区、井陉县、正定县、行唐县、灵寿县、高邑县、深泽县、无极县、平山县、元氏县、新乐市，唐山市路南区、路北区、古冶区、开平区、丰南区、丰润区、曹妃甸区、滦县、滦南县、乐亭县、迁西县、玉田县、遵化市、迁安市，秦皇岛市海港区、山海关区、北戴河区、抚宁区、青龙县、昌黎县、卢龙县，邯郸市邯山区、丛台区、复兴区、肥乡区、永年区、临漳县、成安县、大名县、邱县、广平县、馆陶县、魏县、曲周县，邢台市桥东区、邢台县、临城县、柏乡县、隆尧县、任县、南和县、宁晋县、广宗县、平乡县、威县、清河县、临西县、南宫市、沙河市，保定市竞秀区、莲池区、满城区、清苑区、徐水区、涞水县、定兴县、唐县、高阳县、容城县、望都县、安新县、易县、曲阳县、蠡县、顺平县、博野县、雄县、涿州市、安国市、高碑店市，承德市兴隆县、平泉县、宽城县，沧州市新华区、运河区、沧县、青县、东光县、海兴县、盐山县、肃宁县、南皮县、吴桥县、献县、孟村县、泊头市、任丘市、黄骅市、河间市，廊坊市安次区、广阳区、固安县、永清县、香河县、大城县、文安县、大厂县、霸州市、三河市，衡水市桃城区、冀州区、枣强县、武邑县、武强县、饶阳县、安平县、故城县、景县、阜城县、深州市，定州市，辛集市。

内蒙古自治区：通辽市科尔沁左翼后旗。

辽宁省：沈阳市苏家屯区、浑南区、沈北新区、于洪区、辽中区、康平县、法库县、新民市，大连市甘井子区、旅顺口区、金普新区、普兰店区、长海县、瓦房店市、庄河市，鞍山市千山区、台安县、岫岩县、海城市，抚顺市顺城区、抚顺县，本溪市平山区、溪湖区、明山区、南芬区、本溪县、桓仁县，丹东市振兴区、元宝区、振安区、合作区、宽甸县、东港市、凤城市，锦州市太和区、黑山县、义县、凌海市、北镇市，营口市鲅鱼圈区、老边区、大石桥市、盖州市，阜新市清河门区、细河区、彰武县、阜新县，辽阳市文圣区、宏伟区、弓长岭区、太子河区、辽阳县、灯塔市，盘锦市大洼县、盘山县，铁岭市银州区、清河区、铁岭县、西丰县、昌图县、调兵山市、开原市，葫芦岛市连山区、龙港区、南票区、绥中县、兴城市。

吉林省：长春市双阳区、长春经济技术开发区、长春汽车经济技术开发区、长春高新技术开发区，吉林市吉林经济技术开发区※（"※"表示2017年美国白蛾新发生县级行政区，下同），四平市铁西区、梨树县、公主岭市※、双辽市，辽源市龙山区、西安区、东辽县、东丰县，通化市梅河口市、集安市。

江苏省：南京市建邺区、鼓楼区、浦口区、栖霞区※、江宁区、六合区，徐州市鼓楼区、云龙区、贾汪区、泉山区、铜山区、丰县、沛县、睢宁县、新沂市、邳州市，连云港市连云区、海州区、赣榆区、东海县、灌云县、灌南县，淮安市淮安区、淮阴区、清江浦区、洪泽区、涟水县、盱眙县、金湖县，盐城市亭湖区、盐都区、大丰区、响水县、滨海县、阜宁县、射阳县、建湖县、东台市，扬州市邗江区、江都区、宝应县、仪征市、高邮市，泰州市姜堰区、兴化市，宿迁市宿城区、宿豫区、沭阳县、泗阳县、泗洪县。

安徽省：合肥市瑶海区、庐阳区、蜀山区、包河区、长丰县、肥东县、巢湖市，芜湖市鸠江区、三山区、繁昌县、无为县，蚌埠市龙子湖区、蚌山区、禹会区、淮上区、怀远县、五河县、固镇县，淮南市大通区、田家庵区、谢家集区、八公山区、潘集区、毛集区、凤台县、寿县，马鞍山市当涂县※、含山县，淮北市杜集区、相山区、烈山区、濉溪县，铜陵市义安区、枞阳县※，滁州市南谯区、琅琊区、定远县、来安县、全椒县、凤阳县、天长市、明光市，阜阳市颍州区、颍东区、颍泉区、临泉县、太和县、阜南县、颍上县、界首市，宿州市埇桥区、砀山县、萧县、灵璧县、泗县，六安市霍邱县，亳州市谯城区、涡阳县、蒙城县、利辛县，池州市贵池区※。

山东省：济南市历下区、市中区、槐荫区、天桥区、历城区、长清区、章丘市、平阴县、济阳县、商河县，青岛市市南区、市北区、黄岛区、崂山区、李沧区、城阳区、胶州市、即墨市、平度市、莱西市，淄博市周村区、张店区、淄川区、博山区、临淄区、桓台县、高青县、沂源县，枣庄市市中区、薛城区、峄城区、台儿庄区、山亭区、滕州市，东营市东营区、河口区、垦利区、利津县、广饶县，烟台市芝罘区、福山区、牟平区、莱山区、长岛县、龙口市、莱阳市、莱州市、蓬莱市、招远市、栖霞市、海阳市，潍坊市潍城区、寒亭区、坊子区、奎文区、临朐县、昌乐县、青州市、诸城市、寿光市、安丘市、高密市、昌邑市，济宁市任城区、兖州区、微山县、鱼台县、金乡县、嘉祥县、汶上县、泗水县、梁山县、曲阜市、邹城市，泰安市泰山区、岱岳区、宁阳县、东平县、新泰市、肥城市，威海市环翠区、文登区、荣成市、乳山市，日照市东港区、岚山区、五莲县、莒县，莱芜市莱城区、钢城区，临沂市兰山区、罗庄区、河东区、沂南县、郯城县、沂水县、兰陵县、费县、平邑县、莒南县、蒙阴县、临沭县，德州市德城区、陵城区、宁津县、庆云县、临邑县、齐河县、平原县、夏津县、武城县、乐陵市、禹城市，聊城市东昌府区、临清市、阳谷县、莘县、茌平县、东阿县、冠县、高唐县，滨州市滨城区、沾化区、惠民县、阳信县、无棣县、博兴县、邹平县，菏泽市牡丹区、定陶区、曹县、单县、成武县、巨野县、郓城县、鄄城县、东明县。

河南省：郑州市金水区、惠济区、郑东新区、中牟县，开封市龙亭区、顺河回族区、鼓楼区、祥符区、开封新区、通许县、尉氏县，安阳市文峰区、北关区、安阳县、汤阴县、内黄县，鹤壁市山城区、淇滨区、浚县、淇县，新乡市红旗区、卫滨区、新乡县、原阳县、延津县、封丘县、卫辉市，濮阳市华龙区、濮阳经济开发区、清丰县、南乐县、范县、台前县、濮阳县，许昌市建安区、鄢陵县，商丘市梁园区、睢阳区、民权县、夏邑县、虞城县，周口市川汇区、扶沟县※、西华县※、沈丘县、郸城县※、淮阳县、项城市，信阳市浉河区、平桥区、罗山县、光山县、潢川县、淮滨县、息县、商城县，驻马店市驿城区、西平县※、上蔡县、平舆县、正阳县、确山县、泌阳县、汝南县、遂平县※，滑县，兰考县，长垣县，固始县，永城市，新蔡县。

湖北省：襄阳市襄州区、枣阳市、宜城市，孝感市孝南区※、孝昌县※、大悟县、云梦县※、应城市※、安陆市，随州市广水市，潜江市。

特此公告。

国家林业局
2018 年 2 月 2 日

国家林业局公告

2018 年第 4 号

根据《植物检疫条例》和《全国林业检疫性有害生物疫区管理办法》（林造发〔2013〕17 号）的有关规定，现将我国 2018 年撤销的美国白蛾疫区公告如下：

河南省：许昌市东城区。

特此公告。

国家林业局
2018 年 2 月 2 日

国家林业局公告

2018 年第 5 号

国家林业局批准发布《林业行政许可事项服务指南编写规范》等 60 项林业行业标准（见附件），自 2018 年 6 月 1 日起实施，现予以公布。

特此公告。

附件：《林业行政许可事项服务指南编写规范》等 60 项林业行业标准目录

国家林业局
2018 年 2 月 27 日

附件

《林业行政许可事项服务指南编写规范》等 60 项林业行业标准目录

序号	标准编号	标准名称	代替标准号
1	LY/T 2932—2018	林业行政许可事项服务指南编写规范	
2	LY/T 2933—2018	国家公园功能分区规范	
3	LY/T 2934—2018	森林康养基地质量评定	
4	LY/T 2935—2018	森林康养基地总体规划导则	
5	LY/T 2936—2018	荒漠区盐渍化土地生态系统定位观测指标体系	
6	LY/T 2937—2018	自然保护区管理计划编制指南	
7	LY/T 2938—2018	极小种群野生植物保护原则与方法	
8	LY/T 2939—2018	枣大球蚧防治技术规程	
9	LY/T 2940—2018	杨干象防治技术规程	
10	LY/T 2290—2018	林木种苗标签	LY/T 2290—2014
11	LY/T 2280—2018	林木种苗生产经营档案	LY/T 2280—2014
12	LY/T 2941—2018	林木轻基质产品及检测技术规程	
13	LY/T 2942—2018	山苍子苗木培育及质量等级	
14	LY/T 2943—2018	印度紫檀育苗技术规程	
15	LY/T 2944—2018	大叶相思容器育苗技术规程	
16	LY/T 2945—2018	白皮松容器育苗技术规程	
17	LY/T 2946—2018	流苏育苗技术规程	
18	LY/T 2947—2018	玉簪种苗生产技术及质量要求	
19	LY/T 2948—2018	桤木轻基质容器育苗技术规程	
20	LY/T 2949—2018	青海云杉播种育苗及造林技术规程	
21	LY/T 2950—2018	桂花观赏苗木培育技术规程和质量等级	
22	LY/T 2951—2018	藤本月季栽培技术规程	
23	LY/T 2952—2018	八角莲栽培技术规程	
24	LY/T 2953—2018	亚高山树状杜鹃栽培技术规程	
25	LY/T 2954—2018	盆栽菊花栽培技术规程	
26	LY/T 2955—2018	油茶主要性状调查测定规范	
27	LY/T 2956—2018	金花茶栽培技术规程	
28	LY/T 2957—2018	南方集体林区天然次生林近自然森林经营技术规程	
29	LY/T 2958—2018	油用牡丹栽培技术规程	
30	LY/T 2959—2018	滨海盐渍土原位隔盐绿化技术规程	
31	LY/T 2960—2018	四川山矾栽培技术规程	
32	LY/T 2961—2018	麻栎栽培技术规程	
33	LY/T 2962—2018	黄葛树栽培技术规程	
34	LY/T 2963—2018	羽叶丁香栽培技术规程	

(续表)

序号	标准编号	标准名称	代替标准号
35	LY/T 2964—2018	三峡库区消落带植被生态修复技术规程	
36	LY/T 2965—2018	桉树中大径材培育技术规程	
37	LY/T 2966—2018	任豆培育技术规程	
38	LY/T 2967—2018	格木丰产林培育技术规程	
39	LY/T 2968—2018	北美红枫繁育技术规程	
40	LY/T 2969—2018	东北、内蒙古林区低效改造技术要求和工程实施指南	
41	LY/T 2970—2018	古树名木生态环境检测技术规程	
42	LY/T 2971—2018	油松人工林经营技术规程	
43	LY/T 2972—2018	困难立地红树林造林技术规程	
44	LY/T 2973—2018	华山松人工林抚育技术规程	
45	LY/T 2974—2018	旱冬瓜培育技术规程	
46	LY/T 2975—2018	铁力木培育技术规程	
47	LY/T 2976—2018	翅荚木培育技术规程	
48	LY/T 2977—2018	鼹葫栲培育技术规程	
49	LY/T 2978—2018	野生动物饲养管理技术规程 丹顶鹤	
50	LY/T 2979—2018	野生动物产品 鸵鸟蛋	
51	LY/T 2980—2018	野生动物饲养管理技术规程 狍	
52	LY/T 2981—2018	野生动物饲养管理技术规程 东方白鹳	
53	LY/T 2982—2018	竹茶盘	
54	LY/T 2983—2018	桐木拼板	
55	LY/T 1507—2018	木杆	LY/T 1507—2008
56	LY/T 1506—2018	短原木	LY/T 1506—2008
57	LY/T 2984—2018	原条检验	
58	LY/T 1370—2018	原条造材	LY/T 1370—2002
59	LY/T 2985—2018	唐古特白刺硬枝扦插繁殖技术规程	
60	LY/T 2986—2018	流动沙地沙障设置技术规程	

国家林业局公告

2018 年第 6 号

根据《中华人民共和国种子法》第十九条的规定，现将由国家林业局林木品种审定委员会审定通过的长乐林场 1 代火炬松种子园种子等 26 个品种和认定通过的报春等 6 个品种作为林木良种（详见附件）予以公告。自公告发布之日起，这些品种在林业生产中可以作为林木良种使用，并在本公告规定的适宜种植范围内推广。

特此公告。

附件：林木良种名录（中英文）（略）

国家林业局
2018 年 3 月 23 日

国家林业和草原局公告

2018 年第 7 号

按照《中华人民共和国行政许可法》、《国家林业局委托实施林业行政许可事项管理办法》（国家林业局令第 45 号）的规定，我局决定委托浙江省林业厅实施国家级森林公园改变经营范围审批行政许可事项，现将有关事项公告如下：

一、委托事项
国家级森林公园改变经营范围审批。
二、委托权限
浙江省国家级森林公园改变经营范围审批的办理。

三、委托期限

委托期限自 2018 年 7 月 1 日至 2023 年 6 月 30 日。

国家林业和草原局对其委托的许可事项进行变更、中止或者终止的，将另行发布公告。

四、受委托机关名称、地址、联系方式

自 2018 年 7 月 1 日起，国家林业和草原局不再受理本公告委托的行政许可事项，请本公告适用范围内的申请人到受委托机关申办以上行政许可事项。

受委托机关名称：浙江省林业厅。

地址：浙江省杭州市江干区凯旋路 226 号林业大厦。

电话：0571-87399007。

五、国家林业和草原局地址、联系方式

地址：北京市东城区和平里东街 18 号。

联系单位：国家林业和草原局。

电话：010-84238808。

特此公告。

国家林业和草原局

2018 年 5 月 3 日

国家林业和草原局公告

2018 年第 8 号

按照《中华人民共和国行政许可法》、《国家林业局委托实施林业行政许可事项管理办法》（国家林业局令第 45 号）等规定，我局决定委托浙江省林业厅实施松材线虫病疫木加工板材定点加工企业审批行政许可，现将有关事宜公告如下：

一、委托事项

松材线虫病疫木加工板材定点加工企业审批。

二、委托权限

浙江省从事木材经营加工企业《松材线虫病疫木加工板材定点加工企业许可证》的办理。

三、委托期限

委托期限自 2018 年 7 月 1 日至 2023 年 6 月 30 日。

国家林业和草原局对其委托的许可事项进行变更、中止或者终止的，将另行发布公告。

四、受委托机关名称、地址、联系方式

自 2018 年 7 月 1 日起，国家林业和草原局不再受理本公告委托的行政许可事项，请本公告适用范围内的申请人到受委托机关申办以上行政许可事项。

受委托机关名称：浙江省林业厅。

地　址：浙江省杭州市江干区凯旋路 226 号林业大厦。

电　话：0571-87399007。

五、国家林业和草原局地址、联系方式

地　址：北京市东城区和平里东街 18 号。

联系单位：国家林业和草原局。

电　话：010-84238513。

特此公告。

国家林业和草原局

2018 年 5 月 8 日

国家林业和草原局公告

2018 年第 9 号

根据党和国家机构改革职能调整要求，原由中华人民共和国农业部承办的"矿藏开采、工程建设征收、征用或者使用七十公顷以上草原审核"行政许可事项，调整为由国家林业和草原局承办。自本公告发布之日起，国家林业和草原局行政许可受理中心负责该行政许可事项的受理和送达工作。现将申请材料邮寄地址、联系方式和办事指南等（见附件 1、2、3）予以公布。

邮寄地址：北京市东城区和平里东街 18 号（邮政编码 100714）

联系单位：国家林业和草原局行政许可受理中心

联系电话：010-84239631

特此公告。

附件：1. 矿藏开采、工程建设征收、征用或者使用七十公顷以上草原审核办事指南（略）

2. 草原征占用申请表（略）

3. 草原征占用申请表（填写示例）（略）

国家林业和草原局

2018 年 5 月 18 日

国家林业和草原局公告

2018 年第 10 号

根据《中华人民共和国行政许可法》、《中华人民共和国野生动物保护法》、《中华人民共和国野生植物保护条例》、《国家林业局委托实施林业行政许可事项管理办法》和国务院对部分野生动物行政许可审批机关的规定,按照国家在行政许可工作中简政放权、放管结合、优化服务的改革精神,为与国家林业局公告 2013 年第 12 号规定的期限衔接,现将国家林业和草原局委托各省、自治区、直辖市林业厅(局)和黑龙江省森林工业总局实施审批的野生动植物行政许可事项公告如下:

一、委托事项

(一)"出口国家重点保护的或进出口国际公约限制进出口的陆生野生动物或其产品审批"事项中,委托范围如下:

1. 进口列入《濒危野生动植物种国际贸易公约》(以下简称《公约》)附录Ⅰ、附录Ⅱ所列马鹿、鸵鸟、美洲鸵、大东方龟、尼罗鳄、湾鳄、暹罗鳄活体。

2. 进口列入《公约》附录的野生动物制品,但大熊猫、朱鹮、虎、豹类、象类、金丝猴类、长臂猿类、犀牛类、猩猩类、鸨类、麝类、赛加羚羊、穿山甲、犀鸟类、熊类、狮类制品除外。

3. 出口或再出口列入《公约》附录的马鹿(仅指我国无自然分布的亚种)、鸵鸟、美洲鸵、大东方龟、尼罗鳄、湾鳄、暹罗鳄活体。

4. 出口或再出口我国无自然分布的列入《公约》附录的野生动物制品,但无论是否在我国有自然分布的大熊猫、朱鹮、虎、豹类、象类、金丝猴类、长臂猿类、犀牛类、猩猩类、鸨类、麝类、赛加羚羊、穿山甲、犀鸟类、熊类、狮类制品除外。

(二)"出口国家重点保护野生植物或进出口中国参加的国际公约限制进出口野生植物或其产品审批"事项中,委托范围如下:

1. 进口、再出口《公约》附录所列野生植物及其制品。

2. 出口人工培植所获的蝴蝶兰、大花蕙兰、卡特兰、文心兰、铁皮石斛、仙客来、猪笼草、瓶子草、捕蝇草、苏铁、鳞秕泽米铁、酒瓶兰、云木香、天麻、西洋参、沉香属、拟沉香属、大戟科大戟属肉质植物、夹竹桃科棒锤树属、百合科芦荟属、夹竹桃科火地亚属、仙人掌科植物的活体及其制品。

3. 出口《国家重点保护野生植物名录》(第一批)所列松茸及红松活体及其制品。

(三)"采集林业部门管理的国家一级保护野生植物审批"事项中,委托范围如下:采集(采伐、移植)红豆杉属植物。

二、委托时间

委托时间为 2018 年 10 月 1 日至 2019 年 9 月 30 日。国家林业和草原局对其委托的行政许可事项可提前进行变更、中止或终止,将及时向社会公告。

三、受委托机关名称、地址、联系方式

自 2018 年 10 月 1 日起,国家林业和草原局不再受理本公告委托的行政许可事项,请符合本公告适用范围的申请人到受委托机关申办以上行政许可事项。受委托机关名称、地址、联系方式见附件。

四、国家林业和草原局地址、联系方式

地　　址:北京市东城区和平里东街 18 号(邮政编码:100714)。

联系单位:国家林业和草原局行政许可受理中心。

联系电话:010 - 84239632。

五、其他要求

各受委托单位自 2018 年 10 月 1 日起,停止执行国家林业局公告 2013 年第 12 号和国家林业局公告 2014 年第 14 号,依本公告受理上述行政许可申请,并依据《国家林业局行政许可项目服务指南》(国家林业局公告 2016 年第 12 号,http://www.forestry.gov.cn/main/58/content - 884989.html)审核办理上述行政许可事项。

特此公告。

附件:受委托机关名称、地址、联系方式

国家林业和草原局
2018 年 6 月 12 日

附件

受委托机关名称、地址、联系方式

单位名称:北京市园林绿化局
地　　址:北京市东城区安外小黄庄北街 1 号
邮　　编:100013
联系方式:010 - 89150240(政务大厅)

单位名称:天津市林业局
地　　址:天津市河西区紫金山路 3 增 1 号
邮　　编:300074
联系方式:022 - 24538709(天津市行政许可服务中心林业局窗口)

单位名称:河北省林业厅
地　　址:石家庄市城角街 666 号
邮　　编:050081
联系方式:0311 - 88607684,88607468

单位名称:山西省林业厅
地　　址:太原市迎泽区新建北路 59 号
邮　　编:030002
联系方式:0351 - 4195068,4053907

单位名称:内蒙古自治区林业厅
地　　址:呼和浩特市新建东街 23 号
邮　　编:010020
联系方式:0471 - 2280371,2280384

单位名称:辽宁省林业厅
地　　址:沈阳市皇姑区崇山东路 19 号

邮　　编：110033
联系方式：024－83988679

单位名称：吉林省林业厅
地　　址：长春市人民大街9999号吉林省人民政府政务大厅55号林业窗口
邮　　编：130022
联系方式：0431－82752863，886275285

单位名称：黑龙江省林业厅
地　　址：哈尔滨市香坊区衡山路10号
邮　　编：150090
联系方式：0451－82346436

单位名称：上海市林业局
地　　址：上海市静安区胶州路768号
邮　　编：200040
联系方式：021－52567788

单位名称：江苏省林业局
地　　址：南京市定淮门大街22号1210室
邮　　编：210036
联系方式：025－86275430，86227805（传真）

单位名称：浙江省林业厅
地　　址：杭州市江干区凯旋路226号
邮　　编：310020
联系方式：0571－87399241

单位名称：安徽省林业厅
地　　址：合肥市无为路53号
邮　　编：230001
联系方式：0551－62634193

单位名称：福建省林业厅
地　　址：福州市冶山路10号
邮　　编：350003
联系方式：0591－86295045（厅行政服务中心）

单位名称：江西省林业厅
地　　址：南昌市红角洲赣江南大道2688号江西省林业厅行政服务中心
邮　　编：330038
联系方式：0791－85269300

单位名称：山东省林业厅
地　　址：济南市文化东路42号
邮　　编：250014
联系方式：0531－88557707，88591123

单位名称：河南省林业厅
地　　址：郑州市纬五路40号
邮　　编：450003
联系方式：0371－65800171

单位名称：湖北省林业厅
地　　址：武汉市洪山区楚雄大街335号
邮　　编：4300079
联系方式：027－51796412，51796424（传真）

单位名称：湖南省林业厅
地　　址：长沙市湘府东路
邮　　编：410001
联系方式：0731－85550643（湖南省林业厅行政许可服务中心）

单位名称：广东省林业厅
地　　址：广州市中山七路341号
邮　　编：510173
联系方式：020－81723806

单位名称：广西壮族自治区林业厅
地　　址：南宁市青秀区云景路21号
邮　　编：530028
联系方式：0771－6783822

单位名称：海南省林业厅
地　　址：海口市美兰区国兴大道9号
邮　　编：570000
联系方式：0898－65203049

单位名称：重庆市林业局
地　　址：重庆市新牌坊三路366号
邮　　编：401147
联系方式：023－61528881，61528883

单位名称：四川省林业厅
地　　址：成都市人民北路一段15号
邮　　编：610081
联系方式：028－83364616

单位名称：贵州省林业厅
地　　址：贵阳市南明区遵义路65号贵州省政务服务中心政务服务大厅省林业厅窗口A3区
邮　　编：550001
联系方式：0851－86980130，86987129，86987131

单位名称：云南省林业厅
地　　址：昆明市盘龙区沣源路18号
邮　　编：650224
联系方式：0871－65011362

单位名称：西藏自治区林业厅
地　　址：拉萨市林廓北路25号
邮　　编：850000
联系方式：0891－6834770，6819775（传真）

单位名称：陕西省林业厅
地　　址：西安市莲湖区西关正街233号

邮　　编：710082
联系方式：029 - 88652038，88652409，88652044（传真）

单位名称：甘肃省林业厅
地　　址：兰州市秦安路1号
邮　　编：730030
联系方式：0931 - 8646858，8948580

单位名称：青海省林业厅
地　　址：西宁市西川南路25号
邮　　编：810008
联系方式：0971 - 6365005（厅办公室），6365028（厅动管局）

单位名称：宁夏回族自治区林业厅
地　　址：银川市南熏西街60号
邮　　编：750001
联系方式：0951 - 6836692，6836776

单位名称：新疆维吾尔自治区林业厅
地　　址：乌鲁木齐市黑龙江路69号
邮　　编：830000
联系方式：0991 - 5811795，5850857（传真）

单位名称：黑龙江省森林工业总局
地　　址：哈尔滨市南岗区文昌街66号
邮　　编：150008
联系方式：0451 - 87011009，82645223

国家林业和草原局公告

2018年第11号

根据《中华人民共和国植物新品种保护条例》、《中华人民共和国植物新品种保护条例实施细则（林业部分）》规定，经国家林业和草原局植物新品种保护办公室审查，"粉玉"等153项植物新品种权申请符合授权条件，现决定授予植物新品种权（名单见附件），并颁发《植物新品种权证书》。

特此公告。

附件：国家林业和草原局2018年第一批授予植物新品种权名单

国家林业和草原局
2018年7月5日

附件

国家林业和草原局2018年第一批授予植物新品种权名单

序号	品种名称	所属属（种）	品种权号	授权日	品种权人	申请号	申请日	培育人
1	粉玉	蔷薇属	20180001	2018.6.15	云南锦苑花卉产业股份有限公司、石林锦苑康乃馨有限公司	20110123	2011.11.10	倪功、曹荣根、李飞鹏、杜福顺、田连通、白云评、乔丽婷、阳明祥
2	圣洁	蔷薇属	20180002	2018.6.15	通海锦海农业科技发展有限公司	20130103	2013.7.29	董春富、毕立坤、胡颖
3	满园红	蔷薇属	20180003	2018.6.15	云南鑫海汇花业有限公司、云南省农业科学院花卉研究所	20140010	2014.1.7	朱应雄、张应红、张颢、蹇洪英、唐开学、骆礼宾、张婷、张绍宏、陈敏、周宁宁、王其刚
4	杰施-科沃8（JFS-KW8）	槭属	20180004	2018.6.15	杰·弗兰克·施密特父子有限公司（J. Frank Schmidt & Son Co.）	20140042	2014.3.7	基思·沃伦（Keith S. Warren）
5	杰施-科沃202（JFS-KW202）	槭属	20180005	2018.6.15	杰·弗兰克·施密特父子有限公司（J. Frank Schmidt & Son Co.）	20140043	2014.3.19	基思·沃伦（Keith S. Warren）
6	紫馨	紫薇	20180006	2018.6.15	华中农业大学、武汉市农业科学院	20140066	2014.5.15	叶要妹、童俊、陈法志、段丽君、周媛、陈放、袁玮、李国瑞、董艳芳、徐冬云

（续表）

序号	品种名称	所属属（种）	品种权号	授权日	品种权人	申请号	申请日	培育人
7	银蝶	紫薇	20180007	2018.6.15	武汉市农业科学院、华中农业大学	20140067	2014.5.15	童俊、陈法志、叶要妹、段丽君、周媛、董艳芳、袁玮、陈放、李国瑞、郭彩霞
8	杂早2号	板栗	20180008	2018.6.15	河北省农林科学院昌黎果树研究所	20140098	2014.6.23	王广鹏、张树航、刘庆香、李颖、孔德军、高丽娟、李海山
9	鸿业榆	榆属	20180009	2018.6.15	辛集市美人榆农副产品有限公司	20140111	2014.7.15	黄印冉、张均营、黄印朋、黄铃彤、黄晓旭、黄锡军
10	公主梦	蔷薇属	20180010	2018.6.15	云南省农业科学院花卉研究所	20140149	2014.9.1	周宁宁、王其刚、唐开学、蹇洪英、陈敏、晏慧君、邱显钦、张婷、张颢
11	童话	蔷薇属	20180011	2018.6.15	中国农业大学、北京纳波湾园艺有限公司	20140176	2014.10.28	俞红强、金茂勇、游捷、王波、王勋曜、张娟、张炜俊、王佳鹿
12	海涛杨	杨属	20180012	2018.6.15	北京林业大学	20140210	2014.11.24	邬荣领、王忠、薄文浩、徐放、姜立波
13	云食1号	蔷薇属	20180013	2018.6.15	云南鑫海汇花业有限公司、云南省农业科学院花卉研究所	20140212	2014.11.28	朱应雄、晏慧君、李淑斌、王其刚、张应红、蹇洪英、吴旻、骆礼宾、张婷、唐开学
14	恋人	蔷薇属	20180014	2018.6.15	云南锦苑花卉产业股份有限公司	20140232	2014.12.6	倪功、曹荣根、田连通、白云评、乔丽婷、何琼、阳明祥
15	海华沙1（Hiawatha 1）	槭属	20180015	2018.6.15	杰·弗兰克·施密特父子有限公司（J. Frank Schmidt & Son Co.）	20150034	2015.3.5	基思·沃伦（Keith S. Warren）
16	皇锦杉	红豆杉属	20180016	2018.6.15	中南林业科技大学、新宁县基伟红豆杉种植专业合作社	20150088	2015.5.11	曹基武、刘春林、彭继庆、董旭杰、杨涛、曹基伟
17	炎欢3号	木通属	20180017	2018.6.15	长沙炎农生物科技有限公司	20150099	2015.5.30	王中炎、彭俊彩、蔡金术、王中兵、蔡志红
18	瑞普0306d（Ruipe0306d）	蔷薇属	20180018	2018.6.15	迪瑞特知识产权公司（De Ruiter Intellectual Property B.V.）	20150166	2015.8.28	汉克·德·格罗特（H.C.A. de Groot）
19	瑞普0306b（Ruipe0306b）	蔷薇属	20180019	2018.6.15	迪瑞特知识产权公司（De Ruiter Intellectual Property B.V.）	20150167	2015.8.28	汉克·德·格罗特（H.C.A. de Groot）
20	瑞姆普莱0002（Ruimpl0002）	蔷薇属	20180020	2018.6.15	迪瑞特知识产权公司（De Ruiter Intellectual Property B.V.）	20150175	2015.9.6	汉克·德·格罗特（H.C.A. de Groot）
21	瑞普赫0105a（Ruiph0105a）	蔷薇属	20180021	2018.6.15	迪瑞特知识产权公司（De Ruiter Intellectual Property B.V.）	20150177	2015.9.6	汉克·德·格罗特（H.C.A. de Groot）
22	瑞普赫0132a（Ruiph0132a）	蔷薇属	20180022	2018.6.15	迪瑞特知识产权公司（De Ruiter Intellectual Property B.V.）	20150178	2015.9.6	汉克·德·格罗特（H.C.A. de Groot）
23	瑞普赫0416A（Ruiph0416A）	蔷薇属	20180023	2018.6.15	迪瑞特知识产权公司（De Ruiter Intellectual Property B.V.）	20150179	2015.9.6	汉克·德·格罗特（H.C.A. de Groot）

(续表)

序号	品种名称	所属属（种）	品种权号	授权日	品种权人	申请号	申请日	培育人
24	瑞普赫0441a（Ruiph0441a）	蔷薇属	20180024	2018.6.15	迪瑞特知识产权公司（De Ruiter Intellectual Property B. V.）	20150181	2015.9.6	汉克·德·格罗特（H. C. A. de Groot）
25	擎天	紫薇	20180025	2018.6.15	河南名品彩叶苗木股份有限公司	20150193	2015.9.21	王华明、石海燕、王秀娟、邵明丽、王华昭、袁向阳、崔晓琦、牛文梅、郑芳、贾涛、王丽青、祁峰、闫魁、孟庆明、曹倩、仪楠
26	瑞普德0210A（RUIPD0210A）	蔷薇属	20180026	2018.6.15	迪瑞特知识产权公司（De Ruiter Intellectual Property B. V.）	20150219	2015.10.14	汉克·德·格罗特（H. C. A. de Groot）
27	瑞普格0002A（RUIPG0002A）	蔷薇属	20180027	2018.6.15	迪瑞特知识产权公司（De Ruiter Intellectual Property B. V.）	20150220	2015.10.14	汉克·德·格罗特（H. C. A. de Groot）
28	瑞普吉0126A（RUIPJ0126A）	蔷薇属	20180028	2018.6.15	迪瑞特知识产权公司（De Ruiter Intellectual Property B. V.）	20150223	2015.10.14	汉克·德·格罗特（H. C. A. de Groot）
29	桔月	蔷薇属	20180029	2018.6.15	北京市园林科学研究院	20150229	2015.10.26	周燕、冯慧、巢阳、王茂良、丛日晨、卜燕华、李纳新、范莉娟
30	翡翠	蔷薇属	20180030	2018.6.15	李林、云南省农业科学院花卉研究所	20150239	2015.11.11	王其刚、李林、张颢、唐开学、陈敏、晏慧君、张婷、周宁宁
31	新叶1号	核桃属	20180031	2018.6.15	新疆林业科学院	20160008	2015.12.30	徐业勇、王宝庆、王明、巴图、巴哈提牙儿、杨红丽、吐尔逊江·买买提牙力、艾尼瓦尔·扎米尔、艾买尔·吐尔地
32	波浪	胡枝子属	20180032	2018.6.15	北京农学院	20160010	2016.1.4	杨晓红、陈晓阳、解小娟、刘雯、刘克锋、冷平生、胡增辉
33	亚林柿砧2号	柿	20180033	2018.6.15	中国林业科学研究院亚热带林业研究所	20160035	2016.2.1	龚榜初、江锡兵、徐阳、吴开云
34	亚林柿砧1号	柿	20180034	2018.6.15	中国林业科学研究院亚热带林业研究所	20160037	2016.2.1	龚榜初、徐阳、江锡兵、吴开云
35	紫金	紫薇	20180035	2018.6.15	江苏省中国科学院植物研究所	20160041	2016.2.1	杨如同、王鹏、李林芳、李亚、王淑安、汪庆
36	粉宁香	紫薇	20180036	2018.6.15	江苏省中国科学院植物研究所	20160042	2016.2.1	王鹏、李亚、杨如同、李林芳、汪庆、王淑安
37	红袖添香	紫薇	20180037	2018.6.15	江苏省中国科学院植物研究所	20160043	2016.2.1	王鹏、李亚、杨如同、李林芳、汪庆、王淑安
38	金帝1号	文冠果	20180038	2018.6.15	北京林业大学、辽宁思路文冠果业科技开发有限公司	20160087	2016.4.19	关文彬、王青、于震、李国军、王富国、王俊杰、周祎鸣、向秋虹
39	瑞克德2057A（RUICD2057A）	蔷薇属	20180039	2018.6.15	迪瑞特知识产权公司（De Ruiter Intellectual Property B. V.）	20160122	2016.6.20	汉克·德·格罗特（H. C. A. de Groot）
40	中科紫金2号	紫金牛属	20180040	2018.6.15	中国科学院华南植物园	20160131	2016.6.23	刘华、杨镇明、韦强、廖景平

(续表)

序号	品种名称	所属属（种）	品种权号	授权日	品种权人	申请号	申请日	培育人
41	火焰	紫薇属	20180041	2018.6.15	北京鲜花港投资发展中心、北京林业大学	20160135	2016.6.27	张启翔、赵飞、李国雷、席本野、赵宏博、刘海鹏、徐婉、蔡明、潘会堂、程堂仁、王佳
42	眷恋	紫薇属	20180042	2018.6.15	北京林业大学	20160136	2016.6.27	张启翔、徐婉、张亚东、蔡明、陈之琳、石俊、潘会堂、程堂仁、王佳
43	娇篮	紫薇属	20180043	2018.6.15	北京林业大学	20160137	2016.6.27	张启翔、徐婉、豆苏含、蔡明、陈之琳、石俊、潘会堂、程堂仁、王佳
44	灵梦	紫薇属	20180044	2018.6.15	北京林业大学	20160138	2016.6.27	张启翔、徐婉、蔡明、陈之琳、石俊、潘会堂、程堂仁、王佳、潘隆应、陈海强、朱嫒
45	芭蕾玉姿	苹果属（除水果外）	20180045	2018.6.15	中国农业大学、北京中农富通园艺有限公司	20160142	2016.6.29	朱元娣、张文、张天柱、李光晨
46	金秀丽	槭属	20180046	2018.6.15	临安市林之源园艺场、叶喜阳	20160170	2016.7.19	叶喜阳、陈一锋、申亚梅、蔡国炎、王齐瑞
47	野香	核桃属	20180047	2018.6.15	山东省果树研究所	20160172	2016.7.21	张美勇、王贵芳、相昆、徐颖、薛培生、李国田、姚元涛、王晓芳、张艳、宋礼毓、李治国
48	野观	核桃属	20180048	2018.6.15	山东省果树研究所	20160173	2016.7.21	张美勇、徐颖、相昆、王贵芳、李国田、薛培生、王晓芳、姚元涛、宋礼毓、张艳、李治国
49	野早	核桃属	20180049	2018.6.15	山东省果树研究所	20160174	2016.7.21	张美勇、相昆、王贵芳、徐颖、李国田、薛培生、王晓芳、姚元涛、宋礼毓、张艳、李治国
50	洪桉樟	樟属	20180050	2018.6.15	洪江市金土地生态农业有限责任公司	20160189	2016.7.26	郑钦方、汪冶、杨子云、肖聪颖、杨怡男
51	亮彩	绣球属	20180051	2018.6.15	中国科学院植物研究所、青岛中科景观植物产业化发展有限公司	20160202	2016.8.2	唐宇丹、李霞、白红彤、法丹丹、张会金、安玉来、李慧、惠学娟、石雷、尤洪伟
52	娟红	紫薇	20180052	2018.6.15	日照市春雨园艺场	20160273	2016.10.8	许先练、范丰学、许春雷、许春雨
53	紫云	胡枝子属	20180053	2018.6.15	北京农学院	20160274	2016.10.10	杨晓红、陈晓阳
54	花之都	卫矛属	20180054	2018.6.15	花之都实业有限公司	20160280	2016.10.11	杨凯亮、张小俊、徐国超、陈彦辉、孙秋刚、康凌霄、王璞、李艳华、薛璐、王栓虎、牛长峰、牛义安、苏跃栋、陈俊凯、王方方
55	米槐1号	槐属	20180055	2018.6.15	雷茂端	20160288	2016.10.14	雷茂端、雷迎波、雷亚第
56	蒙林钟柏	圆柏属	20180056	2018.6.15	安文元	20160291	2016.10.28	安文元、张国盛、王林和、王文、张利俊、毛惠平、申秀枝
57	蓝韵	越橘属	20180057	2018.6.15	通化禾韵现代农业股份有限公司	20160293	2016.10.28	殷秀岩、隋明义、陈亮、谭志强

(续表)

序号	品种名称	所属属（种）	品种权号	授权日	品种权人	申请号	申请日	培育人
58	火凤凰	槭属	20180058	2018.6.15	河南名品彩叶苗木股份有限公司	20160310	2016.11.5	王华明、王景旭、石海燕、饶放、王华昭、袁向阳、刘鹏辉、闫立静、寇新良、贾涛、周耀宗、谷梅红、魏奎娇、王丽青、张亚民、仪楠、任甸甸、李红喜、周苗
59	金玉露	厚皮香属	20180059	2018.6.15	浙江森禾种业股份有限公司	20160317	2016.11.14	郑勇平、王春、顾慧、陈岗、何琦、尹庆平、陈慧芳、张光泉、刘丹丹
60	宁农杞4号	枸杞属	20180060	2018.6.15	宁夏农林科学院枸杞工程技术研究所	20160318	2016.11.17	王亚军、安巍、梁晓婕、曹有龙、李越鲲、尹跃、张曦燕、赵建华、石志刚、张波、巫鹏举
61	宁农杞5号	枸杞属	20180061	2018.6.15	宁夏农林科学院枸杞工程技术研究所	20160319	2016.11.17	安巍、王亚军、曹有龙、梁晓婕、尹跃、石志刚、赵建华、张曦燕、罗青、万如、刘兰英、李彦龙、樊云芳
62	财缘	木犀属	20180062	2018.6.15	南京林业大学、林富春	20160321	2016.11.16	段一凡、林富春、王贤荣、林晖、伊贤贵、王华辰、李涌福、陈林
63	润丰1号	榆属	20180063	2018.6.15	河北润丰林业科技有限公司、辛集市美人榆农副产品有限公司	20160384	2016.11.29	刘易超、陈丽英、樊彦聪、黄印朋、黄印冉、冯树香、闫淑芳
64	润丰2号	榆属	20180064	2018.6.15	河北润丰林业科技有限公司、辛集市美人榆农副产品有限公司	20160385	2016.11.29	刘易超、樊彦聪、陈丽英、黄印朋、黄印冉、闫淑芳、冯树香
65	开口笑	文冠果	20180065	2018.6.15	山东农业大学、山东沃奇农业开发有限公司	20160391	2016.12.6	孟凡志、李守科、臧德奎、刘国兴、郭先锋、王利、郭广智、陈仁鹏、郑书友、朱亮庆
66	迎春	柳属	20180066	2018.6.15	江苏省林业科学研究院	20160398	2016.12.14	王保松、陈庆生、施士争、何旭东、王伟伟、郑纪伟、涂忠虞、潘明建
67	喜洋洋	柳属	20180067	2018.6.15	江苏省林业科学研究院	20160399	2016.12.14	陈庆生、王保松、施士争、何旭东、王伟伟、郑纪伟、涂忠虞、潘明建
68	雪绒花	柳属	20180068	2018.6.15	江苏省林业科学研究院	20160400	2016.12.14	王保松、何旭东、陈庆生、施士争、王伟伟、王红玲、涂忠虞、潘明建
69	瑞雪	柳属	20180069	2018.6.15	江苏省林业科学研究院	20170001	2016.12.14	王保松、王伟伟、何旭东、陈庆生、周洁、姜开朋、涂忠虞、潘明建
70	紫嫣	柳属	20180070	2018.6.15	江苏省林业科学研究院	20170002	2016.12.14	王保松、施士争、何旭东、陈庆生、教忠意、王伟伟、涂忠虞、潘明建
71	仑山1号	紫薇属	20180071	2018.6.15	江苏农林职业技术学院	20170007	2016.12.9	邱国金、钱杨升、蒋小庚、胡卫霞、戴文
72	海滨梦幻	乌桕属	20180072	2018.6.15	江苏省林业科学研究院	20170008	2016.12.15	教忠意、隋德宗、王保松、窦全琴、陈庆生、王伟伟、郑纪伟
73	海滨紫晶	乌桕属	20180073	2018.6.15	江苏省林业科学研究院	20170009	2016.12.15	隋德宗、王保松、窦全琴、陈庆生、王伟伟、吴纲、教忠意、姜开朋

（续表）

序号	品种名称	所属属（种）	品种权号	授权日	品种权人	申请号	申请日	培育人
74	海滨晚霞	乌桕属	20180074	2018.6.15	江苏省林业科学研究院	20170010	2016.12.15	隋德宗、王保松、陈庆生、教忠意、王伟伟、郑纪伟
75	海滨绯红	乌桕属	20180075	2018.6.15	江苏省林业科学研究院	20170011	2016.12.15	陈庆生、隋德宗、王保松、王伟伟、教忠意、姜开朋
76	川硕	核桃属	20180076	2018.6.15	四川省林业科学研究院、四川伊可农业技术开发有限公司	20170027	2016.12.28	罗建勋、王准、宋鹏、刘芙蓉、钟明润、张志国、杨马进
77	亚林柿砧6号	柿	20180077	2018.6.15	中国林业科学研究院亚热带林业研究所	20170035	2017.1.3	龚榜初、吴开云、徐阳、江锡兵
78	亚林柿砧7号	柿	20180078	2018.6.15	中国林业科学研究院亚热带林业研究所	20170036	2017.1.3	龚榜初、徐阳、吴开云、江锡兵、范金根、滕国新
79	金槐J2	槐属	20180079	2018.6.15	广西壮族自治区中国科学院广西植物研究所	20170049	2017.1.10	邹蓉、史艳财、唐健民、蒋运生、熊忠臣、韦记青
80	金槐J3	槐属	20180080	2018.6.15	广西壮族自治区中国科学院广西植物研究所	20170050	2017.1.10	史艳财、唐健民、邹蓉、韦记青、蒋运生、熊忠臣、韦霄
81	鲁硕红	枣属	20180081	2018.6.15	山东省林业科学研究院	20170052	2017.1.11	王翠香、赵德田、韩传明、刘珍、孙超、孟晓烨、侯立群、王恩忠、张军武、赵登超、张万锋、韩振虎、刘孝美、陈新岭、任飞、朱文成
82	姹紫1号	槐属	20180082	2018.6.15	山东省林业科学研究院	20170054	2017.1.13	庞彩红、李双云、夏阳、臧真荣、姜福成、梁慧敏、杨勇、李自峰、王芳芳、杨庆山、刘盛芳、付茵茵、周健、屈星、杨国良、魏海霞、屠永清
83	红粉1号	槐属	20180083	2018.6.15	山东省林业科学研究院	20170056	2017.1.13	庞彩红、夏阳、李双云、曹世杰、孙超、刘盛芳、杨勇、刘翠兰、张炳孝、王学文、梁慧敏、郭祁、周洪明、臧真荣、周健、王振猛、宫敬东
84	红粉2号	槐属	20180084	2018.6.15	山东省林业科学研究院	20170057	2017.1.13	夏阳、庞彩红、李双云、詹伟、屈星、李自峰、刘盛芳、孙超、臧真荣、付茵茵、王明竹、刘桂民、亓玉昆、王学文、李庆华、王振猛、曲法
85	红粉3号	槐属	20180085	2018.6.15	山东省林业科学研究院	20170058	2017.1.13	李双云、庞彩红、夏阳、梁慧敏、刘盛芳、王月海、杨勇、燕丽萍、臧真荣、詹伟、王明竹、王因花、刘桂民、张炳孝、姜福成、伊光灿
86	红粉5号	槐属	20180086	2018.6.15	山东省林业科学研究院	20170060	2017.1.13	李双云、夏阳、庞彩红、赵海洲、祁树安、曹世杰、杨勇、刘翠兰、臧真荣、刘盛芳、王守国、王永平、李自峰、曲法、于丽颖、胡丁猛

(续表)

序号	品种名称	所属属（种）	品种权号	授权日	品种权人	申请号	申请日	培育人
87	华箭	槐属	20180087	2018.6.15	山东省林业科学研究院	20170067	2017.1.13	夏阳、李双云、庞彩红、梁慧敏、付茵茵、刘盛芳、臧真荣、白玉梅、杨勇、亓玉昆、刘成、吴俊杰、刘莉娟、吕一凡
88	华祥	槐属	20180088	2018.6.15	山东省林业科学研究院	20170068	2017.1.13	李双云、庞彩红、夏阳、刘盛芳、付茵茵、臧真荣、梁慧敏、王学文、孙太元、白玉梅、杨勇、毛秀红、刘成、周洪明、姜福成、刘莉娟、曲法、亓玉昆、吕一凡
89	华月	槐属	20180089	2018.6.15	山东省林业科学研究院	20170069	2017.1.13	庞彩红、夏阳、李双云、付茵茵、刘翠兰、燕丽萍、刘盛芳、臧真荣、梁慧敏、王学文、姜福成、詹伟、毛秀红、孙兴华、宫敬东、王志明、亓玉昆
90	嫣红3号	槐属	20180090	2018.6.15	山东省林业科学研究院	20170075	2017.1.13	夏阳、李双云、庞彩红、梁慧敏、刘翠兰、刘盛芳、杨勇、燕丽萍、刘瑞梅、王守国、曹世杰、周洪明、杨庆山、亓玉昆、葛文华
91	紫玲珑	乌桕属	20180091	2018.6.15	浙江森禾种业股份有限公司、浙江省林业科学研究院	20170079	2017.1.16	郑勇平、王春、柳新红、顾慧、李因刚、尹庆平、陈岗、刘丹丹、杨家强、杨少宗、石从广
92	东方	南天竹属	20180092	2018.6.15	浙江森禾种业股份有限公司	20170080	2017.1.16	郑勇平、王春、魏斌、王越、杨家强、盛冬、尹庆平、陈慧芳、杜三峰、陈岗、刘丹丹
93	喜槐1号	槐属	20180093	2018.6.15	中喜生态产业股份有限公司	20170084	2017.1.18	张洪欣、张洪勋、孙成义、郭延海、李康
94	喜槐2号	槐属	20180094	2018.6.15	中喜生态产业股份有限公司	20170085	2017.1.18	张洪欣、张洪勋、孙成义、郭延海、李康
95	喜柳2号	柳属	20180095	2018.6.15	中喜生态产业股份有限公司	20170086	2017.1.18	张洪欣、张洪勋、孙成义、郭延海、李康
96	苏柳1701	柳属	20180096	2018.6.15	江苏省林业科学研究院	20170092	2017.2.6	王保松、何旭东、王伟伟、郑纪伟、涂忠虞、教忠意、隋德宗、姜开朋
97	苏柳1702	柳属	20180097	2018.6.15	江苏省林业科学研究院	20170093	2017.2.6	何旭东、王保松、王伟伟、郑纪伟、涂忠虞、张敏、周洁、张珏
98	苏柳1703	柳属	20180098	2018.6.15	江苏省林业科学研究院	20170094	2017.2.6	施士争、王保松、何旭东、王红玲、黄瑞芳、张钰、王伟伟、涂忠虞
99	苏柳1704	柳属	20180099	2018.6.15	江苏省林业科学研究院	20170095	2017.2.6	王保松、施士争、王伟伟、隋德宗、涂忠虞、王红玲、黄瑞芳、姜开朋
100	苏柳1705	柳属	20180100	2018.6.15	江苏省林业科学研究院	20170096	2017.2.6	王保松、施士争、何旭东、王伟伟、隋德宗、教忠意、涂忠虞、潘明建

(续表)

序号	品种名称	所属属（种）	品种权号	授权日	品种权人	申请号	申请日	培育人
101	中核3号	核桃属	20180101	2018.6.15	中国农业科学院郑州果树研究所	20170099	2017.2.8	曹尚银、李好先、张杰、牛娟、赵弟广、张富红
102	中核4号	核桃属	20180102	2018.6.15	中国农业科学院郑州果树研究所	20170100	2017.2.8	曹尚银、李好先、张杰、牛娟、赵弟广、张富红
103	中核香	核桃属	20180103	2018.6.15	中国农业科学院郑州果树研究所	20170101	2017.2.8	曹尚银、李好先、张杰、牛娟、赵弟广、张富红
104	中石榴1号	石榴属	20180104	2018.6.15	中国农业科学院郑州果树研究所	20170103	2017.2.8	曹尚银、李好先、张杰、牛娟、赵弟广
105	中石榴2号	石榴属	20180105	2018.6.15	中国农业科学院郑州果树研究所	20170104	2017.2.8	曹尚银、李好先、张杰、牛娟、赵弟广
106	国油12	山茶属	20180106	2018.6.15	湖南省林业科学院	20170105	2017.2.10	王湘南、陈永忠、王瑞、彭邵锋、陈隆升、马力、许彦明、唐炜
107	国油13	山茶属	20180107	2018.6.15	湖南省林业科学院	20170106	2017.2.10	陈永忠、王湘南、彭邵锋、陈隆升、王瑞、马力、许彦明、唐炜
108	国油14	山茶属	20180108	2018.6.15	湖南省林业科学院	20170107	2017.2.10	陈隆升、王湘南、陈永忠、彭邵锋、马力、王瑞、许彦明、唐炜
109	国油15	山茶属	20180109	2018.6.15	湖南省林业科学院	20170108	2017.2.10	王湘南、陈永忠、王瑞、许彦明、马力、彭邵锋、陈隆升、唐炜、张震
110	华光榆	榆属	20180110	2018.6.15	中国林业科学研究院	20170112	2017.2.8	张华新、朱建峰、乔来秋、刘振晓、张庆国、杨秀艳、刘正祥、吴春红、邹祥峰
111	华玉榆	榆属	20180111	2018.6.15	中国林业科学研究院	20170113	2017.2.8	乔来秋、刘振晓、张华新、朱建峰、杨秀艳、刘正祥、张庆国、吴春红、邹祥峰
112	华健榆	榆属	20180112	2018.6.15	中国林业科学研究院	20170114	2017.2.8	张华新、朱建峰、乔来秋、刘振晓、徐化凌、杨秀艳、刘正祥、朱岩芳、邹祥峰
113	华冠榆	榆属	20180113	2018.6.15	中国林业科学研究院	20170116	2017.2.8	朱建峰、张华新、乔来秋、刘振晓、何洪兵、杨秀艳、刘正祥、任坚毅、邹祥峰
114	宁农杞10号	枸杞属	20180114	2018.6.15	宁夏农林科学院枸杞工程技术研究所	20170120	2017.2.23	曹有龙、罗青、张波、李彦龙、戴国礼、焦恩宁、赵建华、尹跃、安巍、王亚军、闫亚美
115	彩霞	紫薇	20180115	2018.6.15	湖南省林业科学院、长沙湘莹园林科技有限公司	20170126	2017.3.10	乔中全、王晓明、曾慧杰、李永欣、蔡能、王湘莹
116	紫莹	紫薇	20180116	2018.6.15	湖南省林业科学院、长沙湘莹园林科技有限公司	20170127	2017.3.10	王晓明、曾慧杰、乔中全、李永欣、蔡能、王湘莹
117	超群	野牡丹属	20180117	2018.6.15	广州市林业和园林科学研究院、中山大学	20170133	2017.3.20	代色平、倪建中、李许文、刘文、阮琳、周仁超、贺漫媚、王伟

(续表)

序号	品种名称	所属属（种）	品种权号	授权日	品种权人	申请号	申请日	培育人
118	云彩	野牡丹属	20180118	2018.6.15	广州市林业和园林科学研究院、中山大学	20170134	2017.3.20	代色平、倪建中、李许文、阮琳、刘文、周仁超、贺漫媚、王伟
119	天骄2号	野牡丹属	20180119	2018.6.15	广州市林业和园林科学研究院	20170136	2017.3.20	代色平、阮琳、刘文、倪建中、张继方、贺漫媚、李许文、王伟
120	幸福	榉属	20180120	2018.6.15	中南林业科技大学	20170143	2017.3.1	胡希军、金晓玲、邢文、刘彩贤、张亚平、曾艳、刘晓玲
121	中石4号	文冠果	20180121	2018.6.15	中国林业科学研究院林业研究所、彰武县德亚文冠果专业合作社	20170188	2017.4.10	王利兵、崔德石、毕泉鑫、于海燕、崔天鹏
122	中石9号	文冠果	20180122	2018.6.15	中国林业科学研究院林业研究所、彰武县德亚文冠果专业合作社	20170189	2017.4.10	王利兵、崔德石、毕泉鑫、于海燕、崔天鹏
123	丽园珍珠1号	枣属	20180123	2018.6.15	河北农业大学、河北禾木丽园农业科技股份有限公司	20170190	2017.4.17	申连英、毛永民、王晓玲、赵海峰、申宣科、赵伟
124	丽园珍珠2号	枣属	20180124	2018.6.15	河北农业大学、河北禾木丽园农业科技股份有限公司	20170191	2017.4.17	申连英、毛永民、王晓玲、赵海峰、申宣科、赵伟
125	丽园珍珠3号	枣属	20180125	2018.6.15	河北农业大学、河北禾木丽园农业科技股份有限公司	20170192	2017.4.17	申连英、王晓玲、毛永民、赵海峰、申宣科、赵伟
126	丽园珍珠4号	枣属	20180126	2018.6.15	河北农业大学、河北禾木丽园农业科技股份有限公司	20170193	2017.4.17	申连英、王晓玲、毛永民、赵海峰、申宣科、赵伟
127	丽园珍珠5号	枣属	20180127	2018.6.15	中国林业科学研究院林业研究所、河北农业大学	20170194	2017.4.17	林富荣、郑勇奇、李斌、郭文英、黄平、申连英、毛永民、王晓玲
128	丽园珍珠6号	枣属	20180128	2018.6.15	中国林业科学研究院林业研究所、河北农业大学	20170195	2017.4.17	林富荣、郑勇奇、李斌、郭文英、黄平、申连英、毛永民、王晓玲
129	秋风爽	决明属	20180129	2018.6.15	中国林业科学研究院林业研究所	20170202	2017.5.3	李斌、郑勇奇、林富荣、郭文英、郑世楷、于淑兰
130	蒙树赤焰	卫矛属	20180130	2018.6.15	内蒙古和盛生态科技研究院有限公司	20170215	2017.5.4	赵泉胜、铁英、封卫平、刘洋、陈燕
131	丹霞升	槭属	20180131	2018.6.15	山东农业大学	20170220	2017.5.5	丰震、李承水、邢祥胜、王延玲、徐金莲、刘惠
132	彩蝶翻飞	槭属	20180132	2018.6.15	山东农业大学	20170221	2017.5.5	丰震、王延玲、李承水、刘毓、刘国兴、李存华、钱见平、齐新玲、马立敏、吕传青
133	风度翩翩	槭属	20180133	2018.6.15	山东农业大学	20170222	2017.5.5	丰震、刘毓、刘媛、王延玲、李承水、李存华、刘国兴、王利、刘惠、徐金莲

(续表)

序号	品种名称	所属属（种）	品种权号	授权日	品种权人	申请号	申请日	培育人
134	红精灵	槭属	20180134	2018.6.15	山东农业大学	20170223	2017.5.5	丰震、刘毓、王延玲、李承水、刘媛、李存华、李文芳、张朋、程甜甜、乔谦、任红剑
135	齐鲁红	槭属	20180135	2018.6.15	山东农业大学	20170224	2017.5.5	丰震、刘毓、王延玲、李承水、刘媛、李存华、徐超、安凯、杜晓茜、徐金莲
136	黄淮4号杨	杨属	20180136	2018.6.15	中国林业科学研究院林业研究所	20170225	2017.5.8	苏晓华、姜岳忠、黄秦军、董玉峰、王卫东
137	中雄1号杨	杨属	20180137	2018.6.15	中国林业科学研究院林业研究所	20170226	2017.5.8	苏晓华、姜岳忠、黄秦军、董玉峰、王卫东
138	中雄2号杨	杨属	20180138	2018.6.15	中国林业科学研究院林业研究所	20170227	2017.5.8	苏晓华、姜岳忠、黄秦军、董玉峰、王卫东
139	中雄3号杨	杨属	20180139	2018.6.15	中国林业科学研究院林业研究所	20170228	2017.5.8	苏晓华、王胜东、黄秦军、蔄胜军、梁德军、丁昌俊
140	中雄4号杨	杨属	20180140	2018.6.15	中国林业科学研究院林业研究所	20170229	2017.5.8	苏晓华、王福森、李晶、黄秦军、丁昌俊、张伟溪
141	中雄5号杨	杨属	20180141	2018.6.15	中国林业科学研究院林业研究所	20170230	2017.5.8	苏晓华、黄秦军、丁昌俊、张伟溪
142	玉山鱼榧	榧树属	20180142	2018.6.15	陈红星、张苏炯、喻卫武	20170232	2017.5.11	陈红星、张苏炯、喻卫武、姚小华、马顺水、倪伟成
143	磐安长榧	榧树属	20180143	2018.6.15	陈红星、张苏炯、姚小华	20170235	2017.5.11	陈红星、张苏炯、姚小华、楼新良、叶很森、张汝其
144	淀西灯火	山茶属	20180144	2018.6.15	上海市园林科学规划研究院、上海星源农业实验场	20170256	2017.5.23	张斌、张冬梅、张浪、周和达、蔡军林、尹丽娟、有祥亮、罗玉兰、陈香波、姚惠明
145	新潮头饰	山茶属	20180145	2018.6.15	上海市园林科学规划研究院、上海星源农业实验场	20170257	2017.5.23	周和达、张冬梅、张浪、蔡军林、尹丽娟、有祥亮、罗玉兰、陈香波、张斌、姚惠明
146	淀西风情	山茶属	20180146	2018.6.15	上海市园林科学规划研究院、上海星源农业实验场	20170258	2017.5.23	张冬梅、张浪、周和达、蔡军林、尹丽娟、有祥亮、罗玉兰、陈香波、张斌、姚惠明
147	鲁绿	槭属	20180147	2018.6.15	山东农业大学	20170263	2017.5.23	丰震、王延玲、于晓艳、刘国兴、李存华、李承水、任红剑、乔谦、安凯
148	兴旺	槭属	20180148	2018.6.15	山东农业大学	20170264	2017.5.23	丰震、刘毓、王延玲、李承水、李存华、任红剑、乔谦、安凯
149	花曲柳1号	白蜡树属	20180149	2018.6.15	山东省林业科学研究院	20170274	2017.6.1	吴德军、燕丽萍、刘翠兰、姚俊修、刘桂民、杨庆山、王开芳、臧真荣、任飞
150	花曲柳2号	白蜡树属	20180150	2018.6.15	山东省林业科学研究院	20170275	2017.6.1	燕丽萍、吴德军、刘翠兰、王因花、王开芳、李善文、任飞、李庆华、杨庆山
151	花曲柳3号	白蜡树属	20180151	2018.6.15	山东省林业科学研究院	20170276	2017.6.1	吴德军、燕丽萍、刘翠兰、王因花、臧真荣、王振猛、任飞、王开芳

（续表）

序号	品种名称	所属属（种）	品种权号	授权日	品种权人	申请号	申请日	培育人
152	紫箭	白蜡树属	20180152	2018.6.15	山东省林业科学研究院	20170277	2017.6.1	刘翠兰、燕丽萍、吴德军、杨庆山、王因花、藏真荣、刘桂民、姚俊修、王开芳
153	盐蜡	白蜡树属	20180153	2018.6.15	山东省林业科学研究院	20170281	2017.6.1	燕丽萍、吴德军、刘翠兰、王因花、杨庆山、姚俊修、李庆华、王开芳、李善文

国家林业和草原局公告
2018年第12号

按照《国务院办公厅关于做好证明事项清理工作的通知》（国办发〔2018〕47号）要求，现将取消的国家林业和草原局规章和规范性文件设定的证明材料（见附件）予以公布。

对规章《建设项目使用林地审核审批管理办法》（2015年3月30日国家林业局令第35号，2016年9月22日国家林业局令第42号修改）、《林木种子生产经营许可证管理办法》（国家林业局令第40号）涉及的证明材料，自公告之日起停止执行，规章按程序修改后另行公布。

对涉及的规范性文件《建设项目使用林地审核审批管理规范》（林资发〔2015〕122号），删除第二部分"（二）林地证明材料"中"1. 没有权属证书的林地或者政府统一征地的，可以由县级人民政府林业主管部门出具林地权属证书明细表，或者由县级人民政府林业主管部门依据经批准的县级林地保护利用规划出具林地证明。其中，出具林地权属证书明细表的，有关林地权属证书应当在县级人民政府林业主管部门存档；出具林地证明的，国有林地应当明确到具体的经营单位，集体林地应当明确到具体的村（组）。"

特此公告。

附件：取消的国家林业和草原局规章和规范性文件设定的证明材料

国家林业和草原局
2018年8月4日

附件

取消的国家林业和草原局规章和规范性文件设定的证明材料

一、《建设项目使用林地审核审批管理办法》第七条"（三）拟使用林地的有关材料。包括：林地权属证书、林地权属证书明细表或者林地证明；属于临时占用林地的，提供用地单位与被使用林地的单位、农村集体经济组织或者个人签订的使用林地补偿协议或者其他补偿证明材料；涉及使用国有林场等国有林业企事业单位经营的国有林地，提供其所属主管部门的意见材料及用地单位与其签订的使用林地补偿协议；属于符合自然保护区、森林公园、湿地公园、风景名胜区等规划的建设项目，提供相关规划或者相关管理部门出具的符合规划的证明材料，其中，涉及自然保护区和森林公园的林地，提供其主管部门或者机构的意见材料。"

二、《林木种子生产经营许可证管理办法》第七条"申请林木种子生产经营许可证的单位和个人，应当提交下列材料：（三）经营场所、生产用地权属证明材料以及生产用地的用途证明材料。"

三、《林木种子生产经营许可证管理办法》第八条"申请林木种子生产经营许可证属于下列情形的，申请人还应当提交下列材料：（一）从事林木种子生产的，应当提供生产地点无检疫性有害生物证明。其中从事籽粒、果实等有性繁殖材料生产的，还应当提供具有安全隔离条件的说明材料、县级以上人民政府林业主管部门确定的采种林分证明以及照片。"

四、《建设项目使用林地审核审批管理规范》"二、建设项目申请材料（二）林地证明材料。1. 没有权属证书的林地或者政府统一征地的，可以由县级人民政府林业主管部门出具林地权属证书明细表，或者由县级人民政府林业主管部门依据经批准的县级林地保护利用规划出具林地证明。其中，出具林地权属证书明细表的，有关林地权属证书应当在县级人民政府林业主管部门存档；出具林地证明的，国有林地应当明确到具体的经营单位，集体林地应当明确到具体的村（组）。"

国家林业和草原局公告
2018 年第 13 号

根据《国家沙化土地封禁保护区管理办法》（林沙发〔2015〕66 号）有关规定，现将内蒙古自治区阿拉善右旗阿拉腾朝格等 31 个国家沙化土地封禁保护区（名单见附件）予以公布。

特此公告。

附件：国家沙化土地封禁保护区名单

国家林业和草原局
2018 年 8 月 4 日

附件

国家沙化土地封禁保护区名单

序号	名　称
1	内蒙古自治区阿拉善右旗阿拉腾朝格国家沙化土地封禁保护区
2	内蒙古自治区阿拉善右旗雅布赖国家沙化土地封禁保护区
3	内蒙古自治区阿拉善左旗扎格图国家沙化土地封禁保护区
4	内蒙古自治区额济纳旗古日乃国家沙化土地封禁保护区
5	内蒙古自治区杭锦旗伊和乌素国家沙化土地封禁保护区
6	内蒙古自治区乌拉特后旗西尼乌素国家沙化土地封禁保护区
7	内蒙古自治区正蓝旗桑根达来国家沙化土地封禁保护区
8	西藏自治区萨嘎县拿果国家沙化土地封禁保护区
9	甘肃省敦煌市东戈壁国家沙化土地封禁保护区
10	甘肃省玛曲县昂格布国家沙化土地封禁保护区
11	甘肃省山丹县东乐南滩国家沙化土地封禁保护区
12	甘肃省肃北县马鬃山镇国家沙化土地封禁保护区
13	青海省贵南县鲁仓国家沙化土地封禁保护区
14	青海省海西蒙古族藏族自治州冷湖行政委员会国家沙化土地封禁保护区
15	新疆维吾尔自治区巴楚县下河林场国家沙化土地封禁保护区
16	新疆维吾尔自治区福海县三口泉国家沙化土地封禁保护区
17	新疆维吾尔自治区阜康市彩南国家沙化土地封禁保护区
18	新疆维吾尔自治区伽师县科克铁提国家沙化土地封禁保护区
19	新疆维吾尔自治区和硕县库姆布拉克国家沙化土地封禁保护区
20	新疆维吾尔自治区呼图壁县北沙窝国家沙化土地封禁保护区
21	新疆维吾尔自治区吉木乃县金斯克国家沙化土地封禁保护区

（续表）

序号	名　称
22	新疆维吾尔自治区库车县塔南区域国家沙化土地封禁保护区
23	新疆维吾尔自治区轮台县草湖乡国家沙化土地封禁保护区
24	新疆维吾尔自治区麦盖提县喀郎古托格拉克国家沙化土地封禁保护区
25	新疆维吾尔自治区民丰县尼雅乡国家沙化土地封禁保护区
26	新疆维吾尔自治区皮山县科克铁热克乡国家沙化土地封禁保护区
27	新疆维吾尔自治区奇台县西地国家沙化土地封禁保护区
28	新疆维吾尔自治区鄯善县东湖国家沙化土地封禁保护区
29	新疆维吾尔自治区尉犁县阿其克国家沙化土地封禁保护区
30	新疆维吾尔自治区乌什县阿合雅镇国家沙化土地封禁保护区
31	新疆维吾尔自治区于田县达里雅布依乡国家沙化土地封禁保护区

国家林业和草原局公告
2018 年第 14 号

根据《中华人民共和国标准化法》、《深化标准化工作改革方案》和《林业标准化管理办法》的相关要求，经研究，我局决定废止《轮胎式木材装载机》等 70 项林业行业标准（汇总表见附件）。

特此公告。

附件：废止林业行业标准汇总表

国家林业和草原局
2018 年 9 月 4 日

附件

废止林业行业标准汇总表

序号	标准编号	标准名称
1	LY/T 1047—1991	轮胎式木材装载机
2	LY/T 1051—2008	园林机械　排气污染物测试方法
3	LY/T 1122—1993	山楂丰产技术
4	LY/T 1138—1993	运材挂车　承载装置型式和基本参数
5	LY/T 1139—1993	运材挂车　承载装置技术条件
6	LY/T 1145—1993	松香包装桶
7	LY/T 1148—1993	装载机木材抓具

(续表)

序号	标准编号	标准名称
8	LY/T 1155—1994	油锯 橡胶把套
9	LY/T 1181—1995	苏云金芽孢杆菌制剂
10	LY/T 1190—1996	垫板回送机组
11	LY/T 1199—2003	林业机械 油锯 台架试验方法
12	LY/T 1208—1997	椴木栽培黑木耳技术
13	LY/T 1329—1999	核桃丰产与坚果品质
14	LY/T 1333—1999	合成革用微晶纤维素
15	LY/T 1343—1999	林木种子检验仪器技术条件
16	LY/T 1367—1999	衬板抛光机
17	LY/T 1427—1999	分板机
18	LY/T 1428—1999	加湿机
19	LY/T 1444.2—2015	林区木材生产能耗 第2部分：油锯燃料消耗量
20	LY/T 1444.3—2005	林区木材生产能耗 第3部分：集材机械燃料消耗量
21	LY/T 1444.4—2015	林区木材生产能耗 第4部分：绞盘机装车燃料消耗量
22	LY/T 1444.5—2005	林区木材生产能耗 第5部分：汽车运材燃料消耗量
23	LY/T 1444.6—2015	林区木材生产能耗 第6部分：贮木场生产能源消耗量
24	LY/T 1449—1999	东北、内蒙古国有林区木材生产能耗 森铁蒸汽机车燃料消耗量
25	LY/T 1473—2008	除铁器
26	LY/T 1478—1999	集材捆木索
27	LY/T 1484—1999	弯把锯
28	LY/T 1531—2012	东北、内蒙古国有林区林业企业能量平衡测试通则
29	LY/T 1557—2000	名特优经济林基地建设技术规程
30	LY/T 1577—2009	食用菌、山野菜干制品压缩块
31	LY/T 1595—2002	芯板横向拼缝机 制造与验收技术条件
32	LY/T 1596—2002	芯板横向拼缝机 参数
33	LY/T 1597—2002	芯板横向拼缝机 精度
34	LY/T 1628—2005	黄脊竹蝗防治技术规程
35	LY/T 1661—2006	木瓜栽培技术规程
36	LY/T 1678—2014	食用林产品产地环境通用要求
37	LY/T 1684—2007	森林食品 总则
38	LY/T 1696—2007	姬松茸
39	LY/T 1702—2007	石榴栽培技术规程
40	LY/T 1748—2008	樱桃李栽培技术规程
41	LY/T 1768—2008	山核桃产品质量要求
42	LY/T 1771—2008	刺五加培育技术规程
43	LY/T 1777—2008	森林食品 质量安全通则
44	LY/T 1778—2008	平贝母栽培技术规程
45	LY/T 1781—2008	甜樱桃贮藏保鲜技术规程

(续表)

序号	标准编号	标准名称
46	LY/T 1782—2008	无公害干果
47	LY/T 1799—2008	沙发松紧带自动张紧机
48	LY/T 1802—2008	水泥(石膏)刨花板压机通用技术条件
49	LY/T 1804—2008	石膏刨花板生产线验收通则
50	LY/T 1811—2008	定向刨花板生产线验收通则
51	LY/T 1838—2009	光皮树果实制油技术规程
52	LY/T 1839—2009	灌木铡粉机
53	LY/T 1841—2009	猕猴桃贮藏技术规程
54	LY/T 1907—2010	马尾松花粉生产技术规程
55	LY/T 1909—2010	美国黑核桃栽培技术规程
56	LY/T 1910—2010	食用桂花栽培技术规程
57	LY/T 1964—2011	酸枣
58	LY/T 1989—2011	园林机械 坐骑式草坪割草机 安全使用规程
59	LY/T 2035—2012	杏李生产技术规程
60	LY/T 2038—2012	橄榄丰产栽培技术规程
61	LY/T 2040—2012	北方杏鲍菇栽培技术规程
62	LY/T 2042—2012	九叶青花椒丰产栽培技术规程
63	LY/T 2048—2012	葎叶蛇葡萄育苗技术规程
64	LY/T 2115—2013	油茶饼粕有机肥
65	LY/T 2124—2013	人心果栽培技术规程
66	LY/T 2129—2013	甜樱桃栽培技术规程
67	LY/T 2132—2013	猴头菇干制品
68	LY/T 2343—2014	青梅生产技术规程
69	LY/T 2641—2016	杜仲雄花园营建技术规程
70	LY/T 2704—2016	杜仲种仁质量等级

国家林业和草原局公告

2018 年第 15 号

根据《中华人民共和国行政许可法》、《中华人民共和国种子法》、《林木种子生产、经营许可证管理办法》和《国家林业局林木种子经营行政许可监督检查办法》规定，我局决定对有效期届满未延续的深圳麟初进出口有限公司等14家公司的林木种子经营许可证予以注销（详见附件）。

自有效期届满之日起，被注销的林木种子经营许可证（正本、副本）和许可证编号停止使用，由省级种苗管理机构将被注销的林木种子经营许可证（正本、副本）予以收回。

特此公告。

附件：注销林木种子经营许可证的企业名单

国家林业和草原局
2018 年 11 月 12 日

附件

注销林木种子经营许可证的企业名单

企业名称	经营范围	企业地址	许可证编号	注销原因	有效期届满时间
深圳麟初进出口有限公司	城镇绿化苗木、花卉	深圳市罗湖区文锦南路粤运大厦915、917房	国粤营字0244号	有效期届满未延续	2018.01.04
北京绿道兴业进出口有限公司	城镇绿化苗木、花卉	北京市密云区新中街42号	国京营字0253号	有效期届满未延续	2018.02.13
深圳检疫处理有限公司	城镇绿化苗木、花卉	深圳市福田区福强路1005号卫检大厦	国粤林种字0257号	有效期届满未延续	2018.03.09
防城港市国壹贸易有限公司	城镇绿化苗木、花卉	港口区渔万路与鱼峰路交汇处（鱼峰公寓）7层713号房	国桂营字0260号	有效期届满未延续	2018.03.24
北京正道生态科技有限公司	一般林木种子、花卉种子、草坪草种子	北京市昌平区科技园区生命园路4号院7号楼1层101	国京林种字0261号	有效期届满未延续	2018.04.09
上海大中生物种苗有限公司	花卉	浦东新区航头镇大中路8号	国沪营字0263号	有效期届满未延续	2018.04.20
托斯卡纳(福建)葡萄庄园有限公司	经济林苗木、花卉	三明市建宁县濉溪镇河东校上村7号	国闽营字0264号	有效期届满未延续	2018.05.21
上海鲜花港德鲁仕植物有限公司	花卉	上海市浦东新区书院镇东海农场桃园路南首	国沪营字0269号	有效期届满未延续	2018.06.16
广西万美园林有限公司	城镇绿化苗木	南宁市西乡塘区科园大道27号科技大厦1120号	国桂营字0270号	有效期届满未延续	2018.06.29
佛山市顺德区经卉进出口有限公司	城镇绿化苗木	佛山市顺德区陈村镇合成居委会五捷桥南路35号之二	国粤营字0127号	有效期届满未延续	2018.07.16
上海虹华园艺有限公司	花卉	上海市沪太路975号	国沪营字0271号	有效期届满未延续	2018.07.23
上海上房园艺有限公司	城镇绿化苗木、花卉	上海市闵行区浦江镇蒲江村	国沪营字0272号	有效期届满未延续	2018.07.27
广西友好国际货运代理有限责任公司	城镇绿化苗木、花卉	凭祥市综合保税区行政联检大楼七楼712-7室	国桂营字0275号	有效期届满未延续	2018.09.16
河口佳业商贸有限公司	造林苗木、经济林苗木、城镇绿化苗木	云南省红河州河口县合群街东南利商住楼B幢	国滇营字0277号	有效期届满未延续	2018.10.12

国家林业和草原局公告

2018年第17号

根据《中华人民共和国植物新品种保护条例》、《中华人民共和国植物新品种保护条例实施细则（林业部分）》规定，经国家林业和草原局植物新品种保护办公室审查，"青春"等252项植物新品种权申请符合授权条件，现决定授予植物新品种权（名单见附件），并颁发《植物新品种权证书》。

特此公告。

附件：国家林业和草原局2018年第二批授予植物新品种权名单

国家林业和草原局
2018年12月18日

附件

国家林业和草原局2018年第二批授予植物新品种权名单

序号	品种名称	所属属（种）	品种权号	授权日	品种权人	申请号	申请日	培育人
1	青春	蔷薇属	20180154	2018.12.11	云南锦苑花卉产业股份有限公司	20130005	2013.01.26	倪功、曹荣根、田连通、白云评、乔丽婷、阳明祥
2	粉蝶	蔷薇属	20180155	2018.12.11	云南尚美嘉花卉有限公司	20130171	2013.12.13	赵家清、陈敏、王丽花、鲁春荣、刘辉、张林、刘玉红、周宁宁、王其刚
3	金陵丹枫	槭属	20180156	2018.12.11	江苏省农业科学院	20140106	2014.06.30	李倩中、闻婧、李淑顺、荣立苹、唐玲、朱璐、马秋月
4	锦叶黄杨	卫矛属	20180157	2018.12.11	河南景艺园林绿化工程有限公司	20140147	2014.08.31	范军科、秦艳臣、丁茂、周彦荣、陈博、俎美平
5	锦叶女贞	女贞属	20180158	2018.12.11	河南景艺园林绿化工程有限公司	20140164	2014.09.26	范军科、李中香、李丰芹、黎桂阳、韩磊、刘芳辉、俎美平
6	锦鸽荆	紫荆属	20180159	2018.12.11	河南景艺园林绿化工程有限公司	20140165	2014.10.09	范军科、郑俊霞、宋良红、靳建芹、韩璐、刘芳辉
7	云彩虹	蔷薇属	20180160	2018.12.11	云南鑫海汇花业有限公司、云南省农业科学院花卉研究所	20140213	2014.11.28	陈敏、王其刚、朱应雄、朱芷汐、张艺萍、李淑斌、张绍宏、张婷、晏慧君、张颢
8	沁紫	紫薇	20180161	2018.12.11	浙江滕头园林股份有限公司、浙江省林业科学研究院	20140228	2014.12.06	傅剑波、朱锡君、陈卓梅、王金凤、程雪梅、柳新红、林富平
9	白雪	紫薇	20180162	2018.12.11	浙江滕头园林股份有限公司、浙江省林业科学研究院	20140229	2014.12.06	傅剑波、朱锡君、陈卓梅、王金凤、林富平、柳新红、程雪梅
10	吉祥	蔷薇属	20180163	2018.12.11	云南锦苑花卉产业股份有限公司	20140233	2014.12.06	倪功、曹荣根、田连通、白云评、乔丽婷、何琼、阳明祥
11	德瑞斯蓝四（Dris Blue Four）	越橘属	20180164	2018.12.11	德瑞斯克公司（Driscoll's, Inc.）	20150026	2015.02.03	布赖恩·K·卡斯特（Brian K. Caster）、珍妮弗·K·伊佐（Jennifer K. Izzo）、阿伦·德雷珀（Arlen Draper）
12	炎欢1号	木通属	20180165	2018.12.11	长沙炎农生物科技有限公司	20150035	2015.03.12	王中炎、彭俊彩、蔡金术、王中兵、蔡志红
13	饲构1号	构属	20180166	2018.12.11	河南省林业科学研究院、河南郑新林业高新技术试验场	20150050	2015.03.24	翟晓巧、刘艳萍、董玉山、王念、任媛媛、王文君、孙晓薇、何威、曾辉
14	杰施-克苏1（JFS-KSU1）	朴属	20180167	2018.12.11	美国J弗兰克 施密特父子有限公司	20150061	2015.04.01	基思·沃伦（Keith S. Warren）
15	炎欢2号	木通属	20180168	2018.12.11	长沙炎农生物科技有限公司	20150098	2015.05.30	王中炎、彭俊彩、蔡金术、王中兵、蔡志红
16	金灿	白刺属	20180169	2018.12.11	中国林业科学研究院、中国林业科学研究院沙漠林业实验中心	20150114	2015.06.18	张华新、杨秀艳、郝玉光、张景波、成铁龙、刘正祥、史胜青、朱建峰、倪建伟
17	红花棉花糖	桃花	20180170	2018.12.11	北京乾景园林股份有限公司	20150144	2015.08.12	王会顶、任萌圃、赵静、石乐、朱仁元、王文峰、吕涛
18	粉花棉花糖	桃花	20180171	2018.12.11	北京乾景园林股份有限公司	20150145	2015.08.12	石乐、任萌圃、赵静、王会顶、朱仁元、王文峰、吕涛

(续表)

序号	品种名称	所属属（种）	品种权号	授权日	品种权人	申请号	申请日	培育人
19	奥斯亚特（AUSYA CHT）	蔷薇属	20180172	2018.12.11	大卫奥斯汀月季公司（David Austin Roses Limited）	20150150	2015.08.18	大卫奥斯汀（David Austin）
20	戴尔福慕思（Delfumros）	蔷薇属	20180173	2018.12.11	法国乔治斯．戴尔巴德月季有限公司（Société Nouvelle Pépinières & Roseraies Georges DELBARD, France）	20150154	2015.08.19	阿诺德·戴尔巴德（Arnaud. delbard）
21	德瑞斯蓝五（Dris Blue Five）	越橘属	20180174	2018.12.11	德瑞斯克公司（Driscoll's, Inc.）、美国佛罗里达基金种业公司（Florida Foundation Seed Producers, Inc., USA）	20150171	2015.09.06	布赖恩·K·卡斯特（Brian K. Caster）、珍妮弗·K·伊佐（Jennifer K. Izzo）、阿伦·德雷珀（Arlen Draper）、保罗·K·洛伦妮（Paul M. Lyrene）
22	德瑞斯蓝六（Dris Blue Six）	越橘属	20180175	2018.12.11	德瑞斯克公司（Driscoll's, Inc.）	20150172	2015.09.06	布赖恩·K·卡斯特（Brian K. Caster）、珍妮弗·K·伊佐（Jennifer K. Izzo）、阿伦·德雷珀（Arlen Draper）
23	德瑞斯蓝七（Dris Blue Seven）	越橘属	20180176	2018.12.11	德瑞斯克公司（Driscoll's, Inc.）	20150173	2015.09.06	布赖恩·K·卡斯特（Brian K. Caster）、珍妮弗·K·伊佐（Jennifer K. Izzo）、阿伦·德雷珀（Arlen Draper）
24	瑞普德0126a（Ruipd 0126a）	蔷薇属	20180177	2018.12.11	迪瑞特知识产权公司（De Ruiter Intellectual Property B.V.）	20150176	2015.09.06	汉克．德．格罗特（H.C.A. de Groot）
25	羞粉	山茶属	20180178	2018.12.11	宁波大学、宁波植物园筹建办公室	20150183	2015.09.17	倪穗、陈越、王大庄、游鸣飞、郑小青
26	羞红	山茶属	20180179	2018.12.11	宁波大学、宁波植物园筹建办公室	20150184	2015.09.17	倪穗、陈越、王大庄、游鸣飞、郑小青
27	粉精灵	紫薇属	20180180	2018.12.11	北京林业大学	20150185	2015.09.17	潘会堂、鞠易倩、叶远俊、张启翔、胡杏、焦垚、蔡明、程堂仁、王佳
28	金墨珠	枸杞属	20180181	2018.12.11	马惠杰	20150202	2015.10.10	马惠杰
29	艾维驰17（EVER CHI17）	蔷薇属	20180182	2018.12.11	丹麦永恒玫瑰公司（ROSES FOREVER ApS）	20150209	2015.10.12	哈雷·艾克路德（Harley Eskelund）
30	艾维驰18（EVER CHI18）	蔷薇属	20180183	2018.12.11	丹麦永恒玫瑰公司（ROSES FOREVER ApS）	20150210	2015.10.12	哈雷·艾克路德（Harley Eskelund）
31	艾维驰20（EVER CHI20）	蔷薇属	20180184	2018.12.11	丹麦永恒玫瑰公司（ROSES FOREVER ApS）	20150211	2015.10.12	哈雷·艾克路德（Harley Eskelund）
32	艾维驰22（EVER CHI22）	蔷薇属	20180185	2018.12.11	丹麦永恒玫瑰公司（ROSES FOREVER ApS）	20150212	2015.10.12	哈雷·艾克路德（Harley Eskelund）
33	艾维驰23（EVER CHI23）	蔷薇属	20180186	2018.12.11	丹麦永恒玫瑰公司（ROSES FOREVER ApS）	20150213	2015.10.12	哈雷·艾克路德（Harley Eskelund）
34	云裳	含笑属	20180187	2018.12.11	棕榈生态城镇发展股份有限公司	20150224	2015.10.15	严丹峰、王亚玲、王晶、吴建军、赵珊珊

(续表)

序号	品种名称	所属属（种）	品种权号	授权日	品种权人	申请号	申请日	培育人
35	雪玉	流苏树属	20180188	2018.12.11	山东丫森苗木科技开发有限公司	20150242	2015.11.13	王召伟、张玉华
36	雪籽	流苏树属	20180189	2018.12.11	山东丫森苗木科技开发有限公司	20150244	2015.11.13	王召伟、张玉华
37	甘之饴	牡竹属	20180190	2018.12.11	广西壮族自治区林业科学研究院、国际竹藤中心	20150248	2015.12.01	徐振国、黄大勇、郭起荣、李立杰
38	短杂34号	木麻黄属	20180191	2018.12.11	中国林业科学研究热带林业研究所	20160009	2016.01.04	张勇、仲崇禄、陈羽、陈珍、姜清彬
39	务本堂1号	七叶树属	20180192	2018.12.11	陕西务本堂园林景观有限公司	20160018	2016.01.17	司楠
40	杰施－KW1CB（JFS－KW1CB）	鹅耳枥属	20180193	2018.12.11	美国J弗兰克 施密特父子有限公司	20160023	2016.02.25	K.S.沃伦（Keith S. Warren）
41	杰施－SGPN（JFS－SGPN）	落羽杉属	20180194	2018.12.11	美国J弗兰克 施密特父子有限公司	20160024	2016.02.25	J.布莱斯福德（John Brailsford）
42	杰施－卡多2（JFS－Caddo2）	槭属	20180195	2018.12.11	美国J弗兰克 施密特父子有限公司	20160050	2016.03.15	K.沃伦（Keith S. Warren）
43	杰施－KW6（JFS－KW6）	鹅耳枥属	20180196	2018.12.11	美国J弗兰克 施密特父子有限公司	20160052	2016.03.15	K.S.沃伦（Keith S. Warren）
44	宝普068（POULPAR068）	蔷薇属	20180197	2018.12.11	丹麦宝森玫瑰有限公司（Poulsen Roser A/S）	20160054	2016.02.16	芒斯·奈格特·奥乐森（Mogens N. Olesen）
45	百日花	梓树属	20180198	2018.12.11	中国林业科学研究院林业研究所、洛阳农林科学院、贵州省林业科学研究院	20160068	2016.02.23	王军辉、麻文俊、赵鲲、张明刚、焦云德、姚淑筠
46	普瑞吉米（PREJUMI）	蔷薇属	20180199	2018.12.11	A.R.B.A.公司（A.R.B.A.B.V.）	20160070	2016.03.08	艾尔·皮·德布林（Ir. P. de Bruin）
47	杞鑫1号	枸杞属	20180200	2018.12.11	中宁县杞鑫枸杞苗木专业合作社	20160072	2016.03.10	郭玉琴、朱金忠、祁伟、刘冰、龚玉梅、张艳、胡忠庆、刘娟、亢彦东、胡学玲、乔彩云、杨秀峰
48	帝韵	木兰属	20180201	2018.12.11	浙江农林大学	20160076	2016.03.16	申亚梅、范义荣、刘志高、张庆宝、陈翔翔、刘璐、王倩颖
49	帝宝	木兰属	20180202	2018.12.11	浙江农林大学	20160077	2016.03.16	申亚梅、范义荣、刘志高、张庆宝、陈翔翔、刘璐、王倩颖
50	黛蒙茱莉（Diamond Jubilee）	悬钩子属	20180203	2018.12.11	浆果世界加有限公司（Berryworld Plus Limited）	20160084	2016.04.06	皮特·文森（Peter Vinson）
51	金玉宝	拟单性木兰属	20180204	2018.12.11	浙江理工大学、杭州市园林绿化股份有限公司	20160085	2016.04.15	胡绍庆、沈柏春
52	红珍珠	紫金牛属	20180205	2018.12.11	中国科学院华南植物园	20160100	2016.05.25	陈玲、宁祖林、翁楚雄、杨镇明、刘华、李冬梅、廖景平、罗美珍
53	森茂一号	越橘属	20180206	2018.12.11	大连森茂现代农业有限公司	20160102	2016.06.01	王贺新、徐国辉、陈英敏、姜维焕、赵丽娜

（续表）

序号	品种名称	所属属（种）	品种权号	授权日	品种权人	申请号	申请日	培育人
54	森茂二号	越橘属	20180207	2018.12.11	大连大学、大连森茂现代农业有限公司	20160103	2016.06.01	陈英敏、徐国辉、王贺新、娄鑫、张白川、赵丽娜
55	森茂三号	越橘属	20180208	2018.12.11	大连大学、大连森茂现代农业有限公司	20160104	2016.06.01	王贺新、陈英敏、徐国辉、乌凤章、高雄梅
56	森茂七号	越橘属	20180209	2018.12.11	大连大学、大连森茂现代农业有限公司	20160108	2016.06.01	徐国辉、王贺新、陈英敏、李根柱
57	大富贵	紫金牛属	20180210	2018.12.11	龙岩市林业调查规划所、福建省武平县盛金花场、福建农林大学	20160111	2016.06.07	廖柏林、罗盛金、彭东辉、兰思仁、刘梓富、王星乎、吴沙沙、翟俊文
58	赤玲珑	紫金牛属	20180211	2018.12.11	福建省武平县盛金花场、福建农林大学	20160112	2016.06.07	罗盛金、廖柏林、刘梓富、彭东辉、兰思仁、翟俊文、吴沙沙、谢亮秀
59	金边富贵	紫金牛属	20180212	2018.12.11	福建农林大学、福建省武平县盛金花场	20160113	2016.06.07	彭东辉、兰思仁、刘梓富、罗盛金、廖柏林、王星乎、吴沙沙、翟俊文
60	瑞克2117B（RUICK2117B）	蔷薇属	20180213	2018.12.11	迪瑞特知识产权公司（De Ruiter Intellectual Property B.V.）	20160124	2016.06.20	汉克·德·格罗特（H.C.A. de Groot）
61	乳蝶翩翩	蔷薇属	20180214	2018.12.11	山东农业大学	20160184	2016.07.25	赵兰勇、于晓艳、徐宗大、邢树堂、赵明远
62	娇媚三变	蔷薇属	20180215	2018.12.11	山东农业大学	20160186	2016.07.25	赵兰勇、于晓艳、徐宗大、邢树堂、赵明远
63	热嘉21号	金合欢属	20180216	2018.12.11	中国林业科学研究院热带林业研究所、嘉汉林业（河源）有限公司	20160237	2016.09.03	曾炳山、裴珍飞、陈考科、陈祖旭、范春节、康汉华、刘英、李湘阳、罗锐
64	热嘉24号	金合欢属	20180217	2018.12.11	中国林业科学研究院热带林业研究所、嘉汉林业（河源）有限公司	20160238	2016.09.03	曾炳山、裴珍飞、陈考科、陈祖旭、范春节、康汉华、刘英、李湘阳、罗锐
65	热嘉25号	金合欢属	20180218	2018.12.11	中国林业科学研究院热带林业研究所、嘉汉林业（河源）有限公司	20160239	2016.09.03	曾炳山、裴珍飞、陈考科、陈祖旭、范春节、康汉华、刘英、李湘阳、罗锐
66	热嘉53号	金合欢属	20180219	2018.12.11	中国林业科学研究院热带林业研究所、嘉汉林业（河源）有限公司	20160240	2016.09.03	曾炳山、陈祖旭、裴珍飞、陈考科、范春节、康汉华、刘英、李湘阳、罗锐
67	金荷	杏	20180220	2018.12.11	河北省农林科学院石家庄果树研究所	20160247	2016.09.20	赵习平、武晓红
68	豆蔻	锦带花属	20180221	2018.12.11	黑龙江省森林植物园	20160261	2016.09.21	马立华、庄倩、周勇、时雅君、雷桂杰、赵丽
69	灵动	锦带花属	20180222	2018.12.11	黑龙江省森林植物园	20160263	2016.09.21	马立华、庄倩、周勇、时雅君、雷桂杰、赵丽
70	梦幻	锦带花属	20180223	2018.12.11	黑龙江省森林植物园	20160264	2016.09.21	马立华、庄倩、周勇、时雅君、雷桂杰、赵丽
71	秋韵	锦带花属	20180224	2018.12.11	黑龙江省森林植物园	20160265	2016.09.21	马立华、庄倩、周勇、时雅君、雷桂杰、赵丽

(续表)

序号	品种名称	所属属（种）	品种权号	授权日	品种权人	申请号	申请日	培育人
72	红妍	含笑属	20180225	2018.12.11	湖南省森林植物园	20160270	2016.09.27	蒋利媛、颜立红、田晓明、向光锋、张绪高、杨云文、欧阳泽怡
73	京欧1号	李属	20180226	2018.12.11	北京中医药大学	20160286	2016.10.12	李卫东、刘志国
74	京欧2号	李属	20180227	2018.12.11	北京中医药大学	20160287	2016.10.12	李卫东、刘志国
75	紫玉	木兰属	20180228	2018.12.11	陕西省西安植物园、棕榈生态城镇发展股份有限公司	20160296	2016.11.04	王亚玲、王晶、赵强民、吴建军、赵珊珊、严丹峰、叶卫
76	如娟	木兰属	20180229	2018.12.11	棕榈生态城镇发展股份有限公司、陕西省西安植物园	20160297	2016.11.04	王亚玲、赵强民、吴建军、赵珊珊、王晶、严丹峰、叶卫
77	甬之波	杜鹃花属	20180230	2018.12.11	浙江万里学院、宁波北仑亿润花卉有限公司	20160307	2016.11.04	吴月燕、谢晓鸿、沃科军、沃绵康
78	甬芊红	杜鹃花属	20180231	2018.12.11	宁波北仑亿润花卉有限公司	20160308	2016.11.04	沃科军、沃绵康、朱平
79	甬紫叠	杜鹃花属	20180232	2018.12.11	宁波北仑亿润花卉有限公司	20160309	2016.11.04	沃科军、沃绵康、朱平
80	嫣红	木莲属	20180233	2018.12.11	中国科学院华南植物园	20160314	2016.11.7	陈新兰、杨科明、何飞龙、林金妹、廖景平、刘慧、韦强、叶育石
81	黑武士	木犀属	20180234	2018.12.11	南京林业大学、王思明	20160320	2016.11.16	王思明、段一凡、王贤荣、伊贤贵、王华辰、李涌福、陈林
82	粉彩	李属	20180235	2018.12.11	南京林业大学	20160322	2016.11.18	王贤荣、伊贤贵、王华辰、段一凡、陈林、胡志华
83	彩云飞	木瓜属	20180236	2018.12.11	山东农业大学	20160337	2016.11.22	臧德奎、于晓艳、刘丹、马燕、刘宗钊、刘明广、徐兴东
84	萨菲尔（Sapphire）	悬钩子属	20180237	2018.12.11	浆果世界加有限公司（Berryworld Plus Limited）	20160363	2016.11.23	伊娃·麦肯锡（Eva McCarthy）
85	洁德（Jade）	悬钩子属	20180238	2018.12.11	浆果世界加有限公司（Berryworld Plus Limited）	20160364	2016.11.23	皮特·文森（Peter Vinson）
86	英华	杏	20180239	2018.12.11	山东省果树研究所	20160366	2016.11.23	牛庆霖、苑克俊、王长君、王培久
87	开园	杏	20180240	2018.12.11	山东省果树研究所	20160367	2016.11.23	苑克俊、王长君、牛庆霖、王培久
88	凤冠红	木瓜属	20180241	2018.12.11	临沂大学、河东区金盛海棠种植专业合作社	20160374	2016.11.24	陈之群、刘宗钊、刘文、成妮妮、胡晓丽、臧凤岐、王桂香、徐成龙、陈恒新
89	西昌71985（SCH71985）	蔷薇属	20180242	2018.12.11	荷兰彼得·西昌厄斯控股公司（Piet Schreurs Holding B.V）	20160386	2016.12.02	P·N·J·西昌厄斯（Petrus Nicolaas Johannes Schreurs）

(续表)

序号	品种名称	所属属（种）	品种权号	授权日	品种权人	申请号	申请日	培育人
90	瑞驰2700J（RUICH2700J）	蔷薇属	20180243	2018.12.11	迪瑞特知识产权公司（De Ruiter Intellectual Property B.V.）	20160396	2016.12.08	汉克·德·格罗特（H.C.A. de Groot）
91	瑞克2110A（RUICK2110A）	蔷薇属	20180244	2018.12.11	迪瑞特知识产权公司（De Ruiter Intellectual Property B.V.）	20160397	2016.12.08	汉克·德·格罗特（H.C.A. de Groot）
92	硕丰	悬钩子属	20180245	2018.12.11	江苏省中国科学院植物研究所	20170012	2016.12.15	吴文龙、李维林、闾连飞、张春红、赵慧芳、王小敏、朱泓、杨海燕
93	黄金锦	腊梅	20180246	2018.12.11	浙江农林大学	20170014	2016.12.16	赵宏波、张超、付建新、包志毅
94	知春	腊梅	20180247	2018.12.11	浙江农林大学	20170015	2016.12.16	赵宏波、张超、付建新、包志毅
95	长蕊玉蝶	梅	20180248	2018.12.11	浙江农林大学、浙江长兴东方梅园有限公司	20170016	2016.12.16	赵宏波、张超、付建新、包志毅、吴晓红
96	粉台玉蝶	梅	20180249	2018.12.11	浙江农林大学	20170017	2016.12.16	赵宏波、吴晓红、张超、付建新、包志毅
97	红颜朱砂	梅	20180250	2018.12.11	浙江农林大学	20170018	2016.12.16	赵宏波、吴晓红、张超、付建新、包志毅
98	反扣二红	梅	20180251	2018.12.11	浙江农林大学、浙江长兴东方梅园有限公司	20170019	2016.12.16	吴晓红、赵宏波、张超、付建新、包志毅
99	红盛	紫薇	20180252	2018.12.11	王柏盛	20170023	2016.12.16	王柏盛
100	鸿运	木犀属	20180253	2018.12.11	南京林业大学、王思明	20170025	2016.12.20	王思明、段一凡、王贤荣、伊贤贵、王华辰、李涌福、陈林
101	白珊瑚	杜鹃花属	20180254	2018.12.11	嘉善联合农业科技有限公司	20170038	2017.01.05	沈勇
102	粉珊瑚	杜鹃花属	20180255	2018.12.11	嘉善联合农业科技有限公司	20170039	2017.01.05	沈勇
103	龙花	忍冬属	20180256	2018.12.11	湖南省林业科学院	20170090	2017.01.21	王晓明、曾慧杰、李永欣、乔中全、蔡能、陈建军
104	丰蕾	忍冬属	20180257	2018.12.11	湖南省林业科学院、兰陵县鲁龙林果园艺专业合作社、长沙湘莹园林科技有限公司	20170091	2017.01.21	曾慧杰、王晓明、乔中全、李修海、李永欣、蔡能、王湘莹、陈建军
105	紫嫣公主	桂花	20180258	2018.12.11	全南厚朴生态林业有限公司	20170125	2017.03.06	罗永松、江军、廖凯、姜明华
106	翠玉	梓树属	20180259	2018.12.11	河南名品彩叶苗木股份有限公司	20170147	2017.03.30	王华明、郑芳、邵明春、李长江、张熙、方圆圆、孙玉、李建武
107	岑芯	山茶属	20180260	2018.12.11	广西壮族自治区林业科学研究院	20170150	2017.04.06	曾雯珺、王东雪、江泽鹏、张乃燕、陈国臣、叶航、陈林强、陈江平、张敏、梁国校、夏莹莹、刘凯、梁斌

(续表)

序号	品种名称	所属属（种）	品种权号	授权日	品种权人	申请号	申请日	培育人
108	傲雪	山茶属	20180261	2018.12.11	广西壮族自治区林业科学研究院	20170151	2017.04.06	王东雪、江泽鹏、张乃燕、陈国臣、刘凯、陈林强、梁斌、夏莹莹、曾雯珺、梁国校、叶航
109	义林	山茶属	20180262	2018.12.11	广西壮族自治区林业科学研究院	20170152	2017.04.06	马锦林、叶航、夏莹莹、梁文汇、张乃燕、王东雪、刘凯、梁斌
110	秋苑清风	芍药属	20180263	2018.12.11	城发投资集团有限公司、中国农业科学院蔬菜花卉研究所	20170161	2017.04.06	杨德顺、薛传星、张秀新、刘永森、薛璟祺、孙青文、王顺利、范俊峰、薛玉前
111	秋墨耀金	芍药属	20180264	2018.12.11	中国农业科学院蔬菜花卉研究所	20170162	2017.04.06	张秀新、薛璟祺、王顺利、薛玉前
112	秋墨重彩	芍药属	20180265	2018.12.11	城发投资集团有限公司、中国农业科学院蔬菜花卉研究所	20170163	2017.04.06	杨德顺、薛传星、张秀新、刘永森、薛璟祺、孙青文、王顺利、范俊峰、薛玉前、吴蕊
113	秋星璀月	芍药属	20180266	2018.12.11	中国农业科学院蔬菜花卉研究所	20170165	2017.04.06	张秀新、薛璟祺、王顺利、朱富勇、任秀霞
114	秋苑姝女	芍药属	20180267	2018.12.11	城发投资集团有限公司、中国农业科学院蔬菜花卉研究所	20170167	2017.04.06	杨德顺、薛传星、张秀新、刘永森、薛璟祺、孙青文、王顺利、范俊峰、薛玉前
115	秋苑玉辉	芍药属	20180268	2018.12.11	中国农业科学院蔬菜花卉研究所	20170168	2017.04.06	张秀新、王顺利、薛璟祺、吴蕊、张萍
116	阳春白雪	卫矛属	20180269	2018.12.11	河南红枫种苗股份有限公司、山东天序农林科技有限公司、天津天序林木种苗有限公司	20170170	2017.04.12	张丹、张家勋、张茂
117	佛光	卫矛属	20180270	2018.12.11	河南红枫种苗股份有限公司、山东天序农林科技有限公司、天津天序林木种苗有限公司	20170172	2017.04.12	张丹、张家勋、张茂
118	毛紫	山茶属	20180271	2018.12.11	广西壮族自治区林业科学研究院	20170182	2017.04.14	李开祥、韦晓娟、马锦林、黄金使、梁文汇、廖健明
119	京翠	白蜡树属	20180272	2018.12.11	中国林业科学研究院林业研究所、湖北省京山县虎爪山林场	20170184	2017.04.17	林富荣、张荣洋、郑勇奇、刘晓武、李斌、杨清发、郭文英、朱波涛、刘海、张云超、黄平
120	中闽1号	叶子花属	20180273	2018.12.11	厦门市园林植物园	20170199	2017.04.20	周群、张万旗
121	洛红美	杏	20180274	2018.12.11	洛阳农林科学院	20170216	2017.05.05	梁臣、郭光伟、王治军、赵罕、朱高浦、尹华、魏素玲、畅凌冰、李豫生、王小耐

(续表)

序号	品种名称	所属属（种）	品种权号	授权日	品种权人	申请号	申请日	培育人
122	典泛一品	文冠果	20180275	2018.12.11	中国林业科学研究院林业研究所、北京艾比蒂生物科技有限公司	20170239	2017.05.16	毕泉鑫、王利兵、于海燕
123	明月丹心	文冠果	20180276	2018.12.11	中国林业科学研究院林业研究所、北京艾比蒂生物科技有限公司	20170241	2017.05.16	毕泉鑫、王利兵、于海燕
124	娇容	腊梅	20180277	2018.12.11	浙江农林大学	20170245	2017.05.16	赵宏波、付建新、张超、包志毅
125	金铃	腊梅	20180278	2018.12.11	浙江农林大学	20170246	2017.05.16	赵宏波、张超、付建新、包志毅
126	早发(Zaofa)	核桃属	20180279	2018.12.11	赵朝强	20170249	2017.05.18	赵朝强
127	紫霞	野牡丹属	20180280	2018.12.11	中国科学院华南植物园	20170250	2017.05.19	宁祖林、曾振新、李冬梅、陈玲、何飞龙、吴兴、廖景平
128	铺地花2号	野牡丹属	20180281	2018.12.11	中国科学院华南植物园	20170252	2017.05.19	李冬梅、宁祖林、何飞龙、陈玲、翁楚雄、吴兴、曾振新、廖景平
129	蒙山紫玉	木瓜属	20180282	2018.12.11	山东农业大学	20170253	2017.05.19	王利、丰震、刘国兴、王向来、王延玲
130	齐鲁金	槭属	20180283	2018.12.11	山东农业大学	20170262	2017.05.23	丰震、宋志恒、王延玲、李承水、李存华、任红剑、乔谦、安凯
131	金边伞	紫金牛属	20180284	2018.12.11	杭州市园林绿化股份有限公司、陈焕伟、浙江理工大学	20170265	2017.05.24	胡绍庆、陈焕伟、刘华红、沈柏春、冯建国
132	中科蓝1号	忍冬属	20180285	2018.12.11	中国科学院东北地理与农业生态研究所农业技术中心	20170267	2017.05.26	赵恒田、范丽莉、李富恒、邵玲玲
133	白碧红霞	山茶属	20180286	2018.12.11	江西省林业科学院	20170290	2017.06.04	周文才、龚春、雷小林、黄建建、高伟、孙颖、温强、左继林、徐林初、王玉娟、占志勇、幸伟年、黄文印、李进
134	南湘红	山茶属	20180287	2018.12.11	湖南省林业科学院	20170291	2017.06.04	王湘南、陈永忠、王瑞、彭邵锋、陈隆升、许彦明、张震
135	南湘粉	山茶属	20180288	2018.12.11	湖南省林业科学院	20170292	2017.06.04	王湘南、陈永忠、王瑞、彭邵锋、陈隆升、许彦明
136	艳遇	栎属	20180289	2018.12.11	江苏省林业科学研究院	20170296	2017.06.06	黄利斌、董筱昀、窦全琴、孙海楠、吕运舟、李茹、张珺
137	中山红金彩	栎属	20180290	2018.12.11	南京彩树种植有限公司	20170299	2017.06.06	黄延芳、胡建宁、辛文学
138	多娇	苹果属	20180291	2018.12.11	张灿洪	20170300	2017.06.06	张灿洪、宋洪波、连芳、吴其超、姜丽媛
139	新郑红11号	枣	20180292	2018.12.11	洛阳师范学院	20170302	2017.06.06	赵旭升

(续表)

序号	品种名称	所属属（种）	品种权号	授权日	品种权人	申请号	申请日	培育人
140	中枣东升1号	枣	20180293	2018.12.11	洛阳师范学院	20170303	2017.06.06	赵旭升、李世鹏、郭明欣
141	金星	紫荆属	20180294	2018.12.11	河南四季春园林艺术工程有限公司、鄢陵中林园林工程有限公司	20170307	2017.06.09	张林、刘双枝、张文馨、吴豪
142	国庆	枫香属	20180295	2018.12.11	南京林业大学	20170308	2017.06.12	张往祥、范俊俊、周婷、徐立安、张丹丹、李千惠、姜文龙、曹福亮
143	红色依恋	苹果属	20180296	2018.12.11	南京林业大学	20170315	2017.06.12	张往祥、周婷、范俊俊、谢寅峰、彭冶、陈永霞、赵聪、曹福亮
144	晚宴	苹果属	20180297	2018.12.11	南京林业大学	20170317	2017.06.12	张往祥、范俊俊、徐立安、周婷、姜文龙、张丹丹、李千惠、曹福亮
145	画轴	苹果属	20180298	2018.12.11	南京林业大学	20170318	2017.06.12	张往祥、穆茜、张丹丹、周道建、陈永霞、李鑫、杨祎凡、曹福亮
146	胭脂雨	苹果属	20180299	2018.12.11	南京林业大学	20170319	2017.06.12	张往祥、赵聪、沈星诚、武启飞、王希、储昊樾、浦静、曹福亮
147	诗人	苹果属	20180300	2018.12.11	南京林业大学	20170320	2017.06.12	张往祥、杨祎凡、李千惠、谢寅峰、穆茜、李鑫、周道建、曹福亮
148	鸿运当头	紫荆属	20180301	2018.12.11	河南四季春园林艺术工程有限公司、鄢陵中林园林工程有限公司	20170321	2017.06.14	张林、刘双枝、张文馨、吴豪
149	豫金1号	忍冬属	20180302	2018.12.11	河南师范大学、刘保彬	20170322	2017.06.14	李建军、李景原、李明军、周延清、朱双营、王兰、段素芳、刘保彬、张光田、李军芳、贾国伦、王君、任美玲
150	金色年华	槭属	20180303	2018.12.11	河南名品彩叶苗木股份有限公司	20170330	2017.06.23	王华明、邵明丽、刘鹏辉、闫立静、李建武、张熙、岳继贞、周艳宾、方圆圆、刘芳辉、杨谦、石海燕、寇新良、贾涛、魏奎娇
151	威特141205（Wit141205）	铁线莲属	20180304	2018.12.11	马可·威特（Marco de Wit）	20170332	2017.06.25	马可·威特（Marco de Wit）
152	状元红1号	大青属	20180305	2018.12.11	肇庆学院	20170333	2017.06.25	陈刚、王瑛华
153	红艳	南天竹属	20180306	2018.12.11	浙江森禾集团股份有限公司	20170338	2017.06.29	王春、郑勇平、魏斌、盛冬、尹庆平、陈慧芳、项美淑、杜三峰、陈岗、刘丹丹、顾慧
154	金公主9号	文冠果	20180307	2018.12.11	北京林业大学、辽宁思路文冠果业科技开发有限公司、北京思路文冠果科技开发有限公司	20170347	2017.06.30	王俊杰、唐桂辉、刘会军、汪舟、向秋虹、王馨蕊、周祎鸣、关文彬

(续表)

序号	品种名称	所属属（种）	品种权号	授权日	品种权人	申请号	申请日	培育人
155	金王1号	文冠果	20180308	2018.12.11	北京林业大学、辽宁思路文冠果业科技开发有限公司、北京思路文冠果科技开发有限公司	20170348	2017.06.30	黄炎子、侯向林、李国军、王俊杰、向秋虹、王馨蕊、周祎鸣、关文彬
156	金王2号	文冠果	20180309	2018.12.11	北京林业大学、辽宁思路文冠果业科技开发有限公司、北京思路文冠果科技开发有限公司	20170349	2017.06.30	王馨蕊、李国军、侯向林、王青、于震、周祎鸣、向秋虹、王俊杰、关文彬
157	金帝3号	文冠果	20180310	2018.12.11	北京林业大学、辽宁思路文冠果业科技开发有限公司、北京思路文冠果科技开发有限公司	20170350	2017.06.30	周祎鸣、张文臣、唐桂辉、向秋虹、王馨蕊、王俊杰、关文彬
158	京仲5号	杜仲	20180311	2018.12.11	北京林业大学	20170357	2017.07.11	康向阳、李赟、高鹏、张平冬、宋连君、李金忠
159	京仲6号	杜仲	20180312	2018.12.11	北京林业大学	20170358	2017.07.11	康向阳、李赟、高鹏、王君、宋连君、李金忠
160	京仲7号	杜仲	20180313	2018.12.11	北京林业大学	20170359	2017.07.11	康向阳、李赟、高鹏、张平冬、宋连君、李金忠
161	京仲8号	杜仲	20180314	2018.12.11	北京林业大学	20170360	2017.07.11	康向阳、李赟、高鹏、王君、宋连君、李金忠
162	红满棠	木瓜属	20180315	2018.12.11	上海植物园	20170363	2017.07.13	蒋昌华、张亚利、奉树成、毕玉科、费建国、周永元、李湘鹏、莫健彬
163	墨菊堂	木瓜属	20180316	2018.12.11	上海植物园	20170366	2017.07.13	毕玉科、蒋昌华、奉树成、张亚利、费建国、李湘鹏、周永元、莫健彬
164	德瑞斯蓝九（Dris Blue Nine）	越橘属	20180317	2018.12.11	德瑞斯克公司（Driscoll's, Inc.）	20170369	2017.07.14	布赖恩·K·卡斯特(Brian K. CASTER)、珍妮弗·K·伊佐(Jennifer K. IZZO)、阿伦·德雷珀(Arlen DRAPER)
165	德瑞斯蓝十一（Dris Blue Eleven）	越橘属	20180318	2018.12.11	德瑞斯克公司（Driscoll's, Inc.）	20170370	2017.07.14	布赖恩·K·卡斯特(Brian K. CASTER)、珍妮弗·K·伊佐(Jennifer K. IZZO)、阿伦·德雷珀(Arlen DRAPER)
166	玫瑰蓉	杜鹃花属	20180319	2018.12.11	江苏省农业科学院	20170379	2017.07.17	肖政、陈尚平、刘晓青、何丽斯、李畅、邓衍明、孙晓波、贾新平、苏家乐
167	樱歌	杜鹃花属	20180320	2018.12.11	江苏省农业科学院	20170380	2017.07.17	刘晓青、邓衍明、李畅、孙晓波、肖政、贾新平、何丽斯、陈尚平、苏家乐
168	玲珑	紫薇属	20180321	2018.12.11	北京林业大学	20170386	2017.07.19	潘会堂、冯露、鞠易倩、张启翔、胡杏、叶远俊、焦垚、蔡明、程堂仁、王佳
169	楚林保胜	核桃属	20180322	2018.12.11	湖北省林业科学研究院、保康县核桃技术推广中心	20170393	2017.07.19	徐永杰、陈万胜、李孝鑫、邓先珍、王代全、王其竹、余正文

（续表）

序号	品种名称	所属属（种）	品种权号	授权日	品种权人	申请号	申请日	培育人
170	德瑞斯蓝十（Dris Blue Ten）	越橘属	20180323	2018.12.11	德瑞斯克公司（Driscoll's, Inc.）	20170394	2017.07.21	布赖恩·K·卡斯特（Brian K. CASTER）、珍妮弗·K·伊佐（Jennifer K. IZZO）、阿伦·德雷珀（Arlen DRAPER）
171	宁农杞8号	枸杞属	20180324	2018.12.11	宁夏农林科学院枸杞工程技术研究所	20170425	2017.08.03	焦恩宁、秦垦、戴国礼、曹有龙、石志刚、何军、李彦龙、李云翔、闫亚美、黄婷、张波、周旋、何昕儒、米佳
172	科杞6081	枸杞属	20180325	2018.12.11	宁夏农林科学院枸杞工程技术研究所	20170426	2017.08.03	曹有龙、贾义科、戴国礼、秦垦、刘占贵、石志刚、何军、李云翔、闫亚美、张波、周旋、何昕儒、段淋渊
173	科杞6082	枸杞属	20180326	2018.12.11	宁夏农林科学院枸杞工程技术研究所	20170427	2017.08.03	曹有龙、贾义科、秦垦、刘占贵、戴国礼、石志刚、何军、李云翔、闫亚美、张波、周旋、何昕儒、段淋渊
174	金石	鹅掌楸属	20180327	2018.12.11	中国林业科学研究院林业研究所、中国林业科学研究院亚热带林业实验中心	20170443	2017.08.16	李斌、郑勇奇、林富荣、郭文英、刘儒、潘文婷、孙建军、谭新建、袁小军、原勤勤、陈传松
175	粉玲珑	桃花	20180328	2018.12.11	王燕	20170446	2017.08.07	王燕
176	柔彩	绣球属	20180329	2018.12.11	中国科学院植物研究所、青岛中科景观植物产业化发展有限公司	20170447	2017.08.24	唐宇丹、白红彤、安玉来、李霞、李慧、孙雪琪、法丹丹、尤洪伟
177	瑛霞	丁香属	20180330	2018.12.11	黑龙江省森林植物园	20170449	2017.08.28	郁永英、李长海、翟晓鸥、宋莹莹、范淼、张少琳、王颖
178	涌霞	丁香属	20180331	2018.12.11	黑龙江省森林植物园	20170450	2017.08.28	郁永英、李长海、翟晓鸥、宋莹莹、范淼、张少琳、王颖
179	春韵	李属	20180332	2018.12.11	山东省林业科学研究院、青岛樱花谷科技生态园有限公司、青岛市黄岛区林业局	20170452	2017.08.28	胡丁猛、王松、许景伟、囤兴建、刘桂民、李贵学、王教全、王清华
180	矮杰	李属	20180333	2018.12.11	山东省果树研究所	20170455	2017.08.29	刘庆忠、朱东姿、魏海蓉、王甲威、谭钺、宗晓娟、陈新、徐丽、张力思
181	矮特	李属	20180334	2018.12.11	山东省果树研究所	20170456	2017.08.29	刘庆忠、朱东姿、魏海蓉、王甲威、谭钺、宗晓娟、陈新、徐丽、张力思
182	傲霜	桂花	20180335	2018.12.11	山东农业大学	20170457	2017.08.30	臧德奎、吴其超、张晴、步俊彦、王一、刘虹佑
183	冬荣	桂花	20180336	2018.12.11	山东农业大学	20170458	2017.08.30	臧德奎、吴其超、张晴、步俊彦、王一、刘虹佑
184	龙榆	榆属	20180337	2018.12.11	李严广	20170464	2017.09.01	李严广

(续表)

序号	品种名称	所属属（种）	品种权号	授权日	品种权人	申请号	申请日	培育人
185	春彩凤羽	槭属	20180338	2018.12.11	四川七彩林业开发有限公司	20170466	2017.09.01	高尚、杨金财、郑超、蔡世林、吴佳川、尹林、银征、罗雪梅
186	澧滨早凤	木通属	20180339	2018.12.11	中国林业科学研究院林业研究所	20170467	2017.09.01	李斌、郑勇奇、林富荣、郭文英、肖光听、王汝平、张秋红、肖光所、黄廷武
187	甬之洁	杜鹃花属	20180340	2018.12.11	浙江万里学院、宁波北仑亿润花卉有限公司	20170468	2017.09.03	谢晓鸿、吴月燕、沃科军、沃绵康
188	甬粉佳人	杜鹃花属	20180341	2018.12.11	浙江万里学院、宁波北仑亿润花卉有限公司	20170469	2017.09.03	谢晓鸿、吴月燕、沃科军、沃绵康、章辰飞
189	甬紫雀	杜鹃花属	20180342	2018.12.11	浙江万里学院、宁波北仑亿润花卉有限公司	20170472	2017.09.03	吴月燕、谢晓鸿、沃科军、沃绵康
190	甬品红	杜鹃花属	20180343	2018.12.11	浙江万里学院、宁波北仑亿润花卉有限公司	20170473	2017.09.03	吴月燕、谢晓鸿、沃科军、沃绵康、章辰飞
191	甬之皎	杜鹃花属	20180344	2018.12.11	宁波北仑亿润花卉有限公司	20170475	2017.09.03	沃科军、沃绵康
192	甬之辉	杜鹃花属	20180345	2018.12.11	宁波北仑亿润花卉有限公司	20170478	2017.09.03	沃科军、沃绵康
193	甬之妃	杜鹃花属	20180346	2018.12.11	宁波北仑亿润花卉有限公司	20170480	2017.09.03	沃绵康、沃科军
194	圃柿1号	柿	20180347	2018.12.11	西北农林科技大学	20170489	2017.09.04	杨勇、阮小凤、王仁梓、关长飞、井赵斌、王建平、边建设
195	圃杂2号	柿	20180348	2018.12.11	西北农林科技大学	20170490	2017.09.04	杨勇、王仁梓、阮小凤、关长飞、王建平、井赵斌
196	杞鑫3号	枸杞属	20180349	2018.12.11	中宁县杞鑫枸杞苗木专业合作社	20170491	2017.09.05	郭玉琴、朱金忠、李惠军、刘冰、安魏、葛谦、陈卫宁、郝红伟、俞建忠、马利奋、任娟、高婧娥
197	四明火焰	槭属	20180350	2018.12.11	宁波城市职业技术学院	20170495	2017.09.06	林乐静、祝志勇、叶国庆
198	四明玫舞	槭属	20180351	2018.12.11	宁波城市职业技术学院	20170496	2017.09.06	祝志勇、林乐静、林立、叶国庆
199	赛选4号	越橘属	20180352	2018.12.11	江苏省中国科学院植物研究所	20170497	2017.09.06	吴文龙、闫连飞、李维林、张春红、赵慧芳、王小敏、朱泓、杨海燕、黄正金
200	赛选7号	越橘属	20180353	2018.12.11	江苏省中国科学院植物研究所	20170498	2017.09.06	吴文龙、闫连飞、李维林、张春红、赵慧芳、王小敏、朱泓、杨海燕、黄正金
201	旱雄柳1号	柳属	20180354	2018.12.11	山东省林业科学研究院	20170504	2017.09.12	秦光华、宋玉民、乔玉玲、于振旭、焦传礼、刘德玺、康智、董玉峰、燕丽萍

(续表)

序号	品种名称	所属属（种）	品种权号	授权日	品种权人	申请号	申请日	培育人
202	旱雄柳2号	柳属	20180355	2018.12.11	山东省林业科学研究院	20170505	2017.09.12	秦光华、宋玉民、乔玉玲、于振旭、焦传礼、康智、杨庆山、董玉峰、燕丽萍
203	湿地柳1号	柳属	20180356	2018.12.11	山东省林业科学研究院	20170506	2017.09.12	秦光华、宋玉民、乔玉玲、于振旭、焦传礼、刘桂民、康智、董玉峰、燕丽萍
204	湿地柳2号	柳属	20180357	2018.12.11	山东省林业科学研究院	20170507	2017.09.12	秦光华、宋玉民、乔玉玲、于振旭、焦传礼、康智、胡丁猛、董玉峰、燕丽萍
205	金脉红	槭属	20180358	2018.12.11	安徽东方金桥农林科技股份有限公司	20170513	2017.09.18	丁增成、丁燕
206	泉金柳	柳属	20180359	2018.12.11	济南市园林花卉苗木培育中心	20170525	2017.09.22	李克俭、张保全、刘红权、孟清秀、孙燕、占习林、柴哲、王洪磊、张广杰、李超
207	泉丝柳	柳属	20180360	2018.12.11	济南市园林花卉苗木培育中心	20170526	2017.09.22	李克俭、张保全、刘红权、孟清秀、孙燕、占习林、柴哲、王洪磊、张广杰、李超
208	泉翠柳	柳属	20180361	2018.12.11	济南市园林花卉苗木培育中心	20170527	2017.09.22	李克俭、张保全、刘红权、孟清秀、孙燕、占习林、柴哲、王洪磊、张广杰、李超
209	泉曲柳	柳属	20180362	2018.12.11	济南市园林花卉苗木培育中心	20170528	2017.09.22	李克俭、张保全、刘红权、孟清秀、孙燕、占习林、柴哲、王洪磊、张广杰、李超
210	澧滨天凤	木通属	20180363	2018.12.11	中国林业科学研究院林业研究所	20170529	2017.09.25	李斌、郑勇奇、林富荣、郭文英、向明宏、王汝平
211	泰加（Taiga）	铁线莲属	20180364	2018.12.11	落合小一郎（Koichiro Ochiai）	20170551	2017.10.28	宇田川正毅（Masatake Udagawa）
212	德瑞斯马拉维利亚（Driscoll Maravilla）	悬钩子属	20180365	2018.12.11	德瑞斯克公司（Driscoll's, Inc.）	20170568	2017.11.03	卡洛斯·D·费尔（Carlos D. Fear）、理查德·E·哈里森（Richard E. HARRISON）、弗雷德·M·库克（Fred M. COOK）、加文·西尔斯（Gavin SILLS）
213	丹青	金露梅	20180366	2018.12.11	北京农学院	20170578	2017.11.13	郑健、关雪莲、张睿鹏、胡增辉、张泽、冷平生、窦德泉
214	好运来	山茶属	20180367	2018.12.11	东阳市歌山镇绿峰珍稀花卉苗木场	20170597	2017.11.21	胡祖兰
215	太行福星	杜鹃花属	20180368	2018.12.11	石家庄市神州花卉研究所有限公司、石家庄市农林科学研究院	20170611	2017.11.27	白霄霞、李志斌、蒋淑磊、李振勤、张文芝、刘伟、李萍、张骁骁
216	太行新星	杜鹃花属	20180369	2018.12.11	石家庄市神州花卉研究所有限公司	20170613	2017.11.27	李志斌、白霄霞、蒋淑磊、刘伟、李萍、张骁骁

(续表)

序号	品种名称	所属属（种）	品种权号	授权日	品种权人	申请号	申请日	培育人
217	紫銮	紫薇	20180370	2018.12.11	湖南省林业科学院、临颍县美如画绿化工程有限公司、汝南县中原绿野农业科技有限公司	20170617	2017.11.29	王晓明、杨保玉、张伟中、乔中全、蔡能、陈艺、曾慧杰、李永欣、刘思思、臧洪
218	苍翠	紫薇	20180371	2018.12.11	湖南省林业科学院、临颍县美如画绿化工程有限公司、汝南县中原绿野农业科技有限公司	20170618	2017.11.29	王晓明、杨保玉、张伟中、乔中全、蔡能、陈艺、曾慧杰、李永欣、刘思思、臧洪
219	壮竹	槭属	20180372	2018.12.11	中国科学院植物研究所、青岛中科景观植物产业化发展有限公司	20180003	2017.12.18	唐宇丹、白红彤、法丹丹、安玉来、李慧、孙雪琪、姚涓、李霞、尤洪伟、石雷
220	墨竹	槭属	20180373	2018.12.11	中国科学院植物研究所、青岛中科景观植物产业化发展有限公司	20180004	2017.12.18	唐宇丹、白红彤、李霞、安玉来、李慧、孙雪琪、姚涓、法丹丹、尤洪伟、石雷
221	翠竹	槭属	20180374	2018.12.11	中国科学院植物研究所、青岛中科景观植物产业化发展有限公司	20180006	2017.12.18	唐宇丹、白红彤、法丹丹、李慧、安玉来、李霞、李锐丽、孙雪琪、尤洪伟、石雷
222	圆大硕种	文冠果	20180375	2018.12.11	中国林业科学研究院林业研究所、彰武县德亚文冠果专业合作社	20180027	2017.12.27	王利兵、崔德石、毕泉鑫、于海燕、崔天鹏
223	悄然薄壳	文冠果	20180376	2018.12.11	中国林业科学研究院林业研究所、彰武县德亚文冠果专业合作社	20180029	2017.12.27	毕泉鑫、崔德石、王利兵、于海燕、崔天鹏
224	云密	圆柏属	20180377	2018.12.11	北京市林业果树科学研究院	20180049	2017.12.29	张玉平、白金、曹均、刘国彬、潘青华、姚砚武、廖婷
225	叠翠	圆柏属	20180378	2018.12.11	北京市林业果树科学研究院	20180050	2017.12.29	曹均、张玉平、白金、刘国彬、潘青华、姚砚武、廖婷
226	粉蝶	胡枝子属	20180379	2018.12.11	北京农学院	20180057	2018.01.02	杨晓红、陈晓阳、刘可心
227	紫玉	紫薇	20180380	2018.12.11	湖南省林业科学院、长沙湘莹园林科技有限公司	20180059	2018.01.03	乔中全、王晓明、曾慧杰、李永欣、蔡能、王湘莹、刘思思
228	紫霞	紫薇	20180381	2018.12.11	湖南省林业科学院、长沙湘莹园林科技有限公司	20180060	2018.01.03	王晓明、蔡能、李永欣、曾慧杰、乔中全、王湘莹、刘思思
229	玲珑红	紫薇	20180382	2018.12.11	湖南省林业科学院、长沙湘莹园林科技有限公司	20180061	2018.01.03	王晓明、曾慧杰、乔中全、李永欣、蔡能、王湘莹、刘思思
230	绚紫	紫薇属	20180383	2018.12.11	湖北省林业科学研究院、湖北省楚林园林绿化中心	20180074	2018.01.05	杨彦伶、李振芳、马林江、黄国伟、张亚东、陈华超、彭婵、王瑞文、徐红梅

（续表）

序号	品种名称	所属属（种）	品种权号	授权日	品种权人	申请号	申请日	培育人
231	雅紫	紫薇属	20180384	2018.12.11	湖北省林业科学研究院、湖北省太子山林场管理局	20180075	2018.01.05	李振芳、杨彦伶、柯尊发、彭婵、鲁平、王瑞文、黄国伟、马林江、徐红梅、陈华超
232	紫焰	紫薇	20180385	2018.12.11	浙江农林大学	20180077	2018.01.08	顾翠花、沈鸿明、朱王微、薛桂芳、张晓杰、马丽、陈凯、邵蕾、王梦瑶
233	冰川红叶	小檗属	20180386	2018.12.11	石家庄市藁城区绿都市政园林工程有限公司	20180081	2018.01.11	冀鹏飞、吕思佳、邓运川、闫子旭、冀伟、刘兵辉、张然然
234	夏华	杏	20180387	2018.12.11	山东省果树研究所	20180084	2018.01.12	苑克俊、王培久、葛福荣、牛庆霖
235	玉华	杏	20180388	2018.12.11	山东省果树研究所	20180085	2018.01.12	苑克俊、王培久、牛庆霖、葛福荣
236	蜀紫粉	紫薇属	20180389	2018.12.11	四川冠腾科技有限公司、四川省林业科学研究院	20180114	2018.01.23	王莹、罗建勋、青学刚、王淮、张淑晔、刘芙蓉、刘俊呈
237	雾灵野果	山楂属	20180390	2018.12.11	赵玉亮	20180121	2018.01.30	赵玉亮、耿金川、任建武、陆风勤、毕振良、梁义春、夏文作、陆明辉、张永军、郭晨丰
238	黄金乙	乌桕属	20180391	2018.12.11	浙江森禾集团股份有限公司、浙江森禾环境工程有限公司、浙江省林业科学研究院	20180123	2018.02.05	郑勇平、王春、柳新红、李因刚、顾慧、尹庆平、陈岗、刘丹丹、杨家强
239	夏日舞娘	紫薇	20180392	2018.12.11	浙江森城种业有限公司	20180124	2018.02.05	沈鸿明、薛桂芳、朱王微、张晓杰、顾敏洁、李庄华、张成燕、顾翠花
240	红贵妃	紫薇	20180393	2018.12.11	浙江森城种业有限公司	20180125	2018.02.05	沈鸿明、沈劲余、张晓杰、王金凤、朱王微、薛桂芳、朱雪娟、顾翠花
241	巧克力	紫薇	20180394	2018.12.11	浙江森城种业有限公司	20180126	2018.02.05	沈鸿明、沈劲余、朱王微、陈卓梅、薛桂芳、张晓杰、顾敏洁、顾翠花
242	午夜	紫薇	20180395	2018.12.11	浙江森城种业有限公司	20180127	2018.02.05	沈鸿明、朱王微、薛桂芳、张晓杰、顾敏洁、李庄华、张成燕、顾翠花
243	馨香	木瓜属	20180396	2018.12.11	刘若森、利辛县东方美景园林绿化工程有限公司	20180150	2018.02.09	刘若森、李振顶、陆侠、刘士安、袁春虎、王启英、解士涛、任太行、施晓燕、张敬涛、戴翠荣、龚义玲
244	浦大紫	乌桕属	20180397	2018.12.11	浙江省林业科学研究院、浙江森禾集团股份有限公司	20180156	2018.02.28	李因刚、柳新红、郑勇平、蒋冬月、刘丹丹、石从广、杨少宗
245	岗山正红	槭属	20180398	2018.12.11	王立彬	20180166	2018.03.06	王立彬、石华
246	启运红	槭属	20180399	2018.12.11	王立彬	20180167	2018.03.06	王立彬、石华
247	岗山正黄	槭属	20180400	2018.12.11	王立彬	20180169	2018.03.06	王立彬、石华
248	紫华梦幻	槭属	20180401	2018.12.11	王立彬	20180170	2018.03.06	王立彬、石华

(续表)

序号	品种名称	所属属(种)	品种权号	授权日	品种权人	申请号	申请日	培育人
249	兴甫富贵杨	杨属	20180402	2018.12.11	王晓铎	20180185	2018.03.29	王兴甫、王晓铎
250	宁林鲜	核桃属	20180403	2018.12.11	中国林业科学研究院林业研究所、洛宁县先科树木改良技术研究中心	20180204	2018.04.02	张俊佩、宋晓波、徐慧敏、马庆国、徐虎智
251	中洛繁星	核桃属	20180404	2018.12.11	中国林业科学研究院林业研究所、洛宁县先科树木改良技术研究中心	20180205	2018.04.02	裴东、徐虎智、宋晓波
252	青龙竹	刚竹属	20180405	2018.12.11	江西省林业科学院	20180309	2018.06.09	王海霞、程平、曾庆南、彭九生、余林、高伟

国家林业和草原局公告

2018 年第 18 号

国家林业和草原局批准发布《林业及相关产品分类》等 120 项林业行业标准(见附件),自 2019 年 5 月 1 日起实施。

特此公告。

附件:《林业及相关产品分类》等 120 项林业行业标准目录

国家林业和草原局
2018 年 12 月 29 日

附件

《林业及相关产品分类》等 120 项林业行业标准目录

序号	标准编号	标准名称	代替标准号
1	LY/T 2987—2018	林业及相关产品分类	
2	LY/T 2988—2018	森林生态系统碳储量计量指南	
3	LY/T 2989—2018	城市生态系统定位观测研究站建设技术规范	
4	LY/T 2990—2018	城市生态系统定位观测指标体系	
5	LY/T 2991—2018	煤矸石山生态修复综合技术规范	
6	LY/T 2992—2018	长江以北海岸带盐碱地造林技术规程	
7	LY/T 2994—2018	石漠化治理监测与评价规范	
8	LY/T 2995—2018	植物纤维阻沙固沙网	
9	LY/T 2996—2018	活沙障技术规程	

(续表)

序号	标准编号	标准名称	代替标准号
10	LY/T 2997—2018	高寒区沙化土地综合治理技术标准	
11	LY/T 2999—2018	中国森林认证 野生动物饲养管理操作指南	
12	LY/T 3000—2018	植物新品种特异性、一致性、稳定性测试指南 银杏	
13	LY/T 3001—2018	植物新品种特异性、一致性、稳定性测试指南 木瓜属	
14	LY/T 3002—2018	植物新品种特异性、一致性、稳定性测试指南 圆柏属	
15	LY/T 3003—2018	植物新品种特异性、一致性、稳定性测试指南 杉木属	
16	LY/T 3004.1—2018	核桃标准综合体 第1部分 核桃名词术语	LY/T 1329—1999 LY/T 1883—2010 LY/T 1884—2010 LY/T 2531—2015
	LY/T 3004.2—2018	核桃标准综合体 第2部分 核桃良种选育标准	
	LY/T 3004.3—2018	核桃标准综合体 第3部分 核桃嫁接苗培育和分级标准	
	LY/T 3004.4—2018	核桃标准综合体 第4部分 核桃优质丰产栽培技术规程	

(续表)

序号	标准编号	标准名称	代替标准号
16	LY/T 3004.5—2018	核桃标准综合体 第5部分 核桃改劣换优技术规程	
	LY/T 3004.6—2018	核桃标准综合体 第6部分 核桃采收和采后处理	
	LY/T 3004.7—2018	核桃标准综合体 第7部分 核桃坚果丰产指标	
	LY/T 3004.8—2018	核桃标准综合体 第8部分 核桃坚果质量及检测	
17	LY/T 3005.1—2018	杜仲综合体 第1部分 良种选育技术规程	LY/T 1561—2015 LY/T 2641—2016 LY/T 2642—2016 LY/T 2704—2016
	LY/T 3005.2—2018	杜仲综合体 第2部分 采穗圃营建技术规程	
	LY/T 3005.3—2018	杜仲综合体 第3部分 嫁接育苗技术规程	
	LY/T 3005.4—2018	杜仲综合体 第4部分 果用杜仲栽培技术规程	
	LY/T 3005.5—2018	杜仲综合体 第5部分 雄花用杜仲栽培技术规程	
	LY/T 3005.6—2018	杜仲综合体 第6部分 材药兼用杜仲栽培技术规程	
	LY/T 3005.7—2018	杜仲综合体 第7部分 叶用杜仲栽培技术规程	
	LY/T 3005.8—2018	杜仲综合体 第8部分 剥皮再生技术规程	
	LY/T 3005.9—2018	杜仲综合体 第9部分 种仁质量等级	
18	LY/T 3006—2018	辣木籽质量等级	
19	LY/T 1207—2018	黑木耳块生产技术规程	LY/T 1207—2007
20	LY/T 3007—2018	油橄榄低产园改造技术规程	
21	LY/T 3008—2018	经济林品种区域试验技术规程	

(续表)

序号	标准编号	标准名称	代替标准号
22	LY/T 3009—2018	经济林嫁接方法	
23	LY/T 3010—2018	麻核桃坚果评价技术规范	
24	LY/T 3011—2018	榛仁质量等级	
25	LY/T 1747—2018	杨梅质量等级	LY/T 1747—2008
26	LY/T 1780—2018	干制红枣质量等级	LY/T 1780—2008
27	LY/T 2135—2018	石榴质量等级	LY/T 2135—2013
28	LY/T 1741—2018	酸角果实	LY/T 1741—2008
29	LY/T 1919—2018	元蘑干制品	LY/T 1919—2010
30	LY/T 1963—2018	澳洲坚果果仁	LY/T 1963—2011
31	LY/T 1921—2018	红松松籽	LY/T 1921—2010
32	LY/T 3012—2018	室内空气净化用活性炭	
33	LY/T 3013—2018	木质活性炭中氯化物和硫酸盐的测定 离子色谱法	
34	LY/T 3014—2018	杏壳净水用活性炭	
35	LY/T 3015—2018	塔拉粉	
36	LY/T 1041—2018	林业机械 苗圃筑床机	LY/T 1041—2011
37	LY/T 3016—2018	林业机械 履带式挖树机	
38	LY/T 3017—2018	园林机械 坐骑式果岭打药机	
39	LY/T 3018—2018	园林机械 以锂离子电池为动力源的旋刀步进式草坪修剪机	
40	LY/T 3019—2018	林业机械 以汽油机为动力的便携式割灌机和割草机 切割效率和切割燃油消耗率测试方法	
41	LY/T 3020—2018	园林机械 以锂离子电池为动力源的手持式绿篱修剪机	
42	LY/T 3021—2018	园林机械 以锂离子电池为动力源的便携式割灌机和割草机	
43	LY/T 3022—2018	园林机械 以锂离子电池为动力源的手持式链锯	
44	LY/T 3023—2018	园林机械 以锂离子电池为动力源的便携式吹、吸及吹吸风机	

(续表)

序号	标准编号	标准名称	代替标准号
45	LY/T 3024—2018	林业机械 带支架的可移动手扶式挖坑机	
46	LY/T 3025—2018	多功能森林消防车	
47	LY/T 3026—2018	落叶松鞘蛾防治技术规程	
48	LY/T 3027—2018	沙鼠防治技术规程	
49	LY/T 3028—2018	无人机释放赤眼蜂技术指南	
50	LY/T 3029—2018	杨树烂皮病防治技术规程	
51	LY/T 3030—2018	松毛虫监测预报技术规程	
52	LY/T 3031—2018	竹卵圆蝽综合防治技术规程	
53	LY/T 1157—2018	檩材	LY/T 1157—2008
54	LY/T 1158—2018	椽材	LY/T 1158—2008
55	LY/T 1656—2018	实木包装箱板	LY/T 1656—2006
56	LY/T 3032—2018	废弃木质材料储存保管规范	
57	LY/T 3033—2018	户外用木材涂料人工老化试验方法	
58	LY/T 3034—2018	树脂浸渍改性木材生产通用技术要求	
59	LY/T 3035—2018	车削类工具木柄	
60	LY/T 3036—2018	阻燃木质材料吸湿性试验方法	
61	LY/T 3037—2018	乙酰化木材	
62	LY/T 3038—2018	结构用木质材料术语	
63	LY/T 3039—2018	正交胶合木	
64	LY/T 3040—2018	齿板连接性能测试方法	
65	LY/T 3041—2018	木结构金属紧固件连接循环荷载性能测试方法	
66	LY/T 3042—2018	民族乐器锯材 柳琴用材	
67	LY/T 3043—2018	民族乐器锯材 阮用材	
68	LY/T 1700—2018	地采暖用木质地板	LY/T 1700—2007
69	LY/T 3044—2018	人造板防腐性能评价	
70	LY/T 3045—2018	人造板生产生命周期评价技术规范	
71	LY/T 3046—2018	油茶林下经济作物种植技术规程	
72	LY/T 3047—2018	日本落叶松纸浆林定向培育技术规程	
73	LY/T 3048—2018	麻栎炭用林培育技术规程	
74	LY/T 3049—2018	任豆丰产林栽培技术规程	
75	LY/T 3050—2018	辣木栽培技术规程	
76	LY/T 3051—2018	锥栗栽培技术规程	
77	LY/T 3052—2018	桑树栽培技术规程	
78	LY/T 3053—2018	核桃楸油料林栽培技术规程	
79	LY/T 3054—2018	榆叶梅油料林栽培技术规程	
80	LY/T 3055—2018	红豆树苗木培育技术规程	
81	LY/T 3056—2018	紫檀培育技术规程	
82	LY/T 3057—2018	'清香'核桃嫁接育苗技术规程	
83	LY/T 3058—2018	紫薇扦插育苗技术规程	
84	LY/T 3059—2018	矮牵牛种苗生产技术规程	
85	LY/T 3060—2018	一串红种苗生产技术规程	
86	LY/T 3061—2018	樟树嫩枝扦插育苗技术规程	
87	LY/T 3062—2018	芳樟扦插采穗圃营建技术规程	
88	LY/T 3063—2018	干旱荒漠区樟子松育苗技术规程	
89	LY/T 3064—2018	平枝栒子育苗技术规程	
90	LY/T 3065—2018	水栒子播种育苗技术规程	
91	LY/T 3066—2018	湿地松嫩枝扦插育苗技术规程	
92	LY/T 3067—2018	崖柏播种和扦插育苗技术规程	
93	LY/T 3068—2018	毛梾育苗技术规程	
94	LY/T 3069—2018	欧洲花楸播种育苗技术规程	
95	LY/T 3070—2018	柳树培育技术规程	
96	LY/T 3071—2018	刺槐硬枝扦插育苗技术规程	

(续表)

序号	标准编号	标准名称	代替标准号
97	LY/T 3072—2018	秋枫播种育苗技术规程	
98	LY/T 3073—2018	古树名木管护技术规程	
99	LY/T 3074—2018	沙棘种质资源异地保存库营建技术规程	
100	LY/T 3075—2018	锈色粒肩天牛检疫技术规程	
101	LY/T 1011—2018	摆动筛	LY/T 1011—2001
102	LY/T 1031—2018	人造板生产用螺旋输送机	LY/T 1031—1991
103	LY/T 1098—2018	网带式单板干燥机网带	LY/T 1098—1993
104	LY/T 1141—2018	成叠单板剪板机	LY/T 1141—1993
105	LY/T 1168—2018	辊筒运输机	LY/T 1168—1995
106	LY/T 1334—2018	磨刀机	LY/T 1334—2002 LY/T 1335—2002 LY/T 1336—2002
107	LY/T 1361—2018	单板挖补机	LY/T 1361—1999
108	LY/T 1423—2018	木材工业用旋风分离器	LY/T 1423—2002 LY/T 1424—2002

(续表)

序号	标准编号	标准名称	代替标准号
109	LY/T 1454—2018	人造板机械精度检验通则	LY/T 1454—1999
110	LY/T 1458—2018	单板铣边机	LY/T 1458—1999 LY/T 1459—1999 LY/T 1460—1999
111	LY/T 1455—2018	单板拼缝机	LY/T 1455—1999 LY/T 1456—1999 LY/T 1457—1999
112	LY/T 3076—2018	木地板包装设备	
113	LY/T 3077—2018	拼装式门扇榫卯加工机	
114	LY/T 3078—2018	木门门套组合加工机	
115	LY/T 3079—2018	连续式预压机	
116	LY/T 3080—2018	竹片剖切机	
117	LY/T 3081—2018	数控门扇生产线验收通则	
118	LY/T 3082—2018	复合式旋切机	
119	LY/T 3083—2018	C型竹筷加工机	
120	LY/T 3084—2018	木质板件贴面热压机	

中国林草业概述

02

中国林草业概述

2018年，全国林业和草原系统认真学习领会习近平新时代中国特色社会主义思想，全面贯彻落实党中央、国务院决策部署，扎实推进全面从严治党向纵深发展，各项工作取得明显成效，为推进生态文明建设和经济社会发展作出了积极贡献。

造林绿化 习近平总书记、李克强总理对三北工程建设作出重要指示批示，韩正副总理出席三北工程建设40周年总结表彰大会并发表重要讲话。出台国家储备林建设、全国森林城市发展等规划，印发积极推进大规模国土绿化行动指导意见，召开全国推进大规模国土绿化现场会，对新时代国土绿化工作进行全面部署。"互联网+全民义务植树"试点扩大到10个省份，社会造林、公益造林蓬勃发展。2017年度退耕还林还草任务基本完成，2018年度任务完成60%。启动3个规模化林场建设试点、2个百万亩人工林基地项目、30个森林质量精准提升示范项目。新增国家森林城市29个，总数达到166个。林木种苗供应充足，品种结构进一步优化，种子苗木抽检合格率达92%以上。全年完成造林706.67万公顷、森林抚育853.33万公顷，建设国家储备林67.40万公顷，均超额完成年度计划任务。

森林资源 首次全面开展林地年度变更调查，形成2017年度全国林地"一张图"数据库，"互联网+"森林资源监管工作机制初步建立。17个省份在全省或部分市县开展林长制改革试点，地方党委政府领导保护发展森林资源的责任不断压实。《天然林保护修复制度方案》已报中央全面深化改革委员会。森林保险参保面积达1.47亿公顷。遥感手段全覆盖的森林督查工作全面推行。开展"飓风1号""春雷2018""绿剑2018"，以及野生动植物非法贸易、重点国有林区毁林开垦等专项打击行动，配合相关部门彻查秦岭北麓西安境内违建别墅等问题，对涉林违法犯罪始终保持高压态势。完成第九次全国森林资源清查、第二轮古树名木资源普查、第一次全国林业碳汇计量监测。森林防火能力进一步提高，火灾数量和损失明显降低。建立重大林业有害生物年度防治目标任务制度，开展松材线虫病疫情集中普查和新发疫情核查督导，修订疫区疫木管理办法和防治技术方案。同时，加强珍稀濒危物种、候鸟等野生动植物保护，积极应对野猪非洲猪瘟等野生动物疫情，全国第二次野生动植物资源调查取得阶段性成果。

草原保护管理 草原管理机构和职能明显加强，草原保护管理开启新征程。草原生态保护补助奖励政策全面落实，草原禁牧和草畜平衡面积分别稳定在0.8亿公顷和1.73亿公顷。草原保护建设工程深入实施，完成草原围栏建设207.13万公顷，退化草原治理改良65.13万公顷，人工种草24.07万公顷。发布全国草原监测报告和草原违法案件统计分析报告，完成征占用草原审核审批33批次，未批先建占用、私挖滥采等问题得到依法处理。全国未发生重大草原火灾，火灾次数为多年来新低。北京林业大学、西北农林科技大学、中国农业大学分别成立草业和草原学院，草原科技教育迈上新台阶。广泛开展草原改革保护重大问题调研，积极完善草原工作思路和发展举措。

湿地保护修复 国务院印发《关于加强滨海湿地保护严格管控围填海的通知》。省级湿地保护修复制度实施方案全部出台。全国共修复退化湿地7.13万公顷，湿地保护率达52.19%。湿地调查监测取得重大突破，《第三次全国国土调查工作分类》明确湿地为一级地类，国际重要湿地生态状况监测首次实现年内全覆盖，与中国地质调查局建立泥炭地调查合作机制并在青海省进行试点。制定修订湿地生态系统服务价值评估、国家湿地公园建设管理、国家重要湿地认定和名录发布等标准规范，13个省份发布省级重要湿地名录541处，112处国家湿地公园试点通过验收，6个城市获得全球首批"国际湿地城市"称号。对洞庭湖下塞湖矮围以及江西澎泽、瑞昌等破坏湿地事件进行了调查核实和督促整改。

国家公园体制试点 全面履行国家公园管理职责，开展国家公园体制试点专项督察，对国家公园设立标准、空间布局、事权划分、生态监测、法律法规等重大问题进行了系统研究。10处国家公园体制试点稳步推进，大熊猫、祁连山国家公园管理局挂牌成立，东北虎豹国家公园健全国家自然资源资产管理体制改革试点通过国家评审验收，组建东北虎豹国家公园保护生态学重点实验室和东北虎豹生物多样性国家野外科学观测研究站，成立国家公园规划研究中心。《海南热带雨林国家公园体制试点方案》已上报中央全面深化改革委员会。各试点国家公园总体规划和专项规划编制工作稳步推进，三江源国家公园总体规划获国务院批准，东北虎豹国家公园总体规划编制完成。《神农架国家公园保护条例》颁布实施。开展生态廊道建设、外来物种清除、裸露山体治理等工作，各试点国家公园生态状况持续改善。

自然保护地 风景名胜区、自然遗产、地质公园等管理职能和人员转隶工作顺利完成，各类自然保护地实现了由一个部门管理。开展全国自然保护地大检查，掌握了自然保护地底数及突出问题，全国共有自然保护地1.18万处。《建立以国家公园为主体的自然保护地体系指导意见》已上报中央全面深化改革委员会。组建国家自然保护地专家委员会和世界遗产专家委员会。11处自然保护区晋升为国家级，贵州梵净山列入世界自然遗产名录，新增国家森林公园18处、世界地质公园2处、国家地质公园5处、国家矿山公园1处。对内蒙古图牧吉、重庆缙云山、安徽扬子鳄等自然保护区违法违规问题进行了调查核实和督促整改。

沙区生态状况 完成沙化土地治理249万公顷、石漠化综合治理26.26万公顷，灌木林平茬试点规模扩大到3.33万公顷。开展沙化土地封禁保护区核查整改，新增封禁保护区6个，封禁保护总面积达166万公顷。初步摸清沙区天然植被状况，相关省份开展了省级防沙治沙目标责任考核中期自查。与国家开发银行签署《共同推进荒漠化防治战略合作框架协议》，并推荐一批治沙企业和项目。新增全国防沙治沙综合示范区7个，16个国家沙漠公园通过专家评审。发布第三次岩溶地区石漠化监测成果，截至2016年年底，全国石漠化土地面积为1007万公顷，过去5年净减少193.2万公顷，石漠化扩展趋势得到有效遏制。沙尘暴灾害监测预警和应急处置积极有效。

林业改革　开展集体林权制度改革专项督查、承包经营纠纷调处考评，启动新一轮集体林业综合改革试验区工作，印发《关于进一步放活集体林经营权的意见》，集体林地三权分置、新型经营主体培育、吸引社会资本进山入林等改革不断深化。截至2018年年底，各类新型林业经营主体25.78万个，林权抵押贷款余额1270亿元。国有林区森林资源管理体制改革有所推进，累计近5万名行政、社会管理人员移交地方，林区民生持续改善。国有林场改革任务基本完成，印发《国有林场改革验收办法》，29个省份完成省级自验收或试点国家验收，95%的国有林场已完成改革任务。加强使用林地、野生动植物进出口等行政审批事项事中事后监管，自贸区野生动植物进出口审批进一步简化优化。

产业发展和生态扶贫　认定一批林业产业示范园区、基地和重点龙头企业，成立林业产业标准化国家创新联盟，7个省开展森林生态标志产品试认定工作。全国林业产业投资基金选定首批289个项目，落实资金10多亿元。成功举办首届中国新疆特色林果博览会、2018中国森林旅游节等节庆展会，2019北京世园会筹备工作基本就绪。全国林业产业总产值达7.33万亿元，林产品进出口贸易额达1600亿美元。优质林产品供给能力不断增强，各类经济林产品产量达1.57亿吨，森林旅游游客量突破16亿人次。同时，六部门联合印发《生态扶贫工作方案》，制订实施《林业草原生态扶贫三年行动方案》，累计选聘50多万名生态护林员，精准带动180多万贫困人口稳定增收和脱贫。"三区三州"等深度贫困地区林业扶贫扎实推进。帮助4个定点扶贫县分别与中国邮储银行签订林业扶贫贷款合作协议，组织引导林业龙头企业对接产业扶贫项目，广西龙胜县有望脱贫摘帽。国家林草局在国务院扶贫开发领导小组工作考核中获得"优秀"。

林草事业社会影响　成功举办三北工程40周年系列纪念活动，三北工程获联合国森林战略规划优秀实践奖。开展库布其治沙、天保20周年、林业扶贫、国土绿化、机构改革以及世界森林日、湿地日、防治荒漠化日、野生动植物日等系列主题宣传。各主要新闻单位和网站共刊播报道2.2万多条（次），比上年增长20%。完成首次全国生态文明信息化课程遴选，出版《中国集体林权制度改革》《中国沙漠图集》等重点图书，推出《中国国家公园》《最美的青春》《美丽中国——森林城市》等专题片，举办野生动物保护生态摄影书画作品展。评比表彰一批林业系统劳动模范、先进集体和先进工作者。在6个非洲国家举办打击野生动植物非法贸易宣讲活动，妥善应对网友晒年夜饭照片、天津猎捕鸟类等涉林热点新闻事件，为林业草原改革发展营造了良好氛围，凝聚了正能量。

国际交流合作　与柬埔寨、日本、巴基斯坦等国签署双边协议10份，与芬兰正式开展大熊猫合作研究，向日本提供一对朱鹮，从尼泊尔引进两对亚洲独角犀，中国—中东欧、中国—东盟、大中亚等"一带一路"林业合作平台建设不断推进。成功举办世界竹藤大会、世界人工林大会等重要国际会议，推动第13次荒漠化公约缔约方大会决议逐步落实，提出的"小微湿地保护"决议草案获湿地公约第十三届缔约方大会通过。国际竹藤组织和亚太森林组织影响力进一步提升，全球森林资金网络落户中国取得重大突破。举办援外培训班25个，援外项目进展顺利，启动援助蒙古国戈壁熊保护技术项目。打击野生动植物非法贸易和木材非法采伐持续推进。在俄罗斯建成林业经贸合作区9个，国际贷款项目申请、立项等取得积极进展。

支撑保障能力　森林法、国家公园法、草原法、湿地保护法纳入《第十三届全国人大常委会立法规划》，其中森林法修改为一类立法项目，修改工作取得重要进展。积极参与农村土地承包法修改工作。2018年中央林业和草原投入1290亿元。四部门联合印发《关于促进国有林场林区道路持续健康发展的实施意见》，规划3年内中央投资188亿元。新增国家开发银行、中国农业发展银行国家储备林等贷款项目91个，放款190亿元，与中国邮储银行签署全面支持林业和草原发展战略合作协议。中国绿化基金会、中国绿色碳汇基金会募资2.3亿多元，为近年来最高水平。审计稽查力度不断加大，林业资金项目管理进一步规范。新增国家重点研发计划项目11项，新建长期科研基地50个、生态定位站2个、工程技术研究中心18个、国家创新联盟110个，成立一批区域协同科技创新中心。4项科技成果获国家科技进步二等奖，遴选重点推广科技成果100项。发布行业标准180项，授予植物新品种权405件，森林认证实践项目20多个。重点信息化项目加快实施，东北生态大数据中心挂牌成立，国家政务信息系统整合共享项目如期完成。中国林业网访问量突破27亿人次，获吉尼斯纪录和最具影响力党务政务网站等奖项。印发《进一步加强网络安全和信息化工作的意见》，网络安全保持"零事故"。乡镇林业工作站保持在2.3万个（9万人），新增标准化林业站418个。

党的建设　认真学习贯彻习近平新时代中国特色社会主义思想，狠抓理论武装和政治建设，党员干部"四个意识""两个维护"更加强化。认真学习贯彻中共中央办公厅《关于深化中央纪委国家监委派驻机构改革的意见》，主动接受监管，强化执纪问责。制订新时代全面从严治党实施方案，召开全面从严治党工作会议，党建工作考核实现全覆盖，管党治党政治责任逐级压实。基层党组织标准化建设明显加强，组织力不断提高。开展巡视整改"回头看"、廉政警示教育以及形式主义、官僚主义问题集中整治，党员干部纪律规矩意识明显增强。制订《关于进一步激励广大干部新时代新担当新作为的实施意见》，加大干部教育培训、年轻干部培养使用力度，高层次专业技术人才队伍建设取得新进展，干部队伍责任担当和履职能力进一步提升。同时，老干部工作和群团工作成效明显，凝聚了更多智慧和力量。

（韩建伟）

林业重点工程

03

天然林资源保护工程

【综述】 2018年，国家林业局遵循习近平总书记对生态文明建设和林业草原工作的系列重要指示，采取有效措施，积极推进全面停止天然林商业性采伐，把天然林保护范围扩大到全国，实现全面保护天然林的历史性转折，开启中国天然林保护的新篇章。天保工程已成为中国全面加强自然生态保护修复的基础性、全局性、关键性骨干工程，天然林保护事业已成为建设生态文明和美丽中国的重要支撑。

2018年，中央投入天然林资源保护资金453.4亿元。国家林业局会同有关部门，不断加强天然林保护各项政策措施，积极推进全面停止天然林商业性采伐、建立天然林管护体系、完善国有林业职工社会保障补助政策和国有林业单位政社性支出政策、完善森林生态效益补偿政策以及采取森林经营培育补助等政策措施，扎实推进天然林保护向更广、更深层面发展。 （综合处）

【推进全面保护天然林】

天保工程二期有序推进 2018年，国家林业局天保办积极协调有关部门和各级地方政府，上下联动、以资源保护为核心，创新方法手段，狠抓改革落实，积极推进建立管理规范、措施有力的保护体制，天保工程区17个省（区、市）20个省级单位实施天然林有效管护，森林管护面积达1.15亿公顷。天保工程区国有林业企业职工管护人员达20多万人，建设约4万个管护站点，形成了一套有效的森林管护责任制。全年完成森林抚育任务175.33万公顷；完成公益林建设任务27.29万公顷，其中人工造乔木林6.73万公顷，人工造灌木林1.47万公顷，封山育林13.55万公顷，飞播造林5.54万公顷；全年完成后备森林资源培育任务11.2万公顷，其中改造培育2.33万公顷，补植补造8.87万公顷。工程区职工个人信息档案基本建立，67万人实现长期稳定就业，基本养老和医疗保险实现了全覆盖，参保率达95%以上。天保工程在精准扶贫方面的作用进一步显现，在森林管护、公益林建设、森林抚育等建设任务方面优先安排贫困户参加，在任务、资金安排上向贫困地区倾斜。天保工程各项任务稳步推进，为改善生态环境、建设美丽中国、落实精准扶贫等方面作出了积极贡献。

实现全面停止天然林商品性采伐 "十三五"以来，全国范围取消了天然林商业性采伐指标。中央财政对国有天然林停伐参照停伐木材产量和天然商品林面积等因素给予停伐补助，对集体和个人所有天然林实行停伐管护费补助政策，标准参照集体所有国家级公益林生态效益补偿标准。2018年，国家林业局天保办以完善天然林保护修复制度为抓手，加强与发改委、财政部等有关部门的协调力度，争取了更大的资金与政策支持，基本实现将天然林保护扩大到全国，把所有天然林都保护起来。中央财政安排国有林停伐补助的包括河北、山西、内蒙古、辽宁、吉林、黑龙江、浙江、安徽、福建、江西、河南、湖北、湖南、广东、广西、贵州、云南、西藏、青海、新疆20个省（市、区）（这里未包括的省市区，除了因不涉及天然林采伐的北京、上海、天津、江苏、山东等省市外，都在天保工程范围内已享受天保政策）。集体和个人所有天然林停伐管护费补助的包括河北、内蒙古、辽宁、黑龙江、浙江、安徽、福建、江西、河南、湖北、湖南、广西、四川、贵州、云南、陕西16个省（区）。各地会同财政部门及时将资金下达到实施县，开展了天然林保护任务的落界和分解到户工作，并逐步落实管护责任。河北省作为推进京津冀协同发展而率先开展天然林全面停伐的省份，已完成签订停伐协议3.6万份，管护协议1.2万份，聘用护林员1.2万人，建设围栏近40万米，碑牌5000块，其他管护设施上千个。

提升天然林保护管理水平 国家林业局天保办积极将天然林保护工作与习近平生态文明思想、乡村振兴战略、大规模国土绿化行动、生态文明体制改革、全国主体功能区规划、党和国家机构改革等中央决策部署对接，着力提高工作的主动性、预见性和系统性。

一是加强组织领导。党的十九大明确要求，完善天然林保护制度建设。天保办认真贯彻落实习近平总书记系列讲话精神和党的十九大精神，深化改革任务，创新工作机制，明确责任分工，进一步完善天然林保护政策，计划编制天然林保护中长期发展规划，认真总结二期经验，及时研究制订下一阶段天然林保护修复方案。积极协调有关部门和各级地方政府抓好天然林保护的组织实施，积极谋划实施地方天然林保护与恢复工程，形成上下联动、共同保护天然林的良好局面。

二是完善工程管理。积极研究修订工程管理制度，修改完善全国国有天然林管护站点建设总体规划，大力推广智能化管护，配合规财司、生态司等部门下达了2018年度天然林保护任务计划，并提出了2019年度任务建议，编制了《国有林区管护站房建设试点方案》。推进管护管理办法修订，进一步优化完善了考查工作机制，以制度形式优化"四到省"考核指标，全面完成2018年度核查工作调查任务，对核查中发现的重点问题开展了延伸核实。全面提升工程精细化管理水平，全国天保工程实施单位在册职工数据信息基本摸清，妥善应对了多起一次性安置人员信访事件。完成了天保工程管理信息系统——人员机构信息子系统升级，工程管理信息化建设进一步完善。稳步推进天然林保护经济、社会与生态效益监测，监测体系初步建立，开展《天然林保护生态监测站点布局总体规划》等标准和规划的编制工作，黄河流域生态效益监测报告进入编撰阶段。以局党组名义向党中央呈报了《关于全面保护天然林有关情况的报告》，针对扩面政策落实、管护体系建设、人员和社保补助政策等问题开展了专题调研，完成了对全国天然林保护改革政策落实情况的全面督察。

三是提升科技水平。按照建设生态文明的要求，统筹多种资源，整合各方力量，加强天然林保护科学研究，抓紧解决重大理论问题；优化天然林资源管护方式，完成了天然林智能管护技术应用示范推广，组织开展了《智能（无人机）管护技术规范标准》制定，研究天然林管理应用系统，及时有效掌握全国天然林管护信息；继续推进《天然栎类经营示范项目》编制，选派2人参加国家林业局赴境外交流考察团。举办天然林保护综合管理培训班和核查业务培训班，全年共培训基层管理人员和核查技术人员245人次，提升了参训人员业务水平。开展中国天然林保护指数研究前期准备工作，拟通过大数据分析，客观量化天然林保护工程启动以来取得的成效，为管理部门提供科学的决策依据。

提高天然林保护资金支持 在大量调查研究基础上，国家林业局有关部门认真梳理资金支持政策，及时通报林区有关情况和相关工作，积极协调相关部门，推动实现了中央财政连续提高天保工程区国有林管护补助标准和国有职工社保补助等相关标准。集体和个人所有的国家级公益林保持在每公顷每年150元和225元；天保工程社保补助测算的缴费基数从以2013年各地社平工资的80%提高到2016年的80%；天保工程区政策性、社会性支出补助标准在2018年也得到一定程度提高。天然林保护资金支持力度的增加，有效提高了工程建设水平，促进了职工工资增长。

推进天然林保护制度建设 一是积极制订《天然林保护修复制度方案》。党的十九大明确提出"完善天然林保护修复制度"，2018年中央深改委将《天然林保护修复制度方案》列为一项重要改革任务。按照局党组部署和要求，国家林业局天保办会同计财司等有关单位，积极承担起草任务。2018年3~8月，国家林业局牵头会同国家发改委、财政部、司法部等部门深入开展调查研究，梳理分析政策依据，广泛征求林业基层单位职工意见，召开专家学者研讨会，数易其稿，形成了《天然林保护修复制度方案》（上报稿）。经国家林业和草原局局务会议、自然资源部部长办公会议审议通过，《天然林保护修复制度方案》以自然资发〔2018〕64号文报送国务院，并经党中央、国务院领导同志圈阅请中央深改委会议审议。

二是继续推进《天然林保护条例》制定工作。《天然林保护条例》是全面保护天然林法制建设的主要依靠和重要手段。把天然林保护管理方面的成功制度以法规的形式固定下来，使天然林保护工作有法可依、有章可循是当前天然林保护的一项重要工作。近年来，天保办积极鼓励各地结合天然林保护的实际，先行先试，2018年6月，《黔南布依族苗族自治州天然林保护条例》正式实施，2018年12月，《湖北省天然林保护条例》正式实施。借鉴这些省份的成功做法，国家林业局天保办会同有关部门深入开展调研，在已形成的国家层面《天然林保护条例》（征求意见稿）基础上，结合天然林长效保护机制，继续修订完善，并加大工作协调力度，大力推进国家层面《天然林保护条例》尽早出台。

三是完善《森林法》有关天然林保护条款。按照天然林保护面临的新形势、新要求，以修订《森林法》为契机，对《森林法》中有关天然林保护内容提出修改意见，积极协调相关单位修改完善有关天然林保护内容，力争将天然林保护有关制度要求在《森林法》中予以明确体现。

积极开展天保工程20周年总结宣传活动 2018年是天保工程启动实施20周年。国家林业局天保办部署各省（区、市）积极开展天保工程20年经验总结工作。会同局宣传办联合制订天保20周年宣传活动方案，推出了系列专题报道、记者行、文艺采风、网络访谈、署名文章、专题展览等活动，掀起了天然林保护舆论宣传的新高潮。央视网、中国网等做了专题访谈。编辑出版了《2018年天保记者行报道集》，继续推进《天保故事》的拍摄制作，举办天保20周年成就展，全体局领导及机关干部职工参观了成就展。各地也通过多种方式，加大了天保工程宣传力度。同时结合经验总结和贯彻落实《制度方案》，天保办还认真筹备全国天然林资源保护工作会议，完成会场选址、起草领导讲话材料、起草会议预通知、策划宣传方案等工作。

（综合处）

【**天然林保护取得巨大成效**】 天然林保护的持续有效实施，促进了天然林正向演替，以天然林为基础的生态系统得到保护和修复，从而整体提升了森林生态系统功能，天然林在保持水土、涵养水源，促进生物多样性恢复与保护，维护国土安全、物种安全、气候安全等方面的基础作用进一步夯实。

天然林资源恢复性增长，生态环境不断改善 采取保育结合的政策措施，在全国范围内分步骤停止了天然林商业性采伐，每年减少木材生产约3400万立方米。根据全国森林资源清查结果，天保工程区天然林面积、蓄积不断增加，天然林质量不断提升，生态功能不断增强。据部分省区公布的第九次森林资源清查结果，以天保工程两个省级实施单位龙江森工集团和大兴安岭林业集团的情况为例，龙江森工集团森林覆盖率81.16%，提高1.15个百分点；天然林面积766万公顷，增加9万公顷；天然林蓄积80 009万立方米，增加7937万立方米。大兴安岭林业集团公司森林覆盖率81.35%，提高2.99个百分点；天然林面积662万公顷，增加27万公顷；天然林蓄积54 038万立方米，增加3786万立方米。全国范围通过保护天然林，森林蓄水保土能力显著增强，水土流失逐年减少，有效降低了三峡、小浪底等重点水利枢纽工程的泥沙淤积量，青海三江源区10年来水资源量增加近80亿立方米，相当于增加了560个西湖。可以说，保护天然林有效维护我国淡水安全和国土安全，确保大江大河安澜。

生物多样性得到保护，野生动植物种群不断增加 天保工程区退化的森林植被逐步得到恢复和重建，森林破碎化程度不断降低，为野生动植物的生存提供了良好的环境。据监测，东北虎、豹种群近20年增加了2~3倍。许多地方已消失多年的狼、狐狸、金钱豹、鹰、梅花鹿、锦鸡等飞禽走兽重新出现，为国家未来发展保存了生物基因和战略资源，为建立国家公园制度创造了良好条件，也是开展生物多样性保护的物质基础和前提条件。

天保工程区实现经济转型民生改善 各地加快产业结构转型优化，特色经济发展势头强劲，林区发展实现以生态建设和依托林区资源综合发展为主，一、二、三产业比例不断得到优化，第三产业比重不断提升，职工就业有效转向管护、造林、抚育、种苗、林下经济、林区基础设施建设、旅游、多种经营开发等多元化就业岗位。长江、黄河流域天保工程区通过森林管护、营造林生产等项目带动数十万林农就近就业。随着天保工程政策补助标准的提高和工程实施单位自身造血能力的增强，有效促进了林区民生发展。国有林区职工工资水平不断提高，年均涨幅近20%。国有林区职工基本养老和基本医疗保险参保率达95%。棚户区改造项目安排中央投资181亿元，惠及林区职工120.5万户。饮水安全项目解决了林区68.1万人安全饮水问题。林区社会城镇化速度不断加快，有效改善了林区职工的生活和居住环境。

人民群众生态文明意识不断增强 随着生活水平的提高和健康意识的增强，天然林生态系统提供的良好生态产品契合了人们对森林探险、野外体验、休闲疗养等新的需求。各级天保工程实施单位充分利用电视、报刊、互联网、宣传牌等多种方式，大力宣传保护天然林的重大意义和实施成效，强化自然教育，依托天然林资源发展生态旅游、建设森林公园、举办森林文化节等活动，在全国范围内营造了关注、支持、参与天然林保护的良好氛围，广大林区人与自然和谐共生的价值观不断增强，尊重自然、保护自然、热爱自然、善待自然的理念蔚然成风。

（综合处）

【**天保办主任座谈会**】 国家林业局天保办2月5日在北京召开了全国部分省区天保办主任座谈会。与会代表共同探讨了当前天然林保护工作中存在的问题和困难，针对"完善天然林保护制度，推进天然林保护工作"提出意见和建议。会议还邀请国家林业局资源司、计财司、宣传中心和中国绿色时报社相关同志参加座谈。国家林业局天保办主任金旻主持会议，其他办领导及全体干部参加会议。

（综合处）

【**天然林保护有力支撑国有林区（林场）改革**】 重点国有林区依托天保工程政策和资金，稳步推动政企、政事、事企、管办"四分开"改革，社会职能移交工作加快推进。国有林区全面停止天然林商业性采伐，每年减少木材产量362万立方米、森林蓄积消耗630万立方米，实现了由利用森林获取经济利益为主向保护森林提供生态服务为主的重大转变。国有林区社会职能移交工作稳步推进，内蒙古森工集团已剥离全部社会职能。吉林、长白山森工集团完成了林区教育、公检法等职能移交，龙江森工集团成立了集团有限公司，承担的政社性职能将全部剥离，已经完成林区检法两院、电网、通讯等移交，大兴安岭林业集团公司开展了政企分开试点。国有林区11.1万名富余职工基本得到安置，各森工企业通过增加管护岗位、发展特色产业、对外劳务输出等途径使6.9万名转岗职工实行重新上岗；通过鼓励创业、缴纳社保、发放补贴等政策兜底的方式，对剩余4.2万名富余职工进行了基本安置。同时，对国有林区截至停伐时点与停伐相关的130亿元金融机构债务，财政部从2017年起每年安排贴息补助6.37亿元，补助到天保工程结束时的2020年。2018年社会保险补助缴费基数提高到2016年当地城镇在岗职工平均工资的80%，同时，适当提高政策性、社会性支出补助标准，保障了天然林停伐政策落实，增加了林区职工特别是一线职工的收入。此外，全国4800多个国有林场有1/3在天保工程区内，随着天然林保护扩大到全国，全国有天然林资源的国有林场都纳入了天然林保护政策支持范围，为国有林场强化森林管护主体职责提供了重要支撑。国有林场全面停止天然林商业性采伐以来，每年减少资源消耗556万立方米。通过政府购买服务、提前退休、内部退养、发展林下经济、森林旅游等特色产业，多种形式安置富余职工15.2万人。职工基本养老保险、基本医疗保险参保率都达到90%以上。随着天然林保护进一步提高标准、扩大补助范围和完善各项政策，天然林保护将在促进国有林区（林场）改革中继续发挥重要作用。

（综合处）

【**天然林保护核查坚持问题导向，严把"三关"**】 按照"把所有天然林都保护起来"的重要指示，紧紧围绕党的十九大"完善天然林保护制度"的新要求，天然林保护核查坚持问题导向，面向全面保护，严把"三关"，不断推进核查工作的制度化、规范化、效能化发展。一是严把制度关。修订两个办法，即《天然林保护核查办法》和《天然林保护"四到省"考核办法》；编制两个规范，即《天然林保护实施管理规范》和《天然林保护"四到省"考核规范》；制定一项制度，即《天然林保护核查工作管理制度》；优化一套体系，即天然林保护核查指标体系。二是严把队伍关。一方面，为规范队伍管理、强化廉洁核查、提升业务水平、提高工作质量，于7月6~9日对参加核查任务的局调查规划院、华东院、西北院、昆明院和中南院共计50人次开展了业务培训；另一方面，按照《天然林保护核查工作管理制度》规定，明确对核查队伍成果评价、质量考核、事故认定、责任追究等方面的要求，保障核查工作更加廉洁规范、客观公正和规范有序。三是严把整改关。首先，按照国家林业局办公室《关于2017年天然林资源保护工程实施情况核查结果的通报》（办天字〔2018〕21号）的要求，狠抓上一年度核查中发现问题的整改，对未整改的问题进行督办；其次，对2018年核查发现的两项重大问题进行延伸核实，督促有关地方尽快整改。

（核查处）

退耕还林工程

【综述】 2018年,按照党的十九大和中央一号文件关于扩大退耕还林还草的要求及局党组的部署,扎实推进退耕还林各项工作,全年中央投资254.1亿元,新增退耕还林还草任务82.6万公顷,退耕还林成果得到进一步巩固和扩大。

落实年度工程建设任务和资金。①对各工程省区提出明确要求,督促各地抢抓造林季节开展施工,对进展缓慢的省区及时电话督办,随时掌握情况、介绍经验、提出建议。严格执行退耕还林进展情况月报、季报制度。截至2018年12月底,2018年度退耕还林任务基本完成造林。②1月9日,与有关部门联合印发《关于下达2018年退耕还林还草任务的通知》,安排14个省(区、市)和新疆生产建设兵团退耕还林还草年度计划任务82.6万公顷,其中还林75.3万公顷,还草7.3万公顷。任务下达后,与各工程省(区、市)和新疆兵团签订2018年退耕还林责任书,落实责任,加强工作指导和检查监督。截至12月底,2018年退耕还林任务完成造林56.6万公顷,占当年计划任务的75.2%。

协调研究退耕还林深层次问题。①落实局党组向党中央及时汇报林业重大事项的要求,研究起草并向党中央报送《关于新一轮退耕还林还草实施情况的报告》。②落实中央领导关于建立巩固退耕还林成果长效机制的批示精神,配合国家发改委赴四川省凉山州实地调研。③认真总结延安退耕还林20年来生态富民的典型经验,先后向局领导、自然资源部陆昊部长报告延安退耕还林有关情况,得到了部长陆昊肯定。④落实党的十九大扩大退耕还林还草的要求,联合有关部门赴山西等6省调查摸底,扩大退耕还林还草的地类和规模,争取达成共识。⑤认真做好"两会"建议提案答复工作。提前办结2018年全国"两会"建议提案39件(其中人大建议25件,政协提案14件)。因办理建议提案数量多、质量高和进度快,受到国家林草局局办通报表扬。

助推精准扶贫。安排年度计划任务时,优先向建档立卡贫困村和贫困人口倾斜,使贫困户尽快形成致富产业,为精准脱贫作出巨大贡献。2018年,安排全国集中连片特困区和国家扶贫开发重点地区退耕还林还草59.8万公顷,占年度总任务的72.4%。2014~2018年,云南省优先安排88个贫困县新一轮退耕还林任务62.8万公顷,占全省总任务量的93.3%,其中45个贫困县(含11个深度贫困县)国土二调范围25度以上坡耕地已全部实施退耕还林还草。2018年,甘肃省将85%以上的退耕还林任务安排在贫困村、贫困乡和贫困户。陕西省延安市新一轮退耕还林涉及贫困户4.9万户13.7万人,退耕还林面积3.3万公顷。依托退耕还林,各地形成了一大批核桃、花椒、苹果等栽植专业村、专业户,为林业产业发展和群众脱贫致富奠定了坚实基础。

强化工程管理。①举办信息宣传、效益监测等业务培训班,并组织赴澳大利亚开展土壤森林修复技术培训,提高工程管理队伍素质。②加强信息宣传。制订《中国退耕还林网管理办法》,规范网站管理。全年共采集发布退耕还林图文信息1332条,编报退耕办动态200多条,信息报送在70多个司局单位中位居前列。通过主要负责人接受媒体采访、在《中国绿色时报》开辟专栏等方式,解读退耕还林热点问题,介绍退耕还林工程取得的显著成就。③总结推广退耕还林产业发展和模式创新典型,组织编写发布《退耕还林经济林发展报告2017》,引导、促进各地提高新一轮退耕还林的质量效益。④加强工程管理环节调研指导。4~6月派出调研组赴内蒙古等6省(区)调研指导,加强对合同签订、作业设计等重点环节的管理。⑤认真办理群众举报和电子政务工作。2017年群众举报案件已全部办结并进行了全国通报,2018年已有18件群众举报批转各省并办结8件。及时办理国务院"我为大督查提建议"网民留言232条。

开展检查验收。①修订印发《新一轮退耕地还林检查验收办法》,部署各地开展新一轮退耕还林县级自查和省级复查,并启动新一轮退耕还林国家级检查验收。建立检查验收信息管理系统,高水准编制国家级检查验收报告。②制订《2018年度前一轮退耕还林保存情况核查工作方案》,研发建立前一轮退耕还林国家级核查信息管理系统,提高检查验收管理水平。③认真组织开展2018年度工程管理实绩核查,为工程管理决策提供重要依据。

推进工程效益监测。①正式出版《退耕还林工程生态效益监测国家报告(2016)》,按照2016年现价评估,全国退耕还林工程每年产生的生态效益总价值量达1.38万亿元。②协调国家统计局、中国林科院和国家林业和草原局经研中心等单位在14个集中连片特困区进行退耕还林综合效益监测,全面、客观反映工程建设对脱贫攻坚的贡献和作用。③先后派员赴湖北等省开展综合效益监测督查指导,并会同中国林科院专家团队,对山西省承担退耕还林监测任务的生态站开展评估和认证试点。④启动退耕还林效益标准监测站遴选工作,逐步建立健全退耕还林生态效益监测网络。

(退耕办)

【调查摸底有关地区退耕还林还草需求】 会同国家发改委等部门于5月8日联合下发《关于调查摸底有关地区退耕还林还草需求的通知》(发改办西部〔2018〕526号),组织各地报送扩大退耕还林还草需求,并联合有关部门赴山西等6省调查摸底,扩大退耕还林还草的地类和规模,争取达成共识。积极协助国家发改委起草了拟上报国务院的《关于扩大退耕还林还草的建议方案》,并征求相关部门意见,与自然资源部、财政部、水利部进行了专门沟通。

(退耕办)

【签订年度退耕还林责任书】 5月,国家林业和草原局与各工程省（区、市）人民政府和新疆生产建设兵团签订了2018年度退耕还林工程责任书。主要内容有：①明确2018年国家下达的退耕还林建设任务；②明确省省级人民政府责任，主要是巩固前一轮退耕还林成果，做好新一轮退耕还林实施、强化工程管理和监督等；③明确国家林业和草原局责任，主要是研究政策、制定管理措施、组织检查监督等。

（崔丽莉）

【退耕还林工程责任书执行情况通报】 国家林业和草原局根据2018年组织的退耕还林工程管理实绩核查，结合2016年度工程实施情况调度以及日常工作记录、统计情况，印发《国家林业和草原局关于2016年度退耕还林工程责任书执行情况的通报》（林退发〔2018〕142号），对各工程省（区、市）和新疆生产建设兵团在计划任务落实和完成、前期工作准备、责任落实、造林质量、政策兑现、群众举报办理、档案管理、信息报送和培训、效益监测等情况进行通报，并要求各地切实履行责任、进一步强化管理、认真做好政策兑现、维护好退耕农户的合法权益，确保建设成果得以巩固。

（崔丽莉）

【退耕还林工程群众举报办理情况通报】 2018年4月，印发《国家林业局退耕还林（草）办公室关于2017年度群众举报办理情况的通报》（退工字〔2018〕23号），对有关工程省（区、市）2017年办结的全部18件群众举报进行通报。

（崔丽莉）

【制订《中国退耕还林网管理办法》】 为进一步加强国家林业和草原局退耕办官方网站——中国退耕还林网（http：//tghl.forestry.gov.cn/）的管理，确保网站安全高效运行，退耕办于1月制订《中国退耕还林网管理办法》，该办法共有6章，内容包括中国退耕还林网的组织机构、职责划分、信息审核及发布流程、网站安全和保密等。

（石建华）

【修订《新一轮退耕地还林检查验收办法》】 2018年5月，修订印发《新一轮退耕地还林检查验收办法》（林退发〔2018〕54号），修订的内容主要包括规范性引用文件、造林密度标准、造林地区类别、造林地类别、保存标准和成林标准、检查验收和成果上报时间等。

（文雯）

【2018年度新一轮退耕地还林省县两级检查验收】 2018年2月，印发《关于开展2018年度新一轮退耕地还林检查验收工作的通知》（退核字〔2018〕8号），开展新一轮退耕地还林县级检查验收工作。①对2015年国家下达的新一轮退耕地还林计划任务开展第二次县级检查验收，到2018年年底各省份已全部完成；②对2016年国家下达的新一轮退耕地还林计划任务开展省级检查验收，到2018年年底已有部分省份完成；③对2017年国家下达的新一轮退耕地还林计划任务开展第一次县级检查验收，已有部分省份完成。

（文雯）

【新一轮退耕地还林国家级检查验收】 2018年6月，印发《国家林业和草原局关于开展2018年度新一轮退耕地还林国家级检查验收工作的通知》（林退发〔2018〕59号），组织开展国家级检查验收。①组织局直属6个规划调查设计院对2014年国家安排新一轮退耕还林任务的11个省级单位的138个县、262个乡镇、2.4万多个小班的3.2万公顷退耕地还林面积进行实地核查，形成138个县级核查报告、11个省级核查报告和1个全国总报告。②组织局规划院对2014年国家安排的32.2万公顷新一轮退耕还林任务全部地块开展遥感判读。根据本次检查验收结果测算，11个省2014年新一轮退耕还林计划面积保存率为94.2%。

（文雯）

【2018年度退耕还林工程管理实绩核查】 2018年8月，国家林业和草原局印发《关于开展2018年度退耕还林工程管理实绩核查工作的通知》（林退发〔2018〕119号）。核查内容有：①2016年和2017年年度新一轮退耕还林计划任务安排实施、资金落实、工程管理及成果巩固情况。②退耕还林在精准扶贫中的贡献情况。③在各工程省自查的基础上，国家林业局组织6个核查组分赴各工程省进行实地核查，并对核查结果进行汇总分析，为工程管理决策和责任书执行情况通报提供重要依据。

（文雯）

【《退耕还林工程生态效益监测国家报告（2016）》】 2018年1月，正式出版《退耕还林工程生态效益监测国家报告（2016）》。结果表明，截至2016年，25个工程省（区、市）和新疆生产建设兵团2848.6万公顷退耕还林每年可涵养水源385.2亿立方米、固土63 355.5万吨、保肥2641.3万吨、固碳4907.8万吨、释氧11690.8万吨、积累林木营养物质107.4万吨、提供空气负离子8389.4×10^{22}个、吸收空气污染物314.8万吨、滞尘47 616.4万吨、防风固沙71225.8万吨。按2016年现价计算，每年产生的生态服务功能总价值量为13 824.5亿元。

（郭希的）

【《退耕还林工程经济林发展报告2017》】 2018年，国家林业局退耕办委托局经济发展研究中心编写《退耕还林工程经济林发展报告2017》。报告分工程篇、产业篇、产业典型三部分，工程篇包括13个省（区、市）退耕还林工程建设情况，2017年国家退耕还林任务安排情况；产业篇包括13个省（区、市）退耕还经济林统计及分析，涉及20多个常用的经济林树种；产业典型选择贵州、云南、新疆3个省（区）7个产业发展成效突出的模式典型。

（陈应发）

【退耕还林综合效益监测技术培训班】 于5月14~18日在山西太原举办，邀请国家统计局、国家林草局经研中心、中国林科院支撑团队和北京林业大学等单位的相关专家就退耕还林入户监测调查基本情况、社会经济效益监测、综合效益分析、水土保持功能研究以及退耕还林工程生态效益监测站建设与监测质量提升、新一代信息技术在生态效益监测中的应用探索、山西省森林生态效益监测网络建设7个方面进行专题培训，并在太原退耕还林生态效益监测站开展现场教学。来自25个工程

省（区、市）和新疆生产建设兵团的工程管理人员和技术人员，共计90人参加培训。　　　　　　　（郭希的）

【退耕还林工程信息宣传培训班】　于6月4～8日在云南省腾冲市举办，来自各工程省（区、市）林业厅（局）退耕办负责人、信息宣传员及部分市县信息宣传负责人共80余人参加培训。培训采取专题讲座、现场教学、座谈交流等方式进行。　　　　　　　　（石建华）

京津风沙源治理二期工程

【工程概况】　2012年国务院通过了《京津风沙源治理二期工程规划（2013～2022年）》。工程建设范围包括北京、天津、河北、山西、陕西及内蒙古6省（区、市）138个县（旗、市、区），比一期工程增加了63个县（旗、市、区）。工程区总国土面积70.60万平方千米，沙化土地面积20.22万平方千米。工程规划建设任务为：现有林管护730.36万公顷，禁牧2016.87万公顷，退化、沙化草原围栏封育356.05万公顷。营造林586.68万公顷。工程固沙37.15万公顷。对25度以上陡坡耕地和严重沙化耕地，实施退耕还林还草。二期规划总投资为877.92亿元。

【工程进展情况】　2018年京津二期工程6省（区、市）共完成林业建设任务19.58万公顷，占年度计划任务的100％。其中：人工造林10.12万公顷，封山育林7.53万公顷，飞播造林1.3万公顷，工程固沙0.63万公顷。京津风沙源治理二期工程下达投资21亿元，其中林业建设项目投资8.93亿元，占总投资的42.5％。

2018年京津风沙源治理二期工程顺利完成了计划任务，成效明显。在工程建设中加大了科技支撑力度，重点推广了"两行一带""草方格固沙""封造结合"等治理模式，强化了治沙适用技术推广和培训工作。举办工程管理与技术培训班，对基层林业管理和技术人员进行专门培训。结合工程建设，助力扶贫攻坚，2018年，安排工程区贫困县营造林任务7.71万公顷，工程固沙0.23万公顷，投资18.23亿元。组织建档立卡贫困人员参与造林，实现脱贫致富。山西省京津工程区17个贫困县都成立由60％以上建档立卡贫困人口参与的扶贫攻坚造林专业合作社，承担治理工程，获得劳务费、股金等收入。2018年，山西京津工程区参与治理建设的贫困社员人均收入3600多元，带动1万余人次脱贫。

【工程存在的问题】　一是治理难度加大，按照"先易后难"的原则，各地剩下的治理区多为难啃的"硬骨头"。二是国家对工程投资规模不足，营造林投资标准与实际成本仍相差较大。三是工程区大面积退化林分（低效林）急需更新改造。四是工程区营建的沙柳、柠条等灌木需要平茬复壮，但由于缺少项目和资金支持，灌木平茬复壮工作难以开展。五是工程管护难度加大，幼林抚育、管护、防火、病虫害防治等任务繁重。

（刘　勇）

三北防护林体系工程建设

【综　述】　2018年，三北地区各地认真践行"绿水青山就是金山银山"的发展理念，以深入开展三北工程建设40年总结纪念活动为契机，坚持保护与修复并重，兴林与富民相统一，大规模开展国土绿化行动，工程建设呈现出稳中向好的发展态势。据统计，全年完成营造林59.32万公顷，其中，完成造林51.19万公顷，修复退化林分和灌木平茬复壮8.13万公顷。

以纪念活动为契机，提升工程建设影响力　召开三北工程建设40周年总结表彰大会，习近平总书记对三北工程建设作出了重要指示，李克强总理作出了重要批示，韩正副总理作了重要讲话，会议规格之高，效果之好，前所未有；高质量地完成了三北工程40年总结评价工作，向党中央、国务院交上了一份满意的答卷；开展了外国驻华使节考察三北工程、"两山路上看变迁　绿色中国十人谈"大型电视访谈等系列重大宣传活动，营造了良好的社会氛围。各地结合实际，开展了一系列丰富多彩的总结纪念活动。北京、河北、辽宁、吉林、甘肃、宁夏等省（区、市）成立了领导小组，加强对纪念活动的统一协调和组织领导，高位推动总结纪念活动。内蒙古自治区、陕西省政府新闻办召开三北工程建设40年新闻发布会，向全社会介绍了工程建设40年来取得的巨大成就，热情讴歌工程建设40年来波澜壮阔的奋斗历程，大力颂扬40年来工程建设涌现的先进典型。山西省组织召开了三北工程40周年纪念现场研讨会，观摩三北工程建设情况，交流建设经验，明晰发展思路。新疆兵团以"建设美丽兵团　当好生态卫士"为主题，开展全方位的总结、评比、观摩等系列活动，全面回顾三北工程建设成就。

以大规模国土绿化为载体，形成工程建设合力　新启动了雄安新区、湟水河流域两个规模化林场和黑龙江松嫩平原、宁夏引黄灌区两个百万亩基地；退化林分修复和灌木平茬试点任务较2017年增加46％；启动了26个精准治沙重点县建设，深入推进"六精准"防沙治沙试点工作，召开了三北工程精准治沙重点县建设座谈会，举办了精准治沙技术专题培训。各地积极推进大规模国土绿化行动，相继实施了一批规模宏大的工程建设项目，有力地推动了工程全面发展。天津市多次召开造林绿化工作会议，全力落实绿色生态屏障建设任务。河北和甘肃省省委、省政府出台了关于国土绿化的实施方案和实施意见，科学谋划工程建设发展目标和方向，提出了一批规模化建设示范项目。内蒙古自治区、辽宁省推进三北工程百万亩基地、精准治沙县等重点项目建设，分别完成造林8.39万公顷、2.39万公顷，占全省（区）造林任务的82%、44%。青海省坚持把国土绿化作为促进经济社会可持续发展的基础性工程来抓，层层建立党政一把手为"双组长"的领导新机制，实施国土绿化提速三年行动计划，全年完成营造林27.07万公顷。

以营造林质量为抓手，提升工程建设潜力 各地把工程质量摆在突出位置，打造了一批优质造林工程。陕西省、宁夏回族自治区坚持适地适树原则，不断扩大优良乡土树种应用比例，采用异龄复层混交栽植模式，努力构建稳定的生态系统。黑龙江省实行高标准设计、高标准整地、高标准选苗、高标准栽植，全年完成造林任务5.07万公顷。河北省严把规划、施工、督查三个关口，运用科学方法植树造林、采用信息化手段管护林，高标准、高质量完成雄安新区"千年秀林"0.58万公顷。

以体制机制创新为突破，激发工程建设活力 开展了工程投融资机制政策创新等课题研究，力求在体制机制创新上取得新突破。各地积极探索造林和管护新机制，坚持建管结合，使工程建设逐步向工程化、专业化、精细化运作模式转变。辽宁省创新经营管护机制，严把种苗质量、造林督查、设计审批和检查验收"四关"，对验收合格的造林地块运用GPS建立空间分布电子档案。陕西省严格实行法人负责制、招投标制、合同制、监理制、报账制等管理制度，积极推广参与式规划设计、单株核算支付、农户申请造林、企业出资治理等方式，激发了工程建设活力，提高了工程建设成效。内蒙古自治区不断创新工程建设机制，吸引社会各类主体投资三北工程建设，结合林权制度改革，积极推行建设主体、经营主体、利益主体、责任主体"四统一"，任务到户、产权到户、责任到户、补助到户、服务到户"五到户"建管模式。

以绿色惠民为根本，增添工程建设动力 开展三北工程区乡村绿化美化等课题研究和林果业质量精准提升等专题调研，举办三北工程特色林果发展与管理等培训班，助力乡村振兴和脱贫攻坚。各地积极探索工程建设增绿和增收相统一的渠道与载体，实现了环境持续改善、农民稳定增收。山西省坚持"一个战场打赢两场战役"，将工程造林任务向贫困地区倾斜，全年由贫困人口组建造林专业合作社完成人工造林任务16.8万公顷，带动贫困人口获取劳务收入5.44亿元，实现人均增收7000元以上。新疆维吾尔自治区投入财政专项资金3.8亿元，启动实施林果质量精准提升工程，果品年产值突破900亿元，林果收入占农民人均收入的30%~50%。北京市采取深化完善政策保障机制、选取亮点村示范推动、促进农民绿岗就业等有效做法，编制出台美丽乡村绿化美化工作指导意见，2018年完成229个村周边绿化美化任务20.67公顷。

【习近平对三北工程建设作出重要指示】 中共中央总书记、国家主席、中央军委主席习近平对三北工程建设作出重要指示强调，三北工程建设是同我国改革开放一起实施的重大生态工程，是生态文明建设的一个重要标志性工程。经过40年不懈努力，工程建设取得巨大生态、经济、社会效益，成为全球生态治理的成功典范。当前，三北地区生态依然脆弱。继续推进三北工程建设不仅有利于区域可持续发展，也有利于中华民族永续发展。要坚持久久为功，创新体制机制，完善政策措施，持续不懈推进三北工程建设，不断提升林草资源总量和质量，持续改善三北地区生态环境，巩固和发展祖国北疆绿色生态屏障，为建设美丽中国作出新的更大的贡献。

中共中央政治局常委、国务院总理李克强作出批示指出，40年来，经过几代人的艰苦努力，三北防护林体系建设取得巨大成就，在祖国北疆筑起了一道抵御风沙、保持水土、护农促牧的绿色长城，为生态文明建设树立了成功典范。要牢固树立新发展理念，坚持绿色发展，尊重科学规律，统筹考虑实际需要和水资源承载力等因素，继续把三北工程建设好，并与推进乡村振兴、脱贫攻坚结合起来，努力实现增绿与增收相统一，为促进可持续发展构筑更加稳固的生态屏障。

【三北工程建设40周年总结表彰大会】 于11月30日在北京召开。会议传达学习了习近平重要指示和李克强批示。中共中央政治局常委、国务院副总理韩正出席并讲话。他指出，经过40年不懈奋斗，三北工程建设取得丰硕成果，构筑的生态屏障为我国生态文明建设和全球生态治理树立了成功典范，创造的综合效益为促进区域经济社会发展发挥了重要作用，积累的实践经验为山水林田湖草系统治理提供了有益借鉴，铸就的可贵精神为建设生态文明和美丽中国注入了强大动力。

韩正指出，三北地区生态依然脆弱，三北工程建设也面临诸多困难和挑战。要进一步增强紧迫感和责任感，再接再厉、持之以恒，加强规划统筹，科学植树造林种草，切实加大保护力度，促进生态惠民富民，创新工程建设机制，推动三北工程高质量发展，构筑更加稳固的生态安全屏障。

韩正强调，各地区、各有关部门要大力弘扬"三北精神"，自觉践行绿水青山就是金山银山的理念，切实加强组织领导，狠抓改革任务落地，大力提升支撑保障水平，全面加强自然生态系统保护，推动全国林业草原工作迈上新台阶。要紧密团结在以习近平同志为核心的党中央周围，深入学习贯彻习近平生态文明思想，坚决落实党中央、国务院决策部署，攻坚克难、开拓创新，为建设生态文明和美丽中国作出新的更大的贡献。

会议对三北工程建设作出突出贡献的先进集体、先进个人和"绿色长城奖章"获得者进行了表彰。陕西省延安市、新疆维吾尔自治区阿克苏地区、山西省右玉县和河北省迁西县喜峰口板栗专业合作社有关负责人作了发言。

国务院有关部门和单位，三北地区13个省（区、市）和新疆生产建设兵团，工程区重点市、县负责同志，以及受表彰代表参加会议。

【三北防护林站（局）长会议】 于1月15～17日在辽宁沈阳召开。会议以习近平新时代中国特色社会主义思想为指导，深入学习领会党的十九大精神，认真贯彻落实全国林业厅（局）长会议精神，总结交流2017年工程建设进展情况，表彰奖励2017年度三北工程信息工作先进单位和先进个人，通报百万亩防护林基地、黄土高原综合治理、退化林分修复3项建设重点督导检查情况，分析工程建设面临的新形势和新任务，安排部署2018年工程建设重点工作。

【外国使节考察山西省三北工程建设】 为纪念三北工程40周年，国家林业和草原局于6月4～8日开展"走近中国林业·外国使节看三北"考察活动，组织来自德国、南非、智利、巴基斯坦、越南、日本、老挝、斯里兰卡、澳大利亚等10个国家的驻华使节赴山西省考察中国三北工程建设和水土流失治理成效，实地察看了汾阳市宋家庄万亩核桃经济林建设、孝义市曹溪河流域、柳林县龙门塬生态综合治理和吉县蔡家川流域水土流失治理情况。

【国家林业和草原局副局长李树铭率队调研工作】 6月25日，国家林业和草原局副局长李树铭率有关司局的负责同志到三北局调研。李树铭一行参观了三北工程建设成就展厅，看望慰问了干部职工，并听取了三北局的工作汇报。

李树铭要求，要按照国家林业和草原局党组的安排部署，总结好工程建设经验，宣传好工程建设成就，规划好工程未来发展，一项一项抓好工作任务的落实，不断丰富工程建设内容，进一步推动工程建设持续健康发展。

【绿色中国行——走进美丽三北】 7月9日，由国家林业和草原局宣传办公室、三北防护林建设局、绿色中国杂志社和有关省区林业厅（局）共同开展的"绿色中国行——走进美丽三北"——三北工程40周年媒体记者系列采访报道活动在辽宁正式启动。来自《人民日报》、新华社、中央人民广播电台、《光明日报》、中国新闻社、《第一财经日报》《东方瞭望周刊》《中国绿色时报》、新华网、《国土绿化》杂志、《绿色中国》杂志等十多家媒体记者，远赴辽宁彰武县、内蒙古通辽市、黑龙江拜泉县等三北工程建设重点地区，深入采访报道三北防护林工程40年取得的建设成效。

【全国人大常委会副委员长、九三学社中央主席武维华率队调研三北工程】 7月29日至8月3日，全国人大常委会副委员长、九三学社中央主席武维华率队深入新疆、宁夏两地，专题调研三北工程建设、草原生态修复、节水林业等，对三北工程40年建设作出高度评价，对我国林草建设提出了新要求。

武维华强调，进一步推进三北工程建设，要以习近平新时代中国特色社会主义思想为指导，学习贯彻习近平生态文明思想，树立久久为功的思想，科学谋划，统筹山水林田湖草系统治理。一要科学推进工程建设。二要推动工程建设高质量发展。三要充分调动社会各方面力量加入到工程建设行列中。四要把生态效益、经济效益和社会效益有机结合起来。五要增强全社会公众的生态文明意识，提高工程建设社会参与度。

财政部、自然资源部、农业农村部、生态环境部、中国科学院、九三学社中央等领导、专家参加了调研，国家林业和草原局局长张建龙、副局长刘东生陪同参加。

【国际防护林学暨中国三北防护林体系建设研讨会】 于8月1～4日在沈阳召开。来自美国、英国、日本、加拿大、中国等国家的230余名防护林学研究的专家学者、三北防护林工程的建设者和管理者代表参加了会议。国家林业和草原局国际合作司副司长王春峰、中国科学院沈阳应用生态研究所所长朱教君、国家林业和草原局三北局总工程师武爱民、辽宁省林业厅党组成员陈杰等领导出席会议并致辞。与会有关专家、学者、部门代表分别介绍了国内外防护林建设现状和成功经验，总结了防护林在粮食安全、防风固沙等生态、经济、社会效益中发挥的重要作用，并指出了防护林建设存在的问题及未来发展方向。

会议认为，中国经过40年不懈努力，三北工程建设造林保存面积达29.2万平方千米，工程区森林覆盖率由1977年的5.05%提高到13.02%，在中国北方建起了一道乔灌草、多树种、带片网相结合的防护林体系，成为享誉全球的"绿色长城"和"地球绿飘带"。

【三北工程精准治沙座谈会】 于9月18日在内蒙古阿拉善盟召开。会议指出，40年来，三北工程始终把防沙治沙作为主攻方向，工程区沙化土地呈现出"整体好转、局部遏制、重点治理区明显向好"的态势，精准治沙重点县建设平稳起步，试点工作进展顺利，取得了一定的成就。

会议要求，要提高对精准治沙理念的认识，转变"大水漫灌"式的防沙治沙思路，切实把"六精准"的要求落实到实处；要从严落实投资计划、从严论证实施方案、从严督导检查；要准确掌握沙区资源分布现状，分析治理的难易程度，明确治理方向和措施，科学编制实施方案；要统筹考虑精准治沙重点县建设的实际需要和水资源承载力，坚持以水定林、量水而行的基本原则，构建稳定高效的沙地生态系统；要严格管理，不断强化监督考核；要深化改革，创新完善政策机制。

【第四届世界人工林大会三北防护林平行会议】 于10月24日，在北京国家会议中心召开，会议主题为：三北工程40年与绿色发展同行。

全国绿化委员会办公室专职副主任胡章翠和国际林联执行主任亚历山大·巴克分别致辞；中国工程院院士、北京林业大学教授尹伟伦，国家林业和草原局西北华北东北防护林建设局局长张炜，中国科学院沈阳应用生态研究所所长朱教君分别作了主旨报告；中国林科院荒漠化所研究员卢琦、澳大利亚林业专家大卫·卡索、北京林业大学水保学院教授朱清科、中国科学院沈阳应用生态研究所博士孙一荣、河北省迁西县喜峰口板栗专业合作社理事长张国华分别作了案例分享。

【"两山路上看变迁，绿色中国十人谈"】 10月24日，由全国绿化委员会、国家林业和草原局、中国绿化基金会主办，国家林业和草原局三北防护林工程建设局、绿色中国杂志社等承办的大型电视访谈节目"两山路上看变迁，绿色中国十人谈"（三北篇）在北京举行。

国家林业和草原局副局长刘东生，国家林业和草原局三北局局长张炜，中国工程院院士、著名林学家沈国舫等10人，围绕"三北工程40年构筑绿色长城 造福中华民族"这一主题，从三北工程的立足点、长远性、战略性、全局性的高度阐述了其重大意义；从三北工程的科学性、遵循自然规律的角度探讨了生态修复和科技创新的关系；从三北工程发展绿色产业，将绿水青山转化为金山银山，带动百姓脱贫致富等，肯定了其遵循自然规律、生态富民的实践探索。与会嘉宾对三北工程40年来建设取得的成果和工程实施过程、社会效益等话题进行了探讨，认为人民力量凝聚的三北精神，为实现美丽中国汇聚了精神财富。三北人民用40年坚持不懈的顽强拼搏和无私奉献，谱写了一曲曲改善生态、感天动地的绿色壮歌。

【三北工程建设40年先进典型评选表彰工作】 三北工程建设40年来，在我国北疆筑起了一道抵御风沙、保持水土、护农促牧的绿色长城，涌现出了一大批艰苦创业、绿色发展的建设典型，砥砺奋进、甘于奉献的先进模范。为了表彰先进，鼓舞士气，11月20日，经党中央批准，国家林业和草原局决定授予北京市林业工作总站等98个单位"三北防护林体系建设工程先进集体"称号，授予赵洪林等98名同志"三北防护林体系建设工程先进个人"称号，授予张启生等20名同志"绿色长城奖章"称号。

【《三北防护林体系建设40年综合评价报告》新闻发布会】 12月24日，国务院新闻办公室召开《三北防护林体系建设40年综合评价报告》新闻发布会。国家林业和草原局副局长刘东生、中国科学院副院长张亚平出席发布会并回答记者提问。

《报告》指出，三北工程是迄今为止世界上最大的林业生态工程，工程建设经验为国内外其他生态工程建设提供了范式，为全球生态安全建设贡献了中国智慧和中国方案。

《报告》显示，工程实施40年来，累计完成造林面积4614万公顷，占规划造林任务的118%。工程区森林面积净增加2156万公顷，森林覆盖率净提高5.29个百分点，森林蓄积量净增加12.6亿立方米。土地沙化得到有效遏制，实现了"沙逼人退"到"人进沙退"的历史性转变，水土流失治理成效显著，工程区水土流失面积相对减少67%，其中防护林贡献率达61%。农田防护林有效改善了农业生产环境，提高低产区粮食产量约10%。森林生态系统服务功能大幅提升，工程区森林生态系统固碳累计达23.1亿吨，相当于1980～2015年全国工业二氧化碳排放总量的5.23%。促进了区域经济社会综合发展，工程吸纳农村劳动力3.13亿人，特色林果业、森林旅游等对群众稳定脱贫贡献率达27%。

《报告》建议，遵从自然规律重新区划三北工程区，推动工程建设任务多元化，建立国家生态建设公共财政保障体系，精准提高工程质量，以三北工程为依托建设"生态三北"区。

（樊迪柯供稿）

长江流域等防护林工程建设

【综　述】 2018年，长江流域、珠江流域、沿海防护林、太行山绿化4项工程共完成中央预算内投资15.7亿元，营造林29.65万公顷。圆满完成中央预算内年度工程建设计划任务，为构筑中国大江重点区域生态屏障打下坚实基础。

长江流域防护林体系建设工程 完成中央投资9.94亿元，营造林19.61万公顷；长江流域生态状况明显改善，水土流失面积逐步下降，林地生产力和生态防护能力显著提升。

珠江流域防护林建设工程 完成中央投资1.68亿元，营造林2.91万公顷；珠江流域水土保持能力显著增强，土壤侵蚀总量有所下降。

全国沿海防护林建设工程 完成中央投资2.13亿元，营造林3.61万公顷；沿海防护林体系框架基本形成，有效减轻沿海地区台风、海啸、海雾等自然灾害威胁。

太行山绿化工程 完成中央投资1.95亿元，营造林3.52万公顷。工程区森林覆盖率持续增长，水土流失强度大幅降低，生态富民、生态扶贫、绿色惠民效应明显。

（贺志杰）

【退化防护林修复】 为贯彻落实《国务院关于开展河北坝上地区退化林分改造试点实施方案》和《国家林业局关于做好退化防护林改造工作的指导意见》，起草下发《国家林业和草原局造林绿化管理司关于进一步做好全国"十三五"退化防护林修复工作的通知》，明确各地"十三五"时期退化防护林修复任务。总结形成《全国退化防护林修复工作总结选编》，开展《退化防护林修复规划（2018～2030年）》编制工作，编制完成《退化防护林修复技术规程》。积极协调将《技术规程》纳入2019年林业行业标准制订快速通道，组织开展第三次河北坝上退化林改造试点年度效益监测，在实地监测修复成效基础上，形成2018年度效益监测报告，为退化防护林修复由试点向全国推开提供准确依据。

（贺志杰）

【平原绿化工程】 为贯彻落实党中央、国务院印发的《乡村振兴战略规划(2018~2022年)》积极落实《国家农业综合开发高标准农田建设规划》，国家林业和草原生态保护修复司出台《平原绿化工程建设技术规程》。明确农田防护林建设的各项标准，提升农田防护林建设科学化规范化水平。积极协调将农田防护林建设纳入国家林草局下发的乡村振兴战略实施意见。组织开展全国范围内的农田防护林资源和营造情况调查工作，进一步摸清农防林底数，分析存在的困难和问题，提出对策建议。

(贺志杰)

【沿海防护林工程标准化规范化建设】 为贯彻落实全国沿海防护林体系工程建设现场启动会议精神，深入实施《全国沿海防护林体系建设规划(2016—2025年)》。国家林业和草原局生态保护修复司组织开展《沿海防护林工程建设技术规程》修订，在抓好将规划任务落实山头地块的同时，通过规程修订，推动提升工程建设科学化、标准化水平。根据沿海防护林建设面临的新形势新要求，组织启动《沿海国家特殊保护林带管理规定》修订工作，切实加快沿海防护林建设和保护法治化进程。

(贺志杰)

【重点防护林工程区森林资源监测平台建设】 为更好地了解重点防护林工程建设进度，实时掌握重点防护林工程区森林资源动态变化，国家林业和草原局生态保护修复司对重点防护林体系建设工程规划范围内的森林资源利用现状和变化进行统计分析，包括各类林地面积、可造林地面积、森林面积、森林覆盖率、林种结构、林地面积变化、林种结构变化等。并重点结合林地"一张图"数据库，做好相关工程区宜林地资源、可造森林资源增长情况的摸底，确定工程建设的重点区域。

(贺志杰)

【造林绿化多元化投入和专业化企业培育全国调研】 为贯彻落实2018年中央经济工作会议精神，2018年7月，国家林业和草原局造林绿化管理司(现生态修复司)下发《关于组织开展造林绿化多元化投入和专业化企业培育调研工作的函》(造工函〔2018〕41号)，局领导将"造林绿化多元化投入和专业化企业培育"列为2018年度重点调研项目。组织开展全国专题调研工作，旨在准确掌握各类资金投入国土绿化、培育专业化企业的基本情况和经验做法，找准存在问题，研究提出对策措施和思路。全国调研采取面上调研和典型调研相结合的方式，重点了解多元化投入主体情况，专业化企业培育发展情况，多元化造林和专业化企业培育的好做法、好经验，以及存在的问题与对策建议。全国30多个省(区、市)和省级单位自行开展相关专项调研。生态司赴四川乐山、成都等地开展实地专题调研，形成《全国造林绿化多元化投入和专业化企业培育调研报告汇编》。

(贺志杰)

【全国长江流域等防护林工程建设技术培训班】 9月10~14日，国家林业和草原局生态保护修复管理司在河北省秦皇岛市举办长江流域等防护林体系工程建设培训班，各省(区、市)林业厅(局)、内蒙古、吉林、龙江、大兴安岭森工(林业)集团公司，新疆生产建设兵团林业局，计划单列市负责重点防护林工程的主要负责人、具体业务同志等80余人参加培训。北京林业大学、中国林科院和张家口市林业局等单位的专家作了防护林建设模式、退化防护林修复技术和实践，以及防护林病虫害防治培训讲座；培训班学员现场观摩学习秦皇岛海滨林场、团林林场、渤海林场的沿海防护林建设和退化防护林修复实践，并座谈交流了防护林工程建设成效、存在困难和下一步工作方向。

(贺志杰)

【山西省右玉县沙地造林保护生态调研】 按照中财委办公室关于组织开展践行习近平新时代中国特色社会主义经济思想专题调研的部署要求，9月，由国家林业和草原局生态保护修复司、荒漠化防治司、三北局、经研中心相关负责人组成的调研组赴山西省右玉县，先后到右玉沙地造林、荒山绿化、退耕还林、湿地保护等生态治理工程现场对当地沙地造林、生态保护情况进行调研。通过调研及时总结右玉县开展沙地造林保护生态的主要做法、成效及可复制可推广的经验。

(贺志杰)

【内蒙古奈曼旗退化林分调研】 12月，国家林业和草原局生态保护修复司组织深入奈曼旗14个苏木(乡、镇)中的8个苏木(乡、镇)，2个国有林场(含教来河流域)开展退化林分修复调研，实地查看树木不同生长阶段的退化情况，召开座谈会，形成了有关调研报告。

(贺志杰)

【重点生态修复工程综合管理】 12月15日，国家林业和草原局生态保护修复司组织开展全国生态保护修复工程规划工作座谈交流活动。全国11个省(区)代表参加活动，研究讨论新时期生态保护修复工程综合管理的总体思路、对策措施、管理模式和制度等。

(贺志杰)

速丰林基地工程建设

【2018年国家储备林基地建设情况】 2018年，完成国家储备林建设67.38万公顷，贷款授信175亿元，落实贷款67.89亿元，落实中央基建投资资金2亿元。落实中央金融会议精神，严格控制增加地方债务规模，对河北等5省(区)国家储备林建设进行风险防范专项检查。争取国家储备林政策支持，修订编制并印发了《国家储备林建设规划(2018~2035年)》，补充修订完善了《国家储备林树种目录》《国家储备林管理办法》等7项制度办法，申报了《森林经营方案编制指南》等3项行业标准。对河北等9省(区)全面开展国家储备林核查、经营

方案编制试点和国家储备林划定试点工作。举办5期培训班，累计培训27个省（区、市）的项目管理人员380人次，开展国家储备林专题调研91人次。在国家储备林建设的9个项目单位与世界自然基金会（WWF）继续合作推进中国人工林可持续经营项目。 （马 藜）

【2018年重点地区速生丰产用材林基地建设工程进展情况】 中国重点地区速丰林建设工程建设以支撑林业生态建设为主线，在政府推动、市场拉动、林农主动、企业带动等多因素作用下，不断深化集体林权制度改革，初步形成了多主体投资、多形式建设、多功能利用的总体格局，取得了明显成效。18个重点省（区）的不完全统计，2018年完成速丰林工程建设各类造林15.88万公顷，累计完成速丰林基地建设1233.93万公顷。工程建设对于缓解中国的木材供需矛盾，特别是珍稀大径材极其短缺的结构性矛盾发挥了重要作用。 （马 藜）

林业血防工程

【综 述】 2018年着力提升林业血防工程管理水平，明确了安徽省望江县等4个首批全国林业血防工程质量与效益监测重点县（市、区），指导监测（一期）血防林林地质量、林分质量、螺情等实地调查等工作。完成血防"春查"任务，对四川等5省血防工作进行了检查。完成林业血防工程"十三五"规划中期评估报告编写，开展《抑螺成效提升改造技术规程》行业标准制修订工作。组织林业血防工程专项培训班，开展林业血防宣传，选送林业血防科技成果案例，入选中国血防重大科技成果。
（马 藜）

林草培育

04

林草种苗生产

【综　述】　2018年林木种苗生产总量充足，满足造林绿化需求。育苗面积、可供造林绿化苗木产量略有增加，但育苗总量略减；城乡美化、园林绿化、观赏景观苗木等个性化生产趋势明显，乡土、珍贵用材、彩叶观花观果、经济林等类型苗木的新育面积有所增加。据统计，全国2018年共采收林木种子2493万千克，苗木生产总量646亿株，可供2019年造林绿化林木种子2796万千克，苗木总量为377亿株。

种苗生产情况

种子生产　全国共采收林木种子2493万千克，其中，良种830万千克，穗条21亿株。同比2017年，种子采收总量减少395万千克，减少13.7%。其中，良种减少227万千克，减少21.5%；穗条减少28.5万条（根），减少57.5%。

苗木生产　2018年全国苗木生产总量646亿株，容器苗90亿株，良种苗169亿株。同比2017年，苗木生产总量减少56亿株，减少8.0%；容器苗减少4亿株，减少4.3%；良种苗减少32亿株，减少15.9%。

种苗库存情况

截至2018年种子采收前，库存种子303万千克，其中良种105万千克。同比2017年，库存种子减少49万千克，减少13.9%；良种增加23.2万千克，增加28.4%。除留床苗外，出圃可供2019年造林绿化苗木377亿株，其中容器苗62亿株，良种苗108亿株。同比2017年，可供下一年造林绿化苗木减少57亿株，减少13.1%。

种苗使用情况

2018年实际用种2152万千克，其中用良种414万千克，良种穗条78亿条（根）。同比2017年实际用种减少233万千克，减少7.8%。良种减少195万千克，减少32%；穗条增加15.5亿条（根），增加24.8%。除留圃苗木外，实际用苗木量为165亿株，容器苗30亿株，良种苗木59亿株，同比2017年减少24亿株，减少13%。实际用于防护林、用材林、经济林和其他林分的苗木，依次占2018年造林绿化使用总量的32.3%、16.9%、22.4%、28.4%。

种苗基地基本情况

苗圃　全国实有苗圃总数36.3万个，其中国有性质苗圃为0.44万个，占苗圃总数的1.2%；2018年实际育苗面积141.5万公顷，其中国有苗圃育苗面积7.2万公顷，占总面积的5.1%；2018年新育苗面积17.6万公顷，占育苗总面积的12.4%。同比2017年，全国苗圃总数减少0.54万个，其中，国有苗圃减少0.034万个。育苗面积减少0.3%；国有苗圃育苗面积减少0.28%；新育苗面积减少8.7%。

良种基地　全国现有良种基地总数1058个，其中国家重点良种基地294个。良种基地总面积19.4万公顷（天津没有良种基地），其中种子园面积1.97万公顷，母树林面积12.6万公顷。同比2017年，良种基地减少65处，总面积减少5.4%。

采种基地　全国现有采种基地39.4万公顷，可采面积27.6万公顷，实际采种量104万千克。同比2017年，采种基地面积减少0.2%；可采面积减少12%；实际采种量104万千克，减少33.3%。

林木种苗投资完成情况

2018年完成投资22.6亿元，其中中央预算内投资完成4.77亿元。林木种质资源项目完成0.6亿元。国家补助资金完成4.1亿元，用于国家重点良种基地的良种培育和良种苗木繁育等。

（于滨丽）

【全国林木种苗质量抽查】　2018年，国家林业和草原局委托国家级林木种苗质量检验检测机构对河北、山西等14个省及吉林森工集团、龙江森工集团、新疆生产建设兵团的林木种苗质量进行重点抽查。共抽查林木种子样品105个、苗木苗批832个，涉及129个县、387个单位。抽查结果显示，林木种子样品合格率为92.4%，与2017年的86.7%相比，提高了5.7个百分点；苗圃地苗木苗批合格率为93.0%，与2017年的91.0%相比，提高了2个百分点；造林地苗木苗批合格率为87.9%，与2017年的91.0%相比，下降3.1个百分点。下发《国家林业和草原局关于2018年全国林木种苗质量抽查情况的通报》（林场发〔2018〕95号），对此次抽查中种子苗木质量管理较好的河北省、广东省、贵州省、陕西省予以通报表扬；对种子苗木质量管理不力的吉林省、黑龙江省、吉林森工集团予以通报批评。

（苏琳琳）

【"全国林木种苗行政执法年"活动】　为严厉打击种苗违法行为，营造公平、公正的市场环境，将2018年确定为"全国林木种苗行政执法年"，3月印发《国家林业局办公室关于开展"全国林木种苗行政执法年"活动的通知》（办场字〔2018〕29号），并制订《全国林木种苗行政执法年活动实施方案》。全国31个省（区、市），内蒙古森工、龙江森工、大兴安岭林业集团和新疆兵团结合本地实际，制订了执法年实施方案，成立了执法年活动领导小组，开展了形式多样的宣传活动，共发放《种子法》及宣传资料36万余份，标签50万余张，受教育群众30余万人次。各级林业主管部门共培训种苗执法和质量管理人员53 000余人次，查处违法生产经营林木种苗案件120余起，罚没金额160余万元，其中生产销售假冒伪劣种苗案件38件，罚没金额近50余万元。

（薛天婴）

【全国种苗行政执法和质量管理人员培训班】　于5月21～24日在云南腾冲举办全国林木种苗行政执法和质量管理人员培训班。各省（区、市）种苗站（局、处）、森工（林业）集团、新疆生产建设兵团、计划单列市种苗站负责执法或质检的人员，以及各国家级种苗质量检验检测机构质检人员共130余人参加了培训。培训班结合2018年种苗质量抽查，解读许可、标签、档案等项制度规定；讲解行政处罚程序、文书填写以及行政复议、行政诉讼等基础法律知识，开展了现场模拟执法及讲评，并就新时期如何做好林木种苗执法及质量监管工作进行座谈讨论。

（苏琳琳）

【全国林木种苗信息员培训班】 于11月4~7日在海南海口举办。各省（区、市），内蒙古、吉林、龙江、大兴安岭、长白山森工（林业）集团，新疆生产建设兵团，种苗站（局）负责人、种苗信息员共计80余人参加了培训。培训班传达了国家林业和草原局关于林业信息化总体部署，总结了林木种苗信息工作取得的显著成绩，并对今后工作提出具体要求；重点讲授了统计法律法规有关规定和林业统计知识、国家种苗网APP及苗博会应用、网站信息采集及发布要求、林木种苗数据库录入方法要求及常见问题等内容，同时现场指导和录入2018年种苗供应数据。

（于滨丽）

【油茶等木本油料树种栽培技术培训班】 于11月12~15日在江西省南昌市举办。油茶产业发展省区油茶办、种苗站有关技术负责人，油茶重点基地、定点苗圃、重点企业技术负责人，相关省区种苗站负责人等130余人参加了培训。培训班对中国木本油料产业发展政策、发展现状及发展前景，中国木本油料标准化体系建设，油茶良种壮苗培育、品种配置、良种推广应用中存在的问题及调整技术措施、油茶培育技术新进展、油茶复合经营技术、新造林管理及整形修剪技术等内容进行了重点讲解，并在油茶示范基地进行油茶林改造现场观摩。来自浙江、安徽、福建的代表就油茶种苗生产及标准化示范基地建设进行了典型经验介绍。

（薛天婴）

【2018中国·合肥苗木花卉交易大会】 于10月19~21日由国家林业和草原局、安徽省人民政府在中国中部花木城（肥西）举办。国家林业和草原局副局长彭有冬、安徽省副省长张曙光出席开幕式和林业招商项目签约仪式。大会主题是"'苗会'美丽中国，助力乡村振兴"。交易会展览面积达10万平方米，共设展位558个。全国30个省（区、市）850家企业参展，其中有荷兰、韩国、德国等8家国外苗木花卉园艺企业以及我国台湾企业。来自全国各地6100多名专业人士报名参观展会和交流交易，吸引城乡居民约10万人观展。据统计，现场签约林业招商项目25个，签约金额153.7亿元；实现苗木花卉现场交易额1.6亿元，达成意向性协议金额23.8亿元。交易会还举办了苗木花卉产业发展高峰论坛，中国工程院院士尹伟伦等专家就中国主要苗木花卉资源现状、绿化观赏苗木应用趋势作了专题报告。

（于滨丽）

【全国苗木供需分析】 10月，结合近几年全国林木种苗统计数据和有关供需平台大数据信息，采取对种苗市场调研、数据分析、专题采访，应用数据描述性方法，对2019年林木种苗供需情况进行研究分析，编制完成《2019年度全国苗木供需分析报告》。该报告主要包括：分析目的、分析方法、全国苗木供需分析、分地区苗木供求分析等内容。

（赵 兵）

【雄安新区周边7省（市）苗木生产供应情况调度】 4月，为全力支持和配合雄安新区建设，超前谋划和做好造林绿化苗木准备工作，国家林业局场圃总站对雄安新区周边京津冀及山东、河南、山西、辽宁7省（市）苗木生产供应情况进行调度，形成《关于雄安新区周边苗木生产管理情况的报告》。据统计，雄安新区周边7省（市）育苗面积38.77万公顷，生产苗木148.6亿株，主要品种345个。其中：阔叶树种育苗面积30.55万公顷，苗木产量72.8亿株，原冠苗占60%，截干苗占40%；针叶树种育苗面积4.67万公顷，苗木产量50.6亿株；灌木树种育苗面积3.55万公顷，苗木产量25.2亿株。生产苗木能够满足雄安新区十年规划（2017~2027）中提出的"起步规划面积100平方千米，其中绿化面积占到35%以上"的造林用苗需求。

（赵 兵）

【林木种苗标准制修订】 2月27日，发布《林木种苗标签》《林木种苗生产经营档案》等标准。《林木种苗标签》（LY/T 2290—2018，代替LY/T 2290—2014）规定林木种苗标签的术语和定义、标签内容、制作要求和标签使用，适用于林木种苗经营和使用。《林木种苗生产经营档案》（LY/T 2289—2018，代替LY/T 2289—2014）规定了术语和定义、档案内容、组卷和编目、归档要求、档案管理等要求，适用于林木种苗生产经营活动中所形成的档案资料的建立与管理。

（薛天婴）

【国家重点林木良种基地考核】 为加强国家重点林木良种基地建设与管理，按照《国家重点林木良种基地考核办法》相关要求，国家林业和草原局办公室下发《关于开展国家重点林木良种基地及种苗项目考核工作的通知》（办场字〔2018〕62号），部署开展2018年国家重点林木良种基地考核工作。由林场种苗司、林业基金管理总站组成的考核组，通过实地检查、查阅账目、座谈等形式对吉林（含吉林森工集团）、江苏、山东、广西、甘肃和青海6个省（区）的12个第二批重点基地进行了考核，并对各省（区）的6个第一批重点基地进行了"回头看"，对考核中发现的问题向各省级林业主管部门进行反馈，并要求存在问题的重点基地限期进行整改。

（李允菲）

【国家林木种质资源库管理培训班】 于9月4~6日在银川举办，来自99处国家林木种质资源库的技术管理人员以及全国各省（区、市）林木种苗站，内蒙古、吉林、龙江、大兴安岭森工（林业）集团公司营林处，新疆生产建设兵团种苗站，山东省林木种质资源中心等有关负责同志近190人参加了培训。培训班邀请中国林科院、银川市枸杞国家林木种质资源库、山东林木种质资源中心、湖南林科院等单位的专家分别就林木种质资源功能定位、建设维护、运行管理和评价利用作专题讲座。

（丁明明）

【国家重点林木良种基地结构调整暨精细化管理培训班】 于6月26~29日在浙江省金华市举办，来自全国各省（区、市），龙江、大兴安岭、内蒙古、吉林森工和新疆生产建设兵团的100余名种苗管理机构和国家重点林木良种基地管理负责人参加培训。培训期间,中国林科院专家作了《高起点建设林木良种基地,加强种子园精细化培育》专题报告,国家林业和草原局计财司、北京林业大学等单位的专家分别就林木良种繁育补助资金使用与绩效评价、经济林良种基地建设与管理等进行专题讲座,浙江省林业种苗管理总站作了重点基地建设典型经验交流。培训期间,组织学员到兰溪市苗圃国家木荷—马尾松良种基地和东方红林场国家油茶油桐重点林木良种基地、省级油茶油桐乌桕公共种质资源库等基地对建设情况进行实地教学实习。 （丁明明）

【马尾松国家重点林木良种基地结构调整】 以马尾松国家重点良种基地为试点,积极推进国家重点林木良种基地树种结构调整。调减了安徽、福建等12个省（区、市）的25处马尾松重点基地的马尾松种子园、采穗圃、母树林等生产功能区面积,调整后马尾松基地生产区均为二代以上种子园或抗性采穗园;同时,新增经济林树种、珍贵树种和阔叶树种等主要建设树种25个,新增生产面积596公顷。 （丁明明）

【全国林木种苗站长培训班】 于12月5～8日在湖北咸宁举办,来自全国各省（区、市）,龙江、大兴安岭、内蒙古、吉林森工和新疆生产建设兵团60余名种苗管理机构负责人参加了培训。培训期间,林场种苗司程红司长作了新时代林草种苗工作面临的新形势与新任务的主题报告,来自南京林业大学和中国热带农业研究院的有关专家分别就国家重点林木良种基地建设、草种管理与草业发展等相关内容作了专题讲座。6个省级林木种苗管理机构负责人进行了典型发言,座谈讨论了林草种苗工作面临的问题和发展目标,并到湖北省林木种苗场和咸宁亚热带林木种质资源保存库进行教学实习。 （丁明明）

【2018年度国家重点林木良种基地主任挂职工作】 2月,为进一步提高国家重点林木良种基地干部队伍素质,加强国家重点林木良种基地之间交流协作,原国家林业局场圃总站印发《关于组织开展2018年国家重点林木良种基地干部挂职锻炼工作的通知》,确定吉林汪清林业局国家红松、云杉良种基地任增君等7位同志,分别赴河北省木兰围场林管局龙头山国家落叶松良种基地等7个国家重点林木良种基地开展为期3个月的挂职锻炼。11月,7位挂职干部完成挂职工作,提交总结报告。 （李允菲）

【良种基地技术协作组工作】 2018年,4个良种基地协作组和1个种质资源协作组先后组织开展2018年全国落叶松、油松及樟子松良种基地技术交流与培训会、全国油茶栽培技术培训班暨种苗质量抽查研讨班、国家林木种质资源库管理培训班3个大型培训班,共培训人员400余人次。指导安徽、福建等12个省（区、市）的25处马尾松重点基地进行结构调整。新增收集种质资源杉木优良个体100份。起草完成《特色林木种质资源目录（第一批）》。 （李允菲）

【成立国家林草局第一届林木品种审定委员会和第一届草品种审定委员会】 12月21日,国家林业和草原局第一届林木品种审定委员会和第一届草品种审定委员会在北京成立。国家林业和草原局副局长刘东生担任两品委员会主任委员。第一届林木品种审定委员会和第一届草品种审定委员会由国家林草局有关司局、有关直属单位,全国有关科研院所、高等学校（含林业和农业以及其他类）的专家组成。 （丁明明）

【《中国柳树种质资源》】 12月,由国家林业和草原局国有林场和种苗管理司组织编写,王宝松、施士争主编的《中国柳树种质资源》正式出版发行。本书以江苏省林业科学研究院柳树种质资源的研究成果为基础,进一步收集了山东、黑龙江、陕西等中国主要从事柳树种质资源研究的科研、生产单位的柳树良种、新品种和优良无性系资源,将中国现有人工保存的柳树种质资源进行了比较系统的归纳和汇编。 （王艺霖）

【主要林木品种审定】 2018年,国家林业和草原局林木品种审定委员会审（认）定通过22个林木良种。北京、河北、内蒙古、辽宁、吉林、黑龙江、上海、江苏、浙江、福建、江西、山东、河南、湖北、广西、海南、四川、重庆、贵州、云南、陕西、新疆22个省级林木品种审定委员会审（认）定通过包括用材树种、经济林树种及观赏品种在内的林木良种417个。 （丁明明）

【建立林木良种引种备案制度】 11月12日,国家林草局印发《林木良种引种备案表格式》（林场发〔2018〕109号）,标志着我国正式建立起林木良种引种备案制度。文件明确了引种备案工作是省级林业和草原主管部门的重要职责,规范了省级审定的林木良种的引种备案工作。 （丁明明）

【2018年度中央财政林木良种培育补助资金】 2018年,中央财政林木良种培育补助资金由4.78亿元增加到5亿元,将第二批86处国家林木种质资源库纳入林木良种补助范围,落实了国家林木种质资源库补贴政策,国家林木种质资源库有了稳定的资金保障。 （丁明明）

【省级林木种质资源普查】 甘肃、四川、河南等省共举办林木种质资源调查技术培训班6期,共培训普查人员1270余人次。四川省印发《四川省林木种质资源普查实施细则》,对省21个市（州）43个县（市、区）开展林木种质资源普查省级督导和检查工作。河南省印发《河南省林木种质资源普查验收办法》,完成郑州果树所6000份新引进和新选育林木种质资源的调查和录入工作。黑龙江省制订《黑龙江省引进树种种质资源调查实施方案》,基本查清省内西伯利亚红松、欧洲赤松、欧洲白桦等树种160种（品种）的分布、数量和保存地点、生长结实状况等基本情况。安徽省开展皇藏峪自然保护区林木种质资源普查。湖北省完成大别山、武陵山区木本植物补充调查,起草完成《湖北省林木种质资源调查工作报告》《湖北木本植物名录》《湖北林木种质资源》。湖南省先后完成14个县林木种质资源调查,在全国林木种质资源平台录入数据16311份，起草完成《湖南林木种质资源》。

（李允菲）

【行政许可】

林木种子苗木（种用）进口审批　2018年共批准免税进口申请1467件，进口林木种子256.61吨，苗木1023.35万株，种球16 052.60万粒，进口金额为55 389.50万元，免税金额达5824.13万元。2018年年未收到草种免税进口申请。

向境外提供、从境外引进或者与境外开展合作研究利用林木种质资源审批，2018年共计批准4件从境外引进林木种质资源申请，分别是中国林业科学研究院热林所、新疆农业科学院园艺作物研究所、吉林市林业科学研究院、北京农学院。

采集或者采伐国家重点保护林木种质资源审批　2018年批准1件申请，为北京林业大学采集种质资源。

林木种苗质量检验机构资质考核　对国家林业局林木种苗质量检验检测中心（长沙、呼和浩特、石家庄、沈阳）进行考核，考核结果合格，向4家质检机构颁发了林木种苗质量检验机构资质证书。

林木种子（含绿化草种）生产经营许可证核发　全国发放（含新发及延续）林木种子生产经营许可证2.6万份，其中国家林业和草原局发放许可证95个，注销14个有效期届满未延续企业。截至2018年年底，全国持证林木种子生产经营者8.6万个，其中在国家林业和草原局领取许可证的235个。

（李允菲　薛天婴　苏琳琳）

【国家林木种质资源设施保存库（主库）】　11月，《国家林木种质资源设施保存库（主库）工程项目可行性研究报告》编制完成。报告由中国电建集团华东勘测设计研究院有限公司编制，工程项目主管单位为国家林业和草原局，建设单位为中国林业科学研究院，建设地点位于北京市门头沟区四涧沟（中国林业科学研究院华北林业实验中心）。国家林木种质资源设施保存库（主库）将建设成为一座设施先进、功能完善，兼顾种质资源长期保存、科学研究、科普展示、共享利用的种质资源保存库，建成后能够容纳300万份（其中低温保存150万份，超低温保存150万份）林木种质资源，收集保存我国珍稀濒危树种、主要造林树种、乡土树种和引进树种种质资源，将成为国际领先的林木种质资源保存中心、研究中心、科普展示与培训中心、资源信息共享中心。

（马志华）

森林培育工作

【综　述】　2018年，各地、各部门（系统）全面贯彻党的十九大精神，以习近平生态文明思想为指导，认真践行绿水青山就是金山银山理念，以建设美丽中国为总目标，以满足人民美好生态需求为总任务，以增绿提质增效为主攻方向，统筹山水林田湖草系统治理，组织动员全社会力量推进大规模国土绿化行动，国土绿化事业取得了新成绩。全国共完成造林707.4万公顷，森林抚育851.9万公顷，为维护国土生态安全、建设生态文明和美丽中国作出了重要贡献。

（刘　羿）

【全国造林绿化督查】　为深入贯彻党的十九大和习近平总书记关于国土绿化工作的系列重要指示批示精神，认真落实全国国土绿化、森林防火和防汛抗旱工作电视电话会议精神，积极推进大规模国土绿化行动，全面完成2018年造林绿化任务，2018年5~6月，国家林业和草原局组成了6个督查组分赴云南、重庆、江西、广西、辽宁等11个造林绿化重点省（区、市）进行造林绿化重点督查，对未被督查的省份要求开展省级自查。形成督查报告，针对存在的问题，提出了对策建议。

（刘　羿）

【全国乡村绿化美化现场会】　12月4~5日，国家林业和草原局在广西桂林举办全国乡村绿化美化现场会。国家林业和草原局副局长刘东生出席会议并作重要讲话。会议认真学习了习近平生态文明思想及习近平总书记关于乡村振兴战略和农村人居环境整治系列重要指示精神，深入贯彻党的十九大和中央经济工作会议、中央农村工作会议精神，扎实落实国家乡村振兴战略规划等文件要求，总结交流乡村绿化美化工作，系统分析乡村绿化美化面临的新形势、新任务，部署当前和今后一个时期乡村绿化美化工作。广西壮族自治区林业局、浙江省林业局、宁夏回族自治区林业和草原局、广西壮族自治区桂林市、河南省信阳市、四川省成都市龙泉驿区代表在会上发言。与会代表参观了秀峰区庙门前村和鲁家村、灵川县江头村、阳朔县骥马村、阳朔县遇龙河生态示范区步道等乡村绿化美化成果。

（刘　羿）

【建立健全标准体系】　认真贯彻新修订的《造林技术规程》，出版《造林技术规程解读》《旱区造林绿化技术模式选编》《旱区造林绿化技术指南》，重点加强造林作业技术规定和造林成效评价，落实调整造林分区、初植密度、造林地生境保护等要求，更加注重科学造林和造林成效。《封山（沙）造林技术规程》《飞播造林技术规程》已通过国标委审查。

（刘　羿）

【中央财政造林补贴】　2018年，财政部下达中央财政造林补助资金46.46亿元。按照中央关于规范检查核查考评工作的要求，暂停了中央财政造林补助项目国家级抽查，各地对2016年中央财政造林补助项目执行情况进行自查。根据各地自查结果，2016年，财政部下达全国中央财政造林补贴资金29.51亿元。全国各省（区、市）上报完成造林面积共计84.77万公顷。其中：人工造林72.35万公顷，占总面积的85.3%；迹地更新773.33公顷，占4.1%；低产低效林改造3.47万公顷，占10.6%。人工造林面积中，营造乔木林57.93万公顷，灌木林5.14万公顷，木本粮油经济林4.19万公顷，水果、木本药材等其他经济林4.19万公顷，新造竹林5.02万公顷。

（刘 昇）

【珍贵树种培育示范基地建设成效考评】 2018年6～9月，国家林业和草原局开展了2015年度国家珍贵树种培育示范基地建设成效国家级考评。本次成效考评抽取黑龙江、安徽、河南、云南、陕西、甘肃6省，抽查24个示范基地，建设面积1991.20公顷，占当年全国建设任务的22.9%。考评结果显示：2015年抽查省份示范基地建设绩效评价平均得分83.72分，较2013年、2014年略高，综合考核评价等级为"良好"。

（刘 昇）

森林经营

【综 述】 2018年，各地认真贯彻落实习近平总书记关于"着力提高森林质量"的重要指示精神，按照国家林业和草原局党组部署，采取有力措施，全国完成森林抚育853.33万公顷，退化林修复（含低效林改造）170.13万公顷，推动森林经营工作取得新进展。研究形成《全国森林经营工作总结报告（2009～2018年）》，全面总结了2009年以来森林经营工作取得的显著成效。

森林抚育经营 2018年中央财政安排森林抚育补助资金69.93亿元。近10年来，中央财政已累计安排森林抚育补助资金497亿元，安排森林抚育补助任务2946.67万公顷。各地省级、市县级地方财政累计投入森林抚育经营补助资金71.4亿元，基本形成了中央和地方公共财政为主导的森林经营投入机制。2009年以来，全国累计完成森林抚育面积0.70亿公顷，大幅减少了森林抚育经营历史欠账，除一级国家级公益林、自然保护区、森林公园的森林外，过密、过疏、过纯，竞争激烈，分化严重的中幼龄林得到了及时抚育，有效释放了林木生长空间和林地生产潜力。

森林质量状况提升 根据各省（区、市）森林资源档案、森林抚育成效监测及相关统计结果显示，与2009年相比，全国森林蓄积量增长了26.1亿立方米，增长率20%；经过抚育的林分，每公顷森林蓄积量增长10.8立方米/公顷，增长率21%；年均生长量提高0.58立方米/（公顷·年），增长率18%。通过全面持续开展森林抚育经营，全国森林质量呈明显提升态势，长江经济带、东北老工业基地、西部大开发、京津冀协同发展等重点区域的森林质量提升明显，为国家重点战略区域可持续发展奠定了更好的森林生态资源基础。

森林生态系统稳定性和生态功能 通过持续开展森林抚育，重点针对过密、过疏、过纯林分以及遭受灾害的林分加大抚育经营力度，调整优化林分结构，提高森林活力，丰富生物多样性，增强森林稳定性。经过抚育的林分混交林比例提高9.4个百分点，增长率32%；林分光照、水分等综合环境因素明显改善，林下凋落物数量增加，枯落物分解和养分循环加速，微生物种群和数量、动物活动频度及涵养水源、保持水土等功能不断提高。

生态扶贫助力脱贫攻坚 充分发挥森林抚育经营劳动密集、吸纳就业的特点，通过开展森林抚育经营，广泛吸纳林区就业，增加林业职工和林农收入。2009年以来，全国通过森林抚育经营，累计为广大林农和林业职工创造就业机会6.29亿个工日，增加劳务收入451.7亿元。特别是17个贫困地区集中的省（区、市）通过森林抚育项目吸纳林区职工、林农就业2.94亿个工日，增加劳务收入274亿元。森林抚育经营成为精准脱贫的重要抓手和贫困人口增收的重要途径，为打好脱贫攻坚战作出了积极贡献。

中国特色的森林经营技术体系 积极吸纳国际先进理念，结合中国森林经营生产实践，初步建立中国特色多功能森林经营技术体系。确立了多功能森林经营的指导思想和培育健康稳定优质高效森林生态系统的目标，推动树立多功能、近自然、全周期森林经营理念，对中国森林经营起到重要的导向性作用。2018年在北京召开的第四届世界人工林大会上，以多功能森林经营技术体系为核心的《全国森林经营规划（2016～2050年）》英文版在大会上推送，"中国多功能森林经营理论与技术体系"被作为大会的特邀主题报告，引起了积极反响，得到了国内外专家的广泛好评。

主要措施

顶层设计 在编制实施《全国森林经营规划（2016～2050年）》《省级森林经营规划编制指南》的基础上，制定印发《县级森林经营规划编制规范》，指导各地编制县级森林经营规划，推进建立国家、省、县三级森林经营规划体系，明确森林质量提升的目标任务、战略布局和经营策略，为科学经营森林、全面提高森林质量奠定基础。

完善补贴政策 为适应森林抚育新形势、新需求，积极争取中央财政森林抚育补助资金规模不断扩大，中央财政森林抚育补助资金规模已由政策实施初期每年5亿元增加到现在每年近70亿元，补贴范围由政策最初主要针对天保工程、非天保工程的中幼龄林抚育拓展到森林质量精准提升、灌木林平茬、国家储备林、退耕还林等多个领域。推动北京等16个省（区、市）出台了地方财政支持政策。

标准体系建设 全面开展《森林抚育规程》《低效林改造技术规程》等森林经营核心技术标准宣贯，按照多功能、近自然、全周期森林经营理念，围绕培育健康稳定的森林生态系统，在国家标准指导下组织各地全面完成森林抚育地方标准或地方实施细则编制，突出技术标准的实用性和针对性，有效指导森林抚育经营活动的科学规范开展。

人才培训 持续推进实施《全国森林经营人才培训

计划（2015~2020 年）》，2018 年举办 2 期研修培训班，累计已完成 20 期国家级森林经营管理与技术暨师资研修班，培训各级森林经营管理技术人员 2200 多人次。各地组织举办了一系列省级、市县级森林经营培训班，累计培训森林经营管理技术人员和林农、林业职工等一线操作人员近 440 万人次，为全面科学开展森林抚育经营奠定了人才基础。

样板示范　开展全国森林经营样板基地建设成效评估，完成《全国森林经营样板基地建设总结评估国家报告》和《全国森林经营样板基地建设成效监测报告》，通报全国森林经营样板基地建设评估结果。建立 490 个成效监测样地，总结提炼出涵盖 10 种主要森林类型的 7 类森林作业法、50 个森林质量提升技术模式。各样板基地的示范林树种结构、垂直结构、径级结构都发生了明显变化，天然更新都得到了有效促进，灌草植被明显增加，优势木生长明显加速。以全国森林经营样板基地为标杆，带动各地建立省级、市县级森林经营示范单位 975 个，初步实现了以点带面的目标，发挥了较好的示范带动作用。

探索创新经营机制　重点国有林区针对国有林区改革以及停止天然林商业性采伐的实际，积极创新森林经营组织管理形式，推动木材生产相关行业转产转岗职工成建制集体上岗，组建了营林、管护等专业化队伍 2000 多支。创新集体林经营组织形式，鼓励发展股份制林场、林业专业合作社、家庭林场、经营大户等新型经营主体，建立了以国有林场职工、林农为主的营造林专业队伍 4800 多支，推动集体林由个体分散经营向适度规模化经营转变。

国际交流合作　结合全国森林经营样板基地建设和《联合国森林文书》履约示范单位建设，跟踪森林可持续经营国际进程，展示中国森林经营成效和经验。积极推进新一轮中美森林健康经营合作。依托中德农业中心、德国 GIZ 及中德林业政策对话平台，积极推进"中德山西中条山森林多功能经营合作项目"落地实施，吸收借鉴国际先进森林经营理念，结合中国林情创新开展多功能、近自然、全周期森林经营实践。　（蒋三乃）

【中央财政森林抚育补助】　2018 年，财政部安排中央财政森林抚育补助资金 69.93 亿元。完成 2016 年中央财政森林抚育补助项目国家级抽查，印发了《国家林业和草原局关于 2016 年度中央财政森林抚育补助国家级抽查结果的通报》。2016 年度，财政部下达中央财政森林抚育补助资金 58.56 亿元，安排森林抚育任务 353.79 万公顷。抽查结果显示，森林抚育面积核实率 98.2%，核实面积合格率 97.0%，抚育作业设计合格率 90.2%，森林抚育补助项目执行情况较好，抚育作业质量总体保持较高水平。

（蒋三乃）

【全国森林经营样板基地建设】　2018 年，根据《国家林业局关于开展森林经营样板基地建设的指导意见》，组织开展全国森林经营样板基地建设总结评估，完成《全国森林经营样板基地建设总结评估国家报告》和《全国森林经营样板基地建设成效监测报告》，印发《国家林业和草原局办公室关于全国森林经营样板基地评估结果的通报》，吉林省汪清林业局等 8 个样板基地为优秀等次，北京市西山试验林场等 7 个样板基地为良好等次。评估结果显示，经过 6 年的建设，全国森林经营样板基地建设取得显著成效，按照多功能、全周期、近自然森林经营理念，探索总结出涵盖中国主要森林类型的 50 项森林经营技术模式，建设了地跨亚热带、暖温带、中温带、寒温带等气候区的示范样板林 1.70 万公顷，建立 490 个成效监测样地。示范样板林生长量大幅提升，年均生长量达到 9.6 立方米/公顷，超出全国平均水平一倍多；森林结构明显改善，树种结构、垂直结构、径级结构都发生明显变化，天然更新都得到了有效促进，灌草植被明显增加，部分林分已出现较多大径级林木；径级结构正在由原来的正态分布逐步过渡到典型的异龄林倒 J 型分布结构，优势木生长明显加速。促进就业增收，15 个样板基地共提供 7980 多个森林经营相关工作岗位，带动森林生态旅游等增收 12.3 亿元。促进国内外学习交流，6 年来 15 个全国森林经营样板基地累计接受 61 820 人次国际国内专家和管理技术人员考察学习，带动各地建立了省级、市县级森林经营示范单位 975 个，形成不同层次的典型示范体系，初步实现以点带面的目标，为引导提升森林经营水平、全面推进森林经营工作发挥了示范带动作用。

（蒋三乃）

林业生物质能源

【综　述】　2018 年，深入学习贯彻党的十九大精神，结合能源建设和国土绿化实际，坚持问题导向，采取一系列措施，林业生物质能源建设取得积极进展。林业生物质发电、成型燃料生产均已基本实现产业化，生物柴油和燃料乙醇转化利用已开始进入产业示范阶段。截至 2018 年年底，全国共完成能源林以及良种繁育和培育示范基地建设近 500 万公顷。全国木竹热解产品（木炭、竹炭、活性炭等）产量 146 万吨（初步统计数据）；木质生物质成型燃料产量 94 万吨（初步统计数据）。一是推进能源林建设。依据《全国林业生物质能发展规划（2011—2020 年）》，结合能源树种资源分布状况和生物学特性，采取选择宜林地、未利用地等各类边际土地新造，及原有低产低效能源林改造等方式，深入推进能源林建设。完成《林业生物质能源产业发展模式研究报告（2017 年）》，开展林业生物质能源示范基地建设评估，编制《林业生物质能源示范基地（企业）认定管理办法》（初稿），进一步促进林业生物质能源产业健康发展。二是构建技术标准体系。以国家林业和草原局局文印发欧李和元宝枫可持续培育指南，进一步规范能源树种可持续培育。组织制修订《能源原料林培育技术规程》《细木工板生产线节能技术规范》等林业生物质能源相关标准8项，涉及能源生产、能耗要求、能耗测量、节能监测、合理用能、检测检验等生物质能源的各个环节。三是重点突破关键技术环节。组织北京林业大学等科研院所，以及林业生物质能源龙头企业，重点针对生物质能转化等关键技术环节，开展基础技术研发。完成"林油一体化"产业可持续发展模式及相关因素研究等科技攻关，推动建立"生物质气化发电联产炭、热、肥"的多种产品联合生产模式，积极探索林业生物质能源产业健康、持续发展道路。

（程志楚）

【林业生物质能源产业发展模式研究报告】 为提供林业生物质能源管理决策参考，促进林业生物质能源产业健康持续发展，原国家林业局造林司组织编制完成《林业生物质能源产业发展模式研究报告（2017年）》。报告全面梳理了中国林业生物质能源产业整体发展新动态，系统总结了新时期产业相关政策，具体分析了中国林业生物质能源产业各构成部分的发展现状、趋势、问题，提出了中国林业生物质能源产业整体发展方向、建设重点和保障措施。

（程志楚）

【欧李能源林和元宝枫原料林可持续培育指南】 4月23日，国家林业和草原局印发《欧李原料林可持续培育指南》和《元宝枫原料林可持续培育指南》（林造发〔2018〕45号），从种苗培育、整地造林、经营管理、收获更新等环节，规范欧李能源林和元宝枫原料林的培育活动，保障林业生物质能源原料的可持续供应，促进林业生物质能源产业的健康发展。

（程志楚）

【林业生物质能源示范基地建设评估】 2018年，国家林业和草原局生态司组织林产工业规划设计院开展林业生物质能源示范基地建设评估工作，以进一步树立林业生物质能源发展典型，系统总结各示范基地建设成果，深入分析发展瓶颈问题，总结推广成熟经验，持续推进林业生物质能源科学发展，实现"出经验、出模式、出路子"的工作目标要求。评估报告显示，各示范基地建设情况良好，重视产业技术创新体系建设，辐射带动作用显著，发展特色鲜明，为助推脱贫攻坚发挥了积极作用。

（程志楚）

【"林油一体化"产业可持续发展模式及相关因素研究】 2015年，原国家林业局造林司启动"林油一体化"产业可持续发展模式及相关因素研究项目。该项目委托北京林业大学牵头，联合国内有关科研院所、生物质能源企业、省级林业部门等10余家单位的20多位专家技术人员参与，历时3年完成，并于2018年7月通过验收。项目以无患子、文冠果、小桐子、光皮树等能源树种为研究对象，分析"林油一体化"产业模式对区域环境、社会及经济相关因素的影响，完成能源原料林培育、产业工艺技术优化、产业经济效益分析、产业扶持政策等方面研究。创新形成"林油一体化"产业链无性系种植园原料林培育模式及多联产可持续发展模式，研发出"非粮油脂原料生产低凝生物柴油及多联产技术"和"木质纤维多联产高效利用绿色清洁工艺"等国际先进水平的林业生物质能源生产工艺；提出林业生物质能源可持续发展扶持政策建议，对推进中国林业生物质能源产业发展具有重要意义。

（程志楚）

生态建设

05

义务植树与部门绿化

【义务植树】 积极配合中办、北京市做好中央领导参加首都义务植树相关工作，成功举办共和国部长义务植树和"国际森林日"植树纪念等重大活动。认真组织实施《全民义务植树尽责形式管理办法》，指导各地区各部门深入开展义务植树活动。持续推进"互联网＋全民义务植树"，批复青海、湖北等6省开展第二批"互联网＋全民义务植树"试点。3月12日植树节期间，部署全国张贴全民义务植树主题海报。会同中国绿化基金会，在植树节、世界森林日等重大节日之际在成都、北京、内蒙古、武汉、西安，组织系列宣传活动，营造良好氛围，提高社会知名度。与亿利资源集团签订战略合作协议，亿利资源集团捐款500万元宣传经费；与蚂蚁金服签订战略合作协议，蚂蚁森林2019年投入7500余万元进行合作造林。完成全民义务植树标识、吉祥物设计方案。组织国家"互联网＋全民义务植树"基地申报工作，完善尽责载体和体系布局。发布《2017年国土绿化状况公报》，编发《绿化简报》27期，每周义务植树微信公众号推送新闻、各地案例，讲好绿色故事，扩大社会影响。 （牛 牧）

【部门绿化工作】 国务院根据机构设置、人员变动情况和工作需要，调整全国绿化委员会组成单位和人员，中共中央政治局常委、国务院副总理韩正担任全国绿化委员会主任，新增司法部、国资委为成员单位，全国绿化委员会组织领导国土绿化工作得到加强。

住房和城乡建设部门开展城市公园、郊野公园、街头绿地等建设，鼓励发展林荫道路、立体绿化和屋顶绿化，对破损山体、城市废弃地等开展生态修复。构建绿道系统，推动城市内外绿地连接贯通，恢复城市自然生态。城市建成区绿化率达37.9%，人均公园绿地面积达14.1平方米，人民群众绿色福祉进一步增加。

交通运输系统以推进绿色交通建设为契机，进一步加大公路绿化力度，全年投入公路绿化资金87.9亿元，新增公路绿化里程7.9万千米。截至2018年年底，全国公路绿化里程达275.7万千米，绿化率达64.5%，其中，国道绿化里程27.1万千米，绿化率86.6%；省道绿化里程27.7万千米，绿化率82.7%。

铁路系统进一步加强运营铁路沿线防护林带建设，创新绿化管护模式，提升站区、单位庭院绿化美化，新栽植防护林乔木125.9万株、灌木2787.5万穴。截至2018年年底，运营铁路已绿化里程4.9万千米，绿化率84.3%。

水利系统坚持植树绿化与水利主体工程建设同部署、同推进、同实施、同考核，实现水利工程区园林化、景观化，构建层次多样、结构合理的绿色生态通道。发挥河渠湖库周边林草植被绿化固土、防冲过滤功能，减少泥沙进入江河湖库，延长水利工程使用寿命。水利部直属单位均建立内部绿化管理机构，落实专人负责。在"世界水日""中国水周""中国植树节""三八妇女节""五四青年节"等节日，开展丰富多彩的绿色主题活动，营造绿化氛围，普及绿化知识。全年造林种草472.5公顷。

中央直属机关举办绿化业务培训，强化能力建设。组织干部职工开展义务植树活动，开展庭院绿化改造提升，机关庭院新建、改建绿地22.7万平方米。中央国家机关组织干部职工开展义务植树活动，栽植各类乔灌木和花卉2.6万余株。加强机关庭院绿化美化建设，开展节约型绿化美化单位创建，完成古树名木现状调查，绿化基地和义务植树责任区管理和养护得到进一步加强。

中国人民解放军组织军委首长、军委机关、驻京大单位领导及驻京部队官兵参加义务植树活动。各大单位联合驻地政府参加成建制大规模义务植树活动，全年各级部队共植树约2000公顷。在营区开展植树绿化，采取见缝补绿、拆墙透绿、更新林木等措施，栽种乔灌树木110余万株。

教育系统扎实推进校园绿化改造提升工程，以"美化环境、陶冶心灵"为导向，将科学知识、人文修养、生态关怀融入绿色校园建设，提高师生绿、爱绿、植绿、护绿意识，搭建"以劳育人"的教育平台，打造精品化、园林式、高品位的"绿色学校"。

共青团以保护母亲河行动为载体，开展绿色网络公开课直播活动"美丽中国 青力亲为"网络践诺接力，创作发布低碳环保主题的街舞快闪视频，联合举办"每公里·都算树——共青团邀你益骑植树"等活动，引导广大青少年树立和践行生态文明理念。截至2018年年底，各级团组织共成立省级环保联盟22个、地市级联盟97个，联系覆盖各类环保社会组织（含高校环保社团）1994家。

全国妇联积极推进"美丽家园"建设，引导广大妇女深入践行绿水青山就是金山银山的理念，投身巾帼植树护绿活动。江苏、广东、青海等省妇联创新开展"百万家庭实现庭院绿化美化、百万妇女参与植绿护绿行动""绿化广东巾帼行动""保护三江源·建设美丽家园——巾帼在行动"等义务植树活动。重庆市妇联组建市区乡村四级"绿色生活"巾帼志愿服务队，开展生态环保、义务植树等活动。

中国石化系统以"花园式工厂、宜居式社区"为目标，启动"绿色企业行动计划"，实施生产厂区绿色生态工程、办公场所绿色人文工程、生产储备用地绿色创效工程、职工生活小区绿色宜居工程，新增绿地120公顷，矿区绿地总面积达2.3万公顷，绿化覆盖率达30%，其中生活基地绿化覆盖率达35.9%。

中国石油系统大力实施植树造林、绿化美化工程，搭建绿化区域合作共享平台，成立石油苗圃联盟。深入开展绿化经营，建立良性循环模式。开展植青年林、同心树等特色义务植树活动。2018年矿区新增绿地687.5公顷，绿化覆盖率达27.3%，其中生活基地绿化覆盖率达到44.6%。

中国冶金系统继续实施造林绿化和矿山复垦工程，开展拆旧扩绿、拆违扩绿、拆墙透绿、工程建绿等活动，加大矿山绿化复垦力度，增加造林面积。全行业新增绿地43.9万公顷，新增复垦造林4.2万公顷。

（牛 牧）

【花卉产业发展】 2018年，全国年末实有花卉种植面积163.28万公顷。切花切叶176.65亿支，盆栽植物56.59亿盆，观赏苗木116.67亿株，草坪6.17亿平方米，花卉市场4162个，花卉企业5.39万家，花农143.24万户，花卉产业从业人员523.45万人，控温温室面积0.77亿平方米，日光温室面积1.71亿平方米。

【竹产业发展】 2018年，全国大径竹产量为31.55亿根，比2017年增长15.99%，其中，毛竹16.95亿根，其他直径在5厘米以上的大径竹14.60亿根；小杂竹为2185.65万吨，比2017年增长10.35%。

【第十届中国竹文化节】 于11月14～16日在湖南桃江成功举办，主办方为国家林业和草原局、湖南省人民政府、国际竹藤组织，承办方为湖南省林业厅、湖南省益阳市人民政府、中国竹产业协会，实施方为益阳市桃江县人民政府。本届竹文化节以"弘扬华夏竹文化，建设美好新家园"为主题，举办中国竹藤品牌集群成员代表会议、中国竹产业协会五届三次常务理事会议、2018年中国竹产业高峰论坛、招商发布会暨重点项目签约等系列活动，设置竹产业展示区并举办竹业博览会，汇聚9个国家、20个省（区、市）的参会参展代表，108家国内知名竹产业企业、省内规模竹产业企业参展，50余家中外媒体参与采访报道，对竹文化交流和竹产业发展起到了良好促进作用。

（牛 牧）

古树名木保护

【综　述】 2018年以来，全国绿化委员会办公室认真贯彻落实《中共中央 国务院关于实施乡村振兴战略的意见》《全国绿化委员会关于进一步加强古树名木保护管理的意见》等文件精神，多措并举，指导各地加强古树名木保护。全国绿化委员会办公室、中国林学会公布了"中国最美古树"遴选结果，共计85株古树。组织完成了全国古树名木资源普查，摸清乡村古树名木资源底数，科学设置标牌和保护围栏；积极组织开展古树名木抢救复壮，对衰弱、濒危古树名木采取促进生长、增强树势措施；完善古树名木保护管理体系，落实管理和养护责任，实现动态管理、全面保护；严厉查处破坏古树名木行为，严禁移植天然大树进城。组织开展《古树名木保护条例》立法调研。

第四届中国绿化博览会。扎实推进计划于2020年在贵州省黔南布依族苗族自治州举办的第四届中国绿化博览会筹备工作。全国绿化委员会下发了《关于举办第四届中国绿化博览会的通知》，成立了第四届中国绿化博览会组委会和贵州省执委会、黔南布依族苗族自治州执委会，组织发动各地和有关部门（系统）积极参展建园，召开了第四届中国绿化博览会筹办工作联席会议和第四届中国绿化博览会筹办工作动员会，组织编制了《第四届中国绿化博览会总体规划》，有序推进绿博园基础设施等相关建设工作。

（聂海平）

森林城市建设

【综　述】 2018年，各地全面贯彻党的十九大精神，以习近平新时代中国特色社会主义思想为指导，积极推进森林城市建设，为建设生态文明和美丽中国作出积极贡献。

森林城市和森林城市群建设 2018年，授予北京市平谷区等27个城市"国家森林城市"称号（见附表），全国国家森林城市数量达到166个。2018年共有14省（区、市）的21个地级城市和34个县级城市提出建设国家森林城市的申请。截止到2018年年底，全国还有83个地级城市和75个县级城市正在开展国家森林城市建设。珠三角国家级森林城市群所辖9个地级及以上城市，实现了国家森林城市全覆盖，长株潭国家级森林城市群完成规划编制工作，其他4个国家级森林城市群建设正在稳步有序推进。

省级森林城市建设 引导各级党委政府把森林城市建设摆上经济社会发展重要位置，列入经济发展总体规划、政府工作报告和为民办实事项目；鼓励市县共建，促进森林城市建设向基层延伸；督促各地建立稳定的森林城市建设投入机制，成立组织机构，加强领导、资金投入和政策扶持。全国已有18个省（区、市）开展了省级森林城市建设。

国家森林城市复查工作 从国家森林城市建设专家库中选取专家，并组织国家林业和草原局森林城市监测中心（中南院），对2012年、2013年获得国家森林城市称号的27个城市开展复查，对国家森林城市建设总体规划的实施情况和国家森林城市评价指标的提升情况进

行书面审评和实地核查，评估各地森林城市建设成效，进一步巩固和扩大森林城市建设成果。　　（李天楚）

【2018森林城市建设座谈会】 10月15日，由关注森林活动组委会举办，国家林业和草原局、全国政协人口资源环境委员会、广东省人民政府、经济日报社联合主办，深圳市人民政府、广东省林业局承办的2018森林城市建设座谈会在广东省深圳市召开。全国政协副主席、关注森林活动组委会主任李斌，国家林业和草原局局长张建龙出席会议并讲话。关注森林活动组委会各成员单位的主要负责同志，100多个城市的市长，专家学者，各省林业厅（局）的负责同志，以及新闻媒体记者等500多人出席会议。会上，国家林业和草原局授予北京市平谷区等27个城市"国家森林城市"称号。

（李天楚）

【生态文明贵阳国际论坛森林城市分论坛】 7月7日，生态文明贵阳国际论坛2018年年会——森林城市分论坛在贵州省贵阳市召开，中共贵州省委常委、贵阳市委书记赵德明，国际森林研究组织联盟执委刘世荣致辞；国家林业和草原局副局长彭有冬，国际竹藤组织总干事费翰思，世界自然保护联盟中美洲及加勒比海地区主任格雷塞尔·阿奎拉作主旨演讲。联合国人居署驻华代表张振山出席论坛。论坛以"建设森林城市　共享绿色家园"为主题，交流森林城市建设的成功经验，研讨森林城市建设的先进理念，展示森林城市建设的积极成效，树立了中国负责任大国的良好形象。（李天楚）

【《全国森林城市发展规划（2018~2025年）》】 为贯彻落实习近平总书记关于"要着力开展森林城市建设"的重要指示精神，规范有序推进全国森林城市建设，国家林草局编制印发《全国森林城市发展规划（2018~2025年）》（以下简称《规划》）。

《规划》以中国地理分区、全国主体功能区规划、区域发展总体战略为基础，以服务"一带一路"、京津冀协同发展、长江经济带三大国家战略为重点，以"两横三纵"城市化战略格局、林业"十三五"发展格局为依托，确定构建"四区、三带、六群"的全国森林城市发展格局。提出到2020年森林城市建设全面推进，森林城市数量持续增加，森林城市质量不断提升，符合国情、类型丰富、特色鲜明的森林城市发展格局初步形成，城乡生态面貌得到明显改善，生态文明意识明显提高，建成6个国家级森林城市群和200个国家森林城市的发展目标。《规划》明确当前和今后一个时期全国森林城市建设的任务要求，有力地指导了各省森林城市建设。

（李天楚）

附件

表5-1　2018年授予的国家森林城市名单

序号	省份	城市
1	北京市	平谷区
2	河北省	秦皇岛市
3	江苏省	南通市
4	浙江省	舟山市
5		桐庐县
6		安吉县
7		江山市
8	安徽省	芜湖市
9	福建省	莆田市
10	江西省	萍乡市
11		武宁县
12		崇义县
13	山东省	济宁市
14		聊城市
15		滕州市
16		邹城市
17		曲阜市
18	河南省	濮阳市
19		驻马店市
20		南阳市
21	湖北省	黄石市
22		宜都市
23	湖南省	湘西土家族苗族自治州
24		湘潭市
25	广东省	深圳市
26		中山市
27	广西壮族自治区	贵港市
28	重庆市	荣昌区
29	云南省	楚雄市

防沙治沙

【综　述】 2018年，全国共完成防沙治沙任务面积249万公顷。全年防沙治沙各项工作有序开展，成效明显。

成功举办世界防治荒漠化日纪念大会　全国政协副主席郑建邦出席大会并作重要讲话，国家林业和草原局局长张建龙、政协农委副主任马中平、陕西省省长刘国中参加会议并讲话，联合国副秘书长、公约执秘莫尼卡·巴布为大会发来贺信，国家林草局副局长刘东生主持会议。

宣传库布其治沙经验典型　配合中宣部组织记者团赴库布其进行实地采访，将内蒙古库布其治沙模式作为

新疆沙湾铁门槛国家沙漠公园

生态文明建设重大典型进行宣传,向世界展示库布其大漠变绿洲的绿色奇迹。

继续深化防沙治沙改革,完善防沙治沙制度 认真落实《沙化土地封禁保护修复制度方案》。积极协调国家政策性银行加大对防沙治沙信贷支持力度,与国家开发银行签订《共同推进荒漠化防治战略合作框架协议》。组织起草《在国家沙化土地封禁保护区范围内进行修建铁路、公路等建设活动监督管理办法》。

全面完成防沙治沙重点工程项目建设任务 2018年,京津风沙源治理工程完成营造林任务18.95万公顷,工程固沙0.63万公顷。石漠化综合治理工程完成营造林任务26.26万公顷。新增沙化土地封禁保护区6个和封禁保护面积12万公顷。加强全国防沙治沙综合示范区建设,新批准山西右玉等9个市、县为全国防沙治沙综合示范区。国家沙漠(石漠)公园新增17个。

强化防沙治沙督查和评估 部署开展省级政府防沙治沙目标责任中期督查,督促各地开展自查工作。完成林业"十三五"规划中期评估京津工程、石漠化工程、国家沙漠公园、全国防沙治沙4项专项规划评估工作报告。开展《防沙治沙法》执法督查,强化依法防沙、治沙、用沙,严厉打击各类违法行为。

有序推进荒漠化、石漠化监测工作 12月13日,在国新办举行第三次石漠化监测成果新闻发布会,印制岩溶地区石漠化状况公报和宣传画册,确保成果高规格权威发布。组织开展第六次全国荒漠化和沙化监测前期准备工作。

全力做好沙尘暴预警监测工作 有效处置和应对全年10次沙尘天气。

认真落实第13次缔约方大会各项决议 深入推进"一带一路"防治荒漠化合作机制下的务实合作;加强与国外媒体合作,扩大中国荒漠化防治宣传力度,彰显中国负责任大国形象。

深入调查研究,着力破解发展难题 迅速贯彻落实国务院领导批示精神,就荒漠化治理三个现象问题联合开展调研,召开荒漠化治理专家咨询会,提出对策建议呈报国务院领导。组织开展春季造林督查工作,及时发现并解决存在问题,确保任务进度。组织开展沙化土地封禁保护区建设项目监管制度建设调研和石漠化防治法律法规的立法可行性研究及专题调研工作,广泛听取意见,为出台相关制度积累一手资料。 (林 琼)

【**沙化土地封禁保护区试点建设**】 继续推进沙化土地封禁保护区试点建设工作,积极协调落实年度补助资金2亿元,新增沙化土地封禁保护区6个,封禁保护总面积166万公顷。认真落实《沙化土地封禁保护修复制度方案》,系统总结沙化土地封禁保护区5年试点的情况及经验。组织开展沙区天然植被状况摸底调查,为建立健全沙区天然植被保护制度做好基础工作。开展沙化土地封禁保护区建设情况抽查,针对存在的突出问题,约谈地方林业部门,下发整改通知,督促各地进行整改。举办全国沙化土地封禁保护修复制度政策培训班,对各有关省区林业部门和试点县的管理人员进行专题培训并交流经验。督促各试点县加快工程建设和资金支付进度,按时保质完成建设任务。 (张 璐)

【**岩溶地区石漠化综合治理工程**】

工程概况 2016年3月,国家发展改革委、国家林业局、农业部、水利部联合印发《岩溶地区石漠化综合治理工程"十三五"建设规划》(以下简称《规划》),规划期为5年,即2016～2020年。《规划》范围涉及贵州、云南、广西、湖南、湖北、重庆、四川、广东8省(区、市)的455个石漠化县(市、区),岩溶面积45.3万平方千米,其中石漠化面积12万平方千米。"十三五"期间,中央预算内专项资金每年将重点用于200个石漠化综合治理重点县。计划治理岩溶土地面积5万平方千米,治理石漠化面积2万平方千米,林草植被建设与保护面积195万公顷。

工程进展 2018年岩溶地区石漠化综合治理工程建设取得新进展,全年完成营造林任务26.27万公顷,占年度下达计划的100%。其中,人工造林4.37万公顷,封山育林21.9万公顷。治理岩溶土地面积8069平方千米,治理石漠化土地3308平方千米。举办工程管理与技术培训班,对石漠化地区的林业管理和技术人员进行培训。突出石漠化治理与农民增收致富相结合,努力实现"治石"与"治贫"双赢。各地在石漠化治理中,注重将石漠化治理与当地特色产业发展、当地产业结构优化与脱贫致富相结合,积极探索林药、林果、林油、林下种养等生态经济型模式,初步实现生态与经济双赢。广西凤山县大力发展石漠化治理的"生态树"——核桃,已有3333.33公顷达到盛果期,产量1200吨,

内蒙古赤峰市宁城县荒山造林(山杏)

产值2000多万元，核桃收入达到1万元以上的有120户，核桃收入达到5000元以上的有400户。

（刘　勇）

固沙新材料技术阻沙网

【国家沙漠（石漠）公园进展】

国家沙漠（石漠）公园建设　国家沙漠公园建设自2013年启动，经过6年的探索和发展，取得阶段性成果。截至2018年年底，已经批复120个国家沙漠（石漠）公园，包括23个石漠公园，范围涵盖山西、内蒙古、湖南、甘肃、青海、新疆、广东等14个省（区）及新疆生产建设兵团。在规范管理方面，制订《国家沙漠公园管理办法》，举办不同层次的国家沙漠（石漠）公园建设与管理培训班，召开了5次国家沙漠公园专家评审会，建立国家沙漠公园网站、专用标志及形象识别系统；在技术指导方面，组建国家沙漠公园专家委员会，在中国治沙暨沙业学会下成立国家沙漠公园专业委员会，编制国家沙漠公园发展规划；在标准体系建设方面，制定《国家沙漠公园总体规划设计规范》和《国家沙漠公园建设导则》两个行业技术标准。国家沙漠公园建设正在逐步走上科学化、规范化发展的轨道。

（滕秀玲）

表5-2　2018年新增国家沙漠公园名单

序号	国家沙漠（石漠）公园（试点）名称
1	湖南桃源老祖岩国家石漠公园
2	湖南邵阳鸡公岩国家石漠公园
3	湖南桂阳泗洲山国家石漠公园
4	湖南东安独秀峰国家石漠公园
5	湖南新田大观堡国家石漠公园
6	湖南鹤城黄岩国家石漠公园
7	云南砚山维摩国家石漠公园
8	云南西畴国家石漠公园
9	云南建水天柱塔国家石漠公园
10	云南彝良国家石漠公园
11	河北沽源九连城国家沙漠公园
12	广东连南万山朝王国家沙漠公园
13	新疆叶城恰其库木国家沙漠公园

（续表）

序号	国家沙漠（石漠）公园（试点）名称
14	内蒙古西乌珠穆沁旗哈布其盖国家沙漠公园
15	内蒙古临河乌兰图克国家沙漠公园
16	内蒙古乌审旗文贡芒哈国家沙漠公园
17	甘肃凉州九墩滩国家沙漠公园

【沙尘暴灾害及应急处置工作】　春季，中国北方地区共发生10次沙尘天气过程，影响范围涉及西北、华北、东北等15省（区、市）768个县（区、旗），影响国土面积约399万平方千米，人口约3.5亿。其中，按沙尘类型分，沙尘暴3次、扬沙7次；按月份分，3月份3次、4月份5次、5月份2次；按影响范围分，影响范围超过200万平方千米的1次，100万~200万平方千米的7次，100万平方千米以下的2次。总体而言，全年春季沙尘天气次数较少，强度较弱，影响范围较小；次数多于2017年同期，强度略强，次数和强度均低于近17年（2001~2017年，下同）同期均值。

按照年初局领导批示精神和《重大沙尘暴灾害应急预案》要求，主要采取了以下应对措施：

沙尘暴灾害应急处置工作　一是根据年初趋势会商综合意见，在系统总结往年应急处置工作经验和成效的基础上，研究制订春季沙尘暴灾害应急处置工作方案，上报局领导审定同意后予以实施。二是以局名义下发《关于认真做好2018年春季沙尘暴灾害应急处置工作的通知》（林沙发〔2018〕28号），全面分析春季沙尘天气趋势，部署应急处置工作。三是督促北方12省（区、市）林业主管部门完善应急工作方案，检查应急措施和工作制度落实情况，确保人员到岗，监测设备到位。四是配合甘肃省林业主管部门开展沙尘暴应急管理和监测技术培训。五是通过短信平台及时转发沙尘预警信息近500条，提醒并部署各地做好应急处置工作。

沙尘暴灾害预警监测　一是1月8日联合中国气象局组织开展2018年春季沙尘天气趋势预测分析会商，并将预测结果上报国务院，指导有关部门和地方政府开展沙尘暴应急处置工作。二是在年度趋势会商的基础上，与气象局加强重点预警期滚动会商，重点就3月26~29日沙尘暴首次影响京津冀，3~4月华北地区沙尘天气多发等进行会商，分析后期沙尘天气趋势。三是充分发挥卫星遥感监测、沙尘暴地面监测站、短信平台、沙尘信息报送手机APP等现有监测设施和平台的作用，科学开展监测工作，实时掌握沙尘天气发生、发展过程，为应急决策提供服务。四是6月11日荒漠司会同局荒漠化监测中心，并邀请中国气象局相关专家，及时总结春季沙尘暴预测监测工作，分析2018年春季沙尘天气特点和成因，研究探讨改进预测模型和方法。

重点预警期应急值守　一是在3~5月沙尘暴重点预警期，国家林业和草原局、北方地区各级林业主管部门均安排专人值守，双休日、重大节假日领导带班。二是要求值班人员认真履行职责，密切关注沙尘天气预警信息，及时接收和处理卫星遥感监测影像、地面监测站和信息员上报的信息，实时收集北方主要城市空气质量指数数据，科学分析，准确研判沙尘天气发生发展过程及其灾害情况，认真填写《值班信息表》。三是根据防灾减灾需要，提前向下游地区发出预警信息，指导地方及时调整工作方案，做好应急准备。据统计，荒漠司会同局荒漠化监测中心填写《值班信息表》90份，撰写《沙尘暴监测与灾情评估简报》10份。

灾害信息报送和管理 一是及时调整和优化信息员队伍，目前，在北方沙尘源区和路径区组建一支近600人的信息员队伍。二是积极争取中国气象局支持，春季在内蒙古自治区探索推进沙尘天气多发地区旗(县)气象信息员为国家林业和草原局直接报送沙尘天气信息工作，首批气象信息员有28名，其中专业气象员8名。三是做好信息调度和实时共享。据统计，春季，北方12省(区、市)林业部门累计上报日报信息1000多份，地面监测站上报监测信息300多份，信息员上报沙尘天气灾害信息1500多条，通过应急平台及时定向发送沙尘天气和应急处置信息2万多条。四是及时通过局办公室向中办、国办上报春季沙尘天气会商意见、3月26~28日沙尘暴灾害处置和3~4月份沙尘天气多发情况等信息。五是认真抓好沙尘暴灾害信息日报、周报、月报、季报、半年报和年报工作。六是及时通报2017年度各省零报告执行情况，各沙尘暴地面站、信息员报送灾情信息情况，对报送信息及时、准确的信息员给予表扬。

沙尘暴灾害应急宣传工作 一是加强沙尘暴预警信息和应急处置措施宣传，广泛宣传国家林业和草原局在沙尘暴应急方面所做的工作及采取的措施。二是3月26~29日沙尘暴发生后，第一时间通过中央新闻媒体、中国林业网、林业微信群等发布沙尘暴灾情和处置措施，正确引导公众舆论。三是做好预防常识宣传，利用新闻媒体广泛宣传沙尘暴基本知识及应急避险知识，提高全社会防范灾害和开展自救互救的能力。四是利用5月12日防灾减灾日，宣传防灾减灾主题和沙尘暴灾害预防常识。

沙尘暴应急能力建设 一是按照网络安全要求，对沙尘暴灾害应急处置短信平台和沙尘信息掌上报送系统APP进行升级改造，确保重点预警期如期使用。二是按照《沙尘暴灾害地面监测站管理办法》要求，对监测仪器、设备使用情况进行摸底，规范沙尘暴地面站管理，提高地面站监测预警能力。三是强化监测技术人员培训，提高短信平台、沙尘信息掌上报送系统APP、监测仪器使用和维护水平。 (潘红星)

【**荒漠化生态文化及宣传**】

库布其治沙经验典型宣传 为落实好习近平总书记在全国生态环境保护大会上的重要讲话精神，深入宣传推广内蒙古库布其沙漠治理经验，按照局领导指示精神，与内蒙古自治区宣传部、林业厅积极沟通，多次召开会商会研究宣传方案。6月14日，内蒙古自治区党委、国家林草局党组联合行文向中宣部申请将内蒙古库布其治沙模式作为生态文明建设重大典型进行宣传，6月22日，在中宣部专题宣传策划会上全面介绍库布其防沙治沙经验，并与中宣部研究提出宣传方案，7月下旬，配合中宣部带领14家中央主流媒体近百名记者团赴库布其进行实地采访，共刊播、编发各类报道16 100多篇(条)，中央主流媒体在重要版面、时段刊播重点报道483条，采访阵容强、报道规格高、受众覆盖面宽，向全国乃至世界全景呈现库布其大漠变绿洲的绿色奇迹。

荒漠生态文化及宣传 6月17日，世界防治荒漠化与干旱日期间组织开展声势浩大的宣传，在《人民日报》推出局长张建龙署名文章，新华社刊发副局长刘东生专访，《人民日报》《中国绿色时报》《人民政协报》推出防沙治沙4个专版，央视《新闻联播》《焦点访谈》等播发报道宣传中国治沙成绩和精神达20分钟，发放公益短信3.65亿条，截止到6月21日，相关新闻报道及转载370篇。同时，向中办、国办报送7篇信息通稿，有5篇被采纳，其中中办采纳3篇、国办采纳2篇。

(林琼)

【**荒漠化公约履约和国际合作**】 一是局长张建龙作为《联合国防治荒漠化公约》主席赴纽约出席荒漠化部长级会议，在开幕式致辞并接受央视驻纽约站记者专访，取得了良好的国内外反响；

二是中国组织代表团于4月赴德国组织完成《联合国防治荒漠化公约》第十三次缔约方大会第一次主席团会议任务，包括主持会议、带领主席团成员探讨并落实公约第十三次缔约方大会系列重点工作等；

三是深化与《联合国防治荒漠化公约》秘书处的全面合作，促成公约秘书处同意与宁夏回族自治区林业和草原局合作共建荒漠化国际知识管理中心；协调公约执秘为中国防治荒漠化日纪念大会发来贺信；

四是完成对重点国家的双边交流。组织团组赴意大利、智利、沙特参加专项国际会议并开展业务交流，不断加深与"一带一路"沿线和延长线特定公约缔约国的专项合作，进一步加强中国国际影响力和话语权；

五是与农业、环保、水利、扶贫等相关业务部门进行多次会商，高质量完成中国履行《联合国防治荒漠化公约》专项数据报告，为其他国家作出表率；

六是推动荒漠化援外工作取得良好效果，争取到2018年援外培训班4个，培训学员约达100名，组织公约秘书处及有关沙产业企业获得中国南南合作基金申请资助并提报3个总标的额约300万美元的援外项目建议书，积极开展项目促进工作。 (曲海华)

【**生态扶贫和产业扶贫**】

石漠化综合治理工程扶贫 2016年，印发了《岩溶地区石漠化综合治理工程"十三五"建设规划》(以下简称《规划》)，规划期为5年，即2016~2020年。《规划》范围包括贵州、云南、广西、湖南、湖北、四川、重庆、广东8省(区、市)的455个县(市、区)。"十三五"期间中央预算内专项资金每年将重点用于200个重点县的治理工作。武陵山片区、乌蒙山片区、滇桂黔石漠化片区、秦巴山片区、滇西边境山区片区、四省藏区、罗霄山片区等集中连片特困地区和国家扶贫工作重点县有217个县在工程规划范围内，其中，有146个县列入石漠化治理重点县投资范围。年内，工程累计安排投资14.6亿元，主要用于封山育林、人工造林、森林抚育、改良草地、草种基地、坡改梯和配套水利水保设施建设等。

通过工程的实施，助力扶贫攻坚，加快区域经济发展，减轻贫困程度。据第三次石漠化监测结果，与2011年相比，2015年岩溶地区生产总值增长65.3%，高于全国同期43.5%，农村居民人均纯收入增长79.9%，高于全国同期的54.4%。2012～2016年的五年间，区域贫困人数减少3800多万人，贫困发生率由21.2%下降到7.7%，下降了13.4个百分点。根据国务院扶贫办2018年公布的脱贫摘帽县名单，贵州、云南、广西、湖南、湖北、四川、重庆等共有57个县实现了脱贫摘帽，其中，石漠化综合治理工程区就有33个县实现了脱贫摘帽，占57.9%。工程实施对石漠化地区打赢精准脱贫攻坚战作出了贡献。

京津风沙源治理工程扶贫 2012年国务院批准《京津风沙源治理二期工程规划（2013～2022年）》，2013年京津二期工程正式启动实施。京津二期工程涉及北京、天津、河北、山西、内蒙古、陕西6省（区、市）的138个县（旗、市、区），其中，有53个县在集中连片特困地区和国家扶贫工作重点县。年内，安排贫困县营造林任务7.71万公顷，工程固沙0.23万公顷，安排投资18.23亿元。

工程的实施对扶贫攻坚作出了贡献。陕西省创新造林营林机制，积极开展"社队贫困户造林、政府购买式"的做法，有造林任务的贫困乡、贫困村实行贫困群众参与造林工程，让更多有劳动能力的贫困人口实现生态就业，获得实实在在的收入。榆阳区有18.43万农民从京津工程建设中受益，人均年收入增加1200元。山西省京津工程区17个贫困县都成立了由60%以上建档立卡贫困人口参与的扶贫攻坚造林专业合作社，承担治理工程，获得劳务费、股金等收入。全年，山西京津工程区参与治理建设的贫困社员人均收入3600多元，可带动1万余人次脱贫。

（江天法）

【**世界防治荒漠化与干旱日纪念大会**】 6月14日，国家林业和草原局与全国政协农业和农村委员会、陕西省人民政府联合在陕西榆林市举办世界防治荒漠化与干旱日纪念大会，来自重点沙区省林业厅的主管领导、治沙处长、部分全国政协委员以及主要新闻媒体记者共120多人参加大会。全国政协副主席郑建邦出席大会并作重要讲话，局长张建龙、政协农委副主任马中平、陕西省省长刘国中参加会议并讲话，联合国副秘书长、公约执秘莫尼卡·巴布为大会发来贺信，国家林草局副局长刘东生主持会议。本次大会以"防治土地荒漠化 助力脱贫攻坚战"为主题，通过领导讲话、典型交流和现场参观等多种形式，全面展示中国治沙成就，宣传治沙治穷的经验，讲好中国治沙故事。

（林 琼）

【**第三次岩溶地区石漠化监测**】 为定期掌握岩溶地区石漠化的发生发展态势及最新变化情况，科学评价石漠化防治成效，在2005年、2011年开展的两次石漠化监测工作的基础上，2016年4月至2017年9月，原国家林业局组织完成岩溶地区第三次石漠化监测工作，主要监测结果如下：

石漠化土地状况

面积及分布 截至2016年，岩溶地区石漠化土地总面积为1007万公顷，占岩溶土地面积的22.3%，占区域国土面积的9.4%，主要分布在湖北、湖南、广东、广西、重庆、四川、贵州和云南8个省（区、市，以下简称省）457个县（市、区，以下简称县）。贵州省石漠化土地面积最大，为247.0万公顷，占石漠化土地总面积的24.5%，其他依次为云南、广西、湖南、湖北、重庆、四川和广东，面积分别为235.2万公顷、153.3万公顷、125.1万公顷、96.2万公顷、77.3万公顷、67.0万公顷和5.9万公顷，分别占23.4%、15.2%、12.4%、9.5%、7.7%、6.7%和0.6%。

石漠化程度状况 在石漠化土地中，轻度石漠化土地面积391.3万公顷，占38.8%；中度石漠化土地面积432.6万公顷，占43.0%；重度石漠化土地面积166.2万公顷，占16.5%；极重度石漠化土地面积16.9万公顷，占1.7%。

石漠化动态变化 与2011年相比，岩溶地区石漠化土地面积减少193.2万公顷，减少了16.1%，年均减少38.6万公顷，年均缩减率为3.45%。

省区动态变化 岩溶地区8个省的石漠化面积均减少，其中：贵州省面积减少最多，为55.4万公顷；其他依次为云南、广西、湖南、湖北、重庆、四川和广东，减少面积分别为48.8万公顷、39.3万公顷、17.9万公顷、12.9万公顷、12.3万公顷、6.2万公顷和0.4万公顷。年均缩减率依次为广西4.5%、贵州4.0%、云南3.7%、重庆2.9%、湖南2.6%、湖北2.5%、四川1.8%和广东1.4%。

潜在石漠化土地状况

面积及分布 截至2016年年底，潜在石漠化土地面积为1466.9万公顷，占岩溶地区土地面积的32.4%，分布在湖北、湖南、广东、广西、重庆、四川、贵州和云南8个省463个县。其中：贵州省潜在石漠化土地面积最大，为363.8万公顷，占潜在石漠化土地总面积的24.8%；其他依次为广西267.0万公顷、湖北249.2万公顷、云南204.2万公顷、湖南163.4万公顷、重庆94.9万公顷、四川82.1万公顷和广东42.3万公顷。

动态变化 与2011年相比，潜在石漠化土地面积增加了135.1万公顷，增加了10.1%，年均增加27.0万公顷（主要是石漠化土地经过治理后恢复的）。与2011年相比，各省潜在石漠化土地面积均有所增加，其中：贵州省增加面积最大，为38.3万公顷，占潜在石漠化土地面积增加量的28.3%；其他依次为广西、云南、湖北、重庆、湖南、四川和广东，增加面积分别为37.6万公顷、27.1万公顷、11.4万公顷、7.8万公顷、6.9万公顷、5.3万公顷、0.7万公顷。

石漠化总体变化趋势

连续三次监测结果显示，石漠化扩展趋势整体得到有效遏制，石漠化状况呈现"面积持续减少、危害不断减轻、生态状况稳步好转"的良好态势。

一是石漠化土地面积持续减少，缩减速度加快。上个监测期，石漠化土地面积在5年间减少96万公顷。本监测期，5年间减少了193.2万公顷，缩减面积是上个监测期的2倍，年均缩减率是上个监测期的2.7倍。

二是石漠化程度减轻，重度和极重度减少明显。与2011年相比，不同程度的石漠化面积均出现减少。轻度石漠化减少40.3万公顷、中度减少86.2万公顷、重度减少51.6万公顷、极重度减少15.1万公顷。重度和极重度的总体比重较上个监测期下降了2.7个百分点。

三是石漠化发生率下降，敏感性降低。5年间，岩溶地区石漠化发生率由26.5%下降到22.3%，下降4.2个百分点。石漠化敏感性在逐步降低，易发生石漠化的高敏感性区域为1527.1万公顷，较上期减少111.1万公顷，高敏感区所占比例降低了2.5个百分点。

四是水土流失面积减少，侵蚀强度减弱。与2011年相比，石漠化耕地减少13.4万公顷，岩溶地区水土流失面积减少8.2%，土壤侵蚀模数下降4.2%，土壤流失量减少12%。

五是林草植被结构改善，岩溶生态系统稳步好转。经过多年的治理和保护，目前岩溶地区林草植被综合盖度61.4%，较2011年增长了3.9个百分点。同时，乔木型植被增加了145万公顷，增长了3.5个百分点。岩溶生态系统稳定好转，出现退化的面积仅占2.6%。

六是区域经济发展加快，贫困程度减轻。与2011年相比，2015年岩溶地区国内生产总值增长65.3%，高于全国同期的43.5%，农村居民人均纯收入增长79.9%，高于全国同期的54.4%。5年间，区域贫困人口减少3803万人，贫困发生率由21.1%下降到7.7%，下降了13.4个百分点。

(李梦先)

森林公园建设与管理

【综述】 2018年，森林公园保持健康发展态势。全国新建各类森林公园43处，森林公园总数达3548处，森林公园总面积达1864.09万公顷。全国森林公园共接待游客9.86亿人次(其中海外游客1565万人次)，旅游收入943.2亿元，接待游客数量和旅游收入分别比2017年度增长3.72%和11.31%。(注：统计数据不包括白山市国家级森林风景旅游区。)

森林公园建设 森林公园建设得到进一步加强。北京市按照"一环、六区、百园"的布局要求，积极构建"整体成环、分段成片"的"链状集群式"结构的城郊森林公园体系，绿化隔离地区"公园环"已有公园82个，总面积达到5120公顷；湖北省2018年累计投入森林公园建设资金20.5亿元；山东省2018年累计投入森林公园建设资金20.35亿元；黑龙江省争取中央转移支付国家森林公园禁止开发区域补偿资金2412万元，覆盖38处国家级公园；陕西省落实贫困林场扶贫资金1050万元，涉及20处森林公园。

森林公园管理 各省狠抓森林公园监督检查等工作，进一步加强森林公园管理。一是加强监督检查。广东省林业厅对辖区内国家级和省级森林公园是否存在界限不清、管理机构和管理人员缺失、未按要求编制总体规划、违规建设等问题开展全面排查；湖南省林业厅对2017年森林公园质量管理不合格单位负责人进行约谈，责令抓好整改。同时，重新修订评估标准，开展了2018年森林公园质量管理评估工作。陕西省组织县级以上地方政府林业主管部门与辖区森林公园被许可人全部签订了保护管理目标责任书；贵州省下发《省林业厅森林公园管理办公室关于切实抓好森林公园整改等相关问题的通知》(黔林旅字〔2018〕13号)；宁夏回族自治区定期向各森林公园发放安全生产通知。二是进一步推进标准化和规范化体系建设。宁夏以《宁夏回族自治区人民政府令》(第104号)正式公布《宁夏森林公园管理办法》；广东省印发《关于加强省级森林公园总体规划编制相关工作的通知》，出台《关于森林公园质量等级评定的管理办法》；四川省开展全省森林公园矢量图编制工作，截至2018年年底已基本收集完成全省森林公园矢量图，待审核认定后入库。

森林公园宣传工作 全国森林公园开展了各具特色的宣传活动，进一步扩大森林公园的社会影响力。北京市推进"月月有活动、四季有特色"活动，全市共有27家森林公园举办了70余项400余次活动；湖南省组织了中国湖南张家界森林保护节、乡村旅游节、杜鹃花节等森林旅游节庆活动；湖北省举办了"房车节""万人年猪宴""菊花节""采茶节""帐篷节"等一系列特色乡土节庆活动；山西省组织全省各级森林公园参加科技周生态文化宣传活动。

森林公园教育功能 森林公园教育功能得到进一步发挥。北京市依托森林体验中心开展生态工作假期、森林文化体验之旅、林间读书会、森林讲堂等森林体验教育活动；重庆市在国际森林日、劳动节、国庆节等重要节点开展森林旅游与科普宣教工作，组织"森林旅游地自然讲解志愿服务活动"。

森林公园社会效益 有关省份进一步加强森林公园扶贫工作，森林公园社会效益得到进一步发挥。贵州省围绕"做好旅游促扶贫，抓住扶贫促发展"，开展森林旅游扶贫；云南省组织森林公园周边社区群众参与销售、运输、食宿接待等经营活动，为社区群众提供巡护、维护、导览等工作岗位，为所在地社区铺设公路、修建饮用水工程等，改善社区群众生产生活条件。

(韩文兵)

【国家林业局关于加强国家级森林公园管理的通知】 1月12日，国家林业局下发《关于加强国家级森林公园管理的通知》(林场发〔2018〕4号)。通知从准确把握国家级森林公园功能定位、强化国家级森林公园总体规划权威性、防控建设项目使用国家级森林公园林地、严禁不符合国家级森林公园主体功能的开发活动和行为、多措并举实现国家级森林公园管理规范化5个方面要求国家级森林公园全面提升管理能力，从明晰国家级森林公园范围和界限，明确国家级森林公园林地保护等级，妥善处理国家级森林公园内采矿、采石等历史遗留问题3个方面推动国家级森林公园有效解决管理中的主要问题。通知再次强调：国家级森林公园内原则上禁止建设高尔夫球场、垃圾处理场、房地产、私人会所、工业园区、开发区、工厂、光伏发电、风力发电、抽水蓄能电站、非森林公园自用的水力发电项目。通知自2018年1月19日起实施，有效期至2023年1月18日。

【国家级森林公园行政审批】 国家林业局先后作出行政许可决定，准予设立河北怀来等17处国家级森林公园，准予福建闽江源等32处国家级森林公园改变经营范围，准予浙江雁荡山等8个国家级森林公园变更面积，准予撤销湖南青羊湖国家级森林公园，准予更名江西陡水湖国家级森林公园名称。

【国家级森林公园摸底清查】 2月1日，国家林业局场圃总站下发《关于做好国家级森林公园管理当前几项重点工作的通知》（林场园字〔2018〕9号），部署开展国家级森林公园摸底清查，重点对无机构、无人员、无规划、无建设的"四无"森林公园进行摸底。通知要求各国家级森林公园经认真调查后填写《国家级森林公园建设发展情况自查表》，形成总结并将"四无"森林公园以及存在重大违法违规建设的森林公园名单以正式文件报送国家林业局。

【国家级森林公园检查评估】 国家林业局场圃总站委托西北林业调查规划院、中南林业调查规划院分别对青海、海南两省的国家级森林公园进行了检查评估。

【森林公园建设与管理研讨班】 根据国家林业局年度培训计划，国家林业局场圃总站先后举办了两期研讨班。第一期培训于5月7~11日在贵州省贵阳市举办，来自2018年拟申请设立国家级森林公园的申报单位负责人、业务骨干、地方林业主管部门负责人、所属省级林业部门等170余人参加。此次研讨班采取课堂研讨、专题讲座、现场教育等形式，研究分析了新形势下森林公园建设管理和监督检查的新情况，培训了新技术在森林公园建设管理中的应用。第二期培训于8月1~5日在山东省淄博市举办，来自2014年设立的国家级森林公园单位负责人、分管党政领导、所属省级林业部门等130余人参加。此次研讨班重点对2014年设立的国家级森林公园开展了总体规划、自然教育、建设管理等方面的培训和研讨。

【森林解说员培训班】 根据国家林业局年度培训计划，国家林业局场圃总站先后委托中南林业科技大学承办了两期森林解说员培训班。培训班分别于5月14~20日、10月11~17日在湖南省长沙市举办，主要培训对象是国家级森林公园从事解说、自然教育的负责人和业务骨干，合计培训100余人。培训班由理论篇、设计篇、实践篇和经验篇4部分组成，内容包括自然教育的发展和内涵、自然教育设施设计和活动组织技巧、自然教育活动课程设计的课堂授课、现场教学和经验介绍。培训班通过课堂表现和综合考核相结合的考核方式，使学员较为全面了解了自然教育的基础理论，掌握了自然教育活动设计和组织的原则和技巧。

【全国小学生自然教育征文活动】 中国林业教育学会自然教育分会、中国林业与环境促进会自然资源营地委员会、中国林学会森林公园分会、中国生态文化协会森林生态文化分会联合主办了首届全国小学生自然教育征文活动。征文对象是全国在校小学生，活动以"绿水青山图 童眼看自然"为主题，引导小学生以独特的视角讲述自己走进森林公园等各类自然保护地，参加各类自然教育活动的发现、收获与感悟，进一步培养小学生热爱自然、走进自然的生态情怀。

（韩文兵）

林业和草原应对气候变化

【综　述】 按照党中央、国务院决策部署和国家林业和草原局党组统一部署安排，2018年林业和草原应对气候变化工作扎实推进，取得了新进展，为积极应对气候变化、建设生态文明作出重要贡献。

（张国斌）

【宏观指导】 认真贯彻落实国务院召开的全国国土绿化和森林防火电视电话会议及全国林业厅局长会议精神，紧紧围绕《强化应对气候变化行动——中国国家自主贡献》《"十三五"控制温室气体排放工作方案》《林业应对气候变化"十三五"行动要点》《林业适应气候变化行动方案（2016~2020年）》《省级林业应对气候变化2017~2018年工作计划》确定的应对气候变化行动目标任务，制订印发《2018年林业应对气候变化重点工作安排与分工方案》（办造字〔2018〕58号），细化任务安排和工作措施，狠抓目标任务落实。认真落实《中共中央 国务院关于实施乡村振兴战略的意见》，参加编制《建立市场化多元化生态补偿机制行动计划》，将"健全碳排放权抵消机制"列为重点任务。配合国家发展改革委完成《"十三五"省级人民政府控制温室气体排放目标责任考核办法》修订，参加2017年度省级人民政府控制温室气体排放目标责任考核，有力促进了地方林业增汇减排工作。对福建等省开展调研督导，积极推进地方林业应对气候变化工作。

（张国斌）

【资源培育】 不断强化林木种苗基础，将86处国家种质资源库纳入林木良种补贴范围；中央预算投资新建续建29个林木种质资源库，新增种子生产面积596公顷；全年生产种子3226万千克，培育苗木434亿株，为高质量国土绿化及植树造林奠定了物质基础。

加快实施《全国造林绿化规划纲要（2016~2020年）》（全绿字〔2016〕5号），召开全国推进大规模国土绿化现场会，印发《关于积极推进大规模国土绿化行动的意见》（全绿字〔2018〕5号），确定到2050年大规模国土绿化行动的时间表和路线图。各地认真抓落实，扎实稳步推进国土绿化行动。认真实施《全民义务植树尽责形式管理办法》（全绿字〔2017〕6号），创新推动全民义务植树活动，建立并实行全民义务植树尽责证书制度，"互联网+全民义务植树"试点已拓展到10个省（区、市），全年共发放尽责证书7万多张，募集绿化资金7000余万元。

重点生态修复工程取得新进展 京津风沙源治理和石漠化综合治理两大工程安排中央投资41亿元，京津风沙源治理工程完成营造林18.95万公顷，工程固沙6333.33公顷；石漠化综合治理工程完成营造林26.27万公顷。三北防护林体系建设工程全年完成造林51.19万公顷，修复退化林分和灌木平茬复壮8.13万公顷。长江流域、珠江流域、沿海地区、太行山地区重点防护林体系建设工程完成造林25.55万公顷，退化林修复3.11万公顷。新一轮退耕还林还草工程扩大到14个省（区、市）和新疆兵团，新增中央预算内投资254.1亿元，完成造林56.59万公顷。落实国家储备林建设项目贷款近70亿元，完成储备林建设任务67.40万公顷。继续实施退牧还草、退耕还林、农牧交错带已垦草原治理等草原生态保护建设工程，中央预算内资金安排39.73亿元，完成草原围栏建设207.13万公顷，退化草原治理改良65.13万公顷，人工种草24.07万公顷。

精准提升森林质量 深入实施《全国森林经营规划（2016~2050年）》（林规发〔2016〕88号），印发《国家林业和草原局关于加快推进森林经营方案编制工作的通知》（林资发〔2018〕57号）《县级森林经营规划编制规范》（办造字〔2018〕23号），加快推进省级和县级森林经营规划编制，东北、内蒙古重点国有林区森林经营方案编制。在全国实施中央财政补贴森林抚育项目，深入开展森林经营样板示范建设。2018年安排中央基建投资4.9亿元、中央财政专项资金8.15亿元，实施了第一批18个森林质量精准提升示范项目，启动第二批30个森林质量精准提升示范项目。

据统计，2018年全国共完成造林706.67万公顷、森林抚育面积853.33万公顷，均超额完成年度计划任务，全国森林、草原面积持续增加，质量明显提升，生态状况进一步改善，碳汇等生态功能不断增强，成为全球绿化面积贡献最多的国家。 （张国斌）

【**资源保护和灾害防控**】

生态保护红线划定 参与审定山西等16个省划定生态保护红线方案。深入落实《全国林地保护利用规划纲要（2010~2020年）》（林函规字〔2010〕181号），严格执行《建设项目使用林地审核审批管理办法》（国家林业局令第35号），依法审核审批建设项目使用林地，对建设项目使用林地实行总量控制。创新森林资源督查工作机制，推动建立常态化监督执法机制，首次应用遥感手段结合地面现地核验手段，完成对3043个县级单位森林资源管理情况的全覆盖督查，及时发现并查处一批非法改变林地用途、采伐林木等破坏资源行为。

保护天然林资源 《天然林保护修复制度方案》已由中央全面深化改革委员会会议审议。2018年落实天然林资源保护工程资金453.4亿元，完成森林管护面积0.90亿公顷、停伐面积1313.33万公顷、公益林建设27.29万公顷，天然林保护水平不断提升，质量和生态功能稳步提高。扎实推进古树名木保护，完成全国古树名木资源普查；在7个省开展了古树名木抢救复壮试点。全面落实草原生态保护补助奖励政策，全国草原禁牧和草畜平衡面积分别稳定在0.80亿公顷和1.73亿公顷。

湿地保护恢复 《湿地保护法》正式列入《十三届全国人大常委会立法规划》，相关工作正在抓紧进行。全国31个省和新疆生产建设兵团出台省级湿地保护修复制度方案。完成《长江经济带退耕还湿工作方案》编制、《关于进一步加强湿地公园建设和管理的意见》起草。2018年，安排湿地保护工程中央预算内投资3亿元，在黑龙江等9省实施湿地保护与恢复工程项目12个，安排中央财政湿地补助资金16亿元，实施一批湿地保护与恢复、湿地生态效益补偿等补助项目，全国恢复退化湿地7.13万公顷，退耕还湿2万公顷，112处试点国家湿地公园通过验收，6个城市获得全球首批"国际湿地城市"称号，云南等13个省已发布省级重要湿地541处。

荒漠植被保护 制定《在国家沙化土地封禁保护区范围内进行修建铁路、公路等建设活动监督管理办法》，认真落实《沙化土地封禁保护修复制度方案》（林函沙字〔2016〕167号），加强沙化土地封禁保护区建设。2018年落实沙化土地封禁保护区建设资金2亿元，新增封禁保护区6个、封禁保护面积12万公顷，全国沙化土地封禁保护面积累计达到166.38万公顷，评审通过国家沙漠公园16个。

自然保护地体系建设 《以国家公园为主体的自然保护地体系指导意见》已由中央全面深化改革委员会审议。出台《在国家级自然保护区修筑设施审批管理暂行办法》（国家林业局令第50号）。安排中央预算内林业基本建设投资和能力补助资金6.4亿元，继续加强国家级自然保护区的基础设施和能力建设。与有关部门联合开展"绿盾2018"国家级自然保护区监督检查专项行动、全国自然保护地大检查行动，坚决整治违法违规活动。贵州梵净山成功申报世界自然遗产，全国世界自然、自然文化遗产总数达到17项。国务院批复国家级自然保护区11处，全国自然保护区总数达到2750处，国家级自然保护区已达到474处。

认真实施《全国森林防火规划（2016~2025年）》（林规发〔2016〕178号），指导印发26个省级森林防火规划。2018年下达中央预算内投资17亿元，实施各类森林草原防火基本建设项目近170个，森林防火能力进一步提高，火灾数量和损失明显降低。科学处置四川雅江、内蒙古大兴安岭汗马、黑龙江呼中等重特大森林火灾，确保人民群众生命财产和重点国有林区森林资源安全。强化草原用途管控，严厉打击非法开垦草原、非法征占用草原行为，对草场超载放牧、私挖滥采等焦点问题进行调查督办。积极查处破坏湿地资源的违法行为，与有关部门对洞庭湖下塞湖矮围等违法违规破坏事件进行调查核实和督促整改。

重大林业有害生物防治 制订印发《林业有害生物

国家级中心测报点管理办法》(林造发〔2018〕94号)、《全国检疫性林业有害生物疫区管理办法》(林造发〔2018〕64号)、《林业有害生物防治检疫行政许可事项随机抽查工作细则》(林造发〔2018〕53号),修订印发《松材线虫病疫区和疫木管理办法》(林生发〔2018〕117号)、《松材线虫病防治技术方案》(林生发〔2018〕110号),防治工作管理制度进一步健全。开展全国松材线虫病疫情集中普查和新发疫情核查督办,防治工作力度进一步加大。

节能减排工作 认真落实《国家林业局公共机构节约能源资源管理办法》(林节能办〔2014〕2号)和《国家林业局公共机构能源资源消费统计制度实施方案》(林节能办〔2013〕8号),印发《关于2018年公共机构节约能源资源工作安排的通知》(林节能办〔2018〕3号),做好全年节能工作部署和执行,结合局机关大楼改造工程,建设局机关节能基础设施和节能监控体系,在单位内部停车场配建8个新能源汽车充电设施,为新能源汽车使用创造有利条件。

(张国斌)

【应对气候变化研究】 在政策研究方面,密切跟踪《巴黎协定》及国际气候谈判进程,紧密结合中国应对气候变化的重点领域和热点问题,组织开展"《巴黎协定》中涉林议题的未来国家对策""森林认证与《巴黎协定》中国林业目标主要实现路径的关键政策""气候变化问题对土地退化、湿地缩减、森林景观恢复""中国森林可持续经营与融资机制""林业碳汇补偿的政策、机制和途径""中国草原减缓与适应气候变化研究成果分析"等研究项目,取得了一批阶段性的成果。全年编印《气候变化、生物多样性和荒漠化问题动态参考》16期,为国务院有关部门应对气候变化决策提供了咨询。

印发《国家林业和草原长期科研基地规划(2018～2035年)》(林规发〔2018〕74号),确定首批建设50个长期科研基地。生态系统定位观测研究站总数升至190个,基本形成覆盖全国主要生态区的观测研究网络。开展气候变化背景下大兴安岭林区火险期动态格局与趋势、气候变化对森林生态系统水碳相互作用过程的影响机制、高寒湿地植被物候和生产力动态对气候变化的响应关系、西南高山区林线树轮与气候响应的时空变异规律及其发生机制、病虫害及生态系统健康影响与风险、树种混交对亚热带人工林土壤碳稳定性的影响、珍贵树种大径材培育和针叶人工林近自然化改造模式、应对气候变化森林经营技术与模式研究和示范、桉树人工林应对气候变化响应等科学研究,特别是极端气候事件对火灾、病虫害及生态系统健康影响与风险等一批研究项目,为中国积极应对气候变化提供了科技支撑。灌木虫灾发生机制与生态调控技术、林业病虫害防治高效施药关键技术与装备创制及产业化研究项目荣获"2018年国家科技进步奖二等奖"。发布《2018年重点推广林业科技成果100项》(办科字〔2018〕80号),指导各地加快良种及丰产栽培技术、森林经营技术、生态修复与病虫害防治等一批新技术新成果的推广应用。

(张国斌)

【碳汇计量监测体系建设】 组织局直属五大林业调查规划设计院和各省调查规划院及有关科研单位力量,加快推进全国林业碳汇计量监测体系建设。制定印发《关于开展2018年全国林业碳汇计量监测体系建设工作的通知》《2018年全国林业碳汇计量监测体系建设工作方案》(办造字〔2018〕90号),召开体系建设启动会,全面部署年度计量监测工作。加强计量监测技术标准建设,编制完成《森林生态系统碳库调查技术规范》《全国优势树种木材基本密度标准》《林业碳汇计量监测术语》《林业碳汇监测技术指南》《林业碳汇计量监测指标体系》5项标准。开展中国竹林主产区竹林类型生物量计量参数收集,进一步完善主要竹种、竹林类型碳汇计量参数数据库,《竹林碳计量规程》和《竹产品碳计量规程》2项标准已通过专家评审。启动林业碳汇计量监测土地分类、湿地碳汇计量技术规范、湿地碳库建模调查技术规范、灌木生物量碳含率、收获木质林产品碳计量方法等行业标准的制定。完成《第一次全国林业碳汇计量监测成果报告》编制和专家论证,测算2013年全国林地及森林植被碳储量等成果,制作全国森林植被碳储量分布图。在北京等12个省(区、市)开展第二次全国林业(LULUCF)碳汇计量监测,进行碳汇监测样地区划、碳汇调查和活动水平数据收集等工作,目前正在对各省碳汇调查成果进行汇总审核。按照国家应对气候变化主管部门的要求,组织编制气候变化第三次国家信息通报和第二次两年更新报告中林业(LULUCF)温室气体清单。指导北京、天津市林业温室气体清单编制和黑龙江省湿地、草原碳汇计量监测工作。

(张国斌)

【指导培训】 按照《国家林业局办公室关于印发2018年度培训班计划的通知》(办人字〔2018〕38号)要求,着力加强林业应对气候变化及碳汇项目等领域的人才培训。在福建厦门市举办第12期全国林业应对气候变化政策与管理培训班,培训各省和四大森工(林业)集团公司及新疆生产建设兵团应对气候变化主管处室领导和碳汇计量监测单位技术骨干96名。在云南腾冲市举办林业碳汇交易与项目管理培训班,培训来自28个省从事应对气候变化相关工作的业务骨干232人。加强地方林业碳汇项目开发交易工作指导,选派专家为重庆市林业局、黑龙江省伊春市发展改革委、内蒙古自治区乌尔旗汉林业局举办的林业碳汇管理培训班授课。通过多层次的培训,林业草原系统应对气候变化的人员业务能力和管理水平稳步提高。启动针对广大领导干部培训的《林业和草原应对气候变化知识读本》编写工作。

(张国斌)

【国际交流合作】 参加《联合国气候变化框架公约》"土地利用、土地利用变化和林业""协调对发展中国家森林部门实施减缓行动相关活动的支持包括制度安排"议题中《京都议定书》第二承诺期土地利用、土地利用变化和林业的核算规则,及REDD+相关活动的机制安排问题的谈判。参加《巴黎协定》实施细则、国家自主贡献特征和内容、木质林产品和森林碳汇、碳排放核算方法等涉林议题谈判。参与政府间气候变化专门委员会(IPCC)相关工作,按照中国气象局的要求,组织评审IPCC第六次评估报告中《全球1.5℃增暖特别报告》《全球1.5℃增暖特别报告决策者摘要》《气候变化和陆地特别报告》《气候变化和陆地特别报告决策者摘要》,提出涉及中国林业的意见，并推荐参与编写《气候变化和陆地特别报告》的林业专家。应IPCC国家温室气体清单特设工作组（TFI）的邀请，派专家参加《2006年IPCC国家温室气体清单指南》2019年完善版第三次主要作者会和第四次主要作者会。推进中国与中东欧、日本、韩国、波兰等国家林业应对气候变化的合作交流。中国国家林业和草原局与美国林务局共同商定《中美气候变化与森林倡议实施计划（2018～2019年）》，确定林业在相关温室气体的计量、监测、报告技术，及森林减缓和适应气候变化协同作用的技术和政策等领域合作交流。深化森林防火国际合作，认真落实中俄、中蒙森林火灾联防协定，重新交换了国家级紧急联络人和边境地区各森林防火联防站的联系方式，商定了紧急情况下互相通报火情的信息交换格式。参加中蒙林业工作组第三次会议，对中蒙联防协定实施细则进行修订。内蒙古自治区、黑龙江省等地方层面也与俄方、蒙方建立了直接的森林防火合作机制。参加《湿地公约》第十三届缔约方大会，首次提出的"小微湿地保护"决议草案获得大会通过。组织举办生态文明贵阳国际论坛2018年年会"湿地修复与全球生态安全"主题论坛，全方位深化拓展履约与国际合作。积极争取全球环境基金、联合国绿色气候基金等国际合作项目，做好"一带一路"沿线、"澜沧江—湄公河流域"国家湿地保护与修复技术援外培训项目。深化与《联合国防治荒漠化公约》秘书处的全面合作，充分发挥主席国作用，顺利完成公约2018～2019年度第一次主席团会议任务，引导将一系列全球重点履约工作落实落地。促成在中国西部地区共同建设国际荒漠化防治知识管理中心，推动在"一带一路"沿线和非洲萨赫勒地区8个国家开展"南南合作基金"荒漠化防治项目。召开"一带一路"防治荒漠化合作机制专家研讨会，交流信息、共享经验。举办援外培训班4个，为发展中国家培训荒漠化防治领域的官员及技术骨干人员近100名。与英国环境部和南非环境部共同举办野生动物保护及打击非法贸易培训班，向28个非洲国家记者宣传了中国野生动植物保护政策，展示了中国保护濒危野生动植物的负责任态度和大国形象。联合海关总署和在华有关非政府组织，赴乌干达等6个非洲国家，开展濒危物种保护宣讲会，呼吁公众远离象牙等野生动物制品非法贸易。与保护国际基金会（CI）和大自然保护协会（TNC）合作，在内蒙古、广东、四川、云南、青海等省实施9个林业应对气候变化项目，投入资金约456.5万元，开展退化土地森林植被恢复、湿地恢复、自愿碳交易、红树林生态系统保护与修复的试点示范，引进应对气候变化先进理念，推广先进技术。

（张国斌）

【宣传工作】 印发《2017年林业和草原应对气候变化的行动与政策白皮书》（办生字〔2018〕186号），参与编制《中国应对气候变化的政策与行动2018年度报告》，展示了中国林业和草原应对气候变化的新进展、新成效。利用中国植树节、国际森林日、世界湿地日、世界防治荒漠化日等重要节点，以及中央领导义务植树、共和国部长义务植树、国际森林日植树、生态文明贵阳国际论坛、"一带一路"生态治理国际论坛、亚太地区森林恢复国际会议、三北工程建设40周年总结表彰大会、世界竹藤大会、第四届世界人工林大会等重大活动，组织媒体广泛开展报道，宣传中国林业和草原建设在维护生态安全、推进全球应对气候变化中发挥的重要作用。

在改革开放40周年之际，国家林业和草原局局长张建龙在《人民日报》《光明日报》《学习时报》《求是》发表《改革开放40年林业和草原建设回顾与展望》《实施以生态建设为主的林业发展战略》《树立和践行绿水青山就是金山银山理念》《为美好生活提供更多优质生态产品》等多篇署名文章，高规格、全方位展示林业和草原建设在推进生态文明建设、应对气候变化中的成就和设想。开展三北工程建设40周年、天保工程20周年主题宣传系列活动，以中央宣传媒体为主平台，多形式、多视角全面反映重点生态工程建设的典型经验、巨大成就。

在人民网、新华网、中国林业网等网站，人民网、中国林业网、新浪网等官方微博及时发布林业草原生态建设及应对气候变化相关信息，普及科学知识，解读最新政策，展示行动进展。做好全国节能宣传周和全国低碳日活动的宣传，在《中国绿色时报》刊发"新时代 林草业应对气候变化再启程"专版，向各单位发送张贴2018年公共机构节能宣传画，广泛动员全社会参与节能降碳，积极参与生态文明建设和环境保护。

利用社会力量特长开展宣传，中国绿色碳汇基金会组织开展第八届"绿化祖国·低碳行动"植树节系列活动；联合有关机构在波兰联合国气候大会期间成功举办"多重效益碳汇交易促进绿水青山变金山银山""陆地生态系统和极地海洋生态系统应对气候变化的行动与挑战"中国角边会，共同研讨如何实现绿水青山变为金山银山，交流林业、草原、农业和海洋四大生态系统应对气候变化具体实践和经验，20多个国家和地区的代表参加了上述会议；受邀参加在美国旧金山举行的2018年全球气候行动峰会，展示中国改革开放以来林业取得的巨大成果及增汇减排的重要贡献，提高了中国林业应对气候变化的影响力。

（张国斌）

林业产业

06

林业产业发展

【综　述】　2018年林业产业保持良好发展态势，优质林产品供给能力持续增强，林业产业总产值达7.33万亿元，林产品进出口贸易额达1600亿美元。

【经济林和林下经济产业】　经济林和林下经济产品丰富、种类繁多、用途广泛，多为绿色、有机产品，深受广大消费者的欢迎。全国经济林和林下经济发展势头良好，产业规模不断扩大，2018年各类经济林产品产量达1.57亿吨，为促进地方经济增长和农民增收作出了重要贡献。

4月，国家林业和草原局印发《关于认定第三批国家级核桃示范基地的通知》（林造发〔2018〕42号），认定河北省临城县凤凰岭核桃基地等21个基地为第三批国家级核桃示范基地，通过示范引领，带动核桃等木本粮油产业发展。开展经济林产业区域特色品牌建设试点，打造木本粮油等经济林产业区域特色品牌。确定北京市平谷区等首批42个全国经济林产业区域特色品牌建设试点单位，推动各地整合政府、龙头企业、专业合作组织、行业协会、科研机构等相关力量，协同打造木本粮油等经济林产业区域特色品牌，引领产业提质增效。截至2018年年底，全国各类林下经济示范基地数量超过7000个，国家林下经济示范基地达374个。10月，国家林业和草原局办公室印发《关于开展国家林下经济示范基地推荐申报工作的通知》（办改字〔2018〕162号），组织开展第四批国家林下经济示范基地遴选工作。

【林特产品优势区建设】　8月，国家林业和草原局会同农业农村部、国家发展改革委、财政部、科技部和自然资源部共6个部委联合部署开展第二批特色农产品优势区申报认定工作。11月9日，农业农村部联合国家发展改革委、国家林草局等部门组建专业委员会，对全国的申报材料进行评审，评出86个地区为特色农产品优势区，其中林特产品类10个，即浙江临安（山核桃）、云南漾濞（核桃）、重庆江津（花椒）、陕西大荔（冬枣）、宁夏灵武（长枣）、河北涉县（核桃）、山东沾化（冬枣）、新疆叶城（核桃）、新疆兵团阿拉尔（红枣）、新疆若羌（红枣），涵盖8个省的10个地区，进一步展现了林业产业发展的特色和水平。

【全国林业产业投资基金首批项目入库】　2017年，国家林业局和中国建设银行联合开展全国林业产业投资基金项目组织申报工作以来，各地报送了一批产业项目。4月，国家林草局产业办组织召开专家评审会，共有289个项目通过评审，申请基金投资金额1353亿元。5月，印发《关于下达第一批全国林业产业投资基金项目库入库项目及建议计划的通知》，要求各级林业部门按照"政策引导、市场运作"原则，积极对接中国建设银行各级分支行及相关金融机构，推进项目资金落实和项目落地。建行总行印发《关于支持绿色金融发展　进一步做好林业系统整体业务合作的通知》，协同推进相关工作。截至12月，基金项目落实金额约20多亿元。各地建行、林业部门和项目单位正在加紧对接，进行尽职调查、编制基金投入方案。

【森林生态标志产品建设工程】　根据《国家林业局关于实施森林生态标志产品建设工程的通知》要求，委托和指导中国林业产业联合会开展森林生态标志产品认定等相关工作。中产联成立森林生态标志产品认定管理委员会，管委会由政府部门、社会团体、科研院校、法律事务、生产者、消费者、认定机构、检测机构、运营机构等相关方面34位代表组成；确定了一批创建国家森林生态标志产品生产基地试点县、市和国家森林生态标志产品建设试点单位；与中国移动、中国人民财产保险股份有限公司和中国太平洋财产保险股份有限公司签署战略合作协议；确定森林生态标志产品证明性商标；与认定机构和检测机构进行了对接；组织专家重新修订《国家森林生态标志产品认定管理办法》《国家森林生态标志产品认定证书及认定标识使用规范》等文件；强化森标工程管理信息服务平台建设，完成可实现产品标识管理、企业信息检索、认定流程电子化管理、产品追溯、公众查询等功能可扩展的森标工程管理信息服务平台。

【推动林业产业示范园区和重点龙头企业发展】　为促进林业产业提质增效和聚集融合发展，根据《林业产业发展"十三五"规划》和《国家林业产业示范园区认定命名办法》要求，从2017年开始，国家林业局组织开展国家林业产业示范园区认定工作。经过地方人民政府和林业主管部门申报、现场查验、专家评审、社会公示等环节，7月，国家林业和草原局印发《关于公布2018年认定命名国家林业产业示范园区名单的通知》（林改发〔2018〕71号），认定河北省曹妃甸林业产业园区等15家国家林业产业示范园区，涉及主要林业产业中的木材加工、竹产品、涉林产品提取物等领域，总产值近2500亿元。

根据《国家林业重点龙头企业推选和管理工作实施方案》，对第一、二批292家重点龙头企业开展运行监测评价，将根据综合评审结果淘汰不合格企业，确保林业重点龙头企业整体质量。

【产业扶贫】　认真落实国家林草局关于扶贫攻坚工作的总体部署，加强对林业产业发展的宏观指导和政策支持，通过推动林业产业提质增效和转型升级，促进增加就业岗位和创业机会、繁荣城乡经济、助推贫困人口长期稳定脱贫。组织动员林业企业参与精准脱贫工作，对于积极参与扶贫工作的林业企业，予以7项政策优惠：①优先纳入全国林业产业投资基金项目库，重点协调建行推动项目资金落地；②在国家林业重点龙头企业评定、林下经济示范基地评选、国家森林康养基地评定、国家森林生态标志产品及示范基地认定等工作中优先考虑；③优先推荐参加国家林业重点展会，并减免参展费用；④优先支持林业金融项目和林业贷款贴息补助；⑤协助提供技术咨询、培训等服务，并减免服务费用；⑥以适当形式予以表扬，重点推荐申报林业产业突出贡献奖；⑦在相关媒体刊发报道、推送广告，并积极向中央媒体推荐。

12月25日，召开全国林业企业参与精准脱贫工作座谈会，国家林草局副局长刘东生出席座谈会并讲话，国务院扶贫办有关司局负责人受邀参加会议。

17家林业企业与国家林草局定点帮扶的4个县签订了18份合作意向书，投资金额达17.5亿元。此次签订的精准扶贫合作项目涉及木材加工基地和产业园区建设、经济林种植基地建设、良种苗木培育、森林康养及森林生态旅游等。企业代表围绕促进山区林区资源优势转化、企业林农互惠互利、贫困地区长期稳定脱贫等内容开展座谈交流。

【林业重点展会】 2018年，国家林草局与相关省人民政府联合举办了第五届中国中部家具产业博览会、2018中国(东北亚)森林产品博览会、第十五届中国林产品交易会、第十一届中国义乌国际森林产品博览会、第十四届海峡两岸林业博览会暨投资贸易洽谈会、2018中国—东盟博览会林产品及木制品展、中国新疆特色林果博览会等重点展会，充分展示林业产业发展在推动经济社会发展、促进乡村振兴、助力精准脱贫等方面的成就和贡献，进一步扩大林业的社会影响力。

第五届中国中部家具产业博览会 6月21～27日，在江西省赣州市南康区举办第五届中国中部家具产业博览会。展会以"中国实木家具，健康走向世界"为主题，展览总面积180万平方米，主展馆1.338万平方米，吸引经销商和采购商9.5万人次，交易额30亿元，共吸引经销商和采购商35万人次，与2017年相比，经销商和观展商增长了18.36%，交易额增长了41.7%。展会期间还开展了中国(赣州)家居产业发展高峰论坛、中国(赣州)第四届家具产业博览会开幕式、中国家居制造2025论坛、2018年江西赣州港临港经济区招商引资恳谈会、家博会答谢晚宴暨颁奖典礼等10余项活动。

2018中国(东北亚)森林产品博览会 7月6～9日，在黑龙江省伊春市举办2018中国(东北亚)森林产品博览会。主会场展览总面积4.7万平方米，参展企业总计近700家。展品以绿色生态食品为主，辅以森林生态旅游、木制工艺品、木竹制家具及日用品、林业装备以及东北亚森林食品等产品，参展展品有60多个系列、6000多种产品。

第十五届中国林产品交易会 9月19～22日，在山东省菏泽市举办第十五届中国林产品交易会。参会人数17万人次，交易总额16.6亿元，其中，签订销售合同及协议1058个，总金额15亿元人民币，现场交易额1.6亿元人民币，网上交易额达到5.8亿元。本届林交会举办多项配套活动，包括：召开中国林交会组委会座谈会；组织特色林产业参观考察活动，吸引5000多名专业观众参观和交流；开展"第十五届中国林交会参展产品评奖"，参展产品和获奖产品数量均为历届最多，获奖产品439个，其中金奖297个、银奖142个。

第十一届中国义乌国际森林产品博览会 11月1～4日，在浙江省义乌市举办第十一届中国义乌国际森林产品博览会。展会以"绿色引领，共享发展"为主题，共有来自33个国家和地区的1673家企业参展，设国际标准展位3633个，展览面积8.5万平方米；来自32个国家和地区25.21万人次的采购商、参观者到会参观采购；成交额50.36亿元，同比增长3.5%。展品主打"绿色，低碳，环保"，涵盖家具及配件、木结构木建材、木竹工艺品、木竹日用品、森林食品、茶产品、花卉园艺、林业科技与装备八大类10万种以上。

第十四届海峡两岸林业博览会暨投资贸易洽谈会 11月6～9日，在福建省三明市举办第十四届海峡两岸林业博览会暨投资贸易洽谈会。展馆面积2万平方米，共邀请334名台湾嘉宾客商参会，300多个台湾特色产品参展。展会期间举办了首届绿色金融论坛，探索绿色金融最新成果和加快绿色金融发展的路子。布设三明千亿林产加工产品展区、福建各设区(市)和全国林业会展城市绿色生态林农产品展销区、三明市驻点村生态农特产品展销区等23个展区，参展企业546家、展品2800多种，评选金奖产品68个。举办了6场三明特色品牌主题日促销活动，实现现场销售总额3235万元。

首届中国新疆特色林果博览会 11月9～11日，在广东省广州市举办首届中国新疆特色林果博览会。展会以"大美新疆 林果飘香"为主题，展区总面积4300平方米，划分为精品展示区252平方米、综合展销区158个展位3868平方米、推介签约总结表彰区180平方米。展会共接待采购商及观众5万多人次，累计达成签约额15.2亿元，其中现场签约额及意向金额共5.39亿元，现场销售额430万元。

2018中国-东盟博览会林产品及木制品展 11月16～19日，在广西壮族自治区南宁市举办2018中国-东盟博览会林产品及木制品展。展会突出"绿色、创新、合作"主题，以先进林业科技为支撑，推动林业产业转型升级，发展森林旅游等林业经济新业态，助力中国-东盟林业合作升级。本届林木展现场专业观众5万人次，现场签订采购订单和投资额超过100亿元。印尼、老挝、缅甸、越南等东盟国家的众多企业踊跃参展，共有东盟国家及区域外国家林木业生产企业70家参展，重点展示国外特色红木家具、木制手工艺品、森林食品等。

森林旅游

【综　述】　2018年，森林旅游实现了自身外延的扩展和内涵的深化，机构改革后森林旅游囊括了以自然生态资源及其外部物质环境为依托开展的游览观光、休闲度假、健身养生、文化教育等所有旅游活动。

　　基本情况　截至2018年年底，全国森林旅游人数超过16亿人次，同比增长15.1%，占国内旅游人数约30%；创造社会综合产值接近1.5万亿元，同比增长超过30.4%。在全国森林旅游人数中，森林公园接待的人数约占62%。森林旅游所依托的各类自然保护地总数超过11 000处，主要包括国家公园（试点）、森林公园、湿地公园、沙漠公园、自然保护区、风景名胜区、地质公园、海洋公园，以及各类树木园、野生动物园、生态公园（试点）等。森林旅游管理和服务人员数量超过31.2万人，其中导游和解说人员数量约5.3万人。森林旅游接待床位总数250万张，接待餐位总数530万个。

　　工作进展　2018年，森林旅游各项工作稳步推进。一是加强森林旅游组织领导。成立国家林业和草原局森林旅游工作领导小组和森林旅游管理办公室。二是加强森林旅游宣传和推介。举办"2018中国森林旅游节"，举办2018年全国森林旅游推介会、全国森林旅游投资与服务洽谈会，推出一批全国特色森林旅游线路、一批新兴森林旅游地品牌，依托传统媒体和新媒体加大森林旅游宣传。三是加强森林旅游行业引导和示范。公布2018年全国森林旅游示范市县名单，公布第二批国家森林步道名单，建立一批全国中小学生研学旅行教育实践基地。四是开展森林旅游助推精准扶贫工作。组织贫困地区参加森林旅游推介，开展森林旅游助推精准扶贫调研。五是落实国家森林公园中央预算内投资。启动17处国家森林公园的保护利用设施项目建设。六是加强森林旅游标准化建设和基础研究。组织开展多项森林旅游基础研究，启动多项行业标准的制修订工作。七是加强重点国有林区森林旅游指导，开展重点国有林区森林旅游用地调研和专项研究。八是强化森林旅游信息化建设。利用全国森林旅游精准统计系统统计相关数据，及时向社会发布森林旅游游客量信息，出版发行《2017中国森林等自然资源旅游发展报告》。九是加强森林旅游对外合作交流和人才培养。举办首届中国-东盟森林旅游合作座谈会，参加中日韩三国林业司局长会晤计划下的"中日韩三国在空间领域开展的保养活动推进论坛"，举办2018中国森林旅游论坛、全国森林旅游管理培训班等。

（李　奎）

【2018中国森林旅游节】　12月16～18日，国家林业和草原局在广东省广州市举办2018中国森林旅游节，活动主题是"绿水青山就是金山银山——粤森林，悦生活！"全国政协副主席罗富和，国家林业和草原局副局长刘东生，亚太森林恢复与可持续管理组织董事会主席赵树丛，广东省副省长张光军，中国工程院院士沈国舫出席开幕式。开幕式由国家林业和草原局林场种苗司司长程红主持。本届森林旅游节举办了仪式类、展览展示类、推介洽谈类、会议论坛类、文体娱乐类五大类共20余项系列活动，吸引了各省约3万余人参加，其中包括上百个地（市）、县（区）党委政府负责人。2018中国森林旅游节系列活动现场参观群众超过80万人，在线观看现场直播人数达370万人，数百家媒体、旅行社及相关企业参加活动。湖南大围山杜鹃花节、内蒙古大兴安岭杜鹃花节作为2018中国森林旅游节两个分会场组织开展了相关活动。

（李　奎）

【国家森林步道】　11月，国家林业和草原局公布第二批4条国家森林步道名单，分别是天目山、南岭、苗岭、横断山国家森林步道。这4条步道途经9个省（区），全长达到8566千米，沿线串联起国家公园（试点）、国家森林公园、国家湿地公园、国家级自然保护区、国家级风景名胜区、国家地质公园、世界遗产地等140余处国家级自然保护地。天目山国家森林步道呈东北—西南走向，东起浙江德清县，西至江西永修县，全长1130公里；南岭国家森林步道呈东南—西北走向，东起广东平远县，西至湖南城步苗族自治县，全长3016千米；苗岭国家森林步道呈东西走向，东起湖南怀化市通道侗族自治县，西至贵州六枝特区，全长1118千米；横断山国家森林步道呈南北走向，南起云南勐腊县，北至四川松潘县，全长3302千米。12月，国家林业和草原局森林旅游管理办公室组织出版发行《2018行游国家森林步道》，对第一批5条国家森林步道沿线自然地理、人文历史进行了深入解读。

（李　奎）

【全国森林旅游示范市县】　12月，国家林业和草原局公布全国森林旅游示范市、县名单，包括示范市6个、示范县28个。示范市分别是：浙江省衢州市、福建省福州市、河南省济源市、湖南省郴州市、广西壮族自治区贵港市、四川省雅安市。示范县分别是：河北省围场满族蒙古族自治县、迁西县，山西省安泽县、沁源县，江苏省句容市，浙江省桐庐县，安徽省太湖县，福建省武平县，江西省资溪县、大余县和婺源县，山东省诸城市，河南省修武县，湖北省竹溪县，湖南省洞口县、吉首市，广东省广州增城区、连南县，广西壮族自治区环江县、罗城仫佬族自治县，重庆市城口县、巫溪县，四川省平武县，贵州省江口县、水城县和独山县，内蒙古森工莫尔道嘎林业局，长白山森工汪清林业局。

（李　奎）

【首届中国-东盟森林旅游合作座谈会】　12月16日，国家林业和草原局和亚太森林恢复与可持续管理组织在广州举办首届中国-东盟森林旅游合作座谈会。国家林业和草原局副局长刘东生、亚太森林恢复与可持续管理组织董事会主席赵树丛、柬埔寨林业局副局长博尼卡·

陈、老挝林业局副局长桑颂·叟撒玛可、马来西亚生物多样性与林业管理局局长达托·纳·玛姿·纳·莫哈穆德出席。27名来自柬埔寨、印度尼西亚、马来西亚、缅甸、老挝、菲律宾、泰国、越南8个东盟国家和尼泊尔的林业同行及24名东盟国家在华留学生参加座谈。各国分别介绍了森林生态旅游的政策法规、现状和未来发展规划，分享了亚太森林组织在中国、泰国、尼泊尔开展的森林旅游示范项目成果，探讨了中国－东盟森林旅游交流与合作的形式与内容。

（李 奎）

【2018中国森林旅游论坛】 12月17日，由国家林业和草原局森林旅游管理办公室主办、中山大学旅游学院承办的2018中国森林旅游论坛在广东省广州市举行，论坛主题是"森林旅游：新时代、新定位、新动能"。国家林业和草原局副局长刘东生出席论坛并作"发展森林旅游，助力国家战略"主旨演讲，中国工程院院士沈国舫出席并作主题报告。来自林业、旅游行业的著名专家学者、地方党委政府负责人、企业代表等作了主题报告，内容涉及新时代森林旅游在林草业发展中的位置与使命、森林旅游与市域经济社会发展、森林旅游发展的机遇与挑战、森林旅游与区域可持续发展、自然资源憩机会供给与空间构建等。来自中国及东盟各国的森林旅游行政管理部门、相关企业、高校、研究机构等不同领域的300余人参加了论坛。

（李 奎）

【2018全国森林旅游推介会】 12月17日，由国家林业和草原局森林旅游管理办公室主办、中国绿色时报社承办的2018全国森林旅游产品推介会在广州市举办。国家林业和草原局副局长刘东生出席并作"提高森林旅游供给，全民共享生态福祉"的主旨演讲。本次推介会向社会推介了第二批国家森林步道、首批10条全国特色森林旅游线路、30个新兴森林旅游地品牌，推出全国第一个国家森林步道示范段——太行山国家森林步道济源段，推介呼伦贝尔草原旅游目的地和龙江森工冰雪旅游产品。《中国绿色时报》发布中国森林旅游美景推广计划成果。

（李 奎）

【2018全国森林旅游投资与服务洽谈会】 12月17日，由国家林业和草原局森林旅游管理办公室指导、千歌国家投资有限公司主办的2018全国森林旅游投资与服务洽谈会暨合作签约仪式在广州市举办。江西、福建、湖南、广东、广西5省（区）林业和草原主管部门签约达成战略合作，重庆、四川、贵州、云南、西藏、陕西、甘肃、青海7省（区）发起形成中国西部生态旅游联盟。来自全国100余家森林旅游地与具有投资意向的企业参加洽谈，合作项目现场签约金额达到230亿元。

（李 奎）

【全国中小学生研学实践教育基地】 11月，教育部办公厅公布2018年全国中小学生研学实践教育基地名单，国家林业和草原局推荐的10家单位入选，分别是：北京西山国家森林公园、杭州市余杭区长乐国有林场、湖南天际岭国家森林公园、重庆仙女山国家森林公园、上海辰山植物园、福建福州国家森林公园、安徽合肥滨湖国家森林公园、云南野生动物园、陕西牛背梁国家级自然保护区、北京市海棠国家林木种质资源库。

（李 奎）

【新兴森林旅游地品牌】 12月，国家林业和草原局森林旅游管理办公室推出30个新兴森林旅游地品牌，包括：河北塞罕坝国家森林公园、仙台山国家森林公园，山西太岳山国家森林公园、关帝山国家森林公园，内蒙古成吉思汗国家森林公园、桦木沟国家森林公园，浙江四明山国家森林公园、宁波杭州湾国家湿地公园，安徽塔川国家森林公园、平天湖国家湿地公园，福建政和念山国家湿地公园，江西三爪仑国家森林公园、安福武功山国家森林公园，山东泰山国家森林公园、济西国家湿地公园，湖北荆门漳河国家湿地公园、太子山国家森林公园，湖南矮寨国家森林公园、东江湖国家湿地公园，广西姑婆山国家森林公园、合面狮湖国家湿地公园，重庆仙女山国家森林公园、红池坝国家森林公园，贵州玉舍国家森林公园、竹海国家森林公园，甘肃冶力关国家森林公园，宁夏白芨滩国家沙漠公园、贺兰山国家森林公园，内蒙古森工集团莫尔道嘎国家森林公园、根河源国家湿地公园。

（李 奎）

【全国特色森林旅游线路】 12月，国家林业和草原局森林旅游管理办公室推出首批10条全国特色森林旅游线路。这10条特色森林旅游线路包括：内蒙古呼伦贝尔森林草原旅游线、吉林森林火山湖旅游线、山东海滨风光森林旅游线、江西丹霞山水文化旅游线、皖西大别山生态旅游线、广东北回归线森林旅游线、桂东锦绣山水生态旅游线、四川大熊猫寻踪旅游线、云南热带雨林生态旅游线、龙江森工冰雪体验线。

（李 奎）

【森林旅游助推精准扶贫专项活动】 12月，在2018中国森林旅游节活动期间专门设立"森林旅游助力精准扶贫"展示区，来自广西罗城、龙胜，贵州荔波、独山四个贫困县的政府代表到展区进行森林旅游宣传和推介，取得良好成效。国家林业和草原局授予广西罗城、贵州独山全国森林旅游示范县称号。2018年公布的第二批国家森林步道途经众多贫困县，串联贫困地区各类自然保护地，为贫困地区依托地缘优势发展森林旅游，助力脱贫攻坚创造了有利条件。

（李 奎）

【《2017中国森林等自然资源旅游发展报告》】 9月，《2017中国森林等自然资源旅游发展报告》正式出版。该报告全面反映了2017年中国森林等自然资源旅游发展的动态和主要热点。《报告》指出，2017年森林旅游行业管理不断加强，社会影响显著提升，新兴业态百花齐放，产业规模快速壮大，各项工作取得了全面发展，在提高森林等自然资源多功能利用水平、促进林业转型发展、巩固林业改革成果、服务经济社会发展中发挥了越来越重要的作用。

（李 奎）

【国家森林公园保护利用设施建设项目】 17处国家森林公园获得国家级森林公园保护利用设施建设项目支持，中央投资合计1.6亿元。该项目重点支持国家森林公园的道路交通设施、保护监测设施、科普教育与游览服务设施等建设。

（李 奎）

【森林旅游标准制定和基础研究】 国家林业和草原局森林旅游管理办公室组织启动《森林旅游业态与产品分类》《生态文化遗产评定指南》《国家森林步道规划规范》等多项林业行业标准制修订工作，《森林旅游地低碳化建设导则》《森林旅游地木（竹）材产品规范》2项林业行业标准通过专家审定。委托中国林业科学研究院、东北林业大学、中南林业科技大学等开展林业文化遗产研究、森林旅游地主要野生花卉资源及典型分布研究、森林旅游培训课程框架研究、重点国有林区森林旅游使用林地研究等。

（李 奎）

【森林旅游对外交流与人才培训】 4月，在江西省南昌市举办全国森林旅游管理培训班。9月，国家林业和草原局森林旅游管理办公室参加在日本举办的"中日韩三国在空间领域开展的保养活动推进论坛"，介绍中国森林养生发展现状，并提出三方合作愿景。12月，在广州市举办首届中国－东盟合作座谈会，举办2018中国森林旅游论坛。

（李 奎）

【全国小学生自然教育系列活动】 12月16～18日，由国家林业和草原局森林旅游管理办公室指导、中国林业与环境促进会主办的全国小学生自然教育系列活动在广州市举行，开展大手拉小手自然教育感受活动、全国中小学生自然教育征文颁奖仪式、自然教育论坛活动、森林书画展等，并发布《全国小学生自然教育优秀作品集》。

（李 奎）

【成立国家林业和草原局森林旅游工作领导小组及森林旅游管理办公室】 2018年10月，国家林业和草原局成立森林旅游工作领导小组。领导小组的主要职责是：协调和制定基于国家林业和草原局管理的国家公园、森林公园、湿地公园、沙漠公园、自然保护区、风景名胜区、地质公园、海洋公园自然文化遗产地及国有林区、国有林场、草原等自然风景资源推进森林旅游发展的相关政策，指导和协调森林旅游工作，研究部署重大活动和重点工作等。国家林业和草原局森林旅游管理办公室设在国有林场和种苗管理司，主要职责是承担领导小组的具体工作，包括：贯彻落实领导小组各项决策意见，协调推进森林旅游发展，引导、指导各地森林旅游工作；承担全国森林旅游行业宣传、推介、信息统计与发布、标准化建设、投融资项目管理、公共平台搭建等工作；承担协调举办中国森林旅游节的具体工作等。

（李 奎）

森林资源保护

07

林业有害生物防治

【综　述】　2018年，全国主要林业有害生物发生1219.52万公顷，比2017年下降2.68%。其中，虫害发生840.41万公顷，比2017年下降7.23%；病害发生176.87万公顷，比2017年上升32.90%；鼠（兔）害发生184.40万公顷，比2017年下降5.04%。2018年，全国林业有害生物防治面积948.93万公顷（累计防治作业面积1691.74万公顷次），主要林业有害生物成灾率控制在4.5‰以下，无公害防治率达到80%以上。

2018年，全国林业有害生物防治工作紧紧围绕贯彻落实《国务院办公厅关于进一步加强林业有害生物防治工作的意见》（国办发〔2014〕26号，以下简称《国办意见》）、国务院领导同志重要批示精神，着力加强松材线虫病防治，进一步落实防治责任，强化核查督导，整体防治成效得到提高。

（赵宇翔）

【林业有害生物防治管理】　一是认真执行《国办意见》贯彻落实情况月报制度，按月及时向国务院报告全国林业有害生物防治工作的重大措施和重要成果。二是印发《国家林业和草原局办公室关于下达2018年度松材线虫病等重大林业有害生物防治任务的通知》《2018年全国林业有害生物防治工作要点》，全面安排部署整体防治工作。三是省级林业主管部门相继组织完成《2015—2017年重大林业有害生物防治目标责任书》履责情况自查工作。

（赵宇翔）

【松材线虫病防治】　一是在全国专项部署松材线虫病集中普查工作，进一步查明全国疫情发生情况。二是多次召开松材线虫病防治工作会议，研究更加科学、严格、管用的防治措施，提出以疫木清理为核心、以严管疫木为根本的防治思路。三是修订印发《松材线虫病疫区和疫木管理办法》《松材线虫病防治技术方案》，各地认真落实，较好地推动疫情防治工作的规范有效开展。四是加强松材线虫病疫情防治督导，对安徽、江西等12个省份，以及黄山、泰山等重点生态区进行了核查督导，向相关省份印发《国家林业和草原局关于做好松材线虫病疫情防治工作的督办通知》。各省积极进行整改，加大防治力度，落实防治责任，进一步提高防治成效。

（赵宇翔）

【监测预报】　一是印发《国家林业和草原局关于调整国家级林业有害生物中心测报点的通知》《国家级林业有害生物中心测报点管理规定》。二是落实《全国动植物保护能力提升工程建设规划（2017—2025年）》，全国13个省份开展国家级中心测报点基础设施建设。三是各地加大卫星遥感、无人机等先进手段应用力度，松材线虫病等重大林业有害生物监测水平得到提升，并成功发现多起松材线虫病新疫情。

（赵宇翔）

【检疫管理】　一是修订印发《全国林业检疫性有害生物疫区管理办法》，各地认真落实，较好地规范了疫区管理。二是向社会发布2018年全国松材线虫病、美国白蛾县级疫区，各有关省级林业主管部门相继划定并发布乡镇级疫点。三是持续推进"林安"联合专项执法行动，印发《关于江西省五十铃发动机有限公司调运带疫松木包装材料的警示通报》。

（赵宇翔）

【行政审批管理】　一是印发《关于启用新版〈植物检疫证书〉的通知》，在全国层面较好地杜绝了假证问题。二是与海关总署、农业农村部联合发布《〈引进林木种子苗木检疫审批单〉等3种监管证件实施电子数据联网核查》的公告。三是印发《林业有害生物防治检疫行政许可事项随机抽查工作细则》，严格检疫审批管理，加强事中事后监管，严防外来有害生物跨境传播。

（赵宇翔）

【依法防治】　一是积极推进《森林病虫害防治条例》修订，并将林业有害生物防治地方人民政府负责制纳入《森林法》修订稿中。二是各地加大检疫违法犯罪行为打击力度，福建、海南、四川、重庆、江苏等地成功查办5起"妨碍动植物防疫、检疫罪""买卖国家机关公文罪"刑事案件，判处了实刑并处罚金。三是地方性法规建设得到加强，《福建省林业有害生物防治条例》《重庆市植物检疫条例》《西藏自治区林业有害生物防治检疫办法》等相继发布实施。

（赵宇翔）

野生动植物保护

【综　述】　2018年，全国野生动植物保护管理工作深入推进，成效显著。

法制建设　制定、修订发布有关行政许可随机抽查检查、委托省级林业主管部门实施行政许可事项、以参展为目的动植物进出口管理的有关公告规定；就破坏野生动物资源刑事案件犯罪对象、非国家重点保护野生动物行政许可、天然麝香物种行政许可审批、黑熊繁育利用技术规范等作出规定，并拟定规范采集管理国家重点保护野生植物规定；推动野生植物保护条例、国家重点保护野生动植物保护名录、罚没陆生野生动物及其制品管理和处置办法、陆生野生动物放归野外环境管理办法等法规规章调研、修订、制定工作。推进野生动植物进出口证书样式改革，会同海关总署、国家口岸办推进"野生动植物进出口证书审批系统""进出口数据联网核销系统"以及"野生动植物国际贸易'单一窗口'标准版试点"的建设完善，与海关总署联合发布公告在全国范围内实行野生动植物进出口证书通关作业联网无纸化改革。开展海南自贸区调研，拟定实施简政放权政策措施。

濒危物种保护 继续推进第二次野生动物、野生植物资源调查；协调建立野生动物保护投资渠道，推动相关省（区）开展野生动物救护繁育基地、基因库和野生动植物存储库建设；指导监督各地开展濒危种野外种群巡护、看守、值守、救护及其栖息地维护；完成《极小种群野生植物拯救保护规划（2011~2015年）》实施评估，组织编制《极度濒危野生动物和极小种群野生植物保护规划》（2019~2025年）；开展雪豹调查、监测工作，指导监督各地开展朱鹮、扬子鳄、红腹锦鸡、白颈长尾雉等放归自然活动；强化野生动物园安全管理和规范展演工作，开展检查督导，组织制定象、虎等极度濒危野生动物的人工繁育和展演设备设施标准；配合审计部门政策审计工作下发实施"十三五"纲要所涉珍稀濒危物种抢救性保护分工方案、任务清单、实施方案和年度目标的通知；指导川陕甘3省开展大熊猫栖息地野外巡护、救护、监测和反盗猎工作，启动大熊猫重引入浙江实验性研究，落实大熊猫放归都江堰龙溪虹口保护区，建立大熊猫行政许可和监督检查行政许可专家库。开展2018年爱鸟周活动，启动全国野生动物保护志愿者"护飞行动"，举办世界野生动植物日纪念主题活动。

执法监管 2018年1月1日起全面停止商业性加工销售象牙及制品活动，联合外交、工商、公安、海关、文化等部门对各地停止商业性加工销售象牙及制品活动进行督导检查；配合中央纪委调查处理建设银行违规销售象牙及其制品活动和北京海关从境外进口象牙制品案件；下发《国家林业和草原局办公室关于切实加强春季鸟类巡护值守和执法检查工作的紧急通知》并赴辽宁、黑龙江、山东、吉林等地对地方乱捕滥猎和非法经营鸟类情况进行监督检查；召开"打击乱捕滥猎和非法经营候鸟违法犯罪活动电视电话会议"和"严厉打击犀牛和虎及其制品非法贸易专项行动电视电话会议"，部署开展打击非法贸易活动；举办由22个国务院部门和单位参加的"打击野生动植物非法贸易部门培训班"，印发"野生动植物鉴定手册"；与海关总署、森林公安、渔政等执法部门多次联合开展打击野生动植物非法贸易活动；推动落实各海关罚没象牙等野生动植物制品的移交接收工作；开展野生动植物进出口行政许可随机抽查实地检查；召开CITES履约与执法非政府组织座谈会；指导开展"打击野生动植物非法贸易先进个人"表彰活动。

国际交流合作 与英国环境部和南非环境部共同在南非举办野生动物保护及打击非法贸易培训班，举办中国东盟野生动物保护培训班、中俄政府间候鸟保护协定第二次工作组会议、东亚-澳大利西亚迁飞区伙伴协定第十次成员大会、公约与生计国际研讨会、年度中央政府与港澳履约管理协调会议、国际雪豹保护大会并通过《全球雪豹保护深圳共识》；参加《公约》第70次常委会，开展COP18部分决议及决定修订研究，编写、提交《公约》年度报告、三年度报告、执法案例报告，以及虎、豹、象、雪豹、犀牛、穿山甲等专门报告；参加全球雪豹及其生态系统保护计划指导委员会第三次会议、打击野生动植物非法交易伦敦峰会；稳妥做好《国务院关于严格管制犀牛和虎及其制品经营利用活动的通知》发布后对外舆情应对和沟通解释工作；积极与《公约》秘书处、国际刑警组织、世界海关组织等国际机构，以及东盟、南盟、非洲野生动植物执法组织合作，打击野生动植物犯罪；推动中日开展朱鹮保护合作，签署《国家林业和草原局与日本环境省关于合作开展朱鹮保护和繁育合作的备忘录》，完成朱鹮运送日本工作；在英国议会介绍中国象牙禁贸宣介活动，与朝鲜商洽东北虎合作繁育工作；赴老挝参加大湄公河打击野生动物非法贸易跨境会议，赴肯尼亚参加野生动植物区域执法会议。分别与俄罗斯、奥地利、德国、芬兰、加拿大、美国、马来西亚、日本等国开展大熊猫保护合作；协调从尼泊尔引进两对亚洲独角犀，举办中尼犀牛保护合作研究启动仪式；配合启动援助蒙古戈壁熊保护技术项目；会同中国驻外使馆在马拉维、坦桑尼亚等6个非洲国家举办打击野生动植物非法贸易宣讲会；指导中国野生动物保护协会加入国际狩猎和野生动物保护理事会。

疫病防控 健全完善监测防控体系，在国家级自然保护区加挂国家级野生动物疫源疫病监测站牌子。开展野猪非洲猪瘟监测防控，紧急下发通知加强防控，开展专家会商和疫情研判；完成全国野猪人工繁育场所摸底排查，部署全国野猪野外种群资源调查；牵头国务院第六督导组二轮督导组赴辽宁、河北、青海、宁夏开展非洲猪瘟防控工作督导工作，参加国务院第四督导组赴山东、江苏、新疆、重庆和新疆生产建设兵团等地督导工作；举办边境地区野猪非洲猪瘟监测技术培训班。开展其他野生动物疫源疫病监测防控工作，做好日常监测，妥善处置突发野生动物疫情，推进重要野生动物疫病主动预警，下发《2018年重要野生动物疫病主动预警工作实施方案》，举办10余期技能培训和应急演练。

（张旗）

【重新委托各省级部门实施相关行政许可事项】 按照国家在行政许可工作中简政放权、放管结合、优化服务的改革精神，为与国家林业局公告2013年第12号规定的期限衔接，国家林业和草原局于2018年6月12日发布2018年公告第10号，将3项8类野生动植物行政许可事项委托给北京市园林绿化局等31个省级林业主管部门和黑龙江森林工业总局实施，委托时间至2019年9月30日，进一步扩大了委托事项范围和实施单位范围。

其中，列入《人工繁育国家重点保护陆生野生动物名录》的马鹿、鸵鸟、美洲鸵、大东方龟、尼罗鳄、湾鳄、暹罗鳄活体的进出口行政许可事项和除大熊猫、朱鹮等13类重点物种之外的野生动物及其制品进出口行政许可事项均列入本次委托范围。进口、再出口公约所列野生植物及其制品，人工培植所获蝴蝶兰、大花蕙兰等22种（类）野生植物活体及制品行政许可事项，以及列入松茸、红松两种重点保护植物及其制品的出口行政许可事项均列入本次委托范围。此外，采集（采伐、移植）红豆杉属植物的行政许可事项也列入了本次委托范围。

（李　莎）

【野生动植物保护类行政许可随机抽查工作细则】　为做好野生动植物保护类行政许可的事中事后监管，提升监管水平，规范随机抽查检查行为，进一步推动和落实野生动植物保护类行政许可随机检查工作，国家林业和草原局于8月24日印发《野生动植物保护类行政许可随机抽查工作细则》的通知（林护发〔2018〕82号）（以下简称《细则》）。其内容主要包括：一是明确国家林业和草原局行政许可随机抽查检查的实施范围和主体；二是抽查检查工作的职责划分；三是抽查内容和名录库；四是检查单位、检察人员和检查对象的随机抽取；五是抽查计划和频次；六是抽查工作规范化；七是抽查结果的整理和公开；八是抽查结果的复查；共八个方面。此外，《细则》对因发生自然灾害、经费不足或其他不可抗拒原因导致随机抽查检查工作无法实施的情况作出规定，最后明确了《细则》的实施时间。

（朱寒松）

【多项野生动物保护管理政策予以明确】　一是为确认若干破坏野生动物资源调查刑事案件犯罪对象，根据破坏野生动物资源犯罪的司法相关解释精神，制定发布《国家林业和草原局关于确认若干破坏野生动物资源刑事案件犯罪对象有关问题的复函》（林护发〔2018〕85号）。二是为明确相关野生动物审批机关，根据国务院对出售、购买、利用天然麝香、赛加羚羊角、穿山甲片的事项没有另行规定审批机关的要求，发布《国家林业局关于明确天然麝香、赛加羚羊角和穿山甲片相关行政许可审批机关的复函》（林护发〔2018〕24号）。三是为规范非国家重点保护野生动物管理，发布《国家林业局关于非国家重点保护野生动物行政许可有关问题的复函》（林护发〔2018〕37号）。

（李林海）

【严厉打击破坏野生动物违法犯罪】　为严厉打击乱捕滥猎滥食和非法经营候鸟等野生动物违法犯罪活动，国家林业和草原局于10月9日召开电视电话会，对打击乱捕滥猎滥食和非法经营候鸟等野生动物违法犯罪活动做出部署，并通报了2018年9月开展的"绿剑2018"专项打击行动阶段性成果，全国共办理涉林刑事案件2115起，行政案件7086起，清理野生动物驯养繁殖、加工经营场所2265处，巡护自然保护地、野生动物活动区域7687处，收缴野生动物12万余件（只），放飞、放生野生动物5.5万余头（只）。

2018年年初以来，网捕、毒杀等非法猎捕破坏鸟类资源的违法犯罪活动频发，国家林业和草原局下发《关于切实加强春季鸟类巡护值守和执法检查工作的紧急通知》（以下简称《通知》），并派出督导组进行现场督导，中国野生动物保护协会组织开展2018春季和秋冬季志愿者护飞行动，候鸟保护工作取得了一定成效，但依然存在破坏鸟类资源的违法犯罪活动。国家林业和草原局再次强调各部门各地：一是提高认识，加强领导；二是组织专项行动，集中开展综合整治；三是加强宣传教育，提高公众保护意识；四是加强监督检查，确保执法监管措施落到实处；五是完善规章制度，建立健全保护执法长效机制。

为确保各项措施落到实处，督促各地严格按照《通知》要求开展相关工作，国家林业和草原局联合各有关部门派出督导组，前往云南等地重要的候鸟集群分布区和主要鸟类迁徙路线区域，以及非法经营鸟类严重的地区，对各部门贯彻落实《通知》要求和会议精神情况进行监督检查，务求切实提高野生动物保护能力和水平，有效强化候鸟等野生动物保护工作，促使候鸟等野生动物保护长效机制得以建立。

（尹玉涵）

【赴境外宣讲中国保护成效】　组织力量与英国环境部和南非环境部共同在南非举办"野生动物保护及打击非法贸易培训班"，向28个非洲国家记者宣传中国野保政策，展示了中国保护濒危野生动植物的负责任态度和大国形象。在英国议会开展中国象牙禁贸宣介活动；派团赴英参加打击野生动植物非法交易伦敦峰会；会同中国驻外使馆在马拉维、坦桑尼亚等6个非洲国家举办了打击野生动植物非法贸易宣讲会。

（李林海）

【紫纹兜兰回归自然试验项目启动仪式暨兰科植物保育研讨活动】　7月14日由国家林业和草原局与国家药品监督管理局、国家濒危物种科学委员会等单位在深圳共同主办。在紫纹兜兰回归自然启动仪式上，中国野生植物保护协会、中国花卉协会、中国中药协会、中国植物园联盟、世界自然基金会、百度、阿里巴巴、穷游网、58同城等16家单位联合发起了"保护野生兰花，拒绝无序交易"的倡议。电商平台、园林造景、展会展览、中医药等利用、销售兰科植物的相关企业做出承诺，倡导在电商平台等渠道劝阻贩卖野生兰花商户，号召消费者拒绝购买野生兰花。

（鲁兆莉）

【第二次全国重点保护野生植物资源调查】　为全面摸清中国重点保护野生植物资源状况和动态变化，国家林业和草原局于2012年启动第二次全国重点保护野生植物资源调查。截止到2018年12月底，全国各地基本完成外业调查，20多个省份通过了专家检查、验收，并提交了资源调查报告。

（鲁兆莉）

【兰科植物专项补充调查】　根据第二次全国重点保护野生植物资源调查的总体部署，结合履行机构改革赋予国家林业和草原局负责陆生野生动植物资源监督管理的需要，国家林业和草原局决定于2019～2020年开展"全国兰科野生植物资源专项补充调查"。本次调查的主要目的是摸清中国兰科资源的物种多样性及其分布情况，并在重点区域设置固定样地开展监测工作，完善监测体系建设；掌握中国兰科植物野外资源的状况和分布，开展并完成中国兰科植物濒危状况评估。2019年在广东、广西、四川、贵州和云南5省（区）先行开展调查，并完善智能终端野外调查识别系统。2020年在其他分布省份开展调查，其中对福建、海南、重庆、西藏进行重点调查，对其他省份进行一般调查。中国科学院植物研究所作为此次调查的技术支撑单位。

（鲁兆莉）

【以参展为目的进口及再出口濒危野生植物的管理规定】 为进一步规范以参展为目的进口及再出口濒危野生植物的管理，提高行政许可效率，提升管理效能，国家濒管办对《国家濒管办关于以参展为目的进口及再出口濒危野生植物的管理规定》进行了修订，于2018年12月3日重新发布，自2018年12月10日起施行。根据该规定，以参加园艺、花卉博览或者其他展览展示活动为目的进口及再出口《濒危野生动植物种国际贸易公约》限制进出口的濒危野生植物及其产品的，可直接向国家濒管办办事处申办允许进出口证明书。 （袁良琛）

【旅马大熊猫福娃、凤仪家族再添新丁】 1月20日，马来西亚自然资源与环境部长朱奈迪对外宣布确认，大熊猫"靓靓"（凤仪）已于1月14日顺利产下一只体重为150克的幼仔，这也是"靓靓"在马来西亚生下的第二胎。"兴兴"和"靓靓"是为庆祝中马两国建交40周年，由中国提供给马来西亚开展合作研究的一对大熊猫，它们于2014年5月抵达吉隆坡，并于2015年8月18日产下熊猫宝宝"暖暖"。2017年11月，"暖暖"已被送回中国。 （张 玲）

【大熊猫华豹、金宝宝旅居芬兰】 1月17日，大熊猫"华豹""金宝宝"从中国大熊猫保护研究中心都江堰基地出发，启程前往芬兰艾赫泰里动物园，开启为期15年的科研合作，这也是中国大熊猫首次旅居芬兰，标志着中芬大熊猫保护合作研究的正式开始，为加深两国人民友谊谱写了新的篇章。国家森林防火指挥部专职副总指挥马广仁率团出席了在芬兰赫尔辛基举办的大熊猫"华豹""金宝宝"欢迎仪式并致辞。芬兰农林部部长朱哈尼·乐帕与常务秘书胡苏·卡利奥、中国驻芬兰大使陈立出席欢迎仪式。3月3日，芬兰大熊猫馆开馆仪式在芬兰艾赫泰里市政厅举行。在芬兰总理席比拉（Juha Sipila）的见证下，国家林业和草原局代表团团长杨超向芬兰农林部部长移交了"大熊猫个体管理档案"，300余位来自芬兰各界代表参加了此次活动。 （张 玲）

【大熊猫大毛、二顺一家四口移居加拿大卡尔加里动物园】 5月7日，来自中国的大熊猫"大毛""二顺"及双胞胎幼仔一家四口从加拿大多伦多动物园移居卡尔加里动物园后首次向公众亮相。中国驻加拿大大使卢沙野、艾伯塔省省长瑞切尔·诺特利、艾伯塔省省督路易斯·米切尔、卡尔加里市市长奈什及中方代表等，一同为熊猫馆剪彩，中加两国200余位各界代表参加了熊猫馆开馆仪式。4月27日，由驻卡尔加里总领馆和国家林业和草原局主办的"我的家，我们的社区——大熊猫保护与国际合作图片展"在卡尔加里市市政综合大厅开幕，进一步加深了两国人民的互相了解。 （张 玲）

【大熊猫国家公园重点实验室成立】 6月19日，大熊猫国家公园珍稀动物保护生物学国家林业和草原局实验室正式在中国大熊猫保护研究中心挂牌成立，标志着以大熊猫为代表的珍稀野生动植物保护研究工作迈入新的阶段。 （张 玲）

【大熊猫野外引种工作】 7月25日，大熊猫"草草"顺利产下一对龙凤胎，第一只雄性幼仔215克，第二只雌性幼仔84克，证明了圈养大熊猫野外引种的可行性，将会增加圈养大熊猫遗传多样性和种群活力，使中国大熊猫在科研技术上有了进一步的突破。同时，科研人员对大熊猫"草草"在2017年和2018年野外引种期间的生境进行了调查，利用分子学实验找到了"草草"双胞胎幼仔的父系与2017年所产幼仔父系为同一大熊猫。大熊猫"草草"是中国大熊猫保护研究中心2002年从野外救助回来的雌性大熊猫，现已16岁，共繁殖了6胎9仔，其中3次为双胞胎。 （张 玲）

【首届中国大熊猫国际文化周】 8月23日，由国务院新闻办公室指导，国家林业和草原局、中国人民对外友好协会、四川省人民政府、陕西省人民政府和甘肃省人民政府共同主办的首届中国大熊猫国际文化周开幕式在北京中华世纪坛举行。本届大熊猫国际文化周实施"熊猫中国"文化品牌战略，践行"熊猫中国、走向世界；熊猫文化、世界共享；生态文明、世界共建"的理念，面向全球展示了中国大熊猫科研保护成果，是一项国际性、公益性、人文性的大型活动。国家林业和草原局副局长李春良、中宣部副秘书长赵奇、四川省政协副主席崔保华、陕西省副省长魏增军、甘肃省副省长李斌、联合国环境署驻华代表涂瑞和、奥地利驻华大使石迪福出席开幕式并致辞，来自国内外的200余名代表和相关人士参加开幕式。 （张 玲）

【大熊猫保护与繁育国际大会】 11月8~10日，由国家林业和草原局、四川省人民政府、陕西省人民政府和甘肃省人民政府共同主办的大熊猫保护与繁育国际大会暨2018大熊猫繁育技术委员会年会在成都召开。来自美国、奥地利、荷兰等驻华大使馆与总领事馆，川陕甘三省林业主管部门与保护区，大熊猫国内外饲养繁育单位、大专院校、科研院所、行业协会及国际组织的400余位代表参加了大会。与会代表围绕大熊猫就地与迁地保护、疾病防控、大熊猫伴生动物与生态系统保护、国家公园建设等大熊猫相关的科研热点进行了为期3天的学术交流，学术报告多达54个，是大熊猫领域近年来质量最高、成果分享最丰富的国际学术交流大会。 （张 玲）

【全球大熊猫圈养种群创新高】 截至2018年11月，全球圈养大熊猫种群数量再创新高，达到548只。2018年全年共繁殖大熊猫36胎48只，存活45只，幼仔存活率达到93.75%。通过全国大熊猫繁育配对计划，圈养大熊猫种群的遗传多样性得到不断提高，已基本形成健康、有活力、可持续发展的大熊猫种群，为促进大熊猫野外复壮奠定了坚实的基础。 （张 玲）

【大熊猫首次放归成都区域】 12月27日，来自中国大熊猫保护研究中心，经过两年多培训的大熊猫"琴心"和"小核桃"在都江堰市龙溪－虹口国家级自然保护区被同时放归，是历史上首次在成都范围内放归人工圈养繁殖的大熊猫。中国从2003年开始进行大熊猫野化培训工作以来，已经先后放归大熊猫11只。先期放归的大熊猫，不但生存状态良好，还实现了跨保护区、跨局域小种群的长距离扩展。在都江堰开展野化大熊猫放归活动是将前期小相岭山系的成功经验在岷山山系进行推广，进一步推进了大熊猫野化放归的探索和研究。

（张　玲）

【完善疫源疫病监测防控体系】　为进一步强化野生动物疫源疫病监测防控工作，国家林业和草原局印发《国家林业和草原局办公室关于在国家级自然保护区加挂国家级野生动物疫源疫病监测站牌子的通知》（办护字〔2018〕93号），切实发挥国家级自然保护区在野生动物疫源疫病监测防控与主动预警工作中的重要作用，进一步完善全国野生动物疫源疫病监测防控体系。

（钟　海）

【野猪非洲猪瘟监测防控】　8月初，中国发现首例非洲猪瘟疫情。11月16日，吉林省白山市浑江区发现首例野猪非洲猪瘟疫情。疫情发生后，国家林业和草原局紧急召开全国林草系统野猪非洲猪瘟监测防控工作电视电话会议，并印发《关于扎实做好野猪非洲猪瘟等野生动物疫源疫病监测防控工作的通知》等文件，要求全国林草系统层层落实责任，扎实做好野猪非洲猪瘟监测防控工作。与农业农村部联合印发通知，进一步完善联防联控工作机制，阻断疫情在家猪、野猪间相互传播蔓延。召开两次专家会商研讨会，研判当前野猪非洲猪瘟疫情；开展全国野猪人工繁育场所摸底排查，部署全国野猪野外种群资源调查工作。在黑龙江漠河市、新疆库尔勒市分别举办东北、西北边境地区各县野生动物主管部门参加的野猪非洲猪瘟监测技术培训班。（钟　海）

【处置突发野生动物疫情】　全年共派出20多名专家赴吉林、黑龙江、宁夏等省（区）开展突发疫情处置工作；组织、协调科技支撑单位专家赴实地进行流行病学调查、应急处置督导等工作；通过电话、远程服务等方式指导上海、新疆、湖南等17个省（区、市）妥善处理183起异常情况，有效消除疫情发生隐患；科学应对野猪非洲猪瘟、人工繁育蓝孔雀高致病性禽流感、岩羊小反刍兽疫等突发野生动物疫情，成功防控疫情的扩散蔓延；吉林白山市野猪、黑龙江黑河和内蒙古阿尔山家养杂交野猪发生非洲猪瘟疫情后，迅即派出工作组赴当地指导林草系统开展疫情应急处置工作。

（钟　海）

【贺兰山岩羊小反刍兽疫疫情应对】　2月22日，宁夏回族自治区贺兰山自然保护区大水沟管理站西峰沟护林组监测人员在日常监测中发现岩羊异常死亡；2月27日，经宁夏回族自治区动物疾病预防控制中心检测死亡原因疑似炭疽和小反刍兽疫混合感染；2月28日，宁夏回族自治区林业厅向自治区人民政府提交启动应急响应的报告。国家林业局随即派出工作组赶赴现场指导当地林草部门开展应急处置等工作，一是要求及时将样品送农业部青岛参考实验室进行小反刍兽疫疫情的确诊工作；二是组织国家林业和草原局长春野生动物疫病研究中心专家先后3次采样检测，并开展流行病学调查研究；三是要求加大野外巡查力度，对周边环境进行拉网式排查，重点清理死亡野生动物尸体和残骸，运送至指定地点进行无害化处理，同时在处置点周边设置防护隔离带，对周边环境进行消毒。3月1日，经农业部参考实验室检测，确认为小反刍兽疫疫情；3月1~7日，经国家林业局长春野生动物疫病研究中心检测，排除炭疽感染，致死原因为小反刍兽疫感染。5月7日，宁夏回族自治区突发陆生野生动物疫情应急指挥部在自治区林业厅召开突发野生动物疫情防控工作会议，宣布解除贺兰山野生动物疫情应急响应。

（钟　海）

【重要野生动物疫病主动预警工作】　为贯彻落实《中华人民共和国野生动物保护法》中对野生动物疫源疫病监测防控工作的新要求，进一步推进主动预警工作，在与有关省级主管部门及有关单位协商的基础上，印发《2018年重要野生动物疫病主动预警工作实施方案》，在候鸟迁徙停歇地、繁殖地、越冬地，中俄、中蒙边境野猪活动地区等重点区域，继续开展禽流感、新城疫、非洲猪瘟等重点野生动物疫病主动预警工作。12月5日，在云南省腾冲市召开2018年重要野生动物主动预警总结会，通报了2018年全国重要野生动物疫病主动预警工作任务完成情况、绩效情况、主要工作经验和存在的问题。样品采集实施单位、省（区）级野生动物疫源疫病监测管理机构和4家科技支撑单位负责人汇报了2018年主动预警工作开展情况。2018年全年共计在野外采集野鸟样品38 955份、野猪样品1400份、梅花鹿样品455份，实验室分离到11种亚型的禽流感病毒98株，部分驯养鹿结核病监测呈阳性，未监测到非洲猪瘟阳性。

（钟　海）

【野生动物疫病趋势会商】　12月6日，国家林业和草原局动植物司、野生动物疫源疫病监测总站在云南省腾冲市组织召开2019年野生动物疫病发生趋势会商会，来自国家林业和草原局长春野生动物疫病研究中心、中国科学院野生动物疫病研究中心、东北林业大学、全国鸟类环志中心、中国疾病预防控制中心、中国科学院武汉病毒所等科技支撑单位的专家，以及内蒙古、辽宁等7个省（区）林草主管部门野生动物疫源疫病监测防控负责同志参加会议。会上，专家针对非洲猪瘟、禽流感、小反刍兽疫、西尼罗热等重要野生动物疫病的发生趋势和风险因素作了专题报告。会议总结交流了2018年全国野生动物疫病发生情况，分析研判了2019年重要野生动物疫病发生趋势。

（钟　海）

【全国陆生野生动物疫源疫病监测防控培训班】　于12月7~8日，由国家林业和草原局野生动植物保护司在云南省腾冲市举办。来自全国各省（区、市）和新疆生产建设兵团林草主管部门野生动物疫源疫病监测防控主要负责人和技术骨干，国家濒管办各办事处相关负责同志等110多人参加培训。培训班邀请国家林业局长春野生动物疫病研究中心、宁夏陆生野生动物疫源疫病监测中心站、海关总署动植物检疫司、东北林业大学、国家林草局野生动物疫源疫病监测总站等有关专家针对非洲猪瘟防控形势对策、野猪样品采集等内容进行了专题培训。

（钟　海）

湿地保护管理

【湿地保护修复情况】 2018年省级湿地保护修复制度实施方案全部出台。安排中央投入19亿元，实施一批湿地补助项目，开展湿地保护修复重点工程建设，全国共修复退化湿地7.13万公顷。湿地调查监测取得重大突破，《第三次全国国土调查工作分类》明确湿地为一级地类，国际重要湿地生态状况监测工作首次实现年内全覆盖，与中国地质调查局建立泥炭地调查合作机制并在青海省进行试点。制修订湿地生态系统服务价值评估、国家湿地公园建设管理、国家重要湿地认定和名录发布等标准规范，13个省份发布省级重要湿地名录541处。

（王福田）

【湿地保护政策及标准规范发布】 国务院出台《关于加强滨海湿地保护严格管控围填海的通知》。住建部出台《湿地保护工程项目建设标准》（建标196—2018），为实施湿地保护工程提供了依据。

（刘 平）

【中央财政湿地补助政策执行情况】 扎实推进中央财政湿地补助工作。安排中央财政资金159 000万元，切块到各省（区、市）自行安排湿地补助项目实施地点。其中，安排资金89 700万元，实施湿地保护与恢复项目361个；安排资金30 000万元，在山西、内蒙古、吉林、黑龙江、安徽、江西、山东、河南、湖北、湖南、贵州、云南、青海、宁夏、新疆、内蒙古森工实施退耕还湿2万公顷；安排资金39 300万元，在河北、内蒙古、辽宁、龙江森工、江苏、安徽、福建、江西、河南、湖北、湖南、广西、海南、四川、贵州、云南、西藏、陕西、甘肃、青海、宁夏、新疆22个省（区）开展湿地生态效益补偿补助。组织开展《退耕还湿实施方案（2016～2020年）》实施情况调度总结、湿地生态效益补偿试点专题调研、湿地补助项目监测评估和乡村小微湿地保护管理专题研究，加强湿地保护项目管理和技术人员培训工作。

（赵忠明）

【湿地保护重点工程建设情况】 国家林业和草原局、国家发展改革委下达2018年湿地保护工程中央预算内投资3亿元，9省实施湿地保护与恢复项目12个，强化基层湿地保护设施设备建设，集中连片开展湿地植被恢复、鸟类栖息地修复，改善湿地生态状况。完成《全国湿地保护"十三五"实施规划》中期评估，评估表明，"十三五"以来，通过项目建设，修复退化湿地4.4万公顷，实施退耕还湿3.33万公顷。国家高原湿地研究中心研究平台建设项目正式通过竣工验收。

（刘 平）

【湿地调查监测情况】 研究提出了设立湿地一级地类的湿地区划界定建议方案，召开国家湿地科学技术委员会第四次全体会议暨换届会议，就湿地一级地类问题进行咨询研讨。在《第三次全国国土调查工作分类》中，已明确设立湿地一级地类，湿地编码为"00"，包括红树林地、森林沼泽、灌丛沼泽、沼泽草地、盐田、沿海滩涂、内陆滩涂、沼泽地8个二级地类。组织完成内蒙古地方和森工泥炭调查和检查验收，部署开展青海省调查工作，与中国地质调查局建立泥炭地调查合作机制并在青海省开展调查试点。首次在一年内对所有国际重要湿地开展生态状况监测，组织完成《中国国际重要湿地生态状况白皮书》。

（姬文元）

【湿地名录制订发布情况】 重要湿地名录是湿地分级管理和落地定界的有力抓手。积极督促指导各省（区、市）制订省级重要湿地认定标准及相关管理办法，2018年年底云南等13个省已发布省级重要湿地541处。组织起草《国家重要湿地认定和名录发布规定》，征求省级林业主管部门意见3次、局内意见1次、专家意见1次，还征求了自然资源部、生态环境部和水利部的意见。

（姬文元）

【生态扶贫情况】 继续做好湿地生态公益管护工作。从贫困县的建档立卡贫困户中，安排部分湿地管护人员，促进其稳定脱贫，切实保护好现有湿地。优先安排贫困地区中央财政湿地补助项目、湿地保护与恢复工程，加大对广西龙胜县、罗城县，贵州独山县、荔波县4个定点扶贫县支持力度，改善贫困地区湿地生态状况。

（苗 垠）

【国家湿地公园建设管理】 修订印发《国家湿地公园管理办法》《国家湿地公园评估评分标准》《湿地公园总体规划导则》《申报国家湿地公园影像资料要求》等规范性文件。启动国家湿地公园专项督查工作，联合驻各地森林资源监督机构，对部分正式授牌和有群众举报的湿地公园进行督查。对173处试点验收国家湿地公园的申报文件进行审查，组织专家对124处试点国家湿地公园进行现场考察评估，112处试点国家湿地公园通过验收，10处试点国家湿地公园验收不通过限期整改，2处终止试点。对47处国家湿地公园范围和功能区调整材料进行审核，组织专家完成现场考察评估37处，35处批复同意。湿地公园信息管理系统通过专家、省级和国家湿地公园等不同级用户参与的评审，898处国家湿地公园

的数据全部录入数据库。举办3期国家湿地公园建设管理培训班,培训350余人次。　　　　　　（王隆富）

【湿地宣传教育】 举办以"湿地—城镇可持续发展的未来"为主题的世界湿地日宣传活动;制作题为"强化湿地保护,建设美丽中国"的湿地保护宣传展板,分别在北京和广州进行展览;与《绿色时报》《森林与人类》合作开展湿地保护系列宣传活动;分别在西藏林芝和河南洛阳举办长江湿地保护网络年会和黄河湿地保护网络年会,近400人参加,加强了流域间网络成员的合作与交流,建立了全流域共同保护与治理的机制。

（王隆富）

森林公安与防火

08

森林公安工作

【综 述】 2018年度，全国森林公安机关共立各类森林和野生动植物刑事案件33 865起，同比上升6.7%（重特大案件2832起，同比上升27.3%）。其中，森林刑事案件29 940起，同比上升5.7%；野生动物刑事案件3925起，同比上升14.5%。共侦破刑事案件24 431起，同比上升6.8%（重特大案件1620起，同比上升14.5%），刑事案件破案率达72%。2018年度，先后组织开展"飓风1号""春雷2018""绿剑2018"等专项打击行动，始终保持对涉林违法犯罪的高压态势，战果十分突出，全国依法打击处理各类犯罪人员3万余人次，刑事案件中收回林地1.1万公顷，收缴林木7.5万立方米、国家重点保护植物4090株，收缴野生动物22万余头（只）、野生动物皮2206张、野生动物制品15.6万余件，刑事案件涉案价值9.18亿元。森林和野生动物资源得到有效保护，林区社会治安大局保持长期稳定。

加强与最高人民检察院、最高人民法院等相关部门合作，采取挂牌督办方式从重从快依法打击处理了一批长期作案、团伙作案、顶风作案的违法犯罪分子和团伙，查处了一批大要案件，社会反响强烈。重点指导侦破了"湖南4·26特大贩卖穿山甲等野生动物案""吉林10·17特大杀害、贩卖老虎等野生动物案""山东中核集团非法占地案""陕西商洛系列特大妨害动植物检疫、伪造买卖国家机关证件案"等涉林违法犯罪热点案件，及时抓捕涉案犯罪嫌疑人，有效树立了森林公安执法权威。其间，对各地侦办的100起大要案件挂牌督办，共办结75起，同比上升6%。同时，联合最高人民检察院侦监厅、公诉厅挂牌督办了10起涉林刑事案件，取得较好执法效果。

【森林公安队伍建设】 严格落实森林公安领导干部"双重管理"制度，对领导干部的选拔任用、警衔晋升、表彰奖励等工作进行考察、公示和纪检核查。对9个省级森林公安局12位拟任领导干部进行了考察。加强教育训练工作，举办16期、1302人各类培训。指导各地抓好思想政治教育，举行荣誉仪式和公安英烈缅怀仪式。为238名民警记（追记）个人一、二等功，为100个集体记功；做好公安英烈和因公牺牲伤残公安民警子女信息采集工作，为208位公安民警家属发放2018年特别慰问金104万元；推荐3位英模分别参加公安部组织的赴大连、白俄罗斯休养活动；组织森林公安系统46名英模及家属赴厦门休养；为32名因公牺牲、一至四级因公伤残公安民警的未成年子女申请公安部"鹰翔计划"助学金，并获得6.4万元的资助；为森林公安系统35个符合发放烈士慰问金的家庭发放烈士慰问金；为87名牺牲、病故民警家属发放特别补助金、一次性抚恤金203.2万元，解除民警后顾之忧。举办全国森林公安纪检督察培训班，根据《信访条例》等相关规定，下发转办函66份、群众举报105件，组织汇编了《全面从严治党治警常用法规》。坚持"文化育警、文化励警、文化惠警、文化强警"的工作理念，积极开展警营文化建设，不断提升森林公安队伍和民警忠诚为民、实干担当的修养与作风。广泛征集第三届全国公安民警微信微博微电影大赛参赛作品，共向公安部政治部选报作品25部，其中，微信作品10部，微博作品1部，微电影7部，微视频7部。举办了以"不忘为民初心、牢记从警使命，护航生态文明和美丽中国建设"为主题的全国森林公安第三届"森林卫士杯"演讲比赛。

【森林公安警务保障】 2018年，通过协调财政部，争取森林公安转移支付资金6.25亿元。积极参与公安部《大数据办专项工作组组建方案》制订工作，并向公安部推荐有关工作组成员和特聘专家、评审专家。积极参与公安部"大数据"规划和建设工作，组织研究和修改完善《公安部大数据发展顶层设计方案（征求意见稿）》，将森林公安信息化纳入到"公安大脑"整体规划框架。组织修订涉林信息采集两个技术标准，制订《全国森林公安涉林基础信息管理系统》研发和推广方案，正按计划推进。继续推进"涉林案件现场勘查装备"研发工作，按程序要求向公安部报送了定型列装申请。全面总结近年来推进警用无人机工作的做法和经验，研究起草《关于加强森林公安无人机建设和应用的指导意见》。根据新划分的五大警务合作区，全国20余个省级、200余个地市级、1000余个区县级森林公安机关与周边地区协同建立了跨区域警务合作机制，森林公安警务合作能力及实战化水平大幅提升。

【森林公安改革】 2018年2月，在北京召开"全国森林公安工作会议"。截至2018年年底，全国已有15个省（区、市）以林业厅、公安厅的名义，联合印发本省份深化改革实施意见。在整体推进深化改革工作的同时，各地还结合本地实际，对制约本地森林公安工作发展的瓶颈问题进行单项攻破：黑龙江森工总局经积极协调，一次性解决了总局森林公安机关的管理体制问题；海南、河南、四川、福建、广西、贵州、云南、青海、重庆等省份出台警辅人员管理办法，明确了森林公安机关警辅人员招聘、经费保障等重要内容。全国九成以上涉林刑事案件实现网上流转办理，森林公安改革工作成效显著。

（李新华供稿）

森林防火工作

【综述】 2018年，全国共发生森林火灾2478起（其中，一般火灾1579起、较大火灾894起、重大火灾3起、特别重大火灾2起），受害面积1.6万公顷，因灾伤亡39人（其中死亡23人），与2017年相比，森林火灾次数、受害面积和因灾伤亡人数分别下降23%、33%和15%；全国共发生草原火灾39起，均为一般火灾，累计受害面积0.26万公顷，经济损失103万元，连续第三年未发生人员伤亡事故，各项火灾指标显著下降。

【森林火灾典型案例】 6月1日19时，内蒙古大兴安岭航空护林局直升机巡护发现内蒙古自治区大兴安岭重点国有林管理局汗马自然保护区北部腹地出现火情。由于该区域地处大兴安岭北部主脊地带，平均海拔1200米以上，是未开发的原始林区，火场山坡植被以偃松为主，树干分支伏卧、交织成网、油脂含量极高，扑救难度极大，火灾形势极为严峻。经3640人（其中林业扑火队伍1960人，森警1680人）奋力扑救，6月6日10时，汗马火场全线合围，外线明火全部扑灭，整个火场得到全面控制。6月9日9时，汗马火场实现无烟、无火、无气、无垃圾的"四无"目标，火灾扑救工作取得全面胜利。经查，这次森林火灾的受害森林面积为4500公顷，系特别重大森林火灾。森林公安机关第一时间现场侦查，结合起火点火情蔓延轨迹、现场雷击木取证及气象雷暴监测记录，确认起火原因为雷击引发。

6月1日19时，内蒙古自治区大兴安岭重点国有林管理局汗马国家级自然保护区发生森林火灾。由于汗马国家级自然保护区与黑龙江大兴安岭呼中国家级自然保护区隔界相连，受风向影响，火灾于6月3日17时烧入呼中国家级自然保护区。由于烧入区域植被以油脂含量较多的高山偃松为主，火势发展极为迅猛，多处形成高强度树冠火，扑救极其困难。经4611人（其中林业扑火队3311人，森警1300人）奋力扑救，6月6日17时，呼中火场全线合围，外线明火全部扑灭。6月8日10时，火灾全部扑灭，火灾扑救工作取得全面胜利。经查，这次森林火灾的受害森林面积为2130公顷，系特别重大森林火灾，起火原因为外省（区）烧入。

6月2日10时，国家森林防火指挥部办公室监测卫星和内蒙古自治区大兴安岭重点国有林管理局遥感系统同时发现内蒙古北部原始林区管护局乾乾林业局阿巴河林场有1个热点，经核查反馈确认为森林火灾。经1950人（其中林业扑火队员1250人，森警700人）奋力扑救，6月3日23时，阿巴河火场全线合围，外线明火全部扑灭。6月7日9时，阿巴河火场完成全面清理，达到无烟、无火、无气、无垃圾的"四无"目标，火灾扑救工作取得全面胜利。经查，这次森林火灾的受害森林面积为986公顷，系重大森林火灾。森林公安机关第一时间现场侦查取证，结合起火点火情蔓延轨迹、现场雷击木及气象雷暴监测，确认起火原因为雷击引发。

2月16日17时，四川省甘孜藏族自治州雅江县恶古乡马益西村发生森林火灾。经1668人（其中森警434人）奋力扑救，2月21日18时，火灾全部扑灭。经查，这次森林火灾的受害森林面积为562.39公顷，系重大森林火灾。经调查认定，此次火灾系恶古乡马益西村村民煨桑不慎引发。因涉嫌失火罪，19名嫌疑人被刑事拘留，对4名嫌疑人执行逮捕。

2月19日14时，四川省甘孜藏族自治州雅江县八角楼乡更觉村发生森林火灾。经1702人（其中森警402人）奋力扑救，2月23日13时，火灾全部扑灭。经查，这次森林火灾的受害森林面积为662.8公顷，系重大森林火灾。经调查认定，此次火灾系国网雅江县供电公司输电线路短路，点燃线路下方林地内可燃物引发。

【防控森林火灾】 2018年，中国多地高温、干旱、干雷暴等极端天气活动频繁，林区牧区可燃物载量显著增多，农事用火、民俗用火和生产生活用火不同程度存在，野外火源管理难度大，火险等级长期居高不下。面临严峻的森林草原防灭火形势，各地各有关部门齐努力、同奋进，防风险、化危机，工作成效显著。

部署安排 国务院总理李克强先后两次对森林草原防灭火工作作出重要批示，国务院两次召开专题电视电话会议，国务院副总理胡春华、国务委员王勇分别就森林草原防灭火工作进行安排部署。国务院调整成立了国家森防指，王勇担任总指挥，调整了指挥部组成单位和人员，进一步强化了对全国森林草原防灭火工作的组织领导。国家森防指召开成员单位会议，对防火特要期工作进行重点部署。在机构改革关键之际，国家森防指、应急管理部负责人先后深入黑龙江、内蒙古、云南、广东等地检查指导工作，极大鼓舞了一线工作人员士气。各地严格执行党政同责、一岗双责、齐抓共管、失职追责，发改、财政、公安、工信、气象、林草等有关部门齐抓共管、勇于担当、主动作为，宁可抓重、绝不抓漏，确保了森林草原防灭火工作没有出现大的问题。

预防为主 国家森防指通过中央广电总台、新华网、人民网、微信公众号等媒体，发布预警和防火信息，组织专家访谈，切实加强防火宣传和舆论引导。组织首届中国森林防火公益微视频大赛，投票数达168万张，总访问量达712万人次，受到了社会各界的广泛好评。中国森林防火微信公众号接地气、传正气、鼓士气，年推送信息1100条，粉丝量已达22万人，其"威头条"在中央部委上千个新媒体中获评一等奖。各地制定防火宣传方案，加强野外火源管理，强化防火培训演练，努力营造全民防火氛围，切实减少违规祭祀用火、农事用火和野外吸烟等行为。

督导检查 国家森防指坚持问题导向，先后组成31个工作组，深入东北、西南地区等17个重点省（区）进行明察暗访，深入北京、河北冬奥赛区等重点工程进行专项督查，并在全国范围内启动了森林草原火灾风险隐患排查整治工作。督办了四川省雅江县因煨桑祭祀、输电线路短路引发的2起重大森林火灾，3名主要肇事者被判处有期徒刑6年，包括雅江县委书记、县长在内的25名领导干部受到党纪政纪处分。各地加大责任追究力度，处理森林火灾案件1457起，先后有1505人次受到刑事、行政处罚和党纪政纪处分。

应急值守 国家森防指组织专家会商森林火险形势，完善监测预警工作机制，升级东北林区雷击森林火灾监测预警服务系统。全年编制火险研判报告7期，火险气象等级预报365期，高火险天气警报135期，火场气象专报20余期，高火险红色（橙色）警报4期；共接收卫星轨道1.7万条，提交监测图像1.1万幅，报告热点3425个，反馈为各类林内用火2984起，热点核查反馈率99%。各地严格执行24小时值班、"有火必报"和热点核查"零报告"制度，重点加强清明、"五一"、国庆等重点时段的应急值守工作，确保热点核查和火情信息畅通。

科学布防 国家森防指指导各省（区）科学布防森林消防队伍和灭火飞机，完成了全国森林草原消防队伍和大型灭火装备摸底调查，编制了赴火场工作组、调运应急物资、飞机跨省灭火、边境涉外火情协调联络等专项应急方案。各级森林防火部门始终保持高度戒备，全国2.5万人的森林消防队伍、3000支12万余人的专业扑火队、6.3万余名森林公安民警和25万护林员枕戈待旦。全年共租用航护飞机268架次，累计飞行1.3万小时，启动应急预案10余次，高效处置了四川、内蒙古、黑龙江等地的森林火灾。

提升基础能力 国家森防指加快推进《全国森林防火规划（2016~2025年）》实施，全年共安排中央预算内基本建设投资17亿元，启动实施森林草原各类防火基础设施建设项目170多个；安排中央财政飞行补助费5.5亿元，保障森林航空消防工作正常开展；落实中央补助资金7882万元，建设森林草原边境防火隔离带1.2万千米；国家森林草原防火物资储备库向各地调拨防扑火物资装备4万余件，价值6000余万元，有力提升了重点地区的防扑火能力。

【森林防火能力建设】 2018年度，下达中央预算内投资14亿元，启动实施各类建设项目112个，其中2亿元用于东北、内蒙古重点国有林区防火应急道路建设；投入森林防火物资储备经费6000万元，飞行补助经费5.52亿元，地面保障经费1600万元，边境防火隔离带经费5000万元，通过项目实施和经费补助，有效改善了项目区森林防火装备和基础设施建设水平，提高了森林火灾综合防控能力。

【森林防火重要活动及会议】 4月3日，国务院召开全国国土绿化、森林防火和防汛抗旱工作电视电话会议，落实李克强总理批示要求，科学分析森林草原防火工作形势，安排部署2018年各项工作。国家林业局局长张建龙、副局长李树铭出席会议。

4月19日，召开国家森林防火指挥部成员单位会议，对机构改革时期森林防火工作进行再部署、再安排、再强调。国家林草局局长张建龙、副局长李树铭出席国家森林防火指挥部成员单位会议。

9月28日，国家森林草原防灭火指挥部召开全国森林草原防灭火工作电视电话会议，对秋冬季森林草原防火工作进行安排部署，确保森林草原防火工作不出现大的问题。国家森林草原防灭火指挥部副总指挥、国家林业和草原局局长张建龙出席全国森林草原防灭火工作电视电话会议，并通报了春夏季森林草原防火工作情况和秋冬季工作安排意见，国家林业和草原局副局长李树铭出席会议。

（李新华供稿）

安全生产和防灾减灾工作

【综述】 2018年，在国务院安委会指导下，在国家林业和草原局党组的领导下，全国林业草原安全生产形势总体平稳，没有发生重特大生产安全事故。

【林草系统安全生产工作】

组织领导 一是依据中共中央办公厅、国务院办公厅印发的"三定"规定，明确了森林公安局负责林业安全生产相关工作。二是召开3次局党组专题会议，传达学习中央领导在国务院安全生产委员会全体会议、全国安全生产电视电话会议和全国森林草原防灭火工作电视电话会上的重要批示和讲话精神，听取局安全生产办公室负责人关于贯彻落实会议精神工作方案的汇报，研究林业安全生产工作，确定具体贯彻落实措施。三是落实工作责任。按照"管行业必须管安全、管业务必须管安全、管生产经营必须管安全"的要求，要求各有关司局、各派出机构及各直属单位指导抓好各自业务领域的安全生产工作。

工作部署 按照国务院安委会的安排，结合林业工作实际，组织开展了部门安全生产责任制落实情况检查、节假日安全生产检查、危险化学品安全综合治理、消防安全检查、森林防火检查、汛期安全生产检查、低温雨雪冰冻灾害防范应对等专项检查工作。各地林业主管部门也都结合实际，按照属地政府安委会的安排部署，开展了多种形式的林业安全生产专项整治活动。认真落实安全生产改革发展有关工作，按照《中共中央 国务院关于推进安全生产领域改革发展的意见》要求，积极完善安全生产责任制。

行业督导 为切实履行好安全生产领导职责，在抓好日常工作的同时，不断加大对行业安全生产工作的指导。认真贯彻《地方党政领导干部安全生产责任制规定》的有关要求，7月初下发《国家林业和草原局办公室关于开展部门安全生产责任制落实情况检查的通知》（办改字〔2018〕109号），部署省级林业主管部门围绕安全生产重点工作落实情况、组织领导、机构、制度、应急工作机制建设及监督检查6个方面开展自查，各地林业主管部门结合实际，按照属地政府安委会的安排部署，开展了多种形式的林业安全生产专项整治活动。在此基础上，下发了《国家林业和草原局办公室关于进一步加强当前林业安全生产工作的紧急通知》（办安字〔2018〕171号）和《国家林业和草原局办公室关于开展林业安全生产大检查督查的通知》（办安字〔2018〕176号），派出10个检查督查组对12个省（区、市）和2家国有森工企业的林业安全生产大检查工作进行了督查。通过督导检查，进一步提高了地方林业主管部门对林业安全生产工作重要性的认识，推动了隐患的排查整改。

森林草原防火专项整治 9月29日，国家林草局召开党组会议传达学习李克强重要批示和王勇讲话精神，研究确定具体贯彻落实措施，确保将全国森林草原防灭火工作电视电话会议精神和林业草原防火专项整治工作任务落到实处。一是切实提高政治站位，充分认识做好当前森林草原防火工作的重要性。9月30日，下发《国家林业和草原局办公室关于认真贯彻落实全国森林草原防灭火工作电视电话会议精神 全力做好秋冬季防火工作的紧急通知》（办防字〔2018〕143号），要求各级林业和草原主管部门全面落实责任，健全工作机制，全力以赴做好秋冬季森林草原防火工作。要求将行业管理责任和森林经营单位责任落实到位，落实好防火巡护、火源管理、防火设施建设、宣传教育、监督检查等责任，一旦发现火情，不等不靠，立即组织扑救，切忌小火酿成大灾。二是强化宣传教育，进一步提升全社会防火意识。《中国绿色时报》开辟《森林防火直通车》等专栏专版，大力开展森林防火典型宣传。第一时间编发相关森林草原防火工作信息，积极做好中国森林防火微信公众号实时宣传报道工作。三是强化基础设施建设，切实增强森林草原火灾综合防控能力。认真组织实施《全国森林防火规划（2016～2025年）》，指导省级规划编制出台，分解落实建设任务。集中组织审查2018年森林草原防火基础设施建设项目，大幅增加项目储备数量，不断提高项目储备质量，积极争取扩大年度投资规模。加快已投资项目建设，加强项目执行情况的监督检查，强化重点林区防火应急道路、火情瞭望监测、防火通信、林火阻隔、专业森林消防队伍能力建设，不断改善森林草原火灾综合防控水平。组织举办防火规划和项目建设管理培训班，提升项目资金管理水平，确保最大限度地发挥资金使用效益。四是强化基础工作，加快推进森林草原防火工作标准化、科学化进程。筹备召开新一届森林消防标准化技术委员会成立大会，组织修订《森林防火标准框架》，做好森林防火标准征集、审核和发布工作。举办森林防火标准宣贯培训班及专家讨论会，强化标准编制和执行，加快森林草原防火工作标准化进程。组织修订《森林防火科技发展纲要》，协调有关单位抓紧执行已下达的防火科研项目，做好已完成项目验收和推广转化工作。五是适时派出检查组，及时消除火灾隐患。根据火险形势和工作需要，派出由国家林草局森林公安局牵头的检查组，分赴高火险地区对林业和草原主管部门行业管理和森林经营单位责任落实情况、电视电话会议精神贯彻落实措施执行情况、防火巡护、宣传教育、基础建设、野外火源管控措施落实情况等进行检查。通过检查活动，及时发现和解决存在的问题，协助基层彻底消除火灾隐患。

宣传培训 按照国务院安委会的部署，组织开展《安全生产法》宣传周活动，开展了形式多样、内容丰富的普法宣传培训活动。对34个省级林业主管部门的35名林业安全生产工作机构负责人进行了培训，邀请国务院安委会办公室专家为学员讲解《安全生产法》。组织京外23个单位进行了专题学习，在局机关办公楼大厅设置《安全生产宣传栏》，发放各类安全生产宣传资料120份，组织知识竞赛11场次，各类活动和培训参加人数达605人次。在积极开展《安全生产法》宣传的基础上，积极组织开展隐患排查整治等活动。

【林草系统防灾减灾工作】

组织领导 4月3日，国务院召开全国国土绿化、森林防火和防汛抗旱工作电视电话会议，落实李克强批示要求，科学分析森林草原防火工作形势，安排部署2018年各项工作。张建龙、李树铭出席会议。10月18日，张建龙在北京主持召开松材线虫病防治专家座谈会，要求重点强化"防、管、除、问、研"5个方面工作，坚决遏制松材线虫病快速扩展蔓延势头。12月6～8日，国家林业和草原局副局长刘东生带队赴黄山督导松材线虫病防治工作，并出席皖苏浙沪赣四省一市联防联治会议，要求落实地方各级政府防治责任，加大联防联治力度，坚决保护黄山风景区松林资源安全。国家林业和草原局李春良副局长参加全国非洲猪瘟防控工作电视电话会议、全国林草系统野猪非洲猪瘟防控工作电视电话会议并作讲话。按照国务院关于开展非洲猪瘟防控督导工作的统一部署安排，国家林草局牵头国务院第六督导组二轮督导工作，分别由副局长李春良、专职副主任胡章翠任组长赴辽宁、河北、青海、宁夏开展非洲猪瘟防控工作督导。

法律法规 修订印发《松材线虫病疫区和疫木管理办法》（林生发〔2018〕117号）、《松材线虫病防治技术方案》（林生发〔2018〕110号）、《全国林业检疫性有害生物疫区管理办法》（林造发〔2018〕64号）全面实施更加科学严格管用的松材线虫病防治措施，严防疫情传播扩散。印发《林业有害生物防治检疫行政许可事项随机抽查工作细则》（林造发〔2018〕53号），进一步加强检疫审批事中事后监管。印发《国家级林业有害生物中心测报点管理规定》（林造发〔2018〕94号），全面规范国家级中心测报点管理。积极参与《森林法》修订，将林业有害生物防治地方人民政府负责制纳入《森林法》修订稿中。

监测预警 着力打造覆盖全国林业生态和保护建设区域、覆盖全国主要林业有害生物的监测网络体系，全国已建设林业有害生物测报站点35 042个，其中，国家级中心测报点1000个，省级中心测报点756个，一般测报点33 286个；测报员队伍72 378人，其中，专职测报员11 410人，兼职测报员60 968人。在全国开展大规模遥感监测核查工作，充分利用卫星遥感监测技术，以暗查暗访方式，查实浙江、山东等地松材线虫病疫情。密切跟踪国内外野生动物疫病发生动态，结合月度、季度、中期及年度野生动物疫病发生情况，充分发挥有关专家的智慧优势，深入分析研判国内外野生动物疫病流行动态、发生趋势和风险隐患，做好风险评估和管理，形成趋势分析预测报告13份，为国家林业和草原局党组科学决策提供重要依据和参考。根据中国气象局发布的沙尘天气预警信息，及时通过短信平台转发信息，提醒做好应急处置准备工作。利用卫星遥感、沙尘暴地面站监测、信息员观测等，确定3月1日至5月31日沙尘暴重点预警期，加强应急值守，建立沙尘暴应急值守和监测值班制度，安排专业人员负责收集遥感监测和地面监测信息。

处置灾情 派出20人次专家赴现场，指导17个省（区、市）妥善处置187起野生动物异常情况，无害化处理52种7541只（头）死亡野生动物，有效消除了疫情发生隐患。积极推动林业有害生物灾害纳入森林综合保险体系，森林保险在林业有害生物防治中发挥越来越重要作用。加大协调力度，适时派出专项工作组开展样品采集、流行调查，督促指导疫情发生省份有效落实各项监测防控措施，及时拨付应急补助经费，有效防控了江西人工繁育蓝孔雀禽流感、青海和宁夏岩羊小反刍兽疫、内蒙古野鸟条件致病菌混合感染等12起野生动物疫情。派出工作组赴吉林省白山市、黑龙江农垦总局北安分局指导野猪非洲猪瘟疫情应急处置工作。3月26～28日沙尘暴天气发生后，第一时间通过在北京的主要媒体发布沙尘暴灾情和处置措施，正确引导公众舆论。

科普宣教 做好森林防火宣传工作。第一时间编发相关森林草原防火工作信息，积极做好中国森林防火微信公众号实时宣传报道工作，全年共推送图文、视频、音频微信950余条，总用户数近22万人。以"防范森林火灾，守护绿水青山"为主题，举办首届中国森林防火公益微视频大赛，评出32部获奖作品。邀请中央电视台记者深入四川基层对森林防火责任落实、宣传教育、火源管理、扑火准备等情况进行实地采访并在央视新闻频道播报。在《中国绿色时报》推出全国林业厅局长会议特刊，生动呈现2017年中国森林防火亮点工作，全面总结2017年规划项目落实、航空消防、预警监测、基础建设、指挥调度等方面所取得的成绩。在《中国绿色时报》推出省区森林防火亮点工作特刊，集中宣传报道省区在森林防火规划编制、项目实施、宣传教育、法律法规等方面取得的突出成效与好的经验。印发了以中国森林防火吉祥物为主题的森林防火动漫图书约1.1万套。组织举办了全国林业植物检疫培训、松材线虫病检验培训、药剂药械安全使用培训、全国森防站长关键岗位培训等各类培训班15次，培训人员1100人次。利用野生动物保护月、爱鸟周、保护野生动物宣传日以及陆生野生动物疫源疫病监测网页，开展多种多样的科普宣传活动，普及野生动物疫源疫病监测防控知识，全面提高公众保护野生动物的自觉性和积极性，营造野生动物疫源疫病群防群控的良好氛围。举办野猪非洲猪瘟等重大野生动物疫源疫病监测防控培训班，切实提升了林业系统监测防控、野猪非洲猪瘟业务水平。利用防灾减灾日、世界荒漠化防治与干旱日，广泛宣传沙尘暴基本知识及应急避险知识，提高全社会防范灾害和开展自救互救的能力。

（李新华供稿）

森林资源管理与监督

09

森林资源保护管理

【综　述】　资源司以党的十九大和习近平新时代中国特色社会主义思想为指导，着力从严监管、夯实基础、创新机制、建设队伍，森林资源保护管理工作呈现出"严的监管卓有成效、稳的基础更加夯实、进的态势加速积聚、好的成果显著增多"的良好局面。

森林督查工作　首次实现森林督查全覆盖，组织五个局直属规划院完成全国近800万平方千米、两期29 000余景、共计3043个县级核查单位的高分辨率遥感影像数据判读和移交。各省、市、县对2929个存在疑似林地变化情况的县级单位进行全面自查。各省成立领导小组和工作机构，制订工作方案，开展了人员培训，全面组织开展外业检查工作。全国查出违法违规改变林地用途项目9.7万余起，面积10.6万公顷；涉嫌违法违规采伐伐区9.5万个，面积8.8万公顷，蓄积量460万立方米。

涉林违法问题整改　组织各派驻专员办、直属规划院对全国150个县级单位和东北、内蒙古重点国有林区开展了森林资源管理情况检查，并对检查结果进行通报。对存在严重破坏森林资源问题的17个单位挂牌督促整改。根据检查结果，全国共核实破坏森林资源案件3202起，已刑事立案310起，行政处罚1623起，党纪政纪处分1201人，其余案件正在查处中。对挂牌督促整改的17个单位共刑事立案98起，行政处罚182起，党纪政纪处分264人，包括对18名县处级领导干部给予了党纪政纪处分。7月17日国家林业和草原局召开三季度新闻通气会对整改情况做了发布，央视新闻频道、《经济日报》《中国科技报》、人民网、《法制日报》、澎湃新闻等主流媒体进行了集中报道。

涉林案件查办督办　派员参加中央纪委、国家监委牵头的秦岭北麓西安境内违建别墅问题专项整治工作。配合落实习近平总书记加强秦岭生态保护的要求，向自然资源部部长办公会报告相关工作落实情况。配合做好应对生态环境保护综合行政执法改革工作。加大对破坏森林资源违法案件的查办、督办力度，对陕西榆林占用国有林场林地建设豪华墓地案件、福建武夷山毁林种茶、贵州铜仁市公路建设违法占用林地问题依法督办查处整改到位。配合自然资源部通报4起涉林违法典型案例。起草《森林资源监督约谈制度》。会同发改委等11个部门印发《关于做好2018年高尔夫球场清理整治"回头看"工作的通知》，牵头对吉林、云南、贵州3省高尔夫球场清理整治开展"回头看"，督促完成取缔工作。参加国务院环保督察工作领导小组第五次会议，审议第一批10个省(区)中央环境保护督察"回头看"及专项督察报告。

专项整治行动　部署重点国有林区毁林开垦专项整治行动，全面清理排查开垦林地，严厉打击毁林开垦违法行为，稳步回收林地并恢复植被，保护和发展好重点国有林区森林资源。加强督导内蒙古国有林区毁林开垦专项整治行动，排查开垦林地22.91万公顷，收回林地1693.33公顷。调查核实黑龙江省虎林市在清收林地湿地过程中引发林农矛盾的报道并报自然资源部。

行政许可事项　全面整合建设项目使用林地及在林业部门管理的自然保护区建设审批(核)工作，对在国家级自然保护区实验区修筑设施审批工作坚持项目审批专家评审制度。下达2018年使用林地年度定额，对定额不足的内蒙古、江苏等10省(区、市)安排下达国家备用林地定额，预下达2019年使用林地年度定额。全国共审核审批建设项目使用林地项目4.6万项，面积21.01万公顷，收取植被恢复费340.35亿元。其中，国家林业和草原局审核同意使用林地项目656项，面积5.54万公顷，收取植被恢复费90.79亿元。审批在国家级自然保护区实验区内修筑工程设施项目64项，组织专家评审会10余次。办理不许可项目2项，变更项目26项，延续项目42项，补正项目32项。

林地用途管制　继续巩固勘察、开采矿藏和风电场项目禁限成效，对东北、内蒙古重点国有林区采矿项目从严控制，禁止风电项目建设。研究制定风电场项目建设使用林地政策，出台规范风电场项目建设使用林地的通知。配合保护司出台在国家级自然保护区实验区修筑设施审批暂行办法，对在国家级自然保护区修筑设施的范围、申报材料、程序等内容进行了规定。

行政许可监督检查　加强对建设项目使用林地及在国家级自然保护区建设行政许可的事中、事后监管，创新监管方式，提升监管效能，规范随机抽查。2018年局各派驻森林资源监督机构监督检查的经国家林业局行政许可征占用林地项目186项。按年度分：2017年行政许可项目146项，2017年向前追溯3年内行政许可指定竣工项目40项；按项目类型分：公路建设项目80项、铁路建设项目20项、水电建设项目21项、探矿采矿项目11项、水库建设项目15项、工业开发区建设项目2项、旅游开发项目5项、其他建设项目32项。抽查186项建设项目中，有127项按规定的地点、面积、用途、期限使用林地，严格遵守林地保护和建设项目使用林地管理制度。有59项发现违法使用林地问题，其中，已查处到位38项。

国家级公益林监管　落实《国家级公益林管理办法》和《国家级公益林区划界定办法》，推动国家级公益林区划落界，实施国家级公益林监测工作。组织局各直属院进行落界质量、数据库逻辑等方面检查，指导各地按照统一的标准和要求修改完善落界成果。首次实施国家级公益林监测工作，研究制订并下发监测评价办法，举办森林资源调查监测管理及新技术培训班，在全国抽取120个县，对国家级公益林区划落界、保护管理、资源变化和生态功能等情况进行监测评价。形成全国国家级公益林能落地的"一张图"、清晰的"一套数"，为国家级公益林常态化动态管理提供支撑。

全国森林资源清查 做好第九次全国森林资源清查"收关"工作,完成内蒙古、福建、河南、海南、青海5省(区)的调查任务,并通过加强技术培训、前期指导、质量检查、现地督导等方式,把控调查成果质量。开展第九次清查汇总分析工作,按照2017年滚动更新的数据组织完成了近20个专题分析和全国报告初稿,完成全国数据汇总工作。

东北二类调查 开展东北、内蒙古重点国有林区二类调查,完成36个单位的外业调查任务、内业统计汇总和数据验收入库工作,调查面积近1000万公顷。东北二类调查区域大多山高路远,外业调查工作量大,资源司组织各森工调查队伍攻坚克难,按计划完成2019年任务。调查成果将为重点国有林区森林资源保护管理和科学经营发挥重要的基础支撑作用。

梵净山冬韵(李贵云摄)

梵净山彩虹(李贵云摄)

首次全面实施林地年度变更调查 启动林地年度变更调查工作,制定出台《林地年度变更调查技术规程》林业行业标准并开展培训,统一技术方法和标准要求,采取三级检查的方式把控成果质量。完成覆盖全国90%以上的高分辨率遥感数据接收和处理,完成重点监测区200万平方千米林地变化地块判读区划,与森林督查共用遥感数据处理和判读成果,提交各地使用。启用全国林地变更调查工作平台。全面完成2017年度林地变更调查,形成林地"一张图"数据库和成果报告。

分类开展森林资源监测评价 完成2008～2012年度全国人工造林综合核查,全国共抽查109个县、395个乡、9623个造林地块,核查面积7.82万公顷,形成成果报告。按照李克强总理的重要批示,组织制订全国植被调查方案,由自然资源部上报国务院办公厅。组织完成联合国粮农组织2020全球森林资源评估中国国家报告草案的编制。推进国家级森林抚育成效监测,对已设监测样地的林分因子进行年度数据测定,为编写监测报告提供科学保障。

组织森林经营方案编制实施 在实地调研和座谈研讨的基础上,下发加快推进森林经营方案编制工作的通知,扎实做好"十四五"采伐限额编制基础工作,努力提升全国森林资源保护管理科学化和精准化。4月在哈尔滨举办森林经营方案编制培训班,对2017年完成二类调查的东北50个林业局森林经营方案编制工作进行全面部署,组织专家进行现地指导和调研。审核论证林口等12个林业局的森林经营方案。启动东北、内蒙古重点国有林区森林经营方案实施试点,组织上报试点任务的作业设计。继续推进蒙特利尔进程履约、中芬森林可持续经营示范基地建设等国际合作工作。

力推重点国有林区改革 研究谋划2018年改革重点工作,探索完善改革推进举措,建立改革进展情况定期报告制度,完善监督制约机制和改革进展成效考核办法,有力推进各项改革任务落实。按照中央事权实施规范管理的新要求,积极协调推进重点国有林管理机构组建工作,分管局领导和司领导共15次带队与中央改革办、中央编办、国家发展改革委、财政部等部门和单位进行协调沟通并获得支持,为逐步理顺重点国有林区森林资源管理体制奠定基础。指导各地推进"政企、政事、事企、管办"分开,督促内蒙古、吉林、黑龙江加快推进职能剥离工作。据初步统计,森工企业承担的政社性职能涉及机构3183个,人员17.3万人。目前已剥离机构694个,占总数的21.8%;人员5.1万人,占总数的30%。协调推进大兴安岭设立新林县、呼中县工作。配合做好2018年贯彻落实国家重点政策措施情况跟踪审计工作。

改革督导调研培训 扎实做好中央巡视组有关"对国有林区改革调研不到位,推进力度不够"的问题。反馈意见整改落实,自整改任务部署以来,共协调局领导、有关部委司局组成工作组近20次,走访林业局50余个,林场所80余个,召开各种范围类型的座谈会50余次。督导调研采取"请进来"和"走出去"相结合方式,组织开展重点国有林区森林资源管理"一对一"访谈调研活动,与来自基层林业局、森工集团、林业厅的18位负责同志逐一进行交流,汇总形成机构组建调研报告;联合国家发展改革委和中央编办等部门,派出工作组分别赴黑龙江和大兴安岭林区开展改革督导调研,指导推进落实改革任务。2018年组织和参加各种类型的改革调研工作近10次。举办东北、内蒙古重点国有林区林业局长森林资源管理培训班,副局长李树铭出席培训班并讲话,东北、内蒙古重点国有林区有关林业主管部门、专员办负责人共229人参加培训。组织三省(区)林业主管部门、森工企业100余位同志进行改革专题培训,邀请专家领导解读改革有关政策和要求,增强各森工企业局对改革工作的认识,提高改革工作能力。

林木采伐管理政策 稳步推进林木采伐管理改革,

调研了解掌握全国林木采伐管理现状，系统梳理全国林木采伐管理存在的突出问题，进一步落实"放管服"要求，简化程序，提升效能，并对竹林、经济林和非林地上林木的采伐、集体林伐区调查设计、自然灾害木清理县域内统筹使用限额等事宜予以明确和规范。汇总形成《关于全国2017年度采伐限额执行情况的报告》。严格审核山西、辽宁和广东3省申请增加采伐限额事项，并经实地调研核实后完成对山西省、辽宁省人民政府的正式复函。顺应机构改革后森林资源管理新形势和新要求，研究起草《全国森林资源林政执法监督能力建设指导意见》，提出提升木材检查站能力建设、创新和完善林木采伐和木材运输监督检查的新思路。进一步加强全国森林资源利用监管信息平台的建设管理和优化整合，提高林木采伐审批和木材运输管理的科学化、规范化。积极做好森林法修改工作。

林长制推广工作 林长制是全面落实保护发展森林资源目标责任制的有力抓手和生动实践，是促进生态文明建设、确保林业治理取得实效的一项重大制度创新。按照局长张建龙批示要求，总结安徽省建立林长制的成功经验，探索在全国推广实行林长制，建立"党政同责、一岗双责"的管理机制，全面落实地方党政领导保护森林资源的责任。分别赴安徽、江西、海南等省（区）调研，副局长李树铭就总结推广林长制、适时召开林长制现场会等有关问题与安徽省委交换意见，形成专题调研报告。起草《全面推行林长制的意见》及实施方案，并上报中央深改委。积极指导海南省林业局起草《海南省全面实施林长制的意见》，推动海南省建立林长制工作。截至2018年年底，全国有16个省（区、市）全域或者在部分市县推进了林长制改革试点，其中安徽省和江西省已在全省域范围内推开。

森林资源监督机制 推进并完善地方政府目标责任制检查工作，顺应全面开展森林督查工作需要，举办森林资源监督技术和督查专题培训班，指导各专员办组织开展森林督查和目标责任制检查工作。抽取155个县（市）进行目标责任制落实情况检查，检查过程更加规范，评分更加严格。检查结果显示，有15个县优秀，83个县良好，检查合格率达到93.5%。积极推广武汉专员办网格化管理模式，打造"互联网+森林资源监管"工作机制，推动各专员办创新森林资源监督机制。

森林资源监督机构业务建设 明确提出各监督机构要以督查督办破坏森林资源案件为"第一职责"。汇总2017年各省级森林资源监督报告，15个专员办分别向33个省级单位提交年度监督报告，提出128条监督建议。15个省（区、市）党政领导在监督报告上作出批示。局长张建龙和副局长李树铭分别在全国森林资源监督报告汇总签报上批示，给予充分肯定。据统计，2018年各专员办共督查督办案件2267起，办结1706起，办结率75.25%。其中，刑事案件510起，行政案件1606起，未定性或其他案件151起。涉案林地5814.73公顷，涉案林木106 475立方米。按案件种类分：违法使用林地案件1806起，滥伐盗伐林木案件458起，野生动植物案件3起。就案件的影响来说，违法使用林地案件占所有案件约80%，且以政府主导的重点工程建设项目违法使用林地案件较多，此类案件普遍存在涉案林地面积大、林木数量多等特点，是案件督办查处的重点领域。在督查督办案件中，纪律处分1233人，行政处分634人，行政处罚1495人，刑事处罚427人。收回林地1727.53公顷，罚款16 471万元，罚金695万元。

生态文明体制改革 配合开展空间规划编制工作，参与编制《长江经济带生态保护修复规划》和《长江经济带国土空间规划》，参与研究《自然生态空间划定技术规程》，指导完善宁夏回族自治区空间规划成果。配合开展生态保护红线划定工作，对东北、内蒙古重点国有林区生态保护红线提出森林和林地管理的划定意见。配合开展健全国有自然资源资产管理体制改革，抽调人员参与国家公园办工作。

国有森林资源有偿使用制度改革 完成《国有森林资源资产有偿使用制度改革方案（送审稿）》的起草、会签、报送工作，由自然资源部适时报送国务院。配合自然资源部开展自然资源资产产权制度改革，完成《森林资源产权制度改革研究课题》并作专题汇报。配合起草报中央深改组审议的《统筹推进自然资源资产产权制度改革的指导意见》。起草《国有森林资源资产情况的报告》，落实国务院向全国人大报告国有资产管理情况分工中国家林草局承担的任务。

重点国有林区林权管理 指导阿尔山林业局开展重点国有林区国有森林资源资产有偿使用和建设用地变更登记两项试点工作，加强对中央直接行使所有权的国有森林资源资产产权管理工作。强化对重点国有林区的权属管理工作。协调解决东北虎豹国家公园自然资源统一确权登记试点工作难点问题。继续研究解决重点林区纠纷解决处理机制。参与有关国有林区毁林开垦中央督办案件的处理工作，结合国家林权登记发证历史情况分类提出处理意见。

自身建设 配合完成机构改革任务，原资源司和监督办合并组建成立新的资源司，编制30名，内设8个处。加强对驻各地专员办和各直属规划院的指导、管理和服务，着重推动监督和监测机制创新，2018年年初组织召开专员办机关"两建"和创新完善监督机制工作汇报会，副局长李树铭出席并讲话；与调查规划设计院进行工作对接，明确部署全年各项任务。举办森林资源监督干部培训班，各专员办80余人参加培训。积极配合局人事、机关党委等部门，督促、支持各办、院落实全面从严治党责任，对内抓两建强素质，对外抓业务强作风，推动森林资源监督和监测工作努力开创新局面。

（郑思洁）

林地管理

【从严控制矿产资源开发等项目使用东北、内蒙古重点国有林区林地】 2018年7月13日，国家林业和草原局下发《国家林业和草原局关于从严控制矿产资源开发等项目使用东北、内蒙古重点国有林区林地的通知》（以下简称《通知》）（林资发〔2018〕67号）。《通知》对继续巩固禁限成效，切实落实"绿水青山就是金山银山"的发展理念，进一步依法严格规范勘察、开采矿藏和风电场项目使用重点林区林地，提出了六点具体要求：一是划定勘察、开采矿藏和风电场项目禁止建设区域。二是严格限制商业性勘察矿藏项目临时使用林地。三是提高开采矿藏项目使用林地准入门槛。四是依法落实恢复林业生产条件的责任。五是加强对勘察、开采矿藏项目使用林地的监管。六是充分发挥重点林区森林资源监督机构的监督职责。《通知》自下发之日起执行，有效期至2023年7月30日，原国家林业局发布的《国家林业局关于从严控制矿产资源开发等项目占用东北、内蒙古重点国有林区林地的通知》（林资发〔2013〕4号）同时废止。

（聂大仓）

【2018年全国建设项目使用林地审核审批情况】 2018年，全国（不含台湾地区，下同）共审核使用林地项目28 319项，审核同意面积155 426.59公顷；批准临时占用林地和直接为林业生产服务的工程设施使用林地项目17 846项，批准面积54 750.67公顷；征收森林植被恢复费340.35亿元。其中，国家林业和草原局审核使用林地项目656项，审核同意面积55 411.89公顷，征收森林植被恢复费90.80亿元。各省（区、市、新疆生产建设兵团）林业和草原主管部门审核使用林地项目27 663项，审核同意面积100 014.70公顷；批准临时占用林地和直接为林业生产服务的工程设施使用林地项目17 846项，批准面积54 750.67公顷；征收森林植被恢复费249.56亿元。国家林业和草原局审批国家级自然保护区实验区修筑设施项目64项。

（胡长茹）

表9-1 2018年度国家林业和草原局审核建设项目使用林地情况统计表

省（区、市）、集团、兵团	审核使用林地		
	项目数（个）	面积（公顷）	森林植被恢复费（万元）
总　计	656	55 411.8921	907 953.6356
北　京	7	312.0932	40 596.807
天　津	—	—	—
河　北	20	2246.0462	18 024.3478
山　西	5	258.9201	4819.3836
内蒙古	44	7498.3999	121 831.9641
辽　宁	4	273.5143	7492.214
吉　林	26	1080.6861	21 986.4426
黑龙江	7	695.4348	10 915.952
上　海	—	—	—
江　苏	6	312.2544	6173.4787
浙　江	14	1103.9939	24 186.017
安　徽	11	1289.0639	21 064.2267
福　建	27	2581.7716	60 012.529
江　西	34	2897.1918	43 839.727
山　东	20	1310.5937	17 884.4522
河　南	16	954.4428	14 112.2531
湖　北	17	663.4789	9069.5313
湖　南	17	1313.033	21 747.2707
广　东	14	2358.8644	77 020.479
广　西	15	2801.7192	27 641.6317
海　南	2	475.0161	5580.9157
重　庆	7	287.1494	10 247.795
四　川	24	2411.1657	34 062.9127
贵　州	56	3985.4926	67 882.302
云　南	61	7525.302	87 621.8267
西　藏	16	672.9493	4303.9408
陕　西	40	2810.3166	68 376.4988
甘　肃	29	2088.1864	35 882.5947
青　海	8	381.1577	6213.5698
宁　夏	4	467.7362	5668.9545
新　疆	25	3318.0228	21 972.80388
新疆兵团	7	351.4484	3388.572
内蒙古森工	24	147.2648	1492.9357
大兴安岭	17	287.4978	2821.2614
龙江森工	32	251.6841	4018.0444

表9-2 2018年各省（区、市）、新疆生产建设兵团审核审批建设项目使用林地情况统计表

省（区、市）、集团、新疆兵团	审核使用林地			审批临时占用林地			审批直接为林业生产服务使用林地	
	项目数（个）	面积（公顷）	森林植被恢复费（万元）	项目数（个）	面积（公顷）	森林植被恢复费（万元）	项目数（个）	面积（公顷）
总　计	27 663	100 014.7003	1 901 106.55	8783	43 192.6194	594 464.2141	9063	11 558.0513
北　京	164	414.9814	116 390.231	155	401.8833	104 412.7751	89	57.7532
天　津	45	128.133	1923.7592	11	34.9389	657.415		
河　北	374	1582.9658	19 525.4484	124	1556.9951	7598.2428	32	82.3637
山　西	228	1564.922	17 609.3335	172	1767.2424	16 935.2544	97	235.6747

（续表）

省（区、市）、集团、新疆兵团	审核使用林地			审批临时占用林地			审批直接为林业生产服务使用林地	
	项目数（个）	面积（公顷）	森林植被恢复费（万元）	项目数（个）	面积（公顷）	森林植被恢复费（万元）	项目数（个）	面积（公顷）
内蒙古	893	4611.4551	62 944.7694	62	1894.672	23 973.1629	120	1037.8792
辽宁	415	1614.314	27 972.74	115	758.9491	7326.8532	16	27.3848
吉林	204	475.5614	10 016.4034	108	929.2433	15 455.061	47	53.8481
黑龙江	267	649.3221	11 660.9447	165	785.7924	11 103.18315	35	131.6436
上海								
江苏	239	1151.243	18 301.0807	32	417.8789	3747.0949	35	24.31
浙江	3200	5210.2674	116 751.1602	281	598.0566	11 777.4221	1807	1334.8749
安徽	758	2368.1923	47 181.5034	298	620.3494	8706.8736	782	304.5808
福建	2473	8025.5842	254 360.498	262	792.1287	17 048.2	579	482.3895
江西	1603	8423.6181	129 404.8443	321	1363.0687	16 047.6478	244	140.1838
山东	687	3017.7024	47 663.4492	110	1114.1373	9887.2163	108	181.9413
河南	402	1728.2967	25 180.8723	83	1103.8749	11 388.4889	12	34.3536
湖北	2306	7335.7949	102 150.723	574	2345.0959	26 734.283	372	578.7102
湖南	2384	7007.5518	126 058.5329	534	1794.6614	20 308.9905	306	307.2176
广东	1322	7805.944	170 657.82	792	3035.4074	49 680.93665	119	185.7002
广西	1170	6442.7463	92 088.8489	552	2123.5978	22 547.9265	444	858.4024
海南	17	70.4989	1824.2584	107	356.5413	3934.6654	13	12.6193
重庆	536	2491.0975	97 613.0714	314	1070.3783	28 635.9224	1654	333.8647
四川	1401	5478.906	107 258.2775	750	2311.7395	20 389.1357	1358	1549.0411
贵州	1829	5284.2702	89 097.9324	304	2254.0928	31 375.2828	16	4.9309
云南	2002	9292.1779	98 084.1801	1132	5953.9584	59 404.565	488	2074.5939
西藏	134	367.7006	2967.7216	21	220.7128	1180.7244	1	0.01
陕西	907	2839.1515	52 963.7741	80	792.6408	11 181.4495	28	47.6521
甘肃	231	719.8655	11 101.67	109	274.5766	3970.65	22	47.3551
青海	123	311.045	4396.6589	58	559.0989	4692.448	12	5.0224
宁夏	308	1433.1462	19 910.9503	297	1150.5317	11 194.2067	14	24.4383
新疆	850	1873.4476	14 881.9268	753	4214.1936	27 261.8137	37	114.0245
新疆兵团	191	294.7975	3163.1655	24	92.8037	926.5644		
内蒙古森工				9	113.2969	590.7163	74	650.5593
龙江森工				47	151.0334	1943.8903	65	377.1673
大兴安岭				27	239.0472	2445.1517	37	257.5608

【2018年度建设项目使用林地及在国家级自然保护区建设行政许可被许可人监督检查】 为落实《行政许可法》有关规定，根据《国家林业和草原局建设项目使用林地及在国家级自然保护区建设行政许可随机抽查工作细则》，2018年，国家林业和草原局组织15个派出森林资源监督机构（以下统称专员办）开展国家林业和草原局建设项目使用林地及在国家级自然保护区建设行政许可被许可人监督检查工作。共投入461名检查人员，检查223项国家林业局审核同意或批准的使用林地及在国家级自然保护区建设的项目，涉及259个县级单位。

检查的223项使用林地建设项目，实际使用林地面积1.4万公顷，其中，171项依法使用林地；52项存在超审核（批）范围使用、异地使用等问题；违法使用林地面积345.03公顷。有30项建设项目配套的附属工程存在未经批准违法使用林地情况，面积77.11公顷。

检查结果表明，大部分建设项目做到按行政许可确定的地点、面积、用途、期限使用林地，严格遵守林地保护和征占用林地、自然保护区管理制度。同时，也发现一些建设项目或附属设施和辅助工程不同程度地存在超审核（批）使用、异地使用、未按用途使用、超期限使用、未批先占林地的问题，部分建设项目还比较严重。

各专员办已对检查出的违法违规使用林地项目进行了督查整改，大部分项目已整改到位。下一步国家林业和草原局将进一步完善监督检查工作办法，加强对监督检查人员的培训，切实发挥各专员办监管职责，坚决依法打击违法违规使用林地行为。

（付长捷）

林木采伐管理

【林木采伐和木材运输监管】 中国实行限额采伐、凭证采伐、凭证运输的森林资源采伐利用监管政策。各地认真贯彻落实《国务院关于全国"十三五"期间年森林采伐限额的批复》（国函〔2016〕32号）和《国家林业局关于切实加强"十三五"期间年森林采伐限额管理的通知》（林资发〔2016〕24号）要求，主动适应新形势、新变化，积极探索林木采伐管理新办法、新举措，有效推动"放管服"的有关要求，不断提高管理实效。2018年是"十三五"采伐限额执行的第三年，资源司组织调度掌握各地2016~2018年全国林木采伐许可证核发和采伐限额的执行情况，指导各地开展"双随机、一公开"林木采伐监管，首次启动并全面开展全国森林督查工作，全面推动和加强林木采伐管理。

为切实推动森林经营方案编制和实施工作，并为编制"十四五"采伐限额提供基础和支撑，2018年6月，在实地调研和座谈研讨的基础上，资源司印发《关于加快推进森林经营方案编制工作的通知》（林资发〔2018〕57号），确定森林经营方案编制的指导思想和基本原则，规定编案的基础数据和编案完成时限，提供森林经营方案编制工作的基本遵循，通知指出"在2020年底前未编案的国有林业局、国有林场（采育场），其'十四五'采伐限额一律为零，所产生的后果由森林经营主体自己承担"，释放了强力推进国有林业单位编制实施森林经营方案的信号。通知下发后，全国各省（区、市）按要求制订了工作计划，启动森林经营方案编制工作。同时，采取多种形式，鼓励集体林组织、非公有制经营主体在林业主管部门的指导下编制森林经营方案，单编单列采伐限额，保障其依法科学经营利用森林。

凭证运输是从源头上管控非法来源木材流通的重要环节。随着全国路网的升级改造，无证运输、非法流通木材等越来越难以监管。为使全国4251个木材检查站发挥其在林政执法中的重要作用，2018年资源司组织对各省（区、市）的木材检查站建设运行情况进行了调查摸底，掌握了解木材检查站的布局、执法和基础建设情况，并对木材检查站建设问题进行了研究，提出新时期提升木材检查站能力建设、创新和完善林木采伐和木材运输监督检查、加强木材检查站基础能力建设的思路和建议。

（艾畅 张敏）

【重点国有林区"两项"检查】 受国家林业和草原局委托，内蒙古、黑龙江、长春、大兴安岭专员办承担着东北、内蒙古重点国有林区林木采伐监管任务，负责林木采伐许可证核发，并组织开展伐前审批、伐中检查、伐后验收等工作。按照"谁发证、谁抽查，谁审查、谁检查，谁申请、谁负责"的采伐管理制度，2018年，4个专员办采取"双随机、一公开"的监管方式，完成2018年度的伐区调查设计质量和伐区作业质量检查。具体结果为：一是4个专员办共受理审核的伐区调查设计小班65 798个。按伐区调查设计质量检查技术方案的要求，抽检71个林业局共649个小班。检查伐区小班649个，合格小班628个，调查设计合格率96.76%；检查有蓄积消耗小班472个，共涉及采伐林木21 794立方米，检查采伐林木21 593立方米，设计采伐量误差率0.93%。二是核发内蒙古森工、龙江森工、吉林森工、长白山森工和大兴安岭林业集团的林木采伐许可证26 073份，采伐蓄积量898 694.57立方米。按照作业质量检查规定，抽查74个林业局和2个直属单位，共计478个小班，面积5746.52公顷。经计算确定，伐区验收率98.7%；伐区凭证采伐率97.1%；采伐作业质量合格率85.9%。

（王鹤智 张敏）

【全国林木采伐和木材运输管理系统】 为落实"放管服"改革工作要求，满足申请者、管理者、监督者和社会对木材运输证和林木采伐许可证的需求，森林资源管理司加快推进《全国木材运输管理系统》和《全国林木采伐管理系统》在全国的部署工作，推动建立高效、便捷的网络一体化办证体系，不断推行"双随机、一公开"为基础的林木采伐监管的新机制。截至2018年年末，《全国木材运输管理系统》已经完成全国34个省级单位的部署，全国林木采伐管理系统已在28个省级单位推广使用。通过两个系统的布设，大大提高办理木材运输证和林木采伐许可证的效率，群众可以在木材起运地的县级以上林业主管部门办理木材运输证；也可以在县级林业主管部门，甚至有的地方可以在乡镇林业站办理林木采伐许可证。其中，全国木材运输管理系统已覆盖34个省级单位，全国共有5501个办证点和10 152个办证点用户。2018年，5501个办证点共签发木材运输证共计495.71万份，木材运输量共11 220.61万立方米，竹材运输量共2254.08万株。《全国林木采伐管理系统》已覆盖28个省级单位[含23个省和5个森工（林业）集团]。2018年，28个省级单位共核发林木采伐许可证141.61万份，采伐蓄积量10 243.92万立方米。

（王鹤智 张厚武）

森林资源监测

【林地年度变更调查】 全国林地"一张图"已在建设项目使用林地审核审批、森林督查、退耕还林、自然资源审计、有关规划等领域广泛应用,为林地和森林资源保护管理等林业生态建设提供了重要基础支撑。为确保林地"一张图"的现势性和时效性,根据《林地变更调查工作规则》的要求,国家林业和草原局组织实施全国林地年度变更调查。林地年度变更调查由国家林业和草原局森林资源管理司组织,国家林业和草原局直属院承担技术指导、检查验收和成果汇总,地方林业和草原主管部门具体组织实施。2018年林地年度变更调查,于2017年接收遥感数据,2018年年底开始实施,以2016年时点的林地"一张图"为基础,充分利用高分辨率遥感技术和林地管理档案信息,结合必要的现地调查,查清本年度内林地利用变化情况,将全国及各省林地"一张图"数据库更新到2017年年底,并形成林地变化数据库,逐级汇总形成全国林地变更调查成果。2018年,首次实现林地"一张图"年度更新。共协调购置909万平方千米高分辨率遥感数据覆盖,覆盖国土面积的近95%,调查成果全面翔实。实施国家与地方两级培训,统一技术方法和标准要求,培养林地变更调查技术队伍。实施县级自查、省级检查、国家核查三级检查制度,确保变更调查成果质量。强化信息化支撑,全国森林资源管理"一张图"已在国家林草局政务办公网运行,全国森林资源监管平台在国家林业局门户网站运行,为全国林业和草原系统共享和应用林地"一张图"提供了便利。根据中央国家机关机构改革对国家林草局的定位,全国林地"一张图"将逐步升级为全国森林资源管理"一张图",林地年度变更调查调整为全国森林资源管理"一张图"年度更新。 （韩爱惠）

【国家级公益林管理】 2018年,主要从夯实基础和适时监测两个方面,推进国家级公益林的规范管理。一是落实《国家林业局财政部关于印发〈国家级公益林区划界定办法〉和〈国家级公益林管理办法〉的通知》（林资发〔2017〕34号）精神,按照2017年8月印发的《国家林业局办公室关于进一步加强国家级公益林落界工作的通知》（办资字〔2017〕143号）要求,组织实施国家级公益林落界工作。2018年全面完成国家级公益林落界工作,落界面积1.14亿公顷。二是开展国家级公益林监测和保护管理情况检查,在全国范围抽取120个县,共抽取3046个遥感判读图斑,经现地核查,有2370个图斑现地发生变化,变化面积3286.67公顷,其中涉及违法的图斑1514个,面积1580公顷。研究对全国的国家级公益林实施年度监测,并纳入全国森林资源管理"一张图"年度更新工作中统筹推进,为实施国家级公益林规范化、动态化、精准化管理奠定基础。 （韩爱惠）

【第九次全国森林资源清查工作】 第九次全国森林资源清查于2014年开始,2018年结束,历时5年。清查工作由原国家林业局统一部署,森林资源管理司组织实施,各省(区、市)林业主管部门和各区域森林资源监测中心共同完成。调查固定样地41.5万个,清查面积957.67万平方千米。参与清查技术人员2.13万人,内外业工作量达128.72万个工作日,总经费投入7.97亿元。

第九次清查继续采用国际上公认的森林资源连续清查方法,严格执行《国家森林资源连续清查技术规定(2014)》,以省(区、市)为总体,调查、测量并记载反映森林资源数量、质量、结构以及森林生态状况和功能效益的因子,获取全国及各省森林资源现状及其动态变化数据,评价全国和各省森林资源生态状况及其功能效益。第九次清查全面深化了遥感、卫星导航、地理信息系统、数据库和计算机网络等技术集成应用,提高样地定位、样木复位、林木测量和数据采集精度,提升外业调查效率和内业统计分析能力。通过实行调查单位自检、省级检查和国家级检查"三级检查"和省级成果初审、复审、终审"三重审核"制度,采取首件必检、地类变化必检、跨期责任追究等措施,全国样地、样木复位率分别达到99.99%和99.27%,清查工作质量整体达到"优"级。

第九次清查结果显示,我国森林资源总体上呈现数量持续增加、质量稳步提升、生态功能不断增强的良好发展态势,初步形成国有林以公益林为主、集体林以商品林为主、木材供给以人工林为主的合理格局。全国森林覆盖率22.96%,森林面积2.2亿公顷,森林蓄积量175.6亿立方米。天然林持续恢复,人工林稳步发展,人工林面积继续保持世界首位。森林植被总生物量188.02亿吨,总碳储量91.86亿吨。年涵养水源量6289.50亿立方米,年固土量87.48亿吨,年滞尘量61.58亿吨,年吸收大气污染物量0.40亿吨,年固碳量4.34亿吨,年释氧量10.29亿吨。

（谢守鑫　饶日光）

【全国人工造林综合核查】 2018年,国家林业和草原局组织5个直属院开展了全国人工造林综合核查。这次核查继续坚持"队伍小、时间少、效率高"的原则,对各省2008~2012年人工造林成效情况进行了抽查,共抽取109个县,核查面积7.82万公顷。主要结果如下:

面积保存率 全国2008~2012年人工造林面积保存率为84.0%。按造林类别区分:重点工程造林面积保存率为82.0%,一般造林面积保存率为86.4%。

表 9-3　全国各年度人工造林面积保存率一览表

单位:%

年度		人工造林	按造林类别	
			重点工程造林	一般造林
2008~2012 年		84.0	82.0	86.4
其中	2008 年	67.6	67.9	67.3
	2009 年	89.0	84.3	93.9
	2010 年	81.3	70.7	92.8
	2011 年	89.9	89.0	90.8
	2012 年	93.9	94.4	92.2

表 9-4　全国各年度人工造林成林率一览表

单位:%

年度		人工造林	按造林类别	
			重点工程造林	一般造林
2008~2012 年		55.0	48.6	62.8
其中	2008 年	53.4	55.9	50.9
	2009 年	66.4	64.9	67.9
	2010 年	60.6	49.6	72.6
	2011 年	58.7	49.9	67.6
	2012 年	29.9	26.2	43.4

成林率　全国 2008~2012 年人工造林成林率为 55.0%。按造林类别区分：重点工程造林成林率为 48.6%；一般造林成林率为 62.8%。各年度人工造林成林率详见表 2。

成林质量　根据核查结果，全国 2008~2012 年人工造林成林面积为 1100 万公顷，占国土面积的 1.15%。成林面积中，幼林生长状况"好"的占 63.3%，"中等"的占 31.4%，"差"的占 5.3%。按类别区分：重点工程造林成林面积中，幼林生长状况"好"的占 60.8%，"中等"的占 31.6%，"差"的占 7.6%；一般造林成林面积中，幼林生长状况"好"的占 65.6%，"中等"的占 31.2%，"差"的占 3.2%。

其他情况　根据核查结果，全国重点工程造林占全国人工造林总面积的比率从 43.8% 下降为 35.9%，但在宜林荒山（沙）造林中承担了 63.5% 的任务。社会造林占全国人工造林总面积的比率从 56.2% 提高到 64.1%，成林面积达到 680 万公顷，为增加森林面积和改善城乡环境作出了重要贡献。

核查结果显示，2008~2012 年人工造林达到保存标准但尚未成林的面积约有 56.67 万公顷，需要持续加强抚育管护。部分地方造林地和造林树种选择不当的问题较为突出，大大影响造林成效。另外，灌木林覆盖度标准调整为 40% 后，对干旱半干旱地区灌木造林成林率将产生较大影响。

（谢守鑫　闵志强）

林政执法

【**2018 年全国森林督查工作**】　按照国家林业和草原局党组的部署要求，2018 年国家林草局组织开展应用遥感手段结合地面核实验证的全覆盖森林督查工作，对全国发现遥感影像变化的 2929 个县级单位（含国有林业局）、83 万多个变化图斑进行现地核实。

取得成效　在各级林业和草原主管部门的共同努力下，森林督查工作取得了明显成果。一是全覆盖检查彻底解决了检查单位数量少、范围窄的问题；二是联动工作机制调动了各级林业和草原主管部门的积极性，很多单位自我揭短，认真自查并如实上报结果；三是依法查处、加强整改引起了强烈社会反响，得到高度肯定；四是新技术的全面应用，强化了执法检查的震慑效果。森林督查共发现工程建设、采石采矿、违规土地整理项目违法使用林地、毁林开垦和滥砍盗伐林木案件线索 16 万余起，正在依法查处和落实整改，达到早发现、早制止、严查处的目的。

主要结果和问题

林地管理　共发现使用林地项目 12.95 万起、面积 39.09 万公顷，其中违法使用林地项目 10.02 万起、面积 10.28 万公顷，违法使用林地项目数量和面积分别占 77.4% 和 26.3%。从森林督查结果看，一是违法使用林地高发态势尚未得到根本遏制。各地普遍存在违法使用林地问题，违法使用有林地和公益林现象较为严重，其中有林地面积 4.45 万公顷、公益林面积 5.60 万公顷，分别占违法使用林地面积的 43.3% 和 54.5%。二是在生态重点区域违法使用林地问题十分普遍。29 个省份均存在自然保护区、森林公园、湿地公园和风景名胜区等重点生态区域内违法使用林地问题，共计 0.23 万起、面积 0.25 万公顷。其中，自然保护区内违法使用林地面积占总面积的 69.4%。三是工程建设项目特别是经营性项目成为违法使用林地主体。违法使用林地工程建设项目 7.32 万起、面积 6.78 万公顷。其中经营性建设项目 4.16 万起、面积 3.94 万公顷，违法使用林地占工程建设项目数量的 56.9% 和面积的 58.1%。四是土地整理项目违法使用林地有所蔓延，在部分省尤为严重。共发现土地整理违法使用林地项目 0.45 万起、面积 1.03 万公顷。五是部分省毁林开垦问题非常突出。全国发现毁林开垦面积 2.48 万公顷，其中毁坏有林地面积占到 42.8%。

林木采伐管理　共发现违法采伐林木地块 9.69 万个、蓄积量 468.36 万立方米。其中，单纯违法采伐的地块 6.85 万个、蓄积量 364.10 万立方米；违法使用林地造成违法采伐的地块2.84万个、蓄积量104.26万立方米。有17个省份存在违法采伐天然林问题，特别是非法使用林地中的违法采伐天然林问题突出。

重点国有林区主要结果和问题

林地管理方面　共发现违法使用林地项目350起、面积399.51公顷。其中，毁林开垦地块149个，违法开垦面积316.34公顷；工程建设项目违法使用林地201起、面积83.17公顷。

林木采伐管理方面　共发现违法采伐林木地块376个、蓄积量23 821立方米。其中，单纯违法采伐的地块37个、蓄积量708立方米；违法使用林地造成违法采伐的地块339个、蓄积量23 113立方米，特别是毁林开垦造成林木损毁严重，违法采伐蓄积量21 853立方米。

对森林督查发现的违法破坏森林资源问题和自查不认真、走过场的单位，国家林草局进行全国通报。对问题严重的单位，挂牌督促整改；对其他问题，要求建立销号制度，对照问题清单，依法查处、全面整改。

（陈　昱　段秀廷）

【全国林业行政案件统计分析】

林业行政案件统计结果　2018年，全国共发现林业行政案件18.29万起，查处林业行政案件17.61万起，恢复林地15 166.86公顷、自然保护区或栖息地863.44公顷；没收木材20.65万立方米、种子4.84万千克、幼树或苗木723.41万株；没收野生动物17.45万只(含国家重点保护对象1779只)、野生植物21.92万株(含国家重点保护对象939株)，收缴野生动物制品1054件(含国家重点保护对象163件)、野生植物制品37 612件(含国家重点保护对象1件)；涉林案件处罚总金额16.79亿元，其中，罚款16.26亿元，没收非法所得0.53亿元；被处罚人数17.97万人次，责令补种树木959.2万株。案件共造成损失林地12 833.6公顷、自然保护区或栖息地879.72公顷、沙地2.01公顷；损失林木38.81万立方米、竹子309.29万根、幼树或苗木2327.19万株、种子5.23万千克；损失野生动物14.06万只(含国家重点保护对象3169只)、野生植物26.74万株(含国家重点保护对象4767株)。

林业行政案件发生特点　2018年，全国林业行政案件呈现以下特点：一是案件发现总量出现反弹。案发数量较2017年增加9653起，上升5.57%，自2010年以来首次呈现上升趋势。二是林地案件占比首位现象再次呈现。违法使用林地案件发现数量已连续2年占据全国林业行政案件发现总量首位，且案发数量和占比均呈持续上升趋势，增速相对较快。三是林木案件发现数量和损失情况出现上升。全国共发现涉及林木案件88 740起，较2017年增加474起，上升0.54%，总量小幅上升，损失情况增幅较大，较2017年增加14.08万立方米，上升56.96%，且为5年内的最大增幅。四是野生动物案件数量和损失情况同比减少。较2017年减少322起，下降5.72%，案件共造成损失野生动物14.06万只，较2017年减少5.09万只，下降26.58%。五是野生植物案件数量增加但损失情况有所减少。较2017年增加184起，上升25.24%，案件共造成损失野生植物26.74万株，较2017年减少3.09万株，下降10.36%。六是法人涉林违法行为增加幅度相对较大。较2017年增加3088起，上升30.64%，法人违法行为案件的增长率远高于公民和其他组织，其涉及的案件类型以违法使用林地案件为主，同比增加2168起，上升29.42%。七是林地案件处罚成为涉林案件处罚的主体。林地案件处罚金额12.61亿元，占处罚总金额的75.13%，且涉案处罚金额不减反增，较2017年增加0.98亿元，上升8.44%。违法使用林地案件被处罚人数4.95万人次，占全国总量的27.55%，较2017年增加0.25万人次，上升5.3%。

（张　凯）

【受理举报林业行政案件】

案件受理　2018年1~12月，电话受理群众举报林政案件805件。从行为主体看，举报法人违法案件179件、占22.24%，举报公民违法案件245件、占30.43%，举报村集体负责人违法案件192件、占23.85%，举报其他行为主体人189件、占23.48%。

从案件类型看，举报盗伐林木案件106件、占13.17%，举报滥伐林木案件108件、占13.42%，毁坏林木和苗木案件246件、占30.56%，非法征占用林地案件78件、占9.69%，举报非法运输木材案件1件、占0.12%，非法收购加工木材案件5件、占0.62%，违反野生动物保护法规案件3件、占0.37%，违反森林防火法规案件3件、占0.37%，反映其他林政案件16件、占1.99%。政策咨询239件、占29.69%。

特点和存在问题　一是举报案件总体数量有所增加。2018年接听群众举报、咨询电话与2017年相比增加了27件，上升3.47%。二是违法主体情况分布均衡。从被举报行为主体看，举报法人违法案件占22.24%，举报公民违法案件占30.43%，举报其他行为主体人案件占23.48%，举报村集体负责人违法案件占23.85%。三是举报盗伐林木、滥伐林木和违法使用林地案件突出。从接听举报电话和受理举报信件情况看，盗伐林木案件同比增加56件，上升112%；滥伐林木案件同比增加25件，上升30.12%；违法使用林地案件同比增加24件，上升44.44%。

（张　凯）

森林经营

【森林经营】　一是召开2次专家论证会，审核论证东北、内蒙古重点国有林区2017年编制完成的12个林业局的森林经营方案，提出详细的修改意见，经修改之后的方案已上报国家林草局。二是组织2018年森林经营方案编制工作。在总结前期方案编制工作的基础上，2018年4月在哈尔滨举办了森林经营方案编制培训班，对东北、内蒙古重点国有林区2017年完成二类调查的50个林业局森林经营方案编制工作进行了全面部署，同时，组织专家分赴各地，对方案编制工作进行现地指导和调研，统一了思想，明确了编案的许多技术问题。三是继续推进森林可持续经营试点示范工作。结合参加资源司举办的哈尔滨森林经营方案编制培训班以及国际司举办的联合国森林文书履约示范单位培训班，对各个试点单位相关人员进行了新一轮的培训，结合新的林业建设形势，提出进一步推进试点工作的新要求，特别是在森林经营方案编制与实施、模式林建设、经营模式总结、经营管理制度完善、人员能力建设等方面进一步提出了要求。同时，要求各个单位对经营工作中面临的焦点问题，比如近自然经营理论与当地森林经营结合问题，冠下造林透光抚育如何实施等，组织专家进行专题研究。四是继续推进蒙特利尔进程履约、中芬森林可持续经营示范基地建设等国际合作工作。组织召开了蒙特利尔进程2017年度工作总结会和2018年工作部署会，明确了工作任务；计划中的《中国森林经营单位森林可持续经营评价研究》已经完成初稿，正在修改完善。中芬森林可持续经营示范基地建设工作，正在按照2017年启动会确定的工作方案稳步推进。五是继续推进国家级森林抚育成效监测工作。在前期工作基础上，结合可持续经营试点，增加部分监测样地，优化样地布局，并对已设监测样地的林分因子进行了年度数据测定，特别是对部分样地进行了复测，为2019年编写科学的监测报告提供了保障。六是启动东北、内蒙古重点国有林区森林经营方案实施试点。为探索建立科学完善的东北、内蒙古重点国有林区森林经营方案制度体系，在通过森林经营方案国家级审核认定的12个林业局中选取了7个国有林业局，开展计划控制下的森林经营方案实施试点，目前各试点工作正在稳步推进。

（崔武社）

森林资源监督

【林长制在全国有序推进】 自2016年10月起，江西省率先在武宁县和抚州市试点林长制改革。2017年3月起，安徽省委省政府率先在全省范围内探索建立并实行了林长制，多次召开全省林长制改革推进会，制定林长制改革推进、考核、管理等一系列制度，取得实效。2018年7月，江西省在总结武宁和抚州试点经验的基础上，在全省范围内建立了五级林长制管理体系。2018年以来，广东、新疆、贵州、海南四省（区）也提出在全省推行，已经出台了相关制度和文件。2018年9月25日，国家发改委、国家林草局等联合印发的《关于加快推进长江两岸造林绿化的指导意见》（发改农经〔2018〕1391号）也提出，鼓励在长江两岸率先建立和推行"林长制"。除上述6个省（区）外，还有12个省（区、市）的部分市、县正在实施林长制（山长制）试点。分别是：天津市蓟州区；河北省涉县；吉林省长白山保护开发区；江苏省盐城市的东台市、盐都区；浙江省湖州市；福建省泉州市安溪县；河南省信阳市新县、新乡市长垣县、洛阳市栾川县；湖北省襄阳市；广西壮族自治区的河池市、崇左市、金秀瑶族自治县、容县；重庆市的南岸区、渝北区；四川省都江堰市；云南省临沧市和玉溪市（按行政区划顺序排列）。

各地牢牢把握全面落实地方党委政府领导保护森林资源的责任这个中心，探索构建由地方党政主要领导分别担任总林长的五级林长体系，坚持高位推动、试点先行，多措并举、系统推进林长制工作。各地推进林长制试点，始终坚持问题导向，发挥制度优势，攻重点、克难题，取得了实实在在的成效。一是切实解决了不少群众反映强烈的民生问题。二是推动实施了一系列护林增绿的重点工程。三是显著提升了森林资源管护水平。四是初步构建了林业事业大保护、大发展的大格局。林长制的特点概括起来有四个方面：一抓顶层设计，将保护发展森林资源落实为党政主要领导的主体责任。二抓制度建设，着力构建保障林长制持续规范运行的制度体系。三抓全域覆盖，确保工作推得动、真落实。四抓目标考核，以强化责任倒逼工作落实。

（靳爱仙）

【专员院长书记工作汇报会】 2018年12月26日，资源司在北京国家林草局组织召开各派出机构和直属规划院2018年工作汇报会。国家林草局副局长李树铭、中央纪委国家监委驻自然资源部纪检监察组副组长陈春光出席。15个专员办专员、6个直属规划院院长就2018年工作总结和2019年安排作了发言。草原管理司、湿地管理司、计财司、人事司、机关党委等10个司局和单位的负责同志应邀参会。

（靳爱仙）

【各派出机构案件督查督办工作】 2018年，各专员办把督查督办各类破坏森林资源案件作为"第一职责"，密切关注建设项目违法占用林地、毁林开垦等重点领域问题，加大重点案件督查查办工作力度。15个专员办向33个省级被监督单位及有关部门提交了128条监督建议。共督查督办案件3869起，办结3159起，办结率81.65%。其中，刑事案件784起，行政案件2679起，未定性或其他案件406起。违法使用林地案件3161起，滥伐盗伐林木案件705起，野生动植物案件3起。涉案林地8433.33公顷，涉案林木14.53万立方米。违法使用林地案件占所有案件的81.7%，且以政府主导的重点工程建设项目违法使用林地案件较多，往往都是涉案林地面积大、林木数量多的案件。通过各专员办的督查督办，纪律处分1943人，行政处分1005人，行政处罚2460人，刑事处罚763人。收回林地2406.67公顷，罚款25 772万元、罚金881万元。

（唐　岚）

【森林资源监督业务专题培训班】 2018年5月7~9日，国家林业和草原局资源司在四川成都举办了森林资源监督干部培训班。培训班结合新时期森林资源监督工作实际和即将开展的森林督查、保护发展森林资源目标责任制检查工作，精心设置培训课程，就森林资源督查技术方案、保护发展森林资源目标责任制方案进行详细解读，并对检查中需要把握的关键技术和问题进行了交流。培训班邀请武汉专员办专员周少舟就创新森林资源监督机制——森林资源监督网格化管理进行了交流，贵阳专员办专员李天送围绕森林资源监督宣传及涉林舆情管理作了专题报告，内蒙古专员办专员李国臣就推动地方政府落实保护发展森林资源目标责任制作了典型经验交流。来自国家林业和草原局各派出机构的分管专员、综合处长、业务处长等共计80余人参加了培训。

（唐 岚）

【创新监督工作机制】 2018年，各专员办积极推进监督工作机制创新，取得了良好成效。一是建立健全约谈机制，不断提高监督成效。全年共开展约谈183次，约谈753人。二是充分利用信息技术，实现森林监督全覆盖，对遏制各类破坏森林资源的行为起到了威慑作用。三是积极借助公检法力量，联合督办大案要案。推动行政执法和刑事司法"两法衔接"，建立了预防和惩治涉林违法犯罪行为协同工作机制，探索与检察机关建立案件线索移送机制，坚持刑事案件必须移送起诉，杜绝督办案件不诉、不捕、不判等现象，确保案件整改到位。四是积极推广网格化管理模式，有效增强了案件发现和上报能力。五是全面倡导舆论和社会监督，提升公众参与度。主要包括：发挥媒体作用，形成舆论监督氛围；实施义务监督员工作机制，增强监督巡护覆盖面；发挥林业工作站的作用，联合办案。

（靳爱仙 唐 岚）

【保护发展森林资源目标责任制检查】 2018年，国家林草局派出机构按照《国家林业局关于开展森林督查工作的通知》（林资发〔2018〕14号）、《2018年全国县级人民政府保护发展森林资源目标责任制检查方案》（资监函〔2018〕23号）等文件要求，对全国各省（区、市）155个县（含市、区，下同）人民政府保护发展森林资源目标责任制落实情况进行了检查，其中，优秀评级15个，占被检数量的9.7%；良好评级83个，占被检数量的53.5%；合格评级47个，占被检数量的30.3%；不合格评级10个，占被检数量的6.5%。2018年的检查工作特点，一是新方案遵循森林督查整体要求，确保工作衔接一致；二是本次检查体现监管重点和责任落实，强化一票否决负面清单；三是结合监督区实际，各专员办检查的自主性提高。从检查情况看，大多数县能够按照要求建立责任制，但责任制执行县级政府重视不够，没有把考核结果与干部奖惩、提拔、任免结合起来，存在考核结果运用虚化、形式化等问题，对考核中发现问题的整改和落实不到位。10个不合格县（区）中有4个县存在重特大破坏森林资源案件且未查处到位，违法占地面积超过200公顷以上。

（李 磊）

重点国有林区改革

【综 述】 2018年，国家林草局深入贯彻落实党中央、国务院的决策部署，会同改革工作小组成员单位，采取有效措施，指导推动各地落实改革任务，重点国有林区改革工作持续深入推进。

生态建设 全面停止天然林商业性采伐后，每年减少森林蓄积消耗630万立方米。为巩固停伐成果，进一步强化森林资源保护管理措施，国家林草局组织完成了重点林区森林资源二类调查，抓好森林经营方案的编制，开展森林可持续经营和森林资源资产有偿使用制度改革试点，在林区部署开展森林资源督查行动，对重点国有林区森林资源保护管理情况开展全覆盖检查。会同有关部门规范林区开采矿藏和风电项目占用林地行为。各地基本建立并实行了"林业局—林场—管护站"三级管护体系，层层落实责任，提高管护工作成效。森林资源保护管理工作成效逐渐提升，森林资源实现持续稳定增长。

政事企分开 进一步完善推进举措，要求各地制定工作计划，明确推进政事企分开的时间表、路线图。7月、8月、10月先后三次深入林区开展改革调研，督促指导推进政事企分开和社会职能剥离移交工作。建立社会职能剥离定期报告制度，全面掌握各地剥离进展情况。指导龙江森工集团政事企分开，积极协调有关部门，进一步加大对大兴安岭林业集团公司剥离教育、"三供一业"的支持。多次与国务院办公厅、国家发展改革委、中央编办、民政部和内蒙古自治区人民政府联系，协调推进大兴安岭设立新林县、呼中县工作，为社会职能剥离创造良好条件。

管理体制改革 按照中央6号文件要求，3省（区）深入研究论证，积极开展试点，在管理机构组建工作中做了大量工作。党的十九届三中全会决定"属于中央事权，由中央负责的事项，中央设立垂直机构实行规范管理"，为落实决定要求，做好机构组建顶层设计，国家林草局多次派出工作组深入林区开展机构组建专题调研，4月12~25日，组织开展了"重点国有林区森林资源管理访谈调研"活动，分别邀请地方林业主管部门、森工企业各级机构18位负责同志进行了访谈交流，听取意见和建议，形成重点国有林管理体制改革的初步方案，并征求改革工作小组成员单位的意见。8~9月，中央改革办对重点国有林区改革落实情况督察后，明确指出当前森林资源管理体制存在的问题，并对完善管理体制提出了明确意见。为深入贯彻中央精神，按照中央改革办工作要求，国家林草局积极协调配合中央编办，深入重点林区开展专题调研，11月22日，中央编办联合国家林草局在哈尔滨市组织召开了重点国有林区森林资源管理体制改革座谈会，对有关意见逐步形成共识，管理体制改革思路逐步清晰，管理体制改革工作不断推进。

改革协调 于8月21~25日、11月20~23日,两次联合国家发展改革委、中央编办,深入林区开展改革督查调研。针对社会职能剥离不平衡问题,10月24日,会同国家发展改革委,对3省(区)有关部门进行了约谈。多次与中央改革办、中央编办、国家发展改革委、财政部等部门协调沟通,研究解决改革中存在的问题。局党组分别于10月16日、12月4日,两次组织召开会议,研究部署改革工作。先后多次派出工作组,深入林区开展调研指导,指导督促各地落实改革任务,组织3省(区)林业主管部门和五大森工集团召开专题会议近20次,研究改革中的困难和问题。在国家林草局及中央有关部门的共同努力下,各项改革任务稳步落实,为2020年如期完成各项改革任务奠定了基础。

(沙永恒)

【黑龙江省重点国有林区改革督察】 按照中央第六巡视组的工作要求,为强化对改革的督促指导,推进黑龙江省重点国有林区改革工作,8月21~25日,国家发展改革委、中央编办和国家林草局组成联合调研组,赴龙江森工集团、大兴安岭林业集团公司开展改革督察调研,与黑龙江改革工作组、大兴安岭地委行署分别进行座谈,深入森工企业一线指导推进落实改革任务,指导督促加快推进改革工作。

(沙永恒)

【对三省(区)改革中存在的问题进行约谈】 为深入推进改革任务落实,10月24日,国家林草局会同国家发展改革委,针对部分地区重点国有林区改革进展缓慢问题,对三省(区)林业、发改和五大森工集团进行集中约谈。各地汇报了改革工作情况,发改委体改司通报了改革进程中存在的主要问题,资源司对进一步做好改革工作提出要求。

(沙永恒)

草原资源管理

10

草原资源管理

【综述】 国家林业和草原局高度重视草原工作，开展草原重大问题系列调研，积极推动草原顶层设计，持续开展草原监测，稳步实施草原生态修复工程，加大草原执法监督力度，严格依法开展草原征占用审批，扎实推进草原春季防火工作。一年来，顺利完成机构改革、人员转隶，草原各项工作顺利推进，取得预期效果。

【草原改革发展】

研究建立草原资源有偿使用制度 按照《国务院关于全民所有自然资源资产有偿使用制度改革的指导意见》(国发〔2016〕82号)要求，草原管理司已就草原资源产权制度改革开展了相关专题调研，委托有关研究机构开展了深入研究，初步形成了改革方案框架，正加紧完善。争取到2020年，基本建立起产权明晰、规则完善、监管有效、权益落实的国有草原资源有偿使用制度。在不断增强和有效发挥草原资源生态功能的前提下，兼顾草原资源的生产功能，提升国有草原资源对维护国家生态安全和保障农牧民生计的双重功能，实现国有草原资源保护与利用的生态、社会和经济效益的协调统一。

草原重大问题调研 局党组对草原工作高度重视，在2018年5月局领导重大问题调研选题时，局长张建龙将"草原改革和保护重大问题研究"作为重大研究课题。为落实好局长张建龙调研任务，草原管理司会同局办公室、规财司和经研中心，认真制订调研方案，起草调研提纲。局长张建龙亲自赴青海、内蒙古和甘肃开展调研，其他局领导也分别开展相关调研。草原司和规财司、经研中心组成调研组，分赴西藏、新疆、四川、云南、甘肃等省(区)开展调研。本次调研范围涉及10个省(区)的39个县(市、旗)。各调研组采取召开座谈会、听取汇报、实地调查、走访牧户等多种形式，深入了解草原改革和保护工作情况，分析存在的突出问题，听取基层干部和农牧民群众的意见建议，研究进一步强化草原工作的思路和措施。

【草原监测】 2018年，河北、山西、内蒙古、辽宁、吉林、黑龙江、安徽、山东、河南、湖北、湖南、江西、广西、重庆、四川、云南、贵州、西藏、陕西、甘肃、青海、宁夏、新疆23个主要草原省(区、市)的草原监测机构开展了草原地面监测调查任务，采集报送样方数据1.5万个、入户调查数据0.7万条。同时，相关支撑单位开展草原返青、月度长势、枯黄等监测分析和草原生产力、草畜平衡分析测算、气象条件分析等技术支持和服务工作，完成年度草原监测工作任务。

全国天然草原产草量持续增加 2018年，全国天然草原鲜草总产量10.99亿吨，较上年增加3.24%；折合干草约3.39亿吨，载畜能力约为2.67亿羊单位，均较上年增加3.32%。全国23个重点省(区、市)鲜草总产量达10.25亿吨，占全国总产量的93.21%，折合干草约3.21万吨，载畜能力约为2.53亿羊单位。

重大生态工程项目区草原植被 2018年，国家继续实施退牧还草、京津风沙源治理、西南石漠化草地治理工程等重点草原保护修复工程。实施范围包括北京、河北、山西、内蒙古、黑龙江、陕西、广西、四川、西藏、甘肃、青海、宁夏、云南、贵州、新疆等省(区、市)及新疆生产建设兵团共260多个县(旗、团场)。2018年，对100多个项目县(市、旗、团场)的草原生态工程建设情况进行了地面监测调查。监测调查结果表明，通过实施草原围栏、补播改良、人工种草等措施，工程区内植被逐步恢复，生态环境明显改善。重大生态工程区[1]草原植被盖度比非工程区平均高11百分点，高度平均高38.3%，单位面积鲜草产量平均高52.7%。

退牧还草工程区内的平均植被盖度为64.7%，比非工程区高8.6个百分点；平均高度、鲜草产量分别为25.2厘米、3337.5千克/公顷，比非工程区分别提高31.1%、54.7%。

京津风沙源(草地)治理工程区内的平均植被盖度为58%，比非工程区高14个百分点；工程区内平均植被高度和鲜草产量为32.7厘米和4209.1千克/公顷，比非工程区分别提高39.9%和59.9%。

草原利用状况 2018年，全国重点天然草原[2]的平均牲畜超载率为10.2%，较上年下降1.1个百分点，向实现草畜平衡的目标更近一步[3]。全国268个牧区、半牧区县(旗、市)天然草原的平均牲畜超载率为12.6%，较上年下降1.5个百分点；其中，牧区县平均牲畜超载率为13.9%，半牧区县平均牲畜超载率为8.5%。西藏平均超载率为12%，内蒙古平均超载率为12%，新疆平均超载率为9%，青海平均超载率为8%，四川平均超载率为9.1%，甘肃平均超载率为10.6%。

草原鼠虫危害面积小幅下降 2018年，全国草原鼠害危害面积2578.77万公顷，约占全国草原总面积的6.6%，危害面积较上年减少9.3%。草原鼠害主要发生在河北等13个省(区)。其中，青海、新疆、内蒙古、甘肃、西藏、四川6省(区)危害面积合计2368.1万公顷，占全国草原鼠害面积的91.8%。

---

[1] 重大生态工程区，指退牧还草、京津风沙源草地治理、西南岩溶地区草地治理等重大草原生态工程项目的实施区域。

[2] 全国重点天然草原，指我国北方和西部分布相对集中的天然草原，也是我国传统的放牧型草原集中分布区，涉及草原面积3.37亿公顷。

[3] 按照国家发改委《资源环境承载能力监测预警技术方法》，可将超载率按照大于15%、15%~10%、小于10%，将牧区承载状态归并为超载、临界超载和不超载三个等级。

2018年，全国草原虫害危害面积①1234.5万公顷，约占全国草原总面积的3.1%，危害面积较上年降低1.4%。草原虫害主要发生在河北等13个省（区）。其中，西藏、内蒙古、新疆、甘肃、青海、四川等6省（区）危害面积合计为1078.1万公顷，占全国草原虫害面积的87.3%。

物候期监测情况

返青期：3~5月，全国大部分草原地区气温较高，除内蒙古东部等地降水量略少外，大部分草原土壤墒情较好，总体水热条件对草原牧草返青有利，全国草原返青时间较往年有所提前。

生长期：2018年夏季，除内蒙古东部、新疆北疆6、7月份遭受严重旱情外，其他大部分草原区草原植被生长状况较好，青藏高原天然草原产草量增幅较大。

枯黄期：8月下旬以来，中国北方草原逐渐进入牧草枯黄期，青藏高原大部、内蒙古东北部等地水热条件有利于延长牧草生长期，新疆北部草原提前进入枯黄期。

草原生态环境持续恶化势头得到有效遏制 2018年，全国草原综合植被盖度达到55.7%，较上年提高0.4个百分点；全国天然草原鲜草总产量连续8年超过10亿吨，草原涵养水源、保持土壤、防风固沙等生态功能得到恢复和增强，局部地区生态环境明显改善，全国草原生态环境持续恶化势头得到有效遏制。

【草原生态修复工程】 草原是中国面积最大的陆地生态系统，是中国重要的生态安全屏障，由于自然因素和长期不合理开发利用，草原退化严重，部分草原荒漠化和鼠虫害加剧，严重威胁中国生态安全。国家高度重视草原生态保护修复工作，为深入开展退化草原综合治理，2018年，国家在草原主要实施了退牧还草、退耕还草、京津风沙源草地治理、农牧交错带已垦草原治理等草原生态保护与修复工程和鼠虫害治理项目，通过围栏封育、退化草原改良、人工种草、控鼠灭虫等综合举措治理退化草原，实现草原植被保护和恢复，促进草原生态系统功能恢复和提升，改善草原生态环境。

退牧还草工程 退牧还草工程是目前中国实施范围最广、投资金额最大、建设内容最全面的草原生态保护和修复工程。2018年，国家继续在内蒙古、陕西、宁夏、新疆、甘肃、四川、西藏、青海、云南、贵州10个省（区）和新疆生产建设兵团的160个县（旗、团场）实施退牧还草工程。下达《关于下达2018年退牧还草工程建设任务的通知》（发改西部〔2018〕21号）文件，安排中央预算内资金20亿元，安排围栏建设任务207.13万公顷、退化草原改良24.6万公顷、人工饲草地建设5.93万公顷、舍饲棚圈5.9万户、黑土滩治理2.33万公顷、毒害草治理100万亩、岩溶地区草地治理4.93万公顷。

退耕还草工程 下达《关于下达2018年退耕还林还草任务的通知》，在内蒙古、湖北、重庆、四川、西藏、云南、甘肃、四川8个省（区、市）安排中央资金10.98亿元，安排还草任务7.32万公顷。

京津风沙源草地治理工程 2018年度京津风沙源草地治理工程在北京、河北、山西、内蒙古、陕西5个省（区、市）实施，安排中央预算内资金6.15亿元，安排人工种草1.73万公顷、飞播牧草8666.67公顷、围栏封育23.94万公顷、草种基地133.33万公顷、棚圈建设182.4万平方米、饲草料机械2085台（套）、青贮窖59.68万立方米、贮草棚万45.04平方米。

农牧交错带已垦草原治理工程 2018年度农牧交错带已垦草原治理工程在内蒙古、甘肃、宁夏、新疆的32个县组织实施，安排中央预算内资金2.6亿元，安排人工种草面积10.83万公顷。

鼠虫害治理项目 2018年，国家继续在河北、山西、内蒙古、辽宁、吉林、黑龙江、四川、西藏、陕西、甘肃、青海、宁夏、新疆等主要草原省（区）开展鼠虫害防治工作。2018年全国鼠害发生面积为2578.7万公顷、虫害发生面积为1234.5万公顷。其中，草原鼠害危害面积最大的省区为青海，面积多达576万公顷，危害面积超过400万公顷的省（区）有3个，超过300万公顷的省（区）有5个，超过200万公顷的省（区）有6个。草原虫害危害区域主要分布于中国北方和西北草原区，主要是内蒙古、甘肃、新疆3省（区），危害面积多达907.3万公顷，占全国草原虫害危害总面积的比重为73.5%。根据草原鼠害危害发生情况，国家积极开展鼠虫害防治工作，其中，鼠害防治面积634.2万公顷，虫害防治面积487.5万公顷，通过控鼠灭虫、围栏封育、人工种草等综合措施，有效减少了草原因灾损失，保护和恢复草原植被，维持了草原生态平衡。

实施退牧还草、退耕还草、京津风沙源草地治理、草原鼠虫害治理等项目是推动草原生态保护修复行之有效的方式和手段。2018年，全国草原综合植被盖度为55.7%，较上年增加0.4个百分点。通过持续性工程措施投入，草原植被得到保护和修复，改善和增强了草原防风固沙、防治水土流失、改善气候、涵养水源等生态系统功能，推动草原生态环境整体持续向好发展。

【草原执法监督】

执法监督 全年全国各类草原违法案件发案8199起，立案7975起，结案7586起，立案率为97.3%，结案率达95.1%。发案数量比上年减少5562起，下降40.4%。破坏草原面积7646.67公顷，比上年增加1.3%。共向司法机关移送涉嫌犯罪案件342起，比上年增加4.9%。

从各类案件发案和查处情况看，2018年，非法开垦草原案件发案数量比上年减少51起，破坏草原面积3406.67公顷，分别比上年下降6.1%和33.7%。非法征收征用使用草原512起，比上年下降10.3%，破坏草原面积3860公顷，比上年增加89.2%。非法临时占用草原案件发案数量178起，比上年增加了12.6%；破坏草原面积253.33公顷，减少了30.9%。违反禁牧休牧规定案件发案数量6216起，比上年减少42.3%，仍是发案数量最多的类型。违反草畜平衡规定案件发案数量

---

① 草原上单位面积内各类害虫密度或单位枝条上害虫密度超过其防治标准时即可认定为草原虫害危害面积。

344起，比上年减少72.7%。非法采集草原野生植物案件发案数量59起，比上年增加1.7%。买卖或者非法流转草原案件发案数量16起，比上年增加4倍。违反草原防火法规案件发案数量35起，比上年减少5.4%。

6月，组织各地开展了"依法保护草原 建设美丽中国"为主题的草原普法宣传活动。同月，与宁夏农牧厅、吴忠市人民政府联合举办2018年草原普法宣传月现场活动。副局长李树铭出席现场活动并讲话，现场活动是组建成立国家林业和草原局之后，就草原工作首次组织开展的较大型现场活动。国家、各相关省（区）的草原部门同志，以及当地基层干部、农牧民群众近500人参加了现场活动。

草原管护员队伍建设 组织开展草原法律法规和政策宣传，监督禁牧和草畜平衡制度落实，制止和举报草原违法行为，加大草原围栏等基础设施保护等工作。截止到2018年年底，全国共有草管员28.74万人。其中，专职草管员12.86万人，兼职草管员15.88万人。各地通过各种形式共培训草管员2106次，共培训30.96万人次。

草原承包制度 组织开展草原承包情况的调查研究，规范和指导草原承包工作，积极推动草原确权承包有序规范进行，在宣传发动、培训骨干、技术服务、监督管理、解决承包纠纷等方面做了大量工作。截至2018年年底，在全国16个省（区）开展草原确权承包登记整体试点，探索建立健全信息化、规范化的草原确权承包管理模式和运行机制。全国已承包的草原面积约为2.87亿公顷，约占可利用草原面积的88.21%。其中，承包到户2.13亿公顷，占比约74.3%，承包到联户6893.33万公顷，占比约24%。

草畜平衡和禁牧休牧监管力度 加大对草畜平衡和禁牧休牧的监管，扎实推进草畜平衡和草原禁牧休牧工作深入开展。2018，全国重点天然草原平均牲畜超载率为10.2%，较上年下降1.1百分点。全国268个牧区、半牧区县（旗、市）天然草原平均牲畜超载率为12.6%，较上年下降1.5个百分点，其中，牧区县平均牲畜超载率13.9%，半牧区县平均牲畜超载率为8.5%。截至2018年，全国主要草原牧区都已实行了禁牧休牧措施，全国草原禁牧休牧轮牧草原面积达到1.62亿公顷，约占全国草原面积的41.2%。

【草原征占用审批】 2018年，全国共审核审批草原征占用申请1362批次，面积为27 253.72公顷，征收草植被恢复费2.69亿元。其中，国家林业和草原局审核通过33批次，面积为14 552.90公顷。河北、内蒙古、辽宁、吉林、黑龙江、四川、西藏、甘肃、青海、宁夏、新疆11个省（区）及新疆生产建设兵团共审核审批通过1329批次，涉及草原面积12 700.82公顷。其中，公路、铁路与机场建设项目征收使用草原6264.31公顷，水利水电项目征收使用草原2153.90公顷，油气田项目征收使用草原65.45公顷，矿藏开采项目征收使用草原9043.61公顷，光伏光电项目征收使用草原3971.52公顷，农牧业项目使用草原2858.09公顷，其他项目（生态环境保护、边防基建及扶贫搬迁等）征收使用草原2896.84公顷。

【草原春季防火工作】
（火灾发生及基础设施投资情况为全年，防控与应急处置情况为1至5月）

2018年，全国共发生草原火灾39起，全部为一般草原火灾，累计受害草原面积0.26万公顷，连续3年未发生人员伤亡。春季（1~5月）防火期内，主要开展了以下工作：

强化组织领导，周密部署火灾防控工作 一是提早谋划防控工作。向指挥部报送《关于2017年全国草原防火工作情况及2018年工作安排的报告》，印发关于做好2018年草原火灾防控工作的通知，要求各地强化组织领导，落实防火责任，完善各项制度和应急预案，切实落实各项防范措施。二是召开专题会议。适时请示国务院召开春耕生产和森林草原防火工作会议，对全年防火工作进行安排部署。三是深入开展防火督查和隐患排查。为深入贯彻落实国务院有关会议精神，共组成4个督查组，分赴内蒙古、黑龙江、四川、青海等重点防火区开展专项督查，切实排除火灾隐患。

强化监测预警，严格应急值守处置 一是强化监测预警。密切与气象部门建立草原火情监测预警机制，在春季草原防火期联合开展草原火情气象监测预报工作，及时发布草原火险预警预报110多次（其中在中央电视台和中国草原网发布草原火险气象等级预警预报3次），接收和处置卫星监测热点100多个。二是严格应急值守。为确保全国两会期间草原防火安全，提前半个月执行24小时值班制度，严格执行领导带班和值班日报告制度，并强化清明、"五一"等重点时期值班工作安排，确保火情信息畅通。三是高效处置火情。针对境外火威胁中国边境草原资源和人民群众生命财产安全的情况，春季防火期共启动Ⅲ级应急响应2次，周密部署俄罗斯、蒙古国境外草原火堵截工作，加强火情监测预警和信息跟踪调度，从中央草原防火物资储备库向内蒙古自治区火灾重发区调拨防扑火物资2600多台（套）。

基础设施投资 2018年，共落实基建资金2.66亿元，与上年相比增加了600万元。在基建项目内容安排方面取得了三个突破：一是"全国草原火灾应急扑救指挥平台"项目立项，项目实施后将极大提升草原防火信息化工作水平。二是中央草原防火物资储备库（青藏高原片区）项目立项，成为第二座中央草原防火物资储备库，项目实施运行后将极大提升青藏高原地区草原防火装备保障水平。三是批复内蒙古重点草原防火区购置履带式草原消防战车，重型装备的使用将极大提升草原防火现代化装备水平，增强对重特大草原火灾的扑救能力。

（金帅供稿）

自然保护地管理

11

自然保护地体系建设

【综 述】 2018年是中国自然保护地实现由一个部门统一管理的起始之年,新组建的国家林业和草原局自然保护地管理司具体承担了此项职责。2018年的主要工作任务是搞好机构改革和职能转隶,实现自然保护地管理工作的有序过渡,摸清自然保护地现状,加强自然保护地监督管理,开展自然保护地体系顶层设计。2018年中央投资8亿多元,主要用于国家级自然保护区基础设施建设和能力提升补助。

自然保护地体系设计 组织开展"以国家公园为主体的自然保护地体系"系列专题研究,代为起草了"建立以国家公园为主体的自然保护地体系的指导意见"上报稿,研究制订全国自然保护地整合优化实施方案,批准同意青海省为以国家公园为主体的自然保护地体系建设示范省,探索自然保护地体系建设经验。

职能转隶 落实党和国家机构改革任务,协调承接自然遗产、风景名胜区、地质公园、海洋特别保护区等自然保护地管理职责,协调落实原住建部、国土部、国家海洋局等部门转隶过来的10名同志的工作。

自然保护地大检查 在全国范围内集中开展自然保护地大检查,着力摸清各类自然保护地底数和管理薄弱环节,系统排查和预防整治自然保护地内违法违规情况,全面掌握自然保护地体系现状。

组建专家委员会 着手组建国家自然保护地专家委员会和国家级自然保护区专家评审会,起草制订《国家自然保护地专家委员会工作规则》和《国家自然保护区专家评审委员会组织和工作规则》,为自然保护地科学决策管理提供科技支撑。

构建监管平台 组织开展自然保护地远红外相机、视频监测情况调查,推进与中国国土资源航空物探遥感中心合作,形成涉及自然保护区疑似违法违规开矿遥感监测结果月度报告,委托局驻各地森林资源监督专员办事处开展现场核实和督查,探索建立自然保护地有效督查机制。

加强宣传 配合中央电视台综合频道、国际频道做好《国家公园》4K高清纪录片、《国家自然保护地》系列纪录片的筹备、拍摄工作;启动自然保护地野外监测视频展示和直播节目;开展"中国林业自然保护区红外相机摄影比赛"系列展示、展播宣传活动,有效扩大自然保护地影响。

【自然保护地统一管理】 2018年3月,中共中央印发《深化党和国家机构改革方案》明确,为加大生态系统保护力度,统筹森林、草原、湿地监督管理,加快建立以国家公园为主体的自然保护地体系,保障国家生态安全,将国家林业局的职责,农业部的草原监督管理职责,以及国土资源部、住房和城乡建设部、水利部、农业部、国家海洋局等部门的自然保护区、风景名胜区、自然遗产、地质公园等管理职责整合,组建国家林业和草原局,由自然资源部管理。国家林业和草原局加挂国家公园管理局牌子。

【自然保护地体系设计】 开展"以国家公园为主体的自然保护地体系"系列专题研究,起草完成了"建立以国家公园为主体的自然保护地体系指导意见"上报稿,研究制定《全国自然保护地整合优化指导意见》,批准同意青海省为以国家公园为主体的自然保护地体系建设示范省,探索自然保护地体系建设经验。

【自然保护地大检查】 自6月起,国家林业和草原局在全国范围内集中开展自然保护地大检查。主要任务是摸清各类自然保护地底数和管理薄弱环节,全面系统排查和预防整治自然保护地内破坏自然资源的违法违规情况,掌握自然保护地体系现状,切实加强自然生态系统原真性、完整性、系统性保护,守住生态红线,筑牢国家生态安全屏障。

【筹备组建国家自然保护地专家委员会】 筹备组建国家自然保护地专家委员会,起草制定《国家自然保护地专家委员会工作规则》和《国家自然保护地专家委员会评审会议工作细则》,为自然保护地科学决策管理提供支撑保障。

【统一监测监管平台建设】 组织开展自然保护地远红外相机、视频监测情况调查,推进与中国国土资源航空物探遥感中心合作,形成涉及自然保护区疑似违法违规开矿遥感监测结果月度报告,委托局驻各地森林资源监督专员办事处开展现场核实和督查,推动建立自然保护地有效督查机制。

【开展宣传】 配合中央电视台综合频道、国际频道开展《国家公园》4K高清纪录片和《国家自然保护地》系列纪录片的筹备、拍摄工作;启动自然保护地野外监测视频展示和直播节目;开展了"中国林业自然保护区红外相机摄影比赛"系列展示、展播宣传活动,有效扩大自然保护地影响。

(张云毅供稿)

自然保护区建设与管理

【自然保护区发展】 进一步推动《全国林业自然保护区发展规划》的实施，积极划建自然保护区。截至2018年年底，全国建立国家级自然保护区474处，总面积97.65万平方千米。自然保护区的建立，有效维护了生态安全和生物多样性，促进可持续发展。

【总体规划和可行性研究报告审查】 组织专家对国家级自然保护区总体规划进行实地考察和评审，批复内蒙古青山、辽宁医巫闾山、云南金平分水岭等16处国家级自然保护区总体规划。海南尖峰岭、云南西双版纳、黑龙江友好等10处国家级自然保护区基础设施项目建设可行性研究报告获批。

【晋升和调整评审】 3月15日，保护地司在北京组织召开全国林业国家级自然保护区晋升、调整评审会。32位评审委员对黑龙江新青白头鹤、上海崇明东滩鸟类等10处国家级自然保护区范围或功能区调整，对湖北万朝山自然保护区晋升国家级自然保护区进行评审。

【业务培训】 为加强国家级自然保护区规范化、科学化建设，提升国家级自然保护区主要领导干部履职能力和业务水平，加快推进未落界自然保护区勘界立标工作，保护地司于2018年7月、8月、11月分别在南京森林警察学院北戴河校区、黑龙江抚远和国家林业和草原局管理干部学院举办3期培训班，共有来自全国31个省(区、市)255名学员参训。

【违规建设活动监督检查】 在开展"绿盾2017"国家级自然保护区专项行动基础上，国家林业和草原局等七部门联合开展"绿盾2018"自然保护区监督检查专项行动；会同驻地专员办对"绿剑行动"重点整改的黑龙江兴凯湖国家级自然保护区进行检查验收；保护地司会同自然资源部总督办、执法局等部门，分别赴重庆石柱县水磨溪、重庆缙云山、安徽扬子鳄等自然保护区开展调查。

【法制建设】 4月15日，《在国家级自然保护区修筑设施审批管理暂行办法》(国家林业局令第50号)发布实施；启动《自然保护区条例》修订研究工作。

【国际合作履约】 执行中美自然保护议定书附件十二，接待美国鱼和野生动物管理局一行4人赴上海崇明东滩、海南东寨港、大田、尖峰岭、五指山等多个国家级自然保护区实地交流；会同世界自然基金会组织第三届自然保护区巡护员比赛，来自中国和俄罗斯的自然保护区一线巡护人员参加了比赛；赴以色列参加第十届世界保护地领导力论坛；派员参加在加拿大蒙特利尔召开的《生物多样性公约》科学、技术与工艺咨询附属机构第22次会议。

(张云毅供稿)

风景名胜区建设与管理

【贵州梵净山申遗成功】 7月2日，在巴林王国首都麦纳麦举行的第42届世界遗产大会上，中国贵州梵净山经联合国教科文组织世界遗产委员会批准列入《世界遗产名录》，正式成为世界自然遗产。至此，中国世界遗产增至53处，世界自然遗产增至13处，世界自然遗产总数超越之前并列的澳大利亚和美国，位居世界第一。

(张云毅供稿)

地质公园建设与管理

【中国世界地质公园对外联络官方渠道变更】 依照国务院机构改革方案，鉴于地质公园相关管理职能整合到国家林业和草原局，中国联合国教科文组织全国委员会向联合国教科文组织地质公园秘书处正式致函，通报中国负责教科文组织世界地质公园事务的官方渠道由原国土资源部变更为国家林业和草原局。

【国家地质(矿山)公园发展】 依据国家地质公园申报审批的有关规定，经专家评审组评审通过，原国土资源部于2018年3月批准湖南宜章莽山等31处国家地质公园资格。截至2018年年底，获得国家地质公园资格的地质公园总数达270处(含正式命名的国家地质公园)，获得国家矿山公园资格的矿山公园总数87处(含正式命名的国家矿山公园)。

【国家地质(矿山)公园验收命名】 依据国家地质公园

和国家矿山公园验收命名的有关规定，国家林业和草原局组织专家组对10处国家地质公园资格单位和1处国家矿山公园资格单位开展实地验收，并在对验收意见进行审定后，相继印发同意命名江苏连云港花果山、安徽灵璧磬云山、江西武城、辽宁锦州古生物化石和花岗岩、湖南通道万佛山5处国家地质公园和河北任丘华北油田国家矿山公园的函。截至2018年年底，全国正式命名的国家地质公园达212处，国家矿山公园达34处，以国家地质公园、国家矿山公园为建设主体的地质遗迹保护与管理体系日益完善。

【新增2处世界地质公园】 4月17日，在法国巴黎召开的联合国教科文组织执行局第204次会议通过决议，正式批准四川光雾山—诺水河、湖北黄冈大别山地质公园成为联合国教科文世界地质公园，成为我国第36、第37个世界地质公园。截至2018年年底，联合国教科文组织世界地质公园总数达140个，其中中国拥有37个世界地质公园，数量居世界之首。

【世界地质公园推荐申报】 根据中国推荐世界地质公园评审程序的有关规定，经专家推荐评审会通过，原国土资源部于2018年1月决定推荐湖南湘西地质公园、甘肃张掖地质公园作为2019年度中国向联合国教科文组织报送的世界地质公园申报单位，贵州兴义地质公园、福建龙岩地质公园作为2020年度中国向联合国教科文组织报送的世界地质公园申报单位。根据申报程序，经湖南、甘肃省政府申请，国家林业和草原局联合中国联合国教科文组织全国委员会于2018年11月正式向联合国教科文组织报送了拟建湘西世界地质公园和拟建张掖世界地质公园的申报材料。

【世界地质公园评估检查】 2018年7~8月，中国有2处世界地质公园申报单位和3处拟扩园世界地质公园接受了联合国教科文组织申报评估考察，10处世界地质公园接受联合国教科文组织再评估考察。期间，国家林业和草原局组织有关专家对参加评估考察的地质公园进行了实地指导，协助中国15处地质公园顺利通过联合国教科文组织专家组的评估检查。

【2018中国世界地质公园年会】 11月6~7日，2018中国教科文组织世界地质公园年会在雁荡山世界地质公园召开，全国37家世界地质公园、候选世界地质公园、相关地质公园主管部门代表和专家学者近150人参加会议。这是地质公园管理转隶国家林业和草原局后召开的首次世界地质公园年会，会议就地质遗迹保护和地质公园建设的显著成效、重要意义、近期重点工作以及下一步重点工作设想、中国世界地质公园的主要活动及提升、世界地质公园网络新成员情况、地质公园评估与再评估经验等进行了交流分享，会议代表还就今后地质公园等自然保护地建设发展、管理体系、机构设置、人才培养等方面提出了建议和意见。

【参加第八届世界地质公园大会】 9月11~14日，第八届联合国教科文组织世界地质公园大会在意大利阿达梅洛—布伦塔世界地质公园召开。本次大会的主题为"地质公园与可持续发展"，会议围绕地质遗迹保护和科学研究、公众教育与交流、可持续旅游和社会经济可持续发展、促进候选世界地质公园建设发展、世界地质公园国际和区域交流合作等课题进行交流。中国代表积极参与大会活动，在各分会场共进行了24场专题报告和14份海报展示，并设立了8个地质公园展位。在本次大会上，中国地质大学（北京）张建平教授成功当选联合国教科文组织世界地质公园理事会副主席，光雾山—诺水河世界地质公园、黄冈大别山世界地质公园被授予世界地质公园网络成员资格证书，自贡世界地质公园获得2016~2017年度世界地质公园网络"最佳实践奖"。会议期间，还召开了第二届教科文组织世界地质公园理事会，审议2018年全球22个世界地质公园申报及扩园项目（包括中国2个申报和3个扩园），37个再评估项目（包括中国10个）。

（林燕华）

海洋保护地建设与管理

【梳理信息】 结合已有海洋保护地信息，分析、梳理、整合后完成海洋保护地名录基本信息数据，形成《海洋自然保护区名录》和《海洋特别保护区名录》。截至2018年年底，中国共建立各级各类海洋保护地271处，涉及辽宁、河北、天津、山东、江苏、上海、浙江、福建、广东、广西、海南11个沿海省份，面积约12.4万平方千米，约占管辖海域面积比重从2012年的1.12%提升到4.1%。其中，国家级海洋保护地102处，包括国家级海洋自然保护区35处，国家级海洋特别保护区67处（含海洋公园48处）。

【监督检查】 依托自然资源部各海区分局，结合"绿盾2018"行动，对各类国家级海洋保护地开展违法违规问题排查，并对部分违法违规行为进行查处和整改，强化涉及海洋保护地的开发利用活动监督监管。

【培训研讨】 10月23~24日，2018年度国家级海洋保护地管理培训研讨会在山东青岛召开。沿海省（区、市）的保护地政府主管部门、各国家级海洋保护地管理部门等120余人参加培训，并组织召开海洋保护地管理座谈会，就海洋保护地管理体制改革、机构建设、规范化建设与管理等问题进行深入探讨。

【国际合作】 承接自然资源部国际司转来的GEF–UNDP"加强中国东南沿海海洋保护区管理以保护具有全球意义的生物多样性"的国际合作项目，该项目旨在通过整合海洋景观规划和威胁管理，扩大海洋保护区网络及加强海洋保护地管理，以保护中国东南沿海具有全球保护意义的中华白海豚。参与东北亚海洋保护地网络建设，提交中国关于东北亚海洋保护地网络指导委员会委员名单，中国有6个海洋保护地加入该网络。

（张云毅供稿）

中国自然保护地大事

3月 中共中央印发《深化党和国家机构改革方案》明确，"将国家林业局的职责，农业部的草原监督管理职责，以及国土资源部、住房和城乡建设部、水利部、农业部、国家海洋局等部门的自然保护区、风景名胜区、自然遗产、地质公园等管理职责整合，组建国家林业和草原局。"自此，我国各类自然保护地有了统一管理机构，实现统一管理，彻底解决了长期存在的"九龙治水""多头管理"的问题。

3月 中共中央印发《深化党和国家机构改革方案》明确，"组建国家林业和草原局""国家林业和草原局加挂国家公园管理局牌子"。4月10日，国家公园管理局正式挂牌成立，5月国家公园体制试点工作的职责由国家发展改革委整体移交国家公园管理局。

5月31日 国家林业和草原局召开电视电话会议决定，自6月起，在全国集中开展自然保护地大检查行动，旨在摸清家底，找准存在的问题。这是中国首次在全国范围内统一部署开展自然保护地大检查活动。截至2018年年底，全国31个省（区、市）基本完成自然保护地大检查。

7月 在巴林麦纳麦举行的第42届世界遗产大会上，经联合国教科文组织世界遗产委员会同意，中国贵州梵净山获准列入《世界遗产名录》。

7月25日 在印度尼西亚南苏门答腊省首府巨港市召开的联合国教科文组织"人与生物圈计划"第30届国际协调理事会议上，中国黄山以34票全票通过，正式加入世界生物圈保护区网络，成为中国第34个世界生物圈保护区。

迪拜时间2018年10月25日 国际湿地公约组织在国际湿地公约第十三届缔约方大会上宣布全球首批18个国际湿地城市，中国常德、常熟、东营、哈尔滨、海口、银川入选，占入选城市的1/3。

10月29日 祁连山国家公园管理局在兰州挂牌成立，大熊猫国家公园管理局在成都挂牌成立，标志着祁连山、大熊猫国家公园体制试点工作步入新的建设阶段。

4月17日 在法国巴黎召开的联合国教科文组织执行局第204次会议通过决议，正式批准中国的四川光雾山-诺水河、湖北黄冈大别山地质公园成为联合国教科文世界地质公园，成为我国第36、第37个世界地质公园。

12月8日 国家林业局东北虎豹监测与研究中心在北京师范大学正式成立。11月11日，清华大学国家公园研究院在清华大学成立。12月6日，国家林业和草原局国家公园规划研究中心在国家林业和草原局昆明勘察设计院揭牌成立。12月8日，中国野生动物保护协会在云南昆明举行国家公园及自然保护地委员会成立大会，我国国家公园科技支撑力量迅速增长。

12月16日 卡拉麦里山自然保护区内的油田生产退出整改工作，初步通过新疆维吾尔自治区专家组的联合验收，沙北油田等3个井区已被整体拆除，284口油井被关停拆除，修复地表面积35.2万平方米。验收组认定，"保护区原始性和自然性几乎接近纯自然状态"。这标志着从20世纪50年代开始的油田生产在这里画上了句号，栖息其间的野生动物拥有了更加宽广、宁静的家园。

（张云毅供稿）

建立国家公园体制试点

【综述】 建立国家公园体制是党的十八届三中全会提出的重点改革任务，是中国生态文明制度建设的重要内容。自2015年以来，中国相继在12个省开展了东北虎豹、祁连山、大熊猫、三江源、海南热带雨林、神农架、武夷山、普达措、钱江源、南山10个国家公园体制试点。2017年中办、国办印发《建立国家公园体制总体方案》（以下简称《总体方案》），明确了建立国家公园体制的指导思想、基本原则、发展目标和具体要求。党的十九大明确提出："构建国土空间开发保护制度，完善主体功能区配套政策，建立以国家公园为主体的自然保护地体系。"

2018年是国家公园体制试点关键之年，中央组建国家林业和草原局并加挂国家公园管理局牌子，履行统一管理国家公园等各类自然保护地的职责。国家林业和草原局加大工作力度，全面指导国家公园体制试点，与相关体制试点省建立联系工作机制。按照《总体方案》要求，会同体制试点相关省份开展了一系列富有成效的工作，各项工作取得明显进展。

管理体制改革 一是整合组建了管理机构。结合机构改革，分别在国家林业和草原局长春专员办、西安专员办、成都专员办加挂"东北虎豹国家公园管理局""祁连山国家公园管理局""大熊猫国家公园管理局"牌子，分别在四川、陕西、甘肃、青海4省林草主管部门加挂"大熊猫国家公园四川省管理局""大熊猫国家公园陕西省管理局""大熊猫祁连山国家公园甘肃省管理局""祁连山国家公园青海省管理局"牌子，明确了主体责任。三江源、海南热带雨林、武夷山、神农架、普达措、钱江源、湖南南山等试点区均成立了国家公园管理局或管委会。二是探索分级行使所有权和协同管理机制。东北虎豹国家公园试点区的全民所有自然资源资产所有权由中央政府直接行使，自然资源资产所有者管理职责已与黑龙江、吉林两省人民政府完成交接。神农架、武夷山试点区采取委托省级政府代理行使自然资源资产所有权的管理模式。三是推进自然资源统一确权登记。三江源、祁连山、武夷山、南山等试点单位探索以国家公园作为独立自然资源登记单元，对区域内水流、森林、山岭、草原、荒地、滩涂等所有自然生态空间进行统一确权登记，划清了全民所有和集体所有之间的边界，明晰了自然资源权属，并于2018年通过了自然资源部组织的评审验收。

重点任务 《建立国家公园体制总体方案》确定的重点任务中，包括编制《国家公园设立标准》《全国国家公园空间布局方案》《建立以国家公园为主体的自然保护地体系指导意见》《国家公园监测指标和技术体系》《国家公园生态保护和自然资源管理办法》《国家公园规划编制及功能分区技术规程》《国家公园法》等，均已起草完毕，2018年对有些内容组织专家论证和征求意见，有些按程序报批。

资金保障 探索构建财政投入为主、社会投入为辅的资金保障机制。试点开展以来，中央有关部门通过现有的中央预算内投资渠道和中央财政专项转移支付投入大量资金，支持试点国家公园基础设施建设、生态公益林补偿、野生动植物保护等。地方政府加大资金投入力度，青海省出台专门办法，对国家公园范围内各类基建项目和财政资金进行整合；福建武夷山国家公园管理机构列入省财政一级预算单位；浙江省人民政府明确2018~2022年每年安排专项资金保障国家公园试点；三江源国家公园接受三江源基金会、中国绿化基金会等社会捐赠。

技术支撑体系 分别在国家林草局昆明院、规划院挂牌成立"国家公园规划研究中心""国家公园监测评估研究中心"，在北京师范大学建立了东北虎豹国家公园保护生态学国家林业和草原局重点实验室，吸纳动物保护、森林培育、发展战略等各领域专家成立东北虎豹国家公园专家组，为国家公园建设提供技术和智力支撑。青海省与中国科学院共建中国科学院三江源国家公园研究院。

【管理体制】 一是党和国家机构改革后，国家林业和草原局加挂了国家公园管理局牌子，2018年4月9日，局党组会议研究决定成立"国家林业和草原局国家公园体制试点工作推进小组"。5月21日，局党组会议研究同意将原国家林业局国家公园筹备工作领导小组办公室改名为国家林业和草原局（国家公园管理局）国家公园管理办公室（简称公园办），负责推进国家公园体制改革各项任务。二是5月22日，国家发改委向国家林业和草原局移交了指导建立国家公园体制相关工作职责。公园办根据新的工作部署，进一步全面梳理、认真研究和安排好各项工作。三是10月29日，祁连山国家公园管理局、大熊猫国家公园管理局相继在甘肃兰州、四川成都揭牌成立，国家林草局局长张建龙分别与甘肃省省长唐仁健、四川省省长尹力为祁连山、大熊猫国家公园管理局揭牌，揭牌仪式由国家林草局总经济师张鸿文主持，国家林草局副局长李春良讲话，中央编办二局局长黄路出席。

【基础工作】 一是研究制定国家公园设立标准，明确国家公园准入条件，制定国家公园规划规程、功能分区技术规程、自然资源监测标准等，提高国家公园建设科学化、规范化水平。二是谋划国家公园空间布局。牵头起草编制《全国国家公园空间布局方案》。加快编制全国国家公园总体发展规划，包括国家公园总体布局、建设数量及规模等。三是加快推进国家公园立法进程。2018年国家林业和草原局正式启动了国家公园立法工作，成立了由总经济师张鸿文任组长的国家公园立法工作领导小组，组成了起草组，明确了国家公园立法指导思想。7~9月分别组织召开3次国家公园立法工作座谈会、研讨会和咨询会，并实地调研了试点国家公园管理条例、制度体系建设等情况，组织召开《国家公园法》条款论证会，并于2018年底形成了《国家公园法（草案）》（专家建议稿）。四是加快各试点规划编制。各体制试点区总体规划和专项规划编制工作稳步推进，三江源国家公园总体规划经国务院批准由国家发改委印发，神农架、钱江源国家公园总体规划经所在省政府批准实施。东北虎豹国家公园总体规划完成编制工作，其他体制试点区总体规划按程序报批，对各专项规划进行编制。五是建立健全监管机制，加强自然生态系统保护。做好资源本底调查和生态系统监测。东北虎豹、祁连山、三江源、神农架、钱江源等体制试点区开展搭建了生态系统监测平台相关工作，为实现国家公园立体化生态环境监管格局打下了基础。推进生态系统修复，各国家公园体制试点区分别启动了林（参）地清收还林、生态廊道建设、外来物种清除、茶山专项整治、裸露山体生态治理等工作。严格规划管控，初步探索了相关产业退出机制。完善责任追究，打击破坏生态行为。六是指导各试点加强规章制度建设。推动"一园一法"，各试点相应法规及管理制度、标准规范逐步完备。三江源、武夷山、神农架国家公园条例已印发实施，钱江源、南山国家公园条例已启动立法程序。三江源国家公园制定了科研科普、生态公益岗位、特许经营等11个管理办法，编制发布了《三江源国家公园管理规范和技术标准指南》。东北虎豹国家公园制定了国有自然资源资产管护、有偿使用、特许经营、调查监测、资产评估等管理制度，草拟了《东北虎豹国家公园管理办法》和生态管护员公益岗位、科研科普活动、社会捐赠等管理办法。武夷山国家公园制定了社会监督、产业引导、资源保护、监测与科研、社会捐赠等11项外部参与和监督管理机制。钱江源国家公园制定发布了《钱江源国家公园山水林田河管理办法》等六大类34项制度规范。七是强化技术支撑。12月6日，"国家林业和草原局国家公园规划研究中心"在国家林业和草原局昆明勘察设计院揭牌成立,这是国家林业和草原局(国家公园管理局)成立的专门致力于国家公园规划研究的专业机构。12月12日,"东北虎豹国家公园保护生态学"国家林业和草原局重点实验室在北京师范大学揭牌;9月14日,青海省与中国科学院共建的中国科学院三江源国家公园研究院揭牌成立。

【督查调研和专项督察】 6月下旬至9月初,自然资源部会同国家林业和草原局对各国家公园体制试点区开展督查调研和专项督察。公园办派出人员配合,组成5个督察组,共有78人次参加专项督察,召开座谈会59次,查阅文件资料4200余份,开展谈话50余人次,核查现场428个,入户调查80余次,走访企业40余家,基本掌握了试点情况。督察行动有力地推动了工作,督察报告经自然资源部于9月下旬上报党中央、国务院。

【推动海南建立国家公园体制试点区】 推动海南热带雨林国家公园试点前期工作,与海南省共同启动了海南热带雨林国家公园体制试点前期规划工作。海南省委省政府成立了国家公园建设工作推进领导小组,海南省委副书记李军任领导小组组长,国家林业和草原局总经济师张鸿文任副组长。国家林业和草原局先后6次到海南现场调研,指导试点方案起草。经过实地调研、认真起草、研讨论证、征求意见和会议审议等过程,形成了试点方案。

【研讨培训和国际合作】 8月14~15日,由国家林业和草原局主办的国家公园国际研讨会在昆明召开。国家林业和草原局副局长李春良发表讲话;国家林业和草原局总经济师张鸿文,中国工程院原副院长沈国舫,美国国家公园管理局前局长、加州伯克利分校公园人类及生物多样性研究所执行主任乔纳森·贾维斯分别发表了主旨演讲。9月28日,由国家林业和草原局和甘肃省人民政府主办的第三届丝绸之路(敦煌)国际文化博览会"国家公园与生态文明建设"高端论坛在敦煌举办,主题为"保护和改善生态环境,推进美丽中国建设"。6~12月,为满足国家公园体制建设需要,组织各试点单位及12个试点省(市)管理人员及业务人员开展集中培训,举办了5期国家公园相关业务知识培训班,培训人员约500人次,为国家公园人才建设搭建了平台。9月21日,国家林业和草原局副局长张永利与加拿大管理局局长丹尼尔·沃森共同签署了《关于自然保护地事务合作的谅解备忘录》,促成大熊猫国家公园与加拿大贾斯珀国家公园、麋鹿岛国家公园缔结姐妹国家公园的友好关系。11月6日,参加中芬林业工作组第20次会议,探讨中芬国家公园管理体制和国有林管理与改革合作的可能性。

【林业大事】

5月21日 国家林草局党组会议研究同意将原国家林业局国家公园筹备工作领导小组办公室改名为国家林业和草原局(国家公园管理局)国家公园管理办公室(简称公园办),负责推进国家公园体制改革各项任务。

5月22日 国家发改委向国家林业和草原局移交了指导国家公园体制试点的职能。

7月11日 国家林业和草原局召开新闻发布会,正式启用东北虎豹国家公园标识。

7月26日 国家林业和草原局局长张建龙前往东北虎豹国家公园管理局调研,听取东北虎豹国家公园体制试点推进情况汇报,并召开座谈会。国家林业和草原局总经济师、国家公园管理办公室主任张鸿文主持座谈会。

8月14~15日 由国家林业和草原局主办的国家公园国际研讨会在昆明召开。

8月28~29日 国家林业和草原局局长张建龙在青海省海北藏族自治州专题调研祁连山国家公园建设情况,并与青海省委书记王建军、代省长刘宁交换意见。

9月28日 由国家林业和草原局和甘肃省人民政府主办的第三届丝绸之路(敦煌)国际文化博览会"国家公园与生态文明建设"高端论坛在敦煌举办,主题为"保护和改善生态环境,推进美丽中国建设"。

10月27~29日 国家林业和草原局局长张建龙在甘肃省调研祁连山国家公园建设情况,并与甘肃省委书记林铎、省长唐仁健就祁连山生态保护、民勤防沙治沙等问题交换意见。

10月29日 祁连山国家公园管理局、大熊猫国家公园管理局相继在甘肃兰州、四川成都揭牌成立。

12月6日 "国家林业和草原局国家公园规划研究中心"在国家林业和草原局昆明勘察设计院揭牌成立。

12月12日 "东北虎豹国家公园保护生态学"国家林业和草原局重点实验室在北京师范大学揭牌。

(盛春玲供稿)

林草法制建设

12

林业和草原立法

【森林法修改工作】 2018年,森林法修改列入了十三届全国人大常委会立法规划一类立法项目,由全国人大农委提请审议。为此,国家林业和草原局主要配合全国人大农委开展了以下工作:一是制定了森林法修改工作计划,成立了森林法修改起草领导小组和工作小组。全国人大农委副主任委员王宪魁任组长,国家林业和草原局局长张建龙任副组长,副局长刘东生为成员。领导小组还有全国人大农委的部分委员、发展改革委、财政部、司法部、自然资源部、农业部等部门代表。二是开展实地调查研究,2018年4月至2019年年底,国家林业和草原局配合全国人大农委先后赴海南、福建、贵州、吉林、四川、内蒙古、黑龙江、河南、安徽等地开展了调研,重点调研了森林分类经营、森林采伐、林权流转、国有林场改革和林业工作站等。三是召开会议和布置课题研究,通过召开座谈会、专家论证会、重要课题研究等方式,开展了一系列工作。在认真总结实践经验、反复论证的基础上,形成了森林法修改征求意见稿,计划于2019年提请全国人大常委会审议。

【农村土地承包法修改工作】 2018年12月29日第十三届全国人民代表大会常务委员会第七次会议通过了关于修改《中华人民共和国农村土地承包法》的决定。在农村土地承包法的修改过程中,主要配合全国人大开展了以下工作:一是积极向全国人大汇报林业和草原农村土地承包相关情况和问题,按照要求准备立法背景材料;二是多次参加立法相关会议,结合林业和草原工作实际,研究提出修改意见和建议;三是做好法律中新增制度的研究论证工作;四是配合全国人大做好法律审议相关工作。下一步,我们将研究起草《中华人民共和国农村土地承包法》配套规章,做好相关贯彻落实工作。

【规章制定工作】 落实机构改革和国务院要求的各项清理任务。完成了部门规章《在国家级自然保护区修筑设施审批管理暂行办法》(国家林业局令第50号)的制定、发布和备案相关工作。因行政审批改革、机构改革、证明事项和排除限制竞争清理等各项要求,对林业和草原相关法律法规和部门规章进行了全面梳理,研究提出了清理建议。

【林业和草原立法有关的其他工作】 一是广泛征求意见,制定并发布《国家林业局2018年立法工作计划》。二是配合全国人大开展乡村振兴促进法、长江保护法和生物安全法的立法工作,积极参加全国人大有关委员会组织的座谈会,并就有关重大事宜向局领导进行汇报,协调局内有关单位的意见。三是对全国人大、司法部、国务院有关部委征求意见的法律法规草案,结合林业和草原职能提出修改意见,共办理征求意见70余件。四是认真办理全国"两会"建议提案以及全国人大环资委和全国人大农委转交国家林业和草原局办理的议案,共办理建议提案8件,代表议案12件。五是完成《国家林业和草原局公报》的主管主办单位和名称的变更,以及编辑相关工作。

(韩建伟供稿)

林草业政策法规

【规范性文件管理】 一是做好国家林业和草原局规范性文件合法性审查工作。2018年,共办理规范性文件合法性审查17件。二是开展国家林业和草原局规范性文件清理工作。对国家林业和草原局现有规范性文件进行了7次专题清理。按照国务院办公厅要求开展了证明事项清理、生态环境保护专项清理、涉及产权保护文件清理等规范性文件清理;同时,配合发展改革委、国家市场监管总局、中央编办、国家知识产权局等部门开展了涉及绿色生产和消费文件清理、排除限制公平竞争文件清理、涉及"条条干预"问题文件清理、军民融合发展文件清理等规范性文件和相关政策性文件专题清理工作,并及时向相关部门报送了清理结果。

【林业行政执法监督】
专项行动有关工作 按照全国林业厅局长会议的要求,2018年开展了"规范林业执法行为,提升林业执法能力"专项行动。完成的工作主要有:①印发《国家林业局办公室关于开展"规范林业执法行为,提升林业执法能力"专项行动的通知》,并举办了"绿色大讲堂——新时代公益行政诉讼"暨规范林业行政执法行为专项行动专题电视电话会议,专题进行动员部署和广泛宣传。②制订《2018年开展"规范林业执法行为,提升林业执法能力"专项行动督查工作方案》,由原政法司领导带队,赴广东、江苏开展了林业行政执法专项行动督察及调研工作。③针对公益诉讼中反映的突出问题,形成了重点立法建议。通过专项行动的开展,进一步统一了思想,在林业草原系统中营造了自觉规范执法行为、提升执法能力的浓厚氛围。

生态环境部有关执法职责整合文件的意见反馈工作 就该文件的内容先后6次提出反对意见。经过积极协调和争取,除对自然保护地有关修路、开矿等建设行为的处罚权被整合外,其他林业草原行政执法职责得以整体保留。

有关征求意见的办理工作 完成全国人大建议会办意见1件；完成最高人民法院、最高人民检察院有关司法解释及批复的征求意见6件；完成司法部等其他部委征求意见6件。

行政执法的指导协调工作 对地方有关法律法规在具体适用中的请示及时给予答复；协调处理湖南有关行政执法案件的指定管辖事宜；协助办理涉及鸿茅药酒有关行政许可材料的信息公开问题。

【**林业复议诉讼**】 一是依法办理行政复议案件，积极有效化解行政争议。2018年11月，共收到行政复议申请53件，全部予以办结。其中，不予受理17件，维持26件，撤销3件，确认违法5件，驳回2件。二是依法做好行政应诉工作，行政行为进一步规范。2018年，共办理行政诉讼案件39件。其中，一审案件11件；二审案件12件；再审案件16件。三是汇编2017年国家林草局办理的行政诉讼应诉案件。四是完成国家林草局2017年行政复议案件统计分析报告的起草上报工作。

【**林业普法宣传**】 一是完成普法领导小组成员和办公室人员的调整。起草完成《关于调整国家林业局普法领导小组成员的请示》（林策签〔2018〕第13号），并报局领导批示同意后，正式印发《国家林业局办公室关于调整国家林业局普法领导小组成员和办公室人员的通知》（办策字〔2018〕35号）。二是完成"七五"普法中期评估工作。根据《中央宣传部 司法部 全国普法办公室〈关于做好"七五"普法中期检查工作〉的通知》（司发通〔2018〕79号）要求，结合林业草原工作实际，在各省级林业主管部门和有关司局、直属单位"七五"普法中期总结工作的基础上，对全国林业草原系统开展"六五"普法工作的情况进行了全面总结和评估。起草完成《国家林业和草原局"七五"普法中期评估报告》。三是完成宪法学习专项督查工作。按照中央依法治国委员会办公室有关开展宪法学习宣传专项督查工作的要求，对国家林草局开展宪法学习宣传教育的情况，进行了全面自查，起草完成了有关自查报告，按期报送中央依法治国委员会办公室。四是组织完成有关培训。主要包括：①举办林业行政执法暨普法骨干人员培训班。讲授了林业行政执法的新形势新任务新使命、行政公益诉讼及相关司法解释解读、行政执法典型案例评析等内容，并开展了经验交流。②举办规范性文件培训班。会同保密档案处，举办了以信息公开和规范性文件审核为主要内容的培训班，对于规范局机关及各事业单位的信息公开、文件制定工作，起到了积极的作用。③协助机关党委成功举办以宪法为主要内容的绿色大讲堂专题讲座。五是开展12·4法制宣传教育系列活动。主要包括：①组织全员普法考试，通过网络平台，组织各司局、直属单位以及各省级林业和草原主管部门机关、事业单位工作人员参加普法考试。②播放普法宣传片。于2018年12月3~4日在局机关大院主楼一楼大屏幕及各楼层小屏幕，滚动播放宪法公益宣传片，着力宣传宪法知识。③开展法律知识咨询活动。于2018年12月4日当天，在局机关职工活动中心、林科院报告厅和竹藤大厦一层大厅开展免费法律知识咨询活动，解答干部职工法律问题。六是完成"我与宪法"优秀微视频征集活动。按照司法部、国家网信办、全国普法办《关于开展"我与宪法"优秀微视频征集展播活动的通知》要求，圆满完成"我与宪法"优秀微视频征集活动，共推选出三部代表林业草原行业的优秀微视频作品。这些作品立足个人，以小见大，充分体现了新时代林业草原干部职工的精神风貌。七是按照《全国普法办关于报送〈中央国家机关普法责任清单（第二批）〉的通知》要求，确定了国家林草局普法责任清单，并报送全国普法办。

（韩建伟供稿）

集体林权制度改革

13

集体林权制度改革

【综　述】　2018年，集体林权制度改革持续深化，集体林业治理机制进一步完善，集体林经营权进一步放活，林权流转规范有序推进，新型林业经营主体蓬勃发展，金融资本和社会资本进山入林迈出新步伐，为促进生态建设、助推乡村振兴和精准脱贫发挥了重要作用。截至2018年年底，各类新型林业经营主体达25.78万个，经营林地面积4000万公顷，林权抵押贷款余额1270亿元。集体林权制度改革不断取得新成果，得到了中央有关部委的充分肯定和全社会的广泛认可。

【深入贯彻落实习近平总书记重要批示精神】　自2017年5月习近平总书记对集体林权制度改革工作做出重要批示以来，各地深入学习贯彻习近平总书记重要批示精神，认真总结经验，积极开拓创新，持续深化集体林权改革，更好推动实现生态美百姓富的有机统一。一年多来，在习近平总书记重要批示精神指引下，全国集体林权制度改革不断取得新成效，各地深化改革亮点纷呈。除了个别省外，各省（区、市）均以省级政府名义出台了落实《国务院办公厅关于完善集体林权制度的意见》（国办发〔2016〕83号）的实施意见。安徽省推出44条具体措施，推进做实林长制改革，优化林业发展环境。福建省深入探索重点生态区位商品林赎买等改革，破解生态保护与林农利益的矛盾。湖南省坚持实施林木采伐进村入户工程，保障林地经营者的林木处置权，降低制度性交易成本。江西省实施林地适度规模经营奖补政策，促进小农户和现代林业发展有机衔接。浙江省创新推广公益林补偿收益权质押贷款模式，有效解决林权贷款难、贷款短、贷款贵等难题。

【印发《关于进一步放活集体林经营权的意见》】　5月8日，国家林业和草原局印发《关于进一步放活集体林经营权的意见》（林改发〔2018〕47号），明确加快建立集体林地三权分置运行机制，积极引导林权规范有序流转。《意见》提出，要推行集体林地所有权、承包权、经营权的三权分置运行机制，落实所有权，稳定承包权，放活经营权，充分发挥"三权"的功能和整体效用，平等保护所有者、承包者、经营者的合法权益；鼓励各种社会主体依法依规通过转包、租赁、转让、入股、合作等形式参与流转林权，引导社会资本发展适度规模经营；拓展集体林权权能，鼓励以转包、出租、入股等方式流转政策所允许流转的林地，科学合理发展林下经济、森林旅游、森林康养等。要创新林业经营组织方式，健全完善利益联结机制，推进产业化发展，依法保护林权，提高林权管理服务水平。

放活集体林经营权有利于吸引社会资本投资林业，有利于推进适度规模经营，有利于实现小农户与林业现代化建设有机衔接，对促进生态美百姓富的有机统一、推进实施乡村振兴战略意义重大。

【活化集体林经营权现场经验交流会】　于9月28日在湖南浏阳召开。会议交流推广各地活化经营权、促进适度规模经营的经验做法，部署推进放活经营权相关工作。国家林业和草原局副局长刘东生出席会议并讲话。

参会人员参观了浏阳市金仁林业集团、井头富康林果种植专业合作社和市民之家。湖南省浏阳市、山西省大宁县、内蒙古自治区宁城县、安徽省宣城市、福建省沙县、江西省遂川县、山东省新泰市和云南省宜良县代表在会上作了典型发言。

【启动新一轮集体林业综合改革试验区工作】　完成第一轮（2015～2017年）集体林业综合改革试验区工作的总结评估，99项试验内容转化成政策，其中省级政策11项。在对第一轮改革试验区工作全面总结的基础上，国家林业和草原局印发了《关于推进集体林业综合改革试验区工作的通知》（林改发〔2018〕58号），要求在建立集体林地"三权分置"运行机制、完善林权流转管理制度、创新林权抵质押贷款及林权收储担保融资方式、完善集体林权保护制度、培育新型林业经营主体、完善林业社会化服务体系、创新森林经营管理制度、创新小农户和现代林业发展有机衔接机制、深化集体林权股权化、社会资本投入林业模式改革、推动一二三产业融合、创新集体林业发展模式12个方面开展试验，确定33个改革试验区并分别承担试验任务，启动新一轮（2018～2020年）集体林业综合改革试验区工作。

33个改革试验区均已制订了改革试验实施方案，加强组织领导，建立健全台账制度，加大政策支持，改革试验工作有序推进。

【服务体系建设】　推进集体林权监管系统建设，编制林权监管子系统设计方案。组织编印和免费发放《农村林业知识读本》丛书，为林农介绍实用政策法律、技术和林改模式。

完善集体林地承包经营纠纷调处考评指标，扎实推进纠纷调处考评工作，以考评促调处，妥善化解林权纠纷，有力维护林区和谐稳定。

为紧贴广大林农需求，提供实用技术服务，帮助农民脱贫致富，积极推进林农服务平台建设，委托北京大学开展林农脱贫实用技术推广项目研究，建立林农科技平台微信公众号。林农科技平台定期发布相关林业政策、林木栽培、经营管理与病虫害防治技术等信息，提供经济林、用材林、林下经济经营管理实用技术查询以及专家咨询等服务，制作与发布园艺植物育苗技术、园艺植物与花果管理和园艺产品采后加工与处理等视频教程，可下载测树、定位等功能软件，并与12396北京新农村科技服务热线相关联，可进行更多农林专业咨询及指导。林农科技平台可提供经济林、用材林和林下经济3个方面的经营管理实用技术查询服务，包括：油茶、核桃、杜仲、枸杞、榛子等 35 种经济林主要树种的栽培与病虫害防治技术，桉树、红松、云杉、铁杉等 33 种用材林主要树种的栽培与病虫害防治技术，林下种植、林下养殖、林下旅游、林下产品加工 4 种林下经济经营管理技术。平台还提供育苗技术、花果管理、采后处理及加工三大类 54 个林木培育管理视频的下载服务。

（毛飞供稿）

林草科学技术

14

林草科技

【林业科技综述】 全年中央林业科技投资9.37亿元。新入库各类科技推广成果891项，认定科技成果86项，新增国家研发计划项目11项。4项成果获得国家科技进步二等奖。批复成立首批110个林业和草原国家创新联盟，并相继授牌启动运行，首批长期科研基地50个，新增生态定位站2个、国家级生态站1个、工程技术研究中心18个。遴选发布重点推广科技成果100项，发布行业标准180项，授予植物新品种权405件，森林认证实践项目20多个。曾庆银、罗志斌2人入选创新人才推进计划中青年科技创新领军人才。

（吴红军）

【4项成果获得国家科技进步二等奖】 在2018年国家科学技术奖励中，由国家林业和草原局提名的4项成果获得国家科技进步二等奖。

表14-1 获得国家科技进步奖项目名单

项目名称	主要完成单位	奖项
农林剩余物功能人造板低碳制造关键技术与产业化	中南林业科技大学，大亚人造板集团有限公司，广西丰林木业集团股份有限公司，连云港保丽森实业有限公司，河南恒顺植物纤维板有限公司	国家科技进步二等奖
林业病虫害防治高效施药关键技术装备创制与产业化	南京林业大学，南通市广益机电有限责任公司	国家科技进步二等奖
高分辨率遥感林业应用技术与服务平台	中国林业科学研究院资源信息研究所，国家林业局调查规划设计院，中国科学院遥感与数字地球研究所，西安科技大学	国家科技进步二等奖
灌木林虫灾发生机制与生态调控技术	北京林业大学，山西农业大学，国家林业局森林病虫害防治总站，宁夏回族自治区森林病虫防治检疫总站，建平县森林病虫害防治检疫站	国家科技进步二等奖

（吴红军）

林草创新发展

【草原科技创新】 与中国农科院、中国农业大学、兰州大学、北京林业大学等单位专家以及草原司研讨草原类型国家创新联盟布局，科学布局从草种业、草原生态修复到草坪等八大类国家创新联盟，为草原的科技创新打造良好平台。组织任继周等8位院士联名给科技部部长王志刚写信，建议"加强草原科技创新工作"。

（宋红竹）

【科技创新战略报告】 组织撰写的"山水林田湖草系统治理重大战略研究建议""构建市场导向的绿色技术创新体系专题报告""如何通过恢复生态系统平衡，减少自然灾害发生的概率""林业生物技术和生物技术产业发展现状、面临的突出短板与建议"等战略报告报送给中办、国办、国家发改委、科技部等有关部门，组织召开中国森林资源核算及林业绿色发展研究座谈会，充分发挥科技创新引领作用。

（宋红竹）

【国家重点研发项目】 组织申报"转基因生物新品种培育""林业资源培育及高效利用技术创新""典型脆弱生态修复与保护研究""主要经济作物优质高产与产业提质增效科技创新""生物安全关键技术研究""绿色宜居村镇技术创新""高分六号和七号卫星应用共性关键技术"以及政府间国际科技创新合作8类国家科技计划专项22个项目。其中，"基于农林剩余物的高分子新材料制备技术研究""森林生态系统重要生物危害因子综合防控关键技术研究""特色经济林重要性状形成与调控"等11个项目获批，专项经费2.89亿元。 （宋红竹）

【"948"项目、局重点项目和国家林业公益性行业科研专项项目】 完成2017年度到期"948"、局重点、公益性行业专项项目验收工作，共认定科技成果86项，在森林遥感、木材加工、低覆盖治沙等领域取得重大突破，有效地支撑和引领了林业生态建设和产业发展。

表14-2 认定成果名单

序号	认定成果名称
1	金黄熊猫、澳洲火焰树育苗技术研究
2	毛竹养分高效利用技术
3	桉树人工林标准化施肥技术
4	森林近自然经营分析决策系统
5	湿地松种子园种子丰产新技术
6	落叶松人工复层林经营模式及关键技术研究
7	大规格容器苗高效繁育技术
8	檀香紫檀嫁接育苗

(续表)

序号	认定成果名称
9	火炬松新一代遗传改良技术
10	北美乔柏和北美香柏育苗技术
11	杉木特异类型选择及 SRAP 鉴别技术
12	南洋楹优良无性系选育
13	灰木莲优良种源家系选育及繁育技术
14	沙地人工灌木林林分结构优化调控技术模式
15	小叶杨等青杨多倍体种质创新及遗传评价
16	刺槐属种质资源收集评价与优良新品种选育及应用
17	抗逆、速生及园林观赏柳树优良无性系的筛选与培育
18	太行山西侧油松和落叶松林提质增效关键技术
19	檫木、枫香等秋季彩叶树种良种选育与生态林景观彩化改造应用
20	柳杉无性系离体生根培养技术
21	基于同位素示踪的毛竹林土壤氮素监测与管理技术
22	基于视频监控的林火智能监测关键技术
23	基于生态安全的山区小流域水土保持措施空间配置技术
24	沙尘陆海通量遥感监测与评估技术
25	白蜡枯梢病调查监测及快速检测鉴定技术
26	基于 FvCB 模型的森林植被光合固碳效率评价技术
27	辽西北油松生态公益林结构调控关键技术
28	新型高效绿僵菌生物杀虫剂
29	太行山南麓石质山地栓皮栎-侧柏混交林抗旱节水造林技术
30	机载实时林火定位与监测系统
31	亚热带人工林固碳增汇调控技术
32	全国林业生物灾害精细化预报及管理基础应用
33	华北典型山地森林结构和景观格局优化调整关键技术
34	晋北重度盐碱地植被恢复集成技术
35	菌根真菌增殖扩繁与育苗技术
36	秦岭山地主要森林类型林地土壤碳管理技术
37	高分子阻火灭火凝胶制备方法
38	日本茶梅和肥后茶种质资源引进筛选及株形控制技术
39	金花茶无性快繁及促花技术
40	地中海仙客来优良品系选育及远缘杂交技术
41	美国南天竹优良品种扦插技术
42	湖南儿童植物园植物配置三种模式构建技术
43	美国流苏的成熟胚快繁技术
44	落叶型冬青组培苗规模化生产技术
45	欧洲卫矛硬枝扦插繁殖技术
46	百合远缘杂交新品种选育技术
47	丁香高效扦插育苗技术
48	李和杏优良砧木无性繁殖技术
49	南美油藤苗木扦插繁殖技术
50	美国香柏新品种筛选及无性繁育技术
51	一种油茶缓控释肥料研制及配套高效施肥技术
52	中国兰组培瓶内开花技术

(续表)

序号	认定成果名称
53	甘肃沿黄灌区枣产业升级关键技术
54	仙茅、鸡血藤林下栽培技术
55	抗寒常绿含笑新品种繁育技术
56	薄壳山核桃育苗及品种配置关键技术
57	林果栽培全程害鼠无害化调控技术
58	花椒良种丰产栽培技术研究
59	城乡立体绿化专固态基材新技术
60	菌类培养长细木屑加工设备
61	功能性纳米复合纤维的静电纺丝制备及调控技术
62	竹基可重复使用纳米纤维素气凝胶吸附材料制备技术
63	微波辅助催化液化生物质秸秆技术
64	木质纤维素定向气化合成气技术
65	木门旋杯式高效静电喷涂技术
66	高性能木质复合吸音材料制备技术
67	木材微压自排过热蒸汽高效节能干燥技术
68	结构用胶合木产品质量控制技术
69	人造板 VOC 快速释放检测技术
70	实木板材智能分选技术
71	蓖麻油多缩水甘油醚制造技术
72	植物酚酸类活性成分阿魏酸的高效绿色提取技术
73	北美红枫良种工厂化育苗技术
74	造纸黑液高效节能机械蒸汽再压缩技术
75	木/竹材糠醇树脂改性技术
76	木材活性染料染色技术
77	可调控配筋胶合木梁受力性能及关键技术
78	秦岭山地天然林应对气候变化管理系统
79	星天牛高效引诱剂研制及其推广应用
80	竹林金针虫高效绿僵菌生物菌剂的制备及其应用技术
81	森林生态系统净化大气颗粒物的功能—服务转化率提升技术
82	森林生态系统服务功能分布式测算方法
83	森林生态系统服务功能评估模型
84	生态经济林配置优化模式与抗逆栽培技术研究应用
85	盐碱地暗沟秸秆垫层排盐造林关键技术
86	中重度盐碱地黑果枸杞种植关键技术

(宋红竹)

【长期科研基地建设】 印发《国家林业和草原长期科研基地规划（2018～2035年）》，成立长期科研基地建设领导小组，组织首批长期科研基地申报，并召开第一次领导小组会议，确定了首批长期科研基地50个。

(宋红竹)

【陆地生态系统定位观测研究网络建设】 2018年，对188个生态站全部开展评估，共评出优秀生态站31个、良好50个、中81个、差26个。批复建立"海南五指山森林生态系统定位观测研究站"和"陕西西安城市生态系统定位观测研究站"2个新建站；获得科技部批准建立"东北虎豹生物多样性国家野外科学观测研究站"。生态站总数达到190个，其中，森林站105个，湿地站

39个,荒漠站26个,竹林站8个,城市站12个;科技部国家野外台站总数9个,基本形成了覆盖全国主要生态区的大型观测研究网络。

(宋红竹)

【重点实验室建设】 开展局重点实验室评估工作,评估的34个重点实验室中4个优秀,26个合格,4个限期整改2年。将"黄河下游森林培育"等41个实验室纳入局重点实验室序列,7个实验室纳入筹建范围。批复建立"东北虎豹国家公园保护生态学"重点实验室,重点实验室总数达到76个。

(宋红竹)

【科研基础设施开放共享工作】 组织开展国家重大科研基础设施和大型科研仪器开放共享摸底,18家科研单位拥有50万元以上仪器数量360台(套),年平均运行机时2万小时,对外服务机时6500小时。在科技部评价考核中,国际竹藤中心获得优秀,中国林科院资信所、沙漠林业实验中心2个单位获得良好。组织开展2018年度科技基础条件资源调查,国家林业和草原局22家法人单位所有科研仪器设备18 094台(套),年度新增1783台(套),科学数据库13个,生物种质资源库(馆、园、圃、场)21个,资源保藏种类合计5081种,保藏数量合计512 369份/株。

(宋红竹)

【科技协同创新中心】 为全面贯彻京津冀协同发展、"一带一路"建设、长江经济带发展等国家战略,加快实施创新驱动发展战略,充分发挥科技的支撑引领作用,编制了京津冀生态率先突破、"一带一路"生态互联互惠、长江经济带生态保护3个科技创新行动方案,并依托北京林业大学、中国林科院荒漠化所和森环森保所分别挂牌成立相应的协同科技创新中心。依托华东调查规划设计院成立"长三角现代林业评测协同创新中心"。

(宋红竹)

【创新联盟建设】 2018年9月,批复成立首批110个林业和草原国家创新联盟,并相继授牌启动运行,有效整合技术创新资源,构建产业技术创新链,着力解决林业和草原重大战略需求与共性关键技术,保障科研与生产紧密衔接,提升科技创新水平,推进林业和草原科技创新体系建设。

表14-3 首批110个林业和草原国家创新联盟名单

序号	推荐单位	名称	牵头单位
1	中国林业科学研究院	林木基因组与基因工程国家创新联盟	中国林业科学研究院(林木遗传育种国家重点实验室)
2	北京林业大学	林木抗逆材料选育与利用国家创新联盟	北京林业大学
3	中国林业科学研究院	落叶松国家创新联盟	中国林业科学研究院林业研究所
4	中国林业科学研究院	杉木国家创新联盟	中国林业科学研究院林业研究所
5	中国林学会	栎树国家创新联盟	中国林学会

(续表)

序号	推荐单位	名称	牵头单位
6	中国林业科学研究院	楸树国家创新联盟	中国林业科学研究院林业研究所
7	江西省林业厅	樟树国家创新联盟	江西省林业科学院
8	四川省林业厅	楠木国家创新联盟	四川省林业科学研究院
9	南京林业大学	青钱柳国家创新联盟	南京林业大学
10	中国林业科学研究院	桉树产业国家创新联盟	国家林业和草原局桉树研究开发中心
11	中国林业科学研究院	珍贵树种产业国家创新联盟	中国林业科学研究院热带林业研究所
12	中国林业产业联合会	元宝枫产业国家创新联盟	中国林业产业联合会
13	山西省林业厅	连翘产业国家创新联盟	山西省林业科学研究院
14	山东省林业厅	毛梾产业国家创新联盟	山东万路达毛梾文化产业发展有限公司
15	河南省林业厅	皂荚产业国家创新联盟	河南省林业科学研究院
16	广东省林业厅	沉香产业国家创新联盟	中山市沉香协会
17	北京林业大学	无患子产业国家创新联盟	北京林业大学
18	中南林业科技大学	油桐产业国家创新联盟	中南林业科技大学
19	江苏省林业局	红豆杉产业国家创新联盟	江苏红豆杉健康科技股份有限公司
20	辽宁省林业厅	北方沙区桑树产业国家创新联盟	沈阳农业大学
21	中国林业科学研究院	油茶产业国家创新联盟	中国林业科学研究院亚热带林业研究所
22	中国林业产业联合会	杜仲产业国家创新联盟	中国林业产业联合会
23	中国林业科学研究院	核桃产业国家创新联盟	中国林业科学研究院林业研究所
24	河北省林业厅	枣产业国家创新联盟	河北农业大学
25	中国林业科学研究院	柿产业国家创新联盟	国家林业和草原局泡桐研究开发中心
26	北京市园林绿化局	杏产业国家创新联盟	北京市林业果树科学研究院
27	北京林业大学	板栗产业国家创新联盟	北京林业大学
28	中国林业科学研究院	油橄榄产业国家创新联盟	中国林业科学研究院林业研究所

(续表)

序号	推荐单位	名称	牵头单位
29	西北农林科技大学	猕猴桃产业国家创新联盟	西北农林科技大学
30	贵州省林业厅	刺梨产业国家创新联盟	六盘水市林业科学研究院
31	中国林业科学研究院	榛子产业国家创新联盟	中国林业科学研究院林业研究所
32	中国林业产业联合会	沙棘产业国家创新联盟	中国林业产业联合会
33	宁夏回族自治区林业厅	枸杞产业国家创新联盟	宁夏林业研究院股份有限公司
34	青海省林业厅	青海都兰有机枸杞产业国家创新联盟	都兰县枸杞产业协会
35	西北农林科技大学	花椒产业国家创新联盟	西北农林科技大学
36	陕西省林业厅	长柄扁桃国家创新联盟	陕西省林业科学院
37	浙江省林业厅	香榧产业国家创新联盟	浙江农林大学
38	浙江省林业厅	铁皮石斛产业国家创新联盟	浙江农林大学
39	湖北省林业厅	五倍子产业国家创新联盟	湖北省林业科学研究院
40	重庆市林业局	枇杷产业国家创新联盟	西南大学
41	吉林省林业厅	桑黄产业国家创新联盟	吉林延边兴林生物科技有限公司
42	北京林业大学	花卉产业国家创新联盟	北京林业大学
43	南京林业大学	南方木本花卉产业国家创新联盟	南京林业大学
44	中国经济林协会	油用牡丹产业国家创新联盟	山西潞安智华农林科技有限公司
45	陕西省林业厅	牡丹芍药产业国家创新联盟	陕西省牡丹产业协会
46	北京林业大学	菊花产业国家创新联盟	北京林业大学
47	中国林业科学研究院	山茶花产业国家创新联盟	中国林业科学研究院亚热带林业研究所
48	福建省林业厅	兰花产业国家创新联盟	福建农林大学
49	黑龙江省山野菜资源保护与利用学会	东北山野菜产业国家创新联盟	中国科学院东北地理与农业生态研究所
50	国家林业和草原局西北调查规划设计院	西北地区特色林业产业国家创新联盟	国家林业和草原局西北调查规划设计院
51	西南林业大学	西南地区坚果国家创新联盟	西南林业大学
52	河南省林业厅	中原地区枣产业国家创新联盟	洛阳师范学院
53	山东省林业厅	华东特色浆果产业国家创新联盟	山东省林业科学研究院
54	广西壮族自治区林业厅	南方木本香料国家创新联盟	广西壮族自治区林业科学研究院
55	中国林业产业联合会	冻干果品产业国家创新联盟	中国林业产业联合会
56	中国林业科学研究院	森林经营国家创新联盟	中国林业科学研究院资源信息研究所
57	中国农业科学院	草种业国家创新联盟	中国农业科学院
58	甘肃省林业厅	草原资源保护国家创新联盟	兰州大学
59	内蒙古自治区林业厅	草原生态修复国家创新联盟	内蒙古蒙草生态环境(集团)股份有限公司
60	中国农业科学院	草原生物灾害防治国家创新联盟	中国农业科学院
61	中国农业大学	草原资源可持续利用国家创新联盟	中国农业大学
62	中国农业科学院	草原监测与数字草业国家创新联盟	中国农业科学院
63	中国农业科学院	草原生态保护建设政策研究国家创新联盟	中国农业科学院
64	北京林业大学	草坪国家创新联盟	北京林业大学
65	内蒙古自治区林业厅	节水林业国家创新联盟	内蒙古天龙生态环境发展有限公司
66	中国林业科学研究院	城市森林国家创新联盟	中国林业科学研究院林业研究所
67	东北林业大学	自然保护地国家创新联盟	东北林业大学
68	西南林业大学	古茶树保护与可持续利用国家创新联盟	西南林业大学
69	北京林业大学	湿地保护与修复国家创新联盟	北京林业大学
70	湖南省林业厅	洞庭湖流域生态保护修复国家创新联盟	湖南省林业科学院
71	南京林业大学	长三角地区湿地公园绿色发展国家创新联盟	南京林业大学
72	新疆维吾尔自治区林业厅	干旱区防沙治沙与沙产业国家创新联盟	中国科学院新疆生态与地理研究所
73	北京林业大学	西南岩溶石漠化治理国家创新联盟	北京林业大学
74	中国野生动物保护协会	麝类保护繁育与利用国家创新联盟	北京林业大学
75	中国林业科学研究院	资源昆虫产业国家创新联盟	中国林业科学研究院资源昆虫研究所
76	国家林业和草原局森林和草原病虫害防治总站	林业生物灾害监测预警国家创新联盟	国家林业和草原局森林和草原病虫害防治总站

（续表）

序号	推荐单位	名称	牵头单位
77	中国林学会	森林防火及装备国家创新联盟	中国林学会
78	东北林业大学	森林草原火灾防控技术国家创新联盟	东北林业大学
79	南京森林警察学院	林业和草原灾害防控信息化国家创新联盟	南京森林警察学院
80	国家林业和草原局调查规划设计院	自然资源调查监测国家创新联盟	国家林业和草原局调查规划设计院
81	中国林业科学研究院	物联网与人工智能应用国家创新联盟	中国林业科学研究院资源信息研究所
82	国际竹藤中心	竹藤产业国家创新联盟	国际竹藤中心
83	中国林业科学研究院	重组材产业国家创新联盟	中国林业科学研究院木材工业研究所
84	中国林业科学研究院	饰面板产业国家创新联盟	中国林业科学研究院木材工业研究所
85	中国林业科学研究院	刨花板产业国家创新联盟	中国林业科学研究院木材工业研究所
86	中国林产工业协会	无醛人造板国家创新联盟	国家林业和草原局林产工业规划设计院
87	中国林业科学研究院	地板产业国家创新联盟	中国林业科学研究院木材工业研究所
88	中国林业产业联合会	集装箱底板国家创新联盟	康欣新材料股份有限公司
89	中国林业产业联合会	红木家具产业国家创新联盟	中国林业产业联合会
90	中国林产工业协会	定制家居国家创新联盟	中国林产工业协会
91	中国林业科学研究院	木结构产业国家创新联盟	中国林业科学研究院木材工业研究所
92	中国林产工业协会	绿色建筑与智慧旅游国家创新联盟	北科泰达投资发展有限公司
93	北京林业大学	木材安全国家创新联盟	北京林业大学
94	中南林业科技大学	木质资源高效利用国家创新联盟	中南林业科技大学

（续表）

序号	推荐单位	名称	牵头单位
95	中国林业科学研究院	林业生物基材料与化学品国家创新联盟	中国林业科学研究院林产化学工业研究所
96	北京林业大学	生物质再生纤维素利用国家创新联盟	北京林业大学
97	北京林业大学	特色木本多糖国家创新联盟	北京林业大学
98	中国林业科学研究院	林业生物质能源国家创新联盟	中国林业科学研究院林产化学工业研究所
99	南京林业大学	生物质气化多联产国家创新联盟	南京林业大学
100	东北林业大学	东北森林资源加工利用产业国家创新联盟	东北林业大学
101	中国林业产业联合会	林浆纸一体化国家创新联盟	中国林业产业联合会
102	中国林业科学研究院	林业装备产业国家创新联盟	国家林业和草原局北京林业机械研究所
103	中国林业科学研究院	林业产业标准化国家创新联盟	中国林业科学研究院木材工业研究所
104	中国林业产业联合会	老年生态健康服务产业国家创新联盟	安徽九华山投资开发集团有限公司
105	中国林业产业联合会	自然教育产业国家创新联盟	中国林业产业联合会
106	北京市园林绿化局	首都自然体验产业国家创新联盟	北京林学会
107	北京林业大学	美丽乡村与乡村振兴研究国家创新联盟	北京林业大学
108	中国林业产业联合会	森林康养国家创新联盟	中国林业产业联合会
109	海南省林业厅	海南林业发展国家创新联盟	海南大学
110	中国龙江森林工业集团有限公司	黑龙江森工重点国有林区产业发展国家创新联盟	中国龙江森林工业集团有限公司

（宋红竹）

【人才创新推进计划】 向科技部推荐重点领域创新团队2个，中青年科技创新领军人才10人，其中，7人入围科技部组织的专家评审会议；曾庆银、罗志斌2人入选科技部创新人才推进计划中青年科技创新领军人才。

（宋红竹）

林草科技推广

【林草科技成果】 遴选发布2018年度重点推广林业科技成果100项，举办林业和草原科技成果新闻发布会，发布5项重大成果。举办了"践行两山理念，共建生态文明"科技成果专题展览。

（吴世军）

【林草科技扶贫】 对贵州荔波、独山，广西罗城、龙胜4个定点帮扶县积极开展结对帮扶，与贵州省林业局、广西壮族自治区林业局签订了《林业定点帮扶县科技扶贫合作协议》，举办林业科技推广与扶贫培训班，积极落实《南疆林果业科技支撑战略合作协议》以及科技司与四川签订的《林业科技扶贫合作协议》。

（吴世军）

【中央财政林草科技推广示范资金专项】 全年共安排中央财政林业科技推广示范补贴资金4.8亿元，主要推广木本粮油、林特资源、林木良种、生态修复、灾害防控、林业标准化示范区建设六大类技术，提升了林业科技新成果应用示范效应，强化了科技对林业创新发展的支撑。

（吴世军）

【完善科技管理信息系统】 2018年新入库各类科技推广成果891项。研建了林科推广APP，在全国林业和草原科技周期间举办了启动仪式，开通了林业科技信息、成果应用、科技培训等互联网服务。

（吴世军）

【林草科技成果转化平台】 按照《林业工程技术研究中心发展规划（2013~2020）》，2018年完成了刺槐、沙棘、滨海盐碱地生态修复等18个工程中心批复工作。为搭建科技与产业融合平台，批复组建浙江杭州国家林业科技示范园区、广东广州国家城市林业科技示范园区和广西东盟（南宁）国家林业科技示范园区。

（吴世军）

表14-4 2018年度批复的林业工程技术研究中心和国家林业科技示范园区

工程中心（林业科技示范园区）名称	依托单位
刺槐工程技术研究中心	北京林业大学
沙棘工程技术研究中心	山西省林科院、辽宁东宁药业有限公司
滨海盐碱地生态修复工程技术研究中心	山东省林科院
杜鹃工程技术研究中心	湖南省森林植物园
生物质多联产工程技术研究中心	承德华净活性炭有限公司、南京林业大学
竹林碳汇工程技术研究中心	浙江农林大学
葡萄与葡萄酒工程技术研究中心	西北农林科技大学
东北林蛙工程技术研究中心	吉林省林科院

（续表）

工程中心（林业科技示范园区）名称	依托单位
玫瑰工程技术研究中心	山东华玫生物科技有限公司
重组材工程技术研究中心	中国林科院木工所
丛生竹工程技术研究中心	西南林业大学
冬青工程技术研究中心	浙江农林大学
五倍子高效培育与精深加工工程技术研究中心	五峰赤诚生物科技股份有限公司、中国林科院资昆所
刺梨工程技术研究中心	贵州大学、贵州省林科院、西南大学
遥感工程技术研究中心	中国林科院资源所
山茶花工程技术研究中心	中国林科院亚林所
元宝枫工程技术研究中心	山东林木种质资源中心、西北农林科技大学
黄土高原草原恢复与利用工程技术研究中心	西北农林科技大学
浙江杭州国家林业科技示范园区	浙江省林业厅
广东广州国家城市林业科技示范园区	广东省林业厅
广西东盟（南宁）国家林业科技示范园区	广西壮族自治区林业厅

（吴世军）

【科技成果转化调研】 为进一步实施《国家林业局促进科技成果转移转化行动方案》，国家林业和草原局副局长彭有冬带队赴浙江、湖北、广西、陕西等省份对科技成果转移转化进行专题调研；赴中国农业科学院进行交流沟通，学习农业科技成果转化先进经验与做法。推动元宝枫产业发展，联合中国老科协等单位赴内蒙古、山东、四川、重庆、陕西、云南等省（市）开展了实地调研，形成调研报告，并在西北农林科技大学举办了全国元宝枫产业发展科技创新研讨会。

（吴世军）

【推广员典型宣传】 联合中国绿色时报社开展了林业和草原"最美推广员"活动。在《中国绿色时报》"最美推广员"专栏中报道了浙江省富阳区农技推广中心林业站站长楼君、福建省建瓯市竹类科研所高级工程师林振清等13位推广员的先进事迹。

（吴世军）

林业和草原标准质量工作

【成立国家林业和草原局标准化工作领导小组】 2018年10月25日，国家林业和草原局批准成立"国家林业和草原局标准化工作领导小组"（以下简称"领导小组"）。领导小组组长由国家林业和草原局副局长彭有冬担任，成员由相关司局单位的有关负责人组成。领导小组主要职责是负责指导和协调林业和草原标准化工作，审议林业和草原标准化战略、规划、政策和重要标准等事项，协调解决跨部门、跨领域标准的重大问题。领导小组办公室设于科技司。

（冉东亚）

【标准化工作领导小组第一次会议】 2018年12月14日，国家林业和草原局标准化工作领导小组第一次会议在北京召开。国家林业和草原局副局长、标准化工作领导小组组长彭有冬出席会议并讲话。会议传达学习了国家林业和草原局党组书记、局长张建龙对林业和草原标准化工作作出了重要批示。张建龙批示指出，实施标准化战略是党中央、国务院作出的重要决策部署，也是林业和草原高质量发展的重要任务和关键环节。要进一步深化认识，加强领导，优化管理，提升质量，健全体系，注重应用，强化国际合作，努力用科学一流的标准引领林业和草原现代化建设。

（冉东亚）

【发布国家林业和草原局专业标准化技术委员会管理办法】 根据《中华人民共和国标准化法》有关规定，国家林业和草原局研究制订了《国家林业和草原局专业标准化技术委员会管理办法》。该办法规定了国家林业和草原局专业标准化技术委员会的构成、组建、换届、调整、工作要求和监督管理等相关要求。 （冉东亚）

【国家林业和草原局加入国务院食品安全委员会】 2018年6月20日，国务院办公厅下发《关于调整国务院食品安全委员会组成人员的通知》，国家林业和草原局加入国务院食品安全委员会，国家林业和草原副局长彭有冬任委员。

（冉东亚）

【国家资质认定林业评审组成立】 2018年4月16日，国家认证认可监督管理委员会与国家林业和草原局决定对林业行业检验检测机构实施统一的资质认定（计量认证）管理，成立国家资质认定林业评审组（以下简称"林业评审组"）。林业评审组设在国家林业和草原局科技司。

（冉东亚）

【新成立1个国家林业和草原局质量检验检测机构】 2018年，根据《行政许可法》和《国家林业局产品质量检验检测机构管理办法》的要求，按照行政许可审批有关规定，国家林业和草原局批准依托寿光市检验检测中心成立国家林业和草原局林产品质量检验检测中心（寿光），授权开展林产品质量检验检测工作。（冉东亚）

【2018年林产品质量安全监测工作】 2018年12月24日，国家林业和草原局下发《关于加强食用林产品质量安全监管工作的通知》。围绕林产品质量和安全，加强林产品质量监管工作，2018年，共监测林木制品、经济林产品、林化产品和花卉四大类，涉及竹笋、核桃、实木地板、松香、百合鲜切花等16种产品，涉及北京、河北等24个省（区、市），总监测产品和产地土壤3842批次。其中经济林产品1545批次，产地土壤1545批次，516家企业的木质林产品520批次，72家企业的林化产品132批次，25家企业（合作社、农户）的月季鲜切花100批次。 （冉东亚）

【2018年林业国家标准】 经国家市场监督管理总局（原国家质量监督检验检疫总局）、中国国家标准化管理委员会批准，2018年发布林业国家标准47项。

表14-5 2018年发布的林业国家标准目录

序号	标准号	中文名称	代替标准号
1	GB/T 15162—2018	飞播造林技术规程	GB/T 15162—2005
2	GB/T 15163—2018	封山（沙）育林技术规程	GB/T 15163—2004
3	GB/T 18264—2018	刨花板生产线验收通则	GB/T 18264—2000
4	GB/T 37005—2018	油漆饰面人造板	
5	GB/T 17658—2018	阻燃木材燃烧性能试验火传播试验方法	GB/T 17658—1999
6	GB/T 36868—2018	野生动物饲养管理技术规程 黑熊	
7	GB/T 17659.2—2018	原木锯材批量检查抽样、判定方法 第2部分：锯材批量检查抽样、判定方法	GB/T 17659.2—1999
8	GB/T 36872—2018	结构用集成材生产技术规程	
9	GB/T 36785—2018	结构用木质覆面板保温墙体试验方法	
10	GB/T 36870—2018	主要商品木材树种代号	
11	GB/T 15036.1—2018	实木地板 第1部分：技术要求	GB/T 15036.1—2009
12	GB/T 15036.2—2018	实木地板 第2部分：检验方法	GB/T 15036.2—2009
13	GB/T 28952—2018	中国森林认证 产销监管链	
14	GB/T 17659.1—2018	原木锯材批量检查抽样、判定方法 第1部分：原木批量检查抽样、判定方法	GB/T 17659.1—1999
15	GB/T 23471—2018	浸渍纸层压秸秆复合地板	GB/T 23471—2009
16	GB/T 36394—2018	竹产品术语	
17	GB/T 36408—2018	木结构用单板层积材	
18	GB/T 11717—2018	造纸用原木	GB/T 11717—2009
19	GB/T 36407—2018	机械应力分级锯材	
20	GB/T 36201—2018	银杏盆景栽培技术规程	
21	GB/T 18259—2018	人造板及其表面装饰术语	GB/T 18259—2009
22	GB/T 17656—2018	混凝土模板用胶合板	GB/T 17656—2008
23	GB/T 11716—2018	小径原木	GB/T 11716—2009
24	GB/T 36202—2018	锯材检验术语	
25	GB/T 20238—2018	木质地板铺装、验收和使用规范	GB/T 20238—2006
26	GB/T 36055—2018	林业生物质原料分析方法 含水率的测定	

（续表）

序号	标准号	中文名称	代替标准号
27	GB/T 36056—2018	林业生物质原料分析方法 可溶性糖的测定	
28	GB/T 36057—2018	林业生物质原料分析方法 灰分的测定	
29	GB/T 36058—2018	林业生物质原料分析方法 不可溶性糖测定	
30	GB/T 35820—2018	林业生物质原料分析方法 取样方法	
31	GB/T 35818—2018	林业生物质原料分析方法 多糖及木质素含量的测定	
32	GB/T 35822—2018	自然保护区功能区划技术规程	
33	GB/T 35821—2018	生物质/塑料复合材料生物质含量测定方法	
34	GB/T 35905—2018	林业生物质原料分析方法 总固体含量测定	
35	GB/T 35913—2018	地采暖用实木地板技术要求	
36	GB/T 35809—2018	林业生物质原料分析方法 蛋白质含量测定	
37	GB/T 35805—2018	紫胶虫种胶	
38	GB/T 35808—2018	林业生物质原料分析方法 纤维素酶活性测定	
39	GB/T 7643—2018	紫胶原胶	GB/T 7643—1987
40	GB/T 35814—2018	林业生物质原料分析方法 样品处理方法	
41	GB/T 35815—2018	木质活性炭试验方法 甲苯吸附率的测定	
42	GB/T 35813—2018	植物新品种特异性、一致性、稳定性测试指南 黄栌属	
43	GB/T 35812—2018	林业生物质原料分析方法 预处理后不溶固体含量测定	
44	GB/T 35817—2018	室内用树脂改性木材通用技术要求	
45	GB/T 35816—2018	林业生物质原料分析方法 抽提物含量的测定	
46	GB/T 35811—2018	林业生物质原料分析方法 淀粉测定	
47	GB/T 18514—2018	人造板机械安全通则	GB/T 18514—2001

（冉东亚）

【2018年林业行业标准】 经国家林业和草原局批准，2018年共发布林业行业标准180项。

表14-6 2018年发布的林业行业标准目录

序号	标准编号	标准名称	代替标准号
1	LY/T 2932—2018	林业行政许可事项服务指南编写规范	
2	LY/T 2933—2018	国家公园功能分区规范	
3	LY/T 2934—2018	森林康养基地质量评定	
4	LY/T 2935—2018	森林康养基地总体规划导则	
5	LY/T 2936—2018	荒漠区盐渍化土地生态系统定位观测指标体系	
6	LY/T 2937—2018	自然保护区管理计划编制指南	
7	LY/T 2938—2018	极小种群野生植物保护原则与方法	
8	LY/T 2939—2018	枣大球蚧防治技术规程	
9	LY/T 2940—2018	杨干象防治技术规程	
10	LY/T 2290—2018	林木种苗标签	LY/T 2290—2014
11	LY/T 2280—2018	林木种苗生产经营档案	LY/T 2280—2014
12	LY/T 2941—2018	林木育苗轻型基质生产技术规程	
13	LY/T 2942—2018	山苍子苗木培育及质量等级	
14	LY/T 2943—2018	印度紫檀育苗技术规程	
15	LY/T 2944—2018	大叶相思容器育苗技术规程	
16	LY/T 2945—2018	白皮松容器育苗技术规程	
17	LY/T 2946—2018	流苏育苗技术规程	
18	LY/T 2947—2018	玉簪种苗生产技术及质量要求	
19	LY/T 2948—2018	桤木轻基质容器育苗技术规程	
20	LY/T 2949—2018	青海云杉播种育苗及造林技术规程	
21	LY/T 2950—2018	桂花观赏苗木培育技术规程和质量等级	
22	LY/T 2951—2018	藤本月季栽培技术规程	
23	LY/T 2952—2018	八角莲栽培技术规程	
24	LY/T 2953—2018	亚高山树状杜鹃栽培技术规程	
25	LY/T 2954—2018	盆栽菊花栽培技术规程	
26	LY/T 2955—2018	油茶主要性状调查测定规范	
27	LY/T 2956—2018	金花茶栽培技术规程	
28	LY/T 2957—2018	南方集体林区天然次生林近自然森林经营技术规程	
29	LY/T 2958—2018	油用牡丹栽培技术规程	

(续表)

序号	标准编号	标准名称	代替标准号
30	LY/T 2959—2018	滨海盐渍土原位隔盐绿化技术规程	
31	LY/T 2960—2018	四川山矾栽培技术规程	
32	LY/T 2961—2018	麻栎栽培技术规程	
33	LY/T 2962—2018	黄葛树栽培技术规程	
34	LY/T 2963—2018	羽叶丁香栽培技术规程	
35	LY/T 2964—2018	三峡库区消落带植被生态修复技术规程	
36	LY/T 2965—2018	桉树中大径材培育技术规程	
37	LY/T 2966—2018	任豆培育技术规程	
38	LY/T 2967—2018	格木丰产林培育技术规程	
39	LY/T 2968—2018	北美红枫繁育技术规程	
40	LY/T 2969—2018	东北、内蒙古林区低效改造技术要求和工程实施指南	
41	LY/T 2970—2018	古树名木生态环境检测技术规程	
42	LY/T 2971—2018	油松人工林经营技术规程	
43	LY/T 2972—2018	困难立地红树林造林技术规程	
44	LY/T 2973—2018	华山松人工林抚育技术规程	
45	LY/T 2974—2018	旱冬瓜培育技术规程	
46	LY/T 2975—2018	铁力木培育技术规程	
47	LY/T 2976—2018	翅荚木培育技术规程	
48	LY/T 2977—2018	鳖蛋椿培育技术规程	
49	LY/T 2978—2018	野生动物饲养管理技术规程 丹顶鹤	
50	LY/T 2979—2018	野生动物产品 鸵鸟蛋	
51	LY/T 2980—2018	野生动物饲养管理技术规程 狍	
52	LY/T 2981—2018	野生动物饲养管理技术规程 东方白鹳	
53	LY/T 2982—2018	竹茶盘	
54	LY/T 2983—2018	桐木拼板	
55	LY/T 1507—2018	木杆	LY/T 1507—2008
56	LY/T 1506—2018	短原木	LY/T 1506—2008
57	LY/T 2984—2018	原条检验	
58	LY/T 1370—2018	原条造材	LY/T 1370—2002
59	LY/T 2985—2018	唐古特白刺硬枝扦插繁殖技术规程	
60	LY/T 2986—2018	流动沙地沙障设置技术规程	

(续表)

序号	标准编号	标准名称	代替标准号
61	LY/T 2987—2018	林业及相关产品分类	
62	LY/T 2988—2018	森林生态系统碳储量计量指南	
63	LY/T 2989—2018	城市生态系统定位观测研究站建设技术规范	
64	LY/T 2990—2018	城市生态系统定位观测指标体系	
65	LY/T 2991—2018	煤矸石山生态修复综合技术规范	
66	LY/T 2992—2018	长江以北海岸带盐碱地造林技术规程	
67	LY/T 2994—2018	石漠化治理监测与评价规范	
68	LY/T 2995—2018	植物纤维阻沙固沙网	
69	LY/T 2996—2018	活沙障技术规程	
70	LY/T 2997—2018	高寒区沙化土地综合治理技术标准	
71	LY/T 2999—2018	中国森林认证 野生动物饲养管理 操作指南	
72	LY/T 3000—2018	植物新品种特异性、一致性、稳定性测试指南 银杏	
73	LY/T 3001—2018	植物新品种特异性、一致性、稳定性测试指南 木瓜属	
74	LY/T 3002—2018	植物新品种特异性、一致性、稳定性测试指南 圆柏属	
75	LY/T 3003—2018	植物新品种特异性、一致性、稳定性测试指南 杉木属	
76	LY/T 3004.1—2018	核桃标准综合体 第1部分 核桃名词术语	LY/T 1329—1999 LY/T 1883—2010 LY/T 1884—2010 LY/T 2531—2015
76	LY/T 3004.2—2018	核桃标准综合体 第2部分 核桃良种选育标准	
76	LY/T 3004.3—2018	核桃标准综合体 第3部分 核桃嫁接苗培育和分级标准	
76	LY/T 3004.4—2018	核桃标准综合体 第4部分 核桃优质丰产栽培技术规程	
76	LY/T 3004.5—2018	核桃标准综合体 第5部分 核桃改劣换优技术规程	
76	LY/T 3004.6—2018	核桃标准综合体 第6部分 核桃采收和采后处理	
76	LY/T 3004.7—2018	核桃标准综合体 第7部分 核桃坚果丰产指标	
76	LY/T 3004.8—2018	核桃标准综合体 第8部分 核桃坚果质量及检测	

(续表)

序号	标准编号	标准名称	代替标准号
77	LY/T 3005.1—2018	杜仲综合体 第1部分 良种选育技术规程	LY/T 1561—2015 LY/T 2641—2016 LY/T 2642—2016 LY/T 2704—2016
	LY/T 3005.2—2018	杜仲综合体 第2部分 采穗圃营建技术规程	
	LY/T 3005.3—2018	杜仲综合体 第3部分 嫁接育苗技术规程	
	LY/T 3005.4—2018	杜仲综合体 第4部分 果用杜仲栽培技术规程	
	LY/T 3005.5—2018	杜仲综合体 第5部分 雄花用杜仲栽培技术规程	
	LY/T 3005.6—2018	杜仲综合体 第6部分 材药兼用杜仲栽培技术规程	
	LY/T 3005.7—2018	杜仲综合体 第7部分 叶用杜仲栽培技术规程	
	LY/T 3005.8—2018	杜仲综合体 第8部分 剥皮再生技术规程	
	LY/T 3005.9—2018	杜仲综合体 第9部分 种仁质量等级	
78	LY/T 3006—2018	辣木籽质量等级	
79	LY/T 1207—2018	黑木耳块生产技术规程	LY/T 1207—2007
80	LY/T 3007—2018	油橄榄低产园改造技术规程	
81	LY/T 3008—2018	经济林品种区域试验技术规程	
82	LY/T 3009—2018	经济林嫁接方法	
83	LY/T 3010—2018	麻核桃坚果评价技术规范	
84	LY/T 3011—2018	榛仁质量等级	
85	LY/T 1747—2018	杨梅质量等级	LY/T 1747—2008
86	LY/T 1780—2018	干制红枣质量等级	LY/T 1780—2008
87	LY/T 2135—2018	石榴质量等级	LY/T 2135—2013
88	LY/T 1741—2018	酸角果实	LY/T 1741—2008
89	LY/T 1919—2018	元蘑干制品	LY/T 1919—2010
90	LY/T 1963—2018	澳洲坚果仁	LY/T 1963—2011
91	LY/T 1921—2018	红松松籽	LY/T 1921—2010
92	LY/T 3012—2018	室内空气净化用活性炭	

(续表)

序号	标准编号	标准名称	代替标准号
93	LY/T 3013—2018	木质活性炭中氯化物和硫酸盐的测定 离子色谱法	
94	LY/T 3014—2018	杏壳净水用活性炭	
95	LY/T 3015—2018	塔拉粉	
96	LY/T 1041—2018	林业机械 苗圃筑床机	LY/T 1041—2011
97	LY/T 3016—2018	林业机械 履带式挖树机	
98	LY/T 3017—2018	园林机械 坐骑式果岭打药机	
99	LY/T 3018—2018	园林机械 以锂离子电池为动力源的旋刀步进式草坪修剪机	
100	LY/T 3019—2018	林业机械 以汽油机为动力的便携式割灌机和割草机 切割效率和切割燃油消耗率测试方法	
101	LY/T 3020—2018	园林机械 以锂离子电池为动力源的手持式绿篱修剪机	
102	LY/T 3021—2018	园林机械 以锂离子电池为动力源的便携式割灌机和割草机	
103	LY/T 3022—2018	园林机械 以锂离子电池为动力源的手持式链锯	
104	LY/T 3023—2018	园林机械 以锂离子电池为动力源的便携式吹、吸及吹吸风机	
105	LY/T 3024—2018	林业机械 带支架的可移动手持式挖坑机	
106	LY/T 3025—2018	多功能森林消防车	
107	LY/T 3026—2018	落叶松鞘蛾防治技术规程	
108	LY/T 3027—2018	沙鼠防治技术规程	
109	LY/T 3028—2018	无人机释放赤眼蜂技术指南	
110	LY/T 3029—2018	杨树烂皮病防治技术规程	
111	LY/T 3030—2018	松毛虫监测预报技术规程	
112	LY/T 3031—2018	竹卵圆蝽综合防治技术规程	
113	LY/T 1157—2018	檩材	LY/T 1157—2008
114	LY/T 1158—2018	椽材	LY/T 1158—2008
115	LY/T 1656—2018	实木包装箱板	LY/T 1656—2006

（续表）

序号	标准编号	标准名称	代替标准号
116	LY/T 3032—2018	废弃木质材料储存保管规范	
117	LY/T 3033—2018	户外用木材涂料人工老化试验方法	
118	LY/T 3034—2018	树脂浸渍改性木材生产通用技术要求	
119	LY/T 3035—2018	车削类工具木柄	
120	LY/T 3036—2018	阻燃木质材料吸湿性试验方法	
121	LY/T 3037—2018	乙酰化木材	
122	LY/T 3038—2018	结构用木质材料术语	
123	LY/T 3039—2018	正交胶合木	
124	LY/T 3040—2018	齿板连接性能测试方法	
125	LY/T 3041—2018	木结构金属紧固件连接循环荷载性能测试方法	
126	LY/T 3042—2018	民族乐器锯材 柳琴用材	
127	LY/T 3043—2018	民族乐器锯材 阮用材	
128	LY/T 1700—2018	地采暖用木质地板	LY/T 1700—2007
129	LY/T 3044—2018	人造板防腐性能评价	
130	LY/T 3045—2018	人造板生产生命周期评价技术规范	
131	LY/T 3046—2018	油茶林下经济作物种植技术规程	
132	LY/T 3047—2018	日本落叶松纸浆林定向培育技术规程	
133	LY/T 3048—2018	麻栎炭用林培育技术规程	
134	LY/T 3049—2018	任豆丰产林栽培技术规程	
135	LY/T 3050—2018	辣木栽培技术规程	
136	LY/T 3051—2018	锥栗栽培技术规程	
137	LY/T 3052—2018	桑树栽培技术规程	
138	LY/T 3053—2018	核桃楸油料林栽培技术规程	
139	LY/T 3054—2018	榆叶梅油料林栽培技术规程	
140	LY/T 3055—2018	红豆树苗木培育技术规程	
141	LY/T 3056—2018	紫檀培育技术规程	
142	LY/T 3057—2018	'清香'核桃嫁接育苗技术规程	

（续表）

序号	标准编号	标准名称	代替标准号
143	LY/T 3058—2018	紫薇扦插育苗技术规程	
144	LY/T 3059—2018	矮牵牛种苗生产技术规程	
145	LY/T 3060—2018	一串红种苗生产技术规程	
146	LY/T 3061—2018	樟树嫩枝扦插育苗技术规程	
147	LY/T 3062—2018	芳樟扦插采穗圃营建技术规程	
148	LY/T 3063—2018	干旱荒漠区樟子松育苗技术规程	
149	LY/T 3064—2018	平枝枸子育苗技术规程	
150	LY/T 3065—2018	水枸子播种育苗技术规程	
151	LY/T 3066—2018	湿地松嫩枝扦插育苗技术规程	
152	LY/T 3067—2018	崖柏播种和扦插育苗技术规程	
153	LY/T 3068—2018	毛梾育苗技术规程	
154	LY/T 3069—2018	欧洲花楸播种育苗技术规程	
155	LY/T 3070—2018	柳树培育技术规程	
156	LY/T 3071—2018	刺槐硬枝扦插育苗技术规程	
157	LY/T 3072—2018	秋枫播种育苗技术规程	
158	LY/T 3073—2018	古树名木管护技术规程	
159	LY/T 3074—2018	沙棘种质资源异地保存库营建技术规程	
160	LY/T 3075—2018	锈色粒肩天牛检疫技术规程	
161	LY/T 1011—2018	摆动筛	LY/T 1011—2001
162	LY/T 1031—2018	人造板生产用螺旋输送机	LY/T 1031—1991
163	LY/T 1098—2018	网带式单板干燥机网带	LY/T 1098—1993
164	LY/T 1141—2018	成叠单板剪板机	LY/T 1141—1993
165	LY/T 1168—2018	辊筒运输机	LY/T 1168—1995
166	LY/T 1334—2018	磨刀机	LY/T 1334—2002 LY/T 1335—2002 LY/T 1336—2002
167	LY/T 1361—2018	单板挖补机	LY/T 1361—1999
168	LY/T 1423—2018	木材工业用旋风分离器	LY/T 1423—2002 LY/T 1424—2002

(续表)

序号	标准编号	标准名称	代替标准号
169	LY/T 1454—2018	人造板机械精度检验通则	LY/T 1454—1999
170	LY/T 1458—2018	单板铣边机	LY/T 1458—1999 LY/T 1459—1999 LY/T 1460—1999
171	LY/T 1455—2018	单板拼缝机	LY/T 1455—1999 LY/T 1456—1999 LY/T 1457—1999
172	LY/T 3076—2018	木地板包装设备	
173	LY/T 3077—2018	拼装式门扇榫卯加工机	
174	LY/T 3078—2018	木门门套组合加工机	
175	LY/T 3079—2018	连续式预压机	
176	LY/T 3080—2018	竹片剖切机	
177	LY/T 3081—2018	数控门扇生产线验收通则	
178	LY/T 3082—2018	复合式旋切机	
179	LY/T 3083—2018	C 型竹筷加工机	
180	LY/T 3084—2018	木质板件贴面热压机	

(冉东亚)

【废止70项林业行业标准】 根据《中华人民共和国标准化法》《深化标准化工作改革方案》和《林业标准化管理办法》的相关要求，经研究，国家林业和草原局决定废止《轮胎式木材装载机》等70项林业行业标准。

表14-7 2018年度废止林业行业标准汇总表

序号	标准编号	标准名称
1	LY/T 1047—1991	轮胎式木材装载机
2	LY/T 1051—2008	园林机械排气污染物测试方法
3	LY/T 1122—1993	山楂丰产技术
4	LY/T 1138—1993	运材挂车承载装置型式和基本参数
5	LY/T 1139—1993	运材挂车承载装置技术条件
6	LY/T 1145—1993	松香包装桶
7	LY/T 1148—1993	装载机木材抓具
8	LY/T 1155—1994	油锯橡胶把套
9	LY/T 1181—1995	苏云金芽孢杆菌制剂
10	LY/T 1190—1996	垫板回送机组
11	LY/T 1199—2003	林业机械油锯台架试验方法

(续表)

序号	标准编号	标准名称
12	LY/T 1208—1997	椴木栽培黑木耳技术
13	LY/T 1329—1999	核桃丰产与坚果品质
14	LY/T 1333—1999	合成革用微晶纤维素
15	LY/T 1343—1999	林木种子检验仪器技术条件
16	LY/T 1367—1999	衬板抛光机
17	LY/T 1427—1999	分板机
18	LY/T 1428—1999	加湿机
19	LY/T 1444.2—2015	林区木材生产能耗 第2部分：油锯燃料消耗量
20	LY/T 1444.3—2005	林区木材生产能耗 第3部分：集材机械燃料消耗量
21	LY/T 1444.4—2015	林区木材生产能耗 第4部分：绞盘机装车燃料消耗量
22	LY/T 1444.5—2005	林区木材生产能耗 第5部分：汽车运材燃料消耗量
23	LY/T 1444.6—2015	林区木材生产能耗 第6部分：贮木场生产能源消耗量
24	LY/T 1449—1999	东北、内蒙古国有林区木材生产能耗 森铁蒸汽机车燃料消耗量
25	LY/T 1473—2008	除铁器
26	LY/T 1478—1999	集材捆木索
27	LY/T 1484—1999	弯把锯
28	LY/T 1531—2012	东北、内蒙古国有林区林业企业能量平衡测试通则
29	LY/T 1557—2000	名特优经济林基地建设技术规程
30	LY/T 1577—2009	食用菌、山野菜干制品压缩块
31	LY/T 1595—2002	芯板横向拼缝机 制造与验收技术条件
32	LY/T 1596—2002	芯板横向拼缝机 参数
33	LY/T 1597—2002	芯板横向拼缝机 精度
34	LY/T 1628—2005	黄脊竹蝗防治技术规程
35	LY/T 1661—2006	木瓜栽培技术规程
36	LY/T 1678—2014	食用林产品产地环境通用要求
37	LY/T 1684—2007	森林食品 总则
38	LY/T 1696—2007	姬松茸
39	LY/T 1702—2007	石榴栽培技术规程
40	LY/T 1748—2008	樱桃李栽培技术规程
41	LY/T 1768—2008	山核桃产品质量要求
42	LY/T 1771—2008	刺五加培育技术规程
43	LY/T 1777—2008	森林食品 质量安全通则
44	LY/T 1778—2008	平贝母栽培技术规程
45	LY/T 1781—2008	甜樱桃贮藏保鲜技术规程
46	LY/T 1782—2008	无公害干果
47	LY/T 1799—2008	沙发松紧带自动张紧机

(续表)

序号	标准编号	标准名称
48	LY/T 1802—2008	水泥(石膏)刨花板压机通用技术条件
49	LY/T 1804—2008	石膏刨花板生产线验收通则
50	LY/T 1811—2008	定向刨花板生产线验收通则
51	LY/T 1838—2009	光皮树果实制油技术规程
52	LY/T 1839—2009	灌木铡粉机
53	LY/T 1841—2009	猕猴桃贮藏技术规程
54	LY/T 1907—2010	马尾松花粉生产技术规程
55	LY/T 1909—2010	美国黑核桃栽培技术规程
56	LY/T 1910—2010	食用桂花栽培技术规程
57	LY/T 1964—2011	酸枣
58	LY/T 1989—2011	园林机械 坐骑式草坪割草机安全使用规程
59	LY/T 2035—2012	杏李生产技术规程
60	LY/T 2038—2012	橄榄丰产栽培技术规程
61	LY/T 2040—2012	北方杏鲍菇栽培技术规程
62	LY/T 2042—2012	九叶青花椒丰产栽培技术规程
63	LY/T 2048—2012	葎叶蛇葡萄育苗技术规程
64	LY/T 2115—2013	油茶饼粕有机肥
65	LY/T 2124—2013	人心果栽培技术规程
66	LY/T 2129—2013	甜樱桃栽培技术规程
67	LY/T 2132—2013	猴头菇干制品
68	LY/T 2343—2014	青梅生产技术规程
69	LY/T 2641—2016	杜仲雄花园营建技术规程
70	LY/T 2704—2016	杜仲种仁质量等级

(冉东亚)

【2018年林业国家标准立项项目】 经国家标准化管理委员会批准,14项林业国家标准计划项目立项。

表14-8 2018年度林业国家标准计划项目汇总表

序号	计划编号	项目名称
1	20184152—T—432	林业机械 噪声测定规范
2	20184830—T—432	人造板及其制品甲醛释放量分级
3	20184151—T—432	园林机械 以内燃机为动力的草坪修剪机安全要求 第2部分:步进式草坪修剪机
4	20184153—T—432	园林机械 以内燃机为动力的草坪修剪机安全要求 第3部分:坐骑式草坪修剪机
5	20184154—T—432	园林机械 以内燃机为动力的草坪修剪机安全要求 第1部分:术语和通用试验
6	20184150—T—432	骏枣
7	20184149—T—432	灰枣
8	20181923—T—432	林业碳汇项目审定和核证指南
9	20180664—T—432	油茶良种选育技术

(续表)

序号	计划编号	项目名称
10	20180666—T—432	刨切单板
11	20180665—T—432	基于甲醛释放率的饰面人造板室内承载限量指南
12	20180965—Q—432	自行式林业机械 通用安全要求
13	20180966—T—432	竹木刨花模压成型托盘通用技术条件
14	20180964—Q—432	林业机械 便携式油锯和割灌机易引起火险的排放系统

(冉东亚)

【2018年林业行业标准立项项目】 2018年,国家林业和草原局批准林业行业标准制修订计划项目180项。

表14-9 2018年度林业行业标准计划项目汇总表

序号	项目编号	项目名称
1	2018-LY—001	林业数据库访问接口规范
2	2018-LY—002	林业自然教育导则
3	2018-LY—003	刨片机
4	2018-LY—004	气流分选机
5	2018-LY—005	卧式浸渍干燥机通用技术条件
6	2018-LY—006	森林植物与凋落物测定 第2部分:全量元素
7	2018-LY—007	植物新品种特异性、一致性、稳定性测试指南 卫矛属
8	2018-LY—008	植物新品种特异性、一致性、稳定性测试指南 悬钩子属
9	2018-LY—009	彩色竹地板
10	2018-LY—010	实木地板坯料
11	2018-LY—011	重组木地板
12	2018-LY—012	竹木刨花模压成型托盘通用技术条件
13	2018-LY—013	植物新品种特异性、一致性、稳定性测试指南 栀子属
14	2018-LY—014	白榆组织培养育苗技术规程
15	2018-LY—015	国槐品种SSR分子标记鉴定技术规程
16	2018-LY—016	环渤海柽柳栽培技术规程
17	2018-LY—017	景天类多肉植物栽培技术规程
18	2018-LY—018	沿海防护林体系工程建设技术规程
19	2018-LY—019	珍贵树种培育:樟树
20	2018-LY—020	中国森林认证 竹林经营
21	2018-LY—021	国产名贵木材材种鉴定规范
22	2018-LY—022	三角梅综合体
23	2018-LY—023	杉木育苗技术规程
24	2018-LY—024	珍贵树种培育:南洋楹
25	2018-LY—025	主要香调料产品及质量等级
26	2018-LY—026	皂荚培育技术规程
27	2018-LY—027	高寒地区沙化土地治理技术规程

(续表)

序号	项目编号	项目名称
28	2018—LY—028	桧烯
29	2018—LY—029	澳洲坚果栽培技术规程
30	2018—LY—030	西北盐碱地暗沟排盐改良造林技术规程
31	2018—LY—031	国有林场边界标识设施规范
32	2018—LY—032	胶合板生产综合能耗
33	2018—LY—033	马尾松原条
34	2018—LY—034	刨花板生产综合能耗
35	2018—LY—035	森林防火瞭望台瞭望观测技术规程
36	2018—LY—036	森林防火头盔
37	2018—LY—037	森林火灾风险评价规范
38	2018—LY—038	森林火灾扑救技术规程
39	2018—LY—039	生物质成型燃料机械性能测试方法及工业分析方法
40	2018—LY—040	室内装修用木方
41	2018—LY—041	松香生产综合能耗
42	2018—LY—042	野生动物放生管理规范
43	2018—LY—043	野生动物人工繁育管理规范 第2部分 总则
44	2018—LY—044	野生动物人工繁育管理规范 老虎
45	2018—LY—045	野生动物饲养技术规程 第2部分 狐
46	2018—LY—046	主要林副产品质量等级
47	2018—LY—047	防风固沙林经营技术规程
48	2018—LY—048	极少种群野生植物野外回归技术规范
49	2018—LY—049	林木品种微卫星标记鉴定技术规程
50	2018—LY—050	林下经济（中药材种植）示范基地建设标准
51	2018—LY—051	林业行政许可实施规范
52	2018—LY—052	林业项目绩效报告编写指南
53	2018—LY—053	林业应用系统设计和开发规范
54	2018—LY—054	牡丹综合体
55	2018—LY—055	能源原料林培育技术规程
56	2018—LY—056	森林经营碳汇项目方法学
57	2018—LY—057	沙棘木蠹蛾防治技术规程
58	2018—LY—058	塔拉多糖胶
59	2018—LY—059	文冠果综合体
60	2018—LY—060	小圆胸小蠹检疫技术规程
61	2018—LY—061	植物新品种特异性、一致性、稳定性测试指南 紫薇属
62	2018—LY—062	中国森林认证森林康养
63	2018—LY—063	自然保护区保护成效评估技术导则
64	2018—LY—064	实木地板生产综合能耗
65	2018—LY—065	纤维板生产线节能技术规范

(续表)

序号	项目编号	项目名称
66	2018—LY—066	野生动物放归自然（放生）技术操作规范
67	2018—LY—067	野生动物收容救护技术操作规程
68	2018—LY—068	野生动物园展演安全规范
69	2018—LY—069	装卸机
70	2018—LY—070	观赏海棠 综合体
71	2018—LY—071	国家公园生态科普教育讲解服务规范
72	2018—LY—072	榉树育苗技术规程
73	2018—LY—073	青钱柳育苗技术规程
74	2018—LY—074	人造板生产木粉尘燃爆防控技术规范
75	2018—LY—075	森林干扰与恢复信息遥感影像监测技术规范
76	2018—LY—076	竹单板
77	2018—LY—077	森林旅游术语
78	2018—LY—078	乌桕育苗技术规程
79	2018—LY—079	灌木生物量碳含率
80	2018—LY—080	林业碳汇计量监测土地分类
81	2018—LY—081	鸟类重要疫病检疫技术规范
82	2018—LY—082	湿地景观分类
83	2018—LY—083	湿地碳汇计量技术规范
84	2018—LY—084	湿地碳库建模调查技术规范
85	2018—LY—085	石漠化地区森林培育技术规程
86	2018—LY—086	收获木质林产品碳计量（估算）方法
87	2018—LY—087	湿地生态状况评定规范
88	2018—LY—088	生态文明建设目标评价考核湿地保护成效指标
89	2018—LY—089	森林小镇建设导则
90	2018—LY—090	野生动物园马戏表演管理规范
91	2018—LY—091	檫木培育技术规程
92	2018—LY—092	林业血防抑螺成效提升改造技术规程
93	2018—LY—093	林地林木资源价值核算技术经济指标调查技术规范
94	2018—LY—094	林业有害生物防治成本及灾害损失统计规范
95	2018—LY—095	烟雾载药防治林业有害生物技术规程
96	2018—LY—096	油茶害虫防治技术规程
97	2018—LY—097	棕榈科植物害虫检疫技术通则
98	2018—LY—098	涉案陆生野生脊椎动物尸体检验通用规范
99	2018—LY—099	林业机械 便携式割灌机和割草机发动机性能和燃油消耗
100	2018—LY—100	林业机械 驾驶员保护结构 实验室试验和性能要求
101	2018—LY—101	林业机械 山地林果轨道搬运机
102	2018—LY—102	林业机械 自行式机械噪声测定规范

(续表)

序号	项目编号	项目名称
103	2018—LY—103	林业机械　自行式苗木移植机
104	2018—LY—104	森林工程　装备系统设计导则
105	2018—LY—105	园林机械　动力材料收集系统　安全要求的测试方法
106	2018—LY—106	园林机械　以锂电池为动力源的步进式草坪修边机
107	2018—LY—107	园林机械　以锂电池为动力源的单手操纵的修枝链锯
108	2018—LY—108	园林机械　以锂电池为动力源的杆式绿篱修剪机
109	2018—LY—109	园林机械　以内燃机为动力的步进式草坪修剪机　安全要求的测试方法
110	2018—LY—110	园林机械　以内燃机为动力的坐骑式草坪修剪机　安全要求的试验方法
111	2018—LY—111	中小型笋材两用散生竹栽培技术规程
112	2018—LY—112	越橘提取物
113	2018—LY—113	国家陆地生态系统定位观测研究站建站技术要求　第2部分：荒漠生态系统研究站
114	2018—LY—114	国家林木种质资源库信息管理规范
115	2018—LY—115	林木种质资源名词术语及计量统计规范
116	2018—LY—116	落叶松育苗技术规程
117	2018—LY—117	木质林产品贮碳测算方法指南
118	2018—LY—118	森林土壤测定　第4部分：有效元素
119	2018—LY—119	植物新品种特异性、一致性、稳定性测试指南　梓树属
120	2018—LY—120	锯材窑干工艺规程
121	2018—LY—121	抗菌木（竹）质地板　抗菌性能检验方法与抗菌效果
122	2018—LY—122	木材及木基材料吸湿尺寸稳定性检测规范
123	2018—LY—123	木质踢脚线
124	2018—LY—124	生物质基塑性复合材料分类及其等级划分
125	2018—LY—125	室内高湿场所和室外用木地板
126	2018—LY—126	室内木质门
127	2018—LY—127	研制《户外用木地板》外文版
128	2018—LY—128	国家陆地生态系统定位观测研究站建站技术要求　第1部分：森林生态系统研究站
129	2018—LY—129	国家陆地生态系统定位观测指标体系　第1部分：森林生态系统
130	2018—LY—130	极小种群野生植物迁地保护技术规程
131	2018—LY—131	极小种群野生植物种质资源保护技术规程
132	2018—LY—132	中国森林认证　认证产品编码及标识
133	2018—LY—133	花卉认证
134	2018—LY—134	林业信息化基础平台统一技术要求

(续表)

序号	项目编号	项目名称
135	2018—LY—135	湿地资源信息数据
136	2018—LY—136	刺槐培育技术规程
137	2018—LY—137	植物新品种特异性、一致性、稳定性测试指南　白刺属
138	2018—LY—138	工业有机废气治理用活性炭技术指标及试验方法
139	2018—LY—139	栲胶
140	2018—LY—140	栲胶分析试验方法
141	2018—LY—141	漆树提取物
142	2018—LY—142	松香深加工产品
143	2018—LY—143	松脂试验方法
144	2018—LY—144	湿地松培育技术规程
145	2018—LY—145	食用林产品质量追溯要求　通则
146	2018—LY—146	香榧综合体
147	2018—LY—147	主要香调料培育技术规程
148	2018—LY—148	降香黄檀培育技术规程
149	2018—LY—149	珍贵树种培育：西南桦
150	2018—LY—150	五倍子　肚倍生产技术规程
151	2018—LY—151	余甘子汁
152	2018—LY—152	实木壁板
153	2018—LY—153	湿地景观规划设计导则
154	2018—LY—154	欧李培育技术规程
155	2018—LY—155	漆树培育技术规程
156	2018—LY—156	红松大径级材培育技术规程
157	2018—LY—157	人造板及其制品 VOCs 室内装载量指南
158	2018—LY—158	人造板及其制品气味评价方法
159	2018—LY—159	水性紫外光固化木器涂料技术要求
160	2018—LY—160	人造板及其制品甲醛释放量分级
161	2018—LY—161	人造板及其制品 VOCs 释放值
162	2018—LY—162	木纹立体打印装饰制品技术要求
163	2018—LY—163	锯材干燥节能技术规范
164	2018—LY—164	地采暖用木质地板甲醛释放承载量指南
165	2018—LY—165	沉香提取物
166	2018—LY—166	沉香质量分级
167	2018—LY—167	树脂浸渍改性木材干燥规程
168	2018—LY—168	室外用木基塑料复合板材
169	2018—LY—169	金银花干燥技术规程
170	2018—LY—170	锯材高温干燥工艺规程
171	2018—LY—171	结构用木质保温板产品
172	2018—LY—172	木结构用自攻螺钉
173	2018—LY—173	森林消防专业队伍建设和管理规范

(续表)

序号	项目编号	项目名称
174	2018—LY—174	混交林立地质量分级与评价技术规程
175	2018—LY—175	杨树大径材培育技术规程
176	2018—LY—176	竹缠绕管廊
177	2018—LY—177	林木DNA条形码构建技术规程
178	2018—LY—178	森林经营碳汇项目方法学
179	2018—LY—179	鞣制裘皮物种鉴定方法通则
180	2018—LY—180	獭兔毛皮质量分级

(冉东亚)

【2018年国家林业标准化示范企业】 为推动林业企业标准化生产和管理，2018年，国家林业和草原局联合国家标准化管理委员会，共同认定了115家国家林业标准化示范企业。

表14-10 2018年国家林业标准化示范企业汇总表

序号	企业名称	所在地区	类别
1	北京京彩燕园园林科技有限公司	北京	林木种苗
2	河北富岗食品有限责任公司	河北	经济林产品
3	河北义德园林绿化工程有限公司	河北	林木种苗
4	保定大汉绿洲园林绿化工程有限公司	河北	林木种苗
5	承德亚欧果仁有限公司	河北	经济林产品
6	山西彤康食品有限公司	山西	经济林产品
7	盘锦博亚惠农科技有限公司	辽宁	林木种苗
8	葫芦岛农函大玄宇食用菌野驯繁育有限公司	辽宁	经济林产品
9	通化禾韵现代农业股份有限公司	吉林	经济林产品
10	索菲亚华鹤门业有限公司	黑龙江	木竹藤及其制品
11	绥芬河国林木业城投资有限公司	黑龙江	木竹藤及其制品
12	上海上房园艺有限公司	上海	林木种苗
13	江苏农景生态建设有限公司	江苏	林木种苗
14	江苏水木农景股份有限公司	江苏	林木种苗
15	苏州联丰木业有限公司	江苏	木竹藤及其制品
16	浙江永裕竹业股份有限公司	浙江	木竹藤及其制品
17	浙江九川竹木股份有限公司	浙江	木竹藤及其制品
18	浙江味老大工贸有限公司	浙江	木竹藤及其制品
19	浙江菱格木业有限公司	浙江	木竹藤及其制品
20	浙江旺林生物科技有限公司	浙江	林化产品
21	安徽林海园林绿化股份有限公司	安徽	林木种苗
22	黄山巧明贡榧有限公司	安徽	经济林产品
23	安徽万秀园生态农业集团有限公司	安徽	林木种苗
24	安徽泓森高科林业股份有限公司	安徽	林木种苗
25	安徽詹氏食品股份有限公司	安徽	经济林产品
26	安徽美心生态园林有限公司	安徽	林木种苗
27	安徽绿泉生态农业股份有限公司	安徽	林木种苗
28	安徽黄山云乐灵芝有限公司	安徽	经济林产品
29	安徽滋申生态农林综合开发公司	安徽	经济林产品
30	福建金竹竹业有限公司	福建	木竹藤及其制品
31	福建建宁孟宗笋业有限公司	福建	经济林产品
32	宜春元博山茶油科技农业开发有限公司	江西	经济林产品
33	江西绿洲源木业股份有限公司	江西	木竹藤及其制品
34	江西绿洲环保新材料股份有限公司	江西	木竹藤及其制品
35	鹰潭市天元仙斛生物科技有限公司	江西	经济林产品
36	江西广雅食品有限公司	江西	经济林产品
37	临沂山大木业有限公司	山东	木竹藤及其制品
38	山东永春堂集团有限公司	山东	林木种苗
39	山东世丰农业有限公司	山东	林木种苗
40	莱芜万邦食品有限公司	山东	经济林产品
41	高唐联丰木业有限公司	山东	木竹藤及其制品
42	湖北省林木种苗场	湖北	林木种苗
43	湖北鑫榄源油橄榄科技有限公司	湖北	经济林产品
44	亚丹生态家居(荆门)有限公司	湖北	木竹藤及其制品
45	湖南山润油茶科技发展有限公司	湖南	经济林产品
46	邵阳市华立竹木制品有限公司	湖南	木竹藤及其制品
47	湖南中南神箭竹木有限公司	湖南	木竹藤及其制品

(续表)

序号	企业名称	所在地区	类别
48	湖南省百山洁具有限责任公司	湖南	木竹藤及其制品
49	娄底市海人科技开发有限公司	湖南	木竹藤及其制品
50	涟源市祥兴农林科技开发有限公司	湖南	林木种苗
51	湖南省桑圆门业有限责任公司	湖南	木竹藤及其制品
52	湖南兴湘木业有限责任公司	湖南	木竹藤及其制品
53	广东华清园生物科技有限公司	广东	林化产品
54	广东威华木业有限公司	广东	木竹藤及其制品
55	广西梧州日成林产化工股份有限公司	广西	林化产品
56	广西玉麒木业股份有限公司	广西	木竹藤及其制品
57	柳州市笑缘林业股份有限公司	广西	林木种苗
58	广西壮象木业有限公司	广西	木竹藤及其制品
59	广西八桂林木种苗股份有限公司	广西	林木种苗
60	海南金棕榈园艺景观有限公司	海南	林木种苗
61	四川宝山木业有限公司	四川	木竹藤及其制品
62	四川广安和诚林业开发有限责任公司	四川	经济林产品
63	都江堰市凯达绿色开发有限公司	四川	经济林产品
64	四川省青神县云华竹旅有限公司	四川	木竹藤及其制品
65	四川环龙新材料有限公司	四川	木竹藤及其制品
66	冕宁元升农业科技有限公司	四川	经济林产品
67	四川七彩林业开发有限公司	四川	林木种苗
68	全友家私有限公司	四川	木竹藤及其制品
69	四川华象林产工业有限公司	四川	木竹藤及其制品
70	四川梓州农业科技开发有限公司	四川	经济林产品
71	贵州苗夫都市园艺有限公司	贵州	经济林产品
72	贵州红赤水集团有限公司	贵州	经济林产品
73	普洱亚洲竹藤博览园科技开发有限公司	云南	林木种苗

(续表)

序号	企业名称	所在地区	类别
74	云南大理洱宝实业有限公司	云南	经济林产品
75	丽江永胜边屯食尚养生园有限公司	云南	经济林产品
76	腾冲市振发红木家具有限公司	云南	木竹藤及其制品
77	镇坪欣陕农业科技有限公司	陕西	经济林产品
78	陕西齐峰果业有限责任公司	陕西	林木种苗
79	陕西西府印象农业科技有限公司	陕西	经济林产品
80	安康市汉水韵茶业有限公司	陕西	林木种苗
81	甘肃德美地缘现代农业集团有限公司	甘肃	经济林产品
82	甘肃金杞福源生物制品股份有限公司	甘肃	经济林产品
83	甘肃盛源菊香农业发展有限公司	甘肃	经济林产品
84	瓜州昊泰生物科技有限公司	甘肃	经济林产品
85	静宁县金果实业有限公司	甘肃	经济林产品
86	酒泉市蓝翔园艺种苗有限责任公司	甘肃	林木种苗
87	陇南市祥宇油橄榄开发有限责任公司	甘肃	经济林产品
88	秦安县新润农业科技开发有限公司	甘肃	经济林产品
89	青海康普生物科技股份有限公司	青海	经济林产品
90	宁夏红枸杞商贸有限公司	宁夏	经济林产品
91	灵武市果业开发有限责任公司	宁夏	经济林产品
92	宁夏银湖农林牧开发有限公司	宁夏	经济林产品
93	新疆中信国安葡萄酒业有限公司	新疆	经济林产品
94	呼图壁县西域兴业农业科技有限公司	新疆	经济林产品
95	新疆叶河源果业股份有限公司	新疆兵团	经济林产品
96	江苏红豆杉健康科技股份有限公司	江苏	林木种苗
97	虹越花卉股份有限公司	浙江	林木种苗
98	浙江滕头园林股份有限公司	浙江	林木种苗

(续表)

序号	企业名称	所在地区	类别
99	浙江金凯门业有限责任公司	浙江	木竹藤及其制品
100	江山欧派门业股份有限公司	浙江	木竹藤及其制品
101	芜湖市雨田润农业科技股份有限公司	安徽	林木种苗
102	安徽东方金桥农林科技股份有限公司	安徽	林木种苗
103	安徽德昌苗木有限公司	安徽	林木种苗
104	宿州市东大木业有限公司	安徽	木竹藤及其制品
105	安徽扬子地板股份有限公司	安徽	木竹藤及其制品
106	福人集团有限责任公司	福建	木竹藤及其制品
107	江西飞宇竹材股份有限公司	江西	木竹藤及其制品
108	山东霞光集团有限公司	山东	木竹藤及其制品
109	山东金如意木业集团股份有限公司	山东	木竹藤及其制品
110	山东大唐宅配家居有限公司	山东	木竹藤及其制品
111	寿光市富士木业有限公司	山东	木竹藤及其制品

(续表)

序号	企业名称	所在地区	类别
112	湖北宝源装饰材料有限公司	湖北	木竹藤及其制品
113	湖南福湘木业有限责任公司(复审)	湖南	木竹藤及其制品
114	贵州新锦竹木制品有限公司	贵州	木竹藤及其制品
115	普洱市卫国林业局	云南	木竹藤及其制品

(冉东亚)

【2018年国际标准化工作】 2018年10月15~19日，中国承办了国际标准化组织木材标准化技术委员会（ISO/TC 218）第17届年会，年会在浙江杭州召开。共计11个国家的代表对7个工作组（术语、原木、锯材、试验方法、木地板、木制品、木材保管与回收）的国际标准化工作进行了研讨。2018年，组建中国代表团参加了国际标准化组织（ISO）森林认证、竹藤、林业机械3个技术委员会全体成员国年会。加快推进了中国负责的ISO《木材物理力学性质试验方法》《竹地板》《竹术语》《竹炭》等9项国际标准研制；组织开展18项林业国家标准和行业标准英文版编制工作。 (冉东亚)

【林业和草原标准化宣传工作】 在2018年世界标准化日活动期间，举办林业和草原标准化系列活动，制作林业和草原标准化宣传视频，大力宣传林业和草原标准化。 (冉东亚)

林业知识产权保护

【实施加快建设知识产权强国林业推进计划】 《2018年深入实施国家知识产权战略 加快建设知识产权强国推进计划》，从深化知识产权领域改革、强化知识产权创造、强化知识产权保护、加强日常监管执法、强化知识产权运用、深化知识产权国际交流合作、加强组织实施和保障6个方面提出了109项重点任务，明确了各部门的分工，国家林业和草原局负责的重点任务有7项。

(龚玉梅)

【林业知识产权试点示范】 国家林业和草原局科技发展中心遴选15家优秀的林业知识产权试点单位，组织实施2018年林业知识产权试点示范项目。承担单位分别为：中国林业科学研究院木材工业研究所、国际竹藤中心、河北省林业科学研究院、山西省林业科学研究院、上海植物园、福建省林业科学研究院、江西省林业科学院、山东省林业科学研究院、湖南省林业科学院、广东省林业科学研究院、广西壮族自治区林业科学研究院、四川省林业科学研究院、宁夏林业研究院股份有限公司、北京林业大学和重庆星星套装门(集团)有限责任公司。各示范单位通过完善管理制度、增强创造能力、加大保护力度、促进转化运用、健全服务体系等方式，促进知识产权与林业科研、生产、经营等活动有机结合，提高知识产权工作能力和水平，定期举办知识产权保护和管理培训班，总结林业知识产权转化应用的典型案例，促进林业知识产权创造和转化运用。

(龚玉梅)

【林业知识产权转化运用】 2018年组织实施了"平卧菊三七蔬菜脆小球的开发与产业化""'湘韵'紫薇新品种及高效繁育技术产业化开发"和"智能林火视频监测系统产业化推广"等6项林业知识产权转化运用项目。组织专家分别对"竹缠绕复合压力管的产业化加工技术""木材湿热压缩增强处理技术产业化示范"和"木本油料高效制油及其能源化利用关键技术示范"等15项林业知识产权转化运用项目进行了现场查定和验收。

(龚玉梅)

【林业知识产权联盟建设】 2018年，为有效应对地板行业国际贸易壁垒，推进中国地板行业专利保护工作，经国家林业和草原局、国家知识产权局批准，中国林产工业协会组建了"地板锁扣专利保护联盟"，并于2018年11月30日在北京召开成立大会，正式挂牌。地板锁扣专利保护联盟主要由从事地板相关业务的中国大陆境内具有独立法人资格的企业、科研院所、高等院校等自

愿组成。　　　　　　　　　　（龚玉梅）

【林业专利荣获中国专利优秀奖】 2018年共有4项林业专利荣获第20届中国专利优秀奖，分别是南京林业大学的发明专利"烯丙基缩水甘油醚的合成方法""利用常压冷等离子体提高木质单板胶合性能的方法"，保山市林业技术推广总站的发明专利"螺旋状交替环剥促进泡核桃早实丰产方法"和寿光市鲁丽木业股份有限公司的发明专利"一种芯层超厚的胶合板及其制备工艺"。这4项获奖专利的创新及设计水平高、实用性强，为专利权人赢得了显著的经济效益和市场竞争力，表现出很强的创新发展优势。

（龚玉梅）

表14-11　2018年中国专利优秀奖——林业项目

序号	专利号	专利名称	专利权人	发明人
1	ZL200610096426.7	烯丙基缩水甘油醚的合成方法	南京林业大学，安徽新远科技有限公司	朱新宝、程昈
2	ZL201010266266.2	利用常压冷等离子体提高木质单板胶合性能的方法	南京林业大学	周晓燕、章蓉、汤丽娟、周定国、梅长彤、潘明珠、徐咏兰、郑菲、许娟、钱滢、唐苾君、刘学源
3	ZL201410227313.0	螺旋状交替环剥促进泡核桃早实丰产方法	保山市林业技术推广总站	黄佳聪、龚发萍、万晓军、杨晏平、吴建花、尹光顺、杨开保、尹瑞萍
4	ZL201510061762.7	一种芯层超厚的胶合板及其制备工艺	寿光市鲁丽木业股份有限公司	钟笃章，李守禄

【知识产权先进集体和个人获表彰】 为表彰先进，树立典型，进一步推动新时代国家知识产权战略实施和知识产权强国建设取得更大成绩。2018年6月22日，国务院知识产权战略实施工作部际联席会议办公室印发了《关于表彰国家知识产权战略实施工作先进集体和先进个人的决定》（国知战联办〔2018〕18号），对100个国家知识产权战略实施工作先进集体和100名先进个人进行表彰。国际竹藤中心科技处、湖南省林业厅科学技术与国际合作处荣获"国家知识产权战略实施工作先进集体"荣誉称号，国家林业和草原局科技发展中心龚玉梅荣获"国家知识产权战略实施工作先进个人"荣誉称号。

（王地利）

【林业知识产权宣传培训】 组织开展了2018年全国林业知识产权宣传周系列活动；在湖南长沙举办了全国林业知识产权保护与管理培训班；林业系统知识产权先进集体和个人获表彰；在《中国绿色时报》和《中国知识产权报》上发表林业知识产权重点报道35篇，2018年4月26日在《中国绿色时报》刊发《提升核心竞争力，林业知识产权都贡献了啥？》的专题文章，报道全国林业知识产权主要成果，扩大了林业知识产权的影响力；出版《2017中国林业知识产权年度报告》《中国林业植物授权新品种（2017）》；编印《林业知识产权动态》6期。

（龚玉梅）

【《2017中国林业知识产权年度报告》】 为实施国家知识产权战略，推进林业知识产权工作，全面总结2017年林业知识产权工作的主要进展和成果，国家林业局科技发展中心和国家林业局知识产权研究中心编写的《2017中国林业知识产权年度报告》于2018年4月20日正式出版。报告全面总结了2017年林业知识产权工作的主要进展和成果，旨在通过对一年来林业知识产权工作主要进展和成果展示，让更多的人了解、关心和支持林业知识产权工作，共同推进林业知识产权的创造、运用、保护和管理，为全面提升新时代林业现代化建设水平提供有力支撑。

（龚玉梅）

【编印《林业知识产权动态》】 为加强林业知识产权信息服务工作，跟踪国内外林业知识产权动态，实时监测和分析林业行业相关领域的专利动态变化，2017年编印了6期《林业知识产权动态》，全年发表动态信息37篇、政策探讨论文6篇、研究综述报告6篇、统计分析报告6篇。《林业知识产权动态》是国家林业局科技发展中心主办，国家林业局知识产权研究中心承办的内部刊物。

（龚玉梅）

林业植物新品种保护

【林业植物新品种申请和授权】 2018年，国家林业和草原局植物新品种保护办公室共受理国内外植物新品种权申请906件，同比增长45.4%，授权405件，同比增长153%。全年共完成5批684件申请品种的初步审查，358件申请品种的DUS（特异性、一致性、稳定性）专家现场审查，申请人变更、品种更名和实审补正218份，购买DUS测试报告29份，转田间测试102件。截至2018年年底，国家林业和草原局植物新品种保护办公室已受理国内外植物新品种申请3717件，授予植物新品种权1763件。

（杨玉林）

表 14-12　1999～2018 年林业植物新品种申请量和授权量统计

单位：件

年度	申请量			授权量		
	国内申请人	国外申请人	合计	国内品种权人	国外品种权人	合计
1999	181	1	182	6	0	6
2000	7	4	11	18	5	23
2001	8	2	10	19	0	19
2002	13	4	17	1	0	1
2003	14	35	49	7	0	7
2004	17	19	36	16	0	16
2005	41	32	73	19	22	41
2006	22	29	51	8	0	8
2007	35	26	61	33	45	78
2008	57	20	77	35	5	40
2009	62	5	67	42	13	55
2010	85	4	89	26	0	26
2011	123	16	139	11	0	11
2012	196	26	222	169	0	169
2013	169	8	177	115	43	158
2014	243	11	254	150	19	169
2015	208	65	273	164	12	176
2016	328	72	400	178	17	195
2017	516	107	623	153	7	160
2018	720	186	906	359	46	405
合计	3045	672	3717	1529	234	1763

【完善林业植物新品种保护制度与政策】　2018 年多次参加《中华人民共和国植物新品种保护条例》修订工作的方案制定、修订内容研讨等，并参加了条例修订工作的实地调研。重点对《中华人民共和国植物新品种保护条例》及《中华人民共和国植物新品种保护条例实施细则（林业部分）》等法规制度进行修订研讨。参与最高人民法院《关于审理植物新品种权纠纷案件具体应用法律问题的规定》的修订工作，国家林业和草原局组织召开了专题座谈会，并结合林业特点，积极参与有关条款的修订工作。

（杨玉林）

【林业植物新品种权行政执法】　2018 年，参加全国打击侵权假冒工作现场考核工作组，分别对天津、内蒙古进行了检查。为了配合全国"双打办"做好打击侵犯林业植物新品种权行为，进一步讨论完善了考核各省份打击林业植物新品种权工作考核体系。

（周建仁）

【打击侵犯林业植物新品种权专项行动】　组织全国林业系统打击未经品种权人许可，生产或者销售林业授权品种的繁殖材料、假冒林业授权品种的行为，以及销售林业授权品种时未使用其注册登记名称的行为。尤其对各种林木、花卉博览会、交易会等进行检查，按照有关法律、法规，严格查处有关违法行为，净化交易市场。

（周建仁）

【完善林业植物新品种测试体系】2018 年，组织并指导月季测试站对 98 个月季品种开展田间测试工作，组织一品红测试站对 4 个一品红品种开展测试工作。严格按照测试指南和测试管理规定的要求进行测试，为这些申请品种的依法授权提供了依据。组织开展对杜鹃花属、山茶、油茶、绣球属植物品种田间测试工作。使林业新品种测试工作逐步向田间实测靠拢。对中国林科院林业所、北京林业大学等单位编制的金合欢、爬山虎属、女贞属、木瓜属、圆柏属、省藤属、杉木、银杏等 11 项测试指南进行了审定，同时启动紫薇属、梓树属、紫藤属等 10 项测试指南编制（修订）工作。截至 2018 年，国家林草局共发布测试指南标准 52 项，其中国家标准 12 项，林业行业标准 40 项。

（周建仁）

【出版《中国林业植物授权新品种（2017）》】　为了方便生产单位和广大林农获取信息，更好地为发展生态林业、民生林业和建设美丽中国服务，国家林业局植物新品种保护办公室将 2017 年授权的 160 个林业植物新品种进行整理，编辑出版了《中国林业植物授权新品种（2017）》。

（杨玉林）

【植物新品种行政执法培训班】 于2018年12月4~7日在浙江杭州举办。各省林业系统行政执法人员、林业测试机构技术人员等100多人参加了培训班。培训班就《种子法》《条例》《执法办法》以及全国"双打"总体部署等进行了培训。各省林业系统进行了行政执法工作交流。
（周建仁）

【林业植物新品种保护培训班】 于2018年9月5~7日在西安举办。各省（区、市）林业厅（局）、林业高等院校、科研院所和企业代表110人参加了培训。培训班邀请了南京林业大学教授施季森等专家做育种创新新技术等专题讲座，国家林业和草原局科技发展中心新品种保护处人员介绍了相关法律法规和要求。培训班的内容安排详实丰富，创造了良好的互动环境，进行了充分的交流与讨论。
（杨玉林）

林业生物安全管理

【公布《开展林木转基因工程活动审批管理办法》】 2018年1月29日国家林业局公布了《开展林木转基因工程活动审批管理办法》（国家林业局令第49号），自2018年3月1日起施行。修订后的《审批管理办法》共有三十一条，对开展林木转基因工程活动的申请、审批和监督管理进行了规范，在鼓励研究、专业审核、事中事后监管等制度方面作出进一步明确，强化了转基因工程活动审批管理的科学性、专业性和规范化。
（李启岭）

【林木转基因工程活动审批】 2018年共受理南京林业大学、北京农业生物技术研究中心和东北林业大学申请的转基因林木行政许可事项15项，组织专家分别在南京、北京、哈尔滨对三家单位申请的转基因鹅掌楸、毛白杨、小黑杨等中间试验、环境释放和生产性试验进行了安全评审，并按程序进行了许可。
（李启岭）

【全国林业外来物种调查与研究】 2018年全国先期开展试点的北京、浙江、山东、江苏、广东、上海6个省（市）已全部通过专家组验收，调查记录了林业外来树种1500多种，评估了试点地区外来树种的应用概况和入侵风险，形成了"外来树种生物安全风险管理制度建议报告"。同时部署了河北、天津、新疆等25个省份开展林业外来物种调查与研究工作，制订了全国林业外来物种调查与研究方法，明确了调查时间与空间范围、统一了调查方法与考核评价指标。
（李启岭）

林业遗传资源保护与管理

【开展全国核桃遗传资源调查编目】 2018年全国核桃遗传资源调查编目工作稳步推进，并取得重要成果。完成全国15个省份核桃遗传资源调查编目工作，调查分析核桃遗传资源4000多份，筛选出特异性状个体资源2700多份，完成代表性样本的数据填报和图像采集录入工作，编制了15个省份《核桃遗传资源状况报告》和《核桃遗传资源目录（初稿）》。
（李启岭）

【林业生物安全与遗传资源管理培训班】 于2018年6月6~9日在宁夏银川举办。来自全国30个省份从事林业转基因生物安全管理和林业遗传资源管理的科技主管人员、参加林业外来物种调查和研究项目的科研人员及来自中国林科院、国际竹藤中心等单位的80余人共同参加了培训。培训已列入国家林业局2018年度培训计划，由国家林业和草原局科技发展中心主办，国家林业和草原局管理干部学院承办。培训内容主要包括：《开展林木转基因工程活动审批管理办法》解读、林业转基因生物安全管理及生物安全议定书、林业外来物种管理、林业外来物种调查技术、外来树种安全性评价、林业遗传资源保护与利用、《名古屋议定书》等，并安排在宁夏林业研究院进行了现场教学。
（李启岭）

森林认证

【森林认证制度建设】 为全面落实森林认证制度，规范森林认证工作健康开展，2018年2月，国家林业局印发《关于规范森林认证工作健康有序开展的通知》（林技发〔2018〕19号），进一步完善了森林认证制度、规范了森林认证市场、明确了森林认证工作的任务，为有序推进森林认证工作提出了具体的要求。通知要求各级林业主管部门切实提高对森林认证工作的认识，积极制定实施推进森林认证工作的具体措施，大力营造推进森林认

证的良好氛围。　　　　　　　　　　（于　玲）

【森林认证实践】 2018年，在全国10余个省份组织开展森林认证实践项目20余个，涵盖了木质产品、非木质产品、竹林、自然保护区、野生动物等领域。在《绿色产品评价　人造板和木质地板》(GB/T 35601—2017)和《绿色产品评价　家具》(GB/T 35607—2017)中，明确了产品的资源属性应符合《中国森林认证　森林经营》(GB/T 28951—2012)和《中国森林认证　产销监管链》(GB/T 28952—2012)标准。CFCC认证已作为一项基础性工作纳入到绿色产品评价之中。　　（于　玲）

【森林认证标准体系建设】 以全国森林可持续经营与森林认证标准化委员会为依托，进一步完善中国森林认证标准体系，组织修订并发布《中国森林认证　产销监管链》国家标准，组织开展4项森林认证行业标准的制修订工作，并通过专家审定，在国家标准委新立项非木质林产品认证国家标准制定项目1个，同时新立项林业行业标准制修订项目4个。在内蒙古、青海等地举办多次标准宣贯活动。　　　　　　　　　　（于　玲）

【森林认证结果采信】 通过一系列宣传推广活动，森林认证结果得到政府部门认可。江苏省将森林认证纳入了省财政预算，湖南省在森林城市评选中增加了森林认证要求。　　　　　　　　　　　　　　（于　玲）

【首届全国森林认证工作座谈会】 2018年6月21～22日，首届全国森林认证工作座谈暨学术研讨会在南京召开。会议由国家林业和草原局科技发展中心与南京林业大学共同主办，国家林业和草原局副局长彭有冬，国家认证认可监督管理委员会副主任许增德，江苏省政协副主席阎立，中国工程院院士、原南京林业大学校长曹福亮，南京林业大学校长王浩，森林认证体系认可计划(PEFC)总干事Ben Gunneberg出席了会议。来自国家林业和草原局相关司局和单位代表，各省（区、市）林业厅（局），内蒙古、吉林、龙江、大兴安岭、长白山森工（林业）集团公司，新疆生产建设兵团林业局，计划单列市林业局森林认证工作分管领导、处室负责人，林业科研院所及大专院校专家，森林经营单位、林产品加工销售企业负责人，认证机构负责人，江苏省各级林业部门以及相关单位的代表300余人参加了会议。会议全面总结了森林认证工作取得的重要进展，交流了工作经验，分析了国内外发展态势，研究部署了进一步推动森林认证的政策措施。　　　　　　　　　（于　玲）

【森林认证能力建设】 利用多种媒体开展宣传推广活动，制作专题片、印发宣传材料、出版《中国森林认证发展报告》；开通了森林认证数据库服务平台和微信公众号。2018年6月，联合中国认证认可协会举办森林认证审核员考试，来自10余家森林认证机构的400余人次参加了考试，进一步强化了森林认证审核员储备。推荐3名专家参加了中国合格评定国家认可委员会的评审员培训；联合全国人造板标准化技术委员会、竹藤协会开展多项培训和研讨活动，累计培训超过2000余人次，为进一步提升森林认证专业队伍水平和能力提供了支撑。
　　　　　　　　　　　　　　　　（于　玲）

林业智力引进

【引进专家】 组织实施引进国外技术、管理人才项目3项，共引进国外专家56人次，累计在华工作494天，使用项目资金85万元，经费执行率达到100%。
　　　　　　　　　　　　　　　　（陈　光）

【示范推广】 承担国家外专局"长江流域薄壳山核桃引智基地成果推广示范""黑杨派与乡土杨树杂交子代区域化试验与示范"等示范推广项目2项，使用国家外专局项目资金40万元，进一步强化了引进国外智力成果的示范带头作用。　　　　　　　（陈　光）

【出国培训】 2018年，共执行出国（境）培训项目6项，选派99人出国培训，共计使用财政资金554万元，其中外专局资助经费75万元，使用本地方、本部门财政经费479万元。　　　　　　　　　　（陈　光）

【能力建设】 举办了"2018年出国（境）培训项目秘书长培训班"和"引进国外智力工作培训班"，对出国（境）项目申报、实施、管理等环节和林业引进专家和示范推广等主要业务工作开展培训，提升了引智工作能力水平。
　　　　　　　　　　　　　　　　（陈　光）

国际林业科技交流合作与履约

【林业植物新品种履约】 派员参加了2018年10月29日至11月2日在瑞士日内瓦UPOV总部召开的国际植物新品种保护联盟(UPOV)年度会议，中国政府代表团全程参加了会议，依据会议的内容和国际发展趋势，结合国内情况，了解 UPOV 发展动态、积极研读相关文件，跟踪行政、法律以及技术进展，在会上对相关提议进行了积极回应，特别是对 EDV 保护、增加俄语作为工作语言等提出了意见和建议。会议期间，代表团还参加了亚洲植物新品种保护区域合作研讨会，与亚洲其他参会国家代表、美国及欧洲国家代表，以及 UPOV 秘书处人员共同研讨了亚洲 PVP 的合作，履行了成员国责任，维护了中国林业植物新品种保护的国际地位和国家利益。　　　　　　　　　　　　　　　　　（杨玉林）

【中欧植物新品种保护交流】　为提升林业植物新品种 DUS 测试技术水平，加强测试人员技术交流，尽快提升中国植物新品种保护水平，根据国家林业和草原局植物新品种保护办公室与欧盟植物新品种保护办公室（CPVO）签订的合作协议，2018 年 9 月 11～16 日，CPVO 技术部主任格哈德一行 5 人，包括 1 位荷兰园艺检测总署、2 位法国国家品种与种子检测中心、1 位美国植物新品种保护办公室的专家来华，就观赏植物特异性、一致性和稳定性（DUS）测试技术和管理经验进行交流。
　　　　　　　　　　　　　　　　　（杨玉林）

【中日植物新品种保护交流】　2018 年 4 月 27 日，国家林业和草原局植物新品种保护办公室在北京与来访的日本植物新品种保护代表团进行会谈，双方就植物新品种保护领域共同关心的问题以及相关合作事项深入交换了意见。双方简要回顾了在植物新品种保护方面的合作，包括人员互访、技术交流，以及推动东亚植物新品种保护论坛（EAPVP）等方面取得的进展。就测试指南编制、已知品种数据库构建、植物新品种网上电子申请、国际植物新品种保护联盟（UPOV）电子申请，以及新品种特异性、一致性和稳定性（DUS）审查方式、DNA 分子技术在品种鉴别上的应用等技术问题进行了交流和讨论。
　　　　　　　　　　　　　　　　　（杨玉林）

【东亚植物新品种保护论坛】　2018 年 7 月 30 日至 8 月 3 日，派员参加了在菲律宾马尼拉召开的第十一届东亚植物新品种保护论坛会议和国际植物新品种保护研讨会，并就林业植物新品种保护的最新进展作了报告。大会一致同意并确定由中国于 2019 年 4 月在北京举办第十二届东亚植物新品种保护论坛会议。　　（杨玉林）

【国际观赏植物和水果无性繁育育种者协会来华交流】　2018 年 8 月 29 日，国际观赏植物和水果无性繁育育种者协会（简称 CIOPORA）副主席 Wendy Cashmore 一行 5 人来华访问，与国家林业和草原局植物新品种保护办公室、农业农村部有关部门在北京举办研讨会，就加强植物新品种保护有关问题深入进行研讨。此次研讨会，CIOPORA 对中国的植物新品种保护发展表示肯定，对取得申请量世界第一的成就表示祝贺，并介绍了国外玫瑰、苹果新品种的育种和开发情况，就中国植物育种者权利立法提出了意见和建议。双方就扩大保护名录、引入国外 DUS 测试报告、对实质派生品种进行保护、农民特权等重点议题进行了深入讨论和交流。　（杨玉林）

【UPOV 测试跟踪研究】　开展 UPOV 测试跟踪研究，通过调查国内研究基础，分析中国优势，同时研究 UPOV 测试指南制定趋势，制定拟争取承担 UPOV 测试指南目录。　　　　　　　　　　　　　　　　（周建仁）

【林业生物安全和遗传资源管理国际履约】　2018 年 5 月 8～10 日，国家林业和草原局科技发展中心派员参加了在意大利罗马召开的联合国粮农组织（FAO）森林遗传资源政府间技术工作组第 5 次会议，中国政府代表团作为代表亚洲的技术工作组 5 个成员之一，与来自其他 24 个森林遗传资源政府间技术工作组成员国家的代表一起参加了会议。会议的主要议题有《森林遗传资源养护、可持续利用和开发全球行动计划》实施情况、森林遗传资源获取和利益分享、编写《第二份世界森林遗传资源状况报告》等。按照参会对案，积极参与到负责的议题讨论中，会后形成报告，并提出工作建议。
　　　　　　　　　　　　　　　　　（李启岭）

【持续推进森林认证国际化】　2018 年，派员参加 PEFC 年会技术会议，参与 PEFC 重大发展决策，讨论 PEFC 发展战略，讨论 PEFC 标准制修订计划，了解各国家会员的最新工作进展，宣传中国认证体系的最新进展和成就。参加 ISO 的 PC287 工作组会议，及时跟进 ISO 国际产销监管链认证标准的工作进展，准备应对策略。
　　　　　　　　　　　　　　　　　（于　玲）

【森林认证国际研讨会】　2018 年 10 月 30～31 日，在北京举办森林认证国际研讨会，来自国际组织和美国、巴西、意大利、奥地利、德国、泰国等国家的专家和代表，以及国家林业和草原局、中国森林认证委员会、国内林业科研教学机构、森林经营单位、认证机构、非政府组织、林产品加工企业的专家和代表近 130 人参会，与会代表对森林认证的发展趋势、认证林产品市场、公共采购政策、产销监管链认证标准与木材合法性追踪、认证机制创新和政策优化、林产品碳足迹认证等议题进行了深入的探讨和交流。　　　　　（于　玲）

林草信息化

15

林草信息化建设

【综述】 2018年,林草信息化深入贯彻落实全国网络安全和信息化工作会议等精神,大力实施工程带动、智慧引领、共治共享、信息惠林四大战略,加快推动高质量发展,取得多项成果和荣誉。印发《国家林业局关于进一步加强网络安全和信息化工作的意见》,开展智慧林业全周期示范建设,重点推进系统整合、金林工程、生态大数据等重点项目。中国林业网荣获大世界基尼斯之最"规模最大的政府网站群"等奖项,中国智慧林业体系设计与实施示范成果荣获梁希林业科学技术一等奖。贯彻落实《网络安全法》,重点加强网络基础设施建设和运维保障水平。配合机构改革整合优化综合办公系统,推进移动办公应用,进一步提升办公自动化保障服务水平。全国林业信息化率达到73.83%,较2017年明显提升。

【总体进展】

林草站群 2018年中国林业网站群新增国家公园站群,重点龙头企业站群上线59个子站,新建三大战略、熊猫频道和苏铁频道等特色子站,全年发布信息30多万条。中国林业网主站正式上线信息发布系统2.0、新版CFTV,全年编发信息6万多条,开展15期在线访谈、13次在线直播,网站访问量突破27亿人次,百度收录量137万条。"中国林业发布"微博发博文7800余条,粉丝达到67万人;"中国林业网"微信发布1600余条,粉丝数达7万余人;"中国林业网"网易号发布消息3000多条,总阅读112万人。国家林草局办公网采编加载信息1.5万条,更新电子阅览室数据11.7万篇,电子大讲堂数据6.6万条,总访问量突破600万人次。中国林业网荣获"2017年中国最具影响力党务政务网站""2018年政府网站政民互动类精品栏目奖""2018年互联网+政务服务创新应用奖"等奖项。

应用系统 完成国家政务信息系统整合共享项目,对70个信息系统进行了整合,入库处理10.69万条用户信息,基本实现了林业系统统一单点登录。"金林工程"按计划推进,印发《"金林工程"工作方案》。建成东北虎豹国家公园国家级监测平台,完成全国林业高清视频会议系统建设。

大数据 成立国家林业和草原局信息中心大数据处,中国林业数据共享开放平台数据量达到6万条。完成国家林业和草原局数据共享交换平台建设并与国家电子政务外网管理中心对接,向全国政务信息资源共享网站提交了365项信息资源、6048个信息项及相关数据。推进生态大数据基础平台体系项目建设,制订推进国有林管理现代化局省共建示范项目落实方案,完成东北生态大数据中心揭牌。召开全国林业信息化工作座谈会暨生态大数据论坛。

网络运维 林业中心机房新增业务数据17.28T,抵御各类扫描渗透和攻击13.44亿次,查封攻击巨大的公网IP地址2000多个。编制网络安全检查方案和工作指南,对国家林草局涉密和非涉密计算机进行保密检查,对各省级林业网站进行漏洞扫描,通过公安部网络安全执法检查现场考核,完成国家林草局办公楼综合布线。国家林草局运维呼叫中心共计接听有效电话1.52万个,上门服务7879件。完成全国性视频会议技术支持25次,节约了办公成本。

科技合作 开展林业人工智能战略研究,形成《人工智能+生态战略研究》报告。研究制定3项国家标准,推进15项行业标准编制,全文公开52项行业标准。国家林草局举办第六届全国林业CIO研修班等5个培训班,培训近千人次,指导帮助各省级林业部门开展信息化相关培训100多次,培训人数约2万人次。

办公自动化 升级改造电子公文传输系统,实现115家单位文件处理统一平台,文件运转与收发无缝衔接。完成林科院、林干院、出版社、竹藤中心、林学会5家院外京内直属单位办公系统建设,新增用户293个。林信通系统上线运行,实现部分办公业务移动办理,累计登录用户3694人。配合机构改革完成办公网、应用系统、电子文件中设置调整1000多处。综合办公系统共进行了57万次操作,为62个司局和直属单位、2400多个用户提供高效率服务。

评测评估 开展2018年全国林业信息化率测评和全国林业网站绩效评估,结果显示:2018年全国林业信息化率为73.83%,较2017年提升了3.48个百分点,其中国家级林业信息化率为85.30%,省级林业信息化率为71.83%,市级林业信息化率为64.13%,县级林业信息化率为53.39%。总体来看,全国林业信息化处于应用发展阶段,不同单位间、各级间发展水平存在较大的差异。2018年全国林业各级网站整体绩效评估得分为68.7分,较2017年提升1.0分,网站发展水平整体有所提升。其中,国家林草局司局和直属单位网站平均绩效得分为74.4分,省级林业网站绩效评估平均得分为71.3分,市级林业网站综合评估平均得分为66.7分,县级林业网站绩效评估平均得分为48.7分。

网站建设

【综述】 以建设智慧化、服务型政府网站为目标，推进中国林业网站群智慧化建设，管理水平和政务服务能力不断提升。中国林业网蝉联"中国最具影响力党务政务网站"，位列三大优秀部委行列，多个栏目获得精品栏目奖，获得大世界基尼斯总部颁发的大世界基尼斯之最"规模最大的政府网站群"。

【站群建设】 根据机构改革要求，对中国林业网主站存在的问题进行全面整改。中国林业网主站信息发布系统 2.0 正式上线，改善网站的操作性和页面效果，改善用户体验，进一步优化和整合图文、视频、应用等相关资源，完善网站管理工具，提高工作效率和工作资源共享程度，采用统一的网站群管理模式，加强交流互动，有效推进国家林草局相关工作的开展。同步优化调整中国林业网微门户相关栏目，全面提升国家林业和草原局网上公共服务的能力和水平。制作机关服务局子站，建立祁连山国家公园子站并对栏目进行了优化调整，新增国家公园站群，国家林业重点龙头企业站群 59 个子站正式上线，新增三大战略、熊猫频道和苏铁频道，新版 CFTV 正式上线。

【内容维护】 中国林业网累积访问量近 27 亿人次，编发信息 54 583 条，制作了中国草原保护情况、国家公园等 11 期图解。开展了 9 期在线访谈，完成了 13 次在线直播，设计制作了 14 个热点信息，完成新改版的《互联网要情》共 68 期，组织"测一测，2018 政府工作报告知多少"在线学习答题活动。"中国林业发布"微博在新浪网、腾讯网、人民网微博平台共发博文 7800 余条，阅读量 270 万~300 万/月，粉丝达到 67 万人；"中国林业网"微信发布数量 1800 余条，微信粉丝数达 70 438 人，图文消息阅读数 2000 次/日；发布视频内容 10 条；自"中国林业网"网易号设立至 2018 年年末，共发布消息 3027 条，总订阅数 1.46 万人，总阅读 112.05 万人。国家林业局办公网日常内容采编、加载 15 413 条，更新电子阅览室数据 117 145 篇，电子大讲堂数据 66 196 条。完成发布出国公示、回国公开信息 235 次，其他公示信息 30 次。

【网站管理】 开展中国林业网站群建设情况摸底，对中国林业网站群有严重错别字、信息更新不及时、僵尸网站等不合格子站进行通报并责令整改。开展网站抽查及建设情况通报，完成四个季度中国林业网及相关网站抽查及整改工作，经国务院办公厅抽查，国家林业和草原局报送网站均为合格网站。对 2018 年上半年及全年中国林业网主站信息采用情况和中国林业网站群建设情况进行了通报，统计评选出了 2018 年十佳信息报送单位、十佳信息员、十佳信息、十佳微博、十佳微信。完善信息审核制度，加强新媒体信息审核，完善中国林业网微信公众号、微博三审制度。编写《中国林业网站群发展指引》，配合网站群建设整改的不断优化，调整相关内容，对其中林业政府网站的开办、关停、建设等内容进行优化和完善。加强信息员队伍培训，举办了中国林业网站群培训班。

【项目建设和管理】 完成中国林业网树种数据综合管理系统建设及 2018 年中国林业网主站、国家林业局办公网等信息维护工作，完成 2018 年中国林业网站群监测检查，"互联网+"义务植树物联网示范建设，中国植树网改版建设，珍稀动物、主要树种、重点花卉信息运维项目、市县级林业网站群、沙漠公园网站群、乡镇林业网站群、国家林业局林业重点龙头企业网站群建设等项目的招标、建设、验收和续签等工作。

【网络生态文化】 举办"信息改变林业"——第五届美丽中国作品大赛，评选出 3 个一等奖、5 个二等奖、7 个三等奖和 35 个优秀奖以及优秀组织奖。全面反映改革开放以来，特别是近几年来信息化给林业发展和林区、林农、林业职工生产生活学习带来的深刻变化，共享身边真实感人的故事，营造网络生态文化氛围。评选出 2018 年全国林业信息化十件大事。

应用系统

【综述】 东北虎豹国家公园国家级监测平台建设取得突破性进展，成效显著。林业建设项目网上审批监管平台、智能生态系统、林木种苗工程管理系统相继建设完成，有力支撑了核心业务。

【国家重大项目】 2018 年 12 月 14 日，东北虎豹国家公园国家级监测平台项目建成并通过验收。项目建设内容包括东北虎豹国家公园核心数据库、数据协同共享系统、可视化监测及大屏幕展示系统，东北虎豹国家公园自然资源监测平台（省级）作为数据汇聚的核心节点，统一汇聚东北虎豹国家公园吉林省片区和黑龙江省片区的物联网前端数据、外业调查数据等，进行统一存储、统一管理。东北虎豹国家公园国家级监测中心同步接收省级平台汇聚各类数据，并围绕着国家级管理层面的需求定制开发业务系统、生成数据产品,为东北虎豹国家公园可持续发展提供宏观决策支持。通过项目建设构建东北虎豹国家公园(国家级)监测平台基础框架,形成东北虎豹国家公园自然资源监测体系国家级架构雏形,实现东北虎豹国家公园各类数据的统一汇聚、一体化管理和林业资源信息的共享和互操作,增强林业数据服务能力。实现东北虎豹国家公园林业资源数据呈现和展示、汇总、分析、挖掘。

【林业重点项目】

国家林业局建设项目网上审批监管平台 为将行政审批工作落到实处,贯彻落实国务院精神,按照《全国林业信息化建设纲要》《全国林业信息化建设技术指南》《中国智慧林业发展指导意见》等要求,建设国家林业局建设项目网上审批监管平台。建设框架主要包括国家林业局建设项目外网申报、数据交换、内网审批、系统管理、系统接口、应用支撑系统、数据库建设,实现国家林业局建设项目的网上申报、意见征询、专家论证、审批等全流程网上办理。建设已建和在建项目库,实现对项目建设数据的查询统计和分析。最终实现项目从申报、审批、实施、验收以及资金监管的全过程实时动态监管。从而规范建设项目审批工作流程,增加建设项目审批的透明度,进一步改进管理方式,形成行为规范、运转协调、公正透明、廉洁高效的项目管理体制。

四川攀枝花苏铁国家级自然保护区智能生态系统建设示范项目 苏铁类植物是现存最古老的种子植物,攀枝花苏铁自然保护区是中国第一个以苏铁类植物为主要保护对象的野生植物类型自然保护区,在全国生态保护战略中占有重要地位,在中国生物多样性保护方面具有典型性和代表性。本着"先进实用、维护简便、信息共享"的原则,以苏铁林的监测及管理为重点,加强生态环境监测与保护区管理能力,提供全面的资源状况,有效了解自然生态系统的动态变化、主要保护对象的实时状况,掌握自然保护区内有关人为活动的情况,建立较完备的信息化和智能化管理体系,提升整个保护区对区内生态环境的可监管能力和管理决策能力。建设内容包括苏铁智能展示平台、苏铁功能架构模型、苏铁可视化展现等。

林木种苗工程项目管理系统 林木种苗是林业建设的基础和前提,发展林业,种苗是关键。为了加强对林木种苗工程项目建设的管理与监督,提高林木种苗工程项目的科学决策水平和投资效益,建设了国家林业局场圃总站林木种苗工程管理系统,实现林木种苗工程项目信息的在线上报、汇总、监管、评估等功能,加强各个环节的协调配合,优化执行程序,对林木种苗工程项目批复、投资计划、后期管理、项目评估的全过程信息进行有效管理分析,提高工作效率和管理水平,为林业决策提供全面客观的数据支撑和决策支持。建设内容包括林木种苗工程项目管理平台建设、林木种苗工程项目管理数据库建设,管理对象主要包括9个部分:林木种质资源保护工程、林木良种繁育基地、林木种苗基础设施、苗木生产基地、林木采种基地、林木良种数据库管理、林木良种公告管理、统计分析、系统管理。

【示范建设】 为加强全国林草信息化示范省、市、县、基地建设督导工作,2018年9月,全国林业信息化工作领导小组办公室印发关于开展示范督导工作的通知,对全国林草信息化示范建设开展督导工作。重点对示范建设情况、项目管理制度、技术特点、应用成效、资金投入几个方面开展督导,同时调研了解当地林业和草原信息化建设全面情况。遵循全面与重点结合、现场与自查结合、上级和下级结合的工作原则,国家林业和草原局重点现场督导林草信息化示范省建设工作。各省级林业主管部门分别成立本省(区、市)的示范建设督导组,负责本省(区、市)范围内的示范市、县、基地建设督导工作。在前期信息化调研工作督导的基础上,国家林业和草原局信息办再派两个督导组开展相关工作。第一组由国家林草局信息中心主任李世东任组长,对北京、内蒙古、陕西进行督导;第二组由副主任吕光辉任组长,对辽宁、山东、福建进行督导。

大 数 据

【综　述】 举办了生态大数据论坛,对今后一段时间大数据建设作出了工作部署。为积极落实国家信息化工作新要求和行业大数据建设发展需要,经国家林业和草原局办公室批复,国家林业和草原局信息中心大数据处正式成立。信息系统整合共享工作全面开展,对70个信息系统进行了整合。

【重大项目】 2018年7月27日,东北生态大数据中心正式挂牌,标志着国家级大数据项目——生态大数据基础平台体系项目取得突破性进展。2017年3月,国家发展改革委正式批复生态大数据基础平台体系项目。项目建设内容包括建成生态大数据云平台、采集体系、分析决策平台和治理体系,建立东北生态大数据中心、西南生态大数据中心和国家生态大数据中心3个数据中心,构成国家生态大数据基础平台体系。对接三大生态大数据中心和相关业务平台,将林业本底资源数据、业务管护数据、物联网监测数据、卫星遥感影像数据等按照统一的框架、接口和标准整合,实现统一存储和管理,打破资源分散、封闭和垄断的局面。

【区域大数据建设】 为认真贯彻落实党中央、国务院和国家林业局各项要求,2015年12月分别启动了京津冀、长江经济带数据资源协同共享平台建设,2016年4月启动了"一带一路"林业数据资源协同共享平台建设,为整合梳理林业数据资源,利用大数据技术,实现三大试点区域生态大数据的分析应用做出了有效探索和积极贡献。

信息丝路实现"一带一路"沿线智慧发展 2016年4月21日，"一带一路"林业数据资源协同共享平台正式启动建设，以林业数据为基础，以共享交换为目标，以丝路文化为纽带，以甘肃、青海、宁夏三省区为一期试点，建设数据开放共享平台，打通林业数据交汇的技术通道，形成"一带一路"林业数据共享机制，逐步向其他"一带一路"省区推广，推进"一带一路"生态文明建设，服务"一带一路"沿线地区和国家经济建设与社会发展。2017年5月21日，平台在北京成功上线，开创了"一带一路"林业数据资源协同共享新篇章。

信息资源共享服务体系促进京津冀生态协同发展 为深入贯彻落实党中央、国务院关于京津冀协同发展重大战略部署和国家林业局总体安排，2015年12月，京津冀林业数据资源协同共享平台建设项目正式启动。为确保项目成功实施，成立了项目工作领导小组，组织召开了多次专题会议，研讨项目建设方向，研究资源共享工作机制，讨论数据共享管理办法。2017年年底，京津冀林业数据资源协同共享平台上线运行，在建立符合京津冀林业数据资源特征的共享平台思路、机制、标准、数据资源目录、规范元数据等方面取得了阶段性成果。

林业数据交换共享机制带动长江经济带大发展 为全面贯彻落实党中央、国务院关于信息化发展和长江经济带战略部署，进一步加强林业大数据发展应用，2015年12月，以四川省林业厅为试点，开展了长江经济带林业数据资源协同共享平台一期建设。项目以四川省林业厅已有业务系统为基础，开展试点示范。通过充分分析四川省森林、湿地、荒漠、生物多样性等林业数据资源特征，结合林业信息化工作建设和实施特点，初步探索并建立了林业数据交换共享机制，完成了总体方案设计、林业数据交换体系、数据共享管理和数据分析应用。

【**数据资源整合共享**】 2017年5月，国务院办公厅印发《关于政务信息系统整合共享实施方案的通知》，部署加快推进政务信息系统整合共享工作。2017年9月，国家林业局组织召开局务会，并印发《国家林业局办公室关于做好2018年政务信息系统整合共享工作的通知》。为全面推动国家林业局政务信息资源整合共享工作，认真落实党中央、国务院关于政务信息系统整合共享工作的有关决策，分期推进政务系统整合和全面推动数据资源共享开放，建设"大平台"、融通"大数据"、构建"大系统"，制订国家林业局政务信息系统整合方案。整合一批、清理一批、规范一批，对业务流程进行进一步梳理，统一进行信息系统优化整合，基本完成国家林草局政务信息系统整合清理工作。

网络运维

【**网络基础设施建设**】

全国林业高清视频会议系统建设项目 原国家林业局视频会议系统建设于2004年，服务于日常的视频会议、应急指挥需要等，设备使用十多年后，技术相对落后，设备老化，故障频发，功能不足，视频会议经常因为设备故障中断，无法完全满足未来会议的要求，迫切需要更新。根据《国家林业局关于全国林业高清视频会议系统建设项目可行性研究报告的批复》，国家林业和草原局信息中心实施全国林业高清视频会议系统建设项目。该系统基于林业专网，建立覆盖国家林业和草原局、各直属单位（国家林草局院外）高清视频会议系统，同时做到与各省（区、市）林业和草原主管部门、新疆生产建设兵团林业局、森工集团、各计划单列市林业局现有视频会议系统无缝对接，形成统一的全国林业高清视频会议系统。同时，完成了局主楼113视频会议室等3个固定会议室、移动简易会议室集成工程，并对国家林业和草原局派驻机构、直属单位（国家林草局院外）共计48个点的网络设备进行改造，更换网络设备，使其具有支持8~1000M带宽的能力。建设派驻机构、直属单位（国家林草局院外）43个视频会议终端，使其具备召开1080P视频会议的能力。通过全国林业高清视频会议系统建设项目的实施，完善了视频会议功能，降低会议开支，提高办公效率，提升沟通、协调和应急指挥能力，辅助领导决策，大力提升了信息化水平。

国家林草局主楼综合布线建设项目 国家林业和草原局主楼建成于1998年，现有楼宇弱电设施使用已经20年，很难再进行扩展，借局大楼整体装修的契机对智能楼宇弱电基础设施进行了合理化升级改造。主楼室内共铺设600条多模光缆、2000多条六类线缆、1200条电话超五类线缆、800条功能性点位、5000个水平点位。楼宇主干铺设52条多模光缆，楼层跨接铺设26条12芯光缆多缆，铺设90条骨干网。

【**网络安全**】 按照《网络安全法》的相关规定，组织运维人员参加了系统攻击防护演练、数据丢失恢复演练、重要业务系统紧急故障处理演练，以防网络恶意攻击、中心机房突发事件、网络中断等突发事件的发生，防止数据的丢失。在重要时间节点，运维中心工作人员采取双人24小时值班制，保障网络安全及业务系统的正常运行。2018年8月21~25日，举办林业网络培训班，邀请公安部多位专家讲授了网络安全形势及相关法律、林业网络安全管理及网络等级保护定级备案等相关知识，帮助学员增强网络安全意识，提高业务技能，理清工作思路，为进一步提升中国林业信息化建设水平，保障中国林业网络安全稳定打下坚实的基础。

【**运行维护**】 2018年国家林业和草原局应用系统抵御各类扫描和渗透攻击13.44亿次。对中国林业网页面调整4013次，处理应用系统各类故障578次，配合各个司局、直属单位对托管业务调试升级456次，配合进行新增系统上线公网映射15次，对外网门户错断链修改2451处，程序漏洞修复19处。运维呼叫中心共计接听有效电话15 208个，用户反馈故障上门服务7879件。中心机房各类服务器故障1725次，设备硬件维护62次，对服务器操作系统进行补丁更新4394次，完成中心机房214台服务器、2台小型机硬件告警及应用系统的运维工作。对中心机房内网3套数据库集群、1套小机双机互备数据库，外网4套数据库集群进行数据备份365次，保障了应用系统数据的安全。对内网OA数据库进行性能优化，5次表空间扩容，保障全局办公系统的正常稳定运行。

科技合作

【战略研究】 国家林业和草原局深入开展了"人工智能+生态发展"战略研究工作，分析了"人工智能+生态战略"背景，提出了"人工智能+生态发展"指导思想、基本原则和发展目标，阐述了人工智能技术在生态保护、生态修复、生态灾害防治、生态产业和生态管理中的应用，明确了"人工智能+生态战略"措施。

【标准建设】 对《林业物联网 标识分配规则》《林业物联网 面向视频的无线传感器网络媒体访问控制和物理层技术规范》2项林业信息化国家标准开展了意见征求工作。《林业有害生物分类与代码》《林业有害生物监测预报数据交换规范》《林业应用系统质量控制与测试》《林业空间数据库建设技术规范》4项林业信息化行业标准通过审定。根据国家标准化管理委员会对推进行业标准全文公开的要求，对归口管理的63项行业标准进行了整理、核对、排版、上传，完成标准全文公开工作。

【合作交流】 积极与国外有关单位开展交流合作，派遣有关人员赴日本参加林业青年交流团，与工业和信息化部、国家标准委员会等部委就政府网站建设、网络信息安全、信息化标准建设、新一代信息技术应用等进行广泛交流，增进了相互间的了解与学习。积极与教学科研单位、知名IT企业及媒体开展交流合作，先后到北京林业大学、清华大学、郑州大学、中国科学院计算所、腾讯公司、百度集团等教学科研单位和IT企业进行了调研交流，了解掌握信息化最新发展趋势和前沿技术，研究探讨新一代信息技术在智慧林业建设中的应用。

【人员培训】 国家林业和草原局开展了不同层次、不同类别的林业信息化培训，培养层次合理、结构科学、素质优良的信息化队伍，为林业和草原现代化发展提供了良好的人才支撑。2018年3月12~16日，举办了第六届全国林业CIO研修班，培训内容为人工智能与智慧林业、智慧林业相关知识、大数据实时智能处理、物联网技术及实践、智能机器人技术与发展趋势。2018年7月11~13日，举办了第五届智慧林业暨标准宣贯培训班，培训内容为"天、空、地"一体化林业监测预警体系技术研究、机器学习及数据挖掘技术与应用、"互联网+创造价值"、对已发布的3项林业物联网国家标准和4项林业信息化行业标准进行详细解读和答疑。2018年8月21~25日，举办了林业网站网络及信息化基础知识培训班，培训内容为人工智能与智慧林业、建设高效惠民的网上政府、新形势下中国林业网建设与管理、网络安全形势及相关法律解读、林业网络安全管理及网络等级保护定级备案、国家林业和草原局办公系统建设、林业信息化知识与综合应用案例专题。2018年11月25~28日，举办了全国林业网站群建设培训班，培训内容为技术驱动下的智能媒体和媒体转型、提升政府网站绩效水平的发展策略、中国网站群形势与任务、中国林业网站群整改工作要求、网络安全形势与任务。

办公自动化

【综合办公系统建设】 加强系统运维管理，做好系统服务保障。为做好职工日常办公服务工作，国家林业和草原局信息办加强运维团队管理工作，专门安排4名技术人员进行OA系统专项服务，提供7×24小时电话支持，5×8小时上门服务工作，7×24小时应急处理服务。全年共完成上门服务1140多次，电话支持2500多个，人员的新增、调整、删除共510人次。为国家林草局西北院、乌鲁木齐专员办、云南专员办及安徽省林业厅等多家单位，进行远程故障排查和解决，有力地保障OA系统的高效运行。2018年综合办公系统共进行577 237次操作，76 019项文件的办理，数据总量达608GB。满足办公需求，不断开展优化升级。下发《关于综合办公系统优化调整意见征集的通知》，收集、整理了16家单位用户对OA系统的实际工作应用需求，并对问题进行了相应的答复和调整。加强运维力量，保障公文传输升级第一年稳定运行。升级后公文传输系统服务于各司局、各直属单位、各省厅等115个单位，优化了办公系统与公文传输系统间的协作，实现了全国林业单位间的非密电子公文交换。为提高 OA 系统应用水平，开展多次应用培训。配合机构改革配套调整办公系统，调整涉及国家林业局组织机构（包括处室）、人员、文件模板、文件编号、单位电子印章。

【林信通】 为积极推进林业移动政务快速发展，推进移动互联网技术与政务办公深度融合，建成了移动办公平台"林信通"。林信通旨在打造林草局单位内部工作交流的移动门户平台。实现单位内部组织架构的清晰展示，通讯录、聊天信息、通知等信息多终端实时同步。实现单位内微信式沟通，保障沟通的及时、高效，将所有的沟通记录有效存储，后期可溯，避免传透，大幅度缩短沟通周期。实现会前、会中、会后的信息流程化管理，做到会前通知、请假便捷化，会中科学管理智能化，会后会议文档流转的规范化和信息发布网络化。实现通知、公告强制弹窗、消息确认、阅读情况实时统计，使信息高效传输，体现单位内部管理的强制性与纪律性。通过建设，达到了最初的建设要求，实现了单位内部不受时间、地域、设备的限制，随时、随地、随手的工作交流，提高了工作效率，增强了内部凝聚力。自2018 年 6 月上线使用至 2018 年年底，累计登录用户3694 人，非登录用户 704 人，共计 4398 人。包含各司、中心、院、专员办、省市林业厅等 114 个部门、单位，平均每天 500 多人在线使用。

【公文传输系统升级改造】 为推进林业办公自动化建设，提升公文传输效率，节约行政办公成本，开展了"国家林业局公文传输系统升级改造项目"。利用新的计算机网络技术、传输技术、安全技术，优化办公系统与公文传输系统间的协作，升级国家林业局公文传输系统，使公文传输与综合办公系统更紧密地结合起来，实现了全国林业单位间的非密电子公文交换，实现了单位间协同办公和信息共享。国家林业和草原局各司局、各直属单位、各省级林草主管部门 115 家单位公文传输系统全面升级，文件运转与收发的无缝衔接，提升了系统响应速度，增强了电子文件交换的安全性。

【身份认证系统算法升级】 为加强国家林业和草原局内外网身份认证安全控制，落实国家密码管理局国密算法有关要求，通过开展身份认证系统算法升级，国家林业局身份认证系统 SM2 算法升级项目已经完成实施。实现了林业行业网络空间实体身份可信标识支撑，实现了应用安全整合统一的应用安全支撑平台，形成了一套标准规范体系，促进了等级保护测评、密码应用安全性测评工作的开展，为落实国产密码算法推进政策，探索了道路、树立了榜样。

【林草大事】
1 月 19 日 "吉林林业二号"卫星在中国酒泉卫星发射中心发射成功。

1 月 20 日 国家林业和草原局信息办发布 2017 年全国林业信息化十件大事。

1 月 23 日 网易传媒发布年度"政能量"风云榜，中国林业网微信荣获"最受网友欢迎的中央政务机构"。

1 月 31 日 中国林业网"信息改变林业"——第五届美丽中国作品大赛正式启动。

2 月 1 日 "中国智慧林业体系设计与实施示范"项目成果鉴定会在北京召开。来自中国工程院、中国科学院、清华大学、国家信息中心、中国林业科学研究院和中国林学会等单位的知名专家，形成以沈国舫院士为主任委员、李文华院士为副主任委员的专家组共同审定了该项目，一致认为项目成果整体技术达到国际领先水平。

2 月 12 日 中国林业网荣获由大世界基尼斯总部颁发的大世界基尼斯之最"规模最大的政府网站群——中国林业网"。

同日，贵州省林业厅与贵州省大数据局、贵州团省委等单位就合作开展"网上造林"等事项达成意向。计划在全省范围内组织开展"互联网+国土绿化"相关活动，发动全民参与到义务植树活动中来，履行义务植树义务。

3 月 9 日 祁连山青海侧雪豹资源网格化监测系统正式建成投入使用。该系统的建成为准确掌握青海祁连山地区雪豹分布、数量、栖息地现状等重要信息提供重要支撑，2017 年共捕获 251 次雪豹影像，填补了这一区域雪豹分布及种群数据空白。

3 月 12 日 第六届全国林业 CIO 研修班在浙江大学正式开班。培训班以"实施智慧引领战略，支撑林业现代化建设"为主题，以人工智能、智慧林业、大数据实时智能处理、物联网技术及实践、智能机器人技术与发展趋势等为主要内容，来自全国各省级林业主管部门和国家林业和草原局有关单位信息化处、室负责人参加。

3 月 23 日 2018 年国家林业和草原局信息化工作领导小组会召开。会议总结 2017 年林业信息化工作，研究部署 2018 年林业信息化重点工作，加快推动林业高质量发展，全面提升新时代林业现代化水平。

4 月 1 日 第 16 届（2018）中国政务平台推荐及综合影响力评估总结大会举行，中国林业网再次蝉联"中国最具影响力党务政务网站"。

4 月 9 日 《2018 年林业信息化工作要点》正式印发。《要点》以提升新时代林业和草原现代化水平为目标，围绕工程带动、智慧引领、共治共享、信息惠林四大战略，以信息化带动现代化，着力推动林业和草原高质量发展。主要内容包括 5 个部分、共 26 条具体工作，突出新时代林业和草原信息化建设新精神、新要求和新任务，涵盖林业和草原信息化各项重点工作、重大项目和亟待解决的问题。

4 月 25 日 全国首个鸟类湿地慢直播平台"鸟岛慢直播"在青海网络广播电视台上线。公众通过手机打开"鸟岛慢直播"平台，就可以 24 小时在线观看青海湖鸟岛直播美景。

5 月 5 日 国家林业和草原局信息办在海南陵水组织召开全国林业信息化工作座谈会暨生态大数据论坛。会议深入贯彻全国网络安全和信息化工作会议精神，全面落实国家林业和草原局党组关于信息化建设的决策部署，深化林业大数据建设，推动林业高质量发展。

5 月 6 日 生态大数据专家高峰访谈在海南陵水举

行。访谈以"生态大数据理论与实践探讨"为主题，来自中国科学院、中央编办、中国林科院、北京理工大学、北京林业大学、浪潮集团、吉视传媒、数起科技、航天泰坦的多位专家参加。

5月22日 东北虎豹国家公园国家级监测平台相关项目评审会在北京召开。来自北京师范大学、北京林业大学、东北虎豹国家公园管理局、吉林省林业厅、中国软件评测中心等单位的专家共同审定通过东北虎豹国家公园国家级可视化监测及大屏幕展示系统、核心数据库、数据协同共享系统等项目建设方案。

5月25日 国家森防总站在安徽省肥东县组织召开全国林业有害生物飞机防治智能监管现场会。这是森防总站2017年在安徽两市三县开展试点的基础上，以"互联网+林业有害生物防治+质量管理"为主题的一次重要会议。

5月27日 2018年政府信息化大会在贵州贵安新区召开。国家林业和草原局领导决策服务系统荣获"中国政府信息化卓越成就奖"。

6月14日 中国林业网第24个世界防治荒漠化与干旱日专题正式上线。

7月10日 由电子政务理事会主办的2018推进以人民为中心的电子政务建设经验交流大会在青海西宁举办。全国各地、各行业的100余个电子政务案例参加了会议交流，国家林业和草原局领导决策服务系统荣获"2017年电子政务优秀案例奖"。

7月13日 "智慧林业丛书（Ⅱ）"由中国林业出版社出版发行，丛书包括《智慧林业顶层设计》《智慧林业决策部署》《智慧林业最佳实践》《智慧林业标准规范》《智慧林业政策制度》《智慧林业评测考核》6册，全面总结了近5年来智慧林业建设新成果。

7月27日 中国林草业首个生态大数据中心——东北生态大数据中心在吉林省长春市揭牌。拉开了中国林草业大数据深度分析和实践应用的大幕，成为中国推进行业信息化现代化的一个力作。

8月21~25日 全国林业网站网络及信息化基础知识培训班在国家林业和草原局管理干部学院举办，国家林业和草原局信息办主任李世东出席并作专题讲座。

9月4日 《国家林业和草原局关于进一步加强网络安全和信息化工作的意见》正式印发，进一步深入贯彻落实全国网络安全和信息化工作会议精神。

9月19日 国家林业和草原局办公室印发通知，启动2018年全国林业信息化率测评工作。

9月25日 北京市顺义区成为首都义务植树登记考核工作的试点区。从2019年起，市民可通过首都全民义务植树网络平台预约义务植树。

11月15日 第六届中国林业学术大会在长沙开幕并举行颁奖仪式。国家林业和草原局信息中心申报的《中国智慧林业体系设计与实施示范》项目获梁希林业科学技术奖一等奖。

11月19日 由电子政务理事会举办的2018政府网站精品栏目建设和管理经验交流大会在重庆召开，中国林业网"最美林业故事""国家林业和草原局网上行政审批平台"分别获"2018年政府网站政民互动类精品栏目奖"和"2018年互联网+政务服务创新应用奖"，国家林业和草原局信息中心获评"2018年'互联网+政务'先进单位"。

12月6日 中国林业网总访问量突破27亿人次。

12月10日 "信息改变林业"——第五届美丽中国作品大赛评选结果揭晓。经过初评、复评两轮评选，从大赛作品中共评选出一等奖3篇、二等奖5篇、三等奖7篇以及优秀奖35篇，同时评选出对此次大赛积极组织、提供支持的7家单位为优秀组织奖。

12月12日 由中国软件测评中心主办的2018数字政府建设论坛暨第十七届中国政府网站绩效评估结果发布会在北京召开。"中国林业数据开放共享平台"获评2018年度部委网站数据开放类"十大"优秀创新案例。

12月14日 东北虎豹国家公园（国家级）监测平台项目建成并通过验收。

12月19日 国家林业和草原局信息中心大数据处正式成立。这是国家林业和草原局为积极落实国家信息化工作新要求和行业大数据建设发展需要做出的重要决策，标志着林业和草原业向高质量发展迈出重要一步。

12月20日 2018年中国优秀政务平台推荐及综合影响力评估结果通报正式发布。中国林业网（国家林业和草原局官网）获评"2018年度中国最具影响力党务政务网站"。

（林草信息化由罗俊强供稿）

林草教育与培训
16

林草教育与培训工作

【重点培训】 围绕党的十九大提出的"三大攻坚战",结合国家林草局中心工作,确定了"生态建设与精准扶贫"作为中央组织部委托地方党政领导干部专题研究班主题,对来自重点贫困县的46位地方政府领导开展专题培训,国家林草局局长张建龙出席并作主题报告。根据中组部干教局反馈,在2018年委托部委办班教学质量评估中,国家林草局专题班在28个班次中排名第二位;评估参与率为100%,排名第一位。确定了"国家储备林工程建设"作为人社部委托高级研修班主题,培训高级专业技术人员101人。

【公务员法定培训】 按照《公务员法》等法律制度要求,结合干部成长规律和工作需要,对司局级、处级及以下干部开展专题培训。一是加强司局级领导干部培训工作。10月25~31日组织实施第十期司局级干部任职培训班,邀请原国家林业局局长贾治邦讲授生态文明建设工作,培训局直属机关单位司局级干部46人。按中组部和国家机关工委要求,全年组织42位司局级领导参加中央机关司局级干部专题研修工作,三次组织全体司局级干部参加中网院网络学习专题班。二是组织开展处级及以下干部培训。组织实施2018年新录用人员初任培训班(第九期),培训局直属机关单位新录用人员116人。举办公务员在职培训春季班和秋季班,分别培训55人和43人;举办第八期林业知识培训班,培训89人。

【干部培训教材体系建设】 参与中组部第5批干部培训教材《推进生态文明 建设美丽中国》大纲编写,增加了林业和草原章节比重。制定干部培训教材3年规划。组织完成《草原知识读本(初稿)》,召开《林业和草原应对气候变化(林业碳汇)知识读本》大纲评审会。出版《林业信息化知识读本》和《森林防火知识读本》。

【行业示范培训】 围绕服务行业发展,开展示范培训,举办市县林业局长"湿地专题"和"野生动物保护专题"培训班,共培训169位地县林业局局长。开展两期援疆培训班,培训林业系统学员54人,新疆兵团系统学员45人。组织举办国有林区改革基层实用人才培训示范班,学员106人。开展荒漠化防治政策与技术培训,学员84人。

【在线学习】 利用信息化手段,推进干部在线学习。研究开展网络学习平台建设,促进国家林草局现有学习平台的整合以及国家林草局平台与中组部网络平台的共建共享。继续推进全国党员干部现代远程教育林业专题教材制播工作。全年向中组部报送林业专题教材课件105个、3060分钟。

【培训指导和监督】 编制实施2018年度培训班计划。严格计划执行过程中的备案、调整等工作。组织修订《国家林业局干部培训班管理办法》,进一步规范培训班管理流程,规范培训队伍建设,提升培训班针对性和有效性。开展干部教育培训班督导工作,对培训班办班流程、课程设计、师资满意度等进行抽查监督,提升培训班办班质量和规范化管理。

【林草学科建设】 面对新的形势和行业发展需求,巩固传统学科发展、努力做好新兴学科,加强学科建设的顶层设计。指导、支持西北农林科技大学和北京林业大学成立草业与草原学院。召开林业和草原学科建设研讨班,国家林草局副局长张永利出席并讲话。研究制订局重点学科建设管理办法。12月,部署开展全国职业院校林草类重点专业遴选工作(办人字〔2018〕205号文)。

【教学名师下基层活动】 组织首届教学名师进林草基层活动和"产教融合协同育人"实践活动,组织老师进福建林草基层单位和相关企业深入调研,了解林业行业发展方向,第一时间把林业的信息传递到教育环节,应用到教学上。

【教学成果遴选】 指导教材建设办公室、中国林业教育协会完成生态文明教育信息化教学成果遴选和总结。指导职教中心组织开展林业职业教育国家级教学成果奖推选工作,以林业行职委名义推选2个成果报教育部参评,其中1项获国家级教学成果二等奖。

【林草学生培养】 指导人才中心、教育学会开展好十佳毕业生评选活动。完成首届全国林业创新创业大赛命题类、社会组-自选类、院校组-自选类3个竞赛单元全国总决赛,分别评审产生各单元金奖1名、银奖2名、铜奖3名。启动"扎根基层工作、献身林草事业"优秀林草学科毕业生遴选活动,引导大学生到林草基层就业。组织开展全国职业院校技能大赛林业类赛项的申报工作,向教育部申报了6个赛项,具中的"园林景观设计""艺术插花""建筑木工"获批。与教育部联合下发卓越农林人才教育培养计划2.0。推进国家级农村职成教育示范县审批。

(张英帅供稿)

林草教材管理

【综　述】　2018 年，国家林业和草原局教材建设办公室、中国林业出版社教育出版分社在国家林业和草原局相关主办部门和中国林业出版社的领导下，高质量完成了林草教材建设各项任务。2018 年度"国家林业和草原局生态文明教材及林业高校教材建设项目（2016～2018）"继续推进；完成了新闻出版改革发展项目库2017 年度项目——"面向林业教育的教材众创出版与生态知识服务云平台"项目建设工作，正式发布上线了"小途"教育平台；积极推进国家林业和草原局"十三五"规划教材的编写落实工作。全年共出版研究生教育、本科教育、职业教育和干部教育等各类教材 266 种，创历年新高；出版电子教材 67 种。

制订 20 余种国外经典图书引进计划，主要集中在风景园林、森林工程类等学科专业，其中 8 种已经完稿。签订《室内设计概论（第 11 版）》的版权合同，预计2019 年出版。积极推进优秀教材"走出去"，开展《中国古代园林史》英译本相关工作。

与中国林科院共同完成首批国家林业和草原局研究生教育"十三五"规划教材（《森林经理学研究方法与实践》《森林资源信息管理》）的出版工作，同时启动《森林生态学研究方法》《森林草原火管理》《荒漠生态学》3 部教材的审稿审纲工作。

组织召开 2018 年中国家具专业学科教育与发展研讨会及《大学生生态文明教程》《新时期林业和草原知识读本》《定制家具设计与制造》《土壤学（第 2 版）》等书稿编写会议。

组织策划"大中小学生生态文明系列教材""生态文明进课堂"系列教材。

【全国生态文明信息化教学成果遴选工作】　9～11 月，国家林业和草原局教材建设办公室与中国林业教育学会共同主办，中国林业出版社、北京林业大学承办了首届"全国生态文明信息化教学成果遴选工作"。全国 28 个省份的 124 所院校 400 多门课程报名参加遴选，遴选工作组委会按照网络初选和现场终选情况综合评审，确定了 266 门入围成果，并依据初选和终选的评分依次划分为 A、B、C、D 四级，其中 A 级成果 23 门，B 级成果 39 门，C 级成果 71 门，D 级成果 133 门。为国家林业和草原局已经开展的局重点学科、重点专业申报，全国林业教学名师遴选和共建院校提供有力支撑，有力地推动了林草教育信息化工作。

【教材建设培训班】　7 月底，在内蒙古阿尔山组织召开了 2018 全国高等农林院校教材建设战略联盟理事会议暨国家林业和草原局"十三五"规划教材建设培训班，共有来自全国近 40 所农林院校及相关单位的 90 余位代表参加了此次会议和培训班。在会议和培训过程中，来自全国多所高等教育农林院校教学及教材建设相关部门的专家学者，结合所在院校在教学与教材建设方面的经验和特长，深入沟通和交流了各自的学术观点和实践经验，对高等农林院校在教育改革与教材改革，特别是对教材建设进行了讨论，代表们通过此次会议和培训达成了教材建设工作未来发展方向的若干共识。

（段植林供稿）

林草教育信息统计

表 16-1　2018～2019 学年初普通高、中等林业院校和其他高、中等院校林科基本情况汇总表

单位：人

名　称	学校数（所、个）	毕业生数	招生数	在校学生数	毕业班学生数	教职工数 合计	教职工数 其中：专任教师
总　计	—	177 918	179 266	588 474	173 207	30 500	15 604
一、研究生	90	12 872	9248	35 685	12 882	—	—
1. 普通高等林业院校	6	8633	6438	23920	8837	19 637	7943
2. 其他高等院校（林科）	83	3928	2499	10 579	3551	—	—
3. 林业科研单位	1	311	311	1186	494	—	—

（续表）

名　　称	学校数（所、个）	毕业生数	招生数	在校学生数	毕业班学生数	教职工数 合计	教职工数 其中：专任教师
二、本科生	**251**	**69 241**	**75 377**	**273 585**	**72 183**	—	—
1. 普通高等林业院校	7	36 772	41 626	143 973	37 782	19 637	7943
2. 其他普通高等院校（林科）	244	32 469	33 751	129 612	34 401	—	—
三、高职（专科）生	**240**	**59 172**	**56 485**	**169 568**	**59 189**	—	—
1. 高等林业（园林）职业学校	17	39 505	40 189	122 837	40 064	8116	5922
2. 其他高等职业学校（林科）	217	12 137	10 806	31 824	11 359	—	—
3. 普通林业高等学校专科	6	7530	5490	14 907	7766	3814	1541
四、中职生	**268**	**36 633**	**38 156**	**109 636**	**28 953**	—	—
1. 中等林业（园林）职业学校	18	14 580	13 024	37 050	1516	2747	1739
2. 其他中等职业学校（林科）	251	22 053	25 132	72 586	27 437	—	—

备注：统计一、二、三中普通林业高等院校教职工数以本科数为合计数。

表16-2　2018～2019学年初普通高等林业院校教职工情况

单位：人

学校名称	教职工数 合计	校本部教职工 计	专任教师 计	专任教师 正高级	专任教师 副高级	专任教师 中级	专任教师 初级	专任教师 无职称者	行政人员	教辅人员	工勤人员	另有其他人员 科研机构人员	另有其他人员 校办企业职工	另有其他人员 其他附设机构人员	另有其他人员 聘请校外教师	另有其他人员 离退休人员	另有其他人员 附属中小学幼儿园教职工	另有其他人员 集体所有制人员
总　计	19637	11756	7943	1465	2923	3106	258	191	2148	1232	433	57	88	234	2049	5357	34	62
北京林业大学	3066	1826	1204	302	541	321	4	36	360	209	53	0	29	33	298	846	34	0
东北林业大学	4000	2212	1384	313	565	468	1	37	400	318	110	5	48	164	271	1238	0	62
南京林业大学	3615	2077	1471	303	491	644	33	0	367	171	68	18	11	28	370	1111	0	0
中南林业科技大学	2185	1570	1094	199	368	469	26	32	276	153	47	18	0	9	295	293	0	0
西南林业大学	3803	2349	1600	220	556	661	77	86	331	303	115	0	0	0	245	1209	0	0
浙江农林大学	2204	1256	894	100	300	416	78	0	274	55	33	13	0	0	485	450	0	0
南京森林警察学院	764	466	296	28	102	127	39	0	140	23	7	3	0	0	85	210	0	0

表 16-3　2018~2019学年初普通高等林业院校资产情况

学校名称	占地面积(平方米)			图书(万册)		计算机数(台)		
	计	其中:		计	其中:	计	其中:教学用计算机	
		绿化用地面积	运动场地面积		当年新增		计	其中:平板电脑
北京林业大学	463 739	124 750	56 505	190.08	1.98	9450	4917	110
东北林业大学	1 287 559	526 424	10 0291	230.31	4.12	11 930	8708	49
南京林业大学	3 798 066	50 200	53 726	234.10	9.20	10 752	7912	139
浙江农林大学	1 830 780	920 906	101 198	172.77	4.95	8698	4009	38
中南林业科技大学	876 445	429 458	63 995	217.10	7.80	14 106	8319	178
西南林业大学	1 000 649	851 859	68 605	173.85	3.55	7225	6129	7
南京森林警察学院	754 650	415 588	9451	68.39	2.62	3086	2444	0

学校名称	教室(间)		固定资产总值(万元)				
	计	其中:网络多媒体教室	计	其中:教学、科研仪器设备资产值		其中:信息化设备资产值	
				计	其中:当年新增	计	其中:软件
北京林业大学	159	158	197 214.36	63 322.83	2452.66	15 147.17	1226.54
东北林业大学	426	315	277 252.62	91 126.06	7053.81	16 773.14	4493.91
南京林业大学	387	372	178 422.42	79 770.51	1732.51	4576.58	1748.19
浙江农林大学	408	296	159 308.57	36 830.53	3913.20	7935.15	971.01
中南林业科技大学	670	278	185 725.82	42 383.61	3456.53	18 433.05	3010.93
西南林业大学	463	124	151 263.54	25 883.32	1288.69	6275.75	114.02
南京森林警察学院	69	69	78 979.37	13 784.11	2395.13	10 078.70	3329.89

表 16-4　2018~2019学年初普通高等林业院校和其他高等院校、科研院所林科研究生分单位情况

单位:人

学校名称	毕业生数	招生数	在校学生数	毕业班学生数
总　计	12 872	9248	35 685	12 882
一、博士生	950	1090	5666	2903
1. 高等林业院校	593	792	3922	1987
北京林业大学	312	307	1312	731
东北林业大学	110	223	1222	798
南京林业大学	141	148	874	162
浙江农林大学	2	14	31	5
中南林业科技大学	25	73	396	256
西南林业大学	3	27	87	35
2. 林业科研单位	80	131	532	271
中国林业科学研究院	80	131	532	271
3. 其他高等院校(林业学科)	277	167	1212	645
二、硕士生	11 922	8158	30 019	9979
1. 高等林业院校	8040	5646	19 998	6850
北京林业大学	1840	1603	4619	1720
东北林业大学	1738	1198	4271	1678
南京林业大学	1748	1161	4128	1234
浙江农林大学	821	524	2148	617
中南林业科技大学	1065	693	2899	821
西南林业大学	828	467	1933	780
2. 林业科研单位	231	180	654	223
中国林业科学研究院	231	180	654	223
3. 其他院所(林科)	3651	2332	9367	2906

表16-5　2018～2019学年初普通高等林业院校和其他高等院校、科研院所林科研究生分学科情况

单位：人

学校名称	毕业生数	招生数	在校学生数	毕业班学生数
总　计	12 872	9248	35 685	12 882
一、博士生	950	1090	5666	2903
1. 林业学科小计	747	566	3639	1870
林木遗传育种	83	42	339	154
森林培育	75	64	404	233
森林保护学	49	34	242	106
森林经理学	40	24	209	116
野生动植物保护与利用	33	30	161	88
园林植物与观赏园艺	34	42	203	119
水土保持与荒漠化防治	86	88	403	210
森林工程	18	18	159	85
木材科学与技术	71	59	301	153
林产化学加工工程	66	51	253	106
林学学科	102	21	288	109
林业工程学科	65	53	355	194
林业经济管理	25	40	322	197
2. 草业学科小计	125	72	525	282
3. 林业院校和科研单位其他学科	78	452	1502	751
二、硕士生	11 922	8158	30 019	9979
1. 林业学科小计	8822	5705	21 607	7220
林木遗传育种	196	130	525	153
森林培育	238	235	737	260
森林保护学	189	170	593	207
森林经理学	153	166	465	165
野生动植物保护与利用	128	64	389	122
园林植物与观赏园艺	168	252	725	337
水土保持与荒漠化防治	388	339	1221	430
林产化学加工工程	103	67	316	104
森林工程	50	55	146	44
木材科学与技术	166	165	506	167
林学学科	374	167	847	195
林业工程学科	174	66	419	126
林业经济管理	37	60	132	45
农林经济管理学科	30	19	74	17
土壤学（森林土壤学）	15	7	55	21
植物学（森林植物学）	86	81	250	85
生态学（森林生态学）	243	133	687	228
林业硕士	1189	591	2424	883
风景园林硕士	2545	1372	6017	1716
农业推广硕士（林业）	1143	658	2609	859
工程硕士（林业工程）	1207	908	2470	1056
2. 草业学科小计	307	192	810	244
草学	307	192	810	244
3. 林业院校和科研单位其他学科	2793	2261	7602	2515
材料加工工程	4	6	17	6
材料科学与工程学科	1	0	3	1
材料物理与化学	3	8	13	7
材料学	8	10	32	13

(续表)

学校名称	毕业生数	招生数	在校学生数	毕业班学生数
测试计量技术及仪器	0	4	0	0
茶学	0	0	2	1
车辆工程	9	13	29	11
城乡规划学学科	34	36	130	56
道路与铁道工程	21	21	69	25
地理学学科	14	5	34	10
地图学与地理信息系统	29	55	111	42
电磁场与微波技术	2	0	5	0
电路与系统	4	0	8	0
动物学	25	23	83	34
动物遗传育种与繁殖	5	5	16	6
俄语语言文学	3	5	9	3
发酵工程	5	4	10	3
发育生物学	23	14	62	19
法律	38	22	95	29
法学理论	9	8	26	9
法学学科	27	27	89	32
翻译	136	103	286	116
防灾减灾工程及防护工程	5	0	5	0
分析化学	6	0	6	0
概率论与数理统计	6	2	18	6
高分子化学与物理	7	10	26	11
工程管理	32	7	74	7
工商管理	163	168	499	240
公共管理	48	37	107	11
管理科学与工程学科	38	55	106	28
国际贸易学	15	17	40	13
国际商务	25	14	44	19
果树学	3	5	10	4
汉语言文字学	0	3	5	5
行政管理	20	7	72	31
化学工程	6	3	19	6
化学工程与技术学科	21	14	45	9
化学工艺	10	10	27	7
环境工程	15	42	45	15
环境科学	17	6	50	18
环境科学与工程学科	49	24	135	43
环境与资源保护法学	18	22	63	23
会计	239	55	480	94
会计学	24	23	70	23
机械	37	19	101	28
机械电子工程	22	18	65	20
机械工程学科	10	12	33	11
机械设计及理论	16	24	54	19
机械制造及其自动化	32	17	71	22
计算机科学与技术学科	7	2	15	5

(续表)

学校名称	毕业生数	招生数	在校学生数	毕业班学生数
计算机软件与理论	4	20	21	12
计算机系统结构	4	5	13	5
计算机应用技术	16	25	59	24
技术经济及管理	4	2	13	4
检测技术与自动化装置	6	7	17	5
建筑学学科	15	16	51	21
交通信息工程及控制	4	4	12	4
交通运输规划与管理	14	12	40	13
结构工程	24	27	76	26
金融	29	22	59	26
精密仪器及机械	0	2	2	2
科学技术哲学	4	1	8	2
控制理论与控制工程	17	34	65	24
伦理学	6	10	22	8
旅游管理	11	23	41	19
马克思主义发展史	1	2	5	2
马克思主义基本原理	17	26	38	5
马克思主义理论学科	25	0	25	0
马克思主义哲学	4	2	12	4
马克思主义中国化研究	10	18	45	16
美学	4	5	13	5
民商法学(含:劳动法学、社会保障法学)	9	10	27	8
模式识别与智能系统	5	5	14	5
农产品加工及贮藏工程	10	14	30	12
农业电气化与自动化	4	4	10	3
农业机械化工程	3	20	15	8
农业经济管理	7	17	24	10
农业生物环境与能源工程	0	6	1	1
农业资源与环境学科	23	13	64	21
企业管理	0	4	12	12
企业管理(含:财务管理、市场营销、人力资源管理)	29	18	82	24
桥梁与隧道工程	11	12	33	9
轻工技术与工程学科	3	0	12	5
人口、资源与环境经济学	0	14	11	7
人文地理学	12	3	24	4
软件工程学科	21	9	48	12
设计学学科	110	96	368	134
设计艺术学	0	31	0	0
生理学	13	9	42	15
生物工程学科	0	0	2	2
生物化工	11	8	33	9
生物化学与分子生物学	50	42	164	62
生物物理学	21	17	59	20
生物学学科	51	14	115	17
生药学	17	16	48	16

(续表)

学校名称	毕业生数	招生数	在校学生数	毕业班学生数
食品科学	10	6	28	9
食品科学与工程学科	17	21	46	12
市政工程	1	1	6	2
兽医	8	0	16	8
蔬菜学	0	0	1	0
数学学科	6	3	16	5
水生生物学	3	7	13	4
水土保持与荒漠化防治	130	114	391	135
思想政治教育	7	26	50	25
特种经济动物饲养（含：蚕、蜂等）	6	7	17	8
统计学	14	8	43	15
土木工程学科	23	31	75	26
外国语言学及应用语言学	17	34	49	18
微生物学	42	50	124	43
无机化学	7	0	7	0
物理电子学	1	0	1	0
细胞生物学	23	15	75	26
宪法学与行政法学	7	11	20	7
心理学学科	14	9	40	17
新闻传播学学科	8	0	12	0
信息与通信工程学科	15	0	28	0
刑法学	7	1	22	11
岩土工程	12	10	38	14
药物化学	6	6	20	7
仪器科学与技术学科	0	0	0	0
遗传学	30	17	79	26
艺术	265	99	575	143
艺术学理论学科	4	2	12	4
英语语言文学	15	32	49	17
应用化学	9	11	47	15
应用经济学学科	18	0	33	0
应用数学	7	6	20	6
应用统计	25	7	48	23
应用心理学	0	8	0	0
有机化学	5	5	18	7
载运工具运用工程	19	21	69	25
哲学学科	8	9	25	9
植物营养学	7	6	24	9
制浆造纸工程	21	20	61	21
资产评估	24	12	39	15
自然地理学	32	16	76	19

表 16-6　2018～2019 学年初普通高等林业院校和其他高等院校林科本科学生分学校情况

单位：人

学校名称	毕业生数	招生数	在校学生数	毕业班学生数
总　　计	69 241	75 377	273 585	72 183
一、普通高等林业院校	36 772	41 626	143 973	37 782
北京林业大学	5461	4336	18 434	5373
东北林业大学	6311	7198	23 719	6790
南京林业大学	4966	6844	22 855	4968
中南林业科技大学	7598	8986	29144	7922
西南林业大学	6065	7314	26 294	6188
浙江农林大学	4943	5483	17 749	5014
南京森林警察学院	1428	1465	5778	1527
二、其他高等院校（林科）	32 469	33 751	129 612	34 401

表 16-7　2018～2019 学年初普通高等林业院校和其他高等院校林科本科学生分专业情况

单位：人

专业名称	毕业生数	招生数	在校学生数	毕业班学生数
总　　计	69 241	75 377	273 585	72 183
一、林科专业	39 960	41 515	155 516	42 007
1. 林业工程类	2478	2300	9644	2445
森林工程	348	223	1075	306
木材科学与工程	1657	1295	6354	1663
林产化工	473	385	1817	476
林业工程类专业	0	397	398	0
2. 森林资源类	6488	9004	26 720	7535
林学	5487	8111	22 514	6464
森林保护	726	578	2849	735
野生动物与自然保护区管理	275	315	1357	336
3. 环境生态类	24 264	23 688	94 286	25 420
园林	16 451	13 224	52 877	16 211
水土保持与荒漠化防治	1041	953	4208	1226
风景园林	6772	9511	37 201	7983
4. 农林经济管理类	5581	4927	19 123	5374
农林经济管理	5581	4927	19 123	5374
5. 草原类	1149	1596	5743	1233
草学等	1149	1596	5743	1233
二、林业院校非林科专业	29 281	33 862	118 069	30 176
包装工程	171	29	435	156
保险学	58	76	261	66
材料成型及控制工程	71	72	243	58
材料化学	157	59	532	152
材料科学与工程	63	100	442	95
材料类专业	0	463	465	0
财务管理	229	145	731	170
测绘工程	229	311	941	165
测控技术与仪器	53	62	167	25
茶学	20	61	139	28
产品设计	312	253	1232	325
朝鲜语	27	31	138	37
车辆工程	323	267	1194	349

(续表)

专业名称	毕业生数	招生数	在校学生数	毕业班学生数
城市地下空间工程	67	67	236	52
城市管理	64	75	264	68
城乡规划	285	364	1327	276
地理科学	36	55	171	38
地理信息科学	230	339	1126	253
电气工程及其自动化	327	194	966	366
电气类专业	0	177	381	0
电子科学与技术	113	108	409	108
电子商务	155	164	541	123
电子信息工程	392	289	1432	373
电子信息科学与技术	56	61	230	60
电子信息类专业	0	157	339	0
动画	72	44	324	99
动物科学	223	264	713	197
动物医学	212	326	893	283
俄语	83	79	301	87
法学	776	1051	3249	907
法语	90	70	317	89
翻译	0	35	132	0
服装与服饰设计	36	11	126	42
高分子材料与工程	214	62	878	260
给排水科学与工程	91	136	450	81
工程管理	345	448	1340	346
工程力学	36	36	128	36
工商管理	1179	1445	4773	1223
工业工程	78	384	636	83
工业设计	446	453	1778	426
公安管理学	129	160	631	158
公安情报学	0	80	301	74
公共事业管理	138	132	421	108
公共艺术	50	41	182	41
管理科学与工程类专业	0	0	56	0
广播电视学	31	32	175	32
广告学	214	200	899	201
轨道交通信号与控制	0	46	77	0
国际经济与贸易	494	270	1653	478
国际商务	91	69	288	78
过程装备与控制工程	51	0	65	44
汉语国际教育	56	57	237	66
汉语言文学	234	267	1103	221
行政管理	175	218	585	201
化工与制药类专业	0	118	118	0
化学	38	0	100	44
化学工程与工艺	192	308	1026	221
化学类专业	0	116	228	0
化学生物学	39	0	101	32
环境工程	375	469	1711	424
环境科学	214	166	863	247
环境科学与工程类专业	0	206	207	0
环境设计	805	523	3319	881

(续表)

专业名称	毕业生数	招生数	在校学生数	毕业班学生数
环境生态工程	0	0	80	0
会计学	2155	1507	6880	2386
会展经济与管理	36	0	136	36
绘画	0	38	38	0
机械电子工程	222	113	628	224
机械类专业	0	854	1509	0
机械设计制造及其自动化	865	677	2689	788
计算机科学与技术	793	751	3103	936
计算机类专业	0	940	1585	0
建筑环境与能源应用工程	84	68	251	74
建筑类专业	17	209	220	10
建筑学	219	211	774	182
交通工程	114	90	405	121
交通运输	484	477	2165	576
金融工程	107	102	654	151
金融学	507	461	1646	437
金融学类专业	0	323	323	0
经济统计学	57	0	155	75
经济学	91	94	409	89
经济学类专业	0	115	270	0
经济与金融	0	44	44	0
警务指挥与战术	143	80	526	155
酒店管理	66	0	235	83
粮食工程	22	0	82	32
旅游管理	581	313	1585	479
旅游管理类专业	0	239	241	0
能源动力类专业	0	89	89	0
能源与动力工程	162	142	607	159
农村区域发展	41	31	97	0
农学	217	496	1144	284
农业资源与环境	58	105	315	70
汽车服务工程	187	137	606	181
轻化工程	145	175	613	143
人力资源管理	495	609	1820	524
人文地理与城乡规划	97	49	401	132
日语	186	221	761	190
软件工程	223	216	998	251
商务英语	47	133	421	92
设计学类专业	0	756	758	0
社会工作	75	91	306	75
社会体育指导与管理	29	0	64	33
摄影	0	18	57	0
生态学	117	236	620	119
生物工程	95	127	485	103
生物技术	383	258	1510	418
生物科学	120	43	427	121
生物科学类专业	0	276	280	0
生物制药	29	61	188	29
食品科学与工程	362	383	1622	416
食品科学与工程类专业	0	229	229	0

(续表)

专业名称	毕业生数	招生数	在校学生数	毕业班学生数
食品质量与安全	185	237	759	207
市场营销	357	343	1049	308
视觉传达设计	248	187	1107	280
数据科学与大数据技术	0	66	66	0
数学与应用数学	90	107	436	107
数字媒体技术	54	0	111	55
数字媒体艺术	113	98	544	152
泰语	40	37	210	41
体育教育	58	26	289	78
通信工程	220	168	772	251
统计学	31	28	125	31
土地资源管理	118	78	323	89
土木工程	2861	2735	7674	2555
土木类专业	0	177	177	0
网络安全与执法	92	157	482	110
网络工程	24	0	51	29
文化产业管理	58	58	211	55
舞蹈学	0	30	95	0
物理学	37	54	200	55
物联网工程	53	60	363	64
物流工程	189	138	802	218
物流管理	167	122	603	173
物业管理	52	0	74	52
消防工程	154	164	676	161
新能源科学与工程	0	65	256	54
新闻传播学类专业	0	240	239	0
信息工程	50	0	240	46
信息管理与信息系统	348	237	1150	369
信息与计算科学	264	319	1211	259
刑事科学技术	221	240	927	248
艺术设计学	111	6	394	164
音乐表演	65	49	253	84
音乐学	0	33	62	0
印刷工程	38	30	92	23
英语	495	560	2255	534
应用化学	166	138	666	165
应用生物科学（注：可授农学或理学学士学位）	34	48	157	42
应用统计学	57	59	240	53
应用物理学	31	36	146	32
应用心理学	80	74	288	68
园艺	373	303	1284	342
越南语	29	32	91	0
侦查学	395	328	1223	315
政治学与行政学	59	67	234	53
植物保护	92	79	350	95
治安学	370	420	1395	380
中药学	141	279	591	183
自动化	295	203	1062	291
自然地理与资源环境	90	59	287	78

表16-8 2018~2019学年初高等职业林业院校资产情况

学校名称	占地面积(平方米) 计	其中:绿化用地面积	其中:运动场地面积	图书(万册) 计	其中:当年新增	计算机数(台) 计	其中:教学用计算机 计	其中:平板电脑	教室(间) 计	其中:网络多媒体教室	固定资产总值(万元) 计	其中:教学、科研仪器设备资产值	其中:当年新增	其中:设备资产值 计	其中:信息化软件
山西林业职业技术学院	116 203	16 500	15 000	19.39	0.10	1012	881	0	264	144	13 282.60	3722.98	557.39	1272.81	332.68
辽宁林业职业技术学院	477 031	11 000	14 903	39.56	0	2974	2583	107	148	91	13 393.14	4587.58	461.41	2605.03	637.54
黑龙江林业职业技术学院	364 019	182000	46 000	49.27	1.41	2015	1718	0	197	60	25 052.53	5664.65	569.70	2388.26	270.40
黑龙江生态工程职业学院	235 571	52 000	31 600	38.59	1.12	1332	1173	0	122	122	25 539.98	4868.48	487.25	962.06	95.69
上海农林职业技术学院	267 440	0	0	29.51	1.33	1483	1177	18	0	0	20 422.77	4513.68	263.68	2160.14	827.90
江苏农林职业技术学院	2 189 385	894 259	45 200	110.10	3.30	3606	3376	260	327	209	93 669.79	18 166.30	2366.19	1371.45	239.81
安徽林业职业技术学院	266 400	34 400	13 000	14.70	0.60	930	830	5	58	32	10 593.70	5288.40	1562.64	990.00	78.00
福建林业职业技术学院	487 875	170 543	18 661	49.51	2.13	3386	3044	0	80	63	32 670.88	9253.18	1470.13	1763.08	437.30
江西环境工程职业学院	887 378	346 800	35 316	78.60	2.40	2376	1850	0	188	111	43 991.11	6552.02	684.12	1532.66	301.64
河南林业职业学院	216 775	33 134	35 001	25.01	1.38	1215	928	46	148	148	21 980.88	3709.07	419.93	1121.43	148.25
湖北生态工程职业技术学院	272 526	63 073	17 500	66.40	1.90	1688	1295	20	150	70	34 456.99	6251.00	634.00	726.00	105.00
湖南环境生物职业技术学院	805 736	358 012	65 200	120.16	4.54	2816	2586	0	705	680	52 860.28	12 131.54	1160.62	1810.70	40.00
广东生态工程职业学院	407 972	183 246	26 719	23.89	3.51	2169	1849	1	114	95	15 351.00	2505.00	515.00	1836.00	0
广西生态工程职业技术学院	603 111	390 500	28 000	56.27	6.20	5054	4666	80	208	76	28 274.33	6595.89	1184.44	1543.10	303.93
云南林业职业技术学院	485 701	293 313	19 446	68.15	2.50	1971	1680	10	338	82	20 060.98	5765.12	1984.55	3394.62	824.53
甘肃林业职业技术学院	249 029	58 336	18 000	45.00	3.00	3411	3030	0	133	10	45 644.00	15 775.00	4568.00	2845.00	1254.00
宁夏葡萄酒与防治沙职业技术学院	1 137 950	534 810	8360	6.18	0	457	228	0	100	46	3343.06	1802.90	3.62	657.56	125.07

表 16-9　2018～2019 学年初高等职业林业院校教职工情况

单位：人

学校名称	教职工数 合计	校本部教职工 计	专任教师 计	正高级	副高级	中级	初级	无职称者	行政人员	教辅人员	工勤人员	另有其他人员 科研机构人员	校办企业职工	其他附设机构人员	聘请校外教师	离退休人员	附属中小学幼儿园教职工	集体所有制人员
总　计	8116	8089	5922	312	1460	2130	1548	472	932	735	500	18	6	21	2415	2595	0	0
山西林业职业技术学院	281	281	183	4	49	76	53	1	68	19	11	0	0	0	35	83	0	0
辽宁林业职业技术学院	550	550	313	28	87	138	54	6	58	106	73	0	0	0	85	224	0	0
黑龙江林业职业技术学院	575	571	330	56	88	106	62	18	130	48	63	0	0	4	154	503	0	0
黑龙江生态工程职业学院	490	490	251	36	75	102	28	10	73	101	65	0	0	0	211	233	0	0
上海农林职业技术学院	228	228	135	1	21	72	41	0	63	27	3	0	0	0	119	13	0	0
江苏农林职业技术学院	766	760	560	45	148	235	116	16	68	109	23	18	6	0	368	113	0	0
安徽林业职业技术学院	146	146	114	2	26	38	32	16	9	9	14	0	0	0	44	67	0	0
福建林业职业技术学院	349	349	310	12	64	91	122	21	15	20	4	0	0	0	238	100	0	0
江西环境工程职业学院	835	835	610	34	109	179	222	66	67	80	78	0	0	0	106	110	0	0
河南林业职业学院	415	415	310	6	60	95	149	0	51	28	26	0	0	0	45	96	0	0
湖北生态工程职业技术学院	642	642	486	14	116	199	147	10	107	24	25	0	0	0	88	160	0	0
湖南环境生物职业技术学院	903	903	727	20	203	309	170	25	90	72	14	0	0	0	110	346	0	0
广东生态工程职业学院	394	394	304	1	61	40	72	130	52	15	23	0	0	0	131	117	0	0
广西生态工程职业技术学院	488	471	400	16	87	144	41	112	23	19	29	0	0	17	286	244	0	0
云南林业职业技术学院	446	446	376	11	114	128	122	1	25	16	29	0	0	0	288	109	0	0
甘肃林业职业技术学院	465	465	405	21	126	140	83	35	15	37	8	0	0	0	106	77	0	0
宁夏葡萄酒与防沙治沙职业技术学院	143	143	108	5	26	38	34	5	18	5	12	0	0	0	1	0	0	0

表 16-10　2018～2019 学年高等林业职业教育及普通专科分学校情况

单位：人

学校名称	毕业生数	招生数	在校学生数	毕业班学生数
总　计	59 172	56 485	169 568	59 189
（一）高等林业职业学校	39 505	40 189	122 837	40 064
山西林业职业技术学院	1587	1242	3726	1396
辽宁林业职业技术学院	1980	2108	6463	2268
黑龙江林业职业技术学院	2282	1586	6068	2151
黑龙江生态工程职业学院	1832	1345	5096	2050
上海农林职业技术学院	1272	900	3292	1188
江苏农林职业技术学院	4658	4279	13 973	4992
安徽林业职业技术学院	1124	463	2325	902
福建林业职业技术学院	2706	3072	8441	2523
江西环境工程职业学院	4113	3687	10 091	3399
河南林业职业学院	1473	2369	6523	1872
湖北生态工程职业技术学院	2935	3335	9025	2772
湖南环境生物职业技术学院	4007	4154	12 816	4220
广东生态工程职业学院	1335	2026	5927	1966
广西生态工程职业技术学院	2510	3417	9120	2379
云南林业职业技术学院	2639	3139	9337	2578
甘肃林业职业技术学院	2760	2686	9060	2845
宁夏葡萄酒与防沙治沙职业技术学院	292	381	1554	563
（二）普通林业学校专科	7530	5490	14 907	7766
北京林业大学	591	126	626	500
东北林业大学	634	0	986	986
南京林业大学	488	19	504	485
中南林业科技大学	2522	3276	6294	2458
西南林业大学	1848	1085	3883	1707
浙江农林大学	1447	984	2614	1630
（三）其他高等学校（林科）	12 137	10 806	31 824	11 359

表 16-11　2018~2019 学年高等林业(生态)职业技术学院和其他高等职业学院林科分专业情况

单位:人

专业名称	毕业生数	招生数	在校学生数	毕业班学生数
总　计	59 172	56 485	169 568	59 189
(一)林科专业	21 447	20 045	58 739	20 543
林业技术	3980	4240	11 401	4205
园林技术	15 643	13 395	40 604	14 135
森林资源保护	202	324	1043	275
经济林培育与利用	67	75	282	122
野生动物资源保护与利用	29	97	170	33
野生植物资源保护与利用	72	80	246	79
森林生态旅游	451	666	1674	526
森林防火指挥与通讯	14	6	42	14
自然保护区建设与管理	108	86	336	131
木材加工技术	159	113	457	227
林业调查与信息处理	310	60	127	45
林业信息技术与管理	125	247	526	159
风景园林设计	43	549	1428	352
其他林业类专业	223	12	189	160
草业技术	21	95	214	80
(二)非林科专业	37 725	36 440	110 829	38 646
包装策划与设计	0	22	62	28
包装工程技术	7	0	0	0
包装类专业	35	0	1	1
财务管理	643	508	1764	624
财务会计类专业	214	0	118	96
财政税务类专业	1	0	0	0
测绘地理信息技术	0	74	132	0
测绘工程技术	10	0	25	12
茶树栽培与茶叶加工	0	24	24	0
茶艺与茶叶营销	52	89	263	50
产品艺术设计	0	63	75	0
城市轨道交通车辆技术	0	0	25	0
城市轨道交通工程技术	38	179	358	16
城市轨道交通供配电技术	0	2	27	9
城市轨道交通运营管理	223	381	1130	388
城乡规划	144	96	413	209
宠物临床诊疗技术	0	51	53	0
宠物养护与驯导	228	272	816	244
畜牧兽医	264	359	1065	335
畜牧业类专业	0	96	96	0
传播与策划	36	0	0	0
船舶电子电气技术	0	0	2	2
船舶机械工程技术	0	0	3	1
大数据技术与应用	0	97	97	0
导游	40	21	64	41
道路桥梁工程技术	396	313	985	287
道路运输类专业	278	0	344	344
地图制图与数字传播技术	92	0	152	94
电气自动化技术	206	53	631	218
电子商务	100	92	301	114

(续表)

专业名称	毕业生数	招生数	在校学生数	毕业班学生数
电子商务	1276	1511	4208	1524
电子商务技术	27	294	852	158
电子信息工程技术	127	38	303	158
雕刻艺术设计	11	0	0	0
动漫设计	20	0	1	0
动漫制作技术	231	198	578	219
动物防疫与检疫	26	0	68	34
动物医学	302	235	824	267
法律实务类专业	11	0	20	20
法律事务	42	0	137	70
防火管理	10	0	31	17
房地产经营与管理	1	0	2	2
服装设计与工艺	22	109	151	41
服装与服饰设计	64	109	306	57
高尔夫球运动与管理	45	37	185	83
高速铁路客运乘务	0	308	660	96
给排水工程技术	46	0	56	32
工程测量技术	446	387	1241	442
工程造价	1418	1026	3142	1125
工商管理类专业	59	0	74	35
工商企业管理	525	312	891	494
工业机器人技术	0	347	483	16
工业设计	6	13	43	6
公共事务管理	231	0	201	158
供用电技术	42	24	80	26
广告策划与营销	3	0	5	2
广告设计与制作	348	460	1217	318
国际经济与贸易	20	110	349	150
国际商务	0	113	113	0
国际邮轮乘务管理	0	200	654	174
国土资源调查与管理	1	0	35	35
汉语言文学	3	0	41	41
焊接技术与自动化	4	0	0	0
行政管理	100	0	102	99
护理	2313	1412	6010	2174
化工技术类专业	2	0	2	2
化学教育	4	0	1	1
环境保护类专业	39	0	0	0
环境工程技术	328	494	1259	347
环境规划与管理	0	28	28	0
环境监测与控制技术	480	443	1303	455
环境评价与咨询服务	170	48	181	58
环境艺术设计	752	567	1715	638
会计	3294	2707	8307	3055
会计信息管理	0	78	189	57
会展策划与管理	36	76	244	108
婚庆服务与管理	0	45	178	86
机电设备安装技术	0	0	11	11

(续表)

专业名称	毕业生数	招生数	在校学生数	毕业班学生数
机电设备维修与管理	12	3	16	13
机电一体化技术	1001	715	2557	1079
机械设计与制造	70	81	177	69
机械制造与自动化	198	136	440	210
计算机类专业	42	0	64	63
计算机网络技术	719	1392	3698	959
计算机信息管理	211	128	458	215
计算机应用技术	832	1577	4309	1330
家具设计与制造	617	962	2584	762
家具艺术设计	318	115	182	39
家政服务与管理	33	29	111	49
建设工程管理	389	250	693	331
建设工程管理类专业	4	0	4	4
建设工程监理	178	47	303	103
建筑工程技术	1782	1230	3525	1316
建筑设备工程技术	0	21	52	21
建筑设计	5	0	22	16
建筑室内设计	1575	1444	4434	1446
建筑智能化工程技术	12	21	65	25
建筑装饰工程技术	85	179	419	116
交通运营管理	6	3	13	10
金融管理	117	45	290	169
金融类专业	145	0	5	5
经济贸易类专业	76	0	119	71
经济信息管理	72	103	296	118
精密机械技术	0	0	1	0
景区开发与管理	42	2	42	40
酒店管理	651	706	1918	602
康复治疗技术	29	159	283	78
空中乘务	152	103	476	198
口腔医学技术	76	67	160	60
连锁经营管理	37	11	73	53
临床医学	0	43	43	0
旅游管理	513	509	1456	445
旅游英语	17	0	52	23
绿色食品生产与检验	52	7	102	57
民航安全技术管理	0	8	68	34
模具设计与制造	90	28	162	60
木工设备应用技术	0	21	21	0
酿酒技术	106	101	419	176
农产品加工与质量检测	106	54	291	104
农业经济管理	187	145	346	148
农业类专业	1	0	2	2
农业生物技术	76	69	332	173
农业装备应用技术	97	14	168	94
烹调工艺与营养	37	159	474	119
汽车电子技术	110	42	299	139
汽车检测与维修技术	729	581	2788	1091

(续表)

专业名称	毕业生数	招生数	在校学生数	毕业班学生数
汽车营销与服务	433	71	641	321
汽车运用与维修技术	302	143	759	271
汽车制造与装配技术	77	48	157	52
嵌入式技术与应用	26	0	23	15
青少年工作与管理	0	0	35	16
染整技术	0	0	1	1
人力资源管理	268	427	635	208
软件技术	302	656	1530	412
商务管理	76	22	120	78
商务日语	43	0	105	68
商务英语	193	138	412	144
设施农业与装备	89	57	189	66
社区管理与服务	34	39	104	34
摄影测量与遥感技术	0	70	210	69
审计	106	99	301	116
生物技术类专业	78	0	10	8
食品加工技术	33	17	106	48
食品检测技术	0	71	71	0
食品生物技术	218	59	213	74
食品营养与检测	263	297	865	278
食品营养与卫生	0	0	1	1
食品质量与安全	33	53	128	4
市场营销	1026	868	2779	1115
市政工程技术	157	80	365	143
视觉传播设计与制作	164	69	153	69
室内环境检测与控制技术	5	1	7	6
室内艺术设计	0	236	277	32
数控技术	203	181	526	214
数控设备应用与维护	24	0	24	24
数字媒体艺术设计	91	174	469	84
数字媒体应用技术	227	219	557	154
水产养殖技术	62	77	211	68
水利工程	55	69	239	82
水利水电工程技术	0	31	64	0
水土保持技术	75	54	237	114
水文与工程地质	28	0	30	30
特种加工技术	0	0	1	1
铁道车辆	0	0	1	1
通信技术	334	147	639	283
投资与理财	44	16	59	42
土建施工类专业	389	0	451	287
土木工程检测技术	56	0	90	90
网络营销	0	3	3	0
文秘	148	229	589	176
污染修复与生态工程技术	0	115	184	14
无人机应用技术	0	210	321	0
物联网应用技术	166	411	825	122
物流管理	588	514	1738	631

（续表）

专业名称	毕业生数	招生数	在校学生数	毕业班学生数
物业管理	38	0	54	54
西餐工艺	55	115	252	67
现代农业技术	166	343	746	104
新能源汽车技术	0	309	401	0
新闻采编与制作	0	45	63	0
信息安全与管理	0	93	221	60
休闲服务与管理	20	44	127	46
休闲农业	173	133	408	114
休闲体育	0	13	13	0
学前教育	252	86	450	264
岩矿分析与鉴定	0	0	1	1
药品服务与管理	0	0	1	0
药品经营与管理	31	15	75	39
药品生产技术	289	152	621	344
药品生物技术	75	108	402	151
药品制造类专业	0	38	38	0
药品质量与安全	30	33	128	63
药学	263	228	807	270
医学检验技术	180	204	605	192
移动互联应用技术	45	116	255	58
艺术设计	156	343	652	189
艺术设计类专业	102	42	125	83
英语	12	0	0	0
影视动画	24	26	78	22
应用电子技术	122	104	431	162
应用化工技术	35	0	81	41
应用日语	4	0	6	6
应用英语	0	0	9	9
幼儿发展与健康管理	0	174	174	0
语言类专业	5	0	20	0
园艺技术	879	1116	3313	1013
展示艺术设计	31	0	33	19
证券与期货	32	5	62	46
制浆造纸技术	28	0	0	0
智能产品开发	0	0	19	10
智能终端技术与应用	0	0	45	0
中草药栽培技术	43	83	208	46
中药生产与加工	0	30	57	0
中药学	122	220	586	237
中医养生保健	0	11	12	0
种子生产与经营	35	37	103	33
助产	214	147	559	194
资产评估与管理	119	50	238	115
资源综合利用与管理技术	0	0	2	2
作物生产技术	230	175	574	287

表 16-12　2018～2019 学年初普通中等林业（园林）职业学校教职工情况

单位：人

学 校 名 称	教职工数总计	校本部职工数									校办厂（场）职工	附设机构人员	兼任教师（不在教职工数中）
^	^	合计	专任教师					教辅人员	行政人员	工勤人员	^	^	^
^	^	^	计	正高级	副高级	讲师	助理讲师	教员	^	^	^	^	^	^
合　　计	2747	2639	1739	6	572	617	414	130	314	313	273	0	0	108
北京市园林学校	88	88	56	1	11	30	14	0	12	10	10	0	0	0
天津市园林学校	54	51	29	0	6	13	10	0	12	4	6	0	0	3
涿鹿县宝峰寺林业中学	22	22	20	0	10	8	2	0	0	0	2	0	0	0
内蒙古大兴安岭林业学校	168	168	102	0	62	36	4	0	11	17	38	0	0	0
黑龙江省林业卫生学校	458	458	249	0	56	27	91	75	78	99	32	0	0	0
朗乡林业局职业中学	18	18	15	0	2	8	5	0	2	1	0	0	0	0
黑龙江省伊春林业学校	150	144	98	0	41	12	24	21	12	24	10	0	0	6
黑龙江省齐齐哈尔林业学校	155	155	114	0	49	57	6	2	3	1	37	0	0	0
上海市园林学校	206	177	101	0	22	58	21	0	30	36	10	0	0	29
福建三明林业学校	224	165	126	2	46	43	35	0	16	17	6	0	0	59
汝南园林学校	261	261	162	0	60	58	40	4	39	21	39	0	0	0
广西壮族自治区梧州林业学校	75	73	61	0	14	26	20	1	4	6	2	0	0	2
广西壮族自治区桂林林业学校	105	105	82	0	12	49	21	0	11	9	3	0	0	0
贵州省林业学校	224	215	141	1	41	38	60	1	41	11	22	0	0	9
普洱林业学校	79	79	61	0	24	18	19	0	4	1	13	0	0	0
陕西省榆林林业学校	173	173	112	0	49	53	10	0	11	32	18	0	0	0
甘肃省庆阳林业学校	120	120	96	2	29	42	23	0	7	10	7	0	0	0
新疆林业学校	167	167	114	0	38	41	9	26	21	14	18	0	0	0

表 16-13　2018～2019 学年初普通中等林业（园林）职业学校固定资产情况

学校名称	占地面积（平方米）			图书（万册）		计算机数（台）			教室（间）		固定资产总值（万元）		
	计	其中：绿化用地面积	运动场地面积	计	其中：当年新增	计	其中：教学用计算机计	其中：平板电脑	计	其中：网络多媒体教室	计	其中：教学、实习仪器设备资产值计	当年新增
北京市园林学校	74 954	23 336	15 000	44 461	20	538	410	0	61	39	12 491.95	2481.79	270
天津市园林学校	32 695	8181	5398	30 000	0	210	150	0	27	3	874.44	743.52	0
涿鹿县宝峰寺林业中学	2000	200	500	12 160	0	35	32	0	6	2	105.12	50.35	0
内蒙古大兴安岭林业学校	134 124	82 428	11 000	80 030	0	370	220	0	43	12	5862.03	945.66	0
黑龙江省林业卫生学校	87 000	16 000	9000	82 924	0	637	565	0	128	128	13148.00	2832.00	503
朗乡林业局职业中学	100	48	52	0	0	20	10	0	0	0	40.00	6.00	0
黑龙江省伊春林业学校	69 119	25 120	16 000	96 409	1537	530	490	0	45	45	7767.98	3134.97	24
黑龙江省齐齐哈尔林业学校	123 342	78 390	29 112	111 480	0	234	164	0	151	31	6471.00	1292.00	10
上海市城市建设工程学校（上海市园林学校）	104 678	69 654	1800	57 053	2236	691	551	11	50	33	17 265.71	7953.29	0
福建三明林业学校	201 604	95 788	7337	143 226	0	1292	1159	0	63	63	6432.00	2521.00	135
河南省驻马店农业学校（汝南园林学校）	180 000	70 000	23 000	10 200	3200	410	350	0	172	72	9662.74	2040.40	200
广西壮族自治区梧州林业学校	66 700	10 000	260	39 981	0	300	260	0	34	22	2510.00	541.00	10
广西壮族自治区桂林林业学校	86 667	47 728	14 740	65 000	0	320	320	0	52	10	2403.00	1012.00	0
贵州省林业学校	240 375	180 281	17 113	132 000	0	850	770	0	96	48	7962.00	1673.00	13
普洱林业学校	266 668	25 304	5540	23 802	0	258	196	114	40	32	1127.90	380.60	6
陕西省榆林林业学校	67 000	26 901	12 538	24 968	8400	454	398	0	50	15	7616.34	2464.22	394
甘肃省庆阳林业学校	39 692	11 908	10 344	49 973	20	490	460	0	45	10	8275.68	1297.38	816
新疆林业学校	62 852	13 165	5894	10 204	1094	385	239	0	46	33	4533.10	1137.53	0

表 16-14　2018～2019 学年中等林业（园林）职业学校和其他中等职业学校林科分学校学生情况

单位：人

学校名称	毕业生数	招生数	在校学生数	毕业班学生数
总　　计	36 633	38 156	109 636	28 953
（一）中等林业（园林）职业学校（及高职中专部）	14 580	13 024	37 050	1516
北京市园林学校	80	45	234	57
天津市园林学校	438	166	494	0
涿鹿县宝峰寺林业中学	56	83	214	0
内蒙古大兴安岭林业学校	56	130	411	0
黑龙江省林业卫生学校	1983	2059	8740	0
朗乡林业局职业中学	9	0	5	0
黑龙江省伊春林业学校	1561	486	1718	0
黑龙江省齐齐哈尔林业学校	762	162	1076	0
上海市城市建设工程学校（上海市园林学校）	549	532	1420	79
福建三明林业学校	1812	1427	3830	193
河南省驻马店农业学校（汝南园林学校）	566	1136	2950	0
广东省林业职业技术学校	547	347	960	0
广西壮族自治区梧州林业学校	1159	705	2226	0
广西壮族自治区桂林林业学校	740	640	1714	0
贵州省林业学校	1661	1339	2480	0
普洱林业学校	49	295	634	0
陕西省榆林林业学校	18	0	312	0
甘肃省庆阳林业学校	263	398	1086	0
新疆林业学校	450	564	1431	48
辽宁林业职业技术学院	48	52	165	39
黑龙江林业职业技术学院	178	80	353	86
福建林业职业技术学院	172	74	322	187
河南林业职业学院	600	0	491	437
云南林业职业技术学院	823	2304	3784	390
（二）高职院校及其他中等专业学校（林科）	22 053	25 132	72 586	27 437

表 16-15　2018～2019 学年初普通中等林业（园林）职业学校和其他中等职业学校林科分专业学生情况

单位：人

专业名称	毕业生数	招生数	在校学生数	毕业班学生数
总　　计	36 633	38 156	109 636	28 953
（一）林科专业	26 931	28 222	81 391	27 846
木材加工	2300	1392	6402	2250
森林资源保护与管理	577	315	1239	414
生态环境保护	122	172	466	167
现代林业技术	4013	2946	8939	3054
园林技术	16 169	18 221	52 257	17 544
园林绿化	3750	5176	12 088	4417
（二）非林科专业	9702	9934	28 245	1107
财经商贸类专业	36	0	28	0
城市轨道交通运营管理	69	410	519	0
城镇建设	0	0	3	0
宠物养护与经营	13	14	36	0
畜牧兽医	65	123	331	0

(续表)

专业名称	毕业生数	招生数	在校学生数	毕业班学生数
道路与桥梁工程施工	58	53	136	30
电气运行与控制	1	1	40	10
电子技术应用	42	0	4	0
电子商务	571	941	2348	74
服装设计与工艺	27	0	14	0
给排水工程施工与运行	23	42	83	0
工程测量	62	246	453	3
工程机械运用与维修	137	27	40	0
工程造价	96	181	414	17
工艺美术	1	1	4	0
古建筑修缮与仿建	0	9	21	0
果蔬花卉生产技术	56	138	325	0
航空服务	22	0	0	0
护理	3162	1980	8536	0
化学工艺	0	0	137	0
会计	541	396	609	5
会计电算化	365	248	853	113
机电技术应用	79	37	135	5
机电设备安装与维修	10	0	15	0
机械加工技术	5	0	0	0
计算机动漫与游戏制作	47	32	109	31
计算机平面设计	133	500	1496	29
计算机网络技术	251	363	1142	120
计算机应用	693	757	1543	14
计算机与数码产品维修	26	0	29	0
加工制造类专业	28	35	64	24
家具设计与制作	330	57	168	17
建筑工程施工	311	458	821	51
建筑装饰	41	34	80	0
景区服务与管理	4	3	25	14
酒店服务与管理	0	24	24	0
康复技术	24	74	182	0
客户信息服务	78	142	307	0
口腔修复工艺	158	203	606	0
楼宇智能化设备安装与运行	0	36	53	0
旅游服务类专业	10	0	7	0
旅游服务与管理	145	371	1011	11
美发与形象设计	7	30	45	0
美术设计与制作	32	17	96	41
民族民居装饰	80	0	101	0
模具制造技术	31	0	9	0
农村经济综合管理	144	14	131	0
农村医学	41	47	155	0
农业机械使用与维护	2	51	127	0
汽车电子技术应用	26	0	0	0
汽车美容与装潢	0	15	165	0

(续表)

专业名称	毕业生数	招生数	在校学生数	毕业班学生数
汽车运用与维修	583	882	2148	115
汽车整车与配件营销	12	0	1	1
汽车制造与检修	54	0	87	61
软件与信息服务	6	0	0	0
商品经营	0	0	6	3
社区公共事务管理	0	42	42	0
生物技术制药	0	1	1	0
市场营销	21	65	103	23
市政工程施工	153	79	335	77
数控技术应用	94	110	267	31
水利水电工程施工	0	122	301	0
通信技术	1	0	0	0
土建工程检测	12	0	0	0
土木水利类专业	68	0	73	73
文化艺术类专业	23	74	199	64
文秘	0	43	43	0
物流服务与管理	26	13	36	2
物业管理	0	44	44	0
现代农艺技术	36	0	27	0
信息技术类专业	12	0	0	0
学前教育	148	93	310	8
眼视光与配镜	118	81	252	0
植物保护	12	42	42	0
制冷和空调设备运行与维修	184	0	0	0
中草药种植	11	16	36	0
助产	0	77	232	0
其他类专业	45	40	80	40

(张英帅供稿)

北京林业大学

【概 况】 2018年,北京林业大学校本部面积46.4万平方米,实验林场占地面积832万平方米,学校总占地面积878.4万平方米。图书馆建筑面积2.34万平方米,藏书190.72万册,电子文献48900GB,数据库70种。设有16个学院,61个本科专业及方向、24个一级学科硕士学位授权点、2个二级学科硕士学位授权点、16个专业硕士学位类别、9个一级学科博士学位授权点、7个博士后流动站,一级学科国家重点学科1个(含7个二级学科国家重点学科)、二级学科国家重点学科2个、国家重点(培育)学科1个、国家林业和草原局重点学科(一级)6个、国家林业和草原局重点培育学科3个、北京市重点学科(一级)3个(含重点培育学科)、北京市重点学科(二级)4个、北京市重点交叉学科1个。国家工程实验室1个、国家花卉工程技术研究中心1个、林木育种国家工程实验室1个、国家野外观测科学研究站1个、国家能源非粮生物质原料研发中心1个、林业生物质能源国际科技合作基地1个、国家水土保持科技示范园区2个、教育部重点实验室3个、教育部工程中心3个、国家林业和草原局重点实验室7个、国家林业和草原局工程技术研究中心3个、国家林业和草原局质检中心1个、国家林业和草原局野外观测研究站6个、北京实验室1个、北京市高精尖创新中心1个、北京市重点实验室8个、北京市工程技术研究中心3个、教育部工程技术研究中心3个。教职工1888人,其中,专任教师1204人,包括教授302人、副教授541人;中国工程院院士3人,中组部"千人计划"入选者3人,青年拔尖人才入选者2人,国家特聘专家1人,教育部"长江学者奖励计划"入选者7人,国家"973"首席科学家1人,"863"首席专家1人,国家社科基金重大项目首席科学家1人,国家百千万人才工程(新世纪百千万人才工程)入选者10人,"国家杰出青年科学基金"获得者6人,"国家优秀青年科学基金"获得者5人,"中国青年科技奖"获得者8人,"中国青年女科学家奖"获得者1人,"科技北京"百名领军人才入选者1人,北京市优秀青年人才入选者1人,国家有突出贡献专家8人,省部级有突出贡献专家23人,享受政府特殊津贴专家146人,教育部"创新团队发展计划"3支。毕业生7567人,其中,普通本科生3168人,研究生1487人,成人教育本专科生2912人。招生6654人,其中,普通本科生3387人,研究生2147人,成人教育本专科生1120人。就业方面,2018届本科毕业生就业率为94.54%,研究生就业率为97.82%。高考北京地区提档线文科630分、理科616分。在校生25347人,其中本科生13309人,全日制研究生5931人,在职攻读硕士学位356人,各类继续教育学生5751人。网址:www.bjfu.edu.cn。

2018年,学校召开中国共产党北京林业大学第十一次党员代表大会,擘画新时代北林美好未来的宏伟蓝图,提出新时代"三步走"战略,选举产生新一届"两委"领导班子,全面开启北林崛起新的历史征程,正式确立"建设扎根中国大地的世界一流林业大学"奋斗目标。

党建思政 构建"一体两翼"党建工作格局。研制校、院、支部三级党建质量标准,构建5个层级、32类责任主体的正负面清单,建立"责任考评""正向激励""责任追究"3项制度。开展党支部质量建设年和机关作风建设年,选培57项"一支部一品牌"项目,设立131个"党员先锋岗",落实197项作风整改任务,党支部精神风貌和机关工作作风持续向好。着力培养新时期好干部,全年提任轮岗处级干部31人,科级干部35人。发挥统一战线作用,做好《党外代表人士队伍建设规划》。学生社团配备"一对一"指导教师103人。学校成功入选高校思政工作创新发展中心建设名单,获首都大学生思政工作实效奖一等奖、北京市五四红旗团委等荣誉。水保学院党委入选全国高校首批培育创建"100个标杆院系",林学院党委获批教育部"三全育人"综合改革试点院系,马克思主义学院教工第二党支部、经管学院统计系教工党支部入选"1000个样板支部",保护区学院湿地学科党支部入选首批全国"双带头人"支部书记工作室,森保学生党支部获全国"百个研究生样板党支部"。

学科建设 统筹推进一流学科建设、学科布局结构调整和管理机制改革等工作。先后召开5次咨询会进行专题研究。林学、风景园林学入选北京与中央高校共建一流学科建设名单。生态修复工程学、城乡人居生态环境学2个高精尖学科完成项目论证与申报答辩。风景园林学科在国内率先开展国际评估。印发学科布局结构调整工作方案。成立草业与草原学院,大力加强草学学科建设。进入ESI全球排名前1%的学科数量由3个增至5个。

人才培养 召开第十一次教学工作会议、本科教育教学改革推进会、课程思政推进会,制发《本科教育教学改革总体方案》《创新创业教育改革的若干意见》等文件,实施暑期小学期,新增35门精品在线开放课程,新增6间新型教室,获批国家虚拟仿真实验项目,在多个方面取得突破。出台《"好评课堂"认定办法》,构建研究生培养质量评价指标体系,完成10个学科培养方案修订。"阳光长跑"体育锻炼计划有效实施,校园足球活动蓬勃发展,首次招收高水平足球运动员,增开研究生体育课,提高学生身体素质,积极探索劳动教育新方式。高质量完成招生就业工作,学校本科第一志愿录取率为100%,首次全面实行博士生"申请-审核"制招生,毕业生就业率保持平稳。学生斩获美国大学生数学建模竞赛特等奖、IFLA大赛一等奖等多项大奖,在全国"互联网+"大赛、"AI+"大赛、高校计算机大赛等重要学术竞赛中崭露头角。参军入伍、赴藏进疆工作学生数量大幅提升,赴国际组织实习学生实现零的突破。

科学研究 学校科研经费首次突破3亿元,达3.19亿元,国家自然科学基金同比增长40%。学校承担国家重点研发计划项目和课题数量、经费均列国内林业高校首位。新建城乡园林景观建设、林业装备与自动化国家林业和草原局重点实验室和国家林业和草原局刺槐工程技术研究中心3个科研平台。制订《"北林学者"创新团队建设方案》,打造高水平科研团队。学校获国家科学技术进步奖二等奖1项;完成世界首张梅花全基因组变异图谱;成功获得世界首个桉树三倍体;获评"创新人才培养示范基地";教育部园林环境工程研究中心考核等级为"优秀";学校主办的《森林生态系统(英文)》被SCI收录,成为中国唯一一个进入JCR林学领域Q1区的学术刊物。

队伍建设 坚持师德师风第一标准,制订出台《师德建设长效机制》《师德"一票否决制"》《师德考核》等实施办法,深入开展"做新时代'四有'好老师和'四个引路人'"学习实践活动。出台《一流学科人才引进培育办法》。设立人才特区,柔性引进26人,人才团队建设计划单列引进5人。启动"杰出青年人才"培育计划,13人破格晋升教授职称。新进教师41人。继续举办好教学基本功比赛,提升教师教学能力和水平。1人获评国家"万人计划"教学名师;1个团队入选"全国高校黄大年式教师团队";1项成果获国家级教学成果奖二等奖;16位教师入选教育部高校教指委,实现历史突破。

社会服务 深度参与雄安新区和北京城市副中心建设,为北京世园会、冬奥会等提供技术支持;与江西省共同打造美丽中国"江西样板";支持西藏日喀则市开展"美丽珠峰"建设;对口援建新疆农业大学学科建设。高质量完成脱贫攻坚"六个二百"年度目标,开展"农校对接"消费、绿色学府与绿色草原"手牵手"等活动,助力科右前旗稳定脱贫。依托继续教育学院开展72期培训,培训林业专技人员4700余人,创历史新高。

国际合作 首次与国际组织——亚太森林恢复与可持续管理组织签署战略协议;与法国农业科学院共同组建"中法欧亚森林入侵生物联合实验室";与美国林务局林产品实验室签署合作协议;与亚太地区、"一带一路"沿线国家的教育合作取得新进展,成功举办第五次亚太地区林业教育大会、全球土壤侵蚀研究高层论坛等会议。

【中国共产党北京林业大学第十一次党员代表大会】于12月27~28日召开。大会主题是:高举习近平新时代中国特色社会主义思想伟大旗帜,全面贯彻党的教育方针,开启北林崛起新的历史征程,为建设扎根中国大地的世界一流林业大学而努力奋斗。党委书记王洪元代表中国共产党北京林业大学第十届委员会作工作报告。校长安黎哲主持大会并致词。大会以书面形式审阅了《中共北京林业大学第十届纪律检查委员会工作报告》和《关于党费收缴、使用和管理情况的报告》，表决通过了党委、纪委工作报告的决议，选举产生了由25人组成的中国共产党北京林业大学第十一届委员会和由11人组成的中国共产党北京林业大学第十一届纪律检查委员会。

中国共产党北京林业大学第十一届委员会委员名单（以姓氏笔画为序）：王涛、王士永、王玉杰、王立平、王洪元、石彦君、全海、刘广超、刘金霞（女）、安黎哲、孙信丽（女）、李雄、李亚军、邹国辉、沈芳（女）、张闯、张勇、张敬、张志强、赵海燕（女）、姜金璞、骆有庆、徐迎寿、黄国华、谢学文。

中国共产党北京林业大学第十一届纪律检查委员会委员名单（以姓氏笔画为序）：于翠霞（女）、王涛、刘宏文、刘祥辉（女）、杨宏伟、辛永全、宋吉红（女）、张立秋、盛前丽（女）、程武、温亚利。

12月27~28日，中国共产党北京林业大学第十一次党员代表大会

【纪念马克思诞辰200周年学术研讨会】 4月27日，北林大举行纪念马克思诞辰200周年暨学习习近平新时代中国特色社会主义思想学术研讨会。大会报告环节共有6个主题报告和3个专题报告。9位报告人主要围绕马克思主义及其当代价值和学习习近平新时代中国特色社会主义思想等议题与参会者共同感受马克思主义穿越历史的真理之光。参会代表还共同发布了《北京宣言》。此次研讨会由《中国高等教育》主办、北林大承办。

4月27日，纪念马克思诞辰200周年学术研讨会

【定点扶贫内蒙古科右前旗】 组织干部、教师、学生投入脱贫攻坚主战场，深入推进内蒙古科右前旗定点扶贫工作。印发扶贫工作计划和工作方案，完善工作组织机构，部署"北林定制"等13项创新帮扶项目；校领导多次带队赴科右前旗开展调研，慰问挂职干部和支教学生，研究推进帮扶举措；切实履行《中央单位定点扶贫责任书（2018年）》要求，投入帮扶资金260万元，购买农产品246万元，帮助销售农产品226万元；实施双向挂职计划，选派2名年轻干部赴当地扶贫挂职，接收1名当地干部来校挂职，做好相关服务保障；举办扶贫培训班13期，为当地培训党政干部、专业技术骨干1400余人次；开展绿色学府情系绿色草原"手牵手"精准教育帮扶活动，邀请科右前旗俄体中学、索伦小学、大石寨蒙古族学校的29名中学生、小学生以及7名教师来京学习体验；通过"研究生支教团"教育扶贫、"农校对接"消费扶贫、"4+N"科技扶贫、"医疗+"医疗扶贫等多种形式，派遣81人次干部教师学生深入当地开展服务；做好"国家扶贫日"主题宣传，不断提升精准脱贫实效。

【第五届亚太地区林业教育协调机制会议】 于3月28日在北林大召开。会议以数字时代林业教育国际化为主题，是2018年亚太地区林业高等教育的一次重要学术活动。包括来自亚太地区22个经济体的60余位代表在内的200余人参会。与会嘉宾在北林大校园里种下了代表北林大与亚太森林组织多年合作的友谊树，取"十年树木"的美好寓意。学术会议环节，围绕当代世界林业高等教育、林业教育的国际化能力、当代林业教育技术创新等议题展开深入研讨。会议同时举行了亚太地区创新森林管理教育项目（二期）签约仪式，并就项目管理等有关事宜进行了专题讨论。

3月28日，第五届亚太地区林业教育协调机制会议

【与亚太森林恢复与可持续管理组织签署战略合作框架协议】 5月4日，北林大与亚太森林恢复与可持续管理组织签署战略合作框架协议。这是北林大第一次与国际组织签署的战略性框架协议，是学校创新与社会组织、国际组织合作的一个新的模式。

5月4日，与亚太森林恢复与可持续管理组织签署战略合作框架协议

【中法欧亚森林入侵生物联合实验室】 10月28日，由北林大与法国农业科学院共同组建的"中法欧亚森林入侵生物联合实验室"，举行实验室揭牌仪式暨第一次工作会议。此次联合实验室揭牌仪式标志着北林大与法国农业科学院的合作关系迈出了里程碑式的一步，联合实验室将集合双方优势科研资源，针对欧亚大陆森林入侵生物防治开展联合科研攻关。会议宣布了联合实验室学术委员会组成人员，以及实验室中方、法方联合主任、副主任。联合实验室学术委员会主席由中科院动物所孙江华教授担任、中方联合主任由北林大副校长骆有庆担任、法方联合主任由法国农业科学院阿兰·霍克斯教授担任。

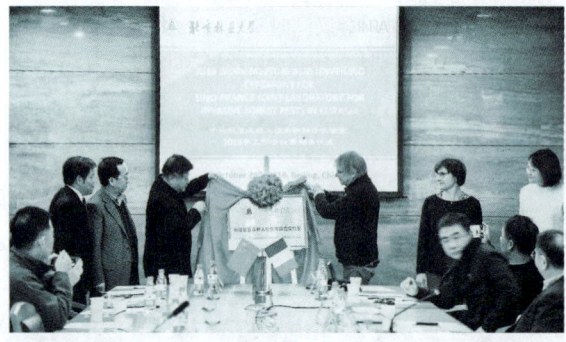

10月28日，中法欧亚森林入侵生物联合实验室

【美丽中国"江西样板"建设战略合作】 6月19日，江西省委书记刘奇在南昌会见北林大党委书记王洪元一行，就北林大全面助力生态文明建设"江西样板"战略的相关工作交换意见。翌日，北林大与江西省林业厅在南昌签署双方林业发展战略合作框架协议，明确双方在林业战略规划研究、重点领域联合科技攻关、鄱阳湖流域水土保持与生态修复技术、林业科技创新平台建设、高校和科研院所教学科研人才培养、关键湿地保护、修复与管理以及国家公园建设、现代木结构建筑研究、检测以及产业化开发利用、林科大学生到江西就业创业引导扶持8方面的合作意向。江西省副省长胡强出席签约仪式。北林大党委书记王洪元与江西省林业厅厅长邱水文共同签署协议。

11月2日，北林大召开工作布置会，印发《落实与江西省林业厅厅校战略合作协议助力美丽中国"江西样板"新实践工作方案》，推进厅校合作，助力"江西样板"建设。

12月11~12日，北林大党委书记王洪元率队再赴江西，与省林业局及相关业务单位开展工作对接，进一步扎实推进美丽中国"江西样板"战略合作向纵深发展。

【16位教授受聘教育部高校教指委主任副主任等职】 11月1日，2018~2022年教育部高等学校教学指导委员会成立会议在北京举行。北林大16位教授受聘本届教指委的主任委员、副主任委员、委员、秘书长等职。在此次教指委聘任中，北林大在一些基础专业实现突破，校长安黎哲教授担任生物学类副主任委员，生物学院孙爱东教授担任食品科学与工程类委员。同时，副校长骆有庆教授继续担任林学类主任委员，副校长王玉杰教授继续担任自然保护与环境生态类主任委员，材料科学与技术学院院长于志明教授担任林业工程类主任委员。与林业相关的主要专业类主任委员均由学校教授担任，获聘人数从10人次增加到16人次，在人数上实现了大幅增长。

【技术支持冬奥会首个项目落地】 9月25日，在延庆冬奥会赛区迁地植物移栽地，由北京林业大学教授团队提供技术支持和指导的保护重点植物迁地保护技术项目基本完成，数万棵从赛道区移植的树木长势良好、成效显著。这也是北林大教授团队技术支撑服务冬奥会首个完成的项目。北林大教授团队为赛区森林生态系统摸底调查、树木移植规划等诸多方面提供了强有力的技术支持和全方位的指导。2015年起开展赛区植物本底调查，克服重重困难，对200多公顷区域内植物一一摸底，创新提出保护技术原则、移植标准、质量控制标准，在立地环境差且是反季节施工的条件下，运用修枝、土壤改良等新技术，高标准完成项目任务，且迁地植物目前存活株数比例非常高。

9月25日，北林大技术支持冬奥会首个项目落地

【成立草业与草原学院】 11月30日，北林大举行草学学科建设暨一流人才培养高端研讨会。会上，国家林业和草原局副局长张永利、教育部高等教育司一级巡视员宋毅共同为草业与草原学院揭牌。旨在对接国家战略，着力培养林草业优秀人才，更好地承担起建设"双一流"高校的任务和责任。中国科学院院士、兰州大学校长严

纯华、中国工程院院士、兰州大学教授任继周，中国工程院院士、兰州大学教授南志标，中国工程院院士、北京林业大学教授沈国舫，中国工程院院士、北京林业大学教授尹伟伦五位院士为草学学科发展建言献策。北林大草业与草原学院与兰州大学草地农业科技学院负责人代表所在学院签署了合作框架协议。

林情的森林经营理论，促进森林质量提升和内涵式发展。法国巴黎高科农业学院教授、德国弗莱堡大学教授、中国林业科学研究院研究员、德国国际合作机构（GIZ）"中德森林政策对话FPF"项目德方负责人、政策咨询顾问等分别作了主题发言。大会还以"中国天然次生林的保护与经营"为题开展了主题对话活动，专家们就如何进一步探索和发展符合中国国情和林情的森林经营理论技术展开热烈讨论。此次会议由中国林学会、国家林业和草原局天然林保护工程管理中心、中林联林业智库、国家林业和草原局森林经营工程技术研究中心、中德合作森林政策对话项目办主办，北京中林联林业规划设计研究院、北京林业大学共同承办。

11月30日，成立草业与草原学院

4月24日，第五届国际森林科学论坛暨森林经营高端研讨会

【2018世界风景园林师高峰讲坛】 于9月22～24日在北林大举行，300余位国内外风景园林高校和行业专家学者、园林学院师生和媒体代表参会。此次讲坛邀请15位来自中国、荷兰、英国、美国、德国、韩国和日本等国家风景园林业界知名专家学者，围绕"区域景观系统"这一主题进行研讨，启迪和鼓舞更多的风景园林师致力于探索区域景观系统发展的新思路、新途径。高峰讲坛由北京林业大学、中国风景园林学会教育工作委员会主办，北京林业大学园林学院和《风景园林》杂志社共同承办。

【首届北林国际花园建造节】 于9月20～23日在北林大举办。活动主题为"竹境·花园"，探索和运用以原竹和花卉为主要材料的花园建造技术。花园建造节分为方案设计征集、入选作品施工图绘制与可行性对接、现场建造、展览与评奖4个阶段。共收到203份作品，经过数轮评选，选出7个建造奖及12个优秀奖。建造奖获奖团队经过进一步的施工图深化，与8个受邀的国内外知名高校团队共同在北林现场搭建15个竹构花园。评委会由来自中国、荷兰、英国、美国、德国、韩国和日本等国家和地区的多位专家学者组成。最终，日本千叶大学《举头望明月》、北京林业大学《花鸟卷》、清华大学《被掏空》获得一等奖。

9月22～24日，2018世界风景园林师高峰讲坛

【第五届国际森林科学论坛暨森林经营高端研讨会】 于4月24日在北林大召开，进一步探索符合中国国情、

9月20～23日，首届北林国际花园建造节

【梁希先生珍贵史料物品捐赠及纪念梁希先生逝世六十周年】 11月9日，北林大举行梁希先生珍贵史料物品捐赠仪式，梁希先生的家人吴宝兰女士向北林大档案馆移交了梁希先生的院士证书、书信手稿、历史照片等71件珍贵史料物品。12月21日，北林大举办纪念梁希先生逝世六十周年座谈会。深刻缅怀梁希先生，传承和发扬"心有大我、至诚报国、艰苦奋斗、建功立业"崇高精神，继承"替山河妆成锦绣，把国土绘成丹青"遗志。

（北京林业大学 由焦隆供稿）

12月21日，纪念梁希先生逝世六十周年座谈会

东北林业大学

【概　况】 2018年，东北林业大学（以下简称东北林大）设有研究生院、17个学院和1个教学部，有63个本科专业，9个博士后科研流动站，1个博士后科研工作站，8个一级学科博士点、38个二级学科博士点，19个一级学科硕士点、96个二级学科硕士点，11个种类32个领域的专业学位硕士点。拥有林学、林业工程两个一流学科，3个一级学科国家重点学科，11个二级学科国家重点学科，6个国家林业局重点学科，2个国家林业局重点（培育）学科，1个黑龙江省重点学科群，7个黑龙江省重点一级学科，4个黑龙江省领军人才梯队。拥有国家发改委和教育部联合批准的国家生命科学与技术人才培养基地、教育部批准的国家理科基础科学研究和教学人才培养基地（生物学），是国家教育体制改革试点学校，国家级卓越工程师和卓越农林人才教育培养计划项目试点学校。

学校拥有优良的教学科研基地和实践教学基地。有林木遗传育种国家重点实验室（东北林业大学）、黑龙江帽儿山森林生态系统国家野外科学观测研究站、生物资源生态利用国家地方联合工程实验室（黑龙江）；有森林植物生态学、生物质材料科学与技术、东北盐碱植被恢复与重建3个教育部重点实验室，6个国家林业局重点实验室，11个黑龙江省重点实验室；有1个教育部工程研究中心，3个国家林业局工程技术研究中心，1个高等学校学科创新引智基地，有林学、森林工程、野生动物3个国家级实验教学示范中心，森林工程、野生动物2个国家级虚拟仿真实验教学中心，6个省级实验教学示范中心；有3个国家林业局生态系统定位研究站，1个省生物质能技术中试基地，1个省哲学社会科学研究基地，3个省级普通高校人文社会科学重点研究基地，2个省中小企业共性技术研发推广中心，1个省级智库；有国家林业局野生动植物检测中心、国家林业局木工机械检测站等60个研究检测机构；有帽儿山实验林场、凉水实验林场等7个校内实习基地和274个校外实习基地。

2018年，学校有教职员工2400余人，其中专任教师1300余人，有中国工程院院士2人，"长江学者"特聘教授4人，长江学者青年学者1人，国家杰出青年基金获得者1人，国家优秀青年科学基金获得者3人，全国"百千万人才工程"人选4人，"新世纪百千万工程"人选5人，"万人计划"科技创新领军人才2人，"万人计划"青年拔尖人才入选者1人，"青年人才托举工程"入选者6人，新世纪优秀人才支持计划入选者31人。享受国务院政府特殊津贴专家30人，国家有突出贡献中青年专家3人，省部级有突出贡献中青年专家15人，龙江学者特聘教授11人，全国优秀博士学位论文获得者4人，教育部"长江学者和创新团队发展计划"创新团队2个。国家教学名师奖获得者2人，全国优秀教师5人，全国模范教师1人，省级教学名师奖获得者13人，全国林业教学名师2人，省级优秀教师8人次，全国"五一"劳动奖章获得者2人，全国"五一"巾帼标兵1人。

2018年，毕业本科生4432人。全日制在校生24 420人，其中：博士研究生1222人，硕士研究生3774人，本科生19 115人，留学生309人。教学行政用房面积490 600平方米，学生宿舍面积205 679平方米，教学科研仪器设备总值9.11亿元，图书馆面积41 765平方米，电子图书和期刊1 282 491册。

【领导班子调整】 3月16日，因达到任职年龄届限，中共教育部党组、教育部免去赵雨森中共东北林业大学委员会常委、委员、副校长职务。8月20日，中共教育部党组、教育部免去伍海泉中共东北林业大学委员会常委、委员、总会计师职务，伍海泉调任中南大学党委副书记、纪委书记。8月24日，中共黑龙江省委任命学校党委常委、副校长周宏力为哈尔滨理工大学校长、党委副书记。10月31日，中共教育部党组任命孙猛、雒文虎为中共东北林业大学委员会常委，刘守新为中共东北林业大学委员会委员、常委；免去周宏力的中共东北林业大学委员会常委、委员职务。教育部任命李顺龙为东北林业大学副校长、孙猛、刘守新、雎文虎为东北林业大学副校长(试用期一年),免去周宏力的东北林业大学副校长职务。

【领导视察】 7月2日,教育部党组成员、副部长田学军率教育部第五督察组到学校调研学校体制机制改革、了解学校放管服落实和师资队伍建设情况。9月21日,黑龙江省省长王文涛一行来校调研,了解学校科技创新成果及服务社会的具体情况。

【人才培养】 实施2018版本科专业人才培养方案,强化通识教育和大类培养,将创新创业教育理念融入专业人才培养方案。实施专业准入、准出标准,逐步实现了学生自主选课程、选学习进度、选任课教师和选专业的"四选"培养模式。转专业政策不断深化。9个学院按照12个大类进行了本科招生,涵盖33个本科专业。新建生态学本科专业。学校有3个项目被列入国家级新工科研究与实践项目。认定253门东北林业大学在线开放课程,立项建设37门精品在线开放课程。其中9门在线开放课程被评为黑龙江省级精品在线开放课程。启动了"回归、改革、创新"为主题的本科教育思想大讨论。加强教师教学能力提升培训,1人获得黑龙江省高校师资培训工作先进个人,1名教师获得黑龙江省教学名师奖,4名教师在黑龙江省微课和多媒体课件比赛中获奖。利用大学生创业园,孵化120个项目。立项各级大学生创新创业训练项目、科研训练项目530余项。推进"卓越"系列计划,科学布局"六卓越一拔尖"计划2.0,3个项目进入国家级新工科研究与实践项目,大学生创新创业成绩斐然,学生国内读研率上升至31%。1项成果获得国家教学成果二等奖。成功举办第二届全国林业院校校长论坛。

推进工程教育专业认证不断深入,自动化、土木工程、交通运输、工程管理、建筑环境与能源应用工程5个专业通过中国工程教育专业认证。新增16个校外实践教学基地,拓宽学生实践技能培养途径。签订"带薪-实习-就业"合作基地33家,2018届本科毕业生就业率为96.06%,比2017届提高1.77个百分点。

进行研究生培养机制改革,加强研究生教育过程管理及质量控制,全面修订博士、硕士研究生培养管理规定,适当提高了博士研究生学位申请标准。制订导师增选、注册及考核管理办法,动态调整招生计划。改革博士生招考方式,博士研究生招生全面施行"申请-考核"制。申报并获批了与中国林科院合作的"博士联合培养专项计划"。1名研究生获全国林科十佳毕业生,3名研究生获第七届梁希优秀学子奖。1个研究生党支部获全国高校"百个研究生样板党支部"称号。

留学生教育持续推进,与巴新大学合作申请的巴新大学孔子学院成功获批并授牌。林学院、生命科学学院全英文课程体系建设基本完成,开始授课。新增中国高等教育学会外国留学生分会科研立项1项。1名博士留学生获国家"优秀留学生奖学金生",1名博士留学生入选ICPCS国际评审委员会委员。继续教育严格规范,实现了"自学+网络教学+面授"新的教学模式,社会认可度较高。

【科学研究】 全年各类科研立项769项,新增国家重点研发计划项目1项,获得各级各类奖励101项。生物资源高值化利用团队入选"111引智培育计划"。获得青年托举人才项目4项。1人获三北防护林体系建设工程先进个人。黑龙江省森林食品资源利用重点实验室和黑龙江省植物天然活性物质的生物合成与利用重点实验室被列入黑龙江省重点实验室备案。生物质材料科学与技术教育部重点实验室和林业生物制剂教育部工程技术研究中心顺利通过周期性评估。林木遗传育种国家重点实验室稳步推进各项整改措施。成功举办"林木分子生物学"等4个高水平国际学术会议。获得首届东北林业大学校友创新创业大赛创业类项目二等奖1项。

【学科建设】 出台《关于推进一级学科管理的实施意见》《建设世界一流学科和特色发展引导专项资金管理办法》。完成42个学位点合格评估,3个专业学位点专项评估,7个学位点动态调整。组建林学和林业工程一流学科建设专家咨询研究委员会。植物学与动物学、化学、农业科学、材料科学4个学科进入ESI排名前1%。

【发挥高端智库作用】 牵头成立了"自然保护地"等3个国家创新联盟、(浦江)工程技术研究院、黑龙江省现代林业与碳汇经济发展智库。联合研发的"森林草原火灾蔓延模型"获黑龙江省主要领导批示,提出的有关非洲猪瘟疫情防控方案被中办、国办采纳。

【师资队伍建设】 全年引进人才32人,柔性引进3名人才,人才引进质量持续提高。坚持"引育并举",新增"长江学者"特聘教授1人、"龙江学者"特聘教授2人、"龙江学者"青年学者2人、国务院特贴3人,1人获得海峡两岸林业敬业奖励基金。《高端人才岗位津贴实施办法》落地,绩效工资改革迈出第一步。研制《成栋学者支持计划》,建立和完善人才发展支持体系。

【学生工作】 "树人工程"育人体系进一步完善,"易班"正式落地。改革创新了2018年度毕业典礼,社会反响良好,学生印象深刻。1人荣获黑龙江省辅导员年度人物奖,1人荣获黑龙江省高校辅导员主题班会一等奖。学校获评全国十佳校园网络通讯站、弘扬传统文化示范校。1名学生入围第十三届中国大学生年度人物。全年累计9万余人次获得5800余万元的资助奖励,学校资助工作入选教育部首批高校思想政治工作精品项目专项资助,学校被授予全国学生资助工作"优秀单位案例典型"。深化学生思政科研内涵,启动"2+3辅导员"专项。"创青春""TRIZ"杯国赛实现历史突破。深化共青团改革,建立团干部直接联系服务青年机制。"绿翼"青年志愿者协会获评全国高校最佳学生社团,青年志愿服务影响力显著增强。东林学子在游泳、舞蹈等多项全国大学生赛事中折桂。

【交流与合作】 先后与西藏农牧学院、七台河市、伊春市、黑龙江省林草局、中国林场集团有限公司签署合作协议,扩大交流开放。出台了《推进教育国际化工作方案(2018~2020年)》。新签或续签校际合作协议9份。获得国家外专局和教育部引智资助经费828万元。首次获批基金委"优秀本科生项目"。全年共派出赴国（境）外交流学习学生164人。

【定点扶贫工作】 校领导班子全体成员实地走访泰来县，调研学校扶贫项目，看望慰问部分贫困户和老党员。校领导赴泰来考察调研7人次。2018年学校直接投入扶贫资金超过200万元，新增4项科技扶贫项目。与泰来县签署协议，成立"东北林业大学泰来县苗木花卉繁育基地"，加快成果转化落地，推动泰来县现代林业产业经济发展。加大为泰来县招商引资力度，策划设计了"油豆角种源基地""黑枸杞良种引育"等适合当地需求且极具发展潜力的产业项目。开展包括"十九大精神进社区、到地头"宣讲、"食用菌栽培实用技术"培训以及"中学英语口语培训"等政策宣传、科技培训和实用技能培训超过500人次，受到当地农民好评。

【国际学术研讨会】 7月24～26日，东北林大林木遗传育种国家重点实验室承办了林木分子生物学与生物技术国际研讨会，国家林业和草原局、中国林业科学研究院的领导以及美国、加拿大、法国等国内外代表、专家共390余人参加了研讨会，就木材形成分子机制、木材细胞壁组分合成调控机制、树木抗逆抗病机制、林木表观遗传方面等最新研究成果展开深入研讨。7月26～30日，红松生物学与高效培育国际学术研讨会在东北林大召开。来自韩国、俄罗斯和孟加拉国等国的学者聚集学校，共同交流红松生物学和培育技术的研究成果。

【1团队入选全国高校黄大年式教师团队】 中国工程院院士李坚教授带领的"林木资源高效利用"教师团队成功入选教育部首批"全国高校黄大年式教师团队"。标志着学校高素质专业化创新型教师队伍建设取得成效，学校精神文明创建工作再获认可。

【第二届全国林业院校校长论坛】 7月19～20日，第二届全国林业院校校长论坛在东北林大开幕。此次论坛以"新时代，新林科"为主题，由中国林业教育学会主办、东北林大承办。国家林业和草原局、国家林业局管理干部学院、中国林业出版社的领导以及全国林业院校的校长、专家等100余人参加了论坛。与会人员共同研讨新时代新林科建设的重要课题，谋划林业高等教育创新发展大计。

【3个国家创新联盟揭牌成立】 12月2日，由国家林业和草原局批复，东北林大牵头组建的"自然保护地国家创新联盟""东北森林资源加工利用产业国家创新联盟"及"森林草原火灾防控技术国家创新联盟"顺利揭牌成立。

【教师获奖】 4月25日，信息与计算机工程学院软件工程专业教工党支部的组织生活案例《校企携手拓新路，党建工作落实处》获评第二届全国高校"两学一做"支部风采展示活动教工党支部推荐展示特色成果。4月27日，生物质材料科学与技术教育部重点实验室常务副主任谢延军教授被授予全省职工"创新标兵"称号。10月18～21日，九三学社社员、理学院教授陈立钢参加九三学社第四届全国青年论坛获活动方案设计路演汇报比赛一等奖及提案展示评比竞赛三等奖。12月10日，信息与计算机工程学院信息管理与信息系统系教工党支部入选教育部评选的首批"全国党建工作样板支部"培育创建单位。12月18日，信息与计算机工程学院信息管理与信息系统教工党支部、园林学院风景园林党支部、林学院学生第三党支部、野生动物资源学院教工第一党支部被评为黑龙江省高等学校"百优"党支部。

【学生获奖】 2月1日，理学院"绿冀"青年志愿者协会团支部、野生动物资源学院2015级动物医学专业1班团支部被评为全国高校活力团支部。野生动物与自然保护区管理专业2016届本科毕业生李永成同学获由团中央学校部、全国学联秘书处共同开展的"寻访2017年大学生创业英雄活动"评选的创业英雄百强。2月7日，在第五届全国大学生景观设计大赛中，东林学子组成的团队获得银奖1项、铜奖1项、优胜奖4项，学校获得优秀组织奖。5月13日，在第六届全国"TRIZ"杯大学生创新方法大赛决赛中，东林学子获得特等奖1项、一等奖2项、二等奖4项、三等奖14项，学校获评优秀组织单位奖。8月9日，在第十一届全国大学生节能减排社会实践与科技竞赛全国总决赛中，土木工程学院代表队获一等奖、机电工程学院代表队获二等奖。8月15～19日，"东林ARES战队"在2018世界机器人大赛"ROS机器人人工智能创新赛—大学组"项目中获得全国二等奖。10月13～15日，在第四届中国"互联网+"大学生创新创业大赛总决赛中，森林植物生态学教育部重点实验室博士生连博琳团队和野生动物资源学院2015届本科毕业生尹煜翔团队的项目分获主赛道和"青年红色筑梦之旅"赛道全国银奖。11月3日，在2018年"创青春"浙大双创杯全国大学生创业大赛终审决赛中，东林学子获得国家级银奖1项、国家级铜奖2项，取得历史突破。7月19日和11月10日，在全国大学生游泳锦标赛及体育舞蹈锦标赛中，东林学子共获金牌9枚、银牌11枚、铜牌4枚。12月8～9日，学校研究生代表队在第十五届中国研究生数学建模竞赛中荣获一等奖1项、优秀奖3项。12月20日，思想政治教育学科研究生党支部被教育部评为全国高校"百个研究生样板党支部"。

（东北林业大学由朱立明供稿）

南京林业大学

【概况】 2018年,有22个学院(部),74个本科专业,8个一级学科博士学位授权点、40个二级学科博士学位授权点、25个一级学科硕士学位授权点、101个二级学科硕士学位授权点和28个专业学位授权领域。有2个一级学科国家重点学科,4个二级学科国家重点学科,8个博士后流动站。有国家级特色专业建设点6个,国家级人才培养模式创新实验区1个,国家级实验教学示范中心2个。在校生28 361人(含淮安校区,不含公有民办南方学院),其中普通本科生20 684人,研究生5002人,成人教育学生2675人。本年度招生8887人,其中普通本科生6186人,研究生1896人,成人教育学生805人。毕业7193人,其中普通本科生4497人,研究生1359人,成人教育学生1337人。有教职工2134人,其中专任教师1471人,专任教师中,高级职称794人,博士生导师221人,中国工程院院士2人,长江学者特聘教授1人,国家杰出青年基金获得者1人,国家青年"千人计划"人选3人,国家"百千万人才工程"人选6人,国家"万人计划"领军人才4人。

2018年,成为教育部与江苏省人民政府共建的"双一流"建设高校,获国家科技进步二等奖1项、江苏省科学技术奖一等奖1项、教育部高等学校科学研究优秀成果奖二等奖2项、梁希林业科学技术奖一等奖1项、梁希林业科学技术奖二等奖4项、第20届中国专利优秀奖2项。获江苏省来华留学生教育先进集体称号,入选首批留学江苏优秀人才遴选计划,在马来西亚挂牌成立高等教育人才合作培养基地。承办第5届国际制浆造纸与生物技术会议、第13届中日韩木材质量与利用国际研讨会等。获批国家林业和草原局重点实验室2个、国家创新联盟4个,与中国林业集团公司校企合作签约。

【一项成果获国家科技进步二等奖】 2018年,周宏平教授主持完成的"林业病虫害防治高效施药关键技术与装备创制及产业化"项目,获2018年度国家科技进步二等奖。项目属于林业机械、森林保护科技领域。研究团队针对人工林病虫害的重大防治难题,创新开展了低量风送高射程喷雾、快速弥漫渗透喷烟、航空静电喷雾和精准对靶喷雾等关键技术研究。创制了7个类别、18个型号的地面与空中相结合的高射程、强穿透力和快速高效的立体防治装备。项目推广应用到全国各地,出口14个国家和地区,累积防治面积达0.36亿公顷次,实现了林业专用防治装备的突破,开创了林用系列施药装备产业先河,显著推动了林业机械行业的科技进步。

【入选3个国家级虚拟仿真实验教学项目】 2018年,周宏平教授负责的"高射程喷雾机优化设计虚拟仿真实验教学项目"、马健霄教授负责的"公路隧道运营安全虚拟仿真实验教学项目"、尹佟明教授负责的"杨树叶片植株再生虚拟仿真实验教学项目"入选教育部国家级虚拟仿真实验教学项目。

【获批2个国家林业局重点实验室】 3月,南京林业大学申报的林业有害生物防控国家林业局重点实验室、亚热带森林生物多样性保护国家林业局重点实验室获批。林业有害生物防控实验室,针对中国重大林业有害生物,围绕有害生物成灾机制、发展规律、监测检疫、生物防治、化学防治和抗性培育等重大基础理论与关键共性技术问题,从森林病理学、森林昆虫学、外来入侵生物预防与控制、林业有害生物综合防治等方向开展研究。亚热带森林生物多样性保护实验室,针对中国亚热带森林生物多样性保护现状,从亚热带森林生物多样性形成机制与长期定位观测、珍稀濒危与极小种群野生动植物保育、树木分子生态与环境适应机制、林业动植物资源可持续利用等方向开展研究。

【承办第17届中国生态学大会】 5月4日,由中国生态学学会主办的第17届中国生态学大会在南京林业大学召开。中国生态学学会理事长刘世荣、中国科协学会学术部副部长刘宴兵、中国工程院院士李文华、南京林业大学党委书记蒋建清分别致辞。会议以"创新生态科学,建设美丽中国"为主题,特邀中国科学院秦大河院士,中国科学院动物研究所魏辅文院士,中山大学彭少麟教授,全国政协委员、江苏省生态学会荣誉理事长、南京林业大学博士生导师薛建辉教授分别从气候变化科学与可持续发展、野生动物保护基因组学与宏基因组学研究进展与展望、植被演替与植被的生态恢复、滨湖生态缓冲带调控农田面源污染的研究等方面作主题报告。来自全国近百所高校、科研院所的2300余人参会。

【加入双一流农科联盟】 5月28日,由中国农业大学、北京林业大学、南京林业大学等17所高校组成的"双一流"农科联盟在北京成立。教育部国务院学位委员会办公室副主任徐忠波,农业农村部科技教育司副司长冯志勇及联盟17所大学的相关校领导出席。南京林业大学校长王浩出席会议并签署"双一流"农科联盟共同宣言。"双一流"农科联盟涵盖农学门类以及农业工程、食品科学与工程等农业相关学科,将围绕推动成员高校间广泛开展人才培养、科学研究、社会服务、文化传承创新、国际合作交流等领域的合作。

【参加栎类经营国际研讨培训会】 5月31日至6月1日,栎类经营国际研讨培训会暨中国林学会栎类分会成立大会在北京召开。内容涉及栎类林经营示范区的建立、栎类林收获报表的编制、北方落叶栎的生长特性、栎类经营中的关键技术等,并在北京怀柔区的3个坡地林分实地培训。大会选举产生中国林学会栎类分会第一届理事会成员,南京林业大学方炎明当选为副理事长,并作

"麻栎生物学特性及栽培利用"报告，系统介绍了中国珍贵乡土树种麻栎的历史文化、地理分布、遗传多样性和相关栽培利用技术等。

【参加首届世界竹藤大会】 6月25～27日，由国际竹藤组织和国家林业与草原局联合主办的首届世界竹藤大会在北京举行，大会以"竹藤南南合作助推可持续绿色发展"为主题，举办了部长级高峰论坛、专题会议、主题研讨会、产品与技术展览会等活动。南京林业大学应邀主持了"林业学位教育与竹藤发展""中日韩竹藤产业合作与人文对话"两场分会。副校长张红在"林业学位教育与竹藤发展"分会上致辞，号召行业内加强合作交流，推进共同进步。分会就高等学校和研究机构对产业人才培养、科技成果孵化的作用，高等教育科研的国际合作机制的构建等进行研讨，刘国华副研究员等作专题报告。丁雨龙教授主持了"中日韩竹藤产业合作与人文对话"专题研讨会，就竹文化、高附加值竹藤产品、竹藤产品消费市场等进行研讨。此外，丁雨龙教授、李延军教授分别作了"竹子传统分类的困惑"和"方竹类笋用林生态经营""竹材展平技术"等学术报告。

【户外重组竹材生产关键技术与应用参展】 10月2日，为期10天的"创科博览2018"在香港闭幕。在现代农业领域，全国遴选21项科技成果，南京林业大学李延军教授的"户外重组竹材生产关键技术与应用"成果参加会展。该成果创新了竹材高温热处理、双向分段热压胶合等技术，拓展了竹材加工利用领域，经济社会效益显著。该成果先后获国家科技进步二等奖、教育部科技进步二等奖、中国国际工业博览会高校展区展品一等奖等。"创科博览2018"由团结香港基金主办、中国科学技术交流中心协办，科技部和香港特区政府创新及科技局等单位支持。

【与中国林业集团公司校企合作签约】 10月19日，南京林业大学与中国林业集团公司校企合作签约与授牌仪式举行。中国林业集团有限公司董事、党委副书记刘连军，南京林业大学校长王浩出席签约仪式，中国林产工业有限公司、中国林场集团有限公司、中林时代控股有限公司、江苏中江种业股份有限公司、中林集团雷州林业局有限公司等参加签约仪式。南京林业大学和中国林业集团有限公司分别介绍了就业创业工作情况和中林集团2019年应届毕业生招聘计划。双方签署了共建就业创业、社会实践实训基地协议。

【承办中日韩木材品质及利用学术研讨会】 10月24～26日，第13届中日韩木材品质及利用学术研讨会在南京林业大学举行。来自日本京都大学、日本秋田县立大学、日本东京农工大学、韩国首尔大学、韩国林业科学研究院、中国林业科学研究院、北京林业大学、南京林业大学、浙江农林大学、西南林业大学等15所高校及科研机构的100余人参会，共同研讨木材品质及利用领域的前沿问题。南京林业大学副校长张红出席研讨会开幕式。韩国木文化协会副主席 Choi Don-ha 教授、日本京都大学 Sugiyama Junji 教授、南京林业大学金菊婉教授分别作大会主题报告。大会共举办学术报告28场。

【承办国际制浆造纸与生物技术会议】 11月12～14日，第五届国际制浆造纸与生物技术会议在南京林业大学举行，来自美国、加拿大、中国、日本等国80余所高校及科研机构的500余人参会。南京林业大学校长王浩、副校长张红出席大会。金永灿、肖惠宁两位教授分别主持开幕式、闭幕式。会议以制浆造纸转型与生物质新材料的前沿发展为主题，内容涉及植物资源原料分离与高效利用、纳米新材料技术、制浆造纸工业发展、生物质炼制推进等方面。大会主题报告6场，学术报告114场。

【出席第六届中国林业学术大会】 11月15日，中国工程院院士、南京林业大学教授曹福亮出席由中国林学会和中南林业科技大学主办的第六届中国林业学术大会并作"尊重科学规律，弘扬科学精神"的主题报告，周建斌教授作"林农剩余物气化多联产关键技术创新研究及产业化应用"报告。大会对"第九届梁希林业科学技术奖"和"第七届梁希科普奖"获奖者进行表彰，南京林业大学周建斌教授主持的"林农剩余物气化多联产关键技术创新研究及产业化应用"项目获梁希林业科学技术奖一等奖，施季森教授主持的"百合种质创新、新品种选育及优质种球快繁技术集成应用"，张往祥教授主持的"观赏海棠良种选育及产业化关键技术创新与应用"，温作民教授主持的"森林生态系统智能管理"3个项目获梁希林业科学技术奖二等奖。

【南方木本花卉产业国家创新联盟成立大会】 11月16～17日，南方木本花卉产业国家创新联盟成立大会暨第一次理事会议在南京林业大学召开，来自各理事单位的近40位专家和企事业单位代表参会，南京林业大学副校长张金池出席。该联盟是国家林业和草原局批准成立的第一批林业和草原国家创新联盟之一，成员单位20家，涵盖高校、科研院所、花卉苗木行业龙头企业。联盟的成立为中国南方木本花卉产业搭建了全新的交流平台，有利于桂花、海棠、樱花、栀子、野茉莉等特色苗木的研究，提升木本花卉苗木产业的核心竞争力。与会代表磋商了联盟章程与成员单位合作发展相关事宜，参观了国家海棠种质基因库。

【施季森团队首次破译鹅掌楸基因组】 12月，施季森教授团队在国际著名植物学期刊《Nature Plants》发表论文。首次揭示木兰类物种中国鹅掌楸的基因组组装，从全基因组水平解析被子植物的系统演化，确定了以鹅掌楸为代表的木兰类植物在被子植物中的演化地位。研究从分子水平揭示了以鹅掌楸为代表的木兰类植物形成于单、双子叶植物分化之前，为解决木兰类植物、双子叶植物与单子叶植物之间的演化关系提供了新证据。此外，研究对东亚-东部北美洲际间断分布的中国鹅掌楸和北美鹅掌楸的群体演化、种内多样性和种间遗传分化模式等进行了全基因组水平的研究等。该研究与南京大学、华大基因、美国佐治亚大学、美国杰克逊基因组医学实验室、美国加利福尼亚大学、湖北省林业局林木种苗管理总站、中国科学院植物研究所及德国弗莱堡大学等合作完成。

【2人获全国林科十佳毕业生】 12月27日,"北美枫情杯"2019届全国林科十佳毕业生评选颁奖典礼在安徽农业大学举行,南京林业大学土木工程学院时爽同学、风景园林学院邹可人同学分别荣获研究生组、本科生组"全国林科十佳毕业生"称号,王未凡、陈俊青等14位同学获"全国林科优秀毕业生"称号。南京林业大学党委副书记、副校长刘中亮应邀出席颁奖典礼。"北美枫情杯"全国林科十佳毕业生评选活动,由中国林业教育学会和国家林业和草原局人才开发交流中心共同主办,北美枫情木家居独家冠名。 （南京林业大学由钱一群供稿）

中南林业科技大学

【概　况】 2018年,学校设有研究生院和24个教学单位。拥有5个博士后流动站、6个一级学科博士点、18个一级学科硕士点、15个硕士专业学位类别;有2个国家特色重点学科、3个国家重点(培育)学科、5个国家林业和草原局重点(培育)学科、10个省部重点学科;设有76个本科专业,其中,7个国家管理专业、1个国家综合改革试点专业、4个国家级特色专业、4个国家"卓越农林人才教育培养计划"试点专业、15个省部级优势专业;有2门国家级精品课程、1门国家级精品资源共享课、15门湖南省精品课程。学校拥有1个国家野外科学观测研究站、2个国家工程实验室、2个国家级实验教学示范中心、1个国家级虚拟仿真实验教学中心、1个教育部重点实验室、5个国家林业和草原局重点实验室、工程技术研究中心（检测中心）及观测研究站、1个国家林业和草原局长沙国家科技特派员培训基地、3个湖南省2011协同创新中心、14个省级重点实验室、5个省级工程（工程技术）研究中心、3个省级产学研合作示范基地、1个湖南省工业设计中心、1个湖南绿色发展研究院、4个湖南省高校哲学社会科学研究基地（中心）、6个湖南省实验教学中心。设有63个校级科研机构。

2018年,学校全日制在校生28 796人。其中,本科生23 748人,专科生1703人,硕士研究生2910人,博士研究生380人,留学生55人。现有教职工2349人,其中专任教师1600人。其中,教授220人,副教授556人;博士生导师90人,硕士生导师494人。有双聘院士4人、"长江学者奖励计划"特聘教授1人、国家"千人计划"1人、国家"万人计划"领军人才2人、国家"百千万人才工程"人选2人、国家中青年科技创新领军人才2人、国家级有突出贡献的专家2人、全国杰出专业技术人才1人、入选全国农业科研杰出人才1人、国务院学位委员会学科评议组成员2人、"全国五一劳动奖章"获得者2人、享受国务院政府特殊津贴47人;省部级有突出贡献的专家18人、省部级跨世纪学术、技术带头人重点培养对象22人、湖南省"芙蓉学者"特聘/讲座教授7人、湖南省"百人计划"7人、湖南省"新世纪121人才工程"31人、教育部"新世纪优秀人才培养计划"7人、"全国优秀教师"5人、中国青年科技奖2人、"霍英东教育基金奖"3人;国家创新研究团队1个。

2018年,省委书记杜家毫先后两次来学校视察调研。他高度肯定学校办学成就,希望学校抓住机遇,以"林"为特色,进一步提升办学质量和水平,早日建成高水平教学研究型大学。

【纪念办学60周年】 以"学术、绿色、创新"为主题,本着"节俭、喜庆、隆重、和谐"的总原则,按照"一双翅膀""两项重点""三个抓手"的工作推进思路,开展了纪念办学60周年一系列活动。召开第四次校友代表大会,选举产生了第四届校友理事会。收集更新校友信息8.2万余条。完成了办学60年成就展和《校史（2008~2018年）》续编。2018年10月26日,海内外校友欢聚一堂,共襄盛典;上万名校友通过贺信、贺电、视频、捐赠等方式表达对母校的深情祝福;全球累计逾10万人次在线观看庆典大会。通过校庆活动,学校募集资金和实物1500多万元。校庆活动期间,邀请6位院士参加庆典,召开"双一流"建设院士战略咨询会。2018年11月17日,作为校庆重大学术活动之一,举办了第六届中国林业学术大会。原国家林业局局长赵树丛等国家部委同志和来自全国各地的2300多位林业专家学者参会。这次大会是学校有史以来承办的规模最大的学术盛会。

【教学和人才培养工作】 2018年1月,学校召开教学工作大会,审议通过《以问题和目标为导向,全面深化教育教学改革,为持续提高人才培养质量而不懈奋斗》的工作报告,对学校办学60年在教育教学和人才培养中取得的成绩和存在的问题进行了全面系统的回顾和总结;揭示了新时代学校教学和人才培养工作的主要矛盾;阐述了新时代学校人才培养的总目标;设计了"213"人才培养模式;提出了全面深化教育教学改革"十大计划";勾画了学校到2022年教育教学改革和发展的路线图和时间表。为落实大会精神,结合本科审核评估专家意见,研究制订和推进落实《审核评估整改方案》和《全面振兴本科教育实施方案》。首次完成17个专业的校级评估。学校获评教育部全国大学生心理健康教育工作先进单位和"国防教育特色学校",获批湖南省"众创空间"和"大学生创新创业孵化示范基地"。学生体育竞赛全年共获奖牌34枚,其中金牌6枚,银牌11枚,铜牌17枚。2018届本科毕业生初次就业率为90.33%,高出全国平均数12个百分点;研究生初次就业率为88%。本科生获得2018年全国大学生创业创意项目大赛一等奖、第三届湖南省大学生现代物流设计竞赛一等奖等各级各类学科竞赛奖励136项,比上年增长36%。获省部级以上各类研究生培养质量工程项目和奖项近100个,校级研究生学术成就奖获得者SCI论文贡献率为100%,较2017年提升近40个百分点。2018届法学专业毕业生国家统一法律职业资格考试通过率达50%。以"大国工匠班"等为代表的本科人才培养创新举措,取得显著成效,作为典型经验在

《中国教育报》上推广。

【学科与师资队伍建设】 学校入选湖南省"双一流"建设高校。林学获批为国内一流建设学科,生物学、生态学、林业工程、食品科学与工程、风景园林学5个学科获批为国内一流培育学科。学校有一级学科博士点6个,一级学科硕士点18个,专业硕士授权类别23个。确定两个ESI学科,遴选出4个学科团队、首批9个一级学科带头人并签订目标任务书。研究制订《学位授权点培育建设规划方案》,完成学位点自我合格评估工作。新增"双聘院士"2人、"长江学者"讲座教授1人、"中国青年科技奖"1人、享受国务院政府特殊津贴专家1人、"湖湘青年英才支持计划"3人。聘任"树人学者"讲座教授13人、遴选"树人学者"领军人才1人、"树人学者"高端人才6人、"树人学者"青年英才3人,调入教授6人,招聘Ⅰ类博士等海内外博士49人。

【科研与社会服务】 学校获国家科技进步二等奖1项,获批农林生物质绿色加工技术国家地方联合工程研究中心1个,获教育部和湖南省科技奖励一等奖3项,1人获得湖南省光召科技奖,向左甫教授团队成果在Science Advances发表。到账科研经费1.1亿元。国家社科基金立项10项,较上年增长50%,在全国林业类高校排名第一。首次以第一作者单位发表影响因子超20的科技论文。谭晓风教授领衔的经济林专家团队科技扶贫先进事迹在中央电视台《新闻联播》栏目播出。《中南林业科技大学学报》(社科版)被评定为"2018年度中国人文社会科学期刊AMI综合评价"A刊核心期刊,《中南林业科技大学学报》(自科版)首次被评为"中国高校百佳"科技期刊。湖南绿色发展研究院被评为"湖南省专业特色智库",这是湖南省12家包括高校、科研院所、政府和企业智库在内的省级专业特色智库之一。

依托特色会战"脱贫攻坚"。2018年2月,第一批对口扶贫凤凰县毛都塘村顺利完成脱贫验收,昔日贫困缺水的千年苗寨大变样。2018年3月,开始在怀化市通道县芋头村进行第二轮扶贫。经过短短数月努力,就实现整村脱贫出列。

【管理与改革工作】 全年完成各类收入9.36亿元,同比增长6%。其中,财政补助收入5.01亿元,事业收入3.92亿元,其他收入4304万元。争取"双一流"建设专项资金6150万元、中央支持地方发展专项2500万元、省级追加预算资金500万元。完成审计事项157项,核减金额1800余万元,核减率为13%。完成招标采购事项238项,比预算资金节约600万元,节资率为7.7%。坚持惠民暖心,让发展成果与广大教职员工共享,在财务极度困难的情况下,通过挖潜增效,不断提高教职员工待遇和绩效奖励。

坚持"花最少的钱,做最好最美的事",通过校友等多种途径募集绿化植物约500万元,以"精品化、园林式、有品位"为目标的美丽校园建设三年行动计划基本如期完成,师生宜居、宜业、宜学的环境得到改善。按照"微公园、微花园、微草地"原则,改造西园学生公寓区为"桃园";将西校门广场边坡改造为新的亮丽景点;在中心广场绿化项目中增加"进入式林间道路";公共区域增设了休闲座椅;利用校友200万左右的捐赠,完成了橡树园、博文楼桂花园、陶铸路金丝楠木行道树整体工程的美化改造。学校零投入完成校园弱电飞线入地、东西园澡堂改造等工作。楼、路、景文化命名和新校园导示系统建设顺利完成,文化艺术品上墙进一步开展。全年举办各类学术讲座260余场次,校园文化与学术氛围日益浓厚。

【党建与思想政治工作】 全面加强党对学校工作的领导,接受湖南省委第十巡视组对学校党委的"政治体检",对照标准全面查找存在的不足。把思想政治工作贯穿人才培养全过程,体现并落实到教书育人的每个环节之中。实施思想政治教育质量提升工程,推进思政课程、课程思政与专业思政相结合。利用重要仪式或时间节点强化育人效果,坚持努力办好体现中南林教育理念的开学典礼和毕业典礼,给新生上好第一堂课、为毕业生上好最后一堂课,激发了师生爱校荣校的情感。多措并举促进学风建设,学习风气明显好转。1人获评"湖南省辅导员年度人物"。环境科学与工程学院学生党支部入选"全国党建工作样板党支部"。学校蝉联"全国林科十佳毕业生"研究生组、本科生组双料十佳荣誉称号。青年志愿者协会荣获湖南省高校"十佳社团"。保安姚叔服务考研感人事迹获《人民日报》等媒体赞誉。

【国际交流与合作】 与俄罗斯圣彼得堡国立林业大学、奥地利维也纳应用艺术大学、南非北开普省教育厅等签署合作协议。与法国留尼旺大学、韩国庆熙大学、菲律宾国父大学新建合作联系。签署赴美带薪实习合作协议。全年接待英国班戈大学、法国驻武汉总领事馆、韩国驻武汉总领事馆、菲律宾卡洛奥坎市等各类国外代表团20余个。接待"同行万里——香港中学生内地交流团"等项目两批次。学校共有22批次团组49人次出访。国际学生规模、层次、国别有重要突破,国际学生生源国达到21个,录取国际学生54人。

【领导班子成员】 党委书记:赵运林;党委副书记、校长:廖小平;党委副书记:秦立春;副校长:朱道弘;纪委书记:何学飞;党委委员、副校长:严曙光、刘元、陈冬林、王忠伟、吴义强;党委委员:张合平、蒋阳飞(2018年7月任职)、李凯(2018年7月任职)。

(中南林业科技大学由皮芳芳供稿)

西南林业大学

【概　况】 2018年,西南林业大学设有学院30个,博士后科研流动站3个,一级学科博士点3个,一级学科硕士点13个,二级学科硕士点66个,专业硕士学位点5个,本科专业83个。国家林业和草原局重点学科6个、重点(培育)学科1个、省级重点学科5个。有教职工1697人,高级职称462人,研究生导师754人,校外导师300余人。引进高层次人才7人,博士22人,20人入选云南省"万人计划",1人获国务院特殊津贴,2人成为云南省中青年学术技术带头人后备人才,新增省委联系专家7人,入选2018~2022年教育部高等学校教学指导委员会委员8人,1人成为昆明市中青年学术和技术带头人后备人才,选派、接收"西部之光"访问学者各1人。在校生21 833人,其中本科生19 702人,硕士研究生1933人,博士研究生87人,留学生111人。2018届毕业生初次就业率90.9%,比上年提高1个百分点,年终就业率为96.4%,比上年提高0.2个百分点。

【首批2017年度"云岭英才计划"云岭高端外国专家及项目】 1月3~9日,2名专家获批为首批"云岭高端外国专家",2个项目获批为"云岭高端外国专家"项目。这是学校首次获批云岭高端外国专家项目,是学校引进外国智力、提升学校国际化竞争力、加快开放办学步伐的又一个新突破。

【在第23届"二十一世纪·可口可乐杯"云南赛区英语演讲比赛中获佳绩】 1月7日,第23届"二十一世纪·可口可乐杯"云南赛区英语演讲比赛省级决赛在昆明市新工人文化宫举行。学校2017级法语专业的钟嫮彤同学荣获此次省级决赛的冠军。

【获批首个中外合作办学本科教育项目】 1月15日,教育部下发《关于批准2017年下半年中外合作办学项目的通知》,学校与俄罗斯南乌拉尔国立大学合作举办的机械电子工程专业本科教育项目(MOE53RU2A20171892N)获得批准。

【绿色发展研究院被评定为优秀等级智库】 1月31日,中共云南省委宣传部发布《关于云南省首批重点培育新型智库2017年度考核结果的通知》(云宣通〔2018〕4号),在全省30家重点培育新型智库中评出了11家优秀等级智库,学校绿色发展研究院位列其中。

【与大关县人民政府共建筇竹研究院、大关县竹产业发展研究院】 2月26日,学校与大关县人民政府共建的筇竹研究院、大关县竹产业发展研究院成立仪式在大关县林业局举行。仪式上,西南林业大学党委书记吴松、大关县委书记陈刚共同为筇竹研究院揭牌,西南林业大学党委副书记刘沧山、大关县县长巫运松共同为大关县竹产业发展研究院揭牌。

【与昭通职业技术学校、曲靖应用技术学校签订"3+2"五年制高等职业教育联合办学协议】 3月6日,副校长赵龙庆主持协议签订仪式,并与两校领导签订"3+2"五年制高等职业教育联合办学协议。合作协议的签订对双方发挥各自理论和实践方面的优势、合作打造专科层次技能人才培养特色、探索构建现代职业教育体系新途径具有重要意义。

【首批SWFU-Saraswati Online. Com中印合作项目班开学典礼】 3月16日,学校在大学生活动中心举行首批中印合作项目班新生入学典礼。此批项目班的49名孟加拉国学生和1名巴基斯坦学生就读于学校大数据与智能工程学院计算机信息与技术本科专业,这是学校首次接收"一带一路"沿线国家孟加拉国和巴基斯坦学生,也是西南林业大学开设的首个全英文授课的专业。

【8项成果获云南省第二十一次哲学社会科学成果奖】 3月,经云南省第二十一次哲学社会科学成果奖评审委员会评审,学校多名教师共获奖8项,创历史新高,在云南省科研教学机构中名列第六。

【获批生物质材料国际联合研究中心】 4月,科技部下发了《关于认定真空计量及应用技术国际联合研究中心等41家单位为2017年度国家国际联合研究中心的通知》(国科外发〔2018〕54号),学校申报的"生物质材料国际联合研究中心"获批认定,中心主任由副校长杜官本教授担任。该中心是2017年度云南省唯一获得科技部认定的国家级国际联合研究中心类国家国际科技合作基地,是学校首个国家级国际科技合作研究平台,也是学校继2017年获国家发展改革委批复建设"林业生物质资源高效利用国家地方联合工程研究中心"之后获批建设的第二个国家级科研创新平台。

【与昆明市森林公安局共建林业司法鉴定实验室】 4月11日,西南林业大学与昆明森林公安局、云南昆明忆尘司法鉴定中心共建的林业司法鉴定实验室揭牌成立。副校长赵乐静出席揭牌仪式并讲话。

【武术代表队在首届高校太极拳械锦标赛中获佳绩】 5月9~11日,云南省首届高校大学生武术太极拳械锦标赛在云南师范大学举行,比赛设个人拳术、个人器械、集体太极拳和集体太极器械四类项目。体育学院在关鹏、段静两位老师的带领下,经过层层筛选派出了8名同学参赛,共获得了1金4银的好成绩。此外学校还荣获该次比赛"体育道德风尚奖"称号。

【大数据与云计算中心与云南省沪滇合作促进会签订战略合作协议】 5月25日，学校大数据与云计算中心与云南省沪滇合作促进会签订战略合作协议，双方致力于充分利用线上线下扶贫资源，发挥大数据优势，促进扶贫、产业、企业的深度融合。此次战略合作协议的签署，标志着双方的合作进入全新的发展阶段。

【2018年"学生河长"活动启动】 6月15日，"学生河长"由昆明市滇池管理局、中国农工民主党昆明市委员会等单位共同发起，是以学生为主体的保护河道、保护滇池的主题活动。学校成为云南首个"学生河长"活动实践学校。

【首门大规模开放在线课程上线】 7月1日，西南林业大学木材科学与工程学院老师沈华杰带领的团队制作的大规模开放在线课程（简称慕课）"家具设计与制造"顺利在慕课平台"学堂在线"上线。这是西南林业大学首门慕课成功上线，也是学校近年来进行研究生人才培养、教学改革探索的重大成果。

【获省级林学、林业工程博士后科研流动站授牌】 7月5日，云南省入选2017年百千万人才工程国家级人选颁证暨首批省级博士后站授牌会议在昆明召开。会上，学校获得省级林学、林业工程博士后科研流动站授牌。

【在第四届中国"互联网+"大学生创新创业大赛云南赛区总决赛中获3项金奖】 7月15～16日，学校参赛学生共获得金奖2项、银奖6项、铜奖9项，并在同期举行的创新创业微视频大赛上获得金奖1项、铜奖2项。学校获得优秀组织奖。大赛自2018年3月份启动后，学校高度重视比赛工作，成立了大赛组委会和专家委员会。3月底召开赛事动员大会并出台大赛实施方案及奖励办法，设立专项经费；6月完成校内决赛，并邀请校外专家对参赛项目进行了评审与指导。经过广泛动员、充分挖掘筛选、集中培训等近3个月的积极准备，参赛项目数量和参与学生人次都创历届新高，共有351个项目通过网络报名及审核，参与学生达1456人次。

【与广西象州县人民政府举行"两区"规划项目合作签字仪式】 7月16日，学校与广西象州县人民政府在行政楼召开农村承包土地确权颁证项目合作交流会，并举行"两区"规划项目合作签字仪式，学校将为象山县粮食生产功能区和重要农产品生产保护区总体规划提供人才与技术支撑。

【在全国大学生先进成图技术与产品信息建模创新大赛中获佳绩】 7月20～22日，第十一届"高教杯"全国大学生先进成图技术与产品信息建模创新大赛在南京工业大学落下帷幕。学校一队的合元同学获尺规绘图个人二等奖、陈鑫同学获尺规绘图个人三等奖、西南林业大学二队的崔荣凯同学获尺规绘图个人三等奖；西南林业大学一队获3D打印二等奖。

【在2018年（第11届）中国大学生计算机设计大赛中获一等奖】 7月28日，2018年（第11届）中国大学生计算机设计大赛于7月17日至8月26日分别在南京、上海等地举行。该次大赛分设11大类，学校大数据与智能工程学院共派出4支参赛队。在8月1～5日由南京邮电大学承办的"人工智能"类全国决赛中，由学校吕丹桔、张雁老师指导，刘江、徐海峰、赵雪飞三位同学完成的作品《基于音频的鸟类分类识别系统》获全国二等奖；由赵毅力老师指导，李禹成、史雪云、泰建雅三位同学完成的作品《云南省野生鸟类图像识别》获全国三等奖。在8月16～23日由上海东华大学承办的"软件应用与开发"类全国决赛中，由学校李俊荻、张晴晖老师指导，吕红亮、徐海峰、沈阳三位学生完成的作品《智能安防小车》获全国一等奖；李禹成、米恩杉两位学生完成的作品《TimeIt作业考勤系统》获全国三等奖。这也是学校自2013年参加该项赛事以来第一次获得全国一等奖。

【在2018年巴哈大赛中获佳绩】 2018年8月22～26日，第四届中国汽车工程学会巴哈大赛在湖北襄阳梦想方程式赛车场举行。学校凌云车队第二次参加大赛，最终在牵引单项赛中再次卫冕本科组冠军，并获襄阳站本科院校三等奖。

【《西南林业大学学报（自然科学）》再次入选《中文核心期刊要目总览》2017年版（即第8版）之"林业"类核心期刊】 北京大学图书馆完成了《中文核心期刊要目总览》（2017版）的评审工作，并陆续向各入选期刊发出收录证明。《西南林业大学学报》再次入编北大《中文核心期刊要目总览》。近年来，《西南林业大学学报》创新发行方式，增强展示林业科技成果的窗口意识，在推动西南林业科研、教学和产业发展上发挥了重要作用，影响因子不断提高，2017年影响因子位居云南省高校学报前列。

【学校"核桃有害生物绿色防控大数据系统"助力大理核桃产业发展】 学校与大理白族自治州林业有害生物防治检疫局合作，通过实施《基于大数据的核桃有害生物绿色防控系统的推广》，促进种植户规范使用绿色防控药剂和技术，提升大理核桃有害生物绿色防控能力和智能水平。此外，学校和大理白族自治州林检局还将结合各测报点测报结论、防控结果和气象因子，利用智能收集系统、大数据分析平台自动生成的核桃有害生物种类、分布、危害、发生趋势、灾情态势等，确定发生趋势、发布预警等。

【获云南省2018年脱贫攻坚奖表彰】 10月17日，全省脱贫攻坚奖表彰大会暨先进事迹报告会在昆明举行，学校董文渊教授获得"扶贫先进工作者"荣誉称号，驻大关县天星镇安乐村扶贫队员左智凯获得"优秀驻村扶贫工作队员"荣誉称号。

【国家林业和草原局丛生竹工程技术研究中心获批组建】 国家林业和草原局办公室下发了《关于认定8个工程技术研究中心的复函》（办科字〔2018〕157号），学校申报的"丛生竹工程技术研究中心"获批认定组建。该中心是2018年度云南省首个获批认定的国家林业和草原局工程技术研究中心,也是学校继2012年获得原国家林业局批复建设"西南风景园林工程技术研究中心"之后获批组建的第二个国家林业和草原局工程技术研究中心。

【杜官本教授荣获梁希科技奖一等奖】 11月15日,杜官本教授"节能环保型连续平压刨花板制造成套技术及工业化"荣获梁希科技奖一等奖。

【举行中国双绿66人圆桌会科技成果转化研讨会暨西南林大双绿科技成果转化中心揭牌仪式】 学校和中国双绿66人圆桌会共同主办的"中国双绿66人圆桌会科技成果转化研讨会暨西南林大双绿科技成果转化中心揭牌仪式"于2018年11月24日在国际交流中心举行。研讨会围绕科技成果转化达成了诸多共识,通过共同成立西南林大双绿科技成果转化中心,实现学校和中国双绿66人圆桌会的优势互补,为今后双方更高层次的合作打下坚实的基础,共同助力绿色发展理念传播与绿色产业发展,对科研成果转化起到重要的促进作用。

【办学80周年暨建校60周年纪念大会】 11月25日,学校办学80周年暨建校60周年校庆纪念大会在学校足球场举行。国家林业和草原局、加拿大驻重庆总领事馆、中国湿地保护协会、法国驻成都总领事馆、云南省生态环境厅、云南省林业和草原局、四川省林业和草原局、贵州省林业局、中国农业大学、云南大学、西南大学、贵州大学、西北农林科技大学、加拿大不列颠哥伦比亚大学、马里巴马科人文大学、西南林业大学北京校友会,以及云南大学原林学系1957级同学、林学1961级同学等国内外70余家单位和集体发来贺信贺电。

【首次获得科技部中央引导地方科技发展专项资金项目资助】 经现场答辩、专家评审推荐,省财政厅、省科技厅联合会商审查,学校获2019年中央引导地方科技发展专项资金立项资助,中央财政经费支持额度为350万元,实现了该类项目零的突破。

【14人入选云南省"万人计划"】 云南省"万人计划"即高层次人才培养支持计划,设"科技领军人才、云岭学者、产业技术领军人才、首席技师、教学名师、名医、文化名家、青年拔尖人才"8个专项。学校共计14人入选云南省"万人计划"。

【学校教师代表昆明参加"第18届国际花园城市竞赛全球总决赛"并获殊荣】 12月13日,学校园林学院讲师刘昕岑,经昆明市政府选拔作为"国际花园城市答辩手"之一赴埃及开罗参加"第18届国际花园城市竞赛全球总决赛",并作为主要答辩手参加了"城市类"和"项目类"的两场答辩。

(西南林业大学由王欢供稿)

南京森林警察学院

【综　述】 2018年,南京森林警察学院(以下简称学院)设有治安学院、侦查学院、刑事技术学院、警务管理学院、警务技战术学院、信息技术学院、森林消防学院。国家林业局警官培训中心(国家林业局森林消防指挥培训中心)、国家林业局森林公安司法鉴定中心、中华人民共和国濒危物种进出口管理培训基地、国家林业局森林防火工程技术研究中心、国家林业局濒危野生动植物犯罪研究所、国家林业局森林公安法制研究中心、全国森林警察航空运动训练基地、国家林业局职业教育研究中心设置在学院。学院设置有治安学、消防工程、侦查学、刑事科学技术、公安管理学、网络安全与执法、公安情报学、警务指挥与战术8个本科专业,现在校普通本科生总数5700余人。学校现有教职工460人,高级职称191人,博士、硕士学位355人,国家级教学名师1人,省部级教学名师4人,国务院特殊津贴专家3人。学校占地74.2万平方米,总建筑面积19.58万平方米,由仙林和花园路两个校区组成,固定资产总额8亿元。

【纪检监察工作专题会议】 1月3日,学院召开纪检监察工作专题会议。学院党委副书记、纪委书记陶珑出席会议,纪委委员、各党总支纪检委员、党风廉政监督员和纪委办公室成员参加会议。会议宣布学院新增设的各党总支纪检委员名单,通报学院2017年纪检监察工作总结,探讨2018年纪检监察工作计划。

【第十一届网络安全志愿者大会】 1月5日,以"莫道少年无英雄　且看热血在人间"为主题的第十一届网络安全志愿者大会在学院召开。公安部十六局、国家林业局森林公安局局长王海忠,公安部刑事侦查局副局长陈士渠,南京森林警察学院党委书记王邱文、校长张高文、党委副书记林平,共青团中央宣传部副部长王慕清,中国网络空间安全协会副秘书长张健,中广协法制委员会秘书长黄海星,江苏省公安厅、共青团江苏省委、南京市公安局等相关领导及互联网安全志愿者联盟的主要负责人出席会议,并为年度获奖志愿者颁奖。

【"十三五"国家重点研发计划"人工林重大火灾燃烧扩散机理及影响"启动会】 1月14日,"十三五"国家重点研发计划"人工林重大火灾燃烧扩散机理及影响"课题启动会在学院召开,中国林科院森环森保所党委书记周霄羽、首席专家舒立福,中国科技大学、国家杰出青年基金获得者刘乃安教授,国际野火学术研究会议主席Domingos Viegas教授以及东北林大、西南林大、北林大相关领导和专家,江苏智途科技总裁等来宾出席会议。

【获中国林业青年科技奖】 国家林业局第十四届中国

林业青年科技奖评选结果揭晓,学院森林消防学院何诚副教授荣获中国林业青年科技奖。

【通过普通高等学校本科教学工作合格评估】 2月6日,教育部高等教育教学评估中心向学院下发《关于下发普通高等学校本科教学工作合格评估结果及专家组考察报告的通知》(教高评中心函〔2018〕12号),学院本科教学工作合格评估结论为"通过"。

【与建宁县政府签订战略合作协议】 3月19日,学院与福建省建宁县签署校地战略合作协议。副校长吉小林,刑事科学技术学院院长蒋敬,总支副书记赵红刚,县委常委、副县长王楠,县委常委政法委书记余传贵,副县长王平,县公安局局长江长青,闽江源国家自然保护区管理局局长陈炳云,县政府办公室主任黄允肯,县林业局局长吴建清,县森林公安局局长艾贵成及建宁县各乡镇主要领导出席签约仪式。

【党风廉政建设工作会议】 3月21日,学院召开党风廉政建设工作会议。学院党政领导王邱文、张高文、张治平、林平、陶珑、吉小林、叶卫、耿淑芬、冯斌出席会议,全体中层干部参加会议。党委副书记、纪委书记陶珑主持会议。会上,各党总支,各学院、部门负责人与学院党委签订党风廉政建设责任书。

【连续五年获"先进高校科协"称号】 学院科协荣获"2017年度江苏省先进高校科协"称号,这是学院科协自2013年成立以来连续5年获得该项荣誉,是省科协对学院科协工作的充分肯定和认可。

【无人机森林防火灭火应用研究联合实验室揭牌】 4月24日,学院常务副校长张治平、森林消防学院院长张思玉、消防学院办公室主任袁萍、实验中心主任何诚一行4人前往深圳市科卫泰实业发展有限公司进行无人机森林防火灭火应用研究联合实验室揭牌仪式。

【获"最美林业故事"青年主题演讲比赛三等奖】 学院刑事科学技术学院老师刘昌景在国家林业和草原局主办的"最美林业故事"青年主题演讲比赛中荣获三等奖,受到国家林业和草原局副局长张永利亲切鼓励并为他颁奖。

【国家林业和草原局副局长李树铭莅临指导工作】 5月15日,国家林业和草原局副局长李树铭一行到学院检查指导意识形态工作,听取学校全面工作汇报,并亲切会见参加"5·19"讲话学习研讨暨公安英模先进事迹报告会的森林公安英模代表。

【"5·19"讲话学习研讨暨公安英模先进事迹报告及座谈会】 5月16日,学院举办"5·19"讲话学习研讨暨公安英模先进事迹报告会。全国特级优秀人民警察、陕西省商洛市森林公安局局长刘刚,全国优秀公安基层单位、云南省腾冲市森林公安局局长赵春杰,全国优秀人民警察、西藏自治区林芝市巴宜区森林公安局局长白玛乔,全国优秀人民警察、浙江省临安市森林公安局副局长陈有强,全国优秀人民警察、山西省森林公安局关帝山分局副局长、学院校友潘佳阁,江苏省宿迁市公安局新闻中心副主任、学院校友宋宏娜为与会师生作报告。

【北京林业大学研究生联合培养基地挂牌】 5月18日,北京林业大学研究生联合培养基地挂牌仪式在学院举行。北京林业大学副校长骆有庆、研究生院常务副院长张立秋、发展规划处副处长聂丽平一行到学院举行挂牌仪式。学院党委副书记、校长张高文和党委副书记、副校长林平出席挂牌仪式,发展规划处、教务处、科技处、森林消防学院、刑事科学技术学院等部门负责人、学院和北林联合培养研究生代表赵国清同学参加挂牌仪式。

【获"图书馆杯在宁高校大学生英语口说大赛"比赛一等奖】 学院公安管理1603的王枭嘉同学在江苏省第四届"图书馆杯在宁高校大学生英语口说大赛"中荣获一等奖,为学院赢得了荣誉。

【第三届中国大学生中国式摔跤锦标赛】 5月24~28日,由中国大学生体育协会主办,南京森林警察学院承办,江苏省学生体协高校工作委员会、中国大学生体育协会民族传统体育分会协办的"2018第三届中国大学生中国式摔跤锦标赛"在学院隆重举行。学院中国式摔跤队共获得个人赛2金、3银、4铜,女子团体赛第一名,男子团体基本功赛第二名,男子团体总分第三名的好成绩。

【在江苏省本科高校青年教师教学竞赛中获佳绩】 6月1~3日,在"第二届江苏省本科高校青年教师教学竞赛暨第四届全国高校青年教师教学竞赛选拔赛"中,学院信息技术学院张春霞老师获得文科组一等奖,刑事科学技术学院赵阅书老师获得工科组二等奖,学院获得"优秀组织奖"。

【全国森林防火学术研讨会暨中心"两委会"全体会议】 6月16~17日,2018全国森林防火学术研讨会暨中心"两委会"全体会议在学院召开,聚焦森林防火的教学、科研、技术和管理等议题,开展产、学、研多层次交流。学院校长张高文,常务副校长张治平,党委副书记、副校长林平,科技处、职教中心、治安学院、森林消防学院等部门领导,以及森林消防学院全体教工参加本次研讨会。

【与南京信息工程大学签署合作协议】 6月19日,学院党委书记王邱文,校长张高文,党委副书记、副校长林平等一行赴南京信息工程大学调研考察,并签署合作协议。南京信息工程大学党委书记管兆勇、校长李北群、副校长周伟灿、韦忠平出席活动。

【国家林业和草原局濒危野生动植物犯罪研究所与武汉大学环境法学研究所启动战略合作】 6月20日,国家林业和草原局濒危野生动植物犯罪研究所与武汉大学环境法研究所在学院举行合作签字仪式。学院党委书记王邱文参加签字活动并致辞,副校长叶卫主持签字活动;武汉大学环境法研究所所长秦天宝教授参加签字活动,并作学术报告。

【"新时代·新担当·新作为"主题中层干部暨党务干部培训】 8月30~31日,学院举办"新时代·新担当·新作为"主题中层干部暨党务干部培训。党政领导王邱文、张高文、张治平、林平、陶珑、叶卫、耿淑芬、冯斌出席培训,全体中层干部、党务干部参加培训。

【全国公安系统优秀教师代表出席公安部教师节活动】 9月6日上午,公安部第34个教师节活动在河北省廊坊市中国人民警察大学举行。学院刑事科学技术学院副院长薛晓明教授作为全国公安系统优秀教师代表参加活动,受到部长赵克志的亲切接见,参加了中国人民警察大学成立大会。

【获2018年度"最美高校"与"园林式单位"称号】 9月13日,在南京市绿化委员会、南京市绿化园林局联合举办的首届"最美高校"评选活动中,学院喜获"2018年度南京十大最美高校"与"园林式单位"称号。

【第四届新亚欧大陆桥安全走廊国际执法合作论坛】 9月12~14日,校长张高文率团参加第四届新亚欧大陆桥安全走廊国际执法合作论坛,学校办公室负责同志随同。

【全国森林公安第三届"森林卫士杯"演讲比赛】 9月27日,以"不忘为民初心、牢记从警使命,护航生态文明和美丽中国建设"为主题的全国森林公安第三届"森林卫士杯"演讲比赛在学院举行。国家林业和草原局森林公安局分党组纪检组长、副局长李明,学院党委书记王邱文、校长张高文、党委副书记林平、副校长耿淑芬出席活动。全国各省级森林公安机关选送的34名选手参加比赛。国家林业和草原局森林公安局督察处处长张晓辉主持开幕式。

【生态环境保护国际研讨会】 11月21日,由学院与中国林学会共同主办的生态环境保护国际研讨会成功举行。国家林业和草原局森林公安局局长王海忠、国家林业和草原局湿地管理司副司长鲍达明出席研讨会。来自美国、澳大利亚、芬兰等6个国家的外国专家,国内高校知名学者,25个省(区)森林公安局机关领导和业务骨干共计100余名代表齐聚南森,围绕生态环境保护开展广泛的交流探讨。学院党委书记王邱文,校长张高文,党委副书记、副校长林平,副校长耿淑芬和相关职能部门、院部负责人参加研讨会。

【第二届科技大会】 11月28日,学院成功举办第二届科技大会。国家林业和草原局科技司司长郝育军、人事司巡视员丁立新、森林公安局副巡视员王新凯,江苏省林业局副局长钟伟宏,江苏省公安厅科技信息化处处长李洪武,校领导王邱文、张高文、林平、陶珑、吉小林、叶卫、耿淑芬出席大会。校长张高文主持大会。全校教职工参加大会。

【在中国高校校报协会2017年度好新闻奖评选中获佳绩】 中国高校校报协会2017年度好新闻评选结果公布,学院报送的作品中共有2件获奖。其中《南京森林警察学院朋友圈公开啦!》获新媒体类一等奖;《〈森林警院报〉2017年5月28日第04版》获版面类三等奖。

【获第四届中国青年志愿服务项目大赛金奖】 11月29日至12月3日,在第四届中国青年志愿服务项目大赛暨2018年志愿服务德阳交流会中,学院团委和信息技术学院共同指导推荐的项目"'网络名捕'互联网安全保卫志愿服务项目"从全国590个入围决赛的项目中脱颖而出,荣获金奖。

【与WCS签订合作协议】 12月20日,学院与野生生物保护学会(The Wildlife Conservation Society,WCS)合作协议签约仪式举行。WCS全球副总裁苏珊·利伯曼,中国项目主任王爱民、主管李立姝和经理李培渊出席仪式。国家林业和草原局森林公安局副巡视员王新凯、对外合作项目中心NGO管理处负责人荣林云,学院党委书记王邱文、校长张高文、党委副书记、副校长林平及学校各相关职能部门负责人参加仪式。

【校长张高文当选教育部公安技术类专业教指委副主任委员】 12月22日,2018~2022年教育部高等学校公安技术类专业教学指导委员会成立大会暨第一次工作会议在中国刑事警察学院举行。学院校长张高文出席会议并作为本届公安技术类专业教学指导委员会副主任委员代表发言。

【获全省高校思想政治理论课教学展示活动特等奖】 12月29日,学院思政部方蒸蒸老师在江苏省首届高校"思想道德修养与法律基础"课集中教学展示活动中荣获特等奖。

(南京森林警察学院由霍然供稿)

林草对外开放

17

重要外事活动

【日本环境副大臣伊藤忠彦访华】 5月11~14日，日本环境副大臣伊藤忠彦率团来华访问。国家林业和草原局副局长彭有冬在北京会见了伊藤忠彦一行，就朱鹮、大熊猫保护合作、中日民间绿化合作等问题交换了意见。在华期间，伊藤忠彦赴陕西考察了中国朱鹮保护情况。
（吴 青）

【莫桑比克土地、环境和农村发展部部长访华】 6月14~16日，经国务院批准，应国家林业和草原局邀请，莫桑比克土地、环境和农村发展部部长塞尔索·科雷亚率代表团来华访问。国家林业和草原局局长张建龙在北京会见了科雷亚一行。双方回顾并展望了中莫林业合作，就在莫共建木材工业园区、人工造林与抚育、打击木材非法采伐和相关贸易等议题交换了意见。会后，张建龙与科雷亚代表双方签署了《关于林业合作的谅解备忘录》。在华期间，代表团会见了生态环境部部长李干杰，并参加了"中国林业走出去与绿色一带一路国际研讨会"。
（余 跃）

【俄罗斯自然资源部副部长兼林务局局长瓦连基克访华】 7月24~26日，应国家林业和草原局邀请，俄罗斯自然资源部副部长兼林务局局长瓦连基克、林务局副局长克里诺夫共同率团来华访问。国家林业和草原局局长张建龙在北京会见了瓦连基克一行，同意继续保持定期林业工作组会议的良好机制，提升两国在林产品贸易和森林资源开发等方面的合作水平。在华期间，国家林业和草原局副局长刘东生和克里诺夫共同主持召开了中俄林业工作组第九次会议。
（王 骅）

【蒙古国家环境和旅游部国务秘书桑佳尔·赛格米帝访华】 10月24~26日，应国家林业和草原局邀请，蒙古国家环境和旅游部国务秘书桑佳尔·赛格米帝率团来华访问。国家林业和草原局副局长彭有冬在北京会见了桑佳尔一行，就森林虫害防治、戈壁熊栖息地保护项目、荒漠化防治、树种联合研究、森林防火等议题交换了意见。在华期间，代表团还访问了亚太森林组织。
（颜 鑫）

【张建龙出席联合国可持续发展高级别政治论坛专场活动】 7月17日，张建龙在纽约联合国总部出席了由《联合国防治荒漠化公约》组织举办的"非洲可持续、稳定与安全部长级会议"。会议在联合国可持续发展高级别政治论坛期间举行，关注防治荒漠化、土地退化在可持续发展中的重要作用。会议重点讨论非洲国家面对环境退化、生态移民、社会不稳定等问题采取的措施和行动，邀请包括中国在内的相关国家和国际组织介绍各自防治荒漠化的经验做法，探讨发展和构建合作伙伴关系。来自塞内加尔、摩洛哥、布基纳法索、加纳、荷兰等国部长出席会议。张建龙作为《联合国防治荒漠化公约》第十三次缔约方大会主席受邀出席会议并讲话。

会议上，摩洛哥、塞内加尔、布基纳法索、中非、冈比亚、加纳等国分别介绍了各自在面对气候变化、地区冲突与战争造成人口迁移、土地丧失等问题，表达了对实现安全稳定、可持续土地管理和绿色就业的强烈愿望。中国、荷兰、法国、欧盟、世界银行等国家和国际组织介绍了各自在解决移民、恢复退化土地、带动绿色就业的经验与措施。中方代表介绍了中国防沙治沙与国际合作情况，以及库布其以政府支持、企业投资、民众参与为核心的"库布其治沙模式"。
（刘 昕）

【张建龙访问乌拉圭】 7月19~23日，国家林业和草原局局长张建龙访问乌拉圭。张建龙与乌拉圭牧农渔业部部长恩佐·贝内奇共同主持召开了中乌林业工作组第一次会议，就森林资源管理和监测、林产品贸易和投资、防止土地退化和荒漠化、草原生态治理等议题进行了交流。会后，张建龙还会见了乌拉圭住房、国土管理和环境部代理部长和黑河省省长，调研了黑河省生态系统保护和可持续利用情况。
（王 骅）

【张永利访问俄罗斯、加拿大】 9月17~24日，国家林业和草原局副局长张永利率团访问俄罗斯、加拿大，出席第15届俄罗斯国际青少年林业大赛开幕式，并与加拿大公园管理局局长丹尼尔·沃森代表双方签署了《关于自然保护地事务的合作协议》。访问期间，代表团还与俄罗斯林务局、俄罗斯木材加工企业和出口商联盟、加拿大不列颠哥伦比亚大学进行了会谈。
（余 跃）

【刘东生访问塞尔维亚、波兰】 5月13~19日，国家林业和草原局副局长刘东生率团访问塞尔维亚、波兰。在塞尔维亚期间，刘东生出席了第二次中国-中东欧国家林业合作高级别会议并作主题演讲。与会各国代表围绕"21世纪的气候变化与林业"进行了深入探讨，通过了《关于森林与气候变化的声明》，并共同见证了中国-中东欧国家林业合作协调机制中英文网站的正式开通。在波兰期间，刘东生与波兰环境部国务秘书马尔歌泽塔·格林斯卡共同主持召开了中波林业工作组第一次会议。
（王 骅）

【彭有冬率团出席打击野生动植物非法贸易国际会议】 10月11~12日，打击野生动植物非法贸易国际会议在英国伦敦举行。来自84个国家的千余名代表出席会议，英国首相特蕾莎·梅发表视频致辞；博茨瓦纳、乌干达、加蓬等国家元首，英国剑桥公爵威廉王子出席会议并致辞。国家林业和草原局副局长彭有冬率由外交部和国家林草局组成的中国代表团参会，中国驻英国使馆代办祝勤出席开幕式。会议围绕打击野生动植物违法犯罪、减少需求、关闭非法市场、加强国际合作等议题进行了深入交流并达成了广泛共识。中国打击野生动植物非法贸易成果得到了与会代表的高度赞誉。彭有冬在会议上作发言。

该次会议是继 2014 年伦敦会议、2015 年博茨瓦纳卡萨内会议和 2016 年越南河内会议之后由英国政府举办的有关打击野生动植物非法贸易的第四次国际会议。

（刘 昕）

【彭有冬出席亚太森林组织第二届大中亚林业部长级论坛】 8 月 16~17 日，国家林业和草原局副局长彭有冬率团出席了在吉尔吉斯斯坦首都比什凯克召开的第二届大中亚林业部长级会议。会议围绕加强大中亚国家林业合作，促进跨境生物多样性及森林生态系统保护、恢复干旱地植被、加强沙漠化防治进行了深入探讨，达成了多项共识。

彭有冬介绍了中国在全面加强自然生态系统保护，统筹森林、草原、湿地生态系统监督管理，加快建立以国家公园为主体的自然保护地体系，以及在荒漠化防治方面取得的成效。

此外，彭有冬还应邀对哈萨克斯坦农业部进行了工作访问，就进一步加强双方在促进跨境野果林保护、荒漠化防治、关键技术协同创新等方面的合作与交流交换了意见，并就签署双边林业合作协议进行了洽谈。

此次会议由吉尔吉斯斯坦环境保护和林业署及亚太森林恢复与可持续管理组织联合主办，来自中亚五国和蒙古林业部门的部长级官员出席会议。 （王春峰）

【彭有冬出席 2019 年北京延庆世园会德国馆封顶仪式】 11 月 12 日，彭有冬出席 2019 北京世园会德国展园德国馆封顶仪式。德国联邦食品和农业部国务秘书、2019 北京世园会德国展园总代表汉斯－约阿希姆·福赫特尔、北京市、中国花卉协会及中国贸促会相关负责人一道见证了德国馆封顶仪式。

（肖望新）

【李树铭访问缅甸和斯里兰卡】 11 月 13~20 日，国家林业和草原局副局长李树铭率团访问缅甸和斯里兰卡。访问期间，李树铭分别出席了缅甸"大湄公河次区域生态系统综合管理规划示范项目"启动仪式和斯里兰卡"人工松林补植示范项目"启动仪式，会见了缅甸自然资源与环境保护部部长吴翁温和斯里兰卡马哈维利发展与环境部国务秘书阿努拉·迪萨纳亚克，就落实中缅、中斯双边合作协议，通过亚太森林组织平台开展森林恢复、森林防火、社区林业和森林经营等领域的政策交流、能力建设和示范项目合作深入交互意见，并达成相关合作共识。

（颜 鑫）

【李春良率团访问日本】 10 月 17~20 日，国家林业和草原局副局长李春良率代表团访问日本。为落实总理李克强向日本提供一对朱鹮的表态，10 月 17 日，李春良出席了在日本举行的朱鹮个体交接仪式，代表中方与日方共同签署了交接证书并讲话。同日，中方将一对朱鹮"楼楼"和"关关"运送至日本，丰富了日本朱鹮种群的遗传多样性。在日期间，李春良还会见了日本环境省、日本外务省代表，就国家公园建设管理开展了交流。

（吴 青）

【马广仁率团访问芬兰、德国】 1 月 17~24 日，国家森林防火指挥部专职副总指挥马广仁率团访问芬兰、德国，参加了芬兰大熊猫欢迎仪式，并代表国家林业局与德国食品和农业部签署了《关于设立林业政策对话平台的联合意向声明》。出访期间，代表团还与芬兰农林部及德国环境、自然保护和核安全部进行了会谈。

（余 跃）

对外交流与合作

【签署《中华人民共和国国家林业局与柬埔寨王国农业、林业和渔业部关于在柬埔寨建设珍贵树种繁育中心的协议》】 1 月 11 日，在国务院总理李克强和柬埔寨首相洪森的见证下，国家林业局局长张建龙和柬埔寨农林渔业部大臣翁萨坤签署了《中华人民共和国国家林业局与柬埔寨王国农业、林业和渔业部关于在柬埔寨建设珍贵树种繁育中心的协议》。根据协议，中方将通过亚太森林组织支持柬埔寨建设珍贵树种繁育中心，帮助柬埔寨加强在珍贵树种繁育方面的能力建设，保护珍贵树种种源，增加珍贵树种高质量组培种植材料的供应量。

（王 骅）

【签署《中华人民共和国国家林业局与德意志联邦共和国联邦食品和农业部关于设立林业政策对话平台的联合意向声明》】 1 月 22 日，国家森林防火指挥部专职副总指挥马广仁和德国联邦食品和农业部国务秘书彼得·布雷泽签署了《中华人民共和国国家林业局与德意志联邦共和国联邦食品和农业部关于设立林业政策对话平台的联合意向声明》。根据协议，双方计划在中国共同建立中德林业政策对话平台，作为中德农业中心框架下的合作项目，支持并加强中德两国之间的双边林业合作。

（王 骅）

【签署《中华人民共和国国家林业和草原局与日本环境省关于继续开展朱鹮保护合作的谅解备忘录》】 5 月 9 日，在国务院总理李克强和日本首相安倍晋三的见证下，国家林业和草原局与日本环境省签署了《关于继续开展朱鹮保护合作的谅解备忘录》。同期，李克强正式宣布，中方将向日方新提供一对朱鹮种鸟，以体现中国人民对日本人民的友谊。

（吴 青）

【签署《中华人民共和国国家林业和草原局与莫桑比克土地、环境和农村发展部关于林业合作的谅解备忘录》】 6 月 16 日，国家林业和草原局局长张建龙与莫桑比克土地、环境和农村发展部部长塞尔索·科雷亚在北京签署了《中华人民共和国国家林业和草原局与莫桑比克土地、环境和农村发展部关于林业合作的谅解备忘录》。根据协议,双方将在森林可持续经营、林产品加工与贸易、野生动植物保护等领域开展合作。

(余 跃)

【签署《中华人民共和国国家林业和草原局与尼泊尔森林和环境部关于捐赠两对独角犀牛的谅解备忘录》】 6月25日,国家林业和草原局局长张建龙与尼泊尔森林和环境部部长巴斯内特签署了《中华人民共和国国家林业和草原局与尼泊尔森林和环境部关于捐赠两对独角犀牛的谅解备忘录》。根据协议,尼方将向中方赠送两对独角犀牛,推动两国双边合作。

(王 骅)

【签署《中华人民共和国国家林业和草原局和德国联邦食品和农业部关于在山西开展中德林业合作的联合意向声明》】 9月17日,国家林业和草原局国际合作司司长吴志民与德国联邦食品和农业部生物经济和可持续农林业司司长克莱门斯·诺依曼签署了《中华人民共和国国家林业和草原局和德国联邦食品和农业部关于在山西开展中德林业合作的联合意向声明》。根据协议,双方将在山西省中村林场示范森林可持续和多功能的森林经营理念和手段,并利用获得的经验为中国林业政策发展提供支持。

(王 骅)

【签署《中华人民共和国国家林业和草原局与加拿大公园管理局关于自然保护地事务合作的谅解备忘录》】 9月21日,国家林业和草原局副局长张永利与加拿大公园管理局局长丹尼尔·沃森签署了《中华人民共和国国家林业和草原局与加拿大公园管理局关于自然保护地事务合作的谅解备忘录》。根据协议,双方将在国家公园、自然保护区以及其他自然保护地的建立和管理等方面开展交流与合作。

(余 跃)

【签署《中华人民共和国国家林业和草原局与日本环境省关于中方向日方提供朱鹮开展繁殖合作研究的协议》】 10月12日,为落实领导人承诺,国家林业和草原局副局长李春良与日本环境省事务次官森本英香签署了《中华人民共和国国家林业和草原局与日本环境省关于中方向日方提供朱鹮开展繁殖合作研究的协议》,明确了提供朱鹮的技术细节以及日方对中方朱鹮保护事业的支持内容。

(吴 青)

【签署《中华人民共和国国家林业和草原局与加拿大国家公园管理局关于中国大熊猫国家公园与加拿大贾斯珀国家公园和麋鹿岛国家公园结对的安排》】 10月31日,国家林业和草原局副局长李春良与加拿大环境与气候变化部部长凯瑟琳·麦肯娜在四川卧龙签署了《中华人民共和国国家林业和草原局与加拿大国家公园管理局关于中国大熊猫国家公园与加拿大贾斯珀国家公园和麋鹿岛国家公园结对的安排》。根据协议,中国大熊猫国家公园与加拿大贾斯珀国家公园和麋鹿岛国家公园正式结对,双方将支持结对公园开展国家公园管理方面的交流与合作。

(余 跃)

【签署《中华人民共和国国家林业和草原局和巴基斯坦伊斯兰共和国气候变化部关于林业合作的谅解备忘录》】 11月3日,在国务院总理李克强和巴基斯坦总理伊姆兰·汗的共同见证下,国家林业和草原局局长张建龙与巴基斯坦外交部长马赫杜姆·沙阿·马哈茂德·库雷希签署了《中华人民共和国国家林业和草原局和巴基斯坦伊斯兰共和国气候变化部关于林业合作的谅解备忘录》。根据上述协议,双方将在林业应对气候变化、湿地保护与恢复、野生动植物保护、退化土地恢复、林业产业发展与林产品贸易等领域加强合作。

(颜 鑫)

【中坦林业工作组第一次会议】 于3月6日在北京召开。国家林业局国际司巡视员戴广翠与坦桑尼亚自然资源和旅游部政策分析司副司长贝莎·扬戈共同主持了会议。双方就野生动植物保护与保护区管理、CITES公约履约、推动中坦野生动物保护管理和森林经营合作项目等议题进行了讨论。会后,坦方代表团赴云南普洱与西双版纳分别考察了森林经营与亚洲象保护。

(余 跃)

【中澳林业工作组第十二次会议及打击非法采伐工作组第四次会议】 于3月27日在北京召开。国家林业局国际司巡视员戴广翠与澳大利亚驻华使馆农业公使衔参赞马明博共同主持了会议。双方交换了两国林业政策及贸易趋势最新进展,探讨了多边合作、中国垃圾禁令对林产品的影响、森林认证与公共采购政策、乡村林业发展、打击非法采伐活动及国别指南编制等领域的进展情况和合作前景。

(余 跃)

【中国-波兰林业工作组第一次会议】 于5月17日在波兰华沙召开。国家林业和草原局副局长刘东生与波兰环境部国务秘书马尔歌泽塔·格林斯卡共同主持了会议,就林业应对气候变化、森林经营、林业产业发展等议题进行了深入交流。

(王 骅)

【中韩林业工作组第十一次会议】 于5月30日在韩国召开。国家林业和草原局国际合作司司长吴志民与韩国山林厅国际事务局局长高冗演共同主持了会议。双方就荒漠化防治、城市森林改善空气质量、林产品联合研究、森林种子多样性保护以及森林疗养等议题开展了讨论。

(吴 青)

【中俄候鸟保护工作组第二次会议】 于6月26日在北京举行。国家林业和草原局与俄罗斯自然资源部分别派代表团参加了会议,就候鸟及栖息地保护、濒危鸟类保护等议题交换了意见。

(吴 青)

【中俄林业工作组第九次会议暨投资政策研讨会】 于7月25日在北京召开。国家林业和草原局副局长刘东生和俄罗斯林务局副局长克里诺夫共同主持了会议,就林业投资、林产品贸易等议题进行了交流。同日,中俄双方还共同举办了投资政策研讨会,双方行业协会和企业代表分别介绍了情况并开展座谈,就共同关心的问题进行了讨论。

(王 骅)

【中德林业工作组第四次会议】 于9月17日在北京召

开。国家林业和草原局国际合作司司长吴志民与德国食品和农业部生物经济和可持续农林业司司长克莱门斯·诺依曼共同主持了会议。双方讨论了2018~2019年重点工作,并签署了《关于在山西省开展中德林业合作的联合意向声明》。会后,德方代表团赴云南考察了森林经营和森林质量精准提升工作。

(王骅)

【中蒙林业工作组第三次会议】 于10月25日在北京召开。国家林业和草原局国际合作司巡视员戴广翠与蒙古国家环境和旅游部国务秘书桑佳尔·赛格米帝共同主持了会议。双方就森林虫害防治、戈壁熊栖息地保护项目、荒漠化防治、树种联合研究、森林防火等议题进行了深入交流。

(颜鑫)

【中芬林业工作组第二十次会议】 于11月6日在都江堰召开。中国国家林业和草原局、芬兰农业和林业部分别派团出席了会议。双方回顾了中芬森林可持续经营示范项目和大熊猫保护研究合作进展,就下一步合作安排交换了意见,探讨了在国家公园管理体制和国有林管理与改革领域合作的可能性。中国野生动物保护协会、中国大熊猫保护研究中心、四川省林业厅和华南农业大学派员出席会议。会议期间与会代表实地调研大熊猫栖息地,会后赴成都出席大熊猫保护与繁育国际大会。

(肖望新)

【中日韩澳候鸟保护系列会议】 11月28~29日,中日候鸟保护工作组第十七次会议、中韩候鸟保护工作组第六次会议、中澳候鸟保护工作组第十三次会议在日本举行。国家林业和草原局派代表团参加了会议。会议就陆鸟重点物种保护、候鸟栖息地保护、候鸟监测等议题交换意见,并同期举办了陆鸟监测专题研讨会和黑嘴鸥保护专题研讨会。

(吴青)

【中国林业代表团赴意大利出席联合国粮农组织林委会第24届会议暨第六届世界林业周】 7月16~20日,联合国粮农组织(FAO)林委会第24届会议(COFO24)暨第六届世界林业周在意大利罗马粮农组织总部举办。经批准,国家林业和草原局国际司、资源司、经研中心和中国林科院组成中国林业代表团出席了该次会议。

联合国粮农组织林委会是粮农组织林业最高法定机构,林委会每两年在意大利罗马粮农总部召开一次会议。会上,来自FAO成员国的林业和相关政府官员围绕最新的林业政策和技术议题,讨论解决方案,给FAO提供具体指导。

该届会议主题为"林业和联合国可持续发展目标:从愿景到行动"。斯里兰卡总统西里塞纳出席会议开幕式并致辞,粮农组织总干事达西尔瓦发表视频讲话。会上发布了《2018年世界森林状况》。会议重点探讨了森林在实现可持续发展议程(SDG)方面的作用,包括讨论森林在实现可持续发展目标和其他国际目标方面的贡献,探讨加快森林对SDG尤其是第15项目标贡献的可行方法和手段,讨论为落实林委会从森林对粮食安全和营养的贡献角度提出的关于世界粮食安全的政策建议而采取的行动,探讨城市林业和城郊林业面临的机遇和挑战,探讨如何实施粮农组织气候变化战略和与森林抗御

力、健康和林火相关的具体工作,并就今后粮农组织林业工作战略方向提供指导。

会议最终通过了《林业委员会第24届会议报告》,同意选举韩国山林厅前厅长申元燮担任林业委员会第25届会议主席。

中国代表团在多个议题发言中,重点宣传中国政府将"山水林田湖草"作为一个生命共同体统筹管理的综合治理理念,重申中国应对气候变化、履行《巴黎协定》的坚定立场和习近平总书记关于"中国2030年森林蓄积量比2005年增加45亿立方米左右"的承诺,并明确表明中国高度重视落实可持续发展议程并介绍相关具体落实措施。

此外,中国代表团成员作为专家小组成员参加了大会举办的"为减少毁林和森林退化加强治理——REDD+和FLEGT之间的合作"边会,介绍了中国林业应对气候变化和落实《巴黎协定》的行动和经验。代表团还参加了"加强林业与社会保障之间的协同增效"边会,并作了主题报告。

(肖望新)

【第五次中日韩林业司局长会晤】 于5月31日在韩国正式举办。国家林业和草原局国际合作司司长吴志民、韩国山林厅国际事务局局长高圯演、日本林野厅森林整备部部长织田央共同主持了会议。会议就近期工作进展、林业领域落实联合国可持续发展议程、国有天然林管理(森林保护)、种子保护和森林疗养等共同关心的议题进行了讨论。三方同意就重点议题继续沟通,并就相关国际问题保持协调。

(吴青)

【中国-中东欧国家通过多功能森林管理实现绿色未来特别边会】 10月24日,中国-中东欧国家为了绿色未来的多目标森林经营——从科学到产业特别活动在北京举行,是第四届人工林大会期间举办的边会。会议由国家林业和草原局国际合作司双边一处主持,来自中国和斯洛文尼亚、捷克、波兰、罗马尼亚等中东欧国家的30多位政府、林业高校、科研机构及林业企业代表出席了该次会议。与会代表交流和探讨了中国和中东欧国家在推动多功能森林经营方面开展科研、教育和产业合作的潜力。

(肖望新)

【中国-中东欧国家多功能森林促进气候碳中和边会】 12月7日,中国-中东欧国家林业合作协调机制秘书处利用在波兰召开的联合国气候变化框架公约第24次缔约方大会,在波兰角举办"森林日"活动期间召开了关于"多功能森林经营促进气候碳中和"边会。来自中国、斯洛文尼亚、罗马尼亚、捷克、塞尔维亚等国家的林业代表与会,进一步促进中国与中东欧国家在林业应对气候变化方面的政策与实践交流。

(肖望新)

【援助蒙古戈壁熊保护技术项目正式实施】 4月18日,援助蒙古戈壁熊保护技术项目实施协议在蒙古正式签署。经国家林业和草原局推荐,商务部批准,中国林业科学研究院森环森保所承担该项目的实施工作,于8月13日至9月28日派遣技术团队前往蒙古正式实施项目。第一批援助物资于11月运抵蒙古。11月29日至12月

12日，中国林业科学研究院为蒙方12名技术和管理人员在华举办了生物多样性保护监测与自然保护区管理技术培训班。

（余 跃）

【中国－澜湄合作】 根据2018年1月在柬埔寨举行的澜湄第二次领导人会议发布的《澜湄合作五年行动计划（2018～2022）》，林业成为未来澜湄合作重点领域之一。中国与澜湄流域国家将在森林资源保护和利用、林产品贸易、边境森林火灾联防、野生动植物保护、林业管理和科研能力建设等方面加强合作。

由国家林业和草原局组织申报的第一批澜湄合作专项基金项目已获批准。2018年，国家林业和草原局东盟林业研究中心、林业管理干部学院（林干院）和西南林业大学将与澜湄国家在油茶良种选育、社区林业扶贫和木材贸易发展培训等方面开展合作。由国家林业和草原局申报、亚太森林组织实施的"澜沧江－湄公河次区域森林生态系统综合管理规划与示范项目"已列入了《澜湄合作第二批项目清单》。此外，国家林业和草原局组织相关单位完成了2018年澜湄合作专项基金外方申报项目的评审。

（郑思贤）

【中国－东盟林业合作】 在缅甸内比都举行的第21届东盟林业高官会上，《落实中国－东盟林业合作南宁倡议的行动计划（2018～2020）》获得通过。根据该项计划，国家林业和草原局2018年将与东盟国家在野生动物保护、森林旅游、林业科技和森林有害生物防控等方面开展合作。

东盟国家处于"一带一路"沿线，是共建"一带一路"的核心区域，在许多重要国际林业问题上与中国具有相同或相近的利益诉求，是中国开展周边外交、推进实施"一带一路"愿景和行动的重点，国家林业和草原局已将推进中国和东盟的林业合作与交流纳入了"十三五"林业国际合作规划的重点。为贯彻国家"一带一路"倡议，推动中国－东盟林业合作，2016年9月，国家林业局与广西壮族自治区政府在南宁市共同举办了中国－东盟林业合作部长级论坛，通过了《南宁倡议》，确定了中国和东盟成员国将在林业减缓和适应气候变化、林业产业和相关贸易、林业科技、野生动植物保护、林业灾害联防五个领域开展交流与合作。

为推进实施《南宁倡议》，国家林业和草原局国际合作司组织局内相关司局和单位起草了《行动计划》（草案），多次通过东盟秘书处征求各成员国意见，组团出席了第20届和第21届东盟林业高官会，向各成员国介绍该《行动计划》，表示积极推动东盟成员国就此达成一致。在2018年5月召开的东盟森林可持续经营工作组会上，国际合作司还向参会代表介绍了国家林业和草原局当年拟与东盟国家合作开展的8项活动，获得与会东盟成员国的一致支持。

根据《行动计划》，中国－东盟野生动物保护培训班作为2018年首个中国与东盟开展的合作活动，于6月18～23日在四川唐家河国家级自然保护区举办。东盟十个成员国的野生动物保护管理机构均派代表参加了培训，并就野生动物保护经验、林业和野生动物保护领域合作等问题进行交流和讨论。

（廖 菁）

【国际竹藤组织等成为中国首批获准申请南南合作援助基金机构】 经国家林草局组织推荐，国际竹藤组织、《联合国防治荒漠化公约》秘书处、亚太森林组织等国际组织和机构，中国林科院、联合国环境署世界保护监测中心等智库单位，中国绿化基金会、中国碳汇基金会、中国野生动物保护协会等社团组织，亿利资源集团、北京仁创科技集团等企业，获准成为首批可申请中国南南合作援助基金的机构。

南南合作援助基金（简称南南基金）是习近平主席于2015年9月出席联合国发展峰会时宣布设立的。首期由中方提供20亿美元，用以支持发展中国家落实联合国2030年可持续发展议程设定的各项目标。

（刘 昕）

【全球环境基金合作】 全球环境基金项目稳步开展。一是第五增资期"中国西部适应气候变化的可持续土地管理"项目于2018年顺利完成。二是第五增资期"中国东北野生动物保护景观方法""加强中国湿地保护体系，保护生物多样性"，第六增资期"通过森林景观规划和国有林场改革，增强中国人工林的生态系统服务功能""中国林业可持续管理提高森林应对气候变化能力"稳步开展。三是第六增资期"中国典型河口生物多样性保护、修复和保护区网络建设示范项目"从自然资源部转交国家林草局承担，"中华白海豚关键生境保护项目"从原国家海洋局转交国家林草局承担。四是"中国水鸟迁徙路线保护网络"正式启动。五是在第七增资期报送"中国长江经济带珍稀濒危物种保护示范项目"和"中国典型水土流失区退化天然林用地恢复与管理"项目。

（何金星）

【援外培训】 2018年，林业系统共实施商务部援外培训班25期，培训学员合计887人次（含1个学历班20人）。推动林业援外培训"走出去"战略，在加纳举办竹藤制品开发技术海外培训班，获得加纳各界以及中国驻外使馆的一致好评。9月9～23日，中国林科院荒漠化所承办了科技部"大中亚与中东地区荒漠化防治政策与管理技术培训班"。

（余 跃）

【国家林业和草原局开展"走近中国林业 外国使节看三北"考察活动】 2018年是中国三北防护林体系建设工程（以下简称"三北工程"）40周年。为纪念三北工程40周年，国家林业和草原局于6月4～8日开展"走近中国林业 外国使节看三北"考察活动，组织外国驻华使节赴山西省考察中国三北工程建设和水土流失治理成效。参与此次考察活动的有乌拉圭、德国、南非、智利、巴基斯坦、越南、日本、老挝、斯里兰卡、澳大利亚10个国家的驻华使节。

山西省是中国三北工程40年建设的一个缩影，极具代表性，组织外国使节赴山西考察，对于向外国友人宣传中国三北工程建设成效、扩大中国林业的国际影响力具有重要意义。

（廖 菁）

【三北工程荣获联合国森林战略规划优秀实践奖】 2018年，三北工程荣获联合国森林战略规划优秀实践奖。三北工程是同中国改革开放同步实施的重大生态工程，40年来，工程建设取得了举世瞩目的巨大成就，在国内外产生了广泛而深远的影响。1987年以来，先后有三北防护林建设局、新疆和田等十几个三北工程建设单位被联合国环境规划署授予"全球500佳"称号。

2018年，联合国为表彰全球各地实施2017～2030年森林战略规划和2030年可持续发展议程及其可持续发展目标所做的突出贡献，向全球征集优秀实践范例。最终，三北工程成功入选实践范例。联合国经济与社会事务部向三北工程颁发了获奖证书，联合国副秘书长刘振民专门发来贺信。

（刘 昕）

【国家林业局强化外事安全和外事纪律】 2018年3月8日，为贯彻落实党的十九大精神，牢固树立国家安全观，强化林业外事安全管理，严明林业外事纪律，国家林业局国际司组织召开了外事安全、纪律及政策培训，印发了《国家林业局外事安全管理办法》和《国家林业局关于进一步严明因公临时出国（境）外事纪律的通知》。会议邀请了北京市安全管理部门的有关人员就出国（境）所涉安全问题作了专题讲座，国际司针对印发的有关政策规定和管理办法进行了讲解说明。国际司副司长王春峰主持会议。

此次培训进一步增强了国家林业局各单位在开展对外合作和交流中的国家安全和外事纪律意识，进一步明确林业外事安全和外事纪律管理的具体要求。无论是出国（境）执行公务还是在境内开展国际合作，都必须牢固树立国家总体安全观，严格遵守国家外事活动的各项政策规定，严格遵守党纪政纪，特别是中央八项规定及实施细则，切实维护国家安全和利益，切实提高林业国际合作的实效。

国家林业局各司局综合处处长、各直属单位主管国际合作的处长共计50余人参加了培训交流活动。

（毛 锋）

重要国际会议

【国家林草局代表出席并主持《联合国防治荒漠化公约》第13次缔约方大会第一次主席团会议】 4月11日，《联合国防治荒漠化公约》第13次缔约方大会第一次主席团会议在德国波恩举行。应公约执行秘书芭布女士邀请，国家林草局国际合作司司长吴志民、治沙办主任潘迎珍和外交部条法司代表等组成中国代表团出席了该次会议。受公约第13次缔约方大会主席、国家林业和草原局局长张建龙委托，吴志民主持会议。

会议审议了自2017年鄂尔多斯成功召开第13次缔约方会议以来决议履行情况，秘书处、全球机制及公约附属机构工作计划，听取了履约审查委员会、科技委员会的工作报告及联合国对公约秘书处的审计报告，讨论了公约在2018年联合国可持续发展高级别政治论坛期间活动、履约国家报告提交、科技委与其他相关公约协调等问题。根据惯例，主席团提议下届会议于2019年初在中国举行。

会议期间，吴志民一行还与芭布进行了会谈。双方同意加强利用南南合作发展援助基金，在可持续发展高层政治论坛期间举办公约相关活动，推动开展"一带一路"防治荒漠化合作，并加强对发展中国家防治荒漠化培训等。

（刘 昕）

【《湿地公约》第十三届缔约方大会】 于10月22日在阿联酋迪拜开幕。该届大会以"湿地，城镇可持续发展的未来"为主题，来自170多个国家和地区及100多个国际自然保护组织的近千名政府和非政府组织代表参加会议。国家林业和草原局副局长李春良出席开幕式。

该次会议共23项议程，其中包括重点审议公约秘书长及各附属机构工作报告，选举2019～2021年度常委会成员，审议和通过公约框架及程序改革、2019～2021年度财政预算、国际重要湿地状况、区域动议、小微湿地保护、湿地与气候变化等决议草案，颁发湿地公约奖，公布第一批国际湿地城市名单，决定下届缔约方大会召开时间和地点等。

李春良在开幕式前会见了湿地公约秘书长和联合国海洋事务特使，介绍了中国与相关国际组织开展交流和合作的情况，以及中国近年来在湿地保护和管理上取得的巨大成就。开幕式上，原国家林业局森林防火指挥部专职副总指挥马广仁获得了湿地公约颁发的优秀奖。

由国家林业和草原局、外交部、生态环境部、香港渔农自然护理署等部门代表及北京林业大学专家组成的中国代表团，全程参与大会的各项议题讨论。代表团还举办了中国边会、设置宣传展位，开展一系列宣传活动，扩大中国在湿地保护领域的国际影响力。

（郑思贤）

【首届世界竹藤大会】 于6月25～27日在北京国家会议中心举行。大会主题为"竹藤南南合作助推可持续绿色发展"。国务院总理李克强向大会发来贺信，厄瓜多尔总统莫雷诺、哥伦比亚总统桑托斯向大会发来视频贺辞。全国人大常委会副委员长郝明金、埃塞俄比亚联邦议会人民代表院副议长米米纳蕾、国际竹藤组织秘书处总干事费翰思出席开幕式并致辞。国家林业和草原局局长张建龙主持大会开幕式。大会由部长级高峰论坛、专题会议和大型竹藤产品和技术展览会组成，来自国际竹藤组织成员国、有关国际组织和非政府组织，以及科研院所、高校、企业界的代表约1200人参加了会议。

6月25日，世界竹藤大会部长级高峰论坛举行，国家林业和草原局局长张建龙，国际竹藤组织（INBAR）董事会联合主席江泽慧，牙买加工商业、农业和渔业部部长哈钦森，尼泊尔林业与环境部部长巴斯内特出席高峰论坛并讲话。高峰论坛由厄瓜多尔农业及畜牧业部部长阿哥雷达主持。部长级高峰论坛研讨了竹藤在实现联合国《2030年可持续发展议程》中的使命和贡献，发布2018世界竹藤大会《北京宣言》和"竹藤产业绿色发展路线图"。

专题会议和主题研讨共有 70 余场，包括企业家论坛、竹藤与波恩挑战、竹林碳汇与碳贸易、竹藤食品安全、竹建筑、竹家具与竹人造板、竹藤标准、竹藤贸易、竹藤材料创新技术、竹产品认证等多个具体议题。

竹藤产品和技术展览会汇集全球竹藤领域的优质产品、先进技术和最新科研成果，包括竹藤家具、竹藤建材、竹藤工艺品、竹藤日用品、竹纤维制品、竹炭制品、竹藤加工机械等相关产品。主要展区包括亚洲馆、非洲馆、拉美馆、中国馆及国际组织展厅。

（国际司）

【亚太地区森林恢复国际会议暨亚太森林组织十周年回顾活动】 于 3 月 26~28 日在北京举行。会议以"分享森林恢复经验，协调区域林业发展"为主题，从森林恢复实践与模式、利益分配机制与社区发展、退化林的管理和政策、区域林业人才等角度，分析和总结亚太地区森林恢复经验及亚太森林组织十年来在森林恢复领域所做的探索和取得的成果，倡导各成员国携手合作，继往开来，开启亚太林业可持续发展新征途，共同推进区域林业协调发展。会议期间，还启动了 GMS 跨境野生动物保护合作机制和中国-东盟林业科技合作机制。国家林业局副局长彭有冬、亚太森林组织董事会主席赵树丛、国家林业局原局长贾治邦、中国人民外交学会会长吴海龙、斐济林业部部长欧西·奈卡木、柬埔寨农林渔业部国务秘书陈金森、巴布亚新几内亚国家森林委员会主席大卫·都塔欧那等出席开幕式。来自亚太地区 30 多个经济体的部长、国际组织高官、外交使节及国内外代表 300 多人出席会议。

（肖 军）

【第四届世界人工林大会】 于 10 月 23~25 日在北京举行，会议主题是：人工林——实现绿色发展的途径。来自 66 个国家近 700 名代表在为期 3 天的会议中探讨经济、社会和生态效益兼顾的人工林可持续管理理论与实践途径。

国家林业和草原局局长张建龙、国家林业和草原局副局长刘东生、中国工程院院士沈国舫、联合国防治荒漠化公约秘书处执行秘书莫妮卡·巴布、联合国粮食与农业组织驻中国代表马文森、国际林联执行主任亚历山大·巴克等出席会议。

会议由联合国粮农组织、中国国家林业和草原局、国际林联联合主办，中国林业科学研究院具体承办。

（国际司）

民间国际合作与交流

【综 述】 2018 年，林业民间交流合作以习近平新时代中国特色社会主义思想为指导，积极贯彻党的十九大精神。以服务国家生态文明建设和服务国家外交大局为主体，以助力"国内林草事业发展""绿色一带一路建设""建设人类命运共同体"为重点内容，各项工作取得了显著成效。

（汪国中）

【《联合国森林文书》履约工作】 一是副局长彭有冬带队圆满完成出席联合国森林论坛第十三届会议各项任务，向国际社会宣传了中国加强自然资源综合管理、大力实施生态工程、积极落实《联合国森林战略规划》的成功经验，深度参与会议各项议题的讨论，贡献中国智慧，并成功将全球森林资金网络落户中国写入联合国森林论坛第十三届会议决议。二是积极推动全球森林资金网络落户中国各项具体事务，组织专家专题讨论在华设立该网络的工作步骤、机制和谈判要点，承办了联合国森林论坛专家会议，邀请 40 多个国家 60 多名官员和专家研讨，提出全球森林资金网络运行指导方案建议，并起草该网络落户中国的东道国协议草案，推动联合国启动东道国协定谈判。三是组织研究履约示范单位建设方案，拟定下一阶段建设任务和方向，组织赴澳大利亚履行《联合国森林文书》培训项目，为推进履约示范单位建设做好前期准备。

（汪国中）

【中外民间合作项目和援外培训】 一是中日民间绿化合作持续推进，召开中日民间绿化合作第十九次委员会会议和工作磋商年会，召开 2018 年项目管理工作会议，举行纪念中日和平友好条约缔结 40 周年植树活动，2018 年新争取项目 24 个，组织开展 48 个项目的年度检查；组织实施小渊基金青年交流团。二是召开林业和草原援外培训年度工作会议，圆满完成林业援外培训项目 26 个，培训对象重点向"一带一路"沿线国家倾斜，境外培训、学历培训、技能培训、科研创新培训方式进一步丰富。三是聚焦绿色"一带一路"建设，召开"一带一路"林业国际合作研讨会，支持中国绿化基金会举办"一带一路"生态治理论坛，支持中国生态文化协会组团赴俄罗斯参加国际青少年林业大赛，组团赴瑞典参加第十三届大森林论坛，赴德国、瑞典与德国复兴银行、瑞典林主协会进行合作会谈，组织开展新时代林业对外民间合作需求调研。

（汪国中）

【涉林草境外非政府组织合作与交流监管体系】 一是继续强化境外非政府组织在华活动及项目共同商议制度，先后与 7 家境外非政府组织召开合作年会，2018 年确定合作项目 208 个，落实资金近 6400 万元人民币，涉及生物多样性保护、湿地保护、濒危野生动植物保护、应对气候变化、森林可持续经营、宣传教育等领域。二是组织研究《境外非政府组织代表机构在华活动指导准则和行为规范》，完成草案起草工作，以期通过健全规章制度，更有效地指导和规范相关非政府组织在华活动。三是切实承担好涉林草境外非政府组织申请在华设立代表处的审核及管理工作，协助国际爱护动物基金会驻华代表机构完成注册登记，审核 7 家机构的 2017 年度工作报告和 10 家机构 2018 年度工作计划，截至

2018年年底，由国家林草局担任业务主管单位的境外非政府组织达8家。

（汪国中）

【外事管理和对外宣传工作】 一是严格按照外事规定做好出国（境）团组审核和证照管理，累计审核出国团组385批次，办理出访团组签证433批次、1094人次，办理因公护照308本，因公护照归还率100%。二是认真审核局直属单位请进外宾、对外签署协议和举办国际会议等活动，累计审核请进外宾58批次、231人，对外签署协议18项，国际会议12批次。三是完善外事规定及出访知识教育，专门组织编纂了《国家林业和草原局因公出国（境）任务常见问题解答手册》。四是统一规范国家林草局及司局和直属单位对外名称。五是组织出版《2017年林业发展报告》（英文版），加强中国林业网英文网站运维更新管理，印制各类宣传材料，大力宣传中国加强生态文明建设、林业和草原事业改革、发展取得的进展和成就，推广中国成功经验和做法，增进国际社会对中国参与全球自然治理立场的了解和认识。六是切实承担国家林草局重大国际会议和出访签约等活动的相关会务、翻译、对外联络等外事服务工作，并配合协助业务司局开拓交流合作渠道。

（汪国中）

【国家林业和草原局与自然资源保护协会（NRDC）2018年年会】 1月19日在北京召开。国家林业和草原局相关司局、直属单位及自然资源保护协会（美国）北京代表处代表参加会议。双方在总结上一年度合作成果的基础上，对2018年度的合作项目进行磋商并达成共识，形成《国家林业和草原局与自然资源保护协会2018年度合作备忘录》。根据《备忘录》内容，2018年，双方将在濒危野生动物保护与管理、公约履约与执法及国家公园建设等领域开展合作，项目资金约119万元人民币。

（荣林云）

【林业援外培训向非洲传播中国林业故事】 1月29日，根据"中非森林治理学习项目"计划，中赞林业合作利益方座谈会在北京举行。国家林业和草原局对外合作项目中心副主任许强兴向赞方林业代表团介绍了中国林业援外培训的重点领域和实施情况。双方一致认为中国和赞比亚两国人民有着深厚的传统友谊，两国在森林资源可持续开发利用、野生动物保护等领域的合作互补性强，通过林业援外培训平台，进一步加强中赞两国林业的务实合作，造福两国人民。赞比亚林业部门、木材生产商协会、林机协会、木材公司和家具企业代表纷纷表示，中方开展的林业援外培训是南南合作和推动实现联合国《2030年可持续发展议程》目标的重要平台，中方为实现全球可持续发展积极贡献林业改革发展的中国智慧和中国方案，赢得了国际社会和赞比亚的广泛赞誉。

（许强兴）

【中日民间绿化合作2018年工作年会】 于1月30日至2月3日在日本东京举行。国家林业局对外合作项目中心副主任许强兴与日中绿化交流基金事务局局长梶谷辰哉共同主持。会议期间，双方就中日民间绿化合作委员会第十九次会议议题交换了意见，并就项目年度检查、中日两国纪念缔结和平友好条约40周年纪念活动等情况进行了沟通。年会就推动项目可持续发展，进一步深化中日民间绿化合作达成共识。

（徐映雪）

【商务部批准2018年林业援外培训项目实施任务】 2月7日，商务部下达2018年援外培训任务。国家林业局对外合作项目中心配合"一带一路"倡议，紧紧围绕林业中心任务会同相关实施单位争取到林业援外培训项目28个，其中境外培训班1个，部长级培训班2个。在对外合作项目中心积极推动下，林业援外培训工作得到商务部充分认可，2018年林业援外培训班数量保持稳定。对外合作项目中心将继续积极对接林业国际合作重点工作，按商务部要求，做好援外培训项目的协调管理和监督评估工作，强化林业援外培训品牌建设，通过林业援外培训平台积极传播新时代人类命运共同体和生态文明理念，积极传播中国林业故事，推动中国林业模式和产业走出去。

（杨瑷铭）

【与中韩青少年未来林中心代表团会谈】 4月3日，对外合作项目中心副主任许强兴与中韩青少年未来林中心理事长权丙铉一行进行座谈交流。双方就中韩合作西部省区造林项目取得的经验和成果交换意见。权丙铉理事长对项目实施成果给予了积极的评价，同时希望对外合作项目中心对其组织韩国大学生来华开展植树交流活动给予支持。韩国青少年未来林中心是从事拯救地球活动的非盈利性民间组织，积极致力于"拯救地球"公益事业，近年来积极组织韩国大学生在中国内蒙古达拉特旗开展植树造林活动。

（徐映雪）

【新西兰欧森林业公司代表团与国家林业和草原局会谈】 4月，新西兰欧森林业公司总裁克拉克一行与国家林业和草原局相关人员会谈。对外合作项目中心副主任许强兴主持会议并表示合作中心作为国家林业和草原局开展民间合作交流的窗口单位，欢迎国外相关企业与机构来华开展林业合作，将积极为国外企业提供信息和政策咨询。克拉克总裁介绍了公司的主营业务与经营状况，希望利用其森林资源可持续经营管理技术优势，在中国开展相关合作。资源司相关负责同志向新方介绍了中国森林资源可持续经营管理有关情况。新西兰欧森林业公司是新西兰最大的人工商品林服务公司，并在澳大利亚开展大量业务。该公司主要为有需求的林主、政府与机构林主提供森林经营服务。

（杨瑷铭）

【对外合作项目中心与津巴布韦联合木材公司座谈交流】 4月27日，津巴布韦联合木材公司总裁Daniel Simbisai Sitole一行来国家林业局对外合作项目中心会谈交流。国际竹藤中心、林科院科信所、中国林产工业协会、中林林产公司海外部相关人员以及津巴布韦联合木材公司代表团参加了此次会谈。双方强调，中国与津巴布韦两国人民有着深厚的传统友谊，两国在森林资源可持续发展利用、野生动物保护等领域的合作互补性强，随着"一带一路"建设的深入推进，两国林业合作前景十分广阔。双方还表示，要以此次会谈为新起点，以实施"一带一路"倡议为契机，深化双方互利共赢的务实合作，支持津巴布韦林业官员和技术人员来华开展技术交流与培训活动，并积极探讨新的合作组织和机制。

（陈 岱）

【国家林业和草原局与国际爱护动物基金会（IFAW）2018年年会】 于5月22日在北京举行。国家林业和草原局有关司局、直属单位、相关省（区）林草主管部门及国际爱护动物基金会北京代表处代表参加了会议。会议回顾了上一年度合作项目执行情况，商定2019年度合作项目，形成《国家林业和草原局与国际爱护动物基金会2019年度合作备忘录》。根据《备忘录》内容，2019年，双方将在预防野生动物犯罪、野生动物紧急救助及保护教育、亚洲象及其栖息地保护等领域开展合作，项目资金约652万元人民币。 （荣林云）

【胡章翠率团赴瑞典出席第十三届大森林论坛】 6月25日至7月1日，全国绿化委员会办公室专职副主任胡章翠应瑞典林务局和美国产权与资源机构（RRI）联合邀请，率中国林业代表团出席在瑞典吕勒奥市举行的第十三届大森林论坛并发表主旨演讲。本届论坛的主题是"林业推动生物经济和可持续发展"，来自中国、美国、加拿大、瑞典、芬兰、巴西、秘鲁、印度、印度尼西亚9个全球主要林业大国的林业部门负责人，以及联合国粮农组织等国际机构、林业企业特邀专家出席了会议。与会代表围绕生物经济与环境、经济和社会发展之间的平衡关系，小林主、社区、当地居民对当地经济、森林可持续管理和生物经济的推动作用，生物质能源促进减贫、林地使用与气候变化等议题交换了意见，并就大森林论坛下一步发展作了共同展望。论坛期间，胡章翠会见了瑞典农村事务大臣斯文·埃里克·布克特，以及加拿大、印度、美国等国林业部门负责人，就进一步加强林业领域国际交流与合作深入交换了意见。 （杨瑷铭）

【国家林业和草原局与野生生物保护学会（WCS）2018年年会】 于6月27日在北京举行。国家林业和草原局有关司局、直属单位、相关省（区）林草主管部门以及野生生物保护学会北京代表处的代表参加了会议。会议回顾了上一年度合作项目执行情况，商定了2019年度合作项目，形成了《国家林业和草原局与野生生物保护学会2019年度合作备忘录》。根据《备忘录》内容，2019年，双方将在野生东北虎及其栖息地保护、青藏高原野生动物保护、野生动物贸易控制管理、斑鳖与扬子鳄保护等领域开展合作，项目资金约766万元人民币。 （荣林云）

【国家林业和草原局与湿地国际（WI）2018年年会】 于7月3日在黑龙江召开。国家林业和草原局有关司局、直属单位、相关省（区）林草主管部门及湿地国际中国办事处的代表参加了会议。会议回顾了上一年度合作项目执行情况，商定了2019年度合作项目，形成了《国家林业和草原局与湿地国际2019年度合作备忘录》。根据《备忘录》内容，2019年，双方将在湿地保护与管理、水鸟监测技术支持及培训、组织召开湿地保护相关会议等领域开展项目合作。 （荣林云）

【国家林业和草原局与世界自然基金会（WWF）2018年年会】 于8月1日在黑龙江召开，来自国家林业和草原局有关司局、直属单位及相关省（区）林草主管部门以及世界自然基金会北京代表处的代表参加了会议。会议回顾了上一年度合作项目执行情况，商定了2019年度合作项目，形成了《国家林业和草原局与世界自然基金会2019年度合作备忘录》。根据《备忘录》内容，2019年，双方将在湿地生态系统保护与管理、野生动植物保护、森林保护与森林可持续经营、自然保护地管理及公众宣传倡导等多个领域开展合作，项目资金约3670万元人民币。 （荣林云）

【中日绿化合作林业青年代表团赴日开展访问交流】 应日中友好会馆邀请，9月2～8日，来自国家林业和草原局相关司局和直属单位的30名青年干部赴日本开展了交流访问。代表团访问了日本东京、宫城县，与日本林野厅、日中绿化交流基金、三菱地产株式会社等单位就中日林业政策、绿化技术、城市规划等进行了业务交流，了解体验了森林疗养，调研了森林经营管理，并在岩沼市开展了植树活动。 （徐映雪）

【中日韩三国在森林空间领域开展的保养活动推进论坛】 应日本林野厅邀请，10月15～19日，对外合作项目中心组织局国有林场和种苗管理司、山西省林业厅、贵州省林业厅及相关社团和企业共8人赴日本长野县参加中日韩三国司局长会议机制下举行的中日韩三国在森林空间领域开展的保养活动推进论坛。来自中日韩三国的林业主管部门、学会组织和私营部门的代表在论坛上分享了各国在森林康养领域的做法和经验，并在信浓町的黑姬高原和上松町的赤泽自然休养林体验了日本的森林疗养和森林浴。此次论坛为今后三国之间在森林康养领域进一步的交流和合作奠定了良好的基础。 （徐映雪）

【中日绿化合作项目管理工作会议】 于10月22～24日在河南郑州召开。国家林业和草原局对外合作项目中心副主任许强兴、中国青年国际交流中心副主任洪桂梅、日本驻华使馆、日中绿化交流基金事务局局长梶谷辰哉和来自全国相关省份林业、青联、环保、对外友协、工会等项目实施单位的负责同志共150名代表参加此次会议。会议主题是中日民间绿化合作项目可持续发展。与会代表围绕主题总结经验，研究问题，探讨对策。会议期间，与会代表参观了洛阳市项目建设情况并开展了纪念中日两国缔结和平友好条约40周年纪念植树活动。 （徐映雪）

【第二届世界生态系统治理论坛】 由国家林业和草原局、世界自然保护联盟及杭州市人民政府联合举办的"第二届世界生态系统治理论坛"于11月4～8日在浙江省杭州市举行，来自欧洲、非洲、南美洲的33个国家的政府机构、科研院所，12家联合国机构、国际组织及中国发展改革委、自然资源部、国家统计局等部门的代表共290余人参加论坛。论坛主要分为开幕式、主旨报告、平行专题研讨会、闭幕式及考察活动，以"生态资产和生态系统服务"为主题并通过成果文件《杭州宣言》。国家林业和草原局局长张建龙、浙江省人大副主任史济锡、世界自然保护联盟总干事英格·安德森、印度尼西亚环境和森林部总司长巴古斯·赫鲁多佐·吉普托诺出席开幕式并致辞。开幕式由国家林业和草原局副局长彭有冬主持。会上，张建龙局长提出三项倡议，一是共同推进可持续发展进程，保护、恢复和促进可持续利用陆地生态系统，可持续管理森林，防治荒漠化，制止和扭转土地退化，遏制生物多样性的丧失，为实现联合国可持续发展目标共同努力；二是共同应对全球气候变化，切实履行相关国际公约，积极实施REDD+等合作行动，加强履约协作，制订生态应对方案，保护和修复森林、湿地、草地和荒漠生态系统，为应对全球气候变化做出积极贡献；三是共同打造生态治理新体系，坚定推行多边主义，以规则为基础，以公平为导向，以共赢为目标，打造合作共赢、共建共享、和谐共生的全球生态系统治理新体系。 （荣林云）

【国家林业和草原局与大自然保护协会（TNC）2018年年会】 于12月4日在北京举行。国家林业和草原局有关司局、直属单位、相关省（区）林草主管部门以及大自然保护协会北京代表处的代表参加了会议。会议回顾了上一年度合作项目执行情况，商定了2019年度合作项目，形成了《国家林业和草原局与大自然保护协会2019年度合作备忘录》。根据《备忘录》内容，2019年，双方将在自然保护与生态修复、气候变化与林业、林产品贸易与海外林业投资等领域开展合作，项目资金约2610万元人民币。 （荣林云）

【2018年度林业和草原援外培训工作会议】 于12月10～12日，国家林业和草原局对外合作项目中心在福州市召开了林业和草原援外培训年度工作会议，来自国家林业和草原局相关司局、直属单位和涉林援外培训实施机构及有关企业的代表出席会议。国家林业和草原局国际合作司司长孟宪林出席会议并讲话。会议听取国家林业和草原局国际司有关林业和草原援外工作现状与发展趋势的情况介绍，国家林业和草原局竹子开发研究中心、国际竹藤中心、管理干部学院、北京林业大学、甘肃省治沙研究所和福建省生态学校6家单位就2018年林业援外培训工作情况作了汇报。与会司局单位和企业代表结合本单位业务工作，就林业和草原援外培训发展方向和重点领域进行了交流研讨。会议分析了当前的国际形势和林业草原国际合作面临的机遇和挑战，提出了新时代林业和草原国际合作目标任务和重点工作，并要求林业对外援助培训工作要准确把握以习近平同志为核心的党中央关于进一步扩大开放的决策部署，配合局党组确定的林业草原中心任务，积极进取，努力开创林业和草原国际合作新局面。 （杨瑗铭）

【国家林业和草原局与境外非政府组织2018年年度合作座谈会暨联谊会】 于12月13日在北京召开，来自国家林业和草原局19个司局单位、北京市公安局、北京市园林绿化局及20家境外非政府组织代表参加了座谈会。国家林业和草原局副局长彭有冬在联谊会上致辞，高度评价境外非政府组织在中国境内的项目成效，并对未来的合作提出新的要求和展望。保护国际全球执行副总裁塞巴斯蒂安·特荣及香港嘉道理农场暨植物园执行董事薄安哲代表境外非政府组织致辞。 （荣林云）

【深度参与全球森林治理体系构建】 国家林业和草原局对外合作项目中心积极参与和引导林业国际规则制定，推动建立于中国有利的全球森林治理体系。一是推动《联合国森林战略规划》的实施，2月和11月，组织赴意大利罗马参加停止毁林和增加森林面积国际会议和《联合国森林战略规划》全球森林目标能力建设研讨会，为推动落实联合国可持续发展目标和《联合国森林战略规划》，讨论国家进展报告模板，提出相关政策和技术建议。二是圆满完成出席联合国森林论坛第十三届会议任务。副局长彭有冬率团参会，成功向国际社会宣传了中国加强自然资源综合管理、大力开展生态工程、积极落实《联合国森林战略规划》的成功经验，并与联合国副秘书长、联合国森林论坛秘书长等进行了富有成效的会谈，进一步表达了中国全力支持联合国森林论坛工作、希望全球森林资金网络（以下简称"网络"）落户中国的积极立场。三是积极推动在华设立联合国"全球森林资金网络"。3月，在四川承办联合国森林论坛专家会，并担任会议联合主席，讨论形成了全球森林资金网络的运行指导方案、重点活动和机制建议稿；同时，组织国内相关单位召开了在华设立"网络"专家会议，介绍在华设立"网络"进展情况，针对"网络"东道国协定及合作谅解备忘录内容进行讨论，为东道国协定谈判做了充分准备。四是经过与联合国森林论坛秘书处的沟通，国家林草局派往秘书处实习的中国林科院郎燕工作期限延长一年。五是继续向UNFF捐款，用于支持全球森林资金网络工作规则谈判工作；支持联合国森林问题谈判；支持履行《国际森林文书》示范单位建设；支持向UNFF秘书处派遣初级工作人员。 （毛琪）

【履行《联合国森林文书》示范单位建设工作】 一是开展示范单位调研活动。积极推动履行《联合国森林文书》示范单位建设工作，组织示范单位建设专家组赴示范单位调研，编制完善示范单位建设方案，开展示范单位宣传工作。二是圆满举办示范单位建设研修班。8月，在黑龙江举办示范单位建设研修班，为示范单位有关人员介绍了联合国森林谈判最新进展，解读《联合国森林文书》《联合国森林战略规划》主要内容，介绍现代国际化林业理念，推动示范单位参与国际交流合作。三是组织赴澳大利亚履行《联合国森林文书》引智培训团。11月，国家林草局相关业务单位和履行《联合国森林文书》的示范单位所在省厅有关人员共19人赴澳大利亚开展为期21天的履行《联合国森林文书》引智培训项目，加强示范单位能力建设，学习林业发达国家履约和森林经营实践，探索未来国际交流合作模式。四是开展履行《联合国森林文书》示范单位建设技术支撑项目。委托中国林科院森环森保所承担履行《联合国森林文书》技术支撑项目，进一步提高《联合国森林文书》履约工作成效，积极推动履行《联合国森林文书》示范单位建设工作，并开展履行《联合国森林文书》国家报告编制及研提国家自主贡献活动。五是新增一个示范单位。为配合在杭州召开的第二届世界生态系统治理论坛，对外展示中国森林可持续经营成效，应浙江省林业厅申请，经对外合作项目中心审核并报请局领导批准，浙江省杭州市余杭区于11月成为履行《联合国森林文书》示范单位，示范单位数量增加到13个。 （毛琪）

国际金融组织贷款项目

【2018年国际金融组织贷款项目进展情况】 世行和欧投行联合融资"长江经济带珍稀树种保护与发展项目"进展顺利。在国家发改委的主持指导下，项目认定和技术评价工作已经完成，安徽、江西两省完成了欧投行的项目评估，四川省完成了世行的技术和安保政策评价。世行赠款基金"中国森林可持续经营与融资分析"课题研究进入成果总结阶段。

亚行贷款"西北三省区林业生态发展项目"进入竣工准备阶段。该项目完成经济林造林3.89万公顷，生态林0.5万公顷，为项目区林农修建果库、各类道路、房屋等设施，培训各类人员14.5万人次，累积使用贷款8710万美元、赠款420万美元。

新一期亚行贷款"丝绸之路沿线地区生态治理与保护项目"正式立项。2018年项目被正式列入2018~2020年国家利用外资三年滚动计划。项目将利用亚行贷款2亿美元，在陕西、甘肃、青海3省开展生态恢复和保护建设。

组织实施欧洲投资银行贷款林业打捆项目。项目涉及河南、广西、海南三省(区)。主要开展新造林4.5万公顷，现有林改造2.9万公顷，以及森林认证等项目活动。已累计完成建设任务4.6万公顷，其中人工造林3.3万公顷，改培1.3万公顷；完成项目总投资7.5亿元，其中欧投行贷款(报账金额)1.5亿元，协调落实配套资金6亿元。

新一期欧投行贷款"乡村振兴林业发展项目"申请立项。项目建设范围为山东、陕西和贵州3省。项目建议总投资约27.9亿元，其中利用欧投行贷款1.8亿欧元，国内配套13.95亿元，已报请国家发改委申请立项。

全球环境基金"中国森林可持续管理提高森林应对气候变化能力项目"顺利实施。该项目实行"统一管理，分级实施、各负其职、共担风险"的管理方式，2018年各项目省提款报账工作全面展开，累计培训项目技术人员1200余人次，探索了服务基层项目单位的新方式。

新一期全球环境基金赠款"中国长江经济带珍稀濒危物种保护示范项目"开展申报工作。为加强长江经济带生态保护，进一步恢复和扩大长江经济带特有珍稀濒危物种种群数量，联合世界银行，共同开发申报了该项目。项目执行期拟定6年，总预算6400万美元，其中申请全球环境基金赠款800万美元。2018年已列入世界银行本年度优先项目。

(马 藜)

国有林场建设

18

国有林场建设与管理

【综　述】　2018年，国有林场建设管理工作取得显著成效。一是加强制度建设，推进国有林场规范管理，起草了《国有林场管理办法》修订大纲。二是国有林场扶贫工作取得积极进展，争取中央财政国有贫困林场扶贫资金6.2亿元，较2017年新增加0.7亿元，明确了到2020年的脱贫工作思路，启动编制《中国国有林场扶贫二十年》。三是举办全国林业行业职业技能竞赛、国有林场建设管理培训班等活动，搭建国有林场在线培训平台。四是开展国有林场备案工作，建设完成国有林场备案系统，已完成北京市、海南省国有林场备案工作。五是印发50家国家森林小镇建设试点名单，国家森林小镇建设试点工作正式启动。　　　　　　　（张　静）

【国有林场管理办法修订】　针对改革完成后国有林场如何激发和调动干部职工积极性、如何适应新的管理方式等问题，启动《国有林场管理办法》修订工作。3月，完成《国有林场管理办法》修订大纲起草；4月21日，组织部分省区国有林场主管部门负责人和林场场长在湖北襄阳进行研讨和调研；8月27~31日，组织湖南、福建、贵州等省有关专家赴贵州省进行专题调研并形成修订初稿；9月14日，邀请部分省（区）国有林场主管部门负责人在北京召开座谈会，进一步修改完善后发各省（区）征求意见。　　　　　　　　　　（杜书翰）

【国有林场中长期发展规划】　启动国有林场中长期发展规划编制工作，制订《国有林场中长期发展规划（2020~2035年）》编制工作方案及规划有关情况调查表。9月8~9日邀请北京林业大学等单位专家在北京召开座谈会，就工作方案等征求有关省区国有林场意见。组织完成有关情况调查表填报工作，起草完成规划框架。　　　　　　　　　　　　　　　　　（杜书翰）

【国有林场扶贫工作】　落实中央财政国有贫困林场扶贫资金6.2亿元，较2017年新增加0.7亿元。4月17日，在中国林场协会四届三次常务理事扩大会议上对2018年国有林场扶贫工作进行部署。7月20日，在北京召开国有林场扶贫工作座谈会，总结国有林场扶贫工作经验，分析当前工作中存在的问题，明确到2020年实现国有林场脱贫的工作思路。启动编制《中国国有林场扶贫二十年》。联合中国农林水利气象工会开展调研及送温暖活动，向吉林、新疆60名国有林场困难职工发放慰问金6万元，并赴吉林省对部分贫困职工进行实地走访慰问，同时就国有林场内部绩效管理、完善收入和社保制度进行调研。　　　　　　　　　　（张　静）

【国有林场职业技能竞赛】　9月17~19日，联合中国就业培训技术指导中心、中国农林水利气象工会全国委员会在湖南大围山国有林场共同举办了2018年全国国有林场职业技能竞赛，来自34个代表队的102名选手参加了竞赛活动。经过激烈角逐，湖南省苏仙区五盖山国有林场的段志华等36名选手分获个人一、二、三等奖，湖南省等10个代表队分获团体一、二、三等奖，山西省林业厅等11个单位获得优秀组织奖，上海市等11个代表队获得精神风尚奖，湖南省浏阳市大围山国有林场获得特殊贡献奖。赛后，按程序为获得一等奖的选手向人社部申报"全国技术能手"荣誉称号。
　　　　　　　　　　　　　　　　　（张　静）

【国有林场建设管理培训】　于12月10~13日在浙江省宁波市举办，来自全国50个森林小镇建设试点单位负责人及有关省级林业主管部门有关同志，共计90余人参加培训，重点培训了森林小镇试点建设和管理。举办3期国有林场场长培训班，360余名国有林场负责人参加了培训，主要培训国有林场改革发展、森林经营、基础设施建设、国有林场扶贫等内容。　　（张超英）

【国家森林小镇试点建设】　8月，国家林业和草原局印发《关于公布首批国家森林小镇建设试点名单的通知》（林场发〔2018〕80号），公布北京市森林蜜蜂小镇等50个首批国家森林小镇建设试点。组织有关专家编制完成《国家森林小镇建设规范（试行）》，加强对森林小镇的指导和规范管理。
　　　　　　　　　　　　　　　　　（张超英）

国有林场改革

【综　述】　中共中央、国务院《国有林场改革方案》印发3年多来，国家林草局认真贯彻党中央、国务院的决策部署，将国有林场改革作为重中之重，积极会同国家发展改革委、财政部等有关部门，坚持保生态、保民生的改革原则，采取有力措施，落实改革任务，各项工作取得明显成效。截至2018年年底，全国4612个国有林场改革任务基本完成，占国有林场总数4855个的95%，29个省（区、市）已完成了省级自验收工作，改革取得决胜性进展，保生态、保民生、创新体制、活化机制成效明显。

改革成效逐步释放　一是生态保护显著增强。全面停止了天然林商业性采伐，国有林场每年减少天然林消耗556万立方米，占国有林场年采伐量的50%。森林质量明显提升，森林蓄积较改革前增加4亿立方米。完成改革的国有林场被定为公益性事业单位的占95%，完成了《国有林场改革方案》确定的合理界定国有林场属性的任务。

二是民生改善成效明显。累计改造完成国有林场职工危旧房54.5万户。职工年均工资达4.5万元，是改革前1.4万元的3.2倍。职工基本养老保险、基本医疗保险参保率为98%，25个省（区、市）参保率为100%。通过发展森林旅游与林下经济等特色产业、转岗、提前退休等途径，安置富余职工15.7万人。

三是加大财政支持力度。国有林场改革启动以来，中央财政累计安排改革补助资金158亿元，用于解决国有林场职工参加社会保险和分离林场办社会职能问题，职工社会保险参保率较改革前平均提高了25个百分点。国有林场全面停止天然林商业性采伐累计补助138亿元。中国银保监会等部门出台了国有林场金融机构债务处理意见，目前正在按照意见的要求，对每个国有林场的金融债务情况进行详细核实。

四是强化基础设施建设。交通运输部等4部门印发关于促进国有林场林区道路持续健康发展的实施意见，2018～2020年连续3年支持国有林场内外道路建设，总投资107亿元，建设通场部道路1.6万千米，林下经济节点对外连接路1300千米。2017～2019年在内蒙古、江西和广西3省开展国有林场管护站点用房建设试点，3年建设管护站点用房868个，中央投资1.8亿元。

五是完成改革试点任务。河北、浙江、江西、山东、湖南、甘肃6省顺利完成了体制理顺、民生改善和资源保护等国有林场改革试点任务，并通过国家验收。浙江、湖南、江西3省按照《国有林场改革方案》精神，分别开展了现代林场、秀美林场和百强林场建设，推动国有林场发展。

进一步创新体制机制 一是功能定位明确基本到位。31个省（区、市）和1702个县的改革实施方案，都明确了国有林场保护培育森林资源、维护国家生态安全的功能定位。完成改革的4612个林场中，95%的国有林场被定为公益性事业单位，使得国有林场的功能定位在体制上得到了有力保障。

二是人员精简高效初见成果。国有林场事业编制减少到21.7万人，全面完成将国有林场事业编制从40万人减少到22万人的改革硬指标。会同人社部出台《国有林场岗位设置管理指导意见》，整合规模过小、分布零散的林场，国有林场由改革前的4855个减少到4359个。完成起草《国有林场职工绩效考核办法》，设置职工上岗出勤、森林管护、林木培育等内容，对职工进行全面考核，考核结果与绩效工资挂钩，达到奖勤罚懒的目的。

三是森林管护购买服务进行整体设计。2016年财政部、国家林业局印发《林业改革发展资金管理办法》，规定了国有单位国家级公益林管护人员数量、劳务补助标准、签订管护合同等内容，要求各地凡是编制核定满足管理和管护需要的国有林场，由职工负责公益林日常管护，不得再向社会购买服务；凡是编制核定不能满足管理和管护需要的国有林场（如山西、海南、广东等），可以向社会购买服务。细化购买服务工作机制，要求各地根据《林业改革发展资金管理办法》《国家级公益林管理办法》确定的原则，因地制宜地制定购买服务的具体办法（如河北、江西、重庆等），确保了公益林管护购买服务可操作。

四是资源监管分级实施逐步推进。先后制订《森林资源监督工作管理办法》《国家级公益林管理办法》《湿地保护管理规定》《关于进一步加强森林资源监督工作的意见》《全国林地保护利用规划纲要（2010～2020年）》等规章制度，为国有林场森林资源监管提供了遵循。根据《森林法》的修改原则，修订《国有林场管理办法》，明确国家、省、市3级林业主管部门分级监管职责、权限，确保国有林场森林资源监管责任清晰。

全面落实改革决策部署 一是加强组织领导。国务院先后召开改革电视电话会议、改革推进会议，全面部署，确保改革良好开局、任务落地。各省（区、市）党委、政府主要负责同志都对国有林场改革做出指示、批示，并以省政府名义召开启动会议。国家成立由国家发展改革委牵头，11个部委参与的国家国有林场和国有林区改革工作小组。各省（区、市）政府和有国有林场改革任务的市、县政府都成立领导小组，实行省级政府负总责，压实市、县责任，加强国有林场改革统筹协调和落实。

二是营造改革氛围。坚持把宣传放在首位，采取在中央新闻媒体宣传《国有林场改革方案》精神、举办绿色大讲堂、到各地宣讲、组织地方党政领导和林业系统干部培训、百家中央新闻单位走进林场等多种形式，深入宣传国有林场改革总体要求、改革基本原则和主要内容，深化地方党委、政府和有关部门对国有林场改革的认识，使国有林场职工深刻理解改革主要精神，为推进改革营造浓厚氛围。

三是分解改革任务。根据《国有林场改革方案》，国家林草局会同国家发展改革委等，梳理改革任务22条，将重点工作分工印发给16个部委，要求牵头部门负总责，参与部门积极支持配合，认真落实各项任务。

四是明确时间节点。按照《国有林场改革方案》到2020年完成改革的时间要求，提出了到2018年7月底前完成市、县国有林场改革方案印发，2018年年底前原则上完成省级自验收，2019年国家组织验收的进度安排。

五是强化督查督导。会同国家发展改革委通过实地督查、全面督查和重点督查的方式，要求各地加大改革推进力度。组织国家国有林场和国有林区改革工作小组成员单位，先后组成32个督查组，开展了52次督查，2次向全国通报各地改革进展情况，约谈国有林场改革进展慢的省（区）林业、发展改革负责同志，改革进程明显加快。

（宋知远）

【《国有林场改革验收办法》】 3月16日，国家发展改革委办公厅、国家林业局办公室印发《国有林场改革验收办法》（发改办经体〔2018〕338号）。办法明确验收对象，各省（区、市）人民政府是国有林场改革验收工作责任主体。明确验收内容，共有14个大类，41个小项。其中，省级指标四大类13个小项，主要包括森林资源监管、财政支持、国有林场管理和基础设施建设等；省级以下指标十大类 28 个小项，主要包括"三定"、公益林管护、森林资源保护培育、政事企分开、职工保障、基础设施建设、财政金融支持、人才队伍建设等。明确组织实施要求，各省（区、市）人民政府办公厅应当于 12 月 31 日前向改革工作小组提出验收申请，国家发展改革委、国家林草局会同其他改革工作小组成员单位，采取随机抽样的方式进行实地验收。

（张 志）

【《关于促进国有林场林区道路持续健康发展的实施意见》】 国家林业和草原局、交通运输部、国家发展改革委、财政部于 4 月联合下发《关于促进国有林场林区道路持续健康发展的实施意见》（交规划发〔2018〕24 号），提出到 2020 年，国有林场林区出行条件显著改善，林下经济交通服务支撑能力明显增强，森林防火应急道路保障能力明显提升，分工明确、权责清晰、运转高效的国有林场林区道路建设养护体制机制基本形成。《意见》提出，要明确道路属性归位，确定投资建设与管理养护方案，加大中央和地方政府公共财政支持力度，构建层次清晰、功能明确、衔接顺畅、发展可持续的国有林场林区道路体系。《意见》明确，2018～2020 年将重点支持场部通硬化路和国有林区林下经济节点对外连接公路建设，实现每个保留居民居住的国有林场林区场部至少有一条硬化路对外连通，建设规模约 2.2 万千米。

（宋知远）

【国有林场债务核准工作】 2017 年 10 月，中国银保监会、财政部、国家林业局联合印发《关于重点国有林区森工企业和国有林场金融机构债务处理有关问题的意见》（银监发〔2017〕51 号）。2018 年 2 月，国家林业局办公室印发《关于开展国有林场金融机构债务核准工作的通知》，对因营造公益林、国家天然林政策性停伐、危旧房改造等原因形成的国有林场金融机构不良债务进行了核准，并将核准结果报送中国银保监会。9 月，印发《关于报送国有林场金融机构债务明细表的通知》。

（张 志）

【国有林场改革发展座谈会】 于 4 月 18 日在安徽滁州召开。会议总结了 2017 年国有林场各项工作，安排了 2018 年国有林场改革发展工作。会议指出，当前和今后一段时期国有林场改革发展的总体思路是：以习近平新时代中国特色社会主义思想为指针，以落实《国有林场改革方案》文件部署为引领，牢固树立绿水青山就是金山银山的理念，坚持"一个定位"，实现"一大目标"，完成"一项任务"，着力健全治理体系更好地增资源，着力提升治理能力更大地增活力，为提升林业现代化建设水平作出贡献。坚持"一个定位"，就是要把国有林场主要功能定位在"保护培育森林资源，维护国家生态安全"之上。在这一基本定位下，发挥国有林场在生态建设保护中的先锋作用、国家木材生产储备中的骨干作用和提供优质生态产品中的主力作用。实现"一大目标"，就是要贯彻落实创新、协调、绿色、开放、共享的五大发展理念，着力打造绿色林场、科技林场、文化林场、智慧林场，推进国有林场向高质量高水平发展，把我国国有林场建成现代化林场。完成"一项任务"，就是以制订国有林场条例（办法）和国有林场中长期发展规划为引领，建立健全国有林场森林资源保护和培育、人员激励和约束、基础保障和政策支持等制度体系，构筑起国有林场科学持续发展的"软环境"。

（张 志）

【国有林场改革推进情况双月报告制度】 为及时了解各省（区、市）改革进展，准确研判全国改革态势，按期保质保量完成改革任务，2 月，国家林业局场圃总站下发《国家林业局国有林场和林木种苗工作总站关于实行国有林场改革推进情况双月报告制度的通知》（林场改字〔2018〕7 号）。通知印发后，全年共调度各省（区、市）改革双月报表数据及文字材料 6 次，及时掌握了全国改革进度、总结了推进改革的好经验、好做法，发现了存在的问题，为通报全国国有林场改革进展情况提供了有效详实的数据支撑。

（宋知远）

【国有林场改革督查】 2018 年是国有林场改革的攻坚年，国家林业和草原局坚持将督查作为落实改革任务的重要手段，压实地方主体责任，推动改革落地生根。会同国家发展改革委对山东、江苏、河北和河南 4 省开展实地督查，对全国国有林场改革进展情况进行 2 次通报督查，对改革进展慢的内蒙古自治区进行约谈督查。通过实地督查、通报督查和约谈督查，实现了"抓落实、见实效"的督查效果。江苏省加大了省级财政投入力度，河南省制定了国有林场职工参保率低的具体整改措施，内蒙古自治区出台了编制核定和社保参保的关键性文件，黑龙江和江苏两省市、县级改革完成率由 37.18%、45.21% 分别提升到 100%。

（宋知远）

【国有林场 GEF 项目】 12 月 24 日，国有林场 GEF 项目启动仪式在北京举行。国家林业和草原局副局长刘东生、世界自然保护联盟中国代表处驻华代表朱春全出席启动仪式。刘东生强调，要准确把握项目实施方向，重点抓好 4 个方面工作。一是建立一套体系。编制实施 16 个森林经营方案、3 个景观恢复规划，制定 1 套监测评估标准，构建完整的、可借鉴和复制的经营体系。二是制定一套政策。研究提出一批针对性强、含金量高、具体可操作的建议和举措，纳入国家研究制定的政策中。三是培养一批人才。通过项目实施，为国有林场培养一批实用人才，尤其是引进急需的森林景观恢复方面的人才。四是总结一批模式。深入总结提炼，形成一批可借鉴、能复制的模式，加强国内推广和对外展示。

（宋知远）

【电视剧《最美的青春》开播】 8 月 1 日，电视剧《最美的青春》在中央电视台一套晚间黄金时段播出。该剧由原国家林业局、河北省委宣传部和承德市委市政府联合筹拍，电视剧取材于塞罕坝林场建设者的感人事迹，讲述了 20 世纪 60 年代初，塞罕坝机械林场首批创业者，积极响应党和祖国号召，克服常人难以想象的困难，用青春热血甚至生命书写了荒原变林海的绿色传奇。该剧充分展现了中国国有林场牢记使命、绿化祖国的精神面貌，集中体现了中国林业和草原人战天斗地、迎难而上的职业操守，生动诠释了绿水青山就是金山银山的生态理念。

（宋知远）

林业工作站建设

19

林业工作站建设工作

【综述】 2018年，国家林业和草原局林业工作站管理总站（以下简称工作总站）以习近平新时代中国特色社会主义思想为指导，深入学习贯彻党的十九大精神和习近平总书记系列重要讲话精神，认真贯彻落实国家林业和草原局党组决策部署，紧密围绕国家大局和林草中心工作，在创新上下功夫，在固本上使长劲，在服务上求实效，抓重点促难点，抓关键带全面，较好地发挥了全国林业工作站（以下简称林业站）的职能作用，促进了绿色发展。

行业管理 一是开展基层工作调研。国家林业和草原局副局长李树铭亲自带队赴湖北省专题调研指导乡镇林业站建设。工作总站先后深入15个省份60多个乡镇林业站实地了解情况，多层次探讨工作对策。二是分析行业发展形势。研究分析各省份2017年度林业站本底调查关键数据，形成了年度总报告及分省报告，供领导决策参考和各地学习交流。三是实施质量跟踪调查。修订了《年度重点工作质量效果跟踪调查办法》，对各省份2017年度林业站工作进行了量化测评，优秀率达26%，良好率为52%。

队伍培训 一是开展知识竞赛。在北京举办了"固本强基、兴林筑梦"全国基层林业站知识竞赛活动，进一步强化了学业务、学技能、强本领、作奉献的良好行业风尚。二是组织能力测试。制订《乡镇林业站站长能力测试考前培训方案》，下达《2018年度站长能力测试工作任务书》，全年共组织培训和测试乡镇林业站站长2460人。三是指导分类培训。在北京举办了"林业站培训管理者培训班"，在普洱举办了"全国省级林业站站（处）长培训班"，下发"林业站职工岗位培训丛书"2.8万套。四是运用在线培训。整合和升级"全国乡镇林业工作站岗位培训在线学习平台"，组织北京、吉林、甘肃等省份录制了7门地方课，注册学员8.3万人，上线学习达139万人次。

基层基础 一是开展第二次全国本底调查。下达了任务书，优化升级了调查软件，在广州组织了本底调查及建设项目管理人员培训，赴部分省份进行了现场指导，摸清了基层基础数据。二是推动基层林草工作融合。调查了解全国牧区半牧区、九大草原省份基层林草机构及工作情况，向国家林业和草原局领导签报基层林草工作融合的意见和建议。三是建设标准化林业站（以下简称标准站）。国家林业和草原局修订发布了《标准化林业工作站建设检查验收办法》，对2017年通过核查验收的477个标准站颁授"全国标准化林业工作站"铜牌。出版了《全国标准化林业工作站建设》图册，新安排了418个2018年度标准站建设任务。从纳入2018年核查范围的489个标准站中随机抽取118个站进行了实地核查，合格率达98%。四是稳定林业站机构。以标准站建设为抓手，对各站机构编制文件进行核实，推动地方设站或在相关机构下加挂林业站牌子。截至12月底，全国乡镇林业站保持在2、3万个、9万人。

稽查调纠 一是统计分析林政案件。国家林业和草原局发布了《关于2018年全国林业行政案件统计分析情况的通报》（办稽字〔2019〕27号），公布了全国林业行政案件数据"零"上报情况排名表，通报了2018年全国林业行政案件发现、查处及损失情况。统计显示，2018年共发现林业行政案件18.29万起，查处17.61万起，涉林案件处罚总金额16.79亿元。二是开展林政案件统计数据核查。以自查和实地核查的方式，组织对林业行政案件数据变化较大的14个省份开展了专项核查，重点核查了案件数据的变化原因及各县级单位林业行政案件数据"零"上报情况。三是升级统计分析系统。"全国林业行政案件统计分析系统"增设了"专员办查询端口""台账录入的合法性校验"等6项功能，实现了与各驻地专员办之间的案件信息共享。四是组织林权争议处理培训。在江西举办了浙闽赣湘粤桂六省份省际林权争议处理联调培训，在北京举办了华北片区林权争议处理培训，提升了基层调处队伍调处能力。

森林保险 一是推动完善保险制度。积极与财政部沟通并达成共识，即在《国务院关于加快农业保险发展的指导意见》里体现森林保险特殊性，并由财政部、国家林业和草原局及中国银行保险监督管理委员会（以下简称银保监会）联合出台《森林保险管理办法》。二是分析形成年度报告。比对原中国保险监督管理委员会、相关保险公司和林业部门森林保险数据，深度分析2017年全国森林保险统计数据，形成了《2017年森林保险统计分析报告》。三是推动草原保险发展。向银保监会、中航安盟财产保险有限公司、中国人民财产保险股份有限公司和中华联合财产保险股份有限公司等有关部门和单位了解情况，与国家林业和草原局草原司进行座谈，向中央财经委员会办公室汇报，多渠道探讨了财政补贴性草原保险的可行性。四是编撰出版发展报告。与银保监会共同编撰出版了《2018中国森林保险发展报告》，并向相关政府部门、保险机构、科研院所等赠书700余册，成为各方了解森林保险的重要窗口。截至12月底，全国在保森林面积为1.55亿公顷，全年各级财政补贴资金达31.16亿元。

生态护林员 一是出台《生态护林员管理办法》。国家林业和草原局、财政部、国务院扶贫开发领导小组办公室三部门联合下发了《关于开展2018年度建档立卡贫困人口生态护林员选聘工作的通知》（办规字〔2018〕130号），并随文印发了《建档立卡贫困人口生态护林员管理办法》（以下简称《办法》），是此后一段时间生态护林员工作的重要准则。二是督促落实选聘任务。收集梳理各省份选聘实施方案，统计分析2017年度各地生态护林员选聘数据，派员赴青海、贵州等8个重点省份实地调研指导，有力地推动了2017年度选聘与续聘任务"落地"，为后续新增选聘提供了重要支持。三是启用

"生态护林员信息管理系统"。经优化和调试，6月份正式下发、启用了"生态护林员信息管理系统"，录入信息43万条，形成了随时可调取、可利用的数据库。2018年，共选聘生态护林员37万余人。

公共服务 一是推动精准扶贫。国家林业和草原局印发了《关于充分发挥乡镇林业工作站职能作用 全力推进林业精准扶贫工作的指导意见》（林站发〔2018〕40号）。召开了林业工作站推进林业精准扶贫座谈会，积极推动林业站投身扶贫工作。二是助力乡村振兴。选择了5个省份进行林业站服务乡村振兴试点，加大了对国家扶贫开发工作重点县林业站培训工作的指导和支持力度，着力提升了林业站助力林业精准扶贫水平。三是深化公共服务。选取16个省份开展"林业站公共服务能力提升项目"，组织全国林业站公共服务能力提升示范培训。截至12月底，全国林业站指导、扶持林业经济合作组织5万余个、带动农户404万户，科技推广面积153万公顷，培训林农近752万余人，调处涉林纠纷3.6万件。

（唐 伟）

【**实施省级林业工作站重点工作质量效果跟踪调查**】根据林草新形势、新任务，结合近年来全国林业站重点任务变化情况和各省份意见，在2017年全国林业工作站（处）长座谈会广泛讨论的基础上，1月16日，工作总站对2014年试行的《全国省级林业工作站年度重点工作质量效果跟踪调查办法（试行）》进行了修订。按照修订后的《省级林业工作站年度重点工作质量效果跟踪调查办法》（林站办字〔2018〕3号）规定，组织开展2018年度重点工作质量效果跟踪调查。经各省级林业站管理机构自我量化、工作总站综合量化和结果复核，2018年，排名前十位的省份依次为：吉林省、河南省、湖南省、江西省、上海市、云南省、广西壮族自治区、四川省、内蒙古自治区、湖北省。

（唐 伟）

【**全国林业工作站本底调查关键数据**】 截至2018年年底，全国有地市级林业站223个，管理人员2187人；有县级林业站1692个，管理人员20 440人。与2017年相比，地市级林业站增加7个，管理人员减少22人；县级林业站减少了128个，管理人员减少了742人。全国现有乡镇林业站23 704个，其中管理两个以上乡镇区域的林业站（以下称片站）1754个，在农业综合服务中心加挂牌子的林业站5240个。管理体制为县级林业主管部门派出机构的站有7070个，占总站数的29.8%；县、乡双重管理的站有4741个，占20.0%；乡镇管理的站11 893个，占50.2%。与2017年相比，全国乡镇林业站数量增加了542个，增加了2.4%。其中，片站减少660个，减少27.3%。双重管理的比例增加了6.1个百分点，乡镇管理的比例增加了0.6个百分点，派出机构的比例减少了6.7个百分点。

全国乡镇林业站核定编制90 868名，年末在岗职工86 106人，其中，长期职工82 444人。在岗职工中，经费渠道为财政全额的有74 654人，占在岗职工数的87.4%，比2017年提高0.2个百分点；财政差额3466人，占4.1%，比2017年提高0.3个百分点；林业经费4128人，占4.8%，比2017年提高0.1个百分点；自收自支3174人，占3.7%，比2017年降低0.6个百分点。在岗职工中，35岁以下的15 601人，占18.3%；36岁至50岁的51 074人，占59.8%；51岁以上的18 747人，占21.9%。

2018年，各级林业主管部门通过开展多种形式、多种渠道的培训，提高林业站职工队伍的综合素质。在岗职工中，大专以上学历56 600人，占66.3%，其中林科专业27 760人，占大专以上学历职工的49.1%；中专、高中学历25 583人，占30.0%；专业技术人员45 456人，占53.2%，其中中高级专业技术人员26 071人，占技术人员的比例为57.4%。全国完成林业站站长培训53 410人次，其中初任培训16 170人次，能力提升培训36 231人次，站员培训94 242人次，开展在线学习48 996人次。完成了2460名乡镇林业站站长能力培训、测试任务，测试平均合格率在99%以上。林业站职工参加林业本（专）科班、中专班毕业生人数为1101人，在校生人数为1520人，新入学人数为504人。

2018年，全国完成林业站基本建设投资37 941万元，比2017年增加了4.6%。其中，国家投资9876万元，地方资金投入28 065万元。全国新建乡镇林业站214个。通过开展标准站建设等措施，全国共有418个林业站新建了办公用房，727个站配备了通讯设备，696个站配备了机动交通工具，2634个站配备了计算机等办公设备。

2018年，全国林业站紧紧围绕林业中心工作，充分发挥政策宣传、资源管护、生产组织、林政执法、科技推广和社会化服务等职能，在经济社会可持续发展、地方国民经济和林业现代化建设中发挥了不可替代的作用。全国乡镇林业站指导完成造林面积427.9万公顷，其中林业重点工程造林面积149.2万公顷，封山育林面积102.1万公顷，四旁植树12.7亿株，育苗面积28.7万公顷，森林抚育面积366.1万公顷。全国共有8192个乡镇林业站受上级林业主管部门的委托行使林业行政执法权，占总站数的35.8%；有5221个林业站加挂了野生动植物保护管理站的牌子，占总站数的22.8%；有3577个林业站加挂了科技推广站牌子，占15.6%；有4288个林业站加挂了公益林管护站牌子，占18.7%；有3556个林业站加挂了森林防火指挥部牌子，占15.5%；有2960个林业站加挂了病虫害防治站牌子，占12.9%；有130个林业站加挂了林业仲裁委员会牌子，占0.6%；有473个林业站加挂了生态监测站牌子，占2.1%；有2283个林业站加挂了天然林资源管护站牌子，占10.0%。全年直接受理林政案件2.4万余件，协助受理林政案件5.5万余件。全国林业站指导管理护林员84.4万人，其中建档立卡贫困人口生态护林员46.9万人。全部护林员中，专职护林员43.3万人，兼职护林员41.1万人。全国林业站加强了对全国1万余个集体林场、2327个联办林场和7753个户办林场的业务指导和管理。指导、扶持的林业经济合作组织5万余个，带动农户407万户。全国林业站共建立站办示范基地23万余公顷，推广面积153万公顷，培训林农752万余人次。

（赵旭辉）

【**第二次全国林业工作站本底调查**】 组织全国31个省

（区、市）及新疆生产建设兵团开展了第二次全国林业站本底调查工作（第一次本底调查时间是2008年）。调查内容包括省、市、县级林业站管理机构及人员情况，乡镇林业站机构、队伍及辖区森林资源、站房、主要装备、基本建设投资、职能作用发挥、指导管理护林员、辖区乡村林场、林业经济合作组织等情况，共计14个方面226项指标。

在多次征求各省及有关专家意见、多次修改的基础上，制订形成了《第二次全国林业工作站本底调查工作方案》及《第二次全国林业工作站本底调查填表指南》，确定调查范围为全国31个省（区、市）及新疆生产建设兵团，调查对象为省、市、县林业站管理机构以及各乡镇林业站。2018年3月在广州市举办本底调查及建设项目管理人员培训班，集中部署该项工作，解读了本底调查工作方案和技术要求等。同时，以原有"林业站本底数据报表管理系统"为基础，优化升级了本底数据报表管理系统，并在系统中增加了数据项筛选、分析功能模块，进一步增加软件可操作性和实用性；为加强与地方各级林业站交流沟通本底调查数据填报具体事宜，建立了网络工作交流群，工作总站、各地人员、本底系统软件开发公司工程师多方随时沟通填报中的疑问，及时解惑答疑。此次本底调查以站为单元对全国乡镇林业站及各级管理机构进行数据收集、录入、层层审核、汇总、上报至工作总站，共获取494万多个数据。（罗　雪）

【标准化林业工作站建设】　做好标准站建设的指导工作。2018年，通过培训、调研、材料寄送等方式，加强对标准站建设的指导力度。在本底调查及建设项目管理人员培训班上，对新修订的《标准化林业工作站建设检查验收办法》（林站发〔2018〕32号）（以下简称《验收办法》）进行解读，重点阐述修订条款变化情况及其原因；结合各省在建标准站数量，分两批次向各有关省级林业站管理部门寄送《筑牢林业基石　装点绿水青山——全国标准化林业工作站建设》图集共计3600多册，指导各地以图册中的标准为参考样板，建设高质量、高水平的标准站。

做好标准站检查验收工作。在总结前两次标准站核查经验的基础上，结合站内重点工作，制订了2018年全国标准站建设核查方案，3月份印发《国家林业局林业工作站管理总站关于开展2018年度标准化林业站建设核查工作的通知》（林站建字〔2018〕7号），明确核查工作具体要求，实行组长负责制，主要对2016年中央预算内投资建设的标准站建设情况开展国家核查。吉林、河南、广东、上海、江苏等省市按照最新要求对自筹资金建设的林业站自愿申请了国家核查。根据抽样核查结果及新修订实施的《验收办法》等有关规定和要求，确认2018年度全国共有476个林业站达到合格标准，并授予"全国标准化林业工作站"的称号。　（赵旭辉）

【乡镇林业工作站服务乡村振兴工作】　结合2018年林业站建设管理能力提升工作，委托吉林、广西、四川、河南等省（区）的省级林业站主管部门，按照本省（区）实施乡村振兴战略相关要求，选择有代表性的乡镇林业站，开展林业站服务乡村振兴试点，为新形势下林业服务乡村振兴探路子。深入贯彻党中央和国家林业和草原局党组对于推进实施乡村振兴战略有关要求，印发《国家林业和草原局关于开展乡镇林业工作站服务乡村振兴工作的通知》（林站发〔2018〕137号），让乡镇林业站为农村和农牧民参与林业和草原生态保护、建设、改革提供专业化服务，充分发挥林业站在乡村振兴中的重要作用，总结形成一批各具特色的林业站服务乡村振兴的模式、路径和典型，为全面实现乡村振兴提供服务和保障。

（程小玲）

【乡镇林业工作站站长能力测试工作】　2018年，工作总站积极采取有效措施，认真落实年度乡镇林业站站长能力测试工作，下发了《关于做好2018年乡镇林业工作站站长能力测试工作安排的通知》（林站培字〔2018〕11号），对2018年测试工作进行了安排部署。一是要求各有关省（区、市）重点做好贫困地区的测试工作。特别是要加大对集中连片特困地区国家扶贫开发工作重点县林业站培训工作的指导力度和资金支持力度，重点组织实施好测试，切实推动落实林业站分级分类培训制度，全面提升林业站助力林业精准扶贫的能力和水平。二是依据实际确定测试规模。综合考虑确定了2018年度在河北等25省（区、市）开展乡镇林业站站长能力测试工作，并继续以《2018年度站长能力测试工作任务书》的形式明确测试工作的资金和工作任务。三是严格规范测试考前培训。制订了《2018年乡镇林业站站长能力测试考前培训方案》，明确了各有关省（区、市）开展测试考前培训的课程、师资等具体要求，确保考前培训与测试总课时不少于16学时。四是认真抓好测试评估督查。根据《国家林业局规范检查核查工作规定》，继续组织开展2018年度林业站能力建设监督检查工作，组成督查小组，严格按要求开展工作，认真做好综合质量评估和培训授课质量评估等相关工作。全年培训测试人数共计2460人，达到了"以测促培、以培促能"的目的，有效促进了林业站的发展。

（郭露平）

【林业精准扶贫工作】　2018年，工作总站多措并举，扎实做好各项业务工作，推进林业精准扶贫工作。一是在反复调研的基础上，推动下发了《国家林业和草原局关于充分发挥乡镇林业工作站职能作用全力推进林业精准扶贫工作的指导意见》（林站发〔2018〕40号）（以下简称《指导意见》）。明确提出，乡镇林业站要抓好四项工作：认真抓好生态护林员工作的落实、引导组建"扶贫攻坚林业专业合作社"、落实林业站扶贫"四到户服务"工作、扎实开展对贫困村和户的定点联系帮扶。通过乡镇林业站积极工作，使党中央、国务院林业惠农政策得以全面落地入户，为林业行业实施"乡村振兴战略"打下坚实的基础。二是召开林业站推进林业精准扶贫座谈会。工作总站于7月15～16日在云南普洱召开了林业工作站推进林业精准扶贫座谈会。来自全国31个省（区、市）的50多名省级林业站负责人参加了会议，各地林业站对落实《指导意见》情况及精准扶贫工作情况进行了现场交流发言，会议研究部署了下一阶段林业站精准扶贫的具体工作。三是切实抓好《指导意见》的贯彻落实。为促进各省（区、市）落实好《指导意见》，起草下发《关于贯彻落实〈国家林业和草原局关于充分发挥乡镇林业工作站职能作用全力推进林业精准扶贫工作的指导意见〉的通知》（林站培字〔2018〕18号），要求各省（区、市）开展对《指导意见》的学习，制订完善乡镇林业站扶贫的具体工作方案，统筹推进林业站扶贫的4项主要工作，同时深入挖掘乡镇林业站在落实林业精准扶贫工作中的优秀事例和先进典型，激励广大林业站干部职工为推进林业精准扶贫和打赢脱贫攻坚战贡献智慧和力量。

（郭露平）

【"全国基层林业站知识竞赛"活动】 2018年12月10~12日，工作总站在全国林业站系统举办了"全国基层林业站知识竞赛"活动，来自全国25个省（区、市）的75名基层林业站代表参加了此次竞赛活动。国家林业和草原局副局长李树铭到场并讲话。此次竞赛活动由工作总站主办，国家林业和草原局管理干部学院承办，国家林业和草原局人才开发交流中心协办。竞赛活动以"固本强站、兴林筑梦"为主题，旨在通过竞赛的开展，在全国林业站系统中营造出"钻研业务、苦练技能、锐意进取、创新服务"的良好工作氛围。来自全国25个省（区、市）的75名基层林业站代表参加了此次竞赛活动。最终北京市、云南省、湖南省分别获得了此次竞赛团体奖的一、二、三名。来自北京市的王廷蓉、张培培分别获得了此次竞赛个人奖的冠、亚军，云南省的李生阳获得了此次竞赛个人奖的季军。

（郭露平）

【林业行政案件数据核查】 2018年，全国共发现林业行政案件18.29万起，查处17.61万起。根据各地林业行政案件统计数据报送情况，下发《国家林业局森林资源行政案件稽查办公室关于开展林业行政案件统计数据核查工作的函》（林稽办函〔2018〕10号），对林业行政案件数据变化较大的14个省级单位开展数据核查工作，深入挖掘相关省级单位案件数据变化原因及县级单位案件数据"零"上报情况。统计显示，2018年全国共有236个县级单位报送林业行政案件发现数量为0起，较2017年减少11个，下降4.45%，697个县级单位报送林业行政案件发现数量为1~10起，较2017年减少82个，下降10.53%。0案件数据核查工作的开展，进一步提高了全国林业行政案件统计数据质量及准确性。

（张 凯）

【基层林业工作站林政执法典型经验宣传】 贯彻落实《国家林业局关于进一步加强乡镇林业工作站建设的意见》（林站发〔2015〕146号）和全国森林资源管理工作会议精神，在收集整理有关省级单位报送的乡镇林业站林政执法先进典型材料的基础上，选取了辽宁省丹东市宽甸县杨木川镇林业站等6个乡镇林业站，摄制完成《扎根广袤大地 守护绿水青山——乡镇林业站林政执法先进典型纪实》宣传片，并向各省级林业站管理机构和林政案件稽查机构等部门发放，充分调动了基层林政执法工作的积极性。同时，在促进乡镇林业站林政执法职能发挥，开创基层林政执法工作新局面等方面发挥了积极作用。

（张 凯）

【出台《生态护林员管理办法》】 为加强和规范建档立卡贫困人口生态护林员（以下简称生态护林员）管理，2018年9月，国家林业和草原局、财政部、国务院扶贫开发领导小组办公室三部门通过《关于开展2018年度建档立卡贫困人口生态护林员选聘工作的通知》（办规字〔2018〕130号）发布了《建档立卡贫困人口生态护林员管理办法》。《办法》共5章18条，第一章明确了生态护林员的劳务购买关系，确定了中央财政资金补助范围；第二章厘清了各级林草主管部门、财政部门、扶贫部门的职责分工，明确规定乡镇林业站配合乡镇人民政府负责生态护林员选聘（续聘）、培训、监督、考核、日常管理等工作；第三章规定了生态护林员选聘（续聘）条件，明确了公告、申报、审定、公示、聘用的选聘程序，确定管护劳务协议应当明确劳务关系、管护范围、考核等内容；第四章确定了生态护林员工作职责；第五章要求省级林业主管部门会同省级财政部门、扶贫部门制定《办法》的实施细则。《办法》的出台，有力推进了生态护林员管理工作不断制度化和规范化。

（梅凯龙）

【启用"生态护林员信息管理系统"】 为简化基层填报任务，实施精准化管理，2018年6月启用了"生态护林员信息管理系统"。系统共37项填报内容，包括个人基本信息、家庭收入情况、管护范围面积、培训保险情况、聘用状态等。系统数据由乡镇林业站负责录入，基础数据每年更新一次，动态变化情况随时更新，避免了重复填报。县级、市级、省级林业和草原主管部门可以通过系统统计分析本辖区的生态护林员数据，了解年龄性别结构、致贫原因、管护总面积等，有助于及时掌握选聘、续聘及解聘的变化情况，提高管理效率。2018年，共录入数据43万条（含地方资金选聘的6万人），形成了随时可调取、可利用的数据库，实现了扶贫脱贫精准到人。

（梅凯龙）

【生态护林员调研】 2018年8月，国家林业和草原局副局长李树铭赴湖北调研生态护林员管理工作，现场了解生态护林员的家庭情况和巡山护林工作开展情况，倾听他们的意见和建议，要求乡镇林业站选聘好、建设好、管理好、使用好这支队伍，进一步提高资源管护效果，守护好绿水青山。2018年，工作总站先后组派多个调研组，赴广西、山西、青海、内蒙古、黑龙江、安徽、贵州、江西等省份，下乡入村，到生态护林员家中，实地了解脱贫增收的带动效果，了解巡山护林实际开展情况。通过深入调查研究，详细了解生态护林员选聘工作取得的经验和实效、存在的问题，收集一线工作人员和生态护林员的意见和建议，为完善政策奠定了坚实基础。

（梅凯龙）

【森林保险工作】 2018年，中央财政森林保险保费补贴工作覆盖24个省（区、市）、4个计划单列市和4个森工集团，在上年基础上增加长白山森工集团。总参保面积1.55亿公顷，同比增长3.84%，其中公益林1.22亿公顷，商品林0.33亿公顷。总保额14 521.60亿元，总保费34.76亿元。各级财政补贴31.16亿元，占总保费的89.63%，其中，中央财政补贴16.01亿元，林业生产经营主体承担3.60亿元。全年完成理赔15 641起，赔付面积71万公顷，已决赔款10.40亿元，简单赔付率29.92%。

围绕中央1号文件提出的"加快建立多层次农业保险体系"要求，在国家林业和草原局规财司的指导下，工作总站着力从分析现状、完善制度、扩大宣传等方面稳妥推动各项工作开展。一是研究分析，准确把握森林保险发展形势。高质量完成2017年全国森林保险统计分析报告，全面分析森林保险发展情况，得出"参保面积企稳向好，商品林面积止跌回升，保障程度继续提升，贫困户负担明显减轻"等结论，研究"赔付水平仍然偏低，地区和险种发展不均衡"等现象，为加强业务管理、科学制定各项办法规程提供重要参考。二是出版《2018中国森林保险发展报告》（以下简称《报告》）。连续三年联合银保监会（原保监会）共同编撰出版年度发展报告，累计赠阅2200余册。《报告》全面展现了2017年中国发布的森林保险相关政策，分析森林保险发展现状，总结市场建设中的实践与创新，阐释森林保险在新时代林业现代化建设中的重要作用，已成为中国森林保险工作的重要文献之一。三是多方协作、凝聚共识，构建森林保险政策体系。向相关部门和领导汇报沟通，争取各方对森林保险特殊性的共识；修改完善《森林保险示范性条款》和《森林保险查勘定损技术规程》；深化与主要保险机构的合作，开展基层调研，深入挖掘森林保险在防灾减损、助推林业改革、助力精准扶贫等方面的作用。

（马姣玥）

林草计划统计

20

全国林业和草原统计分析

【综述】 2018年是"十三五"规划和全面建成小康社会决胜阶段的关键之年，也是党和国家机构改革调整之年。草原和国家公园等自然保护地管理职能纳入国家林业和草原局后，全国林业和草原系统深入学习贯彻党的十九大精神和习近平新时代中国特色社会主义思想，按照党中央、国务院的决策部署，全面深化林业草原改革，积极推进国土绿化进程，着力提升林业草原发展质量效益，加强以国家公园为主体的自然保护地建设，林业草原经济稳中有增、运行良好。

【国土绿化】 营造林情况 按照2018~2020年全国营造林生产滚动计划，2018年造林任务673.33万公顷，森林抚育任务800万公顷。2018年全国共完成造林面积729.95万公顷，完成森林抚育面积867.60万公顷，两项任务超额完成全年计划任务。全部造林面积中人工造林367.80万公顷，飞播造林13.53万公顷，新封山育林178.47万公顷，退化林修复132.93万公顷，人工更新37.20万公顷。

重点工程建设 2018年，国家林业重点生态工程完成造林面积244.33万公顷，占全部造林面积的33.47%。分工程看，天保工程、退耕还林工程、京津风沙源治理工程、石漠化综合治理工程、三北及长江流域等重点防护林体系工程造林面积分别为40.07万公顷、72.33万公顷、17.80万公顷、24.73万公顷、89.40万公顷。草原重点生态工程建设加快推进，安排中央预算内资金20亿元，安排围栏建设任务207.13万公顷、退化草原改良24.60万公顷、人工饲草地建设5.93万公顷、舍饲棚圈5.9万户、黑土滩治理2.33万公顷、毒害草治理6.67万公顷、岩溶地区草地治理4.93万公顷。

森林抚育 2018年，全年共完成森林抚育面积867.60万公顷，比2017年减少2.04%。其中有7个省份抚育面积超46.67万公顷，分别是广西、新疆、内蒙古、黑龙江、安徽、广东和湖南，7省份抚育完成面积占全国抚育完成面积的一半。

森林质量精准提升工程 2018年，在继续开展第一批森林质量精准提升工程示范项目的基础上，启动第二批30个森林质量精准提升工程示范项目，中央投资13.04亿元，安排造林及退化林修复建设任务18.98万公顷，森林抚育任务29.40万公顷。全年完成退化林修复面积132.93万公顷，比2017年增长3.76%。在人工造林、退化林修复过程中注重优先营造混交林，全年新造和改造混交林面积94.53万公顷。

林木种苗 2018年，林木种苗生产总量满足造林绿化需求，实际可供2019年造林用苗量376.58亿株，用于防护林、用材林、经济林和其他林种的苗木，分别占造林绿化使用总量的32.3%、16.9%、22.4%、28.4%。全年林木种子采收量和苗木产量分别为3.04万吨和646亿株，育苗面积142.67万公顷。

【林业草原投资】 2018年，全国林业投资完成额达到4817亿元，与2017年基本持平。其中：国家资金（含中央资金和地方资金）达到2432亿元，比2017年增长7.67%。按资金来源分，中央财政投资1144亿元，占全部林业投资完成额的23.75%；地方财政投资1288亿元，占全部林业投资完成额的26.74%；国内贷款356亿元，占全部林业投资完成额的7.39%；企业自筹等其他社会资金2029亿元，占全部林业投资完成额的42.12%。在全部林业投资完成额中，中央财政资金、地方财政资金和社会资金（含国内贷款、企业自筹等其他社会资金）的结构比约为1∶1∶2。国家资金（含中央资金和地方资金）占全部林业投资完成额的50.49%，社会资金占全部林业投资完成额的49.51%。按建设内容分，用于生态建设与保护方面的投资为2126亿元，占全部林业投资完成额的44.14%；用于林业产业发展方面的资金为1926亿元，占全部林业投资完成额的39.98%；用于林木种苗、森林防火、有害生物防治、林业公共管理等林业支撑与保障方面的投资为608亿元，占全部林业投资完成额的12.62%；用于林业社会性基础设施建设等其他资金157亿元，占全部林业投资完成额的3.26%。

2018年，林业和草原投入中央资金共计1299.88亿元。其中：中央财政专项资金1082.38亿元、中央预算内投资217.50亿元。全年中央财政资金实际完成投资1144亿元。

2018年，林业实际利用外资金额2.61亿美元，比2017年降低20.18%，占全国实际使用外资（FDI）金额（1350亿美元）的0.19%。

【林业草原产业】 2018年，中国林业产业受整体经济形势影响增速有所放缓，但以森林旅游为主的林业第三产业仍然保持快速发展的势头，林业产业结构进一步优化。全国天然草原鲜草总产量较2017年增长3.24%，载畜能力增长3.32%。

林业产业规模 2018年，林业产业总产值达到7.63万亿元（按现价计算），比2017年增长7.02%，增速放缓2.78个百分点。

分地区看①，东部地区林业产业总产值为33 114.72亿元，中部地区林业产业总产值为19 605.78亿元，西部地区林业产业总产值19 487.93亿元，东北地区林业产业总产值为4064.33亿元。受中国整体经济形势影响，各地区增速均有所放缓，但中、西部地区林业产业增长势头依然强劲，增速分别达到8.84%和12.04%。东部地区林业产业总产值所占比重最大，占全部林业产业总产值的43.42%。受国有林区天然林商业采伐全面停止和森工企业转型影响，东北地区林业产业总产值连续四年出现负增长。林业产业总产值超过4000亿元的省份共有9个，分别是江苏、浙江、安徽、福建、江西、山东、湖南、广东和广西，与2017年相比增加安徽省，其中广东省是唯一一个林业产业总产值超过8000亿元的省份。

林业产业结构　分产业看，第一产业产值24 581亿元，同比增长5.21%；第二产业产值34 996亿元，同比增长4.92%；第三产业产值16 696亿元，同比增长19.69%。林业三次产业结构比进一步得到优化，由2017年的33:48:19调整为32:46:22，第三产业比重增加3个百分点。超过万亿元的林业支柱产业分别是经济林产品种植与采集业、木材加工及木竹制品制造业和以森林旅游为主的林业旅游与休闲服务业，产值分别达到1.45万亿元、1.28万亿元和1.30万亿元，森林旅游产值首次超过木材加工。以森林旅游为主的林业第三产业增速最快，林业旅游与休闲服务业产值增速达15.38%，全年林业旅游和休闲的人数达到36.6亿人次，比2017年增加5亿人次。

【主要林产品产量】

木材产量　2018年，全国商品材总产量为8811万立方米，比2017年增长4.92%。全国农民自用材采伐量446万立方米，农民烧材采伐量1642万立方米。

竹材产量　2018年，大径竹产量为31.55亿根，比2017年增长15.99%，其中毛竹16.95亿根，其他直径在5厘米以上的大径竹14.60亿根。竹产业产值达2456亿元。

人造板产量　2018年，全国人造板总产量为29 909万立方米，比2017年增长1.43%。其中：胶合板17 898万立方米，纤维板6168万立方米，刨花板产量2732万立方米，其他人造板3111万立方米（细木工板占53%）。

木竹地板产量　2018年，木竹地板产量为7.89亿平方米，比2017年减少4.44%，其中：实木地板1.17亿平方米，实木复合地板2.03亿平方米，强化木地板（浸渍纸层压木质地板）3.94亿平方米，竹地板等其他地板7493万平方米。

林产化工产品产量　2018年，全国松香类产品产量142万吨，比2017年减少14.46%。松节油类产品产量24万吨，樟脑产量1.9万吨，栲胶类产品产量3165吨。木炭、竹炭等木竹热解产品产量146万吨。

各类经济林产品产量　2018年，全国各类经济林产品产量达到1.81亿吨，比2017年减少3.72%。从产品类别看，水果产量14 915万吨，干果产量1163万吨，林产饮料247万吨，花椒、八角等林产调料产品83万吨，食用菌、竹笋干等森林食品383万吨，杜仲、枸杞等木本药材364万吨，核桃、油茶等木本油料677万吨，松脂、油桐等林产工业原料248万吨。木本油料产品增长较快，其中油茶籽产量263万吨，种植面积达到427万公顷，年产值达1024亿元。

花卉生产　2018年，花卉种植面积163万公顷，花卉及观赏苗木产业产值达到2614亿元。观赏苗木117亿株，切花切叶177亿支，盆栽植物56亿盆。花卉市场4162个，花卉企业5万家。花卉产业从业人员523万人。

【林业系统在岗职工及其收入】　2018年，受国家机构改革影响，林业系统单位个数和人员有所调整。林业系统单位个数共计38 846个，年末人数共计124万人，其中：在岗职工102万人，其他从业人员9.7万人，离开本单位仍保留劳动关系人员12万人。

林业系统在岗职工年平均工资达到58 430元，比2017年增长10.12%。分地区看，东部地区林业系统在岗职工年平均工资最高；中部地区林业系统在岗职工平均工资增速最快，达到11.28%；西部地区和东北地区林业系统在岗职工年平均工资增速相同，都达到10.23%。分行业看，林业工程技术与规划管理、林业公共管理、林业科技交流推广、野生动植物保护与自然保护区管理等林业服务业年平均工资最高，平均工资超过7万元；木竹采运年平均工资未超过4万元，工资水平最低且增长缓慢。

【林业草原灾害】

火灾发生情况　2018年，全国共发生森林火灾2478起，受害面积1.6万公顷，因灾伤亡39人（其中死亡23人），与2017年相比，森林火灾次数、受害面积和因灾伤亡人数分别下降23%、33%和15%。全国共发生草原火灾39起，累计受害面积0.26万公顷，经济损失103万元，与2017年相比火灾发生次数减少19起，受害草原面积减少451公顷，连续第3年未发生人员伤亡事故。

有害生物发生防治情况　2018年，全国主要林业有害生物发生1219.52万公顷，比2017年下降2.68%。其中：虫害发生面积840.41万公顷，比2017年下降7.23%；病害发生面积176.87万公顷，比2017年上升32.90%；鼠（兔）害发生面积184.40万公顷，比2017年下降5.04%。全国林业有害生物防治面积948.93万公顷，主要林业有害生物成灾率控制在4.5‰以下，无

---

① 采用国家四大区域的分类方法，即将全国划分为东部、中部、西部和东北四大区域。东部地区包括：北京、天津、河北、上海、江苏、浙江、福建、山东、广东、海南10个省（市）；中部地区包括：山西、安徽、江西、河南、湖北、湖南6个省；西部地区包括：内蒙古、广西、重庆、四川、贵州、云南、西藏、陕西、甘肃、青海、宁夏、新疆12个省（区、市）；东北地区包括：辽宁、吉林、黑龙江3个省和大兴安岭地区。

公害防治率达到 80% 以上。全国草原鼠害危害面积 2578.77 万公顷，约占全国草原总面积的 6.6%，较 2017 年减少 9.3%；草原鼠害防治面积为 634.2 万公顷。全国草原虫害危害面积为 1234.5 万公顷，约占全国草原面积的 3.1%，较 2017 年降低 1.4%；草原虫害防治面积为 487.5 万公顷。

安全生产情况 2018 年，林业系统未发生大的安全生产事故，林业生产事故轻伤和重伤人数比 2017 年均有所减少，分别为 409 人次和 27 人次，林业生产事故死亡人数与 2017 年持平，为 34 人。

【林产品贸易】 2018 年，中国林产品贸易进出口总额继续保持稳定增长。据海关统计数据分析，2018 年中国林产品进出口总值为 1653 亿美元，比 2017 年增长 10.7%。其中，出口 816 亿美元，比 2017 年增长 10.1%；进口 837 亿美元，比 2017 年增长 11.4%。从商品结构看，2018 年中国在传统林产品的进口方面实现较大幅度增长，主要由原木、木浆、纸制品等带动。林产品出口方面也开始企稳回升，取得较大增长，其中人造板、木竹家具等传统优势产品的出口均实现不同幅度的增长。

重点林产品进口 2018 年，原木进口量 5968.6 万立方米，金额 109.8 亿美元，分别比 2017 年增长 7.7% 和 10.7%；锯材进口量 3673.6 万立方米，金额 101.3 亿美元，分别比 2017 年减少 1.8% 和增长 0.6%；木浆 2479 万吨，金额 197 亿美元，分别比 2017 年增长 4.5% 和 28.5%；纸、纸板及纸制品进口量 640.4 万吨，金额 62.0 亿美元，分别比 2017 年增长 31.4% 和 24.5%。

重点林产品出口 2018 年中国林产品出口额同比增长 10.1%，其中，木制品、胶合板、纸制品等优势产品出口额增长显著。木制品出口额 69.0 亿美元，比 2017 年增长 12.3%；木家具出口 3.9 亿件，金额 229.4 亿美元，分别比 2017 年增长 5.4% 和 1.1%；胶合板出口 1133.8 万立方米，金额 55.5 亿美元，分别比 2017 年增长 4.6% 和 8.8%；纸、纸板及纸制品出口量 941.1 万吨，金额 191.4 亿美元，分别比 2017 年减少 7.0% 和增长 6.4%。

（注：林产品进出口贸易数据为海关初步统计数，其他数据为林业统计年报数据。）

（刘建杰　周　琼　林　琳）

林业和草原规划

【完成"十三五"规划中期评估】 组织开展"十三五"规划中期评估工作，森林覆盖率、森林蓄积量等指标完成情况、生态保护修复等工程完成情况在国家纲要评估总报告中得到明显体现，其中，森林蓄积量成为国家"十三五"规划纲要中唯一提前完成的约束性指标。同时，继续强化规划实施，印发了《国家林业和草原局办公室关于深入推进落实国家"十三五"规划纲要的通知》。

【出台一批林业草原专项规划】 印发了《国家储备林建设规划（2018～2035 年）》《全国森林城市发展规划（2018～2025 年）》《国家林业和草原长期科研试验示范基地规划（2018～2035 年）》。

【推进国家重大战略规划落地实施】 研究提出《乡村振兴战略规划（2018～2022 年）》林业草原领域重要指标、工程、任务等内容，村庄绿化覆盖率成为 22 个主要指标之一。抓好中央一号文件任务分工和贯彻落实，印发《国家林业和草原局办公室关于贯彻落实 2018 年中央一号文件任务分工的通知》；支持雄安新区规划建设，参与《河北雄安新区规划纲要》编制工作，研究提出森林覆盖率、白洋淀湿地保护恢复、森林城市建设等内容。参与雄安新区产业、综合交通、标准体系等多个专项规划修改完善工作；支持粤港澳大湾区生态保护修复，研究提出 5 个方面的支持措施，印发《国家林业和草原局办公室关于印发落实〈粤港澳大湾区发展规划纲要〉和支持措施分工方案的通知》。

（闫钰倩）

林业和草原固定资产投资建设项目批复统计

【林业和草原基础设施建设项目批复情况】 2018 年，国家林业和草原局共审批林草基础设施建设项目 172 个，批复总投资 300 791 万元，包括中央投资 247 645 万元，地方安排投资 53 146 万元。其中，审批森林防火项目 81 个，批复总投资 176 196 万元，其中中央投资 134 940 万元，地方安排投资 41 256 万元；审批草原防火项目 15 个，批复总投资 28 634 万元，其中中央投资 26 499 万元，地方安排投资 2135 万元；国家级自然保护区基础设施建设项目 17 个，批复总投资 25 976 万元，其中中央投资 20 810 万元，地方安排投资 5166 万元；国家林业和草原局直属事业单位基础设施能力建设项目 25 个（包括初步设计 10 个、可行性研究报告 15 个），批复总投资 43 644 万元，其中中央投资 40 982 万元，建设单位自筹资金 2662 万元；国有林区社会性公益性基础设施建设项目 12 个，批复总投资 16 965 万元，其中中央投资 15 038 万元，地方安排投资 1927 万元；林业科技类基础设施建设项目 18 个，批复总投资 9376 万元，全部由中央投资安排解决；其他基础设施建设项目 4

个，均为竣工验收项目。

【森林防火项目】 共审批森林防火项目81个，批复总投资176 196万元，其中中央投资134 940万元，地方安排投资41 256万元。

表20-1 森林防火项目投资

序号	项目名称	批复投资（万元）			批复文号
		总投资	中央投资	地方投资	
	森林防火项目	**176 196.0**	**134 940.0**	**41 256.0**	
（一）	高危区、高风险区森林防火项目	154 771.0	117 780.0	36 991.0	
1	新疆阿尔泰山森林火灾高风险区综合治理工程中片区工程建设项目	1582.0	1270.0	312.0	林规批字〔2018〕44号
2	广西壮族自治区玉林市环六万山森林火灾高风险区综合治理工程建设项目	2543.0	2040.0	503.0	林规批字〔2018〕45号
3	山西省吕梁山国有林区森林火灾高风险区综合治理项目	1944.0	1560.0	384.0	林规批字〔2018〕47号
4	广西壮族自治区龙胜各族自治县森林火灾高风险区综合治理建设项目	1488.0	1190.0	298.0	林规批字〔2018〕51号
5	西藏自治区林芝市森林火灾高危区（高风险区）综合治理项目	1770.0	1770.0	0.0	林规批字〔2018〕54号
6	贵州省遵义市西部七县（市、区）森林火灾高风险区综合治理项目	3067.0	2460.0	607.0	林规批字〔2018〕55号
7	广东省原中央苏区潮州片森林火灾高风险区综合治理工程建设项目	1743.0	1400.0	343.0	林规批字〔2018〕56号
8	新疆生产建设兵团第三师森林火灾高危区（高风险区）综合治理项目	1927.0	1540.0	387.0	林规批字〔2018〕57号
9	黑龙江大兴安岭地区地方林业森林火灾高危区综合治理项目	1796.0	1440.0	356.0	林规批字〔2018〕58号
10	广西崇左市中越边境森林火灾高风险区综合治理项目	2588.0	2070.0	518.0	林规批字〔2018〕59号
11	吉林省叶赫那拉城森林火灾高风险区综合治理建设项目	2757.0	2210.0	547.0	林规批字〔2018〕60号
12	重庆市石柱土家族自治县森林火灾高风险区综合治理建设项目	1914.0	1530.0	384.0	林规批字〔2018〕61号
13	湖北省咸宁市森林火灾高风险区综合治理建设项目	3492.0	2100.0	1392.0	林规批字〔2018〕62号
14	吉林省嫩江流域森林火灾高风险区综合治理建设项目	2685.0	2150.0	535.0	林规批字〔2018〕63号
15	湖北省丹江口库区森林火灾高风险区综合治理项目	2405.0	1440.0	965.0	林规批字〔2018〕65号
16	湖北省黄石市森林火灾高风险区综合治理建设项目	1839.0	1100.0	739.0	林规批字〔2018〕67号
17	山西省阳泉市森林火灾高风险区综合治理建设项目	2324.0	1860.0	464.0	林规批字〔2018〕71号
18	黑龙江黑河市东部森林火灾高危区综合治理项目	2351.0	1880.0	471.0	林规批字〔2018〕73号
19	云南省国有森工局森林火灾高风险区综合治理项目	1922.0	1540.0	382.0	林规批字〔2018〕76号
20	福建省南平市森林火灾高风险区综合治理项目	1874.0	1500.0	374.0	林规批字〔2018〕77号
21	重庆市南川区森林火灾高风险区综合治理项目	1962.0	1570.0	392.0	林规批字〔2018〕78号
22	四川省巴中市森林火灾高风险区综合治理项目	2260.0	1810.0	450.0	林规批字〔2018〕79号
23	辽宁省铁岭市森林火灾高风险区综合治理项目	2022.0	1620.0	402.0	林规批字〔2018〕80号
24	广西壮族自治区贵港市郁江流域森林火灾高风险区综合治理工程建设项目	1693.0	1360.0	333.0	林规批字〔2018〕81号
25	江西省抚州市抚河流域东部森林火灾高风险区综合治理项目	2758.0	2210.0	548.0	林规批字〔2018〕83号
26	内蒙古大兴安岭汗马自然保护区森林火灾高危区综合治理建设项目	2068.0	1660.0	408.0	林规批字〔2018〕84号
27	海南省森林火灾高风险区（西南片区）综合治理建设项目	3575.0	2860.0	715.0	林规批字〔2018〕85号
28	黑龙江省齐齐哈尔市北部林区森林火灾高风险区综合治理建设项目	2069.0	1660.0	409.0	林规批字〔2018〕87号
29	河北省保定市森林火灾高风险区综合治理项目	2788.0	1670.0	1118.0	林规批字〔2018〕89号

（续表）

序号	项目名称	批复投资（万元）			批复文号
		总投资	中央投资	地方投资	
30	吉林省龙井片区森林火灾高危区综合治理项目	2325.0	1860.0	465.0	林规批字〔2018〕92号
31	辽宁省营口市森林火灾高风险区综合治理建设项目	1866.0	1490.0	376.0	林规批字〔2018〕93号
32	新疆巴音郭楞蒙古自治州开都河流域森林火灾高风险区综合治理工程建设项目	1990.0	1590.0	400.0	林规批字〔2018〕95号
33	新疆生产建设兵团第一师森林火灾高危区（高风险区）综合治理项目	1929.0	1540.0	389.0	林规批字〔2018〕96号
34	贵州省遵义市东部七县森林火灾高风险区综合治理项目	3195.0	2560.0	635.0	林规批字〔2018〕97号
35	贵州省贵阳市森林火灾高风险区综合治理工程建设项目	2301.0	1840.0	461.0	林规批字〔2018〕98号
36	贵州省黔西南州森林火灾高风险区综合治理工程建设项目	2882.0	2310.0	572.0	林规批字〔2018〕99号
37	吉林省汪清县片区森林火灾高危区综合治理项目	2457.0	1970.0	487.0	林规批字〔2018〕100号
38	四川省攀枝花市森林火灾高危区综合治理项目	1917.0	1540.0	377.0	林规批字〔2018〕101号
39	四川省甘孜藏族自治州乡城县等5县（局）森林火灾高危区（高风险区）综合治理项目	2441.0	1950.0	491.0	林规批字〔2018〕102号
40	甘肃省定西市森林火灾高风险区综合治理项目	2873.0	2300.0	573.0	林规批字〔2018〕104号
41	河北省石家庄市森林火灾高风险区综合治理项目	2547.0	1530.0	1017.0	林规批字〔2018〕106号
42	江西省南昌市森林火灾高风险区综合治理项目	2665.0	1600.0	1065.0	林规批字〔2018〕107号
43	宁夏中卫市森林火灾高风险区综合治理项目	1201.0	960.0	241.0	林规批字〔2018〕108号
44	重庆市巫溪县大宁河流域森林火灾高风险区综合治理建设项目	1167.0	940.0	227.0	林规批字〔2018〕110号
45	重庆市巫山、七曜山脉森林火灾高风险区综合治理建设项目	1533.0	1230.0	303.0	林规批字〔2018〕111号
46	山西省太岳山国有林区森林火灾高风险区综合治理项目	1677.0	1340.0	337.0	林规批字〔2018〕112号
47	宁夏吴忠市森林火灾高风险区综合治理项目	2006.0	1610.0	396.0	林规批字〔2018〕114号
48	陕西省秦岭国有林区森林火灾高风险区综合治理建设项目	2190.0	1750.0	440.0	林规批字〔2018〕115号
49	内蒙古自治区呼伦贝尔市森林火灾高危区综合治理建设项目	1557.0	1250.0	307.0	林规批字〔2018〕116号
50	广东省阳江片区森林火灾高风险区综合治理建设项目	1937.0	1160.0	777.0	林规批字〔2018〕118号
51	吉林省老爷岭林区森林火灾高危区综合治理项目	2573.0	2060.0	513.0	林规批字〔2018〕119号
52	大兴安岭十八站林业局森林火灾高危区综合治理建设项目	1163.0	930.0	233.0	林规批字〔2018〕120号
53	云南省德宏州森林火灾高风险区综合治理项目	2580.0	2070.0	510.0	林规批字〔2018〕122号
54	宁夏石嘴山市森林火灾高风险区综合治理项目	986.0	790.0	196.0	林规批字〔2018〕123号
55	河南省济源市小浪底库区北岸森林火灾高风险区综合治理项目	2021.0	1210.0	811.0	林规批字〔2018〕124号
56	新疆伊犁哈萨克自治州北部林区森林火灾高风险区综合治理工程建设项目	2052.0	1640.0	412.0	林规批字〔2018〕125号
57	广东省茂名片区森林火灾高风险区综合治理建设项目	2048.0	1230.0	818.0	林规批字〔2018〕126号
58	河南省南阳市伏牛山南部森林火灾高风险区综合治理项目	2750.0	1650.0	1100.0	林规批字〔2018〕127号
59	青海省黄南州森林火灾高风险区综合治理项目	2365.0	1890.0	475.0	林规批字〔2018〕128号
60	吉林省珲春片区森林火灾高危区综合治理项目	2587.0	2070.0	517.0	林规批字〔2018〕130号
61	龙江森工小兴安岭南部林区森林火灾高危区综合治理建设项目	2251.0	1800.0	451.0	林规批字〔2018〕131号
62	新疆生产建设兵团第十三师森林火灾高危区（高风险区）综合治理项目	2015.0	1610.0	405.0	林规批字〔2018〕132号
63	陕西省铜川市照金森林火灾高风险区综合治理项目	1542.0	1240.0	302.0	林规批字〔2018〕144号
64	山东省枣庄市森林火灾高风险区综合治理建设项目	3450.0	2070.0	1380.0	林规批字〔2018〕145号
65	甘肃小陇山林业实验局森林火灾高危区（高风险区）综合治理项目	2140.0	1710.0	430.0	林规批字〔2018〕146号

(续表)

序号	项目名称	批复投资(万元)			批复文号
		总投资	中央投资	地方投资	
66	陕西省宝鸡市秦岭林区森林火灾高风险区综合治理项目	2252.0	1800.0	452.0	林规批字〔2018〕147号
67	安徽省芜湖市森林火灾高风险区综合治理建设项目	1661.0	1000.0	661.0	林规批字〔2018〕148号
68	广东省揭阳片森林火灾高风险区综合治理建设项目	1487.0	890.0	597.0	林规批字〔2018〕149号
69	大兴安岭阿木尔林业局森林火灾高危区综合治理建设项目	1260.0	1010.0	250.0	林规批字〔2018〕150号
70	重庆市丰都县森林火灾高风险区综合治理建设项目	2527.0	2020.0	507.0	林规批字〔2018〕151号
71	龙江森工小兴安岭北部林区森林火灾高危区综合治理建设项目	1915.0	1530.0	385.0	林规批字〔2018〕153号
72	湖南省南山国家公园森林火灾高危区综合治理项目	1284.0	770.0	514.0	林规批字〔2018〕166号
(二)	森林防火其他项目	21425.0	17160.0	4265.0	
1	青海省西宁市南北两山森林防火视频监控系统建设项目	1827.0	1460.0	367.0	林规批字〔2018〕48号
2	青海省湟水河流域上游森林防火视频监控系统建设项目	2118.0	1700.0	418.0	林规批字〔2018〕49号
3	吉林省通化老岭林区森林防火视频监控系统建设项目	2271.0	1820.0	451.0	林规批字〔2018〕53号
4	广东省梅州市中片生物防火林带建设项目	3646.0	2920.0	726.0	林规批字〔2018〕64号
5	黑龙江省地方林业森林防火通信系统建设项目	2984.0	2390.0	594.0	林规批字〔2018〕66号
6	吉林省长白西坡森林防火视频监控系统升级改造建设项目	1155.0	930.0	225.0	林规批字〔2018〕82号
7	黑龙江省地方林业防火可视化信息网络基础平台系统建设项目	3172.0	2540.0	632.0	林规批字〔2018〕105号
8	黑龙江大兴安岭森林防火图像传输系统建设项目	2465.0	1970.0	495.0	林规批字〔2018〕117号
9	黑龙江省森林防火北斗信息化示范建设项目	1787.0	1430.0	357.0	林规批字〔2018〕121号

【草原防火建设项目】 共批复草原防火项目15个，批复总投资28634.0万元，其中中央投资26499.0万元，地方安排投资2135.0万元。

表20-2 草原防火建设项目投资

序号	项目名称	批复投资(万元)			批复文号
		总投资	中央投资	地方投资	
	草原防火项目	**28634.0**	**26499.0**	**2135.0**	
1	西藏自治区藏东南林草交错草原火险综合治理区草原防火基础设施建设项目	1934.0	1934.0	0.0	林规批字〔2018〕37号
2	西藏自治区藏西北草原火险综合治理区草原防火基础设施建设项目	2255.0	2255.0	0.0	林规批字〔2018〕46号
3	青海省海南州草原防火基础设施建设项目	2079.0	1890.0	189.0	林规批字〔2018〕50号
4	内蒙古自治区赤峰市宁城县、敖汉旗草原防火基础设施建设项目	1122.0	1020.0	102.0	林规批字〔2018〕52号
5	内蒙古自治区兴安盟草原防火基础设施建设项目	1249.0	1135.0	114.0	林规批字〔2018〕68号
6	内蒙古自治区呼伦贝尔市新巴尔虎左旗等四旗(市)草原防火基础设施建设项目	1431.0	1300.0	131.0	林规批字〔2018〕69号
7	内蒙古自治区鄂尔多斯市草原防火基础设施建设项目	1209.0	1099.0	110.0	林规批字〔2018〕70号
8	内蒙古自治区锡林郭勒盟草原防火基础设施建设项目	2583.0	2348.0	235.0	林规批字〔2018〕72号
9	甘肃省河西走廊中东部重点草原火险区草原防火基础设施建设项目	2747.0	2497.0	250.0	林规批字〔2018〕88号
10	黑龙江省绥化地区及三江地区等草原火情监控站建设项目	2236.0	2033.0	203.0	林规批字〔2018〕90号
11	甘肃省张掖市草原防火基础设施建设项目	2004.0	1822.0	182.0	林规批字〔2018〕94号
12	甘肃省甘南藏族自治州草原防火基础设施建设项目	2230.0	2027.0	203.0	林规批字〔2018〕103号
13	西藏自治区那曲市草原火险综合治理区草原防火基础设施建设项目	974.0	974.0	0.0	林规批字〔2018〕109号

(续表)

序号	项目名称	批复投资(万元)			批复文号
		总投资	中央投资	地方投资	
14	宁夏2019年草原防火基础设施建设项目	2365.0	2150.0	215.0	林规批字〔2018〕113号
15	黑龙江省松嫩平原地区草原防火装备建设项目	2216.0	2015.0	201.0	林规批字〔2018〕129号

【国家级自然保护区建设项目】 共批复国家级自然保护区基础设施建设项目17个，批复总投资25 976万元，其中中央投资20 810万元，地方安排投资5166万元。

表20-3 国家级自然保护区建设项目投资

序号	项目名称	批复投资(万元)			批复文号
		总投资	中央投资	地方投资	
	国家级自然保护区	25 976.0	20 810.0	5166.0	
1	福建汀江源国家级自然保护区基础设施建设项目	2219.0	1780.0	439.0	林规批字〔2018〕28号
2	广西十万大山国家级自然保护区保护管理基础设施工程	1314.0	1050.0	264.0	林规批字〔2018〕29号
3	贵州梵净山国家级自然保护区基本建设项目	1632.0	1310.0	322.0	林规批字〔2018〕30号
4	海南尖峰岭国家级自然保护区基础设施建设项目	1301.0	1040.0	261.0	林规批字〔2018〕31号
5	云南西双版纳国家级自然保护区野生亚洲象监测预警体系建设项目	2970.0	2380.0	590.0	林规批字〔2018〕32号
6	云南元江国家级自然保护区基础设施工程建设项目	1304.0	1040.0	264.0	林规批字〔2018〕33号
7	吉林省国家级自然保护区设施标识建设项目	1673.0	1340.0	333.0	林规批字〔2018〕34号
8	黑龙江友好国家级自然保护区保护设施建设工程	1423.0	1140.0	283.0	林规批字〔2018〕35号
9	黑龙江双河国家级自然保护区基础设施建设项目	1279.0	1020.0	259.0	林规批字〔2018〕133号
10	宁夏哈巴湖国家级自然保护区保护与监测工程建设项目	1050.0	840.0	210.0	林规批字〔2018〕135号
11	海南鹦哥岭国家级自然保护区基础设施建设项目	1293.0	1040.0	253.0	林规批字〔2018〕136号
12	广西大明山国家级自然保护区保护管理基础设施工程	1322.0	1060.0	262.0	林规批字〔2018〕137号
13	湖北五峰后河国家级自然保护区建设项目	1485.0	1190.0	295.0	林规批字〔2018〕138号
14	河南内乡宝天曼国家级自然保护区保护和监测工程建设项目	1195.0	960.0	235.0	林规批字〔2018〕167号
15	黑龙江绰纳河国家级自然保护区管护与科研能力建设项目	1195.0	960.0	235.0	林规批字〔2018〕170号
16	湖北神农架国家级自然保护区建设项目	1677.0	1340.0	337.0	林规批字〔2018〕171号
17	江西庐山国家级自然保护区基础设施建设项目	1644.0	1320.0	324.0	林规批字〔2018〕172号

【部门自身能力建设项目】 共审批国家林业和草原局直属事业单位基础设施能力建设项目25个(包括初步设计10个、可行性研究报告15个)，批复总投资43 644万元，其中中央投资40 982万元，建设单位自筹资金2662万元。

表20-4 部门自身能力建设项目投资

序号	项目名称	批复投资(万元)			批复文号
		总投资	中央投资	地方投资	
一	直属单位初步设计	15 631.0	12 969.0	2662.0	
1	国家林业和草原局泡桐研究开发中心实验室改造工程初步设计	994.0	994.0	0.0	林规批字〔2018〕1号
2	中国林科院北京汉石桥湿地生态系统国家定位观测研究站建设项目初步设计	608.0	608.0	0.0	林规批字〔2018〕4号
3	长江三峡库区(秭归)森林生态系统定位研究站建设项目初步设计	523.0	523.0	0.0	林规批字〔2018〕5号
4	国家林业和草原局昆明勘察设计院8号楼危房加固改造及院区配套工程建设项目初步设计	2662.0	0.0	2662.0	林规批字〔2018〕6号
5	全国空气负氧离子监测试点建设项目初步设计	1147.0	1147.0	0.0	林规批字〔2018〕7号
6	海南东寨港红树林湿地生态站灾后修复与重建工程项目初步设计	706.0	706.0	0.0	林规批字〔2018〕8号

(续表)

序号	项目名称	批复投资(万元)			批复文号
		总投资	中央投资	地方投资	
7	南方航空护林总站森林防火协调指挥中心设施设备更新改造项目初步设计	998.0	998.0	0.0	林规批字〔2018〕9号
8	中国大熊猫保护研究中心雅安碧峰峡基地改造升级项目初步设计	2376.0	2376.0	0.0	林规批字〔2018〕21号
9	国家林业和草原局卫星林业应用中心业务用房改造工程项目初步设计	2902.0	2902.0	0.0	林规批字〔2018〕22号
10	中国林科院亚林中心科研基础设施改造项目初步设计	2715.0	2715.0	0.0	林规批字〔2018〕23号
二	**直属单位可研批复**	**28013.0**	**28013.0**	**0.0**	
1	林木遗传育种国家重点实验室基础设施改造项目	2663.0	2663.0	0.0	林规批字〔2018〕10号
2	国家人造板与木竹制品质量监督检验中心有毒有害物质检测仪器设备购置项目	1700.0	1700.0	0.0	林规批字〔2018〕11号
3	林草物质高效增值利用研究仪器设备购置项目	2454.0	2454.0	0.0	林规批字〔2018〕12号
4	中国林业科学研究院热带林业研究所院区道路修复及管线改造工程建设项目	1415.0	1415.0	0.0	林规批字〔2018〕13号
5	全国党员干部现代远程教育林业教材制播影视设备购置项目	742.0	742.0	0.0	林规批字〔2018〕14号
6	森林资源监测数据采集与处理设备购置项目	817.0	817.0	0.0	林规批字〔2018〕15号
7	国家林业和草原局中南调查规划设计院资源监测设备购置项目	1978.0	1978.0	0.0	林规批字〔2018〕17号
8	国家林业和草原局华东调查规划设计院森林资源空中监测及数据处理系统设备购置项目	1930.0	1930.0	0.0	林规批字〔2018〕18号
9	国际竹藤组织青岛科技基地竹藤大型工程材料实验室建设项目	2764.0	2764.0	0.0	林规批字〔2018〕19号
10	国家林业和草原局管理干部学院教学楼设施改造项目	2814.0	2814.0	0.0	林规批字〔2018〕20号
11	旱区生态水文与灾害防治国家林业局重点实验室建设项目	2202.0	2202.0	0.0	林规批字〔2018〕16号
12	森林病虫害预测预报中心数据处理及检测设备购置项目	1368.0	1368.0	0.0	林规批字〔2018〕27号
13	陆地生态系统碳监测卫星数据存储和处理系统项目	2623.0	2623.0	0.0	林规批字〔2018〕75号
14	东北内蒙古重点国有林区森林资源调查设备购置项目	1648.0	1648.0	0.0	林规批字〔2018〕91号
15	国家林业和草原局泡桐中心科研基础设施建设项目	895.0	895.0	0.0	林规批字〔2018〕168号

【国有林区社会性公益性基础设施建设项目】 共审批国有林区社会性公益性基础设施建设项目12个，批复总投资16 965万元，其中中央投资15 038万元，地方安排投资1927万元。

表20-5 国有林区社会性公益性基础设施建设项目投资

序号	项目名称	批复投资(万元)			批复文号
		总投资	中央投资	地方投资	
	国有林区社会性公益性基础设施项目	**16 965.0**	**15 038.0**	**1927.0**	
1	黑龙江省绥棱林业局林场所基础设施建设项目	1622.0	1460.0	162.0	林规批字〔2018〕24号
2	黑龙江省八面通林业局林场所基础设施建设项目	949.0	854.0	95.0	林规批字〔2018〕25号
3	大兴安岭林业集团公司局址消防设备购置建设项目	1114.0	1003.0	111.0	林规批字〔2018〕26号
4	黑龙江省友好林业局职工医院改造项目	1941.0	1747.0	194.0	林规批字〔2018〕36号
5	吉林省湾沟林业局职工医院改造项目	926.0	833.0	93.0	林规批字〔2018〕38号
6	吉林省八家子林业局职工医院设备购置项目	1290.0	1161.0	129.0	林规批字〔2018〕39号
7	黑龙江省林业职业技术学院实训楼建设项目	3038.0	2734.0	304.0	林规批字〔2018〕42号
8	黑龙江省带岭林业实验局林场所基础设施建设项目	752.0	677.0	75.0	林规批字〔2018〕43号
9	阿坝州南坪林业局"8·8"九寨沟地震灾后饮水工程恢复重建项目	594.0	475.0	119.0	林规批字〔2018〕134号
10	吉林省天桥岭林业局局址供水扩容建设项目	1375.0	1238.0	137.0	林规批字〔2018〕139号
11	青海省玛可河林业局国有林区社会公益性基础设施建设项目	1720.0	1376.0	344.0	林规批字〔2018〕140号
12	吉林省林业技师学院教学设施建设项目	1644.0	1480.0	164.0	林规批字〔2018〕169号

【林业科技类基础设施建设项目】 共审批林业科技类基础设施建设项目18个，批复总投资9376万元，全部由中央投资安排解决。

表20-6 林业科技类基础设施建设项目投资

序号	项目名称	批复投资(万元)			批复文号
		总投资	中央投资	地方投资	
	林业科技基础设施	9376.0	9376.0	0.0	
1	国家林业局林产品质量检验检测中心(寿光)建设项目	657.0	657.0	0.0	林规批字〔2018〕74号
2	陕西榆林毛乌素沙地生态系统国家定位观测研究站扩建项目	461.0	461.0	0.0	林规批字〔2018〕86号
3	江西九连山森林生态系统国家定位观测研究站建设项目	601.0	601.0	0.0	林规批字〔2018〕141号
4	甘肃敦煌荒漠生态系统定位观测研究站建设项目	703.0	703.0	0.0	林规批字〔2018〕142号
5	黑龙江省小兴安岭森林生态系统国家定位观测研究站改扩建项目	631.0	631.0	0.0	林规批字〔2018〕143号
6	国家林业局质量检验检测中心(贵阳)林产品检测实验室改扩建项目	442.0	442.0	0.0	林规批字〔2018〕152号
7	内蒙古自治区七老图山森林生态系统定位观测研究站建设项目	629.0	629.0	0.0	林规批字〔2018〕154号
8	广西凭祥竹林生态系统定位观测研究站建设项目	601.0	601.0	0.0	林规批字〔2018〕155号
9	浙江杭州城市森林生态系统国家定位观测研究站建设项目	404.0	404.0	0.0	林规批字〔2018〕156号
10	广东湛江红树林湿地生态系统国家定位观测研究站建设项目	568.0	568.0	0.0	林规批字〔2018〕157号
11	黑龙江扎龙湿地生态系统国家定位观测研究站建设项目	363.0	363.0	0.0	林规批字〔2018〕158号
12	四川龙门山森林生态系统国家定位观测研究站改造提升项目	543.0	543.0	0.0	林规批字〔2018〕159号
13	甘肃临泽荒漠生态系统国家定位观测研究站建设项目	434.0	434.0	0.0	林规批字〔2018〕160号
14	贵州梵净山森林生态系统国家定位观测研究站建设项目	457.0	457.0	0.0	林规批字〔2018〕161号
15	山西太原城市生态系统定位观测研究站建设工程	408.0	408.0	0.0	林规批字〔2018〕162号
16	江苏洪泽湖湿地生态系统国家定位观测研究站建设项目	517.0	517.0	0.0	林规批字〔2018〕163号
17	内蒙古大兴安岭汗马湿地生态系统国家定位观测研究站建设项目	608.0	608.0	0.0	林规批字〔2018〕164号
18	陕西黄土高原水土保持与生态修复国家林业局重点实验室建设项目	349.0	349.0	0.0	林规批字〔2018〕165号

【其他基础设施建设项目】 共审批竣工验收项目4个。

表20-7 其他基础设施建设项目投资

序号	项目名称	批复投资(万元)			批复文号
		总投资	中央投资	地方投资	
	其他				
1	国际竹藤网络中心扩建工程建设项目竣工验收的批复	—	—	—	林规批字〔2018〕2号
2	国产遥感影像在林业灾害应急处理中的应用高技术产业化示范工程项目竣工验收的批复	—	—	—	林规批字〔2018〕3号
3	国家高原湿地研究中心研究平台建设项目竣工验收的批复	—	—	—	林规批字〔2018〕40号
4	国际竹藤网络中心安徽太平基地院区环境绿化工程等3个基本建设项目竣工验收的批复	—	—	—	林规批字〔2018〕41号

【林业建设项目审批监管平台情况】 2018年，国家林业和草原局通过林业建设项目网上审批监管平台共受理各省份及各单位基本建设项目194个，申报总投资52.8亿元，其中申请中央投资43.1亿元。按照国家林业和草原局林业基本建设项目审查程序和平台运转流程，至2018年3月底，符合国家投资储备要求的172个项目完成审批，批复项目总投资30亿元，其中中央投资24.8亿元。

（富玫妹）

林业和草原基本建设投资

【争取落实投资】 围绕推进林业草原现代化建设这一核心任务，紧扣大规模国土绿化行动、森林质量精准提升、林业草原生态扶贫等重点工作，全力争取落实好各项投资，取得了新的突破，共下达投资205.2亿元（其中林业投资185.2亿元，较2017年全年增加约9亿元；草原投资20亿元），为林业草原高质量发展提供基础支撑保障。

【支持开展大规模国土绿化行动】 一是加快推进林业草原重点生态工程建设。落实中央投资123.7亿元，安排林业重点生态工程建设任务252.07万公顷；退牧还草工程20亿元，安排围栏建设207.13万公顷、退化草原改良24.60万公顷、人工饲草地建设5.93万公顷等；安排中央投资3.6亿元，加快推进"三北"地区百万亩人工林基地建设；启动规模化林场建设试点，落实中央投资3.5亿元支持开展雄安新区白洋淀上游、内蒙古浑善达克、青海湟水流域三个规模化林场建设。二是加强重点区域生态修复工程建设。启动实施雄安新区造林绿化项目，统筹安排投资5000万元；实施祁连山生态保护与修复项目，安排中央预算内投资2亿元，重点用于甘肃、青海祁连山及周边地区生态保护与修复。三是安排中央投资2.9亿元，启动实施长江岸线生态修复。

【推进森林质量精准提升示范项目建设】 2018年安排第一批森林质量精准提升示范项目中央投资4.9亿元、安排以退化林修复为主的建设任务6.53万公顷。同时，积极谋划启动第二批30个森林质量精准提升示范项目。

【加大林业草原生态扶贫投入力度】 结合重点防护林、退耕还林还草、退牧还草等投资，加大对贫困地区投资支持力度。2018年205.2亿元投资中，分解到贫困县投资109亿元，占53.2%；分解到"三区三州"深度贫困地区投资34亿元，占16.6%。

【国有林区林场道路建设投资】 2018年3月，会同交通部、发改委、财政部联合印发了《关于促进国有林场林区道路持续健康发展的实施意见》，明确投资补助政策，三年匡算中央投资188亿元。2018年，安排中央投资2亿元，继续推进东北内蒙古重点国有林区防火应急道路试点建设。

【自然保护地体系建设投资】 安排投资12亿元用于东北虎豹、大熊猫、祁连山等国家公园体制试点项目建设，较2017年增加2亿元；安排投资2.5亿元用于风景名胜区、地质公园、森林公园等基础设施建设；安排投资6亿元用于国家级自然保护区和湿地保护恢复基础设施建设。

【营造林生产计划管理】 以"十三五"规划为遵循，认真总结2016~2017年营造林生产任务完成情况，编制下达2018~2020年营造林生产滚动计划。三年安排营造林生产任务4420万公顷，其中2018年1473.33万公顷，包括造林673.33万公顷（人工333.33万公顷、封育146.67万公顷、飞播13.33万公顷、退化林修复180万公顷）、抚育800万公顷。研究提出国民经济发展计划草案草原计划指标，将"种草改良面积"纳入2019年国民经济计划指标体系。

【林业重点生态工程和项目投资情况】
　　天保工程 下达中央基本建设投资14亿元，安排建设任务38.47万公顷，其中公益林建设任务26万公顷（人工造乔木林5.87万公顷、人工造灌木林1.47万公顷、飞播造林5.13万公顷、封山育林13.53万公顷），后备资源培育12.53万公顷（人工造乔木林0.87万公顷、飞播造林0.44万公顷、改造培育2.33万公顷、补植补造8.87万公顷）。

　　退耕还林工程 下达中央基本建设投资46.8亿元，共安排退耕还林任务75.27万公顷、退耕还草任务7.33万公顷。

　　重点防护林体系建设工程 下达中央投资40亿元，其中：三北防护林工程24.3亿元、沿海防护林工程2.13亿元、长江防护林工程9.94亿元、珠江防护林工程1.68亿元、太行山绿化工程1.95亿元。安排造林任务85.37万公顷（人工造乔木林42.40万公顷、人工造灌木林5.07万公顷、飞播造林2.13万公顷、封山育林42.47万公顷）。

　　京津风沙源治理工程 下达中央投资21亿元，安排造林任务21.40万公顷，其中：人工造乔木林8.40万公顷、人工造灌木林2.80万公顷、飞播造林0.87万公顷、封山育林8.80万公顷。

　　石漠化综合治理工程 下达中央投资20亿元，安排造林任务26.53万公顷。

　　森林防火项目 共下达中央投资14亿元，其中，安排2亿元用于内蒙古森工、吉林森工、长白山森工、龙江森工以及大兴安岭林业集团公司等重点国有林区防火应急道路试点建设；安排12亿元用于重点火险区、森林防火信息指挥系统、航空护林站等森林防火基础设施建设。

　　国家级自然保护区基础设施建设工程 下达中央投资3亿元，用于全国19个省（区、市）的24个国家级自然保护区基础设施建设。

　　湿地保护与恢复工程 下达中央预算内投资3亿元，用于全国12个国际重要湿地的湿地保护、恢复及相关配套设施建设等。

　　林木种苗工程 下达中央预算内投资1亿元，用于全国20个国家种质资源保存库建设项目。（郭　伟）

林业和草原区域发展

【长江经济带林业发展】 一是深入贯彻习近平总书记2018年4月26日在武汉召开的深入推进长江经济带高质量发展会议上的讲话精神，组织国家林草局18个相关司局和单位于5月16日召开《长江经济带生态保护和修复规划》编制启动会，积极开展规划修订工作，在全面收集地方11个省(市)、18个相关司局和单位基础材料的基础上，形成草稿。二是组织和参与推动长江经济带发展林业支持政策等调研，会同国家发展改革委、水利部、自然资源部出台《关于加快推进长江两岸造林绿化的指导意见》和长江经济带生态保护与修复林业支持政策措施建议，总结生态文明试验区成功经验模式。同时，组织进行"长江经济带生态补偿机制研究"课题专家验收。

【京津冀林业协同发展】 一是组织京津冀三省(市)林业厅(局)开展了环首都国家公园建设研究工作，委托局规划院进行《环首都国家公园体系发展规划(2016～2020年)》编制工作，完成涉林内容的《环首都国家公园体系发展规划(2016～2020年)》初稿并于2018年9月底完成了京津冀三地林业专家的审定。二是会同国家发展改革委和水利部，认真研究机制创新，参与联合京津冀晋四省(市)和中交集团拟共同成立永定河流域投资有限公司的筹备工作。三是收集编辑《京津冀协同发展林业生态支持政策汇编》相关文件。在京津冀生态协同圈7省(市)已出台的有关林业生态建设支持政策基本收集完毕的基础上，协商中国林业出版社审稿编辑。

【援疆援藏工作】 认真贯彻2017年全国林业援疆工作会议精神。2018年，协调有关司局单位及司内处室落实国家林草局支持新疆林业发展的各项事项，研究拟订了《国家林业和草原局支持新疆林业发展的意见》。2018年4月25日召开了国家林草局对口帮扶的青海省班玛县林业发展座谈会，研究对班玛县的林业科技推广基础设施建设、森林防火、湿地公园建设等项目支持。

【相关区域发展】 参与做好国家发展改革委牵头起草的《新时代强化举措推进西部大开发形成新格局的指导意见》《东北西部生态带发展规划》《汉江生态经济带发展规划》和《关于完善支持赣南等原中央苏区振兴发展政策措施的意见》等文件。代拟了《国家林业和草原局贵州省人民政府关于贵州省建设长江经济带林业草原改革试验区战略合作框架协议》和《国家林业和草原局关于支持贵州省建设长江经济带林业草原改革试验区的意见》。同时，配合有关部门做好东中西部发展、对口支援等重点地区的政策制定等工作。

【资源环境承载力和生态安全指数】 组织相关单位，在完成五省(吉林、青海、贵州、湖北、浙江)资源环境承载力试评价、京津冀资源环境承载力评价和长江经济带生态安全综合指数评估的基础上，完成了国家发展改革委"资源环境承载力研究"有关生态承载力评估等任务，继续协助国家发展改革委编制完成"资源环境承载力监测长效机制实施方案"，进行了全国生态安全综合指数试评估工作前期工作，力争为发布《中国生态安全绿皮书》做好基础工作。

(李俊恺)

林业和草原对外经济贸易合作

【"一带一路"建设林业合作】 2018年，坚持共商、共建、共享绿色丝绸之路的"黄金法则"，深入推进"一带一路"建设林业合作，突出生态文明和绿色发展理念，根据沿线国家生态保护与修复的现状和需求，结合双方生态合作基础，在森林生态治理、沙尘暴和荒漠化综合治理、野生动植物保护、边境森林草原防火等方面开展深度合作，为中国推进"一带一路"建设提供更好的生态条件。一是加强林业合作顶层设计。继续按照"一带一路"建设林业合作规划，引领和推进林业经贸、荒漠化、野生动物保护等方面合作，积极将林业合作纳入国家"一带一路"建设双边合作规划。二是与沿线国家的林产品贸易稳步增长。2018年，中国与"一带一路"沿线国家的林产品贸易额达到529亿美元，同比增长4.7%，占中国林产品贸易总额的32%。其中，进口额为298亿美元，同比增长4.8%；出口额为231亿美元，同比增长4.6%。"一带一路"建设的持续推进，为中国林产品贸易高质量发展凝聚了新动能。三是进一步完善沿线重点区域林业合作机制建设。以境外森林资源可持续经营利用为重点，继续夯实中蒙俄林业合作机制、中国-中东欧"1+16"林业合作协调机制、中国-东盟"1+10"林业合作机制，与大中亚地区搭建了林业合作平台，与老挝、缅甸、埃塞俄比亚、埃及、莫桑比克等国家新签署了林业双边合作协议。四是积极应对非法采伐及相关贸易。中国作为负责任大国，顺应全球环境治理新趋势，积极倡导森林可持续经营利用，与国际社会共同努力、相互配合，加强全球森林资源的有效管理和合理开发，遏制和打击木材非法采伐及相关贸易。国家林草局利用APEC非法采伐和相关贸易专家组、中欧森林执法与治理双边协调机制、中澳打击非法采伐工作组等多个双边和多边合作机制，加强打击非法采伐及相关贸易的国际合作。五是继续加强绿色人文交流，充分发挥林业援外培训在推进"一带一路"建设林业合作中的绿色纽带作用。国家林草局积极组织开展林业援外培训，先后开展了森林资源保护与可持续经营、林业执法与施政、竹子栽培与加工利用、荒漠化防治、野生动植物保护、湿地保护等林业领域的援外培训班，为沿线国家培训林业管理和技术人员，积极宣传中国生态文明和生态建设成就，传播绿色发展理念，提升中国林业的国际影响力。

【林业对外经贸合作】 2018年，中国林产品贸易进出口总额继续保持稳定增长，达到1653亿美元，同比增长10.7%。其中，进口额为837亿美元，同比增长11.4%；出口额为816亿美元，同比增长10.1%。从商品结构看，2018年中国在传统林产品的进口方面实现较大幅度增长，主要由原木、木浆、纸制品等带动。其中原木进口量5968.6万立方米，金额109.8亿美元，同比分别增长7.7%和10.7%；木浆进口量2479万吨，金额197.2亿美元，同比分别增长4.5%和28.5%；纸、纸板及纸制品进口量640万吨，金额62.0亿美元，同比分别增长31.4%和24.5%。2018年中国木制品、木家具、胶合板、等优势林产品出口额增长显著。其中木制品出口额69.0亿美元，同比增长12.3%；木家具出口3.9亿件，金额229.4亿美元，同比增长5.4%和1.1%；胶合板出口1133.8万立方米，金额55.5亿美元，同比增长4.6%和8.8%。

【林业对外投资】 据不完全统计，截至2018年，中国林业企业"走出去"在俄罗斯、非洲、东南亚、南美等国家和地区林业投资租用林地达6200万公顷，投资存量达100多亿美元，为东道国提供了3万多个就业岗位。"走出去"企业主体结构呈多元化发展，投资方式正在向森林采伐、精深加工、物流一体化转变，境外木材工业园区建设正在快速兴起。中国企业参与国际合作和竞争，在全球配置森林资源的能力显著提升，为维护国家生态安全、保障国内市场需求作出了重要贡献。中国约500家企业在俄开展林业投资，已建成10余个具有一定规模的林业经贸合作区，重大项目累计投资达到83亿元。对非林业投资持续增长，近200家中资企业在加蓬、莫桑比克等国开展木材加工项目。与中东欧、太平洋岛国的林业合作也在稳步推进中。中国林业"走出去"逐步形成了政府鼓励、规划引领、金融机构支持、龙头企业为主体、加工园区为载体、市场化运作的林业投资合作新模式，创造了合作新的增长点，境外木材工业园区等一批标志性项目加快推进，境外木材资源通过中欧班列直接回运国内成为常态。投资带动贸易的成效显著，林产品国际贸易额平稳发展，林业机械装备出口与产能合作能力不断增强，全球森林资源多元化战略布局基本形成。林业产业的对外直接投资，既有助于国内木材加工、林业机械制造等优质产能向外转移，推动中国林业产业转型升级，又带动沿线国家林业产业发展、扩大就业机会、改善民生福祉，实现合作共赢。

（付建全）

林业和草原扶贫

【局党组会议专题研究部署】 2018年2月26日、9月21日、11月13日，国家林业（和草原）局3次召开局党组会议，专题研究林业草原扶贫工作，对做好行业扶贫、定点扶贫等工作进行安排部署。局扶贫开发领导小组也多次召开领导小组成员单位工作会议，落实局党组会议精神，研究讨论做好林业草原扶贫工作的具体举措。局扶贫工作牵头单位规划财务司（局扶贫办公室）多次召开扶贫专题司务会议，将重点任务分解落实到相关司领导和处室。

【印发《生态扶贫工作方案》】 与国家发展改革委共同牵头，会同财政部、农业部、水利部、国务院扶贫办等6部门联合印发了《生态扶贫工作方案》（发改农经〔2018〕124号），提出到2020年，力争组建1.2万个生态建设扶贫专业合作社[其中造林合作社（队）1万个、草牧业合作社2000个]，吸纳10万贫困人口参与生态工程建设；新增生态管护员岗位40万个（其中生态护林员30万个、草原管护员10万个）；通过大力发展生态产业，带动约1500万贫困人口增收。7月30日至8月3日，国家林业和草原局会同国家发展改革委、农业农村部、水利部、国务院扶贫办等部门组成联合检查组，赴云南、新疆、甘肃、青海等省深度贫困地区检查督促《生态扶贫工作方案》落实情况。

【印发相关扶持文件】 一是印发《国家林业和草原局办公室 国家发展改革委办公厅 国务院扶贫办综合司关于推广扶贫造林（种草）专业合作社脱贫模式的通知》（办规字〔2018〕170号）。全面推广山西组建扶贫造林（种草）专业合作社脱贫模式，提出争取到2020年，在全国组建1.2万个合作社，吸纳10万贫困人口就业，带动30万以上贫困人口增收脱贫。

二是印发《林业草原生态扶贫三年行动方案》（林规发〔2018〕111号）。按照《中共中央 国务院关于打赢脱贫攻坚战三年行动的指导意见》，结合林业草原扶贫工作实际，对中央文件进行了细化分解，明确了林业草原生态扶贫未来三年的总体工作安排和主要任务，为做好生态扶贫工作提供指导。

三是会同财政部办公厅、国务院扶贫办综合司联合印发《关于开展2018年度建档立卡贫困人口生态护林员选聘工作的通知》（办规字〔2018〕130号）。2018年中央财政安排生态护林员补助资金35亿元，比2017年增加10亿元。为进一步规范建档立卡生态护林员管理工作，出台了《建档立卡生态护林员管理办法》，不断提高护林脱贫水平。

四是印发《国家林业和草原局关于充分发挥乡镇林业工作站职能作用全力推进林业精准扶贫工作的指导意见》（林站发〔2018〕40号）。充分发挥乡镇林业站林农培训、联户示范、生态护林、技术帮扶和扶建林业经济合作组织等方面的积极作用，确保林业草原政策能够落到实处，打通脱贫攻坚政策执行"最后一公里"，为贫困群众提供更直接、更有效的生态扶贫服务工作。

【国家林业和草原局生态扶贫暨扶贫领域监督执纪问责专项工作会议】 11月16日，在贵州省荔波县召开了国家林业和草原局生态扶贫暨扶贫领域监督执纪问责专项工作会议，张建龙出席会议并作讲话。会议深入学习贯彻习近平总书记关于扶贫工作的重要论述，落实《中共中央 国务院关于打赢脱贫攻坚战三年行动的指导意见》，坚持全面从严治党，部署扶贫领域监督执纪问责专项工作，扎实推动2018～2020年林业草原生态扶贫重要任务落地实施。中央纪委国家监委驻自然资源部纪检监察组、中央和国家机关工委、国家发展改革委、财政部、国务院扶贫办、中国邮政储蓄银行、中西部22个省份林业和草原局负责人以及负责扶贫工作的处长等参加了会议。

【滇桂黔石漠化片区扶贫和定点扶贫】 5月28日，会同水利部在云南省文山壮族苗族自治州召开了滇桂黔石漠化片区区域发展与扶贫攻坚现场推进会，全面总结了片区扶贫攻坚取得的成效和经验，对今后一个时期打好脱贫攻坚战进行了部署。国家林草局主要负责人、分管负责人2018年多次赴定点县开展调研，指导定点扶贫工作。11月14日，国家林草局副局长李春良组织开展了定点扶贫座谈，有关司局、直属单位主要负责人和定点县县长、挂职干部参加，讨论定点扶贫工作。8月26～31日，会同中国邮政储蓄银行、国家开发银行组成联合调研组，赴广西龙胜、罗城，贵州荔波、独山4个定点县开展扶贫专题调研。在11月16日国家林业和草原局生态扶贫暨扶贫领域监督执纪问责专项工作会议上，促成定点帮扶的4个县分别与中国邮政邮储银行签订了林业扶贫贷款合作协议。组织局机关和直属单位食堂购买和帮助销售定点县农产品。局机关党委为紫林山村捐助党费25万元，局西北院向紫林山村捐赠电脑和打印机等办公设备。局工会帮助龙胜县销售百香果625箱，价值近4万元。国家林草局直属的6个规划设计院为定点县捐资600万元。组织局机关66个司局、直属单位为定点县捐款，截至11月15日，共捐款57.8万元。

【加强深度贫困地区脱贫工作】 按照汪洋关于编制怒江傈僳族自治州生态扶贫方案的批示精神，会同国务院扶贫办开展实地调研，与云南省、怒江傈僳族自治州共同谋划打造林业生态脱贫攻坚区。2月27日至3月2日，赴云南省怒江傈僳族自治州再次开展了深度贫困地区林业扶贫调研工作。调研组深入贡山县独龙江乡，详细了解林下草果种植、生态脱贫等情况，与基层林业干部、生态护林员等进行交流。此后，会同国务院扶贫办组织云南省林业厅、怒江州委州政府编制了《云南省怒江傈僳族自治州林业生态脱贫攻坚区行动方案(2018～2020年)》。8月14日，会同国务院扶贫办将行动方案报送汪洋同志，汪洋同志作了重要批示。

【扶贫调研慰问】 按照国务院扶贫开发领导小组的统一部署，1月10～12日，国家林业局副局长李春良率调研组到贵州省独山县、荔波县开展了扶贫调研慰问活动。调研慰问活动采取访谈慰问乡村干部、驻村干部、第一书记，考察产业扶贫基地，座谈听取基层群众意见相结合的方式进行。调研组向乡村扶贫干部转达了党中央、国务院的慰问精神，宣传解读中央扶贫政策，详细了解基层干部参与扶贫工作有关情况，赴独山县紫林山村看望了驻村第一书记，实地了解驻村干部的住宿、饮食和工作环境，听取基层干部群众对扶贫领域改进作风的意见建议。

【脱贫攻坚工作督查】 按照国务院扶贫开发领导小组的统一部署，由中央和国家机关工委副书记李勇任组长，国家林草局党组成员、副局长李春良任副组长，中央和国家机关工委与国家林草局、农工民主党中央抽调20名工作人员组成第11督查组，于7月16～25日赴云南省开展脱贫攻坚工作督查。

【举办"林业生态建设与精准扶贫"专题研究班】 6月25日至7月1日，国家林草局承办了中央组织部委托的地方党政领导干部"林业生态建设与精准扶贫"专题研究班。这是中央组织部精准化点名调训的10个重点班之一，13个省(区)分管扶贫工作的46位地方党政领导干部参加了培训。

【林业精准扶贫宣传工作】 2018年以来，在《人民日报》、中央电视台、《紫光阁》杂志、新华网、《经济日报》等多家新闻媒体开展了林业扶贫系列宣传报道。会同《人民日报》有关人员赴云南、西藏等省(区)，开展深度贫困地区林业扶贫宣传。

【扶贫领域作风问题治理】 根据国务院扶贫开发领导小组的统一部署，下发了《关于开展扶贫领域作风问题治理工作的通知》(规山函〔2018〕70号)，部署各省(区、市)开展林业扶贫领域作风问题治理工作。

【扶贫领域监督执纪问责】 根据中央纪委国家监委驻自然资源部纪检监察组的统一部署，研究制订了《国家林业和草原局扶贫领域监督执纪问责工作实施方案》，在11月16日国家林业和草原局生态扶贫暨扶贫领域监督执纪问责专项工作会议上，对做好行业扶贫领域监督执纪问责专项工作进行了再动员再部署，要求强化政治责任、强化监督检查、强化立行立改，将林业草原扶贫领域监督执纪问责，作为全面从严治党、确保中央脱贫攻坚政策部署和林业草原扶贫举措落地生根的纪律保障，切实抓紧抓好。

【定点扶贫】 2018年，协调广西、贵州两省(区)林业主管部门安排4个定点县中央林业资金2.39亿元，安排省级林业资金3077.07万元。为定点县开设了基建项目审批绿色通道。2017年，4个定点县有6.15万人脱贫，减贫率36%，在对中央单位定点扶贫考核中获得"好"的成绩。

【生态护林员选聘】 按照打赢脱贫攻坚战任务分工，牵头负责选聘生态护林员工作。截至2018年，会同财政部、国务院扶贫办，以集中连片特困地区为重点，累计选聘建档立卡贫困人口生态护林员50多万名,可精准带动180万贫困人口增收脱贫。生态护林员实现了山上就业、家门口脱贫,老百姓在保护绿水青山中享受金山银山带来的实惠。2018年,国家林草局选聘生态护林员工作在国务院扶贫开发领导小组考核中获得"好"的成绩。

【林业和草原扶贫成效】 一是贫困人口林草收入持续增加。创新政策机制,建立长中短相结合的多元增收渠道,提高了贫困人口的补偿、就业、财产等收入。160多万贫困户享受退耕还林还草补助政策,平均每户增加补助资金2500元。对实施禁牧和草畜平衡的农牧户给予禁牧补助和草畜平衡奖励,农牧民年人均增收700元左右。全面深化集体林权制度改革,赋予贫困户承包经营山林的更多权益,依托林地林木增加财产性、经营性收益,贫困地区集体林权流转面积达600多万公顷。

二是贫困地区生态产业取得积极进展。坚持政府引导、市场主体,指导贫困地区因地制宜发展木本油料、森林旅游、林下经济、种苗花卉等生态产业。出台了支持贫困地区生态产业发展的指导文件、相关规划和政策举措。积极推广"龙头企业+新型经营主体+农户"等模式,完善利益联结、收益分红、风险共担机制。全国油茶种植面积扩大到436.67万公顷,依托森林旅游实现增收的建档立卡贫困人口达35万户。

三是贫困地区生态治理不断加强。针对林业草原施业区、重点生态功能区与深度贫困区高度耦合的实际,统筹山水林田湖草系统治理,深入实施重大生态保护修复工程。将贫困地区天然林全部纳入保护范围,将2/3以上的造林绿化任务安排到贫困地区,安排退耕还林近200万公顷,占全国总任务量的81%,安排石漠化治理任务18.6万公顷。贫困地区林草覆盖率进一步提高,生态面貌得到改善。

四是贫困地区资金投入不断加大。统筹中央和地方资金,积极吸引金融和社会资本投入,重点支持生态扶贫。2018年,国家林业和草原局和各地共安排贫困地区中央林业资金379.34亿元。林业草原重点生态修复工程任务和资金安排向贫困地区特别是深度贫困地区倾斜,全面加强森林草原防火、有害生物防治、自然保护区等基础设施建设。

(陈桂首)

林业生产统计

表20-8 全国营造林生产情况

指 标 名 称	单 位	2018年	2017年	2018年比2017年增减(%)
一、造林面积	公顷	7 299 473	7 680 711	-4.96%
1. 人工造林面积	公顷	3 677 952	4 295 890	-14.38%
其中:新造混交林面积	公顷	876 206	1 416 817	-38.16%
其中:新造灌木林面积	公顷	440 023	372 593	18.10%
其中:新造竹林面积	公顷	56 470	27 319	106.71%
2. 飞播造林面积	公顷	135 429	141 220	-4.10%
①荒山飞播面积	公顷	125 907	136 954	-8.07%
②飞播营林面积	公顷	9522	4266	123.21%
3. 当年新封山(沙)育林面积	公顷	1 785 067	1 657 169	7.72%
①无林地和疏林地新封山育林面积	公顷	1 034 079	984 741	5.01%
②有林地和灌木林地新封山育林面积	公顷	750 988	672 428	11.68%
4. 退化林修复面积	公顷	1 329 166	1 280 993	3.76%
其中:纯林改造混交林面积	公顷	69 309	93 056	-25.52%
①低效林改造面积	公顷	846 156	764 190	10.73%
②退化林防护林改造面积	公顷	483 010	516 803	-6.54%
5. 人工更新面积	公顷	371 859	305 439	21.75%
其中:新造混交林面积	公顷	31 913	45 936	-30.53%
其中:人工促进天然更新面积	公顷	189 794	36 295	422.92%
二、森林抚育面积	公顷	8 675 957	8 856 398	-2.04%
三、年末实有封山(沙)育林面积	公顷	24 596 091	24 682 804	-0.35%
四、四旁(零星)植树	万株	173 967	174 799	-0.48%
五、林木种苗				
1. 林木种子采集量	吨	30 364	28 763	5.57%
2. 在圃苗木产量	万株	6 463 753	7 021 893	-7.95%
3. 育苗面积	公顷	1 426 929	1 419 171	0.55%
其中:国有育苗面积	公顷	69 911	72 002	-2.90%

注:森林抚育面积特指中、幼龄林抚育。

表 20-9　各地区营造林面积

单位：公顷

地　区	造林面积						森林抚育
	合　计	人工造林	飞播造林	新封山育林	退化林修复	人工更新	
全国合计	7 299 473	3 677 952	135 429	1 785 067	1 329 166	371 859	8 675 957
北京	29 979	18 427	—	10 001	744	807	96 261
天津	8648	8648	—	—	—	—	49 037
河北	600 956	359 045	14 934	223 827	238	2912	449 100
山西	340 148	308 020	—	32 128	—	—	62 439
内蒙古	599 979	317 967	61 146	107 537	92 497	20 832	667 603
内蒙古森工集团	24 699	3944	—	—	20 755	—	390 849
辽宁	167 978	62 353	13 333	55 334	25 673	11 285	99 354
吉林	122 657	48 260	—	—	62 685	11 712	214 224
吉林森工集团	27 074	156	—	—	26 797	121	67 076
长白山森工集团	32 037	817	—	—	29759	1461	113 967
黑龙江	96 639	45 678	—	30 863	19 692	406	588 210
龙江森工集团	18 479	2809	—	—	15 670	—	472 977
上海	3183	3183	—	—	—	—	26 743
江苏	43 356	41 283	—	—	124	1949	73 858
浙江	63 643	7462	—	1798	46 964	7419	128 620
安徽	138 493	55 718	—	39 965	38 815	3995	553 838
福建	193 393	6517	—	112 846	18 882	55148	393 977
江西	308 143	88 556	—	70 193	144 835	4559	378 118
山东	147 481	118 745	—	—	3188	25 548	203046
河南	173 596	137 272	13 336	18 890	4098	—	301 934
湖北	330 657	143 803	—	63 178	119 578	4098	273 258
湖南	584 316	188 114	—	168 002	223 819	4381	473 406
广东	270 462	85 178	—	99 798	63 696	21 790	504 606
广西	247 800	46 828	—	29 421	6085	165 466	860 744
海南	10 496	2657	—	—	—	7839	49 226
重庆	270 003	110 058	—	62 225	89 521	8199	156 666
四川	436 816	257 961	—	70 746	96 135	11 974	198 570
贵州	346 676	205 917	—	84 347	56 412	—	400 000
云南	374 796	261 079	—	67 692	45 937	88	169 891
西藏	75 039	39 883	—	35 156	—	—	22660
陕西	348 094	160 912	27 004	75 220	84 958	—	166 933
甘肃	392 765	296 021	667	85 410	10 667	—	147 442
青海	205 904	70 031	—	135 873	—	—	38 260
宁夏	100 055	44 828	—	14 939	40 288	—	26 664
新疆	243 788	134 881	5009	89 678	12 768	1452	670 669
新疆兵团	15 387	10 462	—	2266	1570	1089	211 101
大兴安岭	23 534	2667	—	—	20 867	—	230 600

表 20-10 全国历年营造林面积

单位：万公顷

年 份	人工造林	飞播造林	新封山育林	更新造林	森林抚育	年 份	人工造林	飞播造林	新封山育林	更新造林	森林抚育
1949~1952	170.73			2.25		1991	475.18	84.27		66.41	262.27
1953	111.29			1.65		1992	508.37	94.67		67.36	262.68
1954	116.62			3.88		1993	504.44	85.90		73.92	297.59
1955	171.05			3.92		1994	519.02	80.24		72.27	328.75
1956	572.33			9.41		1995	462.94	58.53		75.10	366.60
1957	435.51			5.58		1996	431.50	60.44		79.48	418.76
1958	609.87			39.11		1997	373.78	61.72		79.84	432.04
1959	544.27	0.70		56.03		1998	408.60	72.51		80.63	441.30
1960	413.69	0.70		48.37		1999	427.69	62.39		104.28	612.01
1961	143.23	0.90		15.71		2000	434.50	76.01		91.98	501.30
1962	118.87	1.00		10.63		2001	397.73	97.57		51.53	457.44
1963	151.60	1.41		18.30		2002	689.60	87.49		37.90	481.68
1964	289.32	1.81		20.65		2003	843.25	68.64		28.60	457.77
1965	340.32	2.21		23.89		2004	501.89	57.92		31.93	527.15
1966	435.18	18.15		32.10		2005	322.13	41.64		40.75	501.06
1967	354.10	36.30		30.30		2006	244.61	27.18	112.09	40.82	550.96
1968	285.88	55.45		24.00		2007	273.85	11.87	105.05	39.09	649.76
1969	275.33	72.60		23.30		2008	368.43	15.41	151.54	42.40	623.53
1970	297.65	90.75		32.50		2009	415.63	22.63	187.97	34.43	636.26
1971	340.44	112.07		30.75		2010	387.28	19.59	184.12	30.67	666.17
1972	347.33	116.24		31.90		2011	406.57	19.69	173.40	32.66	733.45
1973	392.55	105.74		35.67		2012	382.07	13.64	163.87	30.51	766.17
1974	411.47	88.77		36.20		2013	420.97	15.44	173.60	30.31	784.72
1975	443.77	53.61		42.20		2014	405.29	10.81	138.86	29.25	901.96
1976	432.31	60.27		42.08		2015	436.18	12.84	215.29	29.96	781.26
1977	421.85	57.47		41.64		2016	382.37	16.23	195.36	27.28	850.04
1978	412.57	37.06		45.84		2017	429.59	14.12	165.72	30.54	885.64
1979	391.03	57.90		40.93		2018	367.80	13.54	178.51	37.19	867.60
1980	394.00	61.20		42.19							
1981	368.10	42.91		44.26							
1982	411.58	37.98		43.88							
1983	560.31	72.13		50.88		1949~1990	14 728.44	1925.44		1379.90	
1984	729.07	96.29		55.20		1991~1995	2469.95	403.61		355.06	1517.89
1985	694.88	138.80		63.83		1996~2000	2076.06	333.06		436.21	2405.41
1986	415.82	111.58		57.74		2001~2005	2754.60	353.26		190.71	2425.10
1987	420.73	120.69		70.35		2006~2010	1689.80	96.68	740.77	187.41	3126.69
1988	457.48	95.85		63.69		2011~2015	2051.08	72.42	865.02	152.68	3967.56
1989	410.95	91.38		71.91		2016~2018	1179.75	43.90	539.59	95.01	2603.28
1990	435.33	85.51		67.15		1949~2018	26 949.67	3228.37	2145.37	2796.98	16 045.93

注：1. 1985年以前，造林成活率达到40%即统计造林面积，以后为达到85%以上统计。
2. 本表自2015年起新封山育林面积包含有林地和灌木林地封育，飞播造林面积包含飞播营林。
3. 森林抚育面积特指中、幼龄林抚育。

表 20-11 　林业重点生态工程建设情况

单位：公顷，万元

指　　标	总　计	天然林资源保护工程	退耕还林工程	京津风沙源治理工程	石漠化治理工程	三北及长江流域等重点防护林体系工程 合计	三北防护林工程	长江流域防护林体系工程	沿海防护林体系工程	珠江流域防护林体系工程	太行山绿化工程	林业血防	野生动物植物保护工程
一、造林面积	2 443 078	400 601	723 500	177 838	247 284	893 855	572 976	206 469	44 515	25 472	38 946	5477	—
1. 人工造林	1 390 491	92 425	721 634	95 615	46 994	433 823	273 377	86 500	29 849	12 410	26 210	5477	—
2. 飞播造林	98 827	60 494	—	14 666	—	23 667	21 332	—	—	—	2335	—	—
3. 新封山育林	778 125	129 253	1866	67 557	200 289	379 160	246 284	98 451	13 457	10 567	10 401	—	—
4. 退化林修复	173 033	118 429	—	—	1	54 603	31 720	20 939	320	1624	—	—	—
5. 人工更新	2602	—	—	—	—	2602	263	579	889	871	—	—	—
二、森林抚育面积	1 906 431	1 796 976	—	990	2929	105 536	47 298	20 317	22 990	14 931	—	—	—
三、年末实有封山(沙)育林面积	11 148 804	3 957 471	946 647	2 230 702	—	4 013 984	2 999 494	578 975	98 787	213 051	123 677	—	—
四、全部林业投资完成额	7 171 963	3 956 762	2 254 055	123 900	107 522	575 427	347 045	123 383	62 467	19 310	20 784	2438	154 297
其中：中央投资	6 242 725	3 684 003	1 982 703	85 808	100 502	335 181	206 476	81 513	21 190	10 683	13 719	1600	54 528
地方投资	479 057	186 730	65 403	27 189	3795	106 811	65 656	24 782	6423	3022	6496	432	89 129

表 20-12　各地区林业重点生态工程造林面积

单位：公顷

地区	全部造林面积	重点生态工程造林面积						其他造林面积
		合计	天然林资源保护工程	退耕还林工程	京津风沙源治理工程	石漠化治理工程	三北及长江流域等重点防护林体系工程	
全国合计	7 299 473	2 443 078	400 601	723 500	177 838	247 284	893 855	4 856 395
北京	29 979	12 268	—	—	11 601	—	667	17 711
天津	8648	1849	—	—	1849	—	—	6799
河北	600 956	114 035	—	—	44 210	—	69 825	486 921
山西	340 148	215 570	27 793	130 002	23 611	—	34 164	124 578
内蒙古	599 979	316 073	74 103	51 560	84 293	—	106 117	283 906
内蒙古森工集团	24 699	22 761	22 761	—	—	—	—	1938
辽宁	167 978	68 599	—	866	—	—	67 733	99 379
吉林	122 657	71 452	55 563	—	—	—	15 889	51 205
吉林森工集团	27 074	23 951	23 951	—	—	—	—	3123
长白山森工集团	32 037	29 542	29 542	—	—	—	—	2495
黑龙江	96 639	69 808	18 479	—	—	—	51329	26 831
龙江森工集团	18 479	18 479	18 479	—	—	—	—	0
上海	3183	—	—	—	—	—	—	#VALUE!
江苏	43 356	8205	—	—	—	—	8205	35 151
浙江	63 643	—	—	—	—	—	—	#VALUE!
安徽	138 493	38 098	—	333	—	—	37765	100 395
福建	193 393	4078	—	—	—	—	4078	189 315
江西	308 143	61 747	—	—	—	—	61747	246 396
山东	147 481	14 651	—	—	—	—	14651	132 830
河南	173 596	47 567	4407	3072	—	—	40 088	126 029
湖北	330 657	71 091	10000	4666	—	32 591	23 834	259 566
湖南	584 316	50 817	—	1533	—	14042	35 242	533 499
广东	270 462	1163	—	—	—	—	1163	269 299
广西	247 800	31 521	—	2160	—	23381	5980	216 279
海南	10 496	189	—	—	—	—	189	10307
重庆	270 003	129 230	17 464	100 000	—	9102	2664	140 773
四川	436 816	67 749	29 670	34 639	—	3440	—	369 067
贵州	346 676	117 945	6667	6400	—	95 811	9067	228 731
云南	374 796	255 464	26 987	151 895	—	68 917	7665	119 332
西藏	75 039	13 975	1466	2414	—	—	10 095	61 064
陕西	348 094	161 847	59 975	53 598	12274	—	36 000	186 247
甘肃	392 765	164 493	8410	106 712	—	—	49 371	228 272
青海	205 904	71 372	23 470	8621	—	—	39 281	134 532
宁夏	100 055	51 608	7334	2000	—	—	42 274	48 447
新疆	243 788	187 080	5279	63 029	—	—	118 772	56 708
新疆兵团	15 387	12 051	—	3589	—	—	8462	3336
大兴安岭	23 534	23 534	23 534	—	—	—	—	0

表 20-13 全国历年林业重点

年　别	合　计	天然林资源保护工程	退耕还林工程 小计	其中：退耕地造林	京津风沙源治理工程
1979～1985 年	1010.98				
"七五"小计	589.93				
"八五"小计	1186.04				44.12
1996 年	248.17				16.50
1997 年	244.94				21.60
1998 年	271.80	29.04			23.16
1999 年	316.95	47.76	44.79	38.15	21.16
2000 年	309.90	42.64	68.36	32.84	28.03
"九五"小计	1391.76	119.43	113.15	70.99	110.43
2001 年	307.13	94.81	87.10	38.61	21.73
2002 年	673.17	85.61	442.36	203.98	67.64
2003 年	824.24	68.83	619.61	308.59	82.44
2004 年	478.06	64.15	321.75	82.49	47.33
2005 年	309.96	42.48	189.84	66.74	40.82
"十五"小计	2592.56	355.87	1660.66	700.41	259.96
2006 年	280.17	77.48	105.05	21.85	40.95
2007 年	267.83	73.29	105.60	5.95	31.51
2008 年	343.35	100.90	118.97	0.22	46.90
2009 年	457.55	136.09	88.67	0.07	43.48
2010 年	366.79	88.55	98.26	0.03	43.91
"十一五"小计	1715.68	476.31	516.55	28.12	206.77
2011 年	309.30	55.36	73.02	0.01	54.52
2012 年	275.39	48.52	65.53		54.17
2013 年	256.90	46.03	62.89		62.61
2014 年	192.69	41.05	37.86	0.01	23.91
2015 年	284.05	64.48	63.60	44.63	22.33
"十二五"小计	1318.32	255.44	302.90	44.64	217.53
2016 年	250.55	48.73	68.33	55.85	23.00
2017 年	299.12	39.03	121.33	121.33	20.72
2018 年	244.31	40.06	72.35	71.98	17.78
总　计	10 599.25	1334.86	2855.28	1093.32	900.31

注：1. 京津风沙源治理工程 1993～2000 年数据为原全国防沙治沙工程数据；
2. 自 2006 年起将无林地和疏林地封育面积计入造林总面积，2015 年起将有林地和灌木林地封育计入造林总面积；
3. 2016 年三北及长江流域等重点防护林体系工程造林面积包括林业血防工程 3.67 万公顷造林面积。2017 年林业重点工程江流域等重点防护林体系工程造林面积包括林业血防工程 0.55 万公顷造林面积。

生态工程完成造林面积

单位：万公顷

	三北及长江流域等重点防护林体系工程					
小 计	三北防护林工程	长江流域防护林工程	沿海防护林工程	珠江流域防护林工程	太行山绿化工程	平原绿化工程
1010.98	1010.98					
589.93	517.49	36.99			35.46	
1141.92	617.44	270.17	84.67		151.86	17.78
231.67	134.23	46.40	7.22		40.25	3.59
223.35	126.61	44.78	6.35	5.67	36.63	3.31
219.60	124.40	44.86	6.03	3.99	34.37	5.96
203.25	124.54	36.98	4.45	3.21	29.34	4.73
170.88	105.32	20.69	5.69	3.07	29.85	6.26
1048.75	615.09	193.71	29.73	15.93	170.44	23.84
103.49	54.17	16.27	9.09	2.71	14.13	7.13
77.56	45.38	11.03	5.57	4.66	7.62	3.32
53.35	27.53	10.88	3.86	4.47	5.00	1.62
44.83	23.23	11.33	3.02	3.18	3.09	0.98
36.82	21.79	6.59	2.27	3.07	2.85	0.25
316.06	172.10	56.10	23.80	18.07	32.69	13.29
56.68	32.68	7.87	1.70	2.88	11.47	0.09
57.42	38.15	7.64	2.39	1.74	7.39	0.11
76.58	49.79	7.23	7.42	3.70	8.03	0.41
189.31	125.59	22.21	21.22	8.21	11.92	0.17
136.06	92.82	11.88	17.32	6.68	6.92	0.43
516.05	339.04	56.83	50.05	23.21	45.73	1.20
126.40	73.78	20.48	20.99	7.23	3.66	0.26
107.18	67.87	15.79	14.54	5.16	3.81	
85.36	51.86	13.04	11.86	4.40	3.57	0.64
89.87	59.63	10.74	9.69	2.69	4.92	2.19
133.64	76.60	23.72	18.85	9.66	4.81	
542.46	329.74	83.78	75.92	29.14	20.77	3.10
110.50	64.85	21.78	10.87	5.73	3.59	
94.79	62.64	17.40	6.81	4.80	3.14	
89.39	57.85	20.65	4.45	2.55	3.89	
5460.82	3787.23	757.40	286.30	99.43	467.58	59.22

造林面积合计包括石漠化治理工程23.25万公顷。2018年林业重点工程造林面积合计包括石漠化治理工程24.73万公顷，三北及长

表 20-14 天然林资源保护工程建设情况

指 标	单位	总计	东北、内蒙古重点国有林区	长江上游、黄河上中游地区
一、工程区木材产量	立方米	5 202 328	310 072	4 892 256
其中：人工林木材产量	立方米	4 772 806	235 704	4 537 102
二、造林面积	公顷	400 601	128 018	272 583
1. 人工造林	公顷	92 425	10 154	82 271
其中：灌木林面积	公顷	15 583	125	15 458
2. 飞播造林	公顷	60 494	5009	55 485
3. 当年新封山（沙）育林	公顷	129 253	—	129 253
①无林地和疏林地新封山育林面积	公顷	82 668	—	82 668
②有林地和灌木林地新封山育林面积	公顷	46 585	—	46 585
4. 退化林修复面积	公顷	118 429	112 855	5574
三、森林抚育面积	公顷	1 796 976	1 385 875	411 101
四、年末实有封山（沙）育林面积	公顷	3 957 471	736 135	3 221 336
五、年末实有森林管护面积	公顷	115 079 115	39 221 727	75 857 388
1. 国有林	公顷	71 063 681	39 130 394	31 933 287
2. 集体和个人所有的国家级公益林	公顷	20 885 817	91 333	20 794 484
3. 集体和个人所有的地方公益林	公顷	23 129 617	—	23 129 617
六、工程区项目实施单位人员情况				
1. 年末人数	人	563 695	434 722	128 973
其中：混岗职工人数	人	19 438	17 796	1642
（1）在岗职工	人	453 113	345 772	107 341
（2）其他从业人员	人	20 994	203	20 791
（3）离开本单位保留劳动关系人员	人	89 588	88 747	841
2. 在岗职工年平均人数	人	423 406	316 968	106 438
3. 在岗职工年工资总额	万元	1 977 824	1 348 864	628 960
4. 年末实有离退休人员	人	597 243	512 193	85 050
5. 当年离退休人员生活费	万元	1 885 930	1 640 998	244 932
6. 年末参加基本养老保险人数	人	593 787	475 419	118 368
其中：在岗职工	人	441 872	341 735	100 137
7. 年末参加基本医疗保险人数	人	726 546	559 216	167 330
其中：在岗职工	人	443 771	343 968	99 803
七、全部林业投资完成额	万元	3 956 762	2 352 626	1 604 136
其中：中央投资	万元	3 684 003	2 317 080	1 366 923
地方投资	万元	186 730	28 853	157 877
1. 营造林	万元	431 629	300 695	130 934
2. 森林管护	万元	1 351 924	752 916	599 008
3. 生态效益补偿	万元	660 424	63 926	596 498
4. 社会保险（养老、医疗、失业、工伤、生育）	万元	761 700	592 348	169 352
5. 政社性支出	万元	540 290	506 412	33 878
6. 其他	万元	210 795	136 329	74 466

表 20-15 退耕还林工程建设情况

指 标	单位	本年实际
一、造林情况		
1. 退耕地造林	公顷	719 810
其中：25°以上坡耕地退耕面积	公顷	511 145
15°~25°水源地耕地退耕面积	公顷	30 072
严重沙化耕地退耕面积	公顷	125 188
退耕地造林按林种主导功能分		
①用材林	公顷	63 538
②经济林	公顷	389 503
③防护林	公顷	266 769
④薪炭林	公顷	—
⑤特种用途林	公顷	—
2. 荒山荒地造林	公顷	1824
3. 当年新封山(沙)育林面积	公顷	1866
①无林地和疏林地新封山育林面积	公顷	1533
②有林地和灌木林地新封山育林面积	公顷	333
二、年末实有封山(沙)育林面积	公顷	946 647
三、全部林业投资完成额	万元	2 254 055
其中：中央投资	万元	1 982 703
地方投资	万元	65 403
1. 种苗费	万元	406 319
2. 完善政策补助资金	万元	742 449
3. 巩固退耕还林成果专项资金	万元	22 427
4. 新一轮退耕还林补助资金	万元	1 021 251
5. 其他	万元	61 609

表 20-16 京津风沙源治理与石漠化综合治理工程建设情况

指 标	单位	京津风沙源治理工程	石漠化综合治理工程
一、治理情况			
（一）造林面积	公顷	177 838	247 284
1. 人工造林	公顷	95 615	46 994
其中：灌木林面积	公顷	15 358	2201
2. 飞播造林	公顷	14 666	—
3. 当年新封山(沙)育林	公顷	67 557	200 289
①无林地和疏林地新封山育林面积	公顷	57 490	77 018
②有林地和灌木林地新封山育林面积	公顷	10 067	123 271
4. 退化林修复面积	公顷	—	1
（二）森林抚育面积	公顷	990	2929
（三）年末实有封山(沙)育林面积	公顷	2 230 702	—
（四）工程固沙面积	公顷	5167	—
（五）草地治理面积	公顷	29 865	—
（六）暖棚建设面积	平方米	1 409 100	—
（七）贮草棚建设面积	万立方米	25	—
（八）青贮窖建设面积	万立方米	11 056	—
（九）饲料机械台数	台	370	—
（十）小流域治理	公顷	60 688	—
（十一）水利设施	处	5643	—
（十二）易地搬迁人数	人	2995	—
（十三）易地搬迁户数	户	1096	—
二、全部投资完成额	万元	210 632	242 997
其中：林业投资完成额	万元	123 900	107 522
其中：中央投资	万元	85 808	100 502
地方投资	万元	27 189	3795
1. 营造林	万元	115 432	81 193
2. 科技费用	万元	12	628
3. 其他	万元	8456	25 701

表 20-17　三北及长江流域等重点防护林体系工程建设情况

单位：公顷、万元

地　区	三北及长江流域等重点防护林体系工程						
	合　计	三北防护林工程	长江流域防护林体系工程	沿海防护林体系工程	珠江流域防护林体系工程	太行山绿化工程	林业血防工程
一、造林面积	893 855	572 976	206 469	44 515	25 472	38 946	5477
1. 人工造林	433 823	273 377	86 500	29 849	12 410	26 210	5477
其中：灌木林面积	59 230	53 620	5194	209	95	94	18
2. 飞播造林	23 667	21 332	—	—	—	2335	—
3. 当年新封山（沙）育林	379 160	246 284	98 451	13 457	10 567	10 401	—
①无林地和疏林地新封山育林	266 703	179 059	60 552	8024	8933	10 135	—
②有林地和灌木林地新封山育林	112 457	67 225	37 899	5433	1634	266	—
4. 退化林修复	54 603	31 720	20 939	320	1624	—	—
①低效林改造	11 273	4773	6300	200	—	—	—
②退化林防护林改造	43 330	26 947	14 639	120	1624	—	—
5. 人工更新	2602	263	579	889	871	—	—
二、森林抚育面积	105 536	47 298	20 317	22 990	14 931	—	—
三、年末实有封山（沙）育林面积	4 013 984	2 999 494	578 975	98 787	213 051	123 677	—
四、全部林业投资完成额	575 427	347 045	123 383	62 467	19 310	20 784	2438
其中：中央投资	335 181	206 476	81 513	21 190	10 683	13 719	1600
地方投资	106 811	65 656	24 782	6423	3022	6496	432
1. 营造林	522 762	322 660	103 820	58 967	15 927	19 566	1822
2. 种苗	30 855	18 240	9006	1085	1264	951	309
3. 森林防火	2610	499	1728	206	131	11	35
4. 病虫害防治	3593	1631	1559	278	76	23	26
5. 科技费用	1503	285	614	111	432	50	11
6. 其他	14 104	3730	6656	1820	1480	183	235
五、群众投工投劳（折合资金）	86 858	35 164	32 198	8510	6020	3760	1206

表 20-18　野生动物保护区工程情况

指　标	单位	本年实际
一、国际重要湿地个数	个	57
国际重要湿地面积	公顷	6 948 593
二、野生动植物保护管理站	个	1891
三、野生动物救护中心	个	297
四、野生动物繁育机构	个	6490
五、野生动物基因库	个	21
六、野生动物疫源疫病监测站个数	个	1593
七、从事野生动植物保护的职工人数	人	49 540
其中：各类专业技术人员	人	14 620
八、野生动植物保护投资完成额	万元	154 297
其中：中央投资	万元	54 528
地方投资	万元	89 129

注：国际重要湿地含香港1处。

表 20-19　林业产业总产值(按现行价格计算)

单位：万元

指　标	总产值
总　计	**762 727 590**
一、第一产业	**245 808 400**
（一）涉林产业合计	233 237 826
其中：湿地产业	2 854 968
1. 林木育种和育苗	24 017 953
（1）林木育种	1 802 918
（2）林木育苗	22 215 035
2. 营造林	20 653 585
3. 木材和竹材采运	12 416 766
（1）木材采运	8 904 702
（2）竹材采运	3 512 064
4. 经济林产品的种植与采集	144 920 194
（1）水果种植	72 713 805
（2）坚果、含油果和香料作物种植	22 609 905
（3）茶及其他饮料作物的种植	14 898 935
（4）森林药材种植	10 665 654
（5）森林食品种植	12 471 843
（6）林产品采集	11 560 052
5. 花卉及其他观赏植物种植	26 140 638
6. 陆生野生动物繁育与利用	5 088 690
（二）林业系统非林产业	12 570 574
二、第二产业	**349 958 761**
（一）涉林产业合计	342 627 902
其中：湿地产业	2 122 303
1. 木材加工和木、竹、藤、棕、苇制品制造	128 158 726
（1）木材加工	22 919 180
（2）人造板制造	66 863 043
（3）木制品制造	28 373 177
（4）竹、藤、棕、苇制品制造	10 003 326
2. 木、竹、藤家具制造	63 560 469
3. 木、竹、苇浆造纸和纸制品	66 465 191
（1）木、竹、苇浆制造	7 346 716
（2）造纸	34 970 678
（3）纸制品制造	24 147 797
4. 林产化学产品制造	6 025 110
5. 木质工艺品和木质文教体育用品制造	8 490 306
6. 非木质林产品加工制造业	58 241 270
（1）木本油料、果蔬、茶饮料等加工制造	44 468 754
（2）野生动物食品与毛皮革等加工制造	2 898 374
（3）森林药材加工制造	10 874 142
7. 其他	11 686 830
（二）林业系统非林产业	7 330 859
三、第三产业	**166 960 429**
（一）涉林产业合计	155 691 645
其中：湿地产业	4 032 956

(续表)

指　标	总产值
1. 林业生产服务	6 079 008
2. 林业旅游与休闲服务	130 437 115
3. 林业生态服务	10 323 153
4. 林业专业技术服务	2 667 809
5. 林业公共管理及其他组织服务	6 184 560
（二）林业系统非林产业	11 268 784
补充资料：竹产业产值	24 557 523
油茶产业产值	10 240 911
林下经济产值	81 550 897

表 20-20　各地区林业产业总产值（按现行价格计算）

单位：万元

地区	总　计	第一产业	第二产业	第三产业
全国合计	762 727 590	245 808 400	349 958 761	166 960 429
北京	1 982 907	1 506 054	243	476 610
天津	329 393	327 286	0	2107
河北	14 537 374	6 913 266	6 565 839	1 058 269
山西	4 975 362	3 697 276	628 401	649 685
内蒙古	5 005 409	2 000 547	1 669 769	1 335 093
辽宁	10 981 337	6 331 114	2 899 466	1 750 757
吉林	13 980 773	3 772 380	7 786 998	2 421 395
黑龙江	14 684 966	6 316 767	4 575 747	3 792 452
上海	3 270 590	366 382	2 687 200	217 008
江苏	47 389 897	11 594 763	28 935 517	6 859 617
浙江	48 980 208	10 071 035	26 493 789	12 415 384
安徽	40 445 629	11 616 059	18 766 804	10 062 766
福建	59 237 698	9 296 486	40 039 672	9 901 540
江西	45 025 656	11 951 934	21 205 434	11 868 288
山东	67 358 492	24 166 237	37 972 984	5 219 271
河南	21 120 020	10 094 800	7 893 605	3 131 615
湖北	37 921 344	11 885 476	12 755 229	13 280 639
湖南	46 569 770	15 250 786	15 786 612	15 532 372
广东	81 675 768	9 934 785	53 311 612	18 429 371
广西	57 082 451	19 550 093	30 356 465	7 175 893
海南	6 384 908	3 196 309	2 758 390	430 209
重庆	12 605 922	5 199 893	3 689 380	3 716 649
四川	37 408 252	14 438 460	9 977 274	12 992 518
贵州	30 100 000	8 855 188	3 961 577	17 283 235
云南	22 207 951	13 395 340	5 959 590	2 853 021
西藏	358 893	294 891	3342	60 660
陕西	13 206 108	10 348 411	1 345 835	1 511 862
甘肃	4 802 713	3743 224	236 703	822 786
青海	675 339	493 314	96 961	85 064
宁夏	1 623 706	764 420	558 996	300 290
新疆	9 802 514	8 009 992	864 347	928 175
大兴安岭	996 240	425 432	174 980	395 828

表 20-21　各地区主要林产工业产品产量

单位：万立方米、万平方米、万根

地　区	木材	竹材	锯材	人　造　板 合　计	胶合板	纤维板	刨花板	其他人造板	木竹地板
全国合计	8810.86	315 517	8361.83	29 909.29	17 898.33	6168.05	2731.53	3111.37	78 897.76
北京	13.79	—	—	—	—	—	—	—	—
天津	19.75	—	—	—	—	—	—	—	—
河北	87.42	—	96.68	1588.13	657.52	464.68	256.49	209.44	—
山西	25.97	—	16.30	31.35	1.96	18.19	0.98	10.21	—
内蒙古	74.55	—	1260.18	35.34	32.43	—	0.06	2.86	19.90
内蒙古森工集团	0.92	—	—	—	—	—	—	—	—
辽宁	170.96	—	264.25	174.88	71.07	45.33	13.47	45.02	2270.63
吉林	165.46	—	98.46	320.69	142.34	89.72	26.00	62.62	3387.84
吉林森工集团	22.27	—	0.11	115.05	—	89.72	25.32	0.01	393.48
长白山森工集团	12.55	—	0.25	1.12	1.12	—	—	—	183.30
黑龙江	70.58	—	434.64	68.12	42.60	4.63	2.20	18.70	262.78
龙江森工集团	1.42	—	8.96	7.36	0.56	—	1.09	5.71	34.72
上海	—	—	—	—	—	—	—	—	—
江苏	133.85	445	350.96	5743.47	3892.37	785.64	769.83	295.63	34 724.80
浙江	123.42	20 246	363.29	510.24	182.18	81.02	8.72	238.31	10 584.90
安徽	450.50	15 632	553.39	2513.07	1790.88	368.03	185.31	168.84	8809.43
福建	580.22	91 928	333.48	995.97	527.86	212.59	37.55	217.97	2284.93
江西	257.00	21 366	270.04	435.03	164.34	108.99	39.36	122.35	3722.55
山东	474.26	—	1197.75	7488.85	5039.04	1382.77	640.39	426.66	4284.67
河南	258.36	118	271.10	1642.20	721.44	432.87	90.45	397.44	557.87
湖北	209.76	3744	243.59	830.04	311.44	383.83	73.31	61.46	3326.27
湖南	286.07	19 802	471.61	714.39	449.08	70.47	34.90	159.95	1410.38
广东	859.91	22 264	178.99	1011.39	330.74	479.66	174.91	26.08	1347.85
广西	3174.82	63 610	1242.04	4458.69	2988.43	757.11	279.59	433.57	1265.29
海南	198.41	861	103.01	42.73	32.24	2.80	7.69	—	16.49
重庆	59.53	18 426	100.47	159.84	56.82	53.43	33.49	16.11	26.55
四川	230.70	17 750	170.16	565.32	177.20	275.26	9.64	103.23	307.11
贵州	278.25	1908	170.02	145.97	67.79	10.47	9.54	58.18	162.60
云南	550.71	16 772	150.35	384.19	195.82	118.01	37.26	33.10	120.31
西藏	—	—	—	0.40	0.40	—	—	—	0.30
陕西	8.00	645	7.40	26.89	10.48	13.85	0.43	2.13	4.31
甘肃	4.45	—	1.25	4.61	0.71	2.50	—	1.40	—
青海	0.06	—	—	—	—	—	—	—	—
宁夏	—	—	—	—	—	—	—	—	—
新疆	44.11	—	12.43	17.47	11.14	6.20	—	0.13	—
新疆兵团	8.24	—	1.41	—	—	—	—	—	—
大兴安岭	—	—	0.00	—	—	—	—	—	—

表 20-22 全国主要木材、竹材产品产量

产品名称	单位	全部产量
木材及竹材采伐产品		
一、商品材	万立方米	8810.86
其中：热带木材	万立方米	1403.45
其中：针叶木材	万立方米	1589.83
1. 原木	万立方米	8088.70
2. 薪材	万立方米	722.17
按来源分：		
1. 天然林	万立方米	156.70
2. 人工林	万立方米	8654.17
按生产单位分：		
1. 系统内国有企业单位生产的木材	万立方米	266.03
2. 系统内国有林场、事业单位生产的木材	万立方米	1037.77
3. 系统外企、事业单位采伐自营林地的木材	万立方米	375.14
4. 乡（镇）集体企业及单位生产的木材	万立方米	717.43
5. 村及村以下各级组织和农民个人生产的木材	万立方米	6414.50
二、非商品材	万立方米	2087.64
1. 农民自用材	万立方米	446.04
2. 农民烧材	万立方米	1641.59
三、竹材		
（一）大径竹	万根	315 517.18
其中：村及村以下各级组织和农民个人生产的大径竹	万根	163 908.87
1. 毛竹	万根	169 512.52
2. 其他	万根	146 004.66
（二）小杂竹	万吨	2185.65

注：大径竹一般指直径在 5 厘米以上，以根为计量单位的竹材。

表 20-23 全国主要林产工业产品产量

产品名称	单位	产　量
木竹加工制品		
一、锯材	万立方米	8362
1. 普通锯材	万立方米	8179
2. 特种锯材	万立方米	183
二、木片、木粒加工产品	万实积立方米	4089
三、人造板	万立方米	29 909
（一）胶合板	万立方米	17 898
1. 木胶合板	万立方米	15 988
2. 竹胶合板	万立方米	542
3. 其他胶合板	万立方米	1368
（二）纤维板	万立方米	6168
1. 木质纤维板	万立方米	5870
(1) 硬质纤维板	万立方米	244
(2) 中密度纤维板	万立方米	5607
(3) 软质纤维板	万立方米	19
2. 非木质纤维板	万立方米	298

(续表)

产品名称	单位	产量
（三）刨花板	万立方米	2732
1. 木质刨花板	万立方米	2720
其中：定向刨花板（OSB）	万立方米	107
2. 非木质刨花板	万立方米	12
（四）其他人造板	万立方米	3111
其中：细木工板	万立方米	1636
四、其他加工材	**万立方米**	**1344**
1. 改性木材	万立方米	140
2. 指接材	万立方米	365
五、木竹地板	万平方米	78 898
1. 实木地板	万平方米	11 662
2. 实木复合木地板	万平方米	20 318
3. 浸渍纸层压木质地板（强化木地板）	万平方米	39 425
4. 竹地板（含竹木复合地板）	万平方米	6944
5. 其他木地板（含软木地板、集成材地板等）	万平方米	548
林产化学产品		
一、松香类产品	吨	**1 421 382**
1. 松香	吨	1 167 846
2. 松香深加工产品	吨	253 536
二、松节油类产品	吨	**242 435**
1. 松节油	吨	185 973
2. 松节油深加工产品	吨	56 462
三、樟脑	吨	**19 442**
其中：合成樟脑	吨	13 341
四、冰片	吨	**1244**
其中：合成冰片	吨	1063
五、栲胶类产品	吨	**3165**
1. 栲胶	吨	3165
2. 栲胶深加工产品	吨	—
六、紫胶类产品	吨	**6570**
1. 紫胶	吨	5658
2. 紫胶深加工产品	吨	912
七、木竹热解产品	吨	**1 457 014**
八、木质生物质成型燃料	吨	**944 389**

表 20-24 全国历年木材、竹材及木材加工、林产化学主要产品产量

时 期	木材（万立方米）	竹材（万根）	锯材（万立方米）	人造板（万立方米）				木竹地板（万平方米）	松香（吨）
				总计	其中				
					胶合板	纤维板	刨花板		
1949~1977 年	90 947.00	210 405	26 285.10	500.06	324.28	143.10	32.68		3 884 994
1978 年	5162.30	11 181	1105.50	62.45	25.22	32.88	4.36		282 027
1979 年	5438.93	10 507	1271.40	77.46	29.24	42.93	5.29		297 034
1980 年	5359.31	9621	1368.70	91.43	32.99	50.62	7.82		327 283
1981 年	4942.31	8656	1301.06	99.61	35.11	56.83	7.67		406 214
1982 年	5041.25	10 183	1360.85	116.67	39.41	66.99	10.27		400 784
1983 年	5232.32	9601	1394.48	138.95	45.48	73.45	12.74		246 916
1984 年	6384.81	9117	1508.59	151.38	48.97	73.59	16.48		307 993
1985 年	6323.44	5641	1590.76	165.93	53.87	89.50	18.21		255 736
"六五"时期	27 924.13	43 198	7155.74	672.54	222.84	360.36	65.37		1 617 643
1986 年	6502.42	7716	1505.20	189.44	61.08	102.70	21.03		293 500
1987 年	6407.86	11 855	1471.91	247.66	77.63	120.65	37.78		395 692
1988 年	6217.60	26 211	1468.40	289.88	82.69	148.41	48.31		376 482
1989 年	5801.80	15 238	1393.30	270.56	72.78	144.27	44.20		409 463
1990 年	5571.00	18 714	1284.90	244.60	75.87	117.24	42.80		344 003
"七五"时期	30 500.68	79 734	7123.71	1242.14	370.05	633.27	194.12		1 819 140
1991 年	5807.30	29 173	1141.50	296.01	105.40	117.43	61.38		343 300
1992 年	6173.60	40 430	1118.70	428.90	156.47	144.45	115.85		419 503
1993 年	6392.20	43 356	1401.30	579.79	212.45	180.97	157.13		503 681
1994 年	6615.10	50 430	1294.30	664.72	260.62	193.03	168.20		437 269
1995 年	6766.90	44 792	4183.80	1684.60	759.26	216.40	435.10		481 264
"八五"时期	31 755.10	208 181	9139.60	3654.02	1494.20	852.28	937.66		2 185 017
1996 年	6710.27	42 175	2442.40	1203.26	490.32	205.50	338.28	2293.70	501 221
1997 年	6394.79	44 921	2012.40	1648.48	758.45	275.92	360.44	1894.39	675 758
1998 年	5966.20	69 253	1787.60	1056.33	446.52	219.51	266.30	2643.17	416 016
1999 年	5236.80	53 921	1585.94	1503.05	727.64	390.59	240.96	3204.58	434 528
2000 年	4723.97	56 183	634.44	2001.66	992.54	514.43	286.77	3319.25	386 760
"九五"时期	29 032.03	266 453	8462.78	7412.78	3415.47	1605.95	1492.75	13 355.09	2 414 283
2001 年	4552.03	58 146	763.83	2111.27	904.51	570.11	344.53	4849.06	377 793
2002 年	4436.07	66 811	851.61	2930.18	1135.21	767.42	369.31	4976.99	395 273
2003 年	4758.87	96 867	1126.87	4553.36	2102.35	1128.33	547.41	8642.46	443 306
2004 年	5197.33	109 846	1532.54	5446.49	2098.62	1560.46	642.92	12 300.47	485 863
2005 年	5560.31	115 174	1790.29	6392.89	2514.97	2060.56	576.08	17 322.79	606 594
"十五"时期	24 504.61	446 844	6065.13	21 434.19	8755.66	6086.88	2480.25	48 091.77	2 308 829

（续表）

时 期	木材 （万立方米）	竹材 （万根）	锯材 （万立方米）	人造板(万立方米)				木竹地板 （万平方米）	松香 （吨）
				总计	其中				
					胶合板	纤维板	刨花板		
2006 年	6611.78	131 176	2486.46	7428.56	2728.78	2466.60	843.26	23 398.99	915 364
2007 年	6976.65	139 761	2829.10	8838.58	3561.56	2729.85	829.07	34 343.25	1 183 556
2008 年	8108.34	126 220	2840.95	9409.95	3540.86	2906.56	1142.23	37 689.43	1 067 293
2009 年	7068.29	135 650	3229.77	11 546.65	4451.24	3488.56	1431.00	37 753.20	1 117 030
2010 年	8089.62	143 008	3722.63	15 360.83	7139.66	4354.54	1264.20	47 917.15	1 332 798
"十一五"时期	36 854.68	675 814	15 108.92	52 584.57	21 422.11	15 946.12	5509.76	181 102.03	5 616 041
2011 年	8145.92	153 929	4460.25	20 919.29	9869.63	5562.12	2559.39	62 908.25	1 413 041
2012 年	8174.87	164 412	5568.19	22 335.79	10 981.17	5800.35	2349.55	60 430.54	1 409 995
2013 年	8438.50	187 685	6297.60	25 559.91	13 725.19	6402.10	1884.95	68 925.68	1 642 308
2014 年	8233.30	222 440	6836.98	27 371.79	14 970.03	6462.63	2087.53	76 022.40	1 700 727
2015 年	7218.21	235 466	7430.38	28 679.52	16 546.25	6618.53	2030.19	77 355.85	1 742 521
"十二五"时期	40 210.79	963 932	30 593.39	124 866.30	66 092.26	30 845.74	10 911.62	345 642.72	7 908 592
2016 年	7775.87	250 630	7716.14	30 042.22	17 755.62	6651.22	2650.10	83 798.66	1 838 691
2017 年	8398.17	272 013	8602.37	29 485.87	17 195.21	6297.00	2777.77	82 568.31	1 664 982
2018 年	8810.86	315 517	8361.83	29 909.29	17 898.33	6168.05	2731.53	78 897.76	1 421 382
总 计	352 674.47	3 764 030.24	138 360.31	302 035.33	155 033.48	75 716.40	29 801.07	833 456.33	33 585 938

注：自2006年起松香产量包括深加工产品。

表20-25　全国主要经济林产品生产情况

单位：吨

指　标	产　量
各类经济林产品总量	**180 784 145**
一、水果	149 145 256
1. 苹果	33 883 143
2. 柑橘	36 908 776
3. 梨	16 214 160
4. 葡萄	13 999 852
5. 桃	14 205 662
6. 杏	2 079 998
7. 荔枝	2 475 813
8. 龙眼	1 829 079
9. 猕猴桃	1 582 249
10. 其他水果	25 966 524
二、干果	11 629 076
1. 板栗	2 272 867
2. 枣（干重）	5 473 056
3. 柿子（干重）	869 430
4. 仁用杏（大扁杏等甜杏仁）	75 347

(续表)

指　标	产　量
5. 榛子	124 972
6. 松子	97 277
7. 其他干果	2 716 127
三、林产饮料产品（干重）	**2 468 514**
1. 毛茶	2 239 439
2. 其他林产饮料产品	229 075
四、林产调料产品（干重）	**830 671**
1. 花椒	449 669
2. 八角	217 057
3. 桂皮	87 620
4. 其他林产调料产品	76 325
五、森林食品	**3 826 928**
1. 竹笋干	805 691
2. 食用菌（干重）	2 095 646
3. 山野菜（干重）	360 272
4. 其他森林食品（干重）	565 319
六、森林药材	**3 639 167**
1. 银杏（白果）	188 701
2. 山杏仁（苦杏仁）	42 195
3. 杜仲	202 478
4. 黄柏	71 066
5. 厚朴	201 048
6. 山茱萸	62 100
7. 枸杞	362 005
8. 沙棘	98 352
9. 五味子	24 072
10. 其他森林药材	2 387 150
七、木本油料	**6 766 220**
1. 油茶籽	2 629 796
2. 核桃	3 820 720
3. 油橄榄	49 089
4. 油用牡丹籽	32 027
5. 其他木本油料	234 588
八、林产工业原料	**2 478 313**
1. 生漆	18 882
2. 油桐籽	348 173
3. 乌桕籽	23 237
4. 五倍子	21 263
5. 棕片	59 051
6. 松脂	1 375 367
7. 紫胶（原胶）	6160

表 20-26　全国木本油料与花卉产业发展情况

指　标	单位	产量
一、油茶产业发展情况		
1. 年末实有油茶林面积	公顷	4 266 648
当年新造面积	公顷	144 566
当年低改面积	公顷	136 004
2. 繁殖圃个数	个	389
繁殖圃面积	公顷	3055
3. 苗木产量	万株	79 087
其中：一年生苗木产量	万株	47 294
二年留床苗木产量	万株	28 866
4. 油茶籽产量	万吨	263
5. 油茶企业	个	2528
二、核桃产业发展情况		
1. 年末实有核桃种植面积	公顷	8 165 689
2. 定点苗圃个数	个	8202
定点苗圃面积	公顷	24 826
3. 苗木产量	万株	53 095
4. 核桃产量（干重）	万吨	382
三、花卉产业发展情况		
1. 年末实有花卉种植面积	公顷	1 632 754
2. 切花切叶产量	万支	1 766 386
3. 盆栽植物产量	万盆	564 994
4. 观赏苗木产量	万株	1 166 672
5. 草坪产量	万平方米	61 702
6. 花卉市场	个	4162
7. 花卉企业	个	53 926
其中：大中型企业	个	9514
8. 花农	万户	143
9. 花卉从业人员	万人	523
其中：专业技术人员	万人	33
10. 控温温室面积	万平方米	7651
11. 日光温室面积	万平方米	17 086

固定资产投资统计

表20-27 林业投资完成情况

单位：万元

指　标	本年实际	中央财政资金	地方财政资金	国内贷款	利用外资	自筹资金	其他社会资金
自年初累计完成投资	48 171 343	11 444 700	12 880 202	3 558 344	158 469	12 243 020	7 886 608
1. 生态建设与保护	21 257 493	9 549 201	7 128 110	784 492	48 809	1 956 116	1 790 765
（1）造林抚育与森林质量提升	19 490 154	8 842 956	6 494 655	673 902	42 002	1 770 628	1 666 011
（2）湿地保护与恢复	725 902	165 140	288 394	87 945	—	108 317	76 106
（3）防沙治沙	199 001	117 017	61 893	—	—	11 111	8980
（4）野生动植物保护	266 499	103 561	107 009	32	807	39 440	15 650
（5）自然保护地建设与修复	575 937	320 527	176 159	22 613	6000	26 620	24 018
2. 林业产业发展	19 263 251	253 209	1 238 376	2 695 203	103 183	9 462 945	5 510 335
（1）工业原料林	2 019 600	8755	9716	902 533	29 186	933 273	136 137
（2）特色经济林（不含木本油料）	1 710 486	29 218	389 414	210 452	1215	494 484	585 703
（3）木本油料	778 872	27 623	106 579	86 688	980	298 042	258 960
（4）花卉	984 032	6477	33 578	91 391	100	453 610	398 876
（5）林下经济	2 668 797	13 672	87 208	409 571	15	1 531 202	627 129
（6）木竹制品加工制造	2 665 316	4117	4066	194 060	4565	1 853 946	604 562
（7）木竹家具制造	1 665 681	1175	8773	26 537	—	789 519	839 677
（8）木竹浆造纸	552 495	1	321	48575	—	375 980	127 618
（9）非木质林产品加工制造	517 701	1774	2653	89 735	—	230 640	192 899
（10）林业旅游休闲康养	3 301 228	9069	316 272	252 691	—	1 348 885	1 374 311
（11）其他	2 399 043	151 328	279 796	382 970	67 122	1 153 364	364 463
3. 林业支撑与保障	6 084 415	1 299 542	3 933 313	23 255	—	490 496	337 809
（1）林业改革补助	1 031 521	657 015	374 506	—	—	—	—
（2）林木种苗	811 950	61 306	96 960	20 100	—	357 214	276 370
（3）森林防火与森林公安	615 658	165 047	393 457	949	—	44 519	11 686
（4）林业有害生物防治	322 096	59 528	178 966	150	—	59 892	23 560
（5）林业科技、教育、法治、宣传等	249 663	125 403	76 076	2046	—	21 808	24 330
（6）林业信息化	56 274	11 191	36 147	10	—	7063	1863
（7）林业管理财政事业费	2 997 253	220 052	2 777 201	—	—	—	—
4. 林业基础设施建设	1 566 184	342 748	580 403	55 394	6477	333 463	247 699
（1）棚户区（危旧房）改造	124 725	49 065	28 883	4000	—	38 569	4208
（2）林区公益性基础设施建设	327 140	53 489	181 305	26	—	58 162	34 158
（3）国有林场国有林区道路建设	35 793	11 172	14 902	140	—	7072	2507
（4）其他	1 078 526	229 022	355 313	51 228	6477	229 660	206 826

表 20-28　各地区林业投资完成情况

单位：万元

地　　区	总　　计	其中：国家投资
全国合计	48 171 343	24 324 902
北京	2 448 559	2 409 673
天津	135 079	127 205
河北	1 861 822	1 095 039
山西	1 117 541	908 478
内蒙古	1 612 360	1 558 025
内蒙古森工集团	508 151	473 170
辽宁	419 546	395 950
吉林	884 136	790 145
吉林森工集团	274 540	212 440
长白山森工集团	264 742	250 764
黑龙江	1 414 502	1 382 890
龙江森工集团	1 019 334	1 011 980
上海	164 947	164 947
江苏	867 269	453 634
浙江	796 396	597 899
安徽	1 021 252	516 373
福建	1 539 947	348 834
江西	1 149 215	621 891
山东	3 045 469	693 032
河南	750 687	537 759
湖北	1 966 414	506 061
湖南	3 233 334	942 342
广东	867 790	810 223
广西	9 629 216	677 181
海南	143 945	143 101
重庆	819 216	625 064
四川	2 790 807	1 130 728
贵州	2 535 121	1 011 309
云南	1 383 232	1 323 988
西藏	347 444	324 744
陕西	1 372 268	1 088 798
甘肃	1 384 743	1012 607
青海	430 816	392 331
宁夏	201 418	194 811
新疆	1 093 882	803 255
新疆兵团	285 145	89 193
局直属单位	742 970	736 585
大兴安岭	392 946	386 561

表 20-29　林业固定资产投资完成情况

单位：万元

指　　标	总　　计
一、本年计划投资	9 923 291
二、自年初累计完成投资	10 629 856
其中：国家投资	2 404 828
按构成分	
1. 建筑工程	3 075 209
2. 安装工程	336 563

（续表）

指　　标	总　计
3. 设备工器具购置	494 677
4. 其他	6 723 407
按性质分	
1. 新建	6 622 957
2. 扩建	2 779 835
3. 改建和技术改造	814 384
4. 单纯建造生活设施	53 097
5. 迁建	14 393
6. 恢复	114 709
7. 单纯购置	230 481
三、本年新增固定资产	3 404 712
四、房屋建筑面积及竣工价值	
本年房屋施工面积（平方米）	712 942
其中：住宅	410 380
本年房屋竣工面积（平方米）	630 726
其中：住宅	332 848
本年房屋竣工价值	98 396
其中：住宅	38 274
五、本年实际到位资金合计	9 642 826
1. 上年末结余资金	188 441
2. 本年实际到位资金小计	9 454 385
（1）国家预算资金	3 525 001
①中央资金	2 213 994
②地方资金	1 311 007
（2）国内贷款	435 492
（3）债券	1350
（4）利用外资	6316
（5）自筹资金	4 422 008
（6）其他资金	1 064 218
六、本年各项应付款合计	1 240 916
其中：工程款	544 879

注：本表统计范围为按照项目管理的，且计划总投资在500万元以上的城镇林业固定资产投资项目和农村非农户林业固定资产投资项目。

表20-30　林业利用外资基本情况

单位：万美元

指　　标	项目个数（个）	实际利用外资金额				协议利用外资金额			
		合计	国外借款	外商投资	无偿援助	合计	国外借款	外商投资	无偿援助
总　计	87	26 069	7221	18 356	492	12 165	6962	5098	105
一、营造林	69	10 522	6768	3660	94	6976	6885	2	89
1. 公益林	35	4515	4458	2	55	4188	4136	2	50
2. 工业原料林	21	4979	1321	3658	—	1896	1896	—	—
3. 特色经济林	13	1028	989	—	39	892	853	—	39
二、木竹材加工	5	3732	—	3732					
其中：木家具制造	—								
人造板制造	1	20		20					
木制品制造	3	3712		3712					
三、林纸一体化	1	9231	—	9231	—				
四、林产化工	1	2		2					
五、非木质林产品加工	—								
六、花卉、种苗	1	5		5					
七、科学研究	2	60	46		14	93	77		16
八、其他	8	2517	407	1726	384	5096	—	5096	—

表 20-31 全国历年林业投资完成情况

单位：万元

年　份	林业投资完成额	其中：国家投资
1950～1977 年	**1 453 357**	**1 105 740**
1978 年	108 360	65 604
1979 年	141 326	91 364
1980 年	144 954	68 481
1981 年	140 752	64 928
1982 年	168 725	70 986
1983 年	164 399	77 364
1984 年	180 111	85 604
1985 年	183 303	81 277
"六五"时期	**837 291**	**380 159**
1986 年	231 994	83 613
1987 年	247 834	97 348
1988 年	261 413	91 504
1989 年	237 553	90 604
1990 年	246 131	107 246
"七五"时期	**1 224 925**	**470 315**
1991 年	272 236	134 816
1992 年	329 800	138 679
1993 年	409 238	142 025
1994 年	476 997	141 198
1995 年	563 972	198 678
"八五"时期	**2 052 243**	**755 396**
1996 年	638 626	200 898
1997 年	741 802	198 908
1998 年	874 648	374 386
1999 年	1 084 077	594 921
2000 年	1 677 712	1 130 715
"九五"时期	**5 016 865**	**2 499 828**
2001 年	2 095 636	1 551 602
2002 年	3 152 374	2 538 071
2003 年	4 072 782	3 137 514
2004 年	4 118 669	3 226 063
2005 年	4 593 443	3 528 122
"十五"时期	**18 032 904**	**13 981 372**
2006 年	4 957 918	3 715 114
2007 年	6 457 517	4 486 119
2008 年	9 872 422	5 083 432
2009 年	13 513 349	7 104 764
2010 年	15 533 217	7 452 396
"十一五"时期	**50 334 423**	**27 841 825**
2011 年	26 326 068	11 065 990
2012 年	33 420 880	12 454 012
2013 年	37 822 690	13 942 080
2014 年	43 255 140	16 314 880
2015 年	42 901 420	16 298 683
"十二五"时期	**183 726 198**	**70 075 645**
2016 年	45 095 738	21 517 308
2017 年	48 002 639	22 592 278
2018 年	48 171 343	24 324 902
总　计	**404 342 565**	**185 770 217**

表 20-32　全国历年林业重点生态工程

指标名称		合计	天然林资源保护工程	退耕还林工程	京津风沙源治理工程
1979~1995 年	实际完成投资	417 515			17 432
	其中：国家投资	196 633			8501
1996 年	实际完成投资	140 461			15 741
	其中：国家投资	51 939			4506
1997 年	实际完成投资	186 106			33 782
	其中：国家投资	64 741			12 247
1998 年	实际完成投资	441 717	227 761		37 741
	其中：国家投资	280 338	206 365		10 176
1999 年	实际完成投资	713 818	409 225	33 595	35 477
	其中：国家投资	501 534	351 309	33 595	8198
2000 年	实际完成投资	1 106 412	608 414	154 075	43 102
	其中：国家投资	881 704	582 886	146 623	15 655
"九五"小计	实际完成投资	2 588 514	1 245 400	187 670	165 843
	其中：国家投资	1 780 256	1 140 560	180 218	50 782
2001 年	实际完成投资	1 771 124	949 319	314 547	183 275
	其中：国家投资	1 353 311	887 717	248 459	59 283
2002 年	实际完成投资	2 519 018	933 712	1 106 096	123 238
	其中：国家投资	2 249 185	881 617	1 061 504	120 022
2003 年	实际完成投资	3 307 863	679 020	2 085 573	258 781
	其中：国家投资	2 977 684	650 304	1 926 019	239 513
2004 年	实际完成投资	3 489 682	681 985	2 142 905	267 666
	其中：国家投资	2 981 364	640 983	1 920 609	261 857
2005 年	实际完成投资	3 600 892	620 148	2 404 111	332 625
	其中：国家投资	3 211 855	584 777	2 185 928	325 408
"十五"小计	实际完成投资	14 688 579	3 864 184	8 053 232	1 165 585
	其中：国家投资	12 773 399	3 645 398	7 342 519	1 006 083
2006 年	实际完成投资	3 527 084	643 750	2 321 449	327 666
	其中：国家投资	3 254 930	604 120	2 224 633	310 029
2007 年	实际完成投资	3 470 969	820 496	2 084 085	320 929
	其中：国家投资	3 027 545	666 496	1 915 544	298 768
2008 年	实际完成投资	4 193 747	973 000	2 489 727	323 871
	其中：国家投资	3 625 728	923 500	2 210 195	310 795
2009 年	实际完成投资	5 075 170	817 253	3 217 569	403 175
	其中：国家投资	4 179 436	688 199	2 886 310	355 377
2010 年	实际完成投资	4 711 990	731 299	2 927 290	382 406
	其中：国家投资	3 616 315	591 086	2 499 773	329 166
"十一五"小计	实际完成投资	20 978 960	3 985 798	13 040 120	1 758 047
	其中：国家投资	17 703 954	3 473 401	11 736 455	1 604 135
2011 年	实际完成投资	5 319 584	1 826 744	2 463 373	250 395
	其中：国家投资	4 342 817	1 696 826	1 949 855	223 978
2012 年	实际完成投资	5 283 825	2 186 318	1 977 649	356 646
	其中：国家投资	4 050 116	1 710 230	1 545 329	321 863
2013 年	实际完成投资	5 361 512	2 301 529	1 962 668	378 669
	其中：国家投资	4 378 163	2 020 503	1 557 260	357 304
2014 年	实际完成投资	6 659 502	2 610 936	2 230 905	106 583
	其中：国家投资	5 448 154	2 204 105	1 916 113	81 217
2015 年	实际完成投资	7 056 599	2 983 638	2 752 809	111 595
	其中：国家投资	6 299 919	2 838 326	2 520 733	107 268
"十二五"小计	实际完成投资	29 681 022	11 909 165	11 387 404	1 203 888
	其中：国家投资	24 519 169	10 469 990	9 489 290	1 091 630
2016 年	实际完成投资	6 754 068	3 400 322	2 366 719	152 729
	其中：国家投资	6 304 925	3 334 513	2 149 296	141 944
2017 年	实际完成投资	7 180 115	3 763 641	2 221 446	174 385
	其中：国家投资	6 702 046	3 615 667	2 055 317	158 962
2018 年	实际完成投资	7 171 963	3 956 762	2 254 055	123 900
	其中：国家投资	6 721 782	3 870 733	2 048 106	112 997
总　计	实际完成投资	89 460 736	32 125 272	39 510 646	4 761 809
	其中：国家投资	76 702 164	29 550 262	35 001 201	4 175 034

注：2016 年三北及长江流域等重点防护林体系工程投资包括林业血防工程 17 507 万元，其中国家投资 14 887 万元。2017 年林程 107 522 万元，其中国家投资 104 297 万元；三北及长江流域等重点防护林体系工程投资包括林业血防工程 2438 万元，其中国家

实际完成投资及国家投资情况

单位：万元

小　计	三北及长江流域等重点防护林体系工程						野生动植物保护及自然保护区建设工程
	三北防护林工程	长江流域防护林工程	沿海防护林工程	珠江流域防护林工程	太行山绿化工程	平原绿化工程	
400 083	231 652	77 939	41 990		32 622	15 880	
188 132	132 779	27 148	10 930		8780	8495	
124 720	71 169	23 114	16 548		7371	6518	
47 433	30 802	7455	2531		2085	4560	
152 324	80 567	21 095	12 653	16 430	12 247	9332	
52 494	34 704	7196	2198	502	2853	5041	
176 215	90 289	27 774	21 029	12 060	11 970	13 093	
63 797	37 206	11 154	3340	1557	5411	5129	
235 521	118 754	31 384	22 897	16 463	24 232	21 791	
108 432	57 383	16 345	5717	2775	14 195	12 017	
300 821	143 682	31 273	31 551	14 392	23 781	56 142	
136 540	71 602	18 427	13 768	6831	13 327	12 585	
989 601	504 461	134 640	104 678	59 345	79 601	106 876	
408 696	231 697	60 577	27 554	11 665	37 871	39 332	
303 066	102 468	53 406	40 026	10 678	16 169	80 319	20 917
145 743	56 163	22 736	14 425	6499	8832	37 088	12 109
316 711	139 272	45 837	41 164	17 657	17 151	55 630	39 261
157 582	66 512	27 942	13 839	15 481	10 920	22 888	28 460
232 083	85 437	41 442	29 155	13 136	10 436	52 477	52 406
136 239	49 105	27 758	20 127	11 083	8097	20 069	25 609
352 661	86 645	109 028	51 946	11 922	13 048	80 072	44 465
135 782	44 014	26 017	29 705	9797	11 268	14 981	22 133
192 556	85 231	53 607	23 029	9134	14 620	6936	51 452
91 292	41 252	12 808	19 704	7039	10 095	394	24 450
1 397 077	499 053	303 320	185 320	62 527	71 423	275 434	208 501
666 638	257 046	117 261	97 800	49 899	49 212	95 420	112 761
179 501	84 328	24 386	42 553	6509	13 949	7776	54 718
85 398	38 539	8262	20 687	4647	13 108	205	30 750
165 879	94 026	13 912	37 819	3994	13 213	2915	79 850
91 273	48 202	9964	23 290	2811	6541	465	55 464
337 349	184 078	34 916	94 009	7142	16 804	400	69 800
139 275	99 184	13 119	18 429	4043	4275	225	41 963
557 076	270 310	101 057	140 019	23 828	21 663	199	80 097
209 602	133 198	27 000	35 953	8979	4422	50	39 948
570 888	284 589	49 422	192 579	27 177	16 471	650	100 107
138 550	68 632	19 557	33 802	12 519	4000	40	57 740
1 810 693	917 331	223 693	506 979	68 650	82 100	11 940	384 302
664 098	387 755	77 902	132 111	32 999	32 346	985	225 865
664 819	322 215	98 832	200 344	26 204	12 948	4276	114 253
394 431	208 105	42 627	117 478	14 984	11 167	70	77 727
630 274	325 088	99 667	165 824	25 796	13 899		132 938
380 467	210 938	40 869	96 239	19 977	12 444		92 227
569 772	274 469	65 806	178 784	21 154	17 539	12 020	148 874
354 732	170 664	33 863	116 389	11 354	10 442	12 020	88 364
1 512 854	406 704	98 569	278 075	21 229	13 196	695 081	198 224
1 098 931	253 193	33 154	140 431	14 930	12 664	644 559	147 788
954 103	551 846	103 717	247 150	31 420	19 970		254 454
637 340	370 283	85 227	138 168	23 913	19 749		196 252
4 331 822	1 880 322	466 591	1 070 177	125 803	77 552	711 377	848 743
2 865 901	1 213 183	235 740	608 705	85 158	66 466	656 649	602 358
678 829	355 827	96 009	145 345	38 195	25 946		155 469
533 251	322 104	83 955	66 275	20 084	25 946		145 921
676 739	397 780	129 902	95 172	31 473	22 412		254 075
546 891	294 678	120 732	88 841	20 611	22 029		236 685
575 427	347 045	123 383	62 467	19 310	20 784	2438	154 297
441 992	272 132	106 295	27 613	13 705	20 215	2032	143 657
10 860 271	5 133 471	1 555 477	2 212 128	405 303	412 441	1 123 945	2 005 387
6 315 599	3 111 374	829 610	1 059 829	234 121	262 865	802 913	1 467 247

业重点工程投资合计包括石漠化治理工程89 829万元，其中国家投资88 524万元。2018年林业重点工程投资合计包括石漠化治理工投资2032万元。

劳动工资统计

表 20-33 林业系统按行业分全部单位

地　区	单位数（个）	年末人数			
		总计	单位从业合计	在岗小计	其中：女性
总　计	38 846	1 240 494	1 118 263	1 021 216	276 016
一、企业	2524	564 140	457 016	432 460	118 887
二、事业	31 245	566 675	551 824	493 279	137 958
三、机关	5077	109 679	109 423	95 477	19 171
按行业分：					
一、农林牧渔业	16 566	852 410	742 345	685 006	184 855
1. 林木育种育苗	2190	43 267	36 723	34 061	9885
2. 营造林	8523	480 206	441 120	401 208	105 176
3. 木竹采运	741	258 015	196 174	190 112	52 625
4. 经济林产品种植与采集	209	4432	3875	3856	1335
5. 花卉及其他观赏植物种植	218	2622	2598	2276	683
6. 陆生野生动物繁育与利用	157	1572	1542	1220	341
7. 其他	4528	62 296	60 313	52 273	14 810
二、制造业	567	40 181	35 721	34 497	10 265
1. 木材加工及木、竹、藤、棕、苇制品业	319	19 512	16 242	15 371	5107
2. 木、竹、藤家具制造业	40	5305	5163	5163	1303
3. 木、竹、苇浆造纸业	37	4395	4290	4290	1297
4. 林产化学产品制造	28	4244	4244	4229	1162
5. 其他	143	6725	5782	5444	1396
三、服务业	21 424	328 174	323 594	287 748	74 627
1. 林业生产服务	5095	55 919	54 702	48 606	12 172
2. 野生动植物保护和自然保护区管理	1304	27 246	27 055	23 994	6942
3. 林业工程技术与规划管理	1030	16 169	16 029	15 535	4741
4. 林业科技交流和推广服务	2342	31 794	31 633	26 272	9165
5. 林业公共管理和社会组织	10 143	165 264	164 269	146 020	32 911
①林业行政管理、公安及监督检查机构	9230	152 234	151 304	134 280	28 733
②林业专业性、行业性团体	913	13 030	12 965	11 740	4178
6. 其他	1510	31 782	29 906	27 321	8696
四、其他行业	289	19 729	16 603	13 965	6269

个数、从业人员和劳动报酬情况

（人）

人员			其他从业人员	离开本单位仍保留劳动关系人员	在岗职工年平均人数（人）	在岗职工年工资总额（千元）	在岗职工年平均工资（元）
职工							
其中：非全日制	其中：专业技术人员						
47 933	294 127	97 047	122 231	997 027	58 255 936	58 430
7440	113 224	24 556	107 124	405 296	16 864 766	41 611
35 039	170 919	58 545	14 851	495 030	32 378 487	65 407
5454	9984	13 946	256	96 701	9 012 683	93 202
29 933	191 426	57 339	110 065	656 580	32 052 549	48 817
3747	9040	2662	6544	33 712	1 843 113	54 672
19 127	105 304	39 912	39 086	386 953	19 549 448	50 522
1807	58 320	6062	61 841	176 334	6 772 546	38 407
319	1007	19	557	3675	185 612	50 507
537	457	322	24	2246	111 114	49 472
103	487	322	30	1191	66 297	55 665
4293	16 811	8040	1983	52 469	3 524 419	67 171
616	3618	1224	4460	34 347	1 720 580	50 094
327	2215	871	3270	15 110	631 674	41 805
30	204	0	142	5063	245 731	48 535
3	110	0	105	3637	217 822	59 891
3	242	15	0	4233	282 679	66 780
253	847	338	943	6304	342 673	54 358
17 151	92 644	35 846	4580	290 536	23 551 589	81 063
2527	17 212	6096	1217	48 152	3 175 357	65 944
2890	8110	3061	191	23 984	1 765 834	73 626
1110	9660	494	140	15 489	1 615 637	104 309
1281	15 422	5361	161	26 298	1 922 271	73 096
7544	31 577	18 249	995	148 000	12 908 183	87 217
7059	26 049	17 024	930	135 884	11 847 833	87 191
485	5528	1225	65	12 116	1 060 350	87 516
1799	10 663	2585	1876	28 613	2 164 307	75 641
233	6439	2638	3126	15 564	931 218	59 832

表20-34 林业系统按行业分职工伤亡事故情况

指标	轻伤（人次）	重伤（人次）	死亡（人）
事故合计	**409**	**27**	**34**
按行业分：			
1. 营造林	107	14	9
2. 木竹采运	31	—	1
3. 木竹加工制造	2	1	—
4. 森林防火	55	5	6
5. 其他	214	7	18
按事故类别分：			
1. 物体打击	46	—	1
2. 车辆伤害	52	13	8
3. 机械伤害	23	—	—
4. 触电	—	—	—
5. 火灾	8	1	3
6. 其他	280	13	22

林草财务会计

21

林草财务和会计

【综述】 2018年,国家林业和草原局规划财务司深入贯彻习近平新时代中国特色社会主义思想,认真落实中央经济工作、农村工作和全国林业厅局长会议精神,紧紧围绕局党组决策部署和林业草原改革发展中心工作,主动适应机构改革新职能、新目标、新部署,着力构建全面保护自然资源、重点领域改革和多元投入的林业草原资金政策保障体系,全力推进规划财务各项工作,不断提升新时代林业草原现代化建设保障水平。

林业草原资金 一是中央投入稳步增长。始终坚持把争取资金政策作为规划财务工作的永恒主题,面对经济下行压力加大、财政收入增速放缓的严峻形势,积极沟通、主动作为,全年落实中央资金1176亿元(不含新疆生产建设兵团),其中,中央预算内投资168亿元、中央财政资金1008亿元;同口径比2017年增长10.1%,是中央农口部门除扶贫外连续多年保持持续增长的部门,有力保障了林业草原各项重点工作顺利推进。国有林区林场道路建设取得突破性进展,联合交通运输部、国家发展改革委、财政部印发了《关于促进国有林场和国有林区道路持续健康发展的实施意见》,规划3年中央投入188亿元,交通运输部于12月下旬专项下达第一批中央预算内投资50亿元。落实中央预算内投资3.5亿元启动3个规模化林场建设试点,新启动2个百万亩防护林基地建设。落实中央资金13亿元实施48个森林质量精准提升示范项目、30多亿元支持以国家公园为主体的自然保护地体系建设。继续推进东北、内蒙古重点国有林区防火应急道路、林区林场管护站点用房等建设试点。将符合公益林区划界定条件的退耕还生态林纳入森林资源管护支出补助范围,政策到期后符合条件的退耕还生态林纳入森林抚育补助范围。针对松材线虫病暴发蔓延严峻形势,增加安排2亿元林业有害生物防治补助。二是着力保障机构改革顺利推进。提高政治站位,不折不扣落实党和国家机构改革决策部署,解决了转隶人员后顾之忧,兑现预警中心人员绩效工资,解决南航总站离退休人员经费缺口。积极沟通协调国家发展改革委、财政部、农业农村部等部门,承接退牧还草、国家级风景名胜区、国家级地质公园、草原生态修复治理、草原鼠害防治和防火隔离带建设等资金54亿元。积极沟通协调财政部、农业农村部、自然资源部、住房城乡建设部等部门,按照"三定"方案赋予的职责和机构职能人员编制划入划出情况核定基本支出和项目支出,将风景名胜区和自然遗产管理、草原监督管理、海洋自然保护区监督管理等部门预算2221万元划入国家林草局,将森林资源调查职责涉及的项目预算3870万元划转自然资源部;同时,统筹调剂资金用于召开2018年"文化和自然遗产日"大会、参加世界地质公园和世界自然遗产会议以及机关司局新增人员经费支出,有力保障了机构改革期间划入单位和新进司局职责有效履行、业务正常运转。三是加强建设项目储备管理。对"十二五"以来全国1207个林业基本建设项目执行和管理情况进行全面梳理,总结分析存在的问题,提出了加强项目管理的举措。加强建设项目监管,赴南京警院等直属单位进行建设项目"三到场"日常监管,组织7个调研组对直属单位在建项目执行情况和新申报项目前期工作落实情况开展检查和调研,组织开展了一批直属单位项目竣工验收。通过网上监管平台受理林业和草原建设项目283个,审核批复了186个,复审了23个湿地、种苗项目。中国林业大数据中心在云南挂牌,北斗示范建设项目落地实施。编制完成《对林业和草原行业严重失信主体实行联合惩戒的备忘录》。颁布自然保护区、湿地保护等2项工程项目建设国家标准,推进国家公园项目建设等行标编制、6个技术规范纳入国家技术法规体系。

保障重点领域改革 一是全力保障林业三大改革。着力推进国有林区改革,落实重点国有林区中央投入242亿元。协调财政部将天保工程区职工社保缴费补助基数由2013年当地社平工资的80%提高到2016年的80%;适当提高教育、医疗卫生、政府事务、消防、环卫、街道等政策性社会性支出补助标准。建立天保工程社会保险和政策性社会性支出、停止天然林商业性采伐等补助"一年一核定"的动态调整机制,增加安排停伐补助支持大兴安岭剥离办教育职能,对内蒙古森工、吉林重点国有林区剥离企业办社会职能、人员精简等改革推进力度大的给予了倾斜支持。着力推进国有林场改革,全年落实中央资金30亿元,中央财政国有林场改革补助累计安排158亿元。4612个国有林场基本完成改革任务,被定为公益性事业单位的占95%,超预期实现了国有林场公益属性定位;国有林场事业编制由40万个减少到21.7万个、精简45.8%,15.68万名富余职工得到妥善安置;国有林场职工年平均工资达到4.5万元,是改革前的3.2倍;职工基本养老、基本医疗保险参保率均达到98%以上。不断完善集体林权制度改革支持政策,中央财政森林保险保费补贴政策实现全覆盖,进一步增加了集体和个人所有天然商品林停伐管护补助;林权抵押贷款面积保持666.67万公顷左右,贷款余额1270亿元,累计贷款4000多亿元。二是扎实抓好林业草原领域生态文明体制改革工作。着力推进国家公园体制试点各项改革任务,编制完成《东北虎豹国家公园总体规划》并上报国务院,加快推进大熊猫、祁连山国家公园总体规划编制工作。东北虎豹国家公园监测体系试点搭建完成、成功联通,为推进国家公园现代化建设积累了经验。积极协调中央改革办争取《关于建立以国家公园为主体的自然保护地体系的指导意见》改革任务牵头单位地位,配合制订《天然林保护修复制度方案》《关于建立以国家公园为主体的自然保护地体系的指导意见》。配合做好生态保护红线划定工作,将集体个人人工商品林、林区林场场部等重要场所设施剔除生态保护红线范围。积极推进自然资源资产负债表编制，配合制订印发了《县级自然资源资产负债表编制试点方案》。完成生态文明建设年度评价等工作。三是扎实推进中央部署的各项重大改革任务。配合制订《林业草原领域中央与地方财政事权和支出责任划分改革方案》《海南热带雨林国家公园体制试点方案》《建立市场化、多元化生态补偿机制行动计划》等重大改革方案。研究提出了支持海南和雄安新区全面深化改革开放的林业重大举措。完成了党的十八大以来中央部署改革任务落实情况评估和督察。配合开展《耕地草原河湖休养生息规划（2016~2030年）》落实情况督察。配合制订《国家农业可持续发展试验示范区（农业绿色发展先行区）管理办法（试行）》。

生态扶贫定点扶贫　一是生态扶贫举措彰显林草特色。生态补偿扶贫、国土绿化扶贫、生态产业扶贫合体效应日益凸显。印发《生态扶贫工作方案》《林业草原生态扶贫三年行动方案》，出台了《建档立卡护林员管理办法》。落实生态护林员中央财政资金35亿元，新增10亿元，累计选聘生态护林员50多万名，精准带动180多万贫困人口稳定增收和脱贫。着力推进深度贫困地区脱贫攻坚，安排"三区三州"所在省退耕还林任务45.07万公顷，占全国总任务的54%，引导退耕还林向深度贫困地区、贫困县倾斜，有意愿贫困户应退尽退；打造云南怒江傈僳族自治州林业生态脱贫攻坚区，印发《云南怒江傈僳族自治州林业生态脱贫攻坚区行动方案（2018~2020年）》。积极推广山西合作造林模式，在全国共组建近6000个生态建设扶贫造林合作社（队），吸纳有劳动能力贫困人口参加林业草原重点工程建设增收脱贫。协调金融机构出台金融产品，鼓励贫困地区发展木本油料、林下经济、森林旅游等林业特色产业，巩固脱贫成果。召开全国油茶产业发展现场会，推动贫困人口持续增收。与水利部共同召开第七次滇桂黔石漠化片区区域发展与扶贫攻坚推进会。《中共中央　国务院关于打赢脱贫攻坚战的决定》国家林草局牵头的分工任务成效在国务院扶贫开发领导小组考核中获得"好"。二是定点扶贫工作再上新台阶。在局党组多次会议部署、一线指挥下，深入推进定点扶贫工作。国家林草局局长张建龙于11月中旬到荔波、独山开展调研，副局长李春良分别于1月、11月、12月先后3次到4个定点县调研，了解林业扶贫项目进展、"两不愁三保障"存在的突出问题，李春良还主持召开了定点扶贫工作座谈会。印发《进一步加强定点扶贫工作意见》，明确全局各单位责任分工。全面完成《中央单位定点扶贫责任书》工作任务，组织局机关和中国林科院、规划院等直属单位向四个定点县捐款捐物821.2万元，开展结对帮扶、支部共建，召开3次局扶贫开发领导小组成员单位扩大会议，协调科技司开展科技扶贫，协调发改司、林业产业联合会组织林业企业实施产业扶贫，协调中国社会扶贫网、人民网建立定点县销售平台，组织局机关和有关直属单位购买定点县345万元农林产品。为4个定点县分别举办一期党建培训班，为贫困人口举办竹编、油茶培训班，全年培训干部、企业、贫困群众共552人。协调中国邮储银行分别与4个定点县签订金融支持协议。召开定点县挂职干部座谈会，赴定点县慰问一线挂职干部，了解思想动态，解决生活困难。召开8次司务会议专题研究定点扶贫工作，确定每位司领导和两个处室对口一个县，成立了8人定点扶贫推进组，压实定点帮扶责任。国家林草局在中央和国家机关工委牵头的对133家单位定点扶贫考核中成为14家"好"之一，定点扶贫工作再次获得国务院扶贫办的认可。三是加强扶贫领域作风问题治理和执纪问责。召开了国家林业和草原局生态扶贫暨扶贫领域执纪问责专项工作会议，印发《关于开展扶贫领域作风问题治理工作的通知》《国家林业和草原局扶贫领域监督执纪问责工作实施方案》，组织各省开展自评，层层压实责任，紧盯重点领域、关键环节，确保扶贫项目资金安全和发挥最大效益。按照国务院扶贫开发领导小组部署，会同中央国家机关工委对云南省扶贫工作进行督查。

国家储备林金融创新　一是扎实推进国家储备林贷款重点项目落地。将国家储备林建设作为推进新时代林业草原建设高质量发展的重要抓手摆上重要位置，坚持政府主导、企业主体、社会参与，充分发挥财政金融政策合力和资金引领带动作用，创新投融资机制，深入推进国家储备林金融创新，国家储备林已多次写入中央一号文件和《生态文明体制改革总体方案》等重要改革文件。持续加大银林合作力度，与中国邮储银行签署了《全面支持林业和草原发展战略合作协议》，与国家开发银行签署了《共同推进荒漠化防治战略合作框架协议》。坚持规划先行、突出重点，继续与国家开发银行、中国农业发展银行合作推进国家储备林、生态建设、产业发展等重点领域项目，因地制宜推进实施粤桂琼沿海、浙闽武夷山北部、湘鄂赣罗霄山等一批国家储备林建设工程，推动江西吉安、海南海胶、江苏射阳等国家储备林贷款项目相继落地实施，积极指导重庆、云南丽江、甘肃定西、山西吕梁、宁夏银川等开展建设方案和可研编制等前期工作。2018年，共完成国家储备林建设任务67.4万公顷。新增国家开发银行、中国农业发展银行国家储备林贷款项目91个、放款190亿元，国家储备林等贷款项目累计达到203个、放款574亿元。二是规范推进林业PPP项目。坚持不开展完全政府付费PPP项目的原则，守住一般公共预算支出不超过10%的红线，指导各地规范有序推进林业PPP项目，吸引社会投资进入林业草原领域。截至2018年，有30个林业PPP项目进入财政部PPP项目库，其中，福建省南平市和湖北省襄阳市国家储备林、福建省将乐县重点生态区位森林资源保护3个林业PPP项目入选2018年财政部发布的PPP示范项目。出版了《2018中国森林保险发展报告》。三是加强风险防控。坚持"防控金融风险、服务实体经济、深化金融改革"，主动作为，保证国家储备林金融创新风险可控。印发《关于规范有序推进国家储备林等林业草原贷款项目的通知》，积极加强林业和草原防范金融风险工作，加大林业和草原生态保护领域建设力度。印发《关于开展林业防范金融风险专项检查的通知》及《工作方案》，要求各地对2016年以来实施的147个利用国开行和农发行贷款的项目进行全面自查，选取5个省部分项目开展重点抽查，从融资风险、项目规范、资金使用、工程建设等方面排查风险，个别贷款项目投融资主体、担保方式等与文件要求不符的进行整改或暂停，未发现贷款资金被挤占挪用等违法违规现象。

规划计划统计工作 一是不断完善林业草原规划体系。完成"十三五"规划中期评估，森林蓄积量成为国家"十三五"规划《纲要》中唯一提前完成的约束性指标。配合国家发展改革委等部门编制了乡村振兴战略、河北雄安新区、洞庭湖水环境综合治理、大运河文化保护传承利用等规划。印发了国家储备林建设、全国森林城市发展、国家林业和草原长期科研试验示范基地等一批规划。强化规划实施，印发《关于深入推进落实国家"十三五"规划〈纲要〉的通知》。二是加强营造林生产和草原建设计划管理。认真总结2016~2017年营造林生产任务完成情况，编制下达了2018~2020年营造林生产滚动计划。全年完成造林任务706.67万公顷、草原建设任务773.33万公顷。研究提出国民经济发展计划草案草原计划指标，将"种草改良面积"纳入2019年国民经济计划指标体系。三是加强林业草原经济形势分析和统计工作。完成分季度林业和草原经济运行分析报告。印发《统计综合报表制度》，研究建立自然保护地、草原建设与管护统计报表制度，制定了林业及相关产业产品分类标准。严格执行统计法律法规，印发了《关于贯彻落实〈防范和惩治统计造假、弄虚作假督察工作规定〉的通知》，制定《关于防范林业和草原管理系统统计造假弄虚作假有关责任的规定》。出版了《2017中国林业和草原发展报告》《中国林业统计年鉴2017》。向国家统计局报送了2017年度绿色发展指标体系林业、草原、自然保护地相关指标数据。

国家重大战略生态建设 一是加快推进京津冀协同发展生态率先突破。落实中央投资0.5亿元启动实施雄安新区造林绿化项目、1.5亿元启动雄安新区白洋淀上游规模化林场建设试点。推进京南地区成片森林建设和白洋淀、衡水湖等重要湿地保护修复。扎实推进河北雄安新区规划实施，落实森林城市建设、国家公园等自然保护地、生态保护修复、规模化林场和储备林4个方面的支持政策。编制《环首都国家公园体系发展规划》，完成《京津冀协同发展林业生态支持政策汇编》。二是加快推进长江经济带"共抓大保护"生态保护修复。加快推进森林、湿地、生物多样性保护修复三大行动，落实中央投资2.9亿元启动实施长江岸线生态修复工程，完成长江经济带生态保护3.5亿美元世行贷款项目评估，启动修编《长江经济带生态保护修复规划》，会同国家发展改革委等部门印发《关于加快推进长江两岸造林绿化的指导意见》，制定《长江经济带区域开发负面清单》。开展《长江经济带国土空间规划》林业草原建设专题研究，完成《长江经济带共抓大保护林业支持政策汇编》。三是加快推进"一带一路"建设林业经贸合作。组织编制"一带一路"生态合作培训规划和"一带一路"重要节点生态修复行动计划，积极推进境外木材工业园区建设。举办第五次中俄林业投资合作圆桌会议、第九次中俄林业工作组会议暨第二届中俄林业投资政策论坛，截至2018年，已在俄建成9个林业经贸合作区，重大项目累计投资达83亿元。完成丝绸之路生态治理2亿美元亚行贷款项目评估。有效应对打击非法采伐等国际热点问题，组织开展中美贸易摩擦对中国林产品进出口贸易影响研判，协调落实降低林产品进口关税和提高出口退税税率政策。四是加快推进乡村振兴战略。积极协调衔接将林业草原领域重要指标、工程、任务等内容纳入《乡村振兴战略规划（2018~2022年）》，村庄绿化覆盖率成为18个主要指标之一，生态保护修复工程和制度、生态产业等内容得到充分体现。落实中央财政林业科技推广示范补助4.8亿元，支持林业科技成果转换，推进林业产业发展，带动乡村振兴。制定《贯彻落实乡村振兴战略规划的实施意见》。认真做好西部开发、东北振兴、中部崛起、粤港澳大湾区等区域发展林业草原建设各项工作。

资金项目监管 一是强化预算执行。建立预算执行进度月报制度，提高财政资金使用效益，防止资金滞留，定期向各司局通报支出进度，约谈督促个别重点单位加快预算执行进度，全年预算执行进度达到90.42%，为近3年最高。强化预算约束机制，杜绝无预算、超预算、超标准支出，对重点项目和重大工程单独核算、绩效考评。完成2017年年底局本级结转结余资金清理工作。认真做好财政部非税收入检查问题核实、国库集中支付、非税收入管理、银行账户管理等工作。二是强化资金监管。加强直属单位资金管理，组织排查风险点，强化监督，加强内控制度建设，试点单位达到26个。全面完成直属事业单位公务用车制度改革方案批复，公务交通总支出节支率达到11%。做好国有资产配置处置，完成机构改革涉及转隶划出和内部调整的14个单位资产清查以及中国经济林协会和中国长城绿化促进会2家脱钩试点协会资产清查核实。配合审计署完成国家林草局2018年贯彻落实国家重大政策措施工作情况跟踪审计、开展2018年度预算执行审计等工作。开展涉企收费清理、2017年林业财政专项资金绩效评价和部分补助资金稽查，指导做好大兴安岭林业集团公司财务工作。三是强化制度建设。按照深化简政放权、放管结合、优化服务改革要求，推进完善"1+3+N"计财会商和监督约束工作机制，初步建立了事前、事中、事后权力运行全过程监控及风险防控机制，进一步健全和完善了林业草原资金项目及规划财务管理规章制度。制修订《林业生态保护恢复资金管理办法》《国有林场和苗圃执行〈政府会计制度——行政事业单位会计科目和报表〉的补充规定和衔接规定》等60多项制度办法。大力推进调研、培训整合，整合开展了大规模国土绿化多元投入机制、国家公园等自然保护地资金政策保障体系、林业现代化建设顶层设计等6项重点课题调研；精简各类业务工作培训，整合设置了4个林业计财综合培训班，分别针对直属单位、地方单位各举办两期培训班，实现计财业务培训全覆盖，有力提升了计财人员业务水平，得到各省计财人员的好评。　　（黄祥云　马一博）

【**2018年全国林业行业财政资金收支状况**】 2018年全国林业行业预算投入2405.14亿元，其中：中央投入1199.93亿元（林业投入1176.03亿元，不含新疆生产建设兵团4.93亿元），占总投入的49.89%；地方投入1205.21亿元，占总投入的50.11%。与2017年同口径相比增加187.19亿元，增长幅度为8.44%，其中：中央投入增加50.56亿元，增长幅度为4.4%；地方投入

增加136.64亿元，增长幅度为12.79%。全年实际到位资金2694.23亿元，实际支出2624.83亿元。

预算投入（投资计划）情况

（一）中央预算投入（投资计划）。2018年中央预算林业投入1176.03亿元，其中：中央预算内投资168.39亿元，财政投入1007.64亿元。与2017年1136.76亿元相比，2018年增加39.27亿元（增加幅度为3.45%）。

1. 中央预算内投资。2018年中央预算内林业投资共计168.39亿元。天然林保护工程14亿元，新一轮退耕还林还草工程46.64亿元，京津风沙源治理林业项目工程9.31亿元，"三北"、沿海等防护林建设工程39.25亿元，石漠化综合治理林业项目工程9.84亿元，野生动植物及自然保护区建设工程3.21亿元，湿地恢复保护工程3亿元，棚户区（危旧房）改造工程3亿元，森林防火13.27亿元，林业有害生物防治项目0.99亿元，森工非经营性项目2.02亿元，其他23.86亿元。

2. 财政投入。2018年，中央财政林业投入总计1007.64亿元。林业生态保护恢复资金432.88亿元（天然林资源保护228.52亿元，退耕还林还草204.36亿元）；林业改革发展资金506.53亿元（森林资源管护支出313.95亿元，森林资源培育支出119.81亿元，生态保护体系建设支出38.58亿元，国有林场改革支出24.06亿元，林业产业发展支出10.13亿元）；森林保险保费补贴7.43亿元；国有贫困林场扶贫资金6.2亿元；生态护林员补助资金36.1亿元；农业综合开发林业项目6.81亿元。中央部门预算11.41亿元。

（二）地方预算投入（投资计划）。2018年地方各级财政预算投入1205.22亿元，其中：预算内投资32.68亿元，财政投入1172.54亿元。与2017年1068.58亿元相比，增加136.64亿元，增幅为12.79%。其中：省级498.95亿元，比2017年增加53.03亿元，增幅为11.89%；地市级265.76亿元，比2017年增加30亿元，增幅为12.73%；县级440.5亿元，比2017年增加53.6亿元，增幅为13.85%。

1. 地方预算内投资。2018年地方预算内投资共计32.68亿元，增加7.87亿元，增幅为31.73%。包括：天然林保护工程0.24亿元，新一轮退耕还林还草工程0.09亿元，京津风沙源治理林业项目工程2.12亿元，"三北"、沿海等防护林建设工程0.42亿元，石漠化综合治理林业项目工程0.46亿元，野生动植物及自然保护区建设工程0.54亿元，湿地恢复保护工程1.45亿元，棚户区（危旧房）改造工程0.58亿元，森林防火2.91亿元，林业有害生物防治项目0.49亿元，森工非经营性项目0.03亿元，其他21.98亿元。

2. 财政投入。2018年地方预算林业投入共计1172.54亿元，增加128.77亿元，增幅为12.34%。其中：机构运行支出473.24亿元；其他财政资金499.97亿元，主要包括：林业生态保护恢复资金17.32亿元；林业改革发展资金466.88亿元（森林资源管护支出111.82亿元，森林资源培育支出215.45亿元，生态保护体系建设支出81.01亿元，国有林场改革支出15.44亿元，林业产业发展支出43.16亿元）；森林保险保费补贴6.13亿元；国有贫困林场扶贫资金0.51亿元；生态护林员补助资金5.77亿元；农业综合开发林业项目3.35亿元；其他项目199.33亿元。

资金到位与支出情况

2018年，中央林业投入1176.03亿元，实际到位1147.16亿元，地方预算投入1205.22亿元，实际到位1516.07亿元。2018年中央与地方财政资金年初结余575.52亿元，实际支出2624.83亿元，年末结转和结余645.47亿元。

（一）预算内投资资金到位和支出情况。

1. 到位情况。中央预算内投资资金到位率95.6%，其中，天然林保护工程101.29%，新一轮退耕还林还草91.72%，京津风沙源治理林业项目100.21%，"三北"、沿海等防护林建设工程96.65%，石漠化综合治理林业项目90.63%，野生动植物及自然保护区建设工程96.83%，湿地恢复保护工程94.17%，棚户区（危旧房）改造工程110.97%，森林防火92.78%，林业有害生物防治项目146.28%，森工非经营性项目105.87%。

地方预算内投资资金到位率155.95%，其中，天然林保护工程102.73%，新一轮退耕还林还草253.56%，京津风沙源治理林业项目86.27%，"三北"、沿海等防护林建设工程129.39%，石漠化综合治理林业项目工程100.76%，野生动植物及自然保护区建设工程106.76%，湿地恢复保护工程241.33%，棚户区（危旧房）改造工程141.77%，森林防火134.26%，林业有害生物防治项目111.6%，森工非经营性项目100%。

2. 支出情况。中央和地方预算内投资资金支出率为62%，其中，天然林保护工程64%，新一轮退耕还林还草工程65%，京津风沙源治理林业项目工程57%，"三北"、沿海等防护林建设工程71%，石漠化综合治理林业项目工程62%，野生动植物及自然保护区建设工程48%，湿地恢复保护工程76%，棚户区（危旧房）改造工程70%，森林防火53%，林业有害生物防治项目71%，森工非经营性项目61%。资金支出率较低的项目有：京津风沙源治理林业项目、野生动植物及自然保护区建设、森林防火等。

（二）财政投入到位和支出情况。

1. 到位情况。中央财政投入资金到位率94.79%，其中，财政专项资金到位率95.11%，具体为：林业生态保护恢复资金93.92%；林业改革发展资金96.5%（包括：森林资源管护支出98.47%，森林资源培育支出86.85%，生态保护体系建设支出94.3%，国有林场改革支出107.78%，林业产业发展支出131.25%）；森林保险保费补贴100.82%；国有贫困林场扶贫资金88.23%；生态护林员91.07%；农业综合开发林业项目86.69%。

地方财政投入资金到位率124.95%，其中，财政专项资金到位率128.89%，具体为：林业生态保护恢复资金98.17%；林业改革发展资金131.13%（森林资源管护支出98.82%，森林资源培育支出167.99%，生态保护体系建设支出101.64%，国有林场改革支出106.42%，林业产业发展支出95.01%）；森林保险保费补贴100.2%；国有贫困林场扶贫资金131.44%；生态护林员86.83%；农业综合开发林业项目101.09%。

2. 支出情况。中央和地方财政投入资金支出率为82%，其中，财政专项资金支出率81%，具体为：林业生态保护恢复资金 80%；林业改革发展资金 81%（森林资源管护支出 85%，森林资源培育支出 81%，生态保护体系建设支出 77%，国有林场改革支出 72%，林业产业发展支出 77%）；森林保险保费补贴 92%；国有贫困林场扶贫资金 81%；生态护林员 76%；农业综合开发林业项目 70%。

有关财政资金收支状况

（一）天然林资源保护财政投入（天保工程区）。2018 年全国天然林资源保护财政资金实际收入 363 亿元（不含预算内投资），比 2017 年增加 13.22 亿元。具体是：中央财政补助 332.37 亿元，地方财政补助 6.04 亿元，其他收入 4.28 亿元，天保工程实施单位自筹 20.31 亿元。当年实际支出 353.97 亿元，年末结转和结余 64.59 亿元。

（二）森林生态效益补偿补助。2018 年森林生态效益补偿收入 277.13 亿元，比 2017 年增加 5.07 亿元，增长幅度为 1.86%。其中：国有公益林管护补助 67.18 亿元，集体和个人公益林管护补助 197.73 亿元；年初结转和结余 41.8 亿元。2018 年实际支出 280.52 亿元，其中：国有公益林管护补助 53.16 亿元，集体和个人公益林管护补助 214.68 亿元，年末结转和结余 38.41 亿元。

（三）造林补助。2018 年造林补助收入 143.61 亿元，比 2017 年增加 30.72 亿元，增幅为 27.21%。其中中央财政补助 30.95 亿元，地方财政补助 112.17 亿元，年初结转和结余 32.68 亿元；2018 年实际发生支出 136.06 亿元，年末结转和结余 40.23 亿元（比 2017 年增加 7.96 亿元）。

（四）森林抚育补助。2018 年森林抚育补助收入 78.23 亿元，比 2017 年增加 8.47 亿元，增长幅度为 12.14%。其中，中央财政补助 67.93 亿元，地方财政补助 9.5 亿元，其他收入 0.8 亿元，年初结转和结余 19.72 亿元。2018 年发生支出 72.25 亿元，年末结转和结余 25.7 亿元。

（五）森林植被恢复费。2018 年林业部门实际收到各级财政投入森林植被恢复费 97.83 亿元（比 2017 年增加 17.99 亿元，增幅为 22.53%）。2018 年实际支出 76.13 亿元（比 2017 年增加 13.07 亿元，增幅为 20.73%）。年末资金结转和结余 64.74 亿元。

（张 媛）

【部门预算管理】2018 年，依据机构改革的总体要求，结合年初制定的工作计划，国家林业和草原局部门预算管理工作主要围绕争取预算资金、优化预算支出结构、贯彻机构改革精神、积极推进预算划转等内容，全力为国家林业和草原局机关及直属单位运转履职提供保障，较好地完成了 2018 年各项工作。

2018 年部门预算争取 2018 年全年一般公共预算财政拨款 84.86 亿元，与 2017 年同口径预算 81 亿元相比，增加 3.86 亿元，增长 5%。基本支出方面重点保障了在职及离退休人员养老保险缴费支出、住房改革支出等；项目支出方面重点保障了国家公园监测管理及能力提升、森林、湿地、荒漠等生态系统监测、大兴安岭林业集团公司公检法及义务教育补助等。

机构改革预算管理 坚决贯彻落实中央机构改革精神，积极做好机构改革资金保障及涉及职能调整预算划转工作，确保机构改革工作稳步推进。对整体转隶应急管理部原国家林业局南方自控护林总站、北方航空护林总站、森林防火预警监测信息中心 3 家单位，严格按年初批复预算，做好资金请款和拨付，保证单位正常运转必需支出；将整体转入国家林草局机关的原国有林场和林木种苗工作总站等 5 家单位及原农业部草原监理中心共计 6 家单位的在职人员纳入统发范围；调整政府收支分类科目，增加"国家公园""草原管理"等支出科目；结合"三定"规定，新增"国家公园等自然保护地管理""草原保护与管理"等一级项目，确保部门项目支出与职能匹配；完成涉及森林防火、森林资源清查、地质遗迹、国家级海洋保护区等项目 2019 年预算划转工作等。

信息公开和批复 根据《财政部关于进一步做好预算信息公开工作的指导意见》，提前做好预算信息公开的准备工作，并报经局领导审核同意后及时通过中国林业网向社会公开，包括国家林业和草原局 2018 年部门预算、2018 年"三公"经费财政拨款预算和 2017 年国家林业局部门决算。按照"中央各部门应当自财政部批复本部门预算之日起 15 日内，批复所属各单位预算"的规定，按时将部门预算正式批复下达到预算单位和项目承担单位，做到一个单位一本预算，保证了部门预算批复的及时和完整，为预算单位履行职能和开展专项业务工作创造了条件。同时，根据财政部批复国家林业局 2017 年部门决算，及时向各单位批复了部门决算。

2019 年部门预算编制 重点解决包括在职人员调资经费、京内直属单位养老保险缴费和职业年金缴费等基本支出需求；解决国家公园能力建设、草原保护与管理、地质遗迹等自然保护地管理等项目支出需求。财政部累计安排 2019 年年初部门预算指标 75.3 亿元，相比 2018 年年初预算数减少 3.3 亿元，下降 4.2%。经费减少主要原因包括：一是按照过紧日子的要求统一按 10% 比例压减非重点项目资金；二是按照机构改革要求划转相关转隶单位支出预算；三是大兴安岭林业集团公司调资经费一致性支出减少 1.2 亿元；四是基本建设支出和转移支付上划资金年初下达数减少。

预算绩效管理 根据《中共中央 国务院关于全面实施预算绩效管理的意见》，继续推进国家林草局部门预算绩效管理工作。按时完成 2017 年确定的湿地保护与管理等 13 个项目绩效评价工作；对国家林草局 2018 年部门预算的全部项目支出开展了执行监控工作和绩效自评工作，覆盖率达到 100%；开展对国家林业和草原局华东调查规划院 2018 年整体支出绩效评价工作；开展国家林草局部门预算项目支出绩效目标指标体系的建设工作；委托全国林业预算资金绩效研究考评中心建设国家林草局预算绩效管理信息系统，规范预算绩效目标设定并实现全过程跟踪管理。

预算管理日常工作 加强预算执行进度管理，通报约谈有关单位；做好新政府会计制度和准则的实施衔接工作；委托第三方中介机构完成履行国际公约与国际合作配套等项目的预算评审工作；部署 2017 年度预算的清理核对和决算布置工作；调剂解决国家林草局京内直属单位和京外参公单位医疗费挂账工作；完成事业单位绩效工资的追加工作；完成"约法三章"报表统计工作等。

（吴 昊）

【林业金融】 深入贯彻落实党中央、国务院关于防范化解重大风险的指示精神，积极防范林业金融风险，按照中央经济工作会议和全国林业厅局长会议精神，紧密围绕林业和草原中心工作，推动林业和草原贷款项目，全年利用国开行、农发行贷款资金189.87亿元。一是稳步推动重点项目落地。充分发挥财政金融政策合力，创新投融资模式促进林业发展。与两行积极推动江苏射阳沿海生态国家储备林项目、江西吉安国家储备林项目等重点项目相继落地实施。指导重庆市国家储备林项目、云南丽江生态扶贫项目、甘肃定西国家储备林项目、山西吕梁国家储备林扶贫项目、宁夏银川生态建设项目等开展前期工作。与国开行、农发行合作以来，截至2018年末，共有203个国家储备林建设等林业重点项目获得两行批准，授信额度1566.56亿元，累计发放贷款574.33亿元。2018年，共完成国家储备林建设任务67.38万公顷，其中：利用开发性政策性贷款建设国家储备林23.06万公顷。二是积极防范林业金融风险。制订了林业防范金融风险工作方案，部署金融风险防控专项工作，对2016年以来实施的两行贷款项目进行全面自查和重点调研。从融资风险排查、项目规范情况、资金使用情况、工程建设情况等方面排查林业贷款项目的风险点，提出下一步防范风险的主要措施。印发《国家林业和草原局办公室关于规范有序推进国家储备林等林业草原贷款项目的通知》。三是规范有序推广PPP。贯彻落实国家林草局与财政部、国家发展改革委印发的运用政府和社会资本合作模式推进林业建设的指导意见，规范有序推进林业PPP项目。截至2018年末，有30个林业PPP项目进入财政部PPP项目库，其中国家储备林PPP项目15个。2018年财政部发布的第四批政府和社会资本合作示范项目中，福建省南平市国家储备林项目、湖北省襄阳市国家储备林项目、福建省将乐县重点生态区位森林资源保护项目3个林业PPP项目入选。四是持续加大政银合作力度。与中国邮政储蓄银行充分沟通协商，达成合作共识，签署了《国家林业和草原局 中国邮政储蓄银行全面支持林业和草原发展战略合作协议》，共同探索金融支持林业和草原生态建设和产业发展的有效模式，为实施乡村振兴战略、打赢脱贫攻坚战提供支撑。与国开行签署《国家林业和草原局 国家开发银行共同推进荒漠化防治战略合作框架协议》，共同防治土地荒漠化、助力脱贫攻坚战。

（吴 今 杨万利 张丽媛 姜喜麟）

【森林保险】 2018年，中央财政森林保险保费补贴工作覆盖24个省（区、市）、4个计划单列市和4个森工集团，较上年增加长白山森工集团。总参保面积1.55亿公顷，同比增长3.84%，其中公益林1.22亿公顷，商品林0.33亿公顷。总保额14 521.60亿元，总保费34.76亿元。各级财政补贴31.16亿元补贴，占总保费的89.63%，其中，中央财政补贴16.01亿元，林业生产经营主体承担3.60亿元。全年完成理赔15 641起，赔付面积71万公顷，已决赔款10.40亿元，简单赔付率29.92%。围绕中央1号文件提出的"加快建立多层次农业保险体系"要求，从分析现状、完善制度、扩大宣传等方面稳妥推动各项工作开展。一是分析研究把握森林保险发展形势。通过分析得出"参保面积企稳向好，商品林面积止跌回升，保障程度继续提升，贫困户负担明显减轻"等结论，研究"赔付水平仍然偏低，地区和险种发展不均衡"等现象，为加强业务管理、科学制定各项办法规程提供重要参考。二是出版《2018中国森林保险发展报告》。全面展现2017年中国发布的森林保险相关政策，分析发展现状，总结市场建设中的实践与创新，阐释新时代林业现代化建设中的重要作用，已成为中国森林保险工作的重要文献之一。三是多方协作凝聚共识构建森林保险政策体系。加强汇报沟通，争取各方共识；修改完善《森林保险示范性条款》和《森林保险查勘定损技术规程》；深化与主要保险机构的合作，开展基层调研，深入挖掘森林保险在防灾减损、助推林业改革、助力精准扶贫等方面的作用。四是举办高质量业务培训。举办第九期全国森林保险业务管理培训班，提高各省（区、市）林业主管部门森林保险工作人员业务能力。

（吴 今 杨万利 张丽媛 姜喜麟）

【政府采购】 积极推进政府采购信息公开，宣传政府采购政策法规，举办了局机关和直属单位政府采购业务培训班，强化预算单位政府采购内控管理，不断提高政府采购管理水平。同时组织局机关和直属单位政府采购相关人员参加了中央国家机关政府采购中心举办的集中采购业务培训班。2018年国家林草局政府采购计划28 506.25万元，实际完成政府采购27 872.43万元，节约资金633.82万元。2018年实际完成的政府采购资金按项目类别分，货物类为13 592.25万元，占采购总规模的48.77%；工程类10 074.70万元，占采购总规模的36.14%；服务类4205.48万元，占采购总规模的15.09%。

（吴 今 杨万利 张丽媛 姜喜麟）

林草资金稽查

22

基金总站（审计稽查办）建设与管理

【综　述】　2018年，根据《国家林业和草原局办公室关于国家林业和草原局所属事业单位机构编制情况的通知》（办人字〔2018〕137号），林业基金管理总站更名为"林业和草原基金管理总站"。基金总站（审计稽查办）认真贯彻落实国家林业（草）局党组的决策部署，紧紧围绕林业和草原中心工作，坚持"以党建促机关建设，以机关建设推动业务发展"的工作思路，以建设学习型支部、成为学习型党员为目标，切实加强党的建设和机关建设，扎实推进林业资金稽查、内部审计和林业贴息贷款管理工作。

林业资金稽查　按照"一查二帮三促进"原则，以促进林业投资政策目标实现，确保项目安全、资金安全和干部安全为目标，重点组织开展了天然林停伐、湿地保护、林业科技示范推广和森林抚育补助4项中央财政专项资金的稽查工作。全年共派出6个稽查工作组，25人次，稽查涉及资金总额39.22亿元，重点抽查资金3.19亿元，查出违规金额0.46亿元。针对稽查发现的问题与不足，各稽查组及时向被查单位及其主管部门进行了反馈，并提出了整改和加强管理的意见建议。

林业内部审计　国家林业和草原局内部审计工作以"全覆盖"为指引，立足领导干部经济责任审计及直属单位预算执行审计，进一步强化审计问题整改，严格落实审计整改责任，高度重视内部审计规范化建设。认真贯彻落实国家林业（草）局党组安排部署，全力支持配合纪检巡视工作，为加强国家林业（草）局全面从严治党和巡视全覆盖提供了有力支持，充分发挥了内部审计的经济监督和服务职能。

林业贴息贷款管理　紧紧围绕林草业建设大局，充分发挥林业贷款贴息的导向作用，大力支持林草业改革，促进绿色增长，促进生态林业民生林业发展，落实增绿惠民富民的政策目标。2018年，全国林业贴息贷款及其配套资金营造工业原料林18.35万公顷，抚育72.65万公顷；新造改造经济林14.15万公顷，种植生态林12.11万公顷，种植其他经济作物5.10万公顷。建设林产品加工等多种经营项目803个，创产值405.13亿元，创利税39.08亿元，安置就业人员11.32万人，林业龙头企业联结农户（林业职工）128.91万人，带动农民（林业职工）年增收92.51亿元。

林草资金稽查工作

【林业资金审计稽查业务暨信息培训班】　于11月7~9日在国家林业和草原局管理干部学院举办，对来自各省（区、市）林业厅（局），内蒙古大兴安岭重点国有林管理局、中国龙江森林工业集团有限公司、大兴安岭林业集团公司、各计划单列市林业局及各直属单位的财务、审计人员120人进行了中央财政林业投资政策、审计署内部审计工作的规定、审计案例和纪检监察案例解读等内容的业务培训。切实加强审计稽查干部队伍能力建设。

【配合其他部门开展林业资金稽查】　配合国家林业（和草原）局场圃总站（种苗司）对广西、山东、江苏、吉林、甘肃、青海6省（区）开展了国家级林木良种基地考核工作。

【林业资金稽查监管年度报告】　编纂印发《2017年林业资金稽查监管报告》《2017年度林业资金稽查报告汇编》。

林草内部审计

【国家林业和草原局内部审计工作联席会议】　于5月10日召开，国家林业和草原局局长张建龙出席并讲话，副局长张永利参加会议，副局长李春良主持会议。会议听取并审议了2017年内部审计工作汇报、2018年内审重点工作和《国家林业和草原局内部审计工作规定》（送审稿）的修订情况。会议强调，内部审计工作要适应新形势、新任务、新要求，进一步深化对内审工作重要性的认识，真正把内审工作摆在更加突出的位置，更加积极主动地开展内审工作。一要准确把握中央对内审工作提出的新要求。二要充分发挥内审工作的监督保障作用。三要着力完善内审工作制度。

【经济责任和预算执行审计】　完成对11名国家林业（草）局直属单位原主要负责人的离任经济责任审计工作，涉及审计资金总额16.7亿元。完成对4个局直属单位的预算执行审计工作，涉及资金总额12.6亿元，积极促进有关直属单位财务管理和资金使用工作的不断规范。

【配合巡视和专项检查工作】 派出3人参与国家林业（草）局中央巡视问题回头看工作，完成对有关林业重大政策改革推进落实情况及5家有关单位中央巡视发现问题整改情况的检查，并起草完成有关资金整改情况的报告。派出1人参加中纪委驻农业部纪检组的专项检查工作任务。派出1人参与局纪委办有关案件调查工作。

【审计全覆盖工作调研】 为进一步了解局属二级预算单位对三级预算单位的内部控制建设、项目资金监管和内部审计工作开展等情况，对中国林科院下属4个单位开展了督导审计。与国家林业草局规财司联合完成对大兴安岭林业集团公司预算执行情况审前调研工作。

【林业内审基础工作】 进一步修改完善了内部审计发现问题台账，全面梳理了内部审计发现问题清单。针对内部审计发现的问题，进行了认真细化分类，修改了评定整改标准，以更加准确地反映内部审计发现问题和整改情况，促进落实整改取得实效。加强制度建设，做好《国家林业和草原局内部审计工作规定》的修订工作。

林草贴息贷款

【全国林业政策性贷款贴息资金落实情况调研】 2018年，与国家林业草局规财司签订相关业务委托合同及项目任务书，承担全国林业政策性贷款贴息资金落实情况调研任务。对云南、广西、福建、河北等23个省（区）利用国家开发银行、中国农业发展银行贷款情况进行实地调研，了解林业开发性、政策性贷款贴息资金工作中存在的主要问题并提出意见建议。与国家林业草局规财司、速丰办、国开行基础设施局组成联合调研组，对云南省普洱市思茅区、景谷县和广西壮族自治区维都、三门江和黄冕林场进行了实地考察，了解国开行、农发行林业贷款项目实施和贴息资金落实情况。两地国家储备林等林业政策性贷款有效缓解了林业项目融资难、融资贵问题，造林项目实现林业资源高质量快速增长，经济效益和社会效益显著。同时，贴息范围不能满足需求、国家储备林建设相关管理政策不完善、林权抵押实施难等问题也需要进一步解决。

【林业贴息贷款管理信息系统建研运维】 2018年，根据《林业改革发展资金管理办法》及林业贷款贴息管理工作程序，认真研究完善信息系统结构和数据指标，组织国家林业草局规划院技术研发部门做好系统建研及维护工作，及时解答基层单位系统使用中遇到的问题，保证贴息需求统计及效益统计工作的正常进行，确保信息系统的稳定运行和数据安全。

（林业资金稽查由郑唯一供稿）

林草精神文明建设

国家林业和草原局直属机关党的建设和机关建设

【综　述】 2018年，在党中央、中央和国家机关工委及国家林业和草原局党组的坚强领导下，在驻部纪检监察组的指导监督下，直属机关党建工作深入贯彻落实新时代党的建设总要求，以党的政治建设为统领，以学习贯彻习近平新时代中国特色社会主义思想和党的十九大精神为主线，以完善惩治和预防腐败体系为重点，以深化中央巡视反馈意见整改为抓手，强化监督执纪问责，持之以恒正风肃纪，深入推进反腐败斗争，机关党的建设各项工作有序推进，为推进新时代林业和草原事业改革发展提供了坚强保证。

政治建设　一是带头维护习近平总书记的核心地位，带头维护党中央权威和集中统一领导。局党组特别是局党组书记、局长张建龙高度重视党的政治建设，在机构改革和做好林草工作过程中，充分利用局党组会议、专题会议、党员干部大会等，反复强调政治建设的极端重要性，反复强调"政治属性"是党的第一属性、要用政治建设统领全局各项工作。引导党员干部增强"四个意识"，坚定"四个自信"，做到"两个维护"，始终在思想上、政治上、行动上与以习近平同志为核心的党中央保持高度一致。二是不折不扣贯彻落实中央决策部署。建立每周刊载习近平总书记重要指示批示制度、按月督查督办习近平总书记重要指示批示工作进度制度、定期向上级部门报送落实习近平总书记重要指示批示工作制度，坚决贯彻落实中央决策部署，把正确政治方向贯彻到谋划林业和草原重大战略、制定林业和草原重大政策、部署林业和草原重大任务、推进林业和草原重大工作的实践中去。三是推进全局政治建设。专门召开局党组扩大会，传达学习中央关于加强政治建设有关精神，对全局政治建设作出专题部署。制订《中共国家林业和草原局党组加强党的政治建设重点任务分工落实方案》，细化分解36项重点任务，逐一明确责任单位和完成时限。2018年已完成22项，长期落实11项，待中央部署后开展3项。印发《关于开展政治建设督查工作的通知》，开展政治建设督查工作，督促各级党组织进一步加强党的政治建设。

思想建设　一是抓实党组中心组学习。2018年年初，制订年度中心组学习计划，围绕学习贯彻习近平新时代中国特色社会主义思想和党的十九大精神，从个人自学、集体研讨、专题辅导、主题联学、主题党日、专题党课、专题调研7个方面作出精心安排。举办8期绿色大讲堂，邀请有关部门领导和知名专家教授，围绕习近平新时代中国特色社会主义思想、党的十九大报告和新修订的《宪法》《党章》《纪律处分条例》等作专题辅导。开展12次中心组学习，及时传达学习习近平总书记在中央经济工作会议、中央农村工作会议、全国生态环境保护大会、全国宣传思想工作会议、十九届中央纪委三次全会等一系列重要会议上的讲话精神。2018年年底，召开专题会议，每位局领导围绕学习领会习近平新时代中国特色社会主义思想，结合重大课题调研和工作实际开展研讨交流。做到学习贯彻习近平新时代中国特色社会主义思想有计划、有检查、有总结。二是抓实领导干部学习。落实"三会一课"制度，举办司局长理论研修班和党员领导干部进修班，组织党员领导干部参加中组部"新时代必须坚持新发展理念""脱贫攻坚"等网上专题班学习，进一步推动国家林业和草原局党员领导干部学习习近平新时代中国特色社会主义思想往深里走、往实里走、往心里走。三是抓实普通党员干部学习。举办韦华同志先进事迹报告会，组织党员干部参观"砥砺奋进的五年""纪念马克思诞辰200周年""庆祝改革开放40周年"等大型展览，观看《将改革进行到底》等7部党的十九大系列专题片，开展"不忘初心，重温入党志愿书"主题党日活动，引导党员干部坚定理想信念。开通绿色党建微信公众号，及时推送重点学习内容以及培训情况，宣传交流学习经验。发放《习近平新时代中国特色社会主义思想三十讲》《中央关于深化党和国家机构改革的决定》《深化党和国家机构改革方案》等学习材料，结合实际开展形式多样的学习活动，强化党员干部思想理论武装。

组织建设　一是通过党组示范压实责任。召开首次全面从严治党工作会议，研究制订《新时代全面从严治党实施方案》，局长张建龙与各单位党政主要负责同志签订《2018年度落实全面从严治党责任承诺书》，推进全面从严治党向纵深发展。认真落实党建工作领导小组运行机制，两次召开会议专题研究党建工作。全年局党组召开会议专题听取党建工作汇报、研究党建工作22次。二是通过检查调研压实责任。研究制订全面从严治党制度执行专项整治工作实施方案，深入排查制度执行中存在的薄弱环节和漏洞缺失，督促各基层党组织严格执行《关于新形势下党内政治生活的若干准则》，落实"三会一课"制度、组织生活会、谈心谈话、民主评议党员等基本制度，不断提高党内政治生活的规范性。组织调研组深入陕西、辽宁等地围绕提升组织力开展调研，通过座谈交流、查阅资料、实地走访、问卷调查等形式，深入了解林草系统基层党组织建设情况，推动全面从严治党向基层延伸。三是通过党建考核压实责任。召开党建工作推进会，局党组现场听取基层党组织党建工作汇报，推动责任落实，确保党建责任落地生根。进一步改进党建工作考核，规范考核程序，细化考核指标，压实基层党组织书记责任，畅通压力传导机制，督促解决个别党组织弱化、边缘化问题。四是通过抓实支部压实责任。把标准化建设作为今年党建工作的重点，根据《中共国家林业局党组关于加强直属机关党支部建设的实施意见》和5个配套办法要求，指导各单位党组织建立配套制度。强化入党积极分子政治审核力度，严把入口关。做好基层党组织换届审批，党内年度统计，党组织关系转接，党费收缴、管理、使用等工作，推动支部建设规范化、标准化。

作风建设 一是坚决整治形式主义、官僚主义。认真贯彻落实习近平总书记重要批示精神，先后部署开展形式主义、官僚主义问题自查、检查和集中整治，全面排查整改"四风"突出问题，特别是针对形式主义、官僚主义的新表现，重点查找在学风、文风、会风、调查研究、审批监管、政务窗口服务等方面存在的形式主义、官僚主义问题，进一步加强和改进作风建设。召开形式主义、官僚主义集中整治调研推进会，选取10个单位交流发言，进一步查摆重点领域、重点岗位存在的形式主义、官僚主义问题。二是巩固拓展落实中央八项规定精神成果。深入贯彻落实中央八项规定及其实施细则精神，严格执行局党组实施意见，聚焦公款吃喝、公款旅游、违规收送礼品等"节日腐败"问题，分别在元旦、春节、端午、中秋和国庆等重要节点，及时下发通知，定期预警、及时提醒。对局直属机关作风建设情况进行自查，对贯彻落实中央八项规定及其实施细则精神情况进行调研总结。对直属单位超标准乘坐交通工具问题进行专项抽查。三是严肃整治不正之风。开展"吃空饷"问题排查整治工作，制订印发排查整治工作方案，并对各单位自查情况进行抽查。对扶贫民生领域群众身边的不正之风和腐败问题开展专项整治，对违规问题严肃问责。

党风廉政和反腐败工作 一是严明政治纪律和政治规矩。组织开展专题民主生活会，针对"七个有之"等突出问题进行认真查摆。严格执行党员领导干部个人有关事项报告制度，严格把关、确保质量。对违反党的政治纪律和政治规矩的行为，坚决批评制止、严肃执纪问责。突出政治标准选拔使用干部，树立鲜明正确用人导向，把忠诚干净担当的好干部选出来、用起来，形成崇尚实干、争先创优的良好风气。二是加强警示教育。召开警示教育大会，制订印发《警示教育活动实施方案》，通报党的十八大以来国家林业和草原局查处的21个违规违纪典型案例，做到严肃党纪、警钟长鸣。机构改革后，对所有司局领导干部重新任职，举行宪法宣誓仪式，并进行廉政谈话。印发《2018年度经常性纪律教育计划》，要求直属机关各级党组织、纪检组织开展廉政教育、警示教育、作风教育，坚持先进典型引领示范和反面典型警示教育相结合，通过组织专题学习、观看警示教育片、讲廉政党课、开展知识竞赛、参观廉政教育基地等方式，促使廉政意识入脑入心。三是加强日常监督管理。认真贯彻《中央纪委国家监委派驻机构改革的意见》，做好与驻部纪检监察组沟通衔接，全力支持和保障驻部纪检监察组开展工作。认真落实党内监督条例各项规定，加大对执行情况的监督检查。做好问题线索分类处置，准确把握和运用"四种形态"，抓早抓小，防微杜渐。扎实开展执纪审查工作，做到有案必查、有腐必惩。全年共受理信访举报问题线索115件，在受理范围内直接办理32件，其中：谈话函询7件，初核7件，对2人进行立案调查。四是着力提升纪检工作水平。派出2批次干部，80余人次参加驻部纪检监察组组织的业务培训。选派4名干部到驻部纪检监察组参加岗位实践锻炼，以案代训、实干练兵。围绕新修订《宪法》《纪律处分条例》等进行解读，提升纪检干部业务能力。制定加强纪检干部队伍建设的意见、局直属机关纪律检查委员会议事规则、纪委办公室岗位职责及分工等制度，完善纪检工作制度。特别是这次机构改革后，在驻部纪检监察组的有力指导下，深入各基层单位开展调研，扎实开展监督执纪审查工作，较好提升了纪检工作能力。

巡视整改工作 一是抓好中央巡视反馈意见整改落实。召开中央巡视反馈意见整改落实"回头看"工作动员部署会，国家林业和草原局局长张建龙、罗组长作重要讲话，对"回头看"工作提出要求。成立4个检查组，深入25个司局和单位开展督导检查，实地摸排巡视反馈问题落实情况。局长张建龙两次主持召开巡视工作领导小组会议，对"回头看"工作进行专题研究，审议检查情况，推动工作落实。针对驻部纪检监察组反馈的"回头看"监督检查意见，局党组制定整改任务分工清单，进一步推动反馈意见整改落实。在全局开展巡视整改问卷调查，共有1124名干部职工参与，认为中央巡视反馈问题整改落实效果较好及以上的为98.65%。二是推进局党组专项巡视问题整改。2018年年初，局党组召开专项巡视整改工作推进会，听取专项巡视整改情况报告，对进一步抓好巡视发现问题整改工作作出部署，确保各项整改事项落到实处，取得实效。结合党建年度考核等工作，利用中央巡视反馈意见整改落实"回头看"积累的经验，对各单位专项巡视问题整改情况开展"回头看"。三是做好新一轮局党组专项巡视筹备工作。及时向局党组和局巡视工作领导小组汇报中央巡视工作规划和十九届中央第一轮巡视工作动员部署会、部分中央单位贯彻落实《规划》推进会、中央脱贫攻坚专项巡视工作动员部署会等有关精神，研究贯彻落实具体措施。研究起草《局党组巡视工作规划（2018—2022年）》《局党组巡视工作办法》《局党组巡视工作领导小组工作规则》等配套制度。

（张　华）

林草宣传

[综述] 2018年，宣传中心以习近平新时代中国特色社会主义思想为指导，认真学习贯彻党的十九大和全国宣传思想工作会议精神，紧紧围绕国家林草局党组决策部署、竭力服务林业和草原中心工作，周密安排，狠抓落实，高质量完成全年各项任务。截至11月底，各主要新闻单位和网站共刊播报道20 400多条（次），与上年同期相比，增长超过20%。其中《人民日报》322条（一版12条），新华社2276多条（次），中央电视台《新闻联播》《焦点访谈》《经济新闻联播》150多条（期）。授予27个城市"国家森林城市"称号。

【系列主题宣传活动】 围绕中央领导同志批示精神、国家重大会议及决策部署、林业重大节点，紧扣林业重大战略策划组织了库布其治沙典型、"三北"40 周年、林业先进典型和扶贫、党的贯彻十九大精神、两会植树节、机构改革、国土绿化、国家公园等系列主题宣传活动。会同中宣部组织中央媒体开展库布其沙漠治理经验重大典型新闻宣传，人民日报社、新华社、央视经济频道等媒体以头版整版刊播报道 40 余篇(条)，《求是》刊发理论文章 1 篇，"两微一端"阅读量达几十万次，同时还在"世界防治荒漠化和干旱日"等刊发稿件 300 多篇。围绕"三北"40 周年、天保 20 周年组织媒体共播发报道 86 篇，其中，《人民日报》和新华社 4 篇，《学习时报》专版 2 个，中央电视台《新闻联播》进行专门报道，特别是国家林草局官微超级话题阅读量达 42.9 万，各媒体集中展示了林业生态工程建设的巨大成就。联合国家林草局人事司开展"寻访先进典型 讲好林业故事"宣传，组织中央媒体进行报道，形成《光明日报》头版头条及其他访谈 10 余场(版)。组织媒体深入广西龙胜、罗城和贵州独山、荔波开展扶贫采访活动，《人民日报》、新华社等刊发国家林草局领导专访、会议视频和典型综述等报道 200 多条，收到了很好的宣传效果。协调 20 多个司局单位及媒体开展"贯彻十九大 林业谋发展"主题宣传，《光明日报》专版刊发张建龙署名文章，其他媒体推出领导干部署名文章近 100 篇次。组织媒体围绕"两会"和植树节推出生态建设类报道 1300 余条，特别是局长张建龙 22 篇(次)署名文章和《朝闻天下》《新闻直播间》专访的刊播，传播林业的权威声音、阐释了林业的工作思路。围绕新一轮机构改革，组织中央主流媒体报道林业和草原职能和机构调整以及挂牌仪式，推出解读、评论等报道 383 篇。组织媒体报道国家公园体制建设的新举措、新成效，协调张建龙接受专访，推出报道及转载 100 余篇。协调人民日报社、科技日报社、中央电视台等开展全国推进大规模国土绿化现场会、森林城市建设座谈会、中国森林旅游节、全国林业草原科技活动周宣传，推出了一批影响力强的系列报道，广泛展示林业建设新成就。组织主流媒体对世界野生动植物日、"绿盾 2018"监督检查专项行动、打击乱捕滥猎和非法经营候鸟违法犯罪活动电视电话会等进行深入报道，共刊发报道 100 余篇。参与起草《林业草原外宣工作方案(初稿)》，围绕世界竹ారాలు大会、亚太地区森林恢复国际会议暨亚太森林组织 10 周年回顾活动，刊播国务院总理李克强致会贺信，推出系列报道 400 多条。借助"一带一路"生态治理国际论坛、生态文明贵阳国际论坛、第四节世界人工林大会、首届中国大熊猫国际文化周等活动，对中国生态治理进行广泛宣传，《人民日报》《光明日报》《环球时报》(英文版)等媒体刊发报道 1000 多条，在海内外掀起了展示中国生态文明建设成就的正面舆论热潮。

【推进森林城市建设工作】 一是规划引领。编制《全国森林城市发展规划(2018～2025 年)》，明确了中国森林城市发展的总体布局。起草《国家森林城市评价标准》国家标准，为更加科学有序地推进创建工作提供了科学规范。二是注重指导。召开全国推进森林城市群建设座谈会，为森林城市群建设划出"时间表""路线图"。举办 2018 森林城市建设座谈会，开展理论研讨和经验交流，并授予北京市平谷区等 27 个城市"国家森林城市"称号，使国家森林城市总数达到 165 个。截至 2018 年，全国还有 158 个城市正在开展国家森林城市建设活动。支持引导地方部门明确省级森林城市建设的重要地位、发展模式和投入机制，至 2018 年，全国已有 18 个省(区、市)开展了省级森林城市建设。联合举办生态文明贵阳国际论坛森林城市分论坛，向国际社会展示中国森林城市建设进展和成效。三是强化管理。组织专家学者到各地开展理论宣讲和技术培训，有力推动了森林城市建设实践。先后组织专家 100 多人次开展调研，对 20 多个"创森"城市进行把脉和指导。同时，对 2012 年、2013 年获得国家森林城市称号的 27 个城市进行复查，确保森林城市持续健康高质量发展。

【舆情监测和微博管理】 一是制度建设有"谱"。印发《国家林业和草原局重大突发事件宣传工作应急预案与案例举要》，涉林舆情处置不断规范化制度化。探索抖音短视频等新媒体涉林信息传播规律，助力讲好中国林业和草原故事。二是信息发布有"数"。宣传中心《一周要闻》共编发工作内容 337 项，国家林草局两大官方微博在机构改革后增加的新领域新内容更加生动丰富，全年发微博 1500 余条，涉林话题阅读量达 500 万。制作的《保护虎豹你我同行》《国家林业局邀您：观鸟护鸟爱鸟》视频短片，局官方微博点击率超过 10 万。三是舆情监测处置有"招"。编发各类舆情快报 60 期，为局领导决策部署和引导舆论提供了重要的参考。强化涉林舆情分析和研判，妥善应对年夜饭、天津猎捕鸟类、《国务院关于严格管制犀牛和虎及其制品经营利用活动的通知》等十多个热点新闻事件，未引起社会大规模炒作。四是运用融媒体有"味"。联合央视新闻、澎湃新闻 CGNT 等手机客户端新媒体记者，以 VR 全景视频 + 文字短视频等新模式报道广西生态扶贫调研等系列活动，实现了宣传效果互融。

【林业草原宣传实践活动】 一是加强电视文化工程宣传。联合中央电视台、凤凰卫视拍摄《中国国家公园》《我们一起走过——致敬改革开放 40 周年》和《又见大森林——"三北"工程 40 周年纪事》等电视专题片，特别是《中国国家公园》在央视国际和亚美欧等洲际频道的首播观众达到近 4000 万人，扩大了林业国际影响力。完成了 6 集电视专题片《绿色长城》的拍摄工作，启动了 6 集电视专题片《绿水青山·金山银山》的外景拍摄工作。支持社会力量拍摄《森林铁魂》《雪域精灵——藏羚羊》《美丽中国·森林城市》等公益宣传片。持续优化《绿色时空》《绿野寻踪》栏目，平均收视率达 0.11%、0.38%，影响力均创新高。二是推动生态文化繁荣兴盛。参与"伟大的变革——庆祝改革开放 40 周年"大型展览，努力协调增加了林业展区的比重和分量，展示了中国改革开放 40 年来生态的巨变。围绕"天保 20 周年"创作各类作品 1030 多篇(幅)，不断丰富生态文化内涵。组织开展了"美丽中国·生态民勤"展览活动，吸引十多万人次进行了参观。组织了局办公大楼大厅、二层会议室等场所的宣传品展示方案审评工作,并进行了规范悬挂和摆放。扎实推进《大漠雄心》拍摄、《平原绿化》出版、"绿水青山"书画和生态扶贫成就展等活动。三是加强林业系统宣传指导。举办2018年林业和草原新闻宣传干部培训班,指导各地认真做好林业草原宣传工作。完成对国家林草局所属的1报8刊年度核验工作,开展2018年度图书音像电子出版物出版计划申报,审核报送"国家新闻出版广电总局关于国家重点出版物出版规划执行情况和增补项目"等材料以及推荐2个涉林课题入选2018改革发展项目库,加强对林业报刊主办、出版单位的管理。启动编撰《中国林业和草原》外宣册,配合中宣部等编纂《奋进新时代——改革再出发》《地图上的绿水青山》。围绕新形势新要求继续办好关注森林网,巩固扩大林业宣传新阵地。四是广泛动员社会各界力量。继续深化与中国农林水利气象工会、全国工商联的联合工作机制,召开年度联席会议,下发联合工作方案。组织"两会"代表委员和民主党派提交涉林提案建议,开展了天然林保护工程建设、国有林场改革和林业生态扶贫等专题调研,举办了全国林业系统职工劳动竞赛经验交流暨现场会、民营企业家及管理干部林业培训班和国有林场职业技能竞赛,开展了第七届"光彩事业国土绿化贡献奖"的评选表彰活动。还与中国农工党组织举办了2018年度"中国环境与健康宣传周"活动,联合北京林业大学共同举办2018绿桥、绿色长征活动推进会暨绿色志愿双选会活动,积极动员社会各方面力量参与支持林草生态建设,营造了推动林草改革发展的良好氛围。

(林草宣传由郑杨供稿)

林草出版

【综 述】

机构改革 一是顺利完成公司制改制。按照中央关于深化国有企业改革和中宣部、财政部关于推进国有文化企业公司制改革的有关要求,出版社研究制订了《中国林业出版社公司制改制实施方案》并通过有关部门审批,基本实现了转企改制的平稳过渡。二是加强人才队伍建设。按要求完成2018年应届毕业生的招聘和2019年应届毕业生接收计划的编报工作,进一步充实了出版社人才队伍,实现新老交替;全年共组织和开展培训84人次,人才队伍素质得到稳步提升;认真开展企业负责人年度、任期考核和年薪核定工作。三是强化财务管理。进一步加强财政预算项目执行情况的管理,较好地完成各预算项目的执行;继续坚持做好年度财务审计、经营情况报告和国有资本收益上缴工作;认真开展2019年度预算申报工作。四是努力改善民生。对职工食堂进行升级改造,改善了职工食堂的用餐环境和用餐质量;为单身职工宿舍建设浴室和卫生间;彻底修缮平房屋面防水层;购置一批室内外健身器材;对西楼进行结构安全性检测,对已定性为危房的西楼四层进行整体搬迁。五是密切协调配合。努力转变思想观念,加快出版服务方式升级,积极主动加强与机关司局和直属单位沟通,在选题策划、成果展现、宣传推广等方面出谋划策,提供更多更好高质量服务,赢得了他们的信任与支持。承办林业科技周相关活动,与经研中心签订战略合作框架协议,与宣传办联合主办国家艺术基金项目——"绿水青山中国森林摄影作品巡展",为林干院、贵阳专员办等单位提供了一站式全品种图书订购服务。

图书产销情况 2018年全社共出版图书752种,比2017年增长9.3%;生产总码洋12 032.8万元,比2017年增长1.13%;主营业务总收入6847万元,比2017年增长8.7%;实现净利润801万元,比2017年增长116.5%。

重大项目 一是全力做好项目组织建设。国家林草局重点出版工程《中国林业百科全书》数字编纂平台开始建设,召开第二次总编纂委员会全体会议对各分卷主编进行了框架条目表的培训;《推进绿色发展 实现全面小康——绿水青山就是金山银山理论研究与实践探索》等一批国家出版基金和国家"十三五"重点出版规划项目顺利完成,"生态文明建设文库"、《中国人文古树大观》等项目稳步推进;首次获批的"国家艺术基金项目——绿水青山中国森林摄影作品巡展"得到奚志农等一批国际国内顶尖生态摄影师的大力支持,200余幅精美作品在北京、昆明、哈尔滨三地及"关注森林网"同步展出,吸引社会各界观众逾10万人次,对全面展示林业和草原生态建设成果发挥了十分积极的推动作用。二是积极做好新项目的申报。推荐《守护绿水青山 最美生态故事》等4个选题申报2018年度国家主题出版项目;推荐《中国古典家具技艺全书》等5个选题增补"十三五"国家重点图书规划,2个选题入选;推荐《中国盆景文化史》(第2版)等3个项目申报2019的国家出版基金项目;推荐《斗拱的艺术短视频网络传播平台》申报2019年国家艺术基金项目。

重点工作 出版社按照全国林业厅局长会议确定的各项重点工作,集中力量组织策划和出版了一批精品力作。一是在推进各项林业改革方面出版由张建龙主编的《中国集体林权制度改革》,出版《生态文明关键词》等。二是在实施乡村振兴战略方面出版"新型职业农民培育"系列教材、"城镇规划设计指南"丛书等。三是在加快国土绿化步伐方面出版"三北防护林体系40年"系列丛书、《造林技术规程》《三北地区林木良种》(2卷)等,《中国主要树种造林技术(第二版)》编辑出版工作进入收尾阶段。四是在加强资源保护管理方面出版"中国森林生态系统连续观测与清查及绿色核算"系列丛书、《中国鸟类识别手册》《多样性的中国荒漠》《国家公园理论与实践》"美丽中国自然保护区"丛书,组织策划"中国珍稀野生动物系列视频"和"AR/VR中国野生动物电子挂图"等系列电子出版物105种。五是在抓好林草防火工作方面出版《扑救森林火灾典型案例(2006~

2015)》《森林防火知识56问》《森林和草原火管理》等。六是在提升林产品生产能力方面出版《中国林产志》《木质林产品品牌价值评价通则》等，策划《木材工业使用全书》（12卷），完成了行业标准《木雕及其制品通用要求》的编制。七是在推动林业高质量发展方面出版《中国林业工作手册》《中国林业"十三五"规划精编》《林业信息化建设与发展》等。八是深化国际交流与合作方面出版《2017中国林业发展报告（英文版）》、"'一带一路'绿色合作与发展系列——大中亚区域林业发展报告"丛书（英文版）6种、《亚太森林组织发展研究》等。九是在推动林业教育方面成功举办"国家林业和草原局'十三五'规划教材建设研讨培训班"暨"2018年全国高等农林院校教材建设战略联盟理事会议"；组织策划"大中小学生生态文明系列教材"，"生态文明教材及林业高校教材建设项目（2016～2018）"完成大部分实施计划；成功开展首次"全国生态文明信息化课程遴选工作"，"面向林业教育的教材众创出版与生态知识服务云平台——小途教育"顺利上线，对推动全国林草学科建设发挥了积极的促进作用。十是在向大众普及生态文明思想理念和推动林草文化方面出版《森林疗养漫谈Ⅱ》《2018行游国家森林步道》《花也》系列电子书、《湘南木雕》《中国茶历2018》；与《中国花卉报》合作创建"花艺目客"图书品牌；开发了"花园时光APP"；牵头组织成立中国林产工业协会木艺工坊专业委员会，与清华大学合作成功举办"首届全国高校木工实训教学研讨会"，为更好推进木文化宣传普及奠定了坚实基础。

图书生产 一是着力加强编审制度建设。修订出台在选题论证、出版物"三审三校"等方面9项制度。聘请法律顾问，配备法务专员，对全社职工进行出版法律法规专题培训，在普法宣传周期间开展了普法教育和法律知识测试，进一步提升依法从业水平和职工法律意识。二是着力加强选题建设。对专业出版、教育出版、大众出版和数字出版四个方面的选题进行系统梳理和论证，提出了未来3～5年的选题方向，在生态文明思想理念、花文化、木文化、茶文化、自然教育等细分板块开发和储备了一批优秀选题。三是着力加强生产进度管理。四是着力加强"引进来"和"走出去"工作。引进出版《林业高等教育进展》（英文版）、《树的力量》和8种风景园林教材的中文译本；组织参加北京国际图书博览会，派团参加2018年伦敦国际书展和第19届台北大陆书展，与台湾小牛顿出版社的合作进入实质性操作阶段。五是着力加强销售工作。更加注重渠道分类建设，强调各渠道建设的专业化、规范化与协同化，教材、地面店、网络、图书馆、行业发行五大销售渠道更加优化。

【**中国集体林权制度改革**】 张建龙，2018年3月出版。

该书通过理论、政策、实践三部分详细阐述了集林权制度改革的重大意义、指导思想、基本原则和总体目标，明确集体林权制度改革的主要任务，完善集体林权制度改革的政策措施，加强对集体林权制度改革的组织领导，为发展现代林业、建设生态文明、推动科学发展提供有益的借鉴。

【**生态文明关键词**】 黎祖交，2018年3月。

该书作为广电总局新闻出版改革发展项目库入库项目和财政部国有资本经营预算项目"国家生态文明建设电子书包系统平台建设"的核心内容之一，由中国生态文明研究与促进会，黎祖交教授组织中央党校、国务院发展研究中心、中国社科院、中国科学院、北大、清华、北师大等单位的数十位著名学者和权威专家编写而成，该书紧紧围绕党的十八大以来习近平总书记有关生态文明建设的一系列新思想、新观点、新论断，分12篇确定了230余个关键词，力图建立生态文明知识体系，为"五位一体"战略提供知识支撑。

【**推进绿色发展 实现全面小康——绿水青山就是金山银山理论研究与实践探索**】 陈建成，2018年6月。

该书为国家出版基金项目，也是中宣部"四个一批人才"项目研究成果。基于生态文明建设的战略目标，以绿水青山就是金山银山的内涵为切入点，以处理保护与发展的关系为主线，首先根据习近平总书记关于"绿水青山就是金山银山"的著名科学论断，梳理了两山理论的发展历程，运用理论分析方法从哲学、经济学和产权等视觉深入剖析了两山理论的内涵和理论基础，提出中国发展走两山之路的制度体系构建；其次通过实地调研与案例分析，梳理了各地践行两山理论的探索，系统总结了可以推广复制的实践经验和做法。

【**砥砺奋进：三北防护林体系建设40年先进人物（三北防护林体系建设40年系列丛书）**】 国家林业和草原局西北华北东北防护林建设局，2018年11月。

三北防护林体系建设40年来，三北人民顽强拼搏、无私奉献，谱写了一曲曲改善生态、感动天地的绿色赞歌，涌现了一大批的英雄模范。全书通过对"三北防护林体系建设40周年表彰"的先进个人的事迹风采进行全面记录，旨在弘扬三北精神这一主线，展现三北人战天斗地、吃苦耐劳的精神。

【**绿色丰碑：三北防护林体系建设40年治理典范（三北防护林体系建设40年系列丛书）**】 国家林业和草原局西北华北东北防护林建设局，2018年11月。

该书是中国三北工程40年庆典中的一项成果展示，用图文并茂的形式反映三北工程区的生态效益、防沙治沙的历史性突破、平原农区防护林体系建设等内容，集中展示了三北工程四十年在生态、经济、社会各方面产生的重要生态作用和重大贡献。

【**中国苔藓图鉴**】 吴鹏程等，2017年7月。

该书为国家出版基金项目。苔藓植物作为一种古老的植物，属于高等植物中的最低等植物，分布范围极广，种类十分丰富，可防止水土流失，是地球上稳定的氧气来源。该书是关于苔藓植物分类的一部重要著作，其科学性、艺术性、知识性、创新性非常突出，填补了中国该领域的重的空白。

【**中国森林旅游目的地指南（全2册）**】 刘世勤等，2018年11月。

该书为深入推进国有林区、国有林场和中央企业改革，打造林业经济和社会发展新引擎，建设活力林区提供了工作指南。该书也为实施乡村振兴，落实旅游扶贫，构建政府、市场、社会共同发力的大扶贫格局，搭建了新的舞台。随着城市化进程的不断推进，"逆城市化"发展成为一种趋势，越来越多的城镇居民渴望走出拥挤和污染的生活环境，渴望摆脱焦躁和高压的生活心态。

【2018行游国家森林步道】 国家林业和草原局森林旅游管理办公室、北京诺兰特生态设计研究院有限公司，2018年11月。

该书对第一批国家森林步道，即秦岭国家森林步道、太行山国家森林步道、大兴安岭国家森林步道、罗霄山国家森林步道、武夷山国家森林步道，沿途部分重要节点的自然景观、人文历史等进行了描绘，并配有相关图片，以满足民众渴望深入了解国家森林步道的愿望。

【国外荒漠化防治（全2册）】 国家林业局防治荒漠化管理中心，2018年11月。

该书比较系统、全面地总结分析了世界荒漠及其影响，对全球十大荒漠，五大洲共33个区域性荒漠和沙地的地理、地貌、气候、生物与水资源等作了较系统的整理分析。该书适合从事荒漠化防治、水土保持、山区开发、区域发展、国土整治、环境保护等领域研究、管理和教学的科研、管理等人员参考。

【第一香笔记】 （清）朱克柔著、莫磊等译注校订，2018年1月。

《第一香笔记》成书于1796年，是一部介绍养兰方法的古籍。内容涵盖了兰花的历史、鉴品标准、养兰方法等，是兰花古籍中的经典，可以说是集中了中国古代兰文化的精髓。译者对该书的每篇文章包括序言均进行了词语注释和全文翻译，并创新地加入其对该古籍的特色点评。

【山野草趣】 陶隽超等，2018年3月。

该书是国内第一本全面论述山野草的著作，品种齐全，图文并茂，具有较好的科普性和实用性。每一种山野草都从它的分布、习性、栽培管理等方面进行了详细的介绍。特别是对中国市场上常见的品种进行了详细的描述，并且都配有拉丁文，科学性较强。

【故宫典藏家具制作图解】 袁进东等，2018年4月。

明式家具是中国家具的典范，该书以丰富的CAD图解析明式家具之美，主要用于家具爱好者学习参考之用，可作为古典家具学习者、爱好者研究学习之辅助参考。

【青少年科技教育方案·教师篇】 李广旺，2018年1月。

该书收集了北京教学植物园教师的科技教育获奖方案，方案从选题、设计、实施和评价等多方面有较为详细的阐述，分为植物类课题、环保类课题、社会类课题，为从事科技教育的教师和科普工作者提供有效的帮助，也可供科技爱好者参考使用。

【亚太森林组织发展研究】 赵树丛，2018年3月。

该书内容主要包括亚太森林组织概述、亚太森林组织发展历程、亚太森林组织活动开展情况、中国政府对亚太森林组织发展的贡献、亚太地区涉林国际组织的对比分析、亚太地区林业发展形势及未来需求，以及提出了亚太森林组织未来发展战略。旨在庆祝亚太森林组织成立十周年，并对亚太森林组织的发展壮大具有重要的指导作用。

【造林技术规程解读：《造林技术规程》（GB/T 15776－2016）实施技术指南】 国家林业局造林绿化管理司、国家林业局调查规划设计院，2018年4月。

该书是对2016版《造林技术规程》国家标准的解读，是由造林绿化管理司提出并组织修订的，国家林业局调查规划设计院承担具体修订任务，全国17个科研院所和基层林业单位的20余位专家学者参加了专题研究、修订编写和审核把关等工作。2016版《造林技术规程》包含正文16部分，附录3个，作为全国造林规划设计、组织实施、检查监督、成效评价、科学管理以及预算定额、核算成本、完善政策等的科学依据。为了使各级各类相关人员更好地知晓、掌握和运用新标准，编写组逐章逐条进行了解读。

【三江源湿地常见植物】 韦玮等，2018年3月。

该书主要整理汇编了三江源核心区常见的高寒植物，共记录22个科56个属80种。除了为非植物学专业的科技工作者在野外调查中提供参考外，该书的出版也为高寒植物知识的传播和普及，以及高寒地区生态环境保护提供参考。

【森林疗养漫谈Ⅱ】 南海龙等，2018年6月。

该书以"森林疗养"微信公众号的推文为基础，阐述了森林疗养相关概念和理论，介绍了国内外先进实践经验及发展前景，同时就森林疗养与健康、如何开展森林疗养课程、如何建设森林疗养地、如何成为森林疗养师等方面问题进行了深入浅出的解答。书中理论新颖、案例鲜活，知识性和可读性很强。

【林业信息化知识读本】 李世东，2018年3月。

该书以林业信息化业务工作为载体，针对信息化管理需要，以应知应会、实战技能为重点，涵盖了信息化概论、顶层设计、重点应用、网站建设、应用系统建设、数据库建设、基础平台建设、网络安全运维、标准建设和项目管理等多方面内容。

（林草出版由张锴、王远供稿）

林草报刊

【综　述】 2018年,中国绿色时报社运用"一报两刊、一网两微一端"等宣传平台,宣传林业草原工作的新职能、新思路、新任务,聚焦林业草原工作重点开展主题宣传,全年共有18件作品获得中国产经新闻奖,1件作品获得中国经济新闻奖,1件作品获得全国报纸副刊年度佳作奖。报社党委被国家林业和草原局党组评为优秀党组织,报社工会被中华全国总工会授予"全国模范职工小家"称号,要闻部被评为三北防护林体系建设工程先进集体。

贯彻落实党的十九大精神的宣传 延续2017年党的十九大宣传,《中国绿色时报》开设"贯彻十九大,林业谋发展""在习近平新时代中国特色社会主义思想指引下——新时代新作为新篇章"等专栏专题,集中报道党的十八大以来各地林业改革发展新举措、新进展、新成就。"两会"报道大量采用新华社稿件,共刊发40个整版、99篇文章、86幅图片,报道规模创历年之最,受到中国记协通报表扬。

林业草原工作新思路新部署新进展宣传 以习近平总书记关于森林生态安全问题的"四个着力"重要指示为指引,配合机构改革工作的推进,密集报道国家林业和草原局推进机构改革和履行新职能、担当新使命的具体作为,深刻回答林业草原事业发展的方向性、根本性、全局性、战略性问题。在纵深宣传报道推进国土绿化、提高森林质量、建设森林城市、建设国家公园等实践的同时,开展了一系列以国家公园为主体的自然保护地体系建设宣传。强化草原建设保护宣传,开设了"林草故事""走进草原""美丽的草原我的家"等栏目,通过专家解读、专题释疑、专刊展示等形式,宣传全国草原事业发展的显著成绩。推出"林业厅局长讲坛"大型专题,刊发了安徽、云南等13个省(区)林业草原主管部门一把手的署名文章。配合武警森林部队转制,推出"永不消失的绿色番号"系列专版。

林业草原重点工作和重要活动宣传 围绕林业扶贫,开设了"精准扶贫看林业""林业干部话扶贫"等专栏,推出了"脱贫攻坚看林草"3块整版报道及林草扶贫宣传片。围绕乡村振兴战略,开设了"乡村振兴看林业"等专栏。围绕森林防火,增设了"生态安全·森林消防"专题版面。围绕森林城市创建,推出深圳、舟山等城市创建国家森林城市宣传专版18个。围绕2018年中国森林旅游节,推出"森林旅游美景推广"整版报道10个。围绕国家林业和草原局直属机关党建工作,安全运营上百期"绿色党建"微信公众号内容。围绕退耕还林,组织记者深入林区调研,刊发多篇报道。针对业界焦点,通讯报道《桉树,只是一种树?》成为近年来关于桉树最有影响力的报道。围绕改革开放40年、"三北"工程40年、天保工程20年和首届世界竹藤大会在中国召开,以"报纸+"的方式开展报、刊、网、微博、微信等全媒体宣传,在宣传规模、质量、效果和影响力等方面实现新突破。推出"改革开放——林业40年"成就、典范、人物三大系列宣传,开设"庆祝改革开放40年——百城百县百企调研行"专栏,报道改革开放以来林业行业一线发生的变化和取得的成绩。深入推进国有林场、国有林区、集体林权制度三大改革宣传,全景式展示了全面深化林业改革强信心、聚民心、暖人心、筑同心的伟大成果。

重大典型和先进人物宣传 作为库布其治沙典型宣传唯一行业媒体,《中国绿色时报》首次参加了中宣部组织的重大典型宣传,以时间长、报道规模大为特点,发表7个专版和1组系列报道,得到中宣部新闻局的肯定。落实国家林业和草原局局长张建龙"典型是推动工作的一个重要手段"讲话精神,打造《榜样》品牌专栏,《榜样》《源自基层的感动》两个专栏交替密集宣传林业草原基层人物典型和工作典型,共刊发韦华、孙建博等一线典型人物和单位报道150多篇,推出"新时期共产党人的楷模,知识分子的优秀代表,太行山上的新愚公"李保国的追记,推出"改革先锋"王有德的事迹。

重点策划和创新宣传 创建"世界林业大讲堂"大型讲座式专题,系统梳理世界林业发展脉络;推出"科技改变林业"16个系列整版报道,介绍林业科学家事迹及其重大成果;创设"自然教育"专版开展常规性宣传,引领公众走进自然、体验自然、热爱自然;继续开辟"森林中国——用影像讲述中国林业故事"大型图片专栏,开展"森林中国"全国林业新闻摄影大赛、"森林四季"全国自然摄影大赛活动,与新华社、中新社合作,征集并刊发反映林业和草原建设成果与美丽中国的优秀摄影作品。举办了首届中国森林防火公益微视频大赛,入围作品网络投票活动参与人数达168万,总访问量达712万。实施中国森林旅游美景推广计划,推出美景推广地系列榜单,组织由人民网、《第一财经日报》《绿色中国》《钱江晚报》、新浪网等媒体记者和旅行体验师组成的采访团首站走进浙江,参与媒体共刊发原创报道40余篇。开展绿色文明县主题宣传实践活动,促进县域生态文明和乡村振兴战略的实施,有16个县参与。

媒体融合多向宣传 报社共推出10个微信公众号、3个微博,其中生态话题、中国森林防火、中国森林公安3个微信公众号用户数总量突破25万人。中国森林防火微信公众号《威头条》栏目获得中国产经新闻奖首届媒体融合奖一等奖。"森林与人类"微博参与新浪微公益和中国绿化基金会联合发起的"熊猫守护者"公益项目,项目官方微博粉丝达1357万。"森林与人类"微博单条微博阅读量最高达171万次。其他微信公众号、微博的粉丝量、阅读量、活跃度、影响力大幅提升,扩大了林业新闻传播的覆盖面。推出中国绿色时报社手机客户端,内容同步《中国绿色时报》新闻。

举办活动,搭建平台 2018年6月,中国绿色时报社主办了2018首届世界竹藤大会·竹子改变生活论坛。

11月与驻华使节商务联盟合作主办了西峡香菇国际贸易对接会。建立报社大数据中心，搭建《中国绿色时报》大数据应用系统，建立行业树状标签库。报社与北京和勤大数据应用研究院联合发起成立北京和勤大数据应用研究院生态环保研究中心、绿色产业研究所，并在报社挂牌，打造资讯与智库一体化服务平台。报社开展专家库建设，初步遴选40位储备专家。

人才培养与队伍建设 报社首次编制了人力资源发展规划，明确了人才队伍建设指导思想、用人机制、激励机制和发展目标，制订了《中国绿色时报社职工培训管理办法》《中国绿色时报社绩效工资分配办法》，重新调整了绩效工资分配结构。报社恢复设立了西藏记者站和"三北"局记者站，新建了中国林业教育学会记者站和卧龙国家级自然保护区记者站，记者站总数达45个，基本实现了省、自治区、直辖市全覆盖，全国通讯员队伍发展到2600余人。

制定规范，加强党建 《报社关于落实党风廉政建设党委主体责任纪委监督责任的实施办法》制订出台，党委书记与各支部书记签订《报社支部书记责任书》，纪委书记与各支部纪检委员签订《报社纪检委员责任书》。《中国绿色时报社意识形态工作实施方案》《党委及班子成员意识形态工作清单》《中国绿色时报社关于开展经常性纪律教育和加强作风建设的意见》制定完成并实施，党办每季度检查一次各支部"三会一课"落实情况，3个党支部分别开展了"不忘初心，重温入党志愿书"及走进红色教育基地、加强国防教育等主题党日活动。

（杜艳玲）

各省、自治区、直辖市林(草)业

24

北京市林业

【概　述】 2018年，北京市新增造林绿化面积1.79万公顷、城市绿地710公顷。全市森林覆盖率43.5%，平原地区森林覆盖率28.5%，森林蓄积量1798万立方米；城市绿化覆盖率48.44%，人均公共绿地面积16.3平方米。

绿化造林　推进京津风沙源治理、太行山绿化等国家级重点生态工程，完成人工造林0.23万公顷，封山育林1万公顷，森林健康经营4.67万公顷，完成京冀生态水源保护林建设0.67万公顷，累计完成6万公顷。

义务植树　完成中央领导、共和国部长和将军、全国人大和全国政协领导、国际森林日重大植树活动的组织协调和服务保障任务。启动全市"互联网+义务植树"试点工作。全市共有404.5万人次以各种形式参加义务植树，共植树193.3万株，抚育树木1100万株。社会力量认建认养绿地187块750.9万平方米，认养树木3.9万株、古树21株。

绿色产业　推动适度规模化经营，发展现代高效节水果园533.33公顷，全市果品产量6.6亿千克，果品收入40.4亿元，28万户果农户均果品收入1.5万元。全市花卉种植面积0.47万公顷，产值12.7亿元，促进农民就业1000余户。新建规模化苗圃346.67公顷。持续开展养蜂精准帮扶工程，重点帮扶335户低收入农户发展蜂产业，1万户农民走上致富路。新发展林下经济2453.33公顷，带动农民就业1.43万人。

重大活动保障　高水平完成国庆69周年、烈士纪念日敬献花篮、中非论坛等重要节日、重大活动的景观环境服务保障任务。国庆期间，全市布置各类主题花坛83座、小型花坛小品171座，营造了节日喜庆氛围。

【迎春年宵花展】 2月3日至3月2日，由北京市园林绿化局、北京花卉协会主办，中国花卉协会零售业分会、中国花卉协会盆栽植物分会、丰台区园林绿化局、丰台区花乡政府、北京花乡花木集团有限公司及北京花乡花卉创意园等18家单位协办的迎春年宵花展及组合盆栽大赛，在北京各大花卉市场举办，迎春年宵花展暨组合盆栽大赛市场依然主打蝴蝶兰、大花蕙兰、凤梨、红掌等传统盆栽花卉。它们因花开朵大，颜色是喜庆的正红色、明艳的黄色或者多彩的复色而成为百姓家中装点节日氛围的主力军。适合家庭园艺的小型盆栽花卉，如迷你月季、微型牡丹、丽格海棠、长寿花、多肉植物也已跻身主力花卉。北京本地生产的花卉占据首都年宵花的半壁江山，约53.8%，主要种类以多肉小盆栽、蝴蝶兰、长寿花、迷你月季、丽格海棠等小型盆栽及组合盆栽类为主，深受年轻消费群体及家庭园艺消费市场的喜爱。本届活动邀请天津、河北协会组织和企业一同参与。

【参加2018香港花卉展览】 3月16～25日，北京市参加在维多利亚公园举办的2018年香港花卉展览，2018年花展的主题花是"大丽花"，以"心花放"为主题。香港特区行政长官林郑月娥等主持开幕典礼。花展展出约40万株花卉，包括4万株大丽花。有来自18个国家的超过260个机构参与花展。本届花展中北京市展区设计主题为"花漾街景美生活"，选取北京市最富生活气息的胡同文化为设计元素，以北京市市花——菊花、展览主题花——大丽花为主花材，表达花卉给人们日常生活带来的美好和愉悦，凸显"心花放"的展会主题。而北京胡同呈现的景深效果，通过花卉巧妙搭配，使整个布景立体而生动，呈现出了一幅"心花放"的北京胡同生活画卷。在本次花展中，北京市荣获最佳设计金奖。

【国际森林日植树活动】 3月21日，2018年度"国际森林日"植树纪念活动在北京房山区张坊镇举办。10多个国家和国际组织代表、全国绿化委员会成员单位、有关部门(系统)代表及各界群众共200余人参加植树纪念活动，栽植油松、国槐、柿树、白蜡、五角枫等苗木700余株，形成新的纪念林0.33公顷。2013～2018年，中国连续6年在北京市举行"国际森林日"植树纪念活动。国家林业局，全国绿化委员会办公室、市政府办公厅、首都绿化委员会办公室、房山区委区政府等部门有关领导参加植树活动。义务植树活动开展37年来，首都地区有1亿多人次参加义务植树劳动，栽植树木2.03亿株，为改善首都绿色生态环境作出了突出贡献。

【第六届森林文化节】 3月24日至4月30日，北京第六届森林文化节暨西山国家森林公园第七届踏青节在北京西山国家森林公园开幕，西山国家森林公园是距离市区最近的一座森林公园。此次踏青节突出"赏西山晴雪，享生态成果"主题，通过踏青赏花季、京味文化民俗表演、西山无名英雄纪念广场宣传推广、摄影大赛、绘画大赛、森林教育和森林体验、森林定向越野、徒步登山、野生猛禽放飞等主题活动，丰富游园内容，服务游客观光游憩、休闲健身等多种需求。西山国家森林公园春花景观主要为梅园景区"西山晴雪"景观，初春季节，百余亩山桃、山杏竞相盛放，远观如同瑞雪盖山，称为"西山晴雪"。另有美人梅、红梅、绿梅、白梅、青梅、连翘、迎春等其他色系春花植物点缀其中。

【中央军委领导参加义务植树活动】 4月1日，中共中央政治局委员、中央军委副主席许其亮、张又侠，到北京市大兴区礼贤镇李各庄村植树点参加义务植树活动。中共中央政治局委员、北京市委书记蔡奇一同参加植树活动。这次植树点位于北京市新机场核心区，是新机场整体生态环境布局重要组成部分。许其亮、张又侠和蔡奇等来到植树现场，与军地领导和部队官兵共栽种白皮松、银杏等1500余株。

【共和国部长义务植树活动】 3月31日，共和国部长义务植树活动在北京市朝阳区十八里店丹枫公园地块举行。中直机关、中央国家机关各部委和北京市的151名部级领导干部参加义务植树活动。共栽植油松、银杏、国槐、玉兰等树木1200余株，形成新的纪念林25.33公顷。共和国部长植树的丹枫公园地块，位于朝阳区十八里店，距离市中心约19千米，原为城乡结合部，朝阳区按照"疏解整治促提升"的要求，规划建设总面积62.33公顷的丹枫公园。

【首都全民义务植树日】 4月1日，北京市党政军学民参与首都绿化、美化家园的全民义务植树活动。16个区都安排区四套班子领导参加主题多样的义务植树活动。北京林业大学开展以"高擎团旗跟党走、美丽中国青年行"为主题的2017年绿桥、绿色长征活动推进会。全市有113万市民当天奔赴城乡各地，参加市、区、街、乡重点绿化工程，单位庭院、住宅区植树、种花、种草、挖坑、整地、管理树木、养护绿地等绿化美化劳动，开展科技咨询和绿化美化宣传活动。挖坑81.99万个，栽植各类树木77.53万余株，养护树木478万余株，清扫绿地1634.15万平方米，设咨询站1024个，发放宣传材料90.83万份。

【第九届北京郁金香文化节】 4月1日至5月10日，北京国际鲜花港举办"第九届北京郁金香文化节"。本届郁金香文化节以"花开盛世·一带一路"为主题，根据"21世纪海上丝绸之路"进行设计布展，以欧洲北海地区为起点，途径地中海、红海、东南亚、东亚，使广大游客不仅能够饱览美景，更能领略丝路风情。本届郁金香文化节将100个品种400万株早、中、晚、超晚花期的郁金香衔接，创造了中国北方地区开展最早、品种最多、花期最长、种植面积最大的郁金香花展。活动期间，有草裙舞、弗拉明戈舞、桑巴舞、鼓舞等多项表演。北京国际鲜花港还举办中小学生长跑节、外语喜乐会、亲子游园会、室外公益阅读、跳蚤市场、相亲会、马术体验和摄影展等多项活动，丰富市民生活。

【党和国家领导人参加义务植树活动】 4月2日，党和国家领导人习近平、李克强、栗战书、汪洋、王沪宁、赵乐际、韩正、王岐山等来到北京市通州区张家湾镇参加首都义务植树活动。植树地点位于北京城市副中心的城市绿心范围内，紧邻大运河森林公园，面积约20公顷，原来是厂房、果园和停车场，现规划为城市绿地，未来将成为大运河文化带上景观建设的重要节点。植树期间，习近平同参加植树的干部群众谈起造林绿化和生态环保工作。习近平指出，各级领导干部要率先垂范、身体力行，以实际行动引领带动广大干部群众像对待生命一样对待生态环境，持之以恒开展义务植树，踏踏实实抓好绿化工程，丰富义务植树尽责形式，人人出力，日积月累，让我们美丽的祖国更加美丽。前人栽树，后人乘凉，我们这一代人就是要用自己的努力造福子孙后代。在京中共中央政治局委员、中央书记处书记、国务委员等参加植树活动。

【第三十六届爱鸟周宣传活动】 4月8日，北京市第三十六届爱鸟周宣传活动启动仪式在北京市密云区不老屯镇举办。此次活动由北京市园林绿化局（首都绿化办）、密云区人民政府和北京野生动物保护协会共同主办。在"爱鸟周"启动仪式上围绕"保护鸟类资源，守护绿水青山"的主题举办了宣传活动，并计划在全市范围内开展"为鸟类安个家"——悬挂人工鸟巢宣传活动。活动现场举行了密云区野生动物救护站的授牌仪式，并向市民代表赠送野生动物宣传海报。北京市野生动物救护中心在现场放归了救护康复的3只国家二级重点保护动物——2只猎隼和1只大鵟。

【全国政协参加义务植树活动】 4月13日，全国政协副主席张庆黎、刘奇葆、卢展工、王正伟、马飚、夏宝龙、杨传堂、李斌、巴特尔、汪永清、何维、高云龙和全国政协机关工作人员约400人，在北京市朝阳区十八里店乡小武基公园参加义务植树活动。栽植白皮松、油松、银杏、柿子等苗木1700余株，形成新的纪念林17.33公顷。这是全国政协领导连续第14次到北京参加义务植树活动。北京市政协主席吉林，副主席牛青山、林抚生、于鲁明、燕瑛，首都绿化委员会办公室，朝阳区委、区政府、区政协等有关部门领导一同植树。

【全国人大参加义务植树活动】 4月11日，全国人大常委会副委员长曹建明、张春贤、沈跃跃、艾力更·依明巴海、王东明、白玛赤林，秘书长杨振武以及全国人大常委会、全国人大专门委员会部分组成人员，来到北京市丰台区北宫国家森林公园全国人大绿化基地参加义务植树活动。北宫国家森林公园位于丰台区西北部山区，占地913.33公顷。共栽植银杏、红枫、流苏树150余棵，关于开展全民义务植树运动的决议实施以来，全国人大机关先后在昌平、丰台等北京郊区组织开展义务植树活动。

【第十届月季文化节】 5月11日至6月18日，第十届北京月季文化节开幕式在世界花卉大观园举办，本届月季文化节的主题为"爱月季·爱生活"，活动期间，北京国际鲜花港等12家园区展示2300多个月季品种、50余项花事活动、近千万株月季喜迎首都市民。本届月季文化节新增两个展区，共有12家月季主题展区参与。各展区在重点展示月季品种的同时，深入挖掘自身优势，更加突出互动性和科普性。北京植物园、天坛公园、世界花卉大观园、丰台花园、北京国际鲜花港在展示月季精品的同时，与科普、历史相结合，突出月季文化体验；陶然亭公园推出"花艺展示区""手工体验区"和"园艺展卖区"三大互动主题活动；大兴区魏善庄镇联合纳波湾月季园、世界月季主题园等4个展区联合打造月季小镇相关活动；园博园举办"熊猫路跑"等活动；蔡家洼玫瑰情园继续加强情景交融式的活动布局，开展各种DIY体验活动。

【第十届北京菊花文化节】 9月7日至10月25日，由北京市园林绿化局、北京市公园管理中心、北京花卉协会、北京菊花协会4家单位联合主办，北京顺义鲜花港、北海公园、天坛公园、北京植物园管理处、北京花乡世界花卉大观园、八达岭世界葡萄博览中心承办，第十届北京菊花文化节在北京国际鲜花港举办，以"盛世芳华·美满花港"为主题，3200 余个品种 100 多万盆/株菊花、全市六大菊花展区在两个多月的时间里扮靓京城，喜迎首都市民参观游览。园区种植主要以菊科花卉为主，搭配各种草花，如马鞭草、鸡冠花、醉蝶等，运用菊花草花相互穿插搭配展现出不同的花朵造型图案，园区新增国内较罕见的金丝麦浪、泉乡万盛、枫叶晚红、春日剑山等 30 多种特色花卉，在育苗、定植和日照、秋养上下功夫，通过增大局部种植密度，延长局部观赏区时间等方法，拼接出了一幅幅色彩斑斓的大地艺术品。

【第四届北京百合文化节】 6 月 29 日至 7 月 31 日，第四届北京百合花文化节在延庆世葡园举办，主题是"相约延庆，盛世花海"。本届文化节在总结往届成功经验基础上，对展区布局进行优化升级。室内展区 4500 平方米，集中展示欧洲新优切花百合品种和百合插花花艺作品，为游客提供插花体验等活动。室外展秉承传统文化"天人合一"的设计理念，64 个品种 70 多万株百合，共同打造了 10 万平方米亮丽缤纷的百合花海，成为全市独具特色的百合主题公园。此外，文化节期间，主办方还推出"赏百合、品花宴、看铁花""第三届百合公主""百合音乐主题趴之星光影院""仲夏夜之约"假面舞会活动、亲子嘉年华等一系列特色主题活动。

【新一轮百万亩造林工程建设】 年内，北京市新一轮百万亩造林工程启动，北京市园林绿化局会同市相关部门编制完成新一轮百万亩造林绿化建设总体规划、工程建设行动计划和 2018 年建设任务总体方案。在绿隔地区腾退还绿，腾退土地 1066.67 公顷（1.6 万亩）、拆除建筑 1000 余万平方米，新增绿化面积 2293.33 公顷（3.44 万亩）、改造提升 1833.33 公顷（2.75 万亩），实施一道绿化隔离地区 13 处城市公园、二道绿化隔离地区 7 处郊野公园建设；在平原地区实施大尺度绿化，通过退耕还林还湿、疏解腾退还绿、填空造林，建设大尺度森林 7800 公顷（11.7 万亩），恢复湿地 1767 公顷，新建湿地 611 公顷。全市共完成百万亩造林 1.57 万公顷（23.5 万亩），植树 1012 万株。形成千亩以上绿色板块 40 个、万亩以上大尺度森林湿地 6 处，打造绿色风景走廊 50 千米；显著扩大了城市绿色生态空间，增强了市民绿色福祉。

【城市休闲公园建设】 年内，北京市新增 10 处为民办实事城市休闲公园，总面积 49.5 公顷，已完成栽植面积 35.8 公顷，占总面积的 72%。

【新建 21 处城市森林】 年内，北京市推进 21 处城市森林建设，完成 16 处（每区各一处），完成栽植面积 51.2 公顷。

【实施精品街区建设】 年内，完成北京市东城区故宫周边筒子河绿地、西城区白云路和展览馆路街区绿化提升 1.7 万平方米；开展海淀园外园三期、门头沟绿海运动公园等公园绿地改造 64.3 万平方米，完善提升公园景观品质和游憩功能。加强老旧居住区绿化改造，延庆温泉西里等老旧小区绿化改造提升开工建设，完成绿化改造 17 万平方米。丰富城市"第五立面"，缓解城市热岛效应，实施立体绿化建设工程，海淀琨御府空中花园二期、门头沟中昂小时代等完成 7.5 万平方米。完成石景山六合园社区、通州芙蓉路等垂直绿化 14.7 千米。2018 年，完成 1141 条背街小巷环境整治提升和深化文明创建工作，其中核心区完成 615 条（东城区 300 条、西城区 315 条）。

【参加第八届中国月季展】 年内，参加第八届中国月季展，第八届中国月季展由中国花卉协会月季分会、德阳市人民政府和四川省林业厅联合主办，是国内最高规格的月季盛会，北京室外展园占地 1000 平方米，取名"万寿长春园"，将北京皇家园林文化和北京月季文化互相融合，在有限的空间内，创造多重景观，展示北京特色月季。全园以一条小径串联九个特色景点，北京自育或特色的月季品种遍布全园，营造"松竹常青画中看，春色满园九重香"的意境。北京室内展区占地 500 平方米，集中展示北京市参加评比的新优月季。北京市荣获优秀组织奖、月季室外造园艺术特等奖、月季室内造景展特等奖，北京市成为唯一包揽室外造园和室内造景两项特等奖的参展城市。

【北京市城市副中心绿化建设】 年内，北京市城市副中心在绿化建设方面，安排的 45 个项目稳步推进，28 个续建项目已完工 6 个、完成主体栽植 21 个，实施绿化 2526.67 公顷；17 个新建项目全部完成前期工作函、施工招标等手续办理，实施绿化 2520 公顷。2016~2018 年，城市副中心已累计竣工 48 个绿化项目，完成绿化建设 1.12 万公顷，其中新增林地绿地 4400 公顷、改造提升 6800 公顷，建成 5 处大尺度郊野公园和森林湿地，建成各类公园 16 个。

【永定河综合治理工程】 年内，北京市永定河综合治理与生态修复加快推进，启动丰台区北天堂森林公园、门头沟区永定河滨水森林公园建设，新增造林 3333.33 公顷，完成森林质量提升项目 4933.33 公顷。

【京津风沙源治理工程】 年内，北京市京津风沙源治理二期工程林业建设总任务 1.16 万公顷，其中困难立地造林 1600 公顷、封山育林 1 万公顷，涉及门头沟、房山、昌平、平谷、怀柔、密云、延庆 7 个区及市属京西林场。共计栽植各类苗木 140 多万株，修建作业步道 3.5 万米，铺设浇水管线 12 万米，建封育标牌 74 块、围网 3.1 万米，共组织施工队 67 个，施工人员 2352 人。

【京津生态水源保护林建设】 年内，北京市完成京冀生态水源保护林建设 6666.67 公顷，累计完成 6 万公顷。同时，对 5.33 万公顷京冀生态水源保护林进行了碳计量监测。

【太行山绿化工程】 年内，北京市完成太行山绿化造林任务666.67公顷，全部安排在房山区实施，栽植苗木74万余株。

【彩叶树种造林】 年内，北京市计划营造彩叶景观林0.1万公顷，涉及怀柔、密云等8个区。截至年底，全市彩叶树种造林工程已主体完成栽植任务。

【公路河道两侧绿化】 年内，北京市市公路河道绿化建设100千米，分布在丰台区10千米、房山区40千米、怀柔区20千米、密云区30千米。

【森林火灾防控】 年内，北京市全面加强森林防火基础设施和扑救队伍建设，新增专业森林消防队伍10支，总数达到126支3000人，全市森林火情同比下降71.1%，未发生重大森林火灾。防火期间，面对连续145天无有效降水的恶劣天气形势和森林火险等级居高不下的严峻考验，全市共发生森林火情11起，形成一般森林火灾1起，同比分别下降了71.1%和66.7%，未发生较大以上森林火灾，圆满完成了党的十九大、"两会""清明"和"五一"等重要时间节点和重大活动期间的森林火灾防控任务。

【森林公安执法】 年内，北京市共接报警情1811起，受立案690起，其中，刑事立案70起，侦破案件61起，包括重大案件6起，特别重大案件3起，共计抓获涉案人员104人，行政处罚828人次。全市开展"飓风1号"、打击破坏野生动物资源违法犯罪专项行动、"春雷2018行动""绿剑2018"和"严厉打击犀牛和虎及其制品非法贸易"5次专项行动，共出动警力12 863人次，车辆6218台次，巡查自然保护地、野生动物活动区域1891处，清理整治各类市场135处，共立案侦查刑事案件47起，其中盗伐林木案3起，滥伐林木案11起，非法占用农用地案3起，非法收购、运输、出售珍贵、濒危野生动物及其制品案12起，非法狩猎案18起，破案37起，其中重特大案件3起，刑事拘留犯罪嫌疑人58人，批准逮捕19人，移送起诉40起60人，取保候审21人，其中直接取保候审14人。涉案林木木材535.411立方米，涉案林地36.5公顷，救助野生动物3515头（只），查扣国家重点保护野生动物制品53件，总计涉案价值195.43万元。

【森林病虫害防治】 年内，北京市全年累计完成防治作业面积41.94万公顷次，其中人工地面防控面积29.07万公顷次；组织开展飞机防治1287架次，预防控制面积12.87万公顷次，无公害防治率100%；全年果树有害生物发生面积15.82万公顷次，防治面积24.31万公顷次；全年预计林业有害生物发生面积3.07万公顷，实际发生面积2.91万公顷，测报准确率94.6%；实施种苗产地检疫面积1.2万公顷，种苗产地检疫率达到100%；成灾面积40公顷，成灾率为0.024‰。测报准确率、无公害防治率分别比国家下达的指标任务提高了4.6、13个百分点，成灾率比国家下达的指标任务降低了1.076个千分点；全年美国白蛾发生面积666.67公顷，未发生严重的美国白蛾灾害，全面完成国家林业局下达给北京市的"四率"指标和美国白蛾防控任务。

【森林资源监管】 年内，北京市园林绿化局推进资源保护专项检查整改工作，建立了督办台账，收回林地绿地955公顷，恢复植被550多公顷；首次开展全市各类自然保护地大检查，排查问题1174个，完成整改879个，拆除违法建设16.9万平方米；结合"疏整促"开展公园品质提升行动，全市公园清理整治违建5400余平方米、构筑物20处，整治超审批占用绿地1200平方米。开展"飓风1号""春雷2018""绿剑2018"等系列专项行动，多措并举加大候鸟迁徙和过境保护，严厉打击乱捕滥猎和非法经营出售野生动物及其制品违法犯罪活动，确保了生态安全。

【世界园艺博览会筹备】 年内，北京世园会"四馆一心"（即中国馆、国际馆、生活体验馆、植物馆和演艺中心）建设基本完成，园区公共绿化景观乔、灌木种植，道路框架体系基本成型。北京园筹备工作全面展开，百果园完成采购4000余株180个品种大规格果树。

【森林城市创建】 年内，北京市召开全市创建森林城市工作推进会，确定各区创森时间表和路线图，平谷区荣获全市首个"国家森林城市"称号，通州、怀柔、密云、门头沟4个区创森总体规划通过国家林草局专家评审，房山、石景山两个区完成创森备案工作。

【古树名木保护】 年内，北京市深入开展"让古树活起来"、寻找北京"最美十大树王"等古树保护系列文化活动，发布古树名木认养目录，实施古树名木保护复壮700余株，启动丰台长辛店、海淀公主坟两处古树名木主题公园示范建设。

【美丽乡村建设】 年内，北京市围绕落实乡村振兴战略和推进美丽乡村建设三年行动计划，制定加强美丽乡村绿化美化工作的指导意见，大力加强村庄道路绿化、村头公园建设、庭院绿化美化、环村片林建设，在10个区229个村实施村庄绿化310.06公顷，创建首都森林城镇6个，首都绿色村庄50个。

【果树产业】 年内，北京市围绕绿色产业不断转型升级。改革创新果树产业发展基金投融资方式，推动适度规模化经营，发展现代高效节水果园533.33公顷，全市果品产量6.6亿千克，果品收入40.4亿元，28万户果农户均果品收入1.5万元。

【花卉业】 年内，北京市打造46块大尺度、有特色的北京花田，全市花卉种植面积4666.67公顷，产值12.7亿元，促进农民就业1000余户。

【蜂产业】 年内，北京市蜜蜂饲养量26.5万群，同比提高1%，蜂蜜产量235.1万千克，蜂王浆产量5.16万千克，蜂花粉产量2.03万千克，蜂蜡产量14.55万千克，因遭受旱涝灾害影响，蜂蜜产量比上年减少65%，蜂王浆产量比上年减少16%，蜂花粉产量比上年减少22%，蜂蜡产量比上年减少27%。全市共有蜂业专业合作组织77个，蜂业产业基地61个，养蜂户1万户，养蜂万元户超过2500户，售蜂收入318.56万元，蜂授粉收入1073.1万元，养蜂总产值1.64亿元，蜂产品加工产值超过12亿元，出口创汇超过1800万美元。

【增彩延绿科技创新工程】 年内，北京市完成2015~2018年增彩延绿示范区内新优植物品种生长情况调查工作；引进和培育24个国内外彩叶新优品种约2.5万株，成活率达到90%以上；确定行道树、造型树等标准化管理技术方案10套，示范种植面积13.33公顷；建立引进植物品种病虫害监测档案；采用园林废弃物覆盖保水和林下生态循环等综合技术措施，保障苗木高效用水，节水50%以上。分别建设了东城区新中街示范区、海淀区西山国家森林公园示范区、房山区青龙湖森林公园示范区、丰台区莲花池城市森林公园示范区4处，共计浅山区示范区2处，面积约63.33公顷，城市重点区域示范区2处，面积约4万平方米，示范栽植白皮松（菌根）、七叶树、车梁木、楸树、"丽红"元宝枫、涝峪苔草等新优植物50余种，累计栽植新优乔灌木2万余株，新优地被50余万株，示范区内采用园林绿化废弃物、生物活性肥和生物菌肥等进行土壤改良，示范展示集雨节水技术。

【林下经济】 年内，北京市林下经济现有累存面积1.18万公顷，其中2018年当年林下经济新建面积2453.33公顷。北京市林下经济形成以林下观赏和功能性花卉、林下中草药种植、林下特色精品杂粮、林下食用菌及林下旅游为主要内容的重点模式。全市2018年林下经济产值3.26亿元，实现收益1.61亿元，参与农户1.01万余户，带动就业人数1.43万人，参与企业与合作组织149个。

【机构改革】 年内，北京市园林绿化局按照市委、市政府部署，扎实推进机构改革工作，新增自然保护地管理职责，优化机关内设机构设置，明确市属公园纳入全市归口管理，城乡统筹的管理体制不断完善。局属经营性事业单位转企改制扎实推进，全面开展事业单位所办企业清理规范工作。深化放管服改革，营商环境显著优化。政务服务事项由74项精简到37项，清理取消9项要求企业和社会出具的各类证明，社会投资类事项办理时限从20个工作日大幅压缩到6个工作日以内。调整行政处罚权力清单，181项行政处罚职权合并调整为144项，36项划转市城管执法局。积极推行"互联网+政务服务"，98%的公共事务实现了"一网通办"。

【园林绿化规划编制】 年内，北京市园林绿化局围绕落实市委、市政府办公厅印发的《北京城市总体规划实施工作方案》，对涉及园林绿化的13项任务进行细化分解，确定31项重点规划任务，已完成12项。配合市规划部门完成对各区分区规划的审查，编制完成新一轮百万亩造林总体规划、森林城市建设发展规划，启动全市绿地系统、林地保护利用、湿地保护发展等专项规划编制。编制完成浅山区造林、城市副中心园林绿化建设、森林防火等一批专项行动计划。开展松山、百花山等国家级和市级自然保护区总体规划修编工作，启动《古北口长城景区详细规划》编制，编制完成《八达岭—十三陵风景名胜区详细规划（延庆部分）》，并获得国家林草局批复。

【园林科技保障支撑】 年内，北京市园林绿化局全年制定北京市地方标准18项，推广科技成果14项，实施重要科研项目15项，制定新一轮百万亩造林绿化技术导则，以及土壤污染防治和裸露地生态治理、废弃物和达标污泥利用、集雨节水、生物多样性保护等一批实施意见和标准。全年建设增彩延绿示范区4处、废弃物利用示范区3处；在公园绿地中积极推广栽植野生植被，丰富了生物多样性；探索构建树木健康诊断体系，完成核心区5.5万株大树的核查。制订冬奥会和冬残奥会低碳管理工作方案，启动松山自然保护区生态监测站建设。加大杨柳飞絮标本兼治，完成杨柳雌株治理30万余株。

【林业大事】

1月10日 首都绿化委员会办公室在京西林场组织召开市级首都全民义务植树尽责基地2017年工作总结暨2018年工作安排会议。国家林业局造林绿化管理司（全国绿化委员会办公室）副司长许传德参加会议。首都绿化委员会办公室副主任廉国钊、副巡视员刘强一同参加。

1月11日 《2018年京冀生态水源保护林建设合作项目实施方案》通过专家评审。评审会由北京市园林绿化局联合河北林业厅组织召开，邀请国家林业局调查规划设计院、北京林业大学7名专家进行评审。

1月21日 欧洲森林研究所城市林业专家弗里斯博士应邀来北京交流城市森林建设，交流建设城市森林的国际经验。

2月6日 北京市召开2018年园林绿化工作会，会议总结回顾了2017年园林绿化工作，明确部署了2018年的工作任务。北京市副市长卢彦参加会议并讲话，北京市园林绿化局（办）领导班子成员，市有关部门、各区政府相关负责人，各区园林绿化部门、局机关处室、局属各单位主要负责人，新闻媒体记者共160余人参加会议。

2月12日 北京市园林绿化局（首都绿化办）局长（主任）邓乃平与来访的中国蜂产品协会会长杨荣一行座谈交流。进一步加强与中国蜂产品协会的密切配合，共同推动和发展"蜂间经济"，切实将首都绿水青山资源禀赋转换为金山银山产业财富，将蜂产业打造成山区百姓致富产业。

截至2月13日，北京市城市园林绿化行政处罚权划转工作完成。

2月23日 深入推进疏解整治促提升促进首都生态文明与城乡环境建设动员大会召开。市领导张工、隋振江、卢彦、杨斌就疏解整治促提升专项行动、环境整治和垃圾处理、水环境治理和绿化、大气污染治理和交通拥堵治理等工作进行部署。会后，北京市园林绿化局召开会议贯彻落实首都生态文明和城乡环境建设动员大会精神并部署有关工作。

2月24日 北京市副市长卢彦专题调研园林绿化工作。听取世园会北京室外展园设计方案汇报，前往昌平区实地检查森林防火工作。北京市园林绿化局局长邓乃平以及相关负责人一同参加。

3月1日 北京市在房山区十渡镇举办"2018年世界野生动植物日"宣传活动。在现场放归救护康复的国家一级保护野生动物黑鹳1只，国家二级保护野生动物红隼2只。

3月16日 国际园艺生产者协会（AIPH）主席伯纳德·欧斯特罗姆考察北京花卉产业。参观了昌平区雁北路百合专业合作社和昊景花卉种植基地。中国花卉协会和北京世界园艺博览会事务协调局相关负责人一同参加。

3月19日 首都绿化委员会办公室正式向社会公布2018年义务植树尽责接待点。明确了"实体尽责"和"以资尽责"两种尽责方式。设立尽责植树接待点42处，占地1.7万余亩，提供待认养林木近70万株。

3月22日 北京市园林绿化局印发实施《北京市新一轮百万亩造林绿化工程建设技术导则（试用）》。

3月23日 北京市召开全面推进2022年冬奥会和冬残奥会筹办工作动员部署大会。北京市委书记、北京冬奥组委主席蔡奇强调，要全力以赴做好"北京周期"各项筹办工作。北京市市长、北京冬奥组委执行主席陈吉宁主持。国家体育总局局长、中国奥委会主席、北京冬奥组委执行主席苟仲文，中国残联主席、北京冬奥组委执行主席张海迪，市人大常委会主任李伟，市政协主席吉林出席。

4月 市森林公安局破获2018年第一起象牙交易案件。自1月1日起，查明涉案象牙制品1184件、盔犀鸟制品2件，涉案价值约4万余元。

4月1日 北京市正式发布实施《湿地生态质量评估规范》。从评估流程、指标选取与赋值、赋值标准、计算方法和等级划分等方面提出了相应的技术标准。

4月2日 北京市副市长卢彦调研检查清明节森林防火工作，实地检查了房山区阎村镇静安墓园和上方山林场森林防火工作。北京市园林绿化局副局长戴明超、房山区副区长于吉顺一同参加。

清明节期间，北京市副市长卢彦调度检查全市森林防火工作和新一轮百万亩造林工程。重点调度检查了密云区、怀柔区、延庆区、房山区和门头沟区清明节森林防火应急值守和预防工作，深入了解各区平原造林工程进度。

4月8日 第七届北京森林论坛召开。北京市园林绿化局（首都绿化办）局长（主任）邓乃平、中国林学会副理事长陈幸良等出席开幕式并讲话，中国工程院院士沈国舫、尹伟伦两位专家为北京市建设城市森林建言献策。来自市园林绿化相关部门、科研机构、企业和国际机构代表共计140余人参加了此次论坛。

同日 北京市举办第36届"爱鸟周"宣传活动。活动由北京市园林绿化局、密云区政府及北京野生动物保护协会共同举办，十余家野生动物保护单位协办。

4月9日 北京市副市长卢彦督导检查2018年春季造林工作。深入朝阳区十八里店乡丹枫公园拆迁腾退地、城市副中心"绿心"中心公园绿化施工现场督导检查、观摩交流，并召开市新一轮百万亩造林绿化总指挥部会议。

全市园林绿化系统做好"五一"环境景观服务保障工作。截至25日，天安门广场"五一"花卉布置正式完工，共布置18个花球、12根花柱、3000余平方米花带、15万余盆鲜花。

4月11日 北京市5株古树荣获"中国最美古树"称号。

4月26日 北京市园林绿化局（首都绿化办）局长（主任）邓乃平督导检查城市副中心办公区绿化建设情况。重点查看政通北路、丰字沟水系、市委南广场等重要节点绿化建设情况。

本月，城市副中心园林绿化生态环境建设工作领导小组专题研究《2018年北京城市副中心园林绿化工作要点》。会议由领导小组组长邓乃平主持，领导小组副组长高大伟、廉国钊、蔡宝军、王岩石以及领导小组办公室、各专项工作组和各成员单位负责人参加会议。

5月7日 全市创建国家森林城市推进会在平谷区召开。北京市副市长卢彦发表讲话，北京市市政府副秘书长陈蓓主持会议。

同日 北京市园林绿化局召开全市新一轮百万亩造林绿化工作调度会，通报近期新一轮百万亩造林绿化工作进展情况。会议由北京市园林绿化局局长邓乃平主持，各区主管副区长、区园林绿化局局长参加。

5月15日 北京市园林绿化局正式印发《加强低收入农户精准帮扶工作的实施意见》。

5月22日 北京市正式印发《完善集体林权制度促进首都林业发展的实施意见》。

5月31日 北京市2018年度森林防火期圆满结束，整体态势平稳。共接警45起，同比下降19.6%；发生森林火情10起，同比下降71.4%；森林火灾1起，同比下降66.7%。

3月至5月 北京市园林绿化局部署开展春季打击非法捕猎贩卖候鸟专项保护行动。共立案7起，抓获犯罪嫌疑人2人，收缴保护野生鸟类400余只。

6月6日 北京市副市长卢彦检查督导新一轮百万亩造林绿化工作。实地检查丰台区卢沟桥乡小屯、小瓦窑拆迁腾退地造林地块和大兴区永定河荒滩荒地造林、西红门镇拆迁腾退地造林地块。北京市园林绿化局（首都绿化办）局长（主任）邓乃平、副局长蔡宝军一同参加。

6月25日 中国蜂产品协会和北京市蚕业蜂业管理站主持起草的中国首批精准扶贫国家标准《蜂产业项目运营管理规范》，由国家市场监督管理总局、国家标准化管理委员会正式批准发布。

6月 北京市园林绿化局制订印发了《北京市新一轮百万亩造林绿化建设档案管理办法》。

7月3日 全市平原生态林养护管理专项培训会顺利开展。北京市园林绿化局副局长蔡宝军参加，有关区园林绿化局、有林单位平原生态林养护相关负责人和业务骨干近60人参加了培训。

7月4日 北京市大兴区魏善庄月季主题园荣获

"世界月季名园"称号。在丹麦哥本哈根举办的第18届世界月季大会上,大兴区魏善庄月季主题园以众多的月季品种,丰富的月季文化内涵获得世界月季联合会评审委员会的认可,从包括美国、加拿大、德国等国家地区月季园中脱颖而出,获得"世界月季名园"这一月季界的最高荣誉。这是2016年国际月季大会后北京市在月季行业取得的首个国际荣誉。

7月9日 北京市委书记蔡奇专题调研平谷生态涵养区,现场听取森林城市创建工作。实地察看平谷湿地公园绿色景观和生态保护工作。要求始终把生态环境建设放在首位,统筹山水林田湖草系统治理,结合新一轮百万亩造林绿化工程,大幅度扩大绿色生态空间,争创国家森林城市。北京市委秘书长崔述强、北京市副市长卢彦一同参加。

7月18日 北京市园林绿化局积极组织召开全市自然保护地大检查工作培训会,各相关单位共计85人参加。

7月22日 新中街城市森林公园建成开放,总面积达11 042平方米,是北京市2018年重要民生实事项目。

7月 正式批复2019北京世园会延庆区市政道路两侧绿化建设工程实施方案,启动延庆区世园路、百康路、阜康路、圣百街4条道路两侧景观生态林建设,总面积76公顷,移植树木3494株,新植14643株。

8月3日 城市绿心园林绿化概念性规划设计方案国际征集评审工作圆满完成。由中国工程院院士吴志强、中国科学院院士匡廷云领衔的专家评审委员会对6个应征设计方案进行评审,最终评选出北京园林古建院-德国安博戴水道联合体、澳大利亚HASSELL设计集团和法国岱禾的3个应征方案为优胜设计方案。

8月14日 北京市副市长卢彦调研督导城市副中心园林绿化工程建设。踏查东郊森林公园、宋庄公园、六环西辅路带状公园、减河公园和城市绿心中心公园绿化先行启动区等建设成果。

8月17日 2018年中非合作论坛北京峰会服务保障工作誓师动员大会召开。

8月23日 北京、天津、河北、山西、内蒙古、山东六省(区、市)林木种苗工作交流会在北京召开。国家林草局国有林场和种苗管理司司长程红到会并讲话。贲权民副巡视员、国有林场和种苗管理司有关处室负责人及六省(区、市)林木种苗站的主要负责人、业务主管等20多人参加会议。

8月28日 北京市完成中非合作论坛北京峰会环境景观提升工程。重点围绕"三区、两线三环、十点、多景"实施环境景观提升,共布置大型主题花坛25座,小型花坛、花堆等小品300余处,花柱102根,花箱1.2万个,栽植地被花卉千万余株,品种100多个。

8月29日 "2018年平原地区规模化苗圃建设实施方案"委办局联审会召开。会上,北京市园林绿化局汇报了规模化苗圃总体建设情况及2018年实施方案评审情况,北京市发展改革委等有关部门原则同意2018年实施方案通过。

8月30日 日本外务省代表团赴北京市昌平区中日绿化合作纪念林参加植树活动。国家林业和草原局国际司、对外合作项目中心以及北京市园林绿化局相关领导参与了植树活动,共栽植白皮松5株。

9月5日 北京市副市长卢彦主持召开新一轮百万亩造林绿化调度会。会议传达了蔡奇书记在新一轮百万亩造林绿化专题会议的讲话精神,部署下一阶段新一轮百万亩造林绿化和"留白增绿"工作。

9月8日 第十届北京菊花文化节在北京国际鲜花港正式开幕。

同日 北京市园林绿化局森林公安局组织召开全市电视电话会议,全面部署"绿剑2018"专项打击行动。

9月11日 北京市园林绿化局(首都绿化办)局长(主任)邓乃平在通州区组织召开城市副中心绿心规划设计方案研讨会。

9月26日 京津冀联合开展森林火灾应急处置演练,北京市平谷区、怀柔区、密云区、昌平区、顺义区,天津市蓟州区,河北省三河市等地10支专业队伍210名森林消防队员参加了此次演练。

截至9月底 北京市部署开展"绿剑2018"涉林执法专项行动,共解救北京市二级重点保护野生鸟类八哥、画眉、山雀等80余只,查获捕具19个,已对1名违法行为人进行行政立案调查。

10月15日 平谷区在2018森林城市建设座谈会上荣获北京市首个"国家森林城市"称号。

10月24日 北京市副市长卢彦组织召开新一轮百万亩造林绿化工程建设总指挥部会议,审议通过了《北京市新一轮百万亩造林绿化行动计划2019年度建设总体方案》,16个市级部门和16个区政府相关领导作为成员参加了会议。

11月8日 北京市蚕业蜂业管理站承办首届密云蜂产业发展高峰论坛,并荣获六项大奖。

11月12日 北京市园林绿化局(首都绿化办)局长(主任)邓乃平专题调研西山林场,实地查看北法海寺二期遗址保护工程和方志书院临时布展情况。

11月13日 北京市副市长卢彦到昌平区专题检查森林防火工作,慰问专业森林消防队员,检查消防队扑火机具使用、物资储备、消防队员培训等情况。

11月14日 北京市园林绿化局邀请北京大学生命科学学院博士生导师、著名自然保护学者吕植教授团队就北京城市生物多样性保护与恢复问题进行座谈。

11月17日 北京市副市长卢彦赴通州区专题调研新一轮百万亩造林绿化工作,实地查看姚辛庄造林现场、台湖江场村"留白增绿"、万亩游憩园等建设情况。

11月24日 北京市首次开启冬季全民义务植树尽责活动。

11月27日 北京市园林绿化局(首都绿化办)召开领导干部警示教育大会。局(办)领导班子成员、机关处室和中心站院处级以上干部、林场苗圃科级以上干部共计421人参加会议。

截至28日 北京大兴国际机场2018年绿化建设任务全面完成。新增造林绿化282.93公顷,机场周边现有森林面积1.79万公顷,森林覆盖率36.35%,基本形成"几何状、大色块、大绿、大美"的森林景观。

11月29日 北京市园林绿化局(首都绿化办)局长(主任)邓乃平专题调研石景山区园林绿化工作。与石景山区委书记于长辉、代区长陈之常及相关负责同志就石景山区创建国家森林城市和 2019 年造林绿化工作安排情况进行座谈。

11 月 全市美丽乡村绿化美化任务超额完成。2018 年,完成 229 个村周边绿化美化 310.07 公顷,共栽植乔木 25.7 万株、灌木 65.9 万株、地被 46.1 万平方米。

截至 7 日 全市新一轮百万亩造林绿化完成 1.54 万公顷。超年度计划任务 0.7%。

2018 年北京市京津风沙源治理二期林业工程总任务 1.16 万公顷全面完成。

截至 18 日 北京市至 2018 年"留白增绿"绿化任务全面完成。共完成"留白增绿"绿化任务 1381.29 公顷,占年度任务的 100.7%。

12 月 19 日 北京市园林绿化局、市公园管理中心在天坛公园共同举办"最美十大树王"发布仪式,北京市园林绿化局(首都绿化办)局长(主任)邓乃平、副局长戴明超参加发布仪式。

12 月 21 日 北京市首个区级"互联网+全民义务植树"基地在朝阳区望和公园落成。

截至 21 日 2018 年全市完成人工造林 1.79 万公顷,森林经营 5.67 万公顷。全市森林覆盖率 43.5%,城市绿化覆盖率 48.3%,人均公共绿地面积 16.3 平方米。

12 月 25 日 市政府、市新一轮百万亩造林总指挥部组织召开 2019 年造林绿化推进会,北京市副市长卢彦主持,专题调度 2019 年项目前期手续办理。

截至月底 北京市 3 个村获评 2018 年全国生态文化村。由中国生态文化协会组织评选出,分别为昌平区十三陵镇康陵村、房山区周口店镇黄山店村、怀柔区喇叭沟门满族乡对角沟门村。

全市 2018 年新一轮百万亩造林绿化任务全面完成。实际完成 1.57 万公顷,共栽植各类乔木、花灌木 1012 万余株,重点在副中心、新机场、世园会及冬奥会等周边实施大尺度绿化和生态修复工程。

(北京市林业由齐庆栓、都玉婷供稿)

天津市林业

【**概　述**】 2018 年,天津市林业管理工作深入贯彻党和习近平总书记对天津工作的重要指示精神,落实天津市委第十一届三次、四次全会精神和市委、市政府提出的着力建设"五个现代化天津"决策部署,协同推进机构改革和林业事业发展。全年共完成植树造林 8646.67 公顷,其中京津风沙源治理工程 1846.67 公顷,三北防护林体系工程 2086.67 公顷,沿海防护林工程 4713.33 公顷;完成防沙治沙工程 3740 公顷。

【**林业机构改革**】 11 月 7 日,天津市委办公厅、天津市政府办公厅联合印发机构改革文件,决定将市农村工作委员会的林业管理职能划入新组建的市规划和自然资源局。天津市规划和自然资源局内设处室 37 个,其中森林资源和野生动植物保护处、湿地和自然保护地管理处、国土空间生态修复处、森林公安局 4 个处室履行林业管理职能。市林业工作站、市林木种子管理站、市森林病虫害防治检疫站、市野生动植物保护管理站、市野生动物救护驯养繁殖中心、市林业局林果服务站、市林业调查规划设计院、市林业局林果良种场、市林木种苗示范基地 9 个单位转隶市规划和自然资源局。

【**林业产业**】 截至 2018 年年底,天津市森林面积 13.64 万公顷;森林覆盖率 12.07%,森林蓄积量 460.27 万立方米(2017 年第九次全国森林资源清查数据)。

【**经济林发展**】 截至 2018 年年底,天津市经济林面积 33 739 公顷,已建成小枣基地、津西北水果基地和蓟宝干鲜果品基地三大经济林基地,同时开展山区及滨海葡萄基地建设和冬枣基地建设。基本形成东部滨海地区鲜食与酒用葡萄产区,大港、静海、津南冬枣与金丝小枣产区,津西北水果及设施栽培产区,蓟州北部山区特色优质果品产区。主要果品年产干鲜果品 273 059 吨,其中:核桃 1462 公顷,产量 1613 吨;板栗 1390 公顷,产量 1751 吨;红枣 416 公顷,产量(干重)415 吨;苹果 4180 公顷,产量 52 255 吨;梨 4653 公顷,产量 52 619 吨;葡萄 6793 公顷,产量 85 145 吨;桃 4098 公顷,产量 64 267 吨;杏 334 公顷,产量 1873 吨。

【**品牌果品**】 天津市果树生产逐步走向产业化发展道路,拥有商标注册的果品数量逐年增加。具有影响力的果品有滨海新区汉沽生产的茶淀牌玫瑰香葡萄和大港生产的翠果牌冬枣。玫瑰香葡萄曾多次获得国家级、国际级奖励,2007 年 8 月被评为中华名果,是 2008 年奥运会指定水果。滨海新区大港成为天津市冬枣集中产地,该地区生产的冬枣果大、果肉细腻、果汁丰富、含糖量高,风味独特,深受消费者喜爱。蓟州区生产的盘山磨盘柿、天津板栗、北赵牌有机苹果、环秀湖牌蓟州脆枣及武清区生产的曙春、津港、雅农等无公害品牌果品在市场均为畅销品。

【**种苗生产**】 截至 2018 年年底,天津市共有苗圃 928 处,其中国有苗圃 12 处,全市现有育苗面积达到 12 647 公顷,其中国有面积 858 公顷。优势树种为:杨、柳、榆、槐、椿、核桃、葡萄、板栗、枣及耐盐碱树种。

【**森林旅游**】 天津市有自然保护区 8 处:天津中上元古界国家级自然保护区、天津古海岸与湿地国家级自然保护区、天津八仙山国家级自然保护区、天津市团泊鸟类自然保护区、天津市盘山自然保护区、天津市北大港湿地自然保护区、天津大黄堡湿地自然保护区、天津青龙湾固沙林自然保护区，总面积达911.15平方千米，占全市国土面积的7.64%。其中，湿地类型自然保护区4处。全市具有一定规模的森林公园8处：九龙山国家森林公园、天津官港森林公园、滨海森林公园、大港湿地公园、杨柳青森林公园、港北森林公园、青北森林公园、东丽湖森林公园。

天津市的森林旅游发展主要以国家AAA级景区九龙山国家森林公园为龙头，新建的北辰郊野森林公园、武清郊野森林公园、西青郊野森林公园、东丽郊野森林公园、滨海新区郊野森林公园等也成为人们休闲度假旅游的好去处。

【林业有害生物防治】 2018年，天津市林业有害生物防治坚持"以防为主，防控结合"的方针，主要针对病虫害发生区域进行药物除治，同时保持严密监测态势，及时全面地掌握疫情变化，必要时扩大防治作业面积进行预防，严格控制疫情蔓延传播。防治结束后经过调查验收，平均有虫株率为0.1%，叶片保存率达96.4%，总体防治效果良好，达到了规定指标要求。

全年共完成美国白蛾、春尺蠖及其他林业有害生物防治面积28.51万公顷。其中：美国白蛾防治面积335.96万亩，防治完成率为112.17%；春尺蠖防治作业面积2.62万公顷；其他林业有害生物防治面积3.50万公顷。防治过程综合运用飞机防治、机械防治、生物防治、人工防治等多种防治措施。其中：采用人工剪网作业方式防治1.27万公顷；树干涂药环作业2666.67公顷；飞机防治作业4万公顷；释放生物天敌1666.67公顷；采用地面喷洒灭幼脲、杀铃脲、苦参碱等高效低毒类生物药剂防治22.71万公顷；其他防治措施作业1086.67公顷。全年出动约4.49万车（次）、11.9万人（次），动用药械设备等1100余台（套），使用药剂295.22吨。

【林业有害生物监测预报】 2018年，天津市印发《天津市2018年林业有害生物应施监测任务》，并及时汇总各级测报点上报的监测信息，作为林业有害生物防治工作部署的依据。在全市开展松材线虫监测调查和春尺蠖、美国白蛾等林业有害生物越冬情况及成虫发育情况调查，及时发布虫情简报。开展2018年春尺蠖、美国白蛾及其他林业有害生物防治效果调查，完成《天津市2018年主要林业有害生物发生趋势分析》《天津市2019年美国白蛾和杨扇舟蛾类有害生物发生趋势分析》《天津市松材线虫病普查工作总结》，制订2019年春尺蠖、美国白蛾等林业有害生物防治工作计划。

【森林植物检疫】 2018年，天津市为加强全市林业植物检疫工作，印发《关于做好2018年林业植物检疫工作的通知》，从提高认识、严格疫区管理、依法检疫以及文明执法几个方面督促各区林业主管部门做好检疫工作，并组织全市林业植物检疫人员106人开展检疫技术培训，邀请国家林业和草原局、北京市林保站专家进行授课，进一步提高天津市林业检疫执法队伍的专业水平。

积极推动京津冀2018年林业植物检疫检查联合行动，对重点苗圃的产地、重点工程造林用苗进行抽查，查看产地检疫合格证、《植物检疫证书》和复检登记表等相关证件，并交流学习检疫执法经验。通过此次行动，进一步提高天津市综合执法水平，推进京津冀联合检疫行动的制度化、规范化、程序化。协调解决林业植物检疫过程中存在的突出问题，促进京津冀林业植物检疫执法工作有序开展。为推动京津冀林业有害生物灾害应急体系建设，打破"一亩三分地"思维定式，突出"部门联动、区域联动、一体救援"理念，着力构建京津冀林业有害生物防控长效体系。京津冀三省（市）森防主管部门组织协调开展京津冀协同发展2018年林业有害生物灾害应急防控演练，立足京津冀协同发展大背景，演示了3省（市）协同防控应急流程，从指挥实战化、机械现代化、队伍专业化等方面展示了近年来林业有害生物灾害防控能力建设成果，进一步提升了3省（市）间指挥调度、协调联动和应急处置能力。

【野生动物保护】 2018年，天津市严厉打击破坏野生动物资源违法犯罪行为，对非法猎捕、繁育、交易、运输、食用野生保护动物的上线下线和相关环节进行了全链条打击，市森林公安局开展了"飓风1号""春雷行动2018"专项行动。截至2018年年底，公安机关共办理野生动物刑事案件13起，其中特大刑事案件1起，打击处理违法犯罪人员15人，收缴国家珍贵濒危野生动物184只，国家珍贵濒危野生动物制品48件，巡查野生动物栖息地及交易场所24处，检查野生动物活动区域35处，收缴放飞"三有"鸟500余只。协助江苏省扬州市公安机关侦破非法收购国家珍贵濒危野生动物案2起，抓获天津市违法犯罪嫌疑人2人，查获国家一级保护动物9只，赴辽宁省朝阳市抓获违法犯罪嫌疑人1名，查获国家一级保护动物1只。

为严厉打击整治破坏野生动物资源违法犯罪，促进生态文明建设，全市于10月1~23日在全市范围内开展了严厉打击破坏野生动物违法犯罪行为专项行动。各有关部门和各区高度重视，积极贯彻落实市委、市政府的部署要求，开展了横向到边、纵向到底、多部门联合的地毯式搜查检查行动。截至2018年年底，市、区两级共出动公安民警、执法人员及志愿者283 383人（次），检查重点点位210 776处（次），其中村庄48 989个（次），空置厂房25 660处（次），交易市场7986处（次），餐馆饭店59 430个（次），林地18 886处（次），湿地湖泊5039处（次），鸟类活动场所2382处（次），其他场所42 404处（次）。取缔非法鸟类交易市场2个，取缔非法交易鸟类经营户9户，抓获涉嫌破坏野生动物资源违法犯罪嫌疑人22人，查获救助各类飞鸟和野生动物1867只。

非法经营加工出售象牙违法犯罪活动得到有效控制。按照《国务院办公厅关于有序停止商业性加工销售象牙及制品活动的通知》和《天津市停止商业性加工销售象牙及制品活动工作方案》要求，公安部门集中打击整治非法经营加工出售象牙等珍贵濒危野生动物制品违法犯罪活动，共开展专项行动3次，清理非法加工、出售象牙等野生动物制品场所36处，查处非法交易、加工象牙及其制品案件37起，抓获违法犯罪嫌疑38人，收缴象牙制品500余件。

建立起野生动物保护长效机制。10月，天津市委办公厅、天津市政府办公厅印发《天津市关于全面加强野生动物保护长效机制建设的意见》，成立天津市野生动物保护工作领导小组，全面加强对全市野生动物保护工作的领导，严格落实各区和市有关部门野生动物保护职责，研究制定《关于建立健全野生动物保护行政执法与刑事司法衔接工作的实施意见》。市高级人民法院、市人民检察院、市公安局研究制定《关于加强打击破坏野生动物资源犯罪的意见》。全市16个区向市政府递交了《全面加强野生动物保护工作责任书》，进一步强化属地责任，实现全市野生动物保护工作法制化、规范化、制度化。

野生动物保护宣传教育进入常态化。每年3~5月和9~11月为天津市禁猎期。2018年禁猎期间，天津电视台新闻频道对野生动物保护相关法律法规和宣传标语以字幕形式进行了滚动播出，在《天津日报》《今晚报》、津云等媒体上公布了市、区两级举报电话。天津市结合"世界野生动物日""爱鸟周""保护野生动物宣传月"等宣传活动，通过投放鱼苗、法律法规宣传、青少年艺术展示、摄影作品展、宣传品发放等形式，有效提高了人们爱护野生动物、保护野生动物的意识。

【自然保护地】 天津市共有各类型自然保护地13个。其中：自然保护区8个、海洋特别保护区1个、地质公园1个、风景名胜区2个、森林公园1个，总面积1342.707平方千米(含重叠面积)。

自然保护地分布为蓟州区7个，中上元古界国家级自然保护区，面积8.9平方千米，八仙山国家级自然保护区，面积10.49平方千米，九龙山国家森林公园，面积13.607平方千米，盘山自然风景名胜古迹保护区，面积7.1平方千米，盘山风景名胜区，面积110.9平方千米，蓟县国家地质公园，面积264.6平方千米，黄崖关风景名胜区，面积13.6平方千米；武清区1个，为大黄堡湿地自然保护区，面积104.65平方千米；静海区1个，为团泊鸟类自然保护区，面积62.70平方千米；宝坻区1个，为青龙湾固沙林自然保护区，面积4.16平方千米；滨海新区2个，为北大港湿地自然保护区，面积348.87平方千米、大神堂海洋特别保护区，面积34平方千米；古海岸与湿地国家级自然保护区行政区域涉及宁河区、滨海新区、津南区、宝坻区、河北省唐山市芦台经济开发区及北京市监狱局清河农场，面积359.13平方千米。

2018年，根据《国家林业和草原局关于开展全国自然保护地大检查的通知》精神，天津市对全市13个自然保护地开展了大检查工作。为保障大检查工作落实到位，大检查工作采取了相关区政府(管委会)及自然保护地管理机构自查、检查工作组抽查相结合的方式进行，经过开展大检查，基本摸清了全市自然保护地底数、管理情况及存在的问题，为科学制定管理制度提供了依据。

"绿盾2018"自然保护区监督检查专项行动。为贯彻落实《中共中央办公厅 国务院办公厅关于甘肃祁连山国家级自然保护区生态环境问题督查处理情况及其教训的通报》要求，切实加强自然保护区监督管理，天津市在开展"绿盾2017"国家级自然保护区监督检查专项行动的基础上，根据《关于联合开展"绿盾2018"自然保护区监督检查专项行动的通知》要求，组织开展了天津市"绿盾2018"自然保护区监督检查专项行动，对全市3个国家级自然保护区和5个市级自然保护区存在的突出环境问题全面排查，坚决制止和惩处破坏自然保护区生态环境的违法违规行为，成立联合检查组，对各自然保护区问题排查整治工作进行巡查督办，检查各区政府和保护区管理机构专项工作实施情况，确保整改措施落实到位。

编制《八仙山国家级自然保护区总体规划(2019~2028)》。2018年，天津市八仙山国家级自然保护区管理局委托国家林业和草原局调查规划设计院编制了《八仙山国家级自然保护区总体规划(2019~2028)》，经组织专家进行论证后上报国家林业和草原局审查。

【古树名木保护】 天津市属于少林地区，历史上森林及林木资源多次遭受严重破坏，能够留存至今的古树名木更是弥足珍贵。2018年，天津市开展了第二次全国古树名木普查工作，普查结果显示全市现有古树名木4639株(包括22个古树群)，分布在14个区，涉及15科25属。

为切实做好古树名木保护工作，天津市为重点古树名木安装定位器和二维码标识牌，实现了倾斜报警、震动报警等实时监测保护，同时对重点濒危古树采取特别保护措施，责成专人看管古树，在做好浇水、病虫害防治等日常管护工作的同时，积极对濒危古树修建护栏、树体支撑、周边垃圾清理、枯死树枝清理等防护措施。加强对古树名木保护的宣传力度，提高广大群众保护名木古树的意识。

【湿地保护管理】 天津市有4个湿地自然保护区，总面积875.35平方千米，占全市国土面积的7.4%。其中天津古海岸与湿地国家级自然保护区面积359.13平方千米，主要保护对象是贝壳堤、牡蛎礁构成的珍稀古海岸遗迹和湿地自然环境及其生态系统；北大港湿地自然保护区面积348.87平方千米，主要保护对象是湿地生态系统及其生物多样性，包括鸟类和其他野生动物资源；大黄堡湿地自然保护区面积104.65平方千米，主要保护对象是湿地生态系统和鸟类资源；团泊鸟类自然保护区面积62.70平方千米，主要保护对象是湿地生态系统和鸟类资源。

【湿地自然保护区"1+4"规划】 2018年，天津市委、市政府印发《天津市湿地自然保护区规划(2017~2025年)》和《七里海湿地生态保护修复规划(2017~2025年)》《天津市北大港湿地自然保护区总体规划》《天津市团泊鸟类自然保护区规划》《天津市大黄堡湿地自然保护区规划》，此次"1+4"规划，在完善七里海古海岸与湿地国家级自然保护区规划的同时，主动提升北大港湿地自然保护区、团泊鸟类自然保护区、大黄堡湿地自然保护区规划水平，按照国家级自然保护区标准开展建设管理和保护修复工作，建立了湿地分级管理体系，公布了第一批市级重要湿地名录，对重要湿地用途按照生态红线保护的规定进行严格管控。

【湿地生态修复与补偿】 2018年，天津市实施七里海、大黄堡、北大港、团泊湖4个湿地自然保护区重大湿地保护修复工程，对重要湿地实施生态补水，对湿地保护区实施生态补偿。制订《天津市湿地生态补偿资金管理办法（试行）》，确保湿地生态补偿资金足额到位、规范使用。积极推动有关区委、区政府按照规划内容实施湿地自然保护区生态移民、土地流转、生态补水、湿地保护修复等工作。

截至2018年年底，天津市宁河区完成七里海保护区内生态移民示范小城镇等前期立项及土地整理工作；武清区组建工作组，积极推进大黄堡湿地核心区4个村、缓冲区5个村庄外迁、安置工作；七里海和大黄堡两个保护区完成核心区共计98.1平方千米农村集体土地流转，天津市财政向两个区政府拨付了生态补偿资金1.19亿元；累计为4个湿地自然保护区完成生态补水2.35亿立方米。同时4个保护区还开展了湿地植被恢复、水生植物复壮、核心区封闭管理、湿地环境综合整治等保护修复工作。

【国家湿地公园试点】 2018年，天津市积极推动国家湿地公园试点建设，印发《天津市林业局关于进一步加强全市国家湿地公园建设管理的通知》，按要求时间完成了武清永定河故道、宝坻潮白河、蓟州环秀湖与州河4个国家湿地公园建设验收工作。其中环秀湖国家湿地公园2018年利用中央财政湿地补助资金300万元，用于湿地保护与恢复工程。

【林地变更调查】 2018年，天津市开展林地年度变更调查工作，编制天津市年度变更调查报告和质量成果报告，更新林地"一张图"数据库。全市变更调查林地面积1783.13公顷，图斑数量为176 681个，其中，变化图斑数量为6778个。为加强林地"一张图"的成果应用，将林地"一张图"成果数据应用于林地检查和行政审批工作中，实现了林业与国土调查数据成果共享。

【建设项目使用林地和林木采伐】 2018年，天津市严格按照国家下达的指标限额，从严控制占用征收林地规模和林木采伐限额使用，规范审核审批程序，停止天然林商业性采伐。全年共审核审批征占用林地项目56个，面积163.07公顷，收取森林植被恢复费2581.17万元；使用采伐限额发放许可证1728个，采伐林木96 149立方米。

【集体林权制度改革】 2018年，天津市为进一步完善公益林补偿制度，扩大农民就业增收，提升生态公益林质量和功能效益，健全公益林补偿标准动态调整机制，加强生态保护，印发《关于完善公益林补偿和管护机制的通知》，将国家级公益林、市级公益林补助标准提高到每公顷/年300元，按程序纳入市对区转移支付预算管理。同时，天津市利用农村产权交易平台在宝坻区、宁河区开展了林权流转交易试点。印发《天津市林业局关于全面推进集体林权流转交易工作的通知》，设立林权流转交易模块，建立市、区、镇（街）三级林权流转交易市场，纳入天津市公共资源交易平台建设。

【林业工作站建设】 天津市现有乡镇林业工作站96个，在岗职工200人。按国家林草局林业工作总站要求，积极开展林业工作站本底调查工作，持续开展乡镇林业站站长能力测试工作。为加强基层林业站人员队伍建设，市级财政2018年度投入10万元用于开展乡镇林业站站长能力提升培训，全市组织开展乡镇林业站站长能力提升培训班3期，培训人员131人次，有效提高了基层林业人员的综合服务能力。各乡镇林业站积极发挥职能作用，全年参与新造林面积1.45万公顷，森林抚育面积2.28万公顷，四旁植树848.61万株，育苗0.39万公顷，造林、抚育、采伐作业设计3.96万公顷，林业有害生物防治面积5万公顷，参与科技推广项目8个，扶持指导科技推广0.2万公顷，培训林农1.5万人次，协助办理林业有关证件632份，受理林业承包合同纠纷11件，协助受理林政案件73件。

【国有林场改革】 天津市蓟州区国有林场是天津市唯一的国有林场，始建于1954年，隶属于蓟州区林业局，管辖九龙山、梨木台、黄花山、秋子峪和庄果峪5个林区，经营面积1374.8公顷。林场森林覆盖率93%，森林蓄积量8万立方米，是以生态林为主的公益型林场。

2018年，天津市国有林场的改革工作基本完成。明确了国有林场公益林属性，认定国有林场为公益一类事业单位，所需人员和公务运行等经费，按照隶属关系，已经纳入2019年蓟州区政府财政预算。

人员安置 国有林场现有职工63人，按照改革方案及工作需求，保留原实有编制人数。按照"场园一体，保护优先、融合发展"的工作部署，成立天津市九龙山旅游开发有限公司，妥善安置25名合同制员工，确保改革中职工队伍的思想稳定。

历史债务全部清理 完成了林场原有账目的清理清算，对所欠贷款进行梳理，根据债务形成原因和种类采取了化解措施。

林场管护工作 一是实施林相改造项目，投资245万元，重点抚育幼龄林133.33公顷；二是积极发展场外林业：承租54公顷土地，重点栽培国槐、梓树、栾树和油松等苗木，同时发展油用牡丹等经济作物，并在津围二线流转166.67公顷山场进行造林绿化及林木管护工作。三是合理使用839万元专项资金，实施重点火险区综合治理工程。

制度规范管理 按照改革后林场职能，修订和完善了林场的财务管理制度、林木资源管理制度、林业产权保护制度、森林防火制度、野生动植物资源保护制度、生态红线责任制度、岗位职责和工作标准、安全生产管理制度、林业工程实施管理制度、三重一大民主决策制度和党建工作制度等，依据制度规范林场管理。同时成立监督检查小组，重点监督检查各项工作及措施的落实情况，使林场管理逐步走向正规化。

基础设施建设 维护与修缮职工危旧住房5处，新建防火检查站4座，修建和维修防火瞭望台4座，安装森林防火电子屏4块，改造子峪林区哨所，配套电供暖设备和冬季洗浴设施，林区职工的生产生活条件明显改善；新建庄果峪林区道路6.5千米，硬化秋子峪林区800上山道路，并将山顶防火砂石路与头百户山场相连接，提升森林防火的应急处置能力；在黄花山和秋子峪林区打深水井4眼，修建蓄水池5座，铺设输水管道5千米，从根本上改善了林区生产生活条件；在九龙山林区投资380万元，实施高低压线路入地工程，并更换大容量变压器，排除一切用电安全隐患，同时秋子峪林区铺设800米通电线缆将农村用电引入林区，整体改善职工工作环境。

【林业科技项目】 2018年，天津市正在实施的国家林业局中央财政林业科技项目4项：蓟州区林业科技推广中心承担的"津早丰"板栗新品种推广示范项目、武清区森林病虫害防治中心承担的光肩星天牛生物防治技术示范与推广、静海区林业发展服务中心承担的梨树新品种推广项目和西青区农业发展服务中心承担的西青区生物防治技术示范与推广项目；市农委科技项目2项：天津林业科学研究所承担的滨海优良耐盐碱种质及其筛选快繁技术推广与示范项目、天津市林业局林果服务站承担的林木种苗重要害虫生物防治技术集成与示范推广项目。

林业科技项目立项。2018年，天津市申报中央财政林业科技推广示范项目2项：天津市宁河区苗圃场承担的风姿一号刺槐新品种推广示范项目、天津市滨海新区大港林果种苗站承担的大港冬枣提质增效技术集成与示范，两个项目共申请国家中央财政资金200万元；申报国家林业局2018年林业生物安全及遗传资源项目1项：天津市林业外来物种调查与研究。

【林业标准化】 2018年，天津市承担的国家林业局林业行业标准制定、修订项目3项：天津城建大学承担的标准制订项目《大棚冬枣养护管理技术规程》、天津市园林绿化研究所承担的标准制订项目《滨海盐碱地树木栽植技术规程》和天津市园林花卉管理中心承担的标准修订项目《安祖花盆花生产技术规程》。通过标准的制定、修订项目的实施，有力提升了全市林业生产力发展水平，增强了林产品市场竞争力，对实现林业现代化建设起到了积极的推动作用。

【林业植物新品种保护】 结合《中华人民共和国种子法》和国家林业局《林业新品种保护行政执法办法》等相关法律法规及政策，在全市开展林业知识产权保护宣传活动，提高社会各界对保护林业植物新品种知识产权的认识。5月，天津市出台《2018年天津市开展打击侵犯林业植物新品种权专项行动方案》，并公布举报方式。6~8月，各区林业主管部门组织开展了调查摸底工作，并重点检查了苗圃、繁殖场、种苗（花卉）交易市场、经营门店等场所，排查侵权、假冒等违法行为。10月，林业科技管理部门联合种苗、森林公安局组成集中打击小组，对曹庄子、梨园头等花卉苗木市场采取突击检查，检查植物材料30余种，对侵犯林业植物新品种知识产权的行为形成了有效震慑。

【森林防火】 2018年，天津市森林公安局始终坚持"预防为主、积极消灭"的森林防火工作方针，大抓责任落实、督导检查、队伍建设、预警预防和配套保障，森林防火体系建设取得新进展。全市共发生森林火灾1起，过火面积11.33公顷，由于发现及时、组织得力、扑救到位，未出现人员伤亡事故，实现了天津市连续28年无重特大森林火灾的成绩。

【林业大事】
2月12日 天津市副市长李树起检查蓟州区森林防火工作。李树起一行先后深入下营镇森林防火中队，梨木台景区、八仙山景区，实地检查防火队伍建设、防火物资储备、防火应急值守、防火工作资料保存等情况，现场对下营镇预备队进行应急集合演练，并慰问了坚守在森林防火一线的防火队员。

4月27日 天津市林业局制订了天津市蓟州区国有林场2018年改革工作安排。

5月9日 天津市林业局召开全市绿色发展林业指标评价培训暨工作座谈会。

5月23日 天津市绿盾联合检查组赴八仙山国家级自然保护区、古海岸与湿地国家级自然保护区抽查绿盾行动整改情况。

5月，天津市绿色生态屏障起步区造林绿化任务完成，涉及东丽、津南、西青、滨海新区，共完成营造林面积483公顷。

6月3日 天津市森林公安局联合市公安局治安管理总队、公安河北分局、市野生动植物保护管理站、市野生动物救助驯养繁殖中心对河北区建昌道鸟类非法交易市场开展专项清查行动。

6月8日 天津市林业局完成天津市国有林场改革进展情况报告，并上报国家林草局。

7月23日 国家林业局检查天津森林防火工作，听取了天津市森林资源和森林防火工作情况汇报，并实地察看了蓟州区森林防火工作，对天津市近年来森林防火工作给予了充分的肯定，并对今后的森林防火工作提出了更高的要求。

7月24日 天津市林业局印发《天津市国有林场改革考核方案》《天津市国有林场管理办法》《国有林场改革验收指标考核细则》。

8月21日 天津市副市长金湘军主持会议研究滨海新区和中心城区中间地带绿色生态屏障地区规划建设工作情况。天津市林业局、规划局、发展改革委、商务委、工信委、建委、市容园林委、农委、国土房管局、环保局、旅游局、水务局、中小企业局、综合执法局，滨海新区区政府、西青区政府、津南区政府、东丽区政府、宁河区政府、海河教育园区管委会有关负责同志参加会议。

8月24日 天津市政府召开全市造林绿化工作会议，会议安排部署了2019年全市造林绿化任务。

9月18日 天津市召开森林防火工作会议，会议全面总结天津市2018年度森林防火工作情况，分析了当前森林防火工作面临的严峻形势，部署了森林防火工作任务。

9月29日 京津承边界区森林防火联防委员会第十次工作会议在怀柔区召开。北京市、天津市、河北承德市园林绿化局（林业局）相关负责人，丰宁县、滦平县、承德县、兴隆县、蓟州区、平谷区，密云区和怀柔区8个联防区成员单位相关负责同志参加。

9月，天津市林业局启动2018~2019年全市森林资源规划设计调查工作。

10月14日 林业局牵头对原市级重点造林绿化工程管理办法进行了修改，农委、财政局、林业局联合下发《关于印发〈天津市市级重点造林绿化工程管理办法〉的通知》。

10月，天津市林业局起草《天津市关于全面加强野生动物保护长效机制建设的意见》。

11月7日 中共天津市委、天津市人民政府印发《关于印发〈天津市机构改革实施方案〉的通知》，组建市规划和自然资源局。

11月8日 天津市委组织部下发《关于周国忠等同志任免的通知》，同意周国忠、高明兴、周效锋任天津市规划和自然资源局二级巡视员。

11月10日 天津市人民政府决定：赵恩海任天津市规划和自然资源局副局长（保留正局级）；路红（女）、霍兵、杨健、张志强任天津市规划和自然资源局副局长；黄克力任天津市规划和自然资源局副局长（试用期到2019年2月）；刘荣（女）任天津市规划和自然资源局总建筑师；田野任天津市规划和自然资源局总规划师；岳玉贵任天津市规划和自然资源局总经济师。

11月15日 天津市委《关于设立天津市规划和自然资源局党委及陈勇等同志任免职的通知》，决定设立中国共产党天津市规划和自然资源局委员会。陈勇任天津市规划和自然资源局党委书记；赵恩海任天津市规划和自然资源局党委副书记；路红（女）、杨健、张志强、黄克力任天津市规划和自然资源局党委委员。

11月20日 天津市第十七届人民代表大会常务委员会第六次会议通过，任命陈勇为天津市规划和自然资源局局长。

同日，市委组织部研究同意：付滨中任天津市规划和自然资源局党委委员。

11月27日 天津市规划和自然资源局正式挂牌运行。

11月30日 召开重点地区打击野生动物资源违法犯罪活动推动会议。

12月1日 天津市规划和自然资源局转隶动员大会召开。

12月3日 开展九龙山国有林场改革工作，对九龙山国有林场改革情况进行了自查，完成自查报告。

12月5日 天津市规划和自然资源局印发《天津市规划和自然资源局承诺制标准化智能化便利化审批制度改革实施方案（林业部分）》。

12月21日 天津市规划和自然资源局下发《关于下达我市2019年营造林生产计划的通知》，共下达营造林任务2.65万公顷（其中新造林2.12万公顷，提升改造5333.33公顷），森林抚育任务1.53万公顷。

12月27日 天津市规划和自然资源局局长陈勇检查蓟州区森林防火工作，对盘山风景区、市区两级森林防火物资储备库、蓟州区指挥中心森林防火工作进行了全面的检查并提出了具体的工作要求。

（天津市林业由邢政供稿）

河北省林草业

【概　述】 2018年，全省林业草原系统围绕建设京津冀生态环境支撑区战略定位，大规模开展国土绿化，加强林草资源管护，壮大绿色富民产业，深化林业草原改革，各项工作均取得明显成效。全年累计完成营造林65.8万公顷，占全年计划的107.7%，是近年来完成任务最多、成效最好的一年。

生态建设 认真贯彻落实习近平总书记一系列重要指示批示精神，紧紧围绕京津冀协同发展、雄安新区规划建设、北京冬奥会筹办，突出抓好林业生态建设重点。一是全力推进张家口冬奥会赛区及全域绿化。积极争取中央投资23亿元，在推进张家口市全域绿化的同时，重点打造崇礼冬奥赛事核心区、迎宾廊道、京张赛场连接线绿化等一批精品工程，完成40.06万公顷营造林任务，占全年任务的100.17%。二是打造雄安新区"千年秀林"。坚持"尊重自然、顺应自然、保护自然""先植绿，后建城"理念，高质量完成0.73万公顷异龄、复层、混交的近自然"千年秀林"。启动雄安新区白洋淀上游规模化林场试点建设，统筹资金项目，加大推进力度，完成造林1.06万公顷。三是深入推进京津保平原生态过渡带建设。突出抓好生态廊道、新型城镇周边、湖淀周围等主要区域造林，打造集中连片、相互贯通的大型城市森林带，完成通道绿化5.66万公顷、环城林带1.86万公顷。

林果产业 认真践行"绿水青山就是金山银山"理念，围绕政府要绿、群众得利，培育壮大林果富民产业。果品产业，新增高标准基地7.2万公顷，完成结构调整和树体改造9.93万公顷。完成果品质量监测2125批次，合格率99.8%。组织参加德国柏林、中东迪拜等国际果蔬展，举办京津冀果品争霸赛，河北果品知名度、外向度进一步提升。林板（纸）产业，文安、曹妃甸、平泉被授予国家人造板示范区、国家木材加工示范区，全省人造板产量居全国前列。鼓励发展中高档特色盆花、精品观赏苗木和多用途花卉，全省新增花卉种植面积0.14万公顷，种苗面积达9.24万公顷（居全国第五位）。依托森林公园建设，打造一批森林旅游精品项目。怀来、沽源、青龙国家级森林（生态）公园规划通过评审，举办首届"塞罕坝杯"摄影大奖赛，参加2018中国森林旅游节，重点打造"塞罕坝"森林旅游知名品牌。

森林资源管护 在完成全省二类调查任务及第二次陆生野生动物和重点保护野生植物资源调查等基础工作的同时，突出抓好"两防、四保、两严"。"两防"即森林防火和林业有害生物防控。面对严峻的春防形势，采取强宣传、治隐患、管火源、重扑救、明责任等一系列超常措施，全省发生森林火灾起数、过火面积、受害森林面积同比分别下降34.2%、74.5%、79%，实现森林火灾次数连续4年下降和因灾损失大幅降低，是森林防火历史上防控成效最好的一年。完成林业有害生物防治作业97.07万公顷次，成灾率0.24‰，远低于国家4‰的防控指标。"四保"即天然林、公益林、湿地和野生动植物保护。聘任天然商品林护林员1.1万人，全省87.8万公顷天然商品林得到有效保护。《河北省湿地自然保护区规划（2018~2035年）》和9个湿地自然保护区专项规划，通过省政府常务会议审议。组织开展"绿盾2018"专项行动和全省自然保护地大检查，加大违法违规问题查处和整改力度，积极推动解决历史遗留问题，进一步提升自然保护区综合管理能力。扎实做好野猪、非洲猪瘟等疫源疫病防控工作，未发生野生动物疫情。"两严"即严格林地林木管理和严厉打击涉林犯罪。圆满完成森林资源规划设计调查、林地变更调查。严格规范建设项目使用林地和采伐林木审批管理，没有超出国家下达的林地定额和采伐限额。组织开展保护森林资源监督检查和"春雷""绿剑""金钱""金剑""金网""金盾"等专项行动，查处涉林案件3930起，侦破了一批非法售猎野生动物大案要案。

草原管理保护 深入推进重点草原生态工程，投入1.31亿元禁牧补助资金和1.5亿元绩效评价奖励资金，建设10个万亩以上"草原生态保护示范区"，示范区总面积达到1.74万公顷，草原综合植被盖度达到71.6%以上。完成京津风沙源治理工程草地治理任务10 066公顷。开展草地资源清查，建成全省草地清查数据库，在全国率先开发草原资源综合管理系统及APP软件，实现了全省草原数据的管理、校验和应用。草原"三防"成效显著，草原防火实现"零火灾"，完成鼠害防治18.5万公顷、虫害防治24.58万公顷，草原因灾损失大幅下降。组织开展草原执法检查"绿剑"行动和草原征占用专项检查"护卫"行动，查处草原违法案件11起（移送司法机关3起），有效遏制了破坏草原违法行为。

林业改革 坚持向改革要动力，向创新要活力，全面深化林业重点领域改革。一是国有林场改革。圆满完成146个国有林场主体改革任务，组织国有林场改革督导检查和中期评估，完成省级验收。编制《河北省国有林场中长期发展规划》《河北省国有林场管理办法》等，为国有林场长远发展奠定基础。二是集体林权制度配套改革。积极对接县级农村产权流转交易平台，制定印发农村产权交易中心集体林权交易规则，完善林权流转服务功能，规范林权交易行为。全省累计流转林地40.33万公顷，落实林权抵押贷款22.6亿元。平泉市被国家林业和草原局确定为新一轮集体林业综合改革试验区。三是依法行政和"放管服"改革。积极推进林业法治建设，配合完成《森林法》《河北省种子管理条例》《河北省木材经营加工运输管理办法》等征求意见及修改工作，

开展国家宪法日等系列宣传活动。积极推进"互联网+政务服务"，29项行政许可事项实现网上办理，占许可事项总数的85%。加强"双随机一公开"监管。

林业生态扶贫 坚持把开展林业生态扶贫作为重大政治任务和第一民生工程，制订并实施林业生态扶贫三年行动实施方案和专项推进方案，持续增加贫困地区生态项目和资金投入，全面落实生态惠民政策，帮助贫困群众通过参与林业生态建设实现稳定脱贫。62个贫困县安排省级以上生态建设资金22.5亿元，占下达总量的58.6%，其中10个深度贫困县安排项目资金10.6亿元。争取中央财政专项补助资金2.15亿元，聘任的生态护林员2.7万人实现稳定脱贫。出台扶持发展扶贫攻坚造林专业合作社指导意见，张家口重点造林工程按不低于造林人数的20%安排贫困群众参与。承德市优先组织贫困农民参与工程建设，带动1.1万农村人口就业脱贫。同时，鼓励引导贫困地区大力发展林果特色产业，阜平县苹果、青龙县板栗、威县梨产业等成为贫困群众脱贫致富的新路径。

弘扬塞罕坝精神 深入贯彻落实习近平总书记对塞罕坝林场建设者事迹作出的重要指示精神，配合中共宣传部和河北省委宣传部举办2018塞罕坝森林音乐会系列活动，召开弘扬塞罕坝精神座谈会，出版《塞罕坝精神宣传报道文集》。在中央和省级媒体上持续加大宣传力度，全年刊发林业宣传稿件1100多件，其中弘扬塞罕坝精神宣传文稿、图片120多件。进一步加强塞罕坝林场安全综合管理，组织编制《河北省塞罕坝机械林场防灾减灾体系建设专项规划》和《塞罕坝机械林场生态旅游发展专项规划》，配合完成了《塞罕坝机械林场及周边地区可持续发展规划》，为塞罕坝林场长远发展打下坚实基础。全年省内外各类团体、机构到塞罕坝林场学习考察264批1.5万人次，塞罕坝精神进一步发扬光大。

【**河北省林业和草原局挂牌**】 11月2日，河北省林业和草原局举行挂牌仪式。根据《河北省机构改革方案》，按照中共河北省委工作部署，将省林业厅的职责，以及省农业厅的草原监督管理职责，省国土资源厅（省海洋局）、省住房和城乡建设厅、省水利厅等部门的自然保护区、风景名胜区、自然遗产、地质公园等管理职责整合，组建省林业和草原局，归口省自然资源厅管理。12月3日，省林业和草原局"三定"规定正式印发实施，新组建的省林业和草原局职能全面拓展，新增草原和各类自然保护地统一管理等职责。局机关内设处室12个，编制97名。

【**张建龙调研河北林业和草原工作**】 7月4~5日，国家林业和草原局局长张建龙在河北调研林业和草原工作。张建龙先后考察了石家庄市环城林带建设情况及雄安新区规划展示中心、"千年秀林"、白洋淀湿地。张建龙指出，河北环卫京津，生态区位极其重要，近年来，河北省委、省政府坚决贯彻落实中央部署，大力开展植树造林、退耕还林还湿，取得了良好生态效果。张建龙强调，要深入学习贯彻习近平生态文明思想，服务京津冀协同发展、雄安新区建设、举办冬奥会等国家重

大战略，开展大规模国土绿化行动，保护修复白洋淀湿地生态，为建设生态文明和美丽中国贡献力量。

【省级领导参加义务植树活动】 3月24日，河北省委书记王东峰、省长许勤、省政协主席叶冬松等省领导到石家庄环城林建设现场，与省会各界群众千余人一起参加义务植树。王东峰、许勤、叶冬松等听取了石家庄市造林绿化工作汇报，随后和大家一起植树。省委常委、省人大常委会、省政府、省政协领导成员，中部战区陆军军政主官、省军区司令员、省法院院长、省检察院检察长等一同参加了省会义务植树活动。当日共栽植白蜡、杨树、核桃1万余株。

【联合国副秘书长索尔海姆到塞罕坝机械林场访问】 6月30日，联合国副秘书长、联合国环境署执行主任埃里克·索尔海姆在生态环境部部长李干杰、河北省副省长李谦等陪同下访问河北塞罕坝机械林场。在塞罕坝展览馆，埃里克·索尔海姆一行聆听林场发展历程介绍，观看了展馆陈设，进一步了解了塞罕坝机械林场的奋斗史和生态建设成就，感受了三代塞罕坝人创业的艰辛历程。在四道沟攻坚造林点营林区，埃里克·索尔海姆与老一代塞罕坝造林人代表陈彦娴交谈，并与林场职工现场交流石质阳坡攻坚造林的经验和做法。埃里克·索尔海姆一行登上点将台，俯瞰塞罕坝莽莽苍苍的万顷林海。考察后，埃里克·索尔海姆一行一致表示，这次塞罕坝之行，深深地被塞罕坝精神和林场建设成果打动，塞罕坝机械林场这些实践经验，不仅对华北、对中国意义重大，对世界其他地区的人民也是很好的鼓励和启迪，塞罕坝机械林场建设者获得"地球卫士奖"实至名归。

【《河北省国土绿化三年行动实施方案（2018～2020）》印发】 3月2日，河北省委、省政府印发《河北省国土绿化三年行动实施方案（2018～2020）》（以下简称《方案》），提出到2020年年底，全省完成营造林111.13万公顷，森林质量精准提升18.13万公顷，全省森林覆盖率达到35%，重点区域森林生态功能得到有效修复，森林生态承载能力明显提升，全省生态环境得到有效改善。《方案》提出，工程重点要突出张家口冬奥会赛区绿化、雄安新区森林城市建设、太行山燕山绿化、规模化林场建设、平原绿化和沿海防护林建设、交通干线廊道绿化和环城林建设六项内容。

【《关于加快坝上地区生态环境治理修复实施方案》印发】 12月26日，河北省政府办公厅印发《关于加快坝上地区生态环境治理修复实施方案》，提出加快坝上地区生态环境治理修复，实施草原保护建设、造林绿化、湿地保护恢复、压减地下水开采、种植业结构调整、空心村治理、农村人居环境整治、农业面源污染治理8项工程。到2022年，实施退化草地治理4万公顷以上，草原综合植被盖度达到73%，草原生态环境明显改善；确保湿地面积不缩减，区域用水总量由1.59亿立方米调减到1.11亿立方米，地下水开采量由1.44亿立方米调减到1亿立方米，基本实现地下水采补平衡。

【《关于创新体制机制推进大规模国土绿化的意见》印发】 6月6日，河北省政府办公厅印发《关于创新体制机制推进大规模国土绿化的意见》，提出到2030年，11个设区（市）将全部建成国家森林城市，全省山区、丘陵、坝上及平原地区森林覆盖率分别达到50%、30%、20%和12%以上，城镇建成区绿化覆盖率达到35%以上，村庄绿化覆盖率达到30%以上，全省森林覆盖率达到并保持在36%以上，所有市、县建成省级园林城市（县城）。

【河北省委宣传部授予张铁兵"燕赵楷模·时代新人"称号】 9月5日，中共河北省委宣传部在"燕赵楷模·时代新人发布厅"发布张铁兵先进事迹，授予其"燕赵楷模·时代新人"称号。张铁兵现任饶阳县林业技术推广站站长，工作20余年来，始终坚守在农业技术推广一线，走遍全县3.87万公顷土地、197个村庄。他每年300多天下乡入户，每天工作十几个小时，在他的推动下，饶阳县设施葡萄从无到有、从有到优，种植面积达到0.8万公顷，亩收益最高达13万元，成为全国最大的设施葡萄生产基地。

【弘扬塞罕坝精神座谈会】 在习近平总书记对塞罕坝先进事迹作出重要指示一周年之际，8月25日，经中共河北省委宣传部批准，河北省林业厅在河北会堂组织召开弘扬塞罕坝精神座谈会。省委宣传部副巡视员贾敬刚、省社会科学院研究员刘书越、《河北日报》经济新闻部副主任李巍、塞罕坝机械林场场长刘海莹、张家口市林业局局长白凤鸣、雄安新区雄投生态公司事业部负责人董增巨等分别在座谈会上发言。省林业厅厅长周金中主持会议并讲话，省林业厅副厅长刘凤庭通报了全省2018年林业建设情况。与会代表结合工作实际交流了学习弘扬塞罕坝精神的体会和取得的成效，对进一步弘扬塞罕坝精神，把全省生态文明建设推向深入提出了意见和建议。

【绿色的旋律——2018塞罕坝森林音乐会】 由中共河北省委宣传部、河北省林业厅主办，塞罕坝机械林场等单位共同承办的"绿色的旋律——2018塞罕坝森林音乐会"系列活动于7月20～22日在塞罕坝国家森林公园举行。本次活动以"生态中国、绿色地球"为主题，由3场特色主题音乐会《森林的邀请——原生态民歌民乐主题专场》《森林的童话——童声童趣儿童合唱团主题专场》《森林的畅想——新时代经典作品主题专场》及一场交响音乐会《绿色的旋律——2018塞罕坝森林音乐会》组成。5000多名观众共享了这场绿色文化盛宴。演出期间，主办方还组织了慰问演出小分队，深入塞罕坝机械林场第三乡林场坝梁营林区，为坚守岗位的林场职工和他们的家属送去精彩演出。

【参展2018中国森林旅游节】 12月16～18日，河北省组团参展了在广州市举办的2018中国森林旅游节。河北展厅以"森林河北·绿美燕赵"为主题，集中展示河北生态文明建设和森林旅游发展的新成就，宣传近几年北京冬奥会张家口赛区绿化、雄安新区生态建设、塞罕坝森林旅游取得的业绩，引得众多游客驻足观赏。其间，国家林业和草原局为河北省新设立的怀来国家森林公园、大青山国家森林公园授牌，围场县、迁西县获"全国森林旅游示范县"称号。

【河北省7个集体7名个人受到三北工程40周年纪念总结表彰大会表彰】 11月30日，三北工程建设40周年总结表彰大会在北京人民大会堂举行，会议对三北工程建设作出突出贡献的先进集体、先进个人和绿色长城奖章获得者进行了表彰。河北省林业工程项目管理中心、塞罕坝机械林场总场、青龙满族自治县林业局、唐山市林业局、廊坊市林业局、易县绿泽农林果种植有限责任公司、献县农业局绿化办公室7个单位荣获先进集体称号，迁西县喜峰口板栗专业合作社张国华、青龙县平方子乡农民高辉、保定市林业局刘永刚、衡水市林业局李昭青、承德市林业局何会宾、张家口市林业局武云峰6人获先进个人称号，廊坊市林业工程项目管理中心陈合志获绿色长城奖章。

【京津冀三地联合举办"太平杯"第三届京津冀果品争霸赛】 第二十二届中国（廊坊）农产品交易会期间，京津冀林业部门联合举办了"太平杯"第三届京津冀果品争霸赛评选活动。9月26日，获奖产品评选新闻发布会公布果王10个、金奖46个、银奖68个、铜奖90个、名优产品奖20个，其中：抚宁区安鑫水果种植专业合作社选送的中秋王苹果荣获"苹果王"称号，魏县付平种植专业合作社选送的鸭梨荣获"梨王"称号，怀来牛牛葡萄种植合作社选送的白玛奶葡萄荣获"葡萄王"称号，深州市深宝蜜桃专业合作社选送的21世纪桃荣获"桃王"称号，青县汇杰果蔬种植专业合作社选送的冬枣荣获"枣王"称号，遵化市鑫增辉林果种植专业合作社选送的绿岭核桃荣获"核桃王"称号，兴隆县八卦岭永兴家庭农场选送的紫珀板栗荣获"板栗王"称号，石家庄市富凯石榴专业合作社选送的石榴荣获"杂果类果王"称号，北京晓旭生态林业发展有限公司选送的阳光玫瑰葡萄荣获"葡萄王"称号，北京市平谷区张宝志果园选送的瑞蟠21桃荣获"桃王"称号。元氏县西岭核桃专业合作社选送的核桃（辽1）等46个产品荣获金奖，承德县南甲山林场果园选送的丹光苹果等68个产品荣获银奖，泊头亚丰果品有限公司选送的鸭梨等90个产品荣获铜奖，石家庄市赵龙食品有限责任公司选送的梨酒等20个产品荣获名优产品奖。本届争霸赛参赛产品数量达到780个，为历届参赛数量之最。

【湿地保护"开门办案"】 7月30日至8月2日，河北省林业厅就省人大第1013号建议"关于支持康巴淖尔湖湿地公园及周边治理的建议"，在张家口市举办"开门办案"活动。省人大代表康爱国，省人大选任委、省政府办公厅、省政协提案委员会相关领导，省林业厅副厅长王绍军参加了此次活动。与会人员参观考察了康巴诺尔、闪电河国家湿地公园。在"开门办案"座谈会上，省林业厅汇报了第1013号人大建议的办理情况，进一步征求康爱国代表关于支持康巴淖尔湖湿地公园及周边治理的意见建议。康爱国代表充分肯定了省林业厅"开门办案"的工作形式，对第1013号建议办理工作表示满意。省人大选任委、省政府办公厅、省政协提案委的领导给予肯定，认为此次湿地保护"开门办案"工作取得了预期效果。

【塞罕坝机械林场林业碳汇项目达成首笔交易】 8月，河北省塞罕坝机械林场与北京兰诺世纪科技有限公司在北京环境交易所达成首笔造林碳汇交易。塞罕坝机械林场首批森林碳汇项目计入期为30年，其间预计产生净碳汇量470多万吨。此次碳汇交易标志着塞罕坝机械林场碳汇产业发展迈出了实质性的一步，意味着塞罕坝林业生态产品步入市场化，实现了森林生态效益和经济效益双赢。2016年8月，塞罕坝林业碳汇项目首批国家核证减排量（CCER）获得国家发展改革委签发，成为华北地区首个在国家发展改革委注册成功并签发的林业碳汇项目，也是迄今为止全国签发碳减排量最大的林业碳汇自愿减排项目。

【"春雷2018"专项打击行动】 4月1日至5月31日，按照国家林业局森林公安局安排部署，河北省森林公安机关组织开展了"春雷2018"专项打击行动，对毁林开垦、乱砍滥伐、网捕毒杀回迁候鸟、非法买卖珍贵濒危野生动物制品等破坏森林和野生动物资源行为进行专项打击。行动期间，各地森林公安机关精心组织、周密部署，深挖案源、广辟线索，与公、检、法、工商、国土等部门密切协作，抽调骨干警力专案攻坚，共查处案件649起，打击处理违法犯罪人员668人，其中侦办刑事案件97起，抓获犯罪嫌疑人94人，收缴林木木材319.21立方米、野生动物311头（只）、野生动物制品30件，涉案价值200余万元，打击处理涉案林地11.92公顷。

【河北省林业厅与中国建设银行签署合作框架协议】 1月19日，河北省林业厅与中国建设银行河北省分行签署《林业产业项目基金战略合作框架协议》，助力全省林业产业发展。按照协议，双方将积极推进国家林业产业发展投资基金项目合作，按照要求筛选项目，共同推动项目落地，为河北省优质林业项目提供长期稳定的融资渠道。按照分工，河北省林业厅负责为林业产业发展投资基金项目提供行业政策指导，并对该基金投资的项目在基地建设、林地利用、林业金融保险等方面予以扶持。中国建设银行河北省分行将整合相关金融产品，对符合条件的投资项目库中的项目提供综合融资方案，包括基金投资、信贷扶持、子公司综合融资等。同时，该行还将围绕林业产业技术创新及林业生态建设，加大对涉林小微企业的金融支持，提供综合化金融服务。

【野生动物保护督导检查】 10月10~16日，国家林业和草原局驻北京专员办与河北省林业厅组成联合督导检查组，对秦皇岛、唐山两市鸟类栖息地、迁徙地以及乱捕滥猎和非法经营候鸟的违法现场进行了明察暗访，对两市野生动物保护工作开展督导检查。10月16日，联合督导组在唐山市召开打击乱捕滥猎和非法经营候鸟专项行动督导检查反馈会议，对唐山、秦皇岛两市的督导检查情况进行了通报,强调了持续开展专项行动,进一步加强野生动物保护工作的重大意义。10月15日,中国野生动物保护协会同当地野保协会志愿者举行仪式,在唐山市丰南区放飞3只国家一级保护动物东方白鹳。

【林草业大事】

1月22日 全省林业局长会议在石家庄市召开。会议全面总结2017年林业工作,分析林业发展形势,对2018年工作进行安排部署。省林业厅党组书记、厅长周金中出席会议并作讲话。

2月26日 河北省副省长时清霜带领省政府有关部门负责同志,先后深入石家庄市森林防火指挥中心、平山县森林消防专业扑火队、红崖谷防火检查站、韩台村望火楼检查指导春季森林草原防火工作。

3月30日 由河北省林业厅、石家庄市林业局、石家庄市环保局联合主办的2018年河北省"爱鸟周"启动仪式在石家庄市富强小学举行,本年的活动主题为"保护鸟类 关爱自然 共创美好家园"。

4月17日 比利时东弗兰德省副省长玛蒂·凡霍雯女士一行4人到河北省林业厅访问,双方围绕林木引种、造林绿化、技术交流等内容进行了座谈。省林业厅副厅长刘凤庭主持座谈会,省林业厅相关处室、单位负责人参加座谈。

5月25~26日 河北省副省长时清霜一行到塞罕坝机械林场调研督导森林草原防火工作。

6月25~27日 国家林业和草原局信息办一行来河北调研。督导检查"十三五"林业信息化发展规划执行情况,进一步推动新时期林业和草原信息化建设。调研组先后实地考察了雄安新区森林城市建设、"千年秀林"建设现场,保定市白洋淀上游规模化林场示范点,邢台市老爷山林场,并听取了当地林业主管部门信息化建设情况汇报。调研组对河北林业信息化取得的成绩给予充分肯定并提出指导意见。

7月19日 第三届河北省旅游产业发展大会举行期间,河北省委书记、省人大常委会主任王东峰率领与会代表到塞罕坝展览馆参观考察,进一步深入学习贯彻习近平总书记对塞罕坝机械林场的重要指示精神,自觉接受塞罕坝精神再教育。

8月28~29日 国家林业和草原局副局长彭有冬一行到木兰林管局调研近自然森林经营工作。

12月8日 河北省副省长李谦到张家口崇礼区督导检查森林防火工作。

(河北省林草业由袁媛供稿)

山西省林草业

【概 述】 2018年,山西林业和草原局紧紧围绕推进绿化山西建设、塑造山西生态美好壮丽形象的战略目标,以改革创新驱动发展,打赢生态治理与脱贫攻坚两场战役,开创全省林业和草原事业新局面。全年林业投资111.7亿元,其中,中央财政资金39.8亿元,地方财政资金51亿元,其他资金20.9亿元。林业总产值497.5亿元,其中:第一产业369.7亿元、第二产业62.8亿元、第三产业65亿元,三产比例74∶13∶13。

【山西省林业和草原局机构改革】 10月27日,山西省林业和草原局作为山西省自然资源厅的部门管理机构正式挂牌组建成立。机构改革中,山西省林业和草原局撤销了原来的政策法规与宣传处(行政审批)、对外合作处、产业发展处,新成立国有林场和种苗管理处、草地管理处、荒漠化防治处,将原来的野生动植物保护与自然保护区管理处分为野生动植物保护处、自然保护区管理处,整合原来的造林绿化管理处和省绿化委员会办公室的职能,成立生态保护修复处。机构改革后,山西省林业和草原局局机关内设处室13个,编制80名。局属独立核算单位225个,包括9个省直林管局的108个国有林场,其中,行政单位11个,事业单位209个(包括机构改革转隶的省草原工作总站、省世界遗产和风景名胜区管理事务中心),社会团体5个。全省森林和野生动植物、湿地、草地类型的自然保护区46处(国家级8处,省级8处);森林公园139处(国家级22、省级56处、市县城郊森林公园61处);湿地公园61处(国家级19处,省级42处);风景名胜区49处(国家级6处,省级43处);地质公园19处(国家级的9处、省级的10处);国家沙漠公园12处;自然文化遗产3处。

【造林绿化】 坚持以吕梁山生态脆弱区、环京津冀生态屏障区、重要水源地植被恢复区、交通沿线生态景观区为重点,持续部署推进。全年营造林34.01万公顷,其中,人工造林30.8万公顷,封山(沙)育林3.21万公顷,占年初营造林计划的113%。围绕精准提升森林质量,完成2017年度森林抚育6.24万公顷。深入开展义务植树活动,四旁(零星)植树10 775.4万株。立足增绿增收互促共赢,实施退耕还林12.85万公顷,其中:经济林6.74万公顷,防护林6.11万公顷。扎实推进乡村振兴,绿化村庄500个;晋城市泽州县晋庙铺镇范谷坨村,阳城县东冶镇蔡节村,吕梁市汾阳县栗家庄乡栗家庄村,阳泉市郊区李家庄乡汉河沟村,临汾市古县石壁乡三合村,朔州市朔城区南榆森乡青钟村6个村获2018年"全国生态文化村"称号。全面回顾总结三北工程建设40年的发展历程和辉煌成就,营造持续推进工程建设的浓厚氛围,在全国三北工程建设40周年总结表彰大会上,右玉县作典型发言,山西省6个集体、7名个人受到国家林业和草原局的表彰。《2017年全国生态气象公报》显示,全国31个省(区、市)植被生态质量均呈改善趋势,其中山西植被生态质量改善最快。

【资源保护】 坚持依法加强、划定并严守涉林生态保护红线，将涉林自然保护地全部纳入红线范围严格保护。出台《山西省湿地保护修复制度方案》，加强湿地保护工作。山西省太岳林局沁河源、浑源县神溪和洪洞县汾河 3 处国家湿地公园（试点）通过国家验收，正式命名为国家湿地公园。全省 373.34 万公顷永久性生态公益林全部界定落地，增加补偿经费 1.1 亿元。结合中央环保督察反馈问题整改工作，举一反三查找问题 123 个，整改 72 个，销号验收 43 个。完成全省 195 个自然保护地的矢量化落界，明确监管范围。开展涉林违法犯罪"双六""绿剑 2018"等系列专项行动，侦办刑事案件 416 起，行政案件 4030 起，处理人员 5299 人次。加强森林防火，全年发生森林火灾 12 起，过火面积 670 公顷，受害面积 250 公顷，受害率 0.077‰，明显低于省政府 0.5‰ 以下的考核目标。强化林地定额管理，永久性使用林地 1823 公顷。

【林业改革】 坚持以落实"三权分置"为重点，稳步推进和深化集体林权制度改革。印发《关于进一步完善集体林地确权发证工作的通知》，流转集体林地 3.34 万公顷，新发放到户林权证 8.39 万本、股权证 14 万本。推进林业资产收益改革试点，9 个县的 20 个实施主体创新了机制。大宁县作为"山西省林业综合改革试点县"，成为全国 33 个集体林业综合改革试验区之一。探索集体林地承包权和经营权分离运行机制，指导乡宁县、寿阳县开展经营权流转证发放试点工作。进一步深化国有林场改革工作，鼓励引导国有林场托管集体公益林 37.73 万公顷，完成国有林场改革省级验收工作，总结太原、长治、阳泉、吕梁等市国有林场经验，编印《山西省国有林场改革实践与探索》，推广宣传国有林场改革的典型事迹和经验。编制《山西省国有林场中长期发展规划》，开展《山西省国有林场管理办法》《山西省国有森林资源监管办法》《山西省国有林场森林资源保护管理考核办法》《山西省国有林场森林资源有偿使用办法》《山西省国有林场森林经营制度》等编制和制定工作。

【产业发展】 坚持以突出发展传统干果经济林和特色灌木经济林为重点，着力打造吕梁核桃、晋西北沙棘特色农产品优势区和灵石核桃、稷山板枣现代农业产业园，提升林业产业发展竞争力。新发展经济林 7.93 万公顷，经济林提质增效完成 13.34 万公顷。实施"小灌木大产业"战略，新建和改造沙棘 10.55 万公顷，年产沙棘果 9232 吨。山西琪尔康翅果生物制品有限公司、吕梁野山坡食品有限公司和鸿泰农林科技开发有限公司获得中国林业产业创新奖。山西玉露香梨和山西核桃被省政府评为"2018 年最具影响力山西农产品区域公用品牌"。推进森林康养产业发展，编制《山西省森林康养产业发展总体规划纲要》，组建山西省森林康养投资管理集团有限公司，12 个森林康养基地列入国家级森林康养基地试点，在坚持森林资源实物价值与景观康养价值相分离的前提下，完成对省直林局 11 个森林康养基地森林景观康养资源资产价值评估。全年森林旅游、疗养和休闲人数 2251 万人次，收入 31.38 亿元，直接带动其他产业产值 21.87 亿元。全年育苗 7.46 万公顷，苗木产量 619 273 万株，种子采集量 1562 吨。花卉种植 0.16 万公顷。

【科技和信息化】 坚持以科技创新和信息化为支撑，驱动林业和草原事业高质量发展。组建成立连翘和油用牡丹产业"国家创新联盟"，构建科技创新平台。太原东山站、金沙滩站、芦芽山站和偏关站 4 个省级生态监测站通过国家评估，加入中国森林生态系统定位观测研究网络（CFERN）认证，成为国家级生态监测站。国家林草局与德国农业部签署《在山西开展中德森林抚育合作项目的联合声明》，"中国森林可持续经营规划"项目在中条林局中村林场启动实施。建立省、市、县、乡林业技术推广体系，组建 2600 多人推广服务团队。启动林业技术推广实训基地和经济林示范园遴选工作，首批确定 10 个实训基地、20 个示范园。编制完成《山西智慧林业发展规划》，完成"山西林业大数据中心"设计工作，在门户网站、微信公众号等发布信息 2500 余条。

【林业扶贫】 坚持强化政策引领，不断拓宽林业生态扶贫路径。鼓励贫困户以林地经营权、林木所有权、财政补助资金等入股新型经营组织，获得持续稳定收益。规范扶贫造林攻坚专业合作社运行的机制，鼓励引导贫困社员参与造林营林、管林护林和经济林管理，推动实现"平面参与"向"立体参与"转变，带动 52.3 万贫困人口增收。58 个贫困县 2563 个合作社完成造林 19.03 万公顷，带动 5.2 万贫困社员人均劳务收入达到 7000 元以上；退耕还林完成 13 万公顷惠及 8.9 万贫困户，户均增收达到 3761 元；生态管护惠及 2.4 万贫困人口，人均增收 6500 元；经济林提质增效项目惠及贫困人口 35.3 万人。国家林草局、国家发展改革委、国务院扶贫办联合下发通知推广山西省生态扶贫的经验做法。

【林业有害生物防治】 坚持防治结合，加强林业有害生物防治。林业有害生物发生 23.31 万公顷，其中轻度发生面积 20.24 万公顷，中度发生面积 2.44 万公顷，重度发生面积 0.63 万公顷。完成林业有害生物防治 18.09 万公顷，成灾率为 1.9‰，达到国家林草局成灾率控制在 3.7‰ 以下的指标要求。制订出台《山西省松材线虫病和美国白蛾防军总体方案》，加强松材线虫病等重大林业有害生物防控。组织开展沁水县首次发生的松材线虫病媒介——松褐天牛危害情况调查取样，妥善处置受害木。山西省林木育良种培育中心繁育 150 万头异色瓢虫用于林业有害生物防治。在襄汾县东岭森林公园举办人工释放瓢虫除害保森林活动，现场释放异色瓢虫 13 万头。

【草原工作】 坚持以项目带动，全面加强草原生态修复保护。将粮改饲试点县范围由 30 个县扩大到 44 个县，安排任务 4.53 万公顷，完成 3.75 万公顷。强化草原有害生物防治工作，重点在大同、朔州、忻州、晋中、吕梁、运城、临汾等区域完成鼠虫害防治 22.61 万公顷。投资 0.13 亿元开展了草地资源清查工作。组织沁县、沁源县、偏关县、岢岚县、娄烦县和五台山风景名胜区实施的 2 个草原防火项目被列入山西省农业厅

2018年省转型项目,由中央安排2349万元,地方配套235万元。

【省直林区建设】 山西省直林局发挥林业生态建设主力军作用,共营造林6.749万公顷。杨树丰产林实验局与右玉县合作造林0.39万公顷。管涔山国有林管理局全力推出"大美管涔,康养福地"森林康养品牌,高桥洼林场被列为全国森林康养基地试点单位。五台山国有林管理局推广索道运苗和翼式集流蓄水覆盖抗旱保水一体化整地集成技术,营造林1.192万公顷。黑茶山国有林管理局积极创新局地合作造林的机制,营造林0.643万公顷。关帝山国有林管理局发展林下经济,培育香菇菌棒12万棒。太行山国有林管理局推进集体公益林托管,与孟县、榆社县签订2.17万公顷。太岳山国有林管理局大力发展森林康养产业,七里峪和大南坪林场列入全国森林康养基地建设试点单位。吕梁山国有林管理局大力发展林下经济产业,养殖森林猪1000头、森林鸡2000只、淡水鱼10万尾;培育木耳2万棒、香菇1万棒,采集林木种子8吨,生产黄芩茶4吨。中条山国有林管理局围绕把太宽河保护区建成野大豆、丝棉木、领春木等国家级保护植物和乡土珍稀树种培育基地,组织开展珍稀濒危植物培育试验。

【市县林业工作】 山西省各市、县林业工作各具特色。太原市投入10.85亿元营造林1.73万公顷。大同市营造林1.3万公顷,绿化村庄21个。朔州市按照"小灌木大产业"的发展思路,种植经济林0.49万公顷。忻州市营造林4.089万公顷,初步形成"带、片、点、圈"同步绿化格局。晋城市突出"一村一特色,一街一景点"特色,高标准实施村庄绿化22个。阳泉市依托市中心苗圃建成全市首个5公顷的皂荚采穗圃繁育基地。长治市围绕乡村振兴战略,大力发展森林康养产业,完成10个森林乡镇、100个森林村庄建设。晋中市发挥生态经济产业优势,建设50个经济林示范园,林果业产值5.82亿元,展示了晋中"林业效应"。吕梁坚持大力实施生态扶贫,实现4万贫困人口脱贫。临汾市大力推进吕梁山生态脆弱区、太行山水源涵养区、百里汾河经济带湿地植被恢复绿化,完成营造林3.3万公顷。运城市围绕加强大南山生态修复,投资0.35亿元完成12.4千米通道绿化。

【"两山"生态修复工程】 山西省委、省政府立足太行、吕梁山区生态脆弱和深度贫困互为因果的实际,启动实施太行山、吕梁山生态系统修复保护工程。4月26日,山西省委书记、省委全面深化改革领导小组组长骆惠宁主持召开十一届省委全面深化改革领导小组第十三次会议,审议通过《太行山吕梁山生态系统保护和修复重大工程总体方案》,5月18日,山西省委办公厅、省政府办公厅印发《方案》,标志着工程正式启动实施。工程建设紧紧围绕生态修复机制创新试验区、山水林田湖草系统治理试验区、"一圈一带"生态修复先导区、生态保护修复助推脱贫攻坚先导区的战略定位,按照全流域布局、按山系治理、整区域推进的思路,以42个县为重点,辐射带动81个县,在吕梁山生态脆弱区、京津冀生态屏障区和太行山水源涵养区,统筹推进实施大规模国土绿化、退耕还林还草、森林质量精准提升、生态公益林保护、自然保护区和湿地建设、干果经济林提质增效、经济林扩容增量、森林旅游和森林康养、草畜牧业可持续发展和林业生态建设扶贫"十大工程",到2020年完成人工造林73.33万公顷,到2025年宜林荒山实现基本绿化。

【省领导义务植树】 4月11日,山西省委书记、省人大常委会主任骆惠宁,省政协主席黄晓薇等省领导在太原市阳兴大道滨河东路绿化带与干部群众一起参加义务植树。骆惠宁听取了全省林业改革发展、国土绿化以及太行山、吕梁山生态建设情况的汇报。

【山西省林业局长暨党风廉政建设会议】 于1月20日,在太原召开。会议总结过去5年全省林业工作成就,谋划今后一个时期的发展思路和奋斗目标,安排部署2018年工作,提出到2020年力争全省生态脆弱重点治理区域实现基本绿化,森林覆盖率达到23.5%;到2035年力争全省宜林荒山实现基本绿化,森林覆盖率达到28%以上。

【"走近中国林业·外国使节看三北"活动】 于6月4日,在山西省太原市启动,来自乌拉圭、德国、南非、智利、巴基斯坦、越南、日本、老挝、斯里兰卡、澳大利亚10个国家的驻华使节观摩了山西省三北防护林体系建设工程和水土流失治理等生态建设成效。山西省作为三北工程40年建设的缩影,向外国使节展示了中国三北工程建设取得的巨大成效,进一步扩大了中国林业的国际影响力。

【山西省森林康养投资管理集团有限公司】 4月17日,山西国信投资集团公司和山西林业发展投资公司出资注册"山西省森林康养投资管理集团有限公司",作为山西省森林康养产业引进战略投资的一级平台。6月20日,山西省森林康养投资管理集团有限公司在太原市国贸大酒店举行揭牌仪式正式开始运行,标志着山西森林康养产业迈出规模化发展的重要一步。提出力争在2035年前全省建成100处"绿色、人文、智慧"的森林康养基地群,让绿水青山成为绿色惠民的好去处,让"康养山西、夏养山西"成为全国知名的好品牌。

【第八届国际沙棘协会大会】 9月18~20日,山西省人民政府和国际沙棘协会在太原市联合主办了以"沙棘产业构建绿水青山、助力精准扶贫"为主题的第八届国际沙棘协会大会,300余名国内外专家学者以及相关企事业单位负责人参加会议,互相交流沙棘发展的专业技术知识、共同探讨沙棘产业的发展前景和方向。国际沙棘协会技术委员会主任、芬兰图尔库大学教授主持开幕式。山西省副省长陈永奇、全国绿化委员会办公室专职副主任胡章翠、国际沙棘协会主席邰源临、世界水土保持学会秘书长宁堆虎、德国沙棘协会主席约尔·托马斯·莫塞尔、印度沙棘协会秘书长维伦德拉·辛格出席大会。

【省直林局局长座谈会】 12月3日，山西省林业和草原局在太原召开省直林局局长座谈会，认真贯彻落实全省打好国土绿化硬仗现场推进会精神，提出省直林区"155651"总体发展思路（即突出发展现代林业、建设美丽林区"一个主题"；明确活力林区、富裕林区、文化林区、和谐林区、美丽林区"五大定位"；强化增绿色、增资源、增活力、增效益、增功能"五增措施"；抓好党的建设、良种繁育、标准化造林、森林经营、林业产业、综合保护"六大工程"；达到资源有扩张、质量有提升、效益有体现、管理有特色、和谐有保障"五有效果"，建成林分稳定、景观优美、功能齐全、产业突出、队伍齐整、和谐美丽的现代新林区"一大目标"）。

【湿地保护修复制度方案】 1月22日，山西省政府办公厅公布《山西省湿地保护修复制度方案》。《方案》规定禁止擅自征收、占用国家级及省级重要湿地；禁止侵占自然湿地等水源涵养空间，已侵占的要限期予以恢复；禁止开（围）垦、填埋、排干湿地；禁止永久性截断湿地水源；禁止向湿地超标排放污染物；禁止对湿地野生动物栖息地、鱼类产卵场、索饵场和鱼类洄游通道造成破坏；禁止破坏湿地及其生态功能的其他活动；到2020年全省湿地面积不低于15万公顷，湿地保护率提高到50%以上。

【"互联网+全民义务植树"试点】 根据全国绿化委员会《关于批复山西等6省（区）开展第二批"互联网+全民义务植树"试点工作的通知》和山西省绿化委员会《关于同意太原市开展"互联网+全民义务植树"试点工作的批复》，全国绿化委员会决定在太原开展"互联网+全民义务植树"全国第二批试点工作。3月12日，山西省绿化委员会、山西省林业厅、太原市绿化委员会、太原市林业局、阳曲县林业局在太原市阳曲县泥屯镇北山义务植树基地举行"3·12"植树节40周年纪念活动暨山西省"互联网+全民义务植树"太原试点平台上线启动仪式。社会各界代表400多人现场扫描山西全民义务植树尽责二维码捐资2.54万元，义务植树1500余株。

【生态修复保护"八大机制"】 11月15日，山西省人民政府办公厅印发《关于创新机制加快国土绿化步伐的实施意见》（晋政办发〔2018〕107号），创新造林绿化置换经营开发、森林景观康养资源置换造林、购买式造林、全民义务植树尽责、集体林地限期绿化、集体公益林委托管理经营、林业生态保护补偿、林业生态建设成效年度考核评价"八大机制"，激发市场活力，推动国土绿化，加快建设美丽山西的步伐。

【森林生态系统服务功能价值评估】 山西省森林生态系统服务功能价值评估工作，从2013年启动到2018年历时5年的时间，汇集13个森林生态站的连续监测数据，遵循行业标准，对森林的7项生态功能进行价值研究，首次完成全省森林生态系统服务功能价值评估。6月28日，山西省政府在太原举行新闻发布会向社会公布山西省森林生态系统服务功能价值评估成果。评估结果显示，2016年山西省森林的生态总价值量为3172.64亿元，每公顷森林价值量为6.37万元。山西森林生态服务功能价值重点体现在以下5个方面：一是年涵养水源量为101亿立方米，价值量为每年1034.58亿元，占生态功能总价值量的32.6%。二是年吸收空气污染物63.37万吨，年吸尘降尘达到8687.52万吨，净化大气环境的年价值为887.98亿元，占生态功能总价值量的28%。三是年固土量为7.23亿吨，相当于省内年侵蚀量的1.6倍。年价值量为583.33亿元，占生态功能总价值量18.4%。四是年固碳762.88万吨，年释氧1788.97万吨。年价值量为328.48亿元，占生态功能总价值量的10.4%。五是年生物多样性保护价值为255.67亿元，占生态功能总价值量的8.1%。

【林草业大事】

1月2日 山西省林业厅政务微信公众号正式开通上线运行。

1月20日 山西省直林区工作会在太原召开。会议总结了过去5年及2017年省直林局完成的主要工作和取得的成绩，确定了省直林区改革发展的总体思路及主要任务，安排了2018年工作。

1月22日 山西省政府办公厅公布《山西省湿地保护修复制度方案》。

2月11日 山西省造林绿化工作座谈会在太原召开。

3月21日 山西省绿化委员会办公室、太原市绿化委员会、太原市林业局、阳曲县林业局在太原市阳曲县泥屯镇北山义务植树基地举办2018年"国际森林日"互联网+全民义务植树纪念活动。

3月27日 山西省森林康养推进工作会议在太原召开。

4月9日 山西省第37届"爱鸟周"活动在晋中市迎宾广场正式启动。活动主题是："保护鸟类资源，守护绿水青山"。

5月15日 太原东山站、金沙滩站、芦芽山站和偏关站四个省级生态监测站，通过国家林业和草原局、中国林科院、北京林业大学等单位专家组成的专家组评估，加入中国森林生态系统定位观测研究网络（CFERN）认证，成为国家级生态监测站。

5月18日 山西省委办公厅、省政府办公厅印发《太行山吕梁山生态系统保护和修复重大工程总体方案》，标志着工程正式启动实施。

5月26日 山西省首处国家级林木种质资源异地保存库——山西省桑干河杨树丰产林实验局杨树国家林木种质资源库在金沙滩科技中心正式开工。

6月6日 根据国家林业和草原局印发的《关于推进集体林业综合改革试验区工作的通知》，山西省大宁县成为全国33个集体林业综合改革试验区之一，将承担完善集体林权保护制度、培育新型林业经营主体、创新森林经营管理制度、创新小农户和现代林业发展有机衔接机制、深化集体林权股权化和社会资本投入林业模式改革5个方面的综合改革试验任务。

6月7日 国务院办公厅批准山西新建太宽河国家级自然保护区。

8月7~8日 山西省直林局2018年半年工作会在

五台林局召开。

8月18日 2019北京世园会山西展园建设项目奠基仪式在北京延庆举行，标志着山西展园建设正式开工。

8月18~19日 山西省林业厅在朔州市召开全省困难立地造林技术现场培训会。

9月29日 国家林业局批准山西建立"连翘产业国家创新联盟"与"油用牡丹产业国家创新联盟"，将建立以企业为主体、市场为导向，产、学、研深度融合的技术新体系，着力解决林业生态建设和产业发展关键技术和难题，提升林业科技创新水平和能力。

10月9日 山西省林业厅发出《关于省级公益林区划界定审核结果的通知》，正式公布全省省级公益林区划界定结果。

10月11日 中国林学会、世界自然保护联盟教育与文化委员会、国际林联栎树生态与营林组、山西省林业厅主办的"栎类文化中国行"活动启动仪式在山西林业职业技术学院举行。

11月5日 山西省林业和草原局召开2018年林业生态建设及扶贫攻坚跟踪指导培训会。

11月15日 山西省人民政府办公厅印发出台《关于创新机制加快国土绿化步伐的实施意见》（晋政办发〔2018〕107号）。

11月17~18日 山西省林业和草原局在运城市闻喜县召开全省打好国土绿化硬仗现场推进会。

（山西省林草业由李翠红、李颖供稿）

内蒙古自治区林草业

【概述】 内蒙古自治区林业和草原局是内蒙古自治区人民政府正厅级直属机构，主要承担统筹推进全区森林、草原、湿地等生态资源保护建设管理，自然保护地管理，野生动植物资源保护和开发利用、推进林业和草原改革、森林草原防火等职责。

2018年，全区完成营造林85.2万公顷，其中完成造林57.53万公顷、森林抚育27.67万公顷，种草234.35万公顷，超额完成任务。实施"三北"防护林建设、天然林保护、京津风沙源治理、天然草原退牧还草、退耕还林还草等国家重点生态工程，完成林业重点工程建设面积2.06万公顷，草原重点工程建设57.91万公顷。完成重点区域绿化任务8万公顷，完成村屯绿化2482个。启动实施阴山绿化工程，完成建设任务12.17万公顷。组织实施中央财政森林抚育、精准提升森林质量、退化林分修复和灌木林平茬等国家重点项目。完成荒漠化沙化治理84.67万公顷，确定6个旗（县）为"三北"工程精准治沙重点县，完成建设任务4.13万公顷。开展浑善达克和乌珠穆沁沙地专项治理，编制《内蒙古浑善达克规模化林场建设总体规划纲要（2018~2025年）》。完成浑善达克规模化林场建设任务1.3万公顷。完成"蚂蚁森林"公益造林项目1.5万公顷。

全年审批使用林地项目1120个，其中80%以上为国家和自治区重点项目、基础设施、公共事业和民生建设项目，收缴森林植被恢复费23.5亿元。自治区本级审核通过征用使用草原申请事项2067件，向国家林草局申报41件。全区年停伐木材产量151.2万立方米。森林草原火灾次数和面积实现"双减少"，全区发生森林火灾104起，受害森林面积6266公顷，较上年同期分别减少41.6%、64.2%；发生草原火灾16起，受害草原面积1693公顷，较上年同期减少27.3%、21.3%，森林火灾受害率0.252‰，草原火灾受害率0.019‰，全部在控制目标以内。成功堵截蒙古国、俄罗斯境外火27次。一般和较大火灾全部在24小时内被扑灭，未发生人员伤亡事故。林业有害生物成灾率控制在0.91‰、林业有害生物无公害防治率98.90%、林业有害生物测报准确率92.13%、林业有害生物种苗产地检疫率99.95%，林业有害生物"四率"指标任务全部完成。各级森林公安受理案件1.82万起，侦破、查处1.7万起，综合查处率93.4%。大兴安岭毁林开垦专项行动清退林地4.8万公顷，恢复植被近2.4万公顷。

组织开展国家和自治区林业重点龙头企业评选及已评企业监测工作。推动内蒙古和盛生态育林有限公司等7家单位成为第四批全国森林康养基地试点建设单位。协助企业争取国家政策扶持，内蒙古宇航人高技术产业有限公司5万亩沙棘生态经济林基地建设等10个项目进入第一批全国林业产业投资基金项目库。举办第二十二届内蒙古国际农业博览会暨第二届内蒙古林产品博览会和2018沙产业创新博览会暨沙产业高峰论坛。全区开展种植、养殖、采集加工、景观利用等林下经济面积42万公顷，参与农户19.8万户，较上年增加9900户。全区完成经济林建设作业面积5.13万公顷，较上年增长33%。

协调推进国有林区改革，全面完成行政管理和公共服务职能剥离，将承担行政职能的机构和人员全部移交地方。推进重点国有林区各林业局组建专业公司，承担国有林区森林培育和保护发展任务。完成森林资源调查，编制森林经营方案。妥善安置国有林区富余职工，保障职工基本生活。争取产业扶持、职工培训、就业创业、精准扶贫等惠民政策在林区落地。重点国有林管理局工作职能已完成向生态保护与建设转变，重点国有林区经济社会发展逐步融入地方。

印发《关于加快培育新型林业经营主体的实施意见》。全区集体抵押林地面积3.24万公顷，流转面积28.2万公顷。森林资源资产负债表编制作为内蒙古林业品牌参加了"2018首届全国林业品牌推进会暨林业品牌建设成就展"，向各省（区、市）进行展示推荐。全区草原确权承包工作基本完成，落实草原所有权面积7066.67万公顷、承包经营权面积6400万公顷。全区参保森林面积2613.3万公顷，各级财政保费补贴6.64

亿元。

【内蒙古自治区林业厅机构改革】 12月29日，内蒙古自治区党委办公厅、内蒙古自治区人民政府办公厅批复《内蒙古自治区林业和草原局职能配置、内设机构和人员编制规定》。机构改革后，森林湿地等资源调查和确权登记及森林资源资产评估职责划转至内蒙古自治区自然资源厅；森林草原防火和自治区防火指挥部职责转至内蒙古自治区应急管理厅；自治区农牧业厅草原监督管理和自治区国土厅、住房和城乡建设厅等部门自然保护区、风景名胜区、自然遗产、地质公园管理、重点国有林区管理等职能划入内蒙古自治区林业和草原局。内蒙古自治区林业和草原局划出人员65名，划入108名，增设草原管理处、草原监督处、湿地和野生动物保护管理处、自然保护地管理处、国有林场和种苗管理处，科技宣传处、农村林业改革发展处、产业处合并为改革发展和科技处。

【义务植树】 4月23日上午，内蒙古自治区党委书记李纪恒、自治区政府主席布小林、自治区党委副书记李佳，内蒙古军区司令员冷杰松、政委王炳跃等自治区党政军领导到呼和浩特市和林格尔新区"两河一廊道"什拉乌素河治理东水泉段项目区的自治区党政军义务植树基地，与首府干部群众一同参加义务植树活动。自治区党委、人大、政府、政协省级领导同志，内蒙古军区、武警内蒙古总队军级领导同志，自治区高级人民法院院长，自治区相关部门负责同志，呼和浩特市委、人大、政府、政协领导班子成员和林格尔新区主要负责同志，与首府干部群众、少先队员代表参加了植树活动。

【全区推进国土绿化现场会】 9月12~13日，全区推进国土绿化现场会在巴彦淖尔市召开。自治区党委副书记、自治区政府主席布小林出席会议并讲话，自治区政府副主席李秉荣主持会议。自治区林业厅通报全区国土绿化工作开展情况，巴彦淖尔市、鄂尔多斯市、赤峰市、清水河县、阿荣旗作典型发言。

【全区森林草原防火工作电视电话会议】 于3月19日召开，安排部署2018年森林草原防火工作，自治区副主席李秉荣出席并讲话，自治区防火指挥部副总指挥、自治区林业厅厅长牧远通报2017年森林草原防火工作情况。

【全区林业局长会议】 于2月1日，在呼和浩特召开。内蒙古自治区林业厅厅长牧远、国家林业局驻内蒙古森林资源监督专员办巡视员高广文出席并讲话，各盟（市）林业局、满洲里市农牧林水局、二连浩特市农牧林业局局长，各盟市林业局办公室主任，自治区林业厅各处室、直属单位负责人参加会议。

【自治区林业厅2018年党的工作暨党风廉政建设工作会议】 3月20日，自治区林业厅召开党的工作暨党风廉政建设工作会议。会上，自治区林业厅党组成员、机关党委书记王才旺传达自治区直属机关2018年党的工作会议精神，厅党组书记、厅长牧远总结回顾厅系统2017年党的工作，安排部署2018年主要工作任务。厅党组成员、自治区纪委驻厅纪检监察组组长董虎胜通报2017年林业厅系统监督执纪情况，安排部署2018年监督执纪工作重点。

【内蒙古博物馆廉政教育展厅参观学习】 5月30日，自治区林业厅组织全体处级以上党员干部到内蒙古博物馆廉政教育展厅参观学习，接受廉政警示教育。厅领导，各处室、单位处级以上党员干部100余人参加。

【全区野生动植物与湿地保护协会第三次会员代表大会】 9月29日，内蒙古自治区野生动植物与湿地保护协会第三次会员代表大会暨第三届理事会一次会议在呼和浩特召开，中国野生动物保护协会副会长兼秘书长李青文出席，全区14个盟（市）84名代表参加。

【全区林业系统政务工作培训】 10月10~11日，自治区林业厅在内蒙古自治区党校举办全区林业系统政务工作培训班，林业厅各处室、单位和各盟（市）林业局90余人参加培训，自治区党校相关专家学者和自治区党委、政府相关工作主管部门负责人分别讲授政务信息、公文写作、公文运转、政务公开、督查督办等方面知识。

【《内蒙古自治区志·林业志（2006~2015卷）》编纂】 3月26日，自治区林业厅召开第二轮《林业志》编纂工作推进会暨编纂人员业务培训班。厅长牧远对志书编纂工作进行了再动员再部署，并与各承编处室、单位和盟市林业局主要负责人签订责任书，自治区地方志办公室副主任孟秀芳出席并讲话。至2018年年底，《林业志》初稿组稿工作已完成。

【林业生态扶贫】 内蒙古自治区林业厅提出并贯彻落实"两补偿""两带动"（建档立卡贫困人口生态护林员补偿、森林生态效益补偿；林业重点生态工程带动、绿色惠民产业带动）生态扶贫思路举措。全年新增建档立卡贫困人口生态护林员3500人，总数达1.15万人，带动近3万人年均收入超过国贫旗（县）收入标准。在贫困旗（县）落实补偿资金15.7亿元，7.6万名贫困人口直接受益。将80%的国家林业重点工程任务分配给贫困地区，完成贫困地区林业生态建设54.27万公顷。下达贫困地区林业产业化资金670万元，实施项目17个，带动1129名贫困人口人均增收近2000元。6月21~24日，自治区林业厅厅长、林业生态扶贫工作推进领导小组组长牧远带队到四子王旗、察右后旗、商都县、化德县、正镶白旗开展林业生态扶贫督导调研工作，实地调研灌木平茬加工、特色经济林种植等林业扶贫项目，入户走访建档立卡贫困户。12月17~18日，全区林业生态扶贫专题培训班暨全区林业生态扶贫工作推进会在呼和浩特举行。自治区林业和草原局副局长苏和参加并讲话，全区12个盟（市）林业局、57个贫困旗（县）林业局87名学员参加。落实新一轮草原补奖政策，安排国家禁牧和草畜平衡任务6800万公顷，带动近490万农牧民增收。聘用贫困人口草原管护员459人，每人增收8300余元。

【国有林场改革】 内蒙古自治区国有林场总数从改革前的316个优化整合为301个，全部定性为公益性单位。国有林场原有场办学校、医疗机构、代管乡镇村全部移交属地管理。与有关部门共同出台国有林场改革编制落实过渡期补缴基本养老欠费、缓收滞纳金等政策，落实国有林场改革补助资金2.02亿元。组织编制《国有林场中长期发展规划》和205个国有林场森林经营方案，基本建立起以方案为核心的国有林场森林经营制度。

【中央巡视和环保督察"回头看"反馈意见整改】 开展全区自然保护地大检查、"绿盾2018"自然保护区监督检查专项行动和自然保护区工矿类企业清理整顿，重点对大青山国家级自然保护区内采石采矿行为进行集中清理，完成188家企业清理整改工作，占任务总数的96.5%。完成中央巡视"回头看"指出的2.59万公顷草原破坏问题整改工作。完成中央环保督察反馈意见整改项目3463个，占总任务的95%。5月21～22日，自治区林业厅厅长牧远带队到大青山国家级自然保护区督察开发建设活动清理整顿情况。

【《内蒙古自治区重点陆生野生动物名录》制定】 内蒙古自治区林业厅根据《中华人民共和国野生动物保护法》，结合内蒙古自治区野生动物保护现状，编制《内蒙古自治区重点保护陆生野生动物名录》，通过自治区人民政府常务会审议，并于12月20日发布。《动物名录》明确了内蒙古珍贵、濒危野生动物种类，包含两爬类动物12种，鸟类46种，哺乳类27种，共计85种。

【《内蒙古自治区湿地保护条例》修改】 内蒙古自治区林业厅根据自治区人大常委会2018年立法计划，结合内蒙古自治区湿地保护工作实际，对《内蒙古自治区湿地保护条例》进行了修订，12月6日，自治区人大常委会审议通过并发布施行。修订后的《保护条例》在原条例第二十条后增加了两条关于"擅自在天然湿地内进行采砂、采石、采矿、挖塘、砍伐林木和开垦活动"和"擅自占用或者改变天然湿地用途"的处罚条例。

【《内蒙古自治区实施中华人民共和国野生动物保护法办法》修改】 自治区林业厅根据自治区人大常委会2018年立法计划，结合内蒙古自治区野生动物保护现状，向自治区人大常委会提出《实施办法》修订意见，12月20日，《内蒙古自治区实施中华人民共和国野生动物保护法办法》经自治区人大常委会审议通过并发布施行。《实施办法》删除13条，修改8条，修改后与国家上位法和中央生态文明建设要求相符合，为自治区野生动物保护工作面临的新情况、新问题提供了法律依据。

【野猪非洲猪瘟疫情监测防控】 8月初，自治区林业厅开展全区野猪养殖和经营企业重新普查核实登记工作，统计结果显示，全区共有378家野猪养殖和经营企业，主要集中在呼伦贝尔市等东部盟市，繁育野猪数量为1.4万多头。9月中旬，配合国家林业和草原局督导组到赤峰市进行督导检查，向国家林业和草原局申请疫情监测、应急储备物资、交通运输和巡护救护工作等监测防控应急资金，用于锡林郭勒盟野猪非洲猪瘟疫情监测防控工作。9月29日，自治区林业厅印发《关于进一步做好野猪非洲猪瘟监测防控工作的紧急通知》。11月25日至12月3日，自治区林业厅开展野猪非洲猪瘟等野生动物疫源疫病监测防控工作专项督查，分7个督查组赴各盟(市)进行督查，重点对32个野猪人工繁育场、12处国家级陆生野生动物疫源疫病监测站、11个野猪集中分布地区、6个边境地区、13处候鸟等野生动物重要栖息地进行现场督查。2018年内蒙古未发现野猪非洲猪瘟疫情。

【世界园艺博览会内蒙古展区布展】 2019年中国北京世界园艺博览会是由中国政府主办、北京市承办的最高级别的世界园艺博览会，选址位于北京市延庆区，举办时间为2019年4月29日至10月7日，展期162天，内蒙古自治区是参展单位之一。内蒙古展区布展工作由自治区林业厅组织开展。4月，开始筹备计划参展项目招投标工作；7月，完成招投标工作并办理完毕入场施工手续；7月17日，内蒙古自治区林业厅、蒙草生态环境(集团)股份有限公司、内蒙古锐信工程项目管理有限责任公司(监理公司)共同入园，内蒙古室外展园建设正式开始。

【汗马雷击火灾】 6月1日19时，内蒙古大兴安岭汗马国家级自然保护区由于雷击引发特别重大森林火灾，过火总面积4577公顷，受害森林面积4500公顷，6月6日10时合围扑灭，共计出动扑火人员3620人(其中森警1680人)。

【红脂大小蠹疫情】 5月，赤峰市喀喇沁旗、宁城县、敖汉旗、松山区、元宝山区47个乡(镇、林场)发生红脂大小蠹疫情，发生面积1.11万公顷，具有被害症状松树85 943株，枯死松树2628株。与赤峰市相邻的河北省围场县、隆化县、平泉县以及辽宁省凌源市、朝阳县、建平县、喀左县、北票市均为红脂大小蠹危害重灾区。锡林郭勒盟多伦县和通辽市奈曼旗、库伦旗也面临红脂大小蠹传入风险。5月29日，国家林业和草原局在赤峰市召开冀蒙辽红脂大小蠹联防联治会议，会上，冀蒙辽三省(区)介绍了红脂大小蠹虫发生和防治情况，并签订红脂大小蠹联防联治协议。

【"蚂蚁森林"公益造林项目】 "蚂蚁森林"是蚂蚁金服集团支付宝客户端为首期"碳账户"设计的一款公益行动，用户通过步行、地铁出行、在线缴纳水电煤气费、网上缴交通罚单、网络挂号、网络购票等行为，减少相应的碳排放量，达到相应数值后可以在支付宝里认养一棵虚拟的树，该行动由浙江蚂蚁金融服务集团与中国绿化基金会合作发起。2018年已在内蒙古自治区呼和浩特市、赤峰市、巴彦淖尔市、阿拉善盟、鄂尔多斯市、通辽市、兴安盟7个盟(市)开展，投资1.67亿元，公益造林2.37万公顷，植树3200多万株，全球已有超过

3亿人参与其中。

【央视《新闻联播》头条报道内蒙古自治区林业生态建设成效和工作思路】 2月3日，内蒙古自治区林业厅厅长牧远以"筑牢'两个屏障'建设亮丽内蒙古"为题接受中央电视台采访，2月5日，中央电视台《新闻联播》头条播出相关采访内容。

【天然林资源保护20周年实施成效新闻发布会】 10月30日，内蒙古自治区政府新闻办召开天然林资源保护实施成效新闻发布会，内蒙古自治区林业厅副巡视员杨俊平介绍内蒙古天然林资源保护实施成效。天保工程实施以来，工程区累计完成公益林建设230.96万公顷，后备资源培育14.57万公顷。黄河上中游和岭南八局森林覆盖率由2010年的18.87%提高到2015年的23.07%。内蒙古森工集团工程区森林覆盖率由2008年的76.55%提高到2013年的77.44%。到2017年，工程区森林面积增加了129.84万公顷，森林蓄积量增加了2740.4万立方米。

【"三北"防护林体系建设40周年成效新闻发布会】 12月17日，内蒙古自治区政府新闻办召开"三北"防护林体系建设40周年成效新闻发布会，内蒙古林业和草原局副巡视员东淑华介绍内蒙古"三北"防护林体系建设成效。内蒙古自治区人工林保存面积由1977年的86.33万公顷增加到2018年的648.8万公顷，森林面积由1977年的1560万公顷增加到2018年的2486.7万公顷，森林覆盖率由1977年的13.21%增加到2018年的21.03%，实现森林面积和蓄积持续"双增长"、荒漠化和沙化土地面积持续"双减少"。毛乌素、科尔沁、呼伦贝尔三大沙地均实现沙化土地净减少的逆转，进入恢复利用沙漠的阶段。其中，毛乌素沙地治理率达75%，森林覆盖率由1978年的4.6%提高到26.86%。

【具体荣誉】 11月20日，经中共中央批准，国家林业和草原局授予内蒙古自治区9个集体和9名个人"三北防护林体系建设工程先进集体""三北防护林体系建设工程先进个人"称号。

三北防护林体系建设工程先进集体：内蒙古自治区兴安盟林业局，内蒙古自治区鄂尔多斯市林业局，内蒙古自治区阿拉善左旗林业局，内蒙古自治区敖汉旗林业局，内蒙古自治区和林格尔县林业局，内蒙古自治区凉城县林业局，内蒙古自治区太仆寺旗林业局，内蒙古自治区乌海市治沙站，中国人民解放军93808部队。

三北防护林体系建设工程先进个人：

佟金壮（蒙古族） 内蒙古自治区林业厅治沙造林处调研员

曲香芝（女） 内蒙古自治区呼伦贝尔市林业局造林治沙科科长

宝音贺什格（蒙古族） 内蒙古自治区科尔沁右翼中旗林业局主任科员

杨明海 内蒙古自治区科尔沁左翼中旗林业局副局长

张立江 内蒙古自治区乌兰察布市林业局副局长

李永春 内蒙古自治区赤峰市林业工作总站正高级工程师

高岗 内蒙古自治区呼和浩特市林业局造林绿化科科长

王权胜 内蒙古自治区乌拉特前旗林业局副局长

王生贵 内蒙古自治区阿拉善左旗林业局造林绿化室主任

【林草业大事】

2月3日 内蒙古自治区林业厅厅长牧远以"筑牢'两个屏障'建设亮丽内蒙古"为题接受中央电视台采访，2月5日，中央电视台《新闻联播》头条播出相关采访内容。

4月23日 内蒙古自治区党委书记李纪恒、自治区政府主席布小林、自治区党委副书记李佳，内蒙古军区司令员冷杰松、政委王炳跃等自治区党政军领导到呼和浩特市和林格尔新区"两河一廊道"什拉乌素河治理东水泉段项目区的自治区党政军义务植树基地，与首府干部群众一同参加义务植树活动。

6月1日 内蒙古大兴安岭汗马国家级自然保护区由于雷击引发特别重大森林火灾，过火总面积4577公顷，受害森林面积4500公顷，6月6日10时合围扑灭，共计出动扑火人员3620人（其中森警1680人）。

9月12~13日 全区推进国土绿化现场会在巴彦淖尔市召开。自治区党委副书记、自治区政府主席布小林出席会议并讲话，自治区政府副主席李秉荣主持会议。

12月6日 修订后的《内蒙古自治区湿地保护条例》经自治区人大常委会审议通过并发布施行。

12月20日 修订后的《内蒙古自治区实施中华人民共和国野生动物保护法办法》经自治区人大常委会审议通过并发布施行。

12月20日 《内蒙古自治区重点保护陆生野生动物名录》经自治区人民政府发布。

12月29日 内蒙古自治区党委办公厅、内蒙古自治区人民政府办公厅批复《内蒙古自治区林业和草原局职能配置、内设机构和人员编制规定》。

（内蒙古自治区林草业由武国庆、何泉玮供稿）

内蒙古大兴安岭重点国有林管理局林业

【概述】 2018年，内蒙古大兴安岭重点国有林管理局深入贯彻落实党的十九大精神，围绕国有林区改革任务和生态保护建设，加快职能转变和经济转型，实现林业产业总产值59.1亿元，较2017年增加2亿元，同比增长4%，其中：第一产业产值完成24.3亿元，同比减少3%；第二产业产值完成4.2亿元，同比增长40%；第三产业产值完成30.6亿元，同比增长5%；三大产业结构比（产值比）由2017年的44∶5∶51调整到41∶7∶52。2018年共申报项目21个，获得上级批复项目19个，批复总投资16 144.77万元。第九次全国森林资源连续清查结果显示，内蒙古大兴安岭重点国有林区森林面积837.02万公顷、森林蓄积量10.33亿立方米、每公顷蓄积量114.5立方米、森林覆盖率78.39%，较第八次全国森林资源连清结果分别增加了10.17万公顷、8874万立方米、9.75立方米、0.95个百分点，森林面积不断扩大，森林质量稳步提升，生态保护建设成效走在国有林区前列。

（杨建飞）

【国有林区改革】 深入推进国有林区改革，对七大类38项改革任务实行清单管理，集中力量打通梗阻、破解瓶颈。推进森林经营内部购买服务改革。2018年，林区森林管护全部由林业局与管护站签订内部购买服务合同；森林经营由2017年的6个试点单位转向全面推开，共有246个单位546个森林经营工队9796名作业人员按照购买服务方式从事森林经营工作。制订《森林防火工作内部异地购买服务实施办法》，根据林区南北差异，实行局与局之间异地购买服务，同时在少数农林交错地带探索开展社会化购买服务。

（周 喆）

根河林业局管护站

【生态建设】

森林资源管理 严格执行国家、自治区征占用林地管理规定，制订实施《内蒙古大兴安岭重点国有林管理局林地管理办法》，对103个林地行政许可项目全部实行事前介入和跟踪监管，坚决杜绝违法占用林地现象。全面完成980.9万公顷森林资源一类清查和233.3万公顷二类调查任务，编制完成19个林业局森林经营规划。森林督查工作实现全覆盖。坚定不移推进毁林开垦专项整治行动，编制完成《内蒙古大兴安岭重点国有林区退耕还林还湿还草规划》，完成22.81万公顷开垦林地自然属性精准核查，配合属地政府推进社会属性精准核查，全年收回开垦林地2346.67公顷，还林1333.33公顷。持续开展森林资源执法检查、野生动植物保护执法等专项整治行动，全年查处林业行政案件2862起，重点区域涉林案件呈断崖式下降。修订完善管护站管理制度，严格执行星级化管护标准，积极推进木材检查站、防火检查站、管护站等"多站合一"职能整合，对32个交通枢纽、关键节点的管护站点增加旅游驿站功能，提升管护站综合管理水平。全年争取上级资金4681万元，对139个管护站进行新建改造和功能完善，对424个管护站点进行了新能源升级。完成295座野外厕所环保达标改造。整顿清理违规家庭生态林场134户。积极推进"河长制"，启动了激流河流域生态保护行动。

（金明举）

保护地建设 汗马国家级自然保护区列入国际重要湿地名录；汗马、根河源等8处湿地列入内蒙古自治区重要湿地名录。牛耳河、绰源两处国家湿地公园试点通过国家验收并挂牌。编制阿龙山敖鲁古雅、吉文布苏里、毕拉河百湖谷3处自治区湿地公园总体规划。严格落实湿地红线制度，完成退耕还湿556.67公顷，退化湿地修复19.13公顷。有序推进湿地类型自然保护小区建设，编制完成莫尔道嘎、毕拉河等12处保护小区总体规划。2018年，林区湿地保护小区总数达到26个，湿地保护面积63万公顷，湿地保护率达到52.5%。强化野生动物疫源疫病监测，及时发现并上报非洲猪瘟疫情。大力推进依法治林，《内蒙古大兴安岭汗马国家级自然保护区条例》获得内蒙古自治区人大常委会批准通过，于2019年1月1日施行；联合呼伦贝尔市检察院印发《关于加强协作配合保护大兴安岭生态系统14条意见》，明确建立公益诉讼"补植复绿"基地和生态损害赔偿金专门账户，为开展生态损害赔偿开辟了新途径。

（金明举）

汗马湿地

森林经营 编制林区森林质量精准提升工程规划，全年完成森林抚育任务39.07万公顷、补植补造1.8万公顷、人工造林2000公顷、退耕还林1333.33公顷、重点地段造林绿化247.67公顷、森林保险植被恢复335.07公顷、异地补植2666.67万公顷。完成种子园经营237公顷、采穗圃经营273.33公顷、育苗作业142.87公顷产苗8438万株、球果采集36.5万千克，调剂合格种子0.9万千克。投入资金1600万元，开展苗圃基础设施填平补齐建设，保证林区造林苗木的基本需求。开展有害生物防治面积16万公顷，全面完成"四率"指标。编制完成《内蒙古大兴安岭重点国有林管理局国土绿化行动实施方案（2019～2021）》，计划三年造林3.33万公顷，投资5.3亿元。

（金明举）

森林保护 争取国家、内蒙古自治区投资9861万元建设7个防火项目；争取内蒙古自治区调剂使用天保资金5亿元，建设森林防火远程视频监控系统，维修养护防火应急道路，购置防火车辆设备。争取中央预算内投资计划3600万元,升级改造防火应急道路120千米。自筹资金9442万元修复重点部位危旧桥涵,修缮防扑火营房等基础设施。2018年林区共发生森林火灾24起,全部为雷击火,其中特大火灾1起,重大火灾1起,较大火灾20起,一般火灾2起,过火总面积5826.45公顷,受害森林面积5749.25公顷,森林受害率为0.7‰,当日灭火率为91.7%,未发生人为火灾和人身伤亡事故。得耳布尔林业局连续60年未发生森林火灾。

(张 宏)

【强化管理】 强化基础管理,严格控制"三公"经费和维修性项目支出,全年"三公"经费同比减少336万元。加强审计稽查,对20个单位开展法人代表离任经济责任审计;对40个单位开展2017年度财务收支及绩效考核目标审计;对19个单位开展2017年度棚户区改造跟踪审计;对10个单位85个政府投资项目开展专项稽查,对发现的问题逐一提出整改意见和建议。加强安全生产管理,实现全年无一般级别以上安全生产责任事故。开展人员培训,围绕林业基础知识、森林资源监测、卫星遥感应用技术、森林抚育技术规程等重点领域,培训专业技术人员660人次;与专业院校合作,开展林下经济、森林旅游管理等富余职工转岗就业技能培训,培训学员199人次。修订完善考核管理制度,将各单位2018年度考核中生态建设指标权重由2017年的35%调整到50%。

(金明举)

【产业发展】 牢固树立"绿水青山就是金山银山"的发展理念,林区94个重点旅游项目纳入属地旅游发展规划,104个旅游项目纳入生态保护红线避让范围。满归林业局红豆康养小镇入选自治区特色小镇高质量发展培育名单,莫尔道嘎林业局入选全国森林旅游示范县,满归红豆小镇、阿里河相思谷森林特色小镇入选首批国家森林小镇建设试点名单,得耳布尔林业局入选"中国森林康养基地"。林下经济有序推进,2018年林区经济林果种植面积超过2400公顷,中草药种植面积超过666.67公顷,特种动物养殖规模1万余头。碳汇产业稳步推进,天然次生林经营碳汇方法学开发等3个应对气候变化专项课题进入评审阶段。

(张 亮)

绰尔林业局苗圃大苗基地

【民生改善】 工资增长向一线倾斜,在岗职工年均工资突破5万元,年人均补充养老保险提高4000元。全年核定审批正常和特殊工种及因病(非因工伤)退休(退职)1511人。垫付资金1.34亿元,保证剥离企业办社会退休人员养老金和增资资金按时发放,落实已去世人员抚恤金。协调属地政府,为181名混岗集体工办理养老保险补缴工作。深入开展扶贫帮困活动,全年共筹集发放送温暖资金1113万元;发放家庭经济无息贷款1836万元,扶持家庭经济户737户,带动就业2261人。持续提升基础设施保障水平,960千米通林业局址道路、1715千米通林场路纳入国家支持范围,下达计划和部分建设资金。

(李 明)

【党的建设】 坚持和加强党的全面领导,认真贯彻《中国共产党支部工作条例》,深入实施"北疆先锋"工程,推动"两学一做"常态化制度化;不断推进党委领导下的行政领导人负责制在基层单位广泛实施,建设适应林区改革发展需要的领导体制。制定实施《关于进一步激励广大干部新时代新担当新作为的意见》《关于适应新时代要求大力发现培养选拔优秀年轻干部的意见》《关于进一步规范林区选人用人工作的意见》,规范选人用人机制,促进广大领导干部更好履职尽责、担当作为。开展纪念马克思诞辰200周年、庆祝改革开放40周年等主题活动,组织宣讲活动200余场,受众9000余人次。组建成立内蒙古自治区第一家企业"乌兰牧骑",并在呼和浩特市进行《绿色长城》专场演出,在内蒙古电视台推出《大兴安岭》4集专题片等一系列高质量宣传文化产品。坚决落实上级党委巡视反馈意见,抓整治、严追责、促转化,制定完善规章制度1452项,追责问责431人次,挽回经济损失270万元;对21个单位和部门开展常规巡察,追责问责81人,挽回经济损失172.8万元。加大违纪违法案件查办力度,2018年林区两级纪检监察机关共处置问题线索173件次,立案75件,给予党政纪处分106人次。高度重视信访稳控工作。2018年,国有林管理局接待职工群众来访467批次、2901人次,其中集体访88批次、2366人次,同比批次下降27%、人次下降6%;个体访379批次、535人次,同比批次下降4%、人次下降3%。进京到重点地区上访21人次,同比下降38%。网上投诉149件次,及时受理率99.23%,按期办结率100%。 (朱显明)

【林业大事】

1月8日 阿里河林业局被中国林业产业联合会森林康养促进会授予"全国森林康养基地试点建设单位"。

1月9日 毕拉河达尔滨湖国家森林公园被中国林业产业联合会命名为"中国森林体验基地"。

1月29日 全国第二次陆生野生动物——内蒙古大兴安岭林区调查工作结束。调查发现全林区分布有陆生野生动物资源375种(399亚种),较第一次(1995~1999年)调查341种(367亚种,不含引入物种)净增加34种。

5月10日 在"中国报业协会成立30周年纪念大会"上,林海日报社获中国报业融合发展创新单位称号。

6月1~6日 重点国有林区汗马国家级自然保护区和北部原始林区奇乾阿巴河发生两处雷击森林火灾。6月3日,北部原始林区奇乾林业局阿巴河林场的森林火灾实现全面合围,火场得到有效控制。6月6日,汗马自然保护区火场实现全线合围，外线明火全部扑灭，火场得到全面控制，扑火取得决定性胜利。

6月24日 全球环境基金增强大兴安岭地区保护地网络的有效管理项目成果发布会在根河林业局召开。

7月1日 绰尔林业局荣获第二届中国林业产业突出贡献奖。

8月3日 阿里河林业局获国家林草局"全国林业系统先进集体"殊荣。

8月7日 内蒙古大兴安岭寒温带明亮针叶林入选2017年第一届"中国最美森林"榜单。

8月20日 国家林草局公布首批国家森林小镇建设试点名单，林区满归红豆小镇和相思谷森林特色小镇入选。

10月14日 阿里河林业局"巍巍兴安岭"牌纯天然养生蓝莓果干在第十五届中国林产品交易会上获得林产品金奖。

10月20~21日 第二届中国森林康养与乡村振兴战略论坛暨全国森林康养基地建设交流会在海南省三亚市召开，得耳布尔林业局被评为"全国森林康养基地建设试点林业局"。

10月27日 "点赞中国·纪录影像四十年暨第四届万峰林微电影盛典"在云南省隆重开幕，金河林业局创作的《我是金河务林人》荣获短片类一等奖。

11月9日 金河林业局报送的《中国冷极村》宣传片在"高举习近平新时代中国特色社会主义思想伟大旗帜2018中国文化管理协会企业文化管理年会暨第五届'最美企业之声'展演活动"中荣获代言作品奖。

12月16日 莫尔道嘎林业局在2018中国森林旅游节获全国森林旅游示范县称号，绰尔大峡谷国家森林公园、根河源国家湿地公园、得耳布尔卡鲁奔湿地公园分别荣获2018中国森林旅游美景推广地、森林美景摄影地、最美森林露营地等称号。

（金明举）

辽宁省林草业

【概　述】 2018年，辽宁省林业草原系统认真学习贯彻习近平生态文明思想，坚决落实党中央、国务院和省委、省政府的决策部署，坚持机构改革和业务工作协调推进，扎实推进林业草原改革发展，圆满完成各项任务，林业草原建设取得明显成效。

【机构改革】 按照辽宁省委统一部署，省机构改革后，辽宁省林业和草原局机关共设立13个处室，机关职能进行了优化调整。将原辽宁省林业厅17家事业单位和省畜牧兽医局所属的草原监理站进行整合，组建辽宁省林业发展服务中心。完成机关和林业发展服务中心的人员选拔任用和调整工作。与省住房和城乡建设厅等8个部门有效对接，如期完成职能转接、资产划转和人员转隶等工作。2018年年底，全省14个市基本完成机构改革工作。其中，本溪、丹东、锦州、营口、辽阳、盘锦6个市单独设立市林业和草原主管部门，8个市在自然资源部门加挂林业和草原局牌子或与自然资源部门进行整合。

【造林绿化】 依托三北防护林、沿海防护林、中央财政补贴造林等国家重点林业生态建设工程，完成人工造林9.93万公顷、封山育林5.53万公顷、森林抚育6万公顷，均为计划的100%。启动森林质量精准提升示范林建设工作，建设示范林20块；国家森林城市创建活动稳步推进，全面启动辽阳市、朝阳市森林城市创建活动。辽阳市召开创森大会，朝阳市森林城市建设规划通过专家评审；完成全民义务植树6000万株。

【国有林场改革】 各地按照国家和省有关部署，扎实做好改革验收各项准备工作。建立健全国有林场发展长效机制，印发《辽宁省国有林场中长期发展规划(2018~2027年)》《辽宁省国有林场管理办法》等6项配套制度，进一步加强规划引领，促进国有林场科学发展。在国家发展改革委办公厅、国家林草局办公室印发的《关于全国国有林场改革进展情况的通报》中，辽宁省县级改革方案印发率等4项指标均达到100%。2018年年底前，以省政府名义正式向国家提交了省级验收申请。

【集体林权制度改革】 大力扶持和培育各类新型林业经营主体，全年新增新型林业经营主体50个，其中，林业专业合作社31个、家庭林场19个。会同省农业农村厅向国家推荐申报国家级示范社6个。开展新一轮本溪国家集体林业综合改革试验区建设工作。本溪市被国家林业和草原局批准为33个全国新一轮集体林业改革试验区之一，制订改革试验区实施方案，分解落实三权分置、林权流转、创新机制、产业模式4项改革试验任务。

【森林资源管护】 严格依法依规开展林地征占用审核审批工作。强化森林采伐限额管理，全省使用限额252.68万立方米，为年度限额指标的47.2%。森林督查工作收到良好成效。103个涉林县级单位完成自查，对部分县开展省、市级督查。扎实做好迹地更新工作，完成更新面积4.93万公顷。强化木材流通领域指导监督，推进10个规范化站建设。加强野生动植物保护和自然保护区建设。首次公布全省秋冬季候鸟集中分布区；开展打击鸟市非法经营候鸟等野生动物专项整治行动。野猪非洲猪瘟防控工作成效显著，建立市、县、乡三级联动机制，对野猪分布情况进行全面排查和野外巡护监测。晋升绥中五花顶国家级自然保护区1处，全省林业系统国家级保护区达到14处。开展23个省级自然保护区大检查，建立问题清单，认真督促整改。推进平安林区建设。开展"飓风1号""春雷2018"等专项行动，有针对性地查处盗伐滥伐林木、非法侵占林地、破坏林地和野生动物资源违法犯罪行为。全省共查处各类案件6682起。完成林区毒品禁种铲毒工作。在全省林业系统范围内开展扫黑除恶专项斗争工作。移送并侦办涉黑涉恶林业案件15起，刑事拘留犯罪嫌疑人44人。

【草原湿地保护】 贯彻落实《辽宁省湿地保护修复实施方案》，沈阳、大连等11个市出台市级方案；推进辽河口国家级自然保护区湿地生态效益补偿试点工作。组织辽中蒲河等6处国家湿地公园和自然保护区开展湿地保护恢复项目建设。草原保护工作不断加强。全省共聘用草原管护员1375人，草原管理和工程区管护能力不断提升。开展"大美草原守护行动"，全省评选出5名先进执法者和12名最美草原管护员。组织制定《草原少花蒺藜草防治技术规程》地方标准，并于2018年11月30日实施，填补国内草原少花蒺藜草防控空白。草原资源监测工作稳步开展。2018年全省草原综合植被盖度值达到63.13%，较上年提高1.23个百分点，草原生态状况持续好转。

【林业产业发展】 创新林业金融支农惠民机制。与省邮储银行、省农信社、省农业担保公司等金融机构签订战略合作协议。其中，省邮储银行5年内将为林业发展提供10亿元以上贷款融资。将在抵押物范围、利率、期限等方面提供优惠，并简化银行贷款手续，为林农提供便捷的金融服务。省农村信用联社推出"小额贷"，有效解决林农小额贷款难题。与省农业担保公司、邮储行、省农信社共同签署四方合作协议，推出"林担贷"项目，有效地解决林农贷款担保难的问题，降低银行信贷风险。狠抓国家林业贷款贴息政策落实。全省落实林业贷款16.8亿元，中央财政贴息补助3230万元，主要用于支持造林和林业企业林产品精深加工等项目。围绕调整林业生产结构，增加林农收入，引导各地发展特色经济林和林下经济开发。全省新增特色经济林和林下经济建设面积1.2万公顷。推进龙头企业和名牌产品创建工作。铁岭县、凤城市和东港市3个县(市)的经济林产品被国家林业局命名为经济林区域特色品牌。5个乡镇和1家企业产品获得"辽宁特产之乡"和"辽宁名牌农产品"。

【林业灾害防控】 不断加强森林草原防火综合能力建设，完成全年防火任务。全省发生森林火灾40起，过火面积750公顷，受害森林面积370公顷。森林火灾受害率0.06‰，远低于国家0.9‰的控制指标。未发生重特大森林火灾和人员伤亡事故。林业有害生物防控工作取得扎实成效。全省林业有害生物成灾面积0.39万公顷，成灾率0.77‰，低于国家3.5‰的控制水平。扎实开展美国一代、二代白蛾防治工作，确保美国白蛾成灾面积低于1%的控制指标。采取强有力措施开展松材线虫病除治工作。完成2017年疫区疫木伐除和无害化处置任务，对全省松材线虫等疫情进行集中普查。草原鼠虫害防控能力不断提高。积极采取生物药品、天敌控制、生态治理等措施开展草原鼠虫害防治防控工作，防治效果均达到85%以上。

【林业基层基础建设】 不断完善依法治林工作。配合省人大开展《辽宁省林木种子管理条例》立法调研。开展全省林业系统规范行政执法专项行动，增强法治意识，提升行政执法水平。营商环境建设取得新成效。省级24项林业行政许可和10项机构改革后新调入事项全流程移交省政务服务中心，实现"大厅之外无审批"。大力推行网上审批和不见面审批，实现行政相对人零跑路和最多跑一次，推进实施电子印章和电子证照，审批时效进一步提高，服务对象满意率100%。保障良种壮苗供给。开展国家级重点林木良种基地及资源库建设。完成育苗2.79万公顷，产苗18.9亿株。依法打击整治制售假冒伪劣种苗和侵犯植物新品种权的行为，保障企业合法权益。扎实开展全国标准化林业工作站建设。完成21个标准化林业站建设任务；依托中央财政推广项目，开展培训242期，培训近3万人次，发放资料近10万册。林业宣传工作成效显著。在省以上主流媒体发稿537篇，其中国家级媒体发稿118篇。生态文化村建设成效明显。6个村被评为"全国生态文化村"，全省总数达36个。

【脱贫攻坚】 大力做好行业扶贫。2018年重点安排10个深度贫困县林业生态建设任务12.39万公顷，省以上补助资金2.8亿元。优先选聘480名贫困人口作为生态护林员，提前并超额完成2020年生态护林员扶贫任务。积极发展特色林业产业和森林旅游等，强化科技服务，促进林农致富增收。驻村帮扶取得新突破。全年为彰武县大冷村和朝阳县黑虎村协调落实各项扶贫资金1382万元。其中，大冷村通过第三方验收，如期实现脱贫摘帽目标。

【省领导参加义务植树活动】 4月19日，辽宁省委书记、省人大常委会主任陈求发，省委副书记、省长唐一军，省政协党组书记、主席夏德仁等省领导同志，集体到沈阳浑河南岸与机关干部、部队官兵一起参加义务植树活动。

【张建龙调研湿地保护】 6月30日至7月1日，国家林业和草原局局长张建龙一行到盘锦调研滨海湿地保护工作。辽宁省副省长郝春荣陪同调研。在辽宁鹤类种源繁育基地，张建龙详细了解丹顶鹤人工繁育、放归大自然等情况，同时指出，要进一步研究鹤类繁殖、迁徙等规律，多措并举，让鹤类能落地、有食吃、可繁衍、长驻留。在视察红海滩国家风景廊道(滨海湿地)时，张建龙表示一定要坚持"绿水青山就是金山银山"理念，尊重自然、顺应自然、保护自然。在鼎翔苇海蟹滩(辽河国家湿地公园试点)，张建龙听取公园内现有鸟类分布种类、数量、保护等情况汇报，同时指出，要全面领会习近平生态文明思想的精神实质和深刻内涵，准确把握中央提出的新任务、新要求，全面加强湿地自然生态系统的保护修复。要全力将盘锦辽河湿地打造成为湿地保护、休闲观光、科普教育等多功能于一体的综合性国家湿地公园，为探索河滩型湿地保护做出典范。

【张建龙调研三北工程建设】 12月6日，国家林业和草原局局长张建龙到辽宁彰武县章古台镇樟子松退化林分改造现场、彰武松赤松良种示范林现场调研三北工程退化林分修复工作。张建龙指出，章古台三北退化防护林改造试点效果良好，有效提升了防护林的生态防护功能，具有很好的示范效应。要在退化防护林改造过程中高度重视发挥科技作用，大力推广先进技术和科研成果，加大乡土树种和灌木树种造林比例，在高寒干旱区推广低密度造林技术。要开展以水定绿专题研究，根据水资源承载能力确定一个地区的造林绿化树种、规模，积极发展雨养林草植被，形成主要依托自然降水、辅助人工补水的林草资源配置。要加大科研投入，加强造林绿化装备研发，提高管理的科学化、信息化水平，久久为功，持之以恒，推动三北工程高质量发展，构筑更加稳固的生态安全屏障。

【全省林业工作会议】 2月26日，全省林业工作电视电话会议在沈阳召开。辽宁省林业厅党组书记、厅长粟克路作报告。会议全面总结2017年重点林业工作，部署了2018年造林绿化、森林资源管护、保护区和湿地建设、森林防火、林业有害生物防控、林业改革、林业产业发展、基层基础建设、依法治林和全面从严治党等方面重点工作。

【林草业大事】
2月26日 全省林业工作电视电话会议在沈阳召开。会议全面总结了2017年重点林业工作，部署了2018年重点工作。
4月2日 2018年全国"爱鸟周"暨志愿者"护飞行动"在大连启动。国家林业局副局长李春良、辽宁省副省长郝春荣出席启动仪式并致辞。
4月9日 省林业厅召开党风廉政建设大会，会议传达学习中纪委十九届二次全会、省纪委十二届三次全会等会议主要精神，回顾总结2017年度党风廉政建设工作，安排部署2018年度工作任务。
8月8日 省委副书记、省长唐一军先后到阜新市彰武县章古台镇和冯家镇围绕精准脱贫、县域经济等工作开展调研。
8月25日 组织制订的《草原少花蒺藜草防治技术规程》通过省技术监督局组织的专家组审定，并于2018年11月30日实施，填补了国内草原少花蒺藜草防控空白。
7月27日 辽宁省林业发展服务中心举行挂牌仪式。
8月24日 中共辽宁省委办公厅印发《辽宁省林业发展服务中心主要职责、内设机构和人员编制规定》（厅秘发〔2018〕100号）的通知。
9月26日 辽宁省林业厅、辽宁省邮储银行、辽宁省农业信贷担保公司共同举办金融惠农现场会。
11月4日 中共辽宁省委办公厅 辽宁省人民政府办公厅印发《辽宁省林业和草原局职能配置、内设机构和人员编制规定》的通知（厅秘发〔2018〕204号）。
11月9日 辽宁省林业和草原局举行挂牌仪式。
12月7日 中国共产党辽宁省委员会决定：金东海任辽宁省林业和草原局党组书记、局长。

（辽宁省林草业由董铁狮供稿）

吉林省林草业

【概　述】 2018年，吉林省林业和草原工作坚持以习近平新时代中国特色社会主义思想为指导，深入贯彻落实党的十九大和省委十一届三次、四次全会精神，自觉践行新发展理念，协同推进机构改革和林草事业发展，全面完成各项改革发展任务。国有林场改革任务基本完成，国有林区改革、东北虎豹国家公园体制试点改革深入推进；全省林业生态系统38年无重大森林火灾；林业科技创新和转型发展步伐加快，全省林业产业总产值达到1398.07亿元；智慧林业建设扎实推进；林业扶贫攻坚取得明显进展。全省林业用地面积953.09万公顷，活立木总蓄积10.54亿立方米，森林覆盖率44.6%；全省草原面积69.13万公顷，草原综合植被覆盖率71.8%。

【林业草原机构改革】 2018年10月16日，中共吉林省委办公厅、吉林省人民政府办公厅联合印发《吉林省机构改革方案》，决定组建吉林省林业和草原局，将原省畜牧业管理局的草原监督管理职责，省国土资源厅、省住房和城乡建设厅、省水利厅、省农业委员会等部门的自然保护区、风景名胜区、自然遗产、地质公园管理职责划转省林业和草原局。将原省林业厅的森林、湿地等资源调查和确权登记管理职责划转省自然资源厅，森林防火相关职责划转省应急管理厅。2018年12月6日，中共吉林省委办公厅、吉林省人民政府办公厅印发《吉林省林业和草原局职能配置、内设机构和人员编制规定》，设立吉林省林业和草原局，为省政府直属机构，正厅级，由自然资源厅统一领导和管理。内设处室16个，分别是办公室、生态保护修复处（省绿化委员会办公室）、森林资源管理处、草原管理处、湿地管理处、野生动植物保护处、自然保护地管理处、国有林场和种苗管理处（林业工作站管理处）、天然林保护管理局（省重点国有林管理局）、发展规划和改革处、财务处、科技产业处、法规处（行政审批办公室）、森林草原防火和安全生产处、人事处、老干部处。另单设机关党委。

【林业改革】 国有林场改革任务基本完成。将全省338个林场整合为89个，全部定性为公益类事业单位。每年各级财政预算安排5亿元用于人员工资及公用经费。职工基本养老保险、医疗保险参保率和住房公积金缴存率均达到100%，实现了"应参尽参、应保尽保"。1.99

万名富余职工得到妥善安置,在职职工人均年收入由2015年的1.52万元提高到2017年的2.7万元,增长了77.6%。国有林区改革扎实推进。国有林区森工企业承担的公检法、教育职能已全部移交,共剥离移交、推公转制公检法机构58个、人员4347人,剥离移交中小学校94个、教职员工9772人。吉林森工集团所属8户森工企业23个"三供一业"(供水、供电、供热、物业管理)移交单位,全部与属地政府或专业机构签订了移交协议,省财政承担的50%"三供一业"改造资金4.9亿元全部到位。东北虎豹国家公园试点有序推进。按照国家林草局要求,完成珲春东北虎豹监测示范点建设,实现500平方千米数据通信全覆盖。完成自然资源所有者职责划转。

【生态建设】 全年共完成林地清收还林4.49万公顷,农防林更新改造0.2万公顷,退化防护林修复0.42万公顷,沙化土地治理2万公顷,森林抚育20.67万公顷,义务植树3200多万株,新建义务植树基地102个,绿化美化村屯593个。四平市、东丰县被评为省级森林城市,柳河县烧锅村、通化县新开村被评为全国生态文明村。

【资源管理】 组织全省严格执行全面停止天然林商业性采伐政策,并停止天然树木采挖,进一步强化天然林保护。指导全省贯彻落实森林采伐限额管理制度,通过开展检查和年度森林资源消耗情况内业审核,进一步强化采伐限额管理。

指导临江、敦化林业局开展森林经营方案实施试点工作任务,为停止天然林商业性采伐后科学经营管理森林探索经验和模式。开展环保督察整改、森林资源二类调查、国家级公益林区划落界、森林资源"一张图"年度更新工作,已将森林资源信息更新到2017年年底。按照"三年清收、五年还林"目标,推进林地清收还林工作,全省清收林地还林4.49万公顷,有效修复了林地,拓展了造林的空间。

【森林防火】 全省实现连续38年无重大森林火灾。全年共发生森林火灾83起。其中,一般森林火灾64起,较大森林火灾19起,火灾过火总面积264.95公顷,受害森林面积84.92公顷,全年森林火灾控制率为3.19公顷/次,森林火灾受害率为0.01‰,森林火灾案件查处率为100%,森林火灾2小时扑灭率为86.75%,森林火灾24小时扑灭率为100%,总计出动扑救人员7611人,未发生扑救人员伤亡事故。

【林业有害生物防治】 2018年全省应施调查监测的林业有害生物种类为76种,通过调查监测达到发生危害等级的有害生物种类为66种,全省应施调查监测面积为596.32万公顷,实施调查监测面积为591.96万公顷,全省平均调查监测覆盖率为99.27%。2018年全省林业有害生物预测发生面积为22.01万公顷,实际发生面积为23.19万公顷,测报准确率为94.91%;全省现有林地面积823.73万公顷,全省林业有害生物成灾面积为1.54万公顷,成灾率为1.87‰;全省实施无公害防治面积22.20万公顷,无公害防治率为97.29%;全省应施种苗产地检疫96 334.91万株,实施种苗产地检疫96 334.91万株,种苗产地检疫率100%。

【林政稽查】 2018年,全省共查结林业行政案件11 221起。其中,盗伐林木案3796起,滥伐林木案469起,毁坏森林林木案2128起,违法使用林地案3495起,非法运输木材案178起,非法经营加工木材案38起,违反野生动物保护法规案48起,违反森林防火法规案710起,违反林业有害生物防治检疫法规案2起,违反林木种苗及植物新品种管理法规案2起,违反自然保护区管理法规案93起,其他林业行政案件262起。行政处罚11 334人次,没收非法所得13.97万元,没收木材926.76立方米,责令补种树木32.06万株。

【野生动植物保护】 坚持保护优先原则,认真贯彻执行《野生动物保护法》《野生植物保护条例》,野生动植物保护管理进一步强化。野生动物损害补偿工作持续贯彻,处置野生动物损害补偿案件5082件,核定补偿资金1236万元。野生动物疫源疫病监测防控实现由被动到主动的转变。野生动植物保护宣传工作广泛开展,组织"全球老虎日""爱鸟周"等宣传活动,公众保护意识有所增强。

【湿地保护管理】 制定《吉林省重要湿地认定标准》和《吉林省湿地名录管理办法》,在全省范围内筛选了40块省级重要湿地,拟纳入第一批省级重要湿地名录。通化哈泥湿地晋升为国际重要湿地,成为吉林省继向海、莫莫格之后的第三块国际重要湿地,填补了吉林省东部长白山区国际重要湿地的空白。镇赉环城、长春北湖等8处湿地公园试点单位顺利通过国家验收,正式晋升为国家级湿地公园。在波罗湖国家级自然保护区退耕还湿400公顷。在莫莫格、龙湾、洮南等9家湿地公园和保护区开展湿地保护与恢复项目建设,提高湿地保护能力。

【林业重点生态工程】 2018年,天保工程区实有森林管护面积396.13万公顷,天保工程区年末在岗职工6.4万人,全员参加基本养老保险和基本医疗保险。工程全年完成投资49.06亿元,其中国家投资48.91亿元。三北防护林工程全年共完成各类生态建设任务1.6万公顷。其中,人工造林1.2万公顷,退化防护林改造0.4万公顷。

【林木种苗】 林木良种苗木生产供应能力稳步提升。建成露水河林业局、永吉种子站等10家红松、落叶松二代种子园,面积达13.33公顷。吉林省长白森林经营局朝鲜崖柏、山楂海棠种质资源库新增为省级林木种质资源库。审(认)定省级良种16个。年生产良种15万公斤,出圃苗木5.2亿株。良种使用率已达74%。

【林业产业】 2018年加快林业产业转型发展,启动实施百万公顷红松果林、百万亩绿化苗木、百万亩林下参、百万亩榛子果林、百万亩红豆杉、百万亩森林中药材、百万亩绿色菌菜、百个特色经济动物养殖小区、百佳森林旅游小镇九大特色产业提升工程建设，初步形成林下经济、特色产业和森林旅游三足鼎立的林业产业发展格局。着力推动林业产业集群化发展，新增国家级林业产业化龙头企业5户，省级林业产业基地5户。进一步修改完善全省林业产业统计系统，加强对林业产业、产品及经济指标的统计和调度。组织各级林草（业）主管部门和各类林业企业，开展2017年度林业产业数据填报统计工作，填报企业总数2746户，填报各类林业产业产品9702个，涉及林业产业从业人员6.5万人。开展2017年全省林业经济运行情况及2018年度林业经济发展趋势分析。围绕加快森林康养产业发展，依托北华大学积极向国家林业局申报建设国家林业局森林医学工程研究中心，并利用省级林业改革发展资金，积极扶持长白山保护开发区和省蛟河实验区管理局开展森林休闲康养产业园建设项目。

【智慧林业】 数字林业建设稳步推进。"吉林林业二号"卫星成功发射，与"吉林林业一号"组网构建林业遥感卫星"星座"，为森林资源调查、林火预警、野生动物保护、病虫害监测、荒漠化防治等工作提供覆盖度更强、重访周期更短的地理信息服务。国家林草局东北生态大数据中心于2018年7月27日在长春正式揭牌。东北虎豹国家公园体制试点区监测中心（暨省林业综合管理调度指挥中心）建设项目全面施工，按计划推进。吉林林业网实现连续8年获评吉林省先进政府网站。

【林业扶贫】 印发《吉林省林业草原生态扶贫三年行动实施方案》，明确未来三年的总体目标、主要任务和推进措施。组织协调在建档立卡贫困人口中选聘生态护林员。争取国家资金4000万元，比上年增加2000万元，选聘生态护林员5020人，相当于上年选聘规模的2倍，生态护林员人均年增加收入8000余元，实现了"一人增收，全家脱贫"。整合林业生态建设资金5140万元，安排贫困地区开展国家重点工程造林0.6万公顷，完成年度任务的300%。帮助两个包保帮扶村协调各类资金投入836.05万元，扶持发展养牛、养兔、桑黄种植、大樱桃种植项目4个，促进每户增收2500元以上，拉动419人就业。

【林业法治】 9月，省政府第16次常务会议审议通过《吉林省禁止猎捕陆生野生动物实施办法》；11月，吉林省第十三届人民代表大会常务委员会第八次会议通过《吉林向海国家级自然保护区管理条例》。贯彻落实吉林省政府"只跑一次"改革要求，省本级行政权力事项取消、下放20项，保留行政权力事项92项，取消下放比例达到17.9%。承办办结人大、政协代表建议提案16件，满意度达100%。

【林业投资】 2018年全省林业建设资金总额88.41亿元。其中，中央财政资金71.70亿元，占林业建设资金总额的81.10%；地方财政资金7.31亿元，占林业建设资金总额的8.28%；国内贷款4.10亿元，占林业建设资金总额的4.64%；自筹资金和其他社会资金5.30亿元，占林业建设资金总额的5.60%。在林业完成投资中，用于生态建设与保护62.38亿元，占林业完成投资额的70.56%；用于林业产业发展8.93亿元，占林业完成投资额的10.09%；用于林业支撑与保障13.78亿元，占林业完成投资额的15.59%；用于林业基础设施建设3.32亿元，占林业完成投资额的3.76%。

【林业经济】 2018年全省完成林业产业总产值1398.07亿元。其中，第一产业产值377.23亿元，占总产值的26.98%；第二产业产值778.70亿元，占总产值的55.70%；第三产业产值242.14亿元，占总产值的17.32%。林业三大产业的产值结构为27∶56∶17，产业结构逐步优化。水果、干果、中药材以及森林食品等在内的经济林产品的种植与采集业产值达到233.41亿元，占第一产业产值的61.87%。中药材加工、果酒果汁制造、坚果加工以及山野菜、食用菌加工在内的非木质林产品加工制造业产值达到361.13亿元，占第二产业产值的46.38%。森林旅游及休闲服务业产值达到147.42亿元，占第三产业产值的60.88%。

【林业科研与技术推广】 按照《国家林业和草原局科技司关于组织实施好2018年林业科技推广示范项目的通知》（科推字〔2018〕8号）等文件要求，组织开展中央财政林业科技推广示范资金项目申报工作，全省依托国家林业科技成果库入库成果，共申报项目75项。经过专家评审，综合吉林省林业科技成果推广和扶贫工作需要，共确定林业科技推广示范项目36个，使用中央财政林业科技推广示范资金2100万元。依托林业生态站在生态监测、数据分析等方面的优势，先后开展《吉林省森林碳储量及其固碳能力》和《吉林省森林生态系统服务功能及其效益评估》《吉林省湿地生态系统服务功能价值评估》等创新性、前瞻性项目研究。根据研究结果，吉林省森林生态服务功能价值达到8000亿元，湿地生态服务功能总价值量2100亿元，森林年固碳量达到3800万吨/年。按照"填补空白、完善体系、突出重点、适度超前、注重质量"的原则，制定修订13项地方标准。大力开展林业技术标准知识普及活动，制作下发了《吉林省林业地方标准汇编》。

【林草业大事】

1月8日 吉林哈泥湿地晋升为国际重要湿地。

1月19日 "吉林林业二号"卫星于12时12分在酒泉卫星发射中心发射成功。

2月7日 吉林省林业厅召开厅机关年终总结表彰会议。

2月8日 吉林园池湿地省级自然保护区晋升为国家级自然保护区。

3月6日 吉林省林业工作会议在长春市召开。厅党组书记、厅长霍岩出席并讲话。

3月9日 吉林省春季森林草原防火和造林绿化工作视频会议在长春市召开。

3月27~28日 吉林省委书记巴音朝鲁先后到白山市林科院试验苗圃、白山市三道沟林场调研，听取厅党组书记、厅长霍岩关于全省林业改革发展情况的汇报，并对推进林业改革发展作出重要指示。

4月16日 吉林省绿化委员会组织省领导、机关干部和部分长春市中小学生代表参加在长春举行的义务植树活动。省委书记巴音朝鲁、省长景俊海、省政协主席江泽林等参加。

4月28日 吉林省林业厅2018年度廉政工作会议召开。厅党组书记、厅长霍岩出席会议并讲话。

5月23日至6月7日 吉林省委全面深化改革领导小组办公室对全省国有林场改革进行专项督察。省国有林场和国有林区改革领导小组组长景俊海对国有林场改革作出指示。

5月31日 吉林头道松花江上游省级自然保护区、吉林甑峰岭省级自然保护区晋升为国家级自然保护区。

6月26日 副省长李悦到省林业厅专题调研,听取厅党组书记、厅长霍岩关于林业改革、林业环保督察问题整改、林业重大生态资源保护修复体系建设问题的汇报,并对推进国有林场改革作出重要指示。

7月27日 东北生态大数据中心揭牌仪式在长春举行。国家林业和草原局局长张建龙、副省长李悦出席揭牌仪式,国家林业和草原局总经济师张鸿文主持,国家林业和草原局信息办主任李世东致辞。

8月31日 省林业厅召开干部作风大整顿活动动员部署大会,副厅长王伟主持会议,厅党组书记、厅长霍岩出席会议并讲话。

9月4日 省政府第16次常务会议审议通过《吉林省禁止猎捕陆生野生动物实施办法》,定于2018年9月21日起施行。

9月18日 省林业厅组织召开全省林业自然保护区拉网式排查整改专题会议,通报了国务院"绿盾2018"专项行动巡查组巡查自然保护区整改情况。

9月27日 吉林省政府新闻办公室召开"吉林省中华秋沙鸭保护行动"新闻发布会。厅党组书记、厅长霍岩到会并介绍了"吉林省中华秋沙鸭保护行动"总体情况。

9月30日 吉林省召开全省秋季森林草原防火工作视频会议。副省长李悦出席会议并讲话。

10月15日 中共吉林省委任命金喜双为省林业和草原局党组书记。

10月16日 中共吉林省委办公厅、吉林省人民政府办公厅联合印发《吉林省机构改革方案》,决定组建吉林省林业和草原局。

10月26日 吉林省人民政府任命金喜双为省林业和草原局局长。

10月31日至12月11日 吉林省国有林场和国有林区改革领导小组组织国有林场改革省级验收,全省89个国有林总场(保护中心)全部通过验收。

11月30日 吉林省第十三届人民代表大会常务委员会第八次会议通过《吉林向海国家级自然保护区管理条例》,定于2018年11月30日起施行。

12月3日 省林业厅授予四平市、东辽县"吉林省森林城市称号"。

12月6日 中共吉林省委办公厅、吉林省人民政府办公厅印发《吉林省林业和草原局职能配置、内设机构和人员编制规定》,设立吉林省林业和草原局,为省政府直属机构,正厅级,由自然资源厅统一领导和管理。

12月10日 中国农林水利气象工会与国家林业和草原局宣传办、林场种苗司组成联合调研组,到四平市、敦化市开展国有林场改革专题调研并对困难职工群众开展送温暖活动。中国农林水利气象工会副主席孙涛对国有林场改革及困难职工帮扶工作提出具体要求。

12月13日 省政府召开吉林省国有林场和国有林区改革领导小组全体会议,研究部署加快推进国有林区改革相关事宜。省长景俊海主持会议并作讲话。

(吉林省林草业由耿伟刚供稿)

吉林森工集团林业

【概述】 中国吉林森林工业集团有限责任公司(简称"吉林森工集团")组建于1994年,前身为1950年经中央人民政府政务院批准成立的吉林省采伐公司,1954年改称吉林森林工业管理局,是全国首批57户建立现代企业制度的大型试点企业集团和全国四大森工集团之一,位列全国制造业500强。2006年经吉林省政府批准,吉林森工集团改制为国有控股企业,总股本5.0554亿元,吉林省国资委代表省政府出资持股65%。2018年3月,中国青旅实业发展有限公司与吉林森工集团进行战略重组,收购吉林森工集团35%职工股权。吉林森工集团实行母子公司体制,由母公司、子公司和生产基地三个层级组成。现有全资和控股子公司41户,其中,8个林业局属公益类企业,其他为竞争类企业,包括一家上市公司和一家财务公司。在册职工3.3万人,离退休人员3.6万人。

2018年,全年实现营业收入75.1亿元,同比提高7.3%。实现净利润-9.19亿元,同比减亏20%。年末资产总额324.2亿元、净资产50.3亿元。在岗职工年人均收入4.05万元,比上年增长1.3%。

森林经营 完成森林抚育1200公顷、后备森林资源培育2.4万公顷、更新造林6.73万公顷、国家储备林项目建设2000公顷和木材生产任务15.6万立方米。辖区乔木林公顷蓄积、珍贵树种比重和森林质量位于全国前列,实现连续39年无重大森林火灾,守住生态建设核心责任。争取省里有关部门初步同意辖区生态红线划定比例由90%调减至64.3%。域内建成绿化苗木基地2800公顷,储备苗木1400万株,全年实现销售收入1205万元。

维护稳定 一是生产经营保持稳定。开展节能降耗、节材降耗、节本降耗活动,推行精益化管理,全年期间费用同口径相比降低4800万元,财务成本同比减少2249万元。落实中央环保督察反馈问题整改和安全生产整治要求，完成辖区300块552公顷违法违规种参阶段性整改工作，各生产企业强化责任落实，消除事故隐患，安全生产和工业环保实现双稳定，连续10年无重伤、无死亡、无工业火灾。二是资金链保持稳定。全年接续外部贷款141笔131.5亿元，发放内部贷款83笔66.8亿元。与债权人协调落实无还本续贷、固贷到期本金展期、下调利率等政策，进一步降低利率，调整付息方式由月付和季付改为年付，减少利息支出0.43亿元、缓付利息1.22亿元。争取新增贷款和天保补助增量资金4.9亿元。活化资金5.3亿元，减少应税所得1.29亿元。三是职工队伍保持稳定。安置域内7户停产半停产木材加工企业，1976名职工到属地林业局转岗就业。坚持把有限的资金优先投向生产经营，工资发放向基层及生产一线工人倾斜。营造林杜绝外委用工，组织干部职工自营生产，人均年增收2300余元。引导扶持职工发展种养培植等创业致富项目，人均年增收6000余元。消除信访隐患25项，化解信访积案2件，全国"两会"等重要会事期间到省进京非正常访"零登记"。落实省委省政府扶贫攻坚部署，外部包保和龙市龙坪村实施产业扶贫、文化扶贫和健康扶贫，采取"公司+农户"的运营模式，投资30万元建设13.6公顷有机稻米示范项目，组织医疗队为144名村民义诊，争取40万元专项资金绿化美化村屯环境，153户贫困户脱贫148户；内部健全完善"五位一体"帮扶机制，通过发放专项资金扶持创业致富，1446名困难职工全部脱贫。

推进变革 一是落实现代企业制度要求，按照党委会、董事会、经理层议事规则科学民主规范决策，坚持重大事项研究党委会前置审核，公司治理机制进一步完善规范。二是推进瘦身健体，管理层级由五级减为四级，管理主体由345户减至276户，总部职能部门由31个减至15个部室和3个直属机构，15户二三级企业股权优化归并，企业经营效率得到提升。三是围绕强化激励约束，探索建立市场化用工、绩效考核和差异化薪酬分配机制，制订实施出资企业重点工作考核和员工管理等制度办法，市场化聘用15名经理人，三项制度改革扎实推进。四是解决历史难题，以每股1元的价格完成35%职工股权（每股净资产实际-4.93元）转让，维护20 633名职工的权益，为下一步引资重组清除障碍；筹资8000万元完成天治基金股权回购，为下一步资本运作储备核心资源；所属11家单位27个供水、供电、供暖及物业管理项目移交21项，全部移交后企业每年可减少运行费用8000万元。五是推进战略管控为主、财务管控为辅的经营管控体系建设，启动搭建财务、人力资源和供应链信息化管控平台。落实"三重一大"决策等制度办法，对项目管理、投资决策和资金使用实施穿透式管控。

林区转型 推行"林业局+合作社+职工"经营模式，采取产业协会引导和合作社集资入股等方式，利用停伐闲置厂房场地发展菌类苗木培植和人参药材种植等绿色转型项目，全年林地经济实现收入2.75亿元。协调长白山管委会研究推进长白山西坡旅游集散中心项目。长白山北坡游客临时集散中心项目启动运营。研究论证温泉氡泉康养基地、林业温泉医院和长白山大厦改扩建项目。域内建成绿化苗木基地4.2万亩，储备苗木1400万株，全年实现销售收入1205万元。

对外合作 落实吉林省省长景俊海"希望森工集团在深化改革、扩大开放、开展合作中走出一条发展新路"的批示要求，借助"京企走进吉林""央企助力东北振兴"等平台，主动与9户央企、12户京企开展合作洽谈并取得阶段性成果。与北京住总、城建、首创集团签署战略合作协议，木材加工产品进入对方采购目录，霍尔茨木门、金桥实木和防静电地板用于北京大兴新机场等标志性项目。森林食品部分产品进入中石化、中石油和首农集团渠道销售。与中石化合资建设长白山天泉矿泉水生产基地、成立销售公司，累计销售5.3万吨，实现收入1.4亿元；泉阳泉矿泉水中标南方航空公司航班饮用水。

政策争取 协调国家林业和草原局争取到社保补助和政社性支出增量资金1.48亿元。争取到中央和吉林省财政项目建设专项资金2880万元。减免省内亏损企业房产税和土地税1800余万元。总部及在长春企业争取到享受养老保险"退一缴一"及"增减员"相关政策。吉林森工集团被列入全国国企改革"双百行动"名单，争取享受先行先试政策。

党建工作 一是落实管党治党责任。组织学习贯彻习近平新时代中国特色社会主义思想和党的十九大精神，吉林森工集团党委集体学习5次，举办专题培训班两期，对200名中层以上干部和基层党组织书记集中轮训。推进"两学一做"学习教育常态化制度化，党员领导干部坚持用创新理论武装头脑、指导改革发展实践，"四个意识"进一步树牢，"四个自信"更加坚定，"两个维护"更加坚决，破解重组难题、化解债务危机、稳定发展大局能力得到提升。落实本级、督导21户二级和64户三级企业完成"党建进章程"工作，所属30户二三级企业均实行党委书记与行政主要领导"一肩挑"，实现专职副书记全覆盖。贯彻民主集中制，坚持党委集体领导，"三重一大"事项党委成员集体讨论决定，党组织把方向、管大局、保落实作用得到有效发挥。按照吉林省委统一部署要求，开展干部作风大整顿活动和解放思想大讨论活动。吉林森工集团班子聚焦查"八不"、破"五弊"，带头查找突出问题14个，制定整改措施20项，从18个方面进行整改落实，各级班子和干部队伍思想作风得到改进。二是加强领导班子和干部队伍建设。配强企业领导班子，采取组织调整和内部消化等方式，所属8个林业局班子人数由104人减至61人，主要负责人平均年龄由54岁降至50岁。坚持正确的用人导向，严把动议、推荐、考察、讨论决定、公示和任职关，实行干部选拔任用"一报告两评议"和全程纪实，全年提拔干部15人，调整交流47人次，免职41人。加强人才培养，推动森林资源经营、财务、木材加工和市场营销等领域专业技术人才库和后备人才培养体系建设，选拔培养192名年轻人才。三是加强基层党组织建设。落实党支部工作条例，严格执行"三会一课"等基本制度，全年各级基层党组织集中学习1305次，领导干部讲党课890次，各级领导干部坚持以普通党员身份参加支部组织生活会。"e支部"建设扎实开展，实现在职党员全覆盖，促进支部组织生活规范化常态化。开展"五强一创"工程和"三建"（建全、建强、建廉）专项整治活动，调整撤并及新建基层党组织144个，任用优秀党务工作者111名，基层党委按期换届，战斗堡垒进一步加强。健全完善基层党组织书记述职述廉、党建工作考核办法等制度，实现党建工作考核结果同经营者业绩评价、薪酬奖惩相挂钩，使党建工作由软指标变为硬约束。履行抓基层党建责任，定期研究企业党建、意识形态、统战和群团工作，落实"一岗双责"，吉林森工集团领导班子成员深入基层调研8次，带头履行并督导落实主体责任，做到党建与经营深度融合，以党建成果促进经营发展。四是推进党风廉政建设和反腐斗争工作。贯彻落实中国共产党《廉洁自律准则》《纪律处分条例》等党纪条规，制订实施22项监督执纪和巡察制度办法，派出3个巡察组对9户企业党委进行第一轮巡察。开展"四清"集中整治活动，加强纪律教育和警示教育，干部职工廉洁从业自觉性不断增强。运用监督执纪"四种形态"处理84人次。严抓案件，年立案40件，给予党政纪处分52人。配合省纪委监委做好柏广新、李建伟等案件调查取证和涉案人员查处工作。

企业文化 立足遵守政治规矩，遵从市场规律，按照国有资产监管要求，对决策、审批、管控、备案等流程实施再造，规范任期管理、目标考核、责任奖惩等工作体系，完善政策制度，重建企业秩序，约束干部行为。坚持守正创新，筑牢绿色发展根基，培育对标·奋斗·超越的企业精神，弘扬用心谋事、专心干事、同心成事的团队作风，塑造坚强、自强、图强的创业氛围，引导干部职工在能挣钱、真挣钱、挣真钱中践行贡献决定自身价值理念。

【林业大事】

1月9日 吉林森工集团湾沟林业局二道花园林场被人力资源和社会保障部、国家林业局评为全国林业系统先进集体，人造板集团湖北吉象人造林制品有限公司党委书记、总经理李照远，露水河林业局天保中心主任许传东，泉阳林业局资源处高级工程师孙涌，湾沟林业局仙人桥木材经营总公司工会主席曲英，三岔子林业局林业勘察设计处高级工程师藏立杰5名同志被评为全国林业系统劳动模范。

2月9日 吉林森工集团与中国核能电力股份有限公司在长春举行能源战略合作签约仪式。

3月31日 吉林森工集团在长春召开2018年工作会议暨党建党风廉政建设工作会议，贯彻党的十九大和全国"两会"精神，落实全省经济工作会议和全国林业厅局长会议部署要求，总结2017年工作，分析当前形势，从推进整合重组、提升经营运行质量、保持资金稳定、抓好改革、加强党建设、落实监督执纪问责六个方面部署2018年工作任务。

4月10日 吉林省委副书记、省长景俊海到吉林森工集团调研，强调要深入学习贯彻习近平总书记关于国企改革的重要讲话精神，在习近平新时代中国特色社会主义思想指引下，按照省委部署，创新制度，扩大合作，加快转型，落实责任，全面深化改革，全面建立现代企业制度，全面扩大合作，全面实施转型发展，全面承担核心责任，走出具有吉林特色的国企改革发展新路。

4月19日 吉林省副省长朱天舒到吉林森工集团现场办公，研究落实吉林省委副书记、省长景俊海到吉林森工集团调研时讲话精神，推进吉林森工集团改革发展。

6月22日 吉林森工集团与北京住总集团有限责任公司、北京城建集团有限责任公司、北京首都创业集团有限公司在北京签署战略合作协议，合作双方发挥地缘优势、禀赋优势和资源优势，形成长期稳定的战略合作伙伴关系，实现优势互补、资源共享、合作共赢。

7月27日 吉林森工集团在长春召开2018年年中工作会议，贯彻落实吉林省委十一届三次全会和省政府十三届二次全会精神，总结上半年工作，分析当前形势，研究完成全年各项工作任务的对策措施。

8月3日 国务院国有资产监督管理委员会下发《关于印发〈国企改革"双百行动"工作方案〉的通知》，国务院国有企业改革领导小组选取百余户中央企业子企业和百余户地方国有骨干企业（"双百企业"），在2018～2020年期间实施国企改革"双百行动"。吉林森工集团被纳入本次"双百企业"名单。

8月29日 吉林森工集团召开干部大会，贯彻落实习近平总书记重要讲话精神，按照省委关于全省干部作风大整顿活动统一部署，深刻汲取长春长生公司问题疫苗案件教训，对本企业范围内开展干部作风大整顿活动进行动员部署。

10月18日 国务院国资委党委书记郝鹏到吉林森工集团调研指导工作，就贯彻落实习近平总书记深入推进东北振兴重要讲话和指示精神，推动国有企业高质量发展进行现场检查指导。吉林省副省长朱天舒、省国资委主任高志国参加调研。

（吉林森工集团林业由吴在军供稿）

黑龙江省林草业

【概　述】 2018年，全省共完成造林7.8万公顷，为年度计划任务的100%，其中人工造林完成4.78万公顷，封山育林完成3.01万公顷；全省绿化村（屯）1453个，绿化道路1110.9千米；新建义务植树基地415个，义务植树株数2207万株。完成三北工程5.06万公顷，培育苗木12亿株，完成三北防护林补植、补造和退化林分修复0.67万公顷，完成育苗面积0.67万公顷，采集林木种子13万千克。发生森林火灾44起，其中，雷击引发森林火灾37起，人为7起，秋季森林草原防火实现了"0的突破"。共检疫苗木6.8亿株，种苗产地检疫率达100%，林业有害生物无公害防治率90.85%，成灾率0.18‰，无重大疫情发生。防治草原鼠害面积

16.86万公顷、虫害面积12万公顷，分别占发生面积的84.1%和76.7%。

【林业草原机构改革】 10月25日，黑龙江省林业和草原局正式挂牌。黑龙江省委正式印发了黑龙江省林草局"三定方案"，标志着省级林草机构改革基本完成，作为省政府直属机构，为正厅级，由省自然资源厅统一领导和管理。将原省森林工业总局和省森林资源管理局的重点国有林区森林资源管理职责，省畜牧兽医局的草原监督管理职责，以及原省国土资源厅、省住房和城乡建设厅、原省环境保护厅等部门的自然保护区、风景名胜区、自然遗产、地质公园管理职责等进行整合，成立新的黑龙江省林业和草原局。黑龙江省林业和草原局内设处室17个，办公室、生态保护修复和荒漠化防治处（黑龙江省人民政府绿化委员会办公室与其合署办公）、森林资源管理处、草原管理处、湿地管理处、野生动植物保护处、自然保护地管理处、改革发展处、国有林场和种苗管理处、防灾减灾处、规划处、财务处、科学技术和对外合作处、审计稽查处、人事处、机关党委、离退休干部处。

【生态保护修复和荒漠化防治】 全省共完成造林7.8万公顷，为年度计划任务的100%，其中人工造林完成4.78万公顷，封山育林完成3.01万公顷，为营造绿水青山，改善生态环境奠定了基础。全省绿化村（屯）1453个，面积0.16万公顷，有效地改善了农村人居生活环境。绿化道路1110.9千米，面积0.08万公顷。全省共公布116个义务植树接待点，新建义务植树基地415个，面积0.09万公顷。义务植树株数2207万株。大力推进乡村振兴战略，落实造林绿化责任。在国家"三北"工程建设40周年表彰大会上，有1人获绿色长城奖章、8人获先进个人称号，拜泉县、望奎县等7个单位获先进集体称号。争取省财政安排造林补助资金1107万元，乔木林造林补助标准由3000元/公顷提高到7500元/公顷，与三北工程造林标准全部拉齐。

【森林资源管理】 以秦岭北麓违建别墅问题为鉴，召开全省打击破坏林地、湿地、草原专项行动电视电话会议，对中央环保督察发现的案件全力督办，对林区内采石、采砂场进行清理整顿，特别是对哈尔滨周边采石、采砂场予以停业整顿、全面进行规划；重点查处绥棱、桦南等县破坏植被种植人参案件。坚持刀刃向内，对局直属林管局毁林开垦、毁林种参案件认真查处，追究直接责任人的刑事责任，处分多名领导干部。开展全省林地湿地大清查行动，共清理出被开垦林地8.06万公顷，清理开垦林地种参0.12万公顷，清理开垦湿地0.81万公顷；加强天然林资源保护，落实国家级公益林管护面积337.4万公顷、天然商品林管护面积134.4万公顷。抓好打击涉林涉草违法行为，组织开展"春雷"专项行动、"绿剑"专项行动，严厉打击非法猎捕、经营野生林蛙和候鸟专项整治行动。全年受理森林和野生动物案件1330起，查处1073起，草原破坏问题立案154起，查处0.08万公顷。

【草原管理】 2018年，全省草原面积13.8万公顷。利用7个国家级草原固定监测点、地面路线调查数据和气象数据，采取遥感等"3S"技术，对全省草原植被生长状况进行监测和分析。全省草原鲜草总产量1294.9万吨，折合干草约478.4万吨，较上年增产17.9%。全省草原综合植被盖度平均为82.5%，较上年高2个百分点，草原综合植被盖度75%以上草原面积占比77.3%。通过落实草原禁牧制度，依托新一轮草原生态保护补助奖励政策和天然草原退牧还草工程等国家项目，采取围栏封育、补播改良和人工种草等措施，对退化、沙化、盐碱化草原进行生态保护修复。松嫩草原区实现禁牧草原面积5.62万公顷。全年累计投入财政资金1亿元，实施围栏封育0.16万公顷、补播改良1.54万公顷、人工种草0.05万公顷。对牧业、半牧业县草原开展了退化、沙化、盐碱化状况监测工作。组成督查组，分别于3月和5月对所担负的省森林草原防火责任片区开展了2次督导检查。共组织核查国家下传的卫星监测热点29个，经核查全部为非草原火点。全年全省未发生草原火灾。通过开展全省草原资源清查工作，进一步推进基本草原划定工作。全省15个牧业、半牧业县（市）、农垦系统和部分草原资源清查县（市、区）完成基本草原划定工作，草原面积基数8.66万公顷，划定基本草原7.17万公顷，划定比例82.5%。

【湿地管理】 全省湿地保护率由2009年第二次全国湿地资源调查的38.8%，提高到50.79%，高于全国平均水平，累计退耕还湿2.36万公顷。针对退耕还湿情况开展深入研究，编制黑龙江省退耕还湿研究报告。通过制定实施《黑龙江省湿地保护条例》和《黑龙江省湿地保护修复工作实施方案》、发布《黑龙江省湿地名录》等实际举措，使湿地保护率稳步提高。通过恢复湿地功能、扩大湿地面积、实施栖息地保护和科研监测等工程，有效改善和提升湿地生态状况和保护管理能力。组织开展2018年度湿地草原清理及《黑龙江省湿地名录》数据修正工作，对哈尔滨、大庆、齐齐哈尔和黑河4个市湿地名录开展核查修订工作。组织专家考察9处国家湿地公园，完成省级验收工作；配合国家林草局湿地司考察验收国家湿地公园；配合驻黑龙江省专员办完成太阳岛等4处国家湿地公园建设管理专项监督检查工作；配合国家林草局西北院和华东院完成三江重大湿地恢复工程和中央财政湿地补助项目的中期评估工作。开展中央和省级财政湿地补助项目检查，主要是依据项目方案对项目完成、执行情况进行摸底检查并汇编成册。推进河仁慈善基金会、保尔森基金会（美国）黑龙江湿地项目落实，推进相关湿地合作项目开展，签署黑龙江湿地培训项目总体协议，开展湿地合作项目省外培训；组织开展2018·黑龙江湿地日暨哈尔滨创建国际湿地城市宣传活动，举行湿地国际—中国办事处哈尔滨市首家"湿地学校"、中国科学院东北地理与农业生态研究所"科研监测基地"挂牌仪式。组织国际湿地城市认证提名工作，经过努力，哈尔滨成为首批国际湿地授牌的城市。

【野生动植物保护】 联合开展"绿盾2018"专项行动。共核查保护区70个（其中国家级22个、省级48个），共发现问题1590个，经核实无问题（包括保护区外）562个，已整改604个，整改进行中424个。春秋两季开展林蛙、候鸟等野生保护专项行动，依法打击乱捕滥猎滥食和非法经营利用野生林蛙、候鸟类等野生动物行为。推进GEF老虎保护项目，GEF老虎项目按照计划实施。举办全球环境基金东北虎豹保护国际合作交流论坛，来自印度、俄罗斯、澳大利亚等老虎分布国的140余位代表参加会议。严肃查处国家级和省级自然保护区新增或规模扩大开发建设活动。审核上报七星河、太平沟、牡丹峰、三江、兴凯湖国家级自然保护区行政许可5项，已批准实施4项，1项待批中。加强野猪野生种群的巡护监测、主动预警采样、督查督导等措施，把野猪非洲猪瘟各项监测防控工作做实、做细、做到位。

【自然保护地管理】 召开机构改革后首次东北虎豹国家公园座谈会，调整黑龙江省东北虎豹国家公园体制试点暨国家自然资源资产管理体制试点领导小组，统筹推进试点工作。经国家林草局批复，碾子山、达勒晋升为国家级森林公园，至此森林公园总数增加至66处，其中国家级41处、省级25处；开展自然保护地大检查专项行动，8个部门联合下发《黑龙江省自然保护地大检查专项行动实施方案》（黑林联规〔2018〕12号）。组织召开地方林业保护地大检查督查工作部署动员会，并联合驻省森林资源监督专员办下发《全省地方林业自然保护地大检查专项行动督查方案》（黑林联发〔2018〕20号），组成14个督查组，依据有关自然保护地的法律法规、部门规章、规范性文件等，围绕保护地大检查重点检查内容，对地方林业各类保护地开展自然保护地大检查专项行动督查工作。认真做好森林公园总体规划编报和生态保护红线划定工作，共初审16处公园总规。按照省委、省政府关于生态保护红线划定工作的决策部署，完成生态保护红线划定、确认等工作。完成"十三五期间重点推介森林旅游地"推荐及"国家森林小镇建设试点"审核把关工作，确定胜山要塞、乌苏里江、火山口、牡丹峰4家国家森林公园参加国家评选。统计国家级、省级森林公园林相改造项目需求，编制《黑龙江省森林公园林相改造发展规划》。

【国有林场和种苗管理】 全年森林抚育11.37万公顷，累计投资1.706亿元。落实2018年国家级公益林管护面积337.4万公顷，天然商品林管护面积134.4万公顷。完成国家级公益林落界工作。探索实施公益林管护野外智能巡护试点。与省移动公司合作，建设野外智能巡检监测管理云平台对管护员监督管理。完成特殊及珍稀林木培育426.67公顷，累计投资320万元。确定14家省级森林经营样板建设单位，完成国家级森林经营样板基地验收。完成森林抚育规划修编和珍稀树种规划制定。对"十三五"后三年（2018～2020年）抚育规划进行修编，制定珍稀树种建设规划（2018～2020年）。与东北林业大学和省林业监测规划院共同编制完成《黑龙江省地方林业森林经营规划（2016～2050）》，已通过专家评审。完成全省林木种质资源普查试点工作成果验收、栽培利用树种和引进树种林木种质资源普查工作，掌握了全省引进树种林木种质资源的种类、分布、生长状况、利用情况等基础数据。召开黑龙江省林木品种审定会，审定通过水曲柳家系46号等21个品种。完成国家良种补助生产任务和国家级林木种质资源库建设。争取林木良种培育补助1730万元，其中：良种繁育补助1245万元、良种苗木培育补助485万元，新建种子园、采穗圃、种质资源收集区等147.93公顷，培育良种苗木1897万株。有6个良种基地（库）参与全省81%份额的林木品种选育推广，良种选育和生产能力得到大幅度提升。组织开展全省春季造林苗木质量监督检查，对造林设计、苗木采购、苗木等级和苗木来源、标签档案和自检制度等进行监督检查，涉及12个市61个县111家种苗生产经营单位，共抽查48个种批，208个苗批，合格率为100%；111家单位持证率为97.3%；生产经营档案归档率为81.1%；标签使用率95.5%，自检制度执行率95%。

【防灾减灾】 省委、省政府主要领导高度重视森林草原防火工作，在省委、省政府高位推动下，全省层层落靠森林防火责任，开展防火督导检查工作，不断强化火源管控和应急处置。全年共发生森林火灾44起，其中，雷击引发森林火灾37起，人为7起，秋季森林草原防火实现了"0的突破"。全省共检疫苗木6.8亿株，种苗产地检疫率达100%，林业有害生物无公害防治率90.85%，成灾率0.18‰，无重大疫情发生。全省防治草原鼠害面积16.86万公顷、虫害面积12万公顷，分别占发生面积的84.1%和76.7%。

【科学技术和对外合作】 组织实施"东北乡土木本粮油树种良种选育及利用研究"项目，通过对核桃楸、蒙古栎、山杏、榆叶梅、刺玫果5个乡土木本粮油树种进行良种选育、繁育、栽培等技术研究，形成了系列配套技术，为发挥乡土木本粮油树种资源优势，合理开发利用发展经济林产业提供技术支撑和保障。开展省级林业科技研究红松等林木良种选育、森林可持续经营、森林保护、生物多样性保护等方面应用项目21项；完成黑龙江西部农林复合系统功能优化及持续高效经营技术与示范项目，并获2018年黑龙江省科学技术三等奖；制订并印发《黑龙江省林业科学技术奖励办法（试行）》和《黑龙江省林业科学技术奖励办法实施细则（试行）》，评出授奖项目30项，其中一等奖9项，二等奖10项，三等奖11项。组织实施和组织鉴定的"平原防护林现代经营技术"和"利用沙棘剩余物培育功能食用菌技术"2项成果被国家林草局列为2018年国家重点推广项目。黑河生态站的平山分站已经全部建成，七台河生态站在抓紧建设中，按计划2019年建设完成，扎龙生态站已列入2019年中央预算内投资计划。完成国家生态站数据管理平台模块功能测试，并对平台建设提出建设性意见；完成国家林草局和国家统计局联合开展的"国家中国森林资源核算研究"中林地林木资源价值核算调查工作，为森林资源核算和林业绿色经济评价体系提供了重要的数据保证。制订《黑龙江省林业和草原局落实"黑龙江省林业和草原局 东北林业大学全面合作框架协议"深度合作项目实施工作方案》，对"黑龙江省林业和草原局东北林业大学全面合作框架协议"深度合作项目工作任务进行分解落实,并组织召开专题会议研究推进工作。

【林草改革】 完成了11个市、70个县(市、区)和7个事权单位国有林场实施方案批复工作,国有林场改革基本完成,全省424处国有林场有370处被定性为公益二类事业单位,有54处已明确为企业性质,分离国有林场兴办学校37所、卫生所48处,推进国有林场实行政事分开、事企分开、管办分离。集体林权制度改革不断深化,出台《黑龙江省集体林权抵押贷款管理办法(试行)》《黑龙江省财政补贴型森林(集体林)保险实施方案》《黑龙江省集体林权流转管理办法(试行)》,加快建立森林保险制度,推进集体林"三权分置"。营商环境进一步得到优化,将原有106项省级行政权力,下放减少至28项,其中行政审批项目有19项,全部实现了网上审批和不见面审批。全省集体林确权面积124.33万公顷,占集体林地总面积的88%,核发林权证37.3万本,获得林权证主体数为20.87万个。指导各地贯彻落实《黑龙江省集体林权抵押贷款管理办法(试行)》。为进一步规范集体林权流转行为,建立健全集体林地所有权、承包权和经营权"三权"分置制度,活化集体林经营权,拟定全省集体林权流转管理办法。

【林草规划】 组织编制森林质量提升工程发展规划,组织撰写国土绿化实施意见初稿。组织编制森林防火规划、湿地保护规划。组织专家开展黑瞎子岛国家级自然保护区总体规划(修编)、黑瞎子岛国家湿地公园总体规划(2018~2027年)、珍宝岛湿地国家级自然保护区总体规划(2019~2028年)、呼兰河口国家湿地公园调整方案及黑龙江省国有林场中长期发展规划专家审查及上报工作。申报固定资产投资建设项目10个,总投资32 626.09万元,其中中央预算内投资26 968.15万元、地方配套5657.94万元,其中森林防火项目9个,总投资31 840.13万元,其中中央预算内投资26 182.19万元、地方配套5657.94万元;国家级生态系统定位研究站建设项目1个,总投资785.96万元,全部为中央预算内投资。完成项目初设批复、调整及验收工作。完成项目初步设计批复6个、初步设计调整9个、项目验收2个。录入重大项目库项目40个,谋划申请总投资468亿元。

【林业产业建设】 召开全省林业绿色经济发展座谈会,形成"两头两尾"林下产业、食用菌产业等7个方案及指导意见;落实"一带一路"战略,木材进口量达1050.1万立方米,与顺丰、铁塔集团签订战略合作协议,引入"互联网+林业+金融"。构建北药、林果、食用菌3个产业集群,新增经济林面积3.05万公顷,增加北药种植面积5.06万公顷,全年食用菌产量430万吨,全省林业总产值预计实现1900亿元。与中国农业发展银行签署《全面支持黑龙江省林业发展战略合作框架协议》,与黑龙江联合产权交易所达成合作共识,推进实施林权资产认证、评估、交易、收储、转让等业务。推进鹤岗林业碳汇项目开发和伊春森林经营增汇试点,开展全省林业碳汇资源普查工作。

【林业生态扶贫】 认真贯彻落实中央省委精准扶贫"五个一批"战略部署,出台《全省林业生态扶贫工作方案》,投入建档立卡生态护林员管护补助6500万元,测算安排生态护林员20 732人,为全省脱贫攻坚提供了有力保障。认真抓好贫困林场扶贫工作,联合省财政厅开展扶贫工作"回头看",建立贫困林场扶贫台账,重新科学界定39个国有林场为贫困林场,制订《全省国有贫困林场三年脱贫攻坚行动方案》,确保实现与全省同步脱贫。扎实开展驻村帮扶工作,省林草局班子成员4次深入定点扶贫村召开现场推进会,推进林下生猪养殖、大棚吊袋木耳、苗木花卉、光伏发电和植树造林"绿色银行"等项目,驻村扶贫工作得到省委主要领导肯定,被评为全省优秀驻村工作队。

【林草业大事】

1月26日 省林业厅印发《2018年全省林业法治工作要点》,对林业法治工作作出具体部署。

3月15日 省政府召开2018年全省春季森林草原防火暨造林绿化电视电话会议,安排部署全省春季森林草原防火重点工作。

4月6~8日 厅党组书记王东旭陪同代省长王文涛赴大兴安岭、黑河等调研森林防火、林业产业有关情况。

8月1~2日 厅党组书记王东旭陪同参加国家应急管理部赴大兴安岭调研黑龙江省森林防火等工作活动。

9月5~7日 厅党组书记王东旭赴东宁市、绥阳国有重点林管理局等地,督查东北虎豹国家公园建设,并部署其周边非洲猪瘟防控工作。

9月11~12日 厅党组书记王东旭赴大庆市参加国家林业局森林病虫害培训班开班式,深入大庆市龙凤湿地、杜尔伯特蒙古族自治县就湿地保护、鸟类迁徙禽流感防控、防控非洲猪瘟、三北工程造林、国有林场改革等进行调研。

10月24日 副局长郑怀玉参加全球东北虎豹GEF基金会国际论坛。

10月25日 举行黑龙江省林业和草原局挂牌仪式。

同日,局党组书记王东旭主持召开林草局2018年第一次党组会议、第一次局专题会议。

同日,参加省委深改组工作会议。

11月3~4日 局党组书记王东旭陪同省委书记张庆伟赴大兴安岭、黑河等地考察调研。

12月27日 局党组书记王东旭参加全省打击盗伐滥伐林木、保护森林资源电视电话会议并讲话。

(黑龙江省林草业由葛君、李艳秀供稿)

黑龙江森林工业

【概　述】 2018年，是龙江森工发展历程中具有标志性的重大历史性转折。黑龙江省森林工业总局结束了70年的历史，龙江森工集团正式挂牌成立。全林区干部职工，攻坚克难，务实进取，各项工作取得积极成效。

【机构改革】 2018年6月29日，中共黑龙江省委、黑龙江人民政府以黑委〔2018〕40号文件批复同意将中国龙江森林工业(集团)总公司改制重组为中国龙江森林工业集团有限公司，由省国资委代表黑龙江省人民政府作为中国龙江森林工业集团有限公司的出资人，并履行出资人责任和义务。

2018年10月16日，黑龙江省委办公厅、黑龙江省人民政府办公厅印发《关于〈黑龙江省机构改革方案〉的实施意见》。将省林业厅的职责，以及省森林工业总局和省森林资源管理局的重点国有林区森林资源管理职责，省畜牧兽医局的草原监督管理职责，省国土资源厅、省住房和城乡建设厅、省环境保护厅等部门的自然保护区、风景名胜区、自然遗产、地质公园管理职责等进行整合，组建省林业和草原局，作为省政府直属机构，由省自然资源厅统一领导和管理。

不再保留省林业厅、省森林工业总局、省森林资源管理局。

【主要经济指标】 2018年，全林区产业总产值完成635.3亿元，比2017年增长8.1%。其中：第一产业完成223.6亿元，第二产业完成172.4亿元，第三产业完成239.3亿元。林业产业增加值完成269.4亿元，比2017年增长8%。

营林产值完成19.9亿元，比2017年同期增长4.2%；林产工业产值完成30.3亿元，比2017年同期增长11.8%；种植养殖业产值完成127.2亿元，比2017年同期增长6.1%；森林食品业产值完成88.8亿元，比2017年同期增长13%；旅游业产值完成70.8亿元，比2017年同期增长7.3%；林药业产值完成18.7亿元，比2017年同期增长6.3%。在岗职工年平均工资37 001元，比2017年增长8.6%。

【生态建设】 2018年，全系统造林面积6164公顷，绿化面积63.13公顷，森林抚育计划完成24.31万公顷，育苗生产完成246.67公顷，病虫鼠害防治完成面积7.33万公顷。完成11个林业碳汇试点项目设计文件编制工作，并征求了相关单位和专家意见。

全面启动2018年林地变更调查工作，开展业务技术培训和考核，制订工作方案和出台质量管理规定。抽查山河屯等7个林业局的林地变更调查工作并解决存在的问题。全面完成国家林草局下达的11个林业局及2个直属林场的229万公顷二类调查任务。

截至2018年年底，有林地面积增加1.2万公顷，森林覆盖率比2017年增加0.17%，森林蓄积比2017年净增2946万立方米，单位公顷蓄积达到117立方米。退耕还林还草0.38万公顷，清理收回林地3100公顷。连续10年未发生重特大森林火灾，病虫鼠害防治面积7.33万公顷。

【产业建设】 全林区产业总产值完成635.3亿元，比2017年增长8.1%。其中：第一产业完成223.6亿元，第二产业完成172.4亿元，第三产业完成239.3亿元。林业产业增加值完成269.4亿元，比2017年增长8%。重点产业项目开复工46个，其中，新建项目32个，续建项目14个，开复工率65.7%，年度完成投资11.1亿元。森林旅游业持续增长，旅游业产值完成70.8亿元，比2017年同期增长7.3%，接待游客744.74万人次，比2017年增长11.5%。森林食品业不断壮大，实现产值88.8亿元，比2017年同期增长13%。8个林业局有限公司12个企业进行了无公害农产品、绿色食品、有机农产品和农产品地理标志认证，认证产品37个。种植养殖业取得新进展，实现产值82.5亿元，农业播种面积35.17万公顷，常规养殖和特色养殖形成一定规模。北药业种植规模不断扩大，实现产值8.9亿元，人工栽培北药面积5933.33公顷。林产工业增速明显，实现产值30.3亿元，比2017年同期增长11.8%，人造板产量73 563立方米，地板产量347 182立方米，进口木材42万立方米。营林产业平稳发展，实现营林产值19.9亿元，比2017年同期增长4.2%，培育经济林4760公顷，完成11个碳汇试点项目前期工作。

种植业 进一步加大种植业结构调整力度，调减传统大田作物播种面积，重点扩大紫苏、水稻、白瓜子、小麦、油菜等高产高效作物和经济作物种植面积。农业机械化水平不断提升，累计组建农机合作社8个。迎春、桦南、双鸭山、鹤北、沾河、鹤立、桦南等林业局粮食仓储能力达到500万吨。

养殖业 利用林区生态资源优势，突出绿色、优质、安全特质，重点发展森林猪、森林禽类养殖以及狐、貉、貂、鹿、蜂等特色养殖。

森林食品(加工)业 稳步发展食用菌产业，黑木耳栽培由追求数量扩张向提质增效方向转变，积极推广工厂化制菌、棚室吊袋、小眼多孔等先进生产方式。进一步扩大坚果、浆果等林果栽培面积，提高山野菜采集量，积极发展精深加工，提升产业化经营水平。积极开展"三品一标"认证，推进企业年检、企业标志使用检查、企业产品抽检、基地建设、新型营销、质量追溯体系建设等工作。已有方正、迎春、穆棱、柴河、八面通、绥阳、东京城、东方红8个林业局的12个企业进行了"三品一标"认证，认证产品37个。

北药产业 重点培育和壮大"两参"、平贝、五味子等道地药材栽培面积，逐步实现林下药材栽培基地化、规模化、产业化。

林产工业　推进林产工业产业布局优化，推进企业调整产业结构，实现产品提档升级。从供给侧结构性改革的角度，发展精深加工产品，扩大终端产品生产，推动产业结构优化。海林局、绥阳局在境外建设基地，境内发展木材精深加工，延伸产业链条。柴河局、通北局、大海林局依靠进口原料支撑，建设境内工业园区，实现产业集聚。柴河、亚布力、鹤北局利用根石（北红玛瑙）、松木脂"北沉香"、核桃壳等林区现有资源，发展工艺品及雕刻品。林海纸业投资改造生产线，扩大废纸利用规模，开发新型产品，增加产品附加值。

城市院墙企业推进实行"一厂两制"管理模式，人员分开，实名制管理。各企业将离退休职工、内退职工、下岗职工、工伤职工、下放职工、职工遗属等，同企业生产经营人员、留守人员分开管理，生产经营人员、留守人员进行企业生产经营和企业管理，减轻退库企业负担。推进院墙企业进一步盘活存量，做优增量，实现主营转向、产品转型、多业并举。

旅游业　以冰雪与体验活动作为两个核心竞争力，以龙江森工冰雪资源独特、极具震撼力的景观为依托，将专业与非专业活动相结合，将运动、体验、娱乐、观赏活动有机地组合，在原有旅游产品的基础上，指导夏季景区、重点冬季景区开发独具特色的旅游产品。整合亚雪沿线经营主体，形成哈亚雪精品线路，建立市场化合作机制，有效抵制"零负团费""低价游"违法违规问题；建立"雪乡"平台管理机制，将核心景区80多户经营业主纳入平台管理，实行统一营销。积极参加各种展会，为展示森工旅游产业发展成果，宣传森工旅游产品，拓展旅游市场起到良好的推进作用。对旅游市场的管控实行"影子化"管理，使管理不出现空档。认真对待涉旅投诉，逐步推广旅游消费维权机构、旅游企业、经营者先行赔付制度，提高旅游投诉处理效率和旅游消费者满意度。继续完善景区基础设施及服务，升级改造基础设施，确保哈亚雪沿线网络信号覆盖，保障核心景区WIFI覆盖。

基地建设　重点建设食用菌、坚果、浆果、山野菜、北药等75个规模大、效益好、带动力强的森林食品原料基地。

龙头企业培育　以实施"林（粮）头食尾""林头工尾"工程为依托，积极优化"原字号"存量，扩大深加工增量，延长种植业、养殖业、森林食品（加工）业、北药（采集）业产业链条。实施"龙头企业提升工程"，推动产业链由初加工向精深加工和高端产品发展，延长产业链条，提高资源精深加工比重，增强市场竞争力。培育绿色食品加工企业，重点打造黑森绿色食品（集团）有限公司、桦南农盛园食品有限公司、迎春蜂产品股份公司等龙头企业，亚布力"猪菜同生"生态养殖项目。

品牌培育　进一步加强品牌管理和宣传推介力度，扩大产品的使用范围和市场占有率，"黑森"商标已成为黑龙江省著名商标，"黑森"品牌系列产品已达13大类，近500个品种。

市场营销体系建设　坚持线上线下相结合，自营与加盟连锁相结合，合资与合作相结合的多元化营销模式，逐步形成面向全省、辐射全国的立体营销网络。已在全国大中城市建设黑森绿色食品旗舰店32家，加盟的连锁店、代理商已达到200余家；已搭建完成具有网上支付和移动支付功能的自有电子商务平台，在天猫、京东商城、黑森微店等第三方交易平台建立黑森旗舰店。主办中国绿色食品博览会，并组织企业参加年货大集、中国国际食品和饮料展览会等大型展会，对森工林区绿色食品进行推介。

【森林防火】　2018年，森林防火工作牢固树立"绿水青山就是金山银山"的发展理念，全面落实主体责任和防控措施，上下一心，齐抓共管，全年未发生森林火灾。

坚持"预防为主、积极消灭"的工作方针，加强预防、扑救、保障体系建设。分别在春防及秋防期间开展为期1个月的防火知识宣传活动，布设固定宣传牌9775块，设立宣传一条街422条，出动各类宣传车2130多台次，印发各类宣传品68万余份，全方位、深层次地开展森林防火宣传，提高了全民防火意识。严格执行24小时值班和领导带班制度，签订防火公约27万余份，落实18名厅级、413名处级领导包片包点抓防火，做到山有人管，林有人护，责有人担。春防期间共派出4个工作组，秋防期派出3个工作组，明察暗访相结合，及时发现问题和隐患，并要求限期整改，确保国家和省里有关森林防火的工作部署落到实处。从实战出发进行训练与考核，提高了扑火队伍应急反应能力和扑火灭火技能。充分发挥林业公安干警的执法优势，各防火检查站增派公安干警与检查站人员共同值勤，增加检查站的执勤力量，增强了执法和威慑力，在火源防控、隐患排查、案件查处上起到了积极作用。秸秆焚烧管控与森林防火工作紧密结合，广泛宣传，使秸秆禁烧工作全覆盖，充分利用巡逻及瞭望塔功能，全方位监控，做到人员、责任、措施、奖惩"四到位"，实现了"零火点"目标。

【天然林保护工程】　2018年，龙江森工天保工程财政专项资金中央投资到位96.95亿元。其中：森林管护费13.52亿元，森林抚育费97.44亿元，政策性社会性支出补助1.9亿元，社会保险补助33.99亿元，停伐补助1.9亿元，后备资源培育9200万元，生态保护体系建设支出8020万元。地方投入15.68亿元。全年到位资金112.63亿元，全部完成。

完成了对2016年度国家级核查发现问题的整改工作。制定《黑龙江省森林工业总局天然林资源保护工程2017年度考核办法》，考核办法量化了各项指标，采用打分的办法评定各项工作。按照国家林业局统一部署，建立森林管护、森林抚育、资金计划与管理、营造林设计、报表统计等数据库，完善相应的科技配备。按照省级《天保工程档案管理办法》，所属林业局完善天保档案管理工作。扩大天保工程宣传面，在已经开展的"宣传月"基础上，将大型宣传标志牌、永久性标志碑等建设纳入考评，逐步提高天保宣传标示标语的认知度。

【项目建设】

重大项目库项目储备　保障性安居工程、后备资源培育、自然保护区、管护用房、有害生物防治、东北虎豹国家公园试点等重大项目已纳入国家三年滚动计划；建立森工重大项目储备库，各类项目全部按照要求完成本级储备。

保障性安居工程项目 完成2018年棚户区改造主体工程可研报告、初步设计的批复，总投资2.5亿元；完成2018年棚户区改造配套设施11个项目可研报告的批复，总投资1.8亿元。完成2019年棚改项目可研报告的批复，总投资1293万元。

国家林业局基本建设投资项目 组织审查上报11个项目可研报告，其中：基础设施建设项目6个，自然保护区项目1个，森林火灾高危区综合治理项目2个，航空护林站项目1个，生态系统定位研究站项目1个，总投资2.4亿元。

黑龙江省发展改革委各类专项投资项目 批复"十三五"政法基础设施建设项目7个，总投资3315万元。受理企业备案项目77个，总投资24亿元。

产业项目建设 2018年产业项目共70项，项目总投资195.31亿元，年计划投资36.66亿元。开复工项目46个，其中，新建项目32个，新建项目开工率68.09%；续建项目14个，复工率60.87%，开复工率65.71%。

【保障性安居工程建设】 2018年棚户区改造计划建设任务6612套，全部开工，基本建成3434套，竣工率51%。按照省审计厅森工审计组提出的《审计报告》，完成2017年森工林区保障性安居工程跟踪审计工作。组织各林业局开展2018年廉租住房租赁补贴资金申报及保障家庭审核工作，制订资金下达计划，涉及13 580户保障家庭，资金3689万元。2018年累计消化商品房库存4.18万平方米，其中：住宅3.72万平方米，480套。

【公路建设】 2018年，森工林区省道在建项目2项71.6千米，其中已完工1项20.1千米。国省道建设共完成投资2.52亿元，占计划总投资的60%。农村公路在建项目14项399千米，其中：已完工3项47.6千米；农村公路生命安全防护工程计划建设项目15项202.3千米，已完工8项88.9千米；危桥改造计划建设项目24座897.9延长米，已完工12座67.2延长米；边防公路计划建设项目5项179.8千米，无项目完工。农村公路、安保、危桥及边防公路建设共完成投资2.78亿元，占计划总投资的43.7%。

从2018年开始，森工林区亚雪、雪乡和方正林业局局址至高速路出口段共163千米公路列入普通国省干线公路养护管理。森工林区道路除雪设备、清除冰雪费用和部分路段列入黑龙江省2019年大修计划政策支持。

【党的建设】 牢固树立"四个意识"，坚定"四个自信"，做到"两个维护"，严守政治纪律和政治规矩。开展党委书记抓基层党建述职评议工作，推动各单位"两个责任"和"一岗双责"落实。思想宣传工作不断深化，对基层单位进行意识形态工作专项督查，深入开展解放思想推动高质量发展大讨论。认真做好中央、省委巡视组反馈意见整改工作。持续推进作风整顿，查处违反中央"八项规定"问题5起。深入开展反腐倡廉工作，加大执纪审查力度，受理信访举报381件次，立案162件，处分210人。

【林业大事】

1月3～5日 中国农林水利气象工会主席蔡毅德一行3人到黑龙江森工林区走访慰问。黑龙江森工总局党委委员、黑龙江省林业工会主席张维铎陪同。

1月4~25日 黑龙江省委巡视组进驻黑龙江省森林工业总局开展"机动式"巡视工作。

1月31日 黑龙江省总工会主席朱清文一行到森工走访慰问。总局领导李坤、王敬先、张维铎、许江、张冠武、王春杰、王清文参加活动。

2月1日 经国家林业局党组研究决定，井东文任中共东北虎豹国家公园国有自然资源管理局（东北虎豹国家公园管理局）党组副书记，副局长（正司局级）。试用期一年。

2月25日 全省森工工作会议在哈尔滨召开，总结2017年工作，安排部署2018年工作。总局领导李坤、王敬先、马建路、姜传军、张维铎、陶金、许江、马椿平、张冠武、郑太林、王春杰、赵宏宇、王清文出席会议。

2月27日 黑龙江省人民政府副省长刘忻到森工总局就深化重点国有林区改革进行调研。总局领导李坤、王敬先、马建路、张维铎、陶金、许江、马椿平、张冠武、郑太林、王春杰、赵宏宇、王清文陪同调研。

3月5日 第十三届全国人民代表大会第一次全体会议在北京召开，总局党委书记李坤作为黑龙江省代表团成员参加了会议。

4月9日 经黑龙江省委常委会议决定：免去陶金黑龙江省森林工业总局（中国龙江森工集团总公司）纪委书记、党委委员职务。杨波任省森林工业总局（中国龙江森工集团总公司）纪委书记、党委委员。

4月19日 经黑龙江省委常委会议决定：免去王敬先黑龙江省森林工业总局（中国龙江森工集团总公司）局长（总经理）、党委副书记职务。

4月26日 黑龙江省第十三届人民代表大会常务委员会第三次会议通过《黑龙江省人民代表大会常务委员会关于废止〈黑龙江垦区条例〉的决定》。

5月5日 国家林业和草原局总经济师、公园办主任张鸿文到森工绥阳重点国有林管理局，就东北虎豹公园项目建设情况进行调研。国家林业和草原局驻黑龙江省专员办党组书记、专员袁少青，东北虎豹国家公园管理局局长赵利，省森工总局副局长姜传军陪同调研。

5月7日 经黑龙江省委组织部研究，免去高本瑛松花江林业管理局（中国龙江森工集团总公司松花江分公司）党委书记职务。退休。

5月9日 黑龙江省委组织部副部长、省人社厅党组书记、厅长黄迎新一行到森工总局，就重点国有林区改革事宜调研。总局领导李坤、马建路、姜传军参加调研。

5月13日 黑龙江省委书记、省人大常委会主任张庆伟就产业项目建设和国有林区改革发展到森工方正重点国有林管理局调研。省领导张雨浦、王兆力、刘忻，总局党委书记李坤陪同调研。

5月14日 黑龙江省副省长刘忻到黑龙江省林业科学院调研。总局领导李坤、张冠武陪同调研。

5月17日 黑龙江省委副书记、省长王文涛到森工亚布力、雪乡就管理体制改革，旅游产业发展进行调研。总局领导李坤、马椿平、郑太林、王清文陪同调研。

5月29日 黑龙江省副省长刘忻到森工亚布力、苇河重点国有林管理局就改革、产业发展、民生等工作调研。总局党委书记李坤陪同。

5月31日 总局党委书记李坤会见武警黑龙江省森林总队部队长徐忠庶一行。总局领导姜传军、郑太林陪同会见。

6月28日 经黑龙江省委组织部研究，免去邓恩元牡丹江林业管理局（林区分公司）局长（经理）职务。退休。

6月29日 经黑龙江省委常委会议决定：李坤任中国龙江森林工业集团有限公司党委书记，姜传军任中国龙江森林工业集团有限公司党委副书记，杨波任中国龙江森林工业集团有限公司纪委书记、党委委员，许江、马椿平、张冠武、赵宏宇、张晓波、孙继华任中国龙江森林工业集团有限公司党委委员。

6月29日 经黑龙江省委常委会议决定：时永录任黑龙江省森林工业总局党委委员，副局长。

6月30日 中国龙江森林工业集团有限公司成立大会在哈尔滨召开。黑龙江省委书记、省人大常委会主任张庆伟，黑龙江省人民政府省长王文涛，国家林业和草原局党组书记、局长张建龙，黑龙江省政协主席黄建盛，黑龙江省委副书记陈海波，省领导王爱文、王常松、李海涛、张雨浦、王兆力、胡亚枫、刘忻、王树权出席大会。集团党委书记、董事长李坤作表态发言。

7月7～9日 国家林业和草原局副局长刘东生一行深入黑龙江森工林区，就森林旅游产业进行调研并召开座谈会。国家林业和草原局驻省专员办党组书记、专员袁少青，黑龙江省林业厅副厅长郑怀玉，森工总局（集团）领导马建路、马椿平、王清文陪同调研。

7月13日 总局（集团）党委书记、董事长李坤会见哈尔滨市副市长陈远飞一行，双方就森工办社会职能改革教育系统移交、文化产业发展等方面进行对接洽谈。龙江森工集团领导姜传军、张冠武出席会议。

7月14～15日 国务院国资委研究中心副主任卢永真一行到中国龙江森工集团有限公司就森工集团长远发展战略、组织架构和制度建设等事宜进行调研并召开座谈会。

7月17日 黑龙江省机关工委常务主任郭晓华一行到森工总局就森工林区关心下一代工作进行专题调研并召开座谈会。森工总局（集团）党委书记、董事长李坤主持座谈会，总局（集团）领导马建路、姜传军、赵宏宇出席座谈会。

7月24日 由国家发改委体改司副司长万劲松、国家林业和草原局资源司巡视员李志宏、民政部区划司副司长李伟、中央编办相关人员组成的调研组到森工总局，就黑龙江省重点国有林区改革情况进行调研。总局（集团）党委书记、董事长李坤出席座谈会并作汇报。

8月2日 黑龙江省人民政府决定：李坤为中国龙江森林工业集团有限公司董事长人选，确定人选时间为2018年6月29日；许江、马椿平、张冠武为中国龙江森林工业集团有限公司副总经理人选，确定人选时间2018年6月29日。

8月24日 经黑龙江省委常委会议决定：陶金任黑龙江省森林工业总局副巡视员。

9月22日 黑龙江省委书记、省人大常委会主任张庆伟到东北虎豹国家公园管理局绥阳局就东北虎豹国家公园体制试点工作调研。省领导陈海波、张雨浦，总局领导李坤陪同调研。

10月14～18日 中国林业集团有限公司中央企业专职外部董事马宗林一行到龙江森工集团考察调研，就推进双方合作事宜进行调研。集团领导领导李坤、许江、马棒平、孙继华参加调研座谈。

11月1日 黑龙江省副省长程志明到亚布力滑雪旅游度假区调研冬季旅游工作。

11月29～30日 黑龙江省委书记、省人大常委会主任张庆伟深入中国雪乡国家森林公园、牡丹江市重点冬季旅游景区，宣讲习近平总书记重要讲话和重要指示精神，调研文化旅游、生态保护工作。省领导张雨浦、王兆力、程志明参加调研座谈。

（黑龙江森林工业由姜东涛供稿）

大兴安岭林业集团公司

【概　述】 2018年，大兴安岭林业管理局贯彻落实习近平总书记在深入推进东北振兴座谈会上的重要讲话和在黑龙江省考察时的重要指示精神、省委十二届二次全会精神，坚持以转型为主线，以"三年攻坚"为统领，以"七大攻坚战""十四项重点工作"①为抓手，全力以赴保生态、抓改革、兴产业、惠民生、强党建，林区经济社会保持平稳发展态势。完成中幼龄林抚育面积230 600公顷，补植补造20 867公顷，育苗112.6公顷，当年成苗6539万株，义务植树41.5万株，人工造林2666.67公

---

① 七大攻坚战：生态环境保护攻坚战；重点国有林区改革攻坚战；产业发展攻坚战；基础设施建设攻坚战；优化发展环境攻坚战；防范重大风险攻坚战；稳定脱贫攻坚战。
　十四项重点工作：加快建设美丽兴安，释放生态建设新优势；全面深化林区改革，构建林区治理新体系；大力发展生态经济，打造林区产业新体系；发展外向型经济，构建对外开放格局；推进依法治区，打造转型发展新环境；实施文化强区战略，推动文化发展新进步；加强基础设施建设，增建林区转型发展后劲；增进民生福祉，满足美好生活新需要；深入开展大学习活动；加强干部人才队伍建设；加强基层组织建设；加强民主政治建设；加强作风建设；深入推进反腐败工作。

顷,有害生物防治"四率"指标全部达标。全区活立木蓄积6.04亿立方米,有林地面积708.97万公顷,森林覆盖率84.89%。管护区经济实现产值6.09亿元,人均增收1.85万元,全民创业实现增加值43.7亿元,增长7.1%;林产工业实现产值1.3亿元,增长34.6%。组织开展2018年保护森林资源"十三五"专项行动,查处各类林政案件367起。划定生态保护红线面积61 632.46平方千米,占全区国土面积74.31%。修订完善《大兴安岭地区森林火灾应急预案》《大兴安岭地区集中爆发森林火灾应急预案》,全年未发生重特大森林火灾,未发生烧毁林场、村屯现象,未发生人身伤亡事故。扑灭内蒙古汗马国家级自然保护区特大越界森林火灾。制定全区森林经营规划,《大兴安岭林业集团公司森林经营规划(2016~2050年)》通过专家评审。重新定位旅游核心资源,确定十大核心旅游资源,研发出十大旅游产品。全年接待旅游者762.05万人次,比上年增长12%,实现旅游业总收入82.55亿元,增长23%。国家级公益林区划调整后大兴安岭林业管理局国家级公益林面积209万公顷。松岭、十八站林业局森林经营方案通过国家林业和草原局专家评审。

【全省森林防火经验交流现场会】 于7月10日,在漠河市召开。黑龙江省森防指副总指挥、省林业厅党组书记王东旭,省森防指副总指挥、省森警总队总队长徐忠舜,北方航空护林总站副总站长范鲁安,地委委员、地委秘书长、地区森防指专职副总指挥王洪斌,漠河市委书记白永清出席会议。省林业厅副厅长郑怀玉主持会议。会上宣读《关于表彰大兴安岭地区越界火阻击战役先进单位和先进个人的决定》,大兴安岭地区越界火阻击战役先进单位和先进个人接受表彰。地区森防指对6月3日内蒙古越界火扑救工作进行典型案例分析。大兴安岭、黑河、伊春、龙江森工集团和省森警总队大兴安岭支队作典型经验介绍。会议期间与会人员参观"5·6"大火起火点、古莲林场防火检查站、古莲林场扑火队靠前驻防点、漠河市森林防火指挥中心和"5·6"火灾纪念馆,观看市直属森林消防大队战术演练。各地市专职指挥、防火办主任,省森警总队和国家林业和草原局北方航空护林总站负责同志,全省各航站负责同志,省林业厅办公室、森林公安局、信息中心负责同志,大兴安岭地区11个局(县)专职指挥(主管领导)、爱辉区、嫩江县、逊克县、红星林业局、嘉荫县、五营区、沾河林业局、通北林业局和绥棱林业局专职指挥(主管领导),部分嘉奖代表参加会议。

【森林防火】 加强防火宣传教育,明确宣传重点人群、重点地域,持续开展"一对一、点对点、面对面"宣传教育活动。宣传森林防火先进典型,及时公开曝光火灾案例,通报对火灾责任人和肇事者的处罚情况。落实防火责任,建立督察通报、激励奖励、惩戒问责工作机制,督查结果作为年终考核、评先选优和干部使用的重要依据。更新标绘森林防火综合示意图、兵力布防图、兵力靠前驻防示意图,提高扑火指挥的科学性和准确性。开展"清明节战役""五月攻坚战役""六月决胜战役""夏季雷击战役"和"兴安金秋保卫战役",全区投入兵力16 760人,其中武警森林部队1500人,公安消防部队88人,专业森林消防队6222人,半专业森林消防队3350人,后备森林消防队5600人。加强火源管理,构建"设卡抓点""巡护查线""入山清面""瞭望管片"的大联防格局。实行局、场、点三级验收制度,清理冬季野外生产生活用火余火。巡护队加大巡护密度,每日对重点区域和地段重点巡查。落实野外用火审批制度,分类管好野外用火,设置检查站、管护站、巡护队"三道防线"。提高森防业务人员素质,增强实战能力,全年开展业务培训189次,参训8916人次。2018年,全区发生森林火灾35起,其中一般森林火灾24起,较大森林火灾11起,森林受害率0.03‰。

【森林资源保护】 打击滥砍盗伐、违法运输、毁林种参、违法使用林地等违法行为,全年处理违法犯罪人员372人,收回林地18.8公顷,收缴木材21.2立方米,补种树木1.5万株,罚款400.4万元。督促各相关单位处理积案118起,收回林地18.8公顷,处理违法人员120人。加大林业法律法规宣传力度,全区设立宣传台95处,在《大兴安岭日报》开辟普法宣传栏35期,发放宣传单、图册13.3万份,悬挂宣传条幅406条,摆放宣传展板120块。增强职工群众资源保护意识和法制观念,开展"送法下乡"活动,在加格达奇林业局、韩家园林业局召开森林资源管理及形势教育讲座,500余人参加学习。

【营林生产】 强化营林生产全过程质量管理,分级分类举办造林、抚育、种苗、有害生物等培训班600余期,培训22 700余人次。落实营林生产质量事故终身责任追究制,强化产中指导,严格产后验收。在80个行政村屯开展绿化摸底调查,制定《2018~2020年村屯绿化规划》和《大兴安岭地区今冬明春农村人居环境整治绿化专项行动方案》,完成义务植树85.9万株。制发《大兴安岭地区森林提质增效暨森林景观廊道建设三年攻坚实施方案》,全区完成景观廊道建设18 135.1公顷,栽植花灌木5.8万余株。制定《管护区经济果材兼用林产业发展实施方案》和《大兴安岭沙棘造林技术标准(试行)》,全年栽植沙棘和西伯利亚红松384.87公顷。加大西伯利亚红松等珍贵树种苗木培育力度,全年培育苗木6500万株。加强重大林业有害生物监测调查和松材线虫病普查,提升应对突发生物灾害处置能力,林业有害生物防治"四率"达标。

【森林抚育】 推进森林综合抚育进程,提升现代化科技手段在调查设计当中的应用能力,举办全区森林综合抚育研讨和业务培训会,组织开展2018年度全区森调系统劳动技能竞赛。规范三类调查设计从业资格管理,开展资格评定,完成419人三类调查设计从业资格的认证和晋级。完成全区7.07万公顷森林抚育调查设计验收审批,审核10个林业局工程项目占用林地及森林抚育伐区拨交工作。开展森林抚育伐区作业质量检查,检查伐区56个小班,面积833.4公顷。全年拨交伐区10 132小班,面积126 072.72公顷,采伐蓄积117 784.17立方米,出材9116.94立方米。

【天然林保护工程】 优化工程管理体系，细化天保工程目标任务，加强森林资源管护，持续开展森林后备资源培育，森林资源得到全面保护，生态功能逐步增强。全年国家投入大兴安岭林区天然林保护工程资金350 455万元，其中财政补助资金339 055万元，中央基本建设投资11 400万元。加强天保资金使用和运行管理，按工程实施进度及时拨付到各天保工程实施单位，并对资金使用情况跟踪检查。编印《大兴安岭林业集团公司2018年森林资源培育实施方案》，西伯利亚红松、沙棘等树种栽植比例由2015年的10%提高到20%。强化工程核查管理，制定《天然林资源保护工程复查和绩效考核工作规程》，配合国家林业局完成2017年度"四到省"综合核查。

【林地管理】 加强建设项目使用林地审核审批，执行全国林地保护利用规划、林地年度定额制度，统筹安排林地使用指标。争取国家林业局重点产业项目和基础设施建设使用林地政策，对于中俄原油管道二期工程、省政府推进的重点公益性探矿项目、水利项目、铁路道口平改立项目和地区重点建设项目等重点工程，开设绿色通道，保证项目进度。完成建设项目永久使用林地初审和上报19项，经国家林业局审核批复18项，使用林地定额289公顷，林业集团公司批复临时和直接为林业生产服务项目112个，占地528.2公顷。组织开展2018年度林地变更调查，查清集团公司林地范围、林地保护利用状况以及林地管理属性变化情况。将林地"一张图"数据变更到2017年年底，组织塔河、加格达奇林业局开展建设用地变更登记试点工作，明确变更登记的范围和内容，成果上报国家林草局。制发《关于进一步规范涉农林地承包合同的通知》，规范呼玛县域涉农林地承包合同，理顺涉农林地管理。

【林区改革】 深化"放管服"改革，持续深化简政放权，地本级保留行政权力事项3552项，对应编制责任清单3558项，明确地县责任边界6680条，明确部门责任边界104条。推进深化地方机构改革，成立改革工作领导小组和工作专班，召开机构改革动员大会和机构改革培训会议，按时序推进人员转隶、新组建部门挂牌和集中办公等任务。强化资源保护利用，国家级自然资源统一确权登记试点工作通过国家级评估验收，形成系统的国有林区自然资源统一确权登记思路，为推进自然资源有偿使用制度奠定基础。整合审判资源，全区法院组建各类审判团队51个，落实省法院司法责任制规定19项。推进各级改革试点，全区新增各级改革试点8个，其中重点国有林区内建设用地变更登记、首批国家森林小镇建设、国家森林康养基地建设、国有林区管护用房建设4个国家级试点，加强乡镇政府服务能力建设1个省级试点，建立现代医院管理制度、开展美丽乡村示范村建设、开展林农联合扶贫3个地级试点。2018年，全区完成重点推进改革任务43项。

【管护区经济】 重塑管护区主营业务，谋划管护区经济规模化、标准化发展，成立发展管护区经济工作领导小组，成立推进组14个，各县（市）、区、林业局成立领导小组和管护区经济办。制发《全区发展管护区经济总体工作方案》，各林业局制订《发展管护区经济管理方案》，各林业局管护区（林场）制订《管护区（林场）经营方案》。组织召开发展管护区经济现场推进会议，表彰奖励管护区（林场）及区域共建单位12个，设立管护区经济发展基金5000万元。突出发展食用菌产业、浆果产业、山野菜产业等优势产业，全区106个管护区（林场、经营所）确定特色种养、采集加工、森林旅游等主营业务218个，成立联合体538个，建成示范基地314个。培育新产业新业态新模式，形成以二十二站、翠峰等管护区为代表的"管护区+旅游经济"，以前哨管护区为代表的党建引领管护区经济发展模式，以呼玛与韩家园、十八站等为代表的区域共建等各具特色的发展模式。打造创业者之家，地区创业服务中心开展项目推介、技术指导、创业孵化、法律指导等创业咨询服务。全年举办食用菌栽培、北药种植、电子商务、旅游等培训班54期，培训3730余人次，专家和专业技术人员现场指导65次，制作发放北药种植、食用菌栽培等10种管护区经济实用技术手册1500余本。拓展营销渠道，组织区内森林生态产品生产企业参加第十五届中国林产品交易会，11项产品获金奖。组织参加第十一届中国义乌国际森林产品博览会，34个产品获金奖，30个产品获优质产品奖。在第七届中国创意林业产品大赛中，1个产品获金奖，4个产品获银奖，25个产品获优质奖。通过报纸、自媒体平台、网站专栏宣传管护区经济，发布各类稿件信息500余篇。开展"大众创业万众创新"典型巡讲宣传活动，6名"双创"代表巡讲7场。举办重塑林业企业主营业务推动管护区经济绿色发展主题演讲，举办第二届全民创业工艺品大赛，第三届全民创业暨管护区经济创意项目大赛。

【生态旅游】 开展"国家全域旅游示范区创建攻坚年"活动，推进"国家全域旅游示范区"、国家"十三五"旅游规划"跨区域特色旅游功能区""国家旅游风景道"创建工作，解决旅游业发展在思想认识、规划执行、基础设施、产品供给、宣传营销、体制机制等方面存在的短板和瓶颈。开展旅游区域合作和推进交流合作，召开大兴安岭地区旅游发展大会，中国旅游协会、中国旅游集团以及北京、浙江、内蒙古和黑龙江省内各市地的重点旅游企业负责人参会，打造大旅游经济圈和旅游发展共同体。开展对口合作城市考察交流，签署《旅游战略合作框架协议》；借助黑龙江·内蒙古"4+1"城际旅游联盟，深耕国内客源市场，以及齐齐哈尔、大庆、黑河、内蒙古呼伦贝尔等周边城市。加强旅游营销推介，全年举办专场推介会8场，参加展会30余次，通过线上线下营销推介，全年有效送达9.89亿人次。参加2018黑龙江省旅游商品成果展示设计大赛和2018中国特色旅游商品大赛，松岭区大扬气林场303工段的养生茶饮杯，十八站林业局的松塔、松针手工艺品获2018黑龙江省旅游商品成果展示设计大赛银奖；永富蓝莓系列软糖、呼玛河果酱礼盒获2018中国特色旅游商品大赛铜奖。强化基础设施建设，提升旅游基础配套水平，制订《推进旅游景区"厕所革命"实施办法》，改造和修建休憩站点6个，新建和完善旅游厕所42个，设立全景导览图51块，设立景区引导标识牌530块。嫩江源景区开园运营，龙江第一湾、萨布素军马场、鹿鼎山、十八驿站鄂伦春文化园等景设施日益完善。利用节庆赛事推进旅游行业发展，举办第十四届中国漠河国际冰雪汽车越野赛、呼玛开江主题文化活动周、中国·大兴安岭·漠河第28届北极光节、第十届北极熊国际冬游邀请赛等活动。强化旅游行业管理，组织安全检查7次，检查涉旅企事业单位63家，出动检查人员110余人次，发放旅游安全资料300余份，全年未发生旅游安全事故。举办导游教育等培训班5个，培训380余人。

【招商引资】 加强招商推介，以生态旅游、生态食品、绿色矿业、水经济、生物医药等重点产业为主攻方向，谋划项目117个，谋划项目投资总额331.83亿元。25个项目研究论证后制作成PPT格式，19个项目纳入招商引资重点项目册。组织企业参加亚布力中国企业家论坛对接会、第29届哈洽会、第五届中俄博览会等招商展洽活动，新签约项目30个，形成意向投资36.93亿元，同比增长33.8%。推进商务合作，制发《大兴安岭地区与揭阳市对口合作实施方案（2017～2020年）》，组织两地政府部门及相关企业开展互访考察交流，建立平台共享、宣传推介、展会互动、优势互补等沟通协调机制，引导各县、区（局）及区内企业与广东省揭阳市企业对接，推进电商平台联建、特色产品旗舰店建设。修改完善《县、区（局）招商引资工作考核办法》，加大到位资金考核分值，实行重点项目领导推进制度，新签约项目开工15个，同比增长7.1%。2018年，全区招商引资到位资金34.10亿元，同比增长1.24%。其中，实际利用省外资金27.98亿元，同比增长5.19%；全区实际利用境外资金201.6万美元，同比增长92%。

【电子商务】 通过整合资源优势，完善功能支撑，推动电子商务与传统行业渗透融合，加大线上线下营销推广力度。提升服务能力，成立电子商务发展服务中心。提升企业和创业者运用电商拓展市场的能力，组织电商管理人员、企业和大学生创业人员开展业务培训30场，培训1200人次。增强园区孵化能力，将电商产业园区建设纳入县（区）目标考核体系，全区建成电商产业园、电商孵化器、众创空间11个，入驻在孵企业151家、创业者600余人，孵化出至臻尚品、岭味堂等5个年销售额超千万元的电子商务应用企业。截至年末，全区在天猫、京东等电商平台开设网店400余家，活跃微商900余个。本着"政府建设、国企运营、全区共用"原则，扩大品牌平台引领作用，组建大兴安岭北极珍品汇电子商务公司，负责地级电商平台北极珍品汇建设运营、网络营销和品牌建设。截至年末，全区上线特色产品8大类350余种。2018年，全区电子商务销售额实现8亿元。

【林业碳汇】 完善制度建设，印发《碳汇经济落实行动方案》《2018年度全区碳汇经济重点工作目标考核实施方案》和《2018年碳汇经济落实行动考核标准评分表》。加强林业碳汇基础数据标准化和科学化管理，2018年年底基本完成林业碳汇数据库建设。加强项目建设，图强林业局碳汇造林项目完成《第一监测期碳减排量核证报告》，为碳量签发提供依据；十八站林业局碳汇造林项目获国家发改委备案；松岭林业局和西林吉林业局碳汇造林项目完成审定程序。截至2018年年底，全国审定公示的83个林业碳汇项目和备案的15个林业碳汇项目中，大兴安岭地区分别占有2个。

【野生动物保护】 打击破坏野生动物资源的违法犯罪行为，下发《全区保护野生动物资源"十三五"专项行动工作方案》，全年出动执法人员3113人次，执法车辆815台次，清理猎捕工具粘网、猎套（夹）等1070件，放飞收缴活鸟586只，检查集贸市场、山珍礼品店、宾馆饭店、花鸟鱼店等经营场所575户次。林业部门查办非法猎捕野生动物案件10起。增强社会公众对野生动物保护的关注度，组织"世界湿地日""世界野生动植物日""爱鸟周"等主题宣传活动，开展科教活动76次，印制宣传资料27 100份，公益宣传片《鸟鸣山幽》在新华社客户端访问量达91万以上。开展野生动物资源常规调查，完成调查样区15个，样区总面积1500平方千米，布设红外相机40台。初步掌握调查单元野生动物分布现状、栖息地现状、种群数量及变动趋势、栖息地受威胁因素、分布区社会经济状况。全区陆生野生动物分布种群和数量呈现恢复性增长，新发现分布鸟类20余种。

【社会保障】 调整机关事业单位基本工资标准和艰苦边远地区津贴，林业集团公司所属企业在岗职工增资208元，增幅7%。全年实现城镇新就业10 816人、新增就业8839人、失业人员再就业4953人，分别完成指标的113.9%、110.5%、117.9%，标志着"零"就业家庭动态消除。主攻产业扶贫软肋，补齐"三保障"短板，全省率先实现现行标准下全部贫困人口和贫困村脱贫出列。保障民生事业发展，全年民生支出566 908万元，占公共预算支出83.5%。回迁历史遗留的棚改动迁住户703户，超常规办理不动产权证5210户，安置205名2001年以前师范类大中专毕业生，9483人已享受养老保险断保续保政策，4000余名困难职工将享受断保续保助保贷政策，解决1.69万名一次性安置人员参加医疗保险问题，新建改造厕所3336座。义务教育实现优质均衡发展，公立医院全部取消药品加成，殡葬基本费用免除实现全覆盖。

【农林科学研究】 深化科技体制改革，加强产、学、研合作，促进科技成果转化。全年承担国家、省部级项目5项，实施地级项目1项，开展合作项目6项，争取国家、省部级项目资金131万元。开展马铃薯种质资源保存、品种育种、安全生产、绿色增产、病害防控研究，进行集成及示范推广，选育的马铃薯品种"兴佳3号"通过农业农村部品种登记，完成国家马铃薯产业技术体系大兴安岭综合试验站年度任务。与黑龙江省科学院自然与生态研究所合作实施科技部"十三五"项目子课题"野生蓝莓种质资源优选及繁育技术研究与栽培示范推广""野生蓝莓抚育恢复技术示范推广"。推广国家林业局"松杉灵芝近自然栽培技术推广"项目，通过国家林业局现场查定和验收,人工种植榛蘑实现第二年出菇。加强黑龙江嫩江源森林生态系统国家定位观测研究站、林业实验基地、综合实验室建设,承担国家林业局"林业应对气候变化碳汇计量和监测体系建设"项目,完成碳汇计量监测任务。与中国科学院西北生态环境资源研究院合作建立东北冻土工程与环境观测试验研究站,开展冻土工程与环境观测试验研究。国家林业公益性行业科研专项经费项目"寒温带道地药材仿生态培育技术研究与示范"通过现场查定。开展丹参人工丰产栽培技术及有效成分研究,引进不同品种的丹参进行移栽试验,完善丹参人工丰产栽培技术。开展西伯利亚红松研究,国家林业局推广项目"西伯利亚红松引种造林技术推广"通过国家林业局验收。开展榛子品种选育及抚育经营技术研究,收集优良平榛、毛榛种源8个,完成杂交试验20株,对定植榛子大苗进行抚育试验。

【森林资源动态监测】 2018年大兴安岭林区森林资源统计数据是以林业集团公司所属10个林业局、6个国家级自然保护区、呼玛县、漠河县、塔河县地方国有林场为单位进行统计。监测结果显示:2018年年末,全区活立木蓄积59 653.13万立方米,比2017年增加1125.14万立方米;有林地面积704.2万公顷,比2017年增加0.91万公顷;森林覆盖率84.32%,比2017年增加0.11个百分点。有林地面积、森林覆盖率增加的原因是新林林业局新林林场火烧迹地、韩家园林业局新街基林场的未成林封育地达到有林地标准。2017年全区森林资源总消耗量为24.5万立方米,活立木总生长量为1150万立方米,消长比为1:47。

【林业大事】
1月10日 大兴安岭林管局印发《关于进一步加强野生兴安杜鹃保护管理的紧急通知》,要求建立完善监管机制,严格落实责任,严厉查处非法采折野生兴安杜鹃的违法行为。

3月15日 制发《大兴安岭地区森林提质增效暨森林景观廊道建设三年攻坚实施方案》,利用三年时间,以森林质量精准提升为主线,以中央投资森林培育工程项目为载体,采取因地制宜、因林施策、宜抚则抚、宜补则补、宜造则造、宜促则促、宜播则播、科学设计、分步实施、渐次推进、持续经营的原则,重点实施主要公路沿线森林景观廊道建设。

3月20日 全区森林资源经营保护管理和碳汇经济工作会议召开。会上表彰全区营林生产劳动竞赛优秀林业局、优秀林场和优秀作业组,下发《关于组织开展2018年全区保护森林资源"十三五"行动暨森林督查工作的通知》和《大兴安岭林业集团公司森林督查实施方案》。

3月29日 《大兴安岭林业集团公司森林经营规划(2016~2050年)》(以下简称《规划》)通过评审,评审专家组由国家林业局、中国林科院、东北林业大学以及大兴安岭地区营林、资源等相关单位的15位专家组成。《规划》由大兴安岭林业调查规划设计院和国家林业局调查规划设计院共同编制完成。

4月20日 《大兴安岭地区森林防火管理办法》颁布。《办法》分为总则、森林防火机构及责任、森林火灾的预防、森林火灾的扑救和灾后处置、预警监测与网络信息、专业队伍建设、林火通讯、保障与后勤、附则9个章节。

5月10~31日 中国·漠河首届杜鹃花文化节由漠河县、图强林业局、阿木尔林业局共同举办。活动依托"文化+旅游+体育+美食"多重互动平台,推出杜鹃花诗会、穿越杜鹃花海徒步活动、杜鹃花海快闪表演、杜鹃花节网红直播、精品旅游推介活动、摄影大赛和旅游生态食品开发等一系列突出北极特色、文化符号鲜明的文化活动。

7月14日 经中国森林风景资源评价委员会评审专家组的审议,塔河县大兴安岭札林库尔省级森林公园晋升为国家级森林公园。

7月17日 第十届中国木结构产业发展高峰论坛在漠河市举行。论坛期间举行中国木结构标准化优秀企业颁奖仪式,18名木结构专家学者作特邀报告,神州北极木业有限公司与南京工业大学现代木结构研究所举行合作签约仪式。

9月25日 《大兴安岭更新造林技术规程》(以下简称《规程》)发布实施,新修订《规程》将原《大兴安岭更新造林技术操作规程》及《大兴安岭更新造林技术指标》修订整合为《大兴安岭更新造林技术规程》。《规程》代替《大兴安岭更新造林技术指标》(DB 2327/T 010—2012)、《大兴安岭更新造林技术操作规程》(DB 2327/T 011—2012)。

(大兴安岭林业集团公司由张羽供稿)

伊春森林工业

【概 述】 黑龙江省委、省政府以习近平新时代中国特色社会主义思想为指导,深入贯彻落实习近平总书记对黑龙江省重要讲话精神,按照"大转型、大改革"工作部署,根据《中共中央、国务院关于印发〈国有林场改革方案〉和〈国有林区改革指导意见〉的通知》(中发〔2015〕6号)、《黑龙江省重点国有林区改革总体方案》(黑发〔2016〕36号)精神,依照《中共中央 国务院关于深化国有企业改革的指导意见》《国务院办公厅关于进一步完善国有企业法人治理结构的指导意见》《中华人民共和国公司法》和国家国有资产管理的有关规定,结合伊春林区具体实际下发《关于黑龙江伊春森工集团有限责任公司组建方案的批复》(黑委〔2018〕47号)。组建伊春森工集团公司的主要目的是为了推进伊春国有林区改革,如期完成"四分开"改革任务,尽早实现"让伊春老林区焕发青春活力"的奋斗目标。

2018年9月7日，铁力、桃山、双丰、朗乡4个林业局有限责任公司挂牌成立，先行先试取得可复制的经验。

10月19日，黑龙江伊春森工集团有限责任公司（简称：伊春森工集团公司）完成注册，登记地址为伊春市伊春区森工大街6号，法定代表人为董事长李忠培。

10月21日，黑龙江伊春森工集团有限责任公司正式挂牌成立，标志着延续了半个多世纪的伊春政企合一体制彻底破冰，伊春国有林区改革发展迈入新的历史阶段。

伊春森工集团公司是经黑龙江省人民政府批准设立的国有独资公司，由黑龙江省人民政府履行出资人职责，授权伊春市人民政府为履行出资人职责机构，注册资本8.8亿元，是以保护和经营森林资源为基础产业、多元化发展的公益类企业。经营范围包括：林木育种、育苗，造林和更新，森林经营、管护和改培，木材和竹材采运，林产品采集，林业专业及辅助性活动，木材加工，人造板制造，木质制品制造，木质家具制造，谷物种植，豆类、油料和薯类种植，蔬菜、食用菌及园艺作物种植，水产养殖，蔬菜、菌类、水果和坚果加工，豆制品制造，精制茶加工，中药材种植，中药饮片加工，中成药生产，牲畜饲养，家禽饲养，兔的饲养，驯鹿、狐、貂饲养，游览景区管理服务，旅行社服务，会议、展览及相关服务，房地产开发经营，物业管理服务，房地产租赁经营，住宅房屋建筑，体育场馆建筑，办公用房屋工程建筑，商厦用房屋、宾馆用房屋、餐饮用房屋、商务会展用房屋工程建筑，架线和管道工程建筑，电气安装，管道和设备安装，园林绿化工程施工，建筑装饰和装修业，贸易经纪与代理，通用仓储，道路货物运输，投资与资产管理等。

【黑龙江伊春森工集团有限责任公司挂牌成立】 2018年10月21日，黑龙江伊春森工集团有限责任公司成立大会在伊春汇源国际会议中心召开，标志着伊春国有林区改革发展迈入新的历史阶段。

黑龙江省委书记、省人大常委会主任张庆伟，自然资源部党组成员、国家林业和草原局局长张建龙讲话，黑龙江省副书记、省长王文涛宣读了省委、省政府关于黑龙江伊春森工集团有限责任公司组建的批复文件。黑龙江省委副书记陈海波主持会议，黑龙江省委常委、省委组织部部长王爱文宣读黑龙江伊春森工集团有限责任公司主要负责同志任职文件。黑龙江省副省长程志明、刘忻，国家林业和草原局副局长李树铭，国家林业和草原局资源司司长徐济德、规财司司长闫振，伊春市委书记高环、伊春市市长韩库出席会议。

黑龙江省市场监督管理局局长刘小妹向黑龙江伊春森工集团有限责任公司党委书记、董事长李忠培颁发集团有限公司法人营业执照。

张庆伟、王文涛、张建龙、高环、韩库、李忠培共同为黑龙江伊春森工集团有限责任公司揭牌。

张庆伟代表省委、省政府向黑龙江伊春森工集团有限责任公司成立表示热烈祝贺。他指出，黑龙江伊春森工集团成立是黑龙江省重点国有林区改革的又一重要成果，也标志着我们朝着"让伊春老林区焕发青春活力"的目标迈出了坚实的步伐。张建龙希望新组建的黑龙江伊春森工集团坚持以习近平新时代中国特色社会主义思想为指导，认真贯彻落实习近平总书记2016年考察伊春时的重要指示和近期在深入推进东北振兴座谈会上的重要讲话精神，紧紧围绕服务国家战略，加强森林资源培育和保护、深化国有林区改革、健全企业经营管理体制、积极保障和改善民生，努力推动林区实现可持续发展。

【党委第一次（扩大）会议】 10月23日，黑龙江伊春森工集团有限责任公司党委第一次（扩大）会议由党委书记、董事长李忠培主持召开。会议传达了中共伊春市委十二届第47次常委会议精神，学习黑龙江省委书记张庆伟、国家林业和草原局局长张建龙在伊春森工集团成立大会上的讲话精神和黑龙江省省长王文涛在伊春调研时的讲话精神，书面传达了伊春市委书记高环、伊春市市长韩库在中共伊春市委十二届第47次常委会议上的讲话精神；传达了李忠培在伊春森工集团成立大会上的表态发言。

（伊春森林工业由杨玉梅供稿）

上海市林业

【概　述】 2018年，上海市绿化市容行业认真贯彻落实党的十九大精神，以习近平新时代中国特色社会主义思想为指导，攻坚克难，开拓进取，圆满完成2018年各项任务。

生态环境 生态环境建设稳中有进。2018年造林5033.33公顷，绿地建设1306.9公顷，其中公园绿地811.3公顷，完成绿道223.9千米，立体绿化40.4万平方米，湿地保有量稳定在46.46万公顷，森林覆盖率达16.8%。松江松南郊野公园试开园，上海市7座试点郊野公园已全部开园运营。累计创建命名221条林荫道。195座公园实施延长开放，完成西康公园等5座公园改造和167座公园星级评定，完成10条绿化特色道路创建工作，建成90个街心花园。全市城市公园总数达到300座，公园分级分类管理成效明显，延长开放时间已达195座，开办园艺讲座300场，全年全市公园游客量达到2.58亿人次。深化安全优质信得过果园创建，实现69家"安全优质信得过果园"果品追溯全覆盖。

市容环境 完成"补短板、治五乱"三年专项行动锁定的3268处治理单元，完成全市42处无序设摊中度污染点的治理任务，继续推进81处临时管控点、84处临时疏导点的管理规范提升和硬件改造提升。拆除违法户外广告设施2698块，拆除违规电子显示屏33块、各类走字屏1362块。拆除有安全隐患的广告招牌2.3万余块，拆除违法、违规设置的广告招牌1.2万余块。按照"一店一档"要求建立31万余块户外招牌设施基础信息。完成4座跨江大桥、杨浦大桥至南浦大桥两岸388栋重要建筑、16座码头灯光、近20千米岸线景观照明改造提升。全市新建环卫公厕45座、改建253座、增设第三卫生间102座，550余座公厕实行24小时开放，环卫公厕布局不断优化。

行业发展 以生态文明建设为龙头，坚持强基础、重管理、充分发挥规划引领、法治保障、科技信息等支撑保障作用，不断夯实行业发展基础。成立"城市困难立地生态园林国家林业局重点实验室""国家林业局虎保护中心上海研究基地"和"上海思创绿化科技成果转化应用促进中心"，积极开展对外合作交流。组织开展"不忘初心、牢记使命"大调研活动，共开展调研423次，对象覆盖企事业单位、社会组织、社区居民、农户等共计772家；发现问题476个，初步解决问题437个，解决率为91.8%；收到工作建议224条，采纳153条。2018年组织媒体专版60余个、电台专栏报道50余期。"绿色上海"粉丝近10万人；政务微博粉丝达到32.5万，组建了7支生活垃圾分类志愿者队伍。推出供市民认养的绿地109万平方米，树木6.3万棵，古树名木251棵及各种果树6300余棵。市民诉求处置能力不断提高，受理处置各类投诉29 408件，时办结率达100%。

【绿化林业】 全市加大绿化造林，新造林7.55万亩，森林覆盖率达到16.8%。全市绿地结构进一步完善，绿道体系初具规模，绿化系统布局趋于合理，完成绿地建设1307公顷，绿道建设223.9公里，立体绿化建设40.4万平方米，湿地保有量稳定在46.46万公顷。

表24-1 2018年上海绿化林业基本情况表

项 目	单 位	数 值
新建绿地	公顷	1306.9
新增公园绿地	公顷	811.3
新建绿道	千米	223.9
新增立体绿化	万平方米	40.4
新增林地	公顷	5033.33
森林覆盖率	%	16.8
湿地保有量	万公顷	46.46

【生态环境建设】 围绕市级重点生态廊道、崇明世界级生态岛、环境综合整治区域，加大植树造林力度，落实新造林土地7.55万亩。森林覆盖率达16.8%。17条（片）市级重点生态廊道完成地块梳理并启动实施，其中老港、天马、外冈处理厂和金山化工区周边，以及沪芦高速5廊（片）市级重点生态廊道启动实施，吴淞江（闵行、嘉定段）、绕城高速（浦东、宝山段）两廊部分区段启动实施，落实造林800公顷，累计落实造林2793.33公顷，完成生态专项18公顷建设任务。加快推进崇明生态岛建设，基本完成花博会总体方案编制。

【绿地建设】 绿地建设重点突出、亮点明显，呈现一批景观特色明显的公园绿地，如浦东森兰楔形绿地50公顷、张家浜楔形绿地30公顷、滨江森林公园二期10公顷、徐汇桂江路绿地四期3.4公顷、油罐艺术公园二期2.2公顷、长宁中新泾公共绿地2.9公顷、闵行文化公园四期5公顷、宝山康家村楔形绿地5公顷、青浦环城水系工程（一期）C段10公顷、奉贤庄行公园4.98公顷、上海之鱼青年艺术公园7公顷、上海之鱼雕塑公园4.87公顷、嘉定蔺园17公顷、松江广富林郊野公园新建绿地42公顷、崇明宝岛路东侧绿地8.3公顷等。

【绿道建设】 2018年，全市绿道建设超额完成指标（200千米），共建成绿道224千米，包括黄浦滨江绿道、静安彭越浦绿道（汶水路—灵石路）、长宁外环生态绿道、杨浦滨江绿道、闵行龙吴路（景联路—江川东路）绿道、松江广富林郊野公园绿道、嘉定新城环城林带绿道、奉贤金汇港半马绿道、青浦环城水系（一期）绿道等多个项目。目前，全市绿道累计建成总量约671千米。

【郊野公园】 松江松南郊野公园试开园，全市共有7个郊野公园（廊下郊野公园、长兴岛郊野公园、青西郊野公园、浦江郊野公园、嘉北郊野公园、广富林郊野）建成运行。制订《上海市郊野公园运营管理办法》，完成《上海市郊野公园规划设计导则》修编。

【绿化"四化"】 制定《关于落实"四化"提升本市绿化品质的指导意见》，启动编制绿地、森林"四化"（绿化、彩化、珍贵化、效益化）规划方案，结合生态廊道建设和林地抚育等，开展技术储备与研究。在国家会展中心会场周边绿化提升项目中先行先试，加大开花、色叶乔木及花灌木的应用比例。

【特色街区建设】 为提高全市绿化特色街区设计、施工、管理水平，编制《上海市绿化特色街区建设技术导则（试行）》。推进8个绿化特色街区建设，已完成虹口东长治路、闵行吴泾·永德、江川路、安宁路、崇明城桥镇绿地商业街5个绿化特色街区建设。

【街心花园建设】 编制《上海市街心花园建设技术导则》，建成90个街心花园。如黄浦建成以"司马秤、蟠桃会"为寓意的小桃园街心花园，营造出桃花烂漫、灼灼芳华的特色花卉景观；虹口建成以"雏菊美虞－禅意谐趣"为主题的昆明路唐山路路口街心花园；闵行建成以开花地被为特色的G50北航东路西街心花园等。

【林荫道创建】 完成24条林荫道创建命名工作，全市林荫道总量达到221条。

【绿化特色道路】 制定《上海市绿化特色街区建设技术导则（试行）》，完成10条绿化特色道路创建工作。绿化特色得到显现，如静安万荣路以小叶椴、樱花和月季为特色，虹口新建路以樱花、月季为特色，杨浦邯郸路以加拿大紫荆、豆梨、丁香和紫娇花为特色。

【申城落叶景观道路】 2018年"落叶不扫"景观道路已再次调整扩容增至34条。自2013年起,申城道路保洁和垃圾清运行业开始打造落叶景观道路,徐汇区余庆路、武康路率先尝试对部分道路"落叶不扫",成为申城一道独特风景,受到许多市民点赞。2014年,全市落叶景观道路增至6条,2015年增至12条,2016年增至18条,2017年增至29条。

【花卉景观布置】 围绕3个市级核心区域、8个市级重点区域以及13条市级重点道路加大花卉布置数量。中国国际进口博览会期间,全市布置花坛花境约21.9万平方米、组合容器3.4万组以上、灯杆花球3700只、主题绿化景点88个、单季用花量1300万盆以上,延安路高架、南北高架、延西立交及虹桥枢纽等沿口地段摆放花箱约6.3万箱,人民广场喷水池"秋实满园"、陆家嘴环岛"珠联璧荷"、外滩外白渡桥南侧"扬帆起航"三个大型立体花坛也都各具特色。指导完成申贵路申虹路、北翟路泾力西路等12块抛荒地约160万平方米的临时绿化、自然花海布置。累计完成绿化整治426.4万平方米,新建绿地48.5万平方米,行道树补种2083棵,行道树设施更新23 556套。

【园林街镇创建】 浦东塘桥街道、洋泾街道获评市级园林街镇。其中,塘桥街道以"绿地布局合理、环境生态宜居、文化特色突显"为创建主线,洋泾街道以"打造可共享的绿色生态 创建有温情的园林街镇"为创建目标。

【新增城市公园57座】 加强分类分级管理,完成本年度城市公园名录调整工作并正式发文。新纳入城市公园57座,全市城市公园总数达到300座。

【公园分类分级管理】 完成西康公园等5座公园改造,完成167座公园星级评定。其中五星级公园28座,四星级公园33座,三星级公园100座,二星级公园5座,基本级公园1座。

【公园主题活动】 各大公园组织开展了丰富多彩的主题活动,举办上海国际花展、上海国际兰展、第16届全国梅花蜡梅展、第13届全国菊花展。全市形成以梅花、玉兰、郁金香、洋水仙、风信子、海棠、牡丹、月季、杜鹃、荷花、睡莲、桂花、八仙花、紫藤花、桃花、水仙等特色植物展,丰富了市民的文化生活,同时也提升了公园的园艺水平。2018年共开办园艺讲座300场,本市公园游客量达到2.6亿人次。

【国庆期间公园游客量】 国庆期间,上海全市公园共接待游客652万人次,城市公园626万人次,郊野公园26万人次,城市公园游客量较上年同期增长9%。其中,17座收费公园共接待游客138万人次,较上年同期增长27.7%;直属公园共接待游客62万人次,较上年同期增长24%。主题活动如辰山植物园的2018"辰山秋韵"花果展;上海植物园的"秋季花展";共青森林公园的"第十八届都市森林狂欢节暨第五届共青森林啤酒节";古猗园的"上海欢乐民俗节";上海动物园的"第六届蝴蝶展";滨江森林公园的"秋游季";复兴公园的"太极拳展示交流活动";顾村公园的"金秋游园活动";醉白池公园的"秋季文化游园活动"等,为市民打造了一场传统文化与生态景观相结合的绿色盛宴。

【公园延长开放】 推进全市公园实施延长开放,全市共195座公园纳入延长开放,占在册公园总数的80%。其中,2018年延长开放的公园76座,全年全天开放的公园43座。

【园艺大讲堂】 上海公园"园艺大讲堂"活动已连续开展3年,已在全市16个区建立了50余个教学点,开设涉及家庭养花、多肉栽培、艺术插花、花园管理、盆景赏析、绿化科普等方面的70余门课程。2018年共办300多场授课活动,直接参与人数达1万余人。

【古树名木管理】 制定发布《上海市古树名木和古树后续资源鉴定标准和程序》和《上海市古树名木和古树后续资源死亡注销程序》。完成金山、嘉定2个古树保护示范点及7个区9个抢救复壮点的建设任务,涉及38株古树名木及古树后续资源,古树生长环境得到改善。开展古树生长势与环境监测,在2017年的8株千年古银杏的基础上,又增加了45个古树群的监测点。

【全民义务植树】 2018年推出供市民认养的绿地109万平方米,树木6.3万棵,古树名木251棵及各种果树6300余棵,通过网络预约,市民可以随时、就近进行认建认养,进一步拓展了义务植树尽责新形式。

【绿化大篷车活动】 市民绿化节品牌活动不断丰富,2018年"绿化大篷车"品牌活动累计在全市16个区的大、中、小学,幼儿园及爱心暑托班开展50余场活动,共有8350名学生直接参与。

【森林资源管理】 进一步完善林地生态补偿机制,从严开展生态补偿考核。全面推进森林资源一体化监测,并通过国家评审,环城绿带精细化养护水平进一步提升,实现森林资源管理精细化的目标。率先完成崇明、嘉定和宝山三区存量森林资源更新。加大林地管控力度,严格征占用林地审批,实行行政审批批后监管全覆盖。

【有害生物监控】 完成上海报检管理系统升级,新增植物检疫网上申报、业务数据共享的内容。编制《上海市林业有害生物普查名录》,加强美国白蛾等重大有害生物监测与防控。

【森林防火演练】 加强森林防火监测巡查,组织开展打击涉林违法犯罪专项行动,共处置违法行为15起,其中实施行政处罚2起,涉林12.04公顷。组织编制《上海市森林经营规划》并通过评审;积极推进林地抚育,开展林下种植试点建设,落实奉贤区林下耐盐碱花灌木种植等6个试点项目。

【经济果林】 全市共有经济果林总面积1.57万公顷，投产面积为1.49万公顷，其中桃的投产面积为4400公顷，葡萄为3933.33公顷，梨为1733.33公顷，柑橘为4000公顷。作为城市森林的重要组成部分的经济果林，不仅为市民生活提供优美环境，而且为农民增收、农业增效发挥了重要作用。

【果园创建】 2011年全市林业部门启动了"安全优质信得过果园"的创建工作。2018年，全市已有69家果园被评为"安全优质信得过果园"，且分布于沪郊各区。其栽培的树种则涵盖了桃、梨、葡萄、柑橘、蓝莓、猕猴桃、枣、银杏等多种林果。

【公益林养护】 "家庭林场"养护模式成为上海生态林养护新尝试，2018年，已有松江、嘉定部分乡镇实行了家庭林场养护模式；崇明、金山、奉贤、青浦的新建林地推行林地市场化养护，各区探索有特色的、多元的林地市场化养护模式。

【林地管控】 从严监管林地，全面建立林地占补平衡机制，规范公益林征占用行政审批，实行100%事后监管。开展全市涉林违法线索有奖举报工作，组织开展全市严厉打击非法占用林地等涉林违法犯罪专项行动，全市共出动检查人员336人次，检查车辆230余辆次，市级工作组检查20亩以上减量林地小班142个，20亩以下233个，发现涉嫌违法小班15个，涉及林地面积12公顷。

【涉林违法专项稽查】 为贯彻落实国家林业局《关于开展"规范林业执法行为 提升林业执法能力"的专项行动的通知》（办策字〔2018〕7号）文件的相关精神，上海市林业局对全市9个区开展为期两个月的专项稽查。稽查行动期间，实地踏查324个小班，总计451.26公顷林地。其中，闵行区检查林地小班21个55.44公顷；宝山区检查林地小班24个50公顷；嘉定区检查林地小班27个32.46公顷；浦东新区检查林地小班110个172.02公顷；金山区检查林地小班23个64.7公顷；松江区检查林地小班35个34.30公顷；青浦区检查林地小班27个共44.94公顷；奉贤区检查了林地小班28个41.48公顷；崇明区检查林地小班29个14.14公顷。

【林下种植】 建成奉贤区林下耐盐碱花灌木种植试点项目；与农科院对接，完成崇明建设镇菇林源、瑞华果园和前卫园艺公司3块基地林下种植羊肚菌、大球盖菇等经济价值高的食用菌新品种种植。完成崇明宿新镇林下种植中草药、浦东老港林下种植花灌木等5个试点的专家评审。

【乡镇林业站建设】 上海市共有104个涉林乡镇，已建立国家级标准化林业站9个，市级标准化林业站在建36个，2018年已完成9家标准化乡镇林业站验收工作，验收全部合格。

【野生动植物进出口许可】 依法审批完成近3000项CITES物种、国家重点保护野生动植物进出口许可，涉及单位200余家，进出口总金额超过25亿元。另全市共完成150项国家重点保护野生动植物或其产品驯养繁殖、收购出售和经营利用的监管，涉及金额1.81亿元。

【野生动植物巡查巡护】 加强野生动物重要栖息地的巡查巡护，严厉打击候鸟等野生动物资源的非法贸易，联合文物、公安等部门妥善处理了5起涉嫌违法拍卖象牙文物的事件，与上海市文物部门建立象牙文物拍卖联合应对管理机制。其中，青浦184条球蟒刑事案件获得公安部的明电表彰。组织实施全市野生动物保护志愿者巡护专项，项目开展以来，志愿者共计巡查40次，拆除捕鸟网300张，解救鸟类100余只，通过志愿者巡护，建立了"区级保护管理部门+志愿者"的联动应对机制。

【重大疫源疫病防控监测】 做好野生非洲猪瘟、高致病性禽流感等陆生野生动物疫源疫病监测防控和主动预警工作。2018年，完成了全市直报系统的调试和应用，实现全市57个监测站区域位置和巡查路线的GPS信息录入。与上海市农业科学院合作开展上海地区蛇蛙类寄生虫感染风险评估项目，开展蛇蛙类体表及体内寄生线虫、绦虫、吸虫、棘头虫的检测工作。开展全市重要疫源物种的卫星跟踪工作，通过卫星追踪，了解上海地区野鸟禽流感的传播路径。

【濒危物种】 继续做好大熊猫、朱鹮、孟加拉虎、犀牛等濒危物种的管理及相关工作。全市共有12头大熊猫，其中上海动物园2头，上海野生动物园10头。津巴布韦赠送的2头非洲狮健康良好并已经生育幼狮1头，津巴布韦驻华大使对此高度肯定；日本回国的4羽朱鹮健康状况良好，部分朱鹮已经配对繁育；云南省赠送2头孟加拉虎健康状况良好并产下4只幼虎。配合国家林草局积极做好尼泊尔赠送中国2头亚洲犀的接收工作，2头犀牛健康状况良好。

【上海市崇明禁猎区管理规定】 3月26日，《上海市崇明禁猎区管理规定》经市政府第6次常务会议通过，该规定自2018年5月15日起施行。明确了禁止使用弓箭（弩）、射钉枪、捕鸟器、捕蛇夹等猎捕工具和方法猎捕野生动物；禁止食用国家重点保护野生动物及其制品，以及没有合法来源证明的非国家重点保护野生动物及其制品；餐饮服务提供者不得以上述野生动物及其制品的名称、别称、图案为内容，制作招牌或者菜谱等。

【湿地保护修复】 积极推进野生动物重要栖息地修复项目，完成了奉贤申亚（狗獾）、青浦大莲湖蛙类和朱家角虎纹蛙3个项目的验收。制定《上海市湿地名录管理办法》《上海市重要湿地建议名录（第一批）》，本市符合上海市重要湿地认定标准的共13块，湿地总面积121 309.6公顷。

【中国国际进口博览会市容环境保障】 完成国展中心周边区域281项和外围12个区486项市容环境整治提

升类工程性项目。实施市容环境重要通道环境综合治理及两侧建筑物外立面整治，以9条高架、4条重要地面道路及两侧可视范围的市容环境综合整治为重点，组织落实各类高架、地面设施整治提升，建构筑物外立面、第五立面及附属设施更新，社会单位建筑窗口绿化摆放等工作，完成高架涂装517万平方米，整治提升楼宇外立面218处。落实浦东中环线、华夏路高架沿线61处点位整治，组织开展国际会议中心等131处重要地点周边环境综合治理，开展365条污染较严重的中小道路专项治理，全市市容环境面貌得到显著提升。

【美丽街区建设】 制订《"美丽街区"建设专项工作方案（2018～2020）》，重点围绕10处示范项目、37处主要休闲服务功能区域、101条（段）主要道路及两侧、205处市民集中居住区域，推动"美丽街区"建设，推广南京西路街区精细化保洁模式。

【行政审批改革】 落实证照分离改革措施，创新做好"放、管、服"工作，优化调整园林绿化建设、环卫设施改建审批、建设项目配套绿化竣工验收备案等工作环节，修改相关地方性法规，通过市人大常委会审议。聚焦建设项目审批制度改革，着力推进"减环节、减材料、减时间"，简化办事流程，让数据多跑路，让群众少跑腿。作为全市第一批电子证照应用试点局在13个办理事项中免交2种材料，5个办理事项缩减审批时限超过50%以上。

【一网通办】 市、区40个行政审批事项及5个服务类事项已100%接入市政务服务统一受理平台，实现网上审批系统上云迁移，完成40项责任清单数据与市大数据交换平台对接，合计上传共享数据42 000余条。取消调整6项涉林类审批事项，梳理9类120余项政务服务事项，校核修订30个事项要素。

【行业法治化建设】 完成《上海市崇明禁猎区管理规定》和《崇明东滩保护区管理办法》草案的制（修）订，经市政府常务会议审议通过并颁布实施。开展《上海市公园管理条例》《上海市水域环境卫生管理规定》《上海市餐厨垃圾处理管理办法》等法规修改的前期调研工作。制订《上海市古树名木和古树后续资源鉴定办法》《上海市建筑垃圾运输单位招投标管理办法》等8件规范性文件。建立普法责任清单制度，制发局系统"谁执法谁普法"责任清单，市绿化和市容管理局成为本市首批向社会公开发布普法责任清单的政府机关。

【大调研活动】 坚持问题导向、需求导向、效果导向，组织开展"不忘初心、牢记使命"大调研活动，摸清行业对标最高标准和最好水平的差距，摸清制约发展的主要问题和深层次原因，摸清市民群众最强烈的诉求，全面形成"问题清单、措施清单、解决清单、制度清单"。共开展调研423次，对象覆盖企事业单位、社会组织、社区居民、农户等共计772家；发现问题476个，初步解决问题437个，解决率为91.8%；收到工作建议224条，采纳153条。

【标准化研究】 行业标准化和智能化水平得到提升，《柑橘栽培技术规范》等5项地方标准获批，《菊花栽培标准化示范》等7项标准化试点项目完成验收，启动《绿化市容行业新一代人工智能等信息技术应用设计》顶层设计，发布《智慧公园建设导则》，推进8家智慧公园示范建设。启动《生活垃圾全程监管信息化管理需求和相关技术研究》。湿垃圾处置技术探索工作有效，资源化利用于绿林地土壤改良工作稳步推进。

【科技成果转化】 2018年，全市绿化市容系统内，共发表科研论文230篇，其中辰山植物园在SIC的1区、2区发表的论文有16篇。主编和参编的专著19部。在知识产权方面，申请各种专利27项，获得发明专利7项、实用新型专利1项、外观设计专利3项；获得山茶属"滇西风情"等植物新品种权授权5个，植物新品种国际登录6个；获得软件著作权13个；建立专业网站1个。

【科技成果获奖】 香石竹、百合、菊花种质创新与产业化关键技术继承和应用等项目获得上海市科技进步二等奖和三等奖各一项；月季、马褂木等观花和色叶树种的选育和栽培获得梁希林业科学技术奖二等奖，金丝猴、华南虎等5种珍稀圈养野生动物丰富度研究与应用获得梁希林业科学技术奖三等奖。城市典型困难立地园林生态修复规划建设关键技术创新与工程应用获得华夏建设科学技术二等奖。上海植物园"精灵之约"大型系列科普活动荣获第七届梁希林业科普奖，并获得2018中国风景园林学会优秀科技成果一等奖和2018国际山茶协会主席勋章。特色月季栽培标准化示范和《产业园区土壤生态维护标准化试点总结报告》获得上海市标准化优秀学术成果奖二等奖。环境学校在第45届世界技能大赛水处理项目中荣获第一名。

【科技创新平台】 成立"城市困难立地生态园林国家林业局重点实验室""国家林业局虎保护中心上海研究基地"和"上海思创绿化科技成果转化应用促进中心"，积极开展对外合作交流。园科院获市科技进步二等奖、建设部华夏科技进步二等奖、国家林草局梁希科技进步二等奖。上海植物园荣获上海市科技进步三等奖、中国风景园林学会优秀科技成果一等奖、梁希科普奖。环境学校在第45届世界技能大赛水处理项目中荣获第一名。

【林业大事】

3月23日　国家林业局野生动植物保护与自然保护区管理司司长杨超来沪调研华东野生濒危资源植物保育中心工作运行情况，市绿化市容局副局长汤臣栋出席调研座谈会

3月23日　由国际自然保护联盟物种委员会兰花专家组亚洲区域委员会和上海辰山植物园共同举办的"第四届上海国际兰展"在辰山植物园开幕。

3月29日　市领导李强、应勇、殷一璀、董云虎、尹弘等来到普陀区桃浦中央绿地，参加全民义务植树活动。

4月14日　由上海市绿化和市容管理局和中华人

民共和国濒危物种进出口管理办公室上海办事处共同主办的上海第37届"爱鸟周"启动仪式在上海长风公园举行，主题为"保护鸟类资源守护绿水青山"。

5月8日 由中国国际湿地公约履约办公室主办、世界自然基金会（WWF）承办的2018年第一期国际重要湿地培训班，在东滩保护区北八滧长江湿地网络管理培训中心开班。

6月14日 东滩保护区与世界自然基金会（WWF）在保护区鸟类科普教育基地，签署第二轮合作备忘录。市绿化市容局副局长汤臣栋、世界自然基金会（WWF）全球网络发展总监Jean-Paul Paddck、世界自然基金会（WWF）中国总干事卢思骋以及一个地球基金会、阿拉善SEE基金会等理事代表出席了签约仪式，共同为崇明东滩北八滧参与式湿地管理项目启动进行揭牌。

9月17日 百度董事长兼首席执行官李彦宏参加"百度AI植物园计划落地发布暨2018世界人工智能大会体验基地启动仪式"，并认养上海植物园盆景园内的一棵百年朴树。

9月18日 全国人大常委会原副委员长、中国湿地保护协会名誉会长乌云其木格赴辰山植物园考察。国家林业局原副局长、中国湿地保护协会会长孙扎根，国家森林防火指挥部专职副总指挥马广仁，市绿化市容局局长邓建平，松江区程向民、唐海东等陪同考察。

9月27日 国家林草局副局长李春良、湿地中心主任王志高、国家林草局规划院院长刘国强等一行实地调研崇明东滩鸟类国家级自然保护区生态修复项目工作，市绿化市容局副局长汤臣栋陪同调研。

11月25日 12点50分，亚洲象版纳在上海动物园去世。1972年5月，版纳安家上海动物园，是上海动物园园龄最长的动物，是科教片《捕象记》的主角，与几代上海人的记忆相伴。

（上海市林业由周海霞供稿）

江苏省林业

【概　述】 2018年，江苏省林业系统认真贯彻落实习近平生态文明思想，按照省委、省政府和国家林草局决策部署，系统推进林业改革发展工作。全省森林面积155.99万公顷，林木覆盖率增至23.2%，自然湿地保护率达到49.8%，省级以上生态公益林达到38.6万公顷，全年林业产值实现4702亿元，苗木种植20.4万公顷，苗量61亿株，圆满完成年度各项目标任务。

【林业机构改革】 2019年2月14日，省委办公厅、省政府办公厅印发《江苏省林业局职能配置、内设机构和人员编制规定》的通知（苏办〔2019〕57号），决定重新组建省林业局。将原省林业局的森林、湿地等资源调查和确权登记管理职责划转省自然资源厅，将原省林业局的森林防火相关职责划转省应急管理厅，同时将原国土资源厅的地质公园管理职责、原省环境保护厅的自然保护区管理职责、原省住房和城乡建设厅的风景名胜区等管理职责、原省水利厅的水利风景区管理职责、原省海洋与渔业局的海洋自然保护区管理职责划入重组后的省林业局。重组后的省林业局是省自然资源厅管理机构，为副厅级，并成立省林业局党组，内设8个处室：办公室，造林绿化管理处（省绿化委员会办公室），森林资源管理处（安全生产管理处），自然保护地管理处，行政审批与科技产业处，规划与资金管理处，人事处，机关党委。直属参公事业单位4个：江苏省林木种苗管理站，江苏省野生动植物保护站（省湿地保护站），江苏省林业有害生物检疫防治站，江苏省太湖风景名胜区管理委员会办公室。全额拨款事业单位5个：江苏省森林资源监测中心（省生态公益林管理中心），江苏省林业科学研究院（省林业技术推广站），江苏大丰麋鹿国家级自然保护区管理处，江苏盐城国家级珍禽自然保护区管理处，江苏省泗洪洪泽湖湿地国家级自然保护区管理处。

【造林绿化】 2018年，全省新增成片造林3.56万公顷，林木覆盖率增至23.2%。组织实施一批重大造林绿化工程。抓好长江两岸造林绿化潜力调研与方案编制，迅速启动两岸造林绿化行动。全民义务植树活动深入开展，百万干部群众通过互联网捐资代劳，全省义务植树772万株。深入开展"千村示范、万村行动"绿美乡村建设，新建绿美示范村512个。根据《江苏省政府办公厅关于印发江苏省珍贵用材树种培育行动方案（2016~2020年）的通知》（苏政办发〔2016〕121号），坚持以国土绿化与彩色化、珍贵化、效益化相结合为主线，加大珍贵树种和乡土树种应用比例，培育珍贵用材树木3002万株，"十百千万"三化示范创建取得新成效。古树名木调查与保护深入推进。林业碳汇计量监测任务全面完成。出台全省森林抚育实施办法，建立省级森林抚育示范点，抚育森林7.07万公顷。

【湿地资源保护】 全省湿地面积282.2万公顷，其中，自然湿地195.3万公顷，人工湿地86.9万公顷。2018年，修复湿地4896.5公顷，自然湿地保护率达49.8%。印发《江苏省湿地保护"十三五"实施规划》。完成省级重要湿地名录文本及图件，编制湿地名录标识规范。完成溧阳天目湖、昆山天福、建湖九龙口、金坛长荡湖4处国家湿地公园试点建设验收，新建灌云潮河湾、海安里下河、沭阳三河、无锡古庄白荡、六合池杉湖5处省级湿地公园，新建湿地保护小区74处。完成全省湿地生态监测与管理大数据平台升级工作，建设湿地实时监测站点94处。

【森林资源保护】 重新区划落界国家级生态公益林，省级以上生态公益林达到38.6万公顷，下达森林生态效益补偿资金1.74亿元。完成林木覆盖率监测认定工作。全面开展森林督查，基于林地"一张图"和遥感技术对改变用途和采伐林木的林地进行查验，发现问题认真整改。加强林地使用定额管理，全省共审核永久使用林地项目220件，面积1266公顷；临时用地32起，面积418公顷。加强林木采伐限额管理，省林业局批准采伐141件，面积4471公顷，蓄积9.6万立方米。加强对麋鹿、勺嘴鹬、秤锤树、宝华玉兰、金钱松、银缕梅、香果树7个珍稀濒危动植物进行野外种群及生境保护，并对银缕梅、金钱松2个种群开展野外回归。

【自然保护地监管】
自然保护区 全省共有各级各类自然保护区31个，总面积53.58万公顷，占全省国土面积5.22%，其中，国家级自然保护区3个，面积29.93万公顷，占全省自然保护区总面积的55.86%；省级自然保护区11个，面积9.41万公顷，占全省自然保护区总面积的17.57%；市县级自然保护区17个，面积14.24万公顷，占全省自然保护区总面积的26.57%。

森林公园 2018年新建国家级森林公园1个。全省国家级森林公园累计22个，总面积539.72平方千米；国家级专类园2个，总面积达36平方千米；国家级生态园2个，总面积12.93平方千米。新建省级森林公园2个，全省省级森林公园累计45个，总面积387.92平方千米。

湿地公园 2018年，完成溧阳天目湖、昆山天福、建湖九龙口、金坛长荡湖4个国家湿地公园试点建设验收，新建灌云潮河湾、海安里下河、沭阳三河、无锡古庄白荡、六合池杉湖5个省级湿地公园。全省累计建成国家湿地公园26个（含试点9个），省级湿地公园43个。完成10处国家湿地公园建设管理第三方评估，启动30处省级湿地公园建设管理第三方评估。

风景名胜区 2018年全省拥有国家级风景名胜区5处、省级风景名胜区17处，风景名胜区总面积约1770平方千米，约占全省地域面积的1.75%。

【国有林场改革】 根据《江苏省政府关于推进国有林场改革的实施意见》（苏政发〔2016〕19号），以公益性为导向推进国有林场改革，全省纳入改革范围的73个国有林场整合为57个，其中40个定为公益性事业单位，并经省级自查验收后由省政府向国家申请验收。

【林业有害生物防治】 全省主要林业有害生物发生面积15.09万公顷，同比上升47.1%。林木病害发生0.64万公顷，同比下降了9.8%；虫害发生14.31万公顷，同比上升52.3%。主要林业有害生物防治率96.5%，成灾率3.67‰，监测覆盖率99.7%，测报准确率87.3%，种苗产地检疫率99%。全省松材线虫病发生0.61万公顷，同比下降10.56%；病死松树5.89万株，同比下降14.70%，连续14年实现发生面积与病死株数"双下降"，拔除常熟市疫区。美国白蛾发生8.21万公顷，同比上升16.5%，新增扬州市广陵区1个县级疫区。以舟蛾为主的杨树食叶害虫发生5.87万公顷，同比上升179.7%，整体危害较重，呈延续周期性高发态势。松毛虫、杨树溃疡病、杨尺蠖等发生面积稳中有降；草履蚧、桑天牛等次要病虫害呈加重趋势；有害植物发生与同期持平。开展《2015～2017年重大林业有害生物防控目标责任书》完成情况专项考核，考核结果向省政府专题报告和市县两级政府通报。推进"林安"和"护绿"行动，查处多起违法违规典型案例。全省共签发林业植物调运检疫证23.8万份，产地检疫证576份，完成国外引种审批48单。完善全省林业有害生物监测预警体系，编制国家级中心测报点林业有害生物防治能力提升建设项目。借助"云计算""互联网+"等信息技术，初步建成全省林业有害生物防控综合管理平台，加快林业有害生物智能化管理。

【森林火灾预防】 全省发生森林火警火灾16起，过火森林面积18.9公顷，受害森林面积3.3公顷，火灾发生率、受害率和控制率等指标大大低于国家标准和省政府责任状指标。在森林火情处置中做到反应迅速、组织有力，未发生重大森林火灾和人员伤亡事故，确保春节、元宵节、清明节等重点时期森林资源安全。省领导多次在关键时期对森林防火工作作出批示。在省政府与各设区市政府签订森林防火责任状的框架下，各地层层签订责任状。省林业局与新华日报社签订森林防火宣传战略合作协议，防火关键期在《新华日报》头版刊发公益宣传，每天在省电视台发布森林火险等级预报，全省共张贴、悬挂森林防火宣传标语、横幅1.5万余条，出动宣传车1600余辆次，发放《森林防火宣传手册》21 000余册。全省共开展森林火灾扑救应急演练（技能竞赛）活动28次，举办培训班32期，参加人员4500余人次。全省森林公安开展为期1个月的"查隐患、破火案"专项行动，共排查出火灾隐患156处，当场制止违用火37起，送达整改通知书33份。强化防火设施建设，修订《江苏省森林防火现代化体系建设规划（2016～2025年）》，《镇江市森林防火中长期建设规划（2018～2025）》《连云港市森林防火规划（2018～2025）》相继出台。各级财政投入资金约3亿元，扑火物资不断加强，火灾阻隔体系进一步完善。

【林业产业】 2018年，全省林业总产值4702亿元，比上年增长3.9%，其中林业一产1160亿元、二产2873亿元、三产669亿元，分别比上年增长7.7%、0.9%、11.1%。林木种苗和林下经济列入全省乡村振兴战略实施内容，编制林木种苗和林下经济千亿级产业工程实施方案。全省林木苗圃面积20.4万公顷、苗木产量61.5亿株、种苗总产值389.6亿元，同比分别增长3.9%、7.1%、8.9%。新认定3处省级林木良种基地和10处省级林木种质资源库，审认定林木良种品种28个。全省现有国家级林木良种基地8处，省级林木良种基地21处，国家级林木种质资源库5处，省级林木种质资源库10处，省级保障性苗圃20处。2018年，10亿元以上交易额的苗木交易市场分别是武进夏溪花木市场、江都阿波罗花木市场、如皋花木大世界和沭阳花木大世界。

【森林生态文化】 南通市获得"国家森林城市"称号并取得2019中国森林旅游节承办权，盐城、宿迁、连云港市获得国家同意并开展国家森林城市创建工作。金坛茅东林场"半边山下"获批"全国森林特色小镇"称号，句容市获批"森林旅游示范县"称号。申报国家森林养生基地1个，国家森林体验基地1个，国家重点森林旅游地6个。加快发展以森林公园、湿地公园和风景名胜区为主要依托的森林生态旅游，全年接待游客超过6000万人次。植树节、爱鸟周、湿地日等林业节庆活动丰富多彩，林业宣传报道力度加大，选树表彰一批绿化好新闻，全社会增绿爱绿护绿兴绿氛围进一步浓厚。

【野生动植物及其制品经营利用】 全省养殖规模较大、技术成熟的野生动物有梅花鹿、河麂、锦鸡、绿头鸭、黑斑蛙等物种。截止到2018年年底，全省已批准野生动物人工繁育单位500余家，从业人员超过2万人，年产值约100亿元，其中：梅花鹿人工繁育单位和个人65家，种群数量超过1万头；河麂驯养繁殖单位和个人50家，种群数量约5000头；蓝孔雀、疣鼻天鹅、环颈雉等珍禽驯养繁殖单位和个人95家，种群数量达18万头。全省规模以上动物园14个，人工繁育大熊猫、华南虎、长臂猿等珍稀濒危野生动物。全省实验用猴、中药材加工利用、乐器加工、蛇类深加工产业较为发达，有常熟隆力奇、无锡济民可信、南京同仁堂、苏州雷允上等行业知名企业。全省野生植物进出口产业繁荣，进出口产业主要包括兰花、银杏、西洋参、红豆杉等观赏和药用野生植物及木材原料。12处加工和销售场所全面停止象牙加工销售活动，没有发现销售和摆卖象牙及制品情况。

【林业大事】
1月9日 省政府办公厅印发《关于完善集体林权制度的实施意见》，意见提出了总体要求、稳定集体林地承包关系、放活生产经营自主权、引导集体林适度规模经营等6个方面21项内容。

1月29日 省林业局、发改委、财政厅联合印发《江苏省湿地保护"十三五"实施规划》，规划明确"十三五"全省湿地保护工作的指导思想、基本原则、目标任务，提出湿地保护重点工程及保障措施，为各地履行湿地保护职责提供依据。

3月1日 省委书记、省人大常委会主任娄勤俭，省委副书记、省长吴政隆等领导参加义务植树活动，并启动长江江苏段造林绿化行动。

4月20日 江苏省暨南京市"爱鸟周"活动启动仪式在南京红山森林动物园举行，活动主题是保护鸟类资源、守护绿水青山。活动启动仪式现场展示了"震旦杯"鸟类观察自然笔记作品集展板，举行了"鸟类观察自然笔记大赛"颁奖仪式。省林业局副局长徐姝出席。

4月29日 省委办公厅、省政府办公厅印发《江苏省乡村振兴十项重点工程实施方案(2018～2022年)》，将林木种苗和林下经济列为现代农业提质增效八大千亿级特色产业，明确到2022年林木种苗和林下经济产值超千亿元。

5月22日 省政府办公厅下发《关于对国有林场改革进行专项督查的通知》，由省政府督查室、省林业局、省发展改革委、省编办、省人社厅、省财政厅分成两个组进行专项督查。

6月21日 全省植树造林现场会在仪征市召开。会议总结全省冬春造林绿化成效，交流工作经验，研究部署下一阶段全省绿化造林工作。省林业局副巡视员、省绿委办主任葛明宏出席会议并讲话。

6月29日 省林业局向省政府行文报告2015～2017年全省重大林业有害生物防治目标责任书履责情况，并向各地通报目标责任书完成情况。省林业局对各地目标责任书完成情况进行了专项考核，经考核评定，徐州、南通、扬州市综合得分名列前茅。

8月15日 省林业局组织6个核查组，分赴各地开展省级林业专项资金绩效评价核查工作，在各地自查的基础上评价，自评得分为92.1，核查结果为优。

10月25日 省林业局召开《江苏省林业项目管理办法》修订座谈会，听取各地加强林业项目管理的意见和建议。

11月2日 省发展改革委、省水利厅、省自然资源厅、省林业局联合下发《关于加快开展长江两岸造林绿化建设方案编制工作的通知》，省林业局随后专门成立长江两岸造林绿化工作领导小组，并启动全省长江两岸造林绿化行动。

11月22日 省林木品种审定委员会召开第十三次林木品种审定会，审认定泗杨1号等林木良种24个。

12月6日 省林业局举行第九届全省森林消防技能竞赛。苏州市高新区森林消防队获一等奖，常州市武进区森林消防专业队获二等奖，南京市江宁区秣陵街道森林消防专业队获三等奖，其余6个专业队获优秀奖。省林业局党组书记、局长沈建辉观摩竞赛活动。

12月7日 全省森林防火工作会议在溧阳市召开，会议研究分析当前及今后一个时期全省森林防火工作形势和任务，部署安排今冬明春森林防火重点工作。会议印发修订的《江苏省森林防火现代化体系建设规划(2016～2025)》。省林业局党组书记、局长沈建辉出席会议并讲话。

12月20日 省政府办公厅向国家林业和草原局致函，申请对江苏省国有林场改革工作进行验收。

12月26日 全省林业有害生物发生趋势会商会在镇江市召开，会议研判2019年主要林业有害生物发生趋势，并部署2019年及今后一个时期重点工作。副巡视员葛明宏出席会议并讲话。

（江苏省林业由王道敏供稿）

浙江省林业

【概　述】 2018年，浙江林业系统以习近平新时代中国特色社会主义思想为指导，以"八八战略"为总纲，紧紧围绕乡村振兴战略、"最多跑一次"改革和大花园建设等省委、省政府中心工作，深化林业改革，高水平推进国土绿化，加强资源保护，强化生态建设，推进产业富民，弘扬生态文化，各项工作取得新的进展，五年绿化平原水乡目标圆满完成，林业改革发展继续保持良好势头。全省共完成造林更新1.69万公顷，组织义务植树2679万人次，继续实施"新植1亿株珍贵树"五年行动，累计新植珍贵树6597.1万株，实现林业行业总产值达6207亿元。

【林业机构改革】 2018年10月19日，浙江省委、省政府印发《浙江省机构改革方案》，明确组建省林业局，整合原省林业厅的职责，以及原省国土资源厅、原省住房和城乡建设厅、原省环境保护厅、原省海洋与渔业局等部门的自然保护区、风景名胜区、自然遗产、地质公园等管理职责。原省林业厅的森林、湿地等资源调查和确权登记管理职责划归新组建的省自然资源厅，森林防火相关职责、省森林防火指挥部有关职责整合到新组建的省应急管理厅。不再保留省林业厅。2018年10月25日，浙江省林业局正式挂牌。浙江省委办公厅正式印发浙江省林业局"三定方案"。浙江省林业局是浙江省自然资源厅管理的省政府机构，为副厅级。省林业局内设9个处室，办公室、国土绿化处、森林资源管理处、野生动植物和湿地管理处、自然保护地管理处、林业改革和产业发展处、规划财务处、科学技术处（挂林产品质量监管处牌子）、人事处。另设直属机关党委，负责机关和直属单位党的建设和群团工作。省森林公安局（挂省公安厅森林警察总队牌子）为省林业局直属行政机构，正处级。

【林业生态建设】 高水平推进国土绿化，推进珍贵彩色森林建设，实施森林抚育重点项目，完成平原绿化1.05万公顷，彩色健康森林和木材战略储备林1.97万公顷，中央财政森林抚育2.91万公顷，均超额完成年度计划。继续实施"新植1亿株珍贵树"五年行动，全省完成珍贵彩色树种育苗500多万株，全年新植珍贵树2413万株，累计新植6597.1万株。在此基础上，启动实施"一村万树"三年行动计划，建成示范村353个，推进村3174个。

大力推进森林城市系列创建，舟山市、桐庐县、安吉县、江山市获得"国家森林城市"称号，累计创建国家森林城市16个，数量位居全国第一。金义都市区森林城市群启动建设，省级森林城镇新增95个。

加强生态文化建设，6个行政村被授予"全国生态文化村"称号，获评数量列全国之首，新增65个浙江省生态文化基地。加强古树名木保护和森林古道修复，开展古树名木和森林古道普查，出台浙江省古树名木认定、认养办法，开展全省26.43万株古树名木的挂牌工作，完成1406株古树名木的救助复壮保护，建成古树名木主题公园52个。广泛开展义务植树活动，组织省市党政军领导义务植树等主题植树活动，全省共计参加义务植树劳动988万人次、植树2679万余株。

【林业产业】 浙江省林业产业总产值达6207亿元，同比增长10%以上，继续位居全国前列。加快木本油料、竹子、花卉苗木产业发展，实施新一轮产业发展行动，推动一、二、三产业融合发展，新增木本油料基地7533.33公顷，安吉竹产业示范园区成功入选国家林业产业示范园区。启动新一轮"一亩山万元钱"推广五年行动，建成示范基地5.97万公顷，实现总产值80.86亿元。加快森林休闲养生业发展，衢州市、桐庐县分别被国家林草局命名为全国森林旅游示范市、示范县，命名首批森林特色小镇14个、森林人家111个，公布森林特色小镇创建名单22个，8个国家级森林公园、湿地公园被列为国家重点推介森林旅游地。2018年全省森林休闲养生业产值突破2000亿元，成为浙江省林业第一大产业。举办第11届中国（义乌）国际森林产品博览会和森林旅游、苗木交易、油茶香榧等林业宣传推介活动，第11届森博会实现成交额50.36亿元，同比增长3.5%。

【资源保护】

资源调查 2017年度监测结果表明，全省林地面积660.95万公顷，森林面积607.82万公顷，森林覆盖率61.17%，活立木总蓄积3.67亿立方米，森林蓄积3.3亿立方米，居全国前列。

林地管理 正式启用森林资源"一张图"信息平台，首次实现省、市、县三级年度出数全覆盖，有效促进向管理数字化转型。加强涉林垦造耕地监管，会同原省国土资源厅出台严格加强涉林垦造耕地监管政策，全面叫停涉林造地行为。加大重大基础设施、重大产业和民生项目的使用林地保障，办理林地项目3214个、面积6333公顷。省级以上公益林区划落界完善工作基本完成，首次实现公益林跨区域调整1.77万公顷。

森林灾害防控 森林消防工作取得历史最好成绩，森林火灾发生次数和受害面积分别同比下降30.77%、51.29%。松材线虫病防治工作得到加强，完成除治面积19.08万公顷，拔除平湖、海盐、普陀、西湖4个疫区县（市、区）。省政府对全省森林资源保护管理工作进行了通报表扬。

野生动植物资源保护 基本完成第二次陆生野生动物资源调查和第二次野生植物资源调查。压实监管责任，打击非法猎杀和经营利用野生动物违法犯罪活动。大力实施珍稀濒危野生动植物拯救保护工程，朱鹮（323只）、华南虎（9只）、扬子鳄（6691条）等物种数量稳步上升。世界首例百山祖冷杉胚胎培养成功，并实现少量植株野外回归，普陀鹅耳枥子代苗木达到3万余株，建立人工回归种群，天台鹅耳枥苗木合计造林4公顷，用苗3000株，景宁木兰大规模种子繁育成功，并且开始野外回归试验。

自然保护地管理 随着中央改革机构调整，省林业局划入"负责监督管理国家公园等各类自然保护地"新职能，自然保护地除原有省级以上森林和野生动物类自然保护区19处、森林公园127个、湿地公园49个以外，划入省级以上风景名胜区59个、海洋保护区16个、环保和地质类自然保护区4个、地质公园14个、世界自然遗产1个，各类自然保护地管理总面积超过1万平方千米。此外，2018年全省新建省级自然保护区1处、省级森林公园4处、省级湿地公园12处。积极创建开化县钱江源国家公园，在全国10个国家公园体制试点中率先探索制定"1+6+13"的钱江源国家公园标准体系，完成试点区21个行政村集体林地地役权设定合同签订，实现省际毗邻镇村合作保护模式全覆盖，加入中国生物圈保护区网络（CBRN）。

【林业支撑保障】 深化"最多跑一次"改革，实现群众、企业到政府办事事项100%"最多跑一次"和100%网上办理。省政府出台《关于大力推进林业综合改革的实施意见》。省林业局联合人民银行杭州中心支行印发深化公益林补偿收益权质押贷款的管理办法，全省公益林补偿收益权质押贷款累计发放额超过3.5亿元，贷款余额突破3亿元。省政府和中国林科院续签新一轮省院合作协议，省院第四轮科技合作正式启动。林业科技创新能力持续提升，首个浙江杭州国家林业科技示范园区获国家林草局认定，首次获批2个国家林草局重点实验室和4个林业及草原国家创新联盟，新认定2家国家林草局工程技术研究中心，建立清新空气（负氧离子）林业功能站44家。林业知识产权保护和标准、质量、品牌建设进一步加强，授权植物新品种50个，食用林产品质量总体向好，省级抽检合格率达99.7%。《浙江省公益林和森林公园条例》正式颁布实施。加大林业资金稽查和绩效评价力度，确保惠民政策落到实处和资金使用安全高效。

【林业大事】
1月4～5日 2018年全国林业厅局长会议在浙江安吉召开。会上，国家林业局授予安吉县全国首个"乡村振兴林业示范县"荣誉称号。

1月5日 省人民政府办公厅正式印发《关于加强湿地保护修复工作的实施意见》，提出当前及今后一个时期浙江湿地保护修复工作的总体要求及具体措施。

1月15日 全省深化林业综合改革暨林业工作会议在杭州召开。省人民政府副省长孙景淼参加会议并讲话，省林业厅厅长林云举通报2017年工作情况和2018年重点工作安排，省政府办公厅副主任蒋珍贵主持会议。各市、有关县（市、区）人民政府分管领导，各市、县（市、区）林业部门主要负责人，省级有关单位负责人参加会议。会议邀请国家林业局驻上海专员办、华东院、竹子中心、中国林科院亚林所负责人出席。

2月2日 2018年浙江省"世界湿地日"宣传活动在绍兴镜湖国家城市湿地公园主会场启动，省人大常委会原副主任、省生态文化协会名誉会长程渭山出席仪式并宣布启动，省林业厅副厅长胡侠讲话，绍兴市人民政府党组副书记徐明光、绍兴市林业局局长韩柏昌等有关领导参加启动仪式，省林业厅党组成员、省生态文化协会秘书长陆献峰主持。

2月9日 省森林公安局在诸暨举行诸暨市森林公安局"7·17"专案组荣获公安部集体一等功授奖仪式。省森林公安局、绍兴市林业局、绍兴市森林公安局、诸暨市人民政府、诸暨市农林局、诸暨市公安局相关领导，绍兴市辖各县（市、区）林业局分管领导以及绍兴全市森林公安民警参加仪式。授奖仪式上宣读了公安部《关于给浙江省诸暨市森林公安局"7·17"专案组记集体一等功的命令》，并为诸暨市森林公安局"7·17"专案组颁发集体一等功奖匾。

3月9日 省政府新闻办在杭州召开"浙江省公益林和森林公园条例实施及建设成效"新闻发布会。省林业厅厅长林云举、副厅长王章明出席发布会介绍有关情况并回答记者提问。省委宣传部部务会议成员、省政府新闻办副主任骆莉莉主持会议。来自中国新闻社、浙江日报社、凤凰网等29家媒体的记者参加发布会。

3月27日 省政府办公厅制订出台《关于大力推进林业综合改革的实施意见》。《意见》确立了浙江林业综合改革工作的目标和任务，为增强林业发展活力、扎实推进浙江"全国深化林业综合改革试验示范区"建设作了部署。

4月1日 省政府办公厅印发《关于2017年度森林浙江建设目标责任制考核结果的通报》，对杭州市等49个2017年度森林浙江建设目标责任制考核优秀的市、县（市、区）予以通报鼓励，并要求全省各地进一步加大工作力度，加快推进森林浙江建设，把绿水青山护得更美，把金山银山做得更大，为浙江"两个高水平"建设作出新的更大贡献。

6月21日 2019北京世界园艺博览会浙江展园建设项目正式奠基动工。北京市园林绿化局局长、北京世界园艺博览会事务协调局党组书记邓乃平，协调局常务副局长周剑平、副局长王春城，中国花卉协会副秘书长张引潮，浙江省林业厅副厅长胡侠等参加开工仪式，并为项目奠基。

7月1日 浙江省第二次全国重点保护野生植物资源调查研究成果通过专家评审。调查发现国家目的物种县级新分布94个、省级目的物种县级新分布52个，新分布点共488个；研究发表植物新种7个，浙江新记录科3个、新记录属12个、新记录种80余个。

10月15日 2018森林城市建设座谈会在广东省深圳市举行。会上，浙江省舟山市、桐庐县、安吉县和江山市被国家林业和草原局授予"国家森林城市"称号，其中舟山市为国内首个群岛型国家森林城市。至此，全省拥有16个国家级森林城市，其中地级市10个，县级市6个，数量位列全国第一。

10月18日 浙江省林业科学研究院建院60周年科技创新与合作座谈会在杭州举行。省政协副主席陈小平出席并讲话，中国林科院院长、院士张守攻，国家林草局科技司司长郝育军，省政协农业农村委员会主任姚少平，省林业厅厅长林云举，国家林草局华东林业调查规划设计院书记傅宾领，省农科院院长劳红武等参加开幕式，省林业厅巡视员吴鸿主持会议。

10月19日 中共浙江省委、浙江省人民政府印发《浙江省机构改革方案》（浙委发〔2018〕46号），组建省林业局，作为42个省政府机构之一。

10月25日 浙江省林业局召开机构改革动员部署大会。省委组织部副部长马小秋宣读"中共浙江省委关于建立浙江省林业局党组及胡侠任浙江省林业局党组书记""中共浙江省委组织部关于胡侠、吴鸿、杨幼平、陈跃芳、王章明保留职级"的文件。省自然资源厅党组书记、厅长黄志平主持会议，省林业局党组书记、局长胡侠（正厅长级），巡视员吴鸿（正厅长级），党组成员、副局长杨幼平（副厅长级），党组成员、副局长王章明

（副厅长级），党组成员陆献峰，副巡视员卢苗海，省委组织部相关处室负责人出席大会。会后，举行了浙江省林业局揭牌仪式，胡侠为浙江省林业局揭牌，杨幼平主持揭牌仪式，局领导班子成员、机关各处室和直属单位主要负责人参加揭牌仪式。

11月1~4日 由国家林草局和浙江省人民政府共同主办的第11届中国义乌国际森林产品博览会在义乌国际博览中心举行，浙江省政协副主席陈铁雄、原国家林业局副局长陈风学共同启动展会开幕水晶球。浙江省林业局局长胡侠，金华市委常委、义乌市委书记林毅，国家林草局产业领导小组副组长、林业和草原改革发展司司长刘拓在开幕式上致辞，中国轻工业联合会副会长陶小年，金华市委副书记、金华市人民政府代市长尹学群，浙江省政协原农业和农村工作委员会主任楼国华，省林业局巡视员吴鸿，以及国家林草局有关部门、省市有关部门领导等出席开幕式。本届森博会以"汇森林精品，助乡村振兴"为主题，4天累计实现成交额50.36亿元，同比增长3.5%。

11月5日 由国家林业和草原局、世界自然保护联盟（IUCN）和杭州市政府共同主办的"第二届世界生态系统治理论坛"在杭州市余杭区召开。国家林草局局长张建龙、浙江省人大常委会副主任史济锡、浙江省林业局局长胡侠、浙江省林业局副局长王章明、杭州市副市长王宏、世界自然保护联盟（IUCN）总干事英格·安德森女士、印度尼西亚环境和森林部总司长巴古斯·赫鲁多佐·吉普托诺等出席开幕式。会议由国家林草局副局长彭有冬主持。来自33个国家的政府部门、科研院校、国际组织，以及企业和非营利机构的代表近300人参加。

11月14日 经报省政府同意，省林业局与加拿大艾伯塔省农林部在德清县签署新一轮林业合作备忘录，省林业局巡视员吴鸿和艾伯塔省农林部常务副部长安德力·科博分别代表双方签署合作备忘录。

12月25日 浙江省人民政府和中国林科院签订省院全面合作协议书（2019~2023年），省院第四轮林业科技合作由此正式启动。

（浙江省林业由谢力供稿）

安徽省林业

【综　述】 2018年，安徽省林业系统深入学习贯彻习近平新时代中国特色社会主义思想和党的十九大精神，在国家林业和草原局、安徽省委、省政府的坚强领导和大力支持下，开拓创新，锐意进取，真抓实干，全省林业改革发展取得了可喜成绩。安徽现有林业用地面积449.3万公顷，森林面积395.9万公顷，森林覆盖率28.65%。活立木蓄积量2.61亿立方米，森林蓄积量2.22亿立方米。全省湿地总面积104.18万公顷，占国土总面积的7.47%。2018年全省林业总产值达4044.56亿元。

【机构改革】 2018年10月28日，安徽省委、省政府印发机构改革实施意见。决定整合原省林业厅职责、省农委承担的草原监督管理职责以及省国土资源厅、省住房和城乡建设厅、省水利厅等部门承担的风景名胜区、自然遗产、地质公园等管理职责，组建安徽省林业局，作为省政府正厅级直属机构，增设行政处室3个，分别是林长制工作处、湿地管理处和自然保护地管理处，增加行政编制11个、处级领导职数7个。新成立的省林业局，局机关共设处室15个，担负了统一管理全省各类自然保护地的重大使命，统筹推进山水林田湖草系统治理，保障全省生态安全。

【林长制改革】 安徽省委十届七次全会将林长制改革列为大事要事，省委、省政府多次召开高规格会议研究部署，省委书记李锦斌、省长李国英多次调研指导，亲自谋划部署。各级各部门围绕护绿、增绿、管绿、用绿、活绿，以高度的政治责任和极大的工作热情强力推进。全省全面建立以党政领导责任制为核心的省、市、县、乡、村五级林长体系，共设立各级林长52122名，形成了省级总林长负总责、市县级总林长抓督促、区域性林长抓调度、功能区林长抓特色、乡村林长抓落地的工作格局。各级党委政府层层建立会议调度、工作督察、考核问责、社会监督等工作制度，建立林长制"五个一"服务平台。全省林长制改革实行旬报告、月通报、季调度，持续推深做实，各地出台配套制度752个，形成了上下衔接、协同高效的制度体系。省委、省政府出台了22条含金量高的政策措施，各相关部门积极跟进，制订配套措施，一些多年困扰林业发展的难题得到有效破解，林业发展的政策环境进一步优化。

【营林生产】 安徽持续实施林业增绿增效行动，主动对接乡村振兴战略和水清岸绿产业美丽长江（安徽）经济带建设，谋划启动"四旁四边四创"国土绿化提升行动，编制实施皖江国家森林城市群建设规划，大力推进美丽长江（安徽）经济带"建新绿"行动。共完成造林9.57万公顷，超出计划任务19.68%；森林抚育598.64万亩，退化林修复3.95万公顷，新育苗4866.67公顷；芜湖市成功创建国家森林城市，各地创建省级森林城市6个、森林城镇77个、森林村庄640个，建设森林长廊示范段688千米。

【林业改革】 全面完成国有林场改革省级验收，认真做好国家验收准备工作，编制完成100个国有林场森林经营方案。32个国有林场启动了林区道路建设，实现了林区道路建设的"历史性突破"。深入推进集体林权制度改革，指导推动10个集体林地"三权分置"和8个"三变"改革联系点先行探索，发展多种形式的股份合作。发布集体林权流转合同示范文本，进一步完善县级林权管理服务中心规范化建设，将林权交易纳入省统一的公共资源交易平台。积极推进"皖林邮贷通"小额贷款业务，创新推出"五绿兴林•劝耕贷"融资担保业务，开辟了林业融资新渠道。加强使用林地等行政审批事项事中事后监管，进一步简化优化林木采伐管理，深化"互联网+政务服务"，基本实现"一网、一门、一次"。

【林业法治】 完成《安徽省湿地保护条例》《安徽省实施野生动物保护法办法》2部地方法规修订和《安徽省陆生野生动物造成人身伤害和财产损失补偿办法》《安徽省森林和野生动物类型自然保护区管理办法》2部政府规章修改，印发《安徽省林业厅规范性文件管理办法》《安徽省林业厅权力运行监管细则（2018年本）》《重大事项合法性审查实施细则》等制度文件。开展双随机抽查和行政许可事项案卷评查，抽查市场主体41家。完成2018年度林业行政处罚裁量基准调整。印发国家工作人员学法用法工作细则，组织开展"宪法宣传周"活动，开发法规文件查询系统，设立依案释法专栏，汇集林业法规文件359件、典型案例25件。取消政务服务事项申报材料比例达46%，林业局窗口"最多跑一次"事项实现全覆盖，网上办理深度全部达到二级以上，林业窗口受理办件按时办结率100%，群众评价"满意度"100%。主动接受人大、政协和社会监督，办理省人大代表建议28件、省政协委员提案23件。进一步加大案件查处力度，全省森林公安机关共立案各类刑事案件645起，破案483起；共受理林业行政案件4042起，查处3776起，有力打击涉林违法犯罪行为。

【森林和湿地资源保护】 一是加强森林资源管理。严格执行林地定额管理和林地审查联席会议制度，对经营性建设项目使用林地开展现场查验，从严控制经营性项目占用林地。完成林地年度变更调查，积极推进公益林和林地"一张图"数据融合对接，首次开展森林资源动态监测应用试点，建立森林资源存量与增量相结合的监测评价制度。全面落实天然林停伐措施，基本完成天然商品林区划落界。着手在4个国家级和省级自然保护区内开展公益林政府租赁试点，实施古树名木抢救复壮。

二是加强生物多样性保护。加强湿地保护修复，制定省级湿地公园建设规范和省级湿地公园建设成效评估指标体系，认真做好第二批省级重要湿地名录发布工作，新建湿地公园7处。全面完成安徽省第二次野生植物资源调查工作。组织开展森林督查和自然保护地大检查，基本摸清自然保护地底数及突出问题。扎实开展林业系统管理的自然保护区、重要湿地、森林公园违法违规问题排查整治行动，重点推动扬子鳄自然保护区生态破坏问题整改落实，省政府制定《坚持生态优先绿色发展切实加强自然保护区管理的意见》。

【森林防火】 严格落实森林防火责任制，全面实行森林防火重点单位责任人上岗制度。森林防火区划定覆盖全省，依法加强野外火源管理。积极推进森林防火信息化建设，初步建成集林火监测、业务办公、视频监控、应急指挥一体化的指挥信息平台。安徽共发生森林火灾42次（其中一般森林火灾38次，较大森林火灾4次），受害森林面积17.2公顷，分别同比下降65.81%、61.75%。

【林业有害生物防治】 突出抓好林业有害生物防治工作，加强监测预警，强化检疫防治，印发重大林业有害生物防治应急预案，成功组织美国白蛾灾害应急防治演练。积极开展松材线虫病治理专项行动，省财政投入2000万元实施保卫战、攻坚战、歼灭战"三大战役"，全省林业有害生物成灾率同比下降53.14%。

【林业产业】 一是林业产业加快发展。大力发展新产业新业态，持续推进木本油料、林下经济、苗木花卉和森林旅游康养高质量发展，新造油茶、薄壳山核桃1.33万公顷。成功举办2018中国•合肥苗木花卉交易大会，林业招商引资签约额153.7亿元。积极培育新型林业经营主体，认定第四批省级现代林业示范区15家、首批示范家庭林场70个，新增省级农民林业专业合作社示范社120个，各类新型林业经营主体达18 162个。全省林业总产值达4044.56亿元，较上年增长11.98%。

二是林业精准扶贫持续推进。印发《2018年林业生态扶贫实施方案》，实施长江防护林、林业血防、天然林保护等林业重点生态工程扶贫，面向建档立卡贫困人口新选聘生态护林员4100名，总数达15 584名，中央财政年补助资金9500万元。大力推广"四带一自"产业扶贫模式，深入实施"一村一品"产业推进行动，突出抓好油茶、薄壳山核桃等木本油料产业扶贫工作。大力发展林下经济，带动贫困户脱贫，全省贫困户发展林下经济人均年收入增加500~1000元，重点山区县农发展林下经济人均年收入达到5000~10 000元。加强定点帮扶，实行"单位包村、干部包户"工作机制，向70个有扶贫开发任务的县安排林业资金14.64亿元。

【主要林产品产量】 全年全省生产商品材450.5万立方米，同比增加3.78%；毛竹12 865万根，比2017年略有减少，小杂竹200万吨，比2017年增加12万吨。水果种植面积17.98万公顷，同比增长5.77%，产量392.73万吨，同比增长2.27%；干果种植面积7.83万公顷，同比降低13%，产量13万吨，同比降低13.3%；森林食品产量16.16万吨，同比增长31.81%；木本药材种植面积2.21万公顷，同比增长16.32%，产量11.8万吨，同比增长166.97%。木本油料种植面积22.2万公顷，同比增长13.91%，产量13.19万吨，同比增长10.75%；林产工业原料产量2.05万吨，同比降低4.65%，其中松脂1.49万吨，占工业原料的72.62%，仍然是最主要的工业原料。

表24-2 安徽省主要经济林产品产量

产品名称	计量单位	产　量
苹果	吨	417 866
柑橘	吨	22 349
梨	吨	1 288 694
葡萄	吨	608 571

(续表)

产品名称	计量单位	产量
桃	吨	1 173 799
杏	吨	32 084
猕猴桃	吨	24 470
核桃	吨	23 385
板栗	吨	88 895
枣(干重)	吨	15 653
柿子(干重)	吨	20 169
银杏(白果)	吨	2605
毛茶	吨	124 046
竹笋干	吨	33 107
食用菌(干重)	吨	100 422
山野菜(干重)	吨	13 710
杜仲	吨	1469
油茶籽	吨	97 267
油桐籽	吨	1729
棕片	吨	3612
松脂	吨	14 880

表24-3 安徽省主要木竹加工产品产量

产品名称	计量单位	产量
锯材	立方米	5 533 912
木片、木粒加工产品	实积立方米	1 896 988
人造板	立方米	25 130 701
1. 胶合板	立方米	17 908 823
2. 纤维板	立方米	3 680 321
3. 刨花板	立方米	1 853 135
4. 其他人造板	立方米	1 688 422
其中：细木工板	立方米	922 819
其他加工材	立方米	381 202
木竹地板	平方米	88 094 332
1. 实木地板	平方米	2 552 018
2. 实木复合木地板	平方米	10 451 558
3. 浸渍纸层压木质地板(强化木地板)	平方米	63 870 417
4. 竹地板(含竹木复合地板)	平方米	9 407 038
5. 其他木地板(含软木地板、集成材地板等)	平方米	1 813 301

表24-4 安徽省主要林产化工产品产量

产品名称	计量单位	产量
松香	吨	5411
松节油	吨	1493
木炭	吨	72 297
竹炭	吨	8014
木质活性炭	吨	11 886

【林业科技】 组建81个省级林业科技创新攻关团队，向国家林草局申报长期科研基地、创新联盟等10余个。实施中央和省级林业科技推广项目，共建立科技示范基地23个，面积619.53公顷。强化林业科技项目储备，纳入国家林业科技推广项目储备库196项。北美红枫"金脉红"和"馨香"木瓜入选国家植物新品种，制定修订林业行业标准3项、省地方标准16项。"霍山石斛产业关键共性技术创新与标准化"和"观赏林木种质资源的收集、创新及应用"科技成果获省科技进步二等奖，2人获第七届梁希青年论文二等奖、3人获三等奖。

【林业对外合作】 严格规范任务行程，落实林业出访新要求，坚持任务第一、内容至上、人事相符的原则，共组织4个团组23人次出国(境)访问和开展研讨交流。完成了与日本、南非洽谈森林资源保护和森林防火技术合作等任务，同英国、荷兰洽谈湿地管理保护以及与荷兰郁金香引进种植培育技术合作等任务，组织赴香港参加世界自然(香港)基金会湿地管理研讨任务等；共接待来自联合国开发计划署、欧洲投资银行等国际组织官员、专家共计10人次。

坚持对外开放战略，全面加强林业国际合作和技术交流，加快推进引进和实施林业外资项目。完成德方对中德(安徽)三期项目终期评估工作，编制提交项目建设成效总结报告。召开安徽GEF(全球环境基金)项目第五次项目指导委员会会议，联合国开发计划署官员参加会议，开展由外方专家参加的安徽GEF(全球环境基金)项目终期评估工作。欧洲投资银行官员来安徽对欧洲投资银行贷款长江经济带珍稀树种保护与发展项目进行评估考察，开展欧洲投资银行大别山安徽片生物多样性保护与近自然森林经营项目的实施准备工作。

【林业大事】
1月9日 省政府在黄山市黄山区召开松材线虫病防控工作专题会议，省政府副省长方春明出席会议并讲话。

1月21日 省林业高科技中心林检中心通过省质监局组织的现场技术评审，林产品检验检测能力由原来的两类2项23个参数，扩增到三类3项共88个参数。

1月26日 省委副书记、省级副总林长信长星主持召开专题会议，研究林长制有关工作。

2月5日 全省林业局长会议在合肥召开。

2月12日 省林业厅举行首次新任命处级干部宪法宣誓仪式。

2月22日 省政府副省长张曙光到省林业厅调研，看望慰问林业干部职工。省政府副秘书长刘卫东陪同调研。

3月5～8日 国家林业局调研组到安徽调研林长制。

3月12日 省林业厅召开干部大会，宣布省委关于厅主要负责同志任职的决定，省政府副省长张曙光出席会议并讲话。省委决定，牛向阳任省林业厅党组书记、厅长。

同日 《2017年安徽省国土绿化状况公报》发布。

3月12～14日 省委改革办、省林业厅、省政府策研究室、省政府发展研究中心组成3个调研组，赴宣城、合肥、蚌埠、安庆开展林长制调研。

3月14～16日 省政府副省长张曙光赴池州市、六安市开展林长制工作调研。省林业厅党组书记、厅长牛向阳陪同调研。

3月26日 省委书记、省级总林长李锦斌主持召开省级林长第一次会议。省长、省级总林长李国英出席会议并讲话。省委副书记、省级副总林长信长星，副省长、省级副总林长张曙光出席会议。

3月27日 省委书记李锦斌、省长李国英、省政协主席张昌尔、省委副书记信长星等省暨合肥市党政军领导和部分省直机关干部、高校学生代表，共同参加义务植树活动，并实地督导林长制改革。

3月27～29日 省委书记李锦斌深入宣城市旌德县、绩溪县和安庆市望江县、宿松县调研林长制改革等工作。省林业厅党组书记、厅长牛向阳陪同调研。

3月29日 省委宣传部召开全面推行林长制改革集中采访报道启动会。

3月29～30日 中央有关媒体采访林长制情况并到旌德县调研。

4月3日 国务院召开电视电话会议，安排部署国土绿化和森林草原防火工作。省政府随即召开电视电话会议贯彻落实全国会议精神，李国英省长对会议作出重要批示。

4月4日 省政府副省长、省森林防火指挥部指挥长张曙光到铜陵市检查指导森林防火工作。省森林防火指挥部副指挥长、省林业厅厅长牛向阳陪同检查。

4月4日 省第37个"爱鸟周"活动启动仪式在池州市贵池区池口小学举行。

4月13日 省委书记李锦斌主持召开省委常委会会议，听取省林长办关于全省推进林长制改革情况的汇报。

4月14日 省政府副省长张曙光赴2019北京世园会园区调研指导安徽省参展工作。省林业厅党组书记、厅长牛向阳陪同。

4月17日 中国林场协会四届三次常务理事扩大会议在安徽省滁州市召开。

4月24日 省政府常务会议审议通过《关于推深做实林长制改革优化林业发展环境的意见（送审稿）》。

4月27日 省委常委会议审议通过《关于推深做实林长制改革优化林业发展环境的意见（送审稿）》。

4月30日 省委办公厅、省政府办公厅印发《关于推深做实林长制改革优化林业发展环境的意见》的通知（皖办发〔2018〕22号）。

5月2日 全省林长制改革推进会在合肥召开。省委书记、省级总林长李锦斌出席会议并讲话，省长、省级总林长李国英主持会议。

同日 省委办公厅、省政府办公厅印发《安徽省林长制省级会议制度》等四项林长制改革制度（厅〔2018〕29号）。

5月8～9日 省委书记李锦斌深入萧县、利辛县，实地调研"三大攻坚战"推进及林长制改革情况。省林业厅党组书记、厅长牛向阳陪同调研。

5月9日 安徽扬子鳄国家级自然保护区管理局实施第14次扬子鳄扩大野外种群放归自然活动。至此，已成功放归野外扬子鳄108条。

5月9～11日 国家林业和草原局一行7人，先后赴金寨县、合肥市调研天然林保护及国土绿化多元投入机制、推行林长制做法。

5月14～15日 中央政研室、中央改革办派员到安徽调研林长制改革。

5月17日 省人大常委会副主任谢广祥到省林业厅调研指导工作。

5月22～26日 国家林业和草原局副局长李树铭率调研组先后深入安徽省蚌埠、宣城、安庆、合肥市实地调研林长制改革工作。省林业厅党组书记、厅长牛向阳陪同调研。

5月25～26日 全国林业有害生物飞机防治智能监管现场会在肥东县召开。

6月14日 省人大常委会副主任李平主持召开省直单位定点帮扶界首市脱贫攻坚工作座谈会。省林业厅党组书记、厅长牛向阳参加座谈。

6月19日 省林业厅牵头召开全省自然保护地大检查工作电视电话会议，启动安徽省自然保护地大检查行动。

6月20日 中央改革办到省林业厅访谈安徽省林长制改革情况。

6月20～22日 山东省政协副主席、省林业厅厅长刘均刚一行来安徽考察林长制改革。

8月1～3日 省委书记、省级总林长李锦斌深入黄山市实地督导林长制改革，省林业厅党组书记、厅长牛向阳陪同调研。

8月17日 省林业有害生物防治指挥部在蚌埠市淮上区举行安徽省首次美国白蛾灾害应急防治演练。

8月24日 省林业厅（省林长制办公室）在合肥召开林长制改革理论研讨会。

9月5～6日 省人大常委会党组副书记、副主任沈素琍率部分在皖全国人大代表赴六安、滁州两市，就林长制改革和林业防治大气污染工作开展专题调研。省林业厅党组书记、厅长牛向阳陪同调研。

9月10～11日 省委副书记信长星在蚌埠市调研林长制改革等工作。省林业厅党组书记、厅长牛向阳陪同调研。

9月14日 省委书记、省级总林长李锦斌主持召开省级林长第二次会议。省长、省级总林长李国英出席会议并讲话，省委副书记、省级副总林长信长星出席会议。

9月18日 省政府第26次常务会议审定《松材线虫病治理专项行动方案》。安徽省重大林业有害生物防治指挥部印发专项行动方案（重防指〔2018〕3号）。

9月19日 全省加快推进国土绿化现场会在亳州市召开，省政府副省长、省绿化委员会主任张曙光出席会议并讲话。

9月21日 省重大林业有害生物防治指挥部在黄山市召开全省松材线虫病防治工作现场会，副省长、省重大林业有害生物防治指挥部指挥长张曙光出席会议并讲话。

9月28日 全国森林草原防灭火工作电视电话会议召开，副省长张曙光在安徽分会场出席会议，并随即主持召开全省电视电话会议贯彻落实全国会议精神。

9月28日 国家林草局和安徽省政府在北京举行2018中国·合肥苗木花卉交易大会新闻发布会。

9月30日 《安徽省人民政府办公厅关于印发安徽省重大林业有害生物防治应急预案的通知》（皖政秘〔2018〕245号）正式印发并实施。

10月8日 省森林防火指挥部召开全省森林防火工作电视电话会议。省长李国英对森林防火工作作出批示，省政府副省长、省森林防火指挥部指挥长张曙光出席会议并讲话。

10月17日 省人大常务会党组副书记、副主任沈素琍一行先后赴升金湖国家级自然保护区、扬子鳄国家级自然保护区开展生态文明建设立法调研。

10月19～21日 由国家林业和草原局、安徽省人民政府主办的2018中国·合肥苗木花卉交易大会在中国中部花木城（肥西）举办。

10月22～25日 国家林草局检查组来皖专项督导检查泾县开发区违规侵占扬子鳄国家级自然保护区问题整改落实工作。

10月29～30日 省委书记李锦斌深入扬子鳄国家级自然保护区调研生态环境保护工作。省林业厅党组书记、厅长牛向阳陪同调研。

11月5日 根据省委巡视工作统一部署，省委第六巡视组专项巡视省林业厅党组工作动员会召开。

11月6日 省林业厅在焦岗湖国家湿地公园启动第三个"安徽湿地日"宣传活动，主题为"湿地与文化"。省人大常委会副主任、淮南市委书记沈强出席。

同日 省政协副主席肖超英赴芜湖市督查包保重点区域及企业突出环境问题整改情况。省林业厅党组书记、厅长牛向阳陪同。

11月8日 全省木本油料产业发展暨林业扶贫现场会在潜山市召开。省政府副省长、省油茶产业发展领导小组组长张曙光出席会议并讲话。

11月12～13日 省长李国英赴泾县、郎溪县调研扬子鳄国家级自然保护区生态环境保护工作。省林业厅党组书记、厅长牛向阳陪同调研。

11月14日 省人大常委会党组副书记、副主任沈素琍率省人大立法调研组赴扬子鳄保护区开展《安徽扬子鳄国家级自然保护区管理办法》立法调研工作。

11月21日 根据省委统一部署，召开省林业局干部大会，宣布省委关于省林业局领导班子成员的决定。

同日 省林业局正式挂牌。

11月23日 安徽省第十三届人大常委会第六次会议通过了《安徽省实施〈中华人民共和国野生动物保护法〉办法》，2019年1月1日起施行。

12月6日 副省长周喜安赴黄山市屯溪区调研林长制和森林防火工作。省林业局党组书记、局长牛向阳陪同调研。

12月20日 安徽扬子鳄国家级自然保护区管理第一次联席会议召开。

12月28日 局党组书记、局长牛向阳带领班子全体成员，参观《绿色跨越——改革开放40年安徽林业成就展》。

（安徽省林业由聂海生供稿）

福建省林业

【概 述】 2018年，福建省林业围绕"343"（主动融入新福建建设、实施乡村振兴战略、坚持高质量发展落实赶超三个大局，全力推进深化改革、绿化美化、资源保护、产业升级四项工作，着力打造林业生态高颜值、林业产业高素质、林区群众高福祉的新时代"三高"林业）新时代福建林业发展总体思路，进一步改革创新、锐意进取、扎实工作、加快发展，取得明显成效。根据国家林业和草原局公布的第九次全国森林资源清查结果显示，全省森林覆盖率达66.8%，提高0.85个百分点，继续保持全国首位；森林蓄积量达7.29亿立方米，增加1.21亿立方米。实现福建省委、省政府提出"森林覆盖率继续保持全国首位"目标，提前两年实现省"十三五"规划提出的全省森林覆盖率和森林蓄积量"双增"目标。

【省林业机构改革】 10月26日，福建省林业局正式挂牌，副省长李德金出席揭牌仪式。新组建的福建省林业局，将省林业厅的有关职责，省农业厅的草原（地）监督管理职责，以及省国土资源厅、省住房和城乡建设厅、省水利厅、省农业厅、省海洋与渔业厅等部门承担的自然保护区、风景名胜区、自然遗产、地质公园等管理职责整合，作为省政府直属机构，正厅级。森林防火相关职责划转应急管理厅。福建省林业局内设处室13个。增设自然保护地管理处（国家公园管理处），林政资源管理处更名为森林资源管理处，省林业厅森林防火工作办公室更名为林业防灾减灾处，林业改革处和产业发展处合并设立为林业改革与产业发展处。

【林业改革】

重点生态区位商品林赎买等改革增量拓面 在全省28个县（市、区）和武夷山国家公园开展试点，新增赎买等面积0.24万公顷，累计完成1.81万公顷。通过赎买、租赁、改造提升、置换等多种方式，缓解重点区位商品林保护与发展的矛盾。

林业金融创新取得新进展 首次引入森林综合保险市场竞争机制，每公顷保费不变，保额增加1350～6000元。推进林业PPP项目建设，利用国开行贷款推进国家储备林基地建设，签订贷款协议185亿元，放贷21.7亿元。新建林权收储机构4家，累计47家，建立评估、保险、监管、处置、收储"五位一体"基本覆盖全省的林业金融风险防控机制；为林农发放"福林贷""惠林卡"等普惠制林业金融贷款16亿元；全省林权抵押贷款余额80.27亿元，顺昌县首创"森林生态银行"，取得突破。

集体林生产经营机制有新突破　培育家庭林场、合作社等新型林业经营主体363家，累计5236家。沙县等地探索股权共有、经营共管、资本共享、收益共盈的混合所有制"四共一体"模式(试点面积0.23万公顷)，引导社会资金以股份式、合作式、托管式、订单式等模式与林农建立紧密的利益联结机制，壮大集体经济、增加林农收益。

国有林场改革主体任务全面完成　国有林场改革主体任务全面完成并开展省级验收工作，国有林场的改革完成率、职工养老保险率、医疗参保率等指标均为100%。

【绿化美化】

造林绿化任务超额完成　完成植树造林8.05万公顷，占任务的120.8%。省委、省政府连续第三年把沿海基干林带建设列入为民办实事项目，完成建设2.46万公顷，占任务的105.8%。

森林质量不断提升　完成森林经营36.73万公顷，占任务的110.2%，其中森林抚育21.76万公顷，占任务的108.8%，封山育林14.96万公顷，占任务的112.3%。

树种林种结构得到优化　加大阔叶林、针阔混交林营造和修复力度，完成珍贵用材树种造林0.88万公顷，森林质量精准提升示范项目建设0.55万公顷，国家储备林项目建设1.66万公顷。

城乡生态环境不断改善　推进森林城市建设，新增国家森林城市1个，累计7个，省级森林城市(县城)19个，累计62个，厦门市通过国家森林城市复查。推进乡村绿化美化，新造乡村生态景观林509.6公顷，12株古树入选"中国最美古树"，居全国首位。

【资源保护】

林业灾害防控　抓住森林防火关键时期和重要时间节点，有效落实防控措施、属地责任，及时发布火险预警信号，开展航空护林，森林火灾得到有效控制，保持森林防火平稳态势，清明节期间全省实现"零火灾、零伤亡"。集中约谈10个新发生松材线虫病县(市、区)政府分管负责人，组织42个疫情发生县(市、区)林业局长培训，印发《福建省松材线虫病防控工程实施方案(2018~2022年)》，集中资金和力量加大松材线虫病除治力度，清除各类松枯死木53.5万株，完成防治性采伐改造1.24万公顷，占任务的133%，有效遏制疫情快速蔓延势头。

依法治林　推进林业相关立法，修订、出台《福建省森林条例》《福建省生态公益林条例》《福建省林业有害生物防治条例》3部地方性法规和《福建省省级湿地公园管理办法》1部政府规章，林业法规体系进一步完善。组织开展涉林扫黑除恶专项斗争；组织开展打击毁林种茶、非法加工销售象牙及制品、犀牛和虎及其制品非法贸易、乱捕滥猎候鸟等野生动物违法犯罪、松材线虫病疫木非法运输等专项行动，配合做好非洲猪瘟防控工作。做好林权纠纷和林地承包经营纠纷调处、林业安全生产等工作，有效维护林区安定稳定，全年没有发生群体性上访事件、没有发生较大以上生产安全事故。

自然保护地管理　加强自然保护区、森林公园、湿地公园等自然保护地监督管理，配合做好生态红线划定工作，推进中央环保督察、"绿盾2018"专项行动、自然保护地大检查等发现问题整改落实和销号监管审核工作。

湿地保护管理　推进省湿地保护条例贯彻实施，出台湿地占补平衡管理办法和名录管理办法等制度，完成湿地生态系统服务功能评价方法研究，探索开展湿地生态效益补偿试点，新命名国家湿地公园1处。

资源调查监测　配合做好第九次全国森林资源连续清查。继续开展林地占补平衡试点，强化林地要素等保障。全省共审核永久用地2507件，面积1.07万公顷，有效保障落实赶超"五个一批"项目建设用林。

自然保护区建设　闽江源国家级自然保护区、闽江河口湿地国家级自然保护区和君子峰国家级自然保护区3个国家级自然保护区总体规划获得国家林业和草原局批复。新建牛姆林省级自然保护区1处，对永泰藤山、泉州湾、松溪白马山等省级自然保护区范围和功能区进行调整，新增自然保护区面积4000多公顷。长汀汀江源国家级自然保护区基础设施可行性研究报告获国家林业和草原局批复，新增投资2219万元。完成省级自然保护区视频监控体系(信息化)项目建设并通过验收，项目正式投入运行。开展省级以上自然保护区人类活动变化遥感动态监测，运用红外技术对重点区域野生动物开展监测，取得大量濒危野生动物野外分布第一手资料。

野生动植物保护　全面停止商业性加工销售象牙及制品，会同国家林业和草原局驻福州森林资源监督专员办事处、福建省野生动植物保护协会、仙游县人民政府在仙游海峡艺雕旅游城举办主题为"保护野生动植物、主动拒绝非法来源的象牙及制品"的2018年世界野生动植物日大型宣传活动。建立打击野生动植物非法贸易长效机制，成立由省社会治安综合治理委员会办公室、公安厅、林业局、海关等25个部门组成的省级打击野生动植物非法贸易联席会议制度，将打击走私和非法加工销售象牙及制品工作列入"党政领导生态环境保护目标责任书"考核内容和地方社会治安综合治理考核内容。加强野外监测巡护，强化联防联控，配合做好非洲猪瘟防控工作。完成第二次国家重点保护野生植物资源调查工作。组织开展2017~2018年度沿海湿地越冬水鸟调查。部署全省开展第36届爱鸟周和第28届保护野生动物宣传月主题宣传活动。会同省野生动植物保护协会等单位举办海峡两岸中华凤头燕鸥保育研讨会，来自韩国以及中国台湾、浙江等地的鸟类保护专家学者、社团组织和志愿者70多人参加活动。

【林业产业】　项目带动促增收。组织实施现代农业(竹业、花卉)、笋竹精深加工和农业综合开发项目，新增各类示范基地1.22万公顷，促进林竹、花卉苗木2个千亿元产业及林下经济等绿色富民产业发展。全省林下经济发展面积达197.76万公顷，产值629.4亿元；花卉苗木产业产值达738.1亿元，同比增加14.9%。加快转型促升级，应对贸易摩擦，通过科技创新、品牌创建、龙头企业带动、新兴产业培育等措施，促进产业转型升级，认定2018~2020年省林业产业化龙头企业152家，2个林业品牌入选福建十大农产品区域公用品牌，福建农林大学牵头组建"国家林业和草原兰花科技创新联盟"，3家企业获评2018年国家林业标准化示范企业，9个林业科研项目荣获福建省科技进步奖，正式发布5项省地方林业标准。继续搭建"中国·海峡项目成果交易会"等平台，举办第十四届海峡两岸林业博览会暨投资贸易洽谈会、第十届海峡两岸现代农业博览会·第二十届海峡两岸花卉博览会。全省林业产业总产值达5924亿元，同比增长18.4%，其中森林旅游产值达948亿元。落实政策促脱贫。管好用好中央财政国有贫困林场补助资金，通过发展林下经济、森林旅游和笋竹等特色产业带动脱贫致富，优先让有劳动能力的贫困人口转为生态护林员，新聘792名，精准扶贫帮扶1626户建档立卡贫困人员就业，同比增加73.5%，实现户均增收6280元。

【国有林场改革】 据国家发展改革委办公厅、国家林业和草原局办公室对全国国有林场改革情况通报，福建省的改革方案印发率、改革完成率、职工基本养老保险参保率、职工基本医疗保险参保率4项指标均为100%，改革工作走在全国前列。国有林场数量从改革前的235个整合为129个，精简率达45%；其中省属国有林场从106个整合为84个，精简率达20.75%；县属国有林场从109个整合为45个，精简率达58.72%。84个省属国有林场全部确定为公益一类事业单位；45个县属国有林场中有15个确定为公益一类事业单位，其余30个为企业性质单位。全省省属国有林场省财政事业经费从每年950万元增加到每年1亿元，是改革前的10倍。全省国有林场森林面积比改革前增加4.40万公顷（其中省属国有林场增加2.46万公顷、县属国有林场增加1.93万公顷），森林蓄积量比改革前增加1155.17万立方米（其中省属国有林场增加804万立方米、县属国有林场增加351.17万立方米）；年度商业性采伐均减少20%以上，其中2018年比改革前减少30.3%。

【武夷山国家公园体制试点】 武夷山国家公园体制试点进展顺利。《武夷山国家公园条例（试行）》3月1日起施行。总体规划及专项规划、《特许经营管理办法》《生态环境管理相对集中行政处罚权工作方案》《生态环境管理联动执法工作方案》提请省政府研究。省林业局从机关选派16名骨干到武夷山国家公园开展"百日攻坚"行动，与南平市政府建立武夷山国家公园体制试点工作推进机制和抓落实机制。启动公园科技宣教中心选址。加强科研工作。与南京林业大学、福建师范大学、福建农林大学签订战略合作协议；与加拿大哥伦比亚大学开展学术交流；开展生态环境监测研究、"关注森林·探秘武夷"生态科考活动；召开科研监测工作暨生态定位站学术研讨会、2018年生态学学术交流会。加强资源保护。成立联合保护委员会；与武夷山市建立乡镇村联保联动工作机制和资源保护执法快速反应机制；与建阳区、光泽县建立协调联络机制；利用红外相机、无人机等科技手段开展资源保护巡查；自然保护区范围实现连续32年无森林火灾。

【顺昌县首创"森林生态银行"】 12月3日，福建省顺昌县"森林生态银行"营业窗口对外试营业，为林农、合作社等林业经营主体办理林权评估收储、抵押贷款、林权转让变更等手续。顺昌县以森林资源为根本，以存储业务为纽带，借鉴银行运营模式，搭建资源运作新平台。依托县国有林场，成立林业资源运营有限公司，作为"森林生态银行"主体，业务流程主要包括前端和后端两个环节。前端环节，即通过林权抵押担保、合作经营、赎买收储、托管经营等方式，"储存"林农碎片化、分散化的森林资源。后端环节，即对吸收的森林资源进行造林抚育、集约经营、综合开发，形成优质高效的资源资产包，通过项目收益、抵押贷款、资本运作等方式转化为资金，增强"造血"功能，实现青山变"银行"、林农变"储户"、资源变"资金"。

【12株古树入选"中国最美古树"】 4月10日，由全国绿化委员会办公室、中国林学会联合在全国范围组织开展的"中国最美古树"遴选活动结果揭晓，福建省蕉城区的杉木、屏南县的马尾松、德化县的樟树、浦城县的桂花、永泰县的油杉、漳平市的水松、宁化县的长苞铁杉、将乐县的南紫薇、建瓯市的观光木、沙县的檫树、漳州市台商投资区的荔枝、永安市的闽楠12株古树入选"中国最美古树"，占全国85株"中国最美古树"的14.1%，入选数位居全国首位。

【首次引入森林综合保险市场竞争机制】 福建省财政厅、林业厅联合印发通知，自2018年1月1日起，福建森林综合保险引入市场竞争机制。选择风险保障高、服务网点覆盖面高、市场信誉好、履约能力强、理赔服务优的保险公司作为承保机构，承保公司一定3年。全省实行统一的保险责任、保费和省级以上财政保费补贴政策，保险责任为森林火灾、林业有害生物、雨灾、风灾、水灾、滑坡、泥石流、冰雹、冻灾、雪灾、雨凇、旱灾，每公顷保险费22.5元，每公顷保险金额不低于1.02万元。对省级以上生态公益林，财政给予90%的保费补贴，林权所有者承担10%；对商品林，财政给予60%~75%的保费补贴，林权所有者承担25%~40%。

【南平市林业】
生态保护 完成植树造林1.63万公顷，占任务的112.16%，完成森林抚育6.21万公顷，占任务的105.08%。完成封山育林3.01万公顷，占任务的101.48%。森林覆盖率达78.29%，居全省第二；森林蓄积量达1.73亿立方米，继续保持全省首位。完成集约人工林栽培0.42万公顷，现有林改培2.18万公顷，商品林赎买2.88万公顷，发展林下经济0.07万公顷。延平、武夷山、建瓯、浦城、光泽和政和6县（市、区）成功创建"省级森林城市（县城）"，实现省级森林城市（县城）全覆盖。建成建瓯市万木林森林博物馆。突破树种结构调整。推广改单层林为复层异龄林、改单一针叶林为针阔混交林、改一般用材林为特种乡土珍稀用材林的混交造林技术路线，培育阔叶树种2年生大容器苗，阔叶树及其混交林比例连续8年达到30%以上。完成山脚田边生物防火林带建设363.66公顷，指导组建延平区、邵武市、武夷山市、建瓯市4支专业森林消防队伍，启动电力走廊生物防火林带试点。完成除治性和预防性林分改造0.08万公顷，清理松枯死木2.12万株，综合防治松墨天牛面积1.17万公顷。

林业改革 新增新型林业经营主体62个、省级新型林业经营主体标准化建设项目20个；通过林权流转平台完成林地林木流转变更4514宗地4.78万公顷，完成林权交易2484宗地面积2.31万公顷，交易金额8.58亿元；通过林权贷款担保收储服务平台完成的林权抵押担保309宗地、面积0.33万公顷，抵押贷款金额0.68亿元。完成重点生态区位商品林赎买面积0.15万公顷，占全省赎买面积的59.1%。"森林生态银行"试点取得突破。顺昌县探索开展"森林生态银行"试点建设，对零散化、碎片化的林业资源进行流转收储，实施项目化、集约化经营，打通资源变资产、资产变资金的转化通道。福建省政府副省长李德金评价"森林生态银行"是深化林改的典型范例，国家林业和草原局局长张建龙对"森林生态银行"试点工作批示肯定。顺昌"森林生态银行"运营部累计办理业务34户面积426.46公顷，其中经营托管2户0.86公顷、抵押贷款10户128.73公顷、赎买22户296.86公顷。

民生林业 全市林业总产值876.58亿元，同比增长14.6%。林业特色产业稳定增长。投入各级财政资金1490万元，完成丰产竹林面积0.98万公顷、竹林抚育面积20.4万公顷，新建竹山机耕道1268千米。竹产业产值335亿元，同比增长7.31%。新建林下经济示范基地58个（片），面积1.15万公顷，林下经济产值达178亿元，同比增长4.7%。福建省建瓯市建瓯笋竹中国特色农产品优势区获评首批"中国特色农产品优势区"；延平百合鲜切花福建特色农产品优势区、建瓯锥栗福建特色农产品优势区、政和笋竹福建特色农产品优势区入选首批福建特色农产品优势区。新增省级林业产业化龙头企业61家；福建元力活性炭股份有限公司、福建省鑫森炭业股份有限公司被列入省级单项冠军企业（产品）；武夷山正华竹木制品有限公司被列入省级循环经济示范企业。福建元力活性炭股份有限公司入选南平市首批培育的重点龙头企业；福建杜氏木业有限公司、福建华宇集团有限公司、福建省顺昌县升升木业有限公司等8家企业入选小巨人领军企业培育名录。全市建成国家湿地公园1个，国家级自然保护区2个，省级自然保护区5个，省级以上森林公园26个。新增森林人家经营户9家，评选出三星级以上森林人家9家；武夷大安时光森林小镇入选首批国家森林小镇建设试点名单。森林旅游产值143.36亿元，同比增长65.66%。产业服务水平提升。在深圳举办南平市（深圳）现代绿色农业项目招商会，完成林业对接项目25个，总投资33.9亿元。保障省、市重点项目用林用地需求，办理林业行政许可及公共服务项目890起；通过审核批准的使用林地项目365起，占用林地面积1497.06公顷。

【三明市林业】

林业改革 推进林业金融改革，全市累计发放林权抵押贷款总额121.59亿元。"福林贷"授信13.6亿元，实际放贷11.5亿元，惠及1403个村10 863户。创新林地规模经营。新增林业新型经营组织189家，累计2862家，经营面积68.44万公顷，占全市集体商品林地的61%。沙县"四共一体"（股权共有、经营共管、资本共享、收益共盈）、清流县利润预分红、尤溪县村民集资入股、将乐县"村、民、企"合作等合作造林新模式，为解决林业散、小、弱经营问题提供解决办法。推进全市26个省属、县属林场改革工作，各项改革任务基本完成，通过省级检查验收。13个省属国有林场累计新增林地面积1.15万公顷、蓄积量241万立方米。新增建宁县、泰宁县、将乐县3个省级试点县。完成重点生态区位商品林赎买等改革800公顷，累计4700公顷。

造林绿化 全市完成造林绿化1.44万公顷，占责任目标的110%，森林抚育10.93万公顷，占责任目标的117%，封山育林2.74万公顷，占责任目标的111%。造林绿化成果国家核查保存率达100%，居全省首位。完成珍贵树种造林0.2万公顷、乡村生态景观林建设64.2公顷、国家储备林建设0.09万公顷、森林质量精准提升0.24万公顷。建成"福建省森林村庄"26个、珍贵树种造林示范区8个。完成高速公路森林生态景观通道建设82.13公顷、中心城区环城一重山森林生态景观提升69.86公顷。育苗5251.5万株，其中良种苗木占62%。沙县官庄国有林场、尤溪国有林场、将乐国有林场3家国家级良种基地争取补助资金418万元，采收良种3710千克，同比增139%。林业碳汇新增交易额423万元。其中：福建金森林业股份有限公司230万元（13.59元/吨），福建省尤溪鸿圣林业有限公司193万元（13.1元/吨），取得海峡股权交易中心碳排放权交易综合会员资质。

资源保护 全市森林覆盖率78.14%、蓄积量1.73亿立方米，林地保有量190.1万公顷，自然保护区（含保护小区）17.27万公顷，湿地保有量3.44万公顷。落实森林资源保护措施。完成森林资源一类调查和林业生态红线划定工作，在全省率先完成二类调查外业工作。落实森林综合保险面积146.4万公顷，49万公顷生态公益林实现全部保险。严格执行采伐限额管理，林木采伐审批145.1万立方米，占限额的26.1%。优化林政审批服务，全市林地征占用项目获批250起，面积1670公顷。通过国家部委"绿盾2018"自然保护区监督检查。永安龙头国家湿地公园通过国家林业和草原局验收。全面完成森林督查工作。加强森林防火防病虫害工作。新建大田县、尤溪县、宁化县3支县级森林防火专业扑火队，全年发生森林火灾19起，受害面积162.4公顷，受害率0.087‰，未发生重、特大森林火灾，三元区实现连续32年无森林火灾。林业有害生物发生2.54万公顷，其中松材线虫病发生0.10万公顷，完成防治性采伐改造0.08万公顷。加强林区治安安全管理。落实野猪非洲猪瘟防控责任，摸排涉林黑恶线索48条，查破各类涉林案件2536起。调处涉林矛盾纠纷66起，面积507.66公顷，无发生群体性上访。加强生物多样性保护。新增国家级野生动物疫源疫病监测站5个，救护放生野生动物380只。

林业产业 林业产业总产值1050亿元，同比增加6.8%，其中规模以上林产工业产值865亿元，同比增加7.3%。开展林业招商引资，签约项目42项，总投资74亿元。40项投资千万元以上的重点项目完成投资14.28亿元，开工率92.5%。总投资14.5亿元的清流智慧家具产业城项目开工建设。3个工程包项目完成投资4.4亿元，占目标任务的112%。推动特色产业发展。笋竹产业新建丰产基地1.16万公顷，产值217.6亿元；其中竹文创、竹电商等竹业三产有突破，产值8.53亿元，同比增加86%。油茶产业新建基地0.07万公顷、抚育2.91万公顷、低改0.69万公顷，产值17.87亿元。花卉产业新建智能温室5600平方米、大棚13.27公顷，产值110亿元；实施花卉种植保险，保费36.7万元，保额2236.82万元，受益花农及企业192户。林下经济新建基地1.04万公顷，产值120亿元。推动森林康养品牌创建。森林旅游接待游客430万人次、同比增加44%，收入3.23亿元，同比增加22%。新增森林人家3家，累计75家。建宁闽江源森林养生小镇列入首批国家森林小镇建设试点单位。泰宁县、将乐县、梅列区、大田县、建宁县5县6地获评中国森林旅游美景推广地。推动产业科技示范。获批国家林业科技推广立项5个，占全省20个的1/4，省科研立项6个，通过验收12个。建立林业科技示范基地120片，面积0.22万公顷。第十四届海峡两岸林业博览会突出"深化林业改革，促进乡村振兴"主题，现场销售额3235万元，签约项目112项，总投资210亿元。

【龙岩市林业】

林业改革 12月，国家林业和草原局局长张建龙对福建林业工作作出批示，充分肯定龙岩市"惠林卡"机制做法。全市累计发放"惠林卡"8516张，授信6.96亿元，用信4.5亿元。重点培育新型林业经营主体。完成省级新型林业经营主体标准化建设单位19家，武平县梁野仙蜜养蜂专业合作社、福建省漳平市留春油茶专业合作社、连城县绿叶毛竹专业合作社3家专业合作社被评为国家农民专业合作社示范社。全市现有新型林业经营主体913家，经营面积17.8万公顷。森林综合保险实现全覆盖。森林保险引入市场竞争机制确定承保机构，在保持保费每公顷22.5元不变基础上，保额由每公顷1.02万元提高至1.25万元，增幅达22%，降低林农经营林业风险。全市森林参保面积153.33万公顷，实现保险全覆盖。推进国有林场改革。各市管国有林场全部列为公益一类正科级事业单位，国有林场森林面积增加0.54万公顷，占序时任务的183%，占"十三五"任务的109%。

资源保护 全市完成植树造林1.09万公顷，占任务143.2%。以重点项目提升森林经营水平，新申请项目含国家储备林0.15万公顷，森林质量精准提升0.16万公顷，新建油茶高产示范基地82公顷，新造和改培珍稀树种66.66公顷，申请补助资金2611万元。完成森林生态景观提升400.26公顷，占任务113.3%；建设乡村生态景观林110.13公顷，占任务127.1%。全省首条国家森林步道——武夷山国家森林步道武平捷文段对外开放。推进上杭红豆杉生态园赎买工作，完成15.4公顷林地赎买任务。森林火灾发生数和受害面积控制在低位。结合涉林扫黑除恶专项斗争，开展"打击破坏候鸟""春雷2018"、非法占用林地等涉林违法犯罪专项整治行动。

民生林业 全市实现林业产业总产值409.1亿元，同比增加16.3%，林业一产增加值达4.8%。采用林药、林菌、林蜂、林蛙等模式发展林下经济，林下经济经营面积64.66万公顷，实现产值190.4亿元，同比增加11.4%。长汀县形成林下经济"一村一品"，四都镇兰花基地带动贫困户脱贫致富模式得到省委书记于伟国充分肯定。做大做强杜鹃、国兰、蝴蝶兰、富贵籽、红掌等特色优势花卉产业，花卉苗木种植面积1.46万公顷，实现产值68.6亿元，同比增加14.3%。森林旅游接待游客964.8万人次，直接收入8.6亿元，实现社会总产值38.6亿元，分别同比增加12.3%、13.9%和14%。扶持"两头在外"林产企业发展壮大，推进永定鑫竹海竹缠绕复合管生产、长汀闽赣竹制品精深加工等7个重点产业项目建设，漳平户外木竹制品产业示范园入选全国首批15个国家林业产业示范园。实现林业工业产值207.4亿元，同比增加4%。1810个行政村集体经济林业总收入达7665.6万元，其中5万元以上行政村个数328个，占全市的18.2%。

【林业大事】

1月1日 新修订的《福建省林木种子生产经营管理办法》于2018年1月1日起实施。

1月25日 三明市农业科学研究院培育的天南星科花烛属"白马王子""云芝""彩虹"3个花卉品种获国家植物新品种权。

1月26日 福建省林业厅副厅长严金静在福州市会见俄罗斯卡累利阿共和国基日（Kizhi）国家历史建筑和民族志博物馆负责人瓦列里·基里亚诺夫。

2月2日 福建省林业厅在厦门市举办主题为"湿地——城镇可持续发展的未来"第22届世界湿地日宣传活动。

2月7日 全省林业工作视频会议在福州市召开。会议传达省委书记于伟国的批示，副省长李德金出席会议并讲话。

3月20日 副省长李德金率省森林防火指挥部、省政府办公厅有关负责人一行赴武警福建省森林总队走访调研，并就森林防火工作进行座谈。

3月26日 福建省委书记于伟国，省长唐登杰，东部战区陆军司令员秦卫江、政委廖可铎，省政协主席崔玉英等到福州市南江滨东大道景观改造工程下洋村段，与省委、省人大常委会、省政府、省政协及省、福州市机关干部、驻闽部队官兵共同参加全民义务植树活动，植下金桂、樟树、鸡爪槭、蒲桃、无患子等绿化景观树种800余株。

3月31日 福建省第十三届人大常委会第二次会议表决通过《关于修改部分涉及生态文明建设和环境保护地方性法规的决定》，对《福建省森林条例》进行修改。

4月4日 福建省林业厅、财政厅、保监局印发《2018年设施花卉种植保险方案》，推进设施花卉种植保险工作，促进设施花卉产业发展。

6月10~12日 国家林业和草原局局长张建龙在福建调研集体林权制度改革工作，并为福建农林大学新成立的国家林业和草原局集体林业改革发展研究中心揭牌。

7月10日 福建省林业厅联合省文化厅、省工商局、国家林业和草原局驻福州专员办（濒管办）等单位，在福州市区开展停止商业性加工销售象牙及其制品监督检查。

8月7~10日 全省林业局长培训班在古田干部学院和东山县举办。厅党组书记、厅长陈照瑜出席开班式，提出新时代林业工作的总体思路、总体要求、总体目标，重点任务是组织实施好"四项行动"。

8月31日 建宁闽江源森林养生特色小镇、武夷大安时光森林小镇、永泰大湖森林特色小镇3个项目入选首批国家森林小镇建设试点名单。

9月11日 福建省林业厅联合省文化厅、省工商局、国家林业和草原局驻福州专员办（濒管办）等单位组成联合督查组，对莆田市区、仙游县雕刻工艺品市场开展停止商业性加工销售象牙及其制品的监督检查。

9月4日至12月10日 福建省森林公安局在全省范围内组织开展"绿剑2018"专项打击行动。

10月9日 莆田市获"国家森林城市"称号。

12月13日 福建省绿化委员会、省林业局授予平潭综合实验区和龙海、延平、政和、蕉城、屏南、光泽、周宁、柘荣、华安、福鼎、云霄、霞浦、诏安、武夷山、寿宁、古田、浦城、建瓯等县（市、区）"福建省森林城市（县城）"称号。

（福建省林业由郭洁供稿）

江西省林业

【概　述】 2018年，江西省认真学习贯彻习近平新时代中国特色社会主义思想，紧紧围绕从更高层次贯彻落实习近平总书记对江西工作的重要要求，牢固树立绿水青山就是金山银山的发展理念，大力推进森林绿化、美化、彩化珍贵化建设，全面推行林长制，加快发展林下经济，切实抓好林业生态扶贫，助力乡村振兴，着力做好建设、保护、盘活、利用绿水青山"四篇文章"，加快"五型"政府①建设，推动林业高质量发展，努力在打造美丽中国"江西样板"、推进国家生态文明试验区建设、深化机制体制改革、打赢精准脱贫攻坚战和实施乡村振兴战略中展现江西林业新作为。

造林绿化 全年人工造林8.86万公顷，封山育林7.02万公顷，退化林修复14.48万公顷，人工更新4559公顷；森林抚育37.81万公顷；完成重点防护林体系工程6.16万公顷，其中"长防林"5.23万公顷、"珠防林"0.93万公顷；国家造林补助项目4.73万公顷；中央森林抚育补助项目8.67万公顷；完成"血防林"工程造林0.67万公顷，新建林业血防工程成效监测点5处；利用国际金融组织贷款项目造林0.5万公顷，国家储备林项目造林0.2万公顷，欧投贷款项目造林8285公顷、抚育1.97万公顷。退耕还林保存率为98%，成林率达90%。建成乡村风景林示范点1267个、面积4384公顷。四旁植树4408.77万株。全省新增治理沙化土地面积1.49万公顷。20个县开展近自然森林经营试点工作。全省森林覆盖率为63.1%，森林蓄积量5亿立方米。

林下经济 全年完成林下经济投资3.7亿元，实现总产值1534亿元。新增省级林业补助专项资金1亿元。油茶、竹类、香精香料、森林药材、苗木花卉、森林景观利用六大林业产业集群初步形成。全年新增林下经济种植4.31万公顷；实施油茶低改、竹类改造、林相改造7.91万公顷。新建林区通达工程50项，共151千米。油茶年产值320.9亿元。全年新造高产油茶林2.44万公顷，改造低产油茶林0.72万公顷。省级投资0.8亿元，补助新造、低改油茶林1.53万公顷；整合国家长江、珠江防护林重点工程项目资金5170万元，兜底扶持新造油茶林0.7万公顷。全省主推高产油茶优良无性系品种25个，高产油茶定点采穗圃17个。全省油茶种植专业大户1128户，家庭林场145个，林业合作社185个，带动参与农户数6万多户。"袁州油茶"获全国经济林产业区域特色品牌建设试点单位。"遂川茶油"注册成为地理标志证明商标。全省竹产业产值299亿元，增长17.8%。全省竹林98.6万公顷，立竹23亿株。全年新造雷竹0.13万公顷；改造毛竹低产林、笋用林（笋材两用林）2.53万公顷；完成毛竹低产林改造2.47万公顷、笋用竹（笋材两用林）基地建设655.93公顷。"弋阳竹笋"获全国经济林产业区域特色品牌建设试点单位。种植香精香料及其他林化原料林0.15万公顷。森林药材种植面积1.28万公顷。全省现有野生动物驯养繁殖企业1054个，野生动物经营利用企业694个。全省苗木花卉产业总产值300亿元。苗木花卉种植面积10.8万公顷，增加2.56%。新增苗木花卉种植面积0.27万公顷。完成低产低效林改造1.24万公顷。全省保障性苗圃54处，花卉市场336个，花卉企业1875个。全省林木种苗投资4580万元。核发林木种子生产经营许可证676份，注销208份。全省森林旅游与休闲接待1.64亿人次，森林旅游与休闲产业产值937亿元、增长12%，直接带动其他产业产值1904亿元。全年新增5A级乡村旅游点7个、4A级乡村旅游点27个。累计全省5A级乡村旅游点15个，4A级乡村旅游点138个。7处森林公园被命名为"省级示范森林公园"，11家单位被评为省级森林体验基地，6家单位被评为省级森林养生基地。赣州市、鹰潭市、湾里区、武宁县被命名为"全国森林旅游示范市县"，大余、资溪、婺源3县被

---

① "五型"政府：是江西省政府于2018年提出的政府模式，具体为"忠诚型、创新型、担当型、服务型、过硬型"五型。

命名为"全国森林旅游示范县"。贵溪国家森林公园被中国林业产业联合会授予"中国森林体验基地"称号。江西九岭山国家级自然保护区、江西庐山国家级自然保护区获"江西省生态文明示范基地"称号。

林政管理 完成2017年度森林资源管理检查发现问题整改，开展2018年度省、市、县三级森林督查，对发现问题严重的县（市）实行"一约谈、三暂停"重点整治。签订天然商品林停伐管护协议面积153.09万公顷，占国家下达任务的99.1%。完成全省国家级公益林重新落界。开展年度生态公益林监测和省级公益林区位调整和纠错，批准调整省级公益林344.42公顷。国家级和省级生态公益补偿标准由307.5元/公顷提高到322.5元/公顷，新增生态公益林省级补助资金5100万元。开展1.05万名生态护林员岗位续聘，新增和分解3500名生态护林员指标到40个县（市、区）。人保财险为1.4万名生态护林员赠送63亿元意外险风险保障，人均保障45万元。全省森林保险参保面积820万公顷，占全省有林地面积913万公顷的89.8%；中央和省级财政保费补贴资金1.4亿元。全年森林保险赔付案件2281起，赔付面积5.1万公顷，赔付金额1.67亿元。全省共审核（批）建设项目长期使用林地1655宗，保障建设项目使用林地1.19万公顷，森林植被恢复费征收19.83亿元。其中，长期使用林地项目1637宗，面积1.13万公顷；临时占用林地项目18宗，面积545.16公顷。争取使用国家备用林地定额2856.87公顷，服务重点工程项目90宗，保障使用林地定额4500公顷。开展第七次森林资源二类调查试点，在10个设区市的19个调查单位，完成7500个样地和34.1万个小班区划调查，小班完成率达80%。全省木材检查站查验运输木材车辆4.28万辆次，查验木材132.71万立方米、活立木0.62万株；查处违法运输木材案件1191起。全省设立乡镇基层林业工作站933个、森林公安派出所274个、木材检查站206个、陆生野生动物疫源疫病监测站45处。

有害生物防控 省林业有害生物防控工作指挥部向各设区市、各省直管县（市）人民政府下达《2018~2019年度松材线虫病防控目标责任书》，对6个县（市、区）政府分管领导、3个设区市林业局长、4个设区市林业局分管局长进行约谈。省政府先后两次召开全省会议部署推进松材线虫病防控工作，各级林业主管部门建立向党委政府专报制度，省委书记刘奇、省长易炼红、副省长吴晓军和胡强均作出批示。全省林业有害生物防控形势严峻，松材线虫病面临全面暴发风险，蛀干害虫局地暴发成灾。全省松材线虫病县级疫区71个，涉及356个乡（镇），发生面积5.77万公顷，病死树103.16万株。省政府部署开展全省松材线虫病防控暨疫木清理"百日攻坚"行动。全面完成国家下达江西的年度松材线虫病等重大林业有害生物防治任务，实现3个原有疫区无疫情；全省清理死亡松树百万余株，实现疫情防治全覆盖。全省林业松褐天牛综合治理面积7.21万公顷，悬挂诱捕器3.1万套，设置诱木2.68万株，释放花绒寄甲778.99万头，卵卡6.19万张，注射注杆药剂14.74万支，喷洒噻虫啉药剂53.12吨。松林监测面积297.33万公顷，松林全覆盖。全省林业有害生物发生面积31万公顷，发生率为3.13%；成灾面积2.18万公顷，成灾率为2.2‰；防治面积28.83万公顷，无公害防治面积28.33万公顷，无公害防治率为98.25%；林业有害生物预测发生面积25万公顷，实际发生面积31万公顷，测报准确率达89.1%；应施种苗产地检疫面积4.08万公顷，已实施种苗产地检疫面积4.07万公顷，种苗产地检疫率为99.8%；全省林业有害生物成灾率低于国标，无公害防治率、测报准确率、种苗产地检疫率分别高于国标8.3、0.1、3.8个百分点。开展林业生物灾害理赔，全省理赔1300万元。开展"林安"联合执法检查，组织各地对全省涉木加工企业摸底大排查、大清理，对涉嫌触犯刑法的企业和个人案件移交司法机关依法追究刑事责任。调整全省36个国家级中心测报点名单和主测对象，64个省级重点测报点布局。

执法整治 开展鄱阳湖区"雷霆2018"联合执法等系列专项行动，鄱阳湖区越冬候鸟和湿地保护连续8年基本实现"三无一杜绝"和"两个确保"总体目标。鄱阳湖是目前世界上最大的鸿雁种群越冬地、亚洲最大的越冬候鸟栖息地、中国最大的小天鹅种群越冬地。全省森林公安机关全力推进23项改革，正式启用"一案一码"执法办案管理系统；组织开展"严打生态犯罪、护航美丽江西""飓风1号""春雷2018""绿剑2018""春季鸟类巡护值守检查""鄱阳湖区湿地候鸟保护""严厉打击犀牛和虎及其制品非法贸易"和国家森林督查移交线索摸排，以及"扫黑除恶""打伞破基""打击枪爆违法犯罪""禁毒2018两打两控"等一系列执法专项整治行动，依法查处各类案件1.4万起，其中刑事立案3079起，收缴国家保护野生动物2.05万只（头）、木材1.44万立方米，挽回直接经济损失7797.17万元。省森林公安局集中优势警力，直接组织侦办和挂牌督办一批重点案件，带动市县成功侦破赣西"12·25"特大跨16省非法贩卖野生动物案、"4·13"跨省运输野生动物案、赣州"1·9"特大采伐国家重点保护植物团伙案和上饶特大滥伐林木、非法收购运输木材、买卖国家机关证件案等一系列大案要案，提供司法鉴定服务200余起。沿鄱阳湖森林公安机关建立湿地与候鸟巡护警务合作。全省木材检查站开展打击非法运输木材行为专项行动，查处违法运输木材案件419起，涉案木材0.15万立方米、野生苗木255株，没收木材487.98立方米，为国家挽回直接经济损失248.29万元。

"一区两园"建设 全省建立林业自然保护区184个，其中国家级16个、省级32个、县级136个，总面积102.01万公顷，占全省国土面积的6.11%。建立森林公园182处，其中国家级49处、省级121处、市县级12处，经营总面积52.97万公顷，占全省国土面积的3.17%。建立湿地公园（含试点）93处，总面积14.97万公顷，湿地面积11.79万公顷。国家湿地公园17处，总面积9.27万公顷，湿地面积7.53万公顷；国家湿地公园试点22处，总面积3.06万公顷，湿地面积2.1万公顷；省级湿地公园15处，总面积0.73万公顷，湿地面积0.57万公顷；省级湿地公园试点39处，总面积1.82万公顷，湿地面积1.51万公顷。省级以上湿地公园（含试点）面积占全省国土总面积的0.89%。全省湿地91.01万公顷，占国土总面积的5.45%；受保护湿地50.23万公顷，湿地保护率增至55.2%。全省国家和省级补偿生态公益林340万公顷。全省天然林624.27万公顷，占全省国土面积的37.4%。签订天然商品林停伐管护协议153.09万公顷，占国家任务的99.1%。推进国家级林业自然保护区"绿盾2017"违法违规问题整改；开展全省自然保护区"绿盾2018"专项行动联合督查；组织全省自然保护地大检查，对全省6种自然保护地类型、40处自然保护地进行督查。全年新设立江西定南神仙岭省级森林公园，面积868.03公顷。国家级森林公园总体规划完成率达90%，居全国前列；省级森林公园总体规划完成率达39%。新增省级示范森林公园7处，省级森林体验（养生）基地17处。首批选定15个县（市、区）开展乡村森林公园试点，打造30处乡村森林公园。万年珠溪、南城洪门湖、景德镇玉田湖、宁都梅江4处试点国家湿地公园通过验收，正式成为"国家湿地公园"；其中万年珠溪总面积1025.1公顷，南城洪门湖总面积8089.31公顷，景德镇玉田湖总面积387.5公顷，宁都梅江总面积6345.8公顷。

体制改革 林权流转服务体系实现重点县全覆盖，全省75个县的433个乡（镇）、1397个村建立服务平台，实现平台挂牌、人员上岗、制度上墙。全省公共资源交易平台成交林权项目119项，涉及林地259宗、面积0.424万公顷，交易金额2.47亿元。新增林权抵押贷款15.66亿元，累计发放198.65亿元，贷款余额57.88亿元。继续试行林地经营权流转证制度，新增办理流转证1036本，涉及流转面积0.77万公顷。大力培育新型林业经营主体，已形成林业专业大户4855户、林业企业10 100家、家庭林场934个、农民专业合作社2932家。吉安市被国家林草局列入全国集体林业综合改革试验区。新增林业企业纳入林地适度规模经营奖补范围，奖补新型经营主体224.28万元，涉及面积0.5万公顷，同比分别增长69.9%和121.4%。25个国有林场申请开展省级示范林场创建。加快国有林场转型发展，全省新增场外造林0.74万公顷。开展国有林场管护用房建设试点，对50个林场100个管护站管护用房进行改造，开工建设73个。完成国有林场危旧房698户改造任务。3月，江西省高级人民法院、九江市中级人民法院、永修县人民法院和江西鄱阳湖国家级自然保护区管理局在江西鄱阳湖国家级自然保护区吴城保护管理站，挂牌成立全国首家生物多样性司法保护基地；10月，法治护航让遂川千年鸟道成为"黄金通道"被评为第三届"江西十大法治事件"。

科技创新 省林业厅与北京林业大学签署战略合作协议，与日本岐阜县林政部签订交流合作备忘录。首获原国家林业局批准建立"鄱阳湖流域森林生态系统保护与修复国家林业局重点实验室"，组建成立"樟树国家创新联盟"。在广州举办的"中国森林旅游节"上，江西省林业局、广东省林业局、湖南省林业局、福建省林业局、广西壮族自治区林业局5省签订《森林旅游发展战略合作协议》。全省实施中央财政林业科技推广项目19项，新增项目资金1900万元，推广林业科技成果22项，建设标准化示范区2个。2017年度17个项目开展第三方绩效评价，最高96.6分，最低72.1分，评价A级14项。完成省林业标准化委员会首次换届。国家林业行业标准立项1项、报审2项、报批3项。地方标准立项47项，修订完成7项，报审5项。6家企业被确定为2018年国家林业标准化示范企业。完成《江西省森林食品基地认定办法》修订并公布实施。认定第四批江西省森林食品基地17家，面积2771.53公顷，产品涉及茶叶、竹笋等7个品类。完成对63个森林食品基地产地环境监测，80份水样全部合格，14份土样不合格。3个植物新品种获国家林草局授予植物新品种权，全省植物新品种数量累计达到21个。3个知识产权转化运用项目获国家林草局批准立项。国家林业专利产业化推进项目"天然右旋龙脑提取设备产业化推广应用"通过验收，龙脑樟鲜枝叶的提取率由0.9%提升到1.08%，建成40吨年生产能力生产线。全省开展打击侵犯林业植物新品种权专项行动，未发现侵权假冒。建设"良种良法骨干示范基地"20个，省级森林药材类科技示范基地10个，森林景观改造提升科技示范基地10个。建成空气负（氧）离子监测点30处，开发空气负（氧）离子浓度监测发布系统，注册认证"江西富氧"微信公众号，及时发布江西优质生态指标。《江西省第二次全国重点保护野生植物资源调查报告》通过国家林业和草原局检查验收。"农林剩余物功能人造板低碳制造关键技术与产业化"合作项目获国家科学技术进步二等奖。"木荷育种体系构建和良种选育"技术成果获第九届梁希林业科学技术奖二等奖。安福县被授予"中国樟树之乡"。江西省智慧林业大数据中心建成并投入使用，国内首款昆虫识别软件"江西昆虫"APP上线，100种常见林业有害生物识别准确率达到80%。组织开展"2018年科技活动周"活动。江西赣南树木园被命名为第四批全国林业科普基地。江西环境工程职业学院获批江西省10所高水平高职院校建设单位，入选世界技能大赛家具制作项目中国集训基地，压花作品《河畔的守候》荣获2018韩国邱礼国际压花比赛特选奖。

湿地管理 9月20日，印发《江西省人民政府办公厅关于进一步加强湿地保护管理的通知》，严格控制工程项目建设占用湿地行为，严格湿地用途管制，建立健全湿地面积总量管控、湿地占补平衡等管理制度，切实加强江西湿地资源保护，督促各地严控湿地占用行为，严守湿地面积保有量红线，维护湿地生态安全。成立江西省湿地保护专家委员会和鄱阳湖国际重要湿地预警监测中心。江西省林业局与北京林业大学制订湿地科研合作计划。开展第22个"世界湿地日"宣教活动。江西省"智慧湿地"综合信息平台正式上线运行并获评"中国智慧林业最佳实践案例50强"。南昌青山湖等10余个实时监控监测站点完成建设并与省"智慧湿地"综合信息平台实现数据共享。全年争取中央财政湿地保护补助项目资金0.5亿元。湿地补偿争取中央资金0.2亿元，实施社区生态修复和环境整治项目32个，惠及鄱阳湖湖区群众3.5万人。安排中央财政湿地保护补助资金200万元实施退耕还湿项目，退耕还湿133.33公顷。全省开展打击破坏湿地资源行为"清河行动"。开展鄱阳湖区域湿地排查与整治专项行动，全面排查违法违规问题，对万年、鄱阳和余干3县的鄱阳湖湿地资源保护情况进行专项督查核查。对中央巡视组、各级环保督察组以及长江经济带环保审计所列出的问题进行重点整改，基本恢复湿地原貌。新增湿地保护地102处，其中湿地保护小区97处，水源保护地5处，新增保护湿地面积1.31万公顷，湿地保护率上升1.45%。全省湿地保护率为55.2%，居全国第九位。

物种保护 开展2017~2018年度环鄱阳湖区水鸟同步调查，记录到水鸟62万余只，其中白鹤3447只。开展全鄱阳湖水鸟调查4次，调查面积0.5万平方千米，调查覆盖整个鄱阳湖区及相邻湖泊。《江西省第二次全国重点保护野生植物资源调查报告》通过国家林草局检查验收。开展每月逢8科研监测项目，面积覆盖鄱阳湖国家级自然保护区224平方千米。陆生野生动物疫源疫病监测站增至58处，巡护监测人员2645人，其中专业技术人员898人。开展突发非洲猪瘟疫情监测防控。开展野生动物疫源疫病预警，共采集野生活体鸟类样品562份，哨兵动物102份，采集粪便样本2076份，所有采集样品均排除禽流感，超额完成国家林草局下达的样品采集任务，全省未发生一起重大陆生野生动物疫情。争取国家野生动植物保护项目经费445万元，在7个重点市、县实施极小种群野生植物保护和珍稀濒危野生动物救护繁殖项目，保护10种国家重点保护野生动植物，完成野生动植物保护投资6599万元。办理野生动植物行政许可1079件，其中野生动物繁育利用341件，涉及繁育利用企业105家，野生植物采集利用许可736件，涉及采集移植野生植物3.10万株，出口木立芦荟0.3万千克，进入保护区开展科学考察2件。开展"世界野生动植物日"宣传活动。举行第37届"爱鸟周"活动暨麋鹿野放鄱阳湖仪式，首次在鄱阳湖野化放归麋鹿47头。与湖南省共同举办保护候鸟"护飞行动"启动仪式。

产业发展 全年实现林业总产值4502亿元，增长7.93%。其中第一产业1195亿元、第二产业2120亿元、第三产业1187亿元，分别增长4.73%、7.77%和11.77%。生产商品材257万立方米、大径竹2.13亿根、小杂竹39万吨，生产木竹加工产品4651万立方米、林产化工产品48吨、各类经济林产品568万吨。全省林产工业企业1.2万家，其中国家级林业重点龙头企业27家、省级林业龙头企业364家。中国驰名商标9个。7家企业成功登陆全国中小企业股份转让系统"新三板"。形成以抚州大亚等企业为龙头的人造板加工制造业产业集群，以南康实木家具和广丰、瑞昌红木家具为主的家具产业集群和以南城园林建筑及教学校具为主的产业集群。全省苗木花卉种植面积达10.8万公顷，较2017年增加近0.27万公顷。全省苗木花卉产业总产值突破300亿元，已有国家重点林业龙头企业1家，省级林业龙头企业80家，上市企业1家，形成以芦溪、袁州等为代表的苗木花卉产业集群。组织参加第十五届中国林产品交易会，获得优秀设计奖和优秀组织奖。

资金投入 全年共争取中央和省级林业项目资金39.47亿元，同比增长2.8%。全年完成林业投资114.85亿元，其中中央财政资金23.88亿元、地方财政资金38.24亿元、国内贷款4.32亿元、利用外资0.97亿元、自筹资金19.2亿元、其他28.24亿元。全年林业固定资产完成投资1.61亿元，自年初累计完成投资2.35亿元，新增固定资产85.38亿元。全年林业招商引资项目73个，累计签订协议资金139.37亿元，实际进资38.46亿元。林业利用外资项目10个，实际利用外资1408万美元，协议利用外资6054万美元。全省落实贴息贷款30亿元，下达贴息补助4329万元，获扶持林业企业130家、造林大户340个，农户和林业职工4200名。落实农户和林业职工小额贷款贴息1176万元，惠及林农和林业职工4200余户，户均增收2747元。吉安市国家储备林项目通过国开行总审，总投资83亿元，其中利用政策性贷款67亿元。森林植被恢复费征收19.83亿元，增长29%。为全省1.4万名生态护林员免费赠送意外险，保险赔付总额63亿元，人均保障额45万元。江西2016年中央林业项目绩效得分92.57分，位居全国前列。

【**林业机构改革**】 10月24日，省委办公厅、省政府办公厅印发《江西省机构改革实施方案》，决定将省林业厅的职责，以及省国土资源厅、省住房和城乡建设厅、省水利厅、省农业厅等部门的自然保护区、风景名胜区、自然遗产、地质公园等管理职责整合，组建省林业局（正厅级），作为省政府直属机构，由省自然资源厅统一领导和管理；将省林业厅的森林、湿地等资源调查和确权登记管理职责划转省自然资源厅，森林防火相关职责划转省应急管理厅。不再保留省林业厅。11月4日，江西省林业局正式挂牌。省林业局内设处室13个（不含直属机关党委、离退休干部处），办公室、政策法规和林业改革处、造林绿化处（省绿化委员会办公室）、森林资源管理处（省林长办公室）、湿地和草地管理处、野生动植物保护处、自然保护地管理处、国有林场和种苗管理处、林业产业发展处、规划财务处、科学技术和对外合作处、灾害防治处、人事处。

11月4日，江西省林业局正式揭牌

【**全面推行林长制**】 7月3日，省委办公厅、省政府办公厅印发《关于全面推行林长制的意见》，决定在全省全面推行林长制，这是江西森林资源保护管理体制重大创新举措，也是林业服务江西国家生态文明试验区建设先行先试重要实践成果，得到国家林草局充分肯定和高度赞扬。9月3日，省委书记刘奇主持召开2018年省级总林长第一次会议，审议通过《省级林长名单及责任区域》《江西省林长制省级会议制度》《江西省林长制信息通报制度》《江西省林长制省级督办制度》《江西省林长制工作考核办法（试行）》；省委书记刘奇担任省级总林长，省长易炼红担任省级副总林长，省领导李炳军、殷美根、朱虹、冯桃莲、胡强、陈俊卿、肖毅、刘卫平任省级林长,并明确相应责任区域。省林长办公室设在省林业厅。9月19~20日,省林业厅在武宁县召开全省林长制工作现场推进会。截至2018年年底,全省基本建立覆盖省、市、县、乡、村五级林长负责制为基础的林长制管理体系。

8月13日,江西省政府新闻办、省林业厅联合召开全面推行林长制新闻发布会

【重点区域森林绿化美化彩化珍贵化建设】 5月24日,印发《江西省人民政府关于在重点区域开展森林美化彩化珍贵化建设的意见》《全省重点区域森林绿化美化彩化珍贵化建设规划(2018~2022年)》,明确到2022年,全省主要高速公路、高铁、长江岸线等通道和生态廊道两侧、重要风景名胜区周围以及重点乡村风景林等区域森林全面达到生态优良、林相优化、景观优美的效果,推动由"绿化江西"向"美化江西"跨越;各级政府主要负责人为"四化"工作第一责任人,按照属地管理原则落实各方责任主体,共同推进项目建设。成立省森林绿化美化彩化珍贵化建设工作督导组。0.89万公顷年度建设任务分解到各市、县(区)。抚州市福银高速、抚金高速部分路段,以及九江市环庐山景区公路和长江沿岸等地段森林"四化"建设初见成效。

【国家生态文明试验区建设】 出台《江西省湖泊保护条例》《江西省实施河长制湖长制条例》等法规,将生态文明建设、生态公益林和天然林保护等纳入省十三届人大常委会立法规划。全省推行环境资源审判、生态检察、生态综合执法模式,两起恢复性司法案件入选全国环资审判十大典型案例,检察机关立案环境公益诉讼案件1012件。全省开展自然资源资产负债表编制工作,落实环保"一票否决"制度,施行领导干部自然资源资产离任审计、党政领导干部生态环境损害责任追究制度。首次开展全省生态文明建设目标考核,涉及森林覆盖率、森林蓄积量、湿地保护率、生态环境事件情况林业指标4个。划定生态保护红线,占全省国土面积的28.06%。在20个县开展近自然森林经营试点。全省治理水土流失面积8.4万公顷,新增矿山恢复治理面积1700公顷。加大流域生态补偿,新增全省流域生态补偿资金4.35亿元、东江流域跨省生态补偿资金6亿元。实施长江经济带"共抓大保护"攻坚行动,拆除长江沿岸非法码头74座,恢复岸线7529米,复绿面积达65.9万平方米。开展自然保护区"绿盾2018"、鄱阳湖区"雷霆2018"联合执法督查,查处问题925个。启动鄱阳湖退耕还湿试点,全省湿地保护率提升至53.75%。搬迁安置建档立卡贫困人口2.94万人,聘用生态护林员1.4万人。建立各类自然保护区184个,创建森林公园182个、湿地公园93个,新增国家生态文明建设示范县3个、中国天然氧吧3个,婺源县被评为"绿水青山就是金山银山"实践创新基地。全省森林覆盖率、湿地保有量保持稳定,成为全国唯一"国家森林城市"设区市全覆盖的省份,森林、湿地生态系统综合效益达到1.49万亿元。大力发展生态旅游、休闲康养等产业,全省旅游接待总人次和总收入分别增长19.7%和26.6%。全省国家考核断面水质优良率为92%,高于国家考核目标9.3个百分点;全省PM2.5浓度38微克/立方米,同比下降17.4%,空气质量优良率达88.3%,同比提高5个百分点,11个设区市空气质量首次完成考核目标任务。靖安生态文明建设实践得到习近平总书记肯定,萍乡海绵城市建设、景德镇"城市双修"获得国务院通报表扬,赣州山水林田湖草保护修复、新余生态循环农业、鹰潭城乡生活垃圾第三方治理、抚河流域水环境综合治理等形成"江西经验",生态文明目标责任体系更加完善。

【江西生态保护红线发布】 6月30日,省政府印发《关于发布江西省生态保护红线的通知》,发布江西省生态保护红线划定面积46 876平方千米,占全省国土面积的28.06%。按照生态保护红线的主导生态功能,分为水源涵养、生物多样性维护和水土保持三大类共16个片区。基本格局为"一湖"即鄱阳湖,主要生态功能是生物多样性维护;"五河"即赣、抚、信、饶、修五河源头区及重要水域,主要生态功能是水源涵养;"三屏"即赣东—赣东北山地森林生态屏障、赣西—赣西北山地森林生态屏障、赣南山地森林生态屏障,主要生态功能是生物多样性维护和水源涵养。在生态保护红线16个片区中,以水源涵养为主导生态功能的生态保护红线有8个片区,以生物多样性维护为主导生态功能的生态保护红线有7个片区,以水土保持为主导生态功能的生态保护红线有1个片区,将各类生态系统保护地进行连接,保障生态完整性和连通性。通知要求各地、各部门把严守生态保护红线作为生态文明建设重要内容,落实严守生态保护红线主体责任,切实履行好对生态保护红线内各类自然生态系统保护管理责任。

【森林质量提升】 编制出台《江西省森林经营规划(2016~2050年)》,崇义县在全国率先完成县级森林经营规划编制。开展2018年度营造林实绩检查,全省营造林质量得到有效控制,树种选择、人工造林密度、造林成活率、封山育林地类选择等质量达标情况良好。人工造林超额率为96.1%,合格率为95.6%;封山育林超额率为6.8%,合格率为99.3%;"长防林"工程中退化林修复合格率为91.1%。营造乡土阔叶树1.49万公顷,乡土阔叶林比重为37.2%。开展林木良种种苗质量抽查,杉木和湿地松种子平均净度国标Ⅰ级,89%的杉木种子发芽率国标Ⅱ级以上,11%的杉木种子发芽率国标Ⅲ级。抽查苗圃地苗木样品,93%的生产经营单位符合有关要求；抽查造林地苗木样品，苗木平均合格率为95%。在安福等20个县开展近自然森林经营试点。全省设立国家级重点林木良种基地13处、省级9处，专业油茶采穗圃14处。布局新造林、低效林改造两类良种良法骨干示范基地20个。全省调剂松杉良种12 033千克，同比增长30%。

【赣南等原中央苏区生态建设】 4月28日，省林业厅印发《省林业厅落实〈赣南等原中央苏区振兴发展2018年工作要点〉责任分工表》，落实林业资金23.76亿元，积极扶持赣南等原中央苏区生态建设。下达营造林工程项目建设任务14.3万公顷，占全省总量的74.2%；下达防护林体系建设等中央项目资金15.72亿元、低产低效林改造等省级项目资金8.04亿元。下达油茶补助资金4849万元，支持油茶产业发展，占全省总量的60.6%；下达森林药材（含香精香料）产业补助资金1499万元，支持森林药材（含香精香料）产业发展，占全省总量的68.1%。支持赣州市开展山水林田湖草生态保护和修复试点工作，抚州市纳入国家山水林田湖草生态保护修复试点，昌吉赣高铁两侧森林景观彩化改造，吉安市建设国开行国家储备林基地，永丰、泰和、安福3县建设省级森林经营样板基地。下达江西石城赣江源国家湿地公园等10个国家湿地公园中央财政湿地保护与恢复补助资金1600万元，指导宁都梅江、南城洪门湖2处国家湿地公园开展试点建设，支持定南等6县（市、区）申报省级湿地公园，评估验收于都长征源、南康蓉江河、新干湄湘河、安福泸水河、乐安龙潭、宜黄百鹭洲、崇仁乐丰、铅山宋家源8处试点省级湿地公园。支持遂川县开展重点生态区非国有商品林赎买改革试点222.15公顷。萍乡市成功创建"国家森林城市"，黎川、新干2县创建"国家森林城市"获国家批复备案。会昌、寻乌、大余、定南、全南、遂川、万安、永丰、青原、泰和、黎川、南丰、金溪、铅山、贵溪15个县（市、区）成功申报第三批省级生态文明示范县（市、区）。

【国有林场场外造林】 国有林场场外造林是指国有林场在原有经营范围之外，利用自身技术、管理等优势，通过林地流转，在集体林地上开展营造林（包括新造林、更新造林和现有林分改造等）、发展林业，是集体林业规模化经营方式的创新和补充。7月23日，省林业厅出台《关于加快推进国有林场场外造林的指导意见》，提出国有林场场外造林工作的指导思想、基本原则和建设目标；明确国有林场场外造林的经营机制、政策措施、组织保障；场外造林可以以国有林场为申报主体；场外造林模式多元化，如股份制林场、国有林场+合作社+农户（家庭林场）、国有林场+村（组）+农户、赎买和托管等。场外造林连片面积达到133.34公顷以上的，可将其所需管护用房、林区道路、森林防火、林业有害生物防治等配套设施建设纳入相应的专项规划，享受相应的扶持政策。允许利用场外造林发展森林旅游、休闲康养等绿色新兴产业，加快国有林场转型发展。全省累计新增场外造林0.74万公顷。

【林业生态扶贫】 从加快发展现代农业、加强生态环境保护与治理、加快推进绿色发展、完善生态文明制度4个方面支持赣南等原中央苏区振兴发展，全年安排赣南等原中央苏区中央、省级林业资金23.76亿元，占全省总量的60.2%；安排25个国定贫困县（含都昌县）和罗霄山特困片区（县）中央和省级林业投资14.49亿元，占全省总量36.7%。争取非国有林商品林赎买试点补助2800万元，试点范围从3个县扩大至5个县，完成非国有林商品林赎买面积381.96公顷。在集中连片困难地区、国家扶贫开发工作重点县和重点生态功能区补助转移支付县等40个县建档立卡贫困人口中，争取国家新增生态护林员指标3500名，提供1.4万个生态护林员岗位，平均每人每年补助1万元，带动5万余名贫困人口基本脱贫。完成兴国县龙口镇睦埠村、贵溪市樟坪乡等地的对口扶贫工作，省林业局、省森林公安局被省扶贫开发领导小组评为定点扶贫工作先进单位。全省建立50个科技扶贫示范基地。参加林下经济农户超过300万人，其中贫困人口超过40万人，建档贫困人口超过35万人。油茶产业带动用工87.2万人，参与贫困户4.2万户，户均增收2667元；森林药材产业带动用工60.5万人，参与贫困户0.61万户，户均增收1.56万元。

【森林城市创建】 各创建城市将森林城市创建工作纳入政府年度考核和各级政府公共财政预算。萍乡市成功创建"国家森林城市"，江西成为全国第一个所有地级城市均成功创建"国家森林城市"的省份；武宁县、崇义县成功创建全国首批县级"国家森林城市"，婺源等6个县创建"国家森林城市"获国家林草局批复备案；全省申请创建省级森林城市80个县（市），通过规划并批复76个，命名为"江西省森林城市"72个；提前两年完成《江西省林业发展"十三五"规划》要求到2020年设区市全部获"国家森林城市"和全省80%县（市）获"省级森林城市"称号的目标任务。省财政安排森林城市创建奖励2000万元，其中获"国家森林城市"称号的，奖励500万元；获"省级森林城市"称号的，奖励80万元。同时，鼓励和吸引社会资本参与森林城市创建。推行古树名木"一树一策"保护管理制度，开展"江西十大树王"评选活动，升级江西省古树名木信息管理系统，选择南丰等7个县（市）实施一级古树名木抢救复壮示范。大余县等26县（市）入选国家重点生态功能区，南

9月30日，国家林业和草原局决定授予27个城市"国家森林城市"称号，江西省萍乡市和武宁县、崇义县位列其中

城县等7县(市)获评全国"2018百佳深呼吸小城",崇义县等12个县(市)上榜"2018中国最美县域榜单",新余市分宜县分宜镇介桥村等6家单位荣获2018年度"全国生态文化村"荣誉称号,全省累计"全国生态文化村"38个,数量位居全国之首。鹰潭市贵溪樟坪畲族乡并遴选为"2018森林中国发现森林文化小镇"。铜鼓县茶山生态公益型林场、安福县明月山林场被列入首批国家森林小镇建设试点。

【江西森林和湿地生态系统综合效益发布】 5月30日,省政府召开"江西省森林和湿地生态系统综合效益评估成果新闻发布会",向社会发布全省森林和湿地生态系统综合效益评估信息。评估结果显示,2016年,全省森林和湿地生态系统综合效益14 951.34亿元;其中森林生态系统综合效益13 510.22亿元,湿地生态系统综合效益1441.12亿元。全省森林年调节水量、净化水质631.15亿立方米,相当于2个三峡水库的蓄水量。本次评估结果与2011年比较,仅森林生态效益就增加1863.22亿元,增幅23%,年均增长4.5%。同期中央和省级财政投入林业建设资金181.4亿元,投入产出比1∶10.3,有限的财政投入换来丰厚的生态回报。评估结果表明,森林与湿地是江西最为宝贵的财富,江西的绿水青山就是"金山银山"。

【签署省、校林业发展战略合作框架协议】 4月20日,副省长胡强带队走访北京林业大学,交流省、校林业发展战略合作。6月20日,省林业厅与北京林业大学签订林业发展战略合作框架协议。双方围绕林业战略规划研究,重点领域联合科技攻关,鄱阳湖流域水土保持与生态修复技术,林业科技创新平台共建,高校和科研院所教学科研人才培养,关键湿地保护、修复与管理以及国家公园建设,现代木结构建筑研究、检测以及产业化开发利用,北林大学生到江西就业创业引导和扶持8个重点领域深入开展合作,助力打造美丽中国"江西样板"。双方明确合作机制,制订专项工作方案,商定并启动2019年度战略合作重点项目10余项。

【中国(赣州)第五届家博会】 6月21~27日,国家林草局在赣州市南康家居小镇主办中国(赣州)第五届家具产业博览会,观展人数101.5万人次,签约成交101.4亿元,超过以往四届家博会总和,实现历史性突破。家博会首次采用"线下线上"方式,同步举办"数字家博、云上小镇"活动,参与网络直播超100万人次;阿里巴巴、京东两大电商平台网页浏览量超360万次,销售额超2.3亿元。家博会首次在南康家居小镇举办,主会场6.1万平方米,分会场220万平方米。入驻参展品牌企业(机构)数量是2017年2.4倍,包括意大利、芬兰等国家的全球一流设计研发、产销机构;索菲亚、曲美等几十家国内一线品牌;并建成全国唯一京东线上线下品牌家居体验馆。赣州市南康区是全国最大实木家具生产基地、全国知名品牌创建示范区、国家家具产品质量提升示范区、中国实木家居之都。南康家具产业已形成集研发设计、智能制造、批发零售、物流仓储、电子商务、展览体验于一体的全产业链集群。2018年,南康区获批"国家南康家具产业示范园区"称号,"南康家具"成为全国首个以县级行政区划命名的工业集体商标,产业集群产值突破1600亿元大关,实现南康家具产业发展历史性跨越。

【林业调查研究】 4月12日,省林业厅成立调查研究室。7月25日,印发《江西省林业厅关于加强和改进林业调查研究工作的意见》,推进各级林业主管部门建立调研工作机制,促使调研工作制度化、规范化。2018年,省林业厅重点抓好由厅级领导干部领题的10项专题调研活动,调研范围覆盖全省11个设区市的45个县(市、区);调研选题包括重点区域森林绿化、美化、彩化、珍贵化建设,"林长制"推广,基层林业人才需求,林业项目资金使用,国有林场场外造林,湿地生态效益补偿,林木良种繁育研发,竹产业转型升级,森林公安执法机制创新,野外火源管理10个方面。截至11月,10项专题调研活动均完成,形成一批质量较高、具有前瞻性和操作性的调研报告,其中4项调研成果转化成政策文件。

【江西鸟类种数占全国总数39.52%】 2017年6月至2018年6月,省林业厅与全国鸟类环志中心联合开展江西省鸟类研究与种类统计工作,其成果《江西省鸟类种类统计与多样性分析》在中国科技核心期刊《湿地科学与管理》上发表。研究结果显示,全省鸟类有22目84科280属570种,占全国鸟类总种数39.52%,新增鸟类种数20种。其中全省国家Ⅰ级重点保护鸟类12种,国家Ⅱ级重点保护鸟类81种,省级重点保护鸟类97种,中国特有种15种,《世界自然保护联盟濒危物种红色名录》极危物种4种,濒危物种11种,易危物种24种,《濒危野生动植物种国际贸易公约》附录Ⅰ物种14种,附录Ⅱ物种61种。新增20种鸟类中,灰翅鸫为江西鸟类新纪录,短嘴豆雁等8种为分类新增种,渔鸥等11种为《中国鸟类分类与分布名录》(第三版)确认种。

【林业大事】
1月1日 省委副书记、省长刘奇在省政府应急指挥中心检查调度全省森林防火值班情况,向坚守在防火岗位的同志们致以新年问候。

1月1日至4月30日 省森林防火总指挥部部署开展以"提升森林火灾防控能力,共保安全稳定生态环境"为主题的平安春季行动。活动结束后,开展2018年全省森林防火平安春季行动平安县(市、区)、优秀组织奖评选工作。

1月9日 人力资源社会保障部、国家林业局表彰全国林业系统先进集体和个人。江西省林业调查规划研究院、吉安市林业局、上饶市林业科学研究所、信丰县金盆山林场、江西省都昌县候鸟自然保护区管理局被授予全国林业系统先进集体,江西省庐山国家级自然保护区管理局高级工万金苟、江西省九江升科生态农业发展有限公司董事长曹建国、江西省吉水文峰山林场万华山分场副场长欧阳秋桂被授予全国林业系统劳动模范,中国绿色时报社江西记者站站长丁贤生、黎川县林业局局长娄永林被授予全国林业系统先进工作者。

1月9~11日 全国鸟类环志中心、省野生动植物保护管理局、江西师范大学、江西农业大学、省林业科学院等20余家单位的40余名专业技术人员和相关县（市）100余名野生动物植物保护管理工作人员组成54个调查组，开展2017~2018年度鄱阳湖区越冬水鸟同步调查。

1月16日 安福县被中国林学会授予"中国樟树之乡"称号。

1月17日 省林业厅连续第九年荣获"全省公共机构节能优秀单位"称号，经过层层遴选成为全国100家节能自愿承诺单位。

1月17日 省林业厅获得中国林业网报送信息综合排名第五，"江西林业"被评为"2017年各地林业十佳微博"，省林业厅信息宣传中心钟南清被评为"2017年中国林业网主站（国家林业局政府网）十佳信息员"。

1月30日 省林业厅和省森林公安局、省种苗局、省林检局、省木监局、厅稽查办、厅项目办、省航空护林局、桃红岭保护区、省规划院、厅信息宣传中心、九连山保护区、马头山保护区12家厅属单位被授予"省直机关第十四届文明单位"荣誉称号。

1月31日 省林业厅、省农业厅、省水利厅、省公安厅联合下发《关于开展〈"雷霆2018"鄱阳湖区联合执法专项行动〉的紧急通知》，部署2月1日至3月31日在鄱阳湖区13个县（市、区）开展为期60天的联合执法专项整治行动。

2月8日 国家林业局驻福州专员办、省林业厅召开森林资源监督联席会议，研究部署2018年森林资源监督工作。国家林业局驻福州专员办专员尹刚强、省林业厅厅长阎钢军出席会议并讲话。

2月20日 省委常委、中共赣州市委书记李炳军到赣州市森林防火指挥中心亲切看望慰问值班人员，并视频连线兴国、于都等地森林防火指挥中心，抽查应急值守及森林防火有关情况。

2月26日 在南昌的省委、省人大、省政府、省政协领导以及省法院、省检察院、省军区、陆军步兵学院、省武警总队等主要负责人，到南昌市红谷滩新区九龙湖片区卧龙山参加2018年新春义务植树活动，共栽苗木200余株。全省11个设区市及各县（市、区）主要领导带领当地干部和群众在本地参加新春义务植树活动。全省共35.15万人次参加新春义务植树活动，植树244.65万株。

3月6日 省财政厅、省林业厅联合下发《关于下达2018年度第二批省级生态公益林补偿资金的通知》。

3月7日 省委第四巡视组巡视省林业厅党组工作动员会召开。

3月22日 大余县等26县（市）入选国家重点生态功能区。

3月25日 南城、浮梁、广昌、井冈山、修水、宜丰、资溪7县（市）入选中国国土经济学会"2018百佳深呼吸小城"。

3月27日 贵溪国家森林公园被中国林业产业联合会授予"中国森林体验基地"称号。

4月3日 第37届"爱鸟周"活动暨麋鹿野放鄱阳湖仪式在鄱阳湖国家湿地公园举行。首次在鄱阳湖野化放归麋鹿47头。

4月3日 省政府召开全省国土绿化和森林防火工作电视电话会议，总结和部署全省国土绿化和森林防火工作。副省长胡强出席，省政府副秘书长宋雷鸣主持会议。

4月9日 省林业厅召开领导干部会议。省委组织部副部长徐忠宣布省委决定，邱水文任省林业厅党组书记，提名任省林业厅厅长，阎钢军不再任省林业厅党组书记、厅长职务。

4月12日 省林业厅成立"江西省林业厅督查室""江西省林业厅调查研究室"。

4月30日 2017年12月1日至2018年4月30日，全省林业、森林公安、工商、农业等部门开展为期5个月越冬候鸟等野生动物保护专项执法行动。

5月9日 省委办公厅、省政府办公厅印发《江西省生态环境损害赔偿制度改革实施方案》，实现生态环境损害赔偿有章可循。

5月9日 省林业厅厅长邱水文到九江瑞昌市调研长江岸线生态修复工作。

5月12日 崇义县、上犹县、芦溪县、婺源县、修水县、奉新县、资溪县、井冈山市、靖安县、安福县、宜丰县、武宁县12个县（市）上榜"2018中国最美县域榜单"。

5月19~26日 省林业厅组织开展"2018年科技活动周"活动，共发放各类技术资料2000余份，接受技术咨询500人次、培训人员300人、指导企业2家。

5月24日 省政府印发《江西省人民政府关于在重点区域开展森林美化彩化珍贵化建设的意见》。

5月24日 菲律宾总统中国特使施恭旗（Carlos Chan）率菲律宾代表团来省林科院就推动中菲竹产业领域科技交流与产业合作事宜进行交流与洽谈。

5月30日 省政府新闻办在南昌召开"江西省森林和湿地生态系统综合效益评估成果新闻发布会"。新华社、中新社等10家中央驻赣媒体，《江西日报》、江西电视台、江西广播电台等22家省内主要媒体，《香港大公报》等4家境外媒体参加新闻发布会。

5月31日 国家林草局召开全国自然保护地大检查工作部署电视电话会。省林业厅厅长邱水文在分会场就江西高位推动自然保护区建设、依法严格做好资源保护、严厉整治破坏自然保护区生态环境等作典型发言。省林业厅、住建厅、水利厅、国土厅、农业厅分管厅领导和有关处室负责同志，16个国家级自然保护区主要负责同志共70余人在江西分会场参加会议。

5月 江西环境工程职业学院选送的压花作品《河畔的守候》荣获2018韩国邱礼国际压花比赛特选奖。

5月 省林业厅部署5~10月开展2018年集中专题调研活动。组织10个调研组，组长由厅级领导担任，26个处室（单位）参加，调研覆盖11个设区市45个县（市、区），选题包括重点区域森林"三化"建设、"林长制"探索推广等10个方面。

6月3日 国家林草局局长张建龙到九江市调研长江经济带建设林业生态保护修复工作。副省长胡强等陪同。

6月21~27日 国家林草局主办、赣州市人民政府和江西省林业厅承办的中国（赣州）第五届家具产业博览会在赣州市南康区家居特色小镇开幕。省委副书记、赣州市委书记李炳军，全国政协常委、国家林草局副局长刘东生，省政府副省长胡强出席。

6月22日 经国家工商行政管理总局商标局核准，"遂川茶油"注册为地理标志证明商标，有效期至2028年4月13日。

6月30日 省政府印发《关于发布江西省生态保护红线的通知》，发布江西省生态保护红线。

7月3日 省委办公厅、省政府办公厅印发《关于全面推行林长制的意见》。

7月13日 省林业厅与江西文演集团在南昌举行《关于共同推进全省森林旅游文化产业发展战略合作框架协议》签约仪式。

7月15日 江西森林生态艺术博物馆开馆并举行江西省第一届根石艺术精品展。江西森林生态艺术博物馆为省林业厅打造的文化建设工程，自2016年4月开工，累计投资1000多万元。

7月18日 全省春季森林防火总结会暨专业森林消防队正规化建设现场推进会在上饶市玉山县召开。

7月27日 省林业厅出台《关于加快推进国有林场场外造林的指导意见》，加快推进国有林场场外造林。

7月31日 省森林防火指挥部印发2017~2018年度全省森林防火责任目标考核办法。

7月31日 省林业厅出台《重点区域森林美化彩化珍贵化建设技术指导意见（试行）》。

8月13日 江西省政府新闻办、省林业厅联合召开全面推行林长制新闻发布会。

8月24日 省林业厅在井冈山举办全省林业新闻宣传干部培训班。

9月3日 省委书记刘奇主持召开2018年省级总林长第一次会议。审议通过省级林长名单及责任区域。会议还审议通过江西省林长制省级会议制度等5项配套制度文件，省领导朱虹、冯桃莲、胡强、陈俊卿、肖毅、刘卫平出席。

9月7日 江西环境工程职业学院入选世界技能大赛家具制作项目中国集训基地。

9月18日 省政府办公厅通报2017~2018年度全省森林防火责任目标考核结果。鹰潭市人民政府荣获2017~2018年度设区、市森林防火责任目标考核一等奖，抚州、南昌市人民政府荣获二等奖，吉安、上饶、赣州、九江市人民政府荣获三等奖，新余、萍乡、宜春、景德镇市人民政府荣获优秀奖；安福县人民政府荣获省直管县（市）森林防火责任目标考核一等奖，鄱阳县人民政府荣获二等奖，丰城市人民政府荣获三等奖，瑞金市、南城县、共青城市人民政府荣获优秀奖。

9月19~20日 全省林长制工作现场推进会在武宁县召开。省林长办主任、省林业厅厅长邱水文出席会议并讲话。

9月27日 省政府新闻办、省生态办、省环保厅、省林业厅、省水利厅召开"见证改革巨变 继续砥砺前行"生态建设专题发布会，详述江西从"既要金山银山，又要绿水青山"到"既要金山银山，更要绿水青山"，再到"绿水青山就是金山银山"的生态文明改革进程。

9月27日 省政府决定，对2016~2018年度全省森林防火工作先进单位和个人进行表彰。授予湾里区人民政府等50个集体"2016~2018年度全省森林防火工作先进单位"荣誉称号，授予余耀武等60名同志"2016~2018年度全省森林防火工作先进个人"荣誉称号。

9月27日 国家林草局鄱阳湖国际重要湿地预警监测中心正式挂牌。

9月28日 省政府召开全省森林防火、松材线虫病防控、湿地候鸟保护工作电视电话会。副省长胡强，省军区副司令员方建华，省林业厅厅长邱水文出席会议，省政府副秘书长宋雷鸣主持会议。

9月29日 国家林草局授予萍乡市、武宁县、崇义县"国家森林城市"称号，武宁县、崇义县成为全国首批4个县级"国家森林城市"之一。

9月 省林业厅被省扶贫开发领导小组授予"2015~2017年度定点帮扶贫困村先进单位"。此为获得《2012~2014年度定点帮扶贫困村先进单位》后再次获得此项荣誉。

10月8~12日 江西第二次全国重点保护野生植物资源调查工作通过国家林草局野生动植物保护司检查验收。

10月8~16日 江西省第二次土地利用变化与林业碳汇计量监测工作通过国家林草局华东森林资源监测中心检查验收。

10月17日 推进江西国家生态文明试验区建设部省恳谈会在北京召开。省委书记刘奇出席并讲话，省委副书记、代省长易炼红主持会议。国家发展改革委副主任张勇，自然资源部副部长赵龙，国家林草局局长张建龙等国家部委有关负责同志出席会议；省委常委、常务副省长毛伟明出席会议。

10月23日 鄱阳湖区越冬候鸟和湿地保护工作会议在南昌召开。

10月23~27日 联合国粮食及农业组织、国家林草局、国际林业研究组织联盟在北京国家会议中心联合举办第四届世界人工林大会。安福县明月山林场副场长甘文峰参会，并在分会场作口头报告，介绍该场人工林经营与建设方面经验做法。

10月24日 省委办公厅、省政府办公厅印发《关于江西省机构改革实施方案的通知》。

10月24日 成立省林业局党组，邱水文任省林业局党组书记；黄小春、罗勤任党组成员，赵国任党组成员、驻厅纪检监察组组长，胡跃近、辛卫平、严成任党组成员。

10月30~31日 全省造林绿化暨林下经济发展现场会在黎川县召开。副省长胡强，省政府副秘书长宋雷鸣，省林业厅厅长邱水文出席会议。

11月1日 省政府印发《关于蒋志红等同志职务任免的通知》。任命邱水文为省林业局局长，罗勤、胡跃进为副局长，魏运华为巡视员，余小发为副巡视员。

11月2日 省林业局召开干部大会。省委组织部副部长徐忠宣布省委关于成立江西省林业局党组及局领导班子的任职决定。

11月4日 江西省林业局正式揭牌。省委常委、副省长刘强，省政府副秘书长宋迪维，省委组织部副部长徐忠，省自然资源厅党组书记、厅长张圣泽，省林业局党组书记、局长邱水文出席。省林业局其他局领导、副厅以上干部，局机关处室、局属单位主要负责同志，省森林公安局班子成员参加揭牌仪式。

11月7~8日 省人大常委会副主任、省级林长冯桃莲率省人大环资委副主任委员杨泽民、省林业局党组成员严成等到上饶市调研林长制工作。

11月9日 省林业局、人保财险江西省分公司举行建档立卡贫困人口生态护林员保险赠送签约仪式。人保财险江西省分公司为全省1.4万名建档立卡贫困人口生态护林员赠送63亿元意外险风险保障，人均保障45万元。

11月11日 新余市分宜县分宜镇介桥村、鹰潭市贵溪市樟坪畲族乡樟坪畲族村、赣州市兴国县龙口镇睦埠村、吉安市安福县横龙镇石溪村、赣州市寻乌县澄江镇周田村、抚州市乐安县牛田镇流坑村6家单位获中国生态文化协会授予的2018年度"全国生态文化村"称号。

11月13日 省林业局出台《大力支持深度贫困村脱贫攻坚实施方案》，从重点推进深度贫困村防护林和林下经济建设、生态护林员选聘、湿地保护与恢复、定点帮扶4个方面助力全省269个深度贫困村达到脱贫退出标准。

11月16日 江西省湿地保护专家委员会成立大会在南昌召开。会议表决原江西省林业厅巡视员、高级工程师詹春森任主任委员，南昌大学葛刚教授和江西农业大学牛德奎教授任副主任委员。专家委员会聘请复旦大学陈家宽教授任顾问。会议审议通过《江西省湿地保护专家委员会工作规则》。本届专家委员会由生态环境、气象、土壤、地理、监测、动植物保护等领域的31名专家委员组成，其中外省专家7名。

12月3日 省林业局召开局务会议，传达学习全省"五型"政府建设调度推进会精神，研究部署下一阶段"五型"机关建设工作。局党组书记、局长邱水文出席会议并讲话。

12月12日 省林业局和北京林业大学深化合作推进会在南昌举行。

12月14日 省林业局在南昌市召开全省森林资源管理严打整治专项行动动员部署电视电话会议，正式拉开为期4个月的全省严厉打击破坏森林资源违法活动。

12月18日 全省森林防火工作座谈会在南昌召开，会议总结2018年工作，研究部署2019年全省森林防火工作和森林火灾风险隐患排查整治"十查十看"活动。省应急管理厅厅长龙卿吉、省林业局副局长胡跃进、省应急管理厅副厅长钟世富出席会议并讲话，省林业局局长邱水文主持会议。

12月21日 樟树国家创新联盟成立大会暨第二届樟树论坛在南昌召开，中国工程院院士张守攻出席会议并作报告。

12月21日 省林业局在南昌召开全省完善集体林权制度工作会议，传达全国活化经营权促进规模经营现场经验交流会精神，总结江西改革开放40年集体林权制度改革成就，交流各地推行集体林地"三权分置"的经验做法，研究部署下一步完善集体林权制度有关工作。

12月25日 省政府召开全省松材线虫防控暨疫木清理"百日攻坚"行动动员电视电话会议，对全省松材线虫病防控工作进行再动员、再部署。省委常委、副省长刘强出席会议并讲话，省政府副秘书长宋迪维主持会议。

12月25日 省林业局在共青城市召开全省林政工作座谈会，分析当前林政资源管理存在问题及原因，调度各地森林督查发现问题整改进度，汇总全省贯彻落实全省森林资源管理严打整治专项行动动员部署电视电话会议精神情况。

12月27日 省委书记刘奇在省委十四届七次会议第一次全会上先后3次提出，对非法捕猎、毒杀候鸟的行为采取"零容忍"态度，要求像查人命案一样严查毒杀候鸟行为，一查到底，从严从重判处。

12月29日 省林业局在南昌召开鄱阳湖候鸟保护工作紧急会议。

（江西省林业由卢建红、俞长好供稿）

山东省林业

【概　述】 2018年，山东省各级林业部门坚持以习近平新时代中国特色社会主义思想为指导，深入学习贯彻习近平生态文明思想，自觉践行绿水青山就是金山银山理念，扎实推进城乡绿化，全面加强生态保护，大力发展林业产业，持续深化林业改革，林业各项工作取得新进展、新成效。全年完成造林面积10万公顷，森林抚育12万公顷，建成国家森林城市16个，全省152处国有林场全部定性为公益性事业单位。全面完成国家级公益林区划落界工作，落实落地国家级公益林面积59.33万公顷。加强森林防火工作，全省完成引水管道铺设649.94千米，安装消防栓2348个，新修整修防火道路4347千米。组织开展黄河三角洲、南四湖等一批湿地保护与修复工程，全年保护和恢复湿地面积5.33万公顷。加强林业行业精准扶贫，累计完成8.5万名贫困人口的帮扶带动作用。深入推进林业供给侧结构性改革，积极发展林业"新六产"，发展了40多处集生产基地、文化体验、旅游观光为一体的现代田园综合体。

【机构改革】 10月8日，根据党中央、国务院批准的《山东省机构改革方案》和山东省省委、省政府《关于山东省省级机构改革的实施意见》，山东省省委、省政府决定整合山东省国土资源厅（山东省测绘地理信息局）、山东省林业厅的职责，以及组织编制主体功能区规划、城乡规划管理、水资源调查和确权登记管理，编制海洋主体功能区规划、海域开发利用总体规划、无居民海岛保护规划、海域海岛等资源调查和确权登记管理，草原（地）资源调查、确权登记和保护、监督管理，自然保护区、风景名胜区管理等职责，组建山东省自然资源厅（挂省林业局牌子），承担山东省委海洋发展委员会日常工作等。10月27日，山东省自然资源厅（省林业局）正式挂牌。

【造林绿化】 2018年，全省各级林业部门深入贯彻落实省政府《关于开展"绿满齐鲁·美丽山东"国土绿化行动的实施意见》《关于实施造林绿化十大工程的通知》要求，组织实施了森林生态修复与保护、退耕还果还林、农田防护林建设、森林生态廊道建设、森林质量精准提升、城乡绿化美化等重点林业生态工程。截至12月底，完成了造林绿化、森林抚育全年目标任务。组织开展森林城市"四级联创"活动，济宁、聊城2个地级市和滕州、邹城、曲阜3个县级市成功创建国家森林城市，全省建成国家森林城市16个，数量居全国第一位；建成省级森林城市4个、森林乡镇55个、森林村居500个，城乡绿化面貌显著提升，生态环境持续改善。

【林业改革】 2018年，山东省国有林场改革基本完成，全省152处国有林场全部定性为公益性事业单位，90%以上的职工参加了养老、医疗等社会基本保险。积极探索国有林场改革的新路径、新模式，创造性地实施了"场圃一体化"管理模式，提出科学经营国有林场新理念，创新国有林场森林资源培育方式，推动了国有林场"二次创业"。集体林权制度改革不断深化，集体林地所有权、承包权、经营权分置改革有序推进，积极稳妥开展林地经营权流转、林权抵押贷款、森林保险，着力培育林业专业合作社、家庭林场等新型林业经营主体，发展适度规模经营。全省林权抵押贷款余额达38.38亿元，政策性森林保险参保面积达到98.40万公顷，林业专业合作社、家庭林场等新型经营主体发展到23 755个，15家林业企业获评国家级林业龙头企业，集体林业的规模化、专业化、产业化水平显著提升。

【森林资源保护管理】 2018年，全省各级林业部门牢固树立生态优先、保护为主的理念，积极推进森林资源管理方式由静态管理向动态管理、由粗放型向精准化转变。加强森林资源监督管理。全面完成国家级公益林区划落界工作，与林权所有者和经营者逐块签订界定协议书43 754份，落实落地国家级公益林面积59.33万公顷。扎实开展森林督查工作，对全省137个县（市、区）遥感影像疑似森林变化图斑进行判读，依据判读结果，依法收回林地100多公顷。

【森林防灭火与林业有害生物防控】 2018年，山东省林业局认真组织实施《山东省森林防火提质增效转型升级实施方案》，与各市签订森林防火目标责任书。加强森林防火能力建设，在森林防火重点区域扎实推进水网、路网、监测通讯网等基础设施建设，全省完成引水管道铺设649.94千米，安装消防栓2348个，新修整修防火道路4347千米，森林扑火能力显著提升。切实抓好全国"两会"、清明节、上合组织青岛峰会等重大时间节点森林防灭火工作。上个防火期，全省发生森林火灾16起，受害森林面积214.67公顷，火灾受害率0.056‰，远低于国家0.9‰的控制标准，未发生人员伤亡事故。针对美国白蛾、松材线虫病、松干蚧等林业有害生物高发态势，编制了重大林业食叶害虫防控方案和松材线虫病防控方案。同时，认真开展主要林业有害生物监测调查和检疫封堵工作，完成全省80处省级以上中心测报点优化调整。全省林业有害生物发生面积48.53万公顷，防治作业面积327.80万公顷次，成灾率2.98‰，低于国家防控目标。

【湿地保护与修复】 2018年，山东省林业局全面落实省政府《关于推进湿地保护修复的实施意见》，组织开展了黄河三角洲、南四湖、东平湖、马踏湖等一批湿地保护与修复工程，采取栖息地营造、植被恢复、退垦还湿、污染控制和综合治理等措施，全年保护和恢复湿地面积5.33万公顷。东营市获全球首批"国际湿地城市"称号。全面加强湿地公园建设管理，组织专家对唐岛湾、邹城太平、沂水等9处国家湿地公园（试点）进行自查验收，为晋升国家级湿地公园打下基础。在东营市举行了2018年"世界湿地日"宣传活动，来自全省10多家主流媒体参加了活动。

【林业产业转型升级】 2018年，山东省林业局深入推进林业供给侧结构性改革，加快林业产业转型升级、提质增效。大力推进林业传统产业转型升级，组织实施木本油料、林木种苗、花卉等产业提质增效转型升级方案，推进特色林业产业稳步发展。制订印发《山东省林木种苗和花卉产业转型升级示范区认定管理办法》，为种苗花卉产业转型升级提供了目标定位和参考标准。截至12月底，全省新增特色经济林面积3.40万公顷，完成新育苗木2.50万公顷。加强林产品品牌建设。研究制定《关于加快林业品牌建设 推进林业高质量发展的意见》，组织开展"齐鲁放心果品"品牌创建活动，评选命名65个优质林果品牌。费县核桃、新泰樱桃、沾化冬枣被确定为全国经济林产业区域特色品牌建设试点，试点单位数量居全国第二位。新产业、新业态快速发展。元宝枫、杜仲等新产业和森林旅游、森林康养等新业态快速发展，产业结构进一步优化。积极发展林业"新六产"，发展了40多处集生产基地、文化体验、旅游观光为一体的现代田园综合体。烟台市马家沟村确定以林业产业化经营和乡村旅游业为主的发展思路，年人均收入近3万元，成为中国最有魅力的休闲山村。

【林业大事】
10月27日 山东省自然资源厅（省林业局）正式挂牌，副省长于国安出席挂牌仪式。省自然资源厅厅长、党组书记李琥主持。省自然资源厅领导班子成员、省海洋局领导班子成员、厅机关全体人员和直属事业单位主要负责同志参加挂牌仪式。

10月30日 "绿色中国行——走进美丽潍坊"公益宣传活动在潍坊市滨海经济技术开发区举办，活动旨在弘扬生态文明观念，传播绿色发展理念，为潍坊市绿色发展和美好家园建设营造良好氛围。中国林学会理事长、亚太森林组织理事会主席赵树丛，国家林业和草原局副局长彭有冬，中国科学院院士、国务院参事唐守正，省自然资源厅副厅长马福义，潍坊市委书记、市人大常委会主任刘曙光等领导、专家出席活动。

11月1日 山东省自然资源厅厅长李琥主持召开2018年第一次厅长办公会议，传达全国省级第三次国土调查领导小组办公室主任会议精神，审议《2018年土地例行督察反馈问题整改工作方案》，听取关于拟命名山东省森林城市、森林乡镇、森林村居有关情况的汇报。省自然资源厅领导、三总师、厅机关相关处室和部分直属单位主要负责人参加会议。

12月6日 山东省自然资源厅党组书记、厅长李琥，厅党组成员、副厅长王太明到省森林公安局、泰山景区调研森林防火工作。省森林公安局局长刘得陪同。厅机关及省森林公安局有关同志参加调研。

12月8～10日 国家林业和草原局宣传中心副主任马大轶一行，到山东省威海市、潍坊市调研乡村生态文化和森林城市建设等工作。省自然资源厅副厅长马福义参加调研。调研组先后到荣成市东楮岛村、烟墩角村、花村、成山林场，昌乐县方山古柏群、首阳山国家森林公园、响水崖子村、庵上湖田园综合体、城市园丁田园综合体、仙月湖湿地公园、火山国家地质公园、莲花山农庄小镇等地实地调研。

12月12日 山东省2019年度森林航空消防应急救援军民航空管制工作协调会在济南召开。省自然资源厅副厅长王太明出席会议，北部战区空军参谋部航管处、省辖区内军民航空管制部门、省航空护林站、有关机场、通用航空公司等相关负责人参加会议。

12月26日 省自然资源厅副厅长王太明主持召开防灾减灾工作座谈会，研究商讨2019年全省自然资源防灾减灾重点工作。省自然资源厅防灾减灾工作组全体同志，省野生动植物保护站、省森林公安局、省地环总站、省航空护林站负责人参加会议，省应急管理厅森林消防支队负责同志应邀参加会议。

（山东省林业由张彩霞、纪玉东供稿）

河南省林业

【概述】 2018年，河南省林业系统以习近平生态文明思想为指导，认真贯彻省委、省政府实施国土绿化提速行动建设森林河南动员大会精神，大力推进林业生态建设，各项工作取得了明显成效。全省林地面积为566.42万公顷，森林面积409.65万公顷，森林覆盖率24.53%，森林蓄积量1.79亿立方米。全省湿地总面积62.79万公顷。全省沙化土地面积59.68万公顷，荒漠化土地面积1.01万公顷，石漠化土地面积7.46万公顷。全省有省级以上自然保护区30个，其中国家级13个，省级17个。全省已知陆生脊椎野生动物520种，国家级重点保护野生动物94种。全省建立省级以上森林公园118个，其中国家级31个，省级87个。全省建立省级以上湿地公园48个，其中国家级35个，省级13个。全省有国有林场84个。全省已成功创建国家森林城市14个。

造林绿化 河南省委书记王国生、省长陈润儿等领导春冬季两次带头参加义务植树活动，在全省上下掀起国土绿化高潮。全省启动大规模国土绿化行动，组织实施山区生态林、退耕还林、平原防风固沙林、农田防护林、廊道绿化等重点林业生态工程。2018年河南省共完成国省工程营造林面积47.33万公顷，为年度任务的104.64%。其中造林17.33万公顷，森林抚育改造30万公顷。全省参加义务植树5600万人次，共植树2亿株，尽责率达到90%以上。围绕实施乡村振兴战略，积极打造森林小镇、森林乡村，推进围村林建设、四旁绿化和庭院绿化等。2018年，全省完成村镇绿化3200公顷，廊道绿化1.92万公顷，农田防护林建设0.95万公顷。新创南阳、驻马店、濮阳三个国家森林城市，河南成功创建国家森林城市的省辖市达到14个，总数位居全国第一。启动开展省级森林城市建设，在创县市已达到22个。

林业改革 深入推进集体林权制度改革，按照《河南省完善集体林权制度实施意见》，落实集体林权"三权分置"，规范林权流转，推进林权抵押贷款，培育林业新型经营主体。全省流转林地累计达55.37万公顷。全省新增林权抵押贷款6.1亿元，累计达52.5亿元。全省新增家庭林场和林业合作社655家，总数超过6000家，集体林地承包经营纠纷调处率达到90%以上。

林业产业 2018年，全省林业总产值达到2111亿元。全省已建立林业产业化集群123个，国家级和省级林业产业化重点龙头企业400家，其中国家级林业产业化重点龙头企业14家。全省经济林总面积达到108.07万公顷，建成豫西苹果、伏牛山食用菌、西峡猕猴桃、卢氏核桃连翘、淅川软籽石榴、封丘树莓等一大批特色经济林生产基地。启动全省优质林果工程建设，大力推进苹果、梨、核桃、油茶、油用牡丹等经济林和优质林果基地建设，全省新发展优质林果2.13万公顷。新发展花卉苗木2.02万公顷，全省花卉苗木种植面积达19.80万公顷，在全国稳居前三位，全省范围内初步形成了以郑州为中心，豫中许昌苗木花卉、豫西洛阳牡丹、豫东开封菊花、豫南南阳月季、豫北濮阳鲜切花等生产核心区，依托中原花博会、南阳月季节、洛阳牡丹花会、开封菊展等重要节会平台，花卉产业不断壮大。大力发展森林旅游康养产业，新建国家级森林康养基地试点建设单位15个，新建省级森林公园1个，全省森林旅游人数达4000万人次。

资源保护 组织完成全省国家级、省级公益林落界任务，全省纳入补偿范围的国家级和省级公益林面积148.80万公顷。组织开展年度林地变更调查和森林督查，全省发现各类行政违法案件6885起，查结6669

起，结案率达96.86%，森林采伐限额和林地保护利用管理日益强化。完成全省第九次森林资源清查工作并通过国家验收。在全省范围内停止天然林商业性采伐，调整了全省主要树种的采伐年龄。省政府办公厅印发了《河南省湿地保护修复制度实施方案》，实行湿地面积总量管控。开展了自然保护地大检查专项行动、"绿盾行动"等，加强森林公园、湿地公园、自然保护区管理，加大黄河湿地违规项目整治和生态修复力度。主动适应保护地管理体制新变化，在全省范围内开展了生态风险隐患排查治理冬季行动，排查出非法占用林地、私采乱伐、偷猎盗捕、自然保护地私搭乱建、森林火灾、森林病虫害、非洲猪瘟疫情等隐患线索280余条，并对这些问题建立台账、交办整改、督促落实，切实维护林业生态资源安全。强化森林防火工作，全省森林火灾发生起数和受害率较往年大幅下降，没有发生重特大森林火灾和群死群伤事故，森林火灾受害率远低于0.9‰的控制目标。加强美国白蛾、松材线虫病、杨树食叶害虫等综合防治，共防治各类林业有害生物51.53万公顷，成灾率远低于3.9‰的控制目标。加大林业执法力度，全省森林公安机关组织开展了"春雷行动""利剑行动"等专项行动，全年办理涉林刑事案件1850起，刑事案件立案数、结案数、起诉人数均较去年上升。省森林公安机关"12·27"专案组被公安部荣记集体一等功。

国有林场改革 全省15个省辖市、6个直管县（市）政府所辖的原有93个国有林场的改革实施方案全部以当地党委名义印发实施，同时以省辖市、直管县（市）正式文件向省国有林场改革工作领导小组提出了验收申请。涉及93个国有林场的编制已核定，核定编制总人数7647人，占全省国有林场在职职工人数的85%（不含两个企业）；纳入财政供给人员7003人，占全省国有林场在职职工人数78%（不含两个企业）。国有林场职工全部纳入基本养老、基本医疗保险。

科技支撑 全年共组织实施省科技攻关项目6项、省科技兴林项目35项。有11项林业科技成果获得河南省科技进步奖，其中一等奖1项、二等奖3项、三等奖7项；获得市厅级科技进步奖50余项；新争取国家林业科研项目2项，其中"核桃类干果产量品质形成机理研究"被列入国家2018年重点专项，"河南新型入侵植物调查及预测模型构建"项目被列入2018年中央部门预算林业生物安全及遗传资源项目。河南省推荐的"高抗速生白榆良种选育"和"泡桐丛枝病发生的组学研究及其应用技术"被国家林业局列为2018年重点推广科技成果。结合省科技兴林项目、国家农业综合开发项目和中央财政推广项目，在全省建设30多个林业科技成果转化示范基地，推广榉树、粗糠、白榆、四倍体泡桐、楸树、毛白杨、新西兰红梨、红香酥梨、早香酥梨、黄金梨、"洛凤一号"油用牡丹、"中洛红"黑核桃、"豫香"核桃、南京椴、紫椴、切花芍药、伏牛山曲茎石斛等50多个优良新品种，示范设施葡萄、软籽石榴栽培、鲜食桃延迟栽培、核桃和枣树病虫害防治、珍稀濒危植物青钱柳驯化及叶用技术等40多项新技术，有效地促进了林业生产提质增效。新建2个集科研、教学、生产、技术推广深度融合的国家级科技创新联盟（中西部枣资源科技创新联盟、中原地区皂荚产业技术科技创新联盟），新建2个厅级工程技术中心（石榴、林果高效利用）。全省已建成1个国家级工程技术中心、9个省级林业工程技术中心和1个省级重点实验室、1个院士工作站和2个博士后工作站。已建成国家级生态站3个、省级生态站7个，覆盖了森林、湿地、城市生态类型区。

依法治林 开展"规范林业执法行为 提升林业执法能力"专项行动，对2015年以来全省林业系统发生的15起行政复议案件、57起行政诉讼案件进行了全面的梳理排查，提出4项具体整改措施和意见建议。根据"互联网+政务运行"工作要求，先后举办4期电子政务平台操作培训班，3次召开协调推进会，传达国家和省有关文件精神，全力推进投资项目在线审批工作。2018年3月底，全面实现河南省林业厅非涉密依申请类行政权力事项的在线办理。印发《河南省林业系统省市县三级审批服务事项通用目录》，共梳理出省市县三级通用依申请类权力事项26项，其中涉及省本级13项，市级7项，县级13项；省市县三级6项，省县两级2项；市县两级1项。举办3期专项培训，组织省市县三级向"河南政务服务网"录入审批服务事项。省本级涉及的21项依申请类权力事项均实现"网上可办"，"网上可办事项实现率"达100%。全年在线和线下共接到行政许可审批申请事项1090件，经审核准予受理658件，退回补正或不予受理432件。受理事项已办结524件，在办134件。根据"河南省政务服务成绩单"公布的衡量省直部门成绩的四项指标显示，河南省林业厅"网上可办事项实现率"达100%，位居42个省直部门中的第四名；"最多跑一次实现率"达61.9%，位居42个省直部门中的第四名；"一网通办实现率"省本级已达100%，也位居42个省直部门中的第四名；全省林业系统实现率达61.9%，位居42个行业系统中的第18名。

林业精准扶贫 组织召开全省林业扶贫攻坚推进会议和全省推进生态扶贫工作现场会，制定并出台《打好林业脱贫攻坚三年行动计划（2018～2020年）》《2018年度林业扶贫计划》《2018年度林业扶贫实施方案》《关于支持深度贫困地区脱贫攻坚的实施意见》等。全省已选聘建档立卡贫困人口生态护林员23 058人，涉及10个省辖市、39个贫困县、3个生态功能区补助县（市、区），带动全省脱贫人口73 118人。完成贫困县生态建设任务22.80万公顷，林业生态建设受益贫困人口达20.9万人次，人均获得劳务收入2000元左右，林业产业和国家储备林建设受益贫困人口21万人，人均增收2200～2500元；对口帮扶淅川县脱贫攻坚取得明显进展。

国家储备林项目 利用政策性贷款、贴息贷款支持林业生态建设，大力发展国家储备林。编制《河南省国家储备林建设规划（2017～2035年）》，规划建设国家储备林128.27万公顷。全省已有21个省辖市和省直管县（市）的国家储备林建设方案得到国家林业和草原局批复。2018年，河南省已获国家储备林项目授信150.35亿元，规模居全国首位。全省已累计贷款落地16.59亿元，初步缓解了长期以来制约全省林业建设发展的"融资难""融资贵"等问题。

【飞播造林】 完成全省7市15县（市、区）共1.79万公顷飞播造林任务,是计划任务1.33万公顷的134.6%。开展"3S新技术在直升机飞播造林中的应用培训",提升全省飞播造林工作的质量和效益。全面推广小型直升机飞播造林,充分利用小型直升机体积小、因地制宜、节本增效、机动灵活的特点进行飞播作业,淘汰运5飞机飞播模式,有效解决困难造林地的造林问题。开展无人机精准飞播造林试验,开展无人机精准造林,对豫北太行山区辉县、修武、卫辉、淇县、博爱5县1万亩困难造林地试点区域进行综合评估,为推广无人机飞播造林、提高飞播造林质量和制定相关标准规范提供科学依据。

【河南省第九次全国森林资源清查】 以省政府办公厅的名义印发《河南省人民政府办公厅关于做好第九次全国森林资源清查工作的通知》(豫政办明电〔2018〕42号),召开全省第九次森林资源清查工作视频会议,组建了千余名调查队伍,积极开展第九次全省森林资源清查工作。7月份,举办第九次全国森林资源清查河南省清查省级培训班,培训全省各市(县、区)1300余名技术人员。全省共配发资料设备17种,52万多件。其中1∶50 000地形图(加密)1196幅,平板电脑等电子设备810件,罗盘、测高仪、皮尺等测绘仪器4049件,森清细则、植物图谱、新老卡片等纸质材料14 323份,树牌等现地识别物件50多万个,风油精、蛇药等药品1046盒,工具包370个。河南省第九次全国森林资源清查工作于10月15日完成,并通过国家级验收,九次森清内、外业调查质量综合被国家林草局华东院评定为优级。

【第二次全国重点保护野生植物资源调查】 通过调查,河南省确定的30个野生资源调查目的物种中发现25种有野生资源分布,油麦吊云杉、红豆树、花榈木、秤锤树、霍山石斛5个物种未发现有野生资源。调查中25种目的物种野外分布面积2621.98公顷(其中保护区内面积1266.76公顷),野外分布株数(成树)169 801株(其中保护区内119 211株),基本查清调查目的物种野生资源数量、分布、生境状况等,掌握了目的物种野生种群和生境保护管理现状、受威胁状况。

【省项目办获日元贷款项目后评估A级证书】 1月29日,日本国际协力机构(JICA)中国事务所向河南省林业厅项目办公室颁发"日元贷款项目后评估A级证书",表彰河南省林业厅项目办公室对日元贷款河南省植树造林项目的有效实施,这是JICA向中国日元贷款项目执行单位颁发的第一个后评估A级表彰证书。

【《河南省湿地保护修复制度实施方案》印发实施】 1月29日,省政府办公厅印发《河南省湿地保护修复制度实施方案》(豫政办〔2018〕9号)(以下简称《实施方案》),围绕实行湿地保护目标管理制、建立湿地分级保护管理体系、建立健全湿地用途监督管理制度、建立健全湿地监测评价制度、建立退化湿地修复制度、落实湿地保护修复保障措施等方面,制订27项具体措施。《实施方案》明确,到2020年,全省湿地面积不低于62.8万公顷,湿地保护率提高到50%以上。重要江河湖泊水功能区水质达标率提升到75%以上,自然岸线保有率不低于35%。《实施方案》要求,实行湿地保护责任目标管理制,将全省湿地面积管控目标逐级分解落实到各省辖市、县(市、区),实行占用湿地清单式管理,确保湿地面积不减少。各级政府对本行政区域内湿地保护负总责,将湿地面积、湿地保护率、湿地生态状况等保护成效指标纳入全省生态文明建设目标考核评价等制度体系,建立健全湿地保护修复奖励机制和终身追责机制,落实奖惩措施。

【河南省林业厅与大自然保护协会(TNC)签署合作框架协议】 1月31日,河南省林业厅与大自然保护协会(TNC)签署了第一期为期三年的合作框架协议(2018~2020年),未来将以南水北调取水口的丹江湿地国家级自然保护区为国际合作示范点,采用"政府监督、公益参与"的方式,进行生态保护、修复、重建,构建面源污染防控机制、关注库区及周边流域内贫困问题,以及开展自然教育等多个方面的工作,为河南省及全国重要水源地保护提供示范和经验。

【第二轮地空配合森林灭火演练】 2月8~12日,河南省林业厅举行地空配合森林灭火演练。演练分地面灭火和直升机灭火两部分。地面灭火演练,出动专业森林消防队员80名,共分队列演训、森林消防摩托分队演示、脉冲水炮灭火演练,高压细水雾、风水灭火机演练,高扬程森林消防水泵和灭火炮演练5个科目。直升机灭火演练,在地面力量很难实施灭火作业的山坡设置300米模拟火线,出动一架M-171直升机和一架H-125小松鼠直升机同场开展吊桶洒水灭火。这次信息传输,利用小型卫星应急指挥系统、中型卫星地面指挥车、无人机、移动视频集群调度系统等技术,多角度、多平台实现了演练现场与省森林防火指挥中心的高清音视频实时传输。

【全省林业生态建设现场会】 3月9日,河南省政府在南阳市召开全省林业生态建设现场会。副省长武国定出席并讲话,省政府副秘书长朱良才主持会议。各省辖市、省直管县(市)政府分管负责人、林业局局长,省绿化委员会成员单位负责人参加会议。会议组织参观淅川县环丹江口水库绿化工程、泓森266.67公顷森林植物园和西峡县万亩猕猴桃基地。各省辖市、省直管县(市)政府负责人向武国定递交了2018年林业生态建设目标责任书。

【省领导参加全省春季义务植树活动】 3月24日,省委书记王国生与省长陈润儿、省政协主席刘伟等省领导和省直机关干部、解放军官兵、郑州市干部群众一起,到郑州市贾鲁河畔参加义务植树活动并听取了河南省林业生态建设情况汇报,以实际行动落实习近平总书记生态文明建设要求。

【鸡公山国家级自然保护区被命名为"中国森林养生基地"】 3月27日,在江苏南京举办的"2018中国森林休闲与健康高峰论坛"上,河南省鸡公山国家级自然保护区被中国林业产业联合会森林休闲体验分会命名为"中国森林养生基地"。

【省林业系统网站建设再获殊荣】 3月30日,国家林业局办公室印发了《2017年全国林业网站绩效评估报告》,河南省林业系统网站在此次评估中取得优异成绩。河南省林业厅网站再次获评"全国林业十佳省级网站",南阳市林业局网站获评"全国林业十佳市级网站",项城市林业局网站获评"全国林业十佳县级网站",三门峡自然保护区网站获评"全国林业十佳专题子站"。

【李树铭等为河南"12·27"专案组授奖】 7月20日,国家林业和草原局森林公安局在河南省森林公安局举行仪式,为被公安部荣记集体和个人一等功的河南省"12·27"非法收购、出售珍贵、濒危野生动物制品案专案组及森林公安民警代表授奖。国家林业和草原局副局长李树铭、国家林业和草原局森林公安局局长王海忠分别为集体和个人一等功授奖。河南省"12·27"案件涉及14个省,专案组抓获犯罪嫌疑人21名,缴获象牙、犀牛角等国家一级珍贵、濒危野生动物制品224千克,查获赃物价值1281万元。

【河南省委书记王国生强调以战略和全局高度打好国土绿化"人民战争"】 9月9日,全省生态环境保护大会召开,河南省委书记王国生强调,加速实施国土绿化提速行动,把植树造林提到战略和全局高度,弘扬焦裕禄精神,树立更高标准,创新体制机制,全社会一起动手,建设绿色家园。

【全国黄河湿地保护网路年会暨湿地保护培训班】 9月17~19日,来自青、川、甘、宁、蒙、陕、晋、豫、鲁9省(区)林业主管部门分管湿地工作的领导,湿地保护行政管理部门、湿地中心负责人,有关重要湿地公园领导,以及黄河湿地网络成员单位代表约200人在河南洛阳参加2018年黄河湿地保护网络年会暨黄河湿地保护培训班,会议总结当前黄河湿地保护工作成就,分析黄河湿地保护形势,研究存在问题,并就湿地保护修复和生物多样性监测进行了培训。

【第十八届中国·中原花木交易博览会】 于9月26日在河南省鄢陵县开幕。700余家企业、7000余名客商登记参会。此届博览会旨在"服务企业、服务苗商、服务花农",坚持"协会主导、政府支持、需求牵引、市场运作",围绕"规模做大、品位提高、特色鲜明、促进交易"的目标,致力打造"专业化、市场化、信息化、国际化"的花事盛会,促进花木产业转型发展、融合发展,共安排花事花展、招商推介、旅游文化3个版块活动13项。依托博览会,于9月25日举行第七届全国花木信息发布暨新产品推介会,发布花木供求信息,推介各类花木新产品、新技术、新应用。于9月26~28日,举行第六届河南·鄢陵秋季花木交易会暨第七届国际园林机械展,717家企业参展,其中室内交易区100家、苗木交易区523家、温棚商铺44家、室外临时区50家。参展企业省外略多于省内,其中省外362家、省内355家。园林机械展分室内和室外两部分,展销面积6000平方米,展品分园林机械、植保机械、动力机三大类3200多件(台),参展企业56家,其中德国、美国、日本、丹麦等7国企业11家,国内企业45家。

【河南省第九次森清内外业质量获评优级】 10月15日,河南省第九次全国森林资源清查内、外业工作顺利通过国家级检查验收。河南省九次森清内、外业调查质量综合被评定为优级。国家林业和草原局华东森林资源监测中心组成3个检查组,深入全省各地市(县、区),对随机抽查的158个第九次森清样地进行了国家级质量检查。检查组严格按照质量标准,对照调查记录填写要求,审查了全部10 355个样地的电子记录数据,对抽中样地的复位、周界测量、固定标志设置、样地因子调查、每木检尺等内容逐项进行了复查核对,保证了调查成果准确可靠。根据外业检查内容和评定标准,对每个检查样地进行了质量评定,并签名认证。

【全省森林防火电视电话会议】 10月23日,省政府组织召开全省森林防火电视电话会议。会上,副省长武国定安排部署2018~2019年冬春防火紧要期重点森林防火工作,省林业厅厅长刘金山通报2017~2018年冬春防火紧要期全省森林防火情况和今冬明春森林防火工作意见,郑州、信阳、济源三市副市长作远程会议发言。

【河南省委、省政府主要领导带头开展全省冬季义务植树活动】 11月14日,河南省委书记王国生、省长陈润儿等领导带领5000余名干部职工来到郑州黄河南岸,植树1.5万株、植竹1万株。当日,全省各地共有60万名干部职工参加义务植树,共植树210万株。

【省林业厅百余名科技干部走向基层林业生态建设主战场】 11月23日,省林业厅经过精心挑选的141名科技干部一同启程,奔赴基层林业生态建设主战场,全力推动国土绿化提速行动及森林河南建设。此次下基层活动整体时间为1年。为加强管理,将选派干部分成19个组,其中18个省辖市每个市1个组,省林业厅对口扶贫县淅川县单列1个组,实行组长负责制。要求定期召开由各相关部门参加的联席会议,选派干部派驻期间每天要撰写工作日志、落实工作纪实。

【实施国土绿化提速行动建设森林河南动员大会】 11月13日,河南省委、省政府在郑州召开实施国土绿化提速行动建设森林河南动员大会,专题部署实施国土绿化提速行动、建设森林河南工作,动员全省上下迅速行动起来,打一场"新时代河南国土绿化的人民战争",五年增绿山川平原、十年建成森林河南,让绿水青山就是金山银山的理念在河南开花结果,让绿满中原、四季常青成为出彩河南的靓丽底色。省委书记王国生、省长陈润儿出席会议并讲话。会议以电视电话会议形式召开,各省辖市、直管县(市)、县(市、区)设分会场。省委各部委、省直各单位主要负责人,在郑中央驻豫各单位、省管企业、省管本科高等院校主要负责人等在主会场参加会议。

【组织开展"转作风　抓落实"200名干部下基层活动】为贯彻落实《中共中央办公厅印发〈关于进一步激励广大干部新时代新担当新作为的意见〉的通知》精神，践行省委书记王国生"要转变工作作风、让干部沉下去、让作风实起来"的指示精神，积极转变干部工作作风，全方位提升服务基层、服务群众的能力和水平，河南省林业厅组织开展"转作风　抓落实"200名干部下基层活动。6月下旬，召开全厅干部大会进行动员部署，印发活动实施方案，明确活动内容、方法步骤和工作要求，动员符合条件的干部踊跃报名。7月至8月上旬，按照个人提出书面申请、单位审查推荐、对报名人员的资格进行复审，并根据报名情况拟定下派方案、提交厅党组研究审定的程序进行人员选派。为提升选派干部的业务素质和管理能力，培养吃苦耐劳的工作作风，8月中旬对选派干部开展为期12天的林业实用技术、林业扶贫、政策法规、基层工作方法等业务知识培训。

【林业大事】

1月29日　省政府办公厅印发《河南省湿地保护修复制度实施方案》。

2月12日　河南省副省长武国定到省林业厅调研指导工作，并听取《森林河南生态建设规划（2018～2027年）》汇报。

3月　公安部为河南省"12·27"非法收购、出售珍贵、濒危野生动物制品案专案组记集体一等功，为4名参战民警分别记一等功、二等功。

3月27日　河南省林业厅厅长刘金山陪同河南省省长陈润儿赴卢氏县调研脱贫工作。

4月4日　国家林业局下发《关于公布全国经济林产业区域特色品牌建设试点单位名单的通知》，西峡县猕猴桃、卢氏县核桃入选。

8月3～5日　河南省林业厅厅长刘金山陪同省长陈润儿深入南阳伏牛山区调研。

9月6日　河南省政府正式签批《森林河南生态建设规划（2018～2027年）》。

9月22日　河南省省长陈润儿到民权林场调研。

10月6日　副省长武国定来到南召县森林公安局，看望慰问坚守森林资源保护一线的森林公安民警。

10月23～24日　中日民间绿化合作项目管理工作会在河南召开。

11月13日　河南省委、省政府在郑州召开实施国土绿化提速行动建设森林河南动员大会。

11月29日　新组建的河南省林业局正式揭牌。

11月30日　2018年野生动植物卫士行动暨第六届野生动植物卫士奖颁奖典礼在北京钓鱼台国宾馆举行，河南省森林公安局获评"英姿卫士"。

12月16日　2018中国森林旅游节在广州开幕。开幕式上，为24个新设立的国家森林公园、6个全国森林旅游示范市、28个全国森林旅游示范县授牌。其中，河南省济源市被授予全国森林旅游示范市、修武县被授予全国森林旅游示范县。

11月16日　人力资源社会保障部印发《关于表彰第十四届中华技能大奖和全国技术能手的决定》（人社部〔2018〕71号），对为国家技能人才培育工作作出突出贡献的单位和个人给予通报表扬，全国共有67所单位被授予"国家技能人才培育突出贡献单位"荣誉称号，河南林业职业学院是全国林业系统唯一获此殊荣的高校。

（河南省林业由瞿潇供稿）

湖北省林业

【概　述】　2018年，全省高质量推进国土绿化，精准灭荒工程开局良好，长江两岸造林绿化全面启动，森林城市（镇）建设扎实开展，资源管护严格有序，产业富民效益显现，支撑保障不断增强。全省林业改革发展取得新的成效。2018年11月15日，根据湖北省机构改革方案，湖北省林业厅正式改名为湖北省林业局。省林业局党组书记、局长刘新池揭牌。根据经湖北省委编办审核、并经报湖北省委省政府批准的《湖北省林业局职能配置、内设机构和人员编制规定》：湖北省林业局是省自然资源厅管理的机构，为副厅级，内设13个处室。

【人工造林与封山育林】　2018年，全省完成营造林面积33.07万公顷，其中：人工造林总面积14.38万公顷、封山育林面积6.32万公顷、低效林及退化林修复面积11.96万公顷、新造混交林和人工促进更新面积0.41万公顷。在人工造林面积中，新造竹林面积686公顷。按林种分，用材林6.55万公顷、经济林3.94万公顷、防护林3.76万公顷、薪炭林1143公顷、特种用途林151公顷；按权属分，公有经济成分造林4.94万公顷（其中国有经济成分造林1.82万公顷、集体经济成分造林3.12万公顷），非公有经济成分造林9.44万公顷。在人工造林中，林业重点工程完成人工造林面积2.32万公顷，全省全年四旁零星植树1.14亿株。新封山育林面积中：无林地和疏林地新封山育林面积3.78万公顷，有林地和灌木林地新封山育林面积2.54万公顷。全年全省共完成森林抚育面积27.33万公顷。年末实有封山育林面积117.86万公顷。2018年是全省计划三年精准灭荒工程的开局之年。全省各地树立"成活是硬道理、成林是硬政绩"为标准，因地制宜选择人工造林、封山育林、封山育林+补植补造、直播造林等造林模式，采取政府招标专业公司造林、企业流转林地造林、部门包保义务造林、林业企事业单位承包造林等造林方式，积极推进灭荒造林，取得了良好开局。2018年全省精准灭荒工程共完成造林4.79万公顷，占三年总任务的33.28%，平均造林合格率达到91.2%，综合抚育率达到82.72%。实施的长江两岸造林绿化行动全面启动。沿线40个县(市、区)可绿化面积4.99万公顷，已完成造林绿化0.89万公顷，占可绿化面积的17.92%。实施的国家林业重点建设工程共完成7.11万公顷。实施的森林城市建设工程，新增国家森林城市2个、省级森林城市7个。开展湖北省绿色乡村创建活动，共有1393个村被命名为"湖北省绿色乡村"。

【林业扶贫】 2018年，湖北省林业局将扶贫工作纳入局党组年度工作要点，全年6次专题研究林业扶贫工作。党组成员先后7次赴贫困县调研督导林业扶贫工作，并于2018年5月和12月到鹤峰、罗田两县专题调研生态扶贫工作。印发《湖北省生态扶贫三年规划和2018年工作计划》和《2018年林业脱贫攻坚工作要点和责任分工》，将林业扶贫工作任务逐一分解细化，明确责任分工。会同省扶贫办联合印发《关于切实做好生态扶贫工作的通知》。

生态扶贫 一是积极争取贫困人口生态护林员管护资金。按照"生态补偿脱贫一批"的要求，中央财政2018年安排全省生态护林员管护资金1.35亿元。根据各地建档立卡贫困人口数量和林业资源管护任务，从全省贫困县市建档立卡贫困人口中，选聘了3.38万人作为生态护林员，每人管护天然林和公益林133.3公顷左右，每人每年补助4000元，通过"一卡通"直接发放。这项政策的落实，直接帮助3.38万个贫困家庭、近10万贫困人口实现脱贫目标。二是落实公益林和天然林提标扩面政策。省级公益林补偿标准提高到225元/公顷，每年落实贫困地区245.87万公顷集体和个人所有公益林生态补偿资金近5.6亿元，贫困地区农民户均增加公益林补偿收益近400元。争取国家将全省天保工程区之外的134.03万公顷天然林全部纳入保护范围，新增天然林管护补助费3.3亿元，绝大部分贫困人口都能从中受益。三是支持贫困户参与新一轮退耕还林工程实施。2018年全省新一轮退耕还林计划0.99万公顷。各退耕还林工程县(市、区)对符合条件的18 563户建档立卡贫困农户，优先安排新一轮退耕还林计划任务5520公顷。四是实施林业重大工程促进贫困地区农民就业增收。2018年有精准灭荒任务的28个贫困县完成精准灭荒造林2.88万公顷，可落实项目投资和省级奖补资金2.6亿元。五是落实对贫困县项目资金的倾斜政策。优先安排大别山、秦巴山、武陵山、幕阜山区等集中连片贫困地区，2018年共安排28个国家级贫困县的林业改革发展资金5.05亿元，高于该类资金全省平均增幅10.74个百分点。

产业扶贫 一是发展经济林产业。大力发展油茶、核桃、板栗、甜柿、银杏等特色经济林。全省经济林种植总面积已达到190万公顷，其中以油茶、核桃为主的木本油料经济林48.67万公顷，基本实现贫困县(市)人均一亩经济林的目标。二是发展林下经济产业。按照"规模化、特色化、品牌化"，全省37个贫困县流转林地83.81万多公顷，发展以林下种养殖、中草药等为主要内容的林下经济，提高林地利用率和产出率，实现生态和经济"双赢"。利用省级财政安排的2000万元林下经济发展补助资金，支持部分县市开展林下经济示范建设。全省共建立林下经济示范基地629个，面积89.33万公顷，产值243亿元，惠及近300万贫困人口。三是发展森林休闲康养产业。发挥林区生态良好的优势，大力发展森林康养、森林养生、森林旅游等不消耗森林资源的新兴绿色产业，逐步实现由"砍树"向"赏树"转变。全省森林旅游与休闲产业年服务1.68亿人次，综合旅游收入670多亿元，为解决贫困地区农民就业与增收提供了新的途径。四是大力培育林业龙头企业。为发挥林业龙头企业引领作用和聚集带动效应，支持鼓励林业龙头企业，到贫困地区发展特色种植业、养殖业和林产品加工业；积极推广"企业+专业合作组织+基地+农户"等经营模式，引导农民以林地承包经营权入股，促进贫困地区农民就业增收。

对口扶贫 一是履行鹤峰县定点扶贫牵头单位职责。印发《关于做好省内区域协作扶贫和定点帮扶有关工作的函》，协调鹤峰县和12个定点扶贫单位制定并落实年度帮扶计划，组织12个帮扶单位与鹤峰县签订《2018年省直单位定点扶贫责任书》，会同鹤峰县委、县政府于2018年12月5日在鹤峰县组织召开鹤峰县定点帮扶工作年会，湖北省副省长曹广晶出席会议并讲话。对鹤峰县全年共安排中央和省级林业投资6700多万元，为促进鹤峰县脱贫奔小康做出了贡献。鹤峰县51个贫困村全部达到出列标准，22 699户、70 911人实现脱贫目标。二是做好驻村扶贫工作。继续选派3名年富力强的干部到鹤峰县中营镇白鹿村驻村帮扶，会同当地党委、政府，按照"准""实"要求，抓好村集体经济和"一户一策"帮扶措施的落实。全年安排专项扶持资金100多万元，扶持驻点村和贫困户做大做强猕猴桃、茶叶、养蜂、中药材等产业。该村建档立卡贫困人口已全部实现脱贫，整体脱贫出列。针对驻点村农户缺乏猕猴桃管理技术的问题，邀请中科院武汉植物园猕猴桃专家到驻点村开展现场指导，并由驻村工作队出资组织3名猕猴桃种植户到武汉植物园开展培训，培养农民技术带头人。履行鹤峰县铁炉白族乡"1+1"对口帮扶民族乡责任，全年共落实帮扶资金100万元，帮助该乡完善基础建设、夯实发展基础。三是创新机制做好林业援疆、援藏工作。加强与新疆博州、西藏山南市有关部门的联系，选派1名干部到新疆博州林业部门挂职；安排20多名博州林业系统干部到湖北生态职业技术学院开展短期培训；加强双方人员交流，接待博州党政领导和林业部门来鄂考察交流2批次。与博州人民政府签订《湖北省林业部门与新疆博州林业部门结对支援合作备忘录》，加强与西藏山南地区林业部门的协调沟通，抓好林业援藏资金的落实。

【木本油料】 2018年湖北省年末实有油茶林面积27.96万公顷，其中当年新造面积1.17万公顷、当年低产林改造的油茶面积2797公顷，年末实有油茶定点苗圃44个，全省定点苗圃面积427公顷，油茶苗木产量4818.3万株，其中：一年生苗木产量2710.36万株、二年以上留床苗木产量2019.73万株。全省油茶籽产量19.48万吨。全省油茶产业企业213个、年产值104.22亿元。年末实有核桃种植面积18.48万公顷，年末实有核桃定点苗圃个数21个，全省定点核桃苗圃面积138公顷，新培育核桃苗651.83万株，全省核桃干重产量12.35万吨。当年新育苗油用牡丹3430万株，油橄榄33万株，山桐子1600万株。当年新种植油橄榄466.67公顷、油用牡丹1400公顷、山桐子8000公顷。组织实施2018年省级生态文明建设专项木本油料1000万元项目。对补助资金使用情况委托第三方开展了育苗数量、质量、示范林完成面积和造林成活率、项目资金的管理、到位和使用情况等绩效监控工作。

【义务植树】 2018年3月22日，湖北省委书记蒋超良、省长王晓东等省领导，在武汉沙湖公园，与干部群众一道义务植树。全省17个市（州）党委政府主要领导积极响应。省林业厅机关干部与黄陂区"四大家"领导开展义务植树活动。开展"互联网+义务植树"试点建设，在武汉举办了2018年全国全民义务植树系列宣传活动，全年累计完成义务植树1.04亿株。开展全国绿化模范单位、全国绿化奖章评选工作。评选出的15个单位和38名个人的申报资料上报全国绿化委员会。湖北省教育厅、高校绿委召开了全省高校绿化年会，对校园绿化做出贡献的人员进行颁奖。加快推进了各类学校绿色校园建设力度。

【国有林场改革与建设】 2018年7月3日，湖北省副省长万勇主持召开省国有林场改革领导小组成员会议，研究部署国有林场改革查漏补缺及迎接国家检查验收工作，明确了国有林场改革任务清单及各成员单位职责分工。组织召开全省国有林场改革现场会。会同省人社厅、住建厅印发《省住建厅关于做好督促国有林场落实住房公积金缴存政策的通知》及《省人社厅关于全面推进国有林场社会保险扩面征缴工作的通知》推进落实林场职工社会保障。对中央财政第三批改革资金3690万元和省财政第二批改革资金15 997万元进行分解下达到相关县（市、区），达到中央财政改革补助"人均2万元、亩均1.2元"，省级财政"人均0.96万元、亩均1元"标准。组织省国有林场改革领导小组21个成员单位，分成13个工作小组，由副厅级干部带队，对全省有改革任务的17个市（州）、76个县（市、区）国有林场改革情况，严格对照国家标准进行了省级检查验收，并根据各组反馈问题，对个别县（市、区）发函限期整改。全年组织湖北省林业局国有林场改革领导小组成员部门督办12批次；全省国有林场整合重组为224个，全部完成了定性定编定责定经费，国有林场职工社会保障和就业安置得到全面落实，全省职工养老、医疗、工伤、失业参保率和公积金缴存率均达到100%，所有国有林场已落实本级财政预算，国有林场办社会职能实施分离，国有林场生产生活条件不断改善，以省国有林场改革领导小组办公室名义向国家林草局上报了验收申请。于2018年10月31日以鄂政办发〔2018〕67号《省人民政府办公厅关于加强国有林场管理工作的通知》印发实施，为国有林场管理工作提供了依据和遵循。建立国有林场改革半月报制度，开展了国有林场综合情况调查，对当前国有林场机构人员情况、森林经营情况、社会保障情况等指标进行全方位的调查统计。通过邀请6名专家，从森林经营方案编制、森林经营理论、法律法规解读到营林技术等多个层面授课辅导，编制《湖北省国有林场发展规划（201~2025年）》，邀请10名专家对全省20家666.67公顷以上国有林场森林经营方案进行评审，确保方案合理可行、带动示范性强。会同省发展改革、财政厅、交通厅、水利厅、省电网公司于2018年8月15日联合印发《关于进一步加强全省国有林场基础设施建设工作的通知》，对国有林场因营造公益林、天然林停伐等形成的不良金融债务33 683.76万元，组织国有林场与金融机构对接，完成该债务的细化统计工作。收集整理全省96个森林公园建设情况自查表，将37家国家级森林公园自查情况报国家林草局。完成白竹园寺、潜山等6家国家级森林公园总体规划的省级评审。向国家林草局报送清江、西塞国2家国家级森林公园总规修编文本。完成全省森林公园生态红线矢量图数据收集、整理工作。组织筛选3名国有林场职工代表参加全国国有林场2018年职业技能竞赛，并荣获团体三等奖、个人二、三等奖各1名的好成绩。组织12名国有林场场长参加国家林草局管理干部学院举办的第3期全国国有林场场长培训班；组织并接收5名场级干部跨省（区）交流挂职锻炼。在完成2018年度全省72个国有贫困林场扶贫项目文本评审的基础上，共对7个市23个国有贫困林场扶贫项目建设和资金使用情况进行了检查，抽查十堰、宜昌、黄冈、黄石、鄂州、天门、仙桃、潜江8市贫困林场扶贫资金和危旧房改造资金使用情况。组织10个重点县（市）作为参展单位，参加2018年12月16~18日在广州举办的"2018年中国森林旅游节"。2家单位参加有国家林草局领导现场见证的重点森林旅游项目签约仪式，签约总金额达25亿元；在开幕式上推出竹溪县派出的一支由35人组成的大型文艺表演，竹溪县获2018年"全国森林旅游示范县"称号。完成5起森林公园占用林地的可行性评估工作；组织森林公园有关管理人员参加各类森林公园建设及森林旅游管理培训班共计3期，培训38人；完成6家国家级森林公园总体规划的省级评审，承办2个国家级森林公园设立的申报工作；对4家国家级森林公园开展监督检查及"双随机一公开网上监管平台"的数据录入工作。按照中国林业产业联合会《关于开展申报第四批全国森林康养基地试点建设单位的通知》要求，遴选并推荐13家符合申报条件的申报单位作为申报第四批全国森林康养基地试点建设单位，并全部获批授牌。

【集体林权制度改革】 2018年深化集体林权制度改革示范县咸安、罗田、钟祥、谷城、恩施5个县为全省第一批示范县，编制"深化集体林权制度改革创建实施方案"和"2018年林下经济发展补助项目实施方案"。2月28日召开集体林权制度改革示范县创建工作座谈会，于3月27~29日，湖北省林业厅副厅长黄德华带队组织第一批5个创建深化集体林权制度改革示范县的政府分管领导、林业局局长和湖北省林业厅林改处相关人员到浙江安吉，考察学习集体林权制度改革先进经验。森林保险试点扩面工作审核确立2018年新增试点单位钟祥市、咸安区、蕲春县、保康县、竹山县，组织遴选确立对应的保险公司承保；联合财政、保监部门印发

《关于做好2018年森林保险试点工作有关事项的通知》。林权流转监管平台建设开展调研，建设并安装上线平台软件。于5月21~24日，组织开展全省林权流转监管平台操作使用培训。于5月21~24日，举办深化集体林权制度改革培训班。培训集体林地承包纠纷调处、林下经济知识、省林权流转监管平台操作使用、平台信息有关知识和省林权流转监管平台操作使用等技术。制定湖北省2018年林权纠纷调处工作目标，完成多起林权纠纷调查调处工作。受理集体林地承包经营纠纷调处43件（次），办结43件（次），调处率100%。未发生群体性上访事件和进京上访事件，未发生因林权争议死亡事件。

【天然林保护工程】 2018年全省天然林资源保护工程人工造林面积2000公顷，新封山育林面积8000公顷，森林抚育面积23 731公顷。年末全省实有封山育林面积10.43万公顷，年末全省实有森林管护面积332.26万公顷，其中：国有林78.20万公顷、集体和个人所有的国家级公益林150.59万公顷、集体和个人所有的地方公益林103.47万公顷。全年全部林业投资完成额82 228万元。其中：国家投资65 196万元，地方投资17 032万元。用于公益林建设营造林8813万元，用于森林管护18 609万元，用于生态效益补偿37 516万元，社会保险10 453万元，政策性支出1731万元，其他开支5106万元。全年全省天保区实施单位人员7283人，其中：在岗职工6941人，其他从业人员342人。全省共建立森林管护站点1313个，采取竞争上岗的方式，选聘管护人员34 448人，其中：专职护林员4297人，兼职护林员5151人，建档立卡贫困人口生态护林员2.5万人。完成湖北省天保20年成效的宣传报道。会同省财政厅联合转发《国家级公益林区划界定办法》和《国家级公益林管理办法》的通知，在全省部署开展国家级公益林区划落界、分级调整和数据库更新工作。2018年中央财政安排建档立卡贫困人口生态护林员补助资金达到1.35亿元。新增选聘8750名生态护林员，为35个贫困县3.38万户贫困家庭摆脱贫困作出了贡献。印发《湖北省林业厅办公室关于加强和规范建档立卡贫困人口生态护林员管理工作的通知》，联合省财政厅、省扶贫办印发《关于开展2018年度新增建档立卡贫困人口生态护林员选聘工作的通知》，编制印发《湖北省建档立卡贫困人口生态护林员管理实施细则》，为全省生态护林员选聘和规范管理提供了制度保障。召开全省运用大数据开展林业扶贫领域政策落实情况监督检查工作电视电话会议。对省纪委下移交的30 395条公益林补偿问题线索，各地各单位成立专班逐个查找问题线索进行入户核查，并严格追责问责，促进了问题线索的核实与查实问题的整改。9月30日，省人大常委会第五次会议审议通过《湖北省天然林保护条例》，于2018年12月1日起施行。

【退耕还林工程】 2018年全省退耕还林工程完成退耕地造林4666公顷，其中：25度以上坡耕地退耕面积2330公顷，15~25度水源地耕地退耕面积2336公顷。年末实有封山育林面积4405公顷。全年全部林业投资完成额4.84亿元，其中：国家投资3.92亿元，种苗费3802万元，完善政策补助资金2.61亿元、巩固退耕还林成果专项资金1379万元，新一轮退耕还林补助资金1.68亿元、其他资金364万元。根据《国家发改委办公厅　财政部办公厅　自然资源部办公厅　国家林业和草原局办公室　农业农村部办公厅关于调查摸底有关地区退耕还林还草需求的通知》（发改西部〔2018〕526号）要求，开展长江沿线退耕还林需求调查，全省退耕还林需求0.85万公顷。省纪委移交退耕还林问题线索共10 026条。其中：退耕还林补助受益人身份证与姓名不一致或录入错误问题线索4284条，退耕还林补助受益人身份证未查到、退耕还林面积大的前200名、死亡人员超期1年领取退耕还林补助等问题线索5742条。成立5个检查督导组对问题线索进行明察暗访，随机抽取检查对象进行核查，促进了问题线索的排查整改。经核查，移交的问题线索查实4525条，查否5501条。查实问题线索主要是受益人身份证姓名不一致和姓名信息录入有误，但无违规违纪问题。问题全部整改到位。国家林业和草原局昆明院于2018年9月3~26日，分5个工作组对全省10个县市新一轮退耕还林计划任务进行首次国家级检查验收。核实率100%，平均合格率98%。

【长江防护林工程】 2018年，全省长江防护林完成人工造林面积10 999公顷。完成当年新封山育林面积9499公顷。年末实有封山育林面积16.02万公顷。完成全部林业投资额14 572万元，其中：中央投资7494万元，地方投资5299万元。投资额按生产支出分类，其中：营造林费12 123万元、种苗1738万元、森林防火227万元、病虫害防治222万元、科技费用71万元、其他191万元。长江两岸造林绿化行动全面首次启动，按照湖北省政府长江大保护"十大标志性战役"的部署安排，组织干流沿线40个县（市、区）开展调查摸底，编制省级和县级工作方案，分解下达任务，督促各地抢抓时机开展冬春造林。全省已完成造林绿化2033.33公顷，其中护堤护岸林866.67公顷、岸线复绿466.67公顷、城镇村庄绿化300公顷、森林质量提升400公顷。

【林业血防工程】 2018年营造血防人工林面积2003公顷，当年完成林业投资1436万元，其中：中央投资700万元。用于营造林1022万元、种苗309万元、森林防火35万元、病虫害防治26万元、科技费用11万元、其他支出33万元。

【石漠化综合治理工程】 2018年完成石漠化综合治理工程造林3.26万公顷，其中：人工造林3483公顷，新封山育林面积2.29万公顷。全年全部林业投资完成额8828万元，其中：国家投资7445万元，地方投资439万元，用于造林资金7249万元、其他资金1579万元。完成珍贵树种培育示范基地建设任务420公顷。实施森林经营工程，完成中央财政森林抚育补贴项目7.07万公顷。积极组织各地编制县级和国有林场森林经营方案，加快推进首批11个省级森林经营样板基地建设。

【自然保护区建设】 2018年全省共有六大类自然保护地344个，其中：自然保护区81个、风景名胜区35

个、地质公园27个、森林公园96个、世界自然遗产1个。从事自然保护区建设的管理人数236人，全年自然保护区建设投资完成额3.95亿元，其中：中央投资2.23亿元、地方投资5897万元。推进保护区提档升级、基础设施建设和能力建设，指导宜昌市兴山县万朝山省级自然保护区晋升国家级通过国家林业和草原局评审；开展28家省级以上自然保护区资源动态监测体系建设调研；对七姊妹山、木林子、堵河源国家级自然保护区基础建设项目加强日常监管。组织指导国家级自然保护区申报2018年中央财政林业改革发展资金能力建设补助资金项目；完成龙感湖国家级自然保护区环保督查16、32号问题的整改及销号工作；联合省环保厅等五部门制定印发湖北省"绿盾2018"自然保护区监督检查专项行动实施方案，完成神农架国家公园范围内和中华山鸟类升级自然保护区范围内22个问题销号；开展全省自然保护地大检查工作，掌握六大类344个自然保护地的基础底数和相关问题。安排部署全省11个国家级自然保护区迎接国家七部委组织的长江经济带国家级自然保护区管理评估；加大神农架国家公园对口联系工作，出台了《湖北省林业厅贯彻落实〈神农架国家公园保护条例〉工作方案》，落实责任分工，细化工作措施。

【湿地保护与管理】 2018年全省湿地公园104个，其中：国际重要湿地4个，面积6.1万公顷。国家湿地公园66个。全年编制完成并印发《2018年全省湿地保护工作要点》《湿地保护修复制度实施方案》、会同省发改委和省财政厅联合印发《湖北省湿地保护修复"十三五"工程实施规划》（鄂林湿〔2018〕51号）并报三部委备案、组织编制《湖北省湿地生态补偿办法》报省发展改革委。7月25日，在洪湖召开了洪湖生态文明建设现场会，湖北省副省长万勇赴现场调研参会，形成了省政府专题会议纪要、《洪湖生态治理方案》。组织对2018年度到期的13个国家湿地公园进行省级初验与跟踪督办，最终有10个参加国家林业局试点验收。通山富水湖、孝感朱湖、松滋洈水、浠水策湖、随县封江口5个试点完成了国家考核评估工作，余下5个试点接受国家考核评估。完成《湖北省重要湿地和一般湿地认定标准》《湖北省第一批重要湿地名录》《湖北省湿地保护名录管理办法》编制工作。2018年度共争取中央财政湿地补助资金11 300万元，10月8～10日，在湖北生态工程职业技术学院举办了全省湿地保护管理培训班。并于12月11～14日，与省野保站在蕲春赤龙湖联合举办全省湿地生态系统保护与管理培训班。

【野生动物疫源疫病监测与防控】 2018年全省野生动物疫源疫病监测站57个。加强野生动物疫源疫病日常监测工作，扎实推进龙感湖国家级标准站建设，评选出10个省级标准站。通过国家级标准站建设以及省级标准站创建工作，全省累计实施监测巡护2.24万次；累计报送监测信息5998条。开展主动预警采样3495份，发布野生动物疫病监测防控趋势预报，指导监测工作开展。鄂州、武汉两处动物园斑马出现异常死亡，第一时间赶赴现场，排除疫病致死。武汉江夏区人工养殖的蓝孔雀突发死亡，督促武汉市及时进行应急处置，进行了无害化处理。落实非洲猪瘟专项监测防控。加强了野猪的监测巡查力度，并对野猪繁育场所进行排查，建立了野猪繁育场所台账，启动了野猪非洲猪瘟防控信息日报告和节假日应急值守工作。累计排查野猪繁育场所2877个，排查野猪数量306 104头，对9187个野猪栖息地开展野外巡护监测。

【野生动植物保护与管理】 2018年全省野生动植物保护管理站112个，野生动物救护中心14个，野生动物繁育机构266个，从事野生动植物保护管理的人员663人。全年完成野生动植物保护投资总额4946万元，其中：中央投资825万元、地方投资2628万元。开展春季全省水鸟同步调查并发布调查结果及全省11个调查单元野生动物资源常规调查。申报野生动植物资源保护项目，向国家林草局争取500万元金丝猴救护专项资金，推动青头潜鸭、东方白鹳、金丝猴、对节白蜡、黄梅秤锤树、大别山五针松、小勾儿茶、水杉、长果安息香等极小种群野生动植物资源拯救项目实施。开展全省象牙加工及制品清理检查专项行动及全省严厉打击犀牛和虎及其制品非法贸易专项行动；分别于2018年3月3日、3月28日和11月15日在武汉九峰野生动物园、潜江市返湾湖国家湿地公园和枝江金湖国家湿地公园开展"世界野生动植物日""爱鸟周""保护野生动物宣传月"活动，湖北省政协副主席杨玉华等领导出席相关活动。组织各市（州）成立17个候鸟护飞行动志愿者队伍，在各地全面开展候鸟护飞活动。全省范围内同步开展相关活动80多场次，1万余人次参加，全省悬挂宣传横幅300多条，发放宣传册2万余册。

【野生动物救护】 2018年省野生动物救护中心共收容救护梅花鹿、东方白鹳、红隼、凤头鹰、黑熊等国家一、二级野生动物32种144头（只）。其中国家一级2头（只），国家二级113头（只），省级及以下29头（只）。指导全省野生动物救护6300头（只、条）。武汉、宜昌、荆门等地建立临时救护站。编制《〈湖北省野生动物收容救护管理办法〉实施细则》，开展宣恩七姊妹山保护区联合对野外黑熊实施营救，黄冈电力部门、黄石、阳新、罗田等地林业部门联合开展东方白鹳幼体救治放归活动。科学划分中心办公区、救护区、实验区、科普区、停车区等功能分区，对救护园区进行整体修缮改造，升级园区监控设施设备，营造美丽安全的工作环境。科学设置救护动物隔离、饲养、繁育和放归笼舍，园区救护笼舍水电设施得到妥善改造，升级动物救护医院和中心检测实验室。新建中心救护监测科普中心。建设全省首个以生态景观＋多媒体教学＋疫病多媒体科普为一体的野生动物救护与疫源疫病监测科普中心，宣传普及野生动物救护知识。实施"野生动物疫源疫病预警网络与示范"等3个国家项目和"湖北长江流域候鸟疫病监测本底情况调查"1个省级项目。申报2018年"珍稀濒危物种的救护繁育及栖息地保护"林业专项补助项目资金500万元。举办救护监测技术培训班。增加非洲猪瘟防控技术培训内容，邀请国家监测总站、省动物疫病检测中心专家授课，培训基层监测人员110人。开展志愿者活动119人次，编印救护监测资讯1

期，监测信息快报3期，向国家林草局报送宣传信息62条，登载33条。印发非洲猪瘟防控挂图3400张、现场排查手册400本。通过电视、报纸等媒体，结合野生动物保护宣传月等活动，宣传普及野生动物救护知识，发动群众参与野生动物救护监测防控工作。

【森林防火】 2018年，全省共发生森林火灾138起，其中卫星热点58起，过火面积935公顷，受害森林面积186公顷，无重特大森林火灾发生。与上年同期相比，火灾起数、受害森林面积分别下降69.5%、13%。森林火灾受害率为0.025‰，远低于0.9‰的控制数。火灾发生的原因：祭祀用火引发69起，占50%，农事用火引发39起，占28.3%，炼山造林引发22起，占15.9%，路人丢烟头引发7起，占5.1%，省外过境火引起火灾1起，占0.7%。火灾发生时间主要集中在2~4月，其中：春节、清明节期间，共发生火灾116起，占火灾总数的84.1%。火灾发生地主要集中在幕阜山、大别山、秦巴山，重点在6个市：黄冈27起、咸宁16起、十堰15起、随州10起、黄石9起、孝感9起，共发生森林火灾86起，占火灾总数的62.3%，宜昌、襄阳、神农架等地森林火灾相对较少。4月3日，召开湖北省森林防火工作电视电话会议，副省长、省森防指指挥长周先旺对全省森林防火工作进行安排部署。4月27日，省森防指召开全省防火工作和项目建设推进会，分析形势，查找问题，提出推进措施，抓好整改落实。10月18日在大冶市召开全省森林防火工作会议，副省长万勇对全省森林防火工作进行了动员部署。在高火险期等重点时段，全省增设临时防火检查站1400余个，增加临时护林员1.6万余人，严控火源进山。利用已建成的林区森防视频探头，24小时进行监控。航空护林飞机在火灾多发重点区域开展空中巡护，形成地面有护林员、山上有监控探头、空中有直升机、无人机的立体火源巡护体系，实现对林区火源立体监控。组织协调省森防指17个成员单位先后多次分赴各自责任区检查督办森林防火工作。春节、清明节前后由厅领导带队对孝感、黄冈、随州、咸宁、黄石等重点防火区开展明察暗访，并将情况通报全省，督促抓好问题整改。派出百名处级干部在重点防火期分赴各地全覆盖地检查森林防火工作。全省各地坚持24小时值班和领导带班制度，省防火办先后抽查各地值班情况396人次，在岗率100%。采购森林防火物资600万元，及时补充到防火一线。省机动四大队40人靠前驻防神农架林区，各专业、半专业队坚守在防火一线，严格执行《湖北省森林火灾应急预案》，将森林防火工作纳入林业四项工作（森林防火、天保、退耕、森林病虫害）考核中，省政府将考核结果通报到各市（州）政府。省森防指加大了对火灾问责追责力度，2018年第一次启动约谈机制，约谈了天门市森防指指挥长（常务副市长）。先后对75名肇事者进行了处罚，其中拘留21人，罚款43人，批评教育11人。对57名相关责任人进行了处理，其中科级干部9名，村级干部23名，解聘处罚了护林员25名。于9月在宜昌组织全省第三届森林消防队伍比武竞赛，在全省掀起练兵比武的热潮，全省森林消防队伍战斗力得到提升。全面推进森林防火项目建设，向国家林业和草原局编制申报咸宁、黄石等地综合治理项目及省信息系统、通信系统项目，总投资约2.4亿元。于8月举办了全省森林防火能力建设培训班，提升全省森林防火办主任的能力素质。

【森林病虫害防治】 2018年，全省林业有害生物防治林业建设资金完成投资1.31亿元，其中，中央财政资金1208万元、地方财政资金8355万元、地方自筹资金1949万元，其他社会资金1567万元。全省林业有害生物成灾率为3.25‰，无公害防治率为91.97%，测报准确率88%，种苗产地检疫率为100%，完成了2018年度任务。全年加强《湖北省林业有害生物防治条例》宣传贯彻落实工作和执行情况检查，向省人大提交《条例》执行情况并通过审议。省人大专门开展《条例》贯彻落实情况的执法检查，湖北林业局党组多次召开专题会议研究具体措施，督办推进防治工作。印发全省松材线虫、美国白蛾病除治攻坚三年行动计划的通知和松材线虫病2018年度工作方案。建立国家、省、市、县四级专家组成的全省森防工作专家库，邀请国家知名森防专家对疫区市（州）县（市）制订的松材线虫病和美国白蛾防治三年总体方案进行评审和把关，经省松指部批复实施。制定《湖北省松材线虫病防治管理操作手册》和《湖北省美国白蛾疫情管理操作指南》，规范全省松材线虫病和美国白蛾的防治工作。举办了3期重大林业有害生物防治技术培训班，350余人次参训；组织美国白蛾重要发生区及重点预防区参加江苏省南通的全国美国白蛾防治管理培训班。印发《关于开展重大林业有害生物防治包片督办的通知》，所有湖北林业局领导分组包片方式进行督办，将79个疫区的具体责任、任务、地点落实到每名督办员。开展马尾松毛虫和松褐天牛的防治工作，采用专业公司、专业队对越冬代马尾松毛虫和松褐天牛进行了大规模防治，全省防治作业面积9.61万公顷，危害得到有效控制。运用无人机开展松材线虫病监测调查，开展有人机搭载多光谱相机试点，加强与航空监测社会化防治公司交流合作，促进地面与空中相结合的立体监测平台搭建。开展松材线虫春秋两季专项普查，全面查清疫情发生情况，2018秋季普查结果显示：全省松材线虫病发生面积10.4万公顷，病死树数量130.2万株，疫情涉及13个市（州）79个县（市、区）351个乡镇，疫情仍在扩散；为17个市（州）配发1200余套诱捕器、杀虫灯，对美国白蛾疫情监测实行网格化管理，实施全覆盖、无死角监测，美国白蛾拔除2个疫情，新增1个，总体趋稳。全年共发布预测预报8期。完成湖北省林业有害生物数据管理平台建设，开发野外调查手持App，实现林间调查GPS定位、监测数据适时传输，提升信息化管理水平。加强重大林业有害生物疫情管理。2018年度松材线虫病和美国白蛾疫点情况上报经省人民政府同意发布公告。查处江西五十铃发动机有限公司未办理植物检疫证书违规调运木质包装材料案件，兴山县侦破一起伪造植物检疫证书的案件，崇阳县对一起涉嫌妨害动植物检疫罪的刑事案件进行侦办。完善"双随机一公开"疫木定点加工企业的随机抽查库，组织对全省松材线虫病疫木定点加工企业进行了全面检查和清理整顿，注销定点加工资格13家，督促整改8

家，编写省级行政审批许可事项"三标准"及市级和县级植物检疫的行政审批事项"三标准"。对2018年林业有害生物防治资金实行了竞争性申报。完成飞防测试5架次，通过中期查验。出台桦三节叶蜂无公害防治技术规程、鞭角华扁叶蜂检疫技术规程2项地方标准。购置监测防治无人机系统41套，运用有人机多光谱技术开展了松材线虫病疫情普查。推广疫木粉碎技术、松树免疫注射技术的应用，全省集中采购大型疫木粉碎设备及随车起重运转车13套给全省13个松材线虫病疫区。

【森林公安队伍建设】 2018年，全省森林公安机关共受理各类涉林案件8252起，查处7896起，分别比上年增长29.7%、30.1%，综合查处率为95.7%。其中刑事案件立案1260起，侦破1090起，分别比上年增长23.4%、25.1%；受理行政案件6992起，查处6806起，分别比上年增长30.9%、22.9%。处理各类违法犯罪人员15 261人次，为国家挽回直接经济损失9467.51万元，责令、督促涉案单位和个人补缴有关林业规费4723.9万元。国家林草局两批挂牌督办湖北省重特大案件7起，到期破案率100%。湖北省林业局挂牌督办大要案件152起，到期破案率95%。全省开展"楚天冬季攻势""长江生态大保护林地专项行动""非法贩卖野生动物清套集中统一行动"等，清理非法征占用林地项目548个，收回林地316.21公顷，侦破林地刑事案件118起、查处行政案件1176起；侦破野生动物案件刑事95起，受理行政案件194起，查处行政案件193起，查获野生动物14 868只（其中国家二级保护动物24只），野生动物制品1293.9千克；打掉涉黑涉恶团伙3个。"神农利剑"专项行动，侦破野生动物刑事案件5起、行政案件14起，摸排案件线索163条，有经营价值案件线索58条。2018年孝感市森林公安局和4名民警被国家林草局记集体和个人二等功一次；全省有18个森林公安局荣立集体三等功，44名民警荣立个人三等功。湖北省林业局相继举办2期正规化建设培训班和3期各类业务骨干培训班，培训民警1000余人次。突出重点时段抓督察，以节假日和"两会"等敏感期间为重点；湖北省林业局直接开展督察行动9次，出动督察人员40人次，督察基层单位58个，发现和纠正各类问题25个，提出督察建议15条，对国家林草局转办的16起舆情全面进行实地核实，对相关责任人员进行了严肃处理。落实"十三五"中央预算内政法基建投资派出所项目23个，总投资2162万元。全省已建成业务用房项目59个、在建9个，新建和改建派出所项目23个、在建44个，在全国处领先位置。全省森林公安机关警衔津贴已全部落实，执勤岗位津贴和加班补贴均已落实到位或已完成审批。印发《关于推进林业综合行政执法体制改革的指导意见》，界定8类113项综合执法范围，制订《全省林业综合行政执法改革督察工作方案》《全省林业综合行政执法考核验收办法》。树立了竹山、巴东、宜城、咸安、大悟等一批改革典型示范单位，全省市级林业部门均全部完成了改革任务，74个有改革任务县级林业部门完成了57个，整体完成率达81.5%。实施综合执法改革后，全省林业行政案件数较2017年同期增加1282起，上升18.04%。

【森林采伐】 2018年，全省网上办理林木采伐许可证86 433份，采伐林木蓄积量244.1万立方米，网上办理木材运输证80 767份。林地定额和森林采伐限额均控制在红线范围内。

【林地与森林资源管理】 2018年全省共办理永久占用征收林地2008宗，面积6964.64公顷，依法征收森林植被恢复费9.71亿元。其中，上报国家林草局审核审批21宗，面积811.03公顷。对2017年省级审核（批）的1851宗建设项目使用林地和97个县（市、区）开展全覆盖监督检查和资源巡查，共发现破坏森林资源问题线索253起，均督促依法进行核实处理。印发《湖北省林业厅关于支持扶贫项目建设有关问题的通知》和《湖北省林业厅关于进一步规范风电项目使用林地的通知》。开展全省木材检查站建设情况摸底调查和取消木材经营加工行政许可之后事中事后监管调研工作。完成了省级审核采伐迹地更新造林检查，编制《湖北省森林经营方案》。组织全省各级林业部门核查疑似变化图斑28 961个，完成市级22个县和省级5个县的抽查工作，建立了"天上看、地上查"的"天空地"监管全覆盖体系。刑事立案139起，其中移送起诉67起，法院判决30起，行政处罚1233起，罚款2986.2万元，督促相关县（市）恢复森林植被108.60公顷，补种树木39.5万株，补办使用林地手续139宗，问责约谈工作人员66人。印发《湖北省森林资源监督管理工作办法》，建立森林资源监督月报和定期交流制度。全面启动全省第五次森林资源普查工作，完成技术方案、操作细则编制工作，分期分批培训基层调查人员约3000人次。组织4个工作组赴全省开展指导督办，全省130个调查单位均落实调查经费、队伍等，完成外业调查面积550万公顷。完成林地年度变更调查和污染源普查林业外业工作。贯彻落实《湖北生态省建设考核办法（试行）工作方案》，强化推进生态省建设涉林工作。

【林业工作站】 2018年按照《标准化林业工作站建设检查验收办法》，完成对通山燕夏、郧阳青山等21个林业站的省级验收工作。组织申报2018年度全国标准化林业工作站建设项目，争取到中央财政投资420万元，指导麻城宋埠等21个林业站编制标准化建设实施方案。于2018年7月在武汉举办"2018年乡镇林业站站长能力测试培训班"，组织襄阳、荆州、宜昌等市近130名林业站站长参加了培训测试，全员通过国家总站测试。完成第二次全国林业工作站本底调查工作的业务培训。完成2018湖北省森林保险开展情况的统计工作。在武汉召开全省试点县森林保险工作座谈会，总结试点做法与经验。

【林业勘察设计】 2018年，对全省66个县（市、区）约4.67万公顷精准灭荒地块进行省级核查工作，撰写《湖北省2018年度精准灭荒工程省级核查报告》。根据《省林业厅关于开展2018年度森林督查工作的通知》（鄂林资〔2018〕30号）要求，国家林草局分3批次向湖北省移交遥感卫片判读疑似图斑28 969个，涉及103个单位。完成新一轮退耕还林工程2017年度复查、2018年度森林城镇绿色乡村建设省级核查、2017年度森林经营试点项目省级核查、2017年度农业综合开发项目省级核查、2017年度中央财政森林抚育补贴项目省级核查、2017年度长江防护林工程省级检查等全省林业重点工程检查工作15项，均按时高质提交核查成果报告。陪同德国专家开展德贷项目社会经济调查和经营方案审查等事项。编制林业发展"十三五"规划中期评估报告、全省国民经济和社会发展涉林任务评估报告等评估报告、国有林场发展规划、长江两岸造林绿化行动方案等。推进世界园艺博览会湖北展区建设工作，邀请湖北省花协副会长邵火生、华中农业大学园林学院姚崇怀教授、华中科技大学城市规划学院李景奇教授等省内园林、园艺方面的专家对湖北园方案进行优化。完成武汉东湖新技术开发区绿化资源调查、沉湖国际重要湿地保护与恢复初步设计、襄阳市国家储备林项目、前川定远公园建设项目勘察设计、鄂北生态防护林工程、洪湖市国省道畅安舒美示范路建设工程、军运会保障项目火塔线等沿线绿化提升工程设计、大冶市环杨桥水库乡村公路改建工程、十堰经济技术开发区柯家垭安置区A区景观设计、松滋市金松新区慢行绿道景观工程、中国北京世界园艺博览会湖北园工程施工等一批有影响的项目。湖北林业设计院新增合同178项，合同额13 748.64万元。

【林业法治建设】 2018年制发《2018年湖北省林业法治建设工作要点》，组织开展《森林法》《湖北省森林资源流转条例》《湖北省湿地公园管理办法》《湖北省林业有害生物防治条例》《湖北省天然林保护条例》等法律法规学习，将省野生动物救护中心和太子山国有林场作为法治文化建设示范点全力打造。救护中心被评为省普法依法治理办公室"全省法治文化建设示范点"。开展《湖北省天然林保护条例》立法工作并于2018年12月1日起正式实施。开展综合行政执法改革，推进以森林公安局为主体的林业综合执法。印发《湖北省林业局关于开展行政处罚类执法监督检查的通知》，在全省组织开展了执法监督检查和执法案卷评工作。组成5个检查组，先后赴4个市（州）、16个县（市）对自查情况进行了抽查。全年共受理群众来信来访294件，接待来访群众118批次291人次。信访事项录入率100%；及时受理率100%；按期答复率和按期复查复核率100%；群众参评率和群众满意率有较大幅度提升。共办理行政应诉11起，均判决驳回起诉。行政复议案件1起，驳回复议。被行政复议2起，均结案。

【林业科研】 2018年组织申报国家和省科技项目90项，立项课题40项；获省科技成果进步奖3项，梁希林业科学技术奖3项，梁希青年论文奖4项，其中"油桐良种集约经营技术"等3项成果通过省技术交易中心成果评价；"珍贵用材楸树良种选育及高效栽培技术""湖北肚倍高效生产关键技术及应用"2项成果获省科技进步三等奖，"湖北林业信息化标准体系建设及推广应用"获省科技成果推广三等奖；"油桐良种集约经营技术"入选国家林业局2018年重点推广成果100项、《大巴山区核桃实生居群坚果表型和遗传多样性》等2篇论文获得2018梁希青年论文奖、"核桃低产林技术"获得全国林业与草原科普微视频大赛优秀奖。组织申报"长江中游木本粮油产业科技创新联盟"等6个牵头、15个参与的国家林业和草原科技创新联盟，其中牵头的五倍子产业国家创新联盟获国家林业和草原局批准成立、作为技术支撑单位的国家林业和草原局五倍子工程技术研究中心通过评审；与地方政府、龙头企业等共建了"核桃院士专家工作站""猕猴桃院士专家工作站""核桃工程技术研发中心""大别山珍稀植物研究所"，启动湖北省林业技术标准委员会和"武汉九峰森林培育试验示范国家长期科研基地"等建设工作。"油茶低产林改造关键技术研究与示范"、"植物蛋白胶生产人造板关键技术"及"彭场湿地松家系840"3项成果和1个林木良种入选国家林业科技成果推广库；申报2018年中央财政林业推广示范补助项目18个。编制"湖北省长江两岸绿化技术指南"，开展"山水林田湖草"共同体模式研究，为长江生态保护战略提供技术支撑；举办全省美国白蛾防控技术学术研讨会、全省核桃产业科技发展论坛等科研咨询会议，开展"松材线虫病疫木综合处理技术"项目研究。组建2个省级法人科技特派员团队，推荐13名省"三区"科技人才，组织开展林业专家团活动40余次，开展全国、省级、地方科技活动周及科技"扶贫日"活动12次，经济林、森林保护、森林经营、生态、园林植物、湿地等领域专家深入红安、咸丰、五峰、通山、英山等80余个县（市、区）开展技术服务与咨询200余人次，累计培训技术人员、林农近5000人次，发放技术资料1万余册，全力助推全省精准扶贫工作和地方经济社会发展。

【科技推广】 2018年，以林业专家服务团、科技推广项目、科技下乡和科技服务为平台和抓手，组织科技人员下基层服务、送技术下乡，开展各类技术培训。在黄陂、安陆、随州、阳新、恩施、咸丰、京山、钟祥等地集中开展了技术培训服务和现场技术指导15期次，培训基层技术员、林农、大户和合作社人员1000多人次，发放各类培训资料2000份。完成"林下经济优化种植模式示范""油茶良种培育及优质栽培技术推广"中央财政林业科技推广示范项目，省科技支撑项目"主要经济林树种林下经济发展模式研究"等7个项目申报获批。黄冈市林科所申报中央财政林业科技推广油茶项目1项。重点推广"核桃丰产栽培技术""油茶良种繁育及综合配套技术集成示范""林药复合经营技术"等11项实用技术，将实用技术应用到基层，发挥推广示范效应。完成《红花油茶容器育苗技术规程》《金叶银杏栽培技术规程》《栾树栽培技术规程》等省级地方标准的制定。引种栽培林下百合、石斛、白芨等中药材品种3个，繁育栽培樱桃、杨梅、柑橘等经济林新品种2万多株，推广红花油茶优良品种4万多株。繁育良种苗木92万株，其中黄陂示范基地繁育优良油茶苗90万株，龙泉试验示范基地枇杷、杨梅、樱桃等其他经济林苗木2万株；完成2年生油茶苗60万株的转化推广，发挥新品种推广示范的作用。开展全省科技周宣传、林下经济技术培训、油茶产业扶贫培训等活动6次。

【教育与培训】 2018年,湖北省生态职业技术学院招生4639人,在校生稳定在12 000人左右,出台文件加大对世界技能大赛等重要赛项奖励力度。举办"职业教育活动周"暨学生职业技能大赛活动,展示职业教育成果。学生在技能竞赛中取得省级以上奖项30多项,其中代表湖北省参赛的大气环境监测与治理技术赛项获得团体一等奖,填补湖北省在此赛项的空白。园艺、花艺、家具制作、木工4个项目成为第45届世界技能大赛湖北省集训基地,花艺项目成为国家集训基地,12名同学入选省集训队,是湖北省拥有集训基地和入选选手最多的学校。遴选6家企业开展深度合作;与湖北日报传媒集团荆楚网签订合作协议,开展全方位合作;与德国哥廷根应用技术和艺术学院达成合作共识,选派专业技术人员赴德进行交流,重启与台湾中州科技大学的交流活动;与湖北省陆羽茶文化研究学会合作,举办系列活动,彰显学校在茶艺方面影响力。获得湖北省科技进步三等奖和科技成果推广三等奖各1项,发布4项湖北省地方标准。承担黄陂等地精准灭荒督查工作,提供咨询与指导。承办全国林科十佳毕业生评选活动启动仪式;学生就业率为96.53%,实现了连续6年增长,成为省教育厅确定的就业免检单位。

【资金与计划管理】 2018年实际到位中央和省级林业投资463 127万元,其中:中央投资287 512万元,省级投资175 615万元,完成《湖北省国民经济和社会发展第十三个五年规划纲要涉林内容中期评估报告》《湖北省林业发展"十三五"规划中期评估报告》和《湖北林业发展"十三五"规划中期评估第三方报告》,印发《湖北省林业厅推进长江经济带"三水共治"工作实施方案》和《湖北省2018年推动长江经济带发展林业工作实施方案》。撰写《湖北省林业厅关于林业推进乡村振兴战略的实施意见》,开展森林公园总体规划审查工作。对咸宁潜山、枣阳白竹寺等6个国家森林公园总体规划进行审查。申报林业固定资产投资项目9个,其中:森林防火项目6个、国家级自然保护区建设项目3个;开展八大类43项中央预算内基本建设投资建议计划编制工作,做好中央预算内林业基本建设投资计划和财政专项转移支付资金的分解下达工作。推进专项资金绩效管理,向财政部、国家林业和草原局报送《湖北省2017年度林业生态保护恢复资金绩效自评报告》《湖北省2017年度林业改革发展资金绩效自评报告》和《2017年度林业减征"两金"补偿经费绩效自评报告》;完成2018年厅本级部门预算和2017年厅本级部门决算等工作。

【林业贴息贷款与资金稽查管理】 2018年度林业贷款中央财政贴息贷款21.67亿元,获得中央财政贴息资金4200万元,完成2018年度林业贷款省级财政资金贴息补贴工作。对湖北康欣科技开发有限公司"工业原料林建设"等26个项目给予贴息补贴,将1000万元贴息补贴资金下拨到各项目单位。印发《关于开展天然林停伐、湿地保护、林业科技推广示范、森林抚育补助资金全面自查和专项重点稽查工作的通知》,根据国家林业局林业基金管理总站《关于做好2017年度林业贷款贴息资金检查工作的通知》,开展2017年度林业贷款中央财政贴息资金检查工作,完成2017年度林业贷款中央和省级财政贴息项目绩效自评工作。

【种苗管理】 2018年,全省林木种子采集量2150吨,当年苗木产量14.29亿株,育苗面积4.21万公顷,其中:本年国有育苗面积2673公顷。全年投入林业种苗资金1.56亿元,其中:中央财政1464万元、地方财政2831万元、自筹资金4785万元、其他社会资金6550万元。全年全省从事育种育苗管理单位88个,从业人员1468人。6月在武汉市举办全省学习贯彻《种子法》《植物新品种保护条例》培训班,培训学习150余人。指导各市(州)、县举办了10期培训,培训970余人次。于5月在石首国家杨树良种基地召开全省林木种苗站长座谈会,全年全省共查处无证生产、经营户45余家,没收并销毁假劣苗木110万株,假劣种子约200千克。黄石市查处林木种苗行政处罚案件3起,结案1起。开展全省各市(州)林木种苗质量自查工作,共自查268个苗批和194个育苗单位,自查苗批合格率100%,对全省9家单位、5个树种15个种批进行林木种子质量抽查。全年全省发放林木种子生产经营许可证800余份,办理省级许可证30家。开展全省林木种质资源调查木本植物3069种、优良株分717块、用材林优良单株1012株、经济林单株294株、散生古树46 646株、古树群405个640 959万株、珍稀树种82种、良种基地61个、引进树种50个。完成《湖北省林木种质资源调查工作报告》。完成全省林木种质资源信息平台构建工作,开展大别山、武陵山区木本植物补充调查,完成319种树种标本的制作以及507种树种花叶果照片的拍摄。开展"华农无刺1号"野蔷薇等10个品种审查,"长林53号"等5个品种现场查验,林木种苗信息登载685条,楠木、枫香、山桐子和鹅掌楸4个树种选优,营建区域试验林和无性繁殖技术工作,营建桢楠区域试验林,亚美马褂木20个优良无性系参试的品比试验林,指导郧阳区柏木良种基地选择优树65株,为母树林改造初级种子园打下基础。共商共建"咸宁·万象林花"生态赏花游项目栽植郁金香、风信子、波斯菊等品种花卉210余万株。

【航空护林工作】 2018年春航3架直升机共计完成280小时5分钟航护和救灾飞行,共计扑灭17起森林火灾;采用公开招投标的方式购买H-125型直升机航空护林服务,加快航站楼项目建设,主体工程全部完成,附属工程如排水、消防、供电、装修、围墙、道路、景观、训练场等有序推进。共有3人晋级三级观察员、2人被认定为见习观察员。

【宣传和信息化管理】 2018年在省部级以上新闻媒体和重要网络刊发新闻报道1500多条(篇)。其中,《湖北日报》《中国绿色时报》在头版刊发湖北林业新闻10多条(篇);湖北广播电视台播发林业新闻50多条;《湖北日报》上刊登林业专版12期。在《中国绿色时报》刊发稿件81篇,提振湖北林业影响力。组织技术人员开展全省林业重点工程监管信息系统培训;利用全省林业重点工程监管信息系统对拟上报省纪委的相关数据进行全面核查，比对退耕还林数据77.6万余条，提取出异样数据36.2万余条；比对天保工程数据71.2万余条，提取出异样数据13.1万余条；比对生态护林员数据2.27万条，提取异样数据4273条，为扶贫领域惠农项目核查提供依据。完成行政审批系统、林地"一张图"、林业GIS公共服务平台、生态公益林管理系统等业务系统的本地接入，提供林地资源基础数据和卫星影像、行政审批数据。在资源动态监管中对卫星遥感、无机机巡护、视频监控、野外监测、林间传感和护林员巡护等信息技术手段应用需求，对各保护区高山视频监控和路口监控选点进行实地查勘。组织全省林业综合监管平台升级和卫星遥感监督平台开发，采购卫星影像、无人机、林业资源调查平板和卫星电话，组织全省森林防火22个单位已建视频监控接入和新建高山、路口视频监控建设工作。组织林业大数据二期建设，收集整理入库公共基础类、林业基础类、林业业务类、林业综合类数据49类、9种数据格式，编制《湖北林业大数据收集、整理、入库、清洗、应用规范》，形成了湖北林业大数据建设和管理机制，开发"森林防火预警分析""有害生物防治分析""生态安全监测分析""数据资产展示"4个专题辅助决策展示场景，形成湖北林业一张图。组织全省市、县林业局信息化建设和运维保障人员120人参训。林业专网畅通率达到99.9%；全省林业协同办公平台、林业行政审批系统、全省林业GIS公共服务平台等业务系统正常率达100%；全年共保障视频会议12次（国家林业局7次、全省林业系统5次），会议畅通率100%。

【林业行政审批制度改革】 2018年共办理行政审批事项23 916件·次，人均3986件·次；网上行政审批平台受理省级林业行政审批事项2737件，办结2413件，平均每天受理11.7件，办结10.3件，按时办结率达到100%。准予许可并发放建设项目使用林地审核同意书2012份，征收森林植被恢复费10.3亿元。其中，通过"绿色通道"办理精准扶贫易地扶贫搬迁项目229件，全部免征森林植被恢复费。召开行政审批会审会议12次，实行网上会审120次，共对120项建设项目使用林地项目进行了讨论会审。印发《湖北省林业厅关于加快推进全省林业系统与政务服务"一张网"对接工作的通知》（鄂林审〔2018〕113号），指导全省林业部门加快推进对接工作。实现11项电子证照与省电子证照库联通、19项共享政务信息资源与省共享平台联通，为全省推进政务服务"一网通办"提供数据支撑，提高群众办事便捷性。印发《省林业厅办公室关于取消、调整行政审批项目等事项和公布省级行政审批中介服务事项清单的通知》（鄂林办审〔2018〕22号），提高林业系统行政审批服务质量和效率。将建设项目使用林地申请材料从9个精简到4个。原行政职权112项（含子项），申请取消10项，确认行政职权共102项（含子项），所有事项服务指南均通过湖北省政务服务网发布并实行动态调整。印发《湖北省林业厅2018年"双随机一公开"工作实施方案》（鄂林办审〔2018〕40号），更新2018年抽查对象名录库和执法人员名录库，通过省监管平台抽取31个检查对象，抽查中发现20家被检单位存在问题31条，全部责令整改。开展全省林业系统行政审批培训，市县分管领导和审批人员、调查报告设计人员共280人参训，提升行政审批服务能力。

【林产工业】 2018年全省林业产业年总产值3792.13亿元，其中第一产业产值1188.55亿元、第二产业产值1275.52亿元、第三产业产值1328.06亿元。全年全省商品材产量209.76万立方米，其中原木180.70万立方米、薪材29.06万立方米。非商品材71.67万立方米，其中农民自用材采伐量42.13万立方米、农民烧材29.54万立方米。竹材产量3744.01万根，其中：毛竹2834.23万根、其他大径竹材909.78万根，小杂竹10.74万吨，竹产业年总产值62.92亿元。主要木竹加工产品分别为：锯材年产量243.59万立方米；木片110.46万立方米；人造板产量830.04万立方米，其中胶合板311.44万立方米、纤维板383.83万立方米、刨花板73.31万立方米、细木工板等其他人造板61.46万立方米；木竹地板3326.27万平方米；改性材与指接材等其他加工材9.58万立方米。主要林产化工产品有松香类产品1.62万吨、松节油类产品1430吨、木竹热解产品1837吨、木质生物质成型燃料20.86万吨。全省有102家重点林业龙头企业投身精准灭荒营造各类经济林、原材料林基地，全年全省林产品取得产品专利167项，新产品研发241个，上市新产品171个。全省传统林产加工业转型升级加快，新兴产业高质量发展提速。开展40余家省级生态文明（林产品加工）专项资金竞争性分配工作。省级财政扶持林产品加工、竹产业发展专项资金1500万元基本落实到位。择优组织19个重点龙头企业申报国家林业产业发展基金，申报入库基金项目17个，项目基金70.1亿元，于6月5日、11月1日与省建行联合召开了两次银企对接会，组织入选项目单位与省建行开展业务对接，落实第二届中国武汉绿交会林业招商48个项目的落地生根，全省确定80家有代表性的企业为监测单位，重点对企业资产规模、销售收入、利税、带动农户及农民增收等情况进行季度统计，组织省内涉林80余家企业参加义乌森博会、菏泽林博会、中国农博会、中国电子商务博览会等重要林产品展览、交易会，共有45个参展产品申报评奖，有21家参展产品获金奖、13家获得优质奖，获奖面占79.1%。开展2018年省级产业龙头企业认定评审和监测工作。2018年新增国家级龙头企业6家、省级龙头企业62家；重新认定省级龙头企业166家。组织企业申报认定中国驰名商标、森林标志产品、全国林业诚信企业；认定一批示范基地、产业示范园区和林业特色优势区。全年加强林业安全生产监管，召开10次林业安全生产工作会议，其中湖北省林业局党组会议5次，先后印发《2018年林业安全生产及森林食品安全工作药店的通知》等28个文件。制订《2018年全省林业"安全生产月"和"安全生产楚天行"活动方案》，上报汇报材料11次。开展200人参加安全生产月活动知识竞赛。于9月27~28日，全省林业安全生产与电子商务和森林康养营建综合技术培训班在武汉林业培训中心举办，全省17个市（州）分管林业产业负责人、产业科长，重点龙头企业的代表、国家级森林公园负责人等150余人参加了培训。全省林业招商引资项目近100个，落实资金近500亿元。组织林业企业走出去发展再上新台阶，湖北林业品牌提升新高度、森林旅游产业突破性增长，创新安全生产管理，实现全行业全年无重大安全事故。

【主要经济林产品】 2018年全省主要经济林产品总量年末实有种植面积177.15万公顷、产量966.06万吨。水果、干果、林产饮料、林产调料、森林食品、木本药材、木本油料、林产工业原料八大类经济林产品生产情况分别为：水果产量790.06万吨，年末实有种植面积47.45万公顷，其中：苹果面积1943公顷、产量1.55万吨，柑橘面积26.81万公顷、产量545.08万吨，梨面积4.25万公顷、产量61.85万吨，葡萄面积2.16万公顷、产量45.39万吨，桃面积8.11万公顷、产量117.43万吨，杏面积1323公顷、产量7512吨，猕猴桃面积1.49万公顷、产量5.23万吨，其他水果面积4.31万公顷、产量14.77万。全年全省干果产量46.27万吨，年末实有种植面积31.62万公顷，其中：板栗面积28.94万公顷、产量40.55万吨，枣面积8328公顷、产量1.71万吨，柿子面积1.01万公顷、产量3.2万吨，仁用杏面积510公顷、产量230吨，其他干果面积7850公顷、产量7821吨。林产饮料产品31.29万吨，年末实有种植面积32.41万公顷，其中：毛茶面积31.79万公顷、产量31.01万吨，其他林产饮料产品面积6191公顷、产量2781吨。林产调料产品2554吨，其中：花椒1940吨、八角124吨、桂皮11吨、其他调料产品479吨。森林食品31.29万吨，其中：竹笋干1.55万吨、食用菌19.37万吨、山野菜2.26万吨、其他森林食品8.01万吨。森林药材27.45万吨，年末实有种植面积18.48万公顷，其中：银杏面积2.6万公顷、产量3.01万吨，山杏仁面积22公顷、产量16吨，杜仲面积3.26万公顷、产量2.37万吨，黄柏面积9733公顷、产量5245万吨，厚朴面积2.39万公顷、产量1.32万吨，枸杞面积1944公顷、产量1886吨，山茱萸面积491公顷、产量504吨，五味子面积622公顷、产量297吨，其他森林药材面积8.95万公顷、产量19.96万吨。木本油料32.11万吨，年末实有种植面积47.2万公顷，其中油茶籽19.48万吨、年末实有种植面积27.96万公顷，核桃12.35万吨、年末实有种植面积18.48万公顷，油用牡丹籽2652吨、年末实有种植面积5196公顷，油橄榄面积1458公顷、产量160吨，其他木本油料1067公顷。林产工业原料5.34万吨，其中生漆2664吨、油桐籽2.14万吨、乌桕籽1.02万吨、五倍子2767吨、棕片3014吨、松脂1.33万吨。2018年全部经济林产品的种植与采集总产值722.78亿元，其中水果种植292.97亿元、坚果及含油果和香料作物种植69.61亿元、茶及其他饮料作物种植155.44亿元、森林药材种植60.43亿元、森林食品种植110.44亿元；林产品的采集产值33.87亿元，油茶产业产值104.22亿元。

【苗木花卉】 2018年林木种子采集量2150吨，育苗面积4.21万公顷，其中国有育苗面积2673公顷，全省当年苗木产量14.29亿株。当年林木育种与育苗总产值84.94亿元，其中林木育种7.61亿元、林木育苗77.33亿元。2018年末实有花卉种植面积10.74万公顷，切花切叶产量1.58亿支，盆花植物产量1.96亿盆，观赏苗木产量2.42亿株，草坪产量1342.69万平方米。全省共有花卉市场243个，花卉企业2410个，其中大中型花卉企业258个；花卉从业人员26.7万人，其中：专业技术人员1.67万人，花农5.74万户；控温温室面积135.68万平方米，日光温室面积200.07万平方米。全年花卉及其他观赏植物种植产值169.72亿元。

【森林公园和森林旅游】 2018年，全省森林公园96个，面积42.5万公顷。其中：国家级森林公园37个，面积31.6万公顷；省级森林公园59个，面积11.3万公顷。全省林业旅游与休闲产业1.79亿人次，旅游收入910.51亿元，人均花费509元。林业旅游与休闲产业直接带动的其他产业产值1300.17亿元，其中全省林业旅游1.56亿人次，旅游收入782.17亿元，林业旅游直接带动的其他产业产值1187.06亿元；林业疗养与休闲2256.59万人次，疗养与休闲收入128.34亿元，直接带动的其他产业产值113.11亿元。组织全省10个重点县(市)参加12月16~18日在广州举办的"2018年中国森林旅游节"，2家单位重点森林旅游项目签约总金额达25亿元，湖北省竹溪县派出一支由35人组成的大型文艺表演团队，竹溪县荣获2018年"全国森林旅游示范县"称号。完成5起森林公园占用林地可行性评估工作；组织森林公园管理人员参加各类森林公园建设及森林旅游管理培训班共计3期，培训38人；完成6家国家级森林公园省级评审、2个国家级森林公园申报工作；对4家国家级森林公园开展监督检查及"双随机一公开网上监管平台"的数据录入工作。推荐13家单位申报第四批全国森林康养基地试点建设，并全部获批授牌。

【野生动物驯养繁殖】 2018年全省野生动物繁育机构266个。全年陆生野生动物繁育与利用总产值29.61亿元。驯养繁殖的野生动物食品与毛皮革等加工制造产值28.36亿元。全年陆生野生动物繁育与利用单位4个，年末实有人数29人。

【林下经济发展】 2018年，全省林下经济总产值385.49亿元。全省林下经济面积发展到86.67万公顷。共建立林下经济示范基地629个，其中国家级示范基地16个，从事林下经济专业合作组织达到1300个。林下经济已涵盖种植、养殖、林下产品采集加工、餐饮服务、生态休闲旅游等行业。确定了咸安、罗田、钟祥、谷城、恩施5个县(市、区)为全省第一批林下经济示范县创建单位；编制"2018年林下经济发展补助项目实施方案"，于3月27~29日，组织湖北省第一批5个示范县的政府分管领导、林业局局长等人员到浙江安吉县考察学习。

【林业大事】
1月18日 《湖北省风景名胜区条例》由湖北省第十二届人民代表大会常务委员会第三十二次会议通过，自2018年5月1日起施行。

2月2日 国际湿地公约秘书长玛莎·罗杰斯·乌瑞格在2018年世界湿地日中国主场宣传活动上宣布湖北省境内的网湖湿地自然保护区被列入《国际重要湿地名录》。

2月11日 湖北省副省长周先旺先后赴武警驻鄂森林部队、湖北省森林防火指挥中心，慰问驻地官兵和值班人员，督导检查春节期间森林防火工作。

3月7日 湖北省宜昌市五峰县后河国家级自然保护区确定发现一种中国植物新种，该植物被命名为"鄂西商陆"，学名为 Phytolacca acinosa Roxb，商陆科、商陆属多年生粗壮草本植物，夏季开白色花。其根可入药，果实可提取栲胶，嫩茎叶可供疏食。根据世界自然保护联盟（IUCN）评定标准，该种评定为极危（CRD），该成果通过国际学术期刊 Phytotaxa 发表。

3月22日 省委书记、省人大常委会主任蒋超良，湖北省委副书记、省长王晓东，省政协主席徐立全等省领导到武汉沙湖公园参加义务植树活动。

4月2日 湖北省委书记蒋超良在咸宁市通城县调研黄袍山国家油茶产业园。

4月3日 在组织收听收看全国防汛抗旱、森林防火和国土绿化工作电视电话会议后，湖北省政府立即召开全省防汛抗旱、森林防火和国土绿化工作电视电话会议贯彻落实全国会议精神。副省长周先旺出席会议并讲话。

4月18日 湖北省委副书记马国强到省林业厅调研。

4月26日 国家林业和草原局局长张建龙一行来到湖北省调研。

5月16~17日 湖北省委常委、统战部部长、省级洪湖湖长尔肯江·吐拉洪深入洪湖市、监利县调研洪湖生态保护工作。

5月22日 湖北省委常委、襄阳市委书记李乐成到襄阳市林业局调研。

6月6日 在国家市场监管总局、国家标准化管理委员会正式批准发布的首批15项产业扶贫国家标准中，湖北省鄂州市白龙蓝莓作为全省唯一的精准扶贫标准化案例入选。

6月7日 湖北省政府副省长万勇一行在省林业厅调研并召开座谈会。

6月22日 神农架国家公园管理局科学研究院在收集整理2018年上半年红外相机监测数据时，发现4张较为清晰的白化毛冠鹿照片，白化毛冠鹿是国家二级保护动物，是中国的特有物种。

7月3日 湖北省副省长杨云彦到湖北省林木种苗场调研"万象林花咸宁赏花生态游"文旅项目，咸宁市委、高新区委等领导陪同。

7月11~14日 湖北省副省长杨云彦在神农架林区调研中医药产业、全域旅游发展情况。

8月8日 京山市林业局所管辖的虎爪山林场自主选育的对节白蜡新品种"京翠"，通过国家林业和草原局认定。这是湖北省培育出的首个对节白蜡新品种。

8月7~9日 湖北省政协主席徐立全赴精准扶贫工作联系点神农架林区调研。

8月11日 在湖北省郧西县马安镇石塔河村境内（老和尚沟、车家沟、涧家沟、七里沟）发现约5平方千米次生楠木群落。

8月16日 全省松材线虫病防治工作视频会议在武汉召开，湖北省政府副省长万勇出席会议并讲话。

8月20日 湖北省神农架林区首次发现极小种群野生植物庙台槭群落。在接到神农架林区林业管理局的报告后，由湖北省野生动植物保护总站率领的植物分类专家武汉大学杜巍博士和技术人员，赴神农架林区进行现场调查。

8月22日 湖北省政府副省长万勇、省林业厅厅长刘新池一行到黄石市阳新县调研精准灭荒工作。

8月27日 人社部在北京召开第45届世界技能大赛集训工作动员会，启动备赛工作。会上，人社部向第45届世界技能大赛中国集训基地颁发了标牌，湖北省有湖北生态工程职业技术学院（花艺项目）等5家基地入选。

8月27~29日 国家林业和草原局副局长李树铭在湖北省林业厅厅长刘新池的陪同下到神农架林区、十堰市调研森林资源管护、基层林业工作站建设、生态护林员管理和草场建设等工作。

9月30日 湖北省委书记、省人大常委会主任蒋超良主持省十三届人大常委会第五次会议表决通过《湖北省天然林保护条例》等3部地方法规。

10月13日 在湖北省神农架林区召开的世界中医药健康论坛开幕式上，由中国工程院士黄璐琦、湖北中医药大学教授詹亚华、吉首大学教授张代贵联合主编的《神农架中药资源图志》面向全球首次发布，该书被纳入《中国中药资源大典》。

10月18日 湖北省精准灭荒现场推进暨森林防灭火工作会议在黄石市大冶召开，湖北省副省长万勇出席会议并讲话。

11月15日 根据湖北省机构改革方案，湖北省林业厅正式改名为湖北省林业局。省林业局党组书记、局长刘新池揭牌。

11月21日 由湖北省林业局和荆门市政府共同举办、荆门市林业局承办并以"林业发展与乡村振兴"为主题的第五届湖北生态文化论坛在荆门举行。湖北省人大常委会副主任刘晓鸣出席。

（湖北省林业由彭锦云供稿）

湖南省林业

【概　述】 2018年，湖南省各级林业部门深入贯彻落实习近平生态文明思想和党的十九大精神，主动融入全省发展大局，全面推进生态保护、生态修复、生态惠民，圆满完成了各项林业建设任务。

主题建设 一是森林调优。全省完成人工造林18.89万公顷,封山育林16.27万公顷,退化林修复22.72万公顷,森林抚育54.34万公顷。建设森林经营省级示范基地84个、国家储备林0.40万公顷、绿色通道1.70万千米,主要造林树种良种使用率达85%以上。森林防火和林业有害生物防治扎实有效,森林火灾受害率为0.06‰,林业有害生物成灾率为3.39‰。全省森林覆盖率达59.82%,较上年度增长0.14个百分点;森林蓄积量达5.72亿立方米,较上年度增长2400万立方米。二是湿地提质。清理洞庭湖4个自然保护区杨树0.70万公顷,恢复核心区湿地面积0.67万公顷。科学保留大、小西湖等14个生态矮围,候鸟、麋鹿保护赢得各方肯定。在"四水"流域完成退耕还林还湿试点0.18万公顷,探索出了一条洞庭湖全流域治理的生态修复之路。全省国家湿地公园总数达70处;全省湿地保护率达75.73%,较上年度增长0.29个百分点。三是城乡添绿。湘西土家族苗族自治州、湘潭市获评国家森林城市,常德市获评首批国际湿地城市,新邵、宁远等33个县(市、区)启动省级森林城市建设,长株潭绿心"裸露山地"造林绿化全面推进。100个秀美村庄建设成效明显,4个行政村获评2018年度"全国生态文化村"。邵阳市"四边五年"绿色行动、永州市"六个绿色"创建行动有力开展,城乡人居环境不断改善。四是产业增效。制订实施了油茶、竹木、生态旅游与康养、林下经济四大千亿产业发展规划或行动计划。全面启动"湖南茶油"公用品牌建设,成功参展香港美食博览会、中国中部农博会等展销会。全省竹木产业新增24家竹木加工类省级林业产业龙头企业,成功承办第十届中国竹文化节。成功举办大围山杜鹃花节,精心参展2018年中国森林旅游节。"一县一特"稳步推进,打造了新化黄精、通道"黑老虎"、隆回金银花等林下经济品牌。五是管服做实。林业再信息化稳步推进,编制了林业生态大数据体系建设规划,"互联网+政务服务"一体化平台上线运营,省林业局门户网站获评全国林业省级第一名和全省省直单位第二名。法治化水平持续提升,《湖南省森林防火若干规定》通过省人大审议,省林业局荣获省直机关"谁执法谁普法"责任制优秀单位。规范化管理不断完善,项目预算执行、政府采购、项目监管严格规范,开展了基层林业站本底调查,全系统未发生重特大生态灾害及安全事故。

资源管护 一是严抓林地和自然保护地保护。全面自查全省现有8类各级502处自然保护地保护管理情况,开展涉林风电建设、采石挖砂取土清理整顿,衡阳市积极推进大义山省级自然保护区"以调代改"问题整改,娄底、怀化、永州狠抓保护地采石取土场整治,有力遏制了林地和自然保护地的生态破坏行为。二是主抓森林资源保护。全面实行采伐限额制度,连续三年对全省532.42万公顷森林实行禁伐、63个县实行减伐,累计减少采伐量1500万立方米。开展了首次森林督查,天然林、公益林、古树名木及林木种质资源保护切实加强。森林防火考核、规划、宣传、培训、演练深入推进,全省没有发生重特大森林火灾。松材线虫病、松毛虫、竹蝗等病虫害蔓延趋势得到遏制。三是重抓野生动植物保护。举办洞庭湖国际观鸟节、世界野生动植物日等系列活动。省政府发布了全省禁止猎捕陆生野生动物通告。全省森林公安机关开展"春雷2018"专项打击行动,共收缴木材3658.80立方米、野生动物13万余头(只),涉案金额达1.50亿元;成功侦破"4·26"特大案件,有效保护了全省的生态资源安全。

产业发展 2018年,全省林业产业总产值达4657亿元,同比增长9.40%。其中,第一产业产值为1525亿元,同比增长10.20%;第二产业产值1579亿元,同比增长7.60%;第三产业产值1553亿元,同比增长10.50%。油茶、竹木、生态旅游与森林康养、林下经济四大千亿产业发展势头良好。全省油茶林总面积达到140.74万公顷,茶油产量达26.20万吨,产值达450亿元。常宁市、浏阳市、邵阳县等地大力推进区域茶油品牌创建,衡阳启动首批油茶企业IPO筹备上市。全省竹木产业产值达1033亿元,桃江成功承办第十届中国竹文化节,永州实现家具出口零突破,一批竹木企业开展了CFCC森林认证。全省森林公园共接待游客5454.13万人次,实现旅游综合收入551.37亿元,分别同比增长8.26%、10.19%。全省林下经济产值达530亿元,新增省级林下经济示范基地61家。

林业改革 一是全面深化集体林权制度改革。怀化市、浏阳市入选国家林草局新一轮集体林业综合改革试验区,浏阳市、洪江市积极探索林地"三权分置"和林地股份合作经营机制,沅陵合作社担保贷款、溆浦林地流转信托等取得较好成效。出台了家庭林场认定管理办法,全省新型林业经营主体达1.6万家,经营林地面积220万公顷。二是切实巩固国有林场改革成果。秀美林场建设扎实推进,资兴市滁口等15个林场被评为"湖南省秀美林场",永州市金洞等3个林场开展森林特色小镇建设试点。国有林场电网、道路等基础设施建设稳步推进,在全国林业行业职业技能竞赛中获得一等奖,国有林场发展能力得到提升。三是协助推进国家公园体制改革。完成了自然资源确权登记;创新了公园管理体制、公益林管护机制、资源监测管理机制、区域联防联控机制;出台了产业准入和退出目录,风电、采矿等不符合国家公园功能定位的项目逐步退出。

生态扶贫 在51个贫困县(市、区)倾斜性安排林业项目资金31.40亿元,全省新增5000名生态护林员岗位,累计在建档立卡贫困人口中选聘生态护林员3.60万名。在贫困地区推广乡镇林业站"一站式全程代理服务",开展深度贫困县科技服务进村入户全覆盖活动。城步县和平村驻村扶贫工作稳步推进。全省生态公益林、天然商品林补偿达16.64亿元,其中,51个贫困县的建档立卡贫困人口获得公益林补助1.75亿元、天然商品林补助5435万元,补助资金全部通过"一卡通"足额发放到位。

支撑保障 科技创新工作持续推深做实,获批国家级、省级科技项目50项,8个涉林项目纳入省政府100个重大科技创新项目库,10项林业科技成果获得省部级奖励。获批建设南方木本油料利用重点实验室等4家国家级科研平台,"中国油茶创新谷"等科研平台建设稳步推进。实施中央、省级财政林业科技推广项目,转化林业科研成果18项。全省选派林业科技特派员692名,提供科技咨询服务1.60万人次,推广应用新成果、新技术120项。文化创新动能不断增强,举办了改革开放40周年林业成就新闻发布会等主题宣传活动,联合省委宣传部、省作协举办了全省首届生态自然文学创作研讨会,开展了作家行走湘江源采风、湖南林业艺术团"送文艺下乡"等各类活动,创作了微电影《守望青山》等一批优秀的生态文艺作品。审批服务基本实现了公正、规范、高效,省林业局办件时限压缩至7个工作日,市(州)林业局普遍在规定时限内办结,服务水平不断提升。项目资金管理方面,预算执行、项目监管严格规范,政府采购管理实施细则等制度不断完善。督查督办方面,出台了政务督查暂行办法,79件全年性重点工作和61件省领导批示及省委、省政府督查室督办件全面落实。 (李林山 李邵平 毕凯 廖智勇)

【习近平考察东洞庭湖国家级自然保护区】 2018年4月25日下午,中共中央总书记习近平考察了东洞庭湖国家级自然保护区林阁老巡护监测点,详细了解洞庭湖湿地修复和候鸟、麋鹿、江豚等野生珍稀物种种群保护情况。习近平总书记通过实时监控察看了湖区候鸟、麋鹿保护情况,对洞庭湖湿地修复和种群保护工作给予了充分肯定,并勉励大家继续做好长江保护和修复工作,守护好一江碧水。 (周建梅)

【湖南林业机构改革】 2018年10月27日,湖南省委办公厅、湖南省政府办公厅印发《湖南省机构改革实施方案》,决定组建省林业局,作为省政府直属机构,由省自然资源厅统一领导和管理。将原省农业委员会(省委农村工作办公室)的草原监督管理职责,原省国土资源厅、省住房和城乡建设厅、省水利厅、省农业委员会(省委农村工作办公室)等部门的自然保护区、风景名胜区、自然遗产、地质公园等管理职责划转省林业局;将原省林业厅的森林、湿地等资源调查和确权登记管理职责划转省自然资源厅,森林防火相关职责划转省应急管理厅。湖南省林业局内设机构11个,增设自然保护地管理处(国家公园管理办公室);统筹政策法规处、林业改革发展处职能设立政策法规和改革发展处;造林处更名为造林绿化处,资源林政处更名为森林资源管理处,计划财务处更名为规划财务处。 (蒋煜林)

【湖南省林业局直属机关党建工作】 2018年,湖南省林业局直属机关坚持以党建工作统领全局,不断推进机关党建工作机制创新,构建局领导联系支部、局直属机关党委委员联系片区和党支部书记联系党员的党建责任"三级联动机制",坚持党支部书记、局直单位党委书记和局直属机关党委书记向上级党组织和本单位党员述职的"三级述评机制",建立每个支部一个学习活动室、每周二下午为学习日、每月有学习计划、每次学习有记录的"四每"经常性教育机制,开展上一堂廉政党课、听一场专题讲座、学一本法规选编、编一本执纪案例、开展一次现场教育、组织一次支部讨论的局直属系统"六个一"廉政警示教育月活动等等。在湖南省直单位党组书记履行基层党建工作责任述职评议考核中,省林业局获最高评价等次。 (王磊)

【湖南森林禁伐减伐三年行动收官】 2016~2018年,湖南实施了森林禁伐减伐三年行动,对省级以上公益林及铁路、高速公路、国(省)道两旁第一层山脊以内共532.40万公顷森林实施了禁伐;对63个重点县(市、区)每年递减20%森林采伐量。三年来,全省累计减少采伐量1500万立方米,减伐幅度达44.70%。禁伐减伐三年行动实施后,森林资源总量持续增加,森林质量明显提高,生物多样性日趋丰富,森林生态系统功能进一步提升。 (王佳贵)

【洞庭湖流域生态保护修复】 2018年,洞庭湖区4个自然保护区共清理杨树0.7万公顷,拆除矮围网围472处8.30万公顷,搬迁拆除砂石码头堆场84处,解除洲滩对外承包合同200余份;修复自然保护区杨树清理迹地和洲滩面积共1.18万公顷,科学鉴定确认生态矮围14处。同时,在洞庭湖全流域实施退耕还林还湿试点,覆盖全省14个市(州)44个县(市、区)48个项目点,共完成试点面积0.18万公顷,截流净化农业面源污染总面积约6.27万公顷,年净化污水能力达69 893万立方米。洞庭湖湿生植物多样性显著提高,东洞庭湖麋鹿种群数量达182头,江豚数量达120头;湖区越冬候鸟种群数量达24万多羽,为近10年最高。 (王伟)

【打造四大"千亿产业"】 2018年,湖南省林业局按照供给侧结构性改革、乡村振兴战略的要求,全面提升林业产业发展的质量和效益,重点打造油茶、竹木、森林旅游、林下经济四大"千亿产业"。截至2018年年底,全省油茶林总面积达到140.74万公顷,茶油产量达26.20万吨,产值达450亿元。启动"湖南茶油"公用品牌建设,成功参展香港美食博览会、国际茶展、中部农博会和湖南贫困地区优质农产品(北京)产销对接会;衡阳启动首批油茶企业IPO筹备上市。全省竹木产业产值达1033亿元,新增24家竹木加工类省级林业产业龙头企业。永州实现家具出口零的突破,桃江竹制品出口完成FSC(森林管理委员会)国际森林认证。全省森林公园共接待游客5454.13万人次,实现旅游综合收入551.37亿元,分别同比增长8.26%、10.19%。全省林下经济产值达530亿元,新增省级林下经济示范基地61家,打造了新化黄精、通道"黑老虎"、隆回金银花等林下经济品牌。 (甄国懿)

【"4·26"特大案件侦破】 "4·26"特大案件是国家林业和草原局森林公安局挂牌督办、湖南省森林公安局直接承办的特大非法收购、运输、出售珍贵、濒危野生动物及其制品案件,侦办时间长达19个月,共收缴穿山甲216只、穿山甲鳞片25千克、赛加羚羊角20只、其他野生动物及其制品一批,扣押赃款1800多万元,刑事拘留犯罪嫌疑人151人。这是2018年为止全国森林公安抓获人员最多、查证非法交易的穿山甲数量最大的野生动物案件,一举摧毁了一个由境外走私到广西、由广西运输至广州市、再由广州市向全国分销的穿山甲非法贸易网络。 (许星龄)

【常德市创建"国际湿地城市"】 常德市湿地资源极为

丰富,拥有以沅江、澧水为干流的440多条河流、1424座水库,湿地面积19.01万公顷,占国土面积的10.44%;建有西洞庭湖国家级自然保护区(国际重要湿地)、津市毛里湖等8处国家湿地公园。2018年10月,常德被国际湿地公约组织认定为全球首批国际湿地城市,全球仅18个城市被授予该称号。　　(李婷婷)

【湖南林业科技创新大会】　于2018年10月16日在长沙召开。会议出台了《关于加快林业科技创新　促进生态强省建设的意见》,明确了新时期林业科技创新目标、任务与措施,重点强调要加强林业科技支持,奖励解决重大难题、建设重大平台和取得重大成果的企事业单位和个人,培养院士、首席专家和杰出青年等。会议推动林业科技创新迈向新阶段。2018年,全省林业科技下达科研计划45项,争取省部科研项目50项,参与国家重大研发计划9项,获批"洞庭湖流域生态保护修复国家创新联盟"省部级平台3个,获省级科技奖励10项。其中由省林业科学院研发的"南方木本油料资源加工利用提质增效技术与示范"项目获2018年度省科技进步一等奖。　　(吴　慧)

【古树名木资源普查】　2016~2018年,湖南开展了古树名木资源普查。截至2018年年底,经过近5000多专家和技术人员的共同努力,全面完成古树名木的外业调查、数据汇总、专家审查、成果上传等工作。据普查统计,全省有古树名木23.50万余株,其中一级古树1.70万余株、二级古树2.70万余株、三级古树19万余株,名木0.10万余株,为全国古树名木较为集中分布的区域。　　(马　涛)

【第十届中国竹文化节】　2018年11月,由国家林业和草原局、湖南省人民政府、国际竹藤组织主办,湖南省林业局、益阳市人民政府、中国竹产业协会承办的第十届中国竹文化节在益阳市桃江县举办。该届竹文化节以"弘扬华夏竹文化　建设美好新家园"为主题,充分展示了竹子生态、产品、经济、文化、艺术、科技等内容。来自国内的108家竹加工企业参展,展销产品涉及竹户外材、竹建筑材料、竹家居、竹笋、竹炭及生物医药等领域,项目签约金额达30.4亿元。　　(甄国懿)

【第十届洞庭湖国际观鸟节】　2018年12月,湖南省林业局举办了"第十届洞庭湖国际观鸟节",活动主题为"建设大美洞庭　守护观鸟胜地",主会场设在岳阳市,分会场设在常德市和益阳市。10个国家30位外籍政府官员和专家、30家媒体以及国内外21个观鸟团队参加活动。活动设置了开幕式、国际观鸟赛、洞庭湖生态保护和绿色发展国际研讨会、野外考察和卫星定位鸟类监测与研究活动、闭幕式等环节。　　(王　伟)

【南山国家公园试点工作】　湖南南山国家公园试点区位于南岭山脉与雪峰山脉交汇地带,是中国"两屏三带"生态安全战略中"南方丘陵山地带"的典型代表。试点开始后,湖南省委省政府高度重视,认真贯彻中央决策部署,开展体制机制创新。理顺了管理体制,建立了"一个保护地一块牌子、一个管理机构"的统一管理模式。完成了自然资源确权登记,全面完成集体林权流转工作。出台了产业指导目录,积极推进玉女溪、奇山塞等旅游项目退出和十万古田租赁经营权回收,截至2018年,试点区内已退出5个采矿权。　　(王　伟)

【林业标准化建设】　2018年,湖南切实加强林业标准化和林业品牌建设,重点加强了生态保护修复、油茶、林下经济、森林康养等标准制定修订,完成了19项标准制定修订工作以及162项地方标准自查清理,实施了国家和行业中央财政标准化示范区建设项目3项,发布了首个团体标准《湖南茶油》,开展了林业标准宣传年活动,举办了全省林业标准化技术培训班2期。9家企业获批国家林业标准化示范企业,湖南国家林业标准化示范企业达17家。　　(吴　慧)

【森林督查】　2018年,湖南初步构建起遥感手段全覆盖、常态化的森林督查机制,首次组织122个县(市、区)对国家林草局移交的43 626个疑似图斑进行县级自查,指导14个市(州)对39个县(市、区)自查情况进行市级检查,组织6个甲级资质的林业调查规划设计单位对8个县(市、区)进行省级检查,配合国家林业和草原局贵阳专员办、中南院对13个县(市、区)进行国家级检查。检查共发现10 131个违法违规破坏森林资源问题,并逐一建立问题台账,强力推动森林督查发现问题进行认真整改、依法查处、逐个归零。　　(朱　昕)

【涉林采石采砂取土专项整治行动】　为进一步规范涉林采石、采砂、取土场秩序,依法打击违法破坏森林资源行为,2018年9~12月,湖南省林业厅(局)组织开展了涉林采石采砂取土专项清理整治行动。经过县(市、区)自查、市(州)复查、省抽查、"回头看"、省厅(局)领导分组调研等环节,查清了全省采石场、采砂场、取土场占用林地情况,并对违法使用林地行为进行了依法查处。此次专项整治共实施行政处罚947例、刑事处罚或移送司法机关321例、行政问责228人次。
　　(朱　昕)

【第二次林业工作站本底调查】　2018年4~12月,湖南对林业站发展状况进行了一次全面调查,全面掌握了全省林业站机构、队伍、基础设施、办公设备、职能作用发挥以及林业站管理指导的乡村护林员、乡村林场、林业经济合作等基本情况,了解了林业站辖区内森林资源及生态建设现状,为研究制定加强林业站建设与管理的政策措施提供了科学依据。　　(胡焕香)

【省级以上公益林完善落界】　2018年,湖南剔除误划为省级以上公益林的非林地、不符合省级以上公益林区划条件及已改变林地用途的省级以上公益林面积14.47万公顷,替补符合条件的省级以上公益林1.60万公顷,圆满完成省级以上公益林完善落界工作。其中,湖南省补进省级公益林面积85 637.07公顷,调出省级公益林面积664.73公顷,合计新增省级公益林面积84 972.33公顷。完善落界后,全省省级以上公益林面积为494.50万公顷,公益林布局更加优化、规模更加合理、结构更

加稳定。　　　　　　　　　　　　　（王育坚）

【承办2018全国林业行业职业技能竞赛】　2018年9月18～19日，由国家林业和草原局、中国就业培训技术指导中心、中国农林水利气象工会联合主办，湖南省林业厅承办的"2018年中国技能大赛——全国林业行业职业技能竞赛"在大围山国有林场举办。湖南队代表成绩取得了历史性突破，苏仙区五盖山国有林场段志华获个人一等奖，资兴市天鹅山国有林场何建国、临湘市荆竹山国有林场王建发分获二等奖，湖南代表队荣获大赛唯一的竞赛团体一等奖。段志华被人力资源和社会保障部授予"全国技术能手"荣誉称号，何建国、王建发被湖南省人力资源和社会保障厅授予"湖南省技术能手"荣誉称号。
　　　　　　　　　　　　　　　　　（蔡　兵）

【林木种苗行业管理】　2018年8月，经湖南省法制办同意，作为《中华人民共和国种子法》地方配套法规，《湖南省林木良种基地管理办法》《湖南省林木种质资源库管理办法》《湖南省林木种苗质量和标签管理办法》和《湖南省油茶种苗管理办法》出台，并于9月1日生效。随着新修订的《种子法》出台，湖南省迅速启动配套法规的修订工作，历经一年多的立法调研、论证、编撰等，四部地方配套法规的出台并生效，为规范行业管理，推动依法治种、科技兴种提供了法律支持与保障。
　　　　　　　　　　　　　　　　　（黄雨珣）

【首次大面积应用松毛虫病毒开展生物防治】　2018年，湖南松材线虫病疫情分布于14市57县(市、区)267个乡镇，发生面积3.17万公顷，感染病死树30.59万株。湖南省林业局派出专家组赴虫害最为严重的湘西土家族苗族自治州进行实地调研，并指导开展飞机防治。鉴于湘西是湖南省扶贫攻坚的主战场，松毛虫发生区内有茶叶、蜜蜂等林下种植和养殖精准扶贫产业项目，专家组会商决定使用湖南省研发的松毛虫质型多角体病毒开展防治。全州使用松毛虫病毒防治面积达1.64万公顷，共飞行179架次，其他地区采用无公害农药进行防治，不仅有效控制了灾情，而且保护了当地精准脱贫工作成果。
　　　　　　　　　　　　　　　　　（刘　循）

【林业外资项目】　2018年12月，中国财政部与欧洲投资银行签订欧洲投资银行贷款湖南森林提质增效示范项目贷款协议，引进外资1亿欧元，标志着湖南林业利用外资最大项目正式落地。项目总投资15亿元人民币，其中利用欧洲投资银行贷款1亿欧元；欧元贷款利率仅约0.25%，贷款期限25年，含宽限期5年，且无承诺费、先征费等，贷款条件十分优惠。自1990年起，湖南林业累计利用外资完成总投资24亿元，其中实际利用外资17.1亿元，完成营造林面积45万公顷。
　　　　　　　　　　　　　　　　　（廖　科）

【林业大事】
　　4月25日　习近平总书记视察东洞庭湖国家级自然保护区。
　　10月29日　湖南省林业局正式挂牌成立。
　　11月6日　湖南森林公安机关侦破"4·26"特大非法收购、运输、出售珍贵、濒危野生动物及其制品案。
　　10月25日　常德市被授予"国际湿地城市"。
　　10月16日　全省林业科技创新大会在长沙召开。
　　12月31日　湖南全面完成古树名木资源普查工作。
　　　　　　　　　　　　　　　（欧日明　周建梅）

广东省林业

【概　述】　2018年，广东森林面积1053.33万公顷，森林蓄积量5.52亿立方米，森林覆盖率58.59%[①]。林业产业总产值8167.58亿元，继续位居全国前列，其中第一产业993.48亿元、第二产业5331.16亿元、第三产业1842.94亿元。全省参加各种形式义务植树4229万人次，植树1.3亿株。全年落实中央和省级林业部门预算及专项资金67.97亿元（中央级专项资金10.44亿元，省级部门预算及专项资金57.53亿元），比上年增长19.02%。全省完成造林作业面积15.12万公顷，森林抚育65.72万公顷，封山育林10.25万公顷。全省已建立各类县级以上自然保护地1359个，数量居全国首位，面积294.52万公顷，占全省国土面积的16.39%。

【林业机构改革】　根据《中共中央关于深化党和国家机构改革的决定》精神，10月11日，广东省委、省人民政府印发《广东省机构改革方案》（粤发〔2018〕28号），将省林业厅的职责，省农业厅的草原监督管理职责，以及省国土资源厅、省住房和城乡建设厅、省水利厅、省海洋与渔业厅等部门的自然保护区、风景名胜区、自然遗产、地质公园管理职责等整合，组建省林业局，作为省自然资源厅的部门管理机构，为副厅级，不再保留省林业厅。12月12日，广东省委办公厅、省政府办公厅印发《广东省林业局职能配置、内设机构和人员编制规定》（粤办发〔2018〕81号），省林业局主要职能为：负责林业及其生态保护修复的监督管理，组织林业生态保护修复和造林绿化工作；负责森林、草原、陆生野生动植物、湿地资源的监督管理；负责监督管理各类自然保护地；负责推进林业改革相关工作；指导国有林场基本建设和发展；指导全省森林公安工作；组织编制森林和草原火灾防治规划，指导开展防火巡护、火源管理、防火设施建设等工作；监督管理林业资金和国有资产；负责

---

① 数据来源于广东第四次森林资源二类调查成果。

林业科技、宣传教育、交流与合作工作，指导全省林业人才队伍建设等。内设办公室、政策法规处、规划财务处、生态保护修复处（省绿化委员会办公室）、森林资源管理处、野生动植物保护处、湿地管理处、自然保护地管理处、改革和产业发展处、国有林场和种苗管理处、防治检疫处、科技与交流合作处、人事处、离退休人员服务处共14个处室（正处级）和机关党委（负责机关和直属单位的党群工作），核定行政编制139名。11月29日，中共广东省委办公厅印发《广东省关于市县机构改革的总体意见》（粤办发〔2018〕59号），明确了市县机构改革要求、机构和职能设置，全省21个地级以上市中，14个市重新组建林业局，接受本级自然资源部门统一领导和管理，7个市的林业职能并入自然资源部门，至年底，省林业局和各地级以上市林业主管部门基本完成机构挂牌及人员转隶工作，各县（市、区）林业机构改革稳步推进。

【林业重点生态工程建设】 2018年，广东深入推进新一轮绿化广东大行动，全面启动绿美南粤三年行动计划，持续开展森林碳汇、生态景观林带、森林进城围城、乡村绿化美化等林业重点生态工程建设，推动国土绿化提质增效，构筑南粤生态安全屏障。开展森林碳汇工程建设，完成森林碳汇工程6.16万公顷，累计完成119.7万公顷，有效地提升了森林质量和碳汇功能。开展生态景观林带工程建设，新建和完善提升生态景观林带646.5千米，累计完成13 458.51千米，初步建成城乡森林系统的绿色廊道。开展森林进城围城工程建设，新增森林公园7个、新建湿地公园29个，持续推进城市增绿、身边增绿，构建优美宜居生态家园。开展乡村绿化美化工程建设，绿化美化村庄1713个，其中省级示范点（省定贫困村）1000个，进一步改善了农村人居环境。启动绿美古树乡村建设，完成新一轮古树名木资源普查，建档古树名木80 398株。实施森林质量提升行动，编制完成县级森林经营规划和国有林场森林经营方案，积极推进国家储备建设，启动森林经营样板基地项目建设，全省完成森林抚育65.72万公顷。加大重点区域生态修复，编制印发《广东省沿海防护林体系建设工程规划（2016～2025年）》，启动实施新一期沿海防护林体系建设。稳步推进雷州半岛生态修复，全年营建热带季雨林933公顷，绿化美化村庄145个，营建农田（坡地）林网138公顷（135.6千米），完成交通主干道绿化里程35.6千米。继续完善生态公益林体系建设，完成国家级公益林区划落界工作，全省核定国家级公益林147.47万公顷。继续推进生态公益林扩面提质，稳步扩大国有林场生态公益林面积，截至年底，省级以上生态公益林面积达到480.83万公顷，占全省林业用地面积的44.03%。落实新一轮生态公益林效益补偿提标政策，全省省级以上生态公益林平均补偿标准由420元/公顷提高到480元/公顷，共落实下达补偿资金26.07亿元（其中中央财政3.26亿元、省级财政18.55亿元、珠三角相关市级财政4.26亿元）。同时，实行分区域差异化补偿机制，进一步调动生态保护红线区域和民族地区建设、保护、管理生态公益林的积极性。规范完善生态公益林管理制度，修订印发《广东省省级生态公益林效益补偿资金管理办法》，加大绿色惠民力度，损失性补偿资金比例提高到80%，同时明晰公共管护经费的支出使用范围，进一步规范补偿资金使用管理。扎实推进生态公益林精细化管理系统试点建设，逐步实现生态公益林"地块可查、补偿可知、管护可控"的目标。积极推进国家石漠公园建设，清远连南万山朝王国家石漠公园正式获批成为广东首个国家石漠公园。

深圳人才公园（深圳市以创建国家森林城市、打造世界著名花城为主题，近3年来新增各类公园198个，成为千园之城）

【森林资源管理】 2018年，广东全面完成林业生态保护线划定工作，经省人民政府同意，明确到2020年全省森林、林地、湿地、物种4条保护线目标，其中：森林保护线面积1087万公顷，林地保护线面积1063万公顷，湿地保护线面积100万公顷，物种（自然保护区）保护线面积100万公顷。全面完成第四次森林资源二类调查。组织开展森林督查工作，全省21个市137个县（市、区）全面完成了65 181个图斑的核查工作。顺利完成年度林地变更调查工作，及时更新全省林地"一张图"。认真做好建设项目使用林地审核审批工作，优先保障国家和省重点项目使用林地，严格控制采石采矿、风电、房地产等经营性项目使用林地，从严从紧管理林地资源，全年共审核审批使用林地项目1658宗，批准使用林地面积12 528公顷，及时解决了深圳市清林径引水调蓄工程、沈海国家高速公路水口至白沙段改扩建项目、珠三角城际轨道交通新塘经白云机场至广州北站项目等一大批重大基础设施项目和供给侧结构性改革项目所需林地定额需求。同时加强监管，全面启用建设项目使用林地边界桩，组织开展了全省侵占林地违法违规建设专项整治行动，集中对全省101个高尔夫球场占用林地情况进行了"回头看"，督促整改复绿到位。严格实行采伐限额管理，规范采伐审批行为，建立完善由省统一管理公益林采伐限额制度，利用全国林木采伐管理系统全程实时跟踪管理全省采伐限额使用情况，确保全省森林资源消耗不突破限额总量。2018年，全省森林总采伐证消耗量为1198.8万立方米，其中生态公益林更新采伐37.0万立方米，商品林采伐1161.8万立方米，占全省年采伐总额1536万立方米的78.0%。落实国家天然林保护相关政策，制订印发《广东省全面保护天然林资源工作方案》，全面停止天然林商业性采伐，争取中央财政林业资金2848万元，对全省1.16万公顷国有天然商品林进行管护和停伐补助。切实加强林业工作站和木材检查站能力建设，全年投入林业基层"两站"建设资金2800万元，用于基础设施和标准化林业站建设。组织完成第二次林业工作站本底调查和全省木材检查站建设情况调查，全省现有乡镇林业站（含工作机构）997个，定编人员4552人；木材检查站184个，核定编制1435人。稳步推进木材运输巡查工作，组织开展巡查执法1.5万人次，查验运输木材车辆1.2万辆，查验木材13.5万立方米，维护全省木材正常流通秩序。积极调处山林纠纷，全年共调处案件723宗，解决争议面积2480公顷，有力推动积案化解，维护林农合法权益。全省森林公安机关认真开展扫黑除恶专项斗争和"绿剑2018""2018红线""查处野外违规用火、严惩火灾肇事者"等一系列严打专项行动，共受理各类案件6905起，查处5330起，查处率为77.2%（其中立刑事案件1556起，立行政案件5349起），处理各类违法犯罪人员7015人（次），收缴野生保护动物4868头（只），收缴木材27 737.2立方米，为国家挽回直接损失7651.4万元。

【自然保护地建设管理】 2018年，按照省委书记李希、省长马兴瑞有关"打造粤北生态特别保护区，积极创建国家公园"的批示指示精神和《建设粤北生态特别保护区工作方案》要求，牵头编制《粤北生态特别保护区总体规划》，作为全省第一宗省政府重大决策出台前向省人大报告的事项，通过省十三届人大常委会第七次会议审议。同时，对标对表国家公园理念、标准和要求，把粤北生态特别保护区打造成为广东建设国家公园的优先试验区和体制探索区，积极谋划国家公园建设。全省首次组织完成了自然保护地大检查，摸清各级各类自然保护地底数，全省共有县级以上各类自然保护地1359个，总面积294.52万公顷，占全省国土面积的16.39%。其中，自然保护区377个（国家级15个，省级63个，市、县级299个），总面积134.28万公顷，占全省国土面积的7.47%。大力推进茂名林洲顶鳄蜥省级自然保护区综合改革试点工作，初步确定省、市、县三级财政出资按市场价赎买自然保护区内林木所有权、租赁林地使用权，并将集体林地经营权流转至当地政府，划定原住民生产生活区，有效化解自然保护区成立时程序不规范、边界不科学等历史遗留问题，保障自然保护区内居民的合法利益诉求。坚决落实中央环保督察反馈意见整改任务，加强对自然保护区中央环保督察发现问题的整改，各项整改工作均达到序时进度。联合有关部门开展绿盾专项行动，认真落实"绿盾2017"问题整改，扎实推进"绿盾2018"专项行动，整改保护区内各类违法违规活动99项。加强自然保护区建设管理，落实自然保护区专项资金7280万元，确保重点工作顺利实施。开展自然保护区矢量化与勘界立标工作，严格自然保护区范围和功能区调整，依法依规办理行政许可事项。开展自然保护区管理能力建设和综合评价工作，提升资源管护能力。

【野生动植物保护】 2018年，广东加快野生动植物保护法治化进程，制定出台了一系列规范性文件，明确了全省禁猎野生鸟类五年、建立省打击野生动植物非法贸易部门间联席会议制度和野生动物致害补偿等政策举措，野生动植物保护管理日趋规范化。深圳、河源、韶关、湛江、茂名等14个地级市先后发布关于禁止猎捕陆生野生动物的通告，划定禁猎区，确定禁猎期。推进野生动植物物种保护工程建设，开展华南虎、鳄蜥等濒危物种人工繁育，实施深圳珊瑚菜等极小种群物种拯救保护工程，建立野生动植物本底资源档案，组织编撰重点保护野生动植物图谱，公布《广东省重点保护野生植物名录（第一批）》。做好野猪非洲猪瘟等野生动物疫源疫病监测，开展H7N9禽流感疫情防控，加强监测站点体系建设，落实风险评估工作制度，建立完善野生动物疫源疫病监测预警体系。加大对保护地、禁猎区以及其他主要野生动物栖息地、停歇地、繁殖地巡查管护，严格执法检查，组织实施"春雷2018"等专项行动，开展全面停止商业性加工销售象牙及制品活动监督检查，加大对非法猎捕、出售、购买、利用野生鸟类行为的打击，加强与海关、公安、工商等部门联合监管，保持严打高压态势，切实有效遏制破坏野生动植物资源的违法犯罪活动。深化放管服改革，推行野生动植物行政许可网上审批，进一步缩短办理时限，加强事中事后监管，规范野生动物猎捕、人工繁育、公众展示展演以及救护等行为，推动野生动植物资源培育业健康发展。利用"世界湿地日""世界野生动植物日""爱鸟周"和"野生动物宣传月"等重点时段，组织开展摄影比赛、熊猫三胞胎三周年、朱鹮展示等形式多样、丰富多彩的活动，广泛宣传野生动物保护法律法规、保护成果和典型违法犯罪案件，弘扬生态文明理念，展现人与自然和谐共生，提高公众对野生动植物的保护意识。

【湿地资源保护】 建立完善湿地保护修复制度体系，积极推进《广东省湿地保护条例》修订工作。公布第一批广东省重要湿地（省林业厅2018年第7号公告），广州海珠国家湿地公园、内伶仃福田国家级自然保护区、珠江口中华白海豚国家级自然保护区、珠海淇澳-担杆岛省级自然保护区、罗坑鳄蜥国家级自然保护区、乳源南水湖国家湿地公园、孔江国家湿地公园、河源新丰江湿地、龙川枫树坝省级自然保护区、惠东莲花山-白盆珠省级自然保护区、星湖国家湿地公园、连南板洞省级自然保护区12处湿地列入广东首批重要湿地名录。制订《广东省湿地保护管理专家委员会管理办法》，启动

日出五桂山（广东中山国家森林公园规划面积达1066.67公顷，森林覆盖率达86.99%，计划投入18多亿元）

专家委员会组建筹备工作，完善广东湿地保护管理决策支持系统。组织开展湿地公园建设，加强湿地公园建设监管，进一步完善湿地公园保护体系。2018年，新增湿地公园29个，至年底，全省共有湿地公园232个（其中：国家湿地公园27个、省级湿地公园6个、市县级湿地公园199个）。稳步实施湿地保护工程，加快推进项目建设，南澳候鸟省级自然保护区、星湖国家湿地公园湿地保护与恢复工程基本完成。组织实施省级野生动植物保护管理和湿地保护专项资金项目，支持16个国家湿地公园开展湿地资源监测、生态修复、宣传教育和管护设施维护。广泛开展湿地保护宣传活动，创新宣教模式，在国家湿地公园建立自然学校，积极打造湿地科普宣教基地，广州海珠、深圳华侨城等国家湿地公园的湿地自然学校成效显著，全民支持参与湿地保护的氛围不断浓厚。

【林业事业改革】 2018年，广东扎实推进国有林场改革，省林业厅会同省发展改革委等部门组成联合督导组，督促各地加快组织实施改革方案。全面完成21个地级以上市国有林场改革省级验收，并按要求申请国家验收，全省国有林场改革主体任务基本完成。至年底，全省国有林场由原来的217个整合为206个（其中：定性为公益一类事业单位151个，公益二类事业单位51个；维持原企业性质4个），共核定事业编制6914名。稳步推进省属国有林场改革，组织完成省属国有林场转制资产清查和划转工作，优化省属林场设置，撤销原省西江林业局，新组建西江、德庆、郁南、云浮4个省属林场，改革后，省属国有林场由原来的10个整合为13个。继续深化集体林权制度改革，扎实做好完善集体林权制度工作，至年底，全省有16个地级市制订出台了完善集体林权制度改革实施方案，组织韶关市始兴县申报新一轮全国集体林业综合改革试验区，获国家林业和草原局批准。协助推进林权类不动产统一登记平稳过渡，全省56个深化林改工作重点县着力对错、漏登记的林权证依法依规进行了纠正或细化完善，确保林权登记质量。贯彻《国家林业和草原局关于进一步放活集体林经营权的意见》，进一步拓展集体林权权能，推进林业适度规模经营。规范林地林木流转行为，组织实施《广东省林地林木流转办法》，建立林地林木流转管理和林地流转合同备案制度，确保流转行为规范依法有序。积极推进森林公安改革，统筹推进森林公安机关执法勤务警员职务序列改革，推动森林公安队伍正规化建设，提升从严治警水平和依法履职能力。推进林业预算管理改革，加大涉农资金统筹整合力度，进一步明晰预算管理权责，推行"大专项＋任务清单"管理模式，下放项目审批权，完善绩效评价机制，赋予各地市更多财政资金安排主动权。创新林业融资模式，4月，邮储银行肇庆市分行在高要区发放广东首笔生态公益林补偿收益权质押贷款，初步探索出林业生态补偿市场化新路。创新营造林机制，在全省范围内推广"珍贵树种＋木本粮油树种""珍贵树种＋木本药材树种"和"珍贵树种＋用材林树种"三种造林模式，实现森林质量提升和促进农民增收相统一。在连州市和平远县开展"先造后补"试点，在梅县区、始兴县实行工程造林"一包三年、一种三抚育"管理模式试点，进一步激发造林主体积极性。韶关、河源等市积极推进林业碳普惠项目建设，探索"林业碳汇＋精准扶贫"新模式，为林农积蓄绿色财富。

【林业产业】 2018年，广东继续推进林业供给侧结构性改革，启动实施乡村振兴林业行动计划，大力发展绿色惠民产业，加快一、二、三产业融合，全省林业产业稳步发展，全年总产值8167.58亿元，其中，第一产业993.48亿元、第二产业5331.16亿元、第三产业1842.94亿元。推进林下经济示范基地和特色经济林项目建设，扶持特色林果业发展，新认定省级林下经济示范县8个、示范基地30个、建设特色经济林示范项目40个。至年底，全省已建立林下经济示范县28个、国家级林下经济示范基地4个、省级林下经济示范基地100个、特色经济林项目88个。着力调整产业结构，促进传统优势产业转型升级，推动顺德乐从、中山大涌、江门新会、东莞大岭山等知名家具专业镇集聚发展。加快森林旅游发展，积极培育森林康养、森林体验和自然教育等森林旅游新业态，组织开展省级森林康养基地认定，认定省级森林康养基地10个。稳步推进森林公园建设，安排4000万元省级财政专项建设资金扶持14个示范性森林公园发展，至年底，全省共设立县级以上森林公园711个（其中国家级27个、省级81个、市县级603个），规划总面积108.52万公顷，占全省国土面积的6.03%。全省森林旅游实现旅游人数达2.95亿人次，旅游收入1802.96亿元。加大林业产业扶持力度，组织企业申报林业基金项目，全省有6个项目16.7亿元列入全国林业基金项目库。加快林业专业合作社、家庭林场、股份制林场等林业新型经营主体培育，推广"龙头企业＋基地＋农户"模式，促进林业经营标准化、集约化、规模化发展，至年底，全省林业专业合作社2392个。加大林业龙头企业培育力度，组织修订广东省林业龙头企业认定标准，出台《广东省林业龙头企业申报认定与监测办法》。至年底，全省累计培育国家林业重点龙头企业21家、省林业龙头企业166家、林产品专业市场110个。实施"互联网＋"现代林业产业行动，创新林产品营销模式，推进"林业产业＋互联网"电子商务发展。

【森林灾害防治】 2018年，广东认真做好森林防火各项工作，贯彻《广东省森林防火条例》，落实地方政府行政首长责任，强化工作责任落实，建立健全森林防火责任追究制度，启动森林火灾问责机制，依法追究失职、渎职责任。突出重点时段、重点环节、重点人员，强化巡山护林，加强野外火源管理。清明前夕，全省70多个森林防火重点县（市、区）政府发布森林防火禁火命令，严禁一切野外用火，严查山火肇事者。组织开展森林火灾督导检查和隐患大排查，完善扑火应急预案，加强实战演练，落实落细各项防控措施。各地严格执行24小时值班和领导带班制度，加强指挥调度，严密监测火情，及时报告和处置火情。开展森林航空消防，特别防护期安排8架大型森林消防直升机在河源、梅州、韶关、罗定等基地驻防，确保快速行动、有效处置。2018年，共计飞行277架次572小时，其中吊灭飞行85

架次157小时，扑救森林火灾41起。抓好森林防火能力建设，继续推进省级林火远程视频监控系统项目建设，至年底，全省共有林火远程视频监控1490个。推动惠州惠东、清远森林航空消防中心基地建设，完善航空护林体系。加强基层森林消防和护林员队伍标准化、规范化建设，启动建设护林员巡护网格化管理系统，提升防扑火能力。全省各地通过广播、电视、报刊、网站、微信公众号、手机平台等传播媒介，深入开展以"严防森林火灾，共筑美丽乡村"为主题的森林防火宣传教育活动，切实提高群众森林防火安全意识。2018年，全省共发生森林火灾266起，受害森林面积386公顷，森林火灾受害率仅为0.04‰，没有发生重大森林火灾、无人员伤亡。2018年，广东认真开展林业有害生物防治工作，核查通报各地级以上市《2015～2017年重大林业有害生物防治目标责任书》履责情况，进一步压实防治责任。加强防治督导，及时向19个新发疫区下达紧急除治通知，指导各地科学开展除治工作。建立健全林业有害生物监测预报体系，推行疫情监测网格化管理，及时发布预测预报信息，服务基层和林农做好灾害预警和防治。全面排查重大林业有害生物疫情，实现全覆盖。深圳、中山等市和高明、连州等地采取卫星遥感、直升机、无人机等先进手段开展疫情监测，提高监测准确性。组织开展植物检疫执法行动，加大产地检疫、调运检疫和检疫复检力度，严防疫情入侵与扩散。广州、中山等地试点推行产地检疫社会化，推进一站式服务。加强联防联控协作，联合开展粤赣、粤桂琼林业有害生物联防联治行动，会同省出入境检验检疫局开展检疫监管和"林安"行动。2018年，全省林业有害生物发生面积34.61万公顷，实施防治作业面积38.37万公顷次，成灾面积6736.67公顷、成灾率0.80‰，松材线虫病、薇甘菊等常发性林业有害生物得到有效控制，完成国家林业和草原局下达的年度防治任务。

【森林城市建设】 广东把创建"国家森林城市"作为展示新时代生态文明建设成效和城市良好形象的重要窗口，高质量、多层次推进森林城市建设，省林业厅启动编制《广东省森林城市发展规划》，成立森林城市建设监测评估中心，组建森林城市建设专家库，强化技术支撑和专家咨询。各地统筹推进山水林田湖草建设，积极拓展城市生态空间，构建具有岭南特色的森林生态体系，打造宜居、宜业、宜游的优美城乡环境。10月15日，深圳、中山被国家林业和草原局授予"国家森林城市"称号，加上广州、惠州、东莞、珠海、肇庆、佛山、江门市，珠三角9市全部成功创建国家森林城市，形成了珠三角国家森林城市群的雏形，初步构建粤港澳大湾区生态安全新格局。珠三角地区先行先试、示范引领粤东西北地区森林城市建设蓬勃开展，汕头、梅州、茂名、阳江、潮州、韶关、揭阳、云浮、河源9市扎实开展创建工作。积极推动森林城市建设向乡村延伸发展，启动始兴、揭西、连南3个县创建国家森林县城工作。全面推动森林小镇建设，全省各地依托丰富的山水林田湖草等生态资源，积极建设具有休闲宜居、生态旅游、岭南水乡等生态特色的森林小镇，涌现出佛山南海区西樵镇、江门开平市大沙镇等一批典型代表。2018年，新认定森林小镇32个，至年底，全省共建有"广东省森林小镇"70个。

【林业大事】

1月22日 广东省省长马兴瑞到省林业厅调研指导工作，就做好下一步广东林业改革发展工作提出明确要求。

1月26日 全国推进森林城市群建设座谈会在广东省深圳市举办，国家林业局副局长彭有冬出席会议并讲话。

2月2日 世界湿地日中国主会场宣传活动在广州海珠国家湿地公园举行，活动主题为"湿地——城镇可持续发展的未来"，国家林业局副局长李春良、国际湿地公约秘书长玛莎·罗杰斯·乌瑞格等出席活动。当天，海珠湿地与阿拉善SEE基金会宣布合作共建全国首个绿色联盟。

2月14日 广东省副省长叶贞琴到省龙眼洞林场、省林科院、省森林公安局警官训练基地和省森林公安局龙眼洞派出所调研，看望慰问林业一线职工、森林公安民警和林业科研人员。

3月1日 由国家林业局、广东省人民政府、中华人民共和国濒危物种进出口管理办公室、中国野生动物保护协会和中国野生植物保护协会共同主办的中国2018年"世界野生动植物日"主题宣传活动在广东省长隆野生动物世界启动，活动的主题是"保护虎豹，你我同行"，国家林业局副局长李春良出席启动仪式并致辞。

3月15日 广东省副省长李春生与国家林业局森林公安局局长王海忠一行座谈，就广东森林公安工作交换意见。

3月23日 中共中央政治局委员、广东省委书记李希，南部战区司令员袁誉柏、政治委员魏亮，广东省省长马兴瑞、省政协主席王荣等领导同志到广州黄埔区凤凰湖湿地公园，参加义务植树活动。

4月3日 广东省政府召开全省国土绿化、森林防火和防汛抗旱工作电视电话会议，副省长叶贞琴出席会议并作工作部署。

4月5日 广东省副省长叶贞琴到省森林防火指挥中心检查清明节期间全省森林防火工作，查看林火远程监控情况，看望节假日期间仍值守一线的工作人员。

7月8日 国家林业和草原局局长张建龙率调研组到广东省调研林业工作，调研组一行先后实地考察了广州云台花园、白云山山顶公园、广州市中轴绿化广场、二沙岛等地的绿化工作，并召开座谈会听取广东省和广州市有关林业工作情况汇报，广东省副省长叶贞琴、广州市市长温国辉等陪同调研。

9月4日 由国家林业和草原局、广东省人民政府、中国野生动物保护协会共同主办的"国际雪豹保护大会"在广东省深圳市举办，国家林业和草原局副局长李春良、广东省副省长叶贞琴出席开幕式并致辞，来自全球有关国家的政府官员，国际组织和各国非政府组织、大专院校、科研机构等单位的代表、专家共210余人参加了大会，会议通过了《国际雪豹保护深圳共识》。

9月28日 广东省政府召开全省秋冬季森林防火工作电视电话会议，全面贯彻落实全国森林草原防灭火工作电视电话会议精神，部署下一阶段全省森林防火工作，副省长叶贞琴出席会议并讲话。

10月15日 由关注森林活动组委会牵头，国家林业和草原局、全国政协人口资源环境委员会、广东省人民政府和经济日报社共同主办的2018年森林城市建设座谈会在广东省深圳市举行，全国政协副主席、关注森林活动组委会主任李斌，全国政协人口资源环境委员会副主任黄跃金，国家林业和草原局局长张建龙，广东省委常委、深圳市委书记王伟中，广东省副省长叶贞琴，广东省政协副主席张嘉极出席会议。会上，广东省深圳市、中山市被正式授予"国家森林城市"称号，至此，广东省珠三角9市全部成功创建国家森林城市。

10月25日 广东省林业局举行揭牌仪式，标志着其作为新组建的省自然资源厅部门管理机构正式成立。

11月9日 由国家林业和草原局、新疆维吾尔自治区人民政府和广东省人民政府联合举办的首届中国新疆特色林果产品博览会在广州开幕，全国政协常委、国家林业和草原局副局长刘东生，新疆维吾尔自治区党委常委、自治区人民政府副主席艾尔肯·吐尼亚孜，广东省副省长许瑞生出席开幕式并讲话。已连续举办9届的新疆特色林果产品（广州）交易会此次正式升格为国家级展会，成为全国林业行业六个主要展会之一。

11月27日至12月4日 第五届中国杯插花花艺大赛暨2018年广州国际花卉艺术展在广州举行，全国绿化委员会办公室专职副主任胡章翠出席活动并讲话。

12月8日 中国林学会在广东深圳举办凌道扬诞辰130周年暨学术思想研讨会，中国林学会理事长赵树丛、国家林业和草原局党组成员谭光明等领导，凌道扬先生后人，海内外知名专家学者共200余人出席。

12月16日 由国家林业和草原局主办，广州市人民政府、广东省林业局、广东省文化和旅游厅承办的2018年中国森林旅游节在广州开幕，活动主题为"绿水青山就是金山银山——粤森林，悦生活！"，全国政协原副主席罗富和、亚太森林恢复与可持续管理组织董事会主席赵树丛、广东省副省长张光军、国家林业和草原局副局长刘东生、中国工程院院士沈国舫等出席开幕式。

（广东省林业由徐雪松供稿）

广西壮族自治区林业

【概述】 2018年，广西各级林业部门坚持稳中求进的工作总基调，坚定不移地贯彻新发展理念，持续深化林业供给侧结构性改革，全区林业继续保持平稳较快发展的良好态势。2018年，连续第11年植树造林面积稳定在23.33万公顷以上，完成中幼龄林抚育58.41万公顷；全区森林覆盖率达62.37%；完成林业产业总产值5628亿元，同比增长7.7%；木材产量达到3100万立方米，同比增长16.2%；人造板产量达到4317万立方米，同比增长16.2%；造纸与木材加工业实现产值2100亿元；林下经济产值达986亿元，同比增长11.4%，发展面积达到390.73万公顷，惠及林农1500多万人；新造油茶林2.40万公顷、低产林改造1.87万公顷；森林旅游年收入达到419亿元，同比增长20%；森林旅游年接待游客达到1.1亿人次，同比增长18%。

森林资源培育 实施珠江防护林、沿海防护林、退耕还林、石漠化综合治理、造林补贴5个国家重点造林工程。继续实施自治区党委、政府推动的"绿满八桂"造林绿化工程和"美丽广西·生态乡村"村屯绿化专项活动、林业"金山银山"工程3个综合性工程，2018年造林24.93万公顷，完成中幼龄林抚育58.41万公顷。建设国家储备林基地、全国亚热带珍贵树种培育基地和特色经济林三大基地。

森林资源保护 深入督导有关林业自然保护区确界等中央环保督察"回头看"涉林任务整改；开展自然保护地大检查和自然保护区人类活动遥感监测，完成广西第二次全国重点保护野生植物资源调查；开展国家级公益林和天然商品林核实落界。《广西湿地保护修复制度实施方案》《广西湿地公园管理暂行办法》等正式实施，富川龟石、都安澄江、靖西龙潭正式成为国家湿地公园；深化林业"扫黑除恶"专项斗争，国有林场被侵占林地综合整治工作取得重大进展；开展"绿网·飓风2018"专项行动，核查森林资源变化图斑14万个，侦破了"7·9"等一批大案要案。

林业生态经济发展 深入实施林业"金山银山"工程，全面完成防护林、石漠化综合治理、森林景观改造、森林质量精准提升等年度建设任务，义务植树8099万株。大力开展农村有机垃圾沼气化处理工程等农村新能源建设。实施"绿美乡村"工程建设重点村屯100个，累计种植各类苗木17万多株。贵港市获"国家森林城市"称号，6个村获评"全国生态文化村"，87个城市被授予"广西森林城市"等系列称号。普查审定古树名木14万多株，完成挂牌保护11.5万株；在全国率先引植黄帝手植柏等古树名木扩繁苗。广西国家级种质资源库项目获准实施。

林业重点领域改革 2018年，广西国有林场改革按照预定的时间表和路线图稳步推进，国有林场改革实现"保护资源、保障民生"目标，整合后的145家国有林场全部完成改革任务，已向国家申请验收。林长制试点有序推进，河池市、崇左市、金秀县、容县等改革试点单位建立了林长制组织体系，任命各级林长4700多名。"三权分置"改革试点、集体林地林权证发放查缺补漏纠错工作扎实推进，宾阳县、平果县、扶绥县3个试点县完成林权类不动产登记权籍调查及发证，河池市、环江县入选全国"集体林业综合改革试验区"。对标对表调整职能、整合机构、转隶人员，"广西壮族自治区林业局"于11月12日挂牌成立。

林业产业融合发展 谋划实施万亿元林业绿色产业高质量发展行动、木材加工业高质量发展三年行动计划，推动广西祥盛公司股改上市，河池市获得"全国木本油料特色区域示范市"称号。筹建广西区直林场林下经济绿色产业联盟，建设"产业富民"林下经济示范基地127个。加快各级现代特色林业核心示范区建设，广西龙赞林业循环经济产业园等20个园区建设成效显著。举办首届广西森林康养产业发展论坛，加快环绿城南宁森林旅游圈建设，制定森林公园创建及评定系列规范性文件，贵港市、环江县、罗城县获得全国森林旅游示范市（县）称号。举办了2018中国-东盟博览会林木展、中国-东盟林业科技合作研讨会。

【生态林业发展】

全民义务植树 2018年，广西共义务植树8099万株，完成计划任务的101.2%。各市县人民政府，区直、中直驻桂单位开展"万名领导干部"下乡参加农田水利建设和植树造林为主要内容的主题活动。2月23日，广西壮族自治区四套班子领导成员与驻邕全国人大代表、政协委员和青年志愿者代表100多人在南宁市青秀山参加2018年广西党政军领导义务植树活动，种植竹子2万株。

古树名木普查 2018年，广西古树名木完成普查审定140 902株、公示140 494株、政府认定121 643株、公布114 289株、挂牌立碑115 072株、签订管护协议17 180份、实施养护32 341株。开展寻找广西最美古树系列活动，寻找广西最美古树与最美树王，评选出"十大最美古树""十大最老古树""十大最高古树""十大最美名木"，以及200株最美古树；编辑出版《广西古树名木大典》系列丛书，分别是《广西古树名木》《广西最美古树》《广西千年古树》《广西古树群》和《广西名木》。

森林城市创建 2018年9月30日，国家林业和草原局下发《关于授予北京市平谷区等27个城市"国家森林城市"称号的决定》（林宣发〔2018〕103号），贵港市被授予"国家森林城市"称号。至此，广西已有9个市获得"国家森林城市"称号。

村屯绿化提升建设 2018年，广西投入资金2000万元，重点围绕"一区两线三流域多点"区域，对具备发展乡村旅游条件的30户以上100个重点村屯开展村屯绿化提升建设项目，通过绿化美化花化香化，推动乡村旅游业发展，实现生态产业富民。截至12月底，有79个村屯竣工，竣工率为79%，累计种植各类苗木176 317株，累计绿化面积53.80公顷。

"全国生态文化村"遴选活动 2018年11月11日，中国生态文化协会下发《关于授予2018年度"全国生态文化示范基地"和"全国生态文化村"称号的决定》（中生协字〔2018〕14号），经中国生态文化协会组织专家评审，广西桂林市灵川县海洋乡大塘边村等6个村被授予"全国生态文化村"。至此，广西共35个村获此称号。

【森林资源培育】 2018年，广西完成植树造林面积249 734公顷，其中完成荒山造林48 800公顷、迹地人工更新56 267公顷、低效林改造造林6067公顷、封山育林29 400公顷、桉树萌芽更新109 200公顷。

新一轮退耕还林工程完成退耕地造林2000公顷。珠防林工程完成人工造林、退化林修复各4000公顷，均占年度任务的100%。海防林工程完成人工造林1333公顷，占年度任务的100%。石漠化治理工程完成人工造林1533公顷，封山育林28 000公顷，中幼林抚育467公顷。速丰林工程新造速丰林41 333公顷，占年度任务40 000公顷的103%。造林从桉树为主逐步向多树种转变，培育目标从中小径材为主向增加中大径材转变。松、杉、竹等乡土速生树种及中大径材造林面积大幅增加。造林补贴项目完成造林10 200公顷。全区完成特色经济林造林42 498公顷，其中：新造油茶林高产示范林24 753公顷，核桃、澳洲坚果等其他经济林17 745公顷。完成澳洲大花梨、红锥、楠木等珍贵树种造林4133公顷。

【营造林实绩核查】 2018年4~5月，自治区林业厅委托广西森林资源与生态环境监测中心完成了2017年度广西营造林实绩综合核查工作。

造林项目核查结果 此次核查的造林项目包括2016年度下达计划2017年实施的珠防林、海防林、石漠化治理、造林补贴项目、自治区林业经营性产业发展项目（木本油料）。经核查，全区造林项目总体上报面积核实率为98.7%，比上年度降低0.5个百分点；核实面积合格率为98.2%，比上年度降低0.9个百分点；上报面积合格率为96.9%，比上年度降低1.4个百分点；计划任务完成率为93.8%，比上年度提高2.6个百分点。

历年造林成效核查结果包括退耕还林配套荒山人工造林、珠（海）防林工程人工造林、石漠化治理工程人工造林、造林补贴项目、油茶营造林项目的3年保存成效和退耕还林、珠（海）防林工程、石漠化治理工程的5年封山成效，8个项目的总体上报面积成效率为86%，比上年度下降1.7个百分点。

【森林经营】 2018年广西完成中幼龄林抚育面积584 067公顷，完成中央财政森林抚育补贴项目94 400公顷，完成树种结构调整8680公顷。

中央财政森林抚育补贴项目 2017年国家下达中央财政森林抚育补贴资金1.95亿元，按照国家要求，2018年10~11月，广西林业局组织核查组对所有项目单位进行了核查，印发《广西壮族自治区林业局办公室关于2017年度中央财政森林抚育补贴项目自治区级核查结果的通报》（桂林办营字〔2018〕103号），通报批评进度慢、未完成任务的市县，要求认真整改，抓紧完成。

自治区级森林抚育补贴成效监测 完成融水、天峨、凤山、西林、横县、港北6个县（区）和派阳山、大桂山2个区直国有林场2013年设立的森林抚育成效监测样地森林资源、生态状况调查及2017年职工家庭和农户的经济社会调查工作。

树种结构调整 2018年，完成公益林区和生态重要区域桉树纯林改造8680公顷。

全国森林经营样板基地评估 2018年，指导广西国有高峰林场和中国林科院热林中心两个首批全国森林经营示范单位开展自评工作。广西国有高峰林场样板基地建设启动以来，重点建设实施5个森林经营技术模式共1060公顷。分别是：速生桉工业原料林经营类型、桉树大径材培育经营类型、杉木纯林近自然化经营类型、降香黄檀+杉木混交经营类型、珍贵树种大径材经营类型。中国林科院热林中心样板基地建设启动以来，重点建设打造7个森林经营技术模式共3520公顷。分别是：珍贵树种大径材经营类型、针叶人工纯林近自然化改造类型、马尾松脂材兼用林近自然化经营类型、速生桉+珍贵树种混交经营类型、松杉人工针叶纯林经营类型、速生阔叶树纯林经营类型、退化天然次生林改造经营类型。10月，国家林业和草原局对广西开展的全国森林经营样板基地建设进行总结评估，中国林科院热林中心评估等级为优秀，广西国有高峰林场评估等级为良好。

【湿地保护】

湿地保护制度建设 制订、印发《广西湿地保护修复制度实施方案》（桂政办发〔2018〕3号）；建立由自治区人民政府领导牵头的广西湿地保护修复工作厅际联席会议制度；由原自治区林业厅、发展改革委、财政厅联合编制、印发《广西湿地保护"十三五"实施规划》（桂林发〔2018〕2号）；成立广西湿地保护专家委员会，制定广西湿地保护专家委员会工作制度；制订、印发《广西壮族自治区湿地公园管理暂行办法》（桂林发〔2018〕18号）；启动广西湿地名录认定工作，编制《广西壮族自治区湿地名录认定和管理办法》。

国家湿地公园建设 2018年，广西富川龟石、都安澄江、靖西龙潭3个国家湿地公园通过国家林业局验收，正式挂牌成为国家湿地公园。至2018年年底，广西共有24个国家湿地公园开展试点建设，其中6个通过验收正式挂牌（北海滨海、桂林会仙、横县西津、富川龟石、都安澄江、靖西龙潭）。

湿地保护与恢复项目 2018年，广西共获得中央财政湿地保护补助资金4000万元，自治区财政800万元，在19个国家湿地公园和1个湿地自然保护区实施湿地保护与恢复、科普宣教、科研监测及湿地生态效益补偿等项目；对茅尾海、涠洲岛保护区及北海滨海国家湿地公园中央财政湿地补助资金项目的建设内容完成情况、资金使用情况、财务核算情况、档案建立情况等开展了竣工验收。

湿地保护宣传与培训 2018年2月2日，组织广西各市、县林业局，国家湿地公园，湿地自然保护区等湿地保护管理机构开展宣传活动。11月14~17日，在南宁举办2018年广西湿地保护管理培训班，来自北京林业大学、广西大学、广西林业勘测设计院等科研院所的专家为广西各地市、湿地公园、湿地自然保护区等单位的管理和技术人员进行了培训。

【国有林场】

改革成果 2018年，广西国有林场改革在2016年开展试点、2017年全面推进的基础上，继续深化国有林场改革。改革后的145家国有林场全部完成改革任务。

公益性显著增强 改革前，全区大部分国有林场为自收自支事业单位。改革后，全区国有林场整合为145家，其中公益一类事业单位52家、公益二类事业单位84家、企业林场9家，公益类事业单位性质国有林场比重达到94%。

在职在编人员保持稳定 全区共核定国有林场事业编制19 696个，虽然比改革前编制有所减少，但各地通过执行事业编制动态管理、原在职在编人员自然减员逐步过渡到目标编制的方式，确保了国有林场原在职在编人员稳定。

财政保障程度显著提高 改革前，广西大部分国有林场为自收自支事业单位，当地财政不予保障。改革后，公益类事业单位性质国有林场全部纳入当地财政预算管理，其中属于财政全额保障的国有林场87家，属于财政差额保障的国有林场49家，财政保障程度显著提高。

社会保险政策得到落实 改革后，广西国有林场职工按规定参加了养老保险、医疗保险、失业保险、工伤保险。其中：国有林场原编制内退休人员参加了机关事业单位养老保险，待遇普遍比改革前有所提高。

改革经验

高位推动开展 2018年，广西林业局把国有林场改革当作主责主业来抓，先后向自治区党委书记、自治区人民政府主要领导汇报国有林场改革工作，并就落实自治区党委、政府领导要求进行研究部署，召开4次厅长办公会议，研究国有林场改革政策问题，部署国有林场改革工作，有力推进了全区国有林场改革进程。

上下联动落实 2018年1月，广西林业局组织召开了全区国有林场改革发展现场会，部署2018年全区国有林场改革工作，指导各地做好全年国有林场改革工作；6月，针对部分地方国有林场改革工作推进缓慢等问题，组织召开全区各市林业局局长会议，督导各市列出国有林场改革尚未完成的任务清单，倒排时间表，逐项限期落实。

压实改革责任 2018年，广西国有林场改革工作领导小组办公室组织开展了3次专项督查活动，深入存在问题较突出的市、县，督促其按照中央和自治区要求做好国有林场改革各项工作；同时，不定期发布国有林场改革通报，表扬改革工作做得好的市、县，鞭策工作缓慢的市、县，力促达到互相比、学、赶、超的效果。

加强政策支持 2018年，广西共争取中央国有林场改革补助资金31 860万元，在资金分配上向河池、崇左、防城港、玉林、桂林、贵港以及博白林场、三门江林场、东门林场、派阳山林场、黄冕林场等国有林场社会保险欠费及需补缴费用金额大的市、自治区直属林场重点倾斜，进一步减轻这些林场的资金压力，加快解决国有林场社会保险问题。

严格改革验收 2018年6月，广西印发《广西国有林场改革验收办法》，并举办全区国有林场改革验收培训班，明确验收要求、程序、内容以及评分标准，督导各地按要求做好改革相关工作；9~10月，组织开展国有林场改革自治区核查工作，严格按照标准对各地改革情况进行评估验收，并督导各地对存在的问题进行整改完善，提高改革成效。广西国有林场改革工作自评得分96.36分，其中省级指标自评得分40分，省级以下指标自评得分56.36分。

经济指标 2018年，广西国有林场实现经营收入

40.3亿元，营业利润0.38亿元，资产总额383.1亿元。其中，自治区直属林场实现经营收入34.9亿元，营业利润0.7亿元，资产总额292.1亿元。广西区直林场林下经济投入超3200万元，实现产值3.9亿元。

资源培育 2018年，广西国有林场经营林地面积146.59万公顷，完成植树造林6.13万公顷，其中速丰桉2.94万公顷。生产木材411.7万立方米，其中生产桉木材379.4万立方米。13家区直国有林场共完成人工造林4.75万公顷，其中场外造林1.96万公顷，占林场造林总面积的41.2%。新造良种松杉、珍贵树种0.17万多公顷，森林抚育7.60万公顷，生产木材288万立方米。重点建设国家储备林、油茶、特色经济林、珍贵树种等商品林基地，开展低产林改造、乡土树种改种，因地制宜种植红椎、杉木、油茶等非桉树种。

科技支撑 广西区直东门林场与中国林科院热林所、国家桉树中心承担的"桉树大径材定向培育技术""桉树高纤维纸浆材定向培育技术"两个国家重点研发项目有序推进，良种大花序桉组培快繁技术取得突破，可大规模育苗。黄冕林场购置14架无人机，为营林生产管理、病虫害防治、森林资源管护等提供更准确的数据支持。

民生改善 自2017年广西被国家林业局列入国有林场管护用房建设试点以来，两年完成开工建设95套，主体完工38套，改善了林区职工的生产、生活条件。利用中央财政安排广西国有贫困林场扶贫专项资金2702万元，实现硬化生产生活道路里程11.61千米，巩固修复桥梁2座，新建输电线路长度7.78千米，新建和改造饮水工程7项，解决了537户1078人的饮水问题和用电问题，改善了贫困林场的办公、居住、交通等生产生活条件。

工业企业 自治区直属派阳山林场祥盛公司生产刨花板33万立方米，优等率92.36%，实现经营收入3.4亿元，实现净利润1525万元，"派阳山牌"刨花板获得"中国板材国家品牌"称号，祥盛公司获得"国家高新技术企业"称号。

巡视整改 深入落实自治区党委第四巡视组巡视反馈意见整改要求，区直国有林场完成内部公司清理75家，完成率100%；完成场外造林整改面积4.08万公顷，占任务总量的98.1%；收回被侵占国有林地2.11万公顷，完成年度任务的100.6%。

【林业产业】

油茶产业 2018年，广西完成油茶种植面积2.79万公顷，低产林改造面积2.66万公顷，全区油茶籽年产量超27.3万吨，产值237.23亿元。全区油茶林面积达48.12万公顷，全年有近10万贫困人口通过发展油茶产业脱贫。广西壮族自治区本级财政投入油茶产业扶持资金1.28亿元，争取国家农业综合开发项目3600万元用于油茶造林示范基地建设，全年创建油茶核心示范区2个，在建油茶"双高"示范园63个、示范点47个，实现了规模与质量双增长。2018年4月公布的2017年广西油茶产量测定情况显示：2017年全区油茶测产样地平均每公顷茶油产量同比增长1.6倍。全区测产样地平均每公顷产茶油268.95千克，同比增长164.8%。其中，广西桂林市林科所测产点每公顷产油量最高，达1215.90千克，同比增长102.8%。

油茶"双千"计划 2018年11月23日，《广西壮族自治区人民政府关于实施油茶"双千"计划助推乡村产业振兴的意见》（桂政发〔2018〕52号）印发，提出要扩大广西油茶种植规模，提高油茶质量效益，优化油茶产业结构，实现油茶产业发展质量、效益双提升，将油茶产业打造成带动农民增收致富的支柱产业，到2022年，全广西油茶种植面积突破1000万亩；到2025年，油茶产业综合产值增加到1000亿元以上。要求科学布局油茶定点采穗圃和油茶保障性苗圃，加大优质大苗培育，保障油茶种苗供应。到2022年，新选育高产、稳产、多抗性油茶优良品种2~3个，新建、改扩建油茶定点采穗圃22个、油茶保障性苗圃30个，年产油茶优质苗木8000万株以上。

油茶种苗 2018年，全广西建成油茶定点采穗圃20个、油茶定点苗圃24个，可投产油茶苗圃113个，油茶良种苗木年生产能力1亿株以上，全广西已通过国家或自治区审定的油茶良种31个。2018年共采收油茶种子280 000千克，采收油茶穗条8314万条，生产良种油茶苗木19 000万株，全广西油茶造林用苗100%良种化。

林木种苗生产建设

种子采收和用量 2018年，广西共采收林木种子597 290千克（包括油茶、坚果、核桃等经济林砧木用种），主要为油茶、坚果、杉木、核桃、白骨壤、桐花树、红椎、马尾松等树种，其中良种种子34 218千克，占总量的5.7%。2018年种子采收量比2017年（400 108千克）增加197 182千克，增幅49.28%。全年采收良种穗条11 741万条，良种穗条实际用量为10 937万条，良种穗条基本满足生产用种需求。

2018年，广西实际用种量777 695千克，其中良种用量28 825千克，占总用种量的3.71%。在良种使用中，油茶、杉木、马尾松、红椎良种用量较大，占全广西良种用量的93.8%。2018年实际用种量比2017年（474 871千克）增加302 824千克，增幅63.77%。2018年采收前种子库存量58 927千克，主要是澳洲坚果，占89.9%。

苗木生产与供应 2018年，全广西育苗苗圃总数为2918处，其中国有苗圃93处。育苗面积11 902.6公顷，比2017年（8964.5公顷）增加2938.1公顷，增幅32.8%，其中国有育苗面积499.5公顷。2018年全广西总产苗量102 728万株，比2017年（113 415万株）下降10 687万株，下降9.4%，其中容器育苗43 996万株，占总产苗量的42.8%；良种苗木37 871万株，占总产量的36.9%，良种苗木占总产量的比例比上年下降了1.3%；1年生及以下苗木69 966万株，2年生苗木15 156万株，3年生苗木6633万株，3年生以上苗木10 973万株。2018年造林实际用苗量51 183万株，与2017年（57 838万株）相比下降6655万株，降幅达11.51%，苗木生产满足2018年造林需要。可供2019年用苗总量60 659万株，其中容器苗27 479万株，良种苗木19 597万株。

林木种苗质量监督管理 2018年度广西林木种苗质量与执法检查工作在2017年12月至2018年4月开

展，自治区林业厅组织3个工作组分赴11个市进行苗木质量抽查，共抽查了26个县（市、区）和9个区直林业单位的84个苗圃、11个树种（品种）、87个苗批。抽查结果为：苗批合格率为83.3%；办证率为93%；标签使用率为68%；种苗质量自检率为88.5%；建档率为96%；平均良种育苗使用率为88.5%，自2014年以来连续5年保持在85%以上。

种质资源保存与利用 2018年，完成了林木种质资源普查信息管理系统数据库录入工作，录入广西14个市112个县区的种质资源普查信息数据：共计树种1300余种、数据15 106条。印发了《广西林木种质资源调查收集与保存利用规划（2016～2025年）》。广西国家林木种质资源库建设项目申报立项并获国家发展改革委批复，总面积533.3公顷、收集108个树种、总投资6239.02万元，由广西林业科学研究院组织实施建设。

【森林资源林政管理】 2018年，广西森林覆盖率62.37%，比上年提高0.06个百分点；活立木蓄积量7.90亿立方米，较2017年增长1500万立方米；发证蓄积量3535.64万立方米；共审核审批建设项目使用林地1260宗，面积9977.6公顷，保障了全区经济社会建设对林地的需要，收取森林植被恢复费12.65亿元。

林地保护利用管理 2018年，国家林业局下达广西年度林地定额为7200公顷，安排2980公顷国家备用定额供广西基础设施建设使用。2018年共审核审批建设项目使用林地项目1260宗，同比增加23.6%；审核审批建设项目使用林地面积9977.6公顷（其中：长期使用林地9367.1公顷，临时占用林地478.5公顷，直接为林业生产服务占用林地132.0公顷），同比增长7.7%；收取森林植被恢复费12.65亿元，同比增加8.8%；累计审核审批86个自治区级统筹推进重大项目使用林地。

森林资源调查与监测数据 2018年，广西共投入工作经费5314.4万元（其中自治区级财政资金投入595.0万元），投入工作人员5557人，历时9个月，共调查、核实了遥感变化检测图斑32.06万个，并全面衔接林地"一张图"数据与公益林、天然林专题数据，完成了各县（市、区）及全区2017年林地"一张图"数据库等基层信息。经调查，2017年，广西林地面积1603.33万公顷，占全区土地总面积的67.6%，其中国有林地占9.3%，集体林地占90.7%，森林面积为1413.89万公顷，林地利用率达88.18%。2017年全年公益林生态服务功能总价值为6006.4亿元，比上年增加101亿元，公益林管护良好。2017年广西森林生态系统服务功能总价值为14 226.48亿元（其中，生态与环境价值12 812.15万元）。

林政执法监督检查 2018年，投入2905人，组建954个工作组，历时120天，完成全区110个县（市、区）14万多个森林督查变化图斑的核查工作，及时立案查处违法图斑，开展"绿网·飓风2018"专项行动。2018年，全区涉及违法改变林地用途的图斑数4050个，林地面积3000公顷，立案查处2300起（含2380个图斑，林地面积1710公顷）；涉及违法违规采伐林木的伐区数32 000个，面积2.67万公顷，蓄积230多万立方米，立案查处9600起（伐区16 000个，蓄积120多万立方米），查处率达到50%。共发生林业行政案件15 547起，其中：盗伐林木案件326起，滥伐林木案件1854起，毁坏森林、林木案件220起，违法占用征收林地案件2434起，非法运输木材案件7219起，非法经营加工木材案件719起，违反野生动物保护法规案件456起，违反森林防火法规案件328起，违反林业有害生物防治检疫法规案件2起，违反林木种苗及植物新品种管理法规案件1起，违反野生植物保护法规案件4起，违反自然保护区管理法规案件37起，其他林业行政案件1947起；查结林业行政案件14 996起，查处率为96.46%。配合国家林草局驻广州专员办完成了对青秀区、融水县、银海区、平南县、平果县、忻城县、天等县7个县（区）的森林督查和目标责任制检查工作。

【天然林和公益林保护管理】

公益林区划落界成果审查 开展广西国家级公益林进一步区划落界和动态调整工作。各级共投入经费3000多万元，投入人力5000多人。2018年4月，会同广西财政厅向国家林业和草原局上报初步落界成果，经国家林业和草原局审查后，于12月对成果进行认真整改完善，并以文件上报国家林业和草原局及财政部。经统计，广西壮族自治区国家级公益林面积465.50万公顷。按照权属分，国有46.20万公顷，占9.9%；集体419.30万公顷，占90.1%。按照地类分，有林地216.99万公顷，占46.6%；疏林地0.23万公顷，占0.1%；灌木林地231.10万公顷，占49.6%；未成林地17.18万公顷，占3.7%。按照生态区位分，荒漠化和水土流失严重地区254.26万公顷，占54.6%；江河源头41.30万公顷，占8.9%；江河两岸73.62万公顷，占15.8%；保护区和世界自然遗产地64.87万公顷，占14.0%；湿地与水库13.14万公顷，占2.8%；边境地区17.27万公顷，占3.7%；沿海防护林和红树林0.56万公顷，占0.1%；上述范围外2000年试点面积0.49万公顷，占0.1%。广西此次开展的国家级公益林落界工作，是在原有国家级公益林管理库的基础上，结合2016年度林地变更成果完成，将国家级公益林库作为林地"一张图"的专题数据库，确保广西整个林地管理实现"一张图"管理。

广西原有国家级公益林面积484.13万公顷，此次落界更新后全区国家级公益林面积465.50万公顷，减少约18.63万公顷。

天然商品林核实落界审查 开展全区天然林落界成果规范性审查，及时完成落界成果报告和汇总整理，并对落界成果汇总数据予以通报。配合国家检查组开展广西天然林保护情况核查。核实落界广西天然商品林面积86.3万公顷（其中集体和个人79.9万公顷，国有6.4万公顷），区划小班14.2万个，主要分布在百色市、桂林市及贺州市，地类主要以乔木林为主，树种主要有软阔类、灌木类、栎类等10种。2018年5月，印发《广西壮族自治区林业厅办公室关于推进天然商品林核实落界及集体个人所有天然商品林协议停止商业性采伐试点工作的通知》（桂林办政字〔2018〕11号），指导各单位加快推进停伐协议签订工作，对协议签订进度慢的单位开展有针对性的指导和督促工作，推动协议的签订和资金兑付工作。

【野生动植物保护】 推进极度濒危野生动物和极小群野生植物拯救保护与人工繁育工作，推进冠斑犀鸟、德保苏铁、广西火桐野外回归。重点实施穿山甲救护及人工种繁育种群构建、鳄蜥野外放归、黑叶猴生态廊道示范建设、广西区域鸟类自然疫源性病原体检侦与溯源和元宝山冷杉、资源冷杉、瑶山苣苔、狭叶坡垒等极小种群野生植物拯救项目。开展打击非法破坏野生动植物资源的活动和专项行动常态化。2018 年，在 3 月 "爱鸟周" 和 9 月 "野生动植物保护宣传月" 期间，组织森林公安、工商等部门联合执法，重点对珠宝古玩、旅游商品市场等进行野生动物保护宣传和野生动物非法贸易排查。严厉打击乱捕滥猎候鸟、犀牛和虎及其制品非法贸易的行为，全面禁止非法加工销售象牙及制品等野生动物资源的行为。侦破 "7·9" 特大跨国非法收购、运输、出售珍贵、濒危野生动物制品案等一批大案要案。

公布广西壮族自治区重点保护陆生野生动物人工繁育技术成熟稳定物种目录，眼镜蛇、滑鼠蛇、环颈雉、豪猪、野猪、中华竹鼠、银星竹鼠、果子狸 8 种自治区重点保护野生动物纳入人工繁育技术成熟稳定物种。对 11 项野生动植物相关行政许可上收自治区林业局办理，2018 年共办理行政许可事项超过 1200 件。

开展穿山甲收容救护和人工繁殖技术攻关检查，加强穿山甲等野生动物收容救护管理，完善管理档案。利用现代分子生物学技术对穿山甲、蜂猴等野生动物进行溯源，针对来源于境外的野生动物进行严格隔离检疫。认真贯彻落实国家关于做好非洲猪瘟防控工作的要求，开展野猪非洲猪瘟疫情监测防控及其普查工作。2018 年，救护中心共收容救护野生动物 4043 只，野生动物产品 1760 项，其中活体 3440 只（条），死体 603 只（条）；国家一级重点保护野生动物 89 只（条），国家二级重点保护野生动物 3263 只（条），国家 "三有"、广西重点保护野生动物 502 只（条），濒危野生动植物种国际贸易公约附录 1 活体 2 只（条），未标明等级 187 只（条）。

【自然保护区建设】 11 月 13~14 日，召开广西壮族自治区自然保护区管理工作会议暨自然保护区 "五化" 建设推进会，继续推进实施林业系统自然保护区 "五化" 建设。推进雅长、木论、白头叶猴等保护区的保护站点标准化建设，改善保护管理基础设施。指导大哄豹、青龙山、王岗山和建新等自治区级自然保护区完成总体规划编制。贺州市八步区启动广西滑水冲自治区级自然保护区范围内林木赎买试点工作。积极稳妥处理好保护区社区群众各类信访事件，有效缓解保护区社区矛盾。开展自然保护区常态化监督检查，促进自然保护区健全管理制度，提高保护区规范化管理水平。

完成《广西壮族自治区关于中央环境保护督察反馈意见的整改方案》中 5 个问题的涉林整改工作任务。至 2018 年 12 月 31 日，未完成确界工作的青狮潭、架桥岭、银殿山、寿城、西大明山、那林、海洋山 7 个自然保护区的面积和界线确定方案已通过广西壮族自治区自然保护区评审委员会的审查并报自治区人民政府待审批。

【林业生态脱贫攻坚】 印发林业脱贫攻坚三年行动计划。在广西全区 54 个贫困县建设油茶 "双高" 示范园 60 个、示范点 40 个，林下经济示范基地 60 个、林业科技示范基地 68 个、各级现代特色林业示范区 54 个。倾斜安排 60% 以上的涉林资金，撬动农发行、国开行扶贫贷款 80 亿元。启动脱贫攻坚造林合作社创建工作，出台支持 14 个 2018 年脱贫摘帽贫困县专项措施，倾斜安排林地使用指标、森林采伐限额、产业发展资金。聘用生态护林员 34 526 人；开通 "八桂小林通"APP，选聘林业科技特派员 117 名。全力支持国家林草局对口帮扶龙胜县和罗城县；全力巩固自治区林业局对口帮扶隆林 6 个贫困村脱贫成果。

【林业大事】

1 月 23 日 广西壮族自治区人民政府与三立控股有限公司签署战略合作框架协议。自治区政府副主席张秀隆、三立控股有限公司董事长郁国祥签署协议。自治区林业厅厅长黄显阳主持签约仪式。

1 月 26 日 广西壮族自治区绿化委员会印发《关于授予贵港市等单位 "广西森林城市" 系列称号的决定》（桂绿字〔2018〕1 号），授予贵港市等 87 个单位 "广西森林城市" 系列称号。

2 月 3 日 国家发展改革委、国家林草局下发《关于下达湿地保护和林木种质资源保护工程 2018 年中央预算内投资计划的通知》（发改投资〔2018〕227 号），标志着广西国家林木种质资源库建设项目正式启动实施。

2 月 5 日 经广西壮族自治区人民政府同意，自治区林业厅、发展改革委、财政厅三部门联合印发了《广西湿地保护 "十三五" 实施规划》（桂林发〔2018〕2 号）。

2 月 6 日 自治区副主席方春明到林业厅进行工作调研，视察了广西林业展示中心和自治区森林防火指挥中心，慰问了森林公安民警及林业干部职工。自治区政府副秘书长文世峰，自治区林业厅党组书记、厅长黄显阳，副厅长、巡视员骆振严，副厅长邓建华、黄政康、陆志星，副巡视员蒋桂雄，自治区森林公安局政委李堂龙等陪同调研。

2 月 9 日 广西林业数据中心入选第一批国家绿色数据中心。

2 月 10 日 广西国控林业股份投资有限公司正式揭牌。

2 月 23 日 2018 年广西党政军领导义务植树活动在南宁市青秀山举行。自治区四家班子领导成员与驻邕全国人大代表、政协委员，驻邕部队官兵，区直、中直驻邕单位代表，南宁市四家班子成员和青年志愿者代表等 100 多人参加活动，种植竹子 2 万株。

3 月 23 日 全区首家森林康养示范基地——六万大山森林康养示范基地在玉林启用。

首届广西森林康养产业发展论坛在玉林举办，论坛主题为 "生态广西森林康养"，邀请了国家政策研究机构及权威医学、林学、旅游、金融机构等专家到会演讲，并对六万大山森林康养示范基地揭幕启用，国家林业局、自治区相关部门有关领导共计 110 多人参加。

4月13日 黄帝手植柏、汉武帝挂甲柏扩繁苗赠送仪式在陕西珍稀树种种质资源库举行。陕西省人民政府副秘书长、陕西省林业厅厅长薛建兴，广西壮族自治区人民政府副秘书长文甡峰、自治区林业厅厅长黄显阳等领导参加活动。此次赠送的6株扩繁苗是5000年黄帝手植柏和2300年汉武帝挂甲柏的子代苗，对加强两省区间古树名木保护繁育交流合作，共同推动"绿色文物"保护工作，具有十分重大的意义。

4月20日 国家林业局知识产权研究中心发布《1985~2017年林业科研院所和高等院校专利分析报告》。数据显示，1985~2017年，广西林科院专利公开量、授权量在全国林业科研院所中排名第二，仅次于中国林科院，在省级林科院中排名第一。

4月26日 从中国林学会获悉，崇左市龙州县武德乡三联村1株古蚬木入选"中国最美古树"，它是广西唯一入选的古树。

6月1日 首个"广西林业系统新时代讲习所"在六万林场创立。自治区政府副主席方春明、林业厅厅长黄显阳见证讲习所挂牌。

6月6日 自治区主席陈武在林业厅主持召开专题会议，研究部署西大明山、青狮潭、银殿山、寿城、架桥岭、海洋山、那林7个自然保护区确界工作。自治区副主席方春明、自治区政府秘书长黄洲出席会议。

7月11日 经自治区人民政府同意，全区在7~12月首次全面开展自然保护地大检查专项工作。重点检查自治区级以上的自然保护区、风景名胜区、森林公园、湿地公园、地质公园、海洋特别保护区（海洋公园）、自然遗产等，主要任务是摸清各类自然保护地底数和管理薄弱环节。

7月20日 根据《国家林业和草原局关于加快推进森林经营方案编制工作的通知》（林资发〔2018〕57号）要求，自治区林业厅制订下发《广西森林经营方案编制修订工作方案》，部署森林经营方案编制修订工作，为"十四五"森林采伐限额编制奠定基础。

9月21日 自治区党委办公厅、自治区政府办公厅联合印发《广西乡村风貌提升三年行动方案》（桂办发〔2018〕39号）。《方案》提出特色风貌"三提升"行动，开展农村量化景观工程建设，完成600个太阳能光伏发电或太阳能路灯示范村项目建设。村庄基础设施"七改造"行动提出开展改厕行动，推动农村"厕所革命"，自治区林业厅为牵头单位之一。

11月8日 中国林场协会林业产业专业委员会在南宁成立。会议表决通过了《中国林场协会林业产业专业委员会管理办法》，选举产生了林产专业委员会的组织机构。广西国有高峰林场担任主任委员单位。中国林场协会会长姚昌恬向高峰林场授主任委员牌。

11月12日 广西壮族自治区林业局举行揭牌仪式。自治区副主席方春明、自治区林业局局长黄显阳为广西壮族自治区林业局揭牌。

11月16~19日 2018中国-东盟博览会林产品及木制品展在南宁举办。自治区副主席李彬宣布林木展开幕。越南农业与农村发展部副部长陈青南、国家林业和草原局总经济师张鸿文、广西壮族自治区林业局局长黄显阳致辞。东博会秘书处秘书长、广西博览局局长王雷主持开幕仪式。

11月27日 《广西壮族自治区人民政府关于实施油茶"双千"计划助推乡村产业振兴的意见》（桂政发〔2018〕52号）印发，提出到2022年，全区油茶种植面积突破1000万亩，到2025年，油茶产业年综合产值增加至1000亿元的"双千"目标，以及抓好创新经营机制、加强"双高"示范、促进融合发展、加强科技支撑、统筹整合资源等重点工作。

12月20日 从北京林业大学获悉，东门林场参与的桉树倍性育种研究项目成功培育了世界首株三倍体桉树。该成果于11月21日在国际知名林业开源期刊 *FORESTS* 在线发表。

（广西壮族自治区林业由马径斯、周美红供稿）

海南省林业

【概 述】 2018年，海南省推进热带雨林国家公园体制试点，加强林业生态修复和湿地保护，持续造林绿化，强化森林资源保护，继续深化林业改革，全年完成造林1.05万公顷，林业和山体及湿地修复0.52万公顷；全年林业总产值638.49亿元，增长5.91%，其中：第一产业319.63元、第二产业275.84元、第三产业43.02元。至2018年年底，全省有森林面积213.60万公顷，森林覆盖率62.1%；国有林场32个（其中省林业局直属13个、市县管理19个），管理面积41.63万公顷；椰子种植面积4万公顷；红树林面积5540公顷；滨海青皮林面积332.40公顷；湿地总面积32万公顷，湿地公园12处（其中国家级7处、省级5处）；森林公园28处（其中国家级9处、省级17处、市县级2处），面积12.93万公顷；自然保护区49处（其中国家级10处、省级21处、市县级18处），总面积270.97万公顷。

【林业机构改革】 2018年9月27日，省委、省政府印发《海南省机构改革实施方案》，将原省林业厅的职责，以及省国土资源厅、省住房和城乡建设厅、省水务厅、省农业厅、省海洋与渔业厅等部门的自然保护区、风景名胜区、自然遗产、地质公园等管理职责整合，组建省林业局，作为省政府直属机构，由省自然资源和规划厅统一管理。不再保留省林业厅。同时，将原省林业厅的森林防火职责、森林防火指挥部的职责划转到海南省应急管理厅，将自然资源调查和确权登记管理职责划转到海南省自然资源和规划厅。2018年10月19日，省委机构改革领导小组办公室印发《海南省林业局职责机构编制职数框架》，核定省林业局行政编制46名。设局长1名，副局长3名。处级领导职数20名（其中正处级11名，副处级9名）。

【天然林管护】 2018年，海南省层层落实天保工程管护责任，省林业局分别与11个天保实施单位签订2018年天保工程森林资源保护目标管理责任书，各单位分别与基层单位和护林员签订森林管护合同，将森林管护责任落实到具体人员和山头地块，确保工程区森林资源安全。完成第九次全国森林资源清查海南任务，编制海南省2018年清查成果。完成全省森林资源本底调查，对全省1.17万个调查样点进行实地调查，统计出全省森林资源林地面积、森林面积、森林覆盖率、森林蓄积量4个指标。强化公益林管理，完成中部山区4个市县（白沙、琼中、保亭、五指山）6次卫星监控484个疑似变化图斑的实地抽查核实，预防和遏制重大毁林案件的发生。椰心叶甲、椰子织蛾、薇甘菊、金钟藤等林业有害生物得到有效防治。全省全年未发生重特大森林火灾，森林火灾受害率控制在0.3‰以下。开展打击非法占用林地等"八个专项"行动，集中力量侦破海口伪造、买卖木材运输植物检疫证"黄牛"案、三亚育才生态区滥伐林木案，对涉林违法犯罪保持高压态势。

【苗木产业】 2018年，海南省建立林木种苗综合信息服务管理平台，加大推广林木良种良苗，建立优良品种保障体系，提供良种造林植树。至年底，全省苗圃总数660个，占地4400.53公顷，培育苗木2亿株，年产值30亿元；审（认）定油茶、沉香、兰花、鹤蕉、木麻黄、椰子等良种35个。4月26日，获海南省质量技术监督局批准并公告油茶、白木香、降香黄檀、木麻黄4个造林树种的林木种苗地方标准，于6月1日起正式实施，填补了海南省无林木种苗地方标准的空白。

【国家储备林建设】 2018年4月11日，中共中央、国务院印发了《关于支持海南全面深化改革开放的指导意见》（中发〔2018〕12号），指出"实施国家储备林质量精准提升工程，建设乡土珍稀树种木材储备基地"，把海南国家储备林建设提升到国家战略。9月5日，省林业厅与国家开发银行海南省分行签署建设生态文明美好新海南开发性金融合作备忘录，支持海南国家储备林等林业重点领域建设发展。

【海南热带雨林国家公园体制试点】 2018年，海南省委、省政府成立海南热带雨林国家公园建设工作推进领导小组，统筹协调试点工作，领导小组办公室设在省林业局。8月16日，省政府常务会议审议通过《海南热带雨林国家公园体制试点方案》。10月11日，省委深改委会议审议通过《海南热带雨林国家公园体制试点方案》。10月25日，中央推进海南全面深化改革开放领导小组第二次会议审议通过《海南热带雨林国家公园体制试点方案》。该方案初步划定海南热带雨林国家公园范围，拟建热带雨林国家公园总面积为4400余平方千米，涉及五指山、琼中、白沙、昌江、东方、保亭、陵水、乐东、万宁9个市县39个乡镇。完成《海南热带雨林国家公园生态搬迁实施方案（征求意见稿）》。

【湿地保护】 2018年，海南出台并实施《海南省湿地保护条例》。全省重视红树林保护恢复，红树林退塘还林（湿）1113.33公顷。年内，推动湿地保护分级管理，完成第一批省级重要湿地名录的认定和公布。海口获首批国际湿地城市称号。

【自然保护地建设】 2018年，海南省各类自然保护地由林业部门统一监管，统筹山水林田湖草系统治理；海南铜鼓岭国家级自然保护区、大洲岛海洋生态国家级自然保护区、三亚珊瑚礁国家级自然保护区的管理职能和人员转隶完成；海南吊罗山、东寨港2处保护区的总体规划通过专家评审。年内，开展全省自然保护地大检查，摸清底数，全年全省有自然保护区、森林公园、湿地公园、风景名胜区、地质公园、海洋类保护区等各类自然保护地116处。对全省林业自然保护区的边界范围进行核定，将相关成果纳入全省"多规合一"。

【造林绿化】 2018年，海南省完成造林1.05万公顷，超额完成省政府下达6666.6公顷的造林任务，完成率157%。全年参加义务植树358.60万人次，义务植树763万株，超额完成全省600万株的年度任务，完成率127%。年内，指导市县和农垦部门克服全省区域性降雨分布不均等不利因素，开展抗旱造林、抗涝护苗和抗风补苗，宣传"爱绿、植绿、护绿"。支持昌江、琼中和文昌申报创建省级森林城市，全省创建省级森林城市的市县达6个。陵水创建国家级森林城市总体规划通过专家评审。

【珍贵乡土树种】 2018年，海南省引导有土地、有资金、有技术的企业和种植大户带头开展珍贵乡土树种种植，指导农户根据自身土地、经济条件和意愿，在房前屋后采取"四旁植树"形式种植珍贵乡土树种。全省完成花梨、沉香等珍贵乡土树种种植366公顷，总面积达到1.49万公顷。

【花卉产业】 2018年，海南省政府决定在全省开展"花香海南"大行动，下发了《海南省人民政府办公厅关于下达2018年花香海南大行动种植任务的通知》（琼府办函〔2018〕110号），将种植任务分解到各市县，并要求各市县将花卉基地、花卉产业园、田野花海以及城镇、村庄、通道等种植任务层层分解到有关部门和乡镇政府。海南省林业局组织开展全省花卉产业调研，举办"花香海南大行动"技术培训班，加强花卉产业管理；省财政安排3200万元热带特色高效农业产业专项资金支持花卉产业项目。据统计，全年完成扩种特色花卉面积5333.33公顷，全省花卉总面积达到1.01万公顷，花卉总产值达到45亿元。

【油茶产业】 2018年，海南省政府印发《海南省油茶产业发展规划（2017~2025）》，选育油茶良种品系20个，良种推广面积不断扩大。全年建设油茶良种采穗圃13.33公顷，建设高产示范林20公顷，完成造林800公顷，全省油茶种植面积达到6666.67公顷，油茶总产值突破1亿元。

【木材经营加工】 2018年，海南省加强全省木材经营加工管理的指导、检查和督促，对小型加工企业、长期停产、停业企业进行清理整顿，规范木材加工管理。鼓励和支持企业进行深、精加工，提高木材加工高新技术含量，延长产业链，提高木材加工增加值。至年底，全省木材加工行业产值达到94.80亿元。

【林下经济】 2018年，海南省将林下经济发展列入全省精准扶贫和"十三五"十二大重点产业重要内容。注重树立先进典型，以点带面推进，至年底先后推荐评定国家级和省级林下经济示范基地114家，其中国家级6个、省级108个；全省林下经济累计从业人数60.85万人，面积16.98万公顷，产值148.88亿元。

【森林旅游】 2018年，海南省森林公园基础设施和旅游服务设施逐步完善，环境日趋美观，旅游条件和品质继续大幅提升。全年森林旅游游客772万人次，收入10.20亿元。亚龙湾热带天堂森林公园完成观海带3D感应玻璃平台栈道项目和雨林魔幻迷宫亲子无动力体验乐园项目；海南陵水猴岛旅业发展有限公司与全球著名野奢帐篷营地运营商荷兰ACSI欧洲公司联合投资打造南湾猴岛滨海野奢帐篷木屋露营度假区，为游客提供完全融入自然的野外生态住宿体验；海南槟榔谷黎苗文化旅游区建设开发悠黎客拓展基地(Youlike)，针对中小学生市场建设海南一流研学旅行示范单位，并挖掘、保护、传承海南省黎苗文化；呀诺达热带雨林景区完成雨林拓展丛林穿越项目，利用专业的穿越装备让游客体验高空穿行活动；海南热带野生动植物园大熊猫馆开馆。

【林长制落实】 2018年，海南省在全省全面实施林长制。4月初，派出调研组赴安徽、湖北等地调研，学习了解并借鉴其他省份实施林长制的成功经验和做法。通过实地调研学习，结合海南实际，草拟《海南省全面实施林长制的意见》及相关制度文件，按照"分级负责"的原则，构建省市区乡村五级林长体系，一级抓一级，按照工作职责，落实年度工作任务和目标。各级林长负责督促指导本责任区域范围内的森林、湿地资源保护发展工作，主要协调解决需要部门联动形成合力推动的林业生态修复、森林质量效益提升、林地权属纠纷调解、森林防灾减灾能力建设、森林湿地生态安全维护等森林、湿地资源保护发展问题，通过加强组织领导，落实经费保障，严格考核问责，强化社会监督等措施予以保障，推动全省林业高质量发展。

【野生动植物保护】 2018年，海南省加强对海南长臂猿、海南坡鹿、海南苏铁等珍稀濒危植物保护和生物多样性保护。大田和霸王岭国家级自然保护区完成海南坡鹿和长臂猿栖息地恢复66.67公顷。完成蟒蛇对海南坡鹿影响调查及海南兔种群调查项目。与海南大学合作，在番加保护区实验区恢复种植坡垒苗木400株，在保梅岭保护区实验区恢复种植海南苏铁苗木400株，形成坡垒、海南苏铁野外回归实验报告。启动海南野生动物保护与自然保护区管理系统项目，完成系统开发。开展"爱鸟周""世界野生动植物日""动植物科普进社区"等宣传教育活动。开展候鸟保护和执法检查。

【野生动物人工繁育】 2018年，海南省陆生野生动物人工繁育业主要分布在海口市、文昌市、澄迈县、儋州市、万宁市、琼海市、屯昌县等市县，主要养殖虎纹蛙、龟类、蛇类、食蟹猴、果子狸、原鸡、豪猪、竹鼠等。全年经野生动物行政主管部门批准的野生动物驯养繁殖场新增32家，总计达到397家，总产值6亿元。

【野生动物疫源疫病监测】 2018年，海南省转发《国家林业和草原局办公室关于进一步做好野猪非洲猪瘟监测防控工作的紧急通知》等各类通知5件，并抓好贯彻落实。制发《海南省野猪非洲猪瘟等陆生野生动物疫源疫病监测防控工作实施方案》，要求各单位制订自己的防控工作方案，实行每日零报告制度，做好野猪非洲猪瘟等野生动物疫源疫病的监测防控，确保生态安全。举办陆生野生动物疫源疫病监测防控管理培训班，讲解野生动物疫源疫病的常见病例，介绍非洲猪瘟的疫源情况，各市县林业部门和疫源疫病监测站等60人参加。开展不间断监测防控，全省33个陆生野生动物疫源疫病监测站实行24小时应急值守制度，每天通过专用网络系统上报疫情，年内未发现野猪非洲猪瘟等疫情。

【森林防火】 2018年，海南省发生森林火灾29起，其中一般森林火灾17起、较大森林火灾12起，火场总面积62.31公顷，受害森林面积38.67公顷，森林受害率0.3‰，火灾均在当日扑灭。年内，各市县召开森林防火工作会议，并分别与成员单位、乡镇、农林场签订森林防火责任状394份，各乡镇分别与村委会签订森林防火责任状3076份。省森林防火办公室发出森林防火督查通报18期。在重点防火期如清明期间，全省悬挂森林防火宣传横幅7万多条，张贴宣传单近60万张，发放手机防火信息近130万条，放映《森林防火》科教片250场，设置防火宣传牌2万多块，印发宣传手册26万多份，出动宣传车2万多辆次，组织防火宣传5万多人次，全省设置临时森林防火检查站点、卡口1012个，出动执勤驻守人员8.03万人次，投入3719人次开展防火督查。

【林业行政审批】 2018年，海南省深化"放管服"改革。从4月起，对符合"多规合一"的林地征占用项目不再上报办理林地使用手续，由市县政府负责，此项"放"的改革惠及用林项目130个。统一规范全省林业许可事项名称、法律依据、办事流程等审批要素；提出取消、下放和调整12个审批事项；压缩调整野生动物人工繁育等8个审批事项；全面清理全省涉林证明事项；在海口、三亚等林地占补平衡难的市县实施"先承诺后占补"；"出省木材运输许可"委托市县实施；出台《落实野生动植物许可程序细化实施方案》。加强林业政务信息整合共享，将全省林业审批事项和办事指南录入省政务服务网，"全国林木采伐管理系统""全国木材运输管理信息系统"与省政务服务网实现对接，办事群众可在省政务服务网上实现相关林业审批事项一网通办。

【集体林权制度改革】 2018年，海南省积极推进完善集体林权制度改革，引导林权规范有序流转，起草《海南林业产权交易中心建设方案》；按照《海南经济特区集体林地和林木流转规定》，严格依法规范林权流转，保护农民权益。建立完善森林保险制度，加强林业风险防范保障机制，规范承保理赔工作程序。2018年，全省有71.35万公顷公益林、1.81万公顷橡胶树公益林和4.79万公顷商品林参保。

【国有林场改革】 2018年，海南省国有林场改革任务基本完成，将原有36个国有林场整合为32个，其中省属林场13个，市县属林场19个。在32个林场中，公益一类和二类事业单位林场28个（其中省属林场13个），企业型公益林场4个。年内，组织开展全省国有林场改革省级评估验收，完成对全省28个责任主体单位（包括15个市县政府和13个省属林场）的省级评估验收工作，并通报反馈验收结果和意见。对照国家改革验收办法，督导指导各责任主体单位认真梳理、查漏补缺，提出整改措施，限期完成整改，做好迎接国家验收材料的准备。

【林业交流与合作】 2018年，海南省承办第10届中国生态文化高峰论坛、粤桂琼三省区林业局第13次联席会议和"北极候鸟倡议（AMBI）执行研讨会""东亚—澳大利西亚迁飞区伙伴关系（EAAFP）第10次成员大会"2个国际会议。从四川中国大熊猫保护研究中心引进2只大熊猫"贡贡"和"舜舜"到海南热带野生动植物园，为海南旅游增添独特吸引物。省林业局与国家开发银行海南省分行签署《建设生态文明美好新海南开发性合作备忘录》。

【林业脱贫攻坚】 2018年，国家林业和草原局下达海南省生态护林员岗位2000个、资金2000万元。将热带高效特色产业资金向贫困地区倾斜，全年热带高效特色产业资金3500万元，其中安排给5个国定贫困县790万元。

【林业基础保障】 2018年，海南省修订发布《海南经济特区林地管理条例》，为林地管理提供法律保障。1月，由中国科学院院士唐守正领衔的海南省林业院士工作站正式挂牌成立，将为热带雨林生态修复及海南生态省建设发展提供科技支撑。

【海南省首个林业院士工作站和海口市湿地保护工程研究开发中心揭牌成立】 2018年1月18日，海南首个林业院士工作站和海口市湿地保护工程研究开发中心在省林业科学研究所揭牌成立，将致力于研究海南林业生态资源保护与发展，为海南国际旅游岛和生态省的建设发展提供科学依据。院士工作站依托中国科学院院士、中国林业科学研究院首席专家唐守正院士及其团队在森林经理学领域的雄厚实力，合作开展热带森林与湿地生态系统修复、热带森林与湿地生态系统检测体系建设、林业科学数据平台建设及运行服务等方面的科研课题研究，并探讨中国热带地区生物资源的开发与保护，生态与经济之间的协调发展途径。海口市湿地保护工程研究开发中心将利用3S技术、计算机网络、空间数据库和三维虚拟仿真等高新技术，建立能够对湿地空间和属性数据进行采集、管理、查询、分析和应用，集知识、模型和决策为一体的海口市湿地基础地理信息管理系统，从而为湿地的合理开发利用、可持续管理和旱涝灾害预防提供决策依据。

【《海南省湿地保护条例》出台】 2018年5月29日，《海南省湿地保护条例》经海南省六届人大常委会第四次会议通过，自7月1日起施行。该条例分6章45条，从湿地规划编制和名录管理、湿地保护和修复、湿地监测和监督管理等方面对全省湿地保护作出规定，填补了海南湿地立法的空白，为全面加强湿地保护，推动湿地资源可持续发展，改善生态环境，促进生态文明建设提供了重要的法制保障。

【海口获首批国际湿地城市称号】 迪拜时间2018年10月25日，在《湿地公约》第十三届缔约方大会全体会议上，来自全球7个国家的18个城市获得全球首批国际湿地城市称号，其中6个来自中国，海口为其中之一，这是海口在生态保护上获得的一块重要金字招牌。国际湿地城市称号代表一个城市的生态成就，是国际上湿地保护方面规格高、分量重、含金量足的一个荣誉，国际湿地城市认证证书有效期6年。海口自古有"水城"之称，因湿地资源丰富、类型多样而入选。

【林业大事】
3月27日 海南省林业厅办公室印发《2018年全省林木种苗行政执法年活动实施方案》，要求各市县林业部门认真贯彻落实，把活动作为提高林木种苗行政执法能力和执法水平的有力抓手。

4月26日 海南省质量技术监督局批准并公布油茶、白木香、降香黄檀、木麻黄4个造林树种标准，于6月1日起正式实施。填补了海南省无林木种苗地方标准的空白。

5月29日 省人大颁布《海南省湿地保护条例》，于7月1日起实施。

5月 海南野生动植物保护管理局启动"海南野生动物保护与自然保护区管理系统项目"，并于2018年12月完成系统开发。

6月7日 海南省林业厅、海南省海洋和渔业厅、海南省水务厅联合发布第一批省级重要湿地名录。

9月27日 省委、省政府印发《海南省机构改革实施方案》，组建省林业局，作为省政府直属机构，由省自然资源和规划厅统一管理。

10月19日 省委机构改革领导小组办公室印发《海南省林业局职责机构编制职数框架》，核定省林业局行政编制46名。

10月25日 在《国际湿地公约》第十三届缔约方大会上，海口荣获全球首批"国际湿地城市"称号。

10月25日 中央推进海南全面深化改革开放领导小组第二次会议审议通过《海南热带雨林国家公园体制试点方案》。

10月 省林业局启动每十年开展一次、海南建省以来第三次的森林资源规划设计调查（简称二类调查）工作。

（海南省林业由李豪洋供稿）

重庆市林业

【概　述】 2018年，重庆市林业工作以习近平新时代中国特色社会主义思想为指导，深入学习贯彻党的十九大精神和中央经济工作会议、中央农村工作会议精神，认真落实全国林业厅局长会议各项要求。全市有森林面积397.60万公顷，比直辖之初的172.90万公顷翻了一番多；森林覆盖率48.3%，位居西部省份前列。2018年通过实施国土绿化提升行动完成营造林42.67万公顷，林业产业总产值达到1260亿元，较上年度增长26%。全市有各类自然保护区58个（其中国家级7个、市级18个、县级33个），分布在29个区县，面积80.47万公顷，占全市辖区面积的9.9%；市级以上森林公园（含生态公园）85个（其中国家级27个、市级58个），面积18.79万公顷，占全市辖区面积的2.28%；湿地公园26个（其中国家级22个、市级4个）；国有林场69个。

【国土绿化提升行动】 按照市委、市政府印发实施的《重庆市国土绿化提升行动实施方案（2018~2020年）》，从2018年起用3年时间完成营造林任务113.33万公顷，实现到2022年全市森林覆盖率提高到55%左右、基本建成长江上游重要生态屏障的工作目标。提请市政府分管领导3次召开专题会议推动相关工作，代表市政府与区县政府签订了3年国土绿化目标责任书，指导区县编制国土绿化总体规划和年度实施方案，与市发展改革委等5部门联合下发营造林技术和管理指导意见，开展国土绿化提升"春季大行动"和"秋冬季百日大会战"。研究制订工程实施检查验收及考核办法，建立起月通报、季检查、后进约谈以及严格实绩考核的工作机制。重庆市林业局领导分片对区县国土绿化提升行动进行广泛调研、督导，协调解决推进过程中的困难和问题。依托退耕还林、石漠化综合治理、三峡后续植被恢复等重点工程，加快推进城乡绿化一体化。2018年完成营造林42.67万公顷，超年初38万公顷目标任务12.3%，占三年113.33万公顷目标任务的37.6%，取得头年首胜。其中：完成退耕还林10.40万公顷，完成疏林地及未成林地培育5.31万公顷，完成宜林荒山及无立木林地造林3.47万公顷，完成农村"四旁"植树0.95万公顷，完成农田林网和特色经济林（新）改造12.21万公顷，实施森林抚育4.84万公顷，开展特定灌木林培育5.49万公顷。积极探索"互联网+全民义务植树"基地建设，照母山森林公园成为重庆市首个"互联网+全民义务植树"基地，全市累计参加义务植树1791.8万人次，植树7527.6万株。

【森林资源保护管理】 划定并严守林地、森林和湿地三条红线。实行林地用途管制和差别化管理，从严管控自然保护区、风景名胜区、森林公园、湿地公园、国有林场、主城"四山"等重点区域。积极服务重点工程建设，没有因林地征占用影响重点项目建设情况。印发《关于进一步加强林木采伐管理工作的通知》《关于加强木材经营加工监督管理工作的通知》，严格森林采伐限额和采伐许可管理，全面停止天然林商业性采伐。组织开展2018年度林地变更调查工作、森林督查工作，推进实施国家级公益林落界，将公益林落实到山头地块，全面落实300.33万公顷公益林管护责任。组织开展全市自然保护地大检查大整治，有序推进全市自然保护地生态环境破坏问题整改。开展野生动植物保护和野猪非洲猪瘟监测防控，严厉打击涉林违法犯罪，侦破查处森林和野生动物案件2819起，打击处理各类违法犯罪嫌疑人3239人，收缴林木、木材1458.9立方米、野生动物8846只（头）。强化森林防火宣传教育、火源管控、预警监测、隐患排查、设施建设、科学扑救，召开森林防火业务培训暨观摩演练现场会，动用5架森林消防直升机开展火灾扑救、巡护，累计执飞334天，飞行194架次、425小时，2018年全市共发生森林火灾13起，没有发生重大森林火灾和人员伤亡事故。提请市政府成立由分管副市长任指挥长的重庆市重大林业有害生物防控指挥部，召开全市重大林业有害生物防控工作电视电话会议，与区县政府签订松材线虫病疫情三年防控目标任务书，持续加大防控投入，在全面深入"秋普"的基础上，开展以疫木清理除治为核心、以疫木源头管理为根本的"百日攻坚"行动，林业有害生物新发生成灾率控制在3‰以下。积极配合做好石柱水磨溪湿地县级自然保护区整改工作，指导石柱县编制《重庆石柱水磨溪湿地县级自然保护区生态修复方案》，启动保护地生态修复，在荷叶铁线蕨分布区外100米营造了生态缓冲保护带，落实了汇水区消落带封禁保护措施。

【生态扶贫特色产业】 深度融入乡村振兴战略行动，努力服务全市脱贫攻坚大局。完成重庆市林业产业发展规划（修编）和笋竹、木本油料、林下经济、森林旅游、森林康养5个专项规划，着力推进木本油料、笋竹、林下经济、森林旅游、森林康养、林产品加工贸易六大林业主导产业。新增笋竹和特色经济林8.67余万公顷，累计建成笋竹基地28.20万公顷、木本油料基地13.47万公顷、中药材基地8.13万公顷、花椒基地9.47万公顷、林下经济34万公顷、柑橘等水果42.40万公顷、苗木花卉基地2.67万公顷，生产供应苗木4.5亿株，生产花椒、林果、竹笋等初级林产品330多万吨。出台意见大力推进林旅深度融合发展助推打造旅游发展升级版，累计发展森林人家3300余家，仅7～8月共2600多万人次进入重庆市林区纳凉避暑。在全国森林旅游节上重点推介大巴山地区森林旅游康养。城口和巫溪2县被评定为"全国森林旅游示范县"，武隆仙女山被评为"全国中小学生研学实践教育基地"。推动林业产业向园区集中，发展市级以上林业龙头企业130多家。与中林集团签署《重庆市林业投资开发有限责任公司增资扩股协议》，共同推进重庆市国家储备林及林业生态扶贫等林业重点领域发展。促成中国西部木材贸易港正式落地巴南区，中林集团重庆公司进港木材150万立方米，较2017年增长130%。支持林业品牌建设，会同市发展改革委、市农业农村委审定市级林业特色农产品优势区11个，成功申报国家林业特色农产品优势区4个。大力扶持民营经济发展，走访民营企业34家，出台《重庆市林业局关于支持民营经济发展的实施意见》，落实涉林企业贴息贷款6.6亿元。全年林业产业总产值超过1200亿元。会同市扶贫办印发《重庆市推进生态扶贫工作实施意见》，深化落实生态工程项目、生态产业、生态效益补偿、生态公益岗位等8个方面20条生态扶贫政策，2018年对14个（含2017年已退出的5个）国家级贫困区县安排的市级及以上的林业投入占全市的比重超过60%，其中落实18个深度贫困乡镇林业扶持项目129项、市级以上补助资金1.89亿元，从14个国家级贫困区县建档立卡贫困人口中选用生态护林员1.85万名，人均年管护费超过5000元。

【林业改革】 深入贯彻习近平总书记关于推动城乡自然资本加快增值的重要指示要求，按照市委依靠农村"三变"改革、充分激活"人""地""钱"等资源要素、推动城乡自然资本增值的具体安排，扎实推进林业改革。提请市政府印发实施《重庆市实施横向生态补偿提高森林覆盖率工作方案（试行）》，推动形成各区县共同担责、共建共享的国土绿化新格局，获国家林草局肯定。扎实推进国有林场改革，完成国有林场改革市级验收，全市国有林场改革主要任务全面完成，改革成效初显，国有林场经营管理森林面积较改革前增加1.77万公顷，森林蓄积增加383.5万立方米。深化集体林权制度改革，认真落实市政府办公厅《关于印发重庆市完善集体林权制度实施方案的通知》，全市38个区县政府制订印发了完善集体林权制度具体实施方案。完成国家综合治理目标考核，加强集体林地承包经营纠纷调处，共调处纠纷147件，调处率100%。积极稳妥推进农村林业"三变"改革试点，有21个区县确定了改革试点村，林地入股面积达0.47万余公顷，入股户数6043户，人均增收793元。印发《关于进一步放活集体林经营权的通知》，促进乡村振兴，全市累计林地流转面积46.15万公顷，比上年增长10.5%，流转金额31.66亿元，新型经营主体达1万余家。积极探索森林保险改革创新，重庆人保公司在大足区创新试点"森林保险+支农融资"模式，发放融资款500万元。全市森林保险投保面积319.20万公顷，保险金额383亿元，公益林森林保险实现全覆盖。研究提出开展林长（山长）制试点方案，指导南岸区、渝北区启动探索建立山长制试点。开展重点生态区位非国有商品林赎买试点，武隆区、石柱县完成200.47公顷赎买任务，林农每公顷受益14 835元。开展集体林业综合改革试验示范，试验区县由6个扩大到14个。南川区开展集体林地家庭承包经营权有偿退出试点，119户村民签订林地退出协议，退出林地面积43.87公顷，林农获得流转费501万元。创新提出《建立市场化生态补偿机制实现林地占补平衡的工作方案（试行）》，拟通过市场化购买等量的生态价值量，实现林地生态价值占补平衡。积极推进国家公园体制建设试点，完成并向市委、市政府上报了《三峡国家公园（重庆）可行性论证报告》。市政府与中林集团签署了《共同推进重庆国家储备林项目建设战略合作协议》。

【林业支撑保障】 加大科研攻关力度，新立项科研项目27项，申报林业行业标准和地方标准14项。建立科研项目奖补结合、差异化补助新机制，强化科研平台建设，创新科技管理机制，建立首席专家制度，成立首批6个跨行业、跨领域的林业科技专家团队，推进科研成果的转移转化。向社会发布森林空气负离子实时监测数据。深化林业"放管服"改革，制定、修订9件林业规范性文件，累计清理取消、下放林业行政审批项目25项，保留15项，取消和下放的审批项目占全部审批项目的62.5%。推进法治建设，加快《重庆市湿地保护条例》《重庆市实施〈中华人民共和国野生动物保护法〉办法》等林业立法修法进度；协助市人大常委会完成《重庆市植物检疫条例》修订并将于2019年1月1日发布施行；加强林业规范性文件清理和合法性审查，加强林业行政执法层级监督和内部监督。严格落实全市机构改革动员部署大会精神，按照《重庆市机构改革方案》要求，主动对接市编办及有关市级部门做好职能职责和人员转隶有关工作，认真制订市林业局机构改革"三定"方案、工作推进方案和力量整合工作方案等，确保林业工作在生态文明建设中更好发挥基础作用。主动从全局谋划一域、以一域服务全局，深入思考为什么种树、在哪里种树、种什么树、怎样种树、怎样管树等问题，努力扩大增量、优化存量、提高质量、防范风险，做好"加减乘除"法，着力解决林业机构、动力及基层基础问题。启动长江上游重要生态屏障指标评价体系研究，为全市提供自然生态建设参照标准。将"林业经济发展质量和效益"指标纳入区县（自治县）和国家级开发开放平台经济社会发展考核指标，发挥考核指标棒作用，引导各地步入现代林业建设轨道。联合市发展改革委等五部门印发《重庆市国土绿化提升行动营造林技术和管理指导意见》，明确技术标准和管理要求，建立招标、验收、考核、通报等制度，确保通过国土绿化提升行动全面提升重庆市森林资源数量、质量、效益和功能。与航天科工集团签署《共同推进重庆市智慧林业建设发展合作协议》。在璧山区东风林场启动"智慧林场"建设试点。

【风景名胜区和世界自然遗产】 根据重庆市政府机构改革方案，2018年10月，风景名胜区、地质公园等管理职能正式划入重庆市林业局。重庆市风景名胜区36处，分布在31个区县（其中，主城区6个），面积

4558.42平方千米，占市域面积的5.53%。其中，国家级风景名胜区7处，面积2147.30平方千米，占市域面积的2.60%；市级风景名胜区29处，面积2411.12平方千米，占市域面积的2.93%。武隆喀斯特世界自然遗产地核心区面积60平方千米、缓冲区面积320平方千米，金佛山喀斯特世界自然遗产地核心区面积67.44平方千米，缓冲区面积106.75平方千米。

【林业大事】

1月29日 潼南涪江、丰都龙河、南岸迎龙湖、城口巴山湖、梁平双桂湖5个国家湿地公园试点正式通过国家验收。

2月5日 重庆市人民政府办公厅印发《2018年全市国土绿化提升春季行动工作方案的通知》，推动大规模国土绿化行动。

2月22日 重庆市举行2018年义务植树活动，市委书记陈敏尔，市委副书记、市长唐良智在南岸区广阳岛江岸防护绿地，与干部群众一起植树。市人大常委会主任张轩，市政协主席王炯，市委常委，市人大常委会、市政府、市政协和重庆警备区、市高院、市检察院、重庆大学、市武警总队负责人在市级义务植树点参加植树。

3月21日 重庆市林业局、重庆市科协在重庆科技馆举行"国际森林日"系列主题宣传活动，18处平时收费的森林公园、自然保护区向市民免费开放，全市70余万市民走进森林，共享生态建设成果。

3月23日 由重庆市林业局牵头的"利剑2018"云贵川渝藏林业植物检疫联合执法专项行动正式启动，拉开了五省（区、市）林业植物检疫执法部门联合打击违法违规跨区域调运林业植物及其制品行为的大幕。

4月18日 经重庆市发展改革委立项，重庆市智慧林场试点建设在璧山区东风林场正式启动。

4月26日 重庆市在武隆区、石柱县启动重点生态区位非国有商品林赎买改革试点，创新集体林业保护发展模式，探索建立多元化资金筹集机制。

5月23日 万州区人民检察院驻万州区森林公安局检察官办公室正式挂牌成立，成为重庆市首个驻森林公安局检察官办公室。

6月5日 重庆市委书记陈敏尔，市委副书记、市长唐良智调研缙云山国家级自然保护区生态环保工作并召开座谈会。

6月5日 重庆市政府成立由市长唐良智任组长的重庆缙云山国家级自然保护区生态环境综合整治工作领导小组，市政府副市长陆克华、李明清任副组长。市政府同时成立重庆缙云山国家级自然保护区生态环境综合整治工作推进组，副市长李明清任组长，市政府有关副秘书长及市林业局局长任副组长。

6月8日 重庆市委办公厅、市政府办公厅联合印发《重庆市国土绿化提升行动实施方案（2018～2020年）》，拟用三年时间将全市森林覆盖率从46.5%提高到55%。

6月22日 重庆市政府召开重庆市自然保护地大检查大整治工作部署电视电话会议。副市长李明清作讲话。

7月23日 重庆市森林防火指挥部在江北区组织召开了2018年度市级森林防火业务培训暨观摩演练现场会。

8月9日 重庆市林业局与四川省林业厅签订《高质量建设长江上游生态屏障合作协议》，拟在高质量建设长江生态廊道、建设森林城市群、建设森林资源联防联控、合作打击违法犯罪、建立小种群协同保护机制、创造林产业发展新动能、培育生态服务业一体化示范、建立务实合作工作机制8方面务实合作，发挥林业生态在建设长江上游重要生态屏障中的特殊作用。

8月21日 重庆市林业局与中林集团签订《重庆市林业投资开发有限责任公司增资扩股协议》，重组后的新林投公司首期注册资本金30亿元人民币，根据项目进展逐步达到100亿～200亿元。中林集团以货币入股占股45%，重庆林投公司占5%，相关区县合计占50%。

9月6日 重庆市国家储备林建设纳入全国首要发展计划，国家林草局、国开行决定将重庆市33.33万公顷国家储备林建设项目作为2018年全国十大重点项目之首，国开行同意采取"授信+核准"的模式解决贷款质押问题，发放国家储备林建设首笔贷款，推进项目提前实施。

9月26日 重庆市首个"互联网+义务植树基地"总体规划《重庆市照母山森林公园"互联网+义务植树基地"总体规划》通过评审。该规划明确了照母山森林公园市民义务植树尽责方式、量化指标和布局规划等内容，创新了义务植树机制，走在了全国前列。

10月30日 重庆市政府办公厅印发《重庆市实施横向生态补偿提高森林覆盖率工作方案（试行）的通知》，将2022年全市森林覆盖率达到55%左右作为各区县共同目标，要求购买指标的主城各区增加覆盖率不低于10%，其他区县确保覆盖率不低于45%。

12月19日 重庆市城口县、巫溪县获评全国森林旅游示范县称号。此前重庆市江津区、南川区、武隆区、巫山县4个区县已经获评。

（重庆市林业由郝元供稿）

四川省林草业

【概述】 2018年，四川省林业和草原工作坚持以习近平新时代中国特色社会主义思想为指导，深入贯彻党的十九大和习近平对四川工作系列重要指示精神，认真落实四川省委十一届三次、四次全会精神，自觉践行新发展理念和高质量发展要求，协同推进机构改革和林业草原事业发展。全年落实省级以上财政投入103.3亿元，完成营造林75.81万公顷，森林覆盖率38.83%；实现林业总产值3600亿元，同比增长9%；林业生态服务价值1.76万亿元，林业有害生物成灾率0.21‰，森林火灾受害率0.096‰，涉林案件综合查处率96.57%。

【林业草原机构改革】 经党中央、国务院批准，中共中央办公厅、国务院办公厅印发《四川省机构改革方案》，决定组建省林业和草原局，作为省政府直属机构，由自然资源厅统一领导和管理。将原农业厅的草原管理监督职责、花卉管理职责，原国土资源厅、住房和城乡建设厅、水利厅、农业厅等部门的自然保护区、风景名胜区、自然遗产、地质公园管理职责等划转省林草局。将原林业厅的森林、湿地等资源调查和确权登记管理职责划转自然资源厅，花椒产业管理职责划转农业农村厅，森林防火相关职责划转应急管理厅。四川省林业和草原局(不含大熊猫国家公园四川省管理局)内设处室16个，增设草原管理处、湿地管理处、荒漠化防治处、自然保护地管理处、国有林场和种苗管理处；造林处调整为生态保护修复处，统筹发展规划与资金管理处、农村林业改革发展处相关职能设立规划改革发展处、财务处，国际合作处并入办公室；人事处加挂离退休人员工作处牌子，行政审批处加挂政策法规处牌子，森林资源管理处加挂森林草原防火处牌子；产业处更名为林业和草原产业处，科技处更名为数字林草与科技处。大熊猫国家公园四川省管理局在省林业草原局内设置栖息地保护处、科研教育处、社会协调发展处、法规督查处、建设管理处5个处。机构改革后，四川省林业和草原局（大熊猫国家公园四川省管理局）共设处室21个。

【林业高质量发展思路和目标】 开展"大学习大讨论大调研"活动，研究形成《新时代治蜀兴川高质量建设长江上游生态屏障》《大熊猫国家公园(四川)体制试点的实践与建议》《林业生态与产业助推乡村振兴》等10个重点课题成果。省林草局机关处室、直属单位围绕林业改革发展热点难点，研究形成课题报告22篇。研究出台《全面推动四川林业高质量发展的意见》，明确牢固树立绿水青山就是金山银山理念，紧紧围绕"高质量筑牢长江上游生态屏障、高质量建设林业经济强省"两大目标，突出发挥林业"生态、经济、社会"三大效益，推进构建"生态安全、自然保护、绿色产业、支撑保障"四大体系，力争到2022年全省森林覆盖率超过40%，绿化覆盖率超过70%，林业总产值达到5000亿元。

【大熊猫国家公园体制试点】 推进机构组建，省林草局加挂大熊猫国家公园四川省管理局牌子。完成公园边界和内部功能区划微调，石棉县栗子坪国家级自然保护区调入国家公园，增加小相岭片区，所涉县变为20个。完善制度政策，加强试点期间生产经营等人为活动管控，制订打桩定标技术方案，启动编制相关规划和指导意见。繁育成活大熊猫44胎59仔，DNA检测出野外种群大熊猫个体300只。制定《四川省大熊猫野化放归技术指南(2018~2027)》，两只野化培训雌性大熊猫首次放归成都都江堰，大相岭放归基地投入使用。深化交流合作，举办首届中国大熊猫国际文化周"四川之夜"、首届大熊猫保护与繁育国际大会，2018"四川自然保护周"在香港海洋公园举行。会同世界自然基金会发布大熊猫友好型产品认证系统。与中国银行四川省分行、省红十字会等签订战略合作协议。联合成都市检察院发布"崇州宣言"。

【现代林业园区林业脱贫攻坚】 印发《四川省现代林业园区建设实施方案》，与亿利集团建立战略合作关系，选址凉山彝族自治州普格县建设高标准现代林业脱贫攻坚示范园区，推动亿利集团与普格县签订战略合作协议。推进宜宾叙州区建设现代林业产业省级综合试验区，青神竹编园区申报为国家级林业产业示范园区，评选6个林产品省级特优区。省政府办公厅出台《扶持发展脱贫攻坚造林专业合作社的意见》，组建合作社770个，吸纳建档立卡贫困社员2万名。出台加快推进凉山林业脱贫攻坚的15条帮扶措施。安排贫困地区省级以上林草财政资金74.2亿元，占全省71%。选聘生态护林员、草原员7.96万名，人均年收入6000元。贫困地区新增现代林业产业基地8.05万公顷。选派200余名干部到深度贫困地区挂职。全面兑现生态效益补偿、天然林商品林停伐管护、退耕还林还草等补助政策。完善深度贫困地区林地林木使用政策，降低深度贫困和民族地区森林保险费。支持4个深度贫困县实施整村林业扶贫。指导汶川县顺利脱贫摘帽。

【林业产业】 省委、省政府印发《关于推进竹产业高质量发展 建设美丽乡村竹林风景线的意见》，高规格召开竹产业高质量发展推进会，现场签约竹产业项目12个，协议金额91.69亿元。宜宾市成功申办第十一届中国竹文化节，青神县举办国际(眉山)竹产业交易博览会。全省竹林面积达到123.2万公顷，竹业综合产值超过350亿元。省政府召开花椒产业持续健康发展推进会，省政府办公厅印发《推进花椒产业持续健康发展的意见》。成立国内首个省级花椒产业联盟。省邮储银行推出"花椒贷"，首批试点发放贷款1758万元。启动"四川花椒"集体商标注册申报。花椒种植面积38.92万公顷，实现综合产值106亿元。新一轮现代林业重点县完成三年建设任务，全省新增现代林业产业基地10万公顷，总面积203万公顷。木竹人造板产能达到1300万立方米，木竹家具产能突破4000万件，特色经济林产品产能达到300万吨，成为全国最大的竹浆造纸基地和板式家具生产基地。推进三产融合，举办首届中国西部林业产业博览会，成交额8亿元。会同西部8省(区)成立中国西部生态旅游发展联盟，横断山入选第二批国家森林步道，雅安市、平武县获全国森林旅游示范市(县)。指导举办生态旅游节会88场次，林业生态旅游直接收入达到1144亿元。出台《四川省森林自然教育基地评定办法》，成立四川省林学会森林康养专委会、四川省生态康养产业投融资联盟，评定省级森林康养基地76处、森林自然教育基地38处、森林康养人家163个。命名省级森林小镇35家、星级森林人家558家。

【绿化全川行动】 印发《高质量绿化全川三年行动实施

方案》。围绕四川省委提出的"一干多支，五区协同"，组织开展春季和秋季集中造林行动。新建天府绿道1619.78千米。启动第二批全国"互联网+义务植树"试点，开展龙泉山城市森林公园"包山头"植树履责示范，完成义务植树1.3亿株。提高森林质量，推进雅安市雨城区森林可持续经营、岷江—大渡河森林质量精准提升试点示范，新增森林经营样板基地10处，完成长江防护林三期工程0.6万公顷，建设国家储备林基地2200公顷，实施德国贷款项目森林经营1.6万公顷。开发森林碳汇项目4个，诺华川西南林业碳汇项目完成建设任务。抓好天然林保护，管护森林面积1900万公顷，完成公益林建设3.07万公顷、国有中幼林抚育5.13万公顷，集体和个人所有天然商品林纳入停伐管护补助。举办天保工程实施20周年系列活动。巩固前一轮退耕还林成果89.09万公顷，实施新一轮退耕还林3.51万公顷，其中安排贫困县占84.6%。开展扩大新一轮退耕还林规模调查摸底。加强脆弱生态修复，治理沙化土地2.27万公顷、岩溶地区4万公顷、旱区生态1200公顷。完善九寨沟灾后重建林地林木使用政策，8个林业项目全部开工建设。生态屏障重点县、川西高原生态脆弱区综合治理有序推进。实施若尔盖等一批湿地保护修复项目，长沙贡玛成为四川省第二个国际重要湿地。完成青衣江流域河长制省级联络员年度任务。

【森林资源保护管理】 推进法治林业建设，《四川省大熊猫国家公园管理条例》《四川省植物检疫条例(修正)》列入省政府立法计划。推进林业综合行政执法改革，清理涉林法规规章，开展"规范林业执法行为、提升林业执法能力"专项行动。严格森林资源监管，首次开展以遥感为支撑的森林督查。推进林地"一张图"纠错更新，实现全省1700万公顷公益林数据不重不漏。印发《坚决依法禁止私砍滥伐森林的通知》，推动实施川西北民生项目木材替代行动。审核审批建设项目使用林地7900公顷。发放林木采伐证17万份，采伐林木蓄积量350万立方米，占年采伐限额16.6%。发放木材运输证14.8万份，运输木材142.4万立方米。强化自然保护地管理，开展"绿盾2018"自然保护区监督检查、自然保护地大检查。环保督察涉林问题完成整改947个，整改完成率96%。指导开展九寨沟诺日朗瀑布实验性修复保育。蜀道申遗初审材料提交世界遗产中心。开展甘孜藏族自治州世界遗产资源调查和培育。加强野生动植物保护，完成全国第二次陆生野生植物资源调查。开展兰科植物专项调查，实施距瓣尾囊草等极小种群野外保护和人工培育。加强森林火灾防控，省政府印发《四川省林区野外火源管理办法》，省林业厅、省发展改革委、省财政厅印发《四川省森林防火规划》。处置森林火灾229起，其中重大森林火灾2起，24小时扑灭率97%。加强有害生物防控。开展2015～2017年市(州)政府林业有害生物防治目标责任检查考核。深化云贵川渝藏陕鄂七省(区、市)联防联治，防治林业有害生物灾害55.07万公顷次，无公害防治率98%。松材线虫病2个疫区秋季实现无疫情，超额完成国家下达目标。做好野猪非洲猪瘟监测预报。开展"守护绿川2号"等专项执法行动，发现、受理各类涉林案件11 456起，侦破查处11 064起。开展林区缉枪治爆专项行动，查处涉毒违法犯罪案件17件。

【草原保护管理】 落实草原保护政策项目，阿坝、甘孜、凉山"三州"48县开展草原禁牧466.67万公顷、草畜平衡946.67万公顷。完成超载减畜27万个羊单位，超载率控制在9%以内。实施退耕还草1733公顷，完成草原围栏15.67万公顷，改良退化草原和天然草原6.87万公顷，防治草原鼠虫害90.4万公顷次，落实高产优质牧草人工草地建设2.23万公顷。新建家庭牧场215户，建设牲畜棚圈1.49万户，建设巷道圈268个，新建草产品加工场33个，草原综合植被盖度在84.8%以上。制定重要草原野生植物采集计划。开展"大美草原守护"等5个专项行动，立案查处草原违法案件396起，结案351起。办理征占用草原审核手续87件，收取草原植被恢复费5115万元。处置草原火灾14起。4个草原承包确权试点县基本完成工作任务。强化草原科技支撑，申报草原科技项目39项，获立项15项，其中首次获国家自然科学基金1项。获省政府科技进步一等奖、三等奖各1个，获天府杰出科学家人选1人(首次入选)、国务院津贴专家称号1人。申请专利22件，授权专利13件。推广"川草1、2号"老芒麦优良牧草种子260吨，生产优质青干草48万千克。成立国际草坪研究中心，组建省草科院会东分院，筹建省草科院色达分院。

【林业重点改革】 深化国有林场林区改革，全面完成国有林场改革省级验收，国有林场数量由180个减少到159个，其中156个国有林场定性为公益一类事业单位。全面启动国有林区改革，审核审批复攀枝花等6个市(州)国有林区和省长江造林局、省大渡河造林局改革实施方案。深化集体林权改革，印发集体林地林木"三权分置"指导意见，会同四川银监局、自然资源厅印发推进林权抵押贷款贯彻意见，明确林木所有权、林地经营权、经济林木(果)权可抵押。推进成都市、巴州区成功申报新一轮集体林业综合改革试验区。新增省级林业示范社21个、示范场21个，新型林业经营主体突破2万个。深化行政审批改革，清理规范林业行政权力和公共服务事项，将5项林业行政许可事项委托或下放给自贸试验区片区。办结林业行政审批事项2166件，收取森林植被恢复费14亿元。省本级林业行政许可事项"最多跑一次"和"网上办理"达到90%以上，窗口按时办结率、现场办结率、群众满意率、提前办结率均达100%。

【林业支撑保障】 强化科技支撑，组建竹子和花椒两大科技创新团队，筹建省林科院凉山分院、巴中分院、油樟产业研究院。获省政府科技进步奖9项。制定发布林业地方标准15项。开展林业科技服务能力提升行动和"科技扶贫万里行"，建设各类试验示范点300余个，面积2万余公顷。认定省森林食品基地20个，面积3333公顷。强化种苗保障，修订《四川省主要林木品种审定办法》，审(认)定林木良种11个，主要造林树种良种使用率提高到68%。强化资金保障，林区道路纳入交通部门项目库，省级财政新增预算1亿元。储备长江绿色发展专项项目10个，总投资21亿元。指导签订贷款协议项目4个，融资8.58亿元。加强对外交流合作，因公临时出国（境）团组14批次86人次，接待境外重要访客16批次310人次。实现各类多（双）边合作项目落地资金3206.6万元，完成各类培训1711人次。抓好对外宣传，召开新闻发布会4场，在全国率先建立"森林康养月""生态康养日"宣传机制。推进信息化建设，启动编制《四川数字林业设计方案》，启动建设全省林地"一张图"信息发布系统。23个林业信息系统整合为16个并全面迁移到省级政务云。标准化林业站、木材检查站有序推进。抓好安全生产，连续11年实现"零事故""零死亡"。

【全面从严治党】 加强党的政治建设，认真学习贯彻习近平新时代中国特色社会主义思想和习近平总书记对四川工作系列重要指示精神，及时传达学习中央和省委省政府重大部署。省林草局党组理论中心组开展集中学习16次，集中交流研讨3次。举办"生态四川大讲堂"8期。抓实省委巡视反馈问题整改，完成整改措施241条，新建制度38项。机构挂牌、职能划转、人员转隶、"三定方案"起草报批按时有序推进。公务员职务职级并行制度改革试点扎实开展，晋升职级公务员128名，推荐3名干部纳入省级递进培养。举办培训班41期，培训行业干部4000余人次。评审副高职称350余人、中级职称80人。加强机关党建，成立省森林公安局党总支，开展"党员积分制管理"试点，评选表彰一批"五好党支部"和优秀党支部书记、党务工作者、共产党员，吸收预备党员48人。持续用力正风肃纪，制定《党组落实党风廉政建设主体责任清单》，44个班子、202名干部层层签订党风廉政建设责任书。

【林草业大事】
1月25日 四川省人民政府办公厅印发《关于推进竹产业转型发展的意见》（川办发〔2018〕8号）。

2月2日 国际湿地公约秘书长乌瑞格女士在世界湿地日中国主会场宣传活动公布，石渠县长沙贡玛国家级自然保护区成功申报成为省内第二个国际重要湿地。

2月12日 四川省人民政府办公厅印发《关于扶持发展脱贫攻坚造林专业合作社的意见》（川办发〔2018〕11号）。

2月21日 四川省甘孜藏族自治州雅江县恶古乡重大森林火灾成功扑灭，过火面积100公顷。火灾发生后，省委书记王东明，省委副书记、省长尹力先后作出批示指示，省委常委曲木史哈、副省长尧斯丹先后赶赴一线指导扑救。

3月28日 四川省林业厅出台《四川省森林自然教育基地评定办法》，组织成立省林学会森林康养专委会、省生态康养产业投融资联盟，在全国率先建立"森林康养月""生态康养日"宣传机制，举办首届"森林康养月""生态康养日"宣传活动、首次森林康养投融资项目路演和首届自然笔记大赛。

3月29日 四川省和成都市党政军领导义务植树活动在成都简阳市举行。省委书记彭清华，省委副书记、省长尹力，西部战区副司令员刘小午，省委副书记邓小刚等参加植树活动。

4月23日 四川省林业厅印发《贯彻落实省委"大学习大讨论大调研"活动重点课题调研方案》，明确由厅领导牵头，组织开展《新时代治蜀兴川中高质量建设长江上游生态屏障研究》等10个重点课题研究。

5月2~4日 四川省委书记彭清华到甘孜藏族自治州调研，提出州内部分地区使用大量木材建房、影响生态保护的问题。四川省林业厅随后调研形成《甘孜州农村木材建房调查报告》，提出实施川西北民生项目木材替代行动，被写入6月29~30日召开的中共四川省委十一届三次全会决定，四川省林业厅代省政府起草了《关于实施川西北民生项目木材替代行动的指导意见》。

5月10日 四川省林业厅召开干部大会宣布省委决定：刘宏葆任林业厅党组成员、书记，尧斯丹不再兼任林业厅党组书记、成员职务。省委常委曲木史哈、省政府副省长尧斯丹出席会议并讲话。

5月22日 四川省林业厅印发四川省集体林地"三权分置"改革指导意见，提出"树随地走""分类施策""交易鉴证""实物计价"等指导做法和"林业共营制""预流转+履约保证保险"等经营管理模式。

5月30日 四川省人民政府办公厅印发《关于推进花椒产业持续健康发展的意见》（川办发〔2018〕34号）。

6月8日 四川省花椒产业持续健康发展推进会议在绵阳市三台县召开，副省长尧斯丹出席会议并讲话。

6月26日 四川省林业厅在成都举办全省林业系统综合帮扶凉山州脱贫攻坚工作队培训班，党组书记、厅长刘宏葆出席并作动员讲话，全省林业系统综合帮扶凉山州脱贫攻坚工作队174名队员参加培训。

7月5日 四川省林业厅与四川银监局、四川省国土资源厅联合印发全省推进林权抵押贷款贯彻意见，明确将"两证一社"改革成果"两证"（经济林木果权证、林地经营权流转证）和"交易鉴证"纳入抵押融资范围，实现了林权、经济林木（果）权、林地经营权"三权"可抵押，扩大了抵押标的物。

9月12日 四川省林业厅印发《关于全面推动四川林业高质量发展的意见》（川林发〔2018〕44号）。

10月24日 四川省林业厅印发《四川省现代林业园区建设实施方案》，制定四川省现代林业园区（特色林业产业园区）建设实施方案和标准。

10月31日 四川省林业厅在成都组织召开天然林资源保护工程20周年新闻通气会。为纪念天保工程20周年，省林业厅还编制《四川省完善天然林保护政策研究报告》、录制四川省天保工程20年纪录专题片、召开四川天保工程20周年座谈会等系列活动。

11月2日 四川省林业厅印发《高质量绿化全川三年行动实施方案》。

11月8日 "2018四川自然保护周"在香港海洋公园开幕。省委书记彭清华、香港特别行政区政府行政长官林郑月娥、香港中联办副主任杨健等出席开幕典礼并致辞。四川省林业厅厅长刘宏葆出席典礼并接受记者访问。此活动由四川省林业厅、阿坝藏族羌族自治州政府和香港海洋公园联合举办，主题为"大美四川 熊猫家园 川港同心 共创美好"。

11月12日 四川省林业和草原局、大熊猫国家公园四川省管理局挂牌，省委常委曲木史哈出席揭牌仪式。四川省林业和草原局由刘宏葆任局长、党组书记，宾军宜、王平、包建华、唐代旭任副局长、党组成员，李剑任党组成员、机关党委书记，金德成任党组成员。

11月16日 凉山彝族自治州国有林场改革省级验收完成，标志着四川国有林场改革省级验收工作全面完成。

11月30日 四川省人民政府办公厅印发《四川省林区野外火源管理办法》（川办发〔2018〕88号）。

12月18日 中共四川省委、四川省人民政府印发《关于推进竹产业高质量发展 建设美丽乡村竹林风景线的意见》。

12月19日 全省竹产业高质量发展推进会召开。

四川省委副书记邓小刚，省委常委、省直机关工委书记曲木史哈，副省长尧斯丹出席会议。四川省林业和草原局局长刘宏葆、副局长包建华参加会议并陪同省领导参观考察了现场。

12月24日 四川省省长尹力主持召开省政府第19次常务会，审议通过微调后的四川省大熊猫国家公园区划界定成果。根据此成果，四川大熊猫国家公园面积20 177平方千米，保护的大熊猫数量1227只。

12月28日 四川省委办公厅、四川省人民政府办公厅印发《四川省林业和草原局职能配置、内设机构和人员编制规定》，明确省林草局为正厅级的省政府直属机构，下设处室16个，机关行政编制91名。

（四川省林草业由张革成、贺捷供稿）

贵州省林业

【概　述】 2018年，贵州省林业系统深入学习贯彻党的十九大精神和习近平总书记在贵州代表团的重要讲话精神，认真落实中央和贵州省委省政府有关决策部署，不忘初心、牢记使命，抢抓机遇、攻坚克难，全省林业工作呈现出良好的发展态势。

生态脱贫 贵州省林业局组织召开全省市（州）林业局长座谈暨林业生态脱贫总攻部署会，制定印发《关于打赢生态脱贫攻坚战的实施意见》，围绕国土绿化、林业产业、生态补偿、生态赎买等方面发起十场脱贫战役。2018年退耕还林补助资金达23.5亿元，公益林生态效益补偿资金达10.07亿元，带动103万建档立卡贫困人口人均增收70元；生态护林员提供长期就业岗位6万个，直接带动18万以上贫困人口脱贫。协助国家林业和草原局在荔波县召开全国林业生态扶贫工作会，贵州省林业生态扶贫工作得到国家林业和草原局好评。罗甸县引进贵州汇生林业开发有限公司建设珍贵林木示范基地2000余公顷，2018年贫困群众首期参与分红总金额达1000万元，直接带动789户3100余人脱贫。扎实做好定点帮扶册亨工作，制定落实《2018~2020年帮扶册亨县规划》和《2018年帮扶册亨县计划》，2018年安排册亨县林业建设资金1.04亿元，争取到国家开发银行授信额度2亿元。

产业发展 印发《贵州省十大林业产业基地建设规划》，建立全省林业项目库，出台《关于绿色金融助推林业改革发展的指导意见》和《加快林业招商引资引智的意见》。与6家银行签订战略合作协议，林业招商引资签约项目183个，实际到位资金86.11亿元。培育国家级林业龙头企业4家，省级林业龙头企业达178家。贵定县被授予"国家森林生态标志产品生产基地创建试点县"，贵州山王果公司等13家企业被授予"国家森林生态标志产品建设试点单位"，贵州汇生林业开发有限公司等15家企业的生态产品通过国家森林认证，盘州市宏财聚农公司建设的有机刺梨基地获批"国家级出口食品农产品质量安全示范区"，贵州林业品牌竞争力逐步形成。全省林业总产值突破3000亿元。

绿色贵州 扎实推进退耕还林、"两江"防护林体系建设、长江经济带生态修复治理、植被恢复费造林等重点生态修复工程，着力实施新一轮绿色贵州行动、石漠化综合治理三年攻坚行动，积极开展森林城市体系建设，全省森林面积不断扩大。贵州省人民政府办公厅印发《生态优先绿色发展森林扩面提质增效三年行动计划（2018~2020年）》，为进一步扩大森林面积、提升森林质量、发挥森林效益提供了政策保障。创新开展项目化造林、"e绿黔行"互联网+全民义务植树造林、林业碳汇造林、专业合作社造林等全新造林模式，吸引了一批金融和社会资本参与国土绿化，掀起了新一轮绿色贵州

贵阳市观山湖区朱昌镇（史开荣 摄）

铜仁市江口县凯马林场（王勇江 摄）

建设的热潮。全省完成营造林35万公顷，森林抚育40万公顷，低质低效林改造6.67万公顷，森林覆盖率提高到了57%。

资源管护 全面落实森林管护，全面禁止天然林商品性采伐，依法办理建设项目使用林地2207项，使用林地面积11 543.46公顷。深入推进"六个严禁""绿剑2018""清网行动""林木种苗行政执法年"等专项执法行动，全面落实中央环保督察56个涉林问题整改，全省森林公安共受理各类案件8650起，查结8444起，受理行政案件6256起，查结6253起。梵净山成功申报世界自然遗产地，贵州省世界自然遗产地达到4处，成为全国自然遗产地最多的省份。大沙河保护区成功晋升国家级自然保护区，全省国家级自然保护区增加到11处。全省国家级湿地公园达到45处、国家级森林公园30处、国家级地质公园10处、国家级风景名胜区18处，各类国家级自然保护地总数达114处，自然保护地体系不断完善。严格落实森林管护责任，全年未发生重特大森林火灾，林业有害生物成灾率仅为0.06‰，无公害防治率达99.76%以上，种苗产地检疫率达100%，国家林业和草原局批准撤销了凯里市松材线虫病疫区县。

毕节市七星关区拱拢坪国家级森林公园（罗大富 摄）

改革创新 贵州省人民政府与国家林业和草原局签订了《国家林业和草原局关于支持贵州省建设长江经济带林业草原改革试验区战略合作框架协议》，国家林业和草原局出台《关于支持贵州省建设长江经济带林业草原改革试验区的意见》，从政策、项目、资金、人才等方面全面支持贵州林业草原改革创新。林业"三变"改革纵深推进，重点生态区位人工商品林赎买改革试点启动实施，六盘水市、毕节市集体林业综合改革试验示范任务全面完成并通过第三方评估，锦屏县被列为"全国深化集体林权制度改革试点县"。国有林场改革主体任务全面完成，率先在全国出台《贵州省国有林场条例》，制定实施《贵州省国有林场中长期发展规划（2018~2025）》等配套文件，正式颁布实施《贵州省林木种苗条例》，修订《贵州省木材经营管理办法》，林业法制体系不断完善。

自身建设 贵州省林业局按要求顺利完成机关机构改革工作。林业科技保障能力不断提升，全年争取到国家级科技项目10项，西南喀斯特山地生物多样性保护国家林业局重点实验室、国家林业和草原局刺梨工程技术研究中心、刺梨产业国家创新联盟等国家级科技平台相继落户贵州，填补了贵州省没有国家林业和草原局重点实验室、工程技术研究中心和国家创新联盟的空白。推进林业政务数据"聚通用"，着力建设数字林业、智慧林业。大力开展林业宣传工作，中央主流媒体正面报道贵州省林业1251条，省级主要媒体刊登或播出2616条，组织开展"十大生态英雄""美丽中国·跨界科考"等大型宣传活动10余次，提升了贵州省林业的影响力和知名度。坚持办好"新时代绿色大讲堂"，采取主要领导带头讲、知名专家学者专题讲、干部职工轮流讲的方式强化对林业干部职工的教育培训，全年举办各类培训40余期，累计培训4500余人次，进一步提升了林业干部的综合能力。

【林业机构改革】《中共贵州省委 贵州省人民政府关于贵州省省级机构改革的实施意见》由中共贵州省委、贵州省人民政府共同印发，明确组建省林业局。将原省林业厅的职责，以及省农业委员会的草原监督管理职责，省国土资源厅、省住房和城乡建设厅、省水利厅等部门的自然保护区、风景名胜区、自然遗产、地质公园管理职责等整合，组建省林业局，作为省政府直属机构，由省自然资源厅统一领导和管理。不再保留省林业厅。11月8日，贵州省人民政府决定，黎平任贵州省林业局局长，向守都、傅强、缪杰、张富杰任贵州省林业局副局长，杨洪俊、黄永昌任贵州省林业局巡视员，尹晓阳任贵州省林业局副巡视员。

【国家林业和草原局支持贵州省建设长江经济带林业草原改革试验区】 11月13日，《关于支持贵州省建设长江经济带林业草原改革试验区的意见》由国家林业和草原局印发实施。11月14日，贵州省委书记、省人大常委会主任孙志刚，贵州省委副书记、省长谌贻琴在贵阳会见自然资源部党组成员、国家林业和草原局局长张建龙，并共同出席《国家林业和草原局 贵州省人民政府关于贵州省建设长江经济带林业草原改革试验区战略合作框架协议》签约仪式，国家林业和草原局总工程师张鸿文，贵州省副省长吴强分别在协议书上签字。

【贵州省实施"生态优先绿色发展森林扩面提质增效三年行动计划（2018~2020年）"】 11月18日，《生态优先绿色发展森林扩面提质增效三年行动计划（2018~2020年）》由贵州省人民政府办公厅印发实施。提出，到2020年，贵州省森林覆盖率达到60%，森林蓄积量达到4.71亿立方米，城市建成区绿化覆盖率达到35%，林业增加值年均增长10%以上，逐步形成空间布局合理、结构持续优化、保护措施有力、综合效益显著、生态环境宜居、服务功能增强的森林生态系统，促进人与自然和谐共生。

【贵州梵净山获"世界自然遗产"称号】 7月2日，在巴林麦纳麦举行的第42届世界遗产大会上，联合国教科文组织世界遗产委员会审议通过将中国贵州省梵净山列入世界遗产名录。梵净山成为中国第53处世界遗产和第13处世界自然遗产。

【林业大事】

1月5日 《贵州省重要湿地认定办法》（黔府办函〔2017〕221号）由贵州省人民政府办公厅印发。

1月9日 《贵州省湿地保护修复制度实施方案》（黔府办发〔2017〕80号）由贵州省人民政府办公厅印发。

1月26日 贵州省林业厅、国家林业局管理干部学院签订了《贵州省林业厅与国家林业局管理干部学院干部教育培训战略合作协议》。

2月1日 经贵州省人民政府同意，省林业厅、省发展改革委、省财政厅联合下发了《贵州省健全森林生态保护补偿机制的实施方案》，明确2018年将贵州省纳入森林生态效益补偿的地方公益林补偿标准提高到150元/公顷，到2020年与国家级公益林森林生态效益补偿标准并轨。

3月1日 贵州省重点生态区位人工商品林赎买试点工作启动会在贵阳召开，标志着试点工作正式启动。

3月6日 国家林业局发布新建国家林业局重点实验室名单，"西南喀斯特山地生物多样性保护国家林业局重点实验室"通过国家林业局专家评审，填补了贵州省没有国家林业局重点实验室的空白。

3月8日 贵州"互联网+全民义务植树"众筹平台在支付宝、腾讯公益上线。

3月12日 由贵州省绿化委员会、贵州省林业厅、共青团贵州省委、贵州省大数据发展管理局等单位共同发起以"e绿黔行"为主题的"贵州互联网+全民义务植树"活动在省主会场和各市（州）分会场同步启动。贵州省副省长吴强出席活动并宣布活动正式启动。

3月16日 贵州省人民政府副省长吴强率副秘书长项长权一行到省林业厅座谈调研。

4月3日 贵州省人民政府召开全省国土绿化、森林防火和防汛抗旱工作电视电话会议，贵州省人民政府副省长王世杰出席会议并作讲话。

4月16日 贵州省林业厅、国家林业局管理干部学院联合举办的贵州省市县林业局长培训班在北京开班。国家林业局管理干部学院常务副院长张利明、贵州省林业厅副厅长沈晓春参加开班典礼。贵州省各市（州）、县林业局局长、班子成员80余人参加培训。

4月17日 《贵州省2018年森林保护"六个严禁"执法专项行动工作方案》（黔府办函〔2018〕54号）由贵州省人民政府办公厅印发。

4月23日 《贵州省第一批省重要湿地名录》（黔府办函〔2018〕57号）由贵州省人民政府办公厅印发。

4月24～27日 国家森防指副总指挥、国家林业和草原局副局长李树铭带队到贵州省贵阳市、毕节市等地检查调研森林防火情况。

4月 第四届美丽中国·跨界科考——"探秘画廊乌江情满山歌沿河"成功举行。

5月30日至6月1日 全国人大常委会委员、全国人大农业与农村委员会副主任委员王宪魁，全国人大常委会委员、全国人大农业与农村委员会委员冯忠华，全国政协常委、国家林业和草原局副局长刘东生等一行10人到贵州开展林业发展和《森林法》修改专题调研。

5月31日 国务院办公厅公布山西太宽河等5处新建国家级自然保护区名单，贵州大沙河省级自然保护区位列其中。

6月13日 贵州省林业厅、贵州省旅游发展委员会联合印发《关于加快森林旅游发展的意见》。

6月18日 经贵州省人民政府同意，由贵州省发展改革委、贵州省林业厅联合印发《贵州省国有林场森林资源监管和改革发展考评办法（暂行）》。

6月22～24日 "2018北京·贵州特色林产品展销会暨林业招商引资推介会"在北京市新发地中央农产品批发市场举行。会上共签约项目11个，总投资114.6亿元。3家林业企业获中国产业联合会授予的森林经营认证证书和产销监管链认证证书。

7月2日 第42届世界遗产大会上梵净山成功列入《世界遗产名录》，成为中国第53处世界遗产、第13处世界自然遗产。

7月6～8日 生态文明贵阳国际论坛在贵阳国际生态会议中心举行。其中有"绿色产业与乡村振兴""森林城市 绿色共享""湿地修复与全球生态安全""林业与生态系统治理中外专家对话会"4个涉林主题论坛。国家林业和草原局局长张建龙参加了该次论坛。

7月7～8日 国家林业和草原局副局长李春良到遵义市调研。

7月8日 国家生态环境部副部长黄润秋到雷公山国家级自然保护区开展"绿盾行动"调研。

7月10日 贵州省人民政府吴强副省长主持召开专题会议，研究第四届中国绿化博览会绿博园规划及有关筹备工作事宜。

7月22～25日 国家林业和草原局在贵州省国有扎佐林场和贵州省林业学校举办了国家储备林基地建设项目管理培训班。

7月24日 国家林业和草原局世行中心（速丰办）主办、国家林草局管理干部学院承办的国家储备林基地建设项目管理培训班在贵州省国有龙里林场召开国家储备林森林经营案例现场教学观摩会。

7月30～31日 中华人民共和国加入联合国教科文组织"人与生物圈计划"45周年暨中华人民共和国人与生物圈国家委员会成立40周年大会在北京举办。中国人与生物圈国家委员会主席许智宏、中国科学院副院长张亚平、生态环境部副部长黄润秋、国家林业和草原局副局长李春良、中国联合国教科文组织全国委员会秘书长秦昌威出席活动。贵州省林业厅厅长黎平是该次大会唯一受邀作报告的省级林业主管部门领导，在会上围绕"人与生物圈计划的贵州实践"，作了《探寻人与自然和谐共生之道》的主题报告。

8月2日 贵州省第十三届人民代表大会常务委员会第四次会议审议通过《贵州省林木种苗条例》，自2018年10月1日起施行。

8月2日 贵州省人民政府办公厅印发《关于成立第四届中国绿博会执委会的通知》，副省长吴强任执委会主任，省人民政府办公厅副秘书长项长权、省林业厅厅长黎平、黔南布依族苗族自治州政府州长吴胜华任副主任，省直有关部门和黔南布依族苗族自治州有关领导任成员。

8月30日 全国绿化委员会、国家林业和草原局与贵州省人民政府在贵阳召开第四届中国绿化博览会筹办工作部省联席会，国家林业局副局长刘东生、贵州省人民政府副省长吴强出席并讲话，全国绿化委员会办公室专职副主任胡章翠参加。

8月 由贵州省林规院青年科技人员向仰州博士撰写的 Effects of biochar application on root traits: a meta-analysis（中文译名：《生物质炭对植物根特性影响的整合分析》）获得第七届梁希青年论文奖三等奖。

9月25日 梵净山世界遗产证书颁发仪式在北京举行，中国联合国教科文组织全国委员会秘书长秦昌威主持颁证仪式，联合国教科文组织文化助理总干事埃内斯托·雷纳托·奥托内·拉米雷斯为铜仁市颁发梵净山世界遗产证书并致辞。

9月26日 贵州省人民政府副省长吴强主持召开专题会议，研究全省松材线虫病等重大林业有害生物防控工作、第四届中国绿化博览会贵州园建设运营等全省林业有关重点工作。

9月27日 贵州省人民政府第12次常务会议同意废止《贵州省陆生野生动物保护办法》和《贵州省森林采伐限额管理办法》，自2018年10月25日起施行，同时修正了《贵州省木材经营管理办法》，自2018年10月19日施行。

10月20日 第四届中国绿化博览会绿博园项目建设启动大会在黔南布依族苗族自治州都匀市举行。

11月2日 《中共贵州省委 贵州省人民政府关于贵州省省级机构改革的实施意见》由中共贵州省委、贵州省人民政府共同印发，明确组建省林业局。不再保留省林业厅。

11月8日 贵州省人民政府决定，黎平任贵州省林业局局长，向守都、傅强、缪杰、张富杰任贵州省林业局副局长，杨洪俊、黄永昌任贵州省林业局巡视员，尹晓阳任贵州省林业局副巡视员。

11月13日 《关于支持贵州省建设长江经济带林业草原改革试验区的意见》（林规发〔2018〕112号）由国家林业和草原局印发实施。

11月14日 贵州省委书记、省人大常委会主任孙志刚，贵州省委副书记、省长谌贻琴在贵阳会见自然资源部党组成员、国家林业和草原局局长张建龙，并共同出席《国家林业和草原局 贵州省人民政府关于贵州省建设长江经济带林业草原改革试验区战略合作框架协议》签约仪式。

11月18日 《生态优先绿色发展森林扩面提质增效三年行动计划（2018~2020年）》（黔府办发〔2018〕39号）由贵州省人民政府办公厅印发实施。

11月29日 贵州省第十三届人民代表大会常务委员会第七次会议审议通过《贵州省国有林场条例》，自2019年1月1日起施行。同时修正了《贵州省绿化条例》《贵州省林地管理条例》《贵州省森林条例》《贵州省森林防火条例》，自2018年12月18日起施行。

11月 贵州省人民政府与各市（州）人民政府、贵安新区管委会签订了2018~2020年松材线虫病等重大林业有害生物防控目标责任书。

12月1~2日 阿根廷卡达马尔卡农业工程学院院长Vildoza Jorge luis先生带领阿根廷防治荒漠化与土地退化双边交流团一行到黔西南布依族苗族自治州考察调研石漠化治理情况。

12月17日 《贵州省林业局职能配置、内设机构和人员编制规定》（黔委厅字〔2018〕100号）由中共贵州省委办公厅、贵州省人民政府办公厅联合印发。

12月29日 贵州省13个国家湿地公园通过国家验收，数量居全国第一。

（贵州省林业由吴晓悦供稿）

云南省林草业

【**概 述**】 2018年，全省森林覆盖率增长0.6个百分点、达到60.3%，森林蓄积量增长1.8%、达到19.7亿立方米，湿地面积增加1.51万公顷、达到60.68万公顷，湿地保护率提高7.28个百分点、达到46.53%，天然草原综合植被盖度增长0.2个百分点、达到87.81%。林业中央和省级财政投入增长15%、达到106.44亿元，林业总产值增长13.6%、达到2221亿元。全省林业和草原改革发展形成了"两山理念深入人心、生态质量不断提升、绿色经济日益壮大、林草事业蓬勃发展"的良好局面。

生态修复与治理 利用开发性和政策性贷款开展林业生态建设项目19个，审批贷款金额98.7亿元，发放贷款38.3亿元。争取新一轮退耕还林还草任务22万公顷，任务量居全国第一。认真实施退耕还林还草和陡坡地生态治理、天然林保护等重点工程，大力推进路域环境绿化优化，全年完成营造林54.86万公顷，实施退耕还林还草和陡坡地生态治理22.4万公顷，义务植树1.13亿株，完成路域沿线桉树替换种植0.32万公顷，均超额完成年度目标。楚雄市提前一年获得"国家森林城市"称号，石林县糯黑村等5个村获"全国生态文化村"称号，云南林业职业技术学院等5个单位被评为"云南省生态文明教育基地"。

森林、草原、湿地等生态资源保护 严格执行全面停止天然林商业性采伐政策，完成国家级公益林区划落界并落实管护责任。扎实开展2018年森林生态效益补偿工作，有效管护森林1667万公顷。组织开展森林资源管理"三个全覆盖"试点工作。严厉打击破坏森林资源违法违规行为，累计查处各类破坏森林资源案件24 649起。争取中央草原保护建设资金11.4亿元，实施人工种草26.67万公顷。划定草原禁牧面积182.46万公顷，全省天然草原综合植被盖度87.81%，草群平均高度28.3厘米，鲜草总产量近1.4亿吨。印发《云南省贯彻落实湿地保护修复制度方案行动计划（2018~2020年）》《云南省湿地公园发展规划（2018~2025年）》。盈江国家湿地公园通过国家验收并正式授牌。组织完成了年度湿地资源变化核查工作，启动第四批省级重要湿地认定工作，认定并公布第三批共16处省级重要湿地，全省重要湿地增至35处。2018年全省修复退化湿地1.4万公顷，湿地增加1.51万公顷，总面积达到60.68万公顷，湿地保护率提高了7.28个百分点，达到46.53%。完成云南省第二次重点保护野生植物资源调查成果编制，组织开展亚洲象、绿孔雀、滇金丝猴等专项调查，《中国云南野生亚洲象资源本底调查成果报告》通过国家评审。有序推进亚洲象栖息地保护，争取国家批复亚洲象监测预警体系建设项目落地西双版纳，启动绿孔雀人工繁育项目。首次在中国区域中心城市（普洱）成功处置人象冲突事件。

自然保护地管理 加强自然保护区规范化管理，出台《自然保护区管理规范》地方标准，印发规范自然保护区旅游活动、边界确定和总体规划编制工作的系列通知，公布了云南省自然保护区森林生态服务功能价值评估成果，启动了云南省自然保护区管理成效评估、云南重要生态系统调查、自然保护区生态监测现状评估3项调查评估工作。开展了全省森林公园违法违规问题排查。出版了《国家公园·云南的探索与实践》，完成国家公园综合评估和"云南省建立以国家公园为主体的自然保护地体系"等多项国家公园政策研究，配合省政协环资委开展"关注美丽家园·走进国家公园"系列活动。深入整改中央环保督察"回头看"反馈问题，扎实推进丽江拉市海、西双版纳自然保护区整改。

重点领域改革 坚决贯彻落实党中央和云南省委关于深化党政机构改革的决策部署，新组建了云南省林业和草原局，基本理顺了林业和草原管理体制。加快推进国家公园体制试点，起草了《贯彻落实建立国家公园体制总体方案的实施意见》，出台了《云南香格里拉普达措国家公园特许经营项目管理办法》，印发了《香格里拉普达措国家公园体制试点区自然资源确权登记工作方案》。在全省开展了集体林权制度改革"回头看"。国有林场改革任务基本完成，全省国有林场由203个优化整合为141个，全部为公益事业单位，管护林地面积由271.6万公顷加到426.6万公顷，1612名国有林场富余职工得到妥善安置，职工月均工资由改革前的4078元增加到7484元，职工基本养老保险和医疗保险实现了全覆盖，国有林场林区道路、供电、饮水等基础设施明显改善。全面推进深化"放管服"改革"六个一"行动，林草政务服务环境进一步优化。

林业和草原灾害防控 切实加强森林防火工作，森林火灾次数60起，受害森林面积562.46公顷，森林火灾次数和受害森林面积与近5年均值相比分别下降65.9%、65.8%，森林火灾受害率仅为0.02‰，远低于国家0.9‰的控制指标，没有发生重大森林火灾。全面加强林业有害生物防控，强化与周边省份联防联控，稳妥处置水富松材线虫病疫情，林业有害生物防治率98.78%，无公害防治率97.6%，成灾率0.48‰，测报准确率达99.81%，均在国家控制指标范围之内。切实做好野猪非洲猪瘟防控工作。

林草产业 坚持以绿色引领产业发展，紧扣绿色"三张牌"，大力发展坚果、观赏苗木、林下经济、森林生态旅游、森林康养等绿色生态产业，2018年全省林业总产值增长13.6%、达2221亿元，林区群众来自林业的人均年收入突破2000元。围绕省委、省政府打造世界一流"绿色食品牌"的战略部署，编制了《云南省坚果产业发展报告（2018～2022年）》《云南省绿色食品牌坚果产业三年行动计划》和《加快核桃产业转型升级提升发展质量水平的指导意见》，成功举办了第八届国际澳洲坚果大会和2018年云南昆明坚果博览会，推动国际澳洲坚果大会委员会常设秘书处永久落户云南。成功申报"漾濞核桃"和"南华野生食用菌"林产品主产区为第二批中国特色农产品优势区，"龙陵石斛"等6个林产品主产区为第一批云南省特色农产品优势区，云南神宇新能源等10家林业龙头企业成功入围全国林业产业基金项目库。编制了《林业招商大行动计划》，组织坚果企业参加上海"第二十届中国国际投资贸易洽谈会"和珠海"2018年中国国际坚果大会"，促成安宁市政府与云南云安集团投资有限公司合作建设"西南林产品（坚果）交易中心"项目。

生态扶贫和服务全省经济社会发展 出台了《云南省生态脱贫攻坚实施方案》，印发了《云南省林业生态脱贫攻坚实施方案》，编制了《打赢林业生态扶贫攻坚战三年行动方案》，聚焦怒江、迪庆等深度贫困地区，分别编制了生态脱贫攻坚实施方案。《云南省怒江傈僳族自治州林业生态脱贫攻坚行动方案》得到中央领导批示。全力开展生态扶贫，退耕还林还草、造林、森林抚育等项目向贫困地区聚集，林业扶贫投入达84.31亿元。2018年共争取国家新增生态护林员指标1.5万名，占全国总数的1/7，为全国安排资金最多、支持力度最大的省份。同时，在省级财政十分困难的情况下，按省级1∶1配套，落实了1.5万人，为全国首例。组织开展生态护林员专项督查、林业扶贫资金重点稽查、退耕还林重点工程督查、砚山县林业脱贫攻坚实地督查等，以"零容忍"的态度，加强对林业脱贫攻坚各个环节的监管。截至2018年年底，全省已聘用8.27万名建档立卡贫困人口参与生态护林，带动33.39万名建档立卡贫困人员稳定增收脱贫。争取国家下达省级年度林地定额10 935公顷并争取国家级备用定额5920公顷，位居全国第一。审核审批各类工程建设项目使用林地申请2144件、林地面积18 376公顷，保障了7159亿元的固定资产投资使用林地。

【**云南省林业和草原局正式挂牌**】 2018年11月9日上午，云南省林业和草原局挂牌，正式对外履行职责，开展工作。省人民政府副省长王显刚和省林业和草原局党组书记、局长任治忠一起为云南省林业和草原局揭牌。组建成立省林业和草原局，是省委省政府按照中央和国务院的统一决策部署，对森林湿地和草原资源实施统一保护、统一修复、统一管理的重大举措。根据《云南省机构改革方案》，新组建的省林业和草原局，作为省政府正厅级直属机构，统筹森林、草原、湿地等生态资源的监督管理，整合了原省林业厅的职责，原省农业厅的草原监督管理职责，原省国土资源厅、省住房和城乡建设厅、省水利厅、省农业厅、省环境保护厅等部门的自然保护区、风景名胜区、自然遗产、地质公园等管理职责。

【曹福亮院士工作站落户云南】 2018年2月2日，曹福亮院士工作站在云南省林业科学院揭牌成立，这是云南省林业科学院建院60年来首个中国工程院院士工作站，是全国范围内的第五个曹福亮院士工作站。云南省林业科学院与曹福亮院士工作团队本着诚信合作、共同发展原则搭建院士工作站，旨在推动云南省林业科学院与南京林业大学全方位、宽领域、多层次开展产、学、研合作，促进林业知识技术转移和科技成果转化，增强云南高效林业的核心竞争力和技术创新能力。

【全省林业局长会议】 2018年2月27日，经省人民政府批准，2018年全省林业局长会议在昆明召开。会议明确2018年力争完成林业投资85亿元以上，完成营造林53.3万公顷以上，退耕还林还草和陡坡地生态治理20万公顷以上，全民义务植树8000万株以上，森林火灾受害率低于0.9‰，林业有害生物成灾率控制在4‰以内，森林覆盖率提高0.5个百分点、达到60.2%以上，森林蓄积量增加3000万立方米、达到19.6亿立方米以上，湿地保护率提高5.2个百分点，林业行业总产值力争达到2100亿元。

【绿孔雀种群及栖息地调查】 2018年3月20日至5月15日，云南在全省范围内启动绿孔雀种群及栖息地调查。调查活动在云南有绿孔雀分布及有绿孔雀潜在分布的11个州(市)53个县(市、区)开展。调查活动由云南省林业厅组织，中国科学院昆明动物研究所提供技术支撑，11个州(市)53个县(市、区)122名技术人员参与，采用访问、样线、红外相机调查相结合的方法展开。

【全省森林督查】 2018年5月22日，全省森林督查工作动员视频会召开，在全省16个州(市)、129个县(市、区)全面启动"监测全覆盖、核查全覆盖、执法全覆盖"的森林督查工作。森林督查工作对于云南省进一步摸清森林资源家底，主动发现和现地查清破坏森林资源问题，不断提高森林资源保护管理工作成效，推动建立完善森林资源监管责任制度和长效机制具有十分重要的意义。

【2018云南·昆明坚果博览会】 于2018年10月11日在昆明滇池国际会展中心举行，该博览会由云南省林业厅主办，吸引省内外330余家坚果企业参会参展。该次博览会以"云南坚果 世界品味"为主题，展出面积达10 000平方米。展馆设5个展区，分别是特装展示区、重点企业展示区、省内企业展示区、名品超市区、加工器械展示区，是集产品展销、新技术展示、商贸对接、行业研讨等为一体的展会。昆明坚果博览会举办期间，组委会邀请了中国工程院院士、国际坚果专家等，参加坚果产业发展高峰论坛，与坚果从业者面对面研讨云南坚果发展趋势，共谋打造世界一流的云南坚果产业大计。

【第八届国际澳洲坚果大会】 于2018年10月17~19日在临沧举办，此次大会由临沧市政府、云南省林业厅、云南坚果行业协会主办，全球32个国家和地区坚果行业协会的代表参加了该次大会，发言人数和参与国家(地区)创历届国际澳洲坚果大会之最。国际澳洲坚果大会是澳洲坚果产业的峰会，大会汇集世界澳洲坚果行业的专家、学者、企业家等，就全球澳洲坚果行业在品种、种苗、种植、土壤、施肥、修剪、灌溉、收获、品质控制与提升、市场行情、产业发展趋势、消费者教育等方面进行交流、研讨及展示，是全球澳洲坚果产业最新的科研成果、技术、市场信息交流的高端平台。

【中国林业大数据和林权交易(收储)中心落户云南】 2018年9月20日上午，中国林业大数据中心和中国林权交易(收储)中心在昆明浪潮云计算产业园揭牌。至此，"中国林业双中心"正式落户云南，成为中国林业现代化建设过程中一个历史性标志事件。省委书记陈豪，国家林草局局长张建龙，常务副省长宗国英，浪潮集团总裁王茂昌共同为中国林业大数据中心、中国林权交易(收储)中心揭牌，并现场了解项目建设运行情况。"中国林业双中心"是"互联网+林业"的重要组成部分。项目立足云南区位优势和林业资源优势，通过实施工程带动、智慧引领、共治共享、信息惠林四大战略，进一步完善林业资源数据和共享平台，健全林业生态建设和产业发展体系，实现林业资源、林业产业、空间地理、自然社会等数据信息深度融合，逐步形成立足云南、服务全国、辐射南亚、东南亚的现代林业信息化服务模式和林业智慧治理体系。

【国家公园国际研讨会】 于2018年8月14~15日在昆明召开。研讨会旨在总结全国国家公园体制试点成效，学习借鉴国外先进经验，深入研究国家公园理论和方法，探讨中国特色的国家公园建设道路。这是国家林业和草原局成立、国家公园管理局挂牌以来，在中国国家公园试点推进关键时期召开的一次国际研讨会。来自财政部、自然资源部、国家林业和草原局、云南省人民政府，各省(区、市)林业主管部门，各国家公园体制试点区的代表参加研讨会。研讨会还邀请联合国环境署、世界自然基金会、自然资源保护协会等国际组织以及来自美国、巴西、非洲国家的专家学者以及国内国家公园研究领域的学者约200人与会。

【林草业大事】
1月9日 国家林业局局长张建龙率调研组到云南省楚雄彝族自治州，就楚雄市创建国家森林城市工作进行调研。云南省副省长张祖林陪同调研。

2月6日 云南省委组织部副部长李朝文在省林业厅干部职工大会上宣布了省委、省人大常委会关于任治忠担任云南省林业厅党组书记、厅长的决定。

2月13日 云南省副省长陈舜到省林业厅调研全省林业工作。省政府副秘书长和丽贵陪同调研。

3月1日 云南省省长阮成发签发《云南省人民政府2018年森林防火命令》，确保有效预防和控制森林火灾发生，保障人民群众生命财产和国土生态安全。

5月31日 云南省人民政府同意将寻甸横河梁子、

永善黑颈鹤栖息地、彝良雨龙山、双柏黄草坝、双柏九天、玉溪抚仙湖、石屏异龙湖、普洱五湖、大理洱海、宾川上沧海、古城九子海、永胜程海、宁蒗泸沽湖、德钦雨崩、德钦祖数通、维西华冉底共计16处湿地列为第三批省级重要湿地。

6月2~7日 国家林业和草原局副局长刘东生带队的督查组到云南开展造林绿化督查工作。

6月15~21日 第五届中国昆明国际观赏苗木展览会暨2018宜良花街节在昆明市宜良县举行。

8月23日 云南省林业厅党组成员、副厅长夏留常与到访的英国驻重庆总领事馆副总领事安仕得先生举行工作会谈。

10月14日 云南省林业厅召开"2018云南·昆明坚果博览会"颁奖典礼，向社会发布博览会参展产品评选结果，昭通市鲁甸县林业局等参展单位选送的11件展品获金奖。

10月21日 云南省林业厅召开干部大会，省委组织部副部长李朝文宣布了省委关于设立云南省林业和草原局党组及局领导班子成员的任职决定。

11月9日 云南省林业和草原局挂牌，正式对外履行职责，开展工作。

11月27~29日 国家林业和草原局副局长李春良率扶贫办、规财司、云南专员办负责人，深入怒江傈僳族自治州调研林业生态脱贫攻坚区建设工作。

（云南省林草业由王骞供稿）

西藏自治区林草业

【**概述**】 2018年，西藏林业和草原工作以习近平新时代中国特色社会主义思想为指导，深入学习宣传贯彻落实党的十九大、十九届二中、三中全会和西藏自治区第九次党代会，区党委九届三次、四次全会精神，坚持以人民为中心的发展思想，以处理好"十三对关系"为根本方法，适应新时代、聚焦新目标、落实新部署，较好地完成了全年工作目标任务。

2018年8月噶尔县国家沙化土地封禁保护区竣工验收（高鹏飞 摄）

【**生态保护修复**】 通过实施拉萨及周边地区造林绿化、"两江四河"流域造林绿化、重点区域生态公益林建设、退耕还林、防沙治沙等工程，完成造林75 000公顷，完成全年计划的101.80%。积极开展"无树村""无树户"消除工作，2017年、2018年累计完成消除"无树村"863个、"无树户"8.32万户。大力推进拉萨绿色围城、周边山体绿化等工程，积极探索那曲高海拔城镇适生树种引种试种工作，协同科技厅与亿利集团共同开展那曲高寒地区植树造林试验，截至2018年，已完成示范造林面积33.33公顷和裸地育苗1公顷，种植树种16种；在那曲市那曲镇建立了2个树种引种试验基地，并在市区街道两旁种植各类树种。组织相关科研单位开展了干旱半干旱地区竹子引种栽培试验，5个引进竹类品种平均成活率达到90%以上。大力实施退牧（耕）还草工程，安排休牧围栏680 000公顷，治理黑土滩2700公顷、治理毒害草2700公顷，实施退耕还草5600公顷。

藏草万亩植物种苗繁育基地（周斌提供）

【**森林资源管理**】 全面停止天然林商业性采伐，严格非商品材管理，下达全区年度自用材和薪炭材生产计划共23.84万立方米。严格执行保护发展森林资源目标责任制，与各市（地）签订了保护发展森林资源目标责任书。加强林地保护和占用征收林地管理工作，办理占用征收林地项目171宗。结合环保督察、森林督查反馈问题整改任务，研究制订非法侵占林地清理排查工作相关方案，对林芝、昌都、日喀则等市部分重点建设项目使用林地情况进行了现地检查。先后组织开展了"飓风一号""春雷2018""绿剑2018"等专项严打整治行动，严厉打击破坏森林资源违法犯罪活动。

昌都后山造林（虎卫军提供）

【湿地保护管理】 完成各级政府湿地资源总量管控目标责任合同的签订工作，初步建立了湿地总量管控制度。正式印发了《西藏自治区湿地认定和名录管理办法（试行）》，启动第一批29处自治区级重要湿地认定工作。实施重要湿地保护与恢复等工程项目，累计完成保护与恢复退化湿地面积近10万公顷。不断完善湿地保护网络体系，色林错湿地成功申报国际重要湿地，类乌齐紫曲河、阿里狮泉河2处国家湿地公园（试点）通过国家验收。正式印发《西藏自治区级湿地公园管理办法（试行）》，自治区级湿地公园建设工作进展顺利。举办2018年长江湿地保护网络年会并取得预期成果，西藏22处湿地保护管理机构正式成为长江湿地保护网络新成员。

【草原监督管理】 扎实推进新一轮草原补奖工作，严格落实草畜平衡制度，认真做好草原补奖政策绩效评价工作，兑现到户草原补奖资金17亿元。积极落实配套资金，加快推进草原生态保护建设重点项目。着力推进草原确权登记颁证工作，完成错那县草原确权试点工作，推进2018年度当雄等6县试点工作。组织完成全区草原资源动态监测工作，发布《2018年西藏自治区草原资源与生态监测报告》。加强草原蝗虫灾害防治指导力度，噶尔、日土、扎达3县防治面积达2000公顷。办理草原征占用审核审批项目163起。严厉打击破坏草原资源违法犯罪活动。切实加强冬虫夏草采集管理，科学制定采集计划，强化生态保护措施。

【自然保护地管理】 自然保护区调整工作取得新突破，羌塘、芒康滇金丝猴国家级自然保护区范围和功能区调整获国务院批准，雅鲁藏布江中游河谷黑颈鹤国家级自然保护区顺利通过国家林草局组织的评审，雅鲁藏布大峡谷国家级自然保护区同意有条件通过。继续推进中央环保督察整改，印发《西藏自治区林业系统自然保护区确界立标总体工作方案》，积极推动林业系统自然保护区确界定标。深入开展自然保护地大检查和"绿盾2018"自然保护区监督检查专项行动，进一步摸清各类保护地本底，全面推进存在问题的摸底排查、督办整改。加快推进"一区一法"工作，出台珠峰保护区、热振森林公园、类乌齐紫曲河国家湿地公园管理办法，填补了西藏自然保护地"一区一法"工作空白。依法依规

开展涉及自然保护区、国家森林公园、国家湿地公园建设项目及野生动植物的行政许可办理工作，受理和予以受理各类行政许可申请367件。

林周县卡则水库里每年过冬的黑颈鹤（江永贵 摄）

【林业有害生物防控】 严格落实森林草原防火责任制，认真开展火险隐患排查。整个防火期，发生1起森林火灾，无人员伤亡。完成全区林业有害生物防治面积72 566.67公顷。严格实施种苗产地检疫和"一签两证"制度，办理《植物检疫要求书》12 856份，《植物检疫证书》114份。在切实做好野猪非洲猪瘟监测防控工作的同时，统筹做好野生动物疫源疫病监测防控工作。昌都市江达县波罗乡波公村和林芝市米林县加拉村发生山体滑坡并形成堰塞湖后，组织开展了灾后林业相关损失调查评估。

【林业精准扶贫】 制定《西藏林业助力打赢深度贫困地区脱贫攻坚三年行动计划》，出台生态护林员管理办法，争取中央林业专项扶贫资金1.05亿元，整合资金约7.40亿元支持脱贫攻坚工作；落实生态补偿脱贫攻坚生态护林员岗位约30.90万个，带动农牧民增收10.82亿余元；组织农牧民参与林业资源管护和生态建设，带动农牧民增收约15亿元。选派21名同志开展驻村工作。深化拓展"党员干部进村入户、结对认亲交朋友"活动，开展结对帮扶困难群众171户。

天保工程扶持汪布顶乡来玛村集体苗圃育苗情况
（次典布提供）

【林业和草原改革】 完成集体林地测绘勘界9133.34公顷。组织开展了集体林权制度改革项目质量核查工作。通过加大对西藏国土生态绿化集团有限公司的扶持力度、与亿利生态修复股份有限公司签订战略合作协议等，积极引导各类社会主体投资集体林业，采取多种方式经营集体林业。完成西藏林升森工有限责任公司和昌都市林业有限责任公司2家林场公益性企业转制工作，并作为西藏国土生态绿化集团公司子公司运作；整体注销了亚东县、林芝县、察隅县3家林场。完成国有林场改革自治区级验收工作。推进羌塘国家级自然保护区管理体制机制改革试点工作，指导那曲市和阿里地区落实各项试点任务，协调落实运行经费并提高专业管护员基本报酬。探索建立湿地生态管护长效机制成效显著，以政府购买服务方式聘用湿地管护员830人，引导农牧民主动参与湿地生态保护和建设；通过实施湿地禁牧和限牧等，93 088.38公顷湿地得到有效保护与恢复。推进"放管服"及权责清单动态调整工作。

【生态文化建设】 完成"七五"普法中期评估。积极开展草原宣传普法月活动。扎实推进林业网站建设及新媒体宣传工作，发布信息700余条、图片1100余幅，点击量达20万次。结合"植树节"等重要节点，累计开展宣传活动10余次，发放宣传材料15 000余份。与中央电视台等驻藏媒体和西藏电视台等本地媒体合作，各大传统媒体及网络媒体播出和刊登西藏林业新闻2800余条。积极开展"全国生态文化村"遴选工作，4个村被评为"全国生态文化村"。

【基础性工作】 制订印发《西藏自治区新一轮退耕还林还草工程管理暂行办法》，着手修订完善《西藏自治区公益林管护办法（试行）》。与各市（地）政府（行署）签订了"十三五"防沙治沙目标责任书，并开展中期自查工作。组织开展了全区森林督查、13个县林业有害生物野外普查、2018年度退耕还林工程管理实绩核查、退耕还林工程综合效益监测评估、2018年退牧还草工程自评、2017年度林地变更调查、2017年重点公益林成效监测、2015年度重点区域人工造林核查等工作。西藏第二次重点保护野生植物资源调查成果通过专家评审，并正式上报国家林草局。西藏第二次野生动物资源调查外业调查全部完成，并开展数据汇总和成果编制。完成了2017年度陆生野生动物肇事补偿数据统计上报和商业保险试点部分补偿。

【机关党建】 推进"两学一做"学习教育常态化制度化，组织党员干部认真学习宣传贯彻习近平新时代中国特色社会主义思想和党的十九大精神等，切实加强基层党组织理论武装，党组理论学习中心组共组织学习19次；各党支部组织各类主题党日活动和学习教育共170余次，制作各类宣传展板25块，为各党支部发放党建读物500余册。按照基层党组织标准化建设"八化"要求和党支部活动室"九有"目标要求，推进机关基层党组织标准化建设。组织党员进社区服务群众450余人次。加强作风建设，教育引导党员干部驰而不息纠正"四风"。组织开展不作为慢作为专项整治工作。

【林草业大事】
1月9日 西藏自治区昌都市林业局、林芝市林业局、山南市浪卡子县林业局3家单位荣获"全国林业系统先进集体"称号，西藏自治区林木科学研究院中级技工李先年荣获"全国林业系统劳动模范"称号，西藏自治区林木科学研究院院长米玛次仁、那曲市索县林业局局长熊波、西藏自治区林业调查规划研究院林勘室主任嘎玛群宗荣获"全国林业系统先进工作者"称号。

1月10日 西藏自治区林业厅第七批5个驻村工作队全部进点开展工作。

2月8日 国务院办公厅印发《关于调整湖南东洞庭湖等4处国家级自然保护区的通知》，同意调整西藏珠穆朗玛峰国家级自然保护区的范围。

2月27日 西藏自治区在拉萨召开林业工作会议。西藏自治区副主席江白出席会议，并作了讲话。

3月6日 西藏自治区林业厅森防站、西藏出入境检验检疫局动植物检验检疫处"林安"行动座谈会在西藏自治区林业厅召开。

3月10日 西藏自治区副主席江白赴那曲市那曲镇检查高寒地区依靠科技种树试验工作。

4月1日 西藏自治区党委副书记、自治区主席齐扎拉调研拉萨市"树上山"工程，并主持召开区绿化委员会全体会议。

4月4日 西藏自治区党委书记吴英杰在拉萨市柳梧新区柳梧乡德阳村，专题调研打好精准扶贫精准脱贫攻坚战、实施国土绿化工程、消除"无树户"工作情况。

4月4日 西藏自治区党委书记吴英杰、自治区主席齐扎拉在拉萨市高新区西面山脚的植树点，与拉萨干部群众、中小学师生一起参加义务植树活动。

4月7日 西藏自治区林业厅召开党组（扩大）会议，传达学习习近平总书记参加首都义务植树活动时的重要指示精神和自治区党委书记吴英杰参加拉萨春季义务植树活动时的讲话精神。

4月12日 西藏自治区林业厅印发《关于规范生物质燃料（"煨桑"原材料）采集管理的通知》。

4月18～26日 国家林业局驻成都专员办副专员刘跃祥一行到西藏自治区开展调研。

9月11日 召开2018年林业工作综合检查动员工作电视电话会议。

11月17日 西藏自治区林业和草原局举行揭牌仪式。

11月20～21日 成都专员办与川渝藏三省（区、市）林业厅（局）第十二次联席会议在四川成都召开。

（西藏自治区林草业由熊艳阳供稿）

陕西省林业

【概　述】　2018年，陕西林业不断践行"绿水青山就是金山银山"理念，全面落实培育新动能、构筑新高地、激发新活力、共建新生活、彰显新形象的"五新战略"，主动融入枢纽经济、门户经济、流动经济发展格局，全年完成营造林49.97万公顷，林业产业总产值达1319亿元。

【机构改革】　根据中共中央办公厅、国务院办公厅印发的《陕西省机构改革方案》，将陕西省林业厅的职责，以及陕西省农业厅的草原监督管理职责，陕西省国土资源厅、陕西省住房和城乡建设厅、陕西省水利厅等部门的自然保护区、风景名胜区、自然遗产、地质公园等管理职责整合，组建陕西省林业局，作为陕西省政府直属机构，为正厅级，由陕西省自然资源厅统一领导和管理，加挂大熊猫国家公园陕西省管理局牌子，不再保留陕西省林业厅。2018年11月9日，按照陕西省委机构改革工作总体部署，陕西省林业局正式挂牌成立。

【造林绿化】　实施陕西省委、省政府"关中大地园林化、陕北高原大绿化、陕南山地森林化"生态建设战略，持续推进国土绿化，2018年累计治理沙化土地7.03万公顷，完成营造林49.97万公顷（其中：人工造林16.10万公顷，飞播造林2.70万公顷，森林抚育、封山育林、退化林修复和人工更新31.17万公顷），超额完成年度目标任务。关中森林城市群建设被纳入国家规划，建成"三化一片林"（庭院绿化、村庄绿化、路渠绿化、一村一片林）绿色家园行政村150个，全民义务植树网正式开通。在渭南等地使用直升机飞播造林，开启精准飞播新模式。陕西省气象局卫星遥感数据分析表明，2018年陕西省平均植被指数较2000年在全国上升3位，植被指数平均变化速率全国第三，退耕还林、天然林保护等林业建设工程成效显著，生态环境明显改善。在全国三北工程建设40周年总结表彰大会上，延安市作为全国典型在大会交流发言。在榆林召开的第24个世界防治荒漠化与干旱日纪念大会上，陕西省防沙治沙工作受到国家领导和国家林草局主要领导的高度评价。在2018年中央经济工作会议上，延安退耕还林被习近平总书记作为生态环境改善四个案例之一予以肯定。

【资源保护】　严守绿水青山，资源保护不断加强。坚决整治秦岭地区涉林违法违规问题，成立陕西省林业局专项整治工作组，编制完成秦岭天然林、生物多样性和湿地3个专项保护规划，省林业局直属系统排查出的涉林问题全部整改销号，圆满完成陕西省委专班交办的任务，受到通报表扬。严守林业生态红线，全面完成国家级公益林区划落界，严厉打击涉林违法犯罪活动，查处各类违法案件4055起，挽回经济损失1.15亿元。全年未发生重特大森林火灾，火灾受害率远低于国家和陕西省控制指标。认真贯彻落实陕西省政府领导批示精神，恢复全省重大林业有害生物防控指挥部，狠抓疫木除治和检疫封锁两个关键，商洛市措施得力，成效明显，全省共清理疫木90余万株，设立跨省高速公路检疫检查站14个，布设监测点1800多个，林业有害生物成灾率控制在4.1‰。出台《省级湿地公园管理办法》，5处湿地公园试点通过国家现场验收，红碱淖保护区晋升为国家级自然保护区，全省林业国家级保护区达到21处。繁育朱鹮、金丝猴、羚牛、林麝等珍稀野生动物近7000只，陕西省2只朱鹮作为国礼赠送日本，20只朱鹮在北戴河进行野化放归训练。全面开展全省自然保护地大检查及"绿盾2018"自然保护区监督检查专项行动，14个自然保护区中央环保督察反馈问题全部整改销号。

【生态脱贫】　多措并举，生态脱贫扎实有效。向贫困地区、贫困人口倾斜投入30.5亿元，创新启动"五个一批开放"工程（向贫困户开放一批森林或湿地公园、一批国有林场、一批牡丹或花木园、一批林业管护站、一批生态文明教育或森林体验基地），吸收贫困人口参与林业生产，开展多种经营，增加收入促脱贫。"林业生态脱贫大讲堂"覆盖全国5亿农村人口。宝鸡市积极实施产业脱贫，凤县林麝、扶风县元宝枫成为陕西省亮点。安康市推动生态建设与脱贫攻坚深度融合，探索出宁陕县"生态+"扶贫新模式。扎实开展延长县"两联一包"定点扶贫，累计筹措资金近700万元，改善基础设施，建立扶贫产业，延长县顺利脱贫摘帽。陕西省脱贫攻坚大数据平台显示，生态脱贫惠及贫困人口141.5万，占陕西省建档立卡贫困人口3/4以上，人均增收1750元，林业在脱贫攻坚中的重要作用愈加凸显。在贵州召开的2018年全国生态扶贫专项工作会议上，陕西做法在全国推广。

【林业产业】　盘活生态资产，林业产业提速发展。林业产业发展稳中向好，2018年陕西省林业产业总产值达到1319亿元，超额完成年度目标任务。全年下达产业发展资金1.65亿元，新建和改造核桃、花椒、红枣等特色经济林6.65万公顷，核桃面积全国第二，花椒产量全国第一。新建油用牡丹0.8万公顷，总面积超过4.67万公顷，全国第一。繁育林麝6201只，人工养殖数量和麝香产量稳居全国之首。全省森林旅游人数超2600万人次，综合收入达90亿元。累计培育林业产业龙头企业133个，发展林下经济示范基地91处，全省林业专业合作组织达2584个。苗木花卉产业发展迅速，咸阳市涌现千亩级苗木花卉基地44个，全国首家"京东物流快林花卉协同仓"在陕开仓，开创林产品网络销售新模式。韩城市成立"丝绸之路"花椒产业联盟，行业综合竞争力持续提升。汉中市加快推进三产融合，南郑县"花溪谷"、城固县"千亩荷塘"等一批特色综合产业园蓬勃发展。

【林业改革】 深化林业改革，发展活力持续释放。坚持改革不停顿、开放不止步，林业各项改革取得新的进展。陕西省国有林场改革主体任务全面完成，咸阳、西安、铜川3市在省级验收中名次靠前。集体林权制度改革持续深化，陕西省完成林权抵押贷款35.2亿元，森林承保面积693.33万公顷、保障金额572亿元，兑现生态效益补偿资金9.87亿元，宁陕县被确定为全国新一轮集体林业综合改革试验区。稳步推进大熊猫国家公园体制试点，落实中央投资6990万元，大熊猫国家公园陕西省管理局揭牌成立。深化"放管服"改革，取消、下放和调整行政审批项目35项，林业非行政许可审批事项全部取消，超额完成省政府清理精简目标。

【生态文化】 弘扬林业生态文化，社会影响显著提升。黄帝手植柏和汉武帝挂甲柏扩繁苗应邀入驻第12届中国国际园林博览会。牛背梁保护区被教育部评为全国中小学生研学实践教育基地，新建森林体验基地3处，全省16处生态文明教育基地接待130余万人次，陕西省"三位一体"青少年生态文明教育工作保持全国领先。秦岭国家植物园运行顺利，全年接待游客32万多人次。在西安市、北京市成功举办"秦岭大熊猫文化宣传活动"，《秦岭大熊猫保护研究成果报告》对外发布，《保护秦岭大熊猫倡议》得到广泛响应，全国60余家媒体竞相报道，媒体点击超550万次，凝聚了保护秦岭大熊猫的社会共识，对陕西省秦岭保护工作产生了积极而深远的影响。

【支撑保障】 强化支撑保障，发展基础不断夯实。全年落实林业资金58.7亿元，同期增长10.8%，平均每县投资5000万元以上。陕西省种苗质量抽查合格率达95%，被国家林草局通报表扬。依托陕西省林科院，成立秦岭大熊猫研究中心和大秦岭研究院等科研平台，建成"211"林业科技示范县10个、示范点218个、示范推广面积7.64万公顷，林业科研和推广力度持续加强。编制出台《国家储备林建设规划》《乡村振兴战略林业实施方案》，受陕西省人大常委会委托，完成《秦岭生态环境保护条例》立法后评估及修订工作。

【党建工作】 加强政治建设，从严治党深入推进。坚持把党的建设摆在首位，认真组织开展冯新柱案"以案促改""不忘初心、牢记使命""讲政治、敢担当、改作风"等专题教育活动，"两学一做"学习教育常态化制度化深入推进，基层党组织组织力持续增强。严格落实党风廉政建设主体责任清单制度，扎实开展"违规收送礼金""领导干部利用名贵特产类特殊资源谋取私利""形式主义官僚主义整治"等专项工作，深化运用监督执纪"四种形态"，反腐败斗争压倒性态势得到进一步巩固。陕西省林业局党组理论学习中心组被陕西省委宣传部评为"省直部门中心组学习成果显著单位"。国家林草局领导对陕西省林业局"红色领引 绿色发展"党建工作给予充分肯定。

【林业大事】
1月31日 陕西省林业有害生物防控工作研修班及安排部署会在西安市召开。

2月21日 陕西省航空护林站派出直升机增援四川雅江森林火灾灭火任务。

3月3日 陕西省第五届"世界野生动植物日"宣传活动启动仪式在咸阳市举行。

3月9日 陕西省森林防火宣传月活动启动仪式在宝鸡市举行。

3月9日 共青团陕西省委2018年陕西省青少年保护母亲河行动植树示范活动在咸阳市泾阳县安吴镇罗岩村举行。

3月12日 黄帝手植柏太空种子扩繁项目启动会在陕西珍稀树种种质资源库举办。

3月16日 环保部组织实施的"国家重点生态功能区自然资源评估与管理制度项目"试点调研会在陕西省洋县召开。

3月16日 2018年陕西省林业有害生物社会化防治技术技能培训班在西安市举办，700余人参加培训。

3月21日 陕西省委决定：薛建兴任陕西省林业厅党组书记。免去李三原陕西省林业厅党组书记职务。

3月25日 宝鸡市花西府海棠入选《海棠花》特种邮票图案，面向全国发行。

4月11~12日 国家林业局元宝枫产业调查组对陕西省元宝枫资源和产业发展现状进行调查，并在杨凌召开座谈会。

4月12日 陕西省第37届爱鸟周宣传活动在西安秦岭野生动物园举办。

4月13日 黄帝手植柏、汉武帝挂甲柏扩繁苗赠送仪式在南五台陕西省珍稀树种种质资源库举行。

5月10~11日 陕西省生态脱贫培训班在西安市举办，70余人参加培训。

5月16日 刘荫增先生朱鹮研究历史资料赠送仪式在陕西省汉中市朱鹮国家级自然保护区管理局举行。

5月20日 2018年全国林业和草原科技活动周在陕西省启动。

5月23~25日 首届朱鹮国际论坛开幕式在陕西省汉中市洋县举办。

6月4日 陕西省楼观台国有生态实验林场与南京林业大学竹类研究所签订"南竹北移"科研合作协议。

6月13日 陕西省林业科学院秦岭大熊猫研究中心在陕西楼观台正式成立。

6月14日 第24个世界防治荒漠化与干旱日纪念大会在陕西榆林市召开。

7月3日 中日民间绿化合作委员会第十九次会议在西安市召开。

7月11~14日 2018年中央财政森林抚育国家级抽查部署暨现场技术培训会在汉中市留坝县召开。

7月16~18日 全国森林康养（疗养）国际合作示范基地建设工作会议在西安市召开。

7月20日 陕西省国有林场改革验收培训班在西安举办。

7月24~27日 陕西省林木种苗质量检验和行政管理培训班在榆林召开，80余人参加培训。

8月3~4日 首届秦岭大熊猫保护与研讨会在陕西省佛坪县举行。

8月23日 中国养蜂学会理事黎九州研究员,在太白县鹦鸽镇养蜂农户举办中蜂养殖培训班。

8月31日 陕西省林业工作座谈会在西安市召开。

9月3日 陕西省林业科学院在西安市揭牌。

9月14日 陕西省林业厅、陕西林业集团有限公司和国家开发银行陕西省分行签署"开发性金融支持陕西省国家储备林建设战略合作协议"。

10月17日 朱鹮"楼楼""关关"从西安乘机抵达日本,成为中日两国之间的友好使者和和平象征。

10月18日 陕西快林信息科技有限公司与京东集团共同建成的2800平方米京东全国首家花卉协同仓开仓仪式在西安举行。

10月21日 "虫颜·虫趣·虫韵"昆虫文化艺术节在西北农林科技大学举办。

10月26日 陕西省委决定:薛建兴任陕西省林业局党组书记;党双忍、雒凤翔任陕西省林业局党组成员。

11月1日 全国元宝枫产业发展科技创新研讨会在陕西省杨凌区召开。

11月8日 陕西省人民政府任命薛建兴为陕西省林业局局长,唐周怀、党双忍为陕西省林业局副局长。

11月9日 陕西省林业局正式挂牌成立。陕西省副省长魏增军出席揭牌仪式。

11月19日 以"熊猫文化 世界共享"为主题的秦岭大熊猫文化宣传活动在西安市开幕。大熊猫国家公园陕西省管理局揭牌。

12月11日 陕西省美国白蛾暨松材线虫病防控技术培训班在西安举办。

12月12日 陕西省跨省高速公路重大林业有害生物临时检疫检查站建设工作会在西安召开。

12月14~16日 首届中国观鸟组织联合行动年会在陕西省汉中市召开。

12月22~23日 "大美秦岭 熊猫陕西"秦岭大熊猫文化宣传活动在北京举行。

12月25日 陕西省"211"林业科技示范工程总结座谈会在西安市召开。

(陕西省林业由吕旭东供稿)

甘肃省林草业

【概 述】 2018年,甘肃省林业和草原局认真贯彻习近平新时代中国特色社会主义思想和党的十九大精神,牢固树立"四个意识",坚定"四个自信",坚决做到"两个维护",努力践行新发展理念和"绿水青山就是金山银山"理念,按照推动高质量发展要求,以"转变作风改善发展环境建设年"活动为契机,坚持机构改革和业务工作协调推进,国土绿化扎实开展,林业草原改革不断深化,生态资源保护切实加强,支撑保障水平继续提升,党的建设和林业草原工作取得了新的成效。

国土绿化 全省各级政府依托新一轮退耕还林、天然林保护、"三北"五期等国家重点林业生态工程项目,着力提高重要区域、重点地段造林绿化质量,全省国土绿化进程稳步推进。完成营造林总面积392 765公顷,其中人工造林296 021公顷(其中:灌木林36 871公顷),飞播造林667公顷,封山育林85 410公顷(无林地和疏林地封育76 211公顷、有林地和灌木林地封育9199公顷),退化林修复10 667公顷。完成森林抚育147 442公顷。林业重点工程完成营造林164 493公顷,其中:人工造林130 892公顷(灌木林18 314公顷),封山育林33 601公顷(无林地和疏林地封育31 068公顷、有林地和灌木林地封育2533公顷)。森林抚育79 835公顷。

林业改革 全面深化集体林权制度改革,组织指导各地放活集体林经营权,不断激发集体林业发展活力,当年累计办理林权抵押贷款887 500万元,新增96 000万元;林业合作社增加到3331个,认定登记家庭林场1184家;国家林业和草原局评定的甘肃省国家级林业重点龙头企业增加到9家。持续扎实推进全省国有林场改革,2018年2月完成太统-崆峒山保护局太统林场、省林业科技推广总站石门林场、省治沙研究所民勤治沙试验林场3个省属国有林场改革实施方案审核批复。4月28日,省政府批复白龙江林业管理局和小陇山林业实验局国有林场改革实施方案。11月完成全省12个市(州)、5个省属单位国有林场改革主体任务,年底前组织开展省级评估验收并如期向国家上报了验收申请。深入推进"一窗办一网办简化办马上办"改革,2018年行政许可在线申报率提高到96.79%,受理申请材料共64件。

国家公园建设 大熊猫国家公园体制试点方面,由国家林草局牵头,建立了四川、陕西、甘肃体制试点"四方会商"机制,研究解决体制试点工作中的重大事宜。成立了大熊猫国家公园体制试点白水江片区顾问专家咨询组。编制了《大熊猫国家公园白水江片区范围和功能区总体勘界方案》《大熊猫国家公园白水江片区总体规划》。2017~2018年共争取落实中央财政国家公园体制试点建设资金1.3亿元。祁连山国家公园建设方面,由国家林草局牵头,建立了甘肃、青海体制试点"三方会商"机制。成立了甘肃青海祁连山国家公园协调领导小组,统筹协调两省国家公园建设试点的重大问题。成立祁连山国家公园体制试点甘肃省片区顾问专家咨询组。扎实落实整改工作,积极开展生态环境恢复治理。2018年中央预算安排1.6亿元。成功举办"国家公园与生态文明建设"高端论坛和首届中国大熊猫国际文化周活动。

资源管理 全面推进全省林地变更调查工作,"林地一张图"数据更新至2017年年底,向国家林业和草原局提交了调查成果。提请省政府印发了《甘肃祁连山国家级自然保护区内林草"一地两证"问题整改落实方案》，建立了林草重叠区域数据库，合理确定草原和林地范围，完成了祁连山国家级自然保护区内林草"一地两证"问题整改工作。积极开展卫片执法和森林督查工作，共查清党的十八大以来全省范围内违法使用林地图斑5074个，其中刑事立案859起，行政立案1693起。2018年共办理289宗建设项目使用林地审核审批手续，批准使用林地2886.88公顷，全省各级林业主管部门共核发林木采伐许可证6693份，批准采伐林木蓄积量147 901立方米。全省及各地各采伐限额编制单位共采伐生产木材81 028立方米。《甘肃省生态保护红线划定方案》通过国家审定。

林业投资 全年共争取落实林业资金705 703.96万元，其中：中央资金641 569.88万元（其中：中央基建118 003.00万元，中央财政523 566.88万元），省级资金64 134.08万元（其中：省级基建1500.00万元，省级财政62 634.08万元）。与甘肃省农发行、甘肃银行签署了《关于加强合作全面支持林业发展的框架协议》，争取市、县政策性贷款150 000万元；争取国家3个草原防火项目9000万元列入投资计划；争取省财政新增无人机购置经费2000万元，省级自然保护区建设资金2000万元，协调省财政将草原专项资金纳入省林草局2019年部门预算管理。

林业扶贫 认真落实生态护林员、退耕还林、林果产业、生态效益补偿、帮扶力量精准到户和林草项目资金精准倾斜的"五个精准到户、一个精准倾斜"林业生态扶贫举措。制订印发《甘肃省深度贫困地区脱贫攻坚生态扶贫实施方案》，明确了支持深度贫困地区脱贫攻坚的15个生态扶贫项目。经积极争取，2018年国家新增甘肃省生态护林员项目资金10 500万元，投资总额达到31 500万元，选聘生态护林员40 894人，其中倾斜安排35个深度贫困县区23 100万元、选聘生态护林员28 900万人，特别是"两州一县"贫困地区实现了全覆盖。争取国家安排甘肃省退耕还林任务97 733公顷，倾斜安排深度贫困县区任务57 767公顷。争取省级财政林果产业发展项目资金6000万元，倾斜安排深度贫困县区5000万元。组织召开了秦安县省直帮扶单位协调推进会暨省市县三级组长单位联席会2次，牵头省直9个单位做好帮扶秦安县脱贫攻坚工作。

林果产业 制订印发了《甘肃省省级财政林业产业项目管理办法》（甘林发〔2018〕12号），明确了省级财政林果产业发展项目的扶持范围、补助对象、申报程序、方案批复、检查验收等内容，通过项目扶持，在各地建设一批发展规模大、经济效益好、带动作用明显的示范基地，引领带动全省林果产业快速发展。指导各地林业部门因地制宜发展特色优势林果产业，逐步优化林果产业布局，形成陇东优质苹果、陇南核桃、花椒、油橄榄，河西和沿黄灌区红枣、葡萄、枸杞等特色鲜明的优质林果产业布局。将品牌培育作为提升林果产业发展层次和经营效益的重要举措，结合各地资源禀赋和立地条件，积极培育特色林果产业品牌。全省已培育形成了平凉金果、静宁苹果、天水花牛苹果、秦安蜜桃、庆阳苹果、武都大红袍花椒、成县核桃、和政啤特果等一批特色优势品牌，其中平凉金果、花牛苹果、静宁苹果获得"中国驰名商标"称号，"庆阳苹果"获得国家地理标志保护产品认证、入选中国果品区域公用品牌50强、中国百强农产品区域公用品牌，全省林果产业品牌知名度和经济效益明显提升。

林业党建 坚持政治统领抓党建、提高站位抓党建、围绕中心抓党建、重心下沉抓党建，扎实推进党支部建设标准化工作取得明显成效。研究制订了《直属系统党支部建设标准化工作推进方案》，召开了局系统党支部建设标准化工作启动培训视频会，对局系统549名党支部书记、支部委员、专兼职党务干部进行集中专题培训。局系统选树6个示范性党支部进行重点创建。编印配发了《直属系统党支部建设标准化重点工作台账》手册，规范党支部日常工作。7月底组织局系统200余名党支部书记到省公共资源交易局学习观摩，9月初组织局机关20个党支部开展党支部标准化建设观摩活动，11月初分5组对41个局直单位党支部标准化建设情况进行交叉观摩。年底，经综合考核评定，局机关和直属41个单位241个党支部全部通过达标验收。

【机构改革】

组建甘肃省林业和草原局 2018年10月15日，《中共中央办公厅 国务院办公厅关于印发〈甘肃省机构改革方案〉的通知》（厅字〔2018〕120号）规定：组建省林业和草原局。将省林业厅的职责，以及省农牧厅的草原监督管理职责，省国土资源厅、省住房和城乡建设厅、省水利厅、省农牧厅等部门的自然保护区、风景名胜区、自然遗产、地质公园等管理职责整合，组建省林业和草原局，作为省政府直属机构，由省自然资源厅统一领导和管理，加挂省绿化委员会办公室、大熊猫祁连山国家公园甘肃省管理局牌子。不再保留省林业厅。

调整甘肃省林业和草原局所属事业单位 2018年12月28日，省委机构编制委员会办公室《关于印发〈甘肃省省直涉改部门所属事业单位机构编制调整方案〉的通知》（甘编办发〔2018〕8号）规定：将省林业和草原局（省绿化委员会办公室、大熊猫祁连山国家公园甘肃省管理局）所属事业单位机构编制调整如下：

将原省林业厅管理的省白龙江林业管理局、省小陇山林业实验局等2个事业单位调整为省林业和草原局管理。由以上2个单位分别管理的事业单位隶属关系维持不变。

将原省林业厅管理的省天然林资源保护工程建设领导小组办公室、省退耕还林工程建设办公室、省野生动植物管理局（省湿地保护管理中心）、甘肃兴隆山国家级自然保护区管理局、甘肃莲花山国家级自然保护区管理局、甘肃尕海则岔国家级自然保护区管理局（甘肃尕海湿地管理办公室）、甘肃太子山国家级自然保护区管理局、甘肃民勤连古城国家级自然保护区管理局、甘肃敦煌西湖国家级自然保护区管理局、甘肃小陇山国家级自然保护区管理局、甘肃盐池湾国家级自然保护区管理局、甘肃安南坝野骆驼国家级自然保护区管理局、甘肃祁连山国家级自然保护区管理局、甘肃白水江国家级自然保护区管理局、甘肃太统-崆峒山国家级自然保护区管理局、甘肃黄河首曲国家级自然保护区管理局、甘肃洮河国家级自然保护区管理局、省长江防护林体系建设办公室、省生态环境监测监督管理局(省林业调查规划院)、省林业科学研究院、省林业科技推广总站(省林业工作站管理局)、省林业有害生物防治检疫局、省木种苗管理局、省治沙研究所(省民勤治沙综合试验站、省荒漠化与风沙灾害防治重点实验室)、省森林防火预警监测信息中心(省林业外资项目管理办公室)等25个事业单位整建制划转到省林业和草原局管理。

甘肃兴隆山国家级自然保护区管理局旅游管理中心仍由甘肃兴隆山国家级自然保护区管理局管理。

将原省农牧厅管理的省草原技术推广总站整建制划转到省林业和草原局管理。

将原省环境保护厅管理的甘肃敦煌阳关国家级自然保护区管理局、甘肃安西极旱荒漠国家级自然保护区管理局2个事业单位整建制划转到省林业和草原局管理。

将原省林业厅管理的省林业厅生态林业基金管理办公室、省林业厅三北防护林建设局(省防沙治沙办公室)、省林业厅机关后勤服务中心(省集体林权产权交易管理中心)3个事业单位分别更名为省林业和草原局生态林业基金管理办公室、省三北防护林建设局(省防沙治沙办公室)、省林业和草原局机关后勤服务中心(省集体林权产权交易管理中心),隶属省林业和草原局管理。

【理顺自然保护区管理体制】

甘肃祁连山国家级自然保护区管理局：2018年1月3日,省政府第176次常务会议,同意将祁连山保护区的22个保护站整体划归省林业厅,由祁连山保护区管理局统一管理,所属人员全部纳入省级财政预算,撤销保护站加挂的林业基层场、站牌子。6月6日,省机构编制委员会下发通知,将张掖、武威、金昌市和中农发山丹马场有限责任公司所属22个保护站(林场)及18个森林(林区)派出所整体移交省林业厅管理。

甘肃民勤连古城国家级自然保护区管理局：2018年1月3日,省政府第176次常务会议同意调整民勤连古城国家级自然保护区管理体制,将保护区管理局保护站与区乡林业工作站分设,民勤县保留区乡林业工作站机构,保护站人员编制上划省林业厅,其余人员编制由民勤县使用。2018年8月21日,《甘肃省机构编制委员会办公室关于调整甘肃民勤连古城国家级自然保护区管理局机构编制的批复》(甘机编办复字〔2018〕57号),将民勤连古城管理局三角城等7个保护站与民勤县县属林业单位分设,县属林业单位由民勤县管理。

甘肃黄河首曲国家级自然保护区管理局：2018年4月2日,第十三届省政府第四次常务会议决定将保护区由甘南藏族自治州玛曲县管理整体上划归省林业厅管理。2018年8月21日,《甘肃省机构编制委员会办公室关于成立甘肃黄河首曲国家级自然保护区管理局的批复》(甘机编办复字〔2018〕59号),同意成立甘肃黄河首曲国家级自然保护区管理局,处级建制;成立甘肃省森林公安局黄河首曲分局,副处级建制。

【草原资源】 全省草原面积17 866 667公顷,20个牧业半牧业县有草原12 866 667公顷,占全省的72%。甘肃草原面积位居全国第六位,主要分布于甘南高原、祁连山—阿尔金山山地及北部沙漠沿线一带,是黄河、长江两大水系及众多内陆河的重要水源补给区。全省草原划分为14个类、25个亚类、43个组、88个草原型。全省共落实草原禁牧6 666 667公顷、草畜平衡9 400 000公顷,完成草原承包16 066 667公顷;建成草原围栏860万公顷,补播改良退化草原2 196 667公顷。监测显示,全省草原植被盖度从2012年的50.6%提高到2018年的52.5%,草原牲畜超载率从2012年的27%下降到2018年的10.6%。建成草原防火物资储备库8座、防火指挥中心3个、草原防火站25个、边境草原防火隔离带71千米,共有草原扑火应急队伍529支,各类基层防火领导小组304个,草原防火管理人员达到3061名;建成草原鼠虫害测报站17个,完成草原治虫灭鼠851 333多公顷;成立"甘肃省草产业技术创新战略联盟""甘肃省草产业协会""甘肃省草业标准化技术委员会",开辟草产品运输绿色通道,全省人工种草稳定在1 600 000公顷,居全国第二,苜蓿达到733 333公顷,居全国第一;秸秆饲料化利用量达到14 070 000吨,利用率达到62.2%。全省草原生态环境整体趋好,局部地区退化速度有所减缓,逐步改善。

【"三北"工程】 全年完成工程建设任务49 371公顷,其中：人工造林17 369公顷(灌木林1346公顷),封山育林32 002公顷(无林地和疏林地封育29 669公顷、有林地和灌木林地封育2333公顷),投资16 000万元。2018年11月30日,"三北"工程建设40周年总结表彰大会在北京人民大会堂召开,甘肃省石述柱等2人荣获"绿色长城奖章",古浪县八步沙林场等10个单位和王玉忠等10名个人荣获"三北"防护林体系建设工程先进集体、先进个人称号。

【天保工程】 2018年,落实天保工程投资146 986万元,其中：中央投资134 068万元(财政资金129 368万元、基建投资4700万元),省级投资12 918万元。下达公益林建设任务7867公顷,其中人工造林5867公顷、封山育林2000公顷;下达国有中幼龄林抚育任务89 467公顷。在2017年配合财政厅出台《甘肃省林业改革发展资金管理实施细则》的基础上,2018年出台了《甘肃省林业生态保护恢复资金管理实施细则》。两个《实施细则》的出台理顺了纳入财政供给的国有林业单位天保工程资金调整使用的途径;从省、市、县三级政府到林业局、林场、管护站、管护人员全部签订责任书,层层落实责任。通过省级复查工作、回头看督促整改和约谈工作的开展,筑牢了责任体系,全省天保工程管理持续向科学化、规范化迈进。"甘肃省天然林保护省级复查和信息报表平台"投入使用,全面完成"人员机构与社保系统"更新,工程信息化工作取得阶段性成效;2018年省级复查报告和生态监测报告显示：全省天保工程区森林生态效益总价值达到26 196 900万元,森林资源面积稳步扩大,活立木蓄积量不断增长,森林资源生态功能不断发挥;工程区国有职工年收入较上年增长2.44%,达到49 872元。

【退耕还林】 组织8个市(州)26个县(区)全面完成

2017年28 000公顷退耕还林工程计划任务，将2018年97 733公顷任务分解下达到13个市（州）56个县（区），组织开展作业设计和地块落实。组织开展2017年、2018年两个年度新一轮退耕还林监理工作，共检查40个县（区）、290个乡（镇）、9960个小班，检查面积44 333公顷。配合国家林草局华东林业调查规划设计院开展2018年退耕还林国家核查验收工作，共抽查甘肃省2014年度新一轮退耕地还林面积4433公顷、前一轮退耕还林面积1333公顷。专门组织技术人员对2016年新一轮退耕地还林、2014年荒山造林、2012年封山育林和2017年反馈整改面积进行省级复查，共抽查11个市（州）的17个县（区），面积15 733公顷。推荐申请将祁连山、小陇山、白龙江、兴隆山4个生态定位站纳入全国退耕还林生态效益监测网络。编印《甘肃省退耕还林工程效益监测》图册，展示了全省退耕还林效益监测工作及工程建设取得的成果。研建并推广使用甘肃省退耕还林工程MC系统，建成2015年和2016年省、市、县三级数据库，实现了甘肃省新一轮退耕还林地块精准到位、面积精准确定、退耕者精准到人的"三个精准"，有效提高了工程生产与管理水平。

【退牧还草】 2018年，甘肃省继续在玛曲等县实施退牧还草工程，完成草原围栏253 333公顷、退化草原改良13 333公顷、人工饲草地169 333公顷、舍饲棚圈1万户、黑土滩治理3333公顷、毒害草治理3333公顷。全省累计建成草原围栏8 600 000公顷，补播改良退化草原2 196 667公顷，治理黑土滩16 667公顷、毒害草12 667公顷。草原生态环境加快修复，草原生态退化的趋势得到有效控制。监测显示，工程区内的平均植被盖度为43%，比非工程区提高5.8百分点；植被高度、鲜草产量分别为19.8厘米、2678千克/公顷，比非工程区分别提高9.1%、18%。草原畜牧业生产方式加快转变，草原围栏、人工饲草地、舍饲棚圈等基础设施不断强化，草原畜牧业逐步向规模化、集约化方向发展，初步实现退得下、稳得住、能增收、不反弹的预期成效。

【退耕还草】 2018年完成退耕还草10 000公顷，累计退耕还草面积达到334 667公顷，完成投资44 200万元。推动全省饲草供给能力有效提升，退耕农户收入稳步增加，农业生产结构和种养结构进一步优化，草原生态环境逐步改善，实现了生态效益、社会效益和经济效益的共赢。出台了"封山禁牧、发展舍饲养殖"的配套政策，着力推进生态保护与草畜产业协调发展、绿色发展，全省天然草原得到有效保护，植被平均覆盖度达到80%以上，水土流失治理率达到67.9%。依托退耕还草工程建设，退耕区草产业发展迅速，饲草供给能力有效提升，苜蓿、燕麦等优质牧草连片种植面积迅速增加。张掖市连片苜蓿商品草规模化生产基地达10 800公顷，全市规模化程度达到41.2%。礼县在崖城镇、马河乡等地建立了千亩以上的新一轮退耕还草示范基地5个。据测算，实施退耕还草发展人工种草，在河西灌溉区，每公顷平均产量可以达到15吨，相当于2公顷天然草原的产草量。2018年优质牧草的价格稳定在2300元/吨。随着草产业的快速发展，退耕户不仅从工程实施中直接获得了政策补贴，同时土地流转、就近务工、订单种草等方式也成为稳定的促农增收新途径。

【防沙治沙】 按照全省林业工作会议安排部署，全省防沙治沙各项工作进展顺利，沙区8市（州）23个沙区县完成人工造林5827公顷、封山育林20 833公顷，国家级防沙治沙综合示范区造林400公顷。2018年9月12日，由中国绿化基金会等6家单位举办的"一带一路"生态治理民间合作国际论坛丝绸之路文化展示暨绿色公益盛典在甘肃省武威市举行。世界自然保护联盟、世界自然基金会等14个国际机构（组织）代表，阿根廷、摩尔多瓦、多哥、荷兰等《联合国防治荒漠化公约》四大区域代表，巴基斯坦、伊朗、俄罗斯等近20家"一带一路"相关国家、地区的国际民间组织代表，国内行业、相关部门、民间组织、公益组织等近300名代表出席公益盛典。12月21日，国家沙化土地封禁保护区建设评审会在北京召开。甘肃省阿克塞库姆塔格、金塔县石梁子、高台县西沙窝、民勤县上八浪井4个国家沙化土地封禁保护区建设项目通过国家评审。至2018年年底，甘肃省先后建设了19个国家沙化土地封禁保护区。

【八步沙林场"六老汉"】 1981年，随着国家"三北"防护林体系建设工程的启动和实施，甘肃省古浪县郭朝明、贺发林、石满、罗元奎、程海、张润元6位年过半百的老汉，带头以联户承包的方式组建了八步沙集体林场。转眼38年，八步沙"六老汉"三代人扎根荒漠、接续奋斗，在400千米的风沙线上建起了300千米的防护林带。2018年12月24日，甘肃省委、甘肃省人民政府决定，授予古浪县八步沙林场"六老汉"三代人治沙造林先进集体荣誉称号。12月28日，省委书记、省人大常委会主任林铎在兰州接见了古浪县八步沙林场"六老汉"三代人治沙造林先进集体代表。

【森林防火】 2018年全省共发生森林火灾10起（一般火灾5起，较大火灾5起），过火面积共39.1公顷，受害森林面积26.6公顷，经及时扑救，未发生重、特大森林火灾和重大人员伤亡，较好地保障了全省森林资源和林区群众生命财产安全，维护了全省生态安全，实现了林区和谐稳定。召开了全省森林草原防火电视电话会议，夯实防火责任，严格落实行政首长负责制。结合全省"转变作风改善发展环境建设年"和"管理提升年"活动，先后5次由局领导带队组成督查组，抽调人员2次组成2个暗访组，对各市（州）森林防火各项工作进行明察暗访，发现存在问题，现场督促整改，有效杜绝了火灾隐患。充分利用"森林防火宣传月、宣传周"等时机，联合相关森林防火责任单位，进行全方位宣传，有力提升了广大人民群众的防火意识。科学研判全省防火形势和气候特征，与省气象部门会商，定期发布《气象专报》，在高火险期下发《高森林火险橙色预警》《高森林火险红色预警》等明传电报。及时下发了春节、"两会"、清明、劳动节、国庆节、元旦等重要节点做好森林防火工作的通知。

【森林公园建设与森林生态旅游】 将省级森林公园设

立、撤销、合并、经营范围及隶属关系改变和总体规划批复纳入省级行政许可，全年依法办理许可事项14项。截至2018年年底，全省森林公园91处（其中国家级22处、省级69处），拥有游步道2349.86千米、车船275（艘）、床位4755张、餐位1.08万个、职工2636人、导游148人，社会从业人员4370人。完成了全省22处国家森林公园经营管理情况调查核查，为全面加强国家森林公园科学管理奠定了良好基础，推荐上报小陇山国家森林公园金龙山景区、渭河源国家森林公园2个森林旅游精准扶贫示范项目，推荐上报小陇山国家森林公园桃花沟景区创建"全国森林养生基地"试点，大峪沟国家森林公园创建"全国森林体验基地"试点，推荐甘肃秦州森林体验基地作为"全国中小学生研学实践教育基地"并开展相关工作。甘肃莲花山、子午岭2个国家森林公园"十三五国家森林公园保护利用设施项目"建设进展顺利。组织全省森林公园和森林旅游景区完成在广州举办的2018中国森林旅游节展会工作，取得了良好的宣传推介效果。全年接待国内外游客655.89万人次，森林公园总收入13 000万元，年度内未发生森林旅游安全责任事故。

【林业科技】 落实各类科研推广项目42项，资金3341万元。其中：国家计划项目27项，省级计划项目15项。完成了19项执行到期省级林业科技计划项目的验收工作；配合国家林草局完成了1项公益性行业科研专项验收工作，配合省科技厅完成3项省级科技计划项目验收工作，组织开展了2018年执行到期16个中央财政林业科技推广示范资金项目现场查定和会议验收工作；取得各类科技成果35项，制定地方标准12项，获得授权国家发明专利20项、实用新型专利14项、发表科技论文220篇，出版专著3部；评审出2018年度甘肃省林业科技进步奖29项，其中：一等奖4项，二等奖12项，三等奖13项；向省科学技术奖励办公室推荐10项项目参评2018年度甘肃省科技进步奖，4项项目获甘肃省科技进步奖一等奖；1项项目获第九届梁希奖三等奖；推荐兰州大学草地农业科学学院申报的国家林业和草原科技创新联盟"草原生态保护科技创新联盟"获得批复；"甘肃莲花山国家级自然保护区"成功获批为第四批全国林业科普基地，至此，全省林业系统有7个全国林业科普基地；扎实开展"六个一行动"和科技特派员活动，举办技术培训班3500场次，培训技术人员3万人次，农民4.5万人次。"中国西部适应气候变化的可持续土地管理"甘肃省GEF/OP12三期项目顺利通过中央项目办验收。

【林业信息化建设】 2018年，甘肃林业信息化建设快速发展。出台了关于加快全省林业和草原信息化发展的指导意见和信息化工作管理办法，顶层设计进一步强化；甘肃林业网全年信息发布量达8671条，年访问量达到324万人次，微信、微博关注量接近10万次，甘肃林业头条点击量达700万人次，融媒发展质量大幅提升，甘肃林业网被国家林草局授予"全国林业十佳网站"，在省政府办公厅网站评比中位列第三名；完成了国家级自然保护区和白龙江林管局、小陇山实验局视频监测监控整合，实现了林区监控智能化管理大集中，工作效率大幅提升；全省林业资源管理系统上线运行，实现了全省林业资源数据大集合，林业大数据初见雏形；开发了全省林草自动化办公系统，对自动化办公、移动办公进行了改造升级，智慧化电子政务日臻完善；智慧祁连山数据平台、大熊猫国家公园物联网平台初具规模，基本实现了用大数据、物联网等手段对国家公园的数据管理，在生态环境整治工作中发挥了显著作用。

【林业有害生物防治】 全省林业有害生物防治工作以落实《国务院办公厅关于进一步加强林业有害生物防治工作的意见》为主线，坚持"预防为主、科学治理、依法监管、强化责任"防治方针，贯彻落实全国林业有害生物防治工作会议精神，全面提升全省林业有害生物防控能力和防治水平。全省已建成省、市、县（区）三级森防机构112个、林业有害生物防治工作标准站50个、国家级中心测报点35个、省级中心测报点42个、普及型国外引种试种苗圃基地2个。全省林业有害生物发生面积393 773公顷、成灾面积12 240公顷，完成林业有害生物防治面积280 833公顷、无公害防治面积248 873公顷次，成灾率控制在1.64‰以下，无公害防治率达到88.61%、测报准确率达到98.41%、种苗产地检疫率达到100%。

【林业法规】 严格按照上位法，对8部地方性法规进行了专项清理，在征求有关方面意见并认真修改的基础上，向省政府报送了修订请示，经省人大常委会会议审议，废止4部、修订4部。加强规范性文件审查管理，全年共向原省政府法制办报送审查规范性文件9件，报备规范率100%。将所有行政许可事项全部入驻省政务大厅办理，依托政务服务网申报，"一网通办率"100%，全年在线申报率97.17%。再造审批流程，保护区准入、征占用林地、林木采伐可一并申报，同步作出行政许可，压缩审批时限53.8%。严格落实"双公示"和"容缺审批"制度。报送省司法厅审核拟取消证明事项11项。在省直部门率先编制并印发全省林业系统29项"最多跑一次"事项的目录和办事指南、标准化流程。组织开展"七五"普法中期督查，牵头举办2次局党组（扩大）宪法、监察法专题讲座。组织开展宪法知识测试和百家网站微信公众号法律知识测试活动，共21 000余人（次）参加。稳步开展法制审核试点工作。根据法律法规修订情况，对林业行政处罚自由裁量权标准进行了修订。

【义务植树】 全省各级绿委在"3·12"植树节、"3·21"国际森林日和春造等重点时段，紧紧围绕"开展国土绿化行动，推进人与自然和谐共生"主题，开展宣传咨询活动，深入宣传绿化、环保、生态保护等方面的知识，提升社会各界的生态文明理念和造林绿化意识。4月11日，省上四大班子在岗领导以及驻兰州部队首长、林业干部职工、部队官兵在兰州新区参加义务植树劳动，为绿化陇原作贡献。在各级领导的率先垂范下，社会各界积极参与义务植树活动，掀起了造林绿化新高潮。据统计，2018年全省有义务植树适龄公民1575万人，实际参加植树的人数为1371.3万人次，尽责率87%，完成植树8544万株，人均植树6.2株，新建义务植树基地577个。

【草原生物灾害防治】 全省草原生物灾害防治工作贯彻"绿色植保"的理念，大力推广生物药剂、天敌控制鼠害等绿色防控技术，开展生物防治综合配套技术研究与应用，提升草原生物灾害监测预警水平，探索专业化防治队伍运行模式，开展草原突发性鼠虫害防控，有效控制草原生物灾害蔓延。依托全国动植物保护能力提升工程建设项目，完成省级草原有害生物监测预警中心建设和甘南藏族自治州、张掖市草原生物灾害监测预警中心建设，累计建成草原鼠虫害测报站17个，努力构建和完善草原生物灾害监测预警体系。2018年全省草原鼠害危害面积3 234 667公顷，严重危害面积1 552 000公顷；草原虫害危害面积1 048 000公顷，严重危害面积437 333公顷。全省共完成草原鼠虫害防治851 333公顷，其中草原鼠害防治551 333公顷，虫害防治300 000公顷。通过草原鼠虫害防治，共计挽回牧草损失38 300万千克，直接经济效益11 500万元，取得了良好的生态、经济和社会效益。

【草原执法监督】 组织开展甘肃省大美草原守护行动"祁连山草原生态保护行"新闻记者采访活动，对甘肃省祁连山地区草原生态保护与修复工作进行了深入采访报道，播发稿件70余篇（次），并制作专题片在甘肃电视台播出。在肃南县举办了2018年全省草原法律法规宣传月活动，营造了全社会保护草原生态的良好氛围。在兰州市、甘南藏族自治州举办两期全省草原执法培训班，培训执法人员400余人次，全面提升了草原执法人员的法律素质和业务能力。制订下发2018年度草原行政许可事项双随机检查工作实施方案，对22家草原征占用企业和44家草种生产经营企业进行了随机抽查，强化了草原行政许可事项的事中事后监管。为切实解决祁连山草原生态环境因越界放牧引起的植被破坏问题，在民乐县开展祁连山自然保护区传统共牧区草原联合执法督导活动，进一步落实属地管理主体责任，有效遏制了共牧区的偷牧行为。加强草原行政执法与刑事司法的有效衔接，积极开展偷牧超牧、滥采滥挖、乱占乱垦等草原违法行为的专项整治和司法移交，2018年全省共立案查处各类草原违法案件231起，结案215起，其中向司法机关移送涉刑案件12起，有力打击破坏草原资源违法行为，形成保护草原生态的高压态势。

【草原生态监测】 围绕构建全省草原资源与生态监测预警体系的总体目标，充分发挥监测工作在草原生态修复和草原监督管理中的技术支撑和服务作用，着力抓好监测网络、基层监测队伍和监测规范化等工作。全省建成国家级草原固定监测点23个，省级10个，配备监测仪器设备598台（套），配备了小型气象站16个。全省建设草原监测站点1154个，建成覆盖全省主要草原类型的地面监测网络，形成以"3S"技术为支撑，地面调查为基础，典型区调查与路线调查相结合，定位监测、周期性监测与专题监测相结合的草原监测方法。建立了以各级草原站为主体，相关科研、教学、技术推广单位为支撑，草原技术人员广泛参与的监测工作机制。形成了以省草原技术推广总站为依托，市（州）草原站为纽带，县（市、区）草原站为基础的三级草原生态监测网络体系。

【林草业大事】
1月8日 中国畜牧业协会草业分会会长、国家草产业科技创新联盟理事长、北京林业大学教授卢欣石一行，赴定西市安定区，就第五届中国草业大会举办有关事宜和定西市草产业发展情况等工作进行调研考察。

2月28日 全省林业工作会议在兰州召开，总结回顾2017年全省林业工作情况，分析当前林业生态建设形势，安排部署2018年林业工作重点任务。

3月5日 中共甘肃省委、甘肃省人民政府印发《关于加快推进大规模国土绿化的实施意见》（甘发〔2018〕10号），对全省国土绿化工作作出了全面部署，进一步明确了林业行业的任务、措施和责任。

3月30日 中国"西部草都"陇草进藏货物专列始发。标志着地处陇中的中国"西部草都"定西市在拓展物流运输新渠道、拓宽草产品销路上走出了新路，将改变"西部草都"优质牧草销售难题。

4月8日 省委书记、省人大常委会主任林铎，省委副书记、省长唐仁健在武威市调研并参加压沙植树活动。

4月11日 甘肃省草地农业科技试验示范项目启动会在兰州大学草地农业科技学院召开，中国工程院院士、兰州大学草地农业科技学院名誉院长南志标参加了会议。

4月13日 省政府在平凉市庄浪县组织召开"全省加快推进大规模国土绿化暨退耕还林现场会"。省政府副省长李斌出席会议并作讲话，省政协副主席、平凉市委书记郭承录出席会议并致辞，甘肃省林业厅党组书记、厅长宋尚有主持会议。

6月6日 以"依法保护草原 建设美丽甘肃"为主题的甘肃省2018年草原普法宣传月现场活动暨甘肃省大美草原守护行动——"祁连山草原生态保护行"新闻记者采访活动在张掖市肃南裕固族自治县启动。

6月20日 甘肃、青海两省祁连山自然保护区共牧区草原联合执法督导座谈会在张掖市民乐县召开，会议形成了《甘肃、青海两省祁连山自然保护区传统共牧区草原执法督导会议纪要》，协商建立共牧区禁牧联合执法长效机制。

7月9日 甘肃省林业厅和省检察院共同印发了《关于在行政公益诉讼工作中促进法治林业建设加强协作配合的意见》。

7月28日 经甘肃省第十三届人民代表大会常务委员会第四次会议审议，对《甘肃省林木种苗管理条例》《甘肃省林业有害生物防治条例》《甘肃省实施〈中华人民共和国防沙治沙法〉办法》3部地方性法规进行了修订。

8月6日 甘肃省林业科技进步奖评审会召开。评审出2018年度甘肃省林业科技进步奖31项，其中：甘肃祁连山水源涵养林研究院完成的"祁连山土壤氮矿化特征及分异规律研究"等4个项目获一等奖。

9月19日 在"2018年中国技能大赛——全国林业行业职业技能竞赛"活动中,甘肃省代表队荣获团体三等奖,3名参赛队员2人获二等奖、1人获三等奖。

9月28日 第三届丝绸之路(敦煌)国际文化博览会"国家公园与生态文明建设"高端论坛在敦煌国际会展中心开幕,甘肃省委副书记、省长唐仁健出席论坛开幕式并致辞。

10月29日 祁连山国家公园管理局在兰州正式揭牌成立,国家林草局党组书记、局长张建龙,甘肃省委副书记、省长唐仁健等出席揭牌仪式并为祁连山国家公园管理局揭牌。甘肃省副省长李斌致辞,国家林草局副局长李春良讲话。

11月1日 按照《甘肃省机构改革方案》,甘肃省林业和草原局挂牌成立,加挂省绿化委员会办公室、大熊猫祁连山国家公园甘肃省管理局牌子。

11月29日 经甘肃省第十三届人民代表大会常务委员会第七次会议审议,对《甘肃省实施〈中华人民共和国野生动物保护法〉办法》进行了修订。

12月24日 中共甘肃省委、甘肃省人民政府决定授予古浪县八步沙林场"六老汉"三代人治沙造林先进集体荣誉称号。

(甘肃省林草业由赵俊供稿)

青海省林草业

【概　述】 2018年,青海林业牢固树立新发展理念,紧紧围绕"五四战略""一优两高"部署,主动作为,扎实工作,林业和草原生态保护建设稳步推进,为全省经济社会持续发展提供了有力保障。

【国土绿化】 全年完成营造林27.07万公顷,为计划任务的105%,再创历史新高。全省森林覆盖率3年增加近1个百分点,达到7.26%。省委、省政府再次高规格召开全省国土绿化动员大会,持续高位推动大规模造林绿化。青海省首次成功承办全国推进大规模国土绿化现场会,系统展示了全省推进大规模国土绿化成效。

深入实施国土绿化提速三年行动,各市(州)、县成立了党政主要领导任"双组长"的绿化委员会,主要领导亲自抓,分管领导一线靠前指挥,形成党政齐抓共管,各部门通力协作,全社会共同参与,合力推进大绿化、建设大生态的良好格局。西宁市将林业生态建设指标纳入年度领导班子绩效考核内容,提前完成了南北山三期绿化建设任务。海东市开展春秋两季绿化大会战,组织动员50余万人次参加义务植树活动,全面完成了西宁机场周边0.22万公顷造林任务。西宁、海东两市统筹实施湟水规模化林场建设试点,完成年度造林任务1.33万公顷。海西蒙古族藏族自治州、海南藏族自治州持续加大防沙治沙力度,沙化土地封禁保护区建设取得新成效。海北藏族自治州大力推进山水林田湖草系统治理,区域生态环境持续向好。玉树藏族自治州、果洛藏族自治州、黄南藏族自治州积极开展封山育林和退化草原及黑土滩治理,推动林草实现融合发展。全省各级发展改革、财政、交通运输、水利、林草等部门各司其职、各尽其责,争取国家重大生态建设项目,持续加大国土绿化资金投入,统筹实施造林绿化道路、供水等相关配套设施建设,为国土绿化提供了坚强保障。

4月11日,省级四大班子领导在曹家堡机场,同西宁市、海东市干部群众共同参加义务植树劳动,各地区、各部门主要负责人以身作则带头参加义务植树活动,引领带动全省掀起义务植树热潮。不断丰富完善义务植树尽责形式,扎实开展全国第二批"互联网+全民义务植树"试点,不断创新义务植树机制,广泛动员干部职工、驻军官兵、青年学生、僧侣大力营建"青年林""厅局长林""援青林""民族团结林"等主题林和纪念林,开展绿地认建认养、捐树捐绿等活动,形成了全省各族群众人人参与、人人尽力,爱绿护绿植绿、共建共管共享、建设美丽家园的良好氛围。全省完成义务植树1500万株,为国土绿化注入了澎湃动力。

【重点生态工程】 深入推进三江源二期、三北防护林、天然林保护、退耕还林、沙化土地封禁保护等重点林业工程。全年共完成三北天保人工造林3.33万公顷,封山育林3.4万公顷,防沙治沙8.2万公顷,建设防沙治沙综合示范区860公顷,沙化土地封禁保护2.31万公顷。祁连、互助、贵南、大通、同仁5个县被评为三北工程建设全国先进集体,4人获评先进个人,1人获得绿色长城奖章。持续加大森林城镇乡村、生态文化村创建力度,新建3个森林城镇、5个森林乡村、5个全国生态文化村。

草原生态建设 坚持自然修复和人工治理相结合,加强退化草地治理力度,严格管控征占用草地,深入实施草原生态治理工程,建设围栏70万公顷,治理黑土滩16.37万公顷,防治草原鼠虫害416.6万公顷,建成人工饲草基地0.6万公顷,落实草原补奖资金24.13亿元,草原生态系统功能稳定提升,生态环境持续改善。天然鲜草每公顷产量2940千克,较2017年增加8.3%,草原综合植被盖度达到56.8%,比2017年提高0.8个百分点,大美草原守护行动取得成效。

天然林保护工程 按照国家核定的青海省天保工程二期367.8万公顷森林资源管护指标,各工程实施单位通过层层签订管护责任书,将管护责任落实到具体责任人,确保全省天然林资源得到安全、有效的保护。2018年继续开展林业三防智能管控系统建设,使全省天保工程区的管护智能化水平进一步提高。

生物多样性保护 颁布实施《青海省陆生野生动物造成人身财产损失补偿办法》。组织开展全省陆生野生动物资源调查,与华大基因签署了生物多样性保护战略合作协议,将雪豹等濒危珍稀动物监测范围扩大至4000平方千米。

自然保护地体系建设 协调推进三江源、祁连山国家公园、自然保护区、森林公园、沙漠公园、湿地公园建设，新建2个国家森林公园，2个国家湿地公园，建成首个省级湿地公园，覆盖全省、类型齐全、功能完备的自然保护地体系加快形成。加强野生动植物保护，实行自然保护区人类活动月报告、月通报制度，雪豹、普氏原羚等珍稀野生动物种群数量稳中有升，祁连县首次发现"鸟中大熊猫"——黑鹳。

【资源保护与管理】

森林资源管理 坚持依法治林治草，全面保护森林草原资源安全。强化征占用林地审批和管理，完成全省林地年度变更调查，全年审批林地201项、草地187项，均在国家限额范围内。全面加强重点公益林、天然林和草原保护体系建设，完成第七次森林资源连续清查，全省496.07万公顷国家重点公益林、367.8万公顷天然林实现应管尽管。有效加强草原管护，完成禁牧0.16亿公顷，草畜平衡0.15亿公顷。大力开展森林质量精准提升行动，互助北山林场成为青海省首个取得国家森林经营认证证书的林场，填补了省内空白。深入推进15个县110个国有林场改革，严格落实管护责任，管护成效明显提高。积极探索森林管护新途径，将227.67万公顷森林纳入保险，防灾减灾能力有效增强。

湿地保护工作 在西部五省（区）率先启动泥炭沼泽碳库调查，青海湖鸟岛、扎陵湖-鄂陵湖湿地保护工程全面开工，实施退耕还湿666.67公顷，湿地生态效益补偿1.49万公顷。设立首个省级湿地公园——冷湖奎屯诺尔湖湿地公园。修订颁布了《青海省湿地保护条例》，出台了《青海省湿地名录管理办法》，全省重要湿地及湿地公园纳入国家生态红线范围和省级"一河（湖）一策"方案。在世界自然基金会、青海省湿地保护协会、天佑德集团支持下，举办"大美青海——寻找最美湿地管护员"评选活动，青海省确定42名"最美湿地管护员"。

有害生物防治 全省各地认真贯彻"预防为主，科学治理，依法监管，强化责任"的方针，全面落实林业有害生物防控目标责任，精心组织，周密部署，突出重点，狠抓落实，全省林业鼠兔害、松材线虫病等重大林业生物灾害预防取得显著成效，全省未发生重大林业有害生物疫情。全年共完成林业有害生物防控面积22.13万公顷，为全年防治任务的110.6%；无公害防治作业面积22.23万公顷，无公害防治率96.4%；成灾面积4公顷，成灾率0.001‰；预测2018年发生面积25.92万公顷，测报准确率96.8%；完成种苗产地检疫面积0.8万公顷，产地检疫率100%；松木及其制品复检率100%。全面完成了原国家林业局和省政府下达的防控目标任务。

森林防火 森林草原防火工作始终坚持"预防为主、积极消灭"的方针，严格落实森林草原防火责任制，组织开展火灾隐患排查，及时消除火灾隐患，加强火情预警监测，做到人防、技防全面到位，全面落实森林草原防火与林业草原有害生物防治责任制，全省已32年未发生重大森林草原火灾。

专项行动 组织开展"绿盾"、珍稀濒危野生动物保护等专项行动，积极推进跨省区、跨部门联合执法，全年查破案件1145起，处理6041人次，形成了有力震慑。

【林业改革】

机构改革 11月30日，青海省林业和草原局正式挂牌。根据《青海省机构改革方案》要求，将原省林业厅的职责，以及原省农牧厅的草原监管职责，原省国土资源厅、省住房城乡建设厅、省水利厅、原省农牧厅等部门的自然保护区、风景名胜区、自然遗产、地质公园等管理职责整合，组建成立青海省林业和草原局，为省政府正厅级直属机构，并加挂祁连山国家公园青海省管理局牌子。标志着全省林业和草原生态保护建设工作全面步入崭新阶段。

祁连山国家公园体制试点 祁连山国家公园体制试点有序推进，年度试点任务全面完成。如期完成本底资源调查、范围落界、功能区划和现地核查，扎实开展生态监测、执法监管、宣传培训、管护站点建设，探索建立了"村两委＋"管护新模式，矿业权全部退出，环境综合整治取得成效。2017年在祁连山地区2000平方千米范围内布设红外相机154台，拍摄到雪豹影像251次，同时监测到棕熊、白唇鹿等20余种野生动物栖息活动情况，保护区智能监控系统网络加快形成。2018年将监测范围扩大到4000平方千米，拍摄到雪豹影像957份。

湟水规模化林场建设试点 省政府批复实施试点规划，机构、人员到位，完成1.33万公顷年度造林任务。

国有林场改革 国有林场改革纵深推进，全省110个国有林场机构完善、公益林管护机制、森林资源保育等改革任务全面落实，通过省级验收。

【林业产业】 坚持生态产业兴林富民，依托特色经济林资源优势，着力打造有机枸杞品牌，认证有机枸杞1.13万公顷，建成全国最大的有机枸杞生产基地，诺木洪枸杞产业园区升级为国家级现代农业产业园区，枸杞出口量位居全省农产品前列。加快沙棘、杂果、中藏药、藏茶基地建设，种植面积分别达16万公顷、4.12万公顷、1.6万公顷、0.15万公顷。大力提升苗木品质，优化树种结构，全省苗圃突破1.07万公顷，生产苗木近11亿株。支持培育特色野生动物繁育产业，林麝、梅花鹿、大雁、藏雪鸡等野生动物繁育快速增长。持续推进生态旅游，积极培育森林康养、花海乡村、森林人家、生态探险等新业态，森林、湿地、沙漠和地质等生态公园成为旅游热点，接待游客首次突破千万人次大关，较2017年增长一倍。全省林业产业规模进一步壮大，产值达到69.4亿元，较2017年增长35%，成为带动农牧民增收致富的重要渠道。

牢固树立了"林以种为先，种以质为本"的理念，加大种苗质量检查，严格种苗工程质量管理，做好林木种苗信息服务，狠抓落实。首次开展了林木种质资源普查工作。经过方案编制、公开招标、培训等前期工作，全省林木种质资源外业调查工作于9月正式启动，截至12月底，完成西宁市、海东市、海北藏族自治州和海南藏族自治州各地区的野外普查和内业整理工作。

【林业保障能力】

林业投资项目 坚持多元化投入模式，在全力争取中央、省级投资资金主渠道的基础上，创新林业投融资模式，组建省林业生态建设投资公司，积极吸引社会资本投入林业建设。全年完成中央和省财政林草投资72.83亿元，超2017年投资水平，地方投资15.5亿元。认真落实"项目生成提升活动"，开展林业草原"十三五"重大规划、重大工程的评估活动，启动"十四五"林业和草原发展规划编制前期工作。落实青海省乡村振兴战略规划中林业和草原建设相关内容，进一步完善特色小城（镇）创建工作实施意见。编制"十四五"全省国土绿化、国家公园建设、自然保护地保护、生态保护与修复等各类专项规划。启动果洛藏族自治州年宝玉则玛可河等国家公园建设总体规划、青海湖北岸防沙治沙综合治理工程总体规划的编制及前期工作，形成较为完整的规划体系。开展三江源生态保护和建设三期、祁连山生态保护和综合治理二期建设工程前期调查研究工作。做好国有林场森林经营方案、湿地保护与恢复、自然保护区建设规划、草原生态保护与恢复规划年度实施方案、湟水规模化林场经营方案等一批重点专项规划、方案的申报与批复工作。

法制保障 强化法制保障，出台湿地名录管理办法，全省重要湿地及湿地公园纳入国家生态红线范围和省级"一河（湖）一策"方案。

科技支撑 强化林业科技支撑，推广科技示范项目22项，编制地方标准13项，建立都兰有机枸杞产业国家创新联盟，启动实施三江源高海拔城镇造林绿化关键技术示范项目，三江源、祁连山雪豹监测、干旱节水灌溉造林、浅山汇集径流整地取得新成果。

【生态扶贫】 坚持产业带动、造林务工、奖补增收、管护就业和定点帮扶综合施策、多措联动，生态扶贫实现新突破。产业带动12.4万农牧户户均增收1.39万元，人均增收2634元。通过兑现森林生态、天保工程、湿地生态效益补偿、退耕还林等生态工程国家补助政策，直补农牧民各类资金10.24亿元。林草管护员设置与扶贫精准衔接，新增贫困人口护林员3000名，全省建档立卡贫困户林业草原生态管护员达4.99万人，人均年收入超2万元，实现稳定脱贫。

【自身建设】 注重建设政治上的绿水青山，全面从严治党向纵深推进。把政治建设摆在首位，教育引导党员干部提高政治站位，树牢"四个意识"。严格落实中央八项规定及其实施细则和省委省政府若干措施，狠抓节假日等关键节点纪律监督，全面完成办公用房清理，扶贫领域作风整顿，形式主义、官僚主义整治，评审费、论证费、验收费清退等专项整治任务。强化干部队伍建设，选拔了一批德才兼备的处级干部，培训干部职工2800多人次。

【林业宣传】 围绕全国大规模推进国土绿化现场会、全省国土绿化动员会等重要活动、重大事项，开展了全方位、多视角、宽领域的宣传活动。全年在各类新闻媒体刊（播）发林业稿件600余条，其中《人民日报》、中央电视台、新华网等中央媒体38条。特别是8月在西宁召开的全国大规模国土绿化现场会，青海省国土绿化专题片《绿满江源春更浓》，天保工程四集纪录片《二十年天保看青海》，中央、省级媒体及各大视频网站纷纷报道转载，引起广泛关注。同时，积极应对舆论焦点，组织召开甘蒙柽柳保护新闻发布会，平稳化解了柽柳保护舆情。

【林草业大事】

1月19日 国家发展改革委、财政部、国土资源部、国家林业局下发《关于开展新建规模化林场试点工作的通知》，正式确定在青海湟水流域、河北雄安新区白洋淀上游、内蒙古浑善达克沙地开展新建规模化林场试点。

8月7日 青海同德县然果村甘蒙柽柳保护论证评审结果新闻发布会在西宁召开。会议认为青海甘蒙柽柳保护方案体现了很强的环境保护意识和生态文明意识，思路正确、方法科学，不仅能有效保护这一典型区域内的甘蒙柽柳资源，还为中国野生植物资源保护提供了宝贵经验。

8月28日 全国推进大规模国土绿化现场会在西宁召开。国家林业和草原局党组书记、局长张建龙出席并讲话，青海省委副书记、代省长刘宁出席并致辞，国家林业和草原局副局长刘东生主持会议，全国绿化委员会办公室专职副主任胡章翠、青海省副省长杨逢春出席会议。

8月28~29日 国家林业和草原局局长张建龙在青海省海北藏族自治州专题调研祁连山国家公园建设情况，并与青海省委书记王建军、代省长刘宁交换意见。

10月18日 青海省林业生态建设投资有限责任公司揭牌仪式在西宁举行。标志着青海省林业建设在创新投融资机制，推进林业发展的道路上迈出了实质性步伐。

10月29日 祁连山国家公园管理局揭牌仪式在甘肃省兰州市举行，标志着祁连山国家公园体制试点工作步入新的建设阶段。国家林业和草原局党组书记、局长张建龙，甘肃省委副书记、省长唐仁健共同为祁连山国家公园管理局揭牌。

11月1日 青海省林业厅、海东市林业局联合在化隆县举行森林防火应急救援实战演练。是历年来青海省举办的规模最大、装备最全、人数最多的一次扑火演练。

11月30日 青海省林业和草原局正式挂牌，为省政府正厅级直属机构，并加挂祁连山国家公园青海省管理局牌子。

12月20日 中国生态文化协会成立十周年庆祝活动暨"全国生态文化示范基地""全国生态文化村"授牌仪式上，青海省5个行政村被授予"全国生态文化村"称号。至此，青海省获此殊荣的行政村达6个。

（青海省林草业由宋晓英供稿）

宁夏回族自治区林草业

【概　述】 2018年全区完成营造林10万公顷，占计划任务的107.1%；湿地面积14.60万公顷，确权登簿12.07万公顷；林下经济面积达到24.45万公顷，实现产值近21亿元。完成松材线虫病监测5.38万公顷、鼠（兔）害防治9.13万公顷次，林业有害生物成灾率控制在4.62‰以内，无公害防治率90.64%，种苗产地检疫率100%；新增枸杞种植面积4066.67公顷，改造提升1000公顷，枸杞标准化率达63%，新增经济林4000公顷，占计划任务的120%，完成苹果、红枣等"三低"果园改造7333.33公顷。草原综合植被盖度达55.43%，天然草原年鲜草总产量448.34万吨。

【林业草原机构改革】 2018年10月，根据《宁夏回族自治区机构改革方案》，将宁夏回族自治区林业厅的职责，以及农牧厅的草原监督管理职责，国土资源厅、住房和城乡建设厅、水利厅、农牧厅、自治区环境保护厅等部门的自然保护区、风景名胜区、自然遗产、地质公园等管理职责整合，组建自治区林业和草原局，作为自治区自然资源厅的部门管理机构。

宁夏回族自治区林业和草原局内设9个处室，增设保护处、草原和湿地管理处、森林草原防火处；将原植树造林与防沙治沙处更名为生态修复处，发展规划与资金管理处更名为规划财务处，科学技术与野生动植物保护处分设为保护处和科学技术与场站管理处；将原人事与老干部处并入机关党委合署办公。

【造林绿化】 2018年全区完成营造林10万公顷，占计划任务的107.1%，其中人工造林4.15万公顷、退化林分改造0.95万公顷、封山育林1.49万公顷、退耕还林0.20万公顷、未成林补植补造3.21万公顷，义务植树1000万株，治理荒漠化6万公顷。

重点实施自治区国土绿化"四大工程"。一是引黄灌区平原绿洲绿网提升工程完成5780公顷，占计划任务的102.8%。二是六盘山重点生态功能区降水量400毫米以上区域造林绿化工程完成4.33万公顷，占计划任务的100%。三是南华山外围区域水源涵养林建设提升工程完成9266.67公顷，占计划任务的100%。四是同心红寺堡文冠果生态经济林建设工程完成3466.67公顷，占计划任务的100%。

重点生态建设任务和自治区重点工作有序推进。一是完成荒漠化治理任务。继续推进宁夏全国防沙治沙示范区和四个防沙治沙示范县建设，2018年完成荒漠化治理6万公顷。二是完成退化林分改造任务6953.33万公顷，下达森林抚育任务4.31万公顷。三是组织实施"幸福家园——西部绿化行动"生态扶贫项目，2018年支持红寺堡区种植枸杞213.33公顷。

【资源管理】
使用林地审核审批 2018年全区共审核批准建设项目永久、临时使用林地审核审批423件，面积2751.77公顷（其中：国家林草局审核面积439.38公顷），收缴森林植被恢复费30 391.48万元。共办理林木采伐205件，使用林木采伐限额5129.75立方米。

森林资源督查管理 积极协调国家林草局西北院及时提交全区2018年森林督查4516个疑似图斑等数据，分三批下发到全区22个县（区）。对全区18个县（市、区）上报的2018年森林督查县级自查成果按3%~5%的抽样比例进行自治区级检查，检查组共抽取193个疑似图斑，其中，从县级自查认定为"合法使用林地"中抽取图斑34个，从"违法违规使用林地"中抽取图斑61个，从"自然灾害及其他原因造成地貌变化"中抽取图斑98个。省级检查与县级检查结果一致的图斑有178个，检查结果不一致的图斑有15个。

完善法律法规体系制定立法规划 将《宁夏回族自治区森林公园管理办法》作为立法重点，开展《宁夏回族自治区林木种子管理办法》的立法准备工作。使林业系统不见面事项占比达到82%。经对全区林业系统政务服务事项梳理、调整和精简，最终确定政务服务事项34项。其中，自治区本级事项28项（确定审批决定事项14项、审核上报事项14项），审批权完全下放至市县的事项6项，审批权部分下放至市县的事项9项。

【脱贫攻坚】
枸杞产业 新增枸杞种植面积4066.67公顷，改造提升1500公顷，枸杞标准化率达63%、统防统治率达57%、设施制干率达52%。加快建立枸杞质量标准体系，大力推广枸杞病虫害"五步法"绿色防控技术，建立7个绿色防控核心示范区1500公顷，探索推广"科研机构＋专业化统防统治公司＋枸杞经营主体"的新型专业化社会服务组织模式，社会化服务组织达233家。全力推进枸杞品牌建设，高质量主办2018枸杞产业博览会，组织枸杞企业参加了10多场境内外展销推介会，11家企业获得美国FDA认证，宁夏枸杞、中宁枸杞品牌价值持续提升，"中宁枸杞"品牌价值提升到172.9亿元。

特色优势经济林产业 全力扶持做优做特做精红枣、苹果、种苗、花卉等特色林业产业，合理规划产业布局，优化种植结构，新增经济林4000公顷，占计划任务的120%，其中苹果1733.33公顷、红枣400公顷、设施果树及花卉400公顷、小杂果及其他经济林1466.67公顷；完成苹果、红枣等"三低"果园改造7333.33公顷。加快产业基地提档升级，评选自治区级苹果、红枣优质果园13个；加大特色优势经济林田间管理和技术服务，举办产业培训班4期，培训技术骨干300多人次。主动服务脱贫攻坚战略，联合自治区发展改革委、扶贫办等六部门印发了《生态扶贫工作方案》，制订下发了《2018年林业脱贫攻坚工作实施方案》，积极创新林业助推精准脱贫模式，争取国家林草局下达宁夏2018年生态护林员指标1000名，累计争取国家生态护林员指标8500名，带动34 000人稳定脱贫。造林绿化、退耕还林、生态护林员、林业产业、庭院经济、生态补偿等扶贫措施重点倾斜9个贫困县区，带动约5.7万户建档立卡户近17.9万贫困人口增收，带动减贫9500余户约28 900人。

【林业重点工程】

退耕还林工程　年初专门下发通知，部署工程造林工作，安排各工程县区紧盯墒情、抓住一切有利时机，落实地块和造林进度，确保2017和2018年度建设任务如期完成。新一轮退耕还林实行跨年度完成任务，截至2018年，全区2017年的2000公顷退耕还林任务已全面完成；2018年的1266.67公顷任务全部完成；积极向国家争取2019~2020年退耕还林任务。

三北五期工程　争取三北工程建设任务2.36万公顷、工程中央投资1亿元。全区已完成2018年三北防护林工程建设任务2.07万公顷，占国家下达计划的87.6%。开展了全区三北工程40周年总结工作及纪念活动，完成上报省级总结报告。编制《宁夏三北工程40周年纪念宣传活动方案》，在《宁夏日报》刊登专版一版、新闻报道一篇，在宁夏公共和宁夏卫视两个频道播出三北工程新闻报道7分钟、新闻话题一期，与宁夏画报社编辑制作了三北宣传画册，联系专业媒体制作了三北微电影、公益广告和LOGO设计作品。面向社会征集了三北宣传稿件和生态文学作品50多篇、图片作品110多张。开展了三北防护林体系建设工程的先进评选活动，评选出先进集体5个、先进个人6名、绿色长城奖章获得者2名。

【湿地保护】

湿地产权确权试点改革　根据中央深改组和自治区党委、政府开展湿地产权确权试点改革的要求，按照区林业厅的有关部署，成立领导小组、制订工作方案、召开动员会、举办培训班、开展湿地资源和权属调查，在全区范围内开展试点工作，依据有关法规，回复了部分市、县(区)提出的有关问题，2018年试点工作已全面完成，形成了湿地产权确权试点《工作总结》《技术总结》《操作指引》等，上报自然资源部和国家林草局，为全国开展湿地产权确权提供了"宁夏经验"。

湿地保护管理　制订了《宁夏湿地保有量年度考核方案(试行)》和《宁夏湿地保有量考核评分细则》，对银川市兴庆区部分农民擅自开垦黄河滩涂湿地行为，督促银川市湿地办进行制止和处理；加强国家和自治区财政湿地补助资金项目的督促检查，协调财政厅解决2007年退耕农户和大户补助资金问题，对2017年中央和自治区湿地财政补助资金，开展了绩效自评；对全区湿地公园、湿地型自然保护区湿地保护情况进行了中期检查，组织太阳山、鹤泉湖2家国家湿地公园试点单位，按照国家湿地公园验收的有关要求，指导完善硬软件设施。

湿地监测宣教　组织开展了湿地年度监测工作，采取公开招标采购了技术服务单位，制订了2018年湿地监测工作方案，组织开展湿地年度监测工作，为湿地保护恢复和各市、县湿地生态考核提供科学依据；按照湿地保护和鸟类迁徙的时间节点，及时下发《关于开展2018年全区春季水鸟调查及水位监测工作的通知》文件；对双猫头湖遗鸥开展持续监测，摸清了遗鸥在宁夏的迁徙和生活习性，制定和落实遗鸥保护措施；利用2月2日"世界湿地宣传日"，制作宁夏湿地保护公益广告片，在宁夏电视台黄金时段播放。并利用"3·12"植树节宣传活动，分发保护湿地、鸟类等宣传资料800份。在鸣翠湖国家湿地公园举办爱鸟周活动。积极向自治区林业信息网和《林业调研与信息》报送各类工作信息68条，在各类报刊媒体上刊载有关宁夏湿地保护的信息22条。

【草原建设】

草原生态环境保护重大政策措施　2018年，落实草原保护禁牧补助面积173.27万公顷，补助资金1.95亿元，向39.17万户兑现了禁牧补助，户均补助498元。落实生态奖补政策绩效奖励资金10 602万元。各项工程投资共5636万元，完成草原治理任务1.47万公顷。

依法治草　提出了《宁夏草原管理条例》《宁夏禁牧封育条例》修订建议。深入调研，广泛征求有关专家和部门意见，形成了加快宁夏基本草原保护制度意见报告。按照推进"放管服"改革的要求，修订取消下放草原占用等审批事项，简化了草种生产经营许可等审批手续。全区共立案查处各类草原违法案件40起，向司法机关移送涉嫌犯罪案件6起。全年监督检验73批次，检验合格率95.89%。积极开展委托检验服务，全年委托检验164批次，合格率89.63%。

草牧业转型升级　围绕草畜产业的发展思路和重点任务，按照加快构建粮经饲三元种植结构部署要求，结合粮改饲试点，积极开展牧草品种区域试验引进新品种，开展燕麦-苜蓿-青贮玉米轮作模式技术推广。大力发展人工种草，组织实施高产优质苜蓿示范基地创建，完成4793.33公顷高产优质苜蓿种植。据统计，今年全区种植优质牧草种植8.63万公顷，其中，多年生苜蓿完成2.11万公顷，一年生禾草完成6.52万公顷，青贮玉米8.30万公顷。

草原防灾减灾救灾　全区县级以上草原防火机构22个，应急队伍153支，专兼职扑火人员5184人。建成区、市两级草原防火指挥中心2个、草原防火物资储备库3个，县(区)草原防火物资站10个，在建县(区)草原火情监控站10个，年均出动火灾隐患排查人员近千人次，火灾24小时扑灭率保持在95%以上。近年来，草原火灾发生次数与受灾损失一直处于历史低位，草原火灾受害率与重特大草原火灾发生率分别控制在3‰与3%以内。草原生物灾害绿色防控取得积极进展，草原鼠害、虫害的绿色防治比例逐年提高，2018年分别达到83.6%和62.8%。

【林业调查规划】

助力国土绿化　宁夏国家级公益林落界工作自2017年10月开始，历时6个月，完成了全区国家级公益林落界数据统计汇总和成果说明，形成了落界成果报告并上报国家林业和草原局，为管理部门决策提供了数据支持。

人工造林核查和国家级公益林监测　配合完成国家林业和草原局西北院完成了对灵武市、贺兰县、盐池县、海原县2008～2012年度人工造林成效核查和国家级公益林监测工作，组织专业技术人员全力配合检查组的工作，及时有效、客观详实地提供核查、监测所需的基础数据和相关资料，确保核查、监测工作圆满完成。

中央财政造林和森林抚育项目　完成了2016年中央财政造林补贴项目和2017年森林抚育项目的自治区级验收工作，涉及20多个县（市、区），为提升全区森林质量和森林经营水平提供了决策依据。

营造林模式课题研究　2018年启动宁夏多功能林业和生态功能分区及其多功能评价课题研究，课题组深入隆德等县（区）收集多功能样地数据，召开专题研讨会及专家咨询会两次，完成全区林业功能分区及其评价、多功能林业立地类型划分等两项基础研究任务，为宁夏精细化、科学化、标准化营造林模式的建立奠定了扎实的理论基础。

【林业基金管理】

项目基金落实　全年国家下达宁夏天保工程森林管护资金9372万元，中央财政森林抚育补贴1308万元，自治区财政安排森林管护资金2968万元。按照国家相关要求，及时将资金分解下达到各市、县（区）；并组织相关单位层层签订管护责任书，落实管护责任，确保全区102.05万公顷天保工程森林资源得到有效管护。完成天保工程社会保险相关工作。组织人员对全区"五险一金"参保人数进行重新核对，下达社会保险补助资金8839.5万元，惠及50个林场5430人；下达政社性补助资金317万元，惠及101名林业行政执法人员及林场教师。

国家级公益林管理　一是层层落实管护责任。2018年，国家下达宁夏生态效益补偿基金9936万元，按照国家相关要求，将中央财政资金分解下达到各市、县（区），并组织层层签订管护责任书，确保59.52万公顷国家级公益林得到有效管护。二是完成国家级公益林落界工作。配合相关部门完成了全区2017年国家级公益林区划落界，形成了一整套公益林区划界定档案资料和数据，并将落界成果报告和数据库上报国家林业和草原局。三是确定全区国家级公益林补偿面积。依据国家对宁夏国家级公益林补偿面积，经研究，确定全区国家级公益林补偿面积50.36万公顷，其中：国有29.48万公顷、集体20.88万公顷。

搭建脱贫攻坚有效平台　安排9个贫困县天保工程资金11 357.9万元；督促原州区、盐池县、红寺堡全面完成森林生态效益补偿资金兑现，兑现资金1891.5万元，惠及建档立卡贫困户6356户24 534人；指导9个贫困县整合天保工程及森林生态效益补偿资金4886万元，专门用于乡村道路、产业发展等建设，惠及63个村8300户33 215人；依托天保工程和森林效益补偿项目调整聘用建档立卡护林员803人，比2017年的756人多选聘了47人，发放贫困人口护林员工资补助3000～14 000元/年·人。

【林业技术推广】

积极争取资金　积极与国家林业和草原局及自治区相关部门协调沟通，争取中央和自治区财政资金8915万元。其中：生态护林员补助资金8500万元，标准化林业工作站建设项目资金200万元，科技推广站建设项目50万元，自治区财政林业优新树种引种驯化繁育项目资金150万元，本底调查项目资金6万元，林业站管理服务能力测试资金5万元，自治区财政林业技术能力提升建设项目资金4万元。

强化科技支撑　一是跟进2017年优新树种引种驯化工作。引种美国红枫、速生法桐等7个优新树种，扩繁鲁蜡5号、金枝白蜡等7个树种。二是组织实施2018年引种驯化繁育管理。对13个引种驯化繁育项目进行初审和专家评审，协调下达了资金计划，对相关单位项目实施情况及时进行了跟踪督导。三是继续实施自治区财政科技推广红梅杏矮化盆栽设施密植促成栽培技术研究和罗山困难立地植被恢复技术推广示范项目，完成结题验收。四是完成2018年中央和自治区财政科技项目管理工作和自治区制（修）订地方标准立项评审工作。经组织专家评审，确定了中央财政科技推广项目11个，自治区财政科技推广项目14个。对63个林业行业标准组织评审，顺利上报13个。

服务基层和林业发展　一是加强基层林业站和科技站基础建设，新建成2017年标准化林业工作站9个、科技站5个，同步实现了职责、制度、标识上墙，档案管理规范化。二是下达2018年标准化林业站和科技站建设计划。新建标准化基层林业站10个，投资200万元，与2017年相比增加10%。新建科技推广站5个，投资50万元，如期实施。三是举办了宁夏林业站站长岗位及能力测试培训班，解读了《关于开展2018年度建档立卡贫困人口生态护林员选聘工作的通知》《乡镇林业工作站工程建设标准》等相关文件，有力推动了基层林业站建设"八化"逐步实现。四是组织开展了第二次全国林业站本底调查培训班。来自各市、县林业主管部门本底调查报表审核人员及各乡镇本底调查填报技术人员80余人参加了培训。

【国有林场种苗管理】

国有林场改革　一是加强国有林场督促整改。二是完善改革配套政策。争取自治区人民政府办公厅印发了《宁夏国有林场管理办法》；同时完成《宁夏国有林场中长期发展规划》《宁夏回族自治区国有森林资源资产有偿使用办法》《宁夏回族自治区国有林场场长森林资源离任审计办法》征求意见工作。三是筹备召开国有林场改革领导小组会议。四是组织开展省级验收。根据《国家发展改革委办公厅　国家林业局办公室关于印发〈国有林场改革验收办法〉的通知》（发改办经体〔2018〕338号），10月10～16日，联合党委督查室、发改委等领导小组成员单位分三组对全区22个市、县（区）和6个自治区直属国有林场的改革工作进行验收，省级验收报告上报国家国有林场改革工作领导小组。五是加强国有林场管理。组织全区90家国有林场开展国有林场备案工作，先后组织召开了8次国有林场森林经营方案评审会，审核通过44个，批复3个。申请2018年国有贫困林场扶贫资金2136万元，严格按照国家有关法规，对涉及16个林场的22个占用国有林地的建设项目进行审核并提出意见。

种苗执法和种苗项目管理 一是启动全区林木种质资源清查。印发了《宁夏林木种质资源普查技术细则》，积极争取240万元林木种质资源工作经费，先后组织举办了2次专题培训班和指导会议，启动了全区林木种质资源普查工作。二是强化林木良种审定管理。组织开展了2个林木品种审定的现场查验。完成《宁夏林木良种》一书的编纂，送出版社排版。三是加强宣传和检查，推进宁夏种苗执法工作。结合"3·12"植树节，开展"种苗执法"宣传活动，同时举办"2018年全区林木种苗行政执法年活动专题讲座"。对全区11个市、县（区）41家单位19个树种的77个种批和苗批进行了抽查，将抽查结果上报国家林业和草原局，并通报各市、县（区）。

【产业发展】

特色经济林 新增经济林4000公顷，其中，苹果1733.33公顷、红枣533.33公顷、设施果树及花卉400公顷、小杂果及红梅杏、油用牡丹、文冠果其他经济林1333.33公顷，完成计划任务的120%；完成"三低"果园改造提升7333.33公顷，其中，在沙坡头区、利通区实施苹果高光效树形改造、交替灌溉、增施有机肥等，低产低效苹果园改造2133.33公顷；推进灵武长枣品质提升工程，重点推广灵武长枣纺锤形树体改造、精细化花果管理和病虫害防控等综合配套技术，改造提升灵武长枣基地2666.67公顷；改造骏枣和灰枣园2533.33公顷；开展了首届全区优质苹果、红枣示范园评选活动，评出自治区级苹果优质示范园5个、红枣优质示范园8个；组织全区50多家林业经营业主，参加了中国成都春季糖酒会、第99届长沙糖酒会、第11届中国义乌森博会和全国沙产业博览会，举办现场培训班4期，培训技术骨干300人次以上，发放培训手册、图说300余份，惠及果农10 000余户。

科研成果转化 高质量组织实施灵武长枣自由纺锤形及综合配套技术示范推广、设施葡萄高干水平棚架立体栽培技术试验示范、宁夏地区设施冬枣栽培技术、设施桃树早产丰产栽培关键技术试验示范4个中央、自治区林业科技推广项目。继续抓好红枣杂交育种工作，加强新品种区域工作，向国家林草局递交了3个植物新品种权保护申请。新建枸杞产业人才高地工作站5个。制定《西北盐碱地暗沟排盐造林技术规程》行业标准1项，组织制（审）定《绚丽海棠栽培技术规程》等63项林业地方标准。组织引进美国红枫、速生法桐等7个优新树种。新建标准化基层林业站10个、科技站5个。全力支持贫困国有林场建设，争取贫困林场扶贫资金2136万元。

【枸杞产业】

监测预报信息平台 与农牧厅、宁夏农科院协同推进《枸杞干果中农药最大残留限量标准》行业标准的制定发布工作，并在枸杞产业资金中列支300万元用于枸杞农药登记试验专项补助；与气象局、农科院签订战略合作协议，在全区推广枸杞病虫害"五步法"绿色防控技术，建立枸杞病虫害监测预报服务信息平台和服务网络，发布《宁夏枸杞生产推荐农药品种目录》，枸杞病虫害和绿色防控技术已覆盖6666.67公顷枸杞种植区，共建立7个绿色防控核心示范区共1023.33公顷，布设了44家基地1000个监测预报样点，组建了一支138人的病虫害监测预报队伍，培养了100名枸杞病虫害测报员。

打造区域公用品牌 组织枸杞企业先后参加了第98届全国（春季）糖酒商品交易会、首届中国自主品牌博览会和新加坡亚洲国际营养保健食品展等10余场次国内外知名展会，同时举办宣传推介会，着力打造"宁夏枸杞""中宁枸杞"两个区域公用品牌，"中宁枸杞"品牌价值提升到172.88亿元；以文化建设引领品牌发展，《枸杞雅集》出版发行，《枸杞通史》完成大纲编写，组织创作了枸杞摄影、枸杞剪纸、枸杞诗词歌赋等系列枸杞文化作品。

【林业有害生物防治】

虫病监测防治 全面完成国家林业和草原局与宁夏签订下达的2018年度松材线虫病监测和林业鼠（兔）害防治任务。其中松材线虫病松林监测面积5.29万公顷，林业鼠（兔）害防治8.67万公顷次。全区完成松材线虫病监测面积5.38万公顷，林业鼠（兔）害防治面积9.13万公顷次。全区林业有害生物成灾率4.62‰，测报准确率91.58%，无公害防治率90.64%，种苗产地检疫率100%。完成了国家林业局下达的各项指标。落实防控经费1305万元。包括：中央财政下达防治补助经费575万元、中央预算内投资宁夏林业有害生物防治能力提升项目380万元；自治区财政下达防治经费350万元。

林业植物检疫执法 2018年全区共完成产地检疫1.86万公顷，调运检疫木材1.28万立方米，种子22.5万吨，苗木4100万株，花卉6118.9万株，插条和接穗53.65万根，复检苗木11 716.2万株，木材2.3万立方米，电缆盘2.3万只，种子3.18万吨，插条和接穗69.5万根。处理违规调运13起，带疫调运15起，销毁带疫苗木1156株。有效阻止了柄天牛、美国白蛾的侵入。

野生陆生动物疫源疫病预警 向自治区人民政府预警报告了2017年宁夏林业系统监测到的候鸟携带传播的可致人死亡或可致家禽死亡的禽流感病毒亚型10种23株，新城疫病毒1株的情况；监测发现并妥善处置重大传染病疫情。春季贺兰山自然保护区发生野生岩羊感染小反刍兽疫，依照《宁夏突发陆生野生动物疫情应急预案》，启动黄色预警响应，快速处置并有效控制疫情，未发生疫情扩散和人员感染疫病的情况；对2018年迁徙候鸟携带传播禽流感病毒亚型和乙型脑炎开展了主动监测。

【林业科技创新】

项目实施 强化林业科技项目"八结合",实施中央财政林业科技推广示范项目11个1100万元,拉动社会配套资金400万元。实施自治区财政林业科技推广项目13个273万元。截至2018年,向宁夏科技厅申报13个项目获批6个,资金2000万元。

成果转化 林业科学研究院叶用枸杞成果在陕西、甘肃等地进行推广转化,新推广面积333.33公顷。枸杞系列深加工产品打入上海、广州等市场。青禾公司与黑龙江尚志市、浙江省乐清市建立战略合作关系,系列深加工产品研发取得突破性进展,并进入市场销售。林业科技特派员耿峻执行的枸杞采摘器研发项目取得8个专利成果,其中二代手持枸杞采摘器进入中试转化应用阶段,与甘肃、青海、宁夏等地供应商签订采购协议。

助力扶贫 安排中央财政林业科技项目3个、自治区财政林业科技项目5个,重点支持林业系统下派驻村第一书记扶贫攻坚,在泾源县兴盛乡兴盛村、上金村、原州区黄铎堡何家沟村、彭阳县城阳镇、灵武市郝家桥乡兴旺村、大武口区隆湖镇隆湖村等贫困地区实施,有力助推了当地脱贫攻坚工作。

标准建设 年初征集29项,向自治区质量技术监督局上报13项。继续依托财政林业科技项目建设标准化科研示范基地,新建仁存渡引种驯化基地、吴忠林场苹果繁育基地、贺兰金贵牡丹繁育基地、彩灌苗木繁育基地、闽宁镇原隆村红树莓苗木繁育基地等。

创新平台 宁苗公司创新成果展示中心在防沙治沙学院正式建成使用,北京林业大学水土保持研修访学基地在哈巴湖挂牌成立。吴忠市引黄灌区农田防护林生态定位观测站正式获批,宁夏森林康养工程技术中心进入自治区科技厅筹备库。

【林业宣传】 2018年,根据自治区人民政府相关要求,将宁夏林草局门户网站加入宁夏政府网站集约化平台,重新开发符合现在林业和草原需求的门户网站,重点围绕"政务公开、最新要闻、互动交流"三大功能定位,突出界面优、风格新、内容多、资源广、专题准等特点,丰富网站信息,满足不同需求;为进一步推进新媒体应用,及时开通了宁夏林业官方微信公众平台和今日头条账户。2018年全年发布林业政务信息3244条,其中在中央和自治区主流媒体发布林业消息150多条(篇),林业微信新媒体平台发布信息673条,在宁夏林草局门户网站上发布各类林业信息2421条(篇);给自治区党委、政府及国家林草局报送林业类政务信息297条,其中给国家林草局报送119条,给自治区党委政府报送178条。

【全区林业工作会议】 2月28日,全区林业工作会议在银川召开。会议的主要任务是:以习近平新时代中国特色社会主义思想为指导,认真学习贯彻党的十九大、自治区十二次党代会和全区农村工作会精神,回顾总结2017年工作,表彰先进,安排部署2018年任务。自治区林业厅党组书记、厅长张柏森作讲话。

【林草业大事】

1月15日 自治区林业厅党组成员、副厅长平学智,带领造林处负责人一行深入盐池县调研指导2018年大规模国土绿化准备工作。

1月16日~17日 自治区林业厅党组成员、副厅长平学智,自治区林业厅厅长助理张建带领有关专家和厅造林处、科保处、场圃总站、规划院等部门(单位)相关负责同志,深入南华山外围区域,实地踏查,广泛调研,并召开《南华山外围区域水源涵养林建设提升工程规划(2018~2022年)》专家论证会。

1月24日 国家林业局驻西安森林资源监督专员办事处与自治区林业厅在银川召开宁夏森林资源监督联席会议,国家林业局驻西安森林资源监督专员办事处专员王洪波,自治区林业厅党组书记、厅长马金元,党组成员、副厅长金韶琴,相关处室及相关县(区)林业(园林)局共计30余人参加会议。

2月8日 自治区林业厅召开干部大会,自治区党委常委、政府副主席马顺清出席会议并讲话,自治区党委组织部副部长高瑞莉宣布自治区党委干部任免决定:张柏森任自治区林业厅党组书记、厅长。

2月12日 自治区林业厅党组书记、厅长张柏森,党组成员、副厅长陈建华带领厅办公室、自治区森林公安局、贺兰山管理局主要负责人深入贺兰山调研检查森林防火和安全生产工作,并看望慰问了基层一线民警、护林员。

2月26日 自治区林业厅邀请自治区党委宣传部、自治区商务厅、自治区博览局、中卫市人民政府、中宁县人民政府、中宁县枸杞产业发展局、宁夏报业传媒集团公司等单位相关负责人召开了中国(宁夏)枸杞产业博览会总体方案征求意见会。

3月6日 自治区林业厅党组书记、厅长张柏森,调研宁夏金沙林场工作。

3月12日 自治区林业厅、自治区绿化委员会办公室、银川市首府绿化委员会办公室、银川市林业局共同组织,在银川市光明广场、悦海新天地、西花园丽华商场前等6个地点,同时开展"3·12"植树节宣传活动。自治区林业厅党组书记、厅长张柏森,厅领导平学智、陈建华、张建出席了植树节宣传活动。

3月13日 自治区湿地保护修复工作会议在银川召开。自治区党委常委、自治区副主席马顺清主持会议并讲话。

3月15日 自治区林业厅党组书记、厅长张柏森调研罗山国家级自然保护区、宁夏仁存渡护岸林场工作。

3月19日 枸杞病虫害绿色防控技术培训班在银川举办。全区枸杞主产市、县(区)林业(园林、枸杞)局,林技中心负责人,农垦集团、枸杞所、宁夏林业研究院相关负责人,枸杞骨干企业代表等100余人参加了此次培训。

3月19~20日 自治区林业厅党组成员、副厅长金韶琴带队深入石嘴山市就包头至银川铁路通过宁夏星海湖国家湿地公园、北长当河生态水系整治、三二沟水系连通工程以及吴忠市就利通区五里坡奶牛养殖"三期"工程等建设项目使用林地情况进行实地调研。

3月22日 自治区召开国土绿化动员电视电话会议。自治区主席咸辉出席会议并作讲话,自治区党委常委、副主席马顺清主持会议并就大规模国土绿化作了安排部署。自治区人大常委会副主任姚爱兴,自治区人民政府秘书长房全忠出席会议。

3月22~24日 自治区林业厅、宁夏枸杞协会组织13家枸杞企业参加了"第98届全国糖酒商品交易会"。有来自40个国家和地区的近4100家企业参展,宁夏枸杞干果、枸杞酵素、枸杞原浆等10大类100余种枸杞产品亮相。

3月30日 自治区党委书记、人大常委会主任石泰峰,自治区党委副书记、自治区主席咸辉,自治区政协主席崔波等,来到贺兰县金贵镇义务植树基地,与机关干部职工一起参加全民义务植树活动。

4月1日 由自治区林业厅、团委、科协、宁夏野生动物保护协会、宁夏林学会共同主办,宁夏湿地保护管理中心、银川市园林局、银川鸣翠湖国家湿地公园等单位承办的以"保护鸟类资源 守护绿水青山"为主题的宁夏第36届"爱鸟周"活动启动仪式在银川鸣翠湖国家湿地公园正式启动。

4月10~11日 厅长张柏森赴固原市原州区、彭阳县、泾源县和六盘山自然保护区,调研国土绿化、自然保护区管理和林政审批等工作。

4月13日 自治区林业厅机关党委组织机关和直属单位干部和青年赴灵武市白芨滩林场开展了以"助力生态立区 建设美丽宁夏"为主题的义务植树活动。

4月23日 自治区林业厅召开了春季植树造林督查会商总结会,副厅长平学智、厅长助理张建参加了会议。

4月27~28日 自治区林业厅党组书记、厅长张柏森、副厅长陈建华带领厅办公室、枸杞产业发展中心主要负责人调研枸杞产业。

5月4日 自治区林业厅党组成员、副厅长平学智带队赴自治区农垦集团开展春季造林督查工作。

5月30日 宁夏第一家环境资源保护法庭——银川市西夏区人民法院贺兰山环境资源保护法庭在宁夏贺兰山国家级自然保护区管理局挂牌成立。自治区高级人民法院院长沙闻麟,自治区林业厅党组书记、厅长张柏森为法庭揭牌。

5月31日 自治区林业厅与宁夏旅投集团就推动宁夏贺兰山国家级森林公园产业升级发展正式签署战略合作框架协议。自治区林业厅党组书记、厅长张柏森,自治区旅游发展委员会党组成员、副主任党建平,集团公司党委书记、董事长白建平等出席参加签约仪式。

6月4日 自治区政府新闻办公室举行2018枸杞产业博览会新闻发布会,并邀请自治区林业厅副厅长陈建华介绍有关情况并答记者问,中卫市副市长曾申平、中宁县委常委邱斌出席会议并答记者问,自治区林业厅副厅长、新闻发言人平学智主持会议。

6月7日 自治区林业厅召开落实2018年推进枸杞产业持续健康发展行动方案专题会。自治区林业厅副厅长陈建华主持会议,自治区农林科学院、宁夏气象局及自治区枸杞产业技术服务专家组成员和宁夏枸杞产业发展中心相关负责人参加会议。

6月12日 厅长张柏森前往青铜峡市、灵武市、宁夏仁存渡护岸林场,实地调研国有林场改革完成情况。

6月14日 全区2018年森林资源督查启动会和森林资源管理工作培训会在银川召开,国家林业和草原局驻西安森林资源监督专员办事处专员王洪波,自治区林业厅党组成员、副厅长金韶琴,全区各市、县(区)林业部门负责人及技术骨干,自治区林业厅相关处室、直属单位负责人等共计130多人参加会议。

6月26日 由宁夏回族自治区林业厅、中卫市人民政府主办,中共中宁县委员会、中宁县人民政府、宁夏枸杞产业发展中心和宁夏枸杞协会承办的2018枸杞产业博览会在宁夏中宁县举办。

7月10日 自治区林业厅驻厅纪检监察组组长杨珺、副厅长平学智等一行5人对隆德县退耕还林政策补助资金兑现执行情况进行重点督查,并召开督查工作座谈会。

7月18~22日 由国家三北局局长张炜和自治区林业厅厅长张柏森带队组成的联合调研组,赴黑龙江省考察林业生态发展和三北防护林工程建设情况。

7月31日 自治区林业厅党组书记、厅长张柏森到自治区政务服务中心林业厅窗口调研"放管服"工作。

7月30日至8月2日 由自治区林业厅党组成员、副厅长、总工程师徐庆林带队组成的联合调研组,赴固原市原州区、彭阳、西吉、隆德、泾源县,中卫市海原县及吴忠市同心县和红寺堡区,对林业重点工程建设以及林木管护情况进行调研。

8月6日 自治区林业厅召开全区集体林地"三权分置"改革试点工作座谈会,对集体林地"三权分置"改革试点工作进行了研究部署。

8月7日 自治区高级人民法院、自治区人民检察院、自治区公安厅和自治区林业厅联合印发了《关于依法严厉打击破坏森林资源违法犯罪行为的指导意见》,就森林公安机关办理的林地、森林和野生动物案件中存在的执法疑难问题进行了明确界定和规范。这是宁夏首次出台此类指导意见。

8月8日 自治区林业厅党组书记、厅长张柏森,党组成员、副厅长陈建华一行到灵武市调研神华宁煤集团南湖项目建设使用林地情况和国家一级保护动物遗鸥保护工作。

8月15日 自治区林业厅召开了2018年安全生产委员会第三次全体(扩大)会议。

8月16日 自治区林业厅厅长张柏森一行赴平罗县调研生态林业建设工作。

8月16日 副厅长平学智在前期实地调研的基础上,主持召开了2018年枸杞产业发展形势分析座谈会,农林科学院、宁夏气象局、枸杞产业专家指导组、调研组成员及主产区主管部门负责人参加会议。

8月29日 自治区林业厅党组成员、厅长助理张建带队到银川市周边调研优新树种引种驯化工作。实地考察了银川市林业站实验基地、苗木场、园林场、防沙治沙学院、宁苗基地近年来优新树种引种驯化及苗木繁育工作。

8月30日 副厅长平学智主持召开枸杞产业发展形势分析企业座谈会,区内40余家枸杞企业负责人参加会议。

9月10~12日 宁夏湿地保护管理中心在银川举办了2018年全区湿地保护管理第一期培训班。各市、县(区)林业局及各湿地公园、湿地自然保护区的负责人和技术人员共计110余人参加培训。自治区林业厅党组成员、副厅长徐庆林，厅长助理张建出席培训班开幕式。

9月14日 自治区林业厅党组书记、厅长张柏森主持召开专题会议，听取林业扶贫各责任处室、单位和驻村工作队扶贫工作汇报，研究深化推进林业扶贫工作措施。厅党组成员徐庆林、张建参加会议。

9月14~16日 《联合国防治荒漠化公约》秘书处副执秘普拉迪普·蒙咖先生一行来宁考察防沙治沙情况，并与自治区林业厅商谈在宁夏建立荒漠化防治国际培训中心有关事宜。自治区林业厅副厅长平学智陪同蒙咖一行先后考察了中卫市世界银行贷款宁夏黄河东岸防沙治沙项目区、灵武白芨滩管局大泉林场治沙现场和展览馆、三北局展览馆及宁夏葡萄酒与防沙治沙学院，并介绍了宁夏防沙治沙进展和学院有关情况。

9月18~19日 在彭阳县召开了全区森林抚育培训班暨秋季国土绿化推进会。各市、县（区）林业（园林）局、各国家级自然保护区管理局、农垦系统分管领导、技术负责人和林业厅相关处（室）负责人共计110余人参加了会议。

9月14日 宁夏林业厅组织宁夏红枸杞产业集团、宁夏森淼枸杞科技开发有限公司、早康枸杞股份有限公司、宁夏永寿堂中药饮片有限公司、中宁县杞鑫枸杞苗木专业合作社5家区内知名枸杞种植、加工及流通企业在参加完"2018新加坡亚洲国际营养保健食品展"后，赴曼谷举办"2018中国·宁夏枸杞曼谷推介会"。

10月11日 自治区林业厅党组书记、厅长张柏森带领宁夏林权服务与产业发展中心负责人调研兴庆区花卉产业发展情况。

10月15日 自治区党委书记、人大常委会主任石泰峰到盐池县调研督查哈巴湖自然保护区生态建设及中央环保督察"回头看"反馈问题整改情况。

10月23日 自治区林业和草原局召开干部大会。自治区自然资源厅党组书记马波、自治区党委组织部副部长金万宏出席干部大会。自治区党委决定，徐庆林任自治区林业和草原局党组书记、局长。

10月23日 自治区林业和草原局召开了深化机构改革动员大会，会议由自治区林业和草原局党组书记、局长徐庆林主持。

11月13日 自治区林业和草原局正式挂牌。自治区政府副主席王和山、自治区政府副秘书长薛刚、自治区自然资源厅党组书记马波、国家林业局西北华北东北防护林建设局副局长洪家宜以及自治区林业和草原局党组书记、局长徐庆林出席挂牌仪式。王和山和徐庆林共同为自治区林业和草原局揭牌。

11月8~9日 美国国际西部植物提取物展览会在美国西部城市拉斯维加斯举办，宁夏林业和草原局组织6家区内知名枸杞种植、加工及流通企业，展出了枸杞干果、果汁、酵素及枸杞多糖、多酚等功能性产品十多类40余种。

11月12日 宁夏林业和草原局组织区内6家知名枸杞种植、销售、加工、流通企业，赴加拿大多伦多市举办"2018中国·宁夏枸杞宣传推介会"。

11月16日 自治区林业和草原局在银川市召开全区集体林地"三权分置"试点改革暨林地承包经营纠纷调处培训班。全区各市、县（区）林业（园林）局主要负责人及林改办主任，2018年自治区林下经济示范基地负责人代表，自治区林业和草原局机关有关处（室）、直属事业单位负责人共80余人参加了培训。

11月30日 三北工程建设40周年总结表彰大会在北京人民大会堂召开，宁夏有5个先进集体、6名先进个人、两名绿色长城奖章获得者受到表彰。

12月11~12日 宁夏湿地保护管理中心在银川举办全区湿地保护暨沙湖自然保护区管理培训班。各市、县（区）林业局及各湿地公园、湿地自然保护区、沙湖自然保护区及沙湖景区、前进农场的负责人和技术人员共计110余人参加了培训。

12月18~19日 自治区退耕三北站在银川举办"三北工程营造林质量与管理培训班"。自治区林业和草原局党组成员、副局长王自新出席了开班仪式，退耕三北站站长王治啸主持开班式。

12月18~20日 由宁夏枸杞产业发展中心、自治区林业和草原局人事与老干部处联合举办的2018年度枸杞产业高级研修班在银川举办，枸杞主产县（区）林业（园林、枸杞）局分管领导及业务负责人、有关枸杞企业负责人和财务人员共计110余人参加了培训。

12月25日 自治区林业和草原局局长徐庆林专题调研草原工作。详细了解近年来草原保护建设和重点工作、重大项目工程实施情况，实地调研自治区草原工作站甘城子牧草种子良种繁育基地建设情况。

12月25日 自治区林业和草原局副局长王自新带队到贺兰山保护区管理局红果子、石嘴山、大水沟管理站及护林点调研。

（宁夏回族自治区林草业由马永福供稿）

新疆维吾尔自治区林草业

【概　述】 2018年，新疆维吾尔自治区林业和草原局坚持以习近平新时代中国特色社会主义思想为指导，深入贯彻落实党的十九大和十九届二中、三中全会精神，坚决贯彻落实习近平生态文明思想，坚决贯彻落实习近平总书记关于新疆工作的重要指示批示精神，紧紧围绕社会稳定和长治久安总目标，坚持稳中求进工作总基调，坚持新发展理念，坚持推动高质量发展，深化供给侧结构性改革，认真落实自治区党委"1+3+3+改革开放"①工作部署，大力开展"政治生态修复年""自然生态修复年""特色林果业质

---

① 1+3+3+改革开放：1：围绕总目标抓好防恐维德工作。第一个3：全面贯彻新发展理念、抓好三大攻坚战（防范化解金融风险、精准脱贫、污染防治）。第二个3：推动高质量发展，打好丝绸之路经济带核心区建设，乡村振兴战略和旅游产业发展三项主要工作。

量提升年""作风整顿年"活动,自然生态保护修复得到加强,林果业发展水平显著提升,林草扶贫工作扎实有效,凝心聚力、攻坚克难,推动新疆林业和草原各项工作取得了新进展、新成效、新突破。

【生态保护】 全面加强天然林保护工程建设,完善管护制度,压实管护责任,完成327.87万公顷林地保护;加快智能管护体系建设,落实社会保障制度,完善管护用房设施;积极开展人工造林、中幼林抚育;开展天保工程20年实施效果评估,研究探索提升森林质量的可行途径和办法。完成新疆国家级公益林落界工作,通过落实责任、完善制度,加强资金管理,创新管护手段,使761.26万公顷国家级公益林得到有效保护;建立和规范国家级公益林矢量数据库,联合财政厅上报国家将新增的127.41万公顷公益林纳入中央森林生态效益补偿范围;加强塔里木河流域胡杨林生态保护力度,下达资金2100万元修建引洪渠、拦洪坝,完成胡杨林引洪灌溉13万多公顷,退化胡杨林得到有效恢复。2018年新疆湿地保护率增加至66.12%,保护面积达261.05万公顷。有9处国家湿地公园通过国家林业和草原局验收并挂牌。制定印发《自治区重要湿地确认办法》《自治区湿地公园管理办法》《湿地名录管理办法》,建立健全了湿地分级管理和规范化管理体系;建成自然保护区和湿地生态监测监控及管理系统大数据平台。深入实施天山北坡谷地森林植被保护与恢复工程,落实人工造林7685.67公顷、封山育林18 968公顷;加快推进塔里木盆地周边防沙治沙工程,完成人工治沙造林6146.67公顷、封沙育林1.28万公顷;新增国家沙化土地封禁保护区4个、面积4.33万公顷。完成沙化土地治理39.61万公顷。联合科研院所开展新疆非洲猪瘟、小反刍兽疫、禽流感等重要野生动物疫病的病原监测和采样工作。做好全区野猪非洲猪瘟监测预警工作,严格落实信息日报和周报制度,并对部分地州市野猪非洲猪瘟防控、候鸟迁徙保护工作开展野生动植物保护综合调研检查。启动38个林业有害生物测报点能力提升建设,加强烟墩、若羌出入疆关口检查检查值守,大力推行联防联控、统防统治,完成防治126.53万公顷,其中飞防23.97万公顷,有害生物成灾率0.003‰,测报准确率90.8%,无公害防治率98.3%。全年发生森林火灾42起,其中一般森林火灾36起,较大森林火灾6起,火场总面积23.53公顷,受害森林面积13.22公顷,火灾次数和受害森林面积较上年同期分别下降27.6%、56.1%,火灾年均受害率继续保持在0.8‰以下,森林火灾24小时扑灭率保持在95%以上,连续15年没有发生大的森林火灾。

【资源管理】 完成2017年度林地变更调查工作。建立建设项目使用林地、林木采伐、木材运输及木材经营加工"双随机一公开"监督检查机制,印发《新疆维吾尔自治区建设项目使用林地事中事后监督检查办法》《新疆维吾尔自治区林木采伐事中事后监督检查办法》《新疆维吾尔自治区木材运输事中事后监督检查办法》《新疆维吾尔自治区建设项目使用林地和木材运输随机抽查工作细则(试行)》和《关于进一步加强木材经营加工监督管理工作的通知》,强化事中事后监管。全区123个实施单位完成了25 399个疑似变化图斑的判读和调查成果上报。举办了面向全疆770余技术人员的森林督查、林地年度变更调查培训班,提高森林资源管理队伍依法行政能力。加大涉林案件督办查办力度,对2014年和2016年度建设项目使用林地行政许可被许可人监督检查中发现的96宗涉嫌违法违规使用林地的建设项目下发整改通知,要求全面整改。开展林业行政案件统计数据核查工作,全年全区发生林业行政案件2473起,查处2355起,查处率95.23%。组织新疆林业规划院和天西、阿山、天东国有林管理局技术骨干分批次前往全疆123个实施单位开展技术培训和指导,完成25 399个疑似变化图斑的判读和调查并将成果上报,首次实现遥感判读和监督检查全覆盖。接收相关部门移交的执法查没野生动物及其制品4批次共计600件(只),按相关规定进行处理。

【生态建设】 2018年,新疆以加快国土绿化、提高森林覆盖率作为生态建设的首要任务,创新机制、优化布局、深入推进。重大林业生态保护与修复工程稳步实施,森林覆盖率达到4.87%。全年完成造林228 401公顷,其中人工造林124 419公顷、飞播造林5009公顷(荒山飞播造林821公顷)、新封山(沙)育林87 412公顷、退化林修复11 198公顷、人工更新363公顷。森林抚育459 568公顷,四旁(零星)植树1106万株,林木种子采集量651吨,育苗面积30 794公顷。制定新疆林业碳汇计量测定工作方案,拟定2个试点单位;积极协调"蚂蚁森林"、亚心网等,拓宽义务植树内涵、丰富义务植树实现形式,将新疆列为全国第二批"互联网+全民义务植树"先行试点省份;协调国家开发银行在阿勒泰、塔城地区进行国家储备林建设前期工作,为今后新疆贮备林项目的顺利开展奠定基础。组织开展古树名木普查,录入古树名木6500余株。阿克苏河、渭干河百万亩绿化工程已完成收尾工作,共造林15.59万公顷。开展高标准农田防护林建设试点项目2个,乡村绿化美化试点项目7个。参加三北工程建设40周年总结表彰大会,自治区10个单位获得三北工程先进集体称号,8人获得三北工程先进个人称号,2人获得"绿色长城奖章"。

【产业发展】 2018年,全区林业产业产值706.3亿元,较2017年增长10%;总产值中经济林产值为506.3亿元,其中,第一产业中的"经济林产品的种植与采集"产值438亿元,第二产业中的"木本油料、果蔬、茶饮料等加工制造"产值68.3亿元,三产增幅较大,主要是阿勒泰地区和塔城地区旅游业增幅较大,仅阿勒泰地区喀纳斯景区旅游收入增幅就达15亿元。2018年,商品材产量358 612立方米,非商品材产量12 533立方米。商品材中原木产量350 656立方米、薪材产量7956立方米。在非商品材中,农民自用材12 265立方米,农民烧柴268立方米。2018年以"特色林果业质量提升年"为抓手,制定《南疆林果业提质增效推进工作方案》,启动实施"推进南疆特色林果提质增效 助力脱贫攻坚"行动,开展自治区"百千万培训行动计划——林果科技进万家"，121名专家服务团队进驻南疆林果主产县市（含22个深度贫困县），常年驻点式开展林果业全生产管理过程技术服务指导工作，累计投入林果业提质增效专项资金3.8亿元，发放培训资料7.54万份，举办林果技术实训14 365场、130.15万人次，建立示范园1538个、2.14万公顷，组建林果服务队387支、近2万人，切实加大核桃、红枣密植果园疏密改造力度，完成红枣、核桃密植园疏密改造7.87万公顷，整形修剪41.66万公顷，加快提质增效示范园建设，严格落实有害生物防控各项工作，全疆特色林果总面积123.07万公顷，其中巴旦木达到6.51万公顷，枸杞、新梅、石榴、桃、无花果等果品6.20万公顷，沙棘、黑加仑、樱桃等小浆果达到3.00万公顷；果品总产量769万吨，较上年增加21万吨；产值达488亿元，较上年增加31亿元。2018年，连续举办9届的"新疆特色林果产品（广州）交易会"升格为"中国新疆特色林果产品博览会"，成为全国林业行业六大主要展会之一，累计达成交易额15.2亿元，吸引5万人次进场参观和采购。2018年年末，实用花卉种植面积393公顷，切花切叶产量50.1万支，盆栽植物产量600万盆，观赏苗木产量12 738万株。林木种苗育苗面积3.08万公顷，苗木总产量16.87万株，产值达57.9亿元；成功举办第七届新疆苗木花卉博览会。森林旅游设施建设步伐不断加快，森林旅游事业发展形势喜人，2018年林业旅游达1631万人次，较2017年增加153万人次；收入达67.6亿元，比2017年增长18.6万元；直接带动其他产业产值21.4万元。

【行政审批】 依法审核审批建设项目使用林地。2018年完成审核审批行政审批事项1418宗，审批林木采伐46宗，权限内核发林木种子生产经营许可证9件。依托国家建设项目使用林地审核审批管理系统，建设项目使用林地组件网上传输、网上预审，组件过程与审核审批过程同步进行，实现网上审批，提高了审批效率。现场查验53宗用地项目，发现7起涉嫌违法违规用地行为，移交当地林业主管部门依法查处。依法审批野生动植物人工繁育、经营利用等行政许可共60件，准予许可55件，不予许可5件；组织开展联合执法2次；对野生动物人工繁育和经营利用企业（个人）进行梳理统计，进一步规范野生动植物人工繁育、经营利用活动。

【林业改革】 2018年11月29日，新疆维吾尔自治区林业和草原局挂牌成立。107个国有林场改革完成省级评估验收，道路、电网、供排水等基础设施纳入自治区相关发展规划。制定《自治区关于完善集体林权制度的实施意见》《关于做好林权类不动产登记和林权管理服务工作的指导意见》，完成集体林地确权82.15万公顷，玛纳斯县被列为全国集体林权综合改革试点示范区。制定《关于进一步加强森林资源管理工作的意见》，建立完善"放管服"改革工作制度、实施方案、考核办法，依法依规调整下放审批权限4项、取消行政许可4项，加强"事中事后"管理。

【林业科技】 2018年落实中央财政林业科技推广示范项目24个、经费2300万元，落实自治区财政林业发展补助资金项目5项、经费760万元，落实国家林业和草原局本级项目10项、经费130万。落实国家林业基本建设投资计划2项、经费755万元。林业厅系统全年申报科技进步奖4项，"新疆森林湿地生态价值评估研究项目"获自治区科技进步奖一等奖。组织申报林业行业标准1项，自治区林业地方标准20项，获准筹建新疆林业标准化技术委员会。大力推广以生物防治为主的林果病虫害综合防治技术，无公害防治率达99.2%。着力打造地、县、乡、村四级林果科技示范园，通过挂牌建档、加强管理、强化效益考核等措施，切实发挥示范带动作用。

【林业扶贫】 在项目资金投入上继续向22个深度贫困县倾斜，全年共计投入各项林业资金18.44亿元，占全疆林业资金的31.34%，落实22个深度贫困县林果提质增效3.37万公顷，精准到184个乡镇的127 739户贫困户；2018年，落实新增生态护林员指标1万名，其中安排南疆四地州9480名。大力支持深度贫困县发展林业产业、生态建设，增加退耕还林等林业重点工程建设资金投入，通过政策补助资金直接增加贫困户收入。11月15日，在全国林业生态扶贫工作会议上，新疆特色林果产业助力打赢脱贫攻坚战被作为典型，进行了大会交流发言。

【林业援疆】 深入贯彻落实习近平总书记对援疆工作重要指示批示精神和2017年全国林业援疆工作会议精神，积极推进国家林草局与自治区人民政府签订《支持新疆建设"一带一路"丝绸之路核心区林业草原生态战略合作协议》，大力宣传林业援疆典型事例，认真落实联席会议、定期回访、援受互动等工作制度，深入推进双方合作交流。2018年19个对口援疆省（市）共实施涉林援疆项目25个，投入援疆资金6177.5万元，举办各类培训班10期，培训人员1382人次，挂职干部10人次，引进人才4人次，引进先进技术4项。借鉴推广浙江省"疆果东送""十城百店"成功经验，通过对口援疆工作机制，加快在内地省（市）建立直销店和仓储保鲜设施。和田地区与北京市确定了"百店专柜"工程，库尔勒香梨协会与东方鼎信合作在青岛新建冷库2万吨。

【林业宣传】 围绕改革开放40年、三北工程40年、天保工程20年和特色林果提质增效以及"访惠聚""民族团结一家亲"等，组织《人民日报》、中央电视台、新华网、《中国绿色时报》《新疆日报》、新疆电视台、新疆人民广播电台、天山网等开展专题报道，大力宣传、弘扬在生态建设中涌现出来的塞罕坝精神、柯柯牙精神。全年在中央和自治区主流媒体发表新疆林业稿件900余篇，音视频报道600余条。配合自治区党委宣传部、中央电视台、新疆电视台制作播放特色林果公益广告4部。有针对性地播发新疆林业发展的系列专题、专访及宣传稿件。新疆林业政务微博、微信编发推送各类稿件5500余条，其中原创稿件1000余条。向国家林业（和草原）局及自治区党委、政府办公厅报送专题信息130余条。积极开展国家森林城市、自治区级森林城市（县城）、森林城镇、森林村庄创建工作。指导昌吉市申报并开展创建国家森林城市，伊犁哈萨克自治州察县阿顿巴村获"全国生态文化村"称号。组织开展天保工程20年摄影评选活动，评出获奖作品132幅，组织开展展览活动2次。开展"世界野生动植物日"、野生动物保护宣传月暨"爱鸟周"等野生动植物保护宣传活动，发放宣传资料10万余份，悬挂横幅129条，设置宣传牌或展板224个。

【"访惠聚"驻村】 坚决落实"队员当代表，单位作后盾，一把手负总责"的要求，持续深化"访惠聚"驻村工作。共选派181名干部参加驻村工作，其中"访惠聚"驻村工作队员119人，南疆深度贫困村党支部第一书记23人，第一书记助手11名，南疆学前双语教育支教28人。统筹安排资金4051万元支持"访惠聚"驻村工作、深度贫困村第一书记工作。制订了自治区林业和草原局《2018年"访惠聚"驻村工作项目资金方案》《包村定点扶贫工作村级林业项目规划》《驻村工作调研慰问管理办法》《"访惠聚"驻村工作请（休）假管理办法》等。为23名深度贫困村第一书记配备工作用车。先后选派87名优秀年轻干部组成志愿服务队分批深入驻村工作队和第一书记所在村帮助开展工作。发挥行业优势助力脱贫攻坚，依托自治区林果科技"百千万"培训行动计划，开展果树修剪技术培训5万余人次，引进西梅、杏李等新优品种66.67余公顷。促成北京汇源集团和乌什县签订《汇源集团乌什县沙棘综合林果产品精深加工项目战略合作框架协议》，该项目总投资5亿元，计划建设沙棘种植基地0.67万公顷。发展或引进中小型企业28个，成立农民专业合作社46个，培训农民6万人次。实施庭院经济改造2598户，累计投入资金745万。帮助1309户5901人脱贫，4118人贫困人口转移就业，共转移就业8271人。

【民族团结】 制订"民族团结一家亲"和民族团结联谊活动考核管理办法、年度工作要点、活动实施方案、常态化下沉工作方案等，进一步规范"结亲周"和下沉住户工作，确保活动开展与林业工作"两不误、两促进"。主要领导带头结亲、带头住户，引领带动全体干部职工下沉基层，与结对亲戚同吃同住同学习同劳动，推动落实"两个全覆盖"；林草局1022名干部职工结对认亲，全年共组织开展6次90批次4808人次结亲住户活动，累计捐款100余万元、办实事好事6841件、惠及群众3万余人次。举办"弘扬塞罕坝精神 建设美丽中国""感党恩 听党话 凝心聚力跟党走"等大型民族团结联谊活动11场次，组织开展十九大宣讲、发声亮剑、集体劳动、学国语、同唱爱国歌曲等活动690余场次、覆盖群众2.7万余人次，邀请9批168名结对亲戚来乌鲁木齐做客，促进思想交流，增进相互感情。

【自身建设】 新疆林业系统以开展"政治生态修复年""作风整顿年"为抓手，紧密结合"两学一做"学习教育和"不忘初心、牢记使命"主题教育，树牢"四个意识"，坚定"四个自信"，做到"两个维护"，全力修复林业"政治生态"。加强机关党支部和管理分局、管护站所党组织建设，全面规范党支部工作，完成林校党委换届。出台专门办法，加强老干部、年轻干部关心关爱，实施重点人才工程，落实团购房150套。加强党风廉政建设，建立领导干部廉政档案、党员政治表现档案和常态化巡察督查机制，对新疆林科院开展为期45天的专项巡察。查处违反中央八项规定问题2起。依纪依规处理干部49名。各级党组织的凝聚力、战斗力、向心力明显增强，干部作风明显好转，林草事业各项工作取得了显著成绩，阿山局福海分局温泉沟管护所、天东局呼图壁分局白杨沟管护所等一批先进集体、先进个人荣获国家和自治区表彰。

【林草业大事】
2月12日 召开2018年自治区林业工作会议、自治区林业厅系统党风廉政建设工作会议。

2月26日 召开推进南疆特色林果产业提质增效、助力脱贫攻坚行动动员会。

4月3日 自治区召开国土绿化、森林草原防火和防汛抗旱工作电视电话会议。

5月5日 启动2018年度野生动物保护宣传月暨"爱鸟周"活动启动仪式。

6月21日 中国果品流通协会第六届理事会第二次全体会议和"林果飘香·2018年特色林果推介订货会"在库尔勒市召开。

7月18日 第八届西北七省区森林公安区域警务合作联席会议在乌鲁木齐召开。

9月3日 自治区森林公安召开"绿剑2018"专项打击行动电视电话会议。

9月10日 举办"弘扬塞罕坝精神 建设美丽新疆""民族团结一家亲"活动。

9月18日 自治区新一轮退耕还林工程建设推进现场会在温宿县召开。

10月8日 自治区林业厅、阿克苏地区行署举办以"发展绿色生态农业，推动乡村产业振兴"为主题的第五届新疆特色果品（阿克苏）交易会。

10月23日 新疆林学会第十次会员代表暨理事会换届大会在乌鲁木齐召开。

11月9日 由国家林业和草原局、新疆维吾尔自治区人民政府和广东省人民政府联合举办的以"大美新疆·林果飘香"为主题的首届中国新疆特色林果产品博览会在广州开幕。

11月19日 新疆维吾尔自治区林业和草原局正式挂牌成立。

11月22日 新疆维吾尔自治区林业和草原局召开干部大会，宣布自治区党委、人民政府关于自治区林业和草原局领导班子任职决定。

12月6日 新疆天然林保护工程20年摄影展在乌鲁木齐举办。

12月14日 在和田地区墨玉县召开自治区特色林果业冬春季管理现场推进会，自治区党委常委、自治区人民政府副主席艾尔肯·吐尼亚孜出席会议并讲话。

12月18日 新疆林业学校选举产生第一届党委、纪律检查委员会。

（新疆维吾尔自治区林草业由主海峰、张秀振供稿）

新疆生产建设兵团林草业

【概　述】 2018年，新疆生产建设兵团贯彻落实习近平生态文明思想，紧紧围绕党中央、国务院关于林业生态建设的重大决策部署，履行生态卫士职责使命，积极推进兵团林业深化改革和向南发展，扎实做好林业各项工作。

林业重点工程建设 2018年，兵团共完成人工造林任务7354.67公顷，封沙育林任务6613.33公顷，低产低效林改造1606.67公顷，林下补植1500公顷，本年新育苗面积220公顷，育苗株数达3322.72万株。参加义务植树的干部职工人数为80.56万人次，义务植树1998.72万株，全民义务植树尽责率达到95.7%。2018年，第二师34团获批创建国家防沙治沙重点示范县，落实1000万元的专项建设资金。研究起草《新疆生产建设兵团关于团场林权改革的指导意见（送审稿）》。全面总结兵团三北工程建设40年来取得的成效，形成《新疆生产建设兵团三北工程建设40周年工作总结》，报送国家林草局。

贯彻落实向南发展战略，三北防护林工程建设任务重点支持新疆师团防护林建设，4个师新建乔木林和封沙育林资金合计3290.5万元，占兵团2018年三北防护林工程建设中央预算内总投资的43.9%。将2018年新增的退耕还林还草任务向南疆倾斜，南疆退耕还林规模占兵团2018年总规模的87%。2018年安排南疆4个师公益林管护资金4086.6万元。

督查检查工作 配合三北防护林工程督查组开展春季造林情况督查，组织各师开展2018年度退耕还林实绩核查。组织开展国家级公益林管护及重大抚育项目建设、天保工程建设、森林植被恢复费异地造林等重点工程项目建设情况的检查。开展"十三五"防沙治沙目标责任落实情况自查，形成《新疆生产建设兵团"十三五"防沙治沙目标责任中期考核自查报告》上报国家。印发《兵团湿地自然保护区管理工作责任体系考核办法（试行）》，进一步完善湿地自然保护区监管制度，对第三、六、七、八师4个省级湿地自然保护区开展督查。加强对森林督查工作的指导，成立兵团森林督查工作领导小组，制订兵团森林督查方案。对各师团森林督查进行抽查，并及时反馈抽查结果，督促相关团场依法依规进行整改。

打击违法犯罪和森林防火工作 2018年，兵团组织开展了"绿剑行动"和"春雷2018"专项行动，有效打击了破坏林地、湿地、野生动植物等违法犯罪行为。各师累计出动车辆2550余次，出动警力1110余人次，共办理案件304起；兵团森林公安局和七省（区）共同签订了《跨区域警务合作协议书》。在重要节日和关键节点召开森林防火工作电视电话会议，对森林草原防火工作进行安排部署。组织编制《新疆生产建设兵团森林草原火灾应急预案》，由兵团办公厅印发实施。组织人员赴各师督导检查森林防火工作6次，指导各师开展森林防火应急演练11场次。

（滕晓宁）

【林业产业提质增效】 兵团充分利用新疆资源优势，加强政策引导，积极调整林业产业结构，推进特色林果业、种苗花卉业和森林旅游业三大林业产业提质增效上台阶。

截至2018年年末，兵团林业产业总产值达274.78亿元，比2017年增加5.57亿元，增加了2.03%。林业一、二、三产业比例为：91∶1∶2。第一产业产值为268.08亿元，较2017年增加了7.28亿元，增加了2.72%，兵团林果业是林业产业的主导产业，并以特色林果生产、加工、销售为主体。第二产业产值为1.53亿元，较2017年减少了0.62亿元，减少40.33%；第三产业产值为5.18亿元，较2017年减少了1.09亿元，减少了21.12%。从业人员总人数24591人，其中：种植与采集业人数20 935人，占从业人员总人数85.13%；储藏加工人数3013人，占从业人员总人数12.07%；营销人数263人，服务、管理等其他人数380人，两项占从业人员总人数2.8%。

林果产业 经过多年的调整优化，逐步形成以一师、二师、三师、十三师、十四师为主要区域的红枣产业带，以一师、二师、三师、四师、十四师为核心区域的核桃、杏、香梨、苹果、巴旦木等南疆特色林果产业带，以十三师和沿天山北坡北疆各师为中心的鲜食、酿酒葡萄产业带。

兵团林果产业产值达231.91亿元，占林业总产值的84.4%，林果业已成为兵团吸纳人口就业的主导产业，也是南疆兵团职工收入的主要来源之一。截至2018年年底，兵团经济林实有面积21.44万公顷，年产量392.71万吨。8种主产水果中苹果、葡萄和红枣三大果品产量分别较2017年增加0.2%、4.4%、3.6%，香梨产量下降13.2%，林果产品达产稳定在1.25吨/亩。果品商品率整体提升，果品质量和价格联结机制正在逐步形成，亩经济效益显著增加。

林下经济和沙产业 林业生态建设工程实施，为职工群众发展林下经济和沙产业奠定了基础，带来了活力，成为团场职工脱贫致富的重要途径。倡导并鼓励有一定生产能力的企业，从事林下经济的发展，建设了一批有市场潜力和经济效益的林下经济品牌产品。如121团军燕葡萄酒庄，是一家生产绿色食品的企业；十二师"桃园鸡"已成为团场的品牌；147团浩宇生态农业公司打造自己的特色品牌。有条件的团场在沙区积极推广种植枸杞、沙棘、甘草。在条件允许的地区发展梭梭、柽柳接种大芸，开发沙生药材，沙生经济树种和沙生药材种植面积不断扩大。

森林旅游业和休闲产业 兵团各师在搞好试点、总结经验、完善政策的基础上，不断增强绿化美化工作的活力与动力，提高团场职工林业经营性收入，为林业休闲旅游发展和职工增收开辟新的空间。四师、五师、六师、八师、十二师、十三师等连续多年举办蟠桃节、桃花节、葡萄采摘节、薰衣草节、草莓节、百花节、荷花节、爱鸟周等活动，举办沙漠公园、胡杨公园观光节，每年吸引大量游客前来旅游观光。2018年，兵团森林旅游业产值达5.09亿元，占林业总产值的1.85%。当年接待林业游客247.68万人次，人均消费206元，带动其他产业增收25.77亿元。

种苗、花卉产业 2018年，兵团林木育种和育苗产值达3.65亿元，占林业总产值的1.33%，花卉产业产值达7340万元，较上年增长448.0万元，增幅达8.64%。有花卉市场4个，花卉企业3个，花卉从事人员339人，花卉盆栽植物产量88万盆，观赏苗木产量367.2万株。随着兵团城镇化建设的全面推进和职工生活水平的不断提高，兵团的花卉产业开始稳步发展。

培育和扶持林果产业龙头企业 兵团不断加强林果标准园、示范基地建设，培育和扶持林果产业龙头企业发展。截止到2018年年末，有国家和兵团级农业产业化龙头企业130家。其中，国家级14家，兵团级116家。销售收入超100亿元的企业2家，超30亿元的8家，超10亿元的13家。形成果品加工业、葡萄酒业、林农特产品加工业等12个特色资源优势主导产业，优质特色干果、葡萄、良种繁育等十大标准化生产基地建设水平得到了全面提升。兵团已拥有新疆名牌产品72个、新疆著名商标91件、中国驰名商标10件。如一师"天山玉"苹果、三师"兵团红"红枣、十四师"和田玉枣"等。兵团将新一代信息技术与林业产业培育、生产加工过程、流通销售环节结合，以"互联网+"战略为契机，拓宽林产品销售渠道，把兵团优质特色林果产品推向社会。全兵团每年网上林果产品销售额达3000余万元，兵团的优质品牌苹果、红枣、核桃、枸杞、葡萄、葡萄干以及林副产品等已成为网上热销林果品。

（滕晓宁）

【**植树造林**】 2018年，国家下达兵团三北重点防护林新造人工乔木林6666.67公顷，封山育林1.67万公顷任务；下达退耕还林任务1000公顷，开工年份均为2018年，建成年份为2019年。截止到2018年12月底，兵团完成三北工程人工造林任务6946.67公顷，完成下达任务的104.2%；完成封山育林任务6613.33公顷，完成下达任务的39.68%。完成退耕还林任务408公顷，完成任务的40.8%。当年共完成低产低效林改造1606.67公顷，林下补植1500公顷，当年新育苗面积220公顷，育苗株数达3322.72万株。参加义务植树的干部职工人数为80.56万人，全民义务植树尽责率为95.7%，义务植树1998.72万株。 （滕晓宁）

【**三北工程建设40周年纪念活动**】 2018年是三北工程建设40周年，为切实做好兵团三北工程建设40周年纪念活动，兵团林业局制订了《新疆生产建设兵团三北工程建设40周年纪念活动方案》，确定"建设美丽兵团，当好生态卫士"为活动主题。通过组织开展问卷调查、收集资料、汇总数据等工作，系统回顾、分析梳理，全面总结回顾兵团三北工程建设40年来取得的成效，形成《新疆生产建设兵团三北工程建设40周年工作总结》，报送国家林草局。开展三北防护林体系建设工程先进集体、先进个人和绿色长城奖章获得者推荐评选工作，推荐并获得国家表彰的三北40周年先进集体4个、先进个人2名、绿色长城奖章获得者1名。加强信息宣传，筛选具有代表性的典型单位、先进人物事迹推荐上报国家汇编，积极反映兵团重点防护林建设成果，发挥好典型示范作用。鼓励各师及时上报信息和宣传图片，全年起草、审核、修改并上报国家林草局林业信息62条，图片58张。积极协调兵团各级宣传部门，运用兵团电视广播、《兵团日报》、网站、微信短信等媒体手段，大力宣传三北防护林工程建设取得的成效和三北工程建设中涌现出的先进典型，进一步调动了广大干部职工踊跃参加三北工程建设的积极性。 （滕晓宁）

【**兵团三北防护林工程建设40年成效**】
三北防护林工程建设进程 三北工程的实施把兵团的植树造林事业带入新的发展阶段，经过40年的建设，兵团累计完成造林108.68万公顷，其中人工造林606.52千公顷，封山(沙)育林48.02万公顷。

第一期工程(1978~1985年)。兵团1981年恢复建制，第一期工程8年间兵团共造林12.09万公顷，封沙育林7.96万公顷。

第二期工程(1986~1995年)。完成造林15.89万公顷，其中人工造林保存面积7.33万公顷，封沙育林8.55万公顷。

第三期工程(1996~2000年)。三期工程实际完成人工造林8.07万公顷，封山育林19.87万公顷。

第四期工程(2001~2010年)。兵团实际完成人工造林17.6万公顷，完成封沙育林6.67万公顷。

第五期工程(2011~2020年)。截止到2017年年底，兵团实际完成人工造林15.57万公顷，封沙育林4.97万公顷。

工程实施取得的成效

生态环境得到明显改善 ①生态环境有效改善，沙化趋势不断减缓。②农田得到有效庇护，农业产量不断增加。③调节了环境气候，改善团场生产生活条件。④保护生物多样性，促进生态系统平衡。

林业产业得到快速发展 ①特色林果产量产值迅速增长。②培育和扶持了林果产业龙头企业。③林下经济发展效益显著。④休闲观光旅游业蓬勃发展。

社会效益不断显现 ①改善生存环境，提高团场职工生活质量。②增加职工就业，促进兵团经济社会发展。③加强科技应用，促进成果转化和技术推广。

（滕晓宁）

【**三北防护林工程督导调研**】 根据《国家林业局三北局办公室关于开展三北五期工程2018年春季造林调研督导的通知》要求，配合三北防护林工程督查组对兵团第二师31、34和36团等团场的春季造林情况进行督查，与二师林业局及相关团场负责同志实地交流造林情况。兵团林业局全面汇报兵团2018年春季造林情况和近年来兵团以三北防护林工程为引领，推进乡村振兴战略实施，加大兵团林业生态建设取得的成效，分析存在的问题，提出下一步工程建设的工作思路。 （滕晓宁）

【"十三五"防沙治沙目标责任中期考核自查】 根据国家林业和草原局、国家发展改革委、自然资源部、环境保护部、水利部、农业农村部6部门《关于开展防沙治沙目标责任中期督促检查工作有关事宜的通知》要求,兵团林业局组织兵团发展改革委、国土资源局、环保局、水利局和各师等相关单位,就兵团落实"十三五"防沙治沙目标责任情况积极开展自查。

国家下达兵团"十三五"防沙治沙任务情况 "十三五"国家与兵团签订防沙治沙、沙化土地治理总面积20万公顷的目标任务。

兵团完成沙化土地治理任务情况 截止到2018年9月底,完成沙化土地林业治理面积9.275万公顷,其中:人工造林6.035万公顷,封沙育林3.24万公顷;完成草原治理保护面积194.33万公顷,其中:人工种草17.33万公顷,草原封禁177万公顷。

防沙治沙措施落实情况 ①保护好沙区林草植被。②建设好防沙治沙重点工程。③管理好沙区水资源。④执行好沙区开发环境影响评价制度。⑤完善好科技治沙和技术推广、服务体系。⑥协调好防沙治沙部门联动。

沙区特色产业 兵团防沙治沙重点是南疆垦区团场,按照兵团农业结构调整优化的总体要求,将国家重点林业工程建设项目向南疆倾斜,大力发展经济林和特色林果产业。兵团以红枣、葡萄、库尔勒香梨和苹果为主的四大果品基地已基本形成,初步建成了较完善的特色林果产业体系和技术支撑体系,基本确立了无公害、绿色、有机、标准化生产的主导地位。建成一批红柳、梭梭接种大芸、沙棘产业、玫瑰产业等基地,积极发展沙产业,通过发展林下经济助推职工多元增收,有力地促进了治沙与治穷同举。

保障措施 ①加强组织领导,健全各项责任制度。②做好规划衔接,强化管理督查。③创新发展机制,拓宽融资渠道。2018年,兵团本级财政安排三北防护林配套资金1.5亿元。④增强执法能力,提高防沙治沙成效。⑤加强基础建设,提升林业队伍能力。⑥强化教育宣传,营造良好的社会氛围。

(滕晓宁)

【退耕还林工程】 一是做好任务下达工作。兵团发展改革委、财政局、林业局、国土资源局联合下发《关于下达2018年度退耕还林还草任务的通知》将2018年退耕还林任务下达各师,要求各师尽快落实。二是下发《关于做好2018年度退耕地还林检查验收工作的通知》,组织各师林业局做好2015年度退耕还林项目第二次县级自查和2016年度退耕还林项目省级检查验收工作,同时配合国家林草局做好2014年度退耕还林国家核查工作。三是开展2000年以来兵团退耕还林工程实施情况的调研督导工作。分别赴第五、第十四师开展退耕还林建设情况督导检查,针对两个师在工程管理中存在的档案资料不完整等情况提出整改意见。四是做好2019年、2020年退耕还林需求调查工作,并将有关结果反馈兵团发展改革委。五是做好退耕还林群众举报调查工作。根据群众举报,责成六师林业局做好奇台农场退耕还林群众举报工作的调查核实工作,根据调查结果出具整改意见,督促加强退耕还林地的管理。六是完成兵团与国家林草局签订2018年度退耕还林责任书工作。七是配合做好国家林草局西北林业调查设计院赴兵团开展2014年退耕还林核查验收工作。八是组织各师开展2018年度退耕还林实绩核查工作,对第一轮、新一轮退耕还林工程进行全面核查。九是加强项目监管。对任务完成进度缓慢的师下发通报,督促尽快落实。

(滕晓宁)

【贯彻生态扶贫落实向南发展】 2018年,兵团林业局认真贯彻落实向南发展战略,加大对南疆师团林业生态建设工作的支持力度。一是积极争取国家支持,第二师34团获批创建国家防沙治沙重点示范县项目,落实1000万元的重点治沙县专项建设资金。二是三北防护林工程建设任务重点支持南疆师团防护林建设,4个师新建乔木林和封沙育林资金合计3290.5万元,占兵团2018年三北防护林工程建设中央预算内总投资的43.9%。三是将2018年新增的退耕还林还草任务向南疆倾斜,南疆退耕还林规模占兵团2018年总规模的87%。四是发挥国家森林生态效益补偿资金在实施向南发展和助推精准扶贫中的积极作用,优先安排有劳动能力的贫困人员参与公益林管护工作,让广大贫困职工从生态保护中获得更多的经济收入,助推生态扶贫。2018年安排南疆四个师公益林管护资金4086.6万元。

(滕晓宁)

【新疆叶河源果业股份有限公司被评为2018年国家林业标准化示范企业】 12月28日,国家林业和草原局、国家标准化管理委员会联合发文公布了2018年国家林业标准化示范企业名单,新疆叶河源果业股份有限公司榜上有名,期限为2019年1月至2021年12月。并要求示范企业要按照国家林业和草原局、国家标准管理委员会关于开展示范企业建设工作的要求,进一步健全和完善企业标准化体系,在生产经营全过程实施标准化,提升产品质量,增强市场竞争力。

(滕晓宁)

【表彰三北防护林体系建设工程先进集体、先进个人和绿色长城奖章获得者】 11月20日,经中共中央批准,国家林业和草原局对三北工程建设40年来,涌现出的建设典型做出表彰决定,授予新疆生产建设兵团第一师林木种苗管理站、第二师34团林业工作站、第十师185团林业工作管理站、第十四师224团"三北防护林体系建设工程先进集体"称号,授予新疆生产建设兵团第三师54团农业副科长谭志发、第九师168团林业工作站副站长廖伦敏"三北防护林体系建设工程先进个人"称号,授予新疆军燕旅游有限责任公司董事长韩建军"绿色长城奖章"称号。

(滕晓宁)

【林权改革调研工作】 2018年,兵团林业局积极推进兵团林权改革工作,针对团场改革后林业生态保护与建设面临的新形势和新问题,如何推进兵团国有林产权制度改革,解决团场在造林绿化、森林资源保护和管理、林业管理机构和队伍建设等工作中存在的难点问题,促进林业可持续发展,健全完善与团场综合配套改革相适应的森林资源管理和监督体系,深入开展调研工作,先后赴第一、二、三、七、八、九、十、十四师等多个团场和自治区、县、市进行了调研,广泛听取师与团场干部、职工对兵团林权改革的意见和建议，学习借鉴地方林业建设管理的经验，多次征求各师林业部门和机关部门的意见，研究起草了《新疆生产建设兵团关于团场林权改革的指导意见（送审稿）》。　　　　　　（赖　煜）

【森林资源管理和保护】

林地审核审批　一是加强与国家林业和草原局的汇报沟通，增加兵团占用林地定额指标，以满足建设项目使用林地的实际需求，为兵团社会经济发展创造条件。兵团占用林地定额从 30 公顷/年增加到 720 公顷/年。截止到 11 月底，审核审批使用林地项目 183 宗，面积 682.74 公顷。二是严格执行国家林业和草原局《建设项目使用林地审核审批管理办法》，坚持生态优先，严格林地用途管制，依法依规审核审批。三是强化服务意识，规范审核流程，简化操作手续。坚持前期主动介入，后期加强管理，全程跟踪检查，提升服务效率，为项目建设提供便利服务。四是积极配合国家林业和草原局驻乌鲁木齐专员办完成建设项目使用林地行政许可随机抽查工作。

2017 年兵团林地变更调查　组织各师、市、团场开展 2017 年度林地变更调查，完成林地变更现地调查和数据更新建库工作，准确及时掌握兵团森林覆盖率、森林蓄积、林地资源动态变化情况，为生态红线划定和生态保护与建设提供重要依据。

森林督查　一是加强对森林督查工作的指导，成立兵团森林督查工作领导小组，制订兵团森林督查方案。二是组织开展业务培训，进行技术指导。培训人数 295 人。三是开展抽查工作。9 月中旬至 11 月初，组织对各师团森林督查进行抽查，并及时反馈抽查结果，督促相关团场依法依规进行整改。四是配合国家林业和草原局西北林业调查规划设计院、驻乌鲁木齐专员办完成森林督查核查工作。

国家级公益林和天然林保护工程管理　一是组织完成兵团国家级公益林落界工作。按照国家林业和草原局、财政部的要求，结合林地变更成果对兵团国家级公益林进行全面核准、纠错、纠偏工作，将兵团国家级公益林精准落到山头地块，形成 2017 年度兵团国家级公益林基础信息数据库，兵团审核同意后，上报国家林业和草原局、财政部。兵团现有国家级公益林面积为 106.32 万公顷，较 2013 年减少 586.67 公顷。二是加强与兵团财政部门的协调沟通，及时下拨公益林和天保工程补助资金，下拨国家级公益林补助资金 14 724 万元，天保补助资金 2650 万元。三是规范项目管理。要求各师、团依据国家级公益林、天保工程管护任务，按规定编制实施方案，由师林业、财政部门共同审批，报兵团备案。各项目团场按方案实施，提高项目建设质量和确保资金使用安全。四是开展督促检查，对团场公益林管理责任制、管护人员落实情况和资金使用情况进行检查。五是完成天保工程信息系统管理数据建库和上报工作。

（赖　煜）

【林业综合核查工作】　一是组织开展国家级公益林管护及重大抚育项目建设、天保工程建设、森林植被恢复费异地造林等重点工程项目建设情况的检查工作，总结工程建设和管理工作中取得的经验，指出存在的问题，提出整改要求。二是完成兵团 2017 年度中央财政专项资金转移支付绩效目标自评工作，配合国家林业和草原局、财政部做好资金绩效他评工作。　　（赖　煜）

【森林公安】　2018 年，兵团森林公安认真贯彻落实习近平总书记对公安工作"四句话、十六字"的要求，聚焦实现新疆社会稳定和长治久安总目标，紧紧围绕兵团改革发展大局，加强森林公安队伍正规化和执法规范化建设，严厉打击涉林违法犯罪，保护生态安全，取得了成效。

严厉打击涉林违法犯罪行为　组织开展"绿剑行动"和"春雷 2018"专项行动，有效打击了破坏林地、湿地、野生动植物等违法犯罪行为。各师累计出动车辆 2550 余次，出动警力 1110 余人次，共办理案件 304 起，其中刑事案件 97 起，取保候审 24 起 27 人，移送检察院起诉 62 起 67 人；行政案件 207 起，罚没款 174.72 万元。

森林公安机关执法水平　举办两期兵团森林公安系统警务实战技能培训班和一期辅警封闭式培训班，共计培训 180 人次。联合农业局法规处举办兵团农业（林业）行政执法培训班，培训兵团、师林业系统行政执法人员 173 人次。

队伍作风纪律建设　以第七师森林公安局民警刘杰严重违法违纪问题为警示，彻底整治兵团森林公安队伍作风建设中存在的突出问题。11 月 6 日至 12 月 31 日，兵团森林公安局组织开展为期两个月的兵团森林公安系统整风肃纪活动，重点围绕整顿警风警纪开展了大清理、大整顿、大排查工作。排查期间，共调阅党的十八大以来全部案卷材料共 1690 宗（其中行政案件 1552 宗，刑事案件 138 宗）；调取会计账目明细和财政收费凭证 1270 份，核对案款 1316.76 万元；回访执法对象 1156 人；发放调查问卷 705 份，设置举报箱 90 个，广泛征求意见；对 65 位民警逐一谈话，制作谈话笔录；排查出了学习、案卷、执法方面存在的突出问题并进行彻底整改，堵塞了一批漏洞，完善了一批管理制度。通过整风肃纪活动，兵团森林公安队伍理论学习、干警教育、思想认识、作风纪律、规范执法等方面都得到了加强。

加强区域警务协作　7 月，在第八届西北 7 省（区）森林公安区域警务合作联系会上，兵团森林公安局和 7 省区共同签订《跨区域警务合作协议书》，建立林区联合巡逻防控网络，严格落实区域信息共享，实现区域协同作战，积极构建林区治安防控体系。　（王　强）

【森林防火】　认真贯彻落实全国国土绿化、森林防火和防汛抗旱工作电视电话会议精神，在重要节日和关键节点召开森林防火工作电视电话会议，对森林草原防火工作进行安排部署。组织编制《新疆生产建设兵团森林草原火灾应急预案》，由兵团办公厅印发实施，建立健全了森林草原火灾应对工作机制。组织人员赴各师督导检查森林防火工作 6 次，指导各师开展森林防火应急演练 11 场次。加强宣传，共发放宣传资料 2.4 万余份，悬挂森林防火标语 687 余条，发放宣传手册 320 份，张贴森林防火宣传横幅 130 幅，刷新、挂设森林防火警示牌坊 10 块，营造人人防火的良好氛围。加大对国家级公益林区、林区重要地带、重点路口巡逻检查。全年处

理一般性火情29起,过火面积约1.47公顷,比上年下降35%,未发生较大火灾,无人员伤亡。 （王　强）

【湿地保护】 为落实中央环保督察整改任务,加强湿地自然保护区管理。印发《兵团湿地自然保护区管理工作责任体系考核办法(试行)》,进一步完善湿地自然保护区监管制度。积极协调兵团党委编办,批复成立兵团自然保护区管理中心,核定编制8人。完成第三师叶尔羌河中下游湿地自然保护区总体规划审核和报批工作。对第三、六、七、八师4个省级湿地自然保护区开展督查,及时掌握保护区整改进度,梳理存在的问题,有力推进整改工作。 （王　强）

【表彰全国林业系统先进集体劳动模范和先进工作者】
1月9日,人力资源社会保障部 国家林业局授予兵团第二师铁门关市林业局"全国林业系统先进集体"称号,授予第二师37团林业站高级农艺师张涛、第六师新疆景天缘艺农林科技开发有限公司董事长袁战强、第十三师柳树泉农场农业公司总经理周海燕"全国林业系统劳动模范"称号,授予第五师林业工作管理站站长达军、第六师森林公安局副局长甘如刚、第十二师林木种苗管理站工程师王兵、第十三师火箭农场林业工作站书记兼站长殷柏民"全国林业系统先进工作者"称号。
（滕晓宁）

林业(和草原)人事劳动

25

国家林业局人事情况(2018年1～9月)

【国家林业局领导成员】
　　局长、党组书记：张建龙
　　副局长、党组成员：张永利
　　副局长：刘东生
　　副局长、党组成员：彭有冬　李树铭　李春良
　　党组成员：谭光明
　　总经济师：张鸿文
　　国家森林防火指挥部专职副总指挥：马广仁
　　全国绿化委员会办公室专职副主任：胡章翠

【国家林业局机关各司(局)负责人】
办公室
　　主任：李金华
　　副主任：王福东　赵学志
　　副巡视员：邹亚萍
政策法规司
　　司长：孙国吉
　　副司长：祁　宏　袁继明
　　副巡视员：李淑新
造林绿化管理司(全国绿化委员会办公室、长江流域防护林体系建设管理办公室)
　　司长(常务副秘书长)：赵良平
　　巡视员：刘树人
　　副司长：黄正秋　陈建武　吴秀丽　许传德
　　　　　　王剑波
森林资源管理司
　　司长：徐济德
　　副司长：冯树清　张松丹
　　副巡视员：李　达
　　副司长：丛　丽(2018年6月挂职结束)
野生动植物保护与自然保护区管理司(野生动植物保护及自然保护区建设工程管理办公室)
　　司长(主任)：杨　超
　　巡视员：严　旬
　　副司长(副主任)：张志忠　周志华
农村林业改革发展司(全国木材行业管理办公室)
　　司长：刘　拓
　　巡视员：刘家顺
　　副司长：李玉印　王俊中
森林公安局(国家森林防火指挥部办公室)
　　局长(副主任)、分党组书记：王海忠
　　政委(副主任)、分党组成员：柳学军
　　副局长(副主任)、分党组成员：张　萍　王元法
　　副局长(副主任)、分党组成员、纪检组长：李　明
　　副巡视员(副主任)、分党组成员：王新凯
发展规划与资金管理司
　　司长：闫　振
　　巡视员：孔　明(2018年9月免职，退休)
　　副司长：张健民　刘克勇　陈嘉文
　　副巡视员：张艳红
科学技术司
　　司长：郝育军
　　巡视员：厉建祝
　　副司长：黄发强
国际合作司(港澳台办公室)
　　司长：吴志民
　　巡视员：戴广翠
　　副司长：王春峰
人事司
　　司长、局党校副校长：谭光明(兼)
　　巡视员：丁立新
　　副司长：路永斌
　　副司长兼局党校副校长：王　浩
直属机关党委(机关纪委、工会)
　　党委书记、党校校长：张永利(兼)
　　党委常务副书记：高红电
　　党委副书记：柏章良(2018年9月免职，退休)
　　党委副书记、纪委书记：王希玲
　　工会主席：蒋周明(2018年4月免职，退休)
　　工会副主席：孟庆芳
离退休干部局
　　局长、党委书记：薛全福
　　常务副书记、纪委书记：朱新飞
　　副局长：马世魁　郑　飞
　　正司局级干部：黄建华
　　副司局级干部：宋云民

【国家林业局直属单位负责人】
国家林业局机关服务局
　　局长、党委书记：周　瑄
　　副局长：王欲飞　姚志斌　成　吉　周　明
　　　　　　张志刚
　　正司局级干部：柳维河(2018年4月免职，退休)
国家林业局信息中心
　　主任：李世东
　　副主任：杨新民　吕光辉　梁永伟
国家林业局国有林场和林木种苗工作总站(国家林业局森林公园保护与发展中心)
　　总站长：程　红
　　副总站长：杨连清
　　总工程师：张耀恒(2018年3月免职，退休)
　　巡视员：刘　红(兼)
国家林业局林业工作站管理总站
　　总站长：潘世学
　　巡视员：杨　冬
　　副总站长：何美成(2018年1月免职，退休)

汤晓文　周　洪

副巡视员：侯　艳

国家林业局林业基金管理总站（国家林业局审计稽查办公室）

总站长：王连志

副总站长：王翠槐　郝雁玲

总会计师：刘文萍

国家林业局宣传中心

主任：黄采艺

副主任：马大轶　刘雄鹰

国家林业局濒危物种进出口管理中心（中华人民共和国濒危物种进出口管理办公室）

主任：李春良（兼）

常务副主任：孟宪林

副主任：马爱国　刘德望

巡视员：贾建生

国家林业局天然林保护工程管理中心

主任：金　旻

副主任：陈学军　文海忠

总工程师：闫光锋

副巡视员：张瑞

国家林业局退耕还林（草）工程管理中心

主任：周鸿升

副主任：李青松　吴礼军　敖安强

巡视员：张秀斌

总工程师：刘再清

国家林业局防治荒漠化管理中心

主任：潘迎珍

副主任：胡培兴　贾晓霞（驻外）　张德平

巡视员：罗　斌

总工程师：屠志方

国家林业局世界银行贷款项目管理中心（速生丰产用材林基地建设工程管理办公室）

主任：丁立新（兼）

副主任：尹发权

副主任：石　敏　杜　荣

国家林业局对外合作项目中心

主任：吴志民（兼）

常务副主任：王维胜

副主任：胡元辉　许强兴

国家林业局科技发展中心（国家林业局植物新品种保护办公室）

主任：王焕良

巡视员：杜纪山

副主任：龙三群　田亚玲（2018年2月免职，退休）

国家林业局经济发展研究中心

党委书记：王永海

主任：李　冰

副主任：王月华

党委副书记：菅宁红

国家林业局人才开发交流中心

主任：樊　华

副主任：文世峰（挂任广西壮族自治区政府副秘书长）　吴友苗

国家林业局森林防火预警监测信息中心

主任：崔洪浩

国家林业局森林资源监督管理办公室

主任：徐济德（兼）

常务副主任：陈雪峰

巡视员：李志宏

副主任：丁晓华

副巡视员：邹连顺（挂任四川省林业厅副厅长至2018年6月）

国家林业局湿地保护管理中心（中华人民共和国国际湿地公约履约办公室）

主任：王志高

巡视员：程　良

副主任：严承高　李　琰

总工程师：鲍达明

中国林业科学研究院

院长、分党组副书记：张守攻

分党组书记、副院长、京区党委书记：叶　智

纪检组长、副院长、分党组成员：李岩泉

副院长、分党组成员：储富祥　孟　平　黄　坚　肖文发

副院长：刘世荣（兼）

国家林业局调查规划设计院

院长、党委副书记：刘国强

党委书记、副院长：张煜星

副院长：蒋云安　唐小平　张　剑

副书记、纪委书记：严晓凌

副院长、总工程师：马国青

正司局级干部：张惠新

国家林业局林产工业规划设计院

负责人：周　岩

常务副院长、副书记：张全洲

副院长：唐景全　齐联（挂任广西河池市委常委、副市长）　沈和定

纪委书记：籍永刚

国家林业局管理干部学院

院长：张建龙（兼）

党委书记：李向阳

常务副院长、党委副书记：张利明

副院长、党校常务副校长：陈道东

副院长：方怀龙　梁宝君

党委副书记、纪委书记：彭华福

中国绿色时报社

党委书记、副社长：陈绍志

社长、总编辑：张连友

常务副书记、纪委书记：邵权熙

副社长：刘　宁　段　华（2018年2月任职）

中国林业出版社

党委书记：樊喜斌

社长、总编辑：刘东黎

副社长、纪委书记：王佳会

国际竹藤中心

主任：江泽慧（兼）

常务副主任：费本华
　　党委书记：刘世荣
　　副主任：李凤波　陈瑞国
　　党委副书记：李晓华
国家林业局亚太森林网络管理中心
　　常务副主任：鲁　德
　　副主任：夏军　张忠田
中国林学会
　　秘书长：陈幸良
　　副秘书长：李冬生　刘合胜
中国野生动物保护协会
　　秘书长：李青文
　　副秘书长：赵胜利　郭立新　王晓婷
中国花卉协会
　　秘书长：刘　红
　　副秘书长：张引潮　杨淑艳
中国绿化基金会
　　副秘书长兼办公室主任：陈　蓬
　　办公室副主任：许新桥
中国林业产业联合会
　　秘书长：王　满
　　副秘书长：石　峰　陈圣林
中国绿色碳汇基金会
　　秘书长：邓　侃
国家林业局驻内蒙古自治区森林资源监督专员办事处（中华人民共和国濒危物种进出口管理办公室内蒙古自治区办事处）
　　专员（主任）、党组书记：李国臣
　　巡视员、党组成员：高广文
　　副专员（副主任）、党组成员：董　冶（2018年2月挂任广西桂林市委常委、副市长）
国家林业局驻长春森林资源监督专员办事处（中华人民共和国濒危物种进出口管理办公室长春办事处）、东北虎豹国家公园国有自然资源资产管理局（东北虎豹国家公园管理局）
　　专员（主任、局长）、党组书记：赵　利
　　常务副局长、党组副书记：刘春延
　　党委副书记、副局长：井东文（2018年2月任职）
　　副专员（副主任）、副局长、党组成员：李伟明　傅俊卿（2018年2月免职）
　　副局长、党组成员：张陕宁
　　副巡视员、党组成员：王百成（2018年2月任职）
国家林业局驻黑龙江省森林资源监督专员办事处（中华人民共和国濒危物种进出口管理办公室黑龙江省办事处）
　　专员（主任）、党组书记：袁少青
　　副专员（副主任）、党组成员：左焕玉　傅俊卿（2018年2月任职，3月免职、退休）
　　副巡视员、党组成员：武明录
国家林业局驻大兴安岭林业集团公司森林资源监督专员办事处
　　专员、党组书记：陈　彤
　　巡视员、党组成员：杜晓明（2018年2月任巡视员）
　　副专员、党组成员：周光达（2018年2月任职）
国家林业局驻福州森林资源监督专员办事处（中华人民共和国濒危物种进出口管理办公室福州办事处）
　　专员（主任）、党组书记：尹刚强
　　副专员（副主任）、党组成员：李彦华　吴满元
国家林业局驻成都森林资源监督专员办事处（中华人民共和国濒危物种进出口管理办公室成都办事处）
　　专员（主任）、党组书记：苏宗海
　　副专员（副主任）、党组成员：刘跃祥
　　副巡视员、党组成员：龚继恩
国家林业局驻云南省森林资源监督专员办事处（中华人民共和国濒危物种进出口管理办公室云南省办事处）
　　专员（主任）、党组书记：史永林
　　副巡视员、党组成员：李　鹏
　　副专员（副主任）：陈学群
　　正司局级干部：江机生（2018年2月免职）
国家林业局驻合肥森林资源监督专员办事处（中华人民共和国濒危物种进出口管理办公室合肥办事处）
　　专员（主任）、党组书记：向可文
　　副专员（副主任）、党组成员：潘　虹
　　巡视员、党组成员：江机生（2018年2月任职）
国家林业局驻武汉森林资源监督专员办事处（中华人民共和国濒危物种进出口管理办公室武汉办事处）
　　专员（主任）、党组书记：周少舟
　　副专员（副主任）、党组成员：孟广芹（挂任贵州林业厅副厅长至2018年3月）
国家林业局驻广州森林资源监督专员办事处（中华人民共和国濒危物种进出口管理办公室广州办事处）
　　专员（主任）、党组书记：关进敏
　　副专员（副主任）、党组成员：贾培峰
　　副巡视员、党组成员：刘　义
国家林业局驻贵阳森林资源监督专员办事处（中华人民共和国濒危物种进出口管理办公室贵阳办事处）
　　专员（主任）、党组书记：李天送
　　副专员（副主任）、党组成员：喻泽龙（2018年6月免职，退休）
　　副巡视员、党组成员：龚立民
国家林业局驻西安森林资源监督专员办事处（中华人民共和国濒危物种进出口管理办公室西安办事处）
　　专员（主任）、党组书记：王洪波
　　副巡视员、党组成员：王彦龙　何　熙
国家林业局驻乌鲁木齐森林资源监督专员办事处（中华人民共和国濒危物种进出口管理办公室乌鲁木齐办事处）
　　专员（主任）、党组书记：张东升（2018年4月免职，调离）
　　副专员（副主任）：郑　重（2018年4月主持工作）
国家林业局驻上海森林资源监督专员办事处（中华人民共和国濒危物种进出口管理办公室上海办事处）
　　专员（主任）、党组书记：王希玲
　　副专员（副主任）、党组成员：李　军
　　副巡视员、党组成员：万自明
国家林业局驻北京森林资源监督专员办事处（中华人民共和国濒危物种进出口管理办公室北京办事处）
　　专员（主任）、党组书记：苏祖云
　　副专员（副主任）、党组成员：钱能志
　　副巡视员、党组成员：戴晟懋

国家林业局西北华北东北防护林建设局
　　局长、党组副书记：张　炜
　　党组书记、副局长：周　岩
　　副局长、党组成员：洪家宜　刘　冰
　　纪检组长、党组成员：冯德乾
　　总工程师、党组成员：武爱民
国家林业局森林病虫害防治总站
　　党委书记、副总站长：张克江
　　总站长、党委副书记：宋玉双
　　副总站长：闫　峻　郭文辉（2018年2月任职）
　　　　　　　吴长江（2018年2月任职）
　　党委副书记、纪委书记：曲　苏
国家林业局北方航空护林总站
　　总站长、党委副书记：周俊亮
　　副总站长：吴建国　范鲁安
　　总工程师：张喜忠
国家林业局南方航空护林总站
　　党委书记、副总站长：杨旭东
　　总站长、党委副书记：吴　灵
　　副总站长：袁俊杰　张立保
　　总工程师：周万书
南京森林警察学院
　　党委书记：王邱文
　　院长、党委副书记：张高文
　　常务副院长：张治平
　　党委副书记、副院长：林　平（2018年2月任副院长，免政治部主任）
　　党委副书记、纪委书记：陶　珑
　　副院长：吉小林　叶　卫　耿淑芬
国家林业局华东林业调查规划设计院
　　院长、党委副书记：刘裕春

　　党委书记、副院长：傅宾领
　　常务副院长：于　辉
　　党委副书记、纪委书记、副院长：周　琪
　　副院长、总工程师：何时珍
　　副院长：丁文义（2018年1月免职，退休）
　　　　　　刘道平
国家林业局中南林业调查规划设计院
　　院长、党委副书记：彭长清
　　党委书记、副院长：刘金富
　　常务副院长：吴海平（挂任贵州黔南布依族苗族自治州委常委、副州长）
　　副院长、党委副书记、纪委书记：周学武
　　副院长、总工程师：贺东北
国家林业局西北林业调查规划设计院
　　院长、党委书记：张　翼
　　常务副书记：许　辉
　　副院长：连文海　周欢水　李谭宝
　　副院长、总工程师：王吉斌
国家林业局昆明勘察设计院
　　院长、党委副书记：唐芳林
　　党委书记、副院长：周红斌
　　副院长、总工程师：张敏琦（2018年1月免职，退休）
　　副院长：张光元　汪秀根　殷海琼（挂任云南楚雄彝族自治州副州长）
　　副院长、纪委书记：杨　菁
中国大熊猫保护研究中心
　　党委书记、副主任：张志忠
　　常务副主任：张和民
　　党委副书记、副主任：李　忠
　　副主任：张海清　朱涛　巴连柱　刘苇萍
　　党委副书记：段兆刚（兼）

国家林业和草原局人事情况（2018年9~12月）

【国家林业和草原局（国家公园管理局）领导成员】
　　局长、党组书记：张建龙
　　副局长、党组成员：张永利
　　副局长：刘东生
　　副局长、党组成员：彭有冬　李树铭　李春良
　　党组成员：谭光明
　　总经济师：张鸿文
　　全国绿化委员会办公室专职副主任：胡章翠

【国家林业和草原局机关各司（局）负责人（除特别说明外，任职时间均为2018年9月）】
办公室
　　主任：李金华
　　副主任：祁　宏　王福东　赵学志
　　副巡视员：李淑新　邹亚萍
生态保护修复司（全国绿化委员会办公室）
　　司长（常务副秘书长）：赵良平

　　巡视员：刘树人
　　副司长：黄正秋　陈建武　吴秀丽　许传德
　　　　　　王剑波（2018年12月免职）
森林资源管理司
　　司长：徐济德
　　副司长：冯树清　张松丹　陈雪峰　丁晓华
　　巡视员：李志宏
　　副巡视员：李达
草原管理司
　　司长：李伟方
　　副司长：刘加文　徐百志　宋中山
湿地管理司（中华人民共和国国际湿地公约履约办公室）
　　司长：王志高
　　巡视员：程　良
　　副司长：袁继明　鲍达明　李　琰
荒漠化防治司
　　司长：孙国吉

副司长：胡培兴　屠志方　张德平
巡视员：罗　斌（2018年10月免职，退休）

野生动植物保护司（中华人民共和国濒危物种进出口管理办公室）
司长：吴志民（2018年12月兼任常务副主任）
副司长：张志忠（2018年12月兼任副主任）
　　　　刘德望（2018年12月兼任副主任）
巡视员：贾建生（2018年12月兼任副主任）

自然保护地管理司
司长：杨　超
巡视员：柳　源　严　旬
副司长：严承高　周志华

林业和草原改革发展司
司长：刘　拓
巡视员：刘家顺
副司长：李玉印　王俊中

国有林场和种苗管理司
司长：程　红
巡视员：刘　红（兼）（2018年10月免职，退休）
副司长：张健民　杨连清
副巡视员：邹连顺

森林公安局
局长、分党组书记：王海忠
政委、分党组成员：柳学军
副局长、分党组成员：张　萍　王元法
副局长、分党组成员、纪检组长：李　明
副巡视员、分党组成员：王新凯

规划财务司
司长：闫　振
副司长：马爱国　刘克勇　陈嘉文
副巡视员：张艳红（2018年11月免职）
　　　　　郝雁玲（2018年12月任职）

科学技术司
司长：郝育军
巡视员：厉建祝
副司长：王连志（2018年11月任职）　黄发强

国际合作司（港澳台办公室）
司长：孟宪林
巡视员：戴广翠
副司长：王春峰

人事司
司长、局党校副校长：谭光明（兼）
巡视员：丁立新
副司长：路永斌
副司长、局党校副校长：王　浩

机关党委（机关纪委、工会）
党委书记、党校校长：张永利（兼）
党委常务副书记：高红电
党委副书记、纪委书记：王希玲
工会主席：孟庆芳（2018年11月任职）

离退休干部局
局长、党委书记：薛全福
常务副书记、纪委书记：朱新飞
副局长：马世魁　郑　飞

巡视员：黄建华
副巡视员：宋云民

援派、外派等干部
机关副司长：刘韶辉　张亚玲　王常青　李岭宏（2018年11月任职，继续履行援派任务）
机关正司局级干部：郭青俊（2018年12月任职，出国随任）
机关副司局级干部：贾晓霞（国际组织任职）

【国家林业和草原局派出机构负责人】

国家林业和草原局驻内蒙古自治区森林资源监督专员办事处（中华人民共和国濒危物种进出口管理办公室内蒙古自治区办事处）
专员（主任）、党组书记：李国臣
巡视员、党组成员：高广文
副专员（副主任）、党组成员：董　冶（挂任广西桂林市委常委、副市长）

国家林业和草原局驻长春森林资源监督专员办事处（中华人民共和国濒危物种进出口管理办公室长春办事处）、东北虎豹国家公园管理局
专员（主任、局长）、党组书记：赵　利
常务副局长、党组副书记：刘春延
党委副书记、副局长：井东文
副专员（副主任）、副局长、党组成员：李伟明
副局长、党组成员：张陕宁
副巡视员、党组成员：王百成

国家林业和草原局驻黑龙江省森林资源监督专员办事处（中华人民共和国濒危物种进出口管理办公室黑龙江省办事处）
专员（主任）、党组书记：袁少青
副专员（副主任）、党组成员：左焕玉
副巡视员、党组成员：武明录

国家林业和草原局驻大兴安岭林业集团公司森林资源监督专员办事处
专员、党组书记：陈　彤
巡视员、党组成员：杜晓明
副专员、党组成员：周光达　王秀国（2018年12月任职）

国家林业和草原局驻福州森林资源监督专员办事处（中华人民共和国濒危物种进出口管理办公室福州办事处）
专员（主任）、党组书记：尹刚强（2018年11月免职）　王剑波（2018年12月任职）
副专员（副主任）、党组成员：李彦华　吴满元

国家林业和草原局驻成都森林资源监督专员办事处（中华人民共和国濒危物种进出口管理办公室成都办事处）、大熊猫国家公园管理局
专员（主任）、党组书记：苏宗海
副专员（副主任）、党组成员：刘跃祥
副巡视员、党组成员：龚继恩

国家林业和草原局驻云南省森林资源监督专员办事处（中华人民共和国濒危物种进出口管理办公室云南省办事处）
专员（主任）、党组书记：史永林
副巡视员、党组成员：李　鹏

副专员(副主任):陈学群
国家林业和草原局驻合肥森林资源监督专员办事处(中华人民共和国濒危物种进出口管理办公室合肥办事处)
  专员(主任)、党组书记:向可文
  副专员(副主任)、党组成员:潘 虹
  巡视员、党组成员:江机生
国家林业和草原局驻武汉森林资源监督专员办事处(中华人民共和国濒危物种进出口管理办公室武汉办事处)
  专员(主任)、党组书记:周少舟
  副专员(副主任)、党组成员:孟广芹
国家林业和草原局驻广州森林资源监督专员办事处(中华人民共和国濒危物种进出口管理办公室广州办事处)
  专员(主任)、党组书记:关进敏
  副专员(副主任)、党组成员:贾培峰
  副巡视员、党组成员:刘 义
国家林业和草原局驻贵阳森林资源监督专员办事处(中华人民共和国濒危物种进出口管理办公室贵阳办事处)
  专员(主任)、党组书记:李天送
  副巡视员、党组成员:龚立民
国家林业和草原局驻西安森林资源监督专员办事处(中华人民共和国濒危物种进出口管理办公室西安办事处)、祁连山国家公园管理局
  专员(主任)、党组书记:王洪波
  副巡视员、党组成员:王彦龙 何 熙
国家林业和草原局驻乌鲁木齐森林资源监督专员办事处(中华人民共和国濒危物种进出口管理办公室乌鲁木齐办事处)
  副专员(副主任):郑 重
国家林业和草原局驻上海森林资源监督专员办事处(中华人民共和国濒危物种进出口管理办公室上海办事处)
  专员(主任)、党组书记:王希玲
  副专员(副主任)、党组成员:李 军
  副巡视员、党组成员:万自明
国家林业和草原局驻北京森林资源监督专员办事处(中华人民共和国濒危物种进出口管理办公室北京办事处)
  专员(主任)、党组书记:苏祖云
  副专员(副主任)、党组成员:钱能志 闫春丽(2018年12月任职)
  副巡视员、党组成员:戴晟懋

【国家林业和草原局直属单位负责人】
国家林业和草原局机关服务局
  局长、党委书记:周 瑄
  副局长:王欲飞 姚志斌 成 吉 周 明 张志刚
国家林业和草原局信息中心
  主任:李世东
  副主任:杨新民 吕光辉 梁永伟
国家林业和草原局林业工作站管理总站
  总站长:潘世学
  巡视员:杨 冬
  副总站长:汤晓文 周 洪 董 原(2018年12月任职)
  副巡视员:侯 艳

国家林业和草原局林业和草原基金管理总站
  总站长:王连志(2018年11月免职) 张艳红(2018年11月任职)
  副总站长:王翠槐 郝雁玲(2018年12月免职) 杨锋伟(2018年12月任职) 孙德宝(2018年12月任职)
  总会计师:刘文萍
国家林业和草原局宣传中心
  主任:黄采艺
  副主任:马大轶 刘雄鹰 杨 波(2018年12月任职)
国家林业和草原局天然林保护工程管理中心
  主任:金 旻
  副主任:陈学军 文海忠
  总工程师:闫光锋
  副巡视员:张 瑞
国家林业和草原局退耕还林(草)工程管理中心
  主任:周鸿升
  副主任:李青松 吴礼军 敖安强
  巡视员:张秀斌
  总工程师:刘再清
国家林业和草原局世界银行贷款项目管理中心
  主任:丁立新(兼)
  副主任:尹发权
  副主任:李 忠(2018年11月任职) 石 敏 杜 荣
国家林业和草原局对外合作项目中心
  常务副主任:王维胜
  副主任:胡元辉 许强兴
国家林业和草原局科技发展中心(国家林业和草原局植物新品种保护办公室)
  主任:王焕良(2018年12月免职,退休) 王永海(2018年12月任职)
  巡视员:杜纪山
  副主任:龙三群 龚玉梅(2018年11月任职)
国家林业和草原局经济发展研究中心
  党委书记:王永海(2018年12月免职)
  主任:李 冰
  副主任:王月华
  党委副书记:菅宁红
国家林业和草原局人才开发交流中心
  主任:樊 华
  副主任:文世峰(挂任广西壮族自治区政府副秘书长) 吴友苗
中国林业科学研究院
  院长、分党组副书记:张守攻(2018年11月免职) 刘世荣(2018年11月任职)
  分党组书记、副院长、京区党委书记:叶 智
  纪检组长、副院长、分党组成员:李岩泉
  副院长、分党组成员:储富祥 孟 平 黄 坚 肖文发
国家林业和草原局调查规划设计院
  院长、党委副书记:刘国强
  党委书记、副院长:张煜星

副院长：蒋云安　唐小平　张　剑
副书记、纪委书记：严晓凌
副院长、总工程师：马国青
正司局级干部：张惠新

国家林业和草原局林产工业规划设计院
负责人：周　岩
常务副院长、副书记：张全洲
副院长：唐景全　齐　联（挂任广西河池市委常委、副市长）　沈和定
纪委书记：籍永刚

国家林业和草原局管理干部学院
院长：张建龙
党委书记、党校副校长：李向阳（2018年11月免职，退休）　张利明（2018年11月任职）
常务副院长、党委副书记：陈道东（2018年11月任职）
副院长：方怀龙　梁宝君
党委副书记、纪委书记：彭华福
副院长、党校专职副校长：严　剑（2018年11月任职）

中国绿色时报社
党委书记、副社长：陈绍志
社长、总编辑：张连友
常务副书记、纪委书记：邵权熙
副社长：刘　宁　段　华

中国林业出版社有限公司
党委书记、董事长、法定代表人：樊喜斌
总经理、总编辑、党委副书记、副董事长：刘东黎
纪委书记、监事、副总编辑：王佳会

国际竹藤中心
主任：江泽慧（兼）
常务副主任：费本华
党委书记：刘世荣（2018年11月免职）
党委书记、副主任：尹刚强（2018年11月任职）
副主任：李凤波　陈瑞国
党委副书记：李晓华

国家林业和草原局亚太森林网络管理中心
常务副主任：鲁　德
副主任：夏　军　张忠田

中国林学会
秘书长：陈幸良
副秘书长：李冬生　刘合胜

中国野生动物保护协会
秘书长：李青文
副秘书长：赵胜利　郭立新　王晓婷

中国花卉协会
秘书长：刘　红
副秘书长：张引潮　杨淑艳

中国绿化基金会
副秘书长兼办公室主任：陈　蓬
办公室副主任：许新桥　缪光平（2018年11月任职）

中国林业产业联合会
秘书长：王　满
副秘书长：石　峰　陈圣林

中国绿色碳汇基金会
秘书长：邓　侃

国家林业和草原局西北华北东北防护林建设局
局长、党委副书记：张　炜
党组书记、副局长：周　岩
副局长、党组成员：洪家宜　刘　冰
纪检组长、党组成员：冯德乾
总工程师、党组成员：武爱民

国家林业和草原局林业和草原病虫害防治总站
党委书记、副总站长：张克江
总站长、党委副书记：宋玉双
副总站长：闫　峻　郭文辉　吴长江
党委副书记、纪委书记：曲　苏

南京森林警察学院
党委书记：王邱文
院长、党委副书记：张高文
常务副院长：张治平
党委委员、副院长：林　平
党委委员、纪委书记：陶　珑
副院长：吉小林　叶　卫　耿淑芬

国家林业和草原局华东调查规划设计院
院长、党委副书记：刘裕春（2018年11月免职，退休）　于　辉（2018年11月任职）
党委书记、副院长：傅宾领
党委副书记、纪委书记、副院长：周　琪（2018年11月免职，退休）
副院长、总工程师：何时珍
副院长：刘道平

国家林业和草原局中南调查规划设计院
院长、党委副书记：彭长清
党委书记、副院长：刘金富
常务副院长：吴海平（挂任贵州黔南布依族苗族自治州委常委、副州长）
副院长、党委副书记、纪委书记：周学武
副院长、总工程师：贺东北

国家林业和草原局西北调查规划设计院
院长、党委书记：张　翼（2018年11月免职，退休）
院长、党委副书记：李谭宝（2018年11月任职）
党委书记、副院长：许　辉（2018年11月任职）
副院长：连文海　周欢水
副院长、总工程师：王吉斌

国家林业和草原局昆明勘察设计院
院长、党委副书记：唐芳林
党委书记、副院长：周红斌
副院长：张光元
副院长、总工程师：汪秀根（2018年12月任总工程师）
副院长、纪委书记：杨　菁
副院长：殷海琼（挂任云南楚雄彝族自治州副州长）

中国大熊猫保护研究中心
党委书记、副主任：张志忠
常务副主任：张和民
党委副书记、副主任：李　忠（2018年11月免职）
副主任：张海清　朱　涛　巴连柱　刘苇萍
党委副书记：段兆刚（兼）

各省(区、市)林业(和草原)主管部门负责人

北京市园林绿化局(首都绿化办)
  党组书记、局长(主任):邓乃平(兼北京世界园艺博览会事务协调局党组书记)
  党组成员、副局长:高士武
  党组成员、副局长:戴明超
  党组成员、副局长:高大伟
  党组成员、副局长:朱国城
  党组成员、副主任(首都绿化办):廉国钊
  党组成员、副局长:蔡宝军
  党组成员、市纪委驻局纪检监察组组长:程海军
  副巡视员:贾权民
  副巡视员:周庆生
  副巡视员:王小平
  副巡视员:刘强

天津市林业局(绿化委员会办公室)
  党委书记、局长:张宗启
  党委副书记:赵运生
  副巡视员(二级巡视员)、副局长:齐龙云(2018年9月退休)
  二级巡视员、副局长:范树合
  党委委员、副局长(副主任):吴学东
           李伍宝

天津市规划和自然资源局
  党委书记、局长:陈勇(2018年11月任职)
  党委副书记、副局长(保留正局级),市海洋局局长:赵恩海(2018年11月任职)
  党委委员、副局长、一级巡视员:路红(2018年11月任职)
  副局长:霍兵(2018年11月任职)
  党委委员,驻局纪检监察组组长:付滨中(2018年11月任职)
  党委委员、副局长:杨健(2018年11月任职)
  党委委员、副局长:张志强(2018年11月任职)
  党委委员、副局长:黄克力(2018年11月任职)
  总建筑师:刘荣(2018年11月任职)
  总规划师:田野(2018年11月任职)
  总经济师:岳玉贵(2018年11月任职)
  二级巡视员:周国忠(2018年11月任职)
  二级巡视员:高明兴(2018年11月任职)
  二级巡视员:周效锋(2018年11月任职)

河北省林业厅
  厅长、党组书记:周金中(2018年10月免职)
  副厅长、党组副书记:刘凤庭(2018年10月免职)
  副厅长:王忠(2018年10月免职)
  驻厅纪检组组长:刘春明(2018年10月免职)
  副厅长:王绍军(2018年10月免职)
  副厅长(挂职):张剑(2018年8月结束挂职)
  副巡视员:刘振河(2018年10月免职)

河北省林业和草原局
  省自然资源厅党组副书记、副厅长,省林业和草原局分党组书记、局长:刘凤庭(2018年10月任党内职务,2018年11月任行政职务)
  省自然资源厅党组成员,省林业和草原局分党组成员、副局长:王忠(2018年10月任职)
  省自然资源厅党组成员,省林业和草原局分党组成员、副局长:王绍军(2018年10月任职)
  省林业和草原局分党组成员、副局长:刘振河(2018年10月任职)

山西省林业厅
  党组书记、局长:任建中(2018年10月调离)
  党组成员、副厅长:张云龙
  党组成员、纪检组组长:赵炜(2018年6月退休)
  党组成员、副厅长:尹福建
  总规划师:黄守孝
  副巡视员:李振龙
  副巡视员:陈俊飞(2018年10月任职)

山西省林业和草原局
  党组书记、局长:张云龙(2018年10月任职)
  党组成员、副局长:尹福建(2018年10月任职)
  党组成员、副局长:黄守孝(2018年10月任职)
  党组成员、副局长:岳奎庆(2018年12月任职)
  党组成员、副局长:杨俊志(2018年12月任职)
  副巡视员:宋河山(2018年10月任职)
  副巡视员:李振龙(2018年10月任职)
  副巡视员:陈俊飞(2018年10月任职)
  总经济师:康鹏驹(2018年10月任职)

内蒙古自治区林业厅
  党组成员、厅长:牧远
  党组成员、副厅长:阿勇嘎
  副厅长:娄伯君
  党组成员、防火专职副总指挥:王才旺
  党组成员、驻厅纪检组组长:董虎胜
  副巡视员:杨俊平 乔云 东淑华 姜德明(2018年12月调离)

内蒙古林业和草原局(以下负责人均于2018年11月任职)
  党组成员、局长:牧远
  党组成员、副局长:阿勇嘎
  党组成员、副局长:苏和

副局长：娄伯君
党组成员（副厅长级）：王才旺
局党组成员、驻局纪检组组长：董虎胜
副巡视员：杨俊平　乔　云　东淑华

辽宁省林业厅
党组书记、厅长：奚克路（2018年10月免职）
党组成员、副厅长：武兰义（2018年7月免职，调离）
党组成员、省森林草原防火指挥部专职副总指挥：
　　陈　杰
副巡视员：李宝德　胡崇富
总工程师：李利国

辽宁省林业和草原局
党组书记、局长：金东海（2018年12月任职）
党组成员、副局长：陈　杰（2018年10月任职）
党组成员、副局长：杨宝斌（2018年10月任职）
党组成员、副局长：孙义忠（2018年10月任职）
副巡视员：李宝德（2018年10月任职）
　　　　胡崇富（2018年10月任职）
总工程师：李利国（2018年12月任职）
总经济师：孙柏义（2018年12月任职）

吉林省林业厅
党组书记、厅长：霍　岩（2018年10月免职）
副厅长：孙光芝
党组成员、副厅长：郭石林
党组成员、纪检组组长：訚　闯（2018年11月免职）
党组成员、副厅长：王　伟
党组成员、副厅长：季　宁
党组成员、省森林防火指挥部专职副指挥：张　辉

吉林省林业和草原局
党组书记、局长：金喜双（2018年10月任职）
副局长：孙光芝（2018年10月任职）
党组成员、副局长：郭石林（2018年10月任职）
党组成员、副局长：王　伟（2018年10月任职）
党组成员、副局长：季　宁（2018年10月任职）
驻局纪检监察组组长：王志刚（2018年11月任职）

黑龙江省林业厅
党组书记、厅长：王东旭
党组成员、副厅长：张恒芳
党组成员、副厅长、省森林防火指挥部专职副指挥：郑怀玉
党组成员、副厅长：张凤仙　张学武
党组成员、驻厅纪检组组长：姚　虹
副巡视员：侯绪珉

黑龙江省林业和草原局（以下负责人均于2018年10月任职）
党组书记、局长：王东旭
党组成员、副局长：张恒芳　郑怀玉　时永录
　　　　　　　　张凤仙　张学武　朱良坤

　　　　　　　　郑太林
副巡视员：侯绪珉　陶　金

上海市绿化和市容管理局（上海市林业局）
党组书记、局长：陆月星（2018年3月免职）
　　　　　　　邓建平（2018年3月任职）
党组副书记：崔丽萍
副局长：方　岩　顾晓君　唐家富　汤臣栋
副巡视员：缪　钧（2018年12月任职）
党组成员：朱心军

江苏省林业局
党组书记、局长：夏春胜（2017年5月调离）
　　　　　　　沈建辉（2018年10月任职）
党组成员、副局长：卢兆庆　王德平　钟伟宏
　　　　　　　　徐　姝（2018年12月挂职期
　　　　　　　　满回原单位）
副巡视员：葛明宏
党组成员：仲志勤（2018年10月任职）

浙江省林业厅
党组书记、厅长：林云举
巡视员：吴　鸿
党组成员、副厅长：杨幼平
党组成员、驻厅纪检组组长：陈跃芳
党组成员、副厅长：王章明
党组成员：陆献峰
副巡视员：卢苗海

浙江省林业局（以下负责人均于2018年10月任职）
党组书记、局长：胡　侠（正厅长级）
保留正厅级：吴　鸿
党组成员、副局长：杨幼平（副厅长级）
保留副厅长级：陈跃芳
党组成员、副局长：王章明（副厅长级）
党组成员：陆献峰
副巡视员：卢苗海

安徽省林业厅
党组书记、厅长：牛向阳
党组成员、副厅长：吴建国　齐　新
党组成员、驻厅纪检监察组组长：黄昕晖
党组成员、副厅长：邱　辉
副巡视员：唐丽影　江贻东（2018年3月退休）

安徽省林业局（以下负责人均于2018年11月任职）
党组书记、局长：牛向阳
党组成员、副局长：吴建国　齐　新
党组成员、驻局纪检监察组组长：黄昕晖
党组成员、副局长：邱　辉
副巡视员：唐丽影

福建省林业厅
党组书记、厅长：陈则生（2018年3月免职）

　　　　陈照瑜(2018年3月任职)
　　党组副书记、副厅长(正厅级)：严金静(2018年5月免职)
　　党组成员、副厅长：刘亚圣　谢再钟　王宜美
　　　　　　　　　　欧阳德　林雅秋
　　党组成员、福建省森林防火指挥部专职副指挥：林旭东
　　党组成员、省纪委驻厅纪检组组长：张利生
　　副巡视员：张　平　唐　忠

福建省林业局(以下负责人均于2018年9月任职)：
　　党组书记、局长：陈照瑜(2018年9月任职)
　　党组成员、副局长：刘亚圣　谢再钟　王宜美
　　　　　　　　　　　林雅秋　林旭东(2018年9月任职)
　　　　　　　　　　　欧阳德(2018年9月调离)
　　党组成员、省纪委驻局纪检组组长：张利生(2018年9月任职)
　　副巡视员：张　平　唐　忠(2018年9月任职)
　　省纪委驻省林业局纪检组副厅级纪律检查员、常务副组长：吴国宗(2018年9月任职)

江西省林业厅
　　党组书记：阎钢军(2018年3月免职)
　　厅长：阎钢军(2018年4月免职)
　　党组书记、厅长：邱水文(2018年3月任职党组书记，4月任职厅长)
　　巡视员：魏运华
　　党组成员：黄小春　辛卫平
　　党组成员、副厅长：邱水文(2018年3月免职)
　　　　　　　　　　罗　勤(女)　胡跃进
　　党组成员、驻厅纪检组组长：赵　国
　　总工程师：严　成
　　副巡视员：王　琅(2018年7月免职、8月退休)
　　　　　　　余小发(2018年7月任职)

江西省林业局(根据下发文件时间不同，局党组成员10月任职，局长、巡视员、副局长、副巡视员均11月任职)
　　党组书记：邱水文
　　局长：邱水文
　　巡视员：魏运华(2018年12月免职)
　　党组成员：黄小春　辛卫平　严　成
　　党组成员、副局长：罗　勤(女)
　　　　　　　　　　胡跃进(2018年12月免职)
　　局党组成员，驻局纪检监察组组长：赵　国
　　副巡视员：余小发

山东省林业厅(截至2018年10月)
　　省政协副主席、厅长：刘均刚
　　党组书记、副厅长：崔建海
　　副厅长、党组成员：刘建武　亓文辉　马福义
　　　　　　　　　　王太明
　　省森林公安局局长(副厅级)：刘　得
　　二级巡视员：李成金　董瑞忠

山东省自然资源厅(省林业局)(班子成员，截至2018年12月)
　　山东省自然资源厅厅长、党组书记，山东省林业局局长，山东省自然资源总督察(兼)：李　琥
　　山东省自然资源副厅长、党组成员：刘　鲁
　　山东省自然资源厅党组成员，山东省海洋局局长、党组书记：宋继宝
　　山东省自然资源厅副厅长、党组成员：李树民
　　山东省自然资源厅副厅长(省林业局副局长)、党组成员：马福义
　　山东省自然资源厅副厅长、党组成员：王太明
　　山东省自然资源厅副厅长、党组成员：王少瑾

河南省林业厅
　　厅长、党组书记：刘金山(2018年3月任职，2018年11月调离)
　　厅长：陈传进(2018年3月免职)
　　副厅长、党组成员：李　军(2018年12月调任省自然资源厅巡视员)
　　副厅长、党组成员：秦群立
　　副厅长、党组成员：师永全
　　副厅长、党组成员：杜清华
　　党组成员、省人民政府护林防火指挥部专职副指挥长：徐　忠(2018年11月调离)
　　党组成员、省森林公安局局长：朱延林
　　副巡视员：李志锋

河南省林业局
　　党组书记、局长：秦群立(2018年12月任职)
　　党组成员、副局长：师永全(2018年11月任党组成员，2018年12月任副局长)
　　党组成员、副局长：杜清华(2018年11月任党组成员，2018年12月任副局长)
　　党组成员、省森林公安局局长：朱延林(2018年11月任职)
　　副巡视员：李志锋(2018年12月任职)

湖北省林业厅
　　党组书记、厅长：刘新池
　　党组成员、副厅长：王昌友　蔡静峰　洪　石
　　　　　　　　　　陈毓安
　　党组成员、驻厅纪检组组长：高春海
　　党组成员、总工程师：夏志成
　　副厅长：黄德华

湖北省林业局(以下负责人均于2018年11月任职)
　　党组书记、局长：刘新池
　　党组成员、副局长：王昌友　蔡静峰　洪　石
　　　　　　　　　　陈毓安　夏志成
　　副局长：黄德华

湖南省林业厅
　　党组书记、厅长：胡长清

党组成员、副厅长：吴彦承　彭顺喜　李益荣
　　　　　　　　　吴剑波
党组成员、驻厅纪检组组长：梁志强
总工程师：桂小杰
巡视员：柏方敏（2018年4月退休）　隆义华
副巡视员：张凯锋　李志勇

湖南省林业局（以下负责人均于2018年11月任职）
党组书记、局长：胡长清
党组成员、副局长：吴彦承　彭顺喜　李益荣
　　　　　　　　　吴剑波
党组成员、驻局纪检组组长：梁志强
总工程师：桂小杰
巡视员：隆义华（2018年12月退休）
副巡视员：张凯锋　李志勇

广东省林业厅
厅长、党组书记：陈俊光
党组成员、巡视员：陈俊勤
副厅长、党组成员：孟　帆　杨胜强　李克强
　　　　　　　　　吴晓谋　廖庆祥
党组成员、省森林防火指挥部专职副总指挥：彭尚德
副巡视员：林俊钦　曾伟才（2018年6月任职）

广东省林业局（以下负责人均于2018年10月任职）
局长、党组书记：陈俊光（兼广东省自然资源厅党组副书记，正厅级）
副局长、党组成员：吴晓谋（副厅级）
　　　　　　　　　廖庆祥（副厅级）
　　　　　　　　　彭尚德（副厅级）
副厅级巡视员：林俊钦　曾伟才

广西壮族自治区林业厅
党组书记、厅长：黄显阳
党组成员、副厅长：骆振严（2018年11月退休）
　　　　　　　　　邓建华　黄政康　陆志星
党组成员、驻厅纪检组组长：黄小奇
副巡视员：蒋桂雄

广西壮族自治区林业局（以下负责人均于2018年11月任职）
党组书记、局长：黄显阳
党组成员、副局长：邓建华　黄政康　陆志星
副巡视员：蒋桂雄
党组成员、广西林科院院长：安家成
广西壮族自治区森林公安局局长：莫泰意
广西壮族自治区森林公安局政委：李堂龙

海南省林业厅（省政府组成部门）
党组书记、厅长：关进平（2018年2月免职）
　　　　　　　　夏　斐（2018年2月任职）
副厅长：（空缺）
党组成员、省森林防火指挥部办公室主任：周绪梅
党组成员、总工程师：周亚东
副巡视员：张其光（2018年1月退休）

海南省林业局（省政府直属机构）
党组书记、局长：夏　斐（2018年10月任职）
副局长：（空缺）
党组成员：周绪梅（2018年10月任职）
党组成员、总工程师：周亚东（2018年10月任职）

重庆市林业局（以下负责人如无特别注明，其职务均因机构改革于2018年10月自然免除）
党组书记、局长：沈晓钟
副局长：张　洪
党组成员、副局长：王声斌
党组成员、副巡视员：谢志刚
党组成员、副局长：唐　军
党组成员、市森林防火指挥部专职副总指挥：昌定勇（2018年10月机构改革后划转至市应急管理局）
党组成员、总工程师：王定富
副巡视员：陈　祥
副巡视员：熊忠武

重庆市林业局（以下负责人均于2018年10月任职）
党组书记、局长（正厅局级）：沈晓钟
副局长（副厅局级）：张　洪
党组成员、副局长（副厅局级）：王声斌
党组成员、副局长（副厅局级）：唐　军
党组成员、副巡视员：谢志刚
党组成员（副厅局级）：王定富
副巡视员：陈　祥
副巡视员：熊忠武

四川省林业厅（以下负责人如无特别注明，其职务均因机构改革于2018年11月自然免除）
党组书记、厅长：尧斯丹（党组书记职务2018年5月免除，厅长职务2018年1月免除）
党组书记、厅长：刘宏葆（2018年5月任职）
党组成员、副厅长（正厅级）：马　平（2018年7月免职）
党组成员、副厅长：宾军宜　包建华
党组成员、省森林草原防火指挥部专职副指挥长：毛德忠
党组成员、驻厅纪检组组长：蒲晓虎
党组成员、机关党委书记：李　剑
党组成员、总工程师：骆建国（2018年9月免职）
党组成员：金德成
一级巡视员：刘　兵　骆建国（2018年9月任职）
二级巡视员：唐代旭　万洪云（2018年3月任职）
　　　　　　罗语国（2018年2月任职）
　　　　　　王玉琳（2018年2月任职）
　　　　　　聂　平（2018年3月任职，2018年4月免职）

四川省林业和草原局(大熊猫国家公园四川省管理局)
(以下负责人均于 2018 年 11 月任职)
  党组书记、局长:刘宏葆
  党组成员、副局长:宾军宜 王 平 包建华
        唐代旭
  党组成员、机关党委书记:李 剑
  党组成员:金德成
  一级巡视员:刘 兵 骆建国
  二级巡视员:万洪云 罗语国 王玉琳

贵州省林业厅
  党组书记、厅长:黎 平
  党组成员、副厅长:沈晓春(2018 年 8 月退休)
        向守都 缪 杰
  党组成员、总工程师:聂朝俊
  党组成员、机关党委书记:黄永昌
  党组成员:张富杰
  党组成员、驻厅纪检组组长:王章权
  巡视员:杨洪俊
  副巡视员:尹晓阳

贵州省林业局(以下负责人均于 2018 年 11 月任职)
  党组书记、局长:黎 平
  党组成员、副局长:向守都 傅 强 缪 杰
        张富杰
  巡视员:杨洪俊 黄永昌
  副巡视员:尹晓阳

云南省林业厅
  党组书记、厅长:冷 华(2018 年 1 月免职)
       任治忠(2018 年 2 月任职,2018 年 10 月免职)
  党组成员、副厅长:夏留常(2018 年 10 月免职)
        郭辉军(2018 年 7 月免职)
        谢 晖(2018 年 10 月免职)
        万 勇(2018 年 10 月免职)
  党组成员、森林公安局党委书记、局长:李 华(2018 年 10 月免职)
  党组成员、省森林防火指挥部专职副指挥长:文 彬(2018 年 10 月免职)
  党组成员、厅长助理:陈智勇(挂职,2018 年 10 月免职)
  巡视员:刘一丹(2018 年 2 月退休)
  副巡视员:王 哲

云南省林业和草原局
  党组书记、局长:任治忠(2018 年 10 月任职)
  党组成员、副局长:夏留常(2018 年 10 月任职)
        王卫斌(2018 年 10 月任职)
  党组成员、省纪委驻局纪检组组长:李雪峰(2018 年 10 月任职)
  党组成员、局长助理:谢寿安(2018 年 12 月起挂职)
  副巡视员:王 哲(2018 年 10 月任职)
  局长助理:陈智勇(2018 年 10 月至 2018 年 11 月)

西藏自治区林业厅
  党组书记、副厅长:次成甲措
  党组副书记、厅长:云 丹(2018 年 11 月调离)
  党组成员、巡视员:达娃次仁
  党组成员、副厅长:田建文 索朗旺堆 季新贵
        宗 嘎
  副巡视员:徐 跃

西藏自治区林业和草原局(以下负责人均于 2018 年 11 月任职)
  党组书记、副局长:次成甲措
  党组成员、巡视员:达娃次仁
  党组成员、副局长:田建文 索朗旺堆 季新贵
        宗 嘎
  副巡视员:徐 跃

陕西省林业厅
  党组书记、厅长:李三原(2018 年 3 月免职)
       薛建兴(2018 年 3 月任职)
  党组成员、副厅长:王建阳
  副厅长:唐周怀
  党组成员、秦岭国家植物园园长:张秦岭
  党组成员、总工程师:范民康
  党组成员、副厅长:党双忍
  党组成员、森林公安局局长:马利民
  党组成员、纪检组组长:雒凤翔
  党组成员、森林资源管理局局长:杨 林
  巡视员:郭道忠(2018 年 7 月退休)
  副巡视员:白永庆 王季民

陕西省林业局
  党组书记、局长:薛建兴
  副局长:唐周怀
  党组成员、副局长:党双忍
  党组成员、纪检组组长:雒凤翔
  党组成员、秦岭国家植物园园长:张秦岭
  党组成员:范民康
  党组成员、森林公安局局长:马利民
  党组成员、森林资源管理局局长:杨 林
  巡视员:王建阳
  副巡视员:白永庆 王季民

甘肃省林业厅
  党组书记、厅长:宋尚有
  党组成员、副厅长:樊 辉
  党组成员、纪检组组长:王建设
  党组成员、副厅长:刘锡良(2018 年 10 月调离)
  党组成员、副厅长:张世虎
  党组成员、省绿委办副主任:郭 平
  党组成员、省森林公安局局长:郑克贤(2018 年 7 月任职)
  巡视员:张肃斌(2018 年 9 月任职)
  副巡视员:王小平
  驻厅纪检组副地级纪检监察专员:董文武

副巡视员：谢忙义（2018年10月任职）

甘肃省林业和草原局（以下负责人均于2018年10月任职）
　　党组书记、局长：宋尚有
　　党组成员、副局长：樊　辉
　　党组成员：王建设
　　党组成员、副局长：张世虎
　　党组成员：郭　平
　　党组成员、副局长：郑克贤
　　巡视员：张肃斌
　　副巡视员：王小平
　　驻局纪检监察组副地级纪检监察专员：董文武
　　副巡视员：谢忙义

青海省林业厅（2018年1～11月）
　　党组书记、厅长：党晓勇（2018年5月免职）
　　　　　　　　　　张　宁（2018年5月任职）
　　副厅长：邓尔平　高静宇　杜海民　王恩光
　　副巡视员：张　奎（2018年5月任职）

青海省林业和草原局（2018年11～12月）
　　党组书记：张文华（2018年11月任职）
　　局长：赫万成（2018年11月任职）
　　副局长：邓尔平　高静宇　杜海民
　　　　　　王恩光（均于2018年11月任职）
　　副局长、援青办主任：张亚玲（2018年12月任职）
　　副巡视员：张　奎（2018年11月任职）

宁夏回族自治区林业厅（以下负责人如无特别注明，其职务均因机构改革于2018年11月自然免除）
　　党组书记、厅长：张柏森
　　党组成员、副厅长：金韶琴　徐庆林　平学智
　　　　　　　　　　　陈建华
　　党组成员、自治区纪委驻厅纪检组组长：杨　珺
　　副巡视员：李　安　王　宁　习和生（2018年8月免职、退休）

宁夏回族自治区林业和草原局
　　党组书记、局长：徐庆林（2018年11月任职）

新疆维吾尔自治区林业厅（2018年1～11月）
　　党委书记、副厅长：李更生
　　党委副书记、副厅长：艾山江·艾合买提（2018年4月免职）
　　党委副书记、厅长：祖丽菲娅·阿布都卡德尔（2018年4月任职，11月免职）
　　党委委员、副厅长：木日扎别克·木哈什　李东升　徐洪星
　　党委委员、驻厅纪检组组长：张兴堂
　　党委委员、政治部主任：燕　伟
　　副厅长级干部：艾克拜尔·斯地克　朱立东　阿布都·克力木
　　副巡视员：艾买提别克·伊玛什
　　厅长助理：王常青

新疆维吾尔自治区林业和草原局
　　党委书记、副局长：姜晓龙（2018年11月任职）
　　党委委员、副局长：木日扎别克·木哈什（2018年11月任职）
　　　　　　　　　　　李东升（2018年11月任职）
　　　　　　　　　　　徐洪星（2018年11月任职）
　　　　　　　　　　　李　江（2018年11月任职）
　　　　　　　　　　　燕　伟（2018年11月任职）
　　　　　　　　　　　朱立东（2018年11月任职）
　　　　　　　　　　　王常青（2018年12月任职）
　　副厅长级干部：阿布都·克力木（2018年11月任职）
　　　　　　　　　艾克拜尔·斯地克（2018年11月任职）
　　副巡视员：艾买提别克·伊玛什（2018年11月任职）
　　　　　　　徐新云（2018年12月任职）

干部人事工作

【综　述】　2018年，人事司认真学习贯彻习近平新时代中国特色社会主义思想和党的十九大精神，贯彻落实全国林业厅局长会议部署，坚持"一条主线"，围绕"一个主题"，突出"两个重点"，扎实做好理论学习、机构改革、社会组织管理、干部管理监督、教育培训、人才劳资和支部建设七方面工作，圆满完成各项任务。

理论学习　认真学习习近平新时代中国特色社会主义思想和党的十九大会议精神，不断增强"四个意识"，坚定"四个自信"，坚决维护习近平总书记党中央的核心、全党的核心地位，坚决维护以习近平总书记为核心的党中央权威和集中统一领导，切实筑牢思想政治根基。认真学习全国组织工作会议、全国教育大会、全国干部教育培训工作会议精神，深刻领会中央关于干部人事人才工作的最新精神和政策要求，切实把习近平新时代中国特色社会主义思想和会议精神贯穿到干部人事人才工作的各方面、全过程，把中央关于干部人事人才工作的最新精神和政策要求落到实处。

机构等重大改革　一是顺利完成国家林草局机构改革。认真贯彻落实中央部署，在局党组的领导下，扎实做好局机构改革各项工作。制订了《国家林业和草原局机构改革组织实施工作方案》，建立了与有关部门的沟通协调机制，按时完成职能、编制和人员转隶工作。研究起草了局"三定"规定草案，并由中央正式印发。研究制定了局小"三定"规定，对各司局职责作了进一步细化，对内设处室和领导干部职数进行了重新明确。按照中央编办要求，同步完成事业单位机构编制调整工

作。主动适应新职能，为国家林草局昆明院加挂了"国家林业和草原局国家公园规划研究中心"。顺利通过中央对国家林草局机构改革评估验收。二是积极参与林业重大改革。积极协调中央编办设立大熊猫国家公园管理局和祁连山国家公园管理局，进一步理顺了管理体制。配合中央编办完成对东北虎豹国家公园国家自然资源资产管理体制试点验收。会同中央编办等赴大兴安岭、黑龙江等地开展重点国有林区改革调研，进一步理清了改革思路。

干部管理监督 一是进一步激励广大干部新担当新作为。按照中央《关于进一步激励广大干部新时代新担当新作为的意见》要求，制定了国家林草局《关于进一步激励广大干部新时代新担当新作为的实施意见》，组织召开各司局单位负责人座谈会。配合完成中央组织部到国家林草局开展干部调研活动。二是优化干部结构。汇总梳理国家林草局培养选拔女干部、少数民族干部和党外干部工作情况，提出了改进工作的意见建议并报中央组织部。完成2018年度公务员录用工作，新招录公务员20人。接收军转干部6人。组织并指导各有关事业单位开展毕业生公开招聘，17个单位共招聘应届毕业生201人。三是认真做好干部选拔培养工作。对46名司局级干部和97名处级以下干部进行调整。接收了由中央组织部等3部委选派的3名地方干部到局机关挂职。接收有关单位和地方部门推荐的18名干部到局机关和直属单位学习锻炼。增选1人到定点扶贫县挂职锻炼。完成西部地区、革命老区和河北、福建三明挂职干部期满考核，选派1人到雄安新区挂职锻炼。积极向科技部推荐驻外科技人才后备干部，其中3人进入后备人才库。四是严格开展干部监督。组织完成2018年领导干部个人有关事项集中填报工作。对160余批次2000余份干部档案进行审核归档。进一步规范因公因私出（境）人员审查报批工作。完成2017年度干部考核和"一报告两评议"工作。重新对各单位涉密人员信息进行核查。牵头开展了"林业和草原生态环境损害责任追究制度实施有关情况调研"，为制定林业和草原生态环境损害追责情形标准打下坚实基础。

社会组织管理 印发了《关于规范我局领导干部社会组织兼职审批（备案）等有关问题的通知》，进一步规范国家林草局领导干部在社会组织兼职审批备案工作。印发了《关于重新明确国家林业和草原局业务主管和挂靠社会组织归口联系单位的通知》，对机构改革后国家林草局主管的社会组织业务联系单位进行了重新明确。按照民政部统一部署，认真做好机构改革后社会组织转隶工作。完成中国林机协会、中国经济林协会脱钩工作。积极协助局主管各林业社会组织完成年检。

教育培训工作 一是服务国家战略，做实重点培训。围绕党的十九大提出的"三大攻坚战"，结合国家林草局中心工作，确定了"生态建设与精准扶贫"作为中央组织部委托地方党政领导干部专题研究班主题，对来自重点贫困县的46位地方政府领导开展专题培训。确定了"国家储备林工程建设"作为人社部委托高级研修班主题，培训高级专业技术人员101人，取得良好收效并得到局党组及中组部领导的认可。二是服务机关干部，开展公务员法定培训。组织10名局领导、32名司局级干部和3名处级干部参加中组部"一校五院"学习研修。组织实施第十期司局级干部任职培训班，邀请原国家林业局局长贾治邦讲授生态文明建设工作。组织完成了2期公务员在职培训、1期初任培训和1期林业知识培训。组织42位司局级领导参加中央机关司局级干部专题研修，3次组织全体司局级干部参加中网院网络学习专题班。三是完善培训保障，加强教材体系建设。组织修订《国家林业局干部培训班管理办法》。参与中组部第5批干部培训教材《推进生态文明 建设美丽中国》大纲编写，进一步增加林业和草原章节比重。组织完成《草原知识读本（初稿）》，召开了《林业和草原应对气候变化（林业碳汇）知识读本》大纲评审会。出版了《林业信息化知识读本》和《森林防火知识读本》。四是服务行业发展，开展示范培训。举办了市县林业局长"湿地专题"等2期专题培训、1期地方培训管理者培训、3期援疆培训、1期基层实用人才培训。向中央组织部报送了远程教育林业专题教材课件105个、3060分钟。五是强化人才培养引领加强林业教育工作。先后3次召开林草学科建设座谈会，谋划新时代林草学科融合发展。组织举办了林业和草原学科建设研讨培训。召开了第二届全国林业院校校长论坛。开展了首届全国林业创新创业大赛、2019届全国林科十佳毕业生评选、全国林业教学名师深入福建基层体验林改及"产教融合协同育人"实践活动。加强技术技能型人才培养工作，推荐精细木工等4个竞赛项目入选全国职业技能大赛项目。印发了《关于开展全国职业院校林草类重点专业遴选的通知》。六是开展深入调研。针对新时代林草队伍培训新形势，开展了"干部教育培训需求调研"。针对中央对干部教育培训信息化建设新要求，开展了"网络平台建设调研"。针对局党组关于解决基层林草单位高水平人才短缺问题，开展了"引导毕业生林草基层工作调研"。根据林草机构调整现状，为指导草原教育和培训更好衔接行业发展，开展了"草原教育和培训工作调研"。

人才劳资工作 一是继续开展高层次高技能人才选拔培养。选拔20名高级专业技术人才为国家林草局第五批百千万人才工程省部级人选，推荐9名专家为享受政府特殊津贴人选。选拔2名技能人才代表行业进入世界技能大赛国家队集训。推荐1人获得第十四届"全国技术能手"荣誉称号，1个单位和1名个人被评为国家技能人才培育突出贡献单位和个人。选派3名专业技术人员参加博士服务团到基层锻炼服务，并完成上一期博士服务团考核工作。接收4名"西部之光"访问学者、8名新疆林业科技英才和2名海南专业技术人才来到国家林草局研修学习。在局属学校、科研院所和其他企事业单位的知识分子中开展了"弘扬爱国奋斗精神、建功立业新时代"活动，把各方面优秀知识分子凝聚到林业和草原事业的伟大奋斗中来。组织开展"林业和草原人才队伍情况专项调研"，切实加强林业和草原人才队伍建设。二是有序实施劳动工资。印发《国家林业局所属有关事业单位绩效工资实施方案》，组织指导直属事业单位绩效工资的实施，审核批复直属事业单位绩效工资分配办法。印发了《国家林业和草原局直属有关事业单位领导班子成员绩效工资分配管理办法》。起草了《国家林业和草原局所属国有企业工资总额管理办法》并报人社部审核。部署调整了退休人员基本养老金。组织实施机关事业单位基本工资调标工作。三是深入推进职称改革及技能鉴定工作。按照习近平总书记"要通过改革改变片面将论文、专利、资金数量作为人才评价标准的做法"指示精神，完善国家林草局专业技术资格评审条件，圆满完成国家林草局 2018 年度工程、新闻出版、会计经济系列专业技术资格评审工作。完成了森林消防员国家职业标准修订工作，启动了森林病虫害防治员国家标准的修订工作。

（李建锋）

人才劳资

【第五批"百千万人才工程"省部级人选】 按照《国家林业局"百千万人才工程"省部级人选选拔实施方案》，2018 年国家林草局开展了第五批"百千万人才工程"省部级人选选拔工作，经个人申报、单位推荐、专家评审、公示公告、局党组审定，确定了 20 名同志为国家林业和草原局第五批"百千万人才工程"省部级人选，名单如下：

　　林科院曾庆银、孙晓梅、袁志林、余养伦；规划院王雪军、李锋；经研中心吴柏海；设计院齐联；林干院赵亭；报社唐秀萍；出版社李敏；竹藤中心刘杏娥、覃道春；森防总站李涛；南京警院彭徐剑；华东院罗细芳；中南院吴后建；西北院李愿会；昆明院王梦君；熊猫中心李德生。

【2018 年享受政府特殊津贴人员】 根据《人力资源社会保障部关于公布 2018 年享受政府特殊津贴人员名单的通知》（人社部发〔2019〕11 号）精神，2018 年享受政府特殊津贴人员名单已经国务院批准，国家林业和草原局 9 人入选，名单如下：

　　林科院崔丽娟、杜红岩、周永红、舒立福；林干院方怀龙；南京警院方彦；森防总站宋玉双；中南院熊嘉武；规划院黄国胜。

【林业英雄——孙建博】 根据《人力资源社会保障部 全国绿化委员会 国家林业局关于授予孙建博同志"林业英雄"称号的决定》（人社部发〔2018〕6 号）精神，2018 年 1 月 9 日，人力资源社会保障部、全国绿化委员会、国家林业局决定，授予孙建博"林业英雄"称号。

【全国林业系统先进集体、劳动模范和先进工作者】 根据《人力资源社会保障部 国家林业局关于表彰全国林业系统先进集体、劳动模范和先进工作者的决定》（人社部发〔2018〕7 号）精神，人力资源社会保障部、国家林业和草原局决定，授予北京市林业种子苗木管理总站等 99 个单位"全国林业系统先进集体"称号，授予何茂等 115 名同志"全国林业系统劳动模范"称号，授予袁士保等 113 名同志"全国林业系统先进工作者"称号。名单如下：

一、全国林业系统先进集体名单
北京市
　　北京市林业种子苗木管理总站
天津市
　　天津市西青区张家窝镇林业工作站
　　天津市静海区林业发展服务中心
河北省
　　河北省塞罕坝机械林场总场
　　河北省张家口市林业局
　　河北省秦皇岛市北戴河区林业局
山西省
　　山西省吕梁市岚县林业局
　　山西省桑干河杨树丰产林实验局
　　山西省晋城市林业局
内蒙古自治区
　　内蒙古自治区兴安盟白狼林业局
　　内蒙古自治区鄂尔多斯市林业局
　　内蒙古自治区阿拉善左旗林业局
辽宁省
　　辽宁省林业厅国有林场管理局
　　辽宁省沈阳市浑南区森林公安局
　　辽宁省本溪市林业局
吉林省
　　吉林省上营森林经营局
　　吉林省敦化森林公安局
　　吉林省四平市林木种子园
黑龙江省
　　黑龙江省齐齐哈尔市森林公安局
　　黑龙江省通河县林业局
　　黑龙江省伊春森林消防支队直属大队
上海市
　　上海市崇明东滩鸟类自然保护区管理处
　　上海市青浦区林业站
江苏省
　　江苏省灌南县森林病虫防治检疫站
　　江苏省无锡市林业局
浙江省
　　浙江省丽水市林业局
　　浙江省宁波市森林病虫防治检疫站
　　浙江省江山市林业局
安徽省
　　安徽省黄山市林业局
　　安徽省肥西县林业和园林局
　　安徽省金寨县天堂寨镇林业工作站
福建省
　　福建省南平市林业局
　　福建省永安市林业局
　　福建省武平南坊国有林场

福建省厦门市森林公安局翔安派出所
江西省
　　江西省林业调查规划研究院
　　江西省吉安市林业局
　　江西省上饶市林业科学研究所
　　江西省信丰县金盆山林场
　　江西省都昌县候鸟自然保护区管理局
山东省
　　山东省临沂市林业局
　　山东省黄岛区林业局
　　山东省日照市林业局
河南省
　　河南省新乡市林业局
　　河南省长垣县农林畜牧局
　　河南省商城县林业局
湖北省
　　武汉林业集团有限公司
　　湖北省襄阳市林业局
　　湖北省嘉鱼县林业局
　　湖北省神农架林区林业管理局红坪林场
湖南省
　　湖南省林业调查规划设计研究院
　　湖南省衡阳市祁东县林业局
　　湖南省永州市林业局
　　湖南省张家界市永定区石长溪国有林场
广东省
　　广东省佛山市云勇林场
　　广东省乐昌市龙山林场
　　广东省东莞市银瓶山森林公园
　　广东省中山市国有森林资源保护中心
广西壮族自治区
　　广西壮族自治区南宁市林业和园林局
　　广西壮族自治区北海滨海国家湿地公园管理处
　　广西壮族自治区国有派阳山林场
海南省
　　海南省毛瑞林场
　　海南省鹦哥岭省级自然保护区管理站鹦哥岭青年团队
重庆市
　　重庆市大足区林业局
四川省
　　四川省广元市朝天区林业和园林局
　　四川省成都市林业和园林管理局造林和产业发展处
　　四川省古蔺县林业局
　　四川省阿坝藏族羌族自治州林业局
贵州省
　　贵州省六盘水市林业局
　　贵州省林业调查规划院
　　贵州梵净山国家级自然保护区管理局
　　贵州省黎平县林业局
云南省
　　云南省保山市腾冲市林业局
　　云南省红河哈尼族彝族自治州林业局
　　云南省昆明市海口林场
西藏自治区
　　西藏自治区山南市浪卡子县林业局
　　西藏自治区林芝市林业局
　　西藏自治区昌都市林业局
陕西省
　　陕西省榆林市林业局
　　陕西省延安市林业局
　　陕西省咸阳市林业局
　　陕西省商洛市林业局
甘肃省
　　甘肃省庆阳市林业局
　　甘肃省陇南市徽县林业局
　　甘肃省定西市巉口林业试验场
青海省
　　青海省尖扎县环境保护和林业局
宁夏回族自治区
　　宁夏回族自治区银川市林业局（园林管理局）
　　宁夏回族自治区盐池县环境保护和林业局
新疆维吾尔自治区
　　新疆维吾尔自治区乌什县人民政府林业局
　　新疆维吾尔自治区吐鲁番市高昌区林业局
　　新疆维吾尔自治区哈密市伊州区林业局
新疆生产建设兵团
　　新疆生产建设兵团第二师铁门关市林业局
内蒙古森工集团
　　内蒙古阿里河林业局
吉林森工集团
　　吉林省湾沟林业局二道花园林场
龙江森工集团
　　黑龙江省大海林林业局
大兴安岭林业集团
　　十八站林业局查班河森林资源管护区
长白山森工集团
　　长白山森工集团汪清林业分公司保护处
国家林业局直属单位
　　中国林业科学院林业所人工林定向培育团队
　　南京森林警察学院刑事科学技术系

二、全国林业系统劳动模范名单
北京市
　　何　茂　北京市昌平区森林消防大队扑火队长
天津市
　　于秀利　天津市武清区森林生态公园管理所所长
　　李俊海　天津市宁河区苗圃场场长
河北省
　　王春风（满族）　河北省塞罕坝机械林场总场大唤起林场场长
　　王桂景（女）　河北省衡水市林业科学研究所技师
山西省
　　张庆红　山西省太岳山国有林管理局候神岭林场工人
　　王维平　山西省平定林场工人
　　张贵生　山西省阳曲国营东山林场技师
内蒙古自治区
　　董二虎　内蒙古自治区巴彦淖尔市林业勘测设计队

　　　　　高级技师
　　刘粉梅（女）　内蒙古自治区乌海市治沙站生产组长
　　卜庆华　内蒙古自治区呼伦贝尔市南木林业局组长
辽宁省
　　刘士亮（锡伯族）　辽宁省国有法库县八虎山林场护林员
　　孙宝良　辽宁省医巫闾山国家级自然保护区管理局高级工
吉林省
　　曹　忠　吉林省长白山保护管理中心头道保护管理站高级工
　　钟激波　吉林省洮南市国营永茂林场技师
黑龙江省
　　孙　明　黑龙江省爱辉区河南屯林场奶牛管护站站长
　　季　全　黑龙江省五常市宝龙店种子林场防火瞭望员
上海市
　　朱华芳（女）　上海市嘉定区安亭镇林业站农艺师
　　沈伟峰　上海市青浦区练塘林业养护服务社社长
江苏省
　　史亚飞　江苏省夏溪花木市场控股有限公司副董事长
　　杨　凯　江苏省大丰麋鹿国家级自然保护区工程师
浙江省
　　刘光兵　浙江省安吉县龙王山自然保护区管理处工人
　　潘建瑞　浙江省国营文成县石垟林场副场长、高级技师
　　陈福来　浙江省绍兴新地农业科技开发有限公司董事长
安徽省
　　毕学云　安徽省池州金品西山枣业发展有限公司总经理
　　杨龙飞　安徽省岳西县白帽镇林业站站长、中级工
　　陈义平　安徽省南陵县烟墩镇小格里林场场长
福建省
　　林泽生　福建省连城邱家山国有林场高级工
　　杨植棚　福建省华安金山国有林场高级工
　　杨开兴　福建省邵武市二都国有林场长、高级工程师
江西省
　　万金苟　江西省庐山国家级自然保护区管理局高级工
　　曹建国　江西省九江升科生态农业发展有限公司董事长
　　欧阳秋桂　江西省吉水文峰山林场万华山分场副场长
山东省
　　薛希亭　山东省淄博鲁山林场护林员
　　侯化强　山东省枣庄山亭区林业局国有徐庄林场场长
　　刘增虎　山东省环翠区温泉镇林业站长

河南省
　　王备战　河南省国有济源市大沟河林场技师
　　吴　峰　河南省国有焦作林场高级工
　　邓国强　河南省国有西华林场技师
湖北省
　　李立珍（女）　湖北省荆门市彭场林场工人
　　张义生　湖北省十堰黄龙林场景苑绿化工程有限公司副经理
湖南省
　　胡小雄　湖南省株洲市炎陵县青石冈国有林场水口山分场护林员
　　喻春泉　湖南省岳阳市平江县楚昌森工林场场长
　　伍宪兵　湖南省湘潭市湘乡市东台山国有林场护林员
广东省
　　林兆铭　广东省广州野生动植物保护管理办公室饲养员
　　谢锐星　广东省深圳市仙湖植物园管理处工程师
广西壮族自治区
　　刘子历　广西壮族自治区国有维都林场工人
　　廖兵余　广西壮族自治区祥盛木业有限责任公司总经理
　　廖添树　广西壮族自治区大桂山保护区管理局大洞站管理员
　　黄业福（壮族）　广西壮族自治区十万山华侨林场场长
重庆市
　　代小琴（女）　重庆市江津区大圆洞林场高级工
　　余必华　重庆市万州区国有铁峰山林场护林员
四川省
　　邓仕清　四川省甘孜州炉霍林业局813林场技术员
　　李龙忠　四川省木里林业局森林专业扑火一队班长
　　李莉蓉（女）　四川省平武县龙门山林场中级工
贵州省
　　龚贤超　贵州省威宁彝族回族自治县木材公司工人
　　柳用付　贵州省六枝特区花德河国有林场高级工
　　严世华　贵州省龙里林场中级工
云南省
　　李国昌　云南省哀牢山国家级自然保护区南华县管护分局高级工
　　赵　永　云南省保山市隆阳区林业局国有林场高级工
　　孙应祥　云南省曲靖市师宗县南盘江林业局护林员
西藏自治区
　　李先年　西藏自治区林木科学研究院中级工
陕西省
　　李长明　陕西省子洲县长明种养殖农民专业合作社负责人
　　曾永新　陕西省岚皋县永新农林发展有限公司经理
　　马明科　陕西省宝鸡市马头滩林业局局长
　　赵掌年　陕西省旬邑县马栏林场护林员
甘肃省
　　李边都　甘肃省白龙江林业管理局舟曲林业局憨班铺林场场长

魏爱忠　甘肃省小陇山林业实验局黑虎林场工人
青海省
辛小伟　青海省西宁市湟水林场中级工
陈国月　青海省门源县国营浩门林场一棵树管护站站长
桑　巴（藏族）　青海省囊谦县白扎林场高级工
宁夏回族自治区
梁国平　宁夏回族自治区固原市六盘山林管局挂马沟林场中级工
吴光亮　宁夏回族自治区南山阳光果业有限公司总经理
张学敏（女）　宁夏回族自治区哈巴湖国家级自然保护区管理局巡护员
孟庆新　宁夏回族自治区永宁县林业局林技中心主任
新疆维吾尔自治区
程道军　新疆维吾尔自治区天西林管局特克斯分局管护所所长、高级工
刘拥军　新疆维吾尔自治区老风口生态建管中心护林员
岳延兵　新疆维吾尔自治区阿尔泰山国有林管理局布尔津分局高级技师
新疆生产建设兵团
周海燕　新疆建设兵团第十三师柳树泉农场农业公司总经理
袁战强　新疆景天缘艺农林科技开发有限公司董事长
张　涛　新疆建设兵团第二师三十七团林业站站长
内蒙古森工集团
郭福良　内蒙古吉文林业局局长、党委副书记
赵炳柱　内蒙古大兴安岭森林调查规划院院长、正高级工程师
陈林涛　内蒙古北部原始林区森林管护局局长、高级政工师
张文国　内蒙古满归林业局人力资源科科长、高级经济师
杜爱民　内蒙古林管局防火办科长、高级工程师
王家明　内蒙古根河林业局014工队工人
徐雨松　内蒙古库都尔林业局快扑队工人
吉林森工集团
李照远　湖北吉象人造林制品有限公司党委书记、总经理
许传东　吉林省露水河林业局天保中心主任
孙　涌　吉林省泉阳林业局资源处主任、高级工程师
曲　英（女）　吉林省湾沟林业局仙人桥木材经营总公司工会主席
藏立杰　吉林省三岔子林业局高级工程师
龙江森工集团
王继会　黑龙江省苇河林业局局长、高级工程师
郑恩生　黑龙江省林口林业局局长、高级工程师
李宝成　黑龙江省双鸭山林业局局长、高级经济师
卢仲达　黑龙江省林业设计研究院副院长、研究员级高工
张浩洋　黑龙江省穆棱林业局财务科科长
安彦军　黑龙江省东京城林业局营林科科长
梁林波　黑龙江省柴河林业局旅游公司经理
张吉斌　黑龙江省东方红林业局青山经营所主任
闫宝松　黑龙江林副特产研究所研究员
史月香（女）　黑龙江省大海林业局第四中学校长
大兴安岭林业集团公司
杨　菲（女）　大兴安岭林业集团公司森林经营部科长
庞秀志　大兴安岭韩家园林业局兴华森林资源管护区主任
庞启亮　大兴安岭地区农业林业科学研究院工程师
魏恩江　大兴安岭加格达奇林业局森林消防二大队队长
杨树财　大兴安岭呼中林业局房产维修与供暖中心技师
长白山森工集团
顾国斌　长白山森工集团敦化林业有限公司物业公司经济师
邹吉国　长白山森工集团八家子林业有限公司公路运输处主任
尹世强　天桥岭林业有限公司天保中心主任
郎建民　珲春东北虎国家级自然保护区管理局主任
刘晓光　吉林新元木业有限公司敦荣地板厂厂长
刘亚娟（女）　珲春森林山木业有限公司部长
国家林业局直属单位
韦　华（仫佬族）　中国大熊猫保护研究中心饲养员

三、全国林业系统先进工作者名单
北京市
袁士保　北京市园林绿化局造林营林处处长
李　伟　北京市林业勘察设计院监测室主任、高级工程师
任显辉（满族）　北京市密云区林业工作站站长、高级工程师
天津市
刘海峰　天津市蓟州区林业局副局长
张　洁　天津市林业局林木种子管理站主任科员
郭庆林　天津市东丽区农委林业科科长
河北省
黄印冉　河北省林业科学研究院正高级工程师
贾万东（满族）　河北省隆化国有林场管理处处长
程俊志　河北省石家庄市栾城区林业工作站主任
山西省
张新建　山西省中条山国有林管理局中村林场场长
冯建成　山西省林业调查规划院副院长、正高级工程师
裴　晔　山西省朔城区林业局局长
内蒙古自治区
邢仝劳　内蒙古自治区呼和浩特市和林格尔县林业局局长
梁树林　内蒙古自治区赤峰市林业局科长

乌力吉莫日根（蒙古族）　内蒙古自治区阿拉善右旗林业局局长
丁　荣（女）　内蒙古自治区林业厅治沙造林处处长

辽宁省
宋晓东　辽宁省固沙造林研究所所长、教授级高工
汪立功（满族）　辽宁省本溪市桓仁满族自治县林业局局长
赵忠义　辽宁省葫芦岛市林业产业站教授级高工

吉林省
金永权（朝鲜族）　吉林省汪清县林业局副局长
战义坤　吉林省森林公安局松江河森林公安分局局长
孙培军　吉林省通化市林业局科长
赵珊珊　吉林省林业科学研究院副研究员

黑龙江省
王立福　黑龙江省嫩江县四十里河林场书记、场长
董春莲（女）　黑龙江省呼玛县林业局副局长
王　臣　黑龙江省哈尔滨市林业科学研究院院长

上海市
褚可龙　上海市奉贤区林业署署长、推广研究员
王　焱（女）　上海市林业总站副总站长、教授级高工
王　忠　上海市金山区林业站副站长、高级农艺师

江苏省
符文华　江苏省盐城市林业局局长
黄和元　江苏省张家港市林业局副局长
郭同斌　江苏省徐州市林业技术推广服务中心主任、研究员级高工

浙江省
骆文坚　浙江省林业厅绿化造林处处长
应光明　浙江省仙居县林业局局长
楼　君（女）　浙江省富阳区林业站站长

安徽省
陈　雷　安徽省阜阳市林业科学技术推广站科长
王晓飞　安徽省宿州市林业局科长、高级工程师
吴志辉　安徽省宁国市林业有害生物防治检疫局局长、正高级工程师
吴振华　安徽省淮南市林业局总工程师

福建省
丘进清　福建省国有林场管理局局长、高级工程师
罗国芳　福建省宁德市林业有害生物防治检疫站站长、高级工程师
黄乃嵩　福建省福州市林业局森林防火办主任、高级工程师

江西省
丁贤生　《中国绿色时报》江西记者站站长
娄永林　江西省抚州市黎川县林业局局长

山东省
李文清　山东省林木种质资源中心主任、研究员
葛茂金　山东省泰安市林业局党委书记、局长
刘　芳（女）　山东省济宁邹城市林业局局长
王　斌　山东省聊城茌平县林业局党组书记、局长
赵兴华　山东省莱芜市钢城区国有寄母山林场场长

河南省
翟晓巧（女）　河南省林业科学研究院研究员
张西方　河南省洛阳市林业局副局长
吴红臣　河南省濮阳市林业局办公室主任
武建宏　河南省淅川县林业局局长

湖北省
曹光毅　湖北省宜昌市林业局党组成员、副局长
冯三义　湖北省大冶市林业局工程师
罗素珍（女）　湖北省鄂州市林业局办公室主任、工程师

湖南省
刘跃进　湖南省森林病虫害防治检疫总站站长、研究员级高工
刘豪健　湖南省邵阳市邵阳县林业局党委副书记、副局长
黄范全　湖南省益阳市沅江市林业局森林病虫防治站站长
向魁文（土家族）　湖南省湘西土家族苗族自治州林业局林业科技推广站站长

广东省
邓焕清　广东省林业厅林权争议调处副处长
刘展林　广东省梅州市国有七畲径林场场长
蓝其富　广东省罗定市林业局副局长
邹基梅（女）　广东省阳春市生态公益林管理中心副主任、高级工程师

广西壮族自治区
李开祥　广西壮族自治区林业科学研究院院长助理、教授级高工
梁燕芳（女）　广西壮族自治区国有七坡林场林业科学研究所所长、高级工程师
陈宗传　广西壮族自治区柳州市林业局副局长
王炳宏　广西壮族自治区荔浦县林业局林业工作站站长、高级工程师

海南省
莫燕妮（女）　海南省野生动植物保护管理局调研员
张　伟　海南省通什林场场长
蒋　帅（女）　海南鹦哥岭省级自然保护区管理站科员

重庆市
刘克松　重庆市巫山县福田林业管理站工程师
杨　欧　重庆市酉阳县林业局造林绿化科科长

四川省
陈　宾　四川省攀枝花市林业局科长
周　懿　四川省巴中市林业局党组成员
潘　娅（女）　四川省广汉市林业管理与科技推广站高级工程师
蒲立新　四川省遂宁市森林病虫防治检疫站高级工程师

贵州省
唐海燕（女，布依族）　贵州省晴隆县林业局营林站负责人
贺昌彩（女，仡佬族）　贵州省关岭布依族苗族自治县林业局检疫站站长

邵　阳　贵州省思南县林业局种苗站站长

云南省
代家泽　云南省楚雄彝族自治州林业局科长
斯龙燕（傈僳族）　云南省怒江傈僳族自治州泸水市林业局防火股工程师
尹加笔　云南省德宏傣族景颇族自治州野生动物收容救护中心主任、高级工程师

西藏自治区
熊　波　西藏自治区那曲地区索县林业局局长
嘎玛群宗（女，藏族）　西藏自治区林业调查规划研究院室主任
米玛次仁（藏族）　西藏自治区林木科学研究院院长

陕西省
师庆祝　陕西省森林资源管理局处长
王怀彪　陕西省榆阳区林业工作站站长
李海东　陕西省延安市黄龙县林业局局长

甘肃省
刘虎俊　甘肃省治沙研究所主任、研究员
龚文鹏　甘肃省白龙江林业管理局洮河林业局局长
温玉红　甘肃省天水市麦积区林业局副局长
庄丽媚（女）　甘肃省酒泉市肃州区林业技术服务中心站站长

青海省
马广金　青海省林业厅造林绿化管理处处长
扎西旦周（藏族）　青海省玉树市环境保护和林业局局长

宁夏回族自治区
王兴东（回族）　宁夏回族自治区灵武白芨滩国家级自然管理局党委书记、局长
杨东芳（女）　宁夏回族自治区石嘴山市园林局湿地管理办公室主任
马少梅（女，回族）　宁夏回族自治区吴忠市园林局城市绿化队副队长

新疆维吾尔自治区
叶卫平　新疆维吾尔自治区伊犁哈萨克自治州巩留县林业局党组成员、副局长
努尔哈力木·热哈提（哈萨克斯坦族）　新疆维吾尔自治区福海县齐干吉迭乡农业（畜牧业）发展中心林业站站长
司马义·艾依提（维吾尔族）　新疆维吾尔自治区巴州林业局党组成员、副局长
李新明　新疆维吾尔自治区天山东部国有林管理局呼图壁分局党委委员

新疆生产建设兵团
甘如刚　新疆生产建设兵团第六师森林公安局副局长
殷柏民　新疆生产建设兵团第十三师火箭农场林业工作站书记、站长
达　军　新疆生产建设兵团第五师林管站站长
王　兵　新疆生产建设兵团十二师林木种苗管理站工程师

国家林业局直属单位
于文吉　中国林业科学研究院木材工业研究所研究员
赵宏江　国家林业局北方航空护林总站处长、高级工程师
方国飞　国家林业局森林病虫害防治总站处长、教授级高工
张明吉（满族）　国家林业局发展规划与资金管理司副处级干部
张德平　国家林业局防治荒漠化管理中心处长
李意德　中国林业科学研究院热带林业研究所研究员
王军厚　国家林业局调查规划设计院教授级高工

（胡耀升供稿）

国家林业和草原局直属单位

26

国家林业和草原局机关服务局

【综　述】　国家林业和草原局机关服务局（国家林业和草原局机关服务中心，以下简称"服务局"）是国家林业和草原局直属的、具有独立法人资格的财政补助事业单位。下设23个处级机构，分别是：综合处、基建处、房管处、行政处、节能减排处、人事劳资处、党委办公室、计划财务处、经营管理处、医保中心、交通中心、租赁中心、餐饮中心、机关物业管理中心、社区物业管理中心、中林物业管理中心、国家林业和草原局幼儿园、国家林业和草原局招待所、国家林业和草原局西山绿化基地、国家林业和草原局北戴河培训中心、国家林业和草原局驻上海办事处、国家林业和草原局厦门办事处、机关服务局驻烟台办事处。其中幼儿园、招待所、北戴河培训中心均为1989年经中央编办批准成立的原林业部直属正处级事业单位，受国家林业和草原局委托，服务局对上述3家单位代行管理权。服务局共有人员编制225名（其中服务局编制134名，幼儿园编制39名，招待所编制52名）。截至2018年年底，实有在职人员173名，退休人员89名。服务局党委下设12个党支部，共有在职党员108名。

服务局的主要职能是承办国家林业和草原局机关委托的房地产、基本建设、物资设备、人防工程、精神文明、绿化美化、计划生育、爱国卫生、交通安全、集体户口、办公家具、办公用品、公共机构节能等机关事务管理工作；负责机关交通、就餐、医疗、幼教、物业、会议、通信、接待以及重大活动等服务保障工作；负责国家林业和草原局委托和机关服务局所属国有资产的管护和保值增值等工作。

2018年，服务局全面贯彻落实局党组重要工作部署，主动顺应林业改革发展大局，着力抓好重点项目工程落实，稳妥推进后勤社会化改革，持之以恒搞好经营创收，不断提升后勤管理保障服务工作水平。

党的建设　一是深入学习党的十九大和习近平总书记系列重要讲话精神，开展"不忘初心　牢记使命""强化宗旨意识　做贴心后勤人"主题党日及警示教育等系列活动，进一步增强党员干部"四个意识"。二是完成2个党支部换届改选、1个党支部增选和1个党支部撤销，配齐配强12个支部班子，推进党支部工作规范化和制度化。三是开设"后勤服务讲习堂"，推进"两学一做"学习教育常态化制度化。四是严格执行中央八项规定，强化党内监督，严防"四风"反弹。五是加强对青年干部的培养，成立了服务局青年联合会，多渠道为青年干部搭建成长平台。六是充分发挥工会妇女平台作用，积极开展各类文娱和困难帮扶活动，促进和谐机关建设。

重点工程　一是配合局基建办完成办公大楼改造工作，在办公大楼具备回迁条件后，由服务局牵头完成了回迁办公大楼具体工作。二是配合局基建办完成机关院区改造工程。三是配合局基建办开展林调社区1～4号宿舍楼危旧房改造工作，持续协调推进未签约住户的签约工作。四是完成了第三期亚运村老旧居民区综合改造项目，改造后的住宅楼保温效果明显改善。五是启动了机关院区3号办公楼改造项目，完成初步设计和概算编制并上报国管局进行审核批准。

后勤改革　一是改革机关办公大楼保洁和院区安保管理方式，以招投标形式引入具有专业资质的公司，为机关提供高效有序的服务保障。二是在前期完成北京国林宾馆和所属公司资产、债权债务清理和人员分流工作的基础上，将宾馆综合服务楼和附属用房移交规划院管理使用。三是按照中央事业单位公务用车改革的有关要求，完成服务局车辆改革工作。四是稳妥推进事业单位绩效工资改革，结合后勤工作性质和职能定位，研究起草了《机关服务局绩效工资分配办法》并获人事司批准同意执行。

内部管理　一是加强国有资产、经费运行、公务用车、聘用人员管理，研究起草涉及局机关制度8项，修订完善服务局内部制度6项。同时结合机构改革，对原《机关服务局规章制度汇编》及上述6项内部制度进行汇总、统稿，汇编成册印发。二是严格干部选任程序，加强职工因私出国（境）管理，将纪检监察部门意见纳入审批环节。三是开展局本级房屋资产实物账统计核查，完成非住宅房产基本信息统计和挂牌办公区房屋测绘统计。四是创新自管居民小区服务方式，对所有自管居民小区施行划区域管理，开展点对点入户服务，以"物业联席会"形式破解工作难题，化解各类矛盾。五是接管完成局机关门岗执勤及传达室工作。根据中央军委对武警体制调整的统一部署，原来负责局机关大院警卫岗任务的森警中队撤防归建，按照局办公室要求，服务局于1月1日接管局机关门岗执勤工作，3月接管局机关传达室管理工作。传达室和门岗保卫工作步入正轨，维护了机关正常工作秩序。六是以优质高效服务持续推进品质后勤建设，进一步规范设备维修报修程序和会服保洁管理，加强安保监控、消防器材等特种设备设施日常维护管理，切实提升服务质量。

创收挖潜　一是各经营单位积极开拓市场，通过加强内部管理、减员增效等措施压缩运营成本，努力提升经营效益。二是起草了《机关服务局资产租赁合同管理办法》，进一步加强资产监管。三是对厦门办事处大楼和亚运村安苑10号楼进行局部改造，对机关大院西平房实施疏解整治恢复，改善现有硬件条件，提升资产质量。四是将上海国林商务楼产权权属划转机关服务中心，理顺权属关系，增强创收后劲。

【配合局基建办完成办公大楼改造】　办公大楼改造项目于2013年10月获批立项，2016年6月入场施工。2018年1月，国管局批复同意新增投资2728万元，相继完成了屋面维修改造、室内装修改造、给排水、暖通、电气、消防、安防、电梯更新等一系列改造施工，改造后大楼面貌焕然一新，设施设备得到完善更新，功能布局更加合理优化，为干部职工营造了高效和谐的办公环境，保障了机关工作正常有序运转。

【完成回迁机关办公大楼工作】 在办公大楼完成综合改造并具备回迁条件后，局党组对回迁工作进行了总体部署，由服务局负责搬迁具体工作，要求在2018年10月7日前完成所有单位回迁。为此，服务局召开专题会议进行安排部署，迅速组织对各单位搬迁总量进行确认，反复研究敲定回迁方案，制订了各类应急预案。搬迁中，加强统筹协调，注重联动配合，科学分配具体搬运量和时间节点，积极协调搬家公司，发放纸箱4760件，安装办公家具2700余件，搬运车辆往返5500车次，在规定时间内完成了全部34个单位的回迁任务。回迁后，又陆续对各单位存放于仓库的文件、家具进行了搬运，共计搬运文件2577箱，家具1309件。

【配合局基建办完成机关院区改造】 2018年，结合办公大楼改造项目推进情况，针对机关院区乔木树龄较长、郁闭度大、对主要视线造成遮挡，部分树木出现病害、植株枯败、景观不良，大门两侧临街房屋装饰杂乱等现象，将院区改造划分为绿化、道路、房屋建筑三部分，分别进行了相关施工改造。移除并重新栽种了院区内原有部分过熟过大乔木和部分景观树木，重新铺种了地面草坪，对院区内的照明、排水管线进行了优化，铺装了人行通道和沥青路面，安装了照明和景观灯具，制作安装了新的大门和值勤岗亭，对大门口传达室进行了重新装修。10月底改造全面完工，改造后院区内弱电、排水等市政功能得以优化，交通、安保等硬件设施进一步完善，院区整体形象得到大幅提升。

【配合局基建办推进林调社区1～4号宿舍楼危旧房改造】 林调社区1～4号宿舍楼改造工程涉及居民173户，其中产权户16户，承租房住户157户。在做好安置人员公示、安置协议制定、宣传发动等工作的基础上，发布了签约公告，进行了居民签约。截至2018年年底，持续推进协调未签约住户的签约工作。

【老旧居民区综合改造项目】 国家林业局老旧小区改造是中央国家机关老旧小区改造第一批试点单位，已先后完成了涉及18栋住宅楼、1404户的两期老旧小区综合改造项目，极大改善了职工居住条件和生活环境。2018年年初，启动了第三期亚运村改造项目，涉及9栋住宅楼，先后完成了立项、设计、初步评审和招标工作，年底前完成了基本栋主体施工任务。改造后住宅楼保温效果明显改善，改造效果居民十分满意。

【机关院区3号办公楼改造项目】 2016年，国家林业局院区3号办公楼抗震加固改造项目获国管局批准。改造面积4688.2平方米，总投资4214.49万元。2018年3月正式启动该项工作，先后进行了结构抗震检测、地基勘探、建筑测量等工作，完成了初步设计和概算编制并上报国管局进行审核批准。

【国家林业和草原局节能监管系统建设项目通过竣工验收】 7月3日，国家林业局节能监管系统建设项目竣工验收会议在局机关召开，来自国管局节能司、郎德华（北京）云能源科技有限公司、青岛亿联信息科技股份有限公司、建研凯博建设工程咨询有限公司、中国建筑科学研究院等单位的10余名专家组成验收小组，对局节能监管系统建设项目进行了验收。会议听取了建设项目施工单位、设计单位及工程监理单位有关工作情况介绍和总集成管理单位的评估意见，实地查验了项目实施现场，详细了解了监控主站系统平台建设运行情况。经过讨论和评议，验收小组一致认为该项目工程质量合格，符合中央国家机关相关验收标准及规定，项目通过竣工验收。

【国家林业和草原局公共区域智能照明系统改造项目申请立项】 按照国管局《关于开展中央国家机关办公区智能高效照明改造工作的通知》要求，完成了国家林业局公共区域智能照明系统改造项目初步设计，并于9月底向国管局报送了立项申请。

【2018年国家林业局无偿献血工作】 按照东城区血液管理办公室要求，4月4日上午，医保中心组织机关司局及在京有关直属单位开展了"2018年北京团体无偿献血工作"。机关司局及有关单位共40名干部职工参加无偿献血。

【"向实行计划生育的贫困母亲献爱心"募捐活动】 根据中国人口福利基金会和中央国家机关人口计生办工作要求，4月17日至5月5日，机关人口计生办组织开展"向实行计划生育的贫困母亲献爱心"募捐活动。机关共1801名干部职工参加募捐活动，捐款73155元。

【会同发改司组织开展2018年防灾减灾宣传活动】 5月12日是中国第十个全国防灾减灾日，主题是"行动起来，减轻身边的灾害风险"。根据中央国家机关防灾减灾工作要求，服务局会同发改司，于5月9～24日组织开展了防灾减灾宣传教育和防灾应急演练等系列活动。利用网站、微信公众号等新媒体平台发布推送防震减灾、防风防雷、消防安全、事故防范等信息，在机关办公区显著位置张贴宣传海报，深入小区为租户发放宣传资料并进行现场宣讲，组织职工系统学习有关法规知识及防范应对技能，协调属地交警为干部职工进行安全知识讲座，组织安保人员开展实地消防疏散演练，对特殊岗位还开展了岗位安全培训。

【传达学习贯彻落实全国机关事务工作会议精神】 5月17日，服务局召开副处级以上干部会议，传达学习全国机关事务工作会议精神。会议传达了国家机关事务管理局局长、党组书记李宝荣在全国机关事务工作会议上的讲话精神，认真学习了《关于推进新时代机关事务工作的指导意见》（以下简称《意见》）。服务局党委书记、局长周琯就贯彻落实全国机关事务工作会议精神，结合服务局实际工作提出要求。服务局领导班子成员及副处级以上干部60余人参加会议。

为深入学习贯彻落实《意见》精神，不断提升服务保障效能，根据服务局工作安排，在前期研究调研的基础上，结合实际起草了《机关服务局学习贯彻〈关于推进新时代机关事务工作的指导意见〉实施方案》，于11月14日印发服务局下属各单位学习执行。

【交通安全知识讲座】 5月17日，服务局邀请东城区和平里交通大队民警为职工进行了交通安全知识讲座。机关70余名职工聆听了讲座。

【健康大讲堂活动】 6月8日，局机关爱卫办举办健康大讲堂活动，邀请北京市同仁医院专家作了"现场心肺复苏"专题讲座。各司局、各在京直属单位及工会妇工委200余人参加活动。

【"全国节能宣传周"宣传活动】 6月11～17日，是中国第28个全国节能宣传周，主题是"节能降耗保卫蓝天"。服务局认真组织开展宣传活动，张贴节能宣传画，发放宣传手册，倡导职工绿色出行，减少办公纸张消耗，以低碳的办公模式和出行方式积极参与支持节能降耗。此外，服务局还会同造林司和碳汇基金会在《中国绿色时报》进行了节能专题报道，并积极参与国管局节能司开展的"行为节能做表率 绿色办公我先行"现场倡议活动。

【危险化学品风险全面摸排整治工作】 8月10日、8月23日，根据局办公室关于开展林业行业危险化学品安全综合治理工作要求，服务局组织京内外所有附属单位开展了危险化学品风险专项排查整治活动，着重对出租房屋、宾馆酒店、地下空间、食堂等关键部位进行了重点检查。局属单位对照《涉及危险化学品安全风险的行业品种目录》，对辖区内的危险源进行了逐一排查。服务局所属有关单位涉及管道天然气和煤气危险源管理，均按照行业属地管理要求，对危险源采取了严格管理措施，配置了行业防护设施设备，责任分工明确，制度落实到位，没有发现其他危险化学品。

【完成机构改革后单位名称和公章变更】 根据《国家林业和草原局办公室关于国家林业和草原局所属事业单位机构编制情况的通知》要求，服务局专题安排部署局名称变更、公章刻制等事宜，稳妥有序做好机构改革过程中各环节衔接，确保工作正常有序运转。11月6日，"国家林业局机关服务局（中心）"变更为"国家林业和草原局机关服务局（中心）"，并同步启用变更后的"国家林业和草原局机关服务局（中心）"及财务公章。

【2018年经营创收现场培训班】 12月1～2日在厦门举办了2018年服务局经营创收现场培训班。培训班总结分析并通报了服务局2018年经营创收工作情况，5个经营单位就本单位经营工作情况作了交流发言，同时结合机关后勤改革形势和市场经济变化，围绕进一步创新经营方式、提高创收能力、确保国有资产保值增值进行了讨论。培训班还邀请国家林业和草原局基金站副站长郝雁玲就做好财务管理与核算工作进行了相关培训。服务局副局长姚志斌主持，局领导班子成员及各处室、各附属单位主要负责人参加。

【对口精准扶贫】 服务局坚决贯彻落实党组林业草原生态扶贫决策部署，高度重视、迅速动员、及时部署，通过摸底调查、座谈研讨、集中走访和实地考察，研究确定了对口精准扶贫工作方案，以现有后勤服务资源条件为依托，全力助推精准脱贫。一是建立采购机制，实施消费扶贫。机关食堂对接定点扶贫县农户，通过购买特色林副产品、农副产品，建立采购合作机制，2018年累计从贵州荔波、独山和广西龙胜、罗山采购特色产品53个品种，39.6万余元。此外，采购展销河北、新疆等贫困地区特色产品38万余元。二是开展定点扶贫美食暨特色产品展销活动，机关食堂推出扶贫县特色美食菜肴68道，展销特色产品50余种，深受干部职工好评。三是开展爱心结对，构架教育扶贫。充分利用机关幼儿园的教育资源和品牌优势，连续第三年开展"快乐儿童年520扶贫倡议"活动，发动全园幼儿、家长及教职工共同参与爱心捐赠，面向贵州独山、黄平和广西罗城等地的幼儿园捐赠教学用品、书籍和玩具，开展教师双向交流工作。

【行政处荣获2018年度首都全民义务植树先进单位】 7月3日，在北京市人民政府和首都绿化委员会开展的绿化美化先进评选工作中，服务局行政处荣获"2018年度首都全民义务植树先进单位"称号。

（服务局由芦俊仙供稿）

国家林业和草原局经济发展研究中心

【综　述】 2018年，经研中心认真学习贯彻习近平新时代中国特色社会主义思想和党的十九大精神，立足建设国家林业草原核心智库要求，积极落实党组的决策部署。全年共实施各类重大研究项目近80项，开展起草中央文件《关于打赢脱贫攻坚战三年行动的指导意见》、全国林业厅局长会议报告等重点工作29项，实地调研640余人次，形成调研报告近百篇，组织召开或参加各类专业学术会议40余次，共在国内外发表论文33篇，出版《生态文明关键词》《中国林业和草原发展报告》等专著12部，提出政策建议百余条，刊发《动态参考》14期、《决策参考》13期。相关研究项目荣获了梁希三等奖，1人荣获第七届梁希青年论文三等奖，1人入选省部级百千万人才工程。《林业经济》期刊被评为"2018年度中国人文社会科学期刊AMI综合评价"（A

刊)核心期刊和农业经济类核心期刊。

重大理论和政策问题研究

重大问题调查研究　2018年机构改革后国家林业和草原局正式成立，为应对中国林业草原改革发展中的难点、热点问题，局党组高度重视重大问题调研工作，开创了以局领导牵头开展调研的新模式。全年，共确定局领导牵头重大调研任务16项，经研中心作为主要力量全程参与调研。此外，经研中心还组织开展了其他11项林业和草原重大问题调研项目，为决策部门提供了大量对策、建议。

生态安全研究　2018年，生态安全研究及机构建设得到进一步加强，充分发挥了生态安全工作协调机制联系内外、协调上下、合力攻坚的作用。切实加强了与国安委协调工作机构的密切配合；正式启动了国家林业和草原局生态安全工作协调机制，并组织筹备国家林草局首次生态安全工作会议；参加了局领导关于党政领导干部生态损害责任追究等专题调研；与北京大学共同举办"绿水青山就是金山银山有效实现途径"研讨会。同时，加快生态安全研究工作，相继开展了中国生态系统状况评估、福建生态文明试验区跟踪和绿色金融等研究工作，取得预期成果。

林草改革研究　深入推进天然林保护制度研究。根据中央全面深化改革委员会确定的重要改革任务和局党组安排，作为《天然林保护修复制度方案》起草组成员，形成方案初稿。组织编写《林草业支持民营经济发展政策摘编》，为社会力量系统全面地掌握林草业政策信息提供参考。参与国有林区改革中期评估。结合国有林场改革开展国有林场现代化建设研究。继续承担全国林改情况统计工作，完成年度统计分析报告。撰写"集体林业改革发展纲要"，并参加集体林改督查，参与制定《国务院办公厅关于完善集体林权制度的意见》贯彻落实情况的调查表。

林业扶贫研究　积极开展调查研究，协助国家林草局副局长李春良完成好深度贫困地区林业生态扶贫政策调研。开展脱贫攻坚一线林业干部职工思想动态调研。参加国务院扶贫办组织的产业扶贫风险调研。联合规财司对西藏、云南等深度贫困地区生态保护、生态建设、生态产业等扶贫情况进行摸底调研。积极协助国务院及国家林草局有关部门开展扶贫工作，参与林业扶贫领域作风问题专项治理监督检查，积极落实全国典型案例编印工作。深度参与滇桂黔石漠化片区区域发展与扶贫攻坚现场推进会，为大会提供林业扶贫典型案例等会议材料。积极扩大中心在国家林草局扶贫工作中的影响，在"社区林业推进澜湄国家农村减贫事业国际培训班"上派员为澜湄地区5个国家的38位林业系统官员和代表讲授中国林业扶贫经验和做法。

自然社会科学研究　2018年，成功申请2019年度以"改革开放40年来我国集体林产权制度改革及相关林业政策对农户林业生产要素配置及其收入影响研究——基于多层次长期大样本动态路径"为主题的国家自然科学基金面上项目。项目采用多层次长期大样本数据，研究集体林产权制度改革及相关林业政策对不同区域时段、不同类型农户、不同地块长期与短期林业生产要素配置和农户收入来源的影响。

实证研究　2018年，中心继续围绕国家林业重点工程、集体林权制度改革、林业产业发展、国有林区民生改善、中央财政补贴开展监测，不断拓展监测范围和研究领域。

国际合作与交流　2018年中德林业合作平台建设再上新台阶，且正式纳入财政预算，研究空间不断拓展。组织召开中国可持续森林经营国际研讨会，分别对在华开展的林业合作项目进行了研讨。承办第五届国际森林科学论坛暨森林经营高端研讨会和栎类经营国际研讨培训会暨中国林学会栎类分会成立大会，进一步扩大中德林业政策对话平台的影响力。完成山西试点调研，协调山西省与德国GFC公司签署合作意向声明，试点工程招标工作已基本完成。"一带一路"林业合作研究取得新进展。全程参与中老跨境生物多样性保护年会，增设了3个保护区监测点，与西双版纳等3个边境保护区建立稳定的研究合作关系，开拓了中心跨境保护和"一带一路"研究新途径。参与世界竹藤大会的"一带一路"边会，参与边会讨论。参加"一带一路"林业国际合作交流研讨会，以经研中心开展的"'一带一路'建设下的林业跨境保护"研究成果为基础为国家林草局"一带一路"的国际合作献计献策。

工作品牌建设与成果应用

"六份年度报告"　继续做好《中国林业和草原发展报告》《林业重大问题调查研究报告》《国家林业重点工程社会经济效益监测报告》《中国林业产业监测报告》《集体林权制度改革监测报告》《中央财政林业补贴效益监测报告》的研究及出版发行工作，不断拓展研究的范围与深度，提高报告的决策价值。

"两本杂志"　《林业经济》杂志刊文水平不断提高，成功入编中国人文社会科学期刊A刊分学科期刊《中文核心期刊要目总览》2017年版(即第8版)之农业经济类的核心期刊。在中国电视艺术家协会主办的中国全媒体公益年会首届全国优秀公益电视节目表彰活动中，绿色中国杂志社(绿色中国网络电视中心)获得多项大奖，连续14年入选进入全国"两会"的十份期刊之一。

"两份参考"　组织好《决策参考》和《气候变化、生物多样性和荒漠化问题动态参考》办刊工作。2018年全年共出版《决策参考》13期，《动态参考》14期。

"一个年鉴"　《中国林业产业与林产品年鉴》(第9卷)编撰工作有序开展。

"一个论坛"　成功举办以"中国林业经济：新时代、新机遇、新发展"为主题的第十六届中国林业经济论坛，举行了2018年度中国林业经济学会优秀论文评选活动，共收到参会论文256篇，评选出优秀学术论文25篇、全国大学生优秀论文90篇。召开了中国林业经济学会第八届理事会第二次理事长办公会及八届一次常务理事会、中国林业经济学会国有林场专业委员会成立大会。

"几项活动"　"绿色中国行"先后走进浙江常山、陕西旬邑、重庆彭水、四川红原、吉林抚松、黑龙江七台河、山东潍坊和四川中江，是"绿色中国行"举办以来走进市县最多的一年，对传播生态文明理念发挥了重要作用。活动得到了局领导的肯定和支持，局领导多次亲临现场指导。

按照国家林草局党组和中心党委关于开展精准扶贫工作部署，对精准扶贫典型案例和践行绿水青山就是金山银山理念带动群众脱贫致富的生态建设示范县市进行深入报道。

配合重要时间节点进行专题宣传。2018年，是三北防护林工程40年，《绿色中国》杂志社先后派出3批记者100余人次到三北重点工程区实地采访，开设"三北40年"栏目，刊登了100多篇介绍三北地区植树造林和防治荒漠化报道，编辑出版了三北工程40年专刊。

党建监察与干部队伍建设

党建监察工作 通过新媒体组织开展学习习近平新时代中国特色社会主义思想、党的十九大精神、"两会"精神。细化落实"两学一做"学习教育常态化制度化工作要求，坚持好"三会一课"基本制度和主题党日活动计划，避免"灯下黑"，强化全体党员的纪律、规矩意识。组织开展警示教育、经常性纪律教育、巡视整改"回头看"、政治建设督查等工作。中心领导为全体党员干部作了题为《提高政治站位，保持政治定力，驰而不息纠正"四风"》廉政教育专题报告，中心党委还专门组织召开警示教育案例分析研讨会，增强了廉政风险防控意识。组织开展内容丰富多样的组织活动，观看电影《厉害了我的国》和《青年马克思》，参观《没有共产党就没有新中国》纪念馆、马克思诞辰200周年纪念展览、北京市反腐教育基地等。

队伍建设 一是补充新鲜血液，提高人员队伍专业知识水平。完成应届毕业生招聘工作，新招录高学历人才4名。二是完善试用期人员管理机制，加强专业技术人员职称管理。三是开展绩效工资、养老保险、职业年金等改革工作，为稳定职工队伍奠定基础。四是继续加大司处两级干部学习培训和其他人员在职教育培训力度。五是严格组织推荐国家林草局"百千万人才工程"省部级人选和局职称评审委员会专家库委员人选等。

（综合管理处）

【**重大问题调查研究**】 2018年，党和国家机构改革决定组建国家林业和草原局，赋予了国家林业和草原局新职能，提出了新任务、新要求。进入新时代，需要继续深入搞好调查研究，破解林业和草原改革发展事业的难点热点。2018年，局党组高度重视重大问题调研工作，局领导牵头开展了16项重大问题调研任务，经研中心配合协同开展了相关调研工作。同时，经研中心直接组织开展了11项林业和草原重大问题调研项目，直击改革发展中的重点难点，并提出对策和建议。

探索林草融合 "加大生态系统保护力度，统筹森林、草原、湿地监督管理"是党和国家赋予国家林业和草原局新的重要职能。推动林业和草原监督管理体制机制的政策融合，发挥"1+1>2"的系统整体效能，是2018重大问题调研的核心内容之一。经研中心围绕党组要求梳理了林业和草原管理在法律法规制度政策、管理体制机制、生态保护修复项目投入和科技支撑体系等方面的相同点和不同点，深入草原牧区了解草原生态保护修复在基层执行中存在的短板和问题，研究林草融合发展的思路和路径，向局党组提出了一系列促进林草融合发展的对策建议。

聚焦改革重点 2018年中心开展了国家公园、生态扶贫、湿地生态补偿等重大问题调研。在国家公园相关研究中，针对国家公园体制试点进展情况，管理机构、管理制度以及保护地整合等方面进行了详细的调查，总结了试点工作取得的成效，详细剖析了保护和发展矛盾突出、改革的协同性还不到位等问题，并针对存在问题提出相关法律和政策方面的建议。在生态脱贫研究中，调研组选取了4个定点扶贫县和一个革命老区县的108位林业草原干部职工，就思想认识、价值观念、工作作风、工作纪律等方面的思想动态现状，进行了一对一访谈。在湿地生态补偿研究中，调研组重点搜集湿地生态效益补偿相关资料，选择全国若干代表性湿地区域调研湿地生态效益补偿机制的建立情况，赴辽宁、江西调研湿地生态效益补偿实施情况，并提出极具参考价值的政策建议。

成果及时转化 2018年重大问题调研成果丰硕，各调研组及时将重大问题调研报告中的重点内容进行提炼，发表在《决策参考》《动态参考》等刊物上，多次得到领导的重要批示，受到局领导和相关司局、单位的高度评价，发送范围不断扩大，在服务科学决策方面发挥重要支撑作用，中心作为林草行业高端智库作用得到不断巩固和强化。

（调查研究室）

【**集体林权制度改革跟踪监测**】 2018年，集体林权制度改革监测项目继续对辽宁、福建、江西、湖南、云南、陕西、甘肃7省、70个样本县、350个样本村、3500个样本户进行跟踪调查，并开展了7个专题研究。结果显示，样本地区林权管理制度不断规范，林业经营制度稳步发展，财政支持保护力度逐步增强，林业金融产品不断创新，林业社会化服务体系逐步完善。

具体工作开展情况：全面修订监测方案，紧密围绕深化改革的关键内容，聚焦重点问题，最终确定2018年围绕规模化来进行专题研究，重点关注林权流转、新型林业经营主体等方面的发展动态。组织完成70县、350村、3500户监测数据的直报收集和入户调查工作，形成系统性数据库，为后续研究工作打好坚实基础。撰写2018年度监测总报告和集体林权流转现状分析、集体林权流转政策、林业龙头企业与小农户利益联结机制、林业合作社与小农户利益联结机制、家庭林场与小农户利益联结机制、林业社会化服务主体、生态护林员制度建设及其实施效果7个专题报告。组织专家对专题报告开展书面评审，再次修改完善后发布监测成果并正式出版《2018集体林权制度改革监测报告》。

（生态安全研究室）

【**森林质量精准提升工程监测**】 2018年，按照国家林草局统一部署，在规财司的指导下，"森林质量精准提升工程"研究监测工作持续开展。一是进一步完善研究方案，包括工作方案、监测方案、样本布局方案等；二是与规财司、速丰办、规划院、林科院等部门配合协调，积极参与工程实施的推进工作；三是进一步修正监测指标，实地调研，确立监测样本点，并对工程实施区域总体情况进行摸底，建立有效工作机制；四是在湖南、内蒙古、河北木兰围场和江西崇义县建立监测试点，围绕已经确定的监测指标体系，全面开展试监测工作，在实践中不断总结试点经验，进一步修正监测方案和指标体系；五是开展基于卫星—无人机—地面遥感监测相结合的监测方法探索及实际应用监测；六是完成本底、历史数据的收集整理，提炼森林质量提升的技术途径和模式，提供相应政策建议。2018年度前往河北、内蒙古、湖南、江西等省份累计开展实地调研工作共计16次、60余天，多次深入到林班样地，建立监测样地160个，开展无人机监测4次，整理遥感数据8套，收集汇总和提取分析4个监测试点监测数据，形成了年度研究报告和决策参考建议。　　　　　（战略研究室）

【《中国林业产业与林产品年鉴》】 该年鉴是由国家林业和草原局组织编撰。国家林草局局长张建龙任编委会主任，各副局长任编委会副主任，各司（局）负责人、各省（区、市）林业（和草原）局及林业森工集团负责人任编委。年鉴编辑部由国家林业和草原局经研中心、计财司、产业协会共同组建。参编单位和人员涉及中央、省、地、县各级林业主管部门和林业产业部门负责人。该年鉴以收集县一级经统计部门核实的林业产业年度基础数据为主要任务，全面、准确及时反映中国林业产业资源分布，生产力布局状况，为中央和地方政府宏观调控，为林业企业发展提供决策依据。该年鉴已受到林业基层的好评，也引起一些图书馆及林业发达国家的关注，是一部较全面连续反映中国林业产业发展年度状况的权威参考书。

2018年8月1～3日在青海省西宁市召开全国林业产业年鉴工作会议，会议内容一是分析当前林业产业发展形势和主要任务，二是总结2017年林业产业年鉴编辑工作，三是部署2018年年鉴编辑任务，四是参观林业产业先进典型，五是交流各地林业产业发展经验。
　　　　　　　　　　　　　　　（产业研究室）

【中国林业采购经理指数（FPMI）】 根据对全国700多家林业企业的调查结果，2018年全国林业采购经理指数（FPMI）综合平均指数49.65，低于荣枯线水平，全国林业企业整体处于衰退状态。生产量、订单量、供货量都低于上年。2018年生产指数50.44，同比降低2.89%，订单指数50.43，同比降低2.84%，供货指数48.79，同比降低1.37%。2018年发展态势萎缩的有胶合板行业、纤维板行业、指接板行业、木地板行业、木门窗行业、造纸行业，其综合平均指数分别是46.58、47.19、42.46、44.05、48.32、34.68，比上年分别下降了0.15%、2.41%、6.68%、3.92%、4.21%、17.56。木质家具行业、竹产品行业平均指数分别是52.91、50.23，比上年分别下降了4.36%、2.57%，但指数均在荣枯线以上，处于发展状态。2018年刨花板行业平均指数为50.79，比2017年上升1.77%，发展态势良好，由萎缩状态转为发展状态。细木工板行业平均指数为48.85，比2017年上升1.96%，但低于50，行业处于萎缩状态。同期由物流协会（代表国家统计局）发布的PMI指数为50.9，财新中国发布的PMI指数为50.73。采购经理指数（FPMI）是判断行业发展状态的风向标，指数超过50，说明行业处于发展状态，等于50说明行业为停滞状态，小于50则说明行业为衰退状态。
　　　　　　　　　　　　　　　（产业研究室）

【农村林业理论与政策创新研究基地建设】 继续围绕集体林权制度改革、林业重点工程相关政策开展创新性林业经济理论与政策研究。2018年扩大调研区域，采用跟踪入户模式获取了浙江、福建、四川、河南、江西、辽宁、陕西、山东、广西、湖南、广东、贵州和云南13个省（区）、24个县、216个行政村、3240个样本农户2016～2017年的数据，更新了原有的多层级长期大样本数据库。采用现代经济学与政策分析的理论与方法，开展了集体林产权制度改革及配套改革、林业重点工程等重大林业政策对农民土地、劳动力、资本等生产要素投入、收入及其结构等方面的影响分析研究，多项研究成果发表于 China Economic Review、《改革》、《农业技术经济》等SCI/SSCI和国内重要学术期刊上。"研究基地"全面加强与国外高等院校和科研院所的交流合作，加快林业经济理论和政策研究与国际接轨步伐，邀请美国、日本知名专家学者来华开展学术交流，在北京组织召开了"中日森林资源综合利用与生物多样性保护研讨会"；先后组织科研人员赴日本、瑞典、希腊、南非、肯尼亚参加多学科的国际理论学术研讨会并作主旨主题报告；积极参与第二届世界人工林大会、第二届世界生态保护大会和第17届中国林业经济年会等国际和国内学术会议，介绍和推广研究成果，提升"研究基地"在林业经济研究领域的学术影响力。"研究基地"继续提升林业决策服务能力，为国家有关部门提供相关政策建议70余条；参与国家发展和改革委员会、财政部、农业农村部、自然资源部、国家林业和草原局等部委局举办的政策专家会议，为生态文明建设和乡村振兴以及精准扶贫等有关决策献计献策。　　（农村发展研究室）

【中德林业政策对话平台建设】 2018年，中德林业政策对话平台开展了如下工作：一是组织召开国际研讨会，会议主题为中国可持续森林经营。二是与有关单位联合承办学术研讨会。如第五届国际森林科学论坛暨森林经营高端研讨会、栎类经营国际研讨培训会暨中国林学会栎类分会成立大会等。三是山西试点开展实地调研。考察了示范林场的多种森林经营类型，针对当地实际，组织开展了中德森林经营的科技与政策对话。四是协助山西试点制订项目建议书方案，在中德林业工作组的领导下，协调山西省林草局与德国GFA公司签署合作意向声明。五是为经研中心培养年轻骨干。依托平台，为中心的年轻科研人员搭建一个对外合作与交流的平台。六是协助国家林草局管理干部学院培训林业一线工作者。邀请德国专家，助力林干院组织的全国国有林场场长及技术骨干培训班，针对森林可持续经营主题培训人才100多人次。　　　　　　（战略研究室）

【第十六届中国林业经济论坛】 2018年12月7～9日，第十六届中国林业经济论坛暨第十七届全国大学生林业经济论坛在中南林业科技大学召开。论坛由中国林业经济学会和中国林业经济论坛组委会共同主办，中南林业科技大学承办。此次论坛主题为"中国林业经济：新时代、新机遇、新发展"，所涉议题涵盖经济、管理、林业、生态、社会等多个领域。来自国家林业和草原局经济发展研究中心、北京林业大学、中国人民大学、浙江农林大学、东北林业大学、南京林业大学、西北农林科技大学等国内30多所高校和研究机构的300多名专家、学者、师生代表参加了会议。会议期间，与会专家学者围绕"新时代中国林业改革与发展""国家公园与自然资源保护""林权制度改革与林业发展""森林资源与生态安全"和"林业经济发展与生态文明建设"等议题展开专题研讨。此次论坛共收到参会论文256篇，评选出优秀学术论文25篇、全国大学生优秀论文90篇。

（林业经济学会秘书处办公室）

【两份内部参考】

《决策参考》 伴随党和国家机构改革，《决策参考》的刊发始终聚焦国家林业和草原重点、热点、难点问题，致力于发表国家林业和草原改革发展及生态文明建设等方面具有较高水平的文章。2018年经研中心共刊发《决策参考》13期，内容涉及自然遗产保护、自然保护区管理体制、地质公园、"一带一路"建设、草原法律体系及基本建设、农村林业投融资体制、风景名胜区保护管理、国有林场现代化建设、西藏林业生态扶贫等13个方面。支持了有关司局的立法及业务工作，为局领导提供决策支撑，有关文章得到了局领导的重要批示，增强了《决策参考》权威性，扩大了影响力。

《动态参考》 2018年，《动态参考》围绕打造林草智库、提高决策服务水平这个中心，以习近平生态文明思想为指导，不断提升刊物质量，使广大林业工作者及时准确掌握国内外生态保护与修复动态变化和政策信息，共刊发《动态参考》14期，内容涉及国家公园及自然保护地，重点关注美国、澳大利亚、韩国等国在国家公园体制机制创新、矿产资源管理方面的特色和经验以及各国草原政策汇编、林业维护生态安全、国际林草资源现状和热点问题。

（综合处）

【《绿色中国》杂志】 根据局党组部署搞好重大会议报道，以宣传国家林草局局长张建龙的讲话精神为重点，对全国林业厅局长会议进行全面深入的报道。借助杂志第14次进"两会"之机，在"两会专刊"上发表张建龙的专访文章，重点介绍林草"十三五"规划的情况。针对重点扶贫地区进行典型宣传。按照国家林草局党组和中心党委关于开展精准扶贫工作部署，对精准扶贫典型案例和践行绿水青山就是金山银山理念带动群众脱贫致富的生态建设示范县市进行深入报道。三北防护林工程40年，杂志社先后派出三批记者100余人次到三北重点工程区实地采访，开设"三北40年"栏目，刊登了100多篇介绍三北地区植树造林和防治荒漠化报道，编辑出版了三北工程40年专刊。深入基层宣传重点生态工程。结合实际宣传生态文明重要理论和实践领域。开辟生态文明关键词、绿色电力、绿色金融、防治荒漠化专栏，报道绿色发展进程。

（绿色中国杂志社）

【绿色中国网络电视和新媒体】 按照国家有关部门的安排，绿色中国杂志社先后派出网络电视和新媒体骨干10余人次参加国家互联网信息办公室、新闻出版广电总局相关会议和培训，有效地推动了全社管理、技术、编辑人员政治觉悟和技能水平的提高。按照国家广播电视总局对节目内容加强管理的要求，绿色中国网络电视对制作播出的各类专题片节目全部进行了信息备案。绿色中国网络电视开通APP端直播"绿色中国"行活动和绿色中国十人谈、"8+1"对话等活动，备受社会各界关注，直播在线人数一度突破150万人次。

（绿色中国杂志社）

【社会公益活动】 2018年是"绿色中国行"公益活动举办的第九个年头，全年共举办了9场"绿色中国行"活动和2场新闻发布会。国家林草局领导亲临指导，相关司局领导也积极参与。这11场活动中，无论是以宣传推介习仲勋曾主政的马栏革命根据地、万里长征过程中过草地的革命圣地红原，还是以"乡村振兴"为主题的苗乡彭水，所到之处，省市县各级干部高度重视，当地群众热烈欢迎。

2018年6月24日，在中国全媒体公益年会首届全国优秀公益电视节目表彰活动中，绿色中国杂志社（绿色中国网络电视中心）获得多项大奖：《千年古邑·万人党课》荣获《公益专题片类好作品》，《绿色中国十人谈》荣获公益栏目类好作品，《两山思想与塞罕坝精神》荣获公益特别节目类的好作品。

（绿色中国杂志社）

国家林业和草原局人才开发交流中心

【综述】 2018年，人才中心坚持以"支持机关、服务行业"为主线，完成了各项业务工作。一是强化人才评价，释放技术人才活力。对2003年实行评聘分开以来职称评定及岗位聘任情况进行调研，组织完成年度职称申报评审工作。二是规范职业资格管理，提升技能人才水平。印发了《关于加强林业行业职业资格管理和规范鉴定工作的通知》，开展职业资格水平评价和林业行业技能等级评价调研，研究提出等级评价的方法和建议；开展《森林消防员》《林业有害生物防治员》国家职业技能标准修订工作，组织森林消防员职业资格考试，共通过4500多人。三是按需精准培训，提升行业人才素质。认真完成司局和直属单位委托的培训班53期，培训近6000人次；自主举办市县林业局长研修班1期；组织政府会计制度及林业改革发展资金管理等培训班8期，共培训1300多人；组织完成2200名乡镇林业工作站站长能力测试工作。四是开展技能大赛，弘扬工匠精神。与国家林业局场圃总站等单位共同组织了全国林业行业职业技能竞赛，来自全国34支代表队的102名选手参加了比赛；组织参加第45届世界技能大赛全国选拔赛，花艺、家具制作分别以全国第五、第六名的成绩入选国家集训队。五是推动就业创业，引导林科毕业生服务基层。组织开展了首届全国林业创新创业大赛，100多家单位500多个创新创业项目参与，部分项目团队与投资机构签署了合作意向协议；举办全国林业教学名师"深入基层体验林改"和"产教融合协同育人"等系列教育实践活动；组织"林科学子红色筑梦　走进梁家河"全国林科大学生创新创业团队主题实践活动，来自13所涉林院校的46个大学生双创团队代表参加活动；组织开展了2019届全国林科十佳毕业生评选活动。六是突出公益属性，切实为局机关提供支持。对300余卷干部人事档案的"三龄二历一身份"和奖惩情况等信息进行复审；完成了近400卷局管干部档案信息采集工作；完成北航总站等单位划出人员干部人事档案移交和自然资源部等部委划入干部人事档案接收工作；完成局新录用、调入、军转干部的档案外调审核；完成局机关及直属单位500多人次因公出国（境）和赴台湾备案工作。七是加强深度合作，进一步创新人事代理服务。　　（王尚慧）

【职称改革】　为全面掌握国家林业局专业技术资格评定制度的实行情况，开展了深化职称制度改革调研工作。拟定实施方案，明确工作任务、方式方法和调研对象，下发调研提纲、问卷材料，梳理总结调研情况，统计分析2003年实行评聘分开以来国家林业局职称评定及岗位聘任情况，分析评聘分开的利与弊，为深化国家林业局职称制度改革，制定符合林业专业技术人才队伍特点的职称制度提供了依据。同时，根据工程系列评审条件自2013年以来的使用情况，及人社部对职称外语、论著要求的调整，结合国家林业局机构改革职能的调整，启动了评审条件修订完善工作。　　（李　伟）

【职称评定】　组织开展2018年职称评审工作。共受理41个单位403人申报职称评审和认定，其中申报评审340人、申报认定63人。完成了材料受理、资格审核、论文送审、意见反馈、材料完善等环节的工作。组织召开工程中高级，会计、经济、出版系列高级，新闻系列中高级职称评审会议，共评审313人，通过211人，中初级认定通过59人，履行公示报批程序，公布了评审结果。　　（李　伟）

【局属在京单位公开招聘毕业生】　完成局属在京单位集中组织的公开招聘毕业生工作。组织各单位拟定岗位需求，发布了17个岗位招聘公告，共有497名毕业生报名，审核通过251人，确认考试167人。组织落实笔试考务、阅卷、统分、汇总复试成绩、发布复试公告、组织体检复检等各环节工作，向社会公示了拟录用人员名单。　　（李　伟）

【局属京内外单位毕业生接收工作】　按照下达的2018年307个毕业生计划数，组织22个局属京内外单位填报和审核汇总了计划与岗位对接方案，审核汇总各单位拟接收毕业生人选基本情况，向人社部报送了在京单位毕业生人选，协助各单位办理毕业生接收手续，共接收毕业生221名（在京单位90名、京外单位131名）。严格审核在京单位接收的78名京外生源毕业生学历学位、报到证、户口迁移等落户材料，为在京单位接收的京外生源毕业生办理了进京落户手续。开展了在京单位毕业生接收工作检查，采取抽查并实地走访的方式检查毕业生劳动关系建立及毕业生在岗情况，组织核查局属在京单位2015~2017年接收毕业生的留存情况。组织局属京内外单位申报2019年毕业生计划。　　（李　伟）

【干部档案管理】　按照中组部要求，对无干部管理权限单位处级以下干部300余卷档案"三龄二历一身份"以及奖惩情况、家庭主要成员及重要社会关系等信息的记载情况及原始证明材料是否完备进行复审；完成了400卷无干部管理权限单位干部及局管干部档案信息采集；完成了机构改革中干部人事档案和材料的接收及移交工作；全面审核整理中组部在优秀年轻干部专题调研中借阅的干部档案；完成了新录用公务员、军转干部、新调入干部人事档案外调审核；协助人事司对有干部管理权限单位干部档案管理开展监督指导、业务培训、政策解答、现场指导、进度追踪等工作，进一步推动了局属单位干部档案规范化水平。同时完成了干部档案材料整理归档、查借阅、转递等日常管理工作。　　（李　伟）

【因公出国（境）备案】　完成了局管干部、公务员及无人事权单位500多人次的因公出国（境）和赴台湾备案工作。　　（李　伟）

【人事代理】　完成了代理单位2017年毕业生进京落户。对2017年代理接收京外生源毕业生的在岗情况进行了实地走访检查，核查了毕业生学历情况、报到手续、劳动合同和工资发放、社保及公积金缴费情况，在代理单位和中国林业网分别公示了接收毕业生情况。根据人社部要求，对6家代理单位接收资质和2015年、2016年接收京外生源毕业生留存情况进行了核查。向人社部申报并下达了2018年毕业生接收计划，组织代理单位落实人选、办理接收手续并进行了毕业生在岗情况的走访检查。全年为代理的局属单位完成了人员和工资统计、法人年检、核定工资、工资统发、机关事业单位社保基数核定及正常征缴后人员增减变动、退休人员待遇申领及养老金调标等工作。为代理企业完成了社保和公积金立户、缴费、基数核定等工作，完成了流动人员档案转入转出、查阅利用以及以档案为依据提供的各项人事代理服务。　　（李　伟）

【公派留学】　完成了国家林业和草原局2018年国家公派出国留学选派工作。为培养一支具有国际视野、熟悉国际规则的高层次人才队伍，开展了国家留学基金资助出国留学申请受理工作，共37人申报国家公派留学项目，29人获得国家公派留学资格。　　（赵佳音）

【第三期市县林业局长研修班】　2018年5月27日至6月5日，举办了第三期市县林业局长业务能力提升研修班。市县林业局长培训旨在帮助新任市县林业局长适应专业岗位、熟悉业务工作，增强依法行政、改革创新及应对复杂局面等方面的综合素养。局领导和有关司局及直属单位司、处级领导干部共23人走上讲台，专题讲座为学员接通"天线"，直接了解最前沿的林业改革发展动态、最权威的政策解读、最清晰的工作要求；现场教学聚焦时代"主旋律",组织学员赴塞罕坝学习弘扬塞罕坝精神,现场学习了解林场建设情况,学习绿色发展理念;针对林业机构改革与发展、金融支持国家储备林建设等当前林业热点、重点、难点问题进行研讨交流。在总结2017年举办市县林业局长培训的基础上,加强培训需求调研,优化课程设计,提升针对性和时效性,不断塑造市县林业局长培训品牌。 (范俊峰)

【2018年度局干部培训计划执行监督指导和质量评估】 受局人事司委托,组织开展2018年度国家林业和草原局干部培训计划执行监督指导和质量评估工作,编制了《2018年度国家林业和草原局培训质量报告》。报告对2018年度局培训工作进行了梳理,开展了理论研究和专题调研,构建了林业草原培训评估指标体系,比照相关规定和指标体系找出了培训工作中存在的不足,并提出建设性意见,对改进和提升干部培训质量和效益具有重要意义。 (范俊峰)

【林业行业高技能人才工作研讨会】 于2018年11月在山东淄博组织召开。会议传达了人社部和国家林草局关于技能人才评价工作的有关精神,通报了近年来落实党中央、国务院关于技能人才评价机制改革和提高技术工人待遇文件的工作情况,邀请有关林业主管部门、企事业单位、职业院校在高技能人才培养、职业院校校企合作、开展世界技能大赛、国家技能竞赛、职业院校竞赛活动等多个方面进行专题报告。会议就技能人才评价制度建设,技能人才培养工作面临的新形势、新任务,林业职业教育与职业技能鉴定有机结合,对技能鉴定、技能竞赛、专业设置与职业目录衔接的意见建议4个项目进行讨论。与会单位均表示赞成开展职业技能等级认定,将加强组织领导和政策解读,提升职业技能人才评价队伍工作能力,引导技能人才参与职业资格评价和职业技能等级认定。 (关震)

【组织参与世界技能大赛全国选拔赛】 2018年6月12~28日,第45届世界技能大赛全国选拔赛分别在上海赛区、广东赛区展开。人才中心承担了参赛选手和技术指导专家的选拔推荐和技术支持、宣传报道、后勤保障等工作。国家林草局代表队是参赛项目和选手最多的行业部门之一。经过为期两周的激烈角逐,国家林草局代表队在参赛的5个项目中取得优异成绩,其中花艺项目获第五名、家具制作项目获第六名、园艺项目获第六名,花艺项目和家具制作项目的2名选手进入国家集训队。 (关震)

【2018年全国林业行业(国有林场)职业技能竞赛】 2018年9月,中国技能大赛——全国林业行业职业技能竞赛在湖南省浏阳市大围山国有林场举办。全国政协常委、国家林业和草原局副局长刘东生,全国总工会书记处书记、党组成员赵世洪等领导出席了竞赛开幕式。此次竞赛以"新时代、新技能、新发展"为主题,34支由各省(区、市)林业行业高技能人才组成的代表队在竞赛中亮相,共有102名选手参赛。比赛分为理论知识考试和技能操作考核两部分,分别设个人、团体奖项,获个人一等奖的3名选手报请人力资源和社会保障部授予"全国技术能手"荣誉称号,颁发奖章和证书。经过比赛,湖南省代表队获得团体一等奖,安徽省、黑龙江省、河北省3支代表队获得团体二等奖,甘肃省、内蒙古自治区、内蒙古森工、湖北省、北京市、大兴安岭森工6支代表队获得团体三等奖。荣获个人一等奖的是湖南省代表队的段志华、内蒙古森工代表队的江龙、黑龙江省代表队的马绍林,同时,还有12名参赛选手获得个人二等奖,21名参赛选手获得个人三等奖。人才中心承担了竞赛的具体组织筹办工作,充分发挥了职能作用及技术优势,参加了竞赛各个环节的组织协调工作,具体承担了竞赛工作实施方案的讨论确定,参赛人员的资格审核,理论考试试题准备,理论考试判卷、统分、裁判等有关工作。 (关震)

【督导员培训】 2018年6月举办督导员培训班,共70余名各鉴定站主要负责同志参加。圆满地完成会议的组织筹备、授课安排、结业考试、证书发放等工作,培训班得到与会学员的一致认可,满意率98%以上。 (李斌)

【课题研究】 承担林业职业发展建设与院校专业设置课题研究工作。编制了课题研究方案,成立了专家委员会,由广西生态工程职业技术学院等7家单位组成课题组。确定林业技术类、木材工程类、园林及绿化类为重点研究方向,初步形成了课题研究报告。 (李斌)

【职业技能鉴定】 2018年林业行业职业技能鉴定合格11 359人次,其中初级职业技能鉴定合格2406人次,中级职业技能鉴定合格5539人次,高级职业技能鉴定合格3404人次,技师6人次,高级技师4人次。 (图星哲)

【首届全国林业创新创业大赛】 为了响应中央关于"大众创业、万众创新"的重要精神,大力激发林业行业创新创业工作的热情,人才中心作为主要承办单位组织开展了首届全国林业创新创业大赛。大赛受到社会各界的广泛关注,也得到众多知名投融资机构的青睐,在大赛总决赛优秀项目展演和颁奖典礼上,部分项目团队与投资机构代表签署了合作意向协议,投资额达到122亿元。 (何乐观)

【林业教学名师系列教育实践活动】 由人才中心和中国林业教育学会共同承办。活动旨在深入贯彻党的十九大精神,全面落实国家林业和草原局党组关于全国林业教学名师遴选工作的重要指示,帮助全国林业教学名师进一步树立生态文明理念,深入林区、深入基层了解现代林业建设和全国林业改革基本状况,增强为林业现代化建设培养高素质人才队伍的使命感、责任感和紧迫感,同时分享交流林业教育教学改革实践,进一步提升林业教育科研和人才培养水平。2018年4月15日,全国林业教学名师"深入基层体验林改"系列活动在福建农林大学启动;8月21日在北京国际竹藤中心启动了全国林业教学名师"产教融合协同育人"教育实践活动,组织全国林业教学名师们先后考察了国际竹藤中心、中国林业科学研究院等林业高等科研机构,观摩了北京东郊森林公园、绿心城市公园、通州大运河森林公园、北京城市副中心园林景观绿化等实景和规划施工现场，参观了中国园林博物馆、北京林业大学博物馆等珍贵馆藏，并深入北京林业大学国家大学科技园、TATA木门、东方园林等园区、企业，重点围绕学科建设、人才培养、产教协作、新时代林草现代化建设等主题与相关负责同志进行座谈交流和现场对接。

（何乐观）

【林科大学生双创成果展示和红色筑梦走进梁家河系列活动】 5月20～23日，组织举办了以"林科学子红色筑梦 助力脱贫攻坚"为主题的全国林科大学生创新创业主题实践活动。国家林业和草原局副局长彭有冬向林科大学生"走进梁家河"双创实践队授旗，并与西北农林科技大学校长吴普特、中国老科协副会长杨继平等领导一起参观双创成果展示。此次活动是2018年全国林业和草原科技活动周主会场活动之一。来自北京林业大学、东北林业大学、西北农林科技大学等13所涉林院校的46个大学生双创团队代表参加双创成果展示和"走进梁家河"学习实践活动。同期在杨凌组织举办了林科大学生双创成果展示活动，共有创新创业实用技术、专利成果、创意体验等46个作品，面向全国涉林院校征集遴选产生。其中28名林科双创团队骨干成员组成多学科融合的实践队，深入延安梁家河进行为期3天的实地学习实践。针对梁家河乡村振兴的实际需求，进行助力精准扶贫的实践。最终形成大学生关于梁家河林果业转型升级的调研报告和建议书，为构建长效合作机制奠定基础。实践队还与延安大学进行了双创教育交流对接。

（何乐观）

【2019届全国林科十佳毕业生评选活动】 2018年5月23日，由中国林业教育学会、人才中心共同举办的"北美枫情杯"2019届全国林科十佳毕业生评选活动启动仪式在湖北生态工程职业技术学院举行。20多所参评院校以及湖北生态工程职业技术学院的部分师生代表等700余人参加了启动仪式。国家林业和草原局副局长、中国林业教育学会理事长彭有冬，国家林业和草原局人事司副司长路永斌、湖北省林业厅副厅长王昌友、国家林业和草原局人才开发交流中心主任樊华、北美枫情木家居总裁余光明共同按动启动球。11月3～9日，"北美枫情杯"2019届全国林科十佳毕业生评选活动组委会组织面向全社会的微信公众投票活动，共有415名正式候选人接受公众投票评选。截至11月9日24：00，全国林科十佳毕业生评选活动微信投票总访问量305万人次，有效投票数达到143万多票。11月24日组织有关林业行政主管部门领导、业内专家学者和知名企业人力资源经理进行了综合评审，经分组评议推荐、全体研究评审和无记名投票，评审产生研究生组、本科组、高职组全国林科十佳毕业生各10名和全国林科优秀毕业生各40名。12月27日在安徽农大召开颁奖典礼活动，活动组委会向全国林科十佳毕业生、优秀毕业生，以及优秀组织单位和优秀组织个人颁奖。原林业部副部长、中国林业教育学会原理事长刘于鹤等相关领导和代表，2019届全国林科十佳毕业生、部分优秀毕业生代表和安徽农业大学师生代表共计1000余人参加颁奖典礼。

（何乐观）

【林业通用航空工作】 参与举办全国林业和草原通用航空应用研讨会。为了大力发展林业和草原通用航空事业，加强通用航空在飞播造林、护林防火、森林病虫害防治、林地湿地草原荒漠资源勘查监测、森林旅游等领域的应用，在2018中国国际通用航空博览会上参与举办全国林业和草原通用航空应用研讨会。共有80多名代表与会，全体参会代表均表示应当加强林业通航应用研究，增进横向联合。参与研究加快推进林业通用航空基金筹建工作。建立了与商务部通用国展公司的战略合作，双方签署了战略合作协议，将共同在通航展览和相关领域开展广泛的合作。

（何乐观）

【局属单位年度人事人才统计】 完成了局属单位2018年人事人才统计工作，受到上级统计部门的好评，在150多家中央统计汇总上报单位排名中名列前茅。

（何乐观）

中国林业科学研究院

【综述】 2018年，中国林业科学研究院（简称中国林科院）紧紧围绕国家重大战略和林业草原事业发展需求，深化体制机制改革，优化科技资源配置，调整学科结构布局，扎实推进科技创新，圆满完成各项任务。

发挥智库作用和服务全局工作 承担中国—中东欧国家林业合作机制外联协调和信息化管理工作，正式开通"中国—中东欧16+1林业合作中文网站"。完成《中国履行〈联合国防治荒漠化公约〉国家报告》，参与科技部"十四五"农业农村科技创新预研工作，参与编制《中国国际重要湿地生态状况报告》、国家林草局牵头的"构建市场导向的绿色技术创新体系专题报告"。依托中国林科院成立"一带一路生态互联互惠""长江经济带生态保护"两个科技协同创新中心，积极筹建中国林科院自然保护地研究所、国家草原研究中心、美丽中国研究中心等研究机构。

科技资源和创新成果 全年新增各类纵向项目323项，总经费3.58亿元。其中，国家重点研发专项5项，国家自然科学基金青年和面上项目63项，在林业工程领域实现国家自然科学基金重大项目零的突破，林业标准项目40项。重大专项"转基因杨树、落叶松新品种培育及产业化研究"两个课题启动。攻克了高分辨率遥感林业调查和监测应用关键技术，实现了高分林业应用专题产品生产、共享与服务。创新了杉木第3代种子园营建、多性状无性系选育等核心技术。解决了森林空间结构量化表达、结构信息有效获取、森林经营迫切性与状态合理性评价等问题。阐明了海南热带天然林生物多样性形成、维持和恢复机制。突破了热压板同步升降、钢带调偏和钢带拖动同步等3项人造板连续平压机核心技术瓶颈。"高分辨率遥感林业应用技术与服务平台"荣获国家科技进步二等奖。获梁希奖13项,其中一等奖1项。评选中国林科院重大成果奖3项。2人获国家自然科学基金优秀青年科学基金。8个林木良种通过审(认)定。共发表论文1452篇,其中SCI论文476篇,EI论文81篇。出版科技专著和译著44部,获授权专利192项。

乡村振兴,成果推广 制订印发《中国林科院乡村振兴科技支撑行动方案》和《中国林科院促进林业科技成果转移转化实施办法》。设立扶贫科研专项、推广实用技术、建立示范样板、选派扶贫专家、培养乡土专家等行动,切实支撑国家林草局定点扶贫和行业扶贫。入选国家林草局年度重点推广林业科技成果21项、国家林草局首批重点推介成果3项。推荐国家农业科技园区专家组专家1名和专家库专家12名。新增院地合作项目30项,完成了与浙江省人民政府、张家口市宣化区人民政府、江西省新余市人民政府等签约及共建工作,承办全国林业和草原科技活动周活动,与成果孵化基地、林业企业签订多项成果转化协议。组织参加首届全国林业创新创业大赛活动,中国林科院获"优秀组织单位奖",1人获"优秀组织个人奖"。

国际交流合作 与美国南卡大学、欧洲森林研究所等机构和组织签署(或续签)合作协议5项。成功承办第四届世界人工林大会,主办了应对气候变化的林业科学研究等高层次国际会议。"林业生物质高效转化利用国际科技合作基地"获科技部批准,成为国家林草局首个国家级国际科技合作基地。承担商务部援外项目8项,培训了来自40个国家的199名学员。首次承办了科技部面向发展中国家培训班。获批各类引智项目5项。启动科技部中美政府间国际科技创新合作重点专项1项、亚太森林组织项目3项。组织"蒙古国戈壁熊技术援助"项目首期培训。14位青年学者获国家留学基金委国家公派高级研究学者及访问学者项目。首次实施院所长基金"公派留学支持计划"项目,共资助10位青年专家出国留学。全年共派出专家330人次,请进外宾249人次。

科技队伍建设和人才培养 全院各单位绩效工资实施方案获国家林草局批复。完善职称评审"绿色通道"制度,加大了优秀青年人才选拔力度。1人当选第十三届全国人大代表,并当选全国人大环境与资源保护委员会副主任委员。1人当选第十三届全国政协委员。1人获何梁何利基金科学与技术进步奖,2人入选科技部"创推计划"中青年科技创新领军人才,4人入选"百千万人才工程"省部级人选。1人当选国际木材科学院院士。1人获得院首个人社部"高层次留学人才回国资助"项目。完成15个学位点自评估工作,新增2个一级学科硕士点和1个专业学位授权点,修(制)订12个学位授权点培养方案。出版教材2部,1门研究生课程获"全国生态文明信息化教学成果奖"。联合共建研究生实践基地3个。录取研究生364人,在读研究生1300余人。

平台建设和保障能力 全面推进林木遗传育种国家重点实验室整改,完善奖励措施,建立淘汰机制,优化研究方向。海南碳汇基地实验室建设工程施工完成。天津盐碱地中心建设已完成四方验收。潍坊滨海林业研究中心基地建设项目进展顺利。木竹联盟连续第五次获评高活跃度联盟。2个国家林草局重点实验室获评优秀,新建5个国家林草局重点实验室。初步建成国家生态站网数据平台。获批成立3个国家林草局工程技术研究中心、25个林草国家创新联盟。挂牌成立"国家林草局虎保护研究中心上海研究基地""国家油茶科学中心热带试验站"。与宣化、任丘合作共建万亩良种试验示范基地。

纪念建院60周年 举办中国林科院建院60周年纪念大会,总结院所建设经验,回顾艰苦奋斗历程。组织召开现代林业与生态文明建设研讨会、林业科研院所长国际研讨会、林业科技支撑乡村振兴工作暨学术研讨会、全院青年人才工作推进会等系列会议,开展成果与人物系列宣传报道,建成院史馆,评选并颁发"中国林科院建院60年科技创新卓越贡献奖"和"中国林科院国际科技合作奖"。

院所建设管理和综合治理 强化管理制度建设,出台各类管理制度16项。视频会议系统全面上线运行,提升了会议质量和工作效率。加强财务内控制度建设,规范资金监督管理流程,科学合理落实全院预算执行,保障了资金安全运行。积极争取财政修购和基建项目立项。完成全院养老保险并轨工作。全院安防和消防建设稳步推进。加强院所后勤保障能力建设,职工工作和生活条件得到进一步改善。

党的政治建设和基层组织建设 研究制订《中共中国林业科学研究院分党组加强党的政治建设重点任务分工落实方案》。举办3次专家专题辅导报告,院分党组全年集中学习达13次,各所(中心)理论中心组学习普遍达到5次,有的达8次。全年院、所(中心)两级领导等共有131人讲党课168次,5280多人次受到教育。牵头成立中国林业职工思想政治工作研究会科研院所分会,调整中国林科院党建工作领导小组和研究生思想政治教育工作领导小组。开展"第四届十佳党群活动"评选,全年培训入党积极分子102人,发展新党员35人。

领导班子和干部队伍建设 加强对领导干部社会组织兼职的管理,明确兼职政策要求及审批备案程序。制订《中国林科院干部人事档案管理办法》《中国林科院干部人事档案管理分类手册》。全年培训干部2201人次。全院副处级以上干部185人填报了《领导干部个人有关事项报告表》。

统战群团工作 1人出席第十次全国归侨侨眷代表大会,2人分别获中国侨界杰出人物提名奖、全国归侨侨眷先进个人。召开中国林科院京区工会第三次会员代表大会及院京区工会、妇工委表彰座谈会。中国林科院京区工会、京区妇工委、京区团委分别获国家林草局优秀基层工会组织、优秀妇女组织、五四红旗团委称号,有1个集体、14名个人(家庭)被国家林草局表彰。为46名困难职工发放补助金共计105 500元,组织职工向广西龙胜县小寨村捐款近4万元、向贫困山区捐赠衣物200余件、编织爱心毛衣60斤,仅用一个月时间就完成110多万元的定点扶贫任务。

【海南省院士工作站（林业）】 于1月18日在海南省林科所举行揭牌仪式。中国林科院副院长孟平，海南省科技厅党组书记叶振兴，林业厅总工程师周亚东等出席并揭牌。中国科学院院士、中国林科院首席科学家唐守正与海南省林科所所长杨众养签订院士专家工作站合作协议。海南省林科所党委书记洪仁辉主持仪式。仪式后，中国林科院资源所两位专家分别作《我国多功能近自然森林经营理论技术与应用案例》等专题报告，来自海南省林科所及其直属单位的中层以上干部和科技人员约50人参加报告会。与会专家还实地考察了东寨港红树林保护区等地，并接受海口广播电视台、《海南日报》等多家媒体关于如何加强红树林保护及海南林业发展的专访。

【中国林科院2018年工作会议】 于1月25日在北京召开。国家林业局党组成员、副局长彭有冬出席会议并在讲话中肯定了五年来中国林科院各项工作取得的显著成效，希望中国林科院牢固树立责任担当意识，当好林业科技工作的排头兵和主力军，以改革创新的精神，努力打造世界一流的林业科研院所，为新时代中国林业现代化建设提供强有力的科技支撑。中国林科院院长张守攻作题为《深入学习贯彻落实党的十九大精神 凝心聚力助推新时代林业现代化建设》的工作报告。中国林科院分党组书记叶智作题为《以习近平新时代中国特色社会主义思想为指导 努力开创我院党的建设工作新局面》的党建工作报告。会议颁发2017年度"中国林科院重大科技成果奖"，表彰2位国家自然科学基金优青项目获得者。科技部农村司，国家林业局直属机关党委、计财司、科技司、人事司负责人出席会议。中国林科院院领导，各所（中心）、院各部门党政主要负责人以及京区副处级以上干部、有关专家和获奖代表等100余人参加会议。京外各所（中心）副处级以上干部通过视频会议同步收看、收听了会议实况。

【中国林科院获批新（筹）建局重点实验室5个】 3月6日，国家林业局公布新建国家林业局重点实验室名单，中国林科院获批新建实验室4个，分别是：经济林种质创新与利用国家林业局重点实验室、荒漠生态系统与全球变化国家林业局重点实验室、森林经营与生长模拟国家林业局重点实验室、生物多样性保护国家林业局重点实验室。竹子资源与利用国家林业局重点实验室列入筹建。

【中国林业职工思想政治工作研究会科研院所分会】 4月23~25日，分会成立大会在位于广西凭祥的中国林科院热林中心召开。中国林业职工思想政治工作研究会常务副会长兼秘书长管长岭到会并讲话。会议通过选举表决，中国林科院分党组纪检组组长、副院长李岩泉当选为分会会长，并代表新成立的理事会表示，将和第一届理事们一起，尽职尽责，努力开创科研院所分会工作新局面。湖北省林科院、浙江省林科院、山东省林科院、河北省林科院党委书记当选为副会长。广西林科院、内蒙古林科院、陕西省林科院、湖南省林科院、宁夏林业研究院股份有限公司以及中国林科院所属21个所（中心）党委书记或副院长等当选为科研院所分会理事。

【林业工程（技术）研究中心主任座谈会】 于4月26日在中国林科院召开。全院26个工程中心的主任和负责人参加会议。会议介绍了各自所在工程中心的管理经验，讨论交流了工程中心的定位、制度建设、运行问题、考核评估机制等。会议提出，工程中心的建设不仅要产出高水平的科研成果，更要加强与企业和生产单位的合作，要进一步完善考核评估机制，加强工程中心内部的运行管理。

【《林业科学研究》第六届编委会成立大会和创刊30周年座谈会】 于5月11日在中国林科院召开。中国林科院副院长李岩泉宣读第六届编委会成员名单，并为主编颁发了聘书。中国林科院院长、中国工程院院士张守攻主持大会并为到会副主编和编委颁发聘书。第六届编委会主编为张守攻，副主编8人，编委由中国科学院、北京师范大学、北京林业大学、南京林业大学、东北林业大学、中南林业科技大学、西北农林科技大学、华南农业大学、福建农林大学、浙江农林大学、河北农业大学，以及国际竹藤中心、中国林科院等科研院所和高等院校31位专家组成。会议研讨了提升《林业科学研究》影响力的途径和相关举措，分析了刊物名称、刊物定位、刊物内容、刊物形象、办刊思路、审稿制度等，提出了良好的建议。

座谈会总结了《林业科学研究》创刊30年的风雨历程、取得的主要成就以及所作的重要贡献；回顾刊物30年的成长过程、目前发展需要解决的问题，提出刊物发展的期望和良好建议；向为刊物作出重大贡献的盛炜彤先生颁发了纪念品；期刊代表作者发言。第六届编委会成员参加成立大会和座谈会。

【2018年中国林科院对外开放和科普惠民活动】 5月20日，参与承办了在西北农林科技大学举行的2018年全国林业和草原科技活动周，国家林木种质资源共享服务平台与海南大学签署科技合作协议，2位专家作科普报告，10多位专家开展咨询互动活动。5月19~23日组织参加2018年"科技列车云南行"活动，8位专家分别在曲靖市、丽江市、会泽县等地开展实地考察、指导、建言献策、专家报告等系列科技服务活动。全年还举办2018年全国林业和草原科技活动周北京分会场活动，2018年世界湿地日主题宣传、专家讲座活动，亚林中心树木园春季科普教育研学游活动，热林所海南尖峰岭试验站"六一"热带植物科普活动。参与举办浙江省第十五届林业科技周活动主会场活动，组织参加农业科普四川筠连乡村行捐赠和专家实地咨询指导活动。

【首届全国林木遗传育种研究生学术论坛】 于6月1~3日在江西农业大学举办。论坛由林木遗传育种国家重点实验室和中国林学会共同创办，旨在加强全国林木遗传育种研究领域研究生之间的学术交流，挖掘研究生的科研潜力，提高科研创新能力。4位专家作特邀报告，23位研究生作学术报告，并进行交流讨论。经专家现场打分评议，共评出优秀报告一等奖4名，二等奖6名，三等奖8名。来自中国林科院、北京林业大学、东北林业大学、南京林业大学、江西农业大学等36个单位的150余名研究生参加了论坛。

【中国林科院代表团访问捷克和波兰华沙生命科学大学】 6月11~12日，中国林科院院长张守攻院士应邀率团访问捷克生命科学大学，签署林业科技合作协议，与林业与木材科学院、捷克森林经营研究所负责人和专家就推进中国—中东欧林业合作框架下的林业科技合作广泛交换意见，并考察真菌培育、树木年轮和木材加工实验室和树木园。6月14~15日，代表团应邀访问波兰华沙生命科学大学，与林学院、波兰林业研究所负责人就双边林业科技合作交换了意见。中国林科院亚林所、资源所、资昆所、木工所以及国际处相关负责人参加访问。

【中国林科院2018届研究生毕业典礼暨学位授予仪式】 于6月29日在中国林科院举行。第八届学位评定委员会主席、中国林科院院长张守攻院士对毕业研究生提出"坚持、坚定、坚强、担当"的殷切期望。中国林科院副院长孟平主持典礼仪式。研究生导师代表、毕业研究生代表发表感言。第八届学位评定委员会委员出席典礼仪式。2018年，中国林科院共有76名研究生被评为博士学位，220名研究生被评为硕士学位；16名研究生被评为北京市优秀毕业生，32名研究生被评为中国林科院优秀毕业生。同时，有3篇论文获2018年度中国林科院优秀博士学位论文奖。国际竹藤中心、中国林科院各所（中心）有关负责人，毕业研究生、部分在校研究生、导师、各所（中心）研究生管理负责人以及研究生亲友等近500人参加典礼仪式。

【中国林科院2018年研究生教育管理人员研讨班】 于7月5~6日在中国林科院举行。中国林科院副院长孟平出席开班仪式并讲话。研讨班分析讨论了研究生教育管理人员队伍建设、教育管理部门之间的协调联动、研究生招生生源、导师队伍建设、经费管理、教师授课、增进研究生国内外学术交流、加强研究生就业指导、南京分部建设等议题，邀请专家作《研究生心理健康：现状、问题及干预》专题讲座，详细解读学位与研究生教育规章制度，全面分析当前研究生思政教育的形势，介绍中国林科院近年来有针对性加强研究生思政教育的主要做法，着重强调现在思政教育存在的不足与问题，对其形成的原因进行了分析，并提出下一步工作计划。20个研究生培养单位讨论交流本单位研究生管理过程中的具体做法、经验，以及遇到的具体问题。会议评出6位"研究生教育优秀管理人员"。全院各单位分管研究生教育的有关负责人参加研讨会。

【林业科技支撑乡村振兴工作暨学术研讨会】 于7月13日在浙江杭州召开。国家林业和草原局党组成员、副局长彭有冬出席会议开幕式，并在讲话中希望各地在推进实施乡村振兴战略过程中，切实提高思想认识，着力优化创新环境，加大宣传力度，加强成果转化调研，完善体制机制，加大对乡村振兴科技开发、推广和应用的投入。科技部农村科技司农业处负责人、浙江省林业厅厅长林云举出席开幕式并讲话，国家林业和草原局科技司巡视员厉建祝出席开幕式。中国林科院院长张守攻院士主持开幕式。中国林科院副院长储富祥发布了《中国林科院乡村振兴科技支撑行动方案》。会议围绕贯彻落实《中共中央国务院关于实施乡村振兴战略的意见》，充分发挥林业科技在服务支撑乡村振兴战略实施中的作用，进行广泛交流和研讨。12位专家在研讨会上作主题报告，3位专家介绍了县域合作典型经验，5位专家介绍了院地合作典型经验。浙江、湖北、湖南、河南、甘肃等省有关院省合作单位和部门以及中国林科院各所（中心）、相关职能处室负责人、专家参加会议。

【《中国林科院乡村振兴科技支撑行动方案》】 于7月13日发布。《方案》提出，到2020年，乡村振兴取得重要进展。研发20项绿色富民和美丽乡村建设核心关键技术，集成10项产业提升典型模式，初步打造10个乡村振兴示范样板，培育1万名新型林农。到2035年，乡村振兴取得决定性进展。研发100项绿色富民和美丽乡村建设核心关键技术，集成50项产业提升典型模式，辐射带动100个乡村振兴示范基地，培育10万名新型林农。到2050年，乡村全面振兴。全面实现林业强、乡村美、林农富。《方案》表明，中国林科院将通过系列研究和分析，为我国林业助推乡村振兴战略提供决策参考，构建宜居乡村综合评价指标体系，提出乡村生态宜居建设路径与策略，为乡村林业产业兴旺和绿色富民提供决策支持。

【中国林科院院地合作座谈交流会】 于7月14日在浙江杭州召开。会议围绕院地合作典型经验进行总结交流，思考创新合作新模式，促进科技成果推广应用，更好地服务乡村振兴战略。中国林科院副院长储富祥等出席会议并讲话。与会代表现场考察了安吉"两山"理论发源地、林下经济示范园等。浙江省林业厅、浙江省林科院、浙南（温州）林科院，甘肃小陇山实验局，湖北省林业厅、湖北省林科院、红安县林业局、红安县国有紫云寨林场，河南省南阳市林业局、淅川县林业局，湖南省林业科学院以及中国林科院有关所和部门负责人、专家参加会议。

【中国林科院科技管理工作座谈会】 于7月14日在浙江杭州召开。中国林科院副院长储富祥出席并回顾了近年院在科技创新方面取得的成绩，从领军人才、科技产出、资源配置、创新激励等方面，分析了面临的机遇与挑战，希望与会人员树立忧患意识，针对目前科技创新和科技管理方面存在的短板，集思广益、贡献智慧，提出良方，贡献良法，达到谋划大项目、培育大成果、成就大事业，让"国家队"名副其实。中国林科院各所（中心）、院有关职能处室负责人及相关工作负责人参加会议并就院如何强化科技创新畅所欲言地提出了各自的见解和建议。

【首届林木遗传育种主题大学生夏令营活动】 于7月

16~19日在中国林科院举行。中国林科院副院长储富祥出席开营仪式并讲话。活动内容有营员们走进重点实验室、科研温室、木材标本馆，游园识树，联谊晚会，以及座谈交流等。活动中，营员们听取了18个研究团队对目前课题研究方向、在研项目和学生培养等的介绍，感受了中国林科院的学术氛围、科研条件和生活环境，分别介绍了自己的学习成绩、科研经历、兴趣爱好，并根据自己想从事的科研方向与导师进行了面对面交流。活动根据营员们的申请材料及在营表现，颁发优秀营员奖。来自西北农林科技大学、华南农业大学等全国20多所知名农林院校的20多名大学本科三年级优秀学生参加了夏令营活动。

【中国林科院代表团访问西班牙和葡萄牙】 7月23~27日，中国林科院分党组书记、副院长叶智率院代表团应邀访问西班牙和葡萄牙相关林业科研机构。其间，与西班牙森林认证体系专家座谈，了解西班牙森林可持续经营和森林认证研究概况，介绍了中国森林可持续经营和森林认证情况，交流了非木质林产品认证及联合认证情况。与欧洲林业研究所地中海办事处负责人座谈林业应对气候变化和非法采伐与相关贸易，了解该所在地中海夏干气候地区森林可持续经营、林业对气候变化的适应性等研究进展，开展了城市林业、生物质能源和生物经济等学术交流，共同探讨了双边林业科技合作。与葡萄牙里斯本大学农学院负责人和专家座谈，交流人工林可持续经营、城市林业、森林资源监测评估、生物质能源、生物经济等学术议题，讨论了科研教学结构的人力资源管理和绩效评价指标体系等，并就加强双边林业科技合作交换了意见。中国林科院泡桐中心、资源所、国际处负责人参加访问。

【全国政协农业和农村委员会调研组到中国林科院调研】 8月23日，全国政协常委、农业和农村委员会主任罗志军，副主任马中平、张志勇、陈晓华等到中国林科院调研，听取副院长储富祥关于中国林科院基本情况、取得的重要科技成果以及林业科技助力精准扶贫等工作介绍，肯定了中国林科院几代科研工作者长期坚持奋斗取得的丰硕成果，希望今后不断加强与中国林科院等科研单位的联系，搭建交流平台，为党和政府决策提供高质量意见建议，推动中央关于林业和草原的决策部署落到实处。全国政协常委、国家林业和草原局副局长刘东生陪同调研，并希望中国林科院着重提高良种选育能力和林木良种使用率，加强生物质能源开发，加大木竹结构建筑科学和系统研究力度等。加强与全国政协农业和农村委员会的联系，不断开拓研究领域，提升研究质量。调研组考察了林木遗传育种国家重点实验室、科研温室及木材标本馆，并与科研人员进行了交流。中国林科院分党组书记叶智主持座谈会，副院长黄坚以及有关所、部门负责人参加座谈。

【2018级研究生开学典礼和入学教育】 于9月4日和11日在南京和北京分别举行。中国林科院分党组书记叶智给新生上入学教育第一课。中国林科院副院长李岩泉、孟平分别出席开学典礼并讲话。新入学的363名研究生参加开学典礼及入学教育活动。2018年，中国林科院共录取推免生28名，其中硕博连读推免生21名，比上年增加40%。在研究生教育培养方面，先后与太尔胶黏剂有限公司、满洲里联众集团等4家企业共建研究生创新实践基地，并由企业出资在中国林科院设立研究生奖学金。近两年共有20多名研究生获得国家留学基金资助出国。截至2018年9月，中国林科院现有博士生导师161人，硕士生导师229人，共招收各类研究生5000多人，授予学位近4000人，全院在读研究生近1300人。

【林木遗传育种国家重点实验室整改领导小组工作会议】 于9月14日在东北林业大学召开。国家林业和草原局科技司司长郝育军、中国林科院院长张守攻、东北林业大学校长李斌等出席会议并讲话，东北林业大学副校长周宏力主持会议。中国林科院副院长储富祥等介绍了重点实验室的发展历程、科技部对国家重点实验室整改工作的总体要求、国家重点实验室整改工作的具体进展和存在问题。与会人员全面梳理了整改工作中存在的问题，围绕下一步解决方案建言献策。会议希望两个依托单位抓好落实，进一步加大支持力度，确保国家重点实验室顺利通过整改核查，为迎接后续周期评估和长远发展做足准备。中国林科院和东北林业大学的科技、人事和计财等部门负责人，以及国家重点实验室主任等30余人参加会议。

【中国林科院青年人才工作推进会】 9月20~21日在江苏南京召开，主题是"对话青年科学家暨院杰青工作10周年回顾"。中国林科院院长张守攻院士出席会议并讲话。会议从人才培养机制、培养途径、政策扶持等方面，总结回顾了中国林科院青年科技人才工作所做出的创新探索与成绩，分析了青年科技人才工作面临的主要问题，并提出了未来的工作计划与展望。会议特邀中国科学院广州地球化学研究所、林木遗传育种国家重点实验室等院内外4位专家作报告。会议还举办了各所（中心）、院有关部门负责人座谈会和"对话青年科学家"座谈会，就完善中国林科院人才培养模式和科研创新环境展开讨论，就相应问题作出了解答。国家"万人计划"青年拔尖人才，国家优秀青年基金项目、"青年人才托举工程"项目获得者，中国林科院杰出青年、优秀青年培育计划获得者及部分所（中心）科研一线优秀青年专家，各所（中心）、相关部门负责人共100多人参加会议。

【获批25个国家林业和草原创新联盟】 9月28日，国家林业和草原局林业和草原国家创新联盟第一批110个正式对外发布。其中，中国林科院获批成立25个，分别是林木基因组与基因工程国家创新联盟、落叶松国家创新联盟、杉木国家创新联盟、楸树国家创新联盟、榛子产业国家创新联盟、油橄榄产业国家创新联盟、核桃产业国家创新联盟、城市森林国家创新联盟、油茶产业国家创新联盟、山茶花产业国家创新联盟、珍贵树种产业国家创新联盟、森林经营国家创新联盟、物联网与人工智能应用国家创新联盟、资源昆虫产业国家创新联盟、木结构产业国家创新联盟、重组材产业国家创新联盟、地板产业国家创新联盟、刨花板产业国家创新联盟、饰面板产业国家创新联盟、林业产业标准化国家创新联盟、林业生物质能源国家创新联盟、林业生物基材料与化学品国家创新联盟、林业装备产业国家创新联盟、柿产业国家创新联盟、桉树产业国家创新联盟。

【中国林科院与美国南卡罗莱纳大学签署合作谅解备忘录】 10月3~5日，中国林科院副院长储富祥研究员率林木资源化学深加工国家重点领域创新团队，应邀赴美国南卡罗莱纳大学进行学术交流，并代表中国林科院与美国南卡罗莱纳大学副校长Prakash Nagarkatti签署合作谅解备忘录。谅解备忘录的签订将有助于推进双方在生物基高分子材料、天然资源药学和医学应用等农林生物质科学与工程领域开展全面的科研教育合作，共同推进双方联合开展科研，组织学术研讨及联合培养研究生等学术交流与合作。

【中国林科院2018年国际合作工作会议】 于10月12~13日在北京召开。国家林业和草原局国际合作司司长孟宪林，中国林科院院长张守攻院士、副院长肖文发等出席会议并讲话。会议总结中国林科院五年来国际合作工作取得的成绩，强调国际合作在科研单位中的重要地位，提出新时代提升国际合作能力的工作设想及下一步工作重点计划。会议邀请专家作关于国家外事政策制度的报告，介绍因公出国报批材料注意事项，分享国际合作培训工作与体会，讨论中国林科院国际合作和外事管理工作以及即将出台的外事相关规章制度。中国林科院各所（中心）、各部门负责人及外事管理人员等参加会议。

【林化科技成果发布暨技术对接会】 10月20日，由中国林科院林化所与南京林业大学在江苏南京举办。国家林业和草原局科技司巡视员厉建祝、江苏省科技厅副厅长段雄、中国林科院副院长肖文发、南京林业大学副校长勇强等出席会议并讲话。会议重点推介和对接的科技成果技术新、接地气，且生态环保，主要包括农林剩余物造纸、供热、制备活性炭等高值化利用技术，植物油脂定向催化裂解为富烃燃油技术，环保型除草剂、生物基泡沫及增塑剂、胶黏剂、填缝剂、涂料等化工产品制备技术，松香、松节油、针叶、漆脂等非木质产品提取及精深加工技术等，应用领域涉及军工、航空、道路、建筑、家居、农业、冶金、制药、化妆品、贮运、家电等诸多行业，应用之后将产生极大的生态效益、社会效益和经济价值。林化所重点推介生物质热解气化联产炭技术、大容量果壳活性炭定向制备新技术、无甲醛绿色木材胶黏剂制造及应用关键技术等科技成果12项，现场签约18项。其间，林化所等参会的科技团队，与到会的30多家企业代表进行了交流。

【中国林科院与北京市西山试验林场共建研究生实践教学基地】 10月23日，签约仪式在北京举行。中国林科院副院长孟平等出席签约仪式，向北京市园林绿化局西山试验林场专家颁发中国林科院院外导师聘书，并为实践教学基地授牌。共建研究生实践教学基地是中国林科院加强产学研协同创新，提升研究生培养质量和水平的重要举措，将为中国林科院林学、生态学、风景园林学学科建设和研究生培养发挥重要作用。

【第四届世界人工林大会】 于10月23~27日，由联合国粮农组织、中国国家林业和草原局、国际林联合主办，中国林科院在中国北京承办，大会以"人工林——实现绿色发展的途径"为主题，分遗传资源和育种，人工林多目标经营管理，木材、纤维和非木质林产品，与人工林有关的林业政策和社会经济学共4个议题。

10月22日，新闻发布会在国家林业和草原局召开。中国林科院副院长肖文发介绍本届大会主题、中国人工林发展现状以及会议内容。

10月23日，开幕式在北京国家会议中心举行。国家林业和草原局局长张建龙、联合国防治荒漠化公约秘书处执行秘书莫妮卡·巴布、联合国粮食及农业组织驻中国代表马文森、国际林联执行主任亚历山大·巴克出席开幕式，并分别讲话。大会组委会主席、国家林业和草原局副局长刘东生主持开幕式。中国林科院院长张守攻院士担任大会学委会主席，并主持欢迎晚宴。中国林科院分党组书记、副院长叶智，中国林科院副院长肖文发等出席。来自70个国家的科研机构、高等院校、政府部门、非政府组织和企业等701位代表参加会议。其中，国外代表270多人、国内代表400多人。这是首次由亚洲国家举办的世界人工林大会，会期3天，通过2个全体大会主题报告、8个亚全体大会特约报告、55场并行技术会议、239个口头学术报告、48篇学术墙报等多种形式，分享智慧，碰撞观点，寻求合作，取得了良好的学术交流与探讨效果。

作为大会承办方，中国林科院积极参与分会组织和学术交流，独立组织了6个学术分会，与国内外机构和专家合作组织了14个分会，在大会上作口头学术报告45个、墙报展示13个。各所（中心）20位专家参与组织学术分会，其中多位专家参与组织多个学术分会；58位专家在大会上作口头报告或墙报，展示了中国林科院专家的学术风采，为大会的成功召开和学术交流作出了重要贡献。

10月25~27日，60余名参会代表分别到河北塞罕坝机械林场、木兰林管局和海南金光公司考察，实地了解中国北方生态公益人工林和南方商品工业人工林可持续发展情况。

【林业科研院所长国际研讨会】 于10月26日在北京召开。作为中国林科院建院60周年的重要纪念活动之一，研讨会主题为"应对气候变化的林业科学研究"。国家林业与草原局副局长彭有冬、国际林业研究中心总干事罗伯特·纳西、国际林联执行主任亚历山大·巴克等出席开幕式并讲话。彭有冬表示，此次研讨会汇集众多国际组织、国内外林业科研院所的负责人，从顶层设计和执行管理不同层面，就林业科学研究如何减缓和适应气候变化进行战略性研讨，具有十分重要的意义。中国林科院分党组书记、副院长叶智主持开幕式，副院长肖文发作专题报告。来自13个国际组织、国家林业和草原局有关司局领导，国内外41个国家的国家级林业科研院所负责人，以及国际知名专家共160多名中外代表参加研讨会，其中国外代表120名。中国林科院有关所（中心）负责人参加研讨会。

【建院60周年纪念大会暨现代林业与生态文明建设学术研讨会】 于10月27日在中国林科院举行。国家林业和草原局局长张建龙，国际竹藤组织董事会联合主席、国际竹藤中心主任、中国林科院原院长江泽慧，原林业部副部长刘于鹤，国家林业和草原局副局长彭有冬，国家林业和草原局党组成员、人事司司长谭光明，科技部基础司副司长郭志伟、农村司副司长蒋丹平，国际林联执行主任亚历山大·巴克，国际热带木材组织执行主任格哈德·迪亚特尔等出席开幕式。张建龙、亚历山大·巴克、格哈德·迪亚特尔分别发表讲话，中国林科院院长张守攻致辞，分党组书记叶智主持。张建龙高度赞扬和充分肯定了中国林科院60年来的改革发展和科研创新成就，希望中国林科院作为中国林业和草原科技创新国家队，继续当好领头羊、排头兵，牢记职责使命，加大创新力度，提升综合能力，努力开创林草科技创新新局面。并表示，局党组将更加重视和支持中国林科院的发展。各相关司局和直属单位要进一步深化与中国林科院的合作，尤其是相关司局要积极关心支持中国林科院，指导帮助林科院改善科研条件，创新体制机制，增强发展动力和活力。

开幕式上，中国林科院分别与国际林业研究中心、欧洲森林研究所、日本森林综合研究所签署（续签）了合作协议；国家林业和草原局给以中国林科院为依托成立的"'一带一路'生态互联互惠科技协同创新中心""长江经济带生态保护科技协同创新中心"授牌；颁发建院60年科技创新卓越贡献奖和国际科学技术合作奖；获奖代表、青年科技工作者代表发言。开幕式前后，嘉宾和与会代表分组分批地参观了中国林科院院史馆、木材标本馆、党的建设成就展、林木遗传育种国家重点实验室等。国家林业和草原局各司局和在京直属单位，中国地质科学院、中国气象科学研究院、中国环境科学研究院，12家农林高等学校，10省市共建科研机构，北京市园林绿化局、北京市农林科学院等单位，以及来自41个国家、12个国际组织的120多位专家和外宾，部分两院院士、老领导、老专家，以及新闻媒体出席开幕式。中国林科院全体院领导以及全院各所（中心）、职能处室、研究生代表参加会议。

当日下午，举行现代林业与生态文明建设学术研讨会，中国科学院、中国工程院沈国舫、万建民、唐守正、张守攻、蒋剑春5位院士分别在会上作专题报告。

【建院60年科技创新卓越贡献奖和国际科学技术合作奖】 10月27日，中国林科院在建院60周年纪念大会开幕式上，授予47位专家"中国林科院建院60年科技创新卓越贡献奖"，分别是：郑万钧、吴中伦、王涛、徐冠华、蒋有绪、唐守正、宋湛谦、蒋剑春、洪菊生、许煌灿、黄铨、花晓梅、赵守普、黄东森、赵宗哲、陈建仁、路健、徐纬英、奚声柯、张宗和、郭秀珍、张万儒、白嘉雨、傅懋毅、杨民权、鲍甫成、萧刚柔、曾庆波、盛炜彤、郑德璋、彭镇华、江泽慧、顾万春、慈龙骏、杨忠岐、张建国、张绮纹、姚小华、李增元、周玉成、裴东、刘世荣、陈晓鸣、鞠洪波、苏晓华、于文吉、崔丽娟。

同时，表彰建院60年来在林业国际科技合作领域作出卓越贡献的14位国际专家，包括中华人民共和国国际科学技术合作奖和中国政府友谊奖获奖专家，分别是：美国林务局南方研究院高级科学家许忠允，澳大利亚阿德莱德大学罗斯沃斯农业学院教授维克多·斯夸尔斯，马来西亚国际热带木材组织原执行主任弗雷萨拉赫·槟彻勇，意大利农业研究和经济学委员会原主任斯坦凡诺·比索菲，澳大利亚默多克大学可持续生态系统研究所原所长博纳德·戴尔，澳大利亚联邦科学与工业研究组织原高级研究员罗杰·阿诺德，加拿大魁北克大学制浆造纸中心专家罗松年，日本国际协力机构（JICA）原顾问神足胜浩，日本林野厅原长官、日中绿化交流基金（小渊基金）事务局局长秋山智英，德中友好协会创始人之一赫尔玛·赛德尔，加拿大皇家科学院院士、阿尔伯塔大学荣誉教授王家瑱授，澳大利亚墨尔本大学荣誉教授、木材加工技术及产品研发顾问盖瑞·沃，罗马尼亚布拉索夫特兰西瓦尼亚大学校长伊万·阿布鲁丹，国际林联主席、南非比勒陀利亚大学农林生物技术研究所原所长迈克尔·温菲尔德。

【参展第25届中国杨凌农业高新科技成果博览会】 11月5~9日，博览会由科技部、农业农村部、国家林业和草原局、陕西省人民政府等单位共同在陕西杨陵主办。中国林科院遴选了33项适于西北地区的科技成果和18种实物展品，通过展板、彩页、展品、专家咨询与指导、多媒体播放等多种形式进行推介，受到了与会领导和参观者的广泛好评，并达成多项合作意向。国家林业和草原局副局长张永利等到展区参观指导、听取汇报，充分肯定了中国林科院产品产业开发所取得的成绩，并对国家林木种质资源共享服务平台建设和运行提出了建设指导意见。

【中国林科院2018年森林防火业务培训班】 于11月9~10日，在位于广西凭祥市的中国林科院热林中心举办。中国林科院副院长、森林防火指挥部指挥长黄坚作开班动员讲话。培训班邀请专家介绍了国内外森林火灾的现状与趋势以及中国森林火灾预防和扑救的技术手段，并结合扑救森林火灾典型案例进行了深入细致的剖析。参训代表汇报交流了本单位森林防火工作，实地考察了热林中心边境生物防火林带。培训班提出，要进一步完善和健全森林防火体制机制，加强林区森林防火基础设施建设，继续整合科技资源，提升森林防火工作的科技含量。建立森林防火长效机制，逐步实现星、机、地相结合，通、导、遥一体化的森林火灾预防体系，有效提升森林防火工作水平。中国林科院各有林单位和部门的有关负责人近50人参加培训。

【刘世荣任中国林科院院长】 11月26日，国家林业和草原局在中国林科院召开院领导干部会议，宣布刘世荣同志任中国林科院院长、院分党组副书记。国家林业和草原局党组成员、副局长彭有冬出席会议并讲话,局党组成员、人事司司长谭光明宣布关于刘世荣、张守攻同志的任免决定。中国林科院分党组书记叶智主持会议。张守攻发表离任感言。新任中国林科院院长刘世荣作表态发言。叶智代表新一届领导班子表态。中国林科院领导、京内各单位领导班子成员、民主党派及无党派人士代表,院部副处级以上干部参加会议。

【林木遗传育种国家重点实验室第二届学术委员会第二次会议】 于12月3日在北京召开。中国林科院院长刘世荣出席会议并讲话。学术委员会主任、中国工程院院士万建民,学术委员会副主任、中国工程院院士李天来,学术委员会副主任、中国工程院院士张守攻等11位委员出席会议。学术委员会听取了实验室2018年度在项目经费、科研成果、人才引进与培养、开放交流与平台建设、整改等方面的工作进展,年度代表性学术成果汇报,充分肯定了实验室整改方案的落实情况,以及在林木生长发育、逆境响应和新品种选育等方面取得的重要成果,认真讨论了实验室年度工作报告、整改工作进展和代表性学术报告,对实验室的共建机制、学科发展、人才培养、国际合作与交流等提出了意见和建议。中国林科院副院长储富祥等分别主持会议并表态发言。实验室各研究组组长等60余人参加会议。

【2018年研究生国家奖学金和学业奖学金评审会】 于12月6日在中国林科院召开。中国林科院院长刘世荣出席评审会并讲话,副院长孟平主持会议。会议听取了中国林科院2018年研究生国家奖学金和学业奖学金评审工作情况,以及各所(中心)有关负责人对本单位候选人基本情况的汇报。2018年,中国林科院研究生国家奖学金共有27名博士研究生候选人、28名硕士研究生候选人申请。经投票表决,14名博士研究生、13名硕士研究生获得该年度研究生国家奖学金。会上,评审委员会还审议了2018年研究生学业奖学金候选人名单。

【《中国林业百科全书》总编纂委员会2018年度全体会议】 于12月9日在北京召开。《中国林业百科全书》总编纂委员会主任、原国家林业局总工程师封加平,总编纂委员会主任、中国工程院院士张守攻,中国林科院院长刘世荣、副院长储富祥等出席会议。中国林业出版社党委书记樊喜斌主持会议。会议通报了《中国林业百科全书》在条目表编制、样条提交、数字平台建设上取得的新进展,总结了各卷框架条目表编制过程中存在的主要问题及解决方法,汇报了全书以及22个分卷2018年工作进展情况,部署了下一步具体工作。会议邀请专家作报告。中国林科院作为主编单位主持《森林培育卷》《森林经理卷》《森林生态卷》《荒漠化防治卷》《湿地卷》《木材科学与技术卷》《林产化学加工工程卷》《生物质能源及材料卷》《林业装备卷》9个分卷的编撰工作。各分卷主编、秘书长及部分编委以及中国林业出版社相关部门近90人参加会议。

【中国林科院各部门2018年工作汇报会】 于12月27日在中国林科院召开。中国林科院分党组书记、副院长叶智,院长、院分党组副书记刘世荣,院分党组成员、副院长储富祥、孟平、黄坚、肖文发出席会议并听取汇报,院分党组纪律检查组组长、副院长李岩泉主持会议。中国林科院办公室、科技处、产业处、国际处、人教处、计财处、资管处、党群部、研究生部、老干部中心、后勤中心、重点实验室、定位观测网络办主要负责同志依次汇报了2018年度的工作情况和2019年的工作计划及相关建议。中国林科院各部门副处及以上领导干部参加会议。

【高分辨率遥感林业应用技术与服务平台获国家科技进步二等奖】 该成果由中国林科院资源所李增元研究员主持完成。项目攻克了高分辨率遥感林业调查和监测应用的8项关键技术,首次建立了基于高性能计算和云架构的高分林业应用服务平台,形成高分专项标准规范9项,填补了中国高分辨率遥感林业应用的空白,形成了符合中国林情的高分辨率遥感林业调查、监测与评价技术体系,很大程度上解决了高分辨率卫星遥感在林业中应用的技术和平台瓶颈,引领了林业遥感技术发展,研究成果总体达国际先进水平。成果已在13项全国性和7项地方性林业调查与监测业务中得到广泛应用,项目实施期间共向50多家林业调查规划设计单位和林业管理部门分发高分数据和产品12万多景,显著提升了林业调查和监测中自主高分辨率遥感数据替代国外数据率,支撑形成了森林资源监测频率由3~5年1次提高到1年1次能力,促进了自主高分遥感数据在林业资源调查监测、监督管理和资产评估中的广泛应用,提升了林业调查的科技含量和技术水平,产生了巨大的经济和社会效益。

【获梁希林业科学技术奖13项,梁希科普奖1项】 2018年,中国林科院主持完成的成果获第九届梁希林业科学技术奖13项,其中,一等奖1项,二等奖8项,三等奖4项。

林业所张建国研究员主持的"杉木良种选育与高效培育技术研究"获一等奖。

木工所于文吉研究员主持的"新型木质定向重组材料制造技术与产业化示范"、桉树中心谢耀坚研究员主持的"桉树工业原料林良种创制及高效培育技术"、亚林所张蕊助理研究员主持的"木荷育种体系构建和良种选育"、热林所梁坤南研究员主持的"柚木良种选育与高效繁殖技术"、荒漠化所时忠杰副研究员主持的"沙地樟子松林干扰恢复机制与调控技术"、科信所徐斌研究员主持的"中国森林认证技术体系构建及应用"、林化所徐俊明研究员主持的"林木油脂能源化联产增塑剂材料基础与关键技术研究"、森环森保所杨忠岐教授主持的"林木蛀干害虫云斑天牛生物防治技术研究"获二等奖。

亚林所虞木奎研究员主持的"长三角沿海防护林体系构建与功能提升关键技术"、森环森保所李迪强研究员主持的"中国自然保护区生物标本资源共享平台"、资源所符利勇研究员主持的"森林生物量精准测算技术"、林化所郑光耀副研究员主持的"松树抚育采伐剩余物高值化加工利用关键技术创新及产业化"获三等奖。

中国林科院办公室王秋丽高级工程师主持完成的"中国林科院2017对外开放和科普惠民系列科普活动"获第七届梁希科普活动奖。

【评选出中国林科院重大成果奖3项】 分别是中国林科院新技术所周玉成研究员主持完成的"人造板连续平压机升降拖动与调偏动态精确跟踪控制"成果，林业所惠刚盈研究员主持完成的"结构化森林经营及其在次生林培育中的应用"成果，森环森保所臧润国研究员主持完成的"海南岛热带天然林生物多样性形成与维持机制"成果。

【竹子中心承办8期援外培训班】 分别是：4月23日至6月17日，2018年"一带一路"产竹发展中国家竹业技术培训班，来自秘鲁、哥伦比亚、乌干达、东帝汶、泰国、坦桑尼亚、阿根廷、墨西哥、巴西等10个国家31名学员参加；6月4～24日，2018年非洲野生动植物保护管理与履约官员研修班，来自南非、乌干达、马拉维、南苏丹、肯尼亚、马达加斯加、马里共7个国家16名学员参加；6月24日至7月14日，2018年ITTO成员国竹业高附加值利用官员研修班，来自哥斯达黎加、泰国、秘鲁、智利、印度、瓦努阿图、巴西7个国家22名学员参加；7月16日至8月5日，2018年亚洲野生动植物保护管理与履约官员研修班，来自泰国、老挝、乌兹别克斯坦、阿曼、朝鲜共5个国家25名学员参加；7月25日至8月14日，2018年"一带一路"沿线国家湿地及候鸟保护与管理研修班，来自泰国、印度、乌克兰、乌兹别克斯坦、秘鲁、阿根廷共6个国家24名学员参加；8月4日至9月28日，2018年非洲法语国家竹子种植与加工技术培训班，来自卢旺达、喀麦隆、几内亚、刚果（金）、刚果（布）、马达加斯加、阿尔及利亚共7个国家43名学员参加；9月1～21日，2018年发展中国家自然保护区管理与保护研修班，来自印度尼西亚、南苏丹、埃塞俄比亚、塞舌尔、波黑、乌克兰、古巴共7个国家19名学员参加；10月30日至11月5日，2018年发展中国家林业产业部级研讨班，来自刚果（金）、古巴、喀麦隆、毛里求斯、乌干达、阿根廷、泰国和瓦努阿图共8各国家19名学员参加。

【获批自然科学基金委林业工程领域首个重大项目】 2018年，中国林科院林化所、木工所、中南林业科技大学、东北林业大学联合申报，中国林科院副院长储富祥研究员作为主持人的"木材高效利用结构调控与定向重组机制"获批，资助额1644万元，分4个课题。项目针对"木材资源多层次高值化利用"的重大基础科学问题，利用国内丰富的速生人工林木材资源，在实木、木质纤维、木材化学成分三个层次上，开展木材多维结构互作及调控、木材纤维精准解离与界面调控、木材主要成分分子修饰及超分子结构演化机理、木材定向解聚及可控重组机制等研究，形成具有国际影响力的系统理论成果，为木材产业向高效、高值以及资源全质化利用方向发展提供理论支撑，助推中国木材产业的转型升级与国际竞争力的提升。

【21项成果入选重点推广林业科技成果】 2018年，国家林业和草原局对外发布2018年重点推广林业科技成果100项。中国林科院在用材林良种及丰产栽培技术等6个领域的21项成果入选。分别是：'天楸1号'等楸树系列良种、米老排良种早期选育及高效培育关键技术、木荷珍贵优质用材良种选育和定向培育技术、火力楠种质创新和繁育关键技术、湿地松遗传资源高产脂测评技术与定向育种；'亚林ZJ02号'等油茶系列良种、'中仁4号'杏良种、油茶高产优质新品种选育及示范、优质特色柿新品种选育与示范、山苍子优良系选育技术；北方地区主要树种和典型林分森林质量精准提升经营技术集成与经营方案编制、林业资源多层次信息服务技术；三峡库区高效防护林体系构建及优化技术集成与示范、亚热带泥质海岸防护林体系构建与功能提升技术；木质纤维糖基表面活性剂及其制备方法、大规格耐候性竹质重组结构材制造技术、微波处理木材流体通道可控化技术、木质素酚醛泡沫及连续化生产工艺技术；县级森林火灾预警技术系统、油茶籽品质变化规律和特色制油关键技术、油橄榄提取物高效加工及清洁循环利用关键技术。 （中国林业科学研究院由王秋丽供稿）

国家林业和草原局调查规划设计院

【综　述】 2018年，规划院认真贯彻落实党的十九大精神，以习近平新时代中国特色社会主义思想为指导，围绕全国林业厅局长会议部署和局2018年工作要点分工安排，确保主业，勇于担当、积极作为，扎实落实院2018年工作要点，取得了良好的成效。

森林资源监测 编制第九次全国森林资源清查11省（市）主要成果，指导内蒙古编制清查技术方案和操作细则，检查外业调查质量。研发基于"互联网+"的全国林地变更调查工作平台和全国森林资源监管工作平台，完成东北监测区人工造林综合核查、国家级公益林动态监测、森林督查遥感判读和现地复核、重点国有林区二类调查质量检查、中央财政补贴造林试点检查等任务，对全国重点生态功能区1338个县590.6万平方千米2016～2017年林地变化情况进行遥感判读区划，实时判读监管长江经济带、京津冀、秦岭3个区域227个重点县林地变化情况，常态化实时监管体系日臻完善。

森林经营和国土绿化 完成天保工程二期实施情况核查、三峡库区生态屏障区造林绿化核查、国家级生态公益林监测评价、国家珍贵树种培育示范基地建设成效监测评价、东北内蒙古重点国有林区森林资源二类调查质量检查等任务。指导26个林业局编制森林经营方案，参与研究长江干流造林绿化指导意见、森林质量提升监测建设和国土绿化"百县千场"行动计划，完成《三北防护林建设40年评估报告》和白皮书、《河北省造林绿化规划》《森林河南生态建设规划》。建立全国采伐限额和森林资源数据库，启动"十四五"采伐限额编制工作。制定重点国有林区全面实施国家重点生态功能区产业准入负面清单。

野生动植物和湿地调查　完成了2018年度野生动物调查技术培训，开展黑鹳、海南臭蛙等专项调查的检查工作，出版《全国野生动物调查区划》。对天津等10省（区、市）开展植物调查检查验收，组织召开植物资源调查成果汇总培训班。完成内蒙古地方和青海省泥炭地调查外业工作技术指导，协助完善国际重要湿地监测指标，启动《中国国际重要湿地监测总报告》编制。完成《湿地资源调查技术规程》修订和内蒙古正蓝旗等8个试点县（区）的区划判读。完成河南等6省松材线虫疫情核查。

荒漠化和沙化监测　开展第六次全国荒漠化和沙化监测试点，出版发行《中国沙漠图集》。开展2018年春季沙尘天气应急监测和多部门会商，对植被长势和陆地干湿状况进行持续监测分析，及时提交和发布10次沙尘天气报告及相关信息。完成国家沙漠公园总体规划申报材料预审、实地评估和专家评审，开展国家沙漠公园相关办法的制修订工作。

林业碳汇计量监测　完成第一次全国林业碳汇监测数据汇总分析和成果报告编制，制作全国森林碳储量分布图。举办2018年全国林业碳汇计量监测培训，完成13省遥感影像的校正分发，指导各省推进第二次林业碳汇计量监测。派员参加联合国气候变化谈判波恩和波兰会议。

空气负氧离子和林业产业监测　完成全国空气负氧离子浓度监测站点建设初步设计，在7个试点城市实施基础设施建设。组织召开年度林产品市场监测预警会，编制完成全国林产品市场形势监测预警工作报告。

林业重点规划　承担和完成《环首都国家公园体系建设规划》《全国乡村绿化规划》《全国森林城市发展规划》《自然保护区建设工程规划》《内蒙古大兴安岭重点国有林区生态保护和绿色发展规划》《塞罕坝林场生态旅游、防灾减灾、基础设施建设规划》《国有林场森林资源保护与培育工程》《环京津雄生态屏障建设总体规划》《安徽省安庆市林长制实施规划》和雄安新区白洋淀上游、青海湟水、内蒙古浑善达克3个规模化林场规划等一批林业重点专项规划。

服务国家重大战略实施　承担《"一带一路"荒漠化防治合作研究》《援多哥农业第七期技术援助项目立项建议书及可行性研究报告》编制任务。开展雄安新区苗景兼用林造林工程监理，完成9号地造林绿化设计。完成新时代林业现代化发展目标任务和以国家公园为主体的保护地体系建设等林业重大问题研究任务。承担和完成《国家公园设立标准》《国家公园布局方案》《国家级自然保护区确界方案》，参与起草《建设以国家公园为主体的自然保护地体系指导意见》和《生态保护红线管理办法》。认真落实局党组脱贫攻坚决策部署，开展对广西罗城县精准扶贫工作。

卫星林业应用　在东北虎豹国家公园开展"星－机－地"综合试验，无人机实验取得突破。推进碳卫星工程建设，完成海南试验站建设初步设计，编制完成《陆地碳卫星数据存储与处理系统可行性研究报告》和《陆地碳卫星应用系统可行性研究报告》。

信息化服务和生态传媒　稳定运维国家林业和草原局政府网站、内部办公网络和各司局、各直属单位的信息系统与网站及国家自然资源和地理空间基础信息库林业分中心系统。制播《绿色时空》《党员干部现代远程教育林业教材》《林业网络电视》节目各52期，宣传报道"首届北京国际竹藤大会"等重要活动150余次，制作完成《祁连山国家公园管理》《新时代草原保护的新任务》《东北虎豹国家公园监测平台成果展示》《文化铸魂 文明前进——中国生态文化协会十周年纪实》等专题片。

科技创新与国际合作交流　新承担标准项目16项、科研项目9项，完成4项标准报批和2项科研项目结题。申请成立"国家公园和自然保护地"和"草原"两个专业标委会和自然资源调查监测国家创新联盟。举办第六届中国林业学术大会森林经理分会场学术研讨会，组织召开纪念森林经理分会成立40周年座谈研讨会和中国林业工程建设协会等专委会年会。组织召开UNDP-GEF"增强大兴安岭地区保护地网络的有效管理项目"成果发布会与项目总结会，积极申报GEF六期"中国水鸟迁徙路线保护网络"项目，启动GEF第六增资期"加强中国东南沿海保护地管理以保护具有全球意义的生物多样性"项目。

国内外市场开发　在确保完成主业的前提下，积极开发国内外市场，提供技术咨询服务，与10家国内企事业单位签订项目合作协议，与刚果（金）环境部PCPCB项目办签署《关于促进执行刚果（金）PCPCB项目及环境可持续发展项目的合作伙伴关系协定》。全年新承担指令性任务125项，市场承揽项目538项，实现了业务和效益双增。

创先争优　开展院优秀成果奖评审。获得国际风景园林师联合会亚非中东地区奖规划分析类卓越奖1项、测绘科技进步奖二等奖1项、中国测绘学会优秀地图作品裴秀奖银奖1项、全国林业优秀工程勘察设计奖7项。林业发展规划处荣获"三北防护林体系建设工程先进集体"称号。森林经理分会被中国林学会评为2017年度优秀分支机构，2014～2018年综合考核评估为优秀。

【**2018年春季沙尘天气趋势会商**】　1月8日，中国气象局和国家林业局联合召开2018年春季沙尘天气趋势会商会议。会议听取国家气候中心、国家卫星气象中心、中国气象科学研究院、中科院大气物理研究院以及北京、河北、内蒙古、宁夏、新疆、甘肃省（区、市）气候中心等单位的专题报告。规划院作了题为《2017年我国北方地区地表状况对2018年春季沙尘天气的影响》的报告，分析了2017年北方地区植被生长状况、降水量、土壤墒情等影响沙尘天气的下垫面因子的特点及规律，为中国2018年春季沙尘天气趋势分析提供了重要的数据资料。

【**荣获第十八届北京科技声像作品"银河奖"和2017年行业电视节目展评多个奖项**】　规划院在第十八届北京

科技声像作品"银河奖"和2017年行业电视节目展评中获得一等奖1项,二等奖2项,三等奖2项,其中《竹篮打水未必一场空》被评为优秀导演奖,《废物重生物尽其"财"》被评为优秀录音奖。《与金丝猴相伴过新年》获得2017年行业电视节目展评最佳作品,《竹海里的竹"趣"人生》和《竹篮打水未必一场空》获2017年行业电视节目展评好作品。北京科技声像作品"银河奖"每两年评选一次,是北京科技声像领域的最高奖项。

【第六次全国荒漠化和沙化监测技术准备研讨会】 1月12日,国家林业局荒漠化监测中心会同沙化监测重点省区的监测负责人、专家,召开第六次全国荒漠化和沙化监测技术准备研讨会。

会议指出,做好第六次监测工作是贯彻落实党的十九大精神中保护生态系统、维护生态系统稳定性、科学划定生态红线、开展国土绿化行动、推进荒漠化治理、建立市场化与多元化生态补偿机制的重要举措,并建议科学量化沙化土地可治理面积治理率这一绿色发展指标。与会代表建议在第六次监测中以专题方式进行无人机技术的试点应用,从群落的角度对生态系统的稳定性进行定义。

【《四川若尔盖湿地国家级自然保护区生态旅游规划(2018~2027年)评审会》】 1月29日,四川省林业厅在成都召开评审会,审议规划编制的《四川若尔盖湿地国家级自然保护区生态旅游规划(2018~2027年)》。《规划》通过专家组评审。

【"全国林地一张图数据建设"专题讲座】 1月29日,规划院举办"全国林地一张图数据建设"专题讲座。讲座从对大数据时代的认识、基于林地一张图的全国林地变更调查工作平台及全国林地一张图发展设想等三大方面作了系统详尽的介绍。

【《全国森林城市发展规划(2018~2025)》评审会】 2月5日,国家林业局组织召开《全国森林城市发展规划(2018~2025)》专家评审会。受国家林业局委托,规划院同国家林业局城市森林研究中心共同承担《全国森林城市发展规划(2018~2025)》的编制工作。专家一致通过了评审。

【《第十次全国森林资源清查实施方案》研讨会】 1月23日,规划院组织召开《第十次全国森林资源清查实施方案》专家咨询研讨会,对全国森林资源监测体系、第十次全国森林资源清查实施方案进行咨询研讨。旨在改进森林资源清查体系,优化监测内容和调查方法,实现年度出数,逐步构建全国森林资源监测体系,实现全国一体化监测。

会上,规划院就如何改进森林资源清查体系、解决森林资源年度出数等问题进行了专题汇报,提出解决问题的基本思路和具体做法。各专家结合实际工作情况与区域特点,针对清查工作存在的问题提出了具体优化建议。

【北斗卫星导航在林业中的示范应用工程项目通过验收】 国家林业局计财司在北京组织相关专家,对北斗卫星导航在林业中的示范应用工程项目进行了竣工验收。项目研制开发了国家—省—县多级林业北斗卫星导航综合管理服务平台,研发手持型单模、手持型双模等6类林业应用北斗终端,编制5类14个林业应用北斗导航标准规范,开展森林资源调查、森林管护、森林防火监控和应急指挥、森林病虫害防治4项业务北斗应用,建设国家、3个示范省、约200个示范县(局、场)三级林业应用北斗卫星导航综合服务中心,在广西、新疆、湖北开展业务示范应用,完成装备33 168台(套)北斗终端设备。项目通过了验收。

【参加中坦林业工作组第一次会议】 3月6日,国家林业局国际合作司与坦桑尼亚自然资源和旅游部政策分析司在北京联合主持召开中坦林业工作组第一次会议。国家林业局政法司、保护司、濒管办代表分别介绍了中国林业、野生动植物保护与保护区管理、CITES公约履约情况;规划院介绍了中坦野生动物保护管理和森林经营合作项目情况;坦桑尼亚野生动物管理局和林务局代表介绍了坦野生动植物和自然资源保护情况。中坦双方还就加强林业合作进行了探讨。

【全球环境基金"加强中国湿地保护体系,保护生物多样性规划型项目"指导委员会第五次会议】 3月14日,全球环境基金(GEF)"加强中国湿地保护体系,保护生物多样性规划型项目"指导委员会第五次会议在江西南昌召开。

会议回顾了2017年规划型项目总体进展,讨论7个子项目的执行亮点、存在问题及应对措施,审议通过2018年项目工作计划,并对深入推进和保障项目高效执行、实现预期成果以及做好最终评估准备工作等重大事项做出了安排部署。项目指导委员会充分肯定了该规划型项目所取得的重要进展。由UNDP作为国际执行机构负责的6个项目实施近5年来取得了显著成效,UNDP将于2018~2019年统筹组织最终评估;由FAO作为国际执行机构负责的江西项目也于2017年6月正式启动。本次会议的召开对保障项目实现预期目标具有重要指导意义。

【承担雄安新区10万亩苗景兼用林建设项目第五标段监理工作】 规划院参加雄安新区10万亩苗景兼用林建设项目监理公开招标,中标第五标段。雄安新区10万亩苗景兼用林是探索在中国尚属首例的平原地区大面积的近自然森林建设,旨在打造"千年秀林"。项目预计2020年完成。

【参加中非野生动物保护交流与合作研讨会】 3月15日,国家林业局国际合作司在北京召开中非野生动物保护交流与合作研讨会。规划院介绍了援助坦桑尼亚野生动物保护和森林经营项目建议情况以及野生动物资源调查监测方面的技术情况,并就加强中非野生动物保护交流与合作提出了建议。规划院在推进林业援外工作方面的技术支撑能力获得了与会人员的肯定。

【东北监测区林地年度变更调查培训班】 3月13~14日，规划院在北京举办东北监测区林地变更调查技术培训班。规划院副院长唐小平从满足国家生态文明体制改革、空间规划编制、资产负债表编制、目标责任制考核、空间用途管制等工作的需求出发，强调林地变更调查工作是林业的基础性工作，并从工作组织、工作重点、质量控制和工作进度等方面提出了具体的要求。规划院相关技术人员就大数据的内容与战略在林地一张图系统上的应用展开详细的讲述。辽宁省、吉林省、龙江森工等有关专家汇报了本省（集团）林地年度变更调查工作开展情况，并交流了本省林地变更调查的典型做法和经验总结。

【《加蓬木材工业园区建设合作规划》和《林业"走出去"开展森林资源开发合作现状调查及对策研究》评审会】 3月23日，国家林业局计财司主持召开专家评审会，评审由规划院编制完成的《加蓬木材工业园区建设合作规划》和《林业"走出去"开展森林资源开发合作现状调查及对策研究》两项成果。与会专家一致通过评审。

【《"一带一路"荒漠化防治合作研究》评审会】 3月23日，国家林业局计财司组织召开"一带一路"荒漠化防治合作研究项目评审会。与会专家一致通过评审。

【监测评估沙尘天气】 3月26~28日，受冷空气和蒙古气旋共同影响，新疆南疆盆地、甘肃西部、内蒙古大部、山西北部、东北西部、河北中北部、北京、天津相继出现沙尘天气，吉林西部局地发生沙尘暴。

规划院组织技术人员，结合卫星影像和地面监测信息站点数据，对整个沙尘过程进行了监测评估。本次沙尘天气主要起源于蒙古国南部和内蒙古中东部、东北西部。此次沙尘天气主要影响北京、天津、河北、山西、内蒙古、辽宁、吉林、黑龙江、甘肃、新疆10省（区、市），372个县市，受影响土地面积约206万平方千米，人口约1.9亿，耕地面积约2150万公顷，草地面积约6779万公顷。

【祁连山国家公园雪豹调查取得阶段性成果】 4月3日，规划院组织召开祁连山国家公园雪豹调查研讨会暨祁连山雪豹专题片审查会。对由规划院组织，北京林业大学联合甘肃祁连山、盐池湾和青海祁连山自然保护区具体实施的祁连山雪豹调查项目进行了专家研讨，对兰州祖历河文化传媒有限公司承担拍摄的祁连山国家公园雪豹专题片进行了审查。

祁连山国家公园雪豹调查于2017年年初启动，在国家公园范围内布设红外相机400余台。根据红外相机照片的回收情况，结合样线调查等方法获取的信息，项目组对祁连山雪豹国家公园的种群数量、分布状况等进行了初步估计，雪豹调查方法体系得到了专家组的认可。

【《崇义县森林经营规划（2016~2050年）》评审会】 4月11日，规划院在北京组织召开《崇义县森林经营规划（2016~2050年）》专家论证会。专家组一致通过了评审，《规划》根据崇义林业实际，进行了森林经营分区、分类，构建了县域森林作业法体系，充分体现全周期多功能森林经营理念；《规划》针对性、科学性和可操作性强，在森林经营管理系统、森林分类和作业法设计等方面，具有创新性，可为县级森林经营规划编制提供借鉴。

【卫星遥感新技术应用培训工作】 4月19日，规划院邀请东北林业大学激光雷达林业遥感专家邢艳秋教授作《激光雷达在森林调查中的应用实践》专题讲座。邢艳秋以树高和生物量遥感估算为主题，介绍了10余年来其围绕激光雷达林业遥感应用开展的一系列实验及其取得的成果，为规划单位承担的陆地碳监测卫星林业应用探索工作提供了宝贵的经验。

【湖南洞庭湖生物多样性基线调查和威胁分析项目春季外业调查】 4月16~25日，规划院组织专家赴洞庭湖开展生物多样性春季调查工作。先后赴东洞庭湖、横岭湖、西洞庭湖及南洞庭湖湿地自然保护区，选择样点与样线，依次调查洞庭湖湿地鸟类、鱼类及底栖动物的种群特征和群落结构，重点关注洞庭湖湿地生态系统关键物种（小白额雁、黑鹳、小天鹅、江豚、麋鹿及银鱼）种群现状及受威胁程度，并结合保护区现有水文、土壤、气象等数据，分析各类群物种多样性的变动及驱动因子。通过春季的全湖调查，补充了洞庭湖生物多样性原有研究的空白，进一步掌握洞庭湖湿地现状及管理情况。

该项目主要任务是通过洞庭湖生物多样性基线数据调查、洞庭湖湿地生态系统服务功能状况和关键物种栖息地质量状况评价分析，以及对各个部门具体的政策和管理策略的分析，确定洞庭湖湿地生态系统和生物多样性面临的威胁，制定洞庭湖湿地生态系统5年综合管理计划，为湖南省政府跨部门决策提供依据。

【《绿色时空》栏目报导福建宁德生态建设成就】 规划院派记者赴福建宁德拍摄生态建设系列节目，并在承担制作的中央电视台7套农业节目《绿色时空》栏目中播出。福建宁德曾是全国十八个集中连片贫困地区之一，当年习近平总书记在宁德"四下基层"身体力行践行群众路线，"三进下党"访贫问苦，为扶贫攻坚工作作出了榜样。栏目记者沿着习近平总书记走过的路线，通过采访、拍摄，向观众生动展示了昔日闽东贫困乡村的巨大变化。

【《滨州秦口河湿地生态经济区总体规划（2018~2035）》评审会】 5月5日，滨州市林业局组织召开专家评审会，审议规划院编制的《滨州秦口河湿地生态经济区总体规划》。规划通过了评审。

【2018年全国林业碳汇计量监测体系建设启动会】 4月24~25日，国家林业局造林司（气候办）在郑州组织举办2018年体系建设启动会。11个省（区、市）、2个森工集团、新疆兵团林业厅（局）的林业应对气候变化主管处长和体系建设技术支撑单位有关负责同志，以及华

东院、中南院、西北院、昆明院有关负责同志参加会议。

规划院副院长马国青介绍了第二次全国 LULUCF 碳汇计量监测总体安排和 2018 年工作计划。山西、龙江森工介绍了本省（集团）2017 年碳汇计量监测工作经验。国家林业局林业碳汇计量监测中心有关专家对 LULUCF 碳汇计量监测成果质量检查要点、数据核实技术要点、碳汇计量方法和模型参数等作了详细解读。各分中心的专家介绍了在计量监测工作中应注意的技术问题。

【中美技术合作"陆地碳计量国际学术伙伴项目"2018 年项目年度工作会和利益相关方会议】 5 月 14～17 日，规划院在西安主持召开为期 4 天的中美技术合作"陆地碳计量国际学术伙伴项目（TCAIAP）"2018 年项目年度工作会和利益相关方会议。来自美国温室气体管理研究所、印度尼西亚茂物农业大学、中国林业建设工程协会、国家林业局管理干部学院、国家林业局西北院、西北农林科技大学、陕西省规划院等单位的 20 余名代表参加会议。

会议期间，与会专家和项目人员就 TCAIAP 项目整体进展、陆地碳计量培训进展、面试课程和网授课程组织管理以及项目组织管理交流等问题展开了互动交流；项目拟成立碳研究所，选举印度尼西亚 Ibu Nur 作为碳研究所理事会主席，为扩大项目影像奠定基础。对陆地碳计量相关的政策背景、IPCC 指南、GIS/遥感、统计、结果交流等课程内容进行专家咨询，专家建议着重考虑学习目标、培训前和培训后两次测评、增加课程互动性，为 2018 年首期培训奠定基础。TCAIAP 项目由德国联邦环境、自然保护、建设和核安全部资助，由美国温室气体管理研究所牵头、中国和印度尼西亚参与，项目执行期为 2016 年 3 月至 2020 年 2 月。规划院是项目中方实施机构，主要利用美国温室气体研究所在陆地碳计量培训方面的先进经验，在中国开展陆地碳计量培训能力建设，并在中国开展两期培训示范。

【荣获 2018 年国际风景园林师联合会亚非中东地区卓越奖（IFLAAAPME）】 5 月 23 日，国际风景园林师联合会（IFLA）公布了 2018 年国际风景园林师联合会亚非中东地区奖（IFLA AAPME）的 115 个获奖作品。规划院参赛作品《依水而居——绿网水网化理念下的巢湖半岛规划》荣获规划分析类卓越奖。

【第六届第三次职工代表大会】 6 月 4 日，规划院召开第六届第三次职工代表大会，对《规划院生产技术经济责任制实施办法》修改草案和《规划院绩效工资分配实施办法》草案进行了审议，听取党委书记张煜星关于 2017 年度院班子民主生活会征求群众意见有关问题整改情况的报告。大会由党委副书记、工会主席严晓凌主持，54 名职工代表参加会议，18 名非代表的处长列席会议。

【参加 2018 年春季沙尘天气预测监测总结研讨会】 6 月 11 日，国家林业和草原局、中国气象局联合召开 2018 年春季沙尘天气预测监测总结研讨会。会议听取中国气象局预报司、国家气候中心等单位的专题报告。规划院作了题为《2018 年春季北方沙尘天气灾情监测与评估》的报告，介绍 2018 年春季中国沙尘天气特征及主要影响因子，重点分析不同沙尘源区下垫面植被特征对 2018 年春季沙尘天气的影响，展示了集卫星遥感监测、手机短信平台、地面监测站三位一体的沙尘暴监测网络，介绍了中国北方地区 2018 年 3～5 月降水状况。

【在 Nature 子刊发表论文】 6 月 14 日，规划院人员在 Nature 子刊 Nature Sustainability 上合作发表题为"Progress towards sustainable intensification in China challenged by land-use change"（土地利用变化对中国耕地利用的可持续发展趋势形成挑战）的研究性论文。该论文以中科院遥感所为第一署名，联合其他国内外 7 家单位的科研人员，系统性地建立了耕地利用生态环境影响评估体系，并以中国土地利用时空数据库为基础，首次厘清 1980 年以来，中国耕地的粮食产出与生态环境影响的时空变化过程，定量评估了农田管理措施改进和土地利用变化两大驱动因素对中国耕地产粮及其生态环境影响的贡献。规划院刘迎春在全国森林碳储量和碳变化量估算方面作出主要贡献。

【《中国沙漠图集》出版发行】 由原国家林业局组织编著、科学出版社出版的大型科技文献——《中国沙漠图集》出版发行。国家林业和草原局局长张建龙、副局长刘东生分别担任《图集》编纂委员会主任、副主任，张建龙和中国工程院石玉林院士为图集作序，以杨维西为主编的团队具体编纂，《图集》编纂工作前后历时十年，规划院完成了书中技术层面的主要工作。

《中国沙漠图集》以"沙漠"作为核心主题，采用卫星影像、数字高程地图、沙丘类型分布图、传统图件及照片与简要文稿相结合的方式，对中国沙漠和沙地进行了解读，是迄今为止正式出版的第一部宏观解读中国沙漠的大型专业图集。

【UNDP-GEF 增强大兴安岭地区保护地网络的有效管理项目成果发布会】 6 月 24 日，UNDP-GEF"增强大兴安岭地区保护地网络的有效管理项目"成果发布会在内蒙古根河市举办。

GEF 项目是大兴安岭地区实施的首个生物多样性保护国际项目，项目实施期正值东北国有林区全面停止商业性采伐，林区工作重点由木材生产向生态建设转移的特殊时期。项目不仅为大兴安岭地区生态建设引入了宝贵资金，更重要的是引入国内外生态保护的新理念、新机制、新技术和新经验，为大兴安岭打开了一扇了解外部世界的窗口。

项目经过 5 年的实施，取得了显著成效：大兴安岭保护地面积从 310.03 万公顷扩大到 421.88 万公顷，保护地面积新增 36.1%，使 111.85 万公顷的重要生态系统和野生动植物栖息地纳入到保护体系中；推动成立了跨省区的大兴安岭生物多样性保护委员会，加强了两省区林管局开展保护工作的协同性，促进了景观层面各项保护活动的开展；推动制定地方湿地保护相关法规；支持建立了覆盖两省区 12 个保护地的生物多样性监测体系，掌握了该地区生物多样性动态变化状况，为保护管理工作提供了数据支撑；完成了大兴安岭地区生物多样性保护与可持续利用行动计划、保护地融资计划、两个示范点管理计划，开发建立了生物多样性信息管理系统，开展了大兴安岭湿地价值评估、冻土演变和湿地固碳研究等创新性研究课题，为该地区湿地和生物多样性保护提供了有力的科技支撑；内蒙古汗马国家级自然保护区列入国际重要湿地名录；在两个项目示范点开展生态旅游和生态种养殖等替代生计活动，实现生态效益与经济效益共赢，具有积极的示范作用；组织开展了各种形式的培训，内容涵盖法律法规、资源调查、物种识别、生态修复、生境监测、宣传教育、生态旅游、社区共管和替代生计等诸多方面，接受培训的保护地从业人员超过1500人次；累计为两个示范点采购了35万美元的监测巡护设备，提高了项目示范点监测巡护能力；针对大兴安岭地区关键物种，编制并实施了栖息地保护和恢复计划；开展形式多样的宣教活动，有效提高了公众的生态保护意识，宣传了大兴安岭地区的生态保护价值，大兴安岭在国内外的影响力大大增强。

【参加2020年全球森林资源评估东亚和东南亚区域研讨会】 6月25～29日，由联合国粮农组织主办、日本农林水产省林野厅协办的"2020年全球森林资源评估东亚和东南亚区域研讨会"在日本东京召开，14个国家的代表以及联合国粮农组织、国际热带木材组织等国际组织的代表和专家出席会议。规划院曾伟生参加会议并作专题发言。

全球森林资源评估是由联合国粮农组织（FAO）牵头组织、各成员国参与实施的全球周期性森林资源评估活动，其结果是考察森林可持续经营政府间进程，评估世界各国国际公约履约情况的重要依据。

【《第一次全国林业碳汇计量监测成果报告》论证会】 6月30日，国家林业和草原局造林司在北京组织召开《第一次全国林业碳汇计量监测成果报告》专家论证会。国家林业和草原局副局长刘东生出席会议并讲话。会议由造林司司长赵良平主持，唐守正院士担任专家组组长。规划院院长刘国强，副院长、总工程师马国青率团参加会议。

参考IPCC指南并结合中国林情，在全国系统布设碳汇监测样地，首次依据IPCC六大地类划分中国林地、湿地分类标准，历时3年完成第一次全国林业碳汇计量监测，系统研建了计量模型和参数，在森林碳储量遥感估测和制图方面取得了突破，测算分析了2013年全国林地（林木）和湿地各碳库碳储量、2005～2013年全国林地（林木）活生物量碳储量变化和森林植被碳汇量。专家一致同意《报告》通过评审。

【2018年中央财政森林抚育补贴国家级抽查部署暨现场技术培训】 7月11～14日，规划院组织召开2018年中央财政森林抚育国家级抽查部署暨现场技术培训。造林司副司长吴秀丽总结了近年来森林抚育实施情况及森林经营工作取得的成效，分析了中央财政森林抚育补贴政策实施中存在的问题，并对进一步做好国家级抽查工作提出了具体要求。规划院、华东院、中南院、西北院、昆明院的分管院领导、技术负责人和技术骨干参加部署会和技术培训，各直属规划院分管院领导介绍了国家级抽查工作的前期准备、安排部署及下一步工作计划等情况。

【全国营造林标准化技术委员会2018年营造林标准宣贯培训班】 7月7～8日，全国营造林标准化技术委员会秘书处在大连举办2018年全国营造林标准宣贯培训班。培训班邀请有关专家重点解读《中华人民共和国标准化法》《造林技术规程》《森林抚育规程》《简明森林经营方案编制技术规程》《森林经营方案编制与实施规范》《东北内蒙古重点国有林区森林经营方案编制指南》等，并与学员共同研讨了《营造林标准体系》《营造林标准制修订要点》。

【全国首个林长制实施规划】 7月23日，规划院牵头，原国家林业局经济研究发展中心、中国林业科学研究院等单位参加编制的《安徽省安庆市林长制实施规划（2018～2020年）》在北京通过专家评审。中国科学院院士唐守正、中国工程院院士尹伟伦以及国家林业和草原局、国家发展改革委、北京林业大学、安徽省林业厅等9位院士专家组成专家评审组，对《实施规划》进行论证。

【参加青海省泥炭沼泽碳库调查启动会暨培训班】 7月25～26日，青海省泥炭沼泽碳库调查启动会暨培训班在西宁召开。国家林业局湿地保护管理中心总工程师鲍达明到会并讲话。规划院副院长唐小平率相关技术人员参会并作授课培训。

唐小平总结了各省泥炭沼泽碳库调查工作的成果和经验，进一步明确了规划院作为技术支撑单位的主要职责，强调了调查工作的要求和注意事项。规划院技术人员对《全国泥炭沼泽碳库调查工作指南》的相关内容作了重点解读。相关专家分别就"泥炭碳库与全球气候变化""泥炭调查进展及沼泽泥炭调查方法""泥炭沼泽的基本生态特征与功能"等多个专题对调查人员进行了培训。规划院技术人员带队赴海拔3800米的贵德县拉脊山顶沼泽地开展野外调查实习，对泥炭沼泽碳库的外业调查进行了现场指导和答疑。

【荣获"中国质量诚信AAA级企业"称号】 规划院荣获中国质量万里行促进会质量诚信建设委员会颁发的"中国质量诚信AAA级企业"证牌和证书。规划院连续多年荣获"全国质量信得过单位"称号，近3年合同履约率均为100%，项目成果顾客满意率均达到99%以上，累计获专利1件、著作权12项，32项成果荣获国家、省、行业奖项。

【《武威市防沙治沙总体规划（2018～2025年）》评审会】 7月22日，规划院在北京召开专家评审会，审议规划院编制的《武威市防沙治沙总体规划（2018～2025年）》。与会专家一致同意《规划》通过评审。

【陆地碳计量国际合作项目专题培训班】 7月15日至8

月11日，由规划院与美国温室气体管理研究所共同组织开发，中国林业工程建设协会主办，国家林业局管理干部学院承办的"陆地碳计量国际合作项目专题培训班（第一期）"在北京举办。

此次培训是"陆地碳计量国际合作项目"的主要成果之一。该项目是在美国温室气体研究所（GHGMI）、国家林业局调查规划设计院和印尼茂物大学共同倡导下，由德国联邦环境、自然保护、建设和核安全部资助的国际合作项目。项目旨在通过开展专业的技术培训，推进发展中国家碳计量人才队伍和碳计量能力建设，学习、掌握先进的陆地碳计量理念和技术。87名来自全国22个省（区、市）、62家林业调查规划设计单位从事相关工作的专业技术人员完成并通过了培训考试，获得了美国温室气体管理研究所和中国林业工程建设协会共同颁发的"陆地碳计量国际学术伙伴项目认证证书"。

【《南京牛首山文化旅游区森林景观与质量提升详细规划》评审会】 由规划院编制的《南京牛首山文化旅游区森林景观与质量提升详细规划（2018~2027年）》在南京通过专家评审。院长刘国强，副院长、总工程师马国青率项目编制组参会。

由中国工程院院士曹福亮等7位院士专家组成专家评审组，对《规划》进行了评审。专家组一致同意该《规划》通过评审。

【《河北省湿地自然保护区规划（2018~2035年）》评审会】 8月18日，河北省林业厅在石家庄组织召开专家评审会，审议规划院编制的《河北省湿地自然保护区规划（2018~2035年）》。与会专家一致同意《规划》通过评审。

【全国荒漠化和沙化监测外业调查试点工作】 8月13~23日，规划院会同西北院、内蒙古林业厅、内蒙古林业调查规划院、内蒙古第二调查规划院等单位，在内蒙古自治区翁牛特旗开展外业调查试点工作。

规划院作为此项工作的主要技术支撑单位，通过此次外业调查试点工作，对本次技术规定涉及变化和新增的指标进行实地检测，测试了变化部分的科学性和可操作性；测试了本次使用遥感数据与矢量数据的吻合程度，进一步明确遥感数据的组织、分发形式；测试了图斑区划方法及要求的合理性、外业现地图片库的调查要求操作是否可行；测试了第五次、第六次监测数据因标准变化、遥感数据差异等可能造成的数据衔接问题；对新开发的移动端软件和桌面端软件的操作性能、工作效率和稳定性进行检验，根据试点结果调整和优化软件。

【《生态修复工程通用规范》研编工作启动会】 8月27日，规财司主持召开《生态修复工程通用规范》研编工作启动会。规划院副院长唐小平介绍了项目设置的背景、目的、工作方法和工作难点。规划院研编工作组汇报了《规范研编》框架、工作实施情况、初步成果、后续工作安排等，并提出当前存在的主要问题。

与会专家重点针对政府如何基于规范进行监管、生态修复的内涵与本规范的定位、生态修复的步骤与程序、通用型与分系统型规范等几个方面进行了讨论，为后续工作开展提出了宝贵的意见。此次项目启动会广泛听取行业专家的建议，进一步明确规范编制的重点，清晰了若干问题的解决思路，为科学开展《规范研编》工作奠定了基础。

【联合国粮农组织（FAO）"泰国土地退化评估项目"技术培训】 受联合国粮农组织（FAO）委托，规划院承担了FAO实施的全球环境资金（GEF）"泰国土地退化评估项目"技术培训任务。

规划院派出专家分别于6月4~10日和7月23~30日赴泰国开展土地利用、土地退化评估和土地可持续管理技术培训，中方为泰方人员讲授了国家和地方层面的土地退化评估的概念、方法、技术以及中国实施项目的经验，并指导泰方人员完成了国家土地和当地土地利用系统制图的调查。

【《2017年中国林业产业发展监测报告》评审会】 9月5日，规划院在北京组织召开《2017年全国林业产业发展监测报告》专家评审会。专家一致通过了评审。

【陆地生态系统碳监测卫星"星-机-地"综合实验地面调查工作】 9月4日，规划院在吉林省延边朝鲜族自治州天桥岭林业局组织召开陆地碳卫星"星-机-地"吉林重点林区综合实验地面调查工作启动会。

陆地碳卫星是中国第一颗主要服务于林业行业的卫星，2017年国家批复立项，计划2020年发射。该卫星搭载国际先进的激光雷达载荷，能够快速获取森林高度信息，反演森林蓄积量和生物量，将为中国森林资源监测提供新的技术手段。为了确保陆地碳卫星反演精度，需要针对中国不同的森林类型建立反演模型。规划院选定在东北虎豹国家公园及周边地区，针对部分东北典型森林类型开展有人机激光雷达飞行、无人机激光雷达飞行和地面样地调查等综合实验。启动会后，对参加本次地面调查的技术人员进行了技术方案以及地面调查需用的全站仪、差分GPS、激光测高仪、地面调查APP软件等方面的详细讲解并开展了仪器使用室外实习。

【《森林河南生态建设规划（2018~2027年）》发布实施】 9月6日，由规划院编制的《森林河南生态建设规划（2018~2027年）》，经河南省人民政府正式签批和发布实施。定位于"5年增绿山川平原，10年建成森林河南"的《森林河南生态建设规划（2018~2027年）》对河南省国土绿化、森林城市建设、森林质量提升、森林及湿地资源保护、林业产业融合发展以及林业支撑保障体系建设等方面作出了总体部署和统筹安排，到2027年河南省森林覆盖率达到30%，森林生态服务价值达到3600亿元/年，是推进森林河南生态建设的纲领性文件，是指导河南省各地林业生态建设的重要依据。

【《林业资源管理》入选北大中文核心科技期刊】 《林业资源管理》是由国家林业和草原局主管，由国家林业和草原局调查规划设计院主办，经国家新闻出版总署批准公开发行的综合性科技期刊，连续第八次成功入选北京大学《中文核心期刊要目总览》。

【中国林业工程建设协会工程咨询专业委员会委员发展大会】 于9月7日在北京召开，来自全国26个省（区、市）48家单位的近60名代表参加会议。

大会宣布了包括北京市林业勘察设计院在内的34家新发展委员单位及委员名单，专委会主任马国青详细介绍了专委会的成立过程及工作情况。专委会组织了林业工程咨询行业发展现状及未来展望座谈会，并邀请专家作了3个专题报告。

【完成中非竹子中心项目前期调研工作】 受国家国际发展合作署委托，由规划院承担中非竹子中心项目可行性研究报告的编制任务。该项目不仅是中国林业的首个援外成套项目，也是规划院首次承担林业援外成套项目。7月8～22日，规划院和北京市建筑设计研究院有限公司、国际竹藤中心等单位联合组成项目组，赴埃塞俄比亚亚的斯亚贝巴开展中非竹子中心项目前期调研工作。

调研期间，项目组拜访了中国驻埃使馆经商处刘峪参赞，与埃塞俄比亚环境、林业与气候变化部部长葛梅多·戴勒进行了会谈，走访了埃塞俄比亚环境林业研究所、埃塞俄比亚建设监管部门、区级城市建设监管部门、国际竹藤组织东非办事处等单位，考察了国际竹藤组织东非办事处的竹制品加工车间、非盟中心、当地建材市场，并就项目相关情况与在埃塞部分中资企业进行针对性的座谈交流。通过与埃方多轮会谈及在当地的密集调研考察，就项目建设主要内容、建设规模、建设布局以及在设计和建设阶段中埃双方职责等方面基本达成一致。

【追寻大兴安岭记忆活动】 8月29日至9月3日，规划院组织曾经在大兴安岭工作和生活过的老领导和老同志代表，开展"追寻大兴安岭记忆"的活动。本次活动从阔别40年战友重聚、寻找故居记忆开始，参观了铁道兵纪念碑、自然博物馆、万亩种子园，浏览了加格达奇市容市貌，考察了拓跋鲜卑民族发祥地，调研了南瓮河湿地保护情况，并与国家林业局大兴安岭规划院职工及部分老同志举行了座谈。

【林业援疆培训】 规划院应新疆维吾尔自治区林业厅邀请，于9月17日由院党委书记张煜星带队，派出3位专家赴新疆开展培训工作。就林业应对气候变化碳计量监测和碳交易、荒漠化和沙化监测、森林经营方案编制等内容进行培训，并结合当前林业工作实际需要，紧跟新时代林业发展步伐，适应新时期林业发展需要，分享新技术规程、行业规范和业务要求等技术和管理经验。

【《乌兰察布市国家森林城市建设总体规划（2018～2027年）评审会》】 9月20日，内蒙古自治区乌兰察布市人民政府在北京组织召开《乌兰察布市国家森林城市建设总体规划（2018～2027年）》专家评审会。

规划院编制组介绍了《规划》编制情况及主要内容，与会专家一致同意《规划》通过评审。

【《婺源县国家森林城市建设总体规划（2018～2027）》评审会】 9月25日，由规划院承担的《婺源县国家森林城市建设总体规划（2018～2027）》项目专家评审会在北京召开。评审组一致同意该《规划》通过评审。

【获得符合甲级资信评价标准工程咨询单位】 9月30日，中国工程咨询协会发布2018年第4号公告，发布2018年符合甲级资信评价标准的工程咨询单位名单，规划院位列其中，并以农业和林业、生态建设和环境工程、市政公用工程、电子和信息工程4个专业数量列于国家林业和草原局6个直属院之首。

【中国温带干旱与半干旱区沼泽湿地遥感调查专题通过验收】 9月30日，中科院东北地理与农业生态研究所组织专家对规划院承担的科研专题"中国温带干旱与半干旱区沼泽湿地遥感调查"进行了验收。验收组一致同意通过专题验收。

5年来，规划院组织研究人员对中国西北五省区沼泽湿地现状年（2010～2012年）与过去30年3个主要年份（2000年、1990年、1980年）的集中分布区湿地类型、数量、地理位置、面积、分布状况进行了研究分析，对国家林业局组织的两次湿地资源调查中的沼泽湿地数据整理了汇编，对中国3条水鸟迁徙通道栖息地状况进行了信息提取。研究成果为中国沼泽湿地科研数据库的建立和主要生态环境效益综合研究提供了重要依据。

【荣获2018优秀地图作品裴秀奖银奖】 在中国测绘学会召开的2018年学术年会上，公布了《关于2018年测绘科学技术奖励的决定》（测学发〔2018〕107号）。规划院申报的《中国湿地电子图集》成果荣获2018年优秀地图作品裴秀奖银奖。该图集是一个湿地资源可移动数据库平台，以U盘形式发行，由298万个文字、2562张图件构成，包含全国内地所有县级以上行政区和1579个重点湿地的湿地数据，该图集的编撰、研发工作量和信息量堪称近年来图集出版界之最。在2018优秀地图作品67个获奖项目中，《中国湿地电子图集》是唯一一项以电子介质出版发行的地图（集）。

【《重庆市江津区国家森林城市建设总体规划（2018～2027）》《重庆市铜梁区国家森林城市建设总体规划（2018～2027）》评审会】 由规划院承担的《重庆市江津区国家森林城市建设总体规划（2018～2027）》《重庆市铜梁区国家森林城市建设总体规划（2018～2027）》专家评审会在北京召开。专家评审组一致通过评审。

【UNDP-GEF增强大兴安岭地区保护地网络的有效管理项目总结会】 10月31日，UNDP-GEF"增强大兴安岭地区保护地网络的有效管理项目"总结会在黑龙江省加格达奇市召开。局专职防火副总指挥、GEF国家项目主任马广仁，规划院院长、项目指导委员会副主任刘国强，湿地司副司长鲍达明，联合国开发计划署驻华代表处项目主任马超德，黑龙江大兴安岭林业管理局副局长姜蒙红等出席会议。会议由刘国强主持。中央项目办汇报了项目终期评估结论与建议，总结了项目实施概况，内蒙古与黑龙江两省区项目办及相关专家、保护地工作人员充分交流了项目实施效果与影响。

【"了解草原 重视草原 促进林草融合发展"专题讲座】 11月1日，规划院组织举办"绿色大讲堂——规划院分讲堂——了解草原 重视草原促进林草融合发展"的专题讲座，特别邀请局草原司副司长刘加文主讲。

刘加文系统介绍了中国草原的资源本底情况和长期以来采取的原资源保护措施，分析了中国草原资源及其保护管理存在的主要问题，提出了新的机构职能背景下推进林草融合的发展思路，并就当前草原资源管理密切相关的热点进行了解读。

【《衡水市国家森林城市建设总体规划（2018~2027年）》评审会】 11月9日，河北省衡水市人民政府在北京组织召开《衡水市国家森林城市建设总体规划（2018~2027年）》专家评审会。与会专家一致通过评审。

【第二次土地利用变化与林业碳汇计量监测数据查验核实技术交流会】 11月9日，局林业碳汇计量监测中心和4个区域监测中心会同浙江、黑龙江、龙江森工等13个省级监测单位在北京召开了第二次LULUCF碳汇计量监测数据查验核实技术交流会。

会议对各省的第二次LULUCF碳汇计量监测数据检查核实工作开展情况进行了具体分析，并分组讨论解决方案。通过本次技术交流会，总结了各省在工作中存在的问题和不足，落实了解决办法，修订了数据查验核实技术方案，有效推动第二次土地利用变化与林业碳汇计量监测工作。

【全国营造林标准化技术委员会2018年年会暨标准化宣贯、营造林标准复审会】 于11月8~9日在四川成都召开。来自基层生产单位、科研院所、大专院校和管理部门等各方面委员50人参加本次年会。

标委会副主任黄发强作了《继续深化改革，提高林业和草原标准化工作质量和水平》的讲话。副主任许传德、唐小平在会上分别作了《2018年工作任务和2019年工作计划》《营造林标准体系构建与标准复审的原则和要求》的汇报。会议讨论通过《2019年全国营造林标准化技术委员会工作计划》，明确了营造林标委会下一年度的工作方向和重点，并审定通过营造林标准体系和标准体系表。秘书长周洁敏代表标委会就6位委员提出了委员变更建议，到会委员全票通过6位委员的变更决议。

【利用新技术监测评估沙尘天气】 11月25~27日，受较强冷空气影响，新疆北部、甘肃大部、内蒙古中西部、宁夏、陕西北部、山西、河北、北京、天津、河南北部、山东北部等地发生沙尘天气，其中甘肃省酒泉市、张掖市局地有沙尘暴。

规划院组织技术人员积极进行监测评估，综合利用向日葵8号静止气象卫星和地面监测信息，对整个沙尘天气过程进行动态监测。

规划院自2018年3月份开始探索利用静止气象卫星进行沙尘天气动态监测研究，已经完成了基于向日葵8号静止气象卫星的沙尘天气昼夜无缝识别模型自主研发，模型对沙尘影响范围的识别精度在90%以上，可以利用10分钟一次的卫星数据，准确判定沙尘起源、影响范围和持续时间等。新技术的应用有效地克服了沙尘夜间识别盲区的问题，极大地增强了沙尘暴监测应急工作的时效性和准确性。

【《国家公园设立标准》专家论证会】 11月30日，国家林业和草原局（国家公园管理局）公园办在北京组织召开《国家公园设立标准》专家论证会。会议由国家林业和草原局总经济师张鸿文主持。与会专家一致同意通过评审。

【《巴彦淖尔市乌兰布和沙漠综合治理与生态保护专项规划》评审会】 11月20日，巴彦淖尔市防沙治沙局组织专家对规划院编制的《乌兰布和沙漠综合治理与生态保护专项规划》进行评审。评审专家一致同意通过评审。

【参加三北工程建设40周年总结表彰大会】 11月30日，三北工程建设40周年总结表彰大会在北京召开。规划院林业发展规划处被授予先进集体称号。规划院院长刘国强率领院评估组参加会议。

1978年以来，规划院作为重要技术支撑单位，始终参与三北工程建设，先后承担完成了各期工程规划编制和第一阶段评估工作。根据国家林业和草原局关于三北工程建设40周年纪念活动的部署，成立局总结评价组，刘国强任组长，资源司、三北局、退耕办为成员单位，由规划院具体承担三北防护林体系建设40年综合评价工作。规划院集中森林资源清查、荒漠化沙化土地监测、发展规划和碳汇计量监测等技术力量，依托历次林业生态监测成果数据和技术储备，做好工程建设"一套数图"建设、森林恢复成效、沙化土地治理、工程三大效益、风沙及荒漠重点区等分析评价和综合评价报告编制，为三北工程建设40周年纪念活动提供了权威、科学、全面的评价结果。

【参加联合国森林战略规划2030年全球森林目标报告研讨会】 于11月14~16日在意大利罗马市举行。此次会议是联合国森林论坛（UNFF）为加强联合国森林战略规划（UNSPF）执行进展报告能力建设而举办的一次重要会议。会议主要内容是集中审议UNSPF国家报告说明，专题研究森林相关社会经济数据采集、监测与评估，重点讨论以森林为生计的极端贫困人口脱贫、森林对粮食安全的贡献等指标界定与报告。

经局国际合作中心推荐和UNFF秘书处邀请，规划院派员代表中国赴意大利参加了此次会议。会上，全面参与了各项议程的集中研讨和分组讨论，介绍了中国在出台国土绿化、森林经营和林地保护利用等方面的战略规划，推进森林可持续经营的主要经验和做法，提出了不同国际组织数据可比衔接、全球评估社会经济指标局限性、国家报告内容要求与统一、举办国家报告培训班等方面的建议和主张,得到了与会国家的响应。

【与刚果(金)环境与可持续发展部签署合作伙伴关系协定】 11月30日,规划院与刚果(金)环境与可持续发展部PCPCB项目办举行合作伙伴关系协定签字仪式。院长刘国强和PCPCB项目总协调人Jean-Romain USENI BWANAKIYANA先生在《关于促进执行刚果(金)PCPCB项目及环境可持续发展项目的合作伙伴关系协定》上签字,副院长张剑和Jean-Romain USENI BWANAKIYANA先生在《刚果(金)中刚果省莫安达地区3.4万公顷碳汇造林作业设计合同》上签字。规划院将在合作伙伴关系协定的框架下,加强与刚果(金)PCPCB项目办对接,尽快启动PCPCB项目合作,强化职责分工,组织精干力量,高质量开展好各项技术服务,力争打造中刚林业合作范例。

【《广东开平孔雀湖国家湿地公园控制性详细规划》评审会】 11月27日,开平市人民政府组织召开专家评审会,审议规划院编制的《广东开平孔雀湖国家湿地公园控制性详细规划》。与会专家一致同意《规划》通过评审。

【沙漠(石漠)公园专家评审会】 12月6日,国家沙漠(石漠)公园专家评审会在北京召开。中国工程院院士尹伟伦、张守攻参加评审。国家林业和草原局副局长刘东生出席,就国家沙漠(石漠)公园建设管理需提质增效发表讲话,会议由国家林业和草原局荒漠化防治司司长孙国吉主持。

来自河北、内蒙古、湖南、云南、广东、甘肃、新疆等省(区)林业和草原局的代表分别汇报了拟建沙漠(石漠)公园的具体情况,专家组听取了汇报,审阅了相关资料,对每个申报的国家沙漠(石漠)公园开展了充分的质询和讨论,最终形成评审意见。作为国家沙漠(石漠)公园专业委员会的挂靠单位,规划院组织专家对申报的部分国家沙漠(石漠)公园进行了实地评估,并形成专家意见;承担了本次评审的材料初审、组织、协调和会议承办工作。

【全国空气负氧离子监测试点技术研讨会】 12月17~18日,规划院在浙江省丽水市举办全国空气负氧离子监测试点技术研讨会。会议旨在总结全国空气负氧离子监测试点项目进展,提高各试点城市负氧离子监测技术和数据管理应用水平,有序推进全国负氧离子监测日常运行维护和试点测报工作。研讨会上,规划院副院长唐小平作主题报告。

【内蒙古自治区、内蒙古大兴安岭林区第九次森林资源清查主要结果通过专家评审】 12月10日,规划院在北京组织召开内蒙古自治区、内蒙古大兴安岭林区第九次森林资源清查主要结果专家评审会。

项目负责人汇报了内蒙古自治区、内蒙古大兴安岭林区两个单位第九次清查工作开展情况、森林资源现状及动态变化。专家组一致同意通过评审。2018年是第九次全国森林资源清查工作的收官之年,随着内蒙古自治区、内蒙古大兴安岭林区两个单位的清查工作圆满结束,规划院承担的东北监测区第九次全国森林资源清查工作已全面完成。

【国家沙漠(石漠)公园培训班】 12月18~20日,国家沙漠公园管理培训班在湖南张家界举行,全国各地代表150人参加了培训班,作为国家沙漠(石漠)公园专业委员会挂靠单位,规划院党委书记张煜星、副院长唐小平参加并作授课培训。

培训班上,张煜星作为国家沙漠公园专业委员会主任,作了主题报告,具体介绍了国家沙漠建设的意义、现状、存在问题与建议以及公园申报要求、评审程序等内容。唐小平就如何构建中国特色自然保护地体系作了授课培训,具体介绍了自然保护地体系发展现状、构建中国特色自然保护地体系、确立以国家公园为主体的自然保护地体系以及如何推动国家公园体制试点等内容。

【与广西罗城县人民政府签署扶贫合作协议】 12月19日,规划院与广西罗城仫佬族自治县人民政府正式签署扶贫合作协议,向罗城县人民政府捐赠100万元扶贫资金。

规划院高度重视罗城的扶贫帮扶工作,多次召开会议研究,并成立了由院长刘国强亲自牵头,副院长张剑具体负责,有关部门参与的工作组,协调对接有关工作。

【参加2018年森林督查汇总汇报会】 12月20~22日,国家林业和草原局森林资源管理司在西安组织召开汇总汇报会,资源司司长徐济德、副司长陈雪峰出席会议。来自全国的5个局直属调查规划设计院、15个专员办的70余人参加会议,规划院副院长唐小平率领相关人员参会。

汇总汇报会上,规划院森林督查项目负责人对东北监测区7个省(区、市)的森林督查工作开展情况、主要结果和存在的主要问题进行了系统详细的演示和汇报。唐小平就森林督查工作如何与林地变更调查协同推进,如何提高工作质量和进度,如何加强对违法破坏森林资源问题进行整改和加强林业行政执法,如何完善森林督查的组织方式以及改进完善技术方案等方面提出了意见和建议。

【荣获全国党员干部现代远程教育优秀课件节目奖】 12月28日,中共中央组织部党员教育中心举办2018年全国党员干部现代远程教育优秀课件节目点评会,规划院制作完成的6个节目参加评奖。其中,《大兴安岭林区游记》《融入金丝猴群看趣事》获得全国党员干部现代远程教育优秀课件二等奖,《能人治沙又致富》《微电影》获得全国党员干部现代远程教育优秀课件三等奖。

【中国林学会森林经理分会组织召开分会成立40周年座谈研讨会】 12月23日,中国林学会森林经理分会组织召开分会成立40周年座谈研讨会。原林业部副部长、森林经理分会现任名誉理事长刘于鹤,中国林学会副理事长兼秘书长陈幸良出席会议。会议由规划院院长、森林经理分会现任理事长刘国强主持，分会往届理事会代表以及来自森林资源管理、科研、教学、生产实践等单位现任理事代表近40人参加会议。

森林经理分会成立于1978年，其前身是1978年12月中国林学会在天津召开的学术年会上成立的中国林学会森林经理专业委员会，1986年8月，森林经理专业委员会改为森林经理分会，至今历时八届理事会。40年来，分会先后举办大型学术研讨会20余次，正式出版专刊和论文集20余册。多次向主管部门提报书面建议书等，在学术交流、学科建设、咨询服务、建言献策、自身建设等方面取得了可喜的成绩，较好地发挥了桥梁纽带作用。为推动学科发展、现代林业建设做出了应有的贡献。多年连续获得中国林学会年度综合优秀单位荣誉称号。

（规划院由赵有贤供稿）

国家林业和草原局林产工业规划设计院

【综　述】　2018年是深入学习贯彻习近平新时代中国特色社会主义思想和党的十九大精神的开局之年，是改革开放40周年，也是国家林业和草原局林产工业规划设计院（以下简称设计院）建院60周年。一年来，设计院班子以习近平新时代中国特色社会主义思想为指导，在局党组的坚强领导下，以年初设计院年度工作会暨党风廉政建设会议为起点，扎实开展建院60年系列活动，围绕林业和草原中心工作，深入推进全面从严治党，以经济建设为中心，以增收节支为目标，以改善工作环境、提高员工成就感和获得感为任务，切实加强各项制度建设执行，持续优化机构资源配置，努力拓展市场服务范围。一年来，设计院在金融创新、森林资源调查监测等方面实现了新突破，全面从严治党持续推进，"制度执行年"成果丰硕，增收节支成效显著，院区和办公楼面貌焕然一新，职工食堂改造顺利完成并投入使用，职工收入、福利和离退休干部待遇有了新提高，全年实现收入2.92亿元。设计院在建院60周年的纪念大会上提出了富院强院的新征程总目标：设计院党的领导得到全面加强，党的建设取得阶段性进展，服务生态文明建设的能力水平跨越式提升，全院管理治理能力实现现代化，"爱院敬院护院"的新时代设计院精神根植人心，力争5年内产值达到5亿元。

【机构改革】　根据《深化党和国家机构改革方案》相关精神，中央编办对国家林业和草原局事业单位机构编制情况进行了批复，将原"国家林业局林产工业规划设计院"改冠为"国家林业和草原局林产工业规划设计院"。

9月19日，根据《国家林业和草原局办公室关于国家林业和草原局所属事业单位机构编制情况的通知》（办人字〔2018〕137号），国家林业和草原局林产工业规划设计院被定为公益二类事业单位。

【经营形势】　设计院院班子带领全院职工努力开拓市场，加大经营力度，在经济大环境不好的情况下，2018年设计院经营形势持续向好，实现总收入2.92亿元，同比增长5.8%。2018年，设计院共签订生产经营合同556份，合同额为2.95亿元，同比增长8.2%。其中，林业工程类项目合同额1.5亿元，占合同总额的51%；合同收费中，林业工程类项目占总额的62%，林业工程类项目依然是设计院生产经营的主营业务。此外，受施工图设计项目优惠政策利好影响，2018年度的工程设计收入达3591万元，较上年同比增加6%。

资质平台方面，2018年设计院完成了林业调查甲B升甲A的工作；工程咨询取得了农业、林业、市政公用工程、生态建设和环境工程4个专业的甲级资信证书，建筑、轻工、纺织3个专业的乙级资信证书。

此外，设计院还创新性地开展了4类业务，成为了新的经济增长点。一是服务生态文明建设。2018年设计院承接了大量的森林城市、森林特色小镇项目，包括总体规划、实施评估等项目共40个。二是服务精准脱贫。为了打赢脱贫攻坚战，设计院坚持把精准扶贫、精准脱贫作为主要工作之一，2018年设计院共承担了扶贫项目8个，主要集中在云南、贵州等省的贫困地区。三是服务林业和草原中心工作。根据党中央、国务院关于生态建设的总体要求，从2017年起，原国家林业局集中资金，突出重点，积极扶持国家储备林基地建设项目，设计院主动承揽了储备林基地建设项目21项。同时，也承担了一批国家公园项目，包括《国家公园保护设施、安全防护设施、科研监测设施等设计规范研编》《国家公园生态环境和自然资源检测指标体系和技术体系》及大熊猫国家公园、祁连山国家公园和海南南山国家公园的建设项目。四是服务科技推广。切实提升设计院核心竞争力，设计院适时加大对林业科技推广项目的扶持力度，2018年共申报实施3项林业科技推广。5项以前年度科技推广项目通过验收。

【技术质量工作】　一是顺利完成质量体系内审工作，质量体系运行持续有效。对设计院19个业务及管理部门进行内审，共抽查了23个项目，进行为期1个多月的现场审核；二是顺利通过质量体系外审工作。审查组对一年来设计院质量管理工作取得的成效给予充分肯定，并提出适用的管理建议；三是完成质量、环境及安全三体系融合，形成完整的体系认证，对外形象进一步提高，设计投标中处于优势；印发2018版三标管理体系文件，以设计院标准的形式出台相关文件，提高管理水平；四是做好咨询设计文件的院级格式审查及技术审查工作。2018年共进行格式审查、技术审查咨询类项目400余项，基本做到咨询文件格式审查全覆盖；五是开展咨询设计成果创优评优工作。设计院申报成果46项，经过资格预审、成果展示、专业组评审、专家委评定4个阶段，最终评定35个咨询设计成果荣获院优秀工程咨询设计成果奖。

其中，设计院完成的陕西扶风七星河国家湿地公园施工图设计项目（白家窑水库至积福寺七星河段）、盘锦积葭生态板业有限公司芦苇刨花板项目荣获一等奖；大丰市进口木材检验检疫除害处理堆场项目荣获二等奖；绥芬河国林木业城三期项目荣获三等奖。

【森林资源调查监测、金融创新】 设计院正式成立森林资源调查监测中心。积极派员参与2018年度资源司的人工造林核查、公益林监测评价和森林资源督查等指令性任务，完成了2019年度项目申报。同时，积极协调完成国家林业和草原局退耕办、三北局委托的2项检查核查类项目，积累了宝贵工作经验。设计院森林资源调查监测领域的队伍建设、人员培训、基础设施建设和项目实施等方面已取得阶段性成果，为今后承接山东省、天津市的森林资源监测评价等业务工作奠定了坚实基础。

国家林业和草原局金融创新和咨询中心在设计院正式授牌成立。中心筹备成立以来，响应党中央关于加强海南建设的有关号召，设计院充分发挥自身优势和独特作用，完成《海南重要生态系统保护和修复重大工程实施方案》等五个重点规划，金融创新中心调集设计院十多个部门，30多人次，开展2017年度林业改革发展资金绩效评价（他评）项目。项目范围覆盖全国各省（区、市）林业和草原主管部门，内蒙古、大兴安岭森工（林业）集团公司，新疆生产建设兵团林业和草原主管部门，重点抽查66个项目实施点（县、区）。不断谋求与林业和草原建设深度融合发展，在政策咨询、人才、技术、智力支持等方面，调集力量提供了系列优质服务。

【海南调研工作筹备会】 6月7日，设计院召开海南调研工作筹备会，设计院党委书记周岩主持会议，副院长唐景全参会，有关工作人员出席会议。

周岩指出，为配合国家林业和草原局支持海南全面深化改革开放、建设中国特色自由贸易港提出的8个方面的重大举措，设计院受国家林业和草原局规划财务司委托到海南调研关于生态保护与修复、森林旅游示范区和国家储备林建设3个方面的内容。周岩对调研提出要求。

【当选中国工程咨询协会理事会常务理事】 6月28日召开的中国工程咨询协会第六届代表大会上，设计院成功当选为第六届理事会常务理事，并成为分支机构——中国工程咨询协会林业专业委员会的依托单位。设计院党委书记周岩和总工办马万里教授参加了会议，周岩当选为中国工程咨询协会林业专业委员会主任委员，马万里教授为林业专业委员会秘书长。

【《中国人造板产业报告2018》专家评审会】 于8月17日，在北京召开《中国人造板产业报告2018》（以下简称报告）专家评审会，来自中国林产工业协会、中国林业科学研究院、广西林业产业协会等单位的专家对报告进行了评审。

评审专家本着科学严谨的态度，就报告的综述、人造板统计数据、行业热点问题、行业发展趋势等部分进行了充分质证和讨论，并提出了修改意见。

【设计院专家赴芬兰考察胶合板产业发展情况】 8月27日至9月3日，设计院原总工程师肖小兵、工业一所所长张忠涛应邀协同企业前往芬兰考察胶合板产业发展情况。

中国作为世界第一胶合板生产大国，胶合板工业技术及生产体系具有鲜明的中国特色，但同时也具有大而不强的产业痛点，技术装备在传统三大板种中与世界先进水平差距较大，目前全球胶合板产业链顶端少有中国企业，国内重大工程所需的优质胶合板产品仍需进口解决，提升中国胶合板工业技术、装备和生产水平已成为众多业内人士的梦想。

通过为期一周的考察与交流，设计院考察团与芬兰专家一致认为，在全球胶合板产业发展变化的大背景下，中国胶合板产业环境也将迎来新的发展机遇：供给侧结构性改革推动淘汰落后产能，进口木材增长为原料带来更多可能，环保治理和劳动力成本上涨促进产业转型升级等一系列变化，必将推动大规模胶合板自动化生产线在中国落地建设。

【设计院完成山西省新一轮及前一轮退耕地还林现场检查验收工作】 受国家林业和草原局退耕还林（草）工程管理办公室委托，设计院承担了山西省2018年新一轮及前一轮退耕地还林国家级检查验收工作。为圆满完成任务，设计院领导高度重视，全院组织40多人进行技术培训，考核选拔12名技术人员，组建现场检查组，于8月29日至9月12日开展了现场检查工作。

本次退耕地还林国家级检查验收是设计院首次承担的国家级检查验收任务，在完成规定内容之外，同时开展了高分辨率遥感影像退耕地斑块上图和移动外业调查核查技术研究等内容，使设计院林业调查领域的技术人员得到实践锻炼，储备了相关技术方法，为今后类似项目的组织实施奠定了基础。

【设计院监测中心完成山东省2018年人工造林综合核查和国家级公益林监测工作】 9月12~21日，根据国家林业和草原局森林资源管理司在北京召开的山东省和天津市森林资源调查监测业务调整衔接工作推进会的有关精神和《国家林业和草原局办公室关于开展人工造林综合核查和国家级公益林监测工作的通知》（办资字〔2018〕107号）等文件的有关要求，设计院积极参与完成山东省人工造林综合核查和国家级公益林监测相关工作。

设计院监测中心与华东院监测二处联合完成本次山东省人工造林综合核查与国家级公益林监测任务，业务上相互学习，工作协调上和谐融洽。通过本次核查监测工作的项目实践，设计院监测中心掌握了此类项目的工作流程与技术方法，为设计院今后开展相关工作奠定了坚实的基础。

【全国林业规划设计暨林产工业规划设计院成立60周年

【研讨会】 11月12日，设计院成立60周年研讨会在北京举办。国家林业和草原局局长张建龙在研讨会上讲话并为新成立的设计院金融创新和咨询中心、无醛人造板国家创新联盟授牌。

张建龙说，设计院是我国林产工业设计领域的排头兵、主力军，自1958年成立以来，伴随着我国林业事业的不断发展，从无到有、从小到大，在创业和奉献中不断成长。60年来，设计院始终坚持用党的最新理论指导工作，以服务林业建设，特别是林产工业为己任，艰苦创业、开拓进取、改革创新，在制定行业标准、拓展市场空间、加强人才培养等方面，取得了丰硕成果，为推动我国林业生态建设作出了重大贡献，在新时代林业草原事业发展中发挥着越来越重要的作用。

张建龙强调，回顾60年来设计院取得的辉煌成就，就是要继承弘扬老一辈设计院人刻苦钻研、精益求精的匠人情怀，切实鼓足当代设计院人披荆斩棘、奋勇争先的开拓精神，精心谋划今后一个时期设计院服务大局、创新发展的宏伟蓝图，奋力开启富院强院的新征程。一要服务国家战略，始终把设计院各项事业纳入生态文明建设特别是新时代林业草原事业大局中去谋划、去推动，不忘初心使命，找准职能定位，充分发挥专业人才齐全的优势，努力推动林业产业转型升级、提质增效。二要坚持开拓创新，勇于面对市场竞争和挑战，不断开拓行业内外、国内外业务市场，争取承揽一批具有前瞻性、开创性和影响力的大型咨询设计项目，努力打造全国林业咨询设计行业金字招牌。三要注重人才培养，坚持和践行人才强院思路，努力建立更有效更开放的人才引进机制、更加多元更具内涵的人才培养机制，创新完善人才保障和激励机制，着力建设一支梯队结构合理、专业水平过硬、类型均衡多样的高素质人才队伍。四要关爱干部职工，坚持以人民为中心的发展理念，把干部职工根本利益放在首位，急干部职工之所急，想干部职工之所想，切实增强设计院干部职工的获得感和归属感。

国家林业和草原局副局长刘东生、李树铭出席研讨会。会议表彰了林产工业规划设计院十大突出贡献奖、10佳优秀员工奖获得者，评选出了设计院十大经典项目。研讨会通过成就展、"真人秀"、宣传片、沙画、宣传册等方式，创新的会议形式，有序的会议流程，精彩的会议内容，获得领导和嘉宾的高度赞扬。同时，通过丰富多彩的主题文化活动为纪念建院60周年营造良好氛围，主要开展了"发展林业产业，弘扬生态文明"主题书画笔会、首届"绿色长城杯"摄影大赛及采风活动、"我与设计院共奋进"主题知识竞赛、第八届青年员工业务技能考核活动等。100余名在职职工为纪念建院60周年排演了大合唱《我们的新时代》。

设计院成立60年来，先后培养出两名国家级设计大师、30余名享受国务院政府津贴人员、80余名教授级高级工程师、100余名国家级注册人员，累计完成林产工业、民用建筑、风景园林、林业工程等各类工程咨询设计项目5000多项，获得国家和省部级各类优秀工程奖项200多个，与73个国家开展了技术交流、项目合作，完成对20多个国家的援外设计项目，目前已经发展成为拥有十多项行业甲级资质和30多个技术专业、400多名专业设计人员，在国内外同行业具有重要影响力的综合性咨询设计单位。

【主办2018中国-东盟博览会林木高峰论坛暨第三届广西(贵港)木材加工产业发展高峰论坛】 11月17日，由设计院与中国林产工业协会、广西国际博览事务局、广西壮族自治区林业局、贵港市人民政府共同主办，中国林产工业协会专家咨询委员会、中国林产工业协会标准化技术委员会、贵港市林业局、无醛人造板国家创新联盟、广西林业产业行业协会、中国林产工业协会林业工程及装备专业委员会承办，以"聚集群 抓创新 创品牌 助力行业高质量发展"为主题的2018中国-东盟博览会林木高峰论坛暨第三届广西(贵港)木材加工产业发展高峰论坛在广西贵港市举行，与会专家、学者与企业家500多人汇聚一堂，为助推林业产业高质量发展交流思想、建言献策。

国家林业和草原局总经济师张鸿文出席开幕式并致辞。贵港市委书记李新元，贵港市市长农融，国家林业和草原改革发展司副司长、产业办副主任李玉印，设计院党委书记周岩，河池市委常委、副市长齐联等领导嘉宾出席了开幕式。中国林产工业协会秘书长石峰主持开幕式。

【《长江经济带森林和湿地生态系统保护与修复区域补偿机制研究》课题通过验收】 11月30日，由国家林业和草原局委托设计院完成的国家林业和草原局林业重大问题研究课题《长江经济带森林和湿地生态系统保护与修复区域补偿机制研究》(编号Ly2017—326)通过验收，验收专家由来自中国林业经济学会、国家林业和草原局退耕还林(草)办公室、北京林业大学、中国林业科学研究院、国家林业和草原局调查规划设计院的专家组成。验收专家听取了课题组的研究说明和内容汇报，审阅了《研究报告》，经质询、讨论后认为："长江经济带森林和湿地生态系统保护与修复区域补偿机制研究"对长江经济带发展战略具有重要意义。课题组系统收集和分析了国内外生态补偿研究成果，对长江经济带森林和湿地生态系统保护与修复区域生态补偿的需求、理论基础、补偿机制进行了比较系统的研究，可为长江经济带生态补偿机制建立提供重要依据，具有较强的科学性。《研究报告》目标明确，依据充分，方法科学，内容全面，完成了下达课题的预期任务，与会专家一致同意课题通过验收。

【荣获第九届梁希林业科学技术奖一等奖】 由设计院、南京林业大学、承德华净活性炭有限公司等单位共同完成的林农剩余物气化关键技术创新及产业化应用获得第九届梁希林业科学技术奖一等奖，设计院主要完成人为林业三所高级工程师邓丛静博士。该成果通过原料烘焙脱氧改性提质研究、热解气化过程机理研究、产物调控机制研究、产物提质与应用基础研究和全热解链的关联机制研究共5个方面，揭示了林农生物质的热解气化机理和产物调控机制，制备了富芳香烃液体产物和高吸附能力活性炭。并已在江苏、河北、云南、安徽、浙江、江西、湖南、黑龙江、吉林等地产业化应用推广，在国内外已建成20多条生产线，对于林农生物质能源化高效利用，减少林农生物质资源对环境的影响，有效替代化石燃料，具有显著的经济、社会和生态效益。

【林业大事】

3月26日 召开设计院2018年度工作会暨党风廉政建设会。

4月1日 设计院组建成立森林资源调查监测中心。

4月16日 根据国家林业局引智办《关于下达2018年出国（境）培训计划的通知》（林技引便字〔2018〕1号）文件要求，经研究，设计院组建了国家公园基础设施规划建设项目培训团组，决定由周岩为团长，张建辉为秘书长。

5月14日 院党委召开年度第4次党委会议，增补党委委员1人。按照选举办法，沈和定当选院党委委员。

5月23日 成立"国家林业局林产工业规划设计院摄影协会"。

7月4日 为认真贯彻落实习近平总书记在庆祝海南建省办经济特区30周年大会的重要讲话和中央12号文件精神，经设计院党委会会议决定，成立"林产工业规划设计院海南分院"。

7月30日 中国园林工程公司被北京市园林绿化行业协会评为北京市园林绿化行业AA级诚信企业。

9月10~11日 举办设计院"我与设计院共奋进"纪念建院60周年主题知识竞赛。

9月12日 中国园林工程公司通过了ISO9001：2015质量管理体系、ISO14001：2015环境管理体系和OHSAS18001：2007职业健康安全管理体系再认证，认证范围包括园林绿化施工和市政公用工程施工。

9月28日 国家林业和草原局同意设计院成立无醛人造板国家创新联盟。

10月19日 中国林业文联组织中国林业书协和生态中国书画院的20余名专业书画艺术家，走进设计院开展送文化活动。

10月25日 中央纪委国家监委驻自然资源部纪检监察组到设计院调研。

11月9日 国家林业和草原局同意设计院设立"国家林业和草原局金融创新和咨询中心"。

11月12日 召开全国林业规划设计暨林产工业规划设计院成立60周年研讨会。

（设计院由孙靖供稿）

国家林业和草原局管理干部学院

【综　述】 2018年，国家林业和草原局管理干部学院（简称学院）深入学习贯彻党的十九大精神，认真落实中央关于干部教育培训工作的有关精神，积极适应新时代林业和草原事业发展新部署、新要求，总结经验，分析形势，确立了今后一个时期学院发展的总体思路：以习近平新时代中国特色社会主义思想为指导，服务新时期林业和草原事业发展，高举干院姓党、党校姓党旗帜，着力完善"一院一校、五位一体"办学格局，大力实施"质量立院、人才强院、开放兴院"战略，深入推进党的建设、管理效能建设、科研能力建设和基础条件建设，着力向内涵式和质量效益型发展模式转变，全面夯实建设一流国家级行业干部学院基础。

机构改革 根据《深化党和国家机构改革方案》和《国家林业和草原局各司（局、室）职能配置、内设机构和人员编制规定》，学院正式更名为国家林业和草原局管理干部学院，由国家林业和草原局直接管理。根据中央编办对国家林业和草原局所属事业单位机构编制情况进行的批复，学院于2018年10月18日正式启用新印章。

培训工作 学院贯彻落实国家林草局党组决策部署，围绕主责主业认真履责，积极作为，圆满完成既定目标任务。共举办各类培训班248期，面授培训干部人数20 870人次，学员综合满意率97.51%，充分发挥了林草干部教育培训主渠道、主阵地作用。

干部培训 着力推进新思想学习。立足把学院建设成为践行和传播习近平新时代中国特色社会主义思想的重要阵地，坚持统筹推进，突出重点，体现特色，注重实效，着力推进新思想进教材、进课堂、进头脑。突出抓好主业主课，把学习习近平新时代中国特色社会主义思想作为首要任务，在党校教育、局本级干部教育培训等主体班次中，理论武装和党性教育占主讲课程的61%。着力加强习近平生态文明思想的研究和教育培训，结合林草建设开发专门课程，将其作为主课列入系列培训班次，使学员深刻把握其科学内涵和实践要求，不断提高用习近平生态文明思想指导林草改革发展的能力水平。

突出机关能力建设和林草中心工作。按照局党组印发的《关于加强和改进党校工作的实施意见》，研究制订局党校2018~2022年培训规划，精心举办局党校第五十二和五十三期党员领导干部进修班，培训学员82人，顺利通过中央国家机关党校专家组评估。实施国家林业和草原局司局级领导干部任职、公务员在职、新录用人员初任职等培训，承办25期司局委托培训，服务局机关领导干部素质能力提升。举办两期生态文明大讲堂，围绕国家安全局势和草原资源与管理等主题，邀请专家学者进行辅导。大力开展国有林场林区改革系列精品培训，着力抓好资源保护管理、林业产业、林业信息化等专题培训，精心实施储备林、三北防护林、荒漠化治理等重点工程建设管理人员和业务骨干培训。成功举办中组部地方党政领导干部林业生态建设与精准扶贫专题研究班，局党组书记、局长张建龙为培训班作了《中国林业和草原形势与任务》主题报告。

突出林草融合发展。主动适应林草部门职能任务变化，以草原管理、国家公园建设和自然保护地体系建立为重点，在各类培训班中精心安排专题讲座，使干部学员第一时间了解新情况、掌握新知识、明确新要求。援疆、援藏、援青培训继续深入实施，基层培训规模不断扩大，共有14个省级林草主管部门和5个森工集团委托学院开展培训。

科学运用现代信息技术。加强"全国林业工作站干部在线学习平台"等三大平台建设，围绕乡村振兴战略、国家公园建设、森林城市建设、草原管理工作和产业精准扶贫等内容积极制作网络课程。与浙江、新疆、广东等省（区）联合开发在线学习分平台。截至2018年，林草干部网络注册学习人数已近10万，年访问量约460万次，总学时达84万小时。

院省合作　与贵州、黑龙江两省林草主管部门和福建省龙岩市政府签订战略合作协议，挂牌成立古田培训基地，新建立3个现场教学基地。截至2018年，学院战略合作单位达到35家，培训基地4个，现场教学基地15个。举办院省合作工作会议，与27家省级林草主管部门共商教育培训新思路新举措，强化了"上下联动、高效运转、互惠共赢"的合作体系，推动了基层林草干部教育培训工作纵深开展。

国际合作　响应国家"一带一路"倡议，成功实施外交部"社区林业推进澜湄区域国家农村减贫事业"专项基金项目。全年共举办8期援外班，培训了来自37个发展中国家的277名学员，展示了中国林草发展理念、建设成就和治理经验。森林经营引智培训成功启动，邀请德、法两国专家，就中德森林可持续经营对比，森林可持续经营和国际木材贸易，为国有林场场长班授课，取得很好的培训效果。

研究咨询　成立5个培训教研室，确定14门重点开发课程，开展了专门的课程开发能力提升培训。组织编制6部干部学习培训教材，完成3项局级课题研究，承担《2019～2023年林草国际人才发展规划》编制任务，协助人事司开展"林草干部人才队伍及教育培训需求调研"，配合起草局《贯彻落实〈2018～2022年全国干部教育培训规划〉实施意见》。

队伍建设　选拔任用6名处级干部，2人获局第5批"百千万人才工程"省部级人选和"政府特殊津贴"人选，有14人晋升正高、副高和中级职称。强化目标责任制考核，以实绩为导向开展年度评优，1个部门荣获特殊贡献奖，6个部门被评为先进集体，20人被评为先进工作者。

合作办学　加强与中南林业科技大学的沟通联系，召开合作办学工作座谈交流会。成立合作办学领导小组，进一步完善人才培养方案，深化专业建设，稳定了合作办学基础。高度重视招生录取工作，加大招生宣传工作经费投入，积极建设招生网站，印制招生宣传册，狠抓生源基地建设，落实年度招生计划800人，报到新生人数571人，新生报到率71%。毕业537人。

【2018年学院工作会议】　3月9日，学院召开2018年工作会议，国家林业局党组成员、副局长、局直属机关党委书记、局党校校长张永利出席并讲话。局直属机关党委常务副书记高红电、人事司副司长路永斌出席会议。会议听取了学院党委书记李向阳所作工作报告，常务副院长、党委副书记张利明主持会议，院领导和全体教职工参加会议。

会上，李向阳从培训规模连创新高、培训质量全面提升、改革创新深入推进、党校教育成绩显著、开放办学成绩斐然、基础能力不断加强、研究咨询成果丰硕、全面从严治党成效显著等方面全面总结了学院从党的十八大以来的改革发展成就，指出学院在发展中形成了坚持社会主义办学方向不动摇，坚持"五位一体"总体格局不动摇，坚持"三个服务"办学宗旨不动摇和坚持全面深化改革不动摇四条经验。报告提出了建成一流国家级行业干部学院的总体思路以及2018年重点工作。

【中共国家林业和草原局党校第五十二期党员干部进修班】　于4月9日开班。国家林业局党组成员、副局长、局直属机关党委书记、局党校校长张永利出席开学典礼并讲话。

张永利就切实把习近平新时代中国特色社会主义思想转化为改造主观世界、指导林业和草原工作的强大力量提出3点要求。一是加强理论学习，努力做忠诚的信仰者。二是提高政治站位，努力做坚定的践行者。三是强化责任担当，努力做勤勉的实干者。

【2018年发展中国家森林执法管理与施政官员研修班】　4月23日，由商务部主办，学院承办的国家援外培训项目"2018年发展中国家森林执法管理与施政官员研修班"结束21天的学习，举行结业仪式。来自埃塞俄比亚、秘鲁、加纳、南苏丹、斯里兰卡、赞比亚的23名林业和环保部门官员参加此次培训。

【与黑龙江省林业厅签署干部教育培训战略合作协议】　5月29日，学院与黑龙江省林业厅签署干部教育培训战略合作协议，学院常务副院长张利明主持协议签署仪式，黑龙江省林业厅党组成员、省纪委驻厅纪检组组长姚虹和学院副院长方怀龙代表双方签署协议。

【第十三期生态文明大讲堂】　6月5日，为深入贯彻党的十九大关于总体国家安全观、国家安全工作的重大部署和要求，学院结合第三个全民国家安全教育日"开拓新时代国家安全工作新局面"教育主题，举办第十三期生态文明大讲堂，邀请国际关系学院公共教研室主任、太平洋学会公共外交委员会理事储殷教授作《我国国家安全局势及热点问题》专题报告。第八期林业知识培训班、新疆林业干部培训班全体学员，学院在岗院领导及处级干部，近200人参加学习。

【培训基地和现场教学基地建设】　6月12日，学院与福建省龙岩市政府干部教育培训全面合作战略协议签约仪式暨学院古田培训基地揭牌仪式在古田干部学院举行。学院副院长方怀龙代表学院与龙岩市政府签约。学院党委书记李向阳，龙岩市委常委、组织部长、古田干部学院常务副院长、市委党校校长魏东分别致辞并共同为培训基地揭牌。随后，双方就合作办学事宜召开座谈会。

6月13日，学院与福建省长汀县签署合作开展林业生态建设现场教学基地建设协议。学院党委书记李向阳、长汀县委书记廖深洪分别致辞并共同为现场教学基地成立揭牌。副院长方怀龙介绍了学院培训情况，并代表学院与长汀县签署协议。

6月13日，学院与福建省武平县签署合作开展深化集体林权制度改革现场教学基地建设协议。学院党委书记李向阳、武平县委书记陈厦生分别致辞并共同为现场教学基地揭牌。副院长方怀龙介绍了学院培训情况，并代表学院与武平县签署协议。

7月23日，学院国有林区转型发展现场教学基地揭牌仪式在黑龙江省铁力林业局马永顺林场举行。学院党委书记李向阳和伊春市委常委、宣传部长迟宝旭分别致辞并共同为现场教学基地揭牌。副院长方怀龙介绍了学院干部培训工作情况，铁力林业局党委书记张佳友介绍了铁力林业局转型发展情况。

【地方党政领导干部林业生态建设与精准扶贫专题研究班】 6月26日，由中共中央组织部主办、国家林业和草原局承办的地方党政领导干部林业生态建设与精准扶贫专题研究班在学院开班。46名分管林业工作的县级地方党政领导干部参加该期专题研究班。该研究班是中组部精准化点名调训的10个重点班之一，主要任务是学习贯彻习近平新时代中国特色社会主义思想和党的十九大精神，推广林业扶贫工作经验，助力打赢脱贫攻坚战。国家林业和草原局局长张建龙为研究班的学员作专题报告。

【2018年"一带一路"沿线国家林业项目开发官员研修班】 6月15日，由商务部主办、学院承办的国家援外培训项目2018年"一带一路"沿线国家林业项目开发官员研修班完成21天的学习和考察，举行结业仪式。来自巴勒斯坦、斯里兰卡、波黑、老挝、尼泊尔、毛里求斯、埃塞俄比亚、柬埔寨、南非、斯洛文尼亚、肯尼亚的38名林业官员参加此次培训。

【澜湄五国林业减贫情况调研】 8月26日至9月14日，学院组织澜湄合作专项基金社区林业推进澜湄国家农村减贫项目组先后到泰国、老挝、柬埔寨、越南和缅甸深入开展社区林业减贫情况调研。

【中共国家林业和草原局党校第五十三期党员干部进修班】 于10月9日开班。国家林业和草原局党组成员、副局长、局直属机关党委书记、局党校校长张永利出席开学典礼并讲话。

张永利强调，要把党的政治建设摆在首位，以党的政治建设为统领。广大党员干部要切实提高政治站位，充分认识政治建设在新时代党的建设中的关键意义。要着力增强"四个意识"，牢牢把握新时代党的政治建设的深刻内涵。

【第十四期生态文明大讲堂】 10月25日，学院举办第十四期生态文明大讲堂，国家林业和草原局草原管理司副司长刘加文作专题报告。国家林业和草原局党校第五十三期党员干部进修班、2018年公务员在职培训班（秋季班）学员，以及学院处级以上干部、部分教职工参加学习。

【国家林业和草原局第十期司局长任职培训班】 10月25～31日，国家林业和草原局第十期司局长任职培训班在学院举办，46名近两年任职的司局级领导干部参加培训。

中国经济社会理事会副主席、中国林业产业联合会会长贾治邦在培训班作《生态文明建设》专题报告，阐释习近平生态文明思想是习近平新时代中国特色社会主义思想的重要组成部分，深入讲解做好山水林田湖草系统治理、保护好生态系统的理论基础，全面分析为何坚守、如何落实"绿水青山就是金山银山"理念，并指出推进生态文明建设需要努力抓好的各项工作。

【领导干部任职宣布会】 11月15日，学院召开领导干部任职宣布会，国家林业和草原局副局长张永利出席并讲话。局党组成员、人事司司长谭光明宣读局党组对学院领导干部的任免决定，张利明任国家林业和草原局管理干部学院党委书记、局党校副校长，陈道东任国家林业和草原局管理干部学院常务副院长、党委副书记，严剑任国家林业和草原局管理干部学院副院长、局党校专职副校长。原党委书记李向阳已到退休年龄，不再担任学院领导职务。离任和新任职人员分别在会上发言。

【2018年院省合作工作会议】 12月4日，学院在武汉召开了2018年院省合作工作座谈会，学院党委书记张利明作主题发言，常务副院长陈道东主持会议。省级林草主管部门和森工集团干部教育培训工作负责人、森林调查规划设计领域专家、学院相关人员共80多人参加会议。5家合作单位在会上作了经验交流发言。

学院党委书记张利明在会上讲话，指出院省合作开展以来，学院已与27家省级林业主管部门、森工集团和行业协会签订了干部教育培训战略合作协议，合作培训年均规模达8000人次。通过合作培训，开发了林业重大改革培训、基层林业关键岗位培训、紧缺急需领域培训等一批培训品牌，创建了委托培训、送教上门、网络培训等多种培训模式，强化了专题讲座、现场教学和经验交流相融合的"三结合"教学方法，为发展基层林草干部教育培训，加强基层林草干部队伍建设起到了积极作用。

【中国西部地区林业人才培养项目成果推广总结会暨国际合作交流座谈会】 于12月4～6日在武汉召开，学院副院长、国家林业和草原局党校专职副校长严剑主持会议，日本国际协力机构（JICA）中国事务所相关负责人出席会议。广西、重庆、四川、贵州、云南、陕西、甘肃、青海、宁夏、新疆等西部省（区、市）林业和草原管理机构及培训机构有关工作代表共30人参加会议。会议认为，在中日双方的共同努力下，中国西部地区林业人才培养项目为推进西部地区集体林权制度改革和国有林场改革以及林业人才培养发挥了积极作用，随后的项目成果推广培训也取得良好培训效果。以中国西部地区林业人才培养项目和成果推广应用为基础，促进了林业人才培养建设，促进了培训基地和培训团队建设，有效推动了干部培训的规范化、科学化和价值最大化。

【"固本强站、兴林筑梦"全国基层林业站知识竞赛】12月11~12日，全国基层林业站知识竞赛在学院举办，国家林业和草原局副局长李树铭出席并为获奖选手颁奖。竞赛以"固本强站、兴林筑梦"为主题，来自25个省(区、市)的75名基层林业工作站代表齐聚一堂，展开激烈角逐。来自北京市的王廷蓉、张培培和来自云南省的李生阳分别获得竞赛个人奖冠、亚、季军，北京市、云南省、湖南省分别获得竞赛团体奖一、二、三名。

（管理干部学院由赵同军供稿）

国际竹藤中心

【综　述】　2018年，国际竹藤中心紧紧围绕林业和草原改革发展大局和局党组的总体部署，紧密结合中心2018年度重点工作，扎实推进，狠抓落实，各方面工作取得了显著进展和成效。

竹藤科技创新　"十二五"国家科技支撑计划项目"竹藤种质资源创新利用研究"，首次成功破解了2种棕榈藤全基因组数据，并全面启动实施全球首个竹藤科研项目——全球竹藤基因组计划。"十三五"国家重点研发计划项目"竹资源全产业链增值增效技术集成与示范"，在散生竹毛竹系统发育衰老程度的检测技术、竹笋保鲜技术、新型家具用竹集成材制造技术、竹缠绕复合管道连续化制造技术等方面取得了突破，顺利通过中期检查；"竹材高值化加工关键技术创新研究"项目，在竹重组材连续化高效加工与长效防护关键技术、竹基多维异型结构复合材料制造关键技术等方面取得阶段性成果，顺利通过年度检查；"竹资源高效培育关键技术研究"项目正式启动实施。林业软科学研究项目"中国森林资源核算及绿色经济评价"新一轮工作稳步推进。全年，科研项目共立项项目9类20项，总经费3215万元。其中"十三五"国家重点研发计划项目1项、国家自然基金2项。共发表科技论文134篇，其中期刊论文99篇，SCI收录56篇；申请专利26件，授权专利19件；出版专著1部；1人荣获"全球竹藤事业终身成就奖"；2人入选第五批"百千万人才工程"省部级人选；荣获第九届梁希林业科学技术奖一等奖、二等奖各1项，梁希青年论文奖2项，茅以升木材科学技术奖1项。

人才队伍建设和研究生教育　进一步落实岗位聘任工作，深入推进收入分配制度改革，继续加大人才培养力度，优化人才队伍结构。1人取得博导资格，5人取得高级职称。积极组织领导干部参加各类政策、业务技能培训班；组织推荐"百千万人才工程"省部级人选、享受政府特殊津贴人选优秀专家、教育部高等学校教学指导委员会委员和组织报名科技部2018年科技驻外后备干部的申报。接收应届毕业生2人，选派赴国外进行短期学术访问2人、挂职锻炼7人；认真做好博士后管理、高层次留学人才引进，以及各类人才和项目推选评优工作。研究生教育工作扎实推进。导师队伍及学科结构不断优化，研究生党团建设和日常管理不断完善，培养规模稳步增长。

国际合作交流　一是成功承办首届"2018世界竹藤大会"，李克强总理致贺信，哥伦比亚和厄瓜多尔两位总统发来视频贺词，江泽慧主任获得全球竹藤事业终身成就奖。二是积极开展国际科研合作与交流。分别与葡萄牙里斯本大学、德国图能研究所、加拿大不列颠哥伦比亚大学、华大基因研究院等签署合作协议。协助国际竹藤组织接待喀麦隆总统保罗·比亚和马达加斯加总统埃里·拉乔纳里马曼皮亚尼纳来访；作为主要单位成功参与承办第十届中国竹文化节活动；与埃塞俄比亚和缅甸开展竹子项目合作。三是竹藤援外培训特色突出。成功承办"2018年竹藤南南合作助推可持续绿色发展副部级政策研讨班"等7期商务部资助的竹藤和花卉园林援外培训班，共有来自亚非拉的27个国家的352名林业相关领域高级官员和专家学者参加了培训；为东非三国（埃塞俄比亚、肯尼亚和乌干达）相关人员进行标准化培训。四是中美共建中国园项目积极推进，中美双方多次就开工前的准备工作进行磋商。五是国际标准化组织竹藤技术委员会(ISO/TC 296)秘书处工作稳步推进。六是积极推进中荷东非竹子项目，完成合同签署并进入实施阶段。七是积极支持中非合作论坛，推动落实在埃塞俄比亚建立中非竹子中心相关工作。

技术培训和科技产业服务　围绕国家精准扶贫和乡村振兴战略，结合竹藤科技产业发展及林业扶贫实际需要，深入开展面向贫困地区、林业基层和林农的技术培训，为全国部分重点竹产业县举办竹藤技术、扶贫和产业发展培训班4期，培训来自11个省(区、市)的贫困林农、林业基层干部和技术人员共计250余人。扎实做好培训基础工作，建立竹藤技术培训工作档案，深入开展培训调研、跟踪回访，关注、支持学员后续发展，组织召开"竹藤技术培训工作座谈会"，研讨新时期竹藤技术培训工作。积极开展科普宣传工作，在2018年全国林业和草原科技活动周中组织开展了"竹藤工艺展演活动"，展示了竹藤在生活中的重要作用和竹藤制品精湛的传统工艺，起到了良好的宣传普及作用。举办了"竹藤南南合作助推可持续绿色发展副部级政策研讨班"等7期竹藤和花卉园林援外培训班，来自亚非拉的27个国家的352名林业相关领域高级官员和专家学者参加了培训。参加了国家林业和草原局主办的"2018年援外工作会议"，组织编写《中国现代圆竹家具技术手册》（英文）和《中国藤家具技术手册》（英文），编写培训项目讲义、评估鉴定、总结、审计材料等共计49本。

横向合作研究和技术服务　2018年，对外签订横向技术服务项目7项、框架协议2项；积极组织专家开展竹产业调研活动和为竹产业发展建言献策。充分利用中国竹产业协会平台,与竹藤企业进行深度技术合作。挂靠中心的中国生态文化协会继续扎实开展各项活动,在生态文化理论研究、各项品牌活动创建、科学普及、期刊编发等方面都取得重要进展和成效。

条件平台建设 成立中国竹藤品牌集群,联合主办了"首届中国集群品牌论坛"和"2018年竹产业高峰论坛"。完成"第二届全国竹藤标准化技术委员会"换届工作。在2018世界竹藤大会上组织发起全球竹藤产业发展创新驱动联盟成立倡议。国家竹产业技术创新中心完成试点。积极申报国家林业和草原长期科研基地,安徽太平基地获批。成立中心种质资源工作小组,制订种质资源工作规划,国际竹藤中心竹类与花卉国家林木种质资源库、国家林木种质资源平台分别完成种质资源的网上填报工作。完成"国家林业和草原局竹藤产品质量检验检测中心建设项目"申报工作。国家竹藤工程中心、热带森林植物研究所、国际竹藤组织青岛科技基地项目、新图书馆和8个竹林生态定位站等基本建设工作进展顺利。

【**2018首届世界竹藤大会**】 6月25~27日,由中国国家林业和草原局、国际竹藤组织主办,国际竹藤中心承办的2018首届世界竹藤大会在北京召开。大会以"竹藤南南合作助推可持续绿色发展"为主题,搭建了竹藤领域政策对话、技术创新、产业合作、知识分享的高端国际平台。共有来自68个国家的1200余位代表参会(其中外方代表近600位),具体包括:25位国际竹藤组织成员国部级领导和24位驻华大使、300余名政府官员和国际组织代表、500余名竹藤领域专家学者、400余名产业界代表、青年学生代表及中国竹藤产区代表。

6月25日,大会开幕式在北京国家会议中心举行。中国国务院总理李克强向大会发来贺信,厄瓜多尔总统莫雷诺、哥伦比亚总统桑托斯向大会发来视频贺辞。中国全国人大常委会副委员长郝明金、埃塞俄比亚联邦议会人民代表院副长米纳蕾、国际竹藤组织总干事费翰思出席开幕式并致辞。国家林业和草原局局长张建龙主持开幕式并宣读李克强贺信。开幕式上,国际竹藤组织理事会主席阿格雷达向国际竹藤组织董事会联合主席、国际木材科学院院士、国际竹藤中心主任江泽慧教授颁发了"全球竹藤事业终身成就奖"。

6月25日上午开幕式后,大会举行主题为"竹藤南南合作助推可持续绿色发展"的部长级高峰论坛。张建龙,江泽慧,牙买加工商业、农业和渔业部部长哈钦森,尼泊尔林业与环境部长巴斯内特出席并讲话。厄瓜多尔农业及畜牧业部部长阿哥雷达主持高峰论坛。联合国开发计划署署长阿奇姆·施泰纳、联合国粮农组织总干事若泽·格拉齐亚诺·达席尔瓦向高峰论坛发来视频致辞,联合国驻华常驻协调员尼古拉斯·罗世礼出席会议。来自加纳、尼日利亚、乌干达、巴拿马、菲律宾、柬埔寨等国资源和环境等相关部委部长、副部长们围绕竹藤在南南合作和助推绿色可持续发展中的作用与价值进行了高级别对话和研讨。

6月25~27日,围绕南南合作及"一带一路"倡议、竹藤应对气候变化与绿色增长、竹藤科技创新与产业发展召开了3场全体会议,进行了高级别对话和研讨。连续举办了70余场平行会议和主题研讨会,主题涵盖竹藤与气候变化、竹藤与绿色增长、竹藤科技创新与产业发展等多个领域。具体议题包括竹藤与波恩挑战、竹林碳汇与碳贸易、竹藤食品安全、竹建筑、竹家具与竹人造板、竹浆纤维应用、竹藤标准、竹藤贸易、竹藤材料创新技术、竹产品认证、竹藤文化等。大会同期举办了大型竹藤产品、技术和竹工艺品展览会,汇集了全球竹藤领域的优质产品、技术及多元文化。

大会期间,竹藤中心与国内外有关科研院所、学校、企业等合作伙伴先后签订协议6项,具体包括:与加拿大不列颠哥伦比亚大学(UBC)林学院签订《关于组建中加竹藤研究联合实验室的协议》,与深圳华大基因研究院签订《关于开展竹藤基因组计划的倡议》,与马来西亚林业研究所、UBC林学院、葡萄牙里斯本大学粮农林学院、美国西弗吉尼亚大学联合签订《国际竹藤科学创新研发联盟成立倡议》,与国际竹藤组织、中国竹产业协会、中国林产工业有限公司等联合签订《全球竹藤产业发展创新驱动联盟成立倡议》,与国际竹藤组织签订《关于合作建设青岛国际竹藤创新研究院的意向书》。与长宁县人民政府签订《竹产业战略合作框架协议》,竹藤产业发展创新驱动联盟新增20家成员。大会推出了《绿竹人生群英谱——100位中国竹产业人物故事》(中英文版)、《2018中国竹藤黄页》(中英文版)、《国际竹藤贸易报告》《中国竹藤贸易报告》《中国竹产业规划》(英文版)等一系列出版物;收集国内外竹藤论文摘要近200篇,约170篇入选论文摘要文集出版。

6月27日,大会在北京国家会议中心圆满闭幕。江泽慧、彭有冬、费翰思出席闭幕式并致辞。牙买加工业、商业、农业和渔业部部长威廉·詹姆斯·查尔斯·哈钦森主持闭幕式。大会闭幕式上,费翰思发布《北京宣言》。

【**中国竹藤品牌集群**】 2018年6月28日,中国品牌建设促进会到访国际竹藤中心,委托竹藤中心筹建中国竹藤品牌集群。竹藤中心迅速高效组织开展摸底调研,通过实地考察、函询等多种形式,对业内企业进行全面调研和信息采集;多种渠道征集集群成员,邀请行业内的优秀企业、优质品牌加入集群。8月29日至9月10日,共向约90家企业发放邀请函,收到65家企业的申请材料。

9月16日,竹藤中心组织召开中国竹藤品牌集群首批成员单位评审会。会议邀请了来自政府机构、大学院校、行业协会、相关企业的13位知名专家学者组成评审专家组,对65家企业进行资质评审,优选产生第一批成员单位企业35家。专家组还对集群公约、准入标准、首批成员单位资质进行了论证,确定了集群的组织机构框架、发展定位等内容。

9月20日,在首届中国集群品牌论坛上,中国竹藤品牌集群正式成立,成为中国林业系统首个成立并落地实施的品牌集群。

11月14日,中国竹藤品牌集群第一次全体成员大会在湖南益阳召开。会议听取了集群工作报告,提出了下一步的工作展望,并表决通过了《中国竹藤品牌集群公约》和《中国竹藤品牌集群准入标准》。

11月16日，中国竹藤品牌集群启动仪式在2018年中国竹产业高峰论坛上举行，启动仪式由中国遥感协会理事长、原国家航天局副局长罗格，国家林业和草原局生态保护修复司巡视员刘树人，中心常务副主任费本华，湖南省林业局副巡视员李志勇，国家林业和草原局驻福州专员办专员尹刚强，国际竹藤中心副主任李凤波，中国竹产业协会副会长李智勇等共同启动。

【竹藤基因组学学术成果发布】 2018年，国际竹藤中心在竹藤基因组学方面取得突破性科研成果，首次成功破解了两种棕榈藤全基因组数据信息，并同时发布了最新毛竹高精度基因组数据。在世界上首次破译了黄藤和单叶省藤两种棕榈藤的全基因组信息，并持续维护、完善毛竹基因组到高精度的染色体水平，标志着中国竹藤分子生物学基础研究取得了重大突破。包括全球竹藤基因组计划在内的3篇成果文章，发表在国际知名杂志 GigaScience（IF = 7.267）上。12月29日，国际竹藤中心召开成果发布会，国际竹藤组织董事会联合主席、国际竹藤中心主任江泽慧，国家林业和草原局副局长彭有冬，全国绿化委员会办公室专职副主任胡章翠，国际竹藤中心常务副主任费本华，中国科学院院士、深圳华大基因研究院理事长杨焕明等出席发布会。

【2个项目获第九届梁希林业科学技术奖】 2018年，由国际竹藤中心主持完成的"植物细胞壁力学表征技术体系构建及应用"获一等奖，"材用大中型丛生竹高效培育关键技术研究与创新"获二等奖。"植物细胞壁力学表征技术体系构建及应用"项目在木材微薄片零距拉伸技术、单根植物短纤维微拉伸技术和植物细胞壁纳米压痕技术等方面取得了重要突破，研制了相应的设备，并在木竹材科学和木质材料等领域开展一系列创新应用，构建了从组织、细胞至纳米尺度完整的力学表征技术体系。"材用大中型丛生竹高效培育关键技术研究与创新"项目在揭示大中型丛生竹克隆生长规律、建立营养诊断体系和构建综合效益评价指标体系及高效经营关键技术等方面取得了重要突破，极大提高了丛生竹林经营的针对性和精确性，对丛生竹资源质与量的提升起到了重要推动作用。

【竹藤科学与技术重点实验室在考核中取得优秀成绩】 2018年8~10月，科技部、财政部委托国家科技基础条件平台中心，对中央级高校和科研院所重大科研基础设施和大型科研仪器设备对外开放共享情况进行全面考核评价，在全国参加评审的21个部门373家单位中，国际竹藤中心竹藤科学与技术重点实验室获得了全国排名第11名，林业行业排名第1名的优秀成绩，得到了科技部评审专家组领导的高度评价。

【科学研究】

"竹藤种质资源创新利用研究"项目 1月26日，"十二五"国家科技支撑计划项目"竹藤种质资源创新利用研究"工作进展汇报会在国际竹藤中心召开。国际竹藤中心主任江泽慧，科技部农村中心副主任刘作凯，国家林业局科技司巡视员厉建祝出席会议。会上，项目组汇报了整个项目研究工作的进展情况，项目各课题负责人详细汇报了各课题过去两年半的研究进展、经费使用、取得的主要成果、存在问题及下一步工作计划等。项目跟踪咨询专家针对项目及课题开展过程中存在的问题给予指导建议。

首条竹缠绕城市综合管廊铺设成功 4月24日，由国际竹藤中心参与完成的《林业产业发展"十三五"规划》重点项目——以竹材为主要原料的竹缠绕城市综合管廊示范工程，在呼和浩特市元亨石墨产业园铺设成功。区别于目前世界各国普遍采用的钢管、混凝土等管廊，竹缠绕城市综合管廊采用由竹中心与浙江鑫宙竹基复合材料科技有限公司共同研发的创新性成果——竹缠绕复合材料。竹缠绕城市综合管廊与混凝土管廊从材料性能上相比，其抗压强度与混凝土管廊强度同等，并满足城市综合管廊工程技术规范要求。另外还具有重量轻、施工安装方便、使用寿命长、防火保温、抗渗漏、耐腐蚀、抗地质沉降、运输便捷、资源可再生、低碳环保等突出优点。

国际竹藤中心与合肥（国家）林业辐照中心签订战略合作框架协议 7月28日，竹藤中心与安徽农业大学在合肥召开科研合作研讨会。国际竹藤中心主任江泽慧与常务副主任费本华出席会议。会后，竹藤中心园林花卉与景观研究所、合肥（国家）林业辐照中心在安徽农业大学举行了战略合作框架协议的签订仪式。国际竹藤中心、安徽农业大学相关部门负责人等参加了会议和签字仪式。

竹藤及生物资源科技创新驱动发展战略座谈会 于9月9日，在国际竹藤中心召开。国际木材科学院院士、竹藤中心主任江泽慧，竹藤中心常务副主任费本华，以及来自中国林科院、北京林业大学、中科院上海应用物理研究所、内蒙古农业大学、华中农业大学、福建农林大学等18个科研院所近50余名专家参加座谈会。与会专家就竹藤科技前沿与发展趋势、存在的问题与需求、发展目标及重点研究任务等方面进行了充分交流。

"竹资源高效培育关键技术研究"项目启动会 9月26日，"十三五"国家重点研发计划"竹资源高效培育关键技术研究"项目启动会在国际竹藤中心召开。科技部农村中心副主任刘作凯、国家林业和草原局科技司司长郝育军、国际竹藤中心费本华常务副主任等出席会议，来自13家参与单位的代表和骨干参加。会上，项目负责人和各课题负责人分别汇报了项目和课题的实施方案，咨询专家针对实施方案进行了讨论与点评，并进行了项目和财务管理培训工作。

"南方丘陵山地屏障带生态系统服务提升技术研究与示范"项目研讨会 10月12~14日，"十三五"国家重点研发计划项目"南方丘陵山地屏障带生态系统服务提升技术研究与示范"研讨会在安徽太平实验中心召开，国际竹藤中心承担该项目的第3课题"鄂西北丘陵山地水源区水源涵养与水质净化服务能力提升研究与示范"。会议在各子课题研究进展汇报的基础上，重点研讨了小流域尺度上的共性研究方法、数据获取与标准化以及模型模拟与应用等内容。项目咨询专家中国林科院林业所张旭东研究员、华中农业大学周志翔教授和中国科学院生态环境中心严岩研究员对项目研究进展、存在的问题与重点突破方向进行了点评和指导。项目负责人中国林科院林业研究所姜春前研究员作了会议总结，并根据会议情况对下一步重点工作进行了安排部署。

【国际合作交流】

江泽慧会见中国－东盟中心秘书长杨秀萍一行 1月11日，全国政协人口资源环境委员会副主任、国际竹藤组织（INBAR）董事会联合主席、国际竹藤中心主任江泽慧在国际竹藤中心热带森林植物研究所会见了中国－东盟中心秘书长杨秀萍一行，竹藤中心党委书记刘世荣参加会见。

缅甸林业研究所来访国际竹藤中心 3月28日，缅甸林业研究所所长吴当乃乌（U Thaung Naing Oo）及全球环境研究所一行6人来访国际竹藤中心，竹藤中心副主任陈瑞国率有关处所负责人和专家会见了代表团一行。双方就建立项目合作进行了深入交流和探讨。

出访联合国粮农组织和国际农业发展基金会 5月11日，应联合国粮农组织和国际农业发展基金会的邀请，国际竹藤组织董事会联合主席、国际竹藤中心主任江泽慧率团在罗马先后拜会了联合国粮农组织总干事若泽·格拉济阿诺·达席尔瓦和国际农业发展基金会助理副总裁保罗·温斯特。中国常驻联合国粮农机构代表处大使牛盾、中国驻意大利大使馆参赞曹建业、国家林业和草原局国际合作司司长吴志民、科技发展中心巡视员杜纪山及竹藤中心相关处室工作人员陪同座谈。

国际竹藤中心与里斯本大学签署科研合作协议 5月14日，江泽慧教授率中国林业科技代表团访问葡萄牙里斯本大学。江泽慧与里斯本大学校长安东尼奥·克鲁兹·塞拉共同签署了《国际竹藤中心与里斯本大学总体合作协议》。双方将在协议框架下，在绿色城市、可持续发展、生态系统可持续经营与利用等领域开展跨学科科研合作。协议签署后，双方进行了深入的学术交流。双方根据协议就未来合作展开讨论，并就率先在软木加工利用、竹木复合绿色建筑材料、竹藤资源培育、森林城市建设等领域开展交流与合作达成共识。

国际竹藤中心与德国图能研究所签订科研合作谅解备忘录 5月18日，江泽慧教授率中国林业科技代表团访问德国图能木材研究所并开展学术交流。图能国际林业与森林经济学研究所所长迪特尔教授对图能研究所的组织架构和研究领域进行了简要介绍。江泽慧回顾了过去中德在竹藤及林业领域的交流，介绍了近年竹藤科技的重要成果。会谈后，江泽慧和图能研究所主席艾瑟米尔分别代表国际竹藤中心和图能研究所签署了谅解备忘录。

【产业发展】

全球竹藤产业发展创新驱动联盟成立倡议签约仪式 于6月25日，在首届世界竹藤大会上举行。国际竹藤组织董事会联合主席、国际木材科学院院士、国际竹藤中心主任江泽慧，厄瓜多尔农业及畜牧业部部长鲁本·欧内斯托·弗洛雷斯·阿格雷达（Ruben Ernesto Flores Agreda），牙买加工商业、农业和渔业部不管部长詹姆斯·查尔斯·哈钦森（James Charles Hutchinson），尼泊尔林业与环境部长萨克提·巴哈杜尔·巴斯内特（Shakti Bahadur Basnet），南苏丹农业和林业部部长、委内瑞拉人民政权生态和水资源部部长拉姆·委拉斯奎兹·阿拉圭（Ramn Velasquez Araguayn），联合国驻华常驻协调员尼古拉斯·罗塞利尼（Nicholas Rossellini），INBAR总干事费翰思等出席签约仪式。来自加纳、尼日利亚、乌干达、巴拿马、菲律宾、柬埔寨等国内外1200余人共同见证了签约仪式。全球竹藤产业发展创新联盟倡议由国际竹藤组织、国际竹藤中心、中国竹产业协会和中林集团中国林业工业有限公司共同发起。联盟将整合中国国家林业和草原局资源，联合世界竹藤领域技术优势单位，加强产学研紧密结合，开展竹藤产业共性和关键技术研究，建立竹藤领域集团创新团队，构筑产业技术创新平台，建立产业技术创新协作驱动机制。

2018国际（眉山）竹产业交易博览会 6月29日，由国际竹藤中心、国际竹藤组织作为战略合作伙伴，中国轻工工艺品进出口商会主办的2018国际（眉山）竹产业交易博览会开幕式在四川省眉山市举行。国家林业和草原局副局长彭有冬，菲律宾环境和自然资源部副部长诺丽塔·桑切斯·卡圭瓦，国际竹藤组织总干事费翰思，国际竹藤中心党委书记刘世荣、副主任陈瑞国等出席开幕式。

国际竹藤中心参加"武夷品牌"建设发布会和发展高峰论坛 7月26日，由中国品牌建设促进会主办，南平市委、市政府以及省品牌建设促进会承办的"武夷品牌"建设发布会和发展高峰论坛在武夷山举行。江泽慧应邀出席发布会和高峰论坛并致辞。中国品牌建设促进会理事长刘平均，中国品牌建设促进会专家委员会副主任委员李川，国务院参事任玉岭，中国工程院院士庞国芳，竹藤中心常务副主任费本华，南平市市领导袁毅等出席。发布会期间，国际竹藤中心与建瓯市人民政府签订竹产业合作框架协议，并举行了"中国集群品牌联盟笋用竹分部（筹建）"授牌仪式。

【技术培训】

竹编技术扶贫培训班 6月4日至7月4日，国际竹藤中心在四川青神培训基地举办"竹编技术扶贫培训班"。来自贵州省和江西井冈山市的30名竹业人员参加为期30天的培训。6月4日，举行开班仪式，竹藤中心副主任陈瑞国、四川省林业厅副厅长包建华等出席并讲话。

湖北省"林业技术专项培训班" 6月11～15日，国际竹藤中心在湖北武汉举办"湖北省林业技术专项培训班"。湖北省林业基层管理人员、专业技术人员以及竹生产、加工企业相关人员等共计95人参加培训。此次培训班的主题以习近平总书记提出的"长江大保护"和"乡村振兴"战略为指导，围绕"精准灭荒"工程等湖北省林业重点工作以及竹产业发展需求，精心设置了乡村振兴战略与生态文明建设、长江大保护与可持续发展政策解析、长江流域生态安全与生态保护、笋用竹培育技术、林下药用植物高效栽培技术、毛竹林下复合经营，以及湖北林业精准灭荒现状与对策等课程。邀请了中国林科院、华中农业大学、湖北省发改委和湖北省林科院专家授课。

林业扶贫培训班 10月16日至11月13日，国际竹藤中心在西南科技培训基地（四川泸州）举办林业扶贫培训班。10月16日，培训班开班，竹藤中心副主任陈瑞国以及贵州省林业厅、泸州市政府有关领导等出席开班仪式并讲话。此次培训班为期30天，进行了精心组织和周密安排。培训班筹备期间，局规划财务司、竹藤中心、地方林业部门和培训学校根据学员特点和以往培训教学经验，在充分考虑地方竹藤产业发展水平和人才需求现状的基础上，共同编制了培训计划和培训方案，设定了油纸伞、圆凳茶几、竹灯笼、竹台灯、元宝椅、藤编果盘编制等实用技术课程，特别邀请了国家级非遗油纸伞制作技艺传承人毕六福大师为学员授课。11月13日，培训班圆满结业。

2018年发展中国家竹藤消除贫困与促进社会发展政策研修班 6月8～28日，国际竹藤中心成功承办商务部"2018年发展中国家竹藤消除贫困与促进社会发展政策研修班"。来自喀麦隆、加纳、埃塞俄比亚、越南、东帝汶、泰国、尼泊尔、斯里兰卡、老挝9个发展中国家的林业、农业、科技、自然资源与环境等领域相关高级官员共39人来华参加此次研修班。

2018年一带一路国家竹产业科技创新与标准化研修班 7月5～25日，国际竹藤中心成功承办商务部"2018年一带一路国家竹产业科技创新与标准化研修班"。来自哥伦比亚、乌兹别克斯坦、利比里亚、马来西亚、加纳、老挝、尼泊尔、斯里兰卡8个国家的42名林业、农业、科技、自然资源与环境等领域相关高级官员来华参加此次研修班。

泰国、土耳其世园会中国唐园、中国华园技术管理研修班 7月18～31日，为践行"一带一路"倡议，进一步增进中泰、中土友谊，加强花卉园艺技术交流，由国际竹藤中心承办、中国花卉协会协办的2018年泰国、土耳其世界园艺博览会"中国唐园""中国华园"技术管理研修班在北京举办。来自泰国、土耳其的共47名花卉园艺领域政府官员及高级技术人员来华参加此次研修班。7月19日，研修班举行开班仪式。中国花卉协会会长、国际竹藤组织董事会联合主席、竹藤中心主任江泽慧出席并致辞。竹藤中心党委书记、中国生态学学会理事长刘世荣，国家林业和草原局对外合作项目中心副主任许强兴，中国花卉协会副秘书长张引潮、彭红明等参加开班式。泰国清迈拉查帕皇家植物花园学术部主任普里姆·那特拉提普作为学员代表发言。

2018年发展中国家竹藤科技创新驱动绿色产业研修班 8月29日至9月18日，国际竹藤中心成功承办商务部"2018年发展中国家竹藤科技创新驱动绿色产业研修班"。来自越南、尼泊尔、孟加拉国、印度尼西亚、古巴、斯里兰卡、埃塞俄比亚、马来西亚、南苏丹、加纳和泰国11个发展中国家从事林业、农业、科技、自然资源与环境等专业领域的相关高级官员共42人来华参加培训。

【竹藤标准化】

国家标准委副主任陈洪俊一行来访调研林业国际标准化工作 4月16日，国家标准化管理委员会副主任陈洪俊一行来访国际竹藤中心调研林业标准化工作，国家林业和草原局副局长彭有冬，国际竹藤中心主任江泽慧，局科技司副司长黄发强，竹藤中心常务副主任费本华、副主任李凤波，以及国际标准化组织竹藤技术委员会、全国竹藤标准化技术委员会、全国森林可持续经营和森林认证标委会、全国防沙治沙标准化技术委员会等6个相关标委会专家出席会议。

ISO/TC 296 2018年年会 9月2～8日，国际竹藤中心常务副主任、国际标准化组织竹藤技术委员会（ISO/TC 296）主席费本华，国家林业和草原局科技司长郝育军等一行6人前往埃塞俄比亚亚的斯亚贝巴，组织召开ISO/TC 296 2018年年会。此次会议由ISO/TC 296秘书处主办，埃塞俄比亚标准局承办。来自中国、埃塞俄比亚、哥伦比亚、马来西亚、印度尼西亚、乌干达、肯尼亚、尼日利亚、菲律宾、尼泊尔、荷兰、国际标准化组织（ISO）中央秘书处、国际竹藤组织等14个国家和国际组织的代表约45人参会。费本华和埃塞俄比亚标准局局长恩达罗·迈可南·埃里梅先生出席开幕式并致辞。代表团成员参加了《竹产品术语》《竹地板》《竹炭》《藤术语》等标准草案的讨论。同时参加国际竹藤组织牵头的藤标准工作组讨论，以及ISO/TC 296全体会议，研究新项目提案，讨论并形成相关决议。

竹藤国际标准化工作技术指导委员会第二次会议 于11月27日在国际竹藤中心召开。竹藤国际标准化工作技术指导委员会主任、国际竹藤中心主任江泽慧出席会议并讲话。国际标准化组织竹藤技术委员会（ISO/TC 296）主席、竹藤中心常务副主任费本华介绍了ISO/TC 296近两年工作总体情况和今后工作重点。委员会专家对如何利用ISO/TC 296平台推进竹藤标准国际化工作进行了研讨。

【创新平台建设】

江泽慧考察热带森林植物研究所 1月15日，国际竹藤中心主任江泽慧考察热带森林植物研究所，竹藤中心党委书记刘世荣、副主任陈瑞国及相关部门人员参加考察。江泽慧一行现场察看了二期科研业务用房施工现场、热带竹藤花卉国家种质资源保存库建设地块和木竹结构示范房屋装修情况。随后听取了陈瑞国关于三亚基地一期科研用房、二期综合业务用房的建设和资金使用情况，热带竹藤花卉国家种质资源保存库建设项目申报和批复情况，生态站可研报告批复情况等。

国家林业局科技发展中心调研指导安徽太平试验中心工作 3月21～22日，国家林业局科技发展中心副主任龙三群到安徽太平试验中心指导调研。国际竹藤中心科技处处长覃道春、基因所副所长高志民及试验中心有关人员陪同。龙三群一行重点实地察看了国家竹类与花卉种质资源保存库和国家林业局竹子植物新品种测试基地的建设与管理运行情况，考察了国家竹藤工程技术研究中心和天然耐腐基地，并主持召开了工作座谈会。在听取竹子植物新品种测试基地日常运行及相关科研任务开展情况汇报后，龙三群针对竹子植物新品种测试办法、竹种质资源数据库的建设与管理工作给予了充分肯定，对下一步工作提出了明确要求。

安徽太平试验中心竹林生态系统定位观测研究站挂牌成立 4月12日，国家林业和草原局安徽太平竹林生态系统定位观测研究站在安徽太平试验中心成立。国际竹藤中心主任江泽慧出席活动，国家林业和草原局科技司副司长黄发强、中国生态文化协会会长刘红出席活动并致辞，竹藤中心常务副主任费本华主持活动。安徽省林业厅厅长牛向阳，黄山市副市长程红等有关领导，以及竹藤中心和中国生态文化协会职工、黄山区广阳中心学校师生等90余人出席活动。在国家林业和草原局安徽太平竹林生态系统定位观测研究站成立仪式上，江泽慧和黄发强共同为安徽太平竹林生态系统定位观测研究站揭牌。

国际竹藤中心与三亚市举行科技合作座谈会 12月21日，竹藤中心与三亚市科技合作座谈会在竹藤中心热带森林植物研究所举行。国际竹藤中心主任江泽慧，国家林业和草原局副局长彭有冬，海南省林业局总工程师周亚东等出席座谈会。竹藤中心副主任陈瑞国、三亚市政府副市长蓝文全、三亚市林业科学研究院院长罗金环代表各方签署了《国际竹藤中心　三亚市人民政府战略合作框架协议》《国际竹藤中心　三亚市林业科学研究院科技合作框架协议》。

【重要会议和活动】

国际竹藤中心召开2018年工作会议 1月30日，国际竹藤中心召开2018年工作会议。国际竹藤中心主任江泽慧，国家林业局副局长彭有冬出席会议并讲话。国家林业局办公室、计财司、科技司、国际司、人事司、直属机关党委、科技发展中心、对外合作项目中心、中国林业科学研究院、国际竹藤组织等相关单位负责人出席会议。中心领导班子成员及全体干部职工、研究生和国际竹藤组织中方员工共130余人参加会议。常务副主任费本华作竹藤中心2018年工作报告，副书记李晓华作竹藤中心党建工作报告。江泽慧和彭有冬分别讲话。

喀麦隆总统保罗·比亚参观国际竹藤展厅 3月23日，在中国进行国事访问的喀麦隆总统保罗·比亚到访位于北京的国际竹藤组织总部，并在国际竹藤组织董事会联合主席、国际竹藤中心主任江泽慧，国家林业局副局长彭有冬，国际竹藤组织总干事费翰思的陪同下参观竹藤展厅。

国家林业和草原局副局长李春良一行赴国际竹藤中心调研 4月18日，国家林业和草原局副局长李春良、计财司司长闫振等到国际竹藤中心进行调研。竹藤中心主任江泽慧、常务副主任费本华、党委书记刘世荣、副主任李凤波，以及相关处室负责人参加了座谈。江泽慧主持座谈会，费本华简要介绍了竹藤中心的基本情况、重点科研工作和重点项目开展情况以及取得的成绩。李春良对竹藤中心取得的成绩表示了肯定，并对下一步工作开展提出了希望和建议。

马达加斯加总统埃里参观国际竹藤展厅 9月5日，来华出席中非合作论坛北京峰会的马达加斯加总统埃里·拉乔纳里马曼皮亚尼纳访问国际竹藤组织（INBAR）总部，并在国际竹藤组织董事会联合主席江泽慧、中国国家林业和草原局副局长张永利和国际竹藤组织总干事费翰思陪同下参观了国际竹藤展厅。江泽慧、张永利与埃里亲切交谈，并向他赠送了由中国四川青神竹编大师采用竹丝制作的大熊猫竹编礼品，该作品主题为"共同的家园"，意在通过展示动物、大自然以及人类和谐相处，共建全世界的美好家园。

第十届中国竹文化节 11月15~16日，第十届中国竹文化节暨中国竹产业高峰论坛在湖南省益阳市举办。该届竹文化节由国家林业和草原局、湖南省人民政府、国际竹藤组织主办，主题是"弘扬华夏竹文化　建设美好新家园"。全国绿化委员会办公室专职副主任胡章翠、湖南省副省长隋忠诚出席开幕式并致辞。竹文化节活动期间，国际竹藤中心常务副主任、中国竹产业协会会长费本华向下一届中国竹文化节举办城市——四川省宜宾市授旗；江泽慧主任题写的"黄金塘楠竹园"揭牌；还举办了参观竹文化博览馆、中国竹产业展览以及竹文化民俗表演等系列活动。

【林业大事】

1月15日 安徽省阜阳市市长孙正东一行到访竹藤中心。竹藤中心常务副主任费本华、副主任李凤波与孙正东一行就杞柳、南竹北移和园林花卉等方面的科研产业合作进行交流座谈。

2月9日 国际竹藤中心党委副书记李晓华一行对国际竹藤组织（INBAR）青岛科技基地项目建设情况进行实地考察调研，并对基地建设办公室人员进行春节慰问。

2月22~24日 国际竹藤中心党委书记刘世荣到热带森林植物研究所研究部署甘什岭野外试验区土地置换、珍贵树种资源库建设和相关科研项目实施等工作。

3月13日 四川省宜宾市长宁县县委副书记、县长贾利华一行8人访问竹藤中心。竹藤中心常务副主任费本华、副主任李凤波参加交流座谈。

3月15日 由中国林学会竹藤资源利用分会主办的新时代中国竹产业创新发展研讨会在竹藤中心举行。业内专家、企业家代表齐聚一堂，深入探讨中国竹产业如何实现创新发展，如何扎实推动中国竹资源的可持续利用和产业技术升级。

3月15日 中国林学会竹藤资源利用分会二届一次常务理事会在中心召开。会议全体委员通过投票，选举了新一届主任委员、副主任委员和秘书长；审议了分会新一届轮值会长及会长、副会长和常务理事单位名单。浙江鑫宙竹基复合材料有限公司等3家单位为会长单位，福建金竹竹业有限公司等8家单位为副会长单位，安徽龙华竹业有限公司等16家单位为常务理事单位。

3月19~22日 竹藤中心副主任李凤波带队竹藤中心调研组应邀赴湖北省竹溪县开展竹资源和竹产业情况调研。

3月26~29日 竹藤中心副主任李凤波带队竹藤中心调研组应邀赴湖南省绥宁县开展竹资源和竹产业情况调研。

4月13日 在安徽农业大学图书馆举行《世界竹藤》《中国森林生态网络体系工程建设研究》系列丛书等专著赠书仪式。竹藤中心主任江泽慧，竹藤中心常务副主任费本华，竹藤中心党委副书记、中国生态文化协会副秘书长李晓华出席赠书仪式。

4月14日 由竹藤中心与安吉县竹产业发展局共同主办，深圳大学建筑与城市规划学院和安吉竹境竹业科技公司承办的"竹建构的无限创造"第四期学术分享会在深圳大学开幕。

4月23~26日 竹藤中心副主任李凤波带队竹藤中心调研组应邀赴井冈山市开展竹资源和竹产业发展情况调研。

5月 竹藤中心在《紫光阁》杂志上发表署名文章——《竹子：绿色"黄金"》。

5月15日 中国竹产业协会与国际竹藤中心在西藏自治区当雄县宁中乡第二中心小学联合开展"情暖西藏"捐资助学活动。

5月2~26日 2018年全国林业和草原科技活动周主会场活动在西北农林科技大学举行，竹藤中心承办科技活动周"竹藤工艺展演活动"。

5月28日 延庆区政协副主席刘明利、延庆区副区长吴世江携世园会延庆区筹备办公室、中关村延庆园服务中心等部门负责人一行5人访问竹藤中心，竹藤中心常务副主任费本华、党委副书记李晓华，中国花卉协会副秘书长张引潮陪同参观国际竹藤展厅，双方举行座谈。

5月28日 竹藤中心与绥宁县人民政府签订竹产业战略合作协议。竹藤中心常务副主任费本华、副主任李凤波，绥宁县委书记唐渊，以及双方有关领导和专家出席并见证签约仪式。

6月29日 眉山市竹产业和竹产品招商推介暨合作签约活动在四川省青神县举行。竹藤中心副主任陈瑞国出席签约仪式。

11月2日 国家林草局国际合作司司长孟宪林一行7人到竹藤中心调研。国际竹藤组织董事会联合主席、竹藤中心主任江泽慧率中心领导班子有关成员、国际竹藤组织新任副总干事陆文明与孟宪林一行进行座谈交流。

11月2日 上海市崇明区政协副主席袁刚一行到访竹藤中心，国际竹藤中心主任江泽慧、常务副主任费本华等与袁刚一行就上海市崇明区筹办第十届中国花卉博览会进行座谈交流。

11月18日 "木材工业国家工程研究中心新时期创新发展座谈会"在位于北京门头沟区的木材工业国家工程研究中心中试基地召开。国际木材科学院院士、国际竹藤中心主任江泽慧、中心常务副主任费本华出席座谈会。

（国际竹藤中心由王丹、张纪元供稿）

国家林业和草原局森林和草原病虫害防治总站

【概　述】 2018年，国家林业和草原局森林和草原病虫害防治总站（以下简称"林草防治总站"）深入学习贯彻党的十九大精神和习近平总书记系列重要讲话精神，认真贯彻落实李克强总理和汪洋副总理重要批示精神，局党组决策部署和局领导重要批示指示精神，围绕林业现代化建设大局，以提升森林质量、保护野生动物、维护生态安全为主线，以深化改革创新为动力，以抓党建促业务为抓手，完成松材线虫病等重大林业有害生物防治及非洲猪瘟防控督导，开展基于大数据融合的松材线虫病、美国白蛾时空测报等试点示范10项和新药剂产品登记的林间药效试验9个，编发《病虫快讯》10期和《野生动物疫源疫病监测信息报告》342期，举办松材线虫病监测鉴定和疫源疫病监测等专题培训班14期，获梁希林业科学技术奖三等奖1项。

机构队伍建设 1月19日，林草防治总站授予党委办公室、测报处2017年度"先进处室标兵"荣誉称号，授予办公室、防治处、计财处2017年度"先进处室"荣誉称号，授予警卫班2017年度"特殊贡献奖"荣誉称号；授予常国彬、王云霞、白鸿岩2017年度"先进个人标兵"荣誉称号，授予董振辉、阎合、赫传杰、程相称、彭爱丽2017年度"先进个人"荣誉称号，授予温玄烨2017年度"先进扶贫个人"荣誉称号。

2月1日，国家林业和草原局任命郭文辉、吴长江为林草防治总站副总站长（副司局级）。8月22日，选派阎合赴辽宁省西丰县挂职。10月11日，聘任董振辉为党委办公室主任，才玉石为编辑部主任，李计顺为预警信息中心主任。宋玉双入选2018年享受国务院政府特殊津贴人选名单，方国飞获得2018年度"全国林业系统先进个人"荣誉称号，孙淑萍获得"辽宁省第七批优秀专家"荣誉称号，曲涛获得"三北防护林体系建设工程先进个人"荣誉称号，李涛入选国家林业局第五批省部级百千万人才工程，王巧申入选科技驻外后备干部人才库，3名同志通过正高级职称评审，2名同志通过副高级职称评审。

4月25日，总站被国家林业和草原局授予"国家林业和草原局2017年度优秀党组织"荣誉称号。5月3日，总站被共青团辽宁省直属机关工作委员会授予2017年度辽宁直属机关"先进团委"荣誉称号。

科学技术成果 "林区湿地鼠害无公害防治技术推广""松树蛀干类害虫植物源引诱剂防治技术推广"2个项目顺利通过国家林业和草原局组织的项目验收，"林业有害生物灾害精细化预报及管理基础应用研究"通过科技司组织的现场查定。主持完成的项目（论文）获得梁希林业科学技术奖三等奖1项，辽宁林业科技奖一等奖1项、二等奖5项。此外，林业有害生物监测预警国家林业和草原局重点实验室挂牌成立，林业生物灾害监测预警国家创新联盟获批；松材线虫病检测鉴定中心建成投入运行；与东北林业大学合作共建"东北林业大学研究生创新实践基地"；生物灾害监测鉴定实验室建设和森林病虫害预测预报中心数据处理及检测设施设备购置2个基本建设项目获批立项。

技术标准化建设 作为全国植物检疫标准化技术委员会林业检疫技术分委会秘书处、全国林业有害生物防治标准化技术委员会秘书处，林草防治总站分别于7月

30~31日和11月8~9日在四川西昌市、广东广州市召开2个标准化技术委员会年会,总结2018年度工作成绩,分析存在的问题,研究部署2019年工作计划,审查通过归口管理的《普及型国外引种试种苗圃建圃规范》《云杉矮槲寄生害修枝防治技术规程》等6项行业标准,并提出2019年度拟申报的标准范围和重点。

信息化建设 4月18~22日,林草防治总站赴云南省昆明市、红河州调研图像识别、无人机、物联网等信息化新技术在林业有害生物监测中的应用情况。10月17~19日,林业有害生物及野生动物疫源疫病监测预报国家级信息系统改扩建项目在辽宁沈阳市通过国家林业和草原局规划财务司主持的竣工验收。10月31日至11月3日,总站在云南省昆明市举办全国林业有害生物防治信息管理系统应用研讨班,研讨林业有害生物防治信息化发展方向,制订林业有害生物防治信息管理系统应用管理办法,为未来林业有害生物防治信息化建设提供制度保障。

行业宣传培训 面向基层,举办国家级中心测报点专职测报员、新药械药剂使用、松材线虫病监测鉴定、美国白蛾防治、森防宣传通讯员、野生动物疫源疫病监测等专题培训班14期,培训基层技术人员900多人次。在《中国绿色时报》刊发重大林业有害生物趋势预报、吉林省预防松材线虫病等新闻报道20篇,创历年新高。开展第二届全国"最美森林医生"评选,选出全国"最美森林医生"40人。出版《中国森林病虫》6期,编发《森防工作简报》11期。

【**林业有害生物发生**】 2018年,全国主要林业有害生物持续高发频发,偏重发生,并呈现出重大林业有害生物传播速度快,发生面积大,危害程度重的显著特征。据统计,全年发生1219.53万公顷,同比下降2.68%,但危害程度加重,局地成灾。

发生特点 ①松材线虫病呈暴发式扩散蔓延,损失巨大。②美国白蛾等其他检疫性有害生物总体扩散势头减缓,但局部地区危害偏重。③本土重要林业有害生物整体平稳发生,但局部偏重成灾,损失巨大。④林业生物灾害突发事件频繁,应急救灾压力较大。

成因分析 ①防治工作存在诸多薄弱环节难以有效遏制松材线虫病高发频发势头。②林业生物灾害孕灾环境客观条件总体有利于林业有害生物发生和扩散。③技术突破和瓶颈并存造就了当前干部病虫重、叶部病虫轻的显著特点。④气候条件整体有利于一些林业生物灾害突发和危害。

松材线虫病 发生省(区、市)18个、县588个,发生面积64.90万公顷,病死松树(包含感病松树、枯死松树、濒死松树)1066.35万株。新增2个省级行政区,283个县级行政区,2216个乡镇疫点,根除11个县级疫区。张家界、泰山、黄山景区首次发现新疫情;三峡库区、庐山风景区、乐山大佛景区和峨眉山景区的疫情危害进一步加重;首次发现松材线虫病感染并致死落叶松,发现新的媒介昆虫。

美国白蛾 发生省(区、市)13个、县592个,发生面积84.11万公顷,同比下降8.93%。新增2个省级行政区、22个县级疫情发生区。疫情在老疫区由点到面扩散形势趋于稳定,在江淮地区、河南中东部、湖北东北部新发疫情区由点状向片状发展,但扩散势头同比有所减缓。

林业鼠(兔)害 发生184.40万公顷,同比下降5.09%,连续3年持续下降,但局部地区危害依然偏重。鼢鼠危害整体减轻,但在黄土高原沟壑区新植林和中幼林内危害依然严重;沙鼠整体轻度发生,但在西北荒漠植被区局部发生偏重;䶄鼠整体呈中度以下发生,仅在东北火烧迹地局部偏重危害;兔害及其他鼠(兔)害危害整体偏轻,但局部地区发生偏重。

有害植物 发生17.85万公顷,同比下降10.18%。薇甘菊发生5.49万公顷,薇甘菊在广东珠三角向东西两翼持续扩散,在粤桂东南沿海和粤西地区危害严重,新增4个县级疫区;金钟藤发生1.09万公顷,同比下降16.73%,但在海南中部山区五指山、琼中、白沙等地危害严重;葛藤发生8.82万公顷,在苏鄂等地轻度危害。

松钻蛀类害虫 发生124.39万公顷,同比上升7.19%,局部地区损失巨大。松褐天牛发生面积连续多年持续攀升,在华中、华东、西南多地危害偏重,局地造成大量松树枯死;松梢螟类危害加重,黑龙江齐齐哈尔经济和生态损失巨大;松蠹虫类危害整体偏重,局部地区造成上万株林木死亡;萧氏松茎象发生面积整体呈下降趋势,但在江西宜春和赣州局部地区危害偏重。

松毛虫 发生88.25万公顷,同比下降10.04%。落叶松毛虫呈现快速上升势头,多地暴发成灾。全年发生9.33万公顷,同比上升69.24%,在吉林(387.88%)、龙江森工(282.63%)、内蒙古(127.00%)、黑龙江(74.28%)等地增幅显著;马尾松毛虫发生48.95万公顷,同比下降21.93%,危害整体减轻,但在赣东北、湘西、川东北、鄂东北、滇南等局部地区发生偏重,江西、湖南、云南等局地成灾。云南松毛虫发生16.27万公顷,同比持平,在川东北、滇南、湘西南等局地危害偏重。油松毛虫发生6.18万公顷,同比持平,整体发生平稳,但在辽宁西部、陕西巴山等局部地区危害偏重。

杨树蛀干害虫 发生31.98万公顷,同比下降19.62%。光肩星天牛危害总体偏轻,但在甘肃金昌、酒泉,内蒙古科左后旗和库伦旗等地呈扩散危害态势。在内蒙古引黄灌区、甘肃河西地区、陕西关中地区等局地成灾;杨干象、青杨天牛、白杨透翅蛾、桑天牛等危害整体减轻,但局部地区危害偏重。

杨树食叶害虫 发生126.01万公顷,同比下降10.15%,危害偏轻,但常发区局地仍危害偏重。杨树舟蛾以轻度发生为主,但在湖北江汉平原、江苏铜山、沛县、内蒙古开鲁、科尔沁左翼中旗、黑龙江双城、吉林长岭等常发区局地发生偏重,个别地区树叶被全部吃光,出现"夏树秋景"现象;春尺蠖在西藏"一江两河"流域、新疆塔里木河流域、宁夏中部沿黄地区等常发区局地危害偏重,内蒙古杭锦旗、达茂旗、西藏扎囊、贡嘎等局地成灾。

林木病害 发生113.38万公顷,同比下降7.36%。松树病害(不含松材线虫病)流行平稳,但北方局部地区偏重成灾,如落叶松落叶病在内蒙古森工满归林业局流行偏重，松针红斑病在湖北建始、宣恩和恩施等地偏重成灾，云杉落针病在甘肃舟曲、迭部，四川甘孜阿坝地成灾。杨树病害整体发生平稳，但黄淮局部地区危害偏重。杨树黑斑病在晋北、皖东北、豫东，杨树烂皮病在辽宁西部和黑龙江西南部，杨树溃疡病在鲁南、豫西等局部地区危害偏重，河南局部危害严重区造成杨树早期落叶现象；杨树溃疡病和杨树腐烂病在西藏拉萨、日喀则、山南局部地区成灾严重，造成新植林地大量幼树死亡。桦树黑斑病在内蒙古森工北部林区局部偏重流行；青杨叶锈病在青海东部农区城镇防护林发生严重。

经济林病虫　发生191.40万公顷，同比下降17.46%。竹类病虫危害整体减轻，皖湘桂局部地区危害偏重；红松球果梢斑螟在黑龙江和吉林东部山区危害严重，经济损失巨大；核桃、板栗、枣等病虫危害减轻，局部地区偏重发生；油茶病虫轻度发生，湘中局地偏重；八角、花椒、肉桂等病虫危害减轻，粤桂滇甘局地危害偏重；苹果、梨、桃等病虫整体轻度发生，新疆、内蒙古局部地区危害偏重；桉树病虫在粤桂闽等地发生面积有所上升，但多以轻度发生为主。

【**林业有害生物防治**】　据统计，2018年全国共采取各种措施防治主要林业有害生物948.54万公顷，防治作业面积1698.79万公顷次，无公害防治率达95.64%，林业有害生物成灾率控制在4‰以下，较好完成了年度防治减灾任务指标。

防治督导　与生态司、规划院、华东院组成联合督导组，以新发疫区、重点生态区、国家战略区等为重点，深入20多个省份近80个县（区），督导松材线虫病、美国白蛾、鼠（兔）害、红脂大小蠹等重大林业有害生物防治，以及《国办意见》落实。配合生态司，共同修订并由国家林草局印发《松材线虫病防治技术方案》《松材线虫病疫区疫木管理办法》2个规范性文件。

监测预报　注重林业有害生物短期生产性预报和信息服务，推进短期会商常态化、专业化，编发《病虫快讯》10期，通过央视《天气预报》栏目、《中国绿色时报》播报发布马尾松毛虫、美国白蛾预警信息7期。强化联系报告制度，共收集虫情动态信息7334条、短期预报信息2753条，及时报送林业生物灾害应急周报52份、月报12份、季报4份。分析提出全国主要林业有害生物2017年发生情况及2018年发生趋势，通过《灾害与控制灾害咨询报告》白皮书上报国务院。积极推进《国家级中心测报点管理规定》修订并颁布实施。

检疫监管　拟定2018年中国松材线虫病疫区和疫区撤销公告，分别以国家林业局第1号和2号公告发布。拟定2018年中国美国白蛾疫区和疫区撤销公告，分别以国家林业和草原局第3号和4号公告发布。与生态司共同修订并由国家林草局印发《全国林业检疫性有害生物疫区管理办法》，连续两年未发现有害生物可撤销疫区。补充、完善林业检疫性和危险性有害生物的分布、寄主等数据库并做好日常维护。

试点示范　经过4年关键技术攻关，集成创新出一整套松材线虫病等重大林业生物灾害遥感监测技术。完成"互联网+飞防质量监管"试点，举办全国林业有害生物飞机防治智能监管现场会。继续开展松材线虫病与鼠（兔）害防治、"推拉"战术防治华山松大小蠹、辽宁松材线虫病媒介天牛种类及其生活史研究等试点示范，组织完善林业有害生物实时动态可视化管理平台。召开鼠（兔）害防治示范推进会，研究落实年度示范作业设计，部署示范项目总结。

【**疫源疫病监测**】　以《中华人民共和国野生动物保护法》最新要求为指导，以管理促发展，加强疫病监测防控，以会商为基础，强化疫情风险评估与管理，以系统为依托，加快监测防控管理信息化进程，以创新为驱动，提高监测防控工作水平。

监测信息管理　严格执行信息日报告制度，每日及时汇总、分析各地上报的监测信息，编发《野生动物疫源疫病监测信息报告》342期。加大对国家级监测站应急值守工作的督查力度，电话抽查国家级监测站节假日期间应急值守情况488站（次），在岗值守比率为85.2%。拟定重要野生动物疫病2018年主动预警工作实施方案。

发生趋势研判　密切跟踪国内外主要野生动物疫病发生动态，发挥专家智慧优势，会商月度、季度、半年和全年野生动物疫情发生趋势及措施建议。多次派出专家组赴广东、广西、贵州、新疆、青海等地，开展候鸟集中分布区和野禽人工繁育场所的样品采集和实验室检测工作，科学评估疫情发生风险和流行趋势。

突发疫情应对　非洲猪瘟疫情首次传入中国，并在野猪上检测到非洲猪瘟病毒后，配合动植物司启动紧急日报制度，召开专家研讨会，起草紧急通知，参与防控督导，举办野猪非洲猪瘟监测技术培训班，积极应对非洲猪瘟疫情。积极组织有关专家，通过电话跟进、远程服务等方式指导上海、新疆、湖南等17个省（区、市），妥善处理了187起异常情况[涉及死亡野生动物52种、7541只（头）]，有效消除疫情发生隐患；科学应对野猪非洲猪瘟、人工繁育蓝孔雀高致病性禽流感、岩羊小反刍兽疫等12起突发野生动物疫情，成功防控疫情的扩散蔓延。

基础能力建设　举办全国陆生野生动物疫源疫病监测防控信息管理系统研训班，全面征求基层一线工作人员对"管理系统"的操作、功能等方面的意见和建议，切实提高"管理系统"的实用性，提升监测信息的可分析性和累积性。依托当前普遍应用的手机、平板电脑、数据采集器等便捷通讯设备，组织研发"陆生野生动物疫源疫病监测防控信息移动管理系统"，进一步提高国家层面应急响应的效能。

【**林草业大事**】

1月19日　林草防治总站召开2018年工作会议暨先优表彰大会。生态司司长赵良平，人事司副司长、人才中心主任郝育军出席会议。党委书记张克江作工作报告。会议通报2017年度财务预算执行、工会会费收支使用、职工提案建议解答等情况，宣读先进集体和先进个人表彰决定，签订党风廉政建设责任书。

2月5日　生态司、林草防治总站在沈阳召开年度联席会议。生态司司长赵良平、副司长王剑波等一行5人，林草防治总站党委书记张克江、总站长宋玉双、副总站长闫峻、副总工赵铁良及有关处室主要负责同志参加会议。

3月27～28日 林草防治总站在浙江杭州市组织召开"2018年全国林业有害生物防治科长会暨防治计划会商会",全面总结2017年林业有害生物防治减灾工作,会商2018年防治减灾形势和工作任务,交流防治减灾经验,部署年度防治减灾重点工作。

5月25日 林草防治总站在安徽肥东县组织召开"全国林业有害生物飞机防治智能监管现场会",会议以现场演示的方式全面系统展示了"互联网＋飞机防治质量监管"的制度设计、技术装备、工作流程、管理要求等。

5月29日 林草防治总站在内蒙古赤峰市召开"冀蒙辽红脂大小蠹联防联治会议",签订《冀蒙辽红脂大小蠹联防联治协议》,研讨红脂大小蠹防治技术及对策措施。

6月30日 国家林业和草原局党组书记、局长张建龙到总站调研指导工作,并对总站工作予以高度评价。辽宁省副省长郝春荣,国家林业和草原局办公室主任李金华、计财司司长闫振和湿地办主任王志高,辽宁省林业厅厅长羿克路陪同调研。党委书记张克江汇报近年工作情况,领导班子成员宋玉双、闫峻、曲苏、郭文辉、吴长江及有关处室主要负责同志参加调研。

7月2～4日 林草防治总站在江西大余市召开林业生物灾害遥感监测与大数据预报技术研讨会。此次会议旨在加强林业有害生物监测预警国家林业和草原局重点实验室建设和发展,解决现阶段在遥感监测和大数据预报技术研究中遇到的关键问题。会议邀请了中国著名数学家、中南大学侯振挺先生,中科院院士、西安交通大学教授徐宗本院士等十余名国内应用数学、卫星遥感及大数据研究领域知名专家学者。

8月27～30日 林草防治总站总站长宋玉双带队,赴雄安新区开展林业有害生物发生情况调查,指导当地做好林业有害生物防治相关基础工作及体系构建。

12月27日 林草防治总站在天津召开全国主要林业有害生物2019年发生趋势会商会,会议分析总结全国主要林业有害生物2018年发生情况,研判当前林业生物灾害发生形势,分析灾害成因及防治工作存在的问题,并对2019年林业生物灾害发生趋势进行科学会商,提出防控对策和建议。

(林草防治总站由柴守权、程相称供稿)

国家林业局南方航空护林总站

【综述】 2018年,南方航空护林总站认真贯彻落实国家森林防火指挥部、国家林业局的部署要求,服务建设生态文明和美丽中国大局,大力推进林业现代化建设和林业改革发展。总站坚决拥护党中央决策部署,认真贯彻落实《党和国家机构改革意见》相关要求,服从服务于机构改革大局,以极端负责的态度做好机构改革和转隶相关工作,认真落实改革过渡期间相关要求,按期完成转隶。2018年7月26日转隶到应急管理部。12月4日起国家林业局南方航空护林总站更名为"应急管理部南方航空护林总站"。

【航空护林】 截至2018年年底,南方共有浙江、福建、江西、山东、河南、湖北、湖南、广东、广西、重庆、四川、云南12个省(区、市)开展航空护林工作,在南方36个航站(基地)驻防102架(次)飞机,执行航空护林和应急救援任务,累计飞行3034架次6302小时。其中巡护飞1806架次3350小时;侦察火情飞行46架次78小时;吊桶洒水训练飞行646架次1204小时,洒水5798桶(约11 394吨)。直升机参与扑救森林火灾120起,对其中106起火灾实施吊桶洒水灭火,洒水灭火飞行332架次660小时,洒水2458桶(约12 885吨)。

在扑救四川雅江县"2·16"和"2·19"火场中,首次在平均海拔3500米的火场调集5架K-32直升机开展机群灭火;在扑救云南大理市米色村"3·8"火场中,首次使用4种机型6架直升机实施机群灭火,是多机型、多国籍机组合成编队处置森林火灾的成功案例;在扑救山东济南和泰安交界处森林火灾中,山东航站出动4架直升机实施机群灭火作业,飞行37架次85小时,航空灭火洒水量达4145吨。

【森林防火协调】 2018年,按照国家森林防火指挥部指令,南方森林防火协调中心派出赴火场工作组2组处置了四川省雅江县恶古乡、八角楼乡和云南省大理市凤仪镇3起影响较大的森林火灾。

【森林防火物资储备】 西南森林防火物资储备中心2018年先后向云南、四川、重庆、广西、广东、湖南等省份及北航总站等单位调拨各类防火物资19批次共21 252件(套)。

【卫星林火监测】 西南卫星林火监测分中心2017年共监测南方11个省份2像素以上热点2189个,发布监测图像807幅,其中反馈为林火和草原火的140起,反馈率为100%。

【森林航空消防培训】 南方森林航空消防训练基地2018年组织完成南方各省(区、市)航空森林消防、应急管理及综合救援等专业技能培训约190人次。

【重要火情】 2月18日,国家森林防火指挥部紧急启动国家森林火灾应急预案Ⅳ级响应,总工程师周万书带领火场工作组赴四川省雅江县协调指导恶古乡"2·16"森林火灾扑救工作。

2月20日,国家森林防火指挥部启动国家森林火灾应急预案Ⅲ级响应，总站长吴灵带领火场工作组紧急赶赴四川省雅江县八角楼乡"2·19"火场。

3月8～14日，副总站长袁俊杰率工作组暗访督查云南省全国"两会"期间森林防火工作，在大理白族自治州暗访督查期间，根据国家森林防火指挥部指令就地转为火场工作组协调指导大理市米总村"3·8"林火扑救。

【南方航空护林视觉形象识别系统启用】 2018年1月1日，南方航空护林总站视觉形象识别系统启用，南方航空护林标志和各航站标识同步启用，根据视觉形象识别系统，总站设计了《南方航空护林系统飞行观察装备和服装标识设计方案》。

【组织领导】 1月9日，国家行政学院应急管理培训中心副主任贾群考察南方航空护林总站江川直升机场。

1月26日，2018年南方航空护林工作会议在云南省丽江市召开，国家森林防火指挥部办公室副主任、国家林业局森林公安局局长王海忠出席会议。

2月12日，云南省林业厅厅长任治忠、省森林防火指挥部专职副指挥长文彬到总站走访慰问，书记杨旭东、总站长吴灵等参加座谈。

2月26日，书记杨旭东、总站长吴灵到云南省政府向分管林业工作的副省长陈舜汇报工作。

3月5日下午，书记杨旭东、副总站长袁俊杰赴湖南省调研航空护林工作，湖南省林业厅党组书记、厅长胡长清会见杨旭东一行，双方就湖南省森林防火和航护工作深入交流探讨。

4月11日，中国消防协会森林防火（消防）专业委员会秘书长王高潮及北京京润华创科技股份有限公司负责人到总站调研，总工程师周万书出席座谈会，三方就长航时中空无人机在航空护林中的应用开展座谈交流，相关处室负责人参加。

5月9日上午，云南机场集团副总裁、七彩云南通用航空有限责任公司董事长邹晓岗一行到总站座谈交流，总站长吴灵、总工程师周万书出席座谈。

6月10日，书记杨旭东陪同原国家林业局局长、原国务院西部开发办副主任王志宝一行拜会四川省原省委书记谢世杰，就四川生态环境建设、天然林保护工程、退耕还林工程、林业防火工作等进行座谈；同日陪同王志宝一行到成都站视察工作。

7月3日，国家林业和草原局人事司副司长王浩率考核组到总站考核试用期满司局级干部。

7月12～13日，国家森林防火指挥部办公室副主任王海忠一行到四川腾盾科技有限公司考察调研大型无人机在森林防火中的应用，总站长吴灵陪同调研。

7月20日，书记杨旭东、云南省林业厅厅长任治忠一行到大理白族自治州，深入林区检查森林防火工作，实地考察了火烧迹地恢复、航空护林飞机洒水灭火等情况，并听取大理白族自治州防火工作汇报。

7月20日，书记杨旭东陪同国家林业和草原局副局长李春良、云南省林业厅厅长任治忠一行到丽江站白沙直升机场检查指导工作。

7月23日，国家林业和草原局副局长李春良到总站检查指导工作，书记杨旭东、总站长吴灵陪同检查。

7月26日，总站全体党政领导班子成员赴北京参加由应急管理部党组副书记、副部长付建华主持的转隶座谈会。

【林业大事】

1月12日 云南省2018年航空护林协调会在昆明召开，书记杨旭东、总站长吴灵、总工程师周万书参加会议。

1月16日 南航总站2017年度飞行观察员晋级评审及劳动保护装备选定会议在昆明召开，书记杨旭东、总站长吴灵等出席会议。

1月18日 总站长吴灵、总工程师周万书与四川省林业厅、巴中市政府座谈、协调航空护林工作及直升机场建设相关事项。

1月19日 总站长吴灵、总工程师周万书赴民航西南地区管理局衔接西南林区航空护林及直升机场取证工作。

3月5～7日 书记杨旭东率队到湖南省长沙、韶山、湘潭、株洲、岳阳5个市的6个县（区）、4个乡（镇），以及湖南省森防办、省森林防火物资储备库等有关单位实地检查森林防火工作。

3月6日 总站长吴灵、总工程师周万书应邀参加云南省政府与北京京润华创科技股份有限公司无人机营运总部入滇签约仪式。

3月8～12日 书记杨旭东率队的森林防火督查组在四川省开展工作，对涉及成都、雅安、乐山、甘孜、凉山5个市（州）的7个县（区）、6个乡（镇），以及四川省森防指和其他6家森林防火有关单位进行督查检查。

3月15日 总站长吴灵应邀赴丽江出席中国航油云南公司举办的丽江白沙直升机场多功能航煤加注设备启用仪式。

3月27日 中航通用飞机有限责任公司副总工程师孙卫平率调研组到总站，总站长吴灵、总工程师周万书出席座谈会，双方就鲲龙AG600大型灭火/水上救援水陆两栖飞机使用需求及应用前景深入交流。

3月28日至4月2日 副总站长张立保带队的国家森林防火工作组到福建省开展森林防火督查工作。

4月9日～10日 总工程师周万书到云南省文山壮族苗族自治州平原镇砚山机场指导观摩长航时无人机消防演练。

5月11日 总站在昆明组织召开"2018年南方夏季航空护林租机协调会"，总站长吴灵、总工程师周万书出席。

5月13～15日 总工程师周万书带队赴陕西省调研航空护林、机场建设及取证等工作，考察直升机地空通信系统应用情况。

5月28～30日 总站长吴灵、总工程师周万书到四川省参与国家森防指专业委员会组织的大型无人机森林消防应急演练。

6月1日 总工程师周万书带队到民航西南地区管理局协调江川、丽江、保山、盐源直升机场取证事宜。

6月6～7日 总工程师周万书带队到西南林业大学与AG600水陆两栖飞机项目组参研单位共同研讨项

目内容。

6月12~13日 总站长吴灵带队到北京参加国家森防指办公室召开的2018年夏季森林火险形势分析会。

6月26~27日 副总站长袁俊杰带队到广西桂林参加南方高山林区以水灭火高新技术研讨会。

7月14~15日 总站长吴灵率工作组到四川省泸州市与市政府副市长熊启权、市林业局领导座谈，并检查指导西昌站泸州基地夏季航空护林工作，看望慰问航站和机组人员。

7月16日 书记杨旭东到云南省迪庆藏族自治州调研森林防火工作，了解迪庆藏族自治州森林防火指挥中心建设及运行情况，深入林区考察航空护林直升机野外临时起降点。

7月21日 总工程师周万书出席在南方森林航空消防训练基地举办的2018年飞行观察员岗位培训班开班动员会，并作动员讲话。

7月23~24日 总工程师周万书率队到重庆市参加重庆市2018年森林火灾扑救演练，并到市森林航空护林站龙兴基地检查指导夏航工作、看望慰问机组人员。

7月26日 南方航空护林总站及直属保山、丽江、普洱、成都、西昌、百色6个航空护林站整体转隶应急管理部。

（南航总站由史磊供稿）

国家林业和草原局华东调查规划设计院

【综述】 2018年，华东调查规划设计院（简称华东院）深入学习领会习近平新时代中国特色社会主义思想，全面贯彻落实党的十九大和十九届二中、三中全会精神，按照年初全国林业厅局长会议的安排部署，坚定不移地以国家林业和草原事业为中心，认真履行资源监测职责，精心组织、周密安排，顺利完成国家林业和草原局各项指令性任务和对外技术服务项目。

【资源监测】 承担并完成国家林业和草原局资源司及相关司（局、办）安排部署的各项指令性任务20余项。

2018年森林督查 完成监测区624个县的遥感判读，按时提交遥感判读成果。现地抽查29个县，提交县级报告29个、省级报告8个、监测区报告1个。2018年年底开展森林督查复核工作，抽查监测区21个县。

森林资源连续清查 制订《国家林业局华东院第九次全国森林资源清查汇总工作实施方案》，编写完成全国竹林资源分析、经济林资源分析、平原林业发展分析3个专题报告，完善《森林资源连续清查生物量和碳储量计算技术思路》，完成森林生物量和碳储量有关的森林资源数据统计程序编制和统计报表的扩充。

完成福建、河南2省连续清查工作方案和技术方案的审核、操作细则的审批、队伍组建方案的审核评估、技术培训监督评估、外业质量检查验收、数据初步统计分析等工作。

森林资源宏观监测 提交监测区2017年森林资源宏观监测的全部内业遥感判读成果数据、外业验证成果数据、成果影像数据以及监测成果报告。完成2018年监测区山东、江苏、上海、安徽、浙江、江西6省（市）的清查样地地类内业判读工作，共判读样地40 084块。

人工造林及国家公益林监测 完成监测区8个省（市）27个县的人工造林综合核查工作，现地调查小班2646个、面积1.50万公顷，提交县级报告27个、省级报告8个。完成监测区7个省38个县国家级公益林监测工作，提交县级报告38个、省级报告7个。

林地年度变更调查 积极推动华东监测区各省（市）开展常态化林地年度变更调查工作。审核《工作方案》和《操作细则》，参与技术培训，及时发现、研究商榷和解决工作中出现的相关技术问题，专门就提交变更成果等事项函告监测区各省（市），督促其按时保质保量提交变更成果。监测区各省（市）已经按时向国家林业局提交了2017年林地年度变更调查成果。

天然林保护工程核查 完成天然林保护核查技术方案、操作细则、天然林保护"四到省"评价考核指标说明修订工作。完成黑龙江、辽宁、河北、湖南、江西、福建、广西、安徽、浙江9省（区）天然林保护情况核查工作，提交9个省级核查报告，1个天保工程区外汇总报告。

2018年甘肃省退耕地还林国家级检查验收 抽查13个县，涉及前一轮历年退耕还林面积1333.33公顷，抽查乡级单位13个，核查小班数195个；新一轮退耕还林面积4466.67公顷，抽查乡级单位34个，抽查验收小班数1379个，共提交县级报告13个，省级报告2个。

中央财政湿地补助项目监测评估 完成黑龙江、河南、福建、云南、陕西、宁夏、内蒙古、龙江森工8个省（区、森工总局）2018年中央财政湿地补助项目监测评估工作，编制完成《2014~2017年度中央财政湿地补助生态效益补偿项目实施情况报告》《2016~2017年度全国中央财政退耕还湿实施情况报告》《中央财政湿地补助项目2018年监测评估报告》。

国际重要湿地生态监测 完成华东监测区上海长江口中华鲟、上海崇明东滩、山东黄河三角洲、山东济宁南四湖、江苏大丰麋鹿、江苏盐城、江西鄱阳湖、安徽升金湖、福建漳江口红树林、浙江杭州西溪7省（市）10处国际重要湿地生态监测工作，提交成果报告10个。

黄山松生物量调查建模 按照全国森林资源清查生物量调查建模工作的统一部署，2018年以黄山松为生物量建模树种，完成安徽40株、江西15株、浙江70株、福建25株外业样本采集工作，同时进行内业参数测定，为在全国范围建立乔木树种生物量模型，全面评价中国森林生产力，监测森林固碳释氧能力提供技术支撑。

2018年森林可持续经营管理试验示范技术指导工

作　完成福建、江西、浙江3省技术指导工作，总结出浙江省的珍贵树种培育、松材线虫病危害的低效林、竹林经营模式，福建省人工杉木林、复合经营模式（林下经济）和江西省天然林、针阔混交林模式3种典型模式。

LULUCF 林业碳汇计量监测　按照《国家林业和草原局关于开展2018年全国林业碳汇计量监测体系建设工作的通知》（办造字〔2018〕90号）的要求，2018年完成指导上海、福建、山东、河南4省（市）启动第二次LULUCF林业碳汇计量监测工作；对各省编制的工作方案和技术方案进行初步审查，提出修改意见；协助解决各省（市）在碳汇计量监测工作中遇到的技术问题；依据《土地利用、土地利用变化与林业碳汇计量监测成果质量检查方案（试行）》，对浙江、江西、福建、江苏4省LULUCF林业碳汇计量监测工作质量进行检查验收，共完成43个大样地的外业核验和92个大样地的内业检查，编制完成4个省级LULUCF林业碳汇计量监测工作质量检查报告和华东监测区2018年第二次LULUCF林业碳汇计量监测工作总结。

松材线虫病新发疫区春季核查　按照国家林业和草原局关于开展松材线虫病新发疫区核查工作方案的要求，协助国家林业和草原局森林病虫害防治总站，完成四川、陕西、贵州、福建、安徽和重庆市共6省（市）的春季松材线虫病新发疫区核查工作。

【技术规范编写】　完成《国家重要湿地认定和名录发布规定（征求意见稿）》和《湿地生态状况评定标准（初稿）》编制工作。开展《退化湿地评估规范》《生态廊道设计规范》2项技术规范的前期调研工作。进行《沿海国家特殊保护林带管理规定》修订和《沿海防护林体系工程建设技术规程》修编工作。

【技术咨询服务】　全院注重科技发展和对外技术服务，牢固树立"文化立院、人才强院、开放兴院"的发展理念，秉承"质量至上、服务至诚、求实创新、精益求精"的服务宗旨，在完成好指令性任务的前提下，发挥专业优势，积极为地方林业发展提供技术服务。2018年共签订对外技术服务合同409项，合同金额9768.24万元。

【人才培养与队伍建设】　2018年度华东院干部职工参加各类培训累计895人次，出国交流11人。组织有关人员分别到国家林草局有关直属院、相关省规划设计院、沿海城市、湿地公园等地进行技术调研、学习取经，并邀请中国林科院、浙江农林大学等单位专家到华东院进行森林经理、资源监测、ForSat等技术授课培训。

2018年华东院招收引进人才10名，24名专业技术职务得到晋升，通过正高职称4名、副高职称6名，当选2018年度"第五批'百千万人才工程'省部级人选"1名，提拔处级干部8名。完成华东院2017年度"领导干部报告个人有关事项"的录入、汇总和上报工作。

【财务管理】　2018年华东院财务收入1.25亿元，完成年度预算的103%，财务支出1.19亿元，完成年度预算的98%，收支结余680万元，结转下年财政资金20万元，实际结余660万元，中央资金执行率99.5%，完成全年财务收支任务，成为国家林业和草原局整体绩效评估试点单位。完成2018年度国有资产清查工作。应用OA（A8-V5.6）协同办公软件，完善资产管理、合同管理工作，对固定资产、合同管理流程与表单进行有机结合，借助信息系统确保了经济活动信息化的落地。

【科技创新工作】　成立国家林业和草原局长三角现代林业评测协同创新中心和院自然资源智慧研究中心。升级森林资源智慧监测平台，完善野外信息采集系统。成立华东院激光雷达高新技术辅助森林资源动态监测项目攻关组。

研发安徽省县级"森林资源一张图"的"互联网+"信息系统，并首次结合激光雷达和遥感反演预测等技术，开展安徽省森林资源年度监测及"森林资源一张图"技术应用。开展江西省森林和湿地生态系统综合效益评估，实现数据融合、评估方法和价值计算的三个创新。完成上海市森林资源"一体化"监测体系研究总结，利用上海市历次森林资源清查成果，提出森林资源清查和森林资源年度监测成果数据融合技术思路，实现了森林资源"一套数"，为全国推行森林资源"一体化"监测工作提供了经验借鉴，达到国内领先水平。

【质量成果管理】　完成ISO9001：2015质量管理体系年度监审工作，将质量管理体系全部纳入OA系统运行。开展优秀成果评选和申报工作。其中获2016~2017年度全国林业优秀工程勘察设计奖一、二、三等奖各1项，获浙江省2017年度优秀工程咨询成果二等奖1项，评出院级2017年度优秀成果和优秀论文一等奖2项、二等奖5项、三等奖8项。完成"中国工程咨询单位资信评价"申报，华东院"林业调查规划设计资质"证书换证，建设部"全国投资项目在线审批监管平台"备案等工作。获得中国水土保持学会颁发的建设项目水土保持方案编制二星资质证书。全年收集、整理、装订、编目、入册上架档案248卷。全年共出版发行《华东森林经理》4期，刊发论文86篇39万字。

【林草业大事】

12月18日　国家林业和草原局党组成员、人事司司长谭光明代表局党组到华东院宣布人事任免决定，任命于辉为华东院院长、党委副书记（正司局级）。

（华东院由王涛供稿）

国家林业和草原局中南调查规划设计院

【综　述】　2018年，国家林业和草原局中南调查规划设计院（以下简称中南院）以习近平新时代中国特色社会主义思想为指导，认真贯彻党的十九大和十九届二中、三中全会精神，全面落实全国林业厅局长会议、国家林业局全面从严治党工作会议的部署要求，团结带领全院干部职工，自觉践行新发展理念，认真履行国家林业和草原资源监测等职能，全院干部职工紧紧围绕院中心工作，解放思想、攻坚克难，持续强化质量管理，创新工作机制，顺利完成年度各项工作目标。

【资源监测】　完成国家林业和草原局资源司及相关司（局、办）安排部署的森林督查、森林资源清查与动态监测、全国林地保护利用年度变更调查等十大类工作任务，其中国家林业和草原局指令性工作任务23项，其他司局委托任务21项。

森林资源清查　完成海南省第九次森林资源清查工作。包括技术方案的编制与审定，操作细则编制，内、外业检查，数据录入，统计分析，抽调专业技术人员近160人，组成71个调查工组和6个质量检查组，完成海南省2829个样地调查，样地调查合格率98.6%，按时提交正式成果数据。

森林督查　完成中南监测区湖北、湖南、广东、广西、海南、贵州、西藏7省（区）581个县级单位的自查数据复核工作；对392个县的遥感影像进行判读，共判读10.8万余个图斑；实地验证抽取33个县级单位、现地核实图斑357个。

森林资源宏观监测　完成中南监测区3.5万个森林资源连续清查样地遥感判读。对其中352个样地进行实地验证。

人工造林综合核查　完成《全国人工造林综合核查的技术方案（2018）》《全国人工造林的综合核查办法（2018）》《2018年人工造林综合核查信息管理系统》的编制工作；完成全国人工造林核查数据整理、核对和县级样本抽取工作；完成全国人工造林综合核查数据检查、汇总分析和编写全国总报告等工作。2018年，完成中南监测区湖北、湖南、广东、广西、海南、贵州6省（区）的19个县级单位、70个乡级单位的核查工作，实地核查小班1939个，核查面积15.44万亩。

国家级公益林监测　完成中南监测区国家级公益林监测工作。内业，对7省（区）52个县的前后期影像判读，判读出变化图斑7151个；外业，抽取7省（区）的28个县级单位，实地调查小班1755个，变化图斑706个，总面积22.09万亩。

全国林地保护利用年度变更调查　完成中南监测区的林地保护利用年度变更调查工作。内业共抽查134个单位进行核查，检查图斑850万个；外业共抽查单位31个，抽查图斑105个。

湿地监测　完成湖北洪湖、沉湖、大九湖、网湖、湖南东洞庭湖、南洞庭湖，广东惠东港口海龟、湛江红树林、海丰、南澎列岛，广西山口红树林、北仑河口，海南东寨港13块国际重要湿地生态监测工作。

石漠化监测　负责组织和完成岩溶地区第三次石漠化监测汇总和成果编制，监测成果于2018年12月13日由国务院新闻办公室正式发布。

国家森林城市评估　按照《国家森林城市评价指标（LY/T 2004—2012）》要求，对北京市平谷区、河北省秦皇岛市、江苏省南通市等27个创建国家森林城市开展评估，对评估数据进行统计分析汇总，形成调查报告报送国家林业和草原局。

退耕还林核查　修订完成《新一轮退耕地还林检查验收办法》，编制完成《新一轮退耕地还林国家级检查验收工作方案》和《2018年度前一轮退耕地还林国家核查工作方案》；编制《2018年新一轮退耕地还林国家级检查验收信息管理系统》和《2018年度前一轮退耕地还林国家核查信息管理系统》，建立了数据库；汇编《工作手册》，编制完成全国核查工作报告；完成湖南、广西、贵州3个省（区）1.03万公顷现地检查验收工作。

天保工程核查　完成湖北、四川2个省20个县级单位核查任务。

国家储备林核查　修订《国家储备林核查办法》，编制《2018年国家储备林核查资料汇编》《2018年国家储备林核查工作方案》《2018年国家储备林核查信息管理系统》，编写全国《2018年国家储备林核查报告》；完成福建、广西、云南、河南、江西、浙江、山东、海南、河北9个省（区）2666.67公顷国家储备林核查工作。

国家森林公园管理评估　完成海南省9个国家级森林公园管理评估工作，编写了评估工作报告。

【服务地方林业建设】　全年对外技术服务项目共计233项，项目业务范围主要涉及湖北、湖南、广东、广西、海南、贵州、云南、西藏、河南、陕西、河北11个省（区），主要项目内容包括区域性林业中长期发展规划、国家湿地公园总体规划、自然保护区科学考察与总体规划、森林公园总体规划、国家石漠公园总体规划、森林城市建设总体规划、工程建设项目使用林地可行性研究、湿地保护与恢复建设项目可行性研究、林地变更调查及生态红线规划、林业产业扶贫项目设计、森林火灾高风险区综合治理工程设计、绿化工程规划与设计、造林作业设计、森林抚育作业设计等，其中资源监测62项、工程咨询69项、工程设计44项、林地可研58项。

【科技创新技术进步】　中南院与中国林科院资源信息所等3家单位签署"战略合作框架协议"；牵头或参与成立"森林城市""林业虚拟现实与可视化技术""自然资源调查监测""规划咨询研究""林业和草原遥感"等7个科

技创新联盟；结合生物量调查项目，应用航空遥感技术、激光雷达技术，开展基于高精度数据采集的林业数表编制方法及应用研究试点工作，提出一套非破坏性数据采集的林业数表编制方法。

2018年，中南院承担完成的项目成果7项获奖。其中全国林业优秀工程勘察设计奖一等奖2项，为雅鲁藏布江源头重要生态功能保护区二期建设项目初步设计和岩溶地区石漠化监测管理信息系统。湖南省优秀工程咨询成果奖一等奖1项，为《湖南省湘潭市国家森林城市建设总体规划（2016~2025）》；二等奖2项，为《湖南省岳阳市芭（蕉湖）南（南湖）两湖连通工程对湖南东洞庭湖国家级自然保护区生物多样性影响评价报告》和《湖南石门长梯隘国家石漠公园总体规划（2017~2025）》；三等奖1项，为《常德市森林防火规划（2017~2025年）》；优秀奖1项，为《湖南沅陵国家森林公园总体规划（2018~2025）》。

2018年，中南院共出版《海南省人工林主要树种林业数表模型研建》《新疆天山西部山地综合科学考察》《西藏森林碳储量及碳汇研究》3部专著；2018年全院专业技术人员在各类学术期刊上发表学术论文43篇。

【深化改革和人才队伍建设】 制定《2018年院全面深化改革工作实施方案》和《国家林业局中南院处级干部选拔任用管理暂行办法》，完成院内设7个管理处室的内部"三定"工作；改革完善考核与院收入分配机制，把处室工作和职工年度考核与绩效分配挂钩；按照组织程序考核提拔正处级干部1人（援疆期间被提拔为正处级干部）；对拟提拔的正处级干部7人和副处级干部11人完成民主推荐和组织考察工作。公开招聘高校毕业生5名；经中南院推荐、国家林业和草原局批准，2018年享受政府特殊津贴人选1人、第五批"百千万人才工程"省部级人选1人；选派2名干部分别赴西藏和海南挂职锻炼。组织全院干部职工参加各类学习培训820人次。

【制度建设和内控管理】 2018年，制定修订《院公务接待管理办法》等14项规章制度。聘请国家会计学院等专业机构开展咨询，编制中南院《内部控制体系建设风险诊断报告》和《内控管理手册》。制定符合中南院生产实际的质量管理体系，5月，通过ISO9001质量管理体系验收。进一步加强和规范预算决算、财务资产、报账审核、记账处理等财务管理工作。全年上报国家林业和草原局政务信息220条。

【林草业大事】

2月5日 西藏林规院院长普布顿珠一行赴中南院，双方就人才培养、业务技术等领域的深入广泛合作进行了沟通交流。

3月7日 国家林业局人事司副司长王浩、干部管理处处长程伟一行到中南院对院党委书记刘金富、副院长贺东北试用期满进行考核。

3月13~15日 院党委书记刘金富、人事处处长齐建文与国家林业局人事司副司长王浩、干部管理处处长程伟一道对在贵州省黔南州挂职锻炼的中南院常务副院长吴海平试用期满进行考核。

4月4日 中南院与西藏自治区林业调查规划研究院共同承担完成的"西藏自治区2017年公益林区划落界"项目成果通过专家评审。

4月8日 中南院召开第九次全国森林资源清查海南省2018年清查项目启动工作会议。

5月4日 中南院承担完成的《易贡湖生态修复与综合治理工程对西藏雅鲁藏布大峡谷国家级自然保护区生物多样性影响评价报告》通过专家评审。

5月15~16日 为认真开展2018年森林督查工作，中南院在长沙组织召开了中南监测区森林督查工作协调会议。

5月16日 根据国家林业和草原局党组《关于表彰2017年度优秀党组织的决定》，中南院党委被授予"2017年度优秀党组织"称号。

5月21~23日 中国林业工程建设协会在广东省佛山市召开四届二次会员大会暨四届三次理事会，会议通过表决调整了理事会成员，彭久清增选为第四届理事会副理事长。会上，中南院两位同志荣获"全国林业工程建设领域资深专家"荣誉称号。

6月28日 在北京举办的中咨协会第六届会员代表大会暨第六届理事会第一次会议上，中南院当选为中国工程咨询协会第六届理事会单位理事。

7月7日 中南院完成的《西藏芒康滇金丝猴国家级自然保护区范围和功能区调整方案》获国务院批准。

8月 中南院牵头完成的《西藏森林碳储量及碳汇研究》正式出版。

9月12日 中南院编制完成的《贵州省森林城市发展规划（2018~2025年）》通过专家评审。

10月18日 经在国家事业单位登记管理局登记，单位名称变更为"国家林业和草原局中南调查规划设计院"。

10月28~30日 由中南院主办、贵州省林业厅和贵州省林业调查规划院协办的中南监测区森林资源管理研讨会在贵阳市召开。

11月14日 由中南院承担完成的《贵州省省级森林城市建设标准》《贵州省森林乡镇建设标准》《贵州省森林村寨建设标准》《贵州省森林人家建设标准》4个地方标准通过专家评审。

11月18日 由中南院承担完成的《三亚市山体资源保护与修复专项规划（2018~2025）》通过专家评审。

12月17~20日 中南院党委书记刘金富一行5人前往国家林业和草原局定点扶贫县贵州省独山县开展扶贫工作，助推贵州省独山县打赢脱贫攻坚战。

12月28日 由中南院承办的中国林业工程建设协会石漠化监测与综合治理专业委员会成立暨研讨会在长沙召开。

（中南院由肖微供稿）

国家林业和草原局西北调查规划设计院

【综　述】　2018年，西北院认真学习贯彻党的十八大和十九大精神，以习近平新时代中国特色社会主义思想为指导，深入贯彻全国林业厅局长会议精神和国家林业局各项决策部署，秉承"安全、和谐、高效"发展理念，深入实施"三大战略"，认真履行森林资源监测职责，全力服务现代林业和国家生态建设，顺利完成了各项年度工作任务，为林业改革发展和生态文明建设作出了积极贡献。

【资源监测】　完成国家林业局资源司及相关司（局、办）安排部署的指令性任务33项，截至2018年年底，所有任务均按计划完成。

全国森林资源管理与检查　参与完成东北、内蒙古重点国有林区森林资源管理情况检查任务，起草《全国森林督查工作方案和技术方案》、开发了全国森林督查检查信息系统。完成全国森林督查32个省级单位3044个县级单位约83万个图斑森林督查成果及各级检查数据汇总，以及西北监测区8个省级单位700个县级单位的全国森林督查县级自查数据复核工作。

森林资源连续清查　在国家林业和草原局资源管理司的统一组织下，主持完成第九次全国森林资源清查西北监测区的数据汇总和全国总报告相关内容的编写工作；完成青海省森林资源连续清查《技术方案》与《工作方案》审查、《操作细则》审定和685块样地的外业检查工作；完成重庆市第九次森林资源连续清查成果编制工作；精心组织完成西北监测区连清样地遥感判读工作。

全国森林资源动态监测　起草《全国国家级公益林监测技术方案和操作细则》，完成《全国人工造林监测工作规范》《技术方案》的制定；完成18个县的人工造林综合核查工作以及国家级公益林34个省级单位监测数据汇总分析和全国报告的编写工作；完成陕西省、甘肃省、青海省3个省柏树生物量建模样本采集外业技术指导和质量检查验收工作，收回150株样木样品，内业实验室参数测定工作已经完成60%。

西北监测区林地变更调查　针对监测区内各省林地变更工作进展缓慢、技术力量薄弱的情况，西北院成立专项工作领导小组，积极协调推进此项工作，派出技术人员对落后地（县）进行技术指导和培训。全年共完成西北监测区8个省668个县级调查单位的2017年度林地变更调查的技术培训指导和质量检查验收任务，共核查81个县级单位，确保按时提交成果。

国家沙化土地封禁保护区年度检查　受国家林业局防治荒漠化管理中心委托，完成全国沙化土地封禁保护区补贴试点抽查工作、2018年全国沙化土地封禁保护区可行性研究审查工作；协同局法规司、治沙办完成《沙化土地封禁保护区监管工作的调研报告》；认真部署2018年荒漠化及沙尘暴定位监测工作，修改完善《技术方案》《工作方案》，制订培训方案以及相关课件准备工作。作为全国沙化典型地区定位监测技术主持单位，完成全国沙化典型地区定位监测2017年度总报告汇编工作和2018年全国各定位站的培训工作；完成全国第六次荒漠化和沙化监测前期准备及技术规定和监测指标的修订；根据中国沙化土地封禁保护的需要，在中国治沙暨沙业学会筹建了"全国沙化土地封禁保护区专业委员会"。

湿地保护、监测、评估工作　完成青海、甘肃两省6个国际重要湿地的生态监测评价；完成甘肃、青海、海南、云南、河北、贵州、内蒙古7省（区）11个湿地保护与恢复工程监测评估；完成内蒙古自治区沼泽泥炭地碳库调查质量检查等3个大项湿地工作。

退耕还林工作　完成重庆、陕西和新疆兵团的36个县1.27万公顷的退耕还林工程国家级检查工作。

各司局委托的其他工作任务　受天保办委托，完成天保工程国家级核查项目全国汇总工作，核查报告作为各直属院参照的模板，LULUCF林业碳汇技术指导成果验收、森林可持续经营试点指导等项目均如期完成。

【服务地方林业建设】　西北院充分发挥技术、人才优势，为监测区生态建设和林业发展提供支撑和服务。截止到12月3日，全院共签订技术服务合同653个，内容涉及林地变更调查、森林资源规划设计调查、公益林区划落界、湿地生态系统监测评价、森林资源信息管理系统建设、国有林场森林经营方案的编制等各个领域，为西北监测区提升林业信息化建设、促进生态林业和民生林业发展起到重要技术支撑作用。

【人才培养和队伍建设】　加强人才培养和队伍建设，选派2名优秀年轻干部驻村扶贫，确定2名干部赴青海挂职锻炼，公开招聘4名高校毕业生，4人考取注册咨询、监理工程师等资格证书，12人分别获得教授级高工和高级工程师职称。先后组织开展林地变更调查、公益林落界、森林督查遥感判读技术及操作、森林督查、森林资源连续清查等技术培训，累计培训人次720人。成功举办西北地区柏木生物量采集技术培训班、西北监测区2018年度森林督查培训班、森林督查遥感判读技术培训会及全国荒漠化和沙化定位监测技术研讨培训班。

【获奖成果】　2018年，西北院承担完成的2项成果荣获国家优秀工程勘察设计奖，其中，《延川县四条通道绿化提升工程设计》荣获全国林业优秀工程勘察设计奖二等奖；《城口红军纪念公园景观规划设计》荣获全国林业优秀工程勘察设计奖三等奖。

【林草业大事】

4月16日　西北院图书阅览室正式建成并面向全

院职工开放。

4月20日 中国治沙暨沙业学会2018年第一次会长(扩大)会议暨国家沙化土地封禁保护区专业委员会成立大会在西安隆重召开，西北院有关领导应邀出席会议，来自全国各地的120余位国家沙化土地封禁保护区专业委员会委员参加了专委会成立大会。

5月21日 西北院在西安举办西北地区柏木生物量采集技术培训班。

6月1日 西北院完成办公自动化系统全部安装与调试，正式进入试运行阶段。

6月14日 国家林业和草原局局长张建龙在局计财司司长闫振、陕西林业厅厅长薛建兴的陪同下，到西北院检查指导工作并看望勉励干部职工。

7月2日 西北院首次举行处级干部宪法宣誓仪式，院长张翼监誓。

11月16日 西北院院长张翼率领5名结对帮扶的处级干部赴国家林业和草原局定点扶贫村——贵州省黔南州独山县紫林山村就精准扶贫工作开展结对帮扶调研工作。

12月29日 西北院与西安理工大学、西北大学联合申报的旱区生态水文与灾害防治国家林业局重点实验室获得国家林业和草原局批准。

12月5日 西北院举行"国家林业和草原局西北调查规划设计院""国家林业和草原局西北森林资源监测中心"揭牌仪式。

12月12日 国家林业和草原局党组任命李谭宝为国家林业和草原局西北院院长、党委副书记(正司局级)；任命许辉为国家林业和草原局西北院党委书记、副院长(正司局级)。

12月20日 西北院和西安专员办在西安联合承办2018年全国森林督查汇总会。国家林业和草原局资源司、15个专员办和6个直属院80余人参加汇总会。

12月21日 由国家林业和草原局荒漠化防治司主持，西北院承办的国家沙化土地封禁保护区建设评审会在北京召开。

(西北院由赵彬汀供稿)

国家林业和草原局昆明勘察设计院

【综述】 2018年，昆明院在深入学习贯彻习近平新时代中国特色社会主义思想和党的十九大精神的氛围中，全面实施生态建设工作，认真履行"一院四中心"的职能；坚持"立足林业、服务社会"的宗旨，发挥综合性勘察设计院的技术优势，紧紧围绕林业草原改革发展新形势、新要求，与时俱进，大胆探索，服务生态文明建设大局，完成森林资源清查、监测等指令性任务，做好国家公园等相关技术服务工作。

【森林资源连续清查工作】 在资源司的指导和云南省、四川省的密切配合下，昆明院精心组织完成云南省、四川省第九次森林资源清查工作，撰写云南省、四川省清查成果报告；研究并编写《第九次全国森林资源清查树种多样性分析专题》报告。

【森林资源监测(验收、核查、检查)工作】 承担云南省、四川省森林资源宏观监测，完成四川省9963个、云南省7974个清查样地遥感判读和结果分析以及样地现地核实验证工作；首次在云南省、四川省监测区内开展国家级公益林监测工作；圆满完成2018年云南省、四川省森林督查遥感判读、内业复核、现地验证核实、报告编写和汇总等工作；完成云南、湖北两省2014年年度新一轮退耕地还林国家级检查验收7866.67公顷，以及前一轮退耕地还林国家核查验收2666.67公顷；参与完成东北省内蒙古重点国有林区森林资源管理情况检查工作；完成重庆市、贵州省、云南省天保工程国家级核查任务；完成西藏山南市重点工程造林项目核查工作；完成云南、四川两省人工造林综合核查工作，涉及两省2008~2012年年度人工造林(更新)8个县级单位、41个乡级单位、1456个小班、1.04万公顷。

【国家公园规划与研究】 12月6日，"国家林业和草原局国家公园规划研究中心"在昆明院揭牌成立。在院长唐芳林的带领下，昆明院继续在国家公园领域积极发挥优势，做好相关技术服务工作，参加国家林业和草原局牵头的《建立以国家公园为主体的自然保护地体系指导意见》起草、国家公园管理局机构设置方案研究，为国家林业和草原局国家公园管理办公室提供智力支持和技术服务，研究并撰写《国家公园管理局机构设置方案研究》《新西兰国家公园体制研究及启示》《国家公园功能分区再谈讨》等论文。承担"拟建海南热带雨林国家公园总体规划""武夷山国家公园总体规划""神农架国家公园社区发展规划项目"等多个项目的编制工作。此外，昆明院还承办了"国家公园国际研讨会"和"中国野生动物保护协会野生动物保护区委员会换届暨国家公园及自然保护地委员会成立大会"。

【林业专项调查工作】 完成2018年西藏林业有害生物普查第一次外业调查工作。野外调查行程5万多千米，覆盖13个县142个乡镇，共完成近700条踏查线、3300余个踏查点、近2000个标准地、20余个苗圃调查以及40余次灯诱调查；采集标本近12 000份，成果覆盖昌都市全域，基本涉及藏东南森林资源最密集的区域，进一步填补西藏林业有害生物数据空白，对指导有害生物防控实践具有重要意义。

【湿地生态系统评价等工作】 为2019年世界湿地日发布《中国国际重要湿地生态状况白皮书》，湿地司布置了全国56个重要湿地监测工作，昆明院承担云南、四川、吉林、西藏四个省(自治区)11个国际重要湿地监测任务。

【树种生物量建模数据采集工作】 完成 150 株(其中云南省 10 株、西藏自治区 50 株、四川省 90 株)柏木立木生物量建模数据采集外业工作和含水率测定。

【林业碳汇计量与监测工作】 完成云南省林业碳汇计量监测体系建设技术指导、外业验证和成果编制等工作。

【承担林业工程标准编制工作】 2018 年作为主编单位主要开展《国家公园项目建设标准》《森林消防专业队伍建设工程设计规范》《游览步道设计规范》《国家公园资源调查与评价规范》等 7 项行业标准的编制，主持开展《自然保护区与野生动植物保护设施项目规范》《湿地保护工程项目规范》2 个国家标准的研编，现已完成初稿。组织并参与完成上级下达的《林业信息分类与编码规范》等 13 项行业标准的征求意见反馈工作。

【《林业建设》期刊编辑出版发行工作】 完成《林业建设》全年六期期刊的编辑和出版发行工作。其中一期为国家公园专刊。

【服务林业生态建设工作】 充分发挥昆明院多专业、多资质综合设计院的特色和优势，在国家公园建设、自然保护地建设、湿地公园建设、生态治理、农业规划和园林规划设计方面提供多元化、全方位的技术服务。

一是进一步夯实基础，做好国家公园领域相关技术服务工作。研究并撰写多篇国家公园方面的论文，并形成研究报告，为机构设置提供建议；开展多个省份国家公园的总体规划工作。

二是组织开展多个自然保护地规划项目。2018 年昆明院承担自然保护地相关的项目 30 余个，项目分布全国，东至崇明岛，南到海南岛，中到武夷山、神农架，西到阿里，北到珍宝岛，业务范围逐步扩大，影响力不断增强。涉及自然保护区和森林公园的总体规划、可研、设计及生物多样性影响评价等。

三是湿地保护规划设计成效显著。湿地项目遍及全国 10 余个省，项目类型包括湿地公园总体规划、详细规划、湿地保护与恢复工程设计、湿地生态系统价值评价等。尤其是在新疆承接福海、哈密、塔城等 7 个国家湿地公园的规划工作，在新疆市场树立了品牌。

四是生态治理工程项目成绩突出。昆明院承担了大量生态修复治理任务，其中《大理市国家储备林建设洱海流域生态质量提升一期工程实施方案及施工图设计》和《澄江抚仙湖径流区植被恢复治理工程林业生态设计》涉及云南省极其重要的两大高原湖泊，受到社会高度关注，成为中央及省委环保随时督查和巡视的重点对象。

五是着力推动国家森林城市创建工作。开展《云南省屏边县国家森林城市建设总体规划》《林芝市创建国家森林城市建设总体规划》等多个项目的工作。

【服务社会工作】 在积极为林业服务的同时，发挥专业优势，跨行业积极开拓业务，在农业、交通、建筑、市政、水利等行业承担大量的咨询、勘察设计、施工、监理业务，多元化、全方位服务社会。全年新签合同 483 个，合同产值 2.31 亿元，生产形势保持平稳增长。

昆明院通过以选派技术援藏干部的方式，先后向西藏交通运输厅、拉萨市人民政府等部门输送援藏干部，共有援藏干部 11 人，为西藏生态安全屏障和交通运输事业的发展作出积极贡献。另外还组织选拔国家林草局第 19 批"博士服务团"成员 1 人——刘永杰到贵州省林科院挂职。

【职工队伍建设】 加强人才队伍建设，充分发挥专业技术优势。在队伍建设上，坚持"干部能上能下、人员能进能出、收入能多能少"的管理模式，并形成昆明院独有的特色，坚持给优秀年轻人提供更多的平台和施展的空间。根据国家林业和草原局下达计划，依照严格的程序，2018 年昆明院公开招聘人员 10 人，其中博士研究生 1 人，硕士研究生 9 人，涉及 9 个专业，7 个院校，至此全院在职职工 313 人，其中博士研究生 27 人，硕士研究生 161 人，96% 左右的职工具有大学本科以上学历，享受国务院特殊津贴的专家 2 人，教授级高级工程师 10 人(在职)，高级工程师 100 人，各类注册执业资格人员 140 余人，涵盖 30 多个专业。

【质量技术管理】 根据 ISO9001：2015 质量管理体系，对各类项目进行全面的质量控制及管理，做好事前指导，实行全过程管理，及时解决规划设计中遇到的技术问题，抓好质量监督与检查指导工作，全年质量管理安全运行，成果质量稳步提升。

【学术交流及科研工作】 积极开展专业技术培训与学术交流，"引进来"与"走出去"相结合，提高技术人员业务水平。2018 年组织员工参加国家公园国际研讨会、国家储备林工程高级研修班、无人机操作培训、国产卫星遥感数据资源及应用服务技术等。同时鼓励大家"走出去"，学习国外先进经验，先后派员参加澳大利亚土壤森林修复技术培训、湿地生态修复管理和法律制度建设培训、履行联合国森林文书培训、香港湿地保护管理研讨会、美国国家公园及自然保护区绿色营建培训等。

2018 年昆明院 5 项专利技术获得授权，包括长颈自动伸缩测量杆、智能化电子罗盘仪、手动拉伸式测高器、三维激光扫描摄影装置(机载轻小型)、用于无人航空器的防震颤数字摄影三维激光扫描装置。

昆明院承担的"数字化多功能便携式测树仪的研制"项目于 2018 年 9 月 28 日通过云南省科技厅组织的专家组验收；同时开展"自然保护区自然资源资产产权制度研究""低空无人机森林资源综合监测与调查技术研究与试点""国家公园与自然保护区关系研究""中国国家公园运行机制研究"等科研工作。

【林草业大事】

6 月 昆明院尹志坚博士在西藏自治区珠穆朗玛峰国家级自然保护区吉隆县开展全国第二次重点保护野生植物资源调查过程中发现新物种——吉隆毛鳞菊，已被证实并在 SCI 期刊 *Phytotaxa* 上发表。

8月14~15日 由国家林业和草原局(国家公园管理局)主办、昆明院与云南省林业厅共同承办的国家公园国际研讨会在昆明召开。

8月16日 中国工程院原副院长、中国工程院院士沈国舫到昆明院调研指导工作。

9月 根据国务院机构改革,昆明院更名为"国家林业和草原局昆明勘察设计院"。

9月 昆明院农林、公路、市政公用工程、生态建设和环境工程四个专业取得工程咨询单位资信评价甲级资格,水利水电专业取得乙级资格。

9月28日 昆明院承担的"数字化多功能便携式测树仪的研制"项目通过云南省科技计划项目验收与绩效评价中心组织的验收。

12月6日 "国家林业和草原局国家公园规划研究中心"在昆明院揭牌成立,国家林业和草原局总经济师、国家公园管理办公室主任张鸿文在揭牌仪式上讲话并为中心揭牌。

12月8日 由中国野生动物保护协会主办、昆明院承办的"中国野生动物保护协会野生动物保护区委员会换届暨国家公园及自然保护地委员会成立大会"在昆明召开。

12月 昆明院参加资源司在西安召开的2018年全国森林督查汇总会,报送了相关报告,完成监测区2018年森林督查工作。

(昆明院由佘丽华供稿)

中国大熊猫保护研究中心

【综述】 2018年,中国大熊猫保护研究中心在国家林业和草原局党组的统一部署下,深入贯彻学习习近平新时代中国特色社会主义思想和党的十九大精神,牢固树立"四个意识"、坚定"四个自信"、坚决做到"两个维护",履行"四大职能"任务,以改革创新的决心和"忠诚、担当、奉献"的"熊猫人"精神,着力做好大熊猫科研保护高质量发展,积极创建"熊猫中国"文化品牌,谱写了新时代生态文明建设的新篇章。

大熊猫野外生态及种群动态研究 继续推进7只已野化放归大熊猫及野外种群动态监测。对大熊猫"草草"2017年和2018年在野外引种期间的生境进行调查,利用分子生物学技术确认"草草"双胞胎幼仔的父本与2017年所产幼仔父本为同一大熊猫。开展或参与了"圈养大熊猫野外引种交配场所选择的生境特征研究""主食竹资源的时空分布格局及其与野生大熊猫种群动态、气候变化的关系"等16项科研项目。

大熊猫人工繁育 截止到2018年年底,圈养大熊猫总数达到283只。其中,2018年共繁育大熊猫幼仔23胎33仔,成活28仔,幼仔成活率97%。采集大熊猫原精39.64毫升,制备冷冻精液571支。

大熊猫野外引种工作 共培训4只圈养雌性大熊猫参加了野外引种试验,大熊猫"草草"成功与野生大熊猫实现自然交配,产下一对双胞胎幼仔,生长发育良好。局长张建龙批示:再次引种成功意义重大,要不断总结经验,取得更大成绩。

大熊猫野化培训 大熊猫"小核桃""琴心"于12月27日放归至都江堰龙溪—虹口国家级自然保护区。成功将小相岭大熊猫小种群复壮放归的经验推广到岷山L种群复壮放归工作,新增和拓展了大熊猫小种群复壮范围。

大熊猫伴生动物饲养繁育和研究 积极推进大熊猫的伴生物种国家一级陆生野生保护动物金丝猴和绿尾虹雉的饲养管理和人工繁育研究工作,两个科研项目已获国家林业和草原局批复。同时加强红熊猫繁殖及饲养管理,2018年共繁育红熊猫7胎11仔,成活8仔。

大熊猫国内外合作与交流 一是积极推进与美国、澳大利亚、泰国等15个国家或地区的17家动物园以及国内的34家动物园开展大熊猫饲养管理、科学研究和公众教育合作。二是完成包括奥地利总统与总理、刚果(布)总理、塞内加尔总统和德国总统等来自44个国家和地区50余批次1500余人次的来访接待任务。三是完成大熊猫"华豹""金宝宝"赴芬兰的各项工作;旅居美国15年的大熊猫"高高"以及在奥地利出生并自然哺育成活的大熊猫双胞胎"福伴""福凤"顺利回到中国。

打造大熊猫文化"国家名片" 实施"熊猫中国"文化品牌战略,践行"熊猫中国、走向世界;熊猫文化、世界共享;生态文明、世界共建"的理念,进一步提升知名度和影响力。一是作为主要牵头承办单位,成功举办2018年首届中国大熊猫国际文化周活动,面向全球展示了中国大熊猫科研保护成果,传播了大熊猫文化。共有260家媒体对此次活动作了报道,新闻阅读量达600万次,全球互联网点击量达6亿。局长张建龙批示:今年"首届中国大熊猫国家文化周"办得好!要在总结经验的基础上,大胆创新,建立新机制,要把此项活动办成"国家名片"。二是官方微博账号和微信公众号累计粉丝达到230余万;共计接待游客70余万人次。三是与国务院新闻办公室、新华社、央视网熊猫频道、浙江大学中华儿童文化艺术促进会等开展合作,为大熊猫文化全球化推广提供了新思路、新方法。

【旅居马来西亚大熊猫"凤仪"产仔】 1月14日,中国大熊猫保护研究中心旅居在马来西亚的大熊猫"凤仪"产下幼仔,这是其继2015年产下大熊猫"暖暖"后的第二次产仔。

【大熊猫"金宝宝""华豹"赴芬兰开展科研合作】 1月17日,中国大熊猫保护研究中心大熊猫"华豹""金宝宝"从都江堰青城山基地出发,启程前往芬兰,开展为期15年的科研合作,这也是中国大熊猫首次旅居芬兰。大熊猫赴芬将推动和深化两国在濒危物种和生物多样性保护方面的交流与合作，并为两国人民之间加深了解、增进友谊发挥重要作用。

大熊猫华豹、金宝宝赴芬兰活动（李传有 摄）

【"熊猫天使"韦华荣获"中国网事·感动2017"年度网络人物】 1月19日，中国大熊猫保护研究中心"熊猫天使"韦华荣获"中国网事·感动2017"年度网络人物。"中国网事·感动2017"年度网络人物评选于2017年12月1日正式启动，经过线上投票和专家评审团现场投票，从61位候选人中最终评选出10位年度感动人物。活动由新华通讯社主办，新华网、新华社"中国网事"栏目承办，由新华社记者走访基层挖掘感人故事，发动网民通过新媒体方式进行线上、线下评选的公益活动。

【2017年度"两微一端"百佳评选】 2月6日，中国大熊猫保护研究中心官方微博账号"中国大熊猫保护研究中心"与"紫光阁""人民网""央视网""中国气象局""故宫博物院""深圳交警""南京发布""江宁公安在线""四川广汉三星堆博物馆"荣获"移动互联触动未来"2017年度"两微一端"百佳评选微博创新力十佳荣誉称号。

【设置景区免费开放日】 根据《成都市发展和改革委员会关于我市利用公共资源建设的旅游景区设立"免费开放日"和设置年（季、月）度门票的通知》，中国大熊猫保护研究中心都江堰基地将每年的3月1日设置为景区免费开放日。

【发布圈养大熊猫野化训练技术规程】 3月9日，中国大熊猫保护研究中心组织编写的《圈养大熊猫野化训练技术规程》通过四川省标准化研究院批准，并由四川省质量技术监督局发布，成为指导圈养大熊猫野化培训工作的地方标准。

【首次检测到发情大熊猫排卵】 4月8日，中国大熊猫保护研究中心科研人员对正处于发情高峰期的一只大熊猫进行了B超检查，成功监测到发育成熟的卵泡和排卵过程。

【奥地利总统与总理来访】 4月12日，奥地利总统亚历山大·范德贝伦率总理及多位部长组成的高级别大型代表团参访中国大熊猫保护研究中心都江堰基地。此次元首和政府首脑同期访问一个国家，为奥地利历史上首次，在国际交往史上也非常罕见。奥地利总统一行此次到访四川，主要是为寻找"一带一路"合作契机、加强大熊猫科研合作。奥地利总统表示，此行不仅欣赏到了世界上最可爱的动物——大熊猫，还了解到了中国在野生动物保护及生态文明建设方面所做的努力，双方将在今后进一步加强大熊猫交流合作。

奥地利总统总理到访都江堰基地（李传有 摄）

【全球首只塑化大熊猫亮相】 4月25日，由中国大熊猫保护研究中心主办的全球首只塑化大熊猫公益科普展示新闻发布会暨揭幕仪式在成都天府广场举行。大熊猫"新妮儿"患病去世一年多后，用塑化的方式，以皮肤、肌肉、骨骼和内脏的全新形式"复活"，便于公众对大熊猫内部结构的进一步了解及医疗培训。生物塑化技术是一种可以把生物组织保存得像活体一样的特殊技术，广泛应用于解剖学、病理学、生物学、组织胚胎学、展览馆展示等多个学科和领域。

【爱尔兰众议长来访】 4月26日，爱尔兰众议长肖恩·奥法乔尔率团参访中国大熊猫保护研究中心都江堰青城山基地。奥法乔尔表示，中国的大熊猫保护工作令人瞩目，他为此感到骄傲。

【"大熊猫国家公园珍稀动物保护生物学国家林业和草原局重点实验室"挂牌成立】 6月19日，"大熊猫国家公园珍稀动物保护生物学国家林业和草原局重点实验室"挂牌仪式在中国大熊猫保护研究中心都江堰基地举行。国家林业和草原局副局长李春良，中国野生动物保护协会会长陈凤学出席仪式并为重点实验室揭牌。重点实验室将联合依托单位的技术优势和合作伙伴，在生殖生物学、遗传学、种群生态学和疾病防控等多个方向对大熊猫国家公园区域珍稀野生动物的致濒机理和解濒机制进行研究，并为大熊猫国家公园、全国的自然保护区、动物园、高校、部分国家的动物园和合作单位提供实验平台和教学研究基地，培养自然保护、饲养管理及科学研究等方面的专业人才。重点实验室正式挂牌成立是中国大熊猫国家公园体制试点工作的一个重要举措，标志着以大熊猫为代表的珍稀野生动植物保护研究工作迈入新的阶段。

"大熊猫国家公园珍稀动物保护生物学国家林业和草原局重点实验室"挂牌成立（李传有 摄）

【黑山共和国议长来访】 6月3日，黑山共和国议长伊万·布拉约维奇率团参访中国大熊猫保护研究中心都江堰青城山基地。

【大熊猫首次在低海拔地区繁育"子二代"】 7月12日，中国大熊猫保护研究中心大熊猫"隆隆"在广州长隆野生动物世界顺利产下雄性幼仔。这是中国大熊猫保护研究中心人工圈养大熊猫首次在低海拔地区繁育"子二代"。大熊猫"隆隆"成功繁育"子二代"的经验将为大熊猫异地保护、大熊猫低海拔繁育研究提供更多宝贵的研究数据。

【刚果（布）总理及夫人一行来访】 7月22日，刚果（布）总理穆安巴及夫人率团参访中国大熊猫保护研究中心都江堰青城山基地。穆安巴总理表示：中国政府对大熊猫保护所给予的高度重视让他感到佩服，科学家们在提高大熊猫繁育力方面所作出的贡献是卓越的，而让圈养大熊猫种群扩大后补充野生种群更是值得刚果及全世界人民思考的。

刚果（布）总理及夫人一行来访（李传有 摄）

【完成大熊猫"龙徽"标本进口工作】 7月24日，中国大熊猫保护研究中心顺利完成旅奥大熊猫"龙徽"标本进口工作。大熊猫"龙徽"2000年出生，2003年与雌性大熊猫"阳阳"一同前往奥地利美泉宫动物园开展科研合作项目。在奥期间，"龙徽""阳阳"自然交配相继产下"福龙""福虎""福豹""福凤""福伴"五胎，创造了在欧洲圈养的大熊猫自然交配生产的纪录。2016年12月9日，"龙徽"因癌症救治无效死亡。该标本存放于中国大熊猫保护研究中心核桃坪基地。

【大熊猫野外引种工作】 7月25日，中国大熊猫保护研究中心野外引种大熊猫"草草"，与野外雄性大熊猫自然交配产下体重为215克和85克的双胞胎幼仔，幼仔生长发育良好。这是开展大熊猫野外引种项目以来，首次诞下双胞胎，为圈养大熊猫遗传交流提供了新的途径，为保持圈养大熊猫种群的遗传多样性和提高种群活力作出重大贡献。局长张建龙批示：再次引种成功意义重大，要不断总结经验，取得更大成绩。

大熊猫野外引种工作获重大突破（李传有 摄）

【泰国前副总理来访】 8月8日，泰中友好协会会长、泰国前副总理功·塔帕朗西访问中国大熊猫保护研究中心卧龙神树坪基地。

【首届中国大熊猫国际文化周】 8月23～26日，由国务院新闻办公室指导，国家林业和草原局、中国人民对外友好协会、四川省人民政府、陕西省人民政府和甘肃省人民政府，在北京共同举办"首届中国大熊猫国际文化周"活动。此次活动以"熊猫文化 世界共享"为主题，面向全球展示了大熊猫保护研究和文化建设成果，进一步推动了以大熊猫文化为代表的中华文化走向国际舞台。

首届中国大熊猫国际文化周（李传有 摄）

【喜获2018年度"中国好绿建"荣誉称号】 8月30日，中国大熊猫保护研究中心"都江堰大熊猫救护与疾病防控中心"建设项目被列入首届"节能与室内环境提升最佳实践案例"，并荣获"中国好绿建"称号。此次获奖是继获得绿色建筑设计三星级标识和绿色建筑运营三星级标识后，再次荣获绿建领域的最高奖项。

【"一种大熊猫精子的冷冻保存方法"发明专利获得授权】 9月28日，中国大熊猫保护研究中心研发的"一种大熊猫精子的冷冻保存方法"发明专利获得国家知识产权局授权。该专利技术旨在提高大熊猫冷冻精子的成活率，将在圈养大熊猫繁殖研究、圈养大熊猫精子库建设中发挥重要作用。

【旅美大熊猫"高高"回国】 11月1日，旅居美国的中国大熊猫保护研究中心大熊猫"高高"回到保护研究中心安享晚年。大熊猫"高高"旅居美国15年，期间曾患过睾丸癌并实施了手术，作为相当于人类98岁的老龄大熊猫，为大熊猫国际合作和繁殖作出了重要贡献。这也是中美大熊猫科研合作协议期满后，重新回到故乡的首只大熊猫。

【首对海外大熊猫双胞胎回国】 12月4日，旅居奥地利的大熊猫龙凤胎"福凤""福伴"顺利回到中国大熊猫保护研究中心，成为首对海归大熊猫双胞胎。截止到2018年12月，保护研究中心已有15只旅居国外的大熊猫回国，形成了世界上最大的海归大熊猫明星种群。

【中国·大熊猫文化联盟成立】 12月6日，中国·大熊猫文化联盟在中国大熊猫保护研究中心正式成立。中国·大熊猫文化联盟由雅安市人民政府、中国大熊猫保护研究中心、大熊猫国家公园四川省管理局、华南师范大学、中国国家地理杂志社、四川省旅游学会共同发起，大熊猫国家公园管理局、世界自然基金会、中国地理学会作为联盟指导单位，联盟理事单位包括川、陕、甘3省11个市(州)，覆盖了大熊猫国家公园大部。

【德国总统来访】 12月8日，德国总统施泰因迈尔访问中国大熊猫保护研究中心都江堰基地。他表示：此行让他深刻地感受到中国政府和中国的大熊猫专家们对大熊猫保护所给予的高度重视和付出的卓越贡献，祝愿保护研究中心在未来的道路上取得更多的成就！

接待德国总统施泰因迈尔（邱宇 摄）

【首次在成都范围内放归人工繁育大熊猫】 12月27日，中国大熊猫保护研究中心大熊猫"琴心""小核桃"在都江堰市龙溪—虹口国家级自然保护区被放归大自然。这是历史上首次在成都范围内放归人工繁育的大熊猫。中国大熊猫保护研究中心自2003年开始进行大熊猫野化培训工作，截止到2018年年底，先后分10批次对31只人工繁育的大熊猫进行野化培训，已成功放归11只大熊猫，成活9只。先期放归的大熊猫不但生存状态良好，还实现了跨保护区、跨局域小种群的长距离扩展，为中国的野培放归事业提供了宝贵的经验。此次在都江堰开展的野化大熊猫放归活动，是把前期小相岭山系的成功经验在岷山山系进行推广，再次把局域小种群复壮工作向前推进一步。这是新时期助力大熊猫国家公园建设、践行绿水青山就是金山银山生态文明理念的又一重要成果。

（罗春涛供稿）

四川卧龙国家级自然保护区管理局

【综　述】 卧龙自然条件独特、生物多样性丰富。地处成都平原向青藏高原急速过渡地带，海拔1100～6250米，横跨6个气候垂直带谱，是西南山地生物多样性热点区域，被称为"宝贵的生物广谱基因库""天然动植物园"。

辖区面积20万公顷，占大熊猫国家公园四川片区规划面积近1/10，有高等动物约450种，昆虫约1700种，植物近4000种，其中有大熊猫、雪豹、绿尾虹雉、珙桐等珍稀濒危植物81种。拥有完整的大熊猫栖息地，据2016年DNA检测结果，有野生大熊猫数量148只，占四川片区近1/9。同时耿达中华大熊猫苑（中国大熊猫保护研究中心神树坪基地）有人工圈养大熊猫78只。全球大熊猫科研1978年由中外科学家在这里起步，被誉为"熊猫王国"。

卧龙是全国第一批成立的以保护大熊猫等珍稀野生动植物和高山森林生态系统为主的国家级自然保护区，1963年保护区建立，1983年成立卧龙特别行政区，以保护区四至为限，下辖卧龙、耿达两个镇6个行政村。管理局隶属国家林业和草原局，为公益一类事业单位；特区隶属四川省政府。管理上，管理局、特区分别由国家林草局、四川省政府委托四川省林草局代管，实行"一套班子、两块牌子、合署办公、一体化管理"的管理体制，机构综合设置，保护区、特区事务统管，既管自然生态资源保护、又管农村社区经济发展。

2018年，坚定"保护优先、绿色发展、统筹协调"发展理念，以党建统揽全局工作，凝心聚力，真抓实干，资源保护、环境整治、经济发展、社会治理等方面取得了较好成绩。

【生态保护】 组织开展专项行动，开展公路、近山、高远山巡护，有效遏制了"两乱"事件，确保了大熊猫及其栖息地安全；与相邻10县（市、区）和12乡（镇）局构建了护林联防体系，共同护卫以卧龙为中心的邛崃山系生态屏障；融合小康社会建设、保护区总体规划、生态旅游实施方案，制定了保护区管理计划（2018~2022年），进一步提高了管理成效；持续开展栖息地监测，坚持对105个大熊猫栖息地永久性森林动态监测样地、91条野外大熊猫固定样线进行巡护监测，2018年首次获取到邛崃山系金钱豹影像资料，充分证明了卧龙生态系统的完整性；实施卧龙生态环境监测建设项目，6个气象空气质量监测站、3个水质监测站现正式投入使用，填补了保护区50余年生态环境监测的空白；对各级环保督察、卫片核查及自查的55个点位问题分类统计、逐一比对核实整改。完成复核排除和整改53个，整改率96.36%。接受了中央督察组进驻卧龙"回头看"督查，按照整改要求，拆除了驴驴店三源酒店和邓生至巴朗山区域违规建筑设施。

截至2018年，卧龙森林覆盖率57.6%，植被覆盖率98%，连续45年无森林火灾，在世界自然遗产、国家七部委、世界人与生物圈等专家组的定期评估中均受到充分肯定。

【野外科研】 与中国大熊猫保护研究中心合作，率先利用DNA技术监测野外大熊猫种群，已鉴定出区内149只野生熊猫个体；在五一棚区域开展人工饲养大熊猫野外引种试验项目，2018年7月大熊猫"草草"顺利诞下了龙凤双胞胎。在正河侧刀口区域发现野生大熊猫幼崽，填补该区域大熊猫调查空白；完成食肉动物生物多样性及生态功能调查数据回收工作，获取到邛崃山系20年来首次金钱豹影像资料；邓生区域发现万余株一级保护植物独叶草，"巴朗山杓兰调查研究"课题顺利实施，发现杓兰新分布点1处，500株。

【和谐发展】 卧龙保护区管理局和卧龙特区下辖卧龙、耿达两个民族镇6个行政村，农业人口1420户3943人，藏、羌等少数民族占85%以上。2018年，全区农村经济总收入11 102.24万元，同比增长15.41%，农业人口人均可支配收入15 855.86元，比上年增加2378.71元，增长率为17.65%。通过资金扶持、技术培训等方式，引导和鼓励群众发展羊肚菌、茵红李、魔芋、大棚蔬菜、养蜂等特色生态种养殖业。更新卧龙旅游咨询信息，完成"卧龙手绘地图"的设计和印刷，完成区内旅游公厕摸底调查统计，完成巴朗山环境专项整治后的可持续利用规划建议草案、民宿管理方案、黄草坪涉旅设施管理的调研工作，积极推动卧龙旅游公共服务配套基础设施建设项目建设，完成项目生物多样性影响评价和环境影响评价报告表编制，进一步发掘和推广大熊猫文化，获批成为全国、四川省研学旅行基地，与西部教育学院、阿坝师范学院签订战略合作框架协议，挂牌成立了熊猫学院，启动"熊猫友约"研学旅行工作，接待教师培训、研学旅行团队11批次800人次，收入38.10万元。完成旅游接待58.81万人次，同比增长82.98%；旅游收入5030.08万元，同比增长253.49%。投入教育基建、生均经费等944.3万元，落实"教育十年行动"计划资金130万元，实现了区内小学、初中适龄儿童入学率及15周岁和17周岁人口初等教育完成率100%，在校学生巩固率100%，辍学率为0。与四川省林业中心医院共建医疗卫生，持续推进13大类基本公共卫生服务工作，贫困家庭医生签约覆盖率100%，65岁以上老人医疗建档率90%，妇女健康管理率100%，0~6岁儿童健康管理率85%，重度精神病患者管理率100%。积极争取和整合各类资金，做好军属、烈属、退伍复员军人优抚工作，做好贫困人员、残疾人员、三孤人员的救助工作。全区基本养老保险参保覆盖率95%，医疗保险参保覆盖率96%，失业保险覆盖率98%，工伤保险覆盖率98%，生育保险覆盖率98%。促进了卧龙人民与自然的和谐发展。

【林草业大事】

1月9日 国家林业局保护司、北京林业大学一行到卧龙调研生态保护工作和信息化建设。

1月12日 保护区管理局与西华师范大学在卧龙签署《科研合作协议书》。

1月20日 四川省人民政府公布了《关于表彰四川省建设长江上游生态屏障先进集体和先进个人的决定》（川府发〔2018〕5号），卧龙荣获"四川省建设长江上游生态屏障先进集体"称号。

1月29~30日 香港特区发展局、四川省发改委、省林业厅、省港澳办、汶川县住建局、汶川县环林局、卧龙管理局一行对香港援助四川剩余资金卧龙自然保护区后续项目进行工程竣工最终验收。

3月20日 全区组织开展以"植下一棵树，献上一份绿"为主题的义务植树活动。

4月8日 在回收的安装在老鸦山区域的红外触发相机里，首次采集到野生大熊猫妈妈带宝宝游玩的影像资料。

4月9日 召开2018年度大熊猫DNA建档野外调查工作启动会议。

4月23日 中国地质调查局国土资源实物地质资料中心在卧龙召开自然保护区与实物资料管理工作座谈会。

5月5日 四川省人民政府副省长、党组成员、省林业厅党组书记尧斯丹带领省林业厅副厅长宾军宜、厅办公室、厅保护处，赴卧龙督导环保督察、防汛防灾及"5·12"地震十周年纪念活动筹备等工作。

5月8日 广东省潮州市委常委、统战部部长徐和带领潮州市工商联、企业界人士到耿达镇开展"5·12"震后十年回访活动，并召开了以"感恩潮州·共话发展"为主题的座谈会。

5月10日 保护区管理局党委书记段兆刚带领相关部门到南京森林警察学院考察内控制度、政府采购、国有资产、基本项目建设。同日，阿坝藏族羌族自治州政协副主席章小平率队到卧龙开展岷江上游生态环境保护与建设情况的调研工作。

5月11~12日 开展"5·12"汶川特大地震十周年纪念活动。

5月13日 四川省林业厅党组书记刘宏葆履新伊始就赴卧龙调研生态保护和社区发展工作。

5月18日 耿达镇与"中国乌龙茶之乡"凤凰镇缔结友好乡镇。

5月24日 邓生保护站工作人员在邓生沟日常巡护监测过程中，发现了成片分布的国家一级重点保护植物——独叶草，经统计，邓生沟片区独叶草分布面积达150余平方米，种群数量在4000株以上。

5月29日 野保队员在正河铡刀口区域发现一只亚成体大熊猫，填补该区域大熊猫调查的空白，为四川省大熊猫DNA档案增添新的数据。

7月23日 由香港特别行政区政府民政事务局主办，香港海洋公园、四川卧龙国家级自然保护区及中国大熊猫保护研究中心合办的"第二届卧龙青年实习计划"开学礼在卧龙自然与地震博物馆举行。

7月25日 从梯子沟木香坡回收的影像资料中发现金钱豹的身影。标志着整个邛崃山系近20年来首次拍摄到金钱豹个体。

7月28日 随着老鸦山黑岩窝野外调查小组的顺利回归，为期3个半月的卧龙2018年度的野生大熊猫DNA建档野外调查工作正式结束。

8月2日 中央编办二司副巡视员杨巍、国家林业和草原局（国家公园管理局）科技司司长郝育军一行到卧龙开展大熊猫国家公园体制试点调研并召开座谈会。

8月16日 第二届四川卧龙国家级自然保护区青年实习计划（以下简称实习计划）结业典礼在卧龙自然与地震博物馆举行。同日，在保护区牛头山附近，科考队员在该区域进行野生大熊猫DNA采样建档工作时，发现野生大熊猫宝宝，是2018年内野外科考人员第二次近距离拍摄到野生熊猫幼崽。

9月3~7日 国家林业和草原局野生动植物保护协会与自然保护管理司在深圳市召开国际雪豹保护大会，党委书记段兆刚带领相关部门参加

9月13日 自然资源部部长陆昊一行前往卧龙开展调研工作，四川省副省长尧斯丹、四川省国土资源厅厅长杨东升、四川省林业厅厅长刘宏宝等陪同调研。

9月27~28日 与汶川县联合举办2018四川大熊猫国际生态旅游节暨第三届汶川（卧龙）大熊猫节。

9月30日 卧龙生态环境监测系统投入使用，填补了保护区50余年生态环境监测的空白。

10月12日 卧龙特区、管理局与西部教育研究院在成都市郫都区战旗村研学旅行基地举行签约仪式，就推进卧龙研学旅行基地建设、开发"熊猫友约"系列研学实践课程、线路和自然教育培训中心签署战略合作框架协议。

10月31日 中国国家林业和草原局与加拿大公园管理局在四川卧龙国家级自然保护区签署关于中国大熊猫国家公园与加拿大贾斯珀国家公园和麋鹿岛国家公园结对的合作协议。

11月1日 国家七部门长江经济带评估组到卧龙开展国家级自然保护区管理评估工作并召开座谈会。

11月5日 国家林业和草原局国际司带领中芬林业工作组第二十次会议芬兰代表团到卧龙参观考察。

11月13日 中央第五生态环境保护督察组组长黄龙云一行5人赴卧龙开展生态环境保护"回头看"现场督察工作。同日，四川省人民政府省长尹力到卧龙调研以大熊猫为核心的生物多样性保护和科研工作开展情况。

11月28~29日 由香港发展局及四川省发改委、省林草局、省港澳办等组成的验收组开展香港支援四川地震灾后重建援建剩余资金中国大熊猫保护研究中心优化改造工程项目、卧龙自然保护区生态修复项目竣工验收。

12月18~20日 加拿大贾斯珀国家公园负责人艾伦菲尔先生一行赴卧龙调研考察。

（明　杰）

国家林业和草原局驻各地森林资源监督专员办事处工作

27

内蒙古自治区专员办（濒管办）工作

【综述】 2018年，国家林业和草原局（原国家林业局）驻内蒙古自治区森林资源监督专员办事处（中华人民共和国濒危物种进出口管理办公室内蒙古自治区办事处）（以下简称内蒙古专员办）紧紧围绕全国林业改革发展大局，立足内蒙古自治区实际，以严格督促地方政府落实保护发展森林资源主体责任为重点，坚持发现问题和解决问题并重，以督查督办森林案件为抓手，切实履行涉林案件督查督办职责，加强对森林资源和野生动植物进出口监管，通过直接督查督办案件、与当地政府及其林业主管部门、执法机关联合开展专项整治行动，建立约谈机制，落实整改责任，落实政府对重点地区问题整治责任，以问题为导向，强化林地警示监督等多种方式，督查督办森林案件4672起，打击处理4701人。

【落实保护发展森林资源目标责任制】 督促配合内蒙古自治区人民政府办公厅于8月22日下发《内蒙古自治区人民政府办公厅关于健全完善保护发展森林资源目标责任制的通知》（内政办发〔2018〕55号），出台《内蒙古自治区保护发展森林资源目标责任制评价考核办法（试行）》《内蒙古自治区保护发展森林资源目标责任制年度目标评价评分标准（试行）》《内蒙古自治区保护发展森林资源目标责任制五年规划目标考核评分标准（试行）》《评价考核指标计算方法》，在内蒙古自治区全区建立盟市、旗县、乡镇目标责任制体系，明确五年规划目标和年度目标任务，明确责任主体，主要领导是第一责任人。考核评价结果作为评价考核各级政府的重要依据。

【构建森林资源监督网格化管理体系】 建立内蒙古专员办、内蒙古林业和草原局驻重点地区专员办、盟（市）林业工作站、旗（县）林业工作站和乡（镇）林业工作站五级网格化监督管理体系；在内蒙古大兴安岭重点国有林区建立内蒙古专员办、内蒙古大兴安岭重点国有林管理局驻各林业局监督办、各林业局驻林场监督站三级网格化监督管理体系；与省级林业主管部门、检察院、法院建立联合工作机制，协调联动，形成合力，严厉打击破坏森林资源违法行为。

【督查督办案件】 切实担负起督查督办破坏森林资源案件职责，建立并完善执法监督机制，落实案件登记报告、办理和责任部门，加强群众举报案件线索搜集核实，明确案件处理要求。督查督办森林案件4672起，打击处理4701人。其中，直接督查督办森林案件489起，打击处理491人，包括国家林业局批转案件2起，媒体曝光和群众信访举报案件3起，监督检查中发现案件484起；与当地政府、林业主管部门、森林公安机关联合开展专项整治行动查处案件4183起，打击处理4210人。

约谈3个盟（市）、5个旗（县）、10个国有林业局，追究党纪、政纪、经济责任人员192人。

【森林督查】 5月21日，督促内蒙古自治区各级林业主管部门全面开展森林督查，梳理全区森林督查疑似图斑17 425个，面积4.21万公顷，发现存在问题图斑6718个，面积1.49万公顷。其中，非法占用林地图斑3799个，面积6246公顷；毁林开垦图斑2678个，面积8534公顷；盗伐林木图斑241个，面积143公顷。7月15日至9月30日，重点对内蒙古呼和浩特市托克托县、和林格尔县，乌兰察布市凉城县，包头市固阳县，赤峰市喀喇沁旗，锡林郭勒盟多伦县6个旗（县）以及内蒙古大兴安岭重点国有林区的24个林业局（单位）进行森林督查，检查核实疑似图斑1415个，面积1.49万公顷，发现存在破坏森林资源图斑479个，面积470公顷。其中，非法占用林地图斑342个，面积301公顷；毁林开垦图斑85个，面积101公顷；盗伐林木等图斑52个，面积68公顷。检查森林案件卷宗2046份，查阅未立案查处的案件线索材料1394份，森林案件查处中存在的移交案件未立案查处、查处不到位、未终止违法行为等问题得到纠正。

【监督问题整改】 开展"2017年森林资源管理情况检查通报"整改情况督查督办，向被通报的14个重点国有林业局（单位）分别下发《监督整改通知书》，存在问题的81个图斑全部查处，被违法占用和开垦的林地全部收回，追究责任134人；跟踪督办森林督查中发现的问题，2017年11月至2018年2月，分别向通辽市、赤峰市、兴安盟、呼伦贝尔市4个盟（市）政府下发《关于保护发展森林资源目标责任制检查存在问题的整改通知》，提出整改意见和要求。各有关盟（市）政府按整改要求认真开展整改工作，共立案查处案件170起，依法依纪处理110人。其中，刑事案件35起，判刑11人；处罚金148万元，收回并恢复林地103公顷。以问题为导向，狠抓呼伦贝尔市莫力达瓦达斡尔族自治旗、乌兰察布市四子王旗、通辽市科尔沁区和开鲁县等地森林资源保护管理问题专项整治并取得明显成效。全年恢复林地造林15.73万公顷，查处森林案件718起，问责223人。其中，莫力达瓦达斡尔族自治旗完成退耕还林还湿2.13万公顷，查处违法开垦林地案件176起，问责45人；四子王旗完成恢复林地0.2万公顷，立案查处森林案件208起，问责71人；通辽市恢复林地造林面积13.4万公顷。其中，科尔沁区和开鲁县共恢复林地造林0.57万公顷，查处森林案件334起，问责107人。

【毁林开垦专项整治】 按照国家林业和草原局、内蒙古自治区政府部署，通过主持召开联席会议、专项推进会、协调会及现场督查等方式，开展对国有林区毁林开垦专项整治工作督查督办。经初步清查，内蒙古大兴安岭国有林区现有开垦林地81.21万公顷,其中,内蒙古大兴安岭重点国有林区现有开垦林地22.81万公顷,兴安盟、呼伦贝尔市所属国有林区现有开垦林地58.4万公顷。共查处森林案件4183起,打击处理4210人。收回林地5.62万公顷,其中,内蒙古大兴安岭重点国有林区立案查处1007起,打击处理1009人,收回被开垦林地0.23万公顷;呼伦贝尔市查处破坏林地资源案件3088起,打击处理3110人,收回被开垦林地5.12万公顷;兴安盟查处毁林开垦案件88起,打击处理91人,收回林地0.27万公顷。

【林地监管】 年初向内蒙古自治区各盟(市)发函,详细调查了解2018年预占用林地项目及数量,为有针对性地开展监管奠定基础;严把征占用林地项目审查关,审查占用征收林地项目91项,经现场查验发现存在问题项目23项;开展占用林地项目行政许可执行情况检查,共检查行政许可建设项目30项,对检查中发现的问题,责成当地林业主管部门及时纠正并依法处理。

【林木采伐监管】 加强林木采伐调查设计质量监管,审查内蒙古大兴安岭重点国有林区森林抚育伐区调查设计小班1.6万个,现地核查小班274个,伐区调查设计质量合格率为91.2%。废除不合格调查设计小班4238个,提出监督意见172条;依法核发林木采伐许可证1.54万余份,发证面积14.13万公顷,蓄积量18.16万立方米;严格执行国家停止天然林商业性采伐政策,加强对内蒙古大兴安岭林区监管,确保"停得下、稳得住、不反弹"。

【监督检查】 检查赤峰市喀喇沁旗等6个旗(县)的保护和发展森林资源目标责任制建立执行情况;监督检查内蒙古自治区8个盟(市)和内蒙古大兴安岭重点国有林管理局所属5个林业局经国家林业和草原局行政许可的使用林地建设项目24个、经内蒙古自治区林业和草原局行政许可的使用林地建设项目6个;对巴彦淖尔市哈腾套海国家级自然保护区进行检查验收,抽查呼伦贝尔市、满洲里市、兴安盟自然保护地大检查自查情况;开展重点国有林区野生动物保护执法专项行动;开展2018年高尔夫球场清理整治"回头看"督查,对鄂尔多斯市、包头市等地的3处高尔夫球场进行检查;对内蒙古阿拉善黄河国家湿地公园、内蒙古哈素海国家湿地公园、内蒙古多伦滦河源国家湿地公园、内蒙古图里河国家湿地公园管理建设情况进行监督检查。

【人工造林检查】 7月25~29日,对内蒙古大兴安岭重点国有林区人工造林情况进行检查,共抽查内蒙古阿尔山林业局、甘河林业局8个林场的21个小班,检查面积265.39公顷。对检查中发现的问题,及时与内蒙古大兴安岭重点国有林管理局召开联席会议,通报检查结果,提出整改意见,推动内蒙古大兴安岭重点国有林区人工造林、补植补造质量提高。

【野生动植物进出口管理和履约工作】 核发允许进出口证明书10份,总金额206.2万元。核发物种证明书4份,总金额29.92万元;完成在"一带一路"建设中如何做好内蒙古濒危野生动植物进出口管理的探索研究和大宗敏感物种监测评估;开展行政许可执行情况监督检查;加强履约执法宣传,在内蒙古自然博物馆设立中华人民共和国濒危物种进出口管理办公室濒危物种保护宣传教育基地。在满洲里海关所辖5个口岸设立"保护濒危物种 严禁非法携带"CITES履约宣传牌。11月5~11日,在广州CITES公约与生计国际研讨会上,通过设立展板,宣传中国肉苁蓉保护利用和精准扶贫成效。发放宣传画册600多份,接待单位和个人咨询150余人次;召开内蒙古自治区CITES履约执法协调小组联席会,举办濒危物种履约执法培训班,培训业务骨干49人。

【林业大事】

1月22日 根据国家林业局第二次局党组会议纪要和《国家林业局办公室关于内蒙古专员办(濒管办)变更法人登记注册地有关事宜的复函》(办资字〔2018〕11号),内蒙古专员办法人注册地由牙克石变更为呼和浩特。

2月2日 与内蒙古大兴安岭重点国有林管理局联合开展世界湿地日宣传活动。

2月5~6日 专员李国臣主持召开由内蒙古大兴安岭重点国有林区各林业局分管领导、内蒙古大兴安岭重点国有林管理局驻各林业局监督分监督员等参加的工作情况汇报会,专题研究内蒙古大兴安岭重点国有林区毁林开垦专项整治工作。

2月22日 与内蒙古大兴安岭重点国有林管理局召开联席会议,研究部署开展毁林开垦专项整治工作。专员李国臣和各处处长、内蒙古大兴安岭重点国有林管理局党委书记陈柏山、局长闫红光、副局长宋德才及有关部门负责同志参加会议。

2月25日 专员李国臣在海拉尔主持召开由呼伦贝尔市、兴安盟、内蒙古大兴安岭重点国有林管理局、内蒙古自治区林业厅、内蒙古大兴安岭森林公安局和鄂伦春旗政府领导参加的毁林开垦专项整治联席会议。内蒙古自治区林业厅副厅长阿勇嘎、内蒙古自治区森林公安局局长杨峻山,呼伦贝尔市市长于立新、副市长任宇江,内蒙古大兴安岭重点国有林管理局局长闫红光、副局长宋德才,内蒙古大兴安岭森林公安局局长蒋国平,鄂伦春自治旗旗长何胜宝等领导参加会议。会后,下发《内蒙古大兴安岭重点国有林区毁林开垦专项整治行动联席会议纪要》。

2月1日 巡视员高广文参加内蒙古自治区林业局长会议并讲话。

3月3日 与内蒙古自治区林业厅联合开展世界野生动植物日主题宣传活动。

3月6日 召开中共内蒙古专员办委员会第一次党员大会,选举产生中共内蒙古专员办第一届委员会、中共内蒙古专员办纪律检查委员会。

3月16日 专员李国臣参加内蒙古大兴安岭重点国有林区工作会议并讲话。

3月29日 在内蒙古林业科学研究院召开2017年度肉苁蓉物种监测评估总结工作座谈会。专员李国臣主持会议。

4月17~18日 召开内蒙古大兴安岭重点国有林区2017年森林资源管理情况检查整改情况汇报会。

4月27日 参加内蒙古自治区野生动植物与湿地保护协会举办的2018年内蒙古"爱鸟周"活动暨志愿者"护飞行动"启动仪式。

6月9日 根据《国家林业局办公室关于内蒙古专员办(濒管办)变更法人登记注册地有关事宜的复函》,内蒙古专员办综合处、林政监督处到呼和浩特办公。

7月15日至8月15日 开展对内蒙古呼和浩特市托克托县、和林格尔县,乌兰察布市凉城县,包头市固阳县,赤峰市喀喇沁旗,锡林郭勒盟多伦县森林督查及保护发展森林资源目标责任制检查。

8月30日 专员李国臣主持召开由呼和浩特市主要领导、各旗(县、区)主要领导参加的2018年森林督查及目标责任制检查反馈通报会。呼和浩特市市长冯玉臻参加会议。

9月4~30日 对内蒙古大兴安岭重点国有林区大杨树、阿尔山、根河等12个林业局(单位)森林资源管理情况、森林案件查处情况进行检查。

9月10日开始 与内蒙古自治区林业厅、国土资源厅、环境保护厅、住房和城乡建设厅、农牧业厅、水利厅6个部门联合开展全区自然保护地大检查专项督查。

9月6~8日 与内蒙古大兴安岭重点国有林管理局联合举办森林资源管理监督培训班。国家林业和草原局森林资源管理司、湿地管理司、自然保护地管理司和内蒙古大兴安岭森林公安局等部门和单位领导作专题授课。

10月29至11月1日 在厦门市举办2018年濒危物种履约执法管理培训班。来自内蒙古自治区林业厅、农牧业厅,呼和浩特海关、满洲里海关、内蒙古出入境检验检疫局、阿拉善盟等单位和地区的49人参加培训。

11月5~11日 参加广州CITES公约与生计国际研讨会,宣传中国肉苁蓉保护利用和精准扶贫成效。

11月10日 专员李国臣参加内蒙古自然博物馆揭牌开馆仪式,并在内蒙古自然博物馆举行"中华人民共和国濒危物种进出口管理办公室濒危物种保护宣传教育基地"的挂牌授匾仪式。

11月26~29日 组成林业安全生产大检查督查组对内蒙古大兴安岭重点国有林区阿尔山林业局、绰尔林业局、莫尔道嘎林业局、得耳布尔林业局进行林业安全生产大检查督查。

(内蒙古专员办由夏宗林供稿)

长春专员办(濒管办)工作

【综 述】 2018年,长春专员办(东北虎豹国家公园管理局,以下简称虎豹局)坚持国家公园体制"两项试点"工作和森林资源监管工作两条主线,推进"两项试点"体制改革实现良好开局,开创森林资源监管管理工作新局面。建立了中央地方协作工作机制和部门间协调联络机制,统一行使了试点区各类国有自然资源资产所有者权利和职责,构建了试点工作保障体系,在推进山水林田湖草整体保护、系统治理方面进行了有益探索,试点区生态系统和虎豹等野生动物种群呈现恢复向好态势,改革取得预期成效。全年,共督查督办各类破坏森林资源案件400起,依法问责1063人,其中:追究刑事责任48人,党纪处分111人,行政处分762人,行政处罚142人,罚款274.3万元。核发采伐证2970份,核发进出口证书1524份,物种证明845份。监督检查征占用林地项目20个、目标责任乡镇74个、国有林场14个、物种进出口企业8家。扎实开展机关两建和省级文明单位创建活动,连续6年在吉林省政府绩效考核中被评为优秀。

【建立协调联络机制】 与吉林、黑龙江两省试点领导小组办公室和相关成员单位分别建立协调机制,与延边朝鲜族自治州和牡丹江市政府定期会晤,及时通报情况,协调解决重大问题,与各分局建立工作报告、督查等制度,签订虎豹保护责任状,强化垂直管理。各分局分别成立体制试点领导小组和专项工作组,主要负责同志亲自挂帅,分管领导具体负责,班子成员各领任务,制订《落实体制试点任务实施方案》,在机制和力量上建立了有力保障。

【开展试点区自然资源确权登记】 虎豹局全力配合吉林、黑龙江两省国土部门,多次召开座谈会,协助开展现地调查、指界工作,协调解决范围界线、矢量数据等问题。组织10个分局对森林资源开展了4轮摸底调查,全面准确摸清底数,建立家底台账。初步完成试点区重点国有林区自然资源调查,总面积116万公顷,其中吉林省80万公顷、黑龙江省36万公顷,占国有土地面积的86.7%。

【承接和履行所有者职责】 8月和11月,黑龙江省和吉林省将试点区国土、水利、林业、农业、环保、住建、森工7个部门42项职责划转移交虎豹局。虎豹局分别与两省各级有关行政主管部门进行对接,制定了移交清单,交接了相关档案资料,设立了工作过渡期,建立了协作工作机制。分别召集黑龙江片区4个分局和吉林片区6个分局,组织召开承接和履行相关所有者职责工作会议,有序推进职责承接工作。

【实现"人虎两安全"】 在各分局建立了局、场(站)、巡护员"三级网格化"包保制度,层层签订保护责任状,常态化进行巡护和清山清套,开展反盗猎专项行动436次,反盗猎巡护里程2.56万千米,清缴猎套、猎夹9700余个,救护野生动物47只;制订编写了《东北虎豹国家公园2018~2020年人工林近自然培育实施方案》等方案和报告,推进恢复东北虎豹栖息地生态环境;联合成立东北虎豹国家公园试点区虎豹应急救护领导小组和虎豹救护专家组，建立了野生动物应急救护机制；与吉林、黑龙江两省检察院建立联合工作机制，就生态公益诉讼服务达成共识，建立了执法与司法相衔接的保护工作机制。试点以来未出现"人伤虎、虎伤人"现象，实现了"人虎两安全"。

【编制规划和建立制度】 会同国家林业局规划院组织召开总体规划征求意见会，推动总体规划可操作、可落地。积极推进专项规划，成立了领导小组，编制了工作方案和实施方案。拟定了国有自然资源资产管护等6项制度和《东北虎豹国家公园管理办法》等8个管理办法，制定了管理局内部管理制度。与吉林大学、昆明勘察设计院等单位合作，对体制试点管理机构组织模式和运行机制进行研究设计，形成了"三定方案"、自然保护地管理机构和生态功能重组整合方案、绩效考核制度等成果，为中央垂直管理体制正式运行积累了经验。

【制订保护工程方案】 制定了监测体系、巡护系统、界碑界桩、标识等项目标准并监督实施，制定了保护站、科研信息中心、生态廊道、应急救助、有蹄类繁育、巡护监测、生产生活方式转型等八大项目方案，精心谋划了未来几年东北虎豹国家公园保护工程。完成东北虎豹国家公园监测体系500平方千米小试工程，建设开通了监测平台，架设监测相机1787台，记录虎豹影像、踪迹778次，实现了"看得见虎豹，管得住人"的良好开端。

【对外合作交流】 与北京师范大学、北京林业大学、东北林业大学等达成了合作意向，与吉林、黑龙江两省气象局、国网公司等签订了战略合作框架协议。与俄罗斯、韩国等国家虎豹保护管理机构建立了沟通合作机制，与野生生物保护学会（WCS）、自然资源保护协会（NRDC）等国际组织合作开展宣传培训、SMART巡护、保护地友好项目等，引入国际先进模式和经验。在长春举办"东北虎豹国家公园建设发展论坛"，携手世界自然基金会（WWF）等组织举办了"中国东北虎栖息地巡护员竞技赛""人兽冲突SAFE评估方法"交流会等，积极开展东北虎豹保护跨国交流合作。

【宣传培训】 组织10个分局召开宣传工作会议和信息员培训班，制定了《东北虎豹国家公园宣传信息员管理制度》，建立宣传工作机制，两个官网和公众号全年发布新闻400余篇。与吉林省政府网及主流媒体合作，建立舆情监测体系，开展在线访谈，拍摄《东北虎豹国家公园》《美丽中国新地标》等专题片和宣传册，与吉林画报社合作利用专栏专刊开展广泛宣传，配合多家媒体合作制作纪录片，广泛宣传"两项试点"。开展"保护虎豹、你我同行"、第八届"全球老虎日"等专题宣传活动和"我为大王来巡山"巡护员日记微文大赛征集活动。完成东北虎豹国家公园标识征集和设计工作，经中央深改委批准，召开新闻发布会正式启用。

【林木采伐监管】 审批林木采伐证2970份，蓄积28.9万立方米，出材22.4万立方米；完成2018年吉林省18个国有林业局森林资源管理情况督查，并向国家林草局上报了检查成果，现地调查疑似无证斑块476个、145个林场、1635个小班，检查面积3419.42公顷，查阅台账952份，外业检查野账747份，录入资料1152份；对吉林省13个森工企业局中幼林抚育采伐、灾害木拣集和树木采挖管理开展检查，共抽检56个小班，采伐面积321.03公顷，采伐蓄积10 679立方米。

【督查督办林政案件】 全年共督查督办各类破坏森林资源案件400起，依法问责1063人。其中：追究刑事责任48人，党纪处分111人，行政处分762人，行政处罚142人，罚款274.3万元。接待群众信访举报案件18起，批转督办国家林业局转发案件2起。约谈有关人员12次，38人次。

【跟踪督办问题整改】 全程跟踪重点国有林区森林资源检查存在问题整改工作，共处理相关责任人135人，罚款共计62 800元；完成吉林、辽宁两省11个县（市）2017年森林资源管理检查整改情况跟踪督办工作，确保整改工作到位；完成两省林地管理自查情况跟踪督查，检查4个县（市）66个地块，面积231.32公顷；对吉林省长岭县森林督查中查办的案件进行跟踪督办，共追究相关责任人52人。

【例行专项督查】 向国家林草局、吉林、辽宁两省政府提交了2017年度森林资源监督报告；完成吉林、辽宁两省2018年地方政府森林督查工作，检查74个乡镇、19个国有林场101个疑似变化图斑，面积245.44公顷；完成吉林、辽宁两省2017年度县级政府保护发展森林资源目标责任制检查，检查74个乡镇、14个国有林场91个疑似变化图斑，面积232.29公顷；对吉林省安图县和集安市开展毁林种参专项督查，共检查19个乡镇、7个国有林场139个地块，面积103.23公顷；完成了长春北湖、大安嫩江湾等国家湿地公园建设管理专项监督检查；完成2018年度20个建设项目使用林地行政许可监督检查，依法追究违法人的相关责任，督促恢复林地原状或补办占用林地手续。

【濒危物种进出口管理】 全年受理行政许可申请数量805件，核发进出口证明书1524份，物种证明845份，合计发放证书2369份；对辖区内8家进出口企业开展了2017年度行政许可事项专项监督检查；查处吉林市违规经营鸟店，责成相关部门对非法猎捕、销售候鸟的行为进行严厉打击，并广泛开展保护宣传教育；不断完善行政许可事项被许可人分级管理系统数据平台，做好被许可人分级管理评估工作；全面采用野生动植物进出口证书管理系统2.0进行濒危物种进出口行政许可，积极推进国际贸易单一窗口系统建设。

【林业大事】
1月22日 东北虎豹国家公园国有自然资源资产管理局（东北虎豹国家公园管理局）（以下简称虎豹局）与吉林、黑龙江两省编办召开座谈会，对东北虎豹国家公园试点区内国有自然资源资产所有者权利和职责梳理整合划转工作进行研讨，三方达成一致意见。

1月24日 国家林业局工作组在虎豹局召开全体干部职工大会，宣布刘春延任虎豹局党组副书记、常务副局长（正司局级），张陕宁任虎豹局党组成员、副局长（副司局级），国家林业局科技司司长郝育军出席会议。

1月25日 东北虎豹国家公园国有自然资源资产管理体制试点工作推进协调会议在长春召开，会议就推进国有自然资源资产移交、确权登记和自然保护地管理机构整合重组等工作进行了安排部署。出席会议的单位有中编办、国家发改委、国土部、环保部、水利部、国家能源局、国家林业局等有关部委，吉林、黑龙江两省有关部门和虎豹局。

1月29～31日 虎豹局副局长傅俊卿带队到绥阳指导东北虎豹国家公园黑龙江省片区体制试点2018年中央预算内投资计划项目管理工作。

2月6日 虎豹局与吉林省林业厅、黑龙江省林业厅、黑龙江省森工总局联合成立东北虎豹国家公园试点区虎豹应急救护领导小组和虎豹救护专家组，虎豹局局长赵利任虎豹应急救护领导小组组长。

2月8日 东北虎豹国家公园自然资源监测系统正式开通。

2月26日 虎豹局派员赴韩国仁川参加由（联合国）亚太经济和社会委员会东北亚办公室主办的东北虎豹跨国交流合作会议，就虎豹栖息地、大景观度的保护、跨境监测、跨境廊道建设、数据共享、遗传关系及多样性问题开展了研讨。

3月1日 虎豹局作为承办单位在广东长隆组织开展主题为"保护虎豹，你我同行"的"世界野生动植物日"主题活动，局长赵利出席宣传活动。

3月2日 虎豹局局长赵利带队考察广东省车八岭国家级自然保护区，针对森林资源和野生动植物保护监测系统建设应用情况开展调研。

3月4～6日 由虎豹局和吉林、黑龙江两省林业主管部门共同主办的第三届"中国东北虎栖息地巡护员竞技赛"在黑龙江省绥芬河举行，副局长张陕宁出席开幕式并讲话。

3月5日 虎豹局与吉林省国土资源厅召开东北虎豹国家公园自然资源统一确权登记试点工作协调会，研究解决工作中存在的问题并达成一致意见。

3月16日～20日 NRDC、WWF、中国人民大学、北京林业大学相关专家到虎豹局就国家公园建设过程中社会经济、资源管理、人兽冲突以及相关政策需求等方面进行考察调研。

4月8～18日 长春专员办对辽宁省开原、抚顺、辽中、新民4个县（市）森林资源管理检查情况开展督查。

4月20～26日 长春专员办对吉林省前郭、通榆两县森林资源管理工作情况进行督查。

5月14日 国家林草局工作组在虎豹局召开全体干部职工大会，宣布井东文任虎豹局党组副书记、副局长（正司局级），王百成任虎豹局党组成员、副巡视员（副司局级），国家林草局人事司副司长王浩出席会议。

5月18～24日 长春专员办对吉林省抚松、通化两县2016年度森林资源管理检查中存在问题整改情况进行跟踪督查。

5月22日 东北虎豹国家公园国家级监测平台相关项目评审会在北京召开，会议审定通过了东北虎豹国家公园国家级可视化监测及大屏幕展示系统、核心数据库、数据协同共享系统等项目建设方案，国家林草局信息办主任李世东出席并讲话。

5月30日 长春专员办召开党员大会，选举产生第二届机关党总支委员会。

6月6日 国家林草局总经济师、国家公园办主任张鸿文带队到虎豹管理局进行调研座谈。

6月11日 长春专员办在沈阳市召开辽宁省2018年森林督查启动会，对辽宁省法库、朝阳、义县、凤城、岫岩5个县（市）开展森林督查。

6月21日 虎豹局在长春举办宣传信息员培训班，来自10个分局的50余名学员参加培训。

6月25日 国家公园办副主任唐芳林带队到虎豹局对东北虎豹国家公园管理制度建设工作进行调研指导。

6月26日 新华社吉林分社副总编郎秋红带队到虎豹局座谈，共商"两项试点"宣传工作。

6月27日 虎豹局局长赵利带队到厦门参加"建立国家公园体制总体方案培训班"，并在开班仪式上作交流发言。

6月27～30日 虎豹局副局长井东文率团参加在俄罗斯哈巴罗夫斯克举办的东北虎保护成效、问题及前景研讨会，与各国就东北虎种群数量、性别组成、人兽冲突、自然教育、栖息地景观、非法盗猎及砍伐、生存威胁，以及自然保护体系问题及前景等展开了探讨。

7月2～3日 国家公园办副主任褚卫东带队到虎豹局指导东北虎豹国家公园国有自然资源资产管理体制试点总结评估工作。

7月2～5日 自然资源部总督察办副巡视员丁志如带队到东北虎豹国家公园对体制试点情况进行督察调研，并现场观摩了500平方千米野生东北虎豹监测平台。

7月4日 国家林草局给吉林、黑龙江两省发函，商请划转移交东北虎豹国家公园国有自然资源资产所有者权利和职责。

7月9日 长春专员办完成对辽宁省法库县、朝阳县、义县、凤城市、岫岩县2018年森林督查工作。

7月9～11日 国务院参事杨忠岐带队到东北虎豹国家公园就体制试点开展情况进行调研，虎豹局副巡视员王百成陪同调研。

7月10日 长春专员办在长春召开2018年度濒危野生动植物进出口企业座谈会。

7月11日 东北虎豹国家公园标识启用新闻发布会在北京举行，虎豹局局长赵利出席会议讲话并为标识揭牌。

7月19～21日 中央全面深化改革委员会督察组到虎豹局督察东北虎豹国家公园体制试点建设情况。

7月25～27日 国家林草局局长张建龙带队到虎豹局对"两项试点"工作进行调研指导，调研期间与吉林省委书记巴音朝鲁、省长景俊海就东北虎豹国家公园体制试点情况交换意见。

7月29日 虎豹局携手WWF、吉林省林业厅、黑龙江省林业厅和黑龙江省森工总局主办的第八届"全球老虎日"活动在长春公园举行，国家濒管办常务副主任孟宪林出席宣传活动并致辞。

8月3日 黑龙江省编办印发文件，将黑龙江省东北虎豹国家公园试点区域各类国有自然资源资产所有者权利和职责划转移交虎豹局。

8月6~8日 长春专员办在长春举办森林资源监督综合业务培训班，针对建设项目使用林地及在国家级自然保护区建设行政许可等业务进行培训，并组建"检查人员名录库"。

8月7日 吉林省人民检察院副检察长张书华带队到虎豹局座谈，双方就东北虎豹国家公园生态公益诉讼服务进行磋商，并达成共识。

8月7~10日 国家林草局经济发展研究中心组成调研组，到东北虎豹国家公园开展"以国家公园为主体的自然保护地监管模式比较研究"专题调研。

8月10~13日 长春专员办派两个检查组赴吉林、辽宁两省，对2018年及前3个年度的建设项目使用林地及在国家级自然保护区建设行政许可开展随机抽查检查。

8月14日 虎豹局副局长张陕宁到昆明参加国家公园国际研讨会，并就东北虎豹国家公园"两项试点"工作开展情况作交流发言。

8月20日 长春专员办组织召开"吉林省2018年森林督查启动会"，听取了吉林省林业厅关于森林督查工作情况汇报，对洮南、磐石、和龙、临江4个县（市）及安图森林经营局开展森林督查工作。

8月23~29日 自然资源部国家公园体制试点专项督察组对试点区贯彻落实习近平生态文明思想和党中央国务院关于国家公园体制试点的要求部署情况，以及落实中央深改委批复的试点方案情况进行专项督察。

9月1日 长春专员办对吉林省重点国有林区的省直片区和延边片区开展2017年度森林资源管理情况督查。

9月3~7日 国家濒管办长春办事处到大连市开展行政许可监督检查工作，对免税进口的野生动植物种子种源开展监督检查。

9月4日 长春专员办与辽宁省林业厅以及营口市、辽阳市、大石桥市、辽阳县林业主管部门在长春市召开联席会议，研究解决辽宁大石桥市宁丰集团有限公司和辽阳县唐程光伏科技有限公司使用林地涉及群众信访举报问题。

9月12~14日 国家濒管办长春办事处派员参加在广西桂林举办的行政许可随机抽查培训暨总结座谈会。

9月17日 长春专员组成督查组到珲春东北虎国家级自然保护区，对违规开发建设情况进行专项督查。

9月26日 长春专员办对长春市北湖国家湿地公园开展国家湿地公园建设管理专项监督检查工作。

10月9~12日 国家林草局总经济师、国家公园办主任张鸿文带队到虎豹局调研体制试点工作情况，对虎豹局所有者职责移交工作、机构设置、综合执法、人员岗位职责、协调机制等问题进行讨论，形成了"三定方案"建议稿。

10月11~12日 长春专员办对辽宁省新民市"3·16"辽河流域非法毒杀白鹤案件进行督查督办。

10月15日 长春专员办对吉林省柳河县、辽宁省清原县等11个县（市）开展2017年森林资源管理检查整改情况"回头看"，并对集安市毁林种参开展专项督查。

10月16日 国家林草局局长张建龙主持召开党组会，讨论通过了虎豹局"三定方案"建议稿。

10月18日 虎豹局组织在绥阳召开"东北虎豹国家公园试点区野生动物保护工作现场会"，国家公园办、吉林省林业厅、黑龙江省林业厅、黑龙江省森工总局、虎豹局和各分局负责同志参加会议。

10月18~20日 虎豹局副局长张陕宁带队到绥阳局、大兴沟局、天桥岭局，对试点区野生动物保护工作和今冬明春保护工作开展督导检查。

10月20日 虎豹局局长赵利参加在长春召开的"辽宁、吉林、黑龙江及内蒙古三省一区生态环境资源保护检察机关区域协作座谈会"，与检察机关建立生态环境资源保护检查监督协作机制。

10月22日 自然资源部所有者权益司副司长王薇带队到东北虎豹国家公园，就国有自然资源资产管理体制改革试点工作情况和地方自然资源行政主管部门行使自然资源资产所有者职责事项情况进行调研，并提出了意见和建议。

10月30日 虎豹局在长春召开"承接和履行黑龙江省片区县级国有自然资源资产所有者权利和职责工作部署会"，常务副局长刘春延进行工作部署。黑龙江省林草局、黑龙江省森工集团、绥阳局、穆棱局、东京城局和东宁局参加会议。

10月30日至11月1日 长春专员办到安图和敦化调研森林资源保护管理、林下参开垦种植及林业产业发展情况。

11月1日 虎豹局与黑龙江省自然资源厅召开座谈会，建立了过渡期试点区域矿业权共管共批机制。

11月7日 吉林省编办印发文件，将吉林省东北虎豹国家公园试点区域各类国有自然资源资产所有者权利和职责划转移交虎豹局。

11月9日 虎豹局在北京召开国有自然资源资产管理体制试点专家评估会议，全国政协常委葛剑平等专家以及国家公园办有关负责同志对体制试点改革成效、工作做法、推广价值、发展趋势等进行全面评估。

11月13日 虎豹局在长春召开"承接和履行吉林省片区县级国有自然资源资产所有者权利和职责工作部署会"，局长赵利对相关工作进行安排部署，珲春局、汪清局、天桥岭局、大兴沟局、珲春市局和汪清县局负责同志参加会议。

11月16日 长春专员办与吉林省林草局在长春召开通报会，通报了吉林省2018年度建设项目使用林地及在国家级自然保护区建设行政许可抽查工作结果，督促对存在问题进行整改。

11月19~21日 由中央编办、国家林草局组成的调研组到东北虎豹国家公园，就健全国家自然资源资产管理体制改革试点评估和总结工作开展调研并座谈。

11月20日 虎豹局在珲春组织开展大规模清山清套行动，来自10个管理分局的代表及志愿者共500余人参加活动。

11月20~27日 虎豹局分别与吉林省自然资源厅、林草局、农业农村厅和水利厅就所有者权利和职责交接事宜进行座谈，并研究制订了工作方案。

11月26~30日 长春专员办对辽宁省本溪县、宽甸县2017年森林资源管理检查存在问题整改情况开展"回头看"。

12月4日 长春专员办在长春市举办"森林资源管理情况检查业务培训班"，来自各基层专员办和红石、汪清国有林管理分局的90余人参加培训。

12月11日 虎豹局与延边朝鲜族自治州政府、珲春市政府、汪清县政府召开座谈会，就所有者职责划转移交和建立过渡期共管等事宜进行对接。

12月12~17日 长春专员办对吉林省舒兰市、敦化市、汪清县2017年森林资源管理检查存在问题整改情况开展"回头看"。

12月20日 东北虎豹国家公园监测到斑羚活动视频影像，为近20年来东北地区首次捕捉到的野生斑羚影像。

（长春专员办由聂冠供稿）

黑龙江专员办（濒管办）工作

【综　述】　2018年，黑龙江专员办（濒管办）深入贯彻落实党的十九大精神，认真落实全国林业厅局长会议精神，始终坚持把督查督办破坏森林资源案件作为第一职责，深入落实全面从严治党主体责任和"一岗双责"，不断提高政治站位，切实加大监督力度，在黑龙江省国有林区和地方林业系统分别构建起比较完备的森林资源监督体系，有效发挥了"森林卫士"作用。

【督查督办毁林案件】　坚持把督查督办破坏森林资源案件作为"第一职责"，建立案件清单制度，严格"挂牌督办制""领导责任制""销号制"和按期"交账制"，全年共督查督办破坏森林资源案件1613起，约谈地市县政府、林业局主要领导和分管领导37场次，督办处理相关责任人684人，使一些大案、要案、难案和长期久拖不决案件得到有力查处，营造了强大声势和浓厚氛围。

【森林督查和目标责任制检查】　对重点国有林区40个林业局进行了2018年度全覆盖森林资源管理情况督查，发现违法开垦、违法占地、无证采伐等问题313个，面积427.88公顷。对2017年森林资源管理全覆盖检查的黑河市爱辉区、方正县等8个单位进行了整改落实情况督办，共追究责任人165人。对呼玛县、虎林市等6县（市）进行了目标责任制执行情况检查和2018年森林督查，现地核实地块195块、面积726.47公顷，发现毁林开垦、违法占地等问题103个，面积218.60公顷。

【征占用林地行政许可检查】　把林地湿地保护利用监管作为最紧迫、最突出、最重要的任务，实行监督关口前置，对重点国有林区涉及矿产开发项目占用林地审核审批实行前期介入，全部赴现场核验提出意见。认真开展征占用林地行政许可被许可人检查，共抽样核查建设项目35项，发现6个项目存在未批先占和超审批面积使用林地问题，违规使用林地面积60公顷。

【森林抚育"两个1%"检查】　对重点国有林区40个林业局开展森林抚育设计和抚育作业"两个1%"的质量抽查，共检查389个林班397个小班，检查面积5079.2公顷，通过撤职、罚款等形式共处理30人。对2017年国有重点林区森林资源管理情况检查发现问题进行了整改落实情况督办，共计行政问责108人，处理管护员156人。

【自然保护地监督检查】　完成黑龙江太阳岛国家湿地公园、黑龙江二龙湖国家级湿地公园等6个湿地公园和紫貂国家级自然保护区、丰林国家级自然保护区等5个自然保护区建设管理情况的检查工作。会同中国林科院湿地研究所专家，对兴凯湖自然保护区发现问题的整改结果进行现地验收，认为整改不够彻底，将不予销号的意见上报国家林业局。

【检查整改结果"回头看"】　对黑河市森林资源管理情况全覆盖试点检查、2017年重点国有林区森林资源管理情况检查，以及2017年目标责任制执行情况和林地管理、采伐管理检查进行整改结果回头看，共检查图斑1183个，检查面积1518.69公顷。

【行政许可证书办理】　在全国率先开通濒危物种进出口许可证明"网上办证"，对相关企业进行专业培训，提高办证效率和质量，缩短证书办理周期，全年共核发《林木采伐许可证》1460份，面积1645.65公顷；共核发濒危物种进出口许可证书11 920份，贸易额16.10亿元。

【濒危物种履约管理】　分别与黑龙江省林业厅、东北林业大学、东方红林业局等单位联合举办"爱鸟周"活动。重点宣传展示濒危物种进出口管理的公约、法律法规和生物多样性保护知识，在抚远、同江等口岸印发宣传资料4.5万份，对10家进出口单位进行了行政许可专项检查，并根据证书打印系统对证书档案进行了全面的清理自查，确保行政许可核发零失误。

【森林资源监督报告】　向黑龙江省政府提交《森林资源监督报告》，指出在林地保护管理、资源保护管理等4个方面存在的问题，并就进一步强化森林资源保护管理提出8项具体意见和建议，得到了国家林业局和黑龙江省政府的高度重视，国家林业局局长张建龙、黑龙江省省长陆昊等分别在报告上作出批示。

【林业大事】

1月16日 传达贯彻全国林业厅局长会议精神，部署全年森林资源监督和濒危物种进出口管理工作，印发《黑龙江专员办（濒管办）2018年工作要点》。

2月25日 出席黑龙江省森工工作会议，对黑龙江重点国有林区森林资源监督管理工作提出4点要求。

2月26日 向黑龙江省人民政府提交《2017年黑龙江省森林资源监督报告》。

3月13日至4月10日 分别听取各市县、各林业主管部门关于2017年森林资源管理情况检查存在问题的整改情况汇报。

4月20～24日 办党组书记、专员、黑龙江省森林草原防火指挥部副总指挥袁少青，深入黑龙江省森工林区，对春季森林防火工作进行检查督导和调研。

5月25日至6月20日 成立检查组分赴黑龙江重点国有林区各林业局开展2017年下半年及2018年上半年森林抚育伐区作业质量1%检查工作。

6～8月 先后对2017年森林资源管理检查发现问题比较突出的6个重点国有林区林业局整改情况进行"回头看"专项督查。

7～10月 与黑龙江省林业厅联合开展为期3个月的全省打击破坏森林湿地资源专项行动。

7月16～19日 成立检查组分别对黑龙江省太阳岛、新青等6处国家湿地公园开展专项监督检查工作。

8月16～31日 成立检查组分赴虎林、肇东等6个县（市）开展保护发展森林资源目标责任制暨森林督查工作。

8月15日至9月4日 开展2018年度建设项目使用林地行政许可监督检查。

9月6日至10月20日 成立5个检查组对黑龙江重点国有林区40个林业局及相关单位开展2018年森林督查。

12月 分别听取各市县、各重点国有林区林业局关于2018年森林督查发现问题的整改情况汇报。

（黑龙江专员办由叶强供稿）

大兴安岭专员办工作

【综　述】 2018年，大兴安岭专员办按照国家林业和草原局的统一部署，紧紧围绕森林资源监督的中心任务，进一步加强机关党建工作，全面落实从严治党要求，深入推进"两学一做"常态化制度化建设，强化资源监管、林地保护，突出案件督办，为促进大兴安岭生态建设发挥了积极作用。

【林业案件督办】 采取跟踪督办、联合查办和"回头看"等方式提高案件督查实效。一是加大对破坏森林资源案件查办的督办力度。2018年度督查督办林政案件121起，涉林地案件103起，涉林木案件15起，涉野生动物案件3起。办结111起，结案率91.74%。行政处罚72人，罚款107.6万元，刑事处罚1人，涉案林地132.76公顷，收回林地112.51公顷，林地收回率84.75%。案件督查督办过程中，共问责管理、管护人员80人。其中处级干部给予免职处理1人，科级干部给予诫勉谈话、警告、严重警告、免职等处分27人，股级干部给予警告、严重警告、免职等11人；给予管护人员调离岗位、罚款等处分41人。二是对各林业局自查案件开展"回头看"，抽查案件103起，下发监督通知书13份。三是与大兴安岭林业集团公司、大兴安岭检察分院联合开展破坏生态环境类案件查处专项行动，查处行政案件121起、处理涉案人员145人，收回林地290.7公顷。

【森林资源督查】 加强森林资源督查，确保资源管理检查实现全覆盖。根据森林督查工作的部署，组成3个督查组，对大兴安岭林业集团公司10个林业局和3个国家级自然保护区及58个林场（管护区）森林资源管理情况进行了检查。现地核实、检查图斑、地块266个，查出各类破坏森林资源案件地块22个。其中：违法占地14个、面积1.67公顷、采伐蓄积10立方米；违法开垦5个、面积1.0公顷；无证采伐3个、面积0.8公顷、采伐蓄积8立方米。另查出涉集体林地案件地块3个，其中：违法占地1个、面积1.5公顷，违法开垦2个、面积0.5公顷、采伐蓄积1立方米。

【林地利用监管】 强化林地许可检查，严格规范林地使用。对大兴安岭林业集团公司11个占地项目进行检查，获审批使用林地面积197.35公顷，实际使用林地面积199.95公顷，有8个项目存在违法违规使用林地现象，违法使用林地2.60公顷，其中，临时占地2.12公顷、永久占地0.48公顷，主要为施工作业中超审批范围临时使用林地和改变设计增加占地面积。对51项临时占地项目进行了抽查，发现18个项目存在违法违规使用林地问题，面积5.72公顷。采取下发整改通知书和催办整改通知的方式跟踪督办结果。

【资源问题督办】 加大督办整改力度，落实资源管理责任。按照《国家林业局关于东北内蒙古重点国有林区2017年资源管理情况检查结果的通报》要求，对2017年资源管理情况检查发现的问题，逐案听取整改和案件查处情况汇报，采取发文督办、会议督办、全面督办、逐案督办等措施保证整改工作取得实效。国家林业局通报的98起案件，办结84个，未办结14个，共处理直接违法犯罪行为人53人，罚款70.11万元，问责各级管理管护人员55人；涉案林地共30.9公顷，收回林地21.6公顷。

【专项监管督查】 一是开展自然保护地大检查督查。对大兴安岭林业集团公司8个国家级保护区、4个省级保护区、22个地级保护地、10个国家湿地公园、4个国家级森林公园和2个由国土部门与地方政府合建的地质公园保护管理情况进行检查，对发现的问题提出了整改意见和建议。二是开展森林防火督查。建立防火信息联系制度，随时掌握防火工作动态，在春秋两季重要防火节点，开展专项督查和明察暗访，促进森林防火责任制落实。三是开展林业安全生产督查。对大兴安岭林业集团公司所属西林吉、图强、塔河、加格达奇4个林业局林业主管部门、林业生产经营单位的营林作业现场、森林旅游景区、采矿作业场地和人员密集场所进行了督查，严格落实安全生产措施。四是开展重点国有林区毁林开垦专项整治行动监督。对大兴安岭林业集团公司毁林开垦专项整治行动进行督查与巡查，实时掌握行动进度、清理排查、依法查处情况，保障行动取得实效。五是与有关部门联合开展打击破坏野生动物违法犯罪和疫源疫病监测防控行动。

【林木采伐审批】 完善了采伐证核发相关的工作程序，严把采伐审核审批关，坚决禁止以抚育之名行采伐之实，巩固停伐成果。2018年核发林木采伐许可证10 426份，较2017年减少4377份；发证面积130 666.8公顷，较2017年减少53 575.6公顷；发证采伐蓄积120 405.1立方米，较2017年减少102 861.3立方米。对伐区调查设计的外业作业、内业管理以及材料存档等方面进行了规范指导，规范了特殊情况采伐程序，确保林木采伐许可证核发质量和提高办证效率。

【设计作业核查】 严格调查设计和作业质量核查，提升森林经营水平。采用PDA数字化技术核查调查设计，提高核查工作效率和质量，促进森林科学经营。对占用林地采伐设计加强检查，对不合理的设计坚决不予办理采伐手续，防止错发采伐证问题的发生。检查各类工程建设占地项目100个，核查调查设计小班383个，合格371个，合格率为96.87%。核查抚育作业质量小班110个，合格小班84个，合格率为76.36%。

【资源监督报告和通报】 向国家林业和草原局、黑龙江省政府提交《2018年度森林资源监督报告》，向大兴安岭林业集团公司提交《2018年度森林资源监督通报》。通报肯定大兴安岭林业集团公司森林资源保护管理成效，客观指出存在的问题和薄弱环节。建议大兴安岭林业集团公司，要把生态保护和修复作为林区首要任务，继续巩固停伐成果，大力推进森林综合抚育模式；研究解决涉农林地依法交回林权单位管理的办法，稳步回收林地并恢复植被；全面系统排查和整治自然保护地内破坏自然环境的违法违规行为；自查自报案件要与通报案件一个标准查处、一个标准问责，典型案件要挂牌督办，下力气扭转结案率低、处罚不力、追责不实、林地回收率低的局面；加强林地用途管制，加强工程占地监管，严守林地保护红线；在自然保护区管理上，加强自然生态系统原真性、完整性、系统性保护。

【联合办案机制】 健全案件督查督办协作机制，提高监督实效。加强与检察机关的协作，明确职责分工，形成合力，推进案件查办，着力解决案件立而不破、久拖不决等问题，提高办案实效。联合大兴安岭林业集团公司、大兴安岭检察分院制订了《关于深入开展治理破坏大兴安岭林区生态环境行为专项监督检查活动实施方案》，对全区2012年以来发生的破坏生态环境类违法案件进行梳理，跟踪案件查办进展及补植复绿、恢复林业生产条件等情况。一批久拖不决的破坏森林资源案件得到处理。

【网格管理机制】 建立信息网格化管理机制，确保及时、准确掌握监督区森林资源保护管理情况。把森工企业局划分成十个网格，按区域分三个部分，实行信息网格化管理，通过向监督对象派出网格信息联络员，再由各责任区选用基层信息员，构成监督责任网格。通过信息网格化管理，在大兴安岭专员办监督区内建立全覆盖、即时传递的信息网格，提高全员参与意识，确保及时、准确掌握监督区内涉林案件查处情况、重大工程项目实施使用林木林地情况、自然保护区管理情况、森林防火工作开展情况，以及野生动植物保护工作开展情况等，清除监管死角、盲区，进一步提升监督时效。

【调查研究】 深入开展调查研究，为保护发展森林资源和科学决策提供依据。加强对森林资源监管中新情况、新问题的调研，深入分析调研结果，有针对性地提出符合大兴安岭实际、解决突出问题的意见和建议。开展国有林地和集体土地权属管理、森林抚育对照样地、到期临时占用林地恢复林业生产条件和植被、防火隔离带管理与设置、森林公园管理、林地管理情况、林业局自用材、取暖烧柴、食用菌养殖原料、加工企业原料来源情况等调研。

【林业大事】

3月27日 专员陈彤赴哈尔滨参加东北、内蒙古重点国有林区林业局长森林资源管理培训班。

4月25日 《中共国家林业和草原局党组关于表彰2017年度优秀党组织的决定》（林发〔2018〕11号）授予大兴安岭专员办党支部2017年度优秀党组织称号。

5月11日 国家林业局人事司副司长王浩一行来专员办宣布杜晓明任正司级巡视员，周光达任办党组成员、副专员。

6月5日 国家林业和草原局森林防火专职副总指挥马广仁一行在呼中林业局指挥扑火，陈彤陪同。

7月1日 大兴安岭专员办党支部荣获大兴安岭地直机关工委先进党支部荣誉称号。

7月4日 国家林业和草原局国有林区改革调研组巡视员李志宏一行赴松岭林业局调研，陈彤陪同。

7月18日至8月28日 对大兴安岭林业集团公司自然保护地大检查。

7月19日 全国人大农委《森林法》修改专题调研

组在漠河调研，陈彤陪同。

7月28日 在加格达奇举办森林资源监督管理培训班，全区森林资源监督管理系统50人参加培训。

8月21日 国家发改委、国家林业和草原局、民政部、中编办等国家五部委重点国有林区改革调研组到大兴安岭调研，专员办参加调研。

9月4~29日 分3个工作组开始对大兴安岭林业集团公司10个林业局开展森林督查。

9月5日 国家林业和草原局保护司巡视员贾建生一行在加格达奇、松岭林业局调研自然保护区建设与管理，陈彤陪同。

9月8日 自然资源部沈阳督察局处长李全人一行在加格达奇林业局调研，大兴安岭专员办有关领导和同志陪同。

9月26日 陈彤列席国家林草局党组会，听取大兴安岭林业集团公司关于重点国有林区改革进展情况的汇报。

9月29日 国家林草局资源司副司长张松丹一行到大兴安岭调研二类调查情况，专员办领导参加调研。

10月9日 国家林草局党组成员、人事司司长谭光明一行在松岭、加格达奇林业局调研国有林区改革情况，陈彤陪同。

11月27日 在加格达奇举办大兴安岭森林资源监督工作会议。

（大兴安岭专员办由赵树森供稿）

成都专员办（濒管办）工作

【**综　述**】 2018年成都专员办不断加强思想政治建设，积极强班子带队伍，统筹推进各项业务工作，着力加强党风廉政建设和机关建设，结合监督区和本单位实际情况，围绕中心工作攻坚克难，各项工作都取得明显的成效，尤其是2018年加挂大熊猫国家公园管理局的牌子后，勇担职责推动大熊猫国家公园体制试点各项工作取得明显进展。

【**机构改革**】 根据《中共中央办公厅　国务院办公厅关于印发〈国家林业和草原局职能配置、内设机构和人员编制规定〉的通知》精神，国家林业和草原局跨地区设置15个森林资源监督专员办事处（加挂中华人民共和国濒危物种进出口管理办公室XX办事处牌子，驻大兴安岭林业集团公司森林资源监督专员办事处除外），作为国家林业和草原局的派出机构。在驻成都森林资源监督专员办事处加挂大熊猫国家公园管理局牌子，承担中央政府直接行使所有权的国家公园等自然保护地的自然资源资产管理和国土空间用途管制职责。

【**森林资源监督**】 牢固树立"督查督办破坏森林资源案件是专员办第一职责"的理念，着力推进森林资源监督工作，全面履行森林资源监管职责，提高森林资源监督水平，推动森林资源监督工作上新台阶。

编写监督报告 分别向四川省、重庆市、西藏自治区人民政府提交2017年度森林资源监督报告，肯定森林资源保护发展所取得的成效，客观分析森林资源保护工作存在的问题，有针对性地提出建议意见。四川省副省长尧斯丹、重庆市副市长李明清、西藏自治区主席齐扎拉分别对报告作出批示。

督查督办涉林案件 把提高督查督办案件数量和质量作为衡量工作水平的尺子，高度重视领导批示、群众举报、媒体曝光的案件，突出抓好重点案件，密切关注重点建设项目使用林地情况，关注自然保护地、大熊猫国家公园试点范围等重点领域涉林问题。每个案件建立督办卡，落实专人负责督办，一抓到底，实行整改销号。一是对2017年森林资源管理情况检查存在问题整改工作进行督办。对四川8个县督办涉林案件61件，收回林地57.07公顷，罚款859.97万元，各地纪检、监察委共计对63名干部启动问责程序；对重庆市彭水县督办涉林案件59件，其中行政案件58件，罚款304.6万元，刑事案件1件，已移交检察院，彭水县委、县政府问责104人（次）。二是对中央领导批示的重庆缙云山国家级自然保护区违建突出、中央领导批示件反映的四川绵阳非法猎捕野生动物、局领导批示的信访反映"四川冕宁矿业有限公司将800多亩原始天然林10 000多立方米林木全部毁坏"等重点案件进行认真督查督办，每一件都追踪到底。2018年共督查督办案件226起，较上年增加151起，增幅201.33%，涉案林地面积694.39公顷，涉案林木蓄积量3.21万立方米。截至2018年年底，办结案件144起，收回林地76.43公顷，罚款1645.78万元。

监督检查 一是开展森林督查和目标责任制检查。对四川9个县、重庆2个县同步开展森林督查和目标责任制检查，对西藏2个县开展森林督查。发现四川稻城县海子山至磨房沟公路工程无任何林业审批手续违法使用林地22.52公顷、四川稻城桑堆至乡城然乌公路工程超审核面积违法使用林地25.24公顷、重庆城口县河鱼乡畜牧村至陕西平利县界公路建设项目违法使用大巴山国家级自然保护区核心区林地4.30公顷、西藏林芝市波密、察隅、墨脱三县开垦林地398.80公顷用于种植茶叶等重大违法项目。在目标责任制检查中，对照评分标准，对11个区县保护发展森林资源目标责任制执行情况进行打分。二是完成14个项目使用林地行政许可监督检查，初步建立抽查专家名录库和被许可人名录库。检查12个建设项目使用林地行政许可，发现5个项目违法使用林地面积共计4.73公顷；检查2个国家级自然保护区建设行政许可，发现1个保护区没有按照工程设计施工。三是检查四川新津白鹤滩和南充升钟湖、重庆彩云湖、西藏多庆错4个国家湿地公园，没有发现违反法律法规的情况，但仍存在体制未理顺、项目建设滞后等问题。四是开展保护地大检查。会同重庆林业局赴云阳、巫溪、巫山开展保护地大检查；会同西藏林草局开展1个湿地公园、2个保护区、1个森林公园的现场核查。12月底对卫星遥感监测发现的监督区内自然保护区土地利用状况变化的33个疑似图斑进行实地核查，涉及8个国家级自然保护区，核查发现15个图斑存在违法违规情况。

建立健全监督机制 一是健全约谈机制，制订约谈办法，约谈四川天全县和都江堰市人民政府、重庆市林业局、重庆市彭水县和城口县人民政府。二是与四川省纪委监察委建立重大破坏森林资源案件线索移送机制。三是分别与监督区检察院建立工作衔接机制。四是分别与西北院、昆明院、中南院建立工作配合机制。五是健全与监督区省级林业部门联席工作机制。

【濒危物种进出口管理和履约执法】 以做好野生动植物进出口行政审批为重点，加强行政许可管理，认真开展行政许可检查，积极开展CITES履约执法和宣传教育，为合法经营的野生动植物进出口企业提供简便、快捷的服务。

行政审批 2018年在成都办事处注册备案企业（单位）共计136家，其中：四川省107家、重庆市25家、西藏自治区4家。全年核发各类证书847份，其中，一般公约证书217份，非公约证书448份，物种证明182份。出具不予受理行政通知书2份。

履约执法宣传教育培训 一是联合四川省林业厅、野保协会、成都市林业和园林局等单位在成都动物园开展主题为"保护虎豹，你我同行"的"世界野生动植物日"系列宣传活动。二是组织开展四川省和重庆市"爱鸟周"系列宣传活动。三是6月12～14日，在都江堰市举办"濒危物种保护管理及CITES履约执法培训班"，来自四川、重庆、西藏的林业、森林公安、海关部门70余人参加培训。四是为使CITES履约协调部门及时掌握CITES最新动态，分别给相关单位提供新版《濒危野生动植物种国际贸易公约》《野生动物执法手册》等资料，对有关濒危野生动植物进出口政策问题进行宣传解答。

行政许可检查 通过现场查看被许可人生产经营场所、养殖（培植）场地及查阅企业档案材料和召开座谈会等方式，对四川润兆鲟龙进出口贸易有限公司等6家被许可人2017年度申请进出口证书的执行及所涉及物种的来源、去向、存活、价格、标记（标识）情况和被许可人档案资料等进行检查；对四川品高农产有限公司等6家被许可人开展日常监督检查。

大宗贸易物种蛇类调查 对四川省和重庆市人工驯养繁殖蛇类及经营销售情况进行调研，为全国蛇类调查项目提供数据。根据调研，蛇类人工养殖场规模较大，技术日趋成熟，产业前景看好。

部门间协作及CITES履约执法 一是会同四川省林业厅、成都市林业和园林局、成都市森林公安局，对成都市象牙制品指定销售场所进行现场检查。二是与四川省农业、渔政、工商及成都海关等部门联合组成督查组，与重庆市农委、渔政等部门组成督查组，分别对成都市、重庆市打击破坏海龟资源违法行为专项执法行动进行重点督查。三是根据有关公益组织对成都市和重庆市象牙制品市场销售情况的调查报告，协调成都市园林局、重庆市林业局针对象牙等制品非法销售开展执法检查。

【大熊猫国家公园体制试点】 成都专员办把抓好大熊猫国家公园体制试点工作作为重大政治任务，全办人员以高度的责任感和使命感，加强对国家公园建设知识和大熊猫国家公园体制试点文件的学习，认真筹备组建大熊猫国家公园管理局，同时对大熊猫国家公园体制试点范围内的市县开展森林资源管理情况督查，确保试点期间不发生重大违法涉林案件。大熊猫国家公园管理局揭牌成立后，主动作为，积极贯彻落实好大熊猫国家公园体制试点的各项重点工作。

构建管理体制和协调机制 2018年10月29日，大熊猫国家公园管理局在成都揭牌成立，成都专员办调整内设处室，调配工作人员，组建大熊猫国家公园管理局办公室，并督促三省组建省级管理机构及管理分局。同时积极配合国家林草局，协调三省政府，成立由国家林业和草原局副局长任组长，四川、陕西、甘肃三省省委常委或分管副省长任副组长的大熊猫国家公园协调工作领导小组，统筹相关部门工作，建立四方会商机制，进一步细化工作职责，加快推进大熊猫国家公园体制试点工作。

推进规划编制 一是组织协调总体规划编制相关工作，督促三省及时将微调数据上报国家林业和草原局规划院，协助国家林草局规划院完成大熊猫国家公园总体规划编制。二是积极开展专项规划编制前期准备工作，组织考察组赴东北虎豹国家公园调研，详细了解东北虎豹国家公园管理局在规划编制等方面的经验做法，为大熊猫国家公园专项规划的制定奠定基础。

加强自然资源保护管理 结合森林资源督查，对大熊猫国家公园四川片区荥经县、平武县、青川县、茂县4县开展专项督查，抽取四县共119个图斑进行验证核实，共发现违法图斑36个，涉及林地约2.67公顷，及时督促地方执法行政主管部门查处到位。配合自然资源部、国家林草局组成的第四督察组开展对大熊猫国家公园体制试点专项督查，对督查中发现的问题，组织三省制订整改方案，落实整改措施，及时上报整改结果。委托四川省林业和草原调查规划院，开展大熊猫国家公园基础信息数据库建设，收集大熊猫国家公园相关基础信息数据，为大熊猫国家公园建设提供决策服务。督促三省采取有效措施，加强资源管控，三省已明确规定试点区域不再新设矿权，停止矿产资源勘查开采活动，暂停核心保护区及生态修复区内林地征占用、采伐以及新建小水电等审批事项。

加大宣传力度 制作大熊猫国家公园宣传片，举办大熊猫国家公园建设成果展，大力宣传国家公园理念、大熊猫国家公园建设成效等情况，获得社会上广泛认可和好评。同时积极指导大熊猫国家公园三省管理局做好宣传推介工作，三省管理局发挥各自优势特长，宣传效果显著，社会公众对大熊猫国家公园认同感不断增强，国家公园建设理念进一步深入人心。

积极开展对外合作 开展大熊猫国家公园与加拿大贾斯珀和麋鹿岛国家公园结对活动，国家林业和草原局副局长李春良与加拿大环境和气候变化部部长麦肯娜女士代表双方签署结对协议,接待加拿大贾斯伯国家公园负责人艾伦·菲尔一行考察大熊猫国家公园。参加大熊猫保护与繁育国际大会暨2018大熊猫繁育技术委员会年会,建立与大熊猫保护机构、研究机构及相关单位间的联系沟通渠道。积极参加与大熊猫国家公园有关的各项活动,作为活动指导单位参加雅安市举办的大熊猫文化联盟活动,指导在四川大相岭自然保护区和都江堰龙溪-虹口国家级自然保护区进行的大熊猫野化放归活动。

【林业大事】

3月3日　成都专员办联合四川省林业厅、野保协会、成都市林业和园林管理局等单位在成都动物园开展主题为"保护虎豹,你我同行"的"世界野生动植物日"系列宣传活动。

3月30日　成都专员办与四川省林业厅、野生动物保护协会、成都市林业和园林管理局在成都市锦官驿小学共同举办"保护鸟类资源、守护绿水青山"为主题的爱鸟周系列活动启动仪式。

3月31日　成都专员办参加重庆市第22届"爱鸟周"启动仪式。

5月30~31日　成都专员办在西藏日喀则市召开藏渝森林资源监督管理培训班,来自西藏和重庆的近50名基层林业和自然保护区管理人员参加培训。

5月30日至6月1日　成都专员办在四川眉山举办森林资源监督管理培训班,眉山6个县(区)共50人参加培训。

6月12~14日　成都专员办在都江堰市举办"濒危物种保护管理及CITES履约执法培训班",来自四川、重庆、西藏的林业、森林公安、海关部门70余人参加培训。

10月29日　成都专员办举行大熊猫国家公园管理局揭牌仪式。

11月20日　成都专员办与川渝藏林业(和草原)局第十二次联席会在成都召开。

11月30日　国家林业和草原局副局长李树铭到成都专员办检查指导工作,并作讲话。

(成都专员办由周赞辉供稿)

云南省专员办(濒管办)工作

【综　述】　2018年,在国家林业和草原局(原国家林业局)党组与云南省委、省政府的领导下,在有关部门的支持下,云南专员办认真学习习近平新时代中国特色社会主义思想,深入贯彻落实党的十九大精神,围绕国家林业和草原局党组的中心工作和决策部署,结合云南省经济社会发展实际,突出机关党的建设和案件督办第一职责,认真强化"一岗双责",全面落实国家林业和草原局森林资源管理司、野生动植物保护司的工作目标任务,深入开展热点问题的追踪和调研,积极加强与相关部门的沟通和协调,巩固完善森林资源监管新理念和新手段,不断加强资源监督和履约执法协调服务工作,为保护云南省森林资源和野生动植物资源、履行国际公约、维护国家生态安全、促进可持续发展贡献了力量。

【督查督办涉林案件】　始终把督办查办破坏森林资源案件作为第一职责,加大案件督办和执纪问责力度。2018年直接督办涉林案件312起(其中刑事案件74起,行政案件238起);执纪问责1524人(其中党纪政纪处分285人、解聘护林员128人、约谈1111人);查处涉案人员383人(其中行政处罚307人,罚款1608.4万元;刑事处罚76人);收回林地667.13公顷,恢复植被266.67公顷。对森林资源管理检查中的一些重大破坏森林资源案件的查处和整改情况开展"回头看",确保行政案件处罚到位、刑事案件移送到位、责任追究到位、收回林地到位,有效提高各级政府部门和林业主管部门对保护发展森林资源的认识和重视程度。

2018年6月19日,云南专员办检查组在石林县开展森林督查工作(王子义供图)

【森林资源监督机制】　深化机制建设,创新工作方法。一是深化"办、院、局"协作配合机制,积极与国家林业和草原局昆明勘察设计院、云南省林业和草原局(原云南省林业厅)协商沟通工作,推动督查检查工作,增强监督成效。二是到云南省委组织部、云南省监察委员会、云南省人民检察院、云南省林业和草原局开展座谈,多次召开联席会议,促成建立重特大破坏森林资源案件专函通报机制,并下发《云南省人民检察院、国家林业局驻云南专员办、云南省林业厅关于加强协作配合的意见》,为各级组织部门、检察院、林业局提供执纪问责线索。三是根据国家林业和草原局《关于进一步加强森林资源监督工作的意见》和《关于推广网格化管理

模式 进一步推动创新的通知》，学习国家林业和草原局驻武汉专员办网格化管理经验，制订《云南专员办森林资源监督网格化管理实施方案（试行）》，将云南省16个州（市）资源林政科长纳入网格化联络员，并将该方案印发给云南省林业和草原局及各州（市）林业局执行。四是稳步推进森林资源监督网格联络员工作，建立云南专员办森林资源监督联络员、网格化监管两个工作微信群，及时传达中央有关生态文明建设的重要政策、国家林业和草原局有关会议精神和文件要求，多方面引导和发挥基层林业工作站在资源管理、林政执法方面的职能作用，并有针对性地举办森林资源监管培训班，初步形成从基层林业站到县、到市、到专员办之间的多层次、立体化的参与和协同机制。

【森林资源监督报告】 按照监督职责，向国家林业和草原局、云南省人民政府报送《2017年云南省森林资源监督报告》，对云南省各级人民政府、林业主管部门履行森林资源保护管理职责的情况给予客观评价，指出森林资源保护与发展中存在的矛盾和问题，并从森林资源目标责任制建设、加大问责力度和推动基层林业站机构和能力建设等方面提出意见和建议，云南省人民政府副省长陈舜对报告给予充分肯定和赞同。

【森林督查和专项检查】 一是按照国家林业和草原局资源司工作要求，对云南省石林、峨山等8个县（市）开展森林督查、县级人民政府保护发展森林资源目标责任制检查和12个涉林项目林地行政许可监督检查工作。二是按照国家林业和草原局保护地司工作要求，与云南省林业和草原局到文山、红河等州（市）开展保护地大检查工作。三是按照国家林业和草原局湿地司工作要求，与云南省林业和草原局到昆明、普洱等州（市）开展湿地监督检查工作。四是根据自然资源部督察局对国家公园督察的要求，参加甘肃省祁连山国家公园、云南省普达措国家公园的专项督察工作。

【基层专题调研】 一是办领导带队深入云南省16个州（市）的基层林业站、国有林场、自然保护区管护站进行专题调研，实地考察森林资源管理情况，与基层干部和护林员深入交谈，并针对突出问题认真研究和探讨。二是与云南省人民检察院、云南省林业和草原局领导及有关处室，对昆明市安宁市、大理白族自治州大理市、鹤庆县涉林公益诉讼及补植复绿等情况进行实地调研。

【行政许可证书办理】 在申请受理、证书核发和监督检查等各个行政许可环节，严格按照法定权限、条件、程序、范围、法律法规和各类规范性文件的规定以及法定时限受理办证申请，做到职权法定、依法行政、有效监管。建立档案库，严格分类管理，实行登记制度和核销制度。2018年共办理四类有效证书614份，贸易额55 997.85万元。其中：公约证334份，贸易额14 076.83万元；对香港公约证6份，贸易额53.95万元；非公约证210份，贸易额29 361.96万元；物种证明64份，贸易额12 505.1万元。

【网上无纸化申报审核试点】 作为试点单位，积极参与网上无纸化申报审核试点工作，积极开展新版《野生动植物进出口管理系统》宣传培训工作，率先与昆明海关正式开通野生动植物进出口证书通关作业联网无纸化试点工作。利用国家濒管办与海关总署联网无纸化办公之机，对云南省全省进出口企业进行重新登记备案工作，共有244家野生动植物进出口贸易企业进行登记备案。同时，建立电子档案和纸质档案，为科学管理企业、行政许可的后续监管、评估企业信誉等提供有利条件。

【行政许可抽查检查】 开展2017年度云南省野生动植物进出口行政许可专项监督检查工作，制订、发布检查方案，采取查阅调取证书档案数据、深入企业开展实地检查、征求企业意见和建议等方式，组织实施专项监督检查，充分了解掌握2017年度野生动植物进出口行政许可执行情况，并向国家濒管办上报检查报告。

2018年4月10日，云南专员办到西双版纳州调研濒危物种管理情况（王子义供图）

【履约宣传和培训】 3月3日"世界野生动植物日"期间，与中科院昆明动物研究所博物馆、昆明动物园共同举办宣传活动。在第5届南博会暨第25届昆交会大型电视屏上播放履行国际贸易公约宣传片。协助云南省卫生厅、云南省外事办对援非医疗队开展履约培训。召开云南省松茸进出口企业座谈会，使其尽快适应野生动植物进出口证书通关作业联网核销无纸化改革要求。与昆明海关和世界自然基金会中国办公室在孟连口岸开展履约宣传活动。

【部门间履约执法协调】 与云南省林业和草原局组成检查组对销售象牙场所现场检查及封存，收回销售场所牌照，全面停止云南省商业性象牙销售。针对互联网、新浪微博等发布曝光云南境内贩卖野生动物及其制品的报道，联合相关部门召开专题会议，及时开展案件调查并上报情况。与昆明海关、云南省林业和草原局联合开展"打击非法野生动植物贸易"宣传并当场销毁非法走私野生动植物制品。

【林业大事】

1月3～9日　对云南省象牙及制品清理检查工作进行督办。

1月24～25日　与云南省林业厅联合到昆明市、红河哈尼族彝族自治州督办破坏森林资源案件。

2月5～8日　与云南省林业厅到红河州调查核实群众反映涉林事项。

2月26日　向云南省人民政府副省长陈舜汇报森林资源监督工作。

3月3日　携手昆明动物博物馆、昆明动物园等部门共同开展2018年世界野生动植物日宣传活动。

3月1～8日　到德宏傣族景颇族自治州、保山市、临沧市的8个县(市、区)开展森林资源、濒危野生动植物贸易管理检查调研。

3月19～22日　到昆明市、玉溪市、楚雄彝族自治州开展森林资源管理情况调研。

5月8日　在《云南省扶贫开发领导小组关于2017年度中央及省外驻滇单位定点扶贫考核结果的通报》(云开组〔2018〕43号)中定级为"好"(第一等级)。

5月10～12日　云南专员办实地走访调研扶贫点并参加"挂包帮"定点扶贫工作会议。

5月15日　与云南省人民检察院、云南省林业厅就修改完善协作配合机制开展磋商。

5月29日　召开云南省松茸进出口企业座谈会。

5月29～30日　与云南省森林公安局到曲靖市督导森林督查案件查办工作。

6月19日　在《国家林业和草原局人事司关于对2017年度考核优秀等次人员进行表彰奖励的通知》(人干函〔2018〕41号)中杨跃武、王子义荣获2017年度嘉奖。

6月26～29日　到华坪县、峨山县、罗平县调研督导森林督查工作开展情况。

6月30日　王子义被评为云南省直机关优秀共产党员。

8月6日　召开国家湿地公园专项检查工作部署及培训会。

8月7～12日　国家濒管办第六检查组到云南开展野生动植物贸易调研检查工作。

8月13日　开展国家湿地公园建设管理专项督查检查及征占用林地行政许可检查。

8月14日　对大理商埠海洋世界管理有限公司进口海狮进行现场监管。

8月20～23日　配合自然资源部督查组开展云南省国家公园试点建设情况督察。

8月30日　与云南省林业厅联合对西双版纳边境野生动物保护工作进行督导检查。

8月31日　与云南省人民检察院、云南省林业厅开展涉林案件生态修复专题调研。

9月10～14日　与云南省林业厅到临沧市开展自然保护地大检查督查工作。

9月12～15日　举办森林资源监督培训班。

9月20日　与国家林业和草原局资源司、国家林业和草原局昆明勘察设计院、云南省林业厅召开森林资源管理座谈会。

9月17～21日　与云南省林业厅到德宏傣族景颇族自治州、红河哈尼族彝族自治州、玉溪市、西双版纳傣族自治州开展自然保护地大检查督查工作。

9月26日　到昆明市呈贡区对进出口企业开展行政许可检查。

10月10日　召开会议研究部署候鸟保护工作。

10月15日　与云南省人民检察院、云南省林业厅到大理白族自治州开展专题调研。

11月6日　与云南省林业和草原局副厅长王卫斌交流对接森林督查工作和群众举报案件处理情况。

11月29日　与昆明海关、云南省林业和草原局等单位联合对查没的濒危物种制品进行集中销毁。

11月26～30日　到德宏州调研森林督查整改工作情况。

11月26～30日　在云南省内开展林业安全生产大检查。

11月30日　举办2018年野生动植物进出口管理培训班。

12月6～9日　协助并参加野生动物疫源疫病监测防控培训班。

12月19～21日　参加大理州"三个全覆盖"试点工作总结会。

12月19～24日　参加2018年全国森林督查汇总会。

12月20日　与云南省林业和草原局陪同保护地司检查组到丽江督查网络曝光涉林违法案件。

12月19～28日　参加国家林业和草原局保护区整改情况调查。

12月26～28日　到文山壮族苗族自治州国家级自然保护区对土地变化情况进行现地核查。

(云南专员办由王子义供稿)

福州专员办(濒管办)工作

【综　述】　2018年，国家林业和草原局驻福州专员办(濒管办)深入学习贯彻习近平新时代中国特色社会主义思想和党的十九大精神，认真落实局党组各项决策部署，求真务实，开拓创新，各方面工作均取得新进展。全年共督查督办案件750起，结案576起。完成闽赣两省11个县(市、区)森林督查及其县级人民政府2017年度保护发展森林资源目标责任制检查；完成14个重点建设项目使用林地行政许可监督检查。共办理进出口公约证书、野生动植物进出口证明书1632份，物种证明419份，涉及企业81家，野生动植物进出口贸易额9亿元；赴武夷山等地开展 10 次实地监督检查和免税物种核查；举办福州、厦门、南昌海关濒危物种进出口管理培训班，培训海关一线关员 50 余人；举办闽赣企业申报员培训班，培训企业 110 多家。认真落实全面从严治党责任，荣获福建省直机关"提振精气神、机关勇担当"敢于担责"十佳"典型提名奖和福建省林业厅先进基层党组织称号。

【案件督查督办】 全年共督查督办涉林违法案件 750 起，办结案件 576 起，其中：刑事案件 97 起，处罚 174 人，罚金 32 万元；行政案件 479 起，罚款 3115.17 万元，收回林地 70 公顷，问责 129 人。特别是一批重大案件的查处，在社会上起到了很强的警示教育和震慑作用。如福建省古田县翠屏湖违规建设别墅案件，在福州专员办前后 20 余次督办下，福建省林业厅撤销了原行政许可决定书，宁德市政府通报批评古田县政府并问责了 4 名干部；江西省金溪县累计查处林地、林木案件 210 件，立刑案 72 起，移送起诉 28 人，判决服刑最长的 10 年。

【森林督查】 严格按照技术规程和要求，应用卫星遥感技术，对闽赣两省 11 个县（市、区）开展森林督查。共抽取图斑 205 个，查出问题图斑 118 个（林地图斑 95 个，面积 182.7 公顷；林木采伐图斑 23 个，面积 104.2 公顷），占 57.6%。检查结果引起地方的高度重视，江西省林业局将龙南、广昌、南丰 3 县列入全省林政资源重点整治县，江西省森林公安局将 6 个受检县中的 11 个重大案件挂牌督查，赣州市和龙南县共问责干部 74 人。

【保护发展森林资源目标责任制检查】 8～10 月，根据国家林业和草原局的统一部署，通过听取被检查的县（市、区）人民政府及有关部门的汇报，查阅核对相关资料，结合森林督查和对有关单位开展的社会调查，完成对闽赣两省 11 个县（市、区）2017 年度保护发展森林资源目标责任制的建立和执行情况的检查，结果为 1 个县优秀，4 个县（市）良好，3 个县（区）合格，3 个县不合格，具体如下：

福建省		江西省	
县（市、区）	检查结果	县（市、区）	检查结果
永春县	优秀	万安县	良好
连城县	良好	井冈山市	良好
屏南县	良好	上犹县	合格
城厢区	合格	广昌县	不合格
永泰县	合格	南丰县	不合格
		龙南县	不合格

【建设项目使用林地行政许可监督检查】 对国家林业和草原局审核审批的闽赣两省 14 个建设项目使用林地情况进行检查，发现 5 个建设项目违法使用林地，面积 6.3 公顷。检查结束后，及时向两省林业局通报检查发现的问题，并共同督促基层限期依法查处和整改到位。

福建省	
泉州彭村水库工程	罗源霍口水库（枢纽工程）
纵二线连江境 104 国道新洋（陀市）至南塘段改线工程	普通国省干线公路联二线（涵江境）大洋霞洋至庄边黄洋段工程
连城县福地水库项目	莆田市城厢区龟山路（X281 龟山至濑旁路）工程项目

江西省	
宁都至定南（赣粤界）高速公路	G206 石城官桥至龙岗水庙段改建工程
贵溪经济开发区城西大道延伸工程	G236 寻乌县城至虎石段公路改建工程

江西省	
国道 G533 水西至仙女湖（新余市绕城段）一级公路改建工程	仙女湖国际汽车文化产业园
江西兴国大水山风电场	江西兴国莲花山风电场

【茶山整治】 针对福建省武夷山部分地区毁林种茶突出问题，福州专员办相关人员通过多次现场督办和调查，向福建省分管领导进行专题汇报。经过一年清理整顿和打击，毁林种茶现象得到有效遏制，共完成拔除整治 2119 公顷，复绿造林 893 公顷，立案查处 80 起毁林种茶案件，问责 1 个单位和 7 名干部，并对 10 起故意毁林犯罪案件进行公开集中宣判，确保武夷山国家公园试点工作顺利开展。

【林权不动产登记调研】 根据基层反映的林权纳入不动产统一登记后存在办证时间长、收费高等问题，福州专员办领导带队深入福建省三明、南平的 9 个县（市）开展实地调研，形成书面调研报告。报告得到国家林业和草原局局长张建龙和自然资源部部长陆昊的高度重视，自然资源部随即派出调研组深入基层了解情况，并向财政部提出免收所有涉林涉农不动产登记费、由地方政府组织相关部门或者购买服务完成外业勘验、进一步优化流程压缩林权不动产登记时间、采取分层标注方式确保林企林农正常办理转移登记 4 条意见，使问题得到较好解决。

【湿地监管】 开展闽赣两省湿地保护管理情况调研，促进有关问题查处和整改，完成福建长汀汀江、永安龙头和江西上犹南湖国家湿地公园建设管理情况的专项监督检查，督促福建永安龙头国家湿地公园保育区网箱养殖问题得到解决，并通过国家验收。

【濒危物种进出口行政许可】 全年共办理进出口公约证书、野生动植物进出口证明书 1632 份，物种证明 419 份，涉及企业 81 家，野生动植物进出口贸易额 9 亿元；赴武夷山等地开展了 10 次实地监督检查和免税物种核查，按期上报年度行政许可监督检查报告；分别为福州、厦门、南昌三海关 50 多名一线关员和闽赣 110 多家（次）野生动植物进出口企业举办培训班。

【履约执法宣传教育活动】 以落实象牙全面禁贸政策为主线，与福建省林业厅联合开展严厉打击非法加工、销售象牙及制品违法犯罪专项统一行动，两次协调福建省林业厅等五部门对莆田、福州开展监督检查工作，并开展象牙非法贸易暗访；积极与主管部门和国家濒管办沟通，解决福州、厦门海关罚没品后续处置事宜，协调解决执法中的难题。联合福建省林业厅、仙游县政府等举办2018年世界野生动植物日宣传活动，并推动仙游县政府开展非法加工销售象牙及制品专项整治工作。与福州、厦门、南昌海关联合举办濒危物种进出口管理培训班，培训海关一线关员50余人；派员参加网上办证2.0系统的建设和完善工作，并赴广东等5个办事处辖区开展培训；派员参加赴莫桑比克、赞比亚履约宣讲以及香港沉香研讨会、公约与生计国际会议等。

【林业大事】
1月2~3日 福州专员办与福建省林业厅、省工商局、省文化厅、省森林公安、省林业执法总队等单位组成监督检查组，对福建境内商业性加工销售象牙及制品活动的7家定点加工单位和9处定点销售场所开展监督检查。

2月8日 江西省副省长胡强会见福州专员办专员尹刚强一行，并听取工作汇报。江西省林业厅党组书记、厅长阎钢军主持汇报会，江西省政府办公厅、福州专员办、江西省林业厅有关同志参加。

3月3日 福州专员办（濒管办）联合福建省林业厅、福建省野生动植物保护协会、仙游县人民政府在福建省仙游县海峡艺雕旅游城举办福建省第五个世界野生动植物日宣传活动。国家濒管办副主任刘德望、专员办专员尹刚强、副专员李彦华，福建省林业厅副厅长欧阳德等领导出席，仙游县直有关单位、乡镇代表、学生代表、新闻媒体等共约450人参加活动。

3月22日 福建省副省长李德金会见福州专员办专员尹刚强一行，并听取工作汇报。福建省政府办公厅农业处负责人、福州专员办班子成员及相关处室负责人参加汇报会。

3月和10月 福州专员办联合福建省林业厅深入永安、漳平、长汀开展国家湿地公园试点建设情况督查。

4月17~20日 福州专员办专员尹刚强带领办有关人员赴江西省石城、宁都、兴国、新干4个县开展湿地资源保护管理情况调研，详细了解湿地保护管理情况、存在问题，听取相关意见和建议。

4月25日 福州专员办党支部被国家林业和草原局党组授予"2017年度优秀党组织"称号。

5月24~25日 福州专员办在江西省抚州市举办2018年度闽赣两省森林资源监督联络员培训班。

5~10月 福州专员办副专员李彦华带领调研组赴闽赣两省10个国家级自然保护区和4个省级自然保护区，对两省自然保护区建设管理情况开展调研，并形成调研报告。

6月11日 国家林业和草原局党组书记、局长张建龙一行在福建调研期间，专门听取福州专员办领导班子的工作汇报，并在福建省政府副秘书长刘琳、福建省林业厅厅长陈照瑜以及国家林业和草原局相关司局负责人等的陪同下，专程到福州专员办看望全体干部职工。

7月1日 福州专员办党支部被福建省林业厅直属机关党委授予"2017年度先进基层党组织"称号，再次获此荣誉称号。

7月 福州专员办采用双随机办法对闽赣两省14个建设项目开展使用林地行政许可检查。

7月30日 根据《中共中央办公厅 国务院办公厅关于印发〈国家林业和草原局职能配置、内设机构和人员编制规定〉的通知》（厅字〔2018〕66号），国家林业局驻福州森林资源监督专员办事处更名为国家林业和草原局驻福州森林资源监督专员办事处，核定为行政编制。

10月15日 福州专员办森林督查组向森林资源管理问题突出的江西省龙南县政府反馈2018年森林督查和保护发展森林资源目标责任制检查情况，江西省林业厅厅长邱水文、总工程师严成，赣州市副市长张逸，福州专员办专员尹刚强、副专员吴满元，赣州市林业局、龙南县委、县政府及相关单位同志参加会议。检查组通报龙南县存在的问题，并提出整改意见和整改时限。

10月29日 福州专员办党支部被福建省直机关工委授予"省直机关'提振精气神、机关勇担当'敢于担责'十佳'典型"提名奖称号。

（福州专员办由宋师兰供稿）

西安专员办（濒管办）工作

【综　述】 2018年，国家林业和草原局驻西安专员办紧紧围绕国家生态文明体制改革，坚持改革创新，狠抓工作落实，按照国家林业和草原局党组工作部署，与陕西、甘肃、青海、宁夏四省（区）各级党委政府及其主管部门有效协调配合，各项工作取得新成效。

督查检查 完成陕西、甘肃、青海、宁夏四省（区）18个县（市、区）森林督查及目标责任制检查、16个占用征收林地行政许可检查（含全国汇总）、9个国家湿地公园督查，参加了自然资源部组织的国家公园督查。工作中，采取以专员办人员为主，聘请专家、技术人员为辅的组织形式，专员办人员平均外业工作约38天。加强内业工作，外业前对所有变化图斑进行全面分析，找准问题，有针对性地抽样，提高了检查质量和效率；严格限制每个县外业天数不超过10天，减轻了基层压力。全年森林督查抽查了314个疑似图斑，共发现违法图斑195个，归并176个问题、面积2588.4公顷，占抽查图斑的比率达62%。创新检查方式,以变化图斑为线索,对建设项目违法情况向前追溯和向后延伸,发现了许多新的违法问题。在督促整改上,注重对自查结果进行分析,查找存在的共性问题,与省级林业主管部门共同研究整改意见,努力实现整改意见切实可行。

国家公园体制试点 组织《祁连山国家公园管理条例》等基础工作研究,加强自然资源保护,实现了老问题整改到位不反弹、新问题绝不发生的工作目标。上半年对公园范围内自然资源保护情况开展了卫片判读检查,下半年对涉及国家公园的6个许可项目进行现地检查,提出了切实可行的意见。10月29日,祁连山国家公园管理局在兰州成立后,迅速召开甘青两省主管部门参加的工作会,明确了管理局与两个片区管理局的日常工作机制。按照中编办明确管理局职责,启动了勘界标桩、自然资源本底调查、确权登记、建设项目、监测系统、生态修复规划等方案编制、重大项目审核审批管理办法起草以及网站建设、标识征集等十项工作。督促指导甘肃、青海两省加快推进省级以下机构组建,加大对公园自然资源保护力度。管理机构开始全面履行职责。

重点监督工作 始终将秦岭、祁连山、贺兰山、子午岭、三江源等敏感区域和各类自然保护地等重点生态区域作为监督重点。对甘肃祁连山生态环境破坏、秦岭北麓西安段违建别墅、青海木里煤矿破坏生态、陕西延安削山造城等中央督促整改的破坏生态环境问题持续关注,深入现地督查指导,督促陕西省林业局暂停了一项在秦岭限制开发区内采石场使用林地行政许可。督办涉林案件12起,结案11起,共收缴行政罚款2.83万元。对国家林草局批转的办件,派员现场查看实情、督促整改,陕西榆林豪华墓地、岚皋县生态停车场、柞水金宇山庄、终南山老年公寓被拆除恢复植被,岚皋县水上乐园、柞水县两个山庄被查封。对2017年森林资源管理情况检查发现问题的整改,把问题严重的甘肃张掖、陕西汉中两县党政领导责任追究作为案件督办,对分管县长及国土、林业等部门相关责任人进行问责。按时报送年度监督报告,分别与四省(区)林业主管部门召开联席会议,沟通研究森林资源保护管理中存在的突出问题及对策。应甘肃省林草局要求,对4部地方性法规(征求意见稿),提出了修改意见。

履约工作 核发办理进出口许可证书461份,检查了6家企业的被许可事项实施情况,接受了国家濒管办对专员办行政许可工作情况检查,参与国家濒管办对上海办事处的检查,全面完成网上证书办理升级工作。开展以全面禁止商业性象牙销售和加工为主题的濒危物种保护和履约宣传,在西安火车站、地铁和兰州机场设宣传牌;与陕西省林业局共同开展世界野生动植物保护日和爱鸟周宣传活动。坚持与森林公安、工商、重点市场管理等部门协作,实现对实体市场监管日常化;开展了象牙国内禁止商业性贸易专项检查,积极探索邮政行业履约执法新模式。落实国家林草局开展野生动物保护监督要求,指导辖区开展高鼻羚羊、非洲猪瘟疫源疫病防控和候鸟迁徙保护管理工作。完成全国林麝资源及贸易状况调研工作。

监督工作方法 启动了与甘肃省联合开展的保护和发展目标责任制考核试点工作,编制了《技术操作细则》和《工作方案》,稳步推进甘肃永昌县森林资源档案管理试点。建立了覆盖四省(区)多期、多源卫星影像数据和林地一张图、国土一张图等基础数据档案库,启动了监督区域自然保护边界收集工作,为森林资源监管工作提供了技术支撑。

强化能力建设 调入干部2名,其中1名具有正高职称;派出4名干部到国家林草局规划院脱产两个月学习森林资源遥感技术,邀请国家林草局规划院专家来专员办授课。投资20多万元购置了2台服务器和5台图形工作站、平台电脑等设备,建成了监督数据与支撑系统平台,满足了外业调查需求。改进调查研究,深入祁连山、三江源等艰苦地区开展草原资源管理、生态文化与国家公园建设调研,解决实际问题。严肃工作纪律,严格日常考勤考核。

助力脱贫攻坚 按照陕西省要求,承担陕西省山阳县户家塬镇西沟村帮扶任务,协调各方,为西沟村争取了20名生态护林员指标、30万元产业发展资金,修建了100平方米的卫生室。

【林业大事】

1月 向国家林业局及陕西、宁夏、甘肃、青海四省(区)人民政府提交了2017年度森林资源监督报告(意见)。分别与陕西、宁夏、甘肃、青海四省(区)林草局召开森林资源监督管理工作联席会议,通报2017年度森林资源监督管理工作,研究存在的主要问题和进一步加强监督管理的措施,提出2018年工作思路与工作重点。

2月 按照国家林业局办公室《关于做好停止商业性加工销售象牙及制品监督检查工作的通知》和国家濒管办等五部门《关于联合开展打击破坏海龟资源违法行为专项执法行动的通知》要求,结合实际,采取明察暗访、专项检查等方式,依法依规开展打击破坏野生动物资源督导工作。

3月 围绕麝养殖规模、设施、种源等情况,赴四川、陕西、甘肃、宁夏、青海等省(区)开展实地调研,形成《麝类资源保护利用现状和贸易监测评估报告》。

6~8月 组织对2017年度被许可人实施野生动植物进出口行政许可事项进行书面和专项监督检查。

7~9月 组织对陕西、甘肃、宁夏、青海四省(区)18个县(市、区)开展森林督查及目标责任制检查;组织对陕西西安浐灞、陕西淳化冶峪河、陕西千湖、甘肃张掖、甘肃永昌北海子、宁夏银川、宁夏平罗天河湾、青海贵德黄河清、青海斑马玛可河9个国家湿地公园开展了专项督查。

6~7月 先后赴甘肃省天祝县,青海省门源、祁连县和三江源国家公园进行了调研,并上报相关草原管理政策研究报告。

8月 专员办会同甘肃省林业厅领导到国家林草局甘肃濒危动物保护中心调研考察,发现105只赛加羚羊死亡的疫情,及时就疫情情况提交报告。

10月29日 祁连山国家公园管理局在兰州揭牌成立。

11月7日 祁连山国家公园管理局在兰州召开祁

连山国家公园体制试点工作推进座谈会，商讨建立了祁连山国家公园体制试点协调工作机制。

11月20日 祁连山国家公园管理局在兰州召开祁连山国家公园省级以下管理机构组建推进座谈会，交流了祁连山国家公园省级以下机构组建推进情况，研究讨论了推进机构组建工作措施，安排部署了下一步勘界标桩方案制定、安全生产等重点工作。

11月 祁连山国家公园管理局面向全社会开展祁连山国家公园形象标志(Logo)有奖征集活动。

12月 祁连山国家公园网站正式开通。

12月 组织对涉及陕西、甘肃、青海和宁夏四省(区)32个县26个国家级自然保护区117个图斑，进行现地核实。

12月6日 祁连山国家公园管理局在兰州召开祁连山国家公园自然资源确权登记工作座谈会，会议听取了工作进展情况，研究讨论了下一步推进祁连山国家公园自然资源确权登记工作措施。

（西安专员办由综合处供稿）

武汉专员办（濒管办）工作

【综　述】 2018年，武汉专员办深入学习贯彻党的十九大、习近平新时代中国特色社会主义思想以及全国林业和草原工作会议精神，按照国家林业和草原局党组部署和要求，强力推进党的建设，全面加强区域内森林资源监督和濒危物种履约管理工作，积极创新林业监管机制，各项工作有序推进。

【机构改革】 根据中共中央办公厅、国务院办公厅关于印发《国家林业和草原局职能配置、内设机构和人员编制规定》的通知（厅字〔2018〕66号），国家林业局驻武汉森林资源监督专员办变更为国家林业和草原局驻武汉森林资源监督专员办事处（加挂中华人民共和国濒危物种进出口管理办公室武汉办事处牌子），为国家林业和草原局派出机构，行政编制16名，主要承担中央政府直接行使所有权的国家公园等自然保护地的自然资源资产管理和国土空间用途管制职责，监督所辖区域森林、草原、湿地、荒漠资源和野生动植物进出口管理相关工作。

【案件督查督办】 2018年，武汉专员办共依法调查督办各类涉林案件211起，结案208起，结案率98.58%。按照案件来源统计：国家林业和草原局批转案件1起，监督检查发现案件210起。按照案件归属地统计：湖北省199起，河南省12起。按照案件类型统计：涉及林地案件187起，涉及违法使用林地面积134.31公顷；林木案件24起，涉案林木410.58立方米。按照案件性质统计：行政案件179起，刑事案件32起，行政罚款555.75万元，刑事处罚33人，党政问责12人次。

【森林资源监督网格化管理】 一是强化监督领导机制。实行"分级管理、大员挂帅"，变扁平化单线管理为立体化多层级管理。即：专员统筹省级区域负总责，处长监督协调本处网格区，网办推进日常事务安排。二是完善监督常规机制。落实"分区到人、专人盯防""动态巡查""信息跟踪"等工作机制。网格员在信息平台报送网区监控资讯82条（其中案件线索15件），开展绩效考核4次（每季度1次）。三是实行分时段监管。日常工作，由网格员按职责落实责任；集中检查时段，由全办统一部署。四是夯实监督诚信榜制度。坚持"抓两头，促中间"，进一步做实监督诚信机制，总结推广"红榜"经验，重点监管"黑榜"问题。五是强化业务培训。组织网格员就责任区林情、监督重点和典型案例分析开展宣讲评比，宣讲典型案例（PPT）10个，监督现状分析（PPT）16篇。就自然保护区行政许可、湿地公园和自然保护地监督检查邀请业内专家专题授课，就建设项目行政许可、森林督查、目标责任制等专项检查开展办内集中学习，就卫片判图、平板技术应用等进行现场操作培训，汇总编制年度《森林资源监督检查工作手册》。

【专项检查】 一是全力抓好目标责任制检查及森林督查。针对森林资源督查新任务，成立组织机构、开展专题培训，在县级自查基础上，优化集中选择豫、鄂两省13个县（市、区）开展森林督查，并对其中10个县（市、区）同期开展目标责任制检查。检查期间召开座谈会90余次，调研59个乡镇、93个行政村、60个基层站所，抽查图斑280个，临时占地项目21处，依法督办查处各类涉林违法案件210起，实施行政处罚150万元，刑事处罚13人次，行政问责12人次。二是扎实做好征占用林地行政许可检查。现地核查豫、鄂两省国家级审批项目16个，查处违法使用林地案件16起，面积42公顷，行政处罚50万元，刑事立案1起。三是重点开展湿地公园专题检查。结合网格化监管，抽选豫、鄂两省湿地公园10个，对湿地公园建设中存在的立法滞后、机构设置不健全、专业支撑欠缺、地方经费投入不足等问题，提出改进建议，上报专题报告。四是组织参与自然保护地检查。抽检豫、鄂两省自然保护地24处，针对管理中存在的机构空置、人员不落实、体系不健全、地块交叉重叠等问题，提出整改意见。五是调研探索国家公园管理体制。派员参加自然资源部自然资源督查武汉局对神农架国家公园管理体制督察，全面调查了解神农架国家公园建设现状和存在的主要问题。六是组织协调长江大保护检查。积极协调湖北省林业局对长江经济带10多个重点县（市、区）开展以打击非法使用林地为主的森林资源保护管理情况检查，消化一批积案，维护林区秩序，巩固生态建设成果。

【监督整改】 2018年，监督工作促进地方整改森林资源监管事项200多项，其中重大事项12项。一些监督意见引起地方党政领导的高度重视和积极反应。如：襄阳市根据武汉专员办建议进一步夯实"山林长制"，把保护发展森林资源的目标、措施、机制全面纳入山林长制的重要内容。湖北省枣阳市、宜城市、谷城县，河南省内乡县在武汉专员办检查后，召开地方党委政府会议专题研究林业工作，出台相关政策，解决林业实际问题。

【编制森林资源监督报告】 在总结2017年森林资源监督工作的基础上，编制河南省、湖北省2017年年度森林资源监督报告，分别上报两省人民政府，呈送两省党委、人大、政协及有关部门。两省政府分管领导分别对专员办监督报告作出重要批示，两省林业局制订整改方案，积极组织整改落实，进一步加强森林资源保护管理工作。

【进出口行政许可及监督服务工作】 以野生动植物进出口证书管理系统平台建设为抓手，稳步推进网上办证工作，2018年，共办理各类进出口证书220份。8月，武汉专员办带队对云南省办事处的进出口管理工作情况进行调研检查。10月，武汉专员办在湖北省武汉市举办野生动植物进出口企业培训班。

【CITES履约执法】 认真做好象牙禁贸工作，联合鄂、豫两省省级林业、工商、公安、文旅等部门，组织开展4次现场监督检查活动。积极联合湖北省渔政部门，对湖北省武汉、荆州、宜昌三地的海洋公园（海洋馆或海底世界）开展珍稀水生野生动物保护管理的监督检查。12月，在湖北省咸宁市召开鄂、豫两省部门间CITES执法工作协调小组联席会议暨履约管理培训会议。

【宣传教育及监督检查】 通过开展"世界动植物保护日""野生动植物保护宣传月"及"保护江豚示范学校"等宣传教育活动，扩大社会影响。针对全国禽流感、非洲猪瘟等动物疫情防控工作的严峻形势，加强对监督区监测与防控工作的指导及监督检查，现场指导武汉市江夏区某大型孔雀养殖合作社800多只蓝孔雀突发性死亡的应急处置工作。开展鲟鳇鱼、猕猴等大宗贸易及敏感物种的监测评估研究。

【林业大事】
3月3日 武汉专员办参加湖北省第五届"世界野生动植物日"宣传活动启动仪式。
7月18日 武汉自然博物馆·贝林大河生命馆举行开馆仪式，武汉专员办参加开馆仪式。
8月7～12日 副主任孟广芹任组长的第六检查组对国家濒管办云南办事处的野生动植物进出口管理工作开展调研检查。
9月11日 副专员孟广芹带领检查组对武汉极地海洋世界免税进口的野生动物种源开展调研及监督检查。
10月11日 武汉专员办举办野生动植物进出口证书管理系统培训班，副专员孟广芹参加开班仪式。
11月27日 武汉专员办参加2018年湖北省"野生动物保护宣传月"活动启动仪式。
12月26日 武汉专员办在湖北省咸宁市召开豫鄂两省部门间CITES执法工作协调小组联席会议，副专员孟广芹主持会议。
12月27日 武汉专员办在河南省郑州市召开国家级自然保护区土地利用状况实地核查动员部署会议，副专员孟广芹作动员部署。

（武汉专员办由胡进供稿）

贵阳专员办（濒管办）工作

【综　述】 2018年，国家林业和草原局驻贵阳森林资源监督专员办事处（中华人民共和国濒危物种进出口管理办公室贵阳办事处）〔以下简称贵阳专员办（濒管办）〕紧紧围绕国家林业和草原局总体工作部署，紧密结合贵州、湖南两省实际，强化以林地为核心的森林资源监督，认真履行森林资源案件督查督办"第一职责"，认真抓好辖区内中央环保督查有关案件和问题督办工作，深入开展国家林业和草原局部署的森林督查及贵州省委、省政府部署的森林保护"六个严禁"执法专项行动（"六个严禁"指严禁盗伐滥伐林木，严禁掘根剥皮等毁林活动，严禁非法采集野生植物，严禁烧荒野炊等容易引发林区火灾行为，严禁擅自破坏植被从事采石取土等活动，严禁擅自改变林地用途造成生态系统逆向演替），全年督办各类案件222起；扎实开展县级人民政府保护发展森林资源目标责任制检查、建设工程占用征收林地被许可人监督检查、濒危物种进出口管理和野生动植物保护管理监督、湿地保护监督检查、自然保护地检查等工作。

【机构改革】 2018年9月，中共中央办公厅公布《国家林业和草原局职能配置、内设机构和人员编制规定》。据此，国家林业局驻贵阳森林资源监督专员办事处（中华人民共和国濒危物种进出口管理办公室贵阳办事处）启动更名为国家林业和草原局驻贵阳森林资源监督专员办事处（中华人民共和国濒危物种进出口管理办公室贵阳办事处）相关工作，主要承担贵州省和湖南省区域内中央政府直接行使所有权的国家公园等自然保护地的自然资源资产管理和国土空间用途管制职责，监督辖区森林、草原、湿地、荒漠资源和野生动植物进出口管理相关工作。相比改革前，职责主要变化是增加对辖区内中央政府直接行使所有权的国家公园等自然保护地管理管制职责及对草原的监督职责，从参照公务员法管理事业单位调整为行政单位。

【2017年度森林资源监督报告】 2月初,分别向国家林业局、贵州省人民政府和湖南省人民政府呈报《2017年度森林资源监督报告》。黔湘两省领导分别对本省监督报告作出批示(共5名省领导),两省林业厅(局)及有关部门按照省领导批示,积极推进有关建议落实。对贵州省,贵阳专员办提出"加强县级人民政府保护发展森林资源目标责任制工作""加强森林采伐监管""加强国家湿地公园(试点)建设""加大对破坏森林资源有关人员执纪问责力度"4条建议。对湖南省,贵阳专员办提出"严控风电建设项目""建立'绿色通道'建设长效机制""加强县级人民政府保护发展森林资源目标责任制工作"3条建议。上述7条建议得到较好落实。

【案件督查督办】 全年共督查督办各类破坏森林资源案件222件。其中刑事案件81件、行政案件141件,涉及林地案件146件、林木采伐案件76件。全年查结205件,查结率92.34%,相关部门累计实施刑事、行政处罚205人(单位),处罚金320.2万元,行政罚款13 395.7万元;追究党纪政纪责任79人(其中地厅级干部5人、县级干部23人),收回林地154.90公顷,补交森林植被恢复费10 906.2万元。

【专项检查督查】 一是5~7月开展建设项目使用林地行政许可随机检查,检查贵州省渝怀铁路梅江至怀化段增建第二线梅江至田湾段工程(贵州段)、湖南省邵阳武冈民用机场建设工程等共18个建设项目,发现11个项目存在违法使用林地问题,并督促查处到位。二是8~10月开展森林督查及县级人民政府保护发展森林资源目标责任制检查,共抽查贵州省息烽县、关岭县、荔波县、印江县、赫章县和湖南省保靖县、溆浦县、桃源县、耒阳市、临武县、攸县、道县12个县(市),就发现问题提出查处意见和整改要求,督促落实。经国家林业和草原局审定,贵州省息烽县和湖南省保靖县、攸县检查等次评定为优秀,其余县(市)为合格。三是5~7月开展野生动植物进出口行政许可随机检查,抽查湖南省湖南歌诺雅乐器制造有限公司等7家企业。四是开展国家湿地公园建设管理专项监督检查,于8月对湖南省水府庙、黄家湖及贵州省翁你河、摆龙河4个国家湿地公园建设情况进行检查,针对存在的问题提出意见、建议并督促整改。

【自然保护地监督检查】 一是5月联合贵州省林业厅对贵州草海国家级自然保护区开展监督检查。二是6~12月督促黔湘两省开展全国自然保护地大检查,并对贵州宽阔水国家级自然保护区进行实地检查。

【濒危物种进出口管理和野生动植物保护监督】 一是开展濒危野生动植物种进出口行政许可工作,共受理核发允许进出口证明书和物种证明185份,其中允许进出口证明书37份、物种证明148份,贸易额3248万元人民币。二是完成有关大宗贸易及敏感物种监测评估。

【探索创新监督方式方法】 一是赠阅涉林典型案例丛书到基层,促进地方林业主管部门加强执法能力建设,增强森林资源监督合力。通过向中国林业出版社采购涉林典型案例丛书《林业行政执法典型案例评析》《重大、疑难、典型涉林案例评析》,向黔湘两省市、县级林业部门230家单位赠阅,供学习借鉴。二是研究优化"湘桂黔边界地区森林资源保护管理协作机制",发函给贵州、湖南、广西三省(区)林业局和相关八市(州)人民政府等,建议成员单位间进一步加强日常工作沟通协作,并将协作年会调整为根据工作需要不定期召开及部分成员单位间召开。

【森林及野生动植物保护宣传】 一是联合开展"世界野生动植物日""爱鸟周""严厉打击象牙等濒危物种及其制品走私违法行为宣传周"等活动。二是宣传进校园,5月派员到贵阳实验小学开展宣传教育。三是宣传进公园,与贵阳市阿哈国家湿地公园合作开展为期6个月(7~12月)的湿地及野生动植物保护科普宣传。四是宣传进地铁,9~10月在长沙人流量最大的地铁1、2号线共23个站点,利用60个灯箱及21块LED屏分别开展"森林资源保护——长沙地铁自然影像展""濒危物种保护视频公益宣传"活动。五是宣传进机关,与湖南省工商和市场管理部门合作,举办1期全省工商系统野生动物保护工作电视电话专题培训。

【推动湖南省严控风电项目建设并向国家林业和草原局提出工作建议】 2018年2月,贵阳专员办在向国家林业局和湖南省人民政府提交的《湖南省2017年度森林资源监督报告》中,指出湖南省风电项目建设数量多且建设过程中违法使用林地现象突出,造成毁林问题和生态破坏,并提出建议:一是严控风电建设项目,严格限制在生态脆弱地区、良好自然景观地带和禁止开发区域建设风电场,对已建风电场实施生态修复和整治措施。二是对违法违规批准建设风电项目,导致森林资源和生态环境遭到严重破坏的,应依照相关规定,对有关部门的责任人实施问责。对该建议,一是湖南省领导高度重视。省长许达哲、常务副省长陈向群、省委常委张剑飞、副省长隋忠诚等领导相继作出批示,提出明确要求。二是湖南省林业厅暂停全省所有风电项目林地审核审批,制定整改措施。三是湖南省林业厅于2018年6月印发《湖南省林业厅关于进一步加强风电建设项目使用林地管理的通知》(湘林政〔2018〕5号),加强规范管理。四是开展风电项目生态修复自查整改活动。2018年10月起,湖南省林业局会同省发改、环保、水利等部门开展风电项目生态修复自查整改活动。同时,国家林业和草原局对风电建设相关问题和建议高度重视,着手制订规范风电项目建设使用林地的管理办法。

【林业大事】
1月29日 国家林业局人事司副司长王浩一行到贵阳专员办宣布国家林业局党组任命决定,任命李天送为贵阳专员办(濒管办)党组书记、专员(主任)。

3月3日 贵阳专员办(濒管办)与贵州省林业厅、贵阳市生态文明建设委员会在贵阳野生动物园,联合举办以"保护虎豹,你我同行"为主题的2018年"世界野生动植物日"宣传活动。国家濒管办常务副主任孟宪林,贵阳专员办专员李天送、副巡视员龚立民，贵州省林业厅厅长黎平、副厅长缪杰等出席。

3月25日 贵阳专员办（濒管办）与贵州省林业厅、贵阳市生态文明建设委员会在贵阳市登高云山森林公园联合举办以"爱鸟始于心，护鸟在于行"为主题的2018年"爱鸟周"宣传活动。

4月10日 贵阳专员办（濒管办）与贵州省林业厅召开2018年第一次联席会议。贵阳专员办（濒管办）专员（主任）李天送主持，贵州省林业厅厅长黎平，副厅长沈晓春和贵阳专员办副专员喻泽龙、副巡视员龚立民出席会议。

4月19~20日 贵阳专员办副专员喻泽龙带队到贵州省黔东南州查看台江县、凯里市森林防火情况，台江县南宫风电场临时使用林地恢复植被情况和凯里市炉山至下司快捷通道使用林地情况，召开由台江县、凯里市、三穗县、镇远县、从江县5个县（市）人民政府及县（市）林业局、森林公安局、检察院领导参加的有关案件督办会议。

4月26日 国家林业和草原局副局长李树铭在贵州调研检查林业工作期间，到贵阳专员办（濒管办）看望干部职工，并提出工作要求。

5月19日 贵阳专员办（濒管办）专员李天送率调研组到贵州省贵阳市阿哈湖国家湿地公园调研。

5月15~24日 贵阳专员办副专员喻泽龙带队先后到贵州省毕节市七星关区、金海湖新区和纳雍县，安顺市西秀区、普定县、镇宁县开展森林保护"六个严禁"执法专项行动情况调研。

5月30日 贵阳专员办（濒管办）与湖南省林业厅在长沙市召开2018年第一次联席会议。贵阳专员办（濒管办）专员（主任）李天送主持，湖南省林业厅副厅长吴剑波、贵阳专员办副巡视员龚立民出席会议。

6月22~24日 贵阳专员办专员李天送、副巡视员龚立民一行赴贵州宽阔水国家级自然保护区开展自然保护地大检查工作。

7月6~7日 贵阳专员办专员李天送、副巡视员龚立民陪同国家林业和草原局局长张建龙，副局长刘东生、彭有冬、李春良等领导参加生态文明贵阳国际论坛2018年年会。

7月10日 国家林业和草原局人事司批准贵阳专员办副专员喻泽龙退休。

8月20日 贵阳专员办专员李天送在贵州省政府参加由副省长吴强召集的有关市林地案件督办座谈会并提出意见。贵州省林业厅厅长黎平及相关市的主要领导参加会议。

8月30~31日 贵阳专员办专员李天送陪同国家林业和草原局副局长刘东生在贵州省黔南布依族苗族自治州开展第四届中国绿博会筹备相关工作。

11月13日 中央纪委国家监委驻自然资源部纪检监察组副组长陈春光、副局级纪检监察员昝文林等到贵阳专员办检查指导工作。国家林业和草原局直属机关党委常务副书记高红电陪同检查。

11月14日 国家林业和草原局局长张建龙在贵阳会见贵州省委书记孙志刚、省长谌贻琴，贵阳专员办专员李天送、副巡视员龚立民陪同会见。

11月16日 国家林业和草原局生态扶贫暨扶贫领域监督执纪问责专项工作会议在贵州省黔南布依族苗族自治州荔波县召开。国家林业和草原局局长张建龙，副局长李春良出席会议。贵阳专员办专员李天送陪同调研。

11月21日 贵阳专员办（濒管办）在湖南省长沙市举办2018年湘黔两省CITES履约执法培训班。湘黔两省海关、林业、农业、公安、商务等成员单位及林业局相关部门负责人和工作人员参加培训。贵阳专员办（濒管办）副巡视员龚立民出席会议并讲话。

（贵阳专员办由陈学锋供稿）

广州专员办（濒管办）工作

【综　述】 2018年，广州专员办坚决贯彻国家林业和草原局的决策部署，积极转变思路，加大工作力度，采取超常举措，全面推进广东、广西和海南三省（区）森林资源监督和濒危物种进出口管理工作。全年共督办案件326起，涉案林木22 181.9立方米，涉案林地1355.83公顷，共处理违法违纪人员373人，收回林地349.37公顷。全年共核发进出口证书19 182份，其中《允许进出口证明书》18 049份，物种证明1133份。

【涉林违法案件督查督办】 始终把案件督查督办作为第一职责，综合运用向地方政府发限期整改函、约谈地方政府主要领导、建议暂停地方林地审ддрeс批、责令地方政府对相关责任人进行责任追究等手段，全链条传导压力，强力推进问题整改。全年共督办案件326起，其中刑事案件154起，行政案件172起，涉案林木22 181.9立方米，涉案林地1355.83公顷。共处理违法违纪人员373人，收回林地349.37公顷。全年共发出约谈函、限期整改函、限期整改通知等39份，对10个市、区政府主要领导和林业等相关部门及3个涉案项目企业主要负责人进行了约谈，责成地方政府对161名责任人进行了问责，其中县处级干部22人。

【森林督查】 严格按照国家林业和草原局的统一部署，周密安排，及时对三省（区）自查工作进行督导，全面掌握三省（区）自查进度，并抽取17个县开展森林督查和县级人民政府保护发展森林资源目标责任制检查，共发现违法使用林地面积641.93公顷，违法采伐林木面积430.88公顷，蓄积量26 920.2立方米。

【卫片执法专项检查】 根据监督区实际情况，联合三省（区）林业局分别对三省（区）的 5 个市、24 个县（市、区）林地保护管理情况开展卫片执法检查，重点对基础设施建设、产业转移园、房地产和旅游开发、采矿取土、批次用地等使用林地情况进行了检查。检查共发现违法占用林地面积约 821 公顷，及时、准确发现地方林地保护管理存在的突出问题，为森林资源监管打下坚实的基础。

【建设项目使用林地及在国家级自然保护区建设行政许可抽查】 根据国家林业局工作部署和要求，对三省（区）2014～2017 年获得国家林业局行政许可的全部占用征收林地项目进行了认真分析，并从中抽取 17 个项目 24 个县（市、区）进行抽查。检查共发现违法使用林地面积共计 32.03 公顷。

【国家级湿地公园的建设管理情况检查】 立足机构改革后职能职责的新变化，迅速聚焦定位，统筹谋划森林、草原、湿地、荒漠资源和各类自然保护地监督工作。对三省（区）13 个国家级湿地公园的建设管理情况进行监督检查，发现部分湿地公园还存在管理机构不健全、资金投入不足、建设进度滞后以及非法侵占湿地等问题。

【自然保护地大检查】 分别与广东省、广西壮族自治区林业以及国土、环境、住建等部门组成联合督查组，深入调查了解自然保护地建设、管理等相关情况，并对各地自然保护地底数及自然保护地内违法违规问题自查情况进行督查。

【濒危物种进出口行政许可证书核发】 强化服务意识，依法、规范、及时、准确开展行政许可证书核发工作，全年共核发进出口证书 19 182 份，其中《允许进出口证明书》18 049 份，物种证明 1133 份。积极开展行政许可后续监管，对三省（区）59 家重点进出口企业进行了实地监督检查；对海南自贸试验区简化野生动植物进出口及其他行政许可事项程序开展调研。

【深化 CITES 执法协调小组平台建设】 成功协调广西壮族自治区打私办印发《关于开展打击走私象牙等濒危物种资源非法行为联合专项行动的通知》，在广西组织开展打击走私象牙等濒危物种资源非法行为联合专项行动；联合广东省林业厅、省森林公安局、省工商局，对广州市 13 所加工单位和销售场所进行现场检查；在海口市举办粤桂琼三省（区）部门间 CITES 执法工作协调小组联席暨学习培训班，协调小组成员单位 54 人参加了培训；在广州为香港渔护署一线工作人员举办物种鉴定培训班，粤港澳履约交流日趋紧密；先后多次开展"中越""中越老"双边和多边履约交流活动，中、越双方跨境履约执法合作机制逐渐形成。

【履约宣传不断拓展】 利用"世界野生动植物日""爱鸟周""广西水生野生动物保护科普宣传月"等活动，组织参加在广州长隆野生动物世界、海珠国家湿地公园、南宁市动物园、南宁吴圩国际机场等地举办的宣传活动。

联合广西打私办组织开展了"抵制走私行为，保护濒危物种履约宣传边境行"活动，《中国绿色时报》《广西日报》等媒体进行了宣传报道，提高边境群众对野生动植物的保护意识，营造边境地区保护濒危物种的良好氛围。

【林业大事】
1 月 12 日 广州专员办对第十二届兰博会兰花进口参展情况及相关进出口企业开展检查。

1 月 12 日 广州专员办与国家林业局湿地办联合对海南文昌市、儋州市、东方市等市县环保部门发现的湿地保护管理存在的问题进行调查督办。

1 月 17 日 副专员贾培峰出席广西壮族自治区 2018 年全区林政资源管理工作会议并在会上讲话。

3 月 8 日 副专员贾培峰带队对深圳市近年来林地保护管理情况进行检查。

3 月 17 日 广州专员办联合广东省林业厅等单位在广州市南沙湿地公园启动广东省暨广州市第 37 届"爱鸟周"系列宣传活动。

3 月 22 日 广州专员办在海南省海口市举办粤桂琼三省（区）部门间 CITES 执法工作协调小组联席暨学习培训班。粤桂琼三省（区）林业、农业、工商、检疫、公安、海关等部门共计 54 人参加了培训。

3 月 26 日 副专员贾培峰带队对广州市近年来林地保护管理情况开展检查。

3 月 28 日 专员关进敏带队到广西壮族自治区调研濒危物种进出口管理和自然保护区建设工作。

4 月 28 日 广州专员办出席广西壮族自治区 2018 年反走私综合治理工作暨三方领导联席会议。

5 月 16 日 专员关进敏陪同国家林业和草原局总经济师张鸿文在海南开展热带雨林国家森林公园调研。

5 月 23 日 广州专员办就广西桂林市临桂区破坏森林资源问题约谈桂林市林业局局长以及临桂区区委书记、区长等相关人员。

5 月 24 日 广州专员办联合广东省林业厅就广东深圳市林地保护管理情况检查存在问题约谈了龙岗、坪山、罗湖区人民政府，大鹏新区管委会以及深圳华昱高速公路有限公司、深圳市大鹏半岛水源工程管理处、深圳市地铁集团有限公司负责人。

5 月 24 日 广州专员办对广东省开展野生动植物进出口行政许可监督检查和野生动植物种子种源监督检查工作。

5 月 26 日 广州专员办出席在广西东兴市举行的广西快递行业拒绝寄递非法野生物产品培训座谈会并授课。

5 月 28 日 广州专员办启动对海南临高、儋州县卫片执法检查。

6 月 20 日 广州专员办启动对广西壮族自治区、广东省 2018 年度建设项目使用林地及在国家级自然保护区建设行政许可开展抽查工作。

7 月 5 日 在广东广州市举办粤桂琼三省（区）野生动植物进出口证书系统学习培训班，参训企业约 200 家。

7 月 9 日 副专员贾培峰带队对广东 5 个国家级湿

地公园建设管理情况进行专项检查。

7月9日 副巡视员刘义带队对广西5个国家湿地公园建设管理情况开展专项监督检查。

7月10日 专员关进敏带队对海南省3个国家湿地公园建设管理情况开展专项监督检查。

7月17日 专员关进敏带队对广东汕头市和揭阳市开展森林资源管理情况调研工作。

8月6日 专员关进敏带队赴广东云浮市新兴县，正式启动广东2018年度森林督查和县级人民政府保护发展森林资源目标责任制检查工作。

8月8日 副专员贾培峰带队赴广西南宁市启动广西2018年度森林督查和县级人民政府保护发展森林资源目标责任制检查工作。

8月13日 专员关进敏带队赴广西南宁市青秀区、崇左市天等县、来宾市忻城县、贵港市平南县开展2018年度森林督查和县级人民政府保护发展森林资源目标责任制督导检查。

8月15日 副巡视员刘义带队对广东省实验猴和活体动物等10家企业开展行政许可监督检查。

8月19日 专员关进敏带队赴海南三亚市开展2018年度森林督查和县级人民政府保护发展森林资源目标责任制督导检查。

8月20日 副巡视员刘义带队对海南白沙县开展森林督查和县级人民政府保护发展森林资源目标责任制检查工作。

8月27日 广州专员办联合广西壮族自治区打私办、海关、边防、森林公安、渔政、工商等部门及野生生物保护学会等单位开展广西边境履约执法联合巡查活动。

9月10日 广州专员办联合广西林业厅对广西柳州市自然保护地大检查自查工作进行督察。

9月12日 广州专员办为中国-东盟博览会参展濒危物种制品的客商办理允许进口证明书，并联合博览、商务、林业、水产、海关和工商等部门，开展现场监管巡查。

9月13日 广州专员办联合广西壮族自治区林业厅等相关部门对南宁市和河池市保护地大检查工作开展情况进行督察。

9月13日 广州专员办对广西区资源县、龙胜县风电项目使用林地情况进行专项督查。

10月17日 广州专员办出席在广州番禺莲花山海关培训基地举办的全国海关风险防控业务培训会，并作濒危物种进出口管控讲座。

10月23日 广州专员办应邀为广东省市场监督管理局业务培训作题为"CITES公约及我国履约形势介绍"专题讲座。

10月27日 广州专员办参加在南宁市举办的以"关爱水生动物，共建和谐家园"为主题的2018年广西水生野生动物保护科普宣传月启动仪式。

10月29日 广州专员办对海南昌江、儋州和临高三个市（县）森林督查工作开展情况进行督导。

11月5日 广州专员办对海南陵水、保亭和琼海三个市（县）森林督查工作开展情况进行督导。

11月6日 由广州专员办参与协办的CITES公约与生计国际研讨会在广州长隆举办。来自全球24个国家和11个国际非政府组织以及中国外交部、农业农村部、海关总署、中科院、国家林业和草原局等22个国内CITES履约机构和政府组织共80余位代表参加了会议。

11月25日 广州专员办对广西柳州市、玉林市等地林业安全生产大检查工作开展情况进行督查。

11月28日 广州专员办对广东广州市开展林地保护管理情况检查"回头看"工作。

12月5日 广州专员办联合广西壮族自治区打私办、崇左市打私办、龙州县政府和野生生物保护学会等单位，在龙州县武德乡科甲村举行广西"抵制走私行为 保护濒危物种履约宣传边境行"活动启动仪式。

12月13日 广州专员办在广州举办森林资源监督网格化管理暨相关法律法规业务培训班。

（广州专员办由崔木子供稿）

合肥专员办（濒管办）工作

【综　述】 2018年，合肥专员办认真贯彻落实2018年全国林业厅局长会议精神，以林地保护管理为重点，切实加大监督检查和破坏森林资源案件查办督办力度，圆满完成森林资源监督各项工作，切实提升保护管理森林资源水平；以濒危物种进出口行政许可为重点，规范行政许可秩序，提升履约宣传、管理能力；以机关党建为抓手，以专题教育为重点，切实加强思想教育、纪律教育、作风教育、政治规矩教育、岗位责任教育，为专员办的建设发展提供坚强的政治保障、组织保障。

【森林资源监督】

监督报告　3月8日分别向国家林业局和皖、鲁两省政府提交了《安徽省2017年度森林资源监督报告》《山东省2017年度森林资源监督报告》，两省分管领导均作出批示。两省林业主管部门积极落实批示要求，及时制订整改方案，严格落实问题整改。

宏观管理政策监督　针对城市批次建设用地、设施农业用地、乡村旅游用地、光伏风力发电、土地整理等领域违法违规使用林地、破坏森林资源案件日益多发频发的问题，综合分析监督区森林资源管理情况，在安徽、山东两省开展以上领域违法使用林地、破坏森林资源案件线索的全面摸排。在摸排基础上，发现问题、总结原因，通过专题督办意见的形式，向安徽、山东两省政府汇报、沟通，督促国土、林业、农业、旅游等部门出台相关管理政策，强化部门协作，加强对城市批次建设用地、设施农业、乡村旅游发展、光伏风电建设等领域的森林资源保护。

自然保护地专项监督检查 根据生态环境部、自然资源部、水利部、农业农村部、国家林业和草原局、中国科学院、国家海洋局联合开展"绿盾2018"自然保护区监督检查专项行动安排，以及国家林业和草原局全国自然保护地大检查工作部署电视电话会议精神，合肥专员办抽取了安徽省鹞落坪、枯井园、牡丹降等国家级自然保护区和皇甫山、敬亭山等国家级森林公园，山东省蓬莱艾山国家森林公园和招远罗山国家森林公园、平度大泽山自然保护区，开展了监督检查，促进地方政府建立和完善国家级自然保护区和国家级森林公园等重点生态区域资源保护管理长效机制。

案件督查督办 全年共督办各类破坏森林资源案件181件，其中非法占用林地案件151件，面积142.11公顷；乱砍滥伐林木案件30件，采伐森林蓄积2028.91立方米。办结案件175件，查处违法责任人294人（单位），行政罚款926.03万元，收回林地31.01公顷，行政或纪律处分53人（单位），刑事处罚15人，罚金240万元。在办案件6件。181起案件中，180起案件为专员办检查发现，1起案件为新闻媒体曝光。

建设项目使用林地行政许可检查 根据《国家林业局森林资源管理司关于下达2018年度建设项目使用林地及在国家级自然保护区建设行政许可抽查工作计划的通知》（资地函〔2018〕37号）要求，2018年7月上旬至9月中旬，对原国家林业局许可的安徽、山东两省共计12个项目使用林地情况开展监督检查并提交检查报告，督促问题整改。其中，安徽省检查林地面积354.42公顷，发现问题5起，违法使用林地面积3.35公顷，对违法违规问题行政罚款69.48万元，行政问责和纪律处分4人；山东省检查林地面积324.27公顷，发现问题29起，涉及违法使用林地7.93公顷，处理相关责任人26人，行政罚款89.2万元。检查发现的所有问题均整改到位。

目标责任制检查和森林督查 根据国家林业和草原局森林资源管理司印发的《2018年全国县级人民政府保护发展森林资源目标责任制检查方案的通知》（资监函〔2018〕23号）要求，7月上旬至8月对安徽省潜山县、南陵县、明光市、广德县、亳州市谯城区5个县（市、区），山东省滕州市、黄岛区、环翠区、牟平区、泗水县、莱城区6个县（市、区）开展了保护发展森林资源目标责任制检查和森林督查工作。检查结果：安徽省潜山县、山东省牟平区为优秀等次，安徽省谯城区、山东省莱城区为合格等次，其余7个县（市、区）均为良好等次。按照森林督查工作方案，共抽查疑似图斑188个，面积320.68公顷，发现问题110个。

国家湿地公园建设管理专项监督检查 根据原国家林业局湿地保护管理中心《关于开展国家湿地公园建设管理专项监督检查工作的通知》（林湿综字〔2018〕30号）要求，对国家林草局指定的安徽颍州西湖、安徽太平湖国家湿地公园以及山东少海、王屋湖国家湿地公园共计4家单位的建设管理情况开展了专项监督检查。检查后及时向林业主管部门反馈了情况，肯定了成绩，指出了问题，并提交了检查报告。

野生动物保护执法 根据《国家林业和草原局办公室关于切实加强春季鸟类巡护值守和执法检查工作的紧急通知》、打击乱捕滥猎和非法经营候鸟违法犯罪活动电视电话会议和《国家濒管办关于调查核实涉嫌非法猎捕和经营利用候鸟违法活动的函》（濒办字〔2018〕60号）等精神，10月下旬，合肥专员办会同两省林业厅组成联合工作组赴安徽舒城、庐江、芜湖、东至及山东东营等地督查督办，督促各地林业主管部门和森林公安局严厉打击涉及野生动植物的违法犯罪活动，加强保护管理力度。共计核实完成国家林业和草原局交办的10起网络舆情线索案件，并督办到位。

【濒危物种进出口管理】

行政许可证书核发 全年共出具各类证明书1455份，其中《允许证明书》1139份，《物种证明》316份，《不予受理通知书》18份，接受咨询1800次，进出口贸易额82 376万元。涉及花卉、木材、坚果、皮张、中药材、红豆杉活体、微凹黄檀等75种进出口动植物种及产品；涉及海狮、河马、活体珊瑚、猴、企鹅、黑猩猩等11种动物物种。严格按照《进出口野生动植物种商品目录》规定范围核发、管理证书。

行政许可检查 检查涉及合肥办事处2018年行政许可证书的使用情况、产品的生产变化情况、野生动植物经营企业的增减情况等。围绕"以服务为抓手，以企业为根本，以检查为促进"，在检查中发现尽可能多的问题和新情况，全面做好行政许可的事中事后监管服务工作。

加强履约能力建设 一是强化部门合作，开展大宗贸易调查。会同安徽亳州林业和市场管理部门，对亳州中药材市场沉香经营户开展走访调查，通过调查货源、销售情况以及质量状况等，理顺了沉香经营的监管关系和经营贸易情况，提高了经营户依法经营的意识。二是配合山东省海洋与渔业厅在威海举办了山东省水生野生动物保护管理培训班，进一步增强水生野生动物保护管理能力，提高保护管理水平，促进行业间交流。三是举办了鲁皖两省企业单一窗口标准版野生动植物进出口系统培训班，着重提升办证系统应用能力，提高办证质量和效益。

【机关党建】

做好机构改革期间的思想政治工作 组织全办干部职工认真学习党和国家机关机构改革精神，广泛开展交流讨论，积极开展谈心谈话，及时掌握干部职工思想动态，开展向英模人物学习活动和深入林业基层开展实践锻炼。

班子建设和岗位管理 进一步明确各岗位职能职责，坚持职责制度化，探索小单位内部运行科学、高效、有序的管理机制。

基层党组织标准化建设 扎实推进基层党组织标准化建设工作。创新党日活动组织方式，严格党员教育管理，提升党支部建设水平和质量，全面完成基层党组织标准化建设的达标验收工作任务。

党风廉政和作风建设 深入开展纠"四风"工作，反对形式主义、官僚主义，将作风建设与业务监督工作相结合，制定了《合肥专员办廉政纪律作风监督卡》。

研究制定了《国家林草局驻合肥专员办党风廉政建设十项纪律》，制定了《合肥专员办党总支纪检委员主要职责》《合肥专员办纪检委员工作细则》《合肥专员办2018年纪检工作要点》等，强化纪检监督作用。

开展经常性纪律教育　结合专员办实际，制定和印发了《国家林业和草原局驻合肥专员办2018年度经常性纪律教育计划》和《关于贯彻落实国家林业和草原局驻合肥专员办2018年度经常性纪律教育计划的意见》。

【林业大事】

2月8日　合肥专员办联合山东省海洋渔业厅、济南市海洋渔业局渔政监督管理部门，举办"严厉打击破坏海龟资源违法行为，共同保护水生野生动物"的宣传活动，重点宣传《中华人民共和国水生野生动物保护实施条例》。

3月3日　合肥专员办会同安徽省林业厅、宿州市政府、宿州市林业局、宿州野生动物世界等部门，在安徽宿州举办第五届"世界野生动物日"暨"保护虎豹　你我同行"的大型宣传活动，进一步增强公众保护野生动植物的意识。

4月14日　合肥专员办联合青岛检验检疫局开展以"文明旅游　绿色出行"为主题的国门生物安全教育宣传活动。

4月23～27日　合肥专员办举办面向全办工作人员的森林资源监督管理业务培训班。同时与安徽旌德县政府及林业、规划部门交流"林长制"建设和"多规合一"试点工作开展情况。

5月8～10日　专员向可文带队对山东省黄岛区、岱岳区、新泰市、历城区等部分县（市、区）批次建设用地审批和使用林地情况开展专题调研。

5月25日　国家林业和草原局副局长李树铭赴安徽省开展林长制调研期间，到合肥专员办听取工作汇报，并对森林资源监督工作提出要求。

7月23～27日　合肥专员办组成两个检查组分赴合肥市、淮南市、六安市、芜湖市、宣城市、滁州市6市对光伏电站建设中使用林地情况进行实地调查，赴安庆市、六安市、宣城市、合肥市4市对城市建设批次用地使用林地情况进行实地调查。

7月30日　中共中央办公厅、国务院办公厅批准《国家林业和草原局职能配置、内设机构和人员编制规定》，专员办转为行政机构，作为国家林业和草原局的派出机构。

10月12日　中央电视台《东方时空》栏目报道安徽扬子鳄国家级自然保护区被违规开发占用等问题后，合肥专员办及时组织工作组赴扬子鳄自然保护区调查，形成初步调查报告，为自然资源部后期调查打下基础。

12月19～20日　合肥专员办在安徽省霍山县召开2018年度皖鲁两省森林资源监督管理工作联席会议。会议总结了2018年森林资源监督保护工作，交流了经验，结合法律法规的学习剖析了破坏森林资源典型案例，有力地提升了保护森林资源管理水平。皖鲁省、市、县林业主管部门共计80多人参加会议。国家林草局资源司、自然保护地司领导到会指导。

（合肥专员办由夏倩供稿）

乌鲁木齐专员办（濒管办）工作

【综　述】　乌鲁木齐专员办致力于机关政治建设，牢记中央国家机关派驻单位使命，履职尽责、担当作为，不断加强林草资源监督，强化濒危物种进出口管理，守护好新疆的绿水青山。针对林草资源保护管理重大问题，深入开展调研。落实"一岗双责"制度，扎实开展廉政建设和廉政教育。积极落实党中央治疆方略和决策部署，认真组织开展"访民情、惠民生、聚民心"活动、南疆驻村与单位维稳值班工作、民族团结"结亲周"、民族团结联谊等各项活动，为实现新疆社会稳定和长治久安总目标作出了贡献。

【机构改革】　按照2018年中央"三定"方案，乌鲁木齐专员办承担辖区内中央政府直接行使所有权的国家公园等自然保护地的自然资源资产管理和国土空间用途管制职责，监督新疆维吾尔自治区和新疆生产建设兵团森林、草原、湿地、荒漠资源和野生动植物进出口管理相关工作。核定编制14人，内设综合处、监督处、濒管处。

【制度建设】　建立了由办党组抓总、分管领导牵头、纪检委员抓落实的监督体系，坚持用制度管人、管钱、管事。加强财务管理内控制度建设，绘制流程图，查找风险点，制订防控措施。新建和修订了党务工作、办务工作、财务工作、廉政建设四个方面56项制度，编印《乌鲁木齐专员办工作制度汇编》和《乌鲁木齐专员办内控制度汇编》。

【积极参与新疆维稳工作】　落实中央关于新疆社会稳定和长治久安的战略部署，在自治区党委领导下，选派干部到南疆参加自治区"访民情、惠民生、聚民心"驻村，宣传党的方针政策，开展去极端化教育，促进宗教和谐，加强"五个认同"，协助脱贫攻坚，建强基层组织，帮助基层开展工作。全办干部与不同民族同胞结对认亲，同吃同住同劳动。专员办每月组织干部携结对亲戚开展一次民族团结联谊活动，增进了民族感情。在节假日和特殊时期，落实24小时维稳值班任务，人均值班累计30天以上。在专员办南疆驻村点建立党建联系点，开展群众路线教育，践行"两学一做"。到村里与村民一起升国旗、唱国歌、同吃一锅饭，开展反分裂斗争发声亮剑，教育引导村民饮水思源、不忘党恩，远离宗教极端思想，自觉维护民族团结，建设美好家园。

【监督工作】

督办案件 坚持以督查督办案件为中心，实行管理台账制度，挂图作战，办结销号。2018年，发现、督查、督办各类破坏自然生态违法案件300多起。

贯彻领导指示批示精神 深入贯彻落实习近平总书记重要指示批示精神，汲取秦岭北麓违建别墅的教训，针对侵占林地和草原违建问题开展专项检查，发现天山北麓乌鲁木齐南山国有林管理分局林区内侵占林草地违建36处，生态保护红线内违建31处。推动新疆维吾尔自治区林业和草原局开展卫星遥感判读，在天山西部、天山东部、阿尔泰山三大国有林区发现上万个疑似图斑。专员办向新疆维吾尔自治区人民政府专题报告，自治区政府高度重视，责成有关单位调查整改。

重大案件督办 督办了新疆塔什库尔干野生动物自然保护区内非法开矿问题，保护了雪豹、盘羊等高寒荒漠动物的生境。收回并恢复林地766.67公顷，累计拆除134家企业各类违法建筑124栋，建筑面积20万平方米，喀什地委对4个单位及47名责任人予以问责，在全地区进行通报和警示教育。

"五项检查"工作 开展了森林督查、自然保护地大检查、目标责任制检查、国家湿地公园建设专项检查、林地和自然保护区行政许可检查等专项工作。对11个县(团、场)森林督查工作进行督导，实地核实86个疑似图斑。对全区林地变化疑似图斑全面梳理，选取251个较大及典型案件进行重点督查督办。

督办约谈工作 对森林资源保护管理中存在的重大问题，约谈了喀什地区行署、哈密市人民政府、额尔齐斯河建设管理局、兵团林业局和克拉玛依市林业局，对伊犁哈萨克自治州境内自然保护区违规开发问题向该州发函督办，督促整改，取得较好成效。

重大问题调研 开展新疆林地和草地交叉重叠问题调研，形成《新疆林地和草地交叉重叠问题调研报告》，为加强林地、草地管理和决策提供意见建议。会同国家林草局昆明勘察设计院到天山西部、天山东部和阿尔泰山三家国有林管理局实地考察，开展在新疆设立国家公园可行性研究，形成了《新疆国家公园前期规划调研报告》，供国家林业和草原局及新疆相关部门参考。

推动兵团建立保护和发展森林资源目标责任制 在2018年提交的《新疆生产建设兵团2017年度森林资源监督报告》中向兵团提出了意见和建议，兵团政委孙金龙、副政委孔星隆等领导作出批示，要求兵团林业局等相关部门着手研究建立兵团保护发展森林资源目标责任制。

干部职工能力建设 鼓励干部职工参加国家林草局和新疆维吾尔自治区组织的各类培训。组织开展网络普法学习。开办绿色讲堂，制订年度培训计划，安排有经验的人员就森林资源监督、自然保护地管理等专业知识和政策法规进行培训。组织编印了《森林资源监督手册》《保护地管理手册》。

科技支撑建设 先后购置了微机工作站、监督检查用平板电脑、小型无人机等设备，配齐监督执法软硬件，把地理信息系统、卫星遥感技术、卫星定位系统(3S)等技术和监督检查应用软件、林地保护规划矢量数据，应用到林草资源、自然保护地监督和案件督办工作，提高了监督执法的科学性、准确性、时效性和工作效率。

协作机制建设 与国家林业局西北林业调查规划设计院建立紧密工作联系，发挥森林资源保护管理"一体两翼"作用。与新疆林科院在人员和技术支撑方面建立合作机制。依托《领导干部损害生态环境责任追究办法》《自然资源资产离任审计》等相关规定，与新疆维吾尔自治区检察院、有关新闻媒体等单位建立工作联系，强化打击涉林草违法行为的高压态势。

【濒危物种进出口管理工作】 与新疆有关单位联合开展了打击破坏海龟资源和全面停止商业性加工销售象牙及制品执法行动，配合新疆林业厅核实海关移交查获野生动物产品并销毁。会同新疆林业厅、兵团林业局开展打击乱捕滥猎和非法经营候鸟违法犯罪活动，收缴了一批非法饲养的珍稀鸟类。对国家林业和草原局批转的粉红椋鸟网络舆情事件进行现地核实督办。启用了新版进出口证书系统，实现了"两类三种"野生动植物联网无纸化通关作业。

结合3月2日"世界野生动植物日"宣传工作，召集新疆林业厅、水产局、公安厅、工商局、司法厅、高检、高法、口岸办、出入境检验检疫、乌鲁木齐海关等部门间CITES履约执法协调小组成员单位召开座谈会，研究部署相关工作。

【网络安全和保密管理】 成立网络安全和保密领导小组，逐级签订保密责任书。落实软件正版化，加强涉密文件管理，定期开展对网络安全和保密事项检查。开展接入新疆维吾尔自治区党委电子政务网建设工作，实现密码电报落地打印，为进一步强化保密工作提供了保障。

【安全生产】 加强对安全生产工作的领导，成立安全生产领导小组，由办主要领导任组长，其他领导分工负责任。制订了安全生产管理办法，将所有办公区域分解落实到每个人，实现安全生产"两个全覆盖"。经常性开展安全检查，按时更新消防器材，及时排查火灾安全隐患。定期保养车辆，确保安全出行。

【林业大事】

1月10日 乌鲁木齐专员办(濒管办)联合新疆林业厅、乌鲁木齐市园林局和森林公安局对乌鲁木齐市内的几处象牙销售点、加工点进行现场检查。

2月1日 会同新疆渔政管理总站、乌鲁木齐海关、新疆工商局、乌鲁木齐市渔政管理站等单位组成联合检查组，赴乌鲁木齐市华凌观赏鱼市场、乌鲁木齐盛贝特海洋水族馆对海龟、海鳗、亚马逊淡水鱼等水生野生动物的人工繁育场所、动物福利、经营利用等情况进行检查。

2月6日 就喀什地区塔什库尔干自然保护区内开矿非法侵占林地问题向喀什地区行署发送督办函，要求限期调查、处理和问责、整改。

3月2日 结合"世界野生动植物日"宣传，召集新疆部门间CITES履约执法协调小组成员单位，召开了新疆CITES执法协调小组会议座谈会；开展了第五个"世界野生动植物日"系列主题宣传活动。

4月25日 国家林草局人事司副司长王浩等来专员办宣布张东升离任，郑重临时主持日常工作。

6月20~21日 副专员郑重带队赴西安与国家林草局西北院对接业务工作。

6月22日 参加新疆林业厅与乌鲁木齐海关联合举行的执法查没象牙等野生动植物制品公开移交暨销毁活动，对移交制品清单、鉴定报告、罚没移交实物等进行了逐一现场核对查验，并对移交活动暨销毁（高温焚烧）全过程进行了监督。

6月25日 赴伊犁哈萨克自治州对网络舆情反映的公路建设破坏粉红椋鸟繁殖栖息地问题进行现场督办。

6~10月 按照国家林业和草原局的统一部署，开展了首次自然保护地大检查和国家湿地公园专项监督检查。

7月3日 新疆林业厅厅长祖丽菲娅到乌鲁木齐专员办对接工作，副专员郑重主持召开座谈会。

12月29日 对天山北麓违建问题，专员办报告新疆维吾尔自治区人民政府建议组织全面排查。

（乌鲁木齐专员办由祁金山供稿）

上海专员办（濒管办）工作

【综　述】 2018年，上海专员办深入学习贯彻习近平新时代中国特色社会主义思想和党的十九大精神，以政治建设为统领，全面贯彻落实国家林业和草原局党组的各项决策部署，依法履职、勇于担当、创新探索、奋发有为，团结带领全办同志圆满完成了全年目标任务。

【森林资源监督管理工作】

督查督办破坏森林资源案件 坚持原则，严格督查督办各类破坏森林资源案件。全年共督查督办案件71起，涉案林地92.87公顷、涉案林木蓄积量165.3立方米；行政处罚94人，收回林地75.83公顷，行政罚款176.4万元；追究刑事责任7人，罚金20万元。

破解浙江"垦造耕地"难题 聚焦浙江"垦造耕地"等破坏森林资源案件多发频发、查处难度大等问题，办领导带队现地督办浙江省江山市土地整理违法开垦林地等4起严重破坏森林资源挂牌督办案件，3次约谈江山市政府及相关部门负责人，处理了10个人，全部整改到位。2018年，浙江省国土厅出台《关于改进和落实耕地占补平衡的通知》，规定"禁止土地调查中认定的林地和县级以上人民政府颁发林权证的林地垦造耕地"。

做好各项检查督查工作 按照时间节点完成森林督查、目标责任制、林地行政许可、春秋冬季森林防火和野生动物保护执法、疫源疫病防控情况的督查。按时提交年度森林资源监督报告，江苏省省长吴政隆、浙江省副省长孙景淼作了批示。开展对国家湿地公园建设管理专项监督检查。牵头国家林草局第三督导检查组对苏浙闽开展野猪非洲猪瘟监测防控督查。赴浙江钱江源国家公园开展体制试点专项督察。赴江苏开展高尔夫球场清理整治"回头看"。协同开展自然保护地检查。检查过程中，注意强化学习培训和检查纪律廉政教育；对遥感影像变化图斑开展督查督办；各种督查检查尽量纳入一地减轻基层负担，反响较好。

探索森林资源监管工作新机制 一是与上海市纪委监委建立生态环境和资源损害责任追究沟通协作机制，明确专员办在依法履行监督职责时，发现涉及党政领导干部、国家公职人员涉嫌违法违纪线索，以案件移送函形式移送至市纪委监委。二是下发《森林资源监督网格化管理实施方案》《网格员工作职责》，健全监督主体网格体系，强化主业意识、落实主体责任。三是与浙江丽水市开展"办站协同监督"试点，做实、做细、做强重点集体林区森林资源监督。四是深化与浙江衢州市检察院"林检"合作，建立"林检"教学基地、宣传点，案件联合查督办，增强打击力度。五是完善"义务森林资源监督员制度"，做好提质扩面。六是加大约谈力度，高位推进案件整改。共约谈县市区政府领导5次（5人），林业主管部门7次（17人）。

【濒危物种进出口管理工作】

保障国家重大活动成功推进 服务中国首届国际进口博览会，专员办领导带队主动上门对接，向上争取濒危物种展品审批办证权限，研究出台服务保障工作方案，召集进博会指定物流服务商开展办证培训，在进博会官网发布中英文《关于申办濒危物种进出口证书的公告》。

推动地方经济社会发展 服务苏浙沪三省（市）进出口企业456家，全年共核发《允许进出口证明书》20 167份，商品贸易额34.9亿元；核发《物种证明》4409份，商品贸易额为10.63亿元。办证量超全国1/3，位居全国首位，企业满意率近100%。全面启用野生动植物进出口证书2.0申报系统，及时解决证书报关联网突发问题。圆满完成"第四届上海国际兰展"服务工作。完成2017年度归档立卷工作，共278卷。

提升民众保护意识 继续发挥公约宣教培训中心和珍稀木材宣教培训基地作用，年接待访客10余万人次；在宁波栎社国际机场摆放实物宣传柜；在长三角八个城市的凯德购物中心举办了"保护中国大猫"宣传教育活动，在杭州野生动物园举办了纪念"世界野生动植物日"活动，配合江苏和上海市林业部门举办了"爱鸟周"启动仪式；多次举办进出口企业培训班，宣传野保规定，介绍办证系统。与上海长宁区华阳街道合作开展濒危物种知识授课，履约宣传走进弄堂里。

打击辖区非法贸易活动 首次召开2018年苏浙沪三地部门间CITES执法工作协调小组联席会议，加强沟通交流。组织开展"盘羊三号"专项打击行动，累计查办各类野生动植物案件105起（其中涉及刑事案件47起），打掉犯罪团伙12个，处理违法犯罪人员163名。举办苏浙沪履约执法培训班，承担世界海关组织、国家工商总局、国家卫计委、上海海关、南京海关等单位举办的十余次履约专题培训的授课工作。与辖区林业、海关等部门研究工作十余次，开展浙江自贸区服务调研。完成野生动植物鉴定网络查验工作平台建设，协助海关完成涉嫌物种鉴定187份，木材鉴定13份。

【林业大事】

1月24日 向国家林业局和江苏省、浙江省、上海市人民政府提交2017年度森林资源监督报告。

1月31日至2月1日 联合浙江省林业厅和杭州海关等单位赴浙江自贸区进行工作调研。

1~2月 赴江苏省常州市、浙江省温州市督查野生动物保护和疫源疫病防控监测、森林防火工作。

3月3日 联合浙江省林业厅等单位，在杭州野生动物世界开展题为"保护虎豹，你我同行"的纪念第五个"世界野生动植物日"公益宣传活动。

3月13日 赴杭州西溪湿地公园开展湿地保护工作调研。

3月15日 在上海市林业工作总站召开了办站协同监督试点工作推进会。

3月21日 和上海市林业局联合开展野生动植物进出口营商环境"大调研"活动。

3月27日 联手凯德商用东部区域、中国野保协会以及自然资源保护协会等在凯德上海龙之梦虹口商场共同举办以"保护中国大猫"为主题的公益性宣传教育活动启动仪式。

3月29日 在上海市青浦区召开2018年苏浙沪部门间CITES执法工作协调小组联席会议。

3月30日 在上海市青浦区举办苏浙沪履约执法培训班。

4月14日 联合上海市林业局、野生动植物保护管理站、普陀区绿容局，在上海市长风公园举行第37届"爱鸟周"活动启动仪式。

4月20日 联合江苏省林业局，南京市绿化园林局、林业站、公安局环保支队、江苏省野保协会、动物学会等，在南京红山森林动物园举办2018年江苏省暨南京市"爱鸟周"活动启动仪式。

4月25日 巡查上海市崇明区森林、湿地和野生动植物保护管理等情况。

4月 赴浙江杭州、湖州，江苏无锡、常州、南京，对2016~2017年免税进口的种用野生动物和象牙禁贸工作进行监督检查。

5月17~18日 在浙江绍兴召开2018年苏浙沪三省(市)森林资源监督管理工作联席会议。

6月6~7日 在上海市金山区举办2018年森林督查工作培训班。

6月6~15日 和浙江省林业厅组成2个检查组，分别赴浙江衢州、丽水等地，联合开展浙江省涉林垦造耕地监督检查工作。

6月11~16日 国家濒管办第十检查组专程前往上海办事处开展野生动植物进出口管理业务调研检查。

6月13~14日 在浙江杭州、江苏宜兴分别召开浙江、江苏两省森林督查及目标责任制检查工作启动会。

7月4~6日 在浙江省龙游县举办2018年苏浙沪三省(市)地市林业局长工作交流座谈暨培训班。

7月26日 在浙江舟山举办2018年苏浙沪野生动植物进出口企业培训班。

7月30日 中共中央办公厅、国务院办公厅批准《国家林业和草原局职能配置、内设机构和人员编制规定》，专员办转为行政机构，作为国家林业和草原局的派出机构。

7~8月 和南京大学有关专家组成督查组，对上海、江苏、浙江4处国家湿地公园的建设管理情况开展监督检查。

7~9月 对江苏、浙江两省开展2018年度建设项目使用林地行政许可检查及保护发展森林资源目标责任制建设和执行情况检查。

8月22日 在宁波栎社国际机场航站楼海关举行"保护濒危野生动植物种，营造文明和谐口岸环境——国家濒管办上海办事处宁波栎社国际机场濒危物种实物宣传展柜启用仪式"。

8月25~29日 和自然资源部上海督察局一同赴浙江钱江源国家公园开展体制试点专项督察。

9月3~7日 对浙江省9家进出口企业开展行政许可专项监督检查。

9月13~19日 会同国家林草局野生动物疫源疫病监测中心、福州专员办，分别对苏浙闽三省开展野猪非洲猪瘟监测防控督查检查。

9月29日 举办首届中国国际进口博览会指定物流代理商野生动植物进出口管理系统应用和相关法律法规培训班。

10月 对江苏、浙江两省的10个县(市、区)开展森林督查。

10月24~25日 在浙江省丽水市举办2018年苏浙沪义务森林资源监督员工作交流座谈培训班。与浙江丽水市林业局签订"办站"协同监督试点合作备忘录。

10月30~31日 在江苏省苏州市举办2018年苏浙沪陆生野生动物疫源疫病监测防控培训班。

11月5~10日 为首届中国国际进口博览会提供相关服务保障工作。

11月12日 赴浙江省开化县督办非法经营陆生野生动物案件。

11月29日 和中共上海市纪律检查委员会、上海市监察委员会召开联系沟通工作会议，研究建立健全生态环境和资源损害责任追究沟通协作机制相关事宜，并形成会议纪要。

（上海专员办由沈影峰供稿）

北京专员办（濒管办）工作

【综　述】　北京专员办（濒管办）按照国家林业和草原局党组的部署，与监督区地方政府和林业主管部门协作配合，牢固树立"统筹山水林田湖草系统治理，实行最严格的生态环境保护制度"新理念，坚持全面从严治党，坚持问题导向，完善监督工作机制，落实案件督查督办的整改追责，强化队伍建设，提升许可服务对象满意度，统筹推进森林资源监督和濒危物种进出口管理工作上台阶。

【林业草原机构改革】　国家林业和草原局办公室文件（办人〔2018〕137号）通知，根据《深化党和国家机构改革方案》，中央编办对国家林草局所属事业单位机构编制情况进行了批复，将原国家林业局驻黑龙江省森林资源监督专员办事处等15个森林资源监督专员办事处转为行政机构，作为国家林业和草原局的派出机构。北京专员办编制增加到22名。

【森林资源监督】　开展监督区21个县（市、区）政府建立保护发展森林资源目标责任制情况检查和森林督查；检查12个建设项目使用林地行政许可情况、4个国家级湿地公园和自然保护地情况；督导候鸟等野生动物保护工作；对2个县开展专项巡查，加大暗访工作力度。全年共督查督办案件92件，立刑事案件50件，行政案件37件，涉案林地348.4公顷，涉案林木291立方米，问责114名党员领导干部。编写年度监督通报，全面准确地反映监督区的森林资源保护管理情况，客观地指出存在的问题，提出有针对性的监督建议，北京、天津、河北、山西四省（市）人民政府高度重视，政府负责同志均做出明确批示。

在与北京市纪委监委建立重大破坏森林资源案件线索移送机制基础上，由专员带队主动与其他三省（市）纪委监委领导一一对接座谈，与四省（市）纪委监委联系机制全面形成。四省（市）纪委监委同意建立涉及公职人员破坏森林资源案件线索移送机制，并派员参加北京专员办与四省（市）林业厅（局）联席会。

出台《督查督办破坏森林资源案件暂行办法》，规范案件督办时限、方式、程序、措施。监督约谈常态化，12次约谈四省（市）林业厅（局）和部分县市政府，推动案件督办跟踪问效。督促北京市优化办案程序，提高办案效率，促成北京市园林绿化局出台《关于园林绿化法律法规在北京市实施过程中适用问题的意见》。督促河北省林业厅强化生态公益林管理。督促山西省修编林地保护利用规划，解决林地权属重叠问题。与四省（市）林业厅（局）召开第六次联席会议，共同研究分析当前森林资源保护管理的形势和存在的问题。办局相互合作，强化履职担当。中央纪委驻农业部纪检组副组长刘柏林等出席会议并讲话，对北京专员办近年来开展的森林资源监督工作给予肯定。

主动服务监督区林业建设，举办监督区地市和重点县林业局长两个培训班，办领导亲自授课，并邀请中央党校等专家学者授课，提升基层林业局局长用法治思维管理森林资源的能力。发挥办站协同优势，请基层林业站同志参与森林督查等检查任务，提升林业站人员业务能力。

【濒危物种进出口管理】　全年共核发证书1505份，其中公约证书、非公约证书1226份，物种证明279份。为企业出具《不予受理行政许可申请通知书》111份。为企业提供优质高效服务，做到准确性和时效性并重，受到被许可人的认可，实现零投诉。强化履约宣传培训，与北京市园林绿化局联合举办以"关爱身边野生动物——依法保护野生动物，确保候鸟安全过京"为主题的世界野生动植物日宣传活动。参加CITES鲨鱼物种能力建设、野生动植物进出口证书管理系统等培训，提升管理人员业务能力。开展监督执法检查，专员苏祖云带领国家林草局督导组对天津市候鸟保护工作进行督导，督促天津市政府加强候鸟保护。配合国家濒管办开展行政许可检查，完成2017年度大宗贸易敏感物种监测评估工作。完成辖区内免税进口单位野生动植物种子种源监管工作。会同有关部门开展打击破坏海龟资源专项执法行动，将违法案件线索移送陆生野生动物主管部门依法处理。

【林业大事】

1月22日　专员苏祖云主持召开办务会，讨论研究《北京专员办督查督办破坏森林资源案件暂行办法》和《2017年度森林资源监督通报》。

1月23日　召开林业刑事案件执法座谈会，邀请中央党校政法部、最高人民检察院的法律专家学者出席。

2月28日　向北京市、天津市、河北省和山西省政府提交《2017年度森林资源监督通报》。

3月7日　苏祖云带队督查河北省森林资源管理工作。

4月9日　成都专员办专员苏宗海带队来专员办调研交流。

5月7日　派出工作组对山西省宁武县森林资源管理情况进行专项巡查。

5月8日　对河北省赞皇县开展森林资源保护管理专项巡查。

5月25日　苏祖云带队与河北省纪委、监委有关负责同志座谈，共商建立重大破坏森林资源案件线索机制事宜。

5月29日　国家濒管办派出第十四检查组，对北京办事处开展行政许可检查和业务调研工作。

6月22日　与北京、天津、河北、山西四省（市）林业厅（局）监督区第六次联席会在河北省崇礼区召开。

7月6~17日 苏祖云带队在河北省阜平县开展保护发展森林资源目标责任制检查和森林督查工作。

7月11~18日 副专员钱能志带队在河北省双桥区开展森林资源督查和保护发展森林资源目标责任制检查工作。

7月17~23日 副巡视员戴晟懋带队在河北省涿鹿县开展保护发展森林资源目标责任制检查和森林督查工作。

8月3~10日 对河北省平山县开展森林资源督查和保护发展森林资源目标责任制检查工作。

8月3日 对北戴河国家湿地公园建设管理情况开展检查。

8月28~30日 对北京房山长沟泉水国家湿地公园建设管理情况开展监督检查。

9月4~12日 对山西省隰县开展森林资源督查。

9月6~11日 苏祖云带队对山西省灵丘开展保护发展森林资源目标责任制检查和森林督查工作。

9月6~12日 副巡视员戴晟懋带队在山西省平顺县开展森林资源督查和保护发展森林资源目标责任制检查工作。

9月12~19日 副专员钱能志带队对山西省垣曲县开展森林资源督查及古城国家级湿地公园检查工作。

9月13~16日 苏祖云带队在山西省交城县开展保护发展森林资源目标责任制检查和森林督查工作。

9月17日 苏祖云在山西太原主持召开监督区盗采大树破坏森林资源形势分析会。

9月30日至10月2日 苏祖云带领国家林业和草原局督导组赴天津市督导候鸟保护问题。

10月9~19日 开展山西省2018年度建设项目使用林地行政许可随机抽查工作。

10月10~16日 副专员钱能志带队,明察暗访河北省秦皇岛市、唐山市打击滥捕乱猎和非法经营利用候鸟工作。

10月23日 苏祖云带队对天津市宝坻区破坏森林资源案件查处情况开展现地督导。

11月13~16日 举办监督区地市林业局长培训班。

12月17日至2019年1月5日 对北京市百花山,天津市八仙山、蓟县中上元古界,河北省滦河上游、青崖寨、茅荆坝、驼梁、红松洼、大海陀、雾灵山、柳江盆地、昌黎黄金海岸,山西省庞泉沟、五鹿山14个自然保护区开展涉自然保护区土地利用状况变化情况核查工作。

12月29日 国家林业和草原局人事司副司长王浩到北京专员办宣布任命通知,任命闫春丽为北京专员办(濒管办)党组成员、副专员(副主任)。

(北京专员办由于伯康供稿)

林业社会团体

28

中国林学会

【综述】 2018年,中国林学会入选世界一流学会建设工程,进入全国优秀科技社团25强,每年获得200万元奖励,连续支持3年。连续第8年获得"全国学会科普工作优秀单位"荣誉称号。主办期刊《林业科学》连续第16次入选"百种中国杰出学术期刊",入选中国科协科技期刊精品建设项目和精准推送服务试点项目。"梁希科学技术奖"被国家科学技术奖励工作办公室考评为优秀,在所有社会力量设奖中排名第9。学会秘书处党总支荣获国家林业和草原局"优秀党组织"称号,学会理事会党委荣获中国科协"优秀星级党组织"称号。各方面对学会的支持力度加大,学会改革进一步深化,学会服务能力不断提升,在国内外的影响力逐步扩大。

学会建设 加强服务站建设。进一步强化宁波、吉林、大兴安岭等服务站建设,在山西、四川新设服务站,在岚县、江油新设工作站,打通服务基层最后一公里。

实施乡土专家计划。制订《中国林学会乡土专家评选认定管理办法(试行)》并开展认定工作,共评选认定213名首批中国林业乡土专家。成功实施2018年中国科协创新驱动助力工程示范项目——林业乡土专家体系建设助力宁波乡村振兴。

制订并颁布团体标准。根据中国林学会团体标准管理办法,全年制定并发布《无人机遥感监测异常变色木操作规程》等5项团体标准。

开展科技成果评价。按照《中国林学会科技成果评价管理办法(试行)》,全年共组织开展"西北旱区枣品质行程机制及提升关键技术研究"等近30次科技成果评价,评价工作受到好评。

参与精准扶贫。在山西省吕梁市组织召开"发展经济林 助力精准扶贫"研讨会,为吕梁深度贫困地区脱贫攻坚出谋献策。完成中国科协组织的山西省临县、岚县定点扶贫任务,成立临县红枣院士工作站,推动红枣产业振兴发展。引进新品种、新科技,推动岚县沙棘产业发展。与深度贫困地区——贵州黔东南州签订林下经济助推脱贫攻坚协议并编制天柱县林下经济脱贫攻坚规划,与黎平县签订杉木人工林可持续经营科技示范协议。组织专家赴西藏开展科技助力西藏引竹增绿工作,促进科研成果转化和脱贫攻坚。

党建强会 加强思想建设,强化思想引领。深入学习贯彻习近平新时代中国特色社会主义思想和党的十九大精神,全年组织开展各类理论和实践学习20余次。组织开展党建系列活动,赵树丛理事长带队赴上海瞻仰中共一大会址,赴山东原山林场开展党性教育活动。组织参观"真理的力量——纪念马克思诞辰200周年主题展览",组织开展重温入党志愿书活动。

加强组织建设,夯实党建基础。制定《中国林学会党总支关于加强党总支及所属党支部、党小组建设的实施意见》,明确各级党组织的功能、作用及制度要求。

在学会官网、微信号建立党建强会专栏,刊登40篇党建文章,创建党员学习阵地。在会员党员中组织开展全国优秀党员科技工作者宣传活动,推荐2名宣传对象。完成中国科协2018年党建强会项目,承办全国学会党务干部培训。

加强作风建设,落实党风廉政建设各项制度。开展警示教育活动,驰而不息地纠正"四风"。严格财务管理,严格审批程序,加强风险防控。

加强纪律建设,强化监督执纪问责。严格落实国家林草局巡视组提出的整改意见,严明政治纪律和政治规范,严格执行"三会一课"等制度,严格执行请示报告和个人重大事项报告制度,严格执行民主集中制,坚持重大决策集体研究。全年召开秘书长办公会20次、秘书处办公会11次、全体职工大会8次。

加强队伍建设,凝聚人心汇聚力量。召开迎新暨青年干部成长成才座谈会。组织职工春游、秋游、健步走等文体活动,组织职工参加局工会各类比赛,活跃职工业余文化生活。关心妇女职工,做好"送温暖"工作及帮扶工作。利用节假日期间,走访慰问离退休职工,组织召开离退休职工座谈会,及时了解和帮助老干部生活中的困难。

国内主要学术会议 学会及各分会共举办综合性和专题性国内学术交流百余次,参会人员3万余人次,交流报告7000余篇,交流论文1万余篇。

1月24~26日,学会在浙江省桐庐县召开中国林业青年专家助力乡村振兴战略学术研讨会,提交关于实施林业青年英才培养工程等2篇专家建议,80余名代表参加会议。

6月14日,学会在山东省滕州市召开华东六省一市林学会学术交流会暨全国元宝枫产业发展学术研讨会。中国林学会理事长赵树丛,山东省政协副主席、林业厅厅长刘均刚,山东省科协党组成员、副主席纪洪波等有关领导出席会议,230余人参加会议。会后,与会人员考察了滕州市元宝枫生产基地。

7月18~20日,学会在上海召开第二届中国(上海)国际竹产业博览会暨竹产业发展学术研讨会。竹博会以"绿色、低碳、设计、环保"为主题,200余人参加会议,70余家企业在博览中心布展70余个展位。会前,学会还组织开展第二届中国(上海)国际竹产业博览会优质产品评选活动,共评出获奖产品39项。会后,学会组织开展"中国竹业特色之乡"认定评审工作,浙江省安吉县孝丰镇等16个乡镇被认定为"中国竹业特色之乡"。

9月26~28日,学会在云南省楚雄彝族自治州召开云南核桃产业发展学术研讨会。会议主题为"科技助推核桃产业,创新驱动绿色发展",260余人参会。

10月29日至11月1日,学会在河北省保定市召开第七届中国森林保护学术大会。大会主题为"新时代、新森保、新发展",550余人参加大会。会议评选50个优秀学术报告。

10月31日至11月2日,学会在四川省成都市召开第四届中国珍贵树种学术研讨会暨珍贵树种产业国家创新联盟成立大会。大会主题为"发展珍贵树种,助力乡村振兴",240余人参加会议。会后,与会代表考察四川省乐山市、资阳市的海南黄花梨、桢楠等珍贵用材林基地。

11月1～4日,学会在浙江省义乌市召开中国林学会竹子分会六届二次理事会暨第十四届中国竹业学术大会,350余人参加会议。大会评选出25篇优秀论文。开幕式期间,学会为第一批16个"中国竹业特色之乡"授牌。

11月4～7日,学会在贵州省贵阳市召开第十八届全国森林培育学术研讨会暨人工林质量精准提升高峰论坛。论坛主题为"新时代森林培育",310余名代表参加会议。开幕式上,沈国舫院士作了题为《中国的人工林——肩负生态和生产的双重使命》的特邀报告,并为12名获得"沈国舫森林培育奖励基金"青年教师及研究生颁发证书和奖金。张守攻院士作了题为《关于森林培育学科发展的三点思考》特邀报告。会后,与会代表考察大径材马尾松人工林等试验示范林。

11月14～16日,学会在湖南省长沙市承办中国科协第367次青年科学家论坛。论坛主题为"苗木质量精准提升与林分更新理论技术",80余名代表参加论坛。

11月21～23日,学会在北京林业大学召开第五届全国林下经济发展学术研讨会暨林下经济学科发展座谈会,110余人参加会议。中国工程院院士、中国林学会林下经济分会主任委员李文华,原国家林业局副局长李育材等出席会议并作特邀报告。会前,与会人员参观了北京林下经济示范基地。

12月10～12日,学会在四川省江油市召开"栎树国家创新联盟"成立大会暨栎类产学研协同创新发展高端研讨会,120余名代表参加会议。中国工程院院士蒋剑春向大会致贺信。会上,国家林业和草原局科技司向学会颁发"栎树国家创新联盟"牌匾,学会为美国南卡罗来纳州克莱姆森大学王高峰教授颁发"中国林学会国际咨询专家"证书。会议还进行"中国林学会四川服务站""中国林学会四川服务站——江油站"授牌仪式。

12月24～26日,学会在广西壮族自治区柳州市召开第三届全国杉木学术研讨会,180余人参加会议。会议评选出优秀论文20篇。会后,与会代表考察融水县国营贝江河林场国家级优质杉木种苗繁育基地。

12月26～28日,学会在浙江省宁波市召开中国林学会林业科技管理专业委员会换届大会暨林业乡土专家经验交流会,220余人参加会议。会议期间,与会代表考察宁波市北仑区小港新野瓜果专业合作社。

国际学术会议与交往 4月24日,学会在北京林业大学召开第五届国际森林科学论坛暨森林经营高端研讨会。会议主题为"森林科学经营的理论实践与国际经验",法国、德国以及国内专家200余人参加研讨。国家林业和草原局副局长彭有冬出席会议并致辞。学会赵树丛理事长授予德国弗莱堡大学教授Heinrich Spiecker等3人"中国林学会国际咨询专家"证书。

6月21日,学会理事长赵树丛率团出席第四届"植树造林面临的挑战"国际会议。其间,代表团访问了贝尔格莱德大学。

6月25日,学会与国际竹藤组织、日本林学会、韩国林学会等单位在北京国家会议中心举办中日韩竹产业合作与人文交流对话会。

8月30日,学会副秘书长李冬生在北京会见德国埃伯斯瓦尔德大学教授Michael Mussong。

9月12～14日,学会在浙江省桐庐县举办中国森林疗养杭州国际研讨会。会议主题为"森林疗养构建新型社会福祉",澳大利亚、日本、韩国、芬兰、德国及国内森林疗养领域专家代表160余名参加会议。学会理事长赵树丛在大会上作了题为《森林价值新发现——中国森林疗养的发展》的主旨演讲。会议发布中国森林疗养《杭州宣言》,学会森林疗养分会与桐庐县人民政府签订森林疗养产业战略合作协议。

11月21日,学会在南京森林警察学院举办生态环境保护国际研讨会。美国、新加坡、缅甸、澳大利亚、芬兰、印度以及国内专家代表100余人参加会议。

两岸交流 10月22～24日,学会在浙江杭州举办2018两岸林业基层交流研讨会,台湾代表实地调研浙江省林业经营情况。

12月8～14日,学会在云南省昆明市举办两岸栎类经营发展论坛。

科普活动 开展2018年全国林业和草原科技周、第二届憧憬·美丽中国艺术设计大赛、2018全国林业和草原科普微视频创新大赛等活动,召开第七届梁希科普奖评选工作会议等,实现森林、草原、湿地、荒漠和陆生野生动植物全覆盖。开展第四批全国林业科普基地(增补)工作,全国林业科普基地达到159个。在陕西、河南等省组织科普日活动约30场次,活动受众超5000人,推荐9项活动为全国科普日优秀活动项目。

实施林业科学传播团队创建行动,支持北京植物园和湿地科学2个科学传播团队开展科普报告20场,成功推荐41人为"科普中国"科学传播专家。

实施林业科普资源共建共享行动,定向制作林业科普微视频40部、依托"科普中国"汇聚林业科普视频288部,全年新增林业科普视频作品427个,容量达400G。

实施林业科普信息化建设,"林业科学传播"公众号发布作品208篇、"林业科学传播"频道发布作品650篇。"王康聊植物"微信平台刊登文章60篇,实现优质林业科普资源及时有效落地应用。

决策咨询 完成4期《林业专家建议》编撰工作,其中2篇建议得到国家林业和草原局领导批示。

开展大型生态公益活动。开展寻找中国最美古树活动,在全国遴选85株最美古树,并在《国土绿化》杂志出版中国最美古树专刊。颁发2017森林文化小镇证书和奖牌,赴云南腾冲和顺镇开展森林文化小镇专题调研,为小镇遴选工作总结经验,并为小镇规划建设提供建议。开展2018森林中国·发现森林文化小镇活动、中国最美银杏文化小镇遴选活动。

组织重大需求调研。与广西人工林种植行业协会联合开展人工林企业调研,举办现代人工林企业创新发展论坛，解决企业经营实际需求。

开展我国近代林业科学先驱凌道扬生平及学术思想研究，举办凌道扬诞辰130周年暨学术思想座谈会，组织专家完成《中国近代林业先驱——凌道扬》编辑出版工作。

完成2018年度中国科协九大代表调研项目。召开2018年中国科协预防与控制生物灾害分析研讨会，并组织专家编著《2018年预防与控制生物灾害咨询报告》，已连续开展24年。

学术期刊 主办期刊《林业科学》2019年全年收稿776篇，发表238篇。影响因子1.191，总被引频次4565。第16次被评为百种中国杰出学术期刊，继续被EI收录，主要引证指标继续保持林业学术期刊前列，并入选中国科协科技期刊精准推送服务试点项目（50个期刊）和中国科技期刊精品建设计划2018年年度项目。

加强审稿专家队伍建设，制作并发送电子版审稿专家证书。召开第六届全国林业科技期刊发展研讨会，提高林业科技期刊办刊水平。1篇论文获得2018年中国科技期刊农林学科年度优秀论文二等奖。

继续参与中国绿化基金会公益项目，2018年捐出第四笔善款5145元支持"幸福家园——西部绿化行动"生态公益项目。截至2018年年底，共捐赠20210元援助宁夏回族自治区贫困家庭种植2021棵枸杞生态经济树。

学科发展研究 正式出版《2016～2017林业科学学科发展报告》，成功申报并开展《2018～2019林业科学学科发展报告》和《林业科学学科方向预测及技术路线图研究》两项中国科协学科发展项目。启动《中国林业优秀学术报告2017～2018》征集工作。与有关省级林学会、分会（专业委员会）、科研教学等单位联合开展重点学科专题学术交流。

表彰举荐优秀科技工作者 完成梁希奖的评选和国家奖推荐工作，第九届梁希林业科学技术奖最终评出获奖项目102项。其中，一等奖6项，二等奖52项，三等奖44项。一等奖项目由国家林业和草原局推荐上报2019年国家科技进步奖。完成第七届梁希青年论文奖评选工作，共收到申报论文645篇，评选出获奖论文255篇，其中一等奖论文19篇，二等奖论文64篇，三等奖论文172篇。完成第七届梁希优秀学子奖评选工作，共收到全国33所相关高等院校候选人75名，最终评选出51名获奖者。组织开展全国优秀科技工作者代表候选人推荐工作。

会员服务。完善学会网站，启用学会公共邮箱，开发会员发展与服务系统APP，建设会议系统。大力发展会员，2018年新入会有效会员1153个。其中，普通会员894个，高级会员164个，学生会员84个，团体会员单位12个。召开会员代表座谈会，组织开展会员义务植树活动，制作中国林学会团体会员牌匾，印制会员发展和服务宣传折页。

【**第六届中国林业学术大会**】 11月14～16日，第六届中国林业学术大会在西南林业大学召开。大会主题为"创新引领：新时代林业新发展"，2300余人参加会议。中国林学会理事长赵树丛，湖南省政协副主席张大方等有关领导出席大会并讲话。中国林业产业联合会常务副会长、原国家林业局总工程师封加平，中国工程院院士、中国林学会副理事长曹福亮等出席开幕式并作特邀报告。开幕式期间，颁发了第九届梁希林业科学技术奖和第七届梁希科普奖。

本次大会共设25个分会场，收到论文（摘要）1500余篇，交流报告700余篇。会议研讨内容涉及木本植物基因组与分子生物学、森林培育等众多学科和研究领域。

【**第十三届中国林业青年学术年会**】 6月1～3日，第十三届中国林业青年学术年会在江西农业大学召开。年会主题为"林业青年科技创新与乡村振兴"，1200余人参加大会。中国工程院院士蒋剑春，中国林学会理事长赵树丛等出席开幕式。

开幕式期间，颁发了第七届梁希青年论文奖、第七届梁希优秀学子奖。

本次学术大会共设12个分会场，研讨内容涉及森林培育、林木遗传育种、森林经理等众多学科领域。

【**生态文明贵阳国际论坛**】 7月6日，生态文明贵阳国际论坛——林业与生态系统治理中外专家对话会在贵州省贵阳市举办。对话会主题为"新时代林业的新定位新使命"，国内外近100人参加对话会。国家林业和草原局副局长彭有冬，中国林学会理事长赵树丛，贵州省人大常委会副主任李飞跃等领导出席论坛并致辞。

会议提出《以自然为基础的新时代林业——贵阳倡议》。会议同时发布《中国栎类经营指南》和贵州10个县的生态系统生产总值（GEP）核算报告。

会议期间，中国林学会与贵州黔东南州签订林下经济助推精准脱贫攻坚战略合作协议；与贵州省黎平县、天柱县分别签订杉木人工林可持续经营科技示范协议、林下经济助推脱贫攻坚合作协议；与沈阳农业大学签订栎类经营示范样板基地协议。

【**2018森林中国大型公益系列活动**】 6月5日，2018森林中国大型公益系列活动在北京西山国家森林公园正式启动。国家林业和草原局副局长张永利，共青团中央书记处书记傅振邦，全国绿化委员会副主任、中国林学会理事长赵树丛，中国光华科技基金会党委书记、理事长侯宝森等出席活动并致辞。《光明日报》《中国绿色时报》、人民网等100多家新闻媒体参加启动仪式。

启动仪式颁发"2017森林中国森林文化小镇"奖牌和证书。

【**第六届中国（邳州）银杏节暨第二届国际银杏峰会**】 11月5～6日，第六届中国（邳州）银杏节暨第二届国际银杏峰会在江苏省邳州市举办。银杏节主题为"标准引领发展，品牌创造未来"。中国林学会理事长赵树丛，全国政协原副秘书长何丕洁，中国工程院院士曹福亮，魏玛银杏博物馆馆长海因里希·贝克，俄罗斯自然科学院院士彼得琴科·弗拉基米尔，阿根廷拉美中国政治经济研究中心副主任逗博以及400多名来自"一带一路"沿线国家的青年代表和其他国家（地区）的受邀客商、嘉宾出席开幕式。

开幕式上，学会颁布银杏团体标准，并宣布中国最美银杏文化小镇评选结果，副秘书长刘合胜为获奖小镇代表授牌。南京林业大学艺术学院副院长杨杰宣布全国银杏艺术设计大赛评奖结果，曹福亮院士为获奖代表颁奖。在随后的签约环节中，邳州世界银杏博览馆与德国魏玛银杏博物馆正式缔结为友好馆。来自"一带一路"60多个国家的青年代表共植银杏友谊林。

【第35届林学夏令营】 7月16~20日，第35届青少年林业科学营活动在安徽扬子鳄国家级自然保护区举行。来自北京5所学校80余名师生参加活动。

营员先后参观扬子鳄养殖园区、扬子鳄保护管理站、野化训练区等地，开展扬子鳄日常活动行为观察、营建扬子鳄蛋巢竞赛、自然绘画笔记比赛、四场专题科普报告、营员分享会议等专题性体验与实践活动。

人民网、《中国绿色时报》《少年科学画报》、科普中国APP等媒体对活动进行跟踪报道。

（中国林学会由林昆仑供稿）

中国野生动物保护协会

【综　述】 2018年，在国家林业和草原局党组和中国科协的正确领导下，中国野生动物保护协会认真学习贯彻党的十九大精神和习近平新时代中国特色社会主义思想，紧紧围绕国家生态文明建设的总体部署和要求，以及国家林业和草原局的中心任务来谋划和开展工作，积极当好政府主管部门的助手，发挥好政府联系社会的桥梁和纽带作用，着力深入开展野生动物保护科普宣传、科技交流，最广泛动员社会各界参与支持野生动物保护工作，为我国野生动物保护事业作出了应有的贡献，在国内外树立了良好的社会公益形象。

协会建设　截至2018年12月底，协会全国个人会员总数达到423 028人，团体会员3916个，资深会员308名。协会下设分支机构共17个，其中新成立分支机构3个，变更名称2个。协会分别召开全国会员代表大会暨理事会、常务理事会、全国野生动（植）物保护协会秘书长工作会议、纪念中国野生动物保护协会成立35周年座谈会及相关活动。协会建立专家库，现有专家成员88人，涉及高校及科研院所45所。

3月31日，协会在福建省厦门市召开了中国野生动物保护协会保护繁育与利用专业委员会成立大会，会议决定将养殖委员会更名为保护繁育与利用委员会。

7月12日，协会在北京市召开中国野生动物保护协会志愿者委员会成立大会。

9月21日，协会在福建省福州市召开中国野生动物保护协会野生动物标本委员会成立大会。

11月10日，协会在北京召开中国野生动物保护协会生态影像文化委员会成立大会。

12月8日，协会在云南省昆明市召开中国野生动物保护协会野生动物保护区委员会换届暨国家公园及自然保护地委员会成立大会，会议决定将野生动物保护区委员会更名为国家公园及自然保护地委员会。

学术交流　3月14~15日，协会与湿地国际中国办事处等单位在辽宁省盘锦市共同主办召开黄渤海湿地与水鸟保护研讨会。出席研讨会的中外专家学者共100余人。

11月21~24日，协会科技委员会等单位在云南省昆明市召开了第十四届全国野生动物生态与资源保护学术研讨会暨第九届中国动物学会兽类学分会全国代表大会，来自国内外116个院校、科研机构和企业的共635位代表出席了会议。会议包括3个大会特邀报告、6个分会场共19个专题的224个分会报告。

国际交往　1月29日，协会与世界自然基金会（WWF）、国际野生物贸易研究组织（TRAFFIC）合作，召开中国象牙禁贸的成就与挑战研讨会。来自国家林业局、国家濒管办、外交部、海关总署等政府机构，象牙雕刻企业、学术机构和商业公司，以及非政府组织（NGO）驻华代表机构共120位代表出席会议。与会代表一致认为，中国政府履行承诺，展现了负责任大国的形象。

3月3日，由协会等单位合办的中芬大熊猫保护研究合作项目启动仪式暨大熊猫馆开馆仪式在芬兰艾赫泰里动物园举办。国家林业局代表团及中芬各有关方面代表300多人参加了活动，芬兰总理西比莱、中国驻芬兰大使陈立出席活动并致辞。

5月2~9日，在西班牙马德里举办的第六十五届CIC代表会员大会上，大会接纳中国野生动物保护协会为该组织社团组织会员。

9月7~9日，第三届世界自然保护联盟（IUCN）中日韩会员会议召开，来自中国、日本和韩国3个国家的会员单位及IUCN亚洲区域办公室的30多位代表出席会议，协会参加了此次会议。

10月20~23日，由协会等单位主办、以"人与自然和谐共生，生态文明新时代的自然教育"为主题的首届自然共同体论坛在浙江省杭州市举行。来自全国各地的相关行业代表及德国、日本、新加坡等各国专家共300余人参加论坛。

协会与英国布莱恩里斯制作公司（Brian Leith Productions）合作，联合摄制五集生态纪录片《中国：神奇的动物王国》（China's Hidden Kingdoms）。

科普宣传活动　协会与国家林业和草原局、广东省、辽宁省等有关单位，分别联合举办了全国"爱鸟周""世界野生动植物日""生态中国 美丽家园——中国野生动物保护生态摄影书画作品展"等大型科普宣传活动，全国人大、全国政协、国家林业和草原局、广东和辽宁省等领导参加了科普宣传活动，还组织了形式多样的各种科普宣传活动，提高社会大众的科学素质，提高野生动物保护意识,促进保护工作的开展。

协会与央视创造传媒有限公司合作推出科普竞猜节目《正大综艺·动物来啦》。节目于2018年6月初在中央电视台综合频道首播,截至2018年年底共播出合作节目29期。微博话题"正大综艺动物来啦"阅读量1.9亿,讨论量8.2万,受到观众一致好评。

协会等单位合作开发"中国自然生态百科(鸟类)数据库"(发布时定名为"识鸟家")。微信小程序于8月底上线,可以识别全国1470种鸟类并获得对应鸟种的形态、分布及生态习性等详细信息。截至3月底,微信小程序和APP累计用户2万多人,月活跃用户1万人左右,APP下载量3000多次。该项目后台数据库汇总了近20年中国鸟类的观察记录,通过AI技术智能识别鸟类图片,迅速查找全国鸟类信息。

10月,协会与华中科技大学出版社合作出版《中国的珍稀动物》系列丛书,分别为《大熊猫》《雪豹》《金丝猴》《藏羚羊》共四本。封面采用光影视觉动画技术,通过动态效果复原野生动物生活的真实场景,使其更具生动性和趣味性。

公益活动 协会为推广自然环境教育,分别在浙江、四川和陕西三省,开展了三期自然体验培训师,有156学员代表参加学习。

1月初,协会与政府部门和国际NGO合作,开展象牙禁贸公众宣传教育,制作了视频和宣传海报,在政府、各NGO的微博、微信平台,以及地铁、机场广为播放和张贴,提醒公众不再购买象牙及其制品。

3月27日,协会与凯德集团、自然资源保护协会(NRDC)合作,在上海虹口凯德龙之梦商城开启以"保护中国大猫"为主题的公益性宣传教育活动,活动覆盖凯德华东地区的九大购物中心。

协会门户网站全年总访问量151 175次,微信公众号全年累计阅读数为63万,在中国NGO绿色公号周榜单始终保持前五名,并被列入中国新闻办公室主推送的"公众号"序列。

会员服务 协会编辑出版了两期会员通讯,在网站和微信公众号上同步更新协会和社会信息,通过对中国林业网、协会官网及公众号800多篇文章、2000多张图片进行统计筛选,完成通讯汇编。

协会在东北林业大学野生动物资源学院主办了两期基层协会组织建设管理培训班,在辽宁省大连市和北京市分别举办了两期协会志愿者骨干学习培训班;协会野生动物救护委员会在内蒙古自治区鄂尔多斯市举办了野生动物救护经验交流及技术培训班,有关人员参加了培训,提高了技术水平。

【"世界野生动植物日"系列公益宣传活动】 3月1日,协会与国家林业局、广东省人民政府、国家濒危物种进出口管理办公室等在广东省长隆野生动物世界,共同主办以"保护虎豹,你我同行"为主题的全国2018年"世界野生动植物日"主题宣传活动启动仪式。国家林业局副局长李春良、广东省人民政府副秘书长顾幸伟出席活动并致辞。来自外交部、公安部等22个部门代表,美国等8个国家驻广州领事馆的代表、世界自然基金会等8个国内外组织的代表、社会各界群众等千余人参加了活动。启动仪式上,协会授予樊昭甫等26名同志"打击野生动植物非法贸易先进个人"称号,表彰"绘眼看自然——'长隆杯'第一届自然笔记大赛"获奖代表。广东省长隆动植物保护基金会向东北虎豹国家公园捐赠了一批红外线相机和资金,用于虎豹资源监测和巡山清套活动。青少年学生代表宣读了野生动植物保护倡议书。活动同期还举行了濒危物种图片展览。全国各省(区、市)协会也相继举办了"世界野生动植物日"公众教育宣传活动。

【全国"爱鸟周"系列宣传活动】 协会向全国各省级协会印发《通知》,提出全国"爱鸟周"活动要求,统一活动主题。4月2日,2018年全国"爱鸟周"暨志愿者"护飞行动"启动仪式在辽宁省大连市举办。国家林业局副局长李春良、辽宁省人民政府副省长郝春荣出席并致辞,协会会长陈凤学宣布全国"爱鸟周"活动启动。启动仪式上,参会领导为2018年春季候鸟迁徙志愿者"护飞行动"队伍授旗,向来自大连市金普新区的小学生们赠送了鸟类科普书籍。协会表彰了荣获2017年度"斯巴鲁生态保护奖"的80名野生动物保护工作者,授予田志伟等23名同志"2017年中国野生动物保护协会志愿者'护飞行动'先进个人"称号。全国各级协会也相继开展了观鸟、科普讲座和文化演出等内容丰富、形式多样的"爱鸟周"宣传活动。"爱鸟周"成为全国参与人数最多的生态文化活动。

【中国野生动物保护协会志愿者护飞行动】 在国家林业局的领导下,2016年以来,协会积极倡导和组织开展"保护候鸟,志愿者护飞行动",取得了显著成效。特别是2018年秋冬季志愿者护飞行动,协会首次集合了国内民间的爱鸟护鸟志愿者组织,组成一百余支护飞队伍,组织开展"百队百天"秋冬季护飞行动,形成我国野生动物保护志愿活动上下联动、八方呼应、规范发展的良好态势;同时开创性提出开展"爱鸟文明村"的社区共建活动,通过与100个乡(镇)、村签订共建爱鸟护鸟文明协约,推动候鸟保护进乡村,建立民众参与候鸟保护的共管长效机制。央视新闻多次在黄金时间报道"护飞行动",国内各主流媒体纷纷报道和转发。国家林业和草原局局长张建龙在"2018年春季志愿者护飞行动总结"上批示"志愿者护飞行动是保护候鸟的重要举措之一,要充分发挥好作用",对发动和组织广大志愿者参与爱鸟护鸟行动给予充分肯定;志愿者候鸟保护护飞行动入选2018年中国野生动植物保护十件大事。据统计,4~6月,由协会组织的全国各地的志愿者在为期两个半月的春季"护飞行动"中,共组织51支护鸟队、近500名志愿者参与,累计行程4万多千米,涉及13个省(区、市)。志愿者共巡护村屯365个,拆除鸟网138张,总面积约3300平方米,救助、放飞野鸟1425只,无害化处理死鸟744只,捡拾有毒食物及垃圾近100千克,清理毒饵面积近700平方米。"护飞行动"举办12场讲座和20多场座谈会,发放宣传资料22 880份,在一线发展500多名志愿者。

【"生态中国 美丽家园——中国野生动物保护生态摄

影书画作品展"】于11月10日在北京举办。十八届中共中央书记处书记,十一届、十二届全国政协副主席杜青林,全国人大常委会原副委员长顾秀莲,国家林业和草原局局长张建龙、副局长李春良,协会会长陈凤学,中国书法家协会主席苏士澍等领导出席开幕式,来自有关单位的负责人及来宾共80余人参加开幕式并参观展览。展览期间,国家林业和草原局副局长张永利陪同原国务院副总理刘延东参观了展览。此次展览共展出150余幅野生动物影像作品和70余幅书画作品。

【纪念中国野生动物保护协会成立35周年座谈会】11月12日,协会召开纪念中国野生动物保护协会成立35周年座谈会,国家林业和草原局副局长李春良在会上发表讲话,肯定协会多年来取得的工作成绩。协会拍摄制作放映以六小龄童代言的公益宣传片,宣传协会的宗旨和理念;制作和放映协会35周年成就纪录片,全面反映协会35年的工作;制作和展出中国野生动物保护协会宣传册,宣传展示协会近几年所做的工作和取得成就;制作和展出协会成立35周年成就展——我们的足迹,宣传展示协会成立35年的工作成就,国家林业和草原局副局长彭有冬等领导参观展览;在《中国绿色时报》开展"我的野生动物保护故事"征文活动,征文比赛共收到作品132篇,并出版了《我的野生动物保护故事——中国野生动物保护协会成立35周年征文作品集》。

【2018年全国野生动(植)物保护协会秘书长工作会议】于11月12日在北京召开,来自全国31个省(区、市)野生动(植)物保护协会的秘书长及相关负责人参加此次会议。会议由副秘书长赵胜利、郭立新主持,李青文秘书长出席会议,听取各省(区、市)协会工作情况及建议。

【中国野生动物保护协会第五届全国会员代表大会第三次会议暨第五届理事会第三次会议】于11月12日在北京召开,会议总结协会一年来的工作,增补了一位副会长,陈凤学会长对协会下一步工作提出了要求。

【2018年海峡两岸黑面琵鹭与自然保育研讨会】于12月2~7日在台北市举行(注:黑面琵鹭为台湾叫法),来自海峡两岸黑脸琵鹭保护及自然生态保育界70多位专家代表参加了研讨会。海峡两岸交流基金会前理事长江丙坤、台湾野生动物保护协会理事长陈如舜、中国野生动物保护协会副秘书长郭立新出席研讨会并致辞。江丙坤在致词中表示中国野生动物保护协会过去七年通过海峡两岸暨香港、澳门的合作,在黑面琵鹭保护等方面取得了很好的效果,并已经建立了相当密切的关系。

(中动协由于永福供稿)

中国花卉协会

【综述】2018年,中国花卉协会以习近平新时代中国特色社会主义思想为指导,认真贯彻党的十九大精神,以推进生态文明和建设美丽中国为目标,以推动实施《全国花卉产业发展规划(2011~2020年)》为重点,服务国家战略和花卉产业发展大局,圆满完成各项工作任务。

【发布《2018全国花卉产销形势分析报告》】通过全面调查、重点考察,组织召开2018全国花卉产销形势分析会,对全国盆栽植物、鲜切花、绿化观赏苗木的产销形势,全国花店零售业和全国花卉市场情况以及雄安新区、北京世园会花卉苗木的需求进行分析,形成综合分析报告,研判产销形式,指出存在问题,提出发展趋势和对策建议,对于指导全国主要花卉产品的种植和销售发挥了重要作用。

【脱贫攻坚】一是开展花卉扶贫调查研究。采取点、面结合的调研方式,重点深入到云南省屏边县、贵州省赫章县、河南省淮阳县和南召县、安徽省阜阳市颍东区、四川省昭觉县等14个贫困县开展花卉扶贫调研,全面了解掌握花卉产业在扶贫工作中的地位和发挥的作用。确定贵州赫章县和河南南召县为中国花卉协会扶贫联系点,江苏沭阳为花卉扶贫示范点,为脱贫攻坚战作出了贡献。二是资助青州市花卉灾后重建。2018年8月18~20日,山东省青州市发生特大暴雨,致使青州市遭遇60年一遇的洪水灾害。中国花卉协会及时向青州市捐款10万元,并号召全国花卉界同仁捐款捐物,累计达到1500多万元,支援青州灾后重建。三是资助贫困地区教育。与中国生态文化协会联合主办"生态文化进校园"活动。12月21日,在三亚市天涯区文门小学举行"生态文化进校园"活动,开展了"生态文化小标兵"评选,并捐赠了教学设备和图书。

【《中国花卉产业发展报告》编印工作】出版《2015中国花卉产业发展报告》,编辑审校《2016中国花卉产业发展报告》。花卉产业发展年度报告成为全国花卉行业的白皮书,为行政管理部门、社团组织、科研院校、重点产区、花卉企业等提供参考。

【花卉标准化工作】参加全国标委会专业知识和新版标准法的培训;梳理、明确标准清单,并在林业标准网公示;成立全国花卉标准化技术委员会盆景工作组;启动全国花卉标准化技术委员会及鲜切花分技术委员会的换届筹备工作;牡丹芍药分会完成林业行业标准《油用牡丹种子园建设规程》。

【科技创新】花卉界两项成果获2018年度国家科学技术奖:南京农业大学菊花课题组负责人、长江学者特聘教授、南京农业大学园艺学院教授陈发棣主持完成的"菊花优异种质创制与新品种培育"项目获得国家技术发明奖二等奖；中国农业大学园艺学院教授高俊平主持完成的"月季等主要切花高质高效栽培与运销保鲜关键技术及应用"项目获得国家科技进步奖二等奖。

【树立典型示范】 组织专家实地考察，确定公布吉林省长春市泓鑫君子兰种植基地等12家单位为第二批国家重点花文化基地；协会推荐的云南英茂花卉产业有限公司和云南为君开园林工程有限公司2家花卉企业获得2018国际种植者种苗类银奖和成品花木类铜奖；推荐4家企业参评2019国际种植者评选，获一金一银两铜，内蒙古蒙草生态环境（集团）股份有限公司荣获可持续发展金奖，江苏中荷花卉股份有限公司获鲜切花类银奖，四川七彩林科股份有限公司和福建鸿展园林工程有限公司分别获得种苗类和成品花木类铜奖。

【中国花文化发展研讨会】 9月26日，在河南许昌鄢陵组织召开中国花文化发展研讨会，全面总结国家重点花文化基地建设工作成效，探讨花文化发展趋势，弘扬花文化，增强文化自信，推动花卉事业发展。

【中国特色花卉小镇建设指导工作】 在了解各地花卉特色小镇建设情况的基础上，起草《中国特色花卉小镇建设的指导意见》，召开了中国特色花卉小镇建设座谈会。

【联合发起保护野生兰花倡议】 7月14日，与中国野生植物保护协会、中国中药协会等单位联合发起倡议，呼吁大众拒绝购买野生兰花，并明确在举办兰花博览会中禁止野生兰花参展和评奖，保护野生兰花资源。

【行业培训】 协会秘书处组织举办全国花卉信息化管理培训班。零售业分会6～7月举办第五届中国杯插花花艺大赛预选赛及赛前培训活动。盆栽分会秘书处与四川国光花卉研究院联合成立技术服务队，深入青州洪灾受灾村、企业、大棚开展灾后技术指导，举办讲座20场次，培训花农2000多人次。绿化观赏苗木分会举办第二期绿化观赏苗木容器苗生产与花境应用培训。

【2019北京世界园艺博览会筹备工作】 2019北京世园会（A1类）各项筹备工作进入攻坚阶段。中国花卉协会全程参与北京世园会各项筹备工作，参与组织召开组委会第三次会议、执委会第二次会议、国际参展方第一次会议、两次国内参展推进会议、各省（区、市）室内参展方案评审会议、2019北京世园会第三次新闻发布会、第二批形象大使发布仪式等。展会招商招展超额完成，110个国家和国际组织及120余个非官方参展者确认参展，园区和场馆建设进入收尾阶段，会期开闭幕式、世界花卉大会、国际竞赛等系列活动方案基本明确，运营保障机制已形成，宣传推介稳步开展。

【确定第十届中国花卉博览会举办城市并全面启动筹备工作】 经形式审查、组织专家实地考察，4月9日，在北京组织召开第十届中国花卉博览会举办城市评定会议，经各省（区、市）花协和中国花协各分支机构投票推荐，确定上海市崇明区为举办城市；举行第十届中国花卉博览会举办协议签约仪式；拟定花博会规划总体方案，组织召开总体规划方案专家评审会议、中国花协各分支机构参展座谈会和第十届中国花卉博览会第一次筹备会议。

【第五届中国杯插花花艺大赛】 于11月27日至12月4日在广州市海心沙成功举办，主题是"花开新时代"。经过在全国五大赛区的预选赛，来自20个省（区、市）的51名选手参加大赛，分初赛和决赛两个阶段，共有153件初赛作品及60件决赛作品。大赛参照国际花艺比赛模式和规则，全面检阅中国插花花艺水平，选拔优秀选手，选出冠、亚、季军，对推动中国插花花艺事业发展，普及花艺知识，弘扬花卉文化，引导花卉消费具有重要意义。

【第二十届中国国际花卉园艺展览会】 于5月10～12日在北京中国国际展览中心（新馆）成功举办。此次展会展出面积达4万平方米，来自荷兰、英国、澳大利亚、美国、肯尼亚、泰国等30个国家和地区的800家企业参展。展会期间，开展了专业技术培训、技术论坛、学术交流、插花表演等专业活动。该展览会已成为亚洲地区规模最大、影响最广的专业性贸易展会。

【2018中国（萧山）花木节】 于3月30日至4月1日在杭州市萧山区举办。秉承"产业联动、采购交易、供需对接、设计引导"的办展理念，来自10多个省（区、市）的1000多家企业参展，意向成交额达7.6亿元，新增盆景艺术大师作品展示区、插花花艺精英赛作品展示区和根雕精品展示区，提升了花木节的文化艺术水平。

【接续主办第十八届中国·中原花木交易博览会】 国家林业和草原局、河南省人民政府按规定退出博览会主办单位，由中国花卉协会首次主办。本届博览会于9月25～28日在河南省许昌市鄢陵县成功举办，主题为"魅力花都·美丽家园"，组织了花事花展、招商推介、旅游文化等13项花事活动。参会客商7000余人，参展企业773家，交易额约61亿元。

【2018广州国际盆栽植物及花园花店用品展览会】 于11月8～10日在广州保利世贸博览馆成功举办。展览面积近1万平方米，吸引了来自法国、荷兰等13个国家和地区近150家企业参展。期间举办了设施花卉种植及装备新技术应用研讨会、家庭园艺论坛交流会等多项活动。

【分支机构展会活动】 举办第十六届中国梅花蜡梅展览会、第十一届中国茶花博览会、第28届中国兰花博览会、第十五届中国杜鹃花展览、第32届全国荷花展、首届中国杯组合盆栽大赛、首届中国多浆（多肉）植物展、南阳第九届月季花会、第九届中国芍药节、2018年中国（横县）茉莉花文化节、第八届中国月季展、第

18届中国（青州）花卉博览交易会、第六届中国沭阳花木节、第二届全国盆景交易大会、2018中国（长兴）花木大会、第十六届中国（金华）花卉苗木交易会等展会活动。

【信息化建设】 2018年，中国花卉协会网站成功改版，更新信息260条，点击量达到514.03万人次，被评为国家林业和草原局十佳网站；微信公众号关注人数不断提升；出版《中国花卉园艺》（半月刊）24期；加强了信息队伍建设。

蕨类植物分会、中国野生植物保护协会蕨类植物保育委员会和中国植物学会蕨类植物专业委员会共同主办《中国蕨Sinopteris》已经成为国内蕨类植物同行交流的最重要渠道，在国际交流中也将发挥重要作用；兰花分会顺利完成2018年度《中国兰花》6期内刊的编辑出版工作。牡丹芍药分会申请并承担了林业行业标准《牡丹综合体》的编撰工作。

【国际交流】 出席2018年香港花卉展览和澳门国际植树日活动；参加国际园艺生产者协会2018春季会议和第70届年会、国际展览局164次全体会议、亚洲花店业协会第40届理事会议；参加2018国际种植者颁奖典礼；开展2019北京世园会的国际宣传和招展工作；成功组织举办2018年泰国、土耳其世界园艺博览会"中国唐园""中国华园"技术管理研修班。月季分会组团赴丹麦哥本哈根参加第十八届世界月季大会。

【协会工作会议】 召开2018年会长工作座谈会、第六届六次常务理事会、2018年分支机构工作座谈会。会长江泽慧在第六届六次常务理事会上作了主旨报告，分析了中国花卉产业发展的新特点，阐述了新任务，提出了新思路和新目标，以及要重点打好三大攻坚战。

【分支机构管理】 制定《中国花卉协会分支机构经费收支和财务报销管理办法》和《中国花卉协会分支机构财务报销操作指南》，完成兰花分会和牡丹芍药分会换届工作。

【会员队伍】 2018年，协会秘书处和各分支机构共发展单位会员1387家，个人会员421名，其中零售业分会新增单位会员1345家，个人会员378名。目前协会共有单位会员或团体会员2484家，个人会员3525人。单位会员数量大幅增加，个人会员数量有所减少。

【中国花卉协会专家库】 开发软件，建立中国花卉协会专家库，录入全国各方面专家433名，已成功运行，为协会专家咨询工作提供了专家信息和技术保障。

（中花协由宿友民供稿）

中国绿化基金会

【综　述】 2018年，在国家林业和草原局党组和基金会理事会正确领导下，中国绿化基金会紧紧围绕局党组中心工作，在资金募集、品牌打造、项目管理、对外合作等重点领域取得显著成效。2018年绿基会筹集到账总收入达2.04亿元，其中捐赠收入1.96亿元，超额完成计划任务，达募资历史第二；成功举办"一带一路"生态治理民间合作国际论坛，开展生态公益类大型专题活动30多次；启动大规模国土绿化"亿株"植树行动，全年发动社会力量植树造林5718.6万株，创历史新高，"幸福家园"项目获民政部第十届"中华慈善奖"，为推动生态公益事业发展、建设生态文明作出了积极贡献。

【"一带一路"生态治理民间合作国际论坛】 于9月12～13日在甘肃省武威市举行。此次论坛由中国绿化基金会牵头，联合中国民间组织国际交流促进会、国家林业和草原局对外合作项目中心等单位共同筹划。第十二届全国政协副主席、民进中央第一副主席罗富和出席开幕式，国家林业和草局局党组成员谭光明，中国国际交流协会副会长、中共中央对外联络部原副部长艾平，甘肃省政协副主席尚勋武，《联合国防治荒漠化公约》副执行秘书长普拉迪普·蒙珈，阿根廷农业工程协会主席奥大维·普瑞泽·帕多出席并分别在开幕式上致辞。来自《联合国防治荒漠化公约》秘书处、亚太森林网络、世界自然保护联盟、世界自然基金会、保护国际基金会等10家国际机构和国际组织，阿根廷、摩尔多瓦、多哥和荷兰4个国家分别代表除亚洲外《联合国防治荒漠化公约》民间组织委员会成员四大区域，以及印度、巴基斯坦、伊朗、沙特、俄罗斯、土耳其、韩国、日本等"一带一路"沿线国家较为活跃和影响力较大的民间组织代表参加了论坛。

论坛聚焦"分享中国生态治理经验，推动民间国际合作，促进生态共建共享"三大主题，产生三大成果：一是启动"一带一路"胡杨林生态修复计划暨生态治理国际合作基金；二是相关民间组织和机构建立"一带一路"沿线国家民间组织长期合作伙伴关系；三是发布《"一带一路"生态治理民间合作国际论坛民勤倡议》。

【"蚂蚁森林"项目】 自项目实施以来，在国家林业和草原局和基金会理事会的正确领导下，项目建设取得较为显著的成绩，国家林草局局长张建龙、中国绿化基金会主席陈述贤等领导对项目建设一直非常关心重视，并作出了重要批示。项目实施近两年来，得到地方林业管理部门、捐赠方以及广大网民的支持和认可，朝着更加制度化、规范化、科学化方向发展，这是绿基会贯彻习近平总书记生态文明思想，响应党中央提出的开展大规模国土绿化行动号召，建设美丽中国的生动具体实践。

2018年绿基会"蚂蚁森林"项目在内蒙古、甘肃等荒漠化地区完成项目造林3778万穴、2.85万公顷，第三方核查表明，造林成活率达到国家标准和协议要求，项目建设任务完成较好。凭借项目影响力，运用商业力量助力公益，成功引进德国喜宝、海信电器等一批爱心企业加入项目公益开放计划。

【"一带一路"生态修复计划公益项目】 2018年，中国绿化基金会在"我有一片胡杨林"项目的基础上，结合国家"一带一路"战略，通过专家论证和项目规划，正式启动以胡杨为主树种的"一带一路"生态修复计划公益项目。项目自开展以来，通过绿色公民行动官网、腾讯公益、京东公益、新浪微公益、新华公益、美团公益、蚂蚁金服公益、苏宁公益、易宝公益9个平台，面向社会公众筹款，发动罗云熙、陈立农、麦迪娜等10余个明星粉丝团集体捐赠。同时，与凯迪拉克、绿森林硅藻泥、广汽丰田、嘉人等多家企业和东南卫视、《中国绿色时报》、二更公益、字节跳动等媒体开展战略合作。2018年项目主要在内蒙古额济纳旗实施，并于年底确立新疆轮台胡杨林公园作为新疆区域"一带一路"生态修复计划公益项目地。项目实施得到了所在地政府的高度重视及全力支持，当地政府和林业部门对项目地考察论证、项目实施方案评审、项目实施方选择等都投入了大量精力，同时发挥地方优势，给予全媒体资源的传播与支持。

【生态扶贫公益项目】 "幸福家园"生态扶贫（宁夏）项目，援助吴忠市红寺堡区965户家庭种植215公顷良种枸杞，共计86万株枸杞树，有效地带动了当地村民脱贫致富。

【入选南南合作战略基金首批白名单机构】 2018年，中国绿化基金会入选南南合作战略基金首批白名单机构，经过与境外合作伙伴印度GBS（农村社区发展组织）多次沟通，申报《印度农村土地可持续经营》项目。项目拟投入459 000元，实施周期一年，在印度拉贾斯坦邦的10个村庄用于植树造林、水土保持、固定沙丘、社区妇女及青年环境意识教育等方面。

【沙漠生态锁边林造林行动】 2018年，"百万森林计划"腾格里沙漠锁边生态林项目腾格里沙漠锁边生态林项目（一期），投入共计353万元，与当地牧民合作，在内蒙古阿拉善腾格里沙漠东缘种植了536公顷锁边生态林。二期投入135万元，与当地牧民合作，在内蒙古阿拉善腾格里沙漠东缘种植锁边林200公顷。2018年，"百万森林计划"民勤梭梭项目投入27万元，种植了25.66公顷梭梭和红柳。开展沙漠生态锁边林造林行动有效地保护了当地生态安全，促进当地生态恢复。

【参加世界可持续发展峰会】 2月，中国绿化基金会派代表赴印度参加可持续发展峰会（World Sustainable Development Summit），该峰会已经连续举办17年，是发展中国家最为重要的环境峰会之一。印度总理莫迪出席当天的开幕式，《联合国防治荒漠化公约》作为峰会的合作伙伴，其间举办了《民间组织与土地退化零增长目标》的边会。中国绿化基金会代表向与会代表分享了中国民间组织参与防治土地荒漠化的实际案例。

【"蚂蚁森林"项目春季造林督查及自查验收工作】 3~5月植树造林期间，绿基会及时调度各地造林进度，分别派出督查组前往项目地督导，掌握造林进展，及时汇总造林结果，掌握项目建设进展和动态。春季造林结束后5~8月，组织开展实施单位自查、旗县林业局检查验收工作，完成春季造林阶段性查验工作。

【2018年"幸福家园（宁夏）——全国志愿者生态扶贫植树交流公益活动"】 4月初，由中国绿化基金会、宁夏回族自治区林业厅共同主办的2018年"幸福家园（宁夏）——全国志愿者生态扶贫植树交流公益活动"在吴忠市红寺堡区举办。"幸福家园暨网络植树"生态（宁夏）扶贫项目按照项目年度计划，2018年该公益项目援助吴忠市红寺堡区共965户家庭种植215公顷共计86万株枸杞树。对宁夏国土绿化事业作出了重要贡献。

【"熊猫守护者"项目春种体验营】 4月13日，"熊猫守护者"项目组携手一线专家、公益明星、科普达人、特邀网友及明星粉丝团等，前往陕西佛坪国家级保护区体验"春种"。旨在将微博用户在虚拟空间种植的虚拟竹子变为大熊猫可以取食的真实竹子，在保护大熊猫的同时实现当地的生态修复。

【"蚂蚁森林"公益造林项目管理培训班】 6月11~13日，绿基会在国家林业和草原局管理干部学院举办"蚂蚁森林"公益造林项目管理培训班。内蒙古、甘肃两地20余家地方各级林业主管部门，近50家项目实施单位，共130余位代表参加项目培训学习。

【《"一带一路"胡杨林生态修复行动计划》专家论证咨询会】 6月8日，中国绿化基金会在北京组织召开《"一带一路"胡杨林生态修复行动计划》专家论证咨询会议，由中国工程院院士、中国林科院院长张守攻任专家组组长，中国科学院、中国林科院、北京林业大学和相关业务领域等14位专家学者组成的专家组认真听取了《计划》编制部门的汇报，进行深入研讨论证。专家团对《计划》表示一致肯定，并表示该计划要增加国际合作机制构建和组织保障措施；加大社会宣传和募资力度，广泛吸引企业和社会力量参与，打造"一带一路"全球治理、生态共治的品牌。

【2018年"幸福家园"项目地探访活动】 7月中旬，绿基会在宁夏固原市原州区和吴忠市红寺堡区成功举办项目地探访活动，有效调动了社会公众参与该项目的积极性。

【出版《"一带一路"胡杨林生态修复计划》一书】 9月，《"一带一路"胡杨林生态修复计划》正式通过中国林业出版社出版。全书为中英文双语，从"一带一路"胡杨林生态修复的背景、意义，总体要求，主要内容三个方面，图文并茂地分析"一带一路"沿线国家胡杨林现状，从生态建设、经济推动的角度展现中国西北"丝路核心区""中巴经济走廊""中国—中亚—西亚经济走廊"胡杨林保护和恢复带的总体布局，提出主要规划和合作设想。国家林业和草原局局长张建龙为本书作序。

【"蚂蚁森林"项目北京交流会】 为加强多方的沟通联系，确保秋季造林顺利推进，超前研究2019年项目造林计划，邀请内蒙古自治区林业厅、浙江蚂蚁小微金融服务集团股份有限公司和相关项目区盟市、旗县林业局主要负责人，于10月11~12日在北京召开了2018年"蚂蚁森林"项目交流会，对进一步优化项目执行和监管流程，探讨项目合作方式创新，研究建立长期合作机制等问题进行了多方探访，对2019年项目造林计划进行了初步研究。

【参与筹办第四届世界人工林大会】 10月23日，由联合国粮农组织、中国国家林业和草原局、国际林联联合主办，由中国林科院承办，由中国绿化基金会、亚太森林恢复与可持续管理组织、国际竹藤组织等协办的第四届世界人工林大会在北京开幕。中国绿化基金会副主席兼秘书长陈蓬在大会期间作了题为《"一带一路"胡杨林生态修复计划》的专题报告，并于开幕式后与国际林联执行主任亚历山大·巴克举行了简短会谈，商定签署合作备忘录，明确于未来开展多种形式合作的意向。

【参与筹办第二届世界生态系统治理论坛】 11月4~6日，第二届世界生态系统治理论坛在浙江省杭州市举办。本届论坛由国家林业和草原局与世界自然保护联盟（IUCN）、杭州市人民政府共同举办，中国绿化基金会是协办方之一。中国绿化基金会副主席兼秘书长陈蓬作为访谈特邀嘉宾，出席本届论坛的高端访谈，以品牌项目为例，同与会代表分享中国绿化基金会在激发公众参与生态治理和保护方面的经验和成就。

（中国绿化基金会由黄红供稿）

中国林业产业联合会

【综　述】 2018年，中国林业产业联合会（下称中产联）认真贯彻习近平总书记生态文明建设和绿色发展理念，在国家林业和草原局党组的领导下，按照国家林业和草原局的整体部署及民政部的相关要求，顺应市场发展需求，不断加强自身建设，主要完成以下工作：

国家森林生态标志产品建设工程　此项工作被连续纳入2017年和2018年中央"一号文件"，按照国家林业和草原局工作要求，5月中旬成立中产联森林生态标志产品认定管理委员会并召开了第一次工作会议。在贵州、北京、陕西等地分别组织召开了森林生态标志产品建设工作推进会、国家森林生态标志产品LOGO设计专家评审会、森林生态产品分类主题会议以及检验检测、认证机构对接会。按照局领导和局产业办的要求，修改完善了《国家森林生态标志产品认定管理委员会章程》《国家森林生态标志产品认定管理办法》《国家森林生态标志产品生产基地通用要求》《国家森林生态标志产品认定证书及认定标识使用规范》《国家森林生态标志产品认定审核机构管理办法》《国家森林生态标志产品认定检测机构管理办法》《国家森林生态标志产品认定现场审核员管理办法》7份规范性文件；起草和修订了《国家森林生态标志产品认定申请受理程序》《国家森林生态标志产品认定现场审核程序》《国家森林生态标志产品认定保密管理程序》等受控程序性文件22份；制定并验证了《国家森林生态标志产品认定现场审核流程》《国家森林生态标志产品认定现场审核工作细则》《国家森林生态标志产品认定取样送检工作规范》等现场审核操作规范8份。分别与中国移动集团、中国人保、太平洋保险等公司签署专项战略合作协议。按国家商标局要求，申请证明商标保护知识产权，制定了相关工作计划，在贵州、陕西、安徽、广西等省（区）开展了相关试点工作。启动《国家森林生态标志产品野生产品标准》《国家森林生态标志产品森林食品标准》《国家森林生态标志产品森林道地药材标准》3个标准的制定工作。

2018年中国林业产业联合会理事会　经国家林业和草原局批准，6月下旬，中产联在陕西西安召开了2018年中国林业产业联合会理事会，会议审议通过联合会工作报告、联合会内部组织机构、会员会费标准、分支机构调整完善等建议；听取会长贾治邦的讲话和封加平、张守攻两位专家的报告，研究讨论林业产业面临的新形势和新任务，共商林业产业未来发展大计。青牛软件、中农供塞为斯等林业企业在会上作了典型发言；会上颁发了国家森林生态标志产品认定管理委员会委员和增补中国林业产业联合会标准化技术委员会专家委员证书，颁发了国家森林生态标志产品生产基地创建试点市牌匾，并与有关方面签署战略合作协议。中国林业产业联合会品牌建设分会、共享经济分会、整体家居分会等分支机构也在此次大会上宣布成立。至此，中产联分支机构已有25个。

《绿水青山·金山银山》电视纪录片　党的十八大以来，习近平总书记多次强调"绿水青山就是金山银山"，党的十九大报告指出，建设美丽中国，为人民创造良好生产生活环境，为全球生态安全作出贡献。为了践行生态文明思想，宣传习近平总书记"两山"理论，中产联会长贾治邦经过深入思考，策划提出拍摄相关电视纪录片。用鲜活的影像事例，系统展示"绿水青山就是金山银山""冰天雪地也是'金山银山'"的崭新理念和伟大实践。这一创意得到了中央领导同志的肯定，国家林业和草原局给予大力支持。从1月开始，中产联组织起草了电视片的理论稿。按照张建龙等局领导的批示，由局宣传办牵头，计财司和中产联等单位参加组成筹备组，与中央电视台进行8次对接。经过深入调研，反复讨论，已撰写了六集电视纪录片《绿水青山·金山银山》脚本框架，落实启动经费，制订拍摄计划。

团体标准试点建设 2018年3月，经局推荐，中产联经过严格答辩评审程序，正式成为国标委团体标准试点单位；修改和完善了中国林业产业联合会团标管理办法和专家委员的增补工作；并设计中国林业产业联合会团标申请立项宣介资料，使会员企业通过宣传资料简明了解中产联团标工作。中产联复审并批准发布了中产联首个团体标准——《特、优级油茶籽油》；中产联会员企业已申报了《木本油料企业品牌价值评价》《森林康养基地标准》《森林康养基地认定办法》《榛子油》等10个团体标准。

林业产业信息化建设 上半年，由中产联承担的全国林产品数据服务平台、品牌公众查询平台、交易平台、质量追溯平台等互联网平台第四期建设如期完成，有关成果已上报国家林业和草原局及相关业务主管部门。9月，为森林生态标志产品建设工程配套的森标管理系统第二期建设如期完成，同时森林生态标志产品官网建设已近尾声。为适应当前新形势下的林业产业宣传工作需要，分别于年内开通了中林信用品牌创新、中国林业产业杂志、中国林业产业联合会团标等微信公众号。按照局巡视组提示，对《中国林业产业》杂志的合作经营进行公开招标，顺利选定经营合作单位。

林业产业品牌建设 6月25日，中国林业产业联合会品牌建设分会在陕西西安成立。9月20日，由中国林业产业联合会、中国品牌建设促进会等8家国家级商协会主办的以"加快集群品牌建设、推动国际品牌共同发展"为主题的首届中国集群品牌论坛在北京举行。会上，由中国林业产业联合会品牌建设分会受委托筹建的中国茶籽油品牌集群、中国食用菌品牌集群和中国坚果品牌集群正式成立。未来五年内，每个集群成员企业不超过80家，但每个集群的品牌价值总规模将达到3000万元，集群成员将成为我国品牌经济的主力军。同时，品牌建设分会与北京林业大学经济管理学院签订合作协议，正式启动"林业品牌价值评价标准体系"编制工作，该体系将在2019年5月10日——"中国品牌日"前公布，标志着我国林业产业品牌建设有了自己的标准体系。

林业产业诚信建设 围绕《中国林业产业信用体系建设规划纲要（2015～2020）》以及《中国林业诚信企业（单位）评定管理办法》，在重点企业中开展诚信推广和林业产业诚信企业品牌的评定工作。除原有渠道外，尝试通过影像手段和新媒体平台进行诚信企业和品牌的传播，力争多渠道、多形式、多平台地对中国林业产业诚信企业和品牌进行传播；组织完成《中国林业产业行业信用体系调查研究报告》的出版工作；同时，积极推动组织"中国林业产业诚信万里行"活动，在福建、浙江、广东、云南、四川等省（市）开展推广工作。

展会和相关会议 2018年以来，中产联为宣传绿色发展理念，促进林业产业健康有序发展，组织企业积极参加6个展会和相关会议，取得了很好的社会效应。除地板展、木门展等一系列常规性展会外，中产联还积极拓宽业务范围，寻求更广泛的合作，考察调研四川巴中农洽会场馆并与四川巴中市政府签订战略合作协议，合同为期3年，9月8日巴中农洽会举办，中产联组织了50家企业参展，10家投融资企业参加了投资贸易洽谈会，这些企业在此次展会上累积收益达46.1万元，签约合同意向达400万余元，这是中产联首次在西部城市主办森林产品博览会，是中产联扶持培育西部城市林产品的尝试。

科技创新联盟建设 9月30日，国家林业和草原局科技司批准首批110家"国家创新联盟"名单，其中由中产联推荐、牵头并归口管理的科技创新联盟单位共计10家。分别为（按国家林业和草原局批复排序）："元宝枫产业国家创新联盟""杜仲产业国家创新联盟""沙棘产业国家创新联盟""冻干果品产业国家创新联盟""集装箱底板国家创新联盟""老年生态健康服务产业创新联盟""红木家具产业国家创新联盟""林浆纸一体化国家创新联盟""自然教育产业国家创新联盟""森林康养国家创新联盟"。森林康养、元宝枫、自然教育三家创新联盟分别召开了成立大会及相关产业研讨会，获得了企业好评。

林产工业协会 一是组织行业企业应对美国胶合板产业向美国商务部提交针对中国针叶材胶合板的反规避调查；二是组织企业应对美华多层实木复合地板"双反"第六次年审的强制抽样调查；三是应对美对华500亿贸易报复清单中胶合板和地板产品的301调查；四是应对地板锁扣企业合同的合法性、是否具有垄断和欺诈、专利的有效性等；五是继续应对木材合法性中雷斯法案和欧盟木材法规等。

其他工作 圆满完成局巡视整改任务，顺利完成民政部年度审检工作；举办第二届中国林业产业创新奖（红木类）、第二届中国林业产业创新奖（木结构业）、第四届中国林业产业创新奖（木门业）的评奖活动，委托林产工业协会开展首届中国林业产业创新奖（橱柜与定制家居类、林产化工类）评选工作；召开2018中国森林休闲与健康高峰论坛、2018中国（伊春）森林食品暨休闲食品产业观评会。出版《林业产业重大问题调查研究报告》和《中国林业产业发展指南》。与海南陵水县政府、广东南海区政府就推动中国林产品交易中心建设进行了对接。

【**2018中国（中山）红木家具文化博览会暨大涌红木文化节举办**】 于2018年3月14～20日在中国（大涌）红木文化博览城（简称"红博城"）圆满举行。在开幕式上，广东省人民政府原常务副省长、孙中山基金会理事长汤炳权，中山市委书记、市人大常委会主任陈旭东，人社部原副部长杨志明，国家林业局总工程师封加平，中山市政协主席丘树宏，国家文物局原副局长、全联艺术红木家具专业委员会名誉会长张柏，中国家具协会秘书长张冰冰，中山市人大常委会副主任冯煜荣，中山市人民政府副市长雷岳龙，中山市大涌镇党委书记郭丛枢共同推杆，开启2018红博会的大幕。本届博览会主场馆展览面积逾3万平方米，分为中国红木品牌综合展馆、中国红木文化工艺品展馆、木工机械展馆、全国顶尖品牌常年展馆和大涌红木馆五大展馆，吸引来自全国各地的200多家知名红木企业、文化企业和先进数控设备企业参展，汇聚东成、伍氏大观园、合兴奇典居、忆古轩、区氏臻品、泰和园、中信、戴为、敦厚堂、唐杰、鸿运堂等知名红木企业，参展企业来自中山、东阳、仙游、

新会等全国主要红木家具产区，涵盖新中式、新古典、明清古典等风格流派。

【国家森林生态标志产品认定管理委员会成立】 国家森林生态标志产品工作会议5月12日在贵州省贵定县召开，"国家森林生态标志产品认定管理委员会"（以下简称"管委会"）在会上正式成立。管委会是中国林业联合会下设的负责国家森林生态标志产品、生产基地及供应商等认定管理工作的机构，由秘书处负责日常工作。"管委会"由政府管理部门、社会团体、科研机构、媒体、生产者、消费者等代表组成。会议审定并通过了《国家森林生态标志产品认定管理委员会章程》和《国家森林生态标志产品认定管理办法》。

中国林业产业联合会副会长、原国家林业局总工程师封加平在会上发言，针对建设国家森林生态标志产品工程封加平提出了意见和建议。

【国家森标产品生产基地通用要求通过审定】 由中国林业产业联合会国家森林生态标志产品认定管理委员会组织领导的《国家森林生态标志产品生产基地通用要求》（以下简称《基地通用要求》）专家审定会于5月12日在贵州省贵定县召开。来自国家林业和草原局相关司局、相关企业、科研院校、社团组织等方面的代表，对《基地通用要求》的内容进行了研讨审议，并最终通过了《基地通用要求》。会上，各与会代表首先肯定了该要求对加快推进国家森林生态标志产品建设工程，引领林业产业高质量发展，促进林业产业转型升级的重要意义；并一致认为该要求文本规范、结构合理、层级清晰、内容科学，具有较强的可操作性，可以作为国家森林生态标志产品认定工作依据的标准文件使用。同时还提出了"基地范围半径过大"、删掉"实施尽量轻度地人为活动"，增加"鼓励施用碳基肥和液体肥"等意见，并建议编写组进一步按照专家意见修改完善后，按程序报批实施。

【中国林业产业联合会沙棘产业分会在北京成立】 6月14日，中国林业产业联合会沙棘分会在北京成立。沙棘全身是宝，是药食同源植物，我国沙棘产业面积、产量、种植规模都居世界前列，具有广阔的发展前景，但在产品研发、市场推广等方面存在短板，亟须整合资源，深耕产业发展。有关专家表示，专业沙棘行业组织的成立有助于推动我国沙棘产业健康有序、可持续发展，有助于进一步推动沙棘在全民大健康进程中发挥出应有的作用。会议审议通过了第一届理事会候选人建议名单。陕西全昌荣沙棘研究院院长李少峰当选为理事长，辽宁东宁药业有限公司董事长孔东宁等当选为副理事长。中国林业产业联合会副会长兼秘书长王满，国家林业和草原局林改司副司长、产业办副主任李玉印等，在会上各抒己见，为沙棘产业发展建言献策。

【中国林业产业联合会理事会】 于6月25日在西安召开。全国政协人口资源环境委员会原主任、原国家林业局局长、中国林业产业联合会会长贾治邦，中纪委驻原国家林业局纪检组组长、中国绿化基金会主席陈述贤，陕西省人民政府副省长陆治原出席会议并讲话。来自全国各地300余名代表参加会议。会议由原国家林业局总工程师、中国林业产业联合会副会长封加平主持。此次会议按照《中国林业产业联合会章程》，审议联合会工作报告、审议并表决了联合会内部组织机构、会员会费标准、分支机构，研究讨论了林业产业面临的新形势和新任务，共商林业产业未来发展大计。中国林业产业联合会副会长兼秘书长王满就2017年工作总结及2018年重点工作安排向大会作报告。中纪委驻原国家林业局纪检组组长、中国绿化基金会主席、中国林业产业联合会副会长陈述贤宣读了《中国林业产业联合会关于聘请国家森林生态标志产品认定管理委员会委员和增补中国林业产业联合会标准化技术委员会专家委员的决定》；国家林业和草原局林改司司长、中国林业产业联合会副会长刘拓宣读了此次会议议程的各项内容的表决结果。会议增补了8名熟悉林业产业并乐于服务产业的副会长，听取了青牛软件董事长孔卫东、中农供赛为斯企业管理有限公司副总经理王春艳等林业企业代表的典型发言，颁发了国家森林生态标志产品认定管理委员会委员和增补中国林业产业联合会标准化技术委员会专家委员证书，会上公布安徽池州、河北平泉、四川巴中、广西河池为"国家森林生态标志产品生产基地"创建试点地区，并与中国移动集团公司、中国人民财产保险股份有限公司、中国太平洋财产保险股份有限公司签署战略合作协议。在会议的第二阶段，中国工程院院士、中国林业科学研究院院长张守攻作了"特色林业资源培育与产业发展"的专题报告；原国家林业局总工程师、中国林业产业联合会副会长封加平作了"改革开放40年：中国林业产业发展的回顾与展望"专题报告；在此次大会上宣布成立了"中国林业产业联合会品牌建设分会""中国林业产业联合会共享经济分会""中国林业产业联合会整体家居分会"。中国林业产业联合会已成立了25个分会。

【中国资溪竹产业发展高峰论坛暨招商推介会】 由中国林业产业联合会支持，中共资溪县委、资溪县人民政府、中国竹产业协会主办，中国林业产业联合会竹木分会、中国林学会竹藤资源利用分会、江西省竹产业协会、江西竺尚竹业有限公司协办的中国资溪竹产业发展高峰论坛于8月26日在江西资溪大觉山国际会议中心隆重举行。中国林业产业联合会副会长兼秘书长王满，中国林业产业联合会副秘书长李志伟，中国竹产业协会秘书长孙正军，江西省林业厅副巡视员余小发，中国绿色碳汇基金副理事长兼秘书长邓侃，国际竹藤中心产业处处长李岚，中国竹产业协会常务副秘书长刘志佳，中国林产工业协会副会长吴盛富，中国林业科学院木材工业研究所首席专家兼国家林业和草原局重组材料工程中心主任于文吉，南京林业大学党委副书记、副校长刘中亮，南京林业大学副校长张金池，江西省林业产业发展管理局局长徐向荣、副局长蔡恒义，资溪县委书记吴建华、县长黄智迅、县人大常委会主任王锋、县政协主席万鸣等200多位嘉宾代表出席了此次大会。江西省竹产业协会会长李英长、江西省竹产业协会秘书长刘光胜组团20多个竹产企业参加了本次会议。会上，王满为江西竺尚竹业有限公司授予"中国林业产业诚信企业"荣誉。资溪县人民政府与南京林业大学在产、学、研、生态保护等方面合作进行了签约，力求促进资溪生态及现代林业的快速发展。

【中国林业产业诚信企业品牌万里行——走进巴中活动】 由中国优质农产品开发服务协会、中国林业产业联合会、陕甘川宁毗邻地区经济联合会、巴中市人民政府联合主办，巴中市人民政府承办的首届秦巴山区农林产品贸易洽谈会暨第二十七届西部商品交易会于9月14日落下帷幕。与此同时，由中国林业产业联合会组织开展的"中国林业产业诚信企业品牌万里行——走进巴中"活动也圆满举办。此次活动是贯彻国务院《关于发挥品牌引领作用推动供需结构升级的意见》的重要举措，旨在推进林业产业信用体系建设工作，传递诚信精神，共同响应品牌强国战略。原国家林业局党组成员、中纪委驻原国家林业局纪检组组长、中国绿化基金会主席、中国林业产业联合会副会长陈述贤，国家林业和草原局造林司巡视员刘树人，国家林业和草原局林改司巡视员刘家顺，中国林业产业联合会副会长兼秘书长王满，中国林产工业协会秘书长石峰，中国林业产业联合会副秘书长李志伟，巴中市副市长克克等领导以及相关嘉宾参加了此次活动。

此次活动颁发了2017~2018年度中国林业产业创新奖（森林食品类），"霍山石斛精深产品研发及技术开发应用""通江银耳产业化开发关键技术研究与应用"等72个项目的承接单位和个人分别获奖。

【第九届中国（铁岭）榛子节暨品牌建设高峰论坛】 10月10日，由中国林业产业联合会、辽宁省林业厅和铁岭市委市政府联合主办的第九届中国（铁岭）榛子节暨品牌建设高峰论坛在辽宁铁岭举行。原国家林业局党组成员、中纪委驻原国家林业局纪检组组长、中国绿化基金会主席、中国林业产业联合会副会长陈述贤，中国林业产业联合会副会长兼秘书长王满，辽宁省林业厅副厅长胡崇富，铁岭市副市长张世伟，铁岭市林业局局长梁强等出席会议。相关领域专家及榛子合作社代表参加了此次活动。

本届高峰论坛上，中国林业产业联合会副会长、北京林业大学原校长宋维明作了《关于林业产业品牌化建设的思考》的主题演讲，中国林业产业联合会品牌建设分会理事长蒋周明作了《加快品牌集群推动中国坚果走向世界》的主题演讲。

【森林康养国家创新联盟成立】 10月20日上午，第二届中国森林康养与乡村振兴战略论坛暨全国森林康养基地建设经验交流会在三亚举行，森林康养国家创新联盟同时成立。会上，国家林业和草原局科技司司长郝育军宣布森林康养国家创新联盟成立，并为联盟授牌。国家林业和草原局改革发展司司长刘拓，中国林业产业联合会秘书长王满，中国林业产业联合会副会长、森林康养分会理事长张蕾，国家林业和草原局资源管理司副司长张松丹，中国绿色时报副社长刘宁，三亚市政协副主席蒋明清见证授牌仪式。

【中国林产工业协会第五届理事会第四次会议】 于10月27日在广西梧州召开，同期举办了首届中国（梧州）林产工业发展高峰论坛。

会议通过了中国林产工业协会第五届理事会第四次会议工作报告，通报了中国林产工业协会近期重点工作事项，并对获得中国林业产业突出贡献奖的企业和个人进行了表彰并颁发证书。

会议还启动了《中国重点木质林产品品牌目录》的申报与发布工作，配合林草局有关部门承担重点林业发展问题研究及实施方案设计。具体包括《重点地区珍贵树种储备林基地与海外森林开发企业行业规范》专题研究和拟定实施方案（行业规范）、《国家环保政策走向与林业产业发展》专题研究及参与相关标准制定、《重点林产品国际贸易壁垒现状与国际维权》专题研究和应对方案拟订、《木质门及其他林产品产业联盟建设与运行》专题研究、《中国与东盟十六国林业产业合作》专题研究等，争取了多项合规项目借助全国性林业产业投资基金支持。

【林业产业科技创新带动长江经济带建设座谈会】 10月28日，林业产业科技创新带动长江经济带建设座谈会在重庆市石柱土家族自治县召开。中国林业产业联合会副会长兼秘书长王满主持会议，各界行业精英、专家学者出席座谈。此次座谈会旨在集众人之智，合多方之力，形成政、产、研、学、用五位一体的优势，深入讨论将科技创新重点构建成果转化为服务林业产业发展平台的方式方法，突破森林质量精准提升、生态产业等方面的关键核心技术，推进长江流域生态产业提升技术集成示范，建设长江经济带生态林业科技基础性平台和示范园区。

中纪委驻原国家林业局纪检组组长、中国绿化基金会主席、中国林业产业联合会副会长陈述贤在会上讲话。随后，在交流发言中，参会代表畅所欲言，积极献言献策，就国家储备林建设、科技创新技术支撑、林业学术教育等方面提出了宝贵意见和建议。

【元宝枫产业国家创新联盟成立】 10月31日，元宝枫产业国家创新联盟成立大会暨第一届会员代表大会（一届一次理事会）在陕西杨凌举行。中国老科学技术工作者协会副会长、林业分会会长杨继平，中国林业产业联合会常务副会长、原国家林业局总工程师封加平，国务院参事、中国林业科学研究院研究员杨忠岐，陕西省原人大常委会副主任、陕西省科技协会顾问范肖梅，陕西省老科学技术工作者协会会长、中国老科协"三农"专委会主任张光强，国家林业和草原局科技司巡视员厉建祝，原西北林学院院长、西北农林科技大学教授王性炎等领导和专家以及元宝枫骨干企业代表100余人参加了会议。会议由中国林业产业联合会副秘书长李志伟主持。大会审议通过了《元宝枫产业国家创新联盟工作规则（试行）》，表决通过了第一届理事会理事成员名单，选举产生了元宝枫产业国家创新联盟第一届理事会理事长、副理事长、秘书长。

【第11届中国义乌国际森林产品博览会】 11月1~4

日第11届森博会在义乌国际博览中心举行。4天累计实现成交额50.36亿元，同比增长3.5%。本届森博会以"汇森林精品 助乡村振兴"为主题，更是将"乡村振兴"提到了新的高度，展会从主题确定到参展产品选择，从配套活动安排到技术演示，都在诠释"助力乡村振兴"这一命题。本届森博会，浙江、福建、湖北、安徽、黑龙江、新疆等25个省（市、区）组织了当地林业企业参展，通过展示各地名特优农林特产、林业产业研发创新成果和主流发展趋势等举措盘活农村要素资源，从而达到促进农业增效、农民增收的目的。本届森博会还首次推出"创意筑梦、匠心中国"乡村振兴的概念，以绿色、环保、集约的新理念，融入时尚、清新、实用的设计，从而促进林业产业创新发展、转型升级，助力乡村振兴。为助力乡村振兴战略，结合义乌市和美乡村建设，义乌市农林局会同和美乡村精品线各建设单位就木结构木建材、木竹工艺品、森林食品等相关行业的150余家优质参展企业进行了洽谈对接，已邀请相关企业和产品入驻义乌市十条和美乡村精品线，为森博会参展企业开辟农村市场建立合作平台，并在义乌农村打造永不落幕的森博会。

本届森博会积极响应"一带一路"倡议，邀请伊朗、俄罗斯、尼泊尔等"一带一路"沿线31个国家的76家林产品企业和代理商参展，设展位218个，展出了当地的竹木日用品、工艺品、家居用品、红酒等特色林产品。森博会期间累计到会客商达到25.21万人次，来自韩国、印度、俄罗斯、伊拉克等31个国家和地区的30个专业采购团队到场采购，有效促进了与"一带一路"沿线及周边国家的交流与合作。森博会同期还举办了跨国采购商贸易洽谈会，来自法国、加拿大、俄罗斯、巴基斯坦等国家的20名境外优质采购商携订单前来采购。洽谈会当日参会供应商达100余家，意向成交额达500余万元。展会同期还举办了中国林业电商与创意林业高峰论坛暨国家林业重点龙头企业负责人培训班、中国林学会竹子分会六届二次理事会暨第十四届中国竹业学术大会、发展中国家林业产业发展部长级研修班等系列配套活动。

【海峡两岸林业电子商务大会】 11月5日，由中国林业产业联合会林业电子商务分会、春舞枝花卉有限公司联合主办的海峡两岸林业电子商务大会暨花卉"新零售 新电商"推介会在福建省三明市召开。三明市人大常委会副主任张知通，中国林业产业联合会秘书长助理、中国林产工业协会常务副秘书长祝远虹出席推介会并致辞。福建省林业局产业发展处调研员高琼、省林产品行业协会会长马文就、三明市林业局副局长温国良等出席会议。此次大会的召开充分体现了国家和省市各级政府对林业电子商务发展的高度重视。

【自然教育产业国家创新联盟成立】 经国家林业和草原局批准，自然教育产业国家创新联盟于11月5日在浙江省松阳县召开成立大会。来自中国社会科学院、北京林业大学、西北农林科技大学等相关科研机构、大专院校的专家学者，部分国有林场、森林（湿地）公园及其他资源类型公园负责人，各类自然教育培训机构与骨干企业代表参加了成立大会，科技司副司长黄发强出席会议并授牌。北京林业大学原校长、教授、博导宋维明任联盟理事长，中国社会科学院哲学研究所原所长、学部委员、第十二届全国政协委员李景源任专家咨询委员会主任。

【第五届中国（松阳）香榧节】 由中国林业产业联合会、国家林业和草原局香榧工程技术研究中心联合主办的第五届中国（松阳）香榧节于11月6日在浙江松阳开幕，此次香榧节以"乡村振兴，香榧与你同行"为主题，引起行业广泛关注。浙江省原省长沈祖伦发来贺信，原国家林业局总工程师、中国林业产业联合会常务副会长封加平，浙江省第十一届政协副主席黄旭明出席开幕式。会议期间，"松阳香榧"区域地理标志证明商标正式启用，松阳县金融助榧政策公布并进一步举行授信仪式，第一届中国林业产业创新奖（香榧类）颁奖仪式等也拉开序幕。中国林业产业联合会香榧分会第一届第二次会员代表大会暨一届二次理事会也在香榧节期间举行。

【第十四届海峡两岸（三明）林业博览会暨投资贸易洽谈会】 11月6~9日，第十四届海峡两岸（三明）林业博览会暨投资贸易洽谈会（以下简称"林博会"）在福建三明召开。本届林博会乘风改革开放四十周年，以"深化林业改革，促进乡村振兴"为主题，采取"企业主体、市场引导、政府推动、公众参与"的市场导向模式运作，会展更具特色、更有新意、群众参与度更高。中央电视台综合频道《新闻联播》报道了开幕盛况。与以往其他林业领域会展不同，本届林博会成效显著，凸显林业生态新形象。一是突出践行"绿水青山就是金山银山"理念，深入宣传习近平生态文明思想和绿色发展理念在福建省和三明市的生动实践。展示出"清新福建"和"绿色三明"的新形象，生态文明建设的意味十足。二是突出生态布展。表达了"鱼跃龙门、生态三明、花开八闽、美丽中国"的生态美。三是突出生态产品。布设三明绿色生态林农产品展销区、花卉产业链系列产品展销区、花卉苗木展卖区等生态展区，展销笋竹、油茶、花卉、林下经济等"好看"又"好买"的绿色生态产品。凸显林业改革新突破紧扣三明深化集体林权制度改革成果，讲述三明林改故事，提升绿色金融经验，推动林业改革取得新突破。坚持"以林为桥，沟通两岸"，通过邀请台湾嘉宾客商、对接台资项目、展销台湾商品、交流科学技术等，有效拓宽了明台交流合作新领域。林博会共邀请334名台湾嘉宾客商参会参展，中国国民党原副主席蒋孝严，台湾中国文化大学教授、原民意代表邱毅，金门县参议叶媚媚等知名人士，以及台湾农业技术交流协会、中华两岸工商文教交流协会、高雄世贸会展协会等台湾重要团组和民间基层社团代表参会。参展企业44家、展销商品300多种。签约的台外资项目有三元富硒养生产业园建设、将乐珍稀树木园建设等20项，拟利用台外资1.6亿美元。

【国家森林生态标志产品认定工作汇报会】 11月19日，国家森林生态标志产品认定工作汇报会暨国家森林生态标志产品认定管理委员会第二次工作会议在北京召开。会议审议并原则上通过了《国家森林生态标志产品认定审核机构管理办法》《国家森林生态标志产品检测机构管理办法》《国家森林生态标志产品现场审核员管理办法》，同时通过了国家森林生态标志产品认定程序、国家森林生态标志产品建设工程管理信息服务平台、国家森林生态标志产品建设工程官方网站等事项。原国家林业局总工程师、中国林业产业联合会常务副会长封加平，国家林业和草原局发改司司长、中国林业产业联合会副会长刘拓出席会议并讲话，会议由中国林业产业联合会副会长兼秘书长王满主持。会上，中国林业产业联合会副秘书长陈圣林就国家森林生态标志产品建设工程推进工作、中林森标（北京）林业科技有限公司总经理孙奥就国家森林生态标志森标审核组在大兴安岭野生蓝莓基地进行现场审核产品认定准备工作作了汇报。与会专家普遍认为，国家森林生态标志产品具有产品优势、政策优势、技术优势和机制优势。其中，产品优势体现在打造无重金属污染、无农药残留、无抗生素、无激素的"四无"产品上；政策优势体现在国家背书上，这是一项由党中央、国务院部署实施的国家工程；技术优势体现在运用了区块链、智能化视频监控及物联网技术上；机制优势体现在认定环节不收费、现场审核员只对平台负责、产品可量产、标签防伪、鼓励举报和不合格产品可赔付上。

国家森林生态标志产品建设工程利用信息技术和物联网技术，完成了国家森林生态标志产品认定流程业务闭环，并在7省30余家企业进行了森标产品试认定工作。森标办组建了以6名农林专家为主体的认定审核管理团队，开展了国家森林生态标志产品的试认定工作，稳固和保障了森标产品认定工作的基础和机制。在此期间还启动了《国家森林生态标志产品野生产品标准》《国家森林生态标志产品森林食品标准》《国家森林生态标志产品森林道地药材标准》三个标准的制定工作。按照《国家森林生态标志产品认定检测机构管理办法》的要求，遴选出5家专业水平高、社会公信力强的检测机构，作为国家森林生态标志产品认定检测机构。在开展国家森林生态标志产品试认定工作期间，委托了其中3家检测机构实质性地参与了森标产品试认定工作，对近20个送检样品进行了产品检测，而每个样品上百项的检测数据，为国家森林生态标志产品的试认定工作提供了科学依据。此外，国家森林生态标志产品管理信息服务平台已完成设计开发并上线试运行。该平台包括一个中心和五大系统，即国家森林生态标志产品管理中心，国家森林生态标志产品企业管理系统、国家森林生态标志产品认定系统、国家森林生态标志产品溯源系统、国家森林生态标志产品公众查询系统、国家森林生态标志产品大数据分析系统。平台利用物联网、区块链、大数据等先进技术进行数据采集和管理，针对产品的土壤环境、大气污染物、气象数据、地理位置等信息进行动态实时数据监测和影像监测，提供客观真实的产品种养植、加工等数据。目前，有关单位已在贵州茶油基地和大兴安岭野生蓝莓基地安装了监控设备。2018年9月以来，贵州省林业厅、安徽省池州市林业局、浙江省丽水市林业局等纷纷发布了关于组织申报首批森林生态标志产品认定的通知，吸引上百家企业积极参与。截至年底，森标办对30余家企业进行了国家森林生态标志产品试认定工作，行程超过了5万千米，筛选出野生蓝莓、红松子、林下参、生态茶叶等多个符合国家森林生态标志产品通用规则的林产品。

【首届西部林博会】 2018年12月14日，由中国林产工业协会、四川省林业产业联合会、成都市林业产业联合会联合主办的首届中国西部林业产业博览会在成都成功举行。会展期间还举办了中国首届竹木户外制品服务生态保护地对接会、第二届林产工业创新大会等系列主题活动，助推西部林产品和涉林企业"走出去"，彰显西部林产品、森林生态旅游等特色。

（中国林业产业联合会由白会学供稿）

中国林业工程建设协会

【综 述】 2018年，协会会员单位从2017年的360余家增加到444家。经中央和国家机关工委脱钩协会商会临时党委批准，协会党支部成立，李鹏任党支部书记。2018年的工作主要包括如下几个方面：按照上级党组织的部署开展党建工作，林业调查规划设计资质管理工作，林业行业优秀工程设计和优秀工程咨询成果初选和推荐工作，林业调查规划设计资质单位管理人员和技术人员培训工作，专业委员会的工作等。

【资质管理】 截止到2018年年底，在林业调查规划设计资质管理工作中，共有1178个单位完成资质换证，120个单位完成资质升级，319个单位首次获得资质证书。

【优秀设计和咨询成果评选】 协会对全国林业行业优秀工程设计和工程咨询成果的初评工作每年一次，设计和咨询成果交替安排。在初评的基础上，协会代表林业行业向中国工程勘察设计协会和中国工程咨询协会推荐参加全国优秀成果评选的项目。2018年是评选优秀设计成果，8月14日，协会在石家庄召开优秀设计成果评审会，总计评选出一等奖24项，二等奖26项，三等奖39项。为做好宣传和交流，协会组织编印了第三期《全国林业行业优秀工程咨询及勘察设计成果汇编》，共收录41个会员单位的139个获奖项目。

【管理人员和技术人员培训】 2018年，协会通过开展精准调研、改进培训方式、提高评估质量和拓展培训领域等一系列工作，促进培训业务提升。共举办各类培训班8期，其中，专业技术人员培训班4期，专题培训班4期，来自全国329家单位的1059名学员参加了培训。

【发挥专业委员会的作用】 2018年，协会新成立三家专业委员会，分别是7月23日在西安成立的荒漠化沙化监测和生态工程治理专业委员会、12月21日在昆明成立的信息技术与卫星应用专业委员会和12月27日在长沙成立的石漠化监测与综合治理专业委员会。2018年，协会各个专业委员会呈现积极开展活动，促进学习交流的态势。7月26日，勘察、监理和施工专业委员会在广东省茂名市电白区召开工作发展研讨会；8月23日，风景园林专业委员会在陕西西安召开国家公园建设交流研讨会；9月7日，工程咨询专业委员会在北京召开委员发展大会暨林业规划咨询研讨会；9月19日，调查监测专业委员会在西安召开第二届委员会全体会议，协会联合西安科技大学同时举办了全国智能GIS物联网大数据资源调查与监测新技术应用研讨会；11月21日，工程建设标准专业委员会在海口召开委员发展大会暨工程建设标准研讨会；11月30日，工程设计专业委员会在绥芬河市召开工作座谈会并结合实地考察木业园区建设开展研讨活动。

【四届二次会员大会暨四届三次理事会】 5月22日，在广东佛山召开协会四届二次会员大会暨四届三次理事会，会上李忠平理事长作工作报告。会议按照协会章程，表决审议了"关于修改《协会会费缴纳标准与办法》并更名为《中国林业工程建设协会会费管理办法》的议案""关于调整协会副理事长的议案""关于增设分支机构的议案""关于发展协会第四届理事会第三批会员的议案"。会议期间代表们还围绕创新生态文明建设、践行绿色发展的理念，开展了创建国家森林城市的交流学习活动，组织大家到现场考察了佛山市在森林城市建设方面取得的成果。

（中国林业工程建设协会由李鹏供稿）

中国绿色碳汇基金会

【综　述】 2018年，中国绿色碳汇基金会坚守专业与匠心，一个个新基金成立，一项项公益项目相继实施，用行动激发中国绿色碳汇事业发展的活力。

【携手春秋恢复康保生态】 由中国绿色碳汇基金会支持建设的康保生态修复工程项目有许多闪光点，它是"为地球母亲专项基金"的首个资助项目。项目捐赠40公顷碳汇林作为2014年APEC会议碳中和林，使APEC会议首次实现"碳中和"。这次会议成为中国政府通过造林方式实现零排放目标的第二个大型国际会议。

6月20日，河北省康保生态修复工程项目移交仪式在河北康保举行。原林业部副部长、中国绿色碳汇基金会原理事长刘于鹤主持，春秋集团董事长王正华为施工单位颁发工程质量优秀奖金。中国绿色碳汇基金会执行副理事长李怒云、副理事长兼秘书长邓侃以及原河北省林业厅、张家口市相关领导出席活动，与各方嘉宾及当地干部群众代表60多人，共同见证了项目的移交。

康保县地处浑善达克沙地南缘，是浑善达克风沙入侵京津的主要通道，沙漠化土地面积超过总土地面积的60%。2014年以来，春秋集团及24位股东，先后捐资2000多万元在中国绿色碳汇基金会设立"为地球母亲专项基金"。根据捐资者意愿，首个资助项目支持康保县开展植被修复工程。4年来，工程共修复退化土地面积267.4公顷，栽植樟子松、欧李等多种乔灌苗木28万余株，平均成活率达90%，为周边群众提供了良好的生产生活环境，实际受益人口6万多人。项目创造了4万多个工日的临时就业机会，项目区2个乡镇221名农民参与造林、除草、施肥、抚育等项目工作，人均获得劳务收入1.5万元。

如今，项目区植被和生物多样性显著增加，呈现乔灌郁郁葱葱、花草遍地盛开、小动物频繁出没的景象。

【最大公益项目顺利完成验收】 12月，由老牛基金会捐赠支持、碳汇基金会组织实施的基金会最大公益项目——内蒙古盛乐国际生态示范区项目顺利完成验收。

项目自2012年年底启动施工作业，历时6年时间，共计治理荒山2000多公顷，种植樟子松、油松、杜松、山杏、沙棘等碳汇林330余万株，苗木成活率在90%以上，预计未来25年能吸收固定二氧化碳22万吨。除生态效益以外，项目的社会效益、经济效益也有示范效果，项目产生114万个工日的临时就业机会，让项目区2万多人受益。该项目于2013年在联合国清洁发展机制执行理事会成功注册，成为国内首个干旱、半干旱地区清洁发展机制林业碳汇示范项目，同年获"气候、社区和生物多样性标准"认证，2015年获得"中华慈善奖最具影响力慈善项目奖"，2017年入选联合国开发计划署解决方案数据库优秀案例。

【打造碳汇林精品工程】 围绕举办精彩、非凡、卓越的北京冬奥会目标，碳汇基金会全力打造老牛冬奥会碳汇林精品工程。10月30~31日，碳汇基金会与老牛基金会、原河北省林业厅及张家口市林业局负责人等一同坚持以"因地制宜、适地适树""科学配置，多重效益相协调""严格管理、节约成本""种、抚、管相结合"为原则，调研回访了老牛冬奥碳汇林项目。此项目效果突出，预计未来30年内可固碳约38万吨。

2017年9月29日，由国家林业局主办、北京冬奥组委指导、碳汇基金会承办的老牛冬奥碳汇林全面启动发布会在北京举行。老牛基金会为项目捐赠善款7438万元，计划在张家口市崇礼区奥运赛场周边、赤城和怀来县域高速公路沿线高规格造林2000多公顷。资金规模和项目规模在近几年公益慈善类的碳汇造林、生态修复项目中名列前茅。老牛冬奥碳汇林项目的实施对维护京津冀地区的生态安全,促进京津冀经济社会协同发展和生态环境共同治理,具有重要的示范意义。

回访情况表明,截至2018年年底,项目以乔、灌、草相结合的种植模式,已恢复荒山2000余公顷,种植乔木230余万株,成活率在90%以上。

【联合国气候大会展风采】 碳汇基金会自2012年作为联合国气候框架公约观察员组织以来,积极动员国内外各领域专家、企业、民间组织以及政府部门,全方位展示中国应对气候变化的政策和行动,共同为实现联合国可持续发展目标和《巴黎协定》的控温目标而奋斗。

12月4日,在波兰卡托维兹联合国气候大会上,碳汇基金会在生态环境部气候司的大力支持和指导下,与国际竹藤组织、欧洲环境协会、浙江农林大学、磐之石环境与能源研究中心等机构在"中国角"举办了主题为"多重效益碳汇交易促进绿水青山变金山银山"的中国边会。杜永胜就"多功能碳汇交易促绿水青山变金山银山"作主旨发言。生态环境部气候司副司长孙帧出席会议并致辞。边会邀请了国内外知名高校及科研机构代表共同研讨多重效益碳汇交易如何促进绿水青山变为金山银山。来自波兰、美国、德国、奥地利、比利时、法国、俄罗斯、西班牙、哥伦比亚、克罗地亚、马其顿(现北马其顿)、尼日利亚、泰国、越南及中国等20多个国家的90多名代表出席。

12月5日,碳汇基金会联合其他单位主办了"陆地生态系统和极地海洋生态系统应对气候变化的行动与挑战"主题边会。杜永胜致辞,与从事应对气候变化和自然保护的5个机构的专家、学者一起探讨在林业、草原、农业和海洋四大生态系统的具体实践和经验。来自波兰、中国、美国、日本、西班牙、加拿大、墨西哥、土耳其、印度、新加坡、柬埔寨、哥伦比亚、尼日利亚、埃及、肯尼亚、赞比亚、苏丹、马其顿、多哥、乍得等20多个国家和地区的120多名代表参加了此次边会。

【分享中国经验】 碳汇基金会重视搭建更广泛的交流合作平台,分享中国林业应对气候变化取得的经验、方法和实践,为实现《巴黎协定》控温目标,维系人类繁衍生息,保护美丽地球家园作出积极的贡献。

9月12日,受邀参加在美国旧金山举行的2018年全球气候行动峰会。杜永胜在发言中以详实的数据具体展示了中国林业改革开放以来取得的巨大成果及在增汇减排方面的巨大贡献。

11月22~23日,中国基金会发展论坛·2018年会在江苏苏州举办。其间,环境资助暨首届环境资助者网络(CEGA)论坛作为中国基金会发展论坛的平行论坛同时举办。

杜永胜受邀出席论坛并发言。他介绍了美国退出《巴黎协定》之后的影响,需要全社会的力量共同合作,推动全球应对气候变化行动,实现控温目标。他建议通过CEGA网络各家基金会、机构的合作与努力,推动林业应对气候变化自主贡献目标的达成,能够协助保护和修复中国生态系统,让森林、荒漠、草原、河流、湖泊、海洋能够充分地休养生息,增加对大气中温室气体的吸收,增强生态系统适应气候变化的能力。

【品牌活动助推绿色碳汇传播】 碳汇基金会组织第八届"绿化祖国·低碳行动"植树节,实施"碳中和"品牌项目。活动中,通过线上捐款、线下植树形式,联合地方党政机关开展现场义务植树活动。完成2018首届世界竹藤大会、2018年中国绿公司年会、2018杭州马拉松蚂蚁森林、第七届装饰纸与饰面板定制家居产业链发展峰会、2018年欧莱雅员工飞行碳中和项目等品牌项目的组织实施工作。

联合主办2018野生动植物卫士行动。11月30日,由碳汇基金会与中国野生动物保护协会、国际野生生物保护学会联合主办的2018野生动植物卫士行动暨第六届野生动植物卫士奖颁奖活动在北京举行。国家林业和草原局副局长彭有冬出席活动。

本次活动从林业政府机构、保护区、森林公安、海关、海警、渔政、检验检疫、NGO(非政府组织)等多个领域的190位申报者中评选出34个集体和个人获得相应奖项。

【共享平台创办特色基金】 碳汇基金会持续发挥专项基金的筹资平台和项目合作优势,广泛开展国际合作,不断拓展募资渠道。

2018年4月2日,碳汇基金会野生动物保护和可持续生活专项基金成立仪式在北京举行。碳汇基金会理事长杜永胜、野生救援北京代表处首席代表Steve Blake出席成立仪式并致辞,碳汇基金会副理事长兼秘书长邓侃代表基金会接受野生救援的捐赠款7.63万美元,约合人民币50万元。

在中国,每年野生救援推动野生动物保护公众宣传项目覆盖上亿公众,野生救援在中国已经逐步发展成为最具影响力的国际公益组织。碳汇基金会与野生救援的合作始于2017年,共同发起并成功举办"蔬食系列活动",号召公众"少吃肉,多吃菜,用每一口改变世界",倡导以低碳、绿色、健康的生活方式应对气候变化。2018年,双方筹备成立的"野生动物保护和可持续生活"专项基金,将在野生动物保护领域,为推进中国生物多样性保护、绿色低碳可持续生活和应对气候变化等公益事业发展作出努力。

国家林业和草原局生态修复司副司长陈建武在成立仪式上表示,野生动物保护和可持续生活专项基金的成立,是碳汇基金会在林业应对气候变化业务范围内的拓展和创新,能够有效地学习和吸收野生救援等国际机构先进的项目传播和执行理念,创新性地拓展筹资渠道,是卓有成效地保护和应对气候变化的具体行动。

6月22日,碳汇基金会联合有关合作机构在北京国际会议中心举办候鸟保护研讨会暨候鸟保护专项基金成立仪式。副理事长兼秘书长邓侃代表活动主办方现场宣读共同发起成立候鸟保护专项基金的倡议。他指出,专项基金的成立将进一步加强宣传教育,并有力地支持民间公益组织和扩大志愿者的护鸟行动,深入打造"政府—企业—社会组织—志愿者"合作机制。候鸟保护专项基金发起人、海关总署统计司副司长金弘蔓现场讲述了她与候鸟的故事。国家林业和草原局野生动植物保护与自然保护区管理司、湿地公约履约办公室、濒危物种进出口管理办公室，中国野生动物保护协会，北京师范大学，中国林业科学研究院，国际野生生物保护学会，国际鹤类基金会，世界自然基金会等单位以及候鸟保护工作的基层工作者、志愿者和相关媒体的近百人参加了本次活动。

6月22日，与国家林业和草原局林产品国际贸易研究中心、国际热带木材组织联合举办全球林产品绿色供应链国际研讨暨领军企业对话会。会上宣布成立碳汇基金会全球林产品绿色供应链专项基金，旨在支持全球林产品绿色供应链尽快落地，并可望通过一系列公益活动和项目，提高森林的经济、社会与环境价值协同发展，提升林产工业对保护生物多样性、减缓和适应气候变化作出贡献。

（中国绿色碳汇基金会由何宇供稿）

中国水土保持学会

【综　述】　中国水土保持学会是由全国水土保持科技工作者自愿组成依法登记的全国性、学术性、科普性的非营利性社会法人团体。于1985年3月由国家体改委批准成立，并加入成为中国科学技术协会团体会员。

中国水土保持学会于1986年5月、1992年5月、2006年1月、2010年12月和2016年12月在北京分别召开第一至第五次全国会员代表大会，杨振怀任第一、第二届理事会理事长，鄂竟平任第三届理事会理事长，刘宁任第四届、第五届理事会理事长（2016.11~2018.1），陆桂华任第五届理事会理事长（2018.1至今）。

中国水土保持学会下设15个专业委员会，全国共有29个省级水土保持学会。

【学会建设】　2018年，学会共召开2次理事会会议、2次常务理事会会议、3次理事长办公会，审议通过学会修订或制定的制度和其他重要事宜。

5月19日，学会在福州召开2018年秘书长工作会议，59名代表参加会议。会议传达有关文件精神，总结学会2017年工作，部署学会2018年重点工作，开展工作交流和研讨。

5月28~31日，学会开展"全国科技工作者日"座谈会等系列活动庆祝第二届"全国科技工作者日"。

2018年，学会在北京分别召开学术交流、期刊与科技奖励工作委员会会议、组织宣传工作委员会会议、水平评价工作委员会会议和科普工作委员会会议，各工作委员会会议研究各专项工作的工作思路，审议专项重点工作。

【国际学术交流】　9月12~14日，学会与世界水土保持学会、国际荒漠化协会在陕西杨凌共同举办2018全球土壤侵蚀研究高层论坛，共有来自中国、美国、澳大利亚、瑞士等国家的土壤侵蚀研究专家学者和硕士、博士研究生274人参加论坛。

11月4~7日，学会与中国科学院、亚洲泥石流学会在北京共同主办第五届国际泥石流学术会议，来自11个国家和地区的130余名代表参加会议。会议的主题为"山地灾害形成、监测、模拟与防治"。

【两岸学术交流】　9月19~21日，学会与台湾中华水土保持学会在深圳共同主办2018年海峡两岸水土保持学术研讨会。会议主题为"水土保持与城市建设"。

【国内学术交流】　11月29日至12月1日，学会在北京举办第一届中国水土保持学术大会。会议主题为"协同创新，助力人与自然和谐共生"。大会开设主会场和8个分会场以及学科发展论坛、青年学术论坛，来自全国千余名水土保持科技工作者参会。大会共征集到342篇论文和摘要，其中82篇被评为优秀论文。

【学术期刊】　10月19日，学会在北京召开《中国水土保持科学》创新发展研讨会。会议从选稿组稿、审稿制度、出版流程、品牌建设、传播途径5个方面对期刊的发展现状作系统梳理和总结，邀请《水利学报》主编助理介绍办刊和加入国际数据库的经验，会议围绕期刊存在问题及应对措施、定位与办刊宗旨、学术质量提升举措、完善审稿流程和同行评议制度等方面展开研讨，聚焦期刊未来发展方向。

2018年，学会会刊《中国水土保持科学》出版正刊6期，刊出文章110篇，其中特邀专栏4篇、基础研究25篇、应用研究63篇、开发研究11篇、工程技术2篇、研究综述5篇。

2018年期刊继续与中国知网合作，推出整期"优先出版"，现期刊纸质版印刷之前，电子版优先在线发表。期刊官网和微信公众号及时更新和推送当期目录和精选论文。

2018年，学会开展第七届《中国水土保持科学》优秀论文评选工作，评选范围涵盖期刊2016年1至6期，共计112篇。评选出优秀论文5篇。

【科普工作】　11月21日，学会在北京召开《水土保持读本（中学版）》专家咨询会，启动科普读本《水土保持读本（中学版）》的制作与出版工作。

2018年，学会举办"绿水青山惠民生"中国水土保持生态建设摄影大赛。大赛共征集到作品1088幅，经评审委员会评审，评出佳作奖10幅、优秀奖50幅、入围奖30幅。

2018年，学会开展第二批"全国水土保持科普教育基地"评选工作，福建宁化国家水土保持科技示范园等3家国家水土保持科技示范园区被评为学会第二批"全国水土保持科普教育基地"。

5月12日,学会在山东济南开展纪念汶川特大地震十周年暨全国第十个防灾减灾日科普宣传活动。

【服务创新型国家和社会建设】 2018年,学会完成生产建设项目水土保持方案编制单位和监测单位水平评价工作,708家方案编制单位、224家监测单位提出水平评价申请。经学会咨询与评价工作委员会组织专家进行评审,方案编制单位评审结果:480家单位满足基本条件,其中47家单位为5星级、78家单位为4星级、74家单位为3星级、95家单位为2星级、186家单位为1星级。监测单位评审结果:150家单位满足基本条件,其中2家单位为5星级、11家单位为4星级、28家单位为3星级、29家单位为2星级、80家单位为1星级。

【评优表彰与举荐人才】 2018年,学会评选出第十届中国水土保持学会科学技术奖8项,其中一等奖2项、二等奖2项、三等奖4项;评选出第十一届中国水土保持学会青年科技奖5人。

2018年,学会向中国科协举荐国家科学技术奖候选项目2项。

（水土保持学会由张东宇供稿）

中国林业教育学会

【概　述】 中国林业教育学会系国家一级学会,成立于1996年12月,是学术性、科普性、公益性、全国性的非盈利性社会团体。学会由教育部主管,业务挂靠国家林业局,秘书处设在北京林业大学,专职工作人员3人。2010年被民政部评为全国先进社会组织。学会设有高等教育分会（挂靠北京林业大学）、成人教育分会（挂靠国家林业局管理干部学院）、职业教育分会（挂靠南京森林警察学院）、基础教育分会（挂靠黑龙江森工总局）、教育信息化研究分会（挂靠北京林业大学）、毕业生就业创业促进分会（挂靠国家林业局人才开发交流中心）、自然教育分会（挂靠中南林业科技大学）7个二级分会,同时设有组织、学术、学科建设与研究生教育、专业建设指导、教材与图书资源建设、交流与合作6个内设工作委员会。团体会员单位规模210个,覆盖全国设有林科专业的本科院校、科研机构和高职高专院校。涵盖70余个各级政府主管部门、20家涉林企业、20个基层林业管理部门和部分林区中小学。学会网址：http：//www.lyjyxh.net.cn,会刊《中国林业教育》。截至2018年年底,中国林业教育学会共有理事175人,常务理事53人。

【组织工作】 中国林业教育学会于1月30日召开五届四次常务理事会,审议学会2017年工作总结和2018年工作要点。学会于5月23日在厦门召开学会秘书长工作研讨会,传达五届四次常务理事会和林业教育培训工作座谈会精神,各分会交流本分会2018重点工作。会议要求各分会以更高的政治站位、更规范的科学管理、更健全的体制机制加强自身建设。并组织分会秘书长赴厦门大学调研学习。

【课题研究】 2018年,学会组织专家学者积极申报林业教育重点课题、专项委托项目,成功获得局人事司专项委托项目、局人才中心专项委托项目、2018年林业软科学课题、林业科普项目资助各1项,中国高教学会专题报告项目资助1项,累计获经费101万元,为学会凝聚团体会员单位、加强决策咨询研究提供了条件。其中林业软科学课题《林业高等教育质量报告编撰研究》由副理事长骆有庆牵头,凝聚多所林业高校力量,深入总结林业高等教育改革实践的新进展、新成效,为国家林业和草原局加强宏观指导提供决策参考。林业科普项目《林科学子绿色科普示范引领工程》开展绿色科普双创主题实践活动。

【创新创业教育实践】 举办全国林科大学生创新创业主题实践活动。5月20~22日,联合局人才中心、西北农林科技大学等单位,在2018年全国林业和草原科技周主会场活动期间主办"林科学子红色筑梦 助力脱贫攻坚"双创实践活动。13所涉林院校的46个大学生双创团队代表参加双创成果展示,开展"走进梁家河"实践调研活动。学会理事长彭有冬向双创实践队授旗,并参观大学生双创成果展示。经过4年的积累,林科大学生双创实践活动成为全国林业和草原科技周的保留品牌,受到局科技司的充分肯定,并给予林业科普项目经费重点支持。

参与组织首届全国林业创新创业大赛。本次大赛由国家林业和草原局主办,由局人才中心为主要牵头单位。学会作为共同承办单位圆满完成赛事组织工作。大赛以"山水融智 绿色创赢"为主题,吸引100多家单位500多个创新创业项目参与。历时6个多月完成初赛、全国半决赛、全国总决赛,遴选命题类项目、社会组自选类项目、院校组自选类项目金、银、铜奖,并组织项目团队与投资机构代表签署合作意向。

【第二届全国林业院校校长论坛】 学会于7月18~20日在东北林业大学召开第二届全国林业院校校长论坛。34所林业相关高校和科研院所的百余名代表围绕新时代新林科主题,深入研讨贯彻党的十九大精神,推进新林科建设的新思路、新举措。彭有冬理事长出席论坛并讲话,倡导涉林高校以新林科建设为抓手,主动对接林草事业发展需求,创新林业草原学科建设路径,强化林草人才和科技支撑。学会副理事长兼秘书长骆有庆作《关于新时代新林科的思考》专题报告,8所林业高校的校领导进行主题交流,与会代表分组进行新林科专题研讨。学会广泛征求参会院校的意见,于2018年年底发布新林科共识，凝聚林业相关高校，合力推动构建与新时代林业草原功能定位相适应的新林科学科专业体系，有关建议被教育部高教司采纳。通过两年的建设和发展，全国林业院校校长论坛机制更加健全，成为扩大林业相关院校交流，繁荣林业教育学术实践、服务林业教育改革的高层次交流平台。

【生态文明EVERYDAY实践活动】 2018年，学会立足发挥教育优势，引导公众深度参与生态文明建设的新思路，秘书处先后开展"小小护林员在行动""防震减灾科普"等主题教育实践活动。2月1日在鹫峰国家森林公园举行"守护绿水青山、小小护林员在行动"为主题的森林防火公益宣传教育活动。5月12日第十个全国防灾减灾日和汶川地震十周年纪念日前夕，组织北京林业大学、中国矿业大学（北京）、中国地质大学（北京）等学生实践社团，开展专家科学预防地震灾害专家科普报告会、大学生"走进北京国家地球观象台"、减震救灾公众宣讲等多项科普活动。并参与组织林业文化与自然遗产保护研讨会。

【出版刊物】 学会编辑出版《中国林业教育》正刊6期，职教分会秘书处编辑、发行《林业职业教育动态》（纸质版）5期。

【分会特色工作】
　　高教分会 协同组织全国林业、风景园林专业学位教育指导委员会秘书处，北京林业大学，中国林科院，中国林业出版社等单位完成《深化学科综合改革 彰显林科育人特色》报告，入选《高等教育改革发展专题观察报告（2018）》。积极参与中国高教学会学术交流，获得中国高教学会专题报告课题立项，完成"涉林涉草高水平人才培养体系"专题报告。完成与北京市高教学会和其他分会间的信息沟通等日常工作。办好分会网站，参加中国高教国际学术论坛。

　　成教分会 组织编写出版国家林业和草原局干部学习培训系列3本教材。完成《林业科技知识读本》《林业和草原应对气候变化知识读本》《造林绿化知识读本》编写大纲，组织开展专家评审，并修改完善大纲，为后续教材编写工作奠定基础。协助人事司开展林业和草原干部人才队伍及教育培训需求调研。协助人事司开展林业和草原人才队伍建设情况专题调研。受国合司委托，开展"2019~2023年林草国际人才发展规划研究"课题研究。完成"林业教育培训信息化管理系统建设研究"课题（局科技司立项）和"林业企业高级经营管理人员培训需求及指导性培训方案研究"课题（中国林业教育学会立项）并顺利结题。

　　基教分会 明确分会的作用，充分发挥服务功能。重点完善分会各项管理制度、监督制度。坚持基础理论与应用研究并重，提高科研实效性。举办"森工系统生涯规划教育实施专题培训班""森工系统初中语文基于核心素养的阅读教学专题培训班"等。组织专业骨干深入学校开展教育科研基础理论专题讲座。引导广大教师积极研究教育改革和发展中的重大理论问题与实际问题，摸索教育规律，促进教育发展。

　　教育信息化研究分会 积极参与全国生态文明信息化教学成果总结推广工作。组织会员单位进行教育信息化专项课题申报工作。深入研究林业特色网络课程建设。与中国高等教育学会教育信息化分会等学术组织加强沟通联系，为林业院校信息化建设搭建沟通交流平台。建设分会网站，丰富网站内容，为分会成员单位提供咨询服务。组织会员单位继续做好亚太林业教育创新项目在线课程开发。

　　毕业生就业创业促进分会 5月20日，启动首届全国林业创新创业大赛，组织举办全国林业教学名师"深入基层体验林改"和"产教融合协同育人"等系列教育实践活动。8月21~24日，组织全国林业教学名师们先后考察国际竹藤中心、中国林业科学研究院等林业高等科研机构，观摩北京东郊森林公园、绿心城市公园、通州大运河森林公园、北京城市副中心园林景观绿化等实景和规划施工现场，参观中国园林博物馆、北京林业大学博物馆等珍贵馆藏，并深入北京林业大学国家大学科技园、TATA木门、东方园林等园区、企业，重点围绕学科建设、人才培养、产教协作、新时代林草现代化建设等主题与相关负责同志进行座谈交流和现场对接。

　　自然教育分会 5月和10月，分别完成国家林业和草原局两期国家森林公园解说员培训班。完成两项国家林业和草原局环境教育示范项目——湖南省天际岭国家森林公园和合肥大蜀山国家森林公园。7月1日至9月15日面向全国在校中小学生公开征集文学作品，举办"绿水青山图、童眼看世界"自然教育征文活动，在北京西山国家森林公园举行启动仪式。与湖南省宁乡龙凤露营基地合作，开发自然教育活动。与深圳梧桐山国家森林公园合作开发研学课程。与碧桂园集团合作设计张家界碧桂园项目的研学旅游和自然教育产品。

【全国林科十佳毕业生评选】 完成2019届全国林科十佳毕业生评选。评选出30名全国林科十佳毕业生、120名全国林科优秀毕业生。其中，研究生组十佳毕业生10名，优秀毕业生40名；本科生组十佳毕业生10名，优秀毕业生40名；高职生组十佳毕业生10名，优秀毕业生40名。活动于5月23日在湖北生态工程职业技术学院启动，9月发布评选正式通知，11月举行专家评审，评选出高职、本科、研究生十佳毕业生和优秀毕业生，颁奖典礼于12月27日在安徽农业大学举行，学会原荣誉理事长刘于鹤出席并颁奖。通过9年的建设，参与活动毕业生人数达68万人，共评选出全国林科十佳毕业生250名，优秀毕业生1004名，活动由北美枫情（上海）商贸有限公司冠名，中国林业教育学会、国家林业局人才开发交流中心联合主办。

"北美枫情杯"2018届全国林科十佳毕业生名单
研究生组十佳毕业生名单（按姓氏拼音排序）

姓名	性别	学校
王汉伟	男	浙江农林大学
王　雨	男	东北林业大学
尤　达	男	福建农林大学
杨　阳	男	西北农林科技大学

(续表)

姓名	性别	学校
时 爽	女	南京林业大学
张 慧	女	中国林业科学研究院
徐 浩	男	国际竹藤中心
梅雪梅	女	北京林业大学
葛省波	男	中南林业科技大学
熊阳阳	女	西南林业大学

本科生组十佳毕业生名单（按姓氏拼音排序）

姓名	性别	学校
丹宇卓	女	东北林业大学
刘卫婷	女	山西农业大学信息学院
刘钟琦	男	福建农林大学
邹可人	女	南京林业大学
张宏锦	男	北京林业大学
张婉婷	女	西北农林科技大学
陈一嘉	女	南京森林警察学院

(续表)

姓名	性别	学校
周 悦	女	安徽农业大学
侯 芳	女	西南林业大学
徐冰杰	女	中南林业科技大学

高职生组十佳毕业生名单（按姓氏拼音排序）

姓名	性别	学校
尹鸿铭	男	辽宁林业职业技术学院
石冬明	男	丽水职业技术学院
朱新生	男	江苏农林职业技术学院
刘香港	男	福建林业职业技术学院
杨振欣	女	云南林业职业技术学院
杨颖杰	男	湖北生态工程职业技术学院
周成杰	男	云南林业职业技术学院
郭 强	男	杨凌职业技术学院
梁茜茜	女	广西生态工程职业技术学院
廖杨杰	男	江西环境工程职业学院

（中国林业教育学会由康娟、田阳供稿）

中国林场协会

【综　述】　2018年，中国林场协会深入学习领会党的十九大精神，认真贯彻落实党和国家的方针、政策、法律、法规、林业建设方针和习近平生态文明思想，深入践行绿水青山就是金山银山理念，紧紧围绕国有林场改革发展，积极开展各项工作，不断拓宽服务领域，持续提高服务能力和水平，充分发挥桥梁纽带作用，全年为助推国有林场改革发展做出了一定成绩。

调查研究　2018年，围绕国有林场改革和产业发展以及国有林场森林康养如何发展等主题，积极开展调研，形成了《关于赴苏杭沪国有林场及森林公园森林康养专题调研报告》和《关于赴云南省国有林场及森林公园开展森林康养工作的调查报告》。

国有林场场级干部异地挂职工作　2018年，顺利完成来自全国22个省（区、市）的90余名场级干部挂职工作，接收挂职锻炼的林场达到39个。

宣传工作　2018年编辑发行《林场信息》专刊12期，每期700份。积极做好协会网站的信息更新和维护，确保将协会的有关工作和其他相关信息及时上网宣传。联合中国绿色时报社开展"国有林场　生态先锋"大型宣传活动。加强微信公众平台的建设，设立中国林场新闻专栏，以短新闻合集的形式发布会员动态。

统筹会议，表彰典型　2018年召开3个国有林场片区年会活动，参加总人数达到近300人。全国十佳林场推选工作稳步推进，授牌表彰2017年度27家全国十佳林场。

强化学习　6月，组织全体常务理事共70余人到河北省塞罕坝机械林场召开学习塞罕坝精神现场会，通过实地参观、听取老职工代表讲述亲身经历的方式，深刻感受到塞罕坝精神是塞罕坝林场人用半个世纪心血、汗水和生命凝结而成的精华，是全国林场人创业精神的集中体现。

拓展服务领域和工作范围　先后成立中国林场协会林场权益保障专业委员会和中国林场协会林业产业专业委员会。

扩大会员队伍建设　截至12月底，协会共发展会员单位59家，协会会员单位总数已达660家，为协会各项工作的正常开展拓宽了层面、夯实了基础。

（付光华）

中国生态文化协会

【综 述】 2018年，在国家林业和草原局的领导下，在协会副会长单位、协会分会、省级生态文化协会以及各位理事的支持下，中国生态文化协会深入贯彻落实党的十九大和全国林业厅局长会议精神，深入学习领会习近平总书记在全国生态环境保护大会上的重要讲话精神，秉承"弘扬生态文化，倡导绿色生活，共建生态文明"的宗旨，积极开展生态文化理论研究，生态文化示范基地创建，生态文化村遴选命名，生态文化进校园，期刊编发和生态文化国际交流、宣传与普及等生态文化创意活动，圆满完成2018年年初制定的工作计划，取得了重要成效。

【理论研究】

生态文化体系研究系列丛书编撰工作 以《生态文明时代的主流文化——中国生态文化体系研究总论》为统领，系列丛书的研究和编撰工作深入推进。《中国森林生态文化》《中国沙漠生态文化》《中华茶生态文化》等专著已完成编撰，进入定稿阶段；《中国草原生态文化》《中国园林生态文化》即将完成。特别是，由协会牵头，会同国家海洋局和全国政协人口资源环境委员会协同开展的《中国海洋生态文化》项目研究，通过中国海洋大学等多所高校和科研机构的几十位专家学者的参研，历时两年多，从国家战略和发展全局的高度，诠释和传播了中国八千多年史诗般海洋生态文化的思想精髓与人海和谐的伟大实践。作为中国首部系统全面反映海洋生态文化的专著，《中国海洋生态文化》为中国实施海洋战略、建设海洋强国、树立全民海洋意识提供了精神动力和文化支撑。该书于2018年1月由人民出版社出版发行，全书上下卷，80多万字。

森林的文化价值评估研究项目 协会组织国家林业和草原局规划院、中国林科院、北京林业大学、南京林业大学等十多个单位开展的"森林的文化价值评估研究"在过去研究基础上深入推进，项目组于2018年4月对研究成果进行集中研讨和审定，形成初步成果，提出对森林文化价值进行评估的技术路线及其指标体系，并据此对全国森林的文化价值开展评估。这项研究成果填补了森林文化价值研究的空白，对今后更好地研究、开发、利用森林，最大限度地发挥森林的多种功能具有重要意义。

《华夏古村镇生态文化纪实》项目 华夏古村镇是中华文明的历史根基，是生态文化的活态经典。协会总项目组继续对各省份古村镇材料进行全面收集梳理，完成《生态文明世界》增刊《与生命同在的史书——华夏古村镇生态文化纪实》(下篇)的编辑出版。同时，在对各分项研究报告和已出版《生态文明世界》增刊《与生命同在的史书——华夏古村镇生态文化纪实》(上、中、下篇)进行综合归纳整理的基础上，形成了《华夏古村镇生态文化纪实》(上、下卷)，于2018年12月由人民出版社出版发行。

【品牌创建】

遴选命名2018年度全国生态文化村 生态文化是中华优秀传统文化的重要组成部分，生态文化村则是生态文化的源头活水和重要载体。协会按照《全国生态文化村遴选命名管理办法》，认真履行程序，自下而上，开展2018年度全国生态文化村遴选工作。经各省(区、市)林业厅(局)、省级生态文化协会及协会理事共同推荐，共收到全国31个省(区、市)报送的157个全国生态文化村的评选材料，首次实现了各省(区、市)全覆盖。经协会秘书处审核、初评和专家组评审，最终遴选出2018年度"全国生态文化村"128个。至此，全国生态文化村累计达到806个。同时，经有关方面推荐和考察，命名海南呀诺达热带雨林文化旅游区为"全国生态文化示范基地"，至此，全国生态文化示范基地达14个。

生态文化进校园公益活动 协会连续多年采取"以进助推，以帮促建"的方式，组织开展"生态文化进校园"活动。4月12日，在安徽省黄山市黄山区广阳中心学校开展生态文化进校园活动，专家指导委员会主任江泽慧教授出席，为20位"生态文化小标兵"颁发荣誉证书、学习机、小书包以及科普图书等奖品。12月21日，在三亚市文门小学开展生态文化进校园活动，为20位"生态文化小标兵"颁发荣誉证书，为学校捐赠教学用品，为"生态文化小标兵"赠送小书包、科普图书等奖品，并组织专家为同学们讲授了生态文化知识和绿色生活理念。

大学生主题征文活动 为深入贯彻中央关于生态文明建设的战略部署，认真落实习近平总书记2018年5月18日在全国生态环境保护大会上提出的"建立以生态价值观念为准则的生态文化体系"的重要讲话精神，协会面向全国高校在校大学生开展了以"生态·文化·家园"为主题的生态文化征文活动，动员大学生围绕人与自然和谐共生，构建人类命运共同体，中华民族优秀传统生态文化的弘扬与传承，新时代生态文化的培育与创新，国外优秀生态文化的借鉴与交流等内容展开研究和交流，引导大学生参与到培育生态文化的行动中来，积极参与生态文化宣传，倡导和践行绿色低碳生活，为建设天蓝、地绿、水清的美好家园贡献自己的一份力量。征文活动共收到101所高校的373篇征文作品。经对参赛资格审查、内容题材审核、文章内容查重等，最后确定有效征文227篇，随后邀请6位专家采取盲审的办法对有效征文进行评审和打分。根据专家打分统计结果，对得分排名在前100位的文章作者身份进行再次确认，请中国林科院科技信息研究所对这100篇文章的内容再次进行查重，最终选出一等奖5个、二等奖10个、三等奖21个，以及优秀奖53个，并给予奖励。

生态文化青年沙龙 12月21日,中国生态文化协会组织的生态文化青年沙龙在海南呀诺达雨林文化旅游区举办。活动中,青年学生们首先在呀诺达雨林文化旅游区参观了雨林景观,学习雨林生态文化知识,通过第一视角的雨林体验,学习并了解绿色生态文化、黎苗文化、雨林文化、生肖文化等优秀传统文化理念。南京林业大学赵琳莹、南京森林警察学院吴心雨和北京林业大学高琪分别结合自身专业及学术领域作生态文化主旨发言,从多角度、多领域、多层面阐述"人+社会+自然"和谐共存,传统与现代相互碰撞中的生态文化问题与建议。青年大学生代表们围绕"雨林生态文化""海洋生态文化""乡村民族生态文化""绿色生活"4个主题,结合呀诺达雨林考察启发和自身生活感知进行分组交流座谈,并呼吁社会围绕生态文化展开积极的实践、传播与传承。

组织参加第15届国际青少年林业比赛 国际青少年林业比赛是由俄罗斯联邦政府批准,由俄罗斯联邦林务局具体承办的一项国际性比赛,旨在推动世界青少年爱护自然、爱护森林方面的友好交流活动。应俄罗斯联邦林务局的邀请,协会联合国家林业和草原局对外合作项目中心,组织国内选拔赛,来自南京林业大学、安徽农业大学等8所高校的16名大学生报名。经过资格审查、视频面试等环节,确定6名同学到北京进行现场中英文演讲,评委会专家打分并讨论后,推荐安徽农业大学赵卓群和北华大学孟昕代表中国赴俄罗斯莫斯科参加第15届国际青少年林业比赛。国家林业和草原局对本次比赛高度重视,副局长张永利赴莫斯科出席了比赛开幕式并致辞。9月17~22日,来自19个国家的33位选手在莫斯科展开激烈角逐,两位中国大学生均获得专业成果奖。

完成《生态文明世界》期刊编辑出版 《生态文明世界》作为协会创办发行的会刊,秉承"感悟生态,对话文明,让生命更美好"的宗旨,坚持"纪实、探秘、趣味、科普"的办刊方针,着力于生态文化与生态文明领域的科学普及、学术繁荣、国际交流,回眸人类文明发展印迹,挖掘抢救生态文化资源,展示中华民族生态文化瑰宝。编委会始终坚持高起点策划、高标准组稿、高质量编审,坚持重大稿件实地采编,全年编辑出版正刊4期和增刊《与生命同在的史书——华夏古村镇生态文化纪实》(下篇)。参加"中国最美期刊"评选并入围网络投票及专家评审;参加中国(武汉)期刊博览会并举行展览,获得好评。

协会成立十周年纪念活动 2018年是协会成立十周年。为全面系统地总结十年来协会所做的主要工作和取得的重要成就,深刻分析生态文化事业发展面临的新形势、新任务、新要求,明确今后一段时期协会发展的思路、目标、任务和措施,进一步加大宣传、扩大影响。12月19~21日,协会在海南三亚举行志庆活动。国家林业和草原局、海南省政府以及三亚市政府等有关领导到会祝贺并致辞,协会专家指导委员会主任江泽慧等领导与专家、各省(区、市)林业局分管生态文化(宣传)工作负责人、各省级生态文化协会负责人,以及理事代表等200多人参加活动。与会代表普遍认为,活动内容丰富,形式新颖,特别是"文化铸魂,文明前行"宣传片系统回顾和总结了协会十年来丰富的实践活动及丰硕的理论成果,整体反映了协会宗旨,展示了协会形象,提升了协会品牌。对于进一步凝聚社会共识,加快建立生态文化体系,推进生态文化事业繁荣发展等具有重要意义。

第十届中国生态文化高峰论坛 中国生态文化高峰论坛是协会最具特色和影响力的重要活动,产生了良好的社会品牌效应和辐射带动作用。12月20日,以"乡村振兴·生态优先·文化支撑"为主题的第十届中国生态文化高峰论坛在海南三亚举行,国际木材科学院院士、中国生态文化协会专家指导委员会主任江泽慧教授作主旨报告,中央民族大学教授解树江、中国社会科学院研究员张海鹏、世界自然保护联盟宣传教育专业委员会执行委员李翰颖博士、浙江省衢州市政协副主席吴江平等专家分别作了专题报告。本届论坛的主题紧扣中央重大战略,完全契合新形势、新要求;各位专家的报告内容丰富、主题鲜明、思想深刻、重点突出,既有理论上的探讨,也有政策上的解读,既有实践中的感悟,还有国内外经验的借鉴,具有很强的针对性和指导性。

【其他工作】

参加世界竹藤大会 6月25~27日,首届世界竹藤大会期间,协会主办三项活动。一是举办展览。展示协会基本情况、理论研究成果、品牌活动及未来展望等内容,并为理论研究专著和协会会刊《生态文明世界》杂志设立展览书架,供参观人员取阅及购买。二是主办"生态文化的传承与发展"主题研讨会。中国生态文化协会专家指导委员会委员、国家林业局资源司原司长、中国生态文化协会原常务副会长汪绚,中国生态文化协会副秘书长、中国花卉协会副秘书长彭红明,中国花卉协会花文化分会副会长、中国农业大学教授赵梁军,北京第二外国语大学教授侯满平等专家应邀到会作了专题报告。三是联合国际竹藤组织、中国竹产业协会共同主办"美丽竹乡"摄影展。摄影展作品从不同角度反应中国竹乡的自然美、人文美,让更多朋友了解中国的竹文化,加强中国与世界其他国家竹文化的交流与合作。

参加国家林业和草原局科技周活动 5月20~26日,作为国家林业和草原局科技活动周的承办单位之一,协会开展了生态文化成果展示与咨询活动,展出在中国生态文化理论研究上具有里程碑意义的《生态文明时代的主流文化——中国生态文化体系研究总论》《中国海洋生态文化》(上下卷)、《中国生态文化发展纲要》(2016~2020年)、《生态文明世界》部分期刊和"华夏古村镇生态文化纪实"项目研究成果。

参加第十届中国竹文化节 11月14~16日,中国生态文化协会展览亮相第十届中国竹文化节。展览展示了协会从成立到开展理论研究和特色品牌活动的丰硕成果,并将协会理论研究专著和期刊《生态文明世界》呈现在观众面前。此外,协会参与主办了第十届中国竹文化节系列活动之一——2018年中国竹产业高峰论坛,邀请浙江省政府参事、原浙江省林业厅副厅长、中国林学会竹子分会理事长蓝晓光到会作专题报告。

生态文化宣传活动 一是9月14日,在第15届中国-东盟博览会期间,协会应邀与中国-东盟博览会秘书处、澳门国际设计联合会等单位共同主办了第二届中国－东盟国际设计领袖高峰论坛暨灌江生态论坛。协会秘书长尹刚强代表协会出席开幕式并致辞，协会原副秘书长、中国林科院原副院长蔡登谷研究员在论坛上作《生态文化与生态文明》的专题报告。二是应邀与中国林学会、中国生态学会、中国环保联合会、北京师范大学、中国绿色画报社等单位联合筹备第八届中国绿色发展高层论坛。邀请专家学者、著名企业家、政府官员等围绕绿色科技、绿色城市、绿色乡村、绿色产业等议题开展探讨和交流。

（中国生态文化协会由付佳琳供稿）

林草大事记与重要会议

29

2018 年中国林草大事记

1月

1月4~5日 2018年全国林业厅局长会议在浙江省湖州市安吉县召开。国家林业局党组书记、局长张建龙作题为《坚持新思想引领 推动高质量发展 全面提升新时代林业现代化建设水平》的重要讲话。副局长张永利主持大会，局领导刘东生、彭有冬、李树铭、李春良、谭光明、张鸿文、马广仁等出席。北京市园林绿化局、浙江省林业厅、山西省右玉县、河北省塞罕坝机械林场、福建省永安市洪田村党支部等10家单位作典型发言。

1月8日 东北林业大学"基于木材细胞修饰的材质改良与功能化关键技术"、浙江农林大学"竹林生态系统碳汇监测与增汇减排关键技术及应用"、南京林业大学"中国松材线虫病流行规律与防控新技术"3个项目和中国林业科学研究院湿地研究所编著的科普读物《湿地北京》获得国家科学技术进步二等奖。

1月9日 人力资源社会保障部、全国绿化委员会、国家林业局作出决定，授予山东省淄博市原山林场党委书记孙建博"林业英雄"称号。人力资源社会保障部、国家林业局作出决定，授予北京市林业种子苗木管理总站等99个单位"全国林业系统先进集体"称号，授予何茂等115名同志"全国林业系统劳动模范"称号，授予袁士保等113名同志"全国林业系统先进工作者"称号。

1月10日 澜沧江—湄公河合作第二次领导人会议在柬埔寨召开。会议发布《澜沧江—湄公河合作五年行动计划（2018~2022）》，国家林业局申报、亚太森林组织实施的"澜沧江—湄公河次区域森林生态系统综合管理规划与示范项目"列入《澜湄合作第二批项目清单》。

1月11日 在国务院总理李克强和柬埔寨首相洪森的共同见证下，国家林业局局长张建龙和柬埔寨农林渔业部大臣翁萨坤签署《关于在柬埔寨建设珍贵树种繁育中心的协议》。根据协议，中国将帮助柬埔寨加强珍贵树种繁育能力建设，保护珍贵树种种源。

1月19日 国家发展改革委办公厅、财政部办公厅、国土资源部办公厅、国家林业局办公室联合印发《关于开展新建规模化林场试点工作的通知》，确定在河北省雄安新区白洋淀上游、内蒙古自治区浑善达克沙地、青海省湟水流域开展新建规模化林场试点。

同日 "吉林林业二号"卫星在中国酒泉卫星发射中心成功发射。

1月25日 全国政协副主席、民进中央原第一副主席罗富和到国家林业局走访调研。罗富和要求，要坚持以习近平新时代中国特色社会主义思想为指导，发扬林业建设者艰苦奋斗、无私奉献的精神，抓住当前有利时机，推动林业高质量发展。局长张建龙作工作汇报，局领导张永利、刘东生、李树铭、李春良、谭光明、张鸿文、胡章翠等出席。

1月29日 局长张建龙在北京会见《湿地公约》秘书长玛莎·乌瑞格。双方表示将继续加强合作，共同探索进一步提高国际社会和各国政府对湿地保护的重视程度。

2月

2月1日 国家林业局全面从严治党工作会议在北京召开。国家林业局党组书记、局长张建龙，中央纪委驻农业部纪检组组长吴清海出席会议并讲话。局党组成员、副局长张永利主持会议并传达十九届中央纪委二次全会精神，局领导刘东生、彭有冬、李树铭、李春良、谭光明、张鸿文、马广仁、胡章翠等出席会议。

同日 国家林业局党组召开专项巡视整改工作推进会，研究部署局巡视反馈意见整改落实工作，进一步推进党风廉政建设和反腐败工作。

2月8日 国家林业局东北虎豹监测与研究中心在北京师范大学成立，并开通东北虎豹国家公园自然资源监测系统。

2月28日 中国共产党第十九届中央委员会第三次全体会议通过《深化党和国家机构改革方案》。决定组建国家林业和草原局，并加挂国家公园管理局牌子，由自然资源部管理。主要负责监督管理森林、草原、湿地、荒漠及陆生野生动植物资源开发利用和保护，组织生态保护和修复，开展造林绿化工作，监督管理国家公园等各类自然保护地，统筹森林、草原、湿地、荒漠监督管理，加快建立以国家公园为主体的自然保护地体系，保障国家生态安全。

3月

3月11日 全国绿化委员会办公室印发《2017年中国国土绿化状况公报》。公报显示，2017年中国国土绿化事业取得新成绩，全国共完成造林736.2万公顷，森林抚育830.2万公顷。天然林资源保护管护森林面积1.3亿公顷，新增天然林管护补助资金面积近1333万公顷。退耕还林造林91.2万公顷，三北及长江流域等重点防护林体系工程造林99.1万公顷。全国城市建成区绿地率达36.4%，人均公园绿地面积达13.5平方米。完成公路绿化里程5万千米。沙化土地治理221.3万公顷，新建自然保护区50.3万公顷，草原综合植被盖度达55.3%。全国年均种子产量2700万千克，苗木410亿株，全国经济林产品产量1.8亿吨，经济林种植和采集业实现产值1.3万亿元。

3月12日 以"履行植树义务 共建美丽中国"为主题的2018年全国全民义务植树系列宣传活动在四川成都启动。

3月21日 全国绿化委员会、国家林业局和首都绿化委员会在北京市房山区联合举办2018年"国际森林日"植树纪念活动，来自10多个国家和国际组织的代表和各界群众200余人参加植树活动。

3月23日 喀麦隆总统保罗·比亚访问国际竹藤组织总部，国际竹藤组织董事会联合主席江泽慧、国际竹藤组织总干事费翰思、国家林业局副局长彭有冬一同会见。

3月27日 生态环境部、自然资源部、水利部、农业农村部、国家林业局、中国科学院、国家海洋局七部门联合召开视频会议，安排部署"绿盾2018"自然保护区监督检查专项行动。

3月30日 交通运输部、国家发展改革委、财政部、国家林业局联合印发《关于促进国有林场林区道路持续健康发展的意见》，明确国有林场林区道路建设属性、标准、管护主体等，共同促进改善国有林场林区出行条件。

4月

4月2日 习近平、李克强、栗战书、汪洋、王沪宁、赵乐际、韩正、王岐山等党和国家领导人在北京市通州区张家湾镇，同首都群众一起参加义务植树活动。习近平总书记在活动中强调，开展国土绿化行动，既要重视数量更要重视质量，坚持科学绿化、规划引领、因地制宜，走科学、生态、节俭的绿化发展之路，久久为功、善做善成，不断扩大森林面积，不断提高森林质量，不断提升生态系统质量和稳定性。我们既要着力美化环境，又要让人民群众舒适地生活在其中，同美好环境融为一体。各级领导干部要率先垂范、身体力行，以实际行动引领带动广大干部群众像对待生命一样对待生态环境，持之以恒开展义务植树，踏踏实实抓好绿化工程，丰富义务植树尽责形式，人人出力，日积月累，让我们美丽的祖国更加美丽。前人栽树，后人乘凉，我们这一代人就是要用自己的努力造福子孙后代。国家林业局局长张建龙一同参加植树活动。

4月3日 全国国土绿化、森林防火和防汛抗旱工作电视电话会议在北京召开。国务院总理李克强作出重要批示，国务院副总理胡春华出席会议并讲话，国务委员王勇主持会议。局长张建龙汇报国土绿化和森林防火工作。

4月9日 国家林业和草原局印发《关于充分发挥乡镇林业工作站职能作用 全力推进林业精准扶贫工作的指导意见》，要求各地、各单位认真抓好生态护林员工作落实，引导组建扶贫攻坚造林专业合作社，主动落实乡镇林业站扶贫"四到户服务"工作。

4月10日 国家林业和草原局（国家公园管理局）举行揭牌仪式。自然资源部党组成员、国家林业和草原局党组书记、局长张建龙为国家林业和草原局（国家公园管理局）揭牌，国家林业和草原局党组成员、副局长张永利主持揭牌仪式。副局长刘东生，局党组成员、副局长彭有冬、李树铭、李春良，局党组成员谭光明，局总经济师张鸿文，国家森林防火指挥部专职副总指挥马广仁，全国绿化委员会办公室专职副主任胡章翠出席揭牌仪式。

4月18日 中国与蒙古国签署中国政府援助蒙古国戈壁熊保护技术项目实施协议。这是中国政府首个野生动物保护技术援外项目，项目将为保护蒙古国的"国熊"及其生存环境提供支持援助，该项目由中国林业科学研究院森林生态环境与保护研究所执行实施。

4月19日 国家森林防火指挥部成员单位会议在北京召开。会议要求，严格执行党中央、国务院关于森林防火工作的安排部署，充分发挥好森林防火指挥部成员单位作用，做好森林火灾防控，提升森林防火能力，确保森林防火工作不出现大的问题。国家森林防火指挥部总指挥、国家林业和草原局局长张建龙出席会议并讲话。

4月27日 国家林业和草原局草原监督管理专题咨询会在北京召开，与会专家学者围绕草原监督管理主题，从摸清本底、统筹规划、加强监管、科技支撑、传承草原文化等不同角度，为提高草原监督管理水平提出意见建议。局长张建龙、专家咨询委员会常务副主任江泽慧出席会议并讲话，副局长彭有冬主持会议。

4月28日 庆祝"五一"国际劳动节暨全国五一劳动奖状、奖章和全国工人先锋号表彰大会在北京召开。内蒙古自治区根河林业局获全国五一劳动奖状，黑龙江省绥阳重点国有林管理局二道岗经营所主任孙士杰等7人获全国五一劳动奖章，北京市共青林场李遂林业分场等6个集体获全国工人先锋号。

5月

5月7日 联合国森林论坛第13届会议在美国纽约召开，国家林业和草原局副局长彭有冬率团出席，并与世界自然基金会、野生救援协会、自然资源保护协会负责人分别签署合作协议。

5月9日 国家林业和草原局印发《关于进一步放活集体林经营权的意见》，进一步拓展集体林权特别是经营权权能，保护经营者的合法权益，鼓励社会资本进山入林发展适度规模经营，促进小农户与现代林业发展有机衔接。

5月11日 国家林业和草原局局长张建龙在北京会见乌拉圭牧农渔业部部长恩佐·贝内奇。双方深入交流两国林业和草原发展近况和重点工作，探讨在林业产业、林产品贸易与投资、人工林培育和天然林保护等领域的合作前景，并同意于2018年召开中乌林业工作组第一次会议。

同日 部分省（区、市）森林防火工作座谈会在北京召开。会议对机构改革期间的森林防火工作进行再动员、再强调、再部署，确保全年森林防火工作不出现大的问题。

5月14日 第二次中国—中东欧国家林业合作高级别会议在塞尔维亚首都贝尔格莱德召开，国家林业和草原局副局长刘东生、塞尔维亚农ામ水利部部长布拉尼斯拉夫·内迪莫维奇以及来自阿尔巴尼亚等16国林业主管部门的高级别代表出席会议。

同日 国家林业和草原局印发《中国森林旅游节管理办法》，并自2018年6月1日起施行。

5月20日 主题为"践行'两山'理念 共建生态文明——林业和草原科技助力绿色发展"的2018年全国林业和草原科技活动周在西北农林科技大学启动。

5月28日 滇桂黔石漠化片区区域发展与扶贫攻坚现场推进会在云南省文山壮族苗族自治州举行。国家林业和草原局局长张建龙、水利部部长鄂竟平、云南省省长阮成发出席会议并讲话。

5月28日 中国林业科学研究院林业研究所成立草地资源与生态研究室。

5月30日 在中国国际新闻交流中心组织下，来自安哥拉、博茨瓦纳、南非等28个非洲国家的29名非洲记者专程到国家林业和草原局，采访中国野生动物保护事业。

5月31日 国家林业和草原局决定自2018年6月起，在全国集中开展自然保护地大检查行动。

同日 国家林业和草原局生态安全工作座谈会在北京召开，这标志着国家林业和草原局生态安全工作协调机制正式启动运行。

6月

6月5日 全国油茶产业发展现场会在湖南省衡阳市召开。国家林业和草原局副局长李春良、湖南省副省长隋忠诚出席并讲话。

同日 2018森林中国大型公益系列活动在北京正式启动，副局长张永利出席启动仪式。

同日 北京大学生态研究中心揭牌仪式暨生态学科发展论坛在北京大学举行，国家林业和草原局副局长彭有冬、北京大学校长林建华等领导出席并致辞。

6月8日 国家林业和草原局局长张建龙在北京会见古巴农业部部长古斯塔沃·罗德里格斯·洛约罗。双方同意进一步探讨在林业经贸、生物质能源、林业科技等领域的合作。

同日 "走近中国林业·外国使节看三北"座谈会在山西省运城市召开，副局长彭有冬出席会议。外国使节考察团表示，三北工程为中国乃至世界作出了贡献，在水土流失治理、湿地保护、乡村振兴、兴林富民多领域提供了国际样板。

6月9日 国家林业和草原局与贵州省人民政府在北京人民大会堂联合主办"世界文化和自然遗产日"大会，局长张建龙出席大会并致辞。

6月10～12日 局长张建龙在福建调研集体林权制度改革工作。张建龙强调，要深入学习贯彻习近平生态文明思想和习近平总书记关于集体林权制度改革的重要批示指示精神，认真践行"绿水青山就是金山银山"的理念，总结推广福建全面深化集体林权制度改革的先进经验，服务乡村振兴战略和精准扶贫脱贫，推动全国集体林权制度改革不断向纵深发展，更好实现生态美、百姓富有机统一。在闽期间，张建龙还为福建农林大学新成立的国家林业和草原局集体林业改革发展研究中心揭牌。

6月14日 主题为"防治土地荒漠化 助力脱贫攻坚战"的第二十四个世界防治荒漠化与干旱日纪念大会在陕西省榆林市召开。全国政协副主席郑建邦、国家林业和草原局局长张建龙、陕西省省长刘国中出席大会并讲话，副局长刘东生主持。联合国副秘书长、防治荒漠化公约执行秘书莫妮卡·巴布为大会发来贺信。会上，国家林业和草原局与国家开发银行签署《共同推进荒漠化防治战略合作框架协议》。

6月16日 国家林业和草原局局长张建龙在北京会见莫桑比克土地、环境和农村发展部部长塞尔索·伊斯梅尔·科雷亚，双方签署林业合作谅解备忘录。

6月19日 国家林业和草原局召开新闻发布会，通报"春雷2018"专项打击行动成果。2018年4月1日至5月31日，"春雷2018"专项打击行动期间，全国各级森林公安机关共办理各类案件3.6万余起，收缴林木木材约3.5万立方米、林地3800余公顷、各类野生动物7.7万余头（只），打击处理各类违法犯罪人员3.7万余人（次），涉案金额近3亿元。

6月21日 以森林认证助推林业现代化为主题的森林认证工作座谈暨学术研讨会在江苏南京召开，会议研讨新形势下全方位推进森林认证的措施与路径。副局长彭有冬出席并讲话，并为第二批中国森林认证产销监管链试点单位授牌。

6月25～27日 以"竹藤南南合作助推可持续绿色发展"为主题的2018世界竹藤大会在北京召开。李克强总理向大会致贺信。厄瓜多尔总统莫雷诺、哥伦比亚总统桑托斯向大会发来视频贺辞。全国人大常委会副委员长郝明金、埃塞俄比亚联邦议会人民代表院副议长米纳蕾、国际竹藤组织秘书处总干事费翰思出席开幕式并致辞。国家林业和草原局局长张建龙主持开幕式并宣读李克强总理贺信。国际竹藤组织董事会联合主席江泽慧获得"全球竹藤事业终身成就奖"。各界代表1200余人参加大会，会议发布《2018竹藤黄页》《国际竹藤贸易报告》等重要成果。

6月25～26日 副局长张永利在甘肃调研生态环境损害责任追究和祁连山国家公园试点情况，并与甘肃省委书记林铎就林业草原改革发展工作交换意见。张永利强调，要深入学习贯彻习近平生态文明思想特别是总书记关于祁连山国家公园体制试点重要批示指示精神，认真践行"绿水青山就是金山银山"的理念，以坚决政治决心和高度担当精神，全面做好祁连山国家公园试点和生态环境保护工作，努力开创林业和草原现代化建设新局面，为维护国家生态安全、建设美丽中国贡献力量。

6月25日至7月1日 全国绿化委员会办公室专职副主任胡章翠率团出席在瑞典举行的第十三届大森林论坛并发表主旨演讲。

6月26日 国家林业和草原局通过江苏连云港花果山国家地质公园和安徽灵璧磬云山国家地质公园的命名。至此，全国共建立国家地质公园209个，授予国家地质公园建设资格61个、省级地质公园343个。

6月29日 库布其30年治沙成果总结暨服务"一带一路"绿色经济推进会在北京召开。

6月30日 中国龙江森林工业集团有限公司在哈尔滨挂牌成立，标志着黑龙江省重点国有林区改革迈出实质性步伐，对分离政府社会职能、加快林区改革进程、促进林区转型发展具有重要意义。国家林业和草原局局长张建龙、黑龙江省委书记张庆伟出席会议并讲话，黑龙江省省长王文涛宣读省委省政府批复，并共同为中国龙江森林工业集团有限公司揭牌。

同日 联合国副秘书长、联合国环境署执行主任埃里克·索尔海姆访问河北塞罕坝机械林场，并对塞罕坝林场几代造林人50多年来在贫瘠地区种植树木，将森林覆盖率从11.4%提高到80%的成就大加赞赏。

6月30日至7月1日 局长张建龙赴辽宁调研湿地保护修复情况。张建龙强调，湿地资源特别是滨海湿地是中国自然资源的精华，要深入学习贯彻习近平生态文明思想，强化湿地保护修复，增强湿地生态功能，实现人与自然和谐共生。

7月

7月2日 经联合国教科文组织世界遗产委员会同意，贵州梵净山获准列入《世界遗产名录》。中国世界遗产增至53处，其中，世界自然遗产增至13处。中国世界自然遗产总数跃居世界第一。

7月6日 《全国森林城市发展规划（2018～2025年）》发布。《规划》确定"四区、三带、六群"的中国森林城市发展格局。根据《规划》，到2020年全国将建成6个国家级森林城市群、200个国家森林城市；到2025年，将建成300个国家森林城市。

7月10日 韦华同志先进事迹报告会在北京召开。局长张建龙出席并讲话。会议提出，林业和草原系统广大干部职工要深入学习韦华同志先进事迹，大力弘扬忠诚、担当、奉献的"熊猫人"精神，坚定理想信念，积极担当作为，不断开创林业和草原事业改革发展新局面，为建设生态文明和美丽中国贡献力量。副局长张永利主持报告会并宣读《关于开展向韦华同志学习活动的决定》，局领导刘东生、彭有冬、谭光明、张鸿文、胡章翠等出席。

7月11日 东北虎豹国家公园标识正式发布和启用，标识造型来源于秦代虎符，意在表达"山助虎豹威，虎豹增山雄"的生态主题。

7月12～13日 在泰国曼谷召开的世界自然保护联盟亚洲保护地伙伴关系第四次执委会会议上，中国正式加入亚洲保护地伙伴关系，成为亚洲保护地伙伴关系国家成员。

7月14日 国务院印发《关于加强滨海湿地保护严格管控围填海的通知》，明确从4个方面进一步提高滨海湿地保护水平，严格管控围填海活动。

7月17日 国家林业和草原局局长张建龙作为《联合国防治荒漠化公约》第十三次缔约方大会主席，在纽约联合国总部出席《联合国防治荒漠化公约》秘书处组织举办的非洲可持续、稳定与安全部长级会议，并向与会各方介绍中国防沙治沙与国际合作情况和库布其治沙模式。

7月19日 中国-乌拉圭林业工作组第一次会议在乌拉圭蒙得维的亚召开。国家林业和草原局局长张建龙和乌拉圭牧农渔业部部长恩佐·贝内奇出席会议。中乌双方交流了在森林资源管理和监测、林产品贸易和投资、防止土地退化和荒漠化、草原生态治理等方面的发展经验和合作需求，同意每两年召开一次工作组会议，共同研究制订合作计划和具体活动，张建龙还邀请乌拉圭加入国际竹藤组织。

7月19～20日 第二届全国林业院校校长论坛在东北林业大学召开，中国林业教育学会理事长彭有冬出席会议并讲话。

7月25日 国家林业和草原局局长张建龙在北京会见俄罗斯自然资源部副部长兼林务局长伊万·瓦连基克。双方充分肯定中俄林业工作组机制的重要作用，表达了在森林防火、森林病虫害防治、跨境自然保护区建设等领域加深合作的愿望，并召开中俄林业工作组第九次会议暨投资政策研讨会。

7月26日 国家林业和草原局发布《国家林业和草原长期科研基地规划（2018～2035年）》，首批批复长期科研基地50个。

7月27日 国家林业和草原局与吉林省政府局省共建示范项目"东北生态大数据中心"在吉林省长春市落成。国家林业和草原局局长张建龙、吉林省副省长李悦为大数据中心揭牌，国家林业和草原局总经济师张鸿文主持揭牌仪式。

7月29日至8月3日 全国人大常委会副委员长、九三学社中央主席武维华率队深入新疆、宁夏两地，专题调研三北工程建设、草原生态修复、节水林业等，对三北工程40年建设作出高度评价，对中国林草建设提出了新要求。8月3日，调研组在宁夏银川召开座谈会，与各级工程建设者和基层干部群众座谈交流三北工程建设情况。国家林业和草原局局长张建龙、副局长刘东生、中国工程院院士张守攻等参加座谈。

7月30日 中共中央办公厅、国务院办公厅印发《国家林业和草原局职能配置、内设机构和人员编制规定》。规定国家林业和草原局是自然资源部管理的国家局，为副部级，加挂国家公园管理局牌子。国家林业和草原局设15个司（局、室）和机关党委、离退休干部局，机关行政编制429名；跨地区设置森林资源监督专员办事处15个，作为派出机构，行政编制304名。

7月31日 2019北京世园会省区市展园展区建设中期工作会在北京延庆召开。国家林业和草原局局长、北京世园会组委会副主任委员、执委会执行主任张建龙要求，坚持以习近平生态文明思想为指导，紧紧围绕"世界园艺新境界、生态文明新典范"宗旨，全力推动展园展区建设和参展工作。

8月

8月14～15日 国家公园国际研讨会在云南昆明召开。国家林业和草原局副局长李春良出席会议并致辞，总经济师张鸿文作主报告。

8月16日 国家林业和草原局举行大熊猫保护研究成果新闻发布会暨首届中国大熊猫国际文化周发布会，介绍中国大熊猫保护与研究工作取得的重要进展和显著成效。截至2017年年底，全国圈养大熊猫种群数量首次突破500只，野外大熊猫濒危状况得到进一步缓解，大熊猫科研及野化放归取得阶段性成果，大熊猫科研成果实现全球共享。

8月16～17日 第二届大中亚林业部长级会议在吉尔吉斯斯坦比什凯克召开，国家林业和草原局副局长彭有冬率团出席。会议围绕加强大中亚国家林业合作、促进跨境生物多样性及森林生态系统保护、恢复干旱地植被、加强沙漠化防治进行了深入探讨，达成多项共识。

8月23日 中央纪委国家监委驻自然资源部纪检监察组组长、自然资源部党组成员罗志军到国家林业和草原局走访，国家林业和草原局党组书记、局长张建龙介绍了国家林业和草原局全面从严治党相关情况，局领导张永利、彭有冬、李树铭、李春良、谭光明、张鸿文、马广仁、胡章翠出席座谈会。

同日 主题为"熊猫文化 世界共享"的首届中国大

熊猫国际文化周开幕式在北京中华世纪坛举行。

8月28日 全国推进大规模国土绿化现场会在青海西宁召开。国家林业和草原局局长张建龙要求，认真学习贯彻习近平生态文明思想，按照党中央、国务院的决策部署，加快推进大规模国土绿化行动，不断提升林草资源总量和质量，持续改善全国生态状况，为促进经济社会可持续发展、建设生态文明和美丽中国创造更好的生态条件。

8月28～29日 国家林业和草原局局长张建龙在青海省海北藏族自治州专题调研祁连山国家公园建设情况。张建龙强调，建立祁连山国家公园，是以习近平同志为核心的党中央站在中华民族永续发展的战略高度作出的一项重大决策，必须提高政治站位，坚持以习近平生态文明思想为指引，制定最严格的制度，采取最严格的措施，维护祁连山生态系统的完整性、原真性，为子孙后代留下珍贵的自然遗产。

8月31日 国家林业和草原局召开电视电话会议，决定自9月1日至12月10日，在全国范围内组织开展"绿剑2018"专项打击行动，以维护林地、森林和野生动植物资源安全，坚决遏制涉林违法犯罪持续高发的态势。

9月

9月4日 国际雪豹保护大会在广东深圳开幕。近200位代表、专家围绕雪豹保护面临的问题，共同探讨加强雪豹保护的科学对策和政策建议。国家林业和草原局副局长李春良出席开幕式并致辞。

9月11日 国家林业和草原局召开动员会，部署开展十八届中央巡视反馈问题整改落实情况"回头看"，进一步贯彻落实习近平总书记关于巡视工作的重要指示精神，推进中央巡视反馈意见在全局的落实落地，推动全面从严治党向纵深发展。国家林业和草原局党组书记、局长张建龙，中央纪委国家监委驻自然资源部纪检监察组组长、自然资源部党组成员罗志军出席会议并讲话。国家林业和草原局党组成员、副局长张永利主持会议，局领导李春良、张鸿文、胡章翠等及中央纪委国家监委驻自然资源部纪检监察组副组长陈春光出席会议。

9月12～13日 "一带一路"生态治理民间合作国际论坛在甘肃武威举办，论坛主题为"分享中国生态治理经验，推动民间国际合作，促进生态共建共享"。全国政协原副主席罗富和出席开幕式，并为11家企业颁发"福布斯中国荒漠化治理绿色企业"奖，联合国副秘书长刘振民为论坛发来贺信。国家林业和草原局党组成员、人事司司长谭光明，中国绿化基金会主席陈述贤，阿根廷农业工程协会主席奥大维·普瑞泽·帕多等出席并致辞。

9月17日 国家林业和草原局举办机构改革后新任命机关司局级领导干部宪法宣誓活动。国家林业和草原局党组书记、局长张建龙，中央纪委国家监委驻自然资源部纪检监察组组长、自然资源部党组成员罗志军分别与新任命的机关司局级领导干部进行集体任职谈话和廉政谈话。局领导张永利、刘东生、谭光明、胡章翠等及中央纪委国家监委驻自然资源部纪检监察组副组长陈春光出席。

9月18日 国家林业和草原局局长张建龙会见新西兰林业部长肖恩·琼斯。双方就人工林种植、林产品贸易、林业产业开发、打击木材非法采伐等议题交换意见，表达了深化林业务实合作的愿望。

9月20日 中国林业大数据中心、中国林权交易（收储）中心在云南省昆明市正式成立。

9月21日 国家林业和草原局副局长张永利与加拿大公园管理局局长丹尼尔·沃森代表双方在加拿大渥太华签署《关于自然保护地事务合作的谅解备忘录》。根据协议，双方将在国家公园、自然保护区以及其他自然保护地的建立和管理方面开展合作，包括国家公园、自然保护区等自然保护地的结对。

9月22日 国家林业和草原局与北京大学共同召开绿水青山就是金山银山有效实现途径研讨会，深入贯彻落实习近平总书记关于绿水青山就是金山银山的重要理念，分享各地将绿水青山打造为金山银山的成功经验，进一步从理论上、实践上探索绿水青山就是金山银山的有效实现路径，更好推动生态文明和美丽中国建设。国家林业和草原局局长张建龙出席会议并讲话，北京大学党委副书记安钰峰致辞，国家林业和草原局副局长刘东生主持研讨会。

9月25日 贵州梵净山世界遗产证书颁发仪式在北京举行。联合国教科文组织文化助理总干事埃内斯托·雷纳托·奥托内·拉米雷斯为贵州梵净山颁发世界遗产证书。

9月26日 "中尼犀牛保护合作研究"启动仪式在上海野生动物园举行，尼泊尔向中国赠送两对亚洲独角犀牛，用于繁育研究和向公众展示教育。

同日 第十八届中国·中原花木交易博览会在河南省鄢陵县开幕，上海市梦花源等12家单位被授予第二批国家重点花文化基地称号。

9月27～28日 全国活化集体林经营权促进规模经营现场经验交流会在湖南省浏阳市举行。

9月28日 全国森林草原防灭火工作电视电话会议在北京召开。国务院总理李克强对森林草原防灭火工作作出重要批示。批示指出：森林草原防灭火工作，事关人民群众生命财产安全和国家生态安全。各地区、各有关部门要以习近平新时代中国特色社会主义思想为指导，认真贯彻党中央、国务院决策部署，深化森林草原防火体制机制改革，强化责任、健全机制、形成合力，全面提升森林草原火灾综合防控和救援能力。当前，全国大部分地区将陆续进入秋冬季森林草原防火期，要始终绷紧安全这根弦，坚持预防为主、防灭结合，切实强化地方党委政府领导责任，严格落实经营单位防火主体责任、林草部门行业管理责任，扎实做好防火巡护、火源管理、防火设施建设、火灾隐患排查等工作，各级应急管理部门要统筹应急救援力量建设，加强预警监测，合理布防力量，落实扑救责任，坚决防范森林草原火灾事故发生，最大限度减少灾害损失。国务委员、国家森林草原防灭火指挥部总指挥王勇出席会议并讲话。国家森林草原防灭火指挥部副总指挥、国家林业和草原局局长张建龙通报2018年春夏季森林草原防火工作情况和秋冬季工作安排建议。

同日 国家公园与生态文明建设高端论坛在甘肃敦煌举行，甘肃省省长唐仁健、国家林业和草原局副局长张永利分别致辞。

同日　国家林业和草原局启动成立林业和草原国家创新联盟，批准建立首批林业和草原国家创新联盟110个。

10月

10月8日　国家林业和草原局警示教育大会在北京召开，会议学习传达习近平总书记重要批示精神及中央和国家机关警示教育大会精神，决定在10月份集中开展警示教育活动。国家林业和草原局党组书记、局长张建龙出席会议并讲话。会议印发《国家林业和草原局警示教育活动实施方案》《关于党的十八大以来国家林业和草原局党员干部违纪典型案例的通报》。

10月9日　2018沙产业创新博览会暨沙产业高峰论坛在内蒙古阿拉善举办。这是中国作为联合国防治荒漠化公约第十三次缔约方大会主席国的重要活动之一。国家林业和草原局局长、《联合国防治荒漠化公约》第十三次缔约方大会主席张建龙，内蒙古自治区政府主席布小林等出席活动开幕式。

同日　国家林业和草原局召开电视电话会议，部署打击乱捕滥猎和非法经营候鸟违法犯罪活动，推动构建候鸟保护长效机制，副局长李春良出席会议并讲话。

10月11~12日　打击野生动植物非法贸易国际会议在英国伦敦举行，国家林业和草原局副局长彭有冬率团出席。会议围绕打击野生动植物违法犯罪、减少需求、关闭非法市场、加强国际合作等议题进行了深入交流并达成广泛共识。中国打击野生动植物非法贸易成果得到与会代表的高度赞誉。

10月15日　2018森林城市建设座谈会在广东省深圳市举行。全国政协副主席、关注森林活动组委会主任李斌出席会议并讲话。国家林业和草原局局长张建龙出席并讲话，副局长彭有冬主持会议并宣读国家森林城市称号批准决定。北京市平谷区等27个城市被授予国家森林城市称号，全国国家森林城市达165个。

10月21日　黑龙江伊春森工集团有限责任公司挂牌成立。

10月22~25日　《湿地公约》第十三届缔约方大会在阿联酋迪拜召开，国家林业和草原局副局长李春良率团出席。大会以"湿地，城镇可持续发展的未来"为主题，中国常德、常熟、东营、哈尔滨、海口、银川入选全球首批18个国际湿地城市。

10月23日　主题为"人工林——实现绿色发展的途径"的第四届世界人工林大会在北京开幕。国家林业和草原局局长张建龙、联合国防治荒漠化公约秘书处执行秘书莫妮卡·巴布、联合国粮食及农业组织驻中国代表马文森、国际林联执行主任亚历山大·巴克出席开幕式并讲话。国家林业和草原局副局长刘东生主持大会开幕式，中国工程院院士沈国舫等近700名专家学者出席会议。

同日　全国绿化委员会办公室、中国绿化基金会与浙江蚂蚁小微金融服务集团股份有限公司在北京签署"互联网+全民义务植树"战略合作协议，共同创新全民义务植树的尽责形式，推进义务植树和国土绿化事业创新发展。

10月25日　国家林业和草原局副局长彭有冬会见蒙古国国家环境和旅游部国务秘书桑佳尔·赛格米帝。双方就森林虫害防治、蒙古国戈壁熊栖息地保护项目、荒漠化防治、树种联合研究及森林防火等共同关心的议题交换意见。双方一致希望，在合作谅解备忘录的基础上，继续保持定期会议机制，持续深化在林业与生态保护等方面的务实合作。

10月27日　中国林业科学研究院建院60周年纪念大会在北京举行。国家林业和草原局局长张建龙、国际林联执行主任亚历山大·巴克、国际热带木材组织执行主任格哈德·迪亚特尔出席纪念大会开幕式并致辞。

10月29日　祁连山国家公园管理局、大熊猫国家公园管理局分别在甘肃兰州、四川成都挂牌成立。标志着中国国家公园体制试点工作进入全面推进的新阶段。国家林业和草原局局长张建龙分别与甘肃省省长唐仁健、四川省省长尹力为祁连山、大熊猫国家公园管理局揭牌。

10月31日　中国国家林业和草原局与加拿大公园管理局在四川卧龙签署关于中国大熊猫国家公园与加拿大贾斯珀国家公园和麋鹿岛国家公园结对的合作协议。国家林业和草原局副局长李春良、加拿大环境及气候变化部部长凯瑟琳·麦肯娜代表双方签字。

11月

11月1日　西北农林科技大学举行草业与草原学院成立大会以及黄土高原草原恢复与利用工程技术研究中心授牌仪式，这是国家林业和草原局批准成立的全国第一个草学领域工程技术研究中心。

同日　国家林业和草原局办公室印发《关于扎实做好野猪非洲猪瘟等野生动物疫源疫病监测防控工作的通知》，要求野猪分布省（区、市）林业主管部门，把边境地区、野猪出现频次较高区域、与散养家猪存在交叉接触区域、距疫点不足50千米的浅山区等作为重大防控风险区，严密监测防控野猪非洲猪瘟疫情。

同日　第11届中国义乌国际森林产品博览会在浙江义乌开幕。

11月2日　国家林业和草原局党组召开会议，深入学习贯彻习近平总书记关于坚决整治形式主义、官僚主义的系列重要讲话和批示精神，研究决定开展形式主义、官僚主义问题集中整治工作，严肃查办形式主义、官僚主义问题线索，充分发挥巡视利剑作用，强化警示教育，加大通报曝光力度，以身边事教育身边人。会议审议通过《中共国家林业和草原局党组关于开展形式主义、官僚主义问题集中整治的实施方案》。

11月5日　第二届世界生态系统治理论坛在浙江杭州举办。论坛主题为树立生态命运共同体发展理念，健全全球生态系统治理体系，推进治理能力现代化，促进全球生态系统治理知识和经验的国际分享。国家林业和草原局局长张建龙出席开幕式并讲话，联合国副秘书长刘振民向论坛发视频祝贺，世界自然保护联盟总干事英格·安德森，印度尼西亚环境和森林部总司长巴古斯·赫鲁多佐·吉普托诺，浙江省人大常委会副主任史济锡等致辞，国家林业和草原局副局长彭有冬主持。论坛期间，张建龙专门会见了出席第二届世界生态系统治理论坛的世界自然保护联盟、自然资源保护协会、大自然保护协会等国际保护组织的负责人。

11月8~10日 大熊猫保护与繁育国际大会暨2018大熊猫繁育技术委员会年会在四川成都召开，国家林业和草原局副局长李春良出席开幕式并致辞。

11月12日 国家林业和草原局林产工业规划设计院成立60周年研讨会在北京召开，国家林业和草原局局长张建龙出席会议并为新成立的金融创新和咨询中心、无醛人造板国家创新联盟授牌。

同日 纪念中国野生动物保护协会成立35周年座谈会在北京召开。35年来，中国野生动物保护协会引导推动全国建立基层协会832个，会员超过41万人。

11月13日 国家林业和草原局召开电视电话会议，决定从11月13日起至12月31日，在全国范围内组织开展严厉打击犀牛和虎及其制品非法贸易专项行动，保护珍稀濒危野生动物安全。

11月14日 国家林业和草原局、贵州省人民政府在贵阳签署战略合作框架协议，支持贵州省实施"大扶贫、大数据、大生态"战略行动，建设长江经济带林业草原改革试验区。国家林业和草原局局长张建龙，贵州省委书记孙志刚、省长谌贻琴等出席仪式，总经济师张鸿文代表国家林业和草原局签字。

同日 "伟大的变革——庆祝改革开放40周年大型展览"在国家博物馆正式向公众开放，国家林业和草原局在社会建设、生态文明建设和对外开放3个展区参展，展示林业产业、生态扶贫、森林执法、林业对外开放等内容。四代领导人义务植树、东北虎豹国家公园沙盘、濒危野生动植物保护生态造型墙等展示内容成为展览重点，林业和草原建设成为反映国家40年生态巨变的展示亮点。

同日 全国绿化委员会、国家林业和草原局印发《关于积极推进大规模国土绿化行动的意见》，提出到2020年，推动生态环境总体改善，生态安全屏障基本形成；到2035年，国土生态安全骨架基本形成，美丽中国目标基本实现；到2050年，迈入林业发达国家行列。

11月15日 第六届中国林业学术大会在中南林业科技大学举行，会议颁发第九届梁希科技奖和第七届梁希科普奖。"中国智慧林业体系设计与实施示范""植物细胞壁力学表征技术体系构建及应用"等6个项目荣获梁希科技一等奖。

11月16日 国家林业和草原局生态扶贫暨扶贫领域监督执纪问责专项工作会议在贵州荔波召开，会议要求着力推进生态补偿扶贫、国土绿化扶贫、生态产业扶贫、林草科技扶贫，着力强化定点扶贫工作，做好扶贫领域监督执纪问责，为坚决打赢脱贫攻坚战作出更大贡献。会上，国家林业和草原局与中国邮政储蓄银行签署林业生态扶贫工作战略合作协议。

11月19日 国家林业和草原局成立森林旅游工作领导小组。领导小组的主要职责是：协调和制定推进森林旅游发展的相关政策，指导和协调森林旅游工作，研究部署重大活动和重点工作等。国家林业和草原局森林旅游管理办公室设在林场种苗司，承担领导小组日常工作。

11月28日 科技部批准建设东北虎豹生物多样性国家野外科学观测研究站，这是第一个针对国家公园生态系统长期观测的国家级野外科学观测研究站。

11月30日 三北工程建设40周年总结表彰大会在北京召开。中共中央总书记、国家主席、中央军委主席习近平对三北工程建设作出重要指示强调，三北工程建设是同中国改革开放一起实施的重大生态工程，是生态文明建设的一个重要标志性工程。经过40年不懈努力，工程建设取得巨大生态、经济、社会效益，成为全球生态治理的成功典范。当前，三北地区生态依然脆弱。继续推进三北工程建设不仅有利于区域可持续发展，也有利于中华民族永续发展。要坚持久久为功，创新体制机制，完善政策措施，持续不懈推进三北工程建设，不断提升林草资源总量和质量，持续改善三北地区生态环境，巩固和发展祖国北疆绿色生态屏障，为建设美丽中国作出新的更大的贡献。中共中央政治局常委、国务院总理李克强批示指出，40年来，经过几代人的艰苦努力，三北防护林体系建设取得巨大成就，在祖国北疆筑起了一道抵御风沙、保持水土、护农促牧的绿色长城，为生态文明建设树立了成功典范。要牢固树立新发展理念，坚持绿色发展，尊重科学规律，统筹考虑实际需要和水资源承载力等因素，继续把三北工程建设好，并与推进乡村振兴、脱贫攻坚结合起来，努力实现增绿与增收相统一，为促进可持续发展构筑更加稳固的生态屏障。会议传达学习习近平重要指示和李克强批示。中共中央政治局常委、国务院副总理韩正出席并讲话。国务院常务副秘书长丁学东、国家林业和草原局局长张建龙、国家发展改革委副主任胡祖才、人力资源和社会保障部副部长游钧、自然资源部副部长赵龙、生态环境部副部长翟青、中国科学院副院长张亚平出席。三北地区13个省（区、市）和新疆生产建设兵团，工程区重点市县负责同志，以及受表彰代表参加会议。

同日 北京林业大学成立草业与草原学院，国家林业和草原局副局长张永利为学院揭牌。作为林业类院校的首家草业与草原学院，该院将以草坪学为重点，发展草坪学、草原学和牧草学3个二级学科，培养服务草原生态建设管理人才。

12月

12月3日 纪念改革开放40周年草原改革发展座谈会在北京举行。国家林业和草原局副局长李树铭、中国工程院院士任继周等出席。

12月3日 国家林业和草原局印发《林业草原生态扶贫三年行动实施方案》及贯彻落实分工方案，提出大力实施生态补偿扶贫、积极推进国土绿化扶贫、认真实施生态产业扶贫、全力开展定点扶贫，实现生态改善和脱贫攻坚双赢。

12月4日 国家林业和草原局召开党组会议，学习贯彻三北工程建设40周年表彰大会精神。会议传达习近平总书记重要指示、李克强总理批示和韩正副总理讲话精神，要求全国林业和草原系统迅速掀起学习贯彻会议精神热潮，把会议精神贯穿到林业草原事业改革发展的各方面、全过程，推动林业草原工作再上新的水平。国家林业和草原局党组书记、局长张建龙主持会议。局领导张永利、彭有冬、李树铭、李春良、谭光明、胡章翠等出席会议。

12月4~5日 全国乡村绿化美化现场会在广西桂

林召开，国家林业和草原局副局长刘东生出席并讲话。

12月6日 国家林业和草原局国家公园规划研究中心在国家林业和草原局昆明勘察设计院揭牌成立，这是国家林业和草原局（国家公园管理局）成立的专门致力于国家公园规划研究的专业机构。总经济师张鸿文为中心揭牌。

12月6~8日 皖苏沪浙赣松材线虫病联防联治会议在安徽黄山召开。国家林业和草原局副局长刘东生出席并带队督导黄山松材线虫病防治工作。

12月10日 "绿剑2018"专项打击行动圆满结束，行动历时百日，取得丰硕成果，共破获重特大案件579起，打击处理各类涉林违法犯罪人员4.7万余人，打掉犯罪团伙112个，放飞、放生野生动物约19万余头（只），有效震慑和遏制了各类涉林违法犯罪行为。

12月12日 "东北虎豹国家公园保护生态学"国家林业和草原局重点实验室在北京师范大学揭牌成立，国家林业和草原局副局长彭有冬、北京师范大学党委书记程建平出席。

同日 首届中国野生植物保护大会在山东省烟台市召开。全国政协副主席李斌出席大会并讲话，国家林业和草原局副局长李春良主持开幕式，中国林学会理事长赵树丛讲话。

12月13日 国务院新闻办公室召开新闻发布会，公布中国岩溶地区第三次石漠化监测结果。监测结果显示，截至2016年，中国石漠化土地面积为1007万公顷，占岩溶面积的22.3%，潜在石漠化土地面积1466.9万公顷。与2011年相比，5年间，石漠化土地净减少193.2万公顷，年均减少38.6万公顷，年均缩减率为3.45%。石漠化扩展的趋势得到有效遏制，岩溶地区石漠化土地呈现面积持续减少、危害不断减轻、生态状况稳步好转的态势。林草植被保护和人工造林种草对石漠化逆转的贡献率达到65.5%。

12月16日 2018中国森林旅游节在广州开幕。全国政协原副主席罗富和、国家林业和草原局副局长刘东生、广东省副省长张光军等领导出席开幕式。开幕式上为24个新设立的国家森林公园、6个新命名全国森林旅游示范市、28个新命名全国森林旅游示范县授牌。截至2018年，全国森林旅游游客量预计超过16亿人次，约占国内旅游人数的30%，创造社会综合产值预计超过1.4万亿元。

12月16~17日 首届中国—东盟森林旅游合作座谈会在广州召开，国家林业和草原局副局长刘东生、亚太森林恢复与可持续管理组织董事会主席赵树丛、柬埔寨林业局副局长博尼卡·陈、老挝林业局副局长桑颂·叟撒玛可、马来西亚生物多样性与林业管理局局长达托·纳·玛姿·纳·莫哈穆德出席。

12月17日 国家林业和草原局科学技术委员会召开换届会议，成立第六届科学技术委员会。局长张建龙任科学技术委员会任，副局长彭有冬任副主任，局党组成员、人事司司长谭光明等出席。中国科学院院士唐守正、中国工程院院士尹伟伦等16位知名专家任第六届科技委常务委员。

12月24日 国务院新闻办公室召开新闻发布会，正式发布《三北防护林体系建设40年综合评价报告》。报告显示：三北工程实施累计完成造林保存面积3014.3万公顷，森林覆盖率由5.05%提高到13.57%，活立木蓄积量由7.2亿立方米增加到33.3亿立方米。40年来，三北工程发挥出巨大的生态、经济和社会效益。工程区林草资源量显著增加，森林面积净增2156万公顷；风沙危害和水土流失得到有效控制，水土流失面积相对减少67%；农田防护林有效改善农业生产环境，提高低产区粮食产量约10%；生态环境明显改善，促进了区域经济社会发展，吸纳农村劳动力3.13亿人次，累计接待游客3.8亿人次，特色林果业、森林旅游经济对群众稳定脱贫贡献率达到27%。

12月25日 全国林业企业参与精准脱贫工作座谈会在北京召开，17家林业企业与国家林草局定点帮扶的4个县签订合作意向书，意向金额达17.5亿元。

12月29日 竹藤基因组学学术成果在北京发布，中国在世界上首次破译黄藤和单叶省藤两种棕榈藤的全基因组信息。

（韩建伟供稿）

2018年林草重要会议

【2018年全国林业厅局长会议】 1月4~5日，2018年全国林业厅局长会议在浙江省湖州市安吉县召开。会议的主要任务是，以习近平新时代中国特色社会主义思想为指导，认真学习贯彻党的十九大和中央经济工作会议、中央农村工作会议精神，总结过去五年成就，分析当前林业形势，谋划今后一个时期总体思路，安排2018年重点工作，大力推进新时代林业现代化建设，为实施乡村振兴战略、决胜全面建成小康社会、建设社会主义现代化强国作出更大贡献。国家林业局局长张建龙出席会议并讲话。

张建龙说，党的十八大以来，全国林业系统深入学习贯彻习近平总书记生态文明思想，牢固树立"四个意识"，自觉践行新发展理念，认真落实党中央、国务院决策部署，扎实推进各项林业改革，着力提升林业发展质量效益，集中力量解决制约林业发展的突出问题，努力满足社会对林业的多样化需求，林业在许多方面发生深层次变革、取得历史性成就，为建设生态文明、增进民生福祉、促进经济社会发展作出了重要贡献。一是全力维护森林生态安全，国土绿化稳步推进。二是实行最严格的生态保护制度，林业资源保护全面加强。三是积极完善生态文明制度体系，林业改革取得重大突破。四是认真践行绿水青山就是金山银山理念，绿色富民产业持续快速发展。五是主动参与全球生态治理,积极贡献中国智慧和中国方案。六是不断夯实林业发展基础,支撑保障能力稳步增强。七是大力弘扬生态文明理念,林业社会影响力显著提升。

张建龙指出,党的十八大以来,中国林业改革发展取得的成就是全方位、开创性的,林业发生的变化是深层次、根本性的。取得这样的历史性成就,主要得益于以习近平同志为核心的党中央的坚强领导和习近平新时代中国特色社会主义思想的科学引领。过去五年,习近平总书记高度重视林业工作,多次深入林区视察指导,多次研究林业重大问题,多次作出批示指示,次数之多、分量之重、力度之大、范围之广都前所未有,为林业改革发展提供了根本遵循。正是在习近平总书记的高度重视下,林业的地位作用全面提升,林业的顶层设计全面优化,林业的各项改革全面推进,林业的资源保护全面加强。各级党委政府、各部门和全社会从来没有像现在这样关心重视林业,形成了推动林业改革发展的强大合力。林业能有这样的发展态势和良好局面,来之不易,全体务林人要倍加珍惜,继续保持,不断发扬光大。

张建龙强调,党的十九大站在新的历史方位,对决胜全面建成小康社会、开启全面建设社会主义现代化国家新征程作出了安排部署。林业现代化既是国家现代化的组成部分,也是国家现代化的重要支撑。生态兴则文明兴,国家强林业必须强。建设社会主义现代化强国,实现中华民族伟大复兴,必须有良好的生态、发达的林业。各级林业部门要充分认识到,当前林业发展水平离这样的目标要求还有很大差距,必须再接再厉、埋头苦干、迎头赶上,林业绝不能拖国家现代化的后腿。要举全行业之力,集各方面之智,坚定不移推进林业现代化建设,全面提升林业改革发展水平,为实现"两个一百年"奋斗目标作出更大贡献。

张建龙指出,推进林业现代化建设任务十分繁重,面临许多挑战,但也面临着前所未有的发展机遇。建设社会主义现代化强国为林业现代化建设提出了更高要求,社会主要矛盾转化为林业现代化建设增添了强大动力,加快生态文明体制改革为林业现代化建设带来了更大红利,实施乡村振兴战略为林业现代化建设提供了有效抓手,决胜全面建成小康社会为林业现代化建设夯实了发展基础,为全球生态安全作贡献为林业现代化建设搭建了广阔舞台。只要我们坚持以习近平新时代中国特色社会主义思想为指引,抢抓机遇,科学谋划,全力推进,林业就一定能够实现更大发展,与国家同步实现现代化。

张建龙强调,推进新时代林业现代化建设,必须要全面贯彻党的十九大精神,以习近平新时代中国特色社会主义思想为指导,以建设美丽中国为总目标,以满足人民美好生活需要为总任务,坚持稳中求进工作总基调,认真践行新发展理念和绿水青山就是金山银山理念,按照推动高质量发展的要求,全面深化林业改革,切实加强生态保护修复,大力发展绿色富民产业,不断增强基础保障能力,全面提升新时代林业现代化建设水平,为实施乡村振兴战略、决胜全面建成小康社会、建设社会主义现代化强国作出更大贡献。

会议根据党的十九大对中国社会主义现代化建设作出的战略安排,综合考虑当前林业发展水平和人民对良好生态的需求等因素,研究提出新时代林业发展预期目标。力争到2020年,林业现代化水平明显提升,生态状况总体改善,生态安全屏障基本形成。森林覆盖率达到23.04%,森林蓄积量达到165亿立方米,每公顷森林蓄积量达到95立方米,乡村绿化覆盖率达到30%,林业科技贡献率达到55%,主要造林树种良种使用率达到70%,湿地面积不低于8亿亩,新增沙化土地治理面积1000万公顷,国有林区、国有林场改革和国家公园体制试点基本完成。力争到2035年,初步实现林业现代化,生态状况根本好转,美丽中国目标基本实现。森林覆盖率达到26%,森林蓄积量达到210亿立方米,每公顷森林蓄积量达到105立方米,乡村绿化覆盖率达到38%,林业科技贡献率达到65%,主要造林树种良种使用率达到85%,湿地面积达到8.3亿亩,75%以上的可治理沙化土地得到治理。力争到本世纪中叶,全面实现林业现代化,迈入林业发达国家行列,生态文明全面提升,实现人与自然和谐共生。森林覆盖率达到世界平均水平,森林蓄积量达到265亿立方米,每公顷森林蓄积量达到120立方米,乡村绿化覆盖率达到43%,林业科技贡献率达到72%,主要造林树种良种使用率达到100%,湿地生态系统质量全面提升,可治理沙化土地得到全部治理。

张建龙强调,推进新时代林业现代化建设,实现新时代林业现代化建设目标,既是一项长期的战略任务,又是一项复杂的系统工程。各级林业部门要坚持把以人民为中心作为林业现代化建设的根本导向,把人与自然和谐共生作为林业现代化的不懈追求,把生态保护修复作为林业现代化建设的核心使命,把发展绿色产业作为林业现代化建设的重要内容,把改革创新作为林业现代化建设的动力源泉,把提升质量效益作为林业现代化建设的永恒主题,把夯实发展基础作为林业现代化建设的有力保障,强化责任担当,抓实工作举措,用林业现代化引领林业改革发展全局。

张建龙强调,2018年是贯彻党的十九大精神的开局之年,是改革开放40周年,也是决胜全面建成小康社会、实施"十三五"规划承上启下的关键一年。各级林业部门要深入学习贯彻党的十九大精神,按照中央经济工作会议、中央农村工作会议的安排部署,紧密结合林业工作和各地实际,重点抓好11个方面工作:一是认真学习贯彻党的十九大精神。二是推动实施乡村振兴战略。三是加快国土绿化步伐。四是加强资源保护管理。五是抓好森林防火工作。六是推进各项林业改革。七是提升林产品生产能力。八是推动林业高质量发展。九是深化国际交流与合作。十是夯实政策和人才支撑。十一是坚持全面从严治党。

国家林业局副局长张永利主持会议,浙江省副省长孙景淼致辞。国家林业局副局长刘东生、彭有冬、李树铭、李春良,局党组成员谭光明,局总经济师张鸿文,国家森林防火指挥部专职副总指挥马广仁,中央纪委驻农业部纪检组副组长刘柏林出席会议。

会上,北京市园林绿化局、吉林省林业厅、浙江省林业厅、广东省林业厅、浙江省安吉县、广西壮族自治区龙胜县、山西省右玉县、河北省塞罕坝机械林场、内蒙古大兴安岭重点国有林管理局根河林业局、福建省永安市洪田村党支部先后作典型发言。

与会代表现场参观了"两山"理论诞生地天荒坪镇余村村、美丽乡村和林下经济示范点昌硕街道双一村以及中国竹子博览园。

(韩建伟)

【全国国土绿化、森林防火和防汛抗旱工作电视电话会议】 于4月3日在北京召开。会议以习近平新时代中国特色社会主义思想为指导，深入学习贯彻党的十九大和全国"两会"精神，落实李克强总理批示要求，科学分析国土绿化、森林草原防火和防汛抗旱工作形势，安排部署2018年各项工作。李克强批示要求各地区、各有关部门要以习近平新时代中国特色社会主义思想为指导，认真贯彻落实党中央、国务院决策部署，及时启动大规模国土绿化行动，确保完成全年造林任务，推动筑牢绿色屏障。副总理胡春华出席会议并作重要讲话，要求坚决贯彻习近平总书记重要指示精神，落实李克强总理批示要求，紧扣增绿增质增效目标，统筹山水林田湖草系统治理，实施好大规模国土绿化行动，提高国土绿化质量。认真实施林业重点工程，创新全民义务植树方式，多途径增加绿色资源。建立以国家公园为主体的自然保护地体系，全面加强森林、草地、农田、湿地、荒漠等生态系统保护。深化国土绿化体制改革，大力发展绿色富民产业，调动各方面参与国土绿化的积极性。

(刘 昇)

【全国推进大规模国土绿化现场会】 全国推进大规模国土绿化现场会8月28日在青海省西宁市召开。国家林业和草原局局长张建龙、青海省代省长刘宁出席会议并讲话，国家林业和草原局副局长刘东生主持，青海省副省长杨逢春、全国绿化委员会办公室专职副主任胡章翠出席。青海、河北、浙江、福建、重庆5个省(市)作典型发言。与会代表参观考察了西宁市南北两山绿化，湟水规模化林场造林绿化，大通县乡村绿化，东峡林场造林绿化、森林质量提升现场。会议要求，认真学习贯彻习近平生态文明思想，按照党中央、国务院的决策部署，加快推进大规模国土绿化行动，不断提升林草资源总量和质量，持续改善全国生态状况，为促进经济社会可持续发展、建设生态文明和美丽中国创造更好的生态条件。

张建龙说，启动大规模国土绿化行动，是以习近平同志为核心的党中央，站在新的历史方位和实现中华民族伟大复兴中国梦的全局高度作出的一项重大战略决策，是建设生态文明和美丽中国的重要举措，是生态环境治理攻坚克难的必然选择，是满足人民群众对美好生活向往的迫切需要，对于推进新时代中国特色社会主义现代化建设具有特殊重要的意义。各级林业和草原部门认真学习贯彻习近平总书记重要指示精神，全力推进大规模国土绿化行动，启动了河北雄安新区白洋淀上游、内蒙古浑善达克、青海湟水3个规模化林场建设试点，全国每年完成营造林1亿多亩，抚育森林1.2亿多亩，林草资源质量和生态功能稳步提升，大规模国土绿化行动呈现出良好的发展态势。

张建龙强调，开展大规模国土绿化行动，是在中国特色社会主义进入新时代，我国社会主要矛盾发生变化的新形势下，党中央、国务院确定的一项重大任务。与以往的国土绿化相比，新时代推进大规模国土绿化的内涵和外延、措施和要求都有着很大不同。一是在发展速度上，要保持较高水平，到2035年全国森林覆盖率达到26%。二是在资源质量上，要有大幅度提升，努力探索林业和草原事业高质量发展之路。三是在实施范围上，要实现应绿尽绿，坚持全国"一盘棋"，东中西部一起动，城市乡村、山区草原齐推进，做到无死角、全覆盖。四是在实施主体上，要全社会广泛参与，充分发挥社会主义制度集中力量办大事的优越性，动员全社会力量打一场植树造林种草、爱绿护绿的人民战争。五是在加大投入上，要多渠道筹措资金，坚持政府主体地位，引导企业、集体、个人、社会组织等加大投入，多渠道筹措国土绿化资金。

张建龙指出，开展大规模国土绿化行动，是建设生态文明和美丽中国的重要内容。各地区各部门要认真践行习近平生态文明思想，牢固树立绿水青山就是金山银山的理念，坚持尊重自然、顺应自然、保护自然，坚持山水林田湖草系统治理，坚持城乡绿化协调推进，坚持数量与质量并重，坚持创新体制机制，坚持走科学生态节俭绿化之路，确保国土绿化始终沿着正确的方向前进，林草资源总量和质量稳步提升，全国生态状况逐步改善。

张建龙要求，要认真实施生态保护修复工程，加快推进退耕还林还草，实施好"三北"等重点防护林体系建设、国家储备林、退牧还草、沙化草原治理等国土绿化工程，在大江大河源头和生态脆弱区域建设一批百万亩防护林基地。要深入推进全民义务植树，创新和丰富义务植树尽责形式，推进"互联网+全民义务植树"，探索建立绿色信用体系，将公民参与义务植树记录作为就业、贷款、入户、上学、就医等方面的优惠条件。要统筹抓好部门绿化，加快推进生产区、办公区、生活区绿化美化，着力抓好公路、铁路、河渠、堤坝绿化美化，积极开展绿色学校、绿色社区、绿色矿区、绿色营区创建工作。要广泛开展城乡绿化，加快建设国家森林城市和森林城市群，积极开展乡村绿化美化行动，到2020年，争取建成200个国家森林城市、6个国家级森林城市群示范、20000个国家森林乡村和森林人家。要强化森林抚育经营，编制实施全国和省、县级森林经营中长期规划，强化多功能近自然经营理念，推广乡土树种、珍贵树种以及抗逆性强的树种，整体提高森林质量和生态功能。要着力加强生态资源保护，科学划定林地、草地、湿地、沙地保护红线，用最严格的制度保护修复天然林，加强林地用途管制和限额管理，坚决守住维护国家生态安全的底线。要完善政策措施，打通金融资本进入林业的渠道。

张建龙强调，山水林田湖草是一个生命共同体，推进大规模国土绿化，必须进一步加强草原保护和恢复。各地区各部门要高度重视草原保护修复工作，真正将加强草原生态保护作为推进大规模国土绿化的重要内容，采取有力措施，加大工作力度，推动草原生态状况不断改善。一要理顺草原管理体制，深入推进林草工作深度融合，不断强化草原监督管理工作，尽快补齐草原保护管理的短板。二要加强草原法治建设，加快推进《草原法》修订进程，积极推进《基本草原保护条例》制定工作，加大草原执法监督力度，严厉打击各类破坏草原的违法行为。三要完善草原保护政策，积极争取将全国所有草原都纳入草原生态保护补助奖励政策实施范围，谋划启动新的草原生态保护修复工程项目，加快草原生态修复进程。四要创新草原管护机制，完善草原围栏、草原禁牧等制度，落实草原用途管制制度，探索建立"政府主导、牧民主体、全民参与"的草原管护新机制。五要强化草原科技支撑，积极争取国家设立草原基础理论研究专项，启动草原重大科技研发计划，尽快在草原退化机理研究和草原生态修复治理技术研究方面取得突破。

张建龙强调，推进大规模国土绿化，任务极其繁重，要切实加强组织领导。要充分发挥各级绿化委员会的职能作用，健全各级党政主要领导抓国土绿化的有效机制，形成党委政府主导、部门齐抓共管、全社会共同参与的工作格局。要积极推广安徽、江西等省经验，探索实行林长制，压实地方党委政府保护和发展林草资源的主体责任。要建立国土绿化成效年度评价机制，将国土绿化任务完成率、森林覆盖率、草原植被综合盖度等指标，作为衡量地方政府生态保护修复工作绩效和离任审计的重要依据。各级林业和草原部门要充分发挥协调作用，确保国土绿化责任明确到位、任务分解到位、措施落实到位、资金投入到位。要进一步完善部门绿化分工负责制，将绿化工作责任纳入部门工作目标体系。要广泛开展宣传教育活动，大力弘扬塞罕坝精神，引导社会各界积极参与国土绿化事业。

（韩建伟）

【三北工程建设40周年总结表彰大会】 三北工程建设40周年总结表彰大会11月30日在北京召开。会议传达学习了习近平重要指示和李克强批示。中共中央政治局常委、国务院副总理韩正出席并讲话。他表示，经过40年不懈奋斗，三北工程建设取得丰硕成果，构筑的生态屏障为中国生态文明建设和全球生态治理树立了成功典范，创造的综合效益为促进区域经济社会发展发挥了重要作用，积累的实践经验为山水林田湖草系统治理提供了有益借鉴，铸就的可贵精神为建设生态文明和美丽中国注入了强大动力。

韩正指出，三北地区生态依然脆弱，三北工程建设也面临着诸多困难和挑战。要进一步增强紧迫感和责任感，再接再厉、持之以恒，加强规划统筹，科学植树造林种草，切实加大保护力度，促进生态惠民富民，创新工程建设机制，推动三北工程高质量发展，构筑更加稳固的生态安全屏障。

韩正强调，各地区、各有关部门要大力弘扬"三北精神"，自觉践行绿水青山就是金山银山的理念，切实加强组织领导，狠抓改革任务落地，大力提升支撑保障水平，全面加强自然生态系统保护，推动全国林业草原工作迈上新台阶。要紧密团结在以习近平同志为核心的党中央周围，深入学习贯彻习近平生态文明思想，坚决落实党中央、国务院决策部署，攻坚克难、开拓创新，为建设生态文明和美丽中国作出新的更大的贡献。

会议对三北工程建设作出突出贡献的先进集体、先进个人和"绿色长城奖章"获得者进行了表彰。陕西省延安市、新疆维吾尔自治区阿克苏地区、山西省右玉县和河北省迁西县喜峰口板栗专业合作社有关负责人作了发言。

国务院有关部门和单位，三北地区13个省（区、市）和新疆生产建设兵团，工程区重点市县负责同志，以及受表彰代表参加会议。

（韩建伟）

附　录

国家林业和草原局各司（局）和直属单位等全称简称对照

1. 国家林业和草原局办公室（办公室）
2. 生态保护修复司（生态司）
3. 森林资源管理司（资源司）
4. 草原管理司（草原司）
5. 湿地管理司（湿地司）
6. 荒漠化防治司（荒漠司）
7. 野生动植物保护司（动植物司）
   中华人民共和国濒危物种进出口管理办公室（濒管办）
8. 自然保护地管理司（保护地司）
9. 林业和草原改革发展司（发改司）
10. 国有林场和种苗管理司（林场种苗司）
11. 森林公安局（公安局）
12. 规划财务司（规财司）
13. 科学技术司（科技司）
14. 国际合作司（国际司）
15. 人事司（人事司）
16. 机关党委（机关党委）
17. 离退休干部局（老干部局）
18. 国家公园管理办公室（公园办）
19. 机关服务中心（服务局）
20. 信息中心（信息办）
21. 林业工作站管理总站（工作总站）
22. 林业和草原基金管理总站（基金总站）
23. 宣传中心（宣传办）
24. 天然林保护工程管理中心（天保办）
25. 西北华北东北防护林建设局（三北局）
26. 退耕还林（草）工程管理中心（退耕办）
27. 世界银行贷款项目管理中心（世行中心）
28. 科技发展中心（科技中心）
    植物新品种保护办公室（新品办）
29. 经济发展研究中心（经研中心）
30. 人才开发交流中心（人才中心）
31. 对外合作项目中心（合作中心）
32. 中国林业科学研究院（林科院）
33. 调查规划设计院（规划院）
34. 林产工业规划设计院（设计院）
35. 管理干部学院（林干院）
36. 中国绿色时报社（绿色时报）
37. 中国林业出版社（出版社）
38. 国际竹藤中心（竹藤中心）
39. 亚太森林网络管理中心（亚太中心）
40. 中国林学会（林学会）
41. 中国野生动物保护协会（中动协）
    中国植物保护协会（中植协）
42. 中国花卉协会（花协）
43. 中国绿化基金会（中绿基）
44. 中国林业产业联合会（中产联）
45. 中国绿色碳汇基金会（中碳基）
46. 驻内蒙古自治区森林资源监督专员办事处（内蒙古专员办）
47. 驻长春森林资源监督专员办事处（长春专员办）
48. 驻黑龙江省森林资源监督专员办事处（黑龙江专员办）
49. 驻大兴安岭森林资源监督专员办事处（大兴安岭专员办）
50. 驻成都森林资源监督专员办事处（成都专员办）
51. 驻云南省森林资源监督专员办事处（云南专员办）
52. 驻福州森林资源监督专员办事处（福州专员办）
53. 驻西安森林资源监督专员办事处（西安专员办）
54. 驻武汉森林资源监督专员办事处（武汉专员办）
55. 驻贵阳森林资源监督专员办事处（贵阳专员办）
56. 驻广州森林资源监督专员办事处（广州专员办）
57. 驻合肥森林资源监督专员办事处（合肥专员办）
58. 驻乌鲁木齐森林资源监督专员办事处（乌鲁木齐专员办）
59. 驻上海森林资源监督专员办事处（上海专员办）
60. 驻北京森林资源监督专员办事处（北京专员办）
61. 森林和草原病虫害防治总站（林草防治总站）
62. 南京森林警察学院（南京警院）
63. 华东调查规划设计院（华东院）
64. 中南调查规划设计院（中南院）
65. 西北调查规划设计院（西北院）
66. 昆明勘察设计院（昆明院）
67. 中国大熊猫保护研究中心（大熊猫保护研究中心）

书中部分单位、词汇全称简称对照

北京林业大学（北林大）
长江流域防护林（长防林）
东北林业大学（东北林大）
国家发展和改革委员会（国家发展改革委）
国家工商行政管理总局（国家工商总局）
国家开发银行（国开行）
环境保护部（环保部）
国家森林防火指挥部（国家森防指）
国务院法制办公室（国务院法制办）
国有资产监督管理委员会（国资委）
林业工作站（林业站）
南京林业大学（南林大）
全国绿化委员会（全国绿委）
全国绿化委员会办公室（全国绿委办）
全国人大常委会法制工作委员会（全国人大常委会法工委）
全国人大环境与资源保护委员会（全国人大环资委）
全国人大农业与农村委员会（全国人大农委）
全国普及法律常识办公室（全国普法办）
全国政协人口资源环境委员会（全国政协人资环委）
森林病虫害防治（森防）

森林病虫害防治检疫站（森防站）
森林防火指挥部（森防指）
森林工业（森工）
世界银行（世行）
速生丰产林（速丰林）
天然林资源保护工程（天保工程）
西北、华北北部、东北西部风沙危害和水土流失严重地区防护林建设（三北防护林建设）
亚洲开发银行（亚行）
中国光彩事业促进会（中国光彩会）
中国吉林森林工业集团有限责任公司（吉林森工集团）
中国科学院（中科院）
中国龙江森林工业集团有限公司（龙江森工集团）
中国农业发展银行（中国农发行）
中国农业科学院（中国农科院）
中国银行业监督管理委员会（中国银监会）
中国证券监督管理委员会（中国证监会）
中央机构编制委员会办公室（中央编办）
珠江流域防护林（珠防林）

书中部分国际组织中英文对照

濒危野生动植物种国际贸易公约（CITES, Convention on International Trade in Endangered Species of Wild Fauna and Flora）
大自然保护协会（TNC, The Nature Conservancy）
泛欧森林认证体系（PEFC, Pan European Forest Certification）
国际热带木材组织（ITTO, International Tropical Timber Organization）
国际野生生物保护学会（WCS, Wildlife Conservation Society）
国际植物新品种保护联盟（UPOV, International Union For The Protection of New Varieties of Plants）
联合国防治荒漠化公约（UNCCD, United Nations Convention to Combat Desertification）
联合国粮食及农业组织（FAO, Food and Agriculture Organization of the United Nations）
欧洲投资银行（EIB, European Investment Bank）
全球环境基金（GEF, Global Environment Facility）
森林管理委员会（FSC, Forest Stewardship Council）
森林认证认可计划委员会（PEFC, Programme for the Endorsement of Forest Certification）
湿地国际（WI, Wetlands International）
世界自然保护联盟（IUCN, International Union for Conservation of Nature）
世界自然基金会（WWF, 旧称 World Wildlife Fund——世界野生动植物基金会，现在更名 World Wide Fund for Nature）
亚太经济合作组织（APEC, Asia-Pacific Economic Cooperation）
亚太森林恢复与可持续管理组织（APFNet, Asia-Pacific Network for Sustainable Forest Management and Rehabilitation）
亚洲开发银行（ADB, Asian Development Bank）

附表索引

表 5-1	2018 年授予的国家森林城市名单 …………	104
表 5-2	2018 年新增国家沙漠公园名单 ……………	106
表 9-1	2018 年度国家林业和草原局审核建设项目使用林地情况统计表 …………	139
表 9-2	2018 年各省(区、市)、新疆生产建设兵团审核审批建设项目使用林地情况统计表 …	139
表 9-3	全国各年度人工造林面积保存率一览表 …	143
表 9-4	全国各年度人工造林成林率一览表 ………	143
表 14-1	获得国家科技进步奖项目名单…………	170
表 14-2	认定成果名单 ……………………………	170
表 14-3	首批 110 个林业和草原国家创新联盟名单 …………………………………………	172
表 14-4	2018 年度批复的林业工程技术研究中心和国家林业科技示范园区 ………………	175
表 14-5	2018 年发布的林业国家标准目录 ………	176
表 14-6	2018 年发布的林业行业标准目录 ………	177
表 14-7	2018 年度废止林业行业标准汇总表 ……	181
表 14-8	2018 年度林业国家标准计划项目汇总表 …………………………………………	182
表 14-9	2018 年度林业行业标准计划项目汇总表 …………………………………………	182
表 14-10	2018 年国家林业标准化示范企业汇总表 …………………………………………	185
表 14-11	2018 年中国专利优秀奖——林业项目 …………………………………………	188
表 14-12	1999～2018 年林业植物新品种申请量和授权量统计 …………………………………………	189
表 16-1	2018～2019 学年初普通高、中等林业院校和其他高、中等院校林科基本情况汇总表 …………………………………………	203
表 16-2	2018～2019 学年初普通高等林业院校教职工情况 …………………………………	204
表 16-3	2018～2019 学年初普通高等林业院校资产情况 …………………………………	205
表 16-4	2018～2019 学年初普通高等林业院校和其他高等院校、科研院所林科研究生分单位情况 …………………………………	205
表 16-5	2018～2019 学年初普通高等林业院校和其他高等院校、科研院所林科研究生分学科情况 …………………………………	206
表 16-6	2018～2019 学年初普通高等林业院校和其他高等院校林科本科学生分学校情况 ……	210
表 16-7	2018～2019 学年初普通高等林业院校和其他高等院校林科本科学生分专业情况 ……	210
表 16-8	2018～2019 学年初高等职业林业院校资产情况 …………………………………	214
表 16-9	2018～2019 学年初高等职业林业院校教职工情况 …………………………………	215
表 16-10	2018～2019 学年高等林业职业教育及普通专科分学校情况 …………………………	215
表 16-11	2018～2019 学年高等林业(生态)职业技术学院和其他高等职业学院林科分专业情况 …………………………………………	216
表 16-12	2018～2019 学年初普通中等林业(园林)职业学校教职工情况 ………………	221
表 16-13	2018～2019 学年初普通中等林业(园林)职业学校固定资产情况 ………………	222
表 16-14	2018～2019 学年中等林业(园林)职业学校和其他中等职业学校林科分学校学生情况 …………………………………………	223
表 16-15	2018～2019 学年初普通中等林业(园林)职业学校和其他中等职业学校林科分专业学生情况 ………………………………	223
表 20-1	森林防火项目投资 ………………………	269
表 20-2	草原防火建设项目投资 …………………	271
表 20-3	国家级自然保护区建设项目投资 ………	272
表 20-4	部门自身能力建设项目投资 ……………	272
表 20-5	国有林区社会性公益性基础设施建设项目投资 …………………………………	273
表 20-6	林业科技类基础设施建设项目投资 …………………………………………	274
表 20-7	其他基础设施建设项目投资 ……………	274
表 20-8	全国营造林生产情况 ……………………	279
表 20-9	各地区营造林面积 ………………………	280
表 20-10	全国历年营造林面积 ……………………	281
表 20-11	林业重点生态工程建设情况 ……………	282
表 20-12	各地区林业重点生态工程造林面积 …………………………………………	283
表 20-13	全国历年林业重点生态工程完成造林面积 …………………………………………	284
表 20-14	天然林资源保护工程建设情况 …………	286
表 20-15	退耕还林工程建设情况 …………………	287
表 20-16	京津风沙源治理与石漠化综合治理工程建设情况 ………………………………	287
表 20-17	三北及长江流域等重点防护林体系工程建设情况 ………………………………	288
表 20-18	野生动物保护区工程情况 ………………	288
表 20-19	林业产业总产值(按现行价格计算) …………………………………………	289

表 20-20	各地区林业产业总产值(按现行价格计算) …………………………… 290
表 20-21	各地区主要林产工业产品产量 ………… 291
表 20-22	全国主要木材、竹材产品产量 ………… 292
表 20-23	全国主要林产工业产品产量 …………… 292
表 20-24	全国历年木材、竹材及木材加工、林产化学主要产品产量 …………………… 294
表 20-25	全国主要经济林产品生产情况 ………… 295
表 20-26	全国木本油料与花卉产业发展情况 …… 297
表 20-27	林业投资完成情况 ……………………… 298
表 20-28	各地区林业投资完成情况 ……………… 299
表 20-29	林业固定资产投资完成情况 …………… 299
表 20-30	林业利用外资基本情况 ………………… 300
表 20-31	全国历年林业投资完成情况 …………… 301
表 20-32	全国历年林业重点生态工程实际完成投资及国家投资情况 …………………… 302
表 20-33	林业系统按行业分全部单位个数、从业人员和劳动报酬情况 ………………… 304
表 20-34	林业系统按行业分职工伤亡事故情况 ……………………………………… 306
表 24-1	2018 年上海绿化林业基本情况表 ……… 376
表 24-2	安徽省主要经济林产品产量 …………… 386
表 24-3	安徽省主要木竹加工产品产量 ………… 387
表 24-4	安徽省主要林产化工产品产量 ………… 387

索 引

A

爱鸟周 123, 134, 331, 335, 339, 346, 358, 373, 388, 397, 401, 413, 426, 437, 455, 466, 474, 568, 572, 581, 597, 598

B

标准化 54, 79, 91, 95, 109, 133, 170, 174, 175, 176, 182, 185, 187, 191, 260, 262, 357, 378, 526, 529, 541, 599

C

创新联盟 79, 170, 172, 173, 174, 231, 232, 234, 347, 384, 387, 396, 403, 406, 416, 460, 514, 517, 595, 604, 606, 625

D

大熊猫 3, 8, 28, 41, 78, 119, 123, 125, 157, 158, 244, 246, 322, 378, 438, 442, 454, 455, 457, 555, 556, 557, 558, 559, 572, 602, 623

地质公园 78, 118, 120, 154, 155, 156, 157, 339, 346, 383, 413, 622

F

风景名胜区 34, 53, 78, 118, 120, 154, 155, 157, 275, 308, 339, 346, 381, 383, 412, 440

G

干部培训 112, 138, 202, 241, 257, 495, 512, 534

古树名木 3, 7, 8, 19, 39, 75, 78, 102, 103, 111, 178, 180, 333, 339, 377, 383, 399, 421, 423, 424, 430

国家公园 3, 7, 15, 28, 38, 78, 125, 154, 157, 158, 159, 177, 183, 194, 246, 275, 323, 391, 423, 436, 442, 450, 456, 462, 463, 529, 553, 556, 572

国土绿化 2, 7, 8, 15, 16, 17, 18, 19, 20, 22, 26, 27, 28, 30, 34, 78, 79, 82, 87, 88, 91, 97, 99, 102, 110, 132, 133, 199, 266, 275, 309, 322, 323, 326, 342, 344, 351, 354, 366, 380, 385, 401, 404, 405, 409, 425, 439, 445, 453, 454, 456, 462, 465, 472, 521, 595, 601, 620, 629

国有林场 3, 53, 79, 120, 183, 256, 257, 258, 275, 308, 326, 340, 365, 366, 381, 390, 391, 399, 404, 411, 431, 467, 512, 614

H

海洋保护地 156, 157

荒漠化 3, 4, 9, 17, 22, 28, 32, 79, 104, 105, 107, 108, 112, 113, 151, 200, 206, 244, 246, 249, 276, 309, 322, 325, 353, 360, 364, 448, 510, 513, 520, 522, 523, 524, 527, 623

J

集体林经营权 79, 166, 427, 440, 456, 621, 624

集体林权制度改革 79, 166, 279, 308, 323, 324, 340, 356, 366, 385, 404, 411, 438, 446, 453, 455, 507, 508, 622

京津风沙源 2, 8, 18, 27, 32, 34, 87, 105, 108, 111, 150, 151, 266, 311, 332, 337, 350

K

科技成果 4, 79, 92, 112, 170, 174, 175, 234, 239, 310, 334, 360, 373, 396, 460, 518, 519, 521

科技创新 90, 170, 172, 175, 228, 334, 347, 379, 384, 387, 396, 416, 421, 423, 456, 469, 514, 516, 519, 522, 537, 539, 541, 549, 550, 596, 599, 604, 606

L

林产品贸易 244, 246, 253, 268, 277, 606, 621

林长制 138, 145, 166, 385, 388, 397, 437, 526

林木采伐 137, 141, 144, 340, 381, 386, 392, 415, 437, 439, 443, 457, 460, 465, 473, 563, 565, 570

林木良种 3, 39, 95, 96, 175, 196, 323, 359, 365, 381, 398, 424, 436, 443, 468

林木种苗 38, 94, 95, 96, 177, 196, 266, 275, 279, 336, 359, 424, 432

林木转基因 190

林下经济 19, 27, 74, 116, 166, 167, 180, 183, 334, 357, 394, 419, 437, 475

林信通 194, 199

林业产业 3, 7, 8, 21, 26, 28, 79, 116, 117, 246, 248, 266, 267, 277, 310, 311, 337, 345, 347, 357, 359, 366, 381, 383, 386, 390, 393, 404, 405, 427, 429, 442, 454, 463, 475, 507, 509, 533, 603

林业工作站 260, 261, 262, 263, 277, 340, 395, 415, 510, 537, 562, 621

林业工作组　113，159，244，246，247，310，509，523，560，621，623

林业普法　163

林业现代化　2，4，5，6，7，9，10，11，12，14，29，34，166，188，199，258，261，264，310，450，512，515，522，543，620，627，628

林业血防　92，183，282，288，386，412

林业有害生物　111，122，133，183，198，233，238，267，311，333，338，347，359，381，386，404，414，428，452，460，468，543，544，545

林业知识产权　187，188，341，384

林业执法　9，10，11，31，162，277，378，406，443，577，

林业志　351

绿水青山　2，3，5，6，7，10，18，20，21，22，25，26，28，29，30，31，32，33，34，87，90，97，102，110，118，134，139，258，262，322，323，331，334，342，348，355，368，380，398，429，507，573，603，610，613，624

P

平原绿化　91，285，323，344，383

Q

气候变化　4，110，112，113，171，202，233，244，246，247，248，249，254，355，460，495，507，518，524，610

R

人工林　39，78，89，92，98，112，142，239，248，250，518，603，624，625

S

塞罕坝　4，20，119，258，342，343，344，345，510，522，614，620，622，630

三北防护林　2，32，87，89，90，111，231，248，275，323，324，326，337，348，353，363，466，476，477，508，626

森林保险　78，，134，260，263，264，308，311，313，354，393，440

森林城市　2，3，8，16，18，19，28，78，79，103，104，268，321，322，333，344，381，384，398，399，402，404，409，421，428，430，448，523，528，550，623，629

森林法　122，133，162，257，343，146，570

森林防火　8，97，110，111，131，132，133，134，174，183，240，269，275，341，354，359，368，371，377，386，404，408，414，437，459，463，475，478，519，546，621，629

森林抚育　3，8，19，97，98，99，266，279，312，361，365，367，371，430，467，526，568，

森林公安　130，132，237，239，240，241，333，406，415，421，426，446，478

森林公园　39，53，78，109，110，118，119，330，338，365，381，396，411，419，460，550，613

森林旅游　19，27，79，109，118，119，120，166，183，248，266，267，324，337，344，405，409，419，437，475，626

森林认证　72，79，112，176，178，182，184，187，190，191，192，254，421，517，541，622

森林资源监督　127，316，138，140，145，146，257，343，401，415，562，565，568，570，571，573，574，579，580，581，584，587，588，590，623

森林资源清查　8，78，83，137，142，312，389，406，407，436，521，523，530，548，550，553

生态扶贫　8，24，，25，26，27，79，90，98，107，127，275，277，309，343，351，366，386，399，410，421，439，440，445，449，464，477，507，210，582，602，626

生态建设　30，31，32，34，83，90，113，142，146，202，258，276，278，298，309，310，342，353，354，359，367，383，399，407，409，462，472，524，527，531，536，554

生物质能源　8，32，99，174，225，252，517，520，534，622

湿地保护　3，78，111，127，173，183，239，246，250，275，339，345，349，351，352，357，359，364，378，380，404，407，408，413，426，431，436，452，463，466，479，523，620

湿地公园　3，53，78，111，118，127，143，173，276，340，345，347，354，357，381，395，399，413，426，427，431，441，452，567，585

湿地名录　8，78，127，340，354，359，364，378，380，386，413，420，426，431，436，447，463，472，526

石漠化　8，17，72，78，79，105，107，108，73，178，275，278，412，430，550，627

速丰林　91，92，430

T

碳汇　4，8，34，78，111，112，182，183，202，231，345，355，367，373，392，425，495，514，522，526，529，549，554，609，610，620

天然林　8，15，19，26，28，31，34，78，82，84，99，111，142，146，247，256，282，308，316，343，353，359，368，37，412，433，436，462，478，548

贴息贷款　316，317，397，406，417，440

退耕还林　2，4，7，9，18，26，31，78，85，86，151，275，343，354，412，453，458，466，477，552

X

信息化 95，152，174，184，194，195，196，197，198，203，324，325，347，417，460，544，601，613

Y

沿海防护林 90，91，182，275，282，285，288，303，337，344，356，425，520，549

野生动物疫病 123，126，133，413，472，545，

野生动植物保护 122，124，246，248，252，261，276，341，359，364，390，413，426，434，437，581

义务植树 8，17，18，78，102，111，113，195，200，330，331，334，344，348，349，351，357，364，377，382，407，408，411，428，430，445，460，472，506，620，621

原料林 99，100，183，298，300，316，394，417，430，520

Z

造林补贴 97，429，430，467

造林绿化 2，6，16，17，19，26，78，90，91，94，95，97，103，110，266，276，330，346，349，356，380，390，392，394，404，405，436，454，465，629

植物新品种 188，189，190，191，192，341，359，379，384，387，393，396，468，541

重点国有林区 137，138，139，141，146，147，258

资金稽查 316，384，417

紫纹兜兰 124

自然保护地 78，110，111，118，154，157，173，246，266，275，310，339，365，381，383，390，412，426，436，449，452，463，522，555

自然保护区 38，53，111，136，140，155，156，162，177，183，196，246，272，323，337，339，381，390，407，412，422，426，434，458，470，522，558

自然教育 84，110，120，174，182，324，326，407，427，442，560，597，604，607，612，613